DICTIONNAIRE

DES

TERMES TECHNIQUES

IMPRIMERIE L. TOINON ET Cᵉ, A SAINT-GERMAIN

DICTIONNAIRE
DES
TERMES TECHNIQUES
DE LA SCIENCE
DE L'INDUSTRIE, DES LETTRES
ET DES ARTS

PAR

ALFRED SOUVIRON
Professeur de technologie & d'histoire naturelle
à l'Association Polytechnique

BIBLIOTHÈQUE
D'ÉDUCATION ET DE RÉCRÉATION
J. HETZEL, 18, RUE JACOB
PARIS

PRÉFACE

En réunissant, sous la forme d'un répertoire alphabétique, près de vingt-cinq mille termes techniques avec leurs définitions et des notions succinctes sur les plus importants d'entre eux, je me suis surtout proposé de rendre plus facile aux jeunes gens la lecture de la plupart des ouvrages qui sont entre leurs mains (1). Il est d'un grand intérêt pour eux de bien se renseigner sur le sens des mots, non-seulement lorsqu'ils sont d'un emploi restreint à telle science ou à tel art, mais encore lorsque ces termes, passés depuis longtemps

(1) Le premier dictionnaire de ce genre et le plus ancien que je connaisse est un petit in-8° intitulé : *la Porte des sciences* ou *Recueil des mots les plus difficiles à entendre dans la science générale, la Physique, la Théologie, les Mathématiques, la Rhétorique*, etc., par D. C. Paris, 1682. Vient ensuite le *Guide to the English tongue*, de Thomas Dyche, 1 vol. in-12, qui eut, à Londres, de 1727 à 1736, vingt-deux éditions. Ce succès, comme on n'en voyait guère alors, détermina l'abbé Prévost à donner son *Manuel Lexique, imité de Dyche,* qui eut une grande vogue en son temps. Le *Dictionnaire des sciences et des arts*, de Lunier (Paris, 1805), « fit oublier, » dit Quérard (*France litt.*, VII, 342), « le dictionnaire de l'abbé Prévost. » Il s'écartait cependant beaucoup du plan qu'avait adopté ce dernier, plan que j'ai essayé de suivre, tout en l'appropriant de mon mieux aux besoins de ce temps-ci.

dans le langage usuel, semblent, par cela seul, n'avoir pas besoin d'être définis. Le nombre est considérable des expressions d'un usage commun qui sont journellement employées mal à propos, faute par ceux qui les emploient d'en connaître le *sens technique*. Combien de gens, par exemple, voulant indiquer une direction *verticale*, se servent du mot *perpendiculaire*, qui, pris isolément, ne signifie rien! Combien sont exposés à mal interpréter une phrase où se rencontrent les mots *meuble*, *terre*, *fleur*, parce qu'ils ignorent la signification juridique du premier, chimique du second, botanique du troisième! Rien n'est fréquent comme de voir confondre dans la conversation les *nerfs* avec les *muscles*, et ceux-ci avec les *tendons*. J'ai lu maintes fois l'appellation « funeste *insecte* » appliquée au taret, *mollusque* à coquille, très-connu par ses ravages dans les ports de mer, et qui est aussi éloigné de l'organisation de l'*insecte* que celui-ci est éloigné de l'organisation de l'*oiseau*.

Ce n'est pas dans les dictionnaires généraux de la langue française qu'il faut chercher la définition des termes techniques. Les limites, autrefois presque invariables, du domaine des sciences, des arts, de l'industrie, se sont prodigieusement étendues dans ce siècle, et le langage propre à ces manifestations de l'activité humaine se modifie sans cesse, tandis que la langue parlée, la LANGUE proprement dite, reste à peu près stationnaire. Aussi les Dictionnaires français qui ont surtout en vue cette dernière doivent-ils être, sous peine de vieillir rapidement, sobres de termes techniques (1). Nodier, qui était un maître en lexicographie, félicitait vivement l'Académie française d'avoir presque entièrement exclu de son Dictionnaire les termes des métiers et des sciences qui forment, disait-il, « la langue poly- » technique, la langue polymathique, la langue de con- » vention, mais non la langue française;..... luxe mal » entendu qui renouvelle ses pompeux haillons à » l'apparition de tous les systèmes, et qui, mode lui- » même, a l'instabilité de toutes les modes. »

Pour ceux des termes techniques qui, mêlés depuis longtemps à la langue usuelle, y ont pris en quelque sorte droit de cité et dont la présence dans les Dictionnaires français est dès lors indispensable, ils y sont en général définis d'une façon très-insuffisante. C'est là, d'ailleurs, une nécessité inhérente à la nature même de ces Dictionnaires qui, s'adressant à tout le monde, ne

(1) Tels sont le Dictionnaire de l'Académie, celui de M. Poitevin et celui de M. Littré. Il est vrai qu'un autre Dictionnaire, très-volumineux et très-répandu, s'est fait un titre auprès du public, peu expert en ces matières, de l'innombrable quantité de termes de toutes sortes qu'il accumule dans ses colonnes. Il faut ajouter que plus des deux tiers de ces prétendues additions sont de véritables barbarismes et que le reste est entièrement inusité.

personne ne sera surpris. J'ai déjà dit que ce livre est destiné principalement à la jeunesse. C'était donc un devoir pour moi de rejeter un certain nombre d'expressions appartenant surtout à la langue anatomique et médicale. J'aime mieux avoir à me reprocher un livre incomplet qu'un livre dangereux.

A. S.

Fontenay-sous-Bois, janvier 1868.

mographie, Ethnographie.
Géologie, Paléontologie.
Minéralogie.
Botanique.
Zoologie, Anatomie.
Médecine, Chirurgie.
Pharmacie.
Médecine vétérinaire, Zootechnie.
Grammaire, Philologie.
Rhétorique, Poétique.
Antiquités, Numismatique.
Mythologie, Sciences occultes.
Théologie.
Philosophie.
Politique, Économie publique, Finances.
Jurisprudence, Droit civil.
Droit canonique et ecclésiastique.
Droit féodal.
Blason.
Arts du dessin.
Architecture.
Art militaire, Fortifications.
Marine, Navigation.
Commerce, Métrologie.
Agriculture.
Technologie.
Musique.
Arts récréatifs, Pêche, Chasse, Sport.

Tel est, en résumé, le plan de ce Dictionnaire à l'exécution duquel j'ai consacré plusieurs années. Si je suis assez heureux pour qu'il soit favorablement accueilli du public, je ne considérerai pas ma tâche comme épuisée. Pour que cet inventaire de la langue technique conserve le caractère d'utilité que je me suis efforcé de lui donner, il faut qu'il soit tenu au courant des changements que le mouvement progressif des sciences et de l'industrie fait subir chaque jour à cette langue. Chaque édition nouvelle sera donc l'objet d'une révision, dont je recueille les éléments d'une manière permanente.

En terminant, je dois expliquer une lacune dont

être tenté de le croire à première vue, un extrait, une réduction à petite échelle, des grands dictionnaires français. J'ai expressément rédigé chaque définition, en ayant sous les yeux tantôt un traité, tantôt quelque notice isolée, tantôt un article d'encyclopédie. La forme de ces définitions a exigé le plus souvent un travail particulier. J'ai dû, surtout pour les termes d'histoire naturelle qui sont les plus nombreux, et pour les expressions appartenant aux arts et métiers, condenser en quelques lignes des descriptions qui occupaient une ou deux pages dans l'auteur auquel je les empruntais. Concilier la brièveté et la clarté, tel a été mon programme. Je ne suis pas sûr d'y avoir toujours réussi; mais je m'en excuserai sur la difficulté de la tâche : « Ce qui est difficile, » dit M. Littré dans la préface de son beau Dictionnaire, « c'est de donner brièvement des » explications claires de choses souvent compliquées. »

Le lecteur me saura gré sans doute de ne pas énumérer les centaines de volumes que j'ai dû lire ainsi la plume à la main. Il lui suffira, je pense, de savoir que ce Dictionnaire peut lui tenir lieu de plus de trente vocabulaires spéciaux qui auraient respectivement pour objet les sciences ou les arts ci-après :

Mathématiques pures et appliquées.
Physique.
Chimie organique et inorganique.
Géographie physique, Cos-

peuvent expliquer le sens d'un mot qu'au moyen de périphrases composées de mots vulgaires et dont la compréhension soit à la portée de tout le monde. Ce procédé, satisfaisant sans doute au point de vue grammatical et philologique, produit des définitions trop souvent semblables à la suivante, empruntée au Dictionnaire de l'Académie et qui s'appliquerait sans peine à mille plantes différentes :

FOUGÈRE, *s. f.* Plante herbacée dont les feuilles sont grandes et extrêmement découpées, et qui croît dans les terrains sablonneux.

Si le lecteur trouve le Dictionnaire français en défaut quand il lui demande le sens exact et précis d'un mot dépendant d'une science ou d'un art, il n'a guère d'autre moyen de se renseigner que de consulter un ouvrage traitant des matières auxquelles appartient le terme qui l'arrête. Il m'est arrivé plus d'une fois de me voir forcé d'interrompre une lecture attachante pour courir ainsi à travers un ou plusieurs livres à la découverte d'une définition à laquelle était lié le sens de toute une phrase. Ces recherches, souvent difficiles, parfois même impossibles, car on n'a pas toujours une grande bibliothèque à sa disposition, constituent un travail pénible et rebutant. J'ai voulu l'épargner au lecteur en le faisant pour lui.

Ce Dictionnaire n'est donc pas, comme on pourrait

EXPLICATION DES SIGNES ET DES ABRÉVIATIONS

SIGNES

Le signe | sépare les divers sens d'un mot dans un même article ou les termes secondaires qui ont été rattachés au terme principal pour éviter des redites dans les définitions des mots de même famille.

Le signe — dans le texte d'un article est mis, pour abréger, à la place du mot qui fait le sujet de cet article.

Le signe * désigne, dans la lettre H, les mots qui commencent par une *h* aspirée.

ABRÉVIATIONS

adj.	Adjectif, adjectivement.	*Litt.*	Littérature (Grammaire, Rhétorique, etc.).
adv.	Adverbe, adverbial.	*m.*	Masculin.
Agric.	Agriculture.	*Mar.*	Marine.
Anat.	Anatomie.	*Math.*	Mathématiques.
Angl.	Mot emprunté à l'anglais.	*Méc.*	Mécanique.
Ant.	Antiquité.	*Minér.*	Minéralogie.
Archit.	Architecture.	*Mus.*	Musique.
Astr.	Astronomie.	*Myth.*	Mythologie.
Blas.	Blason.	*part.*	Participe.
Bot.	Botanique.	*particul.*	Particulièrement.
c.-à-d.	c'est-à-dire.	*Pharm.*	Pharmacie.
Chim.	Chimie.	*Philos.*	Philosophie.
Chir.	Chirurgie.	*Phys.*	Physique.
Comm.	Commerce.	*pl.* ou *plur.*	Pluriel.
Eccl.	Droit ou style ecclésiastique.	*pr.*	Prononcez.
Esp.	Mot emprunté à l'espagnol.	*Sc. occ.*	Sciences occultes.
Ex.	Exemple.	*sf.*	Substantif féminin.
f.	Féminin.	*sm.*	Substantif masculin.
Féod.	Féodalité.	*Techn.*	Technologie.
fig.	Figurément.	*Théol.*	Théologie.
Géog.	Géographie.	*V.*	Voyez.
Géol.	Géologie.	*va.*	Verbe actif.
Hist. nat.	Histoire naturelle.	*vn.*	Verbe neutre.
Impr.	Imprimerie.	*vpr.*	Verbe pronominal.
Ital.	Mot emprunté à l'italien.	*vulg.*	Vulgairement.
Jurisp.	Jurisprudence.	*Zool.*	Zoologie.
Lat.	Mot emprunté au latin.		

DICTIONNAIRE

DES

TERMES TECHNIQUES

DE LA SCIENCE,

DE L'INDUSTRIE, DES LETTRES ET DES ARTS

A

AA, *(Méd.)* V. *Ana.*

AAM, *sm.* (pr. *aim*). Ancienne mesure de capacité pour les liquides, encore usitée quelquefois à Amsterdam ; sa contenance est d'environ 150 litres.

ABA ou Abb, *sf.* Etoffe de laine grossière dont on confectionne en Orient des vêtements pour les derviches et les habitants de la campagne. | Vêtement fait de cette étoffe.

ABACA, *sm.* Filasse extraite d'une espèce de bananier de Manille, dont on fait des cordages et des toiles.

ABACOT, *sm.* Double couronne qui surmontait le bonnet des anciens rois d'Angleterre.

ABAISSE, *sf.* Morceau de pâte qui fait la croûte de dessous d'une pâtisserie.

ABAISSEUR, *adj.* et *s.* *(Anat.)* Désigne les muscles disposés pour abaisser certaines parties du corps, telles que les paupières, l'épiglotte, etc.

ABAJOUE, *sf.* Prolongement des joues chez quelques espèces de singes et certaines espèces de rats, formant de chaque côté de la bouche une sorte de poche dans laquelle ces animaux tiennent leur nourriture en réserve.

ABANDONNATAIRE, *s.* *(Jurisp.)* Celui en faveur de qui est fait un acte d'

ABANDONNEMENT, *sm.* Contrat par lequel un débiteur cède ses biens à ses créanciers pour acquitter ses dettes.

ABANET, *sm.* Ceinture de byssus que portaient les grands-prêtres juifs dans les cérémonies religieuses.

ABAQUE, *sm.* *(Ant.)* Table couverte de sable fin sur laquelle les anciens faisaient leurs calculs. | Tableau propre à faciliter les calculs de l'arithmétique. | *(Archit.)* V. *Tailloir.*

ABATELLEMENT, *sm.* *(Jurisp.)* Sentences des consuls français, aux échelles du Levant, qui interdisent le commerce à ceux qui refusent le paiement de leurs dettes.

ABATTÉE, *sf.* *(Mar.)* Mouvement horizontal de rotation que le vent imprime à l'avant d'un vaisseau.

ABAVENTS, *smpl.* Petits auvents placés au dehors des clochers pour renvoyer en bas le son des cloches et pour garantir de la pluie le beffroi dans lequel elles sont renfermées.

ABAYANCE, *sf.* *(Féod.)* Situation de biens sans propriétaires, quand ceux qui y prétendaient faisaient valoir leurs réclamations.

ABBACOMITE, *sm.* Seigneur laïque qui possédait une abbaye en commende.

ABBATIALE, E, *adj.* Qui appartient à l'abbé, à l'abbesse, à l'abbaye. | Abbaye, *sf.* | Abbatiale, *sf.* Communauté religieuse gouvernée par un abbé.

ABDICATION, *sf.* Acte par lequel un souverain se démet de sa puissance.

ABDOMEN, *sm.* (pr. *-ménn*). Chez les mammifères, grande cavité qui occupe les deux tiers inférieurs du tronc et qui renferme les intestins, le foie, le pancréas, la rate ; vulg. le ventre. | Chez les insectes, partie postérieure du corps qui fait suite au thorax et qui est, en général, dépourvue de pattes.

ABDOMINAUX, *smpl.* *(Zool.)* Ordre de poissons malacoptérygiens dont les nageoires ventrales sont attachées en arrière des pectorales et non aux os de l'épaule; tels sont le cyprin, le saumon, le hareng, etc.

ABDUCTEUR, *adj.* et *sm.* *(Anat.)* Se dit des muscles qui produisent le mouvement d'

ABDUCTION, *sf.* Éloignement d'une partie du corps de la ligne qui lui sert d'axe.

ABEILLE, *sf.* Genre d'insectes hyménoptères munis d'une trompe pour sucer les fleurs, et de pattes velues disposées en brosse, pour recueillir le pollen; elles vivent en société dans des *ruches* renfermant une femelle ou *reine*, plusieurs mâles ou *faux bourdons*, et un grand nombre d'individus neutres appelés *ouvrières*, qui fabriquent la cire et le miel, construisent les alvéoles et élèvent les jeunes.

ABEL-MOSCH, *sm.* Graines odorantes d'une espèce de ketmie; elles servaient autrefois à parfumer la poudre pour les cheveux.

ABERRATION, *sf.* Dérangement, anomalie, irrégularité, désordre. | Mouvement apparent des étoiles qui peut faire illusion sur leur position véritable. | Dispersion des rayons lumineux dans une lentille qui produit une coloration des images formées à son foyer.

ABIÉTINE, *sf.* Substance résineuse cristallisable, extraite de la térébenthine de Strasbourg. | Abiétique, *adj.* Acide — Substance acide soluble qui accompagne l'*abiétine*.

ABIÉTINÉ, E, *adj.* Qui ressemble au sapin ou qui en vient. | Abiétinée, *sf.* Abiétinées, *sf. pl.* Tribu de plantes qui ont pour type le sapin.

ABIGEAT, *sm.* (*Ant.*) A Rome, crime que commettaient ceux qui volaient des bestiaux dans les champs.

AB INTESTAT, (pr. *a-bain-tes-ta*), *loc. adv.* (*Lat.*) Se dit des successions qui s'ouvrent sans que le défunt ait fait de testament.

AB IRATO, *loc. adv.* (*Lat.*) Par un homme en colère.

ABIRRITATION, *sf.* (*Méd.*) Absence, défaut d'irritation; diminution d'énergie, d'irritation dans l'organisme. | Abirriter, *va.* Produire l'—.

ABJURATION, *sf.* Action de renoncer à une religion, à une doctrine. | Abjurer, *va.* Prononcer l'— | Abjuratoire, *adj.* Qui concerne l'—.

ABLACTATION, *sf.* (*Méd.*) Cessation de la lactation chez la mère, spontanément ou non.

ABLAQUE, *sf.* Soie de la pinne-marine. | Soie de Perse très-belle et très-fine.

ABLAQUÉATION, *sf.* (pr. *kué*) Creusement d'une petite fosse autour du pied d'un arbre pour y retenir l'eau.

ABLATION, *sf.* (*Chir.*) Retranchement d'une partie malade d'un membre, d'une tumeur, etc.

ABLE, *sm.* Genre de poissons, dits poissons blancs, qui renferme de nombreuses espèces, entre autres le *meunier* ou *charenne*, la *rosse*, la *vandoise*, le *véron*, etc.; leur chair est peu estimée.

ABLÉGAT, *sm.* Vicaire d'un légat; commissaire chargé de porter la barrette à un cardinal nouvellement promu. | Ablégation, *sf.* Dignité d'—.

ABLEPSIE, *sf.* Aveuglement d'esprit.

ABLERET, *sm.* Ablerette, *sf.* Filet carré à mailles carrées et étroites que l'on attache au bout d'une perche et qui sert à prendre de petits poissons. — On dit encore *Ablier*.

ABLETTE, *sf.* Espèce de petits poissons du genre *Able*, dont les écailles fournissent une matière nacrée dont on fait une liqueur qui sert à la fabrication des fausses perles, et qui porte le nom d'essence d'Orient.

ABLUER, *va.* Laver; passer sur un parchemin une liqueur préparée pour faire reparaître d'anciens caractères.

ABOLITIONISTE, *sm.* Partisan de l'abolition de l'esclavage.

ABORIGÈNE, *adj.* Se dit des hommes, des animaux et des plantes qui paraissent originaires des contrées qu'ils habitent.

ABORTIF, VE, *adj.* Prématuré, qui se produit avant l'époque normale; avorté.

ABOT, *sm.* Entrave qu'on met aux pieds des chevaux pâturant en liberté.

ABOUNA, *sm.* Chef du clergé chrétien en Abyssinie.

ABOUT, *sm.* Bout de bois qui s'assemble avec un autre bout. | Bout, morceau. | Abouter, *va.* Joindre bout à bout.

AB OVO, *loc. adv.* (*Lat.*) Dès l'origine, depuis le commencement.

ABRACADABRA, *sm.* (*Sc. occ.*) Formule cabalistique à laquelle on attribuait la vertu de guérir la fièvre quarte et plusieurs autres maladies.

ABRASION, *sf.* (*Méd.*) Ulcération de la membrane muqueuse des intestins, de laquelle se détachent de petites pellicules. | Action de gratter certaines parties ou de les enlever par lamelles.

ABRAXAS, *sm.* (*Sc. occ.*) Pierre précieuse qu'on portait comme un amulette et à laquelle on attribuait des vertus merveilleuses.

ABROGATION, *sf.* Suppression, annulation d'une loi, d'un usage, etc. | Abroger, *va.* Supprimer, annuler.

ABROUTI, E, *adj.* Se dit des arbres dont les bourgeons ou les jeunes pousses ont été broutées par les bestiaux, et qui viennent mal. | Abroutissement, *sm.* État d'un bois—.

ABRUPT, E, *adj.* Coupé d'une manière inégale et singulière, en parlant d'un rocher, d'une montagne.

ABRUPTO (EX), *loc. adv.* (*Lat.*) Brusquement, sans préparation.

ABRUS, *sm.*, ou Abruse, *sm.* Arbrisseau de l'Inde, dont une espèce donne des graines qui servent à faire des colliers, des chapelets ou des breloques; sa racine est sucrée et s'emploie comme la réglisse.

ABRUTION, *sf.* (*Chir.*) Fracture transversale de l'os avec surfaces inégales et rugueuses.

ABSCISSE, *sf.* (*Math.*) Partie de l'axe d'une courbe qui se trouve entre le sommet de la courbe ou tout autre point fixe et la rencontre de l'ordonnée.

ABSCISSION, *sf.* (*Chir.*) Action de couper, de retrancher une partie du corps et surtout une partie molle.

ABSENCE, *sf.* (*Jurisp.*) État d'une personne *absente*, c.-à-d. qui a disparu de son domicile sans donner de nouvelles pendant quatre ans, et après une enquête qui a lieu pendant l'année qui suit ce délai; ses biens passent à ses héritiers moyennant une caution qui leur est rendue après trente ans si l'absent n'a pas reparu.

ABSENTÉISME, *sm.* Manie de voyager particulière aux classes riches de l'Angleterre et de l'Irlande.

ABSIDE, *sf.* Voûte, arcade, partie circulaire. | Partie intérieure des églises où le clergé était assis. | C'est toute la partie d'une église où se trouvent le chœur, l'autel, la sacristie, etc., et qui est séparée de la nef proprement dite par une grille et par des marches. | ABSIDAL, E, *adj.* Qui appartient à l'—.

ABSOLUTISME, *sm.* Système de gouvernement dans lequel le pouvoir du prince est absolu. | ABSOLUTISTE, *adj.* et *s.* Partisan de l'—.

ABSOLUTOIRE, *adj.* Qui porte absolution, pardon.

ABSOUTE, *sf.* Absolution publique et solennelle donnée à tout le peuple, dans les cathédrales, le jeudi saint au matin ou le mercredi au soir. | Cérémonie qui se fait autour du cercueil dans l'office des morts.

ABSTÈME, *adj.* Qui ne boit pas de vin.

ABSTRAIT, E, *adj.* (*Math.*) Nombre —, celui qu'on exprime absolument sans indiquer l'espèce de ses unités.

ACACIA, *sm.* Arbre des pays tropicaux de la famille des légumineuses, à feuilles pennées, à corolles infundibuliformes; une de ses espèces produit la gomme arabique, une autre le cachou. | Nom vulg. d'une espèce de robinier d'Amérique, à fleurs en grappes, introduit en Europe où il est très-commun.

ACAJOU, *sm.* Grand arbre de l'Amérique du Sud, dont le bois dur, rouge foncé, à veines variées, est employé dans l'ébénisterie. | — à pomme, espèce d'anacardier de l'Inde, dont le fruit dit *noix d'acajou* fournit une huile caustique. | — à planches ou femelle. V. *Cédrel.*

ACALÈPHE, *sm.* ACALÈPHES, *sm.pl.* (*Zool.*) Classe de zoophytes connus sous le nom d'orties de mer; ils se tiennent sur l'eau, soit par la contraction de leur corps gélatineux, soit par des vessies remplies d'air; ils déterminent sur la peau de la personne qui les touche un sentiment de cuisson analogue à la piqûre de l'ortie.

ACALOTL, *sm.* Reptile amphibie, espèce de salamandre du Mexique, de couleur grise, qui habite le long des lacs, se nourrit de poissons, et dont la chair est très-estimée.

ACANTHE, *sm.* Plante du midi de l'Europe, dont la feuille large, profondément découpée, est souvent imitée dans les ornements d'architecture et notamment dans le chapiteau corinthien, dont elle a, dit-on, donné l'idée.

ACANTHIE, *sf.* Insecte plat, très-voisin de la punaise, qui se tient caché, pendant le jour, sous les écorces d'arbre.

ACANTHOPHAGE, *adj.* Se dit des animaux qui se nourrissent de chardons.

ACANTHOPTÉRYGIENS, *sm. pl.* (*Zool.*) Se dit dit d'un ordre de poissons qui ont la nageoire dorsale formée par des rayons épineux; tels sont: la perche, le rouget, le maquereau, etc.

ACARE ou ACARUS, *sm.* Arachnide très-petit, dont la plupart des espèces vivent sur les substances végétales et animales, comme les mites, qu'on trouve dans le fromage, et l'— de la gale, appelé aussi *Sarcopte de l'homme.*

ACATALEPSIE, *sf.* (*Phil.*) Impossibilité constitutive ou accidentelle pour l'intelligence humaine de concevoir un objet.

ACATASTASIQUE, *adj.* (*Méd.*) Se dit d'une maladie dont les symptômes n'ont rien de régulier.

ACATIA, *sf.* Chaussure des femmes grecques en forme de bec recourbé.

ACAULE, *adj.* (*Bot.*) Se dit des plantes qui n'ont pas de tige.

ACCALMIE, *sf.* Calme momentané qui succède sur mer à un coup de vent très-violent.

ACCASTILLAGE, *sm.* Partie des œuvres-mortes d'un vaisseau qui s'élève au-dessus du plat bord et porte des ornements et des sculptures.

ACCENSE, *sm.* Chez les Romains c'était un fonctionnaire analogue à nos huissiers. | *sf.* Bail à ferme.

ACCENTEUR, *sm.* Genre d'oiseaux insectivores cendrés, tachés de rouge, qui habitent les hautes montagnes où ils se nourissent d'insectes.

ACCESSION, *sf.* Consentement, adhésion. | Augmentation d'une propriété par l'addition insensible des diverses valeurs qu'elle produit.

ACCIACATURA, *sf.* (*Ital.*) (Pr. *Ac-chia-ca-tou-re*) (*Mus.*) Agrément qui consiste à accompagner une ou plusieurs notes principales, de petites notes secondaires qui se frappent rapidement et donnent à l'accord une plus grande résonnance.

ACCIPITRIN, E, *adj.* Se dit des oiseaux de proie qui ressemblent à l'épervier.

ACCOLADE, *sf.* Cérémonie usitée dans la réception d'un chevalier et qui consistait à lui passer les bras autour du cou et à le frapper du plat de l'épée.

ACCOLAGE, *sm.* Action d'attacher les branches d'un arbre à des échalas ou des espaliers, pour que les fruits soient mieux exposés à l'action du soleil.

ACCOLEMENT, *sm*. V. *Accotement*.

ACCOLER, *va*. Joindre ensemble deux choses, en les approchant l'une de l'autre. | Faire un accolage. | Embrasser.

ACCON, *sm*. Petit bateau à fond plat pour aller sur la vase ou pour servir d'allége dans le chargement et le déchargement d'un navire.

ACCORE, *sf*. Étai qui sert à soutenir un vaisseau sur le chantier. | Soutien quelconque, lisière, talus. | ACCORER, *va*. Appuyer un vaisseau au moyen d'—s. | ACCORAGE, *sm*. Action d'accorer; ensemble des accores.

ACCORT, E, *adj*. Adroit, subtil, complaisant, obséquieux. | ACCORTEMENT, *adv*. D'une manière —e. | ACCORTISE, *sf*. Humeur complaisante, accomodante, gracieuse.

ACCOTEMENT, *sm*. Espace compris entre la chaussée pavée et le fossé d'une route.

ACCOTER, *va*. Appuyer contre, appuyer de côté.

ACCOTOIR, *sm*. Ce qui sert pour s'accoter; appui.

ACCOUER, *va*. Attacher des animaux domestiques les uns aux autres par la queue. | Atteindre un cerf au défaut de l'épaule, ou lui couper le jarret.

ACCOULIN, *sm*. Atterrissement de rivière qui sert à faire de la brique.

ACÉE, *sf*. Bécasse.

ACÉPHALE, *adj*. Qui n'a pas de tête. | *Sm. pl*. (*Zool*.) Ordre de mollusques dont la tête n'est pas distincte du reste du corps; ils sont renfermés dans une coquille. | ACÉPHALIE, *sf*. État d'un animal —.

ACÉPHALOCYSTE, *sf*. Espèce de ver constitué par une vésicule que l'on trouve quelquefois dans les tissus organiques de l'homme et des animaux.

ACÉRACÉ, E, *adj*. Qui ressemble à l'érable.

ACÉRAIN, *adj*. Qui tient de la nature de l'acier.

ACÉRÉ, E, *adj*. Pointu.

ACERRE, *sf*. (*Ant*.) Petit coffret de bronze qui servait à mettre de l'encens. | Autel; trépied près d'un lit funéraire.

ACESCENCE, *sf*. Disposition à s'aigrir, à devenir acide.

ACÉTABULÉ, E, ACÉTABULEUX, SE, ACÉTABULIFORME, *adj*. Qui a la forme du vase antique appelé *Acétabule*.

ACÉTAL, *sm*. Produit de l'action du noir de platine sur les vapeurs alcooliques en présence de l'oxygène.

ACÉTATE, *sm*. Nom générique des sels formés par la combinaison de l'acide acétique avec différentes bases.

ACETEUX, SE, *adj*. Qui a le goût du vinaigre, qui produit le vinaigre.

ACÉTIQUE, *adj*. *Acide* —. Acide qui fait la base du vinaigre; il existe dans presque toutes les plantes et dans divers liquides dépendant de l'économie animale. | ACÉTIFICATION, *sf*. Transformation en acide —. | ACÉTIMÉTRIE, *sf*. Procédé pour apprécier la qualité des vinaigres.

ACÉTOL, *sm*. Vinaigre. | ACÉTOLAT, *sm*. Composé pharmaceutique renfermant du vinaigre. | ACÉTOLATURE, *sf*. ACÉTOLÉ, *sm*. Médicaments où il entre du vinaigre. | ACÉTOLOTIF, *sm*. Vinaigre pour l'usage externe. | ACÉTOMEL, *sm*. Sirop de vinaigre à base de miel.

ACÉTONE, *sm*. Substance liquide, incolore, transparente, d'une odeur pénétrante, que l'on obtient en distillant certains acétates et qui, étant distillée avec le chlorure de chaux, donne un produit particulier connu sous le nom de *chloroforme*.

ACÉTOSITÉ, *sf*. Qualité de ce qui est acéteux.

ACHADE, *sf*. Houe pour biner les vignes.

ACHAOVAN, *sm*. Plante d'Égypte qui ressemble à la camomille; on l'emploie dans les obstructions et dans la jaunisse.

ACHAR, *sm*. V. *Atchar*.

ACHATE, *sm*. (pr. *ka*). Ami fidèle, compagnon inséparable.

ACHE, *sf*. Plante ombellifère à fleurs petites, jaunâtres, qui ressemble un peu au persil et qui croît dans les lieux humides; elle est âcre à l'état sauvage, mais quand elle est cultivée, elle perd son âcreté et fournit le légume connu sous le nom de *céleri*. | Plante funèbre chez les anciens. | Plante dont on se servait en Grèce pour couronner les vainqueurs dans certains jeux.

ACHÉE ou AICHE, *sf*. Larve, lombric, ver de terre, qu'on emploie pour amorcer le poisson.

ACHEMENTS, *sm. pl*. (*Blas*.) Lambrequins ou chaperons d'étoffe découpés qui environnent le casque ou l'écu.

ACHÉRON, *sm*. (pr. *ké*; cependant quelques auteurs donnent la pr. *ché* comme bonne). (*Ant*.) Fleuve des enfers, ou plus généralement l'enfer lui-même.

ACHEVALER, *va*. En parlant d'un corps de troupes, être à la fois des deux côtés d'un fleuve, d'une route, etc.

ACHILLÉE, *sf*. (pr. *kil*.). Genre de plantes à petites fleurs blanchâtres disposées en corymbes aplatis, et dont une espèce, le mille-feuilles, est très-commune en Europe; on l'a crue propre à arrêter les hémorragies.

ACHIRITE, *sf*. (pr. *ki*) (*Minér*.) Émeraude de Sibérie; c'est un silicate de cuivre d'une belle couleur verte qu'on appelle techniquement *dioptase*.

ACHLYS, *sm*. (*Méd*.). Trouble produit dans la vue par une cicatrice de la cornée.

ACHMITE, *sf.* *(Minér.)* Minéral de Norwége, d'un vert foncé.

ACHORES, *sm. pl.* (pr. *ko*) Petits ulcères à la tête et aux joues des jeunes enfants. | Ulcérations superficielles qui surviennent à la tête des jeunes poulains.

ACHORISTE, *adj.* (pr. *ko*) *(Méd.)* Se dit des symptômes inséparables de toute maladie.

ACHOUR, *sm.* (pr. *chourr*) En Algérie, dime sur les céréales; impôt qui a pour base le chiffre des charrues, et qui est perçu par les bureaux arabes.

ACHROMATIQUE, *adj.* Se dit de la propriété qu'ont les lentilles, les lunettes, etc., de détruire la coloration des rayons lumineux qu'elles réfractent, et de supprimer les franges irisées qui borderaient l'image des objets observés. | ACHROMATISME, *sm.* Propriété des verres — s | ACHROMATISER, *va.* Rendre —.

ACHTEL, *sm.* Mesure de capacité pour les grains en Autriche; sa contenance est de deux litres.

ACHTHÉOGRAPHIE, *sf.* Description des poids.

ACICULAIRE, ACICULÉ, E, ACICULIFORME, *adj.* Mince et allongé comme une aiguille.

ACIDIMÉTRIE, *sf.* Art d'apprécier le degré de concentration des acides.

ACIÉRER, *va.* Convertir du fer en acier. | ACIÉRATION, *sf.* Action d' —; formation de l'acier. | ACIÉREUX, *adj.* Fer —, se dit du fer qui a une certaine facilité à prendre la trempe de l'acier.

ACIÉRIE, *sf.* Usine où l'on fabrique l'acier.

ACINIFORME, *adj.* Qui a la forme d'un grain de raisin. | TUNIQUE —, Se dit d'une des tuniques de l'œil qu'on appelle aussi *uvée.*

ACINTLI, *sm.* Espèce de poule d'eau à tête noire qui habite les marais du Mexique.

ACISELER, *va.* Coucher pour la première fois le plant de la vigne.

ACLASTE, *adj.* Se dit des corps qui laissent passer les rayons de lumière sans leur faire subir de réfraction.

ACMÉ, *sm.* *(Méd.)* Période dans laquelle une maladie est à son plus haut degré d'intensité.

ACNÉ, *sf.* Éruption de petits boutons dont le centre est généralement noir et les bords rosés, qui se manifeste sur le front, le nez et sur le haut des bras, dans la jeunesse.

ACOCHETON, *sm.* Andain, javelle, tas d'avoines coupées.

ACOLYTAT, *sm.* Anciennement, c'était l'ordre mineur qui précédait le sous-diaconat; les *acolytes* remplissaient les fonctions des *enfants de chœur* d'aujourd'hui.

ACON, *sm.* V. *Accon.*

ACONIT, *sm.* Plante très-haute à grandes feuilles très-découpées, à fleurs en forme de casque et en grappes; elle est vénéneuse et renferme un principe stupéfiant qui la fait employer contre les affections nerveuses et les douleurs rhumatismales. | ACONITINE, *sf.*, Principe immédiat de l'—.

ACORE, *sm.* Genre de plantes de la famille des aroïdées, dont une espèce, originaire du Japon, est cultivée dans nos serres pour ses feuilles rubanées de rose, de blanc et de vert. | V. *Calamus aromaticus.*

ACOSMIE, *sf.* *(Méd.)* Irrégularité dans les jours critiques d'une maladie.

ACOTYLÉDONE, ACOTYLÉDONÉ, E, *adj.* *(Bot.)* Se dit des végétaux qui n'ont pas de cotylédons, tels que les lichens, les mousses, les champignons, etc.

ACOUMÈTRE, *sm.* Instrument propre à mesurer l'étendue du sens de l'ouïe.

A-COUP, *sm.* Mouvement brusque et saccadé dans les manœuvres d'une troupe à cheval.

ACOUSTICO-MALLÉEN, *adject. m.* Muscle —, muscle externe qui s'attache à la paroi supérieure du conduit auditif.

ACOUSTIQUE, *adj.* Qui sert à produire, à modifier ou à percevoir les sons. | —, *sf.* Science des sons, de leur transmission et de leurs rapports entre eux.

ACQUA TOFFANA, *sf.* V. *Toffana.*

ACQUÊT, *sm.* (*Jurispr.*) Chose acquise, bien que l'on acquiert particulièrement, biens qui arrivent aux époux pendant le mariage.

ACQUIT-A-CAUTION, *sm.* Autorisation délivrée sur papier timbré par les employés de l'octroi, de la douane, etc., pour qu'une marchandise puisse circuler sans payer de droits, sous la condition de les acquitter à leur destination.

ACRE, *sf.* Mesure de terre en usage en Angleterre, où elle vaut à peu près 40 ares. | On l'emploie aussi encore sur quelques points de la France; elle varie de 50 à 75 ares. | Aux États-Unis, mesure égale à 81 ares.

ACRIBOLOGIE, *sf.* Choix rigoureux des expressions; précision du style.

ACRIDIE, *sf.* ACRIDION, *sm.* V. *Criquet.*

ACRIDIENS, *sm. pl.* Famille d'insectes dont la sauterelle est le type.

ACRIDOPHAGE, *adj.* Qui mange des sauterelles.

ACRINIE, *sf.* (*Méd.*) Diminution ou absence de sécrétion.

ACRISIE, *sf.* *(Méd.)* Absence de crise dans une maladie. | ACRITIQUE, *adj.*, Se dit des phénomènes indiquant l' —.

ACROATIQUE, *adj.* (*Ant.*) Livres — s, livres de philosophie où n'étaient traitées que les matières comprises des seuls adeptes.

ACROCHORDON, *sm.* (pr. *kor*) Petite excroissance ronde munie d'un pédicule mince qui vient sur les paupières.

ACRODYNIE, *sf.* *(Méd.)* Maladie du sens

du toucher qui consiste dans l'abolition ou la diminution de ce sens.

ACROLITHE, *adj.* (*Ant.*) Statue —, statue dont les extrémités seulement étaient de pierre.

ACROLOGIE, *sf.* Écriture hiéroglyphique au moyen de figures qui représentent des objets dont le nom commence par la lettre que l'on veut écrire.

ACROMIAL, E, ACROMIEN, NE, *adj.* (*Anat.*) Se dit d'une apophyse appelée aussi *Acromion*, qui est située à l'extrémité de l'épaule : elle termine l'omoplate et s'articule avec la clavicule.

ACRONYQUE, *adj.* Se dit, en parlant du lever ou du coucher d'un astre, du moment où la nuit commence.

ACROPOLE, *sf.* Partie la plus élevée des cités grecques, citadelle.

ACROSTICHE, *sm.* (*Litt.*) Pièce de poésie dont chaque vers commence par une des lettres d'un certain mot, de sorte qu'en lisant toutes ces premières lettres à la suite l'une de l'autre, on retrouve ce mot qui est le sujet de l'acrostiche.

ACROTÈRE, *sm.* Espèce de socle ou de piédestal que les anciens plaçaient au sommet et aux deux extrémités d'un fronton triangulaire et qui recevait des statues, des vases, etc. | Galerie formée de balustres ou de socles qui orne la partie supérieure d'un édifice.

ACTÉE, *sf.* Plante renonculacée âcre et vénéneuse, dont une espèce est connue en France sous le nom vulgaire d'*Herbe de Saint-Christophe*.

ACTINIE, *sf.* Polype charnu, rayonné, à tentacules longs et nombreux, à couleurs très-brillantes ; on les rencontre assez communément sur nos côtes au fond des eaux ; quelques-unes prennent le nom d'*Anémones de mer*.

ACTINOLOGIE, *sf.* Science, étude des zoophytes.

ACTINOTE, *sm.* (*Minér.*) Pierre à peu près de la même nature que l'amphibole, dont elle ne se distingue que par la couleur ; elle se présente en longs prismes hexaédriques réunis en faisceaux rayonnants ou divergents.

ACTUAIRE, *sm.* (*Ant.*) Chez les Romains, le scribe chargé de dresser les actes publics, ou l'officier militaire chargé de la comptabilité et des vivres.

ACUÏTÉ, *sf.* Qualité de ce qui est aigu, vif, piquant.

ACUMINÉ, E, *adj.* (*Hist. nat.*) Se dit des parties dont l'extrémité supérieure se rétrécit subitement pour former une pointe aiguë et allongée.

ACUPONCTURE, ou ACUPUNCTURE, *sf.* (*Chir.*) Opération qui consiste à introduire, dans les tissus vivants, une ou plusieurs aiguilles très-fines, en les faisant tourner sur leur axe ; c'est un moyen stimulant utilisé dans le traitement de certaines maladies spasmodiques.

ACUTANGLE, *adj.* (*Math.*) Qui a des angles aigus. | ACUTANGULAIRE, *adj.* Qui fait un angle aigu.

ACYANOBLEPSIE, *sf.* (*Méd.*) Maladie des yeux qui empêche de voir la couleur bleue.

ACYROLOGIE, *sf.* (*Litt.*) Locution vicieuse qui consiste dans l'emploi impropre d'un mot ou d'une forme.

ADAGE, *sm.* Proverbe, sentence populaire.

ADAGIO, *adv.* et *sm.* (*Ital.*) (*Mus.*) A l'aise, lentement ; se dit des morceaux de musique joués dans ce mouvement et d'une expression calme, triste, mélancolique.

ADAMANTIN, E, *adj.* Qui tient du diamant ou par l'éclat ou par la dureté.

ADAMAS, *sm.* Matière blanche, très dure qui est du silicate de magnésie réduit en poudre, moulé et recuit ; cette substance, très-difficilement fusible et inattaquable aux acides, remplace certains métaux et a été employée dans la fabrication des becs de gaz.

ADAMIQUE, *adj.* Race —, race humaine primitive. | Terre —, limon salé, gluant, qui se trouve au fond de la mer après le reflux des eaux.

ADAMITE, *sm.* Sectaires chrétiens du IIe siècle qui proscrivaient le mariage.

ADANSONIA, ou ADANSONIE, *sf.* V. *Baobab*.

ADARGUE, *sf.* Bouclier maure ; espèce d'écu armé de pointes pour l'attaque et pour la défense.

ADATIS, *sm.* Mousseline des Indes.

ADDUCTEUR, *adj. m.* (*Anat.*) Se dit des différents muscles qui opèrent l'*Adduction*, c.-à-d. qui rapprochent de l'axe du corps les parties auxquelles ils sont attachés.

ADECTE, *adj.* (*Méd.*) Se dit des médicaments propres à calmer les accidents occasionnés par l'action de médicaments trop énergiques.

ADÉLIDE, *adj.* Obscur, peu manifeste.

ADÉLOGÈNE, *adj.* (*Minér.*) Roche —, non homogène, mais d'une texture si serrée qu'elle le paraît.

ADÉMONIE, *sf.* Anxiété, extrême agitation, inquiétude excessive.

ADEMPTION, *sf.* (*Jurisp.*) Révocation d'un legs, d'une donation.

ADÉNALGIE, *sf.* (*Méd.*) Douleur dans les glandes. | ADÉNEMPHRAXIE, *sf.* Engorgement des glandes. | ADÉNITE. *sf.* Inflammation des glandes et particulièrement des ganglions lymphatiques. | ADÉNOÏDE, *adj.* Qui a la forme d'une glande. | ADÉNOPHTHALMIE, *sf.* Inflammation des glandes des paupières. | ADÉNOSE, *sf.* Toute maladie des glandes. | ADÉNOTOMIE, *sf.* Dissection des glandes.

ADÉNOLOGIE, *sf.* Partie de l'anatomie qui a pour objet l'étude des glandes.

ADÉNO-MÉNINGÉE, *adj. f.* (*Méd.*) Fièvre —, ancien nom de la fièvre muqueuse, forme de la fièvre typhoïde.

ADENT, *sm.* (*Archit.*) Se dit de l'assemblage de deux planches au moyen d'une rainure et d'une languette triangulaire. | ADENTER, *va.* Réunir des planches par des — s.

ADÉPHAGE, *adj.* Glouton, vorace. | ADÉPHAGIE, *sf.* Voracité.

ADEPTE, *sm.* Initié, admis aux secrets d'une secte, d'une science, aux actes d'une société, d'un parti.

ADÉQUAT, E, *adj.* (pr. *koua*) Équivalent; conforme en tous points.

ADEXTRÉ, E, *adj.* (*Blas.*) Se dit des pièces qui se placent à droite de l'écu ou à la droite desquelles une pièce est placée.

ADHÉSIF, VE, *adj.* Qui adhère à la peau, en parlant d'un emplâtre; qui produit une adhérence.

ADHIRER, *va.* V. *Adirer.*

AD HOC, *loc. adv.* (*Lat.*) (pr. *a-doc.*) Directement, positivement, spécialement à l'effet voulu.

AD HOMINEM, *loc. adv.* (*Lat.*) (pr. *a-do-mi-nèmm*) En parlant d'un argument, direct, qui touche la personne même avec laquelle on discute.

AD HONORES, *loc. adv.* (*Lat.*) (pr. *a-do-no-rès*) Gratuitement, pour l'honneur et sans profit.

ADIANTE, *sf.* V. *Capillaire.*

ADIAPHORÈSE, *sf.* (*Méd.*) Absence, suppression de la transpiration; on dit aussi *Adiapneusie.*

ADIPEUX, SE, *adj.* Qui est de la nature de la graisse.

ADIPOCIRE, *sf.* Matière grasse qui renferme de la cire et que l'on trouve dans la tête de plusieurs espèces de cachalots; on l'appelle aussi cétine ou blanc de baleine. | Gras des cadavres, substance qui se produit par la décomposition spontanée des matières animales.

ADIPSIE, *sf.* (*Méd.*) Défaut de soif, aversion pour les liquides.

ADIRER, *va.* (*Jurisp.*) Perdre, égarer, en parlant d'un titre, d'un mandat, etc.

ADIVE, *sm.* V. *Corsac.*

ADJURATION, *sf.* Formule employée par l'Église dans les exorcismes. | ADJURER, *va.* Prononcer l' —; prier vivement, supplier avec force.

ADJUVANT, *adj.* et *sm.* (*Méd.*) Se dit de tout médicament que l'on fait entrer dans une formule pour seconder l'action du médicament principal.

AD LIBITUM, *loc. adv.* (*Lat.*) A volonté, comme on voudra.

ADMINICULE, *sm.* Élément de preuve; preuve imparfaite. | Moyen auxiliaire et qui facilite une action principale.

ADMITTATUR, *sm.* Certificat que l'on délivre à celui qui est apte à obtenir un grade dans une faculté ou à entrer dans les ordres.

ADMONESTATION, *sf.* Réprimande, | ADMONESTER, *va.* Faire une réprimande; on dit *Admonéter* en t. de palais.

ADMONITEUR, TRICE, *s.* Celui, celle qui avertit les religieux, dans les monastères, des devoirs qu'ils ont à remplir.

ADMONITION, *sf.* Action d'*admonéter.*

ADONAÏ, *sm.* Nom que les Hébreux donnaient à Dieu.

ADONHIRAMITE, *adj.* et *s.* Se dit d'une secte de francs-maçons distincte du rite français, parce qu'elle reconnaît pour fondateur *Adonhiram,* au lieu d'*Hiram.*

ADONISE, *sf.*, **ADONIS**, *sm.* Plante élégante de la famille des renonculacées, à suc âcre et vénéneux.

ADONISER (s'), *v. pr.* Se parer avec recherche, avec affectation pour paraître plus beau, plus jeune.

ADOS, *sm.* Disposition de la terre en croupes alternées de rigoles, de façon à ce que les plantes cultivées soient à l'abri du vent et à l'exposition du soleil.

ADOUBER, *va.* Aux échecs, toucher à une pièce sans la jouer. | Radouber un navire. V. *Radouber.*

ADRAGANT, *adj. m.* ADRAGANTHE, ADRAGANTE, *adj. f.* Gomme —, gomme en morceaux vermiculés ou plats, produite dans le Levant et la Perse par divers *astragalus,* arbustes épineux.

AD REM, *loc. adv.* (*Lat.*) Catégoriquement, positivement, à la question.

ADUFE, *sm.* Espèce de tambour de basque dont on se sert en Espagne et chez les Arabes.

ADULAIRE, *adj. m.* (*Minér.*) Feldspath —, Espèce de feldspath transparent à base de potasse qu'on trouve particulièrement au mont *Adule*, dans les Alpes, et dont on fait des bagues et des épingles; on l'appelle aussi *Orthose, sf.*

ADULTE, *adj.* et *s.* Qui a dépassé l'adolescence.

ADULTÉRATION, *sf.* Altération, falsification.

ADURENT, E, *adj.* Brûlant, caustique.

ADUSTE, *adj.* Se dit des humeurs, du sang quand ils sont altérés et comme brûlés. | ADUSTION, *sf.* Cautérisation légère à l'aide du feu

AD VALOREM, *loc. adv.* (*Lat.*) Se dit de droits de douane sur les marchandises, non d'après leur poids et leur volume, mais d'après leur valeur.

ADVENTICE, *adj.* Qui n'est pas naturellement dans un corps, qui y survient du dehors. | Plantes —s, mauvaises herbes qui poussent dans les terres de culture. | On dit aussi *Adventif, ve, adj.*

ADY, *sm.* Espèce de palmier des Antilles dont les sommités fournissent un suc qui devient, par la fermentation, un vin enivrant.

ADYNAMIE, *sf.* (*Méd.*) Faiblesse, privation des forces : excès de faiblesse musculaire. | Adynamique, *adj.* Se dit des maladies accompagnées d' —, comme la fièvre *adynamique*, qu'on appelle aussi *putride*.

ÆDÉLITE, *sf.* Minéral très-dur découvert en Suède ; il est d'une texture fibreuse ou striée et de couleurs diverses.

ÆDICULE, *sm.* (*Ant.*) Petit temple, chapelle.

ÆGAGRE, *adj.* et *sf.* Chèvre sauvage à cornes dirigées en avant, qui habite les montagnes de l'Asie.

ÆGILOPS, *sm.* Ulcère qui se forme entre le nez et le grand angle de l'œil. | Plante de la famille des graminées qui croît en Sicile et qu'on a crue le type primitif du froment.

ÆGINÉTIE, *sf.* (*pr. cie*) Orobanche du Malabar qui, mêlée avec la muscade et le sucre, forme un bon masticatoire.

ÆGLEFIN, *sm.* V. *Aiglefin.*

ÆGOPHONIE, *sf.* Résonnance aigre, tremblotante, saccadée de la voix, qui a quelque rapport avec celle d'une chèvre.

ÆOLINE, *sf.* Instrument à vent dont on se sert dans quelques églises d'Allemagne pour accompagner les chants ; son principe réside dans le passage de l'air sur des baguettes en acier de différentes grandeurs.

ÆPIORNIS, *sm.* Oiseau gigantesque dont on n'a que quelques os ; ses œufs, qui ont été découverts à Madagascar, ont une capacité de 8 à 10 litres.

AÉRAGE, *sm.* Aération, *sf.* Action d'aérer, de renouveler, de changer l'air.

AÉRANTHE, *sf.* V. *Aéride.*

AÉRICOLE, *adj.* Qui vit dans l'air.

AÉRIDE, *sf.* Orchidée, plante des tropiques dont la végétation est si vigoureuse qu'elle pousse même lorsqu'elle ne tient plus à la terre et ne puise plus sa nourriture que dans l'air.

AÉRIFÈRE, *adj.* Qui porte, qui conduit l'air.

AÉRIFORME, *adj.* Qui a l'aspect, l'apparence de l'air gazeux.

AÉRODYNAMIQUE, *sf.* Étude des lois des mouvements des gaz et en particulier de la force de pression de l'air.

AÉROÏDE, *sf.* V. *Béril.*

AÉROLITHE, *sm.* Pierres qui tombent des airs avec accompagnement de flammes et de détonations ; on attribue leur origine à un amas de petits corps planétaires situés dans la sphère d'action de la terre, et qu'elle attirerait à sa surface de temps en temps.

AÉROMÈTRE, *sm.* Instrument à l'aide duquel on mesure la densité de l'air. | Aérométrie, *sf.* Partie de la physique qui traite de la densité et de la force d'expansion de l'air.

AÉRONAUTE, *s.* Celui, celle qui voyage dans un aérostat. | Aéronautique, *adj.* et *sf.* Art de naviguer dans l'air.

AÉRONEF, *sm.* ou *sf.*, Nef, nacelle enlevée par un aérostat. | Ballon, aérostat dirigeable.

AÉROPHOBIE, *sf.* (*Méd.*) Horreur du contact de l'air en mouvement ; ce symptôme, observé quelquefois dans le délire, est occasionné par l'inflammation de l'encéphale ou de ses membranes.

AÉROSCAPHE, *sm.* V. *Aéronef.*

AÉROSTAT, *sm.* Ballon, sac sphérique rempli de gaz ou d'air rendu léger par la chaleur et au moyen duquel on peut s'élever dans l'atmosphère. | Aérostatique, *adj.* et *sf.* Science de l'équilibre de l'air, art de diriger les ballons. | Aérostier, *sm.* Celui qui dirige un aérostat.

AÉROTHERME, *adj.* Se dit d'un système de fours dans lesquels le combustible ne brûle point au lieu même où l'on doit cuire le pain, de sorte que la cuisson se fait plus régulièrement et plus économiquement.

ÆRUGINEUX, SE, *adj.* (*Hist. nat.*), Se dit des corps qui offrent la teinte de la rouille.

ÆSTHÉSIE, *sf.* Sensibilité.

ÆTHRIOSCOPE, *sm.* V. *Drosomètre.*

ÆTHUSE, *sf.* Plante ombellifère vénéneuse qu'on appelle *petite ciguë* ; elle ressemble beaucoup au persil dont elle se distingue par la fétidité de ses feuilles et la couleur blanche de ses fleurs.

ÆTIOLOGIE, *sf.* V. *Étiologie.*

AÉTITE, *sf.* Pierre ferrugineuse que l'on disait se trouver dans les nids d'aigles dont elle aurait eu la vertu de favoriser la ponte.

AFFABULATION, *sf.* (*Litt.*) Partie d'une fable qui en explique le sens moral et qu'on appelle aussi la *morale*. | Tissu, plan d'un ouvrage d'imagination, texture d'un roman.

AFFALER, *va.* (*Mar.*) Faire descendre. | En parlant du vent, pousser vers la côte. | S'—, *v. pr.* En parlant d'un vaisseau, être poussé vers la côte, courir le danger d'échouer.

AFFANURE, *sf.* Blé que l'on donne aux ouvriers dans certaines contrées, en payement de leur journée.

AFFÉAGER, *va.* (*Féod.*) Aliéner un fief moyennant redevance.

AFFÉRENT, E, *adj.* Qui a rapport à, qui revient à. | (*Anat.*) Se dit de tous les conduits ou vaisseaux du corps qui ont pour fonctions d'apporter un liquide ; tels sont les conduits qui apportent la lymphe aux ganglions lymphatiques ; telles sont aussi les artères par rapport à la circulation sanguine.

AFFÉRON, *sm.* Petite pièce de métal qui garnit le bout des lacets et des aiguillettes.

AFFETTUOSO, *adv.* et *sm.* (*Ital.*) (*Mus.*) Indique un mouvement moins lent que l'*adagio* et plus posé que l'*andante*, et une expression douce et tendre.

AFFIDÉ, E, *adj.* et *s.* A qui on a donné sa confiance.

AFFIER, *va.* Planter, provigner des arbres en bouture.

AFFILIER, *va.* Associer à une compagnie, à une société, particulièrement à une société secrète. | AFFILIATION, *sf.* Action d'— ; association, société secrète, réunion d'affiliés.

AFFINAGE, *sm.* Purification des métaux par le feu. | — de l'or et de l'argent, séparation de ces métaux d'avec le cuivre. | — du fer, conversion de la fonte en fer forgeable. | AFFINER, *va.* Opérer l' — | AFFINERIE, *sf.* Forge à affiner ; fer affiné.

AFFINITÉ, *sf.* Alliance, degré de proximité que le mariage établit entre un époux et les parents de son conjoint. | AFFIN, *sm.* Lié par l'—.

AFFIQUET, *sm.* Petit bâton creux dont les femmes se servent pour soutenir l'aiguille à tricoter sur laquelle elles prennent la maille faite.

AFFIUM, *sm.* Opium indigène, suc concret obtenu par l'incision des capsules du pavot pourpre.

AFFIXE, *adj.* et *s.* (*Litt.*) Se dit des lettres ou des syllabes que l'on ajoute aux mots, dans certaines langues de l'Orient, pour adjoindre à ces mots l'idée accessoire d'un rapport de nombre, de personne, de temps ou de lieu.

AFFLÉ, E, *adj.* Altéré par le contact de l'air.

AFFLICTIF, VE, *adj.* Qui fait souffrir le corps ; se dit des peines corporelles qui frappent directement la personne du condamné.

AFFLOUER, *va.* (*Mar.*) Mettre à flot.

AFFLUENT, *sm.* Rivière qui se jette dans une autre.

AFFLUX, *sm.* (pr. *flu*) Concours de sang ou d'humeur dans une partie quelconque du corps.

AFFOUAGE, *sm.* Répartition par feux entre les habitants d'une commune, du bois de chauffage dont ils ont la propriété en commun. | AFFOUAGER, *va.* Faire le dénombrement de l'—. | AFFOUAGER, ÈRE, *adj.* Qui a rapport à l' — ; à qui est concédé par —.

AFFOUILLEMENT, *sm.* Action de creuser le lit d'une rivière, le fond d'un bassin, etc, pour en retirer les sables, les cailloux, etc.

AFFOURCHER, *va.* (*Mar.*) Retenir un bâtiment en jetant à la mer deux ancres disposées de telle sorte que leurs câbles forment une espèce de fourche, ce qui donne au bâtiment beaucoup de résistance et l'empêche de tourner. | AFFOURCHE, *sf.* Action d' — ; direction pour — dans une rade.

AFFRE, *sf.* Extrême frayeur ; frémissement d'horreur.

AFFRÉTER, *va.* Prendre un navire à louage, soit en totalité, soit en partie. | AFFRÈTEMENT, *sm.* Action d' — ; convention qui a l'affrétement pour objet. | AFFRÉTEUR, *sm.* Celui qui affrète.

AFFRIOLER, *va.* Attirer par quelque appât, allécher.

AFFRITER, *va.* Mettre une poêle neuve en état de servir, en y faisant fondre du beurre.

AFFRONTAILLES, *sf. pl.* Les confins de plusieurs fonds de terres qui aboutissent aux côtés d'un autre fonds.

AFFRONTÉ, E, *adj.* (*Blas.*) Se dit des pièces qui sont posées en face l'une de l'autre.

AFFUSER, *va.* (*Méd.*) Verser une quantité de liquide et le plus souvent d'eau sur le corps entier d'un malade ou sur une partie de son corps. | AFFUSION, *sf.* Action d'—.

AFFÛT, *sm.* Monture en bois sur laquelle est fixé un canon : elle est composée de deux forts madriers montés sur un essieu avec deux roues.

AFOURMILION, *sm.* Nom donné au grimpereau dans quelques parties de la France, parce que cet oiseau mange les fourmis qui se trouvent sur l'écorce des arbres.

AFRITE, *sf.* Esprits malins que les Orientaux imaginent voler dans la nuit au-dessus des maisons.

AGA, *sm.* Commandant, chef chez les Orientaux et particulièrement chez les Turcs ; chez les Arabes, il a le commandement militaire de plusieurs tribus.

AGACE, *sf.* Nom de la pie commune.

AGACIN, *sm.* Cor aux pieds.

AGADA, *sf.* Instrument à vent des Égyptiens et des Abyssins, qui a la forme d'une flûte et dont on joue avec une anche semblable à celle de la clarinette.

AGALACTE, *adj.* Se dit d'une femme qui n'a pas de lait ou d'un enfant qui n'a pas encore teté.

AGALACTIE, *sf.* (pr. *lac-ci*) Absence ou suppression du lait dans les mamelles d'une nourrice. — On écrit aussi *Agalaxie*.

AGALMATOLITHE, *sm.* (*Min.*) Pierre de talc compacte dont on fait en Chine des magots ou des figures grotesques.

AGAME, *adj.* (*Bot.*) Se dit des plantes qui n'ont pas d'organes sexuels et qui ne se reproduisent pas au moyen de graines. | — S, *sm. pl.* (*Zool.*) Reptiles sauriens d'Amérique à écailles aiguës relevées en arrière et terminées par une épine.

AGAMI, *sm.* Oiseau de l'Amérique du Sud, de la taille d'un dindon, noirâtre, à reflets violets sur la poitrine et cendrés sur le dos; il court avec agilité et habite en domesticité dans certaines contrées. Son cri sourd et profond l'a fait appeler l'*oiseau trompette*.

AGAN, *sm.* Débris d'objets que la mer rejette sur le rivage lors des grandes marées.

AGAPE, *sf.* Repas que les premiers chrétiens faisaient en commun dans les églises.

AGAPÈTES, *sm. pl.* Secte de chrétiens qui soutenaient qu'il n'y a rien d'impur pour les consciences pures.

AGAPHITE, *sf.* V. *Turquoise.*

AGARA ou **AGRA** (Bois d'), *sm.* Bois qui vient de la Chine et du Japon et qui répand une odeur particulière très-suave qui le fait rechercher par les parfumeurs; on l'appelle aussi *bois de senteur.*

AGARIC, *sm.* Champignon qui a de nombreuses espèces, les unes comestibles, les autres nuisibles, et dont le caractère principal est d'avoir le dessous du chapeau garni de lames. | — de chêne, espèce de bolet très-coriace qui croît sur les vieilles souches et dont on fait de l'amadou. | — du mélèze ou blanc, espèce de bolet de qualité inférieure, dont on s'est servi comme vomitif.

AGASSE, *sf.* V. *Agace.*

AGASSIN, *sm.* Bouton de vigne qui est placé au bas du cep et qui ne donne pas de grappe. | V. *Agacin.*

AGATE, *sf.* Variété de quartz demi-transparente, compacte, à cassure terne, écailleuse ou conchoïdale, à couleurs vives et variées. | — rubanée, qui présente des bandes droites multicolores parallèles. | — onyx, dont les bandes sont curvilignes ou concentriques. | — arborisée, qui présente une espèce de végétation incrustée dans la masse. | — noire. V. *Obsidienne.*

AGAVE, *sm.* (pr. *vé*) Plante vivace à feuilles épaisses et aiguës disposées en rosettes comme celles de l'aloès; on en fait des haies et ses feuilles fournissent des fibres résistantes dont on fait des cordes et des tissus.

AGE, *sm.* Pièce de bois qui va des manches de la charrue à l'avant-train; on l'appelle aussi *flèche.*

AGEUSTIE, *sf.* Diminution ou abolition de la faculté de percevoir les saveurs; absence de goût.

AGGLOMÉRAT, *sm.* (*Géol.*) Réunion de substances différentes qui se trouvent resserrées entre elles par un ciment quartzeux ou calcaire.

AGGLUTINATIF, VE, *adj.* et *sm.* Se dit des emplâtres qui adhèrent fortement à la peau et que l'on emploie pour tenir rapprochés les bords d'une plaie.

AGGRAVE, *sf.* (*Eccl.*) Nouveau degré d'excommunication par lequel on augmente les peines de l'excommunié qui persiste dans sa désobéissance.

AGGRAVÉE, *sf.* Maladie qui survient aux pattes du chien et qui est causée par des courses longues et fatigantes sur un terrain caillouteux.

AGHA, *sm.* V. *Aga.*

AGIO, *sm.* Différence entre la valeur nominale et la valeur réelle des monnaies. | Différence entre le titre ou montant d'un effet de commerce et son produit à l'escompte. | Prime payée au prêteur pour renouveler les billets que lui a souscrits l'emprunteur.

AGIOTAGE, *sm.* Spéculation, en général illicite, sur les fonds et les effets publics. — AGIOTER, *vn.* Faire l'—. | AGIOTEUR, SE, *s.* Celui, celle qui agiote.

AGITATO, *adv.* et *sm.* (*Ital.*) (*Mus.*) Indique, dans un morceau, un caractère d'expression qui rend le sentiment vague du trouble et de l'agitation.

AGLOSSIE, *sf.* Privation de la langue.

AGNAT, *sm.* (pr. *ag-na*) (*Jurisp.*) Tout enfant mâle issu du même père. | AGNATION, *sf.* Droit des mâles consanguins; qualité des *agnats.* | AGNATIQUE, *adj.* Qui concerne les —*s*; succession *agnatique*, succession en ligne masculine.

AGNELIN, *sm.* **AGNELINE**, *adj.* Se dit de la laine de la première tonte des agneaux. Peau d'agneau feutrée avec sa laine dont on fait des chapeaux.

AGNÈS, *sf.* Jeune fille très-innocente; au théâtre, rôle de jeune ingénue.

AGNOSIE, *sf.* (pr. *agh-no*) Ignorance.

AGNUS, *sm.* (pr. *agh*) Rondelle de cire bénite par le pape et sur laquelle est imprimée la figure d'un agneau. | Petite image de piété représentant un agneau

AGNUS-CASTUS, *sm.* Arbrisseau aromatique à fleurs violettes dont les graines, autrefois utilisées en pharmacie, sont aujourd'hui sans emploi.

AGOMPHOSE, *sf.* État des dents lorsqu'elles vacillent dans leurs alvéoles.

AGORA, *sf.* (*Ant.*) Place publique d'Athènes où se tenaient les assemblées du peuple.

AGOURRE, *sf.* V. *Cuscute.*

AGOUTI, *sm.* Quadrupède de l'ordre des rongeurs, de la grosseur d'un lièvre, qui habite les lieux montueux de l'Amérique du Sud; il court dans les terrains plats avec une très-grande vitesse.

AGRA (Bois d'), *sm.* V. *Agara.*

AGRAIRE, *adj.* Se disait à Rome de la loi qui fut proposée pour partager entre les citoyens les terres provenant de conquêtes et appartenant au domaine de l'État. | Mesure —, mesure de superficie, en parlant des terres de culture.

AGRÉAGE, *sm.* Droit que l'on paye à Bordeaux aux agents d'affaires maritimes.

AGRÉÉ, *sm.* Dans un tribunal de commerce, celui qui représente les parties comme avoué et comme avocat. | Dans certains ports de mer, courtier.

AGRÉGAT, *sm.* (*Hist. nat.*) Corps formé par la réunion en une seule masse de plusieurs parties élémentaires, ou molécules qui adhèrent entre elles sans aucun intermédiaire.

AGRÉGATION, *sf.* Force de cohésion. | Épreuve subie pour devenir agrégé; titre d'agrégé.

AGRÉGÉ, *sm.* Celui qui est admis après un concours dans le corps des professeurs de l'université. | Celui qui est chargé de suppléer, dans une faculté, les professeurs en titre.

AGRÉNER, *va.* (*Mar.*) Vider l'eau d'un bâtiment au moyen d'une pompe.

AGRÈS, *sm. pl.* (*Mar.*) Tout ce qui tient à la mâture d'un bâtiment, tout ce qui sert à le garnir, comme les voiles, les vergues, les câbles, etc.; tout ce qui n'est pas la coque, les mâts, les munitions ou les armes.

AGRIMINISTE, *sm.* Celui qui fait des ouvrages d'*agrément*, c.-à-d. des passementeries de soie, de cordonnet, etc., pour orner les vêtements.

AGRION, *sm.* Genre d'insectes névroptères qui a pour type l'insecte vulgairement appelé *demoiselle*.

AGRIOTHYMIE, *sf.* (*Méd.*) Tendance maladive à la cruauté.

AGRIPAUME, *sm.* Plante labiée d'une odeur forte qu'on rencontre dans les lieux secs et qu'on emploie en infusion contre les cardialgies et les maladies hystériques. | On l'appelle aussi *Cardiaque*.

AGRONOME, *sm.* Celui qui est versé dans l'*agronomie* ou science agricole; diffère de l'*agriculteur*, en ce sens que ce dernier mot s'applique seulement à ceux qui pratiquent l'agriculture, tandis que le premier exprime la possession des connaissances théoriques, avec ou sans l'application.

AGROSTIDE, *sf.* Plante graminée dont la tige est une herbe fine qui fournit d'assez bons fourrages dans les terrains secs.

AGRYPNIE, *sf.* (*Méd.*) Privation complète du sommeil.

AGUILLE, *sf.* Toile de coton fabriquée à Alep.

AGUL, *sm.* V. *Athagi*.

AHALER, *vn.* Respirer d'une manière bruyante.

AHAN (d'), *adv.* Suer d'ahan, faire quelque chose de très-pénible, se fatiguer beaucoup. | Ahaner, *vn.* Se fatiguer, avoir beaucoup de peine.

AÏ, *sm.* Espèce de *paresseux* gros comme un chat; c'est, de tous ses congénères, celui qui marche avec le plus de difficulté.

AICHE, *sm.* Petit ver qui sert à amorcer le poisson.

AIDES, *sf. pl.* Moyens qu'emploie un cavalier pour manier un cheval. | Petites pièces accessoires que l'on ménage dans les édifices pour dégager les grandes pièces et leur servir de décharge.

AIGLE, *sm.* Monnaie d'or en usage dans l'Amérique du Nord; la valeur du double aigle est de 52 fr. environ.

AIGLE DE MER, *sm.* V. *Myliobate*.

AIGLEFIN, *sm.* Poisson à peu près semblable à la morue, mais plus petit, quoique aussi vorace.

AIGLETTE, *sf.* V. *Alérion*.

AIGRE, *adj.* Se dit des métaux qui ne se travaillent pas bien au marteau, qui cassent facilement. | — de cèdre, *sf.* Suc de citrons ou de cédrats à demi mûrs préparé aux environs de Gènes, d'où on l'expédie en divers endroits pour l'usage des confiseurs.

AIGREFIN, *sm.* V. *Aiglefin*.

AIGREMOINE, *sf.* Plante de la famille des rosacées, à fleurs jaunes en épi allongé, qui est employée comme astringent et comme vermifuge.

AIGRETTE, *sf.* Nom de plusieurs espèces de hérons blancs qui portent sur le dos une aigrette formée de plumes longues et soyeuses. | Oseille sauvage.

AIGUADE, *sf.* (pr. *ga*-) Provision d'eau douce qu'un vaisseau fait dans le cours d'un voyage. | Mieux, lieu où l'on peut faire de l'eau.

AIGUAYER, *va.* Promener dans l'eau, remuer, baigner dans l'eau.

AIGUE-MARINE, *sf.* V. *Béril*.

AIGUIÈRE, *sf.* Vase à long col muni d'une anse et évasé, pour renfermer de l'eau.

AIGUILLAT, *sm.* Espèce de chien de mer ou de squale à nageoires dorsales terminées par une épine très-aiguë; on retire une huile calmante de son foie; on travaille sa peau comme le *galuchat*. (V. ce mot.)

AIGUILLETTE, *sf.* Ornement de tresse ou de cordon ferré par les deux bouts. | Nouer l'—, sort que l'on jetait à deux fiancés, pour les empêcher de se marier.

AIGUILLE, *sf.* Mécanisme composé de rails, se mouvant autour d'un point fixe et destiné, sur les chemins de fer, à faire passer les voitures et les machines d'une voie sur une autre. | Aiguilleur, *sm.* Celui qui manœuvre l'—.

AILANTE, *sm.* Arbre originaire de Chine sur lequel vit un ver dont le cocon fournit une matière textile intermédiaire entre la laine et la soie, et que l'on a appelée *Ailantine*. | On écrit aussi *Ailante* ou *Aylanthe*.

AILERON, *sm.* (*Archit.*) Espèce de console en amortissement que l'on met des deux côtés d'une lucarne ou des parties supérieures d'un portail d'église.

AILLER, *sm.* Filet à mailles claires, de fil blanc, qui sert à prendre des cailles et autres oiseaux.

AIMANT, *sm.* Fer doué de la propriété appelée *magnétisme.* (V. ce mot.) | AIMANTATION, *sf.* Opération par laquelle on communique au fer les propriétés de l'aimant.

AIME, *sf.* Ancienne mesure de capacité pour les liquides en usage dans le nord de la France et en Belgique ; sa contenance est d'environ 130 litres ; on l'emploie aussi en Suède et en Danemark, où elle équivaut à 150 litres. | V. *Aam.*

AIN, *sm.* Un certain nombre de fils de la chaîne d'une étoffe.

AINE, *sf.* Partie du corps comprise entre le haut de la cuisse et le bord inférieur de la paroi antérieure de l'abdomen.

AÎNESSE (Droit d'), *sm.* Prérogative réservée à l'aîné par certaines législations, en vertu de laquelle il prend, dans la succession, une plus grande part que celle des autres enfants.

AIRAIN, *sm.* Ancien nom du bronze. | — de Corinthe. V. *Pyrope.*

AIR DE VENT, *sm.* (*Mar.*) Chacune des 32 directions qui sont séparées sur la boussole par les *rumbs* ou quart de vent.

AIRE, *sf.* Place unie pour battre les grains ; surface plane. | Nid des grands oiseaux de proie et particulièrement de l'aigle. | AIRER, *vn.* Faire son nid.

AIRELLE, *sf.* Petit arbrisseau qui produit des baies globuleuses ; les baies de l'— myrtille, qui est la plus commune, ont une saveur qui se rapproche de celle de la groseille ; on en a extrait une matière colorante et on les emploie, comme astringent, contre la diarrhée, la dyssenterie, etc.

AISSANTE, *sf.* AISSEAU, *sm.* V. *Bardeau.*

AISSELIER, *sm.* Pièce de bois plate et étroite terminée par deux tenons.

AISSELLE, *sf.* (*Anat.*) Cavité qui se trouve au-dessous de la jonction du bras avec l'épaule. | (*Bot.*) Angle formé par une feuille ou par un rameau sur une branche ou sur la tige.

AISSON, *sm.* Petite ancre à quatre bras.

AITRES, *sm. pl.* Disposition intérieure, détails d'une maison.

AJONC, *sm.* Arbuste très-épineux dont les rameaux nombreux et diffus se couvrent, au printemps, d'une grande quantité de petites feuilles et de fleurs jaunes semblables à celles du genêt ; il croît dans les terrains les plus incultes et les plus stériles.

AJOUPA, *sm.* Abri, cabane grossière que l'on dresse dans les Indes au moyen de quelques pieux et que l'on recouvre de feuilles de palmier ou de branchages.

AJOURER, *va.* Percer à jour.

AJUTAGE, *sm.* Morceau de cuivre tourné et percé en canon de soufflet qu'on adapte à l'extrémité d'un tuyau pour modifier la direction ou la forme du liquide qui en jaillit. | On dit aussi *Ajutoir* et *Ajoutoir.*

AKÈNE, *sm.* (*Bot.*) Fruit de certains végétaux formé d'une seule graine sèche et nue ou recouverte d'un très-mince péricarpe.

ALABANDINE, *sf.* Espèce de rubis décrite par Pline ; on nomme ainsi aujourd'hui un sulfure de manganèse.

ALABASTRITE, *sf.* Espèce d'albâtre demi-transparent employé par les anciens qui lui donnaient un beau poli et en faisaient des vases ; on en a garni même des carreaux de fenêtre d'église en guise de verre. | ALABASTRON, *sm.* Vase sans anse et très-poli destiné à recevoir des parfums, que les anciens fabriquaient avec la substance ci-dessus.

ALACRITÉ, *sf.* Allégresse, gaieté, joie vive.

ALAISE ou ALAIZE, *sm.* En général, pièce supplémentaire. | (*Archit.*) La planche la plus étroite qui achève de remplir un travail de menuiserie. | V. *Alèze.*

ALAMBIC, *sm.* Appareil qui sert à distiller les liquides ; il est ordinairement composé d'une espèce de marmite appelée *cucurbite* surmontée d'une calotte appelée *chapiteau*, laquelle se continue en un tube hélicoïdal appelé *serpentin.*

ALANA, *sm.* Sorte de tripoli, pierre tendre et brillante qu'on emploie réduite en poudre, pour polir les métaux précieux.

ALAQUE, *sf.* (*Archit.*) Plinthe ou orlet, membre carré et plat qui fait le fondement de la base des colonnes.

ALATERNE, *sm.* Espèce de nerprun, arbrisseau toujours vert à feuilles alternes d'une saveur âcre, toniques et astringentes.

ALBÂTRE, *sm.* Pierre calcaire, formée par concrétion, d'un blanc plus ou moins huileux, demi-transparente et qu'on a employée, surtout dans l'antiquité, en statues, vases, colonnes, etc.

ALBATROS, *sm.* (pr. *tross*) Oiseau palmipède à bec très-long, dur, tranchant ; l'espèce la plus connue habite aux environs du Cap et chasse les poissons volants ; c'est un très-grand oiseau dont la voix est éclatante.

ALBERGE, *sf.* Fruit de l'arbre appelé ALBERGIER, *sm.* ; il ressemble à l'abricot ou à la pêche et son goût est très-agréable.

ALBINIE, *sf.* (*Méd.*) Albinisme, défaut de coloration de la peau considéré comme état pathologique. | ALBIN, E, *adj.* Atteint d'—.

ALBINISME, *sm.* Défaut de coloration de la peau. | ALBINOS, *s.* et *adj.* Atteint d'—, qui a la peau blafarde, les cheveux et le poil blancs ou sans couleur, l'iris d'un rose pâle et la pupille d'un rouge prononcé.

ALBITE, *sf.* (*Minér.*) Espèce de feldspath blanchâtre en lames nacrées dans la composition duquel la soude domine.

ALBOURS, *sm.* V. *Cytise.*

ALBUCA, *sm.* Plante à racine bulbeuse originaire du Cap, et dont la tige est succulente et mucilagineuse.

ALBUGINÉ, E, *adj.* (*Anat.*) Se dit des tissus dont la couleur est blanche et particulièrement de la sclérotique.

ALBUGO, *sm.* Tache blanche et opaque qui se forme à la cornée de l'œil et qui est produite par le dépôt d'une matière blanche dans les lames de cette membrane.

ALBUMEN, *sm.* (pr. *mènn*) Blanc d'œuf. | Partie de la graine qui sert de nourriture à l'embryon végétal.

ALBUMINE, *sf.* Substance qui se présente le plus souvent sous la forme d'un liquide incolore, visqueux, d'une saveur fade, mucilagineuse; elle se coagule à la température de 70° en une masse blanche opaque, insoluble dans l'eau; elle se trouve dans la plupart des corps organisés et constitue presque entièrement le blanc d'œuf; on l'emploie surtout pour clarifier divers liquides.

ALBUMINURIE, *sf.* Maladie dans laquelle l'albumine du sang passe dans l'urine.

ALCADE, *sm.* En Espagne, magistrat qui remplit des fonctions analogues à celles des commissaires de police et des juges de paix français.

ALCALESCENCE, *sf.* État d'une substance dans laquelle les propriétés alcalines commencent à se développer. | ALCALESCENT, E, *adj.* Qui présente l'—.

ALCALI, *sm.* (*Chim.*) Signifiait autrefois tout composé organique ou minéral susceptible de se combiner à un acide pour former des sels; c'est ce qu'on nomme aujourd'hui *bases.* | Aujourd'hui ne désigne plus que les bases solubles dans l'eau, agissant comme caustiques sur les substances animales et végétales, verdissant le sirop de violettes et capables de saponifier les corps gras; tels sont l'ammoniaque, les potasses et les soudes. | ALCALIN, E, *adj.* Qui tient de l'—, qui a rapport à l'—, | ALCALESCENCE, *sf.* État des —s, disposition à devenir alcalin. | ALCALIMÈTRE, *sf.* Art d'éprouver les —s, procédé pour les analyser.

ALCALOÏDE, *sm.* (*Chim.*) Base organique, toute substance appartenant au règne animal et surtout au règne végétal, et susceptible de neutraliser les acides et de former des composés semblables aux sels minéraux; tels sont la *quinine*, la *strychnine*, la *brucine*, l'*atropine*, etc.

ALCANNA, *sf.* V. *Henné.*

ALCARAZA, *sf.* ou ALCARAZAS, *sm.* Espèce de vase très-poreux dont les Espagnols se servent pour rafraîchir l'eau.

ALCAZAR, *sm.* Palais construit dans le style moresque.

ALCÉE, *sf.* Plante de la famille des malvacées, à grandes fleurs de couleurs variées, qui ressemblent à la rose; on connaît une de ses espèces sous le nom de *rose trémière* ou *passe-rose.*

ALCHIMILLE (pr. *ki-* et les *ll mouillées*), *sf.* Petite plante à fleurs rosacées, à feuilles palmées; l'espèce la plus commune s'appelle vulgairement *pied de lion*: elle est astringente.

ALCIDE, *sm.* (*surnom d'Hercule*) Homme très-fort, très-robuste.

ALCOOL, *sm.* Eau-de-vie distillée.

ALCOOLAT, *sm.* Alcool qui renferme les principes volatils de certaines matières médicamenteuses ou aromatiques avec lesquelles on l'a distillé. | ALCOOLATURE, *sf.* Macération de plantes dans l'alcool. | ALCOOLÉ, *sm.* Mélange d'alcool et de matières qu'il tient en dissolution.

ALCORAN, *sm.* V. *Coran.*

ALCYON, *sm.* Petit oiseau de mer qui habite sur les rivages et se nourrit de petits poissons; il a un vol très-rapide; on croyait autrefois qu'il faisait son nid sur la mer et qu'il apaisait les flots au moment où il y déposait ses œufs. | Polype qui a la forme d'une main et qu'on appelle vulgairement *main de mer.* On dit mieux *Alcyonion.* | ALCYONIENS, *adj. m. pl.* Jours —, semaine qui précède et semaine qui suit le solstice d'hiver, pendant lesquelles l'alcyon fait son nid, et que l'on croyait être accompagnées d'un grand calme sur mer.

ALDE, *sm.* Se dit des ouvrages publiés par une célèbre famille d'imprimeurs d'Italie. | ALDIN, E, *adj.* Se dit de ces ouvrages et aussi des caractères employés par ces imprimeurs, qu'on appelle aujourd'hui *italiques.*

ALDÉBARAN, *sm.* (*Astr.*) Étoile de première grandeur placée dans la constellation du Taureau.

ALDÉE, *sf.* Village, groupe de huttes des Indous, sur la côte de Coromandel. | Bourg des colonies européennes en Afrique ou dans l'Amérique du Sud.

ALDÉHYDE, *sm.* (*Chim.*) Liquide incolore résultant de l'action de l'hydrogène sur l'alcool; c'est de l'éther oxygéné.

ALDERMAN, *sm.* (*Angl.*) (pr. *mann*). Officier municipal chargé de la police en Angleterre; au pl. des *aldermen* (pr. *mènn*).

ALDROVANDE, *sf.* Plante aquatique qui se trouve dans le midi de la France et en Italie; elle se soutient à la surface de l'eau au moyen de vésicules que ses feuilles portent à leur sommet.

ALE, *sf.* (pr. *èle*) Bière blanche, délicate, très-douce, qui se fabrique en Angleterre avec d'excellente orge; elle renferme de 5 à 8 p. 100 d'alcool.

ALÉA, *sm.* Dans les opérations financières, tout ce qui est incertain, soumis au hasard. | ALÉATOIRE, *adj.* Qui a le caractère du jeu, de l'aléa.

ALECTOR, *sm.* Se dit d'un gallinacé qui ressemble un peu au dindon; il se trouve dans les bois du nouveau monde, où il se nourrit de bourgeons et de fruits ; on le réduit facilement à la domesticité.

ALECTORIDE, *adj.* et *s.* (*Zool.*) Se dit d'un ordre d'oiseaux qui se rapprochent des gallinacés par leurs caractères.

ALECTORIENNE, *adj. f.* (*Sc. occ.*) Pierre —, espèce de concrétion que l'on trouve dans l'estomac des vieux coqs et à laquelle on attribuait anciennement plusieurs vertus.

ALEMANDRIES, *sf. pl.* (*Méc.*) Forge de petite dimension où l'on réduit le fer en barres très-minces.

ALÈNE, *sf.* Poinçon de fer légèrement recourbé dont on se sert pour percer et coudre le cuir. | Nom vulgaire d'une espèce de raie à museau aigu.

ALÉNOIS, *adj. m.* Cresson —, plante crucifère dont la saveur est piquante et que l'on mêle à certaines salades pour en relever le goût.

ALÉPINE, *sf.* Tissu dont la chaine est de soie et la trame de laine fine peignée ; elle est généralement noire et sert pour vêtements de deuil ; on l'enduit de caoutchouc pour en faire des paletots imperméables.

ALÉRION, *sm.* (*Blas.*) Petites aigles sans bec ni jambes placées sur l'écu au nombre de trois ou davantage.

ALÉRON, *sm.* (*Méc.*) Liteau, tringle de bois à laquelle sont fixées les lisses d'un métier, et qui sert à les baisser et à les relever à volonté pour exécuter le tissu.

ALÉSER, *va.* Terminer, polir l'intérieur d'un tube, d'un cylindre, d'un coussinet. | ALÉSOIR, *sm.* Outil, machine pour—. | ALÉSEUR, *sm.* Celui qui alèse. | ALÉSURE, *sf.* Parties métalliques qui tombent sous l'action de l'alésoir.

ALÈTE, *sm.* Oiseau de proie des Indes que l'on dressait autrefois à la chasse aux perdrix.

ALETTE, *sf.* Avant-corps qu'on affecte sur un piédroit pour former une niche carrée. | Petite aile ou jambage.

ALEVIN, ALEVINAGE, *sm.* Menu poisson, poisson d'un ou de deux ans qui sert à peupler les étangs. | ALEVINER, *va.* Peupler un étang en y jetant de l'—.

ALEXANDRIN, *adj. m.* Se dit du vers français de douze syllabes qui s'emploie en général pour la tragédie et le poëme épique.

ALEXIPHARMAQUE, *adj.* et *sm.* S'est dit des remèdes auxquels on attribuait la vertu de prévenir les effets des poisons ou simplement de prévenir des maladies.

ALEXIPYRÉTIQUE, *adj.* et *sm.* (*Méd.*) Qui chasse la fièvre ; fébrifuge.

ALEXITÈRE, *adj.* et *sm.* V. *Alexipharmaque.*

ALEZAN, E, *adj.* et *sm.* Se dit des chevaux de couleur fauve et tirant sur le roux.

ALÈZE ou ALAISE. *sf.* Drap d'un seul lé que l'on plie en plusieurs doubles et que l'on met sous les malades.

ALFA, *sm.* Nom de diverses plantes graminées d'Espagne, d'Algérie, etc., très-dures, très-filamenteuses, remarquables par le nerf de leur contexture et par la force avec laquelle elles végètent malgré les plus grandes sécheresses : on en fait des ouvrages de sparterie ; on les utilise aussi pour la fabrication du papier.

ALFANET, *sm.* Oiseau de proie originaire de Tunis, qui sert au vol de la perdrix et à la chasse du lièvre. | On écrit aussi *Alphanet, Alphanette* et *Alphanesse.*

ALFANGE, *sf.* Sabre, cimeterre. | Voltaire a employé ce mot à tort dans le sens de *bataillon.*

ALFÉNIC, *sm.* V. *Alphénic.*

ALFÉNIDE, *sf.* Métal blanc composé de 591 parties de cuivre, 302 de zinc, 97 de nickel et 10 de fer, dont on fait des objets d'orfévrerie et que l'on argente par le procédé électro-galvanique.

ALFIER, *sm.* Officier porte-drapeau au XVe siècle.

ALFOS, *sm.* V. *Alphos.*

ALGALIE, *sf.* Sonde creuse et métallique, rigide ou flexible, que l'on introduit dans la vessie.

ALGANON, *sm.* Chaîne que l'on mettait aux galériens autorisés à parcourir la ville.

ALGAZELLE, *sf.* ou ALGAZEL, *sm.* Nom que Buffon a donné à une espèce d'antilope originaire de l'Afrique centrale, dont les cornes, recourbées en arc de cercle, descendent presque jusqu'aux flancs ; elle vit en troupes nombreuses.

ALGIDE, *adj.* (*Méd.*) Se dit de certaines maladies graves quand elles sont parvenues à leur dernier période et qu'un froid glacial se répand dans toutes les parties du corps d'un malade.

ALGOL, *sm.* (*Astr.*) Étoile brillante de la constellation de Persée.

ALGONQUIN, *sm.* Sauvage, peu civilisé ; c'était autrefois le nom d'une tribu sauvage.

ALGORITHME, *sm.* (*Math.*) Toute notation, tout système de calcul comprenant soit des chiffres, soit des signes, soit des lettres, soit des caractères combinés ensemble.

ALGUAZIL, *sm.* (*Esp.*) (pr. *goua*) Bas officier de justice en Espagne.

ALGUE, *sf.* Plante cryptogame qui vit au fond ou à la surface des eaux ; ses nombreux genres affectent diverses formes et particulièrement celle de filaments déliés comme des cheveux.

ALHAGI, *sm.* Espèce d'arbre résineux d'Arabie et d'Égypte qui laisse suinter une gomme sucrée que l'on a crue être la manne des Israélites et qu'on appelle *manne de Perse* et. *agul.*

ALHANDHAL, *sm.* Coloquinte.

ALIBI, *sm.* Présence d'une personne dans un lieu autre que celui où a été commis le délit ou le crime dont elle est accusée.

ALIBILE, *adj.* Qui est propre à la nutrition. | ALIBILITÉ, *sf.* Propriété nutritive.

ALIBOUFIER, *sm.* Arbrisseau exotique dont les espèces fournissent diverses résines connues sous le nom de *styrax*, de *storax* et de *benjoin*; on l'a acclimaté dans le midi de l'Europe.

ALICATE, *sm.* Petite pince pour serrer des objets à limer ou à fondre à la lampe.

ALICHON, *sm.* V. *Aube.*

ALIDADE, *sf.* Règle mobile qui est garnie de deux pinnules élevées perpendiculairement à chacune de ses extrémités et qui tourne sur le centre d'un instrument avec lequel on prend la mesure des angles.

ALIÉNATION, *sf.* Transport qu'une personne fait à une autre, à titre gratuit ou onéreux d'une propriété quelconque. | — mentale, folie. | ALIÉNER, *va.* Effectuer l'— d'une propriété.

ALIÉNÉ, E, *adj.* Fou, folle.

ALIMOCHE, *sf.* V. *Catharte.*

ALIQUANTE, *adj.* (pr. *kouan*) (*Math.*) Se dit, par opposition à *aliquote*, d'une partie qui n'est pas contenue un nombre exact de fois dans un tout; le nombre quatre est partie *aliquante* de neuf.

ALIQUOTE, *adj.* (*Math.*) Parties —s, parties qui sont contenues exactement dans un tout donné; cinq est partie — de quinze. | SONS —S (*Mus.*) Sons secondaires qu'un corps mis en vibration fait entendre en même temps que le son principal.

ALISE ou ALIZE, *sf.* Fruit de l'alisier; il est aigrelet et a la grosseur d'une petite cerise. | ALISIER, *sm.* Arbre commun en Europe et dont on cultive plusieurs espèces; son bois dur et lourd sert à fabriquer des flûtes et de menus meubles.

ALISÉS, *adj. m. pl.* V. *Alizés.*

ALISME, *sm.* Plante aquatique dont une espèce est appelée vulgairement *fluteau* ou *plantain d'eau*; elle croît au bord des eaux et sa racine a été préconisée contre la rage, la chorée et l'épilepsie.

ALITURGIQUE, *adj.* (*Eccl.*) Se dit des jours qui n'ont point d'office propre.

ALIZARI, *sm.* Racine de garance séchée et réduite en poudre. | ALIZARINE, *sf.* Principe colorant rouge que l'on retire de l'*alizari* par l'action de la vapeur, et qui donne surtout de belles teintes violettes.

ALIZE, *sf.*, **ALIZIER**, *sm.* V. *Alise*, *Alisier.*

ALIZÉS, *adj.* et *sm. pl.* Vents —. Se dit de vents réguliers qui, dans les mers ouvertes et au large des côtes, soufflent perpétuellement dans la même direction (N.-E. au S.-O., en général), et qui s'étendent des deux côtés de l'équateur jusqu'au 30e degré de latitude environ.

ALKÉKENGE, *sm.* Plante de la famille des solanées, que l'on trouve dans les haies et les vignes, et dont le fruit est une petite baie acide que l'on a employée autrefois comme diurétique et dans les ictères; on l'appelle aussi *Coqueret.*

ALKERMÈS, *adj.* Liqueur fabriquée à Florence et à Lyon, dans laquelle il entre de l'ambrette, de la cannelle, du girofle et du macis.

ALLAISE, *sf.* Amas de sable qui se forme en travers d'une rivière.

ALLANITE, *sf.* (*Minér.*) Pierre noire et opaque, moins dure que le quartz, mais plus dure que le verre blanc.

ALLÉGE, *sf.* Petit bâtiment qui suit un navire plus grand et qui sert à l'alléger, à le décharger de ce qu'il a de trop. | Ponton qui sert à soulever les vaisseaux. | Mur à hauteur d'appui pratiqué devant une croisée; accoudoir. | V. *Tender.*

ALLÉGIR, *va.* Diminuer en tous sens le volume d'un corps.

ALLÉGORIE, *sf.* Fiction poétique qui consiste à présenter à l'esprit une chose de manière à en faire entendre adroitement une autre. | Composition représentant des idées abstraites par des figures ou des images symboliques.

ALLEGRO, *adj.* et *sm.* (*Mus.*) Mouvement vif, gracieux, moins rapide que le *presto.* | ALLEGRETTO, *adv.* et *sm.* Tient le milieu entre l'*allegro* et l'*andantino.*

ALLÉLUIA, *sf.* V. *Oxalis.*

ALLEMANDE, *sf.* Ancienne danse autrefois en grande vogue en France; elle était composée de passes très-pittoresques exécutées par un cavalier avec deux dames sur un rhythme vif et un air très-gai.

ALLEU, *sm.* (*Féod.*) Terres patrimoniales, libres et indépendantes de toutes redevances. | On a dit aussi *Franc-alleu.*

ALLEUR, *sm.* **ALLEURE**, *sf.* Nom que les légendes normandes donnent aux larves qui hantent les ruines à la tombée de la nuit.

ALLIACÉ, E, *adj.* Qui tient de l'ail, qui a rapport ou qui ressemble à l'ail.

ALLIAIRE, *sf.* Plante crucifère très-commune en France, qui exhale une forte odeur d'ail; on l'a employée comme diurétique et antiscorbutique.

ALLIER, *sm.* V. *Aillier.*

ALLIGATOR, *sm.* Genre de crocodiles à museau très-large, communs dans les rivières et les marécages d'Amérique; ils ont de 4 à 6 mètres de longueur.

ALLINGUE, *sf.* Pieu enfoncé dans une

rivière, à peu de distance du bord, pour arrêter les corps flottants.

ALLITÉRATION, *sf.* Consonnance de quelques lettres ou de quelques syllabes juxtaposées et rapprochées à dessein, comme : *Qui terre a, guerre a; Pour qui sont ces serpents qui sifflent sur vos têtes?*

ALLIVREMENT. *sm.* Revenu imposable fixé pour chaque commune, d'après le cadastre, par le préfet en conseil de préfecture ; c'est sur le chiffre de l'— qu'est établie la contribution foncière. | ALLIVRER, *va.* Dresser l'—; taxer, répartir les contributions.

ALLOBROGE, *sm.* Ancien habitant de la Savoie ; rustre, homme grossier.

ALLOCHROÏTE, *sf.* (*Minér.*) Pierre d'un jaune-paille tirant sur le rougeâtre; elle est composée de silice, d'oxyde de fer et de quelques parties d'alumine, de chaux carbonatée et de manganèse.

ALLODIAL, E, *adj.* (*Féod.*) Qui est tenu en alleu. | ALLODIALITÉ, *sf.* Qualité de ce qui est —.

ALLONYME, *adj.* Publié sous le nom d'un autre en parlant d'un livre, d'une brochure, etc.

ALLOPATHIE, *sf.* Par opposition à *Homœopathie*, méthode qui consiste à traiter les maladies en produisant des phénomènes différents de ceux qu'on observe chez les malades. | ALLOPATHE, *adj.* et *sm.* Qui pratique l' —.

ALLOPHANE, *sf.* (*Minér.*) Variété d'alumine hydratée qui contient de la silice.

ALLOTRIOPHAGIE, *sf.* (*Méd.*) Appétit désordonné qui porte à manger des substances non alimentaires. | ALLOTRIOPHAGE, *sm.* Celui qui est atteint d' —.

ALLOTROPIE, *sf.* (*Chim.*) État particulier de cristallisation qu'offrent certains corps, différent de leur état naturel, sans qu'ils aient subi aucune modification dans leur composition intime. | ALLOTROPIQUE, *adj.* Qui tient de l'—.

ALLUCHON, *sm.* (*Méc.*) Dents d'engrenage dans les roues placées horizontalement, qui correspondent aux dents d'une roue verticale.

ALLUVION, *sf.* Dépôt de terrain résultant de la retraite et du changement de direction des eaux d'un fleuve ou de la mer. | ALLUVIAL, E, ALLUVIEN, NE, *adj.* Qui provient d'—.

ALMAGRE, *sf.* Terre argileuse qu'on trouve en Espagne, où l'on s'en sert pour polir les glaces, et où on la mêle au tabac à priser pour lui donner la teinte particulière qui le caractérise.

ALMANDINÉ, *sf.* (*Minér.*) Espèce de rubis rouge qu'on appelle aussi *grenat syrien.*

ALMÉE, *sf.* Danseuse, bayadère indienne.

ALMUDE, *sm.* Mesure de capacité portugaise de la contenance de 16 litres et demi.

ALOÈS, *sm.* Plante des pays chauds à feuilles allongées, aiguës, charnues, à bords piquants, rassemblées en rosette, à fleurs en grappe allongée ; le suc épaissi de cette plante jouit de propriétés purgatives et stimulantes. | L'— socotrin ou *sucotrin* est le plus estimé ; l'— caballin et l'— hépatique sont de qualité inférieure.

ALOÉTINE, *sf.* Suc d'aloès purifié. | ALOÉTIQUE, *adj.* Qui contient de l'—.

ALOGIE, *sf.* (*Philos.*) Absurdité.

ALOI, *sm.* Alliage de métaux précieux au titre voulu. | Bon —, mauvais —, état d'un alliage qui a ou n'a pas le nombre de millièmes de métal précieux exigé par la loi.

ALOPÉCIE. *sf.* Chute partielle ou totale des cheveux et quelquefois des sourcils, des poils et de la barbe, sans qu'ils puissent se reproduire.

ALOSE, *sf.* Espèce de poisson de mer conformée comme le hareng, dont elle se distingue par son corps plus large et par une tache noire qu'elle a vers les ouïes ; sa chair n'est estimée qu'au printemps, époque à laquelle elle remonte les fleuves.

ALOUATE, ou ALOUATTE, *sm.* Genre de singes voisins des sapajous dont ils diffèrent par leur museau plus allongé et par leur tête pyramidale ; leur voix est forte et effrayante.

ALOUCHE, *sf.* Fruit d'une espèce de sorbier appelé *Alouchier*, *sm.*

ALOUCHI, *sm.* Résine odoriférante demi-transparente que produit le cannelier blanc.

ALOUETTE, *sf.* Oiseau plus gros que le moineau, à plumage gris roussâtre, qui habite surtout les champs cultivés ; elle a l'habitude de s'élever dans l'air en chantant de plus en plus fort, puis de redescendre rapidement vers la terre.

ALPACA ou ALPAGA, *sm.* Ruminant domestique des Andes de l'Amérique du Sud, qui est élevé en troupeaux nombreux ; il fournit une laine abondante et très-fine. | ALPAGA, *sm.* Étoffe de laine brillante et unie.

ALPARGATE, *sf.* V. *Espadrille.*

ALPESTRE, *adj.* Qui a rapport ou qui est propre aux Alpes ; qui ressemble aux Alpes.

ALPHA, *sm.* La première lettre de l'alphabet grec. | V. *Alfa.*

ALPHANET, *sm.* V. *Alfanet.*

ALPHÉNIC ou ALFÉNIC, *sm.* Sucre candi, sucre d'orge.

ALPHITOMANCIE, *sf.* (*Sc. occ.*) Divination au moyen de la farine.

ALPHOS, *sm.* (pr. *fôss*) (*Méd.*) Lèpre squammeuse, maladie caractérisée par des écailles sur l'épiderme qui est pâle et blanchâtre.

ALPIN, E, *adj.* Se dit des plantes qui croissent sur les pentes les plus élevées des Alpes ou des hautes montagnes.

ALPISTE, *sm.* Graminée dont une espèce, cultivée dans le Midi, fournit un très-bon fourrage et un grain servant à la nourriture.

ALQUE, *sf.* Oiseau palmipède, voisin par sa

conformation, du pingouin ; il se nourrit de poissons qu'il saisit au milieu de l'eau avec beaucoup d'adresse.

ALQUIFOUX, *sm.* Minerai de plomb, galène ou sulfure de plomb dont on se sert comme vernis pour *certaines poteries.*

ALRUNES, *sm. pl.* Petites figures de bois, dieux lares; dieux pénates des anciens Germains.

ALTELIK, *sm.* Monnaie d'argent en usage en Turquie, équivalente à 1 fr. 44 c.

ALTÉRANT, E, *adj.* (*Méd.*) Se dit d'une médication et des médicaments à longue portée qui, sans produire d'effets immédiats sensibles, modifient d'une manière persistante la nature du sang et des humeurs diverses.

ALTÈRE, *sm.* V. *Haltère.*

ALTHÆA, *sm.* Nom latin du genre *guimauve*; il désigne le plus ordinairement la *guimauve officinale* servant à préparer un sirop, une pâte pectorale, etc.

ALTIMÉTRIE, *sf.* Art de mesurer les hauteurs.

ALTISE, *sf.* Insecte coléoptère de 5 millimètres de longueur, vert bleuâtre, qui saute comme une puce à de très-grandes distances; on l'appelle vulgairement *puce de terre.*

ALTITUDE, *sf.* Hauteur d'un lieu au-dessus du niveau de la mer.

ALTO, *sm.* (*Mus.*) Dans l'échelle des voix humaines, c'est une voix de femme située au-dessous du *soprano* et au-dessus du *contre-alto.* | Instrument à quatre cordes, connu aussi sous le nom de *viole*, ayant la forme d'un violon, et qui tient, dans un orchestre, le milieu entre cet instrument et le violoncelle.

ALUCITE, *sf.* Nom de plusieurs insectes lépidoptères ayant les antennes beaucoup plus longues que le corps, à éclat métallique, et qui, à l'état de larves, habitent au milieu des graines de céréales où ils font de grands dégâts.

ALUDE, *sf.* Basane colorée dont on se sert pour couvrir les livres.

ALUDEL, *sm.* Tubes de terre réfractaire s'emboîtant les uns avec les autres, qu'on place sur une cucurbite où se distille le soufre, le mercure, etc.

ALUMELLE, *sf.* Lame de couteau aiguisée d'un seul côté, qui sert à gratter le buis, l'ivoire, etc. | Petite plaque de fer très-plate garnissant des pièces de bois.

ALUMINAIRE, ALUMINITE, *sf.* Pierre volcanique dont on extrait de l'alun par la torréfaction et le lessivage.

ALUMINE, *sf.* Espèce minérale que l'on trouve dans l'argile et l'alun et qui entre dan les poteries, les faïences, etc. ; à l'état pur on l'appelle *corindon.*

ALUMINIUM, *sm.* Métal dont l'alumine est l'oxyde; il est gris, brillant, léger et cassant.

ALUN, *sm.* Sulfate d'alumine et de potasse; c'est un sel qui a une saveur astringente: il est d'une grande utilité dans les arts. | ALUNAGE, *sm.* Opération qui consiste à imprégner une étoffe d'une dissolution d'alun pour que les couleurs dans lesquelles on la plonge ensuite puissent s'y fixer. | ALUNER, *va.* Imprégner d'alun. | ALUNIÈRE ou ALUMINIÈRE, *sf.* Lieu d'où l'on extrait l'alun. | ALUNERIE, *sf.* Lieu où l'on travaille l'alun.

ALVÉOLE, *sm.* Sorte de cellule que les abeilles et les guêpes construisent pour y déposer leurs œufs et leur miel. | Toute cavité, comme celles dans lesquelles sont enchâssées les dents, etc. | On fait souvent ce mot *féminin.*

ALVIN, E, *adj.* Qui a rapport au bas-ventre ; se dit des évacuations.

ALYSSON, *sm.* Plante crucifère dont une espèce à fleurs jaunes est cultivée dans les jardins sous le nom de *Corbeille d'or.*

AMADIS, *sm.* (pr. *diss*) Homme d'un caractère chevaleresque.

AMADOUVIER, *sm.* Agaric de chêne, espèce de champignon dont on fait de l'amadou.

AMALGAME, *sm.* (*Chim.*) Mélange, alliage d'un métal avec du mercure. | AMALGAMER, *va.* Faire un —. | AMALGAMATION, *sf.* Action d'amalgamer l'or ou l'argent pour les séparer de leurs minerais.

AMAN, *sm.* Chez les Orientaux, et particul. chez les Arabes, pardon, absolution. | Demander l'—, faire sa soumission à une puissance *conquérante ou victorieuse.*

AMANITE, *sf.* Genre de champignons de forme ovale, de couleur jaune, dont une espèce, dite l'*oronge vraie* ou la *janotte*, est comestible et se confond quelquefois avec une autre nommée *fausse oronge*, très-vénéneuse.

AMARANTE, *sf.* Plante cultivée dans les jardins pour ses fleurs serrées en grappes longues, cylindriques et pendantes, d'un rouge cramoisi, qu'on appelle vulgairement *Queue de renard.*

AMARINER, *va.* Envoyer des gens pour remplacer l'équipage d'un vaisseau capturé. | Habituer, accoutumer à la mer.

AMARQUE, *sf.* V. *Bouée.*

AMARRE, *sf.* (*Mar.*) Cordage servant à arrêter un vaisseau à terre ou à un autre vaisseau, ou à attacher divers objets. | AMARRER, *va.* Attacher au moyen d'une —. | AMARRAGE, *sm.* Action d'amarrer; état d'objets amarrés.

AMATI, *sm.* Violon très-estimé de la fabrique des *Amati*, célèbres luthiers de Crémone ; ils sont très-rares.

AMATIVITÉ, *sf.* On a ainsi désigné le penchant, l'instinct qui porte un individu à en aimer d'autres.

AMAUROSE, *sf.* Perte incomplète ou complète de la vue sans autre altération appréciable des parties constituantes du globe de l'œil.

que l'immobilité de la pupille; on l'appelle aussi *Goutte sereine*.

AMAZONE, *sf.* Perroquet à couleurs très-vives que l'on trouve dans l'Amérique du Sud, et qui apprend très-facilement à parler.

AMAZONITE, *sf.* V. *Jade.*

AMBASSE, *sm.* Poisson acanthoptérygien des mers de l'Inde, de 20 centimètres de long, à dos brun, dont la chair est très-estimée et se conserve en saumure.

AMBE, *sm.* Combinaison de deux numéros pris ensemble à la loterie. | Au loto, sortie de deux numéros placés sur la même ligne.

AMBESAS, *sm.* Coup de dés qui amène deux as.

AMBIANT, E, *adj.* Qui enveloppe, qui circule autour.

AMBIDEXTRE, *adj.* Qui se sert de la main droite et de la main gauche avec la même adresse. | En parlant d'un écrivain, paradoxal, qui soutient deux causes opposées.

AMBITÉ, *adj. m.* Verre —, verre qui perd sa transparence et semble rempli de boutons.

AMBLE, *sm.* Allure défectueuse des chevaux qui avancent à la fois les deux jambes d'un même côté. | AMBLIER, *adj. m.* Cheval qui va l'— ; on estimait autrefois l'allure de ces chevaux.

AMBLYGONE, *adj.* (*Math.*) Qui forme un angle obtus; on dit plus souvent *obtusangle*.

AMBLYGONITE, *sf.* (*Minér.*) Substance blanche vitreuse et transparente commune en Saxe; c'est du phosphate d'alumine et de lithine.

AMBLYOPIE, *sf.* (*Méd.*) Affaiblissement de la vue sans altération apparente du globe de l'œil; commencement d'amaurose.

AMBOINE (Bois d'—), *sm.* Bois très-rare et très-cher qui vient des Moluques; il est d'un grain très-fin et présente des dessins capricieux dont les nuances varient du blanc rosé au jaune brun; on ne l'emploie qu'en plaques et en filets pour incrustations de meubles de luxe.

AMBON, *sm.* V. *Jubé*.

AMBOTRACE, *sm.* Instrument propre à écrire deux lettres à la fois.

AMBRE, *sm.* — jaune. V. *Succin.* | — gris, substance opaque, d'un gris mêlé de taches jaunes et noires, d'une consistance de cire, d'une saveur aromatique et d'une odeur suave; on le trouve dans les intestins du cachalot; on s'en sert pour aromatiser certaines eaux spiritueuses. | — noir ou de Prusse. V. *Jais*.

AMBRÉADE, *sf.* Ambre faux.

AMBRÉSIN, E, *adj.* Composé d'ambre.

AMBRETTE, *sf.* Ketmie odorante dont la semence servait autrefois à cause de son odeur ambrée, à parfumer la poudre pour les cheveux; on l'emploie quelquefois pour falsifier le musc. | Mollusque à coquille ovale et allongée qu'on trouve en Europe.

AMBREVADE, *sf.* Légume ressemblant au pois, mais plus gros, que l'on cultive à Madagascar.

AMBROISIE, *sf.* (*Ant.*) Nourriture que l'on supposait être celle des dieux. | Plante à fleurs composées dont une espèce, qui croît près de la mer, est réputée stomachique et se prend en infusion.

AMBROSIAQUE, *adj.* Qui a un goût exquis ou une odeur très-agréable.

AMBROSIEN, NE, *adj.* (*Eccl.*) Rite —, office —, messe —ne. Se dit des cérémonies qui doivent leur origine à saint Ambroise, évêque de Milan.

AMBUBAÏE, *sf.* Chez les anciens, filles qui dansaient et jouaient de la flûte dans les fêtes. | Flûte employée à cet usage. | Fille de mauvaises mœurs.

AMBULACRE, *sm.* Lieu planté d'arbres en rangées régulières. | (*Zool.*) Petits espaces compris entre les bandelettes qui laissent passer les tentacules au moyen desquels les oursins se fixent sur les corps solides.

AMBULANCE, *sf.* Espèce d'hôpital militaire attaché à un corps d'armée en campagne, et qui peut se transporter en tous lieux.

AMBULATOIRE, *adj.* Mobile, non permanent.

AMBULIE, *sf.* Petite plante à fleurs purpurines situées à l'aisselle des feuilles; elle répand une odeur suave; sa décoction, d'une saveur amère, est un excellent fébrifuge.

AMBUSTION, *sf.* Ustion, cautérisation.

AME, *sf.* (*Méc.*) Soupape de cuir par laquelle l'air entre dans un soufflet. | Principale partie d'une machine. | Partie creuse du canon qui reçoit la poudre et le boulet. | (*Mus.*) Petit cylindre de bois qu'on met debout dans le corps d'un instrument de musique pour soutenir la table; il a une grande influence sur la qualité du son de l'instrument.

AMÉCER, *va.* Tailler la vigne en laissant un sarment.

AMÉLANCHIER, *sm.* (pr. *kie*). Espèce d'alisier.

AMÉLÉON, *sm.* Espèce de cidre de Normandie.

AMÉNAGEMENT, *sm.* Art qui consiste à diviser une forêt en coupes successives et à régler l'étendue et l'âge des coupes annuelles.

AMENDEMENT, *sm.* En agriculture, substance qu'on mêle au sol pour en modifier la nature et l'améliorer. | Modification à apporter ou apportée à un article de loi ou à un paragraphe d'adresse, lors de sa discussion par une chambre législative.

AMENTACÉ, E, *adj.* **AMENTACÉES**, *sf. pl.* (pr. *man-*) (*Bot.*) Se dit d'une famille de plantes renfermant des arbrisseaux ou des arbres dont les fleurs sont en chaton, c.-à-d. disposées régulièrement en écailles serrées autour d'un axe central.

AMENUISER, *va.* Diminuer de volume et particulièrement d'épaisseur.

AMER, *sm.* V. *Bitter*, | V. *Fiel.*

AMER, *sm.* **AMERS**, *sm. pl.* Marques très-apparentes telles que pavillons, moulins, tours, clochers, etc., qui servent à guider les navigateurs et à leur indiquer l'entrée d'un fleuve ou d'un port.

AMÉTHYSTE, *sf.* Cristal de roche ou quartz violet. | — orientale, corindon violet, substance presque entièrement composée d'alumine.

AMIANTE, *sf.* Espèce minérale dont la texture est filamenteuse, déliée et l'éclat soyeux; son inaltérabilité et son incombustibilité ont fait croire qu'on l'avait tissée pour en faire des linges qu'on jetait au feu pour les nettoyer, ou dont on enveloppait les corps que l'on brûlait pour en recueillir les cendres.

AMICT, *sm.* (*Eccl.*) Linge bénit que le prêtre catholique suspend autour de son cou lorsqu'il s'habille pour dire la messe

AMIDE, *sf.* (*Chim.*) Se dit, par opposition à *acide*, des composés qui diffèrent des sels ammoniacaux par l'absence des éléments de l'eau, et qui sont capables de se convertir en ces sels en s'assimilant les éléments de l'eau.

AMILACÉ, E, *adj.* V. *Amylacé.*

AMISSIBLE, *adj.* Qui peut se perdre.

AMISSION, *sf.* Perte.

AMMI, *sm.* Plante ombellifère qui a beaucoup de rapports avec la carotte ; elle est carminative.

AMMOCHRYSE, *sm.* Sable d'or, mica réduit en poudre.

AMMON (Corne d'), *sf.* Large et volumineuse éminence, recourbée sur elle-même, qu'on remarque dans la corne postérieure du ventricule latéral du cerveau et dont la surface présente deux ou trois tubercules séparés par des rainures peu profondes. | Coquillage fossile divisé par des cloisons en compartiments distincts et ressemblant à la corne d'un bélier; on l'appelle aussi *Ammonite, sf.*

AMMONIAC, *adj.* Sel —, chlorure d'ammoniaque ; on s'en sert pour aviver certaines couleurs, pour étamer le cuivre.

AMMONIACUM, *sm.* Gomme ammoniaque; gomme résine fournie par une plante ombellifère de Don.

AMMONIAQUE, *sm.* Gaz qui est la base du sel ammoniac ; il a une odeur d'ail très-prononcée; il se trouve dans les matières animales en décomposition.

AMMONITE, *sf.* V. *Ammon (Corne d').*

AMNÉSIE, *sf.* (*Méd.*) Diminution partielle ou perte totale de la mémoire.

AMODIATION, *sf.* Bail à ferme d'une terre, d'un héritage moyennant une portion de fruits que le fermier remettra au propriétaire. | Amodier, *va.* Louer par —.

AMOISE, *sf.* Pièce de bois placée entre deux moises.

AMOME, *sm.* Plante herbacée originaire de l'Asie, dont les semences, qui portent le même nom, sont dans des coques disposées en grappes allongées, à saveur âcre et brûlante, et sont employées comme aromates et épices, particulièrement pour parfumer les liqueurs de table.

AMOMI, *sm.* Baie d'une plante de la Jamaïque, que l'on cueille avant sa maturité et qu'on vend, comme épices, sous le nom de *Poivre de la Jamaïque.*

AMONT, *adv.* En remontant (en parlant du courant d'une rivière), en regardant le côté le plus élevé, le point d'où elle vient.

AMORPHE, *adj.* (*Chim.*) Qui n'a pas de forme régulière; se dit des corps qui cristallisent en masses irrégulières. | Phosphore —, variété de phosphore rouge que l'on obtient en portant le phosphore blanc ordinaire à une température de 250 degrés; il offre sur ce dernier l'avantage de ne pas s'enflammer spontanément et de n'être pas dangereux à respirer.

AMORTISSEMENT, *sm.* (*Archit.*) Tout ouvrage qui couronne, termine et finit un bâtiment et qui s'élève pyramidalement. | Extinction, rachat graduel, par un gouvernement, de la dette publique.

AMOUILLE, *sf.* Le premier lait d'une vache qui vient de vêler. | Amouiller, *vn.* Se dit d'une vache qui est au moment de son vêlage.

AMOURETTE, *sf.* Plante graminée, des lieux secs, qui fournit un fourrage court, mais de bonne qualité.

AMOVIBLE, *adj.* Qui peut être placé ou déplacé à volonté. | Se dit des places, des emplois qui peuvent être donnés ou retirés à volonté.

AMPASSER, *va.* Faire venir à suppuration.

AMPÉLITE, *sf.* Espèce de bitume s'efflerissant à l'air, que l'on mettait autrefois au pied des vignes pour tuer les insectes nuisibles. | Schiste argileux chargé de carbone, dont on fait des crayons durs pour les charpentiers et qu'on appelle vulgairement *pierre noire.*

AMPÉLOGRAPHIE, *sf.* Traité de la culture de la vigne. | Description de vignobles.

AMPHÉMÉRINE, *sf.* (*Méd.*) Fièvre quotidienne rémittente.

AMPHIARTHROSE, *sf.* (*Anat.*) Articulation demi-mobile qui se fait par des ligaments cartilagineux ou par un vrai cartilage.

AMPHIBIE, *adj.* Se dit de tout animal qui vit indifféremment dans l'eau et sur la terre. | Plus spécialement, d'une classe d'animaux carnivores renfermant les phoques et les morses.

AMPHIBOLE, *sm.* Espèce minérale en

cristaux prismatiques d'un noir opaque, assez dure pour rayer le verre, mais se fondant facilement en un émail noir. | AMPHIBOLITE, *sf.* Roche à base d'—. | AMPHIBOLIQUE, *adj.* Qui a pour base l'—.

AMPHIBOLOGIE, *sf.* Arrangement de mots qui présente un sens différent de celui qu'on veut exprimer; obscurité qui résulte de la relation mal déterminée d'un ou de plusieurs adjectifs ou pronoms; on a dit aussi *Amphibolie.*

AMPHICTYON, *sm.* (*Ant.*) Membre du conseil des nations helléniques, dans l'ancienne Grèce. | AMPHICTYONIDE, *adj. f.* Ville —. Qui avait droit de nommer un amphictyon.

AMPHIDE, *adj.* (*Chim.*) Sel —. V. *Amphigène.*

AMPHIGÈNE, *adj.* (*Chim.*) Se dit des corps électro-négatifs qui ne neutralisent pas les métaux, mais qui produisent avec eux des bases et des acides d'où résultent des sels dits sels *amphides*; tels sont le soufre, l'oxygène, etc. | —, *sf.* (*Minér.*) Substance volcanique blanchâtre, translucide, souvent cristallisée en petits cristaux; on l'a appelée aussi *grenat blanc.*

AMPHIPROSTYLE, *sm.* (*Ant.*) Espèce de temple dont le caractère particulier était de n'avoir que deux portiques ou péristyles, l'un devant, l'autre derrière.

AMPHISBÈNE, *sm.* Reptile non venimeux dont le corps et la queue sont revêtus de bandes circulaires composées chacune d'une suite d'écailles; il rampe avec une égale vitesse en avant et en arrière.

AMPHISMILE ou AMPHISMÈLE, *sm.* (*Chir.*) Sorte de scalpel ou de bistouri à deux tranchants.

AMPHITRITE, *sf.* Genre d'annélides ou de vers à sang rouge qui portent le nom vulgaire de *panache de mer.*

AMPHITRYON, *sm.* Celui chez qui l'on dîne, le maître d'une maison où l'on est invité à dîner.

AMPHORE, *sf.* (*Ant.*) Vase à deux anses où l'on mettait du vin.

AMPHORIQUE, *adj.* (*Méd.*) Se dit du souffle d'un malade lorsqu'il retentit comme si l'air passait dans une bouteille, dans un vase à col étroit.

AMPLEXICAULE, *adj.* (*Bot.*) Se dit des feuilles qui s'élargissent à leur base et embrassent la tige.

AMPLIATIF, VE, *adj.* Qui augmente, qui ajoute.

AMPLIATION, *sf.* La copie d'un acte administratif, certifiée par un fonctionnaire préposé à cet effet.

AMPLITUDE, *sf.* (*Math.*) Ligne droite comprise entre le point de départ d'un projectile (bombe, obus, etc.) et celui où il va tomber. Longueur de la courbe décrite par le pendule quand il oscille.

AMPOUDRE, *sf.* Gaîne des fruits et des feuilles du palmiste, dont on fait des vases ou des paniers à Madagascar et à Bourbon.

AMPOULE, *sf.* Petite fiole à gros ventre. | Sainte'—. Petite bouteille qui contenait l'huile dont on s'est servi pour sacrer les rois de France et à laquelle on attribue une origine miraculeuse.

AMPOULLEAU, *sm.* Olivier à gros fruits arrondis, commun en Provence et fournissant une huile délicate.

AMULETTE, *sm.* Figure, médaille, caractère, et, en général, tout objet portatif auquel on attache une confiance superstitieuse. | On fait souvent ce mot féminin.

AMURCA, *sm.* ou *sf.* Marc d'olive, qu'on emploie pour la fabrication des savons communs, comme engrais, etc.

AMURE, *sf.* (*Mar.*) Cordage qui retient la voile par son coin inférieur et la rattache au bordage du navire. | AMURER, *va.* Tendre l'—.

AMURGUE, *sf.* V. *Amurca.*

AMUSETTE, *sf.* Petit canon en fer d'un mètre et demi de long et de 6 à 8 centimètres de diamètre, dont on se servait au dix-septième siècle.

AMYGDALE, *sf.* Chacun des deux corps glanduleux en forme d'amande, qui sont sous la luette aux deux côtés de la gorge. | AMYGDALITE, *sf.* Inflammation des —s.

AMYGDALIN, E, *adj.* Se dit des préparations dans lesquelles il entre des amandes.

AMYGDALOÏDE, *adj.* Se dit des substances qui contiennent de petits corps ovales semblables à des amandes.

AMYLACÉ, E, *adj.* Qui est de la nature de l'amidon.

AMYLÈNE, *sm.* (*Chim.*) Substance produisant des effets anesthésiques analogues à ceux du chloroforme, et qui provient de la distillation d'un alcool particulier dit *amylique*, avec le chlorure de zinc.

AMYRIS, *sm.* V. *Balsamier.*

ANA, *sm.* Recueil des pensées détachées, des bons mots, des observations d'un auteur, qui a pour titre le nom de cet auteur augmenté de la terminaison *ana.* | (*Méd.*) Dans les ordonnances il signifie : *autant de l'un que de l'autre*; on écrit aussi dans ce sens *aa.*

ANABAPTISTE, *s.* et *adj.* Sectaire chrétien qui croit que les enfants ne doivent pas être baptisés avant l'âge de raison.

ANABAS, *sm.* Poisson acanthoptérygien d'Asie, muni au-dessus du pharynx d'un appareil labyrinthiforme qui peut rester longtemps humide et lui permet de ramper hors de l'eau à de grandes distances.

ANABASE, *sm.* Plante dont les fleurs servaient autrefois à préparer le carmin; on l'a appelée aussi *chouan* et *kouan.* | *sf.* (*Méd.*)

Période d'accroissement d'une maladie. | ANABATIQUE, *adj.* Qui s'accroît.

ANABASSE, *sf.* Espèce de couverture fabriquée à Rouen.

ANABROSE, *sf.* Corrosion, exulcération superficielle. | ANABROTIQUE, *adj.* Qui corrode, qui ronge.

ANACAMPTIQUE, *adj.* Qui concerne la réflexion (des sons ou de la lumière).

ANACARDE, *sf.* — antarctique, noix d'acajou, fruit de l'acajou, de la grosseur d'une pomme moyenne ; son enveloppe contient une huile âcre, appelée huile de *caraba*, qu'on a employée pour cautériser ; l'amande se mange grillée, elle est d'une saveur agréable. | ANACARDIER, *sm.* Genre d'arbres auquel appartient l'acajou.

ANACHORÈTE, *sm.* (pr. *ko*) Qui vit seul, ermite, religieux et retiré au désert.

ANACHOSTE, *sf.* V. *Anacoste.*

ANACHRONISME, *sm.* Faute qui consiste à donner à un fait une autre date que la sienne. | Toute erreur de date dans laquelle on attribue aux hommes d'une époque des usages ou des idées d'une époque postérieure.

ANACOLUTHE, *sf.* (*Litt.*) Espèce particulière d'ellipse qui consiste à retrancher un pronom comme *celui, celle*, etc.

ANACOSTE, *sm.* Étoffe dont la chaîne et la trame sont en laine avec double croisure ; elle s'emploie pour robes de religieuses, soutanes, costumes de bains de mer et pour gargousses ; on la fabrique dans quelques localités des départements de l'Oise et de la Somme.

ANACRÉONTIQUE, adj. Qui est dans le goût, dans le genre d'Anacréon, poëte antique dont les ouvrages respirent la grâce et la volupté.

ANACYCLIQUE, *adj.* (*Litt.*) Vers —, vers qui présente la même suite de mots, qu'on le lise en commençant par un bout ou par l'autre.

ANADIPLOSE, *sf.* (*Litt.*) Figure de mots qui consiste à commencer une phrase par le mot qui termine la phrase précédente.

ANADYOMÈNE, *adj. f.* Sortant de l'eau.

ANAGLYPHE, *sm.* Tout ouvrage ciselé en relief ou relevé en bosse, comme les camées. | ANAGLYPHIQUE, *adj.* Qui est en —.

ANAGNOSTE, *sm.* (pr. *nagh-nos*) Lecteur, celui qui est chargé de faire la lecture à haute voix.

ANAGOGIE, *sf.* Interprétation mystique du sens littéral des textes sacrés. | ANAGOGIQUE, *adj.* Qui tient de l'—.

ANAGRAMME, *sm.* Transposition des lettres d'un mot au moyen de laquelle on parvient à former un ou plusieurs autres mots. La phrase suivante, tirée du Dictionnaire de l'Académie, en donne un exemple : les mots *écran, nacre, rance* et *crâne* sont des *anagrammes* les uns des autres.

ANAGYRIS, ou ANAGYRE, *sf.* Arbrisseau des pays chauds, à fleurs papilionacées, jaunes, très-recourbées ; son écorce et son bois sont très-puants ; son fruit est réputé un vomitif très-actif.

ANAL, E, *adj.* Qui a rapport à l'anus, qui est placé près de l'anus.

ANALCIME, *sm.* (*Minér.*) Pierre siliceuse et alumineuse qui se trouve dans les produits volcaniques et qui fond au chalumeau en un verre blanc demi-transparent.

ANALECTE, *sm.* Esclave qui, chez les Romains, ramassait et balayait les restes du festin. | au *pl.* Restes d'un repas. | Fragments de divers auteurs réunis dans un recueil.

ANALEPTIQUE, *adj.* et *sm.* Se dit des médicaments ou aliments propres à rendre la force aux convalescents ou aux personnes affaiblies. | ANALEPSIE, *sf.* Convalescence ; rétablissement des forces.

ANALGÉSIE ou ANALGIE, *sf.* (*Méd.*) Absence de douleur ; indolence.

ANAMIRTE, *sm.* Arbrisseau sarmenteux de l'Inde, dont les fruits prennent, dans le commerce, le nom de *Coques du Levant.* V. ce mot.

ANAMORPHOSE, *sf.* Dessin irrégulier ou monstrueux à première vue, mais régulier quand on le regarde dans un certain sens, ou au moyen d'un miroir particulier.

ANANAS, *sm.* (pr. *na-ná*) Fruit de l'arbre d'Amérique et d'Afrique qui porte le même nom ; il a la forme du cône du pin et résulte du groupement de plusieurs baies ; ce fruit a une saveur acidule très-rafraîchissante.

ANAPESTE, *sm.* (*Litt.*) Pied de deux brèves et de deux longues que les Grecs mettaient dans les poésies légères.

ANAPHORE, *sf.* (*Litt.*) Répétition des mêmes mots au commencement de plusieurs phrases consécutives, pour donner plus de force au récit.

ANARRHIQUE, *sm.* Poisson osseux de l'océan Septentrional, nommé *Loup marin* à cause de sa voracité ; il essaye quelquefois d'attaquer les matelots en grimpant dans les barques à l'aide de ses nageoires.

ANASARQUE, *sf.* Accumulation de sérosité dans le tissu cellulaire ; c'est un des genres de l'hydropisie caractérisé par une tuméfaction universelle et ordinairement indolente des téguments.

ANASTALTIQUE, *adj.* Astringent, styptique.

ANASTATIQUE, *sf.* V. *Jérose.*

ANASTOMOSE, *sf.* (*Anat.*) Jonction de

deux vaisseaux sanguins, ou jonction des nerfs les uns avec les autres. | Anastomoser (s'), v. pr. Se joindre par —, s'emboucher l'un dans l'autre.

ANASTROPHE, *sf.* (*Litt.*) Inversion forcée et contraire à la construction habituelle. Exemple : *Sa vie durant*, au lieu de *durant sa vie*.

ANATE, *sf.* Racine dont on se sert pour teindre en rouge aux Indes et à Ceylan.

ANATIDE, *adj.* Qui ressemble au canard.

ANATIFE, *sf.* Coquillage qui a la forme d'un cône aplati et qui s'attache aux galets, à la quille des barques et des navires; on l'appelle aussi *Conque anatifère* et vulg. *Pousse-pieds;* on a cru longtemps que ces coquilles produisaient des canards.

ANATOCISME, *sm.* L'intérêt des intérêts capitalisés. | Contrat par lequel on perçoit l'—.

ANATOMIE, *sf.* Science qui a pour objet l'étude de la structure du corps des animaux, de leurs différents organes, ainsi que des végétaux. L'— animale comprend la *syndesmologie*, l'*ostéologie*, la *sarcologie*, la *myologie*, l'*histologie*, la *névrologie*, etc. V. ces mots.

ANCHE, *sf.* Languette de roseau qui produit des vibrations en frémissant contre un petit tuyau de bois ou de métal dans lequel passe le souffle, et qu'on adapte à la clarinette, au hautbois, au cor anglais et au basson.

ANCHILOPS, *sm.* (pr. *ki*) Tumeur située près du grand angle de l'œil et non loin du sac lacrymal.

ANCHOLIE, *sf.* (pr. *ko*). V. *Ancolie.*

ANCILE, *sm.* (*Ant.*) Bouclier sacré que les Romains croyaient tombé du ciel et qu'ils conservaient précieusement comme le gage de la durée de leur empire.

ANCIPITÉ, E, *adj.* (*Hist. nat.*) Se dit des parties dont les bords sont plus ou moins comprimés et tranchants.

ANCOLIE, *sf.* Plante à fleurs bleues très-irrégulières, composées de plusieurs cornets rapprochés parallèlement et recourbés en dedans à leurs extrémités; on la trouve simple dans les endroits frais et on la cultive double dans les jardins.

ANCONÉ, *sm.* (*Anat.*) Muscle qui s'attache au coude et qui dirige une partie des mouvements de l'avant-bras.

ANCRE, *sf.* Pièce d'horlogerie ainsi nommée de sa forme qui rappelle un peu l'ancre des navires; elle est suspendue par son centre et reçoit du pendule un mouvement régulier d'oscillation, combiné de façon à laisser successivement passer une des dents de la roue qui tourne entre ses branches, et à régulariser ainsi le mouvement de cette roue de laquelle dépend celui de l'horloge, et qui, en s'échappant d'un côté, donne de l'autre une légère impulsion à l'ancre, de telle sorte que le mouvement de cette dernière se maintient toujours égal. | Mesure de capacité usitée en Russie pour les liquides; elle contient 37 litres; en Suède, elle en contient 87.

ANDAIN, *sm.* Quantité de foin qu'un homme fauche, sans se déranger, à chaque pas qu'il fait. | Tas de foins relevés après avoir été coupés.

ANDANTE, *adv.* et *sm.* (*Ital.*) (*Mus.*) Désigne les morceaux dont l'exécution doit être gracieuse et pleine d'un certain laisser-aller. | Andantino, *adv.* et *sm.* Diminutif du précédent; imprime, en général, à la mesure une certaine régularité qui tient de la roideur plutôt que de la gravité.

ANDOUILLER, *sm.* Branches qui se forment, dans la troisième année d'un cerf, sur la face antérieure de la tige principale de son bois, nommée *merrain.*

ANDROCÉE, *sm.* (*Bot.*) Ensemble des organes mâles de la fleur.

ANDROGYNE, *adj.* (*Bot.*) V. *Monoïque.*

ANDROÏDE, *sm.* Automate à figure humaine; machine qui, par le moyen de ressorts, reproduit les mouvements du corps humain.

ANDRON, ANDRONITIDES, *sm.* (*Ant.*) Partie de la maison grecque qui comprenait les logements des hommes; par opposition à *Gynécée.*

ANÈBE, *adj.* Qui n'est pas encore nubile.

ANÉE, *sf.* Ancienne mesure pour les vins en usage en Dauphiné (76 litres), à Lyon (93 lit.), et en Bourgogne (300 litres).

ANÉMIE, *sf.* Diminution de la masse totale du sang et surtout de ses globules ou parties solides, tandis que ses parties séreuses augmentent. | Appauvrissement du sang. | Anémique, *adj.* et *s.* Atteint d'—.

ANÉMOCORDE, *sm.* Instrument à clavier et à cordes résonnant par le moyen d'un courant d'air.

ANÉMOGRAPHIE, *sf.* Description des vents. | Anémométrie, *sf.* Art de mesurer la force, la vitesse du vent et d'en connaître la direction.

ANÉMOMÈTRE, *sm.* Instrument propre à mesurer la force ou la vitesse du vent, ou à en indiquer la direction. | Anémométrographe, *sm.* Anémomètre indiquant lui-même, sur un cadran spécial, les variations et l'intensité du vent pendant un temps donné.

ANÉMONE, *sf.* Plante renonculacée dont les nombreuses espèces sont remarquables par une tige droite sans feuilles, à l'exception d'une collerette de trois folioles, surmontée d'une fleur solitaire; elle est en général très-âcre.

ANÉPIGRAPHE, *adj.* En parlant d'une médaille : qui est sans titre, sans inscription.

ANÉRÉTHISME, *sm.* Défaut d'irritabilité.

ANÉROÏDE, *adj.* et *sm.* Nom donné à une sorte de baromètre qui consiste en un cylindre dans lequel on a fait le vide; il est fermé par une plaque mince de platine sur laquelle presse l'atmosphère, d'où suit le mouvement d'une aiguille indiquant sa pesanteur.

ANESTHÉSIE, *sf.* Privation partielle ou totale de la faculté de sentir et spécialement de la faculté tactile. | ANESTHÉSIQUE, *adj.* et *sm.* Qui a rapport à l' —, qui produit l'—.

ANETH, *sm.* Plante ombellifère qui habite les lieux secs, dont la semence est employée comme tonique et excitante.

ANÉVRISME, *sm.* Tumeur sanguine causée par la dilatation ou la rupture d'une artère. | Dilatation contre nature, soit active, soit passive, d'une ou de plusieurs parties du cœur. | ANÉVRISMAL, E; ANÉVRISMÉ, E; ANÉVRISMATIQUE, *adj.* Qui tient de l'— , affecté d'—, qui présente les caractères de l'—.

ANGALADE, *sf.* Variété de châtaigne de Périgueux.

ANGARIE, *sf.* Obligation imposée par un gouvernement aux bâtiments arrêtés dans ses ports, de transporter pour lui des soldats ou des munitions de guerre.

ANGARIER, *va.* Mettre en réquisition pour quelque corvée. | Importuner, tourmenter, persécuter.

ANGE, *sm.* Poisson, espèce de squale dont la peau très-rude sert à polir le bois et l'ivoire. | Espèce de raie appelée aussi *Mobular* aux Antilles.

ANGÉLIQUE, *sf.* Plante ombellifère odoriférante et aromatique, dont on confit la tige épaisse et cannelée; elle croît dans les lieux montueux du midi de la France; sa racine, en infusion ou en sirop, est stimulante et sudorifique. | Espèce de luth à seize cordes inventé dans le XVIIe siècle, en usage en Angleterre.

ANGELOT, *sm.* Petit fromage raffiné qui se fait en Normandie. | Espèce de monnaie ancienne de France, dont le type était un ange tenant l'oriflamme; l'— d'or valait 14 fr. environ; il y en a eu de 7 fr. 20, ainsi que des —s d'argent de 5 fr. 60.

ANGIKA, *sm.* Bois de l'ailante, arbre exotique qu'on emploie quelquefois dans l'ébénisterie.

ANGINE, *sf.* Difficulté d'avaler ou de respirer produite par des causes ayant leur siége au-dessus de l'estomac et des poumons. | Inflammation des amygdales, de la membrane muqueuse du voile du palais et du pharynx. | — couenneuse, dépôt d'une fausse membrane grise ou jaunâtre sur les voies aériennes et le larynx. | — de poitrine, resserrement spasmodique de la poitrine, accompagné d'une douleur vive et lancinante qui s'étend jusqu'aux bras.

ANGIOLOGIE, *sf.* Partie de l'anatomie qui a pour objet l'étude des vaisseaux lymphatiques et sanguins.

ANGITE, *sf.* Inflammation des vaisseaux sanguins, soit des artères, soit des veines.

ANGLET, *sm.* (*Archit.*) Petite cavité taillée en angle droit qui sépare des bossages, et dont le profil offre la figure d'un V couché.

ANGLICAN, E, *adj.* Qui professe la religion protestante dite ANGLICANISME, *sm.*, qui est celle établie par les lois en Angleterre.

ANGLICISME, *sm.* Façon de parler particulière à la langue anglaise.

ANGLOMANIE, *sf.* Admiration ou imitation exagérée et ridicule des Anglais ou de l'Angleterre. | ANGLOMANE, *adj.* et *s.* Qui professe l' —.

ANGON, *sm.* Javelot des anciens Francs dont le fer, semblable à celui d'une lance, était accompagné de deux crocs acérés. | Instrument composé d'une lance de fer barbelée sur ses bords et emmanchée pour tirer les crustacés d'entre les rochers.

ANGONE, *sf.* Suffocation, sentiment de constriction du larynx.

ANGOURRE ou ANGURRE, *sf.* V. *Cuscute.*

ANGUICHURE, *sf.* Bande de cuir qui sert à porter un cor de chasse.

ANGUILLADE, *sf.* Coup donné à quelqu'un avec un fouet, un mouchoir tortillé, etc.

ANGUILLE DE MER, *sf.* V. *Congre.*

ANGUILLER, *sm.* (*Mar.*) Canaux qui règnent à fond de cale d'un vaisseau pour conduire les eaux à la pompe.

ANGUILLULE, *sf.* (pr. *guil-lu-*) Animalcule microscopique semblable à un fil très-délié, qui vit dans les fermentations du vinaigre.

ANGUSTICLAVE, *sm.* (*Ant.*) Tunique des chevaliers romains ornée d'une bande de pourpre étroite.

ANGUSTIE, *sf.* (*Méd.*) Anxiété ou inquiétude dans les maladies.

ANGUSTURE, *sf.* Écorce tonique et stimulante qui provient d'une plante fébrifuge de l'Amérique du Sud; elle est mince, compacte, rougeâtre à l'intérieur, grise à l'extérieur; elle a une odeur forte et désagréable, une saveur piquante et amère; on l'appelle aussi *vraie angusture* pour la distinguer de la *fausse angusture*, qui lui ressemble beaucoup, et qui n'est autre que le *strychnos nux vomica*, plante très-vénéneuse.

ANHÉLEUX, SE, *adj.* (*Méd.*) Essoufflé, qui a la respiration laborieuse et fréquente.

ANHYDRE, *adj.* Qui ne contient pas d'eau.

ANIL, *sm.* Plante d'Amérique dont les tiges et les feuilles broyées et desséchées fournissent une pâte de laquelle on extrait l'indigo; on l'appelle aussi *Indigotier.*

ANILINE, *sf.* Huile incolore d'une odeur vineuse et agréable, d'une saveur aromatique et brûlante qu'on a découverte dans la distillation de l'*anil* ou *indigo*, et qu'on a extraite depuis de diverses matières issues de la benzine; on l'obtient en sels cristallisés dont on extrait diverses couleurs employées dans les arts et l'industrie.

ANILLE, *sf.* (*Blas.*) Ce sont deux crochets adossés l'un à l'autre de manière à former une espèce d'*x*. | (*Méc.*) Anneau de forme variable qui sert à tirer une écluse.

ANIMÉ, *sm.* V. *Courbaril.*

ANIMISME, *sm.* Système physiologique et médical qui rapporte à l'âme, comme cause première, tous les phénomènes de l'économie animale et toutes les affections des corps organisés.

ANIS, *sm.* (pr. *ni*) Plante ombellifère dont les fruits séchés ou confits sont carminatifs; on en fait diverses liqueurs. | — étoilé, V. *Badiane.* | — âcre, V. *Cumin.*

ANISETTE, *sf.* Mélange d'alcool, d'eau et de sucre, aromatisé avec les fruits de l'*anis* et ceux de la badiane.

ANKYLOGLOSSE, *sm.* Gène dans les mouvements de la langue, par suite de l'adhérence de ses bords aux gencives ou de la longueur excessive du filet.

ANKYLOSE, *sf.* Perte plus ou moins complète des mouvements d'une articulation. | ANKYLOSER, *va.* Causer, amener l'—. | ANKYLOSER (s'), *v. pr.* Etre ankylosé.

ANNAL, E, *adj.* Qui ne dure qu'un an, qui n'est valable que pendant un an, ou qui dure un an.

ANNATE, *sf.* (*Eccl.*) Droit d'une année de revenu que payaient au pape ou aux évêques les bénéficiaires nouvellement promus.

ANNELET, *sm.* Petit anneau. | —s, *sm. pl.* Petits filets qui ornent un chapiteau; on les nomme aussi *Armilles.*

ANNÉLIDE, *adj.* et *s.* ANNÉLIDES, *sm. pl.* Animaux articulés non vertébrés; leur corps est divisé en anneaux nombreux et les pieds sont remplacés par des soies roides et courtes le plus souvent; à l'exception des *lombrics* ou vers de terre, tous vivent dans l'eau, comme la *sangsue*, etc.

ANNOMINATION, *sf.* (*Litt.*) Jeu de mots qui roule sur des noms propres.

ANNONCIADE, *sf.* Religieuse d'un ordre institué en mémoire de l'Annonciation. | Ordre militaire et religieux fondé en 1362 par Amédée VI, comte de Savoie.

ANNONE, *sf.* (*Ant.*) A Rome, provision de vivres pour un an. | Fonctions du magistrat qui pourvoyait la ville de vivres et surveillait la vente du pain.

ANNULAIRE, *adj.* En forme d'anneau. | Éclipse —, lorsque le soleil, masqué par la lune, la déborde tout autour sous la forme d'un anneau.

ANOBLIR, *va.* Faire noble, donner le titre et les droits de noblesse.

ANODIN, E, *adj.* Calmant.

ANODONTE, *sm.* Mollusque bivalve d'eau douce, voisin des moules, dont la coquille renferme une nacre assez belle.

ANOLI, *sm.* Petit lézard à doigts très-larges, à couleur variable, qu'on trouve dans l'Amérique du Sud.

ANOMAL, E, *adj.* Irrégulier, qui s'écarte de la règle. | ANOMALIE, *sf.* État de ce qui est —.

ANONE, *sf.* Arbrisseau cultivé dans le midi de l'Europe, dont le fruit est succulent; celui d'une de ses espèces sert à nourrir les volailles. | On l'appelle aussi *Cachiman.* | V. ce mot.

ANOPLOTHÉRION, *sm.* Animal pachyderme fossile trouvé dans des carrières à plâtre des environs de Paris; il ressemble à la fois à l'âne et au mouton.

ANOREXIE, *sf.* (*Méd.*) Perte ou diminution de l'appétit.

ANORMAL, E, *adj.* V. *Anomal.*

ANOSMIE, *sf.* (*Méd.*) Diminution ou perte de l'odorat.

ANOURES, *sm. pl.* (*Zool.*) Batraciens qui, à l'âge adulte, n'ont pas de queue; tels sont les *crapauds*, etc.

ANSE, *sf.* Petite baie qui s'enfonce peu dans les terres. | — de panier, courbe surbaissée moindre en hauteur que la moitié de son diamètre, ayant à son sommet une tangente horizontale et aux extrémités des tangentes verticales; on l'emploie pour des arches de ponts, des portes cochères, des voûtes, etc.

ANSÉATIQUE, *adj.* V. *Hanséatique.*

ANSÉRINE, *adj. f.* Peau —, couverte d'aspérités comme celle d'une oie plumée. | *sf.* Potentille argentée ou argentine, plante rosacée dont les feuilles sont couvertes en dessous d'un duvet brillant et soyeux; — sagittée, épinard sauvage ou bon-Henri, espèce de chénopode, commune en France, dont on fait une salade.

ANSIÈRE, *sf.* Mauvaise orthographe d'*Aussière.*

ANSPECT et mieux **ANSPEC**, *sm.* (*Mar.*) Levier de bois dont la pointe est garnie de fer, que les artilleurs emploient pour remuer les canons à bord des navires et que les matelots emploient quelquefois dans la manœuvre pour soulever des corps d'un poids considérable.

ANSPESSADE, *sm.* Autrefois, en France, officier d'infanterie qui portait une lance.

ANTALE, *sm.* Coquillage en hélice, cannelé, de la grosseur d'une plume à écrire, qu'on employait dans l'ancienne pharmacie.

ANTAN, *sm.* L'année qui précède l'année courante, l'année passée.

ANTANACLASE, *sf.* (*Litt.*) Répétition du même mot pris dans des sens différents.

ANTANAIS, E, *adj.* V. *Antenais, e.*

ANTARCTIQUE, *adj.* Se dit, par oppos. à *arctique*, des contrées voisines du pôle méridional ou pôle sud.

ANTE, *sf.* (*Archit.*) Espèce de pilier carré terminant un mur avec lequel il fait corps et dont il est la continuation.

ANTECHRIST, *sm.* Séducteur, imposteur que la foi chrétienne croit devoir venir vers la fin du monde pour persécuter les chrétiens et chercher à établir une religion opposée à celle de Jésus-Christ.

ANTÉCIEN, *adj.* et *sm.* V. *Antœcien.*

ANTÉDILUVIEN, NE, *adj.* Qui a existé avant le déluge.

ANTÉFIXE, *sm.* Ancien ornement des corniches qui consistait en une sorte de palmette qu'on appliquait aux extrémités des tuiles creuses pour masquer le vide qu'elles produisaient au bord inférieur des toitures; on en faisait beaucoup en terre cuite et aussi en marbre. | Simplement, palmette à l'angle de la corniche d'un tombeau.

ANTENAIS, E, *adj.* Se dit du petit de la brebis et du bélier depuis l'âge d'un an jusqu'à celui de deux ans.

ANTENNE, *sf.* (*Mar.*) Longue pièce de bois qui s'attache à une poulie vers le milieu ou vers le haut du mât pour soutenir la voile triangulaire de certains bâtiments. | (*Zool.*) Chacun des filaments mobiles et articulés qui sont placés sur la tête des insectes.

ANTÉPÉNULTIÈME, *adj.* et *s.* Qui précède immédiatement le pénultième, l'avant-dernier.

ANTÉPHIALTIQUE, *adj.* (*Méd.*) Se dit des remèdes employés contre le cauchemar.

ANTHÉLIE, *sf.* (*Phys.*) Phénomène dû à la réfraction atmosphérique qui consiste dans l'apparition d'un cercle blanc dont le centre ou la circonférence sont occupés par une ou plusieurs taches rondes situées à l'opposite du soleil, au-dessus de l'horizon.

ANTHELMINTHIQUE, *adj.* (*Méd.*) Se dit des médicaments employés soit contre le tœnia, soit contre les vers intestinaux, etc.

ANTHÈRE, *sf.* (*Bot.*) Dans les fleurs, petite poche membraneuse à une ou deux loges qui est supportée par les filets des étamines; elle est le plus souvent de couleur jaune et renferme la poussière fécondante appelée *pollen*.

ANTHÈSE, *sf.* (*Bot.*) Épanouissement des fleurs; moment où les fleurs s'ouvrent.

ANTHOGRAPHIE, *sf.* Langage des fleurs, écriture symbolique au moyen des fleurs.

ANTHOLOGIE, *sf.* Recueil de petites pièces de vers choisies.

ANTHORE ou ANTHORA, *sf.* Espèce d'aconit à fleurs jaunes, plus petite que le napel et très-vénéneuse.

ANTHRACINE, *sf.* V. *Anthrax malin.*

ANTHRACITE, *sm.* Espèce de charbon minéral opaque, friable, plus dur et plus sec au toucher que la houille et brûlant difficilement; on en trouve des gisements en Europe, et surtout dans l'Amérique du Nord, où il est très-employé.

ANTHRACOSE, *sf.* (*Méd.*) Anthrax qui attaque le globe de l'œil et les paupières.

ANTHRAX, *sm.* Tumeur inflammatoire. L'— *bénin* est un gros furoncle; l'— *malin*, qu'on appelle plus souvent *charbon*, diffère du premier parce qu'il est essentiellement gangréneux.

ANTHROPOFORME, *adj.* Dont la figure approche beaucoup de celle de l'homme.

ANTHROPOLITHE, *sm.* (*Géol.*) Ossements fossiles humains; homme fossile.

ANTHROPOLOGIE, *sf.* Histoire naturelle de l'homme, science de l'homme considéré comme être physique. | Discours ou sermon qui prête à Dieu la forme, les sentiments, les discours des hommes.

ANTHROPOMANCIE, *sf.* (*Sc. occ.*) Divination qui se pratiquait par l'inspection des entrailles de l'homme.

ANTHROPOMORPHE, *adj.* Qui a la forme de l'homme. | ANTHROPOMORPHISME, *sm.* Opinion de ceux qui donnent à Dieu la forme humaine.

ANTHROPOPHAGE, *adj.* et *s.* Qui mange de la chair humaine. | ANTHROPOPHAGIE, *sf.* Habitude de manger de la chair humaine.

ANTIAPOPLECTIQUE, *adj.* et *sm.* Se dit des remèdes contre l'apoplexie.

ANTIBOIS, *sm.* (*Archit.*) Tringle ou bande de bois appliquée le long du mur sur le parquet de la chambre pour que les meubles n'appuient pas contre la tenture ou la tapisserie.

ANTICHRÈSE, *sf.* (*Jurisp.*) Contrat par lequel un débiteur remet en nantissement à son créancier un immeuble dont les revenus servent à l'acquittement de la dette.

ANTIDATE, *sf.* Date d'un acte, antérieure à celle qu'il devrait avoir réellement. | ANTIDATER, *va.* Mettre une — sur une pièce.

ANTIDOTE, *sm.* Contre-poison.

ANTIENNE, *sm.* Chant d'Eglise composé de passages de l'Ecriture appropriés à la fête du jour et qui précèdent ou suivent les psaumes ou les cantiques.

ANTIGORIUM, *sm.* Émail grossier dont on recouvre la faïence.

ANTILOGIE, *sf.* (*Litt.*) Contradiction entre quelques idées d'un même discours.

ANTILOPE, *sm.* ou *sf.* Genre de ruminants dont la plupart des espèces vivent dans les pays chauds; telles sont le *nilgau*, la *gazelle*, etc.; leur caractère distinctif est d'avoir les cornes creuses, rondes et marquées d'anneaux saillants ou d'arêtes en spirale.

ANTIMÉTABOLE, *sf.* (*Litt.*) Répétition, dans la seconde partie d'une phrase, des mots de la première partie, dans un ordre et avec un sens différents. Ex : *Il a trop fait de bien pour en dire du mal, et trop de mal pour en dire du bien.*

ANTIMOINE, *sm.* Métal d'un blanc bleuâtre, brillant, lamelleux et très-cassant ; on l'emploie pour faire différentes préparations pharmaceutiques, telles que l'émétique, le kermès, etc. ; on l'emploie aussi allié au plomb pour les caractères d'imprimerie ; enfin il sert à garnir certains instruments de précision en bois.

ANTINOMIE, *sf.* Contradiction.

ANTINOMIENS, *sm. pl.* Sectaires du XVIe siècle qui prétendaient que la loi de Dieu n'était pas applicable à l'ordre moral.

ANTIODONTALGIQUE, *adj.* Propre à combattre le mal de dents.

ANTIPÉRISTALTIQUE, *adj.* Se dit du mouvement de contraction de bas en haut qui a lieu dans l'estomac et même dans les intestins, lors des vomissement.

ANTIPHARMAQUE, *adj.* et *sm.* Contre-poison.

ANTIPHERNAUX, *adj. m. pl.* (*Jurisp.*) Biens —, ceux que le mari donne à sa femme par contrat de mariage.

ANTIPHLOGISTIQUE, *adj.* (*Méd.*) Propre à guérir les maladies inflammatoires.

ANTIPHONAIRE ou ANTIPHONIER, *sm.* Livre où se trouvent notés, avec leur musique en plain-chant, les antiennes et les parties chantées de l'office divin.

ANTIPHONEL, *sm.* Appareil à manivelle que l'on place à l'intérieur d'un orgue, d'un piano, etc., et qui sert à exécuter, sur ces instruments, certains airs déterminés.

ANTIPHRASE, *sf.* Figure qui consiste à employer un mot, une locution dans un sens contraire à sa véritable signification.

ANTIPODE, *sm.* Se dit des pays de la terre qui sont diamétralement opposés, c.-à-d. situés aux deux extrémités d'une ligne droite qui traverserait la terre en passant par son centre.

ANTIPSORIQUE, *adj.* V. *Psorique.*

ANTIPUTRIDE, *adj.* Antiseptique.

ANTIPYRÉTIQUE, *adj.* (*Méd.*) Fébrifuge.

ANTISCIEN, *sm.* V. *Antœcien.*

ANTISCORBUTIQUE, *adj.* Qui sert à combattre le scorbut, à dépurer et à tonifier. | Sirop —, sirop dépuratif et tonique qui se compose avec du vin blanc, du sucre, des feuilles de cochléaria, de trèfle d'eau, de cresson, de raifort, des oranges amères et de la cannelle. | VIN —, vin renfermant à peu près les mêmes substances.

ANTISEPTIQUE, *adj.* (pr. *cep-*) Se dit des remèdes propres à combattre la putréfaction ou la gangrène.

ANTITRAGUS, *sm.* (pr. *guss*) (*Anat.*) Petite éminence de l'oreille située en arrière du *tragus.*

ANTISPASMODIQUE, *adj.* Se dit des remèdes contre les spasmes et les convulsions.

ANTISPASE, *sf.* (*Méd.*) Révulsion des humeurs. | ANTISPASTIQUE, *adj.* Se dit des remèdes propres à amener la révulsion des humeurs.

ANTISTROPHE, *sf.* (*Ant.*) Stance des chœurs de la tragédie grecque ; c'était la seconde de la période ; elle se chantait après la strophe en marchant dans un sens contraire.

ANTITHÉNAR, *sm.* (*Anat.*) Portion proéminente de la main qui s'étend de la base du petit doigt jusqu'au poignet.

ANTITHÈSE, *sf.* Opposition dans les termes d'une même phrase exprimée avec force.

ANTKEMPS, *sm.* Morceau de musique d'église, en Angleterre, composé sur des sentences tirées de l'Ecriture sainte.

ANTŒCIEN, *adj.* et *sm.* (*Astr.*) Se dit de deux peuples quand ils sont placés sous le même méridien dans deux hémisphères différents, tous deux à égale distance de l'équateur, l'un au nord, l'autre au midi.

ANTOFLE, ANTOLFE ou ANTOLFLE, *sm.* — de girofle. Fruit du giroflier quand il est mûr ; il est rempli d'une résine dure et noire très-odorante et très-aromatique. | On dit aussi *Antophylle.*

ANTONOMASE, *sf.* (*Litt.*) Figure qui consiste à désigner un nom par un autre ou par une périphrase, comme l'*aigle de Meaux*, en parlant de Bossuet, etc.

ANTRUSTION. *sm.* Nom des volontaires qui s'attachaient aux chefs Germains et les suivaient dans leurs entreprises ; ils furent plus tard les tiges d'un certain nombre de familles féodales du moyen âge.

ANUS, *sm.* (pr. *nuss*) (*Anat.*) Orifice extérieur du rectum formé par un anneau musculeux appelé *sphincter*, et par lequel sortent les excréments.

AORTE, *sf.* L'artère principale qui sort de la base du ventricule gauche du cœur, et dont les rameaux portent le sang dans toutes les parties du corps.

AORTÉVRISME, *sm.* (*Méd.*) Anévrisme de l'aorte. | AORTIE, *sf.* Maladie de l'aorte. AORTITE, *sf.* Inflammation de l'aorte.

AOÛTÉ, E, *adj.* Mûri par la chaleur du mois d'août. | AOÛTEMENT, *sm.* État des fruits qui viennent à maturité.

APAGOGIE, *sf.* Raisonnement qui consiste à démontrer que le contraire de ce qu'on veut prouver serait absurde.

APALIKE, *sm.* Espèce de gros hareng dont la chair a un mauvais goût.

APANAGE, *sm.* C'était ce que les souverains donnaient à leurs puînés pour leur servir de partage. | Ce qui est propre à une personne ou à une chose. | APANAGER, *va.* Donner un —. | APANAGISTE, *adj.* et *sm.* Celui qui possède un —.

APANTHISME, *sm.* Oblitération d'une partie dont il ne reste plus aucun vestige.

APANTHROPIE, *sf.* (*Méd.*) Sentiment d'aversion pour les hommes causé par une maladie.

APATITE, *sf.* (*Minér.*) Phosphate de chaux naturel, très-dur et transparent.

APEPSIE, *sf.* (*Méd.*) Défaut de digestion, mauvaise digestion.

APERCEPTION, *sf.* (*Philos.*) Acte par lequel l'âme connaît ses propres facultés, les phénomènes du moi.

APÉRITIF, VE, *adj.* (*Méd.*) Se dit des substances propres à rétablir la liberté dans les voies digestives, biliaires, urinaires, etc.

APHASIE, *sf.* Impossibilité de coordonner ses pensées ou de les transmettre par l'articulation des sons. | APHASIQUE, *adj.* Qui est atteint d'—.

APHÉLIE, *adj.* et *sm.* (*Astr.*) Se dit du point de l'orbite d'une planète où elle se trouve à sa plus grande distance du soleil ; c'est l'opposé de *périhélie*.

APHÉRÈSE, *sf.* Figure de mots qui consiste à enlever une syllabe ou une lettre au commencement d'un mot.

APHIDE, *sf.* (*Zool.*) Insecte appelé vulg. *Puceron.*

APHIDIENS, *sm. pl.* (*Zool.*) Famille de très-petits insectes à laquelle appartiennent les pucerons. | APHIS, *sm.* Puceron.

APHLOGISTIQUE, *adj.* Qui brûle sans flamme.

APHONIE, *sf.* (*Méd.*) Privation complète de la voix, impossibilité de produire aucun son.

APHORISME, *sm.* Maxime, sentence, définition qui présente d'une manière concise ce qu'il y a d'essentiel à connaître sur une chose. | APHORISTIQUE, *adj.* Qui contient des —s.

APHRONATRON, *sm.* Espèce de carbonate de soude natif qui recouvre, en efflorescence légère, les terres, les cavernes ou les vieux édifices.

APHTE, *sm.* Petit ulcère qui affecte la membrane muqueuse de la bouche. | APHTEUX, SE, *adj.* Qui est accompagné d'—s.

API (*Pomme d'*), *sf.* Variété de pomme de petite dimension, rouge vif d'un côté, blanche de l'autre, à chair blanche et ferme ; elle est assez estimée.

APIAIRE, *sm.* (*Zool.*) Se dit des insectes hyménoptères qui ont la faculté de produire du miel, comme les abeilles, etc.

APICULTURE, *sf.* Éducation des abeilles.

APIGÉ, *adj. m.* (*Mar.*) Navire —, navire qui n'a pas tout son chargement, mais qui est assez calé pour naviguer.

APIOL, *sm.* Principe actif, huile volatile que l'on retire des graines du persil ; il est estimé contre les fièvres intermittentes.

APION, *sm.* Très-petit insecte dont la larve, presque imperceptible, occasionne de grands ravages dans les récoltes de grains et dans les trèfles.

APIOS, *sm.* Plante tubéreuse à tiges grimpantes, à fleurs très-odorantes.

APIQUER, *va.* (*Mar.*) Mettre un objet dans une position verticale.

APLET, *sm.* Filet qui sert à pêcher les petits poissons de mer.

APLITE, *sf.* (*Minér.*) Roche composée de quartz et de feldspath blanc ou rougeâtre.

APLUSTRE, *sm.* (*Ant.*) Ornement de la poupe des vaisseaux chez les Romains ; c'était une sorte de girouette composée de planches diversement découpées et coloriées, et ornées de banderolles.

APLYSIE, *sf.* Mollusque voisin des limaces, sans coquille, qui habite les côtes de la mer ; elle rejette, quand on cherche à la prendre, un liquide rougeâtre infect.

APNÉE, *sf.* Défaut, manque de souffle, de respiration ; c'est une cause de l'asphyxie.

APOCALYPSE, *sf.* Livre évangélique plein d'obscurités. | APOCALYPTIQUE, *adj.* Qui tient de l'—, fantastique, obscur.

APOCOPE, *sf.* (*Litt.*) Modification d'un mot auquel on retranche une ou plusieurs lettres. Ex. *je voi* pour *je vois*, *grand'mère* pour *grande mère.* | (*Chir.*) Fracture dans laquelle une partie de l'os est séparée et enlevée.

APOCRISIAIRE, *sm.* (*Eccl.*) Député ou nonce du pape auprès des empereurs ou des princes catholiques.

APOCRYPHE, *adj.* Se dit des livres et des écrivains dont l'autorité est douteuse.

APODE, *adj.* (*Zool.*) Qui n'a pas de pattes.

APODICTIQUE, *adj.* (*Philos.*) Démonstratif, qui résulte de la démonstration seule et non de l'expérience.

APODIOXIS, *sf.* Tour véhément par lequel on rejette avec indignation un argument ou une objection, comme absurde.

APOGÉE, *adj.* et *sm.* (*Astr.*) Se dit du point où la lune est à sa plus grande distance de la terre. C'est l'opposé de *périgée.* | Le point le plus élevé, le degré le plus haut.

APOGON, *sm.* Poisson acanthoptérygien sans barbillons, dont le corps, long de 12 à 15 centimètres, est couvert de belles écailles rouges, à reflets dorés; sa chair est délicate : on le pêche dans la Méditerranée.

APOGRAPHE, *sm.* La copie d'un autographe, d'un écrit original.

APOLOGÉTIQUE, *adj.* Qui contient une apologie, un éloge écrit, un discours justificatif. | *sf.* Toute apologie de la religion chrétienne.

APOLOGUE, *sm.* Fable, récit d'un fait imaginé duquel on se propose de tirer une vérité morale ou instructive.

APOMAQUE, *adj.* et *s.* (*Ant.*) Chez les Grecs, homme impropre au service militaire.

APONÉVROSE, *sf.* (*Anat.*) Membrane fibreuse blanche luisante et ferme qui forme l'extrémité des muscles et sert à les fixer aux os, ou qui recouvre les muscles et les maintient en place. | APONÉVROTIQUE, *adj.* Qui appartient aux —s.

APOPHTHEGME, *sm.* Dit notable de quelque personnage célèbre. | Sentence, maxime.

APOPHYGE, *sf.* (*Archit.*) Partie de la colonne où elle commence à sortir de sa base ; on l'appelle aussi *congé*.

APOPHYLLITE, *sm.* (*Minér.*) Minéral d'un aspect vitreux qui se rapproche du feldspath et qui s'exfolie facilement par l'action du feu.

APOPHYSE, *sf.* (*Anat.*) Protubérance pointue d'un os ; toute éminence naturelle, allongée et très-saillante, d'un os.

APOPLEXIE, *sf.* Maladie du cerveau caractérisée par une paralysie soudaine plus ou moins complète du sentiment et du mouvement dans une ou plusieurs parties du corps sans interruption de la respiration et de la circulation ; elle résulte d'un épanchement de sang dans le cerveau. | — séreuse, celle qui résulte d'un épanchement de sérosité dans le cerveau.

APOSIOPÈSE, *sf.* (*Litt.*) Réticence.

APOSITIE, *sf.* (*Méd.*) Aversion pour les aliments.

APOSTASIE, *sf.* Abandon d'une religion pour une autre religion. | Abandon d'une doctrine, d'un parti. | APOSTASIER, *vn.* Abandonner une religion, un parti. | APOSTAT, *adj.* et *sm.* Celui qui a apostasié.

APOSTÈME, APOSTUME, *sm.* Abcès.

APOTÉLESMATIQUE, *adj.* Se disait, au *moyen âge*, de l'astrologie.

APOTHÉCIE, *sf.* (*Bot.*) Partie des lichens qui renferme les organes reproducteurs.

APOTHÈME, *sm.* (*Chim.*) Dépôt pulvérulent qui se forme lorsqu'on soumet les extraits végétaux à une évaporation prolongée. | (*Math.*) Perpendiculaire abaissée du centre d'un cercle sur l'un des côtés du polygone inscrit ou circonscrit à ce cercle.

APOTHÉOSE, *sf.* Déification. | Cérémonie par laquelle les anciens Romains plaçaient les empereurs au rang des dieux. | Honneurs extraordinaires rendus à un homme que l'admiration publique place au-dessus de l'humanité.

APOZÈME, *sm.* Décoction de substances végétales plus chargée de principes médicamenteux que la tisane, et à laquelle on ajoute un sirop, un électuaire, etc.

APPARAUX, ou mieux APPAREILS, *sm. pl* (*Mar.*) Réunion des diverses machines nécessaires sur un vaisseau pour toute grande opération.

APPAREILLER, *va.* (*Archit.*). Tracer exactement la taille des pierres, les préparer, les disposer pour la construction d'un édifice. | APPAREILLEUR, *sm.* Celui qui appareille.

APPARITEUR, *sm.* Dans l'Université, huissier chargé de précéder les facultés dans les cérémonies, de maintenir l'ordre dans les salles de cours, etc.

APPÂTELER, *va.* Porter à manger, porter la pâture en parlant des animaux qu'on élève.

APPEAU, *sm.* Sorte de sifflet dont on se sert pour imiter le chant des oiseaux et pour les attirer dans des filets.

APPELET, *sm.* Longue pièce de filet tendue verticalement dans la mer pour la pêche du hareng.

APPOGIATURE, *sf.* (pr. *djiatou*). (*Mus.*) Agrément qui se fait dans le chant en appuyant la voix sur la note qui précède la note principale.

APPOINT, *sm.* Somme en petite monnaie qui complète une somme dont le reste est en pièces d'or ou d'argent d'au moins cinq francs.

APPRÉCIE, *sf.* Prix moyen des grains établi par la comparaison de leur valeur vénale dans différents marchés indiqués d'avance.

APRON, *sm.* Poisson voisin de la perche, dont la chair blanche est estimée et qui se trouve dans les eaux vives, surtout dans le Rhône et le Danube.

APSICHET, *sm.* Rebord saillant qui maintient les glaces des voitures.

APSIDE, *sm.* (*Astr.*) L'un des deux points de l'orbite d'une planète dans lesquels elle se trouve, soit à la plus grande, soit à la plus petite distance du soleil ou de la terre. | (*Archit.*) Se dit quelquefois pour *Abside*. (V. ce mot.)

APTÈRE, *adj.* et *sm.* (*Zool.*) Se dit des insectes parfaits qui n'ont pas d'ailes.

APTÉRYGIEN, *adj.* et *sm.* (*Zool.*) Se dit des mollusques qui n'ont pas d'organe spécial pour nager.

APYRE, *adj.* Se dit des substances qui résistent à l'action du feu.

APYREXIE, *sf.* (*Méd.*) Intervalle de temps qui sépare deux accès de fièvre intermittente.

AQUARELLE, *sf.* (pr. *koua*) Dessin peint au lavis au moyen de couleurs délayées à l'eau et qui ont le moins d'épaisseur possible.

AQUARIUM, *sm.* (pr. *akouariomm*) Grande pièce d'eau, réservoir artificiel dans lequel on conserve des poissons, des animaux aquatiques et des plantes marines ou aquatiques.

AQUATILE, *adj.* (pr. *koua*) (*Bot.*) Se dit des plantes qui croissent dans l'eau et flottent à sa surface ou restent submergées.

AQUATINTE ou AQUATINTA, *sf.* (pr. *koua*) Espèce de gravure à l'eau forte qui imite le dessin au lavis.

AQUEDUC, *sm.* Canal construit en pierre ou en maçonnerie, élevé sur un terrain inégal pour ménager la pente de l'eau et la conduire dans un lieu qui en est dépourvu.

AQUILIN, *adj.* (pr. *ki*) Se dit du nez recourbé en bec d'aigle.

AQUILON, *sm.* (pr. *ki*) Vent froid et orageux qui souffle du Nord.

ARA, *sm.* Perroquet à queue longue, à joues nues, d'un plumage très-brillant ; il habite l'Amérique du Sud.

ARABESQUE, *adj.* et *sm.* Qui appartient au style, à l'ornementation arabe. | —, *s. sfpl.* Ornements qui consistent en des entrelacements de feuillages, de fleurs, d'animaux, etc., et dont on ne fait remonter l'origine qu'aux Arabes, quoique les anciens en aient aussi fait usage.

ARABIQUE, *adj.* Se dit d'une espèce de gomme qui se présente en morceaux arrondis incolores ou colorés en jaune clair, et dont le volume varie depuis celui d'un pois jusqu'à celui d'une noix ; elle s'écoule naturellement, ou par incision, de diverses espèces d'acacias. | ARABINE, *sf.* Principe immédiat de la —, entièrement soluble dans l'eau.

ARABLE, *adj.* Se dit des terres propres au labourage.

ARACATCHA, *sm.* Plante ombellifère originaire de la Nouvelle-Grenade, dont la racine féculente est un excellent aliment.

ARACHIDE, *sf.* Plante légumineuse cultivée pour ses graines qui se trouvent dans une gousse courte et de la grosseur du doigt ; ces graines, qui ont la saveur de la noisette, donnent une huile à manger très-estimée. | On a écrit aussi *Arachis*.

ARACHNIDE, *adj.* et *sm.* ARACHNIDES, *smpl.* (pr. *rak*) (*Zool.*) Classe d'animaux articulés qui se distinguent des insectes parce qu'ils n'ont ni ailes ni antennes ; leur sang est blanc, et ils respirent par des stigmates placés généralement sous le ventre ; telles sont les *araignées*.

ARACHNITE ou ARACHNITIS, *sm.* V. *Arachnoïdite*.

ARACHNOÏDE, *adj.* Qui a la forme de l'araignée. | Qui ressemble à un fil d'araignée. | *sf.* L'une des trois méninges, membrane très-fine qui enveloppe le cerveau ; elle est entre la pie-mère et la dure-mère. | Membrane qui couvre la partie convexe de la rétine. | ARACHNOÏDIEN, NE, *adj.* Qui concerne l'—.

ARACHNOÏDITE, *sf.* (*Méd.*) Inflammation de la membrane cérébrale appelée *Arachnoïde*.

ARACHNOLOGIE, *sf.* V. *Aranéologie*.

ARACK, *sm.* Liqueur alcoolique que l'on obtient aux Indes par la fermentation du riz. | Liqueur que l'on tire du sucre de canne. | Eau-de-vie que font les Tartares du lait de cavale aigri et distillé. | On dit aussi *Rack*.

ARAGONITE, *sf.* (*Minér.*) Carbonate de chaux naturel en cristaux prismatiques qu'on a primitivement découvert en Aragon, et qui se trouve dans certains tufs calcaires, comme ceux de Vichy.

ARAIGNE, *sf.* Espèce de filet mince tendu verticalement sur deux perches, et disposé de telle façon que les oiseaux qui y passent le font tomber et s'y trouvent enveloppés.

ARAIGNON, *sm.* Raisin sec de Provence.

ARAIN, *sm.* Taffetas, armoisin rayé ou à carreaux qui se fabrique en Europe et aux Indes.

ARAIRE, *sm.* Charrue sans roues dont on se sert pour labourer les terres légères.

ARAMÉEN, NE, *adj.* Se dit du dialecte primitif des Hébreux et des Juifs qui se parlait dans une contrée appelée *Aram*.

ARANÉEUX, SE, *adj.* Qui imite une araignée. | Qui ressemble à une toile d'araignée.

ARANÉOLOGIE, *sf.* Traité sur les araignées. | Art de prédire les variations de température d'après les mouvements et les toiles des araignées. | ARANÉOLOGUE, *sm.* Celui qui s'occupe de l'étude des araignées.

ARASEMENT, *sm.* (*Archit.*) Surface supérieure plane d'une assise de maçonnerie ou de pierres de taille. | ARASER, *va.* Former en —. | ARASE, *sf.* Pierre servant à l'—.

ARAUCARIA, *sm.* Grand arbre à tige droite de la famille des conifères, ressemblant un peu au sapin, et qu'on trouve au Chili et au Brésil.

ARBALÈTE, *sf.* Arme de trait formée d'une branche de métal en forme d'arc, qui est montée sur un fût et qui se bande avec un ressort. | Cheval en —, cheval attelé seul devant les deux chevaux de timon d'une voiture.

ARBALÉTRIER, *sm.* Homme de guerre qui était armé d'une arbalète. | (*Archit.*) Nom de deux fortes pièces de bois dont se compose ordinairement une ferme de charpente et qui sont inclinées selon la pente du toit.

ARBENNE, *sm.* V. *Lagopède*.

ARBORESCENT, E, *adj.* Qui a le port, le caractère ou la forme d'un arbre.

ARBORICULTURE, *sf.* Partie de l'agriculture qui concerne la culture des arbres.

ARBORISATION, *sf.* Représentation d'arbrisseaux qu'offre la coupe ou la surface de certaines pierres par suite d'infiltrations métalliques. | Dessins qui se forment sur les vitres lorsqu'il gèle. | ARBORISÉ, E, *adj.* Qui offre des — s.

ARBOUSIER, *sm.* Arbrisseau toujours vert qui croît dans le Midi de l'Europe, et porte des fruits assez semblables à des fraises; on emploie ses feuilles pour tanner les cuirs. | Arbuste traînant qui croît sur les hautes montagnes et porte des baies aigrelettes semblables à des cerises, dont on fait dans quelques pays de l'eau-de-vie et qu'on appelle vulgairement *Raisin d'ours* ou *Busserolle*.

ARBRE, *sm.* (*Méc.*) Grande pièce de bois ou de fonte qui est la partie principale d'une machine et autour de laquelle tourne la machine tout entière.

ARCANE, *sm.* (*Sc. occ.*) Préparation mystérieuse et secrète à laquelle on attribuait des vertus merveilleuses. | Toute recette, tout médicament secret auquel on attribue des propriétés surnaturelles. | Secret, mystère profond dans lequel on enveloppe quelque chose.

ARCANSON, *sm.* Suc résineux du pin coulé et solidifié dans des chaudières en forme de pain; on en fait la colophane.

ARCASSE, *sf.* (*Mar.*) Charpente horizontale à l'arrière d'un navire qui s'articule avec l'étambot.

ARCATURE, *sf.* (*Archit.*) Arceau. | Petit arc soutenu par des colonnes.

ARC-BOUTANT, *sm.* (*Archit.*) Construction de maçonnerie formée d'un arc de cercle qui s'applique extérieurement contre une voûte ou contre un mur pour les soutenir.

ARC-DOUBLEAU, *sm.* (*Archit.*) Bandeau qui forme une saillie sur la courbure intérieure d'une voûte qu'il semble doubler pour la rendre plus forte; ceux des voûtes gothiques se nomment *nervures*.

ARCHAÏOLOGIE, *sf.* (pr. *ka-yo*) Science, étude du vieux langage.

ARCHAÏQUE, *adj.* (pr. *ka*) Qui a rapport à l'ARCHAÏSME, *sm.* Expression vieillie; imitation de la manière des anciens.

ARCHAL, *sm.* (Fil d'). Expression vicieuse pour *fil de fer.*

ARCHANGE, *sm.* (pr. *kan*) Ange d'un ordre supérieur.

ARCHÉE, *sf.* ou *sm.* Être de raison que d'anciens physiologistes et notamment Van Helmont, ont considéré comme le principe du mouvement et de la vie dans toutes les parties de l'organisme.

ARCHEGAYE, *sf.* Ancienne lance gauloise. V. *Arzegaye*.

ARCHENDA, *sm.* V. *Henné*.

ARCHÉOLOGIE, *sf.* (pr. *ké*) Science des antiquités, des anciens monuments, des anciens livres, etc. | ARCHÉOLOGUE, *sm.* Celui qui est versé dans l'—.

ARCHER, *sm.* Dans l'ancienne monarchie, nom de certains officiers ou gardes qui exécutaient les sentences judiciaires et correspondaient aux *gendarmes* de nos jours.

ARCHÉTYPE, *sm.* (pr. *ké*) Patron modèle, original sur lequel un ouvrage a été fait.

ARCHIDIACONÉ, *sm.* Circonscription d'églises et de paroisses qui sont dirigées par un ARCHIDIACRE, *sm.* Supérieur ecclésiastique qui a le droit de visite sur les cures d'un diocèse.

ARCHIÉPISCOPAL, E, *adj.* (pr. *ki*) Qui appartient à un archevêque. | ARCHIÉPISCOPAT, *sm.* La dignité d'archevêque.

ARCHIMANDRITE, *sm.* Le supérieur de certains monastères, en Grèce.

ARCHINE, *sf.* Mesure de longueur usitée en Russie où elle équivaut à 711 millimètres, et dans l'Asie-Mineure où elle représente 660 millimètres. | Cintre formé dans la charpente qui soutient les terrains d'une carrière.

ARCHIPEL, *sm.* Étendue de mer parsemée d'îles.

ARCHIPRESBYTÉRAL, E, *adj.* Qui appartient à l'archiprêtre. | ARCHIPRÊTRE, *sm.* Titre de dignité qui donne aux curés de certaines églises une sorte de prééminence sur les autres curés.

ARCHITECTONIQUE, *adj.* et *sf.* Se dit de l'art de bâtir, de ce qui se rapporte à l'architecture, etc.

ARCHITRAVE, *sm.* (*Arch.*) Principale pièce qui porte horizontalement sur les colonnes, et qui occupe la partie inférieure de l'entablement.

ARCHIVOLTE, *sm.* (*Archit.*) Bandeau orné de moulures qui règne à la tête des voussoirs d'une arcade et qui vient se terminer sur les impostes.

ARCHONTE, *sm.* (pr. *kon*) (*Ant.*) Titre des principaux magistrats d'Athènes.

ARCO, *sm.* Potin gris. | V. *Potin*.

ARÇON, *sm.* Chacune des deux pièces de bois cintrées qui servent à faire le corps de la selle d'un cheval, avec deux branches de fer qui les joignent l'une à l'autre. | Instrument en forme d'archet de violon qu'on emploie pour préparer les poils à feutres. | ARÇONNEUR, *sm.* Ouvrier chapelier qui se sert de l'—.

ARCTIQUE, *adj.* Septentrional, du Nord.

ARCTURUS, *sm.* (*Astr.*) Belle étoile de la constellation du Bouvier, que l'on trouve dans le ciel en prolongeant la ligne droite formée par les deux étoiles de l'extrémité de la Grande-Ourse.

ARDASSE, *sf.* Soie de Perse d'une qualité inférieure.

ARDEB, *sm.* Mesure de capacité égyptienne pour les grains et autres produits; elle varie de 1 hectol. 82 à 2 hectol. 77.

ARDENT, *sm.* Se disait des gens attaqués au XIIe siècle d'une sorte de peste épidémique et contagieuse. | Se dit des exhalaisons enflammées qui paraissent pendant la saison chaude, le long des eaux stagnantes. | —, E, *adj.* Fièvre — e. V. *Causus.*

ARDILLON, *sm.* Pointe de fer qui fait partie d'une boucle et qui sert à arrêter la sangle ou la courroie que l'on passe dans l'anneau.

ARDITO, *adv.* et *sm.* (*Mus.*) Terme qui indique que l'on doit faire ressortir avec éclat et énergie les principales notes d'une mélodie.

ARE, *sm.* Unité de mesure pour les surfaces de terre; elle équivaut à cent mètres carrés; cent *ares* valent un *hectare.*

AREC, *sm.* Espèce de palmier de l'Inde dont le fruit est une noix dure, blanchâtre, veinée de pourpre; on la coupe par tranches et on l'enveloppe de feuilles de bétel pour en faire un masticatoire très-estimé; cette noix sert aussi pour de petits ouvrages de tabletterie.

ARÉFACTION, *sf.* Dessiccation. | Action de faire sécher.

ARÉNACÉ, E, *adj.* Se dit de roches friables se désagrégeant facilement et ayant l'aspect du sable.

ARÉNATION, *sf.* Action de couvrir de sable chaud. | Sorte de bain de sable chaud.

ARÈNE, *sf.* Sable déposé par la mer sur le rivage. | Ancien cirque où se faisaient les luttes et les jeux. | Tout lieu où se livre un combat.

ARÉNER, *vn.* S'ARÉNER, *vpr.* Se dit d'un édifice qui s'affaiblit, qui s'enfonce sous un trop grand poids.

ARÉNICOLES, *smpl.* Genre de vers annélides qui habitent dans le sable sur les bords de la mer.

ARÉOLE, *sf.* Cercle irisé qui entoure la lune. | Cercle coloré qui entoure le mamelon du sein. | Cercle qui entoure un bouton, etc. | ARÉOLÉ, E. ARÉOLAIRE, *adj.* (*Hist. nat.*) Qui est rempli d'—, ou de cellules, d'interstices.

ARÉOMÈTRE, *sm.* (*Phys.*) Instrument propre à faire connaître la densité des liquides; on le nomme vulg. *Pèse-liqueurs.* C'est un tube de verre terminé par une boule lourde qui le fait plonger et tenir debout dans le liquide; des degrés tracés sur le tube indiquent la densité par la profondeur à laquelle plonge l'appareil.

ARÉOPAGE, *sm.* (*Ant.*) Tribunal d'Athènes. | Assemblée de magistrats, d'hommes importants, etc.

ARÉOSTYLE, *sm.* (*Archit.*) Édifice dans lequel se trouve une colonnade à colonnes très-espacées.

ARÈQUE, *sm.* V. *Arec.*

ARÊTIER, *sm.* (*Archit.*) Principale pièce d'un comble qui en forme l'arête ou le tranchant supérieur. | Garniture le plus souvent en plomb qui règne le long du faîte.

ARGALI, *sm.* Moufflon ou bélier sauvage qui habite le sud de la Sibérie.

ARGANEAU, *sm.* (*Mar.*) Gros anneau ou boucle de fer dans laquelle passe un câble.

ARGEMA, ARGÉMON, *sm.* Petit ulcère du cercle de l'iris, partie blanc, partie rouge ou noir.

ARGENTAL, E, *adj.* Qui contient de l'argent.

ARGENTAN, *sm.* V. *Maillechort.*

ARGENTINE, *sf.* Plante rosacée appelée potentille argentée; ses feuilles, à plusieurs folioles, sont couvertes en dessous d'un duvet argenté, et sont considérées comme légèrement astringentes. | Sorte d'agate fine, blanche, à reflets chatoyants. | Petit poisson de la Méditerranée dont la vessie natatoire renferme une substance argentée analogue à celle de l'ablette, et servant, comme cette dernière, à fabriquer les fausses perles.

ARGENTON, *sm.* V. *Maillechort.*

ARGILE, *sf.* Terre blanchâtre formée d'alumine et de silice, et appelée vulg. *terre glaise.*

ARGONAUTE, *sm.* Mollusque marin qui habite une coquille mince, blanche et demi-transparente, dont la forme rappelle celle d'une nacelle.

ARGOULET, *sm.* Carabin, arquebusier, | *Fig.* Homme de néant.

ARGOUSIER, *sm.* Arbrisseau épineux qui abonde en Provence dans les buissons, dont le bois est blanc et très-dur, et dont les racines fournissent, par incision, un suc gommeux employé dans la médecine vétérinaire.

ARGOUSIN, *sm.* Bas officier du bagne. | Espion de bas étage.

ARGUE, *sf.* (*Méc.*) Machine composée d'un gros pivot, de barres de bois et d'une filière, employée pour tirer et dégrossir les bouts d'or et d'argent.

ARGUER, *vn.* (pr. *gu*) Tirer une conséquence d'un fait, d'un principe.

ARGUS, *sm.* (pr. *guss*) Espèce de gallinacé des îles de la Sonde, assez semblable au paon, et dont les plumes de la queue sont semées de taches qui ressemblent à des yeux. | Petit papillon de jour. | Poisson plat qui a les yeux du même côté de la tête.

ARGUTIE, *sf.* (pr. *ci*) Raisonnement pointilleux, subtil.

ARIEN, NE, *adj.* Nom des sectateurs d'un célèbre hérésiarque nommé Arius, qui nia la consubstantialité de Dieu et de Jésus-Christ au IVe siècle. | ARIANISME, sm. Doctrine des — s.

ARIETTE, *sf.* Chant formé d'une suite de phrases mélodiques, rhythmées et coupées par des repos ou cadences. | Petit air détaché léger et gracieux, qui tient le milieu entre la romance et la chanson.

ARISTARQUE, *sm.* Grammairien célèbre qui commenta Homère. | *Fig.* Critique sévère et judicieux.

ARISTOLOCHE, *sf.* Genre de plantes grimpantes dont la racine tuberculeuse ou oblongue était autrefois recommandée comme tonique, et qu'on n'emploie plus aujourd'hui à l'exception de l'espèce dite *Serpentaire*. V. ce mot.

ARITHMOMÈTRE, *sm.* Instrument, machine à calculer.

ARKOSE, *sf.* (*Géol.*) Nom qu'on a donné à une sorte de grès qui a été traversé par des matières éruptives, et dont la structure a été profondément modifiée.

ARMAILLI ou ARMAILLY, *sm.* V. *Ermailly*.

ARMATEUR, *sm.* Celui qui arme un navire, c.-à-d. qui le fournit de tout ce qui lui est nécessaire pour aller en mer, et entreprend le transport de marchandises par ce navire.

ARMATURE, *sf.* Assemblage de barres, de clefs, de liens ou autres pièces de métal pour soutenir ou contenir les parties d'un ouvrage de maçonnerie, de charpente, de mécanique, etc.

ARMÉJER, *va.* (*Mar.*) Amarrer un bâtiment dans un port ou sur une rade.

ARMELINE, *sf.* Peau d'hermine très-fine et fort blanche qui vient de Laponie.

ARMÉNITE, *sf.* (*Minér.*) Variété de cuivre carbonaté bleu.

ARMENTAIRE, *adj.* Qui a rapport aux troupeaux de grands quadrupèdes. | ARMENTEUX, SE, *adj.* Fertile en gros bétail.

ARMET, *sm.* Armure de tête, heaume, petit casque fermé qui était en usage au moyen âge.

ARMIGÈRE, *adj.* Qui porte des armes.

ARMILLAIRE, *adj.* (pr. *mil-lai*) Sphère —. Sorte de sphère évidée représentant les cercles fictifs de la sphère céleste.

ARMILLE, *sf.* (pr. *ll mouillées*) Appareil formé de deux cercles entrant perpendiculairement l'un dans l'autre, et posés sur un pied. On s'en servait autrefois pour déterminer, au moyen de l'ombre, le midi vrai. | — s, *sfpl.* V. *Annelets*.

ARMISTICE, *sm.* Suspension d'armes, trêve provisoire par accord entre les belligérants. | Dénoncer un —, déclarer qu'on le rompt.

ARMOISE, *sf.* Plante qui ressemble à l'absinthe et dont les propriétés sont toniques et stimulantes; on l'appelle vulg. *Herbe de Saint-Jean*.

ARMOISIN, *sm.* Taffetas faible et peu lustré dont on fait des doublures. | On dit aussi *Armoise, sf.* | ARMOISEUR, EUSE, *s.* Celui, celle qui fabrique de l'—.

ARMON, *sm.* Chacune des deux pièces de bois qui s'assemblent obliquement sous la charrette avec le timon, de façon à le laisser pivoter de haut en bas.

ARMORIAL, *sm.* Livre qui contient un recueil d'armoiries. | Description de différents blasons.

ARMURE, *sf.* Nombre et disposition particulière des lisses qui concourent au tissage d'une étoffe. | Disposition même de l'étoffe. | Combinaisons entre les fils de la chaîne et celui de la trame qui constituent la différence des tissus entre eux.

ARNICA, *sf.* Plante à grandes fleurs jaunes composées, dont la racine et les fleurs sont employées en infusion ou en teinture comme stimulants; elle a une influence utile sur les commotions cérébrales qui résultent des coups ou des chutes.

AROÏDÉES, *sfpl.* (*Bot.*) Famille de plantes herbacées dont le gouet ou *arum* est le type.

AROMAL, E, *adj.* S'est dit en parlant des rapports que les spirites croient exister entre les vivants et les esprits des personnes mortes.

AROMATE, *sm.* Substance végétale d'une odeur forte et en même temps agréable.

ARONDE, *sf.* V. *Avicule*. | Ancien nom de l'hirondelle. | Queue d'—. Se dit de certains tenons qui vont en s'élargissant en forme de cognée ou de queue d'hirondelle.

ARPÉGE, *sm.* (*Mus.*) Production successive de tous les sons qui entrent dans un accord, au lieu d'être simultanée: les *arpéges* se font sur le violon, le violoncelle, le piano et la harpe. | ARPÉGER, *vn.* Faire des — s.

ARPENT, *sm.* Ancienne mesure agraire française qui équivalait selon les pays à 34, 42 ou 51 ares.

ARQUEBUSADE, *sf.* Eau d'—, eau de plantes vulnéraires qu'on employait autrefois contre les plaies d'armes à feu.

ARQUEBUSE, *sf.* Ancienne arme à feu que l'on portait sur l'épaule. | ARQUEBUSIER, *sm.* Homme de guerre armé d'une —; celui qui fabrique et vend des armes.

ARRAGONITE, *sf.* V. *Aragonite*.

ARRASTRE, *sm.* Machine dans laquelle on réduit en poudre fine le minerai d'argent.

ARRÊTE-BŒUF, *sm.* V. *Bugrane*.

ARRHE, *sf.* et ARRHES, *sfpl.* L'argent qu'on donne pour assurer l'exécution d'un marché verbal et qu'on perd en rompant le marché.

ARRIAN, *adj.* et *sm.* Se dit d'un vautour à plumage cendré, qui habite les montagnes d'Europe.

ARRIÈRE-BAN, *sm.* Convocation par un seigneur de tous les nobles de ses États, sans exception, pour les conduire à la guerre.

ARRIMER, *va.* (*Mar.*) Arranger avec ordre et placer avec solidité les divers objets qui composent la cargaison d'un bâtiment. | ARRIMAGE, *sm.* Action d'— | ARRIMEUR, *sm.* Celui qui arrime.

ARROBE, *sf.* Poids usité en Espagne et dans l'Amérique du Sud, où il équivaut à 11 kilogrammes et demi ; en Portugal, ainsi que dans les possessions portugaises et au Brésil, il équivaut à 14 kilogrammes 68 décagrammes. | Ce mot désigne aussi une mesure de capacité espagnole, contenant six litres un quart.

ARROCHE, *sf.* Plante à fruits âcres et purgatifs, dont on cultive une espèce dans les jardins.

ARROW-ROOT, *sm.* (pr. *a-rô-routt*). Fécule blanche et alimentaire qu'on tire de la racine d'une plante du Brésil.

ARRUGIE, *sf.* Canal pratiqué pour l'écoulement des eaux d'une mine.

ARS, *sm.* (pr. *arss*) Se dit de la partie du cheval qui sépare le poitrail de l'épaule.

ARSENIC, *sm.* Métal gris d'acier, cassant, volatil, et dont les combinaisons avec l'oxygène, prenant le nom d'acide *arsénieux* et d'acide *arsénique*, forment avec diverses substances des composés très-vénéneux. | ARSENICAUX, *smpl.* Composés d'arsenic employés en médecine dans certaines maladies cutanées.

ARSIN, *sm.* Se dit du bois qui a brûlé sur pied.

ARTE, *sf.* V. *Teigne.*

ARTÈRE, *sf.* Nom des vaisseaux destinés à porter le sang du cœur au poumon et surtout du cœur à toutes les parties du corps.

ARTÉRIOLE, *sf.* (*Anat.*) Petite artère à laquelle sa ténuité ne permet pas de donner un nom particulier.

ARTÉRIOTOMIE, *sf.* (*Chir.*) Opération qui consiste dans une incision transversale faite à l'artère temporale ou à l'artère auriculaire postérieure pour procurer une évacuation de sang artériel qu'on arrête ensuite par compression.

ARTÉRITE, *sf.* (*Méd.*) Inflammation des artères caractérisée par une douleur vive sur le trajet de l'artère malade avec battement énergique et une fièvre ordinairement peu intense.

ARTÉSIEN, *adj.* Puits —, puits que l'on perce jusqu'à une très-grande profondeur, de façon à rencontrer une nappe d'eau dont la source se trouve dans les hautes régions; cette eau tend à se mettre en équilibre aussitôt qu'elle rencontre une issue et jaillit dès lors à l'extérieur.

ARTHRALGIE, *sf.* Douleur dans les articulations.

ARTHRITE, *sf.* (*Méd.*) Inflammation des articulations ; goutte des jointures.

ARTHRODIE, *sf.* (*Anat.*) Genre d'articulation dans lequel une tête d'os s'emboîte dans une cavité peu profonde. | ARTHRODIAL, E, *adj.* Qui a rapport à l'— | ARTHRODYNIE, *sf.* Douleur des articulations. | ARTHROSE, *sf.* Articulation.

ARTHROLOGIE, *sf.* Description des articulations.

ARTICULÉS, *adj. m. pl.* (*Zool.*) Se dit d'une division des animaux non vertébrés dont le corps est recouvert d'anneaux articulés d'une substance flexible qui leur fournissent une solidité d'appui analogue à celle des os chez les vertébrés ; tels sont les *crustacés*, etc.

ARTIMON, *sm.* Le plus petit mât d'un bâtiment ; il est situé en arrière, au-dessus de la poupe.

ARTISON, *sm.* V. *Teigne.*

ARTOCARPE, *sf.* V. *Jaquier.*

ARTOISON, *sm.* V. *Teigne.*

ARTONOMIE, *sf.* Art de faire le pain. | ARTOPHAGE, *adj.* Qui vit de pain.

ARTRE, *sm.* Alcyon ou martin-pêcheur.

ARTUSON, *sm.* V. *Teigne.*

ARUM, *sm.* (pr. *romm*) V. *Gouet.*

ARUNDINACÉ, E, *adj.* (pr. *ron*) Qui ressemble, qui a rapport au roseau, qui concerne le roseau.

ARUSPICE, *sm.* (*Ant.*) Prêtre romain qui prédisait l'avenir d'après l'inspection des entrailles des victimes.

ARYTÉNOÏDE, *adj.* et *sm.* Se dit de deux petits cartilages situés en haut et en arrière du larynx, et qui ont la forme d'un petit entonnoir.

ARZEGAYE, *sf.* Lance de douze pieds de long, armée d'une pointe de fer à chacune de ses extrémités, que portaient les cavaliers gaulois.

ARZEL, *sm.* Cheval marqué de blanc aux pieds de derrière depuis le sabot jusqu'au boulet.

AS, *sm.* (*Ant.*) Petite monnaie chez les Romains ; elle a beaucoup varié ; on l'a estimée à environ huit centimes. | Petit poids chez les Romains.

ASA FŒTIDA, *sf.* V. *Assa fœtida.*

ASAPHIE, *sf.* (*Méd.*) Défaut de clarté dans la voix provenant d'un vice de conformation.

ASARET, *sm.* Plante vivace dont les racines et les feuilles sont émétiques, drastiques et sternutatoires.

ASBESTE, *sm.* V. *Amiante.*

ASCARIDE, *sm.* (*Zool.*) Nom vulgaire de l'oxyure vermiculaire, ver de 2 à 10 millimètres de longueur qui se trouve dans les gros intestins de l'homme et des enfants, ordinairement par milliers. | — LOMBRICOÏDE, ver de 10 centimètres et plus, qui s'engendre dans l'intestin grêle des enfants, d'où il sort par l'anus et même parfois par la bouche.

ASCENDANT, *sm.* Personne dont on descend.

ASCÈTE, *s.* Qui consacre sa vie à la mortification et aux exercices de piété. | ASCÉTIQUE, *adj.* Qui appartient aux —s. | ASCÉTISME, *sm.* Etat des —s.

ASCIDIE, *sf.* Genre de mollusques sans coquille, à enveloppe cartilagineuse très-épaisse, qu'on trouve en grand nombre dans toutes les mers où ils restent attachés aux rochers; on en mange plusieurs espèces.

ASCITE, *adj.* et *sf.* (*Méd.*) Se dit d'une espèce d'hydropisie abdominale consistant en un épanchement de sérosité dans le péritoine. | ASCITIQUE, *adj.* et *s.* Qui est atteint d'—; qui concerne l'—.

ASCLÉPIADE, *sf.* V. *Cynanque.*

ASELLE, *sm.* Crustacé voisin du cloporte.

ASINE, *adj. f.* Race —. Se dit des ânes et des ânesses.

ASITIE, *sf.* (pr. *a-ci-cie*) (*Méd.*) Dégoût pour les aliments.

ASOR, *sm.* Instrument de musique des anciens Hébreux; il avait la forme d'un carré oblong, et il était monté de dix cordes qu'on faisait résonner avec une plume.

ASOSTA, *sf.* Espèce de trompette des anciens Hébreux.

ASPALATH, (Bois d') *sm.* Bois de couleur sombre qui vient des Antilles; on l'emploie à divers usages de tabletterie.

ASPARAGINE, *sf.* Principe cristallisable de certains végétaux, tels que l'asperge, la guimauve, la réglisse, etc.

ASPE, *sm.* V. *Asple.* | Poisson du nord de l'Europe, cyprin blanc dont la chair est estimée.

ASPERGÈS, *sm.* Goupillon à jeter de l'eau bénite. | Cérémonie qui consiste à jeter de l'eau bénite.

ASPERSION, *sf.* Action d'asperger, d'arroser par petites gouttes.

ASPÉRULE, *sf.* Petite plante à feuilles verticillées dont une espèce a des fleurs blanches très-odorantes qu'on prend en infusion comme du thé; on la trouve dans les bois humides.

ASPHALTE, *sm.* Bitume que l'on recueille sur les bords de la mer Morte ou Asphaltite qu'il surnage; on l'emploie dans la préparation de la thériaque, d'une couleur noire fort estimée sous le nom de *noir de momie*, et de divers vernis. | Bitume employé pour le pavage et dont le nom véritable est *malthe* ou *pissasphalte*.

ASPHODÈLE, *sm.* Plante liliacée, élevée, à bouquets de fleurs blanches ou jaunes, à racine tuberculeuse et charnue.

ASPIC, *sm.* Reptile venimeux, espèce de vipère portant sur le dos trois lignes de taches rousses bordées de noir. | Huile d'—, V. *Spic.*

ASPIOLE, *sm.* (*Sc. occ.*) Sorte de gnome, de génie malfaisant.

ASPIRANT, *sm.* Nom que portent dans la marine les élèves qui se destinent à être officiers, et qui prennent rang immédiatement au-dessous de l'enseigne.

ASPIURE, *sf.* Poussière de charbon de terre.

ASPLE, *sm.* Dévidoir horizontal sur lequel on place l'écheveau que l'on veut pelotonner.

ASPLÉNION, *sm.* Espèce de petite fougère qui vient sur les murs et qu'on emploie contre certaines affections catarrhales.

ASPRE, *sm.* Tiers du *para*, monnaie grecque qui représente un cinquième de nos centimes.

ASSA, *sm.* | —*dulcis.* Ancien nom du benjoin. | —*fœtida.* Résine âcre et amère extraite d'une plante ombellifère de la Perse; il est employé comme antispasmodique et pour exciter la transpiration.

ASSAMARE, *sf.* Substance jaune transparente qui donne aux matières trop grillées un goût amer particulier.

ASSATION, *sf.* Coction des aliments ou des médicaments dans leurs propres sucs.

ASSEAU, *sm.* Marteau dont la tête est recourbée en arc de cercle. | ASSETTE, *sf.* Petit —.

ASSÉE, *sf.* Bécasse commune.

ASSESSEUR, *sm.* Officier de justice adjoint à un juge principal pour l'aider dans ses fonctions ou quelquefois le suppléer en son absence. Ne se dit guère que des jurés. | En Belgique, adjoint au maire.

ASSIDENT, *adj. m.* (*Méd.*) Se dit des symptômes accessoires d'une maladie.

ASSIGNAT, *sm.* A la fin du XVIIIe siècle, sorte de papier monnaie dont le payement était *assigné* sur la vente des biens nationaux.

ASSOGUE, *sm.* Sorte de navire espagnol dans lequel autrefois on transportait en Amérique le mercure nécessaire pour épurer l'or.

ASSOLEMENT, *sm.* Partage des terres labourables en plusieurs portions ou *soles* que l'on cultive d'une manière différente et dans lesquelles on fait succéder les récoltes suivant un certain ordre.

ASSONANCE, *sf.* Ressemblance imparfaite de son dans les dernières syllabes d'un mot. | Rime imparfaite qui ne consiste que dans l'identité des voyelles.

ASTACIENS, *smpl.* (*Zool.*) Famille de crustacés dont les genres principaux sont l'écrevisse et le homard.

ASTAQUE, *sm.* Écrevisse.

ASTATIQUE, *adj.* Qui n'est point stable; se dit de l'aiguille aimantée lorsqu'elle oscille au lieu de garder une position fixe.

ASTÉISME, *sm.* (*Litt.*) Ironie ingénieuse et délicate qui consiste à déguiser la louange sous les apparences du blâme.

ASTELLE, *sf.* Appui pour soutenir les fractures des os avec des bandages.

ASTER, *sm.* Plante synanthérée appelée aussi *Reine Marguerite*.

ASTÉRIE, *adj.* et *sf.* Se dit d'une variété de corindon cristallisée de telle manière qu'elle montre à l'intérieur une sorte d'étoile blanchâtre à six rayons; c'est une pierre rare et d'une très-grande beauté. | Zoophyte qu'on appelle aussi *étoile de mer*.

ASTÉRISME, *sm.* (*Astr.*) Groupe, assemblage d'étoiles qui fait partie d'une constellation. | (*Minér.*) Propriété que possèdent certaines pierres précieuses d'offrir à leur centre, quand on regarde le jour au travers, une étoile de six rayons.

ASTÉRISQUE, *sm.* Signe en forme d'étoile qui indique un renvoi dans un livre ou qui sert à distinguer d'une manière quelconque une phrase, un mot.

ASTERNAL, E, *adj.* (*Anat.*) Se dit de chacune des cinq côtes inférieures appelées vulgairement fausses côtes, et dont le cartilage n'atteint pas le sternum.

ASTÉROÏDE, *sm.* Petit corps qui circule dans l'espace et dont l'entrée dans la sphère d'attraction de la terre fait un aérolithe. | Petites planètes situées entre Mars et Jupiter.

ASTHÉNIE, *sf.* (*Méd.*) Affaiblissement général des fibres musculaires; absence de force. | ASTHÉNIQUE, *adj.* Qui présente les caractères de l'—.

ASTHME, *sm.* (pr. *ass-me*) Névrose de l'appareil respiratoire caractérisée par la difficulté de respirer, se reproduisant par accès, mais sans fièvre.

ASTRAGALE, *sm.* Os du talon qui a une éminence convexe, le plus saillant de ceux du tarse. | Petite baguette ronde qui entoure le haut du fût de la colonne et y joint le chapiteau. | — ou ASTRAGALUS, *sm.* Plante légumineuse dont quelques espèces fournissent la gomme adragante.

ASTRAL, E, *adj.* Qui a rapport aux astres. | LAMPE — E, lampe disposée sur ses appuis de telle sorte, qu'ils ne portent aucune ombre sur les objets qu'elle éclaire de haut en bas.

ASTRÉE, *sf.* Sorte de polypier pierreux dont la surface est parsemée d'étoiles.

ASTRICTION, *sf.* Effet produit par l'astringence.

ASTRINGENT, E, *adj.* Se dit des substances qui resserrent, qui déterminent dans les parties vivantes avec lesquelles elles sont en contact, une sorte de crispation, et y arrêtent ou y diminuent l'afflux du sang, les sécrétions et les exhalaisons. | ASTRINGENCE, *sf.* Qualité des astringents.

ASTROÏTE, *sf.* Astrée fossile.

ASTROLABE, *sm.* (*Mar.*) Instrument dont on se servait autrefois pour mesurer la hauteur des astres au-dessus de l'horizon. | Planisphère céleste.

ASTROLOGIE, *sf.* Science chimérique de prédire les événements futurs par l'aspect, les positions des astres et leur influence présumée; on dit aussi *Astrologie judiciaire.* | ASTROLOGUE, *sm.* Celui qui s'adonne à l'—.

ASYMPTOTE, *sf.* (*Math.*) Ligne droite ou courbe dont s'approche continuellement une courbe, mais sans jamais la couper, lors même qu'elle est indéfiniment prolongée.

ATARAXIE, *sf.* (*Philos.*) Quiétude, calme de l'âme.

ATAVISME, *sm.* Ressemblance non-seulement dans les formes, mais dans les habitudes, d'un animal avec les individus dont il descend. | Tendance des plantes hybrides à revenir à leur type primitif.

ATAXIE, *sf.* (*Méd.*) Désordre et irrégularité dans la marche des maladies nerveuses; elle indique une affection cérébrale plus ou moins grave. | ATAXIQUE, *adj.* Qui a les caractères de l'—.

ATAXODYNAMIE, *sf.* (*Méd.*) Inégalité dans les mouvements d'un organe.

ATCHAR, *sm.* ou ATCHARS, *smpl.* Assaisonnement composé de fruits ou de légumes verts de l'Inde confits dans du vinaigre ou dans le suc aigri de différentes espèces de palmier, avec de l'ail, de la moutarde pilée, du gingembre, du piment, etc.

ATÈLE, *sm.* Singe américain à queue prenante, et dont les mains antérieures sont dépourvues de pouces; ils sont doux et craintifs, et leur voix est une sorte de sifflement sourd.

ATELLANE, *sf.* Espèce de comédie populaire ou de farce improvisée qui était en grande faveur à Rome; la farce italienne de nos jours la rappelle un peu. | ATELLAN, E, *adj.* Qui a rapport à l'—.

ATERMOIEMENT, *sm.* Arrangement amiable qui intervient sans qu'il y ait faillite déclarée entre un commerçant et ses créanciers, et par lequel ceux-ci accordent à leur débiteur un délai pour se libérer.

ATHANOR, *sm.* Ancien fourneau des alchimistes s'entretenant toujours de charbon à mesure qu'il brûlait.

ATHÉNÉE, *sf.* Se dit de certains établissements consacrés à l'enseignement ou aux exercices des sciences ou des arts, par analogie avec des établissements de l'antiquité qui avaient le même objet.

ATHERMANE, *adj.* (*Phys.*) Se dit des corps qui sont propres à éteindre les rayons calorifiques, qui ne laissent pas passer la chaleur.

ATHÉROME, *sm.* (*Méd.*) Tumeur enkystée, dont la *loupe* est une espèce particulière.

ATHYMIE, *sf.* Découragement, abattement.

ATLANTE, *sm.* Figure d'homme sculptée qui tient lieu de colonne pour soutenir une corniche, un entablement, ou quelque autre ouvrage d'architecture.

ATLANTIQUE, *adj.* Se dit de l'Océan qui sépare l'Amérique de l'Afrique et de l'Europe. | Format—, celui où la feuille entière ne forme qu'un seul feuillet ou deux pages.

ATLAS, *sm.* (pr. *at-lass*) (*Anat.*) Première vertèbre du cou, unie de telle sorte à l'os occipital, qu'elle accompagne la tête dans tous ses mouvements. | On l'appelle aussi *Atloïde, sf.*

ATMOMÈTRE, *sm.* (*Phys.*) Appareil destiné à calculer la quantité de liquide qui s'évapore dans un moment donné.

ATMOSPHÈRE, *sf.* (*Phys.*) Unité de comparaison pour mesurer les pressions et particulièrement celle de la vapeur; elle équivaut au poids d'une colonne de mercure de 0m. 76 de hauteur sur 1 centimètre carré de surface, soit 1 k. 033; la vapeur à 100 degrés a une pression égale à celle de l'atmosphère.

ATOME, *sm.* Molécule indivisible de matière ou corps infiniment petit regardé comme ne pouvant plus être divisé; unité matérielle. | Atomique ou Atomistique, *adj.* (*Chim*). Théorie —, théorie de la formation des atomes de corps composés par des groupes d'atomes de corps simples.

ATONIE, *sf.* (*Méd.*) Défaut de ton, faiblesse ou relâchement d'un organe et surtout d'un organe contractile.

ATOXIQUE, *adj.* Qui n'a point de venin.

ATRABILAIRE, *adj.* Morose, chagrin, irritable. | Atrabile, *sf.* Bile noire, humeur que les anciens croyaient à tort exister dans le corps des gens moroses.

ATRAMENTAIRE, *adj.* Qui a les caractères, la saveur ou l'apparence de l'encre.

ATRE, *sm.* Foyer d'une cheminée, partie où se place le combustible.

ATRIUM, *sm.* (*Ant.*) Portique intérieur des maisons romaines, distinct du vestibule. | Cour carrée composée de deux rangées de colonnes, et dans laquelle les Romains plaçaient les images de leurs ancêtres.

ATROPHIE, *sf.* Dépérissement ou maigreur excessive de quelque partie du corps. | Atrophié, e, *adj.* Atteint d'—. | Atrophier (s'), *v. pr.* Tomber dans l'—.

ATROPINE, *sf.* Substance très-âcre et très-vénéneuse, alcaloïde extrait de la belladone (*atropa*); on l'emploie dans les névralgies, l'asthme, l'épilepsie, la chorée, les rhumatismes, etc.

ATROPOS, *sm.* (pr. *poss.*) Sphinx —, papillon de nuit d'assez grandes dimensions, remarquable par la figure qu'il porte sur la tête, qui ressemble à une tête de mort; il s'appelle vulg. *tête de mort.*

ATTACA, *sf.* (*Mus.*) Terme indiquant qu'un morceau suit immédiatement le précédent, sans aucun repos.

ATTACHEMENT, *sm.* (*Archit.*) Notes des ouvrages de différentes espèces que prend l'architecte pendant qu'ils sont apparents en présence des entrepreneurs pour s'y référer lors du règlement des mémoires.

ATTAGAS, *sm.* Espèce de gelinotte qu'on appelle aussi *Lagopède.*

ATTALIQUE, *adj.* Qui se rapporte à Attale, prince fameux par ses richesses. | Richesses —s, richesses considérables.

ATTEINTE, *sf.* Blessure occasionnée par le fer d'un cheval, soit que ce cheval se blesse lui-même, soit qu'il blesse les chevaux qui marchent à côté de lui ou derrière lui.

ATTÉLABE, *sm.* Insecte à couleurs brillantes que l'on trouve sur les fleurs ou sur les arbres.

ATTELLE, *sf.* Petite pièce de bois, de carton, de fer-blanc, que l'on applique, garnie de linge, le long d'un membre fracturé ou luxé pour le maintenir dans l'immobilité. | Morceau de bois chantourné que l'on attache au collier des chevaux de harnais.

ATTERRIR, *vn.* (*Mar.*) Toucher la terre. | Atterrissage, *sm.* Action d'—.

ATTERRISSEMENT, *sm.* Dépôt de matières terreuses qui se forme peu à peu sur le bord de la mer, d'un fleuve, d'une rivière.

ATTICISME, *sm.* Délicatesse de langage, finesse de goût particulière aux Athéniens. | Attique, *adj.* Qui a rapport au caractère, aux mœurs des Athéniens.

ATTIQUE, *adj.* et *sm.* Se dit de l'étage supérieur qui termine une façade, et qui est plus petit que les autres.

ATTOLE, *sm.* Groupe de petites îles de formation récente et madréporique, très-rapprochées les unes des autres.

ATTORNEY, *sm.* (*Angl.*) Procureur ou avoué en Angleterre. | — général, procureur du roi.

ATTRITION, *sf.* (*Méd.*) Frottement de deux corps durs qui s'usent mutuellement. | Broiement, écrasement d'une partie quelconque. | (*Théol.*) Regret d'avoir offensé Dieu, causé par la honte d'avoir commis le péché ou par la crainte d'en subir le châtiment.

ATYPIQUE, *adj.* Se dit des fièvres dont les accès reviennent sans régularité.

AUBADE, *sf.* Concert donné en plein air, vers l'aube du jour, à la porte ou sous les fenêtres d'une personne à qui l'on veut rendre honneur.

AUBAIN, *sm.* (*Jurispr.*). Étranger qui n'est pas naturalisé dans le pays où il demeure.

AUBAINE, *sf.* Ancien droit français en

vertu duquel le roi entrait en possession des biens d'un étranger décédé *aubain*, c'est-à-dire mort avant d'avoir été naturalisé.

AUBE, *sf.* Chacune des planches fixées à la circonférence d'une roue de moulin à eau, qui reçoivent l'impulsion de l'eau et transmettent le mouvement au moulin. | Planches analogues placées à la circonférence des roues des bateaux à vapeur. | AUBETTE, *sf.* Petite —.

AUBÉPINE, *sf.* Arbuste épineux, à rameaux très-serrés, dont on fait des haies; son bois est très-dur; on fait de ses fruits une liqueur fermentée, et ses fleurs très-précoces, blanches, ont une odeur agréable, mais un peu forte.

AUBÈRE, *sm.* et *adj.* Se dit d'un cheval dont le poil est couleur de fleur de pêcher, entre le blanc et le bai.

AUBERGINE, *sf.* Plante originaire d'Asie que l'on cultive dans le Midi pour son fruit, gros, ovoïde, allongé, brun luisant, dont on fait des préparations culinaires estimées.

AUBERON, *sm.* AUBERONNIÈRE, *sf.* V. *Obron, Obronnière.*

AUBIER, *sm.* Bois nouveau encore imparfait qui se forme chaque année en couches concentriques entre l'écorce et le vrai bois; il diffère de celui-ci par sa couleur plus claire, et par son tissu plus lâche et plus léger.

AUBIFOIN, *sm.* Bluet.

AUBIN, *sm.* Allure d'un cheval qui galope du devant, mais qui ne peut que trotter ou aller l'amble par suite de la faiblesse des jambes de derrière et des reins. | AUBINER, *vn.* Aller l'—.

AUBOUR, *sm.* Nom vulgaire d'un arbre appelé aussi Cytise à grappes ou faux ébénier. V. *Cytise.*

AÛD, *sm.* V. *Oûd.*

AUDITION, *sf.* Action d'enten re.

AUFFE, *sm.* V. *Alfa.*

AUGE, *sf.* Région extérieure de la tête du cheval, commençant à la gorge et finissant a la barbe. | V. *Auget.*

AUGET, *sm.* En général, petite auge. | Bassin des gouttières de plomb dans les grands bâtiments. | Chacune des espèces de seaux ou godets placés à la circonférence d'une roue pour recevoir l'eau qui la fait mouvoir.

AUGITE, *sf.* (*Minér.*) Pierre noire translucide qui est souvent mêlée à la lave des volcans; c'est une variété de pyroxène.

AUGMENT, *sm.* (*Litt.*) Addition qui se fait au commencement d'un temps de verbe dans certaines langues orientales, particulièrement dans le grec.

AUGURAL, E, *adj.* Se disait à Rome des insignes portés par les *augures*, prêtres chargés de tirer des présages, et particulièrement du bâton qu'ils avaient à la main. | Qui est un présage de bonheur.

AULEMATA, *sm.* (*Mus.*) Sonate de flûte et de fifre.

AULÈTE, *sm.* Joueur de flûte. | AULÉTIQUE, *sf.* Art de jouer de la flûte.

AULIQUE, *adj.* Se dit du conseil suprême qui rendait la justice en Allemagne dans les causes exceptionnelles.

AULNE, *sm.* (*Sc. occ.*) Nom d'un génie malfaisant célèbre dans la féerie allemande.

AULOFFÉE, *sf.* (*Mar.*) Mouvement que fait un navire, après avoir fait une abattée, pour revenir dans la ligne du vent.

AUMAILLES, *adj.* et *sfpl.* Se dit des animaux que l'on nourrit pour l'engrais.

AUMALE, *sm.* Sorte d'anacoste tissée avec de la laine cardée, que l'on emploie, teinte en vert, pour rideaux, en blanc pour gilets de peau et en couleur pour la carrosserie.

AUMUSSE, ou AUMUCE, *sf.* Espèce de fourrure dont les chanoines, les chapelains et les chantres se couvrent quelquefois la tête et qu'ils portent ordinairement sur le bras. | C'était autrefois la coiffure de tout le monde, et elle descendait sur les épaules et même jusqu'à la ceinture.

AUMUSSON, *sm.* Bonnet de peau d'agneau avec le poil.

AUNÂTRE, *sm.* Variété d'aune, arbuste commun dans les Alpes.

AUNE, *sm.* Arbre qui croît sur le bord des eaux; son bois, qui a quelque ressemblance avec celui du peuplier, est plus ferme et d'une couleur rousse; il est tendre et léger, et on l'emploie à divers petits ouvrages; il se conserve bien dans l'eau et on en fait pour cette raison des tuyaux de pompe. Son écorce est riche en tannin. | AUNAIE ou AULNAIE, *sf.* Lieu planté d'—s. | —noir. V. *Bourdaine.*

AUNE, *sf.* Ancienne mesure de longueur française qui équivalait à 1 mètre 19 centimètres environ.

AUNEAU, *sm.* Cercle que l'on forme avec un sarment de vigne de l'année précédente pour lui faire produire une plus grande quantité de raisin.

AUNÉE, *sf.* Plante à fleurs jaunes composées qu'on a employée autrefois comme expectorante, et dans les diarrhées rebelles.

AURA, *sf.* Émanation très-subtile qui s'échappe d'un corps. | Vapeur très-légère qui s'élève vers le cerveau avant l'invasion d'une attaque d'épilepsie, etc.

AURAI, AURAY ou AURAIL, *sm.* (*Mar.*) Pieu ou bloc de pierre servant à l'amarrage des bâtiments.

AURANTIACÉES, *sf. plur.* (*Bot.*) Se dit des plantes qui ressemblent à l'oranger ou au citronnier par leur constitution.

AURATE, *sm.* V. *Aurique.*

AURÉLIÈRE, *sf.* V. *Forficule.*

AURÉOLE, *sf.* Cercle lumineux que les peintres mettent ordinairement autour de la tête des saints.

AURICULAIRE, *adj.* Qui appartient ou qui a rapport à l'oreille. | Doigt —, 5e doigt de la main, parce que sa petitesse permet de l'introduire dans l'oreille. | Témoin —, qui a entendu ce qu'il dépose. | Confession —, faite en secret à l'oreille du prêtre.

AURICULE, *sf.* *(Hist. nat.)* Tout appendice en forme d'oreille. | Plante d'ornement appelée vulg. *oreille d'ours.*

AURIFÈRE, *adj.* Qui contient ou qui produit de l'or. | Aurifique, *adj.* Qui fait de l'or, qui change en or.

AURIGINEUX, SE, *adj.* *(Méd.)* Qui a rapport à la jaunisse. | Fièvre —se, l'ictère.

AURIQUE, *adj.* *(Mar.)* Se dit des voiles qui ont quatre côtés sans être carrées. | *(Chim.)* Acide —, se dit de l'acide résultant de la combinaison de l'or et de l'oxygène, et formant des sels appelés *aurates.*

AURISCALPE, *sm.* Petit instrument pour curer les oreilles.

AURISTE, *sm.* Médecin qui traite les maladies de l'oreille.

AUROCHS, *sm.* (pr. *roks*). Espèce de bœuf plus grand que le bœuf ordinaire; il était autrefois très-commun en Europe; mais aujourd'hui on ne le rencontre plus guère que dans les grandes forêts du Nord.

AURORE BORÉALE, ou mieux polaire, *sf.* Phénomène lumineux qui paraît souvent dans les régions polaires; il a l'aspect d'un grand arc enflammé qui surmonte un vaste espace obscur parfois sillonné d'éclairs nombreux et intenses, tandis que l'arc se transforme, est agité et semble onduler comme une immense tapisserie de feu; sa production est liée a des variations dans l'intensité ou la direction du magnétisme terrestre.

AUSCULTATION, *sf.* Mode d'exploration dont le but est de faire connaître, par l'application de l'oreille sur les diverses parties du corps, les bruits variés dont elles sont le siége et d'en apprécier la valeur au point de vue de la santé ou de la maladie. | Ausculter, *va.* Explorer par —.

AUSPICE, *sm.* *(Ant.)* Devin qui tirait ses présages du vol des oiseaux.

AUSSIÈRE, *sf.* *(Mar.)* Cordage composé de plusieurs torons en faisceaux, qu'on emploie à divers usages sur les navires.

AUSTER, *sm.* Nom poétique du vent du Midi.

AUSTÈRE, *adj.* Au physique, ce mot veut dire âpre, astringent; se dit de la saveur de certains fruits tels que le coing. | Au moral, sévère, grave, etc.

AUSTRAL, E, *adj.* Méridional; se dit du pôle sud et de la région avoisinante, ou de toute la région sud au-dessous de l'équateur.

AUTAN, *sm.* Vent du sud-est qui souffle de la Méditerranée sur nos côtes méridionales; on n'emploie guère ce mot qu'en poésie comme syn. de *vent violent.*

AUTÉMÉSIE, *sf.* *(Méd.)* Espèce de gastrose; vomissement idiopathique ou spontané.

AUTHENTIQUE, *adj.* Se dit des actes émanés d'un officier public et dressés avec la solennité requise. | Certain, dont l'autorité ne peut être contestée. | *sm.* Ancienne loi qui condamnait une femme adultère à perdre sa dot et à être enfermée dans un cloître.

AUTOBIOGRAPHIE, *sf.* Récit fait par une personne des événements de sa vie.

AUTOCHTHONE, *adj.* et *sm.* Nom des premiers habitants d'un pays, des plus anciens possesseurs du sol.

AUTOCLAVE, *adj.* et *sm.* Se dit d'une marmite propre à faire cuire les aliments à une très-haute température et sans évaporation. | Particul. d'un appareil pour certaines opérations industrielles, se tenant fermé par l'effet de la pression de la vapeur.

AUTOCRATE, *adj.* et *sm.* Se dit d'un homme dont la puissance est sans bornes et qui ne relève d'aucun autre; on a dit au fém. *Autocratrice.* | Autocratie, *sf.* Gouvernement absolu.

AUTO-DA-FÉ, *sm.* Cérémonie dans laquelle l'inquisition faisait brûler ceux qu'elle avait condamnés pour hérésie. | Destruction par le feu ou par toute autre cause.

AUTODIDACTIQUE, *adj.* Qu'on peut apprendre soi-même, qui s'apprend sans maître.

AUTOGRAPHIE, *sf.* Procédé qui consiste à reporter sur une planche, pour en tirer un grand nombre d'exemplaires, une page d'écriture ordinaire. | Autographique, *adj.* Qui appartient a l'—.

AUTOMACHIE, *sf.* Contradiction avec soi-même.

AUTOMATE, *adj.* et *sm.* Se dit de toute machine qui renferme en elle-même le principe de son mouvement. | Automatique, *adj.* Se dit des mouvements qui s'exécutent sans la participation de la volonté (comme le battement du pouls, la respiration, etc.), ou qui ont lieu sans but déterminé par suite d'habitude, de délire ou de maladie. | Automatisme, *sm.* Mouvement machinal.

AUTOMÉDON, *sm.* *(Nom du conducteur du char d'Achille.)* | Cocher habile, ou simplement cocher.

AUTONOME, *adj.* Qui se gouverne par ses propres lois. | Autonomie, *sf.* État d'une contrée qui conserve le droit de se gouverner par ses institutions nationales et locales.

AUTOPLASTIE, *sf.* *(Chir.)* Opération qui a pour but de remplacer une partie détruite, en empruntant aux parties voisines ou éloignées les matériaux ou les lambeaux de chair destinés à cette réparation.

AUTOPSIE, *sf.* Ouverture et examen d'un cadavre pour reconnaître les causes de la mort.

AUTOTHÉTIQUE, *adj.* Se dit de toute connaissance que l'homme acquiert par suite des données de l'expérience.

AUTOUR, *sm.* Oiseau de proie à ailes courtes, plus grand que l'épervier; on s'en est servi pour la chasse.

AUTOUR, *sm.* Écorce d'—, sorte d'écorce jaunâtre de provenance orientale; elle est légère, spongieuse, sans odeur, et on l'emploie dans la préparation du carmin.

AUTOURSERIE, *sf.* Art de dresser les autours à la chasse. | Chasse faite avec l'autour.

AUTRUCHE, *sf.* Oiseau de l'ordre des échassiers dont la taille est gigantesque, les jambes demi-nues et les ailes très-petites et impropres au vol; ses plumes font l'objet d'un commerce important. | — d'Amérique. V. *Nandou.*

AUVERGNE, *sf.* Dissolution de tan dans laquelle on fait macérer les peaux de veau.

AUVERNAT, *sm.* Vin rouge d'Orléans très-chargé, qui n'est bon à boire que vieux et dépouillé. | Raisin noir qui sert à faire ce vin et dont le plant est venu d'Auvergne.

AUVESQUE, *sm.* Cidre de qualité supérieure.

AVAL, *sm.* Souscription par laquelle l'endosseur d'un billet ou toute autre personne s'engage à l'acquitter si le souscripteur ne le paye pas. | Au plur. Avals. | Avaliste, *s.* Celui qui donne un —.

AVAL, *adv.* La partie basse d'une rivière, d'une vallée, par opposition à amont. | *En aval*, au-dessous.

AVALAGE, *sm.* Descente du vin en cave. | Coulage du vin à travers une pièce.

AVALAISON, *sf.* Durée des vents d'aval; changement des vents d'amont en vents d'aval.

AVALANCHE, *sf.* Masse considérable de neige qui se détache des sommets des montagnes et qui glisse ou roule avec impétuosité dans les vallées, entraînant avec elle des fragments de rochers et renversant tout sur son passage.

AVALIE, *sf.* Laine ne provenant pas de tonte, et retirée de la peau des moutons après leur mort.

AVALOIRE, *sf.* Pièce du harnais des chevaux qui leur revêt les fesses et le derrière de la cuisse au-dessous de la queue; elle sert à retenir la voiture dans les descentes.

AVALURE, *sf.* Maladie du cheval, qui consiste dans la chute de la corne du pied et dans la production d'une nouvelle corne qui naît du biseau et chasse l'ancienne.

AVANIE, *sf.* Dans le Levant, extorsion commise par les pachas et les douaniers turcs sur les marchands chrétiens, auxquels ils font payer des amendes fixées arbitrairement.

AVATAR, *sm.* Incarnation; se dit en particulier des incarnations des divinités hindoues.

AVEINDRE, *v. a.* Vieux mot français qui signifie tirer une chose d'un lieu élevé où elle est placée.

AVELANÈDE, *sf.* Cupule, coque d'un gland d'Orient que l'on emploie pour la teinture en noir, et dont les tanneurs se servent pour parer les cuirs. | On écrit aussi *Avellanède* et *Vélanède.*

AVELINE, *sf.* Espèce de grosse noisette qui se mange fraîche, c'est-à-dire enveloppée de son péricarpe, ou sèche comme les noisettes ordinaires. | Avelinier, *sm.* Arbre qui produit l'—.

AVENANT, *sm.* Pièce que l'on annexe aux polices d'assurance et qui est le résumé des risques à courir par l'assureur et des primes à payer par l'assuré. | Acte par lequel l'assureur et l'assuré conviennent d'un commun accord de modifier ou d'annuler une police d'assurance.

AVÉNERON, *sm.* V. *Averon.*

AVÉNIÈRE, *sf.* Champ d'avoine.

AVENIR, *sm.* (*Jurisp.*) Acte d'avoué à avoué, sommation par laquelle on enjoint à la partie adverse de se trouver au jour fixé à l'audience pour y plaider conjointement.

AVENT, *sm.* (*Eccl.*) Temps destiné par l'église catholique à se préparer à la fête de Noël.

AVENTURINE, *sf.* Pierre que l'on obtient artificiellement et dont on fait des bijoux, des ornements, etc.; c'est un cristal très-limpide, ordinairement coloré en rouge ou en rose et parsemé dans sa masse d'une multitude de paillettes qui possèdent un éclat métallique semblable à celui de l'or. | Quartz ou feldspath parsemé naturellement de points brillants; c'est une pierre beaucoup moins belle que l'— artificielle.

AVÉRAGE, *sm.* Moyenne vraie, reconnue telle, et, en général, la moyenne.

AVERNAT, *sm.* V. *Auvernat.*

AVERON, ou Avéneron, *sm.* Folle avoine, avoine sauvage qui nuit aux moissons.

AVERTIN, *sm.* Maladie des moutons causée par l'ardeur du soleil de printemps, qui les fait tournoyer sans cesse. | On l'appelle aussi *Tournis.*

AVIARIUM, *sm.* (pr. *iomm*). Grande et riche volière, construction élégante dans un parc ou dans un château pour recevoir des oiseaux domestiques.

AVICEPTOLOGIE, *sf.* Traité de l'art de prendre les oiseaux.

AVICULAIRE, *adj.* Qui a rapport aux oiseaux, qui sert à la nourriture des oiseaux.

AVICULE, *sf.* Mollusque dont la coquille ressemble un peu à une queue d'hirondelle ; une de ses espèces est l'*huître perlière*, qui fournit les perles fines.

AVILLONS, *smpl.* Doigts postérieurs des oiseaux de proie.

AVIRON, *sm.* Rame; espèce de longue pelle en bois dont on se sert pour refouler l'eau et imprimer le mouvement à une embarcation.

AVISO, *sm.* (pr. *zo*). Petit bâtiment de guerre, chargé de porter des avis, des lettres, des ordres, etc.

AVITAILLER, *va.* Approvisionner de vivres une place, une ville qui court risque d'être assiégée, un vaisseau prêt à partir. | AVITAILLEMENT, *sm.* Action d'—; provisions pour —.

AVIVAGE, *sm.* Opération qui consiste à donner plus d'éclat à la soie et au coton teints, ou à des couleurs quelconques. | AVIVER, *va.* Opérer l'—, donner de la vivacité.

AVIVES, *sfpl.* (*Anat.*) Glandes parotides placées derrière la bouche du cheval, au-dessous de l'oreille. | Gonflement qui survient à ces glandes.

AVOCAT, *sm.* Celui qui, après avoir subi les examens, est licencié en droit, a *fait le stage* nécessaire et fait profession de défendre les causes en justice.

AVOCATIER, *sm.* Arbre de l'Amérique, du genre laurier; son fruit, nommé *poire d'avocat*, qui a la forme d'une grosse poire, est recherché pour son goût agréable.

AVOCATOIRE, *adj.* Se dit des lettres par lesquelles un souverain revendique quelqu'un de ses sujets passé au service d'une nation étrangère.

AVOCETTE, *sf.* Oiseau échassier à bec recourbé par en haut, qui habite les lieux vaseux de l'Europe du Nord, où il se nourrit de très-petits insectes.

AVOGADOR, *sm.* Nom des *trois magistrats* de Venise qui, sous les ordres du conseil des Dix, exerçaient les plus hautes fonctions de la république.

AVOIRA, *sf.* Fruit d'un palmier épineux dont on extrait l'huile dite *de palme*.

AVOUÉ, *sm.* Officier public qui représente les parties en justice et fait en leur nom les actes de procédure.

AVOYER, *sm.* Titre des deux premiers magistrats des cantons suisses et particul. de Berne, de Lucerne et de Soleure.

AVRELON, *sm.* Le sorbier des oiseaux.

AVRON, *sm.* V. *Averon.*

AVULSION, *sm.* (*Chir.*) Arrachement, soustraction d'une partie de membre ou d'organe devenue nuisible.

AVUNCULAIRE, *adj.* (pr. *von*). Qui appartient, qui se rapporte à l'oncle ou à la tante.

AXIA, *sf.* Petit arbrisseau de la Cochinchine dont l'écorce est réputée un excellent sudorifique.

AXIFUGE, *adj.* Force —, en vertu de laquelle un corps tend à s'éloigner de l'axe autour duquel il tourne.

AXILLAIRE, *adj.* (pr. *akcil-lère*) (*Bot.*) Qui appartient ou qui a rapport à l'aisselle.

AXINITE, *sf.* (*Minér.*) Silicate d'alumine et de chaux qui se présente souvent, dans les filons des roches primitives, en masses lamellaires, dont les bords vont en s'amincissant et deviennent tranchants comme le fer d'une hache.

AXIOME, *sm.* Vérité évidente par elle-même ; proposition universellement reçue et qui ne se démontre pas. | AXIOMATIQUE, *adj.* Qui tient de l'—.

AXIOMÈTRE, *sm.* (*Mar.*) Machine destinée à faire connaître en tout temps la position exacte de la barre du gouvernail; on ne s'en sert presque plus aujourd'hui.

AXIS, *sm.* (pr. *ak-ciss*). Espèce de cerf originaire de l'Asie australe, qui ne porte jamais plus de quatre andouillers; il est connu sous le nom de cerf tacheté de l'Inde. | (*Anat.*) Seconde vertèbre du cou, dont l'apophyse sert comme de pivot aux mouvements de la tête.

AXOLOTL, *sm.* V. *Acalotl.*

AXONGE, *sf.* Graisse la plus blanche et la plus solide des animaux, que l'on trouve, chez le porc, dans la région du rein.

AYAPANA, *sm.* Plante exotique à fleurs composées, dont les feuilles et les sommités sont employées en infusion comme diaphorétiques ; c'est aussi un succédané du thé.

AYE-AYE, *sm.* Animal de l'ordre des quadrumanes, dont les dents ressemblent à celles de l'écureuil, qui se nourrit d'insectes et habite Madagascar.

AYLANTHE, *sm.* V. *Ailante.*

AZALÉE, *sf.* ou AZALÉA, *sm* Genre de plantes vivaces formant des arbrisseaux de petite taille, à feuilles persistantes et à fleurs très-remarquables; on les cultive dans les jardins.

AZÉDARACH, *sm.* (pr. *rak*). Arbre qui croît dans les terrains les plus arides de l'Afrique et des Indes; on emploie l'huile de ses fruits, dans ce dernier pays, comme vulnéraire et vermifuge ; elle produit aussi un bon savon.

AZEL, *adj.* Se dit en Algérie de certaines terres qui sont exemptes de l'impôt dit *achour*, moyennant une redevance appelée *hokor* ou *hokkort.*

AZEROLE, *sf.* Fruit de la grosseur d'une cerise, d'un goût aigre, qui contient plusieurs noyaux très-durs. | Azeroliea, *sm.* Arbre épineux qui produit l'—

AZIMUT, *sm.* (pr. *mutt.*) (*Astr.*) Angle compris entre le méridien d'un lieu et le point de l'horizon auquel un astre répond perpendiculairement. | Cercle vertical qui passe par le zénith et le nadir et qui coupe l'horizon à angles droits. | Azimutal, e, *adj.* Qui représente ou qui mesure les —s.

AZOTE, *sm.* Gaz incolore, inodore, qui forme les quatre cinquièmes de l'atmosphère, mais qui seul ne peut entretenir la respiration ni la combustion; combiné avec l'hydrogène, il forme l'ammoniaque qui est très-répandu dans la nature, et sous cette forme il sert de précieux engrais au sol. | Azotique, *adj.* Acide —, acide composé d'oxygène et d'azote, eau-forte. | Azotate, *sm.* Tout sel composé d'acide azotique et d'une base.

AZTEC, ou Aztèque, *sm.* Nom des anciens habitants du Mexique, type de la race indigène du Mexique, de petite taille, à front fuyant, à cheveux crépus, au teint brun; ils possédaient une civilisation très-avancée au moment de la découverte de l'Amérique.

AZUR, *sm.* Cobalt vitrifié comme le smalt, mais réduit en poudre fine et servant à la peinture, à la papeterie et au blanchissage du linge auquel il donne un reflet bleuâtre très-recherché. | (*Blas.*) La couleur bleue.

AZURIN, *sm.* Merle de la Guyane, remarquable par une bande de bleu foncé qu'il a sur le haut de la poitrine.

AZURITE, *sf.* (*Minér.*) Minéral d'un beau bleu, composé en grande partie d'oxyde de cuivre.

AZYGOS, *adj.* (pr. *goss.*) (*Anat.*) Se dit de la veine située sur le côté droit et antérieur de la colonne vertébrale, qui met en communication la veine cave inférieure avec la supérieure, à peu de distance de l'entrée de celle-ci dans l'oreillette droite du cœur.

AZYME, *adj.* Qui est sans levain, qui n'est pas fermenté; se dit du pain avec lequel une partie de l'église chrétienne fait la communion. | Azymite, *s.* Celui ou celle qui se sert de pain —.

B

BABA, *sm.* Sorte de gâteau qui se fait avec de la farine, de la crème, des œufs, du safran, des raisins de Corinthe, du muscat, du cédrat, du rhum, etc.

BABETTE, *sf.* Danse ancienne composée d'une suite de chassés.

BABEURRE, *sm.* Résidu de la préparation du beurre; c'est du petit-lait renfermant du caséum en suspension; on le prescrit comme laxatif.

BABICHON, *sm.* Babiche, *sf.* Très-petit épagneul, jaune fauve, que l'on élève pour le garder dans les appartements.

BABIROUSSA, *sm.* Animal dit aussi cochon-cerf, qui se trouve dans les îles de l'Archipel; il est plus haut et plus léger que notre cochon, et ses défenses sont plus grêles, plus longues et verticales; sa chair est estimée.

BABLAH, *sm.* Gousse d'un acacia de l'Inde et du Sénégal; on l'emploie en Europe pour la teinture des cotons. | Nom générique commercial des gousses tinctoriales.

BÂBORD, *sm.* (*Mar.*) Le côté gauche du navire lorsqu'on regarde de l'arrière à l'avant. | Babordais, *sm.* Matelot qui couche à bâbord.

BABOUCARD, *sm.* Oiseau du Sénégal qui ressemble à notre martin-pêcheur; avec des couleurs plus variées et plus vives.

BABOUCHE, *sf.* Espèce de chaussure en usage chez les Orientaux et les Arabes, de forme pointue, sans talon, le plus souvent faite de cuir de couleur.

BABOUIN, *sm.* V. Cynocéphale.

BABOUVISME, *sm.* Système politique proposé à la fin du siècle dernier et dont l'auteur, nommé *Babeuf*, voulait établir l'égalité absolue dans les fortunes. | Babouvistes, *smpl.* Partisans de ce système.

BAC, *sm.* Bateau très-simple en forme de carré long, plat et destiné à passer les voitures, les bestiaux, etc., d'une rive à l'autre d'un cours d'eau, au moyen d'une corde à poulie tendue entre les deux bords. | Baquet, cuve. | *adj. m.* Se dit du hareng que l'on a entassé au fond de la cale après l'avoir pêché.

BACALIAU, *sm.* Morue sèche.

BACASAS, *sm.* Petit bâtiment non ponté, relevé de l'avant et bas de l'arrière.

BACCALAURÉAT, *sm.* Premier degré qu'on prend en France dans une Faculté d'enseignement supérieur (Lettres, Sciences, Droit, Théologie), pour parvenir ensuite à la *licence*, puis au *doctorat*. | Bachelier, *sm.* Celui qui a obtenu le diplôme du —.

BACCARAT, *sm.* Espèce de jeu de hasard très-rapide, dont le gain ou la perte dépendent de la somme formée par les points de deux cartes que reçoit chacun des joueurs dont le nombre est indéterminé.

BACCHANT, *sm.* | Bacchante, *sf.* Prêtres et prêtresses de Bacchus qui célébraient ses fêtes en se livrant aux folies les plus bizarres. | *Fig.* Femme sans modestie, sans retenue et qui s'adonne à la débauche. | Bacchanale, *sf.* Fête célébrée par les —s; *p. ext.* Orgie.

BACCHIE, *sf.* Sorte de grandes taches rouges qu'on remarque sur le visage des ivrognes.

BACCIFÈRE, *adj.* (*Bot.*) Se dit des plantes qui portent des baies. (V. ce mot.) | Bacciforme, *adj.* Qui a la forme d'une baie. | | Baccivore, *adj.* (*Zool.*) Qui se nourrit de baies.

BACCIOCOLO, *sm.* (pr. *bac-chio-colo.*) (*Mus.*) Instrument très-goûté des paysans toscans; c'est une écuelle métallique sur laquelle on frappe avec une sorte de pilon.

BACHASSE, *sf.* Chaussée d'un étang.

BACHELETTE, *sf.* Vieux mot qui s'emploie encore dans le style naïf, pour signifier : jeune fille gracieuse, jeune fille à marier.

BACHELIER, *sm.* V. *Baccalauréat.*

BACHIQUE, *adj.* Qui se rapporte à Bacchus, dieu du vin, chez les anciens. | Chanson —, que l'on chante à table et qui fait l'éloge du vin.

BACHOT, *sm.* Petit bac, petit bateau de transport. | Bachotage, *sm.* Conduite d'un —; droit sur les —s. | Bachoteur, *sm.* Celui qui conduit un —.

BACHOU, *sm.* Hotte de bois qui sert à transporter sur des chevaux des liquides, de la vendange, etc.

BACILE, *sm.* ou *sf.* Plante ombellifère des bords de la Méditerranée dont on confit les feuilles dans le vinaigre: elle a une saveur salée, piquante, aromatique, assez agréable; on la croit stimulante et antiscorbutique: on l'appelle aussi *perce-pierre*, *passe-pierre*, *crithme*, *christe-marine*, *fenouil marin.*

BACILLAIRE, *adj.* (pr. *cil-lai*) (*Minér.*) Se dit des cristaux qui ont la forme de baguettes longues et effilées.

BACILLOGYRE, *adj.* (*Sc. occ.*) Qui concerne la partie de la rhabdomancie ayant pour objet les baguettes divinatoires, les baguettes qui tournent d'elles-mêmes pour indiquer des trésors, des sources, etc.

BACOVE, *sf.* Fruit d'une espèce de bananier appelée *Bacovier.*

BACTÉRIE, *sf.* Animalcule qu'on distingue au microscope dans les infusions; il a la forme d'une aiguille cylindrique.

BACULITE, ou Baculithe, *sm.* Coquille fossile de la forme d'un cylindre un peu aplati.

BADAIL, *sm.* Dragne ou filet emmanché qu'on traîne dans le fond de l'eau.

BADAMIER, *sm.* Arbre des Moluques et des Indes dont on tire du bois pour la marqueterie, des résines odorantes, des vernis et de l'huile qui ne rancit pas.

BADELAIRE, *sf.* (*Blas.*) Épée courte, large et recourbée comme un sabre.

BADERNE, *sf.* (*Mar.*) Gros cordage tressé comme un lacet, dont on se sert sur mer pour préserver les animaux et divers objets des effets du roulis.

BADIANE, *sf.* Arbrisseau à fleurs jaunes, de la Chine et du Japon, appelé dans le commerce *anis étoilé*, qu'on emploie dans la fabrication de l'anisette de Bordeaux et d'autres liqueurs douces; on en fait aussi une tisane fortifiante et diurétique.

BAF, *sm.* V. *Jumart.*

BAFFETAS, *sm.* (pr. *ta*). Toile de coton écrue fabriquée dans l'Inde.

BAFTA, *sm.* V. *Baffetas.*

BAGADAIS, *sm.* Genre d'oiseaux voisin du fourmilier; il habite les lieux humides de l'Afrique.

BAGARE, *sf.* Sorte de bateau, de navire de transport.

BAGASSE, *sf.* Résidu des cannes à sucre, canne dont le jus a été extrait; on en nourrit les bestiaux ou on la brûle. | Tiges d'indigo retirées de la cuve après la fermentation.

BAGNOLETTE, *sf.* Ancienne espèce de coiffure de femme.

BAGRE, *sm.* Poisson osseux dont la partie supérieure est bleue, l'inférieure argentée et la base des nageoires rougeâtre; sa chair est peu estimée.

BAGUENAUDIER, *sm.* Arbrisseau indigène, de la famille des légumineuses, portant des gousses nommées *baguenaudes*, qui sont purgatives ainsi que ses feuilles, et qu'on appelle aussi *faux-séné* et *colutéa.*

BAGUER, *va.* Arranger les plis d'un habit, d'une robe, et les arrêter à grands points.

BAHUT, *sm.* (pr. *ba-u*). Sorte de coffre couvert ordinairement de cuir, et dont le couvercle est arrondi en forme de voûte. | Profil bombé d'un chaperon de mur, d'un parapet, etc.

BAI, E, *adj.* Rouge brun. Ne se dit que du poil des chevaux. Il y a plusieurs nuances de *bai*, le *bai clair*, le *bai brun*, le *bai doré*, etc.

BAIE, *sf.* (*Bot.*) Petit fruit généralement orbiculaire, sans divisions intérieures, mou, succulent, composé d'une pulpe renfermant des pepins. | (*Archit.*) Ouverture dans laquelle se place une porte, une fenêtre. | Plage plus grande qu'une anse, moins profonde qu'un golfe et moins fermée qu'une rade.

BAIL, *sm.* Contrat par lequel un propriétaire loue à quelqu'un, moyennant une redevance ou un prix annuel, une maison, une terre, etc.

BAILLARD, *sm.* Baillarge, *sf.* Variété

d'orge très-productive, cultivée dans le midi de la France où l'on en fait un pain grossier.

BAILLE, *sf.* Sorte de baquet plus large du fond que du haut, qui sert à différents usages. | Baril de bois blanc.

BAILLEUL, *sm.* S'est dit des gens qui remettaient les os démis et racommodaient les membres rompus.

BAILLI, *sm.* (*Féod.*) Officier royal qui commandait la noblesse lorsqu'elle était convoquée par l'arrière-ban. | Officier civil qui dépendait du parlement et qui rendait la justice dans un certain rayon. | Chevalier de Malte au-dessus des simples commandeurs. | BAILLIAGE, *sm.* Tribunal présidé par le —; juridiction d'un —. | BAILLIVE, *sf.* Femme d'un —.

BAILLON, *sm.* Morceau de bois, de fer, *etc.* qu'on met de force dans la bouche d'une personne pour l'empêcher de crier ou de fermer la bouche. | BAILLONNER, *va.* Mettre un —.

BAILLOQUE, *adj.* et *sf.* Se dit des plumes d'autruche mêlées de blanc et de brun.

BAILLOTTE, *sf.* Vase de bois; petite baille.

BAIN-MARIE, *sm.* Appareil que l'on met sur le feu et qui consiste en deux vases, dont le premier, qui contient de l'eau, reçoit dans son milieu le second, dans lequel on place les substances qu'on veut faire bouillir lentement; quand l'eau est remplacée par du sable on l'appelle *bain de sable*.

BAÏOQUE, BAJOQUE, *sm.* ou *sf.* Monnaie de cuivre des États Romains valant un peu plus de 0 fr. 05 c.

BAÏRAM, *sm.* Fête solennelle chez les Turcs à la fin du Ramadan.

BAIRTE, BAITRE ou BERTHE, *sf.* V. *Grèbe.*

BAJET, *sm.* Espèce d'huître comestible commune sur la côte ouest d'Afrique; elle est très-aplatie et presque ronde.

BAJOIRE, *adj.* et *sf.* Se dit d'une monnaie ou d'une médaille quand elle a pour effigie deux profils l'un sur l'autre.

BAJOUE, *sf.* (*Zool.*) Partie de la tête de certains quadrupèdes, qui s'étend de l'œil à la mâchoire.

BAJOYER, *sm.* (*Archit.*) Ailes de maçonnerie qui revêtent la chambre d'une écluse fermée aux deux bouts par des portes. | Bords d'une rivière près des culées d'un pont.

BALÆNICEPS, *sm.* Oiseau énorme trouvé sur les bords du Nil; il ressemble à la cigogne par la forme de son corps, mais sa tête, très-grosse, ressemble à celle d'une baleine.

BALAIS, *adj. m.* V. *Rubis.*

BALANCE, *sf.* (*Comm.*) V. *Bilan.*

BALANCELLE, *sf.* Petite embarcation très-légère et très-longue, munie d'un seul mât à grande voile et d'une vingtaine d'avirons; on s'en sert sur les côtes d'Espagne.

BALANCIER, *sm.* (*Méc.*) Toute partie d'une machine qui a un mouvement d'oscillation et qui sert à régulariser les mouvements des autres parties. | Presse mise en mouvement par un double levier horizontal et une vis de pression, et qui sert à battre la monnaie, à découper à l'*emporte-pièce*, etc.

BALANDRAN, ou BALANDRAS, *sm.* Espèce de long manteau.

BALANDRE, *sf.* Bâtiment de transport à fond plat, dont la voilure ressemble à celle des bricks, ou, quand il est petit, à celle des sloops; il ne jauge guère plus de 30 tonneaux; on s'en sert surtout sur les canaux et les rades.

BALANE, ou BALANITE, *sm.* Mollusque à coquille appelé *gland de mer*, que l'on trouve en grande abondance fixé sur les rochers; les Chinois en sont friands.

BALANOPHAGE, *adj.* (*Zool.*) Qui se nourrit de glands.

BALANOPHORE, *sf.* Plante parasite monocotylédone qui croît sur la racine des autres plantes et dont la tête ressemble à un gland sortant de sa capsule.

BALANTI, *sm.* Arbre des Philippines dont on emploie les semences contre la dyssenterie.

BALASSOR, *sm.* Étoffe que les habitants de l'Inde tissent avec des filaments d'écorce et qui s'importe de ces contrées en Angleterre.

BALAST, *sm.* V. *Ballast.*

BALATAS, *sm.* Arbre de la Guyane, très-élevé, à fleurs blanches en épis, dont le bois est estimé pour les constructions, et dont l'écorce fournit une bonne teinture cannelle.

BALAUSTES, *sfpl.* Fleurs avortées ou stériles du grenadier; elles ressemblent aux roses rouges; on les emploie quelquefois en médecine comme astringent.

BALAUSTIER, *sm.* Nom vulgaire du grenadier.

BALBUZARD, *sm.* Espèce d'aigle à plumage blanc, qu'on appelle aussi *aigle de mer*, *corbeau pêcheur*, *nonnette*, *craupêcherot*, et qui habite le bord des rivières en Europe.

BALDAQUIN, *sm.* (*Archit.*) Partie supérieure d'un dais, posée sur des colonnes et qui figure comme ornement d'une ouverture dans un monument, une église, etc. | Petit dais qu'on suspend au-dessus d'un trône, d'un siége, d'un lit.

BALDUC, *sm.* V. *Bolduc.*

BALE, *sf.* V. *Balle.*

BALEINE, *sf.* Cétacé marin gigantesque, caractérisé par ses *fanons*, lames cornées en forme de faux qui occupent la place des dents, au nombre de près de 900, et par ses deux *évents*, au-dessus de la tête; il y en a un grand nombre d'espèces dont la longueur varie de 20 à 30 mètres. | BALEINEAU, *sm.* Petit de la —.

BALÉNOPTÈRE, *sm.* Espèce de baleine; — à ventre lisse. V. *Gibbar.* | — à ventre plissé. V. *Rorqual.*

BALÈVRE, *sf.* Lèvre d'en bas. | (*Archit.*) Inégalités ; saillie irrégulière d'une pierre dans une façade.

BALICASSE, *sm.* Oiseau d'Océanie à queue fourchue, de la grosseur d'un merle, et dont le chant est doux et agréable.

BALIGOULE, *sf.* V. *Barigoule.*

BALISAGE, *sm.* Dans l'Inde, haie de bambous. | Établissement de balises dans un port.

BALISE, *sf.* (*Mar.*) Bouée flottante consistant en tonneaux, caisses, perches, etc., placée à l'entrée d'un port et indiquant un écueil, un endroit dangereux, etc. | BALISEUR, *sm.* Préposé à l'entretien et à la surveillance des —s.

BALISIER, *sm.* Plante graminée vivace de l'Inde, à larges feuilles, cultivée en Europe, et appelée aussi *canna* ; on tire de ses graines une belle couleur pourpre, et on les emploie pour faire des chapelets, des colliers, des breloques, etc.

BALISTE, *sm.* (*Ant.*) Machine de guerre pour lancer des pierres, du feu, etc. | Poisson à museau conique et dont le corps est comprimé et couvert d'une peau écailleuse ou grenue ; il habite les mers de la zone torride.

BALISTIQUE, *sf.* Art de calculer le jet d'une bombe, d'un projectile; science de la propulsion des projectiles.

BALIVEAU, *sm.* Jeune arbre de belle venue qu'on réserve, au moment de la coupe d'un taillis, pour en faire un arbre de haute futaie ; il doit avoir 10 ans au moins et on ne doit pas le couper avant 40 ans. | BALIVAGE, *sm.* Action de choisir, de compter les —x et de les marquer ; cette dernière opération s'appelle aussi *martelage.*

BALLADE, *sf.* Ancienne poésie française à couplets sur deux ou trois rimes, avec des refrains. | Suite de couplets à refrains, à rimes variées, renfermant un récit, une légende.

BALLAST, *sm.* Terres, graviers, cailloux servant aux remblais des chemins de fer ou à l'entretien de la voie. | BALLASTAGE, *sm.* Opération qui consiste à placer le — sur la voie.

BALLE, *sf.* (*Bot.*) Pellicule qui remplace l'enveloppe florale dans les graminées, qui persiste souvent après la maturité et entoure le grain ; on l'en sépare en le vannant.

BALLERINE, *sf.* (pr. *bal-le-*). Danseuse ; femme qui figure dans un ballet.

BALLOTE, *sf.* Plante labiée à fleurs fétides, commune dans les haies, qu'on a employée comme stimulant.

BALLOTTAGE, *sm.* Se dit du nouveau scrutin auquel on procède entre deux candidats qui n'ont pas obtenu à un premier scrutin la majorité absolue des suffrages.

BALNÉATION, *sf.* (*Archit.*) Art de disposer les établissements de bains et les bains eux-mêmes. | (*Méd.*) Emploi des bains comme moyen thérapeutique.

BALOTIN, *sm.* Variété de citronnier qu'on appelle aussi limonier et dont les fruits s'appellent *limons.* V. *Limon.*

BALSAMIER, *sm.* Grand arbre de l'Orient, dont certaines espèces, et notamment le — d'Arabie, fournissent, par incision, la substance résineuse connue sous le nom de *baume de Judée* ou *de la Mecque.*

BALSAMINE, *sf.* Plante herbacée, à feuilles simples, à cinq pétales aigus ; une de ses espèces, cultivée dans les jardins pour la beauté de ses fleurs très-variables, a été réputée vulnéraire; une autre espèce, commune en France, est diurétique.

BALSAMIQUE, *adj.* Qui a la qualité du baume, embaumé ; se dit des médicaments dans lesquels il entre un baume quelconque.

BALSAMITE, *sf.* Plante du Midi, à fleurs jaunes, voisine de la tanaisie; on l'a employée comme condiment, et, en pharmacie, comme stimulant.

BALSAN, *adj.* BALSANE, *sf.* V. *Balzan.*

BALTIMORE, *sm.* Oiseau d'Amérique du genre troupiale ; il est un peu plus gros qu'un moineau.

BALUSTRE, *sm.* Chacun des petits piliers dont la rangée forme la *balustrade.* | Petit compas muni d'un manche qui permet de le tourner facilement dans les doigts, et au moyen duquel les dessinateurs tracent les cercles ou portions de cercle de petits diamètres.

BALZAN, E, *adj.* Se dit des chevaux qui ont les pieds blancs, quand le reste du corps a une autre couleur. | BALZANE, *sf.* Marque ronde de poils blancs que certains chevaux ont au-dessus du sabot.

BALZORINE, *sf.* Étoffe à côtes transversales, dont la chaîne est en soie et la trame en laine ; elle ressemble beaucoup au barége et est généralement imprimée.

BAMBOCHE, *sf.* Marionnette plus grande que les marionnettes ordinaires.

BAMBOU, *sm.* Arbre de la Chine et de l'Inde où il croit spontanément et atteint de 10 à 15 mètres; on emploie sa tige à de nombreux usages et on en tire une liqueur sucrée et une substance alimentaire ; son écorce, travaillée et mélangée avec du coton de Nankin, donne le papier dit *papier de Chine,* employé pour tirer les belles épreuves de gravures.

BAMBOULA, *sm.* Sorte de tambour des nègres d'Haïti. | *sf.* Danse qu'on exécute au son de ce tambour.

BAN, *sm.* (*Féod.*) Publications, convocations adressées par les seigneurs à leurs vassaux. | Aujourd'hui, publication de mariage à l'église. | Cri public pour annoncer l'ouverture des vendanges. | Batterie de tambours employée pour la reconnaissance et l'installation des officiers, etc. | Exil, bannissement. | Mettre au — de l'empire, déclarer un seigneur déchu de ses droits. | Rompre son —, s'évader du bagne. | Gouverneur d'une province en Hongrie.

BANANE, *sf.* Fruit du bananier; il a une chair molle, jaunâtre et pleine d'un suc agréable au goût; on le mange sec ou on le réduit en farine pour en faire du pain; on en retire aussi une boisson. | BANANIER, *sm.* Arbre des Indes et d'Afrique qui porte la —, dont la feuille, très-large, sert à couvrir les habitations, et dont la tige succulente fournit une bonne nourriture aux animaux domestiques.

BANAT, *sm.* Dignité du gouverneur de Hongrie appelé *ban.* | District qu'il gouverne.

BANATTE, *sf.* Panier d'osier dans lequel les bouchers font passer leur suif.

BANC, *sm.* Amas de sable, de rochers, de coquilles ou de coraux qui se trouvent au fond de la mer. | Agglomération considérable de poissons qui voyagent par troupes. | — du roi ou de la reine; en Angleterre, cour souveraine qui juge des causes politiques et des causes civiles entre particuliers. | — d'œuvre; dans une église, banc où se tiennent le maire et les membres du conseil de fabrique.

BANCA, ou BANKA, *sm.* Étain de très-bonne qualité qui vient de l'île de Banca (mer des Indes).

BANCHE, *sf.* Marne argileuse feuilletée et disposée en couches qu'on trouve près des bords de la mer.

BANCO, *sm.* Mot par lequel on distingue les monnaies de banque ou de compte, des monnaies courantes. | Faire —, tenir tout l'argent qu'il y a sur jeu.

BANDAGE, *sm.* Appareil avec ou sans ressorts servant à maintenir en place les pièces d'un pansement, une hernie, etc.

BANDEAU, *sm.* (*Archit.*) Bande saillante, plate et unie que l'on pratique autour des croisées et des arcades des édifices.

BANDÉRILLE, *sf.* V. *Vandérille.*

BANDIÈRE, *sf.* Autrefois bannière, enseigne, pavillon. | Front de — d'un camp, la ligne des étendards et des drapeaux à la tête des corps campés.

BANDOLINE, *sf.* Solution visqueuse et aromatisée, préparée par les parfumeurs avec un mucilage de pepins de coings ou de graines de psyllium; les dames s'en servent pour lisser leurs cheveux.

BANDOULIER, *sm.* Bandit qui attend les voyageurs au passage dans les montagnes.

BANDURA, ou BANDURE, *sf.* Nom d'une plante des Indes appelée aussi *népenthe distillatoire*, remarquable par une sorte de vase que porte l'extrémité de chacune de ses feuilles, qui distille et renferme une liqueur agréable à boire et excitante.

BANETTE, *sf.* V. *Dolic.*

BANIAN, *sm.* Dans l'Inde, adepte de la secte qui professe la doctrine de la métempsycose. | Figuier des —s. C'est un grand arbre toujours vert, dont les branches descendent vers la terre et s'enracinent de nouveau, de sorte qu'un seul arbre peut former avec le temps une petite forêt.

BANJO, *sm.* Sorte de guitare à long manche, arrondie par sa base et beaucoup plus grande que la mandoline; c'est l'instrument favori des nègres dans toutes les villes des États-Unis.

BANKA, *sm.* V. *Banca.*

BANKNOTE, *sf.* (*Angl.*) Nom que l'on donne aux billets émis par la Banque d'Angleterre.

BANNE, *sf.* Auvent mobile en toile placé devant une boutique pour la garantir du soleil. | Grosse et grande toile servant à couvrir les marchandises qui sont dans un bateau ou dans une voiture. | Vaisseau de bois servant à recevoir un liquide quelconque.

BANNERET, *sm.* (*Féod.*) Gentilhomme qui avait le droit de porter bannière et de rassembler au moins 50 lances.

BANNETON, *sm.* Petit panier rond ou allongé revêtu de toile à l'intérieur, dans lequel on place le pain en pâte pour le faire lever. | Petit coffre en fer ou en bois, à bascule dans lequel on coule le béton. | Coffre percé qui sert à conserver le poisson dans l'eau.

BANQUISE, *sf.* Banc de glaces, amas de glaces flottantes qui empêchent les vaisseaux de naviguer.

BANVIN, *sm.* (*Féod.*) Droit par lequel un seigneur pouvait vendre tout le vin de son cru avant qu'aucun de ses vassaux pût mettre le sien en vente.

BAOBAB, *sm.* Arbre du Sénégal, de dimensions gigantesques; son tronc, qui n'a que 4 à 5 m. de hauteur, acquiert quelquefois 30 m. de circonférence et ses branches atteignent de 20 à 25 m. de longueur.

BAPAUME, *sm.* Navire en —, navire qu'on ne peut plus diriger, soit à cause d'un calme plat, soit à cause d'avaries.

BAPTISTAIRE, *adj.* Qui a rapport au baptême. | BAPTISTÈRE, *sm.* Lieu ou édifice dans lequel on conserve l'eau pour baptiser.

BAPTISTE, *sm.* Missionnaire ou pasteur protestant qui va dans les pays éloignés pour en convertir les habitants au protestantisme.

BAR, *sm.* Poisson assez semblable à la perche, mais plus gros et dont la chair est très-estimée; on l'appelle vulg. *Loup de mer*, *Loubine.* | V. *Bard.*

BARACAN, *sm.* BARACANER, *va.* V. *Bouracan.*

BARACHOIS, *sm.* Port ou rade dont l'abri consiste en plusieurs bancs presque à fleur d'eau, entre lesquels se trouvent des passes ordinairement difficiles. | Abri dans une rade.

BARAL, *sm.* Ancienne mesure de capacité pour les vins, en usage dans le Dauphiné et contenant de 40 à 50 litres.

BARAS, *sm*. V. *Barras*.

BARATERIE, *sf*. ou — de patron. Tout crime, tout délit, toute contravention, toute négligence du patron ou capitaine d'un navire marchand, alors que ces faits entraînent un dommage pour le propriétaire ou l'armateur.

BARATHRE, *sm*. V. *Orygma*.

BARATTE, *sf*. Appareil dont on se sert pour battre la crème du lait et en faire du beurre.

BARAUDE, *sf*. Tuffau blanc, pierre calcaire très-tendre servant pour les constructions.

BARBACANE, *sf*. Ouvrage avancé, dans une fortification; mur percé de créneaux et servant à masquer un pont ou une porte. | Ouverture pratiquée dans un rempart pour tirer sur l'ennemi. | Ouverture dans les murs de soutènement des terres, pour l'écoulement de l'humidité qui détériorerait ces murs.

BARBACOLE, *sm*. S'est dit pour maître d'école, magister de village.

BARBADES, *sfpl*. Crème des —, ratafia de cédrats très-estimé qu'on prépare à la Martinique.

BARBARÉE, *sf*. Plante crucifère qui croît dans les lieux humides et dont les feuilles, qui ont le goût de cresson, se mangent en salade.

BARBARICAIRE, *sm*. Tisseur ou brodeur en tapisserie, représentant des hommes, des animaux, des paysages, etc.

BARBARIN, *sm*. Espèce de poisson du genre mulle.

BARBARISME, *sm*. Impropriété de langage, faute contre la langue, emploi d'un mot étranger à la langue dans laquelle on s'exprime.

BARBE, *sm*. et *adj*. Se dit des chevaux de la région d'Afrique Nord, appelée autrefois Barbarie et qui forme aujourd'hui l'Algérie, la Tunisie et le Maroc; c'est une race de petits chevaux bien proportionnés, à encolure longue et à croupe de mulets; ils sont vifs et excellents pour la selle.

BARBEAU, *sm*. Poisson à tête oblongue munie de deux barbillons, qui vit dans les eaux douces et vives; il atteint souvent trois mètres de longueur et sa chair est estimée. | *adj*. Bleu —, espèce de bleu clair, couleur du bluet auquel on donne vulg. le nom de *barbeau*.

BARBELÉ, E, *adj*. Denté, garni de pointes, de poils.

BARBET, *sm*. Chien à poils longs, fins et frisés, à museau court et épais, à oreilles larges et pendantes, et dont le corps est court et gros.

BARBETTE, *sf*. Batterie sans embrasure, sans épaulement, d'où l'on tire le canon à découvert.

BARBIER, *sm*. V. *Serran*.

BARBILLON, *sm*. Petit appendice ressemblant à du poil, qui se trouve en quantité variable de part et d'autre de la bouche de certains poissons. | Petit barbeau.

BARBITON, *sm*. Instrument de musique analogue mais non identique à la lyre.

BARBOTE, *sf*. Poisson d'eau douce à tête et à queue plates et pointues, dont la chair et surtout le foie sont très-estimés.

BARBOTINE, *sf*. Porcelaine liquide colorée dont on se sert pour peindre la porcelaine blanche. | Ciment servant à coller le plâtre. | V. *Semen-contra*.

BARBOUQUET, *sm*. Maladie des bêtes à laine, nommée aussi *noir-museau*.

BARBOUTE, *sf*. Cassonade très-chargée de sirop.

BARBUE, *sf*. Espèce de poisson, d'une conformation analogue à celle du turbot, mais *plus ovale que ce dernier; sa chair est estimée*.

BARBUQUET, *sm*. Écorchure sur le bord des lèvres. | V. *Barbouquet*.

BARCAROLLE, *sf*. Petit air ou strophes *musicales que chantent les gondoliers, surtout* à Venise, en ramant et en conduisant leurs barques. | Composition musicale dans le goût de la chanson des gondoliers.

BARCELONNETTE, *sf*. Berceau d'enfant monté sur deux pieds; il serait plus conforme à l'étymologie de dire *Bercelonnette*, terme employé par nos anciens auteurs.

BARD ou Bar, *sm*. Machine à transporter les fardeaux, en particulier les pierres de taille; elle se compose de deux barres parallèles unies ensemble par des traverses sur lesquelles se posent les fardeaux, tandis que les extrémités des barres reposent sur des bretelles que portent deux hommes nommés *bardeurs*. On en fait à six bras.

BARDANE, *sf*. Plante d'Europe en arbrisseau à larges feuilles et à fleurs semblables à de petits chardons, et dont l'enveloppe extérieure est munie de petits crochets qui s'accrochent à tout ce qu'ils touchent; sa racine s'emploie contre les maladies de la peau; on la mange bouillie dans quelques contrées.

BARDE, *sm*. Prêtres et poëtes des nations celtiques qui produisirent des chants remarquables d'inspiration. | *sf*. Armure de fer dont on couvrait les chevaux de guerre. | Tranche de lard dont on recouvre les volailles, les viandes préparées, etc.

BARDEAU, *sm*. (*Archit.*) Petit ais de merrain dont on se sert pour couvrir les bâtiments peu considérables. | V. *Bardot*.

BARDER, *va*. Transporter au moyen du bard. | Revêtir d'une barde. | Bardeur, *sm*. Celui qui barde; V. *Bard*.

BARDIT, *sm*. (pr. *ditt*.) Chant de guerre des anciens Germains.

BARDOT, *sm*. Produit du cheval et de l'ânesse; il est plus petit et moins bien conformé que le mulet et sert aux mêmes usages.

BARE, *sf.* V. *Vare.*

BARÉGE, *sm.* Tissu très-léger et transparent qui était à l'origine tout en laine; aujourd'hui la chaîne en est en soie; on en fait des robes d'été, des écharpes, etc.

BARÉGINE, *sf.* Matière gélatineuse, ressemblant au blanc d'œuf que l'on trouve dans les eaux de Barèges.

BARÊME, *sm.* Livre ou tableau contenant des calculs tout faits.

BARGE, *sf.* Barque à voiles carrées usitée sur la Loire. | Tas ou pile de foin qui n'est point rassemblé en bottes. | V. *Chevalier.*

BARIGEL, *sm.* Officier ou chef des archers chargés, à Rome, de veiller à la sécurité publique.

BARIGOULE, *sf.* Sorte de champignons comestibles. | Sorte de préparation de l'artichaut, qui consiste à le farcir et à le faire cuire dans une tourtière avec quelques cuillerées d'huile.

BARIGUE, *sf.* Nasse de figure conique.

BARILLE, *sf.* Soude de qualité supérieure qui vient d'Espagne et particul. d'Alicante; on l'a employée à la fabrication du cristal et du savon blanc. | Nom donné aux diverses espèces de plantes qui fournissent de la soude. | Soie portugaise de qualité inférieure.

BARILLET, *sm.* (*Méc.*) Dans les appareils d'horlogerie, tambour plus ou moins plat qui renferme un ressort plié en spirale.

BARITE, *sf.* V. *Baryte.*

BARITON, *sm.* V. *Baryton.*

BARLONG, GUE, *adj.* Se dit des objets qui sont plus longs que larges.

BARNACHE, *sf.* V. *Bernache.*

BAROCHER, *va.* V. *Bavocher.*

BAROMÈTRE, *sm.* Instrument composé d'un tube de verre fermé par en haut, et terminé à son extrémité inférieure par une courbure et un renflement ouvert; il renferme du mercure qui, par son ascension ou sa descente, indique la pression atmosphérique, pression intimement liée aux variations du temps. | — ANÉROÏDE. V. *Anéroïde.*

BAROMÉTROGRAPHE, *sm.* Baromètre dont les indications sont portées sur un cadran au fur et à mesure qu'elles varient.

BARON, *sm.* Titre de noblesse qui se place immédiatement au-dessous de celui de comte et de vicomte, et au-dessus de celui de chevalier; sa marque distinctive est la couronne appelée *Tortil.* V. ce mot.

BARONNET, *sm.* Titre de dignité héréditaire en Angleterre ou qui s'accorde aux illustrations en divers genres; il vient immédiatement au-dessous de la pairie et ceux qui le portent placent le mot *sir* au-devant de leur nom.

BAROQUE, *adj.* Perle —, perle qui n'est pas complètement ronde, ce qui diminue sa valeur.

BARPOOR ou BARPOUR, *sm.* Sorte d'alépine de belle qualité, fabriquée à Amiens et en Saxe avec de la laine fine et de la soie organsinée; on l'emploie en Europe pour vêtements de deuil; on en fait des vêtements d'homme en Espagne et dans l'Amérique du Sud.

BARRAS, *sm.* Suc résineux qui découle du pin et qui sèche sur l'arbre en masses jaunes; on l'appelle aussi *brai gras* ou *galipot.*

BARRE, *sf.* Monnaie idéale qui, sur la côte d'Afrique, correspond à peu près à 6 fr. 25 c. C'est en *barres* qu'on évalue les cotonnades, la poudre, le tabac, la verroterie qu'on livre aux indigènes.

BARRE, *sf.* Grand amas de sable en travers de l'embouchure d'un fleuve. | Vague formée par la rencontre, au moment de la marée, des eaux de la mer et des eaux du fleuve qui descendent vers la mer; cette vague est haute et se produit à la même place comme une sorte de digue d'eau très-dangereuse pour la navigation. | Chez les chevaux et les bœufs, place vide entre les incisives et les molaires.

BARREAU, *sm.* Lieu où les avocats se tiennent à l'audience pour plaider; plus généralement le corps même, l'ensemble des avocats; la profession d'avocat.

BARRETTE, *sf.* Petit bonnet carré de couleur rouge qui est la marque distinctive des cardinaux.

BARRIQUE, *sf.* Sorte de futaille de la contenance d'environ 225 litres à Bordeaux, 205 litres à Cognac, 213 litres à Macon et à Orléans, 240 litres à Nantes, etc.

BARRIR, *vn.* Crier comme l'éléphant. | BARRIT, *sm.* Cri de l'éléphant.

BARSE, *sf.* Boite d'étain dans laquelle a été renfermé le thé venant de la Chine.

BARTAVELLE, *sf.* Espèce de perdrix qui est très-commune dans le midi de l'Europe, et qui ressemble beaucoup à la perdrix rouge, dont elle se distingue seulement par l'absence de taches noires sur la poitrine.

BARYTE, *sf.* Oxyde terreux facile à réduire en poudre, d'un blanc grisâtre et d'une saveur âcre et brûlante; on l'emploie comme réactif dans les laboratoires; c'est l'oxyde du métal appelé *baryum* ou *barium.*

BARYTON, *sm.* Voix d'homme tenant le milieu entre la voix de basse, qui est plus grave, et le ténor, qui lui succède immédiatement à l'aigu.

BASALTE, *sm.* Espèce de roche grisâtre, d'origine volcanique, en filons, en nappes et quelquefois en longs prismes réguliers placés debout de manière à ressembler à des colonnades immenses; elle renferme de la silice et de l'alumine. | — lithoïde ou pierre de Volvic, pierre volcanique très-solide dont on construit les maisons en Auvergne. | Basaltique, *adj.* Qui tient du —, qui est formé de —.

BASANE, *sf.* Peau de mouton tannée à l'écorce, qu'on teint et qu'on apprête pour différents usages.

BAS-DE-CASSE, *sm.* Nom que portent en typographie les lettres minuscules, parce que ces caractères occupent le bas de la casse.

BASE, *sf.* (*Chim.*) Toute substance qui, combinée avec un acide, donne un sel.

BASELLE, *sf.* Plante exotique de la famille des chénopodées, dont les feuilles se mangent comme celles des épinards.

BASILAIRE, *adj.* (*Anat.* et *Bot.*) Se dit de toute partie placée à la base d'une autre et qui y prend naissance.

BASILIC, *sm.* Nom d'un serpent ou d'une sorte de lézard auquel on attribuait autrefois la faculté de tuer par son seul regard; on croyait qu'il provenait des œufs des vieux coqs. | Plante labiée cultivée, comme le thym, à cause de l'odeur aromatique de ses feuilles.

BASILICON ou Basilicum, *sm.* Onguent—, suppuratif composé de poix noire, de cire jaune, d'huile d'olive et de graisse.

BASILIQUE, *sf.* Église d'une forme architecturale particulière qui fut adoptée généralement dans les premiers siècles du christianisme. | *adj. f.* Veine—, la veine qui monte le long du bras et sur laquelle on pratique la saignée.

BASIN, *sm.* Étoffe croisée de fil de coton, unie ou cannelée, et généralement lisse ou piquée d'un côté et veloutée de l'autre.

BASIQUE, *adj.* (*Chim.*) Se dit des sels qui contiennent un excès de base, dans lesquels il y a plus de base que d'acide; on dit aussi *sous-sel*.

BAS-JOINTÉ, E, *adj.* Se dit des chevaux, des juments, des mulets et des ânes chez lesquels le paturon est très-court et se rapproche de la ligne horizontale.

BASOCHE, ou Bazoche, *sf.* Communauté, formée au XIVe siècle, des clercs de procureurs de toute la France, qui prit une très-grande importance et ne disparut qu'en 1790. | Profession de praticien, de clerc d'avoué, etc. | Basochien, *adj.* et *sm.* Qui fait partie de la —.

BAS-RELIEF, *sm.* Tout ouvrage de sculpture où les objets représentés font peu de saillie et sont comme aplatis sur un fond.

BASSE, *sf.* Endroit de la mer où il y a peu d'eau; fond sablé qui s'élève près de la surface des eaux. | (*Mus.*) Se dit quelquefois pour *violoncelle*.

BASSE-CONTRE, *sf.* (*Mus.*) Voix la plus basse de l'échelle vocale; elle a moins d'étendue à l'aigu que le baryton; mais elle s'étend davantage au grave.

BASSE-LISSE, *sf.* V. *Lisse*.

BASSET, *adj.* et *sm.* Chien de chasse dont le corps est allongé, les jambes courtes et tordues, les oreilles larges et pendantes, et le poil ras.

BASSE-TAILLE, *sf.* V. *Baryton*.

BASSETTE, *sf.* Jeu de cartes très-rapide qui eut beaucoup de vogue en France au XVIIe siècle.

BASSE TUBA, *sf.* Espèce de bombardon dont le timbre ressemble un peu à celui des trombonnes; on l'emploie dans les musiques militaires.

BASSIERS, *smpl.* Amas de sable dans une rivière, qui obstrue la navigation. | V. *Basse*.

BASSIN, *sm.* (*Anat.*) Cavité osseuse qui termine inférieurement le tronc et qui fournit un point d'appui aux os des membres inférieurs. | (*Géol.*) Ensemble de toutes les pentes d'un terrain traversé par le lit d'un fleuve; ensemble de tous les versants qui ont la même direction et qui circonscrivent le cours d'un fleuve et de ses affluents ou d'une mer intérieure.

BASSINE, *sf.* Ustensile de cuivre rouge non étamé, dont se servent les pharmaciens, les distillateurs, les confiseurs, etc., pour faire fondre et chauffer diverses substances.

BASSINET, *sm.* Petite pièce creuse des fusils à pierre, dans laquelle on mettait la poudre servant d'amorce. | Espèce de chapeau de fer que portaient autrefois les hommes d'armes. | Renoncule appelée aussi *bouton d'or*.

BASSON, *sm.* (*Mus.*) Instrument à vent et à anche garni de onze trous, qui, dans la famille du haut-bois, tient le même rang que le violoncelle dans celle du violon. | Jeu d'orgues qui a une étendue de deux octaves.

BASSORINE, *sf.* Principe végétal différant de la gomme en ce qu'il se gonfle dans l'eau et forme, avec elle, une gelée sans s'y dissoudre; on l'a retiré d'abord de la *gomme de Bassora*; mais il existe dans une foule de substances végétales.

BASTERNE, *sf.* (*Ant.*) Sorte de litière portée par des mulets. | Espèce de char attelé de bœufs.

BASTIDE, *sf.* Petites fortifications accessoires au devant d'une place. | Maison de campagne en Provence.

BASTILLE, *sf.* Ancien syn. de forteresse. | (*Blas*). Se dit des pièces qui ont des créneaux renversés vers la pointe de l'écu; l'écu lui-même lorsqu'il est garni de tours.

BASTIN, *sm.* Jonc de l'Inde avec lequel on fabrique des cordages.

BASTINGAGE, *sm.* (*Mar.*) Longue toile en forme de boyau, dans laquelle on met tous les effets de l'équipage d'un navire et qu'on établit au-dessus des bords, pendant la tempête ou le combat, comme *blindage*. V. ce mot.

BASTION, *sm.* Partie saillante d'une enceinte fortifiée qui a la forme d'un pentagone.

BAT, *sm.* (*pr. batt.*) Queue de poisson ; longueur du poisson entre l'œil et la queue.

BÂT, *sm.* Sorte de selle garnie de bois et de foin, qu'on place sur les bêtes de somme pour supporter les fardeaux et les y attacher.

BATAIL, *sm.* (*Blas.*) Battant d'une cloche.

BATAILLON, *sm.* Partie d'un régiment qui est composée de huit compagnies de cent hommes chacune et commandée par un officier appelé commandant.

BATARA, *sm.* Oiseau insectivore de l'ordre des passereaux, qui sautille à terre et qui reste presque toujours perché.

BATARDEAU, *sm.* Digue formée de deux rangées de pieux et de terre et servant à préserver de l'invasion des eaux des constructions fondées à un niveau inférieur.

BATAVIQUE, *adj.* Larme —. Goutte de verre en fusion que l'on projette dans l'eau, où elle se solidifie instantanément en prenant la forme d'une poire ; ces larmes offrent cette particularité que, si on coupe leur pointe, tout le reste se brise en éclats et tombe en poussière.

BATAVIOLE, *sf.* (*Mar.*) Pièces de bois qui forment le garde-fou d'un navire.

BATELLERIE, *sf.* Navigation fluviale, celle qui a pour objet le transport des marchandises, par des bateaux, sur les rivières et canaux.

BATINE, *sf.* Selle rembourrée de poils et recouverte d'une grosse toile.

BATISODAGE, *sm.* (*Archit.*) Revêtement fait avec le *blanc-en-bourre*. V. ce mot.

BÂTONNIER, *sm.* Le chef de l'ordre des avocats dans un barreau ; il est élu pour un an et il préside le conseil de l'ordre.

BATRACIEN, *adj.* et *sm.* BATRACIENS, *smpl.* Ordre de reptiles, dont le type est la grenouille, remarquables par leur peau nue privée d'écailles, l'absence de queue chez le plus grand nombre et la présence de pieds.

BATTANT, *sm.* Longueur d'un drapeau, d'un pavillon, par oppos. à *guindant*. V. ce mot.

BATTE, *sf.* Instrument destiné à battre ou aplanir une matière quelconque. | Sabre de bois d'Arlequin.

BATTEMENT, *sm.* (*Arch.*) Lame plate de fer ou de bois qui cache la jonction de deux vantaux d'une porte, d'une croisée, etc.

BATTERIE, *sf.* Réunion d'un nombre plus ou moins considérable de bouches à feu pourvues de tout ce qui leur est nécessaire pour combattre. | Compagnie d'artillerie composée de six canons et de leurs hommes, et commandée par un capitaine ; il y en a seize par régiment. | — électrique, ensemble de pièces disposées de manière à produire une forte commotion électrique.

BATTIN, *sm.* Sparte, jonc d'Espagne.

BATTITURES, *sfpl.* Parcelles qui se détachent de la surface des métaux quand on les forge à une certaine température.

BATTOGUE, *sf.* Peine corporelle qui consiste à frapper le patient avec des verges ; elle est usitée en Russie.

BATTOLOGIE, *sf.* Vice d'élocution qui consiste à répéter ce que l'on a déjà dit dans dans des termes identiques. En voici un exemple tiré du *Bourgeois gentilhomme*, de Molière : Oui, vraiment, *nous avons fort envie de rire, fort envie de rire nous avons.*

BATTUDE, *sf.* Sorte de filet dont on se sert pour pêcher dans les étangs salés, au bord de la Méditerranée.

BATZ, *sm.* Monnaie de Suisse et de l'Allemagne du Sud qui vaut de 14 à 18 centimes.

BAU, *sm.* (*Mar.*) Nom des fortes solives que l'on place dans le sens de la largeur des bâtiments pour maintenir les deux flancs contre tout écartement ou rapprochement, et pour porter les bordages des planchers qui forment les ponts. | Au pluriel, des *baux*.

BAUCHE, *sf.* Enduit sur les murs. | V. *Banche*.

BAUD, *sm.* Chien courant originaire d'Afrique.

BAUDELAIRE, *sf.* V. *Badelaire*.

BAUDET, *sm.* Ane de grande taille et bien conformé que l'on réserve généralement pour la propagation de l'espèce. | Espèce de tréteaux forts et élevés dont se servent les scieurs de long pour supporter leurs pièces de bois.

BAUDROIE, *sf.* Poisson acanthoptérygien très-vorace, qui fait la chasse aux petits poissons en se tenant dans la vase où il agite sa tête dont les barbillons servent d'appât à sa proie ; il habite la Méditerranée et l'Océan.

BAUDRUCHE, *sf.* Membrane péritonéale des intestins cœcums de bœuf et de mouton ; on en fait de petits ballons ; on s'en sert pour arrêter les hémorrhagies, pour appliquer des emplâtres, pour renfermer les couleurs à l'huile, etc. ; enfin, les batteurs d'or s'en servent pour préserver le métal de l'action trop forte du marteau qui le casserait.

BAUFFE, *sf.* Grosse corde le long de laquelle sont distribuées des lignes garnies d'hameçons et qu'on pose au bord de la mer.

BAUGE, *sf.* Gîte écarté et humide habité par le sanglier. | Nid de l'écureuil. | Toute habitation sale et infecte.

BAUGUE, *sf.* V. *Zostère*.

BAUME, *sm.* Substances résineuses et aromatiques découlant par incision de certains végétaux et qui sont en usage en médecine ; le benjoin, le storax, etc., sont des *baumes*. | — du Pérou, baume d'une saveur âcre et d'une odeur analogue à celle de la vanille ; on l'extrait d'un arbre du Pérou. | — de Tolu, baume à saveur piquante, à odeur de citron ; on l'extrait d'un arbre de la Nouvelle-Grenade ; on fait de ces deux baumes un sirop employé dans les maladies de poitrine. | — du Canada, suc jaunâtre d'une espèce de sapin. | — de Judée ou de la Mecque, suc résineux d'un balsamier d'Arabie, liquide, aromatique et tonique. | — tranquille, médicament calmant composé pour l'usage externe. | — du commandeur, alcool composé de divers baumes qu'on emploie comme stimulant.

BAUQUE, *sf.* V. *Zostère*.

BAVAROISE, *sf.* Boisson adoucissante faite en général de lait aromatisé et sucré avec du sirop de capillaire.

BAVEUSE, *sf.* V. *Blennie*.

BAVOCHER, *va.* Maculer, imprimer d'une manière peu nette. | Tacher en posant des couleurs, faire jaillir de la couleur du contour sur le fond. | BAVOCHURE, *sf.* État de ce qui est bavoché.

BAYADÈRE, *sf.* Danseuses orientales très-renommées pour la grâce de leurs danses et leur agilité.

BAYER, *vn.* Action de tenir la bouche ouverte en regardant longtemps quelque chose; ne s'emploie guère que dans cette phrase : *bayer aux corneilles*. | V. *Béer*.

BAYOQUE, *sm.* V. *Baïoque*.

BAZOCHE, *sf.* V. *Basoche*.

BDELLIUM, *sm.* (pr. *liomm*). Comme résine qui arrive d'Afrique mélangée avec de la gomme du Sénégal; on l'emploie dans la préparation de l'emplâtre diachylon gommé.

BÉATIFICATION, *sf.* Acte par lequel le pape *béatifie* quelqu'un après sa mort, c.-à-d. le déclare bienheureux et permet de l'honorer d'un culte religieux.

BÉATILLES, *sfpl.* Menues choses d'un goût délicat, comme ris de veau, crêtes de coq, foies gras, mousserons, champignons, etc., que l'on met ordinairement dans les pâtés, dans les ragoûts.

BEAUPRÉ, *sm.* L'un des bas mâts d'un navire qui, placé sur l'avant dans une position oblique ou horizontale, se prolonge au-dessus des flots pour recevoir les voiles triangulaires nommées *focs*.

BEAUVEAU, *sm.* V. *Beveau*.

BEAUVOTTE, *sf.* Nom vulgaire des insectes qui attaquent le blé.

BÉCABUNGA, *sm.* V. *Beccabunga*.

BÉCARD, *sm.* Nom que les pêcheurs donnent au saumon mâle.

BÉCARRE, *sm.* (*Mus.*) Signe en forme de petit carré; on le met devant une note pour la rétablir dans son ton naturel, lorsque ce ton a été modifié par un dièse ou un bémol.

BÉCASSE, *sf.* Oiseau de l'ordre des échassiers; sa tête comprimée et ses yeux placés en arrière lui donnent un air stupide qui n'est guère démenti par ses habitudes ; son plumage est varié de gris, de roux et de noir ; sa chair est estimée, surtout quand elle est légèrement faisandée. | — de mer. V. *Centrisque*.

BÉCASSEAU, *sm.* Genre d'oiseaux de l'ordre des échassiers à plumage brun et blanc, très-variable, assez semblable aux courlis pour la conformation ; ils habitent le bord de la mer et des lacs.

BÉCASSINE, *sf.* Oiseau différent de la bécasse par son tibia dénué de plumes ; elle n'habite la France qu'au printemps et à l'automne, et se tient dans les prairies marécageuses.

BECCABUNGA, *sm.* (pr. *bon.*) Espèce de véronique à petites fleurs bleues à feuilles ovales luisantes, qui croît dans les ruisseaux d'eau vive et en général dans les lieux bas et humides ; elle est dépurative, antiscorbutique et diurétique.

BEC-CROISÉ, *sm.* Petit oiseau de l'ordre des passereaux dont les mandibules sont tellement courbes que leurs pointes s'entre-croisent ; il habite les régions du Nord et se nourrit de graines et de fruits.

BEC D'ÂNE ou BÉDANE, *sm.* Ciseau ou burin à deux biseaux à l'usage des serruriers qui l'emploient pour graver sur l'acier, pour ébaucher les cannelures, etc. | Petit ciseau taillé en biseau dont on se sert pour faire des mortaises dans le bois.

BECFIGUE, *sm.* Petit oiseau qu'on trouve dans le midi de la France et en Grèce, et qui, à l'automne, s'engraisse avec des fruits ; on les expédie, à cette époque, en conserves, dans du vinaigre ou dans du miel, particulièrement pour l'Italie où ce mets est très-recherché.

BECFIN, *sm.* Genre d'oiseaux de l'ordre des passereaux, auquel appartiennent les fauvettes, les rossignols, les roitelets, les bergeronnettes, etc.; le caractère principal de ce genre est un bec en alène, droit et menu.

BÉCHAMEL, *sf.* Espèce de sauce blanche qui se fait avec de la crème ; on dit aussi *sauce Béchamelle*.

BÉCHARU, *sm.* Flamant, oiseau de passage dont le bec ressemble à un soc de charrue.

BÉCHIQUE, *adj.* et *sm.* Se dit des médicaments qui calment la toux.

BECHLIK, *sm.* Monnaie d'argent turque valant 1 fr. 25 c.

BECJAUNE, *sm.* Jeune oiseau qui a la partie membraneuse du bec encore jaune. | Montrer à quelqu'un son —, lui prouver qu'il est un maladroit, un sot, un ignorant ; on prononce *béjaune* et on écrit souvent ainsi.

BECMARE, *sm.* V. *Attelabe*.

BÉCUNE, *sm.* Poisson de mer qui ressemble beaucoup au brochet ; on le pêche dans l'Atlantique en octobre.

BÉDANE, *sm.* V. *Bec d'âne*.

BEDEAU, *sm.* Dans l'université, ancien syn. d'*appariteur*. V. ce mot. | Officier de justice qui citait et exécutait les sentences des juges ; c'est l'*huissier* de nos jours. | Dans une église, employé vêtu d'une robe noire, rouge ou violette, tenant une baguette de baleine noire, et chargé de maintenir l'ordre.

BÉDEGAR, *sm.* Espèce de tumeur ou de gale chevelue produite sur les rosiers sauvages par la piqûre d'un insecte; on en faisait autrefois usage en médecine comme astringent.

BÉE, *sf.* V. *Baie.*

BEEBOCK, *sm.* (pr. *bé-*) Espèce d'antilope, appelée aussi chèvre pâle, dont le poil a une couleur très-claire.

BÉER, *vn.* V. *Bayer.*

BEFFROI, *sm.* Tour ou partie d'une tour dans laquelle se trouve une grosse cloche. | Cette cloche elle-même.

BÉFROY, *sm.* Oiseau du genre des grives, qui fait entendre le matin et le soir un cri semblable à une cloche qui donne l'alarme.

BEGGHARS, *spl.* Anciens religieux de l'ordre de Saint-François, dont la patronne était Begghe, fille de Pepin le Vieux. | C'est de ce mot qu'on a fait *béguin* et *béguine.*

BÉGU, UË, *adj.* Se dit du cheval qui, parvenu au-dessus de cinq ans, continue de marquer jusqu'à la vieillesse, à toutes les dents de devant où il conserve une petite cavité noire que perdent les autres chevaux dans la sixième année.

BÉGUIN, *sm.* Sorte de capuchon porté par des religieuses nommées *béguines.* | Coiffe de toile pour les enfants nouveau-nés. | BÉGUINE, *sf.* Femme d'une dévotion exagérée et puérile. | BÉGUINAGE, *sm.* Dévotion d'une—; autrefois couvent de —s, religieuses des Pays-Bas catholiques.

BEGUM, *sm.* Dans l'Indoustan, nom que porte l'épouse favorite de l'empereur.

BEHEN, *sm.* (pr. *bé-hènn*). Nom des racines de deux plantes de Syrie, qui sont astringentes et toniques.

BEIGE, *adj. f.* Se dit de la laine qui a sa couleur naturelle et des étoffes faites avec des laines qui n'ont pas été teintes.

BÉJAUNE, *sm.* V. *Bec jaune.*

BÉLANDRE, *sm.* V. *Bœlandre.*

BÉLEMNITE, *sf.* (*Géol.*). Sorte d'os fossile, en forme de fer de flèche, qu'on trouve dans le calcaire jurassique; on l'attribue à une espèce de mollusque disparue.

BELETTE, *sf.* Animal de la tribu des digitigrades, à museau pointu, à pattes courtes, à forme allongée, se nourrissant d'oiseaux e. de petits quadrupèdes; elle ressemble à l'hermine, surtout en été.

BÉLIER, *sm.* Mâle de la brebis. | Machine de guerre composée d'une longue poutre armée d'une tête d'airain, et qui servait à battre en brèche les murailles d'une place assiégée. | V. *Mouton.* | — hydraulique, machine pour élever l'eau, par l'effet du courant lui-même.

BÉLIÈRE, *sf.* Anneau auquel est suspendu le battant d'une cloche. | Anneau destiné à tenir suspendu un objet quelconque.

BELLADONE, *sf.* Plante de la famille des solanées, dont le fruit ressemble à une petite cerise et jouit d'une saveur douceâtre; c'est un poison très-violent; l'extrait des feuilles ou des racines de cette plante est employé en médecine comme calmant pour le traitement des maladies nerveuses.

BELLÂTRE, *adj.* et *s.* (pr. *bèlâ*). Celui ou celle qui a un faux air de beauté, une beauté fade, sans attrait véritable.

BELLIGÉRANT, E, *adj.* et *sm.* Se dit des peuples ou des puissances qui sont en guerre.

BELLON, *sm.* Variété de la colique métallique, qui attaque surtout les ouvriers employés dans les mines de plomb.

BELLONE, *sf.* Sorte de figue grasse de Provence, violette, veinée de rose, assez estimée.

BELLOTTE, *sf.* Variété de chêne d'Espagne, dont les fruits doux se mangent crus, bouillis ou grillés.

BELLUAIRE, *sm.* Celui qui, à Rome, luttait dans le cirque contre les bêtes féroces.

BÉLONE, *sf.* V. *Orphie.*

BELVÉDÈRE, *sm.* Petit donjon, pavillon qui domine les maisons de plaisance et d'où la vue s'étend au loin.

BÉMOL, *sm.* (*Mds.*) Signe en forme de petit *b*, qu'on met devant une note pour la baisser d'un demi-ton.

BEN, *sm.* (pr. *benn.*) Noix de —. Graine d'un arbrisseau d'Asie, de la grosseur d'une noisette, couleur gris blanchâtre; elle contient une amande entièrement douce dont on extrait une huile inodore qui peut rester indéfiniment exposée à l'air sans rancir; elle est employée par les horlogers et les parfumeurs.

BÉNARDE, *adj.* et *sf.* Se dit d'une espèce de serrure qu'on peut ouvrir des deux côtés.

BÉNATE, *sf.* Caisse d'osier en usage dans les salines; quantité de sel contenue dans une —.

BÉNAUT, *sm.* Baquet cerclé avec deux poignées de bois.

BÉNÉDICTIN, *sm.* | BÉNÉDICTINE, *sf.* Religieux de l'ordre créé par saint Benedict ou Benoit; ils sont restés célèbres par leurs immenses travaux historiques.

BÉNÉFICE, *sm.* (*Eccl.*) Désignait certaines dignités ecclésiastiques accompagnées d'un revenu qui n'en pouvait être séparé.

BENGALE, *sf.* Flamme de —, feu d'artifice produisant une lumière extrêmement blanche, très-brillante et très-etendue ; il se compose de 7 parties de salpêtre, 2 parties de soufre et 1 partie de sulfure d'antimoine.

BENGALI, *adj.* et *sm.* Se dit de l'idiome, dérivé du sanscrit, que l'on parle au Bengale. | *sm.* Petit oiseau brun à ventre bleu, sorte de pinson originaire du Bengale.

BENJOIN, *sm.* (pr. *bin.*) Baume que l'on tire d'un arbre appelé *styrax*, qui croit aux îles de la Sonde et dans l'Inde; c'est un stimulant, un tonique et un antiseptique; on l'emploie en fumigations contre certaines maladies de poitrine; il entre dans plusieurs préparations de pharmacie. | —amygdaloïde ou amygdalin, benjoin de bonne qualité, formé de boules allongées blanchâtres réunies par une pâte brune. | — larmeux, moins beau que le précédent.

BENNE, *sf.* Petit caisson, sorte de bât à crochets dont on charge les bêtes de somme et qui reçoit des grains, des pierres, etc. | Charrette, tombereau. | Hotte, appareil à poulie pour monter et descendre dans les puits de mine.

BENOITE, *sf.* Plante de la famille des rosacées, à fleurs jaunes, dont une espèce, commune dans les bois, a une racine amère et aromatique, que l'on emploie contre les hémorrhagies et qu'on a proposée comme fébrifuge.

BENZINE, *sf.* Liquide oléagineux incolore et transparent, découvert dans les produits de distillation des huiles minérales par la chaleur; on en a extrait un principe qui sert à détacher. | Benzoïque, *adj.* Acide —, acide que l'on a trouvé dans le benjoin, et depuis dans d'autres substances végétales; on l'a employé dans les maladies des poumons.

BÉOTIEN, *sm.* Habitants de la Béotie, ancienne province de la Grèce; ils étaient réputés très-lourds et stupides. | Tout homme obtus, lent à s'exprimer et à comprendre. | Béotisme, *sm.* Stupidité, ignorance extrême.

BÉQUET, *sm.* Petite pièce ajustée à un soulier. | Petit morceau de papier écrit, que l'on joint à une épreuve ou à une copie.

BER, *sm.* Berceau. | (*Mar.*) Appareil de charpente et de cordages, en forme de berceau, qu'on place sous un grand bâtiment pour le supporter et qui, en glissant sur la cale, emporte ce bâtiment dans la mer.

BÉRAT, *sm.* Investiture que le sultan donne au patriarche de Constantinople; en général, tout diplôme d'investiture donné par le sultan.

BERBÉRIS, *sm.* V. *Épine-vinette.*

BERCE, *sf.* Grande plante ombellifère commune dans le Nord, dont une espèce appelée *Branc-ursine bâtarde* donne par fermentation une boisson alcoolique très-enivrante.

BERCEAU, *sm.* (*Archit.*) Voûte cylindrique dont le cintre est formé par une courbe quelconque et dont les naissances portent sur deux murs parallèles. | V. *Roulette.*

BERDI , *sm.* Insecte qui attaque la vigne.

BÉRET, *sm.* Sorte de coiffure ronde et plate, tricotée et foulée, le plus souvent de laine, d'abord particulière aux Basques et adoptée ensuite dans toutes les campagnes des Pyrénées. | Toque de femme, passée de mode aujourd'hui.

BERGAMASQUE, *sf.* Espèce de danse en usage dans le siècle dernier.

BERGAMOTE ou Bergamotte, *sf.* Sorte de citron très-odorant, appelée aussi *Limette*, fruit de l'arbre appelé *Limettier.* | Variété de poire fondante.

BERGE, *sf.* Bord d'une rivière, chemin plus ou moins étroit qui longe un cours d'eau. | Grand chemin taillé dans une côte et escarpé en contre-haut ou en contre-bas, avec talus pour empêcher l'éboulement.

BERGERON, *sm.* Petite casaque de toile qui descend jusqu'aux hanches et dont se couvrent les gens qui travaillent sur les ports.

BERGERONNETTE, *sf.* Genre d'oiseaux insectivores, nommés aussi *hochequeues* et *lavandières*, dont la queue est très-longue, égale, horizontale; ils habitent le bord des eaux.

BÉRIL ou Béryl, *sm.* (pr. *l* mouillée). Sorte de pierre précieuse qui prend le nom d'*aiguemarine* quand elle est d'un vert pâle, bleue ou jaune de miel, et d'*émeraude*, quand elle affecte un vert très-vif et une transparence plus marquée. | — schorliforme ou de Saxe. V. *Topaze.* | — bleu. V. *Disthène.*

BERKOVETZ, *sm.* Poids russe équivalent à 163 kilogrammes.

BERLINE, *sf.* Espèce de voiture fermée, à quatre places, qui se distingue de la calèche par sa fermeture fixe; on fait des —s à huit ressorts, à siége suspendu et à housses pour les cérémonies.

BERLINGOT, *sm.* Petite berline de la forme d'un coupé, à deux ou trois places.

BERLONG, GUE, *adj.* V. *Barlong.*

BERLUE, *sf.* (*Méd.*) Maladie du sens de la vue qui consiste à croire voir de petits points noirs, des toiles d'araignées, des moucherons, etc.

BERME, *sf.* Prolongement parallèle qui borde des deux côtés une route pavée; sorte de trottoirs. | En terme de fortifications, chemin étroit au bord des fossés d'un rempart.

BERNACHE, *sf.* Genre de palmipèdes dont une espèce, la — ordinaire, habite les environs du pôle nord; les autres espèces de ce genre, assez voisin de l'oie, sont indigènes des contrées tropicales.

BERNAGE, *sm.* Mélange quelconque de grains que l'on sème en automne pour avoir du fourrage de bonne heure au printemps.

BERNARD L'ERMITE, *sm.* Espèce de crustacé à queue très-molle contournée, muni de deux pinces antérieures inégales; il vit solitaire sur nos côtes et habite une coquille qu'il abandonne pour en choisir une plus grande quand il s'est développé.

BERNE (en). V. *Pavillon.*

BERNICLE, *sf.* Nom vulgaire d'une coquille commune sur les bords de la mer. | V. *Cravant.*

BERRET, *sm.* V. *Béret.*

BERSAGLIER, ou BERSAGLIERE, *sm.* (*Ital.*) Nom que portent, en Italie, les soldats d'infanterie correspondant à nos chasseurs à pied. | Au pl. des *Bersaglieri.*

BERTEIL, *sm.* V. *Peson.*

BÉRYL, *sm.* V. *Béril.*

BESAIGRE, *adj.* et *sm.* Se dit du vin qui s'aigrit quand il est mal soigné ou déposé dans une cave peu fraîche.

BESAIGUË, *sf.* (pr. *gu*). Arme en forme de hache dont on se servait au moyen âge. | Outil de fer taillant par les deux bouts, dont l'un est en bec d'âne, l'autre en ciseau. | Outil de bois pour polir le cuir, à l'usage des cordonniers.

BESANT, *sm.* Ancienne monnaie d'or dont la valeur a beaucoup varié et était, au XIIe siècle, de 20 fr. environ. | (*Blas.*) Pièce d'or, placée sur l'écu ; elle indiquait primitivement qu'un membre de la famille avait fait le voyage de la Terre-Sainte.

BESEAU, *sm.* Rigole tracée entre deux canaux d'irrigation pour répandre l'eau dans l'espace qui les sépare.

BESIGUE, *sm.* Jeu de cartes qui se joue avec deux jeux de piquet ou davantage, fondus ensemble ; chaque joueur a huit cartes qu'il renouvelle successivement ; on joue soit en 500, soit en 1,000 points ; les mariages valent 40 ; le *bésigue* ou le valet de carreau, accompagné de la dame de pique, vaut 40 points, et quand il est double il vaut 500, etc., etc.

BESOCHE, *sf.* V. *Bezoche.*

BESOIN, *sm.* Dans le commerce, c'est l'indication, portée au bas d'une traite, d'un négociant ou d'une personne qui en paiera le montant, dans le cas où la traite ne serait pas acceptée ou ne serait pas payée.

BESSON, *sm.* Jumeau ; vieux mot français qui s'emploie encore dans quelques provinces.

BESTEG, *sm.* (*Géol.*) Dépôt argileux qui se trouve entre un filon métallique et la roche environnante.

BESTIAIRE, *sm.* V. *Belluaire.*

BESTIAL, E, *adj.* Qui tient de la bête, qui appartient à la bête.

BESTIOLE, *sf.* Petite bête.

BESTION, *sm.* Petit animal. | Animal représenté sur une ancienne tapisserie.

BÉSY, *sm.* V. *Bésigue.*

BÉTEL, *sm.* Masticatoire en usage en Asie ; il se compose de l'enveloppe de la noix d'arec, d'un peu de chaux et d'une espèce de poivre appelée aussi *bétel.*

BÉTELGEUSE, *sf.* (*Astr.*) Étoile de première grandeur située entre Orion et les Gémeaux.

BÉTOINE, *sf.* Plante très-commune en France, employée en médecine à cause de ses propriétés apéritives et vulnéraires ; elle est aussi sternutatoire.

BÉTON, *sm.* Mélange de cailloux ou de fragments de pierres, de briques ou de poteries, gâchés avec un mortier quelconque et qui sert à asseoir les fondations des édifices ; on l'emploie en général, avec du mortier hydraulique, pour les constructions établies sous l'eau ou dans les lieux humides.

BETTE, *sf.* Plante de la famille des chénopodées, dont une espèce appelée *poirée* a des feuilles larges et molles qu'on mange en salade ; on les emploie en médecine comme émollientes.

BETTERAVE, *sf.* Espèce de plantes du genre *bette*, à racine rose, charnue et pivotante très-sucrée, dont on extrait du sucre et de l'alcool ; la variété la plus cultivée en France porte le nom de *disette.*

BÉTULINE, *sf.* Huile volatile solide, principe actif de l'écorce du bouleau blanc, qui sert au tannage du cuir de Russie.

BÉTUSE, *sf.* Tonneau pour le transport du poisson vivant.

BEURRE D'AIL, *sm.* Préparation culinaire de beurre et d'ail. | — d'anchois, de piment, etc., mélange de beurre et de diverses substances.

BEURRE D'ANTIMOINE, *sm.* V. *Chlorure d'antimoine.*

BEURRE DE CACAO, *sm.* Huile concrète que l'on trouve dans l'amande de cacao ; c'est un adoucissant et un pectoral estimé ; on en fait aussi des pommades contre les engelures et les gerçures ; enfin il est employé par les parfumeurs et les confiseurs.

BEURRE DE MUSCADE, *sm.* Matière grasse qu'on extrait par compression de la muscade et du macis ; elle exhale une odeur très-aromatique et on l'emploie dans la pharmacie et pour préparer certains mets d'origine indienne qu'on mange quelquefois en Angleterre, en Hollande, etc.

BEURRE DE ZINC, *sm.* V. *Chlorure de zinc.*

BEUVEAU, *sm.* V. *Beveau.*

BEUVRINE, *sf.* Grosse toile faite d'étoupes de lin ou de chanvre.

BEVEAU ou BIVEAU, *sm.* Sorte de compas ou de fausse équerre à bras droits ou bombés et mobiles, servant, dans les arts, à prendre des angles sur un point et à les reproduire sur un autre. | On écrit aussi *Beuveau* et *Beauveau.*

BEY, *sm.* Gouverneur d'une province turque, dignité seigneuriale qui ne se donnait qu'aux possesseurs d'un certain nombre de fiefs militaires. | Simple marque de noblesse qui s'ajoute aux noms des fonctionnaires turcs ou égyptiens. | BEYLICK, *sm.* Gouvernement d'un —.

BEZESTAN, *sm.* Marché qui se tient en Turquie sous des halles couvertes.

BEZETTES, *sfpl.* Toiles teintes en rouge par la cochenille, et desquelles on extrait cette matière; elles viennent d'Orient.

BÉZOARD, *sm.* Sorte de calcul, concrétion biliaire ou urinaire que l'on trouve dans le corps de certains animaux et à laquelle on attribuait autrefois des propriétés curatives merveilleuses; ils sont abandonnés aujourd'hui.

BEZOCHE, *sf.* Bèche à tranchant servant à couper les racines des arbres que l'on transplante.

BIBACITÉ, *sf.* Ivrognerie ; passion pour la boisson.

BIBITION, *sf.* Action de boire.

BIBLIOGRAPHE, *sm.* Celui qui s'occupe de livres, qui connaît leurs prix, leurs diverses éditions, leur plus ou moins grande rareté, et forme des catalogues. | BIBLIOGRAPHIE, *sf.* Art du —.

BIBLIOMANIE, *sf.* Passion pour les livres, habitude d'acheter des livres sans discernement. | BIBLIOMANE, *sm.* et *adj.* Celui qui est atteint de —.

BIBLIOPHILE, *sm.* Celui qui aime les livres et qui les collectionne avec goût.

BICARBONATE, *sm.* Carbonate dans lequel il y a deux parties d'acide carbonique contre une partie de base. | — de soude ; se trouve dans certaines eaux minérales et notamment dans celles de Vichy. | Le — de potasse s'emploie contre les affections calculeuses du foie et de la vessie et contre certaines maladies de la peau ; il est aussi mis en usage dans l'industrie et notamment dans la dorure galvanique.

BICÉPHALE, *adj.* Qui a deux têtes.

BICEPS, *sm.* Nom des deux muscles de l'avant-bras et des cuisses qui fléchissent l'avant-bras sur le bras et la jambe sur la cuisse.

BICÊTRE, *sm.* Autrefois malheur, disgrâce, infortune.

BICHE, *sf.* Femelle du cerf. | — de mer. V. *Holothurie.*

BICHERÉE, *sf.* Mesure de superficie ; ce qu'on pouvait ensemencer avec un *bichet*, ancienne mesure de blé ; la bicherée équivaut à 11 ares.

BICHETTE, *sf.* Haveneau à perches courbes.

BICHON, *sm.* Très-petit chien provenant du croisement du petit barbet et de l'épagneul.

BICIPITAL, E, *adj.* (*Anat.*) Qui a rapport, qui appartient au biceps.

BICLE, *adj.* et *sm.* V. *Bigle.*

BICOQUET, *sm.* Ancien ornement de tête, chaperon, parure de femme.

BIDANE, *sf.* Couleur jaune à base de suie, qu'on emploie pour la teinture des draps.

BIDAUCT, *sm.* (pr. *doct*). V. *Bistre.*

BIDON, *sm.* Plaque de fer dégrossie pour en faire de la tôle. | BIDONNAGE, *sm.* Fabrication des —s.

BIEF, *sm.* Espèce de canal qui conduit l'eau à une certaine élévation pour qu'elle retombe sur la roue d'un moulin. | Partie d'un canal située entre deux écluses.

BIELLE, *sf.* (*Méc.*) Tige inflexible qui sert à transmettre le mouvement de va-et-vient et le transforme le plus souvent en mouvement de rotation.

BIENNAL, E, *adj.* Se dit des fonctions, des charges qui ne sont conférées que pour deux ans.

BIÈVRE, *sm.* Ancien nom du castor.

BIEZ, *sm.* V. *Bief.*

BIFILAIRE, *sm.* Instrument renfermant deux fils, donnant, l'un la tension magnétique, l'autre la tension électrique, pour un point donné du globe.

BIFFE, *sf.* Pierre sans valeur ; diamant faux.

BIFRE, *sm.* V. *Bièvre.*

BIGAMIE, *sf.* Crime qui consiste à être marié avec deux personnes en même temps. | BIGAME, *s.* et *adj.* Celui qui est marié à deux personnes à la fois.

BIGARADE, *sf.* Espèce d'orange aigre et un peu amère, dont on extrait une essence très-fine ; sa peau est bigarrée. | BIGARADIER, *sm.* Arbre qui produit les —s.

BIGARREAU, *sm.* Variété de cerise à chair ferme, de couleur rouge et blanche. | BIGARREAUTIER, *sm.* Cerisier qui produit les —x.

BIGE, *sm.* Char attelé de deux chevaux de front.

BIGLE, *sm.* Chien de chasse anglais. | *adj.* Qui a un œil tourné en dedans ; se dit aussi pour *louche*, mais indique un strabisme moins prononcé. | BIGLER, *vn.* Avoir un œil de travers.

BIGORNE, *sf.* Petite enclume dont un bout finit en pointe et l'autre en carré ; sa forme varie suivant les arts ; elle est employée par les orfévres, ferblantiers, etc.

BIGORNEAU, *sm.* Petite bigorne. | Petit coquillage marin univalve, comestible, qui ressemble au colimaçon.

BIGUE, *sf.* Pièce de bois longue et étroite servant de levier. | Mâtereau servant à élever des objets.

BIGUER, *va.* Échanger, troquer.

BIHOREAU, *sm.* Genre d'oiseaux échassiers qui ressemble assez au héron, dont il a les mœurs.

BIJON, *sm.* La térébenthine commune.

BILAN, *sm.* Établissement, à une époque arrêtée, de la situation active et passive d'une maison de commerce. Dans ce sens, on dit mieux *balance.* | État des dettes et des créances d'un négociant qui fait faillite.

BILATÉRAL, E, *adj.* (*Hist. nat.*) Qui est disposé des deux côtés d'un point central. | (*Jurisp.*) Obligation —, celle qui lie les deux parties contractantes.

BILBOQUET, *sm.* (*Impr.*) Petits ouvrages, ouvrages de ville. | (*Archit.*) Petits blocs de pierre restant après le sciage des grosses pierres.

BILE, *sf.* Liquide visqueux, jaunâtre, amer, qui est sécrété par le foie et contribue au travail de la digestion par la facilité avec laquelle il dissout les matières grasses. | Bilieux, se, *adj.* Qui a rapport à la —, qui renferme de la —.

BILIMBI, *sm.* Fruit d'un arbre de l'Inde appelé *Carambolier*, très-acide et qu'on ne mange en Europe qu'en conserves.

BILINGUE, *adj.* Inscription —, qui est gravée deux fois en deux langues différentes.

BILL, *sm.* (pr. les deux *l.*) Projet de loi présenté aux chambres anglaises. | Bill d'indemnité, résolution par laquelle le parlement déclare qu'un acte irrégulier du ministère ne donnera lieu à aucune suite.

BILLE, *sf.* Morceau de bois brut conservant encore la forme du tronc d'arbre et non équarri. | Petit bateau léger.

BILLION, *sm.* (pr. *bil-lion.*) Nom des unités de la quatrième tranche d'un nombre divisé suivant notre numération en tranches de trois chiffres à partir de la droite; il vaut mille millions; on dit quelquefois *milliard.*

BILLON, *sm.* Nom que portent les bandes de terre parallèles, en forme de dos d'âne, que l'on fait dans un champ pour que l'humidité s'écoule vers les creux. | Monnaie de cuivre.

BIMANE, *adj.* Qui a deux mains. Se dit de l'homme par comparaison aux animaux. | Bimanes, *smpl.* Premier ordre ou groupe des mammifères comprenant l'homme seul.

BIMBELOTERIE, *sf.* Commerce des petits objets, tels que jouets d'enfants, merceries grossières, etc., connus sous le nom d'articles de Paris. | Bimbelotier, *sm.* Celui qui fait commerce de —.

BINAGE, *sm.* Façon donnée à la terre avec un instrument appelé *binette*, et qui consiste à détruire les mauvaises herbes et à ameublir le sol. | Double service fait par un prêtre qui dit deux messes le même jour.

BINAIRE, *adj.* (*Math.*) Nombre —, composé de deux unités. | Arithmétique —, numération dans laquelle on n'emploie que deux chiffres, le 1 et le 0. | Nomenclature —. (*Chim.*) Se dit des composés de deux corps simples. | Mesure —. (*Mus.*) Mesure qui peut se partager en deux temps.

BINARD, *sm.* Fort chariot à quatre roues qui sert pour porter de grosses pierres.

BINER, *va.* et *vn.* Faire un binage.

BINET, *sm.* Sorte de petite charrue très-légère. | Petit ustensile de métal que l'on place dans un chandelier afin de pouvoir brûler la chandelle ou la bougie jusqu'à son extrémité.

BINETTE, *sf.* V. *Binage.*

BINIOU, *sm.* Sorte de musette, instrument de musique plus long qu'une clarinette, dont le son ressemble un peu à celui du hautbois et dont l'usage est spécial aux Bretons.

BINOCLE, *sm.* Espèce de lunettes ou de double lorgnon qu'on tient à la main. | (*Chir.*) Bandage en forme d'X, que l'on place sur les yeux pour maintenir un appareil.

BINOCULAIRE, *adj.* Se dit des instruments d'optique qui ont deux oculaires.

BINÔME, *sm.* (*Math.*) Se dit, en algèbre, d'une quantité composée de deux parties séparées par le signe + ou —.

BIOGRAPHIE, *sf.* Écrit qui renferme la vie d'un personnage marquant.

BIOLOGIE, *sf.* Science physiologique qui traite de la vie en général, de ses diverses formes et de l'action comparée de ses organes.

BIONOMIE, *sf.* Science des lois de la vie.

BIPÈDE, *adj.* et *sm.* (*Hist. nat.*) Qui a deux pieds.

BIPENNE, *sf.* (*Ant.*) Hache à deux tranchants.

BIRAMBROT, *sm.* Sorte de soupe hollandaise de bière, de sucre, de beurre et de pain.

BIRE, *sf.* Engin, grande nasse pour prendre du poisson. | Espèce de bouteille en osier.

BIRÉFRINGENT, E, *adj.* (*Phys.*) Se dit de tout corps doué de la double réfraction.

BIRÈME, *sf.* (*Ant.*) Sorte de galère qui avait deux rangs de rames de chaque côté.

BIRIBI, *sm.* Jeu de hasard analogue au loto, que l'on joue avec 64 boules et un tableau de 70 cases qui correspondent aux boules.

BIS, E, *adj.* (pr. *bi*). Brun noirâtre. Se dit du pain de qualité inférieure. | Papier —, blanc gris, qui sert à faire des enveloppes, des bandes, etc.

BISAIGUË, *sf.* V. *Besaiguë.*

BISAILLE, *sf.* Mélange de pois gris et de vesces dont on nourrit les pigeons.

BISAN, *sm.* Ivraie.

BISANNUEL, LE, *adj.* Se dit des plantes qui vivent deux ans, qui mettent deux ans à prendre leur accroissement, à fleurir et à mûrir leurs fruits.

BISCAÏEN, *sm.* Autrefois gros mousquet. | Petit boulet de fer de la grosseur d'un œuf, dont on charge les canons, et qui porte à 4 ou 500 mètres.

BISCHÉ, *adj.* Œuf —, œuf couvé et fracturé avant l'éclosion.

BISCHOF, *sm.* Boisson froide composée de vin sucré, de citron et de muscade; elle a une couleur violette. | On écrit aussi *Bishoff*, *Bischoff* et *Bishop*.

BISCOTIN, *sm.* Sorte de pâtisserie en forme de petites boules très-dures, qui est faite avec du sucre et des œufs et qui fond dans la bouche.

BISCOTTE, *sf.* Sorte de pâtisserie, tranche de pain faite avec du lait et séchée au four, que l'on emploie, en quelques endroits, pour l'alimentation des enfants au maillot, ou pour accompagner le thé.

BISCUIT, *sm.* Pain en forme de galette, durci par plusieurs cuissons et dont on fait provision pour les voyages sur mer. | Porcelaine cuite au four sans peinture ni vernis et conservant son blanc mat.

BISEAU, *sm.* Extrémité ou bord coupé en biais ou en talus. | Outil dont le tranchant forme un angle aigu assez ouvert.

BISEAUTER, *va.* Tailler en biseau. | BISEAUTÉ, E, *adj.* Se dit des cartes à jouer dont le bord supérieur ou inférieur est terminé en biseau, de façon à permettre de les reconnaître à volonté.

BISELÉ, E, *adj.* Taillé en biseau.

BISER, *va.* Reteindre et repasser une étoffe. | *vn.* Dégénérer, en parlant des graines.

BISERGOT, *sm.* Espèce de francolin à double éperon; il a le bec et les ailes plus longs que ceux des perdrix.

BISET, *sm.* Espèce de pigeon sauvage qui habite les rochers et qu'on croit être le type et l'origine des pigeons domestiques. | Pigeon gris ardoisé, domestique. | Garde national qui fait son service sans porter l'uniforme. | Grosse étoffe de couleur bise.

BISETTE, *sf.* Dentelle claire à bas prix. | Espèce de canard. V. *Macreuse.*

BISHOP, *sm.* V. *Bischof.*

BISMUTH, *sm.* Métal blanc jaunâtre, cassant, lamelleux, très-fusible, employé dans le blanc de fard, dans la coloration des cires à cacheter, et en médecine comme antispasmodique; les mouleurs en font des médailles; on le trouve à l'état d'oxyde ou combiné avec le soufre et l'arsenic; c'est le plus fusible des métaux; on l'appelle aussi *étain de glace* parce que sa cassure présente de larges lames miroitantes, ou plutôt parce qu'on l'a quelquefois substitué à l'étain pour l'étamage des glaces.

BISON, *sm.* Espèce sauvage du genre bœuf, plus grande que le taureau ordinaire, caractérisée par une forte bosse entre les deux épaules, qui habite l'Amérique du Nord, dans le bassin du Mississipi; son pelage est fauve noirâtre et fournit une fourrure peu employée.

BISONNE, *sf.* Sorte de toile grise qui sert principalement à faire des doublures.

BISOUARD, *sm.* Colporteur, porte-balle.

BISQUE, *sf.* Potage composé de bouillon, de riz, d'écrevisses pilées et de purée de légumes avec certains accessoires. | Prendre sa —, saisir son avantage; sortir adroitement d'une difficulté.

BISQUIN, *sm.* Peau de mouton avec sa laine, qu'on teint, dont on fait des couvertures pour les colliers des chevaux de trait.

BISSECTRICE, *sf.* (*Math.*) Ligne droite qui divise un angle en deux parties égales en passant par le sommet.

BISSETTE, *sf.* V. *Bisette.*

BISSEXTILE, *adj.* Se dit de l'année qui, tous les quatre ans, a un jour de plus que l'année de 365 jours, pour que les révolutions de la terre autour du soleil, qui durent 365 jours, 5 heures, 49 minutes, se retrouvent sensiblement égales à l'année civile.

BISSON, *sf.* V. *Besson.*

BISTORTE, *sf.* V. *Renouée.*

BISTOURI, *sm.* Instrument qui a la forme d'un petit couteau; il se compose d'une lame de 8 à 10 centimètres articulée d'une manière mobile à un manche appelé *chasse.*

BISTOURNER, *va.* Tordre un objet dans un sens contraire à sa texture pour le déformer.

BISTRE, *adj.* Brun clair. | *sm.* Couleur employée à laver et qui se fait avec de la suie détrempée dans de l'eau et du vinaigre.

BISULCE ou BISULQUE, *adj.* et *s.* (*Zool.*) Se dit de l'une des grandes classes de mammifères que l'on nomme aussi *fissipèdes*, parce que leur caractère distinctif consiste dans la bifurcation des pieds; tels sont les cochons, les cerfs, les bœufs, les moutons, etc.

BITORD, *sm.* (*Mar.*) Petit cordage de deux et quelquefois trois ou quatre fils de caret servant à attacher de petites pièces.

BITTE, *sf.* (*Mar.*) Assemblage de charpente placé à l'avant d'un navire et servant à amarrer les cables qui tiennent aux ancres jetées au fond de la mer.

BITTER, *sm.* (*pr. tèr.*) Liqueur fabriquée primitivement en Hollande et depuis en Allemagne et en France; c'est, en général, une infusion d'oranges amères ou de zestes de citron, de gentiane et de rhubarbe dans l'eau-de-vie de baies de genevrier; on la prend comme apéritif et son usage a quelquefois guéri des fièvres paludéennes.

BIVALVE, *adj.* Coquillage composé de deux parties unies par une charnière, comme les moules et les huitres.

BIVEAU, *sm.* V. *Beveau.*

BIVIAIRE, BIVIAL, E, *adj.* Se dit quelquefois d'un chemin qui se partage en deux.

BIXINE, *sf.* Produit tinctorial brun-rouge, obtenu avec la pulpe du fruit du rocouyer, et n'ayant pas, comme le rocou, une odeur désagréable.

BLAD, BLADET, *sm.* Variété de froment.

BLAIREAU, *sm.* Plantigrade muni sous la queue d'une poche d'où suinte une humeur fétide ; il habite des terriers ; sa peau fournit des fourrures grossières et l'on fait avec son poil de gros pinceaux et des brosses à barbe.

BLAIRIE, *sf.* (*Féod.*) Droit de pâture sur les terres après la récolte accordé par le seigneur aux habitants.

BLAISE, *sf.* Nom donné dans les magnaneries à la matière blanchâtre dont se sert le ver à soie pour attacher son cocon contre les rameaux.

BLANC D'ARGENT, *sm.* Carbonate de plomb, ou céruse très-blanche et très-fine qu'on emploie dans la peinture à l'huile et à l'aquarelle.

BLANC DE BALEINE, *sm.* Corps gras, solide, friable, d'une blancheur éclatante et d'un aspect nacré qui est tenu en suspension dans l'huile grasse qu'on trouve dans le crâne de certains cachalots; c'est l'une des graisses les plus fines que l'on connaisse, et on l'emploie, mêlée avec de la cire, à la confection des bougies diaphanes et des bougies de luxe et de fantaisie; on l'appelle aussi *Cétine* et on l'a appelée à tort *Spermaceti*.

BLANC DE BRIANÇON, *sm.* V. *Talc.*

BLANC DE CÉRUSE, *sm.* V. *Céruse.*

BLANC DE CHAMPIGNON, *sm.* Substance formée par l'assemblage d'une multitude de petits filaments blancs et qui paraît être l'état rudimentaire des champignons ; les jardiniers s'en servent pour reproduire artificiellement ces végétaux.

BLANC DE FARD, *sm.* Sous-azotate de bismuth, sel qui, réduit en poudre très-fine, a été employé pour blanchir la peau ; mais on l'a abandonné pour la farine de riz, l'amidon, etc.

BLANC DE PERLE, *sm.* Tartre ou oxychlorure de bismuth en poudre blanche, qu'on emploie dans la parfumerie.

BLANC DE ZINC, *sm.* Oxyde de zinc généralement employé dans les arts, la peinture, etc., de préférence à la céruse, dont il n'a pas les dangers.

BLANC EN BOURRE, *sm.* Mélange de terre blanche, de chaux et de bourre de tanneur ou de tondeur de draps, que l'on emploie comme enduit dans certains pays où le plâtre est rare.

BLANCHÈRE, *sf.* Espèce de châtaigne grosse et d'un brun foncé, qu'on récolte aux environs de Périgueux à la fin de septembre.

BLANCHET, *sm.* Morceau d'étoffe, de drap ou d'autre matière, qui sert pour filtrer diverses substances.

BLANC-MANGER, *sm.* Mets composé de gelée de corne de cerf, d'amandes douces en émulsion, d'eau de fleurs d'oranger, d'huile essentielle de citron et de sucre.

BLANC-SEING, *sm.* Papier qui ne présente que la signature de quelqu'un au-dessous d'un espace blanc.

BLANDICES, *sfpl.* Caresses artificieuses, flatteries pour gagner le cœur; charmes, jouissances.

BLANQUETTE, *sf.* Vin blanc doux et spiritueux qui se fait dans le Languedoc et principalement à Limoux, avec un raisin blanc appelé aussi *blanquette*. | — ou *blanquet, sm.* Poire d'été à peau blanche.

BLANQUETTE, *sf.* Soude naturelle d'Aigues-Mortes, qui s'extrait de différentes plantes cultivées sur les bords de la Méditerranée ; elle est de qualité inférieure.

BLAPS, *sm.* Insecte coléoptère noir qui court très-vite et qui exhale une mauvaise odeur; il habite les parties obscures et humides des maisons.

BLASON, *sm.* Devises et armes peintes sur un écu, telles que les portaient les anciens chevaliers et les gens nobles. | Science, étude de ces armes.

BLASTÈME, *sm.* (*Bot.*) Embryon végétal comprenant le germe à peine développé.

BLATER, *sm.* Sophistiquer, falsifier les grains.

BLATIER, IÈRE, *s.* Celui, celle qui vend du blé, qui fait le commerce des grains.

BLATRER, *va.* Apprêter le blé, lui donner une belle apparence.

BLATTE, *sf.* Insecte orthoptère, de couleur brune, très-agile, fuyant la lumière, qui s'établit dans les habitations, et surtout dans les boulangeries et pâtisseries, par grandes troupes et y cause de grands dégâts.

BLEIME, *sf.* Maladie ou inflammation de la partie antérieure du sabot d'un cheval, près du talon, résultant, soit d'une contusion, soit d'une pression excessive.

BLENDE, *sf.* (pr. *blin-*). Alliage naturel de zinc et de soufre, combinaison sous laquelle se présente le zinc dans la nature.

BLENNIE, *sf.* Poisson à nageoires épineuses, dont la peau est enduite de mucosité, et qu'on trouve dans les rochers de nos côtes.

BLÉPHARIQUE, *adj.* (*Méd.*) Qui a rapport aux paupières. | BLÉPHARITE, *sf.* Inflammation des paupières.

BLÉPHAROPLÉGIE, *sf.* (*Méd.*) Paralysie d'une ou des deux paupières qui ne peuvent se relever.

BLÉPHAROSPASME, *sm.* (*Méd.*) État nerveux et spasmodique des paupières qui se contractent et ne peuvent s'ouvrir.

BLÉSER, *vn.* Parler avec un défaut de prononciation qui consiste à adoucir les consonnes *s*, *t*, *g*, et à les émettre comme des *z*, *d*, *s*. Ce défaut s'appelle BLÉSITÉ, *sf.* | BLÉSEMENT, *sm.* Action de —.

BLET, TE, *adj.* Se dit des fruits qui passent à l'état de *blettissure*, état intermédiaire entre la maturité excessive et la pourriture.

BLEUET, *sm.* Plante à fleurs composées, d'un beau bleu, commune dans les moissons; on la croit légèrement astringente.

BLICOURT, *sm.* Tissu de grosse laine, avec double croisure, qui a les mêmes usages que l'anacoste.

BLINDE, *sf.* Espèce de défense faite de branches entrelacées, et posées en travers entre deux rangées de bâtons fichés en terre. | BLINDAGE, *sm.* Tout mode de défense artificielle ayant pour but de cacher les hommes sans les empêcher de voir l'ennemi. | BLINDER, *va.* Garnir de blindes.

BLOCAGE, *sm.* BLOCAILLES, *sf.* (*Archit.*) Blocs ou petites pierres brutes qu'on jette pêle-mêle avec le mortier pour faire des fondations. | BLOQUER, *va.* Employer des —s.

BLOCAILLE, *sf.* Débris d'ouvrages de fonte.

BLOCHET, *sm.* (*Archit.*) Pièce de bois assez forte remplaçant quelquefois l'entrait et placée au-dessous de la base de l'arbalétrier dont elle consolide l'appui sur le mur.

BLOCKHAUS, *sm.* (pr. *blo-kôss*). Pièce détachée, petit fort, construit en bois, entouré de fossés et souvent environné d'une enceinte.

BLOCUS, *sm.* (pr. *cuss*). Opération de guerre qui consiste à occuper toutes les approches d'une place ou d'un camp, de manière à ce que les communications soient interrompues avec le dehors. | BLOQUER, *va.* Établir un —.

BLONDE, *sf.* Ouvrage semblable à la dentelle, fabriqué en soie blanche ou noire, ou même en coton.

BLONGIOS, BLONGION, *sm.* Espèce de héron qui allonge le cou et le jette en avant comme par ressort quand il marche.

BLOUSER, *va.* et *vn.* Battre les timbales dans un orchestre.

BLOUSSE, *sf.* Laine grossière qui se sépare de la laine ordinaire par le peignage.

BLUET, *sm.* V. *Bleuet.*

BLUTAGE, *sm.* Opération qui consiste à séparer, après la mouture du grain, les diverses sortes de farine entre elles et d'avec le son. | BLUTOIR, *sm.* Machine à *bluter*, ou à opérer le —.

BOA, *sm.* Serpent de grande taille, sans crochets venimeux, redoutable par sa force musculaire; il atteint quelquefois 10 m. de long; il habite les parties humides des forêts de l'Amérique du Sud.

BOCAL, *sm.* (*Mus.*) Petite anche de cuivre qu'on applique à l'embouchure de certains instruments à vent.

BOCARD, *sm.* (*Méc.*) Mortier dans lequel on broie le minerai de fer avant d'en faire de la fonte. | BOCARDER, *va.* Passer au —, | BOCARDAGE, *sm.* Action de bocarder.

BOCHET, *sm.* V. *Bouchet.*

BODINE, *sf.* Quille d'un vaisseau.

BŒNECST, *sm.* Plante exotique à fleurs composées, dont les feuilles et les sommités sont employées en infusion comme diaphorétiques.

BOGHEAD, *sm.* (pr. *guidd*). Schiste très-bitumineux qui tient le milieu entre le lignite et les schistes; on en tire de l'huile, du gaz d'éclairage et un coke très-poreux.

BOGUE, *sf.* Enveloppe piquante de la châtaigne.

BOGUE, *sm.* Poisson à corps oblong, garni de grandes écailles, gris argenté, rayé de brun et de jaune. Sa chair est estimée.

BOÏAR, *sm.* V. *Boyard.*

BOIRE, *sf.* Nom donné, près de l'embouchure de la Loire, aux anses ou petits golfes formés par ce fleuve. | Petite anse ou baie creusée de main d'homme sur les bords d'un fleuve.

BOIS-LE-DUC, *sm.* V. *Bolduc.*

BOL, *sm.* Grosse pilule d'une forme olivaire. | — alimentaire, masse que forment les aliments après la mastication et la salivation, au moment où ils entrent dans l'œsophage. | — d'Arménie, terre *bolaire.*

BOLAIRE, *adj. f.* Terre —, sorte d'argile qu'on extrait d'une espèce de sable de l'Archipel; on l'a employée comme astringent; elle n'est plus usitée qu'en peinture pour l'ocre qu'elle renferme; on l'appelle aussi terre *sigillée*, parce qu'on en faisait autrefois des pastilles à l'effigie de la déesse Diane.

BOLDUC, *sm.* Tresse fort étroite, de couleur rouge ou rose, de fil et plus souvent de coton; on en fabrique beaucoup en Allemagne.

BOLÉRO, *sm.* Danse espagnole beaucoup moins vive, plus noble que le fandango, et qui se danse à deux.

BOLET, *sm.* Sorte de champignon employé en médecine, et dont quelques espèces se mangent; il est caractérisé par un chapeau garni de tubes verticaux rapprochés ou soudés entre eux; les espèces comestibles s'appellent *cèpes* aux environs de Bordeaux.

BOLIDE, *sm.* Météore igné qui se meut avec une rapidité extrême et qui laisse derrière lui une traînée brillante de lumière; il produit souvent une détonation et tombe sur le sol sous forme de pierre. | V. *Aérolithe.*

BOLIVAR, *sm.* Sorte de chapeau à grands bords. | Variété de flanelle de couleur, tout laine.

BOLLANDISTE, *adj.* et *s.* Nom des écrivains de la compagnie de Jésus qui collaborèrent à l'immense collection in-folio nommée *Actes des Saints*, commencée par J. Bolland.

BOMBANC, *sm.* V. *Bonbanc.*

BOMBARDE, *sf.* Ancien instrument à vent en bois, à clefs et à anches; il correspondait au basson moderne. | Registre de tuyaux à anches, dans l'orgue d'église, produisant le son de cet instrument. | Bâtiment de guerre à un ou deux mortiers. | Petit canon peu allongé. | BOMBARDIER, *sm.* Soldat qui sert une —.

BOMBARDON, *sm.* (*Mus.*) Instrument de cuivre, grave, sans clefs et à trois cylindres, dont le son est très-fort; on l'emploie dans les musiques militaires.

BOMBASINE, *sf.* Nom anglais de l'alépine.

BOMBONNE, *sf.* V. *Bonbonne.*

BOMBYCIEN, NE, *adj.* Se dit d'une espèce de papier que l'on faisait autrefois, en Orient, avec des déchets d'une sorte de coton soyeux.

BOMBYCIDE, *sm.* Genre type auquel appartiennent tous les vers appelés *Bombyx.*

BOMBYX, *sm.* Ver-à-soie.

BONACE, *sf.* (*Mar.*) Calme de la mer, repos presque absolu des vagues, souvent signe précurseur d'un grand orage.

BONBANC, *sm.*, Sorte de pierre tendre qu'on tire des carrières de Paris.

BONBONNE, *sf.* Sorte de bouteille de grande dimension dans laquelle on conserve des liqueurs, etc.

BONDRÉE, *sf.* Oiseau de proie, voisin de la buse, qui a 65 centimètres de longueur environ, qui se nourrit d'insectes et qui est commun en Europe; son plumage est mêlé de brun et de jaune.

BONDUC, *sm.* Arbre très-élevé du Canada, dont le fruit fournit une huile inodore, inaltérable, au moyen de laquelle on conserve l'arome des parfums.

BONGARE, *sm.* Serpent de l'Inde qui atteint trois mètres de longueur et qu'on dit venimeux.

BON-HENRI, *sm.* Plante herbacée, ressemblant à l'épinard et croissant dans les lieux incultes; on l'appelle aussi épinard sauvage, et on l'emploie dans quelques pays comme plante potagère.

BONIMENT, *sm.* Expression familière qui désigne les discours exagérés et burlesques que débitent les saltimbanques et les charlatans pour engager le public à entrer dans leurs baraques ou à acheter leurs drogues. | Tout éloge que l'on fait de soi-même, les annonces, les réclames, etc.

BONITE, *sf.* Espèce de thon à dos bleu rayé, dont la chair est estimée.

BONITOL, *sm.* Espèce de bonite commune dans la Méditerranée.

BONNET, *sm.* (*Zool.*) Seconde division de l'estomac des ruminants, où les aliments passent en sortant de la panse, et d'où ils remontent dans l'œsophage et dans la bouche.

BONNETTE, *sf.* (*Mar.*) Petites voiles qu'on ajoute aux grandes pour augmenter la surface sur laquelle agit le vent.

BONNIER, *sm.* Ancienne mesure agraire de superficie employée en Belgique et en Hollande; le bonnier en Hollande équivaut aujourd'hui à un hectare; dans la Flandre française, il valait 1 hectare 40 ares.

BONTANE, *sf.* Étoffe de coton grossière, unie ou rayée de rouge et de bleu, que les indigènes de la côte d'Afrique achetaient jadis aux trafiquants européens qui la tiraient de l'Inde.

BONZE, *sm.* Prêtre de l'Asie, et particul. de l'Inde, de la Chine et du Japon; ils prédisent l'avenir et exorcisent les démons. | BONZERIE, *sf.* Couvent de —s.

BOQUETEAU, *sm.* Petit bouquet de bois.

BOQUILLON, *sm.* Apprenti bûcheron.

BORATE, *sm.* (*Chim.*) V. *Bore.*

BORASSEAU, *sm.* Boîte qui renferme du borax en poudre pour servir à la soudure.

BORAX, *sm.* Borate de soude, sel que l'on trouve en dissolution naturelle dans certains lacs ou que l'on fait artificiellement, et qui est employé pour les soudures de certains métaux à cause de la facilité qu'il apporte à leur fusion.

BORBORYGME, *sm.* Bruit que font entendre les gaz contenus dans le bas-ventre quand ils se déplacent.

BORDAGE, *sm.* (*Mar.*) Se dit des planches épaisses qui revêtent d'un bout à l'autre le corps d'un bâtiment, tant à l'extérieur qu'à l'intérieur.

BORDÉE, *sf.* (*Mar.*) Décharge de toute l'artillerie d'un bord ou d'un côté du vaisseau. | Durée d'un quart, de nuit ou de jour, et nombre d'hommes qui font le quart. | Courir des —s, aller d'un côté, d'un autre, alternativement, quand le vent est contraire.

BORDEREAU, *sm.* État ou note des diverses valeurs qui composent une somme à l'appui d'un versement. | État de situation d'un compte.

BORDIER, *sm.* Se dit dans certains pays du fermier à moitié fruits, appelé aussi *métayer.*

BORDIGUE, *sf.* V. *Bourdigues.*

BORDJ, *sm.* Signifie, en Algérie, fort détaché ou petite ville fortifiée.

BORDOYER, *va.* Border, entourer, en parlant d'un tableau, d'une plaque métallique émaillée, etc.

BORE, *sm.* Barre ou mascaret, à l'embouchure du Gange.

BORE, *sm.* (*Chim.*) Métalloïde, corps simple brun-verdâtre, dont la combinaison avec l'oxygène par combustion à l'air libre donne l'acide *borique*, lequel forme avec ces bases des sels appelés *borates;* le seul *borate* employé dans les arts est le *borax*. V. ce mot.

BORÉAL, E, *adj.* Qui est au nord, qui appartient au nord.

BORÉE, *sm.* (*Litt.*) Le vent du nord.

BORER, *sm.* Larve d'un insecte ou d'un papillon qui fait de grands ravages dans les plantations de cannes à sucre.

BORGNAT, *sm.* Le roitelet.

BORIN, E, *adj.* et *s.* Se dit des ouvriers qui travaillent dans les mines en Belgique.

BORNOYER, *va.* Fermer un œil en regardant de l'autre, pour juger si une ligne est droite.

BORRAGINÉ, E, *adj.* Qui ressemble à la bourrache. | —ées, *sfpl.* Famille de plantes à laquelle appartient la bourrache; elles sont en général émollientes et diurétiques.

BOSAN, *sm.* Boisson orientale faite avec du millet bouilli dans de l'eau, et dont les Turcs font usage.

BOSBOK, *sm.* Espèce d'antilope d'Afrique qui se tient dans les bois, et dont les cris ressemblent à l'aboiement du chien.

BOSCARESQUE, *adj.* Course—; course dans les bois.

BOSEL, *sm.* V. *Tore.*

BOSPHORE, *sm.* En général, espace de mer entre deux terres, par lequel deux mers se communiquent.

BOSSAGE, *sm.* (*Archit.*) Saillies laissées ou pratiquées sur les pierres d'un édifice et distribuées symétriquement, soit suivant les joints des pierres, soit selon un autre arrangement.

BOSSE, *sf.* Dans les arts, toute œuvre en relief; une statue est en ronde-bosse; un bas-relief est en demi-bosse.

BOSSELAGE, *sm.* Travail en bosse ou en relief; se dit de la vaisselle. | Bosseler, *va.* Faire des ouvrages en bosse ou en relief.

BOSSEMAN, *sm.* (*Mar.*) Autrefois, sous-officier de marine ayant le grade intermédiaire entre ceux de contre-maître et de quartier-maître.

BOSSETTE, *sf.* Partie saillante des deux côtés du mors d'un cheval.

BOSSOIR, *sm.* (*Mar.*) Chacune des deux grosses pièces de bois qui se prolongent en saillie à l'avant du bâtiment, et qui servent à suspendre les ancres, à les hisser hors de l'eau.

BOSTON, *sm.* Jeu à peu près semblable au whist, qui se joue à quatre avec deux jeux séparés de cinquante-quatre cartes.

BOTANOLOGIE, *sf.* Traité de botanique. | Botanophage, *adj.* et *s.* Qui vit de végétaux. | Botanophile, *adj.* et *s.* Qui aime la botanique.

BOTARGUE, *sf.* V. *Boutargue.*

BOTRYOCÉPHALE, *sm.* (*Zool.*) Genre de vers intestinaux, appelé aussi *ver solitaire.*

BOTRYS, *sm.* (pr. *triss.*) V. *Chénopode.*

BOUCAGE, *sf.* Nom vulgaire de plusieurs espèces de pimprenelle et particul. de la pimprenelle noire, dont la racine renferme une huile volatile de couleur bleue que les distillateurs emploient en Allemagne pour colorer l'eau-de-vie.

BOUCAN, *sm.* Lieu où l'on *boucane.* | Gril de bois pour cet objet. | Bois *boucan*, bois vieux, vermoulu. | *Boucan* de tortue, tortue préparée pour être assaisonnée et cuite.

BOUCANER, *va.* Faire fumer la viande et la faire sécher à la fumée pour la conserver.

BOUCANIER, *sm.* En Amérique, chasseur de bœufs sauvages. | Pirates d'Amérique, nommés aussi flibustiers.

BOUCARD, *sm.* Soude ordinaire.

BOUCASSIN, *sm.* Étoffes de coton dont on fait des doublures. | Boucassine, *sf.* Sorte de toile de lin.

BOUCAUT, *sm.* Futaille de bois blanc, destinée à contenir des marchandises sèches.

BOUCHARD, *sf.* Marteau qui sert à aplanir les pierres dégrossies. | Outil d'acier qui sert à faire dans le marbre un trou d'un diamètre uniforme dans toute sa longueur.

BOUCHET, *sm.* Sorte de breuvage, décoction de cannelle sucrée avec du miel.

BOUCHOT, *sm.* Grand parc ouvert du côté de la côte, dont on se sert pour la production artificielle des moules.

BOUCLE, *sf.* Vésicule pustuleuse qui se développe dans l'intérieur de la bouche de certains animaux.

BOUCLER, *vn.* (*Archit.*) Se dit d'un mur dont les parements s'écartent, faute de liaison suffisante.

BOUCON, *sm.* Morceau empoisonné, breuvage empoisonné.

BOUDDHISME, *sm.* Religion en vigueur en Asie, où elle a plus de 240 millions de partisans; ses principaux dogmes sont l'égalité absolue des castes religieuses et le salut éternel acquis par une vie extatique. | Bouddhiste, *s.* Sectateur du —. | Bouddhique, *adj.* Qui a rapport au —.

BOUDELAIRE, *sf.* V. *Badelaire.*

BOUDIN, *sm.* (*Archit.*) Gros cordon de la base d'une colonne. | V. *Tore.* | Ressort en hélice, de fer ou de laiton. | Boudiner, *va.* Enchâsser dans une moulure en —.

BOUDJOU, *sm.* Ancienne monnaie d'argent algérienne qui valait 85 centimes.

BOUDRÉE, *sf.* V. *Bondrée.*

BOUÉE, *sf.* (*Mar.*) Tout corps flottant destiné à marquer, à la surface de la mer, le lieu où a été jetée une ancre, à signaler un écueil, etc.; enfin, à aider à sauver les hommes tombés à la mer.

BOUFFE, *sm.* Chien métis à longs poils fins et frisés, qui est le produit du grand épagneul et du barbet.

BOUFFI, *adj. m.* Se dit du hareng fumé, légèrement braillé, que l'on consomme 12 ou 24 heures après qu'il a été pêché.

BOUGE, *sm.* La partie la plus bombée d'un tonneau. | La partie la plus renflée d'un moyeu.

BOUGRAINE, *sf.* V. *Bugrane*

BOUGRAN, *sm.* Toile très-grossière, le plus souvent de chanvre, quelquefois de coton, gommée, calandrée, dont les tailleurs se servent pour garnir intérieurement certaines parties des vêtements.

BOUILLE, *sf.* Longue perche dont les pêcheurs se servent pour troubler l'eau et forcer le poisson à entrer dans les filets. | BOUILLEUR, SE, *s.* Celui, celle qui bouille, qui emploie la —; on dit aussi *Rabouilleur, se.*

BOUILLE-A-BAISSE, *sf.* Soupe très-appréciée en Provence, et qui se fait avec plusieurs sortes de poissons bouillis ensemble.

BOUILLON BLANC, *sm.* V. *Molène.*

BOUILLOTTE, *sf.* Espèce de brelan à cinq ou à quatre joueurs, où l'on cède sa place quand on a perdu sa cave, c'est-à-dire tout ce qu'on a devant soi.

BOULAIE, BOULERAIE, *sf.* Terre plantée en bouleaux.

BOULE, *sm.* Nom que l'on donne à certains meubles revêtus d'écaille incrustée de cuivre.

BOULEAU, *sm.* Arbre de moyennes dimensions, dont une espèce, commune en France, est remarquable par son écorce extérieure blanche; son bois, utilisé dans le charronage, brûle très-rapidement.

BOULE-DOGUE, *sm.* Dogue de petite taille, à queue en cercle, à poil jaunâtre, le plus féroce de l'espèce *dogue.*

BOULERAIE, *sf.* V *Boulaie.*

BOULEREAU, *sm.* Poisson très-petit, au corps allongé, qu'on trouve très-communément sur les côtes de l'Océan.

BOULET, *sm.* Jointure ou articulation qui est au-dessus du paturon de la jambe d'un cheval. | Cheval *bouleté*, dont le — est hors de sa situation naturelle et porte en avant.

BOULIÈCHE, *sf.* Grande seine ou filet en usage sur les rivages de la Méditerranée.

BOULIMIE, *sf.* (*Méd.*) Maladie chronique, sorte de névrose occasionnant une faim excessive et extraordinaire, accompagnée de faiblesse et de dépérissement.

BOULIN, *sm.* (*Archit.*) Pièce de bois scellée dans un mur, qui sert à dresser un échafaudage. | Case d'un colombier où le pigeon fait son nid.

BOULINE, *sf.* (*Mar.*) Corde qui sert dans les navires à maintenir la voile qui reçoit le vent obliquement.

BOULINGRIN, *sm.* Pièce de gazon unie dans un jardin ou dans un parc.

BOULON, *sm.* Grosse cheville de fer terminée d'un côté par une tête; elle traverse deux pièces de bois qu'elle réunit au moyen d'un écrou se vissant et se serrant à son autre extrémité.

BOUQUET, *sm.* V. *Salicoque.*

BOUQUETIN, *sm.* Bouc sauvage que l'on rencontre sur les sommets et dans les vallées des Alpes et des Pyrénées.

BOUQUIN, *sm.* Vieux bouc. | Nom que l'on donne aux mâles du lièvre et du lapin. | Embouchure d'une pipe ou d'un instrument de musique, qui entre dans la bouche.

BOUR, *sm.* Toile de Perse.

BOURACAN, *sm.* Tissu de laine non croisée, dont le grain est produit par la chaine qui est quelquefois mêlée de soie, et qui dessine des côtes dans le sens de la longueur de l'étoffe; on en a fait des manteaux contre l'humidité et la pluie. | BOURACANER, *va.* Tisser une étoffe comme le —.

BOURBILLON, *sm.* Petit corps blanchâtre composé de tout le pus que fournissent les furoncles et qui s'amasse au centre.

BOURCET, *sm.* (*Mar.*) Nom d'un arrangement particulier des voiles qui consiste à les déployer seulement sur un tiers de la vergue.

BOURDAINE, ou BOURGÈNE, *sf.* Arbuste dont les baies, les racines et l'écorce sont purgatives; son bois, blanc et tendre, donne un charbon léger qui entre dans la composition de la poudre à canon.

BOURDALOU, *sm.* Tresse ou galon qu'on met autour de la forme d'un chapeau. | Au pl. des *bourdaloux.*

BOURDE, *sf.* Soude d'Alicante, moins belle que la barille, mélangée de sel marin et de charbon.

BOURDIGUES, *sfpl.* Sorte de labyrinthe construit en roseaux et composé de différents réservoirs dans lesquels le poisson s'introduit successivement, sans pouvoir revenir sur lui-même jusqu'au dernier, d'où on le retire avec des filets faits en forme de poche.

BOURDILLON, *sm.* Merrain pour faire les douves de tonneau.

BOURDIN, *sm.* BOURDINE, *sf.* Espèce de pêche ronde qui mûrit très-tard.

BOURDON, *sm.* (*Mus.*) Désigne les tuyaux ou les cordes qui donnent toujours le même son dans le grave. | Bâton des anciens pèlerins. | (*Zool.*) Espèce d'abeille velue qui fait beaucoup de bruit en volant. | (*Impr.*) Faute d'un compositeur qui a passé plusieurs mots ou plusieurs lignes de la copie.

BOURDONNET, *sm* (*Chir.*) Sorte de bourrelet, rouleau de charpie qui sert à tamponner une plaie.

BOURGÈNE, *sf.* V. *Bourdaine.*

BOURGMESTRE, *sm.* En Belgique, en Allemagne, en Hollande, en Suisse, etc., magistrat municipal, fonctions qui correspondent à celles de maire en France.

BOURGUIGNOTTE, *sf.* Espèce de casque à petite visière et sans gorgerin dont se servirent les premiers les Bourguignons. | Barrique renfermant 220 litres de vin.

BOURLE, *sf.* Tour, espièglerie, niche.

BOURRACHE, *sf.* Plante à tiges hérissées de poils raides, à fleurs bleues, roses ou blanches, dont l'espèce commune en France, à fleurs bleu d'azur, est utilisée pour ses propriétés sudorifiques et diurétiques.

BOURRE DE SOIE, *sf.* Déchet qui résulte du moulinage de la soie ; on l'emploie dans la bonneterie.

BOURRET, *sm.* Nom d'une race de bœufs du Cantal. | Jeune canard.

BOURRIER, *sm.* Mélange de paille et de blé battus.

BOURSE, *sf.* En Turquie, la — d'or est une monnaie de compte qui vaut 30,000 piastres ou 6,650 francs ; la — d'argent vaut 500 piastres ou 110 francs environ.

BOURSEAU, *sm.* (*Archit.*) Moulure ronde qui surmonte les toits d'ardoise.

BOUSAGE, *sm.* (*Méc.*) Opération qui consiste à fixer le mordant, dans les toiles de coton que l'on veut teindre, au moyen de la bouse de vache, qui renferme une matière albumineuse remplissant cet objet.

BOUSIER, *sm.* Coléoptère lamellicorne à palpes labiaux velus, que l'on ne trouve que dans les excréments.

BOUSILLAGE, *sm.* Mortier fait avec de la terre détrempée et de la paille hachée. | Ouvrage mal fait et peu solide. | BOUSILLER, *vn.* Construire en — ; *va.* Faire un ouvrage de diverses pièces.

BOUSILLEUR, *sm.* Mauvais ouvrier.

BOUSIN, *sm.* Dessus des pierres qui sortent de la carrière, sorte de croûte qu'on enlève en équarrissant les blocs.

BOUSSEAU, *sm.* (*Mar.*) Nom générique donné aux poulies.

BOUSSOLE, *sf.* Appareil composé d'un cadran, enfermé dans une boîte, au centre duquel est fixée une aiguille qui tourne librement sur son pivot ; comme la pointe de cette aiguille est aimantée, elle se dirige toujours vers un point du nord déterminé, et peut ainsi servir aux navigateurs pour les guider sur mer.

BOUSTROPHÉDON, *sm.* Écriture qui marche alternativement de droite à gauche et de gauche à droite sans discontinuer le sens ; elle est propre à plusieurs anciens peuples de l'Orient.

BOUTARGUE, *sm.* Aliment très-recherché des méridionaux, qui le mangent assaisonné à l'huile et au vinaigre ou au jus de citron ; ce sont les œufs d'un poisson de la Méditerranée appelé *muge*, que l'on sale en le comprimant fortement, de manière à en former une espèce de galette que l'on fait sécher au soleil.

BOUTÉ, E, *adj.* Se dit d'un cheval qui a le défaut d'avoir les jambes droites depuis le genou jusqu'à la couronne.

BOUTE-DEHORS, BOUT-DEHORS, BOUTEHORS, *sm.* (*Mar.*) Se dit des pièces de bois longues et rondes qu'on ajoute à chaque bout de vergue du grand mât et du mât de misaine, et qui servent à porter des bonnettes.

BOUTE-FEU, *sm.* Baguette garnie à son extrémité d'une mèche d'étoupe qui sert à mettre le feu à certaines pièces de canon.

BOUTE-HORS, *sm.* V. *Boute-dehors.*

BOUTEILLAU, *sm.* Olivier à grappes, à fruits assez charnus, assez peu productif.

BOUTEILLER, *sm.* V. *Boutillier.*

BOUTER, *vn.* Devenir épais, en parlant du vin.

BOUTEROLLE, *sf.* Garniture du bout d'un fourreau de sabre ou d'épée. | Outil de fer ou de cuivre terminé par une petite tête ronde et employé dans la gravure en pierres dures.

BOUTEROUE, *sf.* Bornes qui préservent les angles des bâtiments du choc des essieux de voitures. | Bande de fer qui garnit un trottoir dans le même but.

BOUTE-SELLE, *sm.* Signal donné avec la trompette pour avertir les cavaliers de seller leurs chevaux et de se tenir prêts à monter à cheval.

BOUTEUX, *sm.* V. *Truble.*

BOUTILLIER, *sm.* Officier qui a l'intendance du vin dans une maison royale ou princière.

BOUTIS, *sm.* Endroit où les bêtes fauves ont fouillé la terre.

BOUTISSE, *sf.* Pierre ou brique dont la plus grande longueur est dans le corps du mur et dont le bout seul est apparent.

BOUTOIR, *sm.* Instrument plat, tranchant, en acier, qui sert à rogner la corne d'un cheval qu'on ferre. | Museau du sanglier ou d'autres bêtes fauves.

BOUTS-RIMÉS, *smpl.* Rimes données d'avance pour terminer des vers sur un sujet à volonté, ou donné. | Pièce de vers faite sur ces rimes.

BOUTURE, *sf.* Branche garnie de boutons coupée sur une plante et replantée en terre.

BOUVET, *sm.* Rabot dont le fer est disposé de façon à faire une rainure ou une languette sur le côté des planches que l'on veut assembler.

BOUVIER, *sm.* (*Astr.*) Constellation de

l'hémisphère boréal placée au devant de la Grande-Ourse ou Chariot.

BOUVILLON, *sm.* Jeune bœuf de 6 à 9 mois, ayant des dents de lait.

BOUVREUIL, *sm.* Genre d'oiseaux granivores, cendré dessus, rouge dessous, à bec court et arrondi ; il se nourrit de graines très-dures.

BOXE, *sf.* Lutte à coups de poings. | Stalle, dans une écurie, pour un cheval. | BOXER, *vn.* Se battre à coups de poings. | BOXEUR, *sm.* Celui qui boxe.

BOYARD, *sm.* Grand seigneur russe.

BOZEL, *sm.* (*Archit.*) Moulure ronde.

BRACHIAL, E, *adj.* (*Anat.*) (pr. *ki-*). Qui appartient, qui a rapport au bras. | BRACHIO-CUBITAL, *adj.* et *sm.* Qui appartient au bras et cubitus. | BRACHIO-RADIAL, *adj.* et *sm.* Qui appartient au bras et au radius.

BRACHYCÉPHALE, *adj.* (pr. *ki-*). Se dit des races humaines qui ont le crâne déprimé et la tête étroite. | BRACHYCÉPHALIE, *sf.* Caractère des races —s.

BRACHYGRAPHIE, *sf.* (pr. *ki-*). Art d'écrire par abréviation, sténographie.

BRACHYLOGIE, *sf.* (pr. *ki-*). Discours abrégé, manière de s'exprimer par phrases brèves ou par sentences.

BRACHYPNÉE, *sf.* (pr. *ki-*). Respiration courte et pressée qui se remarque dans les fièvres inflammatoires.

BRACHYSTOCHRONE, *sf.* (pr. *kis-*). Courbe par laquelle un corps abandonné à l'action de la pesanteur descend le plus vite possible.

BRACONNIER, *sm.* Celui qui chasse en fraude. | BRACONNAGE, *sm.* Chasse faite par le —.

BRACTÉE, *sf.* (*Bot.*) Petite feuille qui enveloppe en partie le pédoncule de certaines fleurs.

BRADYPE, *sm.* Genre d'animaux édentés, à marche très-lente, auquel appartiennent le *paresseux*, l'*aï*, l'*uneau*, etc.

BRADYPEPSIE, *sf.* (*Méd.*) Digestion lente, faible, imparfaite.

BRAGUE, *sf.* (*Mar.*) Fort cordage servant à retenir un canon sur un navire, ou le gouvernail en place.

BRAHMANISME, *sm.* Religion qui règne dans l'Indoustan et dont le dogme principal consiste en un être suprême dominant une trinité qui ne forme elle-même qu'un seul dieu ; la métempsycose et l'immortalité de l'âme sont admises par ses sectateurs. | BRAHMANE, BRAHME, BRAHMINE, *sm.* Prêtre du —.

BRAI, *sm.* Résine commune, suc résineux et noirâtre qu'on tire du pin et du sapin. | —sec. V. *Arcanson.* | —liquide, le goudron. | —gras, brai mêlé de goudron et de suif, qu'on appelle aussi *barras* et *galipot.*

BRAIES, *sfpl.* Autrefois, culotte, haut-de-chausses.

BRAILLER, *va.* Placer le hareng fraîchement pris dans des barils ou dans la cale sans le vider et après l'avoir légèrement salé.

BRAMER, *vn.* Crier, en parlant du cerf. | BRAMEMENT, *sm.* Cri du cerf.

BRANCHER, *va.* Pendre, attacher à une branche d'arbre. | *vn.* Percher sur des branches, en parlant des oiseaux.

BRANCHE URSINE, *sf.* V. *Branc-Ursine.*

BRANCHIE, *sf.* | BRANCHIES, *sfpl.* (pr. *chi.*) (*Zool.*) Feuillets composés d'un grand nombre de lames recouvertes d'un tissu de vaisseaux sanguins, qui servent d'organes respiratoires aux poissons, aux crustacés, aux mollusques, etc. L'eau avalée passe par ces lames, se décompose au passage et abandonne au sang l'oxygène dont il a besoin.

BRANC-URSINE, *sf.* Acanthe molle, plante émolliente, dont on fait des cataplasmes, des lavements, etc. | —bâtarde. V. *Berce.*

BRANDA, *sm.* ou *Petit branda*, écorce d'une racine de la Guadeloupe, analogue au kaïnça et jouissant des mêmes propriétés.

BRANDADE, *sf.* Préparation de morue émincée et cuite avec de la crème, des blancs d'œuf et de l'huile.

BRANDE, *sf.* Bruyères, petits arbustes d'un aspect desséché qui croissent par masses dans les terres incultes. | Lieu couvert de —s.

BRANDEBOURG, *sm.* Ornements de broderie ou de galon qui entourent les boutonnières de certains habits.

BRANDEVIN, *sm.* Eau-de-vie faite avec du grain. | Ancien nom de l'eau-de-vie.

BRANDON, *sm.* Flambeau ou torche de paille tortillée.

BRANLE, *sm.* Danse très-vive qu'on exécutait en grand nombre et qui avait beaucoup de vogue au XVIe et au XVIIe siècle. | (*Mar.*) Autrefois, hamac.

BRANLE-BAS, *sm.* (*Mar.*) Manœuvre qui consiste à décrocher les hamacs ou *branles* dont on garnit les bastingages. | — de combat, ordre de tout préparer pour le combat.

BRAQUE, *adj.* Se dit d'une espèce de chiens de chasse à poil ras et à oreilles à demi-pendantes, légers et très-vifs.

BRAQUEMART, *sm.* Épée grosse et courte, à deux tranchants.

BRASER, *va.* Souder au moyen de cuivre et d'étain deux pièces de fer ou d'acier. | BRASEMENT, *sm.* Action de —.

BRASILLEMENT, *sm.* (pr. les *ll* mouillées). Effet de la mer qui *brasille*, qui produit une lueur phosphorescente, une traînée de lumière éblouissante et scintillante. Cet effet est attribué à des animaux microscopiques.

BRASQUE, *sf.* (*Chim.*) Mélange d'argile humide et de charbon pilé dont on enduit la surface des creusets dans lesquels on réduit des minerais. | BRASQUER, *va.* Enduire de —.

BRASSARD, *sm.* Partie des armures anciennes qui recouvrait le bras. | Tout ornement ou signe distinctif porté au bras.

BRASSE, *sf.* Mesure linéaire principalement en usage en Italie, où elle varie, selon les localités, de 530 à 640 et à 700 millimètres. | (*Mar.*) Mesure de longueur qui sert pour le sondage ; elle équivaut en France à 1 mètre 624 millimètres ; en Angleterre, en Belgique et en Russie, à 1 mètre 829 millimètres ; elle varie entre 1 mètre 500 et 1 mètre 900 pour les autres pays.

BRASSICOURT, *adj.* et *sm.* Cheval dont les jambes forment naturellement un arc.

BRASURE, *sf.* Espèce de soudure qui s'emploie pour réunir de la tôle ou de très-petites pièces de fer ; elle se compose avec du cuivre et de l'étain.

BRAVERIE, *sf.* Magnificence en habits, ajustement riche.

BRAVO, *sm.* (*Ital.*) Bandit italien. | Homme hardi, sans honneur, capable de tout. | Au *pl.*, des *bravi.*

BRAYER, *sm.* (pr. *bra-ié*). Bandage qui contient une hernie. | Poche de cuir que le porte-drapeau porte au moyen d'un baudrier pour recevoir la hampe du drapeau. | Cordage pour soulever les pierres. | BRAYEUR, *sm.* Maçon qui fait aller le —.

BRAYÈRE, *sf.* Genre d'arbres exotiques auquel appartient le *kousso.* V. ce mot.

BREACK, *sm.* (pr. *brèk*). Voiture de chasse ou de promenade à deux ou à quatre chevaux, que l'on couvre à volonté et à laquelle on ajoute quelquefois un siége par derrière.

BRÉANT, *sm*, V. *Bruant.*

BRÈCHE, *sf.* (*Minér.*) Se dit d'une espèce de roche qui paraît formée de fragments anguleux et comme déchirés de pierres de toutes sortes, liés entr'eux par un ciment de matière différente.

BRÉCHET, *sm.* Crête médiane et plus ou moins saillante que présente le sternum chez les oiseaux.

BRECK, *sm.* V. *Breack.*

BRÈDE, *sf.* Morelle cultivée aux Antilles et dont on mange les feuilles en guise d'épinards. | Chou de la Chine cultivé au cap de Bonne-Espérance.

BREDISSURE, *sf.* Adhérence des joues avec les gencives s'opposant à l'ouverture de la bouche.

BREF, *sm.* Lettre particulière adressée par le pape à un particulier ou à une Communauté. | Livret écrit en abréviations qui indique les rubriques du bréviaire pour chaque jour.

BREGMA, *sm.* Sommet de la tête.

BRÉHAIGNE, *adj. f.* Se dit des femelles d'animaux qui n'ont point de petits ou qui ne peuvent en avoir par suite d'accidents.

BRÉLAGE, *sm.* (*Archit.*) Assemblage fait de cordes, pour soutenir une partie de construction en charpente.

BRELAN, *sm.* V. *Bouillotte.* | Lieu où l'on joue gros jeu.

BRÈME, *sf.* Poisson d'eau douce de la famille des carpes, dépourvu d'épines et de barbillons ; sa chair est blanche et d'assez bon goût ; la grande — est plus estimée que la petite — dont la chair a un goût peu agréable. | — de mer. V. *Canthère.*

BRENÈCHE, *sf.* Poiré nouveau et encore doux.

BREQUIN, *sm.* Outil qui sert à percer ; mèche du vilbrequin.

BRÉSILLER, *va.* Briser par petits fragments.

BRÉSILLET, *sm.* Bois du Brésil, en morceaux rougeâtres, dont on se sert pour la teinture.

BRESSON, *sm.* Bœuf dont la robe est rousse et tire sur le noir, de couleur de froment.

BRESTE, *sf.* Chasse aux petits oiseaux au moyen d'appâts et de glu.

BRETAUDER, *va.* Couper les oreilles à un cheval.

BRETÈCHE, *sf.* Autrefois, forteresse détachée, rempart, palissade, créneau.

BRETELÉ, ou BRETTELÉ, E, *adj.* Se dit des outils dentés avec lesquels on travaille la pierre ; du marteau carré à dents qui sert à la pointiller, etc. | BRETTURES, BRETELURES, *sfpl.* Hachures faites par des outils —s.

BRETESSÉ, E, *adj.* (*Blas.*) Se dit des pièces, fasces, bandes, etc., qui sont garnies de *bretèches* ou *bretesses*, c.-à-d. de créneaux.

BRETTE, *sf.* Longue épée.

BREVET, *sm.* Se dit des actes dont le notaire ne garde pas minute et qu'il délivre en minute même, sans en donner d'expédition.

BRÉVEUX, *sm.* Crochet de fer employé pour tirer les homards et les crabes d'entre les rochers.

BRÉVIPENNES, *smpl.* (*Zool.*) Se dit d'une famille d'oiseaux tels que les autruches, etc., à ailes courtes qui ne leur permettent pas de voler ; ils courent très-rapidement.

BRÉZOLE, *sf.* Ragoût de viande et de volaille.

BRI, *sm.* V. *Bry.*

BRICK, *sm.* Bâtiment à deux mâts, qui ne jauge guère plus de 250 tonneaux.

BRICOLE, *sf.* Partie du harnais qui s'attache au portail. | Filet pour prendre les cerfs. | Courroies dont se servent les portefaix ou dont on se sert pour tirer une petite voiture.

BRIER, *va.* Pétrir la pâte, la battre longtemps avec une | Brie, *sf.* Barre de bois pour brier.

BRIG, *sm.* V. *Brick.*

BRIGANDINE, *sf.* Armure ancienne en forme de corset ou de cotte de mailles, dont les anneaux étaient doubles.

BRIGANTIN, *sm.* Petit bâtiment à un pont, à un ou deux mâts. | Brigantine, *sf.* Grande voile en pointe qui se place à l'arrière du —.

BRIGNOLE, *sf.* Sorte de prunes sèches qui se préparent à Digne (Basses-Alpes).

BRIGNON, *sm.* V. *Brugnon.*

BRIMÉ, E, *adj.* Se dit des fruits, et particulièrement du raisin, quand ils sont marqués de taches que l'on attribue à l'action solaire.

BRIN, *sm.* Fil de —, toile de —, se dit du fil et de la toile de chanvre épuré, exempt d'étoupes. | Demi- —; toile dont la chaîne est de brin et la trame de fil d'étoupe; on en fait des enveloppes de pièces de drap.

BRINDILLE, *sf.* Petite branche qui pousse à l'extrémité d'une autre.

BRINDISI, *sm.* Air, chanson à boire; chœur de buveurs.

BRINGE, ou Bringé, e, *adj.* Se dit des bêtes bovines dont la robe est truitée ou nuancée de marron et de noir.

BRIO, *sm.* Se dit de la musique, et par extension de toutes les œuvres d'art d'une composition hardie, entraînée, d'une exécution brillante et pleine d'éclat.

BRIOLETTE, *sf.* Diamant qui a la forme d'une petite poire surchargée de facettes sur tous les sens; elle est quelquefois percée d'un trou à la partie supérieure.

BRIONE, *sf.* V. *Bryone.*

BRIQUET, *sm.* Tout appareil servant à produire du feu, autre qu'une allumette. | Sabre court et droit à l'usage de l'infanterie.

BRIS, *sm.* Rupture violente d'un scellé ou d'une clôture.

BRISANTS, *smpl.* Bancs de roches, de coraux, de sable, etc., qui brisent les lames de la mer.

BRISÉES, *sfpl.* Branches que les chasseurs rompent aux arbres ou aux buissons pour indiquer la trace suivie par la bête.

BRISIS, *sm.* (*Archit.*) Angle que forme le comble brisé dit comble à la mansarde.

BRISKA, *sm.* Voiture de poste à quatre roues, à deux ou à quatre places, dont le devant et le derrière sont de forme rentrée.

BRISOU, *sm.* V. *Grisou.*

BRISTOL, *sm.* Papier blanc très-fort, approchant du carton, dont on fait des cartes de visite, des étiquettes, etc.

BRIZE, *sf.* Petite plante graminée dont les épis pourprés forment un groupe gracieux qui tremble au moindre vent; c'est un fourrage estimé.

BROC, *sm.* (pr. *bro*). Vase à anse et à bec évasé, sans pied, dont on se sert pour tirer du vin. | Ancienne mesure de capacité contenant de 7 à 8 litres.

BROCARD, *sm.* Raillerie piquante, mot satirique. | V. *Broquart.*

BROCART, *sm.* Étoffe ou drap d'or, d'argent ou de soie, relevée de fleurs, de feuillages ou d'autres ornements, tels que des arabesques en dorure, etc.

BROCATELLE, *sf.* Étoffe de coton ou de grosse soie faite à l'instar du brocart et employée pour tapisserie et ameublement; aujourd'hui on n'en fabrique guère qu'à Lyon, et la chaîne est soie et la trame fil ou coton. | — d'Espagne, marbre mêlé de petites nuances jaune, rouge, gris, qu'on tire d'une carrière d'Andalousie et qu'on emploie en architecture.

BROCHANT, *adj. m.* (*Blas.*) Se dit des bandes ou des figures que l'on fait passer d'un bout de l'écu à l'autre ou qui traversent sur d'autres pièces.

BROCHE, *sf.* (*Méc.*) Petite verge de fer qui s'adapte aux métiers et sur laquelle le fil, le coton, la laine se roulent à mesure qu'ils sont filés. | Billet, effet de commerce de peu de valeur, et ordinairement de sommes inférieures à 500 francs.

BROCHET, *sm.* Poisson d'eau douce très-vorace qui se nourrit de poissons, de grenouilles, etc., et fait un grand dégât dans les étangs; il s'engraisse très-rapidement et sa chair est estimée. | — de mer. V. *Bécune.*

BROCOLI, *sm.* Espèce de chou originaire d'Italie et dont les feuilles, semblables à celles du chou-fleur, sont blanches ou violettes et se mangent en salade, etc.

BRODEQUIN, *sm.* Sorte de torture qui consistait à enfermer les jambes du patient entre des ais ou petites planches de bois qu'on serrait progressivement jusqu'à lui broyer les os.

BROGUES, ou Broques, *sfpl.* Chaussure des montagnards écossais, formée de gros souliers attachés aux jambes par des courroies croisées.

BROME, *sm.* Plante graminée dont l'espèce commune se trouve dans la plupart des bonnes prairies; son fourrage est de bonne qualité. | Corps simple, gazeux, mais souvent à l'état liquide, rouge brun, de saveur caustique, à odeur fétide, qu'on retire des eaux de la mer; on l'emploie comme médicament et on s'en sert dans la photographie. | BROMURE, *sm*. Combinaison du — avec un corps simple.

BRONCHE, *sf*. Conduits fibro-cartilagineux qui servent à l'introduction et l'expulsion de l'air dans les poumons. | BRONCHIAL, E, BRONCHIQUE, *adj*. Qui a rapport aux —s. | BRONCHITE, *sf*. Inflammation des —s.

BRONCHORRHÉE, *sf*. (pr. *ko*-) Bronchite catarrhale ou bronchite chronique.

BRONCHOTOMIE, *sf*. Opération qui consiste à pratiquer une incision dans les bronches, pour faire pénétrer l'air dans les poumons, dans certaines maladies.

BROQUART, *sm*. Se dit de toutes les bêtes fauves âgées d'environ un an, et particulièrement du chevreuil.

BROQUETTE, *sf*. Petits clous à tête large.

BROSME, *sm*. Genre de gade, poissons que l'on trouve dans les mers du Nord, que l'on sèche et que l'on sale.

BROU, *sm*. Enveloppe verte du fruit du noyer; elle contient un suc avec lequel on prépare une sorte de teinture employée dans l'ébénisterie pour donner des tons foncés à certains bois clairs. | Maladie des voies digestives chez les bêtes à cornes qui ont mangé de jeunes pousses d'arbre.

BROUET, *sm*. Mets national des anciens Spartiates, célèbre par son goût détestable, et qui leur fut imposé par leur législateur Lycurgue.

BROUGHAM, *sm*. (pr. *gamm*). Voiture fermée à quatre roues, à un cheval et à deux places seulement, qu'on appelle aussi *coupé*.

BROUIR, *va*. Se dit du soleil qui brûle les blés, les fruits, les plantes, lorsqu'ils ont été attendris par une gelée blanche. | BROUISSURE, *sf*. Se dit de cette action et du résultat.

BROUSSIN, *sm*. Loupe, excroissance de forme sphérique qui se produit sur les troncs et les grosses branches de quelques arbres.

BROUSSONETIA, BROUSSONETIER, *sm*. Genre d'arbres voisin du mûrier, dont une espèce est employée en Chine à la fabrication du papier, et dont une autre, qui se trouve au Brésil, fournit un bois qui teint en jaune.

BROUTARD, *sm*. Espèce de cuir qui vient d'un veau déjà grand et qui avait commencé à brouter; ces cuirs sont de qualité médiocre.

BROUTILLE, *sf*. Actes de procédure d'avoué à avoué. | —s, *sfpl*. Menues branches qui restent dans les forêts après qu'on a enlevé les grosses.

BRUANT, *sm*. Oiseau granivore d'Europe dont presque tout le corps est jaune mêlé de brun; il habite les champs et rarement les bois.

BRUCELLES, *sfpl*. Sorte de petites pinces dont les branches font ressort et qui servent à tenir des pièces légères d'horlogerie, etc.

BRUCHE, *sm*. Insecte coléoptère dont la larve attaque les fèves, les pois et les lentilles et commet des dégâts considérables.

BRUCINE, *sf*. Alcaloïde qui s'extrait, ainsi que la *strychnine*, d'un arbre de l'Océanie appelé *strychnos*; elle est incolore et cristallisable; c'est un poison violent qu'on emploie quelquefois en médecine, mais à très-petites doses.

BRUGNON, *sm*. Petit fruit à noyau, sorte de pêche à peau lisse dont on fait des compotes.

BRUINE, *sf*. Petite pluie, pluie fine résultant de la condensation du brouillard.

BRÛLOT, *sm*. Bâtiment chargé d'artifices et de matières combustibles et destiné à incendier les bâtiments ennemis en se consumant lui-même. | BRULOTTIER, *sm*. Marin qui monte et qui dirige un —.

BRUMAIRE, *sm*. Second mois du calendrier républicain français; il commençait le 23 octobre et finissait le 21 novembre.

BRUMAL, E, *adj*. De l'hiver, qui parait en hiver.

BRUNIR, *va*. Polir, en parlant des métaux. | BRUNISSEUR, EUSE, *s*. Celui, celle qui brunit. | BRUNISSOIR, *sm*. Outil à manche, pour —.

BRUSC, *sm*. V. *Fragon*.

BRUSSOLES, *sfpl*. Sorte de farce ou de ragoût.

BRUTOLÉ, *sm*. (*Méd*.) Médicament dont la bière forme la base.

BRY, *sm*. Sorte de mousse qui s'étale sur la terre en gazon touffu et vert.

BRYOLOGIE, *sf*. Traité sur les mousses, étude des mousses. | BRYOLOGIQUE, *adj*. Qui a rapport aux mousses. | BRYOLOGISTE, *s*. Celui qui traite des mousses, qui écrit sur les mousses.

BRYONE, *sf*. Plante grimpante dioïque, fleurs jaunâtres, à baies sphériques et rougeâtres dont la racine est très-purgative. | BRYONINE, *sf*. Principe actif de la —, violent purgatif, et, à forte dose, poison.

BUBALE, *sm*. Espèce d'antilope d'Afrique dont les cornes sont à double courbure et ont la pointe en arrière. On l'appelle vulgairement *vache de Barbarie*.

BUBE, BUBELETTE, *sf*. Petites pustules, petits boutons rougeâtres qui viennent sur la peau et particulièrement sur le visage.

BUBON, *sm*. Tumeur inflammatoire, molle, qui a son siége dans l'aine ou dans les aisselles.

BUCARDE, *sf*. Coquillage bivalve, renflé, en forme de cœur, qui vit enfoncé dans le sable et dont le mollusque est muni pour respirer de deux tubes saillants; sa chair est peu estimée.

BUCCAL, E, *adj.* (*Anat.*) Qui a rapport à la bouche. | Bucco-labial, e, *adj.* Qui a rapport à la bouche et aux lèvres.

BUCCELLAIRE, *sm.* (*Ant.*) Petit gâteau qu'on mangeait d'une seule bouchée. | Fournisseur de pain des soldats romains. | Garde des empereurs. | Homme dévoué, client d'un grand.

BUCCELLATION, *sf.* Division en bouchées.

BUCCIN, *sm.* Espèce de trombone que l'on a adopté pour la musique militaire; il a le son plus sourd, plus sec que le trombone, duquel il ne diffère que par son pavillon taillé en gueule de serpent. | Coquillage dont l'ouverture est en cornet ou en spirale.

BUCCINATEUR, *sm.* et *adj.* (*Anat.*) Se dit du muscle qui joint les deux mâchoires. | *Fig.* Quelqu'un qui sonne de la trompette ou qui fait beaucoup de bruit pour appeler l'attention sur quelque chose. | Bucciner, *va. Fig.* Prôner, vanter.

BUCCULE, *sf.* Partie charnue qui est au-dessous du menton.

BUCÉPHALE (*nom du cheval d'Alexandre*). | *sm.* Cheval de parade ou de bataille.

BUCOLIQUE, *adj.* (*Litt.*) Se dit des poésies pastorales. | —s. *smpl.* Poésies champêtres où l'on fait parler les bergers. | Bucoliaste, *sm.* Auteur de pastorales, de bucoliques, etc.

BUCRANE, *sm.* (*Archit.*) Ornement en forme de tête de bœuf, que l'on place aux frises d'un édifice, etc.; il est le plus souvent accompagné de guirlandes de fleurs.

BUDYTE, *sf.* Bergeronnette.

BUFFALO, *sm.* (*Angl.*) V. *Bison.*

BUFFET, *sm.* (*Mus.*) Caisse de l'orgue, dans laquelle sont renfermés toutes les machines et les tuyaux; elle est généralement ornée de sculptures à l'extérieur.

BUFFLE, *sm.* Espèce de bœuf originaire de l'Inde, à front bombé, et dont les cornes sont marquées en avant par une arête longitudinale; ces cornes font l'objet d'un commerce important.

BUFFLETERIE, *sf.* Bandes de peau de buffle qui font partie de l'équipement d'un soldat et qui servent à porter la giberne, le sabre, etc. | Fabrique où on travaille la peau de buffle.

BUGALET, *sm.* Petit bâtiment ponté servant d'allége.

BUGLE, *sf.* Plante labiée, à fleurs bleues, à tige carrée, que l'on croit vulnéraire et astringente. | *sm.* Clairon à clés, propre à jouer des fanfares et à exécuter des sonneries d'ordonnance.

BUGLOSE, ou mieux Buglosse, *sf.* Plante borraginée, que l'on mange, en Italie, cuite comme les choux; elle a les mêmes propriétés que la bourrache.

BUGNES, *sfpl.* Espèce de crêpes roulées et frites dans l'huile.

BUGRANE, Bugrande, *sf.* Plante papilionacée à fleurs roses, à tiges traînantes, ligneuses et épineuses et à racines entrecroisées; on l'appelle quelquefois *arrête-bœuf;* elle est réputée diurétique.

BUIRE, *sf.* Vase dont on se servait autrefois pour mettre des liqueurs.

BUISSE, *sf.* Instrument de bois dont les tailleurs se servent pour soutenir les coutures sur lesquelles ils passent un fer chaud, afin de les rabattre.

BUISSON ARDENT, *sm.* V. *Pyracanthe.*

BULBE, *sm.* Oignon de plante, racine plus ou moins ronde. | Renflement globuleux dans certaines parties du corps. | Bulbille, *sm.* Petit bulbe qui pousse aux aisselles des feuilles de certaines plantes et qui reproduit la plante comme une véritable graine.

BULLE, *sf.* Lettre du pape expédiée en parchemin et scellée en plomb; manifeste écrit par le pape au sujet d'une affaire grave. | Bullaire, *sm.* Livre où l'on recueille les—.

BULTEAU, *sm.* Arbre taillé en boule.

BUNETTE, *sf.* Espèce de fauvette; moineau de haie.

BUNION, *sm.* Plante ombellifère, dont une espèce, commune dans les bois humides, porte un bulbe gros comme une châtaigne, et qui est d'un assez bon goût, quand il est cuit.

BUPHTHALME, *sm.* Plante à fleurs composées, dont plusieurs espèces, communes dans le midi de la France, ont des propriétés toniques et stimulantes.

BUPHTHALMIE, *sf.* Saillie considérable des yeux; augmentation du volume de l'œil.

BUPRESTE, *sm.* Genre d'insectes coléoptères (vulg. *Richard*), remarquable par ses belles couleurs; il marche lentement, mais vole très-bien; un grand nombre de ses espèces habitent les environs de Paris, mais les plus belles se trouvent entre les tropiques.

BURAIL, *sm.* Espèce de serge ou de ratine, tissu de laine fabriqué en Suisse.

BURAT, *sm.* Tissu de laine peignée et filée à la main, étoffe grossière dont l'Espagne fait une assez grande consommation.

BURE, *sf.* Étoffe de laine tirée à poils très-grossière; elle sert encore de vêtements aux paysans et aux pauvres dans certaines parties de la France, et est aussi portée par des religieux appartenant à certains ordres.

BURÈLE, *sf.* (*Blas.*) Fasces réduites à la moitié ou au quart, mais en nombre pair. | Burelé, e, *adj.* Se dit de l'écu qui porte des —s.

BURGAU, *sm.* Nom commun à plusieurs coquillages nacrés, et particulier à celui qui fournit la | *Burgaudine, sf.* Nacre fine employée dans la bijouterie et qui est originaire des Antilles.

BURGOS, *sm.* (pr. *goss*). Toile de coton à carreaux, de l'Inde, qui sert à fabriquer les mouchoirs.

BURGRAVE, *sm.* (*Féod.*) En Allemagne, seigneur d'une ville, d'un château-fort ou *burg.* | BURGRAVIAT, *sm.* Dignité du —.

BURIN, *sm.* Outil composé d'une petite barre quadrangulaire terminée en biseau et munie d'un manche très-court, que l'on emploie pour graver ou pour tourner les métaux. | BURINER, *va.* Graver au —.

BURON, *sm.* Cabane élevée sur les montagnes d'Auvergne, où habitent les pâtres et où se fait le fromage.

BURSAL, E, *adj.* Pécuniaire, qui a pour but l'argent; se disait des édits qui établissaient de nouveaux impôts.

BUSAIGLE, *sm.* Variété de buse qui se tient dans les bois près des rivières; il est plus petit que la buse.

BUSARD, *sm.* Variété de buse à queue longue et arrondie; il est plus agile que la buse; il habite les lieux humides.

BUSC, *sm.* (*Archit.*) Saillie formée au bas du radier d'une écluse pour recevoir les portes.

BUSE, *sf.* Genre d'oiseaux de proie plus petit que le milan, ayant le bec arrondi en dessus et la queue non fourchue. | Tuyau qui conduit l'eau d'une fontaine à un autre point. | V. *Tuyère.*

BUSSE, *sf.* Ancienne mesure de capacité pour les vins et les eaux-de-vie dans l'ouest de la France, contenant 230 à 250 litres.

BUSSEROLLE, *sf.* V. *Arbousier.*

BUTOME, *sm.* Plante aquatique (vulg. *jonc fleuri*), commune aux environs de Paris.

BUTOR, *sm.* V. *Bihoreau.*

BUTURE ou BUTTURE, *sf.* Tumeur qui vien à la jointure des pieds des chiens de chasse. | BUTÉ, E, *adj.* Se dit du chien qui a une —.

BUTYRACÉ, *adj.* Qui a la consistance du beurre.

BUTYREUX, SE, *adj.* De la nature du beurre.

BUTYRINE, *sf.* Principe gras, particulier, contenu en petite quantité dans le beurre.

BUTYRIQUE, *adj.* Acide —, acide huileux, incolore, fétide et corrosif, qui résulte du rancissement du beurre et de quelques autres décompositions organiques.

BYSSUS, ou BYSSE, *sm.* Filament que sécrète la pinne marine, et au moyen desquels elle s'attache aux rochers maritimes. | Etoffe soyeuse et brillante tissée de ces filaments.

BYZANTIN, E, *adj.* (*Archit.*) Se dit d'un genre d'architecture dans lequel l'arc est substitué à l'architrave, plus élevé que celui du plein cintre roman, et porté sur des colonnettes, tandis que le centre de l'édifice est occupé par un dôme; c'est en quelque sorte la transition du grec au roman.

C

CAB, *sm.* Cabriolet anglais à deux roues et à deux places; le cocher est assis sur un siége élevé derrière la capote, d'où il conduit à grandes guides par-dessus la tête du maître.

CABACHE, *sf.* Touffe des feuilles supérieures d'un pied de tabac.

CABAL, *sm.* Fonds de marchandises mises en commun et destinées à être vendues. | Vente à profit de moitié, du tiers ou du quart. | On dit aussi *Caban.*

CABALE, *sf.* (*Sc. occ.*) Ancienne science mystique des docteurs juifs. | Science occulte qui consistait à pratiquer des relations prétendues divinatoires avec les êtres surnaturels. | CABALISTE, *sm.* Initié, adepte de la —. | CABALISTIQUE, *adj.* Qui appartient à la —.

CABALETTE, *sf.* (*Mus.*) Phrase musicale d'un mouvement accéléré par laquelle on termine presque tous les airs des opéras italiens et qui se répète deux fois.

CABALLIN, *adj. m.* Se dit de l'aloès de qualité inférieure qu'on emploie dans l'art vétérinaire.

CABAN, *sm.* Vêtement consistant en une espèce de forte capote à capuchon ne dépassant pas le genou. | V. *Cabal.*

CABASSET, *sm.* Espèce de morion, casque sans crête, sans gorgerin, sans visière.

CABESSE, *sf.* Soie portugaise de première qualité. | Laine d'Espagne d'une très-grande finesse.

CABESTAN, *sm.* Treuil dont l'axe est vertical et que l'on fait tourner au moyen de leviers; il est muni d'une corde qui s'enroule autour du cabestan par une de ses extrémités, en attirant par l'autre le fardeau qu'on veut déplacer. | Treuil placé sur le pont du bâtiment et qu'on emploie aux manœuvres pénibles.

CABIAI, *sm.* Grand animal de l'ordre des

rongeurs, qui habite par troupes les bords des grandes rivières de l'Amérique du Sud, dans lesquelles il plonge pour chercher sa nourriture.

CABILLAUD, *sm.* Morue, appelée aussi *morue verte*, qu'on pêche sur les bords de l'Océan et qu'on *mange fraîche.*

CABIOU, *sm.* Condiment employé à la Guyane pour assaisonner les ragoûts et le rôti ; on le fait avec le suc épaissi du manioc additionné de *moussache, de sel et de piment.*

CÂBLE, *sm.* Gros cordage composé de trois aussières à trois torons chacune; on s'en sert beaucoup dans la marine. | CABLEAU ou CABLOT, *sm.* Petit —.

CABOCHON, *sm.* Petite pierre précieuse, polie, mais non taillée. | Forme des pierres montées en portion de sphère et sans facettes.

CABOSSE, *sm.* Fruit du cacaoyer; il a la forme d'un gros concombre et renferme des graines en forme d'amandes, qui sont le *cacao.*

CABOTAGE, *sm.* (*Mar.*) Navigation commerciale qui se fait le long des côtes et sans les perdre longtemps de vue. | Grand —, celui qui se fait d'un port de France à un port d'Espagne ou d'Italie. | Petit —, celui qui se fait d'un port à l'autre de France. | CABOTEUR, *sm.* Navire qui fait le —.

CABRE, *sf.* (*Mar.*) Chèvre grossière formée de trois perches unies par des cordes et soutenant une poulie. | *sm.* Le fils d'un nègre et d'une mulâtresse, et réciproquement.

CABRETILLE, *sf.* V. *Canepin.*

CABRI, *sm.* Chevreau, petit d'une chèvre. | CABRON, *sm.* Peau de —.

CABUS, *adj. m.* (pr. *bu*). Chou —, chou à grosse tête, chou pommé.

CACAOYER, *sm.* Arbre originaire du Mexique et de l'Amérique du Sud, qui ressemble un peu au cerisier et qui porte un fruit appelé *cabosse* (V. ce mot), dont les *graines ou amandes, nommées cacao, sont* torréfiées, broyées, aromatisées et mêlées au sucre pour former le *chocolat.*

CACATOÈS, *sm.* Genre de perroquets de *l'Océanie, remarquable par la belle couleur* blanche ou rosée de son plumage, et le bec, grand et crochu, de la plupart de ses espèces; il s'apprivoise facilement, mais parle peu. | V. *Cacatois.*

CACATOIS, *sm.* (*Mar.*) Nom des plus petits mâts qu'on grée sur les grands bâtiments au-dessus des mâts de perroquet, ainsi que des petites voiles qu'ils supportent. | On écrit aussi *cacatoé, cacatoès* et *catacois.*

CACHALOT, *sm.* Cétacé moins grand que la baleine, mais beaucoup plus vorace; il vit *en troupes très-nombreuses aux environs* de l'Équateur; sa tête fournit le blanc de baleine et ses intestins l'ambre gris.

CACHE, *sf.* V. *Cash.*

CACHEXIE, *sf.* Ensemble de phénomènes morbides consistant en amaigrissement, appauvrissement du sang, etc., causé par un état asthénique ou un vice dans les fonctions nutritives. | — aqueuse ou pourriture, maladie particulière aux moutons. | CACHECTIQUE, *adj.* Celui qui souffre de la —.

CACHIBOU, *sm.* V. *Chibou.*

CACHIMAN, ou CACHIMENT, *sm.* Arbrisseau des pays chauds produisant un fruit succulent et charnu, en forme de poire, qu'on mange en Espagne et au Pérou.

CACHIRI, *sm.* Liqueur spiritueuse et enivrante que l'on retire, au Brésil, de la racine tuberculeuse du manioc.

CACHOLONG, *sm.* V. *Calcédoine.*

CACHONDÉ, *sm.* V. *Cachundé.*

CACHOU, *sm.* Substance extraite de divers arbres et particul. d'un acacia de Bombay ou *du Bengale; elle est en morceaux irréguliers* ou cubiques, brun rougeâtre, a une saveur astringente, suivie d'un arrière-goût sucré; elle renferme beaucoup de tannin ; on l'emploie comme astringent, tonique et stomachique; on l'administre en pilules et on en fait des pastilles pour aromatiser l'haleine, à l'usage des fumeurs ; mais elle est particulièrement employée dans la teinture et la tannerie.

CACHUNDÉ, *sm.* Mélange de cachou et de substances aromatiques. | Masticatoire employé aux Indes et qui renferme du succin, du musc, de l'aloès, du cachou, etc.

CACIQUE, *sm.* Ancien prince du Pérou et du Mexique avant la découverte de l'Amérique. | Chef des tribus sauvages indiennes, les plus sages et les plus vénérés de tous. | V. *Cassique.*

CACOCHYMIE, *sf.* État morbide résultant d'une dégénérescence des humeurs. | *Fig.* Bizarrerie d'esprit, inégalité d'humeur. | CACOCHYME, *s.* Qui est atteint de —.

CACOËTHE, *adj.* Qui présente un caractère *mauvais, malin,* en parlant des plaies.

CACOGRAPHIE, *sf.* Orthographe vicieuse. | Recueil de phrases où les règles de l'orthographe ont été violées à dessein et *que le maître fait corriger par ses élèves.* | CACOGRAPHE, *s.* et *adj.* Celui qui orthographie irrégulièrement.

CACOLET, *sm.* Panier à dossier, double, que *l'on place sur un bât des deux côtés* du dos d'un mulet ou d'un âne vigoureux, et dans lequel s'asseoient deux personnes pour voyager dans les pays montagneux.

CACOLOGIE, *sf. Manière de parler contraire* à la grammaire. | Recueil de locutions vicieuses.

CACOPHONIE, *sf.* Mélange de sons discordants. | Bruit confus produit par plusieurs voix s'élevant à la fois, sans entente.

CACTIER, *sm.* Arbre exotique à feuilles grasses, très-variable de forme, dont l'espèce principale est le *nopal.* (V. ce mot). | On dit aussi *Cactus.*

CADASTRE, *sm.* Ensemble des opérations par lesquelles on recherche la contenance des biens fonds d'un pays et les revenus qu'ils produisent, dans le but d'établir l'impôt foncier et de le répartir convenablement. | CADASTRER, *va.* Faire le —.

CADE, *sm.* Genévrier sauvage. | Huile de —, huile fétide extraite du bois frais de cet arbre; on s'en sert contre les ulcères des chevaux et la gale des moutons; on donne aussi le nom d'huile de — à l'huile de poix qui surnage sur le goudron après sa fabrication et qui est employée aux mêmes usages.

CADELER, *va.* Faire de grands traits de plume, à main levée, nommés *Cadeaux*. | CADELURE, *sf.* Écriture en grosses lettres.

CADELLE, *sf.* Larve d'un petit insecte commun dans le midi de la France; elle cause beaucoup de dégâts dans les greniers.

CADENCE, *sf.* (*Mus.*) Terminaison ou repos d'une phrase musicale.

CADENETTE, *sf.* Espèce de coiffure militaire adoptée vers le milieu du siècle dernier, consistant en une tresse partant du milieu de la tête et se retroussant sous le chapeau.

CADETTE, *sf.* Pierre de taille propre au pavage. | CADETTER, *va.* Paver avec des —s.

CADI, *sm.* Juge chez les Turcs et chez les Arabes.

CADINE, *sf.* En Orient, la favorite préférée du sultan.

CADIS, *sm.* (pr. *di*). Étoffe de laine à grains, apprêtée comme le drap, mais beaucoup plus grossière, dont on fait un grand usage sur les deux versants des Pyrénées; elle a ordinairement 60 c. de largeur.

CADMIE, *sf.* Oxyde de zinc impur, gris cendré, jaunâtre ou bleuâtre, qui se dépose sous forme d'incrustations dans les cheminées des fourneaux où s'opère le traitement métallurgique des minerais de plomb renfermant du zinc; on l'emploie en médecine pour le traitement de certaines maladies des yeux.

CADMIUM, *sm.* Métal très-blanc ou blanc gris, d'un aspect brillant, analogue à celui de l'étain et d'une cassure fibreuse; il s'extrait du minerai de zinc et s'emploie comme matière première dans la composition des couleurs, et, en médecine, comme astringent; on en fait des collyres pour les yeux. | Nom impropre d'un sulfure de —, qui est une très-belle couleur jaune employée dans les arts.

CADOCHE, *sm.* Grade de la franc-maçonnerie, supérieur aux rose-croix.

CADOGAN, *sm.* V. *Catogan.*

CADOLE, *sf.* Loquet d'une porte, espèce de pène à levier qui s'ouvre et se ferme au moyen d'un bouton.

CADRAN, *sm.* | CADRANURE, *sf.* Maladie des arbres qui se fendent, du centre à la circonférence, sous l'influence de la gelée ou de la sécheresse. | CADRANÉ, E, *adj.* Se dit des arbres atteints de —.

CADRAT, *sm.* (*Impr.*) Petit parallélipipède de fonte plus bas que les caractères et qui les maintient sans marquer sur le papier. | | CADRATIN, *sm.* Petit —.

CADRATURE, *sf.* Assemblage de pièces qui font marcher les aiguilles dans un mouvement d'horlogerie. | Mécanisme qui compose la répétition.

CADUC, QUE, *adj.* (*Hist. nat.*) Se dit des parties qui ne persistent pas pendant toute la vie d'un être ou pendant la durée d'un de ses organes. | (*Jurisp.*) Se dit des dispositions qui deviennent sans effet.

CADUCÉE, *sm.* Attribut de Mercure, dieu du commerce, formé d'une branche d'olivier terminée par deux ailes, et autour de laquelle se jouent en paix deux serpents entrelacés. | Symbole du commerce.

CÆCUM, *sm.* V. *Cécum.*

CAFA, *sm.* V. *Coufle.*

CAFÉIER, CAFÉYER, ou CAFIER, *sm.* Arbrisseau toujours vert, de forme pyramidale, d'une grande hauteur, à feuilles luisantes, à fleurs blanches, odorantes, produisant une baie qui renferme deux graines connues sous le nom de *Café.*

CAFÉINE, *sf.* Principe immédiat, tonique et astringent, du café et de quelques autres végétaux exotiques.

CAFÉRAIN, *sm.* Sorte d'engrais composé de cendres et de boues, en usage dans le nord de la France.

CAFETAN, ou CAFTAN, *sm.* Espèce de robe très-riche que les souverains turcs donnent aux personnes qu'ils veulent honorer.

CAFU, *sm.* Fragments de parchemin troués qu'on vend comme rebut.

CAGOULE, *sf.* Espèce d'habit religieux couvrant à la fois le corps et la tête.

CAGUE, *sf.* Sorte de petit bâtiment hollandais qui sert principalement à naviguer sur les canaux.

CAÏC, *sm.* Espèce d'esquif, barque terminée par deux pointes, en usage dans le Levant et la mer Noire. | V. *Caïque.*

CAICHE, *sf.* V. *Quaiche.*

CAÏD, *sm.* Chez les musulmans de l'Afrique du Nord, le magistrat chargé de la justice et de la police dans les tribunaux et dans les villes; chef de la tribu, de la réunion de plusieurs douars.

CAÏDJI, *sm.* Batelier de caïque.

CAÏEU, *sm.* Petit bulbe qui pousse sur un bulbe principal, qui peut s'en détacher et produire une plante.

CAÏLCÉDRA, *sm.* Arbre du Sénégal qu'on appelle, à tort, acajou d'Afrique; il ressemble à l'acajou ordinaire et on l'emploie aux mêmes usages; mais il est plus dur et difficile à travailler; son écorce est fébrifuge.

CAILLASSE, *sf.* Partie du sous-sol qui est formée par l'agglomération d'anciens cailloux roulés, de gros sable, etc.

CAILLE, *sf.* Oiseau gallinacé commun en Europe, d'où il s'éloigne en hiver; il appartient au genre perdrix et se reconnaît à son dos brun, ondé de noir, à sa gorge brune et à son cri particulier.

CAILLEBOTTE, *sf.* Masse de lait caillé. | Vase pour le lait caillé. | CAILLEBOTTER, *vn.* Mettre en —s.

CAILLEBOTTIN, *sm.* (*Mar.*) Treillis de lattes légères qui recouvre les écoutilles et sert à donner du jour et de l'air aux entreponts.

CAILLE-LAIT, ou GAILLET, *sm.* Plante très-commune, à nombreuses fleurs jaunes, très-petites, en grappes; on lui attribue, à tort, la propriété de cailler le lait; elle est astringente et antispasmodique; on s'en sert pour colorer le beurre et le fromage en jaune.

CAILLET, *sm.* Olivier à gros fruits rougeâtres donnant une bonne huile.

CAILLETTE, *sf.* Quatrième estomac des animaux ruminants, qui renferme la présure, chez les jeunes animaux. | Femme qui, comme la caille, babille continuellement. | CAILLETER, *vn.* Faire la —, bavarder. | CAILLETAGE, *sm.* Bavardage de —s.

CAILLEU-TASSART, *sm.* Petit poisson des Antilles, qui ressemble à la sardine et qui est recherché pour son goût délicat.

CAÏMACAN, *sm.* Lieutenant du grand visir dans les provinces turques, gouverneur d'un district appelé CAÏMACANIE, *sf.*

CAÏMAN, *sm.* Genre de sauriens à museau large et obtus, à pieds à demi-palmés; ils s'engourdissent en hiver; ils habitent l'Afrique centrale et plusieurs contrées de l'Amérique.

CAÏMÉ, *sm.* Billet émis par le gouvernement turc et servant de papier monnaie.

CAÏNÇA, *sm.* Racine diurétique d'un arbuste exotique, employée dans l'hydropisie.

CAÏQUE, *sf.* Chaloupe de grande dimension, portant le plus souvent un canon sur l'avant. | Petit canot à fond plat, dont on se sert dans l'Archipel pour naviguer rapidement dans les deux sens.

CAIRE, *sm.* Filaments de l'écorce du fruit du cacaotier qui servent à fabriquer des cordages et des étoffes grossières.

CAIRN, *sm.* Monticule de terre que les Celtes élevaient sur les tombeaux de leurs chefs; on en voit encore en Bretagne.

CAISSON, *sm.* (*Milit.*) Chariot fermé par un couvercle à charnière, qui sert à transporter les munitions de guerre, les boulets, la poudre, le fourrage, les vivres, etc. | (*Archit.*) Parties plus enfoncées d'un plafond formant des compartiments séparés.

CAJEPUT, *sm.* Huile volatile vert pâle, très-fluide, limpide, aromatique, produite par la distillation des feuilles et des rameaux d'un arbuste des Moluques: on l'emploie en médecine comme stimulant et sudorifique.

CAKE, *sm.* (pr. *kèk*). Gâteau anglais composé de pâte, de beurre, de lait et de sucre, avec des raisins de Corinthe.

CAKILE, *sm.* Plante crucifère charnue dont une espèce, commune dans les sables du nord de la France, était autrefois brûlée pour la soude que renferment ses cendres.

CAL, CALUS, *sm.* (pr. *lu*). Durillon, tumeur osseuse qui se forme par la cicatrisation des os fracturés.

CALABON, *sm.* Espèce de buffle du centre de l'Afrique, dont la peau fait l'objet d'un certain commerce.

CALACHON, *sm.* Sorte de guitare autrefois très-usitée en Italie; elle a un mètre et demi de longueur et un long manche portant deux ou trois cordes seulement qu'on pince avec un morceau de bois.

CALADION, *sm.* Genre de plantes de la famille des aroïdées, dont on cultive une espèce originaire du Brésil pour la singularité de ses feuilles sagittées, rouges, panachées de blanc et de violet.

CALAGÉRI, *sm.* Graine conique d'un arbre des pays chauds, employée contre les vers.

CALAGUALA, *sm.* (pr. *goua-*) Racine astringente d'une fougère du Pérou; elle est jaune brun à l'extérieur et rougeâtre à l'intérieur.

CALAIS, *sm.* Petit mannequin creux formé de lames de bois parallèles, qui est l'unité de mesure pour les légumes à la halle de Paris; il représente, pour les tomates, de 1 à 5 kilogr.; pour les radis roses, 3 bottes; pour la chicorée sauvage, 12 têtes.

CALAMANDE, *sf.* V. *Calmande.*

CALAMBAC, *sm.* Bois de l'arbre appelé aloès, du Mexique; il a une couleur verte et une odeur agréable, et on en fait de petits meubles; on a dit aussi *Calambouc* et *Calambour.*

CALAME, *sm.* Le roseau dont les anciens se servaient pour écrire.

CALAMENT, *sm.* V. *Mélisse.*

CALAMINE, *sf.* Minerai formé de carbonate de zinc ou d'oxyde de zinc carbonaté, très-répandu en Europe, et duquel s'extrait le zinc dans la plupart des usines; on l'emploie en médecine comme astringent.

CALAMISTRER, *va.* Friser les cheveux, les rouler en boucles.

CALAMITE, *adj.* Styrax —. V. *Storax.*

CALAMUS AROMATICUS, *sm.* Racine desséchée d'une espèce de roseau commune dans le nord de la France, qui était fréquemment employée autrefois comme stimulant: les parfumeurs et les distillateurs en font aussi usage; on l'emploie à aromatiser l'eau-de-vie de Dantzig.

CALANCARDS, *smpl.* (*Comm.*) Toiles peintes très-belles, fabriquées aux Indes et dans quelques villes d'Europe.

CALANDRE, *sf.* Petit insecte coléoptère à trompe, appelé aussi charançon, occasionnant de grands dommages dans les greniers à céréales. | Machine composée de plusieurs cylindres entre lesquels on passe les étoffes que l'on veut lustrer ou gaufrer. | CALANDRER, *va.* Employer la —. | CALANDREUR, *sm.* Ouvrier qui calandre.

CALANDRELLE, *sf.* Petite alouette à doigts très-courts et à bec court et rougeâtre.

CALANDROTTE, *sf.* V. *Mauvis.*

CALANGUE, *sf.* Petite baie à l'embouchure de quelques rivières où se retirent les petites barques et les caboteurs.

CALAO, *sm.* Oiseau de l'ordre des passereaux, qui habite l'Océanie, l'Inde et l'Afrique, remarquable par un bec très-gros surmonté par une protubérance cornée qui s'accroît avec l'âge.

CALAPÉ, *sm.* Ragoût américain qui a pour base la tortue. | Rôtie assaisonnée d'huile et d'anchois.

CALAPPE, *sm.* Crustacé assez voisin du crabe qu'on mange sur les bords de la Méditerranée et qui s'appelle vulg. *Coq de mer.*

CALATHIDE. *sf.* (*Bot.*) Capitule ou assemblage de petites fleurs portées sur un réceptacle commun, comme dans la pâquerette, le souci, etc.

CALCAIRE, *sm.* et *adj.* (*Géol.*) Se dit des terres, des pierres qui ont pour base la chaux ou qui la renferment à l'état de combinaison et particulièrement des carbonates et des sulfates de chaux.

CALCANÉUM, *sm.* (*Anat.*) Os court, situé à la partie postérieure et inférieure du pied, où il constitue le talon, et faisant partie du *tarse*. V. ce mot. | CALCANÉEN, NE, *adj.* Qui appartient au —.

CALCARIFÈRE, *adj.* (*Géol.*) Chargé de matières calcaires.

CALCÉDOINE, *sf.* Nom de l'agate fine quand elle est transparente, corneuse, luisante et de couleur blanc-bleuâtre; on l'emploie aux mosaïques de meubles, etc. | —rouge. V. *Cornaline.*

CALCÉOLAIRE, *sf.* Plante d'ornement, indigène du Chili et du Pérou, dont la corolle irrégulière ressemble à un petit soulier arrondi.

CALCIN, *sm.* Morceaux, débris de verre trop cuit, calciné. | Couche supérieure que dépose sur le parement d'une pierre de taille l'humidité ou l'air, ou qui est formée par un enduit préservatif.

CALCINE, *sf.* Oxyde métallique obtenu par la calcination d'un mélange d'étain et de plomb, et qui entre dans la composition appelée *fritte*, et employée dans les arts céramiques. V. *Fritte.*

CALCITRAPPE, *sf.* Espèce de centaurée, plante assez semblable au chardon, dont l'infusion est sudorifique et fébrifuge.

CALCIUM, *sm.* Métal solide et blanc qui, combiné à l'oxygène, forme la chaux répandue dans la nature.

CALCUL, *sm.* (*Méd.*) Concrétion de consistance pierreuse composée de principes minéraux unis à des substances organiques que l'on rencontre dans quelques parties du corps des animaux.

CALE, *sf.* (*Mar.*) Partie la plus basse de l'intérieur d'un vaisseau, divisée en plusieurs compartiments. | Peine que l'on inflige encore en quelques pays aux matelots et qui consiste à les hisser jusqu'au sommet de la grande vergue et à les laisser retomber brusquement dans la mer, ou sur le pont.

CALEBASSE, *sf.* Fruit d'un arbre d'Amérique appelé *Calebassier*; c'est une grosse gourde qui ressemble à notre calebasse ou courge et qui renferme une chair pulpeuse dont les Indiens se servent contre la diarrhée et l'hydropisie, et dont on fait un sirop préconisé contre les affections de poitrine; les Indiens font de son enveloppe des bouteilles, *des plats, des vases, etc.*

CALÈCHE, *sf.* Voiture de campagne et de promenade à quatre ou six places, se recouvrant à volonté au moyen de vitres et d'une bâche, et pouvant rester entièrement découverte.

CALÉDONIEN, NE, *adj.* et *s.* Se dit d'une forme du dialecte gaélique qui est parlée particul. par les montagnards écossais.

CALÉFACTION, *sf.* Action de chauffer par le feu. | Chaleur causée par le feu.

CALÉIDOSCOPE, *sm.* V. *Kaléidoscope.*

CALEMARD, *sm.* Autrefois encrier, étui où l'on serrait à la fois la bouteille à l'encre et les plumes à écrire.

CALENDAIRE, *sm.* Registre d'église où s'inscrivaient les noms des fondateurs d'une œuvre, des abbés et des religieux.

CALENDER, *sm.* Espèce de moines turcs, vagabonds et mendiants.

CALENDES, *sf.* Chez les Romains, le premier jour du mois. | Les Grecs ne connaissaient point les *calendes*; c'est pour cela qu'on dit : *Renvoyer une chose aux calendes grecques*, pour la renvoyer à un temps qui ne viendra pas.

CALENTURE, *sf.* (*Méd.*) Espèce de méningite, accompagnée de délire furieux qui atteint quelquefois les voyageurs dans une région chaude, dans le voisinage de l'Équateur; cette affection est caractérisée particulièrement par le désir irrésistible de se jeter à la mer. | Bois de —. V. *Quinquina.*

CALFAT, *sm.* Ouvrier d'un vaisseau chargé de réparer les parties de la coque par où l'eau pourrait s'introduire. | CALFATER, *va.* Procéder aux opérations de l'art du —. | CALFATAGE, *sm.* Action de calfater, état de réparation d'un vaisseau.

CALIATOUR, *sm.* Bois de teinture qui vient de l'Inde; il produit une couleur rouge marron et on s'en sert pour teindre la laine; on l'emploie aussi à l'ébénisterie.

CALIBAN, *sm.* Mauvais génie, type emprunté par Shakespeare aux légendes écossaises; c'est une allégorie de la force brutale en rébellion contre l'intelligence qui l'asservit. | *Fig.* Homme difforme et méchant.

CALIBRE, *sm.* (*Méc.*) Instrument servant à indiquer le diamètre d'un canon, d'un tuyau, etc. | Modèle en fer pour faire des objets en bois. | Moule creux qui sert à former le profil des ouvrages de terre, de plâtre, etc.

CALICE, *sm.* (*Bot.*) Enveloppe de la fleur, renfermant la corolle et les organes reproducteurs.

CALICIFLORES, *sfpl.* (*Bot.*) Classe de plantes dont les pétales et les étamines sont insérés sur le calice qui renferme l'ovaire, libre ou adhérent.

CALICULE, *sm.* (*Bot.*) Petites bractées disposées en verticille à la base du calice ou de l'involucre. | CALICULÉ, E, *adj.* Muni d'un —.

CALIFE, *sm.* Vicaire de Mahomet, nom qu'on a donné longtemps au chef politique et religieux de l'islamisme. | CALIFAT, *sm.* Dignité de —; province ou district dans la Turquie d'Asie.

CALIGE, *sf.* Bottine que portaient les soldats romains. | *sm.* Petit crustacé parasite à suçoir, qui vit sur la peau du merlan, du saumon, etc.

CALIN, *sm.* Étain de l'Inde, ou alliage d'étain et de plomb, qui sert à faire les boîtes dans lesquelles on met le thé de la Chine.

CALINAGE, *sm.* Se dit des petits ouvrages de bois blanc faits par les emballeurs, et particul. des boîtes légères dont les charnières sont faites de deux bouts de fil de fer tordus l'un sur l'autre.

CALIORNE, *sf.* (*Mar.*) Gros et fort palan qui sert à embarquer ou à débarquer sur les navires les fardeaux les plus lourds. | Cordage très-fort qui est employé dans ce palan.

CALISAYA, *sm.* V. *Quinquina.*

CALISSOIRE, *sf.* V. *Catissoire.*

CALISSON, *sm.* Biscuit de forme ovale, fabriqué à Aix, et dans lequel les amandes se trouvent mêlées à une gelée de fruits et forment une pâte à peu près homogène.

CALLA, ou CALLE, *sf.* Genre de plantes de la famille des aroïdées à fleurs jaunes et blanches, qui habite les marais.

CALLE, *sf.* V. *Cale.*

CALLEMANDE, *sf.* V. *Calmande.*

CALLEUX, SE, *adj.* Qui a des callosités, c.-à-d. des indurations sur la peau, particul. en parlant des mains et des pieds. | Corps —. V. *Mésolobe.*

CALLIGRAPHIE, *sf.* Art de bien écrire, de tracer de beaux caractères d'écriture. | CALLIGRAPHE, *sm.* Qui pratique la —.

CALLIONGIS, *sm.* Soldat de la marine turque.

CALLIONYME, *sm.* Genre de poissons acanthoptérygiens à tête comprimée, à couleurs brillantes, dont on mange une espèce appelée *lyre*, qui se trouve dans la Méditerranée.

CALLIQUE, *sf.* Sorte de sardine de la Méditerranée.

CALLITHRIC, ou CALLITRICHE, *sm.* Genre de singes très-intelligents, dont le pelage est agréablement coloré; sa grandeur est moyenne; ses espèces sont celles qu'on réduit le plus facilement à vivre en domesticité. | Plante aquatique à feuillage délicat et flottant.

CALLOSITÉ, *sf.* V. *Cal.*

CALMANDE, ou CALAMANDE, *sf.* Étoffe de fabrication flamande, tout laine et quelquefois laine et soie, lustrée d'un côté comme le satin, croisée, et présentant divers dessins; on en consommait beaucoup autrefois pour vêtements et ameublements.

CALMAR, *sm.* Mollusque céphalopode assez semblable à la seiche, dont il diffère parce qu'il n'a pas d'os dans le dos; on l'appelle aussi *Encornet* ou *Cornet*, à cause de sa forme; à Marseille, il porte le nom de *Taute.* | V. *Calemard.*

CALOCÉPHALE, *sm.* V. *Phoque.*

CALOMEL, *sm.* Sous-chlorure de mercure, composé de chlore et de mercure qui est très-employé en médecine comme purgatif, modificateur organique et vermifuge; on l'a appelé *sublimé doux* et *mercure doux;* à haute dose, il est très-dangereux.

CALOPHYLLE, *sm.* Arbre de l'Inde et des îles de la mer des Indes, dont on emploie le bois pour la charpente, la construction des navires, etc.

CALORIE, *sf.* (*Phys.*) Unité de chaleur, quantité de calorique nécessaire pour élever d'un degré la température d'un kilogramme d'eau distillée.

CALORIFÈRE, *sm.* Appareil destiné à porter la chaleur, au moyen de tuyaux ou autrement, dans les appartements, les serres, les séchoirs, etc.

CALORIFIQUE, *adj.* Qui échauffe, qui développe de la chaleur.

CALORIMÈTRE, *sm.* (*Phys.*) Instrument qui sert à mesurer la chaleur spécifique des corps.

CALORIMÉTRIE, *sm.* (*Phys.*) Méthode pour mesurer la chaleur spécifique des corps.

CALORIQUE, *sm.* (*Phys.*) Principe hypothétique de la chaleur.

CALOU, *sm.* Boisson obtenue aux îles Maurice et Bourbon, ainsi que dans l'Inde, par incision de la tige du cocotier, et de quelques autres palmiers, et par la fermentation alcoolique que fait subir à cette sève sucrée la chaleur naturelle du climat; on l'appelle aussi *Vin de palmier*.

CALOYER, *sm.* CALOYÈRE, *sf.* Religieux ou religieuse de l'ordre de Saint-Basile; ils se trouvent en Grèce et dans l'Archipel.

CALUMET, *sm.* Grande pipe ornée de plumes et de diverses choses, que se donnent mutuellement les sauvages de l'Amérique du Nord, en signe d'amitié et de paix. | Bois —. V. *Mabier*.

CALUS, *sm.* (pr. *luss*). V. *Cal.*

CALVILLE, *sf.* Variété de pomme de couleur jaune et portant des côtes et des sinuosités à sa partie supérieure.

CALVINISME, *sm.* Doctrine de Calvin, célèbre réformateur qui soutenait qu'il n'y a d'autre règle de foi que l'Ecriture, et niait la présence réelle dans l'eucharistie. | CALVINISTE, *sm.* et *adj.* Qui professe le —.

CALVITIE, *sf.* (pr. *ci*). Absence permanente des cheveux; état d'une personne chauve. | — des paupières, absence des cils qui bordent les paupières.

CALYBITE, *adj.* et *s.* S'est dit des chrétiens primitifs qui vivaient isolés dans des cabanes.

CAM, *sm.* Bois de teinture rougeâtre qui ressemble au brésillet, mais qui est plus estimé; il vient d'Afrique.

CAMAÏEU, *sm.* Pierre fine de deux couleurs, sorte d'onyx oriental. | Peinture dont les sujets et le fond sont d'une même couleur et ne se distinguent que par les teintes.

CAMAIL, *sm.* Sorte de collet que les évêques et les chanoines portent par-dessus le rochet, et même en habit de ville sur la soutane. | Collet de cotte de mailles qui se rattachait à la cotte que portaient les hommes d'armes au moyen d'un *gorgerin*.

CAMALDULE, *adj.* et *s.* Se dit des religieux bénédictins dont la première maison fut établie à Camaldoli, en Italie.

CAMANIOC, *sm.* Variété de manioc cultivée aux Antilles et dont la racine peut être mangée cuite sous la cendre ou de toute autre façon, comme les pommes de terre.

CAMARILLA, *sf.* (*Esp.*) (pr. *ril-la*). Cabinet particulier où le roi d'Espagne admet ses intimes. | Courtisans bas et mercenaires qui dirigent les actes du monarque selon leurs intérêts.

CAMBING, *sm.* Arbre des Moluques dont l'écorce est employée contre la dyssenterie.

CAMBISTE, *sm.* Celui qui spécule ou qui écrit sur le cours des changes des monnaies, des effets, etc.

CAMBIUM, *sm.* (*Bot.*) Substance visqueuse, blanche, sans odeur, que l'on trouve au printemps entre l'aubier et l'écorce des arbres, et à laquelle on attribue la propriété de former les bourgeons.

CAMBOUIS, *sm.* (pr. *boui*). Graisse impure chargée de matières étrangères qui a servi à lubréfier les axes de machines ou les essieux des voitures; on en a fait autrefois des emplâtres médicinaux, mais on ne l'emploie plus aujourd'hui que dans la médecine vétérinaire; on en fait aussi des mastics pour boucher les crevasses, etc.

CAMBRAI, *sm.* CAMBRÉSINE, *sf.* (*Comm.*) Toile de lin blanche et fine de 80 centimètres de largeur, qu'on fabrique à Péronne.

CAMBRASINE, *sf.* (*Comm.*) Toile fine venant d'Egypte, de la Perse, de la Mecque et de l'Inde.

CAMBRÉSINE, *sf.* V. *Cambrai.*

CAMBUSE, *sf.* (*Mar.*) Magasin situé dans l'entre-pont d'un navire où l'on conserve les vivres et où on les distribue à l'équipage. | CAMBUSIER, *sm.* Celui qui tient la —.

CAME, *sf.* Dent fixée à la circonférence de l'arbre d'une machine et servant à soulever des pilons ou marteaux qu'elle rencontre dans son mouvement circulaire.

CAMÉE, *sm.* Pierre fine composée de couches de différentes couleurs, et gravée en relief de telle façon que le sujet soit d'une couleur et le fond d'une autre; les plus beaux sont sur onyx; mais on en fait à très-bon marché avec un coquillage appelé *grand casque des Indes*.

CAMÉLÉON, *sm.* Genre de lézard, célèbre par les changements de couleur qu'il affecte à volonté, suivant les passions ou les besoins du moment; il se tient immobile sur une branche, darde sa langue gluante sur les mouches qui passent à sa portée, et les avale. | — minéral, peroxyde de manganèse allié et fondu avec de la potasse qu'on emploie comme matière colorante.

CAMÉLÉOPARD, *sm.* Ancien nom de la girafe.

CAMÉLIEN, NE, *adj.* (*Zool.*) Se dit des animaux qui ont pour type le chameau.

CAMÉLINE, *sf.* Plante crucifère cultivée dans le nord, et dont la graine fournit une huile d'éclairage assez bonne qu'on emploie aussi en pharmacie pour guérir les gerçures, et qu'on appelle à tort *huile de camomille*.

CAMELOT, *sm.* (pr. *lô*). (*Comm.*) Étoffe lisse et apprêtée, non croisée, à grain serré produit par la trame qui dessine des côtes dans le sens de la longueur de l'étoffe; on en fait en poil de chèvre et en laine; il se fabrique à Tourcoing et à Roubaix, et s'emploie uni pour divers vêtements, et, imprimé, pour les meubles ou pour la chaussure.

CAMÉRAL, *adj.* Se dit des connaissances nécessaires pour gouverner les finances d'un Etat et de la science gouvernementale en général, appelée aussi *Caméralistique*. | Qui appartient aux fonctions du camérier.

CAMERERA, *sf.* (*Esp.*) En Espagne, dame de la chambre des princesses. | — mayor, la première dame d'honneur, qui est surintendante de la maison de la reine.

CAMÉRIER, *sm.* Officier de la chambre du pape; sorte de chambellan chargé des fonctions de trésorier privé.

CAMÉRIÈRE ou CAMÉRISTE, *sf.* Suivante; dame d'honneur dans les maisons riches d'Espagne et de Portugal. | Femme de chambre.

CAMERLINGUE, *sm.* Premier dignitaire de la cour pontificale, cardinal-chef du trésor; il préside à la chambre du pape et gouverne pendant la vacance du saint-siége.

CAMINOLOGIE, *sf.* Art de construire les cheminées et les fourneaux.

CAMION, *sm.* Épingle de la plus petite dimension. | Fort chariot à deux ou quatre roues basses, dont on se sert pour transporter de grands fardeaux.

CAMISADE, *sf.* (*Milit.*) Ruse de guerre qui a pour objet de surprendre l'ennemi pendant la nuit.

CAMISOLE, *sf.* — de force, sorte de gilet qui se ferme par derrière et qui est muni de manches fermées; on l'attache par des courroies, et il sert à contenir les aliénés et certains condamnés.

CAMME, *sf.* V. *Came*.

CAMOMILLE, *sf.* Plante de la famille des synanthérées, à disque jaune et à rayons blancs; très-employée en médecine à cause de ses propriétés fébrifuges, stimulantes et antispasmodiques; son huile a les mêmes propriétés.

CAMOUFLET, *sm.* Fumée épaisse qu'on souffle malicieusement au nez de quelqu'un avec un cornet de papier allumé. | (*Milit.*) Pétard exécuté dans une contre-mine pour ensevelir les mineurs assiégeants sous les déblais de leur mine ainsi que sous les éboulements. | Fougasse ou fourneau servant à cet objet.

CAMPAGNOL, *sm.* Genre de rats de la taille d'une souris, à queue velue, à pieds non palmés, à poil jaune et blanc sale, qui vivent dans les champs par troupes nombreuses et qui dévastent les moissons.

CAMPANE, *sf.* (*Archit.*) Ornement en forme de cloche. | Partie du chapiteau corinthien dénuée de ses ornements.

CAMPANILE, *sm.* Clocher à jour, petite tour ouverte et légère.

CAMPANULE, *sf.* Plante à belles fleurs bleues ou violettes, en forme de clochettes pendantes. | CAMPANULÉ, E, CAMPANULACÉ, E, *adj.* Se dit des plantes voisines de la — par leur conformation ou des fleurs qui ressemblent à des clochettes.

CAMPÊCHE, *sm.* Arbre du Mexique et des Antilles, à fleurs papilionacées, dont le bois, très-dur et légèrement odorant, fournit une teinture rouge très-belle et très-abondante; on en obtient d'autres teintes en le mélangeant avec d'autres substances.

CAMPHÈNE ou CAMPHYLÈNE, *sm.* Faux camphre, camphre artificiel que l'on obtient par le mélange de l'essence de térébenthine avec le gaz acide chlorhydrique; il ressemble beaucoup au camphre vrai et a souvent servi à falsifier ce dernier.

CAMPHOROSME, *sm.*, ou CAMPHRÉE, *sf.* Plante du midi de la France, dont les feuilles exhalent une odeur de camphre très-prononcée; on la regarde comme diurétique et sudorifique.

CAMPHRE, *sm.* Substance concrète, blanchâtre, plus légère que l'eau, brûlant facilement, volatile, d'une odeur très-forte, d'une saveur amère et aromatique, qui s'extrait par décoction et distillation du bois de divers lauriers exotiques; on l'emploie sous diverses formes comme antiseptique, antispasmodique et stimulant diffusible.

CAMPHRÉE, *sf.* V. *Camphorosme*.

CAMPHRIER, *sm.* Espèce de laurier des montagnes de l'Inde, qui produit une partie du camphre qui se débite dans le commerce; il ressemble à notre tilleul et porte de petites fleurs blanches.

CAMPHYLÈNE, *sm.* V. *Camphène*.

CÂN, *sm.* Unité de poids en Cochinchine; elle équivaut à environ 624 grammes.

CANAMELLE, *sf.* V. *Cannamelle*.

CANANG, *sm.* Plante aromatique de l'Inde et de l'île Maurice, dont on se sert pour parfumer les appartements et dont on extrait une huile odorante, employée comme parfum de toilette; on l'appelle aussi *unone odorante*.

CANAPSA, *sm.* Autrefois havre-sac de soldat; homme qui portait ce sac.

CANARIE, *sf.* Ancienne espèce de gigue, danse exécutée sur un mouvement très-vif.

CANASSE ou CANASTRE, *sm.* (*Comm.*) Panier de jonc dans lequel on expédie d'Amérique le tabac à fumer et d'autres denrées. | Grandes caisses dans lesquelles on apporte les thés de la Chine.

CANAVETTE, *sf.* Panier renfermant de 12 à 24 bouteilles d'huile d'olive.

CANCEL, *sm.* Sanctuaire, partie du chœur d'une église qui est située entre la balustrade et l'autel.

CANCELLARIAT, *sm.* Dignité, fonctions de chancelier.

CANCELLER, *va.* Annuler, barrer, biffer un acte. | CANCELLATION, *sf.* Action de —.

CANCER, *sm.* Partie du ciel occupée par une constellation que l'on figure comme une écrevisse et dans laquelle le soleil paraît entrer le 21 juin. | Tropique du —, celui de ces deux cercles qui est au nord de l'équateur.

| Maladie chronique consistant en une désorganisation successive des tissus sur certains points du corps, sous forme de polype fibreux ou de tumeur qui se développe de proche en proche; on la croit incurable.

CANCERILLE, *sf.* V. *Mézéréon.*

CANCHALANGUA, *sm.* Écorce très-tonique d'un arbre du Chili.

CANCROÏDE, *sf.* (*Méd.*) Tumeur d'aspect cancéreux qui n'affecte que la peau.

CANDARIN, *sm.* Monnaie chinoise qui vaut environ 7 centimes et demi.

CANDIR, *va.* Fondre, épurer et faire cristalliser du sucre. | CANDISATION, *sf.* Opération par laquelle on obtient le sucre candi.

CANDJAR, ou CANDGIAR, *sm.* V. *Kandjar.*

CANÉFICIER, *sm.* Grand et bel arbre qui produit la *casse*; il ressemble un peu au noyer, mais ses feuilles ressemblent à celles du frêne; il est indigène de l'Égypte et de l'Inde, et a été naturalisé aux Antilles et dans l'Amérique du Sud. | CANÉFICE, *sf.* Fruit du —. V. *Casse.*

CANEPÉTIÈRE, *sf.* et *adj.* Se dit d'une petite outarde brune ponctuée de noir et blanche en dessous; elle est assez commune dans le midi de l'Europe.

CANÉPHORE, *sm.* (*Archit.*) Statues de jeunes filles ou de jeunes hommes qui supportent des corbeilles. | *sf.* Jeunes filles qui portaient des corbeilles dans les fêtes païennes.

CANEPIN, *sm.* Pellicule d'agneau ou de chevreau, extrêmement mince et souple, dont on fait des gants de femme de première finesse; on en fait aussi des enveloppes pour les bouchons de flacons; enfin les chirurgiens s'en servent pour essuyer leurs lancettes; on l'appelle aussi *Cuir de poule*, à cause des petits grains dont il est parsemé.

CANETON, *sm.* Nom que porte le jeune canard jusqu'au moment où ses ailes se croisent au-dessus de la queue.

CANETTE, *sf.* Petite boule de pierre, de marbre, etc., qui sert à différents jeux et qu'on appelle aussi *bille*, *chique* et *marbron.* | *Mesure d'un litre environ, servant pour* la bière et le cidre. | (*Blas.*) Oiseau représenté sans pieds. | (*Méc.*) Petit cylindre de bois ou de roseau sur lequel est roulé le fil de la trame d'une étoffe à tisser. | V. *Cannette.*

CANGE, *sf.* Bâtiment léger de commerce et de transport qui navigue à la voile et à la rame sur le Nil.

CANGUE, *sf.* Espèce de carcan portatif, servant aux supplices en Asie, et consistant en une planche percée de trois trous dans lesquels on fait passer la tête et les deux mains du condamné.

CANIAUDE, *sf.* Variété de châtaigne de Périgueux.

CANICULE, *sf.* | CANICULAIRES, *adj. pl.* Jours —, se dit des jours pendant lesquels le constellation dite du *Grand-Chien* et l'étoile Sirius, qui en fait partie, paraissent se lever et se coucher avec le soleil; ce sont ordinairement les plus chauds de l'année; ils s'écoulent du 24 juillet au 26 août.

CANILLÉE, *sf.* (pr. *ll* mouillées). V. *Lemne.*

CANIN, E, *adj.* Qui tient du chien. | (*Anat.*) Se dit particul. des dents pointues, presque coniques, placées en face de chaque angle de la bouche et servant à rompre, à déchirer les corps fibreux, ainsi que du muscle correspondant à ces dents et du rire moqueur, qui a pour effet de les mettre à découvert.

CANITIE, *sf.* (pr. *ci*). Blancheur des poils ou des cheveux.

CANIVEAU, *sm.* Rigole pavée servant à l'écoulement de l'eau, au bord d'une route, dans une cour, etc.

CANJARE, *sm.* V. *Kandjar.*

CANNA, *sf.* V. *Balisier.* | Antilope du Cap, dite aussi *antilope de montagne.*

CANNAMELLE, *sf.* Genre de graminées auquel appartient la canne à sucre; c'est une plante vivace à tiges luisantes, articulées, hautes de 3 à 4 mètres, et remplies d'une moelle blanchâtre et succulente qui, par expression et distillation, donne le *sucre*, des *sirops*, de l'*alcool*, du *rhum*, etc.

CANNE, *sf.* Ancienne mesure de longueur française, équivalant à environ 2 mètres. | En Espagne, mesure égale à 4 m. 55 ou 1 m. 60. | En Italie, mesure égale à 2 m. environ. | — à sucre. V. *Cannamelle.* | Syn. de rotin.

CANNÉ, E, *adj.* Se dit des fonds de chaises, etc., en treillis de *canne* ou d'écorce de rotin à jour. | CANNER, *va.* Faire des fonds —s.

CANNEBERGE, *sf.* Airelle qui croît dans les lieux humides et qui porte de petites baies noir bleu d'un goût agréable, dont les marchands de vin se servent pour teindre le vin; on en fait aussi des confitures, une boisson rafraîchissante et un sirop employé contre la dyssenterie.

CANNELAS, *sm.* (pr. *la*). Sorte de dragée faite avec de la cannelle.

CANNELLE, *sf.* Nom que portent plusieurs écorces aromatiques provenant d'arbres appartenant à diverses espèces, tels que le laurier cannelier, le cannelier de la Chine, etc. | — plate, écorce du *cassia lignea*, dont la décoction mucilagineuse est employée en pharmacie. | V. *Cannette.*

CANNETILLE, *sf.* Morceau de fil d'or ou d'argent qu'on a roulé sur une aiguille de fer et que l'on emploie dans les ouvrages de broderie. | Tissu de laiton étroit dont se servent les modistes. | *Fil de laiton argenté que* l'on roule autour des cordes à boyaux des instruments de musique pour former les cordes aux notes graves.

CANNETTE, *sf.* Petit robinet de bois ou

de cuivre dont on se sert pour vider un tonneau.

CANON, *sm.* (*Eccl.*) Décision, règle de l'Église; se dit *adj.* *Droit* —, jurisprudence ecclésiastique. | Prières qui commencent immédiatement après la préface et suivent jusqu'à la communion. | Tableau imprimé placé sur l'autel et renfermant ces pièces. | Chant d'église dans lequel deux ou plusieurs voix chantent successivement le même thème. | Tableau des saints de l'Eglise catholique. | Partie de la jambe du cheval qui est comprise entre le genou et le boulet. | Partie du mors qui assujettit la bouche du cheval. | Autrefois, chacune des deux jambes d'un pantalon. | Mesure ancienne pour les boissons, qui contient la seizième partie du litre ou la moitié du poisson. | (*Impr.*) Triple —. Caractère dont le corps est de 72 points. Gros —, petit —, caractère de 44, de 28 points.

CANONIAL, E, *adj.* (*Eccl.*) Qui concerne les canons. | Qui concerne les chanoines, qui appartient aux chanoines.

CANONICAT, *sm.* Titre d'un chanoine.

CANONIQUE, *adj.* (*Eccl.*) Conforme aux canons. | Droit —, droit canon. V. *Canon.*

CANONISER, *va.* Inscrire au *canon* ou catalogue des saints de l'Eglise catholique. | Canonisation, *sf.* Action de —, cérémonie pour —.

CANONISTE, *sm.* Celui qui est savant en droit canon.

CANONNIÈRE, *adj.* et *sf.* V. *Chaloupe.*

CANOPE, *sm.* Vase antique, de forme ovoïde, en albâtre ou en terre cuite, que les Egyptiens plaçaient dans les tombeaux et qui renfermait divers organes du corps du défunt.

CANOT, *sm.* Petite embarcation non pontée, à rames ou à voiles, un peu moins grande que la chaloupe et servant à peu près aux mêmes usages. | Embarcation légère pour aller sur les rivières.

CANT, *sm.* (*Angl.*) (pr. *Cantt*). Marque, affectation pédantesque, pruderie excessive et ridicule.

CANTABILE, *adj.* et *sm.* (*Ital.*) (*Mus.*) Se dit des morceaux que la voix humaine doit interpréter seule, en réunissant tous les moyens, tous les ornements du chant.

CANTALOUP, *sm.* Melon à côtes saillantes et très-rugueuses; sa chair est savoureuse, fondante et parfumée.

CANTATE, *sm.* Pièce de vers destinée à être chantée avec des chœurs et des récitatifs.

CANTHARIDE, *sf.* Insecte vert doré très-brillant, dont l'odeur est très-pénétrante, et qu'on trouve abondamment dans le midi de l'Europe; on les fait périr dans de l'eau vinaigrée, on les fait sécher et on les pulvérise pour former les vésicatoires et diverses préparations épispastiques.

CANTHÈRE, *sm.* Genre de poissons acanthoptérygiens à bouche étroite, dont les espèces habitent l'Océan et la Méditerranée; leur chair blanche et légère est estimée.

CANTHUS, *sm.* (pr. *tuss*). (*Anat.*) Chacun des deux angles de l'œil. | Grand —, celui qui est près du nez; petit —, celui qui est externe. | Angle d'une cruche ou d'un vase quelconque par lequel on fait couler le liquide qu'il renferme. | V. *Larmier.*

CANTILÈNE, *sf.* (*Mus.*) Romance douce pour une voix de soprano.

CANTINE, *sf.* Buvette pour les soldats. | Caisses portatives renfermant divers ustensiles et objets de ménage pour les troupes en marche.

CANTON, *sm.* Ancien synonyme de coin. | (*Blas.*) Portion carrée de l'écu qui occupe l'un de ses angles.

CANTONADE, *sf.* Se dit, au théâtre, pour désigner le fond de la scène. | Parler à la —, s'adresser à une personne censée dans les coulisses.

CANTONNEMENT, *sm.* Circonscription territoriale.

CANTONNER, *va.* (*Archit.*) Appuyer l'encoignure d'un édifice sur une colonne ou un pilastre qui excède le nu du mur.

CANTONNIÈRE, *sf.* Draperie qui couvre le haut des rideaux d'un lit ou d'une fenêtre.

CANUT, *sm.* (pr. *nu*). Nom des ouvriers en soie à Lyon; les ouvrières s'appellent *canuses.* | Espèce de bécasseau. V. *Maubèche.*

CAOUANE, *adj.* et *sf.* (*Comm.*) Se dit d'une espèce de tortue à plaques brunes, fournissant l'écaille employée dans l'industrie; elle habite la mer rouge et les côtes de Madagascar; son poids dépasse 200 kilogrammes; on extrait de sa graisse de l'huile à brûler.

CAP, *sm.* Toute pointe de terre qui avance dans la mer. | (*Mar.*) Avant du bâtiment; direction dans laquelle il marche.

CAPARAÇON, *sm.* Sorte de cape ou de couverture qu'on met sur les chevaux.

CAPE, *sf.* Ancien vêtement sans manches, muni d'un capuchon. | (*Mar.*) Etat d'un bâtiment qui ne conserve que peu de voiles et dispose son gouvernail de manière à supporter un coup de vent.

CAPELAN, *sm.* Petit poisson de mer assez semblable à l'éperlan, dont la chair est tendre et de bon goût; les pêcheurs de morue s'en servent comme d'appât. | On dit aussi *Capelin.*

CAPELET, *sm.* Petite enflure, tumeur molle et peu sensible qui survient à la pointe des jarrets de derrière des chevaux; on l'appelle aussi *passe campane.*

CAPELIN, *sm.* V. *Capelan.*

CAPELINE, *sf.* Morion ou casque ouvert, faisant partie des anciennes armures. | Sorte de bandage qui ressemble à une *coiffe.*

CAPENDU, *sm.* Pomme à queue très-courte,

de couleur rouge vif, dont la chair est ferme et a une saveur douce.

CAPEYER, *va.* (pr. *pé-*). Se dit des navires quand ils mettent à la cape, c.-à-d. quand ils se tiennent en travers du vent sous très-petite voilure.

CAPIE, *sf.* Flottes ou écheveaux de soie moulinée, qui ont de 1,200 à 1,400 m. de longueur, tels qu'on les retire du guindre.

CAPILLAIRE, *sm.* (pr. *pil-lai-*). Genre de la famille des fougères, remarquable par des tiges délicates qui portent des folioles grêles et cunéiformes; il est mucilagineux et astringent; on en fait un sirop et d'autres médicaments destinés à combattre les affections de poitrine; une espèce appelée *doradille* est réputée diurétique.

CAPILLAIRE, *adj.* Tube —, d'un diamètre très-petit. | Vaisseaux —s. (*Anat.*) Dernières ramifications des artères devenues presque imperceptibles et formant, en se retournant sur elles-mêmes, les rudiments des veines; ils établissent la communication entre le système artériel et le système veineux.

CAPILLARITÉ, *sf.* (*Phys.*) Phénomènes présentés par les liquides qui jouissent de la propriété de s'élever spontanément au-dessus de leur niveau dans des tubes dont le diamètre est extrêmement petit, ou quand ils sont mis en contact avec des substances poreuses, etc.

CAPIOU, *sm.* V. *Cabiou.*

CAPISCOL, *sm.* Dignité de chapitre qui répond au titre de doyen.

CAPITAINE, *sm.* Dans l'armée de terre, officier qui commande une compagnie. | Dans l'armée de mer, officier qui commande un bâtiment. | — de vaisseau, officier qui a rang de colonel et commande un vaisseau de ligne ou une frégate de premier rang. | — de corvette, officier qui a rang de chef de bataillon et qui commande un bâtiment de guerre portant de 10 à 22 bouches à feu.

CAPITAN, *sm.* Personnage fanfaron, faux brave. | Chef d'une flottille de corsaires orientaux. | — pacha, amiral turc. | —, E, *adj.* Qui appartient au —.

CAPITATION, *sf.* Autrefois contribution personnelle. | Aujourd'hui, taxe quelconque à tant par tête.

CAPITONS, *smpl.* (*Comm.*) Frisons les plus communs qui proviennent de l'enveloppe extérieure du cocon; ce sont les déchets de soie les moins estimés.

CAPITOUL, *sm.* Nom que prenaient autrefois les officiers municipaux de la ville de Toulouse.

CAPITULAIRE, *adj.* Se dit des membres d'un chapitre ou congrégation religieuse ayant le droit de voter. | —s, *smpl.* Règlements et décisions ecclésiastiques. | Anciennes lois et ordonnances royales de la monarchie.

CAPITULATION, *sf.* Traité par lequel une troupe de soldats, une ville, etc., s'engagent à mettre bas les armes à certaines conditions.

CAPITULE, *sm.* Groupe de fleurs situées au sommet d'un pédoncule et présentant la forme d'une sphère, comme le trèfle, etc.

CAPLAN, ou CAPLIN, *sm.* V. *Capelan.*

CAPNOMANCIE, *sf.* (*Sc. occ.*) Art prétendu de lire l'avenir dans les mouvements de la fumée.

CAPNOMORE, *sf.* (*Chim.*) Liquide huileux, incolore et volatil trouvé d'abord dans l'huile de goudron du hêtre, et que l'on obtient maintenant par la distillation de beaucoup d'autres substances organiques.

CAPON, *sm.* (*Mar.*) Appareil composé d'une poulie à trois rouets qui sert à élever l'ancre d'un vaisseau.

CAPONNIÈRE, *sf.* (*Milit.*) Logement pratiqué dans un fossé d'où des soldats tirent sur les assaillants sans en être vus.

CAPORAL, *sm.* Ancienne dignité qui appartient à quelques familles corses; c'est un titre que prirent, au moyen âge, les premiers magistrats municipaux de plusieurs communes qui s'affranchirent. | Grade immédiatement au-dessous des sous-officiers et au-dessus des soldats.

CAPRAIRE, *sf.* Plante exotique peu élevée, à fleurs purpurines irrégulières, dont une espèce porte des feuilles très-divisées qu'on fait infuser pour servir aux mêmes usages que le thé.

CÂPRE, *sm.* Bouton à fleur du câprier, arbre de l'Europe méridionale et de l'Afrique du nord, cueilli avant l'éclosion et mariné dans le vinaigre ou simplement salé; c'est un condiment recherché. | — de genêt, bouton jeune confit d'une espèce de nard du nord de l'Europe. | — de capucine, bouton de la fleur dite capucine, commune dans les jardins, préparé comme condiment.

CAPRICORNE, *sm.* Partie du ciel occupée par une constellation que l'on figure comme une chèvre, et dans laquelle le soleil paraît entrer le 21 décembre. | Tropique du —, celui de ces deux cercles qui est au sud de l'Équateur.

CAPRIFICATION, *sf.* Opération usitée dans le Levant et en Algérie, qui consiste à placer sur un figuier femelle des figues mâles remplies d'une espèce d'insectes qui, sortant pour se répandre sur celles que produit l'arbre, pénètrent dans ces dernières chargées du pollen des premières et en activent la maturité.

CAPRIFOLIACÉES, *sfpl.* (*Bot.*) Famille de plantes renfermant des arbrisseaux à fleurs plus ou moins irrégulières, dont le type est le chèvrefeuille.

CAPRIOLANT, E, *adj.* Capricieux.

CAPRISANT, E, *adj.* (*Méd.*) Se dit du pouls quand il est dur, irrégulier, inégal, sautillant.

CAPROMYS, *sm.* Mammifère rongeur, ressemblant au rat par sa structure, et de la taille du lapin; il vit dans les bois de l'île de Cuba; sa chair est estimée.

CAPRON, *sm.* Variété de fraise très-grosse et ronde, peu estimée. | CAPRONIER, *sm.* Fraisier qui produit le —.

CAPSULE, *sf.* (*Bot.*). Tout fruit simple, sec, avec ou sans loges, s'ouvrant par des trous ou des fentes. | (*Chim.*) Vase hémisphérique employé pour faire évaporer. | (*Anat.*) Ligament ou membrane de forme arrondie, qui a pour objet d'envelopper un organe. | (*Méd.*) Enveloppe gommeuse ou gélatineuse dans laquelle on enferme un médicament désagréable à prendre.

CAPTAL, *sm.* Titre de noblesse très-ancien en France et qui paraît s'être appliqué à des chefs militaires; il n'y en a plus ou presque plus aujourd'hui.

CAPTATION, *sf.* (*Jurispr.*) Toute manœuvre coupable à l'aide de laquelle un héritier ou un légataire a fait introduire dans un testament une disposition en sa faveur.

CAPUCINE, *sf.* Anneau de fer ou de cuivre qui assujettit sur son bois le canon d'une arme à feu; il y en a trois: la première est la plus voisine de la crosse, la deuxième occupe le milieu du canon, et la troisième, située en haut, reçoit l'extrémité de la baguette. | Plante grimpante à fleurs irrégulières, ressemblant à un casque rond, cultivée dans les jardins; elle a des propriétés antiscorbutiques.

CAPULI, *sm.* Plante solanée d'Amérique et particul. du Pérou, où l'on en fait une conserve acide et rafraîchissante qu'on fait prendre aux malades.

CAPUT MORTUUM, *sm.* (*Lat.*) (*Chim.*) Se dit du résidu inutile d'une opération chimique, de la partie qu'on laisse se perdre.

CAQUE, *sf.* Baril dans lequel on range les harengs ou les sardines; il contient 500 harengs ou 1,000 sardines. | Petit tonneau. | CAQUER, *va.* Préparer le hareng que l'on va mettre dans la —; enlever ses entrailles. | CAQUAGE, *sm.* Cette préparation.

CAQUE SANGUE, *sf.* (*Méd.*) Ancien nom de toutes les maladies accompagnées de déjections sanguines et plus particul. de la dyssenterie à caractère épidémique.

CARABA, *sm.* Huile de —, huile de l'amande de la noix d'acajou; elle est inflammable, caustique, et donne une couleur noire indélébile; on l'a employée pour cautériser.

CARABAS, *sm.* Ancienne voiture large et lourde qu'on employait à la campagne.

CARABE, *sm.* Petit coléoptère, type d'une nombreuse famille dont les individus vivent sous les pierres et répandent une odeur fétide; la plupart jouissent de la propriété de répandre par l'anus, quand on les inquiète, une vapeur bleuâtre, souvent caustique, précédée d'une détonation.

CARABÉ, *sm.* V. *Karabé*.

CARABIQUE, *adj.* et *sm.* (*Hist. nat.*) Se dit des insectes coléoptères qui ont pour type le carabe. V. ce mot.

CARABURNA, *sm.* (*Comm.*) Raisin sec de Turquie extrêmement estimé.

CARACAL, *sm.* Espèce de lynx à poil roux vineux uniforme en dessus, avec des taches blanches sur la poitrine; il habite la Perse et la Turquie.

CARACARA, *sm.* Oiseau de proie de l'Amérique du Sud, voisin des vautours par sa conformation; il a le vol horizontal et très-rapide.

CARACOLE, *sf.* (*Archit.*) Se dit des constructions qui ont la forme d'une hélice, et notamment des escaliers en colimaçon. | Outil en forme d'hélice, vrille emmanchée servant à extraire un corps d'un trou étroit.

CARACOSMOS, *sm.* (pr. *moss*). Boisson très-estimée des Tartares; elle consiste dans du lait de jument que l'on bat jusqu'à ce qu'il abandonne son beurre et entre en fermentation; on l'appelle aussi *Cosmos*.

CARAGAN, *sm.* Espèce de renard de l'Asie centrale, dont le pelage gris cendré fournit une fourrure estimée.

CARAGATE ou CARAGUATE, *sf.* Plante exotique à feuilles étroites, longues, raides et persistantes, dont une espèce fournit une matière filamenteuse employée à divers usages d'ameublement sous le nom de *crin végétal*.

CARAGNE, *adj.* et *sf.* Se dit d'une résine aromatique appelée aussi *Icica*. V. ce mot.

CARAITE, *adj.* et *s.* Se dit d'une secte juive qui rejette le Talmud et les traditions des rabbins, et s'attache exclusivement à la lettre de l'Ecriture sainte. | CARAITIQUE, *adj.* Qui a rapport aux —.

CARAMBOLIER, *sm.* Arbrisseau de l'Inde, dont le fruit, appelé *Carambole*, *sf.* ou *bilimbi*, est une petite baie acide. V. *Bilimbi*.

CARAMBOSSE, *sf.* V. *Houque*.

CARAMEL, *sm.* Nom du sucre blanc ou de la cassonade quand ils ont été chauffés à 220 degrés; c'est une substance spongieuse brun noirâtre, soluble dans divers liquides et dont on fait usage dans la confiserie pour glacer des bonbons et des fruits; on l'emploie aussi à divers usages industriels.

CARANGUE, *sf.* Genre de poissons acanthoptérygiens à chair huileuse peu estimée, auquel appartient le *saurel* ou maquereau bâtard, commun sur les côtes du nord de la France. | V. *Calangue*.

CARAPA, *sm.* Arbre de la Guyane dont le fruit donne une huile amère, et l'écorce un principe fébrifuge.

CARAPACE, *sf.* Pièce solide et écailleuse qui recouvre le dos d'une tortue ou de tout autre animal analogue.

CARAPOUSSE, *sf.* Casquette que portent les marins.

CARAQUE, *sm.* Cacao de qualité supérieure, tel que celui que produit le pays de Caracas. | *sf.* Navire de commerce portugais jaugeant de 300 à 500 tonneaux. | Autrefois, nom des galères des chevaliers de Saint-Jean-de-Jérusalem et des vaisseaux de grandes dimensions qui allaient d'Europe en Amérique.

CARAT, *sm.* (pr. *ra*). Poids conventionnel servant à peser les diamants et les pierres fines ; il équivaut à 19, 20 ou 21 centigrammes, selon les pays, et en France, à 0 gr. 20275. | Titre des matières d'or et d'argent; or à 24 *carats*, or pur ou or fin; à 18 *carats*, c'est un alliage contenant 18 parties d'or pur et 6 parties de cuivre; en France, aujourd'hui, on évalue les degrés de fin en millièmes de l'alliage.

CARAVANE, *sf.* Association que forment des marchands, des voyageurs ou des pèlerins pour traverser avec plus de sûreté les déserts de l'Afrique, de l'Arabie et de l'Asie centrale.

CARAVANSÉRAIL, *sm.* Hôtellerie où se reposent les *caravanes.* | Toutes les hôtelleries que l'on rencontre dans les campagnes, en Orient. | Vaste établissement dans quelques villes de l'Orient, où sont réunis l'auberge, le bazar et la bourse d'un quartier.

CARAVELLE, *sf.* Bateau portugais, arrondi, à voiles latines, de 35 à 40 tonneaux, qu'on employait beaucoup autrefois pour la pêche et le cabotage. | Gros vaisseau de guerre turc.

CARBATINE, *sf.* Peau de bête fraîchement écorchée. | Chaussures grossières faites de cette peau.

CARBAZOTIQUE, *adj.* (*Chim.*) Acide—. V. *Picrique.*

CARBET, *sm.* Grande case commune des villages sauvages des Antilles, où se réunissait le conseil. | Toiture provisoire servant à préserver de la pluie les bâtiments qui sont en rade.

CARBOLIQUE, *adj.* (*Chim.*) Acide — V. *Phénique.*

CARBONARO, *sm.* (*Ital.*) Membre d'une société secrète qui se fonda, vers le commencement de ce siècle, en Italie, pour le renversement de la monarchie. | Au *pl.* des *carbonari.* | Carbonarisme, *sm.* Principes des —, association de —.

CARBONATE, *sm.* (*Chim.*) Tout sel formé par la combinaison de l'acide carbonique avec une base ; on les emploie en chimie comme réactifs. | Le — d'*ammoniaque* ou *sesquicarbonate* est un sel blanc qu'on emploie en médecine comme excitant et diaphorétique ; les teinturiers s'en servent pour dégraisser les étoffes. | Le — de chaux se forme dans la nature à l'état de marbre, de terre calcaire, de dissolution aqueuse, de craie. | — de plomb. V. *Céruse.*

CARBONE, *sm.* Corps simple combustible, qui forme la partie dominante du charbon, de la houille, etc.; le diamant est du — pur. — Carbonique, *adj.* (Acide). Gaz incolore, produit par la combinaison du — avec l'oxygène; c'est ce gaz qui fait pétiller le vin de Champagne et l'eau de Seltz.

CARBURE, *sm.* Mélange ou combinaison de carbone et d'un corps autre que l'oxygène.

CARCAILLER, *vn.* V. *Courcailler.*

CARCAISE, *sf.* Fourneau dans lequel le verre, le cristal reçoivent la deuxième cuisson qui les rend élastiques et augmente leur solidité.

CARCAJOU, *sm.* Espèce de blaireau du Labrador, très-agile, et qui se nourrit de corps d'animaux morts.

CARCAN, *sm.* Ancienne peine afflictive consistant à attacher le patient contre un poteau au moyen d'un cercle de fer passé autour du cou, et à l'exposer ainsi en public.

CARCASSE, *sf.* Machine à feu qu'on lance comme une bombe et qui renferme un sac de toile goudronnée plein de substances explosibles et inflammables.

CARCIN, *sm.* Genre de crustacés dont l'espèce principale est le crabe.

CARCINOME, *sm.* (*Méd.*) Tumeur ou ulcère qui tient du cancer. | Carcinomateux, se, *adj.* Qui est de la nature du —.

CARDAMINE, *sf.* Genre de plantes de la famille des crucifères, dont une espèce à fleurs violet pâle, commune dans les prés, a des propriétés médicales analogues à celles du cochléaria.

CARDAMOME, Cardome, *sm.* Variété de l'*Amome.* V. ce mot.

CARDASSE, *sf.* Peigne à carder la bourre de soie. | Nom qu'on donne aux nopals, c.-à-d. à toutes les espèces de cactus sur lesquelles vit la cochenille.

CARDE, *sf.* Tête de la cardère à foulon, qu'on applique à la machine (appelée aussi carde) dont on se sert pour séparer les brins de laine ou de coton, ainsi que pour peigner les draps. | Peigne consistant en une planchette munie d'un manche et garnie d'un côté seulement de pointes de fil de fer légèrement courbées; cet instrument débrouille les filaments de laine et de coton et les dispose parallèlement pour le filage. | Côte du milieu de certaines feuilles, particul. de la bette, dite poirée ou cardon cultivé, que l'on mange en salade ou en ragoût.

CARDÈRE, *sf.* Genre de plantes à tiges épineuses, dont une espèce, appelée vulg. *chardon à foulon*, fournit les têtes à pointes recourbées appelées *cardes*, qu'on emploie dans les filatures et les fabriques de draps. V. *Carde.*

CARDERONNER, *va.* V. *Quarderonner.*

CARDIA, *sm.* Orifice supérieur de l'estomac. | Cardiagraphie, *sf.* Description de cette partie du corps et en particulier du cœur.

CARDIALGIE, *sf.* Inflammation de l'épigastre qui est assez commune chez les enfants, et qui résulte d'une gastro-entérite chronique.

CARDIAQUE, *adj. f.* (*Méd.*) Qui appartient, qui a rapport au *cardia.* | *sf.* Plante labiée à fleurs rouges, des lieux secs et pierreux que l'on a crue longtemps efficace contre les maladies du cœur.

CARDINAL, *sm.* Nom de la dignité ecclésiastique qui prend rang immédiatement après le pape; il y en a du titre d'évêque, du titre de prêtre et du titre de diacre; c'est entre eux que se choisit le pape, à l'élection, dans leur réunion qui forme le *Sacré-Collége;* la principale marque de leur dignité est la barrette ou calotte et le chapeau de couleur rouge.

CARDINAL, *sm.* Sorte de perroquet d'Amérique dont le corps est entièrement rouge. | — huppé, espèce de gros-bec de la Louisiane dans le plumage duquel le rouge écarlate domine et qui a un chant très-brillant. | Nom de divers autres oiseaux, poissons ou insectes remarquables par leur couleur rouge.

CARDINAL, E, *adj.* (*Théol.*) Vertus —es, les quatre vertus: *Prudence, Justice, Force, Tempérance* | (*Astr.*) Points —ux, les quatre points opposés du ciel: *Nord, Sud, Ouest* et *Est.*

CARDITE, *sf.* (*Méd.*) Inflammation du tissu musculaire du cœur. | Carditique, *adj.* Qui a rapport au cœur.

CARDON, *sm.* Plante potagère voisine de l'artichaut que l'on cultive pour ses feuilles inférieures et ses racines dont on fait des mets estimés. | V. *Carde.*

CARDONNETTE, *sf.* V. *Chardonnette.*

CARÊME-PRENANT, *sm.* Se dit des trois derniers jours du carnaval. | Personne déguisée pendant ces jours; au *pl.* des *Carême-prenant.*

CARENCE, *sf.* (*Jurisp.*) Procès-verbal de —, acte par lequel un officier public, chargé de saisir les valeurs mobilières d'un débiteur, constate l'absence de toute valeur saisissable.

CARÈNE, *sf.* Partie du vaisseau qui plonge dans l'eau. | Caréner, *va.* Réparer la —. | Carénage, *sm.* ou Carène, action de caréner, résultat de cette action.

CARÈNE, *sf.* Nom qu'on donne sur la Seine à certains bateaux grossièrement construits pour transporter à Paris certains matériaux, et qu'on dépèce après qu'ils ont servi une fois.

CARET, *sm.* Espèce de tortue de Madagascar et de la mer des Indes, à plaques jaunâtres imbriquées, qui donne une très-belle écaille, de couleur jaune ou rosée, transparente, fort appréciée dans le commerce. | Sorte de dévidoir donnant du gros fil qui sert à fabriquer les cordages.

CAREX, *sm.* V. *Laiche.*

CARGUE, *sf.* Cordes qui servent à plier et envelopper les voiles quand on ne veut pas les présenter au vent. | Carguer, *va.* Relever une voile au moyen des —s.

CARI, *sm.* V. *Cary.*

CARIA, *sm.* V. *Termite.*

CARIATIDE, *sf.* V. *Caryatide.*

CARIBOU, *sm.* Cerf-renne.

CARICK, *sm.* V. *Cary.*

CARIE, *sf.* Maladie des os ou des dents qui consiste en une ulcération suivie de suppuration dans la partie spongieuse de l'os et de destruction complète des organes attaqués. | Nom commun à diverses maladies des végétaux, entre autres à celle qui attaque les grains des céréales et s'appelle aussi *ergot, charbon,* etc.

CARINI, *sm.* V. *Sumac.*

CARIQUEUX, SE, *adj.* (*Méd.*) Qui ressemble à une figue.

CARISEL ou Cariseau, *sm.* Grosse toile très-claire, blanche ou de couleur, employée comme le canevas au travail de la tapisserie; on dit aussi *Créseau.*

CARIVE, *sm.* Piment de Guinée. | V. *Cary.*

CARLIN, *sm.* Pièce de monnaie italienne, d'argent, en usage en Sicile, valant 42 centimes. | Ancienne monnaie d'or sarde, encore en usage, qui vaut 50 francs. | V. *Doguin.*

CARLINE, *sf.* Genre de plantes assez voisines de l'artichaut, dont une espèce, commune aux environs de Paris, fournit une racine employée comme sudorifique.

CARLINGUES, *smpl.* Fortes pièces de bois qui sont assemblées dans la cale et qui consolident la quille et les parties où s'insèrent les mâts.

CARLOCK, *sm.* Colle de poisson, colle de vessie d'esturgeon.

CARMAGNOLE, *sf.* Petite veste à basques qui était fort à la mode pendant la révolution, de 1792 à 1794.

CARME, *sm.* Religieux de l'ordre du Carmel. | — déchaussé ou déchaux, ceux de la réforme de Sainte-Thérèse qui ne portent que des sandales. | —mitigés, ceux de l'ancienne observance.

CARMELINE, *sf.* (*Comm.*) Laine de vigogne de seconde qualité.

CARMÉLITE, *sf.* Religieuse de l'ordre du Carmel. | Se dit d'une couleur brun pâle.

CARMIN, *sm.* Matière colorante rouge en pains, qu'on obtient par la décoction de la cochenille; elle est préparée avec du blanc d'œuf pour l'usage des confiseurs qui en teignent les bonbons, et avec de la colle de poisson très-fine pour les peintres en miniature. | Carminer, *va.* Laver au —, enluminer avec du —.

CARMINATIF, VE, *adj.* et *sm.* (*Méd.*) Se dit des médicaments propres à chasser les vents de l'estomac, des intestins.

CARNAIRE, *adj.* (*Zool.*) Qui vit de viande.

CARNASSIER, *sm.* CARNASSIERS, *smpl.* (*Zool.*) Ordre d'animaux onguiculés et dont la bouche est armée de trois sortes de dents (molaires, incisives, canines); ils se nourrissent, pour la plupart, de chair; tels sont le lion, le chien, etc.

CARNE, *sf.* Tout angle ou coin saillant, généralement droit, comme les angles d'une pierre de taille, d'un volet, d'une table, etc.

CARNÉ, E, *adj.* (*Bot.*) Se dit des fleurs couleur de chair.

CARNEAU, *sm.* Conduit de briques ou de fonte qui porte du foyer à la cheminée l'air chaud, la fumée et les autres gaz produits par la combustion. | Tout conduit maçonné dans l'intérieur d'une construction ou d'un remblai.

CARNÈLE, *sf.* Bordure circulaire qui règne autour du cordon d'une pièce de monnaie. | CARNELÉ, E, *adj.* Ceint d'une —.

CARNIFICATION, *sf.* (*Méd.*) Maladie qui réside dans l'altération de certains tissus plus ou moins parenchymateux, qui deviennent consistants et se rapprochent par leur texture du tissu musculaire.

CARNIOLETTE, *sf.* Petite perle artificielle, de verre coloré en rouge, imitant le corail.

CARNIVORE, *adj.* et *sm.* CARNIVORES, *smpl.* Se dit des animaux qui s'attaquent à d'autres animaux et se nourrissent de chair. | (*Zool.*) Particul. nom d'une famille de carnassiers caractérisés par des canines très-fortes; tels sont l'ours, le chat, le chien, etc.

CARODIS, *sm.* Grenier au dessus d'une grange pour serrer le fourrage.

CARONADE, *sf.* Pièce d'artillerie en fer, gros canon court employé sur certains vaisseaux de guerre et se distinguant des canons ordinaires par une chambre spéciale destinée à recevoir la poudre.

CARONCULE, *sf.* Excroissance charnue, petit morceau de chair. | — lacrymale, petite masse rougeâtre située entre l'angle interne et le globe de l'œil.

CAROTIDE, *sf.* Nom des diverses artères qui portent le sang du cœur à la tête. | CAROTIQUE, *adj.* Qui a rapport aux —s.

CAROUBE, *sf.* Fruit des pays méridionaux et de l'Afrique, en gousses aplaties recourbées, contenant des semences plates; ses gousses, séchées et cassées, servent à faire une boisson fraiche, sucrée et légèrement laxative. | CAROUBIER, *sm.* Arbre qui porte des —s; ses feuilles sont employées dans la tannerie, et son bois, très-dur, sert en ébénisterie sous le nom de *carouge*.

CAROUGE, *sm.* Genre d'oiseaux d'Amérique qui ont un beau plumage jaune et vivent dans les taillis où ils suspendent leurs nids comme une bourse. | V. *Caroubier*.

CARPE, *sf.* Poisson d'eau douce qui s'engraisse très-facilement en se nourrissant d'herbes, de limon, de frai de poisson et de petits insectes; son corps, qui peut atteindre une taille et un poids considérables, est couvert d'écailles assez grandes d'un brun rougeâtre; sa chair est très-estimée.

CARPE, *sm.* Partie intermédiaire qui sépare l'avant-bras de la main, et qu'on nomme vulgairement *poignet*. | CARPIEN, NE, *adj.* Qui appartient au —.

CARPHOLOGIE, *sf.* (*Méd.*) Espèce de convulsion voisine de la mort, dans laquelle les mains s'agitent en divers sens comme pour prendre, arracher des objets flottants, ou pour enlever et ramener les couvertures, etc. | CARPHOLOGIQUE, *adj.* Qui tient de la —.

CARPOLITHE, *sm.* (*Zool.*) Fruit fossile qu'on trouve dans les mines de houille.

CARPOLOGIE, *sf.* (*Bot.*) Etude des fruits des végétaux.

CARQUAISE, *sf.* V. *Carcaise*.

CARQUOIS, *sm.* Étui destiné à contenir les flèches, et que les gens armés d'un arc portent sur leur dos.

CARRABAT, *sm.* Grosse voiture à vingt places en long, attelée de six chevaux, qui transportait les voyageurs de Paris à Versailles à la fin du XVIIIe siècle.

CARRAGAHEEN, *sm.* Algue commune dans les mers du Nord, dont on fait une gelée, des boissons analeptiques et des tisanes contre la toux.

CARRAQUE, *sf.* Espèce de navire. V. *Caraque*.

CARRARE, *sm.* Très-beau marbre blanc, statuaire, que l'on trouve aux environs de Carrare (Italie).

CARRASSIN, *sm.* Espèce de carpe sans barbillons, commune en Allemagne.

CARRE, *sf.* Face, partie plate d'une lame d'épée ou de fleuret. | Partie carrée du bout d'un objet.

CARRÉ, E, *adj.* Se dit d'un format de papier de 0 m. 56 sur 0 m. 45; il pèse 8 à 10 k. la rame, et s'emploie pour l'écriture et l'impression. | *sm.* (*Math.*) Produit d'un nombre multiplié par lui-même; ainsi, 16 est le carré de 4; 25 est le carré de 5. | — magique (*Sc. occ.*) Carré divisé en cellules, dans chacune desquelles on place un nombre choisi de telle façon que dans quelque sens qu'on additionne les colonnes de nombres, le total soit le même; on leur attribuait autrefois de grandes propriétés.

CARREAU, *sm.* Grosse flèche à fer quadrangulaire, en usage avant les armes à feu, qui se lançait au moyen des catapultes. | Foudre, tonnerre. | Gros fer à repasser, très-lourd, dont se servent les tailleurs pour aplatir les coutures. | Maladie propre aux enfants, obstruction du mésentère qui tend le ventre et le durcit, et qui a pour cause une dégénérescence tuberculeuse des ganglions.

CARREC, *sm.* Espèce de tortue. V. *Caret*.

CARRELET, *sm.* Filet de pêche carré, qui se suspend à une perche. | Grosse aiguille triangulaire dont se servent les bourreliers et les emballeurs. | V. *Blanchet.* | Epée dont la ame est de forme triangulaire. | Plie franche, poisson pleuronecte à corps brun, tacheté, dont la chair est estimée; on le pêche à l'embouchure de la Loire et sur tout le littoral de l'Océan. | Espèce de musaraigne à queue carrée.

CARRELURE, *sf.* Ressemelage et raccommodage de vieilles chaussures. | CARRELEUR, *sm.* Celui qui fait des —s.

CARRET, *sm.* Espèce de tortue. V. *Caret.*

CARRICK, *sm.* Espèce de manteau très-ample qui a plusieurs collets ou un collet très long. | V. *Cary.*

CARROSSE, *sm.* Grande voiture à 4 ou 6 places, suspendue, couverte et fermée, à 4 roues, qui fut très en usage du XVe au XVIIIe siècle. | Ancien nom de la *dunette.* V. ce mot.

CARROUSEL, *sm.* Joûte, tournois, jeu militaire composé d'exercices par des cavaliers disposés en quadrilles. | Lieu où se donnent les —s.

CARRY, *sm.* V. *Cary.*

CARTAHEU ou CARTAHU, *sm.* (*Mar.*) Cordage volant servant à embarquer ou à débarquer un objet; il passe quelquefois sur une poulie fixée à l'un des mâts.

CARTEL, *sm.* Lettre de défi, de provocation. | Boîte de pendule ronde ou carrée qui se suspend au mur. | Ornement qui forme le centre d'une frise ou d'une guirlande.

CARTELETTE, *sf.* (*Comm.*) Petite ardoise de 20 centimètres sur 18 environ.

CARTELLE, *sf.* Petite planche très-mince. | Feuille de peau d'âne vernie et préparée pour noter provisoirement une composition musicale qu'on efface ensuite avec une éponge.

CARTERON, *sm.* (*Méc.*) Petites pièces de bois servant à tenir les fils de la chaîne écartés dans le métier ordinaire. | V. *Quarteron.*

CARTÉSIANISME, *sm.* Système de philosophie dont les principes ont été professés par Descartes. | Méthode de raisonner procédant progressivement, par des déductions logiques, du doute à la certitude. | CARTÉSIEN, NE, *adj.* Qui appartient au —.

CARTHAME, *sm.* Plante appelée aussi *safran jaune* et *safran bâtard*, dont les fleurs, appelées *safranum*, servent à teindre en jaune et en rouge, et qui porte des semences purgatives employées autrefois, mais dont on ne se sert plus aujourd'hui que pour l'alimentation des oiseaux et surtout des perroquets.

CARTILAGE, *sm.* (*Anat.*) Tissu flexible, élastique, d'un blanc nacré, qui revêt les surfaces articulaires des os ou qui complète par son adjonction la charpente osseuse sur certains points. | CARTILAGINEUX, SE, *adj.* Qui appartient au —; se dit aussi d'une division de poissons dont le squelette n'est pas osseux, mais cartilagineux; telles sont les raies, etc.

CARTISANE, *sf.* Nom donné à de petits morceaux de carton fin autour desquels on a tortillé du fil et qui font relief dans les dentelles et les broderies.

CARTOGRAPHIE, *sf.* Art, partie de la science géographique, qui consiste dans la confection des cartes. | CARTOLOGIE, *sf.* Science de la confection des cartes.

CARTOMANCIE, *sf.* (*Sc. occ.*) Art prétendu de connaître l'avenir par le moyen des cartes à jouer. | CARTOMANCIEN, NE, *adj.* et *s.* Qui pratique la —.

CARTON, *sm.* (*Impr.*) Feuillet qui est imprimé après coup et ajouté à un livre, ou substitué à un autre feuillet qui a fait l'objet de corrections importantes. | Dessin, généralement fait au crayon, par un peintre, pour servir de modèle à un grand tableau, à une fresque, etc.

CARTOUCHE, *sm.* Cadre sculpté ou peint, ornement de sculpture ou de peinture autour d'un chiffre, d'une inscription, d'un portrait. | *sf.* Rouleau de papier cylindrique dans lequel on met une balle et la charge de poudre d'un fusil, ou une composition d'artifice.

CARTULAIRE, *sm.* Recueil d'actes, titres et autres pièces de ce genre, concernant le temporel d'un monastère, d'un chapitre, d'une église.

CARUS, *sm.* Insensibilité absolue, assoupissement profond, dernier degré du *coma*. V. ce mot.

CARVÉE, *adj.* Greffe —, greffe formée par un anneau d'écorce portant un bourgeon, enlevé à un arbre et planté sur un autre.

CARVI, *sm.* Plante ombellifère dont les racines et les jeunes pousses sont aromatiques et comestibles; ses fruits brunâtres et aromatiques sont employés comme stimulant, servent à la préparation de plusieurs liqueurs et fournissent une huile essentielle dont on fait usage dans la parfumerie; on l'appelle aussi *Cumin des prés.*

CARY, *sm.* Assaisonnement composé de piment, de curcuma et d'autres épices pulvérisées. | Volaille ou tout autre mets préparé avec ce condiment.

CARYATIDE, *sf.* (*Archit.*) Figure sculptée de femme ou d'esclave, qui soutient sur sa tête une corniche, une archivolte, un balcon.

CARYOPHYLLÉES, *sfpl.* (*Bot.*) Se dit d'une famille importante de plantes qui comprend l'œillet comme type, et les fleurs dont la structure est analogue.

CARYOPSE, *sm.* (*Bot.*) Sorte de fruit sec, indéhiscent, composé d'une seule graine soudée avec un péricarpe mince; ex. : le grain de blé.

CASCALHO, *sm.* (pr. *lh mouillées*). Sorte de terre ou de ciment rougeâtre dans lequel on trouve les diamants disséminés, au Brésil.

CASCALOTE, *sm.* Écorce du *palétuvier*. V. ce mot.

CASCARILLE, *sf.* Écorce très-amère d'un arbre des Antilles et du Pérou, employée en médecine comme fébrifuge et tonique ; on en extrait une huile essentielle très-subtile.

CASÉEUX, SE, *adj.* Qui provient, qui est de la nature du fromage.

CASÉINE, *sf.* V. *Caséum*.

CASEMATE, *sf.* (*Milit.*) Souterrain voûté aux saillies des contrescarpes ou près de la courtine où l'on met des soldats et du canon pour défendre le fossé.

CASEREL, *sm.* Caserelle, Caserette, *sf.* Panier d'osier ou vase percé de trous pour faire égoutter le fromage ; forme à fromages.

CASÉUM, *sm.* (*Chim.*) Caséine, *sf.* Partie du lait qui se coagule sous le nom de *caillé*, très-albumineuse et qui forme la base de tous les fromages.

CASH, *sm.* (pr. *cache*). Monnaie chinoise qui vaut les trois quarts d'un centime ; on l'appelle aussi *li*. | Poids de trois centigrammes environ ; c'est la millième partie du taël.

CASILLEUX, SE, *adj.* Se dit du verre quand il n'a pas eu assez de recuite et qu'il se brise lorsqu'on veut le couper avec le diamant.

CASIMIR, *sm.* Espèce de drap léger à tissu croisé, brillant, ressemblant un peu au satin, dont on fait des pantalons et des gilets.

CASOAR, *sm.* Grand oiseau de l'ordre des rudipennes, nommé aussi *Dromée* ou *Emau*, qui court très-rapidement comme l'autruche et dont la peau est recouverte d'une sorte de fourrure et de plumes souples qui font l'objet d'un commerce important; il est originaire de l'Australie.

CASQUE, *sm.* (*Hist. nat.*) Nom donné à diverses protubérances ou saillies ressemblant à la coiffure militaire appelée *casque*. | Grand coquillage univalve des hautes mers qui fournit de la pourpre et dont on fait des camées. | Individu né de l'union de deux mulâtres.

CASSAVE, *sf.* Sorte de galette préparée avec la racine rapée de manioc cuite sur des plaques chaudes ; on la mange en cet état ou bien on la brise et on la réduit en grumeaux ; sous cette dernière forme elle prend le nom de *farine de manioc*.

CASSE, *sf.* Longue gousse cylindrique, fruit du canéficier, qui renferme des graines environnées d'une pulpe rougeâtre qu'on utilise en médecine comme un purgatif doux ; elle arrive ordinairement en Europe cuite ou confite; on l'appelle aussi *Canéfice*.

CASSE, *sf.* Vase dont se servent les orfèvres pour séparer l'or de l'argent. | (*Impr.*) Caisse double à petits compartiments, où sont placés les caractères. | Casseau, *sm.* L'une des deux parties de la —. | Cassetin, *sm.* Compartiments de la —. Bas de —, les lettres minuscules, qui sont placées en bas, tandis que les majuscules ou capitales sont dans le haut de la casse.

CASSE-LUNETTE, *sm.* Nom du bluet, dont on faisait autrefois de l'eau pour les maux d'yeux. | V. *Eufraise*.

CASSE-NOIX, *sf.* Oiseau de l'ordre des omnivores, à plumage brun taché de blanc, qui habite les forêts élevées de l'Europe, grimpe aux arbres comme les pics; on l'appelle aussi *Casse-noisette*, *Sitelle*, *Torchepot*. etc.

CASSENOLE, *sf.* Nom vulgaire de la galle de chêne dans le midi de la France.

CASSE-PIERRE, *sf.* Nom vulgaire de plusieurs plantes qui poussent dans les rochers, les murs, etc., comme la pariétaire, la saxifrage, la christe-marine, etc.

CASSETIN, *sm.* (*Impr.*) V. *Casse*.

CASSIA ou Cassie, *sf.* Acacia originaire de l'Inde dont quelques genres portent des fleurs d'une odeur suave dont on extrait un parfum qui fait l'objet d'un certain commerce. | Syn. de *Casse*. | —lignea, *sf.* (pr. *lig-né-a*). V. *Cannelle*.

CASSICAN, *sm.* Genre d'oiseaux d'Océanie, voisin du corbeau, à brillant plumage, dont la voix est très-bruyante et dont certaines espèces crient jour et nuit.

CASSIDAIRE, *sf.* Tribu d'insectes coléoptères de petite taille, plats en dessous, convexes en dessus, dont une espèce, commune aux environs de Paris, cause de grands dommages aux artichauts et aux betteraves. | Casside, *sm.* Petit insecte qui est le type de cette tribu.

CASSIDOINE, *sf.* Pierre précieuse irisée, dont les anciens faisaient des vases.

CASSIER, *sm.* V. *Canéficier*.

CASSIQUE, *sm.* Genre d'oiseaux d'Amérique, à plumage brillant et varié, dont le front porte une saillie osseuse remarquable ; ils se nourrissent de baies et d'insectes ; leur chair, qui a une odeur musquée, a mauvais goût.

CASSIS, *sm.* Fruit du groseiller noir qui porte aussi ce nom ; c'est une baie noire d'un goût légèrement sucré et acidulé. | Liqueur, sorte de ratafia fait de ce fruit. | Rigole pratiquée en travers d'une route pour l'écoulement des eaux.

CASSITÉRITE, *sf.* (*Minér.*) Minéral brun foncé très-dur, cristallisé ou concrétionné, combinaison naturelle d'étain et d'oxygène d'où l'on extrait l'étain.

CASSOLETTE, *sf.* Petit vase de forme large et aplatie propre à renfermer des parfums. | Réchaud d'argent sur lequel on fait brûler des parfums. | Médaillon renfermant un petit flacon ou un sachet.

CASSON, *sm.* Nom du sucre fin quand il est en pains informes ou en gros morceaux. | Quatre—s; V. *Métis*. | Morceau de cacao brisé. | Morceau de verre brisé.

CASSONADE, *sf.* Sucre non décoloré et réduit en poudre grossière. | V. *Moscouade.*

CASTAGNEUX, *sm.* Oiseau de rivière très-petit à plumage brun châtain, qu'on appelle aussi petit grèbe ou grèbe de rivière.

CASTAGNOLE, *sf.* Genre de poissons acanthoptérygiens à museau très-court, dont une espèce, commune dans la Méditerranée, est recherchée pour la blancheur et la saveur de sa chair.

CASTICE, *sm.* Race d'Indiens nés à Goa de père et mère portugais.

CASTIGNETTE, ou CASTINETTE, *sf.* (*Comm.*) Étoffe chinée, chaîne laine, trame soie, qu'on fabriquait autrefois dans la Picardie, la Flandre et la Saxe.

CASTINE, *sf.* Substance terreuse, riche en carbonate de chaux, pierre blanchâtre que l'on ajoute au minerai de fer, quand il est trop argileux ou trop siliceux, pour servir de fondant, dans la préparation de la fonte; on s'en sert aussi comme d'engrais.

CASTINETTE, *sf.* V. *Castignette.*

CASTOR, *sm.* Animal de la classe des rongeurs, d'un mètre de longueur environ, sur 0 m. 30 c. de hauteur, pelage marron, à queue plate et recouverte d'écailles; il est aquatique, et certaines espèces vivent dans des terriers, tandis que d'autres se construisent des habitations sur les eaux.

CASTORÉUM, *sm.* (pr. *ré-omm*). Matière brune onctueuse, très-fétide, sécrétée par des follicules et rassemblée dans des poches qui se trouvent sous la queue du castor; on l'emploie en médecine comme excitant de la circulation, antispasmodique et calmant pour le système nerveux.

CASTORINE, *sf.* Étoffe de laine légère et soyeuse dont on fait des vêtements d'homme; elle était primitivement faite de poils de castor mêlés à de la laine fine.

CASTRAMÉTATION, *sf.* Art de tracer les camps, ensemble des procédés en usage pour l'établissement d'un camp.

CASUEL, *sm.* Se dit des rétributions éventuelles accordées aux ecclésiastiques pour certaines fonctions de leur ministère.

CASUISTE, *sm.* et *adj.* Théologien qui apprend à résoudre les *cas de conscience*, c.-à-d. qui décide si telle action est bonne ou mauvaise. | CASUISTIQUE, *sf.* Art des —s.

CASUS BELLI, *sm.* (*Lat.*) Cas de guerre; se dit des événements, des résolutions, des manifestations de la part d'un État, qui peuvent être considérés par un autre État comme devant occasionner la guerre entre eux.

CASY, *sm.* Chef religieux des Persans et des Mongols qui professent le mahométisme.

CATACHRÈSE, *sf.* (*Litt.*) Figure de mots par laquelle, à défaut d'autre expression, on emploie un terme impropre, mais qui rend la pensée. Exemple: *Feuille* de papier, *Plume* de fer.

CATACLASE, *sf.* (*Méd.*) Rupture, fracture. | Affection morbide dans laquelle les paupières se retournent.

CATACOIS, *sm.* V. *Cacatois.*

CATACOMBES, *sfpl.* Galeries souterraines, carrières abandonnées qui servirent de tombeaux aux anciens en Italie, en Sicile, etc.

CATACOUSTIQUE, *sf.* (*Phys.*) Étude des sons réfléchis, des échos, etc.

CATADIOPTRIQUE, *adj.* Se dit des instruments d'optique qui réunissent les effets combinés de la réflexion et de la réfraction.

CATADOUPE ou CATADUPE, *sf.* V. *Cataracte.*

CATAFALQUE, *sm.* Décoration qui entoure un cercueil dans une cérémonie funèbre.

CATAIRE, *sf.* Genre de plantes labiées à fleurs en épi violet ou blanc, d'une odeur aromatique forte et peu agréable qui attire les chats.

CATALANE, *adj.f.* Forge à la—, forge dans laquelle le minerai de fer est converti directement en fer ductile sans passer par l'état de fonte, comme dans les autres procédés de fabrication.

CATALECTES, *smpl.* (*Litt.*) Recueil de morceaux détachés, de fragments d'ouvrages incomplets.

CATALEPSIE, *sf.* Interruption générale ou partielle, sans fièvre, de presque tous les phénomènes de la vie, avec raideur tétanique qui se prolonge plus ou moins longtemps. | CATALEPTIQUE, *adj.* Qui tient de la —, qui est attaqué de —.

CATALPA, *sm.* Arbre exotique d'ornement dont l'ample feuillage et les belles fleurs blanches ponctuées de pourpre font un très-bel effet dans les grands jardins paysagers; il est acclimaté en France depuis longtemps.

CATALYSE, *sf.* (*Chim.*) Action chimique peu connue, qui consiste dans certains phénomènes de combinaison, de réduction, etc., se produisant par la seule présence d'un corps qui n'y participe pas chimiquement. | CATALYTIQUE, *adj.* Qui tient de la —.

CATAPASME, *sm.* Remède extérieur en poudre; mélange de poudres employé en parfumerie ou en médecine.

CATAPELTE, *sf.* Instrument de supplice au moyen duquel furent martyrisés des chrétiens des premiers siècles; il consistait en deux planches entre lesquelles on serrait le patient.

CATAPELTIQUE, *adj.* Qui a rapport, qui appartient à la catapulte. V. ce mot.

CATAPHRACTE, *sf.* (*Ant.*) Cuirasse, armure faite d'un tissu de fil recouvert de lames de fer que portaient les cavaliers grecs. | Vaisseau de guerre long et ponté. | Poisson d'eau douce de l'Inde et d'Amérique recouvert de lames larges et dures; sa chair est estimée.

CATAPLASME, *sm.* (*Méd.*) Médicament sous forme d'une bouillie épaisse qu'on applique à l'extérieur au moyen de linges et de compresses.

CATAPULTE, *sf.* (*Ant.*) Machine de guerre qui lançait des pierres ou des javelots de 4 à 5 mètres. | CATAPULTAIRE, *adj.* et *sm.* Soldat qui maniait la —.

CATARACTE, *sf.* Chute des eaux d'un fleuve plus étendue que la cascade et occasionnée par un changement très-brusque de niveau du sol: on l'appelle aussi *catadoupe.* | (*Méd.*) Maladie des yeux consistant en une humeur opaque qui obstrue le cristallin et cause la perte de la vue.

CATARRHE, *sm.* Toute inflammation des membranes muqueuses avec accroissement de leur sécrétion habituelle, et plus particul. inflammation chronique de la muqueuse des voies respiratoires.

CATASTALTIQUE, *adj.* (*Méd.*) Astringent, styptique.

CATÉCHÈSE, *sf.* (*Eccl.*) Dans les premiers siècles du christianisme, instruction sur les dogmes et les mystères de la religion que l'on faisait à ceux qui voulaient se faire chrétiens. | CATÉCHÈTE, *sm.* Prêtre chargé de la —.

CATÉCHUMÈNE, *s.* (pr. *ku*-). Jeune personne qui se prépare à entrer dans l'Église catholique et que l'on instruit avant de lui administrer le baptême. | CATÉCHUMÉNAT, *sm.* État de — ; préparation au baptême.

CATÉGORÈME, *sm.* (*Philos.*) Dans l'ancienne scolastique, c'était le nom des divers aspects sous lesquels on peut considérer un terme afin de le ranger dans telle ou telle *catégorie*; il y en avait cinq, savoir : le *genre*, l'*espèce*, la *différence*, le *propre* et l'*accident*.

CATÉGORIE, *sf.* (*Philos.*) Nom donné par Aristote et par la scolastique du moyen âge aux classifications abstraites dans lesquelles se distribuaient tous les êtres, toutes les idées; celles d'Aristote, qui sont les plus connues, sont: la *substance*, la *quantité*, la *relation*, la *qualité*, l'*action*, la *passion*, le *lieu*, le *temps*, la *situation*, la *manière d'être*.

CATHARES, *spl.* (*Eccl.*) Sectaires religieux qui affectent une plus grande pureté de mœurs que la généralité de ceux qui suivent la même religion qu'eux.

CATHARTE, *sm.* Genre d'oiseaux rapaces voisins des vautours dont ils diffèrent par leur bec long et leurs pieds grêles : l'*alimoche*, qui habite l'Europe, est une espèce de ce genre.

CATHARTIQUE, *adj.* (*Méd.*) Purgatif qui purge avec force, mais sans être drastique.

CATHEDRÂ (Ex) (*Loc. adv.*) (*Lat.*) V. *Ex cathedrâ.*

CATHÉDRANT, *sm.* Professeur de théologie ou de philosophie chrétienne; membre d'une faculté présidant à un acte de théologie. | CATHÉDRATIQUE, *adj.* Se dit des docteurs cathédrants.

CATHÉMÉRIN, E, *adj.* Quotidien, qui revient tous les jours.

CATHÉRÉTIQUE, *adj.* (*Méd.*) Se dit des caustiques faibles tels que le nitrate d'argent ou pierre infernale, qui produisent une vive irritation, mais n'entament que la peau.

CATHÈTE, *sf.* (*Math.*) Perpendiculaire; se dit de deux droites qui se coupent à angle droit. | (*Archit.*) Se dit de l'axe vertical d'une colonne, d'un pilier, etc.

CATHÉTÉRISME, *sm.* Sondage, opération chirurgicale qui consiste à inspecter certaines parties du corps au moyen d'une sonde; instrument qu'on appelait autrefois *Cathéter*, *sm.* | CATHÉTÉRISER, *va.* Opérer le —.

CATHÉTOMÈTRE, *sm.* (*Phys.*) Instrument servant à mesurer toutes les hauteurs linéaires verticales.

CATHODE, *sm.* (*Chim.*) Nom que porte l'électrode quand il est appliqué au pôle négatif de la pile.

CATHOLICON, *sm.* Ancien purgatif qui était composé de séné et de rhubarbe avec un grand nombre d'autres médicaments.

CATI, *sm.* Apprêt, lustre que l'on donne à certaines étoffes et particulièrement aux draps. | CATIR, *va.* Donner le —. | CATISSOIRE, *sf.* Petite poêle de fer pour cätir.

CATILLAC, *sm.* Variété de poire en forme de calebasse ou de gourde.

CATIMARON, *sm.* Radeau léger et triangulaire à ses deux extrémités, qu'on emploie dans la mer des Indes pour pêcher au large.

CATIN, *sm.* Bassin qui sert dans les fonderies à recevoir le métal fondu.

CAT MARIN, *sm.* V. *Plongeon.*

CATOGAN ou CADOGAN, *sm.* Sorte de coiffure que les soldats d'infanterie portèrent au siècle dernier, consistant en un gros nœud de cheveux formant une pelote derrière la tête.

CATOPTRIQUE, *adj.* et *sf.* (*Phys.*) Se dit de l'étude de la réflexion de la lumière par les miroirs ou les surfaces unies.

CATOPTROMANCIE, *sf.* (*Sc. occ.*) Art prétendu de prédire l'avenir d'après les images qui se peignent sur un miroir.

CATOTOL, *sm.* Petit oiseau d'Amérique de la taille de notre tarin; il est noir en dessus, blanc en dessous; il habite les plaines et son chant est agréable.

CATTY, *sm.* V. *Kin.*

CAUCASIQUE, *adj.* Se dit de la race humaine à laquelle appartient le type dit *blanc* qui habite l'Europe; on la croit originaire des montagnes du Caucase, aux environs desquelles se trouvent les Géorgiens et les Circassiens qui présentent le type le plus pur de cette race.

CAUDAL, E, *adj. (Hist. nat.)* Qui appartient à la queue; se dit particul. de la nageoire postérieure des poissons.

CAUDATAIRE, *sm.* Celui qui porte la queue de la robe du pape, d'un cardinal, d'un prélat.

CAUDÉ, E, *adj. (Blas.)* Se dit des étoiles qui ont une queue. | *(Hist. nat.)* Se dit des parties terminées par une queue ou par un appendice ressemblant à une queue.

CAUDEBEC, *sm.* Ancien chapeau de laine qui se fabriquait à Caudebec.

CAUDIMANES, *smpl. (Hist. nat.)* Se dit des animaux qui se servent de leur queue comme d'une main; tels sont les singes à queue prenante.

CAUDINES *(Fourches)*, *sfpl. (Ant.)* Défilé célèbre où les Romains furent vaincus et obligés de passer sous le joug, humiliation que leur imposèrent les vainqueurs. | *Passer sous les fourches caudines*, subir une épreuve humiliante, être obligé à des concessions pénibles.

CAULESCENT, E, *adj. (Bot.)* Se dit, par oppos. à *Acaule*, des plantes pourvues d'une tige plus ou moins élevée.

CAULICOLE, *sf. (Arch.)* Petite tige, telles que celles qui soutiennent les volutes dans le chapiteau corinthien.

CAULICULE, *sf. (Bot.)* Petite tige.

CAULINAIRE, *adj. (Bot.)* Se dit des organes et particul. des feuilles qui naissent sur la tige même et non sur les branches ou à l'origine de la tige.

CAUNA, *sm.* Antilope d'Afrique qui a les cornes droites avec une arête en spirale double.

CAURALE, *sm.* Petit oiseau de la Guyane remarquable par un bec allongé emmanché à un cou très-long et qui vit d'insectes; il a la taille d'une perdrix et son plumage est rayé de roux et de brun noir.

CAURE, *sm.* V. *Coudrier.*

CAURI, CAURIS, *sm.* Petite coquille qui sert de monnaie dans quelques parties de l'Afrique et de l'Inde; c'est la 1540e partie du franc au Bengale; à Siam, il en faut 2400 pour faire un franc; en Afrique il n'en faut que 122 pour la même valeur.

CAUSALITÉ, *sf. (Philos.)* Notion des causes, perception que possède l'esprit humain de ce principe *que tout effet suppose une cause.*

CAUSSES, *sfpl. (Géol.)* Sommets des plateaux blanchâtres et calcaires du midi de la France.

CAUSSINÉ, E, *adj.* Se dit du bois qui se déjette après avoir été travaillé.

CAUSTIQUE, *adj.* et *sm. (Chim.)* Se dit des substances, telles que les alcalis purs qui détruisent par leur contact les substances organiques. | *(Méd.)* Toute substance corrosive qui a pour effet de détruire plus ou moins les chairs.

CAUSUS, *sm.* (pr. *zuss*). *(Méd.)* Fièvre ardente, maladie qui fait éprouver une grande chaleur et une soif inextinguible; elle est en général une complication de la fièvre bilieuse.

CAUTELEUX, SE, *adj.* Fin, rusé, qui déguise habilement des intentions malveillantes.

CAUTÈRE, *sm.* Sorte d'exutoire établi, soit au moyen de l'application d'un caustique, soit à l'aide d'un instrument tranchant, et qui consiste dans un petit ulcère arrondi qu'on empêche de se cicatriser et dans lequel on entretien la suppuration en y plaçant journellement un ou plusieurs pois. | — actuel, instrument de métal que l'on fait rougir au feu et qu'on présente ou qu'on applique à certaines parties du corps pour y exalter la vie ou pour en détruire l'organisation. | — potentiel, tout caustique. | Pierre à —, potasse caustique. | CAUTÉRISER, *va.* Appliquer le — actuel ou potentiel.

CAUTIBAN, *sm.* Bois qui d'un côté offre beaucoup de déchet.

CAUTION, *sf.* Garantie donnée soit en argent, soit d'une autre façon, pour l'exécution d'un engagement. | — *judicatum solvi*, celle que doit donner un étranger qui ne possède pas d'immeubles en France quand il veut engager une action judiciaire, afin de garantir le remboursement des frais de justice.

CAUTIONNEMENT, *sm.* Somme plus ou moins considérable que déposent au trésor, moyennant intérêt, les comptables publics et certains officiers ministériels, pour la garantie de leur gestion. | Toute somme versée en garantie d'une gestion ou déposée pour assurer le payement d'une condamnation, s'il y avait lieu. | *(Milit.)* Nom qu'on a donné en temps de guerre aux villes dans lesquelles résident les prisonniers sur parole.

CAUVETTE, *sf.* V. *Choucas.*

CAVAGNOLE, *sf.* Jeu de hasard consistant en une espèce de loto et ressemblant beaucoup au *biribi.*

CAVALCADOUR, *sm.* Écuyer chargé de la surveillance et de l'administration des écuries et des équipages dans les maisons royales.

CAVALIER, *sm.* Élévation de terre; dépôt que l'on forme aux abords d'une route, d'un canal, etc., au moyen des déblais qui ne peuvent pas être employés *en remblais.* | V. VACCATION. | *adj.* Se dit d'un papier dont le format est de 45 c. sur 60; il pèse de 10 à 12 k. la rame et ne sert qu'aux impressions. | Chou —, variété de chou à fourrage dont les feuilles sont étalées et ne forment pas de tête. | Dessin —, perspective —e; se dit des dessins qui représentent les objets sous un angle d'environ 45°, de façon que l'un de leurs côtés étant vu de face, l'autre est vu obliquement.

CAVALOT, *sm.* Ancienne monnaie de cuivre française qui valait 6 deniers. | Ancien fusil de fer battu, long de 2 à 3 m. et pesant de 25 à 30 kilog.

CAVATINE, *sf.* (*Mus.*) Chant mesuré formant un air, un motif, au milieu d'un récitatif d'opéra; c'est une phrase sans reprise et sans seconde partie, dont la durée est généralement courte.

CAVE, *adj.* (*Anat.*) Veine —, nom de chacune des deux veines qui ont un diamètre considérable et qui rapportent à l'oreillette droite du cœur le sang de toutes les parties du corps. | *sf.* V. *Caver.*

CAVECÉ, E, *adj.* Qui a la tête de telle ou telle couleur, de telle ou telle forme, en parlant d'un cheval.

CAVEÇON, *sm.* Sorte de frein de fer que l'on place au-dessus de la bouche d'un cheval pour le dresser.

CAVER, *va.* Mettre au jeu une certaine somme nommée *cave.* | Se —, *vpr.* Faire une mise égale à celles des autres joueurs.

CAVERNE, *sf.* (*Géol.*) Toute cavité souterraine naturelle. | (*Méd.*) Excavation ulcéreuse qui se produit dans le poumon d'une personne phthisique après l'expulsion des matières tuberculeuses ou purulentes. | (*Anat.*) Loges creuses qui se trouvent dans quelques organes. | Caverneux, se, *adj.* Qui renferme des —s. | Râle caverneux, celui qui se produit quand il se trouve un liquide dans la cavité où l'air pénètre.

CAVET, *sm.* (*Archit.*) Moulure concave faisant l'effet contraire de celui du quart de rond, qui est convexe.

CAVI, *sm.* V. *Oca.*

CAVIAR, *sm.* Préparation alimentaire faite avec les œufs de plusieurs espèces de poissons, mais particul. avec ceux de l'esturgeon; on les presse fortement après les avoir fait mariner dans le vinaigre ou dans une saumure; c'est un mets d'une saveur forte et âcre qui est très-recherché des Russes et des Orientaux.

CAVIE, *sf.* V. *Cabiai.*

CAVILLATION, *sf.* (pr. *vil-la-*). Sophisme, subtilité de raisonnement.

CAVOINE, *sf.* V. *Caouane.*

CAWA, *sm.* (pr. *caoua*). Huissiers ou agents de police attachés aux personnages importants en Égypte, en Turquie, etc.

CAYENNE, *sf.* (*Mar.*) Vaisseau hors de service qui est transformé en caserne et loge des marins. | Tout lieu à terre où se réunissent des matelots avant de faire partie de l'équipage d'un navire.

CAYES, *sfpl.* Petits îlots madréporiques, bancs formés par l'accumulation de la vase sur des récifs de corail.

CAYEU, *sm.* V. *Caïeu.*

CAZELLE, *sf.* (*Méc.*) Bobine sur laquelle on dévide le fil d'or au fur et à mesure qu'il sort de la filière.

CAZETTE, *sf.* V. *Gazette.*

CÉADE, *sm.* V. *Orygma.*

CÉBRION, *sm.* Insecte coléoptère, long de un à deux centimètres, commun en France.

CÉCITÉ, *sf.* État d'une personne privée de la vue.

CÉCUBE, *sm.* Vin du territoire de Cécube en Italie, célèbre dans l'antiquité.

CÉCUM, *sm.* (*Anat.*) Espèce de sac membraneux ouvert par un de ses côtés, qui fait partie du gros intestin et reçoit l'*iléon* et le *colon.* V. ces mots. | Cécal, e, *adj.* Qui appartient au —.

CÉDRAT, *sm.* Fruit du *cédratier*, espèce de citronnier de petite taille; l'écorce du cédrat, très-aromatique, est fort recherchée par les confiseurs qui la font confire dans le sucre; on confit aussi des cédrats entiers qui prennent le nom de *poncires.*

CÈDRE, *sm.* Arbre de la famille des conifères, toujours vert, et qui se trouve sur certaines montagnes d'Asie et d'Afrique en vastes forêts; il devient très-vieux et atteint de très-grandes dimensions; son bois, jaunâtre, odorant, sert dans l'ébénisterie; sa résine, appelée *Cédrie*, *sf.*, et *gomme de cèdre*, a servi à embaumer les morts. | Cédréléon, *sm.* Huile volatile du —. | Cèdre rouge, *sm.* V. *Genévrier.*

CÉDREL, *sm.* Arbre de Cuba et de Honduras, qui est tendre, poreux, très-léger, d'une couleur rougeâtre, d'une saveur amère et d'une odeur assez semblable à celle du poivre; on en importe beaucoup en Angleterre et on en fait en particulier des caisses à cigares; on l'appelle aussi *acajou femelle* et *acajou à planches.*

CÉDULE, *sf.* (*Jurisp.*) Petit billet écrit par lequel on se reconnaît débiteur d'une somme. | — de citation. Acte par lequel un juge de de paix permet, pour cause d'urgence, d'abréger les délais légaux de citation.

CEINTES, *sfpl.* (*Mar.*) Ensemble des cordages qui sont placés le long des préceintes et qui entourent le vaisseau.

CÉLADON, *sm.* Vert pâle, vert tirant sur le bleu ou bleu verdâtre. | Personnage ridicule du célèbre roman de l'*Astrée*, berger amoureux, plein de recherche et de prétention. | Jeune homme efféminé, doucereux, affecté dans sa parure et son langage. | Céladonique, *adj.* Qui appartient au —.

CÉLAN, *sm.* V. *Pilchard.*

CELASTRE, *sm.* Arbrisseau grimpant ou en buisson, de l'Amérique du Nord et de l'Orient, dont une espèce fournit des baies comestibles dont on extrait une boisson enivrante.

CÉLATION, *sf.* Action de céler, de cacher.

CÉLERI, *sm.* Variété cultivée d'une espèce d'ache, dont la racine et les tiges se mangent cuites ou en salade.

CÉLERIN, *sm.* V. *Callique.*

CÉLESTINE, *sf.* (*Min.*) Pierre qui renferme une combinaison d'acide sulfurique et de strontiane (sulfate de strontiane).

CÉLIAQUE, *adj.* Qui a rapport aux intestins. | Flux — ou de ventre, dans lequel les aliments sortent mal digérés. | Artère —, une des artères du bas-ventre.

CELLAIRE, *sf.* CELLARIÉES, *sfpl.* Se dit d'une famille de polypiers cylindriques, rameux, cartilagineux, de couleurs brillantes très-variables, qu'on trouve assez communément dans l'Océan.

CELLÉPORE, *sm.* (*Zool.*) Genre de polypiers qui se déposent sur les rochers, les plantes marines, etc., en plaques formées de petites cellules forées, serrées les unes contre les autres.

CELLÉRIER, ÈRE, *s.* Autrefois, intendant religieux, religieuse, chargés, dans un couvent, des provisions, de la dépense de bouche, du temporel de la maison.

CELLULAIRE, *adj.* Tissu—. (*Anat.*) Tissu lamelleux et filamenteux, à cellules ou interstices plus ou moins réguliers, qui entoure et pénètre tous les organes, et qui se trouve surtout sous la peau où il renferme la graisse. | (*Bot.*) Tissu primitif des végétaux formé de cavités serrées les unes contre les autres. | (*Jurisp.*) Se dit des prisons ou des voitures divisées en compartiments ou cellules, afin de séparer les prisonniers les uns des autres.

CELLULEUX, SE, *adj.* Tissu—. (*Anat.*) Tissu qui forme la partie spongieuse des os.

CELLULOSE, *sf.* (*Bot.* et *Chim.*) Substance organique qui constitue la base fondamentale des parois de toutes les jeunes cellules végétales et de leurs couches d'accroissement; elle a la même composition que l'amidon, et c'est le résultat d'une transformation de ce dernier corps sans qu'il passe par l'état de sucre.

CÉLOSIE, *sf.* V. *Amarante.*

CÉMENT, *sm.* (*Chim.*) Poudre composée de diverses substances, selon les corps sur lesquels on opère, et dans laquelle on enveloppe, avant de les exposer au feu, les métaux que l'on veut purifier. | Charbon qui recouvre le fer que l'on veut transformer en acier. | CÉMENTATION, *sf.* Opération pratiquée avec l'aide de cette poudre. | CÉMENTER, *va.* Faire la —, aciérer le fer.

CÉNACLE, *sm.* Salle à manger; se dit, principalement dans le style sacré, de la salle où le Christ célébra la *cène.* | Réunion d'hommes professant les mêmes opinions littéraires ou politiques.

CENDRÉE, *sf.* Petit plomb servant pour la chasse du menu gibier. | Mélange de chaux vive et de cendres de houille dont on fait des coupelles.

CENDRURES, *sfpl.* Défauts de l'acier de mauvaise qualité, qui consistent dans des taches, des fibres ou de petits trous.

CENELLE ou CINELLE, *sf.* Baie rouge qui est le fruit du houx et que l'on trouve dans les buissons à l'automne. | Baie noire qui est le fruit de l'aubépine. | Fruit du prunellier. | On écrit aussi *Senelle* et *Sinelle*, et les arbres qui portent ces fruits s'appellent quelquefois *Cenellier* ou *Senellier.*

CÉNOBITE, *sm.* Religieux qui vit en communauté. | CÉNOBITIQUE, *adj.* Qui appartient au —.

CÉNOTAPHE, *sm.* Tombeau vide qui ne contient pas de corps et qui n'est dressé que pour honorer la mémoire de quelque illustre mort.

CENS, *sm.* (pr. *sanss*). (*Ant.*) Dénombrement des citoyens romains qui était fait tous les cinq ans par des magistrats nommés *censeurs.* | Redevance féodale, espèce d'impôt territorial. | Quotité d'imposition nécessaire dans certains pays pour être électeur ou éligible.

CENSAL, *sm.* Courtier, agent de change dans le Levant. | CENSERIE, *sf.* Fonctions de —.

CENSEUR, *sm.* Dans les lycées, fonctionnaire plus spécialement chargé de la surveillance des études et du maintien de la discipline. | V. *Censure.* | Délégués des actionnaires d'un grand établissement financier qui ont pour mission d'examiner et de contrôler les opérations de cet établissement. | (*Ant.*) V. *Cens.*

CENSITAIRE, *sm.* Celui qui paye le cens et qui, par suite, est électeur ou éligible.

CENSIVE, *sf.* Étendue des terres dans laquelle se payait le cens féodal ou ecclésiastique.

CENSURE, *sf.* Examen qu'un gouvernement fait faire par des *censeurs*, des publications telles que livres, journaux, pièces de théâtre, gravures, etc., avant d'en permettre l'impression ou la représentation. | Peine disciplinaire infligée par un conseil à une personne qui est dans sa dépendance. | (*Eccl.*) Nom de toutes les peines publiques prononcées par l'Église et notamment de l'excommunication et de ses suites. | CENSORIAL, E, *adj.* Qui a rapport à la —.

CENT, *sm.* (pr. *cennt*). Monnaie de cuivre des États-Unis valant environ 5 centimes. | Monnaie hollandaise qui vaut environ 2 centimes.

CENTAINE, *sf.* Brin de fil ou de soie par lequel tous les fils d'un écheveau sont liés ensemble, et par lequel on commence à le dévider.

CENTAURE, *sm.* Être fabuleux moitié homme, moitié cheval, auquel les anciens attribuaient beaucoup de prouesses.

CENTAURÉE, *sf.* Genre de plantes à fleurs composées, dont une espèce est le *bluet*; la grande — a une racine tonique et sudorifique; et la petite —, qui n'appartient pas au même genre, a des propriétés fébrifuges.

CENTENAIRE, *adj.* et *s.* Se dit des personnes qui ont ou qui dépassent l'âge de cent ans. | *sm*. Anniversaire séculaire de quelque grand événement.

CENTENIER, *sm*. (*Ant*.) Officier qui commandait à cent hommes.

CENTI. Cette particule, mise devant les mots gramme, litre, mètre, are, signifie une unité cent fois moindre. Ex. : *centiare*, le centième de l'are ou un mètre carré, etc.

CENTIÈME DENIER, *sm*. (*Jurisp*.) Ancien impôt sur les mutations de biens, c.-à-d. sur les transactions qui avaient pour objet de faire changer un immeuble de propriétaire ; il s'élevait au centième de la valeur de cet immeuble.

CENTIGRADE, *adj*. Se dit du thermomètre qui est divisé en cent degrés depuis zéro (glace fondante) jusqu'à 100 (vapeur d'eau bouillante).

CENTINODE, *sf*. V. *Renouée*.

CENTON, *sm*. (pr. *san-*). Vêtement fait de plusieurs étoffes différentes. | (*Litt*.) Ouvrage écrit au moyen de fragments tirés d'un autre ouvrage; ouvrage rempli de morceaux détachés. | (*Mus*.) Opéra composé d'airs de plusieurs maitres.

CENTRIFUGE, *adj*. Qui tend à s'éloigner du centre. | Force —, propriété que possède un mobile tournant autour d'un centre de s'éloigner d'autant plus de ce centre que la force de rotation est plus grande.

CENTRIPÈTE, *adj*. Qui tend à se rapprocher du centre. | Force — ; c'est la force contraire à la force centrifuge.

CENTRISQUE, *sm*. Genre de poissons acanthoptérygiens de la Méditerranée dit *bouche en flûte*, à cause de la forme tubulée de sa bouche ; on l'appelle aussi *Bécasse de mer*.

CENTROBARIQUE, *adj*. (*Math*.) Qui a rapport au centre de gravité ; se dit particul. d'une méthode générale pour la mesure des corps solides.

CENTURION, *sm*. (*Ant*.) Officier romain qui commandait un corps de cent hommes appelé *Centurie*, *sf*.

CEP, *sm*. Pied de vigne. | Partie de la charrue qui porte le soc; *on écrit plus communément sep*. | —s, *smpl*. Liens, chaines, instruments de torture.

CÉPAGE, *sm*. Ébranchage de la vigne. | Qualité distinctive d'un cep de vigne.

CÈPE, *sm*. Espèce de gros champignon comestible, très-charnu, qu'on appelle aussi *Bolet*.

CÉPÉE, *sf*. Touffe de tiges de bois sortant d'une souche nouvellement coupée à ras de terre. | Bois d'un ou deux ans.

CÉPHÆLIS, *sm*. V. *Céphélide*.

CÉPHALALGIE, *sf*. (*Méd*.) Vive douleur de tête.

CÉPHALÉE, *sf*. (*Méd*.) Mal de tête chronique ou périodique.

CÉPHALIQUE, *adj*. (*Méd*.) Qui appartient à la tête ; se dit des remèdes propres à guérir les maux de tête. | Veine —, une des veines du bras, que l'on ouvre en général dans les saignées, et que l'on croyait *autrefois venir* de la tête.

CÉPHALITE, *sf*. (*Méd*.) Inflammation de la tête. | Syn. d'*Encéphalite*.

CÉPHALOPODE, *adj*. et *sm*. Céphalopodes, *smpl*. Ordre de mollusques dont la tête est couronnée de tentacules très-longs servant de pieds ; ils sont munis en général d'un sac membraneux rempli d'une liqueur noire qu'ils lâchent pour troubler l'eau et *échapper à leurs ennemis*.

CÉPHALOPTÈRE, *sm*. Oiseau du Brésil dont la conformation est voisine de celle du corbeau, à plumage d'un beau bleu noir, et portant sur la tête un panache très-allongé. | Poisson assez semblable à la raie, mais plus grand, qui se trouve dans la Méditerranée.

CÉPHÉLIDE, *sf*. Plante d'Amérique dont la racine fournit l'*Ipécacuanha*.

CÉRAMIE, *sf*. Algue à filaments articulés munie de petites *capsules de couleur pourpre* ou violette, qui croit comme un arbuste dans l'Océan.

CÉRAMIQUE, *adj*. et *sf*. Se dit de l'art de la fabrication et de la cuisson de toutes *sortes d'objets en terre, en faïence, en porcelaine*, etc.

CÉRAMITE, *sf*. (*Minér*.) Pierre précieuse d'une couleur de brique. | Terre à potier.

CÉRAMOGRAPHE, *s*. Qui traite de l'art céramique. | Qui décrit les vases anciens. | Céramographie, *sf*. Art du —, traité sur la céramique. | Vase *céramographique*, vase de terre cuite orné de peintures.

CÉRASINE, *sf*. (*Chim*.) Matière qui se trouve dans la gomme des arbres indigènes de la famille des rosacées, tels que le prunier, le cerisier, le pommier, etc., et qui est insoluble dans l'eau.

CÉRASTE, *sm*. Espèce de vipère grisâtre dont les yeux *sont surmontés d'une* petite corne ; elle habite les sables d'Égypte.

CÉRAT, *sm*. Tout médicament pour l'usage externe qui a pour base la cire et l'huile.

CÉRAUNIEN, NE, *adj*. Qui a rapport, qui appartient au tonnerre, qui est armé du tonnerre.

CÉRAUNITE, *sf*. V. *Néphrite*.

CERCAIRE, *sm*. Genre d'animalcules infusoires, globuleux, transparent, muni d'une queue, dont une espèce habite le tartre des dents.

CERCE, *sf*. Sorte de patron qui sert aux tailleurs de pierre pour leur faire connaitre le tracé de chaque face d'un voussoir ou de toute autre pierre d'une *forme compliquée*. | Patron de la courbe d'un escalier, etc.

CERCOPITHÈQUE, *sm.* (*Zool.*) Singe à longue queue.

CERDORISTIQUE, *adj.* et *sf.* Qui concerne l'étude des profits et des pertes.

CÉRÉALE, *sf.* Toute plante graminée cultivée pour l'alimentation; tels sont le blé, l'orge, l'avoine, le maïs, etc.

CÉRÉBELLITE, *sf.* (*Méd.*) Inflammation du cervelet.

CÉRÉBRAL, E, *adj.* Qui concerne le cerveau, qui appartient au cerveau. | FIÈVRE — E. V. *Méningite*.

CÉRÉBRITE, *sf.* V. *Encéphalite*.

CÉRÉBRO-SPINAL, E, *adj.* (*Anat.*) Se dit des parties qui sont communes au cerveau et à la moelle épinière.

CÉRÉOPSE, *sm.* Genre de palmipèdes voisin de la bernache, dont le bec, très-petit, est recouvert d'une membrane jaune particulière; il habite les régions humides de l'Amérique du Sud.

CERFEUIL, *sm.* Plante potagère de la famille des ombellifères dont les feuilles, profondément découpées, ont une saveur et une odeur aromatiques.

CERFOUETTE, *sf.* Instrument servant à creuser la terre autour des arbres.

CÉRINE, *sf.* (*Chim.*) Substance particulière qui existe concurremment avec la myricine dans la cire.

CÉRITE, *sf.* Minéral brun violet qu'on trouve dans les mines de cuivre en Suède. | Coquillage univalve de la forme d'un cylindre allongé.

CÉRIUM, *sm.* Métal grisâtre ou rougeâtre très-rare, qu'on trouve dans certains minerais tels que la *gadolinite*, et particul. dans la *cérite* d'où lui vient son nom.

CERNE, *sm.* Rond, cercle. | (*Bot.*) Cercles concentriques dans le bois d'un arbre, qui sont formés tous les ans par une nouvelle couche d'aubier qui se convertit en bois. | (*Chir.*) Cercle bleuâtre qui entoure les plaies de mauvaise nature.

CERNEAU, *sm.* Dans quelques parties de la France, désigne les noix vertes. | Vin de —x, vin rosé qui se boit dans la saison des —x.

CÉROÈNE, *adj. m.* (*Méd.*) Emplâtre —, emplâtre composé de poix, de cire jaune, de myrrhe, d'encens, etc., et employé contre les rhumatismes.

CÉROGRAPHE, *sm.* Cachet ou anneau servant à cacheter.

CÉROÏDE, *adj.* Qui ressemble à la cire.

CÉROMEL, *sm.* (*Méd.*) Onguent dont la cire et le miel forment la base; on l'emploie contre les ulcères sanieux.

CÉROPHORE, *adj.* et *sm.* (*Zool.*) Qui porte des cornes.

CÉROPLASTIQUE, *adj.* et *sf.* Se dit de l'art de la confection des figures ou des pièces anatomiques en cire.

CÉROSIE, *sf.* (*Chim.*) Matière cireuse végétale qui existe à la surface de toutes les espèces de canne à sucre.

CÉROXYLE, *sm.* Espèce de palmier du Pérou, très-élevé et qui fournit par exsudation une belle cire jaune blanchâtre.

CERQUEMANEUR, *sm.* Ancien nom des géomètres experts ou arpenteurs chargés des bornages de propriétés.

CÉRULÉ, E, *adj.* Qui a une teinte azurée ou bleuâtre.

CÉRUMEN, *sm.* (pr. *mènn*). Humeur jaune des oreilles. | CÉRUMINEUX, SE, *adj.* Qui renferme du —.

CÉRUSE, *sf.* Carbonate de plomb qui est la base blanche des peintures; elle sert à étendre les couleurs et à leur donner du corps; on l'emploie aussi pour former un vernis d'émail sur les faïences, les cartes de visite, etc.; elle fait partie de divers mastics; c'est une substance très-toxique.

CERVAISON, *sf.* Temps où le cerf est gras, bon à chasser.

CERVELET, *sm.* (*Anat.*) Partie postérieure et inférieure de l'encéphale qui forme comme le prolongement du cerveau dont il est séparé par un repli de la dure-mère.

CERVICAL, E, *adj.* (*Anat.*) Qui appartient, qui a rapport à la face postérieure du cou.

CERVIER, *adj. m.* Chat- —. Espèce de lynx qui habite le nord de l'Asie. | Loup- —, quadrupède carnassier ressemblant à un grand chat, mais à queue courte, avec des pinceaux de poils aux oreilles. | V. *Lynx*.

CERVOISE, *sf.* Ancien nom de la bière.

CESAREWITZ, *sm.* V. *Czarewitz*.

CESIUM, *sm.* Corps simple métallique découvert dans certaines eaux minérales alcalines.

CESTE, *sm.* (*Ant.*) Gantelet de cuir garni de métal dont les anciens athlètes se servaient dans le pugilat.

CESTRE, *sm.* (*Ant*). Flèche qu'on lançait au moyen d'une grande fronde.

CESTREAU, *sm.* Arbrisseau d'Amérique de la famille des solanées, dont une espèce porte des fleurs jaunes dont l'odeur, fétide le jour, est délicieuse pendant la nuit.

CÉSURE, *sf.* (*Litt.*) Repos qui coupe un vers pour en cadencer la déclamation; elle se trouve après la sixième syllabe dans les vers alexandrins français et après la quatrième dans ceux qui en ont dix.

CÉTACÉ, *adj.* et *sm.* Se dit d'un ordre de mammifères marins ressemblant aux poissons par leurs formes extérieures, et remarquables par leurs grandes dimensions; *tels sont la* baleine, le cachalot, le dauphin, etc.

CÉTÉRACH, *sm.* (pr. *-rack*). Espèce de petite fougère dont les feuilles amères et mucilagineuses sont employées en médecine.

CÉTINE, *sf.* V. *Blanc de baleine.*

CÉTOINE, *sf.* Insecte coléoptère lamellicorne dont les élytres ont des couleurs et des reflets très-brillants; on le trouve en général sur les fleurs.

CÉTRARIN, *sm.* Principe amer sous forme de poudre blanche légère que l'on extrait du *cétraire* ou lichen d'Islande, et qui passe pour tonique et fébrifuge.

CÉVADILLE, *sf.* Graine d'une plante des Antilles que l'on emploie pulvérisée pour détruire les poux de la tête, et à l'intérieur comme purgatif drastique et comme vermifuge; c'est une substance vénéneuse et qu'on ne doit employer qu'avec beaucoup de circonspection.

CHABLE, *sm.* V. *Câble.*

CHABLER, *va.* Tordre plusieurs cordes en une. | Abattre des fruits à coups de perche.

CHABLIS, *sm.* Bois abattu par le vent dans une forêt, arbres tombés de vieillesse, de pourriture, etc.

CHABOISEAU, *sm.* Poisson de mer, espèce de chabot épineux, marbré de brun et de gris, appelé vulgairement *diable de mer.*

CHABOT, *sm.* Poisson à tête grosse et aplatie qu'il gonfle à volonté; on en trouve dans les rivières une espèce nommée vulgairement *meunier.*

CHABOUSSADE, *sf.* Race de moutons qui se rapproche de la race berrichonne et qu'on élève aux environs de Saint-Flour; ils n'ont point de cornes et sont garnis de laine jusqu'aux sabots.

CHABRAQUE, ou Schabraque, *sf.* Peau de chèvre ou de mouton que l'on met sur les chevaux des troupes légères.

CHABRI ou Chabris, *sm.* Métis du bouc et de la brebis, dont la chair est assez estimée et la laine de bonne qualité.

CHACAL, *sm.* Sorte de chien sauvage très-commun en Afrique et en Orient, qui hurle et chasse pendant la nuit, et dévore les moutons; il se repait aussi de cadavres.

CHACONNE, *sf.* Ancienne danse d'un mouvement modéré, à trois temps et quelquefois à quatre; *on la dansait, au* XVIIe *siècle,* à la fin d'un acte de ballet ou d'opéra. | Ruban qui servait à attacher le col de la chemise et dont les bouts pendaient.

CHADEC, *sm.* V. *Pamplemousse.*

CHAGRIN, *sm.* Peau d'un poisson appelé *Squale* ou *Requin*; elle est extrêmement dure, très-noire, présente des aspérités que l'on réduit par le frottement et peut recevoir un très-beau poli; on en fait des gaines et des coffrets sous le nom de *Galuchat;* le — artificiel, beaucoup plus commun que le précédent, se fabrique avec du cuir d'âne ou de cheval, dans lequel on enfonce des graines très-dures pour lui donner cet aspect dit *chagriné.*

CHAI, *sm.* Dans le Bordelais, bâtiment, local où sont emmagasinés les vins et les eaux-de-vie.

CHALADE, *sf.* V. *Calade.*

CHALAN ou Chaland, *sm.* Allége à fond plat, à côtés droits, ayant l'avant en saillie, et tirant très-peu d'eau; on s'en sert pour transporter des marchandises sur une rivière. | Chalandeau, *sm.* Marin qui conduit les —s.

CHALASIE, Chalaze, *sf.* (pr. *ka-*). (*Méd*). Relâchement des fibres de la cornée. | Tumeur en forme de grains de grêle qui se forme dans le bord libre des paupières.

CHALAZE, *sf.* (*Anat.*) Membrane albumineuse tordue sur elle-même, qui soutient l'œuf dans son enveloppe. | V. *Chalasie.*

CHALCÉDOINE, *sf.* V. *Calcédoine.*

CHALCIDIQUE, *sf.* (pr. *kal-*). (*Ant.*) Vaste salle qui formait comme l'annexe des basiliques où se rendait la justice.

CHALCITE, *sf.* (pr. *kal-*). Minerai de cuivre.

CHALCOGRAPHE, *sm.* Graveur sur métaux.

CHALCOGRAPHIE, *sf.* (pr. *kal-*). Art de graver sur cuivre ou sur les autres métaux. | Lieu, établissement où se pratique cet art. | Lieu où sont recueillies des planches et des estampes.

CHALDAÏQUE, *adj.* (pr. *kal-*). Qui appartient aux Chaldéens, habitants de l'ancienne Babylonie. | Chaldaïsme, *sm.* Locution propre à la langue —.

CHALEF, *sm.* Arbrisseau de l'Orient à fleurs campanulées, à feuillage argenté et dont les fruits sont comestibles.

CHÂLIT, *sm.* Bois de lit.

CHALON, *sm.* Tissu croisé de laine qu'on fabriquait autrefois à Amiens pour l'envoyer en Espagne; on n'en fabrique plus qu'en Angleterre. | Grand filet de pêche dont les extrémités sont attachées à de petits bateaux.

CHALOUPE, *sm.* Bateau de grandes dimensions qui va à la voile et à l'aviron et qui accompagne un navire; il sert à le charger, à le décharger, à faire l'eau et le bois dans les relâches, etc.; on distingue encore les —*s cannonières*, pontées et armées de quelques canons pour aller en course, les —*s de pêche*, etc.

CHALUMEAU, *sm.* Instrument à vent consistant primitivement en un roseau percé de

...us et constitué aujourd'hui par un tuyau ...nche qui s'adapte au corps de la musette. | Petit tube de métal (argent et platine) au ...vers duquel on souffle sur la flamme d'une ...mpe qu'on dirige sur les substances miné...les ou métalliques qu'on veut fondre ou ...uder.

...ALUT, *sm.* Espèce de filet de pêche usité ...r les côtes de l'Océan ; c'est une sorte de ...c large à l'entrée et étroit au fond.

...ALY ou CHALIS, *sm.* Étoffe de poil de ...èvre très-légère.

...ALYBÉ, E, *adj.* (pr. *ka-*) (*Méd.*) Qui ...ntient de l'acier ou du fer ; se dit du vin ...anc médicinal préparé avec de la limaille ...e fer.

...AMADE, *sf.* Signal donné par les as...égés avec la trompette, le tambour, ou un drapeau blanc, pour parlementer.

...AMBELLAN, *sm.* Officier qui fait le service de la chambre du prince. | Premier officier de la chambre du roi. | — du sacré collége, cardinal qui administre les revenus du sacré collége.

...AMBORD, *sm.* Tissu de laine et quelquefois chaîne coton, qu'on teint en noir pour étoffes de deuil ; on le fabrique à Amiens et ...à Roubaix.

...AMBRANLE, *sm.* (*Archit.*) Cadre formant bordure avec moulures autour d'une porte, d'une fenêtre, d'une cheminée, etc.

...HAMBRELAN, *sm.* Celui qui travaille en chambre. | —s, *adj.* Ce qui se passe à huis clos, dans une chambre.

...HAMBRIÈRE, *sf.* Bâton mobile fixé au moyen d'un anneau à la queue d'une charrette ou sur le devant pour la soutenir et soulager le limonier. | Outil servant à remuer le charbon ou le fer dans la forge.

...HAMÉROPS, *sm.* (pr. *ka-*). Genre de la famille des palmiers dont le type est le palmier nain.

CHAMOIS, *sm.* Ruminant à cornes creuses des hautes montagnes, de la taille d'une chèvre, à pelage brun ; sa peau, que l'on tanne et à laquelle on donne une teinte jaune qui porte aussi ce nom, est très-estimée.

CHAMOISER, *va.* Préparer une peau à la manière des *chamois*, c.-à-d. en employant l'huile au lieu de l'alun.

CHAMOISERIE, *sf.* Lieu où se font les peaux chamoisées ; cette marchandise elle-même.

CHAMOISEUR, *sm.* Celui qui prépare les peaux de chamois ou qui fait des peaux chamoisées.

CHAMP, *sm.* (*Blas.*) Le fond de l'écu sur lequel sont dessinées les pièces. | Sur —, ou de —, se dit des choses plates comme les briques qui, au lieu d'être posées à plat, sont posées sur leur côté le plus long, leur largeur se trouvant verticale.

CHAMPART, *sm.* (*Féod.*) Droit qu'avaient les seigneurs de fief de lever une certaine quantité de gerbes sur les terres qui étaient dans leur censive.

CHAMPEAU, *sm.* Pré, et particul. prairie entourée de bois.

CHAMPI, *sm.* Signifiait autrefois enfant né avant le mariage de ses parents. | S'emploie quelquefois comme syn. de bâtard.

CHAMPLEVER, *va.* (pr. *chan-le*). Pratiquer une rainure sur une plaque de métal pour retenir l'émail. | Creuser au burin le champ, le fond sur lequel ressort une figure.

CHAMPLURE, *sf.* Maladie des arbres dont les jeunes pousses sont détruites par la gelée, chute précoce des fruits.

CHAMPONIER, CHAMPONNIER, *sm.* et *adj.* Cheval qui a les paturons longs, effilés et trop pleins.

CHAMSIN, *sm.* (pr. *kamcinn*). V. *Khamsin*.

CHANCELIER, *sm.* Officier chargé de garder les sceaux d'un État, d'un consulat, d'une cour de justice, d'un corps, etc. | CHANCELLERIE, *sf.* Lieu où se tient le — et où l'on scelle les actes.

CHANCELIÈRE, *sf.* Petit coffre garni de peau d'ours ou de mouton dans lequel on met les pieds pour se garantir du froid.

CHANCIR, *vn.*, ou SE —, *vpr.* Tourner à la moisissure, se couvrir d'une pellicule blanchâtre. | CHANCISSURE, *sf.* Commencement de moisissure.

CHANCRE, *sm.* (*Méd.*) Ulcère malin qui ronge les chairs. | Maladie qui ronge l'écorce et le bois des arbres.

CHANDELIER, *sm.* Dans les arts, tout instrument rappelant la forme du chandelier ordinaire et destiné à recevoir une tige de bois ou de fer qui sert de support à quelque chose.

CHANFREIN, *sm.* Partie de l'ancienne armure des chevaux de guerre qui leur couvrait la tête. | Face du cheval, de l'os du nez aux salières. | Biseau, inclinaison faite en abattant une arête.

CHANK, *sm.* Coquille de Ceylan blanche ou verte que l'on scie en anneaux de diverses grandeurs, dont les femmes de l'Inde font des ornements pour leurs bras, leurs doigts, etc.

CHANLATTE, *sf.* (*Archit.*) Planche étroite en biseau placée à l'extrémité des chevrons d'un comble pour soutenir l'égout de la couverture.

CHANOINE, *sm.* Ecclésiastique qui fait partie du chapitre d'une cathédrale. | CHANOINESSE, *sf.* Nom qu'on donnait autrefois à des religieuses réunies en chapitre et assujetties à une règle commune ; aujourd'hui elles vivent dans le monde et ne sont astreintes qu'à des devoirs faciles à remplir.

CHANTEAU, *sm.* Morceau. | — de pain bénit, le pain bénit que l'on prépare pour le distribuer à l'église.

CHANTEPLEURE, *sf.* Sorte d'entonnoir à long tuyau. | Syn. de *Barbacane*. V. ce mot.

CHANTERELLE, *sf.* La corde la plus déliée et qui a le son le plus aigu, dans un violon, une basse, etc. | Femelle d'oiseau que l'on place, dans une cage, au milieu d'une campagne, afin qu'elle attire par son chant les oiseaux que l'on veut prendre. | Petit instrument servant au même objet. | Champignon comestible. V. *Girole*.

CHANTIGNOLE, *sf.* Bout de bois posé sur l'arbalétrier d'une ferme de toit pour porter un cours de pannes. | Tasseau, pièce posée de champ entre deux pièces parallèles pour les maintenir écartées. | Briques minces pour paver l'âtre de la cheminée.

CHANTOURNER, *va.* Couper, évider du bois ou du carton en suivant un profil tracé à l'avance.

CHAOTIQUE, *adj.* (pr. *ka*). V. *Cosmique*.

CHAOUCH, *sm.* En Algérie, huissier, employé subalterne attaché à la personne d'un officier, etc. | V. *Chiaoux*.

CHAPE, *sf.* Large et long vêtement d'église en forme de manteau qui s'agrafe sur le devant. | Partie des mitaines de femme qui recouvre le dos de la main. | Pièce qui sert de point d'appui au pivot d'une poulie. | Enduit de ciment fait sur l'extrados d'une voûte ou d'une arche pour la conserver en la préservant de l'humidité supérieure. | Couvercle en forme de dôme qui surmonte un fourneau et qui se termine par un tuyau plus ou moins long.

CHAPEAU, *sm.* Pellicule plus ou moins épaisse qui recouvre les liquides en fermentation et qui est formée d'écume et de matières solides. | (*Géol.*) Partie d'un filon qui affleure le sol. | (*Comm.*) Somme qui est allouée au capitaine d'un navire comme gratification pour les soins qu'il apporte aux marchandises transportées. | (*Archit.*) Pièce supérieure d'une charpente.

CHAPELER, *va.* Oter la superficie de la croûte du pain, etc.

CHAPELLE, *sf.* Orchestre des musiciens qui exécutent de la musique dans une église ou dans la chapelle d'un prince.

CHAPELURE, *sf.* Croûte de pain râpée, pulvérisée et quelquefois aromatisée, qu'on emploie à divers usages culinaires.

CHAPERON, *sm.* (*Archit.*) Couronnement d'un mur de clôture destiné à le préserver de l'action des eaux pluviales. | Autrefois, coiffure, ornement de tête, etc.

CHAPETONNADE, *sf.* Maladie bilieuse, mortelle, consistant en un vomissement accompagné de délire, particulière aux pays chauds.

CHAPIER, *sm.* Meuble à tiroirs où l'on renferme les chapes et les autres ornements d'église.

CHAPITEAU, *sm.* Partie supérieure qui forme le couronnement d'une colonne; il y en a de plusieurs ordres. | Dans l'alambic calotte plus ou moins hémisphérique dans laquelle se rendent les vapeurs du liquide à distiller et d'où elles passent dans le serpentin.

CHAPITRE, *sm.* Corps des chanoines d'une église cathédrale ou collégiale formant un conseil délibérant.

CHAPONNIÈRE, *sf.* V. *Poupetonnière*.

CHAPUIS, *sm.* Hangar. | Charpente en bois d'une selle, d'un bât.

CHARANÇON, *sm.* Genre d'insectes coléoptères remarquable par une trompe plus ou moins longue qui continue la tête et porte les antennes. | Nom vulg. de l'espèce appelée *Calandre*.

CHARASSE, *sf.* Espèce de boîte à claire-voie où s'emballent les porcelaines.

CHARBON, *sm.* | —animal, charbon fait avec des os. | —végétal, charbon de bois, ou charbon ordinaire. | (*Méd.*) Syn. d'*Anthrax malin*, inflammation gangréneuse. | Sorte de tumeur inflammatoire et contagieuse qui attaque les bestiaux et même les hommes, et les fait périr rapidement. | Nom donné à diverses maladies des blés et autres céréales.

CHARBOUILLON, *sm.* Maladie des chevaux; c'est une inflammation ulcéreuse de la membrane pituitaire.

CHARBUCLE, *sf.* Maladie des blés appelée aussi *Nielle* ou *Charbon*.

CHARDON, *sm.* Plante à fleurs composées rouge pourpre, épineuse, commune dans les champs. | —à foulon. V. *Cardère*.

CHARDONNERET, *sm.* Petit oiseau du genre moineau, dont le mâle, mieux paré que la femelle, a le dos brun, les ailes noires et jaunes et le ventre blanc; il a un chant très-agréable.

CHARDONNET, *sm.* Montant de la porte d'une écluse, en pierre ou en bois, dans lequel se trouve une rainure.

CHARDONNETTE, *sf.* Sorte d'artichaut sauvage dont la fleur est employée à faire cailler le lait.

CHARLOTTE, *sf.* Nom que l'on donne aux perles de verre diversement colorées, de petites dimensions. | Entremets composé d'une marmelade de pommes recouverte de croûtes de pain rôties. | —russe, entremets formé d'une crème fouettée ou d'une crème glacée recouverte de biscuits, etc.

CHARME, *sm.* Arbre commun en France, à feuilles ovales et touffues, à branches nombreuses et dont le bois très-dur sert au charronnage, ainsi que pour faire des vis de presse, des dents de roues, etc.

CHARMILLE, *sf.* Haie, palissade, tonnelle formée de charmes entrelacés.

CHARMOIE, *sf.* Lieu planté de charmes

CHARRÉE, *sf.* Cendre qui a servi à faire la lessive; elle se vend comme engrais aux cultivateurs, et comme fondant aux verriers.

CHARRIER, *sm.* Drap, ou grosse pièce de toile dans laquelle on enveloppe la cendre pour faire la lessive.

CHARTE, *sf.* Titres anciens, traités sur parchemin relatifs à l'histoire ou au droit public; actes publics appartenant à une ville, à une communauté. | —constitutionnelle, constitution politique d'une nation.

CHARTE-PARTIE, *sf.* Acte fait en plusieurs originaux, par lequel le propriétaire d'un navire le loue ou l'affrète.

CHARTRE, *sf.* Autrefois, prison, lieu de détention. | (*Méd.*) Dépérissement, consomption, étisie; maladie du carreau chez les enfants.

CHARTRE-PRIVÉE, *sf.* Lieu où l'on détient quelqu'un sans autorité de justice.

CHARTULAIRE, *sm.* (pr. *kar*). V. *Cartulaire.*

CHAS, *sm.* (pr. *cha*). Le trou d'une aiguille. | Petite plaque de métal carrée percée d'un trou au milieu par lequel passe le fil à plomb. | Colle d'amidon pour apprêter les toiles.

CHÂSSE, *sf.* Coffre plus ou moins entouré d'ornements dans lequel on renferme des reliques. | Partie de la balance dans laquelle se meut le fléau. | Tout ce qui enchâsse une pierre précieuse. | Monture des lunettes. | Manche d'un bistouri.

CHASSÉ, *sm.* Pas de danse qui s'exécute en allant de côté, soit à droite, soit à gauche, en jetant un pied en avant et le remplaçant rapidement par l'autre qui semble le chasser. | CHASSER, *va.* Exécuter un —.

CHASSELAS, *sm.* Variété de raisin de table, jaune doré, à grains gros et ronds, peu serrés, doux et sucrés, n'ayant qu'un pepin.

CHASSE-MARÉE, *sm.* Embarcation en usage dans l'ouest de la France et qui sert à transporter le poisson et divers autres objets.

CHASSERET, *sm.* Petit plateau ou panier à bords peu élevés, généralement en osier.

CHASUBLE, *sf.* Ornement portant une grande croix, que le prêtre met par-dessus l'aube et l'étole pour célébrer la messe.

CHASUBLIER, *sm.* Fabricant d'ornements d'église. | CHASUBLERIE, *sf.* Commerce, industrie du —.

CHATAIRE, *sf.* V. *Cataire.*

CHAT CERVIER, *sm.* V. *Cervier.*

CHATEAU, *sm.* (*Mar.*) V. *Gaillard.*

CHAT-HUANT, *sm.* (pr. *cha-u-an*). Espèce de chouette dont les yeux sont bleuâtres et entourés d'un disque complet de plumes; c'est un oiseau de nuit.

CHATIÈRE, *sf.* Conduit en pente qui donne issue aux eaux d'un bassin et aboutit à un puisard.

CHAT MARIN, *sm.* V. *Plongeon.*

CHATOIEMENT, *sm.* Reflets variés que produisent certains objets quand on les regarde dans diverses positions.

CHATON, *sm.* (*Bot.*) Assemblage de petites fleurs, telles que celles du saule, du noisetier, etc., semblables à de petites écailles, qui sont disposées en épi serré autour d'un axe commun et forment comme une queue de chat. | Partie d'une monture de pierreries qui reçoit les diamants, qui les environne en dessous et dont les bords sont sertis sur la pierre. | Partie d'une bague où se trouve la pierre.

CHATOUILLE, *sf.* V. *Lamprillon.*

CHATOUSIEUX (bois de), *sm.* Bois qui vient de Cayenne, blanc, jaune et rouge, qu'on emploie dans la tabletterie.

CHATOYER, *vn.* Varier de couleur suivant la réflexion de la lumière.

CHAT PARD, *sm.* Espèce de chat sauvage appelée aussi *Lynx de Portugal;* au pl. des *chats pards.*

CHÂTRER, *va.* En parlant d'une roue, lever le cercle de fer qui l'entoure pour resserrer l'assemblage quand il s'y manifeste du jeu.

CHAT SERVELIN, *sm.* V. *Servelin.*

CHATTE, *sf.* V. *Gabare.* | Espèce de chasse-marée à fond plat destinée à la pêche.

CHAT VOLANT, *sm.* V. *Galéopithèque.*

CHAUDER, *va.* Semer de la chaux dans un champ pour l'amender. | On dit aussi *Chauler.*

CHAUDERIE, *sf.* Caravansérail sur les routes de l'Inde pour les voyageurs.

CHAUFOUR, *sm.* Four à chaux.

CHAUFOURNIER, *sm.* Ouvrier ou marchand de chaux.

CHAULER, *va.* Mêler au grain, avant de le semer, de la chaux qui le préserve de la carie; faire tremper les grains dans de l'eau de chaux. | V. *Chauder.* | CHAULAGE, *sm.* Action de —.

CHAUME, *sm.* (*Bot.*) Nom de la tige des graminées appelée vulg. *Paille.* | Dans les Vosges, pâturages élevés.

CHAUS, *sm.* Quadrupède qui vit en Europe et dont le pelage gris clair tirant sur le jaune donne une fourrure assez estimée; on l'appelle aussi *Lynx des marais.*

CHAUSSE, *sf.* Pièce d'étoffe de soie ornée de fourrure que les membres de l'Université portent sur l'épaule gauche dans les cérémonies publiques. | Sac de feutre ou de laine au travers duquel on filtre certaines liqueurs. | —s, *sfpl.* Ancien syn. de *culotte* ou de *caleçon.*

CHAUSSE-TRAPE, *sf.* (*Mil.*) Cheval de frise. V. *Frise.* | Piége pour prendre les loups et autres bêtes. | Espèce de centaurée, plante assez commune dont les fleurs sont armées d'épines; elle est amère et fébrifuge et sa racine a été longtemps considérée comme diurétique.

CHAUVINISME, *sm.* Fidélité à un principe poussée jusqu'à l'exagération, fanatisme irréfléchi, culte stationnaire de la routine. | Particul. admiration aveugle pour tout ce qui flatte l'amour-propre national.

CHAUVIR, *vn.* Dresser les oreilles, les serrer contre la tête: ne se dit que des chevaux, des mulets et des ânes.

CHAVENNE, *sm.* V. *Meunier.*

CHAYA-VER, *sm.* Racine d'une plante de l'Inde appelée *Oldenlande;* elle est rougeâtre et donne une couleur analogue à celle de la garance.

CHAYOTTE, *sf.* Genre de cucurbitacées que l'on cultive dans les pays chauds et dont le fruit, de la grosseur d'un œuf de poule, est agréable à manger.

CHEBEC, *sm.* Bâtiment de guerre pointu des deux bouts, à trois mâts et à rames, en usage dans la Méditerranée.

CHEF, *sm.* Ancien syn. de tête. | (*Blas.*) Partie supérieure de l'écu qui en occupe le tiers ou les deux septièmes.

CHEFFERIE, *sf.* Circonscription dans laquelle un officier du génie exerce les fonctions de chef pour tout ce qui concerne les fortifications, le génie militaire, etc.

CHEIK ou CHEIKH, *sm.* (pr. *chék*). Chef de tribu. | Ce mot s'emploie chez les Arabes dans tous les sens des mots chef, vieillard, seigneur. | En Algérie, chef qui administre et commande le douar, village ou réunion de plusieurs tentes.

CHÉILALGIE, *sf.* (pr. *ké-i-*). (*Méd.*) Toute douleur ressentie dans les lèvres.

CHÉILOCACE, *sm.* (pr. *ké-i-*). (*Méd.*) Gonflement des lèvres avec endurcissement et rubéfaction, mais sans chaleur ni douleur, ne se terminant jamais par suppuration et régnant épidémiquement en Angleterre et en Écosse, où cette maladie sévit principalement sur les enfants.

CHEIROMYS, *sm.* V. *Aye-aye.*

CHEIROPTÈRE, *sm.* et *adj.* (pr. *kè*). (*Zool.*) Se dit des mammifères dont le caractère principal est d'avoir une membrane formée par un repli de la peau, étendue entre leurs quatre membres et formant des espèces d'ailes qui leur permettent de voler: tels sont les *chauves-souris* et les *galéopithèques.*

CHÉLIDOINE, *sf.* (pr. *ké-*). Plante à fleurs jaunes qui croît à l'ombre des vieux murs et qui renferme un suc jaunâtre; on la recommande contre les maladies de la peau. | Petits cailloux presque lenticulaires très-polis, qu'on trouve dans les lits de certains torrents et dans certaines grottes.

CHELMON, *sm.* (pr. *kel-*). Genre de poissons à museau saillant, allongé, en pointe, qui nagent à la surface de l'eau et chassent les insectes en leur lançant des gouttes d'eau qui les font tomber.

CHÉLONIEN, *adj.* et *sm.* CHÉLONIENS, *smpl.* (pr. *ké-*) (*Zool.*) Se dit d'une classe d'animaux dont la tortue est le type, remarquables par deux espèces de cuirasses qui recouvrent leur corps, l'une dessus, l'autre dessous; ils vivent d'herbes et d'insectes et sont ovipares. | CHÉLONÉE, *sf.* (pr. *ké-*). Genre de tortues auquel appartiennent les espèces *caret* et *caouane.*

CHELU, *sm.* Lampe à réflecteur que l'on suspend par un crochet au-dessus du métier du tisserand.

CHEMINAL, *sm.* Cheminée mobile de terre cuite qu'on adapte à un fourneau.

CHEMINEMENT, *sm.* (*Milit.*) Ensemble des travaux exécutés en avant d'une place assiégée pour s'en rendre maître.

CHÉMOSIS, *sm.* (pr. *ké-*). (*Méd.*) Inflammation de l'œil avec bouffissure de la conjonctive.

CHÊNAIE, *sf.* Lieu planté de chênes.

CHENAL, *sm.* Courant d'eau, dans une rivière, bordé des deux côtés de talus en terre ou en maçonnerie; canal pratiqué dans le goulet d'un port pour y faire entrer les vaisseaux.

CHÉNEAU, *sm.* (*Archit.*) Conduit demi-cylindrique ouvert qui règne le long d'un toit pour recevoir les eaux pluviales et les transmettre à la gouttière ou tuyau de descente.

CHÊNETTE, *sf.* Nom de la germandrée, petit-chêne.

CHÈNEVIÈRE, *sf.* Champ où l'on cultive le chanvre. | Épouvantail à —, mannequin que l'on met dans les champs ou dans les jardins pour effrayer et éloigner les oiseaux.

CHÈNEVIS, *sm.* (pr. *vi*). Graine du chanvre, dont on nourrit quelques oiseaux.

CHÈNEVOTTE, *sf.* Partie ligneuse des plantes textiles (chanvre, lin, etc.), quand elles ont été dépouillées de leur filasse; on en fait en quelques endroits des allumettes ainsi que du charbon léger.

CHÉNOPODE, *sm.* (pr. *ké-*). Plante annuelle à feuilles sinuées ou dentées, à tiges striées, à petites fleurs verdâtres en grappes, dont plusieurs espèces sont médicinales; le —*botrys*, qui est originaire du midi de la France, est employé comme antispasmodique; le— *quinoa*, commun au Pérou et cultivé en Europe, donne une salade amère; le — bon henri est l'*ansérine sagittée.* V. ce mot, etc.

CHENU, E, *adj.* Qui est tout blanc de vieillesse.

CHEPTEL, *sm.* (pr. *che-tel*). Contrat par lequel une partie donne à l'autre des animaux susceptibles de croît ou de profit, pour l'agriculture ou le commerce, à l'effet de les garder, de les nourrir, de les soigner, sous les conditions convenues entre elles.

CHÈQUE, *sm.* Ordre écrit donné par un particulier à un banquier chez lequel il a des fonds, de payer à vue une certaine somme au porteur.

CHÉRIF, *sm.* Titre de noblesse que portent les descendants de la famille de Mahomet, par Fatime. | Prince, seigneur. | Petite monnaie d'or d'Égypte valant environ 7 fr. | Chérifat, *sm.* Dignité d'un —.

CHERIMOLIA, Cherimolier, *sm.* V. *Cachiman.*

CHÉRUBIN, *sm.* Dans la liturgie chrétienne, c'est un ange du second chœur de la première hiérarchie.

CHERVI ou Chervis, *sm.* Plante potagère ombellifère dont la racine se mange en hiver; elle a une saveur douce et aromatique.

CHESTER, *sm.* Fromage très-estimé qu'on fait en Angleterre dans le comté de Chester.

CHÉTODON, *sm.* (pr. *ché-*). Poisson acanthoptérygien comestible, dont le caractère principal est d'avoir les dents fines et flexibles; son corps est très-comprimé et paré des couleurs les plus vives.

CHEVAL DE FRISE, *sm.* V. *Frise.*

CHEVALEMENT, *sm.* (*Archit.*) Appareil composé d'une ou de plusieurs pièces de bois placées sur des étais pour soutenir une partie de bâtiment reprise en sous-œuvre.

CHEVALET, *sm.* Ancien instrument de supplice qu'on appliqua aux premiers chrétiens et dont l'inquisition s'est servie pour torturer ses victimes. C'était une table sur laquelle, au moyen de cordes passées dans des trous, on disloquait les os du patient. | Petite pièce de bois servant à élever les cordes de certains instruments. | Instrument de bois sur lequel les peintres appuient les tableaux auxquels ils travaillent. | Tableau de—, grande peinture, sujet important. | Se dit encore de plusieurs instruments servant à supporter, ainsi qu'à élever ou abaisser un ouvrage.

CHEVALIER, *sm.* Le premier degré de la noblesse, immédiatement au-dessous du titre de baron. | Le grade inférieur et le premier accordé dans certains ordres. | Oiseau de l'ordre des échassiers qui vit en troupes nombreuses sur le bord des eaux; c'est dans ce genre que se trouvent les *barges*, le *cul-blanc*, la *grive d'eau*, la *petite alouette de mer*, etc. | Genre de poissons. V. *Ombre.*

CHEVALIÈRE, *sf.* Bague large et épaisse, ornée d'un chaton de même métal et que l'on porte au doigt.

CHEVAL-VAPEUR, *sm.* Unité qu'on emploie pour évaluer la force des machines à vapeur, par analogie avec le travail que peut faire le cheval; elle équivaut à un poids de 75 kilogrammes élevé à la hauteur d'un mètre par seconde.

CHEVANNE, Chevaine, *sm.* V. *Meunier.*

CHEVAUCHEMENT, *sm.* (*Chir.*) Etat d'une fracture dont les fragments se croisent et se placent à côté l'un de l'autre.

CHEVAU-LÉGERS, *smpl.* Compagnies de cavalerie d'apparat qui ont été différemment organisées avant la Révolution Française. | On dit au sing. un *chevau-léger* pour un cavalier de ce corps.

CHEVÊCHE, *sf.* Espèce de chouette d'Europe qui ne chasse qu'au crépuscule et se cache la nuit.

CHEVELÉ, E, *adj.* (*Blas.*) Se dit d'une tête dont les cheveux sont d'une autre couleur que le reste.

CHEVER, *va.* Creuser une pierre précieuse en dessous pour adoucir sa teinte. | Rendre concave une pièce de métal forgée. | Verres *chevés*, verres bombés qui se placent au-dessus du cadran d'une montre.

CHEVET, *sm.* La partie la plus reculée de l'intérieur de l'église, au-delà du maître-autel.

CHEVÊTRE, *sm.* (*Archit.*) Pièce de bois qui soutient d'un bout les solives d'une partie de plancher qui ne peuvent pas porter dans le mur à cause du passage d'un tuyau de cheminée ou de quelqu'autre obstacle. | Autrefois, licou.

CHEVILIÈRE, *sf.* Sorte de tresse ou cordon plat, en fil ou en coton, pour faire des attaches aux jupes, tabliers, caleçons, etc.

CHEVILLARD, *sm.* Nom que l'on donne aux bouchers qui font le commerce à la *cheville*, c.-à-d. achètent, aux abattoirs, des parties de bœufs, de vaches, etc., qui viennent d'être dépecés, au lieu d'acheter directement les animaux sur pied, aux marchés.

CHEVILLÉ, E, *adj.* (*Blas.*) Se dit d'un cerf qui porte des ramures à la sommité de son bois, en forme de couronne.

CHEVILLURE, *sf.* Les andouillers des bois du cerf situés au-dessus du second. V. *Andouiller.*

CHÈVRE, *sf.* Treuil dont la corde s'élève et vient passer sur une poulie située à la partie supérieure d'un trépied en bois; on s'en sert dans les constructions pour élever des fardeaux, tels que les pierres, les poutres, etc. | Outil composé de deux X de bois rejoints par une barre transversale, sur lequel on place le bois que l'on veut scier.

CHEVRET, *sm.* Fromage du Jura de forme ronde, à pâte jaune, fait le plus souvent de lait de chèvre pur.

CHEVRETTE, *sf.* La femelle du chevreuil. | Petit chenet bas sans branche devant. | Pot de faïence à goulot. | Crevette. V. *Salicoque.*

CHEVREUIL, *sm.* Animal plus petit que le cerf et le daim dont il offre à peu près les formes générales; il est commun dans les parcs de l'Europe; c'est un gibier très-estimé.

CHEVRILLARD, *sm.* Petit chevreuil.

CHEVRON, *sm.* (*Archit.*) Pièce de bois qui sert à la couverture d'une maison et qui soutient les lattes sur lesquelles on pose la tuile ou l'ardoise. | (*Blas.*) Toute pièce de deux parties assemblées en angle aigu à peu près comme un A. | Laine de couleur qui vient du Levant.

CHEVROTAIN, *sm.* Mammifère grand au plus comme un lièvre, qui habite l'Asie; il présente en petit la figure du cerf dont il a la légèreté de corps et la finesse de jambes; la plupart de ses espèces portent près de l'anus une poche dans laquelle se trouve la substance appelée *musc*.

CHEVROTINE, *sf.* Gros plomb de chasse dont on se sert pour tirer certaines bêtes fauves; on en compte 160 au demi-kilogramme.

CHEYLÈTE, *sm.* (pr. *keï-*). Arachnide très-petit appelé aussi *pou du papier*, qui attaque les collections et les livres.

CHIAOUX, *sm.* (pr. *chi-*). Sorte d'huissier en Turquie, officier subalterne attaché à la personne des beys et des pachas, et chargé des exécutions.

CHIASTRE, *sm.* (pr. *ki-*). V. *Kiastre.*

CHIBOU, *sm.* Résine produite par un arbre de ce nom qui croît aux Antilles.

CHIBOUQUE, *sf.* (pr. *chi-*). Pipe à long tuyau dont on se sert en Orient; elle est ordinairement munie d'un bouquin d'ambre.

CHICA, *sm.* Boisson spiritueuse faite en Amérique avec la farine de maïs séchée au soleil. | Plante sarmenteuse des feuilles de laquelle les Indiens tirent une couleur rouge qu'ils emploient pour se tatouer le visage.

CHICON, *sm.* Laitue romaine.

CHICORACÉES, *sfpl.* Tribu de la famille des composées dont le type est la | CHICORÉE, *sf.* Plante vivace à suc laiteux, à espèces ou variétés nombreuses, utilisées, les unes pour leurs racines dont on fait la poudre qu'on mêle au café, les autres pour leurs feuilles qu'on mange en salade ou qu'on ordonne en médecine comme tonique.

CHICOT, *sm.* Reste d'arbre qui sort un peu de terre et que les vents ont coupé ou abattu. | Morceau de dent rompue qui reste dans l'alvéole.

CHICOTIN, *sm.* Suc extrêmement amer extrait de la coloquinte, qu'on administre en médecine sous forme de dragées et dont on se sert pour sevrer les enfants.

CHIEN, *sm.* Pièce de la platine avec laquelle on arme le fusil. | — marin ou de mer. V. *Squale.* | — rat, sorte de mangouste du Cap. | — sauvage ou doré. V. *Chacal.* | — volant. V. *Galéopithèque.*

CHIGNOLLE, *sf.* Dévidoir à trois ailes dont se servent les passementiers.

CHILIADE, *sf.* (pr. *ki-*). Série de mille; choses mises ensemble mille par mille; un millier de ces choses.

CHILON, *sm.* (pr. *ki-*). Tuméfaction, gonflement inflammatoire des lèvres.

CHIMÈRE, *sf.* Monstre fabuleux composé de parties de plusieurs animaux; on l'emploie comme ornement d'architecture. | Poisson de un mètre de longueur environ dont la tête a une forme monstrueuse.

CHIMIATRIE, *sf.* Ancienne doctrine qui expliquait tous les phénomènes de la vie par des combinaisons chimiques, et qui prétendait guérir les maladies par des moyens chimiques.

CHIMICAGE, *sm.* Opération qui consiste à déposer la pâte phosphorée sur les allumettes.

CHIMOINE, *sm.* Espèce de stuc ou de ciment formé de chaux faite avec des coquilles calcinées et qui peut se polir de manière à imiter le marbre.

CHIMPANZÉ, *sm.* Espèce de troglodyte, singe à bras courts, qui habite la Guinée et le Congo; on l'appelle aussi *pongo* et *jocko*.

CHINA-GRASS, *sm.* Espèce d'ortie à fleurs blanches, originaire de Chine et cultivée en Europe; on peut extraire de sa tige une matière textile analogue au lin ou au chanvre.

CHINCHILLA, *sm.* (pr. *chain-chil-la*)). Animal rongeur de la taille d'un écureuil et d'un beau pelage gris, ondulé de blanc; sa peau fournit une fourrure très-recherchée. | Couleur de gris ondulé de blanc.

CHINEUR, *sm.* Chercheur d'occasions, homme qui est en quête des marchés avantageux avec des détenteurs ignorants.

CHIOURME, *sf.* Se dit des forçats employés à ramer sur une galère. | Se dit de l'ensemble des forçats d'un bagne.

CHIPAGE, *sm.* Macération de basanes et de cuirs de veaux destinés à la reliure, dans une solution de tan concentrée.

CHIPEAU, *sm.* Espèce de canard qu'on appelle aussi *ridelle*.

CHIQUE, *sf.* Espèce de puce d'Amérique qui s'introduit sous la peau, s'y gonfle, en y formant ses œufs, et peut occasionner un ulcère dangereux; on l'appelle aussi *Talpier.* | Cocon peu fourni en soie, résultant d'un ver mort; soie qui en provient. | Petite boule de marbre, de pierre, d'agate ou de stuc qui sert de jouet aux enfants et qu'on appelle aussi *Bille.* | Tasse de très-petite dimension.

CHIRAGRE, *adj.* et *sm.* (pr. *ki-*). (*Méd.*) Se dit des malades chez lesquels la goutte attaque les mains.

CHIROGRAPHAIRE, *adj.* (pr. *ki-*). (*Jurisp.*) Se dit des dettes et des créances établies par un acte sous seing-privé, c.-à-d. ne comportant pas une inscription hypothécaire. | Charte —. V. *Chirographe.*

CHIROGRAPHE, *sm.* (pr. *ki-*). Tout acte revêtu de la signature autographe d'un souverain. | — ou Charte chirographaire. Actes écrits en double sur une même feuille de parchemin, laquelle était ensuite séparée en deux, suivant une ligne de majuscules ou de vignettes, comme aujourd'hui nos feuilles de registre à souche.

CHIROGYMNASTE, *sm.* (pr. *ki-*) Instrument à l'usage des pianistes, renfermant neuf appareils destinés à donner de l'extension à la main, de l'écart et de l'indépendance aux doigts.

CHIROMANCIE, *sf.* (pr. *ki-*). Art prétendu de deviner la destinée et le tempérament d'une personne par l'inspection de la main et des lignes qu'elle renferme.

CHIRON, *sm.* Larve de mouche qui mange les olives. | Tas de pierres.

CHIRONECTE, *sm.* (pr. *ki*). Espèce de sarigue de 75 cent. de longueur, qui habite le bord des rivières de la Guyane. | Poisson acanthoptérygien voisin de la baudroie, qui habite la mer des Indes et qui peut se dresser à la surface de la mer au moyen de ses nageoires et poursuivre ainsi sa proie.

CHIRONIEN, NE, *adj.* (pr. *ki-*) (*Méd.*) Se dit des plaies invétérées et difficiles à guérir.

CHIRONOMIE, *sf.* (pr. *ki-*). Partie de la mimique et de l'art de la déclamation, renfermant les règles qui dirigent les gestes, les poses, etc.

CHIROPLASTE, *sm.* (pr. *ki-*). Petit appareil qu'on adapte au clavier d'un piano pour faciliter l'étude du doigté.

CHITE, Chitte, *sf.* Toile de l'Inde imprimée, dont le fond porte des dessins de fleurs et de rameaux de diverses couleurs.

CHLAMYDE, *sf.* (pr. *kla-*) (*Ant.*) Manteau des Grecs qui s'agrafait sur l'épaule. | Manteau court que portaient les soldats romains en campagne. | Chlamydon, *sm.* Petite tunique courte que portaient les femmes.

CHLEUASME, *sm.* (pr. *kleu-*) (*Litt.*) Figure consistant en une ironie fine par laquelle on parait attirer sur soi le blâme qui doit retomber sur un autre.

CHLORATE, *sm.* (pr. *klo-*) (*Chim.*) Sel qui résulte de la combinaison de l'acide chlorique avec une base. | — de potasse, cristal blanc sans odeur, à saveur fraiche et acerbe, faisant facilement explosion et employé à la fabrication des briquets et des allumettes chimiques; on s'en est aussi servi en médecine contre la phthisie, la fièvre typhoïde et quelques maladies d'infection.

CHLORE, *sm.* (pr. *klo-*). Corps simple, gazeux, jaune foncé, qui se trouve dans la nature en combinaison avec divers corps sous le nom de *chlorures*; il décolore rapidement les substances organiques et s'emploie pour ce motif dans le blanchiment des tissus; il est utilisé aussi pour absorber les miasmes délétères. | Chlorique, *adj.* Se dit d'un des acides qui résultent de la combinaison du — avec l'oxygène; un autre porte le nom d'acide *chloreux*.

CHLORHYDRIQUE, *adj.* (pr. *klo-ri-*) (*Chim.*) Acide qui résulte de la combinaison de l'hydrogène avec le chlore; il donne naissance, en se combinant avec des bases, à plusieurs sels qui prennent le nom de *Chlorhydrates*.

CHLORITE, *sf.* (*Minér.*) Terre verte plus ou moins alumineuse, mais moins que l'argile.

CHLORO-ANÉMIE, *sf.* (*Méd.*) État chlorotique, compliqué d'anémie; appauvrissement général de l'économie.

CHLOROFORME, *sm.* (pr. *klo-*). Corps composé de chlore, de carbone et d'hydrogène, doué de la propriété de *suspendre la sensibilité*; on l'emploie, avec beaucoup de réserve, à cause de son action toxique, comme anesthésique, calmant, antispasmodique et rubéfiant.

CHLOROPHYLLE, *sm.* (*Chim.*). Matière colorante verte qui se trouve principalement dans les feuilles, les tiges et les calices des plantes.

CHLOROSE, *sf.* (pr. *klo-*) (*Méd.*) Maladie propre au sexe féminin et spécialement aux jeunes filles, caractérisée par une langueur générale, une teinte pâle de la peau et divers accidents organiques; on l'appelle vulgairement *les pâles couleurs*. | Chlorotique, *adj.* Atteint de —, qui concerne la —.

CHLORURE, *sm.* (*Chim.*) Combinaison de chlore avec un corps autre que l'oxygène ou l'hydrogène. | — d'antimoine ou *beurre d'antimoine*, substance caustique très-énergique qu'on emploie pour brûler les verrues, les pustules, les morsures d'animaux enragés; on s'en sert aussi pour bronzer les canons de fusil et certains cuirs pour chaussures de fantaisie. | — de barium, substance vénéneuse employée à petites doses contre les scrofules et les dartres. | — de chaux, poudre blanche employée comme désinfectant et décolorant. | — de potasse et de soude, ou *Eau de javelle*, produit employé au blanchiment, à la désinfection, etc. | — de mercure. V. *Calomel* et *Sublimé corrosif*. | — d'or et de sodium, sel jaunâtre administré contre certaines maladies de la peau. | — de sodium; c'est le sel ordinaire de cuisine, sel marin. | — de zinc, ou *beurre de zinc*, médicament antispasmodique, caustique et désinfectant.

CHLORURER, *va.* (pr. *klo-*). Imprégner de chlore ou de chlorure de chaux.

CHOCOTTE, *sf.* V. *Choucas*.

CHOÉPHORES, *smpl.* (pr. *koé-*) (*Ant.*) Esclaves qui portaient les offrandes destinées aux morts.

CHŒUR, *sm.* (*Archit.*) Partie de l'église séparée de la nef par une grille plus ou moins élevée, au centre de laquelle se trouve le maître-autel et dans laquelle se tient le clergé.

CHOIN, *sm.* Plante de la famille des cypéracées qui ressemble un peu au *souchet*. | Pierre de —, calcaire coquillier de couleur ardoise des environs de Lyon; on l'emploie dans les constructions, et on extrait de la chaux.

CHOLAGOGUE, *adj.* (pr. *ko-*) (*Méd.*) Se

dit des purgatifs qui agissent spécialement sur l'appareil biliaire.

CHOLÉCYSTE, *sf.* (pr. *ko-*) (*Anat.*) Vésicule du fiel, poche membraneuse et pyriforme, logée sous le lobe droit du foie, adhérant à cet organe par une couche de tissu cellulaire et servant de réservoir à la bile.

CHOLÉDOQUE, *adj.* (pr. *ko-*) (*Anat.*) Se dit du conduit qui verse la bile dans le duodénum.

CHOLÉRA ou CHOLÉRA-MORBUS, *sm.* Maladie aiguë des voies digestives, épidémique ou sporadique, qui peut amener rapidement la mort par des vomissements nombreux, des déjections alvines, des spasmes, des crampes très-douloureuses dans les membres, etc. | CHOLÉRIQUE, *adj.* et *sm.* Qui concerne le — ou qui est atteint du —.

CHOLESTÉRINE, *sf.* (pr. *ko-*) (*Chim.*) Matière grasse et cristallisable qu'on a trouvée dans les calculs biliaires, qu'elle constitue presque exclusivement, dans le sérum du sang, dans le cerveau, dans le jaune d'œuf, ainsi que dans certaines substances végétales.

CHOLETTE, *sf.* Toile de lin fabriquée à Cholet.

CHONDRINE, *sf.* (pr. *kon-*). Sbbstance analogue, sous quelques rapports, à la gélatine, et qui se retire des cartilages de divers animaux.

CHONDRITE, *sf.* (pr. *kon-*) (*Méd.*) Inflammation des cartilages.

CHONDROPTÉRYGIENS, *smpl.* (pr. *kon-*) (*Hist. nat.*) Classe de poissons appelés aussi *cartilagineux*. V. ce mot.

CHOPINE, *sf.* Ancienne mesure de capacité pour les liquides qui équivalait à 45 centilitres environ.

CHOQUARD, *sm.* Oiseau de l'ordre des omnivores, à bec orangé et à pieds rouges, à plumage noir semblable à celui du corbeau, dont il a les mœurs; il habite les hautes montagnes d'Europe.

CHOQUE, *sm.* Outil de cuivre à poignée dont se sert le chapelier pour donner au feutre la forme conique du chapeau.

CHORAGIES, *sfpl.* (pr. *ko-*) (*Ant.*) Réunion de jeunes filles dans certaines cérémonies funèbres. | CHORAGIQUE, *adj.* Qui concerne, qui rappelle les — ou le *chorége*. (V. ce mot).

CHORAL, *adj.* (pr. *ko-*). Du chœur, qui a rapport aux chœurs. | *sm.* Chant d'église, mélodie usitée dans les cérémonies du culte, d'un mouvement lent et entièrement composée de notes d'une égale valeur. | Chœur d'une chapelle, ensemble des chantres.

CHORÉE, *sf.* | CHORÉMANIE, *sf.* (pr. *ko-*). (*Méd.*) Névrose de nature inconnue dont les symptômes consistent en des mouvements continuels, irréguliers et involontaires d'une partie ou de la totalité des muscles soumis à l'empire de la volonté.

CHORÉGE, *sm.* (pr. *ko-*). (*Ant.*) Celui qui fournissait les chœurs pour les fêtes scéniques et qui pourvoyait aux divers frais du théâtre; ces fonctions étaient gratuites, mais elles procuraient des dignités élevées et de grands honneurs.

CHORÉGRAPHIE, *sf.* (pr. *ko-*). Art de noter, d'écrire les figures de la danse. | Art de la danse. | CHORÉGRAPHIQUE, *adj.* Qui concerne la —.

CHORÉMANIE, *sf.* (pr. *ko-*). V. *Chorée.*

CHORÉVÊQUE, *sm.* (pr. *ko-*) (*Eccl.*) Nom que portaient autrefois les vicaires de l'évêque, qui exerçaient leurs fonctions dans certains bourgs. | Chef du chœur dans certaines cathédrales allemandes.

CHORION, *sm.* (pr. *ko-*). (*Anat.*) Double membrane, tendre à l'intérieur, dure à l'extérieur, qui enveloppe l'œuf.

CHORISTE, *s.* (pr. *ko-*). Celui, celle qui chante dans un chœur, à l'église ou au théâtre.

CHOROGRAPHIE, *sf.* (pr. *ko-*). Art de tracer les contours principaux d'une contrée, d'une région, sans indiquer les détails.

CHOROÏDE, *sf.* et *adj.* (pr. *ko-*) (*Anat.*) Se dit d'une membrane très-mince, de couleur noirâtre, qui tapisse la partie postérieure de l'œil; elle a pour objet d'absorber la lumière reçue par la rétine, derrière laquelle elle est située, afin que les images se forment nettement sur cette dernière. | CHOROÏDITE, *sf.* Inflammation de la —.

CHOUAN, *sm.* Nom qui fut donné aux Vendéens armés contre la République Française en 1793. | CHOUANNER, *vn.* Faire la guerre à la façon des —s, c.-à-d. par embuscades, etc. | CHOUANNERIE, *sf.* L'insurrection, la guerre des —s.

CHOUAN, *sm.* (pr. *kouan*). V. *Anabase.*

CHOUCAS, *sm.* (pr. *-ca*). Espèce de corbeau ou de petite corneille à plumes noires nuancées de violet, qui vole autour des clochers; on l'appelle aussi *corneillon*. | Syn. de *choquard*.

CHOUCROUTE, *sf.* Aliment formé par les feuilles d'une variété de chou qu'on coupe en rubans très-fins, qu'on sale et qu'on laisse fermenter dans un tonneau, après quoi on la recouvre d'eau salée; on la coupe par tranches et on la fait cuire avec du lard, du jambon, etc.

CHOUETTE, *sf.* Oiseau nocturne dont les yeux sont très-grands, presque circulaires et dirigés en avant; elle habite les lieux sombres et se nourrit de petits oiseaux, de taupes, de rats, d'insectes, etc.

CHOUPILLE, *sf.* Chien pour la chasse au vol ou au tir.

CHOUQUET, *sm.* Pièce de bois de chêne percée de deux trous et reliant entre elles les pièces des mâts sur les navires. | Billot pour l'exécution des condamnés.

CHRÉMATISTIQUE, *sf.* Terme d'économie politique désignant la science d'acquérir des biens et de les conserver; la partie de l'économie qui traite des richesses.

CHRÊME, *sm.* Huile sacrée employée en onctions dans l'église catholique pour l'administration des sacrements du baptême, de la confirmation, de l'ordre et de l'extrême-onction.

CHRÊMEAU, *sm.* Petit bonnet que l'on met sur la tête de l'enfant après la cérémonie du baptême.

CHRESTOMATHIE, *sf.* Recueil de morceaux choisis, en prose ou en vers, dans différents auteurs d'une même langue.

CHRIE, *sf.* (*Litt.*) Narration, discours en forme sur un sujet quelconque. | Amplification que les anciens rhéteurs donnaient à faire à leurs écoliers.

CHRISME, *sm.* Abréviation, dans les anciens manuscrits, du mot *Christus* et de ses diverses formes.

CHRISTE-MARINE, *sf.* V. *Bacile.*

CHRISTIAN, *sm.* Monnaie d'or du Danemark, qui vaut environ 20 fr.

CHROMATE, *sm.* (*Chim.*) Sel produit par la combinaison de l'acide chromique avec une base; si la proportion d'acide chromique est doublée, le sel s'appelle *bichromate;* ce sont en général des poisons. | — de plomb, jaune de chrome, substance employée dans la peinture à l'huile et sur poteries. | —s de potasse, sels qu'on emploie pour la fabrication des toiles peintes; les —s de soude s'emploient aux mêmes usages. | — ou chromite de fer. V. *Sidérochrome.*

CHROMATIQUE, *adj.* et *sm.* (*Mus.*) Se dit de tout morceau qui procède par demi-tons. | (*Phys.*) Coloré par nuances. | —, *sf.* Coloris, art de peindre les couleurs.

CHROME, *sm.* Métal très-difficile à isoler, qu'on obtient rarement pur et qui d'ailleurs n'a d'utilité dans l'industrie qu'à l'état de combinaison (sels) avec d'autres corps. | CHROMIQUE, *adj.* Se dit de l'acide que forme le — combiné avec l'oxygène.

CHROMOLITHOGRAPHIE, *sf.* V. *Lithochromie.*

CHROMOPHOTOGRAPHIE, *sf.* Photographie en couleur.

CHROMULE, *sm.* V. *Chlorophylle.*

CHRONIQUE, *adj.* (*Méd.*) Désigne une affection dont la durée est prolongée, par opposition à la dénomination de maladie *aiguë*, et dont la marche est lente et dépourvue de phénomènes violents. | CHRONICITÉ, *sf.* Etat des maladies —s.

CHRONOGRAMME, *sm.* (*Litt.*) Vers ou phrase dans lesquelles certaines lettres qui représentent des sommes forment, étant additionnées, un nombre qui est la date de quelque *événement mémorable rappelé par ces vers.*

CHRONOLOGIE, *sf.* Etude, science du temps, de ses divisions, et du classement des dates des événements mémorables.

CHRONOMÈTRE, *sm.* Instrument pour mesurer le temps. | Montre construite avec la plus grande précision et marchant très-régulièrement; on s'en sert toutes les fois qu'on a besoin d'indications très-exactes et particul. dans l'astronomie et dans la navigation.

CHRONOMÉTRIE, *sf.* Science de la mesure du temps. | Principes de l'art de l'horloger.

CHRYSALIDE, *sf.* (*Zool.*) Troisième transition de la vie de certains insectes, état dans lequel se trouve leur *larve* (*V. ce mot*) qui reste pendant quelque temps enfermée dans une coque fibreuse d'où elle sort définitivement transformée en mouche ou papillon.

CHRYSIS, *sm.* Insecte hyménoptère de *très-petite taille*, dont le corps brille d'un très-bel éclat doré.

CHRYSOBÉRYL, *sm.* V. *Cymophane.*

CHRYSOCALE, *sm.* Sorte d'alliage qu'on emploie à la confection des bijoux faux les plus communs; il contient 6 à 8 parties de zinc, 6 parties d'étain et 86 à 88 parties de cuivre; on dit aussi *Chrysocalque.*

CHRYSOCHLORE, *sm.* Animal assez voisin de la taupe, dont une espèce, qui habite le Cap, présente un pelage d'un vert à reflets bronzés très-remarquable.

CHRYSOCOLLE, *sf.* Ancien nom du borax, qui sert à souder l'or. | V. *Achirite.*

CHRYSOLITHE, *sf.* (*Minér.*) Pierre précieuse jaune, et spécialement la topaze et le corindon jaune de l'Inde. | — d'Espagne ou de Saxe. V. *Apatite.* | — du Vésuve. V. *Idocrase.* | — des volcans, ou — ordinaire. V. *Péridot.* | — chatoyante ou orientale, variété de cymophane.

CHRYSOMÈLE, *sm.* Insecte coléoptère à couleurs brillantes, qui fuit la lumière; il ressemble beaucoup à la cantharide à laquelle on le mêle quelquefois dans le commerce, et jouit, dit-on, de propriétés odontalgiques.

CHRYSOPALE, *sf.* V. *Cymophane.*

CHRYSOPRASE, *sf.* (*Minér.*) Calcédoine vert clair nuancé de jaune, qui contient des paillettes d'or. | — d'Orient, variété de topaze jaune verdâtre.

CHUINTER, *vn.* Crier comme la chouette. | Prononcer le *j* et le *ch* avec une espèce de sifflement. | CHUINTANT, E, *adj.* Se dit des articulations qui produisent le sifflement comme le *g* accompagné de l'*e*, le *c* accompagné de l'*h*.

CHULARIOSE, *sf.* (pr. *ku-*) (*Chim.*) Sucre végétal et partie du sucre ordinaire qui ne peut pas cristalliser.

CHURI, *sm.* Espèce d'autruche d'Amérique appelée aussi *Nandou*. V. ce mot.

CHYLE, *sm.* Liquide blanchâtre, séparé des

aliments par la digestion, chez la plupart des animaux, et qui se transforme en sang. | Chylification, *sf.* Opération par laquelle se forme le —. | Chylifère, *adj.* Qui porte le —.

CHYME, *sm.* Substance pulpeuse, grisâtre ou verdâtre, produit de la digestion, qui se sépare en deux parties, dont l'une forme le chyle et l'autre les excréments. | Chymification ou Chymose, *sf.* Conversion des aliments en —, produite par la digestion stomacale.

CIBAIRE, *adj.* Qui concerne les aliments.

CIBAUDIÈRE, *sf.* Filet de pêche à larges mailles, à fils très-déliés, qu'on emploie pour la pêche sur mer.

CIBOIRE, *sm.* Vase d'or ou d'argent doré destiné à la conservation des hosties consacrées par le prêtre.

CIBOULE, *sf.* Espèce d'ail à odeur moins forte que l'ail commun et qu'on cultive pour ses feuilles qui servent d'assaisonnement. | Ciboulette, *sf.* Petite —, dont les feuilles sont plus minces.

CICADAIRE, *smpl.* Famille d'insectes hémiptères dont le type est la cigale.

CICÉRO, *sm.* Caractère d'imprimerie, qu'on appelle aussi *onze*, parce que son corps est de 11 points.

CICERONE, *sm.* (pr. *tchichéroné*) (*Ital.*) Celui qui montre aux étrangers les curiosités d'une ville, d'un pays. | Au pl. des *ciceroni.* | On écrit aussi *cicéroné* et au pl. des *cicéronés.*

CICINDÈLE, *sm.* Coléoptère des lieux secs à reflets métalliques, dont une espèce, commune aux environs de Paris, fait la chasse aux fourmis qu'elle attend en embuscade dans de petits souterrains.

CICURATION, *sf.* Action d'apprivoiser les animaux, de les rendre domestiques.

CICUTAIRE, *sf.* Plante de la famille des ombellifères à suc jaunâtre, voisine de la ciguë et vénéneuse comme elle.

CICUTINE, *sf.* V. *Conéine.*

CID, *sm.* Chez les Maures d'Espagne, et au moyen âge, ce mot signifiait seigneur, chef, commandant.

CIDRE, *sm.* Boisson alcoolique de jus de pommes fermenté qui remplace le vin dans le nord de la France.

CIGALE, *sf.* Insecte hémiptère, long de 4 à 5 centimètres, dont la tête est courte et large, les ailes à nervures et transparentes disposées en toit, et qui produit dans les champs un bruit monotone et perçant au moyen de deux membranes élastiques placées sous son abdomen.

CIGOGNE, *sf.* Oiseau de l'ordre des échassiers haut de 1 m. à 1 m. 50, qui vit le long des rivières et se nourrit de reptiles et de poissons ; il émigre tous les ans en troupes nombreuses.

CIGUË *sf.* Plante ombellifère, à fleurs blanches et à fruits globuleux, dont une espèce, dite la grande —, qui a des feuilles vert foncé et un peu luisantes, contient un poison très-actif, et s'emploie en médecine comme narcotique dans le cancer, les scrofules, la goutte, etc.

CIL, *sm.* Nom que portent les poils qui bordent les paupières de tous les mammifères.

CILIAIRE, *adj.* (*Anat.*) Qui tient, qui a rapport aux cils. | Procès —s, membrane qui se trouve derrière l'iris et qui est sillonnée d'un grand nombre de plis rayonnants.

CILICE, *sm.* Espèce de large ceinture faite d'un tissu de poil de chèvre ou de cheval, ou de quelqu'autre poil rude et piquant qu'on porte sur la peau par mortification. | Vêtement fait entièrement de cette matière.

CILIÉ, E, *adj.* (*Hist. nat.*) Bordé de poils ; se dit particul. de certains zoophytes munis d'organes en forme de cils.

CIME, *sf.* (*Bot.*) Groupe de fleurs différant du corymbe en ce que les pédoncules sont divisés irrégulièrement.

CIMENT, *sm.* Mortier naturel ou artificiel, composé d'argile calcinée et de chaux, qui durcit à l'eau.

CIMETERRE, *sm.* Sabre oriental à manche, à lame recourbée, échancrée à la pointe.

CIMICIDES, *smpl.* (*Zool.*) Famille d'insectes hémiptères, dont la punaise est le type.

CIMIER, *sm.* (*Blas.*) Sommet d'un casque surmonté d'un ornement. | Croupe du cerf.

CIMIFUGE, *adj.* Qui chasse les punaises.

CIMOLIENNE ou Cimolite, *sf.* Espèce d'argile appelée aussi terre *cimolée*, qui vient d'une île de l'Archipel où l'on s'en sert pour blanchir le linge ; on l'a employée comme médicament astringent et résolutif.

CINABRE, *sm.* Composé de soufre et de mercure qu'on appelle aussi *sulfure rouge de mercure* ; c'est une substance rouge cristallisée, feuilletée ou pulvérulente, qu'on trouve en Hongrie, en Autriche, en Espagne, au Mexique et en Chine ; on le prépare aussi artificiellement ; c'est une belle couleur rouge qu'on a employée, réduite en poudre, sous le nom de *vermillon*, dans la peinture à l'huile et à l'aquarelle ; on s'en sert aussi contre certaines maladies de la peau.

CINAROCÉPHALES, *sfpl.* (*Bot.*) Classe de plantes renfermant l'artichaut et les plantes ayant la même structure.

CINCHONA, *sm.* (pr. *ko-*) V. *Quinquina.*

CHINCHONIFÈRE, *adj.* (pr. *ko-*) Qui porte le quinquina ; se dit des arbres qui fournissent les écorces de quinquina employées en médecine.

CINCHONINE, *sf.* (pr. *ko-*) (*Chim.*) L'un des deux alcaloïdes qui existent dans le quinquina ; il est moins actif que la quinine, mais il trouble moins l'économie.

CINCLE, *sm.* Oiseau de l'ordre des insectivores qui ressemble assez au merle et dont l'espèce indigène d'Europe, dite merle d'eau, jouit de la propriété de plonger dans les rivières et de marcher pendant quelques instants au fond de l'eau, où il chasse les insectes aquatiques dont il se nourrit.

CINÉMATIQUE, *sf.* (*Phys.*) Science du mouvement, étude des mouvements en eux-mêmes et de leurs rôles dans les machines. | Etude des dispositions à donner aux organes mécaniques auxquels doit être imprimé un mouvement voulu.

CINÉRAIRE, *adj.* Qui renferme des cendres. | *sf.* Plante synanthérée cultivée dans les parterres.

CINÉSIE, *sf.* V. *Kinésie.*

CINGLER, *vn.* Naviguer, en parlant de la direction que prend le navire.

CINNAME ou CINNAMOME, *sm.* V. *Cannelle.*

CINTRE, *sm.* Figure en arc de cercle. | Forme des voûtes qui décrivent un arc de cercle. | Plein —, demi-circonférence. | Partie d'une salle de spectacle qui est au-dessus du théâtre.

CION, *sm.* (*Méd.*) Tuméfaction de la luette.

CIONITE, *sf.* V. *Staphylite.*

CIPAYE, *sm.* Indigène de l'Inde enrégimenté au service d'un gouvernement européen.

CIPOLIN, *sm.* Marbre feuilleté d'une couleur verdâtre, à ondulations blanches ou fond blanc mêlé de vert, que l'on trouve particulièrement en Italie.

CIPPE, *sm.* Fût de colonne dépourvu de base et de chapiteau, sur lequel on gravait autrefois des inscriptions funèbres et qu'on plaçait sur des tombeaux, ou qui servait de pierre milliaire.

CIRCAÈTE, *sm.* Grand oiseau de proie qui est désigné, en termes de fauconnerie, sous le nom de *Jean-le-Blanc.*

CIRCASSIENNE, *sf.* Tissu de couleur unie ou mélangée, croisé, satiné, chaîne coton, trame laine cardée, qu'on fabrique à Reims pour robes et paletots d'été.

CIRCINÉ, E, *adj.* (*Bot.*) Se dit des feuilles qui se roulent sur elles-mêmes de haut en bas.

CIRCONVALLATION, *sf.* (*Milit.*) Ensemble de fortifications passagères qui entourent un camp.

CIRCUMNAVIGATION, *sf.* Navigation autour du monde.

CIRCUMPOLAIRE, *adj.* Qui environne les pôles.

CIRE, *sf.* Matière onctueuse, jaunâtre, odorante, qui se trouve, mêlée au miel, dans les ruches d'abeilles. | Sorte de laque ou de résine colorée diversement qui sert à cacheter les lettres. | (*Zool.*) Membrane molle qui occupe le haut du bec des oiseaux de proie et dans laquelle les narines sont percées.

CIRON, *sm.* Nom que l'on donne à tous les animalcules de quelque genre qu'ils soient, qui se fixent en troupes nombreuses sur la viande desséchée, le vieux fromage, sous les feuilles des arbres, etc.; on a pris longtemps ces animaux comme modèle de l'infiniment petit et comme la limite inférieure de la vie animale; mais depuis l'invention du microscope on a découvert des infusoires mille millions de fois plus petits que le ciron.

CIROUELLE, *sf.* Fruit savoureux des pays tropicaux.

CIRRE, CIRRHE, *sm.* (*Bot.*) Vrille; appendices filiformes de certaines plantes grimpantes au moyen desquels elles s'accrochent aux corps voisins. | Appendice que portent les *cirrhipèdes.* V. ce mot.

CIRRHIPÈDES, CIRRHOPODES, *smpl.* (*Zool.*) Classe d'animaux articulés formant le passage naturel entre les crustacés et les annélides, et renfermant ceux dont le corps mou est pourvu d'appendices fort longs, cornés, appelés *cirrhes.*

CIRRHOSE, *sf.* V. *Scirrhose.*

CIRRO-CUMULUS, *sm.* Système de petits nuages arrondis et pressés les uns contre les autres; c'est un mélange de *cirrus* et de *cumulus.*

CIRRO-STRATUS, *sm.* Bande horizontale de nuages, concave et onduleuse par le bas, descendant généralement vers l'horizon où elle est très-dense.

CIRRUS, *sm.* (pr. *cir-russ*). Nuage ressemblant à une touffe de cheveux ou de plumes ou à une houppe de franges éparpillées; il se tient à 5000 mètres et plus au-dessus du sol et annonce du vent.

CIRSOMPHALE, *sm.* (*Méd.*) Tumeur formée par la dilatation variqueuse des veines qui avoisinent l'ombilic.

CISAILLES, *sfpl.* Gros ciseaux qui servent pour couper la tôle, le fer-blanc, le zinc, etc.

CISALPIN, E, *adj.* Qui est en deçà des Alpes, par rapport à la France; c'est l'opposé de *Transalpin.*

CISELET, *sm.* Petit ciseau de fer délié et long comme le doigt dont se servent les sculpteurs.

CISOIRS, *smpl.* Gros ciseaux à manche, propres à couper l'or, l'argent et les autres métaux.

CISRHÉNAN, E, *adj.* Qui est en deçà du Rhin, par rapport à la France; c'est l'opposé de *Transrhénan.*

CISSE, *sf.* Plante grimpante d'Amérique dont la structure est voisine de celle de la vigne, et dont une espèce, appelée *Vigne vierge*, est acclimatée en Europe où l'on en garnit des berceaux, des treillages, etc.

CISSIPA, *sm.* V. *Moussache.*

CISSOÏDE, *sf.* (*Math.*) Courbe jouissant de propriétés particulières et ressemblant un peu au périmètre d'une feuille de lierre.

CISTE, *sm.* Plante dont quelques espèces indigènes sont petites, étalées, et portent de belles fleurs jaunes ou blanches, et dont la plupart des espèces exotiques sont des arbustes odoriférants; tel est le *ladanum*, commun dans l'Archipel et qui produit, ainsi que quelques autres cistes, la gomme odorante connue sous ce nom. | (*Ant.*) Corbeille que portaient dans certaines cérémonies religieuses des jeunes filles appelées *Cistophores*.

CISTOPHORE, *sm.* | *sf.* V. *Canéphore* et *Ciste.* | *sm.* Médaille représentant une corbeille et que l'on croit avoir été frappée pour les | CISTOPHORIES, *sfpl.* Fêtes célébrées dans l'antiquité en l'honneur de Bacchus.

CISTRE, *sm.* V. *Sistre.*

CISTUDE, *sf.* Tortue d'Europe dont la plupart des espèces vivent dans les eaux tranquilles ou courantes.

CITÉRIEUR, E, *adj.* Qui est en deçà, en parlant d'un pays; c'est l'opposé d'*ultérieur.*

CITERNE, *sf.* Lieu souterrain et voûté où l'on conserve les eaux. | CITERNEAU, *sm.* Petite —, qui précède la — et dans laquelle les eaux se clarifient.

CITHARE, *sf.* (*Ant.*) Sorte de guitare de forme ovale, à manche, et dont on pinçait les cordes avec les doigts.

CITRATE, *sm.* (*Chim.*) Sel formé par la combinaison de l'acide citrique avec les bases; le — de magnésie est un purgatif doux; le — de fer est un tonique et un astringent.

CITRE, *sm.* V. *Thuya.*

CITRIN, NE, *adj.* Qui est de la couleur du citron.

CITRIQUE, *adj.* Se dit d'un acide qui se trouve dans le jus de citron et dont on fait des boissons rafraîchissantes et antiseptiques; on la préconise contre le scorbut.

CITRONNAT, *sm.* Écorce de citron récente, blanchie, égouttée, confite au sucre et glacée.

CITRONNELLE, *sf.* Nom donné à plusieurs plantes qui ont une odeur de citron, particul. à une mélisse et à une armoise.

CITROUILLE, *sf.* Nom par lequel on désigne toutes les espèces du genre courge, dont la plupart sont comestibles.

CITULE, *sf.* V. *Carangue.*

CIVADIÈRE, *sf.* (*Mar.*). Voile carrée qui se grée sous le mât de beaupré.

CIVE, *sf.* Oignon de petite taille. | V. *Ciboule.*

CIVELLE, *sm.* V. *Lamprillon* et *Montée.*

CIVETTE, *sf.* Genre de digitigrades des contrées chaudes de l'Afrique, dont les ongles sont à demi-rétractiles et qui sont munis, près de l'anus, d'une poche d'où suinte une humeur odorante. | Nom que prend cette humeur concrétée; c'est une matière épaisse, grasse, onctueuse, ayant la consistance du miel, l'odeur du musc et une saveur âcre et brûlante. | V. *Ciboulette.*

CIVIÈRE, *sf.* Appareil au moyen duquel deux hommes portent à bras des pierres et d'autres fardeaux; il est composé de deux forts leviers parallèles réunis par plusieurs traverses appelées *esparts.*

CLABAUD, *sm.* Mauvais chien de chasse aux oreilles pendantes, et qui aboie mal à propos.

CLADOBATE, *sm.* Petit mammifère de l'archipel Indien, à museau très-pointu, à queue longue et velue; il monte sur les arbres avec beaucoup d'agilité.

CLAIE, *sf.* Entrelacement de plusieurs baguettes de coudrier ou d'autre bois flexible, soit parallèles, soit perpendiculaires les unes sur les autres, servant soit de barrière, soit à d'autres usages.

CLAIRCE, *sf.* Sirop de sucre blanc et clarifié à froid. | CLAIRÇAGE, *sm.* Opération qui consiste à filtrer la— au travers du sucre cristallisé et encore enfermé dans les formes afin de le blanchir. | CLAIRCER, *va.* Pratiquer le clairçage.

CLAIRETTE, *sf.* V. *Luzette.* | Variété de raisin très-blanc, et de vin fait de ce raisin.

CLAIRON, *sm.* Instrument de musique militaire ressemblant à la trompette, mais dont les notes sont plus aiguës. | Dans l'orgue, jeu d'anches donnant des sons très-aigus. | Petit insecte qui dépose sa larve dans les ruches d'abeilles, où elle fait beaucoup de ravages.

CLAMEUX, SE, *adj.* Qui crie, qui fait du bruit.

CLAMPONNIER, *sm.* V. *Champonnier.*

CLAN, *sm.* Tribu écossaise formée de la réunion de plusieurs familles. | Association quelconque.

CLANCHE ou CLANCHETTE, *sf.* Partie du loquet qui tient la porte fermée en reposant sur le mentonnet; elle est soulevée par un petit levier qui se termine du côté de l'extérieur en s'élargissant et en s'aplatissant pour pouvoir recevoir la pression du pouce, et qu'on appelle pour cette raison *poucier.*

CLANDESTINE, *sf.* Petite plante à fleurs violettes disposées sur une tige squammeuse et que l'on trouve dans les lieux humides, sur les racines des arbres sur lesquelles elle vit en parasite.

CLAPET, *sm.* Petite soupape mobile, de cuir ou de caoutchouc, munie d'une charnière, ne s'ouvrant que dans un sens et se refermant naturellement, pour donner passage dans une machine à des quantités déterminées d'air, d'eau, de vapeur, etc.

CLAPIER, *sm.* Cage de bois dans laquelle on élève des lapins domestiques. | Trous que les lapins se creusent et dans lesquels ils se retirent.

CLAQUEBOIS, *sm.* *Instrument de percussion* et à touches, composé de dix-sept bâtons qui vont en diminuant de longueur et qui ont chacun une fourche; c'était une espèce de clavecin portatif.

CLAQUEMURER, *va.* Renfermer dans une prison étroite.

CLAQUET, *sm.* Petite latte qui bat continuellement sur la trémie d'un moulin.

CLAQUETER, *vn.* *Se dit du bruit que la* cigogne fait en choquant ses deux mandibules l'une contre l'autre et qu'on croit vulg. être un cri.

CLARENCE, *sm.* (pr. *ran-*). Voiture à quatre roues fermée, dont la caisse est plutôt allongée que circulaire.

CLAREQUET, *sm.* Conserve transparente faite avec des fruits.

CLARINE, *sf.* Sonnette pendue au cou des animaux qu'on fait paître dans les forêts.

CLARINETTE, *sf.* Instrument à vent et à anche qui se compose d'un tube de bois percé de 20 trous, dont 7 pour les doigts et 13 pour les clefs.

CLASTIQUE, *adj.* (*Géol.*). Se dit des roches qui sont fragiles, ou qui paraissent brisées. | Anatomie —, imitation du corps humain au moyen de pièces brisées se séparant facilement.

CLATHRE, *sm.* Champignon vénéneux dont la tête en forme de grillage est d'un beau rouge de corail.

CLAUDICATION, *sf.* Action de boiter.

CLAUSOIR, *sm.* Dernière pierre qui ferme une assise de pierres de taille, ou une voûte.

CLAUSTRAL, E, *adj.* Qui appartient au *cloître ou au monastère.*

CLAUSTRATION, *sf.* Séjour dans un lieu étroit et resserré; détention dans un *couvent.*

CLAUSTRE, *sm.* V. *Clostre.*

CLAVAIRE, *sf.* Champignon dont certaines espèces sont comestibles; il est caractérisé par un chapeau charnu en forme de massue.

CLAVEAU, *sf.* Maladie contagieuse consistant en pustules ou boutons, qui s'attaque aux moutons et les détruit rapidement. | Mouton *claveleux* ou *clavelé*, qui est atteint de —. | (*Archit.*) Pierre taillée en forme de coin pour la construction des architraves et des plates-bandes. Celle du centre s'appelle la *clef.*

CLAVECIN, *sm.* Ancien instrument de musique à clavier et à cordes tendues sur une table d'harmonie, et mises en vibration au moyen de petits becs de cuir ou de plume de corbeau que faisait agir un mécanisme à peu près semblable à celui du piano moderne.

CLAVELÉE, *sf.* V. *Claveau.*

CLAVELISATION, *sf.* Inoculation du *virus contenu dans les pustules des moutons* clavelés, pour prévenir le *claveau.*

CLAVETTE, *sf.* Petit clou plat qu'on place à l'extrémité d'une cheville pour l'arrêter.

CLAVICORDE, *sm.* Espèce de clavecin dont la touche est armée d'une baguette de cuivre pour faire résonner les cordes.

CLAVICULE, *sf.* Os antérieur de l'épaule, long et mince, qui s'articule d'un côté avec le sternum, de l'autre avec l'omoplate; il sépare l'épaule de la poitrine.

CLAVIER, *sm.* Petite chaîne ou anneau tenant plusieurs clefs ensemble. | Rangée des touches d'un piano, d'un orgue, d'un clavecin, etc.

CLAVIGÈRE, *sm.* Petit insecte coléoptère qui n'a pas plus de 2 à 3 millim. de long, et dont les antennes sont renflées comme des *massues.*

CLAVILIÈRE, *sf.* CLAVIN, *sm.* V. *Claveau.*

CLAYDAS, *sm.* (*Milit.*). Barrières ou portes treillissées des ouvrages avancés et des coupures qu'on pratique au glacis pour entrer dans le chemin couvert ou pour en sortir.

CLAYMORE, *sf.* (pr. *Klé-*). Épée large et tranchante des anciens Écossais.

CLAYON, *sm.* Petite claie sur laquelle [illegible] fait égoutter les fromages. | Natte d'[illegible] plus petite qu'une claie.

CLAYONNAGE, *sm.* Assemblage de [illegible]cines, de branches de saule arrangées e[illegible] des pieux, pour soutenir des terres ou for[illegible] une clôture.

CLÉCHÉ, E, *adj.* (*Blas.*) Se dit des pi[illegible] qui sont percées à jour de manière à lai[illegible] voir le champ de l'écu au travers.

CLÉIDOMANCIE, *sf.* (pr. *Klé-i*[illegible]), (*Sc. occ.*). Sorte de divination qui se prati[illegible] avec une *clef* attachée à une Bible; on tir[illegible] présage suivant que la clef, que l'on sout[illegible] du bout du doigt, tourne ou ne tourne pas. CLÉIDOMANTIQUE, *adj.* Qui appartient à la [illegible] | CLÉIDOMANCIEN, NE, *adj.* et *s.* Celui, [illegible] qui pratique la —.

CLÉMATITE, *sf.* Plante grimpante, sarmenteuse, qui garnit les berceaux, les murs, etc.; ses feuilles profondément découpées en plusieurs folioles sont caustiques et vésicantes; *ses fleurs sont petites, blanches et* nombreuses.

CLÉMIATRIE, *sf.* V. *Chimiatrie.*

CLENCHE, *sf.* V. *Clanche.*

CLEPHTE, *sm.* Montagnards libres de l'Olympe, du Pinde et des contrées voisines qui pillaient à main armée les villages turcs ou grecs de la plaine.

CLEPSYDRE, *sf.* (*Ant.*) Horloge dont le mécanisme consistait en une certaine quantité d'eau, surmontée d'un flotteur, qui s'écoulait régulièrement par une petite ouverture, de façon que l'abaissement de son niveau faisait descendre régulièrement le flotteur qui communiquait son mouvement à une aiguille glissant sur une échelle extérieure graduée selon la division des heures.

CLERGIE, *sf.* Autrefois, Clergé. | Assemblée de gens lettrés, appelés autrefois *Clercs*.

CLÉRICAL, E, *adj.* Qui appartient au clergé, aux ecclésiastiques. | CLÉRICATURE, *sf.* État, condition des ecclésiastiques.

CLICHÉ, *sm.* Planche obtenue par le clichage. | Épreuve photographique sur verre, que l'on reproduit sur papier en plusieurs exemplaires.

CLICHER, *va.* Faire, au moyen d'une composition métallique fusible, des planches solides qui reproduisent l'empreinte d'une composition typographique en caractères mobiles. | CLICHAGE, *sm.* Action de —.

CLIMATÉRIQUE, *adj.* Qui a rapport au climat. | Année —. Chaque septième année de la vie humaine, pendant laquelle on croyait qu'il survenait quelque changement à l'organisation ou à la fortune des hommes; les années 7, 14, 21, 28, etc., sont les années *climatériques*.

CLIMATOLOGIE, *sf.* Science qui a pour objet l'étude des divers climats du globe, de leur influence, etc.

CLINCHE, *sf.* V. *Clanche*.

CLINIQUE, *adj.* Qui appartient au lit. | Médecine —, celle qui s'exerce au lit des malades. | *sf.* Enseignement qui se fait auprès des malades.

CLINQUANT, *sm.* Alliage de cuivre et de zinc, analogue au tombac, que l'on réduit par le battage en feuilles extrêmement minces.

CLIPPER, *sm.* (pr. -pèr). Bateau à vapeur de forme longue et étroite, à fond très-fin, qui sert aux grandes traversées sur l'Atlantique.

CLIQUART, *sm.* Pierre très-estimée employée dans les constructions à Paris et aux environs.

CLIQUET, *sm.* (*Méc.*) Petit levier s'engrenant dans les dents d'une roue à rochet, pour empêcher un cylindre ou une autre roue de tourner en sens contraire.

CLISIMÈTRE, *sm.* Instrument employé pour le nivellement rapide des fortes pentes.

CLISSER, *va.* Mettre des *clisses* ou *éclisses*, environner un membre fracturé de petites planches de bois. | Recouvrir une bouteille d'osier, de jonc, etc., pour la garantir des chocs.

CLITORE, *sf.* Plante de la famille des légumineuses, dont une espèce appelée aussi *ternate*, ou fleur bleue, sert dans l'Inde pour colorer les mets en bleu.

CLIVAGE, *sm.* (*Minér.*) Fentes naturelles que présentent les minéraux, les diamants, les pierres précieuses. | CLIVER, *va.* Fendre une pierre suivant le —, la séparer suivant ses joints naturels, au lieu de la scier.

CLOAQUE, *sm.* (*Zool.*) Poche que forme l'extrémité du canal intestinal chez les oiseaux et les reptiles; elle sert de réservoir aux excréments et à l'urine auxquels elle donne issue.

CLONIQUE, *adj.* (*Méd.*) Se dit des mouvements convulsifs irréguliers, qui se produisent inopinément dans les muscles, tels que ces secousses involontaires qui surviennent dans les membres en repos.

CLONISSE, *sf.* Mollusque à coquille bivalve, assez abondant dans les ports de la Méditerranée, où il remplace les huîtres.

CLOPORTE, *sm.* Petit crustacé ovale dont le corps est contractile, et qu'on trouve dans les lieux obscurs et humides; une de ses espèces était employée autrefois comme diurétique, absorbant et apéritif.

CLOS, E, *adj.* Se dit d'un cheval ou d'une jument dont les jarrets de derrière sont trop rapprochés.

CLOSEAU, *sm.* Petit jardin clos de haies.

CLOSERIE, *sf.* Petite ferme exploitée sans animaux de labour. | CLOSIER, *sm.* Celui qui exploite une —.

CLOTHO, *sm.* Espèce d'araignée qui fait des toiles très-régulières, et qu'on trouve dans le midi de la France.

CLOSTRE, *sm.* (*Archit.*) Tuile formant un demi-cylindre creux qui sert à orner les galeries, en place de balustres.

CLOVIS, *sm.* CLOVISSE, *sf.* Petit mollusque à coquillage bivalve comestible, estimé sur le littoral de la Méditerranée. V. *Vénus*.

CLOWN, *sm.* (pr. *Kloûn*) (*Angl.*) Paysan bouffon; personnage burlesque de la comédie anglaise.

CLOYÈRE, *sf.* Sorte de panier qui contient des huîtres.

CLUDÉIFORME, *adj.* V. *Cunéiforme*.

CLUPÉE, *sm.* Poisson en forme de bouclier dont on a cru que la baleine se nourrissait. | La — *spratte* appelée aussi *haranguet*, *esprot* et *melet*, est un poisson plus petit que le hareng, que l'on pêche dans le nord de la France; | la sardine est une autre espèce de — que l'on appelle *royan* à Bordeaux quand elle est expédiée fraîche, et *cradeau* ou *cras d'eau* dans le Nord.

CLUTE, *sf.* Houille de qualité inférieure.

CLYSMIEN, E, *adj.* Se dit des terrains formés par alluvion.

CLYSSE, *sm.* (*Chim.*) Ancien nom des mélanges obtenus par suite de détonation.

CNÉMIDE, *sf.* Espèce de jambart ou de bottine défensive que portaient les soldats grecs.

CNIQUE, *sm.* Plante voisine de l'artichaut dont une espèce, ressemblant au chardon, porte des fleurs jaunes amères employées comme sudorifiques et toniques.

COACTIF, VE, *adj.* Qui a la faculté de contraindre.

COACTION, *sf.* Force, violence, contrainte.

COADJUTEUR, *sm.* (*Eccl.*) Celui qui est adjoint à un prélat et qui est le plus souvent destiné à lui succéder.

COAGULATION, *sf.* État d'un liquide coagulé ou qui se coagule. | COAGULER, *va.* Figer, cailler, produire l'épaississement et la solidification d'un liquide.

COAGULUM, *sm.* Parties coagulées; ce qui occasionne la coagulation; caillot.

COALTAR, *sm.* Goudron extrait de la houille; c'est un désinfectant estimé.

COAPTATION, *sf.* (*Chir.*) Opération qui consiste à adapter l'une à l'autre les extrémités d'un os fracturé.

COARCTATION, *sf.* Rétrécissement, resserrement.

COASSER, *vn.* COASSEMENT, *sm.* Se dit du cri de la grenouille et du crapaud.

COATI, *sm.* Mammifère à museau très-allongé, de l'Amérique méridionale; il creuse des terriers et monte aux arbres avec beaucoup de facilité, au moyen de ses ongles qui sont très-longs et très-forts.

COATLI, *sm.* Bois de campêche.

COBÆA, *sm.* Plante grimpante à grandes fleurs bleues et campanulées, originaire du Mexique.

COBALT, *sm.* Métal gris d'acier, clair, dur, peu malléable, qu'on trouve sur divers points en Europe, combiné avec l'arsenic; les oxydes et les sels de ce métal sont employés comme couleur bleue dans l'industrie, et particulièrement dans la fabrication des porcelaines et des émaux. | COBALTINE, *sf.* Minerai de —.

COBAYE, *sm.* Petit mammifère rongeur voisin du *cabiai*, qui habite l'Amérique du Sud et dont une espèce est connue sous le nom de *cochon d'Inde*; il se tient dans des terriers.

COBITE, *sf.* V. *Loche.*

COCA, *sf.* Feuille d'un arbrisseau du Pérou que les Indiens prennent mêlée avec de la chaux comme masticatoire, et qu'ils considèrent comme un stimulant des plus énergiques.

COCAGNE, *sf.* V. *Pastel.*

COCCINELLE, *sf.* Nom du petit insecte coléoptère appelé vulgairement *bête à bon Dieu.*

COCCYX, *sm.* (*Anat.*) Petit os triangulaire qui s'articule par la base avec la partie postérieure du bassin, chez l'homme et chez les mammifères dépourvus de queue.

COCHE, *sf.* Entaille faite dans du bois ou du fer pour servir d'indication ou pour former un obstacle. | V. *Hoche.* | Autrefois, sorte de voiture publique. | Bateau tiré par des chevaux qui transporte par eau les voyageurs et les marchandises.

COCHÉ, E, *adj.* Se dit, dans l'art du dessin, d'un trait indiquant un creux. | Poule —e, celle dont les œufs ont été fécondés. | Pilules —es, qui purgent abondamment.

COCHENILLE, *sf.* Très-petit insecte de forme globulaire d'une remarquable couleur rouge, qui vit sur certains cactiers et notamment sur le nopal; l'industrie en retire de très-belles nuances d'écarlate et de pourpre.

COCHER, *sm.* (*Astr.*) Constellation de l'hémisphère nord, à droite de la grande ourse, et dont la plus belle étoile est la *Chèvre.*

COCHEVIS, *sm.* (pr. *vi.*) Espèce d'alouette à huppe mobile.

COCHLÉARIA, *sm.* (pr. *-klé-*). Plante âcre et piquante, de la famille des crucifères, à feuilles en forme de cuillère; elle est administrée avec avantage contre les affections scorbutiques; on peut mâcher sa feuille qui a le goût de celle du cresson.

COCO, *sm.* Fruit du cocotier, grosse pomme à trois côtes, de la grosseur de la tête, renfermant sous une enveloppe filandreuse un noyau à l'intérieur duquel se trouve une pulpe blanche succulente et très-savoureuse; les coques de ce fruit servent à faire divers ouvrages de tabletterie, et sa filasse est transformée en cordages.

COCON, *sm.* En général, l'enveloppe soyeuse dans laquelle se transforme la chrysalide, particul. celle du *bombyx*, qui produit la soie.

COCOTIER, *sm.* Genre de palmiers de l'Inde, de l'Afrique et de l'Amérique méridionale, de 20 à 25 m. de hauteur, et dont l'espèce principale porte le fruit appelé *coco.*

COCQUARD, *sm.* Métis résultant du croisement du faisan mâle avec la poule.

COCTION, *sf.* Action de la chaleur sur les matières animales ou végétales. | Effet de cette action; se dit quelquefois pour cuisson. | Digestion complète des aliments.

COCYTE, *sm.* Un des cinq fleuves des Enfers dans la religion païenne. | Tout fleuve noir, impur et bourbeux. | Douleur résultant de l'absorption d'un venin par suite de l'introduction d'un animalcule venimeux dans les chairs.

CODA, *sf.* (*Mus.*) Période finale qu'on ajoute à un morceau pour le finir avec éclat.

CODÉINE, *sf.* (*Chim.*) L'un des alcaloïdes de l'opium, substance très-vénéneuse et moins soporifique que la morphine; on l'emploie comme calmant, à très-petites doses, particul. à l'état de chlorhydrate.

CODEX, *sm.* Recueil classique d'un grand nombre de recettes médicinales choisies par tous les pharmaciens comme modèles.

CODICILLE, *sm.* (pr. *ci-le.*) (*Jurisp.*) Addition, disposition écrite, supplémentaire à un testament.

CŒCUM, *sm.* V. *Cæcum.*

COEFFICIENT, *sm.* (*Math.*) Nombre ou quantité qui s'écrit au-devant d'une autre et par laquelle on doit la multiplier.

CŒLIAQUE, *adj.* V. *Cœliaque.*

CŒNURE, *sm.* Ver qui se développe dans le cerveau des moutons. | V. *Tournis.*

COERCER, *va.* Resserrer, contenir, réprimer.

COERCIBLE, *adj.* Qui peut être contenu.

COERCITIF, VE, *adj.* Qui a la faculté de coercer, de contenir.

COERCITION, *sf.* Droit, pouvoir, action de coercer.

COGNASSE ou COIGNASSE, *sf.* Coing sauvage, moins gros et moins jaune que le coing ordinaire.

COGNASSIER ou COIGNASSIER, *sm.* Arbrisseau ou arbre à feuilles cotonneuses en dessous, à fleurs d'un rouge vif ou d'un blanc rosé, produisant des fruits jaunes plus gros que les pommes, appelés *coings*, jouissant de propriétés astringentes et dont on fait des confitures, des sirops, etc.

COGNAT, *sm.* (pr. *Cog-na.*) Parent, issu d'une même souche féminine. | COGNATION, *sf.* (pr. *Cog-na-*). Lien de parenté entre des —s.

COGNÉE, *sf.* Fer de hache, outil de fer aciéré, plat et tranchant, qui se place à l'extrémité d'un manche de bois.

COGNITION, *sf.* (pr. *Cog-ni-*). Faculté de connaître, acte par lequel on acquiert une connaissance.

COHÉRENCE, *sf.* (pr. *Coé-*). Liaison, connexion d'une chose avec une autre; union intime des parties pour faire un tout. | COHÉRENT, E, *adj.* Qui a de la —.

COHÉSION, *sf.* (*Phys.*) Force constitutive des corps qui unit ensemble leurs parties intimes et qui est plus ou moins prononcée, selon qu'ils sont solides, liquides ou gazeux; propriété qui fait la *cohérence*.

COHOBER, *va.* Distiller sur de nouvelles fleurs de l'eau déjà distillée avec des fleurs de même espèce. | COHOBATION, *sf.* Action de —.

COIN, *sm.* Outil en forme de triangle qu'on introduit dans une fente de bois, de pierre pour l'agrandir. | Bloc d'acier présentant une concavité dans laquelle est gravée l'empreinte d'une monnaie, d'une médaille, et qui sert à les frapper. | Monnaie, médaille à fleur de —, se dit des pièces neuves qui n'ont pas encore servi.

COING, *sm.* V. *Cognassier.*

COÏNQUINER, *va.* Se dit, dans le style biblique, pour souiller, diffamer. | COÏNQUINATION, *sf.* Action de —.

COIR, *sm.* V. *Caire.*

COIRON, *sm.* V. *Couesron.*

COÏX, *sm.* Plante graminée dont les graines dures, osseuses, lisses et d'un gris perle, servent à faire des chapelets; on l'appelle aussi *larmille* et *herbe à rosaire.*

COKE, *sm.* Charbon de terre dégagé de ses éléments volatils; résidu de la carbonisation, par calcination, de la houille; c'est un charbon qui ne brûle qu'en masse compacte et sans produire de flamme.

COLA, *sf.* Noix de —, graine d'une plante de l'Afrique équinoxiale, qui a le volume d'une châtaigne, d'une saveur âcre et acide, mais possédant la propriété de faire trouver bonnes des matières peu agréables et même l'eau saumâtre dont elle déguise la mauvaise odeur; on l'appelle aussi noix de *gourou.*

COLACHON, *sm.* V. *Calachon.*

COLAO, *sm.* V. *Kolao.*

COLARIN, *sm.* V. *Collarin.*

COLATURE, *sf.* Produit liquide obtenu par une filtration grossière au moyen d'un tissu. | Opération par laquelle on obtient la —.

COLBACK, *sm.* Bonnet à poils en forme de cône tronqué, en usage dans quelques corps de cavalerie légère, sa partie supérieure se termine par une espèce de poche pendante et munie d'un gland.

COLCHIQUE, *sm.* Plante bulbeuse ne portant qu'un pied court duquel sort une fleur ressemblant un peu à celle du safran; il est commun dans les prés humides, où il fleurit en automne; son bulbe, qui est vénéneux, est employé en médecine comme diurétique, dans du vinaigre ou en oxymel; il fournit une fécule amylacée abondante.

COLCOTHAR, *sm.* Oxyde rouge de fer qu'on prépare artificiellement et qu'on emploie à polir l'acier, l'or et les glaces.

COLÉOPTÈRE, *adj.* et *sm.* Coléoptère simple, se dit d'une classe d'insectes dont les ailes membraneuses et en général transparentes sont recouvertes d'élytres (V. ce mot). Tels sont les *hannetons.*

COLIBRI, *sm.* Genre d'oiseaux de l'Amérique du sud et des îles adjacentes, dont la plupart des espèces, de très-petite taille, sont remarquables par les nuances les plus brillantes; ils se nourrissent du pollen des fleurs et de très-petits insectes; on les connaît sous le nom d'*oiseaux-mouches.*

COLICITANT, E, *adj.* et *s.* (*Jurisp.*) Se dit de plusieurs personnes qui ont un intérêt commun à poursuivre une *licitation* (V. ce mot).

COLIN, *sm.* Oiseau de l'ordre des gallinacés, qui habite en troupes très-nombreuses les régions de l'Amérique du nord; on l'apprivoise facilement et il figure parmi les races de basse-cour.

COLIS, *sm.* (pr. *-li.*) Tout paquet, tout ballot, toute caisse de marchandises ou de bagages expédié d'un endroit à un autre.

COLISMARDE ou COLICHEMARDE, *sf.* Épée de combat espagnole à lame longue, à trois carres et à talon élargi.

COLITE, *sf.* (*Méd.*) Inflammation de l'intestin colon.

COLLA, *sm.* Racine d'un chardon de l'Orient, appelé aussi *chardon à glu*, duquel découle un suc visqueux et gluant qu'on emploie comme la glu et qui sert aussi pour coller les bois de marqueterie.

COLLAPSUS, *sm.* (pr. *Col-lap-cus.*). (*Méd.*). Affaiblissement subit de l'excitabilité du cerveau; affaissement général du système nerveux; insensibilité absolue.

COLLARIN, *sm.* (*Archit.*) C'est, dans le chapiteau, la petite frise qui est entre l'astragale et les annelets. | Toute petite frise dans un chapiteau.

COLLATÉRAL, E, *adj.* et *s.* (*Jurisp.*) Se dit des parents hors de la ligne directe, tels que les oncles, les frères, les sœurs, etc.

COLLATEUR, *sm.* Celui qui confère un bénéfice ecclésiastique. | COLLATION, *sf.* Action de conférer un bénéfice.

COLLECTE, *sf.* Oraison du jour que le prêtre dit après l'épitre.

COLLECTIF, *sm.* (*Litt.*) Se dit des noms communs qui expriment une réunion de personnes ou d'objets de la même espèce, comme *troupe, assemblée, centaine, foule, troupeau*, etc.

COLLÉGE, *sm.* Sacré —, le corps des cardinaux. | — électoral, réunion des électeurs d'une circonscription, lorsqu'ils sont en fonctions.

COLLÉGIALE, *sf.* et *adj.* (*Eccl.*) Se dit d'une église ou d'un chapitre de chanoines qui ne relève pas d'un siége épiscopal.

COLLERET, *sm.* Espèce de filet que deux hommes traînent en mer aussi avant qu'ils peuvent avoir pied.

COLLET, *sm.* Petit filet de corde de crin, ou de fil de laiton, consistant en un nœud coulant qu'on place dans les passages resserrés pour y prendre les lapins et autres animaux qui s'y étranglent. | (*Bot.*) Partie de la plante où la tige se sépare de la racine.

COLLETIN, *sm.* Autrefois, pourpoint, armure défensive consistant en un collet de peau de buffle. | Sorte de casquette en osier dont la visière se prolonge en arrière jusque sur l'épaule et sur laquelle les portefaix posent les sacs ou les paniers de charbon. | Ces portefaix eux-mêmes; on les appelle aussi *coltins* ou *coltineurs*.

COLLÉTIQUE, *adj* et *sm.* (*Méd.*) Se dit des médicaments agglutinatifs.

COLLIGER, *va.* Faire des collections, recueillir, collectionner.

COLLIMATION, *sf.* Ligne suivant laquelle on vise un objet dans un instrument d'optique.

COLLIQUATION, *sf.* (*Méd.*) Production de flux qui semblent être le résultat de la liquéfaction des parties solides du corps, comme la sueur, etc. | COLLIQUATIF, VE, *adj.* Qui tient de la —.

COLLISION, *sf.* Choc, rencontre de deux corps qui se heurtent.

COLLOCATION, *sf.* (*Jurisp.*) Classement, formation de l'ordre dans lequel doivent être payés les créanciers, dans une liquidation faite en justice.

COLLODION, *sm.* Substance formée de coton-poudre ou pyroxyle dissous dans l'éther sulfurique; l'éther, en s'évaporant, laisse un vernis tenace, très-siccatif et imperméable. Le — médicinal sert pour le pansement des plaies faites par incision. Le — photographique, qu'on étend sur les plaques de verre, sert à activer l'impression produite par les rayons lumineux sur l'iodure d'argent.

COLLOÏDE, *adj.* Se dit des substances qui ont l'aspect gélatineux, qui ressemblent à de la colle. | (*Chim.*) Particul. se dit, par oppos. à *cristalloïde*, de ceux des principes immédiats des végétaux qui ne sont pas doués de la propriété de cristalliser.

COLLUSION, *sf.* (*Jurisp.*) Intelligence secrète entre deux personnes pour en tromper une troisième. | COLLUDER, *vn.* Ourdir une—.

COLLUTOIRE, *sm.* (*Méd.*) Médicament qu'on applique, au moyen d'un pinceau de charpie ou d'une éponge, sur les gencives et sur les parois internes des joues.

COLLYRE, *sm.* (*Méd.*) Toute préparation pour les yeux, que l'on applique extérieurement.

COLMATAGE, *sm.* Création de colmates.

COLMATE, *sf.* Plaine que l'on fertilise par les limons d'un canal ou d'un marais qu'elle reçoit au moyen d'un cours d'eau dérivé à cet effet. | COLMATER, *va.* Créer des —.

COLOMBAGE, *sm.* (*Archit.*) Partie de cloison en pans de bois.

COLOMBAIRE, *sm.* V. *Columbaire.*

COLOMBE, *sf.* Nom par lequel certains naturalistes désignent le genre pigeon et ses espèces.

COLOMBIER, *sm.* Papier fort qu'on emploie pour les cartes, les dessins, etc.; la feuille a 0 m. 90 sur 0 m. 60, et il pèse 45 à 50 kilog. la rame.

COLOMBIN, *sm.* Sorte de petit pigeon ramier qui se nourrit de grains et émigre quelquefois.

COLOMBINE, *sf.* Fiente des pigeons et des volailles, dont on se sert comme engrais et qui est l'une des matières fertilisantes les plus actives. | *adj.f.* S'est dit de la couleur qui tient le milieu entre le rouge et le violet, et qu'on appelle aujourd'hui *gris de lin* ou *gorge de pigeon.*

COLOMBIUM, *sm.* V. *Tantale.*

COLOMBO, *sm.* Racine d'un arbrisseau d'Afrique et de Madagascar, qu'on emploie comme un remède très-efficace contre les affections des voies digestives, contre la dyssenterie et le choléra.

COLOMNAIRE, *adj.* Qui a la forme d'une colonne.

CÔLON, *sm.* Partie principale du gros intestin qui s'étend depuis le cécum jusqu'au rectum et qui reçoit le résidu des matières digérées; il est divisé en plusieurs parties qui sont : le — ascendant, le — transverse, le — descendant, et le — iliaque.

COLONEL, *sm.* Officier supérieur qui est à la tête d'un régiment. | —LE, *sf.* Se disait autrefois de la première compagnie d'un régiment, parce qu'elle était commandée par le —.

COLOPHANE, *sf.* Résine épurée qui est le résidu de la distillation de la terébenthine, et dont on frotte les archets pour rendre plus forte leur action sur les cordes.

COLOQUINELLE, *sf.* Variété de courge qui a la forme et la couleur de l'orange, mais qui n'est pas comestible..

COLOQUINTE, *sf.* Plante de la famille des curcubitacées, originaire du Levant et des îles de l'Archipel, dont le fruit arrondi, à pulpe spongieuse, d'une amertume extrême, était autrefois employé comme purgatif ; on emploie sa pulpe sèche à petites doses contre l'apoplexie, l'hydropisie et la colique des peintres. | Fausse —. V. *Coloquinelle.*

COLORIMÈTRE, *sm.* Appareil dont on se sert dans les laboratoires de teinturerie pour apprécier le pouvoir colorant des substances tinctoriales.

COLOSTRE ou COLOSTRUM, *sm.* Premier lait d'une femme qui vient d'accoucher ; on lui attribue une action purgative qui le rend propre à faire évacuer le méconium de l'enfant nouveau-né..

COLOUGLI, *sm.* V. *Coulougli.*

COLPACHI, *sm.* (pr. *ki*). V. *Copalchi.*

COLTIN ou COLTINEUR, *sm.* V. *Colletin.* | COLTINER, *va.* Transporter sur le dos ou au moyen d'un colletin.

COLUBRIN, E, *adj.* Qui a l'apparence d'une couleuvre.

COLUMBAIRE, COLUMBARIUM, *sm.* (*Ant.*) Chambre sépulcrale chez les Romains; elle était garnie de petites niches où étaient placés les vases qui renfermaient les cendres des morts.

COLUMBIUM, *sm.* V. *Tantale.*

COLUMELLE, *sf.* (*Archit.*) Petite colonne ; cippe tumulaire. | (*Bot.*) Axe intérieur autour duquel sont placées les sporules des mousses. | Axe des coquilles en hélice.

COLURE, *sm.* (*Astr.*) Chacun des deux grands cercles qui se coupent aux pôles à angle droit, et passent, l'un par les points équinoxiaux et l'autre par les points solsticiaux. | Tout cercle qui environne un globe en faisant une saillie.

COLUTÉA, *sf.* V. *Baguenaudier.*

COLZA, *sm.* Espèce de chou, plante crucifère haute d'un demi-mètre à un mètre, très-branchue, à petites feuilles, à fleurs blanches ou jaunes, et que l'on cultive pour ses graines qui donnent une huile à brûler de très-bonne qualité.

COMA, *sm.* (*Méd.*) Assoupissement profond et lourd qui vient dans certaines maladies graves sous l'influence d'une congestion cérébrale, d'un épanchement de sang dans le cerveau, etc. | COMATEUX, SE, *adj.* Qui concerne le —. | Fièvre comateuse, fièvre pernicieuse avec coma pendant les accès.

COMBATIVITÉ, *sf.* Désigne, d'après les phrénologistes, le penchant à combattre, et, sur le crâne, les protubérances indiquant ce penchant.

COMBATTANT, *sm.* Espèce de bécasseau qui habite les côtes de la mer du Nord et dont la tête se garnit, à une époque de l'année, de papilles rouges et d'une collerette de plumes bigarrées; sa chair est estimée. V. *Bécasseau.*

COMBE, *sf.* Vallée, penchant d'un coteau.

COMBINAISON, *sf.* (*Chim.*) Corps formé de deux ou plusieurs corps et présentant des propriétés distinctes de celles des corps qui le constituent, lesquels entrent dans la combinaison en proportions fixes et invariables ; cette dernière propriété distingue la — du mélange, qui peut se produire à toutes proportions.

COMBLE, *sm.* (*Archit.*) Ensemble des pièces de charpente qui soutiennent la couverture d'une construction. | Particul. pente générale du toit.

COMBOURG, *sm.* Toile de chanvre fabriquée à Combourg (Ille-et-Vilaine).

COMBRIÈRE, *sf.* Filet en usage dans la Méditerranée pour prendre des thons et autres poissons de même grandeur.

COMBUGER, *va.* Remplir d'eau les futailles pour les imbiber avant de les employer.

COMBURANT, E, *adj.* Se dit des corps simples qui ont la propriété de brûler, de produire la combustion en se combinant avec d'autres corps ; tels sont l'oxygène, le chlore, l'iode et le fluor.

COMBUSTION, *sf.* Etat d'un corps qui brûle. | — spontanée. (*Méd.*) Destruction rapide du corps humain par un feu qui a l'aspect d'une flamme bleuâtre, et qui ne laisse qu'un résidu de cendres; cet accident, assez rare, a été observé chez des individus adonnés à l'abus des liqueurs spiritueuses.

COME, *sm.* Surveillant des forçats dans les bagnes.

COMÈTE, *sf.* Nom des astres formés d'un noyau et d'une queue ou chevelure lumineuse, qui circulent autour du soleil suivant des orbites très-irrégulières et qu'on voit paraître dans le ciel à intervalles indéterminés. | Sorte de ruban très-étroit qu'on emploie pour orner les petits bonnets, etc.

COMFORT, COMFORTABLE, *sm.* V. *Confort.*

COMICE, *sm.* (*Ant.*) Assemblée, réunion du peuple romain pour délibérer des affaires publiques. | Aujourd'hui, réunion agricole, société ayant pour but l'amélioration et les progrès de l'agriculture.

COMIR, *sm.* V. *Plaisantin.*

COMITAT, *sm.* Nom des provinces hongroises, divisions administratives de la Hongrie.

COMITE, *sm.* V. *Come.*

COMMA, *sm.* (*Mus.*) Intervalle d'un neuvième de ton; c'est la différence du demi-ton majeur au demi-ton mineur, comme d'*ut dièze* à *ré bémol*; cet intervalle n'est appréciable que par les oreilles les plus délicates. | (*Imp.*) Signe indiquant deux points (:).

COMMAND, *sm.* (*Jurisp.*) Personne que celui qui se porte acquéreur d'un immeuble se réserve de nommer ultérieurement et pour laquelle il déclare avoir acquis par un acte appelé *déclaration de* —.

COMMANDANT, *sm.* Officier qui commande un bataillon ou un escadron. | — de place, officier supérieur qui commande dans une place de guerre.

COMMANDEUR, *sm.* Espèce de *troupiale.* (V. ce mot). | Ancien nom des chevaliers de certains ordres tels que ceux de Malte, de Saint-Jacques, etc. | Dans la Légion d'honneur, grade immédiatement au-dessus de celui d'officier.

COMMÉMORAISON, COMMÉMORATION, *sf.* Oraison ou cérémonie en l'honneur des morts.

COMMENDATAIRE, *sm.* (*Eccl.*) Clerc séculier qui était pourvu d'une | COMMENDE, *sf.* Bénéfice ou abbaye que le pape pouvait accorder par dispense spéciale à un laïque, appelé aussi *Abbacomite*. V. ce mot.

COMMENSURABLE, *adj.* (*Math.*) Se dit de deux quantités qui ont entre elles un rapport commun, une mesure commune.

COMMETTANT, *sm.* Celui qui a commis, confié ses intérêts à quelqu'un.

COMMETTRE, *va.* Réunir par torsion plusieurs fils ou plusieurs torons pour en former des aussières, ou plusieurs aussieres pour en former des câbles ou des grelins. | COMMETTAGE, *sm.* Action de —.

COMMINATOIRE, *adj.* Se dit des lois, clauses, arrêtés qui contiennent une menace en cas de contravention.

COMMINATION, *sf.* Menace. | (*Litt.*) Figure qui consiste à intimider ceux à qui l'on parle par la peinture des maux qui les attendent.

COMMINUTION, *sf.* (*Chir.*) Écrasement, réduction en pièces très-petites. | COMMINUTIF, VE, *adj.* Qui est écrasé en petits fragments.

COMMISE, *sf.* (*Féod.*) Confiscation d'un fief en faveur du seigneur, sur un vassal rebelle.

COMMISSOIRE, *adj.* (*Jurispr.*) Se dit d'une condition dont l'inexécution annulle un pacte, un contrat.

COMMISSURE, *adj.* (*Anat.*) Ligne suivant laquelle deux parties se réunissent, comme la séparation des lèvres, des paupières, etc., ou organes qui se trouvent placés sur cette ligne. | COMMISSURAL, E, *adj.* Qui tient de la —.

COMMODAT, (pr. *da*) (*Jurispr.*) Prêt à usage, prêt qui consiste à donner gratuitement, sans intérêts, une chose pour un certain temps, à condition que, ce temps expiré, l'emprunteur rendra la même chose en nature et non pas une chose semblable.

COMMODORE, *sm.* Dans la marine anglaise, hollandaise et américaine, grade intermédiaire entre celui de capitaine de vaisseau et celui de contre-amiral ; il correspond au grade de chef de division navale qui a existé dans la marine française.

COMMUNAUTÉ, *sf.* (*Jurisp.*) Régime des biens qui sont la propriété commune des deux époux ; ce régime est de droit en l'absence de convention et porte alors le nom de — *légale.*

COMMUTATIF, VE, *adj.* (*Jurisp.*) Qui concerne une commutation ou un échange.

COMPAGNIE, *sf.* (*Milit.*). Subdivision du bataillon commandée par un capitaine et qui se compose de 80, 100 ou 120 hommes.

COMPAGNON, *sm.* Ouvrier qui fait partie d'une association générale appelée compagnonnage, dont tous les membres se prètent assistance au besoin. | S'entend quelquefois comme syn. de maçon.

COMPARANT, E, *adj.* et *s.* (*Jurispr.*) Celui ou celle qui comparait devant un officier public.

COMPAS, *sm.* Instrument à deux branches, diversement modifié suivant son emploi, et qui sert en particulier à tracer des cercles ou des lignes courbes. | V. *Boussole.*

COMPASCUITÉ, *sf.* Pacage commun, état de plusieurs troupeaux qui paissent ensemble.

COMPELLATIF, VE, *adj.* (*Litt.*) Se dit du mot qu'on emploie dans une phrase pour adresser la parole à quelqu'un, pour interpeller quelqu'un. | Se dit aussi de la phrase par laquelle on interpelle.

COMPENDIAIRE, *sm.* Auteur d'abrégés.

COMPENDIEUSEMENT, *adv.* D'une manière abrégée : on emploie souvent ce mot dans un sens tout-à fait opposé.

COMPENDIEUX, SE, *adj.* Qui est abrégé.

COMPENDIUM, *sm.* Abrégé, résumé.

COMPENSATEUR, *sm.* (*Phys.*) Tiges métalliques du pendule disposées de façon à compenser les effets des changements de température qui allongent ou raccourcissent cet appareil et retardent ou précipitent ainsi ses oscillations.

COMPERNE, *adj. f.* Statue —, statue dont les pieds sont joints.

COMPÉTENCE, *sf.* (*Jurispr.*) Qualité

qu'a un tribunal, une autorité pour connaître d'une affaire.

COMPLAINTE, *sf.* (*Jurisp.*) Action par laquelle quelqu'un, troublé dans la jouissance d'un immeuble, requiert d'être maintenu en possession.

COMPLANT, *sm.* Plant de vigne qui comprend plusieurs pièces de terre.

COMPLÉMENT, *sm.* (*Math.*) L'angle qu'il faut ajouter à un angle pour qu'il soit égal à un angle droit; l'arc correspondant à cet angle par rapport à l'arc de l'angle donné.

COMPLEXE, *adj.* (*Math.*) Se dit des nombres qui renferment des unités de diverse nature qui sont des subdivisions les unes des autres; ne s'applique guère qu'au système de poids et mesures qui a été remplacé par le système métrique.

COMPLEXUS, *sm.* (pr. *ksuss.*) (*Anat.*) Chacun des deux muscles de la partie postérieure du cou.

COMPLIES, *sfpl.* Partie de l'office divin, qui se chante ou se récite après vêpres.

COMPONCTION, *sf.* Douleur, regret d'avoir offensé Dieu. | P. ext., affectation dans les paroles ou dans le style, de sentiments humbles et contrits.

COMPONÉ, *adj.* (*Blas.*) Se dit des pièces formées de *compons*, c.-à-d. de carrés d'émaux différents juxtaposés comme dans un échiquier.

COMPORTE, *sf.* Futaille en usage dans le midi pour les liquides et contenant de 45 à 60 litres. | Caisse cylindrique à couvercle, à roues ou à brancards, servant à transporter du fumier ou des liquides.

COMPOSÉ, E, *adj.* (*Bot.*) Se dit des fleurs formées de la réunion de plusieurs petites fleurs appelées fleurons ou demi-fleurons qui sont portées sur un réceptacle commun, comme la paquerette, la reine-marguerite, le souci, la chicorée, etc.

COMPOSITE, *adj.* et *s.* (*Archit.*) Se dit d'un ordre composé de plusieurs ordres et en particulier du mélange du corinthien et de l'ionique.

COMPOSITEUR, *sm.* Celui qui compose de la musique. | (*Impr.*) Ouvrier qui assemble les caractères pour en former des mots, des lignes, et qui les réunit dans le composteur. | (*Jurispr.*) AMIABLE —, *sm.* Celui qui termine un différend à l'amiable.

COMPOST, *sm.* (pr. *pô*). Engrais préparé artificiellement au moyen d'un mélange de diverses matières fertilisantes.

COMPOSTEUR, *sm.* (*Impr.*) Petite règle de fer composée de deux bandes assemblées en équerre sur leur longueur, et formant une loge dont on fixe d'avance la longueur au moyen d'une vis et dans laquelle le compositeur range les lettres qui doivent former une ou plusieurs lignes d'impression.

COMPROMIS, *sm.* (*Jurispr.*) Convention synallagmatique par laquelle deux ou plusieurs personnes conviennent de remettre le jugement de leurs différends à des arbitres.

COMPTE-FILS, *sm.* Petite loupe ou lentille de verre soutenue sur deux petits montants de cuivre et servant à compter le nombre de fils qui entrent dans la trame ou la chaîne d'une étoffe.

COMPTEUR, *sm.* Instrument disposé de façon à indiquer sur un cadran la quantité de gaz, d'eau, etc., qui est consommée dans des appareils.

COMPULSOIRE, *adj.* (*Jurispr.*) Se dit des actes de procédure qui ont pour objet d'obtenir expédition ou extrait d'un acte dans lequel on n'a pas été partie.

COMPUT, *sm.* Calcul qui règle les calendriers de l'Église catholique et fixe pour chaque année la place des fêtes mobiles. | COMPUTISTE, *sm.* Celui qui s'occupe du —.

COMTE, *sm.* Titre nobiliaire qui se place entre celui de baron et celui de duc ou de marquis; il est distingué par une couronne d'or à pointes surmontées de perles.

CONARION, *sm.* V. *Pinéale* (*glande*).

CONCAMÉRATION, *sf.* Voûte, arcade, cintre d'une voûte. | CONCAMÉRÉ, E, *adj.* Qui présente une —.

CONCATÉNATION, *sf.* (*Litt.*) Figure de rhétorique qui consiste à reprendre dans une période quelques mots du premier membre pour commencer le second, et ainsi de suite, pour lier les autres membres jusqu'au dernier de la période. | Enchaînement, liaison.

CONCAVE, *adj.* Se dit de ce qui offre un creux en demi-sphère; par opposition à *convexe*. | CONCAVITÉ, *sf.* État de ce qui est —.

CONCENTRÉ, E, *adj.* (*Chim.*) Se dit d'une liqueur, d'un acide aussi pur que possible, c.-à-d. dépourvu d'eau. | CONCENTRATION, *sf.* Action de concentrer ou état d'un liquide —.

CONCENTRIQUE, *adj.* Se dit de deux cercles ou portions de cercles qui ont un même centre.

CONCEPT, *sm.* (pr. *ceptt*) (*Philos.*) Idée abstraite, conception directe par l'esprit.

CONCEPTIBLE, *adj.* Qui peut être conçu par l'esprit.

CONCEPTUALISME, *sm.* (*Philos.*) Doctrine qui n'admet ni la force des mots, ni la valeur des choses, selon ce qu'ils paraissent exprimer, mais selon ce qu'on peut les concevoir.

CONCERTANT, E, *adj.* (*Mus.*) Se dit d'un morceau d'ensemble dans lequel les différentes parties brillent alternativement.

CONCERTO, *sm.* Pièce de musique faite pour quelque instrument particulier, comme le violon, la flûte, etc., avec accompagnement d'orchestre; au pl. des *Concertos*.

CONCETTI, *smpl.* (pr. *con-tchet-ti*) (*Ital.*) Se dit des pointes, des bons mots pleins de recherche et d'affectation.

CONCHOÏDAL, E, *adj.* (pr. *ko-*) Qui ressemble à une coquille.

CONCHOÏDE, *sf.* (pr. *ko-*) Courbe hélicoïdale qui s'approche sans cesse d'une ligne droite lui servant d'axe, mais sans jamais la rencontrer; elle sert à tracer le profil de la diminution des colonnes. | *adj.* V. *Conchoïdal.*

CONCHYLIOLOGIE, *sf.* (pr. *ki-*) Partie de l'histoire naturelle qui traite des coquillages. | CONCHYLIFÈRE, *adj.* Qui porte une coquille ou des coquilles.

CONCILE, *sm.* Assemblée légale de prélats qui se réunissent pour délibérer sur des points de doctrine ou de discipline.

CONCILIABULE, *sm.* S'est dit, par opposition à *concile*, des assemblées illégales tenues par des prélats schismatiques et opposés aux dogmes reconnus par l'Église.

CONCLAVE, *sm.* Assemblée secrète des cardinaux pour l'élection d'un pape. | Lieu où se tient cette assemblée. | CONCLAVISTE, *sm.* Ecclésiastique qui s'enferme avec un cardinal pour le servir.

CONCOMBRE, *sm.* Plante de la famille des cucurbitacées, annuelle, à tiges rampantes et faibles portant des fruits allongés presque cylindriques appelés aussi *concombres*; on les mange et on en fait une pommade pour l'entretien de la peau; une variété cultivée donne les *cornichons*, qu'on confit dans le vinaigre.

CONCOMITANCE, *sf.* Union, simultanéité d'une chose accessoire avec la principale. | CONCOMITANT, E, *adj.* Qui accompagne.

CONCORDANCES, *sfpl.* Sorte d'ouvrages où sont classés par ordre tous les mots de la *Bible*, avec l'indication des endroits où ils se trouvent.

CONCORDANT, E, *adj.* Se dit, dans les pièces de théâtre, des vers qui ont les mêmes rimes et des sens différents, et qui doivent être chantés en même temps par divers personnages.

CONCORDAT, *sm.* Traité fait entre le pape et un souverain. | Traité par lequel les créanciers d'un failli lui permettent de continuer ses opérations dans de certaines conditions.

CONCOURINE, *sf.* Matière tinctoriale qui fournit une couleur jaune.

CONCRESCIBILITÉ, *sf.* (*Chim.*) Etat de ce qui peut se concréter, devenir concret.

CONCRET, ÈTE, *adj.* (*Philos*) Se dit par opposition à *abstrait*, du côté apparent, sensible des choses, des idées. | (*Math.*) Nombre —, celui qu'on exprime en indiquant l'espèce de ses unités. | (*Chim.*) Se dit des substances épaissies et solidifiées.

CONCRÉTION, *sf.* État des choses concrètes; se dit particul. des substances solides du règne animal qui ont été originairement liquides ou en suspension dans un liquide.

CONCUPISCENCE, *sf.* Inclination vers les choses sensuelles, désir, penchant vers les biens matériels.

CONCUSSION, *sf.* Crime que commettent les fonctionnaires publics en percevant ou en exigeant des droits plus forts que ceux qui sont dus. | CONCUSSIONNAIRE, *sm.* et *adj.* Celui qui commet le crime de —.

CONDENSATEUR, *sm.* Dans les machines à vapeur, appareil où se condense, se refroidit la vapeur.

CONDENSATION, *sf.* État de ce qui se condense; résultat de cette action. | — de la vapeur, transformation de la vapeur en liquide.

CONDENSER, *va.* Resserrer, renfermer dans un espace moindre, diminuer le volume d'une chose.

CONDIMENT, *sm.* Ce qui s'ajoute aux mets comme assaisonnement, et en particulier les substances qui en relèvent la saveur et en favorisent la digestion.

CONDIT, *sm.* (pr. *di.*) Toute chose confite au sucre et au miel, ou avec du vin, du sucre et du poivre.

CONDITION, *sf.* (*Comm.*) Établissement dans lequel les négociants qui font le commerce des soies et des laines doivent soumettre à une vérification des échantillons de chacune des marchandises sur lesquelles ils font leurs opérations; cet établissement, pourvu d'étuves et de séchoirs spéciaux, a pour objet de préciser le poids des matières à l'état sec et déduction faite de l'humidité que la soie et la laine peuvent absorber, suivant les saisons, en quantité variable et parfois considérable. | CONDITIONNEMENT, *sm.* Opération faite par la —.

CONDOR, *sm.* Grand oiseau de l'ordre des rapaces, à cou et à tarses nus, comme le vautour, et dont les ailes ont près de 2 mètres d'envergure; il habite les hautes montagnes de l'Amérique du sud; il a à peu près les mœurs du gypaète. | Pièce d'argent chilienne valant cinq francs.

CONDORI (Bois de), *sm.* Bois rouge vif, d'un grain serré, dont on fait des ouvrages de tour et qu'on emploie dans la teinture.

CONDOTTIERE, *sm.* (pr. *Con-dot-tié-ré.*) Soldat mercenaire; nom que prenaient les soldats qui vendaient leurs services aux Etats de l'Italie. | Au plur., des *Condottieri.*

CONDUCTEUR, *sm.* (*Phys.*) Se dit des corps qui *conduisent*, qui transmettent facilement l'électricité, le calorique, le magnétisme, etc. | CONDUCTIBILITÉ, *sf.* Propriété des corps —s.

CONDYLE, *sm.* (*Anat.*) Eminence osseuse d'une articulation. | Ancienne mesure de longueur orientale, équivalant à 0 m. 023 environ.

CONDYLOME, *sm.* Végétation charnue, excroissance indolente de chair qui se forme sur la peau.

CONDYLURE, *sf.* Espèce de taupe de l'Amérique du nord.

CÔNE, *sf.* Solide produit par la révolution d'un triangle rectangle tournant sur l'un des côtés de l'angle droit; ex. : le pain de sucre.

CONÉINE, *sf.* Substance vénéneuse qui existe dans certaines ombellifères et notamment dans la ciguë.

CONFABULATION, *sf.* Entretien familier. | Conversation intime.

CONFABULER, *vn.* S'entretenir familièrement.

CONFARRÉATION, *sf.* (*Ant.*) Cérémonie par laquelle, chez les Romains, la nouvelle mariée apportait un gâteau de blé dans la maison nuptiale.

CONFÉDÉRATION, *sf.* Réunion de plusieurs États qui ont un gouvernement politique commun, mais qui conservent chacun leur gouvernement intérieur distinct.

CONFERVE, *sf.* Genre de plantes d'eau douce ou de mer qui se présentent au-dessus de l'eau en forme de filaments verts, articulés, d'aspect plus ou moins gélatineux.

CONFESSIONISTE, *s.* et *adj.* Se dit des luthériens qui suivent les doctrines de la confession d'Augsbourg.

CONFLAGRATION, *sf.* Embrasement général qui, selon quelques philosophes anciens et la doctrine du christianisme, doit arriver à la fin des siècles, et dans lequel la terre sera consumée par un déluge de feu.

CONFLIT, *sm.* (*Jurisp.*) Débat qui s'élève entre deux autorités, l'une de l'ordre judiciaire, l'autre de l'ordre administratif, ou entre deux juridictions, au sujet de la connaissance d'une affaire que chacune des deux autorités prétend se réserver.

CONFLUENT, E, *adj.* (*Méd.*) Se dit des maladies, et particul. de la petite vérole, quand elles sont accompagnées d'éruptions de boutons, de taches, de pustules, etc., qui se touchent et se confondent les uns avec les autres. | *sm.* Point de rencontre de deux cours d'eau.

CONFORMISTE, *sm.* Qui professe la religion dominante en Angleterre | Tous ceux qui suivent une autre religion sont appelés *non-conformistes.*

CONFORT, *sm.* Bien être matériel, commodité, aisance de la vie. On dit aussi *Comfort, Comfortable, Confortable.*

CONFRÉRIE, *sf.* Société de personnes pieuses et libres établie dans quelques églises pour se livrer en commun à des exercices de piété.

CONFRICATION, *sf.* Action de réduire en poudre par frottement, ou d'exprimer le jus de quelque chose avec les doigts.

CONGE, *sm.* Ancienne mesure de capacité chez les Grecs et les Romains, équivalant à 3 litres un quart environ. | Panier d'osier servant à transporter du minerai ou du charbon. | Bassine de cuivre de vastes dimensions, dans laquelle les confiseurs font bouillir le sucre.

CONGÉ, *sm.* (*Archit.*) Portion de cercle ou adoucissement en forme de cavet qui joint le fût de la colonne à ses deux ceintures. | Outil, *rabot pour former un —.*

CONGÉMINATION, *sf.* Formation double et simultanée.

CONGÉNÈRE, *adj.* Qui est du même genre qu'un autre, en parlant des plantes, des animaux.

CONGÉNIAL, CONGÉNITAL, E, *adj.* Se dit des maladies héréditaires, des aptitudes, des dispositions que l'enfant apporte en naissant.

CONGESTION, *sf.* Accumulation du sang ou de tout autre liquide organique dans une partie du corps. | CONGESTIF, VE, *adj.* Qui a rapport à la —.

CONGIAIRE, *sf.* (*Ant.*) Gratification que faisaient les empereurs au peuple romain, et qui consistait en distributions de vin, d'huile ou d'argent.

CONGLOBÉ, E, *adj.* (*Hist nat.*) Se dit des choses assemblées de manière à former une boule, une sphère.

CONGLOMÉRAT, *sm.* (pr. *ra*) (*Géol.*) Agrégat formé de plusieurs substances minérales diverses unies par un ciment plus ou moins homogène.

CONGO, *adj.* Thé —, thé noir, de bonne qualité, inférieur toutefois au *Peko.*

CONGRATULER, *va.* Féliciter, complimenter quelqu'un de quelque événement heureux.

CONGRE, *sm.* Poisson de mer très-vorace, qui a la forme de l'anguille, mais une longueur de 1, 2 et même 3 mètres, et qui est de couleur cendrée ou noirâtre; on le pêche sur les côtes de l'Océan et de la Méditerranée, et on l'appelle *anguille de mer*; sa chair est peu estimée.

CONGRÉGANISME, *sm.* Esprit de congrégation, sentiment commun à une société religieuse.

CONGRÉGANISTE, *s.* Qui fait partie d'une congrégation; se dit plus particulièrement des instituteurs ecclésiastiques.

CONGRÈVE *sf.* (Fusée à la). Fusée en forme de boite cylindrique, recouverte de tôle et pleine de petites fusées très-meurtrières que l'on lance dans les batailles.

CONGRUISME, *sm.* Système sur l'efficacité de la grâce divine imaginé par certains jésuites, et qui avait pour objet de faire accorder la liberté de l'homme et la volonté de Dieu, accord qu'ils nommaient *congruité.*

CONGRÛMENT, *adv.* Suffisamment, convenablement, correctement.

CONICINE, *sf.* V. *Conéine.*

CONIÈLE, *sf.* V. *Cunile.*

CONIFÈRES, *sfpl.* Se dit d'une famille de plantes dont le fruit est en forme de cône ; la plupart de ses genres sont des arbres résineux et toujours verts, tels que le pin, le sapin, le mélèze, l'if, etc.

CONIQUE, *adj.* En forme de cône, qui a rapport au cône ou qui en provient.

CONIQUES, *sfpl.* et *adj.* (*Math.*) Sections —, trait des courbes que l'on obtient en coupant un cône suivant différents plans.

CONIROSTRES, *smpl.* (*Zool.*) Famille d'oiseaux de l'ordre des passereaux dont les genres sont caractérisés par un bec conique et sans échancrure.

CONJONCTIVE, *sf.* (*Anat.*) Membrane qui unit le globe de l'œil aux paupières. | CONJONCTIVITE, *sf.* Inflammation de la —.

CONJUGAISON, *sf.* (*Anat.*) Réunion, faisceau de certains nerfs.

CONJUGUÉ, E, *adj.* (*Bot.*) Se dit des feuilles qui sont constituées par des paires de folioles réunies sur un pétiole commun. | (*Phys.*) Se dit des foyers de deux miroirs disposés de telle façon que les rayons lumineux éprouvent une double réflexion en allant de l'un à l'autre. | Pierre —e, pierre gravée où les têtes sont représentées sur le même profil.

CONNAISSEMENT, *sm.* (*Comm.*) Acte ou déclaration faite en plusieurs originaux, qui constate le chargement des marchandises sur un navire et les conditions du transport de ces marchandises.

CONNÉ, E, *adj.* (*Bot.*) Se dit des feuilles soudées par la base et opposées sur la tige, de façon que la tige semble passer au travers d'une feuille unique.

CONNECTIF, *sm.* (*Bot.*) Nervure qui partage en deux une anthère et forme cloison entre ses deux loges.

CONNÉTABLE, *sm.* Nom que l'on donnait autrefois au premier officier du royaume qui avait le commandement général des armées ; ce titre était héréditaire et l'est encore dans certaines familles d'Europe. | CONNÉTABLIE, *sf.* Juridiction du — sur toutes les questions militaires.

CONNEXE, *adj.* (*Jurispr.*) Se dit des causes qui ont entre elles une liaison suffisante pour que le tribunal estime devoir prononcer sur ces causes par un seul et même jugement.

CONOÏDE, CONOÏDAL, E, *adj.* Qui a la forme d'un cône.

CONOPÉE, *sm.* Pavillon léger dont se servaient les anciens Grecs, sorte de moustiquaire qui les garantissait des cousins.

CONOPS, *sm.* Sorte de moucherons, genre d'insectes diptères, au vol vif et rapide, qui vivent sur les fleurs des prairies.

CONQUE, *sf.* Toute grande coquille bivalve ou univalve. | (*Anat.*) Cavité de l'oreille au fond de laquelle se trouve l'extrémité extérieure du conduit auditif.

CONSANGUIN, E, *adj.* et *s.* (pr. *gain*) Parent du côté paternel. | Frère —, sœur —e, frère, sœur de père seulement. | CONSANGUINITÉ, *sf.* (*pr. ghi-*) Parenté des —s.

CONSCIENCE, *sf.* (*Impr.*) Se dit des travaux typographiques qui se paient, non au tarif, mais selon le temps employé à les faire, c.-à-d. à la journée ou à l'heure ; se dit aussi des ouvriers chargés de ces travaux.

CONSÉCUTIF, VE, *adj.* (*Méd.*) Se dit des phénomènes morbides qui se manifestent à la suite d'une maladie qui a cessé.

CONSEIGLE, *sm.* V. *Méteil.*

CONSENSUEL, *adj. m.* Se dit des contrats qui résultent du seul consentement des parties.

CONSISTOIRE, *sm.* En général, conseil, assemblée religieuse. | Assemblée des cardinaux. | Assemblée des ministres protestants. | Conseil qui dirige les affaires de la religion judaïque ou de la religion réformée pour un pays.

CONSOLE, *sf.* (*Archit.*) Pièce saillante et ornée qui soutient une corniche, un balcon, etc. | Meuble d'ornement sur lequel on pose des bronzes, des vases, etc. | Support quelconque en charpente, en maçonnerie ou en plâtre.

CONSOLIDÉ, *sm.* Partie de la dette flottante que l'on transforme en rentes ordinaires en l'inscrivant au grand-livre.

CONSOMPTION, *sf.* Perte lente, diminution successive des forces, amaigrissement qui résulte d'une maladie organique.

CONSORTS, *smpl.* (*Jurispr.*) Se dit, dans une affaire civile, de tous ceux qui ont un intérêt commun avec quelqu'un et qui gagnent ou perdent en même temps que lui.

CONSOUDE, *sf.* Plante de la famille des borraginées, à corolle en tube et arrondie, employée en médecine ; les racines et les feuilles de la grande —, qui est l'espèce la plus employée, sont à la fois adoucissantes et astringentes, et on en fait un sirop qu'on trouve chez les pharmaciens.

CONSPUER, *va.* Autrefois, cracher sur quelque chose. | Aujourd'hui, repousser avec mépris.

CONSTABLE, *sm.* En Angleterre, officier de police dont les fonctions consistent à maintenir la paix publique, à prévenir les délits et à surveiller tous les détails de la police administrative.

CONSTELLATION, *sf.* Assemblage d'étoiles fixes auquel on attribue une figure et un nom par analogie à quelque objet terrestre.

CONSTELLÉ, E, *adj.* (*Sc. occ.*) Anneaux —s, anneaux fabriqués sous l'influence de telle ou telle constellation et auxquels l'astrologie accordait des vertus merveilleuses.

CONSTITUTIONNEL, LE, *adj.* (*Méd.*) Se dit des maladies héréditaires ou de celles qui sont devenues entièrement chroniques et qui font partie intégrante de la constitution, du tempérament.

CONSTRICTEUR, *adj.* et *s.* (*Anat.*) Se dit des muscles qui resserrent les cavités, les conduits, etc.

CONSTRICTION, *sf.* Resserrement d'une ou de plusieurs parties du corps. | CONSTRICTIF, VE, *adj.* Qui produit la —.

CONSUBSTANTIALITÉ, *sf.* (*Théol.*) Unité et identité de substance ; ne se dit que des trois personnes de la Trinité chrétienne.

CONSUBSTANTIATION, *sf.* (*Théol.*) Présence réelle de Jésus-Christ dans l'Eucharistie.

CONSUBSTANTIEL, LE, *adj.* (*Théol.*) Qui possède la consubstantialité.

CONSUÉTUDINAIRE, *s.* Qui a coutume de faire quelque chose.

CONSUL, *sm.* Nom que portaient autrefois à Rome et depuis en France, sous la première république, les magistrats placés à la tête du gouvernement et chargés du pouvoir exécutif. | Aujourd'hui, fonctionnaire qui est placé dans un port ou une ville importante pour représenter une nation étrangère et y défendre les intérêts des habitants ou des négociants appartenant à cette nation. | CONSULAIRE, *adj.* Qui appartient au —; se dit aussi des tribunaux de commerce.

CONSULTE, *sf.* A Rome, congrégation d'ecclésiastiques chargée de juger les conflits élevés par les autorités et de faire les règlements d'ordre et d'économie publique.

CONTABESCENCE, *sf.* Consomption, marasme.

CONTACE, *sm.* Livre d'Église, missel. | Hymne fort court.

CONTAILLES, *adj. smpl.* Se dit de la soie de basse qualité.

CONTAMINER, *va.* Souiller. | CONTAMINATION, *sf.* Souillure.

CONTEMPTEUR, TRICE, *adj.* et *s.* Qui manifeste du mépris, du dégoût.

CONTENDANT, E, *adj.* et *sm.* Concurrent, qui est en dispute avec un autre.

CONTENTIEUX, SE, *adj.* et *sm.* Qui est en débat, qui est discuté ; se dit particulièrement des affaires sur lesquelles il y a lieu à l'intervention judiciaire, des procès, etc.

CONTENTIF, VE, *adj.* (*Chir.*) Se dit des appareils destinés à contenir soit des hernies, soit toute autre tumeur.

CONTINENT, *sm.* Toute vaste étendue de pays sans solution de continuité et que la mer entoure de tous côtés.

CONTINGENT, *sm.* (*Philos.*) Le contraire de *nécessaire*, c.-à-d. ce qui peut ne pas être, ne pas arriver. | Part de soldats ou de contributions que doit fournir chaque circonscription territoriale.

CONTONDANT, E, *adj.* Qui blesse sans percer, ni couper, mais en faisant des contusions, comme un bâton, une massue, etc.

CONTORNIATE, *sf.* (*Ant.*) Se dit de certaines médailles romaines qui présentent une rainure creuse circulaire à leurs bords, sur la face et le revers.

CONTRACTILE, *adj.* Qui est susceptible de contraction.

CONTRACTILITÉ, *sf.* Faculté de se contracter.

CONTRACTUEL, LE, *adj.* (*Jurispr.*) Qui est stipulé par un contrat.

CONTRACTURE, *sf.* (*Méd.*) Maladie du système nerveux qui consiste dans la contraction des membres produite par la rigidité des muscles et occasionnant l'atrophie des parties atteintes.

CONTRADICTOIRE, *adj.* (*Jurisp.*) Se dit d'un *jugement*, d'une *condamnation*, d'un procès-verbal, etc., rendus, dressés en présence des parties intéressées.

CONTRALTO, *sm.* La plus basse des voix aiguës, formant la plus grave des voix de femme, qui correspond à la basse ou au baryton chez l'homme et qui a la même étendue à une octave plus haut.

CONTRANCHÉ, E, *adj.* (*Blas.*) Qui est ondulé et en zigzag.

CONTRAPONTISTE, *sm.* V. *Contrepointiste.*

CONTRAYERVA, *sf.* Racine d'une plante d'Amérique qu'on emploie contre la morsure des serpents venimeux.

CONTRE-AMIRAL, *sm.* Officier de la marine militaire qui prend rang immédiatement au-dessous du vice-amiral ; ce grade correspond à celui de général de brigade dans l'armée de terre.

CONTREBANDÉ, E, *adj.* (*Blas.*). Se dit d'un écu dans lequel les bandes sont d'émail différent.

CONTREBASSE, *sf.* L'instrument le plus grand de la famille du violon ; il a quatre cordes et résonne à l'octave basse du violoncelle.

CONTREBOUTER, *va.* (*Archit.*) Appuyer un mur d'un autre mur posé à angles droits ; on dit aussi *Contrebuter*.

CONTRE-CLEF, *sf.* (*Archit.*) Voussoir posé immédiatement à gauche et à droite de la clef d'une voûte.

CONTRE-CŒUR, *sm.* (*Archit.*) Partie du mur qui est entre les deux jambages d'une cheminée et qui forme le dos du foyer ; on l'appelle communément *le fond de la cheminée.* | Plaque qui occupe cet emplacement.

CONTRE-ÉPAULETTE, *sf.* Épaulette dépourvue de franges que le lieutenant porte sur l'épaule droite et le sous-lieutenant sur l'épaule gauche.

CONTREFICHE, *sf.* (*Archit.*) Toute pièce de bois mise obliquement contre une autre qui étaie une muraille, pour la fortifier.

CONTREFORT, *sm.* (*Archit.*) Mur contreboutant servant d'appui à un mur chargé d'une terrasse, d'une voûte, etc. | Petites chaînes latérales qui sont comme les appuis d'une chaîne de montagnes principale.

CONTREHÂTIER, *sm.* Grand chenet de cuisine garni de crochets et de chevilles, et pouvant porter plusieurs broches.

CONTRELETTRE, *sf.* (*Jurisp.*) Acte secret par lequel deux ou plusieurs parties conviennent que les stipulations portées entre elles dans un acte public seront ou nulles ou modifiées.

CONTREPAL, *sm.* (*Blas.*) Pal divisé en deux parties différentes par la couleur et le métal dont elles sont faites.

CONTREPOINT, *sm.* Partie harmonique de la composition musicale, ou, plus particul., développement d'une mélodie en accompagnements qui l'enrichissent. | Contrepointiste, *sm.* Qui écrit, compose ou professe le —.

CONTREPOINTE, *sf.* Partie du dos de la lame d'une épée qui se rapproche de la pointe et devient tranchante. | Lutte à l'escrime dans laquelle les armes sont des sabres.

CONTRESCARPE, *sf.* (*Milit.*) Pente du mur extérieur du fossé qui fait face à l'escarpe. | Le chemin couvert et le glacis.

CONTRESEING, *sm.* Signature d'un ministre, d'un secrétaire, etc., apposée à un acte déjà signé par un souverain, un prélat, etc.

CONTREVALLATION, *sf.* (*Milit.*) Fort, fossé ou retranchement qu'on fait tout autour d'une place assiégée pour couper toutes ses communications.

CONTRIBUTION, *sf.* (*Jurisp.*) Partage proportionnel du prix des biens d'une personne entre tous ses créanciers, lorsque ces biens ne suffisent pas au paiement intégral de toutes les créances.

CONTRITION, *sf.* (*Théol.*) Action par laquelle l'âme déteste le péché qu'elle a commis et forme la ferme résolution de n'y plus retomber.

CONTROSTIMULANT, E, *adj.* V. *Sédatif.*

CONTUMACE, *sf.* Le refus, le défaut que fait un accusé de comparaître devant le tribunal où il est appelé. | *adj.* et *s.* Accusé ou prévenu qui s'est soustrait par la fuite aux recherches de la justice et auquel on fait son procès en son absence; on dit aussi *Contumax.*

CONTUS, E, *adj.* Se dit des parties meurtries, froissées, des plaies résultant de blessures faites par un instrument contondant. | Contusif, ve, *adj.* Qui produit la contusion

CONTUSER, *va.* Opérer la | Contusion. *sf.* Mode de pulvérisation d'une substance qui est soumise, dans le fond du mortier, au choc répété du pilon.

CONVALLAIRE, *sf.* Nom de la plante appelée vulgairement *muguet.*

CONVENT, *sm.* Réunion générale et solennelle des francs-maçons.

CONVENTICULE, *sm.* Petite assemblée, assemblée secrète et illicite.

CONVENTUEL, LE, *adj.* Qui est du couvent, qui appartient au couvent, qui concerne le couvent. | Conventualité, *sf.* Etat d'une maison —le.

CONVERS, E, *adj.* et *s.* Se dit, dans les couvents, des religieux d'un ordre inférieur qui sont chargés des travaux manuels, des œuvres serviles.

CONVEXE, *adj.* Se dit de ce qui est bombé, par opposition à *concave.* | Convexité, *sf.* Etat de ce qui est —.

CONVICT, *sm.* (pr. *vict*) (*Angl.*) Nom que l'on donne en Angleterre aux condamnés des deux sexes que l'on déporte en Australie ou dans quelqu'autre contrée éloignée.

CONVIVIALITÉ, *sf.* Goût des festins, des réunions joyeuses. | Convivial, e. *adj.* Qui concerne la —, qui a rapport aux festins. | Conviviat, *sm.* Durée obligée de la présence d'un convive dans un repas.

CONVOLVULUS, *sm.* Liseron, plante grimpante annuelle, à fleurs en clochettes. | Convolvulacé, e, es, *adj.* et *sfpl.* Qui ressemble au —; nom d'une famille; plantes dont le — est le type.

CONVOYER, *va.* Accompagner, escorter, en parlant des navires marchands.

COOLIE, *sm.* (pr. *cou-li*). Nom des travailleurs chinois ou indiens qui émigrent en troupes pour les colonies européennes d'Amérique.

COORDONNÉES, *sfpl.* (*Math.*) Nom commun aux deux lignes qui sont les éléments d'une courbe et qu'on appelle *abcisse* et *ordonnée.*

COORZA, *sm.* Espèce de poisson d'Amérique assez semblable au maquereau et qui est bonne à manger.

COPAHU, *sm.* (pr. *pahu*). Sorte de résine astringente que l'on obtient par incision du copayer, arbre du Brésil.

COPAL, *sm.* Résine produite par plusieurs arbres exotiques, qu'on emploie dans la composition des vernis fins et transparents.

COPALCHI, *sm.* (pr. *ki*) Arbre de l'Amérique du Sud, dont l'écorce, très-amère, est employée comme fébrifuge.

COPALME, *sm.* V. *Liquidambar.*

COPEC ou Copeck, *sm.* V. *Kopeck.*

COPHTE, ou mieux Copte, *adj.* et *s.* Nom d'un peuple qui descend des anciens Egyptiens et qui professe la religion chrétienne avec quelques modifications. | Langue —, ancienne langue d'Egypte, mélange d'ancien égyptien et de grec.

COPIATE, *sm.* Le religieux qui était chargé de préparer les fosses des morts.

COPORISTIQUE, *adj.* et *sm.* Qui guérit les cors aux pieds.

COPRAH, *sm.* Amande de la noix de coco, concassée et séchée sur le sable à l'ardeur du soleil; on le reçoit d'Afrique en Europe et on en extrait une huile dont on fait des savons.

COPROCRITIQUE, *adj.* et *sm.* Laxatif, purgatif.

COPROLITHE, *sm.* Concrétion pierreuse formée de phosphate de chaux, qu'on trouve dans les plus anciens terrains de sédiment et qu'on croit être des excréments fossiles; on l'emploie comme engrais.

COPROPHAGE, *adj.* et *s.* (*Zool.*) Se dit d'une famille d'insectes coléoptères qui vivent dans les excréments.

COPROPHORIE, *sf.* (*Méd.*) Purgation légère, évacuation.

COPROSCLÉROSE, *sf.* (*Méd.*) Endurcissement des matières fécales dans le ventre, produit par une constipation excessive.

COPTE, *adj.* et *sm.* V. *Cophte.*

COPTER, *va.* Faire sonner une cloche en mouvant le battant et en le faisant frapper d'un côté seulement.

COPTOGRAPHIE, *sf.* Art de découper des morceaux de carton de manière que leur ombre projetée sur une muraille y dessine des figures.

COQ, *sm.* | — de bruyère, espèce de tétras, grand oiseau à plumage ardoisé, strié de noir, dont la chair est très-estimée. | — de marais. V. *Gelinotte.* | — Indien. V. *Hocco.* | — de mer. V. *Caluppe.* | (*Mar.*) Nom qu'on donne au cuisinier sur les navires.

COQUANT, *sm.* V. *Marouette.*

COQUARD, *sm.* V. *Cocquard.*

COQUECIGRUE, *sf.* Nom que l'on donne à divers oiseaux aquatiques ressemblant à la cigogne et à la grue; s'emploie souvent pour l'un ou l'autre de ces deux oiseaux. | Matière muqueuse rejetée par la mer et qui n'est autre que des fucus en décomposition. | Plaisanterie, conte, baliverne.

COQUELICOT, *sm.* Espèce de pavot à fleurs rouge éclatant, commun dans les champs en été; on fait de ses fleurs des tisanes et un sirop calmants, employés contre les rhumes.

COQUELLE, *sf.* Sorte de poëlon de fonte avec ou sans pieds.

COQUELOURDE, *sf.* V. *Lychnide* et *Anémone.*

COQUELUCHE, *sf.* Affection à peu près particulière aux enfants, qui consiste en une névrose du système respiratoire avec irritation de la muqueuse des bronches, occasionnant des accès de toux violents suivis le plus souvent de vomissements, et séparés par des intervalles où l'enfant paraît guéri; elle se prolonge quelquefois très-longtemps, mais elle est rarement dangereuse.

COQUEMAR, *sm.* Pot de cuivre ou d'autre matière, à large ventre, étranglé et retréci par le haut, avec un couvercle à charnières; il sert à faire bouillir des liquides.

COQUEMELLE, *sf.* Champignon comestible très-estimé; c'est une espèce d'agaric.

COQUERELLE, *sf.* Noisette enfermée dans sa cupule avant sa maturité. | V. *Alkékenge.*

COQUERET, *sm.* V. *Alkékenge.*

COQUES, *sfpl.* — du Levant, fruit d'un arbuste d'Asie en petites boules brunes de la grosseur d'un pois; la partie extérieure est un émétique puissant et l'amande renferme un poison violent appelé *ménispermine*; ces fruits ont aussi la propriété d'engourdir le poisson dans les eaux où l'on en jette quelques poignées, de telle sorte qu'on peut le prendre avec la main.

COQUETIER, *sm.* Marchand d'œufs et de volailles en gros.

COQUILLE, *adj.* et *sm.* Se dit d'un papier employé pour l'écriture et dont le format est de 0 m. 56 sur 0 m. 44; il pèse de 5 à 10 kilog. la rame. | (*Impr.*) Lettre déplacée de son cassetin et employée pour une autre dans la composition.

COR, *sm.* (*Mus.*) Instrument formé d'un tube de cuivre plusieurs fois enroulé sur lui-même et terminé par une ouverture évasée appelée *pavillon.* | — anglais, sorte de hautbois qui tient, parmi les hautbois, le rang de l'alto parmi les violons. | — de basset, clarinette plus basse que la clarinette ordinaire.

CORACIAS, *sm.* Oiseau de l'ordre des omnivores, voisin du choquard dont il diffère par son bec rouge plus effilé.

CORACES, *smpl.* Famille d'oiseaux qui ont pour type le corbeau.

CORACIEN, NE, *adj.* Qui ressemble au corbeau.

CORACOÏDE, *sf.* (*Anat.*) Apophyse de l'omoplate qui ressemble au bec d'un corbeau. | CORACO-BRACHIAL, CORACO-HUMÉRAL, CORACO-CUBITAL, CORACO-RADIAL, *adj. m.* Se dit de divers muscles qui s'étendent de l'épaule au bras ou de l'épaule à l'avant-bras.

CORAH, *sm.* (*Comm.*) Espèce de foulard fabriqué dans l'Inde avec des soies indigènes telles que le *tussah*, et dont on importe en Angleterre de grandes quantités.

CORAIGNE, *sf.* (pr. *rè-*) (*Comm.*) Petite boule de pastel.

CORAIL, *sm.* Polypier composé d'un grand nombre de petits animaux blancs, mous, diaphanes, secrétant une matière calcaire d'un rouge vif qui devient très-dure et forme des ramifications nombreuses; cette matière, appelée aussi *corail*, est employée pour faire des bijoux.

CORALLINE, *sf.* Algue qui croît dans la Méditerranée; elle présente une tige et des rameaux formés d'une série d'articles de consistance cornée et recouverts d'une substance calcaire de diverses couleurs. | La — de Corse ou *mousse de Corse*, est composée de filaments articulés de couleur rougeâtre; on la trouve fixée sur des rochers : on l'a employée comme anthelmintique et absorbant. | Agate qui a la couleur du corail.

CORALLOÏDE, *adj.* Qui ressemble au corail.

CORAM POPULO, *loc. adv.* (*Lat.*) En présence du peuple; se dit des choses faites ou dites *publiquement.*

CORAN ou ALCORAN, *sm.* Livre qui contient la loi de Mahomet et qui est tout à la fois le code religieux, civil et militaire des musulmans.

CORB ou CORBEAU, *sm.* Poisson très-commun dans la Méditerranée, d'un goût médiocre; il a le ventre argenté, les nageoires noires et le dos brun.

CORBEAU, *sm.* Genre d'oiseaux conirostres à plumage généralement noir, qui se nourrissent de viandes corrompues et poussent un cri rauque appelé *croassement.* | — aquatique. V. *Ibis.* | — cornu. V. *Calao.* | — de mer. V. *Cormoran.* | — de nuit. V. *Engoulevent.*

CORBEAU, *sm.* (*Archit.*) Pierre de taille en saillie qui soulage la portée d'une poutre ou qui soutient un arc doubleau de voûte. | (*Ant.*) Machine de guerre qui consistait en une sorte de grue placée à l'avant des navires ou qui lançait sur les navires ennemis un cône de fer très-pesant appelé aussi *corbeau.*

CORBEILLE, *sf.* A la Bourse, balustrade circulaire autour de laquelle se tiennent extérieurement les agents de change, de façon a se trouver tous les uns en face des autres et à se communiquer ainsi instantanément les offres et les demandes de titres qui leur sont transmises par leurs clients.

CORBILLARD, *sm.* Ancienne voiture à quatre places ressemblant un peu à la calèche et abandonnée aujourd'hui. | Char à quatre montants qui portent un pavillon en forme de dais, qu'on emploie dans les convois funèbres pour transporter le corps.

CORBILLAT, *sm.* Le petit du corbeau.

CORBILLON, *sm.* (*Mar.*) Petite gamelle dans laquelle on met le biscuit d'un repas pour sept hommes. | Petit panier d'osier.

CORBINE, *sf.* V. *Corneille.*

CORBIVEAU, *sm.* Espèce de corbeau dont le bec est comprimé, élevé et tranchant en dessus.

CORCELET, *sm.* V. *Corselet.*

CORDAT, *sm.* Grosse serge croisée et drapée.

CORDE, *sf.* (*Math.*) Portion de ligne droite traversant un cercle et se terminant à la circonférence, de manière à sous-tendre deux arcs. | Ancienne mesure qu'on employait pour le bois à brûler et qui équivalait à 2 voies ou à 4 stères environ.

CORDEAU, *sm.* Petite corde roulée en pelotte sur deux piquets que l'on fiche en terre, de façon à tendre la corde quand on veut aligner une allée, tracer un sillon pour semer ou planter en ligne droite, etc.

CORDELAT, *sm.* V. *Cordat.*

CORDELIER, *sm.* Frère mineur de l'ordre créé par saint François d'Assise; ils portent à leur ceinture une corde à nœuds comme signe distinctif de leur ordre.

CORDELIÈRE, *sf.* (*Blas.*) Filets de cordes à nœuds dont les veuves entouraient l'écu de leur mari. | (*Archit.*) Baguette sculptée en forme de corde.

CORDELINE, *sf.* Lisière d'une étoffe de soie.

CORDIAL, E, *adj.* (*Méd.*) Se dit des médicaments excitants et des stimulants diffusibles qui ont la propriété d'augmenter promptement la chaleur générale du corps et l'action du cœur ou plutôt de l'estomac.

CORDIÉRITE, *sf.* (*Min.*) Silicate d'alumine en prismes transparents, qui présente une belle couleur bleue quand on regarde une lumière dans le sens de l'une des bases du prisme; on l'appelle aussi *Iolithe*, *Saphir d'eau* et *Fahlunite dure.*

CORDIFORME, *adj.* (*Bot.*) Se dit des feuilles ou des pétales qui ont la forme d'un cœur.

CORDON, *sm.* En général, dans les arts, tout ce qui forme une bordure ressemblant à un cordon, à une corde. | Petit bord façonné qui entoure une pièce de monnaie. | (*Blas.*) Ornement terminé par des houppes et entourant les armoiries des prélats. | Grand —, large ruban rouge que portent les grand-croix de la Légion d'honneur. | — sanitaire, ligne militaire établie sur une frontière en temps de contagion pour empêcher de passer du pays infecté dans le pays sain.

CORDONNET, *sm.* Petit cordon ou tresse de fil, de soie, d'or ou d'argent, qu'on emploie dans la passementerie.

CORDOUAN, *sm.* Cuir de chèvre tanné de Cordoue.

CORDYLE, *sm.* Reptile saurien à tête quadrangulaire munie de plaques polygonales, et dont le corps est couvert d'écailles carrées; il habite le cap de Bonne-Espérance.

CORÉE, *sf.* V. *Chorée.*

CORÈTE, *sf.* Joli arbrisseau du Japon à feuilles alternes denticulées, à fleurs doubles d'un beau jaune, qui tapisse les murs de nos jardins, où il est acclimaté depuis longtemps.

CORGNOULE, *sf.* Sorte de galle du prunier.

CORI, *sm.* V. *Cauri.*

CORIAIRE, *sf.* V. *Redoul.*

CORIANDRE, *sf.* Plante ombellifère à fleurs blanc rosé, qui exhale, fraîche, une mauvaise odeur, mais dont le fruit acquiert, par la dessication, un parfum très-agréable.

s'emploie à aromatiser des mets, des liqueurs, des dragées ; il est stomachique et carminatif; on la trouve sur tout le littoral de la Méditerranée et on la cultive en France.

CORINDON, *sm.* (*Min.*) Alumine pure cristallisée qu'on trouve dans les sables des alluvions anciennes de l'Asie méridionale ou dans les granits des Alpes ; c'est une pierre presqu'aussi dure que le diamant, qui varie beaucoup de couleur. | — hyalin, transparent, incolore. | — astérie. V. *Astérie.* | — adamantin. V. *Harmophane.*

CORINTHIEN, NE, *adj.* (*Archit.*) Se dit d'un ordre et d'une colonne très-remarquables par la richesse de leurs proportions, et particul. du chapiteau qui est orné de feuilles d'acanthe, de caulicoles et de volutes.

CORION, *sm.* La couche la plus inférieure, la plus épaisse de la peau, ou le derme.

CORIVE, *sf.* Petite châtaigne, bonne à sécher et se conservant longtemps.

CORLIEU, *sm.* Espèce de courlis.

CORMIER, *sm.* Variété du sorbier, cultivée dans quelques contrées à cause de son fruit nommé | Corme, *sf.* Qui ressemble à une petite poire, dont le goût est très-agréable et dont on extrait par fermentation une sorte de cidre inférieur nommé Cormé, *sm.*

CORMORAN, *sm.* Oiseau palmipède jouissant de la faculté de se percher ; il vit en troupes au bord des mers et se nourrit de poisson ; on en distingue plusieurs espèces ou variétés qui sont le *nigaud*, le *largup*, etc.

CORNAC, *sm.* Conducteur de l'éléphant.

CORNAGE, *sm.* Maladie des voies respiratoires chez les chevaux, qui est un vice rédhibitoire ; elle se manifeste par un sifflement semblable au son d'une corne, qu'ils font entendre quand ils trottent rapidement. | Cornard, e, ou Corneur, *adj.* Se dit d'un cheval ou d'une jument atteints de —.

CORNALINE, *sf.* Agate ou calcédoine rouge, pierre légèrement transparente qui prend un très-beau poli et qu'on emploie surtout pour les cachets gravés.

CORNÉ, E, *adj.* Se dit des substances qui sont de la nature de la corne ou qui en ont l'apparence.

CORNEAU, *sm.* et *adj.* Chien croisé issu d'un mâtin et d'une chienne courante.

CORNÉE, *sf.* Membrane transparente qui enveloppe antérieurement le globe de l'œil et qui se trouve enchâssée dans la sclérotique. | Cornéite, *sf.* Inflammation de la —.

CORNÉENNE, *sf.* (*Géol.*) Roche qui paraît homogène à l'œil et qui est en général un mélange d'amphibole et d'argile.

CORNEILLE, *sf.* Espèce du genre corbeau, plus petite que le corbeau ordinaire, à plumage, bec et pieds noirs ; elle se tient dans les bois. | — d'église. V. *Choucas.*

CORNEILLON, *sm.* V. *Choucas.*

CORNÉLIEN, NE, *adj.* (*Litt.*) Se dit du style du poëte tragique P. Corneille et des vers qui rappellent ceux de ce poëte.

CORNEMUSE, *sf.* Instrument composé d'un sac de peau de mouton et quelquefois d'un estomac de mouton, avec des chalumeaux à anche qui donnent issue au vent renfermé dans le sac quand on l'a gonflé.

CORNETTE, *sf.* Nom qui se donnait autrefois à l'étendard d'une compagnie de cavalerie et à l'officier chargé de le porter. | (*Mar.*) Pavillon ou drapeau fendu en deux dans sa longueur, dont le guindant est horizontal, et qui est suspendu par le milieu à une vergue, etc.

CORNEUR, *adj.* V. *Cornage.*

CORNICHE, *sf.* (*Archit.*) Ensemble de plusieurs moulures superposées, de manière que les plus hautes sont les plus avancées ; c'est le couronnement d'une frise de chapiteau, d'un lambris, d'un meuble, etc.

CORNICHON, *sm.* V. *Concombre.*

CORNIER, *adj.* Se dit des poteaux, des pilastres, des arbres qui marquent l'encoignure, soit d'un bâtiment, soit d'une coupe de bois. | Le Cornouiller.

CORNIÈRE, *sf.* (*Blas.*) Anse de pot. | Bande de fer pliée en équerre suivant sa longueur, et qu'on place dans les angles pour les renforcer.

CORNILLONS, *smpl.* Petits os qu'on trouve dans l'intérieur des cornes des bœufs, des veaux, etc., et dont on extrait une gélatine fort estimée.

CORNOUILLER, *sm.* Arbrisseau à fruits rougeâtres contenant un noyau et dont la saveur est aigrelette ; l'écorce de cet arbre est astringente et fébrifuge. | Cornouille, Corne, *sf.* Fruit du —.

CORNUE, *sf.* (*Chim.*) Vase de forme à peu près sphérique, se terminant par un long col coudé, que l'on emploie pour distiller ou pour d'autres opérations.

COROLLAIRE, *sm.* Proposition qui découle de celle qu'on vient de démontrer.

COROLLE, *sf.* (*Bot.*) Partie généralement colorée de la fleur, qui enveloppe les organes sexuels et se compose de un ou plusieurs *pétales.* (V. ce mot.)

COROLLIFLORES, *sfpl.* (*Bot.*) Classe de plantes dont la corolle monopétale, insérée sous un ovaire libre, est distincte du calice et porte les étamines.

CORON, *sm.* Déchet qu'entraîne le dévidage ou le tissage de la laine, du coton, du fil ou du chanvre.

CORONAIRE, *adj.* (*Anat.*) Se dit de deux artères qui naissent de l'aorte et qui portent le sang dans le cœur.

CORONAL, *adj.* (*Anat.*) Se dit de l'os et de la jointure qui règnent devant le crâne, en d'autres termes le front.

CORONER, *sm.* (*Angl.*) (pr. *nerr*) En Angleterre, officier chargé de l'instruction des affaires criminelles, et particul. des cas de mort violente, au nom de la couronne, et avec l'assistance du jury.

COROSSOL, *sm.* V. *Cachiman.*

COROSO ou Corozo, *sm.* Noix de —, fruit d'une espèce de palmier, d'une grande dureté, dont on fait des ouvrages de tabletterie qui ont l'apparence de l'albâtre; on l'appelle aussi *ivoire végétal*.

CORPORAL, *sm.* Linge bénit, sans ornements, de forme carrée, de toile de lin très-fine, que le prêtre étend sur l'autel pour y placer le calice et y déposer l'hostie pendant la messe.

CORPORATION, *sf.* Réunion en un corps des individus qui exercent la même profession.

CORPOU, *sm.* Dernier compartiment qui occupe le fond de la madrague et dans lequel se réunissent les thons qui sont pris.

CORRÉGIDOR, *sm.* (*Esp.*) Premier officier de justice dans les villes secondaires d'Espagne.

CORROBORANT, E, Corroboratif, ve, *adj.* (*Méd.*) Se dit des moyens dont l'emploi est propre à augmenter, d'une façon durable, la force de la constitution, et particul. des médicaments amers, des toniques et des analeptiques qui sont absorbés dans l'économie et modifient heureusement le sang et les solides, ou stimulent l'appareil digestif.

CORRODANT, E, *adj.* et *s.* (*Méd.*) Se dit de certaines humeurs qui corrodent quelque partie du corps.

CORRODER, *va.* Ronger, en parlant de l'action d'un liquide sur un corps solide.

CORROI, *sm.* Massif ou enduit de terre glaise bien pétrie qu'on emploie pour boucher les fentes des réservoirs d'eau. | Enduit gras employé pour les navires. V. *Courai.* | Corroyer, *va.* Former un —; pétrir de la terre glaise ou du mortier; broyer très-fort. | Dresser, équarrir une pièce de bois au rabot. | Battre le fer à chaud, le bien forger, l'étendre sous le marteau.

CORROSIF, VE, *adj.* et *sm.* Qui corrode, qui détruit en rongeant. | Corrosion, *sf.* Action de ce qui est —.

CORROYEUR, *sm.* Ouvrier qui travaille le cuir déjà tanné et lui donne le brillant, le lustre et la souplesse nécessaires.

CORRUGATEUR, *sm.* (*Anat.*) Se dit d'un muscle qui plisse la peau de la base du nez

CORRUGATION, *sf.*. Froncement, plissement.

CORS, *smpl.* Cornes du bois du cerf. | Cerf *dix-cors*, cerf qui a cinq andouillers de chaque côté de son bois.

CORSAC, *sm.* Petit chien gris en dessus, blanc en dessous et à longue queue, qui fut de mode à Paris au XVIe siècle. | Petit renard jaune très-commun dans l'Asie centrale et dont la fourrure fait l'objet d'un commerce important.

CORSAIRE, *sm.* Bâtiment armé en course, mais qui est muni de lettres de marque et n'attaque les vaisseaux qu'en temps de guerre.

CORSECQUE, *sm.* Arme à lame fourchue qui ressemblait à la pertuisane; elle est originaire de Corse.

CORSELET, *sm.* Partie de l'armure qui s'appliquait sur le devant de la poitrine, depuis la taille jusqu'au cou; petite cuirasse. | Dans les insectes, partie du corps qui est entre la tête et l'abdomen. | Corset mince et léger.

CORTÈS, *sfpl.* (pr. *tèss.*) (*Esp.*) Assemblées nationales, en Espagne et en Portugal, qui discutent les lois et votent le budget.

CORTICAL, E, *adj.* (*Bot.*) Qui appartient à l'écorce. | Substance —e, (*Anat.*) substance qui recouvre, comme une écorce, le cerveau et les principaux organes des reins.

CORTINE, *sf.* (*Ant.*) Sorte de vase de forme ronde qui se plaçait sur un trépied et qui était consacré aux dieux païens, et particul. à Apollon. | Le trépied sur lequel la pythonisse rendait ses oracles, et la peau de serpent qui recouvrait ce trépied.

CORUSCATION, *sf.* Éclat de lumière, éclairs produits par toute matière incandescente.

CORVÉE, *sf.* (*Féod.*) Travail personnel que le vassal devait à son seigneur, contribution en journées d'hommes ou de bétail.

CORVETTE, *sf.* Petit vaisseau de guerre portant ordinairement de 20 à 30 canons, qui prend rang entre la frégate et le brick.

CORVIDÉ, E, *adj.* Qui ressemble au corbeau. | —s, *smpl.* Tribu d'oiseaux dont le corbeau forme le type.

CORYBANTE, *sm.* (*Ant.*) Prêtres païens qui dans leurs cérémonies se livraient à des danses tumultueuses avec une sorte de frénésie et en poussant des cris féroces.

CORYLE, *sf.* V. *Coudrier.*

CORYMBE, *sm.* (*Bot.*) Assemblage de fleurs dont les pédoncules se subdivisent régulièrement a partir d'un point central et viennent former un bouquet horizontal au sommet d'une même tige; telles sont celles du sureau, etc.

CORYPHE, *sm.* Palmier de Ceylan dont les feuilles servent à faire des couvertures de tentes, les noyaux des fruits, très-durs, servent a faire des colliers.

CORYPHÉE, *sm.* Celui ou celle qui dirige les chœurs dans les théâtres.

CORYZA, *sm.* Rhume de cerveau.

COSCINODISQUE, *sm.* Animalcule infusoire qui a la forme d'un disque percé de trous et qu'on trouve dans les résidus de fontes de glace.

COSCINOMANCIE, *sf.* *(Sc. occ.)* Autrefois, divination au moyen d'un crible tournant sur le doigt.

COSÉCANTE, *sf.* *(Math.)* Sécante du complément d'un arc ou d'un angle.

COSÉISMAL, E, *adj.* Se dit des points où la secousse d'un tremblement de terre a été égale et que l'on considère comme la crête de la vague d'ébranlement.

COSINUS, *sm.* *(Math.)* Sinus du complément d'un arc ou d'un angle.

COSMÉTIQUE, *adj.* et *sm.* Se dit des diverses préparations qui ont pour objet d'embellir la peau ou de conserver les cheveux.

COSMIQUE, *adj.* Qui a rapport à l'univers, au système du monde. | *(Astr.)* Lever et coucher—s d'une étoile, mouvements qu'elle accomplit en même temps que le soleil. | Matière —, matière extrêmement ténue répandue dans l'univers et que l'on croit être la matière *première des mondes.*

COSMOCRATIE, *sf.* Monarchie universelle.

COSMOGÉNIE, *sf.* Formation de l'univers.

COSMOGONIE, *sf.* Théorie de la formation du monde : ensemble de systèmes ou de raisonnements sur la création de l'univers.

COSMOGRAPHIE, Cosmologie, *sf.* Étude de l'univers et de ses lois physiques et astronomiques.

COSMOPOLITE, *sm.* Citoyen du monde, c.-à-d. qui n'a pas de patrie, qui regarde tous les pays comme le sien. | Celui qui voyage beaucoup. | Cosmopolitisme, *sm.* Goût, tendance des —s.

COSMORAMA, *sm.* Tableau du monde. | Appareil où l'on voit une suite de tableaux représentant les principales villes du monde.

COSMOS, *sm.* Le monde, l'univers. | V. *Cacosmos.*

COSSE, *sf.* Nom vulgaire des coléoptères qui rongent les céréales, les pois, les fèves, etc.

COSSER, *vn.* Se dit des moutons qui se heurtent la tête les uns contre les autres.

COSSON, *sm.* Genre de coléoptères voisins de la *Calandre* ou *Charançon*, qui vit sous l'écorce des arbres. | Nouveau sarment que porte la vigne après avoir été taillée.

COSSUS, *sm.* (pr. *çuss.*) Variété de la chèvre ægagre ou sauvage qu'on trouve dans l'Inde.

COSTAL, E, *adj.* *(Anat.)* Qui appartient aux côtes.

COSTALGIE, *sf.* *(Méd.)* Douleur à la région costale.

COSTES, *smpl.* *(Comm.)* Frisons ou déchets obtenus dans le cours du tirage de la soie ; ils sont allongés en rubans et moins communs que les capitons.

COSTO-ABDOMINAL, E, Costo-sternal, Costo-thoracique, etc., *adj.* et *sm.* *(Anat.)* Se disent de divers muscles qui s'étendent des côtés au bas-ventre, au sternum, au thorax, etc.

COTANGENTE, *sf.* *(Math.)* Tangente du complément d'un arc.

COTE, *sf.* Marque, signe, numéro des pièces d'un dossier ou des feuillets d'un registre. | Indication officielle du taux des valeurs publiques. | Part que chacun doit payer dans les contributions.

COTER, *va.* Indiquer officiellement à la bourse la valeur à laquelle se vendent certains titres. | Numéroter et parapher des cotes.

COTERIE, *sf.* Association, société de personnes dans tel ou tel but ; se prend le plus souvent en mauvaise part. | Nom que se donnent entre eux *les compagnons de certains métiers* et particulièrement les tailleurs de pierre.

COTHURNE, *sm.* *(Ant.)* Chaussure à semelle très-haute que portaient les acteurs de tragédie chez les Grecs. | Chausser le —, jouer la tragédie ; prendre un ton tragique.

COTIDAL, E, *adj.* Se dit des lignes qui relient entre eux, sur les cartes, les ports dans lesquels la marée a lieu aux mêmes heures.

CÔTIER, ÈRE, *adj.* Des côtes, du rivage. | Pilote —, *celui qui fait partie de l'équipage* d'un bâtiment de guerre et qui est chargé de gouverner pendant que le navire est près des côtes.

CÔTIÈRE, *sf.* Disposition usitée dans la culture *maraîchère qui* consiste à incliner la terre en talus qu'on adosse contre un mur et qu'on revêt le plus souvent d'un châssis vitré.

COTIGNAC, *sm.* (pr. *gna.*) Sorte de confiture ou de marmelade de coings. | Conserve de suc de coings, de vin blanc et de sucre pur, qui est employée en médecine comme stomachique et astringent.

COTILLON, *sm.* Ancienne danse à huit personnes, qui se dansait en chantant. | Danse assez compliquée où la valse domine et qui sert de finale aux bals.

COTINGA, *sm.* Genre d'oiseaux de l'ordre des passereaux qui habitent l'Amérique méridionale ; ils ont la taille du merle et le plumage bleu, violet et jaune ; ils se nourrissent de raisins.

COTONINE, *sf.* *(Comm.)* Étoffe grossière dont la chaîne est de chanvre ou de fil et la trame de coton ; on en fabrique sur quelques points de la France, et particul. à Riom.

COTONNADE, *sf.* Toute étoffe fabriquée avec du coton teint après avoir été filé, et non apprêté. | Étoffe de coton écru.

COTONNIER, *sm.* Arbrisseau qui porte le coton ; ses feuilles et ses fleurs ressemblent à celles de la mauve ; on le cultive dans la plupart des pays chauds.

COTON-POUDRE, *sm.* V. *Fulmicoton*

COTRE, *sm.* V. *Cutter.*

COTRET, *sm.* Nom que porte à Paris un petit

fagot composé de morceaux de bois courts et peu volumineux qui se lie par les deux bouts. | Chacun des bâtons qui composent le —.

COTRIADE, *sf.* Nom donné par les pêcheurs de nos côtes de l'Ouest à du poisson cuit le plus souvent à l'eau de mer et avec un peu de sel.

COTTABE, *sm.* (*Ant.*) Jeu d'adresse en usage chez les Grecs, et qui consistait à jeter à distance du vin dans un plateau de balance, de façon à le faire résonner contre une tête de bronze placée au dessous.

COTTAGE, *sm.* (*Angl.*) Petite maison de campagne. | Ferme de plaisance munie de toutes les commodités de la vie.

COTTE, *sf.* Vêtement de guerre qui consistait en une sorte de chemise faite de petits anneaux métalliques. | (*Comm.*) Soie de qualité inférieure à brin allongé qu'on mêle aux frisons pour en obtenir la filoselle.

COTUGNO, (Lymphe de) *sf.* (*Anat.*) Fluide transparent, un peu visqueux, qui remplit toutes les cavités de l'oreille interne et dont la vibration agit sur le nerf auditif épanoui dans la membrane enveloppant cette lymphe.

COTYLE, *sf.* Mesure pour les matières sèches et les liquides employée autrefois. | (*Anat.*) Cavité d'un os qui reçoit la tête d'un autre os. | V. *Cotyloïde.*

COTYLÉDON, *sm.* (*Bot.*) Petits lobes foliacés qui enveloppent le germe des plantes et préservent le jeune végétal lorsqu'il sort de terre; certains végétaux dits *acotylédonés* en sont dépourvus; ceux qui en sont munis, dits *cotylédonés*, en ont un ou deux.

COTYLOÏDE, *adj.* Cavité —. Cavité de l'os iliaque dans laquelle s'articule l'os du fémur.

COUAGGA, *sm.* Espèce de zèbre brun à bandes blanchâtres du cap de Bonne-Espérance, où il vit en bandes nombreuses.

COUAQUE, *sf.* Racine de manioc préparée, qui sert d'aliment au Brésil.

COUCAL, *sm.* Genre d'oiseaux voisins du coucou, dont une espèce commune en Afrique pousse un cri monotone qui lui a valu le nom de *Houhou.*

COUCHE, *sf.* Amas de fumier et de terreau qu'on entasse par lits; on s'en sert pour hâter la végétation: on en fait aussi de tan, de terre de bruyère, etc.

COUCOU, *sm.* Oiseau de l'ordre des grimpeurs, dont le nom rappelle le cri, qui vit en été dans les bois d'Europe et émigre à l'automne; il est surtout connu par cette particularité de ses mœurs, que la femelle pond ses œufs dans le nid d'un autre oiseau.

COUCOUMELLE, *sf.* V. *Coquemelle.*

COUCOURDE, *sf.* V. *Cougourde.*

COUCOURELLE, *sf.* Variété de figue.

COUDÉE, *sf.* (*Ant.*) Mesure qui avait primitivement la longueur de l'avant-bras, depuis le *coude* jusqu'au bout des doigts. | Elle équivalait, en Egypte, à 0 m. 450 ou 0 m. 525, en Grèce, à 0 m. 462, à Rome, à 0 m. 442, et chez les Arabes, à 0 m. 480.

COU-DE-PIED, *sm.* Partie supérieure du pied qui s'articule avec la jambe.

COUDOU ou Coudous, *sm.* (pr. *douss.*) Espèce d'antilope du cap de Bonne-Espérance, dont les cornes présentant une arête en spirale atteignent quelquefois une longueur de un mètre; Buffon l'a appelé *Condoma.*

COUDRAIE, Coudrette, *sf.* Lieu planté de coudriers.

COUDREMENT, *sm.* Opération qui consiste à préparer les peaux que l'on veut teindre, en les trempant les unes après les autres dans une dissolution de noix de galle. | Coudrer, *va.* Opérer le —.

COUDRIER, *sm.* Noisetier sauvage, arbrisseau de la famille des amentacées, dont le bois sert à faire des perches légères, du charbon pour le dessin, etc.; on en cultive diverses variétés, appelées *noisetier, avelinier*, etc., qui donnent les fruits connus sous les noms de *noisette* et d'*aveline*; ces derniers sont les plus gros.

COUENNE, *sf.* Peau qui recouvre le lard. | Couche épaisse et grisâtre qui se forme sur le sang tiré des veines; c'est de la fibrine qui se coagule à sa surface. | Taches qu'apportent certaines personnes en naissant, qui se recouvrent quelquefois de poils, et qu'on appelle vulg. *envies.*

COUESRON, *sm.* (pr. *Coua-ron.*) Bois fossile, noirâtre, très-compacte et très-dur, prenant facilement un très-beau poli; on le trouve sur plusieurs points de la Bretagne.

COUETTE, *sf.* Lit de plume. | V. *Mouette.*

COUFFE, *sf.* V. *Coufle.*

COUFFIN, *sm.* Panier fait de sparterie ou de palmier nain, dont on se sert en Provence, en Italie, en Algérie, etc.

COUFFLE, *sf.* V. *Coufle.*

COUFIQUE, *adj.* V. *Cufique.*

COUFLE, *sf.* Emballage de jonc ou de sparterie, dans lequel arrivent diverses denrées, telles que le sucre, la droguerie, etc.

COUGOURDE, Cougourdette, *sf.* Variété de gourde qui ressemble à une poire, et qui n'est pas comestible.

COUGUARD, *sm.* (pr. *gouar.*) Grand chat sauvage d'Amérique, très-féroce, d'un pelage fauve roux presque uniforme; on l'appelle aussi *Puma.*

COUJONS, *sm.* (*Comm.*) Toiles de coton écrues ou blanchies, fabriquées dans l'Inde.

COULEMELLE, Coulemotte, *sf.* V. *Coquemelle.*

COULEUVRE, *sf.* Genre de serpents non venimeux, grisâtres, tachés de noir, assez communs en France dans les lieux humides; il y en a une espèce vert et jaune très-commune, et un grand nombre d'espèces exotiques.

COULEUVRÉE, *sf.* V. *Bryone.*

COULEVRINE, *sf.* Ancien canon de fer, léger, plus long, plus mince et portant plus loin que les canons ordinaires.

COULIS, *sm.* (pr. *li.*) Suc ou jus de viandes ou de légumes très-cuits, mêlé de condiments épicés que l'on conserve dans des bouteilles bien bouchées pour servir d'assaisonnement. | V. *Coolie.*

COULISSE, *sf.* Réunion des coulissiers à la Bourse.

COULISSIER, *sm.* Celui qui fait des affaires à la Bourse, hors du parquet des agents de change, après ou avant l'heure des négociations sur les effets publics.

COULMOTTE, *sf.* V. *Coquerelle.*

COULOUGLI, *sm.* Algérien né d'un soldat turc et d'une indigène.

COULPE, *sf.* Faute, péché.

COULSÉ, *sm.* V. *Coquerelle.*

COUMAROU, *sm.* Arbre de la Guyane, dont le fruit, ou noix de —, a une odeur aromatique, et se vend en Europe sous le nom de fève de Tonka. | COUMARIN, *sm.* COUMARINE, *sf.* Sorte de camphre provenant de la noix de —.

COUMIER, *sm.* Arbre de la Guyane, dont l'écorce distille un suc laiteux qui forme une résine analogue à l'ambre gris; son fruit, doux et comestible, se vend à Cayenne sous le nom de *poire de Couma.*

COUPÉ, E, *adj.* (*Blas.*) Se dit de l'écu quand il est divisé du haut en bas ou de droite à gauche en deux parties égales par une ligne droite. | *sm.* Voiture de ville, basse, fermée, vitrée par devant, à deux places de fond et à un ou deux chevaux.

COUPEAU, *sm.* Sommet, cime.

COUPELLE, *sf.* (*Chim.*) Petite capsule poreuse, à parois épaisses, faite avec des cendres d'os, afin d'être infusible aux plus hautes températures. | COUPELLATION, *sf.* Opération qui consiste à calciner dans la —, placée dans un fourneau, un alliage métallique, pour s'assurer de la quantité qu'il contient de chacun des métaux qui le composent.

COUPERET, *sm.* Espèce de couteau dont la lame est fort large, qui sert à dépecer la viande et à couper les os. | Petite lime tranchante d'un côté, pour couper l'émail.

COUPEROSE, *sf.* — verte, sulfate de protoxyde de fer. | — blanche, sulfate de zinc. | — bleue, sulfate de cuivre. | Maladie qui consiste en des pustules répandues sur le visage et entourées d'une auréole rosée.

COUPETÉE, *sf.* Volée de sons lancée par une cloche.

COUPEUR-D'EAU, *sm.* V. *Pétrel.*

COUPLE, *sm.* (*Méc.*) Tout appareil formé par deux tiges articulées, à angle variable et formant levier, etc. | (*Mar.*) Partie de la charpente du navire composée de pièces courbées et fixées de côté et d'autre de la quille. | *sf.* Lien au moyen duquel on *couple*, on attache deux chiens de chasse.

COUPLET, *sm.* Fermeture de couvercle ou de châssis, composée de deux ailes en queue d'aronde ou droites, assemblées par une charnière que traverse une broche.

COUPOLE, *sf.* Dôme, voûte sphérique ressemblant à une coupe renversée. | Se dit plus spécialement de l'intérieur du *dôme.*

COURAI, COURAY, *sm.* COURÉE, *sf.* Mélange de brai sec, de soufre et de suif qu'on applique très-chaud sur la carène des bâtiments pour la garantir de la piqûre des vers.

COURANTE, *sf.* Danse à trois temps, sur un air grave, composée d'une foule d'allées et venues et de figures; cette danse n'est plus en usage.

COURANTIN, *sm.* Fusée qui court le long d'une corde tendue. | —E, *s.* Qui fait les courses, ou qui aime à courir.

COURATARI, *sm.* V. *Batatas.*

COURBARIL, *sm.* Bois d'un gros arbre résineux des contrées tropicales; il est rouge pâle, veiné de brun; on l'emploie dans la menuiserie et l'ébénisterie; ses fruits ont une saveur douce, et sa résine est employée en médecine sous le nom de *courbarine* et de *résine animé.*

COURBATON, *sm.* (*Mar.*) Pièce de bois coudée qui relie intérieurement les diverses parties de la charpente du vaisseau.

COURBATURE, *sf.* Lassitude extrême de tous les membres qui semblent comme brisés. | Excès de fatigue chez le cheval qui a pour effet une grande difficulté dans le mouvement des membres; le cheval atteint de — est dit *courbatu.*

COURBE, *sf.* Tumeur osseuse, exostose oblongue qui survient à la partie inférieure et interne du jarret du cheval.

COURBET, *sm.* Serpe recourbée et emmanchée qui sert à abattre les taillis, à couper les branches élevées, etc.

COURCAILLER, *vn.* Se dit du cri de la caille.

COURCAILLET, *sm.* Petit sifflet avec lequel on imite le cri de la caille.

COURCET, *sm.* V. *Courbet.*

COURÇON, *sm.* Pieu caché dans l'eau. | Pièce de fer longue qui sert à resserrer les moules des pièces de fonte. | V. *Courson.*

COUREAU, *sm.* Sinuosité au fond de l'eau, entre des bas-fonds et des roches. | Barque de pêche ou bateau de décharge.

COURÉE, *sf.* V. *Courai.*

COURGE, *sf.* Genre type de la famille des *cucurbitacées* qui renferme les plantes herbacées, rampantes ou grimpantes, à fleurs en entonnoir, produisant des fruits volumineux, tels que la *citrouille*, le *potiron*, la *pastèque*, etc. | (*Archit.*) Espèce de corbeau de pierre ou de fer qui porte le faux-manteau d'une ancienne cheminée.

COURLIEU ou COURLIS, *sm.* Oiseau de l'ordre des échassiers, à bec grêle et cylindrique et à long cou, de la taille d'une poule, vivant d'insectes et de vers, et émigrant jusqu'en Egypte; on le trouve abondamment sur les bords de la Loire; son nom représente assez bien le cri qu'il fait entendre. | — de terre, oiseau appelé aussi *Oedicnème criard*, qui habite loin des eaux, dans les endroits secs et incultes, et niche à terre.

COUROÏ, *sm.* V. *Couraï.*

COURONNE, *sf.* Monnaie d'argent anglaise valant 5 schellings ou 6 fr. 25 cent. En Portugal, la couronne vaut 62 fr. 50. | Partie du pied du cheval située entre le paturon et le sabot, à l'endroit où le poil joint et couvre le haut du sabot. | Papier pour l'impression ou l'écriture, dont la feuille a 0 m. 37 sur 0 m. 47.

COURONNÉ, E, *adj.* Se dit du cheval quand il a au genou une place circulaire dépouillée de poils, ce qui résulte le plus souvent d'une blessure faite dans une chute.

COURONNEMENT, *sm.* (*Archit.*) Toute partie supérieure d'un édifice, d'un dôme, etc., formée par une corniche, un entablement, etc. | V. *Décoration.*

COUROUMAN, *sm.* Espèce de vautour.

COURRE, *va.* Se dit, en termes de chasse, pour *courir.* | Chasse à —, chasse faite avec une meute de chiens qui poursuivent le gibier et le fatiguent.

COURSIER, *sm.* Passage qu'on donne à l'eau entre deux rangs de pieux ou dans un conduit de planches pour la faire arriver à la roue d'un moulin.

COURSIVE, *sf.* Planches établies de chaque côté du plat-bord dans les bâtiments non pontés pour passer de l'avant à l'arrière.

COURSON, *sm.* Branche d'arbre fruitier ou de vigne coupée à quelques centimètres du tronc. | On dit aussi *Coursion* et *Courçon.*

COURTAGE, *sm.* Commerce, fonctions du courtier; droit qu'il perçoit pour son intervention.

COURT-BOUILLON, *sm.* Préparation que l'on fait pour certains poissons, et qui consiste à les faire cuire dans de l'eau et du vin blanc ou rouge bouillants et aromatisés, et à servir ensuite le poisson sec et sans autre assaisonnement que de l'huile et du vinaigre.

COURTEPOINTE, *sf.* Couverture de parade qu'on place sur un lit.

COURTE-SOIE, *sf.* Coton de qualité inférieure au longue-soie, mais le plus généralement employé dans l'industrie.

COURTIER, *sm.* Fonctionnaire chargé d'intervenir dans certaines négociations, comme les ventes et les achats à terme, en gros et à la criée, les assurances et les transports, afin que les parties soient assurées réciproquement de l'exécution de leurs engagements.

COURTIL, *sm.* Petit jardin clos, semé de chanvre ou de quelque autre plante usuelle.

COURTILIÈRE, *sf.* Insecte orthoptère, à six pattes, de couleur noirâtre, dont le mâle produit un bruit au moyen de ses élytres; il a les deux pieds de devant en forme de mains propres à fouiller la terre sous laquelle il fait des galeries en détruisant toutes les racines qu'il rencontre; il cause beaucoup de dégâts dans les jardins.

COURTINE, *sf.* Autrefois, rideau. | (*Archit.*) Façades d'un bâtiment comprises entre deux pavillons. | (*Milit.*) Front uni de la muraille d'une place, entre deux bastions.

COUSCOUS, Couscoussou, *sm.* Espèce de grosse semoule de blé que les Arabes font cuire à la vapeur du mouton bouillant et assaisonnent de divers condiments.

COUSIN, *sm.* Petit insecte diptère à longues ailes membraneuses horizontales, à suçoir aiguilloné qui fait une piqûre cuisante; les espèces de ce genre, qu'on trouve dans les pays chauds, s'appellent MOUSTIQUE et MARINGOUIN, *sm.*

COUSINIÈRE, *sf.* Filet à mailles serrées ou voile de gaze préservant de la piqûre des cousins.

COUSSINET, *sm.* (*Chir.*) Petit sac d'étoupe servant au pansement des fractures. | (*Méc.*) Demi-cylindres métalliques ou de pierre dans lesquels tournent les tourillons d'un axe ou d'un arbre de roue, etc. | (*Archit.*) Premier voussoir d'une voûte dont la face supérieure est inclinée, tandis que l'inférieure est horizontale. | Pièce en fonte posée sur la traverse d'une voie ferrée et munie de deux saillies dans lesquelles s'emboite le rail qui est maintenu au moyen de chevilles et de coins de bois.

COUTIL, *sm.* (pr. *ti.*) Étoffe de toile croisée, tissée de pur fil ou de fil et coton qu'on emploie pour les matelas, les traversins; on en fait aussi pour vêtements d'homme.

COUTRE, *sm.* Lame de fer emmanchée qui sert à fendre du bois. | Sorte de couteau de fer aciéré ou de fonte, emmanché dans l'age au devant du soc d'une charrue, et destiné à fendre la terre que le soc doit retourner.

COUTUME, *sf.* (*Jurispr.*) Tradition, usages en matière de droit, qui avaient force de loi dans notre pays avant 1789, et qui changeaient d'une province à l'autre.

COUTURIER, *sm.* et *adj.* (*Anat.*) Muscle de la jambe qui tient, d'une part, à l'épine iliaque antérieure supérieure, et, de l'autre, à la partie supérieure antérieure et interne du tibia; il sert à fléchir la cuisse en dedans vers le bassin et à replier la jambe le long de la cuisse.

COUVAIN, *sm.* Amas d'œufs d'insectes. | Rayon de cire des ruches où se trouvent les œufs ou les larves.

COUVERTE, *sf.* Vernis que l'on met sur les poteries.

COUVERTURE, *sf.* A la Bourse, garantie que le vendeur donne d'une partie de titres qu'il ne doit livrer qu'à une époque convenue, afin de couvrir la différence qui pourrait se trouver au moment de la livraison entre le cours des titres à ce moment et le prix stipulé.

COUVET, *sm.* Petite chaufferette portative.

COUVI, *adj. m.* Se dit d'un œuf à demi-couvé ou gâté pour avoir été gardé trop longtemps.

COW-POX, *sm.* (*Ang.*) (pr. *cou-*) Éruption pustuleuse qui se forme autour du pis des vaches; c'est la substance renfermée dans ces pustules qui prend le nom de *vaccin*.

COXAGRE, *sf.* V. *Ischiagre.*

COXAL, **E**, *adj.* (*Anat.*) Qui appartient à la hanche. | COXALGIE, *sf.* (*Méd.*) Douleur, affection —e; particul. luxation spontanée de la hanche.

COXO-FÉMORAL, **E**, *adj.* (*Anat.*) Qui a rapport au fémur et à l'os de la hanche.

COYAU, COYER, *sm.* (*Archit.*) Pièce de bois posée sur la base des chevrons et sur l'angle du mur, de façon à dépasser la saillie de l'entablement et à former l'avance de l'égout du toit.

COYOTÉ, *sm.* (*Comm.*) Coton longue-soie de Chine, de couleur jaunâtre; on en a fait des toiles qui portent le même nom et qui ont été en vogue en Espagne pendant quelque temps.

CRABE, *sm.* Nom donné à diverses espèces de crustacés du genre *carcin*, à longues pattes et à fortes pinces, que l'on pêche sur les côtes; ils sont beaucoup moins estimés que le homard et la langouste.

CRABIER, *sm.* Espèce de sarigue de la Guyenne de la taille d'un chat, qui se nourrit de crabes sur les rivages. | — de Mahon héron des îles de la Méditerranée qui a le dos brun et les ailes blanches ainsi que le ventre.

CRACHAT, *sm.* Plaque, marque distinctive que les officiers supérieurs de certains ordres de chevalerie portent appliquée ou brodée sur leur habit, à droite ou à gauche de la poitrine.

CRADEAU, *sm.* V. *Clupée.*

CRAFFE, *sf.* Banc de pierre qui se trouve mêlé aux bancs d'ardoises dans les ardoisières.

CRAG, *sm.* (*Géol.*) Terrain calcaire dans lequel la marne domine et qui se trouve dans les terrains pliocènes de l'époque tertiaire.

CRAIE, *sf.* Variété de calcaire friable et très-tendre généralement blanche, qui forme de vastes couches s'étendant au-dessus du calcaire jurassique, sous le nom de terrains *crétacés*, et constitue le sol de plusieurs contrées. | — de Briançon. V. *Stéatite.*

CRAIN, *sm.* Nom que donnent les mineurs aux fissures de séparation des couches, quand ces fissures sont perpendiculaires, ou à peu près, aux couches de stratification. | Sorte de terre argileuse et pierreuse appelée aussi *Crou*, qui ne se laisse pas pénétrer par les racines des plantes et rend la culture d'autant plus difficile qu'elle est plus près du sol.

CRAJURU, *sm.* V. *Chica.*

CRAMBÉ, *sm.* Plante crucifère à fleurs blanches, dont une espèce, commune au bord de la Méditerranée, est cultivée pour ses rejetons qu'on mange en salade; on l'appelle aussi *chou marin.*

CRAM, CRAN, *sm.* V. *Cochléaria.*

CRANEQUIN, *sm.* Instrument de fer tenu par une ceinture, au moyen duquel les anciens arbalétriers, nommés *cranequiniers*, tendaient leurs arbalètes.

CRANER, *va.* Enlever l'excès de matière qui reste à la base des dents d'une roue dentée, devant servir à l'horlogerie, quand on a formé ces dents. | CRANAGE, *sm.* Action de —.

CRANGON, *sm.* Petit crustacé de la Méditerranée, à test très-déprimé, *incolore* ou *tirant* sur le vert, qu'on mange sous le nom de *crevette de mer;* il est moins délicat que la crevette proprement dite.

CRANIOLOGIE, *sf.* Étude des protubérances du crâne et de l'influence prétendue qu'elles ont sur les facultés et les penchants des hommes. | CRANIOLOGUE, CRANIOLOGISTE, *sm.* Celui qui s'occupe de —. | On dit aussi *Cranioscopie, Cranioscope.*

CRANSON, *sm.* V. *Cochléaria.*

CRANTÈRE, *sf.* et *adj.* Se dit des dernières molaires ou dents de sagesse.

CRAPAUD, *sm.* (*Milit.*) Affût non roulant, le plus ordinairement de fonte, et sur lequel on asseoit les mortiers. | (*Méd.*) Excroissance spongieuse et fétide qui vient aux talons de derrière du cheval.

CRAPAUDINE, *sf.* Pierre précieuse ou plutôt dent fossile que l'on croyait autrefois se trouver dans la tête du crapaud, et dont on fait des bijoux. | Sorte de préparation de certains volatiles que l'on fait cuire les cuisses écartées comme les crapauds. | Crevasse ulcéreuse à la couronne du pied du cheval. | V. *Piétin.* | Masse de métal ou boite massive au milieu de laquelle est un trou qui n'est pas percé à jour et dans lequel tourne un gond à pivot.

CRAPELÉ, **E**, *adj.* Se dit d'un genre de porcelaine dont l'émail crispé par le feu produit un vermiculage composé d'une multitude de petites saillies au sommet desquelles la couleur est plus vive, tandis que les fonds sont à peine teintés et laissent voir le blanc de la pâte.

CRAPELET, *sm.* Petit crapaud.

CRAPONE, *sf.* Sorte de lime d'horloger.

CRAQUELÉ, **E**, *adj.* Se dit d'un genre

de porcelaine dans lequel les fissures de l'émail, s'entrecroisant, forment un dessin bizarre, mais sans saillies; on l'appelle aussi porcelaine *truitée.*

CRAQUELIN, *sm.* Espèce de pâtisserie à croûte légère et croquante. | Crustacé à test encore tendre dont on se sert comme appât.

CRAQUELOT ou Craquelin, *sm.* Hareng saur nouveau, qui a été légèrement fumé et braillé, et que l'on consomme 24 ou 48 heures après qu'il a été pêché.

CRAS D'EAU, *sm.* V. *Clupée.*

CRÂSE, *sf.* (*Litt.*) Contraction, union de deux ou plusieurs lettres en une seule, comme dans *faon, laon,* qui se prononcent *fan, lan.*

CRASIOLOGIE, *sf.* Partie de l'hygiène qui s'occupe des tempéraments.

CRASSANE, *sf.* Poire fondante très-grosse et d'une saveur exquise.

CRASSAT, *sm.* Sur les côtes méridionales de l'Océan, baie dont le fond est vaseux; rivages de cette baie.

CRASSULACÉES, *sfpl.* (*Bot.*) Famille de plantes a feuillage charnu renfermant la plupart des plantes dites grasses; telles sont la *joubarbe*, l'*orpin* et la *crassule*, qui est le type de cette famille.

CRATÈRE, *sm.* Bouche d'un volcan.

CRATÉRIFORME, *adj.* Qui est en forme de coupe ou de cratère.

CRATICULER, *va.* Diviser le dessin que l'on a entrepris de copier en un nombre indéfini de petits carrés égaux formant une grille que l'on reproduit ensuite carré par carré dans de moindres proportions.

CRAUPÉCHEROT, *sm.* V. *Balbuzard.*

CRAVANT, *sm.* Palmipède gros comme un canard, qui ressemble un peu à la bernache, et qui habite les marais et les bruyères des régions antarctiques. | V. *Anatife.*

CRAVATE, *sm.* Ancien nom des Croates; désigne les chevaux forts et vigoureux que produit la Croatie. | *Royal-cravate*, anciens régiments de cavalerie légère.

CRÉAC, *sm.* V. *Esturgeon.*

CRÉATINE, *sf.* Substance cristallisable découverte dans la viande; elle renferme du carbone, de l'hydrogène, de l'oxygène et de l'azote.

CRÉCERELLE, *sf.* Oiseau de proie qui ressemble au faucon et qui fait son nid dans les vieilles murailles.

CRÈCHE, *sf.* Salle établie par la charité publique et destinée à recueillir les enfants d'ouvrières qui viennent leur donner le sein à certaines heures de la journée.

CRÉCY, *sf.* Variété de carotte très-estimée, ainsi nommée du pays où on la cultive. | Purée —, sorte de purée faite de ces carottes.

CRÉDENCE, *sf.* (pr. *dan-*) Petite table ou support de marbre à côté de l'autel sur lequel se placent les burettes. | Buffet, armoire aux provisions. | Sorte d'étagère en forme de console.

CRÉMAILLÈRE, *sf.* (*Archit.*) Assemblage de charpente qu'on fait par entailles, en manière de dents, de la demi-épaisseur du bois. | (*Méc.*) Système de dents placées en ligne droite le long d'une pièce de fer et s'engrenant dans une roue ou un pignon. | V. *Orgueil.*

CRÉMANT, *adj. m.* Se dit d'une sorte de vin de Champagne qui se couvre d'une mousse légère très-blanche et peu abondante, fort estimée des amateurs.

CRÉMATION, *sf.* Action, coutume de brûler les corps des défunts.

CRÊME DE TARTRE, *sf.* V. *Tartrate.*

CRÉMENT, *sm.* (*Litt.*) Syllabe que l'on ajoute en latin au radical d'un mot pour modifier ses cas ou ses temps.

CRÉMOMÈTRE, *sm.* Éprouvette en verre destinée à faire apprécier la quantité de crème que renferme le lait.

CRÉMONE, *sf.* Espèce d'espagnolette dont la poignée pivote sur un axe à crémaillère et qu'il suffit de faire tourner dans un sens ou dans l'autre pour ouvrir ou fermer la fenêtre.

CRÉNEAU, *sm.* Partie dentelée à angles droits du couronnement des murailles des châteaux et des forts, par laquelle les assiégés tiraient sur les assiégeants. | Crénelé, e, *adj.* Muni de —x.

CRÉNEQUIN, *sm.* V. *Cranequin.*

CRÉNIQUE, *adj.* Acide —, acide de nature particulière que l'on a trouvé dans certaines eaux minérales.

CRÉOLE, *s.* Autrefois, habitant des possessions espagnoles et portugaises né en Amérique de parents blancs. | Tout habitant issu aux colonies de parents européens.

CRÉOGRAPHIE, *sf.* Description des chairs ou des tissus; on dit aussi *Histographie.*

CRÉOSOTE, *sf.* Liquide huileux, incolore, d'une odeur très-forte, produit de la distillation du goudron; c'est un antiseptique qui jouit, à un très-haut degré, de la propriété de conserver les substances animales; on l'emploie avec succès contre les maux de dents.

CRÊPE, *sm.* Étoffe de soie ou plus souvent de laine fine, claire, légère et non croisée, de texture frisée et ondulée, qu'on emploie pour vêtements d'été de femmes, et, teint en noir, comme signe de deuil.

CRÉPI, *sm.* (*Archit.*) Couche de mortier ou de plâtre qu'on jette sur un mur avec la truelle ou avec un balai, et qui a un aspect raboteux.

CRÉPIDE, *sf.* (*Ant.*) Chaussure qui ne recouvrait pas tout le pied et que portait le peuple, à Rome.

CRÉPINE, *sf.* Sorte de frange dont le bord supérieur est ouvragé. | Toile de graisse qui couvre la panse de l'agneau ou du veau.

CRÉPINS, *smpl.* Ensemble des fournitures nécessaires à la profession de cordonnier.

CRÉPITATION, *sf.* Pétillement, craquement.

CRÉPITER, *vn.* Pétiller, produire un bruit qui imite des craquements interrompus.

CRÉPON, *sm.* Tissu de laine ou de soie frisé comme le crêpe, mais beaucoup plus épais; on en fait des soutanes et des robes d'avocat.

CREPS, *sm.* Jeu qui se joue avec trois dés et dans lequel le gain consiste à amener un des chiffres énoncés par l'adversaire.

CRÉPUSCULE, *sm.* Nom des deux moments de la journée qui précèdent le lever et le coucher du soleil, et particul. de ce dernier; la lumière du soleil, réfractée par les couches supérieures de l'atmosphère, éclaire la terre pendant quelque temps, bien que le soleil soit au-dessous de l'horizon.

CRÈQUE, *sf.* Fruit du créquier.

CRÉQUIER, *sm.* Prunier sauvage. | (*Blas.*) Petit arbre en forme de chandelier à sept branches.

CRESSANE, *sf.* V. *Crassane.*

CRESCENDO, *adv.* (*Ital.*) (pr. *crès-chen-*) (*Mus.*) En augmentant, terme indiquant qu'il faut conduire le son par degrés imperceptibles du doux au fort.

CRÉSEAU, *sm.* Étoffe de laine croisée qui est une espèce de grosse serge à deux envers et à poil des deux côtés; on en fabrique en Angleterre et en Hollande, où on s'en servait autrefois pour l'habillement des troupes; on n'en fait que très-peu en France. | V. *Carisel.*

CRESMEAU, *sm.* V. *Chrémeau.*

CRESSERELLE, *sf.* V. *Crécerelle.*

CRÉTACÉ, E, *adj.* Qui est de la nature de la craie. | V. *Craie.*

CRÉTÉE, *sf.* (*Minér.*) Pierre formée par deux cristaux rapprochés faces à faces et dont le sommet dentelé imite une crête de coq.

CRETONNE, *sf.* Toile blanche très-forte, de fil de lin pour la trame et de chanvre pour la chaîne. | Forte toile de coton.

CRETONS, *smpl.* Résidu de la fonte du suif et de la graisse des animaux, qui sert principalement à faire des pains pour la nourriture des chiens de basse-cour et des chiens de chasse.

CREUSET, *sm.* Pot de grès, de porcelaine, d'argent ou de platine qui peut résister à l'action d'un très-grand feu et qu'on emploie pour fondre les métaux et les minéraux.

CREVETTE, *sf.* Petit crustacé gris verdâtre, à pieds antérieurs longs et terminés en pince, qui devient rose par la cuisson; il y en a diverses espèces, dont une d'eau douce non comestible, et une de mer dont on consomme des quantités considérables et qui s'appelle aussi *Tatitre.* | —de mer. V. *Crangon.*

CRIBLE, *sm.* Pièce du casque qui se rabat sur la figure et qui est percée d'un certain nombre d'ouvertures.

CRIBREUX, SE, *adj.* (*Bot.*) Se dit d'un tissu particulier à certains végétaux qui paraît, au microscope, perforé de milliers de pores.

CRIC, *sm.* (pr. *kri*) Appareil portatif servant à soulever les fardeaux; il se compose essentiellement d'une barre de fer à crémaillère s'engrenant verticalement avec un pignon que l'on tourne à volonté, et s'engageant au moyen d'une fourchette sous l'objet à soulever. | V. *Kriss.*

CRICOÏDE, *adj.* (*Anat.*) Se dit d'un cartilage annulaire situé à la partie inférieure du larynx.

CRIÉE, *sf.* Vente de denrées, de marchandises ou d'immeubles faite publiquement et aux enchères.

CRIN, *sm.* | — de Florence. V. *Pite.* | — végétal. V. *Zostère, Palmier nain* et *Caragate.*

CRIOCÈRE, *sm.* Très-petit insecte que l'on trouve sur les feuilles de diverses céréales qu'il ronge très-rapidement.

CRIQUE, *sf.* Anse ou petite baie naturelle. | Fossé profond que creusent les assiégés sur différents points aux abords d'une place pour empêcher les assiégeants d'y établir des tranchées. | Défaut du fer rouverin qui consiste en des fissures selon le sens de la longueur.

CRIQUET, *sm.* Insecte orthoptère ressemblant à la sauterelle, dont une espèce, le — émigrant, qui a des ailes de plus de 1 décimètre d'envergure, dévaste quelquefois les pays qu'elle traverse par bandes nombreuses.

CRISPIN, *sm.* Petit manteau sans manches comme celui que porte le valet de comédie de ce nom.

CRISS, *sm.* V. *Kriss.*

CRISTA-GALLI, *adj.* (*Anat.*) Apophyse —, apophyse triangulaire, comprimée latéralement et servant à fixer l'extrémité antérieure de la grande faux du cerveau.

CRISTAL, *sm.* (*Minér.*) Tout corps affectant la forme d'un solide régulier et terminé par des faces planes et symétriques. | Verre plus transparent et plus lourd que le verre ordinaire; il est généralement à base de plomb, avec du sable blanc, de la potasse et du minium, et se taille à la meule.

CRISTALLIN, *sm.* Lentille transparente, membraneuse, placée, dans l'œil, derrière la pupille, qui réunit les rayons lumineux et les dirige vers la rétine. | Cristal artificiel, verre fait de soude d'Alicante et de sablon. | Dans l'ancienne théologie, c'était le dixième ciel, celui que l'on supposait placé après le *firmament* et le neuvième ciel, et qui précédait l'*empyrée*.

CRISTALLINE, *sf.* V. *Aniline*.

CRISTALLISATION, *sf.* (*Chim.*) Formation naturelle ou artificielle de cristaux; cette formation se produit généralement dans les sels.

CRISTALLOGÉNIE, *sf.* Science de la formation des cristaux.

CRISTALLOGRAPHIE, *sf.* Science des formes géométriques des cristaux.

CRISTALLOÏDE, *adj.* (*Chim.*) Désigne, par oppos. à *Colloïde*, ceux des principes immédiats des végétaux qui ont la propriété de cristalliser.

CRISTATELLE, *sf.* Petit zoophyte d'eau douce formé de plusieurs filaments plumeux, vibratiles, implantés dans une enveloppe commune où ils rentrent à volonté.

CRISTE-MARINE, *sf.* V. *Bacile*.

CRITÉRIUM, *sm.* (*Philos.*) Caractère distinctif de la vérité, marque qui permet à l'esprit humain de distinguer sûrement le vrai du faux et d'atteindre ainsi à la certitude dans l'ordre intellectuel. | Contrôle, preuve de la certitude d'un fait.

CRITHME, *sm.* V. *Bacile*.

CRITHOPHAGE, *adj.* Qui se nourrit d'orge.

CRITICISME, *sm.* (*Philos.*) Système dont l'auteur est Kant, et qui prétend soumettre à la critique de la raison pure toutes les notions qui sont dans l'entendement humain.

CRITIQUE, *adj.* (*Méd.*) Jour, âge —s, se dit des époques de *crise*, des moments dans lesquels il y a un changement notable dans la marche d'une maladie ou dans le tempérament d'une personne.

CROASSER, *vn.* CROASSEMENT, *sm.* Se dit du cri du corbeau et des oiseaux du même genre.

CROCALITHE, *sf.* V. *Zéolithe*.

CROCHE, *sf.* (*Mus.*) Note dont la barre est munie d'un petit crochet indiquant que cette note doit s'exécuter dans un temps égal à la moitié de celui d'une noire. | Double, triple, quadruple —, celles qui ont deux, trois, quatre crochets et qui s'exécutent deux, trois, quatre fois plus vite.

CROCHES, *sfpl.* Tenailles dont les branches sont coudées parallèlement à angle droit et qui servent pour tenir et forger les barres de fer rouge.

CROCHET, *adj.* et *sm.* Se dit d'un cheval dont les pieds sont tournés en dedans. | Dents placées entre les incisives et les molaires, chez le cheval; il y en a deux à chaque mâchoire.

CROCIDISME, *sm.* V. *Carphologie*.

CROCODILE, *sm.* Grand reptile de l'ordre des sauriens qui a la tête plate et allongée, la gueule très-fendue, les pieds de derrière palmés et la queue plate; il vit dans les fleuves ou les marais des parties chaudes des deux continents, se nourrit de poissons, et s'attaque à des animaux beaucoup plus grands et même à l'homme.

CROCOTTE, *sf.* Nom donné autrefois au métis du loup et du chien. | Hyène tachetée.

CROCUS, *sm.* (pr. *kuss*). Plante à bulbe, à feuilles engaînantes sortant du bulbe et du milieu desquelles s'élève une tige portant une ou plusieurs fleurs à six pétales ovales, aigus, allongés et à demi-fermés; c'est le *safran*. | — *metallorum* ou foie d'antimoine, combinaison d'oxygène, de soufre et d'antimoine qu'on emploie comme purgatif dans la médecine vétérinaire.

CROISÉ, E, *adj.* Se dit des étoffes tissées au moyen de quatre lisses qui montent et descendent de diverses façons, de manière à serrer la chaîne et la trame deux fois plus que dans les tissus ordinaires, et à produire, par suite, les lignes saillantes, diagonales et parallèles qui caractérisent ce tissu.

CROISER, *vn.* En parlant d'un vaisseau, se tenir dans certaines régions maritimes, les parcourir en tous sens pour les surveiller.

CROISEUR, *sm.* Bâtiment qui croise.

CROISIÈRE, *sf.* Région où l'on croise; action de croiser.

CROISETTE, *sf.* V. *Crucianelle*.

CROISILLON, *sm.* Petite croisée. | Croisée divisée en quatre parties ou davantage par des traverses fixes dans la base, qui se coupent à angle droit. | Ces traverses mêmes.

CROISSANT, *sm.* Nom qu'on donne à divers instruments en forme de segment de cercle renflé au milieu et pointu des deux bouts, comme le — de la lune à son premier quartier. | Tumeur ulcéreuse ou indolente à la sole des chevaux.

CROMLA, CROMLEACH ou CROMLECH, *sm.* (pr. *leak*, *lèk*.) Nom que portent en Bretagne les anciens monuments du culte druidique, et particul. ceux qui sont composés de pierres rangées en cercle, soit qu'il y ait, soit qu'il n'y ait pas au centre une pierre plus grande.

CROMORNE, *sm.* (*Mus.*) Ancien instrument de musique à son grave, en forme de grosse corne tordue, fermé par le bas et à deux ou quatre trous. | Jeu d'orgue à anche, qui produit un son grave comme celui du violoncelle; il fait la partie du cor anglais et se trouve à la quinte au dessous du hautbois.

CRONE, *sm.* Tour ronde et basse dont la partie supérieure pivotante est munie d'un bras qui soutient des cordages à poulies, au moyen desquels on charge et on décharge des marchandises sur le bord de la mer ou d'une rivière.

CRONHYOMÈTRE, *sm.* (*Phys.*) Espèce d'udomètre en usage à la fin du XVIIIe siècle.

CRORE, *sm.* Au Bengale, somme de 100 lacks de roupies, ou 25 millions de francs.

CROSSE, *sf.* L'un des insignes des évêques; c'est un bâton doré dont l'extrémité supérieure se recourbe plusieurs fois sur elle-même. | (*Bot.*) Disposition des fougères qui ne sont pas encore développées complètement et dont les extrémités sont roulées en spirale.

CROSSETTE, *sf.* Branche de vigne ou de tout autre arbre taillée sur le bois d'un an. | (*Archit.*) Brisure faite au joint de la tête d'une pierre ou d'un voussoir pour suppléer à une coupe ou la renforcer et la raccorder avec une assise.

CROTALE, *sm.* Genre de serpents dit aussi serpent à sonnettes, à cause d'une sorte de chapelet dont est munie sa queue et qui produit un léger bruit quant il se meut; ce serpent, qui habite l'Amérique du Sud, est le plus venimeux que l'on connaisse; sa morsure donne la mort en quelques minutes.

CROTALES, *sfpl.* Espèces de cymbales dont on se servait autrefois en Italie et en Espagne; on en faisait avec des roseaux fendus ou avec des morceaux d'os ou de métal.

CROTON, *sm.* (pr. *tonn.*) Arbre des Moluques, dont la graine, jaunâtre, piquetée de brun, donne une huile jouissant de propriétés purgatives très-énergiques; on l'emploie aussi comme dérivatif et révulsif en frictions externes.

CROU, *sm.* V. *Crain.*

CROUCHKA, *sf.* Mesure de capacité pour les liquides employée en Russie, et valant un peu plus d'un litre.

CROUMIER, *sm.* Au marché aux chevaux de Paris, maquignon ou courtier qui achète ou vend dans des lieux ou à des heures non autorisés par les règlements.

CROUP, *sm.* Laryngite qui attaque les enfants de 2 à 8 ans, et qui consiste dans la formation d'une fausse membrane grisâtre dans les voies respiratoires, qui intercepte le passage de l'air et amène la mort par suffocation en quelques heures. | Croupal, e, *adj.* Qui tient du —.

CROUPE, *sf.* Partie des mammifères qui occupe la région lombaire et s'étend jusqu'à la queue. | (*Archit.*) Face inclinée à l'extrémité d'un comble qui relie ses deux faces principales.

CROUPIER, *sm.* Celui qui est de part au jeu avec quelqu'un, qui tient les cartes ou les dés. | Celui qui assiste le banquier dans les jeux de hasard, qui observe les pontes, qui l'avertit des cartes qu'il passe, ramasse et distribue l'argent gagné.

CROUPON, *sm.* Cuir de bœuf ou de vache tanné, sans tête ni ventre.

CROWN, *sf.* (pr. *Cro-oun.*) (*Angl.*) Monnaie anglaise. V. *Couronne.*

CROWN ou Crown-glass, *sm.* (pr. *Cro-oun.*) (*Angl.*) Cristal dans lequel la silice, la chaux et la potasse sont en égale quantité, et qu'on emploie pour les belles glaces et les instruments d'optique; on l'ajoute au *flint-glass* pour composer les lentilles achromatiques.

CRUCIAL, E, *adj.* (*Chir.*) Se dit des incisions que l'on pratique en forme de croix. | Se dit, dans les sciences, des expériences concluantes, décisives, qui tranchent définitivement une question.

CRUCIANELLE, *sf.* Plante voisine du caillé-lait, à feuilles très-étroites, à petites fleurs jaunes ou blanches en forme de croix, réunies en grappes lâches et allongées, dont on trouve plusieurs espèces en France.

CRUCIFÈRE, *adj.* et *sf.* (*Bot.*) Nom d'une famille de plantes caractérisée par un calice et une corolle libres, chacun de quatre parties distinctes disposées en croix, un fruit à deux loges longitudinales et six étamines, dont deux plus courtes; tels sont le cresson, le chou, le navet, la moutarde, etc.

CRUCIFÈRE, *adj. f.* Se dit d'une espèce d'antilope dont les cornes offrent vers le milieu de leur hauteur un crochet comprimé qui rappelle un andouiller de cerf, et qui donne à leur paire de cornes l'aspect d'une croix.

CRUENTATION, *sf.* Action d'ensanglanter. | Etat d'une chose ensanglantée.

CRUOR, *sm.* Le caillot du sang proprement dit. | Partie rouge et opaque qui se sépare du caillot de sang quand on le soumet à l'action d'un filet d'eau.

CRURAL, E, *adj.* (*Anat.*) De la jambe, qui appartient à la jambe.

CRUSADE, *sf.* V. *Cruzade.*

CRUSCANTISME, *sm.* (*Litt.*) Élégance affectée, propre à la langue italienne et qui a été mise en faveur par l'académie de la *Crusca.*

CRUSTACÉ, *adj.* et *sm.* (*Zool.*) Se dit d'une classe d'animaux articulés, à pattes articulées, dont le corps est recouvert d'une enveloppe dure et consistante, et qui vivent en général dans l'eau; tels sont le crabe, l'écrevisse, le homard, etc.

CRUZADE, *sf.* Monnaie de Portugal et du Brésil qui valait autrefois 3 fr. et qui était d'or; les nouvelles valent à peu près la même somme, mais elles sont d'argent.

CRYPTE, *sf.* Galerie souterraine. | Chapelle souterraine consacrée aux cérémonies funèbres ou aux inhumations. | *sm.* Petit corps arrondi ou lenticulaire creux, situé dans l'épaisseur de la peau ou des membranes muqueuses et qui sécrète des liquides de diverses natures; on dit aussi *Follicule.* | Défaut du fer qui consiste en crevasses dans le sens de la largeur.

CRYPTOGAME, *adj.* et *s.* (*Bot.*) Se dit d'une classe de végétaux chez lesquels les organes de la reproduction sont cachés ou peu apparents; tels sont les mousses, les lichens, etc.

CRYPTOGRAPHIE, *sf.* Écriture au

moyen de signes conventionnels qui ne peut être lue que de certaines personnes.

CRYPTONYME, *sm.* Auteur qui cache son nom et plus spécialement qui le déguise sous un anagramme (V. ce mot.).

CUBAGE, *sm.* ou CUBATURE, *sf.* Opération qui consiste à évaluer en mètres, décimètres, centimètres cubes le volume d'un corps ou la capacité d'un espace.

CUBE, *sm.* Corps solide, régulier, terminé par six faces qui sont des carrés égaux entre eux, ex. : le dé à jouer. | V. *Cubage* ou *Cubature.* | *adj.* Se dit de toute quantité qui est formée par la multiplication d'un nombre par lui-même deux fois, c.-à-d. son élévation à la troisième puissance. | Mètre —, décimètre —, cube qui a 1 mètre, 1 décimètre de côté.

CUBÈBE, *sm.* Sorte de poivre produit par un arbre de l'Inde, dont les propriétés astringentes et excitantes sont utilisées dans certaines maladies.

CUBILOSE, *sf.* (*Chim.*) Substance muqueuse qui forme les nids dits nids d'hirondelle, et que la salangane sécrète de son bec.

CUBILOT, *sm.* Fourneau qui n'a pas plus de deux ou trois mètres de haut, dans lequel on refond la fonte de fer pour l'épurer complétement.

CUBITIÈRE, *sf.* Pièce de l'armure qui s'emboitait dans les deux brassards et servait à préserver le coude.

CUBITUS, *sm.* (pr. *tuss.*) (*Anat.*). Le plus gros des deux os qui composent l'avant-bras, et dont l'extrémité forme le coude. | CUBITAL, E, *adj.* Qui appartient au —. | Ecriture *cubitale*, sorte d'écriture dont les caractères sont extrêmement allongés.

CUBOÏDE, *adj. m.* (*Anat.*) Se dit d'un os court, de forme presque cubique, qui s'articule avec le calcanéum et avec les os du métatarse, et forme la partie antérieure et supérieure du tarse.

CUCI, *sm.* CUCIFÈRE, *sf.* V. *Doum.*

CUCUJE, *sm.* Petit insecte coléoptère dont diverses espèces, qui se trouvent en Amérique, jouissent d'un éclat phosphorescent si brillant qu'on peut lire à leur lueur ; les dames péruviennes l'emploient dans leur parure.

CUCULLIFORME, *adj.* (*Hist. nat.*) Se dit des parties, des organes qui ont la forme d'un capuchon ou d'un cornet.

CUCURBITACÉ, E, *adj.* et *sf.* (*Bot.*) Se dit d'une famille de plantes qui ont pour type le genre courge ; tels sont les melons, les pastèques, les concombres, les citrouilles, etc.

CUCURBITE, *sf.* Partie inférieure de l'alambic, vaisseau d'étain, de cuivre ou de verre de forme arrondie et allongée qui contient les substances à distiller.

CUDBÉARD, *sm.* Orseille violette, préparée avec certains lichens tinctoriaux de Suède et d'Ecosse.

CUFFAT, *sm.* Sorte de grand panier servant à monter la houille hors de la mine.

CUFIQUE, *adj.* Se dit d'une écriture ancienne des Arabes, qu'ils abandonnèrent au IVe siècle de l'hégire.

CUINE, *sf.* Bouteille de grès à col court et recourbé servant à la distillation de l'acide azotique.

CUIRÉE, *sf.* Collet de buffle qui faisait partie de l'ancien habillement militaire.

CUISSARD, *sm.* Partie de l'armure qui couvrait la cuisse et formait le prolongement antérieur de la cuirasse.

CUIVRETTE, *sf.* V. *Bocal.*

CUIVROT, *sm.* Petite poulie de laiton au centre de laquelle se place un foret ou une pièce à tourner, et à laquelle on imprime un mouvement de rotation au moyen d'un archet dont la corde s'enroule autour de la gorge de cette poulie.

CULASSE, *sf.* La partie qui occupe le fond du tube d'une arme à feu ; elle est plus épaisse que le reste et reçoit l'ouverture par laquelle on met le feu, appelée *lumière.*

CUL-DE-JATTE, *sm.* Personne estropiée qui ne peut faire usage de ses jambes ni de ses cuisses pour marcher.

CUL-DE-LAMPE, *sm.* (*Archit.*) V. *Pendentif.* | (*Impr.*) Ornement qui se termine inférieurement en pointe et qui sert, dans les ouvrages illustrés, à remplir le blanc d'une page où finit un chapitre ; masse de lignes finissant en —.

CUL-DE-POULE, *sm.* Ulcère à bords saillants, chez le cheval. | Eminence de graisse autour de la queue du cheval.

CUL-DE-VERRE, *sm.* Tache verdâtre qui recouvre les yeux des chevaux sujets à la cataracte.

CULÉE, *sf.* (*Archit.*) Massif de maçonnerie ou de briques qui reçoit la première arche d'un pont, contre le quai ou la berge et soutient la poussée de tout le pont.

CULILAWAN, *sm.* Écorce d'un arbre des îles Philippines qu'on emploie aux mêmes usages que la cannelle.

CULOT, *sm.* Petite pièce mobile et cylindrique qui est la base du moule sur lequel on fait les cartouches. | Résidu qui se trouve au fond d'un creuset, d'une capsule, après qu'on y a mis à fondre un mélange métallique. | Le dernier né d'une couvée, d'une portée, etc.

CULPEU, *sm.* Chien sauvage de couleur gris fauve, commun au Chili.

CULTELLAIRE, *adj.* Qui a la forme d'un couteau.

CULTELLATION, *sf.* Méthode d'arpentage d'après laquelle on mesure toujours le sol horizontalement, quelque soit l'inégalité de sa surface ; cette méthode est fondée sur ce fait que, par suite de la direction verticale que prennent les végétaux, un terrain en pente n'en contient pas plus qu'un terrain uni.

CULTIROSTRE, *adj.* et *sm.* (*Zool.*) Se dit d'une famille d'oiseaux de l'ordre des échassiers, remarquable par son bec long, fort, tranchant et pointu ; tels sont les *grues*, les *hérons* et les *cigognes*.

CUMBRIEN, NE, *adj.* (*Géol.*) Se dit des terrains les plus anciens dans l'écorce du globe et qui se trouvent immédiatement au-dessus du granit ; ils renferment des roches porphyroïdes, des schistes bleus, etc.

CUMIN, *sm.* Plante ombellifère dont l'odeur est très-forte ; ses graines, très-digestives, sont employées dans quelques pays pour aromatiser certains mets. | Faux —, ou — noir. V. *Nigelle*. | — des prés. V. *Carvi*.

CUMULO-STRATUS, *sm.* Nuage à aspect laineux, à bandes horizontales dans le bas et à formes convexes et arrondies dans le haut.

CUMULUS, *sm.* Nuage de dimensions moyennes, généralement arrondi irrégulièrement.

CUNÉIFORME, *adj.* Qui a la forme d'un coin. | Se dit de certaines anciennes écritures orientales dont les lettres sont formées par des traits qui ressemblent à des triangles ou des coins.

CUNETTE, *sf.* (*Milit.*) Petit canal que l'on pratique dans le fond d'un grand fossé de fortification.

CUNILE, *sf.* Plante labiée de l'Amérique du Nord qu'on emploie comme fébrifuge.

CUPRIFÈRE, *adj.* Qui contient du cuivre.

CUPULE, *sf.* (*Bot.*) Petite coupe qui enveloppe certaines fleurs et persiste autour du fruit, comme dans le chêne, le noisetier, etc. | CUPULIFÈRES, *sfpl.* Groupe de végétaux dont le fruit se distingue par cette particularité.

CURAÇAO, *sm.* (pr. *ço*). Liqueur de dessert que l'on obtient par la macération de zestes d'oranges amères récentes dans de vieilles eaux-de-vie, à laquelle on ajoute une quantité suffisante de sucre.

CURARE, *sm.* Poison très-actif tiré du suc d'un arbre, dans lequel les Indiens de l'Amérique du Sud trempent leurs flèches ; il a une action délétère des plus rapides sur le tissu sous-cutané ; mais il est sans danger pour les voies digestives. | CURARINE, *sf.* Alcaloïde vénéneux extrait du —.

CURATEUR, *sm.* (*Jurispr.*) Administrateur judiciaire des biens d'un mineur émancipé, d'un interdit, d'un absent ou d'une succession vacante. | CURATELLE, *sf.* Charge du —.

CURCAS, *sm.* V. *Médicinier*.

CURCUMA, *sm.* Racine d'une plante d'Asie, renfermant un principe stimulant et diurétique ; elle fournit une matière utilisée dans la teinture de la laine, de la soie, ainsi que pour colorer les bonbons, certains sirops et quelques onguents. | CURCUMINE, *sf.* Principe colorant jaune du —.

CURÉE, *sf.* Repas des morceaux de la bête tuée que l'on distribue aux chiens.

CURETTE, *sf.* Tout instrument composé d'une tige et d'une partie élargie en cuillère et destiné à enlever les matières étrangères d'une partie tubulaire et profonde.

CURIE, *sf.* (*Ant.*) Dans les réunions du peuple romain, fractions de la tribu présidée par un magistrat appelé CURION, *sm.* | Dans les réunions de la Diète germanique, État ou groupe d'États qui disposent d'une voix.

CURSEUR, *sm.* Petite règle mobile qui glisse dans une coulisse ou anneau mobile qui glisse le long d'une règle graduée.

CURRENTE-CALAMO, *loc. adv.* (*Lat.*) Se dit des choses écrites à la hâte, au courant de la plume.

CURSIVE, *adj. f.* et *sf.* Se dit d'une écriture tracée avec rapidité et non à main posée.

CURULE, *adj. f.* (*Ant.*) Se dit de la chaise d'ivoire qui était la marque de la dignité de certains magistrats romains.

CURVILIGNE, *adj.* Qui est formé par des lignes courbes.

CURVIROSTRE, *adj.* et *sm.* (*Zool.*) Se dit des oiseaux dont le bec est recourbé.

CUSCUTE, *sf.* Genre de plantes parasites à tiges filiformes qui s'enlacent sur certains végétaux auxquels elles nuisent beaucoup, et particul. sur le houblon, le lin, la luzerne, le chanvre, etc.

CUSPIDÉ, E, *adj.* (*Bot.*) Terminé par une pointe raide et allongée.

CUSSON, *sm.* V. *Bruche*.

CUSTODE, *sf.* Vase dans lequel on conserve les hosties consacrées, ou rideaux qui cachent ce vase. | Rideaux qui ornent l'autel. | *sm.* Supérieur de certains ordres religieux.

CUTANÉ, E, *adj.* (*Anat.*) Qui appartient à la peau. | Tissu —, le tissu complet de la peau. | Maladie —e, maladie de la peau. | Sous —, *adj.* Se dit de la région située immédiatement sous la peau.

CUTICULE, *sf.* Pellicule, épiderme. | CUTICULAIRE, *adj.* Qui appartient à la —.

CUTTER, *sm.* (pr. *keut-tre*). Petit bâtiment de guerre à un seul mât penché en arrière, très-fin voilier.

CUVELAGE, *sm.* Action de revêtir de planches ou de solives l'intérieur des puits qui descendent dans les mines pour empêcher l'éboulement des terres et des roches. | CUVELER, *va.* Opérer le —. | CUVELLEMENT, *sm.* Ensemble des pièces de bois employées dans le —.

CYANOGÈNE, *sm.* (*Chim.*) Corps résultant

de la combinaison de l'azote avec le carbone, et qui se comporte, dans ses combinaisons avec d'autres corps, comme un corps simple. | Cyanure, *sm.* Combinaison du — avec divers corps; le — de fer est le *bleu de Prusse;* le — de fer et de potassium, ou ferrocyanure de potassium est employé dans la teinture; le — de potassium est utilisé dans l'argenture par les procédés Ruolz. | Cyanhydrique (acide). Acide composé d'un atome de — et d'un atome d'hydrogène sans condensation; c'est un poison foudroyant; on l'appelait autrefois acide *prussique.*

CYANOMÈTRE, *sm.* Appareil destiné à mesurer l'éclat du jour dans les différentes régions et à apprécier l'intensité de la teinte bleue répandue dans l'air.

CYANOSE, *sf.* Teinte bleuâtre que présente la peau dans certaines affections graves. | Cyanotique, *adj.* Qui tient de la —.

CYATHE, *sm.* Petite coupe, espèce de gobelet antique.

CYCADÉES, *sfpl.* (*Bot.*) Famille de plantes dont l'organisation tient de celle des conifères et l'aspect de celui des palmiers; le type de cette famille est le | Cycas, *sm.* dont la plupart des espèces, qui sont exotiques, ressemblent à des fougères colossales et contiennent une moelle farineuse alimentaire, ainsi que de la gomme.

CYCLAMEN, *sm.* (pr. *mènn*). Plante à feuilles radicales entières, à fleurs pendantes blanches ou purpurines très-gracieuses, dont une espèce, commune dans les lieux ombragés, est appelée *pain de pourceau*, à cause de sa racine tubéreuse, sphérique, noirâtre, dont les porcs sont très-friands, et qui est vermifuge et purgative.

CYCLE, *sm.* Période ou révolution continue et uniforme d'un certain nombre d'années, pendant lesquelles s'accomplissent les mêmes phénomènes célestes. | — solaire. Période de 28 ans, après lesquelles l'année recommence par les mêmes jours.

CYCLOÏDE, *sf.* (*Math.*) Courbe d'une forme particulière représentée par le chemin parcouru dans l'espace par chaque point d'une roue de voiture en marche, et résultant du double mouvement de ce point : 1o en ligne droite; 2o autour de l'axe de la roue.

CYCLÔNE, *sm.* Tourbillon de vent qui prend naissance et se propage en pleine mer, et forme une trombe spiroïdale, dont le diamètre est souvent très-grand, qui tourne sur elle-même avec une vitesse considérable et qui est très-dangereuse pour les navires qu'elle rencontre ou qui la traversent.

CYCLOPÉEN, NE, *adj.* Se dit de monuments très-anciens remarquables par les énormes blocs réguliers qui les composent, ainsi que par la solidité de leur construction, bien qu'on n'y ait employé aucun ciment; on en voit encore les ruines en Italie et dans la Grèce, et on en fait remonter l'origine à 200 ans avant la prise de Troie.

CYLINDRE, *sm.* Corps produit par la révolution d'un rectangle tournant sur l'un de ses côtés; c'est la forme appelée vulg. *rouleau.* | Appareil composé de deux ou plusieurs cylindres tournant dans le même sens ou en sens contraire, et entre lesquels on fait passer des pièces d'étoffe pour les apprêter. | Cylindrer, *va.* Passer au —.

CYMAISE, *sf.* (*Archit.*) Moulure moitié concave, moitié convexe qui termine une corniche.

CYMBALES, *sfpl.* (*Mus.*) Nom que portent deux plaques circulaires de métal sonore munies à leur centre d'une courroie servant de manche, et que l'on choque l'une contre l'autre; on s'en sert habituellement dans les musiques militaires pour accompagner la grosse caisse.

CYME, *sf.* (*Bot.*) Assemblage de fleurs portées sur une même tige par un certain nombre de pédoncules qui ne partent pas du même point, qui se subdivisent irrégulièrement, mais qui se réunissent au sommet en bouquet à peu près horizontal.

CYMOLITHE *sf.* (*Minér.*) Variété d'argile smectique qu'on trouve dans l'île Cymolis de l'archipel grec, et qui peut remplacer le savon dans le blanchissage du linge.

CYMOPHANE, *sf.* (*Minér.*) Minéral du Brésil et de Ceylan qui présente des reflets bleuâtres qui semblent flotter quand on le fait mouvoir.

CYMRY ou Cymrique, *adj.* V. *Kymry.*

CYNANCHE, Cynanchie, Cynancie, *sf.* (*Méd.*) Sorte de glossite, inflammation profonde de la langue dans laquelle cet organe est tellement tuméfié qu'il sort de la bouche.

CYNANQUE, *sm.* Plante des bords de la Méditerranée, à feuilles en cœur, à fleurs blanches étoilées, dont une espèce fournit un suc drastique dit *scammonée de Montpellier.*

CYNANTHROPIE, *sf.* (*Méd.*) Sorte de folie dans laquelle le malade imite la voix et les habitudes d'un chien.

CYNÉGÉTIQUE, *adj.* Se dit de la chasse, en particulier de la chasse au moyen des chiens. | *sf.* Art de la chasse.

CYNIPS, *sm.* Petit insecte hyménoptère qui dépose ses œufs dans l'écorce et les feuilles des arbres et produit ainsi les excroissances connues sous le nom de *galles, bédégars*, etc.

CYNOCÉPHALE, *sm.* Genre de singes à museau allongé, comme tronqué à l'extrémité; ils sont remarquables par leur grande taille et leur férocité; le *papion* et le *babouin*, qui habitent l'Afrique, appartiennent à ce genre.

CYNOGLOSSE, *sf.* Plante à fleurs rouge pourpre ou blanches, à feuilles étroites allongées, couverte de poils cotonneux, qui croît dans les lieux sablonneux, et dont la racine, considérée comme calmante, entre dans des pilules à base d'opium, estimées contre la toux.

CYNORÈXIE, *sf.* (*Méd.*) Maladie nerveuse de l'estomac, caractérisée par une faim excessive et par le vomissement de tous les aliments peu après leur ingestion.

CYNORRHODON, *sm.* Fruit du rosier sauvage ou églantier, jouissant de propriétés astringentes.

CYNOSIEN, NE, *adj.* Qui ressemble au chien.

CYPÉRACÉES, *sfpl.* (*Bot.*) Famille de plantes aquatiques à tige cylindrique ou triangulaire, à feuilles engaînantes, qui a pour type le souchet.

CYPHONISME, *sm.* Supplice des premiers martyrs qui consistait à frotter de miel le patient et à l'exposer à la piqûre des mouches et des insectes jusqu'à ce que mort s'ensuivît.

CYPHOSE, *sf.* Courbure de l'épine dorsale à convexité postérieure, c.-à-d. faisant saillie sur le dos.

CYPRÈS, *sm.* Arbre de la famille des conifères, remarquable par sa forme pyramidale et allongée, par ses rameaux pressés contre la tige et par son feuillage d'un vert très-foncé et presque brun ; son aspect funèbre le fait choisir pour orner les tombeaux.

CYPRIÈRE, *sf.* Lieu planté de cyprès.

CYPRIN, *sm.* Genre de poissons voisins de la carpe et qui ont les mêmes habitudes.

CYSTE, *sf.* Vessie ; particul. la vésicule biliaire ou *cholécyste.* | Vessie urinaire appelée aussi *Ourocyste.*

CYSTICERQUE, *sm.* Genre de vers intestinaux à suçoir et à crochets, dont certaines espèces se trouvent quelquefois dans le tissu musculaire du corps humain.

CYSTIQUE, *adj.* Qui appartient, qui aboutit à la cholécyste. | *sm.* S'est dit des médicaments propres à combattre les affections de la vessie.

CYSTIRRHAGIE, *sf.* (*Méd.*) Hémorrhagie de la vessie urinaire ; s'est dit pour | CYSTIRRHÉE ou CYSTORRHÉE, *sf.* Catarrhe vésical chronique.

CYSTITE, *sf.* (*Méd.*) Inflammation des membranes de la vessie.

CYSTITOMIE, *sf.* (*Chir.*) Incision faite au moyen du *cystitome* ou *kystitome*, dans la partie antérieure de la capsule du cristallin.

CYSTOPTOSE, *sf.* (*Méd.*) Chute ou renversement de la membrane interne de la vessie à travers son col.

CYSTOTOMIE, *sf.* (*Chir.*) Opération qui consiste à inciser la vessie pour en extraire les calculs, au moyen du *cystotome.*

CYTISE, *sm.* Arbrisseau à feuilles en trèfle, se rapprochant des genêts, dont le bois est très-dur et susceptible de prendre un beau poli ; l'espèce la plus connue s'appelle aussi *Aubour*, *Albours*, et *Faux-Ébénier.*

CZACAN, *sm.* Espèce de flûte en forme de canne qui a eu beaucoup de vogue en Allemagne vers 1800.

CZAR, *sm.* Titre du souverain russe.

CZARINE, *sf.* Titre de l'impératrice de Russie.

CZAROWITZ, *sm.* (pr. *reouitz*) Fils du czar ou héritier présomptif de l'empire russe.

D

DA CAPO, *adv.* (*Ital.*) (*Mus.*) Indication que l'on place dans certaines parties d'un morceau de musique, et qui signifie qu'il faut le reprendre depuis le commencement jusqu'au point désigné, en général, par le mot *fin.*

DACRYNOME, *sm.* V. *Épiphora.*

DACRYOADÉNITE, *sf.* Inflammation de la glande lacrymale. | DACRYOCYSTITE, *sf.* Inflammation du sac lacrymal. | DACRYOME, *sm.* DACRYORRHÉE, *sf.* Ecoulement des larmes, *larmolement.*

DACTYLE, *sm.* Pied des vers grecs et latins composé d'une syllabe longue suivie de deux brèves ; il fait partie du vers dit *hexamètre.* V. *ce mot.* | Plante graminée que l'on trouve dans certaines prairies et dont le foin est inférieur.

DACTYLIN, E, *adj.* Qui a la forme d'un doigt.

DACTYLIOLOGIE, *sf.* Étude, description des anneaux, des bagues anciennes, des pierres précieuses gravées. | DACTYLIOGRAPHE, *sm.* Celui qui décrit les pierres, etc. | DACTYLIOGLYPHE, *sm.* Celui qui grave sur les anneaux.

DACTYLION, *sm.* Instrument formé d'anneaux mobiles, à l'usage des pianistes, qui sert à délier et fortifier les doigts et à les rendre indépendants les uns des autres.

DACTYLIOTHÈQUE, *sf.* Collection d'anneaux ou de pierres gravées.

DACTYLOGRAPHIE, DACTYLOLOGIE, *sf.* Art de converser au moyen de signes faits avec les doigts, employé particul. par les sourds-muets.

DACTYLOPTÈRE, *sm.* Poisson de mer acanthoptérygien, dont la chair est estimée et dont les nageoires pectorales, très-larges, s'étendent comme des ailes et lui servent à s'élever au-dessus de l'eau; il peut parcourir ainsi en volant un espace de 30 à 40 mètres, et c'est pour cela qu'on l'appelle vulg. *poisson volant.*

DÆDALÉA, *sm.* Genre de champignons à odeur d'anis, dont une espèce, qui pousse sur les vieux saules, est employée, réduite en poudre, contre la phthisie pulmonaire.

DAGARD, *sm.* V. *Daguet.*

DAGUE, *sf.* Poignard ayant un fer court, triangulaire et cannelé. | Lame à deux manches pour ratisser les peaux destinées à la reliure. | Premier bois du cerf, simple tige qui vient la seconde année. | Défenses du sanglier.

DAGUERRÉOTYPE, *sm.* Nom qu'on a donné, dans les commencements, à l'art créé par Daguerre, au moyen duquel on fixe les images de la chambre obscure sur une plaque, primitivement métallique, art qu'on appelle aujourd'hui *photographie*; les images obtenues par ce procédé s'appellent quelquefois images *daguerriennes.*

DAGUET, *sm.* Jeune cerf qui porte le premier bois, de l'âge de un an à celui de dix-huit mois. | Cerf roux ou brun grisâtre, de Cayenne, à bois courts et ronds.

DAHLIA, *sm.* Plante originaire du Mexique, dont les fleurs, composées d'un grand nombre de fleurons tubulés réunis en gros capitules hémisphériques, sont portées sur des tiges annuelles sortant d'un tubercule assez gros, varient à l'infini de nuances et font l'ornement des jardins; on a extrait de ses tubercules un principe analeptique appelé DAHLINE, *sf.* et presque identique à l'*Inuline.*

DAIM, *sm.* (pr. *din*). Bête fauve à poil jaune rougeâtre, de taille intermédiaire entre celle du chevreuil et celle du cerf, et portant sur la tête, comme ce dernier, un bois qui n'est pas rond et ramifié, mais plat et palmé. | DAINE, *sf.* (pr. *dène* et *dine* suivant quelques-uns). Femelle du —, qui s'en distingue parce qu'elle n'a pas de bois.

DAÏRI, *sm.* ou GRAND —, titre que portaient autrefois les souverains du Japon.

DALAÏ-LAMA, *sm.*, ou GRAND-LAMA. V. *Lama.*

DALBERGE, *sf.* Arbrisseau des pays chauds, dont une espèce, originaire de Surinam, laisse écouler par incision un suc qui est la *gomme laque* du commerce.

DALMATIQUE, *sf.* Ancienne tunique à longues manches. | Vêtement d'église que portent les diacres et les autres ecclésiastiques quand ils servent la messe; il se met par-dessus l'aube.

DALOT, *sm.* Pièce de bois creusée et placée latéralement au pont d'un vaisseau pour l'écoulement des eaux.

DALTONISME, *sm.* Vice de la vue qui empêche de distinguer les couleurs.

DAM, *sm.* (pr. *dan*) Peine qui consiste, suivant le dogme chrétien, dans la privation absolue de la vue de Dieu pendant l'éternité. | Se dit, dans quelques locutions, pour perte, privation, dommage.

DAMAN, *sm.* Petit mammifère à fourrure épaisse très-estimée, qui habite les montagnes du Cap, de Syrie, etc.

DAMARA, *sm.* Armoisin à fleurs.

DAMAS, *sm.* Lame de sabre d'acier très-fin, tels que ceux de Damas. | Lame ornée de *damasquinures.* | Sorte de prune d'un goût exquis, dont le plant vient de Damas. | Sorte de raisin de même origine. | Satin de laine ou de soie à deux envers, à fleurs ou à dessins, dont on fait des rideaux, etc.

DAMASQUINER, *va.* Pratiquer, dans du fer ou de l'acier préparé, des incrustations de petits filets d'or ou d'argent, qui, par le travail du polissage, forment des dessins moirés, des veines croisées en tous sens, etc. | DAMASQUINERIE, *sf.* Art de —. | DAMASQUINURE, *sf.* Travail, produit de cet art.

DAMASSER, *va.* Tisser une étoffe ou du linge fin avec des ornements, des fleurs, des personnages. | DAMASSURE, *sf.* Travail, ornement du linge damassé.

DAME, *sf.* Partie de terre en forme de digue ou de cône, qu'on ménage sur certains points d'une tranchée.

DAMER, *va.* Battre les terres d'un remblai afin de les rendre plus compactes.

DAMMAR, *sm.* Substance résineuse qui découle par incision de divers arbres des Moluques et de l'Australie; on l'emploie pour la fabrication des vernis incolores.

DAPECH, *sm.* V. *Élatérite.*

DAPHNÉ, *sm.* Arbuste appelé aussi *Lauréole*, dont une espèce fournit l'écorce qui sert à faire les chapeaux de paille blanche; l'écorce d'une autre espèce, appelée *mézéréon*, est utilisée, sous le nom de *garou*, comme exutoire, ainsi qu'en tisane, contre les maladies de la peau.

DARCE, *sf.* V. *Darse.*

DARD, *sm.* V. *Vaudoise.*

DARDILLON, *sm.* Petite languette de l'hameçon qui sert à empêcher le poisson de se décrocher.

DARIOLE, *sf.* Toute pâtisserie commune, et particul. les petits gâteaux faits d'œufs, de beurre et de farine, auxquels on ajoute, soit des confitures, soit de la crème, et qu'on fabrique à Paris pour être vendus dans les fêtes foraines, etc. | DARIOLEUR, *sm.* Pâtissier fabriquant de la —.

DARIQUE, *sf.* Ancienne pièce de monnaie

d'or perse, frappée à l'effigie du roi *Darius*, qui valait de 18 à 19 fr.

DARNE, *sf.* Tranche.

DARSE, *sf.* Sur les côtes de la Méditerranée, petit port intérieur qui se ferme au moyen d'une chaine.

DARTRE, *sf.* Maladie chronique de la peau consistant, soit en petites pellicules blanchâtres, s'exfoliant et s'enlevant par écailles, soit en croûtes dures et jaunes, soit enfin en boutons à pus environnés d'une aréole rosée.

DASYURE, *sm.* Genre de marsupiaux à museau allongé, à grosse queue touffue, à pelage doux et épais, dont la plupart des espèces, qui ont les habitudes des fouines, habitent la Nouvelle-Hollande, où elles dévastent les poulaillers.

DATERIE, *sf.* Chancellerie où s'expédient, se contresignent et se délivrent certains actes de la cour de Rome, particul. les bulles, les dispenses, les bénéfices, etc. | DATAIRE, *adj.* et *sm.* Se dit de l'officier qui préside à la —; lequel prend le nom de *prodataire*, quand il est cardinal.

DATIF, VE, *adj.* (*Jurisp.*) Donné, conféré. | Tuteur —, nommé par la justice.

DATION, *sf.* (pr. *cion*) (*Jurispr.*) Action de donner.

DATISME, *sm.* Emploi surabondant de mots synonymes pour l'expression d'une seule pensée. | Vice quelconque d'élocution.

DATURA, *sm.* Plante de la famille des solanées, dont une espèce, à fleurs blanches et odorantes, est cultivée dans les jardins; une autre espèce fournit le médicament appelé *stramonium* ou *stramoine*. | DATURINE, *sf.* Substance très-vénéneuse qu'on extrait des semences du —.

DAUBE, *sf.* Assaisonnement, sauce très-consommée que l'on fait à certaines viandes.

DAUGREBOT, *sm.* V. *Dogre.*

DAUPHIN, *sm.* Genre de cétacés long de 3 mètres, très-vorace, très-agile, qu'on rencontre dans toutes les mers. | Titre que portait l'aîné des enfants du roi, en France. | —, E, *adj.* Se dit des auteurs qui travaillèrent à l'édition des anciens auteurs latins faite par ordre de Louis XIV pour le *Grand Dauphin* son fils; de ces éditions elles-mêmes, appelées aussi *ad usum Delphini.*

DAUPHINE, *sf.* Titre que portait, en France, la fille aînée du roi. | Ancienne danse, sorte de courante figurée. | Variété de laitue cultivée. | Grosse prune verte à taches grises ou rouges.

DAUPHINELLE, *sf.* Plante herbacée de la famille des renonculacées, à fleurs irrégulières, le plus souvent bleues, disposées en épi au sommet d'une tige dressée, et dont une espèce, appelée vulg. *pied d'alouette*, est cultivée dans les jardins.

DAURADE, *sf.* Poisson acanthoptérygien de la Méditerranée, à reflet argenté, à dos bleuâtre, rayé de bandes dorées, avec une tache dorée au-dessus des yeux; il passe dans les étangs voisins de la mer, s'y engraisse et acquiert un goût exquis.

DAUW, *sm.* (pr. *dôu*). V. *Couagga.*

DAVIER, *sm.* Nom que portent dans les arts plusieurs espèces de tenailles. | Pince dentelée qu'on emploie pour l'extraction des dents qui n'ont qu'une racine.

DÉ, *sm.* En outre de ses acceptions connues ce mot signifie : Morceau de pierre ou de bois de forme cubique servant de support. | Cylindre d'acier poli servant à vérifier le calibre des canons.

DÉALBATION, *sf.* Action de blanchir par le feu. | Étiolement.

DÉAMBULATION, *sf.* Action de marcher. | DÉAMBULATOIRE, *adj.* Qui concerne la —, ou qui marche; se dit quelquefois pour *ambulant.*

DÉBÂCLE, *sf.* Écoulement subit et rapide des glaces qui encombrent une rivière, à cause de la rupture que le changement de température a produite. | DÉBACLER, *va.* Débarrasser un port encombré de navires.

DÉBARCADÈRE, *sm.* Quai servant au débarquement des bateaux marchands, sur un fleuve, un canal. | S'est dit quelquefois, en t. de chemins de fer, de même qu'*Embarcadère*, comme syn. de *Gare.*

DÉBARDER, *sm.* Décharger un bateau ou dépecer un train de bois. | DÉBARDEUR, *sm.* Celui qui débarde; se dit aussi d'un costume de carnaval, à pantalon large et à petite veste, parce qu'il rappelle celui que portaient autrefois les membres de la corporation des débardeurs.

DÉBASSAIRE, *sf.* V. *Rémiz.*

DÉBATELER, *va.* Décharger un navire. | DÉBATELAGE, *sm.* Action de —.

DÉBET, *sm.* (pr. *bett*) Ce qui est dû, ce qui reste à payer.

DÉBILITER, *va.* (*Méd.*) Se dit des substances ou des médicaments dits *débilitants*, qui ont la propriété de diminuer l'énergie des muscles, d'affaiblir le système nerveux.

DÉBILLARDER, *va.* Diminuer l'épaisseur d'une pièce de bois, la dégrossir en la coupant diagonalement. | V. *Délarder.*

DÉBLOCUS, *sm.* Opération de la levée d'un *blocus.* (V. ce mot.) | DÉBLOQUER, *va.* Faire le —.

DÉBORD, *sm.* La partie d'une pièce de monnaie qui est au delà du cordon de la légende. | Partie de la doublure d'une étoffe qui dépasse et forme bordure. | Bordure d'une route le long du pavé.

DÉBOUQUEMENT, *sm.* Canal étroit, entre plusieurs îles. | Passage d'un navire dans le —. | DÉBOUQUER, *vn.* Sortir d'un —.

DÉBOURRAGE, *sm.* Opération qui consiste à débarrasser les peaux de leurs poils en les plongeant dans de l'eau de chaux pendant quelque temps. | Débourrer, *va.* Opérer le —.

DEBOUT, *adv.* (*Mar.*) Se dit particul. du vent lorsque le navire lui présente son avant et marche par conséquent contre le vent.

DÉBOUTER, *va.* (*Jurisp.*) Repousser la demande de quelqu'un, déclarer que ses prétentions sont déchues et sans valeur.

DÉBRIDER, *va.* (*Chir.*) Enlever les filaments, les parties de tissu qui, dans une plaie, mettraient obstacle à la sortie du pus; agrandir l'ouverture d'une plaie.

DÉBÛCHÉ ou Débucher, *sm.* Moment où la bête poursuivie par les chasseurs *débûche*, c.-à-d. sort des bois pour courir en plaine.

DÉCA. Cette particule, mise devant les mots *gramme*, *litre*, *mètre*, *stère*, etc., signifie une unité dix fois plus grande.

DÉCADE, *sf.* Nom de chacune des trois parties du mois dans l'année républicaine; elles se composaient de dix jours, dont le dernier s'appelait *décadi*. | Ouvrage en dix livres ou parties.

DÉCAÈDRE, *sm.* Solide terminé par dix faces égales.

DÉCAGONE, *sm.* et *adj.* Se dit d'une figure plane terminée par dix côtés égaux. | Ouvrage de fortification composé de dix bastions.

DÉCALOGUE, *sm.* Les tables de la loi renfermant dix commandements que Dieu donna à Moïse sur le mont Sinaï.

DÉCANAT, *sm.* Dignité, fonctions de doyen. | Décanal, e, *adj.* Qui appartient au —, ou au doyen.

DÉCANTER, *va.* Transvaser lentement un liquide pour laisser au fond du vase le dépôt ou précipité qui s'est formé. | Décantage, *sm.* Décantation, *sf.* Action de —.

DÉCAPER, *va.* Enlever, au moyen d'un dissolvant, l'oxyde formé à la surface d'un métal. | Décapage, *sm.* Action de —.

DÉCAPODES, *smpl.* (*Zool.*) Se dit d'un ordre de crustacés dans lequel sont compris le *homard*, la *langouste*, l'*écrevisse*, etc.

DÉCARBURER, *va.* Séparer le carbone de la fonte par l'affinage. | Se dit de l'acier qui perd une partie de son carbone. | Décarburation, *sf.* Action de —.

DÉCASTYLE, *sm.* Temple ou portique dont le front a une ordonnance composée de dix colonnes.

DÉCATIR, *va.* Oter le cati. (V. ce mot.) | Décatissage, *sm.* Action de —, opération qui consiste à enlever l'apprêt qu'un fabricant a donné à une étoffe de laine, à du drap, etc.

DÉCAVER, *va.* Au jeu de brelan ou de bouillote, gagner toute la cave de l'un des joueurs. | Être décavé, perdre sa *cave*.

DÉCENNAL, E, *adj.* Qui dure dix ans; qui revient tous les dix ans.

DÉCHANT, *sm.* V. *Discant.*

DÉCHARGE, *sf.* (*Jurisp.*) Acte par lequel on déclare qu'une personne n'est plus tenue de ses obligations, que ses obligations ont été remplies. | (*Archit.*) V. *Echarpe.*

DÉCHASSER, *va.* Faire un chassé vers la gauche après en avoir fait un vers la droite.

DÉCHAUMER, *va.* Labourer, après la moisson, une terre qui porte encore les chaumes du blé récolté. | Déchaumage, *sm.* Action de —.

DÉCHAUX ou Déchaussé, *adj. m.* V. *Carme.*

DÉCI. Cette particule mise devant les mots *gramme*, *litre*, *mètre*, *stère*, etc., signifie une unité dix fois moindre.

DÉCIDENCE, *sf.* (*Méd.*) Affaissement.

DÉCIDU, E, *adj.* (*Bot.*) Qui tombe rapidement.

DÉCIMATEUR, *sm.* Nom que portaient autrefois ceux des membres du clergé auxquels revenait la dîme.

DÉCLENCHER, *va.* Lever la clenche d'une porte, ou le cliquet d'une roue à rochet.

DÉCISOIRE, *adj.* (*Jurisp.*) Se dit du serment qu'une partie défère à l'autre et qui doit décider de l'issue d'un procès.

DÉCLIC, *sm.* Petit appareil à ressort composé d'une dent qui arrête le mouvement d'une roue à laquelle il s'engrène, et la laisse tourner quand il est retiré. | Instrument qui sert à enfoncer des pieux avec beaucoup de force.

DÉCLINAISON, *sf.* (*Litt.*) Série des modifications que peut éprouver, dans certaines langues, la terminaison d'un nom. | (*Phys.*) Angle que l'aiguille d'une boussole horizontale fait avec le méridien, quantité dont la pointe de l'aiguille s'éloigne à droite ou à gauche du point qui correspond au pôle nord. | (*Astr.*) Distance d'un astre à l'équateur céleste; c'est dans la sphère céleste la même chose que la latitude sur le globe terrestre.

DÉCLINATOIRE, *adj.* et *sm.* (*Jurisp.*) Se dit des *exceptions*, des *moyens* qu'on allègue pour décliner une juridiction, pour déclarer qu'on n'accepte pas sa compétence, qu'on la récuse.

DÉCLIVE, *adj.* Qui est incliné, qui forme une pente.

DÉCLIVER, *vn.* S'abaisser graduellement, descendre suivant une pente insensible.

DÉCLIVITÉ, *sf.* État de ce qui est *déclive.*

DÉCOCTÉ, *sm.* Décoction, *sf.* Liquide dans lequel on a maintenu une substance végétale qu'on y a laissée bouillir assez longtemps. | V. *Apozème.*

DÉCOLLATION, *sf.* Action de *décoller*, de couper le cou.

DÉCONFÈS, SE, *adj.* Qui ne s'est point confessé.

DÉCONFITURE, *sf.* État d'un débiteur insolvable; elle se distingue de la faillite parce que cette dernière ne s'applique qu'aux commerçants et suit des règles spéciales, tandis que le mot *déconfiture* ne se dit que de l'insolvabilité des non-commerçants.

DÉCORTIQUER, *va.* Enlever l'écorce d'un arbre ou la pellicule des grains, la première enveloppe des fruits. | DÉCORTICATION, *sf.* Action de —.

DÉCOURS, *sm.* Temps pendant lequel la pleine lune diminue progressivement jusqu'à la nouvelle lune. | Déclin, décroissance.

DÉCRÉPITATION, *sf.* Explosion produite par certaines substances qui *décrépitent*, c.-à-d. pétillent par l'action du feu, éclatent avec bruit en petits fragments.

DECRESCENDO, *adv.* (pr. *crèch-*) (*Mus.*) Le contraire de *Crescendo* (V. ce mot).

DÉCRÉTALE, *sf.* (*Eccl.*) Lettre des anciens papes réglant des points controversés de la constitution ecclésiastique. | DÉCRÉTALISTE, *sm.* Jurisconsulte expert dans la connaissance des —s.

DÉCRÉTAIRE, *adj.* (*Méd.*) Jour, période, époque critique, sous lesquels s'accomplit la crise d'une maladie.

DÉCREUSAGE, DÉCRUSAGE ou DÉCRUAGE, *sm.* Lessivage de la soie écrue pour la blanchir et la dégommer, ou des cocons de soie pour en faciliter le dévidage.

DÉCUBITUS, *sm.* (pr. *-tuss*). Attitude du malade couché, au point de vue du diagnostic.

DÉCURRENTE, *adj. f.* (*Bot.*) Se dit des feuilles dont le limbe, se prolongeant sur la tige, y forme des ailes foliacées.

DÉCURTATION, *sf.* Maladie des arbres causée par la diminution de la sève, par suite de l'action du soleil, de la gelée ou de l'oblitération des canaux, et qui a pour effets la chute précoce des feuilles, le dessèchement des tissus et enfin la mort de l'arbre.

DÉDALÉA, *sm.* V. *Dædaléa.*

DÉDIT, *sm.* Révocation d'une parole donnée et indemnité stipulée dans une convention en cas d'inexécution d'une promesse.

DÉDOLER, *va.* (*Chir.*) Tailler une partie superficielle du corps, en rasant obliquement, et ne produire qu'une plaie légère.

DÉFAUT, *sm.* (*Jurisp.*) Se dit du jugement qu'obtient le demandeur quand le défendeur fait *défaut*, c.-à-d. ne comparaît pas.

DÉFÉCATION, *sf.* Excrétion alvine, acte par lequel les matières contenues dans le rectum sont rejetées au dehors. | Dépuration d'une liqueur qui se fait par la chute spontanée des parties qui la rendaient trouble.

DÉFECTIF, VE, *adj.* (*Litt.*) Se dit des verbes qui n'ont pas tous leurs modes ou tous leurs temps; on les appelle aussi *défectueux.*

DÉFENDS, *sm.* Se dit des bois et des terrains semés d'essences forestières, dans lesquels il est défendu de faire entrer des bestiaux; ces terrains sont dits *défensables.*

DÉFÉQUER, *va.* Opérer la défécation d'une liqueur.

DÉFÉRENT, *adj.* et *sm.* (*Astr.*) Cercles qu'on avait imaginés pour expliquer le mouvement des planètes quand on supposait la terre immobile au centre des révolutions des autres planètes et du soleil.

DÉFERLER, *va.* (*Mar.*) Dérouler, développer. | Se dit particul. de la mer quand ses flots se déploient avec impétuosité.

DÉFET, *sm.* (pr. *fètt.*) Feuilles dépareillées d'un ouvrage dont on ne peut former un exemplaire complet.

DÉFICIT, *sm.* (pr. *citt.*) Insuffisance des ressources d'un Etat, d'une ville, etc., dont les recettes sont inférieures aux dépenses. | Somme qui manque, qui se trouve en moins dans une caisse.

DÉFLAGRATION, *sf.* Combustion accompagnée de flammes, effet produit par un corps qui brûle en émettant une grande clarté et de la chaleur. | Incendie général.

DÉFLEGMER, *va.* Enlever d'une substance l'eau et les parties aqueuses qu'elle contient.

DÉFLEXION, *sf.* Se dit de certains ouragans qui ne suivent pas leur direction naturelle, mais qui sont déviés par des obstacles tels que des continents ou des courants atmosphériques de direction différente.

DÉGALER, *va.* Nettoyer la peau qui doit servir à faire un chapeau.

DÉGAUCHIR, *va.* Dresser le parement d'une pierre, d'une pièce de bois, d'un panneau, etc.

DÉGLUTITION, *sf.* Passage des aliments dans le pharynx et dans l'œsophage.

DÉGRAS, *sm.* Résidu du dégraissage opéré par le chamoiseur sur les peaux, qui est un mélange de l'huile employée et de la graisse enlevée aux peaux; on l'emploie pour graisser les cuirs destinés à servir d'empeignes; le — résultant d'un premier dégraissage s'appelle *moellon.*

DÉGRAT, *sm.* État d'un bateau pêcheur qui a quitté le port pour gagner les eaux où se trouve la morue.

DÉGRAVOIEMENT, *sm.* État de ce qui est dégravoyé.

DÉGRAVOYER, *va.* Se dit de l'eau courante qui déchausse les pilotis par un bouillonnement continuel.

DEGRÉ, *sm.* (*Math.*) La 360e partie de la circonférence d'un cercle. | (*Astr.*) La 360e partie d'un méridien (— *de latitude*) ou d'un cercle parallèle (— *de longitude*); ils équivalent, sur le globe terrestre, à environ 25 lieues ou, en moyenne, à 111 kil. 94 mètres.

DÉHISCENT, E, *adj.* (*Bot.*) Se dit des valves ainsi que des parties de la graine ou de tout autre organe, quand elles s'ouvrent naturellement. | DÉHISCENCE, *sf.* État des organes —s.

DÉICIDE, *adj.* Meurtrier de Dieu; ne s'est dit que des juifs, qui crucifièrent Jésus-Christ. | *sm.* Action de tuer Dieu.

DÉISME, *sm.* Système qui admet l'existence d'un Dieu, mais qui rejette la révélation et ses conséquences, telles que les dogmes religieux, les rites, etc. | Selon certains, ce mot signifierait aussi : croyance à un Dieu abstrait, *inactif*, par opposition à *Théisme* (V. ce mot.) | DÉISTE, *adj.* et *s.* Celui qui professe le —.

DÉITÉ, *sf.* En poésie : divinité, déesse.

DÉJACHÉRER, *va.* Labourer une terre restée en jachère.

DÉJAUGER, *vn.* S'élever au-dessus de la ligne de flottaison; se dit d'un bâtiment qui est échoué.

DÉJUC, *sm.* Lever des oiseaux. | Lever de quelqu'un.

DÉLARDER, *va.* (*Archit.*) Enlever une partie du lit d'une pierre. | Couper obliquement le dessous d'une marche d'escalier. | Abattre les extrémités d'une pièce de bois obliquement, de façon que la coupe de la pièce forme un parallélogramme.

DELEATUR, *sm.* (pr. *dé lé-*) (*Impr.*) Signe de correction qui indique qu'il faut supprimer une lettre, un ou plusieurs mots dans une épreuve typographique.

DÉLÉBILE, *adj.* Qui peut être effacé, qui s'efface facilement.

DÉLÉGAT, *sm.* Cardinal qui fait les fonctions de préfet dans les provinces romaines.

DÉLÉTÈRE, *adj.* Nuisible, qui attaque la santé, qui cause la mort; se dit surtout des gaz, des émanations.

DÉLIBATION, *sf.* (*Jurisp.*) Division, détail; se dit particul. d'un compte détaillé article par article. | Action de diviser une chose. | Action de goûter.

DÉLICOTER, (Se) *vpr.* Se dit d'un cheval qui se défait de son licou.

DÉLIÉES, *sfpl.* Fumées du cerf, quand elles sont très-pulvérisées.

DÉLINÉATION, *sf.* Action de tracer le contour d'un objet au simple trait. | Figure au trait, simple profil.

DÉLIQUESCENCE, *sf.* (pr. *kués-*) Propriété, état de certains corps qui se liquéfient naturellement par la seule action de l'humidité de l'air qu'ils absorbent. | DÉLIQUESCENT, *adj.* Qui tombe ou qui peut tomber en —.

DELIQUIUM, *sm.* (pr. *kui-omm.*) (*Chim.*) État d'un corps solide qui s'est liquéfié au contact de l'air.

DELIRIUM-TREMENS, *sm.* Délire avec agitation et tremblement des membres particulier aux personnes adonnées à l'excès des boissons alcooliques.

DÉLITAGE, *sm.* DÉLITATION, *sf.* Action de déliter.

DÉLITER, *va.* Poser une pierre en *délit*, c.-à-d. dans un autre sens que celui qu'elle avait dans sa couche à la carrière. | Séparer les pierres suivant leurs assises naturelles. | Changer les claies des vers à soie.

DÉLITESCENCE, *sf.* État des pierres qui se délitent, qui se divisent dans le sens de leur lit de carrière. | (*Méd.*) Disparition plus ou moins prompte d'une affection locale, d'une éruption, d'une tumeur, sans qu'elles se reproduisent sur une autre partie. | (*Chim.*) État d'un corps cristallisé qui perd son eau de cristallisation et se détache en menues parcelles. | V. *Déliquescence*.

DÉLOVER, *va.* (*Mar.*) Dérouler un câble qui était lové ou plié en cercle.

DELPHINAPTÈRE, *sm.* Cétacé de 2 m. de long, sans nageoire dorsale, dont le corps est blanc argenté, avec une grande tache bleu foncé sur la tête et le dos, et qui habite les mers du pôle sud.

DELPHINORHYNQUE, *sm.* Cétacé qui atteint quelquefois 12 m. de long, à museau allongé et étroit comme un bec d'oiseau, ayant de nombreuses dents coniques et très-aiguës; il habite les mers du pôle nord.

DELTA, *sm.* Désigne, à cause de la forme triangulaire de la lettre grecque de ce nom, les îles formées par deux branches d'un fleuve qui se jettent dans la mer.

DELTOÏDE, *adj.* et *sm.* (*Anat.*) Muscle triangulaire de l'humérus qui s'articule avec la clavicule, et qui a pour objet d'élever ou d'abaisser l'épaule.

DÉLUSOIRE, *adj.* Propre à induire en erreur, à tromper, à faire illusion.

DÉLUTER, *va.* Ôter le lut ou l'enduit qui servait à fermer un vase destiné à aller au feu.

DÉMAGOGIE, *sf.* Se dit, en mauvaise part, de la doctrine et des manœuvres de ceux qui soulèvent les passions populaires pour les exploiter à leur profit. | DÉMAGOGUE, *s.* Partisan de la —.

DÉMARCHE, *sf.* Défaut dans la tonte des

draps lorsqu'il s'y trouve des endroits qui ne sont pas tondus d'assez près.

DÉMARRER, *va.* (*Mar.*) Détacher les amarres, défaire un amarrage. | Déplacer un navire.

DÉMASCLAGE, *sm.* Opération qui consiste à enlever de l'écorce des chênes-lièges toute la partie qui n'a pas de valeur, pour que le liége puisse se former ensuite régulièrement. | DÉMASCLER, *va.* Opérer le —.

DÈME, *sm.* Bourg ou canton de l'Attique.

DEMI-FUTAIE, *sf.* Bois dont les arbres sont âgés de 40 à 60 ans.

DEMI-LUNE, *sf.* En général, ouvrage en forme de croissant. | Fortification composée de deux faces formant un angle saillant en dehors, arrondi, et surmontées d'une guérite.

DÉMITTES. *sfpl.* (*Comm.*) Toile de coton du Levant. | DÉMITTONS, *smpl.* Toile de coton étroite et peu serrée, inférieure aux —.

DÉMIURGE, *sm.* Celui qui produit le monde, qui crée; se dit en parlant de Dieu ou de ceux qui veulent s'attribuer sa puissance. | DÉMIURGIQUE, *adj.* Du —.

DEMOISELLE, *sf.* Billot de bois cylindrique, s'amincissant par le haut, cerclé de fer par en bas et muni au milieu de deux anses; on l'emploie pour enfoncer les pavés. | Brosse pour étendre l'encre qu'on emploie avec des caractères à jour. | V. *Libellule*.

DÉMONOGRAPHE, *sm.* Auteur qui écrit sur les démons.

DÉMONOGRAPHIE, DÉMONOLOGIE, *sf.* Traité des démons, science de la nature et de l'influence des démons.

DÉMONOLÂTRIE, *sf.* Adoration des démons.

DÉMONOMANIE, *sf.* Folie de ceux qui se croient possédés des démons.

DÉMOPHILE, *sm.* Ami du peuple.

DÉMOTIQUE, *adj.* Qui concerne le peuple, qui est à l'usage du peuple; se dit seulement de celle des écritures égyptiennes qui était employée par le vulgaire.

DÉNAIRE, *adj.* Décimal, qui concerne le nombre dix.

DENCHÉ, E, *adj.* (*Blas.*) Se dit des pièces de l'écu qui sont bordées de petites dents.

DENDRITE, *sf.* (*Minér.*) Pierre sur laquelle on trouve des bigarrures représentant des buissons, des arbrisseaux.

DENDROLITHE, *sm.* Arbre fossile.

DENDROLOGIE, *sf.* Étude des arbres, traité sur les arbres.

DENDROMÈTRE, *sm.* Instrument indiquant la hauteur et le diamètre d'un arbre et de ses branches.

DENDROMÉTRIE, *sf.* Cubage, mesurage des arbres.

DENDROPHAGE, *adj.* (*Zool.*) Se dit des insectes qui habitent sous l'écorce ou dans le bois des arbres et qui se nourrissent de ce bois.

DENDROPHIDE, *sm.* Couleuvre d'Asie et d'Afrique qu'on trouve sur les arbres.

DÉNÉRAL, *sm.* Plaque ronde qui sert de type au monnayeur pour le diamètre et le poids; il y a pour chaque pièce un dénéral du poids précis, un second du poids toléré au maximum, et un troisième du poid toléré au minimum.

DÉNI, *sm.* Négation, refus. | (*Jurisp.*) — d'aliments, refus de nourrir une personne, contre la nature et la loi. | — de justice, refus par le juge de prononcer sur une requête.

DENIER, *sm.* Ancienne monnaie romaine d'argent, qui valait de 70 à 80 centimes. | Ancienne monnaie française valant le douzième d'un sou ou le tiers d'un liard. | Intérêt d'une somme, d'un capital; le *denier* cinq, le *denier* dix, le *denier* douze, l'intérêt du cinquième, du dixième, du douzième de la somme. | Chacune des parties de fin (d'or ou d'argent) contenues dans une monnaie. | Poids pour l'essai des soies qui équivaut à environ 1/19 de gramme.

DÉNIZATION, *sf.* Premier degré de naturalisation d'un étranger en Angleterre, qui lui permet d'y posséder des propriétés sans qu'il perde sa nationalité.

DÉNOMINATEUR, *sm.* (*Math.*) Celui des deux nombres composant une fraction ordinaire qui indique en combien de parties l'unité est divisée; dans la fraction 2/3, le — est 3.

DENSE, *adj.* Épais, compacte, qui contient beaucoup de matières sous un petit volume.

DENSIMÈTRE, *sm.* Instrument qui indique très-approximativement le poids du centimètre cube d'un liquide quelconque et qui sert à déterminer sa densité.

DENSITÉ, *sf.* Qualité de ce qui est dense. | (*Phys.*) Poids d'un corps pour un volume déterminé; rapport de sa masse à son volume.

DENTAIRE, *adj.* Qui appartient, qui a rapport aux dents. | *sf.* Plante crucifère à racines tubéreuses, à fleurs blanches en corymbes, dont plusieurs espèces exotiques ou indigènes sont carminatives et vulnéraires.

DENTAL, E, *adj.* Se dit des consonnes *d*, *t*, qui se prononcent par l'action de la langue contre la base des dents supérieures.

DENTÉ, *sm.* V. *Dentex*.

DENTELAIRE, *sf.* Plante herbacée à feuilles alternes, amplexicaules, à fleurs roses ou bleuâtres disposées en épis terminaux; la racine de la — d'Europe jouit de propriétés irritantes qui en font un rubéfiant énergique;

on l'a préconisée contre le mal de dents.

DENTEX, *sm.* Poisson acanthoptérygien à grosse tête, à dos argenté et bleuâtre, qui vit en troupes nombreuses; on en prépare une espèce en conserves, sur les bords de la Méditerranée.

DENTICULE, *sf.* (*Archit.*) Suite de dents dont on taille des rangées sur un membre carré de la corniche ionique ou corinthienne.

DENTIFRICE, *adj.* et *sm.* Se dit des préparations dont on fait usage pour nettoyer les dents.

DENTIROSTRES, *smpl.* (*Zool.*) Famille d'oiseaux de l'ordre des passereaux, caractérisés par des échancrures ou des dentelures au bord du bec.

DÉONTOLOGIE, *sf.* Traité des devoirs; partie de la morale qui traite des devoirs de l'homme envers ses semblables.

DÉPAISSANCE, *sf.* Pâturage, pacage, action de paître. | Lieu où les bestiaux vont paître. | Pâturage élevé dans les montagnes.

DÉPARIER, *va.* Oter l'une des deux choses qui font une paire. | Séparer l'un de l'autre le mâle et la femelle de certains animaux.

DÉPART, *sm.* Opération qui consiste à séparer l'or de l'argent au moyen de l'acide nitrique ou de l'acide sulfurique bouillant.

DÉPILATOIRE, *adj.* et *sm.* Qui a la propriété de dépiler, c.-à-d. de faire tomber les poils et les cheveux.

DÉPIQUAGE ou Dépicage, *sm.* Opération agricole qui consiste à faire fouler aux pieds des chevaux plusieurs gerbes de blé étalées sur une aire afin d'opérer la séparation du grain d'avec les épis; elle n'est plus guère usitée que dans les pays méridionaux. | Dépiquer, *va.* Pratiquer le —.

DE PLANO, *adv.* (pr. *dé-*) (*Lat.*) Directement, tout de suite, immédiatement, sans difficultés.

DÉPLÉTION, *sf.* Traitement, régime qui a pour objet de diminuer successivement la quantité des liquides du corps; cette diminution. | Déplétif, ve, *adj.* Qui procure la —.

DÉPORT, *sm.* Opération de bourse, qui consiste à prêter des titres de valeurs mobilières à des spéculateurs qui ont vendu ces titres sans les avoir en leur possession, et qui payent pour cela au prêteur une prime, appelée aussi *déport.* | Partie de terrain attenant à une ferme et servant de lieu de décharge et de dépôt. | (*Jurisp.*) Déclaration par laquelle un juge se récuse, s'abstient, pour quelque cause, de prononcer un jugement.

DÉPOTEMENT, *sm.* Opération pratiquée dans certains marchés aux vins, et qui consiste dans le jaugeage des liquides, particul. des eaux-de-vie, qui est certifié par des agents préposés à cet effet.

DÉPOTOIR, *sm.* Lieu où l'on dépote; se dit de la partie du marché aux vins où s'opère le dépotement. | Se dit aussi du point où l'on va déposer les matières fécales qu'on extrait des fosses d'aisance.

DÉPRÉDATION, *sf.* Vol, ruine, pillage avec dégât. | Malversation dans l'administration des deniers publics.

DÉPRESSION, *sf.* (*Phys.*) État d'un liquide placé dans un tube qu'il ne mouille pas et dont la surface est déprimée au centre et relevée aux bords. | Tout résultat obtenu par une cause inverse de la pression.

DÉPURATIF, VE, *adj.* Se dit des médicaments amers, sudorifiques et diurétiques, qui ont la propriété d'épurer les humeurs en faisant passer les principes qui les corrompent dans les sécrétions et les excrétions naturelles.

DÉRAPER, *vn.* (*Mar.*) Enlever l'ancre, la décrocher du fond de la mer.

DÉRAYER, *vn.* Creuser, au moyen de la charrue, un profond sillon pour donner écoulement aux eaux pluviales. | Tracer le dernier sillon d'un champ pour le séparer du champ voisin.

DÉRAYURE, *sf.* Dernier sillon, raie qui termine un champ labouré.

DÉRITOIR, *sm.* Déritoire, *sf.* V. *Détritoir.*

DÉRIVATIF, VE, *adj.* et *sm.* Se dit des remèdes qui déplacent le foyer d'irritation d'une partie du corps, qui l'attirent dans un autre point. | Dérivation, *sf.* Emploi, effet des —s.

DÉRIVER, *vn.* Se dit des embarcations qui vont en *dérive*, c.-à-d. qui sont déviées de leur route par un vent latéral ou par la force du courant.

DERLE, *sf.* Terre à porcelaine ou kaolin.

DERMATOLOGIE, *sf.* Traité sur la peau et sur ses maladies; partie de l'anatomie qui a pour objet l'étude des téguments.

DERMATOSE, *sf.* Nom commun à toutes les maladies de la peau.

DERME, *sm.* Partie principale, la plus épaisse de la peau chez l'homme; elle est recouverte d'une membrane très-mince qui forme la surface extérieure du corps et qu'on nomme *épiderme.* | Dermite, *sf.* Inflammation du —. | Dermoïde, Dermatoïde, *adj.* Qui appartient au —. | Dermotomie, *sf.* Dissection du —.

DERMESTE, *sm.* Insecte coléoptère dont la larve ronge les pelleteries et toutes les matières animales qu'on conserve à l'état sec.

DÉROBÉ, E, *adj.* Se dit des cultures de peu de durée qui peuvent se faire entre deux cultures principales, de façon que le sol soit occupé sans interruption. | Se dit des fèves, des haricots, etc., dépouillés de leur enveloppe. | Se dit, aux courses, d'un cheval qui se *dérobe*, c.-à-d. quitte la piste, et refuse de suivre les autres chevaux.

DÉROCHER, *va.* Nettoyer, blanchir un métal en le plongeant dans l'eau forte.

DÉROGATION, *sf.* Action de *déroger* à une loi, à une ordonnance, etc., c.-à-d. de s'en écarter par des dispositions postérieures ou de les modifier.

DERVICHE, *sm.* Religieux turcs qui vivent en communauté et sont quelquefois détachés comme aumôniers dans des expéditions militaires; ils font en quelque sorte vœu de pauvreté, mais ils ne mendient pas. | On disait autrefois *Dervis*.

DÉSAGRÉGATION, *sf.* Séparation des molécules ou des parties dont l'assemblage constitue un corps. | État d'un minéral qui se réduit en poussière par une cause quelconque.

DÉSAPPARIER, *va.* V. *Déparier*.

DESCENTE, *sf.* (*Méd.*) V. *Hernie*.

DÉSEMBRAYER, *va.* (*Méc.*) Rendre indépendantes l'une de l'autre, au moyen d'un appareil particulier, deux pièces de mécanique qui se commandent; intercepter entre elles la communication du mouvement. | DÉSEMBRAYAGE, *sm.* Action de —; résultat de cette action; procédé pour —.

DÉSEMPARER, *va.* — un vaisseau, couper ses mâts, ses vergues, déchirer ses voiles, démonter ses canons.

DESHÉRENCE, *sf.* État d'une succession à laquelle il n'y a pas d'héritier.

DESIDERATA, *smpl.* (*Lat.*) Se dit des parties d'une science qui ne sont pas suffisamment connues et sur lesquelles il est à désirer qu'on s'exerce. | Ce qui manque, ce qui reste à faire; on emploie aussi, dans ce sens, le singulier : *desideratum*.

DÉSINENCE, *sf.* Terminaison des mots.

DESMAN, *sm.* Mammifère aquatique à museau long et pointu, qui se nourrit d'insectes; la queue longue et comprimée de l'espèce qui habite la Laponie, et qu'on appelle *rat musqué*, renferme une substance odorante recherchée.

DESMITE, *sf.* (*Méd.*) Inflammation des ligaments.

DESMOLOGIE, *sf.* Traité sur les ligaments.

DÉSOBLIGEANTE, *sf.* Ancienne voiture étroite, à une seule place, qui servait pour les voyages.

DÉSOPILATIF, VE, ou DÉSOPILANT, E, *adj.* (*Méd.*) Qui désopile; s'est dit des remèdes qui détruisent les obstructions de la rate ou du foie; on dit mieux *désobstruant* et *apéritif*.

DÉSORNER, *va.* (pr. *des-sor-*) Enlever les *sornes* de la fonte, la débarrasser des scories qui sont adhérentes aux parois de la forge.

DÉSOXYDER, DÉSOXYGÉNER, *va.* Enlever l'oxygène des corps avec lesquels il est uni | Se —, *v.pr.* Perdre son oxygène.

DESPUMATION, *sf.* Enlèvement de l'écume à la surface des liquides en ébullition. | DESPUMER, *va.* Procéder à la —.

DESQUAMMATION, *sf.* (pr. *kouam-*) Soulèvement de l'épiderme en écailles plus ou moins grandes, se produisant à la suite de certaines maladies éruptives, comme la rougeole, la scarlatine, etc.

DESSAISONNER, *va.* Changer dans une exploitation agricole l'ordre alternatif des cultures ; on dit aussi *Dessoler*.

DESSALÉ, E, *adj.* Fin, rusé.

DESSERTIR, *va.* Enlever ou couper la sertissure d'un diamant ou d'une pierre précieuse.

DESSOLER, *va.* Oter la sole de la corne du pied d'un cheval, d'un bœuf, etc. | V. *Dessaisonner*. | DESSOLURE, *sf.* Action de —.

DESTRIER, *sm.* Cheval de main, cheval de bataille.

DÉSUDATION, *sf.* Éruption de petits boutons semblables à des grains de millet, que l'on observe surtout chez les enfants.

DÉSUNI, E, *adj.* Se dit d'un cheval qui galope, à droite, des pieds de devant, et, à gauche, de ceux de derrière, ou réciproquement.

DÉTALINGUER, *va.* (*Mar.*) Oter le câble d'une ancre.

DÉTAPER, *vn.* Oter la tape de la bouche d'un canon.

DÉTENTE, *sf.* Dans les machines à vapeur, diminution de la force élastique de la vapeur sous le piston, obtenue au moyen d'un mécanisme particulier. | Petit levier qui, pressé avec le doigt, fait tomber le chien dans les armes à feu.

DÉTERGENT, E, DÉTERSIF, VE, *adj.* et *sm.* (*Méd.*) Se dit des médicaments qui *détergent*, c.-à-d. qui nettoient les plaies, les ulcères, en stimulant les surfaces suppurantes qui peuvent ainsi chasser les matières ulcéreuses et se cicatriser. | DÉTERSION, *sf.* Effet produit par les —s.

DÉTONNER, *vn.* Sortir du ton qu'on doit chanter pour chanter juste ; il ne faut pas confondre ce mot avec | DÉTONER, *vn.* Produire une détonation, une explosion.

DÉTORQUER, *va.* Détourner un passage de son sens véritable pour lui donner une signification qu'il n'a pas.

DÉTOUPILLONNER, *va.* Couper les rameaux inutiles d'un oranger.

DÉTRANGER, *va.* Chasser les animaux qui nuisent aux plantes.

DÉTREMPE, *sf.* Façon de peinture avec des couleurs broyées à l'eau et à la colle, qui s'emploie sur le plâtre, le bois, la toile, etc., et dans tous les ouvrages provisoires ou dans les décorations à effet, qui sont à couvert, comme dans les théâtres.

DÉTRICHAGE, *sm.* Peignage grossier, première façon qu'on donne aux laines avant de les peigner.

DÉTRITOIR, *sm.* Appareil composé d'une meule verticale qui tourne dans une auge circulaire en pierre, et au moyen duquel on broie des substances oléagineuses, notamment les olives. | DÉTRITER, *va.* Broyer au moyen du —.

DÉTRITUS, *sm.* (pr. *tuss*). Débris, résultat de la décomposition de substances minérales et végétales accumulées sur un point.

DEUTÉRONOME, *sm.* Nom du cinquième livre de l'Ancien Testament, le dernier écrit par Moïse, dans lequel se trouvent exposés le passage du désert et l'explication du Décalogue.

DÉVALER, *va.* Descendre ou faire descendre.

DÉVERS, *sm.* Pente, inclinaison. | Dans une courbe de chemin de fer, excès de hauteur du rail extérieur sur le rail intérieur, donnant au train une légère inclinaison en dedans de la courbe, afin d'éviter le déraillement qui résulterait de l'action de la force centrifuge, laquelle tend à porter le train sur la tangente à cette courbe.

DE VISU, *loc. adv.* (pr. *dé-vi-zu*) (*Lat.*) Se dit des choses que l'on voit soi-même, dont on s'assure par ses propres yeux.

DÉVONIEN, NE, *adj.* (*Géol.*) Se dit des terrains qui ont succédé à ceux de l'époque diluvienne; ils renferment les vieux grès rouges, des calcaires métamorphiques, de l'anthracite, etc.

DÉVORANT, *sm.* Membre d'une société de *compagnons du Devoir* appelés aussi *Enfants de maître Jacques*; ce sont des tailleurs de pierre, des charpentiers, etc.

DÉVOYER, *va.* Retirer quelqu'un ou quelque chose de sa voie, de son chemin naturel.

DEXTRE, *sf.* La main droite, ou le côté droit, le côté de la main droite.

DEXTRINE, *sf.* Matière de nature gommeuse fournie par la fécule portée à 210 degrés ou soumise à l'action de l'acide azotique étendu, et ainsi nommée parce que, plus qu'aucune autre, elle fait tourner à droite le plan de polarisation de la lumière; on l'emploie à divers usages industriels, tels qu'encollage, etc.

DEXTROCHÈRE, *sm.* (pr. *kè-*) (*Blas.*) Le bras droit, représenté avec la main, armée ou non.

DEXTROGYRE, *adj.* Se dit du pouvoir de dévier le rayon lumineux de gauche à droite que possèdent certaines substances organiques, comme le sucre cristallisable (sucre de canne), etc.

DEY, *sm.* (pr. *dè*). Titre que portait le chef de l'État d'Alger avant la conquête de 1830.

DIABÈTE, *sm.* Maladie qui consiste dans une secrétion très-abondante de l'urine, avec altération de ce liquide qui devient quelquefois sucré; elle est accompagnée d'un appétit vorace, d'une grande soif et d'un dépérissement progressif, et peut devenir très-grave. | DIABÉTIQUE, *adj.* et *s.* Qui tient du —; qui est atteint de —.

DIABLE, *sm.* Sorte de bard, chariot bas à deux roues, auquel les maçons s'attellent pour transporter les pierres d'un point à un autre d'un chantier. | Toupie d'Allemagne double très-bruyante. | Fort levier servant à faire entrer de force un objet dans un autre.

DIABLOTIN, *sm.* Espèce de dragée faite de chocolat et couverte de petits bonbons. | Pastille pharmaceutique. | Petite voile trapézoïdale, qu'on place au sommet du grand mât.

DIABOTANUM, *sm.* Onguent résolutif très-usité autrefois, qui renfermait du suc de diverses plantes, telles que la bardane, la joubarbe, la ciguë, la valériane.

DIABROSE, *sf.* Érosion, corrosion. | DIABROTIQUE, *adj.* Qui produit la —.

DIACHYLON, DIACHYLUM, *sm.* (pr. *chi-*) Emplâtre résolutif et fondant, composé avec de l'huile, de la cire et le suc de diverses plantes; il est employé plus spécialement comme agglutinatif; on s'en sert pour recoller les chairs coupées, etc.

DIACODE, *sm.* et *adj.* Se dit du sirop extrait des graines du pavot somnifère; il est narcotique et calmant.

DIACONAT, *sm.* Le 2e des ordres sacrés, ordre du *diacre*, ministre ecclésiastique dont la principale fonction est de servir à l'autel le prêtre ou l'évêque.

DIACONESSE, *sf.* Femmes qui exercèrent les fonctions des diacres pendant les premiers temps de l'Église et jusqu'au XIIe siècle environ.

DIACONIE, *sf.* Ancien nom des hospices qui étaient annexés aux monastères et que dirigeait un diacre.

DIACONISER, *va.* Conférer le diaconat.

DIACOPE, *sf.* Poisson acanthoptérygien de forme ovale, à écailles très-brillantes, dont plusieurs espèces sont recherchées pour la finesse de leur chair.

DIACOUSTIQUE, *sf.* Étude de la réfraction des sons et des propriétés qu'ils acquièrent en traversant divers milieux.

DIACRE, *sm.* Grade qui précède immédiatement le sacerdoce; ses fonctions consistent à servir à l'autel le prêtre ou l'évêque.

DIAGNOSTIC, *sm.* (pr. *diagh-*) Connaissance d'une maladie; partie de la médecine qui consiste à discerner l'état morbide de l'état de santé. | DIAGNOSTIQUE, *adj.* Qui concerne le —. | DIAGNOSTIQUER, *va.* Établir le —, définir une maladie.

DIAGRAMME, *sm.* Figure ou construction de lignes destinées à la démonstration d'une proposition. | Tableau synoptique destiné à présenter d'un coup d'œil un ensemble historique, scientifique, etc. | Appareil transmetteur de mouvement disposé en forme de parallélogramme.

DIAGRAPHE, *sm.* Instrument à l'aide duquel on peut, en suivant les contours des objets, transporter leur représentation sur le papier sans connaître le dessin ni la perspective. | Appareil pour reproduire un dessin en proportions plus petites que le modèle.

DIAGRÈDE, *sf.* Nom que portait autrefois le suc de scammonée préparé avec du jus de coings.

DIAIRE, *adj.* (*Méd.*) Qui ne dure qu'un jour; se dit des fièvres dont la durée est de vingt-quatre heures.

DIALECTE, *sm.* Langage dérivé de la langue générale d'une nation et particulier à une ville, à une province.

DIALECTIQUE, *sf.* Art de raisonner avec ordre, d'enchaîner les arguments, de soutenir une discussion. | DIALECTICIEN, NE, *adj.* et *s.* Qui pratique ou qui enseigne la —.

DIALEGMATIQUE, *adj.* Se dit des sciences qui enseignent les signes servant à transmettre les idées, les sentiments, les passions.

DIALLAGE, *sm.* Pierre tendre nacrée à base de silice et de magnésie, qu'on emploie dans la grosse bijouterie.

DIALLÈLE, *sm.* (*Philos.*) Cercle vicieux; vice de raisonnement qui consiste à supposer démontré un principe sur lequel on s'appuie pour en démontrer un autre, tandis que le premier est faux ou n'existe que comme conséquence du second.

DIALYSE, *sf.* (*Chim.*) Dissolution. | Méthode d'investigation qui consiste à séparer, au moyen de l'endosmose, les substances cristallisables de celles qui ne le sont pas. | DIALYTIQUE, *adj.* Obtenu par dissolution ou par —; qui tient de la —.

DIAMAGNÉTIQUE, *adj.* (*Phys.*) Se dit des substances qui sont repoussées par les aimants.

DIANE, *sf.* Batterie de tambours qui s'exécute au point du jour pour donner aux troupes le signal du réveil. | Dans la chimie ancienne, c'était l'argent.

DIAPALME, *sm.* Cérat résolutif et astringent composé d'huile, de sulfate de zinc et d'une décoction de feuilles de palmier.

DIAPASON, *sm.* Étendue de sons que peut produire une voix ou un instrument. | Petit instrument dont le son invariable donne le ton de *la*, qui sert de régulateur pour accorder les instruments de musique; il donne 870 vibrations par seconde.

DIAPÉDÈSE, *sf.* (*Méd.*) Sueur de sang, hémorragie par les pores de la peau.

DIAPHANE, *adj.* DIAPHANÉITÉ, *sf.* Transparent, transparence.

DIAPHŒNIX, *sm.* Potion purgative à base de miel, renfermant des dattes, des amandes douces, du gingembre, diverses épices, de la scammonée, etc., et employée dans le traitement de la colique des peintres.

DIAPHORE, *sf.* Figure de rhétorique qui consiste à répéter un mot déjà employé en lui donnant une nuance nouvelle de signification.

DIAPHORÈSE, *sf.* Moiteur de la peau qui précède la sueur.

DIAPHORÉTIQUE, *adj.* et *sm.* (*Méd.*) Qui augmente la diaphorèse, qui provoque ou qui accompagne la transpiration; se dit particul. des sudorifiques faibles.

DIAPHRAGME, *sm.* Muscle aplati, mince et très-large, qui forme une cloison mobile entre le thorax et l'abdomen ou bas-ventre, dont la contraction ou le relâchement produisent ou modifient les phénomènes de la respiration, de la circulation, les vomissements, etc. | Se dit, dans plusieurs sciences, comme syn. de *cloison flexible*.

DIAPHRAGMITE, *sf.* (*Méd.*) Inflammation du diaphragme.

DIAPNOGÈNE, DIAPNOÏQUE, DIAPNOTIQUE, *adj.* (*Méd.*) Qui engendre la transpiration, qui excite une légère sueur.

DIAPRÉ, E, *adj.* et *participe* du verbe *diaprer*. Varié de vives couleurs.

DIAPRÉE, *sf.* Sorte de prune à peau bigarrée qui mûrit vers la fin d'août, et dont on fait des pruneaux purgatifs.

DIAPRUN, *sm.* Électuaire laxatif composé de fleurs de violette, de semences d'épine-vinette et de réglisse, de roses de Provins, bouillies avec des pruneaux et du sucre; on y ajoute aussi de la scammonée.

DIAPYÉTIQUE, *adj.* (*Méd.*) Qui excite la *diapyèse* ou suppuration.

DIARTHROSE, *sf.* (*Anat.*) Articulation mobile des os qui leur permet des mouvements en tous sens.

DIASCÉVASTE, *sm.* (*Litt.*) Nom des grammairiens qui retouchèrent les poésies d'Homère avant ceux de l'école d'Alexandrie.

DIASCORDIUM, *sm.* Électuaire, médicament astringent et tonique renfermant principalement de la thériaque et de l'opium; on l'emploie surtout contre les diarrhées opiniâtres.

DIASPHENDONÈSE, *sf.* (*Ant.*) Supplice qui consistait à attacher les jambes du patient aux extrémités de deux arbres courbés de force, et à laisser ensuite les arbres se redresser, ce qui déchirait le corps en deux.

DIASPORE, *sm.* Minéral en lames jaunes ou brunes, composé d'alumine et d'eau qu'on trouve dans les terrains granitiques.

DIASTASE, *sf.* Principe azoté qui se développe par la germination des grains et qui transforme en sucre l'amidon qu'ils contiennent. | (*Chir.*) Luxation par écartement de deux os contigus.

DIASTÈME, *sm.* Intervalle; se dit des pores imperceptibles qui rendent certaines substances pénétrables. | Intervalle qui existe entre les dents canines et les molaires.

DIASTOLE, *sf.* Dilatation des cavités du cœur, qui permet l'entrée dans ces cavités du sang apporté par les veines; c'est l'opposé de la systole.

DIATOMÉE, *sf.* Infusoire infiniment petit, qui se reproduit avec une grande rapidité.

DIASTYLE, *adj.* et *sm.* (*Archit.*) Ordre de colonnade antique, suivant lequel l'entre-colonnement a une longueur de trois fois le diamètre des colonnes.

DIATESSARON, *sm.* Électuaire de racines de gentiane et d'aristoloche, de baies de laurier et de myrrhe qu'on employait autrefois contre les piqûres et les morsures d'animaux venimeux.

DIATHERMANE, *adj.* (*Phys.*) Qui laisse passer le calorique. | DIATHERMANÉITÉ, *sf.* État des corps —s.

DIATHÈSE, *sf.* Disposition par suite de laquelle plusieurs organes ou plusieurs points de l'économie sont susceptibles d'être le siége d'affections identiques dans leur nature, sous l'influence d'une cause interne commune; état en vertu duquel on est prédisposé à contracter une espèce déterminée de maladie.

DIATONIQUE, *adj.* (*Mus.*) Qui procède par les tons naturels de la gamme.

DIAZOME, *sm.* Palier d'un escalier; degré plus large que les autres et destiné à former un repos.

DICACITÉ, *sf.* Causticité, caractère railleur, penchant à critiquer, à plaisanter sur toutes choses.

DICAGE, *sm.* Association syndicale dans les Pays-Bas pour l'entretien des digues construites sur les côtes.

DICHOTOME, *adj.* (pr. *ko-*) (*Bot.*) Se dit des tiges, des rameaux, des pédoncules, etc., qui se divisent en deux parties, lesquelles se subdivisent chacune en deux, ainsi de suite.

DICHOTOMIE, *sf.* (pr. *ko-*). Système de classification dans lequel on procède en divisant d'abord en deux les choses à classifier, puis en subdivisant chaque division en deux, ainsi de suite. | DICHOTOMIQUE, *adj.* Qui appartient à la —.

DICHROÏSME, *sm.* (*Phys.*) Propriété qu'ont certains minéraux d'offrir une couleur différente, selon qu'on regarde au travers, parallèlement aux axes ou dans un autre sens.

DICHROÏTE, *sf.* V. *Cordiérite.*

DICLINE, *adj.* (*Bot.*) Se dit des plantes chez lesquelles les organes sexuels mâles et femelles sont répartis sur des individus différents. | DICLINIE, *sf.* État des plantes —s.

DICÔNE, *sm.* Corps qui affecte la forme de deux cônes opposés par leurs pointes; *ex.* : le sablier.

DICORDE, *sm.* Instrument ancien à deux cordes, en forme de carré long, qui allait en diminuant par le haut.

DICOTYLÉDONE ou DICOTYLÉDONÉ, E, *adj.* et *s.* (*Bot.*) Se dit d'une division des plantes phanérogames ou à organes sexuels apparents, renfermant toutes les espèces dont l'embryon est muni de deux cotylédons, et dont la tige s'accroît par des couches successives se formant annuellement au dessous de l'écorce.

DICROTE, *adj. m.* Se dit du pouls quand il semble battre deux fois, rebondir à chaque pulsation.

DICTAME, *sm.* Espèce d'origan, plante labiée aromatique qui passait jadis pour un puissant vulnéraire. | Consolation, adoucissement à une souffrance morale. | V. *Fraxinelle.*

DICTAMEN, *sm.* (pr. *menn*) — de la conscience. Inspiration, suggestion intime, voix de la conscience.

DICTAMIA, *sm.* Mélange analeptique que l'on mange à l'eau ou au lait, et qui renferme du sucre, de la fécule, du cacao et de la vanille.

DICTAMNE, *sm.* V. *Fraxinelle.*

DICTUM, *sm.* Dispositif, terme même d'un arrêt, d'un jugement.

DIDACTIQUE, *adj.* et *sf.* Qui a pour but d'instruire; se dit de tous les ouvrages qui ont pour objet d'enseigner les lois, les principes d'une science, d'un art.

DIDASCALIES, *sfpl.* (*Ant.*) Se disait de l'art du théâtre, des pièces et des représentations.

DIDELPHES, *smpl.* Famille de mammifères correspondant aux marsupiaux.

DIÈDRE, *adj.* Se dit d'un angle formé par la rencontre de deux surfaces planes.

DIÉRÈSE, *sf.* (*Litt.*) Division d'une diphthongue en deux syllabes, comme *hier*, que l'on prononce quelquefois *hi-er.* | (*Chir.*) Incision chirurgicale, séparation de parties continues.

DIÈSE, *sm.* Signe musical formé de deux barres croisées, qui indique que la note qu'il affecte doit être haussée d'un demi-ton.

DIÈTE, *sf.* Assemblée politique de degré

supérieur, composée, dans les pays confédérés, des représentants de chacun de ces pays; ailleurs, des représentants de la nation ainsi que des seigneurs. | Régime qui consiste dans l'abstention des aliments.

DIÉTÉTIQUE, *adj.* (*Méd.*) Qui a rapport, qui appartient à la diète. | *sf.* Partie de l'hygiène qui renferme les règles à suivre dans le choix et l'administration des aliments et des boissons.

DIFFÉRENTIEL, LE, *adj.* (pr. *ciel*). Calcul —, calcul qui a pour objet le passage d'une ou plusieurs quantités par différents états de grandeur, et les changements qui en résultent dans d'autres quantités dont la valeur dépend de celle des premières. | Tarif —, tarif de transport de marchandises variant suivant les distances et les quantités, mais non en proportion de ces éléments, de façon à favoriser les grandes expéditions pour de longs trajets. | Thermomètre —, tube recourbé en forme d'U terminé par deux boules pleines d'air qui indiquent la différence de deux températures par la dépression qu'imprime cet air plus ou moins dilaté à un liquide qui occupe la partie coudée du tube.

DIFFÉRENTIELLE, *sf.* (pr. *ciel-le*) (*Math.*) Quantité qui exprime la différence entre deux états de grandeur consécutifs.

DIFFÉRENTIER, *va.* (pr. *cier*) (*Math.*) Chercher la différentielle. | DIFFÉRENTIATION, *sf.* Action de —.

DIFFLUENT, E, *adj.* Qui se répand, s'écoule de côté et d'autre. | DIFFLUER, *vn.* Etre à l'état —.

DIFFRACTION, *sf.* Inflexion des rayons lumineux qui rasent les bords d'un corps opaque, de telle sorte que l'ombre de ce corps est plus grande qu'elle ne le serait si la lumière se mouvait en ligne directe. | DIFFRACTER, *va.* Opérer la —. | DIFFRINGENT, E, *adj.* Qui opère la —.

DIFFUSIBLE, *adj.* Qui se répand facilement; se dit surtout des médicaments qui produisent des effets rapides sur l'économie

DIGASTRIQUE, *adj.* (*Anat.*) Se dit d'un muscle en forme d'arc, qui est situé dans le haut du cou et qui abaisse la mâchoire inférieure.

DIGESTE, *sm.* Recueil des décisions des jurisconsultes romains, fait par ordre de Justinien, et qui renferme une partie des principes du droit romain.

DIGITALE, *sf.* Plante des bois de l'Europe, portant, sur une tige haute, penchée, des fleurs pourpres en forme de doigts de gant ou de petits cornets; on l'employait autrefois en médecine, pour ses propriétés diurétiques; mais on ne s'en sert plus aujourd'hui que contre les palpitations du cœur.

DIGITALINE, *sf.* Principe immédiat de la digitale qui jouit de la propriété de ralentir les battements du cœur; il est vénéneux à haute dose.

DIGITIGRADE, *sm.* et *adj.* Se dit d'une tribu des animaux carnassiers qui marchent sur le bout des doigts, tels que les martres, les chiens, les chats, les hyènes, etc.

DIGLYPHE, *adj.* et *sm.* Se dit des parties d'architecture où l'on pratique deux gravures en creux parallèles l'une à l'autre.

DIGON, *sm.* (*Mar.*) Bâton qui porte une flamme ou un pavillon et qu'on attache au bout d'une vergue. | Outil terminé par un fort hameçon, et dont on se sert pour pêcher le poisson plat entre les rochers à la marée basse.

DIGRAMME, *sm.* Terme désignant l'ensemble de deux lettres dont la valeur pourrait s'exprimer par un seul caractère, comme *ph* pour *f*; *ch* (dans *chœur*, *anachorète*, etc.) pour *k*, etc.

DIGUE, *sf.* Construction élevée en travers d'un cours d'eau pour l'arrêter et le dévier.

DIGUER, *va.* — un cheval, lui donner de l'éperon.

DIKE, *sm.* V. *Dyke*.

DILATOIRE, *adj.* (*Jurisp.*) Qui tend à prolonger, à retarder, à différer.

DILECTION, *sf.* (*Théol.*) Amour, charité.

DILEMME, *sm.* Argument qui laisse le choix entre deux propositions contradictoires, de chacune desquelles on tire également une conclusion irréfragable. | DILEMMATIQUE, *adj.* Qui est de la nature du —.

DILETTANTE, *s.* (pr. *-let-tan-té*). Amateur passionné de musique; au *pl.* des *dilettanti*.

DILETTANTISME, *sm.* Goût prononcé, amour excessif de la musique.

DILOGIE, *sf.* Drame qui a deux actions, ensemble de deux pièces fondues en une.

DILUTION, *sf.* (pr. *cion*). Action de *diluer*, c.-à-d. d'étendre d'eau un liquide, une dissolution pour en séparer les parties les plus ténues, qui sont enlevées par décantation.

DILUVIEN, NE, *adj.* Qui a rapport au déluge.

DILUVIUM, *sm.* (*Géol.*) Terrain de transport récent, que l'on trouve au dessus des terrains tertiaires, et dont on attribue la formation à une inondation marine antérieure aux temps historiques; on l'appelle aussi *terrain quaternaire*. | Irruption violente de liquides; déluge.

DÎME, *sf.* Impôt consistant dans le dixième des produits agricoles et industriels, qui a été longtemps prélevé en France au profit du clergé et des seigneurs. | DÎMER, *va.* Soumettre à la —. | DÎMERIE, *sf.* Etendue de terre sur laquelle se prélevait la —.

DIME, *sm.* Monnaie d'argent des Etats-Unis, qui vaut 52 à 53 centimes.

DIMISSOIRES, *smpl.* (*Eccl.*) Lettre par

laquelle un évêque permet à un de ses diocésains d'être promu aux ordres religieux par un autre évêque.

DIMORPHISME, *sm.* (*Min.*) Propriété que possèdent certains corps de cristalliser suivant deux formes qui ne dérivent pas l'une de l'autre. | DIMORPHE, *adj.* Qui présente le —.

DINANDERIE, *sf.* Quincaillerie renfermant spécialement tous les ustensiles de cuivre jaune, et particul. la batterie de cuisine. | Se dit particul. de certains grands plats de cuivre ciselé ou repoussé, recherchés par les amateurs d'objets d'art.

DINANDIER, *sm.* Celui qui fabrique ou qui vend de la dinanderie.

DINOTHÉRION ou -RIUM, *sm.* Grand mammifère fossile, à trompe, à défenses recourbées, beaucoup plus gros que l'éléphant, et dont on trouve des débris dans plusieurs terrains modernes de l'Europe.

DIOCÈSE, *sm.* Circonscription sur laquelle s'étend l'autorité d'un évêque. | DIOCÉSAIN, E, *adj.* Qui appartient au —, ou à l'évêque.

DIODON, *sm.* Poisson de l'océan Atlantique et de la mer Rouge, dont le corps, presque rond, peut se gonfler d'air à sa volonté, ce qui lui permet de flotter sur l'eau comme un ballon; il est armé de piquants et sa chair est, dit-on, vénéneuse.

DIOECIE, *sf.* (*Bot.*) Classe de végétaux renfermant ceux qui sont *dioïques*. (V. ce mot.)

DIOGGOT, *sm.* Huile pyrogénée mêlée de goudron, qu'on obtient en brûlant dans des vases clos l'épiderme du bouleau, et qui donne au cuir de Russie son odeur particulière.

DIOÏQUE, *adj.* (*Bot.*) Se dit des plantes dont les organes mâles et femelles sont portés par des fleurs différentes, lesquelles sont sur des pieds distincts; tels sont le chanvre, la bryone, etc.

DIONÉE, *sf.* Plante exotique, à tige nue, cylindrique, à fleurs blanches en corymbe, et dont les feuilles sont tellement irritables qu'elles se resserrent dès qu'un insecte s'y pose et le tiennent enfermé tant qu'il se remue.

DIOPTASE, *sf.* V. *Achirite.*

DIOPTRIQUE, *adj.* et *sf.* Se dit de la partie de la physique qui concerne les modifications de la lumière traversant des milieux de densité différente; se dit des verres qui grossissent ou rapetissent les objets. | Papier —, papier à calquer, portant un châssis de réduction. | V. *Réfraction.*

DIORAMA, *sm.* Sorte de spectacle consistant en tableaux que l'on éclaire de diverses façons, et que l'on dispose, par rapport au spectateur, de manière à lui faire illusion.

DIORITE, *sf.* V. *Grünstein.*

DIORTHOSE, *sf.* (*Chir.*) Réduction d'un membre luxé.

DIOSCORÉE, *sf.* V. *Igname.*

DIPHTHÉRITE, *sf.* Inflammation de la membrane muqueuse des voies aériennes ou de celle du tube intestinal, avec tendance à la formation de fausses membranes.

DIPHTHONGUE, *sf.* Syllabe qu'on prononce en faisant entendre le son de deux voyelles en une seule émission de voix.

DIPLOÉ, *sm.* (*Anat.*) Tissu cellulaire situé entre les deux tables des os plats, et particul. ceux du crâne. | DIPLOÏQUE, *adj.* Qui appartient au —.

DIPLOMATE, *sm.* Tout fonctionnaire représentant son gouvernement auprès d'un gouvernement étranger, ou chargé de la politique extérieure, soit à titre permanent, soit pour un objet déterminé. | DIPLOMATIE, *sf.* Science, art des —s; réunion des —s dans un but particulier; | DIPLOMATIQUE, *adj.* Qui concerne les —, qui provient des —s. V. *Diplôme.*

DIPLÔME, *sm.* Titre, brevet conférant certains droits, certaines dignités. | Nom générique par lequel on désigne les titres, actes, chartes de toute espèce, antérieurs au XIVe siècle; dans ce sens, *diplomatique* signifie étude, déchiffrement des —s.

DIPLOPIE, *sf.* Lésion du sens de la vue qui fait voir double; elle est généralement accompagnée de *strabisme.*

DIPSACÉES, *sfpl.* Famille de plantes dans laquelle se trouve le *dipsacus*, ou chardon à foulon, que l'on cultive pour l'industrie du cardage des laines.

DIPSAS, *sm.* Nom que portait autrefois un serpent dont la morsure faisait mourir en donnant, disait-on, une soif inextinguible. | Petite couleuvre de l'Inde, dont la morsure est dangereuse.

DIPSOMANIE, *sf* Folie passagère, folie interrompue par des périodes lucides. | Est aussi syn. de *delirium tremens* (V. ce mot.) | DIPSOMANE, *adj.* et *s.* Qui est atteint de —.

DIPTÈRE, *adj.* (*Zool.*) Se dit des insectes qui n'ont que deux ailes membraneuses, comme la mouche, les moucherons, etc. | (*Archit.*) Temple entouré de deux rangées de colonnes.

DIPTYQUE, *sm.* Tablette pliée en deux, sur laquelle on inscrivait, chez les Romains, les noms des magistrats, et, au moyen âge, les personnes mortes et vivantes pour lesquelles il fallait prier pendant la célébration de la messe. | Peinture sur deux volets de bois qui se ferment l'un sur l'autre, et sont ordinairement sculptés à l'extérieur.

DIRIMANT, *adj.m.* (*Eccl.*) Ne s'emploie qu'avec le mot *empêchement*, pour signifier qui rompt, qui annule.

DISCALE, *sf.* (*Comm.*) Diminution de poids, déchet de valeur qu'éprouve une marchandise humide en séchant.

DISCANT, *sm.* Dans l'ancienne musique, c'était cette espèce de contrepoint que composaient sur-le-champ les parties supérieures en chantant impromptu sur le ténor ou la basse.

DISCIPLINE, *sf.* Fouet de petites cordes à nœuds dont se servent certains religieux pour se mortifier.

DISCOBOLE, *adj. m.* et *sm.* Athlète qui, chez les anciens, se livrait aux jeux publics consistant à lancer avec force un disque très-lourd.

DISCOÏDE, *adj.* En forme de disque.

DISCRET, ÈTE, *adj.* Se dit des religieux et religieuses plus âgés et plus expérimentés que les autres dans une communauté, qui assistent le supérieur ou la supérieure au conseil intime. | Petite vérole ou variole —e, celle dont les pustules sont à une certaine distance les unes des autres, par oppos. à la variole *confluente.* (V. ce mot.)

DISCRÉTIONNAIRE, *adj.* Se dit avec le mot *pouvoir*, pour désigner la liberté que laisse la loi au président d'une cour d'assises, d'agir selon sa propre volonté, si les circonstances l'exigent et dans certaines conditions exceptionnelles.

DISCRIMEN, *sm.* (pr. *menn*) *(Chir.)* Se dit d'un bandage que l'on applique au milieu du front pour pratiquer la saignée de la veine frontale.

DISCURSIF, VE, *adj.* Qui tire une proposition d'une autre par le raisonnement. | Qui emploie le raisonnement et les règles de la dialectique. | Agité, inquiet.

DISCUSSIF, VE, *adj.* *(Méd.)* Qui dissout, qui résout, qui dissipe; se dit des médicaments que l'on applique à l'extérieur, comme les cataplasmes, etc.

DISERT, E, *adj.* Qui a le discours facile, qui parle aisément, avec clarté, pureté, élégance.

DISETTE, *sf.* Espèce de betterave que l'on cultive pour la nourriture des bestiaux qui mangent ses feuilles et ses racines.

DISGRÉGATION, *sf.* Effet que produit sur la vue un corps éblouissant, dispersion des rayons lumineux qui fatiguent la vue.

DISJONCTIF, VE, *adj.* Se dit des conjonctions telles que *ou*, *soit*, *ni*, etc., parce qu'elles séparent les idées dont elles unissent les expressions.

DISME, *sm.* V. *Dîme.*

DISPACHE, *sf.* Etat présentant le règlement des avaries subies par un navire et la part que doit rembourser chaque compagnie d'assurance. | DISPACHEUR, *sm.* Expert chargé d'établir la —.

DISPENSAIRE, *sm.* Autrefois, recueil des procédés de préparation des médicaments simples et composés. | Aujourd'hui, établissement de bienfaisance institué pour le traitement gratuit des indigents et la distribution des médicaments.

DISPOSITIF, *sm.* Prononcé d'un jugement ou d'un arrêt, sans les préliminaires relatifs à la procédure et aux considérants.

DISS, *sm.* Graminée qui s'élève depuis 1 jusqu'à 5 mètres de hauteur, commune en Algérie où elle croît dans les lieux les plus secs; on en fait des toitures, des gourbis, des objets de sparterie, etc.

DISSYLLABE, *adj.* et *sm.* Qui est de deux syllabes. | DISSYLLABIQUE, *adj.* Composé de —s.

DISTHÈNE, *sm.* *(Minér.)* Pierre bleuâtre cristallisée, d'alumine et de silice, qu'on vend comme saphir; on l'appelle aussi *béril bleu* et *schorl bleu.*

DISTIQUE, *sm.* Réunion de deux vers formant un sens complet.

DISTRICT, *sm.* Subdivision administrative ou judiciaire.

DISTYLE, *adj.* *(Archit.)* Se dit des porches formés de deux colonnes.

DITHÉISME, *sm.* Système religieux qui reconnaît deux dieux ou plutôt deux principes : le principe du bien et celui du mal.

DITHYRAMBE, *sf.* Ancienne poésie lyrique pleine d'une vivacité désordonnée. | Pièce de vers dont les strophes inégales respirent l'entraînement et le délire poétique. | Discours empreint d'enthousiasme.

DITON, *sm.* *(Mus.)* Tierce majeure.

DIURÈSE, *sf.* *(Méd.)* Sécrétion trop abondante de l'urine.

DIURÉTIQUE, *adj.* et *sm.* Qui provoque, qui stimule la sécrétion de l'urine.

DIURNAL, *sm.* Livre d'église renfermant l'office divin du jour.

DIURNE, *adj.* Qui a rapport au jour, qui se produit de jour. | Fleur —, qui s'ouvre et se ferme pendant le jour. | Oiseaux —s (par opposition à *oiseaux nocturnes*), qui volent pendant le jour. | Mouvement — de la terre, rotation de notre globe sur son axe, qui s'accomplit en 24 heures.

DIVAN, *sm.* Réunion, conseil de ministres ou de fonctionnaires musulmans. | Conseil des ministres de l'empereur de Turquie. | Lieu où s'assemble le conseil. | Tribunal turc. | Recueil de poésies arabes.

DIVANY, *sm.* En Turquie et en Perse, écriture spéciale aux actes ou aux lettres concernant la politique ou l'administration.

DIVARIQUÉ, E, *adj.* *(Bot.)* Se dit des rameaux, des feuilles, qui s'écartent à angle droit.

DIVE, *sf.* Fée maligne et malfaisante.

DIVELLENT, E, *adj.* *(Chim.)* Se dit de l'affinité qui, pour réunir deux éléments, les sépare d'autres éléments avec lesquels chacun des premiers était combiné de son côté.

DIVIDENDE, *sm.* *(Math.)* Nombre que l'on doit diviser en parties égales. | Part de bénéfices à distribuer à chaque actionnaire dans une entreprise par actions.

DIVIDI, *sm.* V. *Libidibi.*

DIVULSION, *sf.* Séparation violente, action d'arracher avec force une chose d'une autre.

DJINN, *sm.* En Orient, sorte de farfadet, de démon, d'esprit malfaisant.

DOCIMASIE, *sf.* DOCIMASTIQUE, *adj.* et *sf.* Se dit de l'art d'essayer les minerais pour connaître la quantité et la qualité du métal qu'ils contiennent.

DOCK, *sm.* Bassin de débarquement sur le bord de la mer, d'un fleuve ou d'un canal, vastes magasins qui s'élèvent à côté de ce bassin et qui reçoivent en entrepôt les marchandises débarquées.

DODÉCAGONE, *sm.* Figure rectiligne terminée par douze côtés.

DODÉCASTYLE, *adj.* (*Archit.*) Se dit d'un temple grec qui a douze colonnes sous le *fronton*.

DOG-CART, *sm.* (pr. *kartt*) Voiture sans capote, à deux roues, à deux ou à quatre places, dont les siéges se retournent à volonté, de façon qu'on peut s'y asseoir dos à dos.

DOGE, *sm.* Titre du premier dignitaire des républiques de Gênes et de Venise ; sa femme s'appelait *Dogesse* ou *Dogaresse*.

DOGRE, *sm.* Bâtiment de commerce hollandais qui sert ordinairement à la pêche du hareng et du maquereau, et qui est muni d'un réservoir dans la cale pour conserver le poisson. | On écrit aussi *Dogrebot, Dougrebot.*

DOGUE, *sm.* Race de chiens dont la grosse tête offre un museau très-raccourci, des oreilles petites et des lèvres épaisses et pendantes.

DOGUER (se), *vpr.* Désigne l'action des moutons, des béliers qui se heurtent de la tête, se battent à coups de tête.

DOGUET, *sm.* Quatrième partie de trompette d'une fanfare de cavalerie. | Petite morue.

DOGUIN, *sm.* Variété de dogue appelé aussi *Carlin*, qui a les lèvres moins développées que le dogue.

DOITE, *sf.* Terme qui sert à comparer la grosseur, l'égalité du fil, dans un même ou dans plusieurs écheveaux, etc.

DOITÉE, *sf.* Quantité indéterminée de fil ; plus ou moins d'une aiguillée.

DOL, *sm.* (*Jurispr.*) Manœuvre frauduleuse, ruse illicite à l'aide de laquelle on trompe une personne au sujet d'une question d'intérêt.

DOLABELLE, *sf.* Gros mollusque en forme de limace, à coquille triangulaire, qui habite les côtes de l'Inde et de l'Océanie, et répand autour de lui une liqueur pourprée pour se dérober aux naturels qui le recherchent pour s'en nourrir.

DOLCE, *adv.* (pr. *tché*) (*Mus.*) (*Ital.*) D'une exécution douce, expressive et gracieuse.

DOLER, *va.* Aplanir un morceau de bois, l'égaler, le rendre uni avec la *doloire*.

DOLI, *sm.* Petit poids usité en Russie, équivalant à 4 grammes.

DOLIC, *sm.* Légume assez semblable au haricot, que l'on mange en Provence sous le nom de *mongette*, de *faséole* ou de *banette*.

DOLIMAN, *sm.* Vêtement turc, sorte de robe ou de soutane à manches étroites, boutonnées sur l'avant-bras, que les Ottomans portent sous la pelisse.

DOLIQUE, *sm.* V. *Dolic.*

DOLLAR, *sm.* Monnaie d'or des États-Unis d'Amérique, qui vaut environ 5 fr. 50 c. de notre monnaie.

DOLMAN, *sm.* Veste à manches faisant partie de l'uniforme des hussards.

DOLMEN, *sm.* (pr. *menn*). Anciens monuments de la religion druidique ou des anciens Gaulois, consistant en une grande pierre posée horizontalement sur deux pierres plus petites, et que l'on croit être des tombeaux de chefs ou de guerriers célèbres, ou bien des autels pour les sacrifices.

DOLOIRE, *sf.* Instrument à lame très-large qui sert aux tonneliers pour doler et pour tailler les cerceaux. | Instrument qui sert à amincir les peaux.

DOLOMIE, *sf.* (*Minér.*) Roche métamorphique composée de carbonate de chaux et de magnésie, qui a un éclat nacré et cristallin.

DOLOSIF, VE, *adj.* Trompeur ; qui tient du dol, de la fraude.

DOLURE, *sf.* Résidus, débris, râclures des peaux qui sont travaillées avec la doloire et dont on fait de la colle.

DOMEY, *sm.* Bœuf sauvage du Caucase.

DÔME, *sm.* Toute voûte qui a la forme d'une calotte sphérique plus ou moins élevée. | Pièce supérieure des fourneaux chimiques qui a quelquefois une forme particulière appelée *réverbère*. (V. ce mot.)

DOMET, *sm.* Flanelle lisse ou croisée dont la chaîne est de coton et la trame de laine, qu'on fabrique en Belgique.

DOMINANTE, *sf.* (*Mus.*) Se dit de celle des trois notes essentielles du ton qui est la quinte au-dessus de la tonique.

DOMINATIONS, *sfpl.* (*Théol.*) Anges du premier ordre de la seconde hiérarchie céleste.

DOMINICAL, E, *adj.* Qui appartient au Seigneur, qui est du Seigneur. | Lettre—, celle qui, dans les calendriers de l'Eglise, indique les dimanches d'une année.

DOMINOTERIE, *sf.* Commerce, fabrication des papiers imprimés, peints et coloriés, qui servent à différents jeux, tels que le jeu de dames, le loto, le jeu de l'oie, etc. | Dominotier, tière, s. Qui fabrique de la —.

DOMITE, *sf.* (*Minér.*) Variété de trachyte, roche volcanique argileuse de structure grenue, très-commune en Auvergne ; les Romains en faisaient des sarcophages.

DOMPTAIRE, *sm.* Vieux bœuf docile dont on se sert pour réprimer la fougue d'un bœuf sauvage qu'on veut dompter.

DONACE, *sf.* Mollusque à coquille aplatie, à tentacules divisés, qui vit dans le sable des côtes de France où on le recherche comme comestible ; il fait des bonds de plus de 30 centimètres sur la plage.

DONDAINE, *sf.* Ancienne machine de guerre qui servait à jeter des pierres en forme de boule.

DÔNG, *sm.* Poids en usage à Siam et en Cochinchine, qui équivaut à environ 4 grammes. | Monnaie de zinc trouée au milieu, qui a cours dans les mêmes pays et qui vaut environ un centime ; on l'appelle aussi *sapèque.*

DONILLAGE, *sm.* Rebut d'étoffe de laine dont la fabrication est défectueuse, pièce d'inégale largeur. | Donilleux, se, *adj.* Qui présente un —.

DONJON, *sm.* La partie la plus haute d'un château-fort. | Petite tourelle élevée sur la plate-forme d'une tour.

DONZELLE, *sf.* Sorte d'anguille de mer, couleur de chair tachée de noir, d'un goût très-délicat ; elle est commune dans la Méditerranée.

DORADE, *sf.* Petit poisson d'eau douce à écailles dorées, non indigène, que l'on entretient dans des bassins à cause de la beauté de ses couleurs.

DORADILLE, *sf.* V. *Capillaire.*

DORCAS, *sm.* (pr. *kass*). Espèce d'antilope.

DORÉE, *sf.* Poisson de Saint-Pierre, poisson jaune taché de noir, commun dans la Méditerranée et l'Océan, sa chair est estimée.

DORIQUE, *adj.* (*Archit.*) C'est le plus simple des ordres d'architecture ; il consiste en une colonne unie surmontée d'un chapiteau sans aucun ornement.

DORIS, *sm.* Petit mollusque comestible qu'on pêche sur nos côtes et qu'on peut faire multiplier en viviers.

DORMANT, *sm.* (*Archit.*) Ouvrage de menuiserie ou de serrurerie fixé à un mur et qui n'est pas mobile ; panneau de fer ou de bois placé au-dessus d'une porte ou d'une fenêtre pour donner du jour. | Châssis fixe dans lequel s'emboîte le châssis mobile d'une croisée ou d'une porte.

DORMILLE, *sf.* Espèce de loche. V. *Loche.*

DORONIC, *sm.* Plante à belles fleurs radiées, cultivée dans les jardins à cause de sa floraison précoce ; on a cru dangereuse sa racine aromatique qui est aujourd'hui sans emploi.

DORQUE, *sm.* V. *Épaulard.*

DORSAL, E, *adj.* Du dos, qui appartient au dos.

DORSAY, *sm.* Voiture à deux places, à quatre roues et à huit ressorts, qui ressemble beaucoup au brougham.

DORSTÉNIE, *sf.* Plante exotique à feuilles luisantes sans tige, dont la racine, rouge en dehors, blanche en dedans, est fébrifuge et antiseptique.

DOSSE, *sf.* La première et la dernière planche que l'on tire d'un arbre en le sciant en long : elle n'est plate que d'un côté et forme un dos du côté de l'écorce.

DOSSERET, *sm.* (*Archit.*) Jambage qui forme le piédroit d'une fenêtre, d'une porte ou d'un arc-doubleau ; il est scellé dans l'épaisseur du mur.

DOTHIÉNENTÉRIE, *sf.* (*Méd.*) Inflammation de tout l'organisme avec lésion spéciale de l'intestin.

DOUAIRE, *sm.* Signifiait autrefois la donation faite par le mari à sa femme en cas qu'elle survécût ; on en a fait | Douairière, *sf.* et *adj.* (pr. *doué*), dont le sens primitif était : veuve qui jouit du — ; aujourd'hui, vieille femme noble, à prétentions ridicules. | Reine *douairière*, mère du roi.

DOUAR, *sm.* Campement arabe, petit village formé par l'agglomeration de plusieurs tentes.

DOUBLÉ, *sm.* Matière employée pour l'orfévrerie à bon marché, et qui consiste en une feuille de cuivre rouge plus ou moins épaisse sur laquelle est appliquée au feu et adhère complétement une feuille mince d'argent ou d'or ; on en fait des objets d'ameublement, des services de table, des articles d'église, etc.

DOUBLEAU, *sm.* (*Archit.*) Solive d'un plancher plus forte que les autres. | *adj.* Arc — ; qui forme une saillie dans le sens de la courbure d'une voûte, de manière qu'il semble la doubler.

DOUBLET, *sm.* Pierre incolore que l'on a doublée en dessous avec du verre coloré, de manière à imiter une pierre de couleur.

DOUBLETTE, *sf.* Jeu d'orgue d'une octave, compris parmi les jeux de mutations ; il est d'étain et sonne l'octave du *prestant.*

DOUBLIS, *sm.* (*Archit.*) Rang de tuiles qu'on accroche au cours des lattes, c.-à-d. au madrier refendu diagonalement d'une arête à l'autre, et qui sert à former les égouts pendants.

DOUBLON, *sm.* Demi-quadruple, pièce d'or d'Espagne qui vaut 42 fr. 70 c. | — d'Isabelle, monnaie d'or des colonies espagnoles valant de 25 à 26 francs.

DOUC, *sm.* Espèce du genre guenon qui habite la Cochinchine ; elle a un pelage très-varié.

DOUCE-AMÈRE, *sf.* Arbrisseau grimpant de la famille des solanées, commun en Europe dans les haies; sa tige, d'une saveur sucrée avec arrière-goût amer, est considérée comme sudorifique et dépurative.

DOUCETTE, *sf.* Mâche, feuille dont on fait de la salade. | Soude de qualité inférieure.

DOUCIN, *sm.* Pommier sauvage que l'on greffe pour obtenir des pommiers à tiges basses. | Eau saumâtre.

DOUCINE, *sf.* (*Archit.*) Moulure concave par le haut et convexe par le bas qui termine les corniches. | Rabot dont le fer est disposé de manière à pousser des moulures en —.

DOUELLE, *sf.* Parement intérieur ou extérieur, courbure d'une voûte. | V. *Douve.*

DOUILLAGE, *sm.* DOUILLEUX, SE, *adj.* V. *Donillage*, *Donilleux.*

DOUILLE, *sf.* Tube de fer à l'extrémité d'un outil ou d'une arme, au moyen duquel il s'emmanche à un bâton ou à un canon.

DOUILLON, *sm.* Laine de qualité inférieure.

DOUM ou DOUMB, *sm.* Variété de palmier appelé aussi CUCIFÈRE, *sf.*, qui croît sur les bords du Nil, à tronc lisse, portant une petite noix appelée CUCI, *sm.*, dont se nourrissent les pauvres gens; ses feuilles servent à tresser des paniers grossiers.

DOUPPION, *sm.* (*Comm.*) Soie de qualité inférieure qui provient de cocons doubles, c.-à-d. de cocons produits par le travail de deux vers; on la traite comme la soie ordinaire.

DOURO, *sm.* Ancienne monnaie d'Espagne valant environ 5 fr. 50 c.; elle est encore en usage aux Canaries et sur le littoral du Maroc.

DOUVE, *sf.* Planche dolée que l'on emploie dans la construction des tonneaux. | Habitation creusée dans le tuf. | Fossé qui entoure un rempart. | Renoncule des marais, plante aquatique nuisible aux bestiaux. | DOUVAIN, *sm.* Bois dont on fait des —.

DOUVELLE, *sf.* Petite douve. | Courbure d'une voûte. V. *Douelle.*

DOUZIL, *sm.* Fausset d'un tonneau. | Bouchon servant de bonde.

DOXOLOGIE, *sf.* Verset ou répons pour célébrer la gloire de Dieu, qu'on récite à la fin de chaque psaume, comme le *Gloria patri.*

DRABAN, *sm.* Autrefois, soldat d'une des armées d'élite en Allemagne, en Suède, etc.

DRAC, *sm.* Esprit familier, fée bienfaisante.

DRACHME ou DRAGME, *sf.* Ancienne unité de monnaie et de poids chez les Grecs. | Monnaie grecque moderne valant 90 centimes. | Poids. V. *Dramme* et *Dragme.* | Se dit au fig. pour petit poids, poids à peine sensible.

DRACOCÉPHALE, *sm.* Plante labiée dont la corolle ressemble un peu à une tête de dragon; ses feuilles se prennent en infusion comme antispasmodiques, et ses fleurs fournissent un ratafia estimé.

DRACONIEN, NE, *adj.* Se dit des lois sévères, inflexibles, sanguinaires, telles que celles qui furent imposées à Athènes par le législateur Dracon.

DRACONTIASE, *sf.* (*Méd.*) Maladie fréquente chez les nègres et les esclaves des pays chauds; elle est causée par un ver filiforme qui se loge sous la peau.

DRAGAGE, *sm.* V. *Drague.*

DRAGE, *sf.* V. *Drèche.* | Sorte de filet. V. *Drague.*

DRAGEOIR, *sm.* Espèce de coupe ou de soucoupe à bords élevés, dans laquelle on servait autrefois des dragées et aujourd'hui des confitures, etc. | Petite boite en forme de cornet et recouverte d'étoffes riches dans laquelle on portait des dragées. | Rainure qui tient le verre d'une montre. | Tout petit creux fait dans l'intérieur d'un cercle.

DRAGEON, *sm.* (*Bot.*) Petite branche qui part du pied d'un arbre ou de sa racine et qui peut fournir un nouveau pied quand elle est devenue assez forte. | DRAGEONNER, *va.* Pousser des —s; enlever le drageon et le planter.

DRAGIER, *sm.* V. *Drageoir.*

DRAGME, *sf.* Poids sicilien équivalant à 4 grammes. | V. *Drachme.*

DRAGON, *sm.* Taie sur l'œil. | Tache qui vient dans la prunelle quand la cataracte commence à s'y former.

DRAGONNE, *sf.* Galon d'or, d'argent ou de soie, terminé par un gland, qui orne la poignée d'un sabre.

DRAGONNEAU, *sm.* Petit ver qui occasionne la *dracontiase* (V. ce mot). | Tache sur l'œil, appelée aussi *Dragon.* | Tache dans une pierre précieuse.

DRAGONNER, *va.* Harceler, importuner. | Se —, *vpr.* Se créer des tourments.

DRAGUE, *sf.* Sorte de pelle recourbée ou roue armée de plusieurs augets disposés de façon à curer les puits, les rivières et à en retirer la vase, les sables et les graviers. | Filet de chanvre au fond duquel est une racloire pour prendre les huîtres et les moules. | V. *Drèche.* | DRAGUER, *va.* Se servir de la —. | Bateau *dragueur*, muni de —s. | DRAGUAGE, ou mieux DRAGAGE, *sm.* Action de draguer.

DRAIN, *sm.* Sorte de tuyaux en terre que l'on place dans le sol à une certaine profondeur pour recueillir l'humidité et dessécher le terrain. | DRAINER, *va.* Poser des —s. | DRAINAGE, *sm.* Action de drainer, opération de l'application des —s. | DRAINEUR, *sm.* Celui qui draine.

DRAINE, *sf.* V. *Grive.*

DRAK, *sm.* V. *Drac.*

DRAMME, *sf.* Poids grec moderne équivalant à 3 grammes.

DRAPEAUX, *smpl.* Tournesol en —. V. *Tournesol.*

DRASTIQUE, *adj.* Qui purge violemment; se dit des purgatifs les plus énergiques.

DRAWBACK, *sm.* (pr. *drô-bak*) (*Comm.*) Remboursement fait, lorsque sortent d'une contrée certains produits fabriqués, d'une somme équivalente au droit d'entrée qu'a payé, sous forme de matière première, le produit qu'on exporte.

DRAYER, *va.* Enlever la chair des peaux tannées; cette opération, appelée Drayage, *sm.* ne se fait que sur les peaux de mouton de premier choix.

DRAYURE, *sf.* Rognure de cuir tanné enlevée du côté de la chair avec l'instrument appelé *drayoire.*

DRÈCHE, *sf.* Résidu de l'orge germé qui a servi à la fabrication de la bière. | Marc de cette même substance recueilli après décantation. | On dit aussi *Drage* et *Drague.*

DRÉE, *sf.* Figure fantastique d'architecture.

DRÈGE, *sf.* Grand filet employé sur l'Océan pour la pêche du turbot, de la sole, etc. | Peigne à dents de fer monté sur un banc, dans lequel on passe les bottes de lin récolté pour en séparer les graines.

DREILING, *sm.* Pièce de monnaie de Hambourg valant environ 2 centimes.

DRENNE, *sf.* V. *Grive.*

DRENSER, DRENSITER, *vn.* Crier à la manière du cygne.

DRIFF, *sm.* Ancienne préparation à laquelle on attribuait la propriété de détruire les venins; elle était composée en général d'une espèce de lichen, de sel marin, de vitriol et de colle de poisson.

DRILL, *sm.* Grand singe d'Afrique, très-voisin de l'orang-outang. | Instrument d'agriculture traçant des raies et répandant la semence tout à la fois.

DRILLE, *sf.* Manche d'un foret ou d'une vrille. | Chiffon de toile que l'on emploie pour faire du papier.

DRISSE, *sf.* (*Mar.*) Cordage qui sert à élever, à hisser une voile, un pavillon, une flamme, etc., à la hauteur où ces objets doivent être placés.

DROGMAN, *sm.* Interprète officiel à Constantinople et dans les Échelles du Levant. | Drogmanat, *sm.* Fonctions de —.

DROGUET, *sm.* Tissu de soie à dessins de petites dimensions. | Nom que l'on a donné à diverses étoffes de laine croisées ou non croisées.

DROMADAIRE, *sm.* Espèce de chameau qui n'a qu'une bosse sur le dos et qui court vite; il est plus petit et moins fort que le chameau ordinaire.

DROME, *sf.* (*Archit.*) Faisceau de pièces de charpente assemblées avec un cordage. | Pièces de bois réunies et flottant. | Oiseau semblable au héron qui habite le littoral de la mer des Indes et se nourrit de poisson.

DROMÉE, *sm.* V. *Casoar.*

DRONTE, *sm.* Oiseau de la taille d'une girafe et portant peu de plumes, qui était autrefois commun à l'Ile de France et à Bourbon; il est entièrement perdu aujourd'hui.

DROP, *sm.* (pr. *dropp*). Sorte de bonbons dits aussi *bonbons anglais*, qui sont, en général, en forme de boule, et qu'on fabrique avec du sucre fondu, transparent et quelquefois coloré.

DROSCHKI, *sm.* Cabriolet de place en Russie; c'est un banc à dossier muni de quatre roues, qu'on conduit à grandes guides.

DROSÈRE, *sf.* Nom donné à de petites plantes curieuses par des glandes qui couvrent leurs feuilles et brillent comme les gouttes de la rosée.

DROSOMÈTRE, *sm.* Instrument destiné à mesurer la quantité de rosée qui se dépose sur la terre.

DROSSE, *sf.* (*Mar.*) Cordage enroulé sur le cylindre de la roue du gouvernail, qui sert à le manœuvrer.

DROSSER, *va.* (*Mar.*) Entraîner, en parlant du courant; se dit d'un bâtiment qui cède au mouvement des vagues et du courant.

DROUILLET, *sm.* Petit filet monté sur des perches qu'on établit au moment où la marée descend.

DROUINEUR, *sm.* Chaudronnier ambulant. | Drouine, *sf.* Havresac du —.

DROUSSETTE, *sf.* Grande carde à longues dents qui sert à donner la première façon à la laine que l'on veut carder, en ouvrant grossièrement ses filaments. | Drousseur, *sm.* Ouvrier qui *drousse*, c.-à-d. qui emploie la —.

DRUIDISME, *sm.* Religion qui précéda l'introduction du christianisme en France, et dont le culte principal était une adoration exclusive de la nature. | Druide, *sm.* Prêtre du —; ils faisaient quelquefois des sacrifices dans lesquels ils immolaient, dit-on, des victimes humaines. | Druidesse, *sf.* Magicienne et prophétesse de la religion *druidique.*

DRUPE, *sf.* (*Bot.*) Nom générique des fruits charnus renfermant un noyau, comme les cerises, les prunes, les pêches, etc.

DRUSE, *sf.* Cavité se trouvant dans une masse rocheuse et dont les parois sont tapissées de cristaux d'une nature différente.

DRYADE, *sf.* Nom que les anciens donnaient à des divinités qui présidaient aux bois et aux arbres et qui mouraient avec eux.

DUALISME, *sm.* Système philosophique qui admet deux principes : la matière et l'esprit, et en tient compte comme de deux forces égales. | Doctrine religieuse qui admet deux principes en lutte : le génie du bien et celui du mal. | Dualiste, *adj.* et *s.* Qui professe le —.

DUALITÉ, *sf.* État de ce qui est double.

DUAN, *sm.* Recueil des poésies des anciens bardes celtiques.

DUC, *sm.* Nom de plusieurs *oiseaux nocturnes* qui sont des espèces de hibou; il y a le grand-duc, le moyen-duc (le hibou) et le petit-duc. | Titre de noblesse immédiatement supérieur à celui de marquis.

DUCAT, *sm.* Monnaie d'or de plusieurs États européens, dont la valeur varie entre 10 et 12 fr. | Monnaie d'argent qui vaut de 4 à 6 fr.

DUCATON, *sm.* Ancienne monnaie d'argent de Hollande et d'Allemagne valant environ 7 francs.

DUCÉNAIRE ou Ducentaire, *adj.* De deux cents, qui compte par deux cents. | *sm.* Chef de deux cents hommes.

DUCROIRE, *sm.* Commission double de la commission ordinaire que prend un négociant pour garantir la solvabilité des personnes auxquelles il vend les marchandises qui lui sont consignées. | Nom de ce négociant ou, plus rarement, de celui qui confie sa *marchandise* au premier.

DUCTILE, *adj.* Se dit des métaux qui peuvent être travaillés au laminoir et allongés sans se rompre. | Ductilité, *sf.* Qualité de ce qui est —.

DUÈGNE, *sf.* Gouvernante, dame de confiance d'une grande maison. | Ironiquement : vieille femme se chargeant des messages amoureux. | Au théâtre : rôle des femmes âgées et prétentieuses.

DUETTINO, *sm.* (*Mus.*) Composition très-courte à deux parties obligées.

DUFFEL, *sm.* Drap croisé, épais, chaud et solide, pour surtouts d'homme, dont on fabrique de grandes quantités en Angleterre, en Belgique et en Prusse.

DUGAZON, *sf.* Rôle d'amoureuse ou de jeune première, au théâtre, à cause d'une célèbre actrice de ce nom qui excellait dans ce jeu.

DUGONG, *sm.* Cétacé voisin du morse, appelé aussi *ours marin*, qui habite les mers de l'Océanie et dont les Malais se nourrissent.

DUIT, *sm.* Chaussée avancée ou îlot formé au milieu d'une rivière au moyen de pieux et de cailloux, pour la pêche.

DULCIFIER, *va.* Adoucir, tempérer un liquide acide par quelque mélange.

DULCION, *sm.* Nom du basson au XVIe siècle, époque où il n'était composé que de quatre pièces avec deux clefs.

DULIE, *sf.* Culte de —, celui que l'on rend aux anges et aux saints; ce n'est qu'un hommage.

DUNE, *sf.* Terrain apporté par la mer et formant comme un rempart sur ses rivages.

DUNETTE, *sf.* Étage supérieur de l'arrière d'un vaisseau qui forme une plate-forme plus élevée que le reste du bâtiment où se tiennent les officiers et une partie des passagers quand le temps est beau et au-dessous de laquelle se trouvent la chambre du conseil et des logements d'officiers.

DUNKERQUE, *sm.* (pr. *don-*) Magasin de curiosités; étagère sur laquelle on les range.

DUOBUS (Sel de), *sm.* V. *Potasse.*

DUODÉCIMAL, E, *adj.* Qui se compte par douze. | Calcul —; système —, composés de douze caractères au lieu de dix comme le système décimal.

DUODÉNUM, *sm.* (pr. *nomm*) (*Anat.*) Première portion de l'intestin grêle, intestin qui reçoit les aliments au sortir de l'estomac et leur fait subir une nouvelle élaboration. | Duodénal, e, *adj.* Qui appartient ou qui a rapport au —. | Duodénite, *sf.* Inflammation du —.

DUODI, *sm.* Le deuxième jour de la décade dans le calendrier républicain français.

DURE-MÈRE, *sf.* (*Anat.*) Méninge externe, membrane forte et épaisse qui tapisse la cavité intérieure du crâne et enveloppe le cerveau.

DURHAM, *adj.* Se dit d'une race anglaise de bœufs renommée par la supériorité de sa viande.

DUTKA, *sf.* Double flûte des paysans russes composée de deux roseaux d'inégale longueur, percés chacun de trois trous.

DUUMVIR, *sm.* (pr. *om-*) Magistrat qui exerçait certaines fonctions à Rome, en compagnie d'un collègue. | S'est dit quelquefois dans l'histoire moderne en parlant de *deux hommes également* puissants à la tête des affaires. | Duumvirat, *sm.* Fonctions, position des —s.

DYALISE, *sf.* V. *Dialyse.*

DYKE, *sm.* (*Minér.*) Filon basaltique traversant des terrains houillers et affectant une position verticale, comme une muraille.

DYNAMÈTRE, *sm.* V. *Dynamomètre.*

DYNAMIE, *sf.* (*Méc.*) Unité qui sert à mesurer la force utile d'une machine, la puissance d'un moteur, etc.; c'est un mètre cube d'eau (ou 1,000 kilog.) élevé à un mètre de hauteur; et l'on dit que la force d'un homme équivaut à cent dynamies par jour si, dans douze heures, il peut élever cent mètres cubes d'eau à un mètre de hauteur. | Petite — V. *Kilogrammètre.*

DYNAMIQUE, *sf.* Science du mouvement dans ses rapports avec les forces qui le produisent; étude des lois du mouvement. | *adj.* Qui concerne la —, qui possède la force de donner des mouvements. | Électricité *dynamique*, celle qui est libre et en mouvement, et qui se manifeste au moyen d'actions chimiques, par opposition à l'électricité *statique*. (V. ce mot).

DYNAMISME, *sm.* Système philosophique qui explique la matière par la coexistence de deux forces opposées. | Force, en général, dans tout ce qui constitue la matière.

DYNAMOMÈTRE, *sm.* Instrument de forme variable, qui sert à mesurer les forces des hommes et des bêtes de trait, ainsi que la résistance de certaines matières.

DYOSTYLE, *sm.* (*Archit.*) Édifice à colonnes accouplées.

DYPSOMANIE, *sf.* DYPSOMANE, *adj.* | V. *Dipsomanie*, *Dipsomane*.

DYSCOLE, *adj.* Se dit des personnes insociables, avec qui il est difficile de vivre en paix. | Qui s'écarte de l'opinion reçue.

DYSCRASIE, *sf.* Mauvaise constitution, altération des humeurs.

DYSÉCÉE, DYSÉCIE ou DYSÉCOÏE, *sf.* Affaiblissement de l'ouïe, surdité incomplète.

DYSENTERIE, *sf.* (pr. *dis-san-*) Affection du tube intestinal consistant dans l'excrétion de matières muqueuses et sanguinolentes, avec coliques et ténesme: elle est sporadique ou épidémique, aiguë ou chronique, et généralement très dangereuse.

DYSESTHÉSIE, *sf.* Diminution de la sensibilité; affaiblissement des sensations. | V *Anesthésie*.

DYSODIE, *sf.* Fétidité des matières exhalées ou sécrétées par la bouche, les fosses nasales, l'estomac, les aisselles, les aines, etc.

DYSOREXIE, *sf.* (*Méd.*) Dégoût, perte de l'appétit causée en général par les préoccupations morales.

DYSPEPSIE, *sf.* Digestion difficile, vice dans les fonctions digestives occasionné par une mastication incomplète ou l'insuffisance d'humectation des aliments.

DYSPHONIE, *sf.* Difficulté de produire des émissions de voix; c'est une infirmité voisine de l'*aphonie*.

DYSPNÉE, *sf.* Difficulté de respirer, respiration difficile.

DYSSENTERIE, *sf.* V. *Dysenterie*.

DYSURIE, *sf.* Maladie chronique ou aiguë consistant en une difficulté d'uriner. | DYSURIQUE, *adj* et *s.* Qui est attaqué de —.

DZIGGETAI, *sm.* V. *Hémione*.

E

EAU D'ARQUEBUSADE, *sf.* V. *Arquebusade*.

EAU BLANCHE, *sf.* Solution de sous-acétate de plomb, appelée aussi extrait de Saturne; c'est une substance astringente qu'on emploie en compresses sur la peau dans certains cas d'inflammation passagère.

EAU DE BONFERME, *sf.* Eau vulnéraire, employée dans les chutes sur le crâne, les douleurs de tête, etc.; elle est composée d'eau-de-vie distillée avec des fleurs de grenadier, de la muscade, des girofles, etc.

EAU DE BOTOT, *sf.* Infusion dans l'alcool de diverses plantes aromatiques et astringentes, telles que le girofle, l'anis, la cannelle, le gingembre: on l'emploie mêlée à l'eau pour la toilette de la bouche et des dents.

EAU CÉLESTE, *sf.* Eau colorée en bleu de ciel que les pharmaciens mettent dans de grands vases de verre à leur devanture; c'est une solution de sulfate de cuivre et d'ammoniaque.

EAU DE COLOGNE, *sf.* Eau de toilette composée en général d'alcool distillé avec des essences de cédrat, de citron, d'orange, de bergamote et de romarin.

EAU DE CUIVRE, *sf.* Eau tenant en dissolution une certaine quantité de sel d'oseille qu'on emploie pour nettoyer les cuivres.

EAU-FORTE, *sf.* Acide nitrique, liquide qui résulte de la distillation du salpêtre; c'est un dissolvant très-énergique en usage pour graver sur cuivre ainsi que pour connaître le titre de l'or. | Estampe tirée sur une planche qui a été gravée à l'eau-forte ou seulement attaquée par cet acide et terminée au burin.

EAU DE GOUDRON, *sf.* V. *Goudron*.

EAU DE JAVEL OU DE JAVELLE, *sf.* V. *Chlorure*.

EAU LUSTRALE, *sf.* V. *Lustral*.

EAU DE MÉLISSE OU DES CARMES, *sf.* Eau réputée stomachique, vulnéraire et antispasmodique, qui est composée d'alcool distillé avec de la mélisse, ainsi que d'alcool distillé avec d'autres plantes aromatiques, telles que le thym, la cannelle, la sauge, le citron, etc.

EAU DE RABEL, *sf.* Liquide composé d'acide sulfurique et d'alcool qu'on emploie comme antiseptique et astringent.

EAU DE LA REINE DE HONGRIE, *sf.* Eau de toilette composée le plus souvent d'alcool distillé avec du romarin et quelques autres plantes aromatiques.

EAU RÉGALE, *sf.* Liquide formé par le mélange de l'acide nitrique et de l'acide chlorhydrique ou du sel marin, qui jouit de la propriété de dissoudre certains métaux, tels que l'or, le platine, qui résistent à tous les autres agents, et de les transformer en chlorures.

EAU SECONDE, *sf.* Solution très-forte de potasse que l'on emploie pour décrasser les substances graisseuses, enduites de peinture, etc. | Eau-forte affaiblie ou acide nitrique très-étendu d'eau.

EAU SÉDATIVE, *sf.* Solution d'ammoniaque, d'alcool camphré et de sel qu'on emploie à l'extérieur comme résolutive, à l'intérieur comme stimulante et antiseptique.

EAUX AUX JAMBES, *sfpl.* Maladie qui survient aux pieds de derrière des chevaux et qui consiste en un suintement, au travers de la peau, d'un liquide séreux et fétide.

EAUX MÈRES, *sfpl.* Eaux qui tenaient en dissolution un sel dont une partie a cristallisé; ces eaux renferment encore une grande quantité de *sel qui ne peut pas cristalliser.*

ÉBALAÇON, *sm.* Espèce de ruade, saut de mouton que fait un cheval *rétif pour désarçonner* son cavalier.

ÉBAROUIR, *vn.* Se dit des bordages de navires quand ils se déjoignent par la sécheresse ou par l'action du soleil.

ÉBAUCHOIR, *sm.* Petit ciseau de buis, d'ivoire ou de fer, sans manche, dont les deux bouts se terminent de même ou dont l'un est muni de dents; les sculpteurs s'en servent pour ébaucher la terre glaise, *la cire ou la pierre.*

EBBE ou ÈBB, *sm.* V. *Reflux.*

ÉBÉNIER, *sm.* Arbre des Indes dont le bois est d'un gris très-foncé et le plus souvent très-*noir.* | ÉBÈNE, *sf. Bois de l'—, dont on fait des* ouvrages de marqueterie. | ÉBÈNE JAUNE, *sf.* Bois d'un arbre des Antilles. | ÉBÈNE VERTE, *sf.* V. *Evilasse.* | ÉBÈNE ROUGE, *sf.* V. *Grenadille.* | FAUX-ÉBÉNIER, *sm.* V. *Cytise.*

ÉBÉNOLYLE, *sm.* Arbre de la Cochinchine dont le bois est au centre d'un très-beau *noir et ressemble* à l'ébène.

ÉBORGNAGE, *sm.* Opération qui se fait à l'automne et qui consiste à enlever les boutons ou les bourgeons qui subsistent après la chute des feuilles.

ÉBOTTER, *va.* Enlever toutes les petites branches d'un arbre et n'y laisser que les plus grosses.

ÉBOUILLANTER, *va.* Tremper dans l'eau *bouillante*; se dit *particul. des cocons de vers* à soie dont on fait par ce moyen mourir les chrysalides.

ÉBONITE, *sm.* Caoutchouc durci, de couleur noire et d'aspect très-luisant dont on fait de petits objets, des bijoux de deuil, etc.

ÉBOUSINER, *va.* Enlever le *bousin.* (V. ce mot.)

ÉBRASEMENT, *sm.* Élargissement oblique que *présentent les ouvertures pratiquées* de l'extérieur à l'intérieur dans l'épaisseur du mur.

ÉBRASER, *va.* Élargir l'ouverture d'une porte ou d'une fenêtre.

ÉBRIÉTÉ, *sf.* Ivresse. | Se dit particulièrement, d'après certains auteurs, d'une ivresse causée par des substances autres que des liqueurs spiritueuses, comme le *hatchich, l'opium*, le *tabac*, etc. | ÉBRIOSITÉ, *sf.* Habitude de l'ivresse.

ÉBROUDIR, *va.* Faire passer le fil de fer à la filière et le réduire à un degré de finesse *extrême.* | ÉBROUDIN, *sm.* Fil métallique *ébroudi.* | ÉBROUDAGE, *sm.* Action d'—.

ÉBROUÈMENT, *sm.* Ronflement saccadé du cheval qui indique une respiration pénible et une irritation des fosses nasales.

ÉBUARD, *sm.* Gros coin de bois dur, dont se servent les bûcherons pour fendre le bois dans les forêts.

ÉBURNÉ, E, ou ÉBURNIN, E, *adj.* Qui a l'aspect de l'ivoire, qui se transforme en substance de la consistance de l'ivoire.

ÉCACHER, *va.* Écraser, aplatir, froisser.

ÉCAGNE, *sf.* Portion d'un écheveau qu'on a dévidé.

ÉCALÉ, E, *adj.* Se dit des terres qui s'exploitent sans bâtiments et qui se louent sans corps de ferme.

ÉCANG, *sm.* Instrument de bois dont on se sert pour battre le lin ou le chanvre rouis et les séparer de la chénevotte. | ÉCANGAGE, *sm.* Action d'ÉCANGUER, *va.*, c.-à-d. de se servir de l'—.

ÉCARLATE, *sf.* Couleur rouge très-vive qu'on obtient en faisant subir à la cochenille *diverses manipulations chimiques.* | *Sorte de* champignon du genre agaric.

ÉCARRIR, *va.* Tailler une pièce de bois à angles droits, de manière à rendre ses quatre faces égales.

ÉCARRISSAGE, *sm.* État de ce qui est *écarri*; vingt centimètres d'*écarrissage*, c.-à-d. vingt centimètres sur chacun des quatre *côtés.* | V. *Equarrir, Equarrissage.*

ÉCARRISSOIR, *sm.* Instrument de forme variable qui sert à agrandir un trou et à l'écarrir, ou à écarrir un corps de forme cylindrique.

ÉCARTÉ, *sm.* Jeu qui se joue à deux avec 32 cartes; chaque joueur reçoit cinq cartes, on retourne la onzième qui sert d'atout; celui qui fait trois levées au moins marque un, et le premier qui marque cinq a gagné, etc.

ÉCARTELER, *va.* Séparer en quatre, en parlant des criminels qu'on tirait à quatre chevaux sous l'ancienne législation. | (*Blas.*) Diviser un écu en quatre *parties égales appelées écarts*, dont chacune offre un sujet. | ÉCARTÈLEMENT, *sm.* Action d'—, état de ce qui est écartelé.

ÉCATOIR, *sm.* Petit ciseau à sertir les pièces métalliques de la garde d'une épée.

ÉCAUDÉ, E, *adj.* Qui a perdu sa queue ou qui en a une très-courte.

ÉCAUSSINES, *smpl.* V. *Ecossines.*

ECCHYMOSE, *sf.* (pr. *ek-ky-*) Épanchement de sang ou de quelque autre liquide organique entre la chair et la peau produit par une contusion violente. | Ecchymoser (s'), *vpr.* Se dit de la peau quand elle présente, par l'effet d'une maladie, de nombreuses —s.

ECCLÉSIASTE, *sm.* Livre de l'Ancien Testament attribué à Salomon. | Ecclésiastique, *sm.* Autre livre de l'Ancien Testament qui renferme des préceptes de sagesse.

ECDÉMIQUE, *adj.* Se dit des maladies qui tiennent à une cause étrangère aux localités et qui n'attaquent pas les masses; il est opposé à *Endémique* et à *Epidémique*.

ÉCHAGUETTE, *sf.* V. *Echaquette*.

ÉCHALAS, *sm.* Pieu de bois qu'on obtient en fendant carrément des bâtons en éclats; il a de 1 m. à 1 m. 30 de hauteur et sert à soutenir la vigne, les plantes sarmenteuses, à former des haies, des barrières, etc.

ÉCHALIER, *sm.* Haie sèche; clôture faite de branches d'arbres.

ÉCHALOTTE ou Échalote, *sf.* Espèce d'ail dont le goût est moins fort que l'ail ordinaire; on l'emploie pour relever certains ragoûts, dans la salade, etc.

ÉCHAMPIR, *va.* V. *Réchampir*.

ÉCHANDOLE, *sf.* Petit ais de merrain qui sert à couvrir les toits.

ÉCHANSON, *sm.* Officier qui servait à boire à la table des souverains.

ÉCHANTIGNOLLE, *sf.* Morceau de bois qui, dans un comble, soutient les tasseaux d'une panne. | Morceau de bois emmortaisé pour recevoir en dessous l'essieu d'une charrette.

ÉCHAPPÉ, E, *adj.* Se dit d'un poulain engendré d'un cheval et d'une jument de races différentes.

ÉCHAPPÉE, *sf.* (*Archit.*) L'espace compris entre les marches d'un escalier tournant et le dessous de la révolution supérieure, entre la voûte et les marches d'un escalier de cave.

ÉCHAPPEMENT, *sm.* Espèce de mécanisme d'horlogerie par lequel le régulateur reçoit le mouvement de la dernière roue d'une machine et ensuite modère le mouvement de cette roue même. | — à ancre. V. *Ancre*.

ÉCHAQUETTE, *sf.* Sorte de guérite construite sur un donjon pour y faire le guet.

ÉCHARBOT, *sm.* Châtaigne d'eau, plante aquatique.

ÉCHARDE, *sf.* Petit corps aigu, ligneux ou métallique, qui s'introduit par accident sous la peau.

ÉCHARPE, *sf.* Pièce de bois en saillie sur une machine à élever les fardeaux et qui soutient une poulie. | (*Archit.*) Dans une cloison, pièces obliques ou diagonales avec lesquelles s'assemblent les poteaux verticaux appelés *tournisses*; on les nomme aussi *décharges* ou *guettes*.

ÉCHARS, E, *adj.* Se dit du vent, faible et inconstant; ou d'une monnaie qui est au-dessous du titre légal. | Écharseter, *va.* Affaiblir, abaisser l'aloi prescrit pour les pièces de monnaie.

ÉCHASSE, *sf.* Oiseau à longues pattes, dont le dessus du corps est noir et les pieds rouges; il habite au bord des eaux, où il se nourrit de frai de poissons et d'insectes aquatiques. | Double règle de bois, mince, graduée, de 1 m. 30 c. de longueur, qui sert aux maçons à mesurer la hauteur des pierres, des voussoirs d'une construction, etc.

ÉCHASSIER, *adj.* et *sm.* Échassiers, *smpl.* Se dit d'un ordre d'oiseaux dont les pieds, longs et grêles, sont plus ou moins nus au-dessus du genou; ils ont trois doigts devant et un derrière plus ou moins haut que les autres; ils vivent en troupes sur le bord des eaux et voyagent par bandes.

ÉCHAUBOULURE, *sf.* Petites élevures qui viennent quelquefois sur la peau pendant les chaleurs et causent une vive démangeaison.

ÉCHAUDÉ, *sm.* Petit siége ployant ou de campagne.

ÉCHAUDOIR, *sm.* Lieu pavé où les bouchers font cuire les abatis de leurs viandes.

ÉCHAUGUETTE, *sf.* V. *Échaquette*.

ÉCHAUX, *smpl.* Rigoles destinées à l'écoulement des eaux ou à l'irrigation des prairies.

ÉCHECS, *smpl.* Jeu qui se joue au moyen d'une table appelée *échiquier*, divisée en 64 cases égales alternativement blanches et noires, sur lesquelles sont posées et mises en mouvement, conformément à des règles déterminées, trente-deux pièces, dont seize blanches et seize noires, qui sont, pour chaque couleur, le roi, la reine, deux fous, deux cavaliers, deux tours et huit pions; le gain de la partie consiste à faire le roi *mat*, c.-à-d. à le placer dans une position telle, qu'il ne puisse bouger sans être pris.

ÉCHELETTE, *sf.* Espèce de grimpereau de couleur cendrée, rouge et noir, qui vit solitaire dans le midi de l'Europe et se nourrit d'insectes et d'araignées; elle grimpe avec une grande facilité le long des murs.

ÉCHELIER, *sm.* Échelle à une seule branche; elle est formée d'une pièce de bois traversée par des échelons de bois ou de fer.

ÉCHELLE, *sf.* (*Math.*) Ligne droite ou courbe divisée en plusieurs parties égales pour servir de mesure de longueur ou de comparaison entre plusieurs longueurs données. | Règle plate sur laquelle sont tracées des divisions convenues et qu'on applique sur un plan pour connaître les dimensions exactes des objets représentés. | —s du Levant, nom que l'on donne à un certain nombre de ports de la Méditerranée orientale, dans la Turquie d'Asie.

ÉCHENEAU, *sm.* Bassin de terre que les fondeurs placent au-dessus du moule dans lequel on verse le métal en fusion et d'où ce dernier se communique aux jets qui le distribuent dans toute la figure.

ÉCHÉNÉÏDE, *sf.* (pr. *-ké-*) Genre de poissons dont une espèce, l'— remora, porte sur la tête un disque composé de plusieurs lames dentelées qui lui permet de s'attacher aux corps étrangers; on l'a même crue capable d'arrêter des vaisseaux.

ÉCHENILLAGE, *sm.* Opération qui consiste à détruire, au printemps et à l'été, les nids de chenilles ainsi que les chenilles qui nuisent aux arbres. | ÉCHENILLER, *va.* Pratiquer l'—. | ÉCHENILLOIR, *sm.* Grands ciseaux à ressort qu'on emploie pour couper l'extrémité des branches où se trouvent les nids de chenilles.

ÉCHENILLEUR, *sm.* Genre de passereaux à gros bec de 20 à 25 centimètres de longueur, de couleur gris noirâtre mêlée de blanc, de rouge et de vert; ils vivent sur les arbres et se nourrissent de chenilles.

ÉCHEVEAU, *sm.* Masse de fil d'une longueur déterminée que l'on plie et qu'on roule après l'avoir retirée du dévidoir; c'est la réunion de dix *échevettes* qui ont en général, chacune, 100 mètres de longueur.

ÉCHEVIN, *sm.* Magistrat ordinairement élu par les bourgeois, qui était chargé de l'administration et de la police de la commune pendant un certain temps. | ÉCHEVINAGE, *sm.* Fonctions d'—; juridiction municipale.

ÉCHIDNÉ, *sm.* (pr. *kid-*) Animal ressemblant un peu au hérisson; il se creuse des terriers au moyen de son museau long et pointu, garni d'une langue extensible; il se nourrit d'insectes.

ÉCHIFFRE, *sm.* Partie de mur ou de bois d'un escalier qui porte les marches et sur laquelle on pose la rampe.

ÉCHIGNOLE, *sf.* Petite bobine de soie à l'usage du passementier.

ÉCHINE, *sf.* (*Archit.*) Partie arrondie en quart de cercle qui forme le chapiteau dorique. | Coque qui renferme l'ove.

ÉCHINOCOQUE, *sm.* (pr. *ki-*) Genre de vers intestinaux très-petits, dont la tête est armée de crochets; on les trouve réunis au nombre de 30 à 40, dans de petits kystes aqueux, au milieu du tissu des intestins et de divers organes, chez l'homme et quelques animaux.

ÉCHINODERMES, *adj.* et *smpl.* (pr. *ki-*) (*Zool.*) Se dit d'une classe de zoophytes marins rayonnés ou de forme régulière, recouverts d'une enveloppe dure, qui est le plus souvent hérissée de tubercules, de pointes ou d'épines.

ÉCHIQUETÉ, E, *adj.* Se dit des objets rangés comme le carré d'un échiquier.

ÉCHIQUIER, *sm.* Juridiction anglaise qui règle toutes les affaires de finances. | V. *Echecs.*

ÉCHIURE, *sm.* (pr. *ki-*) Genre de vers marins à corps ovale, dont une espèce, appelée *thalassème*, est employée par les pêcheurs comme appât.

ÉCHOMÈTRE, *sm.* (pr. *ko-*) Tout instrument servant à mesurer la durée des sons et leurs rapports entre eux.

ÉCHOPPE, *sf.* Petite baraque ou boutique de planches adossée à un édifice. | Pointe ou aiguille d'acier dont on se sert pour graver sur le vernis dur et sur le cuivre à l'eau forte. | Ciselet dont le serrurier se sert pour graver sur le fer. | Outil d'orfèvre servant à rabattre ou à refendre les parties minces qui doivent être serties ou recourbées.

ÉCLAIRE, *sf.* Plante à fleurs de quatre pétales jaunes, et dont les tiges renferment un suc jaunâtre; elle se trouve le long des vieux murs.

ÉCLAMÉ, E, *adj.* Se dit des oiseaux qui ont la patte cassée.

ÉCLAMPSIE, *sf.* Affection convulsive, sorte d'épilepsie dans laquelle la paralysie est générale et les sens sont frappés de torpeur.

ÉCLANCHE, *sf.* Épaule de mouton séparée du corps de l'animal.

ÉCLECTISME, *sm.* En général, choix fait parmi plusieurs choses, plusieurs systèmes contradictoires. | Philosophie fondée sur l'autorité du sens commun, qui consiste dans un choix des doctrines de l'école écossaise avec quelques idées de Platon et de Kant. | ÉCLECTIQUE, *adj.* Partisan de l'—; qui tient à l'—.

ÉCLIPSE, *sf.* Phénomène qui consiste dans l'interposition d'un astre au devant de la lune ou du soleil, et qui a pour effet de nous priver de la lumière de ces derniers pendant quelque temps; l'éclipse solaire arrive quand la lune se trouve entre le soleil et la terre; l'éclipse lunaire a lieu lorsque la terre se trouve entre le soleil et la lune.

ÉCLIPTIQUE, *sf.* Orbite que le soleil paraît décrire annuellement, courbe pleine suivie par le soleil, ainsi nommée parce qu'il n'y a d'éclipses de soleil ou de lune que lorsque ces astres sont coupés par le plan de cette courbe.

ÉCLISSE, *sf.* Petite plaque de bois ou de carton que l'on applique le long d'un membre fracturé pour maintenir l'os dans une situation fixe. | Planchettes de bois léger que le boisselier emploie pour faire des seaux, des mesures pour les grains, des baquets, etc. | Petit rang d'osier sur lequel on met égoutter le lait caillé pour en faire des fromages.

ÉCLUSE, *sf.* Ouvrage de maçonnerie et de charpente consistant en une porte qui s'élève et s'abaisse, ou qui s'ouvre latéralement pour retenir et accumuler sur un point les eaux d'un canal, d'une rivière, et les laisser écouler ensuite.

ÉCLUSEAU, Éclusiau, *sm.* Éclusette, *sf.* V. *Coquemelle*.

ÉCOBUER, *va.* Enlever, au moyen d'une pioche recourbée appelée Écobue, *sf.*, la superficie d'une terre couverte d'herbes; faire sécher et brûler les parties enlevées, et répandre ensuite sur le sol les cendres qui en proviennent. | Écobuage, *sm.* Action d'—.

ÉCOCHELER, *va.* Ramasser avec deux rateaux les tiges des céréales que la faux a étendues en les coupant.

ÉCOFRAI ou Écofroi, *sm.* Grosse table dont se servent les bourreliers, les selliers, les ouvriers en peaux, etc., pour tailler et préparer leur ouvrage.

ÉCOINÇON, *sm.* Pièce de maçonnerie et de menuiserie qui cache et dissimule les angles que forment les parois d'une chambre. | Pierre qui fait l'encoignure de l'embrasure d'une porte ou d'une fenêtre. | Tout ornement triangulaire destiné à remplir un coin.

ÉCOLAGE, *sm.* Nom qu'on donne quelquefois à la taxe ou rétribution que paient les habitants d'une commune pour les frais de l'école.

ÉCOPE, *sf.* Sorte de pelle creuse en bois dont on se sert pour vider l'eau qui s'est introduite dans les embarcations.

ÉCOPERCHE, *sf.* Pièce de bois qu'on ajoute au bec d'une grue ou d'une autre machine pour lui donner plus de volée, et qui porte une poulie à son extrémité.

ÉCORCHÉ, *sm.* Nom vulgaire d'un coquillage fort élégant, appelé aussi *Cône strié*.

ÉCORE, *sf.* Pièce de bois servant d'étai à un vaisseau sur le chantier. | Écorer, *va.* Soutenir un vaisseau au moyen d'—s.

ÉCOSSINES, *smpl.* Marbre commun qui vient des environs de Bruxelles.

ÉCOT, *sm.* Se dit, dans le langage chorégraphique, des figures dansées par chaque danseur, soit séparément, soit dans un pas d'ensemble.

ÉCOUAILLES, *sf.* Laine pelure qui a été lavée et qu'on file très-fine; on en fait des tissus légers, flanelles, etc.

ÉCOUANE, *sf.* Sorte de lime plate à larges sillons, qui sert à limer les choses plates dont on veut réduire l'épaisseur, particul. le bois, l'ivoire, l'étain, etc.

ÉCOUCHE, *sf.* Écoucher, *va.* Écouchage, *sm.* V. *Écang*, *Écanguer*, *Écangage*.

ÉCOUER, *va.* Couper la queue à un animal.

ÉCOUFLE, *sm.* Nom vulgaire du milan.

ÉCOURGEON, *sm.* V. *Escourgeon*.

ÉCOUTE, *sf.* Cordage qui tend le bas d'une voile. | *adj. f.* Sœur —, religieuse qui accompagne au parloir une autre religieuse.

ÉCOUTILLE, *sf.* Ouverture carrée ou trappe qui fait communiquer le pont d'un vaisseau avec les parties inférieures.

ÉCOUVETTE, *sf.* Dans certains métiers, c'est un petit balai ou une brosse à manche.

ÉCOUVILLON, *sm.* Sorte de balai composé d'un vieux chiffon, attaché à l'extrémité d'une longue perche, avec lequel on nettoie le four. | Instrument formé d'un long bâton dont un bout est garni d'une brosse cylindrique, et l'autre d'un fort tampon de bois, qui sert à nettoyer et à bourrer les canons.

ECPHRACTIQUE, *adj.* (*Méd.*) Apéritif.

ÉCRAN, *sm.* Tout objet formé d'une toile ou d'une planchette montée sur châssis, avec ou sans pied, et se posant verticalement de manière à intercepter la chaleur ou la lumière.

ÉCREVISSE, *sf.* Genre de crustacés d'eau douce qui vit sous les pierres; son corps est brun-verdâtre, de forme cylindrique, et terminé par un abdomen ou queue à six anneaux, se recourbant en dessous; ses deux pattes antérieures, très-grosses, sont terminées chacune par une pince à deux branches; elle marche indistinctement en avant et en arrière, ce qui explique l'opinion vulgaire qui veut qu'elle marche à reculons.

ÉCRIER, *va.* Nettoyer le fil de fer au moyen d'un linge chargé de grès.

ÉCRIN, *sm.* Petit coffret destiné à renfermer des pierreries et des bijoux.

ÉCRIVAIN, *sm.* V. *Eumolpe*.

ÉCROU, *sm.* Pièce percée et taraudée en hélice, par laquelle passe une vis et qui sert à l'arrêter. | Article du registre des emprisonnements portant le nom du prisonnier, la cause de l'arrestation, etc. | Écrouer, *va.* Emprisonner, inscrire un acte d'—.

ÉCROUELLES, *sfpl.* V. *Scrofules*.

ÉCROUIR, *va.* Battre ou laminer un métal et lui donner par ce travail une plus grande dureté et plus d'élasticité. | Écrouissage, *sm.* Action d'—.

ÉCRU, E, *adj.* Désigne les fils et les tissus qui n'ont été ni lavés, ni teints, et qui ont conservé leur couleur naturelle.

ÉCRUES, *sfpl.* Bois qui ont nouvellement crû sur des terres labourables.

ECSARCOME, *sm.* Tumeur ou sorte de végétation charnue, fongosité qui se développe sur la peau.

ECTHYMA, *sm.* Exanthème léger qui apparait subitement et dure peu de temps.

ECTILLOTIQUE, *adj.* (*Méd.*) Épilatoire.

ECTROPION, *sm.* Renversement des paupières en dehors ou seulement de la paupière inférieure; les paupières ainsi retournées ne peuvent plus recouvrir le globe de l'œil.

ECTROTIQUE, *adj.* (*Méd.*) Abortif, propre à faire avorter; se dit particul. de la méthode médicale qui emploie la cautérisation pour faire avorter certaines éruptions.

ECTYPE, *sf.* Espèce de sceau à sujets en relief.

ÉCU, *sm.* (*Blas.*) Bouclier, sur lequel sont peintes les armes, ou représentation de ce bouclier, dans les armoiries. | Dans divers pays, nom vulgaire d'une pièce de monnaie d'argent valant de 3 fr. à 6 fr. | Sorte de papier employé pour l'écriture, dont le format est de 0 m. 53 sur 0 m. 40, et qui pèse de 8 à 10 kilogr. la rame.

ÉCUANTEUR, *sm.* Inclinaison en dehors des rais d'une roue, angle qu'ils forment avec l'axe de la roue; cône évasé que présente le dehors de la roue.

ÉCUBIER, *sm.* Trou percé à l'avant d'un bâtiment pour faire passer les câbles.

ÉCUÈNE, *sf.* V: *Écouane.*

ÉCULON, *sm.* Vase de cuivre, rond, profond, à deux becs, et garni de deux poignées, employé dans certaines fabriques.

ÉCUME DE MER, *sf.* V. *Magnésite.*

ÉCUMER, *va.* Se dit des corsaires qui commettent des brigandages sur la mer. | ÉCUMEUR, *sm.* Corsaire, pirate.

ÉCUREUIL, *sm.* Quadrupède rongeur de petite taille, à queue longue et touffue relevée en panache, qui vit sur les arbres et se nourrit de fruits qu'il amasse et recueille à l'avance dans des cachettes. | —volant. V. *Polatouche.*

ÉCUSSON, *sm.* (*Blas.*) Petit écu qui est placé sur un autre plus grand. | Écu pointu par le bas et particulier à la petite noblesse. | En horticulture, bouton que l'on enlève d'un arbre avec une partie de l'écorce qui l'environne, et qu'on greffe sur un autre arbre dont l'écorce est incisée pour le recevoir. | — à œil dormant, celui qui ne pousse que l'année suivante. | ÉCUSSONNER, *va.* Greffer en —.

ECZÈMA, *sm.* Éruption cutanée et pustuleuse qui cause une douleur brûlante.

ÉDACITÉ, *sf.* Se dit fig. en poésie pour voracité, force qui consume et détruit lentement.

ÉDAM, *sm.* Fromage de Hollande, cuit, de forme sphérique, à pâte maigre et dure, de couleur rougeâtre, et qui se conserve longtemps.

ÉDEN, *sm.* Paradis terrestre; lieu rempli de délices, séjour charmant. | ÉDÉNIEN, NE, *adj.* Qui appartient à l'—, c.-à-d. aux temps primitifs, aux âges d'innocence.

ÉDENTÉS, *smpl.* (*Zool.*) Se dit d'une grande classe d'animaux mammifères qui manquent absolument d'incisives et dont les ongles sont disposés pour fouiller le sol; tels sont le *tatou*, le *fourmilier*, le *paresseux*, etc.

ÉDICTER, *va.* Créer, par une ordonnance ou une loi des moyens répressifs, des peines, des punitions.

ÉDILITÉ, *sf.* Administration municipale; spécialement, fonctions des magistrats chargés de l'établissement, de l'entretien et de la conservation des édifices publics, des voies, des fontaines, etc., et que l'on nomme quelquefois *édiles.*

ÉDIT, *sm.* Se disait autrefois pour constitution, corps de lois, ordonnance.

EDMI, *sm.* Espèce d'antilope voisine de la gazelle, qui habite le nord de l'Afrique.

ÉDREDON, *sm.* V. *Eider.*

ÉDULCORER, *va.* Adoucir, diminuer l'âcreté d'une substance par l'addition d'une certaine quantité d'eau sucrée ou miellée. | ÉDULCORATION, *sf.* Action d'—.

ÉDULE, *adj.* Qui est susceptible d'être mangé; qui peut servir d'aliment.

EFFANER, *va.* Enlever les *fanes;* couper la sommité des plantes dont la végétation est trop rapide. | EFFANAGE, *sm.* Action d.—. | EFFANEUR, SE, *s.* Celui, celle qui effane. | EFFANURES, *sfpl.* Fanes coupées sur pied pour être données aux bestiaux.

EFFARVATTE, *sm.* Espèce d'oiseau insectivore d'Europe à plumage roussâtre, qui habite les roseaux.

EFFAUCHETER, *va.* Ramasser les avoines avec un rateau appelé *Fauchet.*

EFFAUTAGE, *sm.* Merrain de rebut.

EFFECTIF, *sm.* État et nombre des troupes d'une nation.

EFFENDI, *sm.* Titre de maître et seigneur que l'on ajoute en Turquie au nom des ministres de la religion, des savants et des hauts fonctionnaires civils.

EFFÉRENT, E, *adj.* Se dit des vaisseaux qui ramènent un fluide de la circonférence du corps au cœur, comme les veines et les ganglions lymphatiques; il est opposé à *afférent.*

EFFERVESCENCE, *sf.* Bouillonnement produit par un gaz qui traverse un liquide et vient se dégager à sa surface. | Fermentation, mouvement désordonné du sang ou des humeurs.

EFFICIENT, E, *adj.* Se dit des causes, des principes qui produisent directement certains effets.

EFFILOCHER, *va.* Extraire, au moyen d'un instrument spécial nommé *effilocheur*, les matières fibreuses des plantes textiles, afin de les convertir en pâte à papier. | EFFILOCHAGE, *sm.* Action d'—. | On dit aussi *Effiloquer.*

EFFILOQUES, *sfpl.* Soies non torses, très-légères et très-faibles.

EFFIOLER, *va.* V. *Effaner.*

EFFLORESCENCE, *sf.* État d'une fleur qui s'ouvre. | Poussière fine, couche pulvérulente qui recouvre certains fruits, certaines liqueurs ou diverses substances imprégnées d'humidité. | EFFLEURIR, *vn.* Entrer en —, en parlant des fleurs, des fruits. | S'EFFLEURIR, *vpr.* Se dit des métaux qui se recouvrent de poussière ou qui tombent en poudre.

EFFLUVE, *sm.* Fluide, matière impondérable qui émane d'un corps. | Quelques auteurs le font féminin.

EFFONDRILLES, *sfpl.* Parties grossières qui se trouvent au fond d'un vase, d'un vaisseau dans lequel on a fait cuire quelque chose.

EFFRACTION, *sf.* Circonstance aggravante du vol, qui consiste en rupture, dégradation, démolition, etc., de murs, toits, portes, etc., servant de clôture.

EFFRAIE, *sf.* Oiseau de nuit qui doit son nom à ses cris effrayants et à sa fréquentation du voisinage des cimetières.

EFFRITER, *va.* Épuiser le sol, le rendre stérile et impropre à toute espèce de culture par de mauvais procédés agricoles. | Effritement, *sm.* Action d'—.

ÉFOURCEAU, *sm.* Machine composée d'un essieu, de deux roues et d'un timon, qui sert à transporter des fardeaux très-pesants, tels que les troncs d'arbre, les grosses poutres.

ÉGAGRE, *sf.* V. *Ægagre.*

ÉGIDE, *sf.* Bouclier ; ne se dit qu'au fig., dans le sens de protection, défense.

ÉGILOPS, *sm.* V. *Ægilops.*

ÉGLANTIER, *sm.* Rosier sauvage, espèce du genre rosier, remarquable par ses fortes épines, qui croît dans les haies, les forêts humides, et porte une rose blanche à cinq pétales appelée *Églantine.*

ÉGLOGUE, *sf.* Poésie pastorale dont le caractère essentiel est la naïveté, la douceur ; imitation poétique des mœurs champêtres dans leur plus agréable simplicité.

ÉGOÏNE, *sf.* Sorte de scie à main.

ÉGOPHONIE, *sf.* Résonnance aiguë et tremblotante de la voix dans certaines affections des organes respiratoires.

ÉGOTISME, *sm.* Ce mot signifie l'*amour de soi* dans un sens plus mitigé que le mot *égoïsme* ; habitude de parler de soi, affectation ridicule d'une personne qui accapare une conversation. | Égotiste, *s.* Celui, celle qui a la manie de l'—.

ÉGOUT, *sm.* Canal souterrain en maçonnerie qui reçoit, par des conduits latéraux nommés *branchements*, les eaux et les immondices des maisons voisines. | (*Archit.*) Partie inférieure d'un comble où descendent les eaux qui sont rejetées au-delà du mur.

ÉGRAIN, *sm.* Jeune poirier ou jeune pommier provenant de graines de fruits cueillis dans les forêts ou de fruits employés à faire le cidre et qu'on réserve dans les pépinières à raison de la beauté de sa tige, pour être greffé en fente à l'âge de trois ou quatre ans.

ÉGRAPPOIR, *sm.* Lavoir où l'on sépare la mine de fer du sable qui s'y trouve mêlé. | Petit rateau de fer servant à détacher les grains du raisin.

ÉGRAVILLONNER, *va.* Enlever la terre de la racine d'un arbre que l'on va replanter, afin que la reprise soit plus certaine.

ÉGRISÉ, *sm.* Égrisée, *sf.* Poussière de diamant que l'on emploie pour polir les diamants et les pierres précieuses.

ÉGRISER, *va.* User un corps par le frottement; se dit notamment de l'opération qui consiste à tailler les diamants, soit en les frottant l'un contre l'autre, soit en les usant avec de l'*égrisée*.

ÉGROTANT, E, *adj.* D'une constitution débile, d'un tempérament maladif.

ÉGRUGEOIR, *sm.* Nom que portent divers instruments destinés à *égruger*, c.-à-d. a réduire certaines substances en poudre plus ou moins fine.

ÉGUEULER, *va.* Déformer l'ouverture d'un vase de terre ou de verre, d'une pièce de canon, etc.

EGYPTIAC, *sm.* Médicament excitant et astringent, composé de miel, de vinaigre et de vert-de-gris, dont font surtout usage les vétérinaires.

EIDER, *sm.* Espèce de canard à long bec recourbé par en haut, à plumage blanc en dessus, noir en dessous, et qui porte sous le ventre ce duvet si recherché sous le nom d'*édredon*, qu'il emploie à la construction de son nid.

EILAMIDES, *sfpl.* Méninges, enveloppes du cerveau.

ÉJACULATOIRE, *adj.* V. *Jaculatoire.*

ÉJARRER, *va.* Enlever la chair d'une peau jusqu'à la naissance du jarret.

ÉJOU, *sm.* V. *Gomouti.*

ÉLAGAGE, *sm.* Action d'*élaguer*, c.-à-d. de couper les branches inférieures d'un arbre pour donner plus de vigueur aux pousses supérieures.

ÉLAÏDINE, *sf.* Corps gras, solide, qu'on obtient en traitant diverses huiles par l'acide hypoazotique ; on en extrait l'acide *élaïdique*, qui a la même composition que l'acide *oléique.*

ÉLAÏNE, *sf.* V. *Oléine.*

ÉLAÏS, *sm.* Arbre de la famille des palmiers, dont une espèce, que l'on trouve en Guinée, produit un fruit jaune, ovale, appelé *maba*, dont on extrait l'huile de palme employée dans la fabrication de certains savons.

ÉLAN, *sm.* Espèce de cerf qui habite les lieux humides des régions septentrionales ; il est muni d'une espèce de loupe pendante sous la gorge, et son bois est court et fortement aplati.

ÉLAPHIEN, NE, *adj.* Qui ressemble au cerf.

ÉLAPHRE, *sm.* Petit insecte qui habite le bord des étangs et qui ressemble aux cicindèles.

ÉLAPS, *sm.* Serpent de petites dimensions, à crochets venimeux, à écailles oblongues, lisses, qu'on trouve dans les pays chauds.

ÉLATÉRIDES, *smpl.* Tribu d'insectes coléoptères, dont le caractère principal consiste en une partie cornée et pointue placée sous leur corselet, et disposée de façon à faire ressort et à permettre à l'animal de faire des sauts a une hauteur relativement considérable.

ÉLATÉRINE, *sf.* V. *Élatérium.*

ÉLATÉRITE, *sf.* Sorte de bitume appelé aussi *Bitume élastique* ou *Caoutchouc fossile*, peu employé dans les arts.

ÉLATÉRIUM, *sm.* Sorte de résine élastique, molle et verte qu'on tire des fruits du concombre sauvage; c'est un purgatif très-énergique. | ÉLATÉRINE, *sf.* Principe actif de — ; c'est un drastique violent et un vomitif énergique.

ÉLAVÉ, E, *adj.* Se dit, en termes de chasse, des animaux dont le poil est d'une couleur pâle.

ÉLÉAGNÉES, *sfpl.* (*Bot.*) Famille de plantes composée d'arbustes épineux, à petites fleurs, couverts d'écailles blanchâtres, et dont les genres principaux sont l'*Argousier* et le *Chalef.*

ÉLECTRO-AIMANT, *sm.* (*Phys.*) Fer doux qui est transformé en aimant au moyen d'un courant électrique.

ÉLECTROCHIMIE, *sf.* Partie de la chimie qui considère les phénomènes de combinaison et de décomposition déterminés par la pile électrique.

ÉLECTRODE, *sm.* (*Chim.*) Terme qui désigne soit les pôles de la pile électrique, soit, dans la galvanoplastie, la lame de métal qui, attachée à l'un de ces pôles, se dissout en quantité égale à la quantité que le courant enlève à une dissolution saturée du même métal et porte sur un moule fixé à l'autre pôle.

ÉLECTROLYSE, *sf.* (*Chim.*) Décomposition par l'électricité, analyse chimique faite au moyen de la pile. | ÉLECTROLYTIQUE, *adj.* Qui a rapport à l'—.

ÉLECTROMAGNÉTISME, *sm.* Partie de la physique qui traite des relations qui existent entre l'électricité et le magnétisme.

ÉLECTROMÈTRE, *sm.* (*Phys.*) Nom que portent divers instruments destinés à donner la mesure exacte de l'intensité de l'électricité dont un corps est chargé.

ÉLECTROMOTEUR, TRICE, *adj.* (*Phys.*) Se dit des appareils dans lesquels l'électricité sert de force motrice.

ÉLECTRONÉGATIF, VE, *adj.* (*Chim.*) Se dit des substances jouant dans leurs combinaisons le rôle d'acide et se rendant au pôle positif de la pile quand le composé est soumis à l'action de cet instrument.

ÉLECTROPHORE, *sm.* (*Phys.*) Appareil au moyen duquel on développe et on met en réserve de l'électricité; c'est, en général, un plateau de résine recouvert d'un disque métallique muni d'une poignée en verre.

ÉLECTROPOSITIF, VE, *adj.* (*Chim.*) Se dit des substances jouant dans leurs combinaisons le rôle de base et se rendant au pôle négatif de la pile quand le composé est soumis à l'action de cet instrument.

ÉLECTROSCOPE, *sm.* (*Phys.*) Nom que portent divers appareils à l'aide desquels on reconnait si un corps devient électrique par le frottement.

ÉLECTROTYPIE, *sf.* Procédé de clichage consistant à recouvrir les planches gravées d'une couche métallique, par le moyen de l'électricité; c'est la galvanoplastie appliquée au clichage.

ÉLECTUAIRE, *sm.* Composition de la consistance d'une pâte molle que l'on fait dans les pharmacies au moyen de diverses substances délayées dans un sirop de sucre ou de miel.

ÉLÉGIE, *sf.* Genre de poésie dont le sujet principal est une plainte, des regrets, une douleur morale quelconque. | ÉLÉGIAQUE, *adj.* Qui a le caractère de l'—.

ÉLÉGIR, *va.* Réduire l'épaisseur d'une pièce de bois, creuser des moulures dans un ouvrage de menuiserie.

ÉLÉMENT, *sm.* (*Chim.*) Corps réputé simple, c.-à-d. indécomposable par les procédés de la chimie; on en connait environ 65, parmi lesquels sont les métaux or, argent, fer, etc.; divers gaz, tels que l'oxygène, l'hydrogène, le chlore, etc. | (*Phys.*) Chaque couple de la pile, ensemble des deux corps électropositif et électronégatif qui, réunis en un certain nombre, forment une pile électrique.

ÉLÉMI, *sm.* Gomme-résine jaunâtre, molle, d'une odeur agréable, provenant, soit d'un arbre de Ceylan, soit d'arbres du Mexique; elle devient lumineuse dans l'obscurité par le frottement, et jouit de propriétés excitantes, antiseptiques, fondantes et détersives qui la font entrer dans la composition de différents baumes pharmaceutiques.

ÉLÉMOSINAIRE, *adj.* Qui a rapport à l'aumône, qui concerne l'aumône.

ÉLENCTIQUE, *adj.* (*pr. lank-*) Se dit de la partie de la théologie qui renferme la controverse.

ÉLÉOLATÉ, *sm.* Médicament qui a pour base une huile volatile. | ÉLÉOLÉ, *sm.* Médicament qui a pour base une huile fixe.

ÉLÉPHANT, *sm.* Grand animal de l'ordre des mammifères pachydermes et de la famille des proboscidiens; il est remarquable par le prolongement de son nez en forme de trompe, par ses deux canines supérieures très-prolongées, qui s'appelent ses *défenses* et qui constituent l'*ivoire*; il habite l'Afrique et l'Asie.

ÉLÉPHANTIASIS, *sf.* (*pr. ti-a-ziss*) Sorte de lèpre particulière aux régions chaudes, maladie de peau caractérisée, soit par des boursouflures inflammatoires sur la peau, soit par des taches livides, et qui en général est très-dangereuse par la décomposition cutanée qu'elle amène rapidement. | ÉLÉPHANTIQUE, *adj.* Attaqué de l'—.

ÉLEUSINE, *sf.* Genre de graminées dont une espèce haute de 1 m. 20 environ porte des grains mangés dans l'Inde comme du riz par les indigents.

ÉLEVATEUR, *adj.* et *sm.* (*Anat.*) Se dit des muscles destinés à élever certaines parties, telles que les *paupières*, les *lèvres*, etc.

ÉLEVURE, *sf.* Toute tuméfaction de la peau qui en élève le tissu par places.

ELFE, *sf.* Nom que la superstition donnait au moyen âge à un esprit fantastique, ou génie surnaturel, bienfaisant ou malfaisant, assez semblable au sylphe.

ÉLIDER, *va.* (*Litt.*) V. *Élision.*

ÉLIMER, *va.* User, en parlant des étoffes.

ÉLIMINATION, *sf.* (*Math.*) Opération qui consiste à faire disparaître les inconnues d'une équation à plusieurs inconnues, de façon qu'il n'en reste plus qu'une. | ÉLIMINER, *va.* Opérer l'—.

ÉLINGUE, *sf.* (*Mar.*) Cordage très-gros qui est enroulé sur un treuil et qui sert à soulever des fardeaux, notamment pour le chargement et le déchargement. | ÉLINGUER, *va.* Soulever avec l'—.

ÉLISION, *sf.* (*Litt.*) Suppression d'une voyelle à la fin d'un mot, devant une autre voyelle ou devant une *h* muette. | ÉLIDER, *va.* Opérer l'—. | Dans ces mots : *l'âme*, *l'homme*, pour *la âme*, *le homme*, il y a *élision*, l'*a* et l'*e* sont *élidés* ; l'élision ne se produit souvent que dans la prononciation, comme dans ce vers : Oui, je viens dans son *temple adorer* l'Eternel, où l'on prononce *templ'adorer*, parce que l'*e* est *élidé*.

ÉLIXATION, *sf.* Opération qui consiste à faire bouillir une substance dans l'eau pour charger celle-ci de principes nutritifs ou médicamenteux.

ÉLIXIR, *sm.* (pr. *essir*). Liqueur généralement médicamenteuse, dont la base est l'alcool. | — de Garus, alcoolat apéritif, composé de safran, cannelle, muscade, etc., sucré avec du sirop de capillaire et coloré avec du caramel. | — de longue vie, liquide stomachique et laxatif, composé d'alcool dans lequel ont macéré diverses plantes purgatives.

ELL ou ELLE, *sf.* Aune autrichienne, mesure de longueur qui équivaut à environ 80 centimètres.

ELLÉBORE, *sm.* — noir, plante renonculacée à belles fleurs, s'épanouissant en hiver, et qu'on cultive sous le nom de *rose de Noël* ; sa racine est un purgatif très-énergique et s'emploie comme hydragogue dans l'hydropisie ; on la croyait autrefois propre à guérir la folie. | — blanc, plante voisine de la cévadille qu'on emploie pour détruire la vermine et pour guérir certaines maladies de la peau.

ELLIPSE, *sf.* (*Litt.*) Figure de mots qui consiste à retrancher un mot ou un membre de phrase dans un discours sans nuire au sens. | Figure de géométrie que l'on appelle vulgairement *ovale*. | ELLIPSOÏDE, *sm.* Corps engendré par une *ellipse* ; tel est l'*œuf*.

ELME (Feu Saint-), *sm.* Vapeur lumineuse, aigrette de feu qui se manifeste en mer pendant l'orage et semble voltiger au-dessus des mâts des navires ; on l'attribue à l'électricité.

ÉLOCHER, *va.* Ébranler un arbre pour l'arracher ; le secouer fortement.

ÉLOCUTION, *sf.* (*Litt.*) Partie de la rhétorique qui contient les règles de l'art de s'exprimer ou du style.

ÉLODE, *adj.* Marécageux, qui tient des marais.

ÉLODITE, *sf.* V. *Emyde.*

ÉLONGATION, *sf.* (*Astr.*) Éloignement qui paraît exister, à nos yeux, entre une planète et le soleil. | (*Méd.*) Effet produit par une luxation imparfaite qui allonge un membre et distend les articulations.

ÉLOPE, *sf.* Poisson assez semblable au hareng, à écailles argentées, dont la chair est assez estimée.

ÉLUCUBRATION, *sf.* Résultat d'un long travail d'esprit ; se dit, presque toujours ironiquement, d'un ouvrage d'imagination fait à force de veilles et de travail. | ÉLUCUBRER, *va.* Produire une —.

ÉLUDORIQUE, *adj.* Genre de peinture qui s'exécute en faisant passer le pinceau à travers une eau très-claire pour atteindre le fond sur lequel on couche les couleurs à l'huile.

ÉLYME, *sm.* Plante graminée dont une espèce, haute d'un mètre, est cultivée sur les sables mouvants pour que ses racines, très-nombreuses et rampantes, leur donnent de la fixité.

ÉLYTRE, *sf.* Aile épaisse et dure en forme d'étui, qui recouvre l'aile membraneuse de certains insectes, tels que les hannetons, les scarabées, etc.

ELZÉVIR, *sm.* Édition, livre imprimé par la célèbre famille Elzevier, de Hollande. | ELZÉVIRIEN, NE, *adj.* Qui a été publié par les Elzevier, ou qui ressemble aux —s.

ÉMACIATION, *sf.* Amaigrissement considérable.

ÉMACIÉ, E, *adj.* Qui est très-maigre, qui a perdu tout embonpoint.

ÉMAIL, *sm.* Enduit vitrifié par la fusion de quelques substances mélangées dans des proportions déterminées, notamment de silice et d'oxydes métalliques, et qui sert, coloré ou incolore, à revêtir divers objets, tels que les métaux, les faïences, etc. | (*Blas.*) Syn. de couleur. | Au pl. *Émaux.* | ÉMAILLEUR, *sm.* Artiste qui travaille l'— ; se dit aussi des ouvriers qui font de petits objets en verre.

ÉMANCIPATION, *sf.* (*Jurispr.*) Acte qui affranchit un mineur de la puissance paternelle et lui confère le droit de se gouverner lui-même et d'administrer ses biens. | Émanciper, *va.* Produire l'—.

ÉMARGER, *va.* Écrire quelque chose en marge d'un acte, d'un titre, d'une lettre, etc. | *vn.* Donner sa signature en marge d'un acte, et par ext., recevoir une certaine somme pour émoluments d'une place, d'un emploi.

ÉMARGINÉ, E, *adj.* (*Hist. nat.*) Se dit des organes qui présentent à leur sommet une échancrure arrondie et peu profonde.

EMBÂCLE, *sm.* Amoncellement de glaçons formant une espèce de barrage dans un cours d'eau au moment d'une débâcle.

EMBAR, *sm.* Mesure de capacité suédoise contenant environ un demi-hectolitre.

EMBARDÉE, *sf.* Mouvement d'un navire qui *embarde*, c.-à-d. qui est poussé par le vent tantôt à gauche et tantôt à droite.

EMBARGO, *sm.* Prohibition de prendre la mer qu'un gouvernement impose à tous les navires qui se trouvent dans ses ports.

EMBARRURE, *sf.* Blessures que se fait le cheval aux jambes de derrière quand il s'est embarrassé, soit dans la barre de séparation à l'écurie, soit dans les brancards.

EMBASE, *sf.* Partie de métal ou de menuiserie sur laquelle une autre pièce vient s'appuyer. | Renflement, partie renflée dans une pièce de machine, etc.

EMBASEMENT, *sm.* (*Arch.*) Base d'un édifice, assise de retraite sans moulures ni ornements.

EMBATTAGE, *sm.* Pose d'un cercle de fer autour d'une roue.

EMBAUCHE, *sf.* Dans le Nivernais, prairie, herbage où paissent les bestiaux qu'on veut engraisser.

EMBAUCHER, *va.* Engager un ou plusieurs ouvriers; les attirer dans son atelier | Chercher à faire passer des soldats à l'ennemi, à leur faire déserter leur drapeau.

EMBAUCHOIR, *sm.* V. *Embouchoir*.

EMBELLE, *sm.* (*Mar.*) Ancien nom de la partie du pont qui sépare le gaillard d'avant du gaillard d'arrière.

EMBLAVER, *va.* Ensemencer en blé ou en céréales. | Emblavement, Emblavage, *sm.* Action d'—, résultat de cette action. | Emblavure, *sf.* Terre emblavée.

EMBOIRE (s'), *vpr.* Se dit des tableaux qui présentent le défaut dit *embu*. V. ce mot.

EMBOLIE, *sf.* Maladie qui consiste dans une agglomération instantanée de caillots sanguins dans les veines; quand cette agglomération est considérable elle peut donner la mort.

EMBOLISMIQUE, *adj.* Se dit, dans certains anciens calendriers, des années qui ont un nombre de jours moindre que les autres et qu'on ajoute à celles-ci, à certaines époques, pour les faire concorder avec la marche du soleil.

EMBOSSER (s'), *vpr.* Se dit des vaisseaux qui viennent se placer près d'une rade en présentant leur flanc, afin de battre un fort ou de protéger l'entrée d'un passage. | Embossage, *sm.* Position d'un navire embossé.

EMBOUCHOIR, *sm.* Appareil composé de trois pièces de bois mobiles qui, réunies ensemble, prennent la forme d'une botte; on s'en sert pour cirer des bottes ou les tenir ouvertes. | Dans un fusil, capucine inférieure, qui embrasse l'extrémité du bois et le canon; c'est un anneau circulaire muni d'une petite ouverture pour la pointe de la baguette.

EMBOUCHURE, *sf.* Partie mobile des instruments de musique à vent, qui se met à la bouche. | Point où un cours d'eau se jette dans la mer.

EMBOUQUER, *vn.* (*Mar.*) En parlant des navires, entrer dans une passe, dans un détroit; c'est l'opposé de *débouquer*.

EMBOUT, *sm.* Plaque de métal roulée en tuyau, qui garnit le bout inférieur d'une canne, d'un parapluie, etc. | Embouter, *va.* Garnir d'un —.

EMBOUTIR, *va.* Travailler une plaque de métal au marteau et sur une enclume, de manière à la rendre concave d'un côté et convexe de l'autre. | Emboutissage, *sm.* Action d'—. | Emboutissoir, *sm.* Instrument ou appareil pour —.

EMBRASURE, *sf.* Écartement du dehors au dedans, que l'on pratique dans la baie d'une fenêtre. | Évasement intérieur des meurtrières dans les fortifications.

EMBRAYER, *vn.* Faire communiquer les différentes parties d'une machine compliquée afin qu'elles correspondent ensemble. | Embrayage, *sm.* Appareil pour —, action d'—.

EMBRELER, *va.* Fixer un chargement sur une voiture par des cordages.

EMBRÈVEMENT, *sm.* (*Archit.*) Assemblage d'une pièce de bois sur une autre par un about de la forme d'un triangle rectangle. | Embrèver, *va.* Unir deux solives par un —.

EMBROCATION, *sf.* Fomentation faite sur une partie malade avec un liquide gras ou huileux.

EMBRUINÉ, E, *adj.* Gâté, brûlé par la bruine.

EMBRUN, *sm.* Sur la mer, c'est la pluie fine qui résulte du choc des lames.

EMBRYOGÉNIE, Embryologie, *sf.* Étude de la vie embryonnaire des végétaux ou des animaux.

EMBRYON, *sm.* Terme générique qui désigne l'état passager des corps organisés (animaux ou végétaux), lorsque le germe qui les renferme en rudiment se développant, ils prennent la forme définitive qu'ils conserveront pendant leur existence organique. | Embryonnaire, *adj.* Qui tient de l'—.

EMBU, *sm.* Défaut de certains tableaux à l'huile qui présentent des couleurs ternes et confuses résultant de ce que la première couche d'huile n'était pas sèche quand on y a déposé la seconde et de ce qu'elles se sont réciproquement pénétrées.

ÉMENAUCHER, *va.* Établir autour d'un cylindre, d'une colonne, d'un canon, etc., des anneaux qui consolident et font saillie.

ÉMENDER, *vn.* (*Jurispr.*) Se dit notamment, au participe présent (*émendant*), dans les arrêts de cours d'appel comme syn. de *réformant*, *corrigeant*, *faisant ce qui aurait dû être fait.*

ÉMERAUDE, *sf.* Pierre fine composée de silice, d'alumine et d'une matière colorante verte, bleu verdâtre ou jaune, qui est en général de l'oxyde de chrome.

ÉMERGENCE, *sf.* État de ce qui émerge. | Émergent, e, *Qui émerge, qui sort d'un milieu pour former saillie sur ce milieu.* | An émergent, la première année d'une ère chronologique.

ÉMERGER, *vn.* Sortir de l'eau, paraître à flot d'un liquide, ou même d'une surface quelconque.

ÉMERI, ou Émeril, *sm.* (pr. *ri*). Variété grossière de corindon, grenue, renfermant des parcelles de fer, qui sert, réduite en poudre, à rendre, par le frottement des goulots et des bouchons de verre, le bouchage hermétique, à polir les métaux, les glaces et les pierres fines. | Émeriser, *va.* Polir à l'—; papier émerisé, papier recouvert d'— pour frotter certaines surfaces.

ÉMÉRILLON, *sm.* Pièce de canon de très-petit calibre. | Gros crochet, fort hameçon. | Petit oiseau de proie dont l'œil est fort vif.

ÉMÉRILLONNÉ, E, *adj.* Gai, vif, éveillé.

ÉMÉRILLONNER, *va.* Regarder avec un œil vif, avec convoitise.

ÉMÉRITE, *adj. m.* Qui s'est retiré, qui a pris sa retraite en conservant les honneurs du service. | Qui est expert à une certaine chose par suite d'une longue habitude.

ÉMERSION, *sf.* V. *Émergence.*

ÉMÉTICITÉ, *sf.* Propriété des médicaments qui provoquent les vomissements.

ÉMÉTIQUE, *sm.* Tartrate double d'antimoine et de potasse, sel employé comme vomitif; on l'emploie également à l'extérieur comme dérivatif, à cause de son action locale irritante; on l'appelle aussi *Tartre stibié.*

ÉMÉTISANT, E, *adj.* Qui provoque les vomissements.

ÉMEU, *sm.* V. *Casoar.*

ÉMEUT, *sm.* Excréments des oiseaux de proie.

ÉMIAULE, *sf.* Mouette.

ÉMIGRETTE, *sf.* Petit jeu fort en usage au commencement de ce siècle, qui consiste dans une poulie enroulée autour d'un cordon et qu'on fait monter ou descendre à volonté.

ÉMINE, *sf.* Ancienne mesure de capacité qui équivalait à un demi-setier. | En Italie et en Suisse, mesure de capacité contenant de 15 à 20 litres; dans les Hautes-Alpes, futaille contenant 22 à 30 litres.

ÉMINENCE, *sf.* Titre qu'on donnait autrefois aux empereurs et aux rois, et qui ne se donne plus qu'aux cardinaux.

ÉMIR, *sm.* Titre arabe qui correspond à celui de prince, mais seulement dans l'ordre religieux. | Nom que portent en Turquie tous les prétendus descendants directs de Mahomet.

ÉMISSAIRE, *adj.* Bouc —, chez les Hébreux, bouc que chassait le grand-prêtre après l'avoir accablé d'imprécations pour les détourner de la tête du peuple. | Par ext., celui sur lequel on fait retomber toutes les fautes des autres. | *sm.* Canal de décharge que les Romains pratiquaient pour donner un écoulement aux eaux des lacs. | *sf.* Petite veine du crâne.

EMMANTELÉ, E, *adj.* V. *Mantelé.*

EMMARINER, *va.* Garnir un vaisseau de l'équipage nécessaire.

EMMORTAISER, *va.* Introduire une pièce de charpente ou de serrurerie dans une *mortaise.* (V. ce mot.)

ÉMOLLIENT, E, *adj.* (*Méd.*) Se dit des remèdes qui ont la propriété de ramollir les organes irrités, par opposition aux remèdes *astringents.*

ÉMONCTION, *sf.* Action de se moucher.

ÉMONCTOIRE, *sm.* (*Anat.*) Tout organe dont l'office est de faciliter ou de provoquer les excrétions, comme les narines, les reins, etc.

ÉMONDER, *va.* Nettoyer un arbre, enlever toutes les branches inutiles ou mortes, ainsi que les mousses, lichens, etc. | Nettoyer des grains, les éplucher. | Émondage, *sm.* Action d'—.

ÉMORFILER, *va.* Oter le *morfil.*

ÉMOU, *sm.* V. *Casoar.* | Nom que l'on donne aussi à un oiseau de la Nouvelle-Hollande qui a deux mètres de hauteur et qui ressemble beaucoup au casoar.

ÉMOUCHET, *sm.* Oiseau de proie moins grand que l'épervier auquel il ressemble. | Nom commun à tous les petits oiseaux de proie. | V. *Crécerelle.*

ÉMOUCHETTE, *sf.* Caparaçon fait de mailles à petites cordes pendantes qui, agitées par les mouvements du cheval, servent à l'émoucheter.

EMPALER, *va.* Faire subir le supplice du pal.

EMPAN, *sm.* Ancienne mesure de longueur qui équivalait à environ 22 centimètres.

EMPANNER, *va.* (*Mar.*) Mettre un vaisseau en panne. | *vn.* Se dit d'un vaisseau qui se trouve masqué du côté qui est sous le vent.

EMPANON, *sm.* (*Archit.*) Petit chevron assemblé à tenons et mortaises dans l'arêtier. | Autrefois, flèche.

EMPASME, *sm.* Médicament en forme de poudre que l'on répand sur le corps ou sur la partie malade.

EMPASTELER, *va.* Teindre une étoffe en bleu avec le pastel.

EMPATTEMENT, *sm.* (*Archit.*) Épaisseur de maçonnerie qu'on laisse devant et derrière dans le fondement d'un mur. | Épaulement, partie de bois plus épaisse qu'une autre partie contiguë.

EMPAUME, *sm.* Petits carrés saillants qu'on laisse provisoirement sur les parements d'un tambour de colonne pour en faciliter le transport et la pose.

EMPAUMURE, *sf.* Le haut de la tête du cerf ou du chevreuil qui est surmonté de trois à quatre andouillers. | Partie du gant qui couvre la paume de la main.

EMPENOIR, *sm.* Ciseau recourbé par les deux extrémités qui sont également tranchantes, mais sur divers sens.

EMPENNÉ, E, *adj.* Garni de plumes.

EMPHASE, *sf.* Affectation outrée dans l'expression, boursouflure dans le style. | EMPHATIQUE, *adj.* Qui a de l'—; se dit d'un mot quand il est pris dans un sens très-étendu.

EMPHRAXIE, *sf.* Obstruction.

EMPHYSÈME, *sm.* Tumeur molle produite par le soulèvement de la peau sous l'influence d'un excès de gaz intérieur. | EMPHYSÉMATEUX, SE, *adj.* Qui est de la nature de l'—.

EMPHYTÉOSE, *sf.* Bail à longues années, contrat par lequel le propriétaire d'un fonds en transfère la propriété pour un délai de 20 ans au moins et de 99 ans au plus, à la charge d'y faire des améliorations. | EMPHYTÉOTE, *s.* Celui, celle qui jouit d'un fonds à titre d'—. | EMPHYTÉOTIQUE, *adj.* Qui appartient à l'—.

EMPIDE, *sf.* Petit insecte diptère à trompe, très-vorace, commun, au printemps, sur les plantes.

EMPILE, *sf.* Sorte de fils déliés ou de crins très-forts auxquels on attache un hameçon, et qui s'ajustent aux lignes ou cannes. | EMPILER, *va.* Attacher les hameçons à l'—.

EMPIRIQUE, *adj.* Qui n'est fondé que sur l'expérience ou l'habitude. | *sm.* Charlatan, homme qui traite une maladie avec de prétendus remèdes sans connaître la science médicale.

EMPIRISME, *sm.* Système de philosophie dans lequel l'origine de nos connaissances n'est attribuée qu'à l'expérience des sens. | Charlatanisme.

EMPLAGE, *sm.* Éclats de pierres que l'on jette avec du mortier entre deux rangs de pierres taillées.

EMPLASTIQUE, *adj.* Qui a les caractères d'un emplâtre, c.-à-d. qui s'applique sur la peau par adhésion. | Qui sert à faire les emplâtres.

EMPLÂTRE, *sm.* Tout médicament solide, ferme, gluant, se ramollissant par l'effet de la chaleur et s'appliquant en quelque partie du corps.

EMPOINTURE, *sf.* (*Mar.*) Angle au point supérieur d'une voile carrée.

EMPOIS, *sm.* Colle légère faite avec de l'amidon délayé dans l'eau froide et soumis ensuite à l'ébullition; on s'en sert pour *empeser* le linge et les tissus, c.-à-d. pour leur donner la raideur connue sous le nom d'apprêt, etc.

EMPORÉTIQUE, *adj.* Se dit d'une sorte de papier qui sert à filtrer les liquides.

EMPORTE-PIÈCE, *sm.* Outil à découper le métal, le cuir, le bois, le papier, etc., dont la partie tranchante est contournée suivant les lignes du dessin qu'on veut obtenir.

EMPOUPER, *va.* (*Mar.*) Se dit du vent, lorsqu'il prend un vaisseau en poupe.

EMPOUSE, *sf.* Spectre, fantôme difforme créé par la mythologie antique.

EMPRISE, *sf.* Se dit, en termes de chevalerie, pour entreprise, engagement que prend un chevalier de combattre, vœu de prendre part à une guerre ou à un tournoi. | Surface de terrain prise par le propriétaire d'un héritage sur l'héritage voisin.

EMPROSTHOTONOS, *sm.* Tétanos avec renversement de la colonne vertébrale en avant.

EMPRUNT, *sm.* Grand creux d'où l'on a tiré de la terre pour faire un remblai à quelque distance.

EMPTION, *sf.* (*Jurispr.*) Se dit quelquefois comme syn. d'*achat*.

EMPTOÏQUE, *adj.* Qui crache du sang.

EMPYÈME, *sm.* Amas séreux sanguin ou purulent qui se forme dans la cavité des plèvres. | Opération consistant à donner issue à cet amas. | EMPYÈSE, *sf.* Formation d'un —.

EMPYRÉE, *sm.* Nom que les anciens théologiens donnaient à la partie la plus élevée des cieux; ils l'appelaient aussi dixième ciel et en faisaient le séjour des bienheureux.

EMPYREUME, *sm.* Odeur et saveur que prennent les substances organiques quand elles sont soumises à une forte chaleur. | EMPYREUMATIQUE, *adj.* Qui tient de l'—.

ÉMULGENT, E, *adj.* (*Anat.*) Se dit des vaisseaux qui aboutissent aux reins.

ÉMULSION, *sf.* Tout liquide laiteux et mucilagineux, tel que le lait d'amandes, de pois, de noisettes ou de diverses autres semences, que l'on pile avec de l'eau. | ÉMULSIF, VE, *adj.* Qui produit une —.

ÉMYDE, *sf.* Tortue de marais dont l'écaille olivâtre ou noirâtre est utilisée dans l'industrie; on en trouve des espèces près de la mer Caspienne, en Espagne et dans le midi de l'Europe.

ÉNALLAGE, *sf.* (*Litt.*) Figure qui consiste à employer un verbe à une autre forme qu'à celle où il doit être employé.

ÉNANTIOPATHIE, *sf.* (*Méd.*) Traitement par les contraires; emploi de remèdes qui produisent des symptômes opposés à ceux des maladies que l'on veut guérir.

ENARRABLE, *adj.* Qu'on peut raconter, exprimer.

ÉNARTHROSE, *sf.* (*Anat.*) Articulation osseuse composée d'une cavité dans laquelle s'emboîte une éminence ronde.

ENCÂBLURE, *sf.* (*Mar.*) Mesure de distance marine équivalant à 120 brasses ou environ 200 mètres.

ENCALYPTE, *sf.* Genre de mousses qui dans les pays chauds atteignent d'assez grandes proportions.

ENCAN, *sm.* Vente publique, aux enchères, d'effets mobiliers, de marchandises, etc.

ENCANTEUR, *sm.* Aux colonies, celui qui préside aux ventes en gros des marchandises arrivées d'outre-mer.

ENCANTHYS, *sm.* Dégénérescence, cancéreuse ou bénigne, de la caroncule lacrymale.

ENCAPUCHONNER (s'), *vpr.* Se dit des chevaux qui ramènent l'extrémité de leur tête contre leur poitrail.

ENCAQUER, *va.* Mettre dans une *caque.* | ENCAQUEMENT, *sm.* Action d'—.

ENCARPÉ, *sm.* Une des portions d'ornement du chapiteau ionique, formant une guirlande de fleurs, de feuilles et de fruits.

ENCASTELURE, *sf.* Maladie aux pieds des chevaux dont la corne se rétrécit, et dont le talon devient étroit et la fourchette resserrée. | ENCASTELÉ, E, *adj.* Se dit d'un cheval atteint d'—.

ENCASTILLAGE, *sm.* Toute la partie du vaisseau qui est hors de l'eau.

ENCASTRER, *va.* Enchâsser, unir deux objets en les faisant pénétrer l'un dans l'autre par le moyen d'une entaille. | ENCASTREMENT, *sm.* Action d'—.

ENCAUME, *sm.* Marque produite par le feu. | Ulcère profond des enveloppes de l'œil.

ENCAUSTIQUE, *sf.* Genre de vernis dont la cire forme la base et qui préserve les tableaux, les planchers, les murs de l'action atmosphérique. | Mélange de cire et d'huile qu'on emploie pour un genre particulier de peinture.

ENCÉLITE, *sf.* (*Méd.*) Inflammation des intestins.

ENCENS, *sm.* Résine qui répand en brûlant une odeur agréable, et qu'on obtient en recueillant les exsudations de divers arbres d'Orient; on l'emploie dans les cérémonies du culte catholique et à quelques usages pharmaceutiques.

ENCÉPHALE, *sm.* L'organe cérébral, c.-à-d. l'ensemble du cerveau et du cervelet. | ENCÉPHALITE, *sf.* Inflammation de l'—.

ENCÉPHALOÏDE, *sm.* Matière analogue à celle qui constitue le cerveau et qui forme le plus souvent les tumeurs squirrheuses.

ENCHANTELER, *va.* Mettre dans le chantier. | Placer un objet sur deux pièces de bois pour l'élever de terre.

ENCHAPER, *va.* Enfermer un tonneau, un baril dans un second tonneau.

ENCHAUSSENER, *va.* Plonger les peaux dans un bain de chaux pour que les poils s'en détachent facilement.

ENCHAUX, *sm.* Chaux détrempée dans de l'eau.

ENCHÈRE, *sf.* Offre d'un prix supérieur à la mise à prix, au prix offert par quelqu'un pour une chose qui se vend au plus offrant; ceux qui mettent des —s s'appellent *enchérisseurs.* | FOLLE —, offre que l'enchérisseur ne peut remplir, et à la suite de laquelle on doit remettre l'objet en vente.

ENCHEVALEMENT, *sm.* (*Archit.*) Façon particulière d'étayer une maison pour y faire des reprises en sous-œuvre.

ENCHEVAUCHURE, *sf.* Jonction à recouvrement d'une pièce avec une autre dans une construction.

ENCHEVÊTRURE, *sf.* (*Archit.*) Jonction, dans un plancher, du chevêtre avec les deux solives qui le soutiennent.

ENCHIRIDION, *sm.* (pr. *ki-*) Ancien syn. de manuel, résumé, traité portatif.

ENCHOMBRE, *sm.* (pr. *kom-*) Instrument à cordes de racine de palmier, d'un son agréable, en usage chez les naturels du centre de l'Afrique.

ENCHORIQUE, *adj.* (pr. *ko-*) Se dit d'une des trois sortes d'écritures dont se compose le système graphique des anciens Egyptiens.

ENCHYMOSE, *sf.* (pr. *ki-*) Effusion subite du sang sous la peau, dans les vaisseaux cutanés.

ENCLIQUETAGE, *sm.* Appareil qui maintient un cliquet sur les dents d'une roue à rochet.

ENCLITIQUE, *sf.* (*Litt.*) Se dit des monosyllabes, tels que *je*, *ce*, dans aimé-*je*, est-*ce*, qui s'unissent au mot qu'ils précèdent.

ENCLÔTIR, *vn.* Se dit du lapin ou du renard quand ils rentrent dans leur terrier.

ENCLOUER, *va.* Enfoncer de force un gros clou d'acier dans la lumière d'une pièce d'artillerie et en faire ensuite sauter la tête pour empêcher l'ennemi de se servir de cette pièce. | Enclouage, *sm.* Action d'—.

ENCLOUURE, *sf.* Blessure d'un cheval qui a été piqué jusqu'au vif avec un clou, soit quand on l'a ferré, soit en marchant. | Embarras, obstacle, nœud d'une difficulté.

ENCLUME, *sf.* Masse de fer couverte d'une table d'acier faisant corps avec elle; on la place sur un billot de bois, et c'est sur cette masse, généralement pointue à ses extrémités, qu'on bat les métaux forgés, pour les façonner. | L'un des osselets de l'oreille interne, qui a la forme d'une —.

ENCLUMEAU, *sm.* Enclumette, *sf.* Nom des enclumes de petites dimensions employées dans divers métiers.

ENCOCHE, *sf.* Entaille, cran. | Établi des sabotiers destiné à maintenir le sabot pendant que l'ouvrier le façonne.

ENCOCHER, *va.* Faire des encoches. | Placer une flèche sur l'arbalète et viser le but.

ENÇOLURE, *sf.* Partie du cheval qui s'étend de la tête aux épaules et au poitrail.

ENCOPÉ, *sf.* Plaie faite par un instrument tranchant.

ENCORBELLEMENT, *sm.* (*Archit.*) Dans un édifice, saillie qui porte à faux du nu du mur et qui est soutenue par des *corbeaux* de pierre ou de fer, ou par des consoles.

ENCORNET, *sm.* V. *Calmar.*

ENCOUBERT, *sm.* V. *Tatou,*

ENCRENÉ, E, *adj.* Se dit du fer quand il a été aminci par le marteau après avoir été deux fois chauffé.

ENCRINE, *sf.* Zoophyte de forme régulière dont la plupart des espèces sont fossiles.

ENCYCLIES, *sfpl.* Cercles concentriques qui se forment à la surface de l'eau lorsqu'un corps vient à y tomber.

ENCYCLIQUE, *sf.* Circulaire du pape ayant spécialement pour objet une matière d'actualité. | On dit adj. : Lettre *encyclique.*

ENCYCLOPÉDISTE, *sm.* Se dit particulièrement de l'école et des doctrines de la grande *Encyclopédie* du XVIIIe siècle.

ENCYPROTYPE, *adj.* Qui est dessiné, gravé sur cuivre, sans l'intermédiaire d'un dessin préalable sur papier.

NDÉCADER, (s') *vpr.* S'endimancher, dans la langue que l'on parlait sous la première république française (à cause du *décadi,* jour de fête).

NDÉMIE, *sf.* Maladie spéciale aux habitants d'une contrée. | Endémique, *adj.* Se dit des —s, des affections qui attaquent fréquemment un certain peuple.

ENDENTURES, *sfpl.* Découpures latérales que portent certaines chartes qui ont été détachées d'un talon afin de pouvoir être reconnues authentiques par le rapprochement avec ce talon.

ENDERMIQUE, *adj.* (*Méd.*) Méthode de traitement qui consiste à appliquer les médicaments sur la peau et même sur le derme qu'on a préalablement mis à nu par le moyen d'une substance vésicante.

ENDIGAGE, *sm.* Droit de propriété sur les terres que laisse la mer quand on les préserve au moyen de digues.

ENDIGUEMENT, *sm.* Action de garnir de digues, d'*endiguer*, résultat de cette action.

ENDIVE, *adj.* et *sf.* Se dit de la salade appelée aussi chicorée blanche ou chicorée frisée.

ENDOCARDE, *sm.* (*Anat.*) Membrane qui tapisse l'intérieur du cœur. | Endocardite, *sf.* Inflammation de l'—.

ENDOCARPE, *sm.* (*Bot.*) Dans le fruit, membrane intérieure qui sépare le péricarpe de la graine et qui enveloppe immédiatement cette dernière.

ENDOGASTRITE, *sf.* (*Méd*). Inflammation de la membrane muqueuse de l'estomac.

ENDOGÈNES, *adj.* et *sfpl.* (*Bot.*) Se dit des végétaux dont les fibres ligneuses sont disposées de telle manière que les plus anciennes se trouvent repoussées à l'extérieur par le développement de nouvelles fibres au centre de la tige; on les appelle aussi *monocotylédonées* et on y remarque les *palmiers*, les *graminées*, etc.

ENDORHIZES, *adj.* et *sfpl.* (*Bot.*) V. *Endogènes.*

ENDORMIE, *sf.* Nom vulgaire de la *pomme épineuse* ou *stramonium*, plante narcotique.

ENDOS, *sm.* (pr. *dô*) (*Comm.*) Ordre qu'on écrit au dos d'un billet quand on le transfère à un autre. | Endosser, *va.* Signer un —. | Endosseur, *sm.* Celui qui endosse.

ENDOSMOSE, *sf.* (*Phys.*) Le plus fort des deux courants qui s'établissent en sens inverse entre deux liquides de diverses densités séparés par une cloison faite d'une membrane animale; le plus faible se nomme *exosmose.*

ENDOSPERME, *sm.* (*Bot.*) Enveloppe farineuse, ou cornée, quelquefois charnue, de l'embryon dans la graine des végétaux.

ENDOSSEMENT, *sm.* V. *Endos.*

ENDRIAGUE, *sf.* Monstre fantastique, sorte de dragon difforme.

ÉNÉORÈME, *sm.* Partie inférieure des matières qui sont en suspension dans l'urine, dépôt qui se forme au fond des vases qui les renferment.

ÉNERGUMÈNE, *sm.* (*Théol.*) S'est dit

pour possédé du démon. | Homme très-enthousiaste, furieux, exalté, forcené.

ÉNERVATION, *sf.* Ancien supplice usité en France au moyen âge ; il consistait à appliquer le feu sur les jarrets et les genoux du patient. | Opération qui consiste à couper la moelle épinière d'un bœuf, à la naissance du crâne, pour l'abattre instantanément. | ÉNERVER, *va.* Pratiquer l'—.

ÉNEYER, *va.* Oter les nœuds du bois.

ENFAITEAU, *sm.* (*Archit.*) Tuile creuse qui recouvre le faite d'un toit.

ENFAITEMENT, *sm.* Table de plomb qui couvre le faîte d'un comble d'ardoise. | ENFAITER, *va.* Faire un —.

ENFERMÉS, *smpl.* Ordre très-nombreux de mollusques caractérisé par un double tube qui sort de la coquille pour la respiration, et par un pied qui forme aussi saillie vers le milieu de la coquille, laquelle est ouverte à ses deux extrémités.

ENFILADE, *sf.* (*Milit.*) Toute tranchée, toute ligne d'attaque ou de défense qui est droite et qui peut dès-lors être aisément balayée par le canon.

ENFLEBŒUF, *sm.* V. *Bupreste.*

ENFLÉCHURES, *sfpl.* (*Mar.*) Petites échelles de corde qui servent pour monter aux parties les plus élevées des mâts.

ENFOURCHEMENT, *sm.* (*Archit.*) Angle solide formé par la rencontre de deux douelles de voûte. | Assemblage de chevrons sur un faîte.

EMFUMÉ, *sm.* V. *Amphisbène.*

ENGAGEANTES, *sfpl.* Anciennes manches de femme pendantes à l'extrémité du *bras.*

ENGAGISTE, *sm.* (*Jurispr.*) Celui auquel on a cédé pendant quelque temps la jouissance d'une propriété engagée pour le remboursement d'une dette.

ENGALLER, *va.* Passer une étoffe à la noix de galle. | ENGALLAGE, *sm.* Action d'—.

ENGANTER, *va.* Se dit d'un navire quand il s'approche d'un autre navire qu'il poursuit. | Enjôler, attirer.

ENGARRE, *sf.* Long filet plombé et traîné par des bateaux.

ENGASTRIMYSME, ENGASTRIMYTE, *sm.* V. *Ventriloquie, Ventriloque.*

ENGAVER, *va.* Engraisser la volaille en lui introduisant de force la nourriture dans le bec.

ENGELURE, *sf.* Engorgement des vaisseaux sous-cutanés des mains, des pieds ou des oreilles produisant une tuméfaction bleuâtre très-cuisante qui se résout quelquefois en un ulcère séreux ; ces accidents, fréquents en hiver chez les enfants, résultent des transitions *brusques du chaud au froid, et réciproquement.*

ENGIN, *sm.* Autrefois, toute machine de guerre. | Machine quelconque. | Piéges, filets, etc.

ENGOBE, *sm.* Mélange terreux, opaque, blanc ou coloré, formé d'argile ocreuse ou d'autres substances et d'un oxyde métallique, et servant à recouvrir la faïence et à dissimuler sa couleur. | ENGOBAGE, *sm.* Opération qui consiste à *engober*, c.-à-d. à déposer l'— sur une pâte céramique.

ENGOUEMENT, *sm.* (*Méd.*) Obstruction de la cavité d'un organe par le séjour des matières qui s'y amassent en trop grande quantité. | ENGOUER, *va.* Produire l'—.

ENGOULEVENT, *sm.* Genre d'oiseaux de nuit, à bec très-court, fendu jusqu'au-delà des yeux ; il vole le bec ouvert et les insectes restent collés à son gosier visqueux ; l'espèce commune en France a le plumage chamarré de jaune et de noir ; on l'appelle *Crapaud volant.*

ENGRAIN, *sm.* Variété de blé, appelée aussi *locular*, plus petite que l'épeautre et dont le grain ne se sépare pas de la balle.

ENGRAIS, *sm.* Substance qu'on ajoute aux terres pour en augmenter la fertilité en leur restituant les principes que telle ou telle culture déterminée leur enlève ; ce qui distingue l'*engrais* de l'*amendement*, qui a pour objet de modifier la composition du sol et ses propriétés physiques en vue d'une culture quelconque.

ENGRAVÉE, *sf.* Maladie des pieds des bœufs, qui résulte de la compression exercée sur la corne de leurs pieds par les pierres sur lesquelles ils marchent, ou par l'introduction de graviers entre leurs ongles.

ENGRELÉ, E, *adj.* (*Blas.*) Se dit des pièces dont le bord est dentelé.

ENGRÊLURE, *sf.* Sorte de petit point très-étroit qu'on met à une dentelle.

ENGRENAGE, *sm.* Système de roues qui se communiquent successivement le mouvement au moyen de dents pratiquées sur leur circonférence et qui s'*engrènent* ensemble.

ENGROIS, *sm.* Petit coin pour maintenir le manche d'un marteau.

ENGUICHURE, *sf.* Embouchure du cor de chasse. | Cordons qui servent à le porter.

ENHACHER, *va.* (pr. *an-ha-*) Se dit d'un terrain divisé en parcelles, s'emboîtant les unes dans les autres par angles rentrants et sortants.

ENHARMONIQUE, *adj.* (*Mus.*) Se dit du genre qui consiste dans le passage d'une note à une autre sans que l'intonation ait été changée d'une manière sensible.

ENHYDRE, *adj.* (*Min.*) Se dit des cristaux qui renferment quelques gouttes d'eau.

ENJABLER, *va.* Mettre un fond à une futaille.

ENJAMBEMENT, *sm.* (*Litt.*) Rejet au

vers suivant d'un ou de plusieurs mots qui sont indispensables pour faire un sens.

ENJAVELER, *va.* Mettre les céréales en javelles.

ENKYSTÉ, E, *adj.* Se dit d'une matière, d'un corps étranger qui se trouve enfermé dans une membrane ou poche appelée *Kyste*. | S'ENKYSTER, *vpr.* Être —.

ENLIZEMENT, *sm.* Enfoncement dans le sable.

ENLIZER, *va.* S'affaisser sous le poids d'un corps lourd et s'engloutir. | S'—, *vpr.* S'enfoncer dans les sables mouvants.

ENLUMINER, *va.* Colorier (en parlant des estampes). | ENLUMINURE, *sf.* Art d'— ; résultat du coloriage.

ENNÉAGONE, *sm.* Polygone à neuf côtés.

ENNÉANDRIE, *sf.* (*Bot.*) Classe du système de L nć. qui renferme les plantes à neuf étamines.

ENNUSURE, *sf.* (*Archit.*) Morceau de plomb en forme de basque que l'on pose au pied des poinçons et à l'amortissement d'un comble.

ENOPLIE, *sm.* Petit insecte noir pubescent, dont les antennes sont armées d'une espèce de massue en forme de pic; la plupart de ses espèces vivent sous les fleurs.

ENOSTOSE, *sf.* Tumeur osseuse développée dans le canal médullaire d'un os.

ENRAYER, *va.* Arrêter les roues d'une voiture en marche pour la faire glisser et la rendre plus lourde dans une descente. | Tracer le premier sillon d'un champ au moyen d'une charrue.

ENRAYURE, *sf.* Assemblage de charpente.

ENREGISTREMENT, *sm.* Formalité que doivent subir les actes publics et la plupart des actes privés et qui consiste à les transcrire ou à les analyser sur des registres qui leur donnent date certaine, et moyennant des droits fixes ou proportionnels. | Administration chargée de recouvrer ces droits ainsi que de diverses autres attributions.

ENROCHEMENT, *sm.* Roche artificielle composée d'un monceau de pierres le plus souvent cimentées, que l'on construit au pied des arches des ponts ou des jetées pour les protéger contre les affouillements. | ENROCHER, *va.* Faire un —.

ENRHYTHME, *adj* Se dit des cadences en général, quand elles suivent un rhythme quelconque. | Particul. du pouls dont les pulsations sont régulières.

ENSACHÉ, E, *adj.* En sacs. | ENSACHER, *va.* Mettre en sacs.

ENSEIGNE, *sm.* Grade de marine qui correspond à celui de lieutenant dans l'armée de terre.

ENSELLÉ, E, *adj.* Se dit des chevaux dont la croupe est trop creuse et sur lesquels la selle se place facilement.

ENSEUILLEMENT, *sm.* (*Archit.*) Hauteur de l'appui d'une fenêtre au-dessus du sol.

ENSIFORME, *adj.* (*Hist. nat.*) Qui a la forme d'une épée.

ENSILAGE, *sm.* Action de mettre des grains dans un silo.

ENSOUPLE ou ENSUPLE, *sf.* Gros cylindre autour duquel s'enroule la toile au fur et à mesure qu'elle est tissée par l'ouvrier. | Cylindre sur lequel le tisserand monte la chaine de sa toile.

ENTABLEMENT, *sm.* Partie d'un monument qui surmonte les colonnes; il comprend la table qui forme saillie, la corniche, la frise et quelquefois un fronton.

ENTE, *sf.* Petite branche, œil qu'on leve d'un arbre en séve et qu'on implante sur un autre. | Peau d'oiseau fixée au bout d'un piquet pour attirer les oiseaux que l'on veut prendre. | Manche d'un pinceau. | Prune d'—, pruneau de très-bonne qualité fait avec le fruit de pruniers entés et qu'on récolte dans le département de Lot-et-Garonne.

ENTÉLÉCHIE, *sf.* (*Philos.*) Ce qui accomplit, ce qui complète; s'est dit particul. de l'*âme*, qui donne au corps vivant son caractère et sa réalité.

ENTELLE, *sf.* V. *Semnopithèque.*

ENTER, *va.* Greffer. | Poser en *ente*, c.-à-d. joindre deux parties de bois en introduisant l'une dans l'autre, en ligne droite.

ENTÉRALGIE, *sf.* (*Méd.*) Douleur vive des intestins.

ENTÉRINER, *va.* (*Jurispr.*) Ratifier juridiquement, rendre valable certains actes d'une grande importance, tels que des lettres de grâce, des lettres de noblesse, formalité analogue à celle de l'homologation pour les autres actes. | ENTÉRINEMENT, *sm.* Action d'—.

ENTÉRITE, *sf.* (*Méd.*) Inflammation aiguë ou chronique de la membrane muqueuse de l'intestin.

ENTÉRORRHÉE, *sf.* (*Méd.*) Entérite chronique.

ENTHELMINTES, *smpl.* Classe de vers qui vivent dans l'intérieur du corps des animaux.

ENTHYMÈME, *sm.* (*Litt.*) Espèce de syllogisme dont la mineure est sous-entendue. Ex. : « *Je pense, donc je suis* », où la mineure « *celui qui pense doit être* » est sous-entendue. | ENTHYMÉMATIQUE, *adj.* Qui est de la nature de l'—.

ENTHYMÉMISME, *sm.* (*Litt.*) Figure qui consiste dans le rapprochement rapide de deux propositions, d'où résulte dans l'esprit une conséquence vive et frappante.

ENTIME, *sm.* Charançon dont les couleurs

sont vives et brillantes; on le trouve dans beaucoup de contrées.

ENTITÉ, *sf.* (*Philos.*) Terme de scolastique qui est synonyme de *Essence*.

ENTOMOLOGIE, *sf.* Étude des insectes. | ENTOMOLOGISTE, *sm.* Celui qui s'occupe d'—.

ENTOZOAIRES, *smpl.* (*Zool.*) Classe d'helminthes, animaux microscopiques qui vivent dans l'intérieur du corps des animaux et dans les fluides et les tissus organiques.

ENTRAÎNER, *va.* —un cheval, le faire jeûner et l'habituer pendant plusieurs jours à un régime particulier afin de le préparer à une course ou à une chasse. | ENTRAÎNEUR, *sm.* Celui qui fait profession d'—.

ENTRAIT, *sm.* (*Archit.*) Pièce de bois à chacune des deux extrémités de laquelle s'assemblent les deux forces d'une ferme.

ENTRÉE, *sf.* Mets par lequel on commence un repas, après le potage; on l'appelle aussi *premier service*. | Pièce de tôle ou de cuivre, carrée, ovale ou découpée, percée au milieu d'une ouverture destinée à laisser passer la clef d'une serrure; ou la place à l'extérieur de la porte sur le côté opposé à la serrure.

ENTRELACS, *smpl.* (pr. *là*): Ornements d'architecture formés de branches ou de fleurons qui se croisent ensemble. | En général, tous les ornements qui *s'entrelacent*.

ENTREPAS, *sm.* Allure défectueuse d'un cheval, moitié pas et moitié amble, ou bien d'un cheval dont les pieds de devant trottent pendant que ceux de derrière vont le pas. | Ancien instrument de torture.

ENTREPONT, *sm.* Espace compris entre le faux pont et le premier pont d'un navire; c'est là que couchent généralement les officiers, les élèves, les chirurgiens.

ENTREPÔT, *sm.* Local où le commerce dépose temporairement les marchandises importées qu'il ne veut pas vendre ou réexporter immédiatement, avec la faculté de ne payer les droits de douane qu'au moment où elles sont livrées à la consommation intérieure. | — réel, magasin fermé à deux clés, l'une détenue par le commerce, l'autre par la douane. | — fictif, situation des marchandises laissées entre les mains du négociant moyennant son engagement cautionné de les réexporter ou de payer les droits.

ENTRETOISE, *sf.* (*Archit.*) Pièce de bois ou de fer qui relie ensemble des poteaux ou des ferrures.

ENTREVOUS, *sm.* (*Archit.*) Intervalle d'une solive à une autre dans un plancher. | Espace garni de plâtre entre les poteaux d'une cloison. | Planche peu épaisse. | ENTREVOUTER, *va.* Garnir de l'— de plâtre.

ENTURES, *sfpl.* Crans ou petits échelons que l'on dispose sur les côtés d'un mât, d'un poteau, de la circonférence d'un treuil de carrière, pour monter ou pour faire tourner le treuil.

ÉNUCLÉATION, *sf.* (*Chir.*) Opération qui consiste à extirper une tumeur tout d'une pièce à travers une incision.

ÉNURÉSIE, *sf.* (*Méd.*) Incontinence d'urine; pissement involontaire.

ENVELAGE, *sm.* Opération très-délicate qui consiste à détruire un panneau de bois peint en conservant et en reportant sur un autre la pellicule de couleur que l'on enlève de ce panneau.

ENVÉLIOTER, *va.* Mettre l'herbe fauchée en véliotes ou en petits tas.

ENVERGER, *va.* Garnir de petites branches d'osier. | Croiser les fils d'une partie ourdie.

ENVERGUER, *va.* Attacher à une vergue.

ENVERGURE, *sf.* Extension d'une voile quand elle est toute enflée par le vent. | Développement des ailes des grands oiseaux quand ils volent.

ENVIDER, *va.* Le contraire de dévider; enrouler le fil autour du fuseau, de la bobine ou du dévidoir.

ENVOI, *sm.* Vers que l'on ajoute à la dernière strophe d'une ballade ou de quelque autre petit poëme, et qui renferment l'hommage qu'en fait l'auteur à telle ou telle personne.

ENVOILER (s'), *vpr.* Se dit du fer, de l'acier qui se courbe quand on le trempe.

ENVOÛTER, *va.* Jeter un maléfice sur quelqu'un en piquant ou en brûlant une image de cire représentant la personne à laquelle on veut du mal. | ENVOÛTEMENT, *sm.* ENVOUSURE, ENVOÛTURE, *sf.* Action d'—, opération magique que l'on faisait pour —.

ENZOOTIE, *sf.* (pr. *ti*). Affection locale qui est pour les animaux ce qu'est l'*endémie* pour les hommes.

ÉOCÈNE, *adj.* (*Géol.*) Se dit des terrains inférieurs de la période tertiaire.

ÉOLIENNE, *sf.* Tissu léger pour robes de femmes, broché par la trame sur un fond de serge, qu'on fabrique à Amiens.

ÉOLIPYLE, *sm.* Appareil consistant en une boule creuse terminée par un orifice étroit; l'air de la boule dilaté et chassé par la chaleur y rentre ensuite avec force en produisant un bruit assez intense. | Appareil à l'usage des fumistes qui sert à produire un courant d'air destiné à chasser la fumée.

ÉOLIS, *sm.* Petit mollusque à coquillage très-gracieux qu'on trouve sur nos côtes et qu'on mange dans certains pays.

ÉON, *sm.* Êtres surnaturels, intermédiaires entre l'homme et la divinité, qui ont été imaginés par certaines sectes de philosophes.

ÉPACTE, *sf.* Différence entre le nombre des jours de l'année solaire et ceux de l'année lunaire; cette différence, qui est de onze jours, s'ajoute à l'année lunaire pour faire concorder les deux calendriers.

ÉPAGNEUL, *sm.* Race de chiens à oreilles pendantes, à poils longs, frisés, noirs ou roux, originaires d'Espagne, et généralement de petite taille.

ÉPAGOMÈNE, *adj.* Jour — : jour complémentaire, qu'on ajoute à l'année pour la compléter.

ÉPAMPRER, *va.* Dégager les raisins des feuilles de vignes qui les dérobent à l'action du soleil; enlever les feuilles de la vigne.

ÉPANADIPLOSE, *sf.* (*Litt.*) Figure de mots qui consiste a répéter à la fin du dernier membre d'une phrase les termes par lesquels commence le premier membre. | ÉPANASTROPHE, *sf.* Cette même figure en poésie.

ÉPANCHEMENT, *sm.* (*Méd.*) Accumulation d'un liquide sur un point du corps.

ÉPANNELER, *va.* Dégrossir le marbre; enlever tout ce qui excède les plans du polyèdre; abattre les angles d'un carré pour en faire un octogone.

ÉPANORTHOSE, *sf.* (*Litt.*) Figure de rhétorique par laquelle on feint de rétracter ce que l'on vient de dire pour ajouter quelque chose de plus énergique.

ÉPARCETTE, *sf.* Sainfoin.

ÉPARCHIE, *sf.* Subdivision de l'église grecque qui correspond à notre évêché.

ÉPARS, *smpl.* Petits éclairs, lueurs subites qui traversent l'atmosphère quand elle est chargée de chaleur.

ÉPART, *sm.* ÉPARTS, *smpl.* Pièces de bois qui lient ensemble les brancards d'une charrette et qui supportent les planches qui en forment le fond. | Traverses d'une civière sur lesquelles se déposent les fardeaux. | (*Mar.*) Matériaux de sapin dont on fait de petits mâts, des boutdehors de vergues, etc. | Sorte de jonc d'Espagne propre à la vannerie. | On écrit aussi *Esparts* et *Esparres*.

ÉPARVIN ou ÉPERVIN, *sm.* Tumeur osseuse qui se forme aux articulations des chevaux à la suite de contusions.

ÉPAUFRURE, *sf.* Éclat détaché du bord ou de l'arête du parement d'une pierre.

ÉPAULARD, *sm.* Genre de cétacés de 7 à 8 mètres de longueur, qui se réunissent en troupes pour attaquer la baleine.

ÉPAULEMENT, *sm.* Faces suivant lesquelles on a coupé une pièce de bois pour former un tenon, et sur lesquelles cette pièce de bois s'appuie lorsqu'elle presse la pièce avec laquelle elle est assemblée. | Mur qui sert à soutenir des terres. | Rempart de fascines et de terre. | Partie d'une pièce de bois plus renflée que le reste.

ÉPAVE, *adj.* et *sf.* Se dit des objets abandonnés ou perdus dont on n'a pu retrouver le propriétaire. | Se dit aussi des corps flottants à la surface de la mer, qu'elle rejette sur le rivage. | ÉPAVIER, *sm.* Ouvrier qui cherche des —s dans les rivières ou sur le bord de la mer.

ÉPEAUTRE, *sm.* Variété de froment plus rustique que le blé ordinaire, et que l'on cultive dans les pays montagneux; son grain, plus petit que celui du blé, fournit une farine et des gruaux très-blancs.

ÉPEICHE ou ÉPEICHETTE, *sf.* Grande espèce du genre *pic*, oiseau d'Europe V. *Pic.*

ÉPENTHÈSE, *sf.* (pr. *pan-*) (*Litt.*) Addition, insertion d'une lettre ou même d'une syllabe au milieu d'un mot. | ÉPENTHÉTIQUE, *adj.* Qui tient de l'—.

ÉPERLAN, *sm.* Petit poisson de mer de la famille des saumons, long de 10 à 12 centim., à écailles argentées, à reflets variés, que l'on trouve à l'embouchure des fleuves; sa chair blanche, tendre et parfumée, est très-goûtée. | Poisson d'eau douce du genre able, dont la chair est peu estimée.

ÉPERON, *sm.* Ouvrage en pointe, soit dans un navire ou un pont pour rompre le cours de l'eau, soit dans des fortifications pour défendre une courtine ou une porte. | Ouvrage de maçonnerie en saillie servant à soutenir un bâtiment.

ÉPERONNIER, *sm.* Oiseau gallinacé de l'Inde et de Chine, dont les pieds sont armés à plusieurs éperons et la queue longue et arrondie; son plumage à couleurs très-variées et la douceur de ses mœurs l'ont fait en quelques endroits réduire en domesticité.

ÉPERVIER, *sm.* Oiseau de proie cendré en dessus, blanc en dessous, plus petit que le milan. | Sorte de filet de forme conique, qu'on lance dans l'eau et qu'on retire en le fermant au moyen de lacets.

ÉPERVIÈRE, *sf.* Plante à fleurs jaunes composées, dont une espèce, dite l'— des murailles, servait autrefois d'aliment aux éperviers qu'on dressait à la chasse.

ÉPERVIN, *sm.* V. *Éparvin.*

ÉPHÈBE, *sm.* Jeune homme ou jeune fille entrant dans l'âge de la puberté.

ÉPHÈDRE, *sm.* Arbrisseau de la famille des conifères, portant une touffe toujours verte qui produit un très-bel effet dans les bosquets.

ÉPHÉLIDE, *sf.* Tache de rousseur. | En général, taches quelconques sur la peau. | — ignéale. V. *Maquereau.*

ÉPHÉMÈRE, *adj.* Qui ne vit, qui ne dure qu'un jour. | Passager, de peu de durée. | *sf.* Petit insecte névroptère dont la vie est de très-courte durée.

ÉPHÉMÉRIDES, *sfpl.* Tables astronomiques indiquant pour chaque jour le lieu du ciel que les planètes occupent. | Par analogie, notices historiques ou chronologiques retraçant en peu de mots les événements arrivés le même jour de l'année, à différentes époques.

ÉPHOD, *sm.* (pr. *fod*). Tunique que portaient les prêtres et les rois hébreux, courte par devant et descendant jusqu'aux talons par derrière.

ÉPIALE, *adj.* (*Méd.*) Fièvre—, fièvre continue avec chaleur et frisson.

ÉPICARPE, *sm.* (*Bot.*) Enveloppe extérieure du *péricarpe.* (V. ce mot.)

ÉPICAUME, *sm.* Ulcère de la cornée transparente de l'œil.

ÉPICÉA, *sm.* Espèce de sapin commun en Europe et appelé aussi *pesse.*

ÉPICÈNE, *adj.* Se dit des noms qui s'appliquent à des êtres des deux sexes, comme *enfant, panthère*, etc.

ÉPICHÉRÈME, *sm.* (pr. *ké*-) (*Litt.*) Syllogisme dont les prémisses sont accompagnées de démonstrations subsidiaires et de preuves accessoires. | ÉPICHÉRÉMATIQUE, *adj.* Qui tient de l'—.

ÉPICHORIQUE, *adj.* V. *Endémique.*

ÉPICONDYLE, *sm.* (*Anat.*) Éminence qui surmonte le condyle.

ÉPICRANIEN, NE, *adj.* (*Anat.*) Se dit de la région de la tête qui avoisine le crâne.

ÉPICRISE, *sf.* Jugement, appréciation des causes et du traitement d'une maladie.

ÉPICURÉISME ou ÉPICURISME, *sm.* Ancien système de philosophie dans lequel le principe de l'univers étant pris en dehors de la divinité, l'idée du devoir était effacée, le sensualisme et l'indifférence morale dominaient. | Conduite de ceux qui sont adonnés aux plaisirs.

ÉPICURIEN, NE, *adj.* et *s.* Qui aime le plaisir, qui vit avec insouciance.

ÉPICYCLE, *sm.* (*Astr.*) C'étaient, suivant l'astronomie ancienne, les cercles suivis par les planètes tandis que les centres de ces cercles se déplaçaient continuellement sur des cercles plus grands; la théorie de la rotation des planètes autour du soleil a fait tomber cette hypothèse qui n'avait été fondée que pour expliquer les irrégularités de la marche des planètes quand on supposait que la terre était fixe au centre de l'univers.

ÉPICYCLOÏDE, *sf.* (*Math.*) Courbe décrite par un point donné d'une circonférence qui roule sur une autre; cette courbe donne le périmètre des roues dentées, des roues à cames, etc.

ÉPIDÉMIE, *sf.* Maladie qui frappe exceptionnellement, pendant un certain temps, un nombre plus ou moins grand d'individus dans une même localité.

ÉPIDENDRE, *sm.* Plante orchidée qui croît sur les arbres.

ÉPIDERME, *sm.* Membrane externe formant la surface de la peau.

ÉPIDOTE, *sm.* (*Minér.*) Silicate opaque d'un vert foncé et quelquefois d'un jaune rouge que l'on trouve en forme d'aiguilles aplaties ou de petites masses entrelacées.

ÉPIDROME, *sf.* (*Méd.*) Affluence des humeurs vers une partie du corps.

ÉPIER, *vn.* Se dit des céréales au moment où elles forment leurs épis.

ÉPIEU, *sm.* Long bâton terminé par un fer plat et pointu dont on se sert à la chasse du sanglier. | Ancienne arme de guerre, composée d'un fer large, pointu et tranchant, monté sur un bâton ferré.

ÉPIGASTRE, *sm.* Partie inférieure de l'estomac au-dessus du nombril, que l'on nomme vulgairement *le creux de l'estomac.* ÉPIGASTRIQUE, *adj.* Qui appartient à l'—. | | ÉPIGASTRALGIE, *sf.* Douleur de —.

ÉPIGÉNÈSE, *sf.* Théorie qui attribue la création des êtres à la juxtaposition successive de leurs diverses parties.

ÉPIGÉNIE, *sf.* (*Min.*) Se dit des corps qui, soumis à une action étrangère prolongée ou intense, changent de substance sans changer de forme.

ÉPIGEONNER, *va.* Employer le plâtre en le posant doucement sans le jeter ni le plaquer.

ÉPIGINOMÈNE, *sm.* (*Méd.*) Symptôme ou accident survenu pendant le cours d'une maladie et qui tient à une cause externe évidente.

ÉPIGLOTTE, *sf.* Cartilage fibreux situé un peu au-dessous de la base de la langue et servant à fermer la glotte au moment où l'on introduit des aliments dans le gosier et à empêcher qu'ils ne passent dans les voies respiratoires.

ÉPIGRAMME, *sf.* Petite pièce de vers portant un cachet de malignité caustique.

ÉPIGRAPHE, *sf.* Citation mise en tête d'un ouvrage ou d'un chapitre pour en rappeler le sens ou la substance.

ÉPIGYNE, *adj.* (*Bot.*) Se dit des organes qui sont insérés sous l'ovaire.

ÉPILATION, *sf.* Opération qui consiste à enlever soit avec la main, soit avec des outils ou des ingrédients, les poils de la figure ou de toute autre partie du corps. | ÉPILER, *va.* Pratiquer l'—. | ÉPILATOIRE, *adj.* Qui produit l'—.

ÉPILEPSIE, *sf.* Maladie chronique cérébrale, occasionnant des accès brusques, convulsifs, intermittents, pendant lesquels il y a abolition complète des fonctions des sens et de l'entendement.

ÉPILLET, *sm.* (*Bot.*) Partie de l'épi composée de deux ou trois petites fleurs; la réunion de tous les *épillets* forme l'épi.

ÉPILOBE, *sm.* Plante assez élevée des lieux ombragés et humides dont les fleurs sont roses, en épi, et portent des fruits en cosse à graines plumeuses; les racines de quelques-unes de ses espèces sont comestibles; ses feuilles lancéolées ovales ressemblent à celles de l'osier et sont quelquefois employées dans la composition de la bière.

ÉPILOGUE, *sm.* Petite pièce de vers ou de prose qui termine un livre ou une partie d'un livre. | Dernier acte d'une grande pièce de théâtre où se trouve le dénouement. | Dernière partie d'un roman.

ÉPINCETER, *va.* Enlever avec de petites pinces les nœuds, les pailles et les bourrons qui restent à la surface des étoffes. | ÉPINCETEUR, ÉPINCETEUSE, *s.* Celui, celle qui épincette. | ÉPINCETTE, *sf.* Pince dont on se sert pour —.

ÉPINÇOIR, *sm.* Espèce de marteau qui a deux têtes disposées en coins non tranchants. | ÉPINCER, *va.* Tailler du grès avec l'—.

ÉPINE, *sf.* — blanche, nom vulgaire de l'aubépine. | — noire, prunier sauvage. | — dorsale (*Anat.*) Nom vulgaire de la *colonne vertébrale.*

ÉPINETTE, *sf.* Ancien instrument à clavier dont les touches soulevaient de petits leviers garnis de pointes de plumes de corbeau; ces plumes pinçaient des cordes de laiton, de fil d'acier ou de fil de fer, tendues sur deux chevalets collés sur une table de bois blanc. | Hameçon fait d'épines d'arbre. | Cage de bois pour engraisser les volailles, dans laquelle ces animaux ne peuvent pas se retourner.

ÉPINE-VINETTE, *sf.* Petit arbuste épineux, commun dans les haies, à fleurs petites en grappes, portant des fruits à saveur aigrelette, dont on fait des confitures, une espèce de boisson et un sirop antiseptique et rafraîchissant; son bois et sa racine sont employés dans l'industrie, ainsi que son écorce qui fournit une teinture jaune.

ÉPINGARD, *sm.* Nom que l'on donnait autrefois aux petites pièces de canon qui ne portaient pas plus d'une livre de balles.

ÉPINGLETTE, *sf.* Aiguille de fil de fer ou de cuivre dont on se sert pour ne[illegible]yer la lumière des fusils. | Aiguille à gr[illegible] tête servant au même usage que la pince appelée *épincette.*

ÉPINIÈRE, *adj. f.* Qui appartient à l'épine du dos. | Moelle —, cordon nerveux répandu dans l'intérieur de la colonne vertébrale, depuis la protubérance annulaire du cerveau jusqu'à la seconde vertèbre lombaire.

ÉPINOCHE, *sf.* Petit poisson muni d'un aiguillon mobile et de plusieurs épines sur le dos, qu'on trouve dans les petits cours d'eau. | Café de première qualité.

ÉPIORNIS, *sm.* V. *Æpiornis.*

ÉPIPHONÈME, *sm.* (*Litt.*) Sorte d'exclamation sentencieuse par laquelle on termine un récit.

ÉPIPHORA, *sm.* (*Méd.*) Flux, écoulement continuel des larmes qui tombent sur la joue par suite d'une maladie des voies lacrymales ou de toute autre maladie dont cet accident est un symptôme.

ÉPIPHYSE, *sf.* (*Anat.*) Portion d'un os unie au corps de l'os par un cartilage qui, en s'ossifiant, se change en apophyse.

ÉPIPHYTE, *adj.* (*Bot.*) Se dit des plantes parasites, c.-à-d. des plantes qui croissent sur d'autres végétaux.

ÉPIPLOON, *sm.* Double feuillet membraneux formé par un prolongement du péritoine, enveloppant l'estomac et flottant sur toute la surface des intestins. | ÉPIPLOÏQUE, *adj.* Qui appartient à l'—. | ÉPIPLOÏTE, *sf.* Inflammation de l'—.

ÉPIQUE, *adj.* Se dit d'un poëme où sont racontées les aventures mémorables d'un héros, d'un grand homme, etc.

ÉPISCOPAL, E, *adj.* Qui appartient à l'évêque. | ÉPISCOPAT, *sm.* Dignité d'évêque.

ÉPISÈME, *sm.* (*Litt.*) Signe de numération chez les Grecs, qui signifiait 6 ou 6,000, suivant la position de l'accent qui l'accompagnait.

ÉPISODE, *sm.* Dans un récit (poëme, drame, roman), action incidente qui se mêle à l'action principale, mais qui en est tout à fait indépendante.

ÉPISPASTIQUE, *adj.* et *sm.* (*Méd.*) Se dit de toutes les substances qui, appliquées sur la peau, y déterminent de l'irritation et une accumulation de sérosité.

ÉPISPERME, *sm.* (*Bot.*) Membrane mince et simple qui enveloppe immédiatement la graine.

ÉPISSER, *va.* Faire une épissure, joindre deux bouts de cordage en entrelaçant les cordons ou torons. | ÉPISSOIR, *sm.* Instrument en forme de poinçon qui sert à séparer les bouts de corde que l'on veut —. | ÉPISSURE, *sf.* Action d'—; état d'une corde épissée.

ÉPISTASE, *sf.* Nom des matières en suspension dans l'urine, soit à la surface, soit au fond.

ÉPISTATION, *sf.* Écrasement des corps mous et pâteux dans le mortier, opéré en frappant obliquement et en tournant avec le pilon. | ÉPISTER, *va.* Produire l'—, réduire en pâte.

ÉPISTAXIS, *sm.* (*Méd.*) Nom de l'écoulement nasal sanguin qu'on appelle vulg. *saignement de nez.*

ÉPISTOLAIRE, *adj.* Se dit de l'art d'écrire des lettres familières. | ÉPISTOLOGRAPHE, *s.* Qui écrit des lettres familières; se dit surtout des écrivains qui excellent dans cet art; on dit aussi quelquefois *Epistolier.*

ÉPISTOME, *sm.* (*Zool.*) Partie antérieure de la tête des insectes qui se trouve immédiatement au-dessus de la bouche.

ÉPISTOMIUM, *sm.* N[illegible] que l'on donne quelquefois aux [illegible] pistons et à tous les corps qui sont destinés à fermer ou à ouvrir un orifice à volonté.

ÉPISTYLE, *sf.* (*Archit.*) Architrave, pièce qui pose sur le chapiteau d'une colonne.

ÉPITAPHE, *sf.* Inscription en vers ou en prose qui est placée au-dessus d'un tombeau.

ÉPITASE, *sf.* (*Litt.*) Partie du poëme dramatique qui vient après la protase ou exposition, et qui contient les incidents qui font le nœud de la pièce. | (*Méd.*) Moment où l'accès se déclare, début d'une attaque.

ÉPITE, *sf.* Petit coin de bois qu'on pousse dans la tête d'une cheville fixée dans un trou pour l'y forcer. | ÉPITOIRE, *sf.* Ciseau de fer pour ouvrir la tête de la cheville et faire la place de l'—.

ÉPITHALAME, *sm.* Petit poème, chant composé pour célébrer un mariage.

ÉPITHÉLIOMA, *sm.* Espèce de tumeur, variété du cancroïde qui ne recouvre que l'épithélium.

ÉPITHÉLIUM, *sm.* (pr. *omm*). Epiderme qui recouvre les membranes muqueuses et qui est à la muqueuse ce qu'est l'épiderme à la peau. | ÉPITHÉLIAL, E, *adj.* Qui a rapport à l'—.

ÉPITHÈME, *sm.* Tout médicament topique liquide qui ne tient ni de la nature de l'onguent ni de celle de l'emplâtre.

ÉPITOGE, *sm.* Espèce de manteau ou de chaperon que certains magistrats portaient autrefois par dessus la robe dans les solennités.

ÉPITOIRE, *sf.* V. *Épite.*

ÉPITOME, *sm.* (pr. *mé*). Abrégé d'un livre, en particulier d'une histoire.

ÉPITRE, *sf.* (*Litt.*) Nom qu'on donne à des lettres écrites en vers et, par ext., à certaines lettres en prose d'écrivains latins.

ÉPITROCHLÉE, *sf.* (*Anat.*) Condyle interne de l'humérus, protubérance inégale, arrondie, qui se trouve au dedans de l'extrémité inférieure de l'humérus, au-dessus de la trochlée articulaire.

ÉPIZOAIRE, *adj.* et *s.* Se dit des animaux parasites qui vivent à la surface du corps d'un animal, comme la puce, ou de ceux qui se logent sous l'épiderme, comme l'acarus de la gale.

ÉPIZOOTIE, *sf.* (pr. *ci*). Maladie qui affecte un grand nombre d'animaux à la fois. | ÉPIZOOTIQUE, *adj.* Qui tient de l'—, qui a rapport à l'—.

ÉPODE, *sm.* Dans la littérature ancienne, la troisième partie d'un chant divisé en strophe, antistrophe et épode. | Les —s d'Horace, le dernier livre de ses odes.

ÉPOINTURE, *sf.* Maladie des chiens qui leur rend une hanche plus basse que l'autre.

ÉPOMIDE, *sm.* (*Anat.*) Partie supérieure de l'épaule.

ÉPONGE DE PLATINE, *sf.* V. *Platine.*

ÉPONTE, *sf.* (*Minér.*) Paroi de la fente du terrain qui donne passage à un filon.

ÉPONTILLE, *sf.* (*Mar.*) Pilier de bois ou de fer qui sert à supporter les ponts du navire. | ÉPONTILLER, *va.* Mettre les — en place, garnir d'—s.

ÉPOPÉE, *sf.* Poëme épique. V. *Épique.*

ÉPOULARDAGE, *sm.* Opération qui consiste à nettoyer et à trier les feuilles de tabac après leur récolte.

ÉPOUSSETTE, *sf.* Ancien nom de la vergette ou petite brosse à habits.

ÉPOUTIR, *va.* Nettoyer le drap. | ÉPOUTIEUSE, *sf.* Ouvrière qui nettoie le drap.

ÉPOUVANTAIL, *sm.* Espèce de sterne ou d'hirondelle de mer.

ÉPREINTE, *sf.* Tenesme; besoin continuel et inutile d'aller à la selle, avec chaleur et cuisson autour de l'anus.

ÉPROUVETTE, *sf.* Cloche de verre, avec ou sans pied, en forme de cylindre allongé, dans lequel on recueille les gaz. | Ustensile servant à vérifier la qualité d'un liquide. | Echevette de soie de 475 mètres de longueur. | Instrument sur lequel se dévide cette échevette.

EPSOM (sel d') *sm.* Sulfate de magnésie, sel blanc, amer, extrait de certaines sources naturelles qui en renferment beaucoup; on l'emploie comme purgatif. On l'appelle aussi *Epsomite* et *Sel de Sedlitz.*

ÉPUCHE, ÉPUCHETTE, *sf.* Pelle pour enlever de la tourbe les matières étrangères.

ÉPUISETTE, *sf.* Petit filet pour prendre dans la cage un serin farouche ou tout autre oiseau.

ÉPULIDE ou ÉPULIE, *sf.* Excroissance fongueuse, gonflement inflammatoire qui se produit sur les gencives.

ÉPULOTIQUE, *adj.* Cicatrisant, propre à cicatriser.

ÉPURE, *sf.* Dessin des détails d'un édifice, d'une machine, etc., tracé sur un plan, à une échelle réduite, ou bien de grandeur naturelle, et devant servir de guide aux ouvriers chargés de l'ouvrage à exécuter.

ÉPURGE, *sf.* Espèce d'euphorbe, plante dont la tige renferme un suc laiteux et les semences une huile âcre très-purgative.

ÉQUARRIR, *va.* Dépecer des chevaux morts et enlever leur peau. | ÉQUARRISSAGE, *sm.* Action d' — | ÉQUARRISSEUR, *sm.* Celui qui pratique l'équarrissage. | V. aussi *Ecarrir, Ecarrissage.*

ÉQUARRISSOIR, *sm.* V. *Ecarrissoir.*

ÉQUATEUR, *sm.* (pr. *koua-*). — terrestre, cercle imaginaire, tracé sur la surface de la terre perpendiculairement à son axe de rotation et la divisant en deux parties égales; il passe au Pérou, vers le milieu de l'Afrique et au sud de l'Asie. Les jours y sont toute l'année égaux aux nuits. | — céleste, cercle de la sphère céleste déterminé par le prolongement du plan de l'— terrestre; il a le même centre et les mêmes pôles que le premier.

ÉQUATION, *sf.* (pr. *koua-*) (*Math.*) En général, expression de l'égalité de deux quantités, parmi lesquelles se trouvent des termes inconnus.

ÉQUATORIAL, *sm.* (pr. *koua-*). Instrument destiné à suivre le mouvement diurne des astres par le moyen d'un axe parallèle à l'axe du monde, et à mesurer l'ascension droite et la déclinaison au moyen de deux cercles qui présentent l'un l'équateur et l'autre le cercle de déclinaison. | —, E, *adj.* Qui appartient à l'équateur.

ÉQUERRE, *sm.* Triangle rectangle de bois plat servant à tracer des perpendiculaires et des parallèles. | Cylindre ou prisme à huit pans égaux munis de fentes pour viser des jalons et servant à tracer des perpendiculaires et des parallèles sur le terrain; cet instrument est en cuivre et muni d'une douille pour qu'on puisse l'emmancher à un pied de bois.

ÉQUESTRE, *adj.* (pr. *kués*). Se dit des statues ou des tableaux qui représentent une personne à cheval.

ÉQUIDIFFÉRENCE, *sf.* (pr. *kui-*) (*Math.*) Égalité de deux rapports par différence.

ÉQUIDISTANT, E, *adj.* (pr. *kui-*) (*Math.*) Qui est également distant, à la même distance de plusieurs points.

ÉQUILATÉRAL, E, *adj.* (pr. *kui-*) (*Math.*) Se dit des figures qui ont tous les côtés égaux entre eux.

ÉQUILBOQUET, *sm.* Instrument de bois en forme d'équerre; il sert de calibre pour vérifier les mortaises.

ÉQUILLE, *sf.* V. *Lançon*.

ÉQUIN, *adj. m.* (pr. *ku-in*). Pied —, difformité dans laquelle le pied présente une disposition assez semblable au sabot du cheval et n'appuie que sur la pointe.

ÉQUINOXE, *sm.* (pr. (*ki-*). Époques de l'année où le soleil se trouvant sur l'équateur, les jours sont égaux aux nuits pour toute la terre; il y en a deux: celui d'automne (22-23 septembre) et celui de printemps (20-21 mars). | ÉQUINOXIAL, E, *adj.* De l'—.

ÉQUIPAGE, *sm.* Ensemble des hommes embarqués sur un vaisseau pour exécuter les manœuvres et les divers travaux du bord. | —s, *smpl.* Accessoires divers qui sont transportés par l'artillerie et le génie, comme les caissons, voitures, munitions, matériaux de siége. | Convoi de vivres et d'ambulances militaires. | Groupe de chiens pour la chasse.

ÉQUIPE, *sf.* Bateaux réunis à la suite les uns des autres. | Dans un chemin de fer groupe d'hommes chargés de disposer les wagons sur les voies pour le chargement et le déchargement, ou de divers travaux sur la voie. | Tout groupe d'ouvriers dans certains chantiers.

ÉQUIPET, *sm.* (*Mar.*) Planche fixée à la paroi des chambres des officiers à bord des navires et servant d'étagère pour poser les petits objets.

ÉQUIPOLLENT, E, *adj.* (pr. *ki-*). Se dit des choses égales entre elles en valeur, en puissance. | ÉQUIPOLLENCE, *sf.* État de ce qui est —.

ÉQUIPONDÉRANCE, *sf.* (pr. *kui-*). Poids égal de deux corps, égalité de forces qui les poussent vers un même point.

ÉQUIPONDÉRANT, E, *adj.* Qui contre-balance, qui a le même poids.

ÉQUISÉTACÉES, *sfpl.* (pr. *kui-*) (*Bot.*) Famille de plantes dont le type est le *prêle* ou queue de cheval, qui sont voisines de la fougère par leur fructification et l'absence de fleurs, et qui s'en distinguent par leur tige cylindrique et leurs filaments verticillés; on en trouve beaucoup à l'état fossile.

ÉQUITATION, *sf.* (pr. *kui-*). Art de monter à cheval. | Action de monter à cheval.

ÉQUIVALENT, *sm.* (*Chim.*) Nombre qui exprime combien il faut prendre, en poids, de parties d'un corps simple ou élément, pour substituer cet élément à un autre, pris pour unité, dans une combinaison, et obtenir une combinaison analogue par ses propriétés générales.

ÉQUORÉE, *sf.* Espèce de méduse des mers australes, dont le corps est très-varié de formes et de couleurs.

ÉQUOREUR, *sm.* Sur les côtes de Normandie, nom qu'on donne à celui qui est désigné par une association de pêcheurs pour distribuer à chacun les bénéfices de la pêche et juger les contestations qui pourraient s'élever entre les associés.

ÉRABLE, *sm.* Arbre élevé à feuilles découpées, dont le bois, blanc et très-léger, est employé pour divers ouvrages de tabletterie et de menuiserie; la séve de certaines de ses espèces est très-sucrée.

ÉRADIER (s') *vpr.* Rayonner.

ÉRASTIEN, NE, *adj.* Qui concerne, qui réclame la séparation de l'Église et de l'État.

ERBUE, *sf.* Terre argileuse, que l'on ajoute au minerai de fer pour préparer la fonte; il sert de fondant, c.-à-d. il débarrasse le fer de sa gangue terreuse quand elle est très-calcaire.

ÈRE, *sf.* Époque fixe, date à partir de laquelle se comptent les années dans tel ou tel pays. | L'*ère* vulgaire commence à la naissance de Jésus-Christ. | L'*ère* des mahométans commence au jour où Mahomet s'enfuit de la Mecque, le 16 juillet 622.

ÉRÈBE, *sm.* Fleuve des enfers, dans la religion païenne. | Se dit, en poésie, pour la nuit éternelle, la mort, les enfers. | *sf.* Papillon très-grand dont les ailes sont rayées de noir, avec des taches blanches et roses ; il se trouve dans les pays tropicaux.

ÉRECTILE, *adj.* Qui a la faculté d'entrer en érection, c.-à-d. de se gonfler, de se durcir et de se redresser.

ÉRÉMITIQUE, *adj.* Qui tient de l'ermite, du solitaire.

ÉRÈSE, *sf.* Espèce d'araignée des bois qui se renferme dans un pli de feuille où elle file un petit sac blanc dans lequel elle s'enveloppe.

ÉRÉSIPÈLE, *sm.* V. *Erysipèle.*

ÉRÉTHISME, *sm.* Surexcitation, irritation violente qui se manifeste au commencement des maladies aiguës. | Tension violente des fibres. | Violence d'une passion.

ERGASTULE, *sm.* (*Ant.*) Prison où l'on enfermait les esclaves condamnés à des travaux pénibles.

ERGO (*Lat.*) Mot qui signifie *donc*, et dont on se sert quelquefois dans les argumentations.

ERGOTÉ, E, *adj.* Se dit des grains de céréales sur lesquels s'est développé l'*ergot*, et particul. de ceux du *seigle*, qu'on emploie quelquefois en médecine. V. *Ergotine.*

ERGOTER, *vn.* Raisonner, argumenter à propos de tout.

ERGOTEUR, SE, *s.* Celui, celle qui ergote.

ERGOTISME, *sm.* Manie d'ergoter.

ERGOT, *sm.* Doigt, ongle que quelques animaux portent derrière les pieds. | Excroissance noirâtre qui vient sur les grains et dont la présence dans la farine peut produire de graves accidents. | Maladie, épidémie produite par l'usage du seigle *ergoté.* | Extrémité d'une branche morte.

ERGOTINE, *sf.* Matière qu'on extrait du seigle ergoté ; c'est un violent septique, et un hémostatique puissant.

ÉRICACÉ, E, *adj.* Qui ressemble à la bruyère. | —ES, *sfpl.* (*Bot.*) Famille de plantes dont le type est la bruyère. | On dit aussi *Ericiné, Ericinées.*

ÉRIGNE ou ÉRINE, *sf.* (*Chir.*) Sorte de pince d'acier terminée par deux crochets et destinée à soulever des chairs qui doivent être coupées avec précaution.

ÉRIODE, *sm.* Genre de singes du Brésil, voisin des ateles, qui a le poil laineux et la queue prenante ; ses espèces sont de très-petite taille.

ÉRISTIQUE, *adj.* (*Philos.*) S'est dit d'une secte de philosophes grecs qui considéraient la controverse comme la base de toutes les sciences.

ERMAILLY, *sm.* Nom qu'on donne en quelques pays aux associations de propriétaires appelées généralement *Fruitières.* (V. ce mot.)

ERMINETTE, *sf.* Espèce de hache recourbée pour planer et doler le bois ; sa lame est dirigée dans un sens perpendiculaire à celui de la hache ordinaire et semble se coucher sur le manche.

ERMITE, *sm.* Nom qu'on donne aux personnes qui se retirent dans un lieu inhabité pour s'y livrer à la vie religieuse et contemplative.

ÉRODER, *va.* Ronger, déchirer, particul. sur les bords une substance quelconque.

ÉRODIUM, *sm.* Genre de plantes assez semblables aux géraniums, dont quelques espèces sont cultivées pour la beauté de leurs fleurs.

ÉROSION, *sf.* Écorchure, état de tout ce qui a subi une action corrosive ou de ce qui paraît rongé sur les bords.

ÉROTÉMATIQUE, *adj.* (*Litt.*) Qui est énoncé sous la forme interrogative ; qui consiste en interrogations.

ÉROTIQUE, *adj.* (*Litt.*) Qui appartient, qui se rapporte à l'amour ; se dit particul. de la poésie qui a pour objet la peinture de l'amour, sans dépasser les bornes de la décence et de la pudeur.

ERPÉTOLOGIE, *sf.* Partie de l'histoire naturelle qui traite des reptiles. | ERPÉTOLOGISTE, *sm.* Naturaliste qui s'occupe d'—.

ERPÉTON, *sm.* Serpent de la Nouvelle-Guinée, long de 1 mètre, dont le corps est cylindrique et qui porte au haut de la bouche deux tentacules charnus.

ERRATIQUE, *adj.* (*Méd.*) Se dit d'une fièvre intermittente qui reparaît à des intervalles irréguliers. | (*Géol.*) Se dit de certains blocs qui se trouvent à une distance considérable des roches dont ils faisaient primitivement partie et dont le déplacement est attribué à des actions de diverses natures et particulièrement au mouvement des glaciers.

ERRE, *sf.* Vitesse acquise par un navire.

ERREMENTS, *smpl.* (*Jurisp.*) Série d'actes qui composent une instance. | Par ext., usages, traditions qu'on suit dans certaines procédures administratives ou judiciaires.

ERRHIN, E, *adj.* (*Méd.*) Se dit des médicaments qu'on introduit dans les narines pour les appliquer sur la membrane nasale.

ERS, *sm.* (pr. *èr*). Plante légumineuse dont quelques espèces produisent les graines alimentaires appelées *lentille*, *vesce noire*, etc.

ERSE, *adj.* et *sm.* Se dit d'une forme du dialecte gaélique qui est parlée particul. par les paysans d'Irlande. | *sf.* (*Mar.*) Sorte de nœud ou d'anneau formé avec un câble pour soulever certains fardeaux.

ÉRUBESCENCE, *sf.* Action de rougir; état de ce qui commence à rougir. | ÉRUBESCENT, E, *adj.* Se dit de ce qui commence à rougir.

ÉRUCTATION, *sf.* Émission bruyante par la bouche des gaz contenus dans l'estomac. | ÉRUCTER, *vn.* Produire des —s ; vulg. *roter.*

ÉRUGINEUX, SE, *adj.* Qui tient de la rouille de cuivre, qui est de la couleur du vert-de-gris.

ÉRUPTIF, VE, *adj.* Se dit des maladies accompagnées d'*éruption*, c.-à-d. de production de boutons ou de pustules sur la peau, quelle que soit leur nature.

ERVALENTA, *sf.* Nom qu'on a donné à la farine de lentilles pour la débiter, en lui attribuant des propriétés analeptiques très-exagérées.

ÉRYSIPÈLE, *sm.* Inflammation superficielle de la peau, avec tension et tumeur, occasionnant une fièvre assez vive et se résolvant par des boutons et des écailles qui se dessèchent et tombent. | ÉRYSIPÉLATEUX, SE, *adj.* Qui tient de l'—.

ÉRYSIPHE, *sm.* Petit champignon qui pousse par groupes dans les lieux humides et peu aérés; on l'appelle vulg. *blanc de champignon.*

ÉRYTHÈME, *sm.* Rougeur inflammatoire; exanthème non contagieux, produit souvent par le frottement de la peau contre quelque autre substance.

ÉRYTHRÉ, E, *adj.* Rouge.

ÉRYTHRIN, *sm.* Genre de poissons de couleur rouge, dont le corps est allongé et qu'on trouve dans les eaux douces des contrées tropicales; sa chair est estimée.

ÉRYTHRINE, *sf.* Arbuste de la famille des légumineuses, à fleurs rouges, en grappes et à graines aussi d'un beau rouge, dont on fait des chapelets; certaines de ses espèces, qui habitent les Indes, sont fébrifuges : les graines d'une autre espèce servent de poids en Abyssinie pour peser l'or.

ÉRYTHRINE, *sf.* Matière colorante extraite d'une espèce de lichen, devenant d'un beau rouge violet sous l'influence de l'air et de l'ammoniaque. | ÉRYTHRIQUE, *adj.* Acide—, acide produisant une belle couleur rouge et qui résulte d'une modification particulière de l'urine.

ÉRYTHRONE, *sf.* Petite plante de la famille des liliacées, dont une espèce, appelée vulg. *dent de chien* ou *vioulte*, est cultivée pour la beauté de sa fleur, d'un rouge éclatant en dehors, blanchâtre en dedans.

ÉRYTHROXYLON, *sm.* Arbre de 4 à 5 mètres, qu'on trouve dans diverses contrées de l'Amérique du Sud, qui porte des fleurs blanches très-odorantes et dont le bois a une très-belle couleur rouge. | — du Pérou. V. *Coca.* | ÉRYTHROXYLÉES, *sfpl.* Famille de plantes dont le type est l'—.

ÉRYX, *sm.* Serpent non venimeux, dont une espèce, appelée *turc*, est commune en Égypte et en Turquie.

ESCABÉCHER, *va.* Préparer, mariner les sardines pour les conserver.

ESCABLON, *sm.* Sorte de piédestal en forme de cône sur lequel on place un buste.

ESCACHE, *sf.* Mors de cheval ovale, différent du canon qui est rond.

ESCADRE, *sf.* Réunion de dix à vingt vaisseaux de guerre commandés par un amiral, un vice-amiral ou un contre-amiral ; c'est une portion de la *flotte.*

ESCADRILLE, *sf.* Petite escadre le plus souvent composée de bâtiments légers.

ESCADRON, *sm.* Partie du régiment de cavalerie qui est formée de trois ou quatre compagnies.

ESCALADOU, *sm.* Petit moulin à dévider la soie.

ESCALE, *sf.* Relâche. | Faire —, mouiller dans un port où il y a un ancrage et y avoir pratique et communication. | ESCALER, *vn.* Faire —.

ESCALETTE, *sf.* Parallélipipède de bois bien équarri qui sert à la lecture des dessins des soieries. | Espèce de peigne de bois.

ESCALIN, *sm.* Monnaie d'argent des Pays-Bas qui vaut environ 65 centimes.

ESCALOPE, *sf.* Sorte d'assaisonnement avec divers épices qui accompagne des tranches de viande, et particul. des poissons.

ESCANDEAU, *sm.* Dans le Midi, mesure de capacité pour les liquides, contenant 16 litres environ.

ESCAPE, *sf.* (*Archit.*) Le fût d'une colonne, la partie inférieure et la plus proche de la base. | Adoucissement qui sert à lier et accorder avec les fûts des colonnes, les filets par lesquels ceux-ci se terminent, dans certaines ordonnances, tant par en haut que par en bas.

ESCARBALLE, *sf.* (*Comm.*) Petite dent d'éléphant.

ESCARBILLE, *sf.* (*Comm.*) Grosse dent d'éléphant. | —, ou —s, *sfpl.* Petit coke, portion de houille qui a échappé à une combustion complète et qui est mêlée aux cendres.

ESCARBOT, *sm.* Coléoptère à long corselet que l'on trouve dans les excréments et les fumiers ; quelques espèces à corps comprimé se trouvent sous les écorces d'arbre.

ESCARBOUCLE, *sf.* Pierre précieuse, rubis qui a beaucoup d'éclat et qui est d'un rouge foncé. | Grenat ferrugineux, pourpre, tirant sur le coquelicot.

ESCARCELLE, *sf.* Grande bourse qu'on portait, au moyen âge, pendue à la ceinture.

ESCARE, *sf.* ESCAROTIQUE, *adj.* V. *Eschare.*

ESCARMOUCHE, *sf.* (*Milit.*) Léger engagement entre les tirailleurs de deux armées.

ESCAROLE, *sf.* Variété de la chicorée qu'on mange en salade; elle est moins blanche, moins frisée et plus amère que la chicorée.

ESCARPE, *sf.* (*Milit.*) Muraille de terre ou de maçonnerie en pente qui règne au-dessus du fossé, du côté de la place.

ESCARPINE, *sf.* Petite pièce d'artillerie semblable à une arquebuse, qui était autrefois en usage sur les galères pour couper les voiles et les cordages.

ESCART, *sm.* Sorte de cuir qui vient d'Alexandrie.

ESCAUDE, *sf.* Petite barque dont on se sert sur les marais et sur les rivières peu considérables.

ESCHARE, ESCARE, ou ESCARRE, *sf.* (pr. *ka-*) (*Méd.*) Croûte noirâtre qui se forme sur la peau par mortification ou désorganisation d'une partie vivante, par suite de l'application d'un caustique.

ESCHAROTIQUE, *adj.* Se dit des agents caustiques qui brûlent les chairs baveuses et les excroissances fongueuses de mauvaise nature.

ESCLAME, *adj.* Se dit d'un animal dont le corps est grêle et menu.

ESCOFFION, *sm.* Filet d'or ou de soie dont les femmes se coiffaient au moyen âge.

ESCOMPTE, *sm.* Remise faite au payeur par celui qui reçoit une somme avant l'échéance ou avant le moment où elle serait due. | ESCOMPTER, *va.* Payer sous déduction de l'—; escompter un billet, l'endosser en en remettant le montant au cédant sous déduction d'un —.

ESCOPE, *sf.* V. *Écope.*

ESCOPERCHE, *sf.* V. *Écoperche.*

ESCOPETTE, *sf.* Arme à feu, espèce de carabine que l'on portait ordinairement en bandoulière.

ESCOT, *sm.* Sorte d'étoffe de coton dont on a fait des robes; on ne l'emploie plus aujourd'hui.

ESCOUADE, *sf.* Subdivision d'une compagnie commandée par un caporal ou un brigadier et se composant de 4, 6, 8 ou 12 hommes: | Groupe d'agents de police. | Groupe d'ouvriers maritimes commandés par un chef.

ESCOURGÉE, *sf.* Fouet fait de plusieurs lanières de cuir.

ESCOURGEON, *sm.* Espèce ou variété d'orge dont l'épi est court, le grain hâtif, et qu'on fait ordinairement manger en vert aux chevaux.

ESCRIME, *sf.* Art de manier l'épée et le fleuret, ainsi que le sabre.

ESCULINE, *sf.* Principe actif du marron d'Inde, médicament tonique employé dans les fièvres intermittentes.

ÉSÉRINE, *sf.* Alcaloïde cristallisable qu'on extrait de la fève de Calabar et qui contient son principe actif.

ESGALIVER, Tordre légèrement la soie teinte.

ESMILIER, *va.* V. *Smiller.*

ÉSOCES, *smpl.* Famille de poissons malacoptérygiens, à écailles dures, dont le type est le *brochet.*

ÉSOCHE, *sf.* Tumeur qui se développe en dedans de l'anus.

ÉSOTÉRIQUE, *adj.* Se dit de la doctrine secrète que certains philosophes de l'antiquité ne communiquaient qu'à un petit nombre de leurs disciples.

ESPACE, *sf.* (*Impr.*) Petites pièces de fonte de mêmes dimensions que les lettres, mais moins hautes, et ne marquant pas sur le papier; elles servent à séparer les mots.

ESPADE, *sf.* Sabre de bois pour battre le chanvre et en séparer la chènevotte.

ESPADON, *sm.* Grande et large épée qu'on tenait à deux mains. | Sabre d'escrime. | V. *Xiphias.*

ESPADRILLE, *sf.* Espèce de chaussure en usage chez les montagnards des Pyrénées; l'empeigne est faite de grosse toile et la semelle consiste en un tissu très serré de *sparte.*

ESPAGNOLETTE, *sf.* Bouton qui sert à ouvrir une fenêtre. | Espèce de droguet ou de petit drap ras dont on fait des vestes, des caleçons, etc.

ESPALET, *sm.* Partie d'un chien de fusil qui lui sert d'appui quand il se débande.

ESPALIER, *sm.* Disposition d'un arbre fruitier dont on courbe les branches le long d'un mur exposé au soleil pour activer la maturation des fruits.

ESPALME, *sm.* Matière grasse, faite de suif mêlé avec du goudron; on en fait usage pour calfater la carène des vaisseaux. | ESPALMER, *va.* Enduire d'—.

ESPARCETTE, *sf.* Sainfoin.

ESPARS, ESPARRES, *smpl.* V. *Épart.*

ESPATARD, *sm.* Enclume et marteau de fonte qui arment un gros martinet dans une usine à fer.

ESPINGARD, *sm.* C'était autrefois une petite pièce d'artillerie ne portant pas au delà d'une livre de balle.

ESPINGOLE, *sf.* Gros fusil court dont le canon était évasé comme un entonnoir.

ESPLANADE, *sf.* Terrain uni et légèrement incliné qui, dans les places fortes, s'étend entre les remparts et les maisons de la ville.

ESPOIR, *sm.* Au XVIIIe siècle, fauconneau ou petite pièce d'artifice de bronze qui était montée sur le pont d'un vaisseau et qui servait lorsqu'on faisait des descentes.

ESPOLE, *sf.* Fil de la trame d'une étoffe

ESPOLIN, *sm.* Espoliner, *va.* V. *Spoulin, Spouliner.*

ESPONTON, *sm.* Demi-pique que portaient autrefois les officiers d'infanterie et dont on se sert sur les vaisseaux pour l'abordage.

ESPOULETTE, *sf.* Tube de fer-blanc évasé en entonnoir qu'on garnit de poudre imbibée d'alcool et qu'on place au-dessus de la lumière du canon pour l'enflammer plus rapidement.

ESPRINGALE, *sf.* Espèce de fronde autrefois en usage dans les armées.

ESPRIT, *sm.* — de bois, liquide inflammable ressemblant à l'alcool sous beaucoup de rapports, mais plus volatil; on l'extrait, par diverses manipulations, des produits de la distillation du bois. | — de nitre. V. *Azotique (acide).* | — de sel. V. *Chlorhydrique (acide).* | — de vin. V. *Alcool.*

ESPROT, *sm.* V. *Clupée.*

ESQUEMBAUX, *smpl.* Ancienne chaussure; espèce de bottines.

ESQUIAVINE, *sf.* Châtiment long et sévère qu'on imposait autrefois à un cheval pour le rendre souple et obéissant.

ESQUIF, *sm.* Canot, petite barque.

ESQUILLE, *sf.* Petit fragment osseux qui se sépare d'un os carié ou fracturé.

ESQUIMAN, *sm.* Quartier-maître.

ESQUINANCIE, *sf.* Angine, inflammation à la gorge, qui cause beaucoup de gêne dans la respiration.

ESQUIPOT, *sm.* Sorte de tire-lire de terre cuite où l'on dépose de minces épargnes. | Petit tronc qui se trouvait autrefois dans la boutique des coiffeurs et où l'on déposait l'argent.

ESSADE, *sf.* Sorte de houe affectée aux labours des champs.

ESSAIM, *sm.* Groupe d'abeilles adultes qui quittent une ruche trop peuplée pour aller en fonder une autre. | Essaimer, *vn.* Se dit des ruches quand il en sort des —s.

ESSANGER, *va.* Passer du linge à l'eau avant de le mettre à la lessive; on dit par corruption *échanger.*

ESSANTE, *sf.* V. *Bardeau.*

ESSARTER, *va.* Arracher les bois, les épines d'une terre pour la défricher. | Essart, *sm.* Terrain nouvellement essarté.

ESSAUGUE, *sf.* Filet dont le milieu a une grande bourse et dont les côtés sont disposés en ailes.

ESSAYEUR, *sm.* Agent chargé de faire l'*essai* des matières d'or et d'argent, c.-à-d. de constater si elles sont au titre voulu.

ESSE, *sf.* Marteau courbé en forme de croissant.

ESSEAU, *sm.* Petit ais qu'on emploie dans la couverture des maisons. | Petite hache recourbée.

ESSELIER, *sm.* (*Archit.*) Petite pièce de bois placée dans l'angle de deux autres pièces pour en consolider l'assemblage; on écrit mieux *Aisselier.*

ESSELLE, *sf.* Appareil qu'on met sur le dos des chevaux et des ânes pour le transport du fumier, du bois, etc.

ESSÉNIEN, *sm.* Nom d'une secte de juifs qui vivaient en communauté et observaient le célibat; ils croyaient à la fatalité et ne sacrifiaient jamais de victimes dans le temple; quelques-uns habitaient les lieux solitaires.

ESSÈRA, *sm.* Espèce d'exanthème, que l'on confond parfois avec l'urticaire.

ESSERET, *sm.* Sorte de tarière fort longue, emmanchée à un morceau de bois avec lequel elle forme une espèce de croix.

ESSETTE, *sf.* Sorte de marteau à tête ronde d'un côté et tranchante de l'autre.

ESSIEU, *sm.* Pièce généralement de fer qui passe sous la voiture et dans les moyeux des roues et qui leur sert de pivot.

ESSORER, *va.* Exposer du linge à l'air pour qu'il sèche, ou le sécher par des moyens artificiels. | Essoreuse, *sf.* Appareil pour —.

ESSORILLER, *va.* Couper les oreilles. | Autrefois, supplice qui consistait à arracher ou à couper les oreilles.

ESSOURISSER, *va.* Fendre dans les naseaux d'un cheval, le cartilage nommé *souris*, pour l'empêcher de hennir.

ESTACADE, *sf.* Barrière, palissade posée à l'entrée d'un chenal, pour servir de barrage, pour détourner le cours de l'eau ou pour briser la glace.

ESTACHE, *sf.* Poteaux placés sous un pont. | Pièce fichée en terre; pilori.

ESTAFETTE, *sf.* Porteur de dépêches qui se rend d'une station à une autre, où il remet son paquet à un second porteur, ainsi de suite.

ESTAFIER, *sm.* En Italie, domestique armé et portant manteau.

ESTAFILADE, *sf.* Coupure faite avec une épée ou un autre instrument.

ESTAGNON, *sm.* (*Comm.*) Grand vase en cuivre dans lequel on expédie l'eau de fleurs d'oranger pour la vente en gros. | Grand vase en fer-blanc ou en cuivre étamé, à deux anses, dans lequel on transporte le lait.

ESTAIM, *sm.* Estame, *sf.* (*Comm.*) Sorte de longue laine très-fine qu'on a fait passer par un peigne ou grande carde; lorsque cette laine a été filée et qu'elle est bien torse, on lui donne le nom de fil d'—.

ESTAMET, *sm.* Estamette, *sf.* Étoffe de laine commune.

ESTAMPAGE, *sm.* Action de prendre une empreinte. | Estamper, *va.* Appliquer une feuille de métal appelée *estampe* sur un moule, de façon à lui donner les saillies et les creux de ce moule. | ESTAMPEUR, *sm.* Celui qui estampe.

ESTAMPILLE, *sf.* Empreinte appliquée sur des lettres, sur un livre, sur un journal, soit pour en garantir l'authenticité, soit pour en faire connaître le propriétaire, soit pour en autoriser le débit. | ESTAMPILLER, *va.* Marquer d'une —.

ESTELAIRE, *adj.* Se dit d'un cerf apprivoisé, que l'on envoie dans les bois pour qu'il en ramène d'autres cerfs.

ESTER, *vn.* (*Jurispr.*) Poursuivre une action en justice, soit en demandant, soit en défendant.

ESTÈRE, *sf.* Natte de sparterie grossière qui vient du Midi, ainsi que d'Espagne et d'Italie.

ESTERLIN, *sm.* Ancien poids français équivalent à un vingtième d'once.

ESTEUF, *sm.* V. *Eteuf.*

ESTHÉTIQUE, *sf.* Doctrine du beau, du sublime, du goût et du jugement dans l'art; c'est proprement la philosophie des arts.

ESTHIOMÈNE, *adj.* (*Méd.*) Corrosif, rongeant; s'est dit de l'Erysipèle et de certaines dartres, comme le *lupus*, etc.

ESTIME, *sf.* (*Mar.*) Détermination approximative de la situation d'un vaisseau en pleine mer.

ESTIVAL, E, *adj.* (*Bot.*) Qui paraît en été.

ESTIVATION, *sf.* (*Bot.*) État d'une fleur avant son épanouissement. | (*Zool.*) Engourdissement de certains animaux pendant les chaleurs de l'été.

ESTIVE, *sf.* (*Comm.*) Chargement en coton, laine et autres marchandises ayant plus ou moins d'élasticité.

ESTIVER, *va.* Comprimer des marchandises sur un vaisseau pour qu'elles tiennent moins de place.

ESTOC, *sm.* Ancienne épée droite et fort longue. | Se dit pour la pointe d'une épée; *frapper d'* — et de taille, de la pointe et du tranchant. | Souche, en parlant des arbres des forêts; *à blanc* —, souche coupée à ras de terre.

ESTOCADE, *sf.* Coup donné avec la pointe d'une épée.

ESTOMPE, *sf.* Petit rouleau fait de peau ou de papier, et terminé en pointe pour étendre le crayon ou le pastel. | Le dessin même. | ESTOMPER, *va.* Dessiner, ombrer avec l'—.

ESTRADE, *sf.* Autrefois, chemin; *battre l'*—, courir les grands chemins, ou aller à la découverte de l'ennemi. | Petite élévation sur le plancher d'une chambre, d'une salle, etc.

ESTRAGON, *sm.* Plante aromatique, espèce d'armoise dont on parfume le vinaigre, les sauces, les ragoûts, la salade, etc.

ESTRAMAÇON, *sm.* Épée droite, longue et à deux tranchants, ne servant que pour frapper de taille.

ESTRAN, *sm.* V. *Étran.*

ESTRAPADE, *sf.* Ancien supplice par lequel on élevait le patient à une certaine hauteur pour le laisser retomber violemment à quelques pieds de terre. | Saut de mouton que fait un cheval rétif afin de désarçonner son cavalier.

ESTRAPASSER, *va.* Fatiguer, excéder un cheval par un exercice trop violent, un trop long manége.

ESTRIGUE, *sf.* Fourneau destiné à recuire les glaces.

ESTROPE, *sf.* (*Mar.*) Nœud ou anneau de cordage qu'on enroule autour d'une poulie. ESTROPER, *va.* Ceindre un objet d'une —.

ESTROPIÉS, *smpl.* (*Zool.*) Groupes de papillons qui, à l'état de repos, tiennent leurs ailes supérieures relevées et les inférieures horizontales, ce qui leur donne l'aspect de papillons *estropiés.*

ESTUAIRE, *sm.* Partie du littoral qui n'est couverte d'eau qu'à la marée montante.

ESTURGEON, *sm.* Genre de poissons ayant à peu près la forme du squale, mais dont le corps est garni de plusieurs rangs d'écussons osseux, et dont la bouche, très-petite, manque de dents; il remonte les grands fleuves; sa chair a le goût de celle du veau; on prépare le *caviar* avec ses œufs, et sa vessie natatoire, séchée et roulée, fournit la plus belle colle de poisson, appelée *ichthyocolle.*

ÉTABLI, *sm.* Nom que porte la table de travail dans différents arts et métiers.

ÉTABLISSEMENT, *sm.* (*Mar.*) Nombre qui désigne, pour chaque port, l'heure fixe de la pleine mer, le jour de la nouvelle lune et de la pleine lune; c'est ce nombre qui sert à déterminer les heures des marées de chaque jour.

ÉTAGUE, *sf.* Cordage enroulé autour d'une poulie et qui la fait mouvoir.

ÉTAI, *sm.* (*Archit.*) Pièce de bois qui s'appuie contre un édifice et sert à le consolider.

ÉTAIM, *sm.* V. *Estaim.*

ÉTAIN, *sm.* Corps simple métallique, de couleur blanc-grisâtre, de consistance molle, cassant et malléable; on en fait divers objets d'usage domestique et on l'emploie notamment pour recouvrir d'autres métaux par le procédé appelé *étamage.*

ÉTAL, *sm.* Table de boucher. | Boutique de boucher. | Au pl. des *étaux.* | ÉTALIER, *adj.* et *sm.* Celui qui tient un —.

ÉTALE, *adj. f.* (*Mar.*) Mer —, se dit au moment où la mer ne monte ni ne descend à la fin du jusant; on dit aussi mer *étalée.*

ÉTALIER, *sm.* ou ÉTALIÈRES, *smpl.* Filet tendu circulairement sur des pieux et des perches qui plongent dans l'eau.

ÉTALINGURE, *sf.* (*Mar.*) Nœud qui fixe le bout d'un câble à l'organeau d'une ancre. | ÉTALINGUER, *va.* Former une —.

ÉTALON, *sm.* Modèle des poids et mesures légalement autorisés. | Cheval entier destiné à la propagation de son espèce. | ÉTALONNER, *va.* Faire une empreinte, sur une mesure, sur un poids dont on a constaté la conformité avec l'—. | ÉTALONNAGE, *sm.* Action d'étalonner.

ÉTAMBOT, *sm.* (*Mar.*) Forte pièce de bois élevée à l'extrémité de la quille sur l'arrière du bâtiment et qui porte le gouvernail.

ÉTAMINE, *sf.* (*Comm.*) Tissu lisse, léger, de soie et de laine ou de laine pure. | Etoffe de crin très peu serrée dont on fait des tamis. | (*Bot.*) Organes sexuels mâles des végétaux; ils consistent en filets plus ou moins nombreux qui garnissent intérieurement la fleur et entourent le fruit surmonté des organes femelles; ils se terminent supérieurement par une poche remplie de *pollen* ou poussière fécondante.

ÉTAMPE, *sf.* Instrument propre à percer le fer à cheval aux endroits où les clous doivent être placés. | Poinçon donnant une forme aux morceaux de fer ou de zinc qu'on enlève d'une feuille de métal. | Bloc dans lequel se trouve gravée en creux l'empreinte de l'objet que le graveur veut obtenir en relief d'une plaque métallique. | ÉTAMPURE, *sf.* Trou produit par l'—.

ÉTANCHE, *adj.* Sec, qui ne renferme plus d'eau ou qui ne peut pas être pénétré par l'eau.

ÉTANCHER, *va.* Arrêter l'écoulement d'un liquide. | ÉTANCHEMENT, *sm.* Action d'—.

ÉTANCHOIR, *sm.* Petit couteau dont les tonneliers se servent pour garnir d'étoupe les fentes d'une futaille.

ÉTANÇON, *sm.* (*Archit.*) Sorte d'étai s'appliquant sur un autre étai plus fort, ou sur des terres qui pourraient s'ébouler. | ÉTANÇONNER, *va.* Soutenir au moyen d'—s.

ÉTAPE, *sf.* Provision de vivres, de fourrages qu'on distribue aux troupes qui sont en route. | Lieu où doit se faire cette distribution. | Distance entre deux —s.

ÉTAPLE ou ÉTAPE, *sf.* Sorte d'enclume à l'usage du cloutier.

ÉTARQUER, *va.* (*Mar.*) Hisser une voile de manière que ses ralingues soient très-tendues. | ÉTARQUÉ, *adj.* Voile —, voile étarquée.

ÉTAU, *sm.* Instrument au moyen duquel on fixe les pièces de métal pour les travailler; il se compose de deux *machoires* qu'on serre avec une vis.

ÉTAUPINER, *va.* Étendre la terre que les taupes ont élevée en cônes.

ÉTAVILLON, *sm.* Morceau de cuir coupé et disposé pour faire un gant.

ÉTELON, *sm.* Épure ou tracé plan d'une charpente de grandeur naturelle.

ÉTENDELLE, *sf.* Sac de crin dans lequel on renferme les graines oléagineuses broyées pour les soumettre à la presse.

ÉTÉSIENS, *adj. m. pl.* Se dit de certains vents qui soufflent périodiquement du nord au sud dans la Méditerranée.

ÉTÊTER, *va.* Arrêter un arbre à une certaine hauteur en cassant la sommité de sa tête. | ÉTÊTEMENT, *sm.* Action d'—.

ÉTEUF, *sm.* Petite balle autrefois faite d'étoupe et servant pour jouer à la paume.

ÉTEULE ou ESTEUBLE, *sf.* Chaume qui reste sur place après la moisson faite.

ÉTHAL, *sm.* Corps gras particulier produit par la saponification de la cétine; c'est une substance analogue à l'éther et à l'alcool.

ÉTHER, *sm.* Fluide subtil, substance gazeuse très-rare et impondérable qu'on suppose remplir les espaces célestes. | Corps très-volatil, liquide, incolore qui résulte de la distillation de certains acides avec de l'alcool; il dissout un grand nombre de substances organiques et on l'emploie en médecine comme antispasmodique et anesthésique.

ÉTHÉRISATION, *sf.* Opération qui consiste à administrer des vapeurs d'éther aux personnes qui doivent subir une opération douloureuse, afin d'éteindre momentanément leur sensibilité. | ÉTHÉRISER, *va.* Employer l'—.

ÉTHIOPS, *sm.* (*Chim.*) Nom donné autrefois à certains oxydes ou sulfures métalliques, comme les composés de mercure et de soufre, le deutoxyde de fer, etc.

ÉTHIQUE, *adj.* et *sf.* (*Philos.*) Se dit de la science de la morale.

ÉTHMOÏDE, *sm.* (*Anat.*) Os du crâne dont la lame supérieure est percée de petits trous. | Crête de l'—. V. *Crista-galli.*

ÉTHNIQUE, *adj.* Se dit des mots qui désignent l'habitant d'un pays ou d'une ville.

ÉTHNOGRAPHIE, *sf.* Étude et description des types, des mœurs, des coutumes des différentes nations; c'est la géographie appliquée aux individus. | ÉTHNOLOGIE, *sf.* Même signification.

ÉTHOLOGIE ou ÉTHOGRAPHIE, *sf.* Traité sur les mœurs.

ÉTHOPÉE, *sf.* Peinture des mœurs.

ÉTHYLE, *sm.* (*Chim.*) Gaz composé de quatre équivalents de carbone et de cinq équivalents d'oxygène, que l'on considère comme la base des éthers et comme le radical d'un grand nombre de composés organiques.

ÉTIAGE, *sm.* État d'une rivière aux plus basses eaux; point le plus inférieur où soit descendue l'eau dans une période déterminée, que l'on marque par un zéro, et à partir duquel on mesure les crues, ou qui sert de repère pour le nivellement des régions voisines.

ÉTIER, *sm.* Nom qu'on donne aux canaux qui conduisent les eaux de la mer dans les marais salants.

ÉTIOLEMENT, *sm.* Altération, décoloration des plantes lorsqu'elles lèvent dans un endroit obscur et qu'elles s'accroissent sans lumière et sans air. | Etioler, va. Faire éprouver l'—. | S'étioler, vpr. Être étiolé, s'affaiblir, se décolorer.

ÉTIOLOGIE, sf. Partie de la médecine qui traite des causes des maladies. | Étiologique, adj. Qui a rapport à l'—.

ÉTIQUE, adj. Qui s'affaiblit chaque jour par une consomption lente. | Fièvre —. V. *Hectique*. | Étisie, sf. État d'une personne —.

ÉTIQUET, sm. Roue sur la circonférence de laquelle sont implantés perpendiculairement des échelons; l'axe de cette roue est un treuil horizontal portant une corde qui serre la vis d'un pressoir à mesure que l'on tourne la roue en montant sur les échelons.

ÉTIQUETTE, sf. Sorte de couteau à large lame à l'usage des pêcheurs.

ÉTIRE, sf. Masse de fer plate et carrée dont on se sert pour exprimer l'eau du cuir en le corroyant. | Couteau plat qu'on emploie pour aplanir le cuir.

ÉTOC, sm. V. *Estoc*.

ÉTOFFE, sf. Nom que portent certaines tôles renforcées formées par la réunion de plusieurs feuilles de tôle, et avec lesquelles on fait des instruments tranchants. | sfpl. (*Impr.*) Tant pour cent que l'imprimeur fait payer en sus de la composition et du tirage, pour subvenir à ses différents frais.

ÉTOLE, sf. Ornement sacré en forme de longue bande que les prêtres officiants portent au cou.

ÉTOQUETEAU, Étoquiau, sm. Pièce de fer qui empêche une roue de tourner au-delà d'un certain point, ou qui limite la marche de quelque autre pièce. | Cheville de fer qui assemble, dans une serrure, la cloison au palastre.

ÉTOULE, sm. V. *Éteule*.

ÉTOUPILLE, sf. Petite mèche inflammable qui sert d'amorce au canon; on emploie aujourd'hui un petit cylindre rempli de pulvérin et de fulminate de mercure.

ÉTOUPILLON, sm. Bouchon d'étoupe enduit de suif qu'on introduit dans la lumière d'une bouche à feu pour la garantir contre l'humidité.

ÉTOURDEAU, sm. Jeune chapon.

ÉTOURNEAU, sm. Oiseau de 20 à 25 centimètres, à plumage noir ou noir et blanc, qui vit en bandes dans les forêts où il niche dans les trous des arbres. | Cheval d'un poil gris jaunâtre.

ÉTRAN, sm. Partie d'une côte plate et sablonneuse que la mer couvre et découvre tour à tour.

ÉTRANGER (s'), vpr. Se dit en parlant du gibier qui se déshabitue de fréquenter un lieu.

ÉTRANGUILLON, sm. Angine qui vient aux voies respiratoires des chevaux.

ÉTRAPE, sf. Sorte de petite faucille qui s'emmanche quelquefois à un long bâton pour couper les bois taillis.

ÉTRASSE, sf. Sorte de bourre de soie dont on fait le papier dit *papier de soie*.

ÉTRAVE, sf. (*Mar.*) Pièce de construction recourbée qui forme la continuation de la quille à l'avant d'un navire, et sur laquelle se placent quelquefois des figures sculptées, des inscriptions, etc.

ÉTRÉPER, va. Enlever la surface d'une partie du sol pour amender le reste. | Étrépage, sm. Action d'— | Étrèpe, sm. Pioche pour —.

ÉTRÉSILLON, sm. (*Archit.*) Pièce de bois serrée entre deux dosses pour maintenir soit des terres quand on fouille une tranchée, soit deux maisons parallèles. | Étai transversal. | Étrésillonner, va. Etayer avec des —.

ÉTRESSE, sf. Feuille de carton. | Papier gris non collé, qu'on emploie pour doubler les cartes à jouer et leur donner une épaisseur qui les rende opaques. | V. *Etrasse*.

ÉTRIER, sm. Triangle de fer arrondi à sa partie supérieure par laquelle il est suspendu à une sangle, et qui sert à soutenir le pied du cavalier. | (*Archit.*) Lien de fer, courbé deux fois à angle droit, dont on se sert pour consolider et réunir deux poutres. | L'un des quatre osselets de l'oreille interne.

ÉTRILLE, sf. Instrument formé d'une plaque de fer emmanchée de bois et portant des rangées de dents parallèles; on s'en sert pour nettoyer le poil des chevaux.

ÉTRIVE, sf. (*Mar.*) Coude, changement de direction d'un cordage à laquelle la rencontre d'un objet quelconque fait faire un angle.

ÉTRIVIÈRE, sf. Courroie à laquelle est suspendu l'étrier.

ÉTRUFFURE, sf. Maladie qui survient aux cuisses des chiens à la suite de quelque effort. | Étruffé, e, adj. Qui est atteint d'—.

ÉTRUSQUE, adj. Se dit d'un style d'architecture appartenant aux anciens Étrusques ou Toscans, et particul. de vases antiques d'une argile très-légère, de forme gracieuse et couverts de peintures et d'ornements.

ÉTUVE, sf. Lieu clos où l'on élève à volonté la température pour provoquer la transpiration. | Poêle, four ou appareil clos où l'on peut porter la température à un haut degré; sorte de four à sécher.

ÉTUVÉE, sf. Manière de cuire les viandes dans leur vapeur.

ÉTUVER, va. Faire des lotions; laver en appuyant doucement.

EUCALYPTE, sm. Arbre de la Nouvelle-Hollande, à bois dur, résineux, à fleurs jaunes, répandant une odeur très-suave; certaines de ses espèces fournissent de l'huile, de la résine, et leur bois est employé à divers usages.

EUCHARISTIE, sf. Sacrement ou mystère de la religion chrétienne, qui consiste dans la présence réelle et substantielle, sous les espèces du pain et du vin, du corps, du sang, de l'âme et de la divinité de Jésus-Christ, qui l'a institué lui-même pour en faire la nourriture de nos âmes.

EUCLASE, *sf.* Pierre de silice et d'alumine qu'on trouve au Brésil en cristaux blancs bleuâtres, et qui se casse facilement.

EUCOLOGE, *sm.* Livre contenant l'office des dimanches et des fêtes. | Rituel des chrétiens grecs.

EUCRASIE, *sf.* (*Méd.*) Bon tempérament, bonne constitution du corps.

EUDIOMÈTRE, *sm.* (*Phys.*) Instrument qui sert à la synthèse de l'eau ou recomposition de ce liquide au moyen de l'hydrogène et de l'oxygène au travers desquels on fait passer l'étincelle électrique.

EUEXIE ou EUHEXIE, *sf.* (*Méd.*) V. *Eucrasie.*

EUFRAISE, *sf.* Petite plante annuelle qu'on appelle vulgairement *casse-lunettes* à cause des propriétés qu'on lui a attribuées, à tort, contre les maladies des yeux.

EUGLÈNE, *sf.* Animalcule infusoire de forme variable, répandu dans les eaux stagnantes qu'il colore en vert ou en rouge et rend luisantes.

EULOGIES, *sfpl.* Fragments de pain consacré. | Pain bénit, aumônes, présents.

EUMÈNE, *sf.* Espèce de guêpe noire et jaune qui fait son nid sur les herbes.

EUMOLPE, *sm.* Insecte très-petit, de couleur café, qui se tient habituellement sur les pieds de vigne qu'il ravage et dont il sillone les feuilles, les pédoncules et les bourgeons de traces noires, linéaires et irrégulières, qui lui ont fait donner le nom d'*écrivain*; on l'appelle aussi *gribouri.*

EUPATOIRE, *sm.* Plante à fleurs synanthérées, dont une espèce, à fleurs roses, est cultivée dans les jardins.

EUPATRIDE, *sm.* Dans les anciennes villes grecques, c'étaient les familles nobles, les propriétaires.

EUPEPSIE, *sf.* (*Méd.*) Digestion facile.

EUPHÉMISME, *sm.* Figure de grammaire qui consiste à adoucir une idée désagréable ou choquante au moyen d'une expression qui la déguise. | EUPHÉMIQUE, *adj.* Qui appartient à l'—.

EUPHLOGIE, *sf.* (*Méd.*) Inflammation bénigne.

EUPHONIE, *sf.* Se dit, ainsi que l'adj. *Euphonique*, de tout ce qui rend la prononciation douce et coulante.

EUPHORBE, *sf.* Plante dont les espèces nombreuses sont dangereuses en raison du suc laiteux très-caustique qu'elles contiennent. | EUPHORBIACÉES, *sfpl.* Se dit d'une famille de plantes dont l'— est le type.

EUPHRAISE, *sf.* V. *Eufraise.*

EUPIONE, *sf.* Substance grasse que l'on extrait du goudron de houille.

EUPLOCOME, *sm.* Genre d'oiseaux gallinacés qui diffèrent peu des faisans et qui habitent l'Asie centrale.

EUPNÉE, *sf.* Facilité de respirer.

EURITE, *sf.* (*Géol.*) Roche feldspathique compacte ou grenue, à texture fissile ou porphyroïde qu'on trouve dans les terrains primitifs.

EURYGNATHE, *adj.* Se dit d'une variété de type humain, dont le caractère consiste en une mâchoire supérieure très-large; tels sont les Hottentots.

EURYNOME, *sm.* Crustacé décapode à longues serres, à queue ovale ou allongée, qu'on trouve sur les côtes de la Manche.

EURYTHMIE, *sf.* Beauté dans les proportions. | Beauté dans l'ensemble.

EUSÉMIE, *sf.* (*Méd.*) Réunion de signes favorables dans une maladie.

EUSTACHE, *sm.* Petit couteau grossier à manche de bois sans ressort.

EUTHÉTIQUE, *adj.* Qui est bien disposé, qui est arrangé symétriquement.

EUTHYMIE, *sf.* Tranquillité d'esprit.

EUTROPHIE, *sf.* Bonne nutrition.

EUTYCHÉEN, NE, *adj.* Qui professe la doctrine d'Eutychès, lequel niait que le corps du Christ fût humain.

ÉVAGATION, *sf.* Disposition de l'esprit qui l'empêche de se fixer à un objet.

ÉVANESCENT, E, *adj.* Qui n'a qu'une existence éphémère, qui paraît à peine.

ÉVANGÉLIAIRE ou ÉVANGÉLISTÈRE, *sm.* Livre contenant les évangiles de la messe de chaque jour.

ÉVANIE, *sf.* Genre de guêpes, dont l'abdomen paraît à peine tenir au corps et dont la couleur est noirâtre; on en trouve une espèce aux environs de Paris.

ÉVAPORATION, *sf.* Phénomène par lequel un liquide se change en vapeurs spontanément, et par le fait seul de son exposition à l'air.

ÉVECTION, *sf.* (*Astr.*) Inégalité dans le mouvement de la lune produite par l'attraction du soleil sur ce satellite, et dont l'effet est d'altérer la forme de son orbite.

ÉVENT, *sm.* Altération des viandes et des liqueurs trop longtemps exposées au grand air. | Grand air; air bien agité. | Ouverture qu'on pratique dans un appareil pour servir à l'aération. | Ouverture qui se trouve au-dessus des fosses nasales des cétacés et par laquelle ils rejettent, en venant respirer à la surface de l'eau, des vapeurs mêlées de mucosités, ainsi que l'eau qu'ils ont recueillie dans leur bouche.

ÉVENTAIRE, *sm.* Sorte de plateau d'osier sur lequel les marchandes de fleurs ou de fruits portent leurs marchandises ; il est disposé horizontalement devant elles et suspendu à leurs épaules par une bretelle.

ÉVERDUMER, *va.* Tirer une liqueur verte de quelque herbe ou légume.

ÉVERRER, *va.* Enlever un petit nerf qui est sous la langue des chiens et qu'on appelle *ver*.

ÉVERSIF, VE, *adj.* Qui cause l'*éversion*, la ruine, le renversement.

ÉVEUX, SE, *adj.* Boueux, marécageux. | Pénétré d'eau.

ÉVICTION, *sf.* Action d'évincer, de déposséder quelqu'un ou de lui enlever une place, une affaire, etc.

ÉVIGILATION, *sf.* État d'une personne qui n'est point endormie, sans qu'on puisse la dire parfaitement éveillée.

ÉVILASSE, *sm.* Sorte d'ébène qu'on tire de Madagascar; c'est un bois de belle couleur verte employé dans la marquetterie et la teinture.

ÉVITAGE, *sm.* Manœuvre qui consiste en une rotation complète qu'un vaisseau exécute sur lui-même. | ÉVITER, *vn.* Opérer l'—,

ÉVOCATION, Action d'*évoquer*, de faire paraître les démons, les ombres ou les âmes des morts. | Action d'un tribunal qui évoque une cause, c.-à-d. qui l'enlève à un autre tribunal pour en connaître. | ÉVOQUER, *va.* Action d'—.

ÉVOLUER, *vn.* Exécuter des évolutions, c.-à-d. de grandes manœuvres militaires ou maritimes.

ÉVONYMINE, *sf.* Substance amère qu'on extrait de l'huile des baies du fusain.

ÉVULSIF, VE, *adj.* Qui est propre à arracher.

ÉVULSION, *sf.* Action d'arracher, extraction.

EX ABRUPTO, *sm.* V. *Abrupto (ex)*.

EXACERBATION, *sf.* (*Méd.*) Sorte de redoublement d'intensité qui se produit dans une maladie sous l'influence d'une affection morale, d'un écart de régime ou de quelque autre cause.

EXACTEUR, *sm.* Autrefois, collecteur d'impôts. | Aujourd'hui, celui qui commet une | EXACTION, *sf.* Acte d'un percepteur des deniers publics qui exige ce qui n'est pas dû ou plus qu'il n'est dû.

EXALTATION, *sf.* Action d'élever. | — d'un pape, son avénement au pontificat. | — de la Sainte-Croix, fête commémorative de la rentrée à Jérusalem de la croix qui avait été prise par les Perses ; on élevait ce jour-là la croix sur une éminence.

EXANASTROPHE, *sf.* Convalescence, rétablissement.

EXANGUE, *adj.* V. *Exsangue*.

EXANTHÈME, *sm.* (*Méd.*) Toute espèce de taches qui se manifestent sur la peau, avec ou sans éruptions proéminentes, et ulcérations superficielles. | EXANTHÉMATEUX, SE, *adj.* Qui a rapport à l'—. | EXANTHÉMATIQUE, *adj.* Qui est accompagné d'—s.

EXANTLATION, *sf.* Action de faire sortir de l'air ou de l'eau d'un espace par le moyen d'une pompe.

EXARQUE, *sm.* Nom que portaient au moyen âge des princes ecclésiastiques ou civils investis d'une certaine puissance territoriale.

EXARTHRÈME ou EXARTHROSE, *sf.* Luxation de deux os articulés par diarthrose.

EXAUDI, *sm.* Dimanche qui précède la Pentecôte.

EXCAVATION, *sf.* Creux fait dans le sol. | EXCAVER, *va.* Creuser, faire une —. | EXCAVATEUR, *sm.* Instrument pour excaver.

EXCELLENCE, *sf.* Titre que l'on donnait autrefois à certains princes et dignitaires civils ou ecclésiastiques, et qui ne s'applique plus aujourd'hui en France qu'aux ministres, aux maréchaux, aux amiraux et aux ambassadeurs.

EXCENTRIQUE, *adj.* Se dit de cercles placés l'un dans l'autre sans avoir le même centre. | *sm.* Pièce courbe de figure plane, fixée sur un axe de rotation inégalement distant des points du contour et qui sert à transformer un mouvement de rotation en mouvement de va-et-vient, et réciproquement. | EXCENTRICITÉ, *sf.* État d'une pièce —.

EXCIPER, *vn.* Alléguer une exception, une fin de non-recevoir. | S'appuyer, s'autoriser d'une pièce.

EXCIPIENT, E, *adj.* Qui est propre à dissoudre, qui a la propriété de modifier l'activité des substances médicamenteuses. | *sm.* Substance qui fait la base d'un médicament et qui sert à en déguiser la saveur ou à en diminuer l'activité.

EXCISE, *sf.* En Angleterre, taxe qui atteint un certain nombre d'objets de consommation fabriqués à l'intérieur; on peut la comparer à celles de nos contributions indirectes qui portent sur les boissons, sur le sucre indigène, le sel, etc.

EXCISER, *va.* (*Chir.*) Enlever avec un instrument tranchant certaines parties peu volumineuses. | EXCISION, *sf.* Action d'—.

EXCITANTS, *smpl.* (*Méd.*) Nom qu'on donne à tous les agents, médicaments ou autres, qui ont pour effet d'augmenter l'activité des organes en *excitant* les fonctions des tissus.

EXCITATEUR, *sm.* (*Phys.*) Instrument à deux branches de cuivre réunies par une charnière et munies chacune d'un manche isolant ; on s'en sert pour tirer des étincelles électriques sans recevoir de secousses.

EXCOMMUNICATION, *sf.* Censure ecclésiastique par laquelle le pape retranche quelqu'un de la communion de l'Église ou seulement de l'usage des sacrements; elle est *majeure* dans le premier cas, *mineure* dans le second. | EXCOMMUNIER, *va.* Prononcer une —.

EXCORIATION, *sf.* Altération légère de la peau, appelée vulgairement *écorchure.* | EXCORIER, *va.* Faire une —.

EXCRÉATION, *sf.* V. *Expuition.*

EXCRÉMENTITIEL, *adj.* (pr. *ciel*). Qui a rapport aux excréments.

EXCRÉTION, *sf.* Fonction par laquelle certains organes du corps expulsent les matières qu'ils contiennent. | Matière qui est rejetée. | EXCRÉTER, *va.* Evacuer par —. | EXCRÉTOIRE; *adj.* Qui est propre à l'—.

EXCUSSION, *sf.* Secousse, agitation, commotion.

EXEAT, *sm.* (pr. *att.*) Permission de sortir d'un lieu, d'une circonscription. | Bulletin, permis de sortie, au collége ou dans un hôpital. | Au plur. des *exéat.*

EXÉCUTOIRE, *adj.* et *sm.* (*Jurispr.*) Se dit des actes revêtus des formes légales et qui peuvent être exécutés, ou de la décision qui constitue la liquidation des dépens.

EXÈDRES, *smpl.* (*Ant.*) Lieux garnis de bancs et de siéges où discutaient les philosophes grecs.

EXÉGÈSE, *sf.* Interprétation, explication d'un texte, développement des pensées exprimées par un texte. | EXÉGÈTE, *sm.* Celui qui pratique l'—. | EXÉGÉTIQUE, *adj.* Qui appartient à l'—.

EXEMPT, *sm.* Ancien nom des bas-officiers de police.

EXENTÉRITE, *sf.* (*Méd.*) Inflammation de la tunique externe qui recouvre les intestins.

EXÉQUATUR, *sm.* (pr. *koua-*) Autorisation accordée à un agent étranger d'exercer ses fonctions dans le pays où il réside; s'applique en général aux consuls. | Ordonnance d'—, par laquelle le président du tribunal rend exécutoire une sentence arbitrale.

EXERCER, *vn.* Se dit des employés des contributions indirectes qui vont chez certains marchands constater ce qui est soumis aux droits. | EXERCICE, *sm.* Action d'—.

EXÉRÈSE, *sf.* Moyen thérapeutique qui embrasse tous les procédés employés pour extraire les corps étrangers ou les substances nuisibles.

EXERGUE, *sm.* Petit espace réservé au bas du type d'une médaille pour la date, l'inscription; cette inscription même.

EXERT, E, *adj.* (*Bot.*) Se dit des étamines qui dépassent le limbe de la corolle et apparaissent à l'extérieur de la fleur.

EXFOLIATION, *sf.* Séparation par feuilles ou par écailles des parties cariées d'un os, d'un cartilage, d'un tendon. | EXFOLIER, *va.* Produire l'—.

EXFUMER, *va.* Diminuer l'éclat de certaines parties d'un tableau.

EXHAUSTION, *sf.* Épuisement.

EXHÉRÉDATION, *sf.* (*Jurispr.*) Action de déshériter; exclusion, privation. | EXHÉRÉDER; *va.* Déshériter.

EXHILARANT, E, *adj.* Qui réjouit, qui console.

EXHOOD, *sm.* Poids usité en Danemark, équivalent à 112 kilogrammes et demi.

EXHUMATION, *sf.* Opération qui consiste à extraire un cadavre de la fosse où il a été enterré.

EXHYDRIE, *sf.* Tempête; trombe, gros nuage qui crève et se résout en une pluie abondante.

EXILE, *adj.* Petit, faible. | EXILITÉ, *sf.* Qualité de ce qui est —.

EXOCARDITE, *sf.* (*Méd.*) Inflammation de la surface extérieure du cœur.

EXOCET, *sm.* Poisson malacoptérygien à tête aplatie, à mâchoire inférieure allongée, et muni de deux grandes nageoires qui lui permettent de se soutenir quelques instants dans l'air quand il fuit les poissons voraces qui le chassent; on l'appelle pour cette raison *poisson volant.*

EXOCHE, *sf.* Tumeur développée en dehors de l'anus.

EXODE, *sm.* Nom du second livre du Pentateuque qui renferme l'histoire de la sortie des Israélites hors de l'Egypte. | Espèce de farce qu'on représentait à Rome après la tragédie ou la comédie.

EXOGASTRITE, *sf.* (*Méd.*) Inflammation de la tunique extérieure de l'estomac.

EXOGÈNES, *adj. f. pl.* (*Bot.*) Se dit des végétaux dont les fibres ligneuses sont disposées par couches concentriques offrant les plus anciennes au dehors; tels sont les arbres de nos climats et la plupart des autres plantes qu'on appelle aussi *dicotylédonées.*

EXOINE, *sf.* (*Méd.*) Certificat délivré par un médecin à un malade pour que celui-ci puisse justifier de son absence ou de son incapacité à remplir une fonction, etc. | EXOINER, *va.* Présenter une —.

EXOMPHALE, *sf.* Hernie ombilicale; on dit aussi *Exomphalocele.*

EXONÉRATION, *sf.* Remplacement militaire.

EXOPHTHALMIE, *sf.* (*Méd.*) Sortie de l'œil hors de son orbite, de la cavité orbitaire.

EXORCISER, *va.* Conjurer les démons, les chasser du corps des possédés. | EXORCISME, *sm.* Cérémonies que l'Église emploie pour —.

EXORCISTE, *sm.* Celui qui exorcise. | Nom qu'on donne particul. au clerc tonsuré qui a reçu celui des ordres mineurs qui confère le droit d'exorciser.

EXORDE, *sm.* (*Litt.*) Première partie du discours. | Début, commencement.

EXORHIZES, *sfpl.* V. *Exogènes.*

EXOSMOSE, *sf.* V. *Endosmose.*

EXOSTEMME, *sm.* Arbrisseau de l'Amérique du Sud, à fleurs blanches, dont plusieurs espèces sont toniques et purgatives et ont été proposées comme succédanés du quinquina.

EXOSTOSE, *sf.* (*Méd.*) Tumeur osseuse qui se forme à la surface d'un os et se confond avec cette surface même; elle est le résultat du gonflement de l'os ou d'une exsudation à sa surface. | S'EXOSTOSER, *vpr.* Se former en —.

EXOTÉRIQUE, *adj.* Se disait autrefois de la doctrine publique de certains philosophes par oppos. à leur doctrine *ésotérique* ou *secrète.*

EXOTIQUE, *adj.* Étranger qui n'est pas naturel au pays, au climat; qui vient des pays éloignés.

EXPECTATION, *sf.* (*Méd.*) Méthode appelée aussi *expectante*, qui consiste à laisser agir la nature et à ne recourir à des médicaments actifs qu'en cas d'accidents graves.

EXPECTATIVE, *sf.* Attente fondée sur des promesses ou des probabilités.

EXPECTORATION, *sf.* Action par laquelle les matières contenues dans les bronches en sont expulsées. | EXPECTORER, *va.* Expulser par —. | EXPECTORANT, E, *adj.* Qui procure l'—.

EXPILATION, *sf.* (*Jurispr.*) Nom par lequel on désignait autrefois ceux qui entraient en possession d'un héritage avant que les droits des héritiers eussent été constatés.

EXPLÉTIF, VE, *adj.* (*Litt.*) Se dit des mots qui, sans être utiles au sens, donnent une certaine force à l'expression.

EXPLICITE, *adj.* Qui est formellement expliqué, déclaré en termes exprès. | EXPLICITEMENT, *adv.* D'une manière —.

EXPLOIT, *sm.* Nom judiciaire des actes dressés par les huissiers.

EXPOLIATION, *sf.* Pillage, dévastation.

EXPOLITION, *sf.* (*Litt.*) Figure qui consiste à reproduire une pensée sous plusieurs formes, afin de la mieux faire connaître et de lui donner plus de force.

EXPONENTIEL, LE, *adj.* (*Math.*) Se dit des calculs dans lesquels il entre des quantités affectées d'un exposant variable, inconnu ou indéterminé.

EXPOSANT, *sm.* (*Math.*) Nombre placé à droite et au-dessus d'un autre nombre pour indiquer combien de fois ce nombre doit être multiplié par lui-même.

EXPROBRATION, *sf.* Action de faire des reproches.

EX PROFESSO, *adv.* V. *Professo* (*ex.*)

EXPUGNABLE, *adj.* Que l'on peut prendre de vive force.

EXPUITION, *sf.* Action par laquelle les matières amassées dans l'arrière-bouche sont rejetées au dehors.

EXSANGUE, *adj.* Qui a peu de sang, qui en a perdu beaucoup. | Privé de couleurs, privé de teint.

EXSERT, E, *adj.* (*Bot.*) V. *Exert.*

EXSICCATION, *sf.* Opération qui a pour résultat la dessication.

EXSTROPHIE, *sf.* (*Méd.*) Renversement, déplacement d'un des organes internes.

EXSUCCION, *sf.* Action d'absorber par la succion.

EXSUDATION, *sf.* Transpiration, suintement; état d'un organe qui laisse sortir des gouttelettes de sueur ou d'autre liquide. | EXSUDER, *vn.* Sortir par —.

EXTANT, E, *adj.* Qui est en nature, qui existe.

EXTATIQUE, *adj.* Qui est causé par l'extase; qui tient de l'*extase*, c.-à-d. d'un ravissement d'esprit surnaturel, d'un état d'attention ou d'exaltation qui suspend toutes les autres facultés.

EXTEMPORANÉ, E, *adj.* Se dit des médicaments qui ne doivent être préparés qu'au moment où on les prescrit, ou même qu'à l'instant où l'on veut les administrer. | Sans préméditation.

EXTENSEUR, *adj. m.* (*Anat.*) Se dit des muscles qui servent à étendre les membres; ils sont opposés aux fléchisseurs.

EXTENSIF, VE, *adj.* Se dit de la culture quand elle est entreprise sur une grande échelle et exige une grande quantité de terres.

EXTENSO (IN), *loc. adv.* (*Lat.*) V. *In extenso.*

EXTÉNUATION, *sf.* (*Litt.*) Figure de pensée qui consiste à amoindrir certaines choses, de façon à les rendre excusables.

EXTERRITORIALITÉ, *sf.* Droit qu'ont les représentants des puissances étrangères de vivre, dans le pays où ils résident, sous le régime des lois de leur propre pays.

EXTIRPATEUR, *sm.* Instrument d'agriculture consistant en un châssis qui porte des dents de fer, qui est supporté par des roues et qui peut être attelé; on l'emploie pour enlever des champs les mauvaises herbes.

EXTORSION, *sf.* Exaction violente, concussion.

EXTRADER, *va.* Soumettre quelqu'un à l'extradition.

EXTRADITION, *sf.* Mesure par laquelle un criminel passé en pays étranger est livré par le gouvernement de ce pays à celui de la nationalité de ce criminel.

EXTRADOS, *sm.* (pr. *dô*). Convexité extérieure d'une voûte. | EXTRADOSSER, *va.* — une voûte, aplanir le parement extérieur et le rendre uni.

EXTRAIT DE SATURNE, *sm.* V. *Eau blanche.*

EXTRAJUDICIAIRE, *adj.* Se dit des actes de procédure qui se font en dehors d'une instance ou des formes judiciaires.

/**EXTRA-MUROS**, *sm.* (pr. *ross*). Hors des murs d'une ville ou d'une citadelle.

EXTRANÉITÉ, *sf.* Qualité de celui qui est étranger, qui n'est pas né dans le pays dont on parle.

EXTRAPASSER, *va.* et *vn.* V. *Strapasser.*

EXTRAVASATION ou EXTRAVASION, *sf.* Épanchement du sang ou d'un autre liquide hors de ses vaisseaux. | EXTRAVASER, *va.* et (s'), *vpr.* Se dit des liquides qui produisent l'—, ainsi que de la sève des plantes quand elle sort de ses conduits naturels pour se répandre dans ou sur l'écorce.

EXTRÊME-ONCTION, *sf.* Sacrement qu'on administre aux malades en danger de mourir, par l'application des saintes huiles.

EXTREMIS (IN), *adv.* (pr. *miss*) (*Litt.*) A la dernière extrémité ; à l'article de la mort.

EXTRINSÈQUE, *adj.* Qui vient du dehors. | Valeur —, valeur légale d'une monnaie, abstraction faite du poids.

EXTRORSE, *adj. f.* (*Bot.*) Se dit des étamines qui sont tournées vers la face extérieure de la fleur.

EXTROVERSION, *sf.* V. *Exstrophie.*

EXTUMESCENCE, *sf.* Enflure externe.

EXUBÉRANCE, *sf.* Surabondance, plénitude. | EXUBÉRANT, E, *adj.* Qui a de l'—.

EXUBÈRE, *adj.* Se dit d'un enfant qui vient d'être sevré.

EXULCÉRATION, *sf.* Ulcération légère et superficielle. | EXULCÉRER, *va.* Provoquer une —.

EXULTATION, *sf.* Transport, tressaillement de joie. | EXULTER, *vn.* Sauter de joie.

EXUSTION, *sf.* Action de brûler, de cautériser.

EXUTOIRE, *sm.* (*Méd.*) Ulcère artificiel établi et entretenu pour déterminer une suppuration permanente et dérivative.

EXUVIABILITÉ, *sf.* (*Zool.*) Faculté qu'ont certains animaux de se dépouiller de leur épiderme, de changer de peau. | EXUVIABLE, *adj.* Qui change de peau.

EX-VOTO, *sm.* Tableau, figure, objets quelconques que l'on attache dans les églises, dans les chapelles, etc., en souvenir d'un événement heureux ou à la suite d'un vœu.

EZANN, *sm.* Cri par lequel le prêtre musulman invite les fidèles à la prière, du haut des mosquées.

EZTÉRI, *sm.* (*Minér.*) Jaspe vert, à points sanguins, qui se trouve en Amérique.

F

FABAGO, *sm.* FABAGELLE, *sf.* Genre d'arbrisseaux et de petits arbres, la plupart originaires de Syrie ; leurs feuilles épaisses ressemblent à celles du pourpier ; l'espèce commune, appelée faux-caprier, est réputée vermifuge.

FABLIAU, *sm.* Petit conte en vers, fort à la mode aux XIIe et XIIIe siècles ; ils étaient récités par les trouvères.

FABRECOULIER, *sm.* V. *Micocoulier.*

FABRICIEN, *sm.* Celui qui est chargé d'administrer la fabrique d'une église ; membre de cette fabrique.

FABRIQUE, *sf.* Dans le langage des arts, constructions mêlées aux paysages, pavillons, etc., que l'on distribue dans un jardin pittoresque. | Administration des dépenses d'une église, fonds et revenus affectés à son entretien.

FABULATION, *sf.* Création de l'imagination. | Invention fabuleuse. | V. *Affabulation.*

FACIAL, E, *adj.* Qui appartient, qui a rapport à la face. | Angle —, angle qui indique le développement plus ou moins grand du cerveau chez les animaux et les diverses races d'hommes ; il résulte de l'intersection de la ligne horizontale qui joint le trou de l'oreille à la base inférieure du nez, avec la ligne plus ou moins oblique qui joint le devant de la mâchoire supérieure au point le plus saillant du front.

FACIES, *sm.* (pr. *ciès*). (*Hist. nat.*) Aspect général que présente un être organisé à première vue ; se dit surtout du port d'une plante. | (*Méd.*) Aspect du visage dans l'état de maladie.

FACONDE, *sf.* Éloquence, facilité à parler d'abondance. | Loquacité, trop grande abondance de paroles.

FAC-SIMILE, *sm.* (pr. *lé*). Copie, imitation exacte, imprimée ou gravée, d'une pièce d'écriture, d'une signature, etc. (Invariable au plur.)

FACTEUR, *sm.* (*Math.*) Nombre qui entre dans la composition d'un autre par voie de multiplication ; ainsi 2 et 5 sont des —s de 10. | Fabricant d'instruments de musique et plus particul. fabricant de pianos et de harpes. | Agent spécial qui représente le producteur ou le marchand dans les ventes en gros, dans les transactions, etc.; c'est une sorte de commissionnaire.

FACTORERIE, *sf.* Lieu, bureau, quartier où se tiennent, en Orient, les facteurs où agents commerciaux, représentants d'une compagnie, d'une maison, etc. | En Chine et au Japon, partie close d'une ville où se concentre le commerce d'une nation.

FACTORIELLE, *sf.* (*Math.*) Se dit du produit dont les facteurs sont en progression arithmétique ; ce terme ne s'emploie que dans l'ancienne algèbre.

FACTOTUM, *sm.* Intendant, homme d'affaires, confident qui est chargé de toutes les affaires d'une personne ; ce mot ne s'emploie guère que dans un sens ironique.

FACTUM, *sm.* Mémoire, exposé sommaire des faits d'un procès, et des moyens de défense d'une des parties, qu'on fait imprimer et qu'on distribue aux juges, au public, etc. | Tout écrit violent qu'une personne publie pour attaquer, pour se défendre, etc.

FACTURE, *sf.* Compte, ou état détaillé des marchandises vendues par un négociant, que celui-ci délivre à l'acheteur. | (*Mus.*) Manière dont un morceau est écrit; façon particulière à chaque auteur: ce mot se dit aussi des travaux littéraires. | Couplets de —, couplets écrits rapidement, petite pièce poétique qui s'encadre dans un vaudeville ou qui forme une chanson légère.

FACULE, *sf.* (*Astr.*) Tache lumineuse dans le disque du soleil; ce sont des bandes ou des points brillants que l'on distingue aux abords des taches et qui semblent être formés par le faîte des vagues, des ondulations de la photosphère solaire.

FACULTÉ, *sf.* (*Philos.*) Pouvoir particulier que possède l'âme humaine de produire tel phénomène distinct de tel autre; on en reconnaît trois, savoir : la *volonté* ou *activité*, l'*intelligence* et la *sensibilité*. | Dans l'Université, corps de docteurs qui professent l'enseignement supérieur et qui confèrent les différents grades de *bachelier*, *licencié* et *docteur*.

FADE, *sf.* Fée, nom des devineresses gauloises.

FAFIOT, *sm.* Soulier d'enfant de qualité ordinaire. | **Fafioteur**, *sm.* Cordonnier qui fabrique des —s.

FAGINE, *sf.* Substance organique particulière, volatile, agissant sur l'organisme comme un narcotique; on l'extrait de la faîne.

FAGNE, *sf.* Marais dans une petite cavité au sommet d'une montagne.

FAGOT, *sm.* (*Mus.*) Nom qu'on donne quelquefois au basson. | Mesure de bois de chauffage représentée par un paquet de menues branches de 1 m. 20 de long et de 0,50 cent. de tour.

FAGOTIN, *sm.* Singe habillé que les charlatans ont avec eux sur leur théâtre. | Valet de charlatan, bouffon, mauvais plaisant.

FAGOUE, *sf.* Glande qui est au haut de la poitrine des animaux; chez les veaux, elle prend le nom de *ris*.

FAGUENAS, *sm.* (pr. *fag-nâ*). Mauvaise odeur sortant d'un corps malpropre ou malsain.

FAHAM, *sm.* Plante orchidée de l'Inde et de la Réunion, dont les feuilles parfumées sont prises en infusion comme le thé.

FAHLUNITE, *sf.* (*Min.*) Nom que portent plusieurs silicates d'alumine, notamment une variété en cristaux rhomboédriques assez durs, pour être employée en bijouterie, et connue aussi sous le nom de *Cordiérite*. (V. ce mot).

FAILINE, *sf.* Espèce de serge qu'on fabrique en Bourgogne.

FAILLE, *sf.* (*Géol.*) Dérangement brusque, fente, fissure perpendiculaire dans une couche de houille ou dans un lit quelconque d'une carrière. | Tissu brillant, variété d'étoffe de soie à gros grains. | Filet qui porte des morceaux de métal ressemblant à des harengs et servant d'appât.

FAILLOISE, *sf.* Sur la mer, le lieu où le soleil se couche.

FAIM-VALLE, *sf.* Maladie des chevaux, spasme qui les force à s'arrêter tout à coup lorsqu'ils sont échauffés par la marche et qui cesse lorsqu'ils ont pris de la nourriture. | En parlant des personnes, besoin irrésistible de manger, qu'il faut satisfaire à l'instant; on dit plus souvent *fringale*, qui est le terme corrompu.

FAÎNE, *sf.* Le fruit du hêtre ; petite amande en forme de prisme triangulaire qui a le goût de noisette, et dont on fait de l'huile commune qui sert souvent à falsifier l'huile d'olive; on l'emploie aussi comme succédané du café.

FAISAN, E, *s.* Oiseau de l'ordre des gallinacés; il est de la grosseur d'une poule; sa queue est longue et son plumage très-brillant; originaire de l'Asie, il est assez commun dans les bois en Europe et très-recherché comme aliment. | On dit *adj.* un coq —, une poule

—e. | FAISANDEAU, *sm.* Jeune —. | FAISANDERIE, *sf.* Lieu où l'on élève les —s.

AISANCES, *sfpl.* Choses ou fournitures qu'un fermier s'engage à faire en outre du prix de son bail.

FAISSELLE, *sf.* Espèce de panier ou d'ouvrage de vannerie en osier, propre à égoutter des fromages.

FAISSERIES, FAISSES, *sfpl.* Nom que portent les ouvrages de vannerie en osier, pleins ou à jour. | FAISSIER, *sm.* Ouvrier qui fabrique des —.

FAÎTAGE, *sm.* (*Archit.*) Ensemble du comble d'un bâtiment; sa charpente, sa couverture. | Pièce de bois sur laquelle s'appuient à leur partie supérieure tous les chevrons.

FAÎTIÈRE, *adj. f.* Qui est placé au faîte des combles; se dit des tuiles qui recouvrent le faîte d'un édifice.

FAKIR, *sm.* Dans l'Inde, religieux mahométan ou moine mendiant qui court le pays en vivant d'aumônes.

FALAISE, *sf.* Terres et rochers escarpés le long des bords de la mer, qui surplombent verticalement le rivage.

FALARIQUE, *sf.* (*Ant.*) Pièce de guerre garnie d'étoupes imprégnées d'huile et de bitume, à laquelle on mettait le feu et qu'on lançait à l'aide de balistes et de catapultes.

FALBALA, *sm.* Bandes d'étoffe froncées qui sont étagées sur des robes, des tabliers, etc.; on les appelle aujourd'hui *volants*.

FALCADE, *sf.* Espèce de courbette, de mouvement des hanches et des jambes du cheval, qui plient fort bas lorsqu'on l'arrête.

FALCIFORME, *adj.* (*Hist. nat.*) Qui ressemble au fer d'une faux.

FALCINELLE, *sf.* Petit oiseau d'Afrique qui n'a que trois doigts et dont le plumage, mêlé de blanc, de noir et de gris, ressemble assez à celui du courlis. | *adj.* Se dit d'un ibis, appelé aussi courlis vert, à corps pourpre et manteau vert, qui habite l'Europe méridionale.

FALCONELLE, *sf.* Genre de passereaux voisin des pies-grièches, à plumage jaune tirant sur le vert, dont une espèce porte sur la tête une houppe bleue; elle habite la Nouvelle-Hollande.

FALCONÉS, *smpl.* Famille d'oiseaux de proie dont le *faucon* est le type et à laquelle appartiennent l'*aigle*, le *milan*, etc.

FALE, *sm.* Nom vulgaire du *jabot* des oiseaux.

FALÈRE, *sf.* Maladie des bêtes à laine, enzootique dans le midi de la France; c'est une espèce d'indigestion gazeuse qui fait périr très-rapidement les animaux qu'elle frappe.

FALERNE, *sm.* Vin célèbre dans l'antiquité, qui était produit dans les environs d'un village de ce nom.

FALHERZ, *sm.* Minerai de cuivre abondant dans l'Amérique du Sud et en Autriche; il renferme du soufre, du cuivre, de l'antimoine et de l'argent; on l'appelle aussi *cuivre gris*.

FALLTRANK, *sm.* V. *Faltrank*.

FALOT, *sm.* Espèce de grande lanterne ordinairement de toile.

FALOURDE, *sf.* Gros fagot de quatre ou cinq bûches de bois à brûler, liées ensemble, pesant en tout de 10 à 20 kilogr.

FALQUE, *sf.* V. *Fargue*.

FALQUER, *vn.* Se dit du cheval qui fait une *falcade*.

FALTRANK, *sm.* Mélange de feuilles et de fleurs de plantes aromatiques des Alpes que l'on prend en infusion comme *stimulant* et à la suite des coups et des chutes; on y fait entrer d'habitude les plantes suivantes : alchimille, armoise, brunelle, bugle, bétoine, menthe, pervenche, piloselle, sanicle, verge d'or, verveine et véronique mâle; on l'appelle aussi *vulnéraire suisse* ou *thé suisse*.

FALUN, *sm.* Roche meuble constituant des assises très-importantes de terrains modernes et formée d'un ciment renfermant de petites coquilles brisées et à demi-pétrifiées et des débris d'os; on l'emploie en amendement comme la marne. | FALUNIÈRE, *sf.* Endroit d'où l'on extrait du —. | FALUNER, *va.* Répandre du — sur un champ. | FALUNAGE, *sm.* Action de *faluner*.

FAMILIER, *sm.* Nom qu'on donnait autrefois aux domestiques des ecclésiastiques, des prélats. | Agents subalternes de l'inquisition.

FAMN, *sm.* Mesure de longueur en Suède, répondant à peu près à notre ancienne toise et équivalant à 1 m. 7814.

FANAGE, *sm.* Action de *faner*, opération qui consiste à retourner à diverses reprises les foins fauchés pour en activer la dessication.

FANAL, *sm.* Grosse lanterne que l'on place à l'entrée de certains ports et dans des endroits élevés pour servir de signaux aux vaisseaux. | (*Mar.*) Lanterne qu'on place au sommet des mâts ou au bout des vergues.

FANDANGO, *sm.* (*Esp.*) Danse espagnole dont le mouvement est très-vif et à trois temps, et qui se danse au son de la guitare ou des castagnettes.

FANE, *sf.* Feuilles tombées de l'arbre. | Feuilles qui tiennent encore aux plantes et qui commencent à sécher.

FANÈGUE, *sf.* Mesure de capacité espagnole de la contenance de 55 litres.

FANER, *va.* V. *Fanage*.

FANFARE, *sf.* Air militaire court et vif, joué par plusieurs instruments de cuivre avec ou sans clefs. | Compagnie de musiciens qui jouent des —s. | Air que sonnent les cors en lançant le cerf.

FANFRE, *sm.* Poisson acanthoptérygien

ressemblant un peu au maquereau, qui suit les vaisseaux pour recueillir les débris de nourriture, et qui, dit-on, sert de guide au requin ; on l'appelle aussi *pilote*.

FANION, *sm*. Autrefois, petit drapeau de serge qu'on portait à la tête des équipages d'une brigade. | Guidon qu'on porte derrière le général pendant la bataille.

FANON, *sm*. Peau pendante que les taureaux, les bœufs ont sous la gorge. | (*Mar.*) Portion de toile pendante sous la vergue entre les cargues. | Bouquet de gros poils en arrière du boulet du cheval. | (*Blas.*) Large bracelet qui pend du bras représenté sur un écu. | Manipule que les prêtres portent au bras gauche quand ils officient. | Pendants de la mitre d'un évêque. | (*Chir.*) Espèce de coussin de paille enveloppant un membre fracturé. | V. *Fanion*.

FANONS, *smpl*. — de baleine, lames cornées implantées dans les mâchoires de la baleine au nombre de 800 à 900 de chaque côté ; on les fait bouillir et on en fait des cannes, des baguettes de fusil, des branches de parapluie, des buscs, des baleines à corsets, des bourrelets, etc.

FANTASIA, *sf*. Sorte de tournoi militaire ou de course que les Arabes pratiquent dans leurs fêtes et qui consiste à s'élancer de toute la vitesse de leurs chevaux, à s'arrêter court, à tourbillonner en déchargeant leurs armes, etc.

FANTASMAGORIE, *sf*. Art de faire apparaître des spectres, des fantômes, à l'aide d'illusions d'optique, dans une salle parfaitement obscure.

FANTASMATIQUE, *adj*. Qui tient d'une vision, d'un fantôme.

FANTASSIN, *sm*. Soldat à pied, qui fait partie d'une compagnie d'infanterie.

FANTINE, *sf*. Partie du chevalet à dévider la soie.

FANTOCCINI, *smpl*. (pr. *tott-chi-*). Marionnettes italiennes auxquelles on fait exécuter des scènes sur un théâtre.

FANTOCHE, *sm*. Caricature, personnage bouffon d'une comédie ou d'une fable.

FANTON, *sm*. V. *Fenton*.

FAON, *sm*. (pr. *fan*). Le petit d'une biche, d'un chevreuil, depuis la naissance jusqu'à l'âge de six mois.

FAONNER, *va*. (pr. *faner*). En parlant de la biche, mettre bas.

FAQUIR, *sm*. V. *Fakir*.

FARADIQUE, *adj*. FARADISME, *sm*. (*Phys.*) V. *Induction*.

FARANDOLE, *sf*. Espèce de danse ou de course en cadence formée par un grand nombre de personnes qui se tiennent par la main ; elle est exécutée sur une cadence vive et à six-huit.

FARCE, *sf*. (*Litt.*) Pièce de théâtre d'un comique burlesque dont on cite plusieurs modèles très-remarquables du XIIe au XVIe siècle ; telle est la *Farce de Pathelin*.

FARCIN, *sm*. Gonflement, inflammation des ganglions et des vaisseaux lymphatiques des chevaux se manifestant sous la forme de boutons ou de chapelets. | FARCINEUX, SE, *adj*. Qui a le —, qui tient du —.

FARD, *sm*. Couleur artificielle sous forme de pâte que les femmes s'appliquent sur les joues ; il est en général composé de vermillon ou de carmin, quelquefois d'orseille ou d'orcanette.

FARDE, *sf*. (*Comm.*) Balle de marchandises, particul. de café, pesant environ 180 kilogr.

FARDEAU, *sm*. (*Comm.*) Colis formé par la réunion de deux ou plusieurs caisses qui ont les mêmes dimensions et qui renferment des marchandises de même sorte.

FARDIER, *sm*. Grande voiture pour les objets lourds, comme les blocs, les pierres, etc. ; elle est composée de deux paires de grandes roues formant deux trains distincts réunis par un timon, et pouvant s'éloigner ou se rapprocher à volonté.

FARFADET, *sm*. Espèce de lutin, taquin mais non méchant ; sorte d'esprit follet à l'existence duquel croient les Orientaux ; on le retrouve aussi dans les légendes écossaises.

FARGUE, *sf*. (*Mar.*) Bordages supplémentaires qui servent à arrêter l'eau qui pourrait entrer sur le pont.

FARILLON, *sm*. Réchaud dans lequel les pêcheurs allument du feu pendant la nuit pour attirer certains poissons.

FARINET, *sm*. Dé à jouer qui n'est marqué que sur une de ses faces.

FARINEUX, SE, *adj*. Se dit des plantes dont le fruit ou la racine peuvent fournir de la farine ; telles sont les céréales, les pommes de terre, les châtaignes, etc.

FARLOUSE, *sf*. V. *Pipit*.

FARO, *sm*. Espèce de bière de grains très-alcoolique qu'on fabrique en Belgique.

FAROS, *sm*. Gros —, pomme d'automne grosse, comprimée, lisse et rousse. | Petit —, pomme de la même saison, moins grosse, oblongue et pourpre.

FAROUCHE, *sm*. Nom vulgaire d'une espèce de trèfle à fleurs rouges, appelé *trèfle incarnat*, cultivé pour fourrage ; lorsque le bétail le consomme en vert un peu humide, il peut provoquer la météorisation.

FARRAGO, *sm*. Mélange de différentes espèces de grains.

FARSANGE, *sf*. V. *Parasange*.

FARTHING, *sm*. (*Angl.*) La plus petite monnaie de cuivre anglaise ; elle vaut le quart d'un penny ou 0 fr. 0242.

FASCE, *sf*. (*Blas.*) Pièce de l'écu qui en occupe le milieu d'un côté à l'autre, qui est faite comme une espèce de règle plate, et qui a une largeur égale au tiers de celle de l'écu.

| (*Archit.*) Frise ou bande plate qui se trouve dans l'architrave.

FASCÉ, E, *adj.* (*Blas.*) Qui porte une ou plusieurs fasces.

FASCICULE, *sm.* Quantité d'herbes, de plantes qu'on peut porter sous son bras ou dans la main. | Titre donné aux différentes livraisons de certains ouvrages très-importants.

FASCICULÉ, E, *adj.* (*Bot.*) Se dit des feuilles, des épines, des radicelles, quand elles sont réunies en faisceau.

FASCIES, *sfpl.* (*Mus.*) Petites planches minces sur lesquelles reposent les tables des violons, des basses et des guitares.

FASCINE, *sf.* Fagot de branchages qu'on charge de terre et qui sert à combler des fossés, à réparer de mauvais chemins, à faire des batteries pour le canon, etc.

FASÉIER, ou FASIER, *sm.* (*Mar.*) Se dit des voiles quand elles sont frappées de côté par le vent et qu'elles se retournent brusquement.

FASÉOLÉ, E, *adj.* FASÉOLE, *sf.* V. *Phaséolé, Phaséole*

FASIN, *sm.* Cendre mêlée de terre avec laquelle on couvre les fourneaux de forge.

FASOLET, *sm.* Haricot nain et hâtif cultivé aux environs de Paris; sa chair est très-tendre; on le mange sous le nom de *Flageolet.* | Il vaudrait mieux écrire *Phasolet.*

FASTE, *adj.* (*Ant.*) Se disait, chez les Romains, de chacun des jours où il était permis de plaider, de rendre la justice, par opposition à *jour néfaste,* ceux où les tribunaux étaient fermés. | — s. *smpl.* Registres sur lesquels on écrivait les événements journaliers qui intéressaient la république; par ext., tables chronologiques commentées, ouvrage historique par époques.

FASTIGIÉ, E, *adj.* (*Bot.*) Se dit des plantes ou des arbres dont les branches sont disposées de façon à former une pyramide et se terminent en pointe.

FATA MORGANA, *sm.* V. *Mirage.*

FATHOM, *sm.* Mesure de longueur anglaise équivalente à 1 m. 829 millim.

FATIDIQUE, *adj.* Qui déclare, qui annonce la destinée, qui prédit ce qui doit arriver.

FAUBERT, *sm.* Espèce de balai fait de fil de caret pour essuyer l'eau jetée sur le pont d'un vaisseau ou pour nettoyer les batteries. | Filet à grandes mailles disposé en forme de sac, qu'on emploie pour la pêche du corail.

FAUCARDEMENT, *sm.* Opération qui accompagne le curage des cours d'eau et qui consiste à faucher les végétaux aquatiques qui en encombrent le lit. | FAUCARDER, *va.* Opérer le —.

FAUCET ou FAUSSET, *sm.* Espèce de voix sur-laryngienne, appelée plus exactement *voix de tête,* que l'homme produit quand il sort à l'aigu du diapason de sa voix naturelle.

FAUCHARD, *sm.* Sorte de hallebarde que portaient les gens de pied au moyen âge; c'était une lame de fer pointue emmanchée d'une longue hampe.

FAUCHER, *va.* Couper l'herbe, les foins au moyen de l'instrument appelé *faux.* | *vn.* Se dit d'un cheval qui traîne en demi-rond une des jambes de devant; cette allure vicieuse paraît plus au trot qu'au pas | V. *Falquer.*

FAUCHÈRE, *sf.* Tringle de bois qu'on met aux mulets de charge pour leur tenir lieu de croupière.

FAUCHET, *sm.* Rateau ayant des dents de bois de chaque côté, dont on se sert pour ramasser le foin lorsqu'il est fauché et fané. | Petite faux à l'usage des cultivateurs.

FAUCHEUR ou FAUCHEUX, *sm.* Genre d'arachnides très-agiles qui ont le corps petit, en boule, et les jambes fort longues et minces comme des fils; ils habitent les bois, les jardins, et ne filent pas.

FAUCHON, *sm.* Petite faux à main à l'usage des moissonneurs.

FAUCILLE, *sf.* Lame d'acier courbée en demi-cercle et emmanchée par un bout, qui sert à couper les blés; elle est quelquefois armée de dents très-fines comme une scie.

FAUCILLON, *sm.* V. *Étrape.* | Petit cran que l'on ajoute au rouet d'une serrure et qui correspond à une échancrure du panneton, perpendiculaire à celle du rouet.

FAUCON, *sm.* Oiseau de proie que l'on dressait autrefois pour la chasse; il a le bec court, recourbé à sa base et armé de deux dents à son extrémité, les tarses courts, les doigts robustes et les ailes très-longues. | Petit canon de 8 à 10 centimètres de diamètre qui servait pour les boulets d'une livre.

FAUCONNEAU, *sm.* C'était autrefois une petite pièce d'artillerie de campagne, de 2 m. de longueur, de 7 à 8 cent. de diamètre, servant pour les boulets de trois quarts de livre. | (*Archit.*) Pièce de bois posée en travers au haut d'une machine à élever les fardeaux; elle est munie de deux poulies à ses extrémités. | Jeune faucon.

FAUCONNIER, *sm.* Celui qui dressait et gouvernait les oiseaux de proie.

FAUCRE, *sm.* Pièce de fer ou d'acier qu'on plaçait sur le côté droit des cuirasses, au moyen âge, et qui servait à soutenir la lance en arrêt.

FAUDER, *va.* Plier une pièce de drap sur la longueur, de manière que les lisières se touchent. | FAUDAGE, *sm.* Action de —.

FAUNE, *sm.* Dieu champêtre chez les anciens. | *sf.* Ouvrage contenant la description des animaux d'un pays, d'une région; ensemble de ces animaux.

FAUSSET, *sm.* (*Mus.*) V. *Faucet.* | Petite

brochette de bois servant à boucher le trou que l'on fait à un tonneau pour goûter le vin ou la liqueur qu'il contient.

FAUTRE, *sm.* V. *Flôtre.*

FAUVE, *adj.* Qui tire sur le roux. | Bête —, le cerf, le chevreuil, le daim; ce mot ne s'applique qu'aux bêtes du genre cerf.

FAUVEAU, *sm.* Bœuf de couleur rouge tirant sur le jaune clair.

FAUVETTE, *sf.* Genre d'oiseaux de l'ordre des passereaux; il y en a un très-grand nombre d'espèces toutes très-agiles, vivant d'insectes et faisant entendre un ramage agréable; leur caractère dominant est le bec droit, grêle, comprimé en avant et à bord supérieur un peu courbé vers la pointe.

FAUX, *sf.* Lame de fer acièreux recourbée, d'environ soixante centimètres de long, se terminant en pointe et s'élargissant jusqu'à la base près de laquelle elle s'emmanche à un bâton muni de deux poignées; on l'emploie pour *faucher*, c.-à-d. pour couper les foins quand ils sont prêts à être récoltés. | (*Anat.*) Nom que portent certaines parties du corps à cause de leur ressemblance avec une —. | Espèce de requin de petite taille qui se montre souvent sur nos côtes.

FAUX, *sm.* (*Jurispr.*) Falsification d'écritures, apposition de fausses signatures au bas d'un acte, intercalation sur des registres ou des écrits, avec une intention malveillante; les faux peuvent avoir lieu en écritures publiques, en écritures de commerce ou en écritures privées.

FAUX-BOURDON, *sm.* Musique simple à plusieurs parties, sans dissonances. | Composition de plain-chant où le médium exécute le chant tandis que les autres voix chantent un contrepoint.

FAUX MARQUÉ, *sm.* Inégalité des cors sur la tête du cerf, comme par exemple quand il a six cors d'un côté et sept de l'autre.

FAUX-PONT, *sm.* (*Mar.*) Espace entre la cale et le premier pont dans les vaisseaux et les grandes frégates; c'est sur ses côtés que donnent les cabines des bas-officiers, de l'agent comptable et des élèves.

FAUX-RUBIS, *sm.* Variété transparente de fluorine ayant la couleur du rubis.

FAUX-SAPHIR, *sm.* Variété transparente de fluorine de couleur bleue.

FAVELOTTE, *sf.* Haricot, petite fève, gourgane.

FAVEUR, *sf.* Ruban de soie très-étroit et très-léger, généralement de couleur rose ou bleue.

FAVEUX, SE, *adj.* Jaune clair, qui a la couleur du miel. | (*Méd.*) Se dit d'une sorte de teigne dans laquelle la peau semble se creuser et former des alvéoles.

FAVUS, *sm.* (pr. *vuss*) (*Méd.*) Sorte de teigne dont les croûtes sont jaunâtres, sèches, dures, cassantes et d'une odeur dégoûtante.

FAYARD, *sm.* Hêtre.

FAYE, *sf.* Forêt plantée de hêtres. | Sorte d'étoffe de soie. V. *Faille.*

FAYOL ou FAYOT, *sm.* Nom que les marins donnent aux haricots secs que l'on distribue à bord des bâtiments.

FAZÉIER, *vn.* V. *Faséier.*

FÉAL, *adj. m.* Vieux mot féodal qui signifiait *vassal fidèle* ou simplement *fidèle.*

FÉBRICITANT, E, *adj.* (*Méd.*) Qui a la fièvre.

FÉBRIFUGE, *adj.* et *sm.* Se dit des médicaments avec lesquels on combat la fièvre, les fièvres intermittentes; tels sont le sulfate de quinine, l'écorce de quinquina et divers autres végétaux amers.

FÈCES, *sfpl.* Dépôt qui se forme au fond d'une liqueur trouble qu'on laisse reposer. | Résidu de la fabrication de l'huile. | Toute matière excrémentitielle.

FÉCIAL, *sm.* (*Ant.*) C'était, à Rome, un prêtre qui consacrait les déclarations de guerre, les traités de paix et d'alliance par des formalités religieuses.

FÉCULE, *sf.* Amidon pur, à l'état pulvérulent, qui se précipite au fond de l'eau quand on y délaie la farine de certains végétaux, tels que les grains de céréales, les pommes de terre, le manioc, etc.; c'est un aliment analeptique très-estimé. | FÉCULENT, E, *adj.* Qui renferme de la —. | FÉCULERIE, *sf.* Usine où l'on extrait la —.

FEDDAN, *sm.* Mesure agraire usitée en Égypte et représentant à peu près 42 ares.

FÉDÉRALISME, *sm.* Système de gouvernement en vertu duquel plusieurs États, distincts par leur administration intérieure, ont un centre commun pour les affaires politiques; tels sont la Suisse et les États-Unis d'Amérique; ce système s'appelle aussi *régime fédératif.*

FÉE, *sf.* Être fantastique du sexe féminin, doué d'un pouvoir surnaturel.

FÉER, *va.* Enchanter, charmer.

FÉGARO, *sm.* Poisson semblable au corb, mais plus grand et plus estimé; il est d'un gris clair argenté.

FELD-MARÉCHAL, *sm.* En Allemagne, titre de commandement militaire correspondant à peu près à celui de général de division en France.

FELDSPATH, *sm.* (pr. *patt*). Pierre très-dure qui est composée de silice, d'alumine et de potasse ou de soude, qui a une texture lamelleuse et un éclat nacré; il fait partie du granit, et quand il est dans un certain état, il constitue le *kaolin.* (V. ce mot.)

FÊLE, FELLE, FESLE, *sf.* Tube de fer, appelé aussi *canne*, qui sert à recueillir et à souffler la matière en fusion dont on fait le verre.

FÉLIN, E, *adj.* Qui est de la nature du chat, qui ressemble aux mœurs ou aux habitudes du chat.

FÉLIR, *vn.* Pousser des gémissements, des miaulements comme ceux du chat.

FÉLIS, *sm.* (pr. *liss*). Nom générique commun à tous les animaux du genre *chat*.

FELLAH, *sm.* Nom générique des paysans et des laboureurs en Égypte et dans l'Afrique du Nord.

FELLE, *sf.* V. *Fêle.*

FELOUQUE, *sf.* Petit bâtiment léger, long et étroit, qui va à six rames et à deux ou trois voiles.

FEMELLE, *adj. f.* (*Bot.*) Se dit des fleurs qui ne portent que des pistils. | *sf.* Plume d'autruche femelle.

FÉMELOT, *sm.* (*Mar.*) Pièce de fer à deux branches formant charnière qui supporte le gouvernail; il y en a de six à huit.

FÉMUR, *sm.* Os de la cuisse, qui s'étend du bassin au tibia; c'est le plus grand des os du corps humain. | Fémoral, e, *adj.* Qui appartient au —.

FENAISON, *sf.* Saison où l'on coupe les foins. | Opération de la coupe des foins.

FENASSE, *sf.* Fourrage artificiel composé d'avoine fauchée en vert ou de sainfoin.

FENDERIE, *sf.* Machine composée de deux disques d'acier, tournant en sens inverse et découpant le fer en *fentons*. (V. ce mot).

FENDIS, *sm.* Ardoise brute et non encore refendue.

FÈNE, *sf.* V. *Faîne.*

FENESTRÉ, E, *adj.* Percé à jour, treillagé.

FENESTRELLE, *sf.* Nom vulgaire de la giroflée, qui croît sur les vieux murs.

FENÊTRE, *sf.* (*Anat.*) Nom de deux orifices, l'un rond, l'autre ovale, qui existent dans la paroi postérieure de la caisse située derrière le tympan de l'oreille; sur ces orifices sont tendues deux membranes en contact avec le liquide aqueux qui remplit l'oreille interne et dans lequel plongent les filets terminaux du nerf acoustique.

FENIL, *sm.* (pr. *ni*). Lieu où l'on serre les foins, à la campagne.

FENNEC, *sm.* Animal carnassier semblable au chien, mais plus petit, qui habite des terriers en Afrique.

FENOUIL, *sm.* Plante très-odorante, à fleurs jaunes, de la famille des ombellifères; elle croît dans le midi de l'Europe et on s'en sert surtout pour aromatiser certains mets. | — marin. V. *Bacile.* | — d'eau. V. *Phellandre.* | Fenouillette, *sf.* Ratafia ou eau-de-vie tirée de la graine de —; on dit aussi Fenouillet, *sm.*

FENTON, *sm.* Nom donné au fer réduit en baguettes carrées dont on fait divers objets de serrurerie. | Pièce de fer carrée et fendue par ses deux bouts, que l'on scelle dans les murs ou dans les souches de cheminée pour les consolider. | (*Mar.*) Morceaux de bois dont on fait des chevilles.

FENUGREC, *sm.* Plante de la famille des légumineuses, à fleurs d'un blanc jaunâtre, dont la graine a une odeur forte, quoique assez agréable, et qui passe pour émolliente et adoucissante.

FÉODALITÉ, *sf.* Régime qui fut longtemps en vigueur en France, où les seigneurs tenaient sous leur dépendance tous les vassaux et tous les domaines compris dans leurs *fiefs*. (V. ce mot). | Féodal, e, *adj.* Qui a rapport à la —.

FÉRA, *sf.* Poisson voisin par sa conformation du saumon et de la truite; il habite les lacs de la Suisse; sa chair est estimée.

FÉRAL, E, *adj.* Funèbre; qui annonce les funérailles; qui se rapporte aux morts.

FÉRANDINE, *sf.* Espèce d'étoffe de soie tramée de laine ou de coton.

FERBLANC, *sm.* Tôle amincie au laminoir et étamée, c.-à-d. recouverte d'une couche d'étain.

FÉRET, *sm.* V. *Hématite.*

FÉRIE, *sf.* Terme dont l'Église se sert pour désigner les différents jours de la semaine, à l'exception du samedi et du dimanche; le lundi est la 2e *férie*, le mardi la 3e, ainsi de suite. | Jour de vacance. | Férié, e, *adj.* Jour —, celui où l'on ne travaille pas.

FÉRINE, *adj. f.* Toux —, toux sèche, opiniâtre et douloureuse.

FÉRIR, *va.* Frapper. | Sans coup —, sans frapper personne.

FERLER, *va.* (*Mar.*) Relever une voile, la serrer et l'attacher pli par pli tout le long d'une vergue. | Ferlage, *sm.* Action de —.

FERLET, *sm.* Instrument en forme de T, dont on se sert dans les papeteries pour placer les feuilles de papier sur les perches ou les cordes de l'étendoir.

FERLIN, *sm.* Étoffe de laine anglaise. | Ancienne petite monnaie de cuivre française qui valait le quart d'un denier.

FERME, *sf.* (*Archit.*) Tout assemblage principal destiné à soutenir le faîte d'un bâtiment. | Au théâtre, décoration montée sur un châssis et qui se détache de la toile du fond.

FERMENT, *sm.* Nom qu'on donne à toute substance qui a la propriété d'exciter une fermentation dans le corps auquel on la mêle.

FERMOIR, *sm.* Ciseau à lame plate, en

-biseau ou à demi-cylindrique, qu'on emploie pour dégrossir un bloc de bois.

FERNAMBOUC, *sm.* Bois de —, bois de teinture, appelé aussi *bois de Brésil* et *brésillet;* on en retire une belle couleur rose dont on fait une sorte de laque carminée employée dans la peinture.

FÈROLE, *sf.* Arbre de la Guyane dont les feuilles sont grandes et blanchâtres, et dont le bois est estimé dans la tabletterie.

FERRANDINE, *sf.* V. *Férandine.*

FERRET, *sm.* Extrémité métallique d'une aiguillette ou d'un lacet. | Noyau dur dans certaines pierres. | Long ringard pour remuer la matière en fusion dans les fours à glaces. | V. *Hématite.*

FERRETIER, *sm.* Ferrailleur, marchand de vieille ferraille. | Marteau qu'emploie le maréchal-ferrant pour forger les fers.

FERREUX, *adj. m.* (*Chim.*) Se dit des combinaisons chimiques dans lesquelles le fer entre à l'état de protoxyde.

FERRIÈRE, *sf.* Sac de cuir où l'on met des outils.

FERRIQUE, *adj.* (*Chim.*) Se dit des combinaisons dans lesquelles le fer entre à l'état de sesquioxyde.

FERROCYANURE, *sm.* (*Chim.*) V. *Cyanogène.*

FERRONNERIE, *sf.* Nom générique des objets de commerce en fer, tels que les ferrures pour bâtiment, les objets de ménage en fer, etc.

FERRONNIÈRE, *sf.* Sorte de parure de femme, consistant en un ruban qui entoure la tête et ferme sur le front à l'aide d'une pierre précieuse.

FERROSO-FERRIQUE, *adj.* (*Chim.*) Oxyde —, nom qu'on donne à l'oxyde particulier du fer qui constitue la pierre d'aimant, parce qu'il représente une combinaison de l'oxyde ferreux et de l'oxyde ferrique.

FERRUGINEUX, SE, *adj.* Se dit des corps qui contiennent du fer à l'état de combinaison, et notamment des eaux minérales renfermant des sels de fer qu'on emploie en médecine comme toniques et fortifiants du système sanguin.

FÉRULE, *sf.* Plante ombellifère dont une espèce, originaire de Perse, fournit l'*assa fœtida* et est employée souvent comme antispasmodique. | Palette en bois ou en cuir dont on se sert dans quelques pays pour châtier les écoliers en leur frappant dans la main ouverte. | Autrefois, bâton ou crosse, sceptre.

FERZE, *sf.* Lé, largeur de la toile à voile.

FESCENNIN, E, *adj.* (*Litt.*) Se dit d'une sorte de poésie grossière et licencieuse que les Romains employèrent longtemps dans leurs divertissements dramatiques.

FESSIER, *sm.* (*Anat.*) Nom de chacun des trois muscles (le grand —, le moyen — et le petit —) qui servent à faire avancer, reculer ou pivoter la cuisse autour du bassin.

FESTIVAL, *sm.* Grande fête dans laquelle sont exécutées en général des symphonies par un grand nombre de musiciens.

FESTUCAIRE, *sm.* Entozoaire muni d'une ventouse au moyen de laquelle il se fixe aux viscères de certains animaux.

FETFA, *sm.* Chez les musulmans, ordre émané d'un muphti et respecté de tout le monde, même du chef de l'État.

FÉTICHE, *sm.* Objet quelconque que choisissent les nègres pour leur servir de divinité tutélaire et qu'ils portent constamment sur eux. | FÉTICHISME, *sm.* Culte des —s.

FÉTIDIER, *sm.* Arbre de Madagascar et des îles Maurice qui ressemble au noyer et dont le bois, d'une odeur fétide et d'une belle couleur rouge, s'emploie quelquefois dans l'ébénisterie.

FÉTUQUE, *sf.* Plante graminée, assez élevée, à feuilles longues et planes, dont certaines espèces sont communes dans les prés et donnent un bon fourrage.

FEU, *sm.* (*Méd.*) Nom commun à plusieurs éruptions bénignes. | Au théâtre, indemnité que touche un artiste pour une représentation spéciale. | — follet, flamme légère qui voltige quelquefois au-dessus des marécages et des cimetières, et qu'on attribue à la combustion des gaz phosphorés résultant de la décomposition des matières organiques. | — grégeois, combinaison de matières combustibles qu'on lançait, au moyen âge, sur les vaisseaux pour les incendier, et qui, loin de s'éteindre dans l'eau, y augmentait d'activité. | — grisou. V. *Grisou.* | — Saint-Elme. V. *Elme* (*feu St-*)

FEUDATAIRE, *s.* Celui ou celle qui possède un fief et qui doit foi et hommage au seigneur suzerain; vassal.

FEUDISTE, *sm.* Homme versé dans la matière des fiefs.

FEUILLANT, *sm.* Religieux de l'étroite observance de saint Bernard. | FEUILLANTINE, *sf.* Religieuse du même ordre.

FEUILLARD, *sm.* Branches de châtaignier ou de saule fendues en deux, dont les tonneliers font des cercles, ou qui servent de lattes. | Bandes de fer étroites et minces qui servent au même usage.

FEUILLERET, *sm.* Rabot à pousser les feuillures; c'est un rabot ordinaire dont la lumière est évidée sur le côté.

FEUILLET, *sm.* (*Zool.*) Le troisième estomac des ruminants; il est placé vers le côté droit de la panse; sa membrane interne forme des feuillets hérissés de petites papilles semblables à des grains de millet. | (*Bot.*) Lames qui tapissent la face inférieure du chapeau de certains champignons et notamment de l'*agaric.*

FEUILLETIS, *sm.* Arête d'une pierre précieuse taillée, particul. l'arête principale qui sépare le dessus du dessous.

FEUILLETTE, *sf.* Tonneau contenant environ 135 litres à Paris, 137 litres en Bourgogne, et 113 litres à Bordeaux et dans la Saône-et-Loire.

FEUILLURE, *sf.* Saillie qui dépasse la rainure dans laquelle joue une porte ou une fenêtre, de façon à couvrir le joint quand elle est fermée.

FEURRE, *sm.* Paille longue qui sert à empailler les chaises; chaume pour couvrir les toits ruraux.

FEUTIER, *sm.* Celui qui, dans les palais, dans les grands établissements, est chargé de diriger le chauffage des appartements.

FEUTRE, *sm.* Matière dont on fait certains chapeaux; on la fabrique en battant longtemps des poils de lièvre, de lapin, de castor, etc., que l'on foule ensuite après les avoir enduits d'une préparation appelée *secret*; on obtient ainsi une sorte de tissu fin, souple, homogène, d'une très-grande solidité et pouvant prendre toutes les formes. | FEUTRER, *va.* Fabriquer du —. | FEUTRAGE, *sm.* Action de feutrer.

FÈVE, *sf.* Plante herbacée de la famille des légumineuses à fleurs blanches, marquées d'une tache noire sur chaque aile, dont l'espèce la plus commune, la — de marais, est comestible, ainsi que plusieurs de ses variétés. | — de Saint-Ignace, fruit du vomiquier; c'est un poison violent, employé quelquefois comme fébrifuge. | — tonka. V. *Coumarou*. | — de Calabar, semence d'une plante de la Guinée jouissant de propriétés toxiques et pouvant produire sur la pupille l'effet contraire de la belladone, c.-à-d. la faire resserrer.

FÉVEROLE, *sf.* Variété de la fève des marais, dont les graines sont petites et rondes; elle sert principalement pour nourrir les animaux.

FÉVIER, *sm.* V. *Fabago*.

FEZ, *sm.* (pr. *fèss*). Coiffure des Orientaux qui consiste en une calotte longue, droite et presque cylindrique, terminée quelquefois par un flot.

FI, *sm.* V. *Fy*.

FIABESQUE, *adj.* Nom d'un genre de pièces de théâtre à métamorphoses, à changements, etc., sorte de féerie dramatique dans le genre des pièces de C. Gozzi.

FIACRE, *sm.* Terme générique pour désigner les voitures publiques à deux chevaux et à quatre ou cinq places qui stationnent dans un lieu découvert; celles qui se tiennent dans un lieu couvert se nomment *remises*.

FIASQUE, *sf.* Mesure de capacité d'environ un litre, employée en Italie. | Bouteille vide; on dit aussi *Fiasco*.

FIBRE, *sf.* (*Hist. nat.*) Se dit, en termes généraux, de toutes les parties élémentaires des tissus organiques qui ont l'aspect filamenteux; ce sont des cellules allongées; le tissu qui en est composé s'appelle tissu *fibreux*. | FIBRILLES, *sfpl.* (*Bot.*) Ramifications des racines capillaires appelées aussi *chevelu*.

FIBRINE, *sf.* Fibre qui forme la base de la chair musculaire, c.-à-d. de la viande; ce sont des filaments fins et élastiques, essentiellement composés d'albumine et de gélatine.

FIBULAIRE, *sm.* Petit zoophyte échinoderme appelé aussi *Oursin-bouton*, parce qu'il a la forme d'une boule portée sur une petite tige.

FIBULE, *sf.* (*Ant.*) Ornement que portaient les Romains sur l'épaule et qui servait d'agrafe.

FIC, *sm.* Excroissance ou tumeur charnue pédiculée, irrégulièrement arrondie, molle, qui se forme aux paupières, au menton et plus ordinairement autour de l'anus. | — crapaud. V. *Crapaud*.

FICAIRE, *sf.* Plante assez semblable à la renoncule, à belles fleurs jaunes, à feuilles en cœur, et dont la racine porte un grand nombre de tubercules allongés; elle jouit de propriétés astringentes.

FICHE, *sf.* Petit morceau de fer ou d'autre métal servant à fixer les pentures des portes, des fenêtres, etc. | Morceau d'ivoire ou d'os plat qui sert de monnaie au jeu. | Cheville en fer munie d'un anneau dont se servent les géomètres pour indiquer les lignes mesurées. | Petit étai. | Petite carte sur laquelle on inscrit un mot ou un renseignement que l'on classe par ordre alphabétique avec d'autres cartes semblables.

FICHET, *sm.* Petite cheville dont on se sert au trictrac. | Pointe crochue des cardes.

FICHURE, *sf.* Trident qu'emploient les pêcheurs pour darder le poisson dans les étangs et les madragues.

FICOÏDE, *sf.* Plante grasse à fleurs charnues et rayonnées, de la famille des cactiers, qui comprend un très-grand nombre d'espèces cultivées pour la beauté de leurs fleurs; elle est originaire du Cap.

FIDÉICOMMIS, *sm.* (pr. *mi*) (*Jurispr.*) Disposition par laquelle un testateur charge son héritier institué de conserver et de rendre à une personne désignée, la totalité ou une partie des biens qu'il lui laisse, soit au bout d'un certain temps, soit dans un certain cas. | FIDÉICOMMISSAIRE, *s.* Celui qui est chargé d'un —.

FIDÉJUSSEUR, *sm.* (*Jurispr.*) Caution: celui qui s'oblige à payer pour un autre qui ne payerait pas. | FIDÉJUSSION, *sf.* Résultat de l'intervention du —; cautionnement.

FIDONIE, *sf.* Papillon de nuit, dont les ailes sont blanches et parsemées de taches noirâtres.

FIDUCIAIRE, *adj.* et *s.* (*Jurispr.*) Celui qui est chargé d'un fidéicommis. | V. *Fiducie*.

FIDUCIE, *sf.* (*Jurispr.*) Vente simulée faite à quelqu'un pour se procurer de l'argent, sous la condition que la chose sera rétrocédée au vendeur au bout d'un certain temps; cette vente, usitée dans le droit romain, s'appelait aussi *vente fiduciaire*.

FIEF, *sm.* (*Féod.*) Domaine noble, dont le possesseur, appelé *vassal*, doit l'hommage et ordinairement aussi quelque redevance, quelque service, etc., au seigneur, au possesseur d'un autre domaine.

FIEL, *sm.* Poche membraneuse qui adhère au foie des animaux vertébrés et qui renferme de la bile et un liquide très-amer appelé aussi *fiel*. | — de verre, mélange de diverses substances, telles que chaux, potasse, soude, etc., qui surnagent sur le verre en fusion et qu'on employait autrefois en médecine.

FIER-A-BRAS, *sm.* Fanfaron qui fait le brave et le furieux et qui veut se faire craindre par ses menaces.

FIERDING, *sm.* Mesure de capacité usitée en Danemark pour les matières sèches; elle équivaut à environ un hectolitre.

FIERTE, *sf.* Châsse d'un saint que l'on portait autrefois en procession, le jour de l'Ascension; on faisait grâce à un criminel ce jour-là, et le crime était dit *fiertable*.

FIÈVRE, *sf.* Trouble aigu de la circulation, accompagné de chaleur, d'accélération du pouls, etc., qui est le symptôme de la plupart des maladies. | — *adynamique*, *algide*, *ataxique*, *hectique*, etc. (V. ces différents mots). | — *jaune*, maladie miasmatique, contagieuse et épidémique, particulière aux climats chauds, qui dure 4 à 8 jours, et qui amène presque toujours la mort.

FIFRE, *sm.* Petite flûte très-aiguë, percée de six trous, qui a été en usage, pour accompagner les tambours, dans l'infanterie française, depuis le XVIIe siècle jusqu'au commencement du XIXe.

FIGALE, *sf.* Bâtiment des Indes orientales qui n'a qu'un seul mât placé au milieu et qui va simultanément à la rame et à la voile.

FIGUIER, *sm.* Arbre des pays méridionaux, à feuilles larges et arrondies, portant des fruits très-sucrés connus sous le nom de *figues*. | Nom que l'on donne dans quelques pays au roitelet.

FIGULINE, *sf.* et *adj. f.* Se dit d'une sorte de terre commune que l'on peut pétrir facilement et dont on fait des poteries. | *sf.* Plat ou aiguière faits de cette terre.

FIGURATIF, VE, *adj.* (*Litt.*) Se dit des écritures qui représentent la figure des objets à exprimer.

FIGURISME, *sm.* (*Eccl.*) Se dit du système de ceux qui cherchent dans tous les passages de l'Ecriture des figures ou des allégories.

FIL DE LA VIERGE, *sm.* V. *Filandres*.

FILADIÈRE, *sf.* Petite barque à fond allongé qu'on emploie dans la Garonne.

FILAIRE, *sm.* Entozoaire grêle et filiforme dont plusieurs espèces, notamment le *ver de Médine*, se logent sous la peau de l'homme et atteignent quelquefois plus de trois mètres de longueur.

FILANDIER, ÈRE, *adj.* Qui file, qui aime à filer. | — ÈRE, *sf.* Se dit des araignées dont les filières sont peu saillantes et qui tissent des toiles à réseau irrégulier se croisant dans tous les sens et sur plusieurs plans.

FILANDRES, *sfpl.* Certains fils blancs et longs qui volent en l'air dans les beaux jours de l'automne; on les appelle aussi *fils de la Vierge*.

FILARDEAU, *sm.* Jeune brochet. | Jeune arbre d'une venue droite.

FILARDEUX, SE, *adj.* Se dit du marbre ou de la pierre quand ils ont des *fils* ou veines qui les font se déliter.

FILARIA, *sm.* Arbuste toujours vert, voisin du jasmin, à fleurs verdâtres ou blanchâtres en grappes axillaires; son bois, jaune et dur, est susceptible de prendre un beau poli.

FILASSE, *sf.* Lin ou chanvre quand ils ont été séparés de leur écorce par le rouissage, et avant qu'ils n'aient été peignés.

FILATIER, *sm.* Marchand de fil.

FILE, *sf.* Suite de choses ou de personnes disposées l'une après l'autre. | (*Archit.*) Couloir étroit, corridor de dégagement.

FILET, *sm.* (*Anat.*) Repli de la membrane muqueuse de la bouche qui est adhérent à la base inférieure de la langue, et qui se prolonge quelquefois jusqu'à son extrémité. | Petite bride à mors brisé. | (*Archit.*) Moulure plate et lisse, ronde ou carrée, qui sépare deux autres moulures plus grandes et plus saillantes. | (*Impr.*) Lame de fonte produisant un trait droit et délié. | Dans la viande de boucherie, c'est la partie charnue qui longe l'épine dorsale.

FILICULE, *sf.* Espèce de capillaire dont les feuilles sont semblables à celles de la fougère et qui a des propriétés pectorales.

FILIÈRE, *sf.* Morceau d'acier percé d'un ou de plusieurs trous par lesquels on fait passer l'or, l'argent, le cuivre, etc., qu'on file. | Morceau d'acier percé de trous taillés intérieurement en spirale pour que les bouts de métal que l'on y fait passer se transforment en vis. | Petits mamelons coniques situés, au nombre de 4 ou 6, au-dessous de l'anus des araignées fileuses, et percés de pores par lesquels passent les fils.

FILIFORME, *adj.* (*Hist. nat.*) Qui a la forme d'un fil, qui ressemble à un brin de fil.

FILIGRAMME, *sm.* V. *Filigrane*.

FILIGRANE, *sm.* Ouvrage d'orfèvrerie travaillé à jour ou formé de fils d'or ou d'argent soudés très-finement. | Lettres ou figures en cuivre que l'on fixe sur la forme à fabriquer le papier et dont la marque paraît sur la feuille de papier; cette marque; on écrirait mieux *Filigramme*, mais cette orthographe n'est pas usitée.

FILIN, *sm.* (*Mar.*) Sorte de cordage qui est

moins gros que le câble et plus gros que le grelin; il est composé de trois ou quatre torons.

FILIPENDULE, *sf.* Plante du genre spirée dont les racines sont formées de tubercules ovoïdes soutenus par de petits filets; ses feuilles sont grandes et découpées; ses fleurs sont blanches et rouges, en corymbe; sa racine est légèrement astringente.

FILON, *sm.* Masse métallique ou de matières ignées, en forme de coin, qui s'avance dans les terrains stratifiés, perpendiculairement aux couches.

FILOSELLE, *sf.* Autrefois, fil brillant, léger, qu'on tirait des cocons de soie légèrement cuits. | Aujourd'hui, fil de soie de qualité inférieure qu'on emploie dans la bonneterie; on l'appelle aussi *bourre de soie.*

FILOU, *sm.* Poisson de la mer des Indes, voisin du labre, et dont la bouche est disposée de manière à pouvoir être transformée à volonté en un long tube pour saisir au passage les petits animaux.

FILTRIE, *sf.* Fabrication de fils de lin pour la couture.

FINAGE, *sm.* Étendue d'une juridiction ou d'une paroisse jusqu'aux confins d'une autre. | Superficie de territoire appartenant à une commune.

FINALE, *sm.* Morceau d'ensemble qui termine un acte d'opéra.

FINANCIER, *sm.* Au théâtre, emploi comique qui comprend les rôles pleins de rondeur et de bonhomie, les personnages qu'on trompe facilement, mais qui ne sont pas ridicules.

FINETTE, *sf.* Étoffe légère de coton, croisée, de couleur blanche, piquée à l'endroit, peluchée à l'envers.

FINGARD, *adj.* et *sm.* Se dit d'un cheval rétif, qui résiste à l'éperon.

FINNE, *sf.* Veine oblique de matières étrangères dans un minerai.

FINNOIS, E, *adj.* Se dit de certaines langues du nord de l'Europe, telles que le lapon, le permien, le hongrois ou magyar, etc.

FIORD, *sm.* Détroits, passes très-resserrées qui existent entre les nombreux îlots situés le long des rivages de la Norwége.

FIRMAMENT, *sm.* (*Astr.*) Ce mot désignait autrefois le huitième ciel, que l'on croyait être de cristal et dont la voûte soutenait les étoiles et entraînait dans son mouvement les sept cieux inférieurs.

FIRMAN, *sm.* Édit, ordre, permis du Grand Seigneur ou de quelque autre souverain de l'Orient. | Passeport ou permission de trafiquer que l'on accorde aux marchands étrangers qui font le commerce dans le Levant.

FIROLE, *sf.* Mollusque gastéropode très-allongé, transparent, dont la bouche est placée à l'extrémité d'une trompe, et qui nage les pieds en l'air dans les mers chaudes et tempérées des deux hémisphères.

FISC, *sm.* Nom par lequel on désignait autrefois le trésor de l'État, et l'administration chargée de la conservation de ses droits.

FISCAL, E, *adj.* Qui concerne le fisc; se dit de ceux qui montrent un grand zèle pour les intérêts du fisc, ou des dispositions légales qui ont pour objet d'aggraver, d'étendre la perception des impôts. | *sm.* Autrefois, nom des officiers féodaux qui administraient le trésor du seigneur; ceux qui exploitaient ses domaines s'appelaient *Fiscalins.*

FISCALITÉ, *sf.* Tendance d'une administration à aggraver le montant des impôts, à en étendre la perception.

FISCELLE, *sf.* Petit panier d'osier.

FISOLIÈRE, *sf.* Bateau de Venise très-léger.

FISSIDACTYLES, *smpl.* (*Zool.*) Se dit d'un certain nombre d'oiseaux appartenant à divers groupes et caractérisés par l'absence de membrane palmée entre les doigts qui sont entièrement libres; c'est l'opposé de *palmipèdes.*

FISSILE, *adj.* (*Minér.*) Se dit des substances qui se laissent diviser en feuillets.

FISSIPARITÉ, *sf.* (*Hist. nat.*) Mode de reproduction propre aux animaux inférieurs, et suivant lequel un animal se détache en plusieurs morceaux qui deviennent autant d'animaux distincts; ces animaux sont dits *fissipares.*

FISSIPÈDE, *adj.* et *s.* (*Zool.*) Se dit des animaux qui ont le pied fourchu, comme le chien, le chat, le loup, etc., par oppos. à *solipède*, celui dont le pied est d'une corne continue.

FISSIROSTRE, *adj.* et *s.* (*Zool.*) Se dit d'une famille d'oiseaux dont le bec est fendu très-profondément, comme les hirondelles et les engoulevents.

FISSURE, *sf.* (*Géol.*) Fente qui se trouve dans une masse minérale. | (*Méd.*) Ulcérations allongées, étroites, peu profondes, en bandes parallèles, qui se produisent aux mains, aux pieds, aux plis des membres, etc.

FISSURELLE, *sf.* Mollusque gastéropode, muni d'une coquille conique percée à son sommet d'une petite ouverture par où entre l'eau nécessaire à sa respiration et par où sortent les excréments.

FISTULAIRE, *sm.* Poisson acanthoptérygien dont la bouche est placée à l'extrémité d'un long tube, et dont le corps est cylindrique, long et mince; on le trouve dans les mers des pays chauds. | Zoophyte échinoderme dont le corps est mou et cylindrique, et qu'on trouve sur les côtes d'Europe.

FISTULANE, *sf.* Mollusque à coquillage allongé, ressemblant au taret par sa conformation et par ses mœurs, et qui habite la mer des Indes, où il vit enfoncé dans les bois submergés.

FISTULE, *sf.* Canal accidentel qui se forme dans les chairs et qui transmet au dehors, soit les matières contenues dans un conduit naturel perforé, soit le produit d'une exhalation morbide. | Coup de marteau, de ciseau donné mal à propos et qui endommage la surface du bois. | (*Ant.*) Petite flûte des anciens qui était à peu près semblable au flageolet.

FISTULEUX, SE, *adj.* (*Méd.*) Qui est de la nature de la fistule. | (*Bot.*) Se dit des tiges et des feuilles qui sont creusées intérieurement comme une flûte.

FISTULINE, *sf.* Champignon formé de tubes libres et non soudés entre eux, de couleur sanguine et de consistance charnue ; on le mange quand il est jeune ; il ressemble alors à un foie, ce qui l'a fait appeler *bolet hépatique.*

FIXATION, *sf.* (*Chim.*) Opération par laquelle on empêche un corps volatil de s'évaporer au feu en l'y soumettant en combinaison avec un autre corps qui forme avec lui un composé non volatil. | Opération par laquelle on combine un corps gazeux avec un corps liquide ou solide.

FIXE, *adj.* (*Chim.*) Se dit des corps que les températures les plus élevées que l'on connaisse ne peuvent volatiliser. | (*Astr.*) Se dit des étoiles, autres que les planètes, qui semblent immobiles dans le ciel et qui se retrouvent à la même place tous les soirs à la même heure.

FLABELLAIRE, *adj.* En forme d'éventail. | *sf.* Genre d'algues de couleur verte qui ressemble à un éventail étalé ; on la trouve dans la Méditerranée.

FLABELLATION, *sf.* Action d'éventer, de renouveler l'air.

FLABELLÉ, E, *adj.* (*Hist. nat.*) Qui a la forme d'un éventail.

FLABELLES, *sfpl.* Grand éventail formé d'un bouquet de plumes placé au sommet d'un bâton, que l'on porte aux côtés du pape pendant certaines cérémonies.

FLABELLIPÈDES, *smpl.* (*Zool.*) V. *Palmipèdes.*

FLACCIDITÉ, *sf.* État d'une chose qui est molle, flasque, qui n'offre aucune résistance à la pression.

FLACHE, *sf.* Déchet du bois scié en planches ou en madriers, à l'endroit où était l'écorce. | Enfoncement du pavé, du carrelage ; toute petite dépression du sol dans laquelle s'amasse l'humidité.

FLACOURTIA, *sf.* Genre d'arbrisseaux exotiques à fleurs en bouquets ; les bourgeons d'une de ses espèces sont considérés comme toniques.

FLAGELLANTS, *smpl.* Fanatiques qui se flagellaient en public ; ils se montraient à moitié nus et se donnaient des coups de fouet.

FLAGELLATION, *sf.* Action de flageller, de fouetter ; c'était un supplice usité chez beaucoup de peuples anciens ; on l'a aussi employé au moyen âge.

FLAGEOLET, *sm.* Flûte de bois, à bec, percée de six trous avec ou sans clefs, et dont les sons sont plus ou moins aigus. | V. *Fasolet.*

FLAGRANT, E, *adj.* Brûlant. | Qui se fait à l'instant même où on le constate, qu'on ne peut nier.

FLAMANT, *sm.* Oiseau de l'ordre des échassiers, au plumage d'un beau rouge de feu, propre à l'Afrique et au midi de l'Europe ; il vit en troupes nombreuses sur le bord de la mer ; sa chair, et surtout sa langue, étaient autrefois très-recherchées ; on l'appelait autrefois *Flambant.*

FLAMBART, *sm.* Charbon à demi-consumé. | V. *Elme* (*Feu Saint-*). | Graisse fondue qui surnage dans un vase où l'on fait cuire du porc, et qu'on recueille pour fabriquer des savons communs ; on écrit aussi *Flambard.* | Petite embarcation à deux mâts qu'on emploie dans le Nord pour la pêche au chalut. | Épée à lame ondulée qu'on portait au moyen âge ; on l'appelait aussi *Flambe.*

FLAMBERGE, *sf.* Épée luisante ; grosse épée du temps de la chevalerie.

FLAMBURES, *sfpl.* Taches dans une nuance ou inégalités dans la teinture d'une étoffe.

FLAMICHE, *sf.* Petit pain léger. | Sorte de pâtisserie composée de fromage, de beurre et d'œufs.

FLAMINE, *sm.* (*Ant.*) Chez les Romains, prêtre ainsi nommé d'un voile de couleur de feu qu'il avait le droit de porter comme une marque de sa dignité.

FLAMMANT, *sm.* V. *Flamant.*

FLAMME, *sf.* Banderole longue terminée en pointe qu'on attache aux mâts ou aux vergues des navires. | Instrument d'acier à plusieurs lancettes réunies dans une même châsse, et qui sert à saigner les chevaux. | Ciseau que l'ardoisier emploie pour débiter les blocs.

FLAMMÈQUE, *sf.* Filet pour la pêche du hareng en temps prohibé.

FLAN, *sm.* Plaque métallique taillée circulairement et destinée à être frappée en médaille, en monnaie, en jeton, etc. | Sorte de tarte faite avec de la crème.

FLANC, *sm.* (*Anat.*) Région latérale de l'abdomen dans laquelle sont logés : le foie à droite, la rate à gauche, et, de part et d'autre, les reins. | (*Milit.*) Côté d'un corps de troupe ; partie d'un rempart qui réunit l'extrémité de la face d'un ouvrage à l'intérieur ou à la gorge de ce même ouvrage.

FLANCHET, *sm.* Partie de la morue située au-dessous des ailes.

FLANCONADE, *sf.* Blessure au flanc.

FLANELLE, *sf.* Tissu de laine peignée ou

cardée, généralement croisé et tiré à poil ; on l'emploie pour les vêtements à porter sur la peau.

FLASQUE, *sm.* Chacune des deux pièces principales d'un affût. | (*Mar.*) Pièces principales qui assurent la base des mâts.

FLATIR, *va.* Battre les métaux pour leur donner l'épaisseur convenable pour la gravure, etc. | FLATOIR, *sm.* Gros marteau pour —.

FLÂTRER, *va.* C'était, autrefois, appliquer un fer chaud en forme de clef sur le front des chiens pour les garantir, prétendait-on, de la rage. | SE —, *vpr.* S'arrêter et se coucher sur le ventre, en parlant du gibier poursuivi.

FLATUEUX, SE, *adj.* Venteux, qui provoque des vents dans le corps.

FLATULENCE, *sf.* (*Méd.*) Accumulation de vents dans le corps. | FLATULENT, E, *adj.* Accompagné de vents.

FLATUOSITÉ, *sf.* Vent résultant d'un gaz développé dans l'intérieur du corps.

FLAVESCENT, E, *adj.* Qui tire sur le jaune.

FLÉAU, *sm.* Instrument composé d'un bâton servant de manche au bout duquel est attaché, par de petites lanières, un autre bâton plus petit et qu'on emploie pour battre le blé. | Verge de fer aux extrémités de laquelle sont suspendus les deux bassins d'une balance. | Barre de fer qu'on met derrière les portes cochères pour les fermer. | Crochet sur lequel les vitriers mettent les vitres et qu'ils portent sur le dos. | V. *Fléole*.

FLEBILE, *adj.* (pr. *lé-*) (*Mus.*) Se dit des morceaux qui doivent avoir une expression plaintive, lamentable.

FLÈCHE, *sf.* Dans une voûte ou une portion de cercle, c'est la portion de la ligne droite qui, menée perpendiculairement au milieu de la corde, est terminée à l'arc, au point de la clef de voûte, et divise la surface comprise par la voûte en deux parties égales. | Partie d'un clocher qui est en pointe. | Petit ouvrage de fortification formant saillie extérieure. | Timon d'un attelage dans son prolongement sous la voiture, la charrue, etc. | Petites lames de bois ou d'ivoire réunies par un bout et libres par l'autre, sur lesquelles s'applique l'éventail.

FLÉCHIÈRE, *sf.* Plante aquatique, appelée aussi *Sagittaire*, à cause de ses feuilles en forme de fer de flèche, à fleurs monoïques en épi, les mâles en haut, les femelles en bas ; ses tiges sont recherchées des chevaux.

FLÉCHISSEUR, *sm.* (*Anat.*) Nom de divers muscles du bras et de la jambe qui ont pour objet de fléchir les doigts sur la main, celle-ci sur l'avant-bras, les orteils sous le pied, etc.

FLEGME, *sm.* Sérosité, humeur aqueuse qui fait partie constituante du lait, du sang, etc. | Pituite, matières épaisses et filantes qu'on jette en crachant, en vomissant, etc. | —s, *sfpl.* Résidu de la distillation de l'alcool de betteraves ; sucre de betteraves brut.

FLEGMON, *sm.* etc. V. *Phlegmon*, etc.

FLÉOLE, *sf.* Plante graminée dont les fleurs sont très-resserrées en un épi cylindrique ; l'espèce commune dans les prés, est un très-bon fourrage.

FLET, *sm.* Espèce de plie, poisson brun tacheté, dont la chair est estimée ; on le trouve sur les côtes de France et à l'embouchure de nos fleuves.

FLÉTAN, *sm.* Genre de poissons pleuronectes, plats, plus oblongs que les plies, et d'assez grandes dimensions ; on les sèche et on les fume dans les mers du Nord ; on se sert, dans le Groenland, de la membrane de l'estomac de ce poisson, qui est transparente, pour en faire des vitres de fenêtres.

FLETTE, *sf.* Petit bateau pour passer une rivière ou transporter quelques marchandises.

FLEUR, *sf.* (*Bot.*) Scientifiquement, ce mot désigne, dans les végétaux phanérogames, l'ensemble des organes de la reproduction et de leurs enveloppes, c.-à-d. les pistils, les étamines, la corolle et le calice. | Végétations parasites qui viennent à la surface du vin ou de quelque autre liquide. | La partie la plus fine de la farine. | — de soufre, soufre en poudre très-ténue qui s'est déposé par sublimation. | Duvet qui recouvre les fruits fraîchement cueillis. | Côté de la peau mégie où se trouvait le poil.

FLEURAGE, *sm.* Farine de maïs ou de pulpe de pomme de terre dont on saupoudre les pâtons de pain avant de les mettre dans les pannetons.

FLEURET, *sm.* Fil de soie provenant de la filature des déchets, tels que la bourre de soie, les frisons, etc. | Prune de Brignole de premier choix, sans noyau. | Épée à lame carrée, sans pointe et sans tranchant, terminée par un bouton, et qui sert à apprendre l'escrime.

FLEURETON, *sm.* Laine noire des environs de Tudela, en Navarre.

FLEURETTE, *sf.* Gros tournois du temps de Charles V, marqués d'une fleur, qui valaient 1 fr. 40 de notre monnaie. | (*Bot.*) V. *Fleuron*.

FLEURON, *sm.* Ornement typographique qu'on met sur le titre d'un livre, au commencement ou à la fin d'un chapitre, etc. | Ornement semblable appliqué par le relieur sur la couverture ou sur le dos d'un livre. | (*Bot.*) Chacune des petites fleurs du centre, dans les fleurs composées, comme la *pâquerette*, la *marguerite*, etc. ; les languettes allongées de la circonférence s'appellent des *demi-fleurons*. | (*Blas.*) Sorte de fleur qui se place au-dessus de la couronne.

FLIBOT, *sm.* Navire léger à plates varangues, à deux mâts, et ne jaugeant pas plus de cent tonneaux ; on l'emploie pour la pêche du hareng.

FLIBUSTIER, *sm.* Pirate, boucanier qui court les mers d'Amérique et pille les navires qu'il rencontre. | FLIBUSTE, *sf.* Canot, bâtiment monté par des —s.

FLIN, *sm.* Marcassite en poudre dont on se sert pour fourbir les lames d'épée.

FLINT, ou FLINT-GLASS, *sm.* (pr. *flinnt-*) (*Angl.*) Verre de cristal qui contient plus de plomb que le cristal ordinaire; on en fait des objectifs de télescope, de lorgnette, etc.

FLION, *sm.* V. *Donace.*

FLIPOT, *sm.* Petit morceau de bois au moyen duquel on remplit un trou ou on cache un défaut dans une sculpture ou dans un ouvrage de menuiserie.

FLOCHE, *adj.* Houppé, velu, velouté. | Soie —, qui n'est pas torse.

FLOCON, *sm.* (*Chim.*) Aspect de certains précipités qui ressemblent à des flocons de neige.

FLORÉAL, *sm.* Le huitième mois du calendrier républicain. | Du 20 avril au 20 mai.

FLORÉE, *sf.* Fécule de pastel dont on se sert pour teindre en bleu.

FLORENCE, *sm.* Petit taffetas léger qu'on tirait autrefois de Florence.

FLORENCÉ, E, *adj.* (*Blas.*) Se dit d'une pièce terminée en fleur de lis.

FLORER, *va.* Graisser de suif les flancs d'un navire.

FLORÉTONNE, *sf.* Espèce de laine qu'on tire d'Espagne. V. *Fleureton.*

FLORETTE, *adj.* et *sm.* Se dit d'une sorte de papier, employé pour l'écriture, qui a 0 m. 44 sur 0 m. 34, et qui pèse 4 à 5 kilogr. à la rame. | V. *Fleurette.*

FLORIFÈRE, *adj.* (*Bot.*) Se dit des parties des plantes qui portent des fleurs, particul. des boutons qui doivent se transformer en fleurs.

FLORIN, *sm.* Monnaie d'argent qui vaut 2 fr. 15 c. en Hollande et en Allemagne, et de 2 fr. 60 à 2 fr. 80 dans les divers États de l'Autriche. | Monnaie d'or de Hanovre qui vaut 8 fr. 60. | Monnaie d'or de Hollande qui vaut 20 fr. 85 c.

FLOSCULAIRE, *sf.* Infusoire des eaux stagnantes, à forme de massue, s'appliquant sur les corps par un pédicule et s'épanouissant comme une fleur en un calice à cinq lobes ciliés et contractiles.

FLOSCULEUX, SE, *adj.* (*Bot.*) Se dit d'une fleur composée qui ne renferme que des *fleurons*, comme la centaurée ou le bluet; celles qui ne sont composées que de *demi-fleurons*, comme la chicorée, s'appellent *demi-flosculeuses* ou *semi-flosculeuses.*

FLOT, *sm.* Gros écheveau de soie coupé par une de ses extrémités et resserré en forme de gland par l'autre, laquelle est attachée au sommet d'une calotte telle que celle des Grecs, des Turcs, etc.

FLÔTRE, *sf.* Morceau d'étoffe de laine sur lequel, dans les papeteries à la main, on couche la feuille de papier en pâte pour la détacher de la forme.

FLOTTAGE, *sm.* Mode de transport du bois, qui consiste à le disposer en radeaux ou en trains, que l'on fait naviguer par eau jusqu'au lieu de destination.

FLOTTAISON, *sf.* Ligne que le niveau de l'eau trace sur la carène d'un bâtiment, qui sépare la partie submergée de celle qui ne l'est pas.

FLOTTE, *sf.* Totalité des bâtiments de guerre d'un État. | Rondelle de fer battu placée sur l'essieu d'une roue et sur laquelle frotte la roue. | Écheveau de soie ou de fil. | Petits morceaux de liége ou de bois léger qu'on ajoute à certains filets pour les empêcher d'aller jusqu'au fond de l'eau.

FLOTTEUR, *sm.* (*Phys.*) Petit instrument qui flotte à la surface d'un liquide pour en indiquer le niveau; il porte quelquefois une tige qui se meut en regard d'une échelle.

FLOTTILLE, *sf.* Flotte composée de petits bâtiments et portant de l'artillerie. | Réunion de plusieurs bâtiments dans un port pour y faire des évolutions.

FLOU, *adj.* et *sm.* Se dit des peintures tendres, légères, fondues, par opposition à la manière de peindre dure et sèche.

FLOUETTE, *sf.* Girouette d'un vaisseau.

FLOUVE, *sf.* Genre de graminées à épi rameux, à tige fine et luisante; l'espèce vulgaire est assez commune dans les prairies et forme un excellent foin; sa racine a une odeur très-pénétrante.

FLUATE, *sm.* FLUATÉ, E, *adj.* V. *Fluorine.*

FLUIDE, *sm.* (*Phys.*) Nom commun à tous les corps qui ne sont pas solides, tels que les liquides et les gaz. | Désignation par laquelle on entend la cause inconnue de certains phénomènes, tels que l'électricité, la chaleur, la lumière; ces phénomènes, qui sont peut-être des états particuliers des corps, ont été attribués à la présence dans ces corps de *fluides* inappréciables par nos instruments, et dits, pour ce motif, *impondérables.*

FLUOR, *sm.* Corps simple, incolore, odorant, qui attaque presque tous les corps; c'est le radical de l'acide dit *fluorhydrique* (composé de — et d'hydrogène), qu'on emploie pour graver sur le verre et le cristal. | FLUORURE. *sm.* Combinaison de — avec un corps simple.

FLUORINE, *sf.* Fluorure de calcium, pierre transparente à couleurs brillantes et variées, dont les anciens se servaient, dit-on, pour faire des vases d'un grand prix; on en fait aujourd'hui des coupes et de petits objets d'ornements très-recherchés; on l'appelle aussi *Spath fluor, Chaux fluatée* et *Fluate de chaux.*

FLUOSILICIQUE, *adj.* Acide —, gaz

composé de fluor et de silicium qui prend naissance lorsqu'on grave sur le verre au moyen de l'acide fluorhydrique; il fume à l'air et ressemble beaucoup à l'acide chlorhydrique.

FLUSTRE, *sf.* Polypier de matière cornée, assez commun dans la mer, qui est formé de l'agrégation d'un grand nombre de polypes réunis en un tissu à mailles régulières, semblable à de la dentelle ou à des touffes de feuilles découpées.

FLÛTE, *sf.* Nom commun à divers instruments de musique, mais particul. à ceux qui sont formés d'un tube de bois ouvert par un bout, fermé par l'autre, muni, près de ce dernier, d'une ouverture latérale servant d'embouchure, et percé d'un nombre plus ou moins grand de trous, fermés ou non par des clefs, sur lesquels s'appliquent les dix doigts. | — de Pan, flûte composée de plusieurs tuyaux de longueur différente et graduée, juxtaposés parallèlement, et dont on joue en la tenant verticalement devant la bouche. | Navette à laine pour la tapisserie de basse lisse. | Navire à trois mâts, jaugeant plus de 600 tonneaux, et employé au transport des matériaux de construction maritime ou des munitions de guerre.

FLUTEAU, *sm.* V. *Alisme.*

FLUTET, *sm.* V. *Galoubet.*

FLUVIAL, E, *adj.* Qui appartient aux fleuves, aux rivières.

FLUVIATILE, *adj.* (*Hist. nat.*) Se dit des plantes et des coquillages d'eau douce.

FLUX, *sm.* Marée montante, mouvement périodique et régulier de la mer vers le rivage. | Écoulement d'un liquide du corps : diarrhée, dévoiement, évacuation de sang ou de bile, etc. | Aux cartes, suite de cartes de la même couleur. | (*Chim.*) Nom que portent les matières qu'on associe à d'autres matières pour faciliter la fusion de ces dernières ; on les appelle aussi *fondants*; ce sont notamment le carbonate et le borate de soude, ainsi que le phosphate de soude et d'ammoniaque.

FLUXION, *sf.* (*Méd.*) Signifiait autrefois toute congestion, tout afflux de liquide vers quelque partie du corps ; ne désigne plus aujourd'hui qu'une affection caractérisée par un engorgement et un gonflement du tissu des joues et des gencives, qui dure de 3 à 10 jours. | — de poitrine. V. *Péripneumonie.* | (*Math.*) Nom que portait le calcul imaginé par Newton et qui tenait lieu du calcul différentiel inventé depuis.

FOC, *sm.* (*Mar.*) Voile triangulaire qui se place à l'avant du bâtiment, entre le mât de misaine et le beaupré, ou entre ce dernier et le grand mât dans les bâtiments qui n'ont pas de misaine.

FOCAL, E, *adj.* (*Phys.*) Qui tient au foyer, qui est placé au foyer des rayons lumineux d'un miroir ou d'une lentille.

FOCILE, *sm.* (*Anat.*) Ancien nom de chacun des quatre os de l'avant-bras et de la jambe.

FOCILLON, *sm.* V. *Faucillon.*

FOEHN, *sm.* Dans les Alpes, nom qu'on donne à un vent brûlant venant du Midi.

FOÈNE, *sf.* Trident ou râteau à dents de fer servant à harponner les gros poissons. | Petit insecte hyménoptère à antennes droites, qui vit sur les fleurs, où il tient relevé son abdomen en forme de massue.

FŒTUS, *sm.* (pr. *fé-tuss*). Animal formé dans le ventre de la mère ou dans l'œuf. | Chez l'homme, il prend ce nom dès le deuxième mois de la grossesse. | FŒTAL, E, *adj.* Qui a rapport au —.

FOIE, *sm.* Viscère à trois lobes, convexe en haut, concave en bas, de couleur rouge brun, formé d'une substance molle et compacte, qui est situé au-dessus de l'abdomen, à droite et au niveau de la dernière fausse côte; il a pour fonction de produire la bile. | (*Chim.*) Nom qu'on donnait autrefois à diverses substances de la couleur du —. | — de soufre, combinaison de soufre et de potasse qu'on emploie en médecine comme sudorifique, et en photographie pour précipiter les résidus d'argent. | — d'antimoine. V. *Crocus.*

FOISONNER, *vn.* Se dit de certains corps qui augmentent de volume en passant d'un état à un autre ; ainsi, la chaux *foisonne* en passant de l'état de chaux vive à l'état de chaux éteinte.

FOISONNEMENT, *sm.* Augmentation produite dans le volume des corps qui foisonnent.

FOLIACÉ, E, *adj.* (*Bot.*) Qui est de la nature des feuilles; qui a l'apparence d'une feuille.

FOLIATION, *sf.* (*Bot.*) Disposition des feuilles autour de la tige.

FOLIÉ, E, *adj.* (*Bot.*) V. *Foliacé.* | (*Chim.*) Se dit de certains produits dont les cristaux ressemblent ou à peu près à de petits feuillets. | Terre —e, acétate de potasse et de soude.

FOLIOLE, *sf.* (*Bot.*) Chacune des petites feuilles qui forment une feuille composée ; comme celles qui, au nombre de trois, constituent la feuille du trèfle.

FOLLE, *adj. f.* — avoine, espèce d'avoine dont la panicule grêle et étalée oscille à tous les vents; elle est très-nuisible dans les moissons. | — enchère. V. *Enchère.* | Poulie —, se dit d'une poulie qui doit tourner sans aucune utilité pendant un certain temps et qu'on emploie pendant un autre temps.

FOLLE, *sf.* Sorte de filet à larges mailles qui sert à la pêche, en bateaux, des grands poissons plats, tels que les raies, etc. | FOLLIER, *sm.* Bateau qui porte la —.

FOLLET, *sm.* Esprit malin, lutin familier des légendes du moyen âge. | Feu —. V. *Feu.*

FOLLICULAIRE, *sm.* En mauvaise part, celui qui écrit, qui rédige des feuilles périodiques, des journaux.

FOLLICULE, *sm.* (*Bot.*) Fruit capsulaire membraneux et allongé, qui n'a qu'une seule valve et qui s'ouvre par une section longitudinale. | — de séné, gousses purgatives du séné. | (*Anat.*) V. *Crypte*.

FOMENTATION, *sf.* Application d'un médicament liquide et chaud sur une partie malade pour adoucir, fortifier, résoudre, etc.; ou le médicament même qu'on applique.

FOMENTER, *va.* Faire des fomentations. | Fig. Exciter, faire naitre, provoquer.

FONCET, *sm.* et *adj.* Se dit des grands bateaux de transport sur les rivières ou sur les canaux. | Pièce sur laquelle est rivé le canon d'une serrure et au travers de laquelle est percée l'entrée de la clef.

FONCIER, ÈRE, *adj.* Qui concerne le fonds de terre, la propriété immobilière. | Impôt —, impôt qui s'applique au revenu des immeubles et qui est payé par les propriétaires fonciers. | Crédit —, institution de crédit dont l'objet principal est de prêter aux propriétaires fonciers.

FONÇOIR, *sm.* Marteau à l'usage des forgerons, dont la panne est tranchante.

FONCTION, *sf.* Acte qui résulte de l'activité d'un organe chez les êtres animés; ainsi la digestion, la respiration, etc., sont des fonctions des organes digestifs, respiratoires, etc. | (*Math.*) Se dit d'une quantité qui est composée de quantités constantes et de quantités variables; cette quantité est dite fonction de la ou des quantités variables.

FONDAMENTAL, E, *adj.* (*Mus.*) Se dit du son ou de la note la plus grave dans un accord.

FONDANT, *sm.* (*Chim.*) V. *Flux*. | (*Méd.*) Se dit des remèdes propres à fondre les engorgements, qui raniment l'énergie vitale dans la partie malade et résolvent ainsi les tumeurs.

FONDIGUE, *sf.* Magasin d'un port de mer ou d'une ville de grand commerce.

FONDIS, *sm.* V. *Fontis*.

FONDOUK, *sm.* Nom arabe du lieu où se tient le marché.

FONDRIÈRE, *sf.* Ouverture, excavation faite à la superficie de la terre par des ravines d'eau ou quelque autre accident.

FONDRILLES, *sfpl.* Lie, vase qui se forme dans toute sorte de liqueur.

FONEY, *sm.* V. *Funny*.

FONGER, *vn.* S'emboire, boire l'encre; se dit du papier qui n'est pas collé.

FONGIBLE, *adj.* (*Jurispr.*) Se dit des choses qui se consomment par l'usage et qui peuvent être remplacées par d'autres de même nature, comme les grains, l'argent monnayé, etc., tandis que les choses qui doivent être restituées et non remplacées, telles que les bijoux, les meubles, etc., sont dites *non fongibles*.

FONGICOLE, *sm.* Genre de coléoptères à longues antennes, de forme ovale, qu'on trouve sur les bolets et les agarics.

FONGINE, *sf.* (*Chim.*) Principe immédiat du tissu des champignons; c'est une substance molle, blanche, insipide, contenant de l'oxygène, de l'hydrogène, du carbone et de l'azote.

FONGOSITÉ, *sf.* Chair mollasse, excroissances spongieuses qui s'élèvent en forme de champignon sur les parties ulcérées; tumeur charnue; on dit aussi *Fongus*. | FONGUEUX, SE, *adj.* Qui est de la nature de la —. | FONGOÏDE, *adj.* Qui ressemble à une —.

FONTANELLE, *sf.* (*Anat.*) Espace membraneux que présente la boite osseuse du crâne avant son entière ossification. | (*Chir.*) V. *Fonticule*.

FONTANGE, *sf.* Nœud de rubans que les femmes portaient sur leur coiffure, au XVIIe et au XVIIIe siècles.

FONTE, *sf.* État du fer après que le minerai a subi une première fusion; c'est un mélange de fer et de carbone très-cassant, de couleur gris foncé, qu'on doit affiner, c'est-à-dire soumettre à une seconde fusion pour obtenir le fer pur; on la coule dans des moules de sable pour en faire de nombreux objets usuels. | (*Impr.*) Assortiment complet de tous les caractères nécessaires à l'impression d'un ouvrage. | —s, *sfpl.* Fourreaux de cuir placés de part et d'autre de l'arçon de la selle et qui reçoivent des pistolets.

FONTICULE, *sm.* (*Chir.*) Tout ulcère artificiel, vésicatoire ou cautère, que l'on entretient à dessein en suppuration.

FONTINALE, *sf.* Espèce de mousse à ramifications nombreuses disposées en plusieurs rangées, qui vit dans les rivières et dans les ruisseaux d'Europe.

FONTIS, *sm.* Enfoncement produit par le peu de consistance d'un terrain; se dit particul. des éboulements dans les carrières ou les caves.

FONTS, *smpl.* Grand vaisseau de pierre ou de bronze, où l'on conserve l'eau dont on se sert pour baptiser; on dit aussi *Fonts baptismaux*.

FONTURE, *sf.* Diminution, disparition d'un banc de sable.

FOR, *sm.* Anciennement, juridiction, tribunal de justice. | On distinguait autrefois le — extérieur, l'autorité de la justice ecclésiastique sur les affaires temporelles, et le — intérieur, cette même autorité sur les choses spirituelles, sur la conscience; cette dernière expression est restée comme syn. du jugement de la conscience.

FORAGE, *sm.* Action de forer, de percer. | (*Féod.*) Droit que percevait le seigneur sur ceux de ses vassaux qui vendaient des boissons en gros ou en détail.

FORAIN, E, *adj.* Qui est du dehors, qui n'est pas du lieu. | Qui parcourt les foires, les marchés. | Rade —e, rade mal fermée.

FORAMINÉ, E, *adj.* (*Hist. nat.*) Qui est percé de petits trous.

FORAMINIFÈRES, *smpl.* Coquillages fossiles marins à plusieurs loges, percés de très-petits trous, de dimensions si petites que les plus grandes espèces n'atteignent que 0 m. 002 de diamètre; leurs débris accumulés ont formé des étages géologiques considérables; ils composent la plus grande partie du sable de la mer.

FORBAN, *sm.* Corsaire qui exerce la piraterie sans lettre de marque et qui attaque également les amis et les ennemis de sa nation.

FORCE, *sf.* (*Archit.*) Pièce d'une ferme qui porte l'entrait et les pannes. | —s, *sfpl.* Grands ciseaux qui servent à tondre les draps, à couper des étoffes, à les tailler, à couper des feuilles de fer-blanc, etc.

FORCIÈRE, *sf.* Petit étang où l'on met du poisson pour l'y faire multiplier.

FORCLORE, *va.* Exclure quelqu'un, lui enlever le droit de faire une production en justice, faute de l'avoir faite dans le temps prescrit. | FORCLUSION, *sf.* Action de —, état d'une chose *forclose.*

FORET, *sm.* Instrument de fer ou d'acier dont on se sert pour faire des trous dans le métal, dans le bois, etc.; il est garni d'une poulie ou d'un manche, suivant qu'on veut le faire mouvoir avec un archet ou avec la main.

FORFAIT, *sm.* (*Comm.*) Marché par lequel une des parties s'oblige à faire ou fournir quelque chose à l'autre partie moyennant un prix fixé à l'avance et qui ne pourra pas être modifié. | (*Jurispr.*) — de communauté, clause par laquelle les époux conviennent dans leur contrat de mariage que l'un d'eux ne pourra prendre dans la communauté, quelle qu'en soit la valeur, qu'une somme déterminée.

FORFAITURE, *sf.* Autrefois, crime commis par un vassal contre son seigneur. | Aujourd'hui, crime commis par un fonctionnaire public dans l'exercice de ses fonctions.

FORFICULE, *sm.* Insecte orthoptère dont l'abdomen est terminé par une petite pince et qu'on appelle vulgairement *perce-oreille*; il habite les jardins et se réfugie, la nuit, dans les feuilles ou les corolles de la plupart des fleurs.

FORHUIR, *vn.* Rappeler les chiens au son du cor. | FORHU, *sm.* Son du cor pour —; se dit aussi des parties du cerf qu'on donne aux chiens pour curée.

FORJET, *sm.* V. *Forjeture.*

FORJETER (se), *vpr.* Se dit d'un mur qui se jette en dehors, qui sort de l'alignement ou de l'aplomb.

FORJETURE, *sf.* Saillie d'un mur hors de l'alignement.

FORLANE, *sf.* Danse très-gaie que dansent les gondoliers vénitiens.

FORLIGNER, *vn.* Forfaire, manquer à l'honneur.

FORLONGER, *va.* Traîner en longueur un procès, une affaire. | Se dit du cerf quand il a de l'avance sur les chiens.

FORMARIAGE, *sm.* (*Féod.*) Nom qu'on donnait au mariage célébré hors la loi ou contrairement à la coutume féodale, comme par ex. sans la permission du seigneur, hors du territoire seigneurial, etc.

FORMAT, *sm.* (*Impr.*) Nom que porte la dimension d'un livre, d'après le nombre de feuillets que forme la feuille pliée : ainsi, dans le format *in-folio*, la feuille est pliée en double et forme quatre pages; dans le format in-4o, en quatre et forme huit pages; ainsi de suite. | Pour le format du papier, tel que *couronne, coquille, cavalier*, etc. (V. ces différents mots.)

FORME, *sf.* Nom que portent dans certains arts les moules dans lesquels ou sur lesquels se placent les objets travaillés. | (*Mar.*) Dans les grands ports de mer, bassins sans eau dans lesquels on répare les carènes des navires.

FORMÉES, *sfpl.* Fiente du cerf.

FORMERET, *sm.* (*Archit.*) Nervure d'une voûte en ogive et qui suit le contour de ses arcs.

FORMIATE, *sm.* (*Chim.*) Nom que portent les sels formés d'acide formique et d'une base

FORMICAIRE, *adj.* Qui ressemble à une fourmi. | Qui vit de fourmis. | (*Zool.*) —s, *smpl.* Tribu d'insectes hyménoptères dont le genre fourmi est le type.

FORMICALÉO, *sm.* V. *Fourmilion.*

FORMICANT, *adj. m.* (*Méd.*) Se dit d'un *pouls petit*, faible et fréquent, qui produit une sensation comparable à celle que ferait éprouver le mouvement d'une fourmi.

FORMICATION, *sf.* Picotement, sensation semblable à celle que causeraient des fourmis sur la peau.

FORMIQUE, *adj.* (*Chim.*) Se dit d'un acide organique liquide qu'on trouve dans le corps des fourmis rouges et qu'on peut constituer artificiellement de diverses manières et principalement par l'action des corps oxygénants sur les matières organiques; il est incolore, d'une saveur piquante, d'une odeur particulière, telle que celle qu'exhalent les fourmis; il est très-corrosif; on donne aussi ce nom à divers autres composés : éther, cyanure, etc., qui se rattachent à l'acide — par leurs métamorphoses chimiques.

FORMULAIRE, *sm.* Recueil de formules. | Recueil de prières.

FORQUINE, *sf.* Bâton garni d'un fer fourchu, dont on se servait autrefois pour appuyer l'arquebuse en tirant.

FORTE-PIANO, *sm.* Nom sous lequel on désignait primitivement le piano.

FORTIN, *sm.* Petit fort de campagne qui n'a qu'une utilité momentanée.

FORTIORI (À), *adv.* (pr. *cio-*) (*Lat.*) A plus forte raison.

FORTIS, *sm.* Terrasse pratiquée sur la pente

d'une montagne pour éviter l'entraînement des terres par les eaux.

FORTITRER, *vn.* Se dit des cerfs ou des autres bêtes qui évitent de passer dans des lieux où il y a des relais ou des chiens frais amenés pour les courre.

FORTRAIT, E, *adj.* Se dit d'un cheval devenu malade par suite d'une fatigue outrée.

FORTRAITURE, *sf.* État d'un cheval fortrait; c'est une contraction convulsive des muscles du corps avec courbure de l'épine et forte fièvre.

FORTUNAL ou FORTUNAT, *sm.* Coup de mer, tempête dangereuse.

FORUM, *sm.* (pr. *rom*) (*Lat.*) Place où le peuple s'assemblait à Rome pour les affaires publiques et celle où se tenait quelque marché.

FOSSANE, *sf.* Espèce de genette de Madagascar, de couleur fauve, tachetée de brun en lignes régulières; elle vit de viande et de fruits.

FOSSE, *sf.* (*Anat.*) Toute cavité plus ou moins profonde, évasée vers les bords; telles sont les —s nasales, les —s temporales, etc. | (*Mar.*) Nom de diverses cavités pratiquées dans la cale; c'est dans la — aux lions que se renferment les provisions d'un emploi journalier. | — d'aisance, réservoir pratiqué dans la partie la plus basse et la plus reculée d'une habitation, et dans laquelle se rendent par des conduits toutes les matières fécales.

FOSSET, *sm.* V. *Fausset.*

FOSSILE, *adj.* Se dit des substances qui se tirent de l'intérieur de la terre, comme le charbon, le sel, et plus particul. des dépouilles, des débris de corps organisés qu'on trouve à diverses profondeurs dans le sol. | *sm.* Animal ou plante que l'on trouve enfoui dans le sol et dont l'existence a eu lieu à une époque très-reculée.

FOSSOYEUR, *sm.* Nom vulgaire d'un insecte du genre nécrophore, qui creuse des fosses pour ensevelir les corps des animaux morts dans lesquels il dépose ses œufs.

FOTTE, *sf.* Toile de coton à carreaux, venant de l'Inde.

FOU, *sm.* Oiseau de mer à bec droit, pointu et dentelé en scie; on le trouve sur les côtes des mers du Nord; il doit son nom à la stupidité avec laquelle il se laisse attaquer par l'homme et les animaux.

FOUACE, *sf.* Sorte de pain fait de fleur de farine, en forme de galette et ordinairement cuit sous la cendre.

FOUAILLE, *sf.* Part que l'on fait aux chiens après la chasse au sanglier.

FOUANNE, *sf.* V. *Foëne.*

FOUCAULT, *sm.* V. *Bécassine.*

FOUDRE, *sm.* Grande tonne, vaisseau d'une très-vaste capacité, qui peut contenir beaucoup de vin, d'eau-de-vie ou de bière.

FOUENNE, *sf.* V. *Faine.*

FOUET, *sm.* Nom que l'on donne à l'extrémité de l'aile d'un oiseau.

FOUGASSE, *sf.* Espèce de petite mine, de coffre fulminant ou de fourneau de mine, qu'on pratique à 2 ou 3 mètres sous terre pour faire sauter une partie de fortification. | V. *Fouace.*

FOUGER, *vn.* Se dit du sanglier ou du porc qui creusent le sol et le fouillent avec leur museau.

FOUGÈRE, *sf.* Famille de plantes cryptogames, ne consistant qu'en une tige portant des expansions foliacées, souvent très-divisées, et à la surface inférieure desquelles se développent les séminules servant à la reproduction. | Verre de —, nom qu'on donnait au verre que l'on faisait avec de la potasse extraite de cendres de —, avant qu'on eût adopté l'emploi de la soude.

FOUGUE, *sf.* V. *Foene.* | (*Mar.*) Mât de hune d'artimon.

FOUINE, *sf.* Mammifère de la tribu des digitigrades, de la taille du chat, qui a la tête plate et petite, qui se tient aux environs des fermes, des lieux habités, etc., et fait la chasse aux oiseaux et aux animaux de basse-cour; sa fourrure, teinte, se vend souvent pour celle de la martre, dont elle n'a pas la finesse. | Espèce de trident, fourche à trois pointes. | V. *Faîne* et *Foène.*

FOUIR, *va.* Fouiller, ne se dit que des animaux appelés | FOUISSEURS, *smpl.*, dont les les ongles sont disposés pour fouiller le sol et y chercher leur proie ou y creuser des terriers; on appelle aussi *Fouisseurs* une famille d'insectes hyménoptères à ailes toujours étendues, qui fouillent la terre avec leurs pattes pour y déposer leurs œufs.

FOULAGE, *sm.* Action de *fouler*, c.-à-d. de comprimer, de pétrir en tous sens, dans un bain d'eau froide ou tiède légèrement acide, une pièce de drap ou un feutre destiné à devenir un chapeau; cette opération a pour objet d'augmenter la ténacité et la souplesse de la matière travaillée, en séparant de ses fibres (laine ou poil) la substance agglutinante qu'elles renferment et qui se répand ainsi uniformément dans l'ensemble. | FOULON, *sm.* Usine ou appareil pour cette opération.

FOULOIR, *sm.* Long bâton terminé par un bouton dont les artilleurs se servent pour battre la charge de poudre. | Instrument pour fouler les chapeaux.

FOULOIRE, *sf.* Table sur laquelle on foule les chapeaux; cuvier pour le même usage.

FOULON, *sm.* V. *Foulage.*

FOULQUE, *sf.* Palmipède de l'Europe centrale, espèce de poule d'eau qui habite en troupes nombreuses les étangs et les marais où elle nage presque continuellement; son plumage est bleu foncé, bordé de blanc aux ailes et au front.

FOULURE, *sf.* Distension violente des muscles d'une articulation.

FOUPIR, *va.* Chiffonner, délustrer une étoffe en la maniant.

FOUQUET, *sm.* Espèce d'hirondelle de mer.

FOURBISSON, *sm.* Espèce d'oiseau appelé aussi *Troglodyte.* (V. ce mot.)

FOURBURE, *sf.* Espèce de rhumatisme du cheval qui perd l'usage de ses jambes par suite d'une fatigue excessive ou d'un refroidissement subit. | FOURBU, E, *adj.* Atteint de —.

FOURCHET, *sm.* Apostème entre deux doigts de la main chez l'homme. | Maladie au pied des moutons, espèce d'inflammation du canal interdigité.

FOURGON, *sm.* Espèce de charrette couverte dont on se sert ordinairement dans les armées et dans les voyages. | Longue perche de bois garnie de fer par le bout et servant à remuer le bois ou la braise dans le four.

FOURMI, *sf.* Nom commun à une tribu d'insectes hyménoptères à antennes coudées, remarquables par cette particularité qu'ils vivent en sociétés nombreuses composées de mâles, de femelles, et surtout d'individus imparfaits qui ne sont ni mâles ni femelles et qu'on désigne sous le nom d'*ouvrières* parce qu'ils sont chargés des travaux nécessaires à l'établissement et à l'entretien de la colonie. | — blanche. V. *Termite.*

FOURMILIER, *sm.* Genre d'animaux de l'Amérique du Sud, de la classe des édentés, remarquables par une langue filiforme et gluante susceptible de s'allonger beaucoup hors de leur bouche ; ils l'introduisent dans les fourmilières, et lorsqu'elle est couverte de fourmis, la retirent et les avalent. | Oiseau gris, bigarré, de l'Amérique du Sud, qui se nourrit de fourmis.

FOURMILIÈRE, *sf.* Habitation des fourmis. | Maladie du pied du cheval, qui consiste dans la déviation de l'os de cette partie qui se sépare du sabot ; d'où résulte dans l'intervalle la formation d'un tissu spongieux qui a quelque ressemblance avec une fourmilière.

FOURMILION, *sm.* Insecte de l'ordre des névroptères, muni de deux mandibules très-longues qui lui servent de pinces ; il se tient au fond d'une espèce d'entonnoir qu'il pratique dans le sable, et attend les petits insectes qui tombent au fond de ce trou et qui lui servent de nourriture.

FOURNEAU, *sm.* Appareil de matière réfractaire disposé de façon à produire une température très-élevée. | — à réverbère, fourneau employé en chimie ; son foyer est surmonté d'une cavité appelée *laboratoire*, qui renferme la cornue, et d'un *dôme* qui en forme le sommet et qui *réverbère* ou réfléchit la chaleur sur la cornue. | Haut —, tour cylindrique ou prismatique en briques, dans laquelle on fond le fer ; on y place le minerai avec le charbon et le fondant ; la fonte se réunit à la partie inférieure dans le *creuset* et de là s'écoule au dehors.

FOURNETTE, *sf.* Petit four dont on se sert dans les manufactures de faïence pour calciner l'émail qu'on dépose sur la faïence.

FOURNIER, ÈRE, *s.* Celui, celle qui tient un four public. | Petit oiseau de couleur brune variée de blanc, qui habite l'Amérique du Sud ; il construit en argile un nid ressemblant à un four.

FOURNIL, *sm.* (pr. *ni*). Le lieu où est le four et où l'on pétrit la pâte.

FOURNIMENT, *sm.* Objets d'équipement à l'usage de chaque soldat, et en particulier les objets de cuir appelé buffleteries.

FOURQUET, *sm.* Pelle de fer ovale, à deux palettes, que le brasseur emploie pour remuer le mélange dans la cuve.

FOURRÉ, E, *adj.* Se dit des monnaies ou médailles dont le dessus est d'or ou d'argent, mais dont l'intérieur est de cuivre ou de plomb ; elles sont très-rares.

FOURREUR, *sm.* Celui qui travaille les fourrures ou qui en fait commerce.

FOURRIER, *sm.* Sous-officier ayant rang de sergent ou de caporal, qui est chargé de la comptabilité d'une compagnie ; il a pour signe distinctif un galon d'or ou d'argent sur le haut du bras.

FOURRIÈRE, *sf.* Lieu clos où l'on dépose les animaux trouvés sans propriétaire.

FOURRURE, *sf.* Nom commercial des peaux garnies de leur poil, qu'on emploie pour orner les vêtements ou à tout autre usage ; on les appelle aussi *pelleteries.* | Morceaux de bois qui remplissent des vides.

FOUTEAU, *sm.* Nom du hêtre dans quelques pays.

FOUTELAIE, *sf.* Lieu planté de hêtres.

FOUTON, *sm.* Petite bécassine.

FOYER, *sm.* Lieu où l'on fait le feu. | Au théâtre, salon où se réunissent les spectateurs dans les entr'actes ; salon où se réunissent les acteurs. | (*Math.*) Point où se réunissent en se réfléchissant tous les rayons qui viennent frapper une courbe, telles que l'ellipse, la parabole, l'hyperbole. | (*Phys.*) Point où les rayons lumineux réfléchis par un miroir concave, ou réfractés par une lentille, viennent se réunir. | (*Méd.*) Siége principal d'une maladie.

FRABESQUE, *adj.* V. *Fiabesque.*

FRACTION, *sf.* (*Math.*) Nom qu'on donne à toute quantité plus petite que l'unité. | — ordinaire, toute fraction mise sous cette forme : 2/3, 3/4, etc. | — décimale, toute fraction ainsi formulée : 0,2 ; 0,15, etc.

FRAGON, *sm.* Arbrisseau de la famille des asparaginées, dont une espèce, le — épineux, appelé aussi *petit-houx*, *houx-frelon*, *brusc*, a une racine blanchâtre que l'on emploie comme diurétique ; on emploie au même usage les racines de deux autres espèces de —, appelées *hypoglosse* ou mieux *hippoglosse* et *laurier alexandrin.*

FRAGRANCE, *sf.* Odeur, parfum.

FRAGRANT, E, *adj.* Odorant, parfumé.

FRAI, *sm.* Action de frayer; se dit de l'action propre aux poissons pour la multiplication de leur espèce. | OEufs de poissons fécondés ou petits poissons. | Altération que l'usage fait subir aux monnaies.

FRAIRIE, *sf.* Partie de divertissement et de bonne chère; fête, repas, festival.

FRAISE, *sf.* Mésentère du veau ou de l'agneau dont on fait un mets estimé. | Espèce de collet de toile fine ou de dentelle à plusieurs plis qui entoure le cou. | Rang de pieux qui garnit une fortification de terre par dehors et qui présente sa pointe à l'ennemi. | Lime ronde pour percer les bois d'ébénisterie. | Sorte de foret servant à percer les dents d'une roue d'horlogerie. | Petit outil pour évaser l'entrée d'un trou. | FRAISÉ, E, *adj.* Évasé; se dit des trous qui reçoivent les têtes plates des vis, de façon qu'elles ne fassent pas de saillie.

FRAISIL, *sm.* Cendre du charbon de terre qu'on emploie dans une forge.

FRAISOIR, *sm.* Outil pour fraiser, pour évaser l'entrée d'un trou.

FRAMÉE, *sf.* Arme de jet portative des Germains et des Francs; c'était une espèce de lance qu'on brandissait et qu'on jetait de la main droite.

FRANC, FRANQUE, *adj.* Se dit du peuple de Germanie qui habitait le Rhin et fit invasion dans les Gaules. | Nom générique des Européens qui font commerce dans le Levant. | Langue —, langue tudesque et langue romane que parlèrent successivement les Francs.

FRANC-BORD, *sm.* (*Milit.*) Espace situé entre le pied du talus extérieur du parapet et le sommet de l'escarpe. | (*Mar.*) Revêtement extérieur d'un bâtiment depuis la quille jusqu'à la préceinte.

FRANC-ÉTABLE (de), *adv.* Se dit quand deux bâtiments se choquent, s'abordent par leurs éperons avec violence.

FRANC-FUNIN, *sm.* V. *Funin.*

FRANCHE, *sf.* Espèce de loche. V. *Loche.* | *adj. f.* Terre —; se dit de la terre végétale dépourvue de sable et de cailloux.

FRANCHIPANIER, *sm.* V. *Frangipanier.*

FRANCIN, *sm.* Sorte de parchemin d'une qualité supérieure.

FRANCISATION, *sf.* Acte délivré par l'administration des douanes à un bâtiment français pour établir sa nationalité, et que ce navire doit toujours porter parmi ses papiers.

FRANCISCAIN, *sm.* Religieux de l'ordre de saint François-d'Assise.

FRANCISQUE, *sf.* Armes des anciens Francs, sorte de hache à deux tranchants, dont le manche était recouvert d'acier et qu'ils portaient à la ceinture.

FRANC-MAÇONNERIE, *sf.* Association secrète qui fait un emploi symbolique des instruments à l'usage de l'architecte et du maçon, et dont les membres se réunissent dans des lieux qu'ils appellent *loges*, son but principal était primitivement de procurer du travail et des secours aux ouvriers du bâtiment.

FRANCOLIN, *sm.* Espèce de perdrix à pieds rouges, remarquable par un collier d'un roux vif, et qui habite les lieux humides et les bois en Europe.

FRANC-QUARTIER, *sm.* (*Blas.*) Le premier quartier d'un écusson à droite du chef.

FRANGIPANE, *sf.* Pièce de pâtisserie contenant une creme où il entre des amandes et d'autres ingrédients. | Pellicule membraneuse qui se forme sur le lait quand on le fait bouillir.

FRANGIPANIER, *sm.* Arbuste d'Amérique qui a des rapports avec le laurier-rose et qui donne un suc laiteux, épais et très-caustique.

FRASER, *va.* Donner un deuxième tour, la deuxième façon à la pâte du pain, en raclant le pétrin au moyen de la *frase*, outil d'acier

FRASIER, *sm.* Résidu du charbon de terre brûlé dans une forge.

FRASIL, FRAZIL ou FRAZIN, *sm.* Mélange de terre et de charbon qui entoure une charbonnière. | Menue braise, poussier.

FRATER, *sm.* (pr. *terr*). (*Lat.*) Barbier. | Mauvais chirurgien.

FRAXINÉ, E, *adj.* Qui ressemble au frêne.

FRAXINELLE, *sf.* Plante vivace dont les feuilles ressemblent à celles du frêne et qu'on cultive pour l'ornement: son odeur est très-pénétrante; on lui a attribué des vertus stimulantes; on l'appelle aussi *Dictame* ou *Dictamne*.

FRÉDÉRIC, *sm.* Monnaie d'or de Prusse valant 20 fr. 80 c.; le demi — vaut 10 fr. 40 c.

FRÉGATE, *sf.* Bâtiment de guerre qui n'a qu'une seule batterie couverte et qui porte environ 00 à 80 bouches à feu. | Genre d'oiseaux palmipèdes à pieds très-courts, à queue longue et fourchue, qui habitent les mers intertropicales, et qui s'éloignent à des distances immenses de la terre ferme.

FRELON, *sm.* Nom de l'abeille mâle appelée vulg. *bourdon*; il se distingue des *ouvrières* ou femelles stériles, ainsi que des *reines* ou femelles proprement dites, par divers caractères, notamment parce qu'il est plus gros et manque d'aiguillon.

FRÊNE, *sm.* Arbre commun en France, qui fournit un bois sans nœuds propre au charronnage; on en fait aussi des échelles et surtout des manches d'outils, des rames et des leviers; le — à feuilles rondes ou — à la manne, commun en Calabre, donne par incision un suc concret appelé *manne*. (V. ce mot).

FRÉNÉSIE, *sf.* (*Méd.*) Inflammation du cerveau, et particul. des méninges. | Délire qui accompagne certaines maladies.

FREQUIN, *sm.* Sorte de futaille de bois blanc servant à expédier du sucre, du beurre salé ou d'autres denrées.

FRESAIE, *sf.* V. *Effraie.*

FRESQUE, *sf.* Peinture sur une muraille fraîchement enduite d'un mortier composé de chaux et de sable, au moyen de couleurs détrempées dans de l'eau.

FRESSURE, *sf.* Parties intérieures de quelques animaux, prises ensemble pour former un mets, comme le foie, le cœur, la rate et le poumon.

FRET, *sm.* Louage d'un bâtiment, soit en totalité, soit en partie. | Cargaison, chargement d'un navire de commerce. | Prix du fret. | Fréter, *va.* Donner un bâtiment à —, ou prendre un bâtiment à —. | Frètement, *sm.* Action de fréter.

FRÉTEAU ou Frétel, *sm.* V. *Flûte de Pan.*

FRÉTILLES, *sfpl.* Grains durs de toute sorte, servant à faire des ouvrages de tabletterie, des chapelets, des colliers, des breloques, etc.

FRETTE, *sf.* Anneau de fer plat. | Cercle de fer dont on arme une pièce de bois cylindrique pour l'empêcher de s'éclater. | S'est dit aussi pour *Morne.* (V. ce mot.) | Fretter, *va.* Mettre une —.

FREUX, *sm.* Nom de la corneille dans quelques pays.

FRÈZE, *sf.* Période qui s'écoule entre les mues du ver à soie. | Redoublement d'appétit des vers à soie après chaque mue.

FRICHE, *sf.* Terrain qui ne rapporte pas, soit que la culture en ait été abandonnée depuis longtemps, soit qu'on ne l'ait jamais cultivé.

FRIGANE, *sf.* V. *Phrygane.*

FRIGARD, *sm.* Hareng demi-cuit et mariné.

FRIGIDITÉ, *sf.* Sensation de froid. | Qualité des corps qui excitent cette sensation.

FRIGORIFIQUE, *adj.* Qui provoque le froid.

FRIMAIRE, *sm.* Le troisième mois du calendrier républicain; du 21 novembre au 20 décembre.

FRINGALE, *sf.* V. *Faim-valle.*

FRINGILLE, *sf.* Genre d'oiseaux de l'ordre des passereaux, appelé aussi *gros-bec*, remarquable par un bec court et bombé; il renferme plusieurs espèces, telles que le *verdier*, le *moineau*, etc.

FRION, *sm.* Lame de fer placée au côté de la charrue.

FRIOU, *sm.* Passe ou canal entre deux îles.

FRIPIER, *sm.* Nom de certains coquillages qui agglutinent à leur surface divers corps étrangers.

FRIQUER, *va.* Disposer des pointes métalliques sur une planchette ou un cylindre destinés à être adaptés à un instrument de musique mécanique.

FRIQUET, *sm.* Espèce de fringille commune en Europe, remarquable par deux bandes blanches sur l'aile et des deux côtés de la tête; cet oiseau remue constamment la queue; il habite le bord des eaux. | Ecumoire de cuivre de forme oblongue, plus longue que large.

FRISE, *sf.* (*Archit.*) Grande surface plane de forme rectangulaire, qui sépare l'architrave de la corniche et qui forme le milieu des trois parties de l'entablement. | Sorte d'étoffe de laine à poil frisé. | Machine pour friser les poils du drap dont on veut faire de la ratine. | —s, *sfpl.* Parties les plus élevées de la scène d'un théâtre, où se trouvent les toiles qui forment le ciel. | Cheval de —, grosse poutre de 3 à 4 mètres, traversée dans tous les sens par des pieux pointus et ferrés des deux bouts, de façon à présenter un front hérissé de quelque manière qu'on la pose en travers d'un chemin; on l'emploie pour défendre une brèche ou pour couvrir un bataillon contre la cavalerie.

FRISOIR, *sm.* Petit outil employé par les ciseleurs pour achever les traits en leur donnant plus de relief.

FRISOLÉE, *sf.* Maladie des pommes de terre qui rend la tige lisse, la colore en brun tirant sur le vert, et communique aux tubercules une saveur désagréable qui empêche de les manger.

FRISON, *sm.* Pot de terre ou de métal dont on se sert à bord des navires pour conserver la boisson.

FRISONS, *smpl.* (*Comm.*) Déchets des cocons résultant du tirage de la soie; quand on les rouit et qu'on les peigne, on en obtient le fil appelé *schappe*, dont on fait des foulards, des lacets, etc., et celui dit *galette*, employé dans la passementerie et la bonneterie.

FRISQUETTE, *sf.* (*Impr.*) Châssis que les imprimeurs mettent sur la feuille blanche afin d'empêcher que les marges et les blancs soient maculés; on colle sur ce châssis un papier, que l'on découpe en autant de petits rectangles qu'il y a de pages dans la forme qu'on veut imprimer.

FRITILLAIRE, *sf.* Plante liliacée, dont la fleur ressemble à celle de la tulipe, mais porte à l'intérieur de petites cases blanches et rouges formant une espèce de damier.

FRITTE, *sf.* Mélange d'une calcine (oxydes de plomb et d'étain calcinés), de sable et de carbonate de potasse, qui a éprouvé un commencement de fusion et qui sert de base à la fabrication de divers émaux, ainsi que du verre. | Action de cuire ce mélange; on dit aussi Frittage, *sm.*

FRIVOLITÉ, *sf.* (*Comm.*) Petite dentelle de coton à la mécanique.

FROC, *sm.* Partie supérieure de l'habit des moines, qui recouvre la tête et les épaules.

FROISSAGE, *sm.* Huile de —, huile de graine, de première pression.

FROMAGER, *sm.* Arbre des régions tropicales, très-épineux, portant de belles fleurs blanches et produisant un fruit long de 16 centimètres, renfermant des semences noires enveloppées dans un duvet semblable à celui du cotonnier.

FROMENT, *sm.* Type du genre de plantes graminées auquel appartient le blé.

FROMENTAL, *sm.* Nom vulgaire de l'*avoine élevée.*

FROMENTEAU, *sm.* Fruit de la ronce des buissons. | Qualité de raisin noir à peau dure, dont le goût est très-sucré.

FRONDAISON, *sf.* Feuillage; temps où vient le feuillage.

FRONDE, *sf.* Instrument fait d'une longue sangle ou lanière de corde ou de cuir pliée en deux; on met dans le pli une pierre ou une balle, et, en tournant avec force, on lâche un des côtés de la fronde pour lancer le projectile. | Feuillage; en particulier, feuille de fougère.

FRONDESCENT, E, *adj.* Qui se couvre de feuillage.

FRONDOSITÉ, *sf.* (*Arch.*) Feuillages, rinceaux ou guirlandes composés de feuilles et de branches entrelacées.

FRONT, *sm.* (*Milit.*) Face, aspect, devant d'une troupe. | Partie antérieure d'une fortification comprise entre deux bastions consécutifs.

FRONTAL, E, *adj.* Qui appartient, qui a rapport au front. | Marteau —, appareil consistant en une pièce de fer très-lourde, dont une des extrémités pivote sur un axe fixe, et l'autre est soulevée par des cames fixées à la circonférence d'une roue et retombe sur du fer puddlé auquel on donne une nouvelle façon. | *sm.* Marteau emporte-pièce pour découper les touches d'ivoire employées dans les pianos.

FRONTEAU, *sm.* Sorte de bandeau appliqué sur le front. | Pièce du harnais d'un cheval qui lui couvre le front. | Balustrade sculptée dont on couvre les barreaux de l'avant de la dunette et ceux du gaillard d'arrière. | Petite pièce qui s'élève à la volée des canons pour rendre facile le pointage.

FRONTIGNAN, *sm.* Vin muscat récolté près de Frontignan, dans le département de l'Hérault.

FRONTISPICE, *sm.* (*Archit.*) Façade principale d'un édifice quelconque qui annonce à première vue la destination du monument et qui y donne entrée. | Titre gravé ou estampe placés en tête d'un livre ou d'un recueil.

FRONTON, *sm.* (*Archit.*) Corniche généralement triangulaire qui décore les avant-corps, les portes, les croisées, etc.; la partie intérieure du — s'appelle *tympan.*

FROTTIS, *sm.* Glacis léger, touche fine qui donne de la légèreté à certaines parties d'un tableau.

FROTTOIR, *sm.* Outil de fer avec lequel le relieur étend et polit le dos des livres. | Boîte de bois pleine de son, tournant sur deux montants par le moyen d'une manivelle, et dans laquelle on met les épingles pour les polir.

FROTTON, *sm.* Pelote de drap de feutre ou de crin roulé, qu'emploient les cartiers pour polir les cartes ou pour les appliquer exactement contre le moule.

FROUER, *vn.* Imiter le cri d'un oiseau pour attirer le gibier. | FROUEMENT, *sm.* Action de —.

FRUCTIDOR, *sm.* Le douzième mois du calendrier républicain; du 18 août au 18 septembre.

FRUGIVORE, *adj.* et *s.* (*Hist. nat.*) Se dit des animaux, et en particulier des oiseaux qui vivent de fruits et de grains.

FRUIT, *sm.* (*Bot.*) Scientifiquement on entend par ce mot, dans les végétaux, l'ovaire développé après la floraison et renfermant les graines. | (*Archit.*) Se dit des parties qui font saillie en dehors de la verticale, et particul. d'un mur ou des parties d'un mur quand elles présentent une légère inclinaison, soit en dedans, soit en dehors. | —*s* (*Jurispr.*) Produits ou revenus d'une propriété quelconque.

FRUITIÈRE, *sf.* Établissement constitué par l'association de plusieurs propriétaires de troupeaux, qui portent le lait de leurs vaches à une même cabane où se concentre toute la fabrication des fromages; les bénéfices sont partagés dans la proportion du lait fourni.

FRUSTE, *adj.* Se dit d'une monnaie, d'une médaille effacée, altérée ou défectueuse dans sa forme. | Se dit aussi des colonnes, des inscriptions, etc., usées, dépolies, et dont les détails sont difficiles à distinguer.

FRUSTRATOIRE, *adj.* (*Jurispr.*) Fait pour frustrer, pour tromper ou pour éluder, pour gagner du temps. | *sm.* (*Méd.*) Boisson, eau sucrée ou aromatisée qu'on donne à un malade pour l'aider à supporter la diète.

FRUTESCENT, E, *adj.* (*Bot.*) Qui est de nature ligneuse, qui a la taille d'un arbrisseau.

FRUTICULEUX, SE, *adj.* (*Bot.*) Qui a le port ou la taille d'un sous-arbrisseau; on dit aussi *sous-frutescent.*

FRUTIQUEUX, SE, *adj.* (*Bot.*) Qui a la forme d'un arbrisseau; se dit des plantes herbacées qui affectent le port d'un arbrisseau.

FUCACÉES, *sfpl.* (*Bot.*) Famille de plantes cryptogames dont le type est le *Fucus.*

FUCHSIA, *sm.* (pr. *fuk*). Arbrisseau originaire d'Amérique et cultivé en Europe; il est remarquable par ses fleurs rouges ou roses, dont la corolle, pendante en clochette, est entourée de quatre sépales souvent d'une couleur différente et tient à la tige par un long pédoncule filiforme ; on en compte un grand nombre d'espèces et de variétés.

FUCUS, *sm.* (pr. *cuss*). Genre d'algues marines, consistant en de longues expansions foliacées, vésiculeuses, portant des fructifications de formes bizarres et variées; on trouve ses nombreuses espèces à la surface des mers, et on les recueille, sous le nom de *varech*, pour fumer les terres, pour en extraire de la soude, pour garnir les matelas, etc.; certaines espèces, telles que le — *vesiculosus*, renferment beaucoup d'iode. | — *crispus*. V. *Carragaheen*.

FUGACE, *adj.* Se dit des symptômes qui disparaissent aussitôt après s'être montrés. | FUGACITÉ, *sf.* Qualité de ce qui est —.

FUGITIVE, *adj. f.* (*Litt.*) Se dit des poésies légères et de circonstance.

FUGUE, *sf.* (*Mus.*) Art qui consiste à déduire une composition musicale tout entière d'une seule idée principale, et par là, d'y établir en même temps l'unité et la variété.

FULGORE, *sm.* Insecte hémiptère, dont une espèce est dite *porte-lanterne*, à cause d'une lueur très-intense que son front très-avancé répand dans l'obscurité; on le trouve dans l'Amérique méridionale.

FULGURAL, E, *adj.* Qui concerne la foudre.

FULGURANT, E, *adj.* Environné d'éclairs.

FULGURATION, *sf.* Lueur passagère qui se manifeste dans les soirées chaudes et qu'on attribue à l'électricité.

FULGURITE, *sf.* (*Minér.*) Tube vitrifié produit par le passage de la foudre dans un terrain imprégné de sable.

FULIGINEUX, SE, *adj.* Qui est de couleur de fumée ou de suie.

FULIGINOSITÉ, *sf.* Matière noirâtre, de couleur de suie.

FULIGOKALI, *sm.* Médicament composé de suie et de potasse caustique, qu'on emploie contre les maladies de la peau.

FULMAR, *sm.* Espèce de pétrel, oiseau des mers du Nord, à plumage gris blanchâtre.

FULMICOTON, *sm.* Nom donné au coton qu'une préparation chimique a rendu propre à détoner comme la poudre.

FULMINAIRE, *adj.* Qui a rapport à la foudre ou qui résulte de la foudre. | Tube —. V. *Fulgurite*.

FULMINANT, E, *adj.* Se dit de quelques compositions ou préparations qui détonent, éclatent avec bruit lorsqu'on les chauffe légèrement ou qu'on les soumet à une certaine pression.

FULMINATE, *sm.* (*Chim.*) V. *Fulminique*.

FULMINATION, *sf.* Acte par lequel on fulmine. (V. ce mot.)

FULMINER, *va.* (*Eccl.*) Publier quelque acte contre quelqu'un avec certaines formalités.

FULMINIQUE, *adj.* (*Chim.*) Se dit d'un acide que forment certaines combinaisons métalliques propres à produire de violentes explosions. | FULMINATE, *sm.* Sel produit par la combinaison de l'acide — avec une base; le *fulminate* de mercure entre dans la composition de la poudre dite *fulminante*, ainsi que des capsules ou amorces des fusils à percussion.

FULVERIN, *sm.* Couleur qu'on emploie en détrempe pour glacer les bruns.

FUMARIACÉES, *sfpl.* (*Bot.*) Famille de plantes dont le type est la *fumeterre*. (V. ce mot.)

FUMARIQUE, *adj.* (*Chim.*) Acide —, acide organique qu'on trouve dans la fumeterre et le lichen d'Islande.

FUMEROLLE ou FUMAROLLE, *sf.* Jet de vapeurs et de gaz qui s'échappe du sol par des crevasses, soit sur les volcans en activité ou dans les solfatares, soit dans toute autre sorte de terrain.

FUMETERRE, *sf.* Plante très-commune dans les champs, à petites tiges fines, diffuses, chargées de feuilles très-découpées, et portant de petites fleurs irrégulières noires et roses, on l'emploie en sirop ou en extrait comme *tonique*; elle a le goût amer de la *fumée* ou de la suie.

FUMIGATION, *sf.* Action d'appliquer un médicament sous forme de fumée ou de vapeur à quelque partie du corps. | FUMIGER, *va.* Exposer à une —. | FUMIGATOIRE, *adj.* Qui sert aux —s.

FUMISTE, *sm.* Artisan qui construit les cheminées et les répare.

FUMIVORE, *adj.* Se dit des appareils disposés de façon à brûler la fumée produite par les cheminées des machines à vapeur ou toute autre source de fumée. | FUMIVORITÉ, *sf.* Moyen de rendre les cheminées —s; propriété des cheminées —s.

FUNAIRE, *sf.* Genre de mousses qu'on trouve en touffes sur les vieux murs, et dont une espèce, dite la — hygrométrique, porte des filets qui jouissent de la propriété de se tordre quand le temps est sec et de se dérouler quand le temps est humide.

FUNAMBULE, *sm.* Danseur de corde; on dit de préférence aujourd'hui *Acrobate*.

FUNGICOLE, *sm.* V. *Fongicole*.

FUNGINE, *sf.* V. *Fongine*.

FUNICULAIRE, *sf.* Courbe que la pesanteur fait décrire à toute corde ou chaîne suspendue par les deux extrémités. | *adj.* Se dit des machines communiquant la force motrice par le moyen d'une corde ou d'une chaîne qui s'enroule ou se déroule.

FUNICULE, *sm.* (*Bot.*) Petit cordon qui attache la graine au placenta et par lequel elle reçoit sa nourriture.

FUNIN, *sm.* (*Mar.*) Cordage blanc, c.-à-d. cordage fait de fil non goudronné.

FUNNY, *sm.* (pr. *fonè*). (*Angl.*) Bateau très-allongé servant pour la navigation de plaisance sur les rivières; il ne porte que six ou huit rameurs.

FURCELLAIRE, *sf.* Genre d'algues cartilagineuses filiformes, de couleur vert brun, qu'on trouve dans presque toutes les mers.

FURCULAIRE, *sm.* Genre d'infusoires d'eau douce, dont le corps est ovoïde et terminé par une queue fourchue.

FURET, *sm.* Mammifère de la tribu des digitigrades, voisin du putois; son pelage est très-variable; il est originaire d'Afrique, et réduit en France en domesticité; les chasseurs l'emploient pour forcer les lapins à sortir de leurs terriers. | Filet de pêche de forme conique.

FURFURACÉ, E, *adj.* (*Méd.*) Qui ressemble à du son; se dit d'une espèce de maladie de la peau, dans laquelle l'épiderme se détache par petites écailles. | Se dit d'un dépôt farineux qui se forme dans l'urine.

FURIÈRE, *sf.* Ouvertures pratiquées dans les parois ou dans la sole d'un four pour y établir des courants d'air.

FURIN, *sm.* Pleine mer.

FURON, *sm.* Le petit du furet.

FURONCLE, *sm.* Gros bouton qui vient sur la peau et se remplit de pus; on l'appelle vulgairement *Clou.*

FUSAIN, *sm.* Arbrisseau commun dans les haies, dont le bois sert à faire de petits objets légers et surtout un charbon qu'on emploie comme crayon pour tracer des esquisses légères. | Dessin fait au —.

FUSAROLE, *sf.* (*Archit.*) Petit membre rond ou astragale quelquefois taillé d'olives et de grains, qui est sous l'ove de certains chapiteaux.

FUSCITE, *sm.* (*Minér.*) Nom donné à diverses pierres transparentes, d'un jaune clair ou foncé.

FUSEAU, *sm.* Baguette de bois renflée au milieu, sur laquelle s'enroule le fil qu'on tire de la quenouille en filant. | Petite bobine employée dans le travail de la dentelle. | Pièce de bois ou de terre cuite qu'on emploie pour fermer les trous des fourneaux. | Mollusque maritime à coquille prolongée en un canal droit, renflée au milieu et lisse à l'extérieur. | (*Math.*) Portion d'une surface sphérique comprise entre deux demi-grands cercles. | (*Blas.*) V. *Fusée.*

FUSÉE, *sf.* Fil qui est autour du fuseau quand la filasse est filée. | Petite roue conique en spirale autour de laquelle se roule la chaîne d'une montre quand on la monte. | Partie de chaque extrémité de l'essieu où se placent les roues. | Exostose qui survient aux jambes des chevaux. | Pièce d'artifice renfermée dans une cartouche cylindrique et produisant une longue traînée de flamme. | — à la congrève. V. *Congrève.* | (*Blas.*) Meuble de l'écu formé d'une losange allongée et ressemblant à un fuseau.

FUSELÉ, E, *adj.* (*Arch.*) Se dit des colonnes renflées au milieu, comme des fuseaux. | (*Blas.*) Se dit d'un écu chargé de *fusées.*

FUSER, *va.* S'étendre, se répandre: se dit des sels dont la fonte est accompagnée de transport d'oxygène avec légère déflagration. | Se dit de la chaux quand elle s'amortit sans eau et qu'elle se réduit en poudre d'elle-même.

FUSIFORME, *adj.* Qui a la forme d'un fuseau.

FUSIL, *sm.* Nom générique de toutes les armes à feu composées d'un long canon monté sur un affût à batterie qui s'appuie à l'épaule quand on veut tirer. | Pièce d'acier cylindrique et arrondie qui sert à donner le fil aux couteaux.

FUSILIER, *sm.* (*Milit.*) Nom que portent les soldats du centre des régiments de ligne, c.-à-d. qui ne sont ni grenadiers, ni voltigeurs.

FUSILLETTE, *sf.* Petite fusée d'artifice de 8 à 12 millimètres de diamètre.

FUST, *sm.* Couteau tranchant des deux côtés monté sur un châssis de bois, qui va et vient dans une rainure de la presse à rogner; on l'emploie pour rogner la tranche des livres qu'on relie.

FUSTER, *vn.* Se dit d'un oiseau qui s'échappe d'un piége.

FUSTEREAU, *sm.* Bac, petit bateau léger qui sert au passage d'une rivière.

FUSTET, *sm.* Arbuste originaire des Antilles et cultivé dans le midi de la France; son bois renferme une matière tinctoriale jaune orangé, et son écorce est employée dans les tanneries; on l'appelle *sumac* quand il est réduit en poudre.

FUSTIBALE, *sm.* (*Ant.*) Bâton qui servait de poignée à une fronde au moyen de laquelle on pouvait lancer des pierres avec beaucoup de force.

FUSTIGATION, *sf.* Action de battre avec un bâton; punition qui était en usage dans l'armée romaine; elle se distingue de la *flagellation* en ce que celle-ci se donnait avec un fouet ou des verges.

FUSTIQUE, *adj.* et *sm.* Bois —, bois d'un arbre de Cuba et des Antilles, qui donne une belle couleur jaune, employée pour teindre la soie. | On écrit aussi *Fustock.*

FUSTUAIRE, *sm.* (*Ant.*) Sorte de fustigation très-cruelle qui était infligée au coupable par tous les soldats de la légion.

FÛT, *sm.* Tronc d'une colonne, partie qui ne comprend ni la base ni le chapiteau. | Bois sur lequel est monté le canon d'un pistolet ou le fer d'un outil. | Tonneau où l'on met le vin, l'huile, etc. | Principale branche du bois d'un cerf, de laquelle sortent les andouillers,

FUTAIE, *sf.* Bois, forêt composée de grands arbres; la jeune — est composée d'arbres à la moitié de leur taille, de 27 à 40 ans; la demi — est formée d'arbres de 50 à 60 ans; la haute —, d'arbres de 100 ans environ, et la vieille —, d'arbres de plus de 120 ans.

FUTAILLE, *sf.* Nom générique de tous les tonneaux, quelle que soit leur dimension, dans lesquels on met du vin.

FUTAINE, *sf.* Tissu de fil et coton croisé, ou de pur coton, tiré ou non à poil, dont on fait des camisoles, des jupons et des doublures.

FUTÉ, E, *adj.* (*Blas.*) Se dit des pièces telles qu'arbres ou flèches, dont le *fût*, c.-à-d. le tronc ou le bois, est d'un émail différent de celui du reste de la pièce.

FUTÉE, *sf.* Composition de colle forte et de sciure de bois, dont les menuisiers se servent pour remplir les trous, fentes et autres défauts du bois.

FY ou Fi, *sm.* Espèce de lèpre qui attaque les animaux domestiques et qu'on reconnait à certaines taches. | Fyeux, se, *adj.* Attaqué du —.

G

GABARE, *sf.* Embarcation lourde, à voile et à rames, qui navigue en général sur les rivières et sert à charger et à décharger les bâtiments. | Bâtiment plat, de charge ou de transport, à trois mâts et du port de 3 à 400 tonneaux. | Gabarier, *sm.* Patron d'une —.

GABARI ou Gabarit, *sm.* (*Mar.*) Modèle de construction en planches minces ou en fer, patron d'après lequel les charpentiers construisent les diverses parties d'un navire. | | Gabarier, *va.* Construire une pièce selon son —.

GABAROT, *sm.* Petite gabare non pontée, gréée d'un mât et d'une voile, en usage sur la Loire.

GABELLE, *sf.* Impôt sur le sel sous l'ancienne monarchie française et jusqu'en 1790; il était appliqué en raison de tant de livres par tête et consistait dans le prix du quintal de sel vendu par le roi.

GABET, *sm.* (*Mar.*) Girouette placée au sommet d'un mât.

GABIAN, *sm.* V. *Goëland.* | Huile de —, nom qu'a porté longtemps en France l'huile de pétrole, à cause du village de ce nom, dans l'Hérault, d'où on la tirait.

GABIE, *sf.* (*Mar.*) Sorte de demi-lune ou de cage placée au sommet des mâts à antenne, sur la Méditerranée.

GABIER, *sm.* (*Mar.*) Matelot qui se tient dans les hunes et qui visite et entretient le gréement; il est chargé exclusivement du service des mâts.

GABION, *sm.* Panier cylindrique ou en forme de tonneau qu'on remplit de terre et dont on se sert dans les siéges pour couvrir les travailleurs, les soldats, etc. | Gabionner, *va.* Couvrir avec des —s.

GABORD, *sm.* (*Mar.*) Bordage inférieur et extérieur de la carène d'un bâtiment; il se place sur les varangues de fond et s'emboîte dans la quille.

GABRONITE, *sf.* (*Minér.*) Minéral jaunâtre ou gris, d'un grain fin, à cassure écailleuse, composé de silice, d'alumine et de soude.

GABURON, *sm.* Pièce de bois qui longe la partie supérieure d'un bas mât, sur laquelle porte le mât supérieur lorsqu'on le monte ou qu'on le descend.

GÂCHE, *sf.* Pièce de fer ou de cuivre qui reçoit le pène d'une serrure. | Anneau de fer scellé dans un mur pour y maintenir quelque chose. | Crampon de fer qui reçoit les pièces d'un tuyau de descente.

GÂCHET, *sm.* Hirondelle de mer à tête noire.

GÂCHETTE, *sf.* Morceau de fer ou d'acier sur lequel on appuie pour faire partir un fusil ou un pistolet. | Pièce de fer placée sous le pène d'une serrure d'un tour et demi.

GADE, *sm.* Genre de poissons malacoptérygiens couvert de petites écailles, à corps comprimé et allongé, renfermant les *morues*, les *merlans*, les *lottes*, etc.

GADELLIER, *sm.* Grôseillier rouge. | Gadelle, *sf.* Fruit du —.

GADOCHE, *sm.* V. *Cadoche.*

GADOÏDES, *smpl.* (*Zool.*) Famille de poissons malacoptérygiens dont la structure est régulière et dont les nageoires sont pointues; tels sont la morue et le merlan.

GADOLINITE, *sf.* (*Minér.*) Pierre dure, noirâtre, à cassure vitreuse, semblable à une substance volcanique, et qu'on trouve en Suède; c'est un silicate de cérium; on l'appelle aussi *Yttrite* et *Ytterbite.*

GADOUE, *sf.* Matière fécale qu'on tire des fosses d'aisance et qu'on utilise dans certaines contrées comme engrais. | Gadouard, *sm.* Celui qui tire la — et la transporte.

GAÉLIQUE, *adj.* et *sm.* Se dit d'un dialecte celtique conservé dans le nord des Iles Britanniques, en Irlande et en Ecosse.

GAFFE, *sf.* Perche munie d'un croc de fer à deux branches : elle sert à défendre un canot d'un abordage, à le pousser au large ou à le faire accoster près d'un quai ou d'un navire. | Perche ferrée pour tirer le poisson à terre. | Espèce de morue verte. | Vase servant à transporter le sel dans les salines.

GAGERIE, *sf.* Saisie —, saisie qui se fait sur les loyers et les fermages qui pourront être dus par un fermier, afin qu'ils deviennent le gage du créancier du propriétaire.

GAGNAGE, *sm.* Pâturage, lieu où vont paître les troupeaux et les bêtes fauves.

GAÏAC, *sm.* Arbre d'Amérique et particul. des Antilles, dont le bois, très-dur, sert à faire diverses pièces de machines (roues dentées, roulettes, poulies, etc.) ; on l'emploie aussi en médecine comme sudorifique et dentifrice. | GAÏACINE, *sf.* Résine extraite du bois de —, dont on fait de la teinture de — en la faisant dissoudre dans l'alcool et de l'huile de —, et en la distillant à sec.

GAILLARD, *sm.* (*Mar.*) Partie extrême du pont supérieur d'un navire. | — d'arrière, toute la portion du pont située à l'arrière du mât d'artimon ; elle est parfois élevée au-dessus du pont pour donner une hauteur suffisante aux logements placés dans l'entre-pont. | — d'avant, tout ce qui est en avant du mât de misaine, et de plus, une portion en arrière du même mât.

GAILLARDE, *sf.* Ancienne danse française à trois temps, d'un mouvement animé, en usage vers le XVIIe siècle. | (*Impr.*) Caractère qui est entre le petit-romain et le petit-texte, et qui a une force de corps de huit points ou à peu près.

GAILLET, *sm.* Caille-lait, petite plante à fleurs blanches ou jaunes en croix, de la famille des rubiacées, à laquelle on attribue, à tort, la propriété de faire cailler le lait ; c'est cette plante qui donne au fromage de Chester sa couleur jaune si recherchée.

GAILLETTES, *sfpl.* Houille en très-gros fragments. | GAILLETERIES, *sfpl.* Houille en fragments moindres que les —.

GAÎNE, *sm.* (*Archit.*) Support élevé, plus large du haut que du bas, et à quatre angles, sur lequel on pose un buste. | (*Hist. nat.*) Nom que portent divers organes, soit dans le règne animal, soit dans le règne végétal, à cause de leur disposition en forme de fourreau.

GAÎNIER, *sm.* Ouvrier qui fabrique les gaines, les étuis de mathématiques, les portefeuilles, etc. | Arbre très-élevé, originaire de l'Orient, à écorce noirâtre et à fleurs roses ; on emploie quelquefois ces dernières à l'assaisonnement des salades.

GAL, *sm.* Poisson des mers de l'Inde, de 15 à 16 centimètres de long ; sa chair est très-recherchée.

GALACTITE, *sf.* Argile dure, pierreuse, grise, donnant, délayée dans l'eau, un liquide laiteux, de saveur douce ; on l'emploie quelquefois pour le dégraissage des laines.

GALACTODE ou GALACTOÏDE, *adj.* Qui est de couleur de lait

GALACTODENDRON, *sm.* V. *Jaquier.*

GALACTOMÈTRE, *sm.* Instrument propre à mesurer la quantité de beurre que contient le lait. | Pèse-lait, sorte d'aréomètre propre à apprécier si on a mêlé de l'eau au lait.

GALACTOPHORES, *smpl.* (*Anat.*) Vaisseaux lactifères qui se réunissent de proche en proche vers le mamelon.

GALAGO, *sm.* Animal de l'ordre des quadrumanes, remarquable par ses larges oreilles en forme de conque et sa queue touffue ; il habite le centre de l'Afrique, dans les trous des arbres, et ne se montre qu'au coucher du soleil ; sa chair est estimée des nègres qui lui font une chasse active.

GALANDAGE, *sm.* Cloison de briques posées de champ les unes sur les autres.

GALANGA, *sm.* Plante des Indes, de la Chine et des Antilles portant une racine en tubercule arrondi ou allongé, féculente et aromatique, qu'on emploie comme stimulant. | Petit —, racine analogue à la première, mais plus petite, qu'on emploie pour aromatiser le vinaigre.

GALANTHE, *sm.* V. *Perce-neige.*

GALANTINE, *sf.* Plat de viandes froides, notamment de volaille, décoré de gelée.

GALATHÉE, *sf.* Très-beau coquillage des rivières de l'Inde et de Ceylan, dont le fond est blanc avec des rayures violettes. | Crustacé voisin de la langouste, dont les premières pattes sont très-fortes ; on le trouve sur nos côtes.

GALAXIE, *sf.* Nom ancien de la voie lactée.

GALBANUM, *sm.* Gomme-résine, obtenue par incision à la tige d'une plante ombellifère de l'Orient ; elle est stimulante et tonique ; on l'appelle aussi *Gomme en larmes.*

GALBE, *sm.* Contour que l'on donne ordinairement au fût d'une colonne, à un vase, à un balustre, etc. | Angle des profils du corps humain ; effet produit par l'ensemble des traits, du profil d'une figure ou d'un objet quelconque.

GALE, *sf.* Maladie contagieuse de la peau, qui consiste dans une éruption de petits boutons arrondis, durs à leur base, placés généralement dans l'intervalle des doigts et occasionnant de fortes démangeaisons ; elle est attribuée à la présence d'animalcules appelés *Sarcoptes.*

GALÉ, *sm.* V. *Myrica.*

GALÉA, *sm.* (*Méd.*) Migraine qui occupe tout le tour de la tête.

GALÉASSE ou GALÉACE, *sf.* Grosse galère vénitienne, très-allongée, qui allait à la rame et à la voile, et qui était quelquefois armée de canons.

GALÉE, *sf.* (*Impr.*) Planche de bois sur laquelle les compositeurs mettent les pages quand elles sont formées; elle glisse à coulisse sur une autre planche dont le rebord arrête la composition, et porte une queue par laquelle on la retire de la coulisse.

GALÈNE, *sf.* Sulfure naturel de plomb, noirâtre, à éclat métallique, qu'on trouve dans les terrains tertiaires de l'Allemagne, de l'Angleterre et de la Bretagne, et dont on extrait du plomb et de l'argent; on l'emploie comme vernis pour les poteries communes.

GALÉNIQUE, *adj.* (*Méd.*) Qui a rapport, qui appartient à la doctrine médicale de Galien, dont le principe le plus important était l'emploi des remèdes végétaux de préférence aux autres. | GALÉNISTE, *adj.* et *sm.* Se dit des médecins qui pratiquaient cette doctrine.

GALÉOPITHÈQUE, *sm.* Genre de mammifères de l'archipel Indien, dit aussi *chat-volant* ou *chien-volant*; ils ont les doigts des mains et des pieds munis d'ongles tranchants et reliés par une membrane qui n'est pas aussi large que celle des chauve-souris et ne leur permet pas de voler, mais leur sert à s'élancer de branche en branche.

GALEOPSIS, *sm.* (pr. *ciss*). Plante labiée, dont une espèce, le — tetrahit, ressemble beaucoup, par son port, au chanvre, et porte le nom vulgaire de *chanvre bâtard*; le — ladanum, à fleurs pourpres, commun dans les champs, s'appelle vulg. *ortie rouge*.

GALÈRE, *sf.* C'était autrefois un bâtiment long et peu élevé au-dessus de l'eau, à 25 ou 30 rames de chaque côté, et quelquefois à voiles avec des antennes, employé sur la Méditerranée. | La peine des —s était, avant 1790, la punition infligée aux criminels, qui étaient condamnés à ramer sur les —s de l'État; elle a été remplacée par les travaux forcés. | Gros rabot ou riflard qui sert à dégrossir les pièces de bois. | Fourneau à réverbère allongé, sur lequel on peut placer plusieurs cornues à la fois. | V. *Argonaute* et *Holothurie*.

GALERNE, *sf.* Vent entre le nord et l'ouest-nord-ouest.

GALÉRUQUE, *sf.* Petit insecte coléoptère à élytres ponctués, à antennes très-longues, dont les cuisses sont très-fortes, ce qui lui permet de sauter; la plupart de ses espèces causent de grands dégâts aux feuilles des arbres.

GALET, *sm.* Caillou roulé, plat et arrondi, tel que ceux que l'on trouve sur les bords de la mer. | Disque d'ivoire, de bois ou de métal, qu'on place entre deux surfaces se mouvant l'une sur l'autre, pour diminuer leur frottement. | Jeu qui consiste à atteindre un but au bout d'une table polie, avec des disques d'ivoire qui glissent sur cette table.

GALETAS, *sm.* (*Archit.*) Étage pris dans le comble d'un bâtiment et qui, par conséquent, n'est point carré, mais lambrissé et éclairé par des lucarnes.

GALETTE, *sf.* Gâteau feuilleté, plat, très-beurré. | Fond du chapeau de feutre qui a la forme d'un disque et qu'on manipule pour le rendre conique. | (*Zool.*) Portion de la mâchoire des insectes orthoptères, qui consiste en une lame voûtée, placée immédiatement au-dessous du palpe maxillaire. | V. *Frisons*.

GALGALE, *sf.* Mastic composé de chaux, d'huile et de goudron, dont les Indiens se servent pour enduire la carène de leurs navires.

GALHAUBAN, *sm.* Longs cordages qui servent à étayer latéralement les mâts de hune et de perroquet, et qui descendent de la tête de ces mâts jusqu'aux bords du bâtiment où ils sont fixés.

GALICE, *sf.* Nom de la sardine dans les ports de la Gascogne.

GALIMART, *sm.* C'était autrefois l'étui ou l'on renfermait les plumes, ou l'encrier muni d'un cornet pour les recevoir.

GALIN, *sm.* Ergot brut de bœuf.

GALION, *sm.* Grand bâtiment qui avait jusqu'à 1,200 tonneaux de charge, que l'Espagne employait autrefois pour les voyages aux colonies d'Amérique, et qui servait principalement à transporter en Europe les produits des mines du Pérou, du Mexique, etc.

GALIONELLE, *sf.* Espèce de foraminifère. (V. ce mot).

GALIOTE, *sf.* Espèce de petit bâtiment à fond plat, de 50 à 200 tonneaux de charge, qui va à rames et à voiles; on l'emploie en Hollande pour le cabotage. | Long bateau plat, couvert, dont on se sert pour voyager sur les rivières et les canaux.

GALIPÉE, *sf.* V. *Angusture*.

GALIPOT, *sm.* Térébenthine du pin privée de son huile essentielle par l'évaporation naturelle et la dessiccation sur le tronc même des pins; c'est un mastic résineux dont on fait par décantation la poix de Bourgogne. | GALIPOTER, *va.* Enduire de —.

GALLATE, *sm.* (*Chim.*) Nom générique des sels formés par la combinaison de l'acide gallique et d'une base.

GALLE, *sf.* Se dit de certaines excroissances qui viennent sur les tiges et sur les feuilles de plusieurs plantes par l'extravasation de leurs sucs; ce qui arrive lorsqu'elles ont été piquées par quelque insecte. | Noix de —, galle d'un chêne de l'Asie-Mineure, qui sert à teindre en noir et à faire de l'encre; c'est un astringent puissant.

GALLE (CHAINE DE), *sf.* Chaîne formée de plusieurs anneaux plats s'engrenant avec les dents de deux roues parallèles et leur communiquant un mouvement.

GALLÉRIE, *sf.* Petit papillon nocturne, d'une teinte grise, uniforme, qui pénètre dans les ruches d'abeilles pour y sucer le miel et y déposer ses œufs; la larve mange la cire et l'emploie à la construction de son nid; on l'a appelée *fausse-teigne*.

GALLICAN, NE, *adj.* Se dit du rit, des franchises et des libertés de l'Église catholique française, par rapport au Saint-Siége dont elle est plus indépendante que certaines églises catholiques étrangères.

GALLICISME, *sm.* Construction propre et particulière à la langue française, contraire aux règles, mais consacrée par l'usage. | Façon de parler de la langue française transportée dans une autre langue.

GALLICOLES, *smpl.* Tribu d'insectes hyménoptères, qui piquent les feuilles ou l'écorce des arbres pour y déposer leurs œufs; l'endroit piqué forme une excroissance appelée *galle* (V. ce mot), dans laquelle l'insecte subit ses différentes métamorphoses.

GALLINACÉS, *smpl.* Ordre d'oiseaux dont le type est le coq; ils sont essentiellement caractérisés par un bec voûté à sa partie supérieure, des ailes courtes, le vol lourd; ils vivent généralement en société et se nourrissent de grains; la plupart sont polygames; certains, comme le pigeon, sont monogames.

GALLINE, *sf.* V. *Trigle.*

GALLINSECTE, *sm.* Genre d'insectes hémiptères qui vivent sur certains végétaux et qui prennent, au moment de la ponte, la forme d'une boule, de façon à ressembler à une *galle*; la cochenille, qui vit sur le nopal, est le type de ce genre.

GALLINULE, *sf.* V. *Râle.*

GALLIQUE, *adj.* Qui appartient aux anciens Gaulois. | (*Chim.*) Se dit d'un acide résultant de l'infusion de noix de galle dans de l'eau; sa propriété principale, qui est de précipiter les sels de fer en bleu noir, le rend très-utile dans la teinturerie et la fabrication de l'encre.

GALLOMANIE, *sf.* Amour, admiration, imitation affectée des Français, de leurs usages, de leurs mœurs, etc.

GALLON, *sm.* Mesure de capacité employée en Angleterre pour les liquides; elle équivaut à 4 litres 54 centilitres. | On l'emploie aussi dans l'Amérique du Nord, et elle varie de 3 litres 7 décilitres à 4 litres 3 décilitres. | Petite pustule qui vient à la tête des enfants. | — du Levant. V. *Avelanède.*

GALLO-ROMAIN, E, *adj.* Gaulois et Romain; se dit particul. de la période de domination des Romains dans les Gaules.

GALLOT, *sm.* Tanche de mer.

GALOCHE, *sf.* Chaussure à semelle de bois, rembourrée avec de la peau d'agneau. | Poulie dont la chape est ouverte sur le côté. | Pièce de bois ou bloc faisant saillie en dehors de la muraille du navire.

GALOPANTE, *adj. f.* (*Méd.*) Phthisie —, variété de phthisie grave, dont le développement est très-rapide et entraîne promptement la mort.

GALOUBET, *sm.* Instrument champêtre très-aigu, qui accompagne le tambourin; il a la forme d'une flûte droite et n'a que trois trous; on le joue de la main gauche, pendant que la droite cadence sur le tambourin au moyen d'une baguette.

GALOZYME, *sm.* Lait en fermentation, surchargé d'acide carbonique et d'alcool.

GALUCHAT, *sm.* V. *Chagrin.*

GALVANISER, *va.* Électriser au moyen de la pile. | Donner une vie factice et momentanée. | Fer *galvanisé*, fer que l'on a plongé dans un bain de zinc fondu, afin de le recouvrir d'une légère couche de ce métal qui le préserve de la rouille. | GALVANISATION, *sf.* Opération qui consiste à —.

GALVANISME, *sm.* (*Phys.*) Phénomènes électriques produits par la pile; se dit quelquefois comme syn. d'*Electricité dynamique*.

GALVANOMÈTRE, *sm.* (*Phys.*) Instrument destiné à faire reconnaître les moindres traces d'électricité dynamique; il est fondé sur la déviation que les courants électro-dynamiques font subir à l'aiguille aimantée.

GALVANOPLASTIE, *sf.* Opération par laquelle on fait déposer sur un objet qu'on veut dorer ou argenter une couche d'or ou d'argent, en dirigeant dans une solution dorée ou argentée, dans laquelle il plonge, un courant électrique qui provoque le dépôt du métal sur l'objet.

GALVARDINE, *sf.* Ancien habillement, jaquette pour la pluie.

GAMACHE, *sf.* Sorte de guêtres molles et larges, dont étaient autrefois chaussés les soldats de cavalerie.

GAMAHÉ, GAMAHEU, *sm.* Pierre figurée, dont se servent les indigènes de l'Australie comme d'un talisman propre à conjurer les esprits et les influences astrales; on croit que c'est un madrépore fossile.

GAMBAGE, *sm.* Droit de —, droit féodal que percevaient les seigneurs sur la bière et le vin que fabriquaient leurs vassaux.

GAMBESON, GAMBESSON, *sm.* Pourpoint garni et piqué sur lequel on portait l'armure.

GAMBE, *sm.* Nom d'un ancien instrument de musique ressemblant un peu à notre *alto*.

GAMBETTE, *sf.* V. *Chevalier.*

GAMBIER, *sm.* Barre de fer de un mètre environ, au milieu de laquelle est une dépression propre à recevoir la queue d'un autre outil; elle est employée par le fabricant de glaces et sert à enlever les matières quand la fritte est fondue.

GAMBIER ou GAMBIR, *sm.* Substance astringente de l'Inde, analogue au cachou, qu'on emploie beaucoup dans le tannage et la teinture; ce sont l'écorce, le bois et les feuilles d'une plante cultivée à Singapore, qu'on fait bouillir de façon à obtenir des résidus pâteux, de formes diverses, qu'on expédie en Europe.

GAMBIT, *sm.* (pr. *-bitt*). Coup au jeu d'échecs, qui consiste à jouer le pion de la reine au commencement de la partie, et à s'emparer d'une tour dans les trois ou quatre premiers coups.

GAMBRA, *adj.* Se dit d'une espèce de perdrix originaire de l'Europe méridionale, qui tient le milieu entre la perdrix rouge et la bartavelle.

GAME, *sm.* Goître ou excroissance charnue qui vient au cou des moutons.

GAMÉLION, *sm.* (*Ant.*) Mois du calendrier athénien, que l'on consacrait aux noces. | Gamélies, *sf.* Fêtes nuptiales célébrées dans ce mois.

GAMELLE, *sf.* Écuelle de bois ou de ferblanc, dans laquelle on met la portion des soldats ou des marins; elle sert en général pour huit hommes sur mer; les soldats de terre en ont une pour chacun.

GAMME, *sf.* (*Mus.*) Succession de sons, ascendante ou descendante, dans l'étendue de l'octave; quand elle comporte les demi-tons, elle est dite *chromatique*; lorsqu'elle n'embrasse que les sept tons principaux elle est dite *diatonique;* cette dernière est la — proprement dite.

GAMOLOGIE, *sf.* Discours, traité sur le mariage, les noces.

GAMUTE ou Gamuto, *sm.* Espèce de fil que l'on tire d'un palmier des Moluques et dont on fait des cordages.

GANACHE, *sf.* Mâchoire inférieure du cheval.

GANDOURA, *sf.* Grande tunique sans capuchon, en laine et soie, que les Arabes d'Algérie portent sous leur burnous.

GANEBELLONNE, *sf.* Variété de châtaigne de Périgueux.

GANGA, *sm.* Oiseau de l'ordre des gallinacés, assez semblable à la perdrix, à jambes courtes et poilues, à ailes pointues, qui habite le midi de l'Europe, où il vit en troupes nombreuses; le — *cata* est appelé aussi *Gélinotte des Pyrénées.*

GANGLION, *sm.* Petit corps arrondi qui a l'apparence d'une glande ou d'un nœud, et qui résulte d'un entrelacement de filets nerveux ou de vaisseaux unis par un tissu cellulaire. | Tumeur ronde ou oblongue, dure, indolente, et qui ne cause aucun changement de couleur à la peau. | Engorgement. | Ganglionite ou Gangliite, *sf.* Inflammation des —s. | Ganglionaire, *adj.* Qui est muni de —s.

GANGRÈNE, *sf.* Altération d'une partie quelconque du corps qui perd tous les caractères des tissus vivants, notamment la sensibilité et le mouvement; la partie ainsi atteinte est véritablement morte, et il faut la séparer immédiatement du reste du corps, sans quoi la — gagne et s'étend, et le malade meurt.

GANGUE, *sf.* Substance pierreuse ou terreuse qui enveloppe le minerai dans le filon; elle est généralement composée de chaux, de quartz ou d'argile.

GANGUY, *sm.* Petit filet de pêche à mailles très-serrées. | Gangueille, *sf.*, ou Gangueil, *sm.* Très-petit —.

GANIL, *sm.* Calcaire granuleux.

GANIVET, *sm.* Couteau des Catalans. | Instrument en forme de canif.

GANNIR, *vn.* Se dit du cri du renard.

GANSE, *sf.* Petit cordonnet rond, carré ou plat, d'or, d'argent, de soie, de coton ou de fil, qui sert, soit comme ornement, soit pour attacher quelque partie du vêtement.

GANTE, *sf.* Faux bord de bois que l'on ajoute aux chaudières de cuivre des brasseries pour contenir la liqueur qui bouillonne.

GANTELET, *sm.* Espèce de gant de lames de fer qui recouvrait, au moyen âge, la main des hommes armés de toutes pièces.

GARAMOND, *sm.* (*Impr.*) Nom d'un ancien caractère qui n'est plus usité aujourd'hui; il était à peu près de la grosseur du petit-romain.

GARANCE, *sf.* Plante de la famille des rubiacées, à tiges rameuses, cultivée dans le midi de la France et sur quelques autres points, pour sa racine, appelée *alizari*, qui fournit une belle couleur rouge. | Garanceur, *sm.* Ouvrier qui teint avec la —. | Garancière, *sf.* Champ de —.

GARANCINE, *sf.* Matière colorante rouge, résultant de la concentration de la poudre de garance dissoute dans l'acide sulfurique; on l'emploie surtout dans la teinture des indiennes.

GARANTIE, *sf.* Bureau chargé d'essayer les matières d'or et d'argent, et d'apposer sur ces matières un sceau particulier appelé *contrôle*, indiquant que ces matières sont au titre légal. | (*Jurisp.*) Acte par lequel une personne s'engage à défendre une autre d'un dommage éventuel ou à l'indemniser d'un dommage éprouvé; effets de cet acte; obligation qui en forme la base.

GARAT, *sm.* Grosse toile de coton blanche de l'Inde.

GARBE, *sf.* Autrefois, enjouement, jactance, fierté.

GARBIN, *sm.* Petit vent du sud-ouest.

GARBON, *sm.* Mâle de la perdrix.

GARBURE, *sf.* Potage épais de pain, de choux et de lard, qu'on mange dans le midi de la France.

GARCETTE, *sf.* Cordage de grosseur moyenne, long de 2 ou 3 mètres, tressé à la main, dont on se sert, sur les navires, à plusieurs usages. | Ancienne coiffure dans laquelle les cheveux étaient redressés sur le front. |

Enveloppe des crins du cheval. | Pince à ressort pour épinceter les draps.

GARDE-FOU, *sm.* Balustrade posée au bord des lieux élevés pour empêcher la chute des personnes qui s'en approchent; se dit surtout des parapets d'un pont.

GARDÉNIE, *sf.* Arbrisseau de la famille des rubiacées, dont une espèce, originaire du Cap, cultivée dans les serres, porte un fruit qui fournit une couleur jaune.

GARDE-VENTE, *sm.* Celui qui est chargé de veiller à l'exploitation d'une coupe de bois.

GARDON, *sm.* Poisson assez voisin de la carpe par sa conformation, et de la brème par le goût et la couleur de sa chair qui est remplie d'arêtes; il est pour ce dernier motif très-peu estimé.

GARE, *sf.* Bassin naturel ou artificiel qui sert de refuge aux bateaux sur les canaux ou les rivières. | Station principale d'une ligne de chemin de fer; celle d'où partent des trains de voyageurs ou de marchandises.

GARENNE, *sf.* Lieu clos à la campagne où il y a des lapins qui vivent en quelque sorte à l'état sauvage, mais dont on prend soin afin de les conserver, leur chair étant meilleure que celle des lapins domestiques. | Lieu particulier entouré de murailles ou de fossés, qui servait de basse-cour aux anciens châteaux. | Endroit d'une rivière où la pêche est réservée. | GARENNIER, *sm.* Celui qui a soin d'une —.

GARGALE, *sf.* GARGALISME, *sm.* Chatouillement, démangeaison.

GARGARISME, *sm.* Médicament liquide qu'on maintient quelque temps dans l'arrière-bouche sans l'avaler et en le repoussant au moyen de l'air qu'on expire, de manière à y produire une certaine agitation qui favorise l'expulsion des mucosités.

GARGOUILLE, *sf.* Endroit d'un chéneau, d'une gouttière ou d'une vasque, par où l'eau tombe; c'était autrefois un ornement composé d'une figure d'animal ou de quelque monstre allégorique. | Dalle de pierre creusée en long, caniveau de ciment, tuyau de fonte ouvert longitudinalement à sa partie supérieure et logé dans les trottoirs pour l'écoulement de l'eau.

GARGOULETTE, *sf.* Espèce d'aiguière. | Vase à long col, en terre poreuse, dans lequel on fait rafraîchir de l'eau. | V. *Alcaraza.*

GARGOUSSE, *sf.* Charge d'un canon disposée à l'avance dans un papier fort ou dans de l'étoffe. | GARGOUSSIER, *sm.* Boite en cuivre où l'on porte les —; servant qui porte les —s.

GARIGUE, *sf.* V. *Garrigue.*

GARNISAIRE, *sm.* Celui qu'on établit en garnison chez les contribuables en retard pour les obliger à payer, lorsqu'on a épuisé tous les délais et avant de procéder à la saisie.

GARNITZ, *sm.* Mesure de capacité en usage en Russie pour les marchandises sèches; elle est de la contenance de 3 litres environ.

GAROTE, *sm.* V. *Garrotte.*

GAROU, *sm.* Espèce de *daphné*, plante vivace, petit arbrisseau à fleurs jaunâtres, à feuilles ovales et luisantes, et dont l'écorce, trempée dans le vinaigre, est un très-bon suppuratif; on l'appelle aussi *Sain-bois*; ses baies sont purgatives. | Loup —. V. *Loup.*

GARRAS, *sm.* V. *Garat.*

GARRIGUE, *sf.* Lande ou plateau de terres en friche.

GARROT, *sm.* Partie du corps de certains quadrupèdes, qui est située au-dessus des épaules et à la naissance de l'encolure. | Morceau de bois qu'on passe dans une corde que l'on veut tordre. | Espèce de canard blanc sauvage, à queue noire et à bec étroit et très-court, fournissant un duvet et des plumes assez estimés; il se tient dans le Nord en été et dans le Midi en hiver; il se nourrit de petits poissons et de grenouilles.

GARROTTE, *sm.* (pr. *té*) (*Esp.*) Supplice par strangulation usité en Espagne et en Portugal pour les criminels des basses classes.

GARUM, *sm.* Sorte de saumure qu'on prépare, dans le Levant, avec des débris de poissons salés, et qu'on emploie, fortement aromatisée, comme stimulant de l'appétit; les anciens Romains la connaissaient et s'en montraient très-friands.

GARUS, *sm.* (pr. *-russ*), ou Élixir de —, liqueur pectorale, stomachique, très-fine, qui est un mélange de myrrhe, d'aloès, de cannelle, de girofle, de noix muscade et de sirop de capillaire.

GASAPH, *sm.* Espèce de chalumeau ou cornemuse des côtes de la Barbarie.

GASQUET, *sm.* Calotte de laine feutrée, tout d'une pièce, que portent les Orientaux

GASTER, *sm.* Le bas-ventre, l'estomac.

GASTÉROPODES, *smpl.* (*Zool.*) Ordre de mollusques dont la tête est dépourvue de tentacules; le prolongement de leur ventre leur sert de pied sur lequel ils se traînent.

GASTRALGIE, *sf.* (*Méd.*) Colique, douleur de l'estomac; c'est un état nerveux particulier, que l'on considère comme un symptôme de gastrite chronique.

GASTRÉ, *sm.* Espèce d'épinoche de mer qu'on trouve sur nos côtes.

GASTRILOQUIE, *sf.* GASTRILOQUE, *s.* V. *Ventriloquie, Ventriloque.*

GASTRIQUE, *adj.* (*Méd.*) Qui a rapport à l'estomac, à la digestion stomacale. | Fièvre —, inflammation de la muqueuse de l'estomac, avec exagération de la sécrétion bilieuse.

GASTRITE, *sf.* Inflammation aiguë ou chronique de la membrane muqueuse de l'estomac, résultant d'écarts de régime ou d'autres causes, caractérisée par des troubles digestifs et circulatoires, la fièvre, l'insomnie, des douleurs vives à l'épigastre et qu'on combat surtout par une diète sévère, par des antiphlogistiques et des calmants.

GASTROCHÈNE, *sm.* Mollusque allongé, assez semblable au taret, dont la coquille est très-brillante, et qui se creuse des trous dans la pierre ou dans les masses madréporiques; il vit dans la mer des Indes.

GASTRO-DUODÉNITE, *sf.* (*Méd.*) Inflammation simultanée de l'estomac et du duodénum. | GASTRO-ENTÉRITE, *sf.* .....de l'estomac et des intestins. | GASTRO-HÉPATITE, *sf.* .....de l'estomac et du foie. | GASTRO-LARYNGITE, *sf.* ..... de l'estomac et du larynx. | Etc.

GASTROLÂTRE, *adj.* et *s.* Qui met toutes ses jouissances dans la nourriture; qui a la passion de la bonne chère. | GASTROLATRIE, *sf.* Passion des —s. | On dit aussi *Gastromane* et *Gastromanie*.

GASTROMÉLIE, *sf.* Phénomène tératologique consistant dans la présence d'un ou deux membres surnuméraires implantés sur l'abdomen d'un animal d'ailleurs conformé normalement à l'extérieur.

GASTRONOME, *adj.* et *s.* Connaisseur, gourmet, ami de la table.

GASTRONOMIE, *sf.* L'art de faire bonne chère.

GASTROSE, *sf.* (*Méd.*) Nom générique de toutes les maladies de l'estomac.

GASTROTOMIE, *sf.* (*Chir.*) Ouverture que l'on fait au ventre par une incision qui pénètre dans sa capacité.

GAT, *sm.* (pr. *ga*) (*Mar.*) Escalier pratiqué sur une côte escarpée et le long d'un quai pour arriver à un embarcadère.

GÂTEAU, *sm.* Réunion des alvéoles construites par les abeilles ou les autres hyménoptères vivant en société. | (*Chir.*) Plumeau large et plat qu'on emploie pour nettoyer une grande plaie. | Toute pièce de cire, de résine, de soufre, etc., ayant la forme d'un disque aminci sur ses bords. | Morceau de métal qui résiste à la fusion dans le creuset et qu'on trouve figé en retirant ce dernier du four. | — fébrile. (*Méd.*) Tumeur interne résultant d'un engorgement des intestins ou de la rate, qui se produit assez souvent après des fièvres intermittentes invétérées.

GÂTE-BOIS, *sm.* Nom vulgaire de plusieurs espèces d'insectes qui se tiennent à la base des arbres, en rongent l'aubier et parviennent ainsi à faire mourir l'arbre entier. | V. *Cossus*.

GÂTEUX, SE, *adj.* Idiot incurable qui n'obéit plus aux besoins que d'une manière automatique.

GATINE, *sf.* Peau de mouton mal écorchée, provenant de l'abattoir et servant à faire le cuir blanc pour doublure. | V. *Gattine*.

GATON, *sm.* Bâton que les cordiers placent entre les torons pour faciliter le commettage des gros cordages.

GATTE, *sf.* Cloison verticale située à l'avant d'un bâtiment et disposée de manière à retenir l'eau que les coups de mer lancent sur le pont, et à l'empêcher de descendre dans l'entre-pont.

GATTILIER, *sm.* Arbrisseau de la famille des verbénacées, propre aux pays chauds, dont une des espèces est l'*agnus-castus*. (V. ce mot).

GATTINE, *sf.* Maladie des vers à soie qui paraît consister en une sorte de rachitisme ou de dépérissement, et qui les détruit très-rapidement.

GAUCHE, *adj. f.* Se dit des surfaces qui ne sont pas exactement planes, c'est-à-dire qui n'ont pas leurs quatre angles dans le même plan.

GAUCHIR, *vn.* Se dit des ouvrages de menuiserie ou des poteries qui perdent leur forme en se contournant.

GAUDE, *sf.* Espèce de réséda à tige droite, cannelée, commune dans les bois secs et les prés sablonneux; les teinturiers tirent de cette plante, séchée au soleil, une belle couleur jaune qu'on fixe avec de l'alun, et qui forme des verts avec les bleus communs.

GAUDES, *sfpl.* Espèce de bouillie qu'on fait avec de la farine de maïs, dans la Franche-Comté.

GAUDIVIS, *sm.* (pr. *-vi*). Espèce de taffetas des Indes.

GAUDRON, *sm.* V. *Godron*.

GAUFRAGE, *sm.* Action de *gaufrer*, c.-à-d. d'imprimer, au moyen d'un moule de fer chaud ou d'un cylindre gravé, des ornements en relief sur du cuir, du papier ou du carton. | GAUFREUR, *sm.* Ouvrier qui fait du —. | GAUFROIR, *sm.* Instrument, moule ou cylindre métallique servant à gaufrer.

GAUFRE, *sf.* Rayon de miel, gâteau de miel. | Espèce de pâtisserie mince et légère, cuite entre deux fers chauds et dont la surface présente des dessins en relief. | GAUFRIER, *sm.* Fer à poignée servant à faire des —s.

GAULETTE, *sf.* Ancienne mesure de superficie employée encore dans certaines colonies françaises et équivalant à environ 24 centiares ou un quart d'are.

GAULIS, *sm.* Branches d'un taillis qu'on a laissées croître.

GAULTHÉRIE, *sf.* Arbrisseau de l'Amérique du Sud, voisin des bruyères par sa conformation et dont une espèce porte des fleurs produisant, par distillation, une huile essentielle employée en parfumerie.

GAURE, *sm.* V. *Guèbre*.

GAUTIER, *sm.* Espèce de vanne ou d'arrêt dans les rivières flottables.

GAVE, *sm.* Nom que les habitants des Pyrénées donnent aux torrents et à certaines rivières de leur pays.

GAVETTE, *sf.* Lingot d'or ou d'argent préparé pour être mis à la filière. | Léger ouvrage d'argent.

GAVIAL, *sm.* Genre de sauriens, de 5 à 6 mètres de long, à museau grêle et très-allongé, et à pieds de derrière palmés et dentelés; ils habitent le Gange et se nourrissent de poissons. | Au *plur.* des *gavials*.

GAVOT, *sm.* Membre d'une société de compagnons du Devoir, appelés aussi Enfants de Salomon; ce sont des charpentiers, des maçons, etc.

GAVOTTE, *sf.* Sorte de danse française à deux temps et d'un mouvement modéré, qui était fort à la mode à la fin du siècle dernier; c'était une sorte de variante agréable du menuet.

GAYAC, *sm.* V. *Gaïac*.

GAYARD, *sm.* Instrument tranchant à l'usage des jardiniers.

GAYETTE, *sf.* Petit pain de savon. | V. *Gaillette*.

GAZ, *sm.* Nom commun à tous les fluides aériformes, c.-à-d. qui ont les mêmes propriétés physiques que l'air, entre autres la transparence, la compressibilité, etc. | Nom spécial à l'hydrogène bi-carboné qu'on emploie pour l'éclairage, et qui résulte de la distillation de divers produits organiques, et notamment de la *houille*.

GAZE, *sf.* Tissu très-léger et très-fin qui était fabriqué primitivement de soie et de lin, ou seulement de l'une de ces deux matières; c'est aujourd'hui un tissu de soie ou de coton dont la trame est maintenue à jour par l'entrecroisement des fils de la chaîne; on en fait des voiles et des robes d'été.

GAZÉ, *sm.* Espèce de papillon dont les ailes ressemblent à de la gaze; il se tient de préférence sur l'aubépine.

GAZÉINE, *sf.* V. *Benzine*.

GAZELLE, *sf.* Espèce d'antilope originaire du nord et de l'ouest de l'Asie, ainsi que du centre de l'Afrique, de la taille du chevreuil dont elle a à peu près le pelage, d'une timidité proverbiale et d'une grande légèreté; ses yeux sont vifs, perçants et d'une grande douceur; ses cornes sont disposées en lyre, annelées et sans arêtes.

GAZETIN, *sm.* Petite gazette.

GAZETTE, *sf.* Sorte d'étui fait d'une argile très-réfractaire qui sert à cuire la porcelaine; cette argile s'appelle terre à —, et se trouve sur quelques points de la France et de l'Allemagne.

GAZOGÈNE, *sm.* Mélange d'alcool et d'essence de térébenthine, employé pour l'éclairage. | *adj.* Qui produit du gaz.

GAZOLÈNE, *sm.* Éther particulier produit par la distillation de l'huile de pétrole; c'est un liquide clair, incolore, très-léger et très-volatil, bouillant à 65° environ.

GAZOMÈTRE, *sm.* Instrument qui sert à mesurer la quantité de gaz employée à une opération. | Appareil où l'on recueille le gaz d'éclairage et d'où il est distribué par des conduits aux divers endroits que l'on veut éclairer; c'est en général un vaste récipient de fonte en forme de cloche qui est soulevé par le gaz et qui s'abaisse à mesure que celui-ci diminue.

GEAI, *sm.* Oiseau, passereau conirostre voisin du corbeau par sa conformation, dont le bec est court et denté au bout, le plumage gris ardoisé, et les ailes ponctuées de bleu et de blanc à leurs extrémités; il vit au milieu des forêts et s'apprivoise facilement.

GÉBIE, *sf.* Petit crustacé de couleur blanchâtre, assez semblable au homard, qui vit sur les côtes et qu'on emploie quelquefois comme appât pour la pêche du gros poisson.

GÉCARCIN, *sm.* Crustacé de l'Amérique du Sud, en forme de cœur, de couleur blanc jaune ou rouge clair; il vit dans des sortes de terriers; lors de la ponte, ces crustacés gagnent la mer en troupes nombreuses par la direction la plus courte; leur chair estimée devient, dit-on, un poison quand ils se sont nourris du fruit du mancenillier.

GECKO, *sm.* Genre de lézards des pays chauds, dont les doigts, élargis et couverts d'écailles en dessous, leur donnent la faculté de marcher sur des plans dans toutes les positions; on les a crus à tort venimeux; le tarente ou — *des murailles* habite la Provence; le — *des maisons* habite l'Egypte, et son passage laisse une trace d'inflammation sur la peau.

GÉCOME, *sm.* V. *Lierre terrestre*.

GEDDA, *sm.* V. *Thurique*.

GEHENNE, *sf.* Nom pris dans l'Écriture sainte, comme syn. d'*enfer*. | On l'emploie aussi dans le sens des mots prison, torture, geôle, etc.

GEHLÉNITE, *sf.* Variété de feldspath.

GEINDRE, *sm.* V. *Gindre*.

GEISER, *sm.* V. *Jeyser*.

GÉLASIME, *sm.* Genre de crabes qui vivent dans des trous sur le rivage, et dont les pattes antérieures sont très-grandes et quelquefois doubles du corps; ils en tiennent toujours une en l'air comme s'ils appelaient, d'où leur vient le nom vulg. de *crabe appelant*.

GÉLASIN, E, *adj.* Qui a rapport au rire; se dit des dents que l'on montre et des fossettes qui se forment sur les joues quand on rit.

GÉLATINE, *sf.* Substance que l'on obtient sous forme de gelée quand on traite des parties molles et solides des animaux par l'eau bouillante et qu'on laisse refroidir la solution; on la retire surtout des os, des ligaments, des tendons, etc.; on l'emploie comme colle à divers usages, et notamment pour coller le vin, à cause de sa propriété de former avec le tannin du vin un composé insoluble qui se précipite au fond du tonneau en entraînant toutes les matières étrangères.

GÉLIF, VE, *adj.* Se dit des pierres humides que la gelée fait éclater par suite de la dilatation que l'eau qu'elles renferment éprouve en se congelant. | Bois —, celui dont quelques parties d'aubier ont été gelées avant d'être transformées en bois.

GÉLINE, *sf.* Ancien nom de la poule ou de la poularde.

GELINOTTE, *sf.* Espèce de tétras, oiseau de la taille de la perdrix, à plumage bigarré de gris, brun et blanc ; elle porte une petite huppe ; son vol est lourd, mais elle court rapidement. | Petite poule engraissée dans une basse-cour. | — des Pyrénées. V. *Ganga.*

GÉLIS, SE, *adj.* V. *Gélif.*

GELIVURE, *sf.* État des bois gélifs ou des pierres gélives. | On dit aussi *gelissure.*

GÉLOSCOPIE, *sf.* (*Ant.*) Divination par le rire. | Prétendue connaissance du caractère des hommes fondée sur l'étude de leur manière de rire.

GEMARO, *sm.* Commentaire du Talmud.

GÉMATRIE, *sf.* Sorte de divination chez les Hébreux, qui consistait en des valeurs arithmétiques qu'on donnait aux lettres de chaque mot.

GEMBIN, *sm.* Espèce de nasse cylindrique.

GÉMEAUX, *smpl.* Jumeaux ; signe du zodiaque représenté par deux enfants jumeaux, que le soleil parcourt dans le mois de mai ; c'est dans cette constellation que se trouvent Castor et Pollux, étoiles de première grandeur.

GÉMINÉ, E, *adj.* (*Litt.*) Se dit de deux choses qui se trouvent accouplées l'une à l'autre ; des lettres répétées qui forment abréviation dans les inscriptions, des colonnes doubles, etc. | (*Bot.*) Se dit des organes des plantes qui sont réunis de deux à deux.

GEMMATION, *sf.* Époque où le bourgeon de l'arbre est sur le point de s'ouvrir ; opération qui consiste à reproduire un arbre par ses bourgeons. | Structure et ensemble des bourgeons.

GEMME, *sf.* et *adj.* Se dit des pierres précieuses et particul. de celles qui sont dures et diaphanes. | Sel —, celui qui se tire des mines, par oppos. à celui que fournit l'eau de mer. | Térébenthine —, térébenthine brute, c.-à-d. telle qu'elle est extraite de l'arbre. | *sf.* (*Bot.*) Œil, bouton ou bourgeon qui fait saillie du bulbe ou de la tige et qui peut s'enlever et former un individu séparé. | (*Zool.*) Bourgeon analogue par lequel se reproduisent certains zoophytes ou animaux inférieurs.

GEMMER, *va.* Extraire la térébenthine des pins.

GEMMIPARE, *adj.* (*Hist. nat.*) Se dit des plantes ou des animaux inférieurs qui se reproduisent par *gemmes.*

GEMMULE, *sf.* (*Bot.*) Gemme à l'état rudimentaire. | Rosette des mousses. | Corpuscule reproducteur des algues.

GÉMONIES, *sfpl.* Lieu destiné chez les Romains au supplice des criminels, et où l'on traînait les corps des suppliciés.

GÉNAL, E, *adj.* (*Anat.*) Qui appartient aux joues.

GENCIVE, *sf.* Nom de chacun des deux cartilages membraneux rosés qui revêtent les arcades dentaires et qui sont recouverts par la membrane muqueuse de la bouche ; elles reçoivent et garantissent la racine et le collet des dents.

GENDARME, *sm.* Nom par lequel on désignait autrefois les soldats des compagnies permanentes qui furent créées par Charles VII et devinrent la base de nos armées. | Sous Louis XIV, la gendarmerie était un corps de cavalerie d'élite faisant partie de la maison du roi. | Aujourd'hui, on ne désigne plus sous ce terme que le corps spécial d'élite chargé du maintien de l'ordre public et de l'exécution des arrêts judiciaires.

GENDARMES, *smpl.* Bluettes qui sortent du feu. | Points, taches, paillettes ressemblant à une fêlure, qui se trouvent quelquefois dans les diamants et qui en diminuent l'éclat et le prix. | Gendarmeux, se, *adj.* Se dit des pierres qui ont des —s.

GÉNÉALOGIE, *sf.* Dénombrement, catalogue des ancêtres ou des autres parents d'un individu ; exposé chronologique des membres d'une famille. | Généalogique, *adj.* Qui appartient à la —. | Généalogiste, *sm.* Celui qui dresse des —.

GÉNÉPI, *sm.* Nom par lequel on désigne diverses plantes aromatiques des Alpes, réputées vulnéraires et astringentes, et particul. l'*armoise glaciale* (*artemisia glacialis*) et diverses espèces d'*achillée.*

GÉNEQUIN, *adj. m.* Se dit d'un coton de qualité inférieure.

GÉNÉRAL, *sm.* Terme générique qui embrasse les officiers généraux appelés *général de division* et *général de brigade* ; les premiers commandent une division composée de plusieurs brigades, lesquelles renferment chacune un département sous le commandement du *général de brigade.* | Chef supérieur et unique de tous les couvents ou de toutes les congrégations d'un même ordre.

GÉNÉRALISSIME, *sm.* Nom qu'on donnait autrefois au général qui commandait en chef plusieurs corps d'armée.

GÉNÉRATEUR, *sm.* Récipient ou chaudière dans laquelle est placée l'eau qui se transforme en vapeur et produit une force motrice. | Ensemble de la machine à vapeur ; se dit particul. des machines fixes. | *adj.* (*Math.*) Se dit de ce qui engendre, par son mouvement, une ligne, une surface ou un solide.

GENÈSE, *sf.* Le premier des livres de l'Ancien Testament, dans lequel se trouve l'histoire de la création du monde et celle des patriarches. | Tout système cosmogonique ou qui expose la formation de l'univers. | Génésiaque, adj. Qui a rapport à la —.

GÉNÉSIAQUE, Génésique, sf. Qui a rapport à la génération, qui concerne la génération.

GENESTADE, sf. Maladie particulière aux chevaux et aux bêtes à corne; c'est une inflammation catarrhale de la vessie.

GENESTROLLE, sf. Espèce de genêt qui sert à teindre en jaune et qu'on appelle aussi *genêt des teinturiers*.

GENET, sm. Race de petits chevaux bien conformés, bons coureurs, originaires d'Espagne et du midi de l'Europe. | Autrefois, on appelait ainsi tout cheval léger de bataille ou de tournoi.

GENÊT, sm. Genre de plantes de la famille des légumineuses, qui renferme un grand nombre d'arbrisseaux et d'arbustes, la plupart à fleurs jaunes et odorantes; l'espèce très-commune, connue sous le nom de — à balais, sert à faire des balais, à couvrir des cabanes et à chauffer les fours. | — épineux. V. *Ajonc*.

GENÉTAIRE, sm. Cavalier armé à la légère, habillé à la moresque et portant la *genette*, qui servait dans les armées espagnoles au moyen âge.

GENETER, va. Courber les extrémités d'un fer à cheval, les redresser.

GÉNETHLIAQUE, adj. Se dit des poëmes ou des discours composés sur la naissance d'un enfant. | sm. Astrologue, qui dressait l'horoscope d'un enfant au moment de sa naissance; quelquefois, cet horoscope même.

GENETIÈRE, sf. Lieu couvert de genêts.

GÉNETIN, sm. Variété de raisin qu'on cultive près d'Orléans. | Vin blanc fait de ce raisin.

GENETTE, sf. Animal voisin, par sa conformation, de la civette, mais à poche odorante moins profonde; elle a la taille du chat domestique et habite les contrées chaudes, surtout l'Afrique; son pelage roux à bandes noires, fournit une fourrure fine dont on fait des vêtements et des tapis. | Plante appelée aussi *narcisse*. | Mors dont la gourmette est un grand anneau. | Manière de monter à cheval avec les étriers très-courts. | Sorte de lance ou de demi-pique en usage au moyen âge.

GÉNEVRETTE, sf. Boisson qu'on obtient en laissant fermenter pendant plusieurs années des baies de genièvre délayées dans de l'eau.

GENÉVRIER, sm. Arbuste conifère d'Europe à feuilles toujours vertes, qui porte des baies rondes et noires quand elles sont mûres; on l'appelle aussi Genièvre, sm. (V. ce mot); son bois, veiné et aromatique, sert à faire de petits meubles. | — rouge, arbuste de la Virginie, dont le bois sert à renfermer des crayons de plombagine. | Genevrière, sf. Lieu planté de —s.

GÉNICULÉ, E, adj. (*Bot.*) Qui a la forme d'un genou; articulé, noueux.

GÉNIE, sm. (*Ant.*) Chez les païens, divinité subalterne qui présidait à la naissance de chaque personne et qui la protégeait durant sa vie. | Chez les Orientaux, esprit bienfaisant ou malfaisant ayant à peu près la même puissance que les fées, mais d'un sexe différent. | Corps militaire renfermant spécialement les ingénieurs; ce corps a pour attributions la construction, l'attaque et la défense des places fortes, ainsi que la conservation du domaine militaire de l'État.

GÉNIEN, NE, adj. (*Anat.*) Qui a rapport au menton, qui appartient au menton.

GENIÈVRE, sm. Eau-de-vie de grains, provenant de la bière et de graines céréales fermentées, auxquelles on ajoute des baies de genièvre (V. *Genévrier*) également fermentées.

GÉNIO-GLOSSE, adj. et sm. (*Anat.*) Se dit d'un muscle qui s'étend du menton à la langue. | Génio-hyoïdien, adj. et sm. ..... du menton à l'os hyoïde. | Génio-pharyngien, adj. et sm. ..... du menton au pharynx.

GÉNIPAYER, sm. Arbre de la famille des rubiacées, qu'on trouve aux Antilles et dans l'Amérique du Sud; ses fleurs, blanches et parfumées, font place à des fruits charnus appelés *génipats*, qui ont les dimensions et le goût de l'orange; son bois est d'un gris tendre et prend un beau poli.

GÉNIPI, sm. V. *Génépi*.

GÉNISSE, sf. Nom que porte la jeune vache, en général lorsqu'elle n'a pas encore vêlé.

GÉNISTADE, sf. V. *Genétière*.

GÉNITIF, sm. Cas ou forme particulière du substantif, qui indique en général *possession*, et qui se rend en français par le nom précédé de la préposition *de*; ainsi, dans ces mots : *le livre de Pierre, de Pierre* est un génitif.

GÉNOPE, sf. Nœud qui serre fortement deux cordages l'un contre l'autre pour les empêcher de glisser. | Génoper, va. Former une —.

GÉNOPLASIE, sf. (*Chir.*) Opération qui consiste à réparer une perte de substance de la joue à l'aide d'un lambeau de chair découpé sur le côté du cou et ne tenant à cette partie que par un petit pédicule.

GENOU, sm. Articulation usitée dans certains appareils, tels que les lunettes, les graphomètres, etc., qu'on veut pouvoir diriger dans tous les sens; elle s'établit entre deux tiges, dont l'une est terminée par une boule pleine et l'autre par une boule creuse, convenablement échancrée, dans laquelle la première s'emboîte exactement et peut jouer librement.

GENOUILLÈRES, sfpl. Partie de l'armure du cavalier, destinée à couvrir les genoux et qui s'adaptait par le haut aux cuissards, par en bas aux jambières.

GÉNOVÉFAIN, *sm.* Chanoine régulier de Sainte-Geneviève.

GÉNOVINE, *sf.* Ancienne monnaie d'or de Gênes, valant de 9 à 14 francs de notre monnaie.

GENTIANE, *sf.* (pr. *jan-cia-*). Genre de plantes vivaces à suc aqueux, à feuilles glabres et luisantes, à fleurs en cloche bleues ou jaunes; la — jaune ou grande — a une racine épaisse, jaunâtre, amère, utilisée en médecine comme tonique et vermifuge, et dont on fait, en Suisse et ailleurs, une eau-de-vie estimée.

GENTIANELLE, *sf.* Nom que l'on donne quelquefois à la *petite centaurée*, plante amère et fébrifuge.

GENTIL, *sm.* Nom sous lequel les Hébreux désignaient toutes les nations païennes. | | GENTILITÉ, *sf.* L'ensemble des —s; profession d'idolâtrie.

GENTILÉ, *sm.* Nom sous lequel on désigne les habitants de telle ville, de tel pays; le — de Paris est *Parisien*; le — de la Touraine est *Tourangeau*.

GENTLEMAN, *sm.* (pr. *genn-tle-mann*). Mot anglais qui veut dire gentilhomme, homme du monde, galant homme; au pl. *gentlemen* (pr. *menn*).

GENTRY, *sf.* Nom de la petite noblesse en Angleterre. | Terme par lequel on désigne quelquefois la haute société, le monde élégant.

GÉNUFLECTEUR, TRICE, *adj.* et *s.* Qui plie le genou, qui fait des génuflexions.

GÉOCENTRIQUE, *adj.* (*Astr.*) Qui a rapport aux planètes, en considérant la terre comme centre de leurs mouvements.

GÉOCORISE, *sf.* Nom d'une famille nombreuse d'insectes hémiptères terrestres dont le type est la *punaise*.

GÉOCYCLIQUE, *sf.* et *adj.* (*Astr.*) Se dit d'une machine propre à représenter le mouvement de la lune autour du soleil, et surtout l'inégalité des saisons par le parallélisme constant de l'axe de la terre

GÉODE, *sf.* (*Minér.*) Masse sphéroïdale creuse que l'on trouve à l'état naturel et dont l'intérieur est tapissé de cristaux ou de stalactites et occupé par une matière terreuse qui s'y déplace en liberté.

GÉODÉSIE, *sf.* Science de la mesure de la terre ou des grandes surfaces terrestres, comme le levé des portions de pays, la confection des cartes, etc. | GÉODÉSIQUE, *adj.* Qui concerne la —.

GÉOGÉNIE, *sf.* Science de la formation de la terre, étude des diverses périodes par lesquelles est passé le globe terrestre. | GÉOGÉNIQUE, *adj.* Qui appartient à la —.

GÉOGNOSIE, *sf.* Science qui fait partie de la géologie et qui est l'étude des grandes masses terrestres, considérée, non au point de vue de leur histoire, mais seulement au point de vue de leur forme et de leur structure. | GÉOGNOSTIQUE, *adj.* Qui appartient à la —.

GÉOGRAPHIE, *sf.* Science qui donne la description de la terre au point de vue de sa surface seulement et de ses divisions physiques et politiques.

GÉOHYDROGRAPHIE, *sf.* Description de la terre et des eaux, description de la terre au point de vue hydrographique.

GEÔLE, *sf.* Ancien syn. de prison. | Droit de —, ou geôlage, droit que devait chaque prisonnier pour son gîte.

GÉOLOGIE, *sf.* Science générale de la terre, tant de sa formation, de ses époques successives, que de la constitution actuelle des différentes parties qui composent le globe. | GÉOLOGIQUE, *adj.* Qui appartient à la —. | GÉOLOGUE, *s.* Qui s'occupe de —.

GÉOMANCIE, *sf.* Art prétendu de deviner l'avenir par des points ou des figures tracées sur le sol, suivant un certain ordre. | GÉOMANCIEN, NE, *s.* Celui, celle qui pratique la —.

GÉOMÉTRAL, E, *adj.* Se dit d'un dessin qui donne la position, la dimension et la forme exactes des différentes parties d'un objet, abstraction faite des illusions de la perspective. | GÉOMÉTRALEMENT, *adv.* D'une manière —e.

GÉOMÉTRIE, *sf.* Science de l'étendue; science qui a pour objet les propriétés abstraites des choses qui sont mesurables, comme les lignes, les surfaces, les volumes. | GÉOMÈTRE, *sm.* Celui qui s'occupe de —, et abusivement, celui qui lève et rapporte des plans de terrains.

GÉOPHAGE, *adj.* Qui mange de la terre.

GÉOPHAGIE, *sf.* Habitude de manger de la terre; se dit d'un appétit dépravé qui se porte sur toutes sortes d'objets.

GÉOPHILE, *sf.* Genre d'insectes de la famille des scolopendres, dont le corps, long de 8 à 10 centimètres, plat et annelé, est muni de plus de 40 paires de pattes, et qui se traînent dans les lieux humides.

GÉOPITHÈQUE, *adj.* et *sm.* Se dit de plusieurs espèces de singe qui ne montent pas sur les arbres parce qu'ils n'ont pas de queue prenante, et qui vivent à terre.

GÉOPLASTIE, *sf.* (*Milit.*) Art de disposer des terres pour la défense d'une place forte ou d'un ouvrage fortifié.

GÉOPONIE, *sf.* GÉOPONIQUE, *sf.* Agriculture, ensemble des connaissances relatives aux travaux des champs.

GÉOPONIQUE, *adj.* Se dit quelquefois des terres propres à la culture des céréales.

GÉORAMA, *sm.* Appareil disposé de façon à présenter en relief et dans un espace restreint l'ensemble des terres et des mers qui composent le globe.

GÉORGIE ou GÉORGIE-LONGUE-SOIE, *sm.*

Le plus fin, le plus brillant et le plus fort des cotons cultivés; on le récolte dans diverses petites îles situées le long de la côte de la Géorgie et de la Caroline du Sud; on l'emploie pour les plus beaux tissus.

GÉORGIQUE, *adj.* Qui a rapport à l'agriculture. | —s, *sfpl.* Poëme didactique qui retrace les travaux des champs.

GÉOSAURE, *sm.* Reptile fossile dont la conformation tenait de celle du crocodile, et dont la longueur était de 4 à 5 mètres.

GÉOSTATIQUE, *sf.* Statique de la terre; étude des conditions d'équilibre du globe.

GÉOTHERMIE, *sf.* Méthode de culture qui consiste à élever en plein air, en Europe, des plantes tropicales qui ne pourraient être élevées qu'en serre, en faisant circuler dans le sol qui porte ces plantes des tuyaux remplis d'eau chaude.

GÉOTRUPE, *sm.* Insecte coléoptère dont le corps, de couleur verte ou noir bleu, est très-arrondi; il habite dans des trous qu'il creuse sous des bouses.

GÉRANIÉES, *sfpl.* (*Bot.*) Famille de plantes dont le type est le *géranium*, plante bien connue, à nombreuses espèces indigènes et *exotiques*.

GÉRANIS, *sm.* (pr. *niss*). Bandage que l'on emploie pour les luxations de l'omoplate et les fractures des clavicules.

GÉRANT, *sm.* Celui qui administre les affaires d'une personne, d'une société par actions, etc. | Membre de l'administration d'un journal qui signe chaque numéro.

GERBE, *sf.* Faisceau de céréales coupées et liées de manière que tous leurs épis soient tournés du même côté. | GERBIER, *sm.* Meule de —s établie en plein air.

GERBILLE, *sf.* Petit mammifère de l'ordre des rongeurs, ressemblant au rat par la disposition de son système dentaire, mais ayant les pieds de derrière plus longs et la queue longue et velue; on le trouve dans les pays chauds et sablonneux de l'ancien continent.

GERBO, GERBOA, *sm.* GERBOISE, *sf.* Nom donné à plusieurs espèces d'animaux mammifères rongeurs du genre *gerboise*; ce genre se distingue des rats par ses dents liées entre elles par de la matière corticale; ils ont la queue longue et touffue, les pattes de derrière démesurément longues, et ne peuvent se mouvoir qu'en sautant; on les trouve dans les pays chauds.

GERCE, *sf.* Nom vulgaire d'une espèce de teigne qui ronge les étoffes, les habits, les livres.

GERFAUT, *sm.* Oiseau de proie du genre des faucons, qui a le bec et la jambe de couleur bleu foncé; sa taille est à peu près celle d'une grosse poule; il est très courageux; on en trouve beaucoup en Islande et dans le Groënland; on l'appelle aussi *sacre* ou *sacret*.

GERGELIN, *sm.* Huile de sésame.

GERLE, *sf.* GERLON, *sm.* Cuve, cuvier.

GERMAIN, E, *s.* (*Jurispr.*) Se dit du frère et de la sœur nés du même père et de la même mère.

GERMANDRÉE, *sf.* Genre de plantes de la famille des labiées, remarquable par sa corolle dépourvue de lèvre supérieure et à étamines saillantes; plusieurs de ses espèces sont communes en Europe, la — officinale ou *petit chene* est tonique, apéritive et fébrifuge; la — maritime ou *marum* est antispasmodique et recommandée contre la toux et la coqueluche.

GERME, *sm.* (*Hist. nat.*) Rudiment d'un nouvel être qui vient d'être engendré; il est renfermé dans un ovule et prend le nom d'*embryon* dès qu'il a été fécondé.

GERMINAL, *sm.* Septième mois du calendrier républicain; du 21 mars au 20 avril.

GERMINATION, *sf.* (*Bot.*) Premier développement des parties contenues dans la graine confiée à la terre; elle consiste dans le ramollissement et la dissolution dans l'eau des parties nutritives du périsperme, qui sont absorbées par la plantule et dans la saillie des cotylédons.

GERMOIR, *sm.* Trou fait en terre, caisse ou pot qui reçoit les graines tombant de l'arbre et qui ne doivent être semées qu'au printemps. | Dans une brasserie, lieu clos, frais, pavé, dans lequel on met les grains à germer.

GERMON, *sm.* Poisson acanthoptérygien de la Méditerranée et de l'Océan, qui a les nageoires très-longues et qui ressemble un peu au thon; sa chair blanche est assez estimée.

GÉROFLE, GÉROFLIER, *sm.* V. *Girofle*, *Giroflier*.

GÉRONDIF, *sm.* (*Litt.*) En français, participe actif précédé de la proposition *en*, exprimée ou sous-entendue, ex. : *en faisant*, *en allant*. | En latin, ce sont des cas du participe futur passif, qui sont pris dans un sens infinitif.

GÉRONTE, *sm.* Vieillard. | Bonhomme, homme simple et crédule.

GÉRONTOCRATIE, *sf.* Gouvernement de vieillards, gouvernement dans lequel les vieillards dominent.

GEROPIGA, *sm.* Liqueur alcoolique, mêlée de matières colorantes et de sucre, qu'on emploie en Angleterre pour fabriquer des vins factices ou falsifier des vins naturels.

GERRHONOTE, *sm.* Petit saurien de l'Amérique du Sud, de couleur gris verdâtre, qui vit dans les bois et sous les pierres; son dos est couvert d'écailles grandes et carrées.

GERRHOSAURE, *sm.* Petit saurien de l'Afrique australe, assez voisin des gerrhodontes par sa conformation; il sécrète une mucosité abondante dans le pli intérieur des cuisses.

GERRIS, *sm.* Insecte hémiptère appelé aussi

araignée d'eau, qui nage, au moyen de ses pattes très-allongées, à *la surface des eaux* tranquilles, et peut s'y tenir sans se mouiller, à cause d'un duvet soyeux dont son corps est recouvert.)

GERSEAU, *sm.* (*Mar.*) Corde qui sert à suspendre une poulie ou à la renforcer.

GERSÉE, *sf.* Suc de la racine d'arum séchée au soleil; c'est une pâte de couleur blanche *dont les Italiennes se servent pour se blanchir* la peau.

GERZEAU, *sm.* Nom vulgaire de la nielle des blés.

GÉSIER, *sm.* Le troisième estomac des oiseaux, celui où s'achève la digestion; il est tapissé d'une membrane cornée très-dure, pouvant broyer les corps les plus durs, surtout chez les oiseaux granivores.

GÉSOLE, *sf.* (*Mar.*) Ancien syn. d'*habitacle*.

GESSE, *sf.* Plante de la famille des légumineuses, à tiges anguleuses, grimpantes, à fleurs papilionacées très-larges; certaines de ses espèces sont cultivées comme fourrages; d'autres le sont pour la beauté ou le parfum de leurs fleurs, comme la — odorante, appelée vulg. *pois de senteur*; les graines de la — chiche ou *jarosse* se mangent en Espagne.

GESTATION, *sf.* (*Zool.*) Temps pendant lequel la femelle garde le fœtus dans son sein; elle varie depuis 30 jours (lièvre et lapin) jusqu'à 11 mois (ânesse, jument, chameau).

GESTATOIRE, *adj.* Se dit du fauteuil à porteurs, dont le pape fait usage dans certaines cérémonies.

GESTE, *sm.* Chanson de —: se dit de poëmes écrits en vers de dix ou douze syllabes, qui se chantaient et qui célébraient les exploits des héros nationaux, aux XIe, XIIe et XIIIe siècle.

GÉTANIA, *sf.* V. *Gutta-percha*.

GEULE, *sf.* Maladie de la vigne; développement excessif et anormal des bourgeons.

GEYSER, *sm.* V. *Jeyser*.

GÈZE, *sm.* (*Archit.*) Angle rentrant entre deux combles.

GIAOUR ou GHIAOUR, *sm.* Infidèle; nom que donnent les Turcs, par mépris, à tous ceux qui ne font pas profession de l'islamisme, et particul. aux chrétiens.

GIAROLE, *sf.* Oiseau échassier dont les jambes sont peu élevées, le bec semblable à celui d'un gallinacé, les ailes longues et pointues; elle vole à peu près comme l'hirondelle et se tient en troupes sur le bord des mers du Nord de l'Europe, où on l'appelle vulg. *perdrix de mer*.

GIBBAR, *sm.* Espèce de baleine appelée *baléinoptère*, à ventre lisse, n'ayant qu'une nageoire sur le dos; sa férocité est excessive.

GIBBEUX, SE, *adj.* Bossu; qui présente une protubérance appelée *gibbosité*. (V. ce mot).

GIBBIE, *sm.* Petit insecte coléoptère ressemblant *à une grosse puce*; il est de couleur brun jaune, et fait de grands ravages dans les collections d'histoire naturelle.

GIBBON, *sm.* Genre de singes ayant le front très-fuyant, les bras très-longs et les fesses calleuses, mais sans queue ni abajoues; le — *wouwou*, qui habite Sumatra, est le plus agile de ce genre; le — *siamang*, qu'on trouve dans les mêmes régions, vit en troupes nombreuses et presque disciplinées; il pousse des *cris* épouvantables au lever et au coucher du soleil.

GIBBOSITÉ, *sf.* Toute courbure anormale de la colonne vertébrale, qu'elle soit en dedans (*lordose*), en dehors (*cyphose*), ou de côté (*scoliose*). | Bosse, toute saillie anormale.

GIBÈLE, *sf.* Variété ou espèce de carpe assez commune aux environs de Paris, qui se distingue de la carpe vulgaire parce qu'elle n'a pas de barbillons aux mâchoires.

GIBELET, *sm.* Petit foret dont on se sert pour percer une pièce de vin ou de quelque autre liquide qu'on veut déguster.

GIBERNE, *sf.* Petite boîte en bois ou en cuir, recouverte de toile ou de cuir verni, que les soldats portent sur la hanche droite, et dans laquelle ils portent leurs cartouches; celle des marins se porte sur le ventre.

GIBLE, *sm.* Assemblage de briques posées régulièrement dans le four pour être cuites.

GICLET, *sm.* Concombre sauvage.

GIFOLE, *sf.* Plante de la famille des synanthérées, commune en Europe, et dont les graines sont très-plumeuses; on l'appelle vulg. *herbe à coton*.

GIGARTINE, *sf.* Algue de couleur rougeâtre, à rameaux cylindriques, qu'on trouve dans toutes les mers.

GIGUE, *sf.* Ancienne danse qui fut très à la mode en France aux XVIIe et XVIIIe siècles, et qui n'est plus en usage qu'en Angleterre; elle est d'un mouvement à six-huit très-rapide.

GILLE, *sm.* Personnage de comédie qui joue à peu près le même rôle que Pierrot, et qui est, comme lui, vêtu tout de blanc. | Espèce de filet en forme de double poche.

GIMBLETTE, *sf.* Petite pâtisserie dure et sèche, faite, en forme d'anneau, avec de la farine, des œufs, du beurre et des raisins de Corinthe.

GIN, *sm.* (pr. *djinn*) (*Angl.*) Eau-de-vie de grains dont on fait beaucoup d'usage en Angleterre; elle ressemble beaucoup au genièvre.

GINDRE, *sm.* Ouvrier boulanger dont l'occupation consiste à pétrir le pain.

GINGAS, *sf.* (pr. *-gâ*) Toile de fil à carreaux bleus et blancs, que l'on emploie ordinairement pour faire les matelas.

GINGE, *sf.* Grand chanvre du Japon.

GINGEMBRE, *sm.* Plante herbacée de l'Inde et des Antilles, à petites fleurs en gaine, et dont le rhizome, qui a un goût très-cuisant, à peu près pareil à celui du poivre, est employé comme condiment et pour aromatiser le vinaigre ; on s'en sert aussi comme stimulant dans les maladies du tube digestif.

GINGEOLE, *sf.* (*Mar.*) Ancien syn. d'*habitacle*.

GINGIBRINE, *sf.* Racine de gingembre pulvérisée.

GINGIVAL, E, *adj.* (*Méd.*) Qui a rapport aux gencives.

GINGIVITE, *sf.* (*Méd.*) Inflammation des gencives.

GINGLYME, *sm.* (*Anat.*) Sorte d'articulation en charnière qui ne permet aux membres qu'elle réunit que des mouvements dans un seul sens.

GINGUER, *vn.* Ruer; se dit des bêtes à corne.

GINGUET, *adj.* et *sm.* Se dit quelquefois du vin de peu de force, du vin léger.

GINKGO, *sm.* Grand arbre à feuilles alternes coriaces, sillonnées de veines, à fleurs jaunes et en chatons, à fruits arrondis appelés *noix du Japon*; il est originaire de la Chine et introduit en France depuis le XVIIIe siècle, sous le nom d'*arbre aux quarante écus*.

GINSENG, *sm.* (*pr. jain-sangg*). Plante de 30 à 40 centimètres, portant des fleurs jaunes en ombelle ; sa racine stimulante et tonique, composée de deux tubercules allongés et accouplés, est consommée par les Chinois, qui la regardent comme un remède tout puissant contre toutes les maladies ; elle fait l'objet d'un très-grand commerce en Chine et au Japon.

GIORNO (À) *adv.* (*Ital.*) (*pr. dgior-*). A jour; se dit d'un éclairage très-brillant, brillant presque comme le jour.

GIPE, *sf.* Espèce de souquenille de toile grossière que les paysans et les gens du peuple mettaient autrefois par-dessus leur pourpoint; c'est ce qu'on appelle aujourd'hui *blouse*.

GIPON, *sm.* Petite brosse de laine servant à rendre souples les cuirs corroyés.

GIPSY, *sm.* GIPSIE, *sf.* Nom des bateleurs vagabonds et mendiants à teint noir et à cheveux crépus, qu'on appelle aussi *bohémiens*. | Au pl. *Gipsyes*.

GIRAFE, *sf.* Animal ruminant remarquable par la longueur de son cou qui supporte une petite tête et qui est hors de proportion avec son tronc mince; son pelage est ras et blanchâtre, tacheté de roux; elle porte deux petites cornes couvertes de peau; elle habite en troupes nombreuses le midi de l'Afrique.

GIRANDE, *sf.* Jet d'eau ou de feu en faisceau ou en gerbe qui s'éparpille de tous côtés.

GIRANDOLE, *sf.* Chandelier à plusieurs branches que l'on met sur une table, sur des guéridons, etc. | Assemblage de diamants ou d'autres pierres précieuses que les femmes portent à l'oreille. | V. *Girande*.

GIRASOL, *sm.* (*Minér.*) Sorte d'opale chatoyante, quartz à fond laiteux, qui produit, en tournant au soleil, des reflets bleus et rouges. | — d'Orient, variété de saphir. | (*Bot.*) Nom vulgaire que portent certaines plantes, comme l'*hélianthe*, l'*héliotrope*, le *tournesol*, dont les fleurs semblent suivre les mouvements du soleil.

GIRATOIRE, *adj.* Qui tourne; se dit du mouvement de rotation en sens circulaire et du point autour duquel ce mouvement s'exécute.

GIRAUMON, *sm.* Variété de courge comestible dont le fruit aplati est surmonté d'une énorme excroissance à quatre côtes, en sorte qu'il figure assez bien un turban.

GIREL, *sm.* Partie antérieure de l'armure d'un cheval qui couvrait les épaules et le poitrail.

GIRELLE, *sf.* Petit poisson de couleur violette, rayé sur les côtés de rouge orangé; il ressemble assez au labre, et se trouve dans la Méditerranée.

GIROFLE, *sm.* Clou de —. V. *Giroflier*.

GIROFLÉE, *sf.* Plante crucifère à feuilles linéaires, à fleurs jaunes ou variées, d'une odeur très-suave, qu'on cultive dans beaucoup de jardins et qui constitue un grand nombre de variétés ; le type croît sur les vieux murs.

GIROFLIER, *sm.* Arbre des Moluques à feuilles toujours vertes, assez voisin du myrte par sa conformation; ses fleurs roses, odorantes, en panicules, portent le nom de *clous de girofle* quand elles sont encore en bouton; elles renferment une huile essentielle très-âcre qui les fait employer comme condiment, ainsi que comme stimulant, à beaucoup d'usages.

GIROLE ou GIROLLE, *sf.* Espèce de champignon comestible dont le chapeau, d'abord rond et convexe, se développe en tournant et devient plus tard concave.

GIRON, *sm.* Partie du corps qui s'étend depuis la ceinture jusqu'aux genoux, d'une personne assise. | — de l'Eglise, le sein, la communion de l'Eglise catholique. | (*Blas.*) Triangle dont la pointe est tournée vers le centre de l'écu, et dont la base en occupe un des côtés. | (*Archit.*) Surface supérieure d'un escalier, partie où l'on pose le pied.

GIRONNÉ, E, *adj.* (*Blas.*) En forme de triangle ou de giron.

GISEMENT, *sm.* (*Géol.*) Situation, assise, par rapport aux assises supérieures ou inférieures; se dit surtout de la disposition occupée par un minéral dans une couche terrestre.

GITANO, *sm.* GITANA, *sf.* Bohémien espagnol.

GÎTE, *sm.* Meule gisante. V. *Meule*. | — à la noix. V. *Noix*.

GITES, *smpl.* (*Archit.*) Solives d'un plancher.

GIVRE, *sf.* (*Blas.*) Serpent. | GIVRÉ, E, *adj.* (*Blas.*) Se dit des objets terminés en tête de —.

GIVRE, *sm.* Gelée blanche, congélation de la rosée qui se forme par une nuit dont la température est de 1 ou 2o, particul. en avril ou mai.

GIVREUX, SE, *adj.* Se dit d'une pierre précieuse qui est gercée.

GIVROGNE, *sf.* Noir museau, sorte de dartre des moutons.

GLABELLE, *sf.* Espace sans poils compris entre les deux sourcils.

GLABRE, *adj.* (*Bot.*) Sans poils, sans duvet.

GLACEUX, SE, *adj.* Se dit des pierreries qui ont de petites taches appelées glaces qui en diminuent le prix.

GLACIER, *sm.* Vaste amas de glace dans une montagne élevée ; on en trouve qui remplissent des vallées entières et dont l'épaisseur est de plus de 200 mètres. | Fabricant de glaces et de sorbets, qui vend aussi des liqueurs et de la confiserie.

GLACIÈRE, *sf.* Excavation profonde dans laquelle on conserve la glace pour l'été. | Appareil portatif pour fabriquer de la glace à volonté.

GLACIS, *sm.* (pr. -*ci*). Talus peu rapide, pente douce et unie. | (*Milit.*) Talus qui part de la crête du chemin couvert et qui se dirige vers la campagne. | Couleurs légères et transparentes que les peintres appliquent quelquefois sur les couleurs pour leur donner ainsi plus d'éclat.

GLAGOLITE, GLAGOLITIQUE, *adj.* Se dit d'une écriture particulière dont on s'est servi au moyen âge pour écrire les offices de la religion catholique en Dalmatie.

GLAI, *sm.* Masse d'*iris des marais*, improprement appelés *glaïeuls*, formant une espèce d'îlot dans un étang.

GLAÏADINE, *sf.* Graisse des vins, substance visqueuse qui se produit quelquefois dans le vin blanc par défaut de tannin.

GLAÏEUL, *sm.* Plante voisine de l'iris par sa conformation, dont les feuilles ressemblent à une lame d'épée, et dont les fleurs sont en épis allongés et présentent des nuances très-éclatantes.

GLAIRE, *sm.* Blanc d'œuf non cuit. | Matière blanchâtre, gluante, sécrétée par les membranes muqueuses et qui caractérise certaines maladies.

GLAIRINE, *sf.* V. *Barégine.*

GLAIS, *sm.* Coups de canon tirés à intervalles réguliers, dans les cérémonies funèbres.

GLAISE, *sf.* Nom que l'on donne, dans les arts, à l'argile grasse et compacte. | GLAISER, *va.* Pétrir de la — pour retenir de l'eau dans un bassin, etc.

GLAMA, *sm.* V. *Lama.*

GLANAGE, *sm.* Droit en vertu duquel les pauvres gens peuvent pénétrer dans les champs après la moisson, et recueillir les épis oubliés ou abandonnés. | Exercice de ce droit. | GLANER, *va.* Exercer le —.

GLAND, *sm.* (*Bot.*) Fruit simple, sec, indéhiscent, monosperme, recouvert en partie par une capsule. | Plus spécialement, le fruit du chêne. | — de mer. V. *Baleine.* | — de terre. V. *Arachide.*

GLANDÉ E, *adj.* Se dit du cheval ou de la jument qui ont les glandes lymphatiques de la ganache tuméfiée. | GLANDAGE, *sm.* État d'un cheval —.

GLANDÉE, *sf.* Droit de mettre les porcs dans des bois de chênes pour manger les glands.

GLANDE, *sf.* (*Anat.*) Nom que portent certains organes plus ou moins ovoïdes, parenchymateux, grenus, qui sécrètent divers liquides, tels que les —s lacrymales, les —s salivaires, etc. | Nom par lequel on désigne improprement le gonflement de certains ganglions. | (*Bot.*) Petits mamelons arrondis qui se trouvent sur les feuilles de certaines plantes et qui renferment souvent des sucs particuliers, des huiles essentielles, etc.

GLANDULE, *sf.* Petite glande.

GLANÉE, *sf.* Piége à prendre des canards et autres oiseaux aquatiques.

GLANIS, *sm.* V. *Silure.*

GLAPHIQUE, *adj.* Se dit d'une variété de talc dont les Chinois font des magots.

GLARÉOLE, *sf.* V. *Giarole*

GLAS, *sm.* Tintement lugubre, lent, uniforme, d'une cloche qui annonce l'agonie ou la mort d'une personne. | V. *Glais.*

GLATIR, *vn.* Se dit du cri aigu et perçant de l'aigle et de quelques oiseaux de proie. | GLATISSEMENT, *sm.* Action de —.

GLAUBER (SEL DE), *sm.* Sulfate de soude ; c'est un sel blanc, brillant, qui provient des fabriques de soude artificielle, et qui est utilisé comme purgatif.

GLAUBÉRITE, *sf.* Substance minérale formée de sulfate de chaux et de soude, de couleur blanche ou grise, qu'on trouve dans les gîtes de sel gemme.

GLAUCESCENT, E, *adj.* Qui tire sur le vert de mer.

GLAUCIENNE, *sf.* Plante bisannuelle herbacée de la famille des papavéracées, haute de 25 à 30 centimètres, renfermant un suc âcre et jaune ; ses fleurs ressemblent à celles du pavot ; on la trouve sur les vieux murs.

GLAUCOME, *sm.* Maladie des yeux attribuée à une altération de l'humeur vitrée qui devient opaque et semble prendre une couleur glauque.

GLAUCONIE, GLAUCONITE, *sf.* Variété de craie bleuâtre.

GLAUCOPE, *sm.* Oiseau de l'ordre des passereaux conirostres, dont le plumage est d'un beau vert cendré tirant sur le noir ; il habite l'Inde et l'Océanie.

GLAUQUE, *adj.* Vert de mer, vert blanchâtre ou bleuâtre, à peu près de la couleur de la nacre ternie. | — ou GLAUCUS, *sm.* Petit mollusque à branchies latérales en éventail, qui habite la Méditerranée, où il nage renversé; sa couleur est d'un beau bleu tendre argenté.

GLAYEUL, *sm.* V. *Glaïeul.*

GLÈBE, *sf.* (*Féod.*) Sol même d'un domaine. | Poétiquement, champ, terre que l'on travaille, que l'on cultive.

GLÉCOME, *sm.* V. *Lierre terrestre.*

GLÉE, *sm.* (pr. *glie*) (*Angl.*) Sorte de chant joyeux particulier à l'Angleterre, où il est très-goûté, il se chante à trois ou quatre voix, sans accompagnement.

GLÈNE, *sf.* (*Anat.*) Cavité légère d'un os, dans laquelle un autre os s'articule. | Disposition d'un cordage ployé en rond et dont les tours sont rangés régulièrement. | Panier couvert où les pêcheurs mettent leur poisson.

GLÉNER, *va.* Ployer en rond, en parlant d'un cordage.

GLÉNOÏDAL, E, *adj.* (*Anat.*) Se dit de toute cavité qui sert à l'emboîtement d'un os dans un autre, lorsqu'elle a peu de profondeur et de superficie. | On dit aussi *Glénoïde* et *Glénoïdien, ne.*

GLETTE, *sf.* Oxyde de plomb, litharge.

GLIADINE, *sf.* (*Chim.*) Matière mucilagineuse, gommeuse, qui forme l'un des principes constituants du *gluten.*

GLINE, *sm.* V. *Glène.*

GLIS, *sm.* V. *Loir.*

GLOBO (IN), *adv.* (*Lat.*) En masse, sans examiner les détails.

GLOBULAIRE, *sf.* Plante vivace, à fleurs en capitules terminaux, de forme sphérique, dont une espèce, dite *turbith*, est réputée très-purgative et même dangereuse.

GLOBULE, *sm.* Nom qu'on donne à tous les petits corps sphériques tenus en suspension dans les liquides organiques et notamment à ceux du sang. | Pilules très-petites de la pharmacie homœopathique.

GLOIRE, *sf.* Auréole ou ciel lumineux qui, dans un tableau religieux, domine la tête des personnages. | Au théâtre, machine recouverte de nuages lumineux et qui sert à enlever les personnages dans les airs.

GLOMÉRIS, *sm.* Insecte myriapode, ressemblant au cloporte, qui vit sous les pierres et se roule en boule.

GLORIETTE, *sf.* Petit bâtiment, pavillon, cabinet de verdure, dans un parc ou jardin.

GLOSE, *sf.* Explication de quelques mots obscurs d'une langue par d'autres mots plus intelligibles de la même langue. | Commentaire d'un ouvrage, mot par mot, phrase par phrase.

GLOSER, *va.* Examiner, commenter, discuter.

GLOSSAIRE, *sm.* Dictionnaire de certains mots peu connus d'une langue. | Répertoire des termes qui sont hors de l'usage commun.

GLOSSALGIE, *sf.* (*Méd.*) Douleur à la langue.

GLOSSANTHRAX, *sm.* Anthrax de la langue.

GLOSSATEUR, *sm.* Auteur qui a fait une glose ou un glossaire.

GLOSSIEN, NE, *adj.* (*Anat.*) Qui appartient à la langue; se dit des muscles, etc.

GLOSSITE, *sf.* (*Méd.*) Inflammation aiguë de la langue, soit à la surface, soit à l'intérieur.

GLOSSOCÈLE, *sm.* (*Méd.*) Hernie de la langue, saillie de la langue hors de la bouche, résultant le plus souvent d'une glossite; elle est quelquefois chronique.

GLOSSOGRAPHIE *sf.* Science qui a pour objet l'étude d'une langue, sous le rapport du glossaire, de la nomenclature de cette langue.

GLOSSOLOGIE, *sf.* Ensemble des termes consacrés dans une langue scientifique; traité sur la langue.

GLOSSOPÈTRE, *sm.* Dents de poissons fossiles, qu'on a cru longtemps être des langues de serpent pétrifiées.

GLOSSOPHAGE, *sm.* Chauve-souris de l'Amérique du Sud, dont la langue, longue et sillonnée au milieu, lui permet de sucer le sang des mammifères.

GLOSSO-PHARYNGIEN, NE, *adj.* (*Anat.*) Se dit des nerfs qui appartiennent à la fois à la langue et au pharynx. | GLOSSO-STAPHYLIN, E, *adj.* ..... à la langue et à la luette.

GLOSSOTOMIE, *sf.* (*Chir.*) Dissection ou amputation de la langue.

GLOTTE, *sf.* Petite fente au sommet du larynx, au fond de la bouche, par laquelle l'air qu'on respire descend et remonte, et qui porte des ligaments dits cordes vocales, dont les vibrations forment et modifient la voix. | GLOTTITE, *sf.* Inflammation de la —.

GLOUTON, *sm.* Animal de la grosseur du blaireau, duquel il est voisin par sa conformation; il a un pli sous la queue au lieu de poche; il habite le nord de l'Europe et il est d'une très-grande voracité; sa fourrure, à poils longs et soyeux, est estimée.

GLU, *sf.* Substance visqueuse collante verdâtre servant à faire les GLUAUX, *smpl.*, petites branches qui en sont enduites et qu'on place sur les arbres pour prendre les petits oiseaux qu'on appelle à la pipée; on obtient la — en laissant macérer et pourrir dans l'eau diverses écorces, particul. celle du houx, ainsi que les baies du gui, que l'on pile ensuite.

GLUCINE, *sf.* Terre blanche insoluble et très-difficile à fondre, que l'on trouve combinée à la silice dans l'émeraude, et qui forme avec les acides des sels sucrés et astringents; c'est un oxyde de | GLUCINIUM, *sm.* Corps simple, métal gris foncé, sans application industrielle.

GLUCOSE, *sf.* Sucre de raisin, principe qui se trouve dans les fruits sucrés et qui est identique de composition au sucre ordinaire, mais qui ne cristallise pas; il affecte la forme mamelonnée comme la tête d'un chou-fleur.

GLUCOSURIE, *sf.* (*Méd.*) V. *Glycosurie.*

GLUI, *sm.* Grosse paille de seigle dont on couvre les toiles. | Paille longue dont on se sert pour emballer le poisson.

GLUME, *sf.* (*Bot.*) Bractée formée de paillettes ou écailles sèches qui enveloppent la base de chaque fleur des graminées, et qu'on nomme autrement *bâle* ou *balle.* | GLUMELLE, *sf.* Petite — qui se trouve à l'intérieur de la — et qui renferme les organes de la reproduction.

GLUTEN, *sm.* (*pr. tènn*). Substance azotée, molle, membraneuse, très-élastique, grisâtre, insoluble dans l'eau, que l'on trouve dans les graines alimentaires et particulièrement dans le blé, où elle atteint quelquefois 20 p. 100; c'est la partie essentiellement nutritive des farines.

GLUTIER, *sm.* Nom commun à divers arbres qui fournissent de la glu.

GLUTINE, *sf.* (*Chim.*) V. *Gliadine.*

GLYCÉRATION, *sf.* (*Méd.*) Infusion, tisane de réglisse.

GLYCÉRINE, *sf.* Principe doux des huiles, liquide sirupeux, incolore, inodore, légèrement sucré, qu'on extrait des huiles en les saponifiant par les alcalis; on l'emploie contre la dysenterie, la glycosurie, et à l'extérieur pour panser les plaies. | GLYCÉROLÉ, *sm.* Mélange de — et d'une autre substance.

GLYCINE, *sf.* Plante légumineuse grimpante, originaire de la Caroline, dont les tiges volubiles portent des feuilles de neuf à dix folioles soyeuses et des fleurs violettes en grappes; elle est acclimatée en Europe; on en fait des berceaux, on en tapisse les murs, etc. | V. *Glucine.*

GLYCOSE, *sf.* V. *Glucose.*

GLYCOSURIE, *sf.* (*Méd.*) Ancien nom du diabète sucré.

GLYCYNE, *sm.* V. *Glycine* et *Glucine.*

GLYCYRRHIZINE, *sf.* Sucre de réglisse, substance brunâtre et amorphe qu'on extrait du jus de réglisse par l'acide sulfurique.

GLYPHE, *sm.* (*Archit.*) Tout canal creusé en angle ou cylindriquement sur une partie à laquelle il sert d'ornement.

GLYPHIQUE, *adj.* Qui est chargé de sculptures.

GLYPTIQUE, *sf.* Art de graver en pierres fines, soit en creux, soit en relief. | Art de graver en acier les poinçons et les coins des médailles.

GLYPTOGRAPHIE, *sf.* Étude et connaissance des pierres gravées antiques.

GLYPTOTHÈQUE, *sf.* Collection de pierres gravées.

GNAPHALE, GNAPHALIUM, *sm.* (pr. *gh-na-*) Plante à fleurs composées, dont les feuilles et les tiges sont recouvertes d'une espèce de duvet; une de ses espèces est l'*immortelle.*

GNEISS, *sm.* (pr. *gh-nèss*). Roche cristalline de l'époque primitive, qui est composée des mêmes éléments que le granit, mais avec une autre structure: le feldspath et le mica y sont en lamelles superposées; le quartz y est répandu irrégulièrement; cette roche, fréquente dans les terrains les plus anciens des montagnes, renferme beaucoup de minéraux cristallisés.

GNET, *sm.* Arbre de la famille des conifères, portant des fruits rouges dont l'amande cuite est agréable à manger; on le trouve dans l'Océanie.

GNÔME, *sm.* (pr *ghnô-*). Petit génie, esprit surnaturel auquel on donnait la forme d'un nain, et que l'on croyait préposé, dans les profondeurs de la terre, à la garde des trésors, des mines et des pierres précieuses. | *sf.* Sentence, pensée morale, maxime.

GNOMIDE, *sf.* Génie femelle, nom qu'on donnait aux compagnes supposées des gnômes.

GNOMIQUE, *adj.* (pr. *gno-*) (*Littér.*) Nom qu'on donne à certains poëmes sentencieux ou renfermant des maximes, qui ont été composés par d'anciens philosophes grecs.

GNOMON, *sm.* (pr. *ghno-*). Appareil qui indique la hauteur du soleil en montrant la longueur de l'ombre pour la méridienne; il consiste dans un style élevé verticalement sur une ligne fixe représentant la méridienne du lieu, et dont on mesure l'ombre lorsqu'elle coïncide avec cette ligne; en y adaptant un cadran on peut distinguer les différentes heures au fur et à mesure des mouvements du soleil.

GNOMONIQUE, *sf.* Art de construire les gnomons et les cadrans solaires.

GNOSE, *sf.* Principe, système du gnosticisme. | Science privilégiée qui était réservée aux gnostiques et qui consistait en une intuition immédiate de certaines vérités mystiques.

GNOSTICISME, *sm.* (pr. *gh-nos-*). Système de philosophie répandu aux premiers temps du christianisme et qui était formé de doctrines religieuses empruntées à l'Orient, au judaïsme, avec quelques idées chrétiennes. | GNOSTIQUES, *smpl.* Partisan du —.

GNOU, *sm.* (pr. *ghnou*). Espèce d'antilope d'Afrique à cornes lisses et courtes; il est plus grand que les antilopes ordinaires et plus difficile à apprivoiser.

GOBBE ou GOBE, *sf.* Grosse boule de pâte dont on engraisse les canards. | En général, pelote, boule, boulette.

GOBELET, *sm.* Dans l'ancienne pharmacie

c'était un vase de métal dans la composition duquel on avait fait entrer certains médicaments qui communiquaient leurs vertus à l'eau qu'on laissait séjourner dans ces vases.

GOBELETTERIE, *sf.* (*Comm.*) Ensemble des articles en verre ordinaire, tels que la verrerie de table et de toilette, les vases de pharmacie et de chimie, etc.

GOBELIN, *sm.* Esprit familier, bon génie auquel les marins donnent pour habitation la cale et les fonds du navire. | —s, *smpl.* Tapisserie des —s, tapisserie faite à l'établissement des —s, qui relève de la Couronne et qui fournit de tapisseries tous les palais de France ; on connaît surtout, sous ce nom, les tapisseries de haute lisse, qui représentent des sujets variés, des paysages, etc.

GOBE-MOUCHES, *sm.* Petit oiseau de l'ordre des passereaux, vivant par troupes qui émigrent; il se nourrit d'insectes et niche sur le haut des arbres ; il y en a un grand nombre d'espèces.

GOBERGE, *sf.* Perche ; tasseau dont les ébénistes se servent pour maintenir le placage. | Petits ais de bois qui se mettent en travers sur le bois de lit pour soutenir la paillasse. | Merluche ou grande morue de l'Océan.

GOBET, *sm.* Espèce de cerises à queue très-courte.

GOBETER, *va.* Jeter du plâtre avec la truelle pour le faire entrer dans les joints des murs de moellons ou de plâtras, et le polir ensuite avec la main. | Gobetis, *sm.* Plâtre gobeté, sorte de crépi peu régulier.

GOBIE, *sf.* Poisson acanthoptérygien appelé vulg. *goujon de mer*, caractérisé par ses nageoires ventrales tout d'une pièce, qui lui servent comme d'une ventouse ; il a de 12 à 13 centimètres de longueur; sa chair est assez estimée.

GOBILLARD ou Gobillon, *sm.* Planches préparées pour faire des douves de cuves. | Bûches de dimensions irrégulières.

GODILLE, Goudille, *sf.* Aviron placé dans une entaille arrondie sur l'arrière d'une embarcation montée par un seul homme, et qui sert à la fois de rame et de gouvernail. | Godiller, Goudiller, *vn.* Naviguer à la —.

GODIVEAU, *sm.* Pâté chaud composé d'andouillettes, de hachis de veau et de béatilles. | Plus souvent, hachis de viandes épicées pouvant être conservées.

GODRON, *sm.* Pli ovale, allongé, qu'on faisait autrefois aux jabots et aux fraises. | Ornement de même forme, ciselures consistant en rayons droits ou courbés partant d'un centre ; tout ornement en festons ou en rayons que l'on fait dans l'argenterie ou dans les ouvrages de sculpture et de menuiserie. | Godronner, *va.* Festonner, faire des —s.

GOËLAND, *sm.* (pr. *go-é-lan*). Grand palmipède au plumage cendré, qui a les jambes à demi-nues, les formes lourdes, et qui habite les côtes de l'Océan pendant l'hiver ; il niche dans les falaises ; il est très-vorace et ses cris sont perçants et désagréables.

GOËLETTE, *sf.* Petit bâtiment, fin, allongé, peu large; il porte deux mâts inclinés en arrière et peut être armé en guerre ; il jauge de cinquante à cent tonneaux.

GOËMON, *sm.* Nom que l'on donne à toutes les plantes marines qu'on ramasse le long des côtes pour en faire de l'engrais, comme les *fucus*, les *varechs*, etc.

GOÉTIE, *sf.* Magie qui avait pour objet l'évocation des mauvais génies ; elle était en usage aux derniers temps du paganisme et consistait dans les pratiques les plus horribles.

GOGUE, *sf.* Foie de veau haché avec du sang de porc, dont on fait des boudins.

GOGUELIN, *sm.* V. *Gobelin.*

GOÎTRE, *sm.* Tumeur produite par l'engorgement du corps thyroïde, formant à la partie antérieure du cou une protubérance charnue et bossuée ; c'est une affection endémique et héréditaire dans certaines contrées des Alpes et des Pyrénées. | Tumeur remplie d'eau qui se forme sous la mâchoire des moutons ; ses dimensions sont variables selon la température.

GOLANGO, *sm.* Antilope à cornes pointues, dont le poil roussâtre est parsemé de mouchetures blanches ; il habite l'Afrique.

GOLFE, *sm.* La plus grande de toutes les portions de mer qui pénètrent dans les terres.

GOLIATH, *sm.* Grand insecte coléoptère voisin du scarabée, qui vit sur les fleurs en Afrique et en Amérique ; ses élytres sont très-brillants.

GOLILLE, *sf.* Ancienne collerette large et de forme circulaire.

GOMART, *sm.* Arbre résineux de l'Amérique du Sud, dont le suc balsamique et gommeux est un excellent remède contre les plaies.

GOMBO, *sm.* Nom d'une espèce de ketmie dont le fruit est agréable à manger et se consomme aux colonies et dans le midi de la France.

GOMME, *sf.* Nom commun à toutes les exsudations naturelles des arbres qui se dissolvent dans l'eau et s'épaississent en donnant des liquides mucilagineux ; elles sont précipitées par l'alcool ; il ne faut pas les confondre avec les gommes-résines et les résines qui sont également le produit d'exsudations végétales, mais qui ne sont pas solubles dans l'eau et qui contiennent des principes résineux et des huiles essentielles.

GOMME DE LIERRE, *sf.* V. *Hédérine.*

GOMME D'ORENBOURG, *sf.* V. *Mélèze.*

GOMME DU VÉSUVE, *sf.* V. *Idocrase.*

GOMME-EN-LARMES, *sf.* V. *Galbanum.*

GOMME-GUTTE, *sf.* Gomme-résine de couleur jaune, qui sert à peindre à l'eau ou à l'aquarelle; on la recueille sur un arbre de Ceylan; on l'appelle aussi *scammonée jaune*, et on l'emploie quelquefois sous ce nom comme purgatif.

GOMME-LAQUE, *sf.* V. *Laque*.

GOMOUTI, *sm.* Filaments d'une sorte de palmier de l'Asie, appelés aussi *éjon*, dont on fait des cordages pour la marine, ainsi que des brosses et des tapis de pied.

GOMPHOSE, *sf.* (pr. *gon-*) (*Anat.*) Espèce d'articulation immobile de deux os qui entrent l'un dans l'autre comme un clou enfoncé dans un trou; telle est l'implantation des dents dans les alvéoles. | *sm.* Poisson acanthoptérygien, voisin du labre, dont la tête ressemble à un clou allongé; c'est un aliment recherché aux Moluques.

GOMUTO, *sm.* Substance textile très-résistante appelée aussi *crin végétal*, qu'on extrait du palmier à sucre de l'Inde et de la Malaisie.

GONAGRE, *sf.* (*Méd.*) Goutte de l'articulation du genou.

GONALGIE, *sf.* (*Méd.*) Douleur du genou.

GONARTHRITE ou GONARTHROCACE, *sf.* (*Méd.*) Inflammation articulaire du genou.

GONDOLE, *sf.* Petit bateau plat et fort long, dont la proue est élancée et recourbée en dehors, la poupe repliée en l'air, et qui porte au milieu une cabine fermée par des glaces ou des jalousies; elle est en usage à Venise pour naviguer sur les canaux et ne va qu'à rames. | GONDOLIER, *sm.* Celui qui mène la —; il se tient à l'arrière.

GONÈLE ou GONELLE, *sf.* Casaque pour la chasse. | Cotte de laine. | Manteau de prêtre.

GONFALON, *sm.* Oriflamme, étendard, écharpe en bandelette au haut d'une lance.

GONFALONIER, *sm.* Titre des chefs de quelques-unes des républiques d'Italie au moyen âge. | Dans les Etats romains, magistrat principal de chaque commune.

GONG, *sm.* Instrument de métal des Hindous, en forme d'arc, dont on joue avec un battant en bois. | V. *Tam-tam*.

GONGORISME, *sm.* (*Litt.*) Sorte d'affectation et de recherche qu'introduisit dans la littérature espagnole *Gongora*, poëte de la fin du XVIe siècle.

GONGRONE, *sf.* Tubercule rond et fongueux qui se forme sur le tronc des arbres.

GONGYLE, *sm.* (*Bot.*) Globule reproducteur de certaines plantes agames, telles que les algues et les lichens.

GONICHON, *sm.* Cornet de gros papier qui recouvre la tête d'un pain de sucre.

GONIOMÈTRE, *sm.* (*Minér.*) Instrument pour mesurer les angles que présentent les cristaux; c'est une sorte de compas que l'on applique sur les faces du cristal et qu'on rapproche ensuite d'un rapporteur gradué.

GONIOMÉTRIE, *sf.* (*Minér.*) Art de mesurer les angles des minéraux.

GONNE, *sf.* (*Mar.*) Baril à goudron. | Futaille à bière ou à saumon.

GOR, *sm.* Espèce de marronnier d'Afrique produisant un fruit très-amer.

GORAH, *sm.* Instrument de musique des Hottentots, composé d'une corde tendue que le souffle fait vibrer et qui donne le son du violon.

GORAMI, *sm.* V. *Gourami*.

GORD, *sm.* Pêcherie composée de deux rangs de perches plantées au fond d'une rivière, soutenant des filets disposés en entonnoir et terminés par un verveux. | Argile schisteuse et bitumineuse, qui sépare les veines de houille aux mines de Rive-de-Gier.

GORET, *sm.* Petit cochon. | (*Mar.*) Instrument employé pour nettoyer la carène du vaisseau, ainsi que toutes les parties qui plongent dans l'eau. | GORETTER, *va.* Nettoyer au moyen du —.

GORFOU, *sm.* Oiseau palmipède assez semblable au manchot, de la taille d'un gros canard, qui habite les mers polaires et vit de poisson.

GORGE, *sf.* (*Archit.*) Moulure concave, plus large et moins profonde que la scotie. | Dans certaines serrures, plaques de cuivre à crans disposées de telle façon que la clé doit les soulever toutes en même temps en entrant dans ces crans. | — d'une poulie, cannelure, sillon qui règne sur sa circonférence.

GORGERET, *sm.* (*Chir.*) Instrument qui a la forme d'une gouttière allongée en forme de canal étroit; on s'en sert dans l'opération de la fistule à l'anus.

GORGERIN, *sm.* Pièce de l'armure qui servait autrefois pour couvrir et défendre la gorge d'un homme d'armes. | (*Arch.*) Partie du chapiteau dorique qui est au-dessus de l'astragale et au-dessous des moulures.

GORGONE, *sf.* Zoophyte dont les polypiers sont formés par plusieurs branches très-ramifiées de couleurs brillantes, rayonnant au-dessus d'une base cornée et revêtues d'une écorce animée, charnue, élastique et flexible; il ressemble à un arbrisseau étalé; une de ses espèces, appelée vulg. *éventail de mer*, est commune dans toutes les latitudes.

GORGONELLES, *sfpl.* Espèce de toile de Hollande.

GORILLE, *sm.* Genre de singes, de taille très-élevée, qui ont des mœurs très-féroces et qui habitent le centre de l'Afrique; c'est l'animal qui se rapproche le plus de l'homme par sa conformation.

GORON, *sm.* Raisin sec de Malaga de très-bonne qualité.

GOSSAMPIN, *sm.* Arbre de la famille des malvacées, dont l'aspect est semblable à celui du pin et qui porte des fruits renfermant une *sorte de coton*; on le trouve dans les régions tropicales.

GOSSYPINE, *sf.* (*Chim.*) Principe immédiat qu'on trouve dans le coton; c'est une substance fibreuse très-combustible qui, traitée par l'acide nitrique, donne de l'acide oxalique.

GOTHIQUE, *adj.* (*Archit.*) Se dit d'un genre d'architecture en usage au moyen âge et qui serait mieux appelé *ogival*, parce qu'il ne vient aucunement des Goths, et parce que son caractère distinctif est l'*ogive* (V. ce mot); le gothique est aussi remarquable par ses colonnettes en fuseaux, ses vitraux en rosaces, mêlées aux ogives; il est propre aux monuments religieux, depuis le VIIIe jusqu'au XVe siècle. | (*Litt.*) Se dit d'une écriture très-répandue au moyen âge, remarquable par ses caractères raides, anguleux et chargés d'ornements; les Allemands en font encore usage.

GOUACHE, *sf.* Genre de peinture où l'on emploie des couleurs détrempées avec de l'eau mêlée de gomme; on les pose par couches successives.

GOUDA, *sm.* Fromage de Hollande à pâte grasse, se conservant moins longtemps que l'*édam*.

GOUDOK, *sm.* Violon grossier, à trois cordes, usité en Russie.

GOUDRAN, *sm.* Petite fascine.

GOUDRON, *sm.* Matière brune, visqueuse, d'une odeur forte très-caractéristique, qui s'obtient en brûlant le bois de pin qui a déjà fourni de la térébenthine; on en obtient une autre sorte par la distillation du charbon de terre; cette substance est employée en médecine pour ses propriétés dépuratives, antiseptiques et stimulantes; on la prend dissoute dans l'eau, qui a une teinte jaunâtre et prend le nom d'*eau de goudron*.

GOUET, *sm.* Plante à fleur jaune-verdâtre, ressemblant à un grand cornet, et à feuilles triangulaires, appelée vulgairement *pied de veau*; sa racine, charnue, comestible par torréfaction, est employée quelquefois en médecine. | Grosse serpe à l'usage des bûcherons.

GOUGE, *sf.* Ciseau à manche de bois et dont la lame est évidée ou cannelée; il sert à tailler *le bois en creux ou à le trouer, à canneler* la pierre, etc. | Nom qu'on donne dans les arts à divers instruments dont le tranchant est recourbé et qui sont destinés à couper en rond.

GOUJON, *sm.* Poisson malacoptérygien de petite taille, portant un barbillon de chaque côté de la bouche, et habitant en troupes toutes les eaux douces; l'espèce commune est bleu-noirâtre avec des taches sur les flancs; elle est très-estimée pour sa chair blanche et fine et se mange surtout en fritures. | Broche *ou cheville de fer différant du clou en ce* qu'elle a la même largeur d'un bout à l'autre; on s'en sert pour réunir deux parties de fer ou de bois entre elles.

GOULE, *sf.* Espèce de larve, de stryge. | Femme vouée aux mauvais esprits, qui se nourrit de cadavres.

GOULEH, *sm.* (pr. *-lè*). Sorte d'alcaraza employée en Egypte.

GOULET, *sm.* Entrée étroite et peu allongée qui sert d'ouverture pour pénétrer dans un port ou une rade. | Sorte d'entonnoir qu'on met à l'entrée d'un filet de pêche et par où le poisson entre, mais par où il ne peut sortir.

GOULETTE, *sf.* (*Archit*). Petit canal taillé *dans des tablettes de pierre et interrompu de* distance en distance par de petits bassins qui forment des cascades. | V. *Goulotte*.

GOULOTTE, *sf.* (*Archit.*) Rigole dans une corniche pour faciliter l'écoulement des eaux pluviales. | Syn. de *Goulette*.

GOUM, *sm.* Corps réguliers de troupes arabes qui sont à la disposition de l'autorité militaire française, en Algérie.

GOUNI, GOUNIS, *sm.* V. *Gunny*.

GOUPILLE, *sf.* Petite fiche, petite cheville de métal dont on se sert pour arrêter quelques parties d'une montre ou d'autres ouvrages semblables. | Petit clou qui est mis à l'extrémité d'une cheville pour l'arrêter et empêcher qu'elle ne s'échappe.

GOUPILLON, *sm.* Petit bâton de bois ou de métal garni au bout de soies de porc ou quelquefois d'une éponge; on s'en sert pour présenter ou pour jeter de l'eau bénite.

GOUR, *sm.* Creux produit par une chute d'eau. | Variété de buffle à grandes cornes, qu'on trouve dans les forêts humides de l'Hindoustan.

GOURA, *sm.* Oiseau gallinacé de la famille des pigeons, dont le bec est gibbeux vers le bout, les tarses élevés; on le trouve en Océanie et dans l'Inde, où on l'élève dans les basses-cours.

GOURAMI, *sm.* Espèce de poisson acanthoptérygien du genre *osphromène*, originaire de Chine, qui a été acclimaté à l'Ile-de-France où elle vit dans les étangs; sa chair est très-estimée.

GOURBET, *sm.* Plante graminée du genre *roseau*, que l'on cultive dans les pays sablonneux pour fixer le sable au moyen de ses racines longues et traçantes.

GOURBI, *sm.* Nom que les Arabes donnent aux huttes ou chaumières qu'ils dressent au moyen de boulins, et qu'ils garnissent et recouvrent de chaume et particulièrement de *diss*.

GOURBILLER, *va.* Évaser l'entrée d'un trou pour que la tête du clou, de la cheville qu'il doit recevoir puisse s'y loger et s'y perdre.

GOURD, E, *adj.* Mains —es; mains rendues *insensibles par le froid.* | *Blé —, blé gonflé* par l'humidité.

GOURDE, *sf.* Ancienne monnaie d'argent des Antilles qui n'est plus aujourd'hui qu'une monnaie de compte et qui vaut 6 fr. environ.

GOURE, *sf.* Drogue falsifiée, marchandises entachées de fraude. | GOURER, *va.* Falsifier. | GOUREUR, *sm.* Celui qui falsifie.

GOUREAU, *sm.* Espèce de grosse figue violette et longue.

GOURGANE, *sf.* Espèce de fève presque cylindrique et très-dure qu'on donne aux bestiaux concassée ou cuite. | Nom qu'on donne à toute espèce de fèves sèches.

GOURGOURAN, *sm.* Étoffe de soie qui vient des Indes.

GOURME, *sf.* Humeurs, écoulement par les naseaux, qui surviennent aux jeunes chevaux lorsqu'on a fait trop brusquement succéder une nourriture sèche et échauffante à l'herbe des pâturages. | Nom vulg. d'exanthèmes du visage fréquents chez les jeunes enfants; c'est une variété de l'*impétigo*. (V. ce mot).

GOURMETTE, *sf.* Petite chaînette de fer réunissant les deux extrémités du mors d'un cheval et qui passe sous la ganache. | *sm.* Aide cuisinier sur un vaisseau.

GOURNABLE, *sf.* Bois blancs destinés à faire des chevilles. | Cheville de bois quelconque. | GOURNABLER, *va.* Cheviller avec des —s.

GOUROU, *sm.* V. *Cola.*

GOUSSANT ou GOUSSAUT, *sm.* Cheval court de reins, lourd et trapu. | Se dit aussi des chiens qui ont une conformation analogue.

GOUSSE, *sf.* (*Bot.*) Enveloppe membraneuse à deux valves, à une seule loge, dans lesquelles les graines sont attachées les unes au-dessus des autres; elle est propre aux légumineuses.

GOUSSET, *sm.* Creux de l'aisselle. | Odeur exhalée par cette partie du corps. | Pièce que l'on met aux chemises à cet endroit, etc. | Petite console de bois servant à soutenir des tablettes. | Petite languette en plâtre dans un mur, servant à arrêter un pan de bois ou de cloison de briques.

GOUTTE, *sf.* Inflammation aiguë ou chronique, très-douloureuse, des articulations, et particul. des petites jointures des pieds et des mains; c'est une sorte de rhumatisme qui semble avoir quelque lien avec les affections des voies urinaires; on l'attribue soit à un régime trop sédentaire, soit à des excès, soit enfin à une insuffisance d'oxygénation du sang dans les poumons; elle est le plus souvent héréditaire.

GOUTTE-SEREINE, *sf.* V. *Amaurose.*

GOUVERNAIL, *sm.* Appareil attaché à l'arrière d'un navire et qui sert à le diriger; il se compose de planches saillantes fixées le long d'un pivot vertical et pouvant tourner à droite et à gauche au moyen d'une pièce de bois appelée barre, que l'on tient dans la main.

GOUVION, *sm.* Grosse cheville de fer pour assembler des pièces de charpente.

GOYAVE, *sf.* (pr. *go-iav*). Fruit long et ovale de la grosseur d'une pomme; sa chair est blanche, parfumée, et a un goût très-agréable; c'est le fruit du | GOYAVIER, *sm.* Arbre d'Amérique et des Indes; ses fleurs sont blanches et ressemblent à celles du coignassier; il a trois ou quatre mètres de haut et son écorce est tachetée.

GRABEAU, *sm.* GRABEAUX, *smpl.* Carreaux d'indigo qui arrivent en Europe en petits fragments. | Fragments quelconques de diverses matières venant des pays exotiques.

GRÂCE, *sf.* (*Théol.*) Faveurs et dons qui ont pour objet direct la sanctification de celui qui les reçoit, et plus spécialement, don surnaturel et gratuit que Dieu accorde à l'homme pour le conduire à sa fin et sans lequel il ne peut être sauvé. | Titre que portent les ducs anglais et les évêques anglicans.

GRACILITÉ, *sf.* Qualité de ce qui est grêle, menu.

GRACIOSO, *sm.* Bouffon quelquefois rusé, mais le plus souvent grossièrement plaisant, de la comédie espagnole. | *adv.* (*Ital.*) (*Mus.*) Indique les morceaux qui doivent être joués avec grâce.

GRADILLE, *sf.* Espèce de dentelure.

GRADINE, *sf.* Ciseau très-affilé et dentelé dont se servent les sculpteurs en marbre. | Ébauchoir, outil du potier de terre.

GRADOS, *sm.* (pr. *dô*). Nom vulgaire du goujon et de l'ablette.

GRADUÉ, E, *adj.* Celui qui est pourvu d'un grade dans quelque faculté.

GRADUEL, *sm.* Chant qui se récite dans l'office solennel de la messe après l'épître; il se compose en général de trois versets contenant des réflexions relatives à l'épître.

GRAIN, *sm.* Le plus petit des anciens poids; il pesait environ 5 centigrammes et demi, ou 0 gr. 0542.

GRAIN D'ORGE, *sm.* Maladie qui attaque fréquemment les cochons qu'on engraisse et qui couvre leurs corps d'un très-grand nombre de petites pelotes dures de la grosseur d'un grain d'orge. | Outil qu'on emploie pour dégager une baguette ou pour percer des pierres; son tranchant a la forme d'un triangle ou d'un carré.

GRAINE D'AVIGNON, *sf.* Baies d'une espèce de nerprun qu'on emploie en pharmacie comme purgatives; quand on leur fait subir une certaine préparation elles portent le nom de *Stil-de-grain.* (V. ce mot.)

GRAINE DE PERROQUET, *sm.* V. *Carthame.*

GRAINOIR, *sm.* Crible fait d'une peau de cochon ou de veau tendue sur un cercle de bois et qui sert à cribler la poudre à canon.

GRAIRIE, *sf.* Partie d'un bois qui est possédée en commun.

GRAISSIN, *sm.* Espèce d'écume qu'on aperçoit à la surface de l'eau, à l'endroit où les poissons frayent.

GRALLE, *adj.* et *sm.* GRALLES, *smpl.* (*Zool.*) Se dit quelquefois pour *Echassier.* (V. ce mot).

GRAMEN, *sm.* (pr. *menn*). Plantes graminées, ensemble des herbes qui font le gazon.

GRAMINÉES, *adj.* et *sfpl.* (*Bot.*) Famille de plantes monocotylédones herbacées, telles que le blé, le seigle, l'avoine, l'orge, le chiendent, et qui ont en général les feuilles longues, étroites et pointues, et les fleurs disposées en épi ou en panicule; leur caractère distinctif est la balle ou glume qui sert d'enveloppe florale et la teinte verdâtre commune à leurs tiges, leurs feuilles et leurs fleurs.

GRAMMATAIRE, *sm.* Alphabet ou collection des lettres d'une langue, disposées dans un ordre philosophique.

GRAMMATIAS, *sm.* (pr. *-ti-ass*). Pierre où sont gravés les caractères de l'alphabet.

GRAMMATISTE, *sm.* (*Ant.*) Nom de ceux qui enseignaient la grammaire aux enfants.

GRAMMATITE, *sf.* (*Minér.*) Variété d'amphibole de couleur blanche et cristallisée.

GRAMME, *sm.* Unité de poids de notre système métrique; elle équivaut au poids d'un centimètre cube d'eau (distillée à son maximum de densité et pesée dans le vide).

GRAMMITE, *sf.* Variété d'agate ou jaspe rouge, marquée de raies blanches, en forme de lettres. | Fougère des régions tropicales dont les fructifications sont rangées en lignes parallèles le long des nervures.

GRAND-AIGLE, *sm.* Beau papier qu'on emploie pour les cartes géographiques; il a 1 m. 014 sur 0 m. 688, et pèse 65 à 70 kilogr. à la rame.

GRAND'GARDES, *sfpl.* Postes avancés ou corps de garde qui forment l'enceinte extérieure d'un camp.

GRAND-LIVRE, *sm.* (*Comm.*) Livre divisé en comptes, lesquels présentent deux colonnes, l'une à gauche, *doit*, l'autre à droite, *avoir*, indiquant jour par jour et ligne par ligne : la première, les valeurs reçues par le titulaire du compte; la deuxième, les valeurs qu'il a fournies. | Registre sur lequel sont inscrits les noms de tous les titulaires de la rente publique d'un Etat.

GRAND-MAITRE, *sm.* Souverain électif, nommé à vie, de l'ordre des Templiers ou de celui de Saint-Jean-de-Jérusalem; sa dignité se nommait *grand-magistère.*

GRAND-MONDE, *sm.* Papier fort qu'on emploie pour les cartes géographiques, les gravures, etc.; il a 1 m. 194 sur 0 m. 87, et pèse 100 à 120 kilogr. à la rame.

GRAND-ŒUVRE, *sm.* Nom donné par les alchimistes au procédé par lequel ils prétendaient pouvoir transformer tous les métaux en or.

GRANDEUR, *sf.* Titre qu'on donnait autrefois aux grands seigneurs qui ne prenaient pas le titre d'Altesse ou d'Excellence; on le donne aujourd'hui aux évêques.

GRANIT ou GRANITE, *sm.* (pr. *nitt*). Pierre très-dure que l'on trouve dans les terrains primitifs; elle est composée de feldspath, de mica et de quartz agglomérés pêle-mêle, et formant comme une pâte grenue. | GRANITIQUE, *adj.* Se dit des roches formées de —. | GRANITOÏDE, *adj.* Qui ressemble au —.

GRANITELLE, *adj.* Se dit d'une variété de marbre qui a l'apparence du granit.

GRANIVORE, *adj.* et *sm.* (*Zool.*) GRANIVORES, *smpl.* Nom commun à tous les oiseaux dont le bec est court et gros et les mandibules non échancrées; ils vivent de graines, mais ils élèvent leurs petits en les nourrissant d'insectes.

GRANULATION, *sf.* (*Méd.*) Lésion organique consistant en de petites tumeurs arrondies, fermes, qui se rencontrent surtout dans les poumons.

GRAPHIOÏDE, *adj.* Qui ressemble à un stylet.

GRAPHIQUE, *adj.* Qui concerne le dessin, qui a rapport au dessin. | Pierre —, pierre écrite ou gravée. | Signe —, caractère d'écriture. | Opération —, celle qui consiste à résoudre un problème, non par le raisonnement, mais par des figures tracées sur le papier.

GRAPHITE, *sm.* Minéral composé principalement de charbon, qu'on mélange en diverses proportions avec de l'argile et qu'on enveloppe dans des cylindres de bois pour en former des *crayons*; on l'appelle improprement *mine de plomb.*

GRAPHOLITHE, *sf.* (*Minér.*) Ardoise.

GRAPHOMÈTRE, *sm.* Instrument dont on se sert pour mesurer les angles dans les opérations de l'arpentage; c'est un demi-cercle horizontal monté sur un pied et sur le centre duquel tourne une alidade terminée par deux pinnules.

GRAPPE, *sf.* (*Bot.*) Assemblage de fleurs ou de fruits pendants le long et autour d'un axe commun. | Petites excroissances molles, rougeâtres, qui viennent aux pieds des chevaux, des ânes, des mulets. | Boisson composée de sucre de canne liquide et de citron en usage parmi les nègres des Antilles.

GRAPPIN, *sm.* Instrument de fer dont une extrémité est terminée par un crochet tranchant; on l'emploie pour retirer les bavures de glace qui sont dans le creuset. | (*Mar.*) Ancre à quatre ou cinq pattes dont on se sert pour mouiller les embarcations légères; on l'emploie aussi quand on va à l'abordage.

GRAPSE, *sm.* Espèce de cancre plat qui paraît avoir une inscription sur le corps.

GRAS DES CADAVRES, *sm.* V. *Adipocire.*

GRAS-FONDU, *sm.* GRAS-FONDURE, *sf.* Maladie de certains animaux qui consiste en une inflammation du bas-ventre et qui a pour résultat une sécrétion trop abondante de mucus qui se mêle avec les déjections alvines, et par suite est rejetée avec elles.

GRASSE, *adj. f.* Se dit des plantes qui ont des feuilles très-charnues et pleines d'un parenchyme succulent.

GRASSET, *sm.* V. *Rainette.*

GRASSETTE, *sf.* Plante peu élevée, vivace, à feuilles radicales en rosette, charnues, glabres, à fleurs irrégulières, munis d'un éperon, et de couleur bleue; elle est très-fortement purgative; on l'emploie, paraît-il, en Laponie pour faire cailler le lait de renne; enfin, sa décoction détruit la vermine.

GRATICULER, *vn.* Diviser un tableau en un nombre de petits carrés égaux entre eux, et diviser en un même nombre de carrés le papier ou la toile sur laquelle on veut le copier, de manière à bien conserver les proportions du modèle. | GRATICULE, *sm.* Châssis préparé pour —.

GRATIENNE, *sf.* Toile de lin de Bretagne.

GRATIOLE, *sf.* Plante de la famille des personées ou scrofulariées, a fleurs blanches solitaires, au haut d'un pédoncule axillaire; elle est très-purgative et peut être dangereuse si elle est absorbée en trop grande quantité; on l'appelle vulg. *Herbe au pauvre homme.*

GRATTE-BOESSE, ou GRATTE-BOSSE, *sm.* Brosse allongée de fil de laiton qu'on emploie pour nettoyer les objets qui viennent d'être dorés ou argentés, ainsi que pour étendre les amalgames d'or ou d'argent sur les pièces.

GRATTE-CUL, *sm.* Nom vulg. du fruit de l'églantier; c'est une sphère rouge et allongée, surmontée de cinq dents qui sont les vestiges du calice.

GRATTELLE, *sf.* Menue gale miliaire. | GRATTELEUX, SE, *adj.* Qui a la —.

GRATTOIR, *sm.* Outil qui a la forme d'un prisme triangulaire à arêtes vives; on s'en sert pour polir les métaux. | Outil semblable employé par le graveur. | Petit couteau tranchant des deux côtés, dont on se sert pour gratter diverses surfaces.

GRAU, *sm.* Chenal par lequel un étang ou une rivière débouche dans la mer. | Communication naturelle entre un étang salé et la mer.

GRAUSTEIN, *sm.* V. *Grunstein.*

GRAUWACKE, *sm.* (*Géol.*) Roche grisâtre qu'on trouve dans les terrains secondaires et qui est un conglomérat de granit, de gneiss, de micaschiste et de schiste argileux, avec un ciment d'argile; elle a l'aspect d'un grès tendre micacé.

GRAUX, *adj.* Se dit, du nom de l'éleveur qui l'a créée, d'une variété particulière de moutons mérinos, dont la laine est lisse, soyeuse, nacrée, brillante comme le cachemire dont elle a la douceur; on l'appelle aussi —de *mauchamp* ou *mauchamps.*

GRAVADURE, *sf.* Maladie des moutons, appelée aussi *claveau* ou *clavelée.*

GRAVATIF, VE, *adj.* (*Méd.*) Se dit des douleurs qui sont accompagnées de pesanteur.

GRAVE, *sm.* (*Math.*) Syn. de corps pesant. | Nom que l'on donna primitivement à l'unité de poids du système métrique; elle équivalait à un kilogramme, et ce qui s'appelle aujourd'hui le gramme était une unité secondaire sous le nom de *gravet.*

GRAVELÉE, *adj.* et *sf.* Se dit des cendres du bois de vigne ou du tartre (*lie de vin*) calciné qu'on utilise comme engrais, dans la teinture et à divers autres usages.

GRAVELIN, *sm.* Nom que porte en quelques endroits le chêne ordinaire.

GRAVELLE, *sf.* Maladie causée par de petites concrétions semblables à du sable ou à du gravier, composées d'acide urique ou d'une matière animale, ou d'oxalate de chaux, qui se développent dans les voies urinaires et se déposent au fond ou sûr les parois du vase dans lequel l'urine est rendue. V. *Tartre.* | GRAVELEUX, SE, *adj.* Qui est relatif à la —; qui est sujet à la —, qui est mêlé de gravier.

GRAVÉOLENCE, *sf.* Puanteur, mauvaise odeur.

GRAVIMÈTRE, *sm.* Ancien nom de l'*aréomètre.*

GRAVIN, *sm.* V. *Montée.*

GRAVITATION, *sf.* Action de graviter; force en vertu de laquelle un corps abandonné à lui-même se précipite vers la terre. | Tendance, force universelle qui attire les corps planétaires les uns vers les autres.

GRAVITÉ, *sf.* Syn. de *pesanteur*, tendance qu'ont tous les corps à revenir vers le centre de la terre quand on les écarte de sa surface. | Centre de —, point par où passe la verticale quand le corps est abandonné à lui-même ou au repos.

GRÈBE, *sm.* Oiseau palmipède plongeur, à pieds très-longs, sans queue; il vit sur les lacs, où il se nourrit de poissons, d'insectes et de végétaux; son plumage, composé, surtout sur la poitrine, d'un duvet argenté très-brillant, fournit une fourrure très-riche propre à garnir des robes, à faire des palatines, etc.

GRÉBICHE, *sf.* Couverture de registre mobile, munie intérieurement de fils ou de tiges dans lesquels sont passées des feuilles séparées, en attendant qu'on les relie en volumes.

GREC, GRECQUE, *adj.* Se dit de l'Église chrétienne d'Orient, dont le rit diffère du rit de l'Église latine d'Orient ou catholique, et qui ne reconnaît pas l'autorité du pape.

GRECQUE, *sf.* Ornement composé d'une suite de lignes droites qui reviennent sur elles-mêmes en formant toujours des angles droits. | Petite scie à main. | Entailles sur le dos d'un volume, dans lesquelles se cachent les ficelles qui tiennent les coutures.

GREDIN, *sm.* Petit chien de race anglaise, à longs poils et de couleur noire.

GRÉER, *va.* Garnir un bâtiment de toutes les cordes, manœuvres, poulies, etc., dont il a besoin pour être en état de naviguer. | GRÉEMENT, *sm.* Action de —; ensemble de tout ce qui est nécessaire pour —.

GREFFE, *sm.* Lieu où sont tenus les registres d'un tribunal ainsi que les pièces relatives aux débats judiciaires; dans une prison, lieu où sont enregistrés les prisonniers. | *sf.* Branche ou bourgeon que l'on enlève à un arbre cultivé, pour l'implanter sur un autre arbre sauvage ou cultivé que l'on veut améliorer; opération de la pose de la —.

GREFFIER, *sm.* Officier public qui dirige un greffe.

GRÉGAIRES, *adj. m. pl.* Se dit des animaux qui vivent en troupes.

GRÈGE, *adj.* Se dit de la soie telle que le ver l'a produite, mise dans l'eau bouillante et dévidée d'autant de cocons qu'on veut obtenir de brins par fil.

GRÉGEOIS, *adj. m.* Feu —. V. *Feu.*

GRÉGORIEN, NE, *adj.* Se dit du chant, de l'office établis par Grégoire Ier. | Se dit aussi du calendrier moderne dont la réforme a été opérée sous Grégoire XIII.

GRÉGOU, *sm.* Nom donné au vent nord-est dans les ports de France sur la Méditerranée.

GRÈGUES, *sfpl.* Ancien haut de chausses des Grecs, dont la mode s'introduisit en France au XVIe siècle.

GRELER, *va.* Dans les arts, amincir, allonger en filets ou en baguettes fines; former les dents d'un peigne, etc. | GRÉLOIR, *sm.* Instrument ou lame d'acier plate, servant à —.

GRELIN, *sm.* (*Mar.*) Nom que l'on donne aux cordages de moindre épaisseur que le câble, et dont la circonférence n'excède pas 30 centimètres environ.

GRÉMIAL, *sm.* Linge, morceau d'étoffe qui fait partie des ornements pontificaux et qu'on met sur les genoux du prélat officiant, pendant qu'il est assis, pour garantir la chasuble.

GRÉMIL, *sm.* Plante herbacée ou sous-frutescente, à feuilles simples, alternes, à fleurs solitaires, ayant une corolle à cinq divisions, et dont les fruits très-durs, grisâtres, renferment des semences blanches et rondes ressemblant à des perles, d'où lui vient le nom d'*herbe aux perles*; ces fruits sont apéritifs et diurétiques

GRÉMILLE, *sf.* Poisson voisin de la perche, de petite taille, n'ayant qu'une seule nageoire dorsale; on la trouve dans les eaux douces de France; on l'appelle communément *perche goujonnière.*

GRENACHE, *sm.* Sorte de raisin noir à gros grains, que l'on récolte dans le département des Pyrénées-Orientales. | Vin de —, vin de liqueur que l'on fait avec le —, et particulièrement avec un raisin qui lui ressemble et qui vient de Carpentras.

GRENADE, *sf.* Fruit d'un arbrisseau appelé *grenadier*, dont les fleurs sont d'un rouge très-vif et ont des propriétés astringentes; ce fruit est une baie globuleuse, grosse comme le poing et pleine de semences rouges succulentes et acides, également astringentes. | Petite bombe formée d'un globe de fer creux rempli de poudre et surmonté d'une mèche; elle se lance à la main ou au moyen de bouches à feu.

GRENADIER, *sm.* Arbrisseau qui porte la *grenade* (V. ce mot); il se trouve dans les pays chauds; son écorce, très-chargée de tannin, est purgative et sert pour tanner les cuirs; son bois est très-dur. | Poisson de mer malacoptérygien dont le museau rappelle un peu la forme d'un bonnet de grenadier; sa chair est blanche et agréable. | Soldat qui lançait la grenade; aujourd'hui la grenade est lancée par les soldats du génie, et les —s sont les soldats d'élite de la première compagnie de chaque bataillon; ils portent des épaulettes rouges et des grenades sur leur uniforme.

GRENADILLE, *sf.* Ébène rouge, bois d'Amérique qu'on emploie dans la tabletterie. | Autre bois beaucoup plus dur venant des mêmes régions et dont on fait des objets de tour. | V. *Passiflore.*

GRENADIN, *sm.* Petit fricandeau fait avec de la volaille.

GRENADINE, *sf.* Sorte de soie formée de deux bouts tordus, dont on fait des effilés ou des dentelles grossières.

GRENAILLE, *sf.* Métal réduit en menus grains. | Rebuts de grains qui servent à nourrir la volaille.

GRENAT, *sm.* Pierre fine très-dure, composée de silice, d'alumine et d'une matière colorante rouge. | — syrien ou oriental, pierre rouge violacé, transparente et veloutée. | — blanc. V. *Amphigène.* | — *Sorania.* V. *Sorania.*

GRENELER ou GRÉNETER, *va.* Préparer une peau ou quelque autre chose semblable, de manière qu'elle paraisse couverte de grains.

GRÈNETIS, *sm.* Tour de petits grains relevés en bosse au bord des médailles, des monnaies, etc.

GRENETTE, *sf.* GRENETTES, *sfpl.* V. *Graine d'Avignon.*

GRENIER, *sm.* Charge de grains, de fruits, de sel, de charbon embarquée au fond d'un bateau sans aucun emballage, si ce n'est une couche de gravier ou de fagots sur laquelle ces marchandises reposent.

GRENOUILLETTE, *sf.* Petite renoncule à fleurs blanches, qui flotte dans les étangs et les ruisseaux. | Tumeur qui se forme sous la langue par l'accumulation de la salive dans ses conduits excréteurs.

GRÈS, *sm.* Roche composée de grains de sable agglomérés; elle est extrêmement dure quoique très-friable, et sert à donner du tranchant à l'acier; on la trouve particul. dans les terrains secondaires au-dessus et au-dessous des *terrains houillers.* | *Poterie de terre siliceuse* de couleur grisâtre, ayant l'aspect du grès. | Matière gommo-résineuse, agglutinant la soie dans le cocon et qui se dissout dans l'eau chaude. | *smpl.* Les deux grosses dents du sanglier qui se trouvent auprès des défenses.

GRÉSIÈRE, *sf.* Carrière à grès.

GRÉSIL, *sm.* Petits grains de glace qui tombent inopinément et pendant peu de temps, particul. au printemps.

GRÉSOIR, *sm.* Instrument de fer garni de dents ou de fentes comme celles d'une clef, dont les vitriers se servent pour égruger le verre et former le bord des glaces.

GRESSERIE, *sf.* Ouvrage de sculpture fait en grès; généralement tout ouvrage de grès; roche, carrière à grès.

GREUBE, *sm.* Calcaire jaune poreux et friable que l'on trouve dans les montagnes de Suisse, et dont on se sert particul. à Genève pour nettoyer et colorer en jaune les boiseries de sapin.

GRÈVE, *sf.* Lieu uni et plat, couvert de *gravier, de sable, le long de la mer ou d'une* grande rivière. | Coalition des ouvriers qui se refusent à travailler hors de certaines conditions. | Place de l'Hôtel de Ville à Paris, où l'on exécutait autrefois les condamnés à mort. | | Autrefois, le tibia; armure garantissant la jambe. | Ancienne botte qui ne couvrait que le devant de la jambe.

GRIANNEAU, *sm.* Jeune coq de bruyère.

GRIBANE, *sf.* Barque à fond plat, du port de 30 à 60 tonneaux, servant à la navigation fluviale.

GRIBLETTE, *sf.* Petit morceau de porc frais ou salé, de veau, de volaille, etc., mince, haché, battu, et enveloppé de petites tranches de lard, qu'on met rôtir sur le gril.

GRIBOURI, *sm.* V. *Eumolpe.*

GRIÈCHE, *adj.* Pie —, oiseau de l'ordre des passereaux dont le bec a la pointe recourbée, et est armé de chaque côté d'une petite dent. | Ortie —, ortie dont la piqûre est peu douloureuse.

GRIFFARD, *sm.* Variété d'aigle d'Afrique.

GRIFFE, *sm.* V. *Cabre (2e sens).* | *(Bot.)* Racine tubéreuse, digitée, vivace, au moyen de laquelle on reproduit certaines plantes, comme l'asperge, etc. | Pince ou tenaille à crochets servant à tenir un objet qu'on veut brunir ou soulever.

GRIFFON, *sm.* Animal fabuleux, moitié aigle et moitié lion. | Espèce d'oiseau de proie semblable à l'aigle. | Espèce de chien qui a le poil du corps et ceux de la tête longs, hérissés et mêlés. | Lime plate et dentelée sur les bords, qu'on emploie pour canneler les lingots de cuivre qui doivent être tirés à la filière.

GRIGNARD, *sm.* Gypse cristallisé qu'on trouve dans la pierre à plâtre. | Sorte de grès *fort dur.*

GRIGNON, *sm.* Marc d'olive entièrement sec. | Petits morceaux de biscuit que l'on distribue en ration à l'équipage d'un navire. | Morceau de l'entamure du pain du côté le plus cuit.

GRIGNOTIS, *sm.* Travail du graveur en points, en tailles courtes, en traits tremblés; *il est particulièrement propre à rendre les* vieilles murailles, les arbres couverts de mousse, etc.

GRILLON, *sm.* Insecte orthoptère sauteur, dont la tête est très-bombée et qui produit par le frottement de ses cuisses contre ses élytres un bruit particulier qui lui a valu le nom de *cricri.* | V. *Roseau.*

GRILLS, *smpl.* Petits saumons.

GRIMACE, *sf.* Boîte destinée à contenir des pains à cacheter, et dont le dessus est une espèce de pelotte où l'on met des épingles.

GRIME, *sm.* Au théâtre, personnage de vieillard ridicule.

GRIMM, *sm.* Espèce d'antilope à cornes droites, petites, renversées; sa taille est très-basse et ses mœurs sont très-douces; on la trouve dans l'Afrique centrale.

GRIMOIRE, *sm.* Livre ordinairement manuscrit, au moyen duquel les sorciers du moyen âge prétendaient faire venir le diable, évoquer les esprits, trouver les trésors cachés, etc.

GRIMPEREAU, *sm.* Genre d'oiseaux passereaux, grimpeurs, à bec aigu et mince; ils sont très-mobiles et montent sur les arbres à la manière des pies, en s'aidant de leur queue; l'espèce d'Europe est petite, à plumage roux tacheté de noir, et se nourrit d'insectes qu'elle prend sous l'écorce des arbres.

GRIMPEURS, *smpl.* (*Zool.*) Ordre d'oiseaux dans lesquels on en a classé qui ont des caractères extérieurs très-divers, mais qui sont tous remarquables par la disposition de leurs pattes ayant deux doigts en avant et deux doigts en arrière, ce qui leur permet de prendre et de serrer les branches des arbres et de grimper facilement.

GRIOT, *sm.* Recoupe du blé. | Farine très-fine appelée par corruption *gruau.*

GRIOTTE, *sf.* Espèce de marbre rouge d'Italie, à taches plus claires et à rayures spirales blanches, employé pour l'ameublement. | Espèce de cerise à courte queue, grosse et noirâtre, à chair rouge, ferme et douce. | GRIOTTIER, *sm.* Arbre qui porte des —s.

GRIPHE, *sm.* (*Ant.*) Enigme, question obscure et compliquée que les convives se proposaient mutuellement pendant le repas.

GRIPPE, *sf.* Affection inflammatoire, le plus souvent légère, des membranes muqueuses, notamment de celles du nez et de la conjonctive, qui se manifeste ordinairement d'une manière épidémique.

GRISAILLE, *sf.* Peinture grise en camaïeu, sur un panneau ou sur un mur, dont l'objet est d'imiter un bas-relief.

GRISET, *sm.* Jeune chardonneret qui est encore gris, qui n'a pas encore pris son rouge et son jaune vif.

GRIS-GRIS, *sm.* Espèce d'amulette; talisman; idole des nègres. | Morceau de papier sur lequel on écrit des versets du Coran.

GRISOLLER, *vn.* Se dit du chant de l'alouette.

GRISON, *sm.* Petit mammifère carnassier plantigrade, voisin de l'ours par sa conformation; il habite l'Amérique du Sud; son pelage est gris, mêlé de noir.

GRISOU, *sm.* Hydrogène carboné, gaz inflammable qui se dégage des mines de houille; ce gaz s'allume quelquefois par le contact du feu des lampes et produit des explosions qui ont souvent des suites funestes.

GRISSINI, *sm.* Gâteau sec de pâte légère, de la forme d'un bâton de 15 à 20 centimètres de long, qu'on sert avec le thé ou qu'on donne aux enfants.

GRIVE, *sf.* Oiseau de l'ordre des passereaux et du genre merle; sa couleur est brune, blanchâtre; elle est mouchetée en dessous; son chant est agréable; elle est surtout recherchée à l'automne parce qu'elle se nourrit de raisins qui donnent à sa chair un excellent goût. | — draine ou drenne, espèce de — commune, de grande taille, qui vit sur les arbres élevés et se nourrit surtout des fruits du gui; elle est moins recherchée que la — ordinaire. | — de vigne. V. *Mauvis*.

GRIVELÉ, E, *adj.* Qui est tacheté, mêlé de gris et de blanc.

GRIVET, *sm.* Espèce de singe du genre guenon, qui habite l'Abyssinie et qui est remarquable par une bande étroite sur le front et de longs poils blancs le long des joues.

GRIVOISE, *sf.* Râpe dont on se servait autrefois pour réduire en poudre le tabac à priser. | GRIVOISER, *vn.* Râper avec une —.

GROAT, *sm.* (*Angl.*) Petite monnaie anglaise valant environ 42 centimes.

GROG, *sm.* (pr. *grog*). Boisson composée ordinairement d'une partie d'eau-de-vie et de trois parties d'eau, acidulée par du citron.

GROISIL, (pr. *l mouillée*). Mélange de débris de verre cassé ou de rognures de cristal.

GROISON, *sm.* Pierre crayeuse, blanche, très-fine, dont se servent les mégissiers pour préparer le parchemin.

GRONAU, *sm.* Espèce de trigle, poisson à museau fortement divisé, à écailles rouges.

GRONDIN, *sm.* Espèce de poisson assez estimée dont le corps est recouvert de très-petites écailles d'un rouge vif; il fait entendre une sorte de cri quand on le prend.

GROOM, *sm.* (pr. *groumm*) (*Angl.*) Petit valet d'écurie. | Jeune domestique pour le service du cabriolet et du tilbury.

GROS, *sm.* Ancien poids français correspondant au huitième de l'once, et pesant environ 3 grammes 824 milligrammes. | Monnaie allemande valant de 12 à 15 centimes. | Ancienne monnaie française en or, qui a varié de 20 à 30 francs; en argent, de 90 centimes à 1 franc; en cuivre, de 6 à 12 centimes. | Nom qu'on donne aux étoffes dont le grain est très-fort et le tissu épais.

GROS-BEC, *sm.* Oiseau passereau conirostre, dont le bec court et robuste lui sert à broyer les graines dont il se nourrit presque exclusivement; ses espèces sont assez nombreuses.

GROS-CANON, *sm.* V. *Canon.*

GROSIL, *sm.* V. *Groisil.*

GROSSE, *sf.* Expédition d'un acte notarié ou d'un jugement, délivrée aux parties pour remplacer la minute qui reste au greffe ou chez le notaire. | Douze douzaines de marchandises. | GROSSOYER, *va.* Faire la — d'un acte, d'un jugement.

GROSSULAIRE, *sf.* (*Minér.*) Minéral du genre grenat, dont la couleur ressemble un peu à celle de la groseille.

GROSSULARIÉES, *sfpl.* (*Bot.*) Famille de plantes renfermant des arbrisseaux dont le type est le *groseiller.*

GROUETTE, *sf.* Terre rougeâtre, argileuse et pierreuse. | GROUETTEUX, SE, *adj.* Se dit d'un sol composé de —.

GROUP, *sm.* (*Comm.*) Sac cacheté plein d'or ou d'argent, qu'on envoie d'une ville à une autre. | Tout envoi d'argent fait en numéraire.

GROUSE, *sm.* (*Angl.*) Nom anglais du coq de bruyère, qu'on a quelquefois employé en français.

GRUAU, *sm.* Petit de la grue. | Grain mondé et moulu grossièrement ou simplement concassé, après avoir été préalablement décortiqué. | Pain de —, pain de fleur de farine. | Vaisseau de bois pour transporter le sel dans les magasins. | Espèce particulière de grue pour soulever les petits fardeaux; elle est mise en mouvement par un tourniquet.

GRUE, *sf.* Oiseau de l'ordre des échassiers, dont le bec, très-long, est denté des deux côtés, et dont la tête est presque nue; elles volent par bandes en forme de triangles. | Grande machine de bois formée de deux poutres entre lesquelles se meut une poulie dirigée par un moulinet et qui sert à élever de grosses pierres pour les bâtiments et d'autres grands fardeaux. | Potence tournante qui sert à porter les grosses pièces d'un point à un autre.

GRUERIE, *sf.* Autrefois, la juridiction sur les bois, sur la garde des forêts. | Le droit que le roi ou un seigneur avait sur les bois, sur les coupes, sur les amendes; on appelait *Gruyer* le seigneur jouissant du droit de —, et les officiers chargés de la juridiction de —.

GRUGEOIR, *sm.* V. *Grésoir.*

GRUME, *sf.* Bois en — : bois coupé qui a encore son écorce; bois de charpente et de charronnage débité avec son écorce et qui n'est point équarri.

GRUNSTEIN, *sm.* (*Minér.*) Roche verte qui a l'aspect du granit et dont la composition est un mélange de feldspath et d'amphibole.

GRUPETTO, *sm.* (pr. *grou-*) (*Mus.*) Agrément de chant composé de trois petites notes exécutées rapidement devant une note principale sur la valeur de laquelle elles sont prises.

GRUYER, *sm.* V. *Gruerie.*

GRYPHÉE, *sf.* Mollusque voisin de l'huître, dont il se distingue par un crochet saillant, en spirale, et par une coquille supérieure très-petite; on en trouve surtout à l'état fossile (qui portent le nom de *gryphites*) dans le calcaire argileux voisin des couches des grès.

GUACHARO, (pr. *goua-*). Oiseau semblable à l'engoulevent, gros comme un grand pigeon, qui habite l'Amérique du Sud; il fournit une excellente graisse.

GUACO, *sm.* (pr. *goua-*). Plante exotique à fleurs composées, dont les feuilles et les sommités sont employées en infusion comme diaphorétiques.

GUAIS, *adj. m.* En parl. du hareng, qui n'a ni laite, ni œufs.

GUANA, *sm.* (pr. *goua-*). Iguane; sorte de gros lézard, appelé aussi *crocodile des Antilles.*

GUANACO, *sm.* (pr. *goua-*). Lama sauvage, ruminant qui vit en troupes dans les plaines hautes des Andes de l'Amérique du Sud. Son poil, très-laineux, fait l'objet d'un commerce important.

GUANO, *sm.* (pr. *goua-*). Excréments déposés dans des îles de l'océan Pacifique, aux environs du Pérou et au Pérou même, par des oiseaux d'une espèce particulière; c'est une substance jaune foncé, renfermant beaucoup d'ammoniaque et de phosphate de chaux, d'une odeur forte et ambrée, et qui est expédiée sous forme pulvérulente en Europe, où elle est utilisée comme engrais; on l'a aussi employée en médecine contre les tumeurs articulaires et les affections herpétiques.

GUARANA, *sm.* V. *Paullinia.*

GUARANHEM, *sm.* V. *Monésia.*

GUAZUMA, *sm.* Arbre de l'Amérique tropicale, couvert d'un duvet cotonneux, dont la cime élevée se charge de petites fleurs blanches en corymbes; son bois est tendre et on en fait des barriques; ses fruits donnent une liqueur qu'on peut distiller pour en faire une eau-de-vie agréable.

GUÉ, *sm.* Endroit d'une rivière où l'eau est si basse et le fond si ferme, qu'on y peut passer sans nager et sans s'embourber. | Guéable, *adj.* Que l'on peut passer à —. | Guéer, *va.* Baigner, laver dans l'eau; passer à —.

GUÈBRES, *s.* Nom de ceux des Persans qui pratiquent encore l'ancienne religion de la Perse, c.-à-d. l'adoration du feu, et qui n'ont pas adopté le mahométisme.

GUÈDE, *sf.* Plante crucifère cultivée pour ses feuilles qui servent à teindre en bleu foncé; on l'appelle aussi *Pastel.* | Guédon, *sm.* Nom par lequel on désigne encore en quelques contrées les ouvriers qui teignent en bleu au moyen de la —.

GUELDRE, *sf.* Appât qu'on emploie pour la pêche de la sardine; ce sont des chevrettes très-jeunes et toutes petites, pilées et salées.

GUÉMUL, *sm.* Quadrupède du genre lama, qui habite les sommets les plus élevés des Andes.

GUENON, *sf.* Genre de singes d'Afrique, vivant en grandes troupes, et dont les espèces nombreuses sont caractérisées par une longue queue, des fesses calleuses et des abajoues. | Guenuche, *sf.* Petit de la —.

GUÉPARD, *sm.* Espèce de chat moucheté, des Indes, à ongles peu rétractiles; sa peau, d'un blanc jaunâtre et parsemée de taches noires et rondes, est l'objet d'un très-grand commerce; on l'apprivoise et on le dresse pour la chasse de la gazelle.

GUÊPIER, *sm.* Oiseau commun en Europe; il habite les bords escarpés des fleuves et se nourrit de guêpes et d'abeilles qu'il saisit au vol; il a le dos fauve, le front et le ventre bleus, la gorge jaune et noire. | Champignon qui croît sur les arbres morts.

GUÉPIN, E, *adj.* Qui appartient aux guêpes. | Piquant, fin, adroit, rusé. | *sm.* Écolier, élève de l'ancienne Université.

GUÉRET, *sm.* Terre labourée et non ensemencée. | Généralement, toute terre propre à la culture.

GUÉRILLA, *sf.* (pr. *ghé-ril-la*). (*Esp.*) Troupe qui combat en tirailleurs, en bandes irrégulières, et qui harcelle les corps d'armée pendant les guerres.

GUERLINGUET, *sm.* Espèce d'écureuil à queue presque ronde.

GUETTE, *sf.* Poteau incliné. V. *Écharpe.* | Pièce transversale dans les pans d'une cloison, d'un mur, etc. | Guetton, *sm.* Petite —.

GUEULARD, *sm.* Haut du fourneau où se prépare la fonte; orifice supérieur par lequel s'échappe la fumée et par lequel on introduit le minerai et le charbon.

GUEULE, *sf.* — de loup (*Bot.*) V. *Muflier.* | — de loup (*Mar.*) Entaille angulaire faite à l'extrémité d'une pièce de bois et recevant une autre pièce taillée à angle aigu. | —s. *sfpl.* (*Blas.*) C'est la couleur rouge; on la représente en noir par des hachures verticales.

GUEULE BÉE, *sf.* Futaille défoncée par un bout, en usage dans divers arts.

GUEURBI, *sm.* V. *Gourbi.*

GUEUSE, *sf.* Dentelle commune et légère

qu'on fabriquait autrefois en France. | —s, *sfpl.* Fonte en —; se dit de la fonte de fer en demi-cylindres, telle qu'elle résulte de la coulée dans des rigoles de sable où elle se rend en sortant du creuset.

GUHR, *sm.* Terre chargée de substances métalliques suintant au travers des fentes des rochers.

GUI, *sm.* Plante parasite qui vit sur l'écorce de certains arbres; il y en a en Europe plusieurs espèces, dont une dite — *blanc*, qui habite *très-rarement sur le chêne et l'olivier*, mais qu'on trouve communément sur le pommier, le peuplier, etc.; on fait avec ses baies une glu de qualité inférieure.

GUIAPIL, *sm.* Chemise des Indiennes qui leur couvre la gorge et les épaules.

GUIBRE, *sf.* (*Mar.*) Ensemble de la charpente fixe du bâtiment qui fait saillie au delà de l'étrave. | Dans un sens plus restreint, éperon, charpente extérieure qui supporte le mât de beaupré.

GUICHE, *sf.* Nom du jeu de bâtonnet dans le nord de la France.

GUIDEAUX, *smpl.* Filets en manche allongée, dont on présente l'ouverture qui est large à un courant qui la traverse.

GUIDON, *sm.* (*Mus.*) Petit signe qui se met à l'extrémité de la portée sur le degré où sera placée la note qui doit commencer la portée suivante. | Petit drapeau d'une compagnie. | Banderole plus courte et plus large que la flamme et fendue à son extrémité, qui sert sur mer aux signaux.

GUIGNARD, *sm.* Oiseau de passage, espèce de pluvier gris, qui a un trait blanc sur l'œil; il est assez commun en Europe et fréquente les marais; sa chair est délicate.

GUIGNAU, *sm.* GUIGNAUX ou GUIGNEAUX, *smpl.* (*Arch.*) Pièces de bois qui s'assemblent entre les chevrons d'un comble pour faire le passage d'une souche de cheminée et retenir les chevrons plus courts que les autres.

GUIGNE, *sf.* Espèce de cerise douce assez approchante du goût et de la forme du bigarreau. | GUIGNIER, *sm.* Cerisier qui porte les —s.

GUIGUE, *sf.* Embarcation anglaise, à fond plat, pointue des deux bouts et très-légère. | Voiture de chasse.

GUILBOQUET, *sm.* Outil avec lequel on trace des parallèles au moyen d'une pointe qu'on fait glisser le long des planches.

GUILDE, *sf.* En Russie, on classe sous ce nom les diverses catégories établies dans le corps de la bourgeoisie et dans le commerce.

GUILDIVE, *sf.* Eau-de-vie tirée de la canne à sucre. | Chevrettes qui servent d'appât pour le poisson.

GUILLAGE, *sm.* V. *Guiller.*

GUILLAUME, *sm.* Espèce de rabot dont le fer est étroit et échancré, et dépasse le bois par les côtés afin de creuser une feuillure à angles vifs. | Monnaie d'or de Hollande valant 21 fr. 84 c.

GUILLEDIN, *sm.* Cheval hongre d'Angleterre dont on se sert pour les courses.

GUILLEMOT, *sm.* Espèce d'oiseau palmipède assez voisin du plongeon par ses mœurs et sa conformation; il habite les mers du Groënland.

GUILLER, *vn.* Se dit de la bière quand elle fermente en poussant sa levûre au dehors. | GUILLAGE, *sm.* Etat de la bière qui *guille*.

GUILLOCHER, *va.* Ciseler sur un objet de métal des ornements composés de traits, de lignes ondées qui s'entrelacent ou se croisent avec symétrie. | GUILLOCHAGE, *sm.* Etat d'un objet guilloché. | GUILLOCHIS, *sm.* Ornement qui constitue le *guillochage*.

GUILLOIRE, *sf.* Cuve fermée où le moût de bière fermente et devient alcoolique; elle est munie d'un tube recourbé pour le dégagement du gaz.

GUIMAUVE, *sf.* Plante assez voisine, comme structure, de la mauve, dont la racine blanche, pivotante, de la grosseur du doigt, d'une saveur douce et mucilagineuse, a des propriétés adoucissantes et pectorales.

GUIMAUX, *smpl.* Prés fauchés deux fois l'an.

GUIMBARDE, *sf.* Petit instrument sonore de fer ou de laiton, composé de deux branches entre lesquelles est une languette qui vibre quand on la touche avec les doigts, tandis qu'on tient l'instrument entre les doigts. | Sorte de *chariot à quatre roues*, à ridelles pouvant s'allonger pour recevoir des fourrages, etc. | Rabot qui ressemble au *guillaume*. (V. ce mot).

GUIMBERGE, *sf.* Ornement en cul-de-lampe à la clef des voûtes gothiques.

GUIMPE, *sf.* Pièce de toile qui couvre le cou et la poitrine des femmes, et particul. des religieuses.

GUINCHE, *sf.* Outil de bois qui sert à polir les talons des chaussures de femme.

GUINDANT, *sm.* Hauteur d'un pavillon du côté où il est attaché, par oppos. à sa longueur qui s'appelle *battant.*

GUINDER, *va.* Enlever un fardeau par le moyen d'une machine ou d'une sorte de treuil appelé | GUINDAL ou GUINDEAU, *sm.* | GUINDAGE, *sm.* Action de —.

GUINDOULE, *sf.* Machine pour charger et décharger les vaisseaux.

GUINDRE, *sm.* Petit métier pour dévider la soie; il est de forme parallélogrammique.

GUINÉE, *sf.* Monnaie d'or anglaise, valant 20 *schellings* ou 25 fr. 21 c.

GUINÉES, *sfpl.* Toile de coton teintes en bleu, fabriquées dans l'Inde, et qui se vendent aux indigènes du Sénégal, en échange contre les gommes de ce pays.

GUINGAMP, *sm.* (pr. *guin-gan*). Étoffe de coton lisse de couleur claire, qu'on fabrique à Saint-Quentin et en Alsace pour robes légères de femme.

GUINGUET, *sm.* Espèce de camelot.

GUIPER, *va.* Imiter sur le vélin ou par une broderie la dentelle appelée *guipure*.

GUIPON, *sm.* Pinceau de bandes d'étoffes de laine, employé pour étendre l'enduit dont on recouvre la carène d'un navire.

GUIPURE, *sf.* Dentelle très-riche faite de pièces larges rapportées les unes à côté des autres et produisant des dessins réguliers; on s'en sert comme ornement des vêtements de femme, etc.

GUIRACO, *sm.* Oiseau passereau conirostre d'Amérique, semblable à nos gros-becs; ses espèces ont un plumage très-brillant et très-varié.

GUIT-GUIT, *sm.* Oiseau passereau d'Amérique de la taille du colibri; il a un très-beau plumage et se nourrit du suc qui découle de la canne à sucre.

GUITRAN, *sm.* Bitume pour enduire les navires.

GUIVON, *sm.* (*Mar.*) Garde, service à bord; durée de ce service qui est de six heures.

GUIVRE ou Givre, *sf.* (*Blas.*) Serpent. | Guivré, e, *adj.* Se dit des pièces terminées en serpent, ou autour desquelles s'enroule un serpent. | On a écrit aussi *Vivre* et *Wivre*.

GULD, *sm.* Monnaie d'or, d'argent ou de compte, d'Allemagne, valant, suivant le pays, de 2 fr. 85 à 8 fr. 70.

GULF-STREAM, *sm.* (*Angl.*) (pr. *golf-strimm*). Grand courant marin d'eaux tempérées qui prend naissance dans le golfe du Mexique, remonte les côtes de l'Amérique du Nord, se dévie à Terre-Neuve et gagne les îles Britanniques et les côtes de Norwége.

GUNNY, *sm.* (pr. *gouni*). Étoffe du Bengale faite de substances textiles, et particul. de *jute*, dont on se sert pour faire des sacs d'emballage, etc.

GUSLI ou Gussel, *sm.* Harpe russe qui a la forme du psaltérion allemand.

GUSTATION, *sf.* Sensation du goût, perception des saveurs. | Action de goûter.

GUTTA-PERCHA, *sf.* (pr. *ka*). Suc épaissi d'un arbre des Moluques qui a les propriétés principales du *caoutchouc*, mais qui n'est ni élastique, ni extensible; on en fait un cuir factice imperméable, inattaquable aux acides et aux alcalis, qui sert à isoler divers corps.

GUTTE, *adj. f.* Gomme —. V. *Gomme-gutte.*

GUTTIER, *sm.* Arbre à feuilles brillantes, à fleurs terminales, axillaires, qu'on cultive aux Indes et à Ceylan; il donne par incision une gomme-résine jaune, qui ressemble beaucoup à la gomme-gutte; ses fruits sont comestibles et légèrement astringents.

GUTTIFÈRES, *sfpl.* (*Bot.*) Famille de plantes renfermant des arbres des pays tropicaux, et qui fournissent par exsudation des sucs résineux ou gommes-résines.

GUTTURAL, E, *adj.* Qui appartient au gosier. | Qui vient du gosier, qui se prononce du gosier.

GUZLA, *sf.* Instrument champêtre des Morlaques, sur lequel il n'y a qu'une corde de crin tressée; il sert à accompagner les chants nationaux appelés *pismes*.

GYALL, *sm.* Espèce de bœuf dont les cornes sont aplaties d'avant en arrière et sont dirigées en dehors et en haut; il vit en domesticité dans les contrées montagneuses de l'Inde.

GYMNASE, *sm.* Lieu où l'on se livre aux exercices du corps.

GYMNASIARQUE, *sm.* Celui qui dirige des exercices gymnastiques.

GYMNASTE, *sm.* Celui qui est très-fort sur les exercices gymnastiques.

GYMNÈTRE, *sm.* Genre de poissons acanthoptérygiens dont le corps est très-allongé et argenté; sa nageoire dorsale se prolonge jusque sur sa tête; il est assez commun dans la Méditerranée; sa chair molle et muqueuse est peu estimée.

GYMNIQUE, *adj.* Se dit des jeux grecs qui étaient destinés à perfectionner les exercices du corps, comme la course à pied, à cheval, sur des chars, la lutte, le saut, le jet du disque, etc. | *sf.* Science des exercices du gymnase.

GYMNODONTES, *smpl.* Famille de poissons qui ont les mâchoires garnies d'une couche d'ivoire provenant de la soudure des dents; leur chair molle et peu estimée est quelquefois malfaisante.

GYMNOSOPHISTE, *sm.* Secte de philosophes indiens qui allaient presque nus, s'abstenaient de tout plaisir sensuel et s'adonnaient à la contemplation des choses de la nature.

GYMNOTE, *sm.* Genre de poissons malacoptérygiens commun en Amérique, qui produit, au moyen d'un appareil membraneux placé sous sa queue, une secousse électrique assez violente pour abattre un homme et tuer un petit animal; il atteint deux mètres de longueur et ressemble assez à une anguille.

GYNANDRIE, *sf.* (*Bot.*) Classe du système de Linné, renfermant les plantes dont les étamines sont implantées sur le pistil et ne forment qu'un corps avec lui.

GYNÉCÉE, *sm.* (*Ant.*) Appartement des femmes; partie de la maison des Grecs réservée à l'habitation des femmes; elles n'y étaient pas en réclusion, mais elles en sortaient rarement.

GYNÉCOCRATIE, *sf.* État dont la coutume permet aux femmes de monter sur le trône.

GYNGLIME, *sm.* (*Anat.*) V. *Ginglyme.*

GYPAËTE, *sm.* Oiseau de l'ordre des rapaces, qui habite les hautes montagnes des deux hémisphères; voisin du vautour, il est aussi féroce que lui.

GYPSE, *sm.* Pierre à plâtre ou sulfate de chaux. | Gypseux, se, *adj.* Qui est de la nature du —, ou qui renferme du —.

GYRIN, *sm.* Insecte coléoptère, dont une espèce, appelé vulg. *tourniquet*, se tient à la surface de l'eau, où elle tourne sur elle-même avec une grande vivacité.

GYROSCOPE, *sm.* Appareil pour démontrer la rotation de la terre, fondé sur la fixité du plan de rotation d'un tore ou ellipsoïde très-aplati, librement suspendu par son centre de gravité, et tournant autour d'un de ses axes principaux.

GYROVAGUE, *sm.* Espèce de moines qui n'étaient attachés à aucune maison, erraient de monastère en monastère.

H

Les astérisques désignent les mots dans lesquels l'*h* est aspirée.

HABEAS CORPUS, *sm.* (*Lat.*) Loi anglaise qui donne à tout Anglais prisonnier le droit d'être élargi en donnant caution.

HABILLOT, *sm.* Pièce de bois de 50 centimètres de long, qui sert à fixer dans un train de bois les liens avec la membrure du train.

HABITACLE, *sm.* Demeure, dans le style de l'Ecriture. | Cabane, cellule. | (*Mar.*) Armoire de bois qui renferme la boussole; elle est disposée de manière à être sous les yeux du timonier.

HABITAT, *sm.* (pr. *-tatt*) (*Bot.*) Lieu spécialement habité par une espèce végétale; circonscription géographique dans laquelle elle se développe spontanément.

HABITUDINAIRE, *adj.* (*Théol.*) Se dit de celui qui retombe toujours dans les mêmes péchés.

HABITUS, *sm.* (pr. *tuss*) (*Hist. nat.*) Port, manière d'être, configuration des êtres organisés.

HACHE-PAILLE, *sm.* Instrument d'agriculture qui coupe la paille ou le fourrage; c'est une faux mue par une manivelle, sous laquelle est disposée une auge.

HACHEREAU, *sm.* Petite hache courte, légère et sans marteau derrière; on s'en sert pour façonner et dresser le bois déjà dégrossi.

HACHISCH*, *sm.* (pr. *hat-chich*). Préparation faite avec les sommités fleuries d'une espèce particulière de chanvre; les Orientaux l'emploient pour en obtenir des effets narcotiques et enivrants, ainsi que des hallucinations; on l'a employé à très-faibles doses contre certaines névroses et contre le choléra. | Hachischine, *sf.* Principe actif résineux du —.

HACHURES, *sfpl.* Traits que l'on fait dans un dessin pour représenter les ombres, les parties qui doivent être plus ou moins obscures. | (*Blas.*) Traits ou points qui désignent spécialement les couleurs et les métaux.

HACK*, *sm.* (*Angl.*) Dans le langage des courses, cheval de selle proprement dit, de luxe et de promenade.

HADENA, *sm.* Papillon de nuit, dont les ailes portent des lignes figurant une M couchée (≊); sa chenille vit sur les choux, qu'elle ravage.

HADJI*, *sm.* Musulman qui a fait le pèlerinage de la Mecque.

HÆMOPIS, *sm.* V. *Hémopis.*

HAGIASME, *sm.* Bénédiction ou tout autre sacrement dans l'Église grecque.

HAGIOGRAPHE, *adj.* et *s.* Se dit des auteurs qui traitent de la vie et des actions des saints.

HAGIOGRAPHIE, *sf.* Traité sur les choses saintes; on dit aussi *Hagiologie.*

HAGIOSIDÈRE, *sm.* Plaque de fer sur laquelle on frappe avec un marteau, qui remplace la cloche dans les églises grecques de Turquie. | Hagiosimandre, *sm.* Plaque de bois destinée au même usage.

HAHA*, *sm.* Ouverture pratiquée dans un mur de jardin ou de parc, afin de laisser la vue libre, et qui est défendue par un fossé extérieur.

HAIE ou Haye, *sm.* Partie de la charrue appelée aussi, selon les pays, *age* et *flèche*.

HAÏK*, *sm.* Espèce de voile que les Arabes attachent autour de leur tête par une corde en poil de chameau, et qui, couvrant la nuque, le dos, est ramené en avant en plis gracieux jusqu'au dessus de la ceinture; il est ordinairement en barége blanc, avec des bandes de soie de même couleur.

HAIM*, *sm.* Nom générique de tous les crochets, de forme variable, qui servent à saisir le poisson, qu'on appelle plus communément *hameçon.*

HAIRE*, *sf.* Espèce de petite chemise faite

de crin ou de poil de chèvre non foulé, que l'on met sur la peau par esprit de mortification et de pénitence. | V. *Rustine*.

HAIVE, *sf.* V. *Hayve*.

HAJE, *sf.* Nom d'une espèce de vipère très-commune en Égypte, que l'on croit être l'*aspic de Cléopâtre*.

HALAGE*, *sm.* Action de tirer du bord, au moyen de cordages, un bateau qui est sur une rivière et de le faire ainsi avancer; le chemin suivi par l'homme ou le cheval qui exercent cette traction s'appelle chemin de —.

HALBI, *sm.* Espèce de poiré; boisson composée de poires et de pommes fermentées.

HALBOURG*, *sm.* Gros hareng qui se pêche après la disparition des harengs proprement dits; il n'a jamais ni œufs, ni laite, et on croit que c'est un vieil individu de l'espèce commune.

HALBRAN*, *sm.* Jeune canard sauvage. | HALBRENER, *vn.* Chasser aux —s.

HALDE*, *sf.* Amas, couche d'argile ou de terre quelconque sur laquelle on dépose le minerai pour le faire fondre.

HÂLE*, *sm.* Teinte brune produite sur la peau, par les rayons du soleil. | Vent sec et chaud qui souffle de l'est et du sud.

HALE-BOULINE*, *sm.* (*Mar.*) Terme familier désignant un matelot qui ne connaît encore que les manœuvres faciles; mauvais matelot.

HALEBREU, *sm.* (*Mar.*) Petit cordage qui passe dans une poulie et qui sert à élever des voiles.

HALECRET*, *sm.* Cuirasse légère de fer battu, en usage au XVe siècle.

HALEMENT*, *sm.* Nœud fait avec un cordage autour de plusieurs pièces de bois pour les soulever.

HALER*, *va.* (*Mar.*) Tirer dans toutes les directions, excepté du haut en bas, et spécialement dans la direction horizontale. | Soumettre le lin ou le chanvre rouis à une torréfaction légère avant de les teiller.

HALFSPANN*, *sm.* Mesure de capacité suédoise de la contenance d'environ 180 litres.

HALIEUTIQUE, *adj.* et *sf.* Qui concerne la pêche; se dit de l'art de la pêche et des traités qui s'y rapportent.

HALIGOURDE, *sm.* Sorte de pain fait avec de la farine de gruau.

HALIOTIDE, *adj.* et *sf.* Se dit d'un mollusque gastéropode, commun dans différentes mers: son coquillage est mince, ovale, bordé d'une rangée de trous, et ressemble à une oreille d'homme; sa nacre, très-fine, est employée pour les incrustations.

HALITUEUX, SE, *adj.* De l'haleine, qui concerne l'haleine; se dit aussi de la peau, quand elle est couverte d'une douce moiteur. | Se dit des vapeurs qui s'élèvent comme l'haleine.

HALIVE, *sf.* Espèce de canard de petite taille, appelée aussi *Sarcelle de Madagascar*.

HALLALI, *sm.* Cri qui annonce que le cerf est sur ses fins. | Moment où le cerf est forcé; fanfare particulière qui fait connaître cet événement et rassemble les chasseurs.

HALLEBARDE*, *sf.* Arme offensive qu'on employait dans l'infanterie au moyen âge; c'était une hampe de 2 mètres environ que surmontait une lame terminée comme une pique, et découpée d'un côté en hache tranchante de l'autre en croissant ou en pointe aiguë; les soldats qui la portaient s'appelaient des *hallebardiers*.

HALLEBRAN*, *sm.* V. *Halbran*.

HALLIER*, *sm.* Réunion de buissons épais. | Très-fort filet employé pour la chasse aux perdrix, aux cailles, aux canards sauvages, etc.; il est composé de trois nappes et de plusieurs piquets.

HALLUCINATION, *sf.* Erreur, illusion d'un des sens, par suite de laquelle on croit avoir des perceptions qu'on n'a pas réellement; c'est une variété de l'aliénation mentale, dans laquelle le cerveau malade donne un corps aux images que reproduit la mémoire ou qu'enfante l'imagination. | HALLUCINÉ, E, *adj.* et *s.* Qui a des —s.

HALO*, *sm.* Couronne lumineuse et colorée que l'on voit quelquefois autour du disque du soleil, de la lune et des planètes, lorsque ces corps brillent à travers une atmosphère vaporeuse. | Auréole, cercle rouge qui est autour du mamelon du sein.

HALOCHIMIE*, *sf.* (*Chim.*) Partie de la chimie qui traite de l'histoire des sels. | HALOGRAPHIE, *sf.* Description des sels.

HALOGÈNE*, *adj.* (*Chim.*) Se dit des corps électro-négatifs, qui neutralisent les métaux électro-positifs en faisant avec eux des sels dits *haloïdes*; tels sont le chlore, l'iode, le brôme, etc.

HALOIR*, *sm.* Lieu où l'on hâle le chanvre par le moyen du feu, pour le disposer à être broyé ou teillé.

HALOPHILE, *adj.* (*Hist. nat.*) Qui aime le sel, qui croît dans les terrains imprégnés de sel.

HALOT*, *sm.* (pr. *lô*). Trou dans une garenne de lapin.

HALTÈRE*, *sm.* Petit cylindre de plomb ou de fer muni d'une boule à chaque extrémité, dont on se sert dans les exercices gymnastiques pour développer les muscles des bras. | Appareil semblable, mais tout en bois. | Balancier du danseur de corde.

HALURGIE*, *sf.* HALURGIQUE, *adj.* Se dit de tout ce qui a rapport à l'extraction du sel et à sa fabrication.

HAMAC*, *sm.* Pièce de toile ou de filet rectangulaire et terminée aux quatre angles par de fortes cordes qui servent à la suspendre; on l'emploie en place de lit dans les navires; on s'en sert aussi à la campagne comme de lit de repos en plein air.

HAMADRYADE, *sf.* (*Ant.*) Nymphe des bois qui, d'après les païens, naissait et mourait avec l'arbre dont la garde lui était confiée et qui ne pouvait jamais le quitter.

HAMAN, *sm.* Toile de coton du Bengale, très-fine et très-serrée.

HAMBOURG*, *sm.* Tonneau dans lequel on met des saumons salés et qui pèse net environ 350 livres.

HAMBOUVREUX, *sm.* V. *Friquet.*

HAMPE*, *sf.* Bois d'une hallebarde, d'une lance, d'un drapeau. | Manche d'un pinceau. | Poitrine du cerf. | (*Bot.*) Tige des végétaux herbacés quand elle ne porte ni feuilles ni ramifications, mais seulement la fleur à sa partie supérieure.

HAMSTER*, *sm.* Espèce de rongeur semblable au rat, qui habite l'Allemagne, l'Alsace, la Russie, etc.; il est très-nuisible à l'agriculture par sa voracité et la quantité de grains qu'il amasse dans son terrier: sa fourrure noirâtre est assez estimée.

HANAP*, *sm.* (pr. *napp*). Ancienne coupe, grande et large; vase à boire.

HANAPIER*, *sm.* Partie supérieure de la tête, le crâne humain, dont certains peuples barbares ont fait des coupes. | Pièce de l'armure qui couvrait la poitrine.

HANDICAP*, *sm.* (*Angl.*) Course dans laquelle on établit par avance les poids différents que doivent supporter les divers chevaux, d'après leur valeur relative et les prix qu'ils ont déjà gagnés, afin d'égaliser les chances; cette attribution est faite par une personne spéciale appelée *handicapeur.*

HANEBANE, *sf.* Jusquiame noire.

HANSARD, *sm.* Longue et large scie portant à une de ses extrémités une poignée de bois et percée à l'autre d'un trou dans lequel on passe un manche, afin de scier à deux.

HANSE*, *sf.* Autrefois, *confédération, alliance.* | Union de plusieurs villes d'Allemagne qui commerçaient ensemble sous certaines constitutions.

HANSÉATIQUE*, *adj.* Désignait les villes qui appartenaient à la hanse.

HAPLAIRE*, *sf.* Sorte de moisissure.

HAPPE*, *sf.* Espèce de crampon qui sert à lier deux pièces de bois, deux pierres, etc. | Petit étau qu'emploient les luthiers et les ébénistes pour maintenir plusieurs pièces ensemble. | Pincettes avec lesquelles le fondeur saisit le creuset pour en verser le contenu dans les moules.

HAPPE-CHAIR*, *sm.* Nom qu'on donnait autrefois, ironiquement, aux huissiers, et surtout à ceux qui étaient chargés d'arrêter les débiteurs.

HAPPELOURDE*, *sf.* Pierre fausse qui a l'éclat et l'apparence d'une pierre précieuse.

HAPPEMENT, *sm.* Effet des substances qui *happent* à la langue, c.-à-d. qui s'y appliquent, qui y adhèrent fortement.

HAQUENÉE*, *sf.* C'était autrefois le nom d'un cheval ou d'une jument de moyenne taille, facile au montoir et allant l'amble.

HAQUET*, *sm.* Espèce de charrette étroite, longue, sans ridelles et à bascule, servant particulièrement à transporter des pièces de vin. | HAQUETIER, *sm.* Conducteur de —.

HARAM, *sm.* Arbre résineux de Madagascar produisant par incision un suc qui exhale en brûlant une odeur d'encens.

HARAN*, *sm.* Toit à porcs.

HARANGUET*, *sm.* V. *Clupée.*

HARAS*, *sm.* Établissement où l'on élève des chevaux étalons de race pure pour en propager la race.

HARASSE*, *sf.* Sorte de caisse à claire-voie ou de panier léger dans lequel on emballe de la faïence, des poteries ou des verreries. | Autrefois, grand bouclier qu'on posait devant soi.

HARD*, *sm.* Cheville de fer tournée en cercle, sur laquelle on passe les peaux pour les amollir.

HARDE*, *sf.* Troupe de bêtes fauves, bande d'animaux comme les cerfs, etc. | Dégâts que commettent les bêtes fauves; leurs traces.

HARDÉ*, *adj. m.* Se dit d'un œuf pondu sans coquille, ou plutôt dont la coquille est molle ou remplacée par une membrane, sorte de coquille rudimentaire.

HARDER*, *va.* Attacher les chiens six à six, ou quatre à quatre pour la chasse.

HARDERIE*, *sf.* Nom que donnent les émailleurs au sulfate de fer dont ils se servent.

HARDINGHAR, *sm.* Mesure de capacité suédoise, de la contenance de 23 litres.

HARDOIS*, *smpl.* Trace du cerf. V. *Harde.*

HAREM*, *sm.* (pr. *-rèmm*). Appartement des femmes chez les musulmans. | Réunion des femmes qui habitent le —.

HARENG*, *sm.* Poisson malacoptérygien de 12 à 15 centimètres de long, à nombreuses écailles, dont les inférieures sont disposées comme les dents d'une scie; ils viennent du Nord dans nos mers, tous les ans, par troupes nombreuses, serrées, formant de vastes *bancs*; on leur fait une pêche assidue, et on les mange frais ou conservés dans la saumure; ces derniers sont dits harengs *saurs.* | Banc de sable qui se forme au milieu des rivières rapides parallèlement à leur lit.

HARENGUET*, *sm.* V. *Clupée.*

HARLE*, *sm.* Oiseau palmipède, voisin du canard par sa conformation, qui habite continuellement les étangs du nord de l'Europe, où il fait un grand ravage en se nourrissant exclusivement de poissons.

HARMATTAN, *sm.* Vent très-sec qui souffle de décembre à janvier, pendant plusieurs jours de suite, sur la côte ouest de l'Afrique équatoriale, et qui est acompagné d'un brouillard blanchâtre de nature particulière.

HARMONICA, *sm.* Nom donné à plusieurs instruments de musique, dont le principe commun est la percussion de lames ou de cloches de verre disposées de façon à rendre des sons agréables.

HARMONICORDE, *sm.* Piano à queue, accompagné d'un mécanisme qui se meut au moyen du pied.

HARMONIFLÛTE, *sm.* Instrument de musique assez semblable à l'accordéon, qui se joue au moyen de touches sur lesquelles frappe l'une des deux mains, tandis que l'autre déploie ou reploie le soufflet qui donne de l'air.

HARMONIUM, *sm.* Orgue composé de plusieurs jeux d'anches libres, dont les sons produisent l'effet des tuyaux d'orgue.

HARMONOMÈTRE, *sm.* (*Phys.*) Instrument propre à mesurer les rapports harmoniques des sons.

HARMOPHANE, *sm.* (*Minér.*) Variété de corindon translucide, lamelleuse et terne, qui vient d'Asie.

HARO*, *sm.* Cri que poussait une personne attaquée ou lésée quand elle voulait obtenir prompte justice; l'adversaire était tenu de suivre celui qui criait *haro*, et tous deux demeuraient en lieu sûr jusqu'à ce que le juge eût prononcé sur le différend ; cet usage, spécial à la Normandie, s'appelait aussi *clameur de —*.

HARPAIL*, *sm.* Bande de bêtes fauves. | V. *Harde*.

HARPAILLER*, *vn.* Se dit des chiens quand ils se séparent en chassant au lieu de rester ensemble.

HARPALE, *sm.* Insecte coléoptère dont la tête est prise dans le corselet et dont les élytres sont terminés en pointe; il se plaît dans les lieux sablonneux et chauds.

HARPAYE, *sf.* V. *Busard*.

HARPE*, *sf.* Instrument de musique composé de 42 ou 43 cordes verticales se succédant diatoniquement, et tendues entre deux bras qui forment un angle ouvert d'environ 110 degrés; on les pince avec les doigts et des pédales servent à les tendre plus ou moins pour donner les demi-tons. | Mollusque gastéropode dont la coquille rappelle une harpe par son dessin et sa forme; il se trouve dans les mers tropicales. | (*Archit.*) Pierres qu'on laisse alternativement en saillie sur l'épaisseur d'un mur pour faire liaison avec un autre.

HARPÉ, E*, *adj.* Se dit des lévriers et des levrettes qui ont le ventre très-arqué.

HARPEAU*, *sm.* (*Mar.*) Nom qu'on donnait autrefois à une ancre à quatre branches servant dans les batailles quand on venait à l'abordage.

HARPER*, *vn.* Se dit des chevaux qui lèvent les deux jambes de derrière en même temps et avec précipitation.

HARPIE, *sf.* Espèce d'aigle d'Amérique, dont les ailes sont plus courtes que la queue ; son bec et ses serres sont extrêmement robustes. | Oiseau monstrueux inventé par la mythologie ancienne.

HARPIN*, *sm.* Sorte de tumeur charbonneuse qui se développe à la jambe des bestiaux. | Croc dont se servent les bateliers pour accrocher leurs bateaux.

HARPION*, *sm.* Maladie contagieuse des vers à soie qui consiste en un amaigrissement subit.

HARPON*, *sm.* Dard dont la pointe est munie de deux crocs et qui sert pour la pêche des gros poissons, surtout des cétacés tels que les baleines, etc.; on le lançait autrefois avec la main ; on se sert aujourd'hui pour cet objet de la poudre à canon. | (*Archit.*) Barre de fer coudée par un bout, qui sert à fixer une pièce de bois contre une autre ou dans la pierre. | (*Mar.*) Fer tranchant en forme d'S ; on l'employait autrefois pour couper les câbles dans les combats d'abordage. | Lame de scie emmanchée des deux bouts, dont se servent les menuisiers pour refendre et découper le bois sur l'établi.

HART*, *sf.* Branche verte et souple, brin d'osier dont on se sert pour lier les fagots. | Autrefois, toute sorte de lien, et particul. la corde qui servait à pendre les criminels. | Manche qui pouvait recevoir plusieurs outils différents; on s'en servait autrefois, mais on l'a abandonné.

HASCHICH*, *sm.* V. *Hachich*.

HASE*, *sf.* La femelle d'un lievre. | On le dit, à tort, pour la femelle d'un lapin, dont le nom est *lapine*.

HAST, *sm.* Arme d'— ; toute arme emmanchée au bout d'un long bâton.

HASTAIRE*, *sm.* (*Ant.*) Chez les Romains, soldat qui portait la *haste* ou javelot; ils étaient les plus jeunes de chaque cohorte et se tenaient au premier rang.

HASTÉ, E*, *adj.* (*Bot.*) Se dit des feuilles dont la forme ressemble à celle d'un fer de lance.

HASTEUR*, *sm.* (pr. *hâ-teur*). Préposé qui surveille les ouvriers dans un atelier.

HATCHICH*, *sm.* V. *Hachich*.

HÂTELET*, *sm.* Brochette dont les cuisiniers se servent pour faire rôtir de petits morceaux de viande ou de petits oiseaux.

HÂTEREAU*, *sm.* Tranche de foie de porc, poivrée, salée et grillée.

HÂTEUR*, *sm.* C'était autrefois, dans les

maisons royales, l'officier chargé de prendre soin des viandes.

HÂTIER*, *sm.* Autrefois, la broche de cuisine.

HÂTILLE*, *sf.* Morceau de porc frais bon à rôtir, et quelquefois les poumons, le cœur, etc.

HÂTIVEAU*, *sm.* Sorte de poire lisse qui mûrit des premières.

HÂTURE, *sf.* Portion de fer en saillie qui aboutit à un verrou ou à la tête d'un pène. | Second coude d'un morceau de fer déjà coudé. | Rabouiage de deux pièces de fer ensemble.

HATTI-CHÉRIF*, *sm.* Nom donné en Turquie aux ordonnances émanées du sultan et signées de sa main.

HAUBAN*, *sm.* Nom des gros cordages en forme d'échelle, qui sont attachés au sommet des mâts et fixés au bordage du navire ou aux hunes pour maintenir les mâts dans la position verticale. | Cordages analogues qui tiennent une grue ou une chèvre dans la position verticale.

HAUBERGEON*, *sm.* Petit haubert.

HAUBERT*, *sm.* Sorte de cuirasse ancienne, cotte de mailles à manches et à gorgerin.

HAUSSEN, *sm.* V. *Esturgeon.*

HAUSSE-COL*, *sm.* Ornement en forme de croissant, ordinairement de cuivre doré, que les officiers d'infanterie portent au-dessous du cou quand ils sont de service. | Espèce de colibri.

HAUSSIÈRE*, *sf.* V. *Aussière.*

HAUTBOIS*, *sm.* Instrument à vent en bois, à anche, dont le son est plus fort que celui de la flûte; il est formé de trois pièces entrant les unes dans les autres et terminées par un pavillon en bois comme une trompette; son chant est très-propre pour les morceaux d'un style simple et champêtre. | Jeu d'orgues dont le jeu de basson fait la basse.

HAUT-DE-CHAUSSE*, *sm.* C'était autrefois la partie du vêtement de l'homme qui le couvrait de la ceinture aux genoux.

HAUT-FOURNEAU*, *sm.* V. *Fourneau.*

HAUT-JUSTICIER*, *sm.* (*Féod.*) Nom par lequel on désignait les seigneurs qui avaient droit de connaître des crimes entraînant la peine capitale.

HAUT-MAL*, *sm.* V. *Épilepsie.*

HAUTE-CONTRE*, *sf.* Ancien nom de la voix qu'on appelle aujourd'hui *contralto* ou *baryton.*

HAUTE-LISSE*, *sf.* V. *Lisse.*

HAUTESSE*, *sf.* Titre de dignité que l'on ne donne qu'au sultan ou empereur de Turquie.

HAUTEUR*, *sf.* (*Astr.*) Arc de cercle vertical compris entre un astre donné et l'horizon.

HAUTIN*, *sm.* Vigne à tige haute.

HAUTURIER*, *sm.* Nom que portaient les pilotes qu'on prenait autrefois dans un port pour conduire un navire jusqu'à la pleine mer.

HAVAGE*, *sm.* Droit particulier qui revenait au bourreau, sur certaines marchandises vendues au marché.

HAVELER*, *sm.* Réunir le sable marin en petits tas pour en extraire le sel.

HAVENEAU*, *sm.* Sorte de filet en forme de poche, monté sur deux perches droites, que l'on place dans le courant de l'eau.

HAVERON, *sm.* V. *Averon.*

HAVET*, *sm.* Crochet en fer. | Clou à crochet. | Instrument en forme de pioche, qui sert à *haveler* le sable marin. (V. ce mot).

HAVIR*, *vn.* Se dit de la viande quand elle a été rôtie à un trop grand feu et qu'elle est brûlée en dehors sans être cuite en dedans.

HAVOT*, *sm.* Ancienne mesure de capacité pour les grains dans le nord de la France, de la contenance de 17 litres 53 centil.

HAVRE*, *sm.* Ancien *syn.* de port de mer. | Ne s'emploie plus aujourd'hui que dans un sens vague, et signifie plus particul. port situé à l'embouchure d'un fleuve.

HAYE*, *sf.* V. *Haie.*

HAYON*, *sm.* Sorte de porte qui ferme l'arrière d'un tombereau et qui s'enlève à volonté. | Tente de marchand forain.

HAYVE, *sf.* (pr. *ève*). Éminence, saillie du panneton dans les clefs non forées qui ouvrent les serrures bénardes, pour empêcher qu'elles ne passent au travers.

HEAUME*, *sm.* Ancien nom des casques de guerre, et plus particul. de ceux qui étaient tout d'une pièce et sans visière, avec un grillage à l'endroit des yeux. | HEAUMERIE, *sf.* Fabrique de —s. | HEAUMIER, *sm.* Fabricant de —s.

HEBDOMADAIRE, *adj.* Qui se renouvelle chaque semaine.

HEBDOMADIER, ÈRE, *s.* Celui, celle qui est chargé au couvent ou dans un chapitre de présider à l'office toute la semaine.

HÉBÉCHET, *sm.* Crible ou panier fait avec l'écorce tissée d'une plante graminée des Antilles, qui ressemble au roseau.

HÉBERGE, *sf.* Périmètre de la partie d'un mur qui est commune entre deux bâtiments, dont l'un est plus haut ou plus profond que l'autre; ligne à laquelle s'arrête la hauteur ou la profondeur d'un bâtiment qui s'appuie sur le mur d'un bâtiment voisin.

HÉBICHET, *sm.* V. *Hébéchet.*

HÉBRAÏSANT, *sm.* Savant qui s'occupe de l'étude de la langue hébraïque et particul. du texte hébreu de l'Écriture.

HÉBRAÏSER, *vn.* Étudier l'hébreu; se servir de locutions propres à la langue hébraïque.

HÉBRAÏSME, *sm.* Façon de parler propre à la langue hébraïque.

HÉCATOCOTYLE, *sm.* Zoophyte entozoaire vermiforme, dont le corps est couvert en dessous d'une grande quantité de ventouses.

HÉCATOMBE, *sf.* Sacrifice de cent bœufs ou de plusieurs animaux de différentes espèces que les anciens offraient aux dieux. | Sacrifice de victimes nombreuses.

HECTARE, *sm.* Mesure de surface égale à cent ares ou 10,000 mètres carrés.

HECTIQUE, *adj.* Se dit d'une fièvre dont le mouvement est continu et chronique, et qui est symptomatique d'une désorganisation interne; elle occasionne une consomption lente, un amaigrissement progressif. | HECTISIE, *sf.* État de ceux qui ont la fièvre —.

HECTO, *sm.* Cette particule, mise devant les mots *gramme*, *mètre*, *litre*, signifie une unité cent fois plus grande.

HECTOCOTYLE, *sm.* V. *Hécatocotyle*.

HÉDÉRÉ, E, HÉDÉRIFORME, HÉDÉRACÉ, E, *adj.* (*Bot.*) Qui ressemble au lierre, à la feuille du lierre.

HÉDÉRINE, *sf.* Substance gommo-résineuse que l'on extrait, dans le Levant, à l'aide d'incisions faites sur des vieux troncs de lierre; on l'emploie dans les beaux vernis. | Gomme extraite du lierre commun et qu'on emploie dans certaines maladies de peau.

HÈDRE, *sm.* Ancien syn. du mot *Lierre*.

HEDWIGIE, *sf.* Genre de mousses dont l'urne ovale est recouverte par une coiffe en forme de clochette; ses espèces sont assez communes sur les pierres. | Grand arbre d'Amérique, donnant par incision une résine blanc jaunâtre, qui répand en brûlant une odeur très-suave et qu'on substitue quelquefois à l'encens.

HÉGÉMONIE, *sf.* Pouvoir spécial, suprématie temporaire que l'on accorde à l'un des pays qui font partie d'une confédération, et en vertu desquels il jouit de certains droits d'initiative dans des circonstances déterminées et quelquefois même à titre permanent; ce pouvoir est surtout de nature militaire.

HÉGIRE, *sf.* Ère des mahométans, qui commence au 16 juillet 622, époque où Mahomet s'enfuit de la Mecque; cette fuite porte aussi le nom d'*Hégire*.

HÉGUMÈNE, HÉGOUMÈNE, *sm.* Abbé, supérieur d'un monastère grec.

HEIDUQUE, *sm.* (pr. *é*-). Volontaire esclavon. | Fantassin hongrois. | Domestiques vêtus à la hongroise et qui montent derrière une voiture.

HEISTÉRIE, *sf.* Arbre d'Amérique ressemblant au laurier, et dont le fruit, très-rouge à sa maturité, est recherché des oiseaux.

HÉLAMYS, *sm.* Mammifère rongeur de la taille d'un lapin, dont les dents molaires n'ont pas de racines et dont les pattes de derrière sont très-longues et armées d'ongles larges, ce qui l'oblige à progresser par bonds; il habite le cap de Bonne-Espérance.

HELCOLOGIE, *sf.* Traité des ulcères.

HELCOSE, *sf.* (*Méd.*) Ulcération; plus particulièrement, état maladif qui résulte de la suppuration continue de plusieurs ulcères opiniâtres.

HELCTIQUE, *adj.* et *sm.* (*Méd.*) Attractif, épispastique, vésicant.

HÉLÉNINE, *sf.* Sorte d'huile volatile concrète qu'on tire de la racine d'amande.

HÉLÉPOLE, *sf.* Machine en forme de tour dont on se servait dans l'antiquité pour attaquer les forteresses.

HÉLER*, *va.* (*Mar.*) Appeler, faire un cri, à la rencontre d'un navire pour demander d'où il est, où il va, ou pour faire d'autres questions à l'équipage.

HÉLIANTHE, *sm.* Plante à fleurs composées ou radiées qu'on appelle vulg. *soleil* et *tournesol*; le topinambour est une de ses espèces.

HÉLIAQUE, *adj.* (*Astr.*) Se dit du lever et du coucher d'un astre lorsqu'ils s'opèrent à une époque de l'année où le soleil se trouve abaissé sous l'horizon exactement autant qu'il le faut pour que l'astre soit visible à l'instant précis auquel il se lève ou se couche.

HÉLICE, *sf.* Ligne courbe s'enroulant autour d'un cylindre, comme une vis, un escalier montant, un tire-bouchon, etc. | Coquillage univalve contourné en spirale, et connu vulg. sous le nom d'*escargot*. | Appareil de propulsion en forme de vis d'Archimède, placé sous l'étambot de certains bateaux à vapeur dont il remplace les roues; il donne plus de rapidité à la marche du navire. | HÉLICOÏDE, *adj.* et *sm.* Qui ressemble à l'— ou qui est engendré par l'—.

HÉLICHRYSE, *sf.* Genre de plantes de la famille des composées, dont la plupart des espèces sont cultivées sous le nom d'*immortelles* pour former des bouquets très-durables, des couronnes funèbres, etc.

HÉLICINE, *sf.* Matière muqueuse très-abondante dans le corps des escargots, desséchée et pulvérisée, qu'on a préconisée dans le traitement de la phthisie pulmonaire.

HÉLIOCENTRIQUE, *adj.* (*Astr.*) Se dit du lieu où paraîtrait une planète si elle était vue du soleil, c.-à-d. si l'œil de l'observateur était placé au centre du soleil.

HÉLIOGRAPHIE, *sf.* Nom qu'on a donné quelquefois à la *photographie*, et plus particul. à la reproduction de planches gravées par le moyen de la photographie.

HÉLIOMÈTRE, *sm.* Instrument dont on se sert pour mesurer exactement le diamètre apparent du soleil ou des planètes; il est composé de deux objectifs juxtaposés et d'un seul oculaire.

HÉLIOPLASTIE, *sf.* Système de gravure en relief avec l'aide de la photographie.

HÉLIOSCOPE, *sm.* Lunette destinée à regarder le soleil et garnie à cet effet d'un verre coloré d'une teinte sombre pour affaiblir la vivacité de la lumière solaire.

HÉLIOSE, *sf.* Insolation excessive, coup de soleil.

HÉLIOSTAT, *sm.* (*Astr.*) Instrument d'optique muni d'un mécanisme qui permet de considérer le soleil malgré le mouvement de rotation de la terre, corrigé par celui de l'instrument qui a lieu en sens contraire; c'est à peu près la machine *parallatique*, à la différence que celle-ci s'applique a un point quelconque du ciel.

HÉLIOTROPE, *sf.* Genre de plantes à petites fleurs en grappes, à corolle tubuliforme divisée, ainsi que le calice, en cinq petits segments, dont la plupart des espèces sont exotiques et exhalent une odeur suave; l'espèce d'Europe est très-commune dans les lieux sablonneux; on la croit propre à guérir les verrues. | Espèce d'agate parsemée de points rougeâtres sur un fond vert obscur.

HÉLIOTROPISME, *sm.* (*Bot.*) Faculté dont jouissent certaines plantes de tourner, comme l'héliotrope, leurs fleurs vers le soleil.

HÉLIX, *sm.* Grand bord, tour de l'oreille externe.

HELLÉBORE, *sm.* V. *Ellébore.*

HELLÉNIQUE, *adj.* Qui appartient à la Grèce ancienne.

HELLÉNISME, *sm.* Manière de parler empruntée du grec ancien.

HELLÉNISTE, *adj.* et *sm.* Se dit d'un érudit versé dans la connaissance de la langue grecque.

HELMINTHAGOGUE, *adj.* et *sm.* (*Méd.*) Qui est propre à expulser les vers; remède contre les vers.

HELMINTHES, *smpl.* Nom de toute la classe des annélides qui renferme les entozoaires ou vers intestinaux. | HELMINTHOÏDE, *adj.* et *sm.* Qui ressemble à un ver intestinal.

HELMINTHOCHORTON, *sm.* V. *Coralline.*

HELMINTHOLOGIE, *sf.* (*Zool.*) Partie de la zoologie qui traite des *helminthes*, et, plus généralement, des vers.

HÉLODE, *adj.* Fièvre —, fièvre des marais, fièvre accompagnée de sueurs continuelles; on l'appelle aussi HÉLOPYRE, *sf.*

HÉLOPS, *sm.* Petit insecte coléoptère dont le corps est arqué en dessus et dont les antennes sont recouvertes en partie par la tête; il habite sous les feuilles et sous les écorces d'arbre.

HÉMALOPIE, *sf.* Epanchement de sang dans le globe de l'œil.

HÉMATÉMÈSE, HÉMATÉMÉSIE, *sf.* (*Méd.*) Vomissement de sang, hémorragie gastrique, provenant d'une exhalation de sang à la surface de la membrane muqueuse de l'estomac.

HÉMATIDROSE, *sf.* (*Méd.*) Hémorragie par les pores de la peau; sueur de sang.

HÉMATINE, *sf.* Principe colorant rouge du bois de Campêche. | Matière colorante du sang. | Toute matière colorante rouge.

HÉMATITE, *sf.* Terre chargée d'oxyde de fer, qu'on appelle aussi *sanguine*, à cause de sa couleur de sang; on en fait des crayons, des brunissoirs, etc.; une de ses variétés, appelée *féret* ou *ferret*, est assez riche en fer pour qu'on la traite comme minerai.

HÉMATODE, *adj.* (*Méd.*) Qui est produit par le sang, par le développement des vaisseaux sanguins.

HÉMATOME, *sm.* HÉMATOMIE, *sf.* (*Méd.*) Tumeur sanguine.

HÉMATOSE, *sf.* Sanguification; action naturelle de l'organisme dans laquelle les liquides se transforment en sang.

HÉMATOSER (S'), *vpr.* Se dit du sang veineux qui se transforme en sang artériel.

HÉMATOSINE, *sf.* Matière colorante des globules du sang.

HÉMATOXYLE, *sm.* Nom technique de l'arbre qui produit le bois de *Campêche*. (V. ce mot).

HÉMATOXYLINE, *sf.* V. *Hématine.*

HÉMATURIE, *sf.* (*Méd.*) Pissement de sang; hémorragie de la membrane muqueuse des voies urinaires.

HÉMÉRALOPIE, *sf.* (*Méd.*) Espèce de névrose, affaiblissement de la vue qui perçoit les objets éclairés par le soleil, mais qui cesse de les distinguer vers le soir et pendant le crépuscule. | HÉMÉRALOPE, *adj.* Qui est affecté d'—.

HÉMÉROBE, *sm.* Genre d'insectes névroptères qui ont des antennes longues et soyeuses et des yeux très-brillants; leur vol est lourd et ils répandent une odeur infecte.

HÉMÉROCALLE, *sf.* Plante de la famille des liliacées, dont les fleurs, très-belles, ne s'ouvrent que le jour; on en cultive plusieurs espèces.

HÉMÉRODROME, *sm.* (*Ant.*) Courrier chargé du transport des dépêches.

HÉMÉROLOGIE, *sf.* Art de faire, de composer les calendriers.

HÉMÉROLOGUE, *s.* Auteur de calendriers.

HÉMÉROPATHIE, *sf.* Douleur qui ne se fait sentir que pendant le jour.

HÉMI. Mot qu'on met au-devant de plusieurs termes de sciences et d'arts tirés du grec, qui signifie *demi.*

HÉMICRANIE, *sf.* Douleur qui n'affecte que la moitié de la tête; migraine. | HÉMICRANIQUE, *adj.* Qui a rapport à l'—.

HÉMICYCLE, *sm.* Demi-cercle; amphithéâtre. | Trait d'une voûte ou d'un arc; plein cintre entier.

HÉMIÉDRIE, *sf.* (*Min.*) Disposition exceptionnelle de certains cristaux qui ne présentent la symétrie ordinaire que dans la moitié de leurs arêtes ou de leurs faces.

HÉMIGALE, *sm.* Petit mammifère des Indes, voisin de la genette par sa conformation, à pelage rayé de blanc et de noir.

HÉMINE, *sf.* Ancienne mesure de capacité chez les Romains et les Grecs, qu'on évalue à un peu plus d'un quart de litre.

HÉMIONE, *sm.* Quadrupède du genre *cheval*, qui vit en troupes dans les déserts de la Tartarie et en Perse; il tient le milieu entre l'âne et le cheval par les formes générales et par les aptitudes; son poil est gris clair, isabelle, avec une bande noire le long du dos.

HÉMIOPIE, *sf.* (*Méd.*) Maladie causée par une paralysie partielle de la rétine, dans laquelle on n'aperçoit qu'une partie des objets.

HÉMIPAGIE, *sf.* (*Méd.*) Douleur continuelle et fixe dans une moitié de la tête.

HÉMIPLÉGIE ou HÉMIPLEXIE, *sf.* (*Méd.*) Paralysie qui affecte toute une moitié du corps dans le sens vertical, c.-à-d. de la tête aux pieds. | HÉMIPLÉGIÉ, E. HÉMIPLÉGIQUE, *adj.* Qui est atteint d'—, qui a rapport à l'—.

HÉMIPTÈRES, *smpl.* (*Zool.*) Ordre d'insectes dont les ailes supérieures sont à moitié coriaces, à moitié membraneuses; ils sont dépourvus de mandibules et munis d'un bec tubulaire courbé inférieurement; tels sont la cigale, la cochenille, les pucerons, etc.

HÉMISPHÈRE, *sm.* La moitié d'une sphère. | Chacune des deux moitiés latérales du cerveau.

HÉMISTICHE, *sm.* Moitié du vers de douze syllabes. | Dans le vers de dix syllabes il est formé par les quatre premières syllabes, après lesquelles la phrase doit être coupée d'une manière agréable à l'oreille.

HÉMITE, *sf.* (*Méd.*) Inflammation du sang.

HÉMITRIGLYPHE, *sm.* (*Archit.*) Demi-triglyphe; ornement de la frise dorique.

HÉMITRITÉE, *adj.* et *sf.* (*Méd.*) Se dit d'une fièvre qui offre les caractères de la fièvre tierce et de la fièvre quotidienne, c.-à-d. qui se reproduit tous les jours, avec un redoublement de deux jours l'un.

HÉMITROPIE, *sf.* (*Minér.*) Système particulier de cristallisation suivant lequel les faces du cristal, au lieu d'être symétriques, sont placées en sens opposé, comme si l'une des moitiés du cristal avait fait une demi-révolution sur elle-même.

HÉMOPÉRICARDIE, *sf.* (*Méd.*) Épanchement du sang dans le péricarde.

HÉMOPHTHALMIE, *sf.* (*Méd.*) Écoulement du sang, épanchement du sang dans les chambres de l'œil.

HÉMOPIS, *sm.* (pr. *piss*). Genre d'annélides suceurs, voisins de la sangsue, dont une espèce, commune dans les eaux douces, est appelée vulg. *sangsue de cheval*; elle se refuse à se fixer sur la peau de l'homme et ne l'entame jamais.

HÉMOPTYSIE, *sf.* (*Méd.*) Crachement de sang, hémorragie de la membrane muqueuse qui tapisse les voies aériennes, le larynx, la trachée-artère et les bronches. | HÉMOPTYSIQUE ou HÉMOPTOÏQUE, *adj.* Qui crache du sang, qui est atteint d'—.

HÉMORRAGIE, ou mieux HÉMORRHAGIE, *sf.* Écoulement d'une quantité notable de sang, soit par la rupture de quelque vaisseau sanguin, soit par voie d'exhalation.

HÉMORRHÉE, *sf.* (*Méd.*) Hémorragie passive, n'ayant d'autre cause qu'une débilité générale.

HÉMORRHINIE, *sf.* (*Méd.*) Perte de sang par le nez.

HÉMORROÏDES, *sfpl.* Tumeurs sanguines de l'anus accompagnées ou non de flux de sang; cet écoulement est tantôt régulier, tantôt irrégulier, et affecte particul. les personnes adultes et les gens adonnés à une vie sédentaire.

HÉMOSTASE, *sf.* (*Méd.*) Stagnation du sang, causée par la pléthore. | Opération qui a pour but d'arrêter l'écoulement du sang.

HÉMOSTATIQUE, *adj.* et *sm.* Se dit des substances propres à arrêter les hémorragies, l'écoulement du sang; tels sont la charpie, l'amadou, la noix de galle, l'alun, le perchlorure de fer, etc.

HÉMOTHORAX, *sm.* (*Méd.*) Épanchement de sang dans la poitrine.

HÉMURÉSIE, *sf.* V. *Hématurie.*

HENDÉCAGONE, *sm.* (*Math.*) Figure qui a onze angles et onze côtés. | HENDÉCAGONAL, E, *adj.* Qui a onze angles.

HENDÉCASYLLABE, *adj.* et *sm.* Se dit des vers de onze syllabes.

HENNÉ, *sm.* Arbuste peu élevé, à fleurs jaunes, en bouquets lâches; il est originaire de l'Arabie et cultivé sur quelques points de l'Afrique; ses feuilles, réduites en poudre et mêlées à l'eau, forment un cosmétique dont se servent les femmes musulmanes pour se teindre en jaune rosé les sourcils, le creux de la main, les ongles des mains et ceux des pieds; on s'en sert aussi pour teindre les étoffes.

HÉPAR, *sm.* (*Chim.*) Nom que donnaient les anciens chimistes à certains sulfures et notamment à celui qu'on appelle encore aujourd'hui *foie de soufre.* (V. ce mot).

HÉPATALGIE, *sf.* (*Méd.*) Douleur au foie; colique hépatique.

HÉPATIQUE, *adj.* (*Anat.*) Du foie; qui ressemble ou qui appartient au foie. | (*Méd.*) Flux —, déjection de bile. | Bolet —. V. *Fistulaire.*

HÉPATIQUE, *sf.* Petite fleur blanche ou rosée, voisine des anémones par sa conformation, à feuilles épaisses trilobées; on la croyait autrefois propre à guérir les maladies de foie; elle fleurit au premier printemps. | —*s*, *sfpl.* (*Bot.*) Famille de plantes *acotylédones* voisines des algues, et qui s'en distinguent par la forme de leurs frondosités, découpées et disposées sur la tige comme de véritables feuilles.

HÉPATIRRHÉE, *sf.* (*Méd.*) Diarrhée abondante de matières formées de bile presque pure.

HÉPATISATION, *sf.* (*Méd.*) Dégénérescence d'un tissu organique en une substance qui présente l'aspect du foie; on l'observe fréquemment dans le poumon à la suite des péripneumonies.

HÉPATISIE, *sf.* (*Méd.*) Marasme ou consomption résultant d'une maladie chronique du foie.

HÉPATITE, *sf.* (*Méd.*) Inflammation du foie, aiguë ou chronique. | Nom vulgaire de diverses pierres précieuses qui ont la couleur du foie.

HÉPATOGASTRIQUE, *adj.* (*Méd.*) Qui a rapport au foie et à l'estomac.

HÉPATOLOGIE, *sf.* Traité sur le foie, sur ses affections.

HÉPATOPARECTAME, *sm.* (*Méd.*) Augmentation extraordinaire du volume du foie.

HÉPIALE, *sm.* Genre de papillons de nuit, dont les ailes, de forme lancéolée et de couleur blanc argenté, forment un toit très-incliné quand l'insecte se repose; sa chenille, qui vit sous terre, commet de grands dégâts dans les champs.

HEPTAÈDRE, *sm.* (*Math.*) Solide à sept faces.

HEPTAGONAL, E, *adj.* (*Math.*) Qui a sept angles et sept côtés. | HEPTAGONE, *sm.* Figure heptagonale.

HEPTAGYNIE, *sf.* (*Bot.*) Dans le système de Linné, ordre de plantes renfermant celles qui ont sept pistils ou organes femelles.

HEPTAMÉRON, *sm.* Ouvrage composé de parties distribuées en sept journées.

HEPTANDRIE, *sf.* (*Bot.*) Classe du système de Linné, renfermant les plantes dont les fleurs ont sept étamines.

HEPTARCHIE, *sf.* Système politique dans lequel le gouvernement est confié à *sept* personnes ou bien qui embrasse *sept* États différents.

HEPTATRÈME, *sm.* Poisson chondroptérygien suceur, voisin des lamproies par sa conformation, et muni de sept trous de chaque côté du cou, qui lui servent de branchies.

HÉRALDIQUE, *adj.* et *sf.* Se dit de tout ce qui a rapport au blason, aux armoiries.

HÉRAUT*, *sm.* Officier d'un prince ou d'un État souverain, dont l'emploi principal est de faire certaines publications solennelles, porter certains messages importants, et qui remplit des fonctions particulières dans les cérémonies publiques; ce mot s'emploie peu aujourd'hui.

HERBACÉ, E, *adj.* (*Bot.*) Se dit des plantes dont la tige est tendre et périt après la fructification; par oppos. à *ligneux.*

HERBAGE, *sm.* Prairie qu'on ne fauche jamais et qu'on réserve pour y faire paître des bœufs et des vaches

HERBIER, *sm.* Collection de plantes sèches conservées dans du papier et classées d'après une méthode qui permet de les retrouver facilement, en général suivant les familles naturelles. | (*Anat.*) V. *Panse.*

HERBIVORES, *adj.* et *smpl.* Se dit des animaux qui se nourrissent de végétaux, par oppos. aux *carnivores*, dont la nourriture consiste en viande.

HERBON, *sm.* Couteau mousse appelé aussi *demi-rond*, qui sert à débourrer les cuirs

HERBORISÉ, E, *adj.* V. *Arborisé.*

HERBUE, *sf.* Terre végétale qu'on lève dans les pâturages pour améliorer le sort d'un vignoble. | Terre légère et peu profonde qui n'est bonne qu'à faire des pâturages. | V. *Erbue.*

HERCOTECTONIQUE, *adj.* Art de fortifier les places, de retrancher un camp, un poste.

HÈRE*, *sm.* Nom que porte le jeune cerf, après six mois, quand ses bois commencent à pousser, jusqu'aux six derniers mois de sa seconde année.

HÉRÉDIPÈTE, *sm.* (*Jurispr.*) Celui qui cherche à faire faire un acte, un contrat, un testament en sa faveur.

HÉRÉSIARQUE, *adj.* et *s.* Auteur ou propagateur d'une | HÉRÉSIE, *sf.* Doctrine contraire à la foi catholique. | HÉRÉTIQUE, *adj.* et *s.* Celui qui adhère à l'hérésie.

HÉRÉTICITÉ, *sf.* Qualité d'une proposition hérétique, c.-à-d. qui renferme une hérésie.

HÉRIGOTURE, *sf.* Marque aux jambes de derrière des chiens. | HÉRIGOTÉ, E, *adj.* Se dit d'un chien qui a des —s.

HÉRISSON*, *sm.* Petit mammifère dont le corps est couvert de piquants raides et aigus ; quand on l'attaque il se roule en boule hérissée de tous côtés, de façon que les autres animaux ne peuvent en approcher sans se piquer ; il vit dans les bois et se nourrit de petits animaux et de fruits. | Poutre, pièce quelconque garnie *de pointes de fer dirigées dans tous les sens.* | Roue dont les rayons sont plantés directement sur la circonférence et ne peuvent s'engager que dans une lanterne dont ils reçoivent leur mouvement.

HERMAPHRODITE, *adj.* (*Bot.*) Se dit des plantes qui renferment dans une même enveloppe les organes mâles et femelles, c.-à-d. les étamines et les pistils ; ce sont les plus nombreuses parmi les plantes phanérogames.

HERMELINE, *sf.* V. *Hermine.*

HERMÉNEUTIQUE, *adj.* Qui interprète ; ne se dit que de l'art d'interpréter les livres saints ou les livres de droit.

HERMÈS, *sm.* Gaîne portant une tête de Mercure. | En général, statue de Mercure.

HERMÉTIQUE, *sf.* Se dit de la partie de l'alchimie, qui, au moyen âge, avait pour objet la transmutation des métaux, etc. | Colonne —, celle qui a une tête d'homme au lieu d'un chapiteau. | Fermeture parfaite qui ne laisse pas communiquer le contenu avec l'extérieur.

HERMINE, *sf.* Animal voisin de la belette par sa conformation et sa taille, qui est de 25 centim. environ ; elle habite le nord de la Sibérie, où sa fourrure, fauve pâle en été et connue en cette saison sous le nom de *roselet*, devient en hiver d'un blanc éblouissant, à l'exception de la queue, qui reste noire ; elle est alors très-estimée.

HERMINETTE, *sf.* V. *Erminette.*

HERMODACTE, *sm.* Racine tubéreuse, amylacée, d'une saveur douceâtre, qui provient d'une espèce d'iris d'Orient ou d'un colchique d'Illyrie ; on l'a employée comme purgatif.

HERMOGLYPHE, *sm.* Anciennement, graveur d'inscriptions sur la pierre, sur le marbre.

HERNIE*, *sf.* Tumeur molle, élastique, située à la circonférence ou à la surface de l'une des cavités splanchniques, et formée par la sortie partielle ou totale de quelqu'un des viscères qui y sont contenus. | Tumeur abdominale ou descente. | HERNIAIRE, *adj.* Qui a rapport aux —s. | *sf.* V. *Turquette.*

HERNIOLE*, *sf.* V. *Turquette.*

HÉROÏDE, *sf.* Épître en vers composée sous le nom de quelque héros ou personnage fameux, et consacrée à la peinture de l'amour.

HÉROÏQUE, *adj.* Qui concerne les temps anciens, dont l'histoire ne nous a transmis que des légendes demi-fabuleuses, ou les personnages marquants de cette époque que les anciens appelaient des *héros.* | (*Litt.*) Poésie —, syn. de poëme *épique* ; *héroï-comique*, qui traite un sujet badin sous une forme épique ; vers —, syn. de vers *alexandrin.* | (*Méd.*) Se dit de certains médicaments pour exprimer leur grande puissance, leur efficacité.

HÉRON*, *sm.* Genre d'oiseaux de l'ordre des échassiers qui vit solitaire au bord des eaux, où il se tient perché sur une patte, et se nourrit de poissons ; sa taille est d'un mètre environ ; il a la tête blanche huppée de noir, les ailes grises et noires, le bec jaune, robuste, fendu jusque sous les yeux et recouvert d'une peau qui enchâsse ces derniers. | HÉRONNIÈRE, *sf.* Lieu où les —s se retirent.

HERPAILLE*, *sf.* Troupe de biches et de cerfs.

HERPAIS*, *sm.* Outil à bords tranchants, qui sert, dans la production du zinc, à racler l'intérieur des creusets dans lesquels s'est condensé l'oxyde blanc métallique.

HERPE, *sf.* Sorte de crible à trémie et à plan incliné. | —s, *sfpl.* Objets égarés ou productions naturelles de la mer qu'elle laisse sur le rivage. | Lisses obliques, recourbées et sculptées, qui bordent de part et d'autre l'éperon d'un grand navire.

HERPÈS, *sm.* Éruption vésiculeuse caractérisée par de légères élevures rassemblées en groupes sur une base enflammée. | HERPÉTIQUE, *adj.* Qui a rapport aux dartres ou aux —.

HERPESTE, *sm.* V. *Mangouste.*

HERQUE*, *sf.* Râteau de fer dont se servent les charbonniers.

HERSE*, *sf.* Instrument de labourage armé de plusieurs rangs de dents qui sert à rompre les mottes d'une terre labourée, ou à recouvrir les grains nouvellement semés. | Châssis de bois ou de fer qui a différents usages dans les arts. | Grille à grosses pointes de bois, appelée aussi *sarrazine*, qui est ordinairement placée derrière le pont-levis et suspendue à la voûte de la porte d'une forteresse pour en défendre l'entrée. | Chandelier d'église fait en triangle et sur les pointes duquel on met des cierges. | Séparation sur un balcon entre deux locataires. | HERSER, *va.* Passer la — dans un champ.

HERSILLON*, *sm.* (*Milit.*) Table de charpente garnie de clous, la pointe en haut, formant obstacle à un passage ; on le place sur une brèche ou sur le chemin de la cavalerie ennemie.

HÉSIODE, *sm.* Genre de lépidoptères dont les antennes sont simples, en fuseau allongé, et dont les palpes inférieurs sont grêles et étroits ; ils ont le plus souvent l'abdomen terminé par une sorte de brosse ; leurs chenilles se forment de débris de bois une coque qu'elles construisent dans l'intérieur des tiges ou des racines d'arbustes.

HESPER, *sm.* Nom qu'on donne à la planète

Vénus, lorsqu'elle brille immédiatement après le coucher du soleil.

HESPÉRIE, *sf.* Genre de papillons appelés aussi *Estropiés* (V. ce mot), à cause de la façon particulière dont ils tiennent leurs ailes pendant le repos.

HESTOURDEAU, *sm.* Jeune chapon.

HÉTAÏRE, *sf.* Dans l'antiquité, femme libre, attachée à un soldat et qui le suivait à la *guerre*. | *Femme de mauvaise vie.*

HÉTAIRIE, *sf.* Association politique en Grèce. | HÉTAIRISTE, *sm.* Membre d'une —.

HÉTÉROCARPE, *adj.* Se dit de tout arbre susceptible de produire par la greffe plusieurs sortes de fleurs, de fruits, comme le *pommier*, *le poirier*, *etc.*

HÉTÉROCÈRE, *sm.* Genre d'insectes coléoptères clavicornes, dont la jambe est conformée de manière à fouiller la terre : ils se cachent dans des trous qu'ils creusent près des lieux humides.

HÉTÉROCLITE, *adj.* (*Litt.*) Qui s'écarte des règles ordinaires, qui n'est pas conforme à l'usage, en parlant d'un mot, d'un membre de phrase, etc.

HÉTÉRODOXE, *adj.* Qui est contraire aux doctrines reçues dans la religion catholique, par opposition à *orthodoxe*. | HÉTÉRODOXIE, *sf.* État d'une personne, d'une opinion —.

HÉTÉRODROME, *adj.* (*Méc.*) Se dit d'un levier dont le point-d'appui est entre la puissance et la résistance; c'est le levier proprement dit ou du *premier genre*.

HÉTÉROGÈNE, *adj.* Qui n'est pas de la même nature qu'une autre chose. | HÉTÉROGÉNÉITÉ, *sf.* État de ce qui est —.

HÉTÉROGÉNIE, *sf.* Production d'un être vivant dans un milieu organique, sans aucun germe qui ait pu lui donner naissance; c'est un phénomène admis par certains auteurs, mais vivement révoqué en doute par d'autres; on l'appelle aussi *génération spontanée*.

HÉTÉROGYNES, *sfpl.* (*Zool.*) Famille d'insectes hyménoptères caractérisée par l'absence d'ailes chez les femelles et chez les individus neutres appelés ouvriers, tandis que les mâles en sont pourvus; le type principal de cette famille est le genre *fourmi*.

HÉTÉROMÈRES, *smpl.* (*Zool.*) Section de l'ordre des coléoptères qui renferme toutes les familles dont les genres ont cinq articles aux tarses antérieurs et quatre aux postérieurs.

HÉTÉROMYS, *sm.* Rat de couleur brun marron qu'on trouve à l'île de la Trinité; son poil est mêlé de piquants, et sa bouche, très-petite, est munie d'abajoues.

HÉTÉRONYME, *sm.* V. *Allonyme*.

HÉTÉROPHYLLE, *adj.* (*Bot.*) Se dit des plantes qui ont leurs feuilles de forme et de dimensions inégales, et particul. dont les feuilles supérieures de la tige diffèrent de celles qui en occupent la base.

HÉTÉROPODES, *smpl.* (*Zool.*) Ordre de mollusques gastéropodes dont le corps est composé d'une substance gélatineuse et dont le pied forme une lame membraneuse verticale qui leur sert pour nager.

HÉTÉROPTÈRES, *smpl.* (*Zool.*) Se dit de certains insectes hémiptères qui ont les élytres opaques dans la moitié antérieure et transparents dans le reste.

HÉTÉROSITIQUE, *adj.* Se dit d'un système de culture qui consiste à améliorer les terres au moyen d'engrais achetés à l'extérieur au lieu d'employer exclusivement les engrais fournis par l'exploitation elle-même.

HÉTÉROSOMES, *smpl.* (*Zool.*) Ordre de poissons, dits aussi *pleuronectes*, remarquables par leurs yeux qui sont placés du même côté, ce qui détruit la symétrie de leur corps.

HÊTRE*, *sm.* Grand arbre forestier, remarquable par son écorce lisse, claire, ses feuilles ovales, luisantes; ses fleurs mâles sont en chatons, et les femelles sont enfermées dans un involucre épineux et quadrilobé, et portent un fruit triangulaire appelé *faîne*, dont le goût rappelle la noisette, et qui fournit une excellente huile à manger; son bois, très-estimé dans la menuiserie et la charpente pour sa dureté, fournit un excellent chauffage.

HEU*, *sm.* Petit bâtiment de cabotage employé dans la mer du Nord; il est à fond plat et porte un grand et un petit mât.

HEURT*, *sm.* Le point le plus élevé d'une rue, d'un pont, de chaque côté duquel les eaux prennent leur cours naturel.

HEURTOIR*, *sm.* Grosse cheville de fer fixant à l'affût les bandes qui recouvrent les tourillons du canon. | Pièce de bois en forme de coins qu'on place derrière l'affût ou derrière les roues pour éviter le recul. | Marteau d'une porte.

HEUSE*, *sf.* Sorte de grosses chaussures de fer qui faisaient partie des armures; soulier en fer. | Cylindre de bois faisant l'office de piston dans les pompes grossières.

HEXACORDE, *adj.* (*Mus.*) Nom par lequel on désigne la gamme de six notes, *ut*, *ré*, *mi*, *fa*, *sol*, *la*, introduite dans le plain-chant, au XIe siècle, par Gui d'Arezzo.

HEXAÈDRE, *adj.* et *sm.* (*Math.*) Qui a six faces. | Polyèdre à six faces, dont chacune est un carré; on l'appelle aussi *cube*. | HEXAÉDRIQUE, *adj.* Qui appartient à l'—.

HEXAGONE, *adj.* Qui a six angles et six côtés. | *sm.* Figure composée de six angles et de six côtés. | HEXAGONAL, E, *adj.* Qui a rapport à l'—.

HEXAGYNIE, *sf.* (*Bot.*) Sous-ordre dans

le système de Linné, renfermant les plantes qui ont six pistils.

HEXAMÈTRE, *adj.* (*Litt.*) Se dit des vers grecs ou latins qui ont six pieds, composés chacun de deux syllabes longues (spondée), ou d'une longue et deux brèves (dactyle) se succédant dans un ordre déterminé.

HEXANDRIE, *sf.* (*Bot.*) Classe du système de Linné, renfermant les plantes qui ont six étamines d'égale longueur.

HEXASTIQUE, *adj.* (*Litt.*) Qui est composé de six vers.

HEXASTYLE, *sm.* (*Archit.*) Façade composée de six colonnes de front.

HEYDUQUE, *sm.* V. *Heiduque.*

HIATUS, *sm.* (pr.-*tuss*) (*Litt.*) Rencontre, sans élision, de deux voyelles, dont l'une finit un mot et dont l'autre commence le mot suivant. | (*Anat.*) Ouverture béante dans certaines régions osseuses.

HIBERNACLE, *sm.* Habitation d'hiver; lieu où l'on passe l'hiver. | (*Bot.*) Toutes les parties des plantes qui enveloppent les jeunes pousses et les garantissent du froid.

HIBERNAL, E, *adj.* Qui a lieu pendant l'hiver.

HIBERNANT, E, *adj.* (*Zool.*) Se dit de certains animaux qui passent une partie de l'automne et de l'hiver dans un état d'engourdissement et de léthargie dont ils ne sortent qu'à l'entrée du printemps; tels sont la marmotte, le loir, la taupe, le lièvre, etc. | HIBERNATION, *sf.* État des animaux —s; faculté de ces animaux.

HIBOU*, *sm.* Genre d'oiseaux nocturnes dont le bec est court et crochu, la tête grosse, couverte de plumes, les yeux grands et ronds entourés d'un disque de plumes effilées, le front surmonté de deux aigrettes de plumes; il ne sort guère que la nuit et se tient le jour dans le creux des arbres ou dans les trous des rochers.

HIDALGO, *sm.* (*Esp.*) Titre que prennent en Espagne les nobles qui se prétendent descendus d'anciennes races chrétiennes, sans mélange de sang juif ou more.

HIDE*, *sf.* Mesure de terre usitée en Angleterre et qui équivaut à peu près à 20 hectares.

HIE*, *sm.* Pièce de fer ou de bois qu'on soulève dans deux rainures pour la laisser retomber et enfoncer un pieu. | Instrument de bois muni de deux manches dont on se sert pour enfoncer le pavé. | HIER, *va.* Enfoncer avec la —.

HIÈBLE, *sm.* V. *Yèble.*

HIEMENT*, *sm.* Mouvement d'un assemblage de bois produit par le vent ou quelque autre cause. | Bruit qui accompagne ce mouvement. | Action de hier.

HIER*, *va.* V. *Hie.*

HIÉRANOSE*, *sf.* Danse de Saint-Guy. V. *Chorée.*

HIÉRARCHIE*, *sf.* Primitivement, le gouvernement de l'Église chrétienne, la subordination des divers degrés de l'état ecclésiastique, depuis le pape jusqu'aux clercs. | Aujourd'hui, ensemble de pouvoirs subordonnés les uns aux autres, ordre suivant lequel ils se succèdent.

HIÉRATIQUE, *adj.* Qui concerne les choses sacrées, qui appartient aux prêtres. | Se dit d'une espèce de papier d'Égypte qu'on n'employait qu'aux usages religieux, ainsi que d'une écriture tachygraphique usitée par les prêtres égyptiens.

HIÉRODRAME, *sm.* Oratorio, drame dont le sujet est emprunté à l'histoire sainte.

HIÉROGLYPHE, *sm.* Caractère, figure qui contient quelque sens mystérieux; il s'applique particul. aux caractères dont les anciens Égyptiens se servaient dans les écrits qui concernaient la religion, les sciences et les arts. | HIÉROGLYPHIQUE, *adj.* Qui appartient à l'—.

HIÉROGRAMMATE, *sm.* (*Ant.*) Scribe égyptien employé au service des temples et qui expliquait les mystères. | HIÉROGRAMME, *sm.* (*Ant.*) Caractère propre à l'écriture hiératique.

HIÉROLOGIE, *sf.* Étude comparée des religions, traité des cultes que professent les différents peuples.

HIÉRON, *sm.* (*Ant.*) Enceinte et dépendances extérieures d'un temple. | Particul., enceinte dans laquelle se trouvait un autel en plein air.

HIÉROPHANTE, *sm.* Prêtre qui présidait aux mystères d'Éleusis et qui enseignait les choses sacrées aux initiés.

HIÉROPYRE, *sf.* Nom par lequel on désignait autrefois l'*érysipèle*, appelé aussi *Feu de Saint-Antoine.*

HILARANT, E, *adj.* Qui excite la gaîté. | Gaz —, nom qui fut donné primitivement au protoxyde d'azote, parce que ce gaz excite une hilarité particulière chez les personnes qui le respirent.

HILARODIE, *sf.* (*Ant.*) Drame grec qui tenait le milieu entre la tragédie et la comédie.

HILE*, *sm.* (*Bot.*) Espèce de cicatrice que porte une graine et qui indique le point par lequel elle tenait au fruit de la plante qui l'a produite.

HILOIRE*, *sf.* (*Mar.*) Pièce de bois qui lie les baux dans le plancher du pont.

HILON*, *sm.* Hernie de l'iris, tumeur calleuse qui fait saillie à travers la cornée.

HIPPAGE, *sf.* (*Ant.*) Fromage fait avec du lait de jument, qui était autrefois très-estimé.

HIPPE, *sm.* Genre de crustacés, voisin de l'homole; ils sont conformés pour fouir dans le sable.

HIPPÉLAPHE, *sm.* Espèce de cerf du

Bengale, du Népaul et des îles de la Sonde, que Cuvier a nommé *Cerf d'Aristote*.

HIPPIÂTRE, *sm.* Vétérinaire; celui qui exerce l'art de guérir les maladies des chevaux et des bestiaux. | HIPPIATRIE, *sf.* Art du vétérinaire. | HIPPIATRIQUE, *adj.* Qui a rapport à l'hippiâtrie.

HIPPIQUE, *adj.* Du cheval; qui appartient au cheval; qui ressemble au cheval; qui a rapport au cheval.

HIPPOBOSQUE, *sm.* Insecte diptère de petite taille, à corps ovale et déprimé, dont les ailes sont longues et les pattes très courtes; *la plupart de ses espèces vivent sur les chevaux*, les bœufs et les chiens, dont elles sucent le sang: l'espèce commune, en été, s'appelle vulg. *mouche de cheval*.

HIPPOCAMPE, *sm.* (*Ant.*) Chevaux marins fabuleux, consacrés à Neptune, qui n'avaient que les pieds de devant et dont l'arrière se terminait en queue de poisson. | Poisson de 30 à 35 centim. de long, dont la tête et le cou ressemblent beaucoup à ceux du cheval, et dont la queue, très-mince, est prenante; il a deux nageoires au-dessus des yeux et une sur le dos qui sert à sa locomotion par une vibration continue; on lui donne le nom vulgaire de *cheval marin*; il est commun dans les mers d'Europe. | (*Anat.*) Petits prolongements en forme de corne, qui relient le corps calleux aux ventricules du cerveau.

HIPPOCRAS, *sm.* V. *Hypocras*.

HIPPOCRATIQUE, *adj.* Se dit de la médecine qui a été enseignée par Hippocrate. | Face —, face d'un malade dont la mort est prochaine et qui a été décrite par Hippocrate; ce sont les traits suivants: le nez pincé, les yeux enfoncés, les tempes creuses, les oreilles froides et retirées, la couleur plombée du visage, les lèvres pendantes, etc.

HIPPODROME, *sm.* (*Ant.*) Grande arène, généralement allongée, dans laquelle avaient lieu chez les Grecs les courses de chars. | Tout lieu consacré à des exercices équestres. | Champ de courses, lieu où se font des courses de chevaux.

HIPPOGLOSSE, *sm.* V. *Flétan*.

HIPPOGRIFFE, *sm.* (*Ant.*) Animal fabuleux qui a le corps d'un cheval avec des ailes et la tête d'un griffon.

HIPPOLITHE, *sf.* Pierre jaune, concrétion qui se trouve dans la vésicule du fiel, dans la vessie, et plus particulièrement dans le cœcum du cheval.

HIPPOLOGIE, *sf.* Étude, connaissance du cheval. | HIPPOLOGUE, *sm.* Celui qui s'occupe d'—.

HIPPOMANE, *sm.* Excroissance de chair que quelques poulains ont sur le front en naissant, à laquelle on a attribué des vertus merveilleuses. | V. *Mancenillier*.

HIPPONYCE, *sm.* Coquillage fossile conique que l'on trouve sur un support formé de couches calcaires qui paraissent avoir été sécrétées par le pied de l'animal.

HIPPOPHAGE, *adj.* et *s.* Qui mange de la chair de cheval.

HIPPOPHAGIE, *sf.* Habitude de se nourrir de chair de cheval.

HIPPOPOTAME, *sm.* Mammifère pachyderme de très-grandes dimensions, à peau épaisse, à tête large et jambes courtes, qui habite l'Afrique centrale; il vit dans l'eau et se nourrit de végétaux et de poissons.

HIPPURIDE, *sf.* V. *Pesse*.

HIPPURIQUE, *adj. m.* (*Chim.*) Se dit d'un acide qui existe dans l'urine du cheval.

HIPPURITE, *sf.* Genre de coquilles fossiles, cloisonnées, ressemblant un peu à une queue de cheval; on les trouve dans les terrains crétacés.

HIPPUS, *sm.* (pr. *puss*). (*Méd.*) Tressaillement des paupières, ordinaire aux personnes qui montent à cheval.

HIRCIN, E, *adj.* Qui tient du bouc.

HIRCINE, *sf.* (*Chim.*) Principe actif auquel la graisse du bouc doit son odeur; on le trouve aussi dans la graisse de mouton; il ressemble beaucoup à l'oléine, et fournit par saponification l'acide *hircique*.

HIRCISME, *sm.* Odeur forte qui s'exhale du corps du bouc et de plusieurs animaux.

HIRCOSITÉ, *sf.* V. *Hircisme*.

HIRUDINÉES, *sfpl.* (*Zool.*) Famille d'annélides à corps mou et contractile, sans pied et sans branchies, munis à leurs extrémités de disques élargis qu'ils appliquent sur les corps comme des ventouses, et au moyen desquels ils se meuvent et s'alimentent en suçant le sang des animaux; la *sangsue* est le type principal de cette famille.

HISPANILLE, *sf.* Bois dur de couleur jaune, uni ou moucheté de jaune foncé; aromatique, provenant d'un arbre des Antilles espagnoles; on en fait de petits meubles et des ouvrages de tour; on l'appelle à tort bois de *citron* et bois de *jasmin*.

HISPANISME, *sm.* Locution propre à la langue espagnole.

HISPE, *sm.* Petit insecte coléoptère à couleurs métalliques très-brillantes, dont les antennes et les pieds sont courts et la tête recouverte par le corselet qui déborde, ainsi que les élytres, tout le périmètre du corps.

HISPIDE, *adj.* (*Bot.*) Couvert de poils rudes et épars.

HISTER, *sm.* Petit insecte coléoptère dont les élytres sont courts, les pattes larges et dentelées; il contrefait le mort en retirant ses pattes sous le corps quand il se croit en danger.

HISTÉROÏDES, *smpl.* (*Zool.*) Genre d'insectes coléoptères clavicornes dont la tête est enfoncée dans le corselet, le corps carré et courbé; ils se nourrissent le plus souvent de matières corrompues, et lorsqu'on les touche ils contrefont le mort.

HISTOLOGIE, *sf.* Traité des tissus organiques; étude des parties du corps humain qui sont disposées en tissu.

HISTORIER, *va.* Enjoliver de divers ornements.

HISTORIOGRAPHE, *sm.* Celui qui est nommé par le prince pour écrire l'histoire du temps, ou plus particul. l'histoire du prince ou d'un corps quelconque.

HIVERNAGE, *sm.* Mélange de seigle, de vesce, de froment et d'orge, qu'on sème en automne pour le récolter en vert au printemps.

HIVERNANT, *adj.* Hivernation, *sf.* V. *Hibernant*, *Hibernation.*

·**HOATCHÉ**, *sm.* Terre bolaire très-blanche, plus belle que le kaolin, que les Chinois font entrer dans la fabrication de la porcelaine supérieure.

HOAZIN, *sm.* Espèce de faisan de Cayenne dont le plumage est vert doré, et qui porte sur la tête une très-belle huppe rejetée en arrière; il vit au bord des eaux; sa chair, très-odorante, est désagréable au goût.

HOBEREAU*, *sm.* Espèce de faucon de petite taille; petit oiseau de proie. | Petit gentilhomme campagnard.

HOBIN*, *sm.* Espèce de cheval d'Écosse dont l'allure est très-douce.

HOC*, *sm.* Jeu de cartes dans lequel les quatre rois, la dame de pique et le valet de carreau sont privilégiés et ont la valeur qu'il convient au joueur de leur donner quand il les joue; ces cartes sont aussi dites *hoc.*

HOCA*, *sm.* Jeu de hasard qui se joue avec trente billets numérotés et trente points marqués de suite.

HOCCO*, *sm.* Grand oiseau gallinacé à plumage tout noir, à huppe érectile, qui habite les lieux élevés du Brésil et du Mexique, où il vit en société; il ressemble assez au dindon et se laisse facilement réduire en domesticité. L'espèce la plus répandue est le — alector.

HOCHE*, *sf.* Petite entaille sur du bois.

HOCHEPOT*, *sm.* Espèce de ragoût fait de bœuf haché et cuit sans eau avec des marrons, des navets, etc.; on en fait aussi avec de la volaille.

HOCHEQUEUE*, *sm.* V. *Bergeronnette.*

HODIERNE, *adj.* D'aujourd'hui; qui appartient à ce jour.

HODOMÈTRE, *sm.* V. *Odomètre.*

HOIR*, *sm.* (*Jurispr.*) Héritier, particul. en ligne directe. | Hoirie, *sf.* (*Jurispr.*) Héritage; plus particul. succession en ligne directe.

HOKOR ou Hokkort*, *sm.* V. *Azel.*

HOLACANTHE, *sm.* Poisson acanthoptérygien commun dans les mers de l'Inde, de couleur gris argenté, avec les nageoires jaune orangé et bleues; il est armé à la base des ouïes d'une forte épine qui lui sert de défense.

HOLÈTRES*, *smpl.* (*Zool.*) Famille d'arachnides, renfermant les *faucheurs*, les *acarus*, les *sarcoptes*, etc. (V. ces mots).

HOLLANDER*, *va.* Préparer les tuyaux de plumes d'oie à écrire en les passant dans la cendre chaude pour les dépouiller d'une pellicule grasse qui empêcherait l'encre de couler.

HOLOBRANCHES, *smpl.* (*Zool.*) Famille de poissons osseux, comprenant ceux qui ont des branchies complètes.

HOLOCAUSTES, *sm.* (*Ant.*) Chez les Juifs, sorte de sacrifice où la victime était entièrement consumée par le feu. | Toute espèce de sacrifice.

HOLOCENTRE, *sm.* Genre de poissons acanthoptérygiens, à corps déprimé, muni de plusieurs épines et couvert d'écailles dures et dentelées; ils se trouvent aux Antilles; l'espèce commune est d'une couleur d'or éclatante, rayée de rouge vif; sa chair est très-estimée.

HOLOSTÉE, *sf.* V. *Stellaire.*

HOLOTHURIE, *sf.* Genre de zoophytes, appelé aussi *concombre de mer*, dont le corps allongé, arrondi et coriace est pourvu de suçoirs extensibles et rétractiles, et terminé par deux grands orifices, la bouche et l'anus; une de ses espèces, appelée *trépang* ou *biche de mer*, que l'on trouve dans les mers de l'Océanie, est un aliment très-estimé des Chinois.

HOLOTONIQUE, *adj.* (*Méd.*) Se dit d'une maladie caractérisée par un état général de spasme.

HOMARD*, *sm.* Espèce de crustacés du genre écrevisse, de 25 à 50 centimètres de long, qu'on trouve sur nos côtes, parmi les rochers; il est remarquable par ses branchies qui ressemblent à des bras, au nombre de 20 de chaque côté, et par ses pattes très-grosses, inégales, armées de fortes pinces; sa carapace unie, brun-verdâtre, devient rouge vif par la cuisson; sa chair, très-estimée, est un peu indigeste.

HOMBRE, *sm.* Sorte de jeu de cartes qui nous est venu d'Espagne; il se joue à trois personnes avec un grand jeu, mais sans 10, sans 9 et sans 8; chaque personne reçoit 9 cartes et en écarte un certain nombre; les combinaisons de ce jeu sont très-compliquées.

HOMÉLIE, *sf.* Primitivement, discours familier, harangue que les pères de l'Eglise prononçaient devant le peuple et qui avait principalement pour but l'explication de l'Evangile. | Aujourd'hui, ce mot s'emploie quelquefois comme syn. de *Sermon.*

HOMÉOPATHIE, *sf.* V. *Homœopathie.*

HOMÉOSE, *sf.* (*Litt.*) Figure qui assimile un objet à un autre; comparaison; assimilation.

HOMILÉTIQUE, *adj.* et *s.* Partie de la rhétorique qui concerne l'éloquence de la chaire, l'art de faire un sermon.

HOMILIAIRE, *sm.* Recueil d'homélies.

HOMILIASTE, *sm.* Celui qui compose des homélies.

HOMINEM (AD), *loc. adv.* V. *Ad hominem.*

HOMMÉE, *sf.* C'était autrefois, dans certains pays, une mesure agraire équivalente à la quantité de terrain qu'un homme peut labourer en un jour.

HOMOCENTRIQUE, *adj.* (*Math.*) Se dit des cercles qui ont un centre commun ; ce mot est syn. de concentrique.

HOMODROME, *sm.* (*Méc.*) Levier du deuxième genre, celui dans lequel le poids et la puissance sont situés du même côté du point d'appui ; telle est la *brouette*.

HOMŒOPATHIE, *sf.* Système médical qui consiste à traiter les maladies par des médicaments aptes à produire des symptômes analogues à ceux de ces maladies elles-mêmes, et particul. par des remèdes en quantités infiniment petites. | HOMŒOPATHIQUE, *adj.* Qui a rapport à l'—.

HOMOGÈNE, *adj.* Qui est de même nature, qui a les mêmes propriétés, les mêmes apparences, le même aspect. | HOMOGÉNÉITÉ, *sf.* Qualité de ce qui est —.

HOMOGRAPHE, *adj.* Se dit des homonymes qui ont exactement la même orthographe, comme *mule* (animal) et *mule* (chaussure).

HOMOLE, *sm.* Crustacé de la Méditerranée, remarquable par sa carapace aplatie, plus longue que large et de forme quadrangulaire ; sa chair est assez estimée.

HOMOLOGUE, *sm.* (*Math.*) Se dit dans les figures semblables, (c.-à-d. qui ont les angles égaux) des côtés opposés aux angles égaux. | (*Chim.*) Se dit des substances organiques qui renferment toutes un certain nombre de fois le le même équivalent (carbone et hydrogène) combiné à divers autres éléments et qui donnent, en se métamorphosant par le même agent, de nouvelles substances douées de fonctions analogues.

HOMOLOGUER, *va.* (*Jurisp.*) Donner à un acte fait par des particuliers la force d'un acte fait en justice. | HOMOLOGATION, *sf.* Action d'—, état d'un acte homologué. | HOMOLOGATIF, VE, *adj.* Qui homologue.

HOMONYME, *adj.* et *s.* Se dit des choses qui ont un même nom quoiqu'elles soient de nature différente, et plus ordinairement des mots pareils qui expriment des choses différentes, comme *tain*, *teint* et *thym*, *peau* et *pot*, etc. | Se dit quelquefois des personnes qui portent le même nom. | HOMONYMIE, *sf.* Qualité de mots —s.

HOMOPHONE, *adj.* Se dit des homonymes qui ont le même son, la même articulation, se prononcent de même, bien qu'ayant une orthographe différente, comme *comte*, *compte* e *conte; sein*, *saint* et *sain*, etc.

HOMOPTÈRES, *adj. mpl.* (*Zool.*) Section d'insectes hémiptères renfermant ceux dont les élytres ont la même consistance et sont demi-membraneux dans toute leur étendue.

HOMOTONE, *adj.* (*Méd.*) Se dit d'une fièvre dont les symptômes se maintiennent constamment au même degré d'intensité.

HONCHETS, *smpl.* V. *Jonchets.*

HONGROIERIE*, *sf.* État du hongroyeur, atelier où l'on hongroye.

HONGROYER*, *va.* Préparer une sorte de cuir appelée *cuir de Hongrie ;* cette opération consiste à le blanchir intérieurement au moyen de l'alun ; on ne l'exécute que sur les grandes peaux.

HONGROYEUR* ou HONGRIEUR, *sm.* Ouvrier qui hongroie.

HONGUETTE*, *sf.* Espèce de ciseau pointu et carré dont se servent les sculpteurs en marbre.

HONNEURS, *smpl.* Autrefois objets que l'on présentait à l'offrande lors de la cérémonie du sacre des rois, des prélats, etc. | A certains jeux de cartes, les figures et les as.

HONORABLE, *adj.* Amende —. Réparation d'une offense, cérémonie par laquelle on demandait autrefois pardon d'un crime à Dieu et au roi, la torche à la main, la corde au cou, etc. | (*Blas.*) Pièces —s de l'écu, ce sont celles qui peuvent occuper le tiers du champ de l'écu.

HONORES (AD). *loc. adv.* V. *Ad honores.*

HOPLIE, *sf.* Petit insecte coléoptère lamellicorne dont les élytres sont très-brillants ; l'espèce commune en France est de couleur bleu d'azur et recouverte d'une sorte de duvet ressemblant à de la farine.

HOPLITE, *sm.* (*Ant.*) Chez les Grecs, soldat d'infanterie pesamment armé.

HOPLOMAQUE, *sm.* (*Ant.*) Gladiateur qui combattait armé de toutes pièces. | HOPLOMACHIE, *sf.* Combat d'—s.

HOQUETTE*, *sf.* V. *Honguette.*

HOQUETON*, *sm.* Ancien vêtement qui consistait en une sorte de sac large muni de deux manches, avec des garnitures en métal à l'épreuve des armes tranchantes.

HORAIRE, *adj.* Qui a rapport à l'heure, aux heures. | (*Astr.*) Se dit de l'angle variable que fait avec le méridien le rayon mené de l'axe du monde à une étoile quelconque ; son accroissement indique la vitesse avec laquelle l'étoile semble se mouvoir.

HORDÉACÉES, *adj.* et *sfpl.* (*Bot.*) Tribu de la famille des graminées, caractérisée par ses épillets multiflores et son ovaire pileux ; les céréales proprement dites, telles que l'*orge*, le *froment*, le *seigle*, font partie de cette tribu.

HORDÉINE, *sf.* (*Chim.*) Substance jaunâtre insipide, ressemblant à du son très-divisé, qui se trouve toujours mêlée à la farine d'orge; elle est pulvérulente, un peu rude au toucher; c'est elle qui rend le pain d'orge rude et grossier.

HORIALE, *sm.* Insecte coléoptère, voisin des cantharides, remarquable par les crochets de ses tarses qui sont dentelés et accompagnés d'un appendice en forme de scie.

HORION*, *sm.* (*Méd.*) V. *Tac.*

HORIZON, *sm.* (*Astr.*) Cercle de la sphère dont le plan passe par le centre de la terre, et qui a pour pôles le zénith et le nadir, ou, en d'autres termes, qui est perpendiculaire à la verticale du lieu par lequel on le détermine: c'est l' — *rationnel.* | L' — *sensible* ou *visible* est le cercle qui sépare la partie visible de la sphère de sa partie invisible, et vulgairement la ligne extrême à laquelle aboutit notre vue.

HORMIN, *sm.* HORMINELLE, *sf.* Nom que l'on donne à quelques espèces de mélisse, et particul. à la mélisse aromatique proprement dite.

HORNBLENDE*, *sm.* Variété d'amphibole en cristaux renfermant une forte proportion de protoxyde de fer qui lui donne une couleur brune et un aspect corné.

HOROGRAPHE, *sm.* Celui qui fait des cadrans. | HOROGRAPHIE, *adj.* Art de faire des cadrans.

HOROPTÈRE, *adj.* et *sm.* Ligne droite tirée par le point où concourent les deux axes visuels ou en d'autres termes le lieu qu'occupent dans l'espace les deux points qui sont vus simultanément par les deux yeux.

HOROSCOPE, *sm.* Ancienne pratique d'astrologie qui consistait à juger de l'avenir d'un enfant nouveau-né d'après l'état des constellations au moment de sa naissance.

HORRÉAIRE, *sm.* (*Ant.*) Gardien d'un grenier, d'un magasin de blé.

HORRIPILATION, *sm.* (*Méd.*) Sensation de froid accompagnée de la saillie des bulbes des poils; frissonnement général qui précède la fièvre.

HORS-D'ŒUVRE*, *sm.* (*Archit.*) Pièce d'ornementation qui est en saillie et qui ne fait pas partie de l'ordonnance générale.

HORTENSIA, *sm.* (pr. *tan-cia*) Arbrisseau du Japon cultivé en Europe, ses fleurs, d'un rose tendre, naissent à l'extrémité des rameaux, en boules, en corymbes touffus.

HOSPODAR, *sm.* Titre de dignité qui se donne à certains princes vassaux de la Turquie, et particul. aux souverains de la Valachie et de la Moldavie. | HOSPODARAT, *sm.* Charge, dignité de l'—; palais de l'—.

HOTTE*, *sf.* Panier qui se porte sur le dos avec deux courroies qui passent sous les aisselles. | (*Archit.*) Partie inférieure du tuyau d'une cheminée ou d'un fourneau qui relie en s'évasant le corps du tuyau au manteau ou au chambranle.

HOTTONIE, *sf.* Plante aquatique herbacée dont l'espèce commune habite les étangs d'Europe; elle a des fleurs blanches pourprées s'élevant en grappes gracieuses au-dessus de touffes de feuilles de grande dimension.

HOUACHE*, *sf.* (*Mar.*) Trace laissée dans la mer par le navire; sillage.

HOUARI*, *sm.* Navire caboteur à deux mâts et à deux voiles triangulaires.

HOUBARA*, *sm.* Espèce d'outarde qu'on ne trouve qu'en Espagne et dans l'Afrique du nord; elle a une grande huppe de plumes effilées sur la tête et une rangée de plumes mobiles des deux côtés du cou.

HOUBLON*, *sm.* Plante à racine vivace, à tiges herbacées, sarmenteuses, grimpantes, portant des feuilles divisées en cinq lobes dentés, et des fleurs dioïques jaune-verdâtre, qui produisent des fruits appelés *cônes* à cause de leur forme; on emploie ces fruits, toniques et stimulants, dans la fabrication des bonnes bières qu'ils aromatisent, et sous forme de tisane pour le traitement des affections scrofuleuses, etc. | HOUBLONNIÈRE, *sf.* Lieu planté de —s.

HOUCRE*, *sf.* V. *Hourque.*

HOUE*, *sf.* Instrument de fer large et recourbé qui a un manche de bois et avec lequel on remue la terre en la tirant vers soi. | — à cheval, petite charrue à un ou plusieurs socs en forme de houe plate. | HOUER, *va.* Labourer avec la —.

HOUGUETTE, *sf.* V. *Honguette.*

HOUHOU*, *sm.* V. *Coucal.*

HOUILLE*, *sf.* Charbon de terre, matière noire, souvent brillante, à texture schisteuse, qu'on trouve par couches épaisses entre les grès sédimentaires du terrain de transition; on l'emploie comme combustible et on en extrait par distillation du gaz d'éclairage et du coke.

HOUIPOUX, *sm.* V. *Borax.*

HOUKA*, *sm.* Sorte de pipe turque ou persane peu différente du *narguilé.*

HOULE*, *sf.* Longues ondulations des eaux de la mer avant ou après une tempête, lorsqu'elles déferlent et se brisent sans faire de bruit ni produire d'écume. | Espèce de marmite ou de vaisseau destiné à chauffer des liquides. | HOULEUX, SE, *adj.* Se dit de la mer quand elle est agitée par la —.

HOULETTE*, *sf.* Bâton que porte un berger et au bout duquel est une plaque de fer faite en forme de gouttière pour jeter des mottes de terre aux moutons qui s'écartent et les faire revenir. | Spatule dont se sert le confiseur pour travailler la glace. | Ustensile dont on se sert pour lever de terre les oignons de fleurs. | Mollusque bivalve des mers de l'Inde, dont la coquille est ovale, mince, d'un blanc translucide, tachetée de marron.

HOULQUE*, *sf.* V. *Houque.*

HOUPÉE*, *sf.* (*Mar.*) Écume légère qui jaillit lorsque les vagues se heurtent ou lorsque le vent souffle dans une direction contraire à celle de la lame.

HOUPPE*, *sf.* Assemblage de brins de laine ou de soie prêts à être filés. | (*Bot.*) Assemblage de poils insérés sur un même point. | (*Anat.*) —*s nerveuses*, petits mamelons nerveux répandus dans le tissu de la peau, et qui sont les organes du tact et du goût.

HOUPPELANDE*, *sf.* Sorte de casaque ou de manteau à larges manches.

HOUPPIFÈRE*, *sm.* Faisan à plumes noires, originaire de l'Himalaya, dont la queue, couleur de feu, est en panache comme celle du coq, et qui porte une très-belle houppe ou aigrette sur la tête.

HOUQUE*, *sf.* Plante de la famille des graminées, portant une belle panicule, dont certaines espèces sont fourragères ; la — *sorgho* est cultivée dans le midi pour ses semences qui servent à nourrir les volailles ; on l'appelle aussi *gros-millet* ; on cultive une de ses variétés à Malte sous le nom de *carambosse*.

HOURDIR ou Hourdir*, *va.* Maçonner des moellons avec du mortier, grossièrement.

HOURDIS ou Hourdage*, *sm.* Ouvrage fait en hourdant. | Première couche de gros plâtre qu'on met sur un lattis pour former l'aire d'un plancher.

HOURI*, *sf.* Nom que les mahométans donnent aux femmes extraordinairement belles qui doivent habiter le paradis promis par Mahomet.

HOURQUE ou Houcre*, *sm.* (*Mar.*) Bâtiment de transport à fond plat, à deux mâts, dont l'avant et l'arrière sont arrondis ; il est en usage dans le nord.

HOURVARI*, *sm.* Terme dont se servent les chasseurs pour indiquer que les chiens sont tombés en défaut et ont perdu la voie de la bête. | Aux Antilles, bourrasque mêlée d'orage.

HOUSEAUX*, *smpl.* Autrefois sorte de chaussures des jambes contre la pluie et la crotte, comme les guêtres, les bottes, etc.

HOUSSAGE*, *sm.* Action de housser, d'épousseter. | Salpêtre de —, salpêtre recueilli en balayant les pierres sur lesquelles il se forme.

HOUSSAIE*, *sf.* Lieu planté de houx.

HOUSSE*, *sf.* Couverture en drap galonné qui se met sur la croupe des chevaux de selle. | Peau de mouton garnie de sa laine dont on couvre les colliers des chevaux de trait.

HOUSSET*, *sm.* Houssette, *sf.* Serrure de coffre qui se met en dedans; entaillée à mi-bois, elle reçoit l'auberon et s'ouvre avec ou sans clef.

HOUSSIÈRE*, *sf.* Lieu planté de houx, | Endroit où il ne croît que du mauvais bois.

HOUSSOIR*, *sm.* Balai de houx ou d'autre branchage, et le plus souvent de plumes.

HOUX*, *sm.* Arbrisseau à écorce lisse verte, à feuilles coriaces, très-luisantes, ondulées et terminées à leurs angles par des pointes épineuses, à fleurs petites dont tous les organes sont quaternaires ; *son écorce, dont on fait de* la glu, et ses feuilles sont considérées comme fébrifuges. | — frelon ou petit —. V. *Fragon.*

HOYAU*, *sm.* Sorte de houe à deux fourchons, qui sert à fouir la terre.

HOYÉ*, *adj. m.* Se dit du poisson meurtri, secoué, et qui a perdu sa fraîcheur.

HUBLOT*, *sm.* (*Mar.*) Petite ouverture de forme quelconque, souvent vitrée, qu'on perce dans la muraille d'un vaisseau pour donner du jour et de l'air dans l'intérieur du navire.

HUCARE, *sm.* Gomme de couleur jaune citron, que l'on recueille en Amérique sur un arbre de la famille des térébinthacées, appelé vulg. *prunier d'Amérique.*

HUCHE*, *sf.* Sorte de truite de grande taille, dont la chair est moins estimée que celle de la truite ordinaire.

HUCHÉ E*, *adj.* Se dit du cheval lorsqu'il porte le boulet en avant et se soutient sur la pointe du pied.

HUCHET*, *sm.* Cornet avec lequel on appelle ou on avertit de loin ; on s'en servait autrefois pour chasser le lièvre.

HUÉ, *adj. m.* Se disait autrefois du poisson que l'on prenait en *huant*, à la marée basse, c.-à-d. en poussant de grands cris et en agitant l'eau avec des perches pour le chasser vers des filets tendus par des pêcheurs qui se tenaient à quelque distance dans des bateaux.

HUETTE*, *sf.* V. *Hulotte.*

HUGUE*, Ancienne coiffure en forme de capuchon. | Manteau espagnol avec capuchon.

HUGUENOTE*, *sf.* Petit fourneau de terre auquel peut s'adapter une marmite. | Vaisseau de terre sans pieds, propre à être mis sur le fourneau.

HUILURE, *sf.* Maladie qui attaque les poiriers.

HUIS, *sm.* (pr. *ui*). Autrefois, porte. | Huis-clos, à portes fermées, sans que le public soit admis.

HUISSERIE, *sf.* Assemblage, en menuiserie, des linteaux et poteaux qui encadrent les portes et les fenêtres.

HUISSIER, *sm.* Officier ministériel chargé de faire toutes les significations d'actes, sommations, assignations, etc., que se transmettent les parties en instance devant une juridiction quelconque. | Nom que portent les gens qui se tiennent à la porte du cabinet ou de l'appartement des hauts personnages, etc.

HUIT-PIEDS*, *sm.* Orgue dont le tuyau le plus long a huit pieds ou 2 m. 66.

HUÎTRE, *sf.* Mollusque très-charnu à deux valves plates, fermant à charnière au moyen d'un muscle spécial ; elle se fixe sur des rochers sous-marins, où elle reste immobile a prend son accroissement, qui dure trois ou quatre ans; la plupart de ses espèces comestibles *vivent sur les côtes d'Europe.*

HUÎTRIER, *sm.* Oiseau de l'ordre des échassiers, à plumage noir et blanc, nommé aussi *pie-marine;* il habite le bord de la mer du Nord de l'Europe et se nourrit d'huîtres et d'autres coquillages.

HULAN, *sm.* Cavalier autrichien armé d'une *longue lance; il correspond à peu près au lancier français.*

HULOT*, *sm.* (*Mar.*) Trou pratiqué dans le panneau d'une écoutille pour y faire passer un câble quand l'écoutille est fermée.

HULOTTE*, *sf.* Oiseau de nuit, espèce de chouette très-grosse et très-noire, avec les yeux noirâtres; *ses cris sont lugubres.* | *On* dit aussi *Huette.*

HUMANITÉS, *sfpl.* Classes du collége, embrassant depuis la troisième jusqu'à la rhétorique, et comprenant l'étude approfondie du grec et du latin, de l'histoire, de la poésie et de la rhétorique.

HUMANTIN, *sm.* Genre de poissons de la famille des squales, ayant à chaque nageoire dorsale un fort aiguillon; sa peau, très-dure, sert comme celle du squale à polir divers *objets.*

HUMÉRAIRE ou HUMÉRAL, E, *adj.* (*Anat.*) Qui appartient ou qui a rapport au bras et à l'épaule.

HUMÉRO-CUBITAL, E, *adj.* (*Anat.*) Qui appartient à l'humérus et au cubitus.

HUMÉRUS, *sm.* (*pr. -russ*) (*Anat.*) L'os du bras qui s'étend depuis l'épaule jusqu'au coude.

HUMIFUSE, *adj. f.* (*Bot.*) Se dit des plantes qui ne s'élèvent pas et végètent en se traînant à terre.

HUMORAL, E, *adj.* (*Méd.*) Qui a rapport aux humeurs du corps.

HUMORISME, *sm.* (*Méd.*) Ancienne doctrine médicale qui attribuait la cause des maladies à l'altération des humeurs; elle a été soutenue principalement par Galien.

HUMORISTE, *adj.* et *sm.* Partisan de la doctrine de l'humorisme. | Se dit aussi de personnes qui ont de l'humeur sans sujet, qui sont difficiles à vivre.

HUMORISTIQUE, *adj.* Qui est empreint d'humour, de fantaisie.

HUMOUR, *sm.* Qualité particulière à certains écrivains, et qui consiste en une heureuse disposition d'esprit; gaieté fine, spirituelle et légèrement satirique. | Tendance à la jovialité, à l'entrain.

HUMUS, *sm.* (pr. *-muss*). Terre végétale; celle qui forme la couche fertile de toutes les contrées; c'est le résultat de la désagrégation des roches, du transport de diverses substances terreuses par les alluvions, et enfin de la décomposition des végétaux qui s'y sont développés.

HUNE*, *sf.* Sorte de plateforme; fort plancher placé au sommet des mâts inférieurs et formant une saillie qui sert de point d'appui aux mâts supérieurs et qui soutient les hommes chargés des manœuvres hautes. | Mât de —, mât qui s'ajoute à un mât plus important et qui est fixé sur la hune.

HUNIER*, *sm.* Voile enverguée et gréée sur l'avant des mâts de hune.

HUNTER*, *sm.* (*Angl.*) (pr. *hun-teur*). Proprement, cheval de chasse. | Dans le langage des courses, cheval gras de formes, mais qui a de la race et de la distinction.

HUPPE*, *sf.* Genre d'oiseaux de l'ordre des passereaux, de la grosseur d'un merle, dont le bec est très-fin et très-allongé, et dont la tête est surmontée d'une double huppe mobile; elle court sur la terre et poursuit les insectes et les vers dont elle se nourrit; elle est commune en Europe au printemps et passe l'hiver en Afrique.

HURE*, *sf.* Tête; ne se dit guère que de celle du sanglier et de quelques gros poissons comestibles, lorsqu'elles sont séparées du corps. | Morceau de bois dans lequel sont encastrés les tenons d'une cloche ou d'une sonnette, au moyen de deux tourillons.

HURLEUR*, *sm.* V. *Alouate.*

HURPIAN*, *sm.* V. *Harpion.*

HUSSARD*, *sm.* Soldat de cavalerie légère dont l'habillement est très-élégant; il y en a en France huit régiments de six escadrons chacun.

HUSTING*, *sm.* (*Angl.*) Assemblée tumultueuse et en plein air, dans laquelle les candidats à la chambre des communes viennent haranguer les électeurs.

HYACINTHE, *sf.* Nom que l'on donne à diverses pierres précieuses jaune orange ou jaune rougeâtre, à reflet éclatant; la plus répandue est une variété de zircon. | — brune. V. *Idocrase.* | Plante liliacée. V. *Jacinthe.*

HYADES, *sfpl.* Petite constellation composée de cinq étoiles placées dans le ciel au-dessus du front du Taureau, et affectant la forme d'un Y.

HYALE, *sm.* Petit mollusque qui vit dans une coquille en forme de cornet; il habite les mers du Nord où il sert de nourriture aux baleines.

HYALÉON, *sm.* Humeur vitrée, gélatineuse, qui découle de l'œil ou de l'oreille.

HYALIN, E, *adj.* Qui ressemble à du verre; qui en a la transparence.

HYALOÏDE, *adj.* Qui ressemble à du verre. | (*Anat.*) L'une des humeurs de l'œil et la membrane qui l'enveloppe; elle occupe la plus grande partie de la cavité intérieure du globe de l'œil et sépare le cristallin de la rétine. |

Hyalite ou Hyaloïdite, *sf.* (*Méd.*) Inflammation de l'—.

HYALURGIE, *sf.* Art de la fabrication du verre.

HYATELLE, *sf.* Mollusques bivalves acéphales, dont la coquille est très-allongée, et qui se meuvent dans les sables à l'aide d'un pied qui passe au travers de l'ouverture de leur coquille.

HYBRIDE, *adj.* (*Zool.*) Se dit des animaux qui proviennent de deux espèces différentes du même genre, comme le mulet. | (*Bot.*) Plus particul. des plantes qui naissent de deux espèces voisines et qui ont des caractères de l'une et de l'autre. | Hybridation, *sf.* État, production des plantes —s. | Hybridité, *sf.* Condition d'un être —.

HYDARTHROSE, *sf.* (*Méd.*) Kyste synovial aqueux, hydropisie d'une articulation résultant de la contusion des membranes capsulaires du genou ou du coude; on l'observe aussi souvent chez les individus lymphatiques.

HYDATIDE, *sf.* (*Méd.*) Tumeur enkystée qui contient un liquide aqueux et transparent. | Vésicule molle qui se développe dans les organes sans adhérer à leur tissu, et qui n'est autre que le kyste d'un entozoaire. | (*Minér.*) Pierre précieuse ayant la transparence et la couleur de l'eau.

HYDATIS, *sm.* (pr. *-tiss*). (*Méd.*) Tumeur graisseuse de la paupière supérieure.

HYDATISME, *sm.* Bruit causé par la fluctuation d'un liquide renfermé dans une cavité.

HYDATOÏDE, *adj.* Qui ressemble à de l'eau.

HYDATOSCOPIE, *sf.* (*Sc. occ.*) Divination prétendue au moyen de l'eau.

HYDNE, *sm.* Champignon dont le chapeau, ramassé en boule, est hérissé en dessous de papilles, et supporté le plus souvent par une tige peu élevée; on le trouve sur les hêtres; il est comestible.

HYDRACHNE, *sf.* Très-petite araignée qui vit dans les mares, où elle se nourrit d'insectes aquatiques.

HYDRACIDE, *sm.* (*Chim.*) Nom générique des acides qui sont formés par la combinaison de l'hydrogène avec un métalloïde, ou un autre corps, comme l'acide chlorhydrique, l'acide sulfhydrique, etc.

HYDRAGOGUE, *adj.* et *sm.* (*Méd.*) Se dit des médicaments auxquels on attribue la propriété de faire écouler la sérosité épanchée dans les différentes cavités du corps ou dans le tissu cellulaire; on les employait beaucoup autrefois contre l'hydropisie; on ne s'en sert plus aujourd'hui que comme purgatifs.

HYDRANGÉE, *sf.* Nom du genre de plantes (arbrisseaux) auquel appartient l'*hortensia*.

HYDRANOSE, *sf.* (*Méd.*) Infiltration ou épanchement de sérosité.

HYDRARGYRE, *sm.* Le mercure.

HYDRARGYRIE, *sf.* (*Méd.*) Eczéma produit par l'administration intérieure ou extérieure des préparations mercurielles; on l'appelle aussi *lèpre mercurielle*.

HYDRARTHRE, ou Hydrarthrose, *sf.* V. *Hydarthrose*.

HYDRATE, *sm.* (*Chim.*) Nom générique des corps composés d'eau combinée avec un autre corps. | Hydraté, e, *adj.* Qui est combiné avec l'eau. | Hydrater, *va.* Convertir en —. | Hydratation, *sf.* Conversion en —.

HYDRAULIQUE, *adj.* Se dit de l'art de conduire et d'élever les eaux et des machines qui servent à cet objet. | Se dit d'une chaux, d'un mortier, renfermant une certaine proportion d'argile et durcissant dans l'eau; on les emploie pour maçonner les ouvrages qui doivent être submergés ou simplement en contact avec l'eau. | *sf.* Science de l'équilibre et des mouvements des corps fluides.

HYDRE, *sf.* Serpent fabuleux qui, croyait-on, avait plusieurs têtes, et auquel il en renaissait plusieurs dès qu'on en avait coupé une. | Polype d'eau douce, petit animal verdâtre de forme tubulaire, à six tentacules, qu'on trouve dans les ruisseaux; lorsqu'on le coupe en morceaux, chacun de ses fragments forme un animal complet.

HYDRÉLÉON, *sm.* Mélange d'huile et d'eau.

HYDRHÉMIE, *sf.* (*Méd.*) État dans lequel le sang contient plus de sérosité que de coutume; c'est une maladie fréquente chez les bestiaux qu'elle frappe sous la forme d'épizootie.

HYDROBATE, *adj.* Qui marche dans l'eau.

HYDROCANTHARE, *sm.* Nom générique de divers insectes coléoptères de forme elliptique, qui vivent dans les eaux stagnantes, où ils nagent avec facilité.

HYDROCARBURE, *sm.* (*Chim.*) Combinaison d'hydrogène et de carbone avec un autre corps simple. | Se dit de divers produits organiques, tels que le gaz hydrogène carboné pouvant servir à l'éclairage, les huiles minérales, etc.

HYDROCARDIE, *sf.* (*Méd.*) Hydropisie du péricarde.

HYDROCÈLE, *sm.* (*Méd.*) Tumeur formée par un amas de sérosité dans le tissu cellulaire du scrotum; elle résulte d'une contusion sur ce point ou de l'habitude de l'équitation.

HYDROCÉPHALE, *adj.* et *s.* Se dit d'un malade atteint d'*hydrocéphalie chronique*.

HYDROCÉPHALIE, *sf.* (*Méd.*) Hydropisie de la tête résultant d'un épanchement de sérosité dans l'intérieur du crâne; à l'état aigu, elle occasionne la fièvre cérébrale ou méningite; à l'état chronique, elle se manifeste le plus souvent chez les enfants et est presque toujours mortelle.

HYDROCÉRAME, *sm.* Poterie poreuse de

grès argileux qui sert à faire rafraîchir l'eau en la soumettant à une grande évaporation.

HYDROCHARIDÉES, *sfpl.* (*pr.* -*ka*) (*Bot.*) Famille de plantes aquatiques dont le type est l'*hydrocharis*, petite fleur blanche à feuilles semblables à celles du nénuphar, mais plus petites.

HYDROCHLORIQUE, *adj.* HYDROCHLORATE, *sm.* V. *Chlorhydrique*.

HYDROCORISE, *sf.* Nom commun à plusieurs genres d'insectes hémiptères appelés aussi *punaises d'eau*, qui vivent dans l'eau le plus souvent en se soutenant à sa surface au moyen de leurs pattes.

HYDROCOTYLE, *sm.* Plante ombellifère, à très-petites ombelles, habitant les lieux humides : une de ses espèces, originaire d'Asie, est réputée diaphorétique et s'emploie en extrait, en sirop ou en pilules contre certaines maladies de la peau, et notamment contre la lèpre.

HYDROCYSTE, *sm.* Kyste qui renferme de la sérosité.

HYDRODERME, *sm.* V. *Anasarque*.

HYDRODYNAMIQUE, *sf.* Partie de la mécanique qui traite du mouvement des fluides, des lois de leur équilibre, etc.

HYDROFUGE, *adj.* Qui écarte l'humidité ; qui en préserve.

HYDROGALA, HYDROGALE, *sm.* (*Méd.*) Lait mélangé avec trois fois son poids d'eau.

HYDROGÈNE, *sm.* Gaz inflammable, incolore, inodore, insipide, quatorze fois plus léger que l'air; combiné avec l'oxygène, il produit de l'eau ; combiné avec le carbone, il sert à l'éclairage; on le rencontre dans la nature à l'état d'exhalaisons putrides provenant de sa combinaison avec le soufre. V. *Sulfhydrique* (*acide*). | HYDROGÉNÉ, E, *adj.* Mêlé d'—.

HYDROGLOSSE, *sf.* Tuméfaction de la glande située sous la langue.

HYDROGNOMONIE, *sf.* V. *Hydroscopie*.

HYDROGRAPHIE, *sf.* Connaissance ou description des mers ; science de la navigation. | Étude des contrées, par rapport aux eaux qui les parcourent, aux directions de leurs bassins et à leur étendue. | HYDROGRAPHIQUE, *adj.* Qui concerne l'—.

HYDROHÉMIE, *sf.* V. *Hydrhémie*.

HYDROLAT, *sm.* Eau chargée par la distillation des principes volatils d'une ou de plusieurs substances.

HYDROLATURE, *sf.* Infusion ou décoction d'une substance médicamenteuse.

HYDROLÉ, *sm.* Eau qui par la macération, la digestion, l'infusion ou la décoction a été chargée des principes solubles d'une ou de plusieurs substances ; c'est un terme générique qui renferme l'*apozème*, la *tisane*, la *décoction* et l'*infusion*.

HYDROLOGIE, *sf.* Étude, traité sur les eaux.

HYDROLOTIF, *sm.* Sorte d'hydrolé, destiné à des frictions ou à des lotions.

HYDROMANCIE, *sf.* (*Sc. occ.*) Art prétendu de prédire l'avenir d'après le mouvement et la couleur des eaux.

HYDROMANIE, *sf.* Délire qui pousse le malade à se jeter dans l'eau.

HYDROMÉDIASTINE, *sf.* (*Méd.*) Hydropisie du médiastin.

HYDROMEL, *sm.* Boisson rafraîchissante qu'on obtient en faisant fondre du miel dans 15 à 18 fois son poids d'eau, à froid ou à chaud. | — composé, potion dans laquelle il entre divers aromates. | — vineux ou *miod*, boisson alcoolique et enivrante en usage dans le nord de l'Europe ; c'est du miel dissous dans l'eau, additionnée de vin blanc et d'aromates, et qui a subi une fermentation.

HYDROMÈTRE, *sm.* Instrument pour mesurer la densité et la vitesse des fluides V. *Udomètre*. | Petit insecte hémiptère qui habite les étangs à la surface desquels il court en tous sens.

HYDROMPHALE, *sf.* Tumeur séreuse du nombril.

HYDROMYGIDE, *sm.* Genre de mouches ou insectes diptères dont les ailes sont couchées l'une sur l'autre ; il vit dans les lieux humides, les caves, etc.

HYDROMYS, *sm.* (pr. *miss.*) Mammifère rongeur de l'Australie ; il se rapproche du rat d'eau et du castor par sa manière de vivre ; ses doigts de devant sont libres, tandis que ceux de derrière sont palmés.

HYDROPATHIE, *sf.* V. *Hydrothérapie*.

HYDROPÉDÈSE, *sf.* Sueur abondante.

HYDROPÉRICARDE, *sf.* Hydropisie ou épanchement séreux du péricarde.

HYDROPÉRITONIE, *sf.* V. *Ascite*.

HYDROPHANE, *sf.* (*Minér.*) Opale dure blanche, opaque, qui s'imbibe et devient légèrement transparente lorsqu'on la plonge dans l'eau.

HYDROPHILE, *adj.* Qui aime l'eau. | *sm.* Grand insecte coléoptère aquatique, dont le corps bombé est de couleur sombre; les femelles filent comme les araignées et déposent leurs œufs dans une coque qu'elles préparent à l'avance.

HYDROPHOBE, *adj.* et *s.* Qui a l'eau en horreur. | Atteint d'hydrophobie ; se dit général. comme syn. d'enragé, atteint de la rage.

HYDROPHOBIE, *sf.* Aversion, horreur pour les liquides et pour l'eau en particulier. | S'emploie comme syn. de rage, mais abusivement, ce phénomène n'étant pas spécial à cette maladie, et des cas de rage se manifestant souvent sans hydrophobie.

HYDROPHORE, *adj.* Se dit de la partie de la vis d'Archimède qui est constamment pleine d'eau. | *sm.* (*Ant.*) Esclave qui était chargé de verser de l'eau aux convives.

HYDROPHTHALMIE, *sf.* (*Méd.*) Maladie produite par l'augmentation de la sécrétion des humeurs dans l'œil; hydropisie de l'œil.

HYDROPHYTE, *sfpl.* (*Bot.*) Algues qui se montrent dans les eaux douces ou salées, ou dans les lieux inondés. | S'emploie en général comme syn. d'*algues.*

HYDROPIPER, *sm.* (pr. *perr.*) Poivre d'eau ; plante qui croît dans les lieux humides et qui a un goût poivré et brûlant.

HYDROPIQUE, *adj.* Atteint d'hydropisie.

HYDROPISIE, *sf.* Accumulation anormale de sérosité dans quelque partie du corps et particul. dans le bas-ventre ; elle est due à un défaut d'équilibre entre l'exhalation et l'absorption des liquides qui pénètrent dans l'organe attaqué.

HYDROPLEURIE, *sf.* V. *Hydrothorax.*

HYDROPNEUMATIQUE, *adj.* Se dit d'une cuve pleine d'eau dans laquelle sont placées deux ou plusieurs pièces transversales qui reçoivent renversés les vases également pleins d'eau dans lesquels on veut recevoir un gaz ; celui-ci, en pénétrant dans le vase, force l'eau à descendre et reste toujours soustrait au contact de l'air.

HYDROPNEUMONIE, *sf.* (*Méd.*) Infiltration séreuse du poumon.

HYDROPOTE, *adj.* et *s.* Qui ne boit que de l'eau.

HYDROPYRÈTE, *sf.* Fièvre maligne avec colliquation, dissolution des humeurs.

HYDRORACHIS, *sm.* (*Méd.*) Maladie de la colonne vertébrale, consistant en un écartement de ses apophyses, donnant lieu à des tumeurs séreuses ; c'est une hydropisie du *rachis*; on l'appelle aussi *spina bifida.*

HYDROSARQUE, *sf.* (*Méd.*) Tumeur contenant de la sérosité et des excroissances charnues.

HYDROSCOPIE, *sf.* Science ou art de découvrir les sources. | HYDROSCOPE, *s.* Celui qui exerce l'—.

HYDROSTATIQUE, *sf.* Partie de la mécanique qui traite de l'équilibre des corps liquides et surtout de l'eau, ou de celui des corps solides portés sur des corps liquides. | *adj.* Qui est mis en équilibre au moyen de l'eau.

HYDROSULFURIQUE, *adj.* V. *Sulfhydrique.*

HYDROTHÉRAPIE, *sf.* Méthode de traitement qui consiste à combattre exclusivement ou principalement les maladies par l'usage de l'eau, en douches, en bains, etc. | HYDROTHÉRAPIQUE, *adj.* Qui concerne l'—.

HYDROTHERMIE, *sf.* Système de culture des plantes tropicales aquatiques dans nos climats, qui consiste à maintenir constamment chauffée l'eau dans laquelle elles végètent.

HYDROTHORAX, *sm.* (*Méd.*) Hydropisie de la poitrine; amas de sérosité dans les plèvres.

HYDROTIMÉTRIE, *sf.* Art de mesurer la quantité de chacune des diverses substances qui se trouvent en dissolution dans l'eau. | HYDROTIMÉTRIQUE, *adj.* Qui concerne l'—.

HYDROTIQUE, *adj.* et *sm.* Sudorifique; qui favorise la transpiration.

HYÉMAL, E, *adj.* Qui appartient à l'hiver, qui ne se voit qu'en hiver ou qui porte l'empreinte de l'hiver.

HYÈNE, *sf.* Animal carnassier digitigrade, dont la conformation générale et les mœurs ressemblent à celles du loup; son caractère saillant est la position oblique qu'elle affecte en marchant, à cause de l'état de flexion où elle tient toujours ses pattes de derrière, ce qui la fait paraître boiteuse; sa crinière se hérisse à volonté; on la trouve en Orient et dans le centre de l'Afrique, où elle se nourrit de charognes.

HYÉTOMÈTRE, *sm.* V. *Udomètre.*

HYGIE, *sf.* (*Ant.*) Nom que donnait la mythologie à la déesse de la santé.

HYGIÈNE, *sf.* Science qui a pour objet la conservation de la santé de l'homme, les règles qu'il faut suivre pour cet objet, la salubrité publique et privée, etc.

HYGROCÉRAME, *sm.* V. HYDROCÉRAME.

HYGROLOGIE, *sf.* V. *Hydrologie.*

HYGROMA, *sm.* V. *Hydarthrose.*

HYGROMÈTRE, *sm.* (*Phys.*) Nom que l'on donne à divers instruments de construction variable, qui servent à mesurer le degré d'humidité ou de sécheresse de l'air, soit par la contraction d'un cheveu ou d'une corde à boyau, soit par l'évaporation d'un réservoir d'eau.

HYGROMÉTRIE, *sf.* Partie de la physique qui traite des variations de l'humidité ou de la sécheresse de l'air ou des gaz.

HYGROMÉTRIQUE, *adj.* Se dit des corps sensibles aux changements d'humidité ou de sécheresse de l'air. | (*Bot.*) Se dit aussi de certaines plantes qui manifestent l'humidité atmosphérique et qui annoncent la pluie, soit en resserrant leurs pétales, soit en roulant leurs feuilles, etc.

HYGROSCOPE, *sm.* (*Phys.*) Instrument propre à faire connaître l'existence de la vapeur d'eau dans l'air ou dans un gaz.

HYGROSCOPIE, *sf.* V. *Hygrométrie.*

HYLÉSINE, *sf.* Petit insecte coléoptère, dont la larve creuse les bois abattus ou morts, particul. les pins, pendant les mois de mai et de juin qui précèdent son éclosion, et y trace des galeries en tous sens qui nuisent considérablement au bois; certaines espèces s'attaquent au frêne et à l'olivier.

HYLOZOÏSME, *sm.* (*Philos.*) Système qui attribue une existence primitive à la matière, et qui considère la vie comme n'étant qu'une de ses propriétés.

HYMÉNÉA, *sm.* V. *Courbaril.*

HYMÉNIUM, *sm.* (*Bot.*) Membrane foliacée ou charnue qui supporte les spores ou corpuscules reproducteurs des champignons.

HYMÉNOGRAPHIE, *sf.* Description des membranes du corps.

HYMÉNOLOGIE, *sf.* Traité des membranes du corps humain.

HYMÉNOPTÈRES, *smpl.* (*Zool.*) Ordre d'insectes qui ont quatre ailes nues et membraneuses, dont les supérieures, plus grandes, sont veinées; ils sont quelquefois munis d'une trompe, et leur abdomen, le plus souvent armé d'une tarière ou d'un aiguillon, ne tient au corselet que par un pédicule fort mince; telles sont les fourmis, les guêpes, les abeilles, etc.

HYMNE, *sm.* (*Ant.*) Tout chœur en l'honneur de la divinité. | *sf.* (*Eccl.*) Chœur d'église, en latin, ordinairement composé en vers rimés et divisé en strophes.

HYMNOGRAPHE, *sm.* Auteur d'hymnes.

HYOÏDE, *adj.* et *sm.* (*Anat.*) Se dit du petit os en forme d'arc qui est situé en travers de la partie supérieure du cou, où il sert à porter la langue et à soutenir le larynx. | HYO-GLOSSE, *adj.* Se dit des muscles ou des nerfs communs à l'os — et à la langue.

HYOSCYAME, *sf.* V. *Jusquiame.*

HYOSCYAMINE, *sf.* (*Chim.*) Alcaloïde qui est le principe actif de la jusquiame; c'est un poison tétanique violent.

HYPALLAGE, *sm.* (*Litt.*) Figure de mots par laquelle on paraît attribuer à certains mots d'une phrase ce qui appartient à d'autres mots, sans qu'il soit possible de se méprendre sur le sens; ainsi Cicéron, voulant dire que César n'avait exercé aucune cruauté dans Rome, dit qu'on n'y a jamais vu *son épée vide du fourreau*, tandis qu'il aurait fallu dire: *son fourreau vide de son épée.*

HYPERBATE, *sf.* (*Litt.*) Inversion brusque et inaccoutumée des mots; cette figure se rencontre surtout dans les langues anciennes; on ne la pratique en français que dans les vers tragiques ou lyriques.

HYPERBOLE, *sf.* (*Litt.*) Figure de rhétorique qui consiste à exagérer excessivement la vérité des choses pour faire plus d'impression sur l'esprit de l'auditeur; comme quand on dit d'un cheval: *il va plus vite que le vent.* | (*Math.*) Courbe du second ordre, produite par l'intersection d'une surface conique et d'un plan parallèle à ses deux génératrices, et qui constitue deux branches séparées l'une de l'autre et s'étendant indéfiniment dans les deux sens.

HYPERBORÉE, HYPERBORÉEN, NE, *adj.* Se dit des régions très-septentrionales, des peuples, des animaux et des plantes du nord de l'Europe ou qui avoisinent le pôle Nord.

HYPERCOUSIE, *sf.* (*Méd.*) Exaltation du sens de l'ouïe.

HYPERCRISE, *sf.* Crise plus forte que celles qu'on observe ordinairement dans une maladie.

HYPERDULIE, *sf.* (*Eccl.*) Culte particulier que l'on rend à la sainte Vierge, et qui est au-dessus de celui qu'on rend aux saints.

HYPÉRÉMIE ou HYPERHÉMIE, *sf.* (*Méd.*) Surabondance de sang dans une partie quelconque.

HYPÉRIC, *sm.* V. *Millepertuis.*

HYPÉRICINÉES, *sfpl.* (*Bot.*) Famille de plantes, la plupart résineuses, dont les feuilles sont le plus souvent comme criblées de petits trous, qui ne sont autre chose que les utricules renfermant la substance résineuse, laquelle est astringente et fébrifuge; le type de cette famille, qui renferme des arbustes et des arbres, est la plante herbacée vulgaire, appelée *hypéric* ou *millepertuis.* (V. ce dernier mot).

HYPÉRINE, *sf.* Petit crustacé marin analogue à la crevette, mais disposé seulement pour la nage; il vit en parasite sur les poissons.

HYPEROODON, *sm.* Genre de cétacé, voisin de la baleine par sa conformation et remarquable par une crête verticale qui surmonte de part et d'autre sa mâchoire supérieure; sa plus grande taille est de 9 à 10 mètres.

HYPERSARCOSE, *sf.* (*Méd.*) Développement trop considérable des bourgeons celluleux et vasculaires qui recouvrent la surface d'une plaie.

HYPERSTHÉNIE, *sf.* (*Méd.*) Excès d'exaltation des forces dans les maladies inflammatoires.

HYPERTONIE, *sf.* (*Méd.*) Excès de ton dans les tissus vivants; c'est l'opposé d'*atonie.*

HYPERTROPHIE, *sf.* (*Méd.*) Accroissement excessif d'un organe caractérisé par une augmentation de son poids et de son volume, et sans altération réelle de sa texture; c'est le résultat d'une nutrition anormale et trop active de cet organe. | HYPERTROPHIÉ, E, *adj.* Atteint d'—.

HYPÈTHRE, *adj.* et *sm.* (*Ant.*) Désignait, chez les architectes anciens, un édifice découvert, c.-à-d. dépourvu de toit. | Espace découvert qu'on laissait autour d'un tombeau.

HYPNIÂTRE, *sm.* Somnambule qui prétend guérir des malades pendant le sommeil magnétique.

HYPNOBATE, *adj.* Somnambule.

HYPNOBATÈSE, *sf.* Somnambulisme.

HYPNOLOGIE, *sf.* Traité sur le sommeil.

IYPNOTISME, *sm.* Faculté qu'auraient certaines personnes ou certains animaux de s'endormir à volonté, en regardant fixement un objet brillant placé à peu de distance de leurs yeux. | Sommeil de nature particulière résultant de cette faculté. | HYPNOTIQUE, *adj.* Qui appartient à l'—; qui provoque le sommeil; narcotique.

HYPO, (*Chim.*) Particule qui indique en général un acide dans lequel le corps combiné à l'oxygène est en moindres proportions que dans l'acide ordinaire, ou bien un sel dans lequel entre cet acide.

HYPOAZOTIQUE, *adj.* Acide —, liquide jaunâtre composé de quatre équivalents d'oxygène et d'un équivalent d'azote, fumant à l'air, et très-dangereux à respirer; il se produit de diverses manières, notamment quand on verse de l'acide azotique sur des métaux; on l'emploie dans l'épreuve des huiles.

HYPOCAUSTE, *sm.* Nom qu'on a donné à un système de calorifères dont les tuyaux sont disposés sous le parquet des appartements.

HYPOCHLOREUX, *adj. m.* (*Chim.*) Acide —, gaz jaune composé de chlore et d'oxygène, qui jouit à un haut degré de la propriété de blanchir les matières colorantes.

HYPOCHLORITE, *sm.* (*Chim.*) Nom générique de plusieurs sels formés par la combinaison de l'acide hypochloreux et d'une base; la plupart, tels que l'— de soude ou *liqueur de Labarraque*, et l'— de chaux, appelé aussi *chlorure de chaux*, ont des propriétés désinfectantes et antiseptiques, et peuvent combattre les effets de la décomposition des matières organiques; ils sont aussi propres au blanchiment, notamment l'— de potasse ou eau de Javel, qui est appelé aussi *chlorure de potasse*.

HYPOCISTE, *sm.* Plante parasite à fleurs rouges, ainsi que les écailles qui couvrent sa tige; on la trouve sur les racines de ciste dans le Midi; ses baies donnent un suc devenant noir par concrétion, à cassure brillante, à saveur acide, qu'on employait beaucoup autrefois comme astringent dans certaines maladies.

HYPOCONDRE, *sm.* (*Anat.*) Chacune des deux parties supérieures de la région du bas-ventre à droite et à gauche de l'épigastre.

HYPOCONDRIE, *sf.* Sorte de maladie nerveuse ordinairement de longue durée, propre aux gens irritables et dont le système cérébral est surexcité par un travail intellectuel excessif; c'est un état d'exaltation spasmodique particulier dans lequel on se plaint de douleurs vives, surtout dans l'estomac; on éprouve des terreurs, des inquiétudes continuelles; enfin, on se sent malade, malgré toutes les apparences de la santé; on considère plutôt cette névrose comme une affection morale que comme une maladie proprement dite. | HYPOCONDRIAQUE, *adj.* et *s.* Atteint d'—; personne bizarre et morose, caractère fantasque.

HYPOCOPHOSE, *sf.* (*Méd.*) Dureté de l'ouïe, surdité.

HYPOCOROLLIE, *sf.* (*Bot.*) Une des classes de la méthode de classification naturelle des plantes établie par Jussieu, qui renferme les végétaux dicotylédonés monopétales, dont les étamines sont portées sur la corolle, laquelle s'insère à sa base au-dessous du fruit.

HYPOCRAS, *sm.* (pr. *-crass*). Espèce de liqueur faite avec du vin blanc, du sucre, de la cannelle et d'autres ingrédients; elle est tonique et stomachique.

HYPOGASTRE, *sm.* (*Anat.*) Partie inférieure du ventre. | HYPOGASTRIQUE, *adj.* Qui appartient à l'—, qui a rapport à l'—.

HYPOGÉE, *sm.* (*Ant.*) Souterrain, excavation, construction élevée sous le sol et dans laquelle les anciens, et particul. les Égyptiens, déposaient leurs morts.

HYPOGLOSSE, *adj.* et *s.* (*Anat.*) Se dit du nerf qui part du cerveau et se distribue en plusieurs ramifications aux muscles de la langue et du pharynx.

HYPOGLOSSITE, *sf.* (*Méd.*) Inflammation, exulcération sous la langue.

HYPOGYNE, *adj.* (*Bot.*) Se dit de tous les organes de la fleur qui sont insérés sous la base du pistil.

HYPOMOCHLION, *sm.* V. *Orgueil.*

HYPONITRIQUE, *adj.* V. *Hypoazotique.*

HYPOPÉTALIE, *sf.* (*Bot.*) Une des classes de la méthode de classification naturelle de plantes établie par Jussieu, qui renferme les végétaux dicotylédonés polypétales dont les étamines, indépendantes de la corolle, sont hypogynes, c.-à-d. insérées sous la base du pistil.

HYPOPHYSE, *sf.* (*Anat.*) Portion de substance cérébrale qui recouvre l'entonnoir du cerveau.

HYPOPYON, *sm.* (*Méd.*) Abcès avec épanchement dans l'épaisseur de la cornée transparente ou dans la chambre antérieure de l'œil.

HYPOSCÈNE ou HYPOSCÉNIUM, *sm.* (*Ant.*) Le dessous de la scène; le mur à hauteur d'appui qui supportait le plancher du théâtre ou le proscénium.

HYPOSTAMINIE, *sf.* (*Bot.*) Classe de la méthode naturelle de Jussieu, différant de l'*hypopétalie* en ce qu'elle renferme les fleurs sans pétales ou monochlamydées dont les étamines sont hypogynes.

HYPOSTAPHYLE, *sf.* (*Méd.*) Allongement ou chute de la luette.

HYPOSTASE, *sf.* (*Théol.*) Nom, substance, essence, manière d'être des trois personnes de la sainte Trinité qui ne font qu'un seul Dieu. | HYPOSTATIQUE, *adj.* Qui tient de l'—; se dit de l'union du Verbe avec la nature humaine.

HYPOSTHÉNIE, *sf.* (*Méd.*) Diminution des forces.

HYPOSTYLE, *adj.* et *s.* (*Ant.*) Se dit d'un édifice ou d'une partie d'édifice dont le plafond est supporté par des colonnes.

HYPOSULFATE, *sm.* (*Chim.*) Nom générique des sels composés d'acide hyposulfurique (acide composé de deux équivalents de soufre et de cinq équivalents d'oxygène) et d'une base; ils sont sans emploi dans l'industrie.

HYPOSULFITE, *sm.* (*Chim.*) Nom générique des sels composés d'acide hyposulfureux (acide composé de deux équivalents d'oxygène et de deux équivalents de soufre) et d'une base; l'— de soude est employé en photographie pour dissoudre et précipiter les résidus d'argent.

HYPOTHÉNUSE, *sf.* (*Math.*) Le côté qui est opposé à l'angle droit dans un *triangle* rectangle; le carré construit sur ce côté est égal à la somme des carrés construits sur les deux autres côtés.

HYPOTHÈQUE, *sf.* Droit réel qui grève les immeubles affectés à la sûreté, à l'acquittement d'une obligation, d'une dette; elle doit être renouvelée tous les dix ans. | Composition faite avec de l'eau-de-vie, du sucre, des fruits; sorte de sirop que l'on buvait autrefois au dessert. | HYPOTHÉCAIRE, *adj.* Qui a droit d'—.

HYPOTYPOSE, *sf.* (*Litt.*) Figure qui consiste dans un choix et un arrangement de mots qui mettent pour ainsi dire sous les yeux du lecteur ou de l'auditeur l'objet qu'on veut décrire; c'est une description animée, d'un grand usage chez les poëtes et chez les prosateurs; l'exemple le plus célèbre de cette figure est le récit de la mort d'Hippolyte, par Racine.

HYPSIEN, NE, *adj.* (*Litt.*) Horizontal; se dit d'un accent qu'on mettait autrefois au-dessus de deux mots pour les joindre; il est remplacé aujourd'hui par le trait d'union.

HYPSILOGLOSSE, HYPSILOÏDE, *adj.* V. *Hyoglosse*, *Hyoïde*.

HYPSOMÉTRIE, *sf.* Art du nivellement; mesure des hauteurs des lieux.

HYPTIEN, *adj.* V. *Hypsien*.

HYSON, *adj.* Se dit d'une espèce de thé vert de très-bonne qualité; on le cueille en Chine au printemps. | On dit aussi *Hyswin*.

HYSOPE ou HYSSOPE, *sm.* Sous-arbrisseau de la famille des labiées, à fleurs très-aromatiques en grappes axillaires, dont une espèce commune en Europe est employée comme stimulant faible, cordial et céphalique; on en fait un sirop et un hydrolat fréquemment usités. | L'Écriture entend par ce mot une plante très-petite et que l'on croit être une espèce de mousse.

HYSTASAPE, *adj.* Se dit des bâches ou des prélarts de forte toile, rendue imperméable par le sulfate de cuivre ou par tout autre ingrédient. | HYSTASAPER, *va.* Rendre —, imperméabiliser.

HYSTÉRIE, *sf.* HYSTÉRISME, *sm.* Maladie chronique particulière aux femmes; elle résulte de l'extrême sensibilité du système nerveux et se manifeste par des convulsions générales plus ou moins fréquentes accompagnées de suffocation et d'une perte presque complète de connaissance. | HYSTÉRICISME, *sm.* La même maladie, mais moins intense.

HYSTÉRIQUE, *adj.* et *s.* Se dit d'une personne atteinte d'—. | Boule —, *sentiment* d'une sorte de boule qui semble monter des parties inférieures du corps jusqu'à la poitrine en produisant un étouffement, et qui précède une attaque d'hystérie. | Clou —, douleur très-vive se manifestant au sommet de la tête chez les hystériques.

HYSTÉROLOGIE, *sf.* (*Litt.*) Figure qui consiste dans le renversement de l'ordre naturel des pensées, de manière à dire en dernier lieu ce qui devrait être énoncé tout d'abord selon l'ordre des faits.

HYSTRIX, *sm.* Porc-épic. | HYSTRICIENS, *smpl.* (*Zool.*) Famille de mammifères ayant pour type le rongeur porc-épic.

HYSWIN, *adj.* V. *Hyson*.

I

IAMBE, *sm.* (*Litt.*) Dans la poésie grecque et latine, pied de deux syllabes dont la première est brève et la dernière longue. | Vers dans lequel il entre des —s. | Pièce de vers satiriques antique ou imitée des —s des anciens.

IATRALEPTIQUE, *adj.* (*Méd.*) Méthode de thérapeutique qui consiste à traiter les maladies par des frictions, des fomentations, des liniments, etc.

IATRALIPTE, *sm.* Médecin qui traite ses malades par les onctions et les frictions.

IATRIQUE, *adj.* Qui appartient au médecin, à la médecine. | *sf.* Syn. de médecine.

IATROCHIMIE, *sf.* Art de guérir par des remèdes chimiques.

IATROMATHÉMATICIEN, *sm.* Nom que prenait au XVIIe siècle une école de médecins qui prétendaient ramener tous les phénomènes de la santé et de la maladie à des règles mathématiques, et qui s'appuyaient sur les sciences exactes dans la pratique de l'art de guérir.

IBÉRIDE ou Ibéris, *sf.* Plante crucifère portant de très-beaux bouquets réguliers de fleurs blanches ou jaunes; plusieurs de ses espèces, notamment le thlaspi (vulg. *Téraspic*) sont employées en bordures dans les jardins.

IBIDEM, *adv.* (*Lat.*) Mot dont on se sert ordinairement dans les citations pour signifier que le mot, la phrase, etc., qu'on cite se trouve dans la citation précédente; on écrit souvent par abréviation, *Ibid.* ou *Ib.*

IBIS, *sm.* (pr. *-biss*) Genre d'oiseaux de l'ordre des échassiers, dont le bec est très-long, arqué, élargi et presque carré à sa base, les ailes très-courtes; l'— sacré habite l'Egypte et faisait autrefois l'objet d'un culte; il vit par troupes de huit à dix dans les terrains humides.

ICAQUE, *sm.* Sorte de prune des Antilles produite par un arbre de 3 mètres de haut, à tronc tortueux, appelé Icaquier; c'est un fruit à chair blanche très-sucrée; on l'emploie, ainsi que les racines et l'écorce de l'arbre, comme astringent.

ICASTIQUE, *adj.* Qui fait image.

ICHNEUMON, *adj.* et *sm.* (pr. *ik-neu-mon*) Mangouste d'Egypte et de l'Inde, quadrupède de la taille d'un chat, que les Egyptiens révéraient parce qu'il détruit les œufs des serpents et des crocodiles, ainsi que les souris. | Genre d'insectes hyménoptères, pourvus d'un aiguillon comme les abeilles, et qui déposent leurs œufs dans le corps des chenilles; ils sont remarquables par le mouvement vibratile de leurs antennes.

ICHNOGRAPHIE, *sf.* (pr. *-kno-*) (*Archit.*) Plan horizontal et géométral d'un édifice.

ICHNOLOGIE, *sf.* (*Géol.*) Partie de la géologie qui traite de l'étude des traces fossiles, telles que les pas d'oiseaux, les impressions de fougères, les vestiges de gouttes d'eau, etc., qu'on trouve dans certains terrains.

ICHOR, *sm.* (pr. *-kor*) (*Méd.*) Sanie; sang aqueux, mêlé de pus, fétide, irritant et âcre, sécrété par des tissus enflammés. | Ichoreux, se, *adj.* Qui renferme de l'—.

ICHTHYOCOLLE, *sf.* (pr. *ikti-*). Colle de poisson; c'est une gélatine de qualité supérieure que l'on obtient en faisant bouillir longtemps la vessie natatoire de l'esturgeon; on l'emploie pour faire des gelées fines, pour coller les vins supérieurs, pour apprêter certains tissus, et dans la fabrication des fleurs artificielles.

ICHTHYOGRAPHIE, *sf.* (pr. *ikti-*). Description des poissons.

ICHTHYOLITHE, *sm.* (pr. *ikti-*). Poisson pétrifié. | Pierre qui porte l'empreinte d'un poisson.

ICHTHYOLOGIE, *sf.* (pr. *ikti-*). Branche de la zoologie qui traite des poissons. | Ichthyologique, *adj.* Qui a rapport à l'—. | Ichthyologiste ou Ichthyologue, *sm.* Celui qui étudie, qui connaît l'histoire des poissons.

ICHTHYOMANCIE, *sf.* (pr. *ikti-*)(*Sc. occ.*) Divination par l'examen des entrailles des poissons.

ICHTHYOMORPHE, *adj.* (pr. *ikti-*). Qui a la forme d'un poisson.

ICHTHYOMORPHIQUE, *adj.* (pr. *ikti-*) Qui représente des poissons.

ICHTHYOPHAGE, *adj.* (pr. *ikti-*). Qui se nourrit de poisson. | Ichthyophagie, *sf.* Habitude des peuples —s.

ICHTHYOPHILE, *sf.* (pr. *ikti-*). Qui aime le poisson. | Qui aime la pêche.

ICHTHYOSAURE, *sm.* (pr. *iktiossaure.*) Genre de reptiles des temps primitifs du globe, dont on ne connaît que des débris fossiles; il paraît avoir été intermédiaire entre les cétacés et les poissons; on le trouve principalement en Angleterre et en Allemagne dans les terrains jurassiques.

ICHTHYOSE, *sf.* (pr. *ikti-*). Maladie de la peau, épaississement de l'épiderme qui devient grisâtre, qui se fendille et se divise en petits compartiments irréguliers ressemblant grossièrement à des écailles de poisson.

ICHTHYOTYPOLITHE, *sf.* (pr. *ikti-*). V. *Ichthyolithe.*

ICICA, *sf.* Résine qui découle d'un arbre de l'Asie ou du Brésil, appelé *Icicariba* ou | Iciquier, *sm.* Cet arbre porte des fruits charnus, rougeâtres, très-agréables au goût; l'*icica*, qu'on appelle abusivement *encens*, donne en brûlant une odeur agréable semblable à celle du citron.

ICOGLAN, *sm.* En Orient et en Turquie, page du sultan, écuyer, garde du corps.

ICONE, *sm.* Image; se dit particul. des estampes d'histoire naturelle.

ICONIQUE, *adj.* Qui est parfaitement semblable au modèle.

ICONISME, *sm.* (*Philos.*) Représentation figurée, symbolique, de la pensée. | (*Litt.*) V. *Hypotypose.*

ICONOCLASIE, *sf.* Fanatisme de ceux qui brisaient les saintes images; c'était une secte qui eut au VIIIe siècle beaucoup d'adhérents appelés | Iconoclastes, *smpl.* Ils proscrivaient la présence des images, des statues, etc., dans les temples, et les détruisaient partout.

ICONOGRAPHIE, *sf.* Collection de portraits de tableaux, d'images, ou simplement description de ces objets. | Iconographe, *adj.* et *sm.* Celui qui s'occupe d'—.

ICONOLÂTRIE, *sf.* Culte des images. | Iconolâtre, *adj.* et *s.* Qui pratique l'—.

ICONOLOGIE, *sf.* Explication des figures allégoriques qui se trouvent sur les monuments antiques ou modernes. | Iconologiste ou Iconologue, *sm.* Celui qui s'occupe d'—.

ICONOMAQUE, *sm.* Celui qui combat le culte des images.

ICONOPHILE, *sm.* Celui qui aime les images. | Amateur, connaisseur en fait d'estampes.

ICONOSTASE, *sf.* Espèce de jubé fermé, derrière lequel le prêtre grec fait la consécration; cette partie de l'église est couverte d'images de piété. | Dans les maisons particulières, cabinet ou niche voilée d'un rideau, et dans lequel sont les saintes images généralement peintes sur des triptyques de bois ou d'ivoire.

ICONOSTROPHE, *sm.* Instrument d'optique disposé de manière à renverser les objets à la vue; les graveurs s'en servent pour regarder et copier leur modèle.

ICOSAÈDRE, *sm.* (pr. *-zu-*) (*Math*). Polyèdre qui est terminé par vingt triangles équilatéraux.

ICOSANDRIE, *sf.* (*Bot.*) Classe du système de Linné, qui renferme les plantes dont les fleurs ont plus de 20 étamines insérées sur le calice, telles que la *fraise*, la *ronce*, la *rose*, etc.

ICTÈRE, *sm.* (*Méd.*) Jaunisse, maladie caractérisée par la couleur jaune que prennent les téguments, et qu'on peut attribuer à la présence de la bile dans le sang. | — bleu. V. *Cyanose*. | — noir. V. *Mélasictère*. | — rouge. V. *Phénigme*. | Nom technique du troupiale. V. ce mot. | ICTÉRIQUE, *adj.* Qui est atteint d'—. | ICTÉRODE ou ICTÉROÏDE, *adj.* Qui ressemble à l'—.

ICTÉRIN, E, *adj.* Qui a une teinte jaunâtre.

IDÉALISME, *sm.* (*Philos.*) Doctrine fondée par Platon et adoptée par un grand nombre de philosophes; elle donne pour base aux idées humaines des notions abstraites nécessaires, existant par elles-mêmes en dehors de l'univers, et qui sont plus spécialement les *idées* ou *idées innées*. | Autre doctrine plus moderne niant la réalité du monde extérieur, et n'accordant d'existence réelle qu'à nos *pensées*, les seules choses dont nous ayons conscience. | Dans les arts, on donne ce nom à l'école qui cherche à produire des créations se rapprochant d'un type parfait de beauté qui n'existe pas dans la nature, par oppos. au *Réalisme*, qui se borne à étudier la nature et à la reproduire telle que nos sens la perçoivent.

IDENTITÉ, *sf.* (*Philos.*) Propriété qu'ont les êtres de persister dans leur existence; cette propriété n'appartient qu'à l'âme qui est immuable. | (*Jurisp.*) Certitude qu'une personne est bien elle, qu'il ne peut plus y avoir de doute à cet égard.

IDÉOGRAPHIE, *sf.* Système d'écriture en usage chez quelques nations de l'Orient, et qui consiste, soit à représenter les objets même dont on veut parler, soit à tracer les traits d'un objet physique rappelant par métaphore l'idée morale que l'on veut exprimer; c'est l'opposé de l'écriture *phonétique*.

IDÉOLOGIE, *sf.* Traité, science des idées, des facultés intellectuelles de l'homme; recherches sur leur origine et sur leur expression.

IDÉOLOGUE, *adj.* et *s.* Celui qui s'occupe d'idéologie; celui qui envisage toutes les questions morales ou sociales sous un point de vue abstrait.

IDES, *sfpl.* C'était, chez les Romains, le quinzième jour des mois de mars, mai, juillet et octobre, le treizième de janvier, février, août et décembre, et le dixième des autres mois.

IDIOCRASIE, *sf.* Constitution propre à chaque individu. V. *Idiosyncrasie*.

IDIO-ÉLECTRIQUE, *adj.* (*Phys.*) Se dit des corps susceptibles d'acquérir les propriétés électriques par le frottement et mauvais conducteurs de l'électricité, comme les *résines*, le *verre*, l'*huile*, etc.

IDIOME, *sm.* Langue propre à une nation ou à une partie de nation.

IDIOMÈLE, *sm.* (*Eccl.*) Verset qui n'est point tiré de la sainte Ecriture, et qui se dit sur un chant particulier.

IDIOMORPHES, *smpl.* (*Géol.*) Corps fossiles provenant des animaux ou des végétaux.

IDIOPATHIE, *sf.* (*Méd.*) État d'une maladie primitive, qui n'est liée à aucune autre, qui n'en est ni le symptôme ni la conséquence.

IDIOPATHIQUE, *adj.* (*Méd.*) Se dit des maladies qui sont indépendantes de toute autre affection, par oppos. à *symptomatique* ou *secondaire*.

IDIOSTHÉNIE, *sf.* (*Méd.*) Maladie par excitation, ayant un caractère particulier et spécial. | IDIOSTHÉNIQUE, *adj.* Qui appartient à l'—.

IDIOSYNCRASIE, *sf.* (pr. *-cin-*). Tempérament propre à chaque individu; prédisposition particulière à chaque sujet, prédominance organique, en vertu de laquelle les mêmes causes peuvent produire des effets différents sur différents sujets. | IDIOSYNCRASIQUE ou IDIOSYNCRATIQUE, *adj.* Qui a le caractère de l'—.

IDIOTISME, *sm.* (*Litt.*) Construction, locution contraire aux règles communes et générales, mais propre et particulière à une langue. | IDIOTIQUE, *adj.* Qui tient à un —, qui a rapport à un —.

IDOCRASE, *sf.* Pierre brune ou violette, cristallisée, qui est un silicate d'alumine; il y en a plusieurs espèces, dont la plus répandue est l'— vésuvienne, pierre transparente qu'on vend à Naples, sous le nom de *gemme du Vésuve*.

IDOINE, *adj.* Propre à quelque chose, capable d'une chose.

IDYLLE, *sf.* (*Litt.*) Petit poëme dont le sujet est ordinairement pastoral et amoureux, et qui tient de l'églogue. | IDYLLIQUE, *adj.* Qui appartient à l'—.

IÉRATIQUE, *adj.* V. *Hiératique.*

IF, *sm.* Arbre de la famille des conifères, atteignant une taille élevée et présentant une forme pyramidale; ses feuilles, toujours vertes, sont étroites, allongées, et disposées sur leurs pétioles en deux rangées serrées comme les barbes d'une plume; son bois, dur, de couleur rouge, s'emploie pour divers ouvrages de tour et de marqueterie; ses baies, rouge vif, sont laxatives. | Pièce de charpente de forme triangulaire, sur laquelle on dispose des lampions.

IGNAME, *sf.* (pr. *gn* mouillé). Plante originaire de l'Orient, à tige grimpante, portant des feuilles en cœur et de petites fleurs verdâtres; sa racine, très-longue et en forme de massue, renferme une grande quantité de fécule très-nutritive et panifiable.

IGNASURINE, *sf.* (pr. *gn* mouillé). (*Chim.*) Acide organique que l'on trouve combiné avec la strychnine dans la noix vomique.

IGNATIE, (pr. *gn* mouillé, *-cie*). Arbre très-rameux des Indes orientales, dont les fleurs ont l'odeur du *jasmin*, et dont la semence est importée en Europe sous le nom de *fève de Saint-Ignace*; elle est amère et vénéneuse; on l'emploie contre les fièvres rebelles.

IGNÉ, E, *adj.* (pr. *ig-né*). Qui est de feu, qui a les qualités du feu.

IGNÉAL, E, *adj.* Qui est causé par le feu ou qui a rapport au feu.

IGNESCENCE, *sf.* État d'un corps qui s'enflamme.

IGNICOLE, *adj.* et *s.* (pr. *ig-ni-*). Se dit des adorateurs du feu.

IGNICOLORE, *adj.* (pr. *ig-ni-*). Qui a la couleur du feu.

IGNIFÈRE, *adj.* (pr. *ig-ni-*). Qui brûle. | Qui transmet le feu.

IGNITION, *sf.* (pr. *ig-ni-*). État des corps en combustion, mais qui ne dégagent pas de flamme.

IGNIVOME, *adj.* (pr. *ig-ni-*). Qui vomit du feu, des flammes.

IGUANE, *sm.* (pr. *-goua-*). Genre de lézards du Brésil et des Antilles, à dents triangulaires, qui ont un fanon comprimé pendu à leur gorge et ressemblant à un goitre; ils sont tout écailleux, et leur dos, bleu ou vert, change de couleur à leur volonté; leur chair est de goût agréable, mais on la dit malsaine.

ILÉITE, *sf.* (*Méd.*) Inflammation de la membrane muqueuse de l'iléon.

ILÉOGRAPHIE, *sf.* Description des intestins.

ILÉOLOGIE, *sf.* Traité sur les intestins.

ILÉON, *adj.* et *sm.* (*Anat.*) La dernière et la plus longue portion de l'intestin grêle; elle s'étend depuis le jéjunum jusqu'au cœcum. | ILÉO-CŒCAL, E, *adj.* Qui appartient à l'iléon et au cœcum. | ILÉO-COLIQUE, *adj.* ..... et au colon. | ILÉO-LOMBAIRE, *adj.* ..... et à la région lombaire.

ILES, *smpl.* (*Anat.*) Flancs, parties latérales et inférieures du bas-ventre.

ILÉUS, *sm.* (pr. *-uss*). Colique du *miséréré*. (V. ce mot). | Symptôme d'une maladie inflammatoire qui paraît avoir son siége dans l'iléon.

ILIAQUE, *adj.* (*Anat.*) Qui a rapport aux flancs. | Os —, os qui occupe les côtés et le devant du bassin, et s'articule en arrière avec le sacrum. | Fosse —, enfoncement extérieur et intérieur de cet os. | Passion —. V. *Miséréré.*

ILICINE, *sf.* Principe amer et tonique qu'on retire des feuilles de houx; on l'emploie contre les fièvres intermittentes.

ILIO-. (*Anat.*) Se met devant les mots: *abdominal*, *costal*, *fémoral*, etc., pour désigner les muscles qui vont de l'ilion à *l'abdomen*, aux *côtes*, au *fémur*, etc.

ILION ou ILIUM, *sm.* (*Anat.*) Os iliaque. | Se dit particul. de la partie supérieure de cet os.

ILLATIVE, *adj. f.* (*Litt.*) Se dit des conjonctions qui annoncent une conséquence de ce qui précède, comme *donc*, etc.

ILLINOIS, *adj.* (*Comm.*) Bœuf —. Se dit des peaux de bisons garnies de leurs fourrures grossières et de couleur fauve noirâtre, qu'on emploie en garnitures de chancelières et de tapis et dont on fait des couvertures.

ILLIPÉ, *sm.* Arbre à fleurs jaunes, à suc laiteux, qu'on trouve à l'état sauvage et qu'on cultive au Bengale; ses diverses parties sont employées à des usages domestiques et notamment ses graines, dont on extrait une huile comestible et éclairante très-recherchée; les sucs s'écoulant de diverses de ses espèces sont estimés dans diverses maladies.

ILLITION, *sf.* (pr. *-cion*). Onction, fomentation.

ILLUMINÉ, *sm.* Visionnaire, celui qui prétend recevoir du ciel des lumières surnaturelles. | ILLUMINISME, *sm.* Secte des —s.

ILLUTER, *va.* Couvrir le corps d'un malade du limon, de la boue de certaines sources minérales. | ILLUTATION, *sf.* Action d'—.

ILOTE, *sm.* Homme réduit au dernier état d'abjection et d'ignorance. | ILOTISME, *sm.* État d'un —.

IMAGINAIRE, *adj.* (*Math.*) Se dit de certaines racines qui ne peuvent avoir pour radical ni des quantités positives, ni des quantités négatives.

IMAN, *sm.* Ministre de la religion mahométane qui officie dans les mosquées. | Sultan. | IMANAT, *sm.* Fonctions d'—; résidence de l'—; pays gouverné par un —.

IMARET, *sm.* Hôpital chez les Turcs; maison consacrée aux voyageurs sans asile.

IMBLOCATION, *sf.* Mode de sépulture des corps des excommuniés qu'on recouvrait d'un monceau de terre ou de pierres, parce qu'il était défendu de les enterrer en terre sainte.

IMBOIRE (S'), *vpr.* S'imbiber, s'abreuver, s'imprégner, en parlant d'une peinture.

IMBRICATION, *sf.* État des choses qui se recouvrent les unes les autres à la manière des tuiles d'un toit.

IMBRICÉE, *adj. f.* Se dit d'une tuile creuse, concave.

IMBRIFUGE, *adj.* Impénétrable à la pluie.

IMBRIM, *sm.* V. *Plongeon.*

IMBRIQUANT, E, *adj.* (*Hist. nat.*) Qui recouvre par imbrication.

IMBRIQUÉ, E, *adj.* (*Hist. nat.*) Se dit des écailles, des plumes, des feuilles, etc., qui se recouvrent les unes les autres comme les tuiles d'un toit.

IMBROGLIO, *sm.* (pr. *in-bro-gliô*) (*Litt.*) Embrouillement, confusion. | Pièce de théâtre dont l'intrigue est très-compliquée.

IMMANENT, E, *adj.* Qui est continu, constant. | (*Théol.*) Se dit de l'acte qui demeure dans la personne qui agit, sans avoir d'effet au dehors; c'est l'opposé de *transitoire.*

IMMARCESSIBLE, *adj.* Qui ne peut se flétrir, qui ne peut se corrompre, incorruptible.

IMMATRICULE, *sf.* (*Jurispr.*) Énonciation, dans un acte d'huissier, des noms, demeure et patente de l'huissier, ainsi que du tribunal d'où il dépend.

IMMATRICULER, *va.* Inscrire sur un registre appelé *matricule.* (V. ce mot.) | IMMATRICULATION, *sf.* Action d'—.

IMMERSION, *sf.* Action de plonger dans l'eau ou dans quelque autre liquide. | (*Astr.*) Temps pendant lequel un astre reste dans l'ombre produite par une éclipse ou une occultation.

IMMEUBLE, *sm.* (*Jurisp.*) Tous les biens fixes, par oppos. à *meubles*, c.-à-d. toutes les propriétés attachées à la terre, comme le sol, les maisons, etc., ainsi que certains objets ou animaux affectés irrévocablement au service des premiers; ces derniers biens sont *immeubles par destination.*

IMMISCIBLE, *adj.* Qui n'est pas susceptible de mélange.

IMMORTELLE, *sf.* Nom qu'on donne à diverses plantes de la famille des composées, remarquables par leurs fleurs qui sont composées d'écailles imbriquées, inflexibles et sèches, de couleur jaune ou blanche, persistant très-longtemps après que la plante a été coupée; on s'en sert comme d'ornements funèbres.

IMMUNITÉ, *sf.* Exemption d'impôts, de devoirs, de charges. | Privilége.

IMMUTABILITÉ, *sf.* État, qualité de ce qui est immuable, de ce qui ne peut changer.

IMPACTION, *sf.* Fracture de quelques os, avec enfoncement et saillie des fragments.

IMPANATION, *sf.* (*Théol.*) Opinion des luthériens qui croient que la substance du pain n'est pas détruite dans le sacrement de l'Eucharistie et que le corps de Jésus-Christ y est mêlé avec le pain.

IMPARTIR, *va.* (*Jurisp.*) Fixer, accorder, en parlant d'un délai.

IMPASTATION, *sf.* Ouvrages composés de substances broyées, mises en pâte, puis durcies à l'air ou au feu.

IMPENSES, *sfpl.* (*Jurisp.*) Dépenses qu'on fait pour entretenir ou pour mettre en meilleur état une terre, un héritage, un immeuble.

IMPÉRATIF, *sm.* (*Litt.*) Mode du verbe que l'on emploie pour commander, pour exhorter, pour conseiller, etc.

IMPÉRATOIRE, *sf.* Plante ombellifère des montagnes de l'Auvergne, du Jura et des Alpes, qui ressemble à l'angélique et dont la racine, renfermant un suc laiteux auquel on attribue des propriétés excitantes et toniques, fait l'objet d'un certain commerce; ses fleurs sont semblables à celles du persil.

IMPERFORATION, *sf.* Vice de conformation qui consiste dans l'occlusion des ouvertures naturelles, telles que la bouche, l'anus, etc.

IMPÉRIALE, *sf.* Monnaie d'or russe, valant environ 41 fr.; on n'emploie guère que la demi —, qui vaut environ 20 fr. 50 c. | Jeu de cartes qui se joue à deux joueurs ayant chacun 12 cartes; il consiste à réunir un certain nombre de fois un total de six points, appelé également *impériale;* les cartes ont à peu près la même valeur qu'au piquet. | Espèce de fritillaire dont les fleurs sont groupées en couronne au sommet de la tige.

IMPERSONNEL, *sm.* (*Litt.*) Se dit de certains verbes qui ne se conjuguent dans tous leurs temps qu'à la 3e personne, comme *il faut, il pleut*, etc.

IMPETIGO, *sm.* Éruption cutanée, consistant en croûtes jaunes, épaisses, friables et luisantes, qui viennent généralement sur le visage et plus particul. chez les enfants nouveau-nés.

IMPÉTRANT, E, *adj.* Celui, celle qui a obtenu (en parlant d'un titre, d'un diplôme, etc.)

IMPIGNORATION, *sf.* (pr. *-pig-no-*) Action de déposer un gage. | Le gage déposé.

IMPLEXE, *adj.* (*Ant.*) Se disait des anciennes pièces de théâtre quand leur intrigue était compliquée.

IMPONDÉRABLE, *adj.* Qui ne peut être pesé ; dont on ne peut connaître la pesanteur ; se dit particul. des *fluides*, tels que l'électricité, la chaleur, etc.

IMPOSER, *va.* (*Impr.*) Ranger, disposer les pages qui doivent composer une forme, de telle sorte qu'elles se trouvent dans l'ordre convenable sur la feuille imprimée lorsque celle-ci est pliée. | IMPOSITION, *sf.* Action d'—.

IMPOSTE, *sf.* (*Archit.*) La dernière pierre du pied droit d'une porte ou d'une arcade, faisant saillie sur les autres et sur laquelle on pose la première pierre qui commence à former le cintre de la porte, de l'arcade. | Châssis au-dessus d'une porte ou d'une croisée.

IMPOTABLE, *adj.* Qui n'est pas potable, qui ne peut se boire.

IMPRESSE, *adj.* (*Philos.*) Se disait des *espèces* ou images formées dans l'esprit par l'impression directe des objets et non par le résultat de la réflexion.

IMPROMPTU, *adj.*, *sm.* et *adv.* Ce qui se fait sur-le-champ, sans avoir été prémédité, préparé. | Vers, composition quelconque, qui est le produit de l'inspiration.

IMPUBÈRE, *adj.* Qui n'a pas encore atteint l'âge de puberté. | IMPUBERTÉ, *sf.* Age de celui qui est —.

INALIÉNABLE, *adj.* Se dit des biens, des choses dont l'aliénation est prohibée ou qui ne peuvent être vendus que dans des conditions déterminées. | INALIÉNABILITÉ, *sf.* Etat de ce qui est —.

INAMODIÉ, E, *adj.* Qui n'est point affermé, loué à bail.

INAMOVIBLE, *adj.* Qui ne peut être ôté d'un poste, qui ne peut être révoqué arbitrairement. | INAMOVIBILITÉ, *sf.* Qualité de ce qui est —.

INAPPÉTENCE, *sf.* Perte complète et prolongée de l'appétit. | Défaut d'appétit.

INAURATION, *sf.* Action de dorer des pilules.

INCA, *sm.* Titre des souverains qui régnèrent au Pérou jusqu'à sa conquête par Pizarre.

INCAMÉRER, *va.* Unir une terre, un bien immobilier au domaine de la chambre ecclésiastique. | INCAMÉRATION, *sf.* Action d'—; état des biens ecclésiastiques qui sont immobilisés.

INCANTATION, *sf.* (*Sc. occ.*) Action de faire des enchantements pour opérer un charme, un sortilège ; cérémonies, pratiques des prétendus magiciens.

INCARNADIN, E, *adj.* et *s.* Qui est d'une couleur plus faible que l'incarnat ordinaire.

INCARNATIF, IVE, *adj.* (*Chir.*) Se disait autrefois des médicaments propres à régénérer les chairs dans une plaie ; cette régénérescence s'appelait *Incarnation.*

INCARNATION, *sf.* (*Théol.*) Acte par lequel le Fils de Dieu s'est fait homme pour sauver le genre humain. | Acte par lequel les divinités hindoues ont revêtu la figure humaine. | (*Chir.*) V. *Incarnatif.*

INCÉRATION, *sf.* Action d'incorporer de la cire avec une autre substance. | INCÉRER, *va.* Opérer une —.

INCESSIBLE, *adj.* Qui ne peut être cédé.

INCESSION, *sf.* L'action de marcher.

INCESTE, *sm.* Union illicite entre les personnes qui sont parentes ou alliées au degré prohibé, comme entre le père et la fille, le frère et la sœur, etc. | Celui, celle qui commet un —. | INCESTUEUX, SE, *adj.* Coupable d'—; qui résulte d'un —.

INCHOATIF, VE, *adj.* (*Litt.*) (pr. *-ko-*). Se dit des verbes qui expriment le commencement d'une action.

INCIDENCE, *sf.* (*Phys.*) Rencontre d'une ligne ou d'une surface avec une autre ligne ou une autre surface. | Se dit de l'angle formé par un rayon lumineux avec la surface rencontrée.

INCIDENT, *sm.* (*Jurispr.*) Demande ou action accidentelle qui survient à la suite d'une action principale. | —, E, *adj.* Se dit d'une proposition ou d'un membre de phrase qui dépend d'une phrase principale dans laquelle elle est enclavée.

INCINÉRER, *va.* Réduire en cendres. | INCINÉRATION, *sf.* Action d'—.

INCISE, *sf.* Petite phrase qui forme un sens partiel, et qui entre dans le sens total de la période ou d'un membre de la période.

INCISIF, VE, *adj.* (*Méd.*) Se dit des médicaments stimulants qui agissent secondairement d'une manière spéciale sur la muqueuse de l'appareil pulmonaire, et qui favorisent l'expulsion des matières contenues dans les canaux bronchiques.

INCOERCIBLE, *adj.* Se dit des choses qui ne peuvent être renfermées dans un espace déterminé, comme les fluides électrique, calorique, etc.

INCOLAT, *sm.* V. *Indigénat.*

INCOME-TAX, *sm.* (*Angl.*) Impôt sur le revenu.

INCOMMENSURABLE, *adj.* (*Math.*) Se dit de quantités qui n'ont pas une commune mesure.

INCOMMUTABLE, *adj.* Se dit d'un propriétaire qui ne peut être légitimement dépossédé ; d'une propriété dont la possession ne peut être légitimement contestée.

INCOMPATIBILITÉ, *sf.* Impossibilité établie par la loi pour celui qui exerce certaines fonctions d'en exercer d'autres déterminées ; on dit que telle profession est *incompatible* avec telle autre, ou que ces professions sont *incompatibles.*

INCONSCIENT, E, *adj.* Qui n'a pas la conscience d'un fait, d'une chose; qui n'en a pas la connaissance intime.

INCONTINENCE, *sf.* Vice opposé à la vertu de continence, à la chasteté. | — d'urine, écoulement involontaire de l'urine.

INCORPOREL, LE, *adj.* Qui n'a point de corps, qui est de l'esprit ou de l'âme. | (*Jurispr.*) Se dit des choses qui n'ont qu'une existence morale, comme les créances considérées comme meubles, les droits successifs, etc.

INCRASSANT, E, *adj.* (*Méd*). Qui épaissit; se dit des remèdes qui épaississent les humeurs, par oppos. à *incisif*. | INCRASSATION, *sf.* Effet des remèdes —s.

INCRÉMENT, *sm.* (*Math.*) Nom que portait dans l'ancien calcul infinitésimal la quantité appelée aujourd'hui *différentielle* (V. ce mot).

INCUBATION, *sf.* Action des volatiles qui se couchent sur leurs œufs pour leur communiquer la chaleur de leur propre corps et faire développer ainsi les embryons qui s'y trouvent contenus. | (*Méd.*) Période d'—, temps qui s'écoule entre l'action d'une cause morbifique sur l'économie et l'invasion de la maladie.

INCUBITATION, *sf.* Etat d'une personne qui est couchée, par rapport à la position qu'elle occupe.

INCUNABLE, *adj.* et *sm.* Se dit des ouvrages imprimés dans les premiers temps de l'imprimerie, à la naissance de cet art, c.-à-d. depuis la moitié du XVe siècle jusqu'au commencement du XVIe.

INCURVATION, *sf.* Courbure non naturelle des os. | Action de courber, de plier en arc.

INCUSE, *adj.* et *sf.* Se dit des médailles dont la fabrication a été manquée, de manière que l'un des côtés, ou même les deux, sont gravés en creux au lieu de l'être en relief.

INDÉFECTIBLE, *adj.* Qui ne peut défaillir; infaillible.

INDÉHISCENT, E, *adj.* (*Bot.*) Se dit des fruits dont le péricarpe ne s'ouvre pas naturellement à l'époque de la maturité.

INDÉLÉBILE, *adj.* Qui ne peut être effacé. | INDÉLÉBILITÉ, *sf.* Qualité de ce qui est —.

INDEMNE, *adj.* Qui a reçu une indemnité, qui est indemnisé, dédommagé.

INDE PLATE, *sf.* Indigo falsifié par le mélange avec de la chaux, qu'on a reçu en Europe en tablettes aplaties, et qui servait autrefois au blanchissage du linge.

INDÉTERMINÉ, E, *adj.* (*Math.*) Se dit des *problèmes qui admettent un nombre infini* de solutions différentes.

INDEX, *sm.* Table d'un livre. | Table analytique dans laquelle chacun des mots employés par l'auteur est accompagné de l'indication de la phrase dont il fait partie. | *Catalogue des livres défendus par la cour de* Rome. | Doigt le plus proche du pouce. | Aiguille servant d'indicateur.

INDICATEUR, *sm.* Oiseau de l'ordre des grimpeurs, assez voisin du coucou par sa conformation; il habite l'Afrique, et se nourrit du miel des ruches qu'il cherche en criant; il sert ainsi de guide aux habitants qui recueillent les nids d'abeilles sauvages.

INDICATIF, *sm.* Mode des verbes qui énonce le fait d'une manière directe et absolue.

INDICE, *sm.* (*Phys.*) Rapport qui indique la valeur de réfraction d'un corps comparé à un autre.

INDICIAIRE, *adj.* et *sm.* Se disait, au moyen âge, de l'historiographe qui était chargé de prendre note, jour par jour, des paroles et des actions du roi.

INDICTION, *sf.* Convocation d'un concile ou d'un synode. | Période de quinze années.

INDIENNE, *sf.* Toile de coton peinte ou imprimée, servant à faire des vêtements communs de femme.

INDIGÉNAT, *sm.* Qualité d'indigène; état d'un indigène.

INDIGÉRER (S'), *vpr.* Se donner une indigestion.

INDIGÈTE, *adj.* Se disait des héros divinisés, des demi-dieux particuliers d'un pays.

INDIGO, *sm.* Matière colorante qui sert à teindre en bleu et que l'on retire des feuilles et des tiges de certaines plantes légumineuses des régions équatoriales, et particul. de l'indigotier franc. | INDIGOFÈRE, *adj.* et *sf.* Qui fournit l'—. | INDIGOTERIE, *sf.* Lieu où l'on prépare l'—. | INDIGOTINE, *sf.* Principe colorant de l'—.

INDIGUE, *sf.* Pâte en trochisques ou en boules, renfermant de l'indigo dissous dans l'acide sulfurique, et quelquefois de l'amidon, du bleu de cobalt, etc.; les blanchisseuses l'emploient pour azurer l'eau dans laquelle elles passent le linge.

INDIUM, *sm.* Corps simple métallique, découvert dans une pyrite cuivreuse d'Allemagne au moyen de l'analyse spectrale.

INDIVIS, E, *adj.* (*Jurispr.*) Qui n'est point divisé; qui ne peut être divisé. | Se dit des biens que plusieurs personnes possèdent en commun. | INDIVISION, *sf.* Etat des choses qui sont —s. | INDIVISÉMENT, *adv.* D'une manière —e.

INDOLENT, E, *adj.* (*Méd.*) Se dit des tumeurs, des gonflements, etc., qui ne causent point de douleur.

INDRI, *sm.* Espèce de singe ou *maki* de Madagascar, qu'on apprivoise assez facilement et qu'on dresse à la chasse; sa queue est courte et ses jambes de derrière, démesurément longues, lui permettent de faire des bonds énormes.

INDUCTION, *sf.* (*Philos.*) Mode de raisonnement qui consiste à inférer un fait d'un autre, à admettre que les circonstances qui ont donné naissance à un fait se reproduisant, le fait se reproduira; c'est une anticipation sur les événemens appuyée sur la confiance qu'on a dans la stabilité des lois qui régissent l'univers moral et physique. | (*Phys.*) Action qu'exercent à distance les corps électrisés sur les corps à l'état neutre; se dit particul. des courants instantanés qui se développent dans les conducteurs métalliques sous l'influence des courants électriques ou d'aimants puissants, et même par l'action magnétique du globe; ces courants sont dits *induits* et quelquefois *faradiques*, du nom de Faraday, qui les a découverts.

INDULGENCE, *sf.* Remise par le pape de la peine temporelle encourue par le pécheur, moyennant des prières ou des œuvres pieuses. | — plénière, remise de la totalité de la peine.

INDULT, *sm.* Concession accordée par le pape, faveur particulière en dehors du droit commun, qu'il accorde par privilége spécial. | INDULTAIRE, *sm.* Celui qui a droit à un —.

INDURATION, *sf.* Endurcissement; augmentation de la résistance d'un tissu, sans altération visible dans sa texture, avec diminution de l'irritabilité et stagnation des fluides.

INDUSIE, *sf.* (*Bot.*) Partie de l'épiderme inférieur des feuilles de fougère qui recouvre les fructifications.

INDUTS, *smpl.* Ecclésiastiques qui assistent aux messes hautes, revêtus d'aubes et de tuniques, pour servir le diacre et le sous-diacre.

INERME, *adj.* (*Hist. nat.*) Se dit des individus ou des organes dépourvus d'épines, de piquants, d'aiguillons, etc.

INERTIE, *sf.* (*Phys.*) Propriété inhérente à la matière qui n'a pas de force par elle-même et qui ne peut reprendre l'état de repos quand on la met en mouvement, ni l'état de mouvement quand elle est en repos, sans le concours de forces ou de résistances extérieures. | (*Méd.*) Relâchement général des tissus qui tendent vers l'immobilité.

IN EXTENSO, *loc. adv.* (*Lat.*) En détail, tout au long, d'une manière étendue, explicitement.

INFAMANT, E, *adj.* Se dit des peines qui font perdre l'honneur, qui portent infamie; on ne considère comme telles que le bannissement et la dégradation civique; les autres peines sont à la fois *afflictives* et *infamantes*; telles sont: la mort, les travaux forcés, la réclusion, etc.

INFANT, E, *adj.* Titre qu'on donne aux enfants puînés des rois d'Espagne et de Portugal.

INFANTILE, *adj.* (*Méd.*) S'est dit quelquefois des maladies propres aux enfants.

INFECTIEUX, SE, *adj.* (*Méd.*) Se dit des maladies qui dépendent d'une *infection*, c.-à-d. qui ont pour cause des miasmes morbifiques transmis par l'intermédiaire de l'air.

INFÉODER, *va.* (*Féod.*) Recevoir un vassal à foi et hommage. | Se disait également des terres que les seigneurs aliénaient pour les donner en fief à quelqu'un. | S'—, *vpr.* Se mettre dans la dépendance absolue de quelqu'un. | INFÉODATION, *sf.* Action d'—.

INFÈRE, *adj.* (*Bot.*) Se dit du calice ou de la corolle quand ils sont placés au-dessous de l'ovaire. | Se dit aussi de l'ovaire lorsqu'il est adhérent au tube du calice et qu'il est surmonté de la fleur.

INFERNAL, E, *adj.* Pierre — e. Nitrate d'argent, substance noirâtre très-caustique, qu'on monte en général sur un manche pour l'employer à cautériser les plaies et à brûler les chairs.

INFINIMENT PETIT, *sm.* (*Math.*) Quantité plus petite que toute grandeur assignable.

INFINITÉSIMAL, E, *adj.* Calcul —. (*Math.*) Nom que l'on donnait au calcul différentiel et intégral lorsqu'on le traitait par la méthode dite des *infiniment petits*.

INFINITIF, *sm.* Mode du verbe ayant la forme suivante: *aimer*, *chanter*, *partir*, et indiquant que l'état ou l'acte est pris d'une manière générale et indéterminée.

INFLAMMATOIRE, *adj.* Fièvre —. Fièvre dont les symptômes principaux sont: la rougeur de la peau et des urines, une grande chaleur et une grande fréquence du pouls, mais sans désordres cérébraux; elle dure de 3 à 20 jours et n'est pas généralement grave. | Sang —, sang dont la surface supérieure présente une couche jaunâtre appelée *couenne inflammatoire*.

INFLEXION, *sm.* (*Math.*) Point où une courbe s'infléchit, c.-à-d. devient concave au lieu de convexe, ou réciproquement. | (*Litt.*) Modifications que subit la terminaison d'un mot que l'on décline ou que l'on conjugue.

INFLORESCENCE, *sf.* (*Bot.*) Disposition, aspect que présentent les fleurs sur la tige; manière particulière dont elles sont groupées.

IN-FOLIO, *adj.* et *sm.* V. *Format.*

INFORTIAT, *sm.* (pr. *-ciat*). Un des volumes du Digeste.

INFULE, *sf.* (*Ant.*) Large bande de laine blanche que les pontifes portaient sur la tête en forme de diadème, avec deux bandelettes de chaque côté.

INFUNDIBULIFORME, *adj.* (*Bot.*) Se dit des parties de la fleur qui affectent la forme d'un entonnoir et particul. de la corolle.

INFUNDIBULUM, *sm.* (*Anat.*) Canal en forme d'entonnoir, qui se trouve au-dessous du cerveau.

INFUSIBLE, *adj.* Qu'on ne peut fondre. | INFUSIBILITÉ, *sf.* Qualité de ce qui est —.

INFUSION, *sf.* Opération qui consiste à verser un liquide bouillant sur une substance dont on veut extraire les principes médicamenteux; produit de cette opération.

INFUSOIRES, *smpl.* Se dit des animalcules de formes diverses qui se développent en nombre considérable dans les infusions végétales et animales; la plupart sont d'une petitesse telle, qu'on ne peut les distinguer qu'au microscope.

INGÉNU, *sm.* (*Ant.*) A Rome, homme libre de naissance, par oppos. à affranchi. | —E, *sf.* Ce terme s'emploie au théâtre pour désigner les rôles de jeunes filles naïves.

INGESTA, *smpl.* (*Méd.*) Substances solides ou liquides qui, dans l'état de santé ou de maladie, sont introduites dans l'estomac par les voies alimentaires.

IN GLOBO, *loc. adv.* (*Lat.*) (pr. *inn-*). En globe, en masse.

INGUÉABLE, *adj.* Qui n'est pas guéable, qui n'offre pas de gué.

INGUINAL, E, *adj.* (*Anat.*) Qui appartient ou qui a rapport à l'aine.

INHALATION, *sf.* Action par laquelle un être organique, plante ou animal, absorbe, respire l'air ambiant ou tout autre fluide. | INHALER, *va.* Aspirer, absorber.

INHIBER, *va.* (pr. *ini-*) (*Jurispr.*) Prohiber quelque chose. | INHIBITION, *sf.* (pr. *ini-*). Action d'—. | INHIBITOIRE, *adj.* Qui défend.

INITIAL, E, *adj.* Qui commence, qui est placé au début. | Lettre —e, celle qui commence un mot.

INITIATION, *sf.* Cérémonies par lesquelles on était admis à la connaissance de *certains mystères dans les religions anciennes.* | INITIÉ, *adj.* et *s.* Qui a subi l'—.

INJECTÉ, E, *adj.* Se dit des pièces de bois dans lesquelles on a fait pénétrer une solution de sulfate de cuivre ou de quelque autre matière destinée à les préserver.

INJECTION, *sf.* Opération qui consiste à introduire avec une pompe ou un *appareil spécial* un liquide dans une cavité du corps.

INNÉ, E, *adj.* (*Philos.*) Né en nous, ou avec nous; s'est dit de certaines idées primitives qui ne peuvent avoir été perçues ni par les sens ni par l'imagination, et que certains philosophes soutiennent être naturellement dans l'esprit; on les rapporte à une faculté spéciale, la raison.

INNERVATION, *sf.* Influence qu'exerce le système nerveux sur les organes.

INNOCUITÉ, *sf.* Qualité d'une chose qui n'est pas nuisible.

INNOMINÉ, E, *adj.* (*Anat.*) Os —, os coxal. | Artère —e, artère qui est au-dessous de l'artère carotide droite.

IN-OCTAVO, *adj.* et *sm.* Format dans lequel la feuille est pliée en huit; s'écrit abréviativement *in-8o*. V. *Format.*

INOCULER, *va.* Communiquer une maladie, transmettre un virus artificiellement comme la petite vérole, afin d'en rendre l'accès plus bénin. | INOCULATION, *sf.* Action d'—.

INORGANIQUE, *adj.* Se dit des substances minérales et gazeuses, par opposition à *organiques*, qui se dit des substances animales et végétales.

INOSIQUE, *adj.* Acide —, acide que l'on trouve dans la chair des animaux et qui donne un goût agréable au bouillon; il paraît constituer l'un des principes de l'*osmazome*.

INOSITE, *sf.* Substance cristallisable composée de carbone, d'hydrogène et d'oxygène, douée d'une saveur légèrement sucrée, qu'on trouve dans la partie musculaire de la viande.

IN-PACE, *sm.* (pr. *inn-pa-cé*) (*Lat.*) Prison où l'on enfermait pour leur vie les moines qui avaient commis quelque grande faute.

IN PARTIBUS, *loc. adv.* (*Lat.*) (pr. *inn*). Se dit d'un évêque qui a un titre d'évêché dans un pays occupé par les infidèles.

IN PETTO, *adv.* (*Ital.*) (pr. *inn-pet-to*). Dans le cœur, intérieurement; se dit particul. des nominations de cardinaux déjà résolues dans l'intention du pape, mais qui ne sont pas encore rendues publiques.

IN PLANO, *adv.* (*Impr.*) (pr. *inn*). Se dit d'une feuille imprimée quand elle fait partie d'un livre sans être pliée, dans toute sa hauteur.

INQUARTATION, *sf.* (pr. *-kouar-*). Opération qui consiste à séparer l'or de l'argent quand ils sont mélangés; elle consiste à additionner l'alliage de la quantité d'argent nécessaire pour que l'or représente le quart de la masse totale; ces proportions étant obtenues on peut dissoudre la totalité de l'argent dans l'acide azotique. | INQUARTER, *va.* Opérer l'—.

IN-QUARTO, *adj.* et *sm.* Sorte de format; s'écrit abréviativement *in-4o*. V. *Format.*

INSAISISSABLE, *adj.* (*Jurispr.*) Qui ne peut être saisi; la loi déclare telles certaines choses, comme le coucher des saisis, leurs vêtements au moment de la saisie, les rentes sur l'État, etc.

INSALIVATION, *sf.* Acte par lequel les glandes salivaires imprègnent de salive la substance alimentaire.

INSANITÉ, *sf.* Folie, démence; privation de la raison.

INSAPIDE, *adj.* Qui n'a pas de goût, de saveur. | INSAPIDITÉ, *sf.* État de ce qui est —.

INSCRIPTION, *sf.* Formalité imposée aux étudiants, qui doivent se faire inscrire au commencement de chaque trimestre, sur le registre de la Faculté dans laquelle ils étudient; il en faut douze pour être admis à l'examen de licencié et seize pour celui de docteur. | Enregistrement de tous les gens de mer d'un arrondissement maritime qui leur impose l'obligation de faire à tour de rôle le service maritime sur les vaisseaux de l'État.

INSCRIT, E, *adj.* (*Math.*) Se dit d'une figure rectiligne quand tous ses sommets touchent le périmètre d'une autre figure, particul. d'une circonférence de cercle, laquelle est *circonscrite* à la première.

INSCULPER ou INSCULPTER, *va.* Graver une empreinte sur un objet métallique au moyen d'un poinçon.

INSÉCABLE, *adj.* Qui ne peut être coupé, divisé, partagé.

INSECTIVORE, *adj.* et *sm.* INSECTIVORES, *smpl.* (*Zool.*) Se dit d'un ordre d'oiseaux dont les caractères principaux sont un bec court peu tranchant, des pieds à quatre doigts, dont l'extérieur soudé en partie à celui du milieu; ils vivent principalement d'insectes. | Désigne en général les animaux qui se nourrissent d'insectes.

INSECTOLOGIE, *sf.* Partie de la zoologie qui traite des insectes; on dit préférablement *Entomologie*.

INSERMENTÉ, *adj. m.* S'est dit, à l'époque de la Révolution française, des prêtres qui refusèrent de prêter le serment civique.

INSINUATION, *sf.* (*Litt.*) Forme particulière du discours, qui consiste à conquérir habilement l'esprit de ses auditeurs au moyen de détours et de précautions oratoires. | (*Jurispr.*) Formalité de l'ancienne coutume française, qui consistait dans l'enregistrement des actes translatifs de propriété; elle a été remplacée par la transcription hypothécaire.

INSOLATION, *sf.* Action d'exposer quelqu'un ou quelque chose directement aux rayons du soleil. | INSOLER, *va.* Exposer au soleil.

INSPIRER, *va.* Attirer et recevoir l'air dans les poumons. | Souffler de l'air dans les poumons de quelqu'un. | INSPIRATION, *sf.* Action d'—. | INSPIRATEUR, *adj. m.* Se dit des muscles qui concourent à cet acte par le gonflement du thorax.

INSTANCE, *sf.* Action judiciaire; état de deux parties qui plaident l'une contre l'autre; les tribunaux de première — sont ceux qui jugent en premier ressort les affaires civiles, et dont les jugements peuvent être déférés à la juridiction d'appel ou cour.

INSTILLER, *va.* Faire couler, verser goutte à goutte un liquide. | INSTILLATION, *sf.* Action d'—.

INSTITUTES, *sfpl.* Ouvrage élémentaire qui renferme les principes du droit romain.

INSULAIRE, *adj.* et *s.* Qui habite une île.

INTABULER, *va.* Inscrire sur un tableau.

INTACTILE, *adj.* Qu'on ne peut toucher, qui échappe au sens du tact. | INTACTILITÉ, *sf.* État de ce qui ne peut être touché.

INTAILLE, *sf.* Ciselure ou gravure d'une pierre précieuse.

INTANGIBLE, *adj.* Qui ne peut être touché. | INTANGIBILITÉ, *sf.* Qualité de ce qui est —.

INTÉGRAL, E, *adj.* (*Math.*) Calcul —, calcul qui est l'inverse du calcul différentiel, et par lequel on cherche les quantités finies dont on connaît la différentielle. | INTÉGRALE, *sf.* Quantité finie obtenue par le calcul —. | INTÉGRER, *va.* Trouver l'— d'une quantité différentielle.

INTENDANCE, *sf.* Corps militaire chargé de tout ce qui concerne l'administration et la comptabilité de la guerre; les intendants sont délégués par le ministre de la guerre pour toutes les recettes et les dépenses de l'armée.

INTENSIF, VE, *adj.* Se dit de la culture qui a pour objet d'améliorer un héritage restreint sans autres ressources que celles du sol lui-même, par oppos. à *Extensif*.

INTER-ARS, *sm.* Partie du corps du cheval située entre les deux ars et qui est la continuation du poitrail.

INTERARTICULAIRE, *adj.* Qui est placé entre les articulations.

INTERCADENCE, *sf.* Irrégularité dans le pouls qui consiste en pulsations anormales qui se produisent de loin en loin dans l'intervalle des pulsations régulières. | INTERCADENT, E, *adj.* Qui présente des — s; irrégulier, capricieux.

INTERCALAIRE, *adj.* Qui est intercalé, inséré; se dit du jour supplémentaire qu'on ajoute au mois de février tous les 4 ans, et de la 13e lune qui se rencontre dans l'année tous les 3 ans.

INTERCERVICAL, E, *adj.* (*Anat.*) Se dit des muscles et autres organes placés entre les vertèbres du cou.

INTERCLAVICULAIRE, *adj.* (*Anat.*) Qui est placé entre les deux clavicules.

INTERCOSTAL, E, *adj.* (*Anat.*) Qui est placé entre les côtes.

INTERCOURSE, *sf.* Droit réciproque consacré par les traités ou par l'usage qui assure aux bâtiments de deux nations, en temps de paix, la libre pratique des ports soumis à la domination de chacune d'elles.

INTERCURRENT, E, *adj.* (*Méd.*) Se dit des maladies qui se déclarent dans des saisons et dans des lieux où elles ne se manifestent pas ordinairement, et qui viennent ainsi compliquer les maladies régnantes. | Pouls —, celui qui d'intervalle en intervalle devient plus précipité.

INTERCUTANÉ, E, *adj.* Qui est entre la chair et la peau.

INTERDICTION, *sf.* (*Jurisp.*) Acte par lequel on ôte à quelqu'un la libre disposition de ses biens quand on reconnaît qu'il est en état de démence, d'imbécillité ou de fureur. |

INTERDIT, E, *s.* Celui ou celle contre qui une interdiction a été prononcée. | *sm.* Sentence qui défend à un ecclésiastique en particulier l'exercice des ordres sacrés, ou à tout ecclésiastique la célébration des sacrements dans certains lieux spécifiés.

NTERFÉRENCE, *sf.* Phénomène que présentent deux rayons lumineux qui se détruisent ou s'affaiblissent quand ils s'infléchissent sur les extrémités des corps et sur les surfaces minces ou striées. | Interférent, e, *adj.* Qui présente le phénomène de l'—. | Interférer, *vn.* Produire une —.

INTERFOLIER, *va.* Brocher ou relier un livre en insérant des feuillets blancs entre les feuillets écrits ou imprimés.

INTERLIGNE, *sm.* Espace entre deux lignes écrites ou imprimées. | *sf.* (*Impr.*) Lame de métal qui sert principalement à séparer les lignes de composition typographique et à les maintenir. | Interligner, *va.* Séparer par des —s.

INTERLINÉAIRE, *adj.* Qui est écrit dans l'interligne. | Traduction —, celle dont chaque ligne est insérée sous la ligne correspondante de l'original.

INTERLOBULAIRE, *adj.* (*Anat.*) Se dit de la substance cellulaire qui environne les lobules du poumon.

INTERLOCUTOIRE, *adj.* et *sm.* (*Jurisp.*) Se dit des jugements qui prescrivent une instruction préalable, une production de pièces ou tout autre acte nécessaire pour éclairer le tribunal, à l'effet de parvenir au jugement définitif.

INTERLOPE, *adj.* et *sm.* Se dit des bâtiments de commerce qui trafiquent en fraude dans les pays étrangers et qui profitent, au mépris de la loi, d'avantages qui sont réservés aux nationaux. | Se dit aussi des personnes de réputation douteuse, qui se glissent dans une société sans y avoir été appelées, et par ext. de tout groupe de personnes dont les mœurs sont suspectes.

INTERMAXILLAIRE, *adj.* (*Anat.*) Qui est placé entre les os maxillaires.

INTERMISSION, *sf.* Interruption, discontinuation. | Intermittence, *sf.* Intervalle qui sépare les accès d'une fièvre ou d'une maladie quelconque, et pendant lequel le malade est à peu près dans son état naturel. | — du pouls, absence d'une ou de deux pulsations sur un nombre de pulsations donné.

INTERMITTENT, E, *adj.* Fièvre —e, fièvre endémique spéciale à certaines conditions de localité, particul. au voisinage des marécages ; elle est caractérisée par des accès qui reviennent tous les jours à la même heure, ou tous les deux jours, etc. | Fontaine—, source naturelle alimentée par un réservoir souterrain, et qui ne s'écoule qu'à des intervalles réguliers lorsque le réservoir dépasse un certain niveau.

INTERMUSCULAIRE, *adj.* (*Anat.*) Qui est placé entre les muscles.

INTERNER, *va.* Renfermer dans l'intérieur d'une région, d'une ville, en parlant de prisonniers que l'on force à habiter dans certaines localités. | Faire entrer dans l'intérieur, en parlant de marchandises.

INTERNONCE, *sm.* Ministre chargé des affaires de Rome au défaut du nonce. | Ministre chargé des affaires de l'Autriche près de la Porte Ottomane.

INTEROSSEUX, SE, *adj.* (*Anat.*) Qui est placé entre les os; se dit de l'artère qui passe entre les deux os du bras, etc.

INTERPAPILLAIRE, *adj.* (*Anat.*) Qui est situé entre des papilles.

INTERPOLATION, *sf.* (*Litt.*) Insertion après coup et par une main étrangère, d'un mot, d'une phrase dans le texte d'un acte, d'un manuscrit. | (*Math.*) Détermination par le calcul algébrique de la nature d'une fonction dont on connaît seulement quelques valeurs particulières. | (*Phys.*) Opération qui consiste à intercaler par le calcul des termes entre des suites de nombres ou d'observations dont la marche n'est pas égale ni le progrès uniforme.

INTERRÈGNE, *sm.* Intervalle de temps pendant lequel il n'y a pas de roi. | Vacance dans l'exercice de l'autorité.

INTERSCAPULAIRE, *adj.* (*Anat.*) Qui est situé entre les deux épaules.

INTERSECTER, *va.* Couper en deux parties égales; se dit particul. des lignes. | S'—, *vpr.* Être intersecté.

INTERSECTION, *sf.* Point où deux lignes, deux plans, etc., se rencontrent et se coupent l'un l'autre.

INTERSTELLAIRE, *adj.* (*Astr.*) Situé entre des étoiles.

INTERTRANSVERSAIRE, *adj.* (*Anat.*) Se dit des ligaments, des muscles qui sont situés entre les apophyses transverses des vertèbres.

INTERTRIGO, *sm.* Excoriation de la peau par un long frottement ou par l'action prolongée de l'urine ou de la sueur. | V. *Paratrimme.*

INTERTROPICAL, E, *adj.* Qui est situé ou qui croît entre les tropiques.

INTERVERTÉBRAL, E, *adj.* (*Anat.*) Qui est placé entre les vertèbres.

INTESTAT, *adj.* (pr -ta). Sans avoir fait de testament. | Ab intestat, *adv.* Hériter —, hériter d'une personne qui est décédée —.

INTESTINAUX, *adj. mpl.* Vers —. V. *Entozoaires.*

INTIMÉ, E, *s.* (*Jurisp.*) Celui, celle à qui on dénonce une déclaration d'appel avec assignation devant un tribunal supérieur ; c'est la partie adverse de l'appelant.

INTIMER, *va.* Enjoindre, signifier un ordre avec force ou au moyen de formalités légales. | (*Jurispr.*) Assigner son adversaire devant la juridiction de deuxième instance qui doit prononcer sur l'appel qu'on a formé contre un jugement en premier ressort. | INTIMATION, *sf.* Action d'—, acte par lequel on intime.

INTINCTION, *sf.* (*Théol.*) Mélange que fait le prêtre, avant la communion, d'une fraction de l'hostie avec le vin consacré.

INTORSION, *sf.* Action de s'enrouler autour d'un corps.

INTOXICATION, *sf.* Empoisonnement.

INTOXIQUER, *va.* Empoisonner.

INTRADOS, *sm.* (*Archit.*) Surface intérieure, dessous d'une voûte, partie concave appelée aussi *douelle intérieure.*

INTRA-MUROS, *adv.* (pr. *-rôss*). Dans l'enceinte des murs, dans l'intérieur de la ville.

INTRAMUSCULAIRE, *adj.* (*Anat.*) Qui est situé en dedans des muscles.

INTRANSITIF, VE, *adj.* Nom que certains grammairiens donnent aux verbes généralement appelés *neutres*, tels que *dormir, marcher, tomber*, etc.

INTRANT, *sm.* Chacun des quatre délégués des facultés de l'Université de Paris, qui étaient autrefois chargés de nommer le recteur à l'élection.

INTRINSÈQUE, *adj.* Qui est intérieur et au dedans de quelque chose; qui lui est propre et essentiel. | Valeur —, la valeur qu'ont les objets indépendamment de toute convention.

INTRODUCTION, *sf.* (*Mus.*) Morceau de musique composé d'un petit nombre de phrases et destiné à appeler l'attention, soit au commencement d'une symphonie, soit au début d'un acte d'opéra.

INTROÏT, *sm.* Prières que le prêtre dit à la messe après être monté à l'autel et qui sont chantées par le chœur au commencement des messes.

INTROMISSION, *sf.* Action par laquelle un corps, soit solide, soit fluide, s'introduit ou est introduit dans un autre.

INTRONISER, *va.* Placer un évêque sur son siége épiscopal, lorsqu'il prend possession de son église. | INTRONISATION, *sf.* Cérémonie pour —.

INTROPION, *sm.* Renversement des paupières en dedans.

INTRORSE, *adj. f.* (*Bot.*) Se dit des anthères quand elles s'ouvrent du côté du pistil.

INTROSPECTIF, VE, *adj.* Qui examine l'intérieur. | INTROSPECTION, *sf.* Examen de l'intérieur.

INTRUS, SE, *adj.* et *s.* (pr. *tru*). Celui, celle qui s'introduit quelque part sans avoir qualité pour y être admis.

INTRUSION, *sf.* Action par laquelle on s'introduit, contre le droit ou la forme, dans quelque place, dans quelque compagnie, etc.

INTUITION, *sf.* Vision, connaissance claire et intime, immédiate et spontanée d'une chose et particul. d'une vérité morale. | INTUITIF, VE, *adj.* Qui concerne l'—.

INTUITIVEMENT, *sf.* D'une manière intuitive.

INTUMESCENCE, *sf.* Action par laquelle une chose s'enfle; toute augmentation de volume du corps ou de quelques-unes de ses parties.

INTUMESCENT, E, *adj.* Qui commence à s'enfler, à se gonfler.

INTUSSUSCEPTION, *sf.* (*Hist. nat.*) Action de recevoir à l'intérieur; se dit du mode d'accroissement particulier aux végétaux qui absorbent par leurs surfaces les principes nutritifs de substances qui sont mises en contact avec elles, à la différence des minéraux, dont l'accroissement a lieu par juxtaposition, et des animaux, chez lesquels il est dû à l'assimilation.

INULINE, *sf.* Principe immédiat, ou poudre blanche de diverses racines, telles que l'aunée, le topinambour, le dahlia, la chicorée; c'est une substance analogue à l'amidon.

INUSTION, *sf.* Brûlure intérieure.

INVAGINATION, *sf.* Introduction contre nature d'une portion d'intestin dans une autre formant anse. | INVAGINER (S'), *vpr.* S'introduire par —, en parlant des intestins.

INVENTAIRE, *sm.* Etat ou catalogue dans lequel sont énumérés un à un les biens de toute nature appartenant à quelqu'un ou à une société. | Relevé des valeurs actives et passives d'une maison de commerce, permettant de connaître immédiatement sa situation.

INVERSION, *sf.* (*Litt.*) Toute construction de phrase dans laquelle on donne aux mots un autre sens que le sens direct.

INVERTÉBRÉS, *smpl.* (*Zool.*) Classe d'animaux dépourvus de vertèbres, renfermant les *articulés*, les *mollusques* et les *rayonnés.*

INVESTITURE, *sf.* Acte par lequel on investit quelqu'un d'un privilége, d'une dignité, d'une charge.

INVIGORATION, *sf.* Se dit du travail intérieur, profond, qui agit dans le tissu le plus intime des parties du corps humain, et qui, en rendant ces parties plus fermes, rend toutes les fonctions plus assurées et l'organisme plus complet.

INVINATION, *sf.* (*Théol.*) Union de la substance divine de Jésus-Christ au vin consacré.

INVOLUCRE, *sm.* (*Bot.*) Assemblage de bractées, d'écailles, de feuilles rudimentaires, qui enveloppe plusieurs fleurs comme une sorte de calice. | INVOLUCELLE, *sm.* Petit —, ou — intérieur.

IODE, *sm.* Corps dit simple, c.-à-d. indécomposable, que l'on rencontre dans le commerce sous forme de paillettes cristallisées et noirâtres; on l'extrait des eaux mères des cristaux qui se déposent par le lessivage de la soude des varechs; on l'utilise en médecine comme dissolvant, et dans les affections scrofuleuses; il est surtout employé dans les préparations photographiques; l'acide résultant de la combinaison de l'— avec l'oxygène s'appelle acide *iodique*, et les sels qu'il forme avec des bases, *iodates*; celui qui naît de sa combinaison avec l'hydrogène prend le nom d'acide *iodhydrique*.

IODOFORME, *sm.* Composé en lames cristallines de couleur jaune, qui renferme neuf dixièmes de son poids d'iode pur, mais qui est beaucoup plus facile à absorber comme médicament dans tous les cas où l'iode est prescrit.

IODURE, *sm.* Combinaison de l'iode avec d'autres corps. | — de potassium, sel blanc soluble dans l'eau, qu'on prépare en dissolvant l'iode dans la potasse; on l'emploie en médecine comme dépuratif. | — de plomb, sel jaune d'or d'un éclat très-vif, dont on s'est servi pour la peinture. | — de mercure, sel d'une très-belle couleur rouge, qu'on emploie en teinture et contre les maladies de la peau. | — de fer, sel brun à saveur styptique, à propriétés toniques et astringentes.

IOLITE ou Iolithe, *sf.* (*Minér.*) V. *Cordiérite.*

IONIEN, NE, *adj.* (*Ant.*) Se dit du dialecte de la langue grecque que parlaient les Ioniens.

IONIQUE, *adj.* et *sm.* (*Archit.*) Se dit d'un ordre dont les colonnes ont un chapiteau terminé par une double volute et sont d'une hauteur égale à neuf fois leur diamètre. | Se dit aussi du dialecte et des vers ioniens.

IOTA, *sm.* Lettre grecque qui correspond à notre *i*, et qu'on prend, à cause de ses petites dimensions, pour terme de comparaison en parlant des choses les plus minimes, de la moindre des choses.

IOTACISME, *sm.* Vice de prononciation qui empêche de prononcer le *j* et le *g* mouillés. | Emploi fréquent du son *i* dans les mots d'une langue.

IOULER, *va.* et *vn.* Chanter à la manière des Tyroliens et d'autres peuples montagnards, c.-à-d. avec des coups de gosier, et en passant rapidement du grave à l'aigu.

IOURTE, *sf.* Cabane, hutte ou enfoncement souterrains, servant de demeure aux Lapons, aux Samoyèdes, aux Esquimaux, etc.

IPÉCACUANHA, *sm.* (pr. -*couâ-na*). Écorce de la racine d'un arbrisseau du Brésil, qu'on emploie comme vomitif, en poudre ou en sirop; il est moins violent que l'émétique.

IPOMÉE, *sf.* Plante grimpante assez semblable au liseron, dont la plupart des espèces, d'origine exotique, sont réputées purgatives.

IPRÉAU, *sm.* V. *Ypréau.*

IPSO-FACTO, *adv.* (*Lat.*) Se dit de tout ce qui résulte infailliblement et immédiatement de quelque fait.

IPSOLA, *sf.* Espèce de laine qu'on tire de Constantinople.

IPTÈRE, *adj.* Se dit d'un édifice qui a deux ailes.

IRATO (AB), *loc. adv.* (*Lat.*) V. *Ab Irato.*

IRIDÉES, *sfpl.* (*Bot.*) Tribu de plantes qui a pour type l'*Iris.*

IRIDITE, *sf.* (*Méd.*) Inflammation de l'iris.

IRIDIUM, *sm.* Métal très-cassant, d'un blanc d'argent, contenu dans certains minerais de platine; il donne des dissolutions ayant toutes les couleurs de l'arc-en-ciel.

IRIDOPTOSE, *sf.* (*Méd.*). Procidence de l'iris.

IRIS, *sm.* (pr. -*riss.*) Arc-en-ciel. | Couleurs semblables à celles de l'arc-en-ciel qui se voient autour des objets quand on les regarde avec une lunette non achromatique. | Variété de quartz hyalin à gerçures intérieures, formant des réfractions lumineuses qui offrent les couleurs de l'arc-en-ciel. | Genre de plantes monocotylédones à feuilles engaînantes en forme de lames d'épée, à grandes fleurs bleues veinées de jaune dans quelques espèces, jaunes dans d'autres; elles croissent dans les lieux humides et les marais. | Racine d'une espèce d'— dont on tire une poudre odoriférante. | Membrane circulaire placée devant le cristallin, derrière la cornée, à la partie antérieure de l'œil, et percée d'une ouverture ronde appelée *pupille*; les yeux bleus, les yeux noirs, sont ceux dont l'iris est bleu, est noir. | Vert d'—. V. *Vert d'iris.*

IRISATION, *sf.* Propriété dont jouissent certaines surfaces de présenter rapidement à l'œil la série des couleurs de l'arc-en-ciel; tel est l'aspect du cuivre en fusion.

IRISER, *va.* Donner la couleur de l'iris; présenter les couleurs de l'arc-en-ciel.

IRITIS, *sm.* (*Méd.*) V. *Iridite.*

IRRADIATION, *sf.* Tout mouvement qui se fait du centre à la circonférence et de l'intérieur à l'extérieur d'un corps. | Émission de rayons lumineux. | Irradier, *va.* Produire une —; se développer de l'intérieur à l'extérieur.

IRRÉDUCTIBLE, *adj.* (*Chim.*) Se dit d'un oxyde métallique dont on ne peut pas chasser l'oxygène. | (*Math.*) Se dit d'une fraction que l'on ne peut ramener à de moindres termes.

IRRÉFRAGABLE, *adj.* Qu'on ne peut contredire, qu'on ne peut récuser. | Irréfragabilité, *sf.* Qualité de ce qui est —.

IRRORATION, *sf.* Action d'exposer à la rosée ou à un arrosement.

IRUBI, *sm.* Espèce de vautour de l'Amérique du Sud, voisine du Condor, qui se tient dans les plaines ; il est de la taille d'une oie et porte sur la tête des caroncules très-brillantes disposées en diadème, ce qui lui a fait donner le nom de *roi des vautours*.

ISABELLE, *adj.* et *sm.* Se dit de la couleur mitoyenne entre le blanc et le jaune, mais dans laquelle le jaune domine ; ne s'emploie guère qu'en parlant de la robe des chevaux et des chevaux eux-mêmes.

ISARD, *sm.* Nom que l'on donne au chamois dans les Pyrénées.

ISATIDE, *sf.* V. *Guède*.

ISATIS, *sm.* Espèce de renard de petite taille qui habite les parties les plus froides du nord de l'Europe et de la Sibérie ; sa fourrure, noire dans le jeune âge, devient plus tard gris cendré tirant sur le bleu et quelquefois blanche ; elle est alors très-estimée ; on l'appelle aussi *renard bleu* et *renard blanc*.

ISCHÉMIE, *sf.* (pr. *-ké-*) (*Méd.*) Rétention ou suppression d'un flux de sang habituel.

ISCHIAGRE, Ischiagrie, (pr. *-ki-*) (*Méd.*) Goutte fixée sur la hanche.

ISCHIATIQUE, *adj.* (pr. *-ki-*) (*Méd.*) Qui appartient à l'ischion, à la hanche.

ISCHIO-ANAL, Ischio-caverneux, Ischio-fémoral, *adj.* et *s.*, etc. (pr. *-ki-*) (*Anat.*) Se dit des muscles communs à l'ischion et à l'anus, au périnée, à la cuisse, etc.

ISCHION, *adj.* et *sm.* (pr. *-ki-*) (*Anat.*) Se dit de la pièce de la partie inférieure de l'os coxal dans laquelle est emboîté l'os de la cuisse.

ISCHNOTIE, *sf.* (pr. *-kno-ti.*) Gracilité extrême du corps.

ISCHURIE, *sf.* (pr. *-ku-*) (*Méd.*). Suppression totale des urines ; impossibilité d'uriner. | Ischurétique, *adj.* Qui est propre à guérir l'—.

ISIS, *sm.* Polypier arborescent de matière calcaire et cornée, divisé en nombreuses ramifications ; dans la mer des Indes, on l'emploie comme médicament.

ISLAM, Islamisme, *sm.* (pr. *iss-lamm.*) La religion des mahométans. | Islamique, *adj.* Qui a rapport à l'—.

ISOCARDE, *sm.* Mollusque bivalve dont la coquille est à peu près semblable à celle de l'huître, mais qui ne vit pas attaché à la même place ; on le trouve dans la Méditerranée.

ISOCÈLE, *adj.* (*Math.*) Se dit d'un triangle qui a deux de ses côtés égaux entre eux. | Isocélisme, *sm.* Propriété du triangle —.

ISOCHIMÈNE, *adj.* Se dit des lignes idéales que l'on trace sur le globe en réunissant ensemble tous les points qui ont une même température moyenne en hiver ; celles qui concernent l'été sont dites *isothères*.

ISOCHROMATIQUE, *adj.* Se dit des corps dont la teinte est uniforme.

ISOCHROMIE, *sf.* Reproduction d'images qui se fait en appliquant des couleurs à l'huile par couches épaisses et égales derrière une image qu'on a rendue transparente en l'imprégnant de vernis gras.

ISOCHRONE, *adj.* Se dit des mouvements qui se font dans des temps égaux.

ISOCHRONISME, *sm.* Egalité de durée dans les mouvements d'un corps.

ISODYNAME, Isodynamique, *adj.* Qui a la même force, la même intensité.

ISOÉDRIQUE, *adj.* (*Minér.*) Se dit des corps cristallisés qui ont des facettes semblables.

ISOGONE, *adj.* (*Math.*) Dont les angles sont égaux.

ISOGRAPHIE, *sf.* Reproduction des écritures, des lettres manuscrites ; fac-simile.

ISOLOIR, *sm.* (*Phys.*) Appareil formé de substances *isolantes*, c.-à-d. non conductrices de l'électricité et sur lequel on pose les corps que l'on veut électriser afin de les isoler des corps environnants ; espèce de tabouret de bois garni de pieds de verre, qui sert ordinairement à cet usage.

ISOMÉRIE, *sf.* (pr. *-zo-*) (*Chim.*) Particularité que présentent deux ou plusieurs corps qui, formés des mêmes éléments, unis dans les mêmes proportions, présentent très-souvent des différences profondes dans leurs propriétés, ce qui implique nécessairement une différence dans l'arrangement des atomes qui les constituent. | Isomère, *adj.* Qui jouit de l'— ; ainsi le gaz de l'éclairage, l'essence de térébenthine et l'essence de rose, qui ont exactement la même composition, sont *isomères*.

ISOMÉTRIQUE, *adj.* (*Minér.*) Se dit des minéraux dont les dimensions sont égales.

ISOMORPHISME, *sm.* (*Phys.*) Phénomène qui a lieu quand des corps composés d'éléments différents affectent une forme de cristallisation identique. | Isomorphe, *adj.* Qui présente l'—.

ISOPÉRIMÈTRE, *adj.* (*Math.*) Se dit des figures dont les contours ou périmètres sont égaux.

ISOSCÈLE, *adj.* V. *Isocèle*.

ISOTHÈRE, *adj.* V. *Isochimène*.

ISOTHERME, *adj.* Se dit des lieux qui ont une même température moyenne et plus particul. des lignes passant par ces lieux et supposées tracées sur le globe.

ISSANT, *adj.* (*Blas.*) Se dit des animaux dont on ne voit que la partie supérieure, laquelle paraît sortir d'une autre pièce de l'écu.

ISSÉRO, *sm.* Nom donné au vent sud-est sur les côtes de la Méditerranée.

ISTHME, *sm.* (pr. *iss-me.*) Langue de terre entre deux mers qui joint une terre à une autre, une presqu'île au continent. | (*Anat.*) Partie rétrécie qui sépare la bouche du pharynx. | ISTHMIEN, NE, ISTHMIQUE, *adj.* Qui appartient à l'—.

ISTLE ou ITZLE, *sm.* Plante textile qui vient du Mexique.

ITAGUE, *sf.* Cordage attaché à un palan, et qu'on enroule autour des fardeaux à soulever.

ITALIQUE, *adj.* et *sm.* Se dit d'un caractère différent du caractère romain, et un peu peu incliné de droite à gauche comme l'écriture; on s'en sert pour appeler l'attention sur certains mots, sur certaines phrases.

ITÉRATIF, VE, *adj.* Renouvelé, fait de nouveau et fait pour la troisième fois.

ITÉRATIVEMENT, *adv.* Pour la seconde ou la troisième fois.

ITHOS, *sm.* (*Litt.*) Dernière partie des sermons des Pères grecs, celle qui en contient la morale. | Moralité d'un livre.

ITINÉRAIRE, *sm.* Chemin à suivre pour aller d'un lieu à un autre. | *adj.* Se dit des mesures employées pour marquer la longueur des chemins, et particul. des colonnes qui étaient autrefois posées dans les carrefours pour indiquer les routes.

ITZLE, *sm.* V. *Istle.*

IULE, *sm.* Insecte myriapode dont le corps est formé de nombreux segments; il vit dans l'obscurité et dans les lieux humides; il s'enroule en spirale et répand en général une odeur désagréable.

IVE ou IVETTE, *sf.* Espèce de germandrée à fleurs jaunes, à feuilles très-découpées, qu'on trouve dans les lieux secs; elle a une odeur de résine et passe pour apéritive.

IVOIRE, *sm.* — ordinaire, défenses d'éléphant ou d'autres grands pachydermes que l'on scie en morceaux et que l'on expédie en Europe. | — vert, partie intérieure des défenses récemment recueillies qu'on travaille facilement et dont on fait des ouvrages très-délicats; il durcit à l'air et acquiert ensuite une blancheur inaltérable. | — bleu ou — fossile. V. *Mammouth.* | — végétal. V. *Coroso.*

IVRAIE, *sf.* Plante de la famille des graminées à fleurs en épi, dont l'espèce commune croît parmi le froment et nuit beaucoup aux moissons; son grain, mêlé à celui du blé, peut occasionner des accidents graves.

IXEUTIQUE, *adj.* Art de prendre les oiseaux à la glu, aux gluaux.

IXIA, *sf.* Genre de plantes de la famille des iridées, cultivées pour la beauté de leurs fleurs.

IXODE, *sm.* Arachnide muni d'un suçoir long et engainé qu'il introduit dans la peau de certains animaux; il se gonfle de leur sang et on ne peut l'arracher qu'en lui laissant un morceau de la peau à laquelle il s'est attaché.

IZARD, *sm.* V. *Isard.*

J

JABIRRE, *sm.* Genre d'oiseaux de l'ordre des échassiers, voisin de la cigogne par sa conformation; ses espèces habitent les parties marécageuses des régions tropicales.

JABLE, *sm.* Rainure qu'on fait aux douves des tonneaux pour arrêter les pièces du fond. | Bois des douves qui dépasse le fond du tonneau.

JABLOIRE, *sf.* Outil dont se servent les tonneliers pour faire les rainures appelées jables; c'est un ciseau à bec de cane.

JABOT, *sm.* Dilatation de l'œsophage chez les oiseaux granivores, dans laquelle les aliments séjournent quelque temps et s'imbibent d'un liquide analogue à la salive avant de passer par le gésier, où ils sont broyés et réduits en pâte, puis introduits dans l'estomac. | Poche membraneuse qui est au-devant de l'œsophage du cheval.

JACA ou JACKA, *sm.* V. *Jaquier.*

JACAMAR, *sm.* Genre d'oiseaux grimpeurs voisin du martin-pêcheur par sa conformation; il vit dans l'Amérique du Sud.

JACANA, *sm.* Genre d'oiseaux échassiers, remarquable par ses ailes qui sont armées d'un éperon pointu, et par ses ongles très-aigus; il vit dans les marais des régions tropicales.

JACAR, *sm.* V. *Jaguar.*

JACARANDA, *sf.* V. *Palissandre.*

JACÉE, *sf.* Genre de plantes de la famille des synanthérées, dont quelques espèces sont cultivées à cause de la beauté de leurs fleurs; on en trouve dans les champs une espèce appelée communément *barbeau.*

JACENT, E, *adj.* (*Jurisp.*) Se dit d'une succession dont l'héritier n'apparaît point, des biens qui n'ont point de propriétaires connus.

JACHÈRE, *sf.* État d'une terre labourable qu'on laisse reposer pendant une saison ou seulement pendant la moitié de la saison. | Se dit de la terre elle-même quand elle est en —. | JACHÉRER, *va.* Mettre des terres en —.

JACINTHE, *sf.* Petite plante liliacée, à bulbe, portant quelques feuilles allongées et une seule tige terminée par une grappe de huit à dix fleurs, à six pétales, bleues ou de couleurs variées.

JACO, *sm.* Espèce de perroquet dite aussi perroquet gris, qui est la plus recherchée à cause de sa docilité; ce perroquet, qui apprend à parler très-facilement, est originaire de la côte occidentale d'Afrique.

JACOBÉE, *sf.* Espèce de séneçon, plante à fleurs jaunes radiées, et à feuilles déchiquetées, qu'on trouve dans les lieux secs et qu'on nomme vulgairement *herbe de Saint-Jacques*.

JACOBIN, *sm.* Membre du club établi en 1790 dans l'ancien couvent des Jacobins; comme ils professaient des opinions très-avancées, ce mot a été longtemps syn. de *révolutionnaire exalté*.

JACOBITE, *sm.* C'étaient autrefois les partisans de Jacques II, roi d'Angleterre. | A désigné depuis les partisans de la royauté de droit divin.

JACONAS, *sm.* Mousseline de coton très-légère, presque transparente, dont on fait de la lingerie; on l'emploie aussi, imprimé, pour robes d'été.

JACQUE, *sm.* Casaque piquée, courte et étroite, qui était faite de velours et qu'on mettait par-dessus la cuirasse.

JACQUEMART, *sm.* V. *Jaquemart*.

JACQUERIE, *sf.* Association de paysans révoltés qui se forma en Picardie, en 1358, pour exterminer les nobles. | Tout soulèvement populaire.

JACQUIER, *sm.* V. *Jaquier*.

JACRE, *sm.* V. *Jagre*.

JACTATION ou Jactitation, *sf.* Anxiété, agitation extrême qui ne permet pas au malade de rester un seul instant dans la même position; on dit aussi *Jectigation*.

JACULATEUR, *sm.* Espèce de labre qui lance sur les insectes qui s'approchent du rivage des gouttes d'eau au moyen desquelles il les fait tomber dans la mer et s'en saisit.

JACULATOIRE, *adj.* Se dit d'une prière ou oraison dont le caractère est la brièveté, et qui doit être prononcée avec ferveur dans des circonstances déterminées.

JADE, *sm.* Substance pierreuse verte, extrêmement dure, à aspect gras, qui vient des îles de la Sonde et qui est composée de silice, de chaux, de potasse; on en fait divers objets d'art et on l'employait autrefois comme amulette contre beaucoup de maladies, notamment les maux de reins.

JAFFET, *sm.* Crochet propre à abaisser les branches pour faire la récolte des fruits dans les vergers.

JAGRE, *sm.* Jagrée, *sf.* Liquide qu'on extrait du tronc des palmiers et qui contient une certaine quantité de sucre semblable à celui de la canne et de la betterave; on le laisse fermenter et il devient une liqueur spiritueuse connue sous le nom de *vin de palmier*.

JAGUAR, *sm.* (pr. *gouar*). Espèce très-féroce du genre chat, de l'Amérique du Sud; il est plus grand que la panthère, et surtout remarquable par quatre rangées de taches noires sur un fond fauve vif, formant des anneaux avec un point noir au milieu. | Jaguarète, *sm.* Variété du —, qui habite les lieux sauvages du Paraguay.

JAILLET, *sm.* V. *Jalet*.

JAIS ou Jayet, *sm.* Minéral carbonifère, qui est du lignite brillant, dur et compacte; on le polit pour en faire des ornements de deuil.

JALAP, *sm.* Racine ou tige souterraine et tubéreuse d'un liseron du Mexique, jouissant de propriétés purgatives qu'elle doit à une résine particulière qu'elle renferme.

JALE, *sf.* Espèce de grande jatte ou de baquet. | Jalée, *sf.* Contenu d'une —.

JALET, *sm.* Autrefois, petit caillou rond; il ne s'employait que dans cette locution : *Arbalète à* —, arbalète avec laquelle on lançait des cailloux.

JALLE, *sf.* Couche de cailloux qui se trouve sous la terre végétale dans quelques pays de landes.

JALON, *sm.* Piquet de bois ou de fer portant une feuille de papier à sa partie supérieure pour être vu de loin, et qu'on fixe sur le parcours d'une ligne droite qu'on veut tracer ou mesurer sur le terrain; on l'emploie aussi pour le nivellement.

JALOT, *sm.* Grand baquet de bois employé dans certaines industries.

JAMAVAS, *sm.* (pr. *vâss*). Taffetas des Indes à fleurs d'or ou de soie.

JAMBAGE, *sm.* (*Archit.*) Chaîne, pile de pierres de taille ou de maçonnerie, qui soutient l'édifice et sur laquelle on pose les grosses poutres. | Piles de pierres qui soutiennent le manteau d'une cheminée ou le poitrail d'une porte.

JAMBE, *sf.* (*Archit.*) Ce mot est syn. de pile ou pilier. | — étrière, le pilier qui est à la tête du mur mitoyen et dont les pierres se relient avec la construction voisine. | — de force, pièce de bois verticale ou peu inclinée, qui s'appuie sur le tirant inférieur d'un comble pour servir de support à l'arbalétrier.

JAMBETTE, *sf.* Petit couteau de poche dont la lame se replie dans le manche. | Petite pièce de bois debout dans la charpente d'un comble pour soutenir la jambe de force et les chevrons. | Seconde peau des martres zibelines, fort supérieure à la martre proprement dite.

JAMBIER, *sm.* (*Anat.*) Nom que portent deux muscles de la jambe, l'un antérieur, l'autre postérieur; le premier fléchit le pied sur la jambe, le second étend le pied.

JAMBO, *sm.* V. *Zambo*.

JAMBONNEAU, *sm.* Mollusque bivalve dont le coquillage a une forme triangulaire et une teinte brune qui lui ont valu son nom ; plusieurs de ses espèces fournissent un très-beau byssus.

JAMBOSIER, *sm.* Espèce d'arbrisseau exotique qui forme des buissons épais.

JAN, *sm.* Chacune des deux tables du jeu de trictrac.

JANATTE, *sf.* V. *Amanite.*

JANISSAIRE, *sm.* Soldat de l'infanterie turque, qui servait à la garde du grand seigneur.

JANNEQUIN, *sm.* Coton de qualité médiocre que l'on tire du Levant.

JANSÉNISME, *sm.* Doctrine de Jansénius sur la grâce et la prédestination. | JANSÉNISTE, *adj.* et *s.* Qui soutient le — ; partisan du —.

JANTE, *sf.* Pièce de bois courbée en arc de cercle qui forme une partie de la circonférence d'une roue. | JANTIÈRE, *sf.* Machine à assembler les —s.

JANTHINE, *sf.* Petits coquillages globuleux, transparents, qu'on trouve par troupes nombreuses dans la haute mer, à la surface des eaux où ils se soutiennent au moyen d'une vessie remplie d'air ; ils sécrètent un très-beau liquide violet.

JAPONER, *va.* Soumettre les porcelaines à une nouvelle cuisson, afin de leur donner l'apparence des porcelaines du Japon.

JAQUE, *sf.* V. *Jacque.*

JAQUELINE, *sf.* Bouteille de grès à large ventre. | Broc de faïence d'un gros diamètre.

JAQUEMART, *sm.* Figure de bois ou de métal qui représente un homme armé et qu'on met au haut d'une tour pour frapper les heures avec un marteau.

JAQUERIE, *sf.* V. *Jacquerie.*

JAQUIER, *sm.* Plante de la famille des palmiers, dont l'espèce la plus connue est l'*arbre à pain*, qui croît dans les îles de la mer du Sud, et dont le fruit, gros comme un melon, contient une pulpe blanche et farineuse qui a le goût de la mie de pain.

JAR, *sm.* Poils rudes et grossiers qui se trouvent dans des toisons plus ou moins fines de certaines races ovines.

JARBIÈRE, *sf.* Lame de fer tranchante ajustée dans un manche de bois qui va et vient librement, et dont se servent les boisseliers.

JARD, *sm.* Autrefois, nom d'une promenade plantée d'arbres en quinconce. | Gros sable que charrie la Loire. | V. *Jars* et *Jar.*

JARDE, *sf.* V. *Jardon.*

JARDINÉE, *adj.* Se dit des pierres fines qui présentent des arborisations, des fissures, des glaces.

JARDINEUX, SE, *adj.* Se dit d'une émeraude qui a quelque chose de sombre et de peu net.

JARDON, *sm.* Tumeur dure, quelquefois phlegmoneuse, qui se développe à la partie latérale extérieure du jarret du cheval et le fait boiter.

JARGON, *sm.* Variété de zircon peu estimée, le plus souvent incolore et en cristaux ; on s'en est servi pour imiter le diamant.

JAROSSE, *sf.* V. *Gesse.*

JARRE, *sf.* Grand vaisseau de terre cuite vernissée, dans lequel on met de l'eau pour la conserver, particul. sur un navire. | En Provence, grand vase de terre pour conserver l'huile. | Grosse bouteille de verre dont on fait usage en physique pour former les batteries électriques. | V. *Jar.*

JARRÉE, *adj. f.* Se dit de la laine qui contient du jar.

JARRET, *sm.* (*Archit.*) Coude, saillie, bosse dans une façade, une construction.

JARRETER, *vn.* Former un *jarret*, en parlant des lignes droites qui présentent quelques sinuosités.

JARRETÉ, E, *adj.* Se dit des quadrupèdes (chevaux, mulets, etc.) qui ont les jambes de derrière tournées en dedans, et dont les deux jarrets se touchent presque en marchant. | On dit aussi *Jarretier, ère.*

JARREUSE, *adj. f.* V. *Jarrée.*

JARS, *sm.* (pr. *jar*). Mâle de l'oie domestique, on dit aussi *Jard.*

JAS, *sm.* (pr. *ja*). Grosse barre de bois ou de fer, qui est fixée perpendiculairement à la partie supérieure de la verge d'une ancre et qui, venant se coucher à plat au fond de l'eau, oblige les bras de l'ancre à se présenter normalement à ce fond et à pénétrer dans le sol. | Réservoir dans lequel vient se rendre l'eau de mer dont on extrait le sel.

JASERAN, *sm.* Espèce de cotte de mailles. | Collier ou chaîne d'or formé de petites mailles, de petits anneaux. | Bracelet en forme de chaîne. | On dit aussi *Jaseron.*

JASEUR, *sm.* Genre d'oiseaux passereaux, assez voisins du merle, qui se tiennent dans les buissons et font entendre un gazouillement perpétuel ; l'espèce commune en Europe porte une belle huppe, est brune, avec des ailes noires tachées de jaune et de blanc.

JASMIN, *sm.* Plante grimpante, ligneuse, type de la famille des *jasminées*, remarquable par ses fleurs à corolle monopétale tubuleuse, à quatre ou cinq lobes, le plus souvent blanches et d'une odeur suave.

JASPE, *sm.* Variété de quartz opaque, mélangée de matières colorantes diverses, formant des bigarrures ; on le trouve en couches minces dans les terrains d'ancienne formation ; on en fait des objets d'art très-durables et très-estimés.

JASPER, *va.* Bigarrer de diverses couleurs en imitant le jaspe.

JAUGE, *sf* Capacité, contenance, en parlant des futailles. | Instrument servant à mesurer la —. | Nom de divers appareils qui sont employés pour mesurer des capacités ou des quantités de liquide. | Fossé dans lequel on met des jeunes arbres en attendant qu'on les plante.

JAUGEAGE, *sm.* Opération pour jauger, pour déterminer la jauge d'un tonneau.

JAUGER, *va.* Mesurer la capacité d'un vaisseau. | Calculer la quantité de liquide qui s'écoule par une ouverture.

JAUMIÈRE, *sf.* Ouverture à peu près circulaire, pratiquée dans la voûte d'un bâtiment pour le passage de la tête du gouvernail.

JAUNE, *sm.* | — aladin, teinture jaune sur la laine et la soie obtenue par des chromates. | — antique, marbre de couleur jaune vif, qu'on employait beaucoup autrefois en Italie et qui venait d'Afrique. | — de Cassel, de Paris ou de Vérone, couleur jaune obtenue par la fusion de la litharge avec le sel ammoniac. | — de chrome, chromate de plomb. | — de Naples, terre de couleur jaunâtre, employée pour la coloration des émaux. | Fièvre —. V. *Fièvre*.

JAUNISSE, *sf.* V. *Ictère*.

JAUNOIR, *sm.* Gros merle jaune et noir du cap de Bonne-Espérance.

JAVART, *sm.* Espèce de furoncle ou d'ulcération qui se forme aux pieds ou aux jambes des chevaux et des bœufs, entre le paturon et la couronne.

JAVEAU, *sm.* Ile formée de sable et de limon par un débordement d'eau.

JAVELINE, *sf.* Dard long et menu. V. *Javelot*.

JAVEL ou Javelle (Eau de), *sf.* V. *Chlorure*.

JAVELLE, *sf.* Poignée, faisceau que l'on dépose sur le sillon au fur et à mesure qu'on scie le blé. | Javeler, *va.* Mettre en —s.

JAVELOT, *sm.* (*Ant.*) Dard, lance courte qui se lançait au moyen d'un arc ou plus souvent à la main. | Sorte de demi-pique armée par un bout d'un fer triangulaire et ferrée de l'autre bout, qui est pointu; on dit aussi dans ce dernier sens *Javeline*.

JAYET, *sm.* V. *Jais*.

JÉ, *sm.* Sorte de jonc ou de rotin. | Sonde faite de ce bois et employée par les plombiers pour dégager les tuyaux d'égouts.

JEAN-LE-BLANC, *sm.* Espèce de circaète, gros oiseau de proie qui a le dos brun et le ventre blanc ainsi que la tête; il est commun en Allemagne et surtout dans les grandes forêts de sapins du nord de l'Europe.

JÉCORAL, E, Jécoraire, *adj.* (*Anat.*) Qui a rapport au foie, qui vient du foie; ne s'est dit que d'une veine de la main droite qu'on supposait à tort avoir des rapports avec le foie.

JECTIGATION, *sf.* Tressaillement dans le pouls, agitation indiquant l'approche d'une crise épileptique. | V. *Jactation*.

JECTISSE, *adj. f.* (*Archit.*) Se dit des terres meubles qui ont été rapportées; des fonds de sol peu solides. | Pierre —, qui peut se poser à la main.

JÉGNEUX, *sm.* Sorte de gobelet à anse, très-évasé.

JÉHOVA, *sm.* Terme hébraïque qui désigne la divinité. | Triangle rayonnant, renfermant des caractères hébraïques qui représentent ce mot.

JEISER, *sm.* V. *Jeyser*.

JÉJUNUM, *sm.* (pr. *nomm.*) (*Anat.*) Partie de l'intestin grêle comprise entre le duodénum et l'iléon.

JEK, *sm.* Serpent aquatique du Brésil, dont la peau visqueuse et collante retient tous les animaux qui s'en approchent.

JEMBLET, *sm.* Partie du moule du fondeur.

JÉROSE, *sf.* Plante crucifère qui croît dans les terrains sablonneux de la Syrie et de l'Arabie, et qu'on appelle aussi *Rose de Jéricho*; elle offre cette particularité que, si sèche et si fanée qu'elle soit, on lui rend toute sa fraîcheur en la plongeant dans l'eau.

JERUPIGA, *sm.* V. *Geropiga*.

JESE, Jesse, *sm.* Poisson d'eau douce d'Europe, assez semblable à la carpe, mais dont la chair, beaucoup moins délicate que celle de la carpe, est pleine d'arêtes et devient jaune en cuisant.

JÉSUS, *adj. m.* Se dit d'une sorte de papier qui s'emploie dans l'imprimerie et dont la marque était autrefois le monogramme du nom de Jésus (I H S); le grand — a 0m.720 sur 0m.560 et pèse 25 à 30 kil. la rame, le — ordinaire a 0m.70 sur 0m.55 la feuille et pèse de 15 à 20 kil. la rame.

JET, *sm.* Espèce de timbale dont se servent les brasseurs pour jeter l'eau ou les matières dans les bacs. | Vase de cuivre rond employé par les savonniers.

JETÉ, *sm.* Pas de danse qui fait partie d'un autre et ne remplit pas seul une mesure; il consiste à jeter le pied de côté et à le ramener tout de suite.

JETÉE, *sf.* Amas de pierres, de sables et d'autres matériaux jetés à côté du canal qui forme l'entrée d'un port, liés fortement et ordinairement soutenus par des pilotis pour servir à rompre l'impétuosité des vagues.

JETICE ou Jettice, *adj. f.* Se dit de la laine de rebut.

JETON, *sm.* Médaille ou pièce de cuivre doré ou argenté, quelquefois d'argent, qu'on emploie au jeu. | — de présence, pièce semblable représentant une valeur réelle, qu'on donne aux membres d'une assemblée chaque fois qu'ils y assistent et qu'ils échangent, quand ils en ont plusieurs, contre de l'argent. | Petit instrument de métal employé par le fondeur en caractères, et qui sert à s'assurer si les lettres ont toutes même hauteur. | —, NE, *adj*. Se dit d'un mulet âgé de moins de deux ans.

JEUMERANTE, *sf*. Patron en bois pour tailler des jantes.

JEUNEMENT, *adv*. Se dit avec l'expression cerf *dix cors*, pour désigner un cerf nouvellement pourvu d'un bois de cinq andouillers de chaque côté ; c'est entre cinq ans et cinq ans et demi que le cerf prend cette désignation.

JEYSER, *sm*. Nom que portent en Islande les jets d'eau chaude qui surgissent dans les régions volcaniques qui avoisinent l'Hécla.

JOCKEY, *sm*. (pr. *jo-kai*.) Jeune domestique à toque et à veste courte qui monte à cheval. | Pièce d'étoffe que l'on ajoute à l'épaule par dessus la manche d'un vêtement de femme.

JOCKO, *sm*. V. *Chimpanzé*. | *adj. m*. Se dit ... e sorte de pains longs à croûte luisante que l'on vend à Paris.

JOINT, *sm*. (*Archit*.) Intervalle qui existe entre deux pierres contiguës ; ligne qui accuse la jonction de deux pierres.

JOINTÉ, *adj. m*. Long —, se dit d'un cheval qui a le paturon trop long. | Court —, de celui qui l'a trop court.

JOINTIF, VE, *adj*. (*Archit*.) Se dit des corps qui sont joints de façon à se toucher, tels que les lattes d'un plafond, etc.

JOINTOYER, *va*. V. *Rejointoyer*. | JOINTOIEMENT, *sm*. Action de —.

JOMBARBE, *sf*. Flûte qui n'est percée que de trois trous ; celui par lequel on l'embouche est recouvert d'une peau très-fine.

JONCHAIE, JONCHÈRE, JONCHIÈRE, JONCIÈRE, *sf*. Lieu où le jonc croît abondamment ; étang rempli de joncs.

JONCHETS, *smpl*. Jeu d'enfant qui consiste à enlever une à une de petites pailles ou de petites baguettes de bois ou d'ivoire entassées pêle-mêle, sans remuer celles qui restent.

JONGERMANNIE, *sf*. V. *Jungermannie*.

JONQUE, *sf*. Grand navire chinois courbé à l'avant et à l'arrière, carré à la poupe et à la proue ; il a trois mâts qui sont couverts de pavillons, de banderoles de toutes couleurs.

JONQUIÈRE, *sf*. V. *Jonchaie*.

JONQUILLE, *sf*. Plante du genre des narcisses ; ses fleurs sont d'un jaune vif et ses feuilles étroites et longues comme celles du jonc. | Fleur de cette plante, très-odorante et dont on extrait une essence aromatique. | Couleur jaune vif.

JOTTE, *sf*. Nom vulgaire de la moutarde des champs, à fleurs jaunes, qui nuit beaucoup aux moissons.

JOTTES, *sfpl*. Les deux côtés de l'avant du vaisseau, depuis les épaules jusqu'à l'étrave.

JOUBARBE, *sf*. Plante grasse et toujours verte, à feuilles en rosettes, les unes sur les autres, dont l'espèce la plus commune croît sur les toits et sur les murs. | — des vignes. V. *Orpin*.

JOUÉE, *sf*. (*Archit*.) Epaisseur du mur dans l'ouverture d'une porte, d'une fenêtre, d'un soupirail.

JOUET, *sm*. Petite chaînette que l'on met dans la bouche du cheval pour en solliciter l'action. | Plaque de fer qui garnit et conserve les bois traversés par un essieu.

JOUETTE, *sf*. Trou de lapin moins profond que le terrier.

JOUG, *sm*. Pièce de bois qu'on met par dessus la tête des bœufs pour les atteler et les faire marcher de front.

JOUGRIS, *sm*. V. *Grèbe*.

JOUIÈRES ou JOUILLIÈRES, *sfpl*. Murs d'aplomb qui retiennent les berges d'une écluse et qui reçoivent les coulisses des vannes.

JOURNAL, *sm*. Ancienne mesure agraire qui équivalait en Lorraine à 8 ares, et dans le midi à 20 ares environ. | (*Comm*.) Livre où un négociant doit écrire, jour par jour, en articles séparés, les opérations de son commerce.

JOUSANT, *sm*. V. *Jusant*.

JOUTE, *sf*. Combat à cheval d'homme à homme, avec la lance. | — sur l'eau : divertissement dans lequel deux hommes, placés chacun sur l'avant d'un batelet, tâchent de se faire tomber dans l'eau en se poussant l'un l'autre avec de longues lances.

JOUVENCE, *sf*. Fontaine de —, fontaine célébrée au moyen âge, et dont les eaux fabuleuses avaient la vertu de rajeunir.

JUBARTE, *sf*. Espèce de baleine ou baleinoptère, à ventre plissé, plus longue que la baleine franche, très-féroce et très-dangereuse pour les pêcheurs ; on la trouvait autrefois dans le golfe de Gascogne ; elle ne se rencontre plus que dans les mers du Nord.

JUBE, *sf*. Crinière du lion. | Cimier de casque.

JUBÉ, *sm*. Tribune élevée dans une église et située entre la nef et le chœur.

JUBILÉ, *sm*. Solennité qui avait lieu chez les juifs tous les cinquante ans, et pendant laquelle toutes les dettes étaient remises et les esclaves affranchis. | Solennité catholique qui revient à certaines époques, et à l'occasion de laquelle le pape accorde une indulgence plénière. | Fête à l'occasion de la cinquantième année d'un mariage. | JUBILAIRE, *adj*. Qui appartient au —.

JUBIS, *sm*. (pr. *-bi*). Raisins séchés en grappes, qu'on expédie de Provence.

JUC, *sm*. Bâton où perchent les poulets.

JUDAÏQUE, *adj*. Qui appartient aux juifs. | Interprétation —, fausse et de mauvaise foi. | Pierre —, pierre que l'on trouve en Judée et dans d'autres lieux, et qui a la forme d'une olive; c'est un débris d'oursin fossile.

JUDAÏSER, *vn.* Faire profession de judaïsme ou suivre les cérémonies de la loi judaïque.

JUDELLE, *sf.* Nom vulgaire de la *foulque.* V. ce mot.

JUDICATUM SOLVI, *loc. adv.* (*Lat.*) V. *Caution.*

JUDICATURE, *sf.* Profession d'une personne chargée de rendre la justice.

JUERNE, *sm.* V. *Meunier.*

JUGAL, E, *adj.* (*Anat.*) Qui a rapport à la pommette de la joue. | Os jugaux, les deux os protubérants de la face qui forment les pommettes.

JUGEOLINE, *sf.* Nom vulgaire du sésame.

JUGÈRE, *sf.* Ancienne mesure de terre qui équivalait à environ un quart d'hectare.

JUGLANDÉES, *sfpl.* (*Bot.*) Se dit de la famille de plantes à laquelle appartient le noyer.

JUGLANDINE, *sf.* Principe amer du brou de noix.

JUGULAIRE, *adj.* Qui appartient à la gorge. | *sf.* Chacune des quatre veines placées deux à deux sur les parties latérales du cou. | Mentonnière d'un casque ou d'une coiffure militaire.

JUJUBE, *sf.* Fruit pulpeux, à noyaux, du *jujubier*, arbre de la famille des rhamnées, dont le bois tortueux est armé d'aiguillons, et qu'on trouve en Afrique; on les mange fraîches en Italie et dans le midi de la France; on fait, sous le nom de pâte de —s, une pâte pectorale où il devrait entrer de la —, mais où il n'en entre pas toujours.

JULEP, *sm.* Potion adoucissante ou calmante, ordinairement composée de sirop et d'eau distillée, ainsi que de quelques gouttes d'opium ou de laudanum.

JULIEN, NE, *adj.* De Jules, en parlant de l'année *julienne*, de 365 jours, qui fut introduite par Jules César.

JULIENNE, *sf.* Plante crucifère herbacée, légèrement tomenteuse, dont une espèce, la — des dames, a de belles fleurs blanches très-odorantes; on la cultive dans les jardins, sous le nom de *cassolette.* | Potage exclusivement composé d'herbes, de légumes taillés très-menu et cuits dans un bouillon gras ou maigre.

JUMARAS, *sm.* (pr. *-ra*). Taffetas des Indes, bordé ou à fleurs d'or, de soie.

JUMART, *sm.* Animal imaginaire dont certains anciens auteurs affirmaient l'existence, dû au croisement de la race bovine avec la race chevaline. | Nom vulgaire qu'en certaines contrées on donne au mulet.

JUMEL, *sm.* Coton de belle qualité qui vient d'Egypte; il sert pour la chaîne de certaines étoffes.

JUMELLES, *adj. f. pl.* Se dit de deux pièces de charpente ou de métal, quand elles sont égales et parallèles. | *sfpl.* Lorgnettes de spectacle à deux tubes.

JUMENTEUX, EUSE, *adj.* Se dit de l'urine trouble et sédimenteuse comme celle de la jument.

JUNGERMANNIE, *sf.* Plante de la famille des hépatiques, généralement rampante, que l'on trouve dans les lieux humides; elle se reproduit par des séminules.

JUNIPÈRE, *sm.* Genévrier.

JUNTE, *sf.* (pr. *jeunte*). Assemblée politique ou municipale en Espagne et dans les pays d'origine espagnole.

JURANDE, *sf.* Charge des anciens *jurés*, ouvriers qui, dans les corporations, avaient fait les serments prescrits pour la maîtrise, et veillaient à l'observation des statuts de la corporation. | Temps pendant lequel on exerçait cette charge.

JURASSIQUE, *adj.* (*Géol.*) Se dit d'une sorte de terrains, principalement calcaires, qui domine en France et en Europe, et qui constitue la plus grande partie des montagnes du Jura.

JURAT, *sm.* Nom que portaient autrefois, dans le midi de la France, certains magistrats nommés à l'élection.

JURATOIRE, *adj.* (*Jurispr.*) Caution —, serment que fait quelqu'un en justice de se représenter à première réquisition, ou de rapporter une chose dont il est chargé.

JURÉ, *sm.* Membre d'un jury. (V. ce mot).

JURIDICTION, *sf.* Ressort ou étendue de territoire dans lesquels le juge peut exercer le pouvoir de juger. | Ce même pouvoir.

JURISPRUDENCE, *sf.* Science du droit. | Ensemble des principes du droit qu'on suit dans chaque pays ou dans chaque matière.

JURISTE, *sm.* Celui qui écrit sur des matières de droit.

JURY, *sm.* Réunion d'un certain nombre de citoyens nommés *jurés*, qui sont chargés de prononcer sur la culpabilité ou la non-culpabilité de l'accusé dans les affaires portées devant les cours d'assises. | Réunion de propriétaires chargés de déterminer l'indemnité à allouer aux expropriés pour cause d'utilité publique.

JUSANT, *sm.* Reflux de la marée.

JUSÉE, *sf.* Résidu liquide des tanneries, liqueur acide que le tanneur emploie pour gonfler les peaux et aider à les débourrer.

JUSQUIAME, *sf.* Plante dont la tige et les feuilles sont cotonneuses, et la fleur en forme d'entonnoir et de couleur jaune pâle; elle a des propriétés analogues à celles de la belladone.

JUSSION, *sf.* Se disait des lettres que le roi de France envoyait au parlement pour lui enjoindre d'enregistrer des édits que le parlement avait rejetés.

JUSTAUCORPS, *sm.* Espèce de vêtement à manches, qui descend jusqu'aux genoux et qui serre le corps ; on le portait en France du XVe au XVIIe siècle.

JUSTICIER, *adj. m.* (*Féod.*) Seigneur —, celui qui avait le droit de rendre la justice sur ses terres.

JUSTIFICATION, *sf.* (*Impr.*) Longueur de la ligne de composition typographique.

JUSTIFIER, *va.* (*Impr.*) Donner à une ligne la longueur qu'elle doit avoir.

JUSTINE, *sf.* Ancienne monnaie vénitienne d'argent valant environ 6 fr.

JUTE, *sm.* Plante textile de l'Inde et de Chine, qu'on emploie, soit en mélange avec le lin, pour faire des toiles grossières, soit seule, pour faire des tapis que l'on teint de plusieurs couleurs.

JUVEIGNEUR, *sm.* Cadet, frère puîné qui jouit d'un apanage. | Juveignerie ou Juveigneurie, *sf.* Rang du —.

JUXTALINÉAIRE, *adj.* Se dit d'une traduction dont les lignes sont placées à côté des lignes du texte et non au-dessous comme dans la traduction *interlinéaire*.

JUXTAPOSER, *va.* Poser à côté, à la suite. | Se —, *v. pr.* Se dit des molécules qui s'agrègent pour former un minéral.

JUXTAPOSITION, *sf.* État des molécules qui se juxtaposent, et à laquelle est dû l'accroissement des minéraux.

K

KAATE, *sm.* Arbre de l'Inde dont la pulpe sert à faire des pastilles qui se mâchent comme le bétel.

KABARDIN, *adj.* Se dit d'une espèce particulière de musc qui arrive en Europe par la Baltique ; il paraît provenir de la Sibérie.

KABASSOU, *sm.* Espèce de *tatou* à cuirasse à douze bandes. V. *Tatou*.

KABBALE, *sf.* V. *Cabale*.

KABESKI, *sm.* Monnaie d'argent et petite monnaie de cuivre de Perse.

KABIN, *sm.* Mariage par lequel les mahométans épousent une femme pour un temps limité.

KACHO, *sm.* Poisson du Kamtschatka, espèce de squale qui fournit aux habitants de ce pays un mets fort estimé.

KADOCHE, *sm.* V. *Cadoche*.

KADRIS, *sm.* Religieux turc qui danse sans cesse en tournant.

KÆMPFÉRIE, *sf.* Genre de plantes de la famille des *amomées* à grandes feuilles, à fleurs blanches et rouges odorantes en épis ; ses espèces venant de l'Inde sont des plantes d'ornement.

KAGNÉ, *sf.* Pâte en forme de rubans que font les Italiens avec la plus belle farine du froment ; on en fait des potages.

KAHOUANNE, *sm.* V. *Caouane*.

KAÏD, *sm.* Fonctionnaire chargé dans l'ancien gouvernement d'Alger de l'administration civile d'une tribu.

KAÏNÇA, *sf.* Racine d'une plante du Brésil, composée de plusieurs tubercules allongés, à odeur de jalap, et dont l'écorce drastique, diurétique et quelquefois vomitive, est employée contre l'hydropisie.

KAÏR, *sm.* V. *Caire*.

KAKATOÈS, *sm.* Espèce de perroquet de l'Inde à queue courte dont la tête est pourvue d'une double huppe mobile ; son plumage est généralement blanc.

KAKERLAC, *sm.* Nom qu'on donne, aux colonies, aux diverses espèces de blatte qui habitent les maisons et les vaisseaux.

KAKONGO, *sm.* Poisson des rivières d'Afrique dont la chair est si estimée que ce mets est réservé aux princes.

KALAN, *sm.* Espèce de coquille dont les anciens tiraient la couleur pourpre.

KALANCHOÉ, *sf.* (pr. -*koé*.) Genre de plantes de la famille des crassulacées à fleurs jaunâtres en cime paniculées, dont plusieurs espèces, originaires des pays chauds, sont cultivées comme plantes d'ornement.

KALÉIDOSCOPE ou Caléidoscope, *sm.* Tube garni à l'intérieur de petits miroirs inclinés devant lesquels se trouvent des objets multicolores qui se déplacent quand on fait tourner l'instrument et produisent dans les miroirs des dessins réguliers et variés qu'on regarde par l'un des trous du tube.

KALENDER, *sm.* V. *Calender*.

KALENDES, *sfpl.* V. *Calendes*.

KALI, *sm.* Nom arabe de la potasse.

KALMIE, ou Kalmia, *sf.* Arbuste de la famille des éricacées, voisin des rhododendrons, et dont les espèces originaires de l'Amérique septentrionale sont cultivées pour leurs jolis corymbes de fleurs roses.

KALMOUCK, *sm.* Tissu velu de laine commune qu'on fabriquait autrefois à Abbeville, et qui se fabrique encore en moindre quantité.

KALPACK, *sm.* Bonnet à poil des Turcs; colback.

KAMACITE, *sf.* Corps métallique gris clair, renfermant du nickel, du fer, etc., et qu'on trouve dans les aérolithes.

KAMICHI, *sm.* Grand oiseau noir, semblable au dindon, qui habite dans les marécages du Brésil; il porte sur chaque aile deux puissants éperons et sur la tête une corne pointue.

KAMPTULICON, *sm.* Substance formée par du caoutchouc durci, du liége et de la bourre de coton; on en fait des parquets très-résistants qui amortissent le bruit des pas.

KAN ou KHAN, *sm.* Prince, commandant militaire chez les Tartares, les Persans, etc. | Lieu où les caravanes se reposent. | Marché public en Orient.

KANASTER, *sm.* V. *Canasse.*

KANDJAR ou KANJIAR, *sm.* Poignard à large lame en usage en Orient.

KANGOUROU ou KANGUROU, *sm.* Mammifère de l'ordre des marsupiaux, dont les espèces très-nombreuses habitent la Nouvelle-Hollande et sont particul. remarquables par leurs jambes de derrière, beaucoup plus longues que celles de devant, leur queue, grosse et robuste, et leur marche irrégulière ou plutôt leurs bonds; leur chair est estimée.

KANNE, *sf.* Mesure usuelle de détail pour les liquides en usage en Suède; elle contient environ 2 litres et demi.

KANTERKAAS, *sm.* Sorte de fromage fabriqué en Hollande.

KANTISME, *sm.* (*Philos.*) Doctrine philosophique proposée par Kant, qui reconnait des notions indépendantes de tout élément sensible, et établit la notion du devoir comme fond de la morale.

KAOLIN, *sm.* Variété d'argile composée d'alumine presque pure, provenant de la décomposition lente des roches feldspathiques, et dont on fait de la porcelaine en y ajoutant en général du *petunzé* pour le faire fondre; on rencontre cette substance en Chine, en Saxe et dans le Limousin.

KARABÉ, *sm.* Succin, ambre jaune. V. *Ambre.* | — de Sodome, bitume ou asphalte de Judée. | Faux —. V. *Copal.*

KARAT, *sm.* V. *Carat.*

KARATAS, *sm.* Plante vivace de l'Amérique du Sud, ressemblant un peu à l'aloës et portant comme lui des feuilles radicales, coriaces et charnues; on fait de l'amadou avec les fibres de son bois; son fruit, ressemblant à une prune, fournit un sirop agréable.

KAROUBA ou KAROUBE, *sf.* V. *Caroube*

KARY, *sm.* V. *Carive.*

KAS, *sm.* (pr. *Kass*). Châssis ou tambour de crin dans lequel les papetiers déposent la pâte humide du papier, et qui laisse écouler l'eau sale et la graisse. | Tambour des nègres; c'est un bloc de palmier creux couvert d'une planche.

KASARKA, *adj.* Se dit d'une espèce de canard, commune en été en Sibérie, et en hiver dans le centre de l'Asie: il a un vol léger et peu bruyant, et sa marche est moins disgracieuse que celle de ses congénères; sa voix rappelle le son du cor de chasse.

KASHNADAR, *sm.* V. *Khasnadar.*

KASTAN, *sm.* Turban turc.

KAT-CHÉRIF, *sm.* Ordonnance du sultan.

KATOUI, *sf.* Toile de coton de Surate.

KAUCHTEUSE, *adj. f.* (pr. *kôk-*). Se dit d'une mine ou d'une veine abondante en houille.

KAURIS, *sm.* V. *Cauri.*

KAVA, *sm.* Boisson enivrante qui est très-usitée dans toute l'Océanie; elle est extraite de la racine d'une espèce de poivrier.

KAWA ou KAWAS, *sm.* V. *Cawa.*

KAYAMERK, *sm.* Teinture de hachisch, obtenue en mélangeant ce produit avec cinq fois son poids d'alcool; elle a les mêmes propriétés que le hachisch.

KEEPSAKE, *sm.* (pr. *kip-sèck*) (*Angl.*) Album représentant généralement des portraits, des paysages. | En général, recueil de gravures fines et élégantes.

KÉLOÏDE ou CHÉLOÏDE, *sf.* Tumeur irrégulière, de forme ovale, qui a son siége sur la partie antérieure de la poitrine, quelquefois sur le cou ou la face; elle n'offre aucun danger, mais on n'a jamais réussi à l'extirper sans qu'elle reparaisse immédiatement.

KÉLOTOMIE, *sf.* (*Chir.*) Opération très-délicate qui ne se fait guère que pour les hernies étranglées et qui consiste à ouvrir le sac herniaire sans toucher à l'intestin, à élargir l'ouverture donnant passage à la hernie et à la faire rentrer.

KEMPFÉRIE, *sf.* V. *Kœmpférie.*

KENNEDIE, *sf.* Genre de plantes de la famille des *papilionacées*, dont on cultive de nombreuses espèces grimpantes, à fleurs généralement en grappes d'un beau rouge mêlé de jaune et quelquefois bleues.

KÉRATINE, *sf.* Substance organique qui se trouve dans la corne, les cheveux et les ongles.

KÉRATION, *sm.* (pr. *ti-on*). Ancien petit poids grec équivalant à environ 24 centigrammes.

KÉRATITE, *sf.* (*Méd.*) Inflammation de la cornée transparente.

KÉRATOCÈLE, *sm.* Hernie de la cornée transparente ; c'est une petite tumeur formée par la membrane de l'humeur aqueuse faisant saillie à travers une ulcération des lames de la cornée.

KÉRATOGÈNE, *adj.* Qui engendre la corne; se dit de l'appareil qui secrète la corne.

KÉRATOÏDE, *adj.* Qui a la forme d'une corne. | *sf.* Cornée.

KÉRATOLITHE, *sf.* Corne pétrifiée.

KÉRATOMALACIE, *sf.* (*Méd.*) Ramollissement de la cornée.

KÉRATONYXIS, *sf.* (*Chir.*) Procédé pour l'opération de la cataracte, qui consiste à introduire à travers la cornée un instrument qui broie le cristallin.

KÉRATOPHYTE, *sm.* Polypier dont la substance est transparente comme de la corne.

KÉRATOTOME, *sm.* (*Chir.*) Instrument pour couper la cornée transparente dans l'opération de la cataracte par extraction ; cette opération s'appelle la *Kératotomie.*

KERMASSON, *sm.* Étoffe de soie que l'on fabrique en Orient et en particulier à Alep.

KERMÈS, *sm.* — végétal, espèce de cochenille qui vit sur le chêne vert, et dont la femelle, de couleur noir violet avec une poussière blanche répandue sur le corps, fournit par expression une belle teinture écarlate, qu'on emploie pour colorer les liqueurs et les bonbons. | — minéral, sulfure rouge d'antimoine ou *poudre des Chartreux*, qu'on emploie à petites doses comme expectorant et purgatif, et, à haute dose, comme vomitif.

KERMESSE, *sf.* Foire annuelle qui se célèbre dans les Pays-Bas avec des processions et avec des mascarades, des danses et autres divertissements.

KERMÉTISÉ, E, *adj.* Qui contient du kermès minéral.

KERNE, *sm.* Soldat de l'ancienne infanterie irlandaise, dont l'arme était un javelot attaché à une courroie.

KÉROSOLÈNE, *sm.* Éther de pétrole; c'est un liquide incolore, très-volatil, très-léger, bouillant à 58°, qu'on obtient en distillant l'huile de pétrole dans des conditions particulières.

KÉSRA, *sm.* (*Litt.*) Dans la langue arabe, accent qu'on place au-dessous d'une consonne et qui ajoute à celle-ci le son de l'*i* ou de l'*é*.

KETCH, *sm.* Bâtiment anglais à poupe carrée, de 50 à 200 tonneaux, ayant un grand mât et un mât d'artimon, ses voiles sur des cornes et portant des mâts de hune.

KETMIE, *sf.* Genre de plantes de la famille des malvacées, dont un grand nombre d'espèces, originaires des pays chauds, sont cultivées pour la beauté de leurs fleurs, grandes, très-larges, pourpres ou roses, ressemblant assez à celles de la rose trémière.

KEUPER, *sm.* KEUPRIQUE, *adj.* (*Géol.*) Se dit des terrains qui comprennent les marnes irisées, dans la région triasique.

KEVEL, *sm.* Espèce d'antilope assez semblable à la gazelle, qui habite par troupes l'Afrique du Sud.

KHALIFE, *sm.* V. *Calife.*

KHAMSIN, *sm.* (pr. *kam-cinn.*) Vent très-chaud du sud-est qui souffle en Afrique, pendant cinquante jours environ, moitié avant, moitié après l'équinoxe de printemps.

KHAN, *sm.* V. *Kan.*

KHARADJ ou KHARATCH, *sm.* Tribut que les musulmans et particul. les Turcs prétendaient imposer autrefois à toutes les puissances qui n'étaient pas mahométanes, et qui n'est payé aujourd'hui que par les chrétiens résidant en Turquie et par les hospodars de Valachie et de Moldavie.

KHASNADAR, *sm.* Trésorier en Turquie.

KHODJA ou KODJA, *sm.* Secrétaire, écrivain, en Turquie et dans l'Afrique du Nord.

KIASTRE, *sm.* Bandage qui a la forme de la croix de Saint-André ou d'un X ; on s'en servait autrefois pour maintenir les fragments osseux dans la fracture de la rotule.

KIEGAN, *sm.* Étoffe du Japon.

KIF, *sm.* Espèce de chanvre dont les Arabes fument les feuilles comme du tabac ; elles procurent une ivresse momentanée et causent à la longue un abrutissement complet.

KIGELLAIRE, *sf.* Arbrisseau du Cap, de la famille des flacourtiacées, à feuilles persistantes et à fleurs petites et jaunâtres.

KILDIR, *sm.* Espèce de pluvier de Virginie très-criard, qui fait fuir tous les autres oiseaux par ses clameurs.

KILO. Cette particule mise devant les mots gramme, mètre, signifie une unité mille fois plus grande.

KILOGRAMMÈTRE, *sm.* Unité de mesure du travail d'un moteur ou d'une machine qui correspond au poids d'un kilogramme élevé à un mètre de hauteur.

KIN, *sm.* (pr. *Kinn.*) Unité de poids en Chine qui équivaut à environ 600 grammes.

KINA, *sm.* V. *Quinquina.*

KINÉSIE, *sf.* (*Philos.*) Faculté que possède l'âme d'imprimer le mouvement au corps. | On dit aussi *Cinésie.*

KING, *sm.* Chacun des livres sacrés des Chinois contenant la doctrine et la morale de Confucius.

KINGALIK, *sm.* Espèce de poule d'eau du Groënland remarquable par une protubérance dentelée qui croit sur son bec.

KININE, *sf.* V. *Quinine.*

KINKAJOU, *sm.* Espèce de coati d'Amérique à queue longue et prenante; il est de la taille de notre chat ordinaire et se nourrit de petits animaux et du miel des ruches qu'il détruit.

KINO, *sm.* Suc renfermant une matière astringente rouge qu'on emploie dans la teinture et, en médecine, contre la diarrhée, la dysenterie, etc.; on l'obtient par incision ou par décoction de l'écorce de divers arbres d'Afrique, d'Asie, d'Amérique et d'Océanie.

KIOLO, *sm.* Espèce de râle, qui vit solitaire dans les lieux humides.

KIOSQUE, *sm.* Pavillon dans le goût oriental, mais plus ordinairement rustique, que l'on construit dans les parcs, dans les jardins. | Bateau de plaisance turc.

KIOTOME, *sm.* (*Chir.*) Instrument dont on se sert pour couper les brides du rectum, de la vessie, etc., et qui sert aussi à faire la résection de la luette et des amygdales.

KIRSCH, *sm.* Eau-de-vie de grains auxquels ont été ajoutées des cerises sauvages à queue rougeâtre et à gros noyau, qui sont écrasées et mises en fermentation avec leurs noyaux; on la fabrique surtout dans le grand-duché de Bade. | On écrit aussi *Kirsch-wasser* et *Kirschen-wasser*.

KITOOL, *sm.* Matière fibreuse qu'on extrait d'un palmier de Malabar et du Bengale; on en fait des brosses et des tapis.

KIZLAR-AGA, *sm.* Chef des eunuques noirs d'un sérail.

KLAFTER, *sm.* Mesure de solidité en usage pour le bois de chauffage en Allemagne, contenant un peu plus de *trois stères*.

KLAPROTHITE, *sf.* (*Minér.*) V. *Lazulithe*.

KLAVAIS, *sm.* Filon qui coupe les lits de houille.

KLEPHTE, *sm.* V. *Clephte*.

KLOUKVA, *sm.* Boisson extraite des baies de l'airelle myrtille, qui est très-usitée en Russie.

KNAH, *sm.* Poudre de feuilles de henné V. *Henné*.

KNÉPIER, *sm.* Genre de plantes de la famille des sapindacées, originaire du Mexique; ses graines rôties ont la saveur des châtaignes.

KNEZ, *sm.* Titre de dignité slavonne qui correspond à peu près à celui de duc.

KNIPHOFIE, *sf.* Genre de plantes du Cap, de la famille des liliacées, à longues feuilles, à fleurs rouges ou jaunes en grappes.

KNOUT, *sm.* (pr. *Knoutt.*) Instrument de supplice usité en Russie, qui consiste en plusieurs lanières de bœuf fortement entrelacées et terminées par des crochets en fer; on frappe avec cet instrument le dos du patient étendu sur une planche.

KOALA, *sm.* Mammifère de l'ordre des marsupiaux, originaire de la Nouvelle-Hollande; il a les jambes courtes, le corps trapu et habite sur les arbres; sa femelle porte ses petits sur son dos.

KOBANG, *sm.* Monnaie d'or du Japon valant de 22 à 26 francs.

KODJA, *sm.* V. *Khodja*.

KŒLREUTERIE, *sf.* Arbrisseau de Chine, de 3 à 4 mètres, à tête touffue, à fleurs en panicules d'un beau jaune, tachées de rouge.

KŒMPFÉRIE, *sf.* V. *KÆMPFÉRIE.*

KOHL, *sm.* V. *Henné*.

KOL, *sm.* Grand filet que les Hollandais traînent à la remorque pour prendre des morues.

KOLA, *sf.* V. *Cola*.

KOLAO, *sm.* Conseiller de l'empereur de la Chine, choisi dans les trois premières classes des mandarins.

KOLO, *sm.* Grande diète polonaise.

KOLPODE, *sf.* ou *sm.* Animalcule infusoire de forme variable, qui jouit de la propriété de rester très-longtemps enroulé à l'état de mort apparente et de renaître ensuite à la vie.

KONIGSMARK, *sf.* Espèce d'épée allemande dont la lame est très-large vers la poignée.

KOPECK, *sm.* Monnaie russe valant 4 centimes; c'est la centième partie du rouble.

KOPSIE, *sf.* Arbrisseau de l'Inde à grandes fleurs roses en tubes qu'on cultive dans les serres.

KORAN, *sm.* V. *Coran*.

KORAQUES, *sfpl.* Grosse toile de coton de Surate.

KORÉITE, *sf.* Pierre onctueuse dite *pierre de lard*, avec laquelle les Chinois font leurs magots.

KORZEC, *sm.* Mesure de capacité employée en Pologne: elle équivaut à environ 130 litres.

KOT ou Kott, *sm.* Sorte de cabane à l'avant des petits bâtiments des mers du Nord.

KOUAGGA, *sm.* V. *Couagga*.

KOUAN, *sm.* Monnaie cochinchinoise équivalant à 600 dôngs et qu'on appelle aussi *ligature*. | V. *Chouan*.

KOUFIQUE, *adj.* V. *Cufique*.

KOUMISS, *sm.* Boisson fermentée que les Kalmouks tirent du lait de jument.

KOURELLON, *sm.* Variété de sésame à grains rougeâtres; elle produit de l'huile assez bonne, mais peu abondante.

KOUSSO, *sm.* Arbre très-élevé d'Abyssinie, dont les fleurs, qui, sèches, ressemblent un peu à des fleurs de tilleul brisées, sont réputées souveraines pour la destruction du ver solitaire et de tous les autres vers intestinaux.

KRABS ou KREBS, *sm.* Jeu d'origine anglaise qui se joue avec deux dés. | Points de deux, de trois, de onze et de douze que l'on amène au premier jet.

KRAJURU, *sm.* V. *Chica.*

KREMLIN, *sm.* En Russie, toute enceinte murée offrant un point de résistance.

KREUTZER, *sm.* Monnaie allemande et autrichienne qui vaut 3 centimes et demi environ.

KREYSIGIE, *sf.* Genre de plantes de la Nouvelle-Hollande, de la famille des colchicacées, à tiges violettes, à fleurs d'un lilas pâle qu'on cultive pour l'agrément.

KRISS, *sm.* Poignard à lame droite ou en zigzag dont se servent les Malais.

KROUFFE, *sm.* Roche qui traverse, coupe ou interrompt les lits de houille.

KRUOMÈTRE, *sm.* Instrument servant à faire connaître l'intensité de la gelée.

KSOUR, *smpl.* Les villages d'une oasis dans le désert de Sahara.

KUÉRELLE, *sf.* (pr. *ku-*). Grès schisteux qui accompagne la houille dans les mines.

KURBALOS, *sm.* Oiseau du Sénégal, de la taille du moineau; il vit sur le bord des rivières et se nourrit de poisson.

KWAS, *sm.* Boisson très-usitée en Russie on la prépare par la fermentation de la farine de seigle dans l'eau.

KYLLOSE ou KYLLOPODIE, *sf.* (*Chir.*) Nom générique des diverses difformités du pied vulgairement appelées *pieds-bots.*

KYMRY, *sm.* Idiome celtique que l'on parle encore en Basse-Bretagne.

KYRIOLOGIQUE, *adj.* (*Litt.*) Se dit d'une espèce d'écriture idéographique où l'on peint l'objet même et non un objet analogue.

KYSTE, *sm.* Membrane en forme de vessie qui renferme des humeurs sanguines ou séreuses, et qui se développe soit à l'intérieur, soit à l'extérieur des organes. | KYSTEUX, EUSE, *adj.* Rempli de—s. | KYSTIQUE, *adj.* Qui a rapport au —.

KYSTITOME, *sm.* V. *Cystitomie.*

KYSTOPTOSE *sf.* V. *Cystoptose.*

L

LABARRAQUE (LIQUEUR DE). V. *Hypochlorite.*

LABARUM, *sm.* (*Ant.*) Étendard de l'Empire Romain, depuis l'adoption du christianisme par les empereurs; c'était une croix surmontée du monogramme du Christ.

LABBE, *sm.* V. *Stercoraire.*

LABDACISME, *sm.* V. *Lambdacisme.*

LABDANUM, *sm.* V. *Ladanum.*

LABECH, *sm.* (pr. *labé*). Nom donné au vent de sud-ouest dans les ports de France sur la Méditerranée.

LABELLE, *sm.* (*Bot.*) Partie inférieure des corolles de certaines plantes, telles que les orchidées; elle représente ordinairement une cuvette allongée, tandis que la partie supérieure forme une sorte de casque.

LABÉON, *sm.* Genre de poissons malacoptérygiens à museau épais muni de deux barbillons, dont une espèce, très-commune dans le Nil, est estimée pour sa chair.

LABEUR, *sm.* (*Impr.*) Se dit des travaux faits pour le compte des libraires, et des ouvrages considérables tirés à grand nombre, par opposition aux *ouvrages de ville* comprenant les prospectus, circulaires, etc., qui se tirent à petit nombre ou exigent moins de travail.

LABIAL, E, *adj.* (*Anat.*) Des lèvres, qui appartient aux lèvres. | (*Litt.*) Lettre —, celle qui se prononce avec les lèvres; ce sont les consonnes *b, f, m, p, v.*

LABIÉ, E, *adj.* (*Zool.*) Qui a de grosses lèvres. | (*Bot.*) Se dit de la corolle des plantes *labiées.* (V. ce mot).

LABIÉES, *adj.* et *sfpl.* (*Bot.*) Désigne une famille très-nombreuse de plantes, dont la corolle, monopétale, est divisée en deux lobes semblables à deux lèvres, et dont le fruit est sessile et divisé en quatre compartiments distincts; telles sont les *menthes*, la *sauge*, la *mélisse*, etc.

LABILE, *adj.* (*Méd.*) Faible, caduc. | Mémoire —, celle qui est souvent en défaut.

LABLAD, *sm.* Sorte de dolic à grains noirs ou blancs, cultivé en Egypte.

LABRADOR, *sm.* LABRADORITE, *sf.* Minéral à reflets opalins et chatoyants, dont on fait des tables, des vases, etc. C'est une variété de feldspath.

LABRE, *sm.* (*Zool.*) Partie de la bouche des insectes, plate ou allongée, qui rappelle la lèvre supérieure des vertébrés. | Poisson de mer acanthoptérygien à couleurs très-variées, caractérisé par ses lèvres charnues et souvent extensibles; on l'appelle quelquefois *vieille;* sa chair est blanche et d'un goût agréable.

LABRUM, *sm.* (*Ant.*) Espèce de vasque ou de bassin de marbre, élevé au-dessus du sol, dont on se servait dans les bains et dans les temples.

LABYRINTHE, *sm.* (*Anat.*) Ensemble des cavités flexueuses situées entre le tympan et le conduit externe de l'oreille.

LABYRINTHIFORMES, *adj.* et *smpl.* (*Zool.*) Se dit d'une famille de poissons acanthoptérygiens dont les branchies sont accompagnées d'os divisés en petits feuillets découpés en cellules.

LAC-DYE, *sm.* V. *Lassue.*

LACERET, *sm.* V. *Lasseret.*

LACERNA ou Lacerne, *sm.* (*Ant.*) Sorte de manteau ou d'habit grossier que l'on portait à Rome en temps de pluie.

LACERTIEN, NE, Lacertiens, *adj.* et *smpl.* (*Zool.*) Se dit d'une famille de reptiles sauriens, tels que les lézards, dont la langue mince, extensible, est terminée par deux filets, et dont les pieds sont pourvus de cinq doigts armés d'ongles inégaux.

LACET, *sm.* Sorte de nœud coulant, qu'on emploie pour prendre les petits oiseaux ; il est en général fait de crin de cheval ou de fil de soie et de fil de fer. | Tresse de fil, de soie ou de coton, plate, plus ou moins large, qu'on emploie à divers usages.

LACHNOLÈME, *sm.* Poisson acanthoptérygien, voisin du labre par sa conformation, dont une espèce, qu'on trouve aux Antilles, est très-recherchée pour la délicatesse de sa chair.

LACINIÉ, E, *adj.* (*Bot.*) Se dit des feuilles découpées de manière à figurer d'autres feuilles étroites et longues ; telles sont les feuilles de l'artichaut.

LACIS, *sm.* (*Anat.*) Entrecroisement de vaisseaux ou de nerfs qui rayonnent d'un ou de plusieurs centres vers différents points du corps.

LACK, *sm.* ou lack de roupies. Monnaie de compte en usage dans l'Inde, qui équivaut à cent mille roupies ou 250,000 fr.

LAC-LACK, *sm.* V. *Laque.*

LACRYMA-CHRISTI, *sm.* Vin muscat très-recherché, que l'on récolte au pied du Vésuve ; il y en a de rouge et de blanc.

LACRYMAL, E, *adj.* (*Anat.*) Qui a rapport aux larmes ; s'applique aux divers organes ou appareils qui sécrètent les larmes, les conduisent et les versent au-devant du globe de l'œil.

LACRYMATOIRE, *adj.* (*Ant.*) Se dit des vases qu'on a trouvé dans les tombeaux anciens, parce qu'on croyait, à tort, que ces vases étaient destinés à recueillir les larmes des parents du défunt.

LACTAIRE, *sm.* Poisson acanthoptérygien argenté, à dos verdâtre, de 25 à 30 centimètres de long, qu'on pêche dans la mer des Indes ; sa chair, blanche comme le lait, est très-estimée.

LACTATE, *sm.* (*Chim.*) V. *Lactique.*

LACTATION, *sf.* Allaitement.

LACTÉE, *sf.* Qui a rapport au lait, qui est de la couleur du lait. | Diète —, régime dans lequel le lait est le principal aliment. | *adj.* Voie —e, nébulosité blanchâtre disposée en zone autour du ciel, qui semble formée par l'accumulation d'un nombre immense d'étoiles infiniment éloignées.

LACTESCENT, E, *adj.* (*Hist. nat.*) Qui ressemble à du lait, qui contient du lait. | Lactescence, *sf.* Etat, qualité de ce qui est —.

LACTIFÈRE, *adj.* Se dit des organes qui sécrètent et transportent le lait.

LACTIGÈNE, *adj.* Qui engendre le lait, qui facilite sa production.

LACTINE, *sf.* (*Chim.*) Sucre de lait, matière sucrée qu'on obtient en cristaux blancs, feuilletés, en évaporant le petit-lait par la chaleur ; elle se transforme en acide lactique au contact de l'air et en présence du *caséum.*

LACTIQUE, *adj.* (*Chim.*) Se dit d'un acide qui prend naissance dans le lait quand il s'aigrit, et dans un grand nombre de substances végétales par fermentation ; il forme, avec des bases, des *lactates* auxquels il communique ses propriétés excitantes du tube digestif ; tel est le lactate de fer, qui est en même temps un tonique estimé.

LACTOMÈTRE, *sm.* Appareil de la nature des aréomètres, donnant le degré de densité du lait et servant à indiquer dans quelles proportions il est mélangé d'eau ou de substances étrangères. | On dit aussi *galactomètre.*

LACTOSE, *sf.* V. *Lactine.*

LACTUCARIUM, *sm.* Suc de la laitue cultivée, qu'on obtient par incision et qu'on dessèche au soleil ; c'est un calmant estimé.

LACUNETTE, *sf.* V. *Cunette.*

LACUSTRE, *adj.* Lacustral, e, *adj.* (*Hist. nat.*) Qui croît, qui vit sur les lacs ou sur les bords des lacs. | (*Géol.*) Terrains —s, terrains qui ont été recouverts et abandonnés par les eaux douces et qui semblent être les lits d'anciens lacs.

LADANUM, *sm.* Gomme-résine noirâtre, d'odeur suave, qui découle de certaines espèces de cistes de Chypre et de l'Arabie ; c'est une substance tonique et astringente, aujourd'hui délaissée par les médecins, et qui n'a plus d'emploi que dans la parfumerie.

LADRE, *adj.* Se dit des porcs atteints de *ladrerie*, c.-à-d. dont la chair est parsemée de glandes blanchâtres qui résultent de la présence d'entozoaires ou d'hydatides. | Ancien synonyme de lépreux. | Lièvre —, lièvre mâle qui habite les marécages.

LADY, *sf.* (*Angl.*) Titre qu'on ne donnait d'abord en Angleterre qu'aux femmes des lords et des baronnets, mais qui s'applique aujourd'hui à la plupart des dames de la bonne société.

LAGÉNIFORME, *adj.* (*Hist. nat.*) En forme de bouteille.

LAGET, *sm.* Arbrisseau d'Amérique dont l'espèce principale est remarquable par son écorce, qui se détache en couches très-minces, blanches et percées à jour de dessins capricieux; on l'appelle pour ce motif *bois dentelle*

LAGOMYS, *sm.* Mammifère rongeur ressemblant à notre lièvre, mais ayant de très-petites oreilles et privé de queue; il habite des terriers en Sibérie.

LAGONI, *smpl.* Mares d'eau bouillante d'où s'exhalent des vapeurs d'hydrogène sulfuré, de bitume, etc.; on les rencontre en Toscane et on en extrait de l'acide borique.

LAGOPÈDE, *sm.* Espèce de gallinacé du genre tétras ou perdrix, remarquable par un bec comprimé, des ongles arqués et noirs, et une balafre sur les yeux, chez le mâle; il est fauve et noir en été, et blanc en hiver; on en trouve une espèce appelée *ptarmigan* dans les montagnes d'Europe.

LAGOPHTHALMIE, *sf.* Disposition vicieuse de la paupière supérieure, qui l'empêche de recouvrir le globe de l'œil, lequel reste ouvert pendant le sommeil.

LAGOSTOME, *sm.* (*Méd.*) Difformité des lèvres connue sous le nom vulgaire de *bec de lièvre.*

LAGOTHRIX, ou LAGOTRICHE, *sm.* Genre de singes d'un mètre de hauteur, à poil long et soyeux, qui habitent en troupes les forêts de l'Amérique du Sud.

LAGOTIS, *sm.* Genre de rongeurs, voisin du chinchilla par sa conformation, mais qui en diffère parce qu'il a quatre doigts à chaque pied; on le trouve dans l'Amérique du Sud.

LAGRE, *sm.* Plaque de verre qui occupe le fond du four d'étendage et sur laquelle on dépose les vitres à mesure qu'on les détache de la canne.

LAGUILLIÈRE, *sf.* Filet de pêche de deux cents brasses de long sur six de large; il est fait avec du fil de lin double; on l'emploie particul. aux environs de Marseille.

LAGUNE, *sf.* Petit lac, étendue d'eau entourée de terres marécageuses; on n'emploie guère ce mot qu'en parlant des *lagunes* de Venise.

LAI, E, *adj.* Laïque, séculier. | Frère, moine —, celui qui n'est pas destiné aux ordres sacrés

LAI, *sm.* Ancien petit poëme composé de plusieurs stances dans lesquelles les vers de différentes mesures étaient alternés et le plus souvent à deux rimes seulement.

LAÎCHE, *sf.* Carex, petite plante dont les espèces nombreuses ont des feuilles engainantes comme celles du roseau, des fleurs noirâtres en panicule penchée; elles sont communes dans les prairies humides; il y en a une espèce dont les feuilles blessent la langue des chevaux qui en mangent. | Ver de terre, rouge, qu'on emploie comme appât à la pêche à la ligne.

LAIE, *sf.* Femelle du sanglier. | Chemin étroit qui traverse une forêt. | Marteau bretelé du tailleur de pierres. | Trace que ce marteau laisse sur la pierre.

LAÏQUE, *adj.* et *s.* Se dit de tout homme ou de toute chose qui n'est point ecclésiastique ou qui n'appartient point à l'Église; on écrivait autrefois *laïc.*

LAIRD, *sm.* Titre honorifique des propriétaires de domaines en Écosse.

LAIS, *sm.* (pr. *lai*). Baliveau de l'âge des taillis qu'on laisse venir en futaie. | *smpl.* Atterrissements, alluvions, augmentation de terrain produite par la mer ou une rivière.

LAITANCE, LAITE, *sf.* Nom qu'on donne à deux grands sacs membraneux et glanduleux que portent les poissons mâles dans l'abdomen et dont le volume augmente dans le temps du frai; ils sont alors remplis d'une matière blanchâtre, opaque, laiteuse, que le mâle répand sur les œufs pour les féconder. | LAITÉ, E, *adj.* Qui a de la —.

LAITERON, *sm.* Plante laiteuse de la famille des composées, assez semblable à la laitue ordinaire; elle sert à la nourriture des lapins domestiques; on la trouve dans tous les terrains.

LAITIER, *sm.* Substance vitrifiée, rebut de la fonte, partie plus légère qui surnage sur la fonte dans le creuset, au moment où elle se forme, et qu'on rejette au dehors avec des crochets.

LAITON, *sm.* Alliage jaune de 2|3 ou 3|4 de cuivre rouge et de 1|3 ou 1|4 de calamine (minerai de zinc); on y ajoute un peu de plomb pour le rendre ductile.

LAIZE, *sf.* Largeur d'une étoffe entre les deux lisières.

LAK, ou LAK DE SOUFIÉS. *sm.* V. *Lack.*

LALLATION, *sf.* Défaut de prononciation qui consiste à doubler toutes les *l.*

LAMA, *sm.* Quadrupède mammifère ruminant, du genre du chameau, dont il se distingue surtout par l'absence de bosses et par sa taille, qui n'est guère plus élevée que celle d'un âne; il vit au Pérou en domesticité; son poil, ainsi que celui de diverses espèces voisines, sert à faire des étoffes. | On écrit quelquefois *llama*, qui est le nom espagnol.

LAMA, *sm.* Nom du grand-prêtre bouddhiste au Thibet, chez les Mongols et chez les Tartares idolâtres. | Grand-lama, chef suprême de la religion bouddhique. | LAMANESQUE, *adj.* Qui appartient au —.

LAMANEUR, *adj.* et *sm.* Pilote qui pratique le *lamanage*, c.-à-d. qui est attaché officiellement à un port pour conduire les bâtiments à l'entrée et à la sortie. | On dit aussi *locman.*

LAMANTIN, *sm.* Mammifère cétacé qui porte au lieu d'évents des narines ouvertes au bout du museau; il sort de l'eau et se tient à l'embouchure et sur les bords des grands fleuves de l'Amérique du Sud; on l'appelle vulgairement *vache marine.*

LAMBDACISME, *sm.* Prononciation vicieuse de la lettre *L* (en grec *lambda*), qui consiste à la répéter ou à la mouiller mal à propos, et même à l'employer au lieu de la lettre *R.* | On dit aussi *labdacisme.*

LAMBDOÏDE, *adj.* (*Anat.*) Qui a la forme de la lettre grecque appelée *lambda.* | Suture —, commissure du crâne, qui unit l'occiput aux deux os pariétaux.

LAMBEL, *sm.* (*Blas.*) Série de découpures que les puînés ajoutent à leurs armes; elles se placent au chef de l'écu, c.-à-d. à la partie supérieure.

LAMBICK, *sm.* Bière qui se fabrique à Bruxelles; elle est très-alcoolique.

LAMBIS, *sm.* Coquillage univalve en forme de cornet dont les marins de Terre-Neuve se servent comme de trompe.

LAMBOURDE, *sf.* Pièce de bois posée horizontalement pour soutenir un plancher. | Sorte de pierre calcaire pour les constructions, très-tendre et friable; elle est exploitée aux environs de Paris. | Petite branche longue et maigre, qui dans les arbres à pépins et à noyau naît vers le bas des branches de l'année précédente.

LAMBREQUIN, *sm.* (*Blas.*) Festons ou volets d'étoffe découpée qui descendent du casque et qui coupent et embrassent l'écu pour lui servir d'ornement. | Découpures d'étoffes ou de bois qui surmontent un pavillon, une tente, etc.

LAMBRIS, *smpl.* (*Archit.*) Revêtement de menuiserie, de marbre, de stuc sur les murailles d'une salle, d'une chambre. | Se dit plus particul. des plafonds et des enduits de plâtre dont on garnit les espaces libres ou les chevrons d'un toit.

LAMBRUCHE ou LAMBRUSQUE, *sf.* Vigne devenue sauvage qui croît dans les buissons et les bois; son fruit.

LAMELLE, *sf.* (*Hist. nat.*) Tout organe ayant l'apparence d'une petite lame, d'une sorte de feuillet. | LAMELLÉ, E, *adj.* Se dit des organes végétaux ou animaux qui présentent des —s. | LAMELLAIRE, LAMELLEUX, EUSE, *adj.* Dont la texture est formée de —s.

LAMELLICORNES, *smpl.* (*Zool.*) Se dit d'une famille de coléoptères dont les antennes sont terminées par une massue feuilletée s'ouvrant et se fermant à la volonté de l'animal, comme un livre; tel est le *hanneton.*

LAMELLIROSTRES, *smpl.* (*Zool.*) Se dit d'une famille d'oiseaux palmipèdes dont le bec est garni de part et d'autre d'une rangée de lames disposées comme des dents; tels sont l'oie et le canard.

LAMENTIN, *sm.* V. *Lamantin.*

LAMIE, *sf.* (*Ant.*) Être fabuleux qu'on représentait ordinairement avec une tête de femme et un corps de serpent, et dont les anciens faisaient peur aux petits enfants. | On a donné ce nom à un énorme poisson ressemblant à ce monstre. V. *Squale.*

LAMIER, *sm.* Plante labiée dont la plupart des espèces sont communes en France et portent des feuilles qui ressemblent à celles de l'ortie, ce qui a fait nommer vulg. une d'elles *ortie blanche.*

LAMINAGE, *sm.* Opération qui consiste à réduire un métal en lames ou en feuilles minces. | LAMINER, *va.* Opérer le —.

LAMINAIRE, *sf.* Genre d'algues marines dont le feuillage, en forme de longues bandes effilées, est de couleur rouge ou verdâtre et festonné sur les bords; elle renferme un principe sucré et une notable quantité d'iode.

LAMINOIR, *sm.* Appareil pour laminer; c'est en général une paire de cylindres lisses qui tournent l'un contre l'autre en sens inverse.

LAMPADAIRE, *sm.* (*Ant.*) Chez les Romains, officier qui portait un flambeau devant le souverain. | Lustre ou candélabre suspendu qui soutenait des lampes.

LAMPADATION, *sf.* Genre de supplice qu'on infligeait aux premiers martyrs et qui consistait à leur appliquer aux jarrets des lampes ardentes.

LAMPADOPHORE, *sm.* (*Ant.*) Le porte-flambeau dans les cérémonies antiques.

LAMPAS, *sm.* (*pr. -pass.*) Forte étoffe de soie à grands dessins dont la couleur, généralement vive, diffère de celle du fond; on l'emploie surtout pour l'ameublement. | Tumeur qui survient au palais du cheval et qui l'empêche de mâcher sa nourriture.

LAMPASSÉ, E, *adj.* (*Blas.*) Se dit des animaux dont la langue, sortant de la gueule, est d'un émail différent de celui du corps. | Pour les oiseaux, on dit *langué, e.*

LAMPOTTE, *sf.* Appât que les pêcheurs des côtes font avec des morceaux de chair de plusieurs espèces de mollusques.

LAMPOURDE, *sf.* Plante de la famille des composées, voisine du séneçon par sa conformation, dont une espèce, appelée vulg. *petite bardane,* était autrefois renommée à tort pour la guérison des écrouelles.

LAMPRILLON ou LAMPROYON, *sm.* Espèce de petite lamproie qui habite la vase des ruisseaux et dont la taille ne dépasse guère 15 centimètres; les pêcheurs l'emploient comme appât.

LAMPROIE, *sf.* Poisson de mer cartilagineux, de forme cylindrique et allongée, dont la bouche, formant ventouse, s'attache aux animaux dont elle suce le sang.

LAMPROYON, *sm.* V. *Lamprillon.*

LAMPSANE, *sf.* Genre de plantes de la famille des chicoracées, à fleurs jaunes en panicules; l'une de ses espèces, nommée vulg *herbe aux mamelles*, est réputée guérir les gerçures des seins.

LAMPYRE, *sm.* Insecte coléoptère à corps allongé, mou de même que les ailes, et dont la femelle est appelée *ver luisant*, parce qu'elle n'a pas d'ailes et que la partie postérieure de son corps est douée de la propriété de briller dans l'obscurité, comme un charbon ardent; le mâle jouit également de cette propriété, mais son éclat est beaucoup plus pâle.

LAN, LANC, LANS, *sm.* Mouvement qui écarte le vaisseau de sa route ou de son cap; il résulte d'un coup de vent violent produit à l'arrière.

LANCÉOLÉ, E, *adj.* (*Bot.*) Se dit des feuilles en forme de fer de lance.

LANCETTE, *sf.* Petit instrument tranchant composé d'une lame très-aiguë, tranchante sur ses deux bords, et d'une châsse, double lamelle d'écaille ou d'autre matière qui se rabat sur la lame pour la garantir; on s'en sert en chirurgie pour ouvrir les veines. | (*Archit.*) Vitrail ogival à forme très-allongée et très-étroite.

LANCHE, *sf.* Embarcation à deux mâts, l'un à l'avant, l'autre à l'arrière, portant chacun une voile carrée, qu'on emploie sur les côtes du Brésil.

LANCINANT, E, *adj.* Se dit des douleurs qui se produisent par lancinations ou élancements.

LANCIS, *sm.* (pr. -*ci.*) Réparation d'un mur par introduction de moellon et de maçonnerie dans les parties refouillées. | On dit aussi *relancis*.

LANÇON, *sm.* Petit poisson malacoptérygien dont le corps allongé est de couleur grise argentée; il se tient souvent dans le sable au bord de la mer, où les pêcheurs vont le chercher, quand la mer se retire, pour amorcer leurs hameçons.

LANDAMMANN, *sm.* Titre du premier magistrat dans quelques cantons de la Suisse. | LANDAMMANAT, *sm.* Charge du —, temps qu'elle dure.

LANDAU, *sm.* Voiture fermée à quatre places, qui peut s'ouvrir à volonté, mais dont les parties mobiles sont attenantes à la caisse.

LANDGRAVE, *sm.* Titre que portent quelques princes d'Allemagne. | LANDGRAVIAT, *sm.* Dignité du —; état soumis au —. | LANDGRAVINE, *sf.* Épouse du —.

LANDIER, *sm.* Ancien synonyme de chenet. | S'est dit aussi pour ajonc.

LANDIN, *sm.* Nom qu'on donne à l'ajonc dans certains pays du midi de la France.

LANDOLE, *sm.* V. *Dactyloptère*.

LANDSTURM, *sf.* V. *Landwehr*.

LANDWEHR, *sf.* (pr. *land-ver.*) En Prusse, nom que porte l'armée de réserve, composée de la totalité de la population qui se trouve entre deux limites d'âge; on la divise en plusieurs bans, suivant l'âge; quand elle comprend tous les citoyens en état de porter les armes, elle prend le nom de *landsturm*.

LANE, *sf.* Étendue d'un cours d'eau dans laquelle on laisse dériver les filets destinés à prendre les saumons et les aloses.

LANER, *va.* Tisser le poil des draps avec le chardon, afin de couvrir leur surface d'une couche laineuse qui cache la trame. | LANEUR, *sm.* Celui qui lane.

LANERET, *sm.* Oiseau de proie du genre faucon que l'on élevait à la chasse; c'était un oiseau de leurre; il se trouve aujourd'hui en Russie et en Pologne; on l'appelait aussi *lanier*.

LANET, *sm.* V. *Haveneau*.

LANGAR, *sm.* Bâtiment léger à trois mâts semblable à un petit brick qui était autrefois en usage dans la mer du Nord.

LANGON, *sm.* Harpon armé de pointes.

LANGOUSTE, *sf.* Genre de crustacés de la famille des macroures, voisin des homards; ils ont des antennes excessivement longues, hérissées de poils ou de piquants; leur chair est très-estimée; on les rencontre sur nos côtes.

LANGUÉE, *adj.* (*Blas.*) V. *Lampassé*.

LANGUEYER, *va.* Visiter la langue d'un porc pour voir s'il est sain ou ladre. | LANGUEYAGE, *sm.* Action de —.

LANGUIER, *sm.* Gorge et langue de porc fumées.

LANIAIRE, *adj.* et *sf.* Se dit quelquefois des dents canines, propres à déchirer.

LANICE, *adj.* Se dit de la bourre produite par le battage de la laine sur la claie ou le peignage des étoffes; elle ne sert qu'à la sellerie.

LANIER, *sm.* V. *Laneret*.

LANIFÈRE, *adj.* Qui porte de la laine ou des matières laineuses.

LANIGÈRE, *adj.* Qui porte de la laine, qui a le pelage laineux. | (*Zool.*) Se dit de certains insectes qui ont les élytres comme recouverts d'une couche de duvet laineux.

LANS, *sm.* V. *Lan*.

LANSAC, *sm.* Variété de poire qui mûrit en automne.

LANSON, *sm.* V. *Lançon*.

LANSQUENET, *sm.* Soldats allemands qui louaient leurs services, au moyen âge. | Jeu de cartes consistant à retourner alternativement une carte pour le banquier et une pour les pontes; le gain est pour le côté qui reçoit le premier une carte pareille à la première qui a été retournée.

LANTER, *va.* V. *Lanture.*

LANTERNE, *sf.* (*Archit.*) Tourelle peu élevée, ouverte et éclairée par plusieurs pans coupés et dominant un dôme. | (*Milit.*) Etui de bois ou de fer-blanc qui reçoit les gargousses, ou qu'on charge à mitraille et qu'on adapte au boulet.

LANTHANE, *sm.* Corps simple métallique très-difficile à isoler, et qui se trouve intimement uni au cérium dans la plupart de ses minerais.

LANTURE, *sf.* Ornements de chaudronnerie faits au marteau. | LANTER, *va.* Repousser le cuivre au marteau ou battre l'étain nouvellement posé sur le cuivre.

LANUGINEUX, SE, *adj.* (*Hist. nat.*) De la nature de la laine. | Couvert d'un duvet semblable à la laine.

LAPIDAIRE, *adj.* Qui a rapport à la pierre. | Style —, se dit des inscriptions gravées sur le marbre. | *sm.* Ouvrier qui taille les pierres précieuses; celui qui en fait commerce.

LAPIDATION, *sf.* Action de *lapider*, c.-à-d. de poursuivre à coups de pierre, usage répandu chez les anciens Juifs, qui l'appliquaient jusqu'à ce que mort s'ensuivît pour punir divers crimes.

LAPIDIFIER, *va.* Se dit pour pétrifier. | LAPIDIFIQUE, *adj.* Qui est propre à —.

LAPILLEUX, SE, *adj.* (pr. *-pil-leux*). Se dit d'un fruit qui renferme des sortes de concrétions dures comme des pierres.

LAPIS, *sm.* (pr. *-piss*) ou LAPIS-LAZULI. V. *Lazulite.*

LAQUE, *sf.* Résine rouge jaunâtre, qu'un insecte du genre de la cochenille fait sortir par ses piqûres de l'écorce de plusieurs espèces d'arbres de l'Inde et particul. de figuiers, et dans laquelle on le trouve enfermé; elle est sous forme de bâtons rectangulaires, qu'on appelle *lac-dye*, ou de petits pains ronds, ou enfin de grains appelés *lac-lack*; on fait aussi artificiellement des laques qui servent, comme la naturelle, à la fabrication des vernis. | *sm.* Vernis de laque; meuble couvert de ce vernis. | LAQUEUX, SE, *adj.* Qui est de la couleur de la —.

LARAIRE, *sm.* (*Ant.*) Sanctuaire domestique où l'on plaçait les dieux lares.

LARDACÉ, *adj.* (*Méd.*) Se dit des tissus qui ont éprouvé la dégénérescence cancéreuse et offrent l'aspect du lard.

LARDITE, *sf.* V. *Stéatite.*

LARES, *adj. pl.* (*Ant.*) Dieux —; c'étaient, chez les anciens, les dieux du foyer.

LARGE, *sm.* (*Mar.*) Syn. de la haute-mer, région d'où l'on ne voit plus les côtes.

LARGO, *adv.* (*Mus.*) (*Ital.*) Indique qu'un morceau doit être joué d'un mouvement très-lent. | LARGHETTO, *adv.* Indique un mouvement intermédiaire entre le — et l'*adagio*.

LARGUE, *adv.* (*Mar.*) Direction du navire dans sa route par rapport au vent, et particul. angle que forme le vent avec le grand axe du bâtiment. | *Adj.* Lâche, non attaché, en parlant d'un cordage. | LARGUER, *va.* Lâcher, laisser aller.

LARGUP, *sm.* V. *Cormoran.*

LARICIO, *sm.* V. *Mélèze.*

LARIGOT, *sm.* Ancienne flûte très-haute. | Jeu du —, le plus aigu des sons de l'orgue; il sonne la quinte au-dessus de la doublette.

LARIN, *sm.* Petit cordon d'argent plié en deux, portant une inscription, qui sert de monnaie dans quelques endroits de la Perse; il vaut environ un franc.

LARIX, *sm.* V. *Mélèze.*

LARMIER, *sm.* (*Archit.*) Partie saillante au haut d'un édifice, généralement destinée à le préserver de la pluie. | Partie la plus saillante d'une corniche. | (*Anat.*) Sac membraneux qui occupe le coin de l'œil et où se forment les larmes; il existe chez les cerfs, les gazelles, les chevreuils et quelques antilopes.

LARMILLE, *sf.* V. *Coïx.*

LARRE, *sm.* Petit insecte hyménoptère qu'on trouve souvent sur les fleurs de carotte et qui produit une piqûre quand on le touche.

LARRON, *sm.* Terme de librairie qui désigne les défectuosités produites dans un livre par des plis irréguliers du papier à l'impression ou à la brochure.

LARVE, *sf.* (*Zool.*) Etat d'un insecte à la sortie de l'œuf et avant ses métamorphoses; il se rapproche de la forme du *ver*; chez les papillons, la — porte le nom de *chenille*. | (*Ant.*) V. *Larves.*

LARVÉ, E, *adj.* (*Méd.*) Se dit en médecine pour latent, caché, déguisé. | Fièvre — e, fièvre qui n'est pas apparente; c'est une variété de fièvre intermittente.

LARVES, *sfpl.* (*Ant.*) Fantômes hideux, âmes des méchants qui, suivant les anciens, revenaient pour tourmenter les vivants.

LARYNGÉ, E, *adj.* Se dit des organes voisins du larynx ou qui en dépendent. | Phthisie — e, altération du larynx, accompagnée de consomption.

LARYNGITE, *sf.* (*Méd.*) Inflammation aiguë ou chronique du larynx. | — croupale. V. *Croup.*

LARYNGOTOMIE, *sf.* (*Chir.*) Opération qui consiste à inciser le larynx.

LARYNX, *sm.* Tube large et court qui est le principal instrument de la voix; il est composé de cartilages mobiles et se trouve au-devant du pharynx, à la partie antérieure et supérieure du cou, entre la base de la langue et de la trachée-artère.

LASAGNE, *sf.* V. *Lazagne.*

LASCAR, *sm.* Matelot de race indienne qui navigue sur les bâtiments européens.

LASER, *sm.* (*Ant.*) Résine aromatique que les anciens recevaient de l'Asie-Mineure et à laquelle ils attribuaient une foule de vertus surnaturelles.

LASQUETTE, *sf.* (*Comm.*) Peau qui provient d'une jeune hermine.

LASSERET, *sm.* Piton à vis. | Petite tarière à l'usage du menuisier. | Pièce qui arrête une espagnolette sur le battant d'une croisée.

LASSIER, *sm.* LASSINS, *smpl.* Filets à manche pour la pêche.

LASSIS, *sm.* Etoffe de bourre de soie. | Tissu lacé.

LASSO, *sm.* Longue lanière garnie de plomb à ses extrémités, et dont se servent quelques peuplades de l'Amérique méridionale, principalement à la chasse des bœufs sauvages.

LAST, *sm.* Poids marin usité en Suède, en Prusse et dans les villes hanséatiques ; il équivaut à environ deux de nos tonnes et varie de 1900 à 2500 kilogrammes. | Mesure de capacité danoise pour les matières sèches, de la contenance de 250 litres.

LASTING, *sm.* (pr. *taingg*). Tissu uni et ras, tout de laine peignée ; c'est à peu près le même tissu que l'ancienne calmande ; on en a fait, sans dessins, des vêtements, et, imprimé, on l'emploie pour l'ameublement.

LASTRICO, *sm.* Couverture de toit en ciment de chaux ou de pouzzolane.

LATANIER, *sm.* Genre de palmiers de Madagascar et de l'Océanie, remarquables par leur tronc lisse cylindrique portant un cône de 15 à 20 feuilles rayonnantes; ces feuilles, extrêmement larges, servent à de nombreux usages et notamment à la couverture des habitations.

LATENT, E, *adj.* Caché. | (*Phys.*) Chaleur — e. Quantité de chaleur que les corps absorbent ou dégagent au moment où ils changent d'état, sans que leur température subisse aucune variation apparente.

LATÉRAL, E, *adj.* (*Bot.*) Se dit des organes qui sont situés sur le côté d'autres organes ou à droite et à gauche d'un axe commun.

LATERE (A), *adv.* (pr. *-téré.*) (*Eccl.*) V. *Légat.*

LATÉRIGRADE, *sf.* (*Zool.*) Nom donné à certaines araignées dont les pieds sont inégaux, de sorte qu'elles marchent sur le côté; elles ne font pas de toile et se font une habitation dans les feuilles dont elles rapprochent les bords.

LATÉROL, *sm.* Taque de fonte qui relie la partie antérieure du creuset à l'orifice d'un fourneau a minerai.

LATEX, *sm.* (*Bot.*) Se dit de certains vaisseaux microscopiques qu'on appelle *laticifères*, qui se trouvent mêlés au tissu normal de quelques plantes et paraissent secréter ou transporter un suc propre, appelé aussi *latex.*

LATIAL, E, *adj.* (pr. *-cial.*) (*Litt.*) S'est dit pour *latin, e.*

LATICIFÈRES, *adj. m. pl.* (*Bot.*) V. *Latex.*

LATICLAVE, *sm.* (*Ant.*) Tunique bordée par devant d'une large bande de pourpre et garnie de nœuds ou boutons imitant des clous; c'était le vêtement des sénateurs et de la plupart des magistrats romains. | Primitivement ce nom ne s'appliquait qu'à la bande de pourpre.

LATIN, E, *adj.* | Race —e, race formée des descendants des Romains proprement dits; on comprend aujourd'hui sous cette dénomination les Français, les Espagnols, les Italiens et quelques autres peuples voisins de l'Italie. | Voile —e, voile faite en forme de triangle, de très-grande taille, dont se servent particulièrement les vaisseaux marchands sur la Méditerranée.

LATINISANT, E, *adj.* Désigne dans l'histoire ecclésiastique ceux qui pratiquent le culte de l'Église romaine ou latine.

LATITUDE, *sf.* Distance d'un lieu à l'équateur, comptée sur le méridien du lieu. | (*Astr.*) Distance d'un astre à l'écliptique, comptée sur l'arc de grand cercle qui passe par cet astre et par les pôles de l'écliptique.

LATOMIE, *sf.* (*Ant.*) Carrière où l'on renfermait des prisonniers.

LATREUTIQUE, *adj.* (*Théol.*) Se dit du sacrifice de la messe qu'on offre à Dieu, comme au souverain Être.

LATRIE, *sf.* (*Théol.*) Ce mot n'est usité que dans cette locution : culte de *latrie*, culte que l'on rend a Dieu seul.

LATRODECTE, *sm.* Genre d'araignées des pays chauds, à corps velu et à longues pattes, qui tendent leurs filets à terre entre les pierres et les sillons des champs; leur morsure est réputée dangereuse.

LAUDANUM, *sm.* Préparation, extrait d'opium généralement liquide. | — de Sydenham. Préparation d'opium mélangée de vin de Malaga, de safran, de cannelle et de girofle ; c'est un calmant narcotique très-souvent employé.

LAUDES, *sfpl.* La seconde partie de l'office divin, celle qui suit immédiatement matines.

LAURE, *sf.* Sorte de couvent formé de petites cellules qu'habitent les anachorètes en Russie, au mont Athos, en Syrie, etc.

LAURÉ, E. *adj.* Se dit de l'effigie des souverains quand leur tête est couronnée de lauriers.

LAURELLE, *sf.* Se dit quelquefois pour laurier rose.

LAURÉOLE, *sf.* V. *Daphné.*

LAURIER, *sm.* Genre d'arbres à feuilles persistantes, lancéolées dont le fruit est de couleur noirâtre; on le trouve spontané en Afrique et dans l'Asie-Mineure, et cultivé en Europe ; ses branches étaient autrefois l'emblème de la victoire; les sucs aromatiques qui imprégnent ses feuilles le font employer dans les sauces. | —amandier ou — cerise. Genre de cerisiers à feuilles très-luisantes, à fleurs blanches, à fruits violets ayant comme toute la plante un goût prononcé d'amande amère; il est originaire d'Asie et acclimaté en Europe. | — rose. Arbrisseau à fleurs roses, à feuilles lancéolées aiguës originaires d'Afrique et qu'on cultive pour l'ornement.

LAURINÉES, *sfpl.* (*Bot.*) Se dit d'une famille de plantes dont le type est le laurier proprement dit.

LAUROSE, *sm.* Genre de plantes dont le laurier rose est l'une des espèces.

LAVABO, *sm.* Partie de la messe où le prêtre se lave les doigts. | Linge avec lequel il s'essuie. | Petit meuble de toilette renfermant tous les ustensiles nécessaires pour se laver.

LAVANCHE, LAVANGE, *sf.* V. *Avalanche.*

LAVANDE, *sf.* Plante de la famille des labiées dont les fleurs très-resserrées sur une tige mince droite forment un épi terminal et sont douées d'une odeur pénétrante; on en cultive une espèce appelée *spic* pour la parfumerie.

LAVANDIÈRE, *sf.* Bateau plat pour la navigation fluviale, qui jauge de 170 à 350 tonneaux. | V. *Bergeronnette.*

LAVARET, *sm.* Poisson malacoptérygien, voisin, par sa conformation, de la truite et du saumon; on le trouve dans certains lacs de Suisse, où on le pêche pour sa chair, qui est très-estimée.

LAVE, *sf.* Matière fondue et enflammée composée principalement de trachyte ou de basalte accompagnés principalement de substances résineuses, bitumineuses et soufrées, que les volcans vomissent au moment de leurs éruptions et qui s'écoule en torrents; elle durcit considérablement en se refroidissant, et peut être sciée, polie et employée à divers usages.

LAVETON, *sm.* Grosse bourre qui reste dans le moulin où l'on foule les draps.

LAVIS, *sm.* (pr. *-vi*). Travail qui consiste à colorier un dessin avec de l'encre de Chine, ou toute autre couleur délayée à la gomme ou à l'eau, en produisant des teintes plates, c'est-à-dire sans fondre ensemble plusieurs nuances.

LAXATIF, VE, *adj.* et *sm.* (*Méd.*) Se dit des substances légèrement purgatives qui relâchent les tissus, qui agissent sur le tube intestinal sans produire d'irritation.

LAYE, *sf.* (pr. *lè*). Boîte de l'orgue où s'accumule le vent. | Marteau de tailleur de pierres à tranchant dentelé: trace de ce marteau sur la pierre. | Route dans une forêt.

LAYÉ, E, *adj.* Se dit des pierres travaillées à la laye.

LAYER, *va.* (pr. *lé-ié*). Tracer une route dans une forêt.

LAZAGNE, *sf.* Pâte d'Italie en forme de rubans ou de grands lacets plats à bords festonnés, qu'on fait de la même manière que le vermicelle ou le macaroni.

LAZARET, *sm.* Édifice où l'on fait résider pendant quelques jours les personnes arrivant dans certains ports des pays infectés d'une maladie contagieuse.

LAZO, *sm.* V. *Lasso.*

LAZULITE ou LAZOLITHE, *sf.* Pierre dure et opaque, d'une belle couleur bleu clair, parsemée quelquefois de veines pyriteuses semblables à de l'or; on la trouve en Perse et en Chine; on en fait des bijoux très-recherchés, et en la réduisant en poudre on en obtient un bleu pour la peinture appelé *outremer naturel*, abandonné aujourd'hui pour l'*outremer artificiel*; cette pierre s'appelle aussi *lapis* ou *lapis-lazuli.*

LÉ, *sm.* Chemin de halage ou bande de terrain de huit mètres de largeur au moins, qui règne le long d'une rivière. | V. *Laize.*

LÉBIE, *sf.* Petit insecte coléoptère dont les élytres sont tronquées à leur extrémité postérieure; une de ses espèces, commune en Europe, est d'un beau bleu à reflets dorés et a le corselet rouge.

LÉCANOMANCIE, *sf.* (*Sc. occ.*) Prétendue divination qui s'opérait au moyen de pierres précieuses.

LÉCANORE, *sf.* V. *Parelle.*

LECCE (huile de), *sf.* (pr. *lec-cé*). Huile d'olive impure qui renferme un peu d'essence de térébenthine. | Gomme de —, gomme qui s'écoule de l'écorce des oliviers, en Italie; on en faisait autrefois usage en médecine.

LÈCHE, *sf.* Tranche fort mince de viande ou de quelque autre comestible. | Ver. V. *Laiche.*

LÈCHEFRITE, *sf.* Vaisseau plat de terre ou de fer battu, oblong, terminé à une de ses extrémités par un bec qui sert à verser la graisse et le jus qu'il reçoit des pièces que l'on fait rôtir et dont on se sert pour arroser les pièces avec une cuillère.

LÈCHEGUANE, *sf.* (pr. *-goua-*). Guêpe du Brésil, dont le miel est, dit-on, vénéneux.

LECTICAIRE, *sm.* (*Ant.*) Esclave qui portait les litières, à Rome.

LECTIONNAIRE, *sm.* Livre qui contient les *leçons* ou chapitres de l'Écriture ou des Pères, qui se lisent à l'office.

LECTISTERNE, *sm.* (*Ant.*) Festin sacré que l'on offrait aux principaux dieux, et dans lequel leurs statues étaient placées sur des lits magnifiques, autour d'une table dressée dans le temple; cette cérémonie avait lieu, à Rome, dans les calamités publiques.

LÉCYTHIS, *sm.* Arbrisseau de l'Amérique du Sud, voisin du myrte par sa conformation; ses fruits, durs et volumineux, servent à faire des tasses et des vases.

LÉDON ou LEDUM, *sm.* Arbuste à odeur

pénétrante, qu'on trouve dans le Nord, et dont on emploie parfois les feuilles pour remplacer le houblon dans la fabrication de la bière. | Ciste qui donne le *ladanum*. (V. ce mot).

LÉGALISATION, *sf.* Formalité qui consiste à affirmer par écrit, à la suite d'une signature, l'authenticité de cette signature; cette formalité est remplie par un fonctionnaire civil ou judiciaire. | LÉGALISER, *va.* Apposer la —.

LÉGAT, *sm.* Cardinal préposé par le pape pour gouverner quelque province de l'État ecclésiastique. | — *à latere* (pr. *té-ré*). Cardinal envoyé par le pape avec des pouvoirs extraordinaires auprès d'un prince, à un concile, etc. | Dans l'ancienne Rome, c'étaient les lieutenants du consul ou de l'empereur et des proconsuls.

LÉGATAIRE, *s.* Celui, celle au profit duquel un legs testamentaire a été fait. | — universel, celui qui a reçu l'universalité des biens.

LÉGATION, *sf.* Province, division, dans les États de l'Église, qui est administrée par un légat. | Personnel d'une ambassade.

LÉGE, *adj.* Vaisseau qui n'a pas sa charge complète dont la carène n'entre pas assez dans l'eau et qui manque de stabilité.

LÉGENDE, *sf.* Récit de la vie des saints. | Légende dorée, nom que porte une compilation de vie des saints qui date du XIIIe siècle. | Tradition fabuleuse. | Inscription gravée autour d'une médaille ou d'une estampe. | Liste explicative des divers signes ou figures d'un dessin d'architecture, d'un plan, d'une estampe, etc.

LÉGILE, *sf.* Écharpe ou pièce d'étoffe bordée de franges d'or, qu'on pose sur le pupitre qui supporte l'épître ou l'évangile dans les messes solennelles.

LÉGION, *sf.* (*Ant.*) Corps principal de la milice romaine, qui était composé d'infanterie avec un dixième de cavalerie; il comptait environ 6000 hommes, divisés en cohortes et en centuries. | — étrangère, corps de troupes d'infanterie au service de la France, qui n'est composé que d'étrangers.

LÉGISLATURE, *sf.* Temps pendant lequel durent les pouvoirs d'une chambre législative, depuis son élection jusqu'à la fin de son mandat.

LEGS, *sm.* Disposition testamentaire par laquelle une personne donne à une autre ou à un établissement tout ou partie de ses biens.

LÉGUME, *sm.* (*Bot.*) Fruit composé de deux valves longitudinales réunies par un placenta qui porte les graines et se divise à la maturité; ce fruit caractérise la famille des légumineuses; ex. le *haricot*, le *pois*, etc.

LÉGUMINEUSES, *sfpl.* (*Bot.*) Famille des plantes dont les fleurs ont la forme dite *papilionacée*, et les fruits celle qui est appelée *légume* (V. ce mot); leurs feuilles sont en général disposées de part et d'autre d'un pétiole commun: tels sont l'*acacia*, le *pois*, le *trèfle*, etc.

LEHM, *sm.* (*Géol.*) Nom que portent les alluvions qui caractérisent certaines vallées des Alpes, et dans lesquelles dominent les limons argileux; c'est une terre friable, un peu crayeuse et très-cohérente.

LEICHE, *sf.* Espèce de squale qui habite la mer du Nord, et qui est aussi dangereuse que le requin.

LEIMONITE, *adj.* (*Zool.*) Désigne les animaux qui vivent dans les prés. | —s, *smpl.* Famille d'oiseaux comprenant les genres étourneau, stournelle et pique-bœuf.

LÉIOCÈRE, *sm.* Espèce d'antilope à cornes unies.

LÉIOCOME, *sm.* Amidon légèrement torréfié, qu'on emploie à la place de la gomme arabique pour épaissir les couleurs.

LÉMA, *sm.* Petit insecte coléoptère commun dans les jardins, dont la larve est remarquable par une sorte de fourreau qu'elle traîne après elle.

LEMME, *sm.* (*Math.*) Proposition que l'on démontre pour s'en servir dans la démonstration d'une autre plus importante. | LEMMATIQUE, *adj.* De la nature du —.

LEMMING, *sm.* (pr. *-mingg*). Genre de rongeurs, de la famille des rats, qui se trouve surtout près des bords de la mer glaciale; il émigre de temps en temps en troupes nombreuses qui marchent en ligne droite, traversent tous les obstacles en dévastant tout sur leur passage.

LEMNE, *sf.* Plante aquatique appelée aussi *lentille d'eau* et *canillée*; ses feuilles, qui flottent sur l'eau, ressemblent à des lentilles.

LEMNISCATE, *sf.* (*Math.*) Courbe qui a la forme d'un ruban contourné en 8, de sorte qu'une ligne droite peut la couper en quatre points.

LEMNISQUE, *sm.* Signe conventionnel dans les anciens manuscrits, qui indique les passages traduits incomplétement ou imparfaitement de l'Écriture sainte; il se figure ainsi ÷ ou ∸. | Le ruban auquel pendent les sceaux joints à un diplôme ou à une charte.

LÉMURES, *smpl.* V. *Larves*.

LÉMURIENS, *smpl.* (*Zool.*) Famille de quadrumanes ressemblant imparfaitement au singe, parmi lesquels se remarquent les genres *maki*, *galago*, *loris*, etc.

LÉNITIF, VE, *adj.* et *sm.* (*Méd.*) Qui sert à lénifier, c.-à-d. à calmer les douleurs, etc.; purgation lente.

LENTE, *sf.* Œuf de pou. | Insecte microscopique qui vit sur le ver à soie.

LENTER, *va*. V. *Lanture*.

LENTIBULAIRE, *sf*. Plante aquatique dont les racines sont parsemées de petites vessies qui la soutiennent sur l'eau.

LENTICULAIRE, *adj*. Qui a la forme d'une lentille. | Os —. (*Anat.*) L'un des quatre osselets de l'oreille.

LENTICULE, *sf*. V. *Lemne*.

LENTILLE D'EAU, *sf*. V. *Lemne*.

LENTISQUE, *sm*. Arbrisseau du genre pistachier, commun dans le midi de l'Europe et dans l'île de Chio, où il est cultivé pour la substance résineuse qui découle de son tronc; on l'emploie en médecine comme stimulant, tonique et antiseptique.

LÉONAISE ou LÉONÈSE, *sf*. Laine très-fine d'Espagne, de la province de Léon; elle est assez belle, mais généralement inférieure aux laines françaises, allemandes et australiennes.

LÉONIN, E, *adj*. Qui est propre au lion. | Se dit des transactions ou des actes dans lesquels une partie a tous les avantages au détriment des autres. | (*Litt.*) Se dit des vers latins dont les hémistiches riment ensemble.

LÉONTIASIS, *sm*. (pr. *ti-a-ziss.*) Eléphantiasis tuberculeux de la face, ainsi nommé de ce que la physionomie du malade paraît ressembler à celle du lion.

LÉONTODON, *sm*. Genre de plantes dont le type est la plante appelée vulg. *pissenlit*.

LÉONURE, *sm*. Genre de plantes auquel appartient l'espèce dite vulg. *queue de lion* ou *cardiaque*.

LÉOPARD, *sm*. Espèce sauvage du genre chat, qui a 1 mèt. à 1 m. 50 de longueur et 60 à 80 cent. de hauteur; son pelage est jaune tacheté de noir; on le trouve dans l'Inde et au Sénégal.

LÉOPARDÉ, *adj*. (*Blas.*) Se dit du lion dont la tête est de profil.

LÉPAS, *sm*. V. *Patelle*.

LÉPICÈNE, *sf*. (*Bot.*) Glume du calice chez les graminées.

LÉPIDOÏDE, *adj*. (*Hist. nat.*) En forme d'écaille.

LÉPIDOPE, *sm*. Poisson acanthoptérygien, dont le corps allongé et mince ressemble à un ruban; on le trouve dans les mers d'Europe; sa chair est estimée.

LÉPIDOPTÈRES, *adj*. et *smpl*. (*Zool.*) Se dit d'un ordre de la classe des insectes qui est remarquable par ses deux paires d'ailes membraneuses couvertes d'une poussière farineuse formées de petites écailles, et par une trompe roulée en spirale; on les appelle vulg. *papillons*.

LÉPIDOSARCOME, *sm*. (*Méd.*) Tumeur écailleuse dans la bouche.

LÉPIOTES, *smpl*. Famille d'agarics qui ne renferme que des espèces salubres.

LÉPISME, *sm*. Insecte aptère très-agile, de 9 à 10 millimètres, qui a trois paires de pieds, et dont le corps est lisse et argenté; on le trouve dans les boiseries, sous les pierres, etc.

LÉPISOSTÉE, *sf*. Grand poisson malacoptérygien d'Amérique, couvert d'écailles très-dures et muni de dents pointues; sa chair est estimée.

LÉPORIDE, *sm*. Hybride obtenu par le croisement du lièvre mâle avec le lapin femelle; c'est un animal de basse-cour que l'on élève pour sa chair, d'une grande délicatesse.

LÉPORIN, E, *adj*. Du lièvre, qui ressemble ou a rapport au lièvre.

LÈPRE, *sf*. Maladie cutanée, consistant en écailles pustuleuses bordées de rouge, qui se renouvellent au fur et à mesure qu'elles tombent. | LÉPROSERIE, *sf*. Hôpital pour les malades de la —.

LEPTE, *sm*. Petit acaride ovale à suçoir, qui vit dans les herbes en automne, grimpe le long des jambes, s'insinue sous la peau et occasionne des démangeaisons et de petites pustules; on s'en débarrasse en se lavant avec de l'eau vinaigrée.

LEPTIS, *sm*. Insecte diptère dont la larve se nourrit d'autres insectes dont elle suce le sang et qu'elle rejette ensuite au loin à l'aide de son abdomen, qui lui sert de ressort.

LEPTON, *sm*. La plus petite monnaie des Grecs. | Monnaie des Grecs modernes equivalant à neuf dixièmes de centime.

LEPTONIE, *sf*. Espèce d'agaric non comestible, croissant vers la fin de l'été.

LEPTOPHIDE, *sm*. Genre de serpents voisin des couleuvres, à robe verte, qu'on trouve dans les bois.

LETOPHONIE, *sf*. Faiblesse de la voix.

LEPTOSPERME, *sm*. Genre de la famille des myrtacées, composé d'arbustes aromatiques qui donnent une infusion d'une saveur très-agréable; on le trouve à la Nouvelle-Hollande.

LEPTURE, *sm*. Petit insecte coléoptère de 10 à 15 millim., dont la larve vit dans le bois pourri.

LEPTYNITE, *sf*. (*Minér.*) Roche de cristallisation dont la base est du feldspath grenu.

LÉPUSIENS, *smpl*. (*Zool.*) Tribu de mammifères de l'ordre des rongeurs, dont le caractère est d'avoir des dents molaires sans racines et deux petites incisives supplémentaires derrière les deux grandes incisives supérieures; tels sont le lièvre, le lapin, le lagomys, etc.

LERNÉE, *sm*. Genre de crustacés parasites qui s'accrochent aux yeux et aux branchies des poissons; leur bouche est pourvue de deux crochets.

LÉROT, *sm.* Espèce de loir, plus petit que le rat, gris en dessus, blanchâtre en dessous, avec une bande noire à l'œil; il ravage les vergers et les espaliers.

LÈSE-MAJESTÉ, *sm.* Attentat commis contre le souverain ou contre l'Etat; cette expression n'a plus cours aujourd'hui dans la législation.

LÉSION, *sf.* (*Méd.*) Toute perturbation apportée dans la texture des organes ou dans leurs fonctions. | (*Jurisp.*) Dommage que subit une des parties quand elle ne reçoit pas l'équivalent de ce qu'elle apporte.

LESQUE, *sf.* Filet à larges mailles, espèce de cibaudière.

LEST, *sm.* Ensemble de matériaux qui sont placés au fond de la cale d'un navire pour lui donner le poids nécessaire à le maintenir en équilibre dans l'eau. | Sur —. Se dit d'un navire qui prend la mer sans marchandises.

LETH, *sm.* Mesure de nombre pour les harengs, équivalant à dix mille.

LÉTHÉ, *sm.* Fleuve des enfers que les anciens croyaient doué de la vertu de faire oublier tout le passé à ceux qui buvaient de ses eaux.

LÉTHIFÈRE, *adj.* Qui cause la mort.

LETTRE, *sf.* — de cachet, autrefois ordre scellé du cachet royal, en vertu duquel une personne pouvait être arbitrairement envoyée en prison. | — de change, effet de commerce négociable par voie d'endossement, par lequel une personne d'un lieu mande à une autre d'un autre lieu, de payer une somme à l'ordre d'une tierce personne. | — de gage, titre de crédit émis par une société de crédit foncier, et qui, sans affecter une propriété particulière, est garanti sur l'ensemble des propriétés hypothéquées au profit de la société. | — de marque, autorisation donnée par l'Etat à des navires de s'armer en guerre et de faire la course. | — de voiture, pièce qui accompagne une expédition de marchandises et qui doit être remise au destinataire par l'entrepreneur de transport.

LETTRILLE, *sf.* Petit compliment en vers en forme de lettre, particulier à l'Espagne.

LETTRINE, *sf.* (*Impr.*) Petite lettre qu'on met au-dessus ou à côté d'un mot pour renvoyer le lecteur aux notes.

LETTRISÉ, E, *adj.* (*Litt.*) Se dit d'anciens vers dont tous les mots commençaient par une même lettre.

LEUCANTHÈME, *sf.* Genre de plantes ressemblant au chrysanthème ou à la marguerite, mais dont les fleurons du centre sont blancs.

LEUCÉ, *sf.* Nom que prend la lèpre quand elle a attaqué non-seulement l'épiderme, comme la lèpre appelée *alphos*, mais encore le derme, qui devient pustuleux et écailleux.

LEUCÉTHIOPIE, *sf.* Albinisme des nègres.

LEUCITE, *sf.* V. *Amphigène.*

LEUCOMA, ou LEUCOME, *sm.* Tache jaunâtre sur la cornée transparente de l'œil, produite par une cicatrice.

LEUCOPATHIE, *sf.* V. *Albinisme.*

LEUCOPHLEGMATIE, *sf.* (pr. -*cie*). Syn. d'*anasarque*, et, selon quelques-uns, d'*emphysème* ou d'*œdème.*

LEUCOSE, *sf.* (*Méd.*) Ensemble des maladies qui attaquent les vaisseaux lymphatiques.

LEUCOSTINE, *sf.* (*Minér.*) Variété de porphyre à petits points blancs.

LEUDES, *smpl.* (*Féod.*) C'étaient les grands vassaux qui avaient le droit de suivre le roi à la guerre. | Droit d'entrée sur les marchandises qu'on importait.

LEUGEON, *sm.* V. *Manet.*

LEURRE, *sm.* Morceau de cuir rouge imitant un oiseau au moyen duquel on rappelait les faucons.

LEVAIN, *sm.* Toute substance propre à faire lever le corps auquel on la mêle, c.-à-d. à y exciter une fermentation; particul. pâte aigrie dont se servent les boulangers pour faire lever la pâte nouvelle du pain.

LEVANTIN, INE, *adj.* Du levant ou de l'orient.

LÉVANTINE, *sf.* Etoffe de soie unie avec une côte en biais, dont on faisait autrefois beaucoup de robes.

LÉVANTIS, *smpl.* Soldats des galères turques.

LEVÉ, *sm.* Opération qui consiste à lever un plan, c.-à-d. à prendre les angles d'un terrain donné, à mesurer ses côtés, de façon à pouvoir rapporter le tout sur le papier à une échelle réduite.

LÈVE, *sf.* Espèce de cuiller qui sert à lever la boule, au jeu de mail. | Toute lame qui relève un maillet dans une usine.

LÈVE-NEZ, *sm.* (*Mar.*) Petits cordages qui servent à élever les cargues de la brigantine au point supérieur de la corne.

LÉVIGATION, *sf.* Opération qui consiste à délayer une poudre dans beaucoup d'eau, à décanter le liquide trouble après l'avoir laissé en repos quelque temps, et à recueillir le dépôt qui se forme en poudre impalpable au fond du second vase. | LÉVIGER, *va.* Soumettre à la —.

LÉVIRAT, *sm.* Chez les Israélites, celui qui épouse sa belle-sœur.

LÉVITE, *sm.* Chez les anciens Juifs, membre de la tribu de Lévi qui fournissait tous les ministres du culte. | *sf.* Ce mot, qui désignait autrefois un vêtement d'homme à pans très-longs, a été pris quelquefois comme syn. de *redingote.*

LÉVITIQUE, *sm.* Le troisième livre du Pentateuque de Moïse, qui traite des fonctions des lévites.

LEVRAUT, *sm.* Jeune lièvre. | LEVRETEAU, *sm.* Petit levraut.

LEVRETTÉ, E, *adj.* Se dit des chiens qui ont la taille mince, cambrée comme les levriers.

LEVRETTER, *va.* et *n.* Chasser le lièvre à courre, avec des levriers.

LEVRETTERIE, *sf.* Art de dresser les levriers. | LEVRETTEUR, *sm.* Celui qui dresse les levriers.

LEVRIER, *sm.* Espèce de chien au corps long et étroit, au museau pointu, dont la course est excessivement rapide, et qu'on emploie à la chasse du lièvre; la femelle s'appelle *levrette*; on donne aussi ce dernier nom aux levriers, mâles et femelles, de petite taille.

LEVRON, *sf.* Jeune levrier de moins de six mois. | LEVRONNE ou LEVRICHE, *sf.* Femelle du —; levrette.

LEVURE, *sf.* Substance extraite de la bière en fermentation et qui sert à accélérer la fermentation des liquides auxquels on la mêle; les boulangers l'emploient quelquefois à la place du levain.

LEXICOGRAPHIE, *sf.* Étude, traité de la composition des dictionnaires, science de tout ce qui concerne les dictionnaires.

LEXICOLOGIE, *sf.* Etude des mots pris séparément, abstraction faite des règles de la syntaxe.

LEXIQUE, *sm.* Dictionnaire spécial, qui ne renferme qu'une certaine classe de mots. | Particul. dictionnaire grec.

LÉZARD, *sm.* Genre de reptiles de l'ordre des sauriens, de petite taille, muni de quatre pattes et d'une queue assez longue; il vit dans les fentes des murailles et des rochers et ne se montre que pendant les chaleurs; on rencontre partout ses espèces, qui sont nombreuses.

LEZMA, LEZME ou LISME, *sm.* Tout impôt autre que celui qui s'applique aux céréales, en Algérie et dans l'Afrique du Nord. | Droit sur les palmiers et les jardins. | Droit sur la pêche du corail.

LHERZOLITE, *sf.* (*Minér.*) Roche d'origine éruptive qui se rapproche du péridot par sa composition.

LI, *sm.* V. *Cash.*

LIAIS, *sm.* Pierre calcaire dure, d'un grain très-fin et très-serré, qui est la plus belle pierre à bâtir des environs de Paris; on en fait des sculptures; on l'emploie aussi en dallages.

LIANE, *sf.* Dans les pays tropicaux, tous les végétaux sarmenteux dont les rameaux s'attachent aux arbres des forêts et grimpent le long des tiges; elles forment souvent un réseau inextricable.

LIARD, *sm.* Ancienne petite monnaie de cuivre qui valait le quart du sou ou trois deniers.

LIAS, *sm.* (*Géol.*) Terrain inférieur de l'époque jurassique, qui consiste généralement en calcaire argileux très-riche en coquilles, au-dessus de dépôts de sables ou de grès; on y trouve aussi des marnes et de la lumachelle.

LIBAGE, *sm.* Quartier de pierre calcaire grossièrement équarri, qu'on emploie dans les gros murs ou les fondations.

LIBANIE ou LIBANIS, *sf.* Plante de l'Europe méridionale à racine vivace, exhalant une odeur d'encens.

LIBATION, *sf.* (*Ant.*) Cérémonie qui consistait à répandre sur l'autel des divinités païennes le contenu d'une coupe que le sacrificateur avait déjà portée à ses lèvres.

LIBELLER, *va.* (*Jurisp.*) Rédiger, en parlant d'une pièce judiciaire.

LIBELLULE, *sf.* Insecte névroptère dont le corps très-allongé porte deux paires d'ailes gazées; il voltige constamment sur le bord des eaux et se pose sur les hautes herbes; on l'appelle vulg. *demoiselle.*

LIBER, *sm.* Couches corticales les plus récentes dans un arbre, qui sont situées immédiatement au-dessus de l'aubier.

LIBIDIBI, *sm.* Nom que l'on donne, au Brésil et à la Nouvelle-Grenade, aux gousses d'une plante légumineuse qui servent au tannage des peaux.

LIBITINAIRE, *sm.* (*Ant.*) Officier public qui présidait aux funérailles à Rome et avait la charge de fournir tout ce qui était nécessaire pour les convois funèbres.

LIBOURET, *sm.* Ligne à plusieurs hameçons dont on se sert pour pêcher les maquereaux.

LIBRAMENT, *sm.* (*Hist. nat.*) S'est dit quelquefois des organes qui remplissent les fonctions de *balancier.*

LIBRATION, *sf.* (*Astr.*) Balancement apparent de la lune autour de son axe, duquel il résulte qu'elle nous cache et nous découvre alternativement une certaine zone de sa surface.

LIBRETTO, *sm.* (*Ital.*) Petit livre. Se dit des paroles d'un opéra, tandis que la musique s'appelle la *partition*; on dit aussi *livret.* | Au pluriel, des *libretti.*

LIBURNE, *sf.* (*Ant.*) Bâtiment léger, en usage chez les Romains, qui avait au plus cinq rangs de rames.

LICE, *sf.* Champ clos dans lequel avaient lieu, au moyen âge, les tournois, les courses, etc. | Chienne de chasse. | V. *Lisse.*

LICENCE, *sf.* Permission d'exercer certaines industries, notamment les transports, la fabrication du sucre, la vente des boissons, etc. | (*Litt.*) Dérogation aux règles, surtout en poésie. | Grade qu'on obtient dans les facultés françaises, après avoir suivi les cours de ces facultés pendant un certain délai; il vient immédiatement après celui de bachelier et avant celui de docteur. | LICENCIÉ, *sm.* Celui qui a été reçu à l'examen de la —.

LICHE, *sf.* Poisson acanthoptérygien dont le corps est fusiforme; il se rapproche du thon par sa conformation; on en pêche plusieurs espèces dans la Méditerranée.

LICHEN, *sm.* (pr.-*kènn*). Végétal qui consiste en une expansion foliacée de couleur variable qui vit appliquée très-intimement sur les troncs d'arbres, sur les rochers, sur les murs, etc. | Maladie dans laquelle la peau prend l'aspect du —; espèce de dartre. | Pâte de —, sirop de —, pâte, sirop pectoraux faits avec la *lichénine*, amidon nutritif extrait du lichen d'Islande, qu'on administre aux personnes qui ont les voies respiratoires faibles. | LICHÉNACÉES, *sfpl.* (*Bot.*) Famille de végétaux ayant pour type le —.

LICITATION, *sf.* (*Jurispr.*) Vente aux enchères d'un bien appartenant à plusieurs cohéritiers ou plusieurs copropriétaires. | LICITER, *va.* Vendre par —.

LICNOPHORES, *smpl.* (*Ant.*) Les prêtres de Bacchus qui portaient le van sacré dans les cérémonies.

LICORNE, *sf.* Animal fabuleux que l'on représente à peu près comme un petit cheval avec une très-longue corne au milieu du front. | — de mer, nom vulgaire du narval, dont la mâchoire supérieure est terminée par une longue dent.

LICTEUR, *sm.* (*Ant.*) Officier public chez les Romains qui précédait les consuls dans les marches publiques; ils exécutaient aussi les condamnés.

LIE, *sf.* Dépôt épais que le vin laisse précipiter au fond des pièces qui le renferment; on en fait du vinaigre.

LIED, *sm.* Nom qu'on donne à certaines poésies bretonnes, d'un rhythme particulier, qui chantent l'amour et les exploits de quelque héros.

LIÉNITE, *sf.* (*Méd.*) Inflammation de la rate.

LIENTERIE, *sf.* (pr. *lian-*) (*Méd.*) Entérite chronique produisant des déjections alvines liquides, fréquentes et mal digérées.

LIERNE, *sf.* Pièces de bois de 15 à 20 centimètres d'équarrissage, qui servent à relier entre elles les solives qui ont une grande portée; elles s'appliquent sur celles-ci comme des nervures.

LIERRE, *sm.* Arbrisseau grimpant qui s'attache aux murs et aux arbres par le moyen de vrilles en forme de racines qui naissent de place en place sur la tige; ses fleurs, disposées en bouquets ronds, sont verdâtres et produisent de petites baies violettes. | — terrestre. Plante labiée, traînante sur le sol, dans les bois, à petites fleurs roses et à feuilles arrondies exhalant une odeur très-forte; on la recommande dans les catarrhes pulmonaires.

LIESPFUND, *sm.* Poids de Lubeck. V. *Lispund.*

LIEU, *sm.* Espèce de merlan appelé aussi merlan jaune, qui vit en troupes dans l'Océan; sa chair, salée et séchée, est très-estimée.

LIEUE, *sf.* Ancienne mesure itinéraire française, qui est représentée par 4,444 mètres; la — de poste n'est que de 3,898 mètres. | En Espagne et en Portugal, mesure itinéraire équivalant à 4,230 mètres environ.

LIEUTENANT, *sm.* Dans l'armée de terre, officier qui vient immédiatement après le capitaine. | — colonel. Officier supérieur qui est l'intermédiaire entre le colonel et le chef de bataillon ou d'escadron. | Dans la marine, officier qui vient après le capitaine de corvette; ce grade correspond à celui de capitaine dans l'armée.

LIÈVE, *sf.* Autrefois extrait sur lequel le receveur des droits féodaux percevait ces revenus.

LIGAMENT, *sm.* (*Anat.*) Faisceau fibreux, d'un tissu blanc argenté très-serré, qui adhère à un os ou à un cartilage et sert ainsi de moyen d'union des articulations ou des parties osseuses.

LIGATURE, *sf.* (*Chir.*) Nœud au moyen duquel on serre ou on comprime fortement une partie. | (*Litt.*) Groupe de lettres liées ensemble. | V. *Kouan.*

LIGE, *adj.* (*Féod.*) Se disait des vassaux dont les fiefs les liaient d'une obligation entière, absolue, sans contrôle, envers leurs seigneurs; leurs fiefs se nommaient des *fiefs-liges*, et l'hommage qu'ils devaient était dit *hommage-lige.*

LIGNAGE, *sm.* Race, origine, parenté, en parlant des ancêtres d'une personne noble. | Vin rouge de basse qualité, assez clair, qu'on mêle au vin épais pour *l'éclaircir.*

LIGNAGER, *adj. m.* (*Jurispr.*) Se disait autrefois de celui qui était du même *lignage*, de la même race. | Retrait —. Acte par lequel tout parent d'une personne décédée pouvait retirer des mains de l'acquéreur, dans un certain délai et en le remboursant, les biens que celui-ci avait achetés de la succession.

LIGNE, *sf.* Ancienne mesure de longueur équivalant à 0 m. 002256; c'était le 12e du pouce ou le 144e du pied. | (*Milit.*) Troupe d'infanterie ou de cavalerie qui forment la ligne de bataille par opposition à celles qui sont disposées en corps détachés et qu'on appelle *légères.*

LIGNEUL, *sm.* Fil enduit de poix, dont se *servent les cordonniers, les brossiers, etc.*

LIGNEUX, SE, *adj.* De la nature ou de la consistance du bois; se dit particul., en botanique, des plantes dont les tiges et les branches forment un bois solide et qui vivent plus de deux années.

LIGNICOLE, *adj.* Qui habite dans le bois.

LIGNIFÈRE, *adj.* Qui ne produit que du bois.

LIGNIFIER (SE) *vpr.* Se convertir en bois.

LIGNITE, *sm.* Sorte de charbon de terre d'un aspect plus ligneux que la houille, et inférieur en qualité à celle-ci ; il se trouve dans des terrains plus récents que ceux de la houille.

LIGNIVORES, *smpl.* (*Zool.*) Se dit de tous les insectes qui attaquent le bois ; on les nomme aussi *Xylophages.*

LIGULÉ, E, *adj.* (*Hist. nat.*) Allongé, grêle ; long et aminci. | (*Bot.*) Muni de ligules.

LIGULE, *sf.* (*Ant.*) Mesure romaine pour les grains et les liquides, qui valait environ un centilitre. | (*Hist. nat.*) Se dit de divers petits appendices allongés. | (*Bot.*) Demi-fleuron dans les fleurs composées, tel que celui qui forme la circonférence des chrysanthèmes. | —s, *smpl.* Douves longues et étroites.

LIGURITE, *sm.* (*Minér.*) Espèce de roche de la nature du talc, que l'on a trouvée en Ligurie.

LILAS, *sm.* Arbrisseau à feuilles opposées en forme de fer de lance, portant au printemps de belles grappes de fleurs à corolle tubulée à quatre lobes, de couleur violet, pourpre, etc.

LILIACÉES, *sfpl.* (*Bot.*) Famille de plantes à tige monocotylédone, à racine bulbeuse, en oignon, dont le lys est le type.

LILIUM, *sm.* Dans l'ancienne médecine, on donnait ce nom à un composé d'alcool et de potasse qu'on employait comme cordial.

LIMACE, *sf.* Mollusque gastéropode à corps ovale, allongé, portant deux paires de tentacules sur la tête, et répandant sur son passage une humeur visqueuse ; il se plaît dans les lieux humides. | Inflammation ulcéreuse de la peau des onglons du pied chez le bœuf et la vache de travail.

LIMAÇIEN, *adj. m.* Nerf —, nerf acoustique placé dans le limaçon de l'oreille.

LIMAÇON, *sm.* Mollusque semblable à la limace et qui s'en distingue parce qu'il porte un coquillage à spirale d'où il sort à volonté. | (*Anat.*) Partie du labyrinthe de l'oreille qui est enroulée en spirale comme la coquille d'un limaçon. | (*Archit.*) Escalier qui tourne autour d'un noyau spiral. | Roue à dents inégales servant à déterminer le nombre de coups qui doit sonner une pendule.

LIMAIRE, *sm.* Petit thon.

LIMAN, *sm.* Lac marécageux ou lagunes de la mer Noire.

LIMANDE, *sf.* Poisson pleuronecte, plat et mince, à écailles rudes, qui a la forme de la sole, et dont la chair est estimée ; on le mange surtout frit. | Bande de toile goudronnée, qui enveloppe les cordages. | Pièce de bois plate et étroite. | Règle plate.

LIMBE, *sm.* Dans les sciences, ce mot est syn. de bord extérieur. | — d'un rapporteur, d'un quart de cercle, arc gradué qui termine ces instruments. | (*Bot.*) Bord supérieur d'une corolle, d'une feuille, quand il est différent du centre. | Auréole brillante qui entoure la tête des saints dans les tableaux.

LIMBES, *smpl.* D'après le dogme catholique, lieu où vont les âmes des enfants morts sans baptême, et où étaient, avant la venue du Christ, les âmes de ceux qui étaient morts dans la grâce de Dieu.

LIME, *sf.* Mollusque à coquille bivalve, voisin de l'huître par sa conformation ; on en trouve surtout à l'état fossile. | Fruit du limettier.

LIME-BOIS, *sm.* Petit coléoptère dont la larve allongée vit dans le bois et le perce en tous sens.

LIMESTRE, *sf.* Ancienne étoffe grossière de laine, sorte de serge.

LIMETTIER, *sm.* Espèce de citronnier à petites fleurs blanches. | LIMETTE ou LIME, *sf.* Fruit du — ; on l'appelle aussi *Bergamote.*

LIMICULE, *sf.* V. *Chevalier.*

LIMIER, *sm.* Gros chien de chasse pour guetter le cerf et le faire déloger de son réduit.

LIMINAIRE, *adj.* Se disait autrefois pour préliminaire, en parlant d'une épître, d'un discours, etc. | Feuille —, la première d'un livre.

LIMNÉE, *sf.* Mollusque gastéropode, à coquillage univalve, hélicoïde, en forme de trompe, qui vit dans les eaux douces en été et s'enfonce dans la vase en hiver ; il ressemble au limaçon.

LIMOINE, *sf.* Plante vulgairement appelée *poirée sauvage*, qu'on emploie contre les écoulements sanguins.

LIMON, *sm.* Dépôt vaseux de matières terreuses et organiques entraînées par un cours d'eau. | Pièce de bois ou de pierre taillée en biais, qui supporte les marches et la balustrade d'un escalier. | Echelon de corde d'un navire. | Fruit du *limonier*, qui est moins acide que le citron et très-rafraîchissant. | Brancards adaptés au devant d'une voiture ; le cheval que l'on y met est dit le *limonier.*

LIMONELLIER, *sm.* Arbuste des Indes, voisin de l'oranger, à fleurs blanches et odorantes, dont les fruits, rouges, de la dimension des cerises, servent à préparer des confitures et des boissons rafraîchissantes. | LIMONELLE, *sf.* Fruit du —.

LIMONIER, *sm.* Arbre du midi de l'Europe et des régions tropicales, qui appartient à l'espèce du citronnier ; ses fleurs sont pourpres à l'intérieur et ses branches sont épineuses.

LIMONITE, *sf.* Sorte de minerai de fer,

de couleur jaunâtre, qu'on rencontre dans les limons d'alluvion et dans les terrains tertiaires; on l'exploite pour l'extraction du fer en beaucoup d'endroits.

LIMOSELLE, *sf.* Plante aquatique de la famille des primulacées; qu'on trouve dans les lieux qui ont été inondés en hiver.

LIMULE, *sm.* Grand crustacé qui habite les mers des pays chauds; il est armé d'un aiguillon dont la piqûre est dangereuse; on mange ses œufs en Chine.

LINACÉES, LINÉES, *sfpl.* (*Bot.*) Famille de plantes dont le type est le lin.

LINAIGRETTE, *sf.* Genre de plantes de la famille des cypéracées, qu'on trouve dans les endroits marécageux; ses graines sont entourées d'aigrettes soyeuses dont on fait quelquefois des tissus dans les pays du Nord.

LINAIRE, *sf.* Genre de plantes de la famille des scrofulariées, dont une espèce, la — vulgaire ou muflier, a des feuilles pareilles à celles du lin, des fleurs jaunâtres en mufle avec long éperon, disposées en grappes, et croît dans les lieux secs; elle est anodine et résolutive; on l'a recommandée contre les hémorroïdes.

LINÇOIR, *sm.* (*Arch.*) Dans un plancher, pièce de bois parallèle au mur, s'appuyant par ses deux bouts sur deux solives et soutenant plusieurs pièces transversales. | Dans une charpente, pièce qui porte le pied des chevrons lorsqu'ils sont coupés pour le passage des lucarnes ou des cheminées.

LINDOR, *sm.* Jeu de cartes dans lequel le sept de carreau, carte principale, est appelé *Lindor.* | On l'appelle aussi *Nain jaune.*

LINÉAIRE, *adj.* Qui se rapporte aux lignes. | Dessin —, celui qui reproduit les traits des objets sans ombres fondues, et particul. celui qui se fait au moyen de compas, règles, tire-lignes, et représente les objets sous leur aspect géométrique. | Série —, série non interrompue. | (*Bot.*) Se dit des feuilles allongées et étroites, dont les côtes sont parallèles.

LINGARD, *sm.* Fil que les tisserands emploient pour renouer les bouts qui se cassent.

LINGUAL, E, *adj.* (pr. *-goual*). Qui appartient à la langue. | (*Anat.*) Artère —, muscle —, nerf —, os —; se dit de l'artère qui se trouve à la base de la langue, du muscle qui traverse cet organe, de l'un des nerfs maxillaires qui l'avoisinent et de l'os hyoïde. | Se dit aussi des consonnes formées par des mouvements de la langue : D, L, N, R, T. Dans ce dernier sens, on dit substantivement une *linguale.*

LINGUE, *sf.* Espèce de morue de un mètre à un mètre et demi de long, qu'on pêche dans les mêmes parages que la morue; on l'appelle aussi *morue longue.*

LINGUET, *sm.* (*Mar.*) Languette qui empêche un cabestan, un treuil ou toute autre machine de tourner sur son axe dans un sens, en lui permettant de se mouvoir dans le sens opposé.

LINGUISTIQUE, *sf* et *adj.* Se dit de l'étude comparée des langues et des idiomes.

LINGULE, *sf.* Mollusque acéphale bivalve qui a la forme d'une langue, et qui vit, enfoncé dans le sable, dans les mers tropicales; sa chair est recherchée.

LINIMENT, *sm.* Tout médicament qu'on emploie en frictions, pour en obtenir divers effets, suivant les substances qui le composent.

LINITION, *sf.* Action d'oindre, d'enduire.

LINNÉE, *sf.* Petite plante rampante à tiges filiformes, à feuilles toujours vertes portant des fleurs blanches et odorantes qui ressemblent à celles du chèvrefeuille; on la trouve dans les pays froids et sur les hautes montagnes; en Suède, elle est estimée contre les douleurs rhumatismales.

LINOMPLE ou LINOMPHE, *sm.* (*Ant.*) Léger voile tissu de lin extrêmement fin.

LINON, *sm.* Toile de lin très-claire, voisine de la batiste, mais très-apprêtée; elle est en unie ou de couleur, et on en fait des robes d'été.

LINOSTOME, *sm.* Pièce carrée d'étoffe de lin qui se place sur le calice et dont le prêtre se sert pour l'essuyer à la fin de la messe.

LINOTTE, *sf.* Petit oiseau granivore dont le plumage est varié de couleurs et dont le chant est agréable; elle se rapproche beaucoup du chardonneret par sa conformation, mais s'en distingue par sa tête très-petite, par son bec noir ou jaune, et par son plumage où le rouge domine. | LINOT, *sm.* Petit de la —.

LINSOIR, *sm.* V. *Linçoir.*

LINTÉAIRE, *adj.* Qui ressemble à un tissu de gaze.

LINTEAU, *sm.* Pièce transversale au-dessus de la baie d'une porte et d'une fenêtre; elle pose sur les piédroits et supporte la maçonnerie qui est au-dessus de la porte ou de la fenêtre.

LINYPHIE, *sf.* Espèce d'araignée des buissons et des murs qui construit une toile horizontale à tissu serré; on la trouve aux environs de Paris.

LION, *sm.* Espèce du genre chat, qui est le plus fort et le plus courageux des animaux de proie, ainsi que le plus célèbre; sa couleur fauve uniforme, sa crinière et le bouquet de poils qui termine sa queue le distinguent de toutes les autres espèces du même genre; on ne le trouve qu'en Afrique. | Sa femelle s'appelle *lionne* et ses petits *lionceaux.*

LIONNÉ, E, *adj. m.* (*Blas.*) Se dit du léopard quand il rampe.

LIOUBE, *sf.* Entaille angulaire qu'on fait dans toute l'épaisseur d'une pièce de bois pour recevoir l'extrémité d'une seconde pièce, qui doit être liée avec elle.

LIPARIE, *sf.* Arbuste de la famille des légumineuses, à feuilles lancéolées d'un beau vert, à fleurs jaune-orange, qu'on trouve au *cap de Bonne-Espérance*.

LIPAROCÈLE, *sm.* (*Méd.*) Hernie résultant d'une tumeur graisseuse.

LIPAROÏDE, LIPAROLÉ, E, LIPAROTIQUE, *adj.* Se dit des compositions pharmaceutiques adipeuses, c'est-à-dire dans lesquelles il entre de la graisse ou de l'huile; on les appelle plus communément *pommades*.

LIPAROSQUIRRHE, *sm.* (*Méd.*) Induration ou tumeur formée par de la graisse.

LIPOGRAMMATIQUE, *adj.* (*Litt.*) S'est dit d'ouvrages bizarres dans lesquels l'auteur affectait de ne jamais employer certaines lettres de l'alphabet. | LIPOGRAMMATISTE, *sm.* Ecrivain —. | LIPOGRAMMATIE, *sf.* Ecriture —.

LIPÔME, *sm.* (*Méd.*) Tumeur formée par un amas de graisse dans un kyste produit par le tissu cellulaire.

LIPOTHYMIE, *sf.* (*Méd.*) Suspension presque complète de toutes les fonctions, avec persistance de la circulation et de la respiration, ce qui la distingue de la syncope, pendant laquelle ces deux dernières fonctions sont suspendues.

LIPPE, *sf.* Vieux synonyme de lèvre; se dit pour grosse lèvre d'en bas. | LIPPU, E, *adj.* Qui a une grosse lèvre, qui ressemble à une —.

LIPPITUDE, *sf.* Sécrétion excessive et morbide de la châssie ; c'est un symptôme de la blépharite.

LIPYRIE, *sf.* (*Méd.*) Fièvre dans laquelle le malade éprouve une grande chaleur à l'intérieur et un froid très-vif aux extrémités.

LIQUATION, *sf.* (*pr. -koua-*). Opération qui consiste à séparer deux métaux par une chaleur suffisante pour faire fondre l'un et insuffisante pour faire fondre l'autre; elle s'applique surtout à la séparation du plomb d'avec l'argent.

LIQUÉFACTION, *sf.* Transformation d'une matière solide ou d'un gaz en liquide qui se produit soit spontanément, soit par l'application artificielle de la chaleur ou de l'humidité.

LIQUET (poire de), *sf.* Poire fort petite, appelée aussi Poire de la Vallée.

LIQUIDAMBAR, *sm.* Sorte de baume liquide, jaune doré et transparent, découlant d'incisions faites à l'écorce d'un arbre résineux du même nom, de la famille des amentacées, qui se trouve en Amérique; il a des propriétés émollientes et stimulantes.

LIRE, *sf.* Monnaie d'Italie, d'argent, qui vaut de 75 à 87 centimes. | Monnaie de compte valant environ 1 franc.

LISBONINE, *sf.* Monnaie d'or portugaise valant environ 33 fr. 84 c.

LISE, *sf.* Sable mouvant sur les bords de la mer.

LISERÉ, *sm.* Cordon mince que l'on place sur la couture d'un vêtement, en suivant le contour de cette couture. | Raie plus ou moins étroite qui borde un dessin ou la figure d'un terrain sur un plan.

LISERON, *sm.* Plante délicate à tige grimpante et volubile (*convolvulus*), dont on trouve en France quelques espèces à fleurs blanches, en clochettes; les espèces exotiques fournissent le *jalap* et la *scammonée*.

LISETTE, *sf.* Nom vulgaire de l'espèce d'attélabe dont la larve dévore les feuilles de la vigne.

LISIÈRE, *sf.* Nom de chacun des deux bords qui terminent de chaque côté la largeur d'une pièce d'étoffe.

LISME, *sm.* V. *Lezma*.

LISOIR, *sm.* Pièce de bois qui porte les ressorts sur lesquels une voiture est suspendue. | Pièce de bois qui soutient une caisse de voiture et la réunit aux brancards.

LISPUND, *sm.* (*pr. -pondd*). Poids qui vaut environ 8 kilogrammes et demi en Suède, et 7 à 8 kilogrammes à Lubeck.

LISQUE, *sf.* V. *Lesque*.

LISSE, *sf.* Appareils composés chacun de deux baguettes parallèles réunies par des fils tendus, entre lesquels, dans le métier à tisser, sont passés les fils de la chaîne; en montant ou en descendant par le moyen d'un levier, elles font monter ou descendre certains fils, de telle sorte qu'on peut faire passer entre ces fils la navette qui entraîne la trame de différentes manières, et obtenir ainsi des tissus différents. | Haute —, tapisserie dont la chaîne est tendue du haut en bas; elle représente des paysages, des scènes diverses, etc. | Basse —, celle dont la chaîne est horizontale; elle ne représente ordinairement que des ornements ou des fleurs. | Bande de poils blancs qui se prolonge sur le chanfrein de certains chevaux. | Pièces de bois horizontales, dans une barrière ou dans diverses charpentes, particulièrement dans le bordage d'un vaisseau.

LISSÉ, **E**, *adj.*, et LISSÉ, *sm.* Se dit du sucre en sirop quand il est arrivé au degré de cuisson où il se file. | Fruits — s, fruits couverts de sucre *lissé*.

LISSOIR, *sm.* Tonneau où l'on agite la poudre pour en rendre les grains lisses et unis. | Paire de cylindres semblables au laminoir qui sert à lisser les feuilles imprimées. | Presse servant au même objet. | Perche munie à son extrémité d'un cylindre de fer et qui se meut par un moyen mécanique; c'est sous ce cylindre qu'on passe les cartons qu'on veut glacer.

LISSOIRE, *sf.* Perche qui sert à remuer et brasser la laine.

LISTE, *sf.* — civile, somme allouée au budget, dans les gouvernements constitutionnels, pour les dépenses annuelles du chef de l'État.

LISTEL, *sm.* *(Archit.)* Petite moulure qui surmonte, accompagne une autre moulure plus grande, ou qui sépare les cannelures d'une colonne, d'un pilastre. | Au plur. *Listeaux.*

LISTON, *sm.* *(Blas.)* Petite bande sur laquelle est inscrite la devise.

LIT, *sm.* — de justice. C'était, sous l'ancienne monarchie française, le siége sur lequel se plaçait le roi lors des séances solennelles du parlement, et le mot s'est appliqué par suite à ces séances mêmes.

LITEAU, *sm.* Bande étroite blanche ou de couleur qui règne d'un côté à l'autre de la lisière dans le linge uni; il y en a un à chaque bout de serviette ou de nappe. | Tringle de bois couchée sur une boiserie ou un mur pour poser une tablette ou servir d'appui à une cloison.

LITHAGOGUE, *adj.* Se dit des remèdes employés pour faire sortir le gravier des voies urinaires.

LITHARGE, *sf.* Produit de la coupellation du plomb, protoxyde de plomb fondu, substance jaune rougeâtre, que l'on emploie comme base de certains emplâtres pharmaceutiques; on s'en sert aussi pour rendre l'huile de lin plus siccative et pour préparer plusieurs belles couleurs jaunes; enfin on l'a mêlée frauduleusement au vin et au cidre pour les clarifier et en neutraliser les acides.

LITHARGIRÉ, E, *adj.* Se dit des boissons auxquelles on a mêlé de la *litharge.*

LITHINE, *sf.* Substance ressemblant beaucoup à la soude et qu'on trouve dans certaines pierres et dans quelques eaux minérales. | LITHIUM, *sm.* Métal très-rare qui est la base de la —.

LITHOBIE, *sf.* Genre de scolopendre myriapode qui se tient dans les lieux humides et obscurs, sous les pierres, etc.; il a quinze pattes de chaque côté du corps.

LITHOCHROMIE, *sf.* Lithographie en couleur: on dit aussi *chromolithographie.*

LITHOCLASTIE, *sf.* V. *Lithotritie.*

LITHOCOLLE, *sf.* Ciment qui sert à assujettir les pierres précieuses sur la meule où on les taille.

LITHODERME, *sm.* Espèce de moule dont la coquille est arrondie aux deux bouts, et qui se creuse des trous dans les pierres.

LITHOGÉNÉSIE, *sf.* Traité ou étude de la formation des pierres.

LITHOGLYPHE, *sm.* Graveur sur pierres.

LITHOGLYPHITE *sf.* Minéral qui ressemble à une pierre gravée. | On dit aussi LITHOMORPHITE, *sf.*

LITHOLOGIE, *sf.* Science des minéraux, au point de vue du lapidaire.

LITHONTRIPSIE, *sf.* V. *Lithotritie.*

LITHOPHAGE, *adj.* Qui mange des pierres. | *(Zool.)* Se dit de certains coquillages qui s'introduisent dans les rochers et s'y creusent une demeure.

LITHOPHANIE, *sf.* Pâte céramique translucide, gravée en creux, dont on fait des objets usuels, tels que des garde-vue, des abat-jour, ou des paysages et autres sujets qu'on accroche aux vitres d'une fenêtre.

LITHOPHYTE, *sm.* *(Zool.)* Nom qu'on donne à divers polypiers d'une dureté de pierre.

LITHOSCOPE, *sm.* *(Chir.)* Appareil au moyen duquel on reconnaît la présence de la pierre dans la vessie et qui sert à la mesurer.

LITHOSPERME, *sm.* Grémil, plante appelée vulg. *herbe aux perles*, parce que ses graines sont blanches et dures comme de petits cailloux.

LITHOTOMIE, *sf.* Taille, opération par laquelle on extrait la pierre de la vessie. | LITHOTOME, *sm.* Instrument pour la —. | LITHOTOMISTE, *sm.* Chirurgien qui pratique la —.

LITHOTRITIE, *sf.* (pr. -cie). Opération qui consiste à broyer la pierre dans l'intérieur de la vessie, au moyen d'un instrument spécial appelé *litholabe*, muni d'un stylet dit *lithotriteur*, ou d'une pince appelée *lithoclaste.*

LITHOXYLE, *sm.* Nom que l'on donne à un silex, une agate ou toute autre pierre qui a l'aspect d'un végétal, ou qui offre des dessins de plantes.

LITIÈRE, *sf.* Sorte de voiture ou de chaise à porteurs couverte, portée sur deux brancards flexibles, soit par deux bêtes de somme, soit à bras d'homme.

LITISPENDANCE, *sf.* *(Jurisp.)* Temps pendant lequel un procès reste pendant. | Existence simultanée de deux actions entre les mêmes parties qui ont le même objet, et qui sont portées devant deux tribunaux différents.

LITORNE, *sf.* V. *Litourne.*

LITOTE, *sf.* *(Litt.)* Figure par laquelle on se sert de mots qui, à la lettre, paraissent affaiblir une pensée dont on sait bien que les idées accessoires feront sentir toute la force; on dit le moins pour éveiller l'idée du plus; ainsi, en parlant de quelqu'un dont on veut louer l'intelligence, on dit, par *litote : Il n'est pas sot.*

LITOURNE, *sf.* Espèce de grive assez voisine du mauvis par sa conformation; on la trouve en France; sa chair est estimée.

LITRE, *sm.* Unité de mesure pour les liquides dans le système métrique; c'est la contenance d'un décimètre cube.

LITRE, *sf.* Bande noire que l'on tend tout autour de l'église dans les cérémonies funèbres.

LITRON, *sm.* Ancienne mesure de capacité

pour les grains, qui contenait 40 pouces cubes et qui équivaut à 313 centilitres.

LITTORINE, *sf.* V. *Bigorneau.*

LITTRES, *sf.* (*Blas.*) Devise ou légende.

LITURGIE, *sf.* Ensemble des cérémonies religieuses et des prières consacrées par l'autorité ecclésiastique, et duquel les officiants ne peuvent pas s'écarter.

LITUUS, *sm.* (pr. *uss*) (*Ant.*) Petit bâton courbé en crosse, que portaient les augures et les pontifes païens. | Ancienne trompette de cuivre, recourbée, ressemblant beaucoup à notre clairon.

LIVARDE, *sf.* Perche longue et légère, qui sert à tendre les voiles rectangulaires.

LIVÈCHE, *sf.* Plante ombellifère à grandes feuilles, à ombelles très-développées, et dont la racine, spongieuse et aromatique, est employée comme stimulant et souvent substituée à l'angélique.

LIVOT, *sm.* Buse commune.

LIVRE, *sf.* Ancien poids usité en France, qui équivalait à 489 grammes environ; il y en avait du reste de différents poids. | En Angleterre, — sterling, monnaie de compte qui vaut 20 schellings ou 25 fr. 20 c. environ.

LIXIVIATION, *sf.* Action de lessiver, de laver, soit des cendres, soit quelque autre matière.

LIZÉE, *sf.* Engrais liquide.

LLAMA, *sm.* (on mouille les *ll*). V. *Lama.*

LLOYD, *sm.* (on mouille les *ll*). Espèce de cercle commercial, à Londres, où les négociants se réunissent, comme à la Bourse, et où se traitent particulièrement les affaires maritimes. | Compagnie d'assurances maritimes et de navigation à vapeur.

LOBE, *sm.* (*Zool.*) Se dit des divisions du cerveau, du poumon, du foie, du front. | — de l'oreille, partie inférieure du pavillon de l'oreille, charnue et arrondie; c'est à son extrémité que s'attachent les boucles d'oreille. | (*Bot.*) Divisions des feuilles, des cotylédons ou des pétales. | Lobé, e, *adj.* Qui présente des —. | Lobule, *sm.* Petit —.

LOBÉLIE, *sf.* Plante de la famille des campanulacées, à fleurs en grappes, renfermant un suc laiteux âcre et narcotique; une de ses espèces est employée contre l'asthme.

LOCAR, *adj.* et *sm.* V. *Epeautre.*

LOCATIF, VE, *adj.* (*Jurisp.*) Se dit de tout ce qui est à la charge du locataire, comme les réparations, les dommages résultant d'accidents, d'incendie, etc. | *sm.* (*Litt.*) Dans les langues orientales, l'un des cas de la déclinaison; il indique le lieu, la destination et répond à peu près au *datif* des langues occidentales.

LOCELLE, *sf.* (*Hist. nat.*) Petite loge.

LOCH, *sm.* (pr. *lok.*) (*Mar.*) Pièce de bois triangulaire attachée à une corde à nœuds appelée *ligne de loch*, que l'on jette à la mer quand le navire est en marche et qui sert à mesurer sa vitesse. | (*Méd.*) V. *Looch.*

LOCHE, *sf.* Poisson malacoptérygien d'eau douce, dont la tête est petite et dont le corps est long, revêtu de très-petites écailles et couvert d'une mucosité qui le rend glissant; la chair de toutes ses espèces est très-estimée. La — d'étang se tient dans la vase et y subsiste très-longtemps quand on vide l'étang qu'elle habite; elle trouble l'eau, dit-on, à l'approche d'un orage. | Limace grise, espèce de limace qui se trouve dans les caves.

LOCHET, *sm.* V. *Louchet.*

LOCMAN, *sm.* V. *Lamaneur.*

LOCOMOBILE, *adj.* Qui peut être changé de place. | *sf.* Petite machine à vapeur cylindrique portative, montée sur quatre roues, que l'on emploie comme moteur dans les travaux agricoles et dans ceux de terrassement, de fouilles, de construction, etc.

LOCOMOTION, *sf.* Faculté de changer de place à volonté, qui est spéciale aux êtres animés; elle s'exerce par des contractions musculaires et au moyen de l'appareil dit *locomoteur*, qui comprend les os et les muscles.

LOCOMOTIVE, *sf.* Machine à vapeur qui met en mouvement les roues qui la soutiennent et peut, par l'action de son propre poids, progresser sur une voie ferrée et traîner à sa suite un train de plusieurs voitures.

LOCQUET, *sm.* V. *Loquet.*

LOCULAIRE, *adj.* (*Bot.*) Se dit des fruits dont les graines sont renfermées en plusieurs loges.

LOCULAR, *adj.* et *sm.* V. *Epeautre.*

LOCUSTAIRES, Locustiens, *smpl.* (*Zool.*) Se dit d'une famille d'insectes orthoptères dont la sauterelle, appelée quelquefois *locuste*, est le type.

LOCUSTELLE, *sf.* Oiseau d'Europe, de l'ordre des insectivores, dont le bec est unicolore, en alène, la gorge et le ventre blancs, et le reste du corps vert-olivâtre; il habite le bord des eaux.

LODOÏCÉE, *sf.* Palmier des îles Maldives, qui a 20 mètres et plus de hauteur et porte de gros fruits remplis d'une matière gélatineuse comestible; sa noix sert à faire divers objets et prend un très-beau poli; il a été importé à l'Ile de France.

LODS, *smpl.* (*Féod.*) — et *ventes.* Droit qu'on payait à un seigneur toutes les fois qu'on vendait ou qu'on achetait des terres de sa seigneurie. | — et *jets de biens.* Ce même droit, quand les terres étaient divisées en lots tirés au sort et achetés aux enchères.

LOF, *sm.* (*Mar.*) Côté que le navire présente au vent; virer *lof* pour *lof*, mettre au vent l'un des côtés du bâtiment à la place de l'autre.

LOFFER, *va.* (*Mar.*) Tourner le navire de façon qu'il présente tout son flanc au vent.

LOGARITHME, *sm.* (*Math.*) Nombre d'une progression arithmétique répondant, terme pour terme, à un autre nombre pris dans une progression géométrique correspondante suivant certaines données primitives, de sorte que l'emploi du logarithme à la place du nombre simplifie considérablement les calculs.

LOGE, *sf.* Cabinet dans lequel chaque concurrent pour les prix de l'École des beaux-arts reste enfermé et sans communication avec personne, pendant qu'il exécute sa composition. | Réunion de francs-maçons sous l'autorité d'un *vénérable*. | (*Bot.*) Cavités simples ou multiples qui existent dans divers organes des plantes, tels que l'anthère, l'ovaire, etc.

LOGGIA, *sf.* (*Ital.*) (*Archit.*) Balcon couvert en avant-corps ou portique ouvert disposé à l'un des étages de la façade d'un édifice particul. à l'étage supérieur, et d'où l'on peut découvrir les environs et prendre l'air.

LOGIQUE, *sf.* (*Philos.*) Partie de la philosophie qui traite de l'art de raisonner, de discuter justement et d'arriver par des arguments à l'exposition de la vérité.

LOGISTIQUE, *adj.* (*Math.*) Se dit d'une espèce particulière de *logarithmes* qui ne sont guère usités que dans les calculs astronomiques.

LOGNE, *sf.* Dans une charrette, pièce de bois longitudinale qui relie l'avant-train à l'arrière-train.

LOGOGRAPHIE, *sf.* Art de recueillir la parole des orateurs, qui a précédé la sténographie et qui exigeait le concours de douze ou quinze scribes écrivant, chacun à leur tour, un ou deux mots du discours prononcé, en caractères ordinaires. | LOGOGRAPHE, *sm.* Celui qui exerce la —.

LOGOGRIPHE, *sm.* Sorte d'énigme consistant en un mot dont les lettres, diversement combinées, forment d'autres mots dont on ne donne que la signification et qui doivent servir à faire deviner le mot principal.

LOGOMACHIE, *sf.* Dispute de mots, particul. contestation qui roule sur un malentendu et qui résulte de ce que chacun des adversaires prend un même mot dans un sens différent, ou ne voit qu'une face de l'objet en litige.

LOGOTECHNIE, *sf.* Science des mots; connaissance de leurs acceptions, etc.

LOGOTHÈTE, *sm.* (*Ant.*) Intendant, contrôleur des comptes publics.

LOGUIS, *sm.* Sorte de verroterie, petits cylindres que les Européens échangent contre des marchandises au pays des nègres.

LOÏMIQUE, *adj.* Pestilentiel, contagieux.

LOÏMOLOGIE, *sf.* Traité sur la peste.

LOIR, *sm.* Genre de rongeurs semblable aux rats par sa conformation et aux écureuils par son aspect; il a le poil doux, la queue touffue, le museau court et fin; il passe l'hiver en léthargie dans des terriers, et habite l'été sur des arbres; il se nourrit de fruits et dévaste pendant la nuit les vergers et les jardins.

LOK, *sm.* V. *Looch.*

LOLIGO, *sm.* V. *Calmar.*

LOMATIE, *sf.* Petit arbre de l'Amérique du Sud dont les fleurs en grappes sont jaune-clair ou blanches; ses semences donnent une teinture rouge.

LOMBAGO, *sm.* V. *Lumbago.*

LOMBAIRE, *adj.* Région —, nom qu'on donne quelquefois aux lombes et à la partie inférieure de la colonne vertébrale qui les supporte.

LOMBAR, *sm.* Ceinture de corde que les chartreux portent habituellement sur la chair nue.

LOMBARD, *sm.* Nom que portaient les propriétaires d'une espèce de mont-de-piété, établissement de prêts sur gages, toléré autrefois par l'autorité, qui fixait le taux de l'intérêt.

LOMBES, *sfpl.* Parties postérieures de l'abdomen qui couvrent les reins et occupent le côté droit et gauche de la région ombilicale.

LOMBOYER, *va.* Faire épaissir l'eau mère dans les salines.

LOMBRIC, *sm.* Genre d'annélides dont l'espèce type, très-commune, est appelée vulg. *ver de terre.* | LOMBRICOÏDE, *adj.* et *sm.* Qui ressemble au —. V. *Ascaride.*

LOMBS, *sm.* V. *Lumps.*

LOMME, *sm.* V. *Plongeon.*

LOMPE, *sm.* Poisson de mer malacoptérygien, appelé vulg. *gros-mollet*, à cause de son corps renflé et ovale; il habite les mers du Nord.

LONDRIN, *sm.* Drap léger qu'on fabriquait autrefois pour imiter le drap anglais.

LONGE, *sf.* Corde ou courroie qui sert à attacher un cheval ou à le conduire par la main. | Moitié de l'échine d'un veau depuis le bas des épaules jusqu'à la queue.

LONGÉVITÉ, *sf.* Prolongation de la vie au delà des limites ordinaires.

LONGICAUDE, *adj.* (*Zool.*) Se dit des volatiles à longue queue, tels que les paons, les faisans, etc.

LONGICORNES, *smpl.* (*Zool.*) Famille de coléoptères, dont la tête saillante est surmontée de deux antennes minces et très-longues; leur corps est étroit, allongé et gracieux; souvent leurs élytres sont parées des plus beaux reflets; on les trouve sur les arbres et les fleurs.

LONGIMÉTRIE, *sf.* Science de la mesure des longueurs et des propriétés des lignes.

LONGIPÈDES, *smpl.* (*Zool.*) Se dit de tous les oiseaux dont le caractère principal est d'avoir les pattes très-longues.

LONGIPENNES, *smpl.* (*Zool.*) Famille d'oiseaux de l'ordre des palmipèdes qui ont un vol très-rapide et des ailes très-longues; elle comprend les *albatros*, les *goëlands*, etc.

LONGIROSTRES, *smpl.* (*Zool.*) Famille de l'ordre des oiseaux échassiers, dont le caractère principal est un bec long et grêle; tels sont : la *bécasse*, le *courlis*, etc. | Se dit quelquefois des mammifères de l'ordre des édentés, qui ont le museau très-allongé.

LONGITUDE, *sf.* Distance en degrés d'un lieu quelconque au méridien, comptée sur un des cercles parallèles à l'équateur ou sur l'équateur lui-même si le lieu y est situé. | Bureau des —s, établissement scientifique chargé à Paris de travaux divers sur la météorologie, la statistique, l'astronomie, etc.

LONG-JOINTÉ, E, *adj.* Se dit d'un cheval qui a le paturon trop long.

LONGRINE, *sf.* Forte pièce de bois qui relie ensemble deux solives dans une charpente ou deux rails sur un chemin de fer.

LONGUE-SOIE, *sm.* V. *Géorgie.*

LONGUETTE, *sf.* Futaille contenant 210 litres.

LONGUE-VUE, *sf.* Instrument d'optique en forme de tube, appelé aussi lunette d'approche; ce sont plusieurs cylindres rentrant les uns dans les autres et renfermant plusieurs verres qui donnent l'image des objets éloignés, d'abord renversée dans le tube, puis redressée en arrivant à l'œil de l'observateur.

LOO, *sm.* Espèce de cymbales chinoises; ce sont des plaques de cuivre très-sonores sur lesquelles on frappe avec un maillet de bois.

LOOCH, *sm.* Toute potion épaisse et mucilagineuse que l'on prend par cuillerées.

LOPHIODON, *sm.* Animal fossile qu'on trouve dans certains terrains tertiaires de France; c'était un pachyderme ayant des rapports sensibles avec nos tapirs et nos rhinocéros.

LOPHIONOTES, *smpl.* Famille de poissons osseux dont la nageoire dorsale est très-longue et ressemble à une crinière.

LOPHOBRANCHES, *smpl.* (*Zool.*) Famille de poissons osseux de très-petite taille et de forme bizarre; ils ont très-peu de chair; c'est dans cette famille que se trouvent l'*hippocampe*, le *syngnathe*, etc.

LOPHOPHORE, *sm.* Oiseau de l'ordre des gallinacés, de la taille d'un dindon, et dont la tête est ornée d'un panache élégant composé de plumes plates, longues et dorées; son plumage tout entier offre de magnifiques reflets dorés; il habite le Népaul.

LOPHYRE, *sm.* Reptile saurien dont la peau est très-grenue et dont le dos est surmonté d'une crête ou panache; on le trouve en Océanie. | Insecte hyménoptère dont les larves causent de grands dégâts dans les forêts de pins.

LOQUÉ, *adj.* Se dit des harengs qui ont été blessés par quelque animal marin.

LOQUET, *sm.* Laine grossière qui recouvre le dessus des cuisses des moutons. | Ensemble des pièces qui mettent en mouvement la clenche d'une porte, ainsi que cette clenche elle-même; ce sont la poignée, le poucier et le mentonnet.

LOQUETÉ, E, *adj.* (*Blas.*) Se dit des pièces découpées ou déchiquetées.

LOQUETEAU, *sm.* Petit loquet monté sur une platine qu'on met aux endroits à fermer où l'on ne peut atteindre avec la main; on y attache un cordon pour l'ouvrir et le fermer.

LOQUIS, *sm.* V. *Loguis.*

LORANTHE, *sm.* Plante parasite, type de la famille des loranthacées; elle est voisine du gui par sa conformation; l'espèce qu'on trouve en Europe porte une baie jaunâtre à pulpe gluante, et vit sur le châtaignier, le pommier et le chêne.

LORD, *sm.* Titre honorifique porté en Angleterre par tout noble de naissance, et par les fils de duc, les fils aînés de comte, etc.; la chambre haute, en Angleterre, n'est composée que de —s et porte le nom de chambre des —s: on donne aussi ce titre à divers fonctionnaires qui peuvent ne pas être nobles personnellement, comme le *lord-maire*, notamment, premier magistrat municipal de Londres, qui doit au contraire appartenir à la classe bourgeoise.

LORDOSE, *sf.* Courbure de l'épine du dos, du rachis, quand la convexité est portée en avant; c'est l'inverse de la *cyphose*.

LORI, ou Loris, *sm.* Espèce de perroquet à courte queue et sans huppe, à plumage rouge; il habite les Indes. | Genre de maki ou singe appelé aussi *paresseux*; il habite les Indes et ne marche que la nuit avec une lenteur excessive.

LORICAIRE, *sm.* Poisson acanthoptérygien de la Guyane, qui a le corps et la tête couverts de plaques dures et anguleuses; il porte à l'extrémité de sa queue un filament long et délié.

LORICÈRE, *sf.* Insecte coléoptère habitant les lieux humides, dont les antennes, très-longues, sont velues à leur extrémité.

LORIOT, *sm.* Oiseau de l'ordre des passereaux, à peu près de la grosseur du merle, et dont le caractère distinctif est, chez le mâle, une belle couleur jaune qui couvre les ailes, le cou et la tête; il vit dans les bois et au bord des eaux, et émigre en troupes en hiver.

LORIS, *sm.* V. *Lori.*

LORMERIE, *sf.* Se dit des ouvrages de clouterie, d'éperonnerie, etc.; en général, de la fabrication des petits ouvrages de fer. | Lormier, *sm.* Ouvrier en —.

LORTCHA, *sf.* Petit navire de commerce ou de plaisance commandé par un lieutenant, dans l'Archipel et la mer Noire.

LORUM, *sm.* (*Zool.*) Bande dépouillée de plumes qui, chez certains oiseaux, s'étend de chaque côté de la tête depuis la racine du bec jusqu'à l'œil.

LORY, *sm.* V. *Lori.*

LOS, *sm.* Vieux mot français qui signifiait *louange, gloire.*

LOSANGE, *sm.* (*Math.*) Parallélogramme dont les quatre côtés sont égaux et dont deux angles sont obtus et les deux autres aigus; on l'appelle quelquefois *Rhombe.* | *sf.* (*Blas.*) Meuble de l'écu qui a la forme d'un — et dont la surface est unie.

LOSSE, *sm.* V. *Ousseau.*

LOTH, *sm.* Poids russe équivalant à 12 grammes et demi environ; c'est la 32e partie de la livre russe.

LOTIER, *sm.* Plante légumineuse herbacée, dont les gousses rayonnent d'un point central et ressemblent à une patte d'oiseau; la plupart de ses espèces sont fourragères; une, particulièrement, a des graines comestibles qu'on prépare dans certains pays comme les petits pois.

LOTION, *sf.* Action de laver un membre pour le rafraîchir ou l'amollir. | Liquide employé à cet usage. | Bain, ablution.

LOTOPHAGES, *smpl.* Nom par lequel on désigne certains habitants de l'Afrique septentrionale (*mangeurs de lotus*), parce qu'ils se nourrissent des fruits d'une espèce de jujubier que l'on croit être le *lotus* des anciens.

LOTOS, *sm.* (pr. *-toss*). V. *Lotus.*

LOTTE, *sm.* Espèce de gade à barbillons, poisson jaune que l'on trouve dans les eaux vives; son foie est très-estimé.

LOTUS, *sm.* (pr. *-tuss*). Plante aquatique de la famille des nymphéacées, assez semblable au nénuphar, qui croît dans les eaux des lacs et des rivières de l'Inde et de l'Egypte; sa fleur était un attribut religieux en Égypte et figure sur la plupart des monuments. | Arbre que l'on croit être le jujubier. V. *Lotophages.*

LOUBINE, *sf.* Poisson de la famille des percoïdes, long de 3 mètres et plus, dont la peau est gluante et qui mord violemment tous ceux qui le touchent; on le trouve sur les côtes de la France; on l'appelle aussi *loup de mer.*

LOUCHE, *sf.* Cuiller à potage. | Longue cuiller en bois emmanchée d'un bâton qui sert à répandre les engrais liquides. | Hoyau, V. *Louchet.* | Outil de tourneur servant à agrandir des trous commencés. | *Adj.* V. *Strabisme.*

LOUCHET, *sm.* Sorte de bêche étroite qui sert à façonner la terre en lui donnant un léger labour; on l'emploie en Picardie.

LOUFTON, *sm.* En termes de franc-maçonnerie, c'est le fils d'un initié.

LOUGRE, *sm.* Petit bâtiment de commerce et de guerre à deux voiles en forme de trapèze, extrêmement léger.

LOUIS, *sm.* Monnaie d'or française qui valait 22 fr. au commencement du XVIIe siècle, et 24 fr. depuis le milieu du XVIIIe jusqu'au commencement du XIXe; c'est aujourd'hui la pièce de 20 francs. | — d'argent. Pièce d'argent du XVIIe siècle qui valait 6 fr. environ; on l'appelait aussi *écu de six livres.*

LOUP, *sm.* Espèce sauvage du genre chien, à museau allongé, à oreilles droites; il y en a plusieurs variétés. | — de mer. V. *Loubine.* | — cervier. V. *Cervier.* | — garou. Nom qu'on donnait au moyen âge à de prétendus sorciers transformés en loups qui parcouraient les campagnes en poussant des hurlements. | | (*Chir.*) V. *Lupus.* | Instrument pour le louvetage. V. *Louvetage.* | Sorte de filet. V. *Louve.*

LOUPE, *sm.* Lentille de verre convexe qui sert à voir, en les grossissant, les petits objets. | Nom donné par les lapidaires aux pierres précieuses brutes. | Nom donné par les ébénistes aux bosses qui se forment sur le tronc de certains arbres et qui offrent des veines et des dessins recherchés. | (*Méd.*) Tumeur indolente qui vient sous le cuir chevelu, sous la peau de la poitrine ou du dos; c'est généralement un kyste des follicules cutanés qui se dilatent par l'accumulation d'une matière onctueuse et jaunâtre.

LOURDÉE, Lourderie, *sf.* V. *Tournis.*

LOURDIER, *sm.* Grossière couverture de poils.

LOURE, *sf.* Sorte de danse grave dont l'air se battait à six-quatre, en insistant un peu sur le premier temps de chaque mesure.

LOURER, *va.* (*Mus.*) Lier les notes d'une mesure en appuyant davantage sur la première de chaque temps; cette manière d'exécuter est surtout en usage pour toutes les compositions qui ont le caractère rustique et montagnard.

LOUSSEAU, Lousset, *sm.* V. *Ousseau.*

LOUTRE, *sf.* Animal carnassier de la tribu des digitigrades, de la taille d'un petit renard, à tête plate et obtuse, à pattes palmées; elle habite au bord des ruisseaux et des étangs qu'elle dépeuple; on fait de sa fourrure des chapeaux, des casquettes, des manchons, etc.

LOUVART ou Louvat, *sm.* Louveteau, jeune loup.

LOUVE, *sf.* Femelle du loup. | Plaque de fer qui sert à enlever les pierres du chantier; elle est forcée dans une pierre de taille et présente un œil par lequel on l'attache au câble d'une grue. | Filet à poche fixé sur trois perches qu'on place dans le courant de la marée.

LOUVÉ, E, *adj.* Se dit de certains serpents

d'Amérique quand ils sont roulés en spirale et qu'ils lèvent la tête.

LOUVET, ETTE, *adj.* Se dit de la couleur d'un cheval ou d'une jument quand son poil ressemble à celui du loup. | *sm.* Espèce de charbon, maladie qui attaque les bœufs et les chevaux. | V. *Louvette*.

LOUVETAGE, *sm.* Opération qui consiste à nettoyer la laine et le coton bruts et à leur rendre leur élasticité pour les préparer au cardage; elle se fait au moyen d'un instrument nommé *loup*.

LOUVETEAU, *sm.* Jeune loup. | Petits coins de fer à l'usage des maçons.

LOUVETIER, *sm.* Officier chargé, dans un rayon déterminé, de la destruction des loups.

LOUVETTE, *sf.* Espèce d'ixode qui s'attache à la peau des chiens.

LOUVOYER, *vn.* (*Mar.*) Se dit du navire quand, ayant le vent contraire, il court des bordées, tantôt d'un côté, tantôt de l'autre, de manière que la résistance de l'eau se combine avec la force du vent pour le maintenir dans sa route.

LOVÉ, E, *adj.* V. *Louvé*.

LOVER, *va.* Enrouler en spirale, ployer; se dit surtout des cordages de marine.

LOVET, *sm.* V. *Louvet*.

LOXARTHRE, *sm.* (*Chir.*) Déviation d'une articulation sans luxation.

LOXODROMIE, *sf.* Ligne suivie par un bâtiment qui gouverne suivant la même direction de la boussole, et dont le cap conserve une orientation constante; c'est une spirale qui coupe le méridien suivant un angle constant. | LOXODROMIQUE, *adj.* Qui appartient à la —.

LUBERNE, *sf.* Femelle du léopard. | Panthère.

LUBRÉFIER ou LUBRIFIER, *va.* Rendre humide, glissant; se dit en général des liquides qui enduisent les muqueuses et certaines membranes du corps; se dit aussi des corps gras qu'on place entre les organes des machines qui glissent en pivotant les uns sur les autres.

LUCANE, *sm.* Genre de coléoptères lamellicornes dont le corps est brun-noir et dont la tête, très-grosse, porte une paire de cornes très-longues et dentelées; on l'appelle vulgairement *cerf-volant*.

LUCERNAIRE, *sm.* (*Eccl.*) Office du soir. | Répons qu'on chante aux vêpres après l'hymne. | Dans l'Eglise grecque, syn. de l'office des vêpres.

LUCET, *sm.* Plante rampante des îles Malouines, dont les fleurs ont l'odeur de celles de l'oranger et communiquent au lait une saveur agréable. | Fruit de l'airelle.

LUCHET, *sm.* V. *Louchet*.

LUCIDONIQUE, *adj.* Qui produit des effets transparents; se dit d'une teinte employée dans certains tableaux.

LUCIFER, *sm.* Nom que les anciens donnaient à la planète Vénus lorsqu'elle paraissait le matin, un peu avant le lever du soleil. | Nom que l'Eglise chrétienne donne à Satan, l'ange déchu.

LUCILINE, *sf.* Huile d'éclairage qui est obtenue par un procédé spécial de traitement de l'huile de pétrole.

LUCINE, *sf.* Mollusque acéphale qu'on trouve dans le sable du rivage de presque toutes les mers; son coquillage est très-varié suivant les espèces.

LUCIOLE, *sf.* Nom que l'on donne aux insectes qui sont lumineux dans l'obscurité, comme le *lampyre*, etc.

LUCTUEUX, SE, *adj.* Se dit de la respiration, quand elle est difficile et entrecoupée de plaintes.

LUCULE, *sf.* (*Astr.*) Rides lumineuses qui se croisent en tous sens à la surface de la photosphère du soleil, et que l'on a considérées comme la crête des vagues produites par les ondulations de l'atmosphère lumineuse solaire.

LUDION, *sm.* Récréation de physique, consistant en une petite figure pleine d'air plongée dans une carafe pleine d'eau, qu'on fait descendre ou monter à volonté, sans y toucher, en modifiant la pression de l'air au moyen du bouchage de la carafe, sur lequel on agit par pression ou dépression.

LUDUS, *sm.* (*Géol.*) Terme par lequel on désignait autrefois les rognons ou nodules pierreux qu'on rencontre dans des masses rocheuses et qui sont plus durs que celles-ci.

LUETTE, *sf.* Petite languette charnue qui pend au milieu du voile du palais, à l'entrée du gosier.

LUIZETTE, *sf.* V. *Luzette*.

LUMACHELLE, *sf.* Sorte de marbre de Carinthie à fond très-varié et parsemé de taches dues à la présence de coquillages colorés par divers oxydes métalliques; on en fait des objets d'ameublement.

LUMBAGO, *sm.* (pr. *lon-ba-go*). Douleur des lombes et de la région voisine, sans gonflement ni rougeur; c'est la suite d'un effort des muscles lombaires ou bien le résultat d'un rhumatisme ou d'une névralgie.

LUMINIER, *sm.* Se dit quelquefois pour *marguillier*.

LUMME, *sm.* (pr. *lom-*). V. *Plongeon*.

LUMP ou LUMPH, *sm.* V. *Lompe*.

LUMPS, *sm.* (pr. *lompss*). Sucre blond de qualité inférieure, raffiné et en pains de 12 *kilogrammes 500 grammes*.

LUNAIRE, *sf.* Plante de la famille des crucifères, dont les fleurs roses ou violettes ont une odeur suave et produisent des fruits en forme de silicules, dont la cloison ronde, blanche et nacrée, persiste longtemps après la chute des valves.

LUNAISON, *sf.* Espace de vingt-neuf jours et demi environ qui s'écoule d'une nouvelle lune à la suivante.

LUNATIQUE, *adj.* Se dit des chevaux qui sont sujets à des affaiblissements de la vue selon les phases de la lune.

LUNEL, *sm.* (*Blas*). Figure qui représente le croissant de la lune.

LUNEMENT, *sm.* Nom que portent les mèches faites avec de l'étoupe de lin ou de chanvre, employées à divers usages.

LUNETIÈRE, *sf.* Genre de plantes de la famille des crucifères, dont les fleurs sont disposées en grappes terminales et dont les fruits ressemblent à une paire de lunettes.

LUNETTE, *sf.* — catoptrique. Nom par lequel on désigne quelquefois le *télescope.* | — dioptrique, la lunette ordinaire à tuyau terminé par deux lentilles. | (*Milit.*) Ouvrage composé de deux faces présentant un angle saillant vers la campagne; il peut être établi très-près des assiégeants.

LUNULE, *sf.* Petite boîte d'or ou de vermeil dont les deux faces principales sont de cristal, et dans laquelle se place l'hostie qui est exposée au centre de l'ostensoir.

LUNULÉ, E, *adj.* (*Bot.*) Se dit des parties des organes des plantes qui ressemblent à un croissant.

LUPERCALES, *sfpl.* (*Ant.*) Fêtes que les Romains célébraient en l'honneur du dieu Pan, et dans lesquelles on tuait un loup.

LUPIN, *sm.* Plante de la famille des légumineuses, dont les fleurs ressemblent à celles des pois et dont les feuilles sont composées de folioles rayonnées; on a fait de la farine des graines de quelques-unes de ses espèces; l'une d'elles est cultivée comme fourrage, ou pour être enfouie en vert, comme engrais.

LUPULINE, *sf.* Substance organique particulière, tonique et stimulante, contenue dans les cones et les jeunes feuilles du houblon, qui entre dans la fabrication de la bière. | Espèce de luzerne à fleurs en boules jaunes qu'on trouve dans certaines prairies; c'est un excellent fourrage.

LUPUS, *sm.* (*pr. puss*). Inflammation chronique de la peau du visage, nommée aussi *dartre rongeante*, manifestée par des tubercules recouverts de croûtes noires, persistantes, ou par une altération profonde de la structure de la peau, sans ulcération; c'est une maladie très-difficile à guérir et qui donne à la physionomie un aspect repoussant.

LURIDE, *adj.* Pâle, jaunâtre, d'un jaune brun sale.

LUSTRAGE, *sm.* Opération qui consiste à enduire une étoffe d'un apprêt particulier et à la presser ensuite entre deux cylindres d'une disposition particulière, afin de donner à cette étoffe le brillant qui est la dernière façon, ce brillant s'appelle *lustre.*

LUSTRAL, E, *adj.* Se dit de l'eau dont les anciens se servaient pour faire des | LUSTRATIONS, *sfpl.* Sacrifices aux dieux pour purifier un lieu souillé par un crime ou quelque impureté; et cérémonie qui consistait à asperger d'eau —e un enfant nouveau-né.

LUSTRE, *sm.* Durée de cinq années. | V. *Lustrage.*

LUT, *sm.* (pr. *lutt.*) Composition de terre et d'huile ou de chaux dont on se sert pour boucher hermétiquement les vases, ou pour entourer les cornues qu'un feu trop violent ferait éclater. | LUTER, *va.* Se servir du —.

LUTH, *sm.* (pr. *lutt.*). Instrument de musique à onze cordes et à neuf touches, qui n'est plus en usage. | Grande tortue de mer dont la carapace, dépouillée d'écailles, n'est recouverte que d'une espèce de cuir brun et coriace.

LUTHIER, *sm.* Fabricant d'instruments de musique à cordes.

LUTJAN, *sm.* Nom vulgaire de divers poissons voisins des perches, à couleurs très-brillantes.

LUTRAIRE, *sf* Mollusque à coquille bivalve, très-allongée, qui se trouve à l'embouchure des rivières, enfouie sous le sable, la bouche en bas et les tubes en haut.

LUTRIN, *sm.* Pupitre sur lequel sont posés à *l'église les livres d'office.*

LUXATION, *sf.* Déplacement d'un os dont la tête est sortie de sa cavité naturelle; quand l'articulation est entièrement détruite, la *luxation* est complète; dans le cas contraire, elle est incomplète.

LUZERNE, *sf.* Plante de la famille des légumineuses qui ressemble un peu au trèfle et dont l'espèce principale, portant des fleurs bleues en grappes qui produisent des fruits contournés en spirale, est un fourrage des plus estimés; on en fait des prairies artificielles qui durent plusieurs années et donnent plusieurs coupes par an.

LUZETTE, *sf.* Maladie du ver à soie qui arrive après la quatrième mue; ses symptômes sont une couleur rouge tendre devenant ensuite blanche, un aspect luisant et un raccourcissement du corps après la mort. | Nom qu'on donne à diverses graines parasites qui se trouvent mêlées au blé.

LUZULE, *sf.* Genre de plantes herbacées à longues feuilles engaînantes comme celles des joncs et à fleurs noirâtres.

LYCANTHROPIE, *sf.* Maladie de l'imagination, dans laquelle le malade se croit changé en loup et imite les attitudes et la voix de cet animal. | LYCANTHROPE, *adj.* et *s.* Atteint de — : se dit aussi pour *loup-garou.* V. ce mot.

LYCÉE, *sm.* C'était autrefois un gymnase public où les Grecs s'assemblaient pour s'y livrer à des exercices corporels. | C'est dans ce lieu qu'Aristote enseignait la philosophie, et le nom de *lycée* est resté à l'école péripatéticienne et à sa doctrine. | Aujourd'hui, collége entretenu par l'Etat dans une ville importante.

LYCHNIDE ou Lychnis, *sf.* Plante caryophyllée dont certaines espèces sont dioïques; plusieurs de ses variétés sont cultivées pour la beauté de leurs fleurs; telles sont la *croix de Jérusalem*, la *coquelourde*, etc.

LYCHNITE, *sm.* Ancien nom du marbre blanc de Paros. | Sorte de pierre précieuse.

LYCIET, *sm.* Plante de la famille des solanées, à rameaux épineux, dont une espèce, commune sur les rivages de la Méditerranée, sert à former des haies vives dans le midi de l'Europe; on assaisonne en salade ses jeunes pousses et ses feuilles.

LYCOPERDON, *sm.* Genre de champignons appelé vulgairem. *vesse de loup*, qu'on trouve au milieu du gazon dans les prairies; c'est une boule blanche sans tige, remplie d'une poussière très-ténue.

LYCOPERSICON, *sm.* V. *Tomate.*

LYCOPHTHALME, *sm.* Œil de loup, variété d'agate.

LYCOPODE, *sm.* Plante cryptogame de la famille des mousses, ou bien formant une famille spéciale sous le nom de *lycopodiacées*; ce sont des tiges allongées chargées de petites feuilles régulièrement imbriquées et portant des capsules qui renferment une poussière abondante extrêmement fine, qu'on emploie à divers usages, et qui jouit de la propriété de s'enflammer subitement quand on la jette sur la flamme d'une bougie.

LYCOREXIE, *sf.* Faim de loup, faim excessive. | (*Méd.*) V. *Boulimie.*

LYCOSE, *sf.* Genre d'arachnides dont le corps est très-velu et qui habitent à terre; elles se nourrissent de petits insectes; l'une de leurs espèces est la *tarentule.*

LYDIENNE, *adj. f.* Pierre —, nom de la pierre noire que les bijoutiers emploient pour reconnaître les métaux et qu'on appelle aussi *pierre de touche*; c'est un schiste noir fortement siliceux.

LYGÉE, *sm.* Insecte hémiptère de couleur rouge, tacheté de noir, qu'on trouve en grandes troupes sur certaines plantes, notamment sur les crucifères. | V. *Sparte* et *Alfa.*

LYGODIUM, *sm.* Espèce de fougère d'Haïti à tiges très-flexibles, dont les nègres font des tuyaux de pipe.

LYMNÉE, *sf.* V. *Limnée.*

LYMPHANGITE, *sf.* (*Méd.*) Inflammation des vaisseaux et des ganglions lymphatiques; on dit aussi *lymphite.*

LYMPHATIQUE, *adj.* Qui a rapport à la lymphe; se dit des vaisseaux propres dans lesquels elle circule. | Tempérament —, tempérament caractérisé par des chairs molles, une peau diaphane, un sang aqueux et une tendance naturelle du tissu cellulaire à s'infiltrer de sérosité.

LYMPHE, *sf.* Humeur aqueuse et transparente qui circule dans des vaisseaux propres et se rend dans le système circulatoire, où elle constitue la partie séreuse du sang. | — de Cotugno, humeur transparente qui baigne toutes les cavités de l'oreille interne.

LYNX, *sm.* (pr. *lainx*). Mammifère carnassier du genre chat, moins gros que le loup et plus bas sur ses jambes; il habite les bois, vit de chasse et poursuit son gibier jusqu'à la cime des arbres; sa vue perçante est proverbiale. | — manoul. V. *Manoul.* | — des marais. V. *Chaus.*

LYPÉMANIE, *sf.* Manie avec mélancolie; folie triste.

LYPOPSYCHIE, *sf.* (pr. *-kie*), Lypothymie, *sf.* (*Méd.*) V. *Lipothymie.*

LYPYRIE, *sf.* V. *Lipyrie.*

LYRE, *sf.* V. *Callionyme.*

LYRÉ, E, *adj.* (*Bot.*) Se dit des feuilles qui ont à peu près la forme d'une lyre renversée.

LYRIQUE, *adj.* (*Litt.*) Se dit de la poésie dans laquelle est exprimé l'enthousiasme et qui semble inspirée par l'entraînement et la passion; la forme habituelle de cette poésie est l'*ode*; le *dithyrambe*, l'*hymne*, la *cantate*, appartiennent aussi à ce genre.

LYSIANTHE, *sm.* Genre de plantes gentianées dont les fleurs sont très-grandes et la tige haute et garnie de grandes feuilles.

LYSIMAQUE ou Lysimachie (pr. *-ki*). Genre de plantes primulacées à petites fleurs pareilles à celles du mouron, habitant les lieux humides et ombragés.

LYSIODE, *sm.* Bouffon qui dans l'antiquité jouait les rôles de femme.

LYSPUND, *sm.* V. *Lispund* et *Liespfund.*

LYSSA, Lysse, *sm.* Rage, hydrophobie.

LYSSES, *sfpl.* Pustules qui se développent sous la langue des hydrophobes.

LYTHRACÉES ou Lythrariées, *sfpl.* (*Bot.*) Famille de plantes ayant pour type le genre salicaire.

LYTTE, *sf.* V. *Cantharide.*

M

MABA, *sm.* V. *Étaïs.*

MABIER, *sm.* Arbre de la Guyane dont les jeunes branches servent à faire des tuyaux de pipe; on l'appelle aussi *bois calumet.*

MABRE, *sm.* Plaque de fonte posée horizontalement sur le plancher des verreries et servant à étaler les manchons soufflés.

MACABRE, *adj. f.* Danse —, suite d'images que l'on peignait au moyen âge sur les murs des églises et des cimetières; elles représentent la mort qui entraîne en dansant des personnages de toutes les conditions.

MACAO, *sm.* Petit perroquet vert, commun au Brésil.

MACAQUE, *sm.* Genre de singes à queue courte, à abajoues, dont la plupart des espèces habitent les Indes. | *adj. m.* Ver —, insecte d'Amérique qui produit quelquefois dans la chair des abcès difficiles à guérir.

MACARET, *sm.* V. *Mascaret.*

MACAREUX, *sm.* Oiseau palmipède, à très-gros bec, à ailes très-courtes, qui habite la haute mer, où il nage et plonge continuellement; il se retire la nuit dans les fentes des rochers.

MACARONÉE, *sf.* Espèce de poésie burlesque écrite en mots vulgaires, rendus barbares par la terminaison latine qu'on leur donne. | MACARONIQUE, *adj.* Qui tient de la —.

MACE, *sm.* Monnaie chinoise qui vaut environ 75 centimes.

MACÉDOINE, *sf.* Mets composé de différents légumes. | Ouvrage où plusieurs genres sont mélangés sans ordre.

MACÉRATION, *sf.* Opération qui consiste à laisser séjourner une substance dans un liquide pendant quelque temps, afin de dissoudre ses principes constituants; le résultat de la macération s'appelait autrefois en pharmacie *macératé* ou *macéré.*

MACERET, *sm.* V. *Airelle.*

MACERON, *sm.* Plante ombellifère antiscorbutique, dont une espèce croît dans les pâturages humides de nos départements méridionaux et a une tige qui s'élève jusqu'à plus d'un mètre; ses fruits sont diurétiques.

MÂCHE, *sf.* Plante de la famille des valérianées, à petites feuilles ovales, en rosette; une de ses espèces, qu'on recueille au printemps, fournit une salade estimée.

MÂCHECOULIS, *sm.* V. *Mâchicoulis.*

MÂCHEFER, *sm.* Scories de houille et de fer qui s'agglomèrent dans les foyers des forges où l'on travaille le fer et forment le résidu des diverses matières qu'on y brûle.

MÂCHELIÈRE, *adj. f.* et *sf.* Se dit des grosses dents du fond de la bouche nommées aussi *molaires.*

MÂCHICATOIRE, *sm.* V. *Masticatoire.*

MÂCHICOULIS, *sm.* Galeries supérieures des ouvrages fortifiés, percées d'ouvertures par où l'on surveille le pied des ouvrages.

MACHILE, *sm.* Petit insecte aptère dont l'abdomen porte des filets terminaux qui lui servent à sauter; on le trouve dans les lieux pierreux et couverts.

MACHURER, *va.* Barbouiller de noir. | Déchirer. | Ne pas tirer sa feuille nette, en parlant d'un imprimeur.

MACIGNO, *sm.* Grès très-dur renfermant souvent du mica, qu'on emploie pour les constructions.

MACIR, *sm.* Substance astringente qui paraît être extraite des racines d'un arbre de la côte de Malabar; on l'employait autrefois contre la dysenterie.

MACIS, *sm.* Enveloppe membraneuse intérieure de la muscade, dont on extrait une huile aromatique; on l'emploie également dans la cuisine et la fabrication des liqueurs.

MACLAGE, *sm.* Action de *macler*, c.-à-d. de remuer le verre en fusion avec une barre de fer.

MACLE, *sf.* Plante aquatique qui flotte, et dont le fruit, qui porte le même nom, est semblable à une châtaigne | (*Blas.*) Losange tracée sur l'écu. | Filet à larges mailles. | (*Minér.*) Groupement de cristaux semblables, accolés les uns aux autres par leurs faces symétriques. | Minéral gris rougeâtre de silice et d'alumine, que l'on trouve dans les roches granitiques; il est remarquable par une croix noire qu'il porte à son centre.

MACLURE, *sm.* Arbre de l'Amérique tropicale cultivé en Europe; il est voisin du mûrier par sa conformation et on emploie sa feuille en quelques endroits pour élever les vers à soie.

MAÇONNIQUE, *adj.* Qui appartient à la *franc-maçonnerie.* (V. ce mot).

MACOUBA, *sm.* Tabac de la Martinique,

qui est préparé avec du sucre brut, et acquiert ainsi une odeur de rose et de violette.

MACQUE, *sf.* Echevette de laine ; il en faut 22 à Sédan pour faire un écheveau. | Outil pour écanguer le lin et le chanvre et les préparer à subir le teillage.

MACRE, *sm.* Plante aquatique dont les feuilles et les fleurs blanches s'élèvent au-dessus de l'eau; ses fruits, armés de pointes, ont, lorsqu'ils sont cuits, le goût de la châtaigne. | V. *Macir*.

MACREUSE, *sf.* Espèce du genre canard; c'est un palmipède des mers du Nord, à plumage noir, qui se rapproche en hiver de nos côtes où on le prend en grandes quantités.

MACROBIEN, NE, *adj.* Qui a une très-longue vie.

MACROBIOTIQUE, *sf.* Traité des moyens de prolonger la vie.

MACROCÉPHALE, *adj.* Qui a une très-grosse tête.

MACROCOSME, *sm.* (*Philos.*) Nom que certains philosophes donnaient à l'univers par opposition à l'homme, qui était pour eux l'univers abrégé, et qu'ils désignaient sous le nom de *microcosme*. (V. ce mot).

MACRODACTYLE, *adj.* (*Zool.*) Qui a de grands doigts; se dit d'une famille d'oiseaux de l'ordre des échassiers, parce qu'ils ont les doigts très-longs et très-fendus, afin de pouvoir marcher sur les herbes des marais.

MACROGLOSSE, *adj.* (*Zool.*) Qui a une grosse langue; se dit d'une famille d'oiseaux sylvains.

MACROPODE, *sm.* Poisson acanthoptérygien qu'on trouve dans les lacs en Chine; ses écailles ont de très-beaux reflets vert doré.

MACROPODIENS, *smpl.* (*Zool.*) Tribu de crustacés de mer remarquables par la longueur démesurée de leurs pattes, qui leur a valu le nom d'*araignées de mer*.

MACROPTÈRE, *adj.* Qui a de grandes ailes; se dit d'une famille d'oiseaux palmipèdes, appelés aussi *longipennes*.

MACRORHINE, *sm.* Espèce de phoque dont le museau a la forme d'une trompe, qui vit en troupes dans le midi de l'océan Pacifique, et qu'on pêche pour l'huile que renferment diverses parties de son corps.

MACRORHYNQUE, *adj.* (*Zool.*) Qui a un bec long et fort; se dit d'une famille d'oiseaux de l'ordre des échassiers.

MACROSCÉLIDE, *sm.* Genre de mammifères carnivores à molaires pointues, dont les cuisses postérieures sont beaucoup plus longues que les antérieures, et dont le museau est allongé en trompe; on le trouve au Cap et dans le nord de l'Afrique.

MACROSTICHE, *adj.* Qui est écrit en longues lignes.

MACROULE, *sf.* V. *Foulque*.

MACROURES, *smpl.* Division de la famille des crustacés décapodes, renfermant ceux qui sont munis d'une longue queue recourbée; tels sont les écrevisses et les homards.

MACTRE, *sm.* Mollusque à coquille bivalve trigone, d'un blanc plus ou moins pur; il vit enfoncé dans le sable de toutes les mers.

MACUL, *sm.* MACULATURE. *sf.* Feuille de papier imprimée, gâtée ou tachée, dont on se sert comme enveloppe; on l'emploie aussi pour l'emballage et dans la fabrication des objets d'artifice.

MACULE, *sf.* Tache, souillure. | (*Méd.*) V. *Ephélide*. | MACULER, *va.* Produire des —s, en parlant du papier imprimé.

MADAME, *sf.* Nom qu'on donnait, dans l'ancienne cour de France, à la fille aînée du roi ou du dauphin, ou à la femme de Monsieur, frère du roi.

MADAPOLAM, *sm.* Étoffe blanche de coton, plus lisse et plus forte que le calicot.

MADAROSE, *sf.* Chute des poils et particulièrement des cils.

MADÉFACTION, *sf.* Action d'humecter certaines substances pour en faire un médicament.

MADELEINE, *sf.* Petit gâteau de farine et de divers autres ingrédients, tels que sucre, jus de citron, œufs et eau-de-vie; c'est une pâte friable et sèche qu'on cuit en général dans des moules. | Poire assez semblable à la bergamote, qui mûrit à l'entrée de l'été.

MADEMOISELLE, *sf.* Nom par lequel on désignait, dans l'ancienne cour de France, la fille aînée de Monsieur, frère du roi, ou la première princesse du sang, tant qu'elle était fille.

MADIA, *sf.* Plante de la famille des composées, à fleurs jaunes, et dont les semences fournissent une huile comestible estimée; elle est originaire du Chili.

MADONE, *sf.* Statuette de la Vierge, qu'on place en Italie aux angles des rues, etc. | Représentation quelconque de la Vierge, soit en peinture, soit en sculpture.

MADRAGUE, *sf.* Labyrinthe composé d'une série d'enceintes formées de filets maintenus verticalement et ayant quelquefois un kilomètre de longueur; ce filet, usité aux environs de Marseille, sert surtout pour prendre des thons.

MADRAS, *sm.* Étoffe de coton à carreaux de couleur, dont on fait généralement des mouchoirs; les premières étaient fabriquées à Madras, et leur chaîne était de soie.

MADRÉ, E, *adj.* Tacheté, marqué de plusieurs couleurs; se dit particul. du savon bleu de Marseille quand il a des marbrures, appelées aussi *madrures*.

MADRÉNAGUE, *sf.* Toile dont la chaîne est de coton et la trame de fil de palmier.

MADRÉPORE, *sm.* Ordre de polypiers pierreux, à surface garnie de tous côtés de cellules saillantes de forme rayonnée ou étoilée; ils résultent de la sécrétion calcaire opérée par des polypes gélatineux.

MADRIER, *sm.* Planche de 12 à 18 centimètres d'épaisseur, et de 4 à 6 mètres de longueur, qu'on emploie dans les charpentes et les planchers.

MADRIGAL, *sm.* (*Litt.*) Petite pièce de poésie écrite en vers libres et renfermant une pensée galante; ses qualités principales sont la concision, la délicatesse et la grâce.

MADRURE, *sf.* V. *Madré.*

MAESTOSO, *adv.* (*Ital.*) (*Mus.*) Désigne les morceaux qui doivent être exécutés avec une certaine lenteur grave et empreinte de majesté.

MAESTRO, *sm.* (*Ital.*) Grand compositeur, auteur d'œuvres musicales très-célèbres.

MAGASINAGE, *sm.* Droit que perçoivent les douanes ou tout autre administration sur les marchandises qu'on laisse en dépôt dans les magasins de ces administrations.

MAGDALÉON, *sm.* Forme cylindrique, en rouleau allongé d'environ huit à dix centimètres, sous laquelle on expédie certaines substances ou l'on vend certains remèdes.

MAGE, *sm.* Prêtre de la religion des anciens Perses. | *adj. m.* Juge —; lieutenant du sénéchal dans les anciennes provinces françaises.

MAGIE, *sf.* Art prétendu d'opérer, par des moyens surnaturels, toute espèce d'effets merveilleux *ou de prestiges*; on l'appelait — blanche ou — noire, suivant qu'elle avait pour objet l'évocation des bons ou des mauvais esprits.

MAGILLE, *sm.* Mollusque marin dont la coquille, fixée sur des corps étrangers, a la forme d'un tube irrégulier, dont le commencement seulement est en spire.

MAGISTÈRE, *sm.* Dignité du grand-maître de l'ordre de Malte. | (*Méd.*) Nom générique donné à toute poudre minérale très-fine, employée en médecine.

MAGISTRAL, E, *adj.* Médicament —, celui qu'on prépare spécialement sur l'ordonnance du médecin, par oppos. aux médicaments officinaux, qui se trouvent tout préparés dans les pharmacies.

MAGMA, *sm.* Résidu d'une masse soumise à l'expression, et, en général, masse épaisse, visqueuse, plus ou moins colorée, qui a l'aspect d'une bouillie.

MAGNAN, *sm.* Dans le midi, syn. de ver à soie.

MAGNANERIE, *sf.* Lieu où l'on élève des vers à soie. | MAGNANIER, *sm.* Celui qui dirige une —.

MAGNAT, *sm.* (pr. *magh-na*). Seigneur hongrois, noble jouissant de privilèges territoriaux.

MAGNÈS, *sm.* Signifiait, dans l'ancienne chimie, l'aimant ou un mélange de plusieurs minéraux.

MAGNÉSIE, *sf.* Oxyde de magnésium, *terre blanche, onctueuse, qu'on trouve dans* la nature à l'état de carbonate, de sulfate ou de silicate; on l'emploie en médecine pour neutraliser les acides, pour combattre les aigreurs de l'estomac; ses sels sont purgatifs, particul. le carbonate de — ou — carbonatée, dont on fait un grand usage; son sulfate est *un sel incolore, en cristaux, qu'on emploie en* médecine, et qui fait la base de l'eau de Sedlitz artificielle.

MAGNÉSITE, *sf.* Substance minérale qui renferme de la silice, de la magnésie et de l'eau, qu'on trouve dans l'Asie-Mineure, près de Madrid, dans le département du Gard, à Coulommiers (Seine-et-Marne), et à Saint-Ouen (Seine); elle est blanche, légère et poreuse, et prend par le frottement le brillant de la cire; on connaît une de ses variétés sous le nom d'*écume de mer*, et on en fait des pipes très-recherchées.

MAGNÉSIUM, *sm.* Corps simple métallique d'un gris blanchâtre, qui est la base de la magnésie; on le réduit en fils qui répandent *en brûlant une lumière éblouissante*, très-blanche, essentiellement propre aux opérations photographiques.

MAGNÉTIQUE, *adj.* (*Phys.*) Qui possède la propriété de l'aimant. | Qui appartient au magnétisme animal.

MAGNÉTISME, *sm.* (*Phys.*) Propriété que possède l'aimant d'attirer le fer et de se diriger vers le pôle, ou plutôt vers un point voisin du pôle et qu'on nomme *pôle magnétique*; on l'appelle — minéral, pour le distinguer du — animal, faculté dont seraient douées certaines organisations humaines, de pouvoir s'endormir sous l'influence d'une action étrangère et de posséder dans ce sommeil une divination particulière.

MAGNETTES, *sfpl.* (pr. *gn* mouillé). Espèce de toile de Hollande.

MAGNOLIA ou MAGNOLIER, *sm.* (pr. *gn mouillé*). *Genre d'arbres ou d'arbrisseaux* à nombreuses espèces et variétés, de l'Amérique du Nord et du Japon, cultivées en Europe; il a des feuilles très-grandes, coriaces, persistantes, et des fleurs généralement grandes, blanches et odorantes, à pétales nombreux et verticillés.

MAGODIE, *sf.* (*Ant.*) Sorte de pantomime muette, qui était en usage chez les Grecs.

MAGOT, *sm.* Genre de singes dont le museau est gros, allongé, et la queue très-courte ou nulle; on en trouve une espèce dans les rochers de Gibraltar; la plupart habitent le nord de l'Afrique.

MAGUEY, *sm.* V. *Agave.*

MAHALEB, *sm.* V. *Sainte-Lucie* (*Bois de*).

MAHARI, *sm.* V. *Mehari.*

MAHMOUDI, *sm.* Monnaie d'argent de Perse qui vaut environ 50 centimes de notre monnaie.

MAHONNE, *sf.* Bâtiment léger à voiles qui voyage d'Espagne aux Baléares. | *adj. f.* Se dit d'une race de vaches laitières originaires des Baléares.

MAHOUT, *sm.* V. *Cornac.*

MAHRATTE, *sm.* Nom de certaines tribus indépendantes qui occupent plusieurs provinces de l'Hindoustan.

MAHUTE, *sm.* Partie de l'aile des oiseaux de proie qui touche au corps.

MAI, *sm.* Champ de —. Ancienne assemblée publique en France. | Arbre que l'on plante devant la maison des personnes que l'on veut honorer.

MAÏA, *sm.* Genre de crustacés décapodes marins, à carapace épineuse, qu'on trouve dans les fonds pierreux et vaseux ; ils pondent plus de 6,000 œufs.

MAIE, *sf.* Caisse où se prépare la pâte du pain. | Caisse de bois à fond treillagé. | Meule de blé. | Pierre creusée en auge où se rend l'huile au sortir du moulin ; elle est inclinée pour donner de l'écoulement à l'huile.

MAIGRE, *sf.* V. *Sciène.*

MAIL, *sm.* Masse de fer carrée munie d'un manche, dont le carrier se sert comme d'un marteau pour enfoncer les coins dans les joints des pierres. | Petite masse de bois qui sert à pousser une boule de buis dans le jeu appelé aussi *mail.*

MAILLADE, *sf.* Filet composé de trois nappes appliquées l'une sur l'autre.

MAILLE, *sf.* Petit anneau ou nœud formé par le fil dans un tissu. | Petits anneaux de fer ou d'acier dont on formait des armures au moyen âge en les entrelaçant les uns dans les autres. | Ancienne petite monnaie française de cuivre, qui valait la moitié d'un denier. | Pioche recourbée et pointue. | Tache qui vient aux ailes des perdreaux quand ils grandissent. | Bourgeon.

MAILLECHORT, *sm.* Alliage de cuivre, de nickel et de zinc ou d'étain, d'une très-grande dureté ; on l'argente et on le dore pour en faire des services et des objets d'ornement ; on l'appelle aussi *argentan*, *packfong* et *melchior.*

MAILLER, *va.* et *vn.* Mettre aux chiens un collier de mailles pour la chasse du sanglier. | Lier deux voiles ensemble. | Battre sur une pierre avec un maillet. | Se dit des perdreaux à qui les mailles viennent. | Se dit des arbres qui poussent des bourgeons.

MAILLET, *sm.* Gros marteau de bois à deux têtes dont se servent les menuisiers et les charpentiers. | Cheval attelé entre les deux brancards d'une chaise de poste.

MAILLOCHE, *sf.* Espèce de mail à l'usage des carriers, moins gros que le mail proprement dit. | (*Blas.*) Dans les armoiries, petit marteau ou maillet à manche court.

MAILLON, *sm.* Nœud, petite maille. | Nœud coulant, lien.

MAILLOT, *sm.* Petit mollusque univalve de terre dont plusieurs espèces se trouvent en France, dans les lieux ombragés. | Ancienne arme en forme de maillet. | Pressoir à olives.

MAILLURE, *sf.* Moucheture en forme de mailles sur les plumes d'un oiseau de proie.

MAIMON, *sm.* Espèce de macaque de l'Inde dont le museau est pointu et noir ; on l'élève quelquefois en domesticité.

MAIN, *sf.* Cahier de vingt-cinq feuilles de papier. | — de justice, espèce de sceptre surmonté d'une main, que les rois de France portaient le jour de leur sacre. | Nom q'ue portent dans les arts divers outils en forme de crochet, emmanchés et destinés à supporter des pièces à distance ou à remuer des objets sur le feu.

MAINATE, *sm.* Oiseau de l'ordre des passereaux conirostres, assez semblable au merle, qu'on trouve dans les îles de la Sonde ; il s'apprivoise aisément ; son chant est agréable.

MAINLEVÉE, *sf.* Acte qui lève l'empêchement d'une saisie, d'une opposition, d'une inscription.

MAINMISE, *sf.* (*Jurisp.*) Ce mot se dit quelquefois comme syn. de saisie.

MAINMORTE, *sf.* Se dit des biens appartenant aux établissements, communautés, etc., qui n'étant pas soumis au droit de mutation de propriétaire pour cause de décès, sont astreints à une taxe annuelle tenant lieu de ce droit.

MAÏS, *sm.* (pr. *maïss.*) Genre de plantes graminées, élevées de 2 mèt. environ, dont les graines, disposées en épis cylindriques, donnent une farine alimentaire ; cette plante, originaire d'Amérique, est appelée vulg. à tort *blé de Turquie* et *Turquet.*

MAISTRANCE, *sf.* (*Mar.*) Corps des maîtres ou premiers sous-officiers de marine. | École de —, école préparatoire où les élèves sont exercés aux divers métiers relatifs aux constructions navales.

MAÎTRISE, *sf.* Qualité de maître dans les anciennes corporations de métiers ; on ne l'obtenait que par un concours ; les *maîtres* veillaient dans chaque corporation à l'exécution des règlements, jugeaient les différends, etc.

MAJE, *sm.* Juge —. V. *Mage.*

MAJEUR, *adj.* (*Eccl.*) Se dit des ordres ecclésiastiques du sous-diaconat, du diaconat, de la prêtrise et de l'épiscopat, par opposition aux quatre ordres mineurs. | (*Mus.*) Ton, mode —, celui où la gamme se compose de deux tons, un demi-ton, trois tons et un demi-ton. | (*Jurisp.*) Celui qui a atteint la *majorité* ou l'âge auquel on est apte d'après la loi à diriger ses affaires soi-même ; en France, cet âge est de 21 ans.

MAJEURE, *sf.* (*Philos.*) Première des deux prémisses d'un syllogisme.

MAJOLIQUE, *sf.* Espèce de faïence à fond uniforme, d'un émail stannifère, blanc, dur, opaque, sur lequel sont peints des sujets, et que certaines villes italiennes fabriquaient au moyen âge.

MAJOR, *sm.* Officier supérieur qui dirige l'administration de la comptabilité d'un régiment et qui est chargé de tout ce qui concerne l'état civil du corps. | — de place, officier supérieur qui, placé immédiatement au-dessous du commandant de place, est spécialement chargé du détail et de la surveillance du service.

MAJORAT, *sm.* Titre inaliénable de propriété immobilière, attaché à la possession d'un titre de noblesse, et qui passe avec lui à l'héritier mâle du titulaire.

MAJORDOME, *sm.* Se dit dans certaines cours du maître des cérémonies, ou plus particul. du maître d'hôtel. | Dans l'Amérique du Sud, celui qui dirige les hommes qui vont à la recherche du quinquina dans les forêts.

MAJORITÉ, *sf.* V. *Majeur.*

MAKI, *sm.* Genre de quadrumanes communs à Madagascar ; ils sont voisins des singes par leur conformation et en diffèrent par leur museau, qui a la forme de celui du renard, et par leur poil laineux et touffu. | V. *Maquis.*

MALAC, *sm.* Nom que l'on donne dans le commerce à l'étain de Malacca, qui arrive en Europe sous la forme de blocs ressemblant à des chapeaux.

MALACHIE, *sf.* Insecte coléoptère à élytres molles et à corselet plat et carré ; il a de part et d'autre de l'abdomen des vésicules d'un rouge vif qu'il déploie lorsqu'on le prend.

MALACHITE, *sf.* (pr. *-kite*). Carbonate de cuivre, minéral abondant en Sibérie ; c'est une pierre opaque à riches tons verts, susceptible d'un beau poli, dont on fait des objets d'art et d'ameublement ; ses fragments réduits en poudre donnent la couleur employée en peinture sous le nom de *cendres vertes.*

MALACIE, *sf.* (*Méd.*) Dépravation de l'appétit ; désir déréglé d'un seul aliment, avec dégoût et aversion pour tous les autres ; ou désir de manger des choses non alimentaires.

MALACOLOGIE, *sf.* Traité des animaux à corps mou, c.-à-d. des mollusques.

MALACOPTÉRYGIENS, *smpl.* (*Zool.*) Grande division de la classe des poissons embrassant tous ceux qui ont les rayons de leurs nageoires mous et le squelette osseux.

MALACOSTÉOSE, *sf.* Ramollissement des os.

MALACOZOAIRES, *smpl.* Division d'animaux appelés aussi *mollusques.*

MALADRERIE, *sf.* Hôpital de lépreux, léproserie, qu'on établissait au moyen âge pour enfermer les lépreux et arrêter la contagion de la lèpre.

MALAGMA, *sm.* (*Méd.*) Cataplasme émollient, tout topique mou.

MALAGUETTE, *sf.* V. *Maniguette.*

MALAIRE, *adj.* (*Anat.*) Qui appartient à la joue.

MALAMBO, *sm.* V. *Métambo.*

MALANDRE, *sf.* Crevasse purulente qui se produit dans les plis du jarret du cheval. | Nœud pourri, endroit gâté dans le bois de construction. | Bois *malandreux*, bois plein de —s.

MALANDRIE, *sf.* Ancien syn. de lèpre.

MALAPTÉRURE, *sm.* Poisson malacoptérygien du Nil et du Sénégal, qui a comme le gymnote la propriété de donner des commotions électriques.

MALAQUETTE, *sf.* V. *Maniguette.*

MALARD, *sm.* Canard domestique mâle.

MALARIA, *sf.* (*Ital.*) (*mauvais air*). Période pendant laquelle certaines parties marécageuses des environs de Rome exhalent des émanations qui provoquent des fièvres dangereuses.

MALATE, *sm.* Sel composé d'acide malique et d'une base.

MALAXER, *va.* Pétrir une substance, mélanger mécaniquement divers ingrédients. | MALAXATION, *sf.* Action de —. | MALAXEUR, *adj.* et *sm.* Instrument pour —.

MALAXIS, *sf.* Genre de plantes voisines des orchidées par leur conformation ; on les trouve dans les lieux humides.

MALEBET, *sm.* Petite hachette à marteau dont on se sert pour pousser l'étoupe dans les jointures de la coque du vaisseau.

MALEFIQUE ou MALIFIQUE, *sf.* Tissu grossier de laine dont on fait des sacs à graines oléagineuses.

MALESTAN, *sm.* Cuve dans laquelle on met les sardines en saumure avant de les mettre dans des barils.

MALICOR ou MALICORE, *sm.* Nom que donnaient autrefois les pharmaciens à l'écorce de la grenade, substance très-astringente qui sert aujourd'hui au tannage des cuirs.

MALINE, *sf.* Marée qui a lieu à la nouvelle et à la pleine lune.

MALINES, *sf.* Espèce de dentelle très-fine, fabriquée originairement à Malines en Belgique.

MALIQUE, *adj.* Se dit de l'acide particulier qu'on trouve dans la pomme et dans divers fruits, notamment ceux qui sont verts ; combiné avec les bases, il produit des malates.

MALIS, *sm.* Abcès qui vient aux moutons par suite de la clavelée.

MALLÉABLE, *adj.* Se dit des métaux

qu'on peut battre, forger et étendre à coups de marteau. | MALLÉABILITÉ, *sf.* Qualité de ce qui est —.

MALLEMOLLE, *sf.* Mousseline claire et très-fine qui vient des Indes; elle est quelquefois rayée de soie et d'or.

MALLÉOLE, *sf.* (*Anat.*) Partie saillante du bas des os de la jambe, appelée vulgair. la *cheville.* | MALLÉOLAIRE, *adj.* Qui appartient à la —.

MALLIER, *adj.* et *sm.* Se dit d'un cheval qu'on attelle à une malle-poste, à une chaise de poste.

MALMIGNATTE, *sf.* Espèce de théridion ou araignée filandière qui habite l'Europe méridionale, et dont la piqûre est très-venimeuse.

MALOPE, *sf.* Plante de la famille des malvacées, dont on cultive une espèce qui donne tout l'été de très-jolies fleurs roses en touffes, de forme campanulacée.

MALPIGHIACÉES, *sfpl.* (*Bot.*) Famille de plantes ligneuses à feuilles opposées, à calice libre, à corolle rosacée renfermant 10 étamines et 2 ou plus souvent trois ovaires.

MALPIGHIER, *sm.* V. *Moureiller.*

MALSTROEM, *sm.* V. *Cyclone.*

MALT, *sm.* Orge qu'on a fait gonfler dans l'eau et germer, puis sécher, et dont on a séparé les germes pour l'employer à la fabrication de la bière. | MALTAGE, *sm.* Emploi du — pour convertir l'orge en substance sucrée.

MALTHE, *sm.* Bitume noir que l'on recueille dans plusieurs endroits en France et particul. à Seyssel (Ain); il sert à de très-nombreux usages et particul. sous le nom d'*asphalte*, pour un pavage très-estimé; on l'appelle aussi *pissasphalte.*

MALTÔTE, *sf.* Se disait autrefois pour perception d'impôts et contributions illégales. | MALTÔTIER, *sm.* Celui qui exerçait la —.

MALVACÉES, *sfpl.* Famille de plantes dont le type est la mauve, renfermant des genres à fleurs régulières, à calice libre, à cinq pétales et à étamines à filets soudés en gaine cylindrique.

MALVOISIE, *sf.* (*Ant.*) Vin grec fort doux. | *sm.* Vin muscat cuit qu'on prépare à Chypre, à Candie (Crète), et à Madère.

MAMAGU, *sf.* Espèce de fougère de la Nouvelle-Zélande, dont la racine se mange rôtie.

MAMBRINE, *sf.* Variété de la chèvre sauvage ou ægagre.

MAMELLE, *sf.* Organe glanduleux propre à la sécrétion du lait, qui se trouve, par paire, à la surface du corps des animaux dits *mammifères.*

MAMELOUK ou MAMELUK, *sm.* Soldat égyptien enrôlé dans la cavalerie après avoir été acheté comme esclave dans son enfance, puis affranchi.

MAMILLAIRE, *adj.* Qui ressemble à un mamelon. | *sf.* Genre de plantes de la famille des cactées, dont la plupart des espèces, originaires du Mexique, et cultivées chez nous en serre chaude, sont remarquables par des mamelons charnus disposés irrégulièrement sur la tige et pourvus de nombreux aiguillons.

MAMILLÉ, E, MAMILLEUX, SE, *adj.* (*Hist. nat.*) Qui porte des tubercules arrondis.

MAMMAIRE, *adj.* Qui concerne les mamelles, qui a rapport, qui appartient aux mamelles.

MAMMAL, E, *adj.* (*Hist. nat.*) Qui a des mamelles.

MAMMIFÈRES, *smpl.* (*Zool.*) Qui porte des mamelles; ce mot désigne une grande classe du règne animal renfermant l'homme, les quadrupèdes et les cétacés; tous les animaux appartenant à cette classe ont des mamelles, des poumons et un diaphragme musculaire séparant la poitrine de l'abdomen; en outre, ils sont vivipares.

MAMMITE, *sf.* Inflammation des mamelles.

MAMMOLOGIE, *sf.* Histoire, traité des mammifères.

MAMMOUTH, *sm.* Animal fossile, espèce d'éléphant gigantesque à défenses énormes, recourbées en demi-cercle; ces défenses, qu'on retrouve abondamment en Sibérie, s'expédient en Europe sous le nom d'*ivoire bleu*, et sont employées par les bijoutiers.

MAMMULE, *sf.* Protubérance en forme de mamelon.

MAMOUDI, *sm.* V. *Malmoudi.*

MAN, *sm.* Larve du hanneton, appelée aussi *ver blanc.* | V. *Maund.*

MANACOU, *sm.* Espèce de chat des Indes à pelage très-brillant, dont on fait une fourrure estimée.

MANAKIN, *sm.* Genre d'oiseaux passereaux d'Amérique, à couleurs éclatantes, à bec court, dont les narines sont recouvertes en partie par une membrane garnie de petites plumes.

MANATE, *sm.* V. *Lamentin.*

MANCELLE, *sf.* Chaîne de fer ou courroie qui lie les attelles du collier d'un cheval avec chaque timon de voiture.

MANCENILLIER, *sm.* Arbre de la famille des euphorbiacées, commun dans les pays tropicaux et surtout aux Antilles; son fruit, qui a la forme d'une pomme d'api, est un violent poison; son bois, dur et d'un très-beau grain, est employé dans l'ébénisterie; on a exagéré les effets de son ombrage, qu'on a crus mortels, et qui, à la vérité, *ne sont pas* sans danger.

MANCHE, *sf.* Filet en forme de tuyau conique, large à l'entrée et qui se rétrécit jusqu'à son extrémité, qui est ou fermée ou très-étroite. | — d'Hippocrate, sorte de chausse de feutre que les pharmaciens emploient pour filtrer divers liquides. | *sm.* — de couteau. V. *Solen.*

MANCHERON, *sm.* Poignées de la charrue, partie que l'on tient entre ses mains quand on laboure.

MANCHON, *sm.* (*Archit.*) Partie d'un tuyau de cheminée qui embrasse deux ou plusieurs orifices de cheminées voisines. | Cylindre de verre, tel qu'il se forme à l'extrémité de la canne du verrier. | Cylindre de terre cuite. | Tout cylindre ou bande annulaire recevant les extrémités de tuyaux et servant à les raccorder.

MANCHOT, *sm.* Genre d'oiseaux palmipèdes, voisin des pingouins, et n'ayant que des moignons d'ailes; ils vivent sur la mer, qu'ils ne quittent que pour pondre, et marchent très-difficilement à terre; on ne les trouve que dans les mers antarctiques.

MANCIPATION, *sf.* (*Ant.*) Transaction de coutume romaine, par laquelle le propriétaire d'une chose l'aliénait volontairement en faveur d'une autre personne, en observant certaines formalités déterminées.

MANDARIN, *sm.* C'est, en Chine, le synonyme de fonctionnaire de l'ordre administratif et judiciaire; ils forment dix-huit classes ou degrés, et sont au nombre de près de cent mille.

MANDARINE, *sf.* Espèce de petite orange très-sucrée et à écorce très-fine, originaire de Chine, que l'on cultive aux Baléares, à Malte, en Corse et en Sicile; l'arbre qui la porte s'appelle *mandarinier.*

MANDAT, *sm.* Acte par lequel une personne appelée *mandant* en charge une autre appelée *mandataire* de la représenter, soit en justice, soit dans certaines affaires spéciales. | Ordre écrit adressé par une personne à une autre personne du même lieu ou d'un lieu différent, d'avoir à payer, au porteur de cet ordre, une certaine somme.

MANDE, *sf.* Panier d'osier, à deux petites anses, garni intérieurement de toile, et servant à transporter de la terre.

MANDEMENT, *sm.* Écrit adressé par un évêque à ses diocésains, et par lequel il donne aux fidèles des instructions ou des ordres relatifs à la religion.

MANDIBULE, *sf.* (*Zool.*) Paire de pièces cornées latérales qui sont situées au-dessous de la lèvre supérieure des insectes et leur servent à saisir et à broyer les aliments. | Chacune des deux parties du bec des oiseaux.

MANDILLE, *sf.* Casaque de trois pièces que portaient autrefois les gens de bas étage.

MANDOLINE, *sf.* Sorte de guitare à long manche, arrondie par sa base et portant quatre cordes; elle se joue au moyen d'un bec de plume ou d'écorce d'arbre qui met les cordes en vibration.

MANDORE, *sf.* Sorte de luth à quatre cordes doubles, dont on joue avec les doigts; elle n'a guère plus de 50 centimètres de long.

MANDRAGORE, *sf.* Plante de la famille des solanées, voisine de la belladone; elle est très-narcotique, et sa racine, employée autrefois en décoction comme anesthésique, s'emploie encore aujourd'hui en emplâtres sur les tumeurs squirrheuses et scrofuleuses.

MANDRE, *sf.* MANDRERIE, *sf.* Travail d'osier.

MANDRIER, *sm.* Ouvrier vannier, qui travaille l'osier.

MANDRILLE, *sm.* Genre de singes cynocéphales qui ont le museau fort long, de couleur bleue avec une barbe jaune, et la queue très-courte; ils habitent l'Afrique; leurs mœurs sont très-féroces.

MANDRIN, *sm.* Pièce qui se monte sur un tour et sert à fixer les objets que l'on veut travailler. | Poinçon qui sert à percer le fer à chaud. | Moule pour les cartouches, les gargousses, etc. | Tout outil qui sert à supporter un objet pour en faciliter le travail.

MANDUCATION, *sf.* Action de manger. | (*Théol.*) Action par laquelle le prêtre mange le corps de Jésus-Christ.

MANÉAGE, *sm.* Corvée que doivent fournir les matelots dans certains ports.

MANÉGE, *sm.* Art de dompter et d'instruire les chevaux; art de monter à cheval. | Appareil auquel on attache un animal et qui pivote autour d'un axe, de sorte que le mouvement rotatoire de l'animal est transformé en mouvement vertical; on applique ce système aux puits, à certains moulins, aux machines à battre les grains, etc.

MANÈQUE, *sf.* Amande du fruit du muscadier, appelée aussi *noix muscade.*

MÂNES, *smpl.* (*Ant.*) C'étaient, dans la religion païenne, les âmes, les ombres des morts.

MANET, *sm.* Filet en nappe simple prenant le poisson par les ouïes.

MANETTE, *sf.* Poignée, manivelle. | Petit instrument pour arracher les plants de terre avec leur motte; il a la forme d'un cylindre creux et taillé sur tout son périmètre.

MANGANÈSE, *sm.* Corps métallique simple, très-oxydable, ayant l'aspect de la fonte et une cassure grenue; on l'emploie en médecine à peu près dans les mêmes cas que le fer; ses oxydes, qui sont ses minerais naturels, sont employés dans les verreries et dans les laboratoires de chimie; on nomme *manganique* l'acide qu'il forme avec trois équivalents d'oxygène, et *manganates* les sels formés par cet acide et une base.

MANGE-TOUT, *sm.* Nom vulgaire d'une variété de pois cultivée dont la cosse se mange aussi bien que les grains.

MANGIER, *sm.* V. *Manguier.*

MANGLE, *sf.* MANGLIER, *sm.* V. *Palétuvier.*

MANGONNEAU, *sm.* (*Ant.*) Ancienne machine de guerre imitée de la catapulte; projectile qu'elle lançait.

MANGOUSTAN, *sm.* Arbre des Moluques portant des fruits de la grosseur d'une orange et d'un goût exquis.

MANGOUSTE, *sf.* V. *Ichneumon.* | Fruit du mangoustan.

MANGUE, *sf.* Grand filet en usage dans la Méditerranée. | Fruit du manguier. | Mammifère digitigrade voisin de la mangouste par sa conformation; on le trouve dans le sud de l'Afrique.

MANGUIER, *sm.* Grand arbre de la famille des térébinthacées, originaire des Indes, que l'on cultive au Brésil et aux Antilles; ses fruits, très-savoureux, appelés *mangues*, ont la grosseur d'une poire et la chair rouge; ils sont préparés en compotes et fournissent d'excellentes confitures.

MANI, *sm.* Arbre de la famille des guttifères qu'on trouve à la Guyane; il a des fleurs écarlates et fournit par écoulement un suc résineux jaune dont on fait des torches et dont on goudronne les barques. | V. *Pangolin.*

MANIATE, *sm.* Oiseau à tête petite, arrondie, à bec comprimé et arqué, qui ressemble beaucoup au merle.

MANICHÉISME, *sm.* (pr. *-ké-*). Doctrine de Manès, qui admettait deux principes opposés, le principe du bien et le principe du mal. | Manichéen, ne, *adj.* (pr. *-ké-*). Qui adopte le —, qui appartient au —.

MANICHORDION, *sm.* (pr. *-kor-*). Ancien instrument à clavier et à cordes mises en vibration par de petits instruments de cuivre; c'était une variété de l'épinette se rapprochant du piano moderne.

MANICLE, *sf.* V. *Manique.*

MANICORDE, *sm.* Fils de laiton parallèles qui entrecroisent à angles droits d'autres fils de laiton, et constituent avec eux le fond de la forme pour le papier fabriqué à la main.

MANICOU, *sm.* Espèce de sarigue qui habite la Virginie; son pelage est brun, ses jambes courtes; elle vit dans les bois et se nourrit de petits animaux, particul. d'oiseaux.

MANICULE, *sf.* S'est dit comme syn. du pied de devant d'un mammifère.

MANIFESTE, *sm.* Écrit public par lequel un gouvernement, un parti, un personnage, rend raison de sa conduite dans quelque affaire importante. | État général du chargement d'un navire qui est déposé à la douane par le capitaine à son arrivée dans un port.

MANIGUERRES, *sf.* Pêcherie formée de filets tendus pour prendre les anguilles.

MANIGUETTE, *sf.* (*Comm.*) Nom commun à diverses graines d'un goût poivré venant de la Guinée, de Madagascar et de Ceylan; on les mêle au poivre pour le rendre plus piquant.

MANILLE, *sf.* A certains jeux de cartes, le deux de pique ou de trèfle et le sept de cœur ou de carreau, suivant la couleur dans laquelle on joue. | Anneau que les nègres portent autour des oreilles. | Anneau qui ceint le bas de la jambe des forçats et auquel s'attache une chaîne. | Cheville de bois dur avec laquelle on perce la tête des gros pains de sucre pour faciliter l'écoulement du sirop.

MANILUVE, *sm.* V. *Manuluve.*

MANIOC, *sm.* Arbrisseau de l'Amérique du Sud dont la feuille ressemble un peu à celle du chanvre, et dont la racine très-féculente est un excellent aliment. Préparée d'une certaine façon, cette racine donne le tapioca. | Farine de —. V. *Cassave.*

MANIOLLE, *sf.* Sorte de filet en forme de truble ou de grande poche qu'on accroche à un manche, à un cordage ou à un cercle de bois pour pêcher l'éperlan sur les bords de l'Océan.

MANIPULAIRE, *sm.* (*Ant.*) Chef de la compagnie romaine qui était dite *Manipule.* | *adj.* Qui appartient au manipule.

MANIPULATION, *sf.* Action d'opérer manuellement sur les substances qu'on veut étudier; c'est, en chimie et en physique, un auxiliaire puissant de l'enseignement.

MANIPULE, *sm.* Ornement que les prêtres catholiques portent au bras gauche quand ils officient. | Une des compagnies de la cohorte romaine. | Poignée d'herbes, de fleurs, de graines. | Ustensile qui sert à retirer un vase du feu.

MANIQUE, *sf.* Manche en bois qu'on emploie dans certaines industries. | Gant ou poignée de cuir servant à certaines manipulations; particul. pièce annulaire de cuir qui entoure la paume et le dessus de la main des cordonniers pour empêcher le fil avec lequel ils cousent de blesser leur peau.

MANIS, *sm.* V. *Pangolin.*

MANIVEAU, *sm.* Très-petit panier ou chasseret en osier dans lequel on met de 8 à 15 champignons comestibles; on y met aussi des fraises.

MANIVELLE, *sf.* Pièce ordinairement en fer, façonnée en équerre, dont une des branches, droite ou en forme d'S, se fixe par son bout sur l'axe d'une roue, et dont l'autre branche forme le manche par lequel la main fait tourner la manivelle. | Petit essieu de bois rond, emmanché à équerre, qu'emploient les charrons pour conduire une roue qu'ils veulent transporter. | Instrument de fer à l'usage des cordiers, pour tordre les gros cordages.

MANNE, *sf.* Sucre concret qui s'écoule naturellement ou par des incisions de l'écorce d'un frêne de Sicile et d'Italie; c'est un purgatif émollient très-doux. | — en larmes, celle qui est de belle qualité et qu'on recueille sur l'arbre même, en été. | — en sorte, ou grasse, celle qu'on récolte en automne au pied des arbres; elle est de qualité inférieure. | — de Briançon, grains résineux, blancs et gluants, qu'on trouve en été sur les feuilles du mélèze. | — de Pologne, semences d'une plante graminée qu'on mange en Pologne comme du riz. | Panier d'osier à fond plat, assez profond, muni de deux anses.

MANNELETTE, *sf.* Petit panier, plus petit que la manne.

MANNITE, *sf.* Substance sucrée qui est le principe organique de la manne ; on la trouve aussi dans le suc de laitue et dans diverses exsudations végétales ; elle cristallise en aiguilles prismatiques de couleur blanche.

MANŒUVRE, *sf.* (*Mar.*) Ce mot signifie non-seulement l'art de gouverner, de diriger *les mouvements d'un vaisseau en route, mais* encore, particul. au pluriel, les cordages qui concourent à cet objet, et en général tous les cordages, quand ils sont en place.

MANOIR, *sm.* (*Féod.*) Habitation particulière du seigneur qui formait le chef-lieu du fief ; c'était habituellement un château fortifié ; par la suite, ce mot a désigné toute habitation de quelque importance, même n'appartenant pas à un seigneur, pourvu qu'elle fût *entourée de terres suffisamment étendues.*

MANOMÈTRE, *sm.* Appareil composé d'un tube de verre renfermant une colonne de mercure qui, s'élevant ou s'abaissant par l'action de la vapeur, indique le degré de tension de celle-ci dans un générateur ; on en construit aussi pour indiquer la pression du gaz, etc.

MANOQUE, *sf.* Poignée de feuilles de tabac sèches et liées ensemble. | (*Mar.*) Corde de 30 à 60 brasses, repliées sur elle-même en forme d'écheveau et liée au milieu.

MANORHINE, *sm.* Oiseau de la Nouvelle-Hollande, à plumage vert et jaune, remarquable par son bec qui est très-comprimé sur les côtés.

MANOUL, *sm.* Sorte de lynx à pelage roux, qui a deux points noirs sur le sommet de la tête, et qu'on trouve en Europe ; sa fourrure fait l'objet d'un certain commerce.

MANSARD, *sm.* V. *Ramier.*

MANSARDE, *sf.* Pièce d'habitation pratiquée dans le comble d'un toit ; ses clôtures antérieures et supérieures sont prises dans le comble ; la première est presque verticale et à plomb du mur de face, dont elle paraît la continuation ; la seconde, moins oblique qu'un comble ordinaire, se termine au faîte de la toiture.

MANSE, *sf.* (*Féod.*) Étendue de terrain que l'on peut labourer avec une charrue attelée de deux bœufs ; cette surface représentait autrefois 12 arpents environ ; elle servait pour l'évaluation des tributs militaires que devaient fournir les vassaux. | V. *Mense.*

MANTE, *sf.* Genre d'insectes orthoptères, à longues ailes membraneuses, comme celles des demoiselles ; elles ont les pattes de derrière semblables à celles des sauterelles et se tiennent souvent dressées sur ces pattes, en joignant ou en étendant celles de devant comme si elles priaient ou si elles indiquaient quelque chose. | Grande couverture de lit en laine commune. | V. *Squille.*

MANTEAU, *sm.* (*Zool.*) Partie supérieure du corps des oiseaux renfermant le dos et les plumes. | Membrane charnue qui recouvre le corps des mollusques à coquilles bivalves ou privés de coquilles, et qui, chez les premiers, revêt également l'intérieur de la coquille. | (*Archit.*) Partie du tuyau de cheminée qui s'élargit au-dessus de l'âtre. | — ducal, coquille du genre peigne, remarquable par la beauté et la variété de ses couleurs. | — d'arlequin, grillage en fer vertical que l'on baisse derrière le rideau d'une scène entre deux représentations pour empêcher les communications avec la salle.

MANTEGRASSE, *sf.* Sorte de grosse figue de Provence, blanche, à peau dure ; elle a peu de valeur.

MANTELÉ, E, *adj.* (*Zool.*) Se dit d'un oiseau dont le dos ou *manteau* est d'une couleur qui tranche avec celle du reste du corps.

MANTELET, *sm.* Grande pièce de cuir qui s'abat sur le devant et sur les côtés des calèches. | Autrefois, machine de bois qui servait, dans l'attaque des places, à mettre les assaillants à l'abri des coups de fusil. | (*Blas.*) Camail, lambrequin dont les chevaliers couvraient leur écu et leur casque. | (*Mar.*) Porte ou volet qui ferme un sabord. | Petit manteau violet que les évêques portent quelquefois sur leur rochet.

MANTELURE, *sf.* Poil du dos d'un chien quand il diffère de celui des autres parties.

MANTÈQUE, *sf.* Mélange de sang et de graisse qui coule d'une ouverture faite à la gorge de quelques gros oiseaux, tels que l'autruche.

MANTICORE, *sm.* Gros insecte coléoptère voisin du carabe par sa conformation générale ; il habite l'Afrique et se tient sous les pierres.

MANUBIAIRE, *adj.* (*Ant.*) Se disait, chez les Romains, des objets faisant partie des *manubies* ou dépouilles des ennemis vaincus.

MANULUVE, *sm.* (*Méd.*) Immersion des mains dans un liquide chaud, à l'effet d'exercer une action dérivative.

MANUMISSION, *sf.* (*Ant.*) Affranchissement, mise en liberté.

MANUS-DEI, *sm.* Ancien emplâtre pharmaceutique composé d'huile, de cire, de myrrhe, d'encens, de galbanum, etc.

MANUTENTION, *sf.* Administration, gestion, maintien, conservation. | Établissement où se fabrique le pain pour la troupe, et où restent déposés les farines et autres provisions militaires.

MAOU, *sm.* V. *Balatas.*

MAPPE, *sf.* Anciennement, rouleau de linge. | Carte géographique, plan,

MAPPE-MONDE ou MAPPEMONDE, *sf.* Carte géographique où le globe terrestre est figuré en entier sur un plan, de façon à présenter les projections de ses deux hémisphères de part et d'autre d'un grand cercle passant en général par un des méridiens; d'où il résulte que cette carte est formée de deux cercles juxtaposés, traversés à leur milieu par l'équateur.

MAQUE, V. *Macque.*

MAQUEREAU, *sm.* Poisson acanthoptérygien, sans écailles ou à écailles à peine visibles, que l'on trouve en abondance sur nos côtes en été; son corps, arrondi en fuseau, est bleu, ondulé de noir sur le dos et blanc sous le ventre; sa chair est très-estimée. | Nom vulgaire des taches qui viennent aux jambes quand on se chauffe de trop près; on les appelle aussi *éphélides ignéales.*

MAQUETTE, *sf.* Modèle informe et en petit d'un ouvrage de sculpture, d'architecture, d'une statue, etc. | Pièce de fer dont on fait un fusil. | Mannequin dont se servent les peintres.

MAQUILLAGE, *sm.* Nom commun aux *divers procédés employés par les comédiens* pour peindre leur visage et y figurer des rides, des couleurs, etc., au moyen du rouge, du blanc, etc.

MAQUILLEUR, *sm.* Bateau à simple tillac pour la pêche des maquereaux.

MÂQUIS, *sm.* (pr. *ki*). Nom que l'on donne, en Corse et en Italie, aux petits bois ou plutôt aux lieux incultes, couverts d'arbrisseaux, tels que myrtes, arbousiers, lauriers, etc., qui forment un fourré dans lequel il est très-difficile de retrouver ceux qui s'y cachent.

MARA, *sm.* Espèce particulière du genre cabiai qu'on trouve dans le sud de l'Amérique; sa chair est assez recherchée.

MARABOU, *sm.* Oiseau de l'ordre des échassiers et du genre cigogne, que l'on trouve au Sénégal et particul. au Bengale, où il est réduit à une espèce de domesticité; il porte au croupion et à la queue des pennes très-blanches et très-soyeuses qui, sous le nom de *marabouts*, sont l'objet d'un commerce important.

MARABOUT, *sm.* Prêtre mahométan, religieux vénéré. | Petite mosquée rustique. | Pot de cuivre battu a très-large ventre avec anse; on s'en sert pour chauffer divers liquides.

MARABOUTIN, *sm.* Monnaie d'or qui avait cours au XIIIe siècle dans le midi de l'Europe et particul. en Espagne.

MARAICHER, ÈRE, *adj.* Se dit de la culture en grand des jardins potagers pour la production des légumes nécessaires à l'approvisionnement d'une grande ville et particul. aux environs de Paris.

MARASME, *sm.* (*Méd.*) Affaiblissement général des organes vitaux produisant un amaigrissement complet des chairs et la saillie des éminences osseuses sous la peau; il a pour cause certaines longues maladies, et souvent il résulte d'une vieillesse très-avancée.

MARASQUE, *sf.* Espèce particulière de cerise ou de griotte, très-petite, cultivée en Illyrie.

MARASQUIN, *sm.* Espèce de kirsch ou eau-de-vie qui se fabrique en Illyrie et sur les bords de l'Adriatique avec des marasques très-mûres. | Liqueur de cerises faite en France et parfumée par la distillation de fèves tonka.

MARAUDE, *sf.* Vol commis par des soldats isolés du reste de l'armée, soit en pays ennemi, soit dans le pays même auquel appartiennent *ces soldats.*

MARAVÉDI ou MARAVÉDIS, *sm.* Petite monnaie d'Espagne qui vaut environ un centime et demi; ce n'est qu'une monnaie de compte.

MARBRE, *sm.* (*Impr.*) Plaque de pierre unie ordinairement en liais, posée horizontalement sur quatre pieds à hauteur d'homme, et sur laquelle les imprimeurs imposent et corrigent la forme; c'est sur cette table que sont déposés les paquets de composition en attendant qu'ils soient mis sous presse.

MARBRON, *sm.* V. *Canette.*

MARC, *sm.* Ancien poids français qui équivalait à 8 onces ou une demi-livre, c.-à-d. 245 grammes de nos jours environ. | Poids prussien équivalant à 230 grammes. | Monnaie réelle d'argent qui a cours à Hambourg et à Lubeck, et vaut 1 fr. 52 c. | — *banco*, monnaie de compte employée pour les changes, etc., dans ces mêmes lieux et valant 1 fr. 87 c. | — danois, monnaie d'argent danoise qui vaut environ 95 c. | Ce qui reste de plus grossier de quelque substance dont on a extrait le suc; tels sont le *marc* de raisin, de *café*, etc.

MARCASSIN, *sm.* Jeune sanglier de moins d'un an, rayé de noir et de blanc; sa chair est délicate.

MARCASSITE, *sf.* Pyrite ou *fer sulfuré*, en cristaux formant des facettes d'un gris très-brillant et prenant un beau poli; on en faisait autrefois des objets d'ornement et des bijoux. | Fausse —, globules de verre étamé et ressemblant à la —.

MARCEAU, *sm.* V. *Marsaule.*

MARCELINE, *sf.* Étoffe de soie légère, faite avec les rebuts de cocons, et qu'on emploie en doublures.

MARCESCENCE, *sf.* (*Bot.*) Propriété que présentent les organes de certaines fleurs qui se sèchent sans tomber. | MARCESCENT, E, *adj.* Qui jouit de cette propriété.

MARCESCIBLE, *adj.* Qui peut se flétrir.

MARCHAIS, *sm.* Variété de maquereau dépourvue de taches. | Hareng qui n'a ni laite ni œufs.

MARCHANTIE, *sf.* (pr. *-cie*). Genre de

plantes cryptogames consistant en expansions foliacées, que l'on trouve dans les ruisseaux, *les fontaines, etc.*; la plupart sont des diurétiques faibles.

MARCHE, *sf.* S'est dit pour frontière militaire d'un État. | (*Mus.*) Pièce de musique généralement destinée à un orchestre militaire, qui s'exécute pendant que la troupe est en marche. | Touche du clavier d'un orgue ou d'une vielle. | Pièce de bois horizontale sous le métier, sur laquelle l'ouvrier pose le pied pour faire monter ou descendre les lisses.

MARCITE, *sf.* Nom qu'on donne aux prairies d'hiver en Lombardie, qui doivent leur verdure exceptionnelle à des sources souterraines moins froides que celles qui sont à fleur du sol, et au moyen desquelles on peut effectuer des irrigations multipliées.

MARCK, *sm.* V. *Marc.*

MARCOLIÈRES, *sfpl.* Filets qu'on dresse la nuit pour prendre des oiseaux marins.

MARCOTTE, *sf.* Branche que l'on couche en terre à une certaine profondeur, sans la détacher de la plante, pour qu'elle prenne racine, et qu'on en sépare quand elle a une végétation suffisante.

MARCOTTIN, *sm.* V. *Margotin.*

MARDELLE, *sf.* V. *Margelle.*

MARE, *sf.* Auge circulaire de pierre où l'on écrase des olives sous une meule cylindrique qui se meut horizontalement.

MARÉCHAL, *sm.* Dignité la plus élevée dans l'armée. | Dans la cavalerie, le — des logis est un sous-officier correspondant au sergent dans l'infanterie.

MARÉCHAUSSÉE, *sf.* Corps de gens à cheval établis en France à une époque très-reculée pour maintenir la sûreté publique, et qu'on a remplacé en 1790 par la gendarmerie. | Juridiction des maréchaux de France.

MARÉE, *sf.* Mouvement alternatif et journalier des eaux de la mer qui couvrent et abandonnent successivement le rivage; c'est l'ensemble des phénomènes connus sous le nom de *flux* et de *reflux.*

MARELLE, *sf.* Jeu d'enfants qui consiste en une sorte d'échelle tracée sur la terre, dans laquelle on saute à cloche-pied, en poussant avec le bout du pied une espèce de palet.

MAREMME, *sf.* Nom que l'on donne en Italie à certains terrains exhalant en été des vapeurs délétères, tandis qu'en hiver ce sont de riches prairies.

MARENGO (A LA), (*loc. adv.*) Manière d'accommoder la volaille en la dépeçant, la faisant saisir par un feu ardent et achevant de la cuire avec des champignons et de l'huile d'olive. | Brun —, couleur brune mêlée de petits points blancs.

MARÉYER, *sm.* Celui qui entreprend le transport de la marée, des huitres, etc., entre le port et le lieu où passe la voiture, le chemin de fer, etc.

MARGARIQUE, *adj.* Acide —, acide produit, ainsi que l'acide oléique, par suite de la saponification de l'oléine qui se trouve dans toutes les huiles végétales; il forme avec les bases salifiables des sels, ou, pour mieux dire, des savons, appelés *margarates.*

MARGAY, *sm.* (pr. *-gai*). V. *Serval.*

MARGELLE, *sf.* Pierre ou assise de pierre qui forme un rebord et en particulier un rebord de puits.

MARGINAL, E, *adj.* Qui est à la marge ou au bord.

MARGINÉ, E, *adj.* (*Bot.*) Se dit des surfaces qui sont terminées à leurs bords par une bande de couleur différente.

MARGINELLE, *sf.* Genre de mollusques à coquille univalve ovale, oblongue, très-lisse, et revêtue parfois de couleurs très-brillantes; on les appelle aussi *porcelaines.*

MARGINER, *va.* Ecrire sur la marge d'un manuscrit, d'un livre imprimé. | Border.

MARGOTA ou MARGOTAS (pr. *ta*), *sm.* Petit bateau carré par devant, pointu par derrière, recouvert de toile goudronnée que l'on charge de foin, de blé, etc., pour naviguer sur des rivières ou des canaux; sa contenance est de 30 à 50 tonneaux.

MARGOTIN, *sm.* Petit fagot. | Crins tordus pour faire des lignes de pêche.

MARGOUSIER, *sm.* V. *Azedarach.*

MARGRAVE, *sm.* Titre donné autrefois à quelques princes souverains en Allemagne. | MARGRAVIAT, *sm.* État, dignité, seigneurie d'un —.

MARGRIETTE ou MARGRILLETTE, *sf.* Grosse verroterie que les Européens vendent sur la côte d'Afrique.

MARGUERITE, *sf.* Plante de la famille des composées qu'on trouve en été dans les champs; ses fleurs sont solitaires à l'extrémité d'une tige droite; leur disque est jaune et leurs demi-fleurons, disposés en une seule rangée, sont blancs; il ne faut pas la confondre avec la reine-marguerite, espèce d'*aster* à fleurs doubles dont les couleurs varient à l'infini. | Sorte de râpe employée pour le corroyage des cuirs.

MARGUILLIER, *sm.* Nom de chacun des trois membres qui forment le bureau du conseil de *fabrique* d'une paroisse, c.-à-d. le *président*, le *secrétaire* et le *trésorier*; ils sont chargés plus particul. de l'administration des recettes et dépenses de la paroisse. | MARGUILLERIE, *sf.* Fonctions de —.

MARINADE, *sf.* Viande marinée, c.-à-d. assaisonnée de façon à pouvoir se conserver longtemps. | Conserve d'aliments.

MARINÉ, E, *part. passé* du v. *mariner.* Cuit et assaisonné pour être conservé. | Altéré, gâté par l'eau de mer. | (*Blas.*) Qui a une queue de poisson.

MARINETTE, *sf.* Nom que l'on donnait à l'aiguille aimantée servant à diriger les navires avant qu'elle eût été transformée en boussole au XIVe siècle.

MARINGOUIN, *sm.* Insecte diptère des pays chauds. V. *Cousin.*

MARINIÈRE, *adj. f.* Sauce — Se dit de certaine sauce à laquelle on accomode le poisson et quelques mollusques comestibles. | Arche — : dans un pont à double pente, c'est l'arche centrale, celle qui est la plus élevée.

MARISQUE, *sf.* Fic, excroissance charnue et molle qui vient au fondement ou à la partie interne des cuisses. | Espèce de figue de qualité très-inférieure. | Nom que portent en Amérique certaines espèces de cypéracées, telles que *souchets, choin,* etc.

MARIVAUDAGE, *sf.* Manière d'écrire qu'on reproche à Marivaux; badinage à froid, espièglerie compassée et prolongée, recherche affectée dans le style, subtilité dans les sentiments; style dépourvu de naturel. | MARIVAUDER, *vn.* Faire du —.

MARJOLAINE, *sf.* Plante aromatique de la famille des labiées, à fleurs rosées, en épi; elle est cultivée dans les jardins; tonique et stomachique, on l'emploie quelquefois en médecine; elle contient beaucoup de camphre.

MARLI ou MARLY, *sm.* Toile croisée de fil, gommée. | Filet en talus qui borde en dedans la moulure d'une assiette d'argent.

MARLIN, *sm.* V. *Merlin.*

MARMATITE, *sf.* Minerai de soufre, de fer et de zinc qu'on trouve dans l'Amérique du Sud.

MARMELADE, *sf.* Composé pulpeux fait de fruits confits ou de diverses matières végétales cuites; on en fait pour l'usage alimentaire et pour la pharmacie.

MARMENTEAU, *adj.* et *sm.* Se dit du bois de haute-futaie qu'on ne coupe jamais et qui sert à la décoration d'une terre.

MARMOSE, *sf.* Genre de mammifères de l'ordre des marsupiaux, dépourvus de poche, dont les petits naissent presque entièrement formés et se tiennent pendant le jeune âge sur le dos de leur mère, au moyen de leur queue, qu'ils enroulent autour de la sienne.

MARMOTTE, *sf.* Quadrupède de l'ordre des rongeurs, de la taille d'un petit lapin; l'espèce la plus connue vit dans les terriers des montagnes de la Savoie, où elle reste en léthargie pendant l'hiver; sa fourrure a divers usages. | Coiffure de femme faite d'un morceau d'étoffe de couleur. | Coffret portatif dans lequel certains ouvriers tiennent leurs outils. | Amande du fruit d'un arbre appelé MARMOTTIER, *sm.*, qui se trouve dans les Alpes; on en fait une huile à manger très-estimée.

MARNAIS, *sm.* Grand bateau plat de 186 à 300 tonneaux qui navigue sur la Seine et la Marne.

MARNE, *sf.* Terre calcaire mêlée d'argile ou de craie, dont on emploie certaines espèces pour l'amendement des terres; une autre espèce sert à apprêter les draps. | MARNIÈRE, *sf.* Carrière ou excavation où on trouve de la —. | MARNERON, *sm.* Ouvrier qui extrait de la —.

MARNER, *va.* Répandre de la marne sur un champ. | *vn.* En parlant de la mer, descendre d'un certain nombre de mètres par l'effet de la marée.

MARONITE, *adj.* et *s.* Se dit d'une secte de chrétiens catholiques qui habitent principalement le mont Liban.

MAROQUIN, *sm.* Cuir de bouc ou de chèvre apprêté avec de la noix de galle ou du sumac et mis en couleur, à l'imitation de celui qui se fabrique au Maroc. | MAROQUINER, *va.* Donner aux peaux de veau ou de mouton l'apprêt du —.

MAROTTE, *sf.* Espèce de sceptre surmonté d'une tête coiffée de diverses couleurs et garnie de grelots; c'est l'attribut de la folie. | Bâton pour écheniller les arbres ou pour faire tomber les fruits.

MAROUETTE, *sf.* Espèce de poule d'eau. V. ce mot.

MAROUFLAGE, *sm.* Opération qui consiste à enduire d'une colle très-forte dite *maroufle*, les murs sur lesquels on veut peindre; on applique sur cet enduit la toile qu'on recouvre de la peinture, qui paraît ainsi faire corps avec le mur, mais qu'on peut enlever si le mur doit être démoli. | MAROUFLER, *va.* Opérer le —, coller fortement une toile sur une surface unie.

MARQUE (LETTRE DE), *sf.* V. *Lettre.*

MARQUESEC, *sm.* Filet à mailles très-serrées, qui sert pour la pêche des petits poissons.

MARQUETERIE, *sf.* Ouvrage de bois ou de marbre de diverses couleurs, appliquées par feuilles minces sur une surface unie, et formant des dessins à compartiments.

MARQUETTE, *sf.* Pain de cire vierge.

MARQUIS, *sm.* Titre de noblesse que porte le fils aîné d'un duc; il prend rang entre le duc et le comte.

MARQUISE, *sf.* Espèce d'auvent au devant d'une tente. | Tente ouverte de tous côtés et bordée d'un baldaquin. | Auvent de zinc ou de plomb placé au-dessus d'une porte pour abriter de la pluie. | Poire fondante et sucrée, de forme pyramidale, qui mûrit de novembre à décembre. | Filet à petites mailles, en usage sur les côtes de Provence.

MARQUISETTE, *sf.* V. *Marcassite.*

MARRE, *sf.* Pelle large et courbée; grosse pioche.

MARRON, *sm.* Fruit du *marronnier*, arbre d'un très-beau port, à grandes feuilles divisées en folioles ovales, à fleurs blanches en grappes, originaire d'Asie et cultivé partout en Europe. | Petit anneau métallique que les rondes militaires doivent déposer à chaque poste pour que leur passage soit constaté. | Ouvrage imprimé clandestinement. | Caractère à jour, en cuivre ou en ferblanc, servant à marquer les caisses, etc. | Qualification qu'on donne, dans les pays à esclaves, au nègre qui s'est enfui de l'habitation de son maître.

MARRUBE, *sm.* Genre de plantes de la famille des labiées, à odeur forte et pénétrante, rappelant celle du musc; ses espèces, employées en médecine, sont diaphorétiques, désobstruantes, toniques et fortement excitantes.

MARSAIGUE, *sf.* Espèce de filet que l'on tend par le fond.

MARSAULE ou Marsault, *sm.* Espèce de saule; ses bourgeons, dont les bouvreuils sont friands, se développent en mars; son bois est cassant; il fournit des perches pour faire des échalas.

MARSILÉE, *sf.* Genre de plantes cryptogames, dont les fleurs sont contenues dans une enveloppe fermée et globuleuse qui naît dans le pétiole des feuilles, ou disposées parmi les racines; on les trouve dans les lieux humides, les marais, etc. | Marsiléacées, *sfpl.* Famille de plantes dont la — est le type.

MARSOUIN, *sm.* Espèce de cétacés de 1 m. 50 c. de longueur environ, en forme de fuseau, très-commun dans les mers d'Europe, où il vit en troupes; il remonte quelquefois nos grands fleuves.

MARSUPIAUX, *smpl.* (*Zool.*) Ordre d'animaux mammifères, remarquables par une poche que forme autour des mamelles la peau de l'abdomen; les petits, à peine formés, s'attachent aux mamelles de leur mère et restent dans cette poche jusqu'à leur parfait développement; alors ils en sortent quelquefois, et y rentrent à la moindre apparence de danger.

MARTAGON, *adj.* et *sm.* Se dit d'une espèce de lis à feuilles verticillées, à fleurs rougeâtres pendantes et parsemées de taches purpurines, et dont les pétales sont redressés; on le trouve dans les lieux montueux de l'Europe.

MARTE, *sf.* V. *Martre.*

MARTEAU, *sm.* Genre de poissons chondroptérygiens analogues aux requins; sa tête, aplatie, ressemble à un marteau, dont le corps, très-étroit, serait le manche. | Mollusque à coquille bivalve, élargie à la base en deux lobes figurant les deux têtes d'un marteau.

MARTELAGE, *sm.* V. *Balivage.*

MARTELET, *sm.* Petit marteau dont se servent les orfèvres pour travailler à des ouvrages délicats. | Marteau dont se servent les couvreurs pour dresser les tuiles.

MARTELINE, *sf.* Marteau dont un bout est en pointe et l'autre denté d'acier; il est employé par les sculpteurs et les marbriers.

MARTELLEMENT, *sm.* (*Mus.*) Sorte d'agrément que certains chanteurs mettent dans leur chant; c'est un trille qui se fait en descendant diatoniquement.

MARTIAL, E, *adj.* Cour —e, nom qu'on donnait autrefois en France, et qu'on donne encore aujourd'hui dans certains pays, à un tribunal qui connait des crimes commis par des militaires. | Loi —e, toute loi qui autorise l'emploi de la force armée en pays conquis. | (*Méd.*) Se disait autrefois des médicaments dans lesquels il entre du fer.

MARTINET, *sm.* Oiseau passereau fissirostre, qui ressemble à l'hirondelle, mais avec les ailes beaucoup plus longues; il ne marche presque pas et vole presque continuellement autour des monuments élevés dans lesquels il niche; il est généralement noir ou gris brun, et blanc en dessous; il passe l'été en Europe et l'hiver dans les contrées tropicales. | Chandelier plat muni d'un manche. | Marteau en fer mis en mouvement par la force de la *vapeur ou de l'eau; on l'emploie pour battre* et étirer le fer, l'acier, la fonte, etc.

MARTINGALE, *sf.* Courroie qui rattache la muserolle à la sangle du poitrail d'un cheval pour l'empêcher de lever trop la tête. | Ponte double de ce qu'on a perdu sur un coup au jeu. | Manière particulière de jouer son argent qu'imaginent et que suivent certains joueurs.

MARTIN-PÊCHEUR, *sm.* Oiseau passereau de la famille des alcyons, commun en Europe; il est un peu plus grand qu'un moineau, d'un vert noirâtre en dessus avec une bande bleue, et d'un roux sale en dessous; la plupart de ses espèces se tiennent au-dessus de l'eau et saisissent les petits poissons ou les insectes aquatiques dont ils se nourrissent; *certaines d'entre elles, plus connues sous le* nom de *martin-chasseur*, vivent dans les bois et guettent les insectes qu'ils saisissent au passage.

MARTIN-SEC, *sm.* Variété de poire pyramidale, de grosseur moyenne, roussâtre, à chair cassante, sèche, et d'une saveur sucrée.

MARTIN-SIRE, *sm.* Variété de poire d'automne de couleur vert jaunâtre, de forme allongée, à chair ferme et sucrée.

MARTOIRE, *sf.* Marteau à deux pannes, qui sert aux serruriers à relever les brisements.

MARTRE, *sf.* Genre de carnassiers à fourrure, de la tribu des digitigrades, dont une espèce, la — zibeline, est très-recherchée; elle habite les régions les plus glacées du Nord des deux hémisphères; on rattache à ce genre divers autres animaux à fourrure, tels que la fouine, le vison, le putois, etc.

MARTYROLOGE, *sm.* Catalogue où furent inscrits d'abord les noms des martyrs, et dans lequel on a inséré depuis les noms des saints dont l'Église fait commémoration.

MARUM, *sm.* V. *Germandrée.*

MARVAUX, *smpl.* Corbeilles de forme conique, pour égoutter le sel nouvellement fabriqué.

MARYLAND, *sm.* Tabac de Maryland (Amérique du Nord); il est d'une saveur fade, douce, et d'une odeur moins forte que les autres tabacs.

MARZEAU, *sm.* Excroissance charnue sous le cou des cochons.

MASARIDE, *sm.* Insecte hyménoptère, vivant en sociétés temporaires à peu près comme les abeilles, dont il diffère en ce que ses ailes supérieures sont doublées longitudinalement.

MASCARET, *sm.* Reflux violent que l'Océan imprime aux eaux des fleuves près de leur embouchure; ce terme ne s'emploie guère qu'en parlant de la Seine et de la Gironde.

MASCARILLE, *sm.* Espèce de champignon comestible du genre agaric; elle est très-estimée.

MASCARIN, *sm.* Espèce de perroquet de Madagascar, à masque noir.

MASCARON, *sm.* Tête ou masque de fantaisie qui fait partie d'un ornement en sculpture ou en ciselure.

MASLAC, *sm.* Nom donné par les Turcs à une préparation excitante du chanvre, analogue au haschisch.

MASS, *sm.* Mesure de capacité pour les liquides, en usage en Allemagne, et variant, suivant les pays, de 1 litre à 2 litres 50.

MASSACRE, *sm.* Se dit de la tête d'une bête fauve abattue, comme d'une tête de cerf avec son bois.

MASSE, *sf.* (*Phys.*) Quantité de matière que renferme un corps sous un certain volume. | (*Comm.*) Douze grosses ou cent quarante-quatre douzaines. | Gros marteau de fer carré des deux bouts, emmanché de bois, et qu'on emploie pour briser des pierres ou pour frapper la tête d'un ciseau. | Fonds commun, dans chaque régiment, qui est alimenté par des retenues faites sur la solde de chaque homme et sert à pourvoir à diverses dépenses d'entretien. | — d'armes, arme de fer en usage au moyen âge; c'était une sorte de massue. | Bâton à tête d'or ou d'argent, qui était autrefois porté devant le roi, devant certains personnages ou certains corps, dans les solennités, par un officier appelé *massier*.

MASSEL, *sm.* Mesure de capacité, en usage en Allemagne pour les choses sèches, et variant, selon les pays, de 2 litres 70 à 3 litres 80.

MASSELOTTE, *sf.* Excès de métal qui reste adhérent aux moules lorsque la fonte ou le bronze ont été coulés.

MASSEPAIN, *sm.* Petit biscuit fait d'amandes et de sucre, et semblable un peu au macaron. | Petit gâteau de pâte légère analogue à celle de la madeleine.

MASSER, *va.* Pétrir avec les mains les différentes parties du corps d'une personne qui sort du bain, de manière à rendre les articulations plus souples. | Masseur, se, *adj.* et *s.* Celui, celle qui masse.

MASSÉTER, *sm.* (pr. *terr*) (*Anat.*) Muscle qui s'étend de l'apophyse zygomatique à la mâchoire inférieure; il a pour objet d'élever cette mâchoire dans l'acte de la mastication.

MASSETTE, *sf.* Plante aquatique, type de la famille des typhacées; elle est remarquable par sa tige très-simple, presque entièrement nue et terminée par un épi cylindrique très-compact, laissant échapper, à la maturité, un duvet léger et soyeux; on la trouve dans les marécages.

MASSIAUX, *smpl.* Portions de fonte brute converties en masses de fer dans un seul foyer, et prenant la forme de prismes.

MASSICOT, *sm.* Protoxyde de plomb de couleur jaune, qu'on obtient généralement par la calcination du carbonate de plomb; c'est une matière employée en peinture et servant à la préparation du *minium* et de la *litharge*.

MASSIER, *sm.* V. *Masse*.

MASSOLE, *sf.* Supplice usité autrefois en Italie; il consistait à assommer le patient avec une massue.

MASSORAH ou Massore, *sf.* Commentaire de l'Écriture sainte fait par des docteurs juifs nommés *massorets* ou *massorètes*. | Massorétique, *adj.* Qui appartient à la —.

MASSOU, *sm.* Dans les salines, table creuse où sont coulés les pains de sel.

MASTIC, *sm.* Résine qu'on obtient par incision de l'écorce du pistachier ou lentisque de Chio; c'est une substance jaune luisante, employée dans la préparation des vernis. | Nom que portent diverses compositions destinées à boucher hermétiquement des trous, des fentes, des jointures; tels sont le — des *vitriers*, composé de craie et d'huile siccative, le — des fontainiers, composé de résine et de ciment, etc.

MASTICADOUR, *sm.* Espèce de mors que l'on met dans la bouche des chevaux pour exciter la salivation et leur donner de l'appétit, ou bien qu'on entoure d'un médicament approprié au mal que le cheval a dans la bouche.

MASTICATOIRE, *sm.* Se dit de toute substance que l'on mâche sans l'avaler, soit pour exciter la sécrétion de la salive, comme le *tabac*, le *bétel*, etc., soit pour déguiser la mauvaise haleine, comme le *cachou*, l'*iris*, etc.

MASTIGADOUR, *sm.* V. *Masticadour*.

MASTITE, *sf.* (*Méd.*) Inflammation des mamelles, qui survient pendant l'allaitement.

MASTODONTE, *sm.* Animal fossile du groupe des pachydermes et de l'ordre des proboscidiens, dont l'espèce la plus grande, supérieure en taille à l'éléphant, habitait l'Amérique du Nord; une autre espèce, plus petite, était assez commune en Europe.

MASTOÏDE, *adj.* (*Anat.*) Qui a la forme d'un mamelon; se dit, en particulier, de chacune des deux apophyses placées à la base du crâne. | MASTOÏDIEN, NE, *adj.* Qui appartient aux apophyses —s.

MASULIPATAN, *sm.* Toile de coton des Indes dont on fait des mouchoirs.

MAT, *sm.* (pr. *matt.*) Coup qui termine la partie d'échecs en mettant le roi du perdant dans une position telle qu'il ne pourrait bouger sans se mettre en prise.

MÂT, *sm.* Pièce de bois destinée à supporter la voilure d'un navire; il y en a quatre prinpaux dans les grands navires, savoir: le — d'*artimon* à l'arrière, le grand — et celui de *misaine* au milieu, enfin le *beaupré* à l'avant; *ils* supportent des —s. | de *hune*, appelés *perroquets*, *cacatois*, *foc*, etc.

MATACON, *sm.* Fruit de Madagascar; c'est une sorte de noisette dont la farine est comestible.

MATAMATA, *sm.* Espèce de tortue de marais de la Guyane, dont le double bouclier est très-petit et ne recouvre qu'imparfaitement sa tête et ses pieds; sa bouche est très-largement fendue et ses narines se prolongent en trompe.

MATAMORE, *adj.* et *sm.* Personnage qui se donne des airs de bravoure; faux brave. | Vaste silo très-profond.

MATASSE, *sf.* Se dit de la soie ou du coton avant qu'ils soient filés.

MATASSIN, *sm.* Nom que portaient les danseurs bouffons qui figuraient autrefois dans la comédie italienne, et qui ont été introduits au XVIIe siècle dans quelques pièces de comédie françaises.

MATCH, *sm.* (*Angl.*) Concours de deux personnes, lutte tête à tête entre deux joueurs, entre deux réunions ou entre deux chevaux de course.

MATÉ, *sm.* Sorte de houx dont on prend les feuilles et les branches en infusion comme du thé, dans l'Amérique du Sud; on l'appelle aussi *faux thé*; il a été introduit en France et y a réussi.

MATEAU, *sm.* Paquet de 4 à 15 flottes de soie grége ou ouvrée, suivant les pays.

MATELOT, *sm.* Homme qui fait partie de l'équipage d'un bâtiment et doit participer aux manœuvres. | Nom que prennent chacun des vaisseaux d'une flotte en ligne par rapport aux vaisseaux voisins.

MATELOTE, *sf.* Sauce de poisson qu'on fait cuire avec du vin ou du cidre et des épices.

MATÉOLOGIE, *sf.* (*Théol.*) Discussion blâmable sur des dogmes et des matières sacrées.

MATER, *va.* V. *Matoir.*

MÂTER, *va.* Mettre un objet debout comme les mâts. | Boucher les fuites d'une chaudière et en cimenter les joints.

MÂTEREAU, *sm.* Petit mât; bout de mât.

MATÉRIALISME, *sm.* Système de philosophie qui admet que la matière vit par elle-même et repousse l'existence du monde spirituel, de l'âme, et, par suite, de Dieu.

MATÉRIALITÉ, *sf.* Qualité de ce qui est matière. | État matériel des choses.

MATICO, *sm.* Feuilles d'une espèce de poivre exotique qu'on emploie comme astringent contre la dysenterie, la diarrhée, etc.

MATIÈRE, *sf.* — médicale, partie des sciences médicales qui traite des médicaments au point de vue de leur nature et de leurs propriétés.

MÂTIN, *sm.* Grand chien remarquable par sa force; il a le front aplati, le museau allongé, les oreilles petites, à demi redressées et pointues, les jambes longues, le poil court et la queue recourbée en haut et en avant.

MATINES, *sfpl.* Première partie de l'office divin, composée de leçons qui se disent dès l'aube.

MATISIE, *sf.* Grand arbre du Pérou, à feuilles en cœur, à fleurs blanches rosées, dont le fruit est une baie qui a le goût de l'abricot.

MATITÉ, *sf.* (*Méd.*) Se dit de l'état des organes qui rendent un son *mat* quand on les percute avec la main.

MATOIR, *sm.* Instrument d'acier trempé, dur, fait en forme de pointe, qui sert à *mater* le fer, c'est-à-dire à le faire venir et à l'étendre dans l'endroit où il en manque. | Ciselet d'orfèvre servant à rendre bruts les ornements de relief et à faire ressortir l'éclat des parties polies. | Ciseau obtus pour comprimer des soudures.

MATON, *sm.* Lait caillé. | Marc d'huile.

MATRAS, *sm.* (pr. *-tra*). Vase de fer de forme sphérique à long col que l'on emploie pour les préparations chimiques.

MATRICAIRE, *sf.* Genre de plantes voisin de la camomille par sa conformation et son aspect; une de ses espèces, qui a une odeur assez forte, a des propriétés stomachiques et vermifuges.

MATRICE, *sf.* (*Zool.*) Organe interne des mammifères femelles, dans lequel le fœtus naît, se nourrit et s'accroît jusqu'au terme de la gestation. | Empreinte de cuivre, servant de moule pour la fonte des caractères d'imprimerie ou des médailles. | Étalons des poids, des mesures. | — des rôles, registre original servant à établir les rôles annuels des contributions directes.

MATRICULE, *adj.* et *sm.* Se dit d'un registre où sont inscrites par numéros d'ordre les personnes qui font partie de certains corps organisés, et spécialement du répertoire des soldats d'un régiment.

MATTE, *sf.* Syn. de *Maton.* V. ce mot. | Matière métallique mêlée de soufre qui résulte du premier grillage des minerais de cuivre ou de fer sulfurés, et qui se sépare des scories pierreuses ou terreuses; il faut la faire recuire pour en extraire le métal.

MATTEAU, *sm.* V. *Mateau.*

MATTOIR, *sm.* V. *Matoir.*

MATTON, *sm.* Grosse brique servant à paver.

MATURATIF, VE, *adj.* et *s.* (*Méd.*) Se dit des ingrédients qui hâtent la formation du pus dans les tumeurs.

MATURATION, *sf.* Maturité, progrès des fruits qui mûrissent. | Épuration d'un métal.

MÂTURE, *sf.* Ensemble de tous les mâts d'un bâtiment. | Bois propre à faire des mâts.

MATUTE, *sm.* Genre de crustacés décapodes à test comprimé en forme de cœur; on le trouve dans presque toutes les mers.

MATUTINAIRE, *sm.* Livre de l'office des *matines.*

MATUTINAL, E, *adj.* Du matin, des *matines.*

MAUBÈCHE, *sf.* Espèce d'oiseau du genre bécasseau, à bec très-renflé. V. *Bécasseau.*

MAUBOIS, *sm.* Étoffe pour habits d'hommes, qui se fabrique à Lyon.

MAUCHAMP, *sm.* V. *Graux.*

MAUGE ou MAUGÈRE, *sf.* (*Mar.*) Petite conduite de cuir ou de toile goudronnée pour l'écoulement des eaux du tillac.

MAUND, *sm.* (pr. *mand*). Poids employé dans l'Inde, et particul. au Bengale, où il équivaut, soit à 37 kil. 1/2, soit à 33 kil. 1/2.

MAURELLE, *sf.* Plante de la famille des euphorbiacées que l'on cultive en Provence pour en extraire une couleur bleue nommée *tournesol*, qui rougit par une longue exposition à l'air. | Loques ou chiffons imprégnés de cette couleur que l'on expédie ainsi en Hollande, où l'on s'en sert pour colorer la croûte des fromages.

MAURESQUE, *adj.* V. *Moresque.*

MAURET, *sm.*, ou MAURETTE, *sf.* Fruit de l'airelle.

MAURICIE, *sf.* Grand arbre de la famille des palmiers, dont le feuillage est pendant en forme d'éventail; l'une de ses espèces, commune à la Guyane, fournit des fruits et une moelle alimentaires.

MAURIS, *sm.* Toile de coton blanc, des Indes.

MAUSOLÉE, *sm.* Tombeau grand et riche, ou simulacre de tombeau dressé pour un service funèbre.

MAUVE, *sf.* Plante herbacée ou sous-ligneuse, dont les espèces nombreuses portent des fleurs rosées à cinq pétales rayés de blanc, et des fruits en forme de turban; elle a des propriétés émollientes et pectorales.

MAUVIETTE, *sf.* Nom sous lequel on désigne l'alouette quand elle est devenue grasse et qu'on l'apporte sur les marchés.

MAUVIS, *sm.* (pr. *-vi*). Espèce de merle ou de grive originaire d'Europe, dont la chair est estimée, surtout à l'automne, parce qu'il se nourrit de raisins; on le préfère à la grive commune.

MAX, *sm.* Monnaie d'or de Bavière qui vaut 25 fr. 87 c. de France.

MAXILLAIRE, *adj.* (pr. *mak-cil-lai-*). Qui appartient, qui a rapport aux mâchoires.

MAXIMÂ (À), *loc. adv. lat.* (*Phys.*) Thermomètre —, thermomètre qui indique chaque jour, au moyen d'un curseur, la plus haute température qu'il a fait dans la journée.

MAXIMUM, *sm.* (*Math.*) Limite extrême de grandeur à laquelle puisse atteindre une quantité; on dit indifféremment, au plur., *maxima* ou *maximums.* | Taux au-dessus duquel il est défendu de vendre une marchandise; cette défense a été quelquefois établie par quelques gouvernements, mais toujours sans succès.

MAZDÉISME, *sm.* Religion des Guèbres. (V. ce mot.)

MAZER, *va.* Affiner la fonte de fer dans un fourneau au coke, avec un vif courant d'air, pour lui enlever le silicium et les diverses matières qu'elle contient. | MAZÉAGE, *sm.* Action de —. | MAZERIE, *sf.* Atelier de mazéage.

MAZOURKA, MAZURKA, *sf.* Danse à deux personnes, sur un mode lent à trois temps, imitant la danse nationale polonaise de ce nom.

MÉAN, *sm.* Réservoir d'un marais salant.

MÉANDRE, *sm.* (*Archit.*) Sinuosités, détours nombreux et compliqués.

MÉANDRINE, *sf.* Polypier dont la surface offre des sillons sinueux ou tortueux; on en trouve beaucoup à l'état fossile.

MÉAT, *sm.* (*Anat.*) Syn. de canal, conduit qui transporte quelque fluide ou quelque humeur d'un organe à un autre.

MÉCANIQUE, *sf.* Partie des mathématiques appliquées qui traite des lois du mouvement et des forces motrices.

MÈCHE, *sf.* Nom qu'on donne dans certains arts à une tige d'acier terminée par une cuillère ou un trident, et s'emmanchant dans un fût, qu'on emploie pour percer les corps durs.

MÉCHOACAN, *sm.* (pr. *-ko-*) Racine très-purgative d'un liseron résineux du Mexique.

MÉCONIQUE, *adj.* (*Chim.*) Se dit d'un acide solide, blanc, cristallin, qui existe dans l'opium. | MÉCONATE, *sm.* Nom du sel résultant de la combinaison de cet acide avec les bases. | MÉCONINE, *sf.* Principe organique immédiat dont on extrait l'acide méconique.

MÉCONITE, *sf.* Pierre volcanique blanche que l'on trouve mêlée à la lave.

MÉCONIUM, *sm.* Suc exprimé des têtes et feuilles de pavot. | Excrément vert noirâtre que rend l'enfant nouveau-né et qui s'était accumulé dans ses intestins pendant la grossesse.

MÉDAILLIER, *sm.* Meuble à tiroirs, à casiers, qui renferme des médailles.

MÉDAILLON, *sm.* (*Archit.*) Cartouche rond dans lequel est sculptée une tête en bas-relief.

MÉDIAIRE, MÉDIAL, E, MÉDIAN, E, *adj.* Qui occupe le milieu. | Veines médianes, trois veines qui sont à la superficie de l'avant-bras.

MÉDIANIMIQUE, *adj.* Se dit, dans la langue du spiritisme, de ceux qui possèdent les propriétés du *médium* ou de ce qui concerne un *médium*. V. ce mot.

MÉDIANTE, *sm.* (*Mus.*) Tierce au-dessus de la note tonique; tel est le *mi* dans le ton d'*ut* majeur.

MÉDIASTIN, *sm.* (*Anat.*) Cloison membraneuse formée par l'adossement des deux plèvres et qui sépare la poitrine en deux parties, l'une à droite, l'autre à gauche. | MÉDIASTINITE, *sf.* Inflammation du —.

MÉDIAT, E, *adj.* Opposé d'*immédiat;* qui présente un intervalle, une interruption.

MÉDIATISATION, *sf.* Acte par lequel, dans une Confédération, certaines principautés se trouvent réunies à des États plus puissants et ne relèvent que médiatement de la Confédération.

MÉDICINIER, *sm.* Arbre exotique de la famille des euphorbiacées, à suc laiteux, et dont les graines fournissent une huile très-purgative, employée contre les maladies de la peau et la vermine.

MÉDIMNE, *sm.* (*Ant.*) Mesure en usage chez les Grecs anciens et qui équivalait à cinquante-deux de nos litres environ.

MÉDIN, *sm.* Monnaie d'Égypte et de Turquie qui vaut environ 5 centimes.

MÉDIPONTIN, *sm.* Table de pressoir. | Pont de cordes.

MÉDITULLIUM, *sm.* (*Anat.*) Substance spongieuse des os, appelée aussi *diploé*.

MÉDIUM, *sm.* (*Mus.*) Portion moyenne de l'étendue de la voix également éloignée des extrémités grave et aiguë. | Nom qu'on a donné à certaines personnes jouissant d'une prétendue propriété de se mettre en communication avec le monde extra-terrestre, et de correspondre avec les *esprits;* c'est un terme de *spiritisme*. (V. ce mot).

MÉDIUS, *sm.* et *adj. m.* (pr. *-diuss*). Le doigt du milieu.

MEDJIDIÉ, *sm.* Ordre de décoration de Turquie. | — d'or, monnaie turque valant 25 fr. | — d'argent, monnaie turque valant 4 fr. 80.

MÉDULLAIRE, *adj.* (*Anat.*) Qui appartient à la moelle, qui en a la nature, qui en renferme. | Membrane —, celle qui enveloppe la moelle des os et qui tapisse le canal intérieur de l'os. | (*Bot.*) Se dit du canal, des fibres, etc., qui transportent la moelle du végétal dans ses diverses parties.

MÉDULLE, *sf.* (*Bot.*) Nom qu'on a donné quelquefois à la moelle des végétaux.

MÉDUSE, *sf.* Zoophyte gélatineux, qui flotte dans la mer et ressemble à une cloche ou ombelle au-dessous de laquelle pendent un ou plusieurs pédoncules, ainsi qu'un grand nombre de tentacules; leur couleur est généralement très-brillante, et le contact de plusieurs espèces produit souvent une vive irritation à la peau, d'où leur vient le nom vulgaire d'*orties de mer*.

MÉE, *sf.* V. *Maie*.

MEETING, *sm.* (pr. *mitingg*) (*Angl.*) En Angleterre, réunion populaire ayant pour objet de délibérer sur une question d'actualité.

MÉGACÉPHALE, *sm.* Coléoptère pentamère voisin des cicindèles par sa conformation; son corps est revêtu de couleurs métalliques.

MÉGACHILE, *sf.* Insecte hyménoptère porte-aiguillons, qui vit sur les fleurs.

MÉGALITHIQUE, *adj.* Se dit de l'époque antéhistorique où furent élevés les dolmens, les cromleachs, les grands tumuli, etc.

MÉGALONYX, *sm.* Mammifère fossile trouvé dans l'Amérique du Nord et qui paraît être une espèce de mégathérium.

MÉGALOPE, *sf.* Crustacé décapode, à carapace large, courte et déprimée, dont les yeux sont très-gros et très-saillants; on le trouve dans la plupart des mers.

MÉGALOSAURE, *sm.* Grande espèce de reptiles fossiles que l'on croit avoir été un animal marin très-vorace.

MÉGALOSPLÉNIE, *sf.* Gonflement, tuméfaction de la rate.

MÉGAPODE, *sm.* Oiseau de l'Océanie, de la taille d'une perdrix, qui a les ongles très-gros; il vit dans les marais.

MÉGASCOPE, *sm.* Instrument de physique composé d'une lentille et d'une chambre obscure, au moyen duquel on distingue des objets réduits ou amplifiés avec beaucoup de précision.

MÉGATHÉRIUM, *sm.* Genre de mammifères fossiles de l'ordre des *édentés;* on en a trouvé des vestiges en Amérique et en Europe.

MÉGISSIER, *sm.* Ouvrier qui apprête les cuirs avec de l'alun pour les blanchir et les rendre souples. | MÉGIE, *sf.* Art du —. | MÉGISSERIE, *sf.* Commerce, industrie du —. | MÉGIR, MÉGISSER, *va.* Exercer le métier du —.

MEHARI, *sm.* (au plur. MEHARA). Espèce de dromadaire du Sahara, qui court beaucoup plus vite que l'espèce ordinaire, et dont les indigènes, nommés Touaregs, se servent pour leurs voyages et pour la chasse des autruches.

MÉJUGER, *vn.* Porter un faux jugement. | Se —, *v.pr.* Se dit des bêtes fauves quand elles ne posent pas les pieds de derrière au même point que ceux de devant.

MÉLAC, *sm.* V. *Malac.*

MÉLADOS, *sm.* (pr. *doss*). Cheval qui a le poil blanc et les yeux bleus.

MELÆNA, *sm.* (*Méd.*) Flux de sang noirâtre provenant de l'appareil digestif et s'échappant, soit par la bouche, soit par l'anus.

MÉLAÏNOCOME, *adj.* Qui teint les cheveux ou la barbe en noir.

MÉLAMBO, *sm.* Écorce résineuse et amère d'un arbre d'Amérique; on l'a employée comme fébrifuge.

MÉLAMPYRE, *sm.* Genre de plantes de la famille des scrofulariées, communes en Europe, à graine noire; on les appelle vulg. *blé de vache, rougeole.*

MÉLANCOLIE, *sf.* (*Méd.*) Nom qu'on donnait autrefois à une altération des facultés intellectuelles, accompagnée de tristesse continuelle; on l'appelle aujourd'hui *lypémanie.*

MÉLANÉ, E, *adj.* (*Méd.*) Affecté de mélanose.

MÉLANIE, *sf.* Mollusque gastéropode à coquille brune, ronde, qu'on trouve dans les mers des pays chauds.

MÉLANIQUE, *adj.* (*Méd.*) Qui est de la nature de la *mélanose.*

MÉLANISME, *sm.* Coloration anormale de la peau, caractérisée extérieurement par la teinte noire ou foncée de la peau; c'est l'opposé de l'*albinisme.*

MÉLANITE, *sm.* (*Minér.*) Nom qu'on donne à une variété de grenat de couleur noire.

MÉLANOGRAPHITE, *sm.* Sorte de pierre fossile présentant des dessins noirs.

MÉLANOPSIDE, *sm.* Mollusque gastéropode, à coquille allongée, qui habite dans les eaux douces des pays chauds.

MÉLANOSE, *sf.* Altération du tissu cutané occasionnant des tumeurs noires et arrondies dans l'épaisseur du parenchyme de la peau; c'est une maladie de la peau très-difficile à guérir.

MÉLANTÉRIE, *sf.* (*Minér.*) Terre noire pyriteuse, qu'on employait autrefois dans la fabrication de l'encre; c'est un fer sulfaté terreux. | Couperose verte ou sulfate de fer

MÉLAPHYRE, *sm.* (*Géol.*) Roche compacte à structure porphyrique, composée d'une masse de pyroxène noir empâtant des cristaux de labradorite; on l'appelle quelquefois *ophite.*

MÉLASICTÈRE, *sm.* Espèce de jaunisse dans laquelle la peau se colore en noir.

MÉLASIS, *sm.* Petit insecte voisin des buprestes par sa conformation; son corps est cylindrique et de couleur noire; sa larve vit dans les bois et sous l'écorce des arbres.

MÉLASME, *sm.* Espèce d'ecchymose noirâtre qui survient aux jambes.

MÉLASOMES, *smpl.* (*Zool.*) Nom d'une famille d'insectes coléoptères à élytres dures, de couleur brune ou noire, soudées ensemble; ils sont la plupart nocturnes et vivent dans les lieux sombres et humides.

MÉLASSE, *sf.* Résidu sirupeux du sucre après sa cristallisation; c'est la partie du sucre qui ne peut pas cristalliser; on en fait du rhum, de l'eau-de-vie, etc.

MELCHIOR, *sm.* (pr. *-kior*). V. *Maillechort.*

MÉLÉAGRE, *adj.* et *sf.* Se dit d'une fritillaire dont les pétales sont couverts de petites taches disposées en damier.

MÉLÉAGRIDE, *sm.* V. *Pintade.*

MÉLECTE, *sm.* Insecte hyménoptère dont le corps noir est recouvert d'un duvet gris blanchâtre; il vit en parasite et dépose ses œufs dans le nid d'autres insectes.

MELET, *sm.* MÉLETTE, *sf.* V. *Clupée.*

MÉLÈZE, *sm.* Arbre de la famille des conifères, aussi élevé que le sapin, et qui a, comme lui, la forme pyramidale; il fournit la *térébenthine* dite de Venise, ainsi que la manne de Briançon (V. *Manne*), et la gomme d'Orenbourg, que l'on trouve au centre du tronc et qui est analogue à la gomme arabique.

MÉLIA, *sf.* V. *Azédarach.*

MÉLICÉRIS, *sm.* (*Méd.*) Sorte de loupe, excroissance qui a l'aspect du miel; c'est une tumeur enkystée, molle, élastique et non consistante.

MÉLICHRYSE, *sm.* Variété de topaze de couleur d'or ou de miel.

MÉLIDE, *sf.* Espèce de morve, qui attaque particul. les ânes.

MÉLIE, *sf.* V. *Azédarach.*

MÉLIER, *sm.* Raisin blanc, espèce de chasselas. | Se disait autrefois pour néflier. | Grand arbre à fleurs roses, qu'on trouve dans l'Amérique tropicale.

MÉLILITHE, *sf.* Nom qu'on donne à une variété d'argile compacte d'un blanc jaunâtre.

MÉLILOT, *sm.* Genre de plantes de la famille des légumineuses, à feuilles divisées en trois folioles et munies de stipules, à fleurs en épis, à odeur de miel; plusieurs de ses espèces sont aromatiques, résolutives et émollientes; l'espèce la plus commune est employée dans les maux d'yeux.

MÉLINE, *sf.* V. *Mélilithe.*

MÉLINET, *sm.* Plante de la famille des borraginées, dont les fleurs sont disposées en grappes garnies de feuilles; elles sont en forme de cornet allongé.

MÉLINOSE, *sf.* Minerai de plomb dans lequel celui-ci se trouve combiné avec de l'oxygène et du molybdène.

MÉLIORAT, *sm.* Espèce d'organsin qu'on fabrique à Bologne.

MÉLIPONE, *sf.* Genre d'hyménoptères de l'Amérique du Sud, produisant, comme les *abeilles, du miel* et de la cire, mais dépourvu d'aiguillon; elles se construisent des ruches dans le creux des arbres.

MÉLIQUE, *sf.* Genre de plantes de la famille des graminées, dont une espèce est dite vulgairement *blé barbu*; ses panicules, très-gracieuses, portent des épillets dont une fleur seulement est fertile; on la trouve dans les lieux ombragés.

MÉLIS, *sm.* (pr. *-liss*). Toile à voile fabriquée à Angers. | Sucre raffiné de première *qualité*; on l'appelle aussi *quatre-cassons.*

MÉLISSE, *sf.* Genre de labiées, dont la plupart des espèces sont aromatiques, stimulantes, vulnéraires, antispasmodiques; et dont l'une, appelée aussi *citronelle* ou *calament*, est employée dans la confection d'une eau spiritueuse, stomachique et cordiale. | Figue de Provence ressemblant un peu à la mantegrasse, et peu estimée.

MÉLITÉE, *sf.* Polypier de couleur blanc rosé ou rouge vif, à écorce crétacée, mince et *friable.*

MÉLITOPHILES, *smpl.* (*Zool.*) Groupe d'insectes coléoptères, voisins du hanneton par leur conformation; ils ont le corps déprimé, ovalaire, de couleur brillante; ils se tiennent ordinairement sur les fleurs; la *cétoine* appartient à ce groupe.

MELLÉOLÉ, *sm.* Médicament dans lequel il entre du miel et de l'huile.

MELLET, *sm.* Espèce de figue.

MELLIFÈRES, *smpl.* (*Zool.*) Se dit de tous les insectes de la famille des hyménoptères, qui sont conformés pour faire du miel; telles sont les abeilles, etc.

MELLIFICATION, *sf.* Industrie des abeilles, production du miel.

MELLIFLU, E, *adj.* Qui abonde en miel; doucereux, fade.

MELLITE ou Mellithe, *sm.* Minéral d'un jaune semblable à celui du miel; c'est une sorte d'ambre ou de succin qu'on trouve dans les dépôts de lignite. | Sirop préparé avec du miel au lieu de sucre.

MÉLOCACTE, *sm.* Plante d'Amérique, sans branches ni feuilles, et ne consistant qu'en une boule hérissée; c'est une espèce de cactus à côtes.

MÉLODIE, *sf.* Arrangement de sons *successifs* produisant une phrase musicale, par opposition à l'*harmonie*, qui consiste dans l'accord de plusieurs parties entendues *simultanément.*

MÉLODRAME, *sm.* Sorte de drame mêlé *primitivement* de musique; aujourd'hui, pièce dramatique où sont entassées les complications, les intrigues ténébreuses, les émotions *violentes*, etc.

MÉLOÉ, *sm.* Insecte coléoptère hétéromère, voisin de la cantharide par sa conformation; il a la démarche lente; son corps, plus étroit que la tête, est noir-bleu ou cuivré; il laisse suinter de ses tarses, quand on le prend, une liqueur huileuse.

MÉLOGRAPHIE, *sf.* Art d'écrire la musique.

MÉLOLONTHE, *sm.* Nom scientifique du hanneton.

MÉLOMANE, *adj.* et *s.* Celui, celle qui aime la musique avec passion.

MÉLOMANIE, *sf.* Amour excessif de la musique.

MÉLOMÉLIE, *sf.* Monstruosité produite par l'insertion de membres accessoires sur les membres normaux. | Mélomèle, *sm.* Monstre qui offre une —.

MELONGÈNE, *sm.* V. *Aubergine.*

MELONNÉE, *sf.* Espèce ou variété de courge dont le fruit aplati, sphérique ou ovale, de couleur jaune et rouge orangé, est recherché pour sa saveur délicate; on la cultive dans le midi de l'Europe.

MÉLOPÉE, *sf.* Art, règle, composition du chant. | Déclamation chantée.

MÉLOPHAGE, *sm.* Insecte diptère, de couleur ferrugineuse, qui vit dans la toison des moutons.

MÉLOPLASTE, *sm.* Nom qu'on a donné primitivement à la méthode pour apprendre la musique au moyen de chiffres et de signes *conventionnels*, qui a été prônée par divers professeurs.

MÉLYRE, *sm.* Insecte coléoptère dont le corps est mince et allongé, la tête engagée dans le corselet, et les antennes courtes, minces à la base et grosses à leur extrémité.

MÉMARCHURE, *sf.* Entorse d'un cheval qui a fait un faux pas.

MEMBRAN ou Membron, *sm.* (*Archit.*)

Ourlet en plomb qui forme le faitage d'un comble.

MEMBRANE, *sf.* (*Hist. nat.*) Nom que porte tout organe mince, souple, qui a pour fonctions ou d'en envelopper un autre, ou de sécréter certains fluides.

MEMBRETTE, *sf.* (*Archit.*) Partie du pied droit d'une arcade ornée de pilastres, qui reste nue à droite et à gauche du pilastre.

MEMBRON, *sm.* V. *Membran.*

MEMBRURE, *sf.* Pièce de bois ou assemblage de pièces dans lequel on en renferme d'autres. | Mesure dans laquelle on cube le bois de chauffage. | (*Mar.*) Assemblage des pièces de bois qui forment les côtés des bâtiments.

MEMDONYÉ, *sm.* Monnaie d'or turque valant 20 piastres ou 4 fr. 52; il y a aussi des memdonyés de la moitié et du quart de cette valeur.

MÉMORANDUM, *sm.* Note diplomatique par laquelle un cabinet adresse à ses agents diplomatiques l'exposé sommaire de l'état d'une question.

MÉMORIAL, *sm.* Recueil de mémoires ou publication périodique. | Livre de commerce où s'inscrivent les affaires au jour le jour.

MENDOLE, *sf.* Poisson acanthoptérygien, à mâchoires extensibles, à écailles gris argenté rayées de bleu, taché de noir sur les flancs; il est commun dans la Méditerranée.

MENEAU, *sm.* (*Archit.*) Montant de bois, de pierre ou de fer, qui partage l'ouverture d'une croisée. | Faux —, celui qui est assemblé avec les châssis et qui s'ouvre avec eux.

MENECHMES, *smpl.* Individus d'une ressemblance physique parfaite.

MENÉE, *sf.* Route droite que suit le cerf quand il fuit.

MÉNESTREL, *sm.* Poëte qui allait, au moyen âge, de châteaux en châteaux, chantant des vers et récitant des fabliaux.

MENHIR, *sm.* (pr. *mènn-hir*). Nom que l'on donne à de grandes pierres druidiques qu'on trouve debout çà et là dans plusieurs lieux de France, et principalement dans le Morbihan.

MÉNIANE, *sf.* (*Archit.*) Petite terrasse ou balcon en avant-corps, soutenu par des colonnes et fermée de jalousies, que l'on voit en Italie. | Colonne —, celle qui soutient la —.

MÉNILITHE, *sf.* (*Minér.*) Variété d'opale raboteuse à l'extérieur, éclatante à l'intérieur, qu'on a trouvée à Ménilmontant.

MENIN, *sm.* Nom qu'on donnait autrefois aux jeunes nobles attachés aux enfants de famille royale.

MÉNINGE, *sf.* (*Anat.*) Nom générique des trois membranes qui enveloppent le cerveau, savoir : la dure-mère, l'arachnoïde et la pie-mère (V. ces mots). | MÉNINGITE, *sf.* Inflammation des —s; fièvre cérébrale.

MÉNISPERME, *sm.* Arbrisseau grimpant, sarmenteux, à fleurs en grappes, de couleur verte, qu'on trouve dans l'Amérique et l'Asie centrale.

MÉNISPERMINE, *sf.* V. *Coques.*

MÉNISQUE, *sm.* Croissant, corps convexe d'un côté et concave de l'autre. | Verre lenticulaire qui a la forme d'un ménisque.

MENNONITE, *s.* V. *Anabaptiste.*

MÉNOBRANCHE, *sm.* Batracien à quatre pattes, voisin de l'axolotl par sa conformation.

MÉNOLE, *sf.* Bâton garni d'une planchette percée et arrondie, dont on se sert pour battre le beurre.

MENON, *sm.* Espèce de chèvre du Levant, dont la peau sert à faire du maroquin.

MÉNOPOME, *sm.* Grand batracien de l'Amérique du Nord, ressemblant beaucoup à la salamandre, mais dépourvu de branchies, du moins à l'état adulte; il habite les lacs et les rivières.

MENSE, *sf.* (pr. *man-*). Revenu d'une abbaye. | — abbatiale, celle qui appartient à l'abbé; | — conventuelle, aux religieux; | — commune, à toute la communauté; | — épiscopale, à un prélat.

MENSOLE, *sf.* (pr. *man-*) (*Archit.*) Clef de voûte.

MENSURABLE, *adj.* Qui peut être mesuré. | MENSURABILITÉ, *sf.* État de ce qui est —.

MENSURATION, *sf.* Opération qui consiste à mesurer; résultat de cette opération; mesurage d'un terrain.

MENTAGRA ou MENTAGRE, *sf.* (*Méd.*) Éruption dartreuse au menton; pustules jaunâtres qui viennent au menton, particul. chez les enfants.

MENTAVALA, *sm.* Oiseau de Madagascar, de la taille d'une perdrix; il a le bec long et crochu, et fréquente les bords de la mer.

MENTE, *sf.* Couverture de laine qu'on fabrique à Reims.

MENTHE, *sf.* Genre de plantes labiées, à petites fleurs en grappes, très-aromatiques, dont certaines espèces sont employées pour la fabrication d'eau et de pastilles toniques et cordiales.

MENTONNET, *sm.* Pièce qui fait saillie sur une autre pièce pour arrêter un mouvement. | Pièce de fer qui reçoit et retient la clanche du loquet, quand la porte est fermée. | Tenon réservé au talon d'une lame de couteau.

MENTONNIER, ÈRE, *adj.* (*Anat.*) Se dit du trou qui se trouve à l'extrémité de l'os maxillaire inférieur près de la symphyse du menton. | Se dit aussi du nerf et de l'artère qui traversent ce trou.

MENU, *sm.* Petit diamant taillé en rose ou en brillant.

MENUET, *sm.* Ancienne danse sur un air à trois temps, dans lequel il y a un repos de quatre en quatre mesures. | *Morceau qui suit* l'andante d'une symphonie; il est composé de deux parties et a le rhythme du menuet.

MENUF, *sm.* Sorte de lin fin et de toile d'Egypte.

MENUGROS, *smpl.* Fragments apparents de métaux précieux qu'on retire après la première opération du lavage des cendres d'orfévrerie.

MENUISE, *sf.* Petit plomb de chasse. | Amas de petits poissons. | Bois débité en planches minces. | S'entend, à Paris, en termes d'octroi, du bois rond à brûler, quand il a 1 m. 13 de long au plus, et moins de 16 centimètres de circonférence.

MENURE, *sm.* Oiseau passereau de la Nouvelle-Hollande, remarquable par sa queue portant quatre plumes dressées, dont les deux extérieures sont contournées et les deux autres droites, de façon à figurer une lyre; on l'appelle vulg. *oiseau-lyre.*

MENU-VAIR, *sm.* Fourrure très-recherchée au moyen âge et réservée à la noblesse: elle était faite avec la peau de l'écureuil du Nord, appelée aujourd'hui *petit-gris.* | (*Blas.*) Vair à six ou sept rangs.

MÉNYANTHE, *sm.* Plante aquatique à longue tige, terminée par une grappe de fleurs blanches; ses feuilles, à trois folioles, le font appeler *trèfle d'eau*; c'est un tonique employé contre le scorbut, la goutte et les maladies de la peau; il remplace quelquefois le houblon.

MÉPHITIQUE, *adj.* Se dit des exhalaisons gazeuses qui sont incommodes ou pernicieuses. | Acide —, ancien nom de l'acide carbonique. | Méphitis, Méphitisme, *sm.* Exhalaisons —s. | Méphitiser, *va.* Infecter de vapeurs —s.

MÉPLAT, *sm.* Dans la figure humaine, facettes presque planes qui brisent la courbure en certains endroits, comme aux côtés du front, sur le nez, au menton, etc. | —, te, *adj.* Se dit des corps qui ont plus de largeur que d'épaisseur, comme les planches, etc.; des lignes, des surfaces, qui établissent le passage d'un plan à un autre.

MÉRANDINE, *sf.* Espèce de toile fabriquée en Auvergne.

MÉRATROPHIE, *sf.* Atrophie de la cuisse.

MERCURE, *sm.* Corps simple métallique, de couleur blanc d'argent, qui se présente à l'état liquide à la température ordinaire: on l'extrait du cinabre, minerai naturel où il est combiné au soufre; ses propriétés médicales et autres ont une grande importance.

MERCURIALE, *sf.* Genre de plantes à fleurs verdâtres, de la famille des urticées dont deux espèces, la — annuelle, laxative et émolliente, et la — vivace, drastique et dangereuse, sont très-communes et se ressemblent beaucoup. | Ancienne réunion du mercredi, dans laquelle les parlements entendaient des discours sur la nécessité de réprimer les abus. | Tout discours adressé à une cour par le ministère public. | État, prix courant des marchandises d'un marché.

MERCURIAUX, *smpl.* (*Méd.*) Se dit des médicaments dans lesquels il entre du mercure.

MÈRE, *adj. f.* Eau —, se dit d'une eau qui a tenu un sel en dissolution et qui en a déposé une grande partie. | — goutte, vin qui coule de la cuve sans qu'on ait pressé le raisin. | — laine, la laine la plus fine d'une toison. | Dure —. Pie —. V. *Dure-mère, Pie-mère.*

MÉREAU, *sm.* Sorte de jeton ou de cachet en forme de médaille que recevaient les membres d'une confrérie, d'un chapitre, d'une corporation, lorsqu'ils assistaient à une séance, et qu'ils changeaient ensuite contre de l'argent; c'est l'équivalent de nos *jetons de présence.*

MÉRELLE, *sf.* V. *Marelle.*

MERGULE, *sm.* Oiseau nageur qu'on appelle vulgair. *colombe* ou *pigeon du Groënland.*

MÉRIDIEN, *sm.* Ligne idéale tracée sur la sphère céleste qui passe par le zénith et le nadir d'un lieu terrestre et par les deux pôles; c'est à partir de cette ligne et sur l'équateur que l'on compte la longitude; il y a plusieurs méridiens, celui de Paris, celui de Greenwich, de l'Ile de fer, etc., et, par conséquent, plusieurs manières de compter la longitude.

MÉRIDIENNE, *adj.* et *sf.* Se dit de la ligne terrestre qui suit le plan du méridien. | *sf.* Sieste, sommeil auquel on se livre à midi dans les contrées chaudes.

MÉRINE, *adj. f.* Se dit quelquefois de la race de mouton qui donne la laine mérinos.

MÉRINGUE, *sf.* Espèce de massepain fait de pâte, d'œufs dont on a séparé les blancs, de râpures de citron et de sucre fin en poudre, que l'on garnit de crème fouettée ou de confitures.

MÉRINOS, *sm.* Race de moutons originaire d'Afrique, et dont la laine, très-fine, frisée, onctueuse, élastique, a une grande réputation. | Étoffe de laine peignée, croisée et généralement unie.

MÉRION, *sm.* Oiseau voisin du bec-fin, qui a les pieds longs et grêles; il habite l'archipel Indien. | V. *Gerbille.*

MERISIER, *sm.* Espèce de cerisier sauvage que l'on trouve en Europe, et dont le bois, très-dur et foncé, est employé pour faire des meubles. | Merise, *sf.* Fruit du —; c'est une petite cerise noirâtre, douce, dont on fait, avec de l'eau-de-vie, une liqueur très-estimée sous le nom de *kirchen-wasser.*

MÉRISME, *sm.* (*Litt.*) Figure de rhétorique, division d'un sujet, d'un point à traiter en ses différentes parties.

MÉRITHALLE, *sm.* (*Bot.*) Espace compris entre deux nœuds sur la tige d'une plante ligneuse, ou entre deux groupes de feuilles.

MERLAN, *sm.* Poisson voisin de la morue, qui se pêche sur les côtes de l'Océan; il est long d'environ 35 centimètres, gris roussâtre et a le ventre argenté; sa chair est estimée pour sa légèreté.

MERLE, *sm.* Genre d'oiseaux passereaux, à plumage généralement sombre, à bec long, *arqué, mais non crochu*; la plupart ont un chant plus ou moins agréable, semblable à un sifflet. | — d'eau. V. *Cincle.*

MERLETTE, *sf.* (*Blas.*) Petit oiseau représenté sans pieds ni bec; c'est en général l'attribut des puînés.

MERLIN, *sm.* Espèce de marteau de fer à long manche, dont les bouchers se servent pour assommer les bœufs. | Grosse hache à fendre le bois. | (*Mar.*) Petit cordage de trois fils, dont les voiliers se servent pour coudre les ralingues des voiles principales.

MERLON, *sm.* (*Milit.*) Vide qui se trouve entre les deux jours d'une embrasure de batterie de rempart.

MERLUCHE ou MERLUS, *sm.* Genre de gades, poisson malacoptérygien, de 60 à 90 centimètres de long, de couleur gris brun, qu'on pêche dans toutes les mers de l'Europe, et qui prend plus particul. le nom de *merluche* ou de *stock-fish* quand il est salé et séché.

MERLUT, *sm.* Se dit des peaux séchées avec leur poil ou leur laine.

MÉROCÈLE, *sm.* Hernie crurale de peu de volume; elle se produit sur la partie moyenne du pli de la cuisse.

MÉROU, *sm.* Espèce de poisson. V. *Serran.*

MERRAIN, *sm.* Bois de chêne ou autre, fendu en planchettes, suivant le fil du bois, sans le secours de la scie, avec le coutre; on en fait des parquets, des douelles de tonneau, des bardeaux, etc. | Partie principale du bois du cerf sur laquelle poussent les andouillers.

MÉRYCISME, *sm.* (*Méd.*) Rumination, affection dans laquelle les aliments, une fois entrés dans l'estomac, remontent dans l'œsophage et sont de nouveau mâchés comme chez les ruminants.

MÉRYCOLOGIE, *sf.* Traité sur les animaux ruminants.

MÉSANGE, *sf.* Oiseau passereau conirostre, de très-petite taille; son bec est court et robuste, garni de poils et de plumes à la base; elle voltige sans cesse et niche dans les troncs d'arbres ou dans les joncs; son chant est agréable; elle se nourrit d'insectes, d'abeilles et de fruits.

MÉSENGÈRE, *sf.* Nom vulgaire d'une espèce de mésange à tête noire, appelée aussi *mésange charbonnière.*

MÉSENTÈRE, *sm.* (*Anat.*) Membrane interne qui est un repli du péritoine formé de deux lames et à laquelle le canal intestinal est suspendu. | MÉSENTÉRIQUE, *adj.* Qui appartient au —.

MÉSENTÉRITE, *sf.* (*Méd.*) Inflammation du mésentère; on a donné aussi ce nom au carreau, affection tuberculeuse des ganglions mésentériques.

MÉSITE, *sf.* MÉSITIQUE (ALCOOL), *sm.* V. *Acétone.*

MESMÉRISME, *sm.* Système de Mesmer, espèce de magnétisme animal qui a eu de nombreux adeptes à la fin du XVIIIe siècle.

MÉSOCÉPHALE, *sm.* V. *Moelle allongée.*

MÉSOCOLON, *sm.* (*Anat.*) Partie du mésentère qui donne attache à l'intestin colon.

MÉSOGASTRE, *sm.* (*Anat.*) Région de l'abdomen qui est intermédiaire aux régions épigastrique et hypogastrique.

MÉSOLOBE, *sm.* (*Anat.*) Longue bande de substance médullaire qui réunit les deux hémisphères du cerveau; on l'appelle aussi *corps calleux.* | MÉSOLOBAIRE, *adj.* Qui appartient, qui a rapport au —.

MÉSOMPHALE, *sm.* (*Anat.*) Ombilic, centre du nombril.

MÉSOPRION, *sm.* Poisson acanthoptérygien dont la tête est ornée de part et d'autre d'une dentelure en forme de scie; il habite les mers des Indes.

MÉSORE, *sm.* Intervalle entre les heures de l'office divin.

MÉSORECTUM, *sm.* Partie du mésentère qui correspond à la partie supérieure du rectum.

MÉSOTHÉNAR, *sm.* Paume de la main.

MÉSOTHORAX, *sm.* (*Zool.*) Partie moyenne du thorax des insectes ailés qui porte une paire de pattes et la première paire d'ailes ou les élytres.

MÉSOTYPE, *sm.* Substance minérale d'aspect fibreux, de couleur blanche ou jaune; on la trouve en Islande et dans les Iles Feroë, parmi les terrains basaltiques.

MESQUIS, *sm.* Sorte de basane de couleur foncée, qui a été préparée avec du redoul au lieu de tan.

MESS, *sf.* Table d'hôte, pension des officiers d'un régiment.

MESSE, *sf.* On désigne sous le nom de — basse, celle qui se dit par un prêtre seul et sans chant; — sèche, celle dans laquelle il ne se fait pas de communion, parce que le prêtre a déjà communié; — rouge, celle à laquelle les cours assistaient en robe rouge.

MESSIDOR, *sm.* Le dixième mois du calendrier républicain : du 19 juin au 19 juillet.

MESSIER, *sm.* Ancien syn. de *garde-champêtre.* | Dans quelques contrées, nom que portent ceux qui à tour de rôle veillent à la conservation des récoltes sur pied.

MESSIRE ou MESSIRE-JEAN (poire de), *sf.* Poire cassante et très-sucrée, de couleur rousse; elle mûrit en automne.

MESTÈQUE, *sf.* Espèce de cochenille de qualité moyenne.

MESTRANCE, *sf.* V. *Maistrance.*

MESTRE, *sm.* Grand mât de certains bâtiments du Levant. | — de camp, autrefois commandant en chef d'un régiment; ce titre a été remplacé par celui de *colonel.*

MESURE, *sf.* (*Mus.*) Division du temps ou de la durée en un certain nombre de parties égales, assez longues pour que l'oreille en puisse saisir et apprécier la quantité, et assez courtes pour que l'idée de l'une ne s'efface pas avant le retour de l'autre ; chacune de ces parties des subdivisions de la mesure prend le nom de *temps.* | Dans la poésie, nombre de syllabes ou de pieds dont se compose un vers.

MET, *sf.* V. *Maie.*

MÉTABASE, *sf.* (*Litt.*) Transposition.

MÉTABOLE, *sf.* (*Litt.*) Phrase dans laquelle les mêmes expressions sont reproduites avec un autre sens. Ex. : Quand on n'*a* pas ce que l'on *aime*, il faut *aimer* ce que l'on *a.* | (*Méd.*) Changement d'une maladie en une autre.

MÉTABOLIQUE, *adj.* Qui a rapport au changement de nature des corps.

MÉTACARPE, *sm.* (*Anat.*) Partie de la main située entre le carpe et les doigts, composée de cinq os parallèles, formant le dos et la paume ou le creux de la main. | MÉTACARPIEN, NE, *adj.* Du —.

MÉTACENTRE, *sm.* Point au-dessus duquel on peut sans danger faire élever le centre de gravité d'un navire ; c'est le lieu où se réunissent tous les efforts de poussée de l'eau.

MÉTACÉTONE, *sm.* (*Chim.*). Liquide incolore oléagineux voisin de l'acétone par sa composition, et qu'on obtient par la distillation de la chaux avec la gomme, le sucre et l'amidon.

MÉTACHRONISME, *sm.* Anachronisme qui consiste à placer un événement dans un temps antérieur à celui où il est arrivé.

MÉTAIL, *sm.* (pr. *l* mouillé). Composition métallique ; alliage à base de cuivre, dont on faisait autrefois divers objets.

MÉTAIRIE, *sf.* Propriété rurale louée ordinairement à un fermier dit *métayer* ou *métivier*, qui fournit annuellement au propriétaire la moitié des produits.

MÉTAL, *sm.* (*Chim.*) Nom qu'on donne à tous les corps simples minéraux, solides, doués d'un éclat particulier et la plupart plus lourds que l'eau ; on oppose ce terme à *métalloïde.* V. ce mot.

MÉTALEPSE, *sf.* (*Litt.*) Espèce de métonymie dans laquelle on nomme ce qui précède pour ce qui suit et réciproquement; ainsi, d'un poëte : *il émaille la terre de fleurs*, pour *il chante, il décrit la terre émaillée de fleurs.*

MÉTALLIQUE, *adj.* Ce nom s'applique à certains bons et effets publics qui sont payables en espèces. | Science, histoire —, celles qui concernent les médailles ou qui sont reproduites par des médailles.

MÉTALLISATION, *sf.* Opération métallurgique à l'aide de laquelle les métaux sont ramenés à l'état de pureté.

MÉTALLOÏDE, *sm.* (*Chim.*) Nom qu'on donne à tous les corps simples qui n'ont pas l'éclat métallique et qui ne possèdent pas les propriétés générales des métaux; on y rapporte les gaz et certains autres corps, tels que le soufre, le carbone, le phosphore, etc.

MÉTALLURGIE, *sf.* Art de l'extraction et de la purification des métaux. | MÉTALLURGISTE, *sm.* Celui qui écrit sur la —, ou qui se livre à la —.

MÉTAMORPHISME, *sm.* (*Géol.*) Phénomène auquel est due la formation du marbre et de quelques autres roches cristallines; action de la chaleur centrale sur certains terrains qui étaient primitivement stratifiés et dont elle a modifié entièrement la structure. | MÉTAMORPHIQUE, *adj.* Roche formée par le —.

MÉTAMORPHOSE, *sf.* (*Hist. nat.*) Phénomène qui consiste dans le changement de forme ou de structure qui survient pendant la vie des insectes, des batraciens et de certains autres animaux.

MÉTAPHLOGOSE, *sf.* (*Méd.*) Inflammation portée à son degré le plus avancé.

MÉTAPHORE, *sf.* (*Litt.*) Figure par laquelle on transporte un mot du sens propre au sens figuré; on s'en sert en général pour abréger une comparaison ; ainsi : c'est un *lion*, pour : *il est courageux comme un lion.* Quand on dit le cœur *tendre*, l'esprit *clair*, le sentiment *profond*, ces adjectifs sont autant de métaphores.

MÉTAPHRASE, *sf.* (*Litt.*) Interprétation, traduction littéraire. | MÉTAPHRASTE, *sm.* Celui qui fait une —.

MÉTAPHYSIQUE, *sf.* Science qui a pour objet l'étude de l'âme; traité des facultés de l'entendement humain et des idées universelles. | MÉTAPHYSICIEN, NE, *adj.* et *s.* Qui a rapport à la —, ou qui est versé dans la —.

MÉTAPLASME, *sm.* (*Litt.*) Tout changement qui se fait dans un mot, soit en en retranchant, soit en y ajoutant des lettres ou des syllabes, soit en changeant quelqu'une de celles qui le composent.

MÉTAR, *sm.* Mesure de capacité de la Tunisie, dont la contenance varie de 9 à 20 litres.

MÉTASTASE, *sf.* (*Litt.*) Qui consiste à rejeter sur le compte d'autrui les choses que l'orateur est forcé d'avouer. | (*Méd.*) Irritation qui passe d'un organe à un autre et produit un changement de maladie.

MÉTATARSE, *sm.* (*Anat.*) Partie du pied située entre les orteils et le tarse ou le cou-de-pied. | MÉTATARSIEN, NE, *adj.* Qui appartient au —.

MÉTATHÈSE, *sf.* (*Litt.*) Sorte de métaplasme qui consiste à transposer une lettre dans un mot : ainsi de l'allemand *hanover*, nous avons fait *hanovre* par *métathèse*. | (*Méd.*) Déplacement du siége d'une maladie.

MÉTATHORAX, *sm.* (*Zool.*) Partie postérieure du thorax des insectes ailés ; elle porte la paire de pattes de derrière, ainsi que les ailes inférieures.

MÉTAYAGE, *sm.* Contrat du métayer, bail à moitié fruits.

MÉTAYER, ÈRE, *s.* Celui, celle qui fait valoir une métairie.

MÉTEIL, *sm.* Mélange de seigle ou de blé qu'on a semés ensemble et dont on fait du pain dans quelque pays.

MÉTEMPSYCOSE, *sm.* Opinion de certains philosophes anciens, suivant laquelle l'âme après la mort passe dans un autre corps d'homme ou d'animal.

MÉTÉORE, *sm.* Tout phénomène atmosphérique, tel que les éclairs, la grêle, la pluie, la neige, l'arc-en-ciel.

MÉTÉORINE, *sf.* Nom qu'on donne quelquefois à une espèce de souci, parce que cette plante est douée de la propriété d'ouvrir ses fleurs quand il doit faire beau et de les fermer quand il doit pleuvoir.

MÉTÉORIQUE, *adj.* Qui concerne les météores, qui appartient aux météores. | Se dit d'une sorte de fer qu'on trouve combinée à divers autres corps dans les aérolithes et les météorites.

MÉTÉORISATION, *sf.* Affection qui survient aux bestiaux qui ont mangé de l'herbe humide et qui est caractérisée par le | MÉTÉORISME, *sm.* Gonflement du ventre produit par des gaz accumulés dans les intestins.

MÉTÉORITE, *sf.* Nom commun à toutes les masses pierreuses qui tombent sur le sol du haut des régions planétaires, qu'elles soient ou non accompagnées de phénomènes lumineux et d'explosions.

MÉTÉOROGRAPHE, *sm.* Nom donné à divers appareils plus ou moins compliqués qui ont pour objet de retracer les divers phénomènes atmosphériques et d'en donner la mesure pour un lieu et un instant donnés.

MÉTÉOROLOGIE, *sf.* Étude, traité des météores et des variations de l'atmosphère.

MÉTÉOROMANCIE, *sf.* Divination par le moyen des météores.

MÉTÉOROSCOPE, *sm.* Instrument qui sert à faire des observations météorologiques.

MÉTHÉMÉRIN, INE, *adj.* Qui a le caractère quotidien ; qui revient tous les jours.

MÉTHODISTE, *adj.* et *s.* Se dit des membres d'une secte religieuse qui a pris naissance en Angleterre et qui prétend à une grande rigidité de principes. | École de médecins qui fut en faveur au premier siècle de notre ère ; ils n'admettaient que deux causes générales de maladies : le resserrement ou le relâchement des tissus.

MÉTHYLÈNE, *sm.* (*Chim.*) Radical de l'esprit de bois ou alcool méthylique ; c'est un composé incolore d'hydrogène et de carbone ; on l'emploie à la place de l'alcool pour dissoudre certaines substances tinctoriales.

MÉTHYLIQUE, *adj.* (*Chim.*) Alcool —, nom qu'on donne à *l'esprit de bois*, qui s'obtient des produits de la distillation du bois. | Éther —, sorte d'éther produit par la réaction de l'acide sulfurique sur l'alcool méthylique.

MÉTIER, *sm.* Machine plus ou moins compliquée pour la confection des ouvrages tissés. | Liqueur que les brasseurs retirent des cuves où ils ont fait tremper la farine ou le houblon.

MÉTIS, SE, *adj.* et *s.* Se dit de l'homme et des animaux engendrés de deux races ; en particulier des enfants d'un Indien et d'une blanche, ou réciproquement. | Se dit, par analogie, des végétaux nés du mélange de deux espèces. | On a dit aussi *métif, ve.*

MÉTISSAGE, *sm.* Croisement des races entre elles.

MÉTIVIER, *sm.* V. *Métayer.*

MÉTONOMASIE, *sf.* (*Litt.*) Changement de nom propre par la voie de la traduction, comme *Mélanchton*, fait de deux mots grecs pour *Schwarzerd*, qui, en allemand, signifie terre noire.

MÉTONYMIE, *sf.* (*Litt.*) Figure de mots qui consiste à exprimer la cause pour l'effet, l'effet pour la cause, le contenant pour le contenu, la partie pour le tout, le signe pour la chose signifiée, etc. Ex. Cent *voiles* pour cent vaisseaux ; un troupeau de mille *têtes*, etc.

MÉTOPE, *sf.* (*Archit.*) Intervalle carré qui est entre les triglyphes, ou mieux entre les opes de la frise dorique, et dans lequel on met ordinairement des ornements.

MÉTOPOSCOPIE, *sf.* Art prétendu de conjecturer l'avenir ou de connaître le tempérament des personnes par l'inspection de leur figure.

MÈTRE, *sm.* Nature de pieds nécessaires à

la formation d'un vers. | Dans le système métrique français, c'est l'unité de longueur, égale à la quarante millionième partie du méridien terrestre, ou, en anciennes mesures, à 3 pieds 11 lignes et 296 millièmes.

MÉTRÈTE, *sf.* Mesure de capacité chez les Grecs, équivalant à 39 litres environ.

MÉTRIQUE, *sf.* (*Litt.*) Partie de la poétique qui concerne les différentes espèces de mètres et de vers dans les langues prosodiques; se dit surtout de l'étude de la versification grecque et latine. | *adj.* Se dit du système de mesures qui a pour base le mètre et qui a été adopté en France en 1790.

MÉTRITE, *sf.* Inflammation de la matrice qui survient après l'accouchement.

MÉTROLOGIE, *sf.* Connaissance des poids, des mesures et des monnaies. | Traité ou écrit sur ces matières.

MÉTRONOME, *sm.* Petit instrument en forme de pyramide à quatre pans, employé pour l'étude de la musique; il renferme un balancier dont les oscillations régulières servent à compter les mesures; son usage habitue les commençants au rhythme musical.

MÉTROPÉRITONITE, *sf.* V. *Puerpérale* (*fièvre*).

MÉTROPOLE, *sf.* Ville, contrée principale. | Église —, celle où siége l'archevêque.

MÉTROPOLITAIN, NE, *adj.* Archiépiscopal. | Dans l'Église grecque, ecclésiastique qui occupe un rang intermédiaire entre le patriarche et l'archevêque; en Russie, c'est le plus haut degré de la hiérarchie.

MÉTROXYLE, *sm.* Palmier des Indes qui donne du sagou.

MÉTURE, *sf.* Pain de maïs.

METZEN, *sm.* Mesure de capacité pour les matières sèches, en usage en Autriche; elle a la contenance de 61 litres; en Bavière, elle est de 37 litres.

MEUBLE, *sm.* (*Jurispr.*) Tous les objets mobiliers, c.-à-d. pouvant être transportés, ainsi que les titres ou valeurs qui ont pour objet des choses transportables ou des entreprises industrielles non immobilières; on désigne plus particul., sous le nom de — s meublants, les objets destinés à l'usage des appartements, à l'exception de l'argenterie, des livres, du linge, des collections, etc. | (*Blas.*) Toute pièce dessinée sur l'écu, comme des animaux, des besants, etc.

MEULARD, MEULEAU, *sm.* MEULARDE, *sf.* Grande meule servant pour aiguiser ou émoudre différents objets.

MEULE, *sf.* Roue de pierre ou de bois qui tourne sur un pivot central et sert à broyer des grains, des couleurs, ou bien à aiguiser des outils. | Dans un moulin, chacun des deux disques entre lesquels est broyé le grain; la — inférieure est immobile et s'appelle gîte ou — gisante; la — supérieure pivote sur la première et s'appelle — tournante. | Pile de paille ou de foin de grandes dimensions. | Partie saillante qui est à la base du bois des cerfs.

MEULETTE, *sf.* MEULON, *sm.* Espèce de meule de paille ou de foin.

MEULIÈRE, *sf.* Pierre siliceuse très-dure, dont on fait des meules de moulin et qu'on emploie aussi pour bâtir dans les lieux humides ou les fondations.

MEUNIER, *sm.* Nom vulgaire d'un poisson blanc, qui est une espèce d'able à museau rond et à nageoires rouges; on l'appelle aussi *chavenne* et *juerne*.

MEUNIÈRE, *sf.* Nom vulgaire de la mésange à longue queue. | Corneille mantelée.

MEURTRIÈRE, *sf.* Ouverture pratiquée dans un ouvrage militaire pour tirer des coups de fusil sur les assiégeants.

MEUTE, *sf.* Troupe de chiens courants qui sont dressés à aller ensemble à la chasse et à poursuivre ensemble le gibier.

MÉVENDRE, *va.* Vendre à perte.

MÉVENTE, *sf.* Vente à perte, cessation de vente.

MÉZÉRÉON, MÉZÉRÉUM, *sm.* V. *Daphné.*

MEZZANINE, *adj.* et *sf.* (*Arch.*) (pr. *medza-*) Se dit d'un petit étage pratiqué entre deux grands, et des fenêtres qui garnissent cet étage. | Fenêtre plus large que haute, pratiquée dans une frise ou dans un entresol.

MEZZETIN, *sm.* (pr. *medze-*). Personnage de bouffon, d'aventurier ou d'intrigant dans l'ancienne comédie italienne.

MEZZO-SOPRANO, *sm.* (pr. *med-zo-*) (*Mus.*) Voix moins grave que le contralto, mais n'atteignant pas aux notes aiguës du soprano.

MEZZO-TERMINE, *sm.* (pr. *medzo-terminé*). Moyen terme, parti moyen.

MIALET, *sm.* Sorte de serge fabriquée dans le midi de la France.

MIASMES, *smpl.* Nom par lequel on désigne les exhalaisons ou émanations volatiles de substances organiques indéterminées, auxquelles on attribue la plupart des maladies endémiques et épidémiques.

MIASSON, *sm.* V. *Millasson.*

MICA, *sm.* (*Minér.*) Nom commun à diverses pierres formées de feuillets ou d'écailles, se détachant facilement en paillettes minces, à surface brillante, blanche, jaune, verdâtre ou irisée; ce sont le plus souvent des silicates alumineux. | MICACÉ, E, *adj.* Qui contient du —.

MICANIA, *sm.* V. *Guaco.*

MICASCHISTE, *sm.* (*Géol.*) Schiste des terrains primitifs dans lequel le quartz et le mica réunis confusément forment des feuillets minces et comme superposés.

MICHAUX, *sm.* Sorte de petit pois très-précoce, à grain blanc, rond et uni, consommé surtout à Paris.

MICHELENQUE, *sf.* Variété de châtaigne de Provence, de couleur foncée, qui mûrit de bonne heure.

MICMAC, *sm.* Sorte de drap de qualité médiocre, qu'on obtient en mêlant par la carde 50 à 60 pour 100 de coton à de la laine ordinaire.

MICO, *sm.* Espèce de singe, appelée aussi *ouistiti argenté* du Brésil.

MICOCOULIER, *sm.* Grand arbre amentacé du midi de l'Europe, dont le bois, très-dur et très-flexible, est employé dans le charronnage; les rejetons de cet arbre sont travaillés, sous le nom de *Perpignan*, dans les départements de l'Aude et des Pyrénées-Orientales, pour en faire des manches de fouets imitant des tresses; on en fait également des instruments à vent et de petits ouvrages de marqueterie; on l'appelle aussi *fabrecoulier*.

MICRACOUSTIQUE ou MICROCOUSTIQUE, *adj.* Se dit des instruments qui font percevoir les sons les plus faibles.

MICROCÉPHALE, *adj.* et *sm.* Qui a une petite tête.

MICROCOSME, *sm.* (*Philos.*) Petit monde; monde entier résumé, ou en abrégé; nom que certains philosophes mystiques ont donné à l'homme, parce qu'ils le considéraient comme l'abrégé de tout ce qu'il y a d'admirable dans le monde.

MICROGRAPHIE, *sf.* Étude et description des objets qui ne peuvent être observés qu'au microscope. | MICROGRAPHE, *sm.* Celui qui s'occupe de —; on n'applique guère ce mot qu'aux observateurs qui étudient les substances organiques microscopiques.

MICROMÈTRE, *sm.* Appareil composé de fils très-fins tendus dans le tube d'une lunette astronomique, servant à distinguer l'instant précis du déplacement des corps planétaires.

MICROMÉTRIQUE, *adj.* Se dit des appareils destinés à donner de très-petites mesures, et particul. d'une vis dont le pas est extrêmement fin et qui sert à mesurer des espaces très-petits.

MICROPHONE, *adj.* et *s.* V. *Micracoustique.*

MICROPHONIE, *sf.* Affaiblissement de la voix.

MICROPHYTE, *sm.* (*Hist. nat.*) Nom commun à toutes les végétations élémentaires qu'on trouve dans les infusions et qu'on ne peut observer qu'au microscope.

MICROPTÈRE, *adj.* (*Hist. nat.*) Qui a de petites ailes.

MICROSCOME, *sm.* (*Zool.*) Nom qu'on donne à certains mollusques qui vivent dans une enveloppe pierreuse couverte de petits coquillages, de petites plantes, de petits animaux.

MICROSCOPE, *sm.* Instrument d'optique qui a pour objet de grossir à la vue les objets trop petits pour pouvoir être observés à l'œil nu; il diffère de la *loupe*, appelée aussi — simple, en ce qu'il se compose de trois lentilles, dont la première donne une image grossie, laquelle est reprise et amplifiée par la seconde, tandis qu'une troisième lentille convergente remédie au défaut d'achromatisme des deux premieres; enfin, d'un porte-objet et d'une glace concave qui concentre la lumiere sur l'objet à observer. | — solaire, appareil qui reçoit les rayons du soleil sur un objet placé à l'orifice d'une chambre obscure et reproduit cet objet, considérablement grossi, sur un mur placé à quelque distance.

MICROZOAIRE, *sm.* (*Hist. nat.*) Nom commun à tous les animalcules infusoires qu'on ne peut observer qu'au microscope.

MICTION, *sm.* Expulsion de l'urine, chez les mammifères.

MIDSHIPMAN, *sm.* En Angleterre et en Russie, grade correspondant à celui d'élève de marine ou d'aspirant dans la marine française.

MIELLAT, *sm.* MIELLURE, *sf.* Exsudation sucrée qui couvre les feuilles de certaines plantes pendant l'été; on la rencontre surtout sur les feuilles du chêne, du pêcher et de l'abricotier.

MIGNARDISE, *sf.* Espèce d'œillets nains dont on garnit les plates-bandes des jardins.

MIGNONNE, *sf.* Ancien nom d'un caractère d'imprimerie intermédiaire entre la nompareille et le petit-texte; il correspond à six points et demi ou à sept-points. | Petite poire rouge foncé.

MIGNONNETTE, *sf.* Bordure de laine brodée tout autour des cachemires. | Petite dentelle de fil de lin blanc très-claire et très-légère. | Etoffe tissée de laine et de soie. | Poivre concassé en gros grains. | Pains à cacheter d'un très-petit diamètre.

MIGRAINE, *sf.* Douleur névralgique de tête, consistant essentiellement en ce qu'elle n'attaque qu'un côté de la tête.

MIGRATION, *sf.* Transport, passage en troupes d'un pays dans un autre; se dit de l'habitude de changer de pays particulière à la plupart des oiseaux, à un grand nombre de poissons, à de certains insectes, comme les sauterelles, et à un petit nombre de mammifères, tels que le lemming.

MIKANIA, *sm.* V. *Guaco.*

MIL, *sm.* V. *Millet.*

MILAN, *sm.* Genre d'oiseaux de proie dont les caractères principaux sont un bec robuste, incliné, des narines elliptiques, des ailes très-grandes, des tarses courts; le vol de la plupart de ses espèces, qui ont de 60 à 70 centimètres de long, est puissant et rapide; mais la plupart sont lâches et ne s'attaquent qu'aux animaux les plus faibles, tels que les petits rongeurs, les serpents, les insectes, etc.

MILANAISE, *sf.* Espèce d'étoffe mêlée d'or et de soie.

MILANDRE, *sm.* Poisson très-vorace, du genre squale, différant du requin en ce qu'il est muni d'évents; on le trouve particul. dans la Méditerranée; sa chair est dure et désagréable au goût.

MILIAIRE, *adj.* Qui ressemble à des grains de millet. | (*Méd.*) Fièvre, éruption —, affection accompagnée de très-petits boutons rouges qui blanchissent ensuite; on l'appelle aussi MILIAIRE, *sf.*, ou *phlegmasie exanthématique*.

MILICE, *sf.* Nom que portaient autrefois en France et que portent encore dans certains pays les troupes formées de bourgeois et de gens levés uniquement dans un but de défense temporaire ou de sûreté intérieure, et qui correspond à ce que nous appelons aujourd'hui *garde nationale*.

MILITANT, E, *adj.* (*Eccl.*) Se dit dans l'Eglise catholique de la partie de ses membres qui sont sur la terre, par opposition à l'Eglise *triomphante*, qui renferme ceux qui sont dans le ciel.

MILLASSON, *sm.* Sorte de gâteau ou de pain fait avec de la farine de millet.

MILLE, *sm.* (*Mar.*) Mesure marine de 60 au degré, équivalente à 1852 mètres environ. | Mesure itinéraire variable suivant les pays: en Angleterre, il représente 1598 m.; en Allemagne, 7406 m.; en Italie, 1852 m., etc.; le mille russe est plus connu sous le nom de *werste*. | (*Ant.*) Chez les Romains, c'était une mesure de mille pas que l'on évalue à 1481 mètres 75.

MILLEFEUILLE, *sm.* V. *Achillée*.

MILLE-FLEURS, *sm.* Eau de —, eau que vendaient autrefois les charlatans comme un remède excellent, et qu'ils obtenaient en décomposant par le feu l'urine et les excréments de vaches nourries avec des plantes de prairies en pleine floraison. | Aujourd'hui, alcoolé de diverses substances odorantes qu'on trouve chez les parfumeurs.

MILLÉNAIRE, *adj.* Qui contient mille unités. | *sm.* Espace de mille années. | Commandant de mille hommes. | Sectaires qui croyaient que le jugement dernier serait suivi de mille ans de délices sur la terre pour les bons.

MILLÉNARISME, *sm.* Opinion des sectaires appelés *millénaires*.

MILLEPERTUIS, *sm.* Plante du genre hypéric, à petites fleurs jaunes, à étamines nombreuses et à feuilles ovales qui présentent une multitude de points transparents ressemblant à des trous.

MILLEPIEDS, *sm.* V. *Myriapodes*.

MILLÉPORE, *sf.* Genre de polypiers pierreux, à ramifications irrégulières, portant une quantité innombrable de pores, très-fins, non lamelleux, disséminés sur une surface lisse.

MILLÉROLE, *sf.* Dans le Midi, mesure de capacité pour le vin et l'huile, contenant 64 litres à Marseille, 50 litres à Aix, et variant suivant les localités. | Vase de terre vernissé en dedans, ayant la capacité d'une —.

MILLÉSIME, *sm.* Date qu'on lit sur les médailles, les monnaies, les titres des livres, etc., et qui indique l'année de leur fabrication ou de leur mise en vente.

MILLET, *sm.* Espèce de graminée du genre *panic*, appelée aussi *mil*, portant de longues grappes pendantes sur des tiges de 80 c. à 1 m. de haut; ses grains, ovales, luisants, d'environ 1 millimètre de diamètre, servent pour la nourriture des oiseaux; on les emploie aussi décortiqués ou moulus dans la consommation, en Espagne et dans le midi de la France. | (*Méd.*) V. *Miliaire* et *Muguet*.

MILLI. Cette particule, mise devant les mots gramme, litre, mètre, etc., signifie une unité mille fois moindre.

MILLIAIRE, *adj.* et *sm.* (pr. *mil-liè-*). Se dit des pierres ou bornes numérotées, qui indiquent les distances sur les routes.

MILLIARD, *sm.* (pr. *mil-liard*). V. *Billion*.

MILLIER, *sm.* Autrefois, poids de mille livres.

MILLIME, *sm.* Nom qu'on a donné à la millième partie du franc, dixième partie du centime; on emploie très-rarement ce mot.

MILLOUIN, *sm.* V. *Milouin*.

MILORD, *sm.* Espèce de cabriolet à deux places et à quatre roues, attelé d'un cheval.

MILORI ou MILIORI, *sm.* Se dit d'une sorte de bleu de Prusse de très-belle qualité, donnant des nuances très-fines qu'on emploie pour la peinture des voitures, des panneaux de menuiserie, etc.

MILOUIN ou MILLOUIN, *sm.* Espèce de canard qui diffère du canard ordinaire par un bec plat et par un renflement en forme de capsule à l'extrémité de la trachée-artère; il habite les environs des mers du nord de l'Europe.

MILPHOSE, *sf.* Chute des cils.

MILRÉIS, *sm.* Monnaie réelle et de compte en usage au Portugal et au Brésil; elle vaut de 6 fr. à 6 fr. 05 c.

MIME, *sm.* (*Ant.*) Nom que portaient, en Grèce et à Rome, certaines comédies grossières, dont le cadre seul était écrit, et que les acteurs, appelés aussi *mimes*, interprétaient à leur fantaisie, en se livrant surtout à des gestes qui en faisaient le principal succès.

MIMÉTÈSE, *sm.* (*Chim.*) Nom qu'on donne quelquefois à l'arséniate de plomb.

MIMEUSE, *sf.* V. *Mimosa*.

MIMIQUE, *adj.* Qui est fait par gestes,

qui est représenté par des gestes. | *sf.* Partie de l'art du comédien qui concerne les gestes et les attitudes, la composition du visage, etc.

MIMOGRAPHE, *sm.* (*Ant.*) Nom que portaient les écrivains chargés de tracer les cadres des mimes.

MIMOSA, *sf.* Plante de la famille des légumineuses, et dont les principaux genres sont des arbres ou des arbustes à fleurs en grappes odorantes, à feuilles composées de folioles ovales placées en face les unes des autres le long d'un pétiole commun; la *sensitive* est une *mimosa.*

MINAGE, *sm.* (*Féod.*) Droit qui se prélevait sur les grains mis en vente.

MINARET, *sm.* Tour qui surmonte la mosquée, et d'où le prêtre musulman appelle les fidèles à la prière.

MINE, *sf.* Nom générique de toutes les excavations où se trouvent soit des minerais, soit du charbon de terre, soit même du sel. | Galerie souterraine pratiquée par les assiégeants à proximité des remparts, pour les faire sauter. | (*Ant.*) En Grèce, poids équivalant à 100 drachmes ou environ 500 grammes. | Monnaie de cent drachmes, équivalant à 90 francs. | Ancienne mesure agraire équivalant aux deux tiers de l'arpent. | Ancienne mesure pour les grains et le sel, contenant un demi-setier; on l'appelait aussi *minot.* | Syn. de *minerai.* (V. ce mot.) | —de plomb. V. *Graphite.* | —orange, variété de minium qu'on obtient par la calcination de la céruse; c'est une belle couleur brun rouge, appelée aussi *minorange.*

MINERAI, *sm.* Métal combiné avec d'autres substances, tel qu'on le retire de la mine et avant qu'il ne soit fondu.

MINÉRALISATEUR, *adj. m.* (*Chim.*) Se dit des corps qui, en s'associant aux *bases* ou corps *minéralisables*, en font des minéraux; tels sont l'oxygène, le soufre, le carbone et divers acides, qui forment, avec les métaux ou les bases, des composés fixes doués de propriétés caractéristiques.

MINÉRALISATION, *sf.* (*Chim.*) Modification qui est survenue dans une substance minérale à la suite de son dépôt, soit dans un filon, soit dans une couche géologique.

MINÉRALOGIE, *sf.* Science qui s'occupe de la description et de la classification méthodique des *minéraux*, c.-à-d. des corps inorganiques, amorphes ou cristallisés, qui se trouvent à la surface du globe ou dans les différents dépôts géologiques.

MINETTE, *sf.* Nom vulgaire de la luzerne, et particul. de la luzerne *lupuline*. (V. ce mot).

MINEUR, *sm.* Ouvrier employé dans les mines, à l'extraction du minerai. | —, E, (*Jurisp.*) Celui qui n'a point encore atteint la majorité. V. *Majeur.* | —, E, *adj.* (*Eccl.*) Excommunication —, celle qui prive de la participation aux sacrements. | Les quatre ordres —s, sont ceux de portier, de lecteur, d'exorciste et d'acolyte. | (*Mus.*) Tierce —e, celle qui est composée d'un ton et d'un demi-ton. | Sixte —e, intervalle tel que celui de *mi à ut.* | Ton, mode —, celui où la tierce et la sixte au-dessus de la tonique sont *mineures.*

MINIATURE, *sf.* Nom qui désignait, au moyen âge, les lettres initiales et les vignettes des manuscrits, ornées d'une couleur rouge (vermillon), qu'on appelait alors *minium.* | Peinture à très-petites proportions, généralement sur ivoire, qui s'exécute avec de très-petits pinceaux, en pointillé, et avec des couleurs délayées dans l'eau gommée.

MINIÈRE, *sf.* Lieu d'où l'on extrait à ciel ouvert des substances minérales.

MINIMÂ (À), *loc. adv.* (*Lat.*) (*Jurisp.*) Se dit de l'appel que le ministère public forme lorsqu'il croit que la peine appliquée est trop faible. | (*Phys.*) Thermomètre —, Thermomètre indiquant chaque jour la plus basse température qu'il a fait dans la journée.

MINIME, *sm.* Religieux de l'ordre de Saint-François de Paule, qui, outre les trois vœux monastiques, faisaient vœu d'observer un carême perpétuel.

MINIMUM, *sm.* (*Math.*) Limite extrême de petitesse à laquelle puisse être réduite une quantité; on dit quelquefois, au pluriel, *minima* ou bien *minimums.*

MINISTÈRE, *sm.* Embranchement de l'administration générale d'un Etat, qui est confié à un *ministre*; en France (1867), il y en a dix, savoir: les —s 1° d'Etat, 2° de l'intérieur, 3° des affaires étrangères, 4° des finances, 5° de la justice et des cultes, 6° de l'instruction publique, 7° de l'agriculture, du commerce et des travaux publics, 8° de la guerre, 9° de la marine et des colonies; 10° de la maison de l'Empereur et des Beaux-Arts. | — public, ensemble des magistrats établis près des cours et tribunaux pour veiller à l'exécution des lois, en requérir l'application, soutenir les accusations, etc.; on applique souvent cette dénomination au magistrat lui-même (procureur impérial ou général, avocat général, etc.)

MINIUM, *sm.* Oxyde rouge de plomb obtenu par la calcination du massicot dans des fours spéciaux, et qu'on emploie particul. comme base des peintures destinées à conserver le fer; on l'emploie aussi à la coloration des papiers peints, de la cire à cacheter, dans la fabrication des cristaux, dont il facilite la taille, et enfin, pour les vernis des poteries communes.

MINK, *sm.* Espèce de putois d'Amérique, assez semblable au vison, et dont la fourrure est estimée.

MINORANGE, *sf.* V. *Mine.*

MINORAT, *sm.* Titre de celui qui est dans un des quatre ordres mineurs.

MINORATIF, *sm.* (*Méd.*) Qui purge doucement.

MINORATION, *sm.* (*Méd.*) Purgation douce.

MINORITÉ, *sf.* (*Jurisp.*) État de celui qui est mineur, c.-à-d. qui est placé sous l'autorité paternelle ou celle d'un tuteur, et qui est incapable de contracter.

MINOT, *sm.* Ancienne mesure usitée pour les grains, dont la capacité équivalait à environ 36 litres. | Mesure semblable pour le sel équivalente à 51 litres. | Sorte de farine destinée à l'exportation et enfermée dans des barils.

MINOTERIE, *sf.* Nom qu'on a substitué quelquefois à celui de moulin, et qui signifie particul. une usine, un grand moulin à blé. | Minotier, *sm.* Celui qui dirige une — ou qui exporte des grains.

MINUTE, *sf.* La 60e partie d'une heure. | La 60e partie d'un degré ou la 21600e partie du cercle. | (*Jurisp.*) Original d'un acte qui reste déposé chez un notaire, au greffe d'un tribunal, etc. | Nom donné à tout original ou brouillon qui doit être recopié. | Minuter, *va.* Faire la — d'un écrit.

MINYADE, *sf.* Genre de polypes de forme globulaire, ressemblant à un melon et se soutenant dans la mer au moyen d'une grande poche à air.

MIOCÈNE, *adj.* (*Géol.*) Nom qu'on donne aux terrains moyens de l'époque tertiaire, contenant les faluns, la *molasse*, etc.

MIOD ou Miolé, *sm.* V. *Hydromel.*

MI-PARTI, *adj.* (*Blas.*) Se dit de l'écu, quand il paraît composé de deux moitiés d'écu différentes.

MIPOUX, *sm.* V. *Borax.*

MIQUELET, *sm.* Soldat des troupes régulières ou irrégulières en Espagne, au commencement du XIXe siècle.

MIRABELLE, *sf.* Petite prune ronde, de couleur jaune foncé, cultivée en Provence ; on en fait particul. des confitures fort estimées.

MIRAGE, *sm.* Phénomène commun dans les déserts de sable, qui fait paraître, par un effet particulier de réfraction, les objets saillants au-dessus de l'horizon, le plus souvent dans une position renversée, et comme entourés d'une vaste couche d'eau.

MIRBANE, *sf.* Essence d'une odeur très-agréable qu'on obtient en préparant la benzine.

MIRE, *sf.* Plaque rectangulaire montée sur une règle de deux parties glissant l'une sur l'autre à volonté, et servant dans les opérations de nivellement.

MIRÉ, *adj. m.* Se dit d'un vieux sanglier dont les défenses sont recourbées en dedans.

MIREMENT, *sm.* Effet de réfraction qui fait paraître au-dessus de l'horizon des objets qui sont au-dessous.

MIROBOLAN, Mirobalan, *sm.* V. *Myrobolan.*

MIROUTTE, *adj.* Se dit d'un cheval dont la robe noire ou baie offre des taches d'une nuance plus claire.

MIRZA, *sm.* Titre de dignité que portent quelques seigneurs dans l'Inde et au Thibet.

MISAINE, *sf.* (*Mar.*) Se dit du mât d'avant qui est entre le grand mât et le beaupré, et des voiles, vergues, etc., qui en dépendent.

MISCELLANÉES, *smpl.* Mélange, recueil d'ouvrages ou d'écrits sur divers sujets.

MISCIBILITÉ, *sf.* Qualité de ce qui peut se mêler, s'allier. | Miscible, *adj.* Qui jouit de la —.

MISÉRÉRÉ, *sm.* Nom de divers psaumes qui commencent par ce mot *miserere* (ayez pitié), plus particul. le 4e des psaumes de la pénitence écrit par David. | Colique très-violente et très-dangereuse, qui a son siége dans l'iléon et qui s'appelle aussi, pour ce motif, *iléus.*

MISÉRICORDE, *sf.* Espèce de dague ou de poignard de duel. | Petite saillie de bois attachée sous le siége d'une stalle et sur laquelle on peut se reposer quand le siége est levé.

MISOUR, *sm.* Nom donné au vent du sud dans nos ports de la Méditerranée.

MISPICKEL, *sm.* Minéral qu'on trouve dans les roches granitiques et schisteuses ; il est composé de fer, de soufre et d'arsenic ; on en extrait quelquefois ce dernier corps.

MISSEL, *sm.* Livre assez volumineux qui se place sur l'autel pendant que le prêtre officie; il renferme les parties variables de la messe pour chaque jour de l'année.

MISSERON, *sm.* V. *Mousseron.*

MISTIC, *sm.* Petit bâtiment caboteur à antennes, d'Espagne et de Portugal, qui va *quelquefois jusqu'aux Echelles du Levant* ; il ne jauge jamais plus de 80 tonneaux.

MISTIGRI, *sm.* Se dit, dans certains jeux de cartes, du valet de trèfle, seul ou avec deux cartes d'égale valeur.

MISTRAL, *sm.* Vent de nord-ouest qui souffle avec une grande violence dans le midi de la France, à une certaine époque.

MITE, *sf.* — du fromage. V. *Acare.* | — de la laine. V. *Teigne.*

MITHRIDATE, *sm.* S'est dit comme syn. de contre-poison. | Médicament composé de plusieurs substances aromatiques et d'opium ; il était autrefois très-employé concurremment avec la thériaque, qui avait des propriétés analogues.

MITOYEN, NE, *adj.* (*Jurisp.*) Se dit de tout ce qui se trouve sur la limite de deux propriétés, en empiétant de part et d'autre sur chacune d'elles, de façon à en former la séparation exacte ; tels sont un mur, une haie, un puits, etc.; l'état de ces choses s'appelle *mitoyenneté.*

MITRAILLE, *sf.* Vieille ferraille, vieux

débris de métaux dont on charge quelquefois les canons et les obus quand on veut tirer à peu de distance sur des masses d'hommes.

MITRALE. *adj. f.* (*Anat.*) Se dit des valvules de l'oreillette gauche du cœur. | *sf.* Etoffe de coton russe.

MITRE, *sf.* Ancien bonnet pointu des Persans, que portèrent plus tard les femmes romaines, et dont la forme, légèrement modifiée, est le modèle de la coiffure que portent les évêques quand ils officient. | Chaperon formé par deux briques debout, s'appuyant l'une contre l'autre par le haut, et établies au-dessus d'un mur, d'une souche de cheminée, etc. | Cylindre ou cône de terre cuite, fendu par la base et remplissant le même objet. | Double plaque qui consolide la charnière d'un couteau fermant, de part et d'autre du haut du manche. | Mollusque gastéropode dont le coquillage, en forme de tour pointue au sommet, ressemble assez à une mitre; on le trouve dans les mers du Sud.

MITRON, *sm.* (*Archit.*) Petite mitre en terre cuite qui se place au-dessus des tuyaux de cheminée peu élevés.

MITTE, *sf.* Vapeur miasmatique, délétère, dans laquelle domine l'acide sulfhydrique, et qui se dégage des fosses d'aisance; on l'appelle aussi *plomb*.

MIURE, *adj.* (*Méd.*) Se dit d'un pouls faible et saccadé, inégal, irrégulier.

MIXTION, Mixture, *sf.* Mélange de plusieurs liquides qui sont simplement associés et non combinés, et qui conservent chacun leurs propriétés.

MNÉMONIQUE, Mnémotechnique, *sf.* et *adj.* Se dit de l'art de faciliter les opérations de la mémoire, appelé aussi *mnémotechnie*, méthode au moyen de laquelle on se forme une mémoire artificielle.

MOBILE, *sm.* (*Méc.*) Se dit de tout corps supposé en mouvement. | *Adj.* Garde —, troupe moins régulière que l'armée, qu'on arme dans des circonstances particulières et pour un temps limité. | Fêtes —s, certaines fêtes de l'Eglise dont la date varie tous les ans, parce qu'elles dépendent les unes et les autres de la fête de Pâques, qui se célèbre le dimanche après la pleine lune qui suit l'équinoxe du printemps, laquelle pleine lune varie chaque année.

MOBILIER, ÈRE, *adj.* (*Jurisp.*) Se dit des titres et des actions qui ont pour objet des meubles ou des valeurs qualifiées meubles par la loi.

MOBULAR, *sm.* V. *Ange.*

MOCASSIN, *sm.* Mocassine, *sf.* Sorte de chaussures de peau que portent les sauvages.

MOCHE, *sf.* Paquet de soie filée qui n'est pas encore teinte ni apprêtée.

MOCHLIQUE, *adj.* et *sm.* (*Méd.*) Purgatif violent, généralement à base d'antimoine.

MOCO ou Mococo, *sm.* Espèce de maki ou papion, de couleur cendrée, avec des taches blanches sous le ventre et des anneaux noirs autour de la queue; il se trouve à Madagascar.

MODAL, E, *adj.* (*Philos.*) Se dit des propositions qui contiennent quelque restriction, quelque modification, ou qui ont rapport à un mode particulier, à une manière de faire une chose.

MODALITÉ, *sf.* (*Philos.*) Mode, qualité, manière d'être. | (*Mus.*) Indication du mode dans lequel on joue.

MODE, *sm.* (*Philos.*) Manière d'être de la matière; c'est l'opposé de substance. | (*Mus.*) Se dit du caractère affecté au ton dans lequel on joue un morceau; il n'y a que deux modes, le *majeur* et le *mineur*. | (*Litt.*) Différentes inflexions que prend le verbe pour rendre les différentes manières dont le fait peut être présenté.

MODELAGE, *sm.* Opération qui consiste à *modeler*, c.-à-d. à faire en une matière molle, comme le plâtre, la cire ou l'argile, une figure d'après laquelle on exécute ensuite un ouvrage de sculpture; cette opération est exécutée par un ouvrier spécial appelé *modeleur*.

MODELER, *va.* Opérer un *modelage*. (V. ce mot). | Dans la peinture, rendre, par la différence des teintes, le relief d'une figure sur une surface plane.

MODELEUR, *sm.* V. *Modelage.*

MODÉNATURE, *sf.* (*Archit.*) Proportion et galbe des moulures d'une corniche, variant suivant l'ordre d'architecture.

MODÉRATEUR, *sm.* Appareil destiné à régler l'émission de la vapeur. | Lampe —, lampe munie d'un mécanisme qui fait monter l'huile d'une manière régulière; c'est un ressort en hélice qui est tendu au moyen d'une crémaillère et qui fait descendre, en se détendant, un piston comprimant l'huile dans le tube vertical qui la conduit à la mèche.

MODERATO, *adv.* (*Mus.*) Indique un mouvement modéré, qui tient le milieu entre le mouvement vif et le mouvement lent.

MODILLON, *sm.* (*Archit.*) Ornement propre à l'ordre ionique, corinthien et composite; il est placé en saillie sous le larmier de la corniche et a la forme de l'extrémité d'une poutre qui est censée s'appuyer sur la corniche.

MODIOLAIRE, *adj.* Qui a la forme d'un moyeu de roue.

MODIOLE, *sf.* V. *Pholade.*

MODULATION, *sf.* (*Mus.*) Passage d'un ton, d'un mode à un autre dans le chant ou dans l'harmonie.

MODULE, *sm.* (*Archit.*) Mesure à laquelle on rapporte toutes les dimensions d'une colonne, d'une frise, des diverses parties d'un édifice; elle est égale au rayon de la circonférence de la base de la colonne. | Diamètre d'une médaille. | (*Math.*) Quantité par laquelle il faut multiplier les logarithmes d'un certain système pour avoir les logarithmes correspondants dans un autre système.

MOELLE, *sf.* Substance molle, grasse, huileuse, qu'on trouve dans l'intérieur des os. | — épinière. V. *Epinière.* | — allongée, portion de la moelle épinière renfermée dans le crâne et qui s'étend depuis la protubérance annulaire jusqu'au trou occipital. | (*Bot.*) Substance spongieuse, légère et humide, qui se voit au centre de la tige des dicotylédonées, et mêlée aux fibres de la tige des monocotylédonées.

MOELLON, *sm.* (pr. *moi-*). Pierres de construction de petit volume, généralement de calcaire coquillier, qu'on emploie à Paris. | V. *Dégras.*

MOËRE, *sf.* Dans les Pays-Bas, étangs ou marais desséchés, que l'on met en culture.

MOETTE, *sf.* Espèce de tenaille propre à arracher les chardons.

MŒURS, *sfpl.* (*Litt.*) Partie de la rhétorique qui traite des qualités morales que l'auteur doit montrer; on les appelait en grec *ithos.*

MOFETTE, *sf.* (*Chim.*) Ancien nom de l'azote. | Gaz miasmatique, exhalaison délétère qui s'élève dans les lieux souterrains, les mines, etc. | — inflammable. V. *Grisou.*

MOHA, *sm.* Variété de millet que l'on fauche en vert pour nourrir les bestiaux ou dont les graines sont quelquefois substituées au riz et servent de nourriture pour la volaille.

MOHAIR, *sm.* Poil de chèvre. | Etoffe de laine ou de coton, croisée de poil de chèvre.

MOHATRA, *sm.* Contrat —, contrat usuraire par lequel un marchand vend très-cher à crédit ce qu'il rachète à vil prix, mais argent comptant.

MOHUR, *sm.* Pièce de monnaie aux Indes Orientales, valant officiellement 15 roupies ou 36 fr. 83 c.; sa valeur varie suivant les localités.

MOILETTE, *sf.* Petit outil de bois garni de feutre en dessous, avec lequel on frotte une glace.

MOINE, *sm.* Nom vulgaire d'une espèce de phoque de couleur noire et blanche. | Petit insecte coléoptère qui vit dans les potagers et le bois pourri, et dont le corselet ressemble à une sorte de capuchon. | Appareil domestique dont on se sert en quelques pays pour réchauffer les lits; c'est un coffre de tôle renfermant un brasier qu'on place entre les draps pendant quelque temps.

MOINEAU, *sm.* Genre de passereaux conirostres de la famille des fringilles, dont la plupart des espèces sont communes partout; il se nourrit de grains et d'insectes; son plumage est ordinairement varié de roux, de brun, de cendré et de gris blanc; son vol est peu gracieux et son cri monotone.

MOIRE, *sf.* Étoffe de soie qui a reçu un apprêt particulier lui donnant un éclat changeant, au moyen de la presse ou du cylindre qui écrasent les grains de l'étoffe, suivant certaines lignes ondulées.

MOISE, *sf.* Nom que portent deux ou plusieurs pièces de bois jumelles retenues par des boulons et qui en embrassent une ou plusieurs autres; c'est un genre d'assemblage très-usité.

MOISISSURES, *sfpl.* (*Bot.*) Nom générique de petits champignons microscopiques, dont on connaît un grand nombre d'espèces, et qui viennent sur les substances organiques en décomposition.

MOISSINE, *sf.* Faisceau de branches de vigne auxquelles les raisins restent attachés et qu'on suspend au plancher en hiver.

MOLAIRE, *adj.* et *sf.* Grosses dents du fond de la bouche qui broient les aliments; elles sont au nombre de vingt chez l'homme. | Glandes —s, corps muqueux placés dans les joues. | Pierre à meules, *meulière*, qu'on appelle aussi Molarite, *sf.*

MOLASSE, *sf.* (*Géol.*) Grès à grains très-fins, mou et friable, gris verdâtre, que l'on trouve dans les terrains tertiaires moyens, notamment aux environs de Paris; c'est dans ce terrain qu'on a découvert les *mastodontes*, les *dinothérium*, etc.

MÔLE, *sm.* Masse de maçonnerie placée dans un port en avant d'une jetée pour résister par sa solidité aux vents et aux tempêtes, et former ainsi un asile sûr aux vaisseaux. | *sf.* Fil de laiton dont on fait les têtes d'épingle. | Grand poisson de forme orbiculaire, appelé aussi *poisson-lune*; on le trouve dans la Méditerranée; sa chair est estimée.

MOLEAU, *sm.* Huile qu'on exprime d'une peau après qu'elle a été chamoisée.

MOLÉCULE, *sf.* La plus petite partie d'un corps que l'on suppose divisé jusqu'à la dernière limite; parcelle indivisible de matière, jouissant des propriétés de la matière. | Moléculaire, *adj.* Qui a rapport aux —s.

MOLÈNE, *sf.* Plante solanée à tige frutescente, à grandes feuilles généralement cotonneuses, couvertes, ainsi que les fleurs, d'un duvet blanchâtre, et dont une espèce, pectorale, porte le nom de *bouillon blanc.*

MÔLER, *vn.* Se dit des navires qui font vent-arrière, qui reçoivent le vent en poupe.

MOLESKIN, *sm.*, ou Moleskine, *sf.* Étoffe de coton épaisse, à tissu croisé, et veloutée, mais rase et unie; on l'imprime pour vêtements, ou bien on l'enduit d'un vernis noir ou de couleur pour imiter la toile cirée ou le cuir verni, sous le nom de *cuir-toile.*

MOLET, *sm.* Petit morceau de bois à rainure, recevant les languettes d'un panneau et servant à les maintenir.

MOLETTE, *sf.* Cône de matière dure (pierre ou cristal), servant à broyer des couleurs sur une plaque de marbre. | Pierre dure servant à broyer les médicaments. | Partie de l'éperon qui sert à piquer le cheval. | Tumeur molle qui se développe au-dessus du jarret et à côté du boulet du cheval. | Epi de poils au front du cheval entre les deux yeux. | Petite roue d'horlogerie. | Instrument servant à déposer des ornements sur une poterie encore molle. | Pince d'orfèvre servant à tenir les pièces. | Petite barre de fer recourbée par un bout et emmanchée sur une poulie, dont se servent les passementiers pour retordre le cordonnet. | V. *Moilette*.

MOLETTÉ, E, *adj.* et *s.* Se dit des matières broyées au moyen de la molette, et particul. des métaux réduits en poudre pour être employés en peinture ou en enduit.

MOLI, *sm.* V. *Moly*.

MOLIANT, E, *adj.* Se dit des peaux douces et maniables.

MOLINE, *sf.* Laine assez belle d'Aragon, moins estimée que la soriane.

MOLINISME, *sm.* Opinion des sectateurs de Molina, qui étaient opposés aux jansénistes sur la question théologique de la grâce. | MOLINISTE, *adj.* et *s.* Qui professe le —.

MOLLAH, *sm.* Prêtre musulman dans certaines parties de l'Orient.

MOLLETON, *sm.* Étoffe croisée ou rarement lisse, de laine, de coton ou de soie, légèrement foulée, tirée à poil, généralement d'un seul côté; on la fabrique, de la même manière que les couvertures, pour langes, jupons, doublures de corsages, etc.

MOLLETTE, *sf.* Poulie placée verticalement à l'entrée d'un puits de mine et autour de laquelle s'enroule la corde qui sert à monter et à descendre les caisses pleines ou vides, etc. | V. *Molette*.

MOLLIÈRE, *sf.* Champ cultivé d'où sortent dans les années pluvieuses de petites sources.

MOLLUSQUES, *smpl.* (*Zool.*) Se dit d'une division des animaux non vertébrés, renfermant ceux qui sont munis d'organes respiratoires distincts, et dont le corps, mou, le plus souvent revêtu d'une coquille, n'est pas articulé; tels sont les colimaçons, les moules, les huîtres, etc.; la plupart sont aquatiques ou vivent dans l'humidité.

MOLOSSE, *sm.* (*Litt.*) Pied employé dans certains vers grecs et latins, composé de trois syllabes longues. | Genre de chauve-souris d'Amérique à museau simple, à oreilles larges et courtes. | Nom que donnaient les anciens à un gros chien de garde, qui paraît être notre dogue.

MOLTÉ, *sm.* V. *Molleté*.

MOLY, *sm.* Plante dont parle Homère, et à laquelle on attribuait la propriété de garantir des prestiges de la magie. | Espèce d'ail à fleurs jaunes, qu'on emploie dans l'ornementation des jardins.

MOLYBDÈNE, *sm.* Corps simple métallique d'un blanc mat, cassant, pesant huit fois et demie plus que l'eau, et difficilement fusible, qu'on trouve dans la nature combiné avec le soufre ou avec le plomb et l'oxygène.

MOLYBDÉNITE, *sm.* Combinaison naturelle de soufre et de molybdène, appelée aussi molybdène sulfuré; c'est un minéral bleuâtre, brillant, semblable à la plombagine, qu'on trouve dans certaines formations granitiques des montagnes d'Europe.

MOMENT, *sm.* (*Méc.*) Résultat de l'application d'une force à une droite ou à un plan.

MOMIE, *sf.* Corps embaumé par les anciens Égyptiens, au moyen de bitume et d'aromates particuliers, et enveloppé de bandelettes. | Noir de —, couleur brune tirée du bitume dont les —s ont été enduites. | Cire noire employée pour la greffe des arbres.

MOMORDIQUE, *sf.* Plante de la famille des cucurbitacées qu'on trouve dans les régions tropicales; la plupart de ses espèces portent des fruits oblongs, de la forme d'une prune, d'une belle couleur jaune, auxquels on a attribué des propriétés balsamiques et vulnéraires.

MOMOT, *sm.* Oiseau passereau du Brésil et du Paraguay, dont le bec est très-long et le plumage très-brillant; son cri est désagréable.

MONADE, *sf.* (*Philos.*) Unité parfaite, êtres simples, immatériels, forces initiales qui en se groupant constitueraient tous les êtres. | Animalcule gélatineux, de la forme d'un globule, muni d'un ou plusieurs filaments allongés, qu'on trouve dans les infusions végétales; il se meut avec une extrême vitesse; sa petitesse est telle, qu'on en compte deux mille sur une ligne d'un millimètre de longueur.

MONADELPHIE, *sf.* (*Bot.*) Classe du système de Linné, renfermant les plantes *monadelphes*, ou dont les étamines ne renferment qu'un seul faisceau.

MONADISME, *sm.* MONADOLOGIE, *sf.* (*Philos.*) Système de philosophie admettant que tous les corps sont engendrés par des forces simples, indissolubles, appelées *monades*; il a pour auteur Leibnitz.

MONANDRIE, *sf.* (*Bot.*) Classe du système de Linné, renfermant les plantes qui n'ont qu'une seule étamine.

MONARCHIE, *sf.* État régi par un seul chef, soit d'une manière absolue, soit avec le concours de corps constitués qui contrôlent et modèrent le pouvoir exécutif.

MONARDE, *sf.* Plante de la famille des labiées qui se trouve dans l'Amérique du Nord, et dont une espèce porte des feuilles aromatiques qu'on emploie en Pensylvanie en guise de thé.

MONAULE, *sm.* V. *Lophophore*.

MONAUT, *adj. m.* Se dit des chiens ou des chats qui n'ont qu'une seule oreille.

MONDER, *va.* Nettoyer, dégager certains corps de pellicules ou de matières étrangères.

MONDIFIER, *va.* Nettoyer, en parlant des plaies.

MONDIFICATIF, VE, *adj.* et *s.* Se dit des remèdes qui sont employés pour nettoyer les plaies.

MONE, *sf.* Espèce de guenon à pelage marron, qu'on trouve sur la côte occidentale d'Afrique.

MONÉSIA, *sf.* Écorce très-astringente fournie par un arbre du Brésil.

MONGETTE, *sf.* V. *Dolic.*

MONGOLIQUE, *adj.* Se dit d'une race humaine dont la peau est jaunâtre et olivâtre, le visage plat, les pommettes saillantes, les yeux étroits et obliques, le nez court et épaté; elle habite l'est de l'Asie.

MONILAIRE, MONILIFORME, *adj.* (*Bot.*) Se dit des parties internes d'un végétal qui ont la forme d'un chapelet.

MONITEUR, *sm.* Dans l'enseignement mutuel, nom qu'on donne à un élève instructeur choisi par le maître pour instruire un certain nombre d'élèves de la classe inférieure à la sienne.

MONITION, *sf.* Avertissement fait par l'autorité d'un évêque avant de procéder à l'excommunication.

MONITOIRE, *sm.* Lettre usitée dans la juridiction ecclésiastique, qui enjoint à tous ceux qui ont eu connaissance d'un fait de venir révéler ce qu'ils savent. | MONITORIAL, E, *adj.* Qui est en forme de —.

MONITOR, *sm.* Reptile saurien appelé aussi *Varan* (V. ce mot). | Navire de guerre à vapeur, tout en fer, et formant peu de saillie au-dessus de l'eau; il porte en général sur le pont une ou deux tourelles tournantes armées de plusieurs canons.

MONOBLEPSIE, *sf.* (*Méd.*) Affection consistant en ce que la vision avec les deux yeux est confuse, tandis qu'elle est nette avec un seul.

MONOCÉPHALE, *sm.* et *adj.* (*Hist. nat.*) Qui n'a qu'une tête.

MONOCÈRE, *sm.* (*Zool.*) Nom donné à divers animaux ayant pour caractère particulier une protubérance ou une corne unique sur le front.

MONOCHLAMYDÉES, *sfpl.* (*Bot.*) Classe de plantes dont la fleur ne se compose que d'une seule enveloppe, soit calice, soit corolle.

MONOCHROME, *adj.* et *sm.* Se dit des objets peints d'une seule couleur, comme les camaïeux, les grisailles, etc.

MONOCLE, *adj.* Qui n'a qu'un œil. | *sm.* Lorgnette, petite lunette qui ne sert que pour un œil.

MONOCLINE, *adj.* (*Bot.*) Se dit des plantes chez lesquelles les organes sexuels mâles et femelles sont réunis sur le même individu. | MONOCLINIE, *sf.* État des plantes —s.

MONOCORDE, *sm.* Instrument de bois ou de cuivre, à une seule corde, que l'on peut diviser à volonté au moyen de petits chevalets mobiles; il sert à déterminer les rapports numériques des sons.

MONOCOTYLÉDONE, MONOCOTYLÉDONÉ, E, *adj.* et *s.* (*Bot.*) Se dit d'une classe de végétaux dans lesquels l'embryon n'est pourvu que d'un seul cotyledon, et dont la tige, généralement dépourvue d'écorce, est composée de fibres parallèles entrelacées et s'accroît par le développement de la base des feuilles qui sont engainantes, à la différence des dicotylédones, dans lesquelles l'accroissement se fait par la production annuelle d'une nouvelle couche de bois sous l'écorce; tels sont les *palmiers*, les *graminées*, les *liliacées*, les *orchidées*, etc.

MONOCULE, *sm.* (*Chir.*) Bandage qui s'applique à un œil sans gêner l'autre. | V. *Monocle.*

MONODACTYLE, *adj.* (*Zool.*) Qui n'a qu'un doigt. | Se dit quelquefois de l'espèce chevaline.

MONODELPHES, *smpl.* (*Zool.*) Se dit des animaux dont le fœtus prend tout son développement dans l'intérieur de leur corps, par oppos. à *Didelphes* (marsupiaux).

MONODONTE, *sf.* Coquillage de forme presque sphérique, avec une pointe obtuse d'un côté et une bouche circulaire; ses couleurs variées le font rechercher des amateurs.

MONOECIE, *sf.* (*Bot.*) Classe du système de Linné, comprenant les plantes qui portent des fleurs mâles et des fleurs femelles sur la même tige.

MONOGAME, *adj.* (*Bot.*) Se dit d'une fleur composée qui renferme des fleurs toutes de même sexe. | (*Zool.*) Se dit des animaux qui n'ont qu'une femelle.

MONOGAMIE, *sf.* Union d'un seul époux avec une seule épouse, par opposition à *bigamie* et *polygamie*. | (*Bot.*) Classe de plantes du système de Linné, renfermant celles dont les fleurs, quoique rapprochées les unes des autres, sont cependant distinctes et n'ont pas d'enveloppe commune.

MONOGÉNIE, *sf.* (*Hist. nat.*) Mode de génération qui consiste dans la production, par un corps organisé, d'une partie qui se sépare de lui, et devient en s'accroissant un nouvel individu semblable à celui qui l'a produit.

MONOGRAMME, *sm.* Chiffre qui renferme les principales lettres ou toutes les lettres d'un nom; réunion de plusieurs lettres en un seul caractère.

MONOGRAPHIE, *sf.* Traité sur un seul objet, comme description d'une seule famille de plantes, d'un seul genre d'animaux, d'une maladie, d'une passion, etc.

MONOGYNIE, *sf.* (*Bot.*) Sous-classe du

système de Linné, renfermant dans chaque classe les plantes à un seul pistil.

MONOHYPOGYNIE, *sf.* (*Bot.*) Classe de plantes de la méthode de Jussieu, renfermant celles qui sont monocotylédones et ont des étamines hypogynes.

MONOÏQUE, *adj.* (*Bot.*) Se dit des plantes qui font partie de la *monoecie* (V. ce mot).

MONOLITHE, *adj.* et *sm.* MONOLITHIQUE. *adj.* Qui est d'une seule pierre; se dit des statues, des pyramides, et en particulier des obélisques.

MONOLOGUE, *sm.* Scène d'une pièce de théâtre où un personnage est seul et se parle à lui-même.

MONOMACHIE, *sf.* Combat d'homme à homme; nom que l'on a donné à la preuve par le duel, qu'on appelait le *jugement de Dieu.*

MONOMANIE, *sf.* Espèce d'aliénation mentale, dans laquelle une seule idée semble absorber toutes les facultés de l'intelligence. | MONOMANE, *adj.* et *s.* Atteint de —.

MONÔME, *sm.* (*Math.*) Quantité algébrique, formée par une ou plusieurs quantités, mais ne renfermant aucun des signes *plus, moins égal, plus grand* ou *plus petit que*.

MONOMÈTRE, *adj.* et *sm.* (*Litt.*) Se dit d'un poëme qui n'a qu'un seul mètre ou qu'une espèce de vers.

MONOPÈDE, *adj.* et *s.* V. *Monopode*.

MONOPÉGIE, *sf.* (*Méd.*) Douleur de la tête qui n'occupe qu'une partie très-circonscrite.

MONOPÉRIANTHÉES, *sfpl.* (*Bot.*) V. *Monochlamydées*.

MONOPÉRIGYNIE, *sf.* (*Bot.*) Classe de plantes de la méthode de Jussieu, renfermant celles qui sont monocotylédonées et ont des étamines périgynes.

MONOPÉTALE, *adj.* (*Bot.*) Se dit des fleurs dont la corolle est d'une seule pièce; tels sont le *liseron*, la *menthe*, etc.

MONOPHTHALME, *adj.* V. *Monocle* et *Monocule*.

MONOPHYLLE, *adj.* (*Bot.*) Se dit des organes extérieurs de la plante, le calice et la corolle, quand ils sont formés d'une seule pièce.

MONOPHYSITES, *smpl.* Sectaires qui n'admettaient en Dieu qu'une seule nature.

MONOPODE, *adj.* (*Zool.*) Qui n'a qu'un pied.

MONOPTÈRE, *adj.* (*Archit.*) Se dit d'un édifice, d'un temple, qui *n'a qu'une seule rangée de colonnes.*

MONORIME, *sm.* (*Litt.*) Se dit des poésies dont les vers sont tous terminés par la même rime.

MONOSÉPALE, *adj.* (*Bot.*) Se dit du calice des fleurs quand il est d'une seule pièce.

MONOSPERME, *adj.* (*Bot.*) Se dit du fruit ou des divisions du *fruit lorsqu'elles ne* contiennent qu'une seule graine.

MONOSTIQUE, *sm.* (*Litt.*) Épigramme, inscription en un seul vers.

MONOSTOME, *sm.* V. *Festucaire.*

MONOSYLLABIQUE, *adj.* (*Litt.*) Se dit des vers qui ne renferment que des monosyllabes; tel est ce vers connu : *Le jour n'est pas plus pur que le fond de mon cœur.*

MONOTHÉISME, *sm.* Croyance en un seul Dieu. | MONOTHÉISTE, *adj.* et *s.* Qui professe le —.

MONOTHÉLISTES, *smpl.* Sectaires qui n'admettaient en Dieu qu'une seule volonté.

MONOTRÈMES, *smpl.* (*Zool.*) Famille de mammifères se rapprochant des reptiles, et caractérisés parce que toutes leurs excrétions sortent par un seul et même orifice; on ne compte que deux genres dans cette famille : l'*ornithorhynque* et l'*échidné*.

MONOTRIGLYPHE, *sm.* (*Archit.*) Espace de la largeur d'un triglyphe entre deux colonnes.

MONOTROPE, *sf.* Plante parasite dépourvue de feuilles, à écailles blanchâtres *éparses sur la tige*, à *fleurs en grappe*; elle vit sur les racines des arbres et particul. des pins.

MONOTYPE, *adj.* (*Hist. nat.*) Se dit d'un genre dont toutes les espèces sont liées par des rapports évidents, ou qui ne renferme qu'une seule espèce.

MONOXYLE, *sm.* Ancienne barque faite d'une seule pièce de bois.

MONSEIGNEUR, *sm.* Titre qu'on donnait autrefois aux ministres; on ne le donne plus qu'aux princes du sang, aux évêques, aux archevêques et aux cardinaux. | Espèce de pince ou levier dont les voleurs se servent pour forcer les serrures.

MONTANT, E, *adj.* Garde —e, celle qu'on place dans un poste. | JOINT — (*Archit.*) Le joint vertical de deux pierres. | (*Blas.*) Se dit des pièces dont les pointes sont tournées vers le haut de l'écu.

MONTÉE, *sf.* Frai d'anguilles; très-jeunes anguilles *semblables à des fils qui remontent* en troupes serrées les fleuves au commencement du printemps, et qu'on recueille comme aliment dans certains pays.

MONTGOLFIÈRE, *sf.* Aérostat inventé par Montgolfier, qui renferme de l'air raréfié et rendu plus léger par la chaleur.

MONTOIR, *sm.* Grosse pierre ou gros billot de bois planté dans le sol comme une borne, dont on se sert pour monter plus aisément à cheval: | Côté gauche du cheval. | Hors le —, côté droit du cheval.

MONTRANCE, *sf.* Ancienne dénomination de l'objet employé dans les églises sous le nom d'*ostensoir*.

MONTRE, *sf.* Dans la céramique, petits objets de terre qui servent à indiquer, par leur degré de cuisson, celui du reste des pièces qui sont dans le four. | Montre d'orgue, tuyaux d'orgue en étain poli, qui paraissent au dehors. | Anciennement, revue d'une armée.

MOPSE, *sm.* Membre d'une société secrète qui se forma au XVIIIe siècle en Allemagne, par suite de la suppression de la franc-maçonnerie.

MOQUE, *sf.* (*Mar.*) Grosse poulie en usage sur les navires. | Planche percée d'un trou dans lequel passe une corde.

MOQUETTE, *sf.* Étoffe pour tapis de pieds, unie ou à dessins, et dont l'envers présente un canevas de fil ou de coton. | Oiseau vivant qui sert d'appeau près d'un piége.

MOQUEUR, *sm.* Espèce de merle siffleur d'Amérique, qui imite le chant des oiseaux dans le voisinage desquels il vit; il a de 18 à 20 centimètres de long; sa queue est très-longue; son corps est gris brun tacheté de blanc.

MORAILLES, *sfpl.* Espèce de tenailles qu'on applique au nez d'un cheval pour le maintenir pendant qu'on le ferre ou pendant qu'on lui fait subir quelque opération. | Tenailles de fer au moyen desquelles le verrier allonge quelquefois son manchon avant de l'ouvrir.

MORAILLON, *sm.* Pièce de fer plate attachée au couvercle d'un coffre ou d'une malle, et munie d'un anneau qui entre dans la serrure et reçoit le pêne.

MORAINE, *sf.* Cordon de mortier que le maçon forme autour d'un ouvrage en pisé. | (*Géol.*) Débris de roches que l'on trouve au bas des grands glaciers. | Ver qu'on trouve au fondement des chevaux qui ont pris le vert. | Laine qu'on enlève avec de la chaux de la peau d'un mouton mort de maladie.

MORATOIRE, *adj.* (*Jurisp.*) Se dit des intérêts qui courent par l'effet d'une demande en justice et qui sont dus à raison du retard apporté au payement d'une créance exigible. | Lettre —, se disait autrefois des lettres par lesquelles le souverain accordait un délai.

MORBIDE, *adj.* Maladif, malsain, qui est l'effet de la maladie.

MORBIDESSE, *sf.* Se dit, dans les arts, de l'expression douce, molle, délicate, presque maladive, des physionomies.

MORBIFIQUE, *adj.* Qui cause ou produit la maladie.

MORBILLEUX, EUSE, *adj.* (*Méd.*) Qui a rapport à la rougeole.

MORDACHE, *sf.* Espèces de tenailles de bois que l'on place entre les mâchoires d'un étau, pour éviter que les pièces soient endommagées par l'étau. | Grosses pinces de fer pour saisir les bûches et les remuer dans le feu.

MORDANCER, *va.* Effectuer le mordançage, c.-à-d. appliquer sur une étoffe un mordant pour fixer la couleur.

MORDANT, *sm.* Vernis qui fixe l'or en feuilles sur des métaux. | Substance qui a la propriété de fixer les matières colorantes sur les étoffes; les plus importantes sont le sulfate d'alumine et de fer, le sulfate de potasse, l'acétate de fer, l'acétate d'alumine, etc.

MORDÉHI, *sm.* Maladie particulière aux Indes; elle consiste dans le dérangement des fonctions digestives causé par la chaleur du climat et le froid qui lui succède.

MORDELLE, *sf.* Insecte coléoptère hétéromère, dont le corps, allongé, étroit, est terminé par une longue tarière pointue; ses espèces, fort nombreuses, vivent sur les fleurs et les feuilles.

MORDICANT, E, *adj.* Âcre, corrosif, caustique.

MORDORÉ, E, *adj.* et *sm.* Couleur foncée, à reflets dorés, résultant du mélange du rouge avec le brun.

MOREAU, *sm.* Extrêmement noir; ne se dit que des chevaux.

MORELLE, *sf.* Plante de la famille des solanées, dont une espèce est la *douce-amère* (V. ce mot); la — *noire* est narcotique et calmante; la — *tubéreuse* est la pomme de terre. | V. *Foulque.*

MORESQUE ou MAURESQUE, *adj.* Qui a rapport aux coutumes, aux goûts des Mores ou Maures. | (*Archit.*) Se dit d'un genre d'architecture où dominent les cintres formés par des arcs plus grands que des demi-cercles, les colonnettes très-fines, les ciselures à jour, etc.

MORESQUES, *sfpl.* V. *Frisons.*

MORET, *sm.* Mets des anciens, qui était composé de fromage broyé avec de l'huile et de l'ail. | Nom vulgaire de l'*airelle.*

MORETON, *sm.* V. *Milouin.*

MORETTE, *sf.* V. *Mourette.*]

MORFÉE, *sf.* Maladie qui attaque les oliviers et les orangers en Provence; elle consiste dans la production d'une substance noire à la surface des feuilles, lesquelles se couvrent d'insectes hyménoptères appelés *morfa.*

MORFIL, *sm.* Petites barbes d'acier qui restent au tranchant d'une lame passée sur la meule et qu'il faut enlever pour que la lame coupe bien. | Dents d'éléphants brutes. | V. *Maléfique.*

MORFONDURE, *sf.* Maladie qui consiste dans l'écoulement d'une humeur séreuse par les narines; cette maladie est particulière aux chevaux. | Chez l'homme, écoulement spontané d'humeur liquide par les narines.

MORGANATIQUE, *adj.* Secret, mystérieux; se dit du mariage que contractent les princes avec des personnes de condition inférieure.

MORGELINE, *sf.* Petite plante de la famille des caryophyllées, dont la tige est menue, rameuse; les feuilles ovales, aiguës, d'un vert tendre; la fleur blanche, très-petite, portée sur de longs pédoncules; on la donne aux oiseaux sous le nom de *mouron des oiseaux*.

MORILLE, *sf.* Champignon dont le chapeau n'est pas recouvert d'une coiffe et présente des alvéoles profonds, carrés; sa couleur est brune, sa forme ovale ou ronde; on l'estime comme très-délicate pour accompagner certains mets.

MORILLON, *sm.* et *adj. m.* Se dit d'une espèce de canard plus petite que le canard domestique, à plumage noir luisant, à reflets pourprés, et dont la tête est ornée d'une large huppe pendante; il habite les eaux douces et la mer dans le nord de la France, et hiverne en Egypte. | Sorte de raisin noir. | —s, *smpl.* Emeraudes brutes.

MORIN, *sm.* Nom d'une couleur jaune et d'une couleur blanche qui viennent du bois d'une espèce de mûrier, et qu'on emploie dans l'art de la teinture.

MORION, *sm.* Armure de tête que portaient les anciens chevaliers; elle était plus légère que le casque. | Punition qu'on infligeait aux soldats en les frappant sur le derrière. | Bouffon qu'on admettait dans les festins pour divertir les convives.

MORISQUE, *sf.* Ancienne monnaie d'Alger qui valait environ 50 centimes. | Ancienne danse des Mores, en usage en Espagne, composée de poses cambrées, de sauts pleins de souplesse, de changements de pieds rapides, etc., et dansée avec un tambour de basque.

MORISQUE, *sm.* V. *Terceron.*

MORMODELLE, *sf.* Insecte coléoptère, dont la tête est triangulaire et portée sur une espèce de col, les élytres flexibles, courtes et terminées en pointe ainsi que l'abdomen.

MORMYRE, *sm.* Poisson malacoptérygien, dont le corps est comprimé, la queue mince et la tête couverte d'une peau nue et épaisse; toutes ses espèces vivent dans le Nil et sont recherchées comme aliment.

MORNE, *sm.* Aux Antilles, petite montagne ronde, isolée, élevée le long d'une côte ou à l'extrémité d'un cap.

MORNE, *sf.* Cercle, anneau dont on garnissait la pointe des lances quand on voulait combattre dans les tournois courtoisement et sans danger. | MORNÉ, E, *adj.* Se disait des armes munies de la —.

MORPHÉE, *sf.* Affection cutanée qui consiste en une large tache composée de plusieurs petites taches groupées les unes près des autres. | *sm.* (*Ant.*) Dieu du sommeil.

MORPHINE, *sf.* L'un des alcaloïdes de l'opium, substance blanche, solide, très amère, cristallisable, qui est employée à l'état de sels (*acétate* ou *sulfate* de —), et à très-faible dose, pour calmer les douleurs nerveuses, et assoupir; elle est moins soporifique que la narcéine et plus que la codéine; ses propriétés excitantes et toxiques sont plus faibles que celles de la thébaïne et quelques autres alcaloïdes de même origine.

MORPHO, *sm.* Genre de lépidoptères diurnes, dont les antennes sont très-longues, les ailes larges, brunes en dessous et ornées en dessus de brillantes couleurs.

MORPHOLOGIE, *sf.* Traité des formes, de la conformation des êtres.

MORS, *sm.* Partie métallique de la bride qui passe dans la bouche du cheval, entre les barres, et sert à le guider.

MORSE, *sm.* Animal carnivore amphibie, dont la mâchoire supérieure est armée de deux défenses très-longues dirigées vers le bas; il habite la mer Glaciale, et on le chasse pour en retirer de l'huile et de l'ivoire. | Rangée de pavés qui traverse un chemin et rejoint les bordures.

MORTADELLE, *sf.* Espèce de gros saucisson en boule qui vient d'Italie.

MORTAILLABLE, *adj.* (*Féod.*) Se disait des serfs qui n'étaient pas aptes à transmettre leurs biens après leur mort, et dont le seigneur héritait.

MORTAILLE, *sf.* (*Féod.*) Droit que le seigneur avait sur les biens des serfs mortaillables.

MORTAISE, *sf.* Trou, entaille dans une pièce de bois ou de métal, pour y recevoir le tenon d'une autre pièce, quand on veut les assembler. | MORTAISAGE, *sm.* Action de pratiquer une —. | MORTAISER, *va.* Pratiquer une —.

MORT-BLANC, *sm.* Maladie qui atteint le ver à soie au moment où il va faire son cocon; elle est caractérisée par la convexité du ventre et par la coloration en rouge de l'extrémité postérieure du corps.

MORT-BOIS, *sm.* Terme d'eaux et forêts désignant le bois mort qui reste sur l'arbre, par opposition au *bois-mort* proprement dit, qui est tombé sur le sol.

MORTE-EAU, *sf.* Temps des marées entre la nouvelle et la pleine lune; ce sont les plus faibles.

MORTELLIER, *sm.* Celui qui broie certaines pierres pour en faire du ciment. | MORTELLERIE, *sf.* Art ou travail du —.

MORT-FLAT, *sm.* Maladie des vers à soie qui est caractérisée par le luisant de la peau, le gonflement de la tête et des anneaux et le vomissement d'un liquide jaune.

MORT-GAGE, *sm.* (*Jurisp.*) Gage dont on laisse jouir le créancier sans que les fruits qu'il perçoit soient imputés sur la dette.

MORT-GRAS, *sm.* Maladie qui survient à la troisième mue des vers à soie; elle est caractérisée par une enflure générale du corps, à l'exception de la tête.

MORTIER, *sm.* Mélange de chaux, de sable

et d'eau, servant à souder ensemble les pierres d'une construction. | Vase dans lequel on pile des substances. | Bouche à feu, très-courte, dont on se sert pour jeter des bombes. | Bonnet rond de velours noir, bordé de galon d'or, que portaient les présidents de parlement.

MORTINA, *sf.* Mélange de diverses feuilles aromatiques dont celles de myrte forment la plus grande partie.

MORUE, *sf.* Poisson malacoptérygien, dont la longueur varie de 70 c. à 1 m.; sa tête est plate, sa bouche énorme; on la trouve dans toutes les mers du Nord, où on la pêche en quantités considérables.

MORVAN, *adj.* Se dit d'une espèce de mouton originaire de la côte de Guinée, et naturalisée dans une grande partie de l'Europe; elle est remarquable par sa laine très-longue et assez fine.

MORVE, *sf.* Maladie contagieuse du cheval, qui consiste dans une inflammation des membranes muqueuses et principalement des naseaux, avec écoulement de mucosités et induration des glandes lymphatiques de la ganache; les hommes peuvent en être attaqués.

MOSAÏQUE, *adj.* Qui vient de Moïse. | *sf.* Parquet ou revêtement en petits compartiments de différentes couleurs, fait avec divers morceaux de marbre ou de faïence.

MOSAÏSME, *sm.* Doctrine, loi instituée par Moïse.

MOSAÏSTE, *sm.* Artiste en mosaïque.

MOSCATELLINE, *sf.* Petite plante à odeur de musc, de la famille des saxifrages; elle a de très-petites fleurs roses et des feuilles d'un vert glauque; on la trouve dans les lieux ombragés en Europe.

MOSCHIFÈRE, *adj.* Se dit de l'appareil qui, chez certains animaux, sécrète une liqueur odorante particulière appelée *musc.*

MOSCOUADE, *sf.* Sucre brut coloré par de la mélasse et d'autres substances, et qu'on appelle aussi *cassonade.*

MOSER (Image de), *sf.* Image qui se forme au bout d'un certain temps à la surface des verres placés devant une gravure; le verre conserve sa transparence dans les parties correspondantes aux ombres, et il est comme terni dans ce qui correspond aux clairs, par un enduit blanchâtre d'une grande ténuité; on l'appelle aussi image *mosérienne.*

MOSETTE, *sf.* Espèce de camail que portaient certains religieux et que portent encore les évêques.

MOSQUÉE, *sf.* Temple où les musulmans s'assemblent pour faire leurs prières.

MOTACILLE, *sf.* Bergeronnette.

MOTET, *sm.* Paroles latines mises en musique pour être chantées à l'église et qui ne font pas partie de l'office divin.

MOTEUR, TRICE, *adj.* (*Méc.*) Se dit de tous les appareils ou de toutes les forces destinés à imprimer un mouvement, comme la vapeur, une chute d'eau, etc.; on dit substantivement un *moteur.*

MOTILITÉ, *sf.* Faculté de se mouvoir. | Tendance à la contraction.

MOTTEUX, *sm.* Oiseau du genre traquet, commun en Europe.

MOU, *sm.* Nom que l'on donne vulg. au poumon de certains animaux, tels que le bœuf, le veau et l'agneau; le — de veau est émollient, pectoral, et s'emploie en sirop contre les bronchites et la phthisie au début.

MOUCHE, *sf.* Petit insecte diptère à tête globuleuse, à abdomen ovalaire, à ailes horizontales, dont les espèces et les variétés, la plupart bien connues, vivent en parasites dans les lieux habités ou sur le corps de divers animaux domestiques. | — à chien. V. *Hippobosque.* | — d'Espagne. V. *Cantharide.* | Petit morceau rond de taffetas noir que les dames se mettaient autrefois sur le visage pour faire ressortir la blancheur de leur teint. | Topique qu'on applique sur les tempes ou sur le front pour combattre certaines névralgies, etc. | (*Mar.*) Petit bâtiment léger qui sert d'aide de camp à l'amiral. | Jeu de cartes qui se joue à plusieurs personnes qui cherchent à écarter pour tâcher d'avoir toutes leurs cartes de même couleur; celle qui n'a qu'une seule couleur gagne la partie. | —s volantes, affection de la vue dans laquelle le malade croit voir voltiger devant ses yeux des corps légers semblables à des mouches.

MOUCHEROLLE, *sf.* Oiseau passereau dentirostre, voisin du gobe-mouche; il est paré d'un très-joli plumage; son corps est très-petit et il porte souvent une belle huppe sur la tête; il vit d'insectes qu'il attrape au vol.

MOUCHETÉ, E, *adj.* Blé —, sorte de blé malade qui a une poussière noire mêlée au grain. | Épée —e, fleuret —, armes dont on a garni la pointe de manière à pouvoir s'en servir sans danger pour l'escrime.

MOUCHETTE, *sf.* (*Archit.*) Petite moulure saillante dans le larmier de la corniche d'un plafond. | Plâtre passé au panier, dont on fait les gros ouvrages. | Rabot à fer échancré pour pousser des moulures en quart de rond ou des baguettes.

MOUCLE, *sf.* V. *Moule.*

MOUCLIER, *sm.* V. *Morillon.*

MOUETTE, *sf.* Oiseau de l'ordre des palmipèdes, qui habite les bords de la mer; il est analogue au goëland par sa conformation, mais d'une plus petite taille; il vit de proie morte ou vivante; sa chair est désagréable au goût.

MOUFETTE, *sf.* V. *Mofette.*

MOUFFETTE, *sf.* Mammifère carnassier de la tribu des digitigrades, muni d'ongles très-forts qui lui servent à fouiller la terre: il exhale à volonté une odeur insupportable, dont le siége est placé de part et d'autre de sa queue; il vit dans des terriers et se nourrit de miel, d'œufs et même de petits quadrupèdes.

MOUFLE, *sf.* Appareil composé de plusieurs poulies dans lesquelles passe successivement un câble qui élève et descend des poids considérables. | *sm.* Gros gant sans séparations pour les doigts, excepté pour le pouce. | Petit four demi-cylindrique qu'on place transversalement dans un fourneau pour opérer la coupellation. | Vase de terre dont les chimistes se servent pour faire fondre divers corps. | Barre de fer empêchant l'écart d'un mur.

MOUFLETTES, *sfpl.* Poignée en forme d'un double demi-cylindre creux qu'on emploie pour prendre le fer à souder quand il est chaud.

MOUFLON, *sm.* Espèce de mouton qui habite les régions montagneuses des îles de Corse et de Sardaigne et de la Turquie; il ne diffère du mouton que par son poil grossier qui lui tient lieu de laine; ses cornes sont aplaties à leurs extrémités.

MOUGRI, *sm.* Nom que porte à Java une plante crucifère produisant des gousses très-longues qui ont un goût de radis très-agréable, et qu'on mange en salade ou comme légume dans plusieurs parties de l'Asie et de l'Océanie; on en a essayé récemment l'introduction en France.

MOUILLAGE, *sm.* Lieu où les navires *mouillent*, c.-à-d. jettent l'ancre à l'abri du vent et de la grosse mer. | Mélange d'alcool avec de l'eau ou avec de l'alcool plus faible.

MOUJIK, *sm.* Nom que portent en Russie les paysans, et particul. ceux qui exercent la domesticité.

MOULE, *sf.* Mollusque allongé, à coquille bivalve, oblongue, noire en dehors, bleuâtre en dedans, muni d'un pied et d'un byssus au moyen duquel il se fixe sur un point. | Bois de — ou moulée, nom par lequel on désigne la mesure ordinaire des bûches destinées au chauffage; bois de chauffage; bois de chauffage en bûches.

MOULINAGE, *sm.* Préparation, première torsion ou filage que subit la soie grége avant d'être mise en œuvre. | Mouliner, *va.* Opérer le —. | Moulineur ou Moulinier, *sm.* Ouvrier qui opère le —.

MOUREILLER, *sm.* Genre de plantes de la famille des malpighiacées, dont les espèces qui habitent les Antilles sont des arbustes à grandes fleurs roses portant de petits fruits rouges et munis de grandes feuilles généralement hérissées de poils piquants. | On l'appelle aussi *Malpighier*.

MOURET, *sm.* Mouretipa, *sm.* V. *Airelle*.

MOURETTE, *sf.* Olivier précoce, à feuilles larges, à fruit assez oléagineux, mais renfermant un gros noyau.

MOURINE, *sf.* V. *Myliobate*.

MOURON, *sm.* Petite plante à tige grêle et délicate, à fleurs en roue, petites, régulières, à cinq pétales, le plus souvent rouges; on la trouve dans les champs. | Nom vulgaire de la salamandre terrestre, noire, tachée de jaune, commune en Europe. | — des oiseaux. V. *Morgeline*.

MOURRE, *sf.* Jeu populaire, en usage en Italie, qui se joue à deux personnes; chacune d'elles abaisse en même temps le bras droit en levant quelques doigts de la main, et crie en même temps un nombre quelconque moindre que dix; le gagnant est celui qui a crié juste le nombre total des doigts levés par l'un et l'autre joueur.

MOUSQUET, *sm.* Sorte de fusil à canon gros et long, auquel on mettait le feu au moyen d'une mèche.

MOUSQUETAIRE, *sm.* Cavaliers qui étaient armés de *mousquets*, et dont les compagnies formaient la garde des rois et des reines de France.

MOUSQUETON, *sm.* Fusil à canon court, très-léger, dont sont armés les corps de cavalerie.

MOUSSACHE, *sf.* Suc laiteux et féculent des racines du manioc, qu'on lave et qu'on sèche à l'étuve et qu'on réduit en poudre; on s'en sert comme d'amidon pour empeser le linge; on l'emploie aussi à Cayenne pour préparer divers aliments; chauffée et réunie en grumeaux qu'on transforme en semoule, elle constitue le tapioca.

MOUSSE, *adj.* Se dit des corps primitivement pointus, et en particulier des dents lorsque leur pointe est émoussée. | Se dit des choses qui ont été émoussées à dessein ou qui le sont naturellement. | Laine —, celle qu'on emploie pour faire de la mousse artificielle en tapisserie.

MOUSSE, *sm.* Apprenti matelot, chargé sur un navire de divers soins domestiques, etc. | *sf.* Nom générique de plusieurs plantes acotylédonées de très-petites dimensions, formant en général des tapis verts sur la terre, les murs, etc., et remarquables par leurs fructifications qui consistent en de petites urnes ou boîtes supportées par un pédoncule filiforme. | Végétation qui se produit quelquefois dans le limon qui est accumulé sur la tête ou sur le dos des vieilles carpes. | — de Corse. V. *Coralline*. | — perlée, ou d'Irlande. V. *Carraguheen*. | — de platine. V. *Platine*.

MOUSSELINE, *sf.* Tissu de coton lisse, uni, rayé ou broché, très-léger, dont on fait des rideaux, des robes d'été, etc.

MOUSSERON, *sm.* Petit agaric très-savoureux et aromatique, qu'on trouve parmi les mousses et qu'on met dans les sauces.

MOUSSON, *sf.* Vent périodique de la mer des Indes, qui souffle six mois, du 15 octobre au 15 avril, du nord-est au sud-ouest, et six mois, du 15 avril au 15 octobre, en sens contraire.

MOUSTIQUAIRE ou Moustillier, *sm.* Rideau de gaze dont on entoure les lits dans les pays chauds pour se préserver de la piqûre des moustiques.

MOUSTIQUE, *sm.* V. *Cousin.*

MOÛT, *sm.* Vin doux ; vin nouveau retiré de la cuve avant la fermentation. | Bière qui n'a pas encore été mise à bouillir avec le houblon.

MOUTARDE, *sf.* Plante de la famille des crucifères, à fleurs jaune pâle en grappes, portant des graines rondes ; la — donne le condiment connu sous le nom de *moutarde* ; la — blanche est estimée comme apéritive et dépurative dans les digestions pénibles.

MOUTIER, *sm.* Ancien syn. de monastère.

MOUTON, *sm.* Grosse masse de fer ou de bois, de forme allongée, qu'on élève entre des rainures pour la laisser retomber de tout son poids sur un pieu que l'on veut enfoncer ; on l'appelle aussi *bélier.* | Pièce de bois qui sert de contrepoids à une cloche. | V. *Hure.*

MOUTONNÉ, E, *adj.* Se dit de la tête d'un cheval, quand elle est arquée, fortement courbée en dehors, des yeux au bout du nez.

MOUTURE, *sf.* Ensemble des opérations nécessaires pour moudre du blé. | Mélange de plusieurs grains moulus.

MOUVANCE, *sf.* (*Féod.*) Se disait d'un fief ou d'un domaine qui relevait d'un autre fief ou bien du royaume.

MOUVANT, E, *adj.* Se disait des domaines en état de *mouvance.* | (*Blas.*) Se dit des objets qui sont accolés des deux côtés de l'écu.

MOUVERON, MOUVET, MOUVOIR, *sm.* MOUVETTE, *sf.* Instrument pour remuer dans un moule un liquide passant à l'état solide afin de rendre la masse homogène.

MOXA, *sm.* Appareil consistant en une mèche de matière combustible, telle que coton ou moelle végétale qu'on fait brûler sur certaines parties charnues du corps pour former une escarre superficielle à la peau, un exutoire momentané et dont le but est d'exciter fortement le système nerveux et de produire une dérivation.

MOYAU, *sm.* Pièce de bois que l'on ajoute au pressoir pour exprimer le jus resté dans le marc.

MOYE, *sf.* Cavité remplie de matières étrangères dans l'intérieur d'une pierre de taille ; partie molle dans une pierre dure.

MOYER, *va.* Scier une pierre de taille par le milieu.

MOYETTE, *sf.* Blé en petites meules que l'on coupe avant la maturité parfaite et qu'on laisse mûrir debout ; cette méthode empêche les blés de verser par l'effet de la pluie au moment où ils sont mûrs et augmente leur rendement.

MOYEU, *sm.* Grosse pièce de bois cylindrique renflée au milieu, qui occupe le centre d'une roue de voiture et que traverse l'essieu. | Milieu d'un œuf, généralement jaune. | Espèce de prune confite.

MOZARABE, *sm.* et *adj.* Se dit des chrétiens issus des Mores d'Espagne.

MOZER (IMAGE DE). V. *Moser.*

MOZETTE, *sf.* V. *Mosette.*

MUANCE, *sf.* Changement qu'on employait dans l'ancienne musique pour monter ou descendre au delà des six notes primitives ; la note *si*, qu'on ajouta depuis à la gamme, remplace les *muances.*

MUCÉDINÉ, E, *adj.* Qui ressemble à la moisissure. | —ES, *sfpl.* (*Bot.*) Famille de plantes cryptogames, voisine des champignons, composée d'expansions tubuliformes, qu'on trouve en général sur les pierres humides ou les matières en décomposition.

MUCILAGE, *sm.* Substance végétale qu'on trouve particul. dans la racine de guimauve, la graine de lin, etc. ; elle est épaisse, visqueuse, et insoluble dans l'eau, avec laquelle elle forme une espèce de gelée. | MUCILAGINEUX, SE, *adj.* Qui contient un —.

MUCINE, *sf.* V. *Gluten.*

MUCIQUE, *adj.* (*Chim.*) Se dit d'un acide produit par l'action de l'acide azotique sur les mucilages, la gomme et le sucre de lait ; il forme avec les bases, des *mucates* ; c'est une poudre blanche insoluble dans l'alcool.

MUCOR, *sm.* V. *Moisissures.*

MUCOSITÉ, *sf.* Substance liquide, visqueuse, que sécrètent les muqueuses.

MUCRONÉ, E, *adj.* (*Bot.*) Qui a une petite pointe aiguë.

MUCUS, *sm.* V. *Mucosité.*

MUE, *sf.* Changement de poil, de plumes, de peau, de cornes, etc., que subissent les animaux à époques fixes. | Dépouille d'un animal qui a mué. | Grande cage ronde sans fond, sous laquelle on place les volailles pour les engraisser. | MUER, *va.* Subir la — ; se dit aussi du changement qui s'opère, à l'âge adulte, dans la voix humaine.

MUETTE, *sf.* Petite construction dans un parc où l'on tenait les faucons au temps de la mue. | Rendez-vous de chasse. | Gîte où le lièvre a fait ses petits.

MUETZLIN, MUEZZIN, *sm.* Prêtre musulman de rang inférieur, qui a pour fonctions d'appeler trois fois par jour, du haut du minaret, les fidèles à la prière.

MUFLE, *sm.* Portion de peau nue, rugueuse, qui termine le museau de certains animaux, tels que le lion, le tigre, le cerf, le bœuf, le taureau.

MUFLIER, *sm.* Plante herbacée de la famille des scrofulariées, dont les fleurs, disposées en grappes, ressemblent à des mufles de veau ; on l'appelle vulg. *gueule de loup.*

MUFTI, *sm.* Chef de la religion musulmane.

MUGE, *sm.* Poisson de mer acanthoptérygien, dont le corps est presque cylindrique, le museau court ; on le pêche en troupes à l'embouchure des fleuves, qu'il remonte ; sa chair, tendre et grasse, est très-estimée ; on en fait des conserves.

MUGUET, *sm.* Genre de plantes de la famille des asparaginées, dont la plupart des espèces croissent dans les bois et portent des fleurs odorantes au printemps. | Espèce d'aphthe, pellicule blanche, résultant d'une grande inflammation, qui se forme quelquefois sur la muqueuse de la bouche et l'appareil digestif des *nouveau-nés.*

MUHLMASSEL, *sm.* Mesure de capacité pour les matières sèches, en usage en Allemagne, de la contenance de deux décilitres.

MUID, *sm.* (pr. *mui*). Mesure de capacité usitée autrefois pour les liquides et les matières sèches; le — de blé représente 18 à 19 hectolitres; celui d'avoine, 37 hectolitres et demi; celui de sel, 25 hectolitres; pour les liquides, il contenait 268 litres. Il y avait aussi des muids pour la chaux, équivalant à 48 minots ou 1 m. cube 728, et des muids pour le plâtre, équivalant chacun à 36 sacs de huit pouces cubes chacun.

MUIRE, *sf.* Eau mère qui reste après la cristallisation du sel; eau imprégnée de sel marin, qu'on fait évaporer dans les salines.

MULASSERIE, *sf.* Production de mulets. | Mulassière, *adj. f.* Se dit d'une jument qui produit des *mulets.*

MULÂTRE, *sm.* Individu qui provient de l'union d'un nègre avec une femme blanche, ou d'un blanc avec une négresse.

MULE, *sf.* Pantoufle sans quartier et à talon. | Ancienne chaussure fourrée, d'hiver. | —s, *sfpl.* Engelures du talon. | Crevasses qui se produisent au paturon du cheval, derrière le boulet, et d'où suinte une humeur fétide.

MULET, *sm.* Quadrupède produit par l'accouplement d'un âne avec une jument, ou d'un cheval avec une ânesse; on le nomme plutôt, dans ce dernier cas, *bardot.* | Nom qu'on donne quelquefois au produit de deux espèces d'un même genre ou de deux variétés d'une même espèce. | V. *Muge.*

MULÈTE, *sf.* Genre de mollusques bivalves, semblables à la moule, que l'on trouve dans les eaux douces et courantes, et qui fournit quelquefois des perles; on emploie ses coquilles pour y conserver des couleurs, particul. l'or et l'argent.

MULETTE, *sf.* Bateau de pêche portugais. | V. *Mulète.*

MULLE, *adj. f.* Se dit de la garance de qualité inférieure, composée en grande partie de débris provenant du blutage. | *sm.* V. *Rouget* et *Surmulet.*

MULL-JENNY, *sf.* Métier à filer le coton, dans lequel les fils sont entraînés par un chariot qui maintient leur parallélisme et porte des bobines sur lesquelles les fils sont enroulés.

MULON, *sm.* Grande pile de sel sur les bords des marais salants.

MULOT, *sm.* Petit mammifère rongeur, du genre rat, de couleur brune ou rousse, ressemblant beaucoup à la souris, de laquelle il diffère par sa grosse tête longue, sa queue courte et ses jambes allongées; il habite par troupes les champs et les forêts, où il cause de grands dégâts. | — volant, espèce de chauve-souris de 5 à 6 centimètres de long, qu'on trouve aux Antilles.

MULOTTE, *sf.* Gésier des oiseaux de proie. | Embarras dans cet organe. | Nom qu'on donne quelquefois à l'estomac du veau, où se trouve la présure ; on l'appelle aussi *caillette.*

MULQUINERIE, *sf.* Nom qu'on donne, dans le nord de la France et en Belgique, aux fabriques où l'on ne tisse que des toiles de lin de très-grande finesse, telles que le linon, la batiste, la dentelle, etc.; on appelle fil de —, le fil très-fin qui sert à ces toiles. | Mulquinier, *sm.* Fabricant de —.

MULSION, *sf.* Action de traire les femelles laitières.

MULTICAULE, *adj.* (*Bot.*) Se dit des plantes qui émettent plusieurs tiges, à partir du collet de la racine, par oppos. à celles qui n'en ont qu'une.

MULTILOCULAIRE, *adj.* (*Bot.*) Se dit des fruits qui renferment plusieurs loges. | (*Zool.*) Se dit des coquilles des mollusques quand elles renferment plusieurs loges distinctes; on n'en trouve de telles qu'à l'état fossile.

MULTIPARE, *adj.* (*Zool.*) Se dit des animaux qui font plusieurs petits à la fois.

MULTIPLE, *sm.* (*Math.*) Nombre qui en renferme un autre un nombre exact de fois; cet autre nombre est dit *sous-multiple* du premier.

MULTIPLICANDE, *sm.* (*Math.*) L'un des deux facteurs d'une multiplication ; celui qui doit être multiplié et qu'on place ordinairement au-dessus de l'autre.

MULTIPLICATEUR, *sm.* (*Math.*) L'un des deux facteurs d'une multiplication ; celui qui doit multiplier l'autre et qu'on place au-dessous de lui. | (*Phys.*) V. *Galvanomètre.*

MULTIVALVE, *adj.* et *sm.* (*Zool.*) Se dit des mollusques dont la coquille est composée de plusieurs valves ou pièces.

MUNGOS, *sm.* (pr. *-goz*) Semences d'une plante de Ceylan, qu'on emploie contre la morsure des serpents.

MUNICIPAL, E, *adj.* Qui concerne l'administration d'une commune, d'une ville.

MUNICIPE, *sm.* (*Ant.*) On appelait ainsi, à Rome, les villes dont les habitants avaient le titre de citoyens romains, mais néanmoins une administration communale indépendante.

MUNITION, *sf.* Pain de —, pain qu'on distribue aux soldats. | Fusil de —, fusil de gros calibre dont se servent les soldats d'infanterie. | —s, *sfpl.* On distingue les — de bouche et les — de guerre ; les premières sont les vivres, les secondes les projectiles, la poudre, les cartouches, les gargousses, les armes portatives, les outils de l'artillerie et du génie, en un mot tout le matériel portatif d'une armée.

MUNITIONNAIRE, *sm.* Celui qui est chargé de fournir les vivres nécessaires à la subsistance des troupes.

MUPHTI, *sm.* V. *Mufti.*

MUQUEUSE, *sf.* Membrane qui tapisse les organes creux du corps communiquant à l'extérieur par les diverses ouvertures du corps, tels que l'appareil digestif, l'appareil pulmonaire, etc. | *adj.f.* Fièvre —, variété de la fièvre typhoïde, caractérisée par l'inflammation des membranes muqueuses, qui sécrètent en abondance un fluide visqueux.

MUQUEUX, SE, *adj.* Qui produit des mucosités, qui appartient ou a rapport aux *muqueuses.*

MURAILLE, *sf.* Epaisse couche de corne qui enveloppe le pied du cheval. | *(Mar.)* Partie de la coque du navire qui émerge au-dessus de l'eau, et dans laquelle sont percés les sabords, etc.

MURAL, E, *adj.* Couronne —e, couronne garnie de créneaux qu'on place au-dessus des armoiries des villes; les Romains en décernaient de pareilles à ceux qui étaient montés les premiers sur les murs d'une ville assiégée. | Cercle —, cercle divisé fixé sur un mur vertical et dont le plan coïncide exactement avec celui du méridien; il sert, au moyen d'une lunette qui y est adaptée, à observer les hauteurs méridiennes des astres.

MÛRE, *sf.* Fruit du mûrier. | Fruit de la ronce; on en fait un sirop astringent. | Excroissance fongueuse et rouge sous les paupières.

MURE, *sf.* V. *Muire.*

MURÈNE, *sf.* Poisson malacoptérygien, long d'un mètre, assez semblable à l'anguille; il est marbré de brun sur fond jaunâtre; ses dents sont très-tranchantes et leur morsure est cruelle; il habite la Méditerranée; sa chair, très-blanche, très-tendre, est fort estimée et avait surtout une grande renommée chez les Romains.

MUREX, *sm.* Nom commun à diverses coquilles univalves hérissées de pointes, dont une espèce fournissait la pourpre des anciens.

MURIATE, *sm.* MURIATIQUE, *adj.* Anciens syn. de *Chlorhydrate, Chlorhydrique.*

MURIDE, *adj.* MURIDES, *sfpl.* *(Zool.)* Qui ressemble aux souris; se dit quelquefois de la famille des rongeurs dont le rat est le type. V. *Muséides.*

MURIE, *sf.* V. *Muire.*

MURIER, *sm.* Arbre de la famille des urticées, portant des fleurs en chatons solitaires ou axillaires, dont les calices se renflent à la maturité et donnent naissance à un fruit blanc ou rouge, sucré et aromatique, appelé *mûre*; les feuilles de cet arbre sont employées pour la nourriture des vers à soie.

MURIQUÉ, E, *adj.* *(Bot.)* Qui est garni de pointes courtes à base large; ne se dit que des feuilles ou de certaines semences.

MURON, *sm.* Framboisier sauvage.

MURRHIN, E, *adj.* Se dit de certains vases antiques taillés dans des pierres précieuses, telles que l'agate, le calcaire onyx, et particul. la fluorine, et dans lesquels on mettait des parfums.

MURRHINITE, *sf.* Matière dont étaient faits les vases murrhins.

MUSACÉES, *sfpl.* *(Bot.)* Grande famille de plantes monocotylédones, toutes exotiques, dont le type est le bananier.

MUSARAIGNE, *sf.* Genre d'animaux carnassiers insectivores, de petite taille, assez semblables aux souris; ils sont couverts de poils doux et soyeux, et munis sur chaque flanc d'une petite bande de soies roides entre lesquelles suinte une liqueur odorante; ils vivent dans des trous d'où ils ne sortent que le soir.

MUSC, *sm.* Essence parfumée qui provient de l'animal de ce nom, lequel la sécrète dans une poche glanduleuse placée sous son ventre; cet animal, de la taille d'un chevreuil, habite le nord de l'Asie; son pelage est brun grisâtre.

MUSCADE, *sf.* Noix odorante qu'on emploie comme épice; c'est le fruit du | MUSCADIER, *sm.* Arbre de la famille des lauriers, qu'on trouve aux Moluques; il a environ 10 mètres de haut.

MUSCARDIN, *sm.* Espèce de loirs de petite taille, qui se nourrissent de grains. | Petit bonbon provençal, blanc et arrondi.

MUSCARDINE, *sf.* Maladie des vers à soie qui les fait périr presque instantanément et qui exerce de grands ravages dans les magnaneries; on l'attribue à la présence dans le corps de ces insectes d'un champignon parasite qui absorbe tout son tissu graisseux.

MUSCARI, *sm.* Plante de la famille des liliacées, assez semblable aux jacinthes; l'espèce commune en France porte des grappes de fleurs bleu-violettes, formant une sorte de panache au sommet d'une hampe de 40 à 50 centimètres, sortant d'une touffe de feuilles radicales, allongées.

MUSCAT, *sm.* Variété de raisin de couleur rouge sombre, dont le goût est légèrement musqué, et qui fournit un vin aromatique appelé aussi muscat; on en trouve dans diverses contrées d'Europe. | Nom donné à diverses variétés de poires, à cause d'un goût musqué particulier.

MUSCATELLE, *sf.* Raisin sec de Malaga, de qualité supérieure, simplement séché au soleil.

MUSCHELKALK, *sm.* *(Géol.)* Calcaire

compacte de couleur grise ou jaunâtre, qu'on trouve à la base du terrain triasique, au-dessus du grès bigarré, par étages successifs de marne ou de calcaire proprement dit; il renferme beaucoup de coquilles.

MUSCICAPE, *sm.* Nom de l'oiseau appelé aussi *gobe-mouche.*

MUSCIDES, *sfpl.* (*Zool.*) Tribu d'insectes diptères dont le type est le genre mouche.

MUSCLE, *sm.* Organe fibreux qui, sous l'influence de la volonté, se contracte ou se dilate pour faire mouvoir les os auxquels il est attaché par son extrémité; ce sont généralement des faisceaux de filaments de matière charnue rougeâtre, très-contractile; on range aussi sous ce nom certains organes intérieurs formés d'une substance analogue et qui sont destinés aux fonctions organiques, tels que le cœur, l'estomac, etc.; ces derniers ne se contractent pas par l'effet de la volonté.

MUSCOSITÉ, *sf.* Espèce de mousse qu'on trouve dans le ventricule des ruminants.

MUSCULE, *sm.* (*Ant.*) Machine de guerre des Romains, qui servait à couvrir les assiégeants pendant qu'ils traversaient le fossé.

MUSÉIDES, *smpl.* (*Zool.*) Nom donné par quelques auteurs à la tribu de l'ordre des rongeurs claviculés dont le type est le rat.

MUSEROLLE, *sf.* Partie de la bride d'un cheval qui se place au-dessous du nez.

MUSETTE, *sf.* Flûte champêtre dans laquelle on souffle à travers une grande poche de peau qui renferme beaucoup d'air. | Petit sac en toile forte, qui sert aux soldats de cavalerie pour enfermer divers objets. | Musaraigne commune.

MUSIF, VE, *adj.* (pr. -*zif*). Se dit des ouvrages de mosaïque ou de marqueterie. | Or —. V. *Mussif.*

MUSOIR, *sm.* Partie du môle d'une rade qui avance dans la mer; pointe d'une digue qui brise la lame ou le courant d'un fleuve.

MUSSE, *sf.* Petit trou dans une haie par où est passé le gibier.

MUSSIF, *adj. m.* Or —, combinaison de soufre et d'étain qui sert à frotter les coussins des machines électriques; on s'en est aussi servi comme enduit pour imiter le bronze antique.

MUSSITATION, *sf.* (*Méd.*) Mouvement des lèvres d'un malade qui semble parler à voix basse; on observe ce phénomène dans les maladies du cerveau; il précède ordinairement le délire.

MUSSLIN, *sm.* V. *Muetzlin.*

MUSTELIN, E, *adj.* Qui ressemble à la belette.

MUTABILITÉ, *sf.* Qualité de ce qui est muable, sujet à changer.

MUTACISME, *sm.* Vice de prononciation qui consiste dans l'emploi des consonnes *m*, *b* et *p* à la place des autres.

MUTAGE, *sm.* Opération pratiquée dans la fabrication du vin, du cidre, du poiré, elle consiste à interrompre la fermentation alcoolique ou sucrée par l'addition dans le mélange d'une certaine dose de sulfate de chaux (plâtre), ou d'acide sulfureux (soufre brûlé à l'intérieur des futailles avant de les remplir.) | Muter, *va.* Opérer le —.

MUTATION, *sf.* (*Jurispr.*) Tout acte ou tout fait duquel résulte la transmission d'une propriété d'une tête sur une autre; cette transmission, soit à titre onéreux (vente, échange, etc.), soit à titre gratuit (succession, donation), donne lieu à la perception d'un droit proportionnel dont est chargée l'administration de l'enregistrement. | V. *Muance.*

MUTILLE, *sf.* Insecte de l'ordre des hyménoptères, voisin de la fourmi par sa conformation; les mâles seuls sont pourvus d'ailes; on le trouve sur les fleurs.

MUTIQUE, *adj.* (*Bot.*) Sans arête, sans pointe ou sans épine. | (*Zool.*) Qui manque d'une ou de plusieurs dents.

MUTISME, *sm.* État d'un homme muet; impossibilité totale de parler.

MUTULE, *sf.* (*Archit.*) Ornement de la corniche de l'ordre dorique; c'est une espèce de modillon carré, placé au-dessous du larmier.

MYCE, *sf.* Excroissance fongueuse qui se développe dans les ulcères.

MYCÉLI, Mycelium, *sm.* Toute substance de nature végétale qui résulte d'une infusion ou d'une putréfaction de matières organiques. | V. *Blanc de champignon.*

MYCÉTOLOGIE, Mycologie, *sf.* Traité sur les champignons.

MYCOSE, *sf.* (*Méd.*) Excroissance fongueuse.

MYCTÈRE, *sm.* Insecte coléoptère très-agile, dont la tête est prolongée en forme de trompe aplatie.

MYCTÉRISME, *sm.* (*Litt.*) Sorte d'ironie prolongée.

MYDAS, *sm.* Nom d'un mammifère carnassier plantigrade, qui est une espèce de moufette; on la trouve dans les îles de la Sonde.

MYDÈSE, Mydose, *sf.* Écoulement de chassie ou de pus par le bord des paupières.

MYDRIASE, *sf.* (*Méd.*) Paralysie de l'iris, caractérisée par la dilatation permanente de la pupille.

MYE, *sf.* Mollusque à coquille bivalve transverse, qui ne le recouvre pas complètement; il vit enfoncé dans le sable sur les côtes de l'Océan.

MYÉLITE, *sf.* (*Méd.*) Inflammation de la moelle épinière.

MYGALE, *sf.* Genre d'araignées fileuses, très-grosses et très-fortes; elles habitent de petites galeries souterraines qu'elles tapissent de fil et qu'elles ferment par une petite porte polie à l'intérieur mais raboteuse et diffilement reconnaissable en dehors; elles vivent d'insectes qu'elles poursuivent sur les branches et à terre.

MYLABRE, *sm.* Genre d'insectes coléoptères très-voisins, par leur conformation, des cantharides; leur corps est noir et velu; on les trouve dans les pays chauds, sur les fleurs.

MYLÉEN, NE, *adj.* (*Anat.*) Qui appartient, qui correspond aux dents molaires.

MYLIOBATE, *sf.* Genre de poissons chondroptérygiens voisin des raies, et dont le foie fournit une grande quantité d'huile; il habite la Méditerranée et l'Océan; une de ses espèces a des nageoires pectorales très-développées et ressemblant à des ailes, ce qui l'a fait appeler *aigle de mer.*

MYLODON, *sm.* Grand quadrupède fossile analogue au mégathérium et remarquable par la forme de ses dents, dont plusieurs offrent un sillon longitudinal.

MYODÉSOPSIE, Myodopsie, *sf.* (*Méd.*) V. *Mouches volantes.*

MYODYNIE, *sf.* (*Méd.*) Douleur rhumatismale dans les parties musculaires.

MYOGRAPHIE, Myologie, *sf.* Description des muscles, traité sur les muscles.

MYONITE, *sf.* (*Méd.*) Inflammation des muscles.

MYOPE, *adj.* V. *Myopie.* | *sf.* Genre d'insectes diptères semblables aux mouches, qui sont remarquables par les couleurs brillantes de leur corselet; on les trouve sur les fleurs.

MYOPIE, *sf.* État des personnes *myopes*, c.-à-d. qui ne peuvent voir distinctement que les objets placés très-près de l'œil.

MYOPOTAME, *sm.* Animal de l'ordre des rongeurs, semblable au castor, mais dont la queue est ronde et allongée; il vit dans des terriers au bord des rivières de l'Amérique du Sud; son duvet et sa peau sont l'objet d'un commerce important.

MYOSE, *sf.* (*Méd.*) Resserrement de la pupille, qui résulte le plus souvent d'une inflammation de l'iris.

MYOSITE, *sf.* V. *Myonite.*

MYOSOTIS, *sm.* Petite plante de la famille des borraginées, à fleurs bleues ou blanches en roue, à feuilles étroites allongées; on l'appelle vulg. *ne m'oubliez pas.*

MYOSURUS, *sm.* V. *Ratoncule.*

MYOTOMIE, *sf.* Partie de l'anatomie qui a pour objet la dissection des muscles.

MYRIA. Cette particule, mise devant les mots *gramme*, *mètre*, etc., signifie une unité dix mille fois plus grande.

MYRIADE, *sf.* Nombre de dix mille.

MYRIAMÈTRE, *sm.* V. *Myria.*

MYRIAPODES, *smpl.* Ordre d'insectes à corselet indistinct du reste du corps, qui est composé d'anneaux; ils sont vulg. connus sous le nom de *mille-pieds;* ils vivent dans les lieux humides.

MYRICA, *sm.* Nom donné à deux arbres des pays tropicaux, et particul. à un arbre de la Louisiane, dont le fruit est couvert d'une sorte de cire odorante; on l'appelle aussi Galé, *sm.*

MYRICINE, *sf.* Principe organique de la cire de *myrica*, que l'on trouve aussi dans la cire des abeilles.

MYRIOPHYLLE, *adj.* (*Bot.*) Se dit quelquefois de plantes dont les feuilles sont découpées en lobes filiformes et ressemblent à des cheveux; la plupart des plantes munies de ces sortes de feuilles sont aquatiques.

MYRISTIQUE, *adj.* V. *Otoba.*

MYRMÉCIE, *sf.* Verrue à la paume de la main ou à la plante des pieds, qui cause de vives démangeaisons.

MYRMÉCIUM, *sm.* Démangeaison, prurit.

MYRMÉCOBIE, *sf.* Mammifère de l'ordre des marsupiaux, de couleurs variées, qui habite la Nouvelle-Hollande; il se nourrit de fourmis.

MYRMÉCOLÉON, *sm.* V. *Fourmilion.*

MYRMÉCOPHAGE, *sm.* V. *Fourmilier.*

MYROBOLANS, ou mieux Myrobalans, *sm.* Fruits desséchés de l'Amérique et de l'Inde, qu'on administrait autrefois comme purgatifs; on ne les emploie guère aujourd'hui que dans le tannage des peaux et la teinture.

MYROLÉ, *sm.* Huile volatile qui sert d'excipient à un médicament.

MYROXYLE, *sm.* Arbre de la famille des légumineuses, très-résineux, dont une espèce fournit le baume du Pérou, et une autre le baume de Tolu.

MYRRHE, *sf.* Gomme aromatique qui vient d'Arabie; elle a un goût très-amer; on l'emploie en pharmacie comme excitant et tonique; elle paraît venir d'un arbre de la famille des *térébinthacées.*

MYRRHIN, E, *adj.* V. *Murrhin.*

MYRTACÉES, *sfpl.* (*Bot.*) Famille de plantes dont le type est le *myrte.*

MYRTE, *sm.* Arbrisseau à feuilles persistantes qui porte de petites fleurs blanches à quatre ou cinq pétales disposées en rosace; son odeur est agréable; chez les anciens il était consacré à Vénus.

MYRTIFORME, *adj.* (*Bot.*) Qui a la forme d'une feuille de myrte, qui est ovale et lancéolé.

MYRTILLE, *sm.* V. *Airelle.*

MYSTÈRE, *sm.* (*Théol.*) Proposition que les fidèles doivent accepter comme article de foi, bien qu'elle soit inaccessible à la raison humaine. | —s (*Ant.*) Cérémonies religieuses que les anciens païens célébraient en secret, particul. en l'honneur de certaines déesses. | Au moyen âge, sorte de pièces dramatiques que jouaient des confréries ou des corporations, et qui avaient pour sujet quelque scène de l'Ecriture.

MYSTICISME, *sm.* (*Philos.*) Tendance à prêter un sens caché aux questions religieuses et philosophiques, enthousiasme qui porte à admettre des communications directes entre l'homme et la Divinité.

MYSTICITÉ, *sf.* (*Philos.*) Raffinement de spiritualité.

MYSTIQUE, *adj.* Figuré, allégorique, en parlant des choses de la religion. | Qui se livre au mysticisme. | (*Jurisp.*) Testament —, nom qu'on a donné à un testament signé du testateur et remis clos et scellé à un notaire en présence de six témoins au moins.

MYTHE, *sm.* Particularité fabuleuse. | Tradition fondée sur une fable. | Mythisme, *sm.* Science des —s.

MYTHOGRAPHIE, *sf.* Mythologie, histoire des religions antiques, des fables et des mystères des religions païennes.

MYTILACÉ, E, *adj.* Mytilacés, *smpl.* (*Zool.*) Famille de mollusques dont la moule est le type principal.

MYTILICULTURE, *sf.* Pratique en usage sur certaines côtes, qui consiste à établir sur les rivages que submerge la marée des clayonnages en osier, où sont déposées des moules et où elles croissent, afin d'en faire le commerce.

MYURE, *adj.* (*Méd.*) V. *Miure.*

MYXINE, *sf.* Poisson chondroptérygien suceur, voisin de la lamproie par sa conformation ; son corps est cylindrique et garni d'une nageoire caudale ; il est muni d'un disque buccal dont il se sert comme d'une ventouse pour attaquer les poissons.

N

NABAB, *sm.* Nom que portent dans l'Inde les gouverneurs de province.

NABKA, *sm.* Espèce de jujubier d'Egypte dont les branches, souples et pliantes, sont armées de piquants et couvertes de feuilles d'un vert foncé comme celles du lierre.

NABLE, *sm.* Trou de tarière percé dans un canot et fermé par un bouchon ; il sert à vider le fond du canot.

NACARAT, *adj. m.* et *sm.* Couleur d'un rouge clair, entre le cerise et le rose. | Petit morceau d'étoffe de fil très-fine, teint en rouge, dont les dames se sont servies pour se farder en le trempant au préalable dans un peu d'eau.

NACELLE, *sf.* Panier de forme allongée, qu'on suspend au-dessous d'un ballon et dans lequel se placent les aéronautes. | Petite coupe de métal dans laquelle on met un corps qu'on veut faire fondre ou déposer au-dessus d'un liquide. | (*Bot.*) Partie inférieure de la corolle des fleurs papilionacées, qui a la forme d'une petite barque. | Petit mollusque du genre *Patelle*, dont la coquille a la forme d'un petit navire.

NACHE, *sf.* Partie d'une peau, qui va de la patte à la queue ; elle est de qualité très-inférieure, et on n'en fait que de mauvais cuir.

NACRE, *sf.* Substance calcaire brillante, à nuances éclatantes, chatoyantes, reflétant des tons argentés, azurés et pourpres, qui se trouve déposée à la surface intérieure de diverses coquilles par suite de la concrétion d'une humeur sécrétée par les mollusques qui habitent ces coquilles, lesquels sont pour la plupart de la famille des *ostréacés.*

NADIR, *sm.* (*Astr.*) Point du ciel qui est directement sous nos pieds, et auquel aboutirait une ligne verticale partant du point que nous occupons et passant par le centre de la terre ; il est diamétralement opposé au zénith.

NÆVUS, *sm.* Au *pl.* Nævi. Nom scientifique des taches colorées que quelques personnes portent sur la peau en naissant et conservent toute leur vie ; on les appelle vulg. *envies.*

NAFÉ, *sm.* Fruit de la ketmie, plante cultivée en Syrie et en Egypte ; c'est une substance tonique et rafraîchissante, dont on fait une pâte pectorale.

NAFFE, *sm.* V. *Naphe.*

NAGEOIRE, *sf.* (*Zool.*) Organe de la locomotion chez les poissons : on distingue les —s *pectorales*, qui sont de part et d'autre des branchies ; les —s *ventrales*, situées à la suite des premières, vers la région abdominale ; les —s *dorsales*, placées sur le dos ; enfin, les —s *anales* et *caudales*, qui occupent l'extrémité postérieure du corps.

NAI, *sm.* Flûte arabe dont l'embouchure est de corne ; elle accompagne la danse des derviches.

NAÏADE, *sf.* (*Ant.*) Divinités qui, d'après la mythologie ancienne, présidaient aux fontaines et aux rivières. | Plante monocotylédone aquatique, à feuilles alternes, à fleurs mâles et femelles réunies en groupes dans une spathe, qui croît dans l'eau ou nage à sa surface; c'est le type de la famille des *naïadées*.

NAIN JAUNE, *sm.* Sorte de jeu de cartes qui se joue sur une table au milieu de laquelle est un tableau représentant à ses quatre angles le roi de cœur, la dame de pique, le valet de trèfle et le dix de carreau, et au centre un nain jaune qui tient un sept de carreau ; on y emploie cinquante-deux cartes qui sont distribuées et jouées par un nombre de trois à huit joueurs suivant des combinaisons déterminées.

NAÏS, *sm.* Annélide très-voisin du lombric, qui vit dans la vase des étangs et des ruisseaux; ses anneaux sont moins distincts que ceux du lombric.

NAISSAIN, *sm.* Frai de poisson ou de certains mollusques.

NAJA, *sm.* Serpent très-venimeux, dont la tête est couverte de plaques hexagonales, et dont une espèce, qui habite l'Egypte, paraît être l'*aspic* des anciens; une autre espèce, dont le cou porte des cercles noirs semblables à une paire de lunettes, est connue sous le nom vulg. de *vipère à lunettes ;* on la trouve dans l'Inde et en Perse.

NANCY, *sm.* Petite cheminée portative faite de tôle ou de cuivre, tant pour le contrecœur et les jambages que pour le petit tuyau, qui forme une espèce de petit pavillon carré.

NANDOU, *sm.* Oiseau de l'ordre des échassiers, assez semblable à l'autruche, mais plus petit qu'elle; il habite l'Amérique du Sud; ses plumes, surtout celles des ailes, se vendent pour la fabrication des plumeaux sous le nom de *plumes de vautour*.

NANKIN, *sm.* Toile de coton de couleur jaune chamois, qui se fabrique en Chine et dans plusieurs contrées d'Europe. | Coton —, variété de coton courte soie, qui sert en Chine à cette fabrication.

NANSOUK ou NANSOUQUE, *sm.* Tissu de coton léger pour robes; il est plus épais que la mousseline et plus clair que le jaconas.

NANTISSEMENT, *sm.* (*Jurisp.*) Contrat par lequel un débiteur remet à un créancier une chose pour sûreté de sa dette; cette chose même.

NAPACÉ, E, *adj.* (*Bot.*) Qui a la forme d'un navet.

NAPAUL, *sm.* V. *Tragopan*.

NAPEL, *sm.* Espèce d'aconit à belles fleurs bleues, en forme de casque, en grappe, à grandes feuilles très-découpées; c'est une plante très-vénéneuse.

NAPHE, *sf.* Eau de —, ancien nom de l'eau distillée de fleurs d'oranger.

NAPHTALINE, *sf.* Substance solide cristalline d'un blanc nacré, qu'on extrait par distillation du goudron de houille; c'est un carbure d'hydrogène très-riche en carbone, qu'on a proposé comme antiseptique et désinfectant, et qui a été utilisé en médecine comme expectorant dans les bronchites, et à l'extérieur contre les maladies de la peau.

NAPHTE, *sm.* Espèce de bitume liquide, transparent, léger et très-inflammable, qui devient très-limpide par la distillation, et sert à l'éclairage ainsi qu'à divers usages chimiques et pharmaceutiques; on l'appelle aussi *huile de* —, et quand il est impur, à l'état naturel, *pétrole* ou *huile de pétrole*.

NAPIFORME, *adj.* V. *Napacé*.

NAPOLITAINE, *sf.* Tissu de laine pure, lisse, ras, teint en pièce, souvent imprimé, qu'on a beaucoup consommé de 1824 à 1830 pour vêtements de femme.

NAPPE, *sf.* Filet composé de mailles en losanges, qui sert à prendre des alouettes, des ortolans et quelquefois même des canards sauvages.

NARCAPHTE, *sm.* Ecorce de l'arbre qui fournit l'oliban, qu'on emploie comme parfum, et dans les maladies de poumon.

NARCÉINE, *sf.* L'un des alcaloïdes de l'opium; c'est la substance la plus somnifère que l'on trouve dans l'opium; mais elle est moins vénéneuse que la morphine et la codéine.

NARCISSE, *sm.* Plante monocotylédone bulbeuse, dont les fleurs ont six pétales blancs ou jaunes qui surmontent un ovaire allongé et qui sont garnis à l'intérieur d'une collerette pétaloïde; presque toutes ses espèces, communes en Europe, sont printanières et odoriférantes.

NARCOSE, *sf.* (*Méd.*) État de stupeur ou de torpeur des nerfs, principalement de ceux des extrémités, avec sentiment de formication.

NARCOTINE, *sf.* L'un des alcaloïdes que l'on extrait de l'opium par l'analyse; c'est celui dont les effets toxiques et excitants sont le moins sensibles.

NARCOTIQUE, *adj.* et *sm.* Se dit des substances, telles que l'opium, la belladone, etc., qui produisent des effets calmants sur l'organisme et amènent l'assoupissement et le sommeil. | NARCOTISME, *sm.* Effets produits par les —s.

NARD, *sm.* (*Ant.*) C'était, chez les anciens, une substance très-odoriférante dont ils faisaient beaucoup de cas; on n'en connaît pas la nature. | Plante graminée, courte, en touffes, à feuilles piquantes, qu'on trouve sur les montagnes en Europe. | Substance aromatique qui vient de Ceylan en petits paquets de tiges roulées dans des feuilles; on lui attribue des propriétés stomachiques.

NARGUILÉ ou NARGHILEH, *sm.* Pipe orientale composée d'un fourneau muni de plusieurs longs tuyaux qui en sont séparés par un réservoir de liquide odoriférant au travers duquel passe la fumée.

NARRATION, *sf.* (*Litt.*) Partie d'un discours qui renferme le récit des faits : elle suit l'exposition et précède la confirmation.

NARVAL, *sm.* Genre de cétacés des mers du Nord, dépourvu de dents et muni d'une défense sillonnée en spirale, longue de près de 3 mètres, qui se prolonge en avant dans le sens de l'axe du corps ; il atteint 7 à 8 mètres de longueur.

NASAL, E, *adj.* (*Anat.*) Qui appartient au nez ; se dit des deux os placés au-dessous de l'os frontal et dont l'écartement donne passage au nez, et des *fosses* ou excavations pratiquées entre ces deux os et qui forment les narines. | *sm.* Partie d'un casque qui consistait en une lance de fer parallèle à la ligne du profil de l'homme et qui servait à garantir le nez.

NASALE, *adj. f.* (*Litt.*) Se dit des lettres ou des diphthongues dont la prononciation est modifiée par le nez : telles sont la consonne *n* et les sons *an*, *in*, *oin*, etc.

NASARD, *sm.* Un des jeux de l'orgue, ainsi appelé parce qu'il imite la voix d'un homme qui chante du nez.

NASEAU, *sm.* Orifice extérieur des narines, chez le cheval et quelques grands mammifères tels que le taureau, le buffle, etc.

NASIQUE, *sm.* Genre de singes remarquables par leur nez démesurément long ; ils sont de petite taille et vivent en troupes dans les îles de la Sonde.

NASITOR, *sm.* Nom vulgaire d'une espèce de cresson à fleurs jaunes, qu'on mange au printemps, et dont le goût ressemble beaucoup à celui du cresson ordinaire.

NASOLOGIE, *sf.* Dissertation sur le nez, ou sur les nez.

NASON, *sm.* Poisson acanthoptérygien long de 40 centimètres environ, et remarquable par son front proéminent muni d'une sorte de corne dirigée en avant ; on le trouve dans la mer des Indes.

NASSE, *sf.* Panier d'osier de forme conique, dont la pointe est assez ouverte pour laisser entrer le poisson mais ne le laisse pas sortir ; on s'en sert pour la pêche de divers poissons en le maintenant au fond de l'eau avec des pieux. | Mollusque gastéropode à coquille conique de 3 à 4 centimètres, assez semblable au buccin ; on le trouve dans toutes les mers.

NASSELLE, *sf.* Petite nasse généralement faite de brins de jonc.

NASSONNE, *sf.* Nasse de forme particulière, qui sert à prendre les écrevisses et les langoustes.

NASSULE, *sf.* Animalcule infusoire, à cils vibratiles, qu'on découvre, au moyen du microscope, dans certaines eaux stagnantes.

NATABILITÉ, *sf.* Qualité, état de ce qui peut surnager.

NATATOIRE, *adj.* Qui concerne la natation. | Vessie —. sac membraneux rempli d'air, placé au-dessous de la colonne vertébrale chez la plupart des poissons, et qui les rend plus ou moins légers, selon qu'ils veulent monter ou descendre dans l'eau.

NATES, *smpl.* Ancien nom des deux tubercules quadrijumeaux supérieurs du cerveau.

NATICE, *sf.* Mollusque gastéropode muni d'une trompe, qui vit dans les algues des mers de l'Inde ; sa coquille, ovale, renflée, est variée de fort belles couleurs.

NATIF, VE, *adj.* Se dit des métaux qui se trouvent purs dans la terre, c.-à-d. qui ne sont alliés à aucune autre substance.

NATROLITHE, *sm.* (*Minér.*) V. *Mésotype*.

NATRON ou NATRUM, *sm.* Carbonate de soude, solide et naturel, que l'on retire de certains lacs ; il est ordinairement mêlé de sel marin et de sulfate de soude.

NATURALISATION, *sf.* Acte par lequel un étranger est naturalisé, c.-à-d. devient membre d'un État qui n'est pas le sien, et obtient ainsi les droits et privilèges dont jouissent les naturels ; en France, elle est accordée par le chef de l'Etat. | Lettres de grande —, lettres spéciales qui doivent être délivrées par une assemblée législative à un étranger naturalisé qui veut faire partie de cette assemblée.

NATURALISME, *sm.* Système de métaphysique, voisin du panthéisme, qui place dans la nature elle-même le principe de l'existence de l'univers et des êtres.

NAUCLÉE, *sf.* Arbrisseau grimpant, spontané et cultivé dans l'Inde et les îles de la Sonde, qui fournit les substances résineuses appelées *kino* et *gambier*. (V. ces mots.)

NAUCLÈRE, *sm.* Oiseau du genre milan, qui a la queue longue et fourchue ; il vole au-dessus des mers qui avoisinent l'Amérique du Nord. | Poisson de mer, voisin du maquereau par sa conformation, mais dont la taille ne dépasse guère 35 millimètres.

NAUCORE ou NAUCORISE, *sf.* Petit insecte hémiptère de la famille des hydrocorises, voisin de la nèpe par sa conformation et vivant comme elle sur les eaux.

NAUGUER, *sm.* Espèce d'antilope d'Arabie et du Sénégal, qui a les cornes courtes et grêles.

NAULAGE, *sm.* V. *Nolisement*.

NAUMACHIE, *sf.* (*Ant.*) Représentation d'un combat naval chez les Romains. | Lieu où l'on donnait ce spectacle ; c'était une sorte de cirque creusé en forme de bassin, où l'eau était amenée artificiellement.

NAUSE, *sf.* Fossé large et profond.

NAUTILE, *sm.* Genre de mollusques céphalopodes, à coquille cloisonnée, enroulée en spirale ; il a de très-longs tentacules dont il se sert pour la nage et pour la préhension des aliments.

NAUTIQUE, *adj.* Qui appartient à la navigation.

NAUTONIER, ÈRE, *s.* Celui, celle qui conduit un navire, une barque.

NAVET, *sm.* Espèce de plantes crucifères du genre chou, qui se distingue de ses congénères par une racine charnue, fusiforme, à saveur douce et légèrement sucrée, pouvant devenir très-grosse par la culture ; ses variétés, très-nombreuses, sont cultivées pour la nourriture de l'homme et pour celle des bestiaux.

NAVETTE, *sf.* Variété de navet à petites fleurs blanches, à tige rameuse, cultivée pour sa graine qui donne une huile aussi belle que celle du colza. | Petit vase de cuivre, d'argent, etc., en forme de navire, où l'on met l'encens qu'on brûle à l'église dans les encensoirs. | Petite boîte de bois allongée, pointue aux deux bouts, qui porte à l'intérieur une bobine et qu'emploie le tisserand pour faire passer le fil, la soie, la laine, au milieu des fils de la chaîne. | Sorte de coquillage qui a cette forme.

NAVICELLE, *sf.* (*Ant.*) Nom que portent les bassins de certaines fontaines antiques qui ont la forme d'une petite barque. | Mollusque. V. *Nacelle.*

NAVICULAIRE, *adj.* (*Bot.*) Se dit des organes qui ont la forme d'une nacelle.

NAVICULE, *sf.* Animalcule infusoire ressemblant un peu à une navette ; il est revêtu d'un test siliceux, et se tient par troupes dans les eaux stagnantes.

NAVILLE, *sf.* Petit canal qui sert à conduire les eaux pour arroser des terres.

NÉBULÉ, E, *adj.* (*Blas.*) Se dit des pièces qui ont la forme des bords d'un nuage.

NÉBULEUSE, *sf.* Vaste tache blanchâtre dans le ciel, qui ressemble à un nuage et qui résulte de l'agglomération apparente d'un nombre considérable d'étoiles à une distance énorme de la terre.

NÉCANÉE, *sf.* Toile rayée de bleu et de blanc, qui se fabrique aux Indes.

NÉCESSITANTE, *adj.* (*Théol.*) Grâce —, grâce qui force à agir et qui ôte la liberté.

NÉCROBIE, *sf.* Insecte coléoptère serricorne très-vorace, de couleur violette, qu'on trouve dans le corps des animaux morts.

NÉCROLÂTRIE, *sf.* Culte exagéré et excessif de la mémoire des morts.

NÉCROLOGE, *sm.* Livre, registre, ouvrage consacrés à la mémoire de personnes considérables mortes récemment. | NÉCROLOGIE, *sf.* Écrit, notice sur le même sujet. | NÉCROLOGIQUE, *adj.* Qui appartient à la —.

NÉCROMANCE ou NÉCROMANCIE, *sf.* Art prétendu d'évoquer les morts. | NÉCROMANCIEN, NE, ou NÉCROMANT, *s.* Celui, celle qui se mêle de —.

NÉCROPHORE, *sm.* Insecte coléoptère pentamère de 15 à 25 millimètres de long, dont les antennes, très-allongées, sont terminées en boule ; il est remarquable par l'habitude qu'il a de pondre ses œufs dans des cadavres de petits animaux qu'il a soin d'enterrer au préalable et qui servent d'aliment à ses larves ; on l'appelle aussi *fossoyeur.*

NÉCROPOLE, *sf.* Lieu destiné aux sépultures ; c'était, chez les anciens, une ancienne carrière ou un souterrain.

NÉCROSE, *sf.* (*Méd.*) Affection dans laquelle une partie d'os est privée de vie et ne participe plus de la vitalité du reste de l'os ; cette affection est aux os ce que la gangrène est aux parties molles. | Maladie des grains, appelée aussi *nielle.* | NÉCROSER (SE), *vpr.* Se mortifier, être atteint de —.

NECTAIRE, *sm.* (*Bot.*) Organe supplémentaire de certaines fleurs, qui se trouve en général dans la corolle, et dont la fonction est de sécréter un suc mielleux, généralement sucré, qu'on appelle quelquefois *nectar.*

NECTIQUE, *adj.* Qui a la propriété de surnager.

NEF, *sf.* Partie d'une église comprise entre les bas-côtés, et qui s'étend depuis la porte principale jusqu'au chœur ; on comprend sous ce mot la voûte principale avec tout ce qu'elle renferme. | (*Blas.*) Navire, vaisseau.

NÉFASTE, *adj.* (*Ant.*) Chez les Romains, c'étaient deux jours qui, chaque mois, étaient consacrés au repos ou à des fêtes solennelles, et pendant lesquels il était défendu de plaider et de rendre la justice ; il y en avait trois en janvier et en avril. | Jour funeste, dans lequel est arrivé quelque grand malheur.

NÉFLIER, *sm.* Arbre de la famille des rosacées, de petite taille, dont les fruits, appelés *nèfles*, consistent en baies renfermant des noyaux durs au milieu d'une pulpe acide qui n'est agréable au goût que lorsqu'on l'a laissée s'amollir longtemps après la cueillette ; son tronc tortueux, irrégulier, fournit un bois très-dur et très-serré employé dans la tabletterie.

NÉGATIF, VE, *adj.* (*Phys.*) Se dit d'une forme particulière du fluide électrique, par opposition au fluide positif ; il en est de même du magnétisme terrestre (aimant). | En photographie, épreuve —, première impression produite par l'objet et dans laquelle les blancs sont noirs et les noirs sont blancs. | (*Math.*) | Quantités —s, quantités inférieures à zéro ; | (*Chim.*) V. *Électro-négatif.*

NÉGRIER, *adj.* et *sm.* Se dit des bâtiments qui servent à la traite des nègres, sur les côtes d'Afrique.

NÉGROMANCIE, *sf.* NÉGROMANCIEN, *sm.* V. *Nécromancie, Nécromancien.*

NÉGUNDO, *sm.* (pr. *-gon-*) Arbre assez semblable à l'érable, à feuilles semblables..

celles du frêne, et dont la sève donne du sucre comme celle de certains érables.

NEILLE, *sf.* Chanvre pris dans une grosse ficelle décordée, et dont on se sert pour boucher les fentes d'un tonneau.

NÉJE ou NEIJE, *sf.* Perche courbée qu'on place aux angles d'un train de bois flotté pour arc-bouter les perches ou gaffes qu'on appuie au fond de l'eau.

NÉLOMBO ou NÉLUMBO, *sm.* Plante aquatique, voisine du nénuphar par ses caractères généraux, qui croît dans les eaux douces de l'Asie et de l'Amérique tropicale; ses fleurs, grandes et blanches, rappellent par leur aspect celles du magnolia; l'une de ses espèces paraît être le *lotus* des Égyptiens.

NÉMATE, *sm.* Insecte hyménoptère térébrant, dont la larve habite en terre, où elle se file une coque de couleur sombre, et qui, à l'état parfait, vit sur les arbres.

NÉMATOCÈRES, *smpl.* (*Zool.*) Nom d'une famille d'insectes lépidoptères, comprenant ceux dont les antennes sont filiformes.

NÉMATOÏDE, *adj.* et *sm.* Se dit de petits zoophytes vermiformes microscopiques, qui existent dans les eaux vaseuses et croupies en très-grande abondance; on trouve aussi certaines de leurs espèces dans les intestins des mammifères.

NÉMOCÈRES, *smpl.* (*Zool.*) Famille d'insectes diptères, comprenant ceux qui ont des antennes filiformes, la bouche prolongée en suçoir, et les pattes longues et grêles; le type de cette famille est le *cousin*.

NÉMORAL, E, *adj.* Qui habite les forêts ou qui croît dans les forêts.

NEMS, *sm.* V. *Ichneumon.*

NÉNIES, *sfpl.* (*Ant.*) Chants, éloges funèbres que l'on chantait aux funérailles, généralement au son de la flûte.

NÉNUPHAR, *sm.* Plante aquatique, type de la famille des nymphéacées; elle a de grandes feuilles rondes, plates, flottant, ainsi que ses fleurs qui sont blanches ou jaunes, à la surface des étangs.

NÉO-CHRISTIANISME, *sm.* Philosophie chrétienne que quelques écrivains modernes ont tenté de substituer aux croyances catholiques. | NÉOCHRÉTIEN, NE, *adj.* et *s.* Conforme au —, adhérent au —.

NÉOCORE, *sm.* (*Ant.*) Officier ou prêtre chargé de l'entretien des temples ou des objets nécessaires aux sacrifices. | Ville, province qui avaient fait bâtir des temples en l'honneur de Rome et des empereurs.

NÉOCYCLIQUE, *adj.* Se dit des fêtes qui ont lieu au commencement d'une certaine période de temps, d'un cycle, etc.

NÉOGALA, *sm.* Premier lait que sécrètent les mamelles après le colostrum.

NÉOGRAPHE, *adj.* et *s.* Qui veut introduire, qui adopte une nouvelle orthographe, contraire à l'usage.

NÉOLATIN, E, *adj.* Se dit des langues modernes dérivées du latin, savoir : le *français*, l'*espagnol*, le *portugais* et l'*italien*.

NÉOLOGIE, *sf.* (*Litt.*) Introduction, dans une langue, de *néologismes*, ou termes nouveaux et différents de ceux qui sont en usage.

NÉOLOGUE, *sm.* Celui qui crée beaucoup de néologismes.

NÉOMÉNIE, *sf.* Nouvelle lune.

NÉOPÉDIE, *sf.* Système nouveau d'éducation; toute nouvelle méthode pour l'éducation des enfants.

NÉOPHYTE, *s.* Personne nouvellement convertie, nouvellement baptisée.

NÉO-PLATONISME, *sm.* Doctrine philosophique de l'École d'Alexandrie, qui prétendait perfectionner la doctrine de Platon. | NÉOPLATONICIEN, NE, *adj.* et *s.* Qui appartient à la doctrine du —.

NÉORAMA, *sm.* Sorte de panorama circulaire ou cylindrique représentant l'intérieur d'un temple, d'un grand édifice.

NÉOTHERMES, *smpl.* Bains chauds d'après un système moderne.

NÉPAUL, *sm.* V. *Tragopan.*

NÈPE, *sm.* Insecte hémiptère qui a les deux pieds antérieurs en forme de serre ou de tenailles, et qui vit dans les eaux dormantes où il nage très-rapidement à la poursuite des autres insectes, dont il se nourrit; c'est un des insectes de la famille des hydrocorises, qu'on appelle vulg. *punaises d'eau.*

NÉPENTHE, *sm.* Genre de plantes de l'Inde, dont l'espèce la plus connue porte aussi le nom de *Bandura*. (V. ce mot).

NÉPÈTE, *sf.* Plante labiée, dont une espèce est la *cataire* (V. ce mot); une autre de ses espèces, appelée la — tubéreuse, a des racines comestibles; la — réticulée est cultivée et forme des touffes agréables.

NÉPHÉLINE, *sf.* (*Minér.*) Silicate d'alumine naturel, qui a une couleur blanc pâle.

NÉPHÉLION, *sm.* Tache blanchâtre sur la cornée, ressemblant à une vapeur indécise.

NÉPHRALGIE, *sf.* Douleur de reins, accompagnée de tremblements, d'urines abondantes, et quelquefois de vomissements opiniâtres. | NÉPHRALGIQUE, *adj.* Qui tient de la —.

NÉPHRELMINTHIQUE, *adj.* Se dit des affections qui ont pour cause la présence des vers dans les reins.

NÉPHREMPHRAXIE, *sf.* (pr. *-fran-*). Obstruction des reins.

NÉPHRÉTIQUE, *adj.* Qui appartient aux reins. | Colique —, colique violente, causée le plus souvent par le gravier qui se détache des reins et qui cause d'atroces douleurs en passant par les uretères.

NÉPHRITE, *sf.* Phlegmasie des reins, caractérisée par une douleur aiguë, une chaleur brûlante, et une pesanteur qui, de la région des reins, se propage jusque dans la vessie. | Substance minérale composée de silice, d'alumine et de magnésie, vert transparent, d'un aspect gras, que les anciens considéraient et que les Orientaux regardent encore comme un préservatif de plusieurs maladies; on l'appelle aussi *céraunite* et *pierre* ou *jade néphrétique*.

NÉPHROLITHE, *sm.* Calcul des reins. | Néphrolithiase, *adj.* Maladie causée par des —s.

NÉPHROLOGIE, *sf.* Traité des reins, de leurs fonctions.

NÉPHROPHLEGMASIE, *sf.* Inflammation du rein.

NÉPHROPLÉGIE, *sf.* Atonie ou paralysie du rein.

NÉPHROPYOSE, *sf.* Suppuration du rein.

NÉPHRORRHAGIE, *sf.* Écoulement de sang qui provient du rein.

NÉPHROTOMIE, *sf.* Incision du rein.

NÉPOTISME, *sm.* Autorité abusive que les neveux d'un pape ont exercée quelquefois sous le pontificat de leur oncle. | Abus d'influence de hauts fonctionnaires, pour avancer leurs parents au mépris des droits acquis.

NEPTUNE, *sm.* Cartes marines ou atlas des cartes des mers d'une contrée.

NEPTUNIEN, NE, *adj.* (*Géol.*) Se dit des terrains et des dépôts qui doivent leur formation au séjour de la mer. | Désigne les partisans de l'hypothèse géologique appelée *neptunisme*.

NEPTUNISME, *sm.* Hypothèse dans laquelle on attribue à l'action de l'eau la formation des roches qui constituent la croûte du globe.

NÉRÉIDE, *sf.* Annélide qui est pourvue de soies bilatérales pour la locomotion, et qu'on trouve sur les côtes de plusieurs mers; les pêcheurs emploient plusieurs de leurs espèces comme appât.

NERF, *sm.* Nom donné aux organes du transport de la sensibilité et du mouvement dans le corps humain; ce sont des cordons blanchâtres, creux, composés de fibres très-fines qui prennent naissance dans le cerveau, la moelle épinière et les ganglions, d'où ils se distribuent en ramifications de plus en plus fines jusqu'à l'extrémité des organes.

NERF-FÉRURE ou Nerférure, *sf.* Coup, atteinte qu'un cheval a reçu du pied d'un autre cheval sur le tendon de la partie postérieure d'une jambe.

NERF-FOULURE ou Nerfoulure, *sf.* Foulure du ligament qui réunit le pied à la jambe.

NÉRINDE, *sf.* Toile blanche de coton fabriquée aux Indes.

NÉRITE, *sf.* Mollusque gastéropode, à coquillage univalve, de forme à peu près hémisphérique, aplatie en dessus; on le trouve dans les eaux douces et marines.

NÉRION, *sm.* Nom du genre de plantes auquel appartient l'arbuste d'ornement appelé vulg. *laurier-rose*.

NÉROLI, *sm.* Huile essentielle extraite des fleurs et des feuilles de l'oranger.

NERPRUN, *sm.* Arbrisseau de la famille des rhamnées, portant de très-petites fleurs jaunâtres, qui produisent un petit fruit noir dont on se sert comme purgatif; son écorce teint en jaune.

NERVIN, *adj.* et *sm.* Se dit des remèdes propres à fortifier les nerfs, particul. de ceux dont on fait usage à l'extérieur.

NERVURE, *sf.* Partie saillante que présente le dos d'un livre. | (*Archit.*) Moulure saillante placée sur l'arête d'une voûte, ou sur l'angle d'une pierre, etc.

NESKHY, *sm.* Nom qu'on donne à l'écriture arabe moderne.

NEUME, *sm.* Dans le plain-chant, c'est une suite de notes chantées sur la même voyelle.

NEURE, *sf.* Petit bâtiment hollandais pour la pêche du hareng.

NEURITE, *sf.* Sorte de pierre. V. *Néphrite*.

NEUTRALISATION, *sf.* (*Chim.*) Se dit de l'effet particulier produit par la combinaison d'un acide et d'une base qui, en constituant un nouveau corps, perdent chacun leurs propriétés particulières.

NEUTRALITÉ, *sf.* État des puissances qui restent *neutres* pendant que d'autres puissances sont en guerre, c.-à-d. ne prennent aucune part aux hostilités qui s'exercent entre celles-ci.

NEUTRE, *adj.* (*Bot.*) Se dit des fleurs privées d'organes mâles et femelles. | (*Zool.*) Se dit de certains individus de l'ordre des insectes qui ne sont ni mâles ni femelles; tels sont, dans la famille des hyménoptères, la plupart des abeilles et des fourmis. | (*Chim.*) Se dit des sels dans lesquels l'action de l'acide et celle de la base sont également neutralisées, et qui n'ont aucune des propriétés de l'un ni de l'autre. | Se dit des puissances qui observent la *neutralité*. (V. ce mot.)

NE VARIETUR, *adv.* Se dit de la signature ou du paraphe apposé par les intéressés sur des pièces qui doivent être produites en justice, afin de constater leur état actuel et de prévenir les changements qu'on pourrait y faire.

NÉVÉ, *sm.* Dans les Alpes, grandes plaques de neige qui couvrent les hautes montagnes d'une manière permanente et se transforment en glaciers.

NÉVRALGIE, *sf.* Affection du système nerveux, irrégulière ou périodique, mais non accompagnée de fièvre; elle est caractérisée par une douleur à la surface des rameaux nerveux, très-vive et très-persistante.

NÉVRILÈME ou NÉVRILEMME, *sm.* (*Anat.*) Membrane celluleuse et résistante, qui entoure les nerfs; c'est un prolongement de la pie-mère. | NÉVRILÉMITE, *sf.* Inflammation du —.

NÉVRITE, *sf.* Inflammation des nerfs, qui se manifeste par une douleur continue, ou des convulsions, elle est toujours accompagnée de fièvre.

NÉVRITIQUE, *adj.* V. *Nervin.*

NÉVROGRAPHIE, *sf.* Description des nerfs.

NÉVROLOGIE, *sf.* Partie de l'anatomie qui traite des nerfs.

NÉVROME, *sm.* Tumeur plus ou moins volumineuse qui se développe dans l'épaisseur du tissu des nerfs et qui occasionne de très-vives douleurs.

NÉVROPHLOGOSE, *sf.* Inflammation des nerfs.

NÉVROPTÈRES, *smpl.* Ordre d'insectes portant quatre ailes presque de même longueur, nues et transparentes, souvent ornées de nervures et de belles couleurs; telles sont les *libellules.*

NÉVROSE, *sf.* Nom commun à toutes les affections nerveuses, et plus particulièrement aux maladies des nerfs qui ne sont pas accompagnées de fièvre, mais qui durent longtemps et affectent profondément le système nerveux.

NÉVROSTHÉNIE, *sf.* Excès d'irritabilité ou d'inflammation nerveuse.

NÉVROTIQUE, *adj.* V. *Nervin.*

NÉVROTOMIE, *sf.* Dissection des nerfs. Action de couper un nerf. | NÉVROTOME, *sm.* Instrument, scalpel pour la —.

NICHET, *sm.* Œufs qu'on place dans les nids disposés pour la ponte des poules.

NICKEL, *sm.* Corps simple, métal d'une grande dureté, d'une couleur qui tient le milieu entre celle de l'argent et de l'étain, et qui a, comme le fer, la propriété magnétique; on s'en sert à l'état d'oxyde pour la peinture sur porcelaine et les métaux; il entre en alliage avec le cuivre et le zinc dans la composition appelée *maillechort.*

NICOLO, *sm.* Sorte de hautbois à tons graves, qui n'est plus en usage aujourd'hui.

NICOTIANE, *sf.* Ancien nom du tabac, qui fut importé en France par Nicot.

NICOTIANINE, *sf.* Substance organique particulière fournie par les feuilles fraîches de tabac, d'une saveur aromatique, d'une odeur semblable à celle du tabac, causant des vertiges à la dose de 5 centigrammes; elle est nommée parfois *huile de tabac.*

NICOTINE, *sf.* Alcaloïde d'une saveur âcre et brûlante, qu'on extrait des feuilles et des racines de tabac fermentées; c'est un poison violent.

NICTATION, NICTITATION, *sf.* NICTITER, *vn.*, etc. V. *Nyctitant, e.*

NID-DE-PIE, *sf.* (*Milit.*) Genre de logement que l'assiégeant construit dans un ouvrage dont il s'est emparé, et d'où il peut tirer sans se découvrir.

NIDOREUX, SE, *adj.* Se dit du goût brûlant d'œufs couvés, qui se produit dans les mauvaises digestions.

NIDULAIRE, *sf.* Genre de champignons qu'on trouve en automne, sur les bois pourris.

NIEL, *sm.* Nom qu'on donne quelquefois aux métaux *niellés*, c.-à-d. sur lesquels on a appliqué des *nielles.*

NIELLE, *sf.* Nom vulgaire de diverses plantes communes dans les blés. | Maladie qui attaque la plupart des céréales, dont les grains se transforment en poussière noire et fétide. | Ornements ou figures gravées en creux, dont les traits sont remplis d'une sorte d'émail noir; on l'emploie dans les ouvrages d'orfévrerie.

NIEULLE, *sf.* Sorte de pâtisserie ressemblant beaucoup aux oublies par la pâte, mais en différant par la forme, qu'on fabriquait au moyen âge en France.

NIGAUD, *sm.* Espèce de cormoran (V. ce mot.)

NIGELLE, *sf.* Plante de la famille des renonculacées, à feuilles filiformes ou découpées, à fleurs enveloppées d'un involucre également découpé, et dont les semences, réduites en poudre, sont employées comme condiment sous le nom de *toute-épice* et de *faux-cumin* ou *cumin-noir.*

NIHILISME, *sm.* Absence de toute croyance; opinion des philosophes qui nient la réalité de toutes les conceptions humaines.

NILGAU, *sm.* Espèce d'antilope à robe claire et variée, originaire de l'Inde; ses cornes sont lisses et courtes.

NILLE, *sf.* Cylindre de bois percé dans sa longueur pour envelopper la tige de fer d'une manivelle. | Bobine traversée par une tige de fer. | Simple filet de bois servant de bordure dans un parterre. | (*Blas.*) Croix ancrée, plus mince que la croix ordinaire.

NILOMÈTRE, *sm.* Colonne divisée en coudées et en parties de coudée, qui, en Egypte, sert à mesurer la crue des eaux du Nil dans ses débordements périodiques.

NIMBE, *sm.* Cercle de lumière que les peintres et les sculpteurs mettent autour de la tête des saints. | Cercle lumineux.

NIMBUS, *sm.* (pr. *nain-buss*). Nuage très-étendu, obscur, opaque, bas, occupant une grande partie ou la totalité du ciel, et se résolvant en pluie ou en giboulées.

NIOBIUM, *sm.* Corps simple, métal très-rare qui a été trouvé à l'état de combinaison dans certains minerais de tantale; on l'appelle aussi *Pelopium*.

NIPA, *sm.* Palmier des îles de la Sonde, qui a des feuilles gigantesques; son fruit donne une boisson excellente.

NIPIS, *sm.* Tissu très-fin fabriqué avec les filaments de diverses espèces de palmier d'Océanie.

NIQUETER, *va.* Couper quelques muscles fléchisseurs pour empêcher la queue du cheval de s'abaisser et la forcer à se tenir en panache ou en éventail.

NITESCENCE, *sf.* Blancheur éblouissante.

NITIDULE, *sm.* Petit insecte coléoptère pentamère, à antennes en massue perfoliée, et dont le corps est en forme de bouclier à rebord; il vit sur les fleurs, les champignons et les écorces des vieux arbres.

NITRE, *sm.* Sel formé par la combinaison naturelle de l'acide nitrique ou azotique avec la potasse, et qu'on rencontre sur les murs des écuries et des caves humides; il est incolore, fusible, de saveur fraîche et piquante, et se décompose vivement par la chaleur; on l'emploie sous le nom de *salpêtre* dans la fabrication de la poudre à canon; son nom technique est *nitrate* ou *azotate* de *potasse*; il est purgatif et surtout diurétique.

NITRIÈRE, *sf.* Lieu d'où l'on extrait le nitre ou salpêtre naturel. | Lieu où l'on fabrique artificiellement le salpêtre.

NITRIQUE, *adj.* NITRATE, *sm.* V. *Azotique*, *Azotate*.

NITROGÈNE, *sm.* (*Chim.*). V. *Azote*.

NITROGLYCÉRINE, *sf.* Matière liquide qu'on obtient par la réaction de l'acide nitrique sur la glycérine; elle jouit de propriétés explosives beaucoup plus puissantes que celles de la poudre à canon.

NITROMÈTRE, *sm.* Instrument propre à essayer les salpêtres du commerce.

NITROPICRIQUE, *adj.* V. *Picrique*.

NIVAL ou NIVÉAL, E, *adj.* (*Bot*) Se dit des plantes qui fleurissent ou qui habitent dans la neige.

NIVEAU, *sm.* Nom commun à divers appareils qui servent à reconnaître si un plan est horizontal et à déterminer la différence de hauteur de deux ou plusieurs points avec un plan horizontal donné, lequel porte aussi le nom de *niveau*.

NIVELLEMENT, *sm.* Ensemble des opérations nécessaires pour déterminer la hauteur, au-dessus d'un niveau commun, des points principaux d'une contrée, d'une ville, d'un champ, etc.

NIVÉOLE, *sf.* Plante bulbeuse à périanthe campanulé, à feuilles radicales planes, en rosette, dont une espèce fleurit dans le midi de l'Europe, immédiatement après les froids de l'hiver.

NIVEREAU, *sm.* Espèce de gros-bec qui se plaît au milieu des neiges.

NIVEROLLE, *sf.* Espèce de fringille brune en dessus, blanche en dessous, à tête cendrée, que l'on trouve dans diverses contrées d'Europe.

NIVET, *sm.* Remise, bénéfice illicite accordé à des agents, par suite d'une vente, d'un marché.

NIVOSE, *sm.* Quatrième mois du calendrier républicain, qui commençait le 21 ou le 22 décembre et finissait le 19 ou le 20 janvier.

NIXE, *sm.* Nom que portent dans les légendes allemandes certains esprits qui habitent les eaux et entraînent dans des grottes de cristal les jeunes filles qu'ils atteignent.

NOBILIAIRE, *sm.* Recueil où se trouvent classées méthodiquement les généalogies et les armoiries des familles nobles d'un pays, d'une province.

NOBLE, *sm.* Ancienne monnaie d'or qui fut frappée, au moyen âge, à diverses effigies, et dont la valeur varia de 20 à 24 fr.

NOC, *sm.* Petit tuyau de bois placé sous une digue ou sous un chemin pour l'écoulement des eaux. | Gouttière qui reçoit l'eau du toit. | V. *Noquet*.

NOCTAMBULE, *adj.* V. *Somnambule*.

NOCTHORE, *sm.* Genre de singes à queue touffue, à très-gros yeux, qui habitent les forêts voisines de l'Orénoque où ils se cachent pendant le jour dans des trous d'arbre; ils ne se montrent que la nuit et poussent des cris effrayants.

NOCTILION, *sm.* Genre de chauves-souris qui habite l'Amérique du Sud; sa lèvre supérieure est fendue et ses ongles de derrière sont très-robustes; sa taille ne dépasse guère celle d'un rat.

NOCTILUQUE, *sf.* Animalcule globuleux de la grosseur d'une tête d'épingle, qui se trouve en agglomérations nombreuses dans certaines régions de la mer; ces agglomérations produisent une lueur phosphorescente très-remarquable.

NOCTUELLE, *sf.* Genre de lépidoptères nocturnes, papillon de nuit à corselet carré, surmonté d'une crête, et dont les ailes sont généralement foncées et portent des taches dorées; sa chenille attaque les céréales; on en trouve plusieurs espèces en France. | V. *Hulotte*.

NOCTULE, *sf.* Chauve-souris de grande

taille, à queue allongée; on la trouve, en France, dans les creux des vieux arbres.

NOCTURNE, *sm.* Partie de l'office divin, qui se chante la nuit, et dont l'ensemble constitue les matines. | Romance d'un caractère tendre et langoureux, approchant de la sérénade, qui se chante en général à deux voix.

NOCUITÉ, *sf.* Qualité de ce qui est nuisible.

NODDI, *sm.* Espèce de sterne, oiseau de mer de couleur brun noirâtre, à tête blanche; on le trouve dans les îles des deux Océans; sa stupidité et la facilité avec laquelle il se laisse prendre le font appeler quelquefois *fou de mer*.

NODOSITÉ, *sf.* État de ce qui a des nœuds; ces nœuds mêmes.

NODULE, *sm.* (*Minér.*) Petites boules semblables à des nœuds, qui se rencontrent dans certains minéraux.

NODUS, *sm.* (pr. -*duss*) (*Méd.*) Tumeur dure et indolente qui vient sur les os, les tendons et les faisceaux fibreux; elle résulte, non de la production d'un corps nouveau, mais de l'engorgement d'un tissu normal.

NŒUD, *sm.* (*Mar.*) Unité de longueur employée sur mer pour l'indication de la marche d'un navire; elle représente la distance d'un nœud à l'autre sur la corde de loch que le navire a jetée à son arrière, et équivaut à 15 m. 42 environ; le nombre de nœuds filés en une demi-minute exprime la vitesse de la course. | (*Astr.*) Point inférieur et supérieur où l'orbite d'une planète ou de la lune coupe l'écliptique ou orbite de la terre.

NOGUET, *sm.* Grand panier d'osier très-plat et sans bords, servant au transport des fruits. | Panier long que les femmes portent ordinairement sur la tête.

NOIR, *sm.* Nom donné à diverses matières employées dans la peinture, la teinture et l'impression, et dont voici les principales: — d'Allemagne, encre typographique faite avec de la lie de vin et des noyaux de pêche calcinés; | — animal, charbon d'os pulvérisé; on s'en sert pour décolorer et raffiner le sucre. | — d'Espagne, charbon de liége en poudre; | — de fumée, suie résultant de la combustion des rebuts de bois résineux, qu'on réduit en poudre très-fine. | — d'ivoire, charbon de débris d'ivoire ou d'os de pieds de mouton, réduit en poudre.

NOIRE, *sf.* (*Mus.*) Note de musique figurée par un petit cercle entièrement noir et muni d'une queue droite; elle vaut le quart d'une ronde ou la moitié d'une blanche; la mesure à quatre temps équivaut à quatre noires.

NOIR-MUSEAU, *sm.* Espèce de dartre qui affecte le museau des brebis et s'étend quelquefois jusqu'aux tempes; on l'appelle aussi *barbouquet*.

NOISETIER, *sm.* Noisette, *sf.* V. *Coudrier*.

NOIX, *sf.* Fruit du noyer (V. ce mot). | (*Bot.*) Nom générique des fruits à deux enveloppes, l'une molle, l'autre ligneuse, qui ressemblent à la noix. | Ganglions lymphatiques de l'articulation de l'épaule ou du jarret du veau ou du bœuf; *gîte à la noix*, creux de l'épaule ou du jarret du bœuf, où se trouve la —. | Pièce de la platine d'un fusil ou d'un pistolet où le marteau ou chien est fixé, et sur laquelle agit le grand ressort; elle a deux crans: l'un dit du repos, l'autre du bandé. | Roue dentelée qui fait partie d'un moulin à broyer. Roue dentelée qui occupe le haut d'un parapluie et reçoit la tête des baleines. | (*Mar.*) Partie d'un mât de hune ou de perroquet, plus forte que le mât lui-même et qui sert de renfort pour soutenir les barres.

NOIX D'ACAJOU, *sf.* V. *Anacarde*.

NOIX D'AREC, *sf.* V. *Arec*.

NOIX DE BEN, *sf.* V. *Ben*.

NOIX DE COROSO, *sf.* V. *Coroso*.

NOIX VOMIQUE, *sf.* V. *Strychnos*.

NOLET, Noulet, *sm.* (*Archit.*) Sorte de tuile creuse. | Ferme placée à la rencontre de deux combles inégaux, et parallèle au plus élevé. | V. *Noue*.

NOLIS, *sm.* (pr. -*li*). Sur les ports de la Méditerranée, fret, louage d'un navire, d'un bateau.

NOLISEMENT, *sm.* Action de noliser.

NOLISER, *va.* Affréter.

NOMA ou Nome, *sm.* Ulcère qui attaque la peau des enfants.

NOMADE, *adj.* Errant, qui n'a point d'habitation fixe; se dit surtout des tribus, des peuplades, des nations.

NOMARQUE, *sm.* Nom que portent en Grèce certains magistrats chargés de l'administration d'une division territoriale. | V. *Nome*.

NOMBRE, *sm.* (*Litt.*) Propriété qu'ont les mots de représenter par certaines formes, le plus souvent par un changement dans la terminaison, l'idée d'unité ou de pluralité, le *singulier* ou le *pluriel*. | (*Astr.*) — d'or, nombre indiquant l'année du cycle lunaire de 19 ans.

NOMBRIL, *sm.* Cicatrice arrondie plus ou moins déprimée, située à peu près au milieu de l'abdomen, et par où le cordon ombilical s'attachait au fœtus avant la naissance.

NOME, *sm.* (*Ant.*) Sorte de poëme rhythmé chez les Grecs, chant qui était consacré à diverses cérémonies. | Division territoriale d'Égypte, dont le gouverneur était appelé *nomarque*. | V. *Noma*.

NOMINAL, E, *adj.* Se dit de la valeur des monnaies, des papiers de commerce, etc., telle qu'elle résulte des conventions, de l'émission, et non de leur valeur réelle intrinsèque et immédiatement réalisable.

NOMINATIF, VE, *adj.* Se dit des titres de rente ou autres qui sont délivrés à une personne déterminée et ne peuvent être vendus par cette personne qu'au moyen d'un transfert, par opposition aux titres au porteur, qui ne mentionnent aucun nom et qui peuvent se négocier sans formalités.

NOMINAUX, *smpl.* Philosophes scolastiques qui prétendaient que les universaux n'étaient que des mots, sans relation à aucune idée réelle; leur doctrine s'appelait le *nominalisme*, et était opposée à celle des *réalistes*.

NOMOCANON, *sm.* (*Eccl.*) Recueil des lois et des canons reconnus par l'Église et qui règlent les matières ecclésiastiques.

NOMOTHÈTE, *sm.* (*Ant.*) Nom que portaient ceux des archontes ou magistrats athéniens qui étaient chargés du maintien et de la réforme des lois.

NONAGÉNAIRE, *adj.* Qui a quatre-vingt-dix ans.

NONAGÉSIME, *sf.* (*Eccl.*) Se dit du 90e jour avant Pâques. | (*Astr.*) Point de l'écliptique éloigné de 90o de l'intersection de l'écliptique avec l'horizon, et divisant par conséquent en deux parties égales la moitié de l'écliptique qui occupe un hémisphère.

NONCE, *sm.* Prélat que le pape envoie en ambassade. | Dans l'ancien royaume de Pologne, représentant de la noblesse à la Diète.

NONCIATURE, *sf.* Charge, fonctions du nonce du pape; sa résidence.

NON-CONFORMISTE, *sm.* V. *Conformiste.*

NONES, *sfpl.* Celle des sept heures canoniales qui se chante ou se récite après sexte, et qui précède les vêpres. | (*Ant.*) Chez les Romains, c'était le cinquième jour de certains mois, le septième de quelques autres.

NONETTE, *sf.* V. *Balbuzard.*

NONIDI, *sm.* Nom que portait le neuvième jour de la décade dans le calendrier républicain.

NONIUS, *sm.* V. *Vernier.*

NON LIEU, *sm.* Déclaration par laquelle une chambre ou un magistrat chargés de l'instruction préalable d'une accusation déclarent qu'il n'y a pas lieu de suivre.

NONNETTE, *sf.* Petits pains d'épice de forme ronde, d'un goût délicat, souvent recouverts d'une croûte sucrée, blanche et anisée, qu'on fabrique principalement à Reims.

NONPAREILLE, *sf.* Sorte de ruban fort étroit qui sert a lier les paquets. | Ancien nom d'un très-petit caractère d'imprimerie, qui a un corps de six points. | Petit mollusque à coquille cylindrique, grêle et pointue, qu'on trouve dans les mousses au pied des arbres.

NOOLOGIE, *sf.* Nom par lequel on a désigné la science qui traite de l'essence et des facultés de l'âme, et qu'on appelle généralement *psychologie.*

NOPAGE, *sm.* Action de noper. (V. ce mot).

NOPAL, *sm.* Nom qu'on donne aux diverses espèces de cactier ou cactus, sur lesquelles vit la cochenille. | Au pl. des *Nopals.* | NOPALERIE, *sf.* Terre plantée de —s.

NOPE, *sf.* Nœud qu'on enlève du drap.

NOPER, *va.* Séparer les fils doubles du drap, les rapprocher dans les endroits clairs, détruire les nœuds, etc.

NOPEUSE, *sf.* Ouvrière chargée de noper.

NOQUET, *sm.* Tuile creuse ou morceau de plomb ayant la dimension d'une ardoise, qu'on place le long des joints des lucarnes et des cheminées et sous les crochets de service; on en garnit aussi les noues pour faciliter l'écoulement des eaux.

NORIA, *sf.* Puits servant à l'irrigation des terres, au moyen d'un chapelet d'augets qui montent et descendent par l'effet d'un treuil ou tambour, qui reçoit un mouvement de rotation, soit au moyen de la main, soit au moyen d'un manége mû par un cheval.

NORMALE, *sf.* Ligne perpendiculaire, au point de tangence, à la tangente d'une courbe ou au plan tangent d'une surface courbe.

NOSOCOME, *sm.* Infirmier, personnage employé dans un hôpital.

NOSOCOMIAL, E, *sm. adj.* Qui concerne les hôpitaux, qui appartient aux hôpitaux.

NOSOGÉNIE, *sf.* (*Méd.*) Traité sur l'origine et le développement des maladies; étude des phases que suivent les maladies depuis leur origine jusqu'à leur issue.

NOSOGRAPHIE, NOSOLOGIE, *sf.* (*Méd.*) Étude des maladies; classification et description des maladies, recherches sur leur nature intime.

NOSSARIS, *smpl.* Toiles de coton blanches des Indes.

NOSTALGIE, *sf.* Mal du pays, névrose cérébrale causée par un violent désir de revoir son pays. | NOSTALGIQUE, *adj.* Qui a rapport à la —.

NOSTOCH, *sm.* (pr. *tok*). Matière végétale amorphe, gélatineuse, membraneuse, de couleur jaune ou verte, qui paraît se développer sur le sol à la suite des pluies, et que la sécheresse fait disparaître; on leur attribuait autrefois une foule de propriétés médicales, toutes chimériques.

NOSTRAS, *adj.* (*Méd.*) Se dit des maladies qui sont spéciales à nos régions, par oppos. à celles qui ne sévissent que dans les pays étrangers.

NOTABLE, *sm.* C'étaient, avant 1789, les principaux citoyens de chaque commune, pouvant être appelés par l'élection aux fonctions municipales; c'étaient aussi les principaux membres de la noblesse, de la magistrature et du clergé, composant, à certaines époques, une assemblée politique. | Aujourd'hui, on appelle notables commerçants, des négociants désignés tous les ans par le préfet du département, et qui concourent à l'élection des membres des tribunaux de commerce.

NOTACANTHE, *sm.* Poisson acanthoptérygien sans nageoire dorsale, portant sur le dos des épines libres; on le trouve dans diverses mers. | Insecte diptère portant un écusson épineux et de très-gros yeux; on le trouve dans les lieux humides.

NOTAIRE, *sm.* Officier ministériel établi pour rédiger et recevoir tous les actes et contrats auxquels les parties doivent ou veulent faire donner le caractère d'authenticité attaché aux actes de l'autorité publique; qui en assure la date, en conserve le dépôt et en délivre des grosses et des expéditions.

NOTALGIE, *sf.* Douleur dans le dos.

NOTOBRANCHES, *smpl.* (*Zool.*) Nom qu'on donne à divers mollusques ou à des annélides qui portent des branchies sur le dos.

NOTOIRE, *adj.* (*Sc. occ.*) Art —, art cabalistique au moyen duquel on prétendait obtenir la science universelle par la seule contemplation de certaines figures et par l'articulation de certaines paroles.

NOTOMYÉLITE, *sf.* (*Méd.*) Inflammation de la moelle dorsale.

NOTONECTE, *sm.* Genre d'insectes appelés aussi punaises d'eau, voisins des hydrocorises, munis de pattes postérieures très-longues, ciliées, au moyen desquelles ils nagent en se tenant sur le dos à la surface des étangs; leur piqûre est des plus vives.

NOTORIÉTÉ (Acte de), *sm.* Acte dressé par un notaire ou un juge de paix devant plusieurs témoins, et qui a pour objet de constater comme suffisamment connu, d'après la déclaration sous serment de ces témoins, un fait dont on ne peut retrouver de traces écrites suffisantes.

NOTORNIS, *sm.* Très-grand oiseau retrouvé sur plusieurs points à l'état fossile, et qui a été rencontré vivant à la Nouvelle-Zélande.

NOTUS, *sm.* (*Lat.*) Nom que donnaient les anciens au vent du Midi.

NOUE, *sf.* (*Archit.*) Faîte le moins élevé de deux combles inégaux. | Angle rentrant, suivant lequel se rencontrent à leur partie inférieure les surfaces de deux combles parallèles ou obliques l'un à l'autre. | Tuile creuse ou lame de plomb qui sert à l'écoulement des eaux à la rencontre de deux combles; dans ce sens, on dit mieux *noquet*. | Intervalle des sillons dans les labours. | V. *Nove*.

NOUÉ, E, *adj.* (*Bot.*) Se dit de quelques fruits lorsque la fécondation a eu lieu et que la fleur se flétrit pendant que l'ovaire se gonfle. | (*Méd.*) V. *Rachitique*.

NOUET, *sm.* Morceau de linge noué dans lequel on a mis quelque substance pour la faire infuser ou bouillir dans un liquide, afin de pouvoir la retirer à volonté.

NOUGAT, *sm.* Pâte solide ou croûte pâteuse résultant de l'amalgamation d'amandes concassées avec du sucre fondu et transformé en caramel.

NOUILLES, *sfpl.* Espèce de pâte de farine et d'œufs, que l'on coupe en bandes fines et que l'on mange en potage ou en sauce.

NOULET, *sm.* V. *Nolet*.

NOUMÈNE, *sm.* (*Philos.*) Fait tel qu'il serait en lui-même et sans aucune relation avec nous; c'est, dans le système de Kant, l'opposé du *phénomène*, résultat de l'impression des choses sur nous.

NOUROLLE, *sf.* Entremets composé de fruits confits, le plus souvent avec du vin.

NOURRAIN, *sm.* V. *Alevin*.

NOVACULITE, *sf.* (*Minér.*) Pierre schisteuse jaune, composée de silice, d'alumine et d'oxyde de fer, à grains très-fins, dont les couteliers se servent avec de l'huile pour aiguiser les instruments en acier; on la trouve en Belgique, en Allemagne et dans l'ouest de la France.

NOVALE, *sf.* Terre nouvellement défrichée, nouvellement mise en valeur. | Dîme que les curés levaient sur ces terres.

NOVATION, *sf.* (*Jurisp.*) Mode d'éteindre une ancienne obligation en changeant le titre, le créancier ou le débiteur. | Changement d'une obligation en une autre.

NOVE, *sf.* Foie, entrailles et langue d'une morue.

NOVELLES, *sfpl.* Constitutions de Justinien, qui forment la quatrième et dernière partie du corps du droit romain; ce sont les ordonnances des empereurs d'Orient qui ont été rendues après le sixième siècle.

NOVENAIRE, *adj.* Qui procède par le nombre neuf.

NOVICE, *s.* Celui ou celle qui, se destinant à la vie religieuse, n'a point encore prononcé ses vœux. | (*Mar.*) Premier grade au-dessus du mousse; c'est l'apprenti matelot.

NOYALE, Noyalle, *sf.* Toile de chanvre écrue, très-forte et très-serrée, dont on fait des voiles; on la fabrique en Bretagne.

NOYAU, *sm.* (*Bot.*) Partie intérieure de la drupe, dont les parois externes sont très-dures, et qui renferme à l'intérieur une amande. | (*Archit.*) Partie centrale d'un ouvrage de sculpture, autour de laquelle s'appliquent les ornements.

NOYER, *sm.* Grand arbre originaire de la Perse et de l'Amérique du Nord, dont la feuille est grande, pennée, à folioles ovales, et l'écorce lisse; son fruit est bien connu sous le nom de *noix*; son bois, dur et coloré, prend un très-beau poli et présente quelquefois des veines qui le font rechercher pour l'ébénisterie; ses feuilles sont astringentes.

NOYURE, *sf.* Trou en entonnoir dans lequel on loge la tête d'une vis.

NUAISON, *sf.* (*Mar.*) Durée prolongée d'un même temps ou d'un même vent.

NUBÉCULE, *sf.* Maladie de l'œil, qui fait voir les objets comme à travers un nuage ou un brouillard. | Petite tache sur la cornée transparente.

NUBILE, *adj.* Qui est en âge d'être marié. | Nubilité, *sf.* État d'une personne —.

NUCELLE, *sf.* (*Bot.*) Corps pulpeux qui occupe le centre de l'ovule végétal quand il commence à se développer.

NUCIFRAGE, *sm.* Oiseau appelé aussi *gros-bec*, ou *casse-noix*.

NUCLÉAL, E, *adj.* Qui a l'apparence d'un noyau, ou qui renferme un noyau à son centre.

NUCLÉUS, *sm.* (*Minér.*) Noyau, centre arrondi d'une pierre qui paraît faire un corps distinct du reste de la pierre. | (*Hist. nat.*) Nom qu'on a donné à divers organes qui ont l'aspect d'un noyau ou d'une boule enchâssée dans un milieu de nature différente.

NUCULE, *sf.* (*Bot*). Petit noyau, carpelles distinctes dont la réunion, forme un fruit charnu, tel qu'une baie, etc.

NUDIBRANCHES, *smpl.* (*Zool.*) Groupe de mollusques marins dépourvus de coquille et portant des branchies à nu sur le dos.

NUER, *va.* Assortir, disposer des couleurs dans des ouvrages de laine ou de soie, de manière qu'il se fasse une diminution insensible d'une couleur à l'autre.

NUMÉRAIRE, *sm.* L'ensemble des espèces monnayées qui sont en circulation dans un État.

NUMÉRATEUR, *sm.* (*Math.*) Dans une fraction, celui des deux termes qui s'écrit au-dessus de l'autre, et qui exprime combien elle renferme de parties de l'unité, parties dont la nature est déterminée par le terme inférieur appelé *dénominateur*.

NUMÉRATION, *sf.* (*Math.*) Partie de l'arithmétique qui renferme l'art d'exprimer et d'écrire les nombres.

NUMISMATE, *sm.* Celui qui est versé dans la Numismatique, *sf.* Science des médailles antiques.

NUMISMATISTE, *sm.* Collectionneur de médailles.

NUMME, *sm.* (*Ant.*) Nom générique des pièces de monnaie anciennes, qu'elles soient d'or, d'argent ou de cuivre.

NUMMULAIRE, *adj.* Qui ressemble à une pièce de monnaie. | *sf.* Petite plante du genre lysimaque, dont les feuilles sont exactement rondes, ce qui les fait ressembler à des pièces de monnaie.

NUMMULITE, *sm.* (*Zool.*) Coquillage fossile affectant la forme d'un petit disque plat, et qui a renfermé le corps d'un genre particulier de foraminifères; on le trouve dans divers calcaires et principalement dans les terrains crétacés.

NUNCUPATIF, *adj. m.* (pr. *non-*) (*Jurisp.*) S'est dit d'un testament fait de vive voix et devant témoins, lorsque les lois admettaient cette sorte de testament, qui serait nul aujourd'hui. | Nuncupation, *sf.* Désignation d'héritiers par un testament —.

NUNDINAL, E, *adj.* (pr. *non-*) (*Ant.*) Se disait, chez les Romains, des huit premières lettres de l'alphabet désignant, dans le calendrier, les jours de marché ou *nundines*, qui arrivaient tous les huit jours.

NUPHAR, *sm.* Nom donné par quelques botanistes à certaines espèces de nénuphar, notamment à celle qui a des fleurs jaunes et qui est commune à la surface des étangs d'Europe.

NUQUE, *sf.* Partie postérieure du cou située immédiatement au-dessous de l'occiput.

NURAGHE, *sm.* Nom donné à certains édifices de forme conique, qu'on trouve en Sardaigne, et qui paraissent avoir été construits par les Pélasges.

NUTATION, *sf.* (*Astr.*) Balancement produit par la gravitation dans le mouvement d'une planète, dont l'axe s'éloigne et se rapproche alternativement du plan de son orbite.

NUTRESCIBLE, *adj.* Nutritif, qui est propre à entretenir la vie par nutrition.

NUTRITION, *sf.* Ensemble des phénomènes qui résultent de la fonction par laquelle un corps organisé entretient, répare et augmente ses organes; ce sont la préhension des aliments, la mastication, la déglutition, la digestion, l'absorption, l'élaboration, la transformation en fluide nutritif ou sang, sa circulation, et enfin son assimilation par les organes. | Ensemble de phénomènes analogues, mais moins compliqués, qui entretiennent la vie chez les végétaux.

NUTRITUM, *adj.* Se dit d'une sorte d'onguent qui est composé d'huile et d'oxyde de plomb.

NYCTAGE, *sm.* Plante exotique dont les fleurs, rouges ou jaunes, ressemblant beaucoup à celles du liseron, ne s'épanouissent guère qu'après le coucher du soleil; on l'appelle vulg. *Belle de nuit*.

NYCTAGINÉES, *sfpl.* (*Bot.*) Famille de plantes à calice coloré, à fleurs réunies dans un involucre commun, et dont le type est le nyctage ou *belle de nuit*.

NYCTALOPIE, *sf.* (*Méd.*) État des vues qui perçoivent les objets pendant la nuit ou qui ne les perçoivent que pendant ce temps, et qui ne peuvent supporter le grand jour. | Nyctalope, *adj.* et *s.* Affecté de —.

NYCTANTHE, *sm.* Arbrisseau de Malabar, voisin du jasmin par sa conformation, dont les fleurs, de couleur jaunâtre et d'une odeur agréable, ne s'épanouissent que la nuit.

NYCTÈRE, *sm.* Chauve-souris d'Asie et

d'Afrique, dont les oreilles sont très-grandes et dont la queue, reliée aux pattes de derrière par une membrane, est terminée par un cartilage ayant la forme d'un ⊥.

NYCTÉRIBIE, *sf.* Très-petit insecte parasite privé d'ailes, à longues pattes, qui vit sur les chauves-souris.

NYCTICÈBE, *sm.* Mammifère quadrumane voisin des loris, à queue très-courte, et dont les mouvements sont très-lents; il se tient sur les arbres; ses diverses espèces habitent l'Océanie et la Cochinchine.

NYCTICORAX, *sm.* Nom par lequel on a désigné divers oiseaux de nuit, tels que la hulotte, l'engoulevent, etc.

NYCTIPITHÈQUE, *sm.* V. *Nocthore.*

NYCTITANT, E, *adj.* (*Anat.*) Se dit des organes destinés à modérer l'éclat de la lumière sur les yeux, tels que paupières, etc. | Nyctitation ou Nyctation, *sf.* Action de cligner des yeux pour éviter l'éclat de la lumière.

NYCTITHÉMÈRE, *sm.* Durée de vingt-quatre heures.

NYCTOBATE, *s.* Somnambule.

NYLGAU, *sm.* V. *Nilgau.*

NYMPHALE, *sm.* Insecte lépidoptère diurne, papillon de jour à antennes en massue, à grandes ailes sinuées en dessus, dentelées en dessous, qui se tient sur les lieux humides; ses larves vivent au sommet des arbres dont elles dévorent les feuilles.

NYMPHE, *sf.* (*Ant.*) Divinités subalternes de la fable, qui, sous des traits de jeunes filles, habitaient les fleuves, les prairies, etc. | (*Zool.*) Insecte parvenu à son second état ou au premier degré de ses métamorphoses; il est enveloppé par une membrane dure et solide, qui doit disparaître pour qu'il devienne un insecte parfait.

NYMPHÉA, *sm.* V. *Nénuphar.*

NYMPHÉACÉES, *sfpl.* (*Bot.*) Famille de plantes dont le type est le nénuphar.

NYMPHÉE, *sf.* (*Archit.*) Lieu où il y a de l'eau et qui est orné de statues, de vases, de bassins, de fontaines, etc.

NYMPHÉEN, NE, *adj.* (*Géol.*) Désigne quelquefois la région du terrain tertiaire qui est caractérisée par des dépôts d'eau douce; on n'y trouve que des traces d'organismes analogues à ceux qui existent dans nos eaux douces.

NYPA, *sm.* Arbrisseau de l'Inde terminé par une panicule de longues feuilles dont on tire de l'alcool; ses jeunes fruits, très-sucrés, se mangent confits ou crus.

NYSSA, *sm.* Arbre très-élevé, des marécages de l'Amérique boréale; ses feuilles sont longues et piquantes; ses fruits ressemblent à des prunes noirâtres et ont un goût fade; son bois est blanc et assez dur.

NYSSON, *sm.* Petit insecte hyménoptère porte-aiguillon, dont le corselet est noir avec une raie jaune; on le trouve sur les fleurs de la carotte.

NYSTAGME, *sm.* Clignottement spasmodique des paupières qu'éprouve une personne accablée de l'envie de dormir et qui fait de vains efforts pour s'en abstenir.

O

O ou **OO**, *smpl.* (*Eccl.*) Nom par lequel on désigne les antiennes qui se chantent pendant l'Avent, parce qu'elles commencent toutes par l'exclamation *O*.

OASIS, *sf.* (pr. *ziss*). Petit espace arrosé et couvert de végétation au milieu des déserts arides, des plaines de sable de l'Afrique ou de l'Arabie.

OBANG, *sm.* Lingot d'or du poids de 22 carats, qui sert de monnaie au Japon; il vaut environ 90 fr. | V. *Kobang.*

OBCONIQUE, *adj.* (*Hist. nat.*) Se dit des organes qui ont la forme d'un cône renversé.

OBCORDÉ, E, *adj.* (*Bot.*) Se dit des feuilles, des pétales ou des capsules qui ont la forme d'un cœur renversé.

OBÉDIENCE, *sf.* Soumission, obéissance que les religieux doivent à leur supérieur. | Lettre d'—, congé, permission donnée par un supérieur ecclésiastique à un religieux, soit pour aller en quelque endroit, soit pour dire la messe, soit pour exercer l'enseignement.

OBÈLE, *sm.* Signe en forme de petite barre, qui indique les passages douteux d'un livre, d'un manuscrit.

OBÉLISQUE, *sm.* Monument quadrangulaire en forme d'aiguille, élevé sur un piédestal, et ordinairement monolithe.

OBERON, *sm.* Oberonnière, *sf.* V. *Obron, Obronnière.*

OBÉSITÉ, *sf.* Embonpoint excessif résultant d'une accumulation de matière adipeuse ou graisse dans les interstices du tissu cellulaire.

OBI, *sm.* Chez les nègres, sorcier, magicien.

OBIER, *sm.* Espèce de viorne, arbrisseau à bois dur, qui porte de petites baies rouges; ses fleurs blanches, réunies en gros capitules sphériques, portent le nom de *boules de neige*.

OBINER, *va.* Planter des arbres en pépinière, en attendant qu'on les replante à des distances convenables.

OBISIE, *sf.* Très-petit arachnéide voisin du scorpion, qui vit sous la mousse ou les pierres, dans les forêts d'Europe.

OBIT, *sm.* (pr. *-bitt*) (*Eccl.*) Service fondé pour le repos de l'âme d'un mort, et qui doit être célébré à des époques déterminées. | | OBITUAIRE, *adj.* Registre qu'on tient dans une église de tous les —s qui y sont fondés.

OBJECTIF, *sm.* Verre le plus large d'une lunette, celui qui est tourné vers les objets. | Appareil employé par les photographes et renfermant la chambre où se forme l'image et le verre à travers lequel elle est reçue. | —, VE, *adj.* (*Philos.*) Se dit des propriétés de ce qui est en dehors du moi ou sujet, par oppos. à *subjectif*, qui se rapporte au moi. | (*Milit.*) Point principal vers lequel est dirigée une attaque.

OBJECTIVITÉ, *sf.* (*Philos.*) Se dit de ce qui est objectif, c.-à-d. de ce qui concerne les objets en dehors de nous.

OBLADE, *sf.* Espèce de *bogue*, poisson de la Méditerranée. V. *Bogue*.

OBLAT, *sm.* (pr. *-bla*). Offert; celui qui était consacré dès son enfance à la vie religieuse et faisait à la communauté le don de tous ses biens présents et à venir. | Nom que portent encore aujourd'hui quelques communautés. | Homme de guerre invalide qui était entretenu dans une abbaye.

OBLATION, *sf.* (*Théol.*) Action par laquelle on offre une chose à Dieu; cette chose même. | Partie de la messe où le prêtre offre l'hostie à Dieu avant de la consacrer.

OBLIGATION, *sf.* (*Jurisp.*) Tout lien de droit qui astreint une personne envers une autre à donner, à faire ou à ne pas faire quelque chose. | Contrat qui renferme les conditions de l'obligation. | Titre unilatéral délivré par un État, une ville, une compagnie, aux souscripteurs d'un emprunt, et portant un numéro d'ordre; la sortie de ce numéro à l'un des tirages périodiques donne lieu au remboursement de l'obligation.

OBLIQUANGLE, *adj.* (pr. *-kan-*) (*Math.*) Se dit des triangles qui ont leurs trois angles aigus ou un angle obtus et deux aigus.

OBLIQUE, *adj.* Se dit de toute ligne qui, rencontrant une autre ligne, est inclinée sur celle-ci d'un côté plus que de l'autre, et forme avec elle des angles aigus et obtus; c'est le contraire de perpendiculaire. | Se dit, dans diverses sciences, des lignes ou des plans qui ne sont pas parallèles à la verticale.

OBLITÉRATION, *sf.* (*Chir.*) État d'un conduit naturel qui est oblitéré.

OBLITÉRER, *va.* et S'—, *vpr.* En parlant de l'action du temps, etc., effacer insensiblement, en laissant toutefois des traces. | Se dit aussi d'une cavité qui se ferme peu à peu, et dont les parois finissent par adhérer l'une à l'autre.

OBLONG, GUE, *adj.* (*Hist. nat.*) Qui est beaucoup plus long que large.

OBOLE, *sf.* C'était, chez les Grecs, une petite monnaie équivalente à la sixième partie de la drachme; elle valait 16 à 17 centimes de nos jours. | Ancienne petite monnaie de cuivre valant moitié d'un denier tournois ou la 480e partie d'un franc. | Petit poids chez les Grecs correspondant à environ 72 centigrammes.

OBOVAL, E, OBOVÉ, E, *adj.* (*Bot.*) Se dit d'une feuille, d'un pétale, etc., qui ont la forme d'un œuf renversé, c.-à-d. qui ressemblent à une ellipse dont la base est plus large que l'extrémité.

OBRON, *sm.* Morceau de fer percé par le milieu pour fermer un coffre. | OBRONNIÈRE, *sf.* Bande de fer à charnière à laquelle est attaché l'—.

OBSÉCRATION, *sf.* (*Litt.*) Figure de rhétorique par laquelle l'orateur implore l'assistance de Dieu ou de quelque personne.

OBSERVANCE, *sf.* Règle, loi d'une communauté religieuse. | Étroite —, se dit des communautés où la règle est observée plus rigoureusement que dans les autres de même ordre.

OBSERVANTINE, *sf.* Figue d'été de qualité inférieure.

OBSERVATOIRE, *sm.* Lieu d'où s'observent les phénomènes astronomiques; c'est en général une construction élevée en forme de tour, où sont disposés les différents instruments dont on se sert pour étudier le ciel.

OBSIDIENNE, *adj.* et *sf.* Se dit d'une pierre très-dure, noire, opaque, à base de feldspath, à éclat vitreux, qu'on trouve près des volcans; on l'appelle aussi *agate noire* et *verre des volcans*.

OBSIDIONAL, E, *adj.* Qui concerne un siége, une place assiégée.

OBSTÉTRIQUE, *adj.* et *sf.* Se dit de l'art des accouchements.

OBSTRUCTION, *sf.* Engorgement, embarras dans quelque partie du corps.

OBTURATEUR, *adj.* et *sm.* Se dit de toute pièce servant à boucher un orifice.

OBTURATION, *sf.* Action de boucher, état d'un conduit fermé.

OBTUS, E, *adj.* Se dit d'un angle plus grand, plus ouvert qu'un angle droit. | (*Hist.*

nat.) Se dit des organes qui sont comme écrasés, arrondis, émoussés.

OBUS, *sm.* (pr. *-buzz*). Projectile plus petit que la bombe, sans anse et sans culot, rempli de poudre et armé d'une fusée ; il produit les effets des boulets par ses ricochets, et ceux des bombes par ses éclats. | OBUSIER, *sm.* Mortier monté sur des roues, qui lance les —.

OC (LANGUE D'), *sf.* (*Litt.*) Nom donné, dans le moyen âge, à la langue que parlaient les peuples de la France situés au sud de la Loire, qui disaient *oc* pour *oui*.

OCA, *sm.* Sorte de tubercule dont on fait une espèce de pâte appelée *cavi*, qui tient lieu de pain dans plusieurs contrées d'Amérique.

OCAIGNER, *va.* Enduire un gant d'une certaine préparation qui parfume la peau.

OCCASE, *adj. f.* (*Astr.*) Se dit des mesures qui ont pour point de départ le point où le soleil se couche.

OCCIDENT, *sm.* Point de l'horizon où le soleil semble se coucher. | En géographie, ce mot désigne toute la partie de l'ancien monde qui s'étend à l'*occident* de l'Europe jusques et y compris l'Italie.

OCCIPUT, *sm.* (pr. *-putt*) (*Anat.*) Partie postérieure et inférieure de la terre ; vulg. le derrière de la tête. | OCCIPITAL, E, *adj.* Qui a rapport à l'—. | *Occipito-* se met au-devant des noms de certaines régions pour désigner les parties communes à l'— et à ces régions. Ex. : *Occipito-frontal*, *Occipito-pariétal*, etc.

OCCLUSION, *sf.* État des organes internes lorsque l'intérieur en est bouché ou oblitéré.

OCCULTATION, *sf.* (*Astr.*) Disparition passagère d'une étoile ou d'une planète qui est cachée par la lune ou par une autre planète.

OCCULTE, *adj.* Caché, secret. | Sciences—s, prétendues sciences du moyen âge, qui avaient pour objet l'alchimie, la magie, l'évocation des morts, etc.

OCELLÉ, E, *adj.* (*Zool.*) Se dit des animaux qui ont des taches formées par deux cercles concentriques de couleur différente, ressemblant à des yeux et appelées OCELLES, *sfpl.*

OCELOT, *sm.* Espèce de chat du Mexique, a pelage fauve en dessus, blanc en dessous et rayé longitudinalement de noir ; il habite les fourrés, d'où il ne sort que la nuit pour chasser les oiseaux, les singes, etc.

OCHAVO, *sm.* (*Esp.*) (pr. *otchabo*). Monnaie de compte espagnole qui équivaut a environ un centime et demi.

OCHLOCRATIE, *sf.* Sorte de gouvernement où le pouvoir est dans les mains du bas peuple.

OCHRE, *sf.* V. *Ocre.*

OCHTÉRA, *sm.* (pr. *oktéra*). Petit insecte diptère à abdomen ovale, à yeux saillants et à jambes fortement arquées ; on le trouve sur les plantes aquatiques.

OCOCOLIN, *sm.* Perdrix de montagne du Mexique, qui se rapproche de la perdrix rouge par la couleur de son plumage.

OCQUE, *sf.* V. *Oke.*

OCRE, *sf.* Argile siliceuse chargée de fer oxydé qui la colore en jaune ou en rouge ; c'est une couleur employée dans les arts. | Monnaie de cuivre suédoise qui vaut 12 centimes environ.

OCTAÈDRE, *sm.* (*Math.*) Polyèdre à huit faces, formant huit triangles équilatéraux ; il est représenté par deux pyramides quadrangulaires opposées par leur base.

OCTANDRIE, *sf* (*Bot.*) Classe du système de Linné, qui comprend les végétaux ayant huit étamines égales et régulières.

OCTANT, *sm.* Instrument formé de deux miroirs séparés par un arc de cercle qui est le huitième de la circonférence, et formant entre eux un angle de 45 degrés ; on s'en sert particul. en mer pour observer la hauteur des astres, au moyen d'une lunette qui y est adaptée. | Nom que portent les quatre positions ou phases de la lune intermédiaires à celles qui sont situées à égale distance des syzygies et des quadratures.

OCTAVE, *sf.* (*Eccl.*) Huitaine, espace de huit jours consacré, dans l'Eglise romaine, à solenniser quelque grande fête ; se dit plus particul. du dernier jour de l'—. | (*Mus.*) Ton éloigné d'un autre de huit degrés ; les huit degrés pris ensemble. | Stances de huit vers employées dans la poésie italienne, espagnole et portugaise.

OCTAVIN, *sm.* Instrument de musique à vent ; c'est une espèce de flûte qui donne les notes une octave plus haut que la flûte ordinaire ; on l'appelle aussi *petite flûte*.

OCTAVO (IN-), *adv.* Se dit du format dans lequel la feuille d'impression est pliée en huit.

OCTAVON, NE, *s.* Celui, celle qui provient d'un quarteron et d'une blanche, ou d'un blanc et d'une quarteronne.

OCTIDI, *sm.* Nom que portait le huitième jour de la décade dans le calendrier républicain.

OCTIL, *adj. m.* (*Astr.*) Se dit de l'aspect, de la position réciproque de deux planètes quand elles sont éloignées l'une de l'autre de la huitième partie du zodiaque ou de 45 degrés.

OCTOGÉNAIRE, *adj.* Qui a quatre-vingts ans.

OCTOGONE, *sm.* OCTOGONAL, E, *adj.* (*Math.*) Se dit d'une figure qui a huit angles et huit côtés. | (*Milit.*) Ouvrage de fortification qui a huit bastions.

OCTOGYNIE, *sf.* (*Bot*) Nom que porte un des ordres du système de Linné, comprenant les plantes qui ont huit pistils.

OCTOPODES. *smpl.* (*Zool.*) Famille de

mollusques céphalopodes renfermant ceux qui sont munis de huit pieds.

OCTOSTYLE, *adj.* (*Archit.*) Se dit des temples qui ont huit colonnes.

OCTROI, *sm.* Droit ou taxe qui se perçoit, à l'entrée des villes, sur les objets de consommation suivants : *boissons, comestibles, combustibles, fourrages, matériaux.*

OCULAIRE, *adj.* Témoin —, témoin qui a vu lui-même les faits qu'il rapporte. | *sm.* Verre d'une lunette qui est du côté de l'œil et par lequel on regarde.

OCULI, *sm.* (*Eccl.*) Nom du troisième dimanche du carême.

OCULINE, *sf.* Polypier pierreux, branchu, à rameaux lisses, portant des étoiles qui renferment un grand nombre de polypes ; on en rencontre de nombreuses espèces, de formes très-variées, dans presque toutes les mers des pays chauds.

OCULISTE, *sm.* Médecin ou praticien qui s'occupe spécialement du traitement des maladies des yeux.

OCULISTIQUE, *sf.* Science de l'oculiste; étude des maladies des yeux.

OCYPODE, *sm.* Petit crustacé décapode, à carapace carrée, qui court très-vite sur le rivage, où il se creuse des trous ; on le trouve dans les pays chauds.

ODACANTHE, *sm.* Petit insecte coléoptère, à corselet cylindrique plus étroit que la tête; on le trouve dans les marais, sur les joncs, etc.

ODALISQUE, *sf.* En Orient, femme attachée au service personnel du sultan. | Femme employée pour le service de la table des épouses et des filles du sultan.

ODAXISME, *sm.* Démangeaison, prurit aux gencives des enfants, qui annonce la sortie prochaine des dents.

ODE, *sf.* (*Litt.*) Poëme divisé en strophes semblables entre elles par le nombre et la mesure des vers, dont le caractère général est l'enthousiasme, et dont les vers sont d'un style vif, hardi, élevé, parfois même sublime.

ODOMÈTRE, *sm.* Instrument qui sert à mesurer le chemin parcouru par une personne, soit à pied, soit en voiture, mais plus particul. à indiquer le nombre de tours faits par une roue.

ODONTAGRE, *sf.* Mal de dents attribué à la goutte.

ODONTALGIE, *sf.* Nom générique de toutes les douleurs qui affectent les dents, soit qu'elles résultent d'un état rhumatismal, d'un afflux local de sang, ou d'une névralgie.

ODONTECHNIE, *sf.* V. *Odontotechnie.*

ODONTALGIQUE, *adj.* Se dit des remèdes propres à guérir les maux de dents.

ODONTIASE, *sf.* (pr. *-tia-*) (*Méd.*) Développement des germes dentaires; sortie des dents.

ODONTINE, *sf.* Remède contre le mal de dents, préparé avec une espèce de cresson exotique. | Autre remède contre le même mal, composé de magnésie et de beurre de cacao.

ODONTITE, *sf.* (*Méd.*) Inflammation de la pulpe dentaire.

ODONTOGNATHE, *sm.* Poisson malacoptérygien, voisin de la sardine par sa conformation, et remarquable par ses os maxillaires terminés par deux pointes mobiles semblables à des cornes ; il se trouve sur les côtes de la Guyane.

ODONTOÏDE, *adj.* (*Anat.*) Qui a la forme d'une dent; se dit de l'apophyse de la seconde vertèbre du cou.

ODONTOLITHE, *sm.* Tartre des dents. | Dent fossile de couleur bleue, appelée aussi *turquoise.* (V. ce mot).

ODONTOLOGIE, *sf.* Partie de l'anatomie qui traite des dents.

ODONTOPHIE, *sf.* V. *Odontiase.*

ODONTORRHAGIE, *sf.* (*Méd.*) Ecoulement de sang par l'alvéole d'une dent.

ODONTOTECHNIE, *sf.* Art du dentiste.

ODYNÈRE, *sm.* Genre de guêpes solitaires, de couleur noire à bandes jaunes ; elles enfouissent leurs larves dans un trou, où elles amoncellent des chenilles vivantes.

ŒCOPHORE, *sm.* Insecte lépidoptère, voisin de la teigne par sa conformation ; une de ses espèces, de couleur café au lait, cause de grands ravages dans le midi de la France en attaquant les céréales et particul. le blé.

ŒCUMÉNIQUE, *adj.* Universel. | (*Eccl.*) Concile —, concile auquel tous les évêques ont été convoqués.

ŒDÈME, *sm.* (*Méd.*) Tumeur molle, non inflammatoire et non douloureuse, formée par de la sérosité infiltrée dans le tissu cellulaire. | ŒDÉMATEUX, SE, *adj.* Qui est de la nature de l'—.

ŒDICNÈME, *sm.* Genre d'oiseaux de l'ordre des échassiers, à long bec, à pieds longs et grêles et à tarses renflés ; l'espèce commune en Europe est l'— *criard*, appelé aussi *courlis de terre* ; il ne se montre que de nuit.

ŒDIPODE, *sm.* Coléoptère voisin de la sauterelle par sa conformation, et remarquable par ses tarses très-renflés vers le milieu; on en trouve diverses espèces en France.

ŒIL-DE-BŒUF, *sm.* Nom vulgaire du roitelet et d'une variété de canard appelée *garrot*, ainsi que de divers coquillages. | (*Archit.*) Ouverture ronde ou ovale destinée à donner du jour à une pièce ou à un escalier.

ŒIL-DE-CHAT, *sm.* (*Minér.*) Se dit des pierres telles que le quartz ou la calcédoine, quand elles offrent des dessins courbes concentriques de diverses couleurs.

ŒIL-DU-MONDE, *sm.* V. *Hydrophane.*

ŒIL-DE-PERDRIX, *sm.* (*Minér.*) Nom

vulgaire d'une variété de silex gris dont on fait des pierres meulières.

ŒILLARD, *sm.* Meule d'un diamètre moyen servant particul. à aiguiser les outils.

ŒILLÈRES, *sf.* Partie du harnais d'un cheval composée de deux morceaux de cuir qui se posent à côté des yeux, afin de les garantir des coups de fouet et d'assujettir le cheval à regarder en face.

ŒILLET, *sm.* Plante herbacée de la famille des caryophyllées, remarquable par ses tiges fines, vert glauque, articulées; ses feuilles linéaires pointues, ses fleurs isolées ou en bouquets, à calice tubulé à cinq dents, d'où sortent cinq pétales à onglet, etc.; la plupart de ses espèces et de ses variétés sont cultivées dans les jardins. | Petit anneau métallique ou bague que traverse un cordon, une agrafe, etc.

ŒILLET D'INDE, *sm.* Plante herbacée de la famille des composées, à feuilles ailées, à fleurs jaunes, d'odeur forte, qu'on cultive en plates-bandes; elle est originaire du Mexique.

ŒILLET DE MARAIS, *sm.* Nom donné sur les côtes de la Bretagne à une certaine surface de terrain aplanie et préparée pour faire évaporer l'eau de mer, dont on veut obtenir le sel; c'est un rectangle d'environ 10 mètres sur 7.

ŒILLETON, *sm.* Disque de cuivre dont les bords forment un pas de vis, qui s'adapte autour de l'oculaire d'une lunette astronomique et dont le centre est percé d'un très-petit trou par où passe le rayon visuel de l'observateur. | Bourgeon allongé qui pousse du collet de la racine de certaines plantes vivaces, telles que les artichauts, et qu'on peut planter séparément.

ŒILLETTE, *sf.* Nom d'une variété de pavot, cultivée pour ses graines dont on extrait une huile comestible estimée et qui se vend dans beaucoup de pays pour de l'huile d'olive.

ŒNANTHE, *sm.* Plante ombellifère aquatique, à fleurs blanches fixées sur de longs pédicelles; la plupart de ses espèces sont âcres et vénéneuses; l'une d'elles, appelée vulg. *ciguë aquatique*, ressemblant au céleri sauvage, a des racines féculentes et sucrées dont on a retiré de l'alcool.

ŒNOGALÉ, *sm.* Mélange de vin et de lait.

ŒNOLATIF, VE, *adj.* et *sm.* Se dit des médicaments dans lesquels il entre du vin; on dit aussi *œnolique*.

ŒNOLATURE, *sf.* Infusion vineuse de plantes vertes.

ŒNOLÉ, *sm.* Préparation de plantes sèches avec du vin.

ŒNOLOGIE, *sf.* Art de faire le vin; traité sur cette matière.

ŒNOLOGUE, *sm.* Expert en vins, auteur qui écrit sur les vins.

ŒNOMEL, *sm.* Vin mélangé de miel; sirop dont le vin fait la base et dans lequel le sucre est remplacé par du miel.

ŒNOMÈTRE, *sm.* Instrument pour mesurer le degré de force du vin.

ŒNOPHILE, *adj.* Qui aime le vin, qui s'occupe d'œnologie.

ŒNOPHOBE, *adj.* Qui a horreur du vin.

ŒSOPHAGE, *sm.* Canal membraneux qui s'étend depuis le fond de la bouche jusqu'à l'orifice supérieur de l'estomac, dans lequel il conduit les aliments. | ŒSOPHAGITE, *sf.* Inflammation de l'—.

ŒSTRE, *sm.* Sorte de taon, insecte diptère ressemblant à une grosse mouche, mais très-velu, qui dépose ses œufs dans l'épaisseur de la peau des animaux herbivores.

ŒSYPE, *sm.* V. *Suint.*

ŒUVRE, *sm.* Chaton dans lequel un joaillier enchâsse une pierre. | (*Archit.*) Construction, bâtiment. | Grand —, c'était la pierre philosophale des alchimistes. | *sf.* Fabrique d'une paroisse; le banc d'—, est le banc où s'asseyent à l'église les autorités et les membres de la fabrique. | (*Mar.*) —s vives, parties de la coque qui sont submergées, par oppos. aux —s mortes, qui sont les parties paraissant hors de l'eau.

OFFERTOIRE, *sm.* Partie de la messe pendant laquelle le prêtre offre à Dieu le pain et le vin avant de les consacrer.

OFFICE, *sm.* Nom qu'on donne quelquefois à certaines charges, telles que celles d'avoué, de notaire, d'agent de change, etc. | On appelle avocat d'—, celui qui est désigné par le président d'une juridiction pour défendre un accusé qui n'a pas voulu choisir d'avocat. | (*Eccl.*) Charge ecclésiastique qui ne rapportait pas de revenus. | Ensemble des prières que doit réciter chaque jour le prêtre catholique. | Pièce annexe de la cuisine où l'on serre tout ce qui dépend du service de la table et où mangent les gens.

OFFICIAL, *sm.* Nom des juges ecclésiastiques qui étaient délégués par les évêques pour exercer en leur nom la juridiction contentieuse. | OFFICIALITÉ, *sf.* Juridiction de l'—; charge de l'—.

OFFICIER, *sm.* Dans l'armée, ceux qui exercent un certain commandement, tels que lieutenants, capitaines, etc.; ils se distinguent des sous-officiers, qui sont intermédiaires entre eux et les soldats. | — de santé, médecin qui est autorisé à exercer, bien qu'il ne soit pas pourvu du diplôme de docteur. | — de l'état civil, le maire et ses adjoints, chargés de recevoir les actes de l'état civil. | — de paix, fonctionnaire intermédiaire, à Paris, entre le commissaire de police et les sergents de ville. | — ministériel, se dit des notaires, avoués, greffiers, huissiers, commissaires-priseurs, agents de change et courtiers.

OFFICINAL, E, *adj.* Se dit des substances médicamenteuses qu'on trouve chez les pharmaciens toutes préparées, par oppos. aux préparations magistrales qui s'exécutent sur la prescription spéciale du médecin. | Se dit aussi des plantes usitées en médecine.

OFFICINE, *sf.* Lieu de vente de médicaments; boutique de pharmacie. | Laboratoire d'un pharmacien.

OFFRANDE, *sf.* Partie de l'office divin pendant laquelle les fidèles sont appelés à donner les présents qu'ils destinent à l'Eglise; ces présents mêmes.

OFFRES, *sfpl.* (*Jurisp.*) — réelles, acte par lequel un débiteur fait offrir par huissier, à son créancier, le montant de sa dette en espèces, et qui vaut libération, en cas de refus; si le débiteur en opère la consignation.

OGIVE, *sf.* Arc de voûte, de fenêtre ou de portail, formé par deux arcs de cercle qui se coupent sous un angle très-aigu; cette forme est le caractère principal de l'architecture *gothique* appelée aussi pour ce motif architecture *ogivale*.

OÏDIUM, *sm.* Petit champignon ou moisissure en forme de filaments très-déliés, cloisonnés, réunis en faisceaux entre-croisés, qui croît sur les plantes malades, les bois pourris, etc., une de ses espèces, l'— *Tuckeri*, a été reconnue comme se produisant très-abondamment sur les vignes malades.

OIGNON, *sm.* Tumeur dure et douloureuse qui vient au voisinage des articulations du pied, particul. de celles du métatarse, et qui consiste en un gonflement des os eux-mêmes. | Grosseur de la sole du cheval qui est produite par le boursouflement de l'os du pied.

OÏL (LANGUE D'), *sf.* (*Litt.*) Nom donné dans le moyen âge à la langue que parlaient les peuples de la France situés au nord de la Loire, qui disaient *oïl* pour *oui*.

OINOMÈTRE, *sm.* V. *OEnomètre*.

OISEAU-MOUCHE, *sm.* Espèce du genre colibri, très-petit oiseau remarquable par ses couleurs vives et variées et par son bec qui est droit et effilé; on le trouve dans les environs de l'Equateur, en Amérique.

OISEAU DE PARADIS, *sm.* V. *Paradisier*.

OKE, *sf.* Poids turc et grec équivalant à environ 1 kilogramme 280 grammes.

OLDENLANDE, *sf.* V. *Chayaver*.

OLÉACÉES, *sfpl.* (*Bot.*) Famille de plantes renfermant des arbres et des arbrisseaux, dont les plus importants sont l'olivier et le frêne; le lilas appartient aussi à cette famille.

OLÉAGINEUX, SE, *adj.* Dont on peut tirer de l'huile ou qui tient de la nature de l'huile.

OLÉATE, *sm.* (*Chim.*) Nom des sels produits par la combinaison d'une base et de l'acide oléique; ils forment la base des savons.

OLÉCRANE, *sm.* Apophyse ou éminence de l'os cubitus qui forme la saillie du coude.

OLÉFIANT, E, *adj.* Se dit du gaz hydrogène carboné qui produit une huile combustible; on dit aussi *Oléigène*.

OLÉINE, *sf.* Substance organique grasse, liquide à 4 degrés au-dessous de zéro, donnant par la saponification des acides oléique et margarique, ainsi que de la glycérine : on l'extrait de toutes les huiles végétales comme de la plupart des huiles grasses.

OLÉIQUE, *sf.* Se dit d'un acide qui résulte d'une réaction qui s'établit entre les éléments des corps gras et particul. de la saponification de l'oléine; il est incolore, liquide à la température ordinaire et d'aspect oléagineux.

OLÉOLATÉ, *sm.* V. *Myrolé*.

OLÉO-SACCHARUM, *sm.* Composition de sucre et d'une huile essentielle broyés ensemble pendant un certain temps, et dont on fait usage pour aromatiser certains médicaments.

OLÉRACÉ, E, *adj.* (*Bot.*) Se dit des plantes qui servent aux usages culinaires.

OLFACTIF, VE, *adj.* Qui appartient, qui est relatif à l'odorat; se dit particul. du nerf qui tapisse la membrane pituitaire et transporte au cerveau les sensations des odeurs; se dit aussi de cette membrane elle-même.

OLIBAN, *sm.* Ancien syn. d'*encens*.

OLIETTE, *sf.* V. *OEillette*.

OLIFANT, *sm.* Trompe ou cor d'ivoire. | Au moyen âge, trompe dont se servaient les paladins pour appeler et défier l'ennemi.

OLIGARCHIE, *sf.* Gouvernement politique où l'autorité souveraine est entre les mains d'un petit nombre de personnes.

OLIGISTE, *adj. m.* (*Minér.*) Se dit d'une variété particulière d'oxyde de fer cristallisé en petites plaques formant écailles et agglomérées confusément; c'est le minerai le plus pauvre en métal; on l'appelle aussi *fer spéculaire*.

OLIGOCHRONOMÈTRE, *sm.* Instrument propre à mesurer les petites fractions de temps.

OLIK, *sm.* Monnaie d'argent de Turquie, qui vaut environ 25 centimes.

OLIM, *sm.* (pr. -*limm*). Ancien registre sur parchemin; désigne les volumes où sont enregistrés les arrêts des parlements en France, depuis leur création.

OLIVAIRE, *adj.* (*Hist. nat.*) Qui ressemble à une olive. | (*Anat.*) Corps —, éminence double qui se trouve de part et d'autre de l'origine de la moelle épinière.

OLIVE, *sf.* Fruit de l'olivier; c'est un fruit charnu, ovale, ayant au centre un noyau dur et ligneux; on en obtient par pression une huile comestible très-estimée. | Petit mollusque gastéropode des pays chauds, dont la coquille ressemble beaucoup à une olive. | *sm.* Petit bruant qu'on trouve à Saint-Domingue.

OLIVETTE, *sf.* Lieu planté d'oliviers.

OLIVIER, *sm.* Arbre de taille peu élevée, à petites feuilles ovales d'un vert foncé en dessus, d'un gris blanchâtre en dessous ; il est cultivé dans tout le littoral de la Méditerranée pour ses fruits qui portent le nom d'*olives*.

OLIVINE, *sf.* V. *Lecce (gomme de)*.

OLLAIRE, *adj.* Qui ressemble à une marmite. | Pierre —, variété de serpentine gris-noirâtre; c'est une pierre tendre et facile à travailler, qui sert à faire des pots, que l'on peut exposer à un feu très-violent.

OLLA PODRIDA. *sm.* (On mouille les *ll*). Mets espagnol consistant en un mélange de viandes.

OLOFÉE, *sf.* V. *Auloffée.*

OLOGRAPHE, *adj.* (*Jurisp.*) Se dit d'un testament qui est écrit entièrement de la main de l'auteur, du testateur.

OLYCTÉROPE, *sm.* Genre de mammifères de la classe des édentés, dont les dents consistent en des cylindres percés d'une infinité de petits canaux ; ils habitent au Cap des trous qu'ils creusent eux-mêmes, et pour cette raison les Hollandais nomment cet animal *cochon de terre.*

OLYMPIADE, *sf.* (*Ant.*) Espace de quatre ans en usage dans la Grèce ancienne.

OMAGRE, *sf.* (*Méd.*) Goutte à l'épaule.

OMASUM, *sm.* (*Zool.*) Nom qu'on donne quelquefois au troisième estomac des ruminants appelé plus souvent *feuillet*.

OMBELLIFÈRES, *sfpl.* (*Bot.*) Famille de plantes dont les fleurs, à cinq pétales très-petits, étalés, produisant deux fruits contigus, sont disposées en *ombelle*, c.-à-d. étalées à l'extrémité de pédicelles rayonnant d'un point central comme un parasol ; tels sont le *persil*, la *carotte*, etc.

OMBILIC, *sm.* Nombril. | **Ombilical, e**, *adj.* Qui appartient à l'—.

OMBILIQUÉ, E, *adj.* (*Hist. nat.*) Se dit des parties présentant un enfoncement qui ressemble à un nombril.

OMBRE, *sf.* Genre de poissons malacoptérygiens voisins des truites, mais à écailles plus grandes et à petites dents ; l'espèce la plus commune est brune, rayée de noir, et habite les lacs ; l'— chevalier n'a pas de taches sur le corps et se trouve dans le lac de Genève. | Terre d'—, ocre bitumineux qu'on emploie pulvérisé, en peinture, pour rendre les demi-teintes, les tons sombres, etc.

OMBRELLE, *sf.* Mollusque gastéropode à coquille plate, presque ronde, et ressemblant un peu à un parasol ; on l'appelle aussi *parasol chinois*.

OMBRETTE, *sf.* Oiseau de l'ordre des échassiers, voisin de la cigogne, dont une espèce commune au Sénégal a le plumage brun avec des reflets violets.

OMBRINE, *sf.* Poisson acanthoptérygien très-voisin de la sirène par sa conformation ; sa couleur est jaune citron sur le dos et blanche sous le ventre ; on le trouve dans la Méditerranée.

OMBROMÈTRE, *sm.* V. *Udomètre.*

OMENTITE, *sf.* (*Méd.*) Inflammation de l'épiploon.

OMNIPRÉSENCE, *sf.* (*Théol.*) Faculté que possède Dieu d'être partout à la fois ; présence continue et en tous lieux de la Divinité.

OMNIUM, *sm.* Le total, l'ensemble, la généralité de certaines choses, et particul. en Angleterre, le montant des valeurs représentatives d'un emprunt public.

OMNIVORES, *smpl.* (*Zool.*) Se dit des animaux qui se nourrissent de tout. | Se dit aussi d'un ordre nombreux d'oiseaux dont les caractères principaux sont un bec médiocre, fort, tranchant, des pieds à quatre doigts, dont trois devant et un derrière ; ils se nourrissent indifféremment d'insectes, de graines de fruits, et certains de cadavres et de petits oiseaux.

OMOCOTYLE, *sf.* (*Anat.*) Cavité de l'omoplate qui reçoit la tête de l'humérus.

OMOPHAGE, *adj.* Qui mange de la chair crue.

OMOPHAGIE, *sf.* Goût pour la chair crue ; habitude d'en manger.

OMOPHRON, *sm.* Insecte coléoptère de forme arrondie, de petite taille, qu'on trouve dans le sable du littoral dans les deux mondes.

OMOPLATE, *sf.* (*Anat.*) Os large, mince et triangulaire qui forme la partie postérieure de l'épaule et auquel s'articule l'os du bras.

OMPHALOCÈLE, *sm.* (*Méd.*) Hernie du nombril.

OMPHALORRAGIE, *sf.* (*Méd.*) Hémorragie ombilicale.

ONAGRAIRES, **Onagrariées**, *sfpl.* (*Bot.*) Famille de plantes herbacées dont le type est l'onagre ; elle renferme également l'épilobe et le fuchsia.

ONAGRE, *sm.* Ane sauvage qui habite l'Asie et l'Afrique ; il est très-léger à la course ; ses oreilles sont moins longues que celles de l'âne et sa taille est plus élevée. | Plante dont une espèce, bisannuelle, appelée vulg. *herbe aux ânes*, a une racine pivotante, charnue, alimentaire, des fleurs grandes en épi terminal, à odeur assez semblable à celle de l'oranger et ne durant que quelques heures.

ONCE, *sf.* Monnaie courante d'or dans certains pays ; elle vaut 85 fr. en Espagne (où on l'appelle aussi quadruple) ; 13 fr. à Naples, 86 fr. au Mexique, 92 fr. à la Havane et à Buenos-Ayres, 86 fr. à Montevideo, etc. | Ancien poids français qui équivalait au seizième de la livre ; elle pesait environ 31 à 32 grammes. | Poids étranger correspondant à 30 grammes environ.

ONCE, *sf.* Espèce du genre chat, de petite taille, très-voisine du jaguar, dont la peau est très-irrégulièrement tachetée; on l'apprivoise aisément et on la dresse pour la chasse.

ONCHETS, *smpl.* V. *Jonchets.*

ONCIALE, *adj. f.* Se dit des grandes lettres dont on se servait dans l'antiquité pour les inscriptions, les épitaphes et les manuscrits ; elles avaient un pouce de haut.

ONCIROSTRE, *adj.* (*Zool.*) Qui a le bec crochu.

ONCTION, *sf.* Action d'oindre, d'enduire, de frotter avec une substance huileuse. | Qualité de ce qui est onctueux. | (*Théol.*) Se dit des mouvements de la grâce, des consolations du Saint-Esprit. | (*Litt.*) Ce qui, dans un sermon, pénètre doucement le cœur, l'attendrit et porte l'âme à la piété.

ONDATRA, *sm.* Genre de mammifères de l'ordre des rongeurs, voisin du campagnol par sa conformation ; il vit en famille sur les bords des eaux de l'Amérique du Nord et particul. du Canada ; il porte sous la queue une substance d'odeur musquée très-prononcée qui le fait appeler quelquefois *rat musqué* ; sa fourrure est assez estimée.

ONDIN, *sm.* ONDINE, *sf.* Génie, fée que la superstition du moyen âge croyait habiter les rivières et les eaux, sur lesquelles s'étendait particul. leur empire.

ONDOYER, *va.* Conférer le baptême à un enfant nouveau-né, dans un cas d'urgence et sans les cérémonies qui précèdent et suivent habituellement la réception de ce sacrement.

ONDULATIONS, *sfpl.* (*Phys.*) Vibrations que l'on suppose être transmises de proche en proche dans l'espace par une source lumineuse ou sonore, et qui produit des *ondes lumineuses* ou *sonores* déterminant sur nos sens l'impression de la lumière ou du son.

ONEIROCRITIE (pr. *-cie*). ONEIROMANCIE, *sf.* (*Sc. occ.*) Prétendue divination par les songes; art imaginaire de prédire l'avenir d'après les songes.

ONGLADE, *sf.* (*Méd.*) Inflammation de l'enveloppe de l'ongle des doigts ou des orteils, qui accompagne souvent le panaris et qui entraîne la chute de l'ongle.

ONGLET, *sm.* (*Math.*) Angle de 45 degrés. | Partie, qui se termine en biseau, d'une moulure, d'une baguette, etc., et qui présente en général l'ouverture d'un angle de 45°, comme les extrémités de chacune des pièces d'un cadre, de chaque piédroit d'un chambranle de porte, etc. | Bande de papier ou de parchemin cousue dans le dos d'un livre, comme les autres feuilles, et à laquelle on colle des estampes, des cartes, etc. | (*Bot.*) Partie inférieure et ordinairement rétrécie de chaque pièce d'une corolle polypétale, celle par laquelle le pétale tient à la fleur. | V. *Onglette.*

ONGLETTE, *sf.* Espèce de petit burin plat, à biseau d'un côté seulement, dont se servent les graveurs en relief et en creux, ainsi que les serruriers.

ONGLON, *sm.* Double cornet qui termine le pied de tous les animaux à pieds cornés autres que le cheval et le bœuf ; on s'en sert comme engrais et pour la fabrication du bleu de Prusse et de certains produits ammoniacaux. | Écailles qui enveloppent l'extrémité des pattes de la tortue et qui joignent le plastron à la carapace.

ONGUÉAL, E, *adj.* Qui est de la nature de l'ongle.

ONGUENT, *sm.* Nom générique de toutes les pommades à base de graisse, cire ou huile, qui sont imprégnées d'une matière médicamenteuse et qu'on applique sur les plaies ou les ulcères. | — basilicon, mélange suppuratif de cire jaune, d'huile et de poix. | — de la mère, mélange semblable auquel on ajoute de l'axonge, du beurre et de la litharge. | — populéum, composé calmant de graisse, de bourgeons de peuplier, de feuilles de pavot, de belladone, de jusquiame, etc. | — napolitain, mélange à parties égales d'axonge et de mercure, employé contre les maladies de la peau. | — gris, mélange d'un quart de ce dernier et de trois quarts de graisse ; on l'emploie contre la vermine.

ONGUICULÉS, *smpl.* (*Zool.*) Se dit d'un groupe de mammifères qui ont les doigts indépendants et la dernière phalange protégée à sa face externe par un ongle ; tels sont l'homme, le chien, etc. | (*Bot.*) Muni d'un onglet.

ONGULÉS, *smpl.* (*Zool*) Se dit d'un groupe de mammifères qui ont les doigts plus ou moins enveloppés par l'ongle, de manière que le tact est émoussé ; tels sont le bœuf, le cheval, etc.

ONIROMANCIE, *sf.* V. *Oneirocritie.*

ONIX, *sm.* V. *Onyx.*

ONLICE, *sf.* Assemblage à tenon et à mortaise formé par une poutre verticale qui entre dans une poutre oblique.

ONOCROTALE, *sm.* V. *Pélican.*

ONOMASTIQUE, *adj.* Qui a rapport aux noms.

ONOMATOLOGIE, *sf.* Science des noms.

ONOMATOPÉE, *sf.* Formation d'un mot dont le son est imitatif de la chose qu'il signifie ; tels sont les mots *trictrac, glouglou, coucou, cliquetis.*

ONOPORDE, *sm.* Plante vulgaire de la famille des composées, voisine de l'artichaut par sa conformation, à feuilles épineuses, à fleurs rouges tachetées de blanc ; on lui attribuait autrefois des propriétés contre les scrofules.

ONTOLOGIE, *sf.* (*Philos.*) Partie de la métaphysique qui est la science de l'être en général.

ONTOLOGISME, *sm.* (*Philos.*) Abus de l'abstraction; système qui accorde une existence réelle à des êtres de raison; système de philosophie qui admet que tous les êtres ont été tirés du néant par l'être intelligent.

ONYX, *adj.* Agate —. V. *Agate*. | Se dit aussi d'un marbre ou calcaire translucide, à bandes curvilignes, multicolores, qu'on trouve en Algérie et dont on fait des objets d'ameublement.

ONYXIS, *sm.* État dans lequel la peau qui enveloppe les bords de l'ongle s'enflamme et vient à le recouvrir; on l'appelle vulg. *ongle rentré*.

OOLITHE, *sf.* OOLITHIQUE, *adj.* (*Géol.*) Se dit d'une espèce de calcaire abondant dans le terrain jurassique supérieur, qui fournit d'excellente pierre à bâtir et qui est formé de petits grains arrondis et réguliers, semblables à des œufs de poisson agglomérés. | Se dit d'une espèce de fer concrétionné et mêlé de matières terreuses que l'on emploie dans un assez grand nombre de forges.

OOLOGIE, *sf.* Traité sur les œufs.

OOMANCIE, OOSCOPIE, *sf.* (*Sc. occ.*) Prétendue divination qui s'opère sur les nuages que forment les blancs d'œuf jetés dans l'eau.

OPACITÉ, *sf.* Qualité de ce qui est opaque, c.-à-d. impénétrable aux rayons de la lumière; c'est l'opposé de *diaphane*.

OPALE, *sf.* Pierre de silice, presque pure, laiteuse et brillante. | — orientale, belle opale qu'on trouve en Hongrie, qui a des reflets très-variés; on la taille en amande. | — feu, opale du Mexique, à fond jaune de miel, à reflets rouges.

OPALIN, E, *adj.* Qui ressemble à l'opale, qui a un aspect laiteux et brillant.

OPE, *sf.* OPES, *sfpl.* (*Archit.*) Trous ménagés pour recevoir les poutres, les solives, les chevrons, les boulins, etc.; dans la frise dorique, ce sont les ouvertures au-devant desquelles sont placés les triglyphes.

OPERCULE, *sm.* (*Hist. nat.*) Couvercle, pièce mobile qui ferme certaines ouvertures chez quelques animaux inférieurs et quelques végétaux cryptogames.

OPHIASE, *sf.* (*Méd.*) Calvitie partielle.

OPHICÉPHALE, *sm.* Poisson acanthoptérygien dont la tête est déprimée et écailleuse comme celle d'un serpent; ses branchies sont surmontées de cavités où l'eau peut être mise en réserve, ce qui leur permet de vivre quelque temps hors de l'eau; on les trouve dans les eaux douces de l'Inde.

OPHICLÉIDE, *sm.* Instrument à vent en cuivre, à clefs, formé d'un gros tube recourbé, et dont on joue en le tenant verticalement devant soi; il est particul. employé dans les musiques militaires.

OPHIDIENS, *smpl.* (*Zool.*) Ordre de reptiles appelés communément serpents; leur corps est allongé, cylindrique; ils sont dénués de pieds et se meuvent en rampant.

OPHIOGLOSSE, *sm.* Petite fougère de 15 à 20 centimètres de haut, dont les feuilles lancéolées, entières, portent à leur base de petits épis articulés qui renferment les fructifications; sa souche, fibreuse, passe pour vulnéraire; on la trouve en Europe.

OPHIOLÂTRIE, *sf.* Culte des serpents.

OPHIOLITHE, *sf.* (*Minér.*) Roche composée, à base de talc ou de serpentine et de diallage enveloppant du fer oxydulé; ses couleurs, mélangées de vert et de rouge, rappellent assez la robe de certains serpents.

OPHIOLOGIE, *sf.* Traité sur les serpents.

OPHISAURE, *sm.* Reptile saurien à langue en forme de fer de flèche, qu'on trouve dans les lieux humides des États-Unis.

OPHISURE, *sm.* Poisson acanthoptérygien voisin de l'anguille, dont il diffère parce qu'il n'a pas de nageoire au bout de la queue; on en trouve dans la Méditerranée une espèce appelée *anguille serpent* ou *serpent de mer*.

OPHITE, *sm.* (*Minér.*) Espèce de porphyre d'un fond vert tacheté de blanc et mélangé d'amphibole; sa formation est attribuée au métamorphisme.

OPHTHALMIE, *sf.* Affection inflammatoire, aiguë ou chronique, du globe de l'œil, avec rougeur de la conjonctive. | En général, toute maladie des yeux.

OPHTHALMITE, *sf.* Inflammation des membranes séreuses de l'œil.

OPHTHALMOCOPIE, *sf.* Affaiblissement oculaire; disposition à la fatigue des yeux.

OPHTHALMOGRAPHIE, *sf.* Description de l'œil.

OPHTHALMOLOGIE, *sf.* Traité sur l'œil.

OPHTHALMOSCOPIE, *sf.* Inspection de l'œil, art de traiter les affections des yeux.

OPIACÉ, E, *adj.* Se dit des substances ou des médicaments qui contiennent de l'opium.

OPIAT, *sm.* Autrefois, tout médicament opiacé. | Aujourd'hui, médicament d'une consistance molle, composé de poudres délayées dans un sirop ou dans du miel; masse pâteuse dont un sirop forme la base.

OPILATION, *sf.* Obstruction, état d'un conduit de l'intérieur du corps qui est engorgé.

OPIMES, *adj. f. pl.* (*Ant.*) Se disait, chez les Romains, des dépouilles du général d'une armée ennemie quand le général romain l'avait tué lui-même.

OPISTHOCYPHOSE, *sf.* Courbure extérieure de l'épine du dos; bosse par derrière.

OPISTHOGRAPHE, *adj.* et *sm.* Se dit des chartes, des actes anciens écrits sur le recto et le verso de la page; ils sont extrêmement rares.

OPISTHOTONOS, *sm.* Tétanos avec renversement de la colonne vertébrale en arrière.

OPIUM, *sm.* Suc laiteux, épaissi, concret et brunissant à l'air, des capsules de plusieurs espèces de pavot et particul. du pavot somnifère; *il est doué de propriétés narcotiques*, soporatives et convulsivantes; il fait partie du sirop diacode, des pilules de cynoglosse, etc.

OPLOMACHIE, *sf.* OPLOMAQUE, *sm.* V. *Hoplomachie, Hoplomaque.*

OPOBALSAMUM, *sm.* V. *Baume de la Mecque* à l'art. *Baume.*

OPODELDOCH, *adj.* et *sm.* (pr. *-dok*). Se dit d'une sorte de baume *demi-solide, transparent*, formé d'alcool dans lequel sont dissous du savon, de l'ammoniaque, du camphre et de l'huile de thym; on l'emploie en frictions contre les rhumatismes et les entorses.

OPOPANAX ou OPOPONAX, *sm.* Gomme résine d'odeur insupportable, produite par une espèce de panais du Levant; elle est douée d'une saveur âcre et amère; on l'employait beaucoup autrefois dans *les affections nerveuses*, particul. comme antispasmodique.

OPOSSUM, *sm.* Espèce de sarigue de l'Amérique du Sud et de l'Océanie, un peu plus grosse que l'écureuil d'Europe; son pelage est roux sur le dos et jaune sous le ventre; on en fait une fourrure estimée.

OPOSTOL, *sm.* Suc, extrait, préparé pour servir de médicament.

OPPOSITION, *sf.* (*Jurisp.*) Obstacle mis par une personne à l'accomplissement d'une formalité ou d'un paiement. | Acte par lequel une partie qui a fait défaut déclare s'opposer au jugement qui la condamne; si cette partie n'était pas d'abord en cause, l'opposition est appelée *tierce opposition.* | (*Astr.*) Aspect de deux corps célestes qui, se trouvant sur le même parallèle, sont éloignés l'un de l'autre de 180°, c.-à-d. *d'un demi-cercle de la sphère.*

OPSIGONE, *adj.* Se dit des dents de sagesse, qui poussent les dernières.

OPSOMANIE, *sf.* Goût démesuré, exclusif pour une espèce d'aliment.

OPTATIF, *sm.* (*Litt.*) Mode du verbe, dans certaines langues, qui sert à exprimer le souhait; en français il correspond au subjonctif.

OPTIMISME, *sm.* Système des philosophes qui soutiennent que tout ce qui existe est le mieux possible. | OPTIMISTE, *adj.* et *s.* Celui *qui admet l'—; celui qui est naturellement* disposé à être content de tout, à croire que tout est pour le mieux.

OPTION, *sf.* Faculté de choisir entre deux choses, d'*opter* entre deux partis.

OPTIQUE, *adj.* Qui sert à la vue, qui appartient ou qui a rapport au sens de la vue, à la vision. | Nerf —, nerf qui, s'épanouissant sur la rétine et se dirigeant vers le cervelet, transmet au cerveau la sensation de la vue. | *sf.* Partie de la physique qui traite des phénomènes de la lumière et des lois de la vision. | *sm.* Nom qu'on a donné à une boîte ou cabinet obscur où l'on voit les objets sous des images amplifiées et dans l'éloignement, par le moyen de miroirs et de verres convexes, on l'appelle plutôt *lanterne magique.*

OPUNTIA, *sm.* (pr. *-pon-cia*). Plante de la famille des cactées, dont la tige charnue s'élargit en forme de raquettes; à ce genre appartiennent le *nopal* et la plupart des plantes appelées vulgairement *cactus.*

OQUE, *sf.* V. *Oke.*

OR, *sm.* Corps simple, métallique, d'une couleur jaune et brillante; c'est le plus précieux des métaux. | — de Mannheim (pr. *nème*). V. *Similor.* | — *mussif.* V. *Mussif.* | — blanc. V. *Platine.*

ORAIRE, *sm.* Partie du vêtement ecclésiastique qu'on appelle plus souvent *étole.*

ORAL, *sm.* Grand voile que porte le pape dans certaines occasions.

ORANG, *sm.* Genre de mammifères quadrumanes qui se rapprochent le plus de l'homme; leurs bras sont très-longs; ils n'ont ni queue, ni abajoues, ni callosités aux fesses. | — outang, espèce particulière, très-sauvage, de ce genre, qui habite les îles de la Sonde.

ORANGETTE, *sf.* Petite bigarade que l'on cueille avant qu'elle atteigne le volume d'une cerise, et qu'on laisse durcir pour s'en servir dans la parfumerie et surtout pour en faire des pois à cautères.

ORATOIRE, *sm.* Petite pièce qui, dans une maison, est destinée aux actes de dévotion. | Petite chapelle isolée. | Congrégation établie en France au commencement du XVIIe siècle par le cardinal de Bérulle. | ORATORIEN, *sm.* Membre de la congrégation de l'—.

ORATORIO, *sm.* Composition musicale religieuse; sorte de drame musical divisé en plusieurs scènes, qu'on exécute en général dans une église ou dans un concert spirituel.

ORBE, *sm.* Cercle. | Surface circonscrite par l'orbite que parcourt une planète dans toute l'étendue de son cours. | *adj.* Coup —, coup qui n'entame pas la chair, mais qui fait une forte contusion. | Mur —, mur qui n'a ni porte ni fenêtre.

ORBICULAIRE, *adj.* (*Hist. nat.*) Se dit des corps ronds, des choses de forme sphérique.

ORBIÈRES, *sfpl.* Morceaux de cuir hémisphériques qu'on met sur les yeux d'un mulet.

ORBITE, *sf.* (*Astr.*) Route que décrit dans l'espace une planète par son mouvement propre. | (*Anat.*) Cavité dans laquelle l'œil est placé. | ORBITAIRE, *adj.* Qui appartient à l'—; se dit particul. des fosses qui reçoivent le globe de l'œil.

ORCANÈTE, ORCANETTE, *sf.* Espèce de buglosse dont la racine a été employée comme astringente; on en extrait aujourd'hui une couleur rouge clair, particul. employée par les confiseurs et les pharmaciens.

ORCHESTIQUE, *adj.m.* (pr. -*kès*-) (*Ant.*) Se disait d'une forme particulière de la danse des Grecs, et particul. de la musique qui accompagnait leur danse.

ORCHIDÉES, *sfpl.* (pr. -*ki*-). Famille de plantes monocotylédones, à racines formées le plus souvent d'un double tubercule, dont les fleurs irrégulières affectent des formes très-bizarres; la plupart de celles des pays chauds sont parasites et leurs fleurs odoriférantes.

ORCHIS, *sm.* (pr. -*kiss*). Plante monocotylédone à fleurs irrégulières, type de la famille des orchidées en Europe; la racine de diverses de ses espèces est accompagnée de deux tubercules ovoïdes dans lesquels se trouve le *salep.*

ORCINE, *sf.* Principe colorant de l'orseille; c'est une matière blanche, sucrée, volatile, cristallisant en prismes et soluble dans l'eau et l'alcool, qu'on extrait, par concentration, de tous les lichens qui donnent de l'orseille; elle donne, traitée par l'ammoniaque, une tres-belle couleur violette.

ORDALIE, *sf.* Épreuve usitée dans le moyen âge sous le nom de *jugement de Dieu*; l'accusé devait subir certaine opération douloureuse sans en être affecté, pour prouver son innocence.

ORDINAL, E, *adj.* (*Math.*) Qui concerne l'ordre dans lequel sont rangées les choses.

ORDINAND, *sm.* Celui qui se présente à évêque pour être promu aux ordres sacrés.

ORDINANT, *sm.* Évêque qui confère les ordres.

ORDINATION, *sf.* Action de conférer les ordres de l'Église catholique.

ORDO, *sm.* Livret qui indique aux ecclésiastiques la manière dont ils doivent faire et réciter l'office de chaque jour.

ORDONNANCE, *sf.* Dans l'ancienne monarchie française, ce mot a particul. signifié tout règlement émanant du roi pour l'exécution des lois, ou bien sur des objets non sujets à être prescrits par une loi. | Nom donné :un soldat de cavalerie qui est chargé de porter des dépêches à cheval.

ORDONNÉE, *sf.* (*Math.*) Ligne droite tirée d'un point de la circonférence d'une courbe perpendiculairement à son axe.

ORDRE, *sm.* (*Archit.*) Nom que porte chacune des dispositions particulières des parties principales d'un édifice qui caractérisent les cinq genres d'architecture appelés aussi *ordres*, savoir : le *dorique*, l'*ionique*, le *corinthien*, le *toscan* et le *composite*. | (*Eccl.*) Nom de chacun des différents degrés qui composent la hiérarchie ecclésiastique, et du sacrement qui donne à un homme le caractère de prêtre. | (*Jurisp.*) Résultat de la collocation, tableau des rangs auxquels chaque créancier doit être payé quand on liquide le produit d'une expropriation forcée, etc. | — du jour, dans une armée proclamation spéciale du général en chef, communiquée a chaque régiment; dans une assemblée, liste des sujets qui doivent occuper la séance; lorsque l'assemblée veut déclarer un sujet épuisé, elle passe à l'ordre du jour.

ORÉAPALÉON, *sm.* Toile de coton bleue, légère, dont on fait des costumes en Afrique et dans l'Inde.

ORÉE, *sf.* Bord, lisière d'un bois.

OREILLARD, *sm.* Genre de chauves-souris assez communes en France dans les habitations; elles sont remarquables par leur petitesse et la longueur excessive de leurs oreilles qui se réunissent sur le crâne. | —, DE, *adj.* Se dit d'un cheval dont les oreilles longues et pendantes remuent continuellement quand il marche.

OREILLE, *sf.* (*Anat.*) Organe de l'ouïe, qui se divise en trois régions distinctes appelées aussi oreilles, savoir : l'— externe ou pavillon, qui seule est en évidence; l'— moyenne, renfermant la caisse du tympan, la trompe d'Eustache et les quatre osselets, et enfin l'— interne, constituée par le *labyrinthe*. | — d'âne. V. *Haliotide* et *Nostoc*. | — de bœuf. V. *Bulime*. | — de géant ou de mer. V. *Haliotide*. | — d'ours. V. *Auricule*. | — de rat. V. *Myosotis*.

OREILLÈRE, *sf.* V. *Forficule*.

OREILLETTE, *sf.* (*Anat.*) Dans le cœur des animaux vertébrés, poche qui reçoit le sang des veines et qui sert de réservoir pour alimenter le *ventricule* (V. ce mot); chez les mammifères il y en a deux, situées chacune au-dessus d'un ventricule. | Petit champignon à pédicule blanc, cylindrique, à chapeau irrégulier, roulé sur ses bords et de couleur grise; on le mange sans danger.

OREILLON, *sm.* (*Méd.*) V. *Parotidite*. | (*Archit.*) Retour aux coins des chambranles. | Partie du casque qui couvrait l'oreille. | V. *Orillon*.

OREILLONS, *smpl.* (*Comm.*) Désigne toutes les matières animales propres à la fabrication de la colle dite de peaux, telles que les peaux, les cartilages, les oreilles, etc.

ORÉOGRAPHIE, *sf.* V. *Orographie*.

ORFRAIE, *sf.* Oiseau de proie de l'espèce de l'aigle, qu'on nomme aussi *aigle de mer*; son plumage est brun; sa queue, d'abord noire, blanchit avec l'âge; enfin, il porte une barbe de plumes sous le menton; il habite les montagnes et les bords des mers où il se nourrit d'animaux dont il casse les os avec son bec.

ORFROI, *sm.* Étoffe tissue d'or, dont on fait les chapes, les chasubles et les vêtements riches d'église.

ORGANDI, *sm.* Sorte de mousseline ou de toile de coton très-claire, mais d'un tissu raide et apprêté.

ORGANEAU, *sm.* (*Mar.*) Gros anneau de fer qui est passé au bout de la verge de l'ancre et qui sert à y amarrer le câble.

ORGANICISME, *sm.* (*Philos.*) Système métaphysique qui explique les fonctions spirituelles et la vie elle-même par le simple jeu des organes.

ORGANIQUE, *adj.* Se dit des substances *animales et végétales* qui *sont douées* de la vie, par opposition à *inorganique*, qui se dit des substances minérales dans lesquelles il n'y a pas de vie. | (*Jurisp.*) Acte, décret, règlement —, actes qui ont pour objet d'organiser, de créer des dispositions qui ont force de loi.

ORGANISTE, *sm.* Artiste dont la profession est de jouer de l'orgue.

ORGANOLOGISME, *sm.* V. *Organicisme.*

ORGANSIN, *sm.* Fil de soie qu'on emploie pour la chaîne des étoffes; il se compose de deux ou trois fils de soie grége qui ont été d'abord moulinés séparément.

ORGASME, *sm.* (*Méd.*) Agitation, mouvement *impétueux des humeurs superflues* du corps humain qui cherchent à s'évacuer, et d'où il résulte dans les organes sécréteurs un état d'excitation et de turgescence qui porte le nom d'éréthisme.

ORGE, *sf.* Plante graminée annuelle assez semblable au blé, dont elle diffère par ses fleurs disposées trois par trois dans leurs épis; on la cultive pour la fabrication de la bière et pour la nourriture des chevaux. | — MONDÉ, *sm.* Orge dépouillée de sa pellicule par *le moyen* d'une *meule.* | — PERLÉ, *sm.* Orge soumise à l'action de râpes qui lui donnent une forme sphérique et la polissent; on l'emploie en médecine comme rafraîchissant.

ORGELET ou ORGEOLET, *sm.* Petite tumeur *inflammatoire* de la *forme* d'un *grain* d'orge qui se développe près du bord libre des paupières et particul. vers l'angle interne de l'œil.

ORGUE, *sm.* ORGUES, *sfpl.* Instrument de musique à vent et à touches de grande dimension, composé de tuyaux de différentes grandeurs, de un ou plusieurs claviers, et de soufflets qui fournissent du vent; il est particul. en usage dans les églises. | Instrument portatif muni d'un cylindre à pointes qui correspondent aux touches d'un clavier spécial; on l'appelle vulg. — de Barbarie. | (*Mus.*) Point d'—, repos plus ou moins long placé arbitrairement sur une note quelconque, mais plus ordinairement à la fin d'une cadence.

ORGUEIL, *sm.* Nom que porte dans différents arts l'appui qui fait dresser la tête du levier; l'objet qui sert de point d'appui à un levier.

ORGYIE, *sf.* (*Ant.*) Mesure de longueur usitée chez les Grecs, qui équivaut à environ 1 m. 85.

ORICHALQUE, *sm.* (pr. *-kal-*). Cuivre de Corinthe; c'est un mélange de cuivre, d'ors et d'argent.

ORIENT, *sm.* Syn. d'est ou levant, celui des quatre points cardinaux où le soleil se lève. | | Grand —, loge-mère de la franc-maçonnerie de toute une contrée; elle est présidée par un grand-maître.

ORIENTAL, E, *adj.* Se dit de certaines *pierres fines, non parce qu'elles* viennent de l'Orient, mais pour indiquer qu'elles sont de qualité supérieure.

ORIENTALISTE, *sm.* Celui qui se livre à l'étude des langues orientales, telles que l'arabe, le turc, le persan, l'arménien, le sanscrit, le chinois, etc.

ORIENTER, *va.* (*Mar.*) Placer une voile déployée dans une position telle qu'elle produise sous l'impulsion du vent l'effet le plus avantageux.

ORIFICE, *sm.* (*Hist. nat.*) Nom générique de toutes les ouvertures qui servent d'entrée ou d'issue à un objet quelconque.

ORIFLAMME, *sf.* Étendard que les anciens rois de France faisaient porter devant eux quand ils allaient à la guerre.

ORIGAN, *sm.* Plante aromatique de la famille des labiées, à feuilles petites, ovales, à fleurs en épis serrés; elle croit dans les bois élevés; on l'emploie en infusion théiforme comme antispasmodique et sudorifique.

ORIGINAL, *sm.* Minute d'un acte, celle qui a été signée la première par les parties et dont les autres ne sont que des copies.

ORIGINEL, *adj. m.* (*Théol.*) Péché —, dans le dogme catholique, péché qui vient de la désobéissance d'Adam et que nous apportons tous en naissant.

ORIGNAL, *sm.* Espèce du genre élan que l'on trouve au Canada.

ORILLARD, DE, *adj.* V. *Oreillard.*

ORILLON, *sm.* Petite oreille. | V. *Oreillon.*

ORIN, *sm.* (*Mar.*) Câble qui tient par un bout à l'ancre et par l'autre à une bouée; il sert à maintenir la bouée au-dessus du point où l'ancre est fixée et indique sa position.

ORINGUER, *vn.* (*Mar.*) Tirer, haler sur l'orin pour s'assurer que l'ancre est bien mouillée.

ORIPEAU, *sm.* Lame de cuivre très-mince, polie et brillante, qui a de loin l'éclat de l'or. | Toute étoffe qui est de faux or ou de faux argent.

ORLE, *sm.* (*Arch.*) Rebord ou filet sous l'ove d'un chapiteau. | (*Blas.*) Bordure de l'écu; se dit des pièces qui font le tour de l'écu en dedans sans toucher les bords. | ORLÉ, E, *adj.* Bordé, garni d'une —.

ORMAIE, ORMOIE, *sf.* Lieu planté d'ormes.

ORME, *sm.* Arbre qui a été compris dans la famille des amentacées; il a des feuilles ovales un peu rudes, alternes; son écorce brunâtre est raboteuse et crevassée ; son tronc, qui atteint quelquefois 25 à 30 mètres, porte une cime touffue; il vit pendant plusieurs siècles et peut devenir très-gros ; on le plante le long des routes ; son bois est très-estimé pour le charronnage et la charpente. | ORMEAU, *sm.* Jeune —, qui n'a pas encore atteint son entier développement.

ORMIER, *sm.* V. *Haliotide.*

ORMILLE, *sf.* Lieu planté de jeunes ormes. | Très-petit orme ou ormeau que l'on vend en bottes.

ORNE ou ORNIER, *sm.* Espèce de frêne qui croît naturellement dans le midi de l'Europe, et qui produit beaucoup moins de manne que le frêne à feuilles rondes.

ORNEMANISTE, *sm.* Ouvrier qui fait les ornements destinés à l'architecture, et particul. les sculptures qui se fabriquent à part et s'appliquent après coup.

ORNIER, *sm.* V. *Orne.*

ORNITHODELPHES, *smpl.* (*Zool.*) V. *Monotrème.*

ORNITHOGALE, *sm.* Plante d'ornement de la famille des liliacées, dont les fleurs en corymbe ou en épi sont généralement d'un blanc pur; une de ses espèces, qui ne s'épanouit que dans le jour, porte le nom de *dame d'onze heures.*

ORNITHOLITHE, *sm.* (*Hist. nat.*) Nom commun à tous les débris d'oiseaux retrouvés à l'état fossile.

ORNITHOLOGIE, *sf.* Partie de l'histoire naturelle qui a pour objet la description et l'étude des oiseaux.

ORNITHOMANCIE, *sf.* (*Sc. occ.*) Divination par le vol ou par le chant des oiseaux.

ORNITHOPE, *sf.* Petite plante légumineuse herbacée, à fleurs petites, blanches ou roses, que l'on trouve dans le midi de l'Europe; on la cultive en quelques endroits comme fourrage artificiel.

ORNITHORHYNQUE, *sm.* Mammifère appartenant au groupe des monotrèmes ; il a la forme d'une loutre, le museau allongé et assez semblable au bec du canard, les pattes palmées et la queue aplatie ; il habite dans le voisinage des étangs et des rivières de la Nouvelle-Hollande.

ORNITHOTROPHIE, *sf.* Art de faire éclore les œufs et d'élever les oiseaux.

OROBANCHE, *sf.* Genre de plantes parasites à fleurs irrégulières, à tige charnue et grisâtre, garnie d'écailles au lieu de feuilles, et dont la racine s'implante sur la racine de certaines plantes et particul. des légumineuses.

OROBE, *sf.* Plante herbacée, vivace, de la famille des légumineuses, voisine de la gesse et du pois par sa conformation; une de ses espèces a sa racine chargée de tubercules amylacés qui fournissent un bon aliment.

OROGNOSIE, *sf.* (pr. *gn* dur). Connaissance des montagnes ou des roches.

OROGRAPHIE, *sf.* Traité, description des montagnes, étude des hauteurs d'un pays.

ORONGE, *sf.* Genre de champignons comestibles qui se présentent d'abord sous l'aspect d'un bulbe allongé, ovoïde, et qui se développent ensuite de façon à offrir un parasol ramassé ; la plupart de ses espèces sont vénéneuses.

ORPAILLEUR, *sm.* Ouvrier qui recueille l'or dans les fleuves qui en charrient des paillettes.

ORPHÉON, *sm.* Nom que portait primitivement une méthode de chant, consistant à apprendre la musique vocale par grandes masses et sans accompagnement. | Ce nom ne s'applique plus aujourd'hui qu'aux sociétés musicales qui exécutent ensemble des morceaux ou des chœurs ; leurs membres prennent le nom d'*orphéonistes.*

ORPHIE, *sf.* Poisson à long museau, dont le corps est extrêmement mince et allongé, et dont les os sont d'une belle couleur verte ; l'espèce commune, dite *bélone*, se pêche sur nos côtes où elle est assez estimée ; on l'appelle vulg. *aiguille des pêcheurs.*

ORPHIQUE, *adj.* Qui appartient, qui est propre à Orphée ; se dit des dogmes, des mystères et des principes de morale qu'Orphée passait pour avoir inventés ou établis. | ORPHISME, *sm.* Ensemble des dogmes et des mystères — s.

ORPIMENT, *sm.* Sulfure jaune d'arsenic, combinaison naturelle d'arsenic et de soufre qui se sublime dans des fissures de matières volcaniques; c'est une substance légèrement vénéneuse dont on se sert pour peindre en jaune ; on en a fait aussi une poudre fébrifuge et des pâtes épilatoires.

ORPIN, *sm.* Genre de plantes de la famille des crassulacées, à tiges étalées, à petites feuilles grasses, presque cylindriques, à fleurs jaunes ou blanches, qu'on trouve sur les vieux murs, dans les décombres, les endroits secs, etc.

ORQUE, *sm.* V. *Épaulard.*

ORRÉRY, *sm.* Instrument qui représente les mouvements des planètes, soit par des cercles, soit par des aiguilles et des cadrans ; il n'est guère plus en usage aujourd'hui.

ORROCHÉSIE, *sf.* (*Méd.*) Diarrhée dans laquelle on ne rend que des matières liquides.

ORSEILLE, *sf.* Espèce de lichen gris qui croît sur les rochers des montagnes. | Plus particul. pâte d'un rouge violet qu'on emploie pour la teinture et qui est préparée avec l'*orseille* ou avec d'autres lichens, en les mélangeant avec de la chaux et de l'urine.

ORSER, *vn.* V. *Loffer.*

ORT, *adj. m.* (*Comm.*) Brut, en parlant du poids des marchandises, c.-à-d. en y comprenant l'emballage.

ORTALIDE, *sf.* Petit insecte diptère voisin

de la mouche par sa conformation ; il se trouve en France et en Allemagne et vit sur les végétaux.

ORTEIL, *sm.* Doigt du pied ; le gros — est le pouce du pied, et le petit — correspond au petit doigt.

ORTHODOXE, *adj.* (*Théol.*) Se dit des opinions, des pratiques qui sont conformes à la véritable foi, aux dogmes admis par l'Église. | Nom que prennent certaines églises étrangères à l'Église catholique, telles que l'église grecque et l'église anglicane.

ORTHODOXIE, *sf.* Croyance orthodoxe, conformité d'une opinion avec les doctrines orthodoxes.

ORTHOGONAL, E, *adj.* (*Math.*) Se dit, en géométrie descriptive, d'une projection dans laquelle chaque ligne de la figure projetée est perpendiculaire au plan de projection.

ORTHOGRAPHE, *sf.* Art d'écrire correctement les mots d'une langue.

ORTHOGRAPHIE, *sf.* (*Archit.*) Dessin représentant sans perspective la façade d'un bâtiment ; élévation géométrale.

ORTHOGRAPHIQUE, *adj.* Se dit de la projection de la sphère qui est supposée faite sur un plan qui passe par le centre de la sphère, en supposant l'œil placé à une distance infinie sur la ligne droite qui passe par ce centre perpendiculairement au plan.

ORTHOLOGIE, *sf.* Art de parler correctement.

ORTHOMORPHIE, *sf.* V. *Orthopédie.*

ORTHOPÉDIE, *sf.* Art de conserver les formes naturelles du corps humain et de les rétablir lorsqu'elles sont viciées. | Orthopédiste, *sm.* Celui qui pratique l'—.

ORTHOPHONIE, *sf.* Bonne prononciation.

ORTHOPNÉE, *sf.* Forme particulière de l'asthme ; espèce de dyspnée qui oblige le malade à se tenir debout ou assis pour respirer.

ORTHOPTÈRES, *smpl.* Ordre d'insectes a quatre ailes, dont les supérieures sont courtes, plates, et les inférieures longues, membraneuses et striées de nervures ; ils volent peu, courent ou sautent, et se nourrissent en général de végétaux ; tels sont les *blattes*, les *sauterelles*, les *grillons*, etc.

ORTHOSE, *sf.* V. *Adulaire.*

ORTHOTOME, *sm.* Oiseau de l'ordre des passereaux dentirostres, qui a le bec allongé et les ailes très-courtes ; il habite l'Océanie et l'Inde.

ORTHOTROPE, *adj.* (*Bot.*) Se dit de l'embryon quand il est droit et se dirige dans le même sens que le grand axe de la graine.

ORTIE, *sf.* Plante type de la famille des urticées, à très-petites fleurs monoïques ou dioïques en grappes, caractérisée par des poils raides qui sont disséminés sur ses feuilles et ses tiges, et causent au contact une sensation de cuisson brûlante ; ses nombreuses espèces se rencontrent dans presque tout le globe. | Séton particulier qu'on place, par le moyen d'une incision, sur le fanon du bœuf. | — de mer. V. *Actinie* | — *blanche*. V. *Lamier.* | — de Chine. V. *China-grass.* | — rouge. V. *Galeopsis.*

ORTIÉE, *adj.f.* Fièvre —. V. *Urticaire.*

ORTOLAN, *sm.* Oiseau du genre bruant, un peu plus gros que le moineau, remarquable par son plumage varié de brun et de noir, et particul. par une ligne jaune qui entoure ses yeux ; la délicatesse de sa chair est renommée, surtout en avril et en septembre, où il est très-gras.

ORVALE, *sf.* Espèce du genre lamier ou sauge, très-aromatique, et dont le parfum ressemble particul. à celui du raisin muscat.

ORVET, *sm.* Genre d'ophidiens à tête osseuse, à dents comprimées et crochues ; l'espèce très-commune en France dans les bois, appelée vulg. *anguille de haie*, a une chair grasse et huileuse que l'on mange quelquefois.

ORVIÉTAN, *sm.* Drogue composée, espèce de thériaque dans laquelle entrent une foule de substances stimulantes et aromatiques et qui avait autrefois beaucoup de vogue ; on appelle aujourd'hui *marchand d'orviétan* un charlatan, et par ext. un homme qui bavarde beaucoup afin de tromper ses auditeurs.

ORYCTE, *sm.* Insecte coléoptère voisin du scarabée par sa conformation, dont une espèce, commune dans les couches de tan, est remarquable par la corne dont sa tête est armée.

ORYCTÈRE, *sm.* Mammifère du Cap de Bonne-Espérance, qui a la taille du lapin et qui se retire dans des galeries très-étendues qu'il creuse sous terre.

ORYCTÉROPE, *sm.* Mammifère de l'ordre des édentés, voisin du fourmilier, qui a le corps couvert de poils et la langue longue et très-extensible ; on le trouve dans l'Afrique australe, où il vit dans des terriers et se nourrit exclusivement de fourmis.

ORYCTOGNOSIE, *sf.* (pr. *-tog-nô-*). Partie de la minéralogie qui renferme la classification des minéraux. | Particul., étude des fossiles, étude des corps organisés qu'on trouve enfouis à différentes profondeurs du globe. | On dit aussi *Oryctologie.*

ORYCTOGRAPHIE, *sf.* Description des fossiles. | Syn. de *Minéralogie.*

ORYGMA, *sm.* A Athènes, gouffre où l'on précipitait les criminels ; on l'appelait aussi *Barathre* et *Céade.*

ORYX, *sm.* Espèce d'antilope du Cap et de l'intérieur de l'Afrique, a cornes droites, longues et annelées ; son pelage est d'un brun cendré, tacheté de blanc ou même tout à fait blanc.

OS, *sm.* Parties solides et dures qui forment

la charpente du corps des animaux vertébrés et auxquelles s'attachent les muscles ; leur ensemble porte le nom de *squelette;* ils sont essentiellement composés d'un tissu fibreux de nature gélatineuse enfermant un sel calcaire qui leur donne leur dureté et qui est du *phosphate de chaux.*

OSANE, *sm.* Espèce d'antilope de l'Afrique centrale dont les oreilles sont très-allongées ; son pelage est long et de couleur gris cendré ; il porte une longue crinière.

OSANORE, *adj. f.* Se dit des dents artificielles, des fausses dents, et particul. de celles qui sont faites avec l'ivoire de l'hippopotame, et s'appliquent immédiatement sur la gencive, sans crochets ni ligatures.

OSCABRION, *sm.* Mollusque gastéropode à coquille elliptique très-adhérente aux rochers, et de couleurs variées ; on le trouve sur le littoral de l'Afrique.

OSCILLATION, *sf. (Phys.)* Mouvements alternatifs par lesquels un corps mobile tourne ou se balance autour d'un point fixe auquel il est suspendu.

OSCILLATOIRE, Oscillaire, *sf.* Algue filiforme de la tribu des conferves, qui est animée de mouvements spontanés très-singuliers ; on trouve ses nombreuses espèces sur la terre humide, sur les vieux murs, etc.

OSCINE, *sm. (Ant.)* Oiseaux qui servaient aux augures romains pour prendre les auspices. | Insecte diptère, voisin des mouches, dont les larves ravagent les céréales.

OSCITANT, E, *adj.* Qui bâille. | *(Méd.)* Fièvre —e, fièvre dans laquelle le malade est continuellement obligé de bâiller. | Oscitation, *sf. (Méd.)* Action de bâiller.

OSCULATION, *sf. (Math.)* Contact de deux branches d'une même courbe qui se touchent sans se couper.

OSEILLE, *sf.* Plante herbacée à petites fleurs verdâtres peu apparentes, en panicules, remarquable par la saveur acide de sa tige et de ses feuilles ; ces dernières sont utilisées dans la cuisine et dans l'industrie.

OSELLE, *sf.* Monnaie d'or ancienne de Venise, qui valait de 46 à 48 fr. | Monnaie d'argent de la même ville, valant environ 2 fr. 40 c.

OSERAIE, *sf.* Lieu planté d'osiers.

OSIER, *sm.* Espèce de saule dont le tronc est coupé à fleur de terre ou à une petite hauteur, et dont on ne laisse pousser que les jeunes branches, qui ont une grande souplesse et beaucoup de ténacité, et qu'on emploie pour faire des liens et des travaux de vannerie.

OSMAZÔME, *sf.* Matière composée qu'on trouve dans la viande et qui donne le parfum au bouillon ; elle en constitue le principe nutritif.

OSMIE, *sf.* Insecte hyménoptère dont les mœurs et la conformation se rapprochent de celles de l'abeille, et qui répand une odeur particulière ; on en compte un grand nombre d'espèces en Europe.

OSMIUM, *sm.* Corps simple, métallique, de couleur noirâtre, découvert dans les minerais de platine, et remarquable surtout par l'odeur de raifort très-prononcée que son oxyde exhale.

OSMOLOGIE, *sf.* Traité des odeurs.

OSMONDE, *sf.* Fougère dont les frondes sont disposées en panicules rameuses et portent un grand nombre de capsules lisses, pédicellées ; on les trouve dans les lieux humides et découverts, en Europe.

OSMOSE, *sf.* Ensemble des deux courants qui s'établissent entre deux liquides séparés par une membrane : l'un de ces courants porte le nom d'*endosmose*, l'autre celui d'*exosmose*. (V. ces mots.)

OSPHRÉSIOLOGIE, *sf.* Science qui traite des odeurs et du sens de l'odorat.

OSPHROMÈNE, *sm.* Poisson acanthoptérygien muni d'un appareil particulier qui tient de l'eau en réserve et lui permet ainsi de rester quelque temps hors de l'eau ; ses écailles sont d'un brun doré clair ; on le trouve en Chine et à l'île de France.

OSSATURE, *sf.* Ensemble des os ; charpente d'un homme ou d'un animal.

OSSEC, *sm.* V. *Ousseau.*

OSSÉINE, *sf.* Sorte particulière de gélatine qu'on extrait des os des mammifères.

OSSELET, *sm.* Autrefois, instrument de torture qui se mettait entre les doigts. | Tumeur osseuse, exostose qui se présente ordinairement au canon du cheval. | Petit os qui fait partie de la jointure du gigot d'un mouton et avec lequel les enfants jouent. | —s de l'oreille, les quatre petits os qui sont en dedans de la cavité du tympan, savoir : le *marteau*, l'*enclume*, l'*os lenticulaire* et l'*étrier*.

OSSIFICATION, *sf.* Changement en os de certaines parties du corps.

OSSIFRAGE, *sf.* V. *Orfraie.*

OSTAGRE, *sf.* V. *Davier.*

OSTE, *sf.* Manœuvre qui sert à brasser les vergues à bord des bâtiments gréés à antenne.

OSTÉALGIE, *sf.* Douleur qui se fait sentir dans les os.

OSTÉITE, *sf. (Méd.)* Inflammation des os, dans laquelle le tissu de l'os diminue, ou bien augmente, ou enfin se décompose.

OSTENSIF, VE, *adj.* Se dit des pièces diplomatiques qui peuvent être montrées, communiquées, par oppos. aux pièces secrètes.

OSTENSOIR, *sm.* Pièce d'orfèvrerie dans laquelle les catholiques romains exposent la sainte hostie ou des reliques qu'on y voit à travers une glace ; c'est avec cet instrument que le prêtre donne la bénédiction. | On l'appelait autrefois Ostensoire, *sf.* et Montrance.

OSTÉOCÈLE, *sf.* (*Méd.*) Tumeur produite par l'ossification du sac herniaire.

OSTÉOCOLLE, *sf.* Sorte de colle forte de qualité inférieure, qu'on obtient en faisant bouillir des os ; elle est terne ou cassante.

OSTÉOCOPE, *adj. f.* (*Méd.*) Douleur —, se dit de toute douleur qui se fait sentir dans les os.

OSTÉODYNIE, *sf.* (*Méd.*) Douleur qu'on éprouve dans les os.

OSTÉOGÉNIE, *sf.* (*Anat.*) Traité de la formation et du développement des os.

OSTÉOGRAPHIE, *sf.* (*Anat.*) Description des os; partie de l'anatomie qui traite du squelette.

OSTÉOLITHE, *sm.* Os pétrifié.

OSTÉOLOGIE, *sf.* Partie de l'anatomie qui enseigne les noms, la situation, les usages, la nature et la figure des os.

OSTÉOMALACIE, *sf.* (*Méd.*) Ramollissement des os, par suite de l'absence ou de la diminution du sel calcaire qui leur donne la dureté nécessaire.

OSTÉOMÉLITE, *sf.* (*Méd.*) Inflammation de la moelle des os.

OSTÉONCIE, *sf.* (*Méd.*) Gonflement des os.

OSTÉONÉCROSE, *sf.* V. *Nécrose.*

OSTÉOPHAGE, *adj.* Qui mange des os.

OSTÉOPHYME, *sm.* V. *Ostéoncie.*

OSTÉOSARCOME, *sf.* (*Méd.*) Ramollissement du tissu osseux qui se transforme en une substance d'abord blanche ou rougeâtre, analogue à la chair, et se ramollissant ensuite par places ; c'est une variété du cancer.

OSTÉOSTÉATOME, *sm.* (*Méd.*) Dégénération, conversion du tissu osseux en une matière grasse; c'est une affection très-voisine de l'ostéosarcome.

OSTÉOTOMIE, *sf.* (*Anat.*) Art de la dissection des os; partie de l'anatomie qui traite de la dissection des os.

OSTRACÉS, *smpl.* Famille de mollusques à coquilles, dont l'huître est le type principal.

OSTRACISME, *sm.* (*Ant.*) Jugement par lequel les Athéniens bannissaient pour dix ans les citoyens que leur puissance, leur mérite trop éclatant ou leurs services rendaient suspects à la jalousie républicaine; cette sentence était rendue au moyen d'un scrutin, et l'on se servait, pour exprimer son vote, de coquilles enduites de cire sur lesquelles on écrivait le nom de celui qu'on voulait bannir.

OSTRACITE, *sf.* V. *Ostréite.*

OSTRACOLOGIE, *sf.* Histoire ou description des coquilles.

OSTRÉINE, *sf.* Matière animale particulière, dans laquelle le phosphore entre comme élément, et qu'on a trouvée dans la chair de l'huître comestible.

OSTRÉITE, *sf.* Huître fossile.

OSTRÉOÏDE, *adj.* (*Zool.*) Qui a de la ressemblance avec une huître.

OSYRIS, *sm.* Petit arbuste à fleurs vertes, odorantes, produisant des fruits rouges de la grosseur d'une petite cerise, qu'on trouve dans le nord de l'Afrique ; on emploie ses rameaux à faire des balais.

OTACOUSTIQUE, *adj.* Qui est propre à perfectionner le sens de l'ouïe. | *sf.* Science qui concerne le sens de l'ouïe.

OTAGE, *sm.* Personne qu'un souverain, une autorité civile ou militaire remet comme garantie de ses promesses ou d'un traité.

OTALGIE, *sf.* (*Méd.*) Douleur nerveuse des oreilles, accompagnée ou non d'inflammation, de rougeur et de tuméfaction.

OTARIE, *sf.* Espèce de phoque à oreilles externes, dont une espèce, à crinière, habite le nord de l'Océan Pacifique et les côtes du Kamtchatka.

OTELLE, *sf.* Espèce de lance au moyen âge. | (*Blas.*) Petites figures ovales et pointues comme des fers de lance, ou des noyaux d'amande.

OTENCHYTE, *sf.* (pr. *-chi-*) (*Méd.*) Injection dans l'oreille. | Seringue à cet usage.

OTITE, *sf.* (*Méd.*) Inflammation de l'oreille et particul. de sa membrane muqueuse interne, accompagnée de bourdonnements et d'un suintement de pus plus ou moins long. | *Petit insecte diptère assez semblable aux* mouches, qu'on trouve sur les fleurs, dans les bois.

OTOBA, *sm.* Matière analogue au beurre de muscade et qui a les mêmes emplois; on en extrait par saponification un acide gras appelé acide *myristique.*

OTOGRAPHIE, *sf.* Description de l'oreille.

OTOLOGIE, *sf.* Traité sur l'oreille.

OTOMYS, *sm.* Petit mammifère rongeur à très-grandes oreilles, qui se rapproche beaucoup du campagnol par ses mœurs et sa conformation.

OTORHÉE, *sf.* (*Méd.*) Ecoulement quelconque par l'oreille.

OTOSCOPE, *sm.* Instrument employé pour l'examen du canal auditif.

OTOTOMIE, *sf.* Dissection de l'oreille.

OTTOMANE, *sf.* Sorte de grand siége sans dossier, où plusieurs personnes peuvent être assises à la fois.

OUACHE ou OUAICHE, *sf.* (pr. *oua-*), V. *Houache.*

OUAGGA, *sm*, V. *Couagga.*

OUAILLE, *sf.* Brebis ; ne se dit guère qu'au

plur. en parlant des chrétiens par rapport à leur pasteur.

OUATE, *sf.* Coton effilé et cardé qu'on passe entre deux cylindres légèrement encollés, de manière à en faire des feuilles épaisses qu'on emploie en doublures pour augmenter la chaleur des vêtements.

OUBLIE, *sf.* Sorte de pâtisserie très-mince que l'on cuit entre deux fers et que l'on roule en cylindre creux ou en cornet; sous cette dernière forme elle prend le nom de *plaisir*.

OUBLIETTES, *sfpl.* Cachots souterrains où l'on renfermait, au moyen âge, ceux qui étaient condamnés à une prison perpétuelle.

OÛD, *sm.* Instrument à quatre cordes, très-goûté des Arabes.

OUICOU, *sm.* Boisson faite de manioc, de patates, de bananes et de cannes à sucre, à l'usage des sauvages de l'Amérique.

OUÏE, *sf.* Celui des cinq sens par lequel on perçoit les sons; il a pour organe l'oreille. | —s, *sfpl.* (*Zool.*) Ouvertures que les poissons ont aux côtés de la tête et qui donnent issue à l'eau amenée dans leur bouche par la respiration.

OUÏE DE LA COGNÉE, *sf.* Espace qui entoure les limites d'une coupe et à l'extrémité duquel le bruit de la cognée peut être entendu; il est de deux cent cinquante mètres.

OUILLER, *va.* Agiter le vin dans un tonneau pour le mêler avec la lie ou avec la colle.

OUISTITI, *sm.* Genre de quadrumanes, voisin des singes, très-petits, doux et faciles à apprivoiser; ils n'ont ni abajoues, ni callosités; leurs ongles sont semblables à des griffes.

OUKASE, *sm.* V. *Ukase.*

OULAN, *sm.* V. *Hulan.*

OULÉMA, *sm.* V. *Uléma.*

OULITE, *sf.* (*Méd.*) Inflammation des gencives.

OURDIR, *va.* Préparer ou disposer les fils qui doivent former la chaîne d'un tissu, mettre cette chaîne en état d'être montée sur le métier. | Mettre un premier enduit de mortier ou de plâtre sur un mur de moellons; on dit mieux *Hourder* ou *Hourdir.*

OURDISSAGE, *sm.* Action d'ourdir; façon de l'ouvrage ourdi.

OURDISSEUR, SE, *s.* Celui, celle qui ourdit.

OURDISSOIR, *sm.* Pièce de bois sur laquelle on met la chaîne que l'on veut ourdir.

OURDON, *sm.* Feuilles de cynanque mêlées avec celles du séné du commerce.

OUROCYSTE, *sf.* V. *Cyste.*

OURONOLOGIE, *sf.* Traité sur l'urine.

OURONOSCOPIE, *sf.* Inspection des urines; moyen prétendu de reconnaître toutes les maladies.

OURQUE, *sm.* V. *Épaulard.*

OURS, *sm.* Mammifère plantigrade d'assez grande taille, à la tête forte, pointue, à pelage épais, fourni et brillant, à démarche lourde, doué d'une grande force musculaire, et vivant dans les montagnes et les forêts solitaires; il se nourrit habituellement de graines et de fruits, et ne s'attaque aux animaux que lorsque la faim le presse; sa femelle s'appelle *ourse* et ses petits *oursons.*

OURSE, *sf.* Grande —, constellation rapprochée du pôle nord; elle est composée de sept belles étoiles disposées comme une espèce de chariot. | Petite —, autre constellation voisine de la première, composée également de sept étoiles, mais disposées en sens inverse; la plus brillante de celle-ci est à deux degrés du pôle nord et porte le nom d'*étoile polaire.*

OURSIN, *sm.* Zoophyte de forme presque sphérique, revêtu d'une enveloppe ou carapace calcaire hérissée d'épines; on l'appelle vulg. *hérisson de mer.* | Peau d'ours garnie de son poil. | Coiffure militaire faite de fourrure d'ours; on l'appelle vulg. *bonnet à poil.*

OURSON, *sm.* Peau de jeune ours noir; elle est plus douce et plus estimée comme fourrure que le pelage de l'ours noir adulte.

OUSSEAU, *sm.* Petit réservoir pratiqué pour recevoir l'eau dans le fond des embarcations qui n'ont pas de pompe. | Lieu le plus bas d'une embarcation, où se rend l'eau de pluie et où l'on place le pied des pompes.

OUTARDE, *sf.* Oiseau de l'ordre des échassiers, assez semblable à l'oie par sa conformation, mais beaucoup plus grand; il habite en troupes peu nombreuses les plaines sablonneuses et découvertes du centre de l'Europe; il vole peu et marche ou court très-rapidement; sa chair est abondante et très-délicate. | OUTARDEAU, *sm.* Petit d'une —.

OUTREMER, *sm.* Couleur bleue faite avec le lapis pulvérisé; on l'employait beaucoup autrefois dans la peinture; on la remplace aujourd'hui, vu sa rareté et sa cherté, par l'*outremer artificiel*, qui est composé de divers ingrédients semblables à ceux qui entrent dans l'outremer naturel.

OUVROIR, *sm.* Établissement de bienfaisance où l'on procure de l'ouvrage aux femmes pauvres.

OVAIRE, *sm.* (*Anat.*) Organe où sont renfermés les œufs dans la femelle des animaux ovipares. | (*Bot.*) Partie de la fleur qui est située sous le pistil qui renferme les rudiments de la graine et qui en mûrissant devient le fruit.

OVALAIRE, *adj.* (*Hist. nat.*) Se dit des organes qui ont l'apparence d'un ellipsoïde ou d'un œuf. | (*Chir.*) Se dit des amputations dans lesquelles la plaie est ovale et peut se refermer facilement.

OVALE, *sm.* Figure curviligne représentée par la section plane d'un œuf suivant son grand axe, et qui prend le nom d'ellipse lorsque ses extrémités sont égales et régulières. | V. *Ovalée.*

OVALÉE, *sf.* Sorte de soie formée de trois à seize bouts légèrement tordus, dont on fabrique des lacets et des broderies. | OVALER, *va.* Préparer l'—, au moyen d'une machine particulière appelée *ovale.*

OVARITE, *sf.* (*Méd.*) Inflammation aiguë de l'ovaire.

OVATION, *sf.* Espèce de triomphe chez les Romains, où le vainqueur sacrifiait une brebis. | Honneurs que plusieurs personnes assemblées rendent à une autre, en lui faisant cortége, en l'acclamant, en la portant dans leurs bras.

OVE, *sm.* (*Archit.*) Moulure dont le profil présente la courbe d'un quart de cercle. | Particul. ornement qui a la forme d'un œuf appliqué à la moulure en quart de rond.

OVERLAND, *sm.* (pr. *lannd*). Petit bâtiment hollandais.

OVIBOS, *sm.* Espèce particulière du genre bœuf, dont l'aspect rappelle plutôt celui du mouton que celui du bœuf; il vit en troupes dans les montagnes de l'Amérique du Nord; sa chair a une forte odeur de musc et lui a valu le nom de *bœuf musqué.*

OVICULE, *sm.* (*Archit.*) Petit ove.

OVIDUC ou OVIDUCTE, *sm.* (*Anat.*) Conduit qui, chez les oiseaux, s'étend de l'ovaire au cloaque et sert de voie à l'œuf.

OVILLÉ, E, *adj.* Se dit des excréments agglomérés en petits globules noirs comme ceux des brebis.

OVINE, *adj. f.* Qui appartient au genre brebis.

OVIPARE, *adj.* et *s.* (*Zool.*) Se dit des animaux qui se reproduisent par des œufs, tels que les oiseaux, les reptiles, les poissons, etc.

OVOÏDE, *adj.* et *s.* OVOÏDAL, E, *adj.* Qui est en forme d'œuf.

OVOIR, *sm.* Ciseau ou ciselet concave à son extrémité, et dont on se sert pour faire sur les métaux des reliefs en ovale.

OVOLOGIE, *sf.* Traité sur les œufs; partie de l'histoire naturelle qui traite de la formation et de la production des œufs.

OVOVIVIPARE, *adj.* (*Zool.*) Se dit des animaux ovipares dans le corps desquels éclosent les œufs, c.-à-d. dont les femelles ne fournissent pas de nourriture à l'œuf fécondé, bien qu'elles conservent cet œuf jusqu'à ce que le jeune animal soit en âge de sortir.

OVULAIRE, *adj.* V. *Ovuliforme.*

OVULE, *sf.* (*Anat.*) L'œuf à son premier état. | (*Bot.*) Rudiment contenu dans l'ovaire et qui deviendra graine après la fécondation.

OVULIFORME, OVULAIRE, *adj.* (*Hist. nat.*) Qui a la forme d'un petit œuf.

OVULITE, *sf.* Genre de polypiers pierreux percés aux deux bouts, qu'on trouve dans le calcaire coquillier des environs de Paris.

OXACIDE, *sm.* (*Chim.*) Acide résultant de la combinaison d'un corps simple avec l'oxygène; c'est l'opposé d'*hydracide.*

OXALATE, *sm.* Genre de sels produits par la combinaison de l'acide oxalique avec les bases. | — de potasse ou sel d'oseille, produit vénéneux à haute dose, qui s'emploie à petites doses comme astringent et rafraîchissant; on s'en sert aussi pour le nettoyage des tissus et surtout pour enlever les taches d'encre.

OXALIDE, *sf.* Plante à feuilles trilobées, appelée vulg. *petite oseille*, *oseille à trois feuilles;* elle est très-acide, et plusieurs de ses espèces fournissent le produit connu sous le nom de *sel d'oseille.*

OXALIQUE, *adj.* Se dit d'un acide que fournit l'oxalide; il sert à aviver les couleurs de certaines teintures, et à détruire le mordant dans les parties où l'on veut que la couleur ne prenne pas. | (*Méd.*) Gravelle —, sorte de gravelle dans laquelle les graviers contenus dans l'urine renferment l'acide oxalique combiné avec une base.

OXAMIDE, *sf.* Substance blanche insoluble dans l'eau, qui renferme les éléments de l'oxalate d'ammoniaque, moins ceux de l'eau.

OXÉOLAT, *sm.* Médicament préparé avec du vinaigre distillé.

OXÉOLÉ, *sm.* Vinaigre médicinal.

OXHOFT ou OXHUFWUD, *sm.* Mesure de capacité usitée en Russie et en Suède pour les liquides; elle a la contenance de 221 litres.

OXYCHLORURE, *sm.* Nom générique de toutes les combinaisons des chlorures avec un oxyde métallique; le plus important est l'— de plomb employé dans la peinture sous le nom de *jaune de Cassel.*

OXYCOÏE, *sf.* Sensibilité excessive de l'ouïe, de telle sorte que la perception des sons est douloureuse.

OXYCRAT, *sm.* Mélange de vinaigre blanc et de trente fois son poids d'eau; on l'emploie dans les maladies inflammatoires.

OXYDABLE, *adj.* Qui peut s'oxyder.

OXYDATION, *sf.* Action d'oxyder; état d'un métal ou d'un corps oxydé.

OXYDE, *sm.* Résultat de la combinaison de l'oxygène avec un autre corps simple. | — de fer, rouille. | — de cuivre, vert-de-gris. | OXYDER, *va.* Combiner avec l'oxygène, former un —.

OXYDER (S'), *vpr.* Être oxydé; se dit des métaux sur lesquels l'humidité dépose une couche d'oxyde.

OXYÉCOÏE, *sf.* V. *Oxycoïe.*

OXYGALA, *sm.* Lait aigri; petit-lait.

OXYGÉNATION, *sf.* OXYGÉNABLE, *adj.* V. *Oxydation*, *Oxydable.*

OXYGÈNE, *sm.* Celui des principes de l'air atmosphérique qui entretient la respiration et la combustion, et qui, combiné avec certaines substances, forme des acides, et avec d'autres des oxydes. | OXYGÉNÉ, E, *adj.* Qui contient de l'—.

OXYGONE, *adj.* V. *Acutangle.*

OXYMEL, *sm.* Boisson qui se fait avec de l'eau, du miel et du vinaigre ; on l'emploie en médecine pour faciliter l'expectoration dans les catarrhes et les toux grasses.

OXYOPIE, *sf.* Développement excessif du sens de la vue.

OXYPHONIE, *sf.* Voix aiguë ou perçante.

OXYPHRÉSIE, *sf.* Développement excessif du sens de l'odorat.

OXYREGMIE, *sf.* Rapport acide qui vient de l'estomac.

OXYRHODIN, *sm.* Vinaigre rosat.

OXYRHYNQUE, *sm.* (*Zool.*) Nom donné à plusieurs animaux qui ont le bec très-aigu, et notamment à une espèce de sittelle d'Amérique à huppe éclatante, à divers poissons, etc.

OXYSACCHARUM, *sm.* (pr. *-romm*). Mélange de sucre et de vinaigre.

OXYSEL, *sm.* (*Chim.*) Sel dans la base et l'acide duquel il entre de l'oxygène.

OXYURES, *smpl.* Vers intestinaux filiformes qui se trouvent habituellement dans le rectum de l'homme.

OYANT, *sm.* (*Jurisp.*) Celui à qui on rend un compte en justice.

OZANIQUE, *adj.* Se dit d'une composition propre à purifier l'haleine.

OZÈNE, *sm.* Ulcère de la membrane pituitaire qui rend l'haleine mauvaise ; il résulte le plus souvent d'une maladie des os du nez ou d'un vice de conformation de ces os.

OZOCÉRITE, OZOKÉRITE, *sf.* Substance terreuse renfermant de la paraffine ; on la trouve en Moldavie et on en extrait la paraffine pour en faire des bougies.

OZONE, *sm.* Gaz ayant une odeur pareille à celle que produit la foudre et qui se trouve dans l'air en proportions variables ; c'est de l'oxygène modifié par l'électricité, et doué de propriétés très-actives.

P

PACA, *sm.* Mammifère de l'Amérique méridionale, de l'ordre des rongeurs, voisin du cabiai par sa conformation ; il a des mœurs analogues à celles du cochon et peut devenir, comme lui, très-gras ; sa chair est très-estimée.

PACAGE, *sm.* Action de faire paître des bestiaux ; faculté accordée aux habitants d'une commune de faire paître leurs troupeaux dans certains pâturages.

PACANE, *sf.* Fruit d'une espèce de noyer de la Louisiane appelé *pacanier* ; c'est une noix lisse de la forme d'une olive.

PACARET, *sm.* Vin de — (*Comm.*) Nom qu'on donne quelquefois au vin de Xérès.

PACCA, *sm.* V. *Paca.*

PACE (IN), *sm.* V. *In-Pace.*

PACFI ou PAFI, *sm.* (*Mar.*) Nom que portent dans quelques ports de la Méditerranée la voile du grand mât et la voile de misaine.

PACFOND ou PACFONG, *sm.* V. *Maillechort.*

PACHA, *sm.* Titre d'honneur qui se donne en Turquie aux chefs suprêmes de l'armée, aux gouverneurs des provinces, ou à certaines personnes considérables qui n'ont aucun gouvernement. | — à deux, à trois queues, celui au devant duquel on porte, quand il sort, deux ou trois étendards qui sont des *queues* de cheval, et qui servent à indiquer sa dignité. | PACHALIK, *sm.* Province gouvernée par un —.

PACHÉABLÉPHAROSE, *sf.* (*Méd.*) (pr. *-kéa-*). Épaississement du tissu des paupières, produit par une inflammation ou par des excroissances développées sur leurs bords.

PACHIRIER, *sm.* Grand arbre de l'Amérique tropicale, à feuilles divisées en sept folioles, à fleurs très-longues, veloutées, jaunâtres, portant à leur centre un très-gros paquet d'étamines formant plumet ; il est naturalisé en Europe.

PACHYDERME, *adj.* et *sm.* (*Zool.*) Se dit des animaux mammifères non ruminants qui ont la peau très-épaisse et les pieds terminés par des sabots cornés ; tels sont le cochon, l'éléphant, le rhinocéros, etc. | —s, *smpl.* Ordre de mammifères qui renferme les plus gros des animaux terrestres ongulés qui ne ruminent pas.

PACKFOND, ou PACKFONG, *sm.* V. *Maillechort.*

PACO, *sm.* V. *Alpaca.*

PACOLET, *sm.* (*Mar.*) Cheville dont on se sert pour amarrer.

PACQUAGE, *sm.* Ensemble des procédés nécessaires pour trier et disposer le poisson salé dans les barils au moyen desquels on peut le transporter au loin.

PADELIN, *sm.* V. *Patelin.*

PADISCHAH, *sm.* Ancien syn. de *pacha.*

PADOU, *sm.* Ruban, autrefois tissé moitié de fil et moitié de soie, et aujourd'hui moitié fil et moitié coton, dont on se sert pour faire des attaches.

PADOUAN, *sf.* Médaille moderne qui imite les médailles antiques.

PÆAN, *sm.* (*Ant.*) Hymne que chantaient les païens en l'honneur des dieux.

PAFI, *sm.* V. *Pacfi.*

PAGAIE, *sf.* Rame à large pale et le plus souvent à double pale, dont chacune plonge alternativement de côté et d'autre du bateau ou de la pirogue; elle ne s'appuie pas sur l'embarcation et n'agit que par la force des bras; les Indiens et les Océaniens s'en servent ordinairement. | Spatule de bois employée par le raffineur pour remuer le sucre.

PAGANISME, *sm.* Idolâtrie, religion des païens, culte des faux dieux.

PAGAYER, *vn.* Ramer avec la pagaie.

PAGAYEUR, *sm.* Celui qui conduit une pirogue avec la pagaie.

PAGE, *sm.* Nom qu'on donnait, au moyen âge, aux jeunes gens qui étaient affectés au service des seigneurs et qu'on a appliqué depuis à ceux qui accompagnaient les souverains.

PAGEL, *sm.* Poisson acanthoptérygien voisin du spare par sa conformation ; une de ses espèces commune dans la Méditerranée, d'un beau rouge carmin, vit en troupes près des côtes; sa chair, blanche et légère, est très-estimée.

PAGINATION, *sf.* Série des numéros des pages d'un livre indiquant leur ordre relatif.

PAGNE, *sm.* Morceau d'étoffe non coupée ni cousue, ou étoffe de coton, soit unie, soit imprimée, dont les peuplades sauvages de l'Afrique se couvrent depuis la ceinture jusqu'aux genoux. | *sf.* Tissu jaune, fin et léger, fait d'écorce d'arbres ou d'autres filaments végétaux dont on fait, à Madagascar et ailleurs, des stores, des chapeaux, etc.

PAGNON, *adj.* et *sm.* Se dit d'un drap noir très-fin, satiné à l'envers et fabriqué à Sedan.

PAGODE, *sf.* Temple païen de certains peuples de l'Asie et principalement des Chinois, des Indiens et des Siamois. | Haute tourelle. | Idole adorée dans les temples chinois. | Petites figures de porcelaine qui ont la tête mobile. | — étoilée, pièce d'or en usage aux Indes, dont la valeur est de 9 fr. 38 c. et quelquefois un peu plus.

PAGODITE, *sf.* V. *Stéatite.*

PAGRE, *sm.* Poisson acanthoptérygien voisin du pagel, à écailles argentées, commun dan la Méditerranée ; sa chair est peu estimée. | Polypier qu'on trouve sur les côtes de la Normandie.

PAGURE, *sm.* Crustacé de forme allongée, à queue courte, appelé aussi *tourteau.* (V. ce mot.)

PAILLACA, *sm.* Sorte de toile de couleurs vives dont on fait des mouchoirs; elle vient de l'Inde.

PAILLE-EN-QUEUE, *sm.* Oiseau palmipède de la taille d'un pigeon, ressemblant par la forme à l'hirondelle de mer; il porte à sa queue deux plumes longues et étroites qui de loin ressemblent à deux pailles; il vole *sur mer et ne vient sur le rivage que pour* nicher; on le trouve aux environs des tropiques.

PAILLET, *adj.* et *sm.* Se dit du vin rouge peu chargé de couleur.

PAILLETTE, *sf.* Petit morceau d'une lame d'or, d'argent, de cuivre ou d'acier, très-mince, percé au milieu, ordinairement rond, et qu'on applique sur quelque étoffe pour la broder. | Petites parcelles d'or qu'on trouve dans les sables de quelques rivières. | (*Bot.*) Petites écailles brillantes qui accompagnent les bractées dans les fleurs des synanthérées, et constituent l'involucre.

PAILLON, *sm.* Grosse paillette. | Lame de cuivre très-mince, colorée d'un côté, qu'on met au-dessous du verre ou du cristal enchâssé pour le faire ressembler à une pierre précieuse. | Morceau d'étain pour souder ou pour étamer.

PAILLONNER, *va.* Etamer ou souder.

PAIR, *sm.* (*Comm.*) Égalité de change résultant de la comparaison du prix d'une espèce de monnaie dans un pays avec celui qu'elle a dans un autre. | Se dit d'une valeur publique ou industrielle lorsqu'elle se vend et s'achète au prix de l'émission, ne perdant et ne gagnant rien sur la place.

PAIR, *sm.* Titre de dignité qui se donnait autrefois aux grands vassaux du roi. | S'est dit depuis de ceux qui possédaient des terres érigées en pairie et qui avaient droit de séance au parlement de Paris. | Sous la Restauration et le gouvernement de Juillet, nom des membres de la chambre dite *des Pairs*, qui avait pour mission de veiller à la conservation des Constitutions et des lois.

PAIRESSE, *sf.* Femme qui, en Angleterre, possède une pairie.

PAIRIE, *sf.* Dignité de pair qui était attachée à un grand fief, relevant immédiatement de la Couronne. | Domaine auquel cette dignité était attachée. | Titre de dignité des membres de l'ancienne chambre des pairs.

PAIRLE, *sm.* (*Blas.*) Pièce honorable de l'écu composé d'un demi-sautoir et d'un demi-pal formant la fourche ou l'Y au milieu de l'écu.

PAIROL, *sm.* Grand chaudron de cuivre.

PAISSEAU, *sm.* Serge qui se fabriquait autrefois dans le Languedoc. | Dans quelques contrées, syn. d'*échalas*.

PAISSELER, *va.* Mettre des échalas aux pieds de vigne.

PAISSON, *sf.* Herbes qui sont broutées par les bestiaux et les bêtes fauves, dans les forêts.

PAIX, *sf.* Petite patène de métal ciselé ou niellé que l'on fait baiser aux fidèles pendant les messes solennelles à l'*Agnus Dei;* cette cérémonie a été substituée, au ve siècle, au baiser de paix que l'on se donnait avant de recevoir la communion.

PAL, *sm.* Pieu, pièce de bois aiguisée par un bout qui sert de supplice en Turquie; on force le patient à s'asseoir sur la pointe qui s'enfonce ainsi dans son corps, et on le laisse mourir dans cette position. | (*Blas.*) Pièce qui traverse l'écu verticalement et qui est terminée en pointe par le bas.

PALADE, *sf.* Coup de pale, en se servant de l'aviron.

PALADIN, *sm.* Nom des seigneurs qui suivaient Charlemagne à la guerre.

PALAIS, *sm.* Partie supérieure, en forme de voûte, de la cavité buccale; elle est formée par les deux os maxillaires supérieurs et les deux os palatins.

PALAMOUD, *sm.* Mélange analeptique composé de cacao torréfié, de farine de riz, de fécule de pomme de terre et de santal rouge.

PALAN, *sm.* (*Mar.*) Appareil composé de deux poulies et d'un cordage qui sert pour exécuter quelques manœuvres ou pour mouvoir de pesants fardeaux.

PALANCHE, *sf.* Morceau de bois légèrement courbé et ayant une entaille à chaque bout, qui sert à porter deux seaux pleins à la fois.

PALANÇON, *sm.* Morceaux de bois qui retiennent les torchis dans la maçonnerie en pisé.

PALANCRE, *sf.* Longue et grosse ligne soutenue par des bouées, et à laquelle sont attachées des lignes plus petites.

PALANGUIN, *sm.* Petit palan.

PALANQUE, *sf.* (*Milit.*) Retranchement formé de pièces de bois jointives plantées verticalement.

PALANQUER, *va.* Manœuvrer le palan, se servir du palan.

PALANQUIN, *sm.* Sorte de chaise, de litière, que des hommes portent sur leurs épaules, et dont les personnes considérables se servent dans l'Inde pour se faire transporter d'un lieu à un autre. | (*Mar.*) Petit palan.

PALAPHYTE, *sm.* Nom qu'on a donné à certaines habitations lacustres qui remontent aux temps antéhistoriques.

PALASTRE, *sm.* (pr. -*lâtre*). Boite d'une serrure, et particul. plaque du fond sur laquelle sont montées toutes les pièces de la serrure.

PALATAL, E, *adj.* et *sf.* (*Litt.*) Se dit des consonnes produites par le mouvement de la langue qui va toucher le palais; telles sont les consonnes D, T, L, N, R.

PALATIN, E, *adj.* Titre de dignité qu'on donnait jadis à tous ceux qui avaient quelque office ou charge dans le palais d'un prince. | *sm.* Seigneur qui avait un palais où l'on rendait la justice. | Prince qui régnait sur certaines parties de l'Allemagne, comme la Bavière, etc.; on l'appelait aussi *Electeur* —. | Gouverneur de province en Pologne.

PALATIN, E, *adj.* (*Anat.*) Qui a rapport au palais, partie de la bouche; se dit particul. de la voûte du palais et des os qui la composent.

PALATINAT, *sm.* Dignité de palatin. | Pays qui était sous la domination de l'électeur palatin.

PALATINE, *sf.* Fourrure que les femmes portent sur le cou et les épaules en hiver.

PALATITE, *sf.* (*Méd.*) Inflammation de la membrane muqueuse qui tapisse les piliers et le voile du palais; c'est l'angine simple.

PALATRE, *sf.* Tôle battue en feuilles. | V. *Palastre*.

PALE, *sf.* Partie plate et large d'une rame qui sert à battre l'eau. | Petite vanne qui sert à ouvrir ou à fermer un bief, un canal de moulin, etc. | Carton carré, garni de toile blanche dont le prêtre couvre le calice.

PALÉ, E, *adj.* (*Blas.*) Se dit d'un écu qui porte des pals.

PALÉACÉ, E, *adj.* (*Bot.*) Se dit des objets dont l'apparence, la nature, la couleur ou la consistance sont celles de la paille.

PALÉAGE, *sm.* Action de charger ou décharger à la pelle les marchandises chargées en grenier à bord d'un bateau.

PALÉE, *sf.* Rangée de pieux enfoncés en terre pour soutenir le tablier d'un pont de bois ou pour servir de pilotis.

PALEFROI, *sm.* Au moyen âge, cheval de parade sur lequel le roi, les princes, etc., faisaient leur entrée dans les villes. | Cheval de parade monté par les seigneurs et les dames.

PALÉMON, *sm.* Genre de crustacés décapodes macroures, à queue très-comprimée et terminée par une nageoire; parmi ses espèces, la plupart comestibles, les plus recherchées sont les *crevettes* ou *salicoques*.

PALEMPUREZ, *sm.* Tapis de toile peinte qu'on tire des Indes.

PALÉOGRAPHIE, *sf.* Art de déchiffrer les écritures anciennes; étude de leur origine et de leurs modifications.

PALÉOLOGUE, *adj.* et *sm.* Qui connait

les langues anciennes ou qui parle à l'ancienne.

PALÉONTOGRAPHIE, *sf.* Description des fossiles et des régions où ils se trouvent.

PALÉONTOLOGIE, *sf.* Science des fossiles, étude des terrains anciens par les vestiges *animaux et végétaux qu'ils révèlent.*

PALÉOSAURE, *sm.* Reptile fossile analogue au crocodile, dont on trouve plusieurs espèces dans les terrains anciens.

PALÉOTHÉRION ou PALÉOTHÉRIUM, *sm.* Mammifère pachyderme fossile, ressemblant au cheval et au tapir ; on en a trouvé des débris dans les gisements de pierre à plâtre.

PALÉOZOÏQUE, *adj.* (*Géol.*) V. *Transition* (*terrains de*).

PALERON, *sm.* Partie plate et charnue de l'épaule de certains animaux.

PALESTINE, *sf.* Ancien nom d'un caractère d'imprimerie dont le corps est de vingt-deux points.

PALESTRE, *sf.* (*Ant.*) Édifice public où l'on s'exerçait aux exercices physiques, tels que la gymnastique, la course, la lutte, etc.

PALETTE, *sf.* Planchette ovale ou carrée percée d'un trou pour le passage du pouce, que le peintre tient à la main quand il travaille et sur laquelle il étend et mêle ses couleurs. | Quantité de sang que l'on tire par une saignée; elle équivaut à 125 grammes. | Petit vase dans lequel on recueille le sang et qui a cette capacité. | Petit plat échancré dont se servent les barbiers. | Petite pale adaptée à l'extrémité de chaque rayon d'une roue de bateau à vapeur. | Devant d'une selle. | Pinceau en éventail qu'emploie le doreur pour enlever les feuilles d'or et les appliquer. | Plastron de bois percé de trous garnis d'acier, dans lesquels se met le bout du foret qu'on met en mouvement avec l'archet, pour percer les métaux. | Dans divers arts, petites pelles de formes variées.

PALÉTUVIER, *sm.* Arbre des Indes et de l'Océanie, à écorce astringente servant au tannage, à bois très-dur et résistant, et à longs rameaux tombant jusqu'à terre, où ils s'enracinent; sa semence commence à germer dans l'intérieur du fruit, aussitôt qu'elle est parvenue à maturité; on l'appelle aussi *manglier*, et son fruit, dont les Indiens font un masticatoire, porte le nom de *mangle*.

PALI, *adj.* et *sm.* Se dit d'une ancienne langue que parlaient les prêtres de l'Inde ; elle se rapproche beaucoup du sanscrit pur.

PALICARE, *sf.* V. *Pallicare.*

PALIER, *sm.* Espace ou plate-forme servant de repos dans un escalier ou dans une route à rampes. | Partie d'une voie ferrée sur laquelle la pente est nulle et que l'on ménage ordinairement entre deux pentes, quand elles sont assez prononcées. | Support des coussinets des arbres des machines.

PALIÈRE, *adj.* et *sf.* (*Archit.*) Première marche d'un escalier.

PALIKARE, *sm.* V. *Pallicare.*

PALIMPSESTE, *adj.* et *sm.* Feuille de parchemin sur laquelle étaient des caractères antiques que l'on a fait disparaître au moyen âge pour y écrire de nouveau ; ces feuilles, *convenablement traitées, ont laissé reparaître* l'écriture primitive, et on a pu ainsi retrouver des ouvrages anciens qu'on croyait perdus.

PALINDROME, *adj.* et *sm.* Se dit des vers ou des lignes de prose que l'on peut lire indistinctement de droite à gauche ou de gauche à droite, *et qui offrent toujours le même* sens.

PALINGÉNÉSIE, *sf.* Système philosophique en vertu duquel tout renaît, tout se régénère après une certaine période.

PALINOD, *sm.* Poëme en l'honneur de l'immaculée conception de la Vierge; des prix étaient décernés annuellement a la meilleure pièce de ce genre par certaines académies de province. | Pièce de poésie dans laquelle on devait amener la répétition du même vers à la fin de chaque strophe.

PALINODIE, *sf.* (*Ant.*) Chant dans lequel un poëte rétractait ce qu'il avait dit dans un ouvrage antérieur. | Par ext. tout changement dans les paroles ou dans les actions ; tout désaveu honteux ; toute louange qui s'adresse tour à tour et par intérêt au vice et à la vertu.

PALINURE, *sm.* V. *Langouste.*

PALIS, *sm.* (pr. *-li*). Petit pieu pointu par un bout, dont plusieurs, enfoncés en terre et rangés à la suite les uns des autres, forment une clôture ou *palissade.*

PALISSANDRE, *sm.* Bois de couleur foncée provenant d'un arbre de la Guyane et du Brésil ; il est doué d'une grande dureté et d'une odeur agréable ; on en fait des meubles ainsi que de petits ouvrages de tabletterie.

PALISSER, *va.* Étendre, fixer contre une muraille les branches d'un arbre pour en faire un espalier.

PALISSON, *sm.* Instrument de fer arrondi et non tranchant, sur lequel les chamoiseurs *passent leurs peaux pour les rendre plus* douces. | PALISSONNER, *va.* Passer les peaux au —.

PALIURE, *sm.* Plante épineuse de la famille des rhamnées, assez voisine du jujubier qu'on trouve dans les broussailles des pays chauds ; c'est un arbrisseau tortueux à petites fleurs jaunes, à fruits peu charnus environnés d'une large membrane, qu'on appelle vulg. *chapeau d'évêque.*

PALLADIUM, *sm.* Statue de Minerve qui était précieusement conservée à Troie, parce *qu'on croyait que la ville ne serait jamais* prise tant qu'elle renfermerait cette statue. | Métal ressemblant beaucoup a l'argent qui se trouve dans la nature allié au platine, dont il partage un grand nombre de propriétés ; ou l'emploie quelquefois, allié à l'argent, dans la confection des instruments de précision.

PALLAS, *sm.* (pr. *pal-lass*). Tissu de coton velouté avec du poil de chèvre ou de la laine, et analogue à la panne et à la peluche; il se fabrique à Amiens.

PALLE, *sf.* Ornement d'autel. V. *Pale.*

PALLEPLANCHE, *sf.* V. *Palplanche.*

PALLIATIF, VE, *adj.* (*Méd.*) Se dit des remèdes destinés à *pallier*, c.-à-d. à déguiser, à ne guérir qu'en apparence une maladie qui reparaît ou s'aggrave plus tard.

PALLICARE, *sm.* Nom des soldats grecs qui firent la guerre contre les Turcs.

PALLIUM, *sm.* (*Ant.*) Couverture dont les Romains se couvraient la tête. | (*Eccl.*) Ornement fait de laine blanche, semé de croix noires et bénit par le pape, qui l'envoie aux archevêques pour marque de leur dignité, et quelquefois l'accorde à des évêques comme faveur particulière.

PALMA-CHRISTI, *sm.* V. *Ricin.*

PALMAIRE, *adj.* (*Anat.*) Qui appartient à la paume de la main.

PALME, *sf.* Nom vulgaire des feuilles et des branches des palmiers, et particul. du dattier, qui sont le symbole du triomphe. | Huile de —, huile extraite du fruit du palmier cocotier du Brésil; on en fait des savons de qualité inférieure.

PALME, *sm.* Mesure de longueur chez les Grecs, équivalente à peu près à l'étendue de la main ouverte, et selon quelques auteurs à 0 m. 077; chez les Romains elle ne valait que 0 m. 074. | (*Mar.*) Mesure en usage pour les diamètres des mâts; elle équivaut à 0,29.

PALMÉ, E, *adj.* (*Zool.*) Se dit des pattes de certains animaux appelés palmipèdes, dont les doigts sont réunis par une membrane s'étendant de leur base à leur extrémité, ce qui leur permet de nager facilement.

PALMER, *va.* Aplanir la tête des aiguilles.

PALMETTE, *sf.* Ornement antique rappelant la feuille du palmier ou une main ouverte, qu'on trouve sur certains monuments et qu'on emploie encore, surtout dans le style funéraire. | Arbre en —, arbre en espalier dont la tige principale est verticale, et dont les branches latérales s'étendent horizontalement et obliquement, à peu près comme un éventail.

PALMEUR, *sm.* Ouvrier qui palme les aiguilles.

PALMIER, *sm.* Arbre de la famille des monocotylédonées, dont les feuilles, très-grandes, sont réunies en bouquets à l'extrémité d'une tige assez grosse; il croît entre les tropiques; ses différentes espèces sont le *dattier*, le *cocotier*, le *latanier*, etc. | — nain, palmier à tronc épais et filamenteux, généralement souterrain, dont les feuilles seules sortent de terre et ressemblent à des éventails; ses fibres sont employées pour rembourrer des meubles sous le nom de *crin végétal*; on en fait aussi du papier; c'est la seule espèce qui croisse en Europe; elle se rencontre sur le littoral de la Méditerranée. | — de la Thébaïde. V. *Doum.*

PALMIGÈRE, *adj.* Se dit d'une statue qui porte une branche de palmier.

PALMIPÈDES, *smpl.* (*Zool.*) Se dit d'un ordre d'oiseaux dont les doigts sont palmés, c.-à-d. unis par une membrane, ce qui leur permet de nager avec facilité.

PALMISTE, *sm.* Espèce de palmier des contrées tropicales, dont la cime porte une sorte de *chou* appelée *chou-palmiste*, et formée par les feuilles de la pousse nouvelle, qui est comestible. | Espèce d'écureuil des Indes, qui se tient sur l'arbre de ce nom, à queue très-longue; sa fourrure, à bandes blanches et brunes, est estimée.

PALMITE, *sf.* Moelle des palmiers; c'est une substance blanche comme du lait caillé, d'une saveur douce et agréable.

PALMITIQUE, *adj.* (*Chim.*) Se dit d'un acide gras, particulier, qui a été découvert dans l'huile de palme; on l'emploie à la fabrication des bougies et des savons.

PALMURE, *sf.* Membrane qui joint les doigts des palmipèdes.

PALOMBE, *sf.* Espèce de pigeon ramier qui se dirige vers le Midi à l'entrée de l'hiver.

PALOMIÈRE, *sf.* Filet pour la chasse des palombes et des pigeons ramiers au moment du passage.

PALON, *sm.* Sorte de pelle qui sert à remuer dans les chaudières les matières en ébullition.

PALONNIER, *sm.* Pièce transversale d'un train de voiture à laquelle on attache les traits des chevaux.

PALOT, *sm.* Espèce de piquets sur lesquels on tend des cordes. | Sorte de pelle. V. *Épuche, épuchette.*

PALOURDE, *sf.* Mollusque à coquille bivalve, commun sur les côtes de l'ouest de la France.

PALPE, *sf.* (*Zool.*) Appendice articulé et mobile, placé de chaque côté de la partie inférieure de la bouche des insectes; ils ont pour objet de maintenir en place les substances que mâchent les mandibules.

PALPÉBRAL, E, *adj.* (*Anat.*) Qui appartient aux paupières.

PALPICORNES, *smpl.* (*Zool.*) Famille d'insectes coléoptères dont les palpes sont plus longs que les antennes; leur corps est généralement ovoïde ou hémisphérique, bombé ou voûté.

PALPITATIONS, *sfpl.* Battements du cœur plus fréquents, plus forts et plus étendus qu'ils ne doivent l'être, dépendant, soit d'une lésion du cœur, soit d'une affection nerveuse, soit enfin d'une anémie.

PALPLANCHE, *sf.* Planche aiguisée à

l'une de ses extrémités pour être enfoncée en terre comme un pal ou un pieu. | Pieu dont l'extrémité supérieure est élargie.

PALSON, *sm.* Dans un plancher, petites lattes ou bardeaux posés sur les solives et au-dessus desquels se pose le plâtre.

PALUDÉEN, NE, *adj.* Se dit des miasmes exhalés par les marais et des fièvres qu'ils engendrent.

PALUDIER, *sm.* Ouvrier qui travaille dans les marais salants.

PALUDINE, *sf.* Petit mollusque gastéropode à coquille, qu'on trouve dans les marais et les rivières.

PAMELLE, *sf.* Variété d'orge dont l'épi est allongé et comprimé, et les épillets disposés sur deux rangs; on l'appelle vulg. *petite orge.*

PAMIER, *sm.* V. *Badamier.*

PAMPA, *sf.* Nom que portent de vastes plaines ou prairies couvertes de broussailles, et dans lesquelles paissent les bœufs et les chevaux sauvages que l'on trouve dans diverses régions de l'Amérique du Sud.

PAMPE, *sf.* Feuille attachée au tuyau des graminées et principalement du blé, de l'orge, etc. | Feuille de vigne.

PAMPÉRO, *sm.* Au Brésil et à la Plata, vent qui vient des Pampas, dans la direction du sud-ouest.

PAMPHLET, *sm.* Petite brochure sur un sujet d'actualité et généralement sur la politique. | PAMPHLÉTAIRE, *sm.* Celui qui fait des —s.

PAMPILLE, *sf.* Ornements, guirlandes, composés de feuilles entrelacées.

PAMPINATION, *sf.* Développement des bourgeons de la vigne.

PAMPLEMOUSSE, *sm.* Variété d'oranger dont le fruit, qui s'appelle PAMPLEMOUSSE, *sf.*, a la forme d'une poire et devient quelquefois très-gros; il se trouve à l'île Maurice, à la Réunion, etc.; la —, qu'on appelle aux Antilles *Chadec*, est un fruit peu estimé, mais on en confit l'écorce qui a souvent 2 ou 3 centimètres d'épaisseur.

PAMPRE, *sm.* Branche de vigne avec ses feuilles, ses vrilles et ses fruits. | Ornement imitant des feuilles, des ceps de vigne et des grappes de raisin, qui sert à plusieurs décorations d'architecture.

PAN, *sm.* Un des côtés, une des faces d'un ouvrage de menuiserie, d'orfévrerie, qui a plusieurs angles. | (*Archit.*) — de bois, assemblage de charpente dont on remplit les vides avec de la maçonnerie légère, et qu'on recouvre d'un enduit sur lattes.

PANABASE, *sf.* Minerai de cuivre exploité dans quelques pays; c'est un sulfure d'antimoine, de cuivre et de fer.

PANACÉE, *sf.* Remède universel. | Nom qu'ont porté diverses préparations pharmaceutiques, aujourd'hui sans emploi.

PANACHE, *sm.* Bouquet de plumes flottantes qui sert d'ornement de coiffure. | (*Archit.*) Surface triangulaire de la partie de voûte qu'on appelle *pendentif.* | Artifice employé dans les brûlots. | Partie supérieure d'une lampe d'église.

PANAGE, *sf.* Droit que l'on paye au propriétaire d'une forêt, pour avoir la permission d'y mettre les porcs qui s'y nourrissent de glands et de faines.

PANAIS, *sm.* Plante ombellifère herbacée, bisannuelle, à racines longues en forme de fuseau, que l'on cultive comme légume potager et pour la nourriture des bestiaux.

PANAMA (Bois de), *sm.* V. *Quilla.*

PANARD, *adj.* et *sm.* Se dit d'un cheval dont les pieds de devant sont tournés en dehors.

PANARIS, *sm.* (pr. *-ri*). Inflammation très-vive des extrémités des doigts, qui se tuméfient et deviennent le siége de douleurs très-vives.

PANATHÉNÉES, *sfpl.* (*Ant.*) Fêtes solennelles qu'on célébrait à Athènes en l'honneur de Minerve.

PANCALIER, *adj.* et *sm.* Variété du chou frisé, ou du chou de Milan.

PANCARPE, *sm.* (*Archit.*) Guirlande de fruits et de fleurs.

PANCRACE, *sm.* (*Ant.*) Exercice gymnastique comprenant la lutte et le pugilat, et dans lequel les athlètes pouvaient employer toutes leurs forces.

PANCRÉAS, *sm.* (pr. *-ass*). Corps glanduleux situé dans l'abdomen entre le foie et la rate; il verse dans l'intestin duodénum une liqueur analogue à la salive, laquelle concourt à la digestion et la facilite.

PANCRÉATEMPHRAXIS, *sf.* (*Méd.*) Obstruction du pancréas.

PANCRÉATIQUE, *adj.* Qui appartient au pancréas; se dit particul. d'un suc ou liquide analogue à la salive, qui est sécrété par le pancréas et qui concourt à la digestion.

PANCRÉATITE, *sf.* (*Méd.*) Inflammation du pancréas.

PANDA, *sm.* Mammifère carnassier voisin de l'ours et du raton; on le trouve dans les montagnes de l'Himalaya, où il est très-rare.

PANDECT ou PANDIT, *sm.* Docteur indien de la secte de Brama, voué à l'enseignement.

PANDECTES, *sfpl.* Recueil des décisions des anciens jurisconsultes romains, compilées par ordre de Justinien, qui leur donna force de loi.

PANDÉMONIUM, *sm.* Lieu imaginaire que l'on suppose être la capitale des enfers et où Satan convoque le conseil des démons.

PANDICULATION, *sf.* Mouvement automatique des bras en haut, avec renversement de la tête et du tronc en arrière et extension des muscles abdominaux ; il est ordinairement accompagné de bâillements et indique, dans l'état de santé, le besoin de sommeil ; dans l'état de maladie, il précède les accès nerveux ou ceux des fièvres intermittentes.

PANDIT, *sm.* V. *Pandect.*

PANDORE, *sf.* Instrument de musique à cordes de laiton, mises en vibration par des touches en cuivre, qui est aujourd'hui abandonné. | Petit mollusque à coquille bivalve, irrégulière, qui se trouve sur les côtes de France.

PANDOUR, *sm.* Nom de certains soldats hongrois.

PANE, *sm.* Ancien bouclier de peau. | Chef d'une tribu moscovite.

PANÉGYRIQUE, *sm.* Discours publié à la louange de quelqu'un. | Plus particul. morceau d'éloquence sacrée qui a pour objet l'éloge d'un saint.

PANELLE, *sf.* (*Blas.*) Feuilles de peuplier. | Espèce de sucre brut qu'on tire des Antilles.

PANETERIE, *sf.* Lieu où l'on garde et où l'on distribue le pain dans les grandes maisons, les communautés, les hospices, etc.

PANETIER, *sm.* Celui qui est chargé de distribuer le pain dans une communauté. | Autrefois, grand officier de la couronne de France qui faisait distribuer le pain dans toute la maison du roi.

PANETIÈRE, *sf.* V. *Blatte.*

PANGI, *sm.* Arbre des Moluques dont le fruit renferme une amande produisant une huile bonne à manger.

PANGOLIN, *sm.* Mammifère de l'ordre des édentés, dont le corps est couvert de grosses et larges écailles tranchantes et imbriquées ; on les trouve dans l'Afrique australe et dans l'Inde, où ils vivent dans des terriers ; ils ne se nourrissent que d'insectes et surtout de fourmis.

PANHARMONICON, *sm.* Nom qu'on a donné à une sorte d'orgue mécanique qui fait entendre le son de tous les instruments à vent.

PANIC, *sm.* Genre de plantes de la famille des graminées, dont les fleurs sont disposées en panaches ou en épis à l'extrémité des tiges ; l'une de ses espèces est le millet ; le — d'Italie est cultivé pour ses graines qu'on emploie à la nourriture de la volaille.

PANICAUT, *sm.* Plante de la famille des ombellifères, qui a l'aspect d'un chardon ; ses fleurs nombreuses sont ramassées en boules entremêlées de paillettes épineuses de couleur violette ; on la trouve dans les lieux incultes ; elle est réputée diurétique.

PANICULE, *sf.* (*Bot.*) Disposition de fleurs ou de fruits portés sur des pédoncules inégaux et formant un épi rameux et pyramidal.

PANIFICATION, *sf.* Conversion des matières farineuses en pain. | PANIFIER, *va.* Opérer la —.

PANISTON, *sm.* Sorte de tissu de laine drapé que l'on fabriquait autrefois en France.

PANLEXIQUE, *sm.* Dictionnaire comprenant tous les mots d'une langue et toutes les locutions consacrées dans cette langue.

PANNAIRE, *sf.* Basane écrue qui recouvre l'étoffe de soie déjà tissée, pendant que le tisserand achève la pièce.

PANNE, *sf.* Sorte d'étoffe de soie, de coton, de fil, de laine, etc., fabriquée à peu près comme le velours, mais dont les poils sont plus longs et moins serrés ; on l'emploie dans la garniture des meubles et de la sellerie. | Particul. panne de soie. | Graisse dont la peau du cochon et de quelques autres animaux se trouve intérieurement garnie. | (*Archit.*) Pièce de bois placée horizontalement sur la charpente d'un comble pour porter les chevrons. | — de brisis, celle qui soutient les chevrons à l'endroit où le comble est brisé. | (*Mar.*) Situation d'un bâtiment dont les voiles et le gouvernail sont placés de manière que ce bâtiment ne fasse route ni par l'avant ni par l'arrière et ne fasse que dériver. | Côté le plus mince de la tête du marteau.

PANNEAU, *sm.* Partie d'un ouvrage d'architecture, de menuiserie, etc., qui présente un champ, une surface encadrée ou ornée de moulures. | Face plate d'une pierre taillée. | Piége, filet pour prendre des lièvres ou des lapins. | Coussinet placé sous la selle pour empêcher que le cheval ne se blesse.

PANNEAUTER, *vn.* Tendre des panneaux pour prendre des lièvres ou des lapins.

PANNERESSE, *adj.* et *sf.* Se dit d'une pierre ou d'une brique qui est placée à plat dans un mur, de manière à laisser voir en dehors la longueur.

PANNETON, *sm.* Partie d'une clef qui entre dans la serrure et qui entre dans les crans du pène pour le faire mouvoir. | Petit panier. V. *Banneton.*

PANNICULE, *sm.* (*Anat.*) Couche de muscles ou de tissu cellulaire placée immédiatement sous la peau.

PANNOIR, *sm.* Marteau avec lequel on aplatit le gros bout de l'épingle et qui sert à en former la tête.

PANNONCEAU ou PANONCEAU, *sm.* Girouette sur laquelle les armes du seigneur étaient peintes ou découpées. | C'était aussi un écusson plus ou moins grand représentant les armoiries d'une maison et placé à l'entrée d'un domaine. | Aujourd'hui, écusson que les notaires, les huissiers, les commissaires-priseurs, etc., placent devant leur porte.

PANNOSITÉ, *sf.* (*Méd.*) Défaut de consistance de la peau que la maladie rend mollasse.

PANOPHOBIE, *sf.* (*Méd.*) Terreur panique qui s'observe dans certaines affections cérébrales.

PANOPLIE, *sf.* Armure complète d'un chevalier du moyen âge. | Ornement artistique composé d'une plaque en forme d'écu ou de bouclier recouverte d'un trophée de diverses pièces de l'armure ancienne; on l'accroche en général au mur.

PANOPTIQUE, *adj.* et *sm.* (*Archit.*) Bâtiment construit de telle manière, que d'un point de l'édifice l'œil peut embrasser successivement toutes les parties de l'intérieur.

PANORAMA, *sm.* Grand tableau circulaire et continu, disposé de manière que le spectateur qui est au centre voit les objets représentés comme si, placé sur une hauteur, il découvrait tout l'horizon.

PANORPE, *sf.* Petit insecte de l'ordre des névroptères dont les tarses sont armés de crochets; on les trouve sur les plantes en Europe.

PANOSSARE, *sm.* Sorte de pagne dont les Indiens se servent pour se couvrir de la ceinture jusqu'en bas.

PANOURE, *sf.* Galiote chinoise.

PANSE, *sf.* Raisin à très-gros grains, cultivé aux environs de Marseille et que l'on expédie sec. | V. *Rumen.*

PANSLAVISME, *sm.* Principe en vertu duquel les nations d'origine slave devraient étendre leur domination sur toute l'Europe orientale. | Opinion qui professe ce principe.

PANSPERMIE, *sf.* Système des naturalistes qui prétendent que les germes des corps organisés, et particul. des organismes inférieurs, sont disséminés partout, dans l'atmosphère, et n'attendent que les circonstances favorables pour se développer.

PANTAGUIÈRES, *sfpl.* (*Mar.*) Cordes dont on se sert pour assurer les mâts dans la tempête et pour tenir les haubans plus raides et plus fermes.

PANTALON, *sm.* Personnage de la comédie italienne, portant une culotte longue, une espèce de robe de palais, un masque à barbe, et qui représente les vieillards. | Ancien nom du clavecin quand il était vertical, comme sont aujourd'hui nos pianos droits.

PANTALONNADE, *sf.* Bouffonnerie, farce dans laquelle paraît l'acteur appelé *Pantalon.*

PANTÉLÉGRAPHE, *sm.* Appareil télégraphique reproduisant à distance, au moyen d'une encre particulière qui est décomposée par l'électricité, l'écriture même, les traits de la dépêche, et pouvant ainsi transmettre un fac-simile, un dessin, etc.

PANTÈNE, PANTENNE, *sf.* Filet de pêche semblable au verveux qu'on emploie pour prendre des anguilles. | V. *Pantière.*

PANTENNE (EN), *loc. adv.* (*Mar.*) En désordre; se dit des navires qui sont dans un état de délabrement complet. | Vergues en —, vergues abaissées en signe de deuil.

PANTHÉISME, *sm.* (*Philos.*) Système de métaphysique qui place Dieu en personne dans tous les êtres organisés, qui n'admet d'autre Dieu que le grand tout, l'universalité des êtres. | PANTHÉISTE, *adj.* et *sm.* Partisan du —.

PANTHÈRE, *sf.* Mammifère carnassier du genre chat, plus petit que le tigre et ressemblant au léopard dont il se distingue surtout par ses six ou sept rangées de taches noires disposées en roses, sur un fond fauve; on la trouve dans toute l'Afrique et dans les parties chaudes de l'Asie et de l'archipel Indien.

PANTIÈRE, *sf.* Espèce de filet tendu entre deux grands arbres au moyen d'un appareil qui permet de le rabattre rapidement quand, par un artifice quelconque, les oiseaux ont été dirigés vers ce filet.

PANTINE, *sf.* Certain nombre d'écheveaux de fil, de soie ou de laine, liés ensemble.

PANTOGRAPHE, *sm.* Instrument consistant en un parallélogramme formé de quatre branches unies par des pivots autour desquels elles se meuvent; au moyen de dispositions particulières cet instrument sert à copier d'une manière très-précise et à réduire à toutes proportions un dessin quelconque.

PANTOMÈTRE, *sm.* Cylindre de cuivre divisé dans sa hauteur en deux parties graduées dont l'une est mobile et servant à mesurer les angles sur le terrain. | Nom qu'on donne aussi à un appareil servant au même usage et composé de trois règles mobiles; il est beaucoup moins répandu que le premier.

PANTOMIME, *sm.* Acteur qui exprime tous les sentiments, toutes les idées par des gestes et par des attitudes sans proférer une seule parole. | *sf.* Art d'exprimer les sentiments, etc., par des gestes. | Espèce de drame joué par des pantomimes.

PANULÉ, E, *adj.* Se dit d'un furoncle qui forme des abcès de la couleur d'une croûte de pain.

PAOLO, *sm.* Monnaie d'argent des états de l'Eglise et de Toscane, valant de 54 à 60 c.

PAON, *sm.* (pr. *pan*). Oiseau de l'ordre des gallinacés, originaire d'Asie et domestique en Europe; il est remarquable par sa queue, dont les plumes, très-longues, peintes des plus brillantes couleurs, peuvent se relever pour *faire la roue*; son bec, en cône courbé, est surmonté d'une aigrette fine et brillante; son cri est désagréable; on appelle sa femelle *paonne* et ses petits *paonneaux.* | — de jour. V. *Vanesse.* | — de nuit. V. *Saturnie.* | — de mer, nom qu'on donne à divers poissons à reflets très-brillants; tels que des spares, des labres, etc.

PAPAS, *sm.* Nom par lequel on désigne, dans l'Eglise grecque, les prêtres, les évêques et même le patriarche.

PAPAVÉRACÉES, *sfpl.* (*Bot.*) Famille de plantes polypétales à étamines nombreuses insérées sous l'ovaire, et dont le type est le pavot.

PAPAVÉRINE, *sf.* L'un des alcaloïdes que l'on trouve dans l'opium; elle est excitante au plus haut degré, vénéneuse, mais dépourvue de propriétés soporifiques.

PAPAYE, *sf.* (pr. *-pèe*). Fruit de l'Inde et de l'Amérique tropicale, gros comme un petit melon, charnu, jaunâtre, d'une saveur douce et d'une odeur aromatique; on le mange confit. | PAPAYER, *sm.* (pr. *-pé-ié*). Arbre qui porte la —; son tronc et ses branches sont lactescents; ses fleurs, le plus souvent monoïques, sont petites, jaunes; ses feuilles sont grandes, palmées, réunies en bouquet au sommet de la tige.

PAPEGAI, *sm.* Oiseau de carton ou de bois peint, que l'on place au bout d'une perche pour servir de but à ceux qui s'exercent à tirer de l'arc, de l'arbalète, etc. | Genre de perroquets d'Amérique, dont la tête est dépourvue de huppe, et qui ont le plumage vert, sans rouge dans les ailes.

PAPELONNÉ, E, *adj.* (*Blas.*) Se dit de l'écu couvert de plusieurs rangs d'écailles ou de tuiles.

PAPHOSE, *sf.* Nom qu'on a donné, au XVIIIe siècle, à une sorte de siége allongé ou de lit de repos.

PAPILIONACÉ, E, *adj.* (*Bot.*) Se dit des fleurs dont les corolles, rappelant grossièrement la forme d'un papillon, sont composées de cinq pétales inégaux et disposés inégalement, telles que celle du *haricot*, du *pois*, etc.; elles constituent une division importante de la famille des légumineuses.

PAPILLAIRE, *adj.* (*Hist. nat.*) Se dit des régions dans lesquelles se rencontrent des papilles, et particul. du derme ou tissu foliacé.

PAPILLE, *sf.* (*Hist. nat.*) Nom générique de toutes les petites proéminences agglomérées à la surface d'un organe, et qui sécrètent un liquide propre ou exhalant une odeur. | Petite éminence semblable à un mamelon, qui fait partie du derme et qui s'élève à la surface de la peau et des membranes muqueuses de la langue.

PAPILLON, *sm.* Nom vulgaire des insectes appelés scientifiquement *lépidoptères*. | Genre de lépidoptères à ailes très-larges, terminées par une pointe plus ou moins longue qu'on appelle quelquefois *queue*; on en compte plus de trois cents espèces. | (*Mar.*) La voile la plus élevée de la tête des mâts d'un bâtiment de haut bord. | (*Méc.*) Nom que portent dans les chaudières à vapeur, et particul. dans les locomotives, le registre mobile autour d'un axe qui sert à modérer le tirage de la cheminée.

PAPION, *sm.* V. *Cynocéphale*.

PAPPE, *sf.* (*Bot.*) Aigrette cotonneuse qui protége les semences dans certaines plantes synanthérées. | PAPPEUX, SE, PAPPIFÈRE, *adj.* Se dit des organes munis d'une — ou d'une aigrette.

PAPULE, *sf.* (*Méd.*) Petite élevure cutanée morbide, ferme, ne renfermant aucun liquide et susceptible de s'ulcérer ou de se transformer en desquamations.

PAPYRACÉ, E, *adj.* Qui est mince et sec comme du papier.

PAPYRUS, *sm.* Arbuste de la famille des cypéracées, originaire d'Égypte, à tige triangulaire, droite, dont l'écorce, très-forte et très-souple, servait autrefois pour écrire. | Matière qu'on préparait avec cette écorce et sur laquelle on écrivait.

PAQUAGE, *sm.* V. *Pacquage*.

PAQUEBOT, *sm.* Bâtiment léger qui va et vient d'un pays à un autre et sert au service des dépêches et au transport des passagers.

PAQUERETTE, *sf.* Petite plante de la famille des composées, à fleurs radiées, portées sur une hampe droite qui s'élève d'une petite rosette de feuilles spatulées; les fleurons du centre sont jaunes et les demi-fleurons sont blancs; l'espèce vulgaire croît partout en abondance et fleurit aux premiers jours du printemps.

PARA, *sm.* Monnaie turque qui vaut un peu plus de quatre centimes.

PARABASE, *sf.* (*Litt.*) Partie de l'ancienne comédie dans laquelle les acteurs n'étant plus sur la scène, le chœur ou le poëte lui-même s'adressait directement à l'auditoire pour lui parler du sujet de la pièce ou de tout autre sujet.

PARABOLE, *sf.* Dans le style de l'Écriture sainte, narration d'un fait qui renferme sous une forme allégorique une vérité morale. | (*Math.*) Ligne courbe qui résulte de la section d'un cône coupé par un plan, parallèlement à l'un de ses côtés; elle se rapproche de celle que décrit dans l'atmosphère une bombe lancée par une bouche à feu.

PARABOLIQUE, *adj.* (*Math.*) Qui se rapporte à la parabole. | (*Phys.*) Miroir —, miroir en forme de parabole qui a la propriété de réfléchir en ligne droite les rayons d'un corps lumineux placé à son foyer.

PARACEL, *sm.* Groupe d'îlots ou de récifs d'une certaine étendue, parmi lesquels il y a des passages pour les vaisseaux.

PARACENTÈSE, *sf.* (*Méd.*) Ponction qu'on pratique à l'abdomen dans l'hydropisie pour évacuer la sérosité qui s'y trouve accumulée.

PARACENTRIQUE, *adj.* (*Phys.*) Se dit d'une courbe du centre de laquelle un corps pesant s'éloigne ou s'approche en temps égaux. | (*Astr.*) Se dit du mouvement d'une planète quand il s'effectue en se rapprochant du soleil ou du centre de son mouvement.

PARACHRONISME, *sm.* Espèce d'anachronisme qui consiste à placer un fait dans un temps postérieur à celui où il est réellement arrivé.

PARACHUTE, *sm.* Machine dont la forme rappelle celle d'un grand parapluie et qui a été employée par les aéronautes pour ralentir la chute de leur ballon vers la terre.

PARACLET, *sm.* (*Eccl.*) Le Saint-Esprit; l'esprit consolateur.

PARACOUSIE, *sf.* (*Méd.*) Perception confuse des sons; bourdonnement, tintement d'oreilles.

PARACYNANCIE, *sf.* (*Méd.*) Sorte d'esquinancie; angine légère.

PARADIGME, *sm.* (*Litt.*) Exemple de déclinaison ou de conjugaison qui sert de modèle, dans une grammaire, pour tous les mots analogues.

PARADISIER, *sm.* Genre d'oiseaux passereaux conirostres dont on trouve un grand nombre d'espèces dans les bois de l'Océanie; son plumage, à reflets chatoyants, est d'une grande magnificence et d'une grande variété de couleurs; il est surtout remarquable par les plumes des flancs, qui sont effilées et soyeuses et s'allongent en beaux panaches plus longs que le corps; il se nourrit d'insectes et de fruits.

PARADOXE, *sm.* Proposition contraire à l'opinion commune.

PARADOXURE, *sm.* Carnassier assez semblable à la civette, mais qui s'en distingue par sa queue qu'il peut rouler à volonté en spirale; il est de couleur noire mêlée de jaune; il habite les broussailles dans l'Inde.

PARAFE, *sm.* Marque qui accompagne une signature et qui peut s'employer seule pour en tenir lieu; l'apposition de cette marque est exigée sur certaines pièces dans des circonstances déterminées.

PARAFFINE, *sf.* Matière blanche solide, brillante, analogue à la stéarine par sa composition, qu'on extrait par distillation des schistes bitumineux, des charbons de terre analogues au lignite, du goudron de bois et de tourbe et des huiles de naphthe ou de pétrole; c'est une sorte de cire minérale jouissant de propriétés analogues à la stéarine; on en a fait des bougies et du savon; on l'emploie aussi dans la peinture.

PARAGE, *sm.* (*Féod.*) Extraction, descendance, lignée. | Tenure particulière d'un fief par laquelle l'aîné de la famille rendait seul hommage au seigneur et recevait l'hommage des puînés auxquels il avait distribué leur part d'héritage: il y en avait aussi par lesquelles un acquéreur rendait hommage pour ses coacquéreurs.

PARAGLOSSE, *sf.* (*Méd.*) Gonflement, tuméfaction de la langue. | (*Zool.*) Nom donné à deux appendices membraneux, divergents et garnis de poils, qui ont l'apparence de petits pinceaux aplatis, que certains insectes portent de chaque côté de leur langue.

PARAGOGE, *sf.* (*Litt.*) Addition d'une lettre ou d'une syllabe à la fin d'un mot, comme dans les mots *jusque à*, qui deviennent *jusques à* en poésie. | PARAGOGIQUE, *adj.* Lettre formant —.

PARAGRÊLE, *sm.* Appareil consistant en une sorte de paratonnerre portatif dont on a conseillé l'emploi pour préserver les champs de la grêle.

PARAGUANTE, *sf.* (pr. *-gouan-*). Présent fait en reconnaissance de quelque service; ne se dit guère qu'en mauvaise part.

PARAGUATAN, *sm.* (pr. *-goua-*). Arbuste de la famille des rubiacées dont l'écorce fournit une matière tinctoriale, et qui croît en Amérique, dans les régions de l'Orénoque.

PARAGUAY, *sm.* Préparation composée des feuilles et des fleurs d'une espèce d'aunée, des fleurs d'une espèce de spilanthe appelée vulg. *cresson de Para* et de racine de pyrèthre; le tout infusé pendant quinze jours dans de l'alcool et filtré; on l'emploie pour calmer les maux de dents.

PARALAMPSIE, *sf.* (*Méd.*) Espèce d'albugo; tache brillante et perlée qui se produit à l'angle de la cornée.

PARALIPOMÈNES, *smpl.* Partie de la Bible qui forme un supplément au livre des Rois. | En général, supplément, parties accessoires d'un ouvrage qu'on rejette à la fin.

PARALIPSE, *sf.* (*Litt.*) Figure de rhétorique qui consiste à fixer l'attention sur un objet, en feignant de le négliger.

PARALLACTIQUE, *adj.* (*Astr.*) Qui a rapport, qui appartient à la parallaxe. | Se dit, à tort, pour *parallatique*.

PARALLATIQUE, *adj.* Machine —. V. *Héliostat*.

PARALLAXE, *sf.* (*Astr.*) Angle formé au centre d'un astre par deux lignes droites menées de ce point, l'une au centre de la terre, l'autre au point de la surface terrestre où se fait une observation; cette donnée sert à mesurer la distance de la terre à cet astre.

PARALLÈLE, *adj.* (*Math.*) Se dit de deux lignes droites dans un même plan ou bien de deux plans, lorsqu'une ligne perpendiculaire à l'une des deux droites ou à l'un des deux plans est aussi perpendiculaire à l'autre, de sorte que ces deux droites ou ces deux plans prolongés indéfiniment ne se rencontreraient jamais et conserveraient entre eux la même distance. | (*Astr.*) Se dit de la sphère quand l'équateur et l'horizon sont dans le même plan. | *sm.* Cercles parallèles à l'équateur sur lesquels se comptent les longitudes; ils vont en diminuant jusqu'aux pôles. | (*Milit.*) Fossés parallèles à ceux d'une place assiégée qui sont pratiqués par les assiégeants. | (*Litt.*) Rapprochement établi par un écrivain entre deux personnages importants.

PARALLÉLIPIPÈDE, *sm.* (*Math.*) Corps solide terminé par six parallélogrammes, dont les opposés sont parallèles entre eux ; quand toutes ses faces sont des carrés, il prend le nom de *cube*.

PARALLÉLOGRAMME, *sm.* (*Math.*) Figure plane terminée par quatre lignes droites parallèles deux à deux ; elle prend le nom de *rectangle* si les angles sont droits, de *losange* si les côtés sont égaux et les angles aigus et obtus, enfin de *carré*, si les côtés sont égaux et les angles droits. | — de Watt, appareil composé de quatre tiges de fer articulées ensemble et parallèles deux à deux, qui se fixe par l'un de ses sommets à la tige du piston d'une machine, et qui sert à transformer le mouvement rectiligne de ce piston en mouvement circulaire.

PARALLÉLOGRAPHE, *sm.* Règle à vis qu'emploie le graveur pour tracer sur une planche de métal des parallèles de toute sorte.

PARALOGISME, *sm.* Démonstration contraire aux règles du raisonnement, erreur commise dans une démonstration, soit en déduisant mal une conséquence, soit en s'appuyant sur des principes faux.

PARALYSIE, *sf.* Affaiblissement ou diminution de la faculté de sentir ou de contracter les muscles, qui se manifeste dans une ou plusieurs parties du corps, soit tout d'un côté (*hémiplégie*), soit dans les membres inférieurs (*paraplégie*) ; elle est *idiopathique*, lorsqu'elle constitue la maladie principale indépendante de toute cause locale, et *symptomatique*, lorsqu'elle accompagne une autre maladie, particul. les maladies du cerveau et de la moelle épinière.

PARAMATTA, *sf.* Tissu croisé, léger, uni, chaîne de coton retors, trame de laine mérinos, employé pour robes de femme.

PARAMÉCIE, *sf.* Animalcule infusoire de dimensions relativement grandes, puisqu'on peut le distinguer à la loupe ; ils se développent surtout dans l'eau chargée de matières végétales.

PARAMÈTRE, *sm.* (*Math.*) Perpendiculaire élevée du foyer d'une courbe sur l'axe de cette courbe, et terminée à ses deux extrémités à la circonférence de la courbe ; c'est la double ordonnée passant par le foyer.

PARAMONT, *sm.* Sommet de la tête du cerf.

PARANGON, *sm.* et *adj.* Modèle, patron. | Diamant, perle sans défaut. | Espèce de marbre fort noir que les anciens tiraient de l'Égypte et de la Grèce. | Petit —, caractère d'imprimerie dont le corps est de dix-huit points. | Gros —, caractère de vingt-un points.

PARANGONNER, *va.* (*Impr.*) Aligner, ajuster ensemble des caractères d'imprimerie de dimensions différentes, au moyen d'espaces, de cadrats, etc.

PARANYMPHE, *sm.* (*Ant.*) Chez les païens, officier qui présidait aux mariages et en réglait les divertissements. | Discours de félicitations que l'un des membres de l'Université de Paris adressait à ceux qui avaient subi les concours avec succès ; ce personnage s'appelait aussi *paradigme*.

PARAPEGME, *sm.* (*Ant.*) Tables de métal sur lesquelles s'inscrivaient les lois et les actes de l'autorité publique. | Tables astronomiques sur lesquelles les anciens avaient inscrit la marche des astres, les saisons, etc.

PARAPET, *sm.* (*Milit.*) Dans une fortification, partie supérieure du rempart destinée à couvrir ceux qui sont chargés de le défendre ; c'est en général un exhaussement de terre précédé d'un fossé.

PARAPÉTALE, *sm.* (*Bot.*) Nom que portent dans certaines fleurs les appendices des pétales ou les pétales plus petits que les pétales normaux, et qui se trouvent à l'intérieur de la corolle.

PARAPHE, *sm.* V. *Parafe*.

PARAPHERNAL, E, *adj.* (*Jurisp.*) Se dit de ceux des biens de la femme, mariée sous le régime dotal, dont elle conserve l'administration et la jouissance.

PARAPHERNALITÉ, *sf.* (*Jurisp.*) État, condition des biens paraphernaux.

PARAPHRASE, *sf.* (*Litt.*) Explication plus étendue que le texte ou que la simple traduction du texte, qui a pour objet de développer une idée ou de fournir des commentaires sur une phrase obscure.

PARAPHRÉNÉSIE, *sf.* (*Méd.*) Inflammation du diaphragme ; on dit aussi *Paraphrénite*.

PARAPHROSYNIE, *sf.* (*Méd.*) Délire fébrile.

PARAPHYLLE, *sm.* (*Bot.*) Expansion foliacée qui n'a de la feuille que l'aspect et la consistance, mais qui n'affecte pas la même position.

PARAPHYSE, *sf.* (*Bot.*) Tube membraneux, articulé, qui accompagne les fructifications dans les mousses et les champignons.

PARAPLÉGIE, *sf.* (*Méd.*) Paralysie de la moitié inférieure du corps. V. *Paralysie*.

PARAPLEURÉSIE et PARAPLEURITE, *sf.* (*Méd.*) Fausse pleurésie, caractérisée par une douleur de côté devenue chronique.

PARAPOPLEXIE, *sf.* (*Méd.*) État soporeux qui simule l'apoplexie ; c'est une sorte d'assoupissement qui accompagne quelquefois les fièvres malignes.

PARASANGE, *sf.* (*Ant.*) Mesure itinéraire chez les Orientaux, qui répondait à environ cinq mille mètres.

PARASCÉNION ou PARASCÉNIUM, *sm.* (*Ant.*) Derrière du théâtre où les acteurs s'habillaient.

PARASÉLÈNE, *sf.* Image de la lune réfléchie dans un nuage par suite d'une réfraction dans les couches supérieures de l'atmosphère.

PARASÉMATOGRAPHIE, *sf.* Nom qu'on a donné à la science du blason et des armoiries.

PARASITE, *adj.* et *sm.* (*Hist. nat.*) Ce mot désigne les animaux et les plantes qui vivent aux dépens d'autres espèces, desquelles ils tirent leur nourriture; tels sont, dans le règne animal, les *vers intestinaux*, les *poux*, les *puces*, l'*œstre;* dans le règne végétal, le *gui*, la *cuscute*, l'*orobanche* et un certain nombre d'*orchidées* exotiques.

PARASITICIDE, *adj.* et *sm.* Se dit des médicaments employés pour détruire les parasites chez l'homme et les animaux, comme les vers, le ténia, les poux, la gale, etc.

PARATARTRIQUE, *adj.* (*Chim.*) Se dit d'un acide particulier très-ressemblant à l'acide tartrique, mais en différant par quelques particularités, qu'on trouve associé à cet acide dans quelques raisins et particul. dans les raisins aigres.

PARATILME, *sm.* (*Ant.*) Épilation; sorte de peine que l'on infligeait, chez les Grecs, à ceux qui s'étaient rendus coupables d'adultère.

PARATITLES, *smpl.* Nom qu'on a donné à des ouvrages renfermant l'explication abrégée de quelques titres ou livres de jurisprudence civile ou canonique. | PARATITLAIRE, *sm.* Auteur de —s.

PARATONNERRE, *sm.* Appareil destiné à préserver les bâtiments des effets de la foudre; c'est une tige métallique pointue, élevée verticalement sur le faîte de l'édifice, d'où elle agit par influence sur les nuages électriques en neutralisant leur excès d'électricité qu'elle attire et qui s'écoule dans le sol par une chaîne métallique fixée à la partie inférieure de la tige, longeant l'édifice et se rendant dans un puits ou dans un trou rempli d'eau.

PARATRIMME, *sm.* (*Méd.*) Inflammation érysipélateuse, ou excoriation des parties où il s'opère un certain frottement, comme du coccyx, de la plante des pieds, etc.

PARCAGE, *sm.* Séjour des troupeaux en plein air au milieu d'un champ, qui a pour objet de fumer ce champ par le moyen de leur fiente.

PARCHEMIN, *sm.* Peau écharnée sur un châssis, préparée à la pierre ponce, desséchée à la craie, et bien polie, qu'on emploie à divers usages; celles de chèvre ou de mouton servent à recevoir l'écriture; celles de bouc, d'âne et de chien sont employées pour cribles et tambours.

PARCHEMINÉ, E, *adj.* (*Bot.*) Se dit de certaines graines quand l'arille ou support est prolongé en entier sur la graine de façon à la recouvrir et à lui servir d'enveloppe.

PARCLOSE, *sf.* Enceinte d'une stalle d'église qui renferme le siége.

PARCOURS, *sm.* Droit de —, droit de mener paître ses troupeaux sur le terrain d'autrui ou sur un terrain commun.

PARD, *adj. m.* Chat- —. V. *Chat-Pard.*

PARDON, *sm.* Nom qu'on donne quelquefois aux jubilés, aux indulgences et à certains pèlerinages.

PARÉ, E, *adj.* (*Jurisp.*) Se dit des titres qui sont en forme exécutoire et en vertu desquels on peut contraindre les débiteurs au paiement.

PAREAUX, *smpl.* Gros cailloux percés par le milieu, que les pêcheurs attachent de distance en distance au bas d'un filet pour l'arrêter au fond.

PARÉCHÈSE, *sf.* (pr. -*kèze*). Consonnance, similitude de sons consécutifs, répétition de la même syllabe.

PARÉGORIQUE, *adj.* (*Méd.*) Se dit des remèdes qui calment, qui adoucissent.

PARÉLIE, *sf.* V. *Parhélie.*

PARELLE, *sf.* Espèce de lichen des montagnes d'Auvergne, qui fournit une sorte d'*orseille*, dite d'*Auvergne.*

PARELLON, *sm.* Variété de sésame à graine noire, cultivée en Provence; ses semences contiennent beaucoup d'huile.

PAREMBOLE, *sf.* (*Litt.*) Espèce de parenthèse dans laquelle le sens de la phrase incidente a un rapport direct au sujet de la phrase principale.

PAREMENT, *sm.* (*Archit.*) Surface apparente d'un ouvrage de maçonnerie, de menuiserie. | Côté d'une pierre qui doit paraître en dehors du mur. | Gros bâtons que le bûcheron met au-dessus d'un fagot. | Morceau de chair du cerf que l'on donne aux chiens. | Revers d'une manche ou du devant d'un habit.

PARÉMIOGRAPHIE, PARÉMIOLOGIE, *sf.* Traité sur les proverbes, recueil de proverbes, étude des proverbes.

PARENCÉPHALE, *sm.* Syn. de cervelet, partie particulière du cerveau.

PARENCÉPHALITE, *sf.* (*Méd.*) Inflammation du cervelet.

PARENCHYME, *sm.* (*Zool.*) Chez les animaux, tissu propre aux organes glanduleux. | (*Bot.*) Dans les végétaux, tissu tendre et spongieux qu'on trouve particulièrement dans les fruits charnus. | PARENCHYMATEUX, SE, *adj.* Qui est formé d'un —.

PARÉNÈSE, *sf.* (*Eccl.*) Discours moral, exhortation à la vertu, sermon. | PARÉNÉTIQUE, *adj.* Qui a rapport à la —; se dit particulièrement du style des discours religieux, des sermons.

PARER, *va.* (*Mar.*) Se dit quelquefois pour préparer, apprêter. | Laisser de côté soit un cap, soit un autre obstacle.

PARÈRE, *sm.* Avis signé de plusieurs commerçants notables et constatant tel ou tel usage commercial, afin d'être produit en justice.

PARERGON, *sm.* En style de beaux-arts,

superfluités, additions à l'œuvre principale. | On dit au plur. *Parerga.*

PARÉSIE, *sf.* (*Méd.*) Paralysie partielle des organes du mouvement, sans privation du sentiment.

PARESSEUX, *sm.* Quadrupède de l'ordre des édentés tardigrades, qui marche très-difficilement et ne se meut qu'avec une extrême lenteur; il appartient au genre *bradype;* il habite l'Amérique du Sud.

PARFAIT, *sm.* (*Litt.*) Celui des temps d'un verbe qui désigne une action accomplie dans un temps absolument passé ; on l'appelle quelquefois *prétérit* et plus généralement *passé.*

PARFILER, *va.* Défaire fil à fil le tissu d'un morceau d'étoffe ou de galon, soit d'or, soit d'argent, et séparer de la soie l'or ou l'argent qui la recouvre.

PARFOND, *sm.* Filet chargé de plomb. | Hameçon plombé qui reste au fond de l'eau.

PARFONDRE, *va.* Incorporer les couleurs à la plaque de verre ou d'émail, et les faire *fondre également.*

PARGASITE, *sf.* (*Minér.*) Variété d'amphibole à granules de couleur différente de celle du fond et d'aspect tigré, qu'on trouve en Allemagne.

PARHÉLIE ou PARÉLIE, *sf.* Image du soleil réfléchie dans les vapeurs nuageuses qui lui sont opposées; ce phénomène, très-rare, consiste le plus souvent dans l'apparition simultanée de plusieurs soleils qui sont placés symétriquement sur une circonférence lumineuse.

PARIA, *sm.* Homme de la dernière caste des Indiens qui suivent la loi de Brama; ils sont méprisés par tous les autres et ils subissent une foule d'interdictions.

PARIADE, *sf.* État des perdrix quand, pour s'apparier, elles cessent d'aller par compagnies. | Saison de la —. | Perdrix appariées.

PARIAN, *sm.* Sorte de pâte céramique à base de phosphate de chaux, dont on fait des *statuettes et divers petits objets; elle a le reflet jaune et l'aspect luisant de l'ivoire.*

PARIÉTAIRE, *sf.* Plante de la famille des urticées, à tiges étalées, à petites feuilles ovales, pointues, d'un vert sombre, à fleurs jaunâtres, sessiles, qui croît dans les fentes et au pied des vieux murs; c'est un diurétique très-énergique.

PARIÉTAL, *adj.* et *s. m.* (*Anat.*) Se dit de deux os qui forment les côtés et la voûte du crâne, et qui couvrent la plus grande partie du cerveau.

PARISETTE, *sf.* Petite plante des bois à tige droite, ne portant que quatre feuilles disposées en croix, de la rencontre desquelles part un pédoncule supportant une fleur à quatre pétales en croix de couleur verte, à ovaire surmonté de quatre styles; on l'a recommandée autrefois comme émétique.

PARISIENNE, *sf.* (*Impr.*) Nom que portait autrefois un petit caractère dont le corps a cinq points. | (*Comm.*) V. *Stoff.*

PARISIS, *adj.* | Nom des anciennes monnaies quand elles étaient frappées à Paris.

PARISYLLABIQUE, *adj.* (*Litt.*) Se dit des déclinaisons latines qui ont le même nombre de syllabes à tous les cas.

PARKÉSINE, *sf.* Matière imitant la corne ou l'ivoire et obtenue artificiellement par la combinaison d'huile solidifiée avec du coton, du caoutchouc, etc.

PARLEMENT, *sm.* C'était autrefois l'assemblée des grands du royaume convoqués pour traiter des affaires importantes. | Cour souveraine de justice qui connaissait directement des affaires qui lui étaient attribuées, et, par appel, des jugements des bailliages, sénéchaussées, etc.; elle était aussi chargée d'enregistrer les actes de l'autorité royale. | Dans certains pays, c'est l'ensemble des deux chambres qui, avec la Couronne, forment le pouvoir législatif.

PARLEMENTAIRE, *adj.* Qui appartient au parlement, aux assemblées délibérantes. | *sm.* Officier qu'un corps d'armée envoie à un autre corps d'armée avec lequel il est en guerre, pour lui offrir la paix ou un armistice, ou pour réclamer les prisonniers.

PARME, *sf.* (*Ant.*) Petit bouclier rond, qui était muni d'une poignée de cuir et se portait au bras.

PARMÉLIE, *sf.* Genre de la famille des lichens dont l'apothécie est étalée en forme de disque, et dont l'espèce la plus commune est adhérente sur les rochers et fournit l'*orseille.*

PARMENTIÈRE, *sf.* Ancien nom de la pomme de terre.

PARMESAN, *sm.* Fromage cuit, coloré avec du safran en jaune foncé, qu'on fabrique en Lombardie et dans les États-Sardes, et qu'on n'emploie guère que dans la confection du macaroni.

PARMULAIRE, *sm.* (*Ant.*) Nom du gladiateur qui combattait avec la parme.

PARMULE, *sf.* (*Ant.*) Très-petit bouclier rond qui était à l'usage de la cavalerie.

PARNASSIE, *sf.* Petite plante herbacée vivace, à tige simple, à grandes fleurs blanches, dont une espèce, qui se trouve dans les prairies marécageuses d'Europe, était autrefois recommandée contre les maladies de foie.

PARNASSIEN, *sm.* Genre de lépidoptères diurnes dont la chrysalide se forme une sorte de coque avec des feuilles liées par des fils de soie; ses ailes sont arrondies et non dentées; on le trouve dans les montagnes.

PARNUS, *sm.* V. *Dermeste.*

PARODONTIS, *sm.* (pr. -*tiss*). (*Méd.*) Tubercule douloureux aux gencives.

PAROI, *sf.* Cloison; tout corps qui sert de

séparation entre deux parties. | Nom que l'on donne à l'ensemble de la corne du pied de cheval.

PAROIR, *sm.* Instrument avec lequel les corroyeurs donnent la dernière façon aux peaux. | Hachette pour aplanir les douves d'un tonneau. | Couteau pour rogner l'excédant de la corne du pied d'un cheval quand on veut le ferrer.

PAROLI, *sm.* Au jeu, c'est la somme que l'on vient de gagner quand on la joue de nouveau en la doublant.

PARONOMASE, *sf.* (*Litt.*) Figure de diction qui consiste à employer dans une même phrase des mots dont le son est à peu près semblable, mais dont le sens est différent.

PARONOMASIE, *sf.* (*Litt.*) Ressemblance entre des mots de différentes langues.

PARONYCHIE, *sf.* (pr. *-kie*). V. *Panaris.*

PARONYME, *sm.* (*Litt.*) Mot qui a du rapport avec un autre par son étymologie ou seulement par sa forme, comme *impassible* et *impossible*, *retenir*, *soutenir* et *contenir*, etc.

PAROTIDE, *adj.* et *sf.* (*Anat.*) Se dit des deux plus considérables des glandes salivaires, situées à droite et à gauche, en partie au dessous de l'oreille, et qui communiquent avec la bouche par un conduit excréteur appelé *parotidien*, dont l'orifice est voisin des molaires supérieures.

PAROTIDITE ou PAROTITE, *sf.* (*Méd.*) Inflammation des glandes parotides ; on l'appelle vulg. *Oreillon.*

PAROTIQUE, *adj.* Qui avoisine les oreilles.

PAROU, *sm.* Apprêt que l'on donne à la chaîne d'une étoffe quand on vient de la placer sur le métier ; il consiste en général en une préparation de dextrine.

PAROXYSTIQUE ou PAROXYTIQUE, *adj.* (*Méd.*) Qui tient du paroxysme ; se dit des accès quand ils atteignent à leur point le plus aigu et particul. des fièvres intermittentes.

PARPAING, *sm.* (pr. *-pain*) (*Archit.*) Pierre, ordinairement au-dessous d'une baie de porte ou de fenêtre, qui tient toute l'épaisseur du mur et qui a deux parements, l'un en dehors, l'autre en dedans ; pour les portes on l'appelle aussi *seuil*, pour les fenêtres *appui* ; on l'a employé comme *adj.* avec le *fém.* *parpaine*, *parpaigne* ou *parpine.*

PARQUE, *sf.* Chacune des trois déesses qui, selon la mythologie ancienne, filaient, dévidaient et coupaient le fil de la vie des hommes.

PARQUET, *sm.* Lieu où siégent les magistrats du ministère public, les procureurs généraux, etc. | Ces magistrats eux-mêmes. | Autrefois, partie du théâtre qu'on appelle aujourd'hui *fauteuils d'orchestre.* | Assemblage de bois sur lequel les glaces sont appliquées et fixées. | (*Mar.*) Compartiment pratiqué dans la cale pour contenir les grains, le lest, etc.

PARSI, *sm.* Ancien persan, dialecte de la langue zend. | V. *Guèbre.*

PART, *sm.* Enfant nouveau-né ; ne s'emploie que dans ces mots : exposition de —, action d'abandonner un nouveau-né ; suppression de —, action de cacher un nouveau-né ; supposition de —, substitution de —, etc.

PARTANCE, *sf.* (*Mar.*) Départ, moment où le navire quitte la terre ; point où il prend la haute mer et cesse de voir le rivage.

PARTEMENT, *sm.* (*Mar.*) Direction du cours d'un vaisseau vers l'orient ou l'occident par rapport au méridien d'où il est parti.

PARTENAIRE ou PARTNER, *s.* Associé avec lequel on joue. | Toute personne avec laquelle on joue, soit comme associé, soit comme adversaire.

PARTÈNEMENT, *sm.* Dans le Midi, vastes réservoirs où l'on recueille et où l'on fait évaporer l'eau des étangs salés, pour en obtenir du sel.

PARTHÉNON, *sm.* (*Ant.*) Temple de Minerve, à Athènes.

PARTI, E, *adj.* (*Blas.*) Se dit de l'écu divisé du haut en bas en parties égales. | (*Bot.*) Se dit des parties qui sont profondément divisées par des divisions aiguës.

PARTIAIRE, *adj. m.* (pr. *-ciaire*). Colon —, cultivateur qui rend au propriétaire une partie convenue des récoltes et des autres produits de sa ferme.

PARTIBUS (IN), *loc. adv.* (*Lat.*) Expression latine qu'on emploie en parlant de celui qui a un titre d'évêché dans un pays occupé par les infidèles (*in partibus infidelium*).

PARTICIPE, *sm.* Forme particulière du verbe, qui joue dans la phrase le rôle d'adjectif ; on distingue le — présent, ex. : *aimant*, *chantant*, et le — passé, *aimé*, *chanté.*

PARTICULE, *sf.* Petit mot destiné à compléter ou à modifier le sens d'un autre mot ; telles sont les syllabes *dis*, *mé*, *dé*, dans les mots *disjoindre*, *méprise*, *déplaire*, etc. | Petite syllabe qu'on met au-devant d'un nom propre et qui lui donne souvent un caractère nobiliaire.

PARTISSOIR, *sm.* Instrument qu'on emploie pour tenir séparés les fils qui doivent être retordus.

PARTITIF, VE, *adj.* Se dit des substantifs et des adjectifs qui désignent une partie d'un tout, comme *moitié*, *dizaine*, *plusieurs*, *quelques*, etc.

PARTITION, *sf.* Œuvre musicale qui présente toutes les parties vocales et instrumentales d'un opéra.

PARTNER, *sm.* V. *Partenaire.*

PARTOLOGIE, *sf.* Traité des accouchements.

PARULIE, *sf.* Abcès, petit phlegmon qui survient aux gencives et qui provient le plus souvent de la carie des dents.

PARVIS, *sm.* (pr. *vi*). Place devant la grande porte d'une église et principalement d'une église cathédrale. | Espace qui était autour du tabernacle dans l'ancien temple de Jérusalem.

PASAN, *sm.* V. *Oryx.*

PAS D'ÂNE, *sm.* V. *Tussilage.*

PAS D'ARMES, *sm.* Au moyen âge, nom qu'on donnait aux tournois qui présentaient des conditions particulières, tels que la défense d'un passage, etc.

PASIGRAPHIE, *sf.* Ecriture par laquelle on peut rendre les sons employés dans toutes les langues, et par conséquent figurer toutes les langues par un seul genre de caractères.

PASPALE, *sm.* Plante graminée à chaumes articulés, à fleurs sessiles en épis portant des grains semblables à ceux du millet; on en trouve quelques espèces dans les prairies d'où elles sont extraites comme nuisibles aux bestiaux.

PASQUIL *sm.* PASQUILLE, *sf.* Plaisanterie grossière, qu'on appelle aussi *Pasquinade*, et que l'on écrit à Rome sur de petites affiches qui sont ensuite collées sur certaines statues.

PASSACAILLE, *sf.* Espèce de chaconne d'un mouvement plus lent que la chaconne ordinaire.

PASSALE, *sm.* Insecte coléoptère lamellicorne des pays chauds, remarquable par un étranglement prononcé qui sépare son corselet de son abdomen.

PASSANT, *sm.* Longue scie dénuée de monture, à l'usage du bûcheron.

PASSARILLES, *sfpl.* Raisins secs préparés dans les environs de Frontignan.

PASSAVANT, *sm.* Passage établi de chaque côté d'un vaisseau pour servir de communication entre les deux gaillards. | Acte, billet qui autorise à transporter d'un lieu à un autre une quantité de denrées ou de marchandises de moindre valeur que celles qui sont assujetties à l'acquit-à-caution.

PASSE, *sf.* Petite somme qu'on donne en plus ou en moins quand on paie en espèces qui valent plus ou moins que leur valeur nominale. | Ce qu'on paie pour le prix du sac où est renfermée la somme que l'on reçoit.

PASSÉ, *sm.* V. *Parfait.*

PASSE-CAMPANE, *sf.* V. *Capelet.*

PASSE-DEBOUT, *sm.* Permission donnée à un négociant ou à un voiturier de faire entrer, sans payer les droits, des marchandises dans une ville, qu'elles ne feront que traverser pour être conduites à leur destination.

PASSE-DIX, *sm.* Sorte de jeu à trois dés dans lequel un des joueurs parie amener plus de dix.

PASSEMENT, *sm.* Galon de soie ou de laine qu'on met au bord des vêtements et des meubles; c'est ce terme qui a donné naissance aux mots *passementerie* et *passementier*.

PASSE-MÉTEIL, *sm.* Blé où il y a deux tiers de froment sur un tiers de seigle.

PASSE-PARTOUT, *sm.* Clef qui sert à ouvrir une serrure déjà fermée par une clef différente. | Cadre tout préparé dans lequel on peut mettre une estampe quelconque. | Batte plate en fer qui sert à préparer le sable des moules dans les fonderies. | Scie à main très-fine et très-mince qui sert à découper du bois léger.

PASSE-PERLE, *sm.* Fil de fer très-fin dont on fait des cardes.

PASSE-PIED, *sm.* Espèce de danse sur un air à trois temps, dont le mouvement est fort rapide.

PASSE-PIERRE, *sf.* V. *Bacile.*

PASSE-POIL, *sm.* Liseré de soie, de drap, qui borde certaines parties d'un vêtement, le long d'une couture.

PASSERAGE, *sf.* Petite plante crucifère herbacée, à fleurs blanchâtres, dont une espèce cultivée porte le nom de *cresson alénois ;* une autre de ses espèces, très-âcre et antiscorbutique, était autrefois réputée guérir la rage.

PASSEREAU, *sm.* (*Zool.*) Nom commun à tous les oiseaux de petite ou de moyenne taille, à bec court, perchant sur les arbres, et qui ne sont ni nageurs, ni échassiers, ni grimpeurs, ni rapaces, ni gallinacés; on les divise suivant la forme de leur bec en *dentirostres, fissirostres, conirostres, ténuirostres*, etc. (V. ces mots.)

PASSERELLE, *sf.* Sorte de pont plus ou moins étroit, qui ne sert qu'aux piétons.

PASSERESSE, *sf.* Petit cordage servant de supplément aux cargues de certaines voiles pour bien serrer ces voiles contre le mât quand le vent est très-fort.

PASSERIE, *sf.* Liqueur aigre dont on se sert pour faire enfler les peaux.

PASSERILLE, *sf.* Raisin du Midi, privé par une demi-dessiccation d'une grande portion de son eau.

PASSERINE, *adj. f.* Se dit d'une colombe de très-petite taille. | *sf.* Petit arbrisseau voisin du daphné, à fleurs presque imperceptibles; le bois jaunâtre et les fleurs d'une de ses espèces, commune en Espagne, sont employés par les teinturiers.

PASSEROSE, *sf.* V. *Alcée.*

PASSETTE, *sf.* Petite plaque de cuivre qu'emploie le tisseur en soie pour disposer à leur place les soies de la chaine.

PASSE-VOLANT, *sm.* Nom que l'on donnait aux hommes que, dans les jours de revue, un capitaine faisait figurer parmi ses soldats afin de dissimuler aux inspecteurs les vides de son régiment et pour toucher la paie de soldats qu'il n'avait pas.

PASSIFLORE, *sf.* Plante à tiges sarmenteuses grimpantes, à feuilles alternes, à fleurs grandes, en roue, munies de divers appendices que l'on a comparés, ainsi que le pistil et les étamines, aux instruments de la Passion, d'où est venu à cette fleur, appelée aussi *grenadille*, le nom vulgaire de *fleur de la passion*.

PASSIFLORE, *sf.* V. *Grenadille*.

PASSULAT, *sm.* Nom qu'on donnait aux médicaments qu'on préparait autrefois avec des raisins secs.

PASSULE, *sf.* Raisins secs.

PASTEL, *sm.* Sorte de crayon fait de couleurs pulvérisées et incorporées avec une eau de gomme; on en fait de toute sorte de couleurs, et on s'en sert pour peindre des portraits et des paysages. | Plante tinctoriale. V. *Guède*.

PASTENAGUE, *sf.* Espèce de raie portant une queue armée d'un aiguillon dentelé en scie des deux côtés; sa tête est enveloppée par les nageoires pectorales; sa chair est très-estimée; on la trouve dans la Méditerranée et l'Océan.

PASTÈQUE, *sf.* Espèce de melon de forme ovale, à chair molle, sucrée, très-rafraîchissante, que l'on cultive dans le midi de l'Europe, et qu'on appelle aussi melon d'eau.

PASTER, *vn.* Se dit du lièvre quand il a emporté de la terre avec ses pattes en traversant des lieux humides.

PASTICHE, *sm.* Tableau où un peintre a imité la manière d'un autre. | OEuvre littéraire dont le style et la manière sont calqués sur ceux d'un autre. | Opéra dont la partition est composée de morceaux de différents maîtres.

PASTILLAGE, *sm.* Imitation d'un objet faite d'une pâte de sucre.

PASTOPHORE, *sm.* (*Ant.*) Nom des prêtres grecs et égyptiens, et particul. de ceux qui étaient chargés de lever le voile qui cachait la divinité aux profanes.

PASTORAL, *sm.* Livre où sont contenues les prières, les cérémonies et les fonctions d'un évêque, et particul. celles qui sont extraordinaires et les cérémonies solennelles.

PASTORALE, *sf.* (*Litt.*) Poëme, roman pastoral, composé de scènes simples et champêtres. | (*Mus.*) Air dont le chant imite celui des bergers et rappelle la nature champêtre.

PAT, *sm.* (pr. *patt*). Terme du jeu des échecs qui se dit lorsqu'un des deux joueurs n'ayant pas son roi en échec, ne peut plus jouer sans le mettre en prise. | V. *Jute*.

PÂT, *sm.* Nourriture qu'on donne aux chiens de chasse; c'est un mélange de farine et de son détrempé dans des eaux grasses.

PATACHE, *sf.* Sorte de bâtiment léger qu'on employait autrefois pour aller à la découverte et servir d'aides aux grands navires. | Petit bâtiment ancré dans un fleuve, une rivière pour la perception des droits sur les marchandises. | Barque ou bâtiment qui transportait des lettres et des passagers sur des rivières. | Ancienne voiture publique de transport. | PATACHON, *sm.* Celui qui dirige la —.

PATAQUE, *sf.* Monnaie d'argent qui valait 55 c. à Turin. | Monnaie d'argent du Brésil qui vaut 1 fr. 75 c.; on l'appelle aussi *patacon*.

PATAR, *sm.* V. *Patard*.

PATARASSE, *sf.* Sorte de hache ou de ciseau en usage dans la marine, particul. pour enfoncer l'étoupe dans les coutures du bordage.

PATARD, *sm.* Petite monnaie ancienne qui valait environ un sou tournoi et demi. | Se dit particul. pour exprimer la plus petite monnaie possible, comme dans cette phrase : *cela ne vaut pas un patard*.

PATARIN, *sm.* Nom des hérétiques appelés aussi *albigeois*, qui professaient des idées contraires à la foi sur la création du monde et de l'homme.

PATAS, *sm.* Espèce de cercopithèque qui habite les forêts du Sénégal.

PATATE, *sf.* Plante du genre des liserons, à feuilles triangulaires, qui a de grosses racines tuberculeuses, semblables à des pommes de terre, qui sont comestibles; on la cultive dans le midi de l'Europe.

PATAVINITÉ, *sf.* Incorrection de langage; formes empruntées aux dialectes d'une langue et non à la langue elle-même.

PATCHOULI, *sm.* Plante labiée de l'Inde, dont l'odeur est forte et pénétrante; elle arrive en Europe en poudre ou en débris, et s'emploie pour préserver les vêtements des insectes.

PATELIN, *sm.* Pot ou creuset dans lequel on fait fondre un mélange destiné à faire du verre, afin de savoir si ses proportions sont convenables.

PATELLE, *sf.* Genre de mollusques dont la coquille ressemble à une petite écuelle; on mange sa chair qui est coriace et d'un goût médiocre; elle se trouve sur les côtes de France.

PATÈNE, *sf.* Petit plat en or ou en argent entièrement uni, qui sert à couvrir le calice et à recevoir l'hostie, et qu'on donne à baiser aux personnes qui vont à l'offrande.

PATENÔTRE, *sf.* Ancien nom du chapelet. | Morceaux de liége qui soutiennent au-dessus de l'eau les filets des pêcheurs. | Chaîne s'enroulant autour d'un tambour et munie de seaux de distance en distance, qui sert à monter de l'eau. | (*Archit.*) Ornements en forme de chapelet qu'on place en cordon au-dessus des oves.

PATENTE, *sf.* Nom qu'on donnait autrefois aux permissions, aux diplômes accordés par le roi ou par des corps publics. | L'une des quatre contributions directes, prélevée sur tous ceux qui exercent un commerce ou une industrie. | Certificat de santé qu'on délivre à un vaisseau qui quitte un port; la — nette se délivre aux vaisseaux partis d'un pays sain, et la — brute, à ceux qui viennent d'un port infecté de quelque maladie contagieuse. | Essieu à —, essieu dont la fusée tourne dans une boîte de disposition particulière, qui a pour effet de diminuer considérablement le frottement.

PATÈRE, *sf.* Chez les anciens, soucoupe. | (*Archit.*) Ornement de forme circulaire, qui se place dans les métopes de la frise dorique.

PATHÉTIQUE, *adj.* et *sm.* (*Litt.*) Se dit de l'art d'exciter les passions, soit en communiquant aux autres les sentiments dont on est soi-même pénétré, soit en faisant naître ces sentiments par un récit, un exposé, une peinture.

PATHOGÉNÉSIE, *sf.* (*Méd.*) Origine des maladies, leurs causes, leurs principes.

PATHOGÉNIE, *sf.* Partie de la médecine qui traite de la manière dont les maladies se produisent et se développent.

PATHOGNOMONIQUE, *adj.* (*Méd.*) Se dit des signes qui annoncent une maladie, qui sont spéciaux à telle ou telle affection.

PATHOLOGIE, *sf.* Branche de la médecine qui a pour objet la connaissance des maladies, leur siége, les phénomènes qui les précèdent et les suivent, *leur marche, leur durée*, leurs modes divers de terminaison, leur traitement préservatif et curatif, etc. | — interne, la médecine proprement dite. | — externe, la chirurgie.

PATHOS, *sm.* (*Litt.*) Ancien terme qui était syn. de *pathétique*. (V. ce mot.)

PATIBULAIRE, *adj.* Qui tient du gibet, qui est destiné au gibet, à la potence.

PATIENCE, *sf.* Plante herbacée à racines vivaces, à petites fleurs verdâtres en grappe, dont une espèce, commune en France, s'emploie contre les maladies de la peau et du système lymphatique; *l'oseille est une autre de ses espèces.*

PATIN, *sm.* Autrefois, chaussure très-haute. | Chaussure ferrée pour *patiner*, c.-à-d. pour glisser sur la glace. | (*Archit.*) Pièce de bois qu'on pose de niveau sur la charpente d'un escalier pour lui servir de base; elle repose elle-même sur une assise de pierre. | Pièce de bois que l'on couche sur des pieux dans des fondations où le terrain n'est pas solide et sur lesquelles on assure des plates-formes pour bâtir dans l'eau. | En général, toute pièce de bois posée à plat pour en recevoir d'autres.

PATINE, *sf.* Couche d'oxyde qui se forme sur les vieilles médailles de bronze, les vieilles médailles, etc., et qui en est comme le vernis. | Dépôt quelconque qui se forme sur les objets par suite de vétusté.

PÂTIS, *sm.* (pr. *-ti*). Lieu inculte ou en friche qui ne sert qu'à mener paître les bestiaux.

PATISSON, *sm.* Espèce de courge appelée aussi *bonnet de prêtre*, qui peut se conserver pendant l'hiver; elle est très-savoureuse.

PATNA, *sm.* Calicot imprimé dont on fait des rideaux de lit en Hollande.

PATOIS, *sm.* Langage vulgaire particulier à une contrée, à une province, et qui n'est qu'une corruption de la langue mère.

PATOUILLE, *sf.* ou PATOUILLET, *sm.* Machine dont on se sert pour séparer, dans les établissements métallurgiques, le minerai de fer, de la terre qui l'accompagne; c'est une sorte d'auge dans laquelle tourne un cylindre incliné.

PATOUILLEUSE, *adj.* (*Mar.*) Se dit de la mer quand ses lames sont grosses, courtes, *agitées dans plusieurs sens*, de façon à gêner le mouvement des avirons et la marche des embarcations à rames.

PATRAQUE, *sf.* Petite boîte placée au-dessus des coucous ou horloges à poids qu'on fabrique dans la Forêt-Noire, et dans laquelle se trouve une figure mécanique qui sort au moment où l'heure sonne.

PATRIARCHE, *sm.* Dans l'Église orthodoxe grecque, c'est le rang correspondant à celui d'évêque dans l'Église catholique.

PATRIARCHIES, *sfpl.* Les cinq églises de Rome qui représentent les cinq juridictions des patriarches ou évêques des premiers siéges épiscopaux, savoir: Rome, Constantinople, Alexandrie, Antioche, Jérusalem.

PATRICE, *sm.* Dans l'empire romain c'était le nom des membres d'un conseil de gouvernement occupant le premier rang après l'empereur. | PATRICIAT, *sm.* Ordre des —s.

PATRICIEN, NE, *adj.* et *s.* Chez les Romains, nom de ceux qui étaient issus des premières familles de nobles ou de sénateurs.

PATRISTIQUE, PATROLOGIE, *sf.* Discours, étude ou traité sur les pères de l'Église.

PATRONYMIQUE, *adj.* Se dit du nom de famille, du nom commun à tous les descendants d'une race.

PATROUILLE, *sf.* Outil à l'usage des boulangers et des pâtissiers, appelé aussi *écouvillon*. (*V. ce mot.*)

PATTER, *va.* Régler le papier de musique avec un instrument appelé *patte*, sorte de règle sur laquelle sont fixées cinq pointes parallèles.

PATURIN, *sm.* Plante graminée à feuilles longues, linéaires, engainantes, à fleurs en panicules rameuses; plusieurs de ses espèces sont communes dans les prairies et fournissent un foin excellent.

PATURON, *sm.* Partie du bas de la jambe du cheval, qui s'articule à la suite du boulet et aboutit à la couronne. | Se dit aussi des crins de cette partie de la jambe. | Petit champignon blanc très-recherché pour la cuisine; il ressemble beaucoup au mousseron et au champignon de couche.

PAUL, *sm.* V. *Paolo.*

PAULLINIA, *sm.* Arbrisseau à tiges grimpantes et flexibles, qu'on trouve au Brésil et dont le fruit réduit en poudre donne, sous le nom de *guarana*, une pâte employée contre la diarrhée et la dyssenterie, et réputée efficace contre les névralgies et les migraines.

PAULOWNIA, *sm.* Arbre du Japon de la famille des scrofulariées; il a dix ou quinze mètres de haut, et porte de belles feuilles cordiformes et des fleurs grandes pourpres ou bleues qui viennent au printemps avant les feuilles; on le cultive dans les jardins d'Europe.

PAUME, *sf.* (*Anat.*) Partie large de la main depuis le poignet jusqu'aux doigts, comprenant le poignet et le métacarpe. | V. PALME, *sm.* | Jeu de —, sorte de jeu de balle auquel se livrent deux ou plusieurs personnes, le plus souvent dans un lieu clos.

PAUMELLE, *sf.* Sorte de gant de peau de chien marin que les ouvriers en maroquin emploient pour donner le grain au cuir. | Sorte de gond qui s'applique sur une porte ou sur une fenêtre, et pivote dans une crapaudine fixée au chambranle. | Cage où l'on met un oiseau qui sert d'appeau. | V. *Pamelle.*

PAUMILLON, *sm.* Partie de la charrue où s'attachent les bœufs ou les chevaux.

PAUPÉRISME, *sm.* Situation d'une société dans laquelle il y a des pauvres.

PAUPIÈRE, *sf.* Nom de chacune des deux paires d'appendices mobiles qui couvrent les yeux des mammifères et des oiseaux, et qui, en se rapprochant, les garantissent de la clarté trop vive ou de l'action des corps extérieurs.

PAUSE, *sf.* (*Mus.*) Intervalle de temps pendant lequel un ou plusieurs musiciens demeurent sans chanter ou sans jouer; il équivaut à une mesure à quatre temps.

PAUXI, *sm.* Espèce de hocco à plumage noir, à queue arrondie, que l'on trouve à la Guyane; il peut devenir facilement domestique; il se nourrit de fruits et de graines.

PAVAME, *sm.* Bois de sassafras.

PAVANE, *sf.* Ancienne danse grave et sérieuse, qui consistait en quelques pas en avant suivis de quelques pas en arrière, ainsi de suite.

PAVERADE, *sf.* Toile qu'on tendait autrefois autour des bords d'une galère le jour d'un combat pour dérober aux ennemis la vue de ce qui se passait sur le pont.

PAVIE, *sm.* Pêche à chair rouge ou jaune adhérente au noyau; on l'appelle aussi *alberge.* (V. ce mot.)

PAVILLON, *sm.* (*Mar.*) Espèce de bannière en forme de carré long, se plaçant généralement à l'arrière, et dont le principal usage est de faire connaître à quelle nation appartient le navire sur lequel elle est arborée. | Mettre le — *en berne*, c'est le plier dans sa hauteur comme signal de détresse et pour demander du secours. | — de l'oreille, cartilage de la partie extérieure de l'oreille, ce qu'on appelle vulgairement *oreille.* | Partie évasée, en forme d'entonnoir, qui termine certains instruments à vent.

PAVOIS, *sm.* Autrefois, sorte de grand bouclier. | Tenture de drap bleu avec bordures jaunes ou rouges, qu'on étend sur le bord d'un bâtiment et les fronteaux des dunes les jours de solennité ou de réjouissance.

PAVOISER, *va.* Garnir un bâtiment de ses pavois et de tous ses pavillons en signe de réjouissance.

PAVONIE, *sf.* Arbrisseau de la famille des malvacées, dont les feuilles sont couvertes de petits points ronds et transparents, et dont les fleurs sont disposées en corymbes; on la cultive en Europe. | Genre de lépidoptères diurnes assez voisin du morpho; on donne aussi ce nom à un papillon de nuit. V. *Saturnie.*

PAVOT, *sm.* Plante herbacée, type de la famille des papavéracées, à fleurs grandes composées d'un calice à deux folioles, de quatre pétales, d'un grand nombre d'étamines insérées sous un ovaire globuleux, uniloculaire, monosperme; on en cultive plusieurs espèces, soit pour l'extraction de l'huile d'œillette que fournissent leurs graines, soit pour en retirer l'*opium*, suc qui en découle par incision; l'espèce vulgaire, à fleurs rouges, porte le nom de *coquelicot.*

PÉAGE, *sm.* Droit que l'on paie pour traverser un pont, un chemin, une chaussée, un canal ou un détroit.

PEAUSSIER, *adj.* (*Anat.*) Se dit d'un double muscle très-large, situé à droite et à gauche du cou et fronçant la peau en travers; il se prolonge sur la face. | *sm.* Artisan qui travaille les peaux déjà tannées; marchand de peaux corroyées ou mégies.

PÉBRINE, *sf.* Maladie des vers à soie qui est contagieuse et héréditaire et qui a gagné de proche en proche tous les pays producteurs depuis 1855.

PEC, *adj. m.* Hareng —, hareng fraîchement salé et encaqué.

PÉCARI, *sm.* Mammifère pachyderme d'Amérique, assez voisin du cochon par sa conformation; il vit en troupes dans les bois où il se nourrit de fruits sauvages et de racines; on l'appelle aussi *cochon sauvage* ou *cochon d'Amérique*; sa chair est excellente.

PECCANT, E, *adj.* (*Méd.*) Humeur —e, se disait, dans l'ancienne médecine, des humeurs qui péchaient en quantité ou en qualité.

PECCO, *sm.* V. *Pékao*

PÉCHÉ, *sm.* (*Théol.*) Transgression de la loi divine; on distingue le — originel et le — actuel; ce dernier peut être *mortel* ou *véniel*, etc.

PÊCHERIE, *sf.* Région dans laquelle on va pêcher la morue, la baleine ou le hareng.

PECHSTEIN, *sm.* Quartz résinite, variété de quartz d'aspect luisant et résineux.

PÉCHURANE, *sm.* (*Minér.*) Minéral noir d'aspect gras, infusible, qu'on trouve dans les mines de cobalt et d'argent en Allemagne; c'est un oxyde d'urane.

PÉCHURIN, *sm.* V. *Pichurim.*

PÉCHYAGRE, *sf.* (*Méd.*) Goutte qui affecte le coude.

PECTEN, *sm.* V. *Peigne.*

PECTINE, *sf.* Principe immédiat des végétaux qui s'obtient sous forme de gelée transparente; elle est transformée par les alcalis en *acide pectique*, lequel, existant à l'état naturel dans diverses racines, donne avec les bases des sels appelés *pectates.*

PECTINÉ, E, *adj.* (*Hist. nat.*) Qui a des dents comme un peigne. | (*Anat.*) Se dit d'un muscle de la cuisse qui en occupe la partie interne.

PECTIQUE, *adj.* Acide —. V. *Pectine.*

PECTORAL, E, *adj.* (*Hist. nat.*) Qui appartient à la poitrine. | (*Anat.*) Se dit des muscles qui s'attachent sur la région antérieure de la poitrine. | (*Méd.*) Se dit des médicaments propres aux maladies de la poitrine. | Croix —e, croix que les évêques portent sur la poitrine pour marque de leur dignité. | *sm.* Ornement que le grand-prêtre des Juifs portait sur sa poitrine.

PECTORILOQUIE, *sf.* (*Méd.*) Phénomène que présentent certains phthisiques lorsque, leur poitrine étant explorée à l'aide du stéthoscope, la voix semble sortir à travers les parois du thorax; ce phénomène indique l'existence de cavernes résultant de la suppuration des tubercules.

PÉCULAT, *sm.* Vol des deniers publics fait par ceux qui en ont le maniement et l'administration. | Bénéfice plus ou moins illégitime fait par les mêmes personnes.

PÉCULE, *sm.* Se dit proprement des économies que font les domestiques, par analogie avec le — des Romains, qui était l'argent amassé par un esclave.

PÉDAGOGIE, *sf.* Instruction, éducation des enfants; art d'élever la jeunesse.

PÉDAGOGUE, *sm.* Autrefois, principal de collége. | Se dit aujourd'hui, le plus souvent en mauvaise part, de celui qui enseigne des enfants, et plus particul. d'un homme qui prétend tout savoir et tout critiquer et ne peut supporter aucune contradiction.

PÉDALE, *sf.* Gros tuyau d'orgue qu'on fait jouer avec le pied. | Touches de fer placées au bas d'un piano ou d'une harpe et qu'on abaisse avec le pied pour modifier le son. | | Note qu'on soutient pendant divers accords successifs, bien qu'elle ne fasse pas partie de ces accords.

PÉDATROPHIE, *sf.* (*Méd.*) Gonflement des glandes du mésentère chez les enfants; carreau.

PÉDIAL, E, *adj.* (*Hist. nat.*) Qui appartient aux pieds ou aux pattes.

PÉDICELLE, *sm.* (*Bot.*) Subdivision, ramification d'un pédoncule. | Filet qui supporte l'urne des mousses et quelques champignons.

PÉDICULAIRE, *adj.* Maladie —, se dit d'une maladie qui cause la naissance d'une multitude de poux. | *sf.* Petite plante de la famille des scrofulariées, à fleurs en épi, à feuilles découpées, qu'on trouve dans les lieux humides; on a cru qu'une de ses espèces communiquait des poux aux bestiaux qui en approchaient.

PÉDICULE, *sm.* (*Bot.*) Espèce de queue propre à certaines parties des plantes; ne s'emploie guère que pour les plantes cryptogames; pour les plantes phanérogames on dit *pédoncule* ou *pédicelle.* | (*Zool.*) Partie servant de base à certains organes ou à certaines excroissances qui se développent chez certains animaux.

PÉDICURE, *sm.* Chirurgien qui s'occupe exclusivement du soin des pieds, de l'extraction des cors, etc.

PÉDIEUX, SE, *adj.* Qui appartient au pied. | *sm.* Partie de l'armure qui s'adapte aux pieds.

PÉDILUVE, *sm.* (*Méd.*) Nom technique du bain de pieds.

PÉDIMANE, *adj.* et *s.* (*Zool.*) Se dit des marsupiaux dont les pieds de derrière ont le pouce écarté des autres doigts, de même que ceux de devant.

PÉDOMÈTRE, *sm.* V. *Odomètre.*

PÉDON, *sm.* Courrier à pied.

PÉDONCULE, *sm.* Support d'une fleur ou d'un fruit. | Prolongements en forme de cordon qui occupent la base du cerveau, du cervelet et de la glande pinéale.

PEDUM, *sm.* (*Ant.*) Bâton recourbé par le bout que portaient les bergers en Grèce.

PÉGA, *sm.* Mesure de capacité autrefois en usage dans le midi de la France; elle représente 3 litres 15 centilitres environ.

PÉGASE, *sm.* Poisson osseux, de forme bizarre, à museau saillant et muni de nageoires pectorales assez fortes pour pouvoir le soutenir un certain temps dans l'air; on le trouve dans la mer des Indes.

PEGMATITE, *sf.* (*Minér.*) Roche feldspathique dans laquelle sont implantés des cristaux de quartz; elle se trouve dans les terrains primitifs.

PÉGOLIÈRE, *sf.* Bateau dans lequel on a maçonné des chaudières avec des fourneaux pour chauffer le courai quand on veut en enduire la carène d'un vaisseau; on dit aussi *Pigouillère.*

PÉGOMANCIE, *sf.* (*Sc. occ.*) Divination prétendue par le mouvement des eaux et des fontaines.

PEHLVI ou PEHLVIEN, NE, *adj.* Se dit d'une langue qui se parlait autrefois dans une partie de l'Asie, notamment à Suse et dans l'ancienne Médie; c'est l'ancien persan.

PEIGNE, *sm.* Nom que portent dans les arts divers instruments de la forme d'un râteau, à dents plus ou moins longues et espacées. | Châssis portant un grand nombre de fentes parallèles très-rapprochées, dans lesquelles sont placés les fils de la chaîne, et qui écarte et soulève ces fils à volonté pour le passage de la navette. | Outil denté propre à pratiquer un pas de vis sur la circonférence interne ou externe d'un cylindre creux ou plein placé sur le tour. | (*Zool.*) Membrane noire plissée, située entre la rétine et le cristallin chez les oiseaux, et qui paraît être un prolongement nerveux destiné à augmenter l'étendue de la surface visuelle. | Mollusque bivalve dont les coquilles plates sillonnées ressemblent à un peigne; il est voisin de l'huître par sa conformation, et vit au fond de la mer. | — de Vénus, petite plante ombellifère portant des fruits très-allongés et disposés comme les dents d'un peigne.

PEINTADE, *sf.* V. *Pintade.*

PÉJORATIF, VE, *adj.* (*Litt.*) Se dit de certains augmentatifs qui se prennent en mauvaise part; *criailler* est le *péjoratif* de *crier.*

PÉKAN, *sm.* Espèce de martre du Canada qui habite des terriers au bord des lacs et des rivières, et dont la fourrure brun marron, fine et brillante, est très-recherchée.

PÉKAO, *sm.* Variété de thé noir dont les feuilles sont quelquefois piquetées de blanc et qui vient du nord de la Chine; il est d'assez bonne qualité.

PÉKIN, *sm.* Espèce d'étoffe de soie faite en Chine, dont le tissu ressemble à celui du taffetas.

PÉKO, *sm.* V. *Pékao.*

PELADE, *sf.* Laine dure, sèche, provenant de peaux de mouton traitées par l'eau de chaux; on en fait de la grosse draperie, de la bonnèterie et des couvertures. | Sorte de maladie qui fait tomber les poils et les cheveux.

PELAGE, *sm.* Peau de certains animaux, à fourrure lorsqu'elle est revêtue de ses poils.

PÉLAGE, *sm.* Espèce de phoque de 3 à 4 mètres de long, à ventre blanc, qui habite dans la mer Adriatique et dans le voisinage de la Grèce.

PÉLAGIE, *sf.* (*Méd.*) Sorte d'érysipèle écailleux.

PÉLAGIEN, NE, *adj.* (*Zool.*) Se dit des mollusques, des poissons qui vivent dans les profondeurs de la mer. | Se dit des oiseaux à grandes ailes qui se tiennent constamment dans la haute mer.

PÉLAGIQUE, *adj.* (*Géol.*) Se dit des formations terrestres qui résultent de l'action de la mer.

PÉLAMYDE, *sm.* Poisson acanthoptérygien voisin du thon par sa conformation, mais à museau plus pointu; sa taille atteint 60 à 65 centimètres; on le trouve dans la Méditerranée.

PELARD, *adj. m.* Bois —, bois dont on a ôté l'écorce avant de l'abattre, pour en faire du tan.

PELARGONIUM, *sm.* Genre de plantes voisines du géranium par leur conformation générale; la plupart de ses espèces viennent du Cap et sont recherchées pour l'ornement des jardins.

PÉLÉCOÏDE, *adj.* et *sm.* (*Math.*) Se dit d'une figure en forme de fer de hache, composée d'un demi-cercle et de deux quarts de cercle de même rayon, qui sont opposés l'un à l'autre par leur partie convexe et se touchent par l'une de leurs extrémités, tandis que les deux autres touchent les extrémités du demi-cercle; la surface de cette figure peut être convertie en un carré.

PÈLERIN, *sm.* Espèce de requin qu'on trouve dans les régions arctiques.

PÉLICAN, *sm.* Oiseau de l'ordre des palmipèdes, qui a le bec très-long, droit et crochu à la pointe; il porte à sa mandibule inférieure une sorte de poche dans laquelle il entasse et met en réserve ses provisions; il est de la grosseur du cygne et tout à fait blanc. | Alambic de verre d'une seule pièce, avec chapiteau à deux becs revenant vers la cucurbite, qu'on employait autrefois pour distiller plusieurs fois de suite un même liquide. | Crochet recourbé pour assujettir sur l'établi une pièce de bois. | Instrument particulier pour l'extraction des grosses molaires, qui prend son point d'appui sur le manche même et ne peut pas casser la dent.

PÉLIOSE, *sf.* Taches rouges sur la peau.

PELLAGRE, *sf.* Maladie de peau, caractérisée par une inflammation chronique, exanthématique ou squammeuse, qui attaque les parties du corps exposées à la lumière; elle est endémique dans certaines campagnes et peut avoir des conséquences graves; on l'a attribuée à l'excès du maïs dans l'alimentation.

PELLETERIE, *sf.* Art d'apprêter les peaux pour en faire des fourrures. | —s, *sfpl.* Peaux garnies de poil dont on fait des fourrures.

PELLUCIDE, *adj.* (*Hist. nat.*) Qui est transparent ou demi-transparent.

PÉLOPIUM, *sm.* V. *Niobium.*

PELOTAGE, *sm.* Poil de chevreau ou de vigogne en pelotes, qu'on tire d'Orient.

PELTASTE, *sm.* (*Ant.*) Fantassin de l'ancienne milice grecque, qui était armé du bouclier appelé | PELTE, *sf.*

PELTÉ, E, *adj.* (*Bot.*) Se dit des organes

tels que les feuilles, lorsqu'ils s'insèrent en un point de leur limbe et non par un angle de leur circonférence, à la manière d'un bouclier.

PELTRE, *sm.* Toile grossière que l'on fabrique en Bretagne.

PELUCHE, *sf.* Tissu à poil long, couché, soyeux et brillant, fait de coton, laine et soie, ou de soie et coton, etc.; on en fait des chapeaux d'homme et de femme.

PELURE, *sf.* Laine abattue ou détachée de la peau de mouton par le moyen de la chaux ou par d'autres procédés; on en fait des couvertures et de la bonneterie.

PÉLUSIENNE, *adj. f.* Boisson — ou *de Péluse*, se dit quelquefois, en poésie, de la bière, du nom de son prétendu inventeur.

PELVIEN, NE, *adj.* (*Anat.*) Qui a rapport au bassin; se dit des membres inférieurs du corps, par oppos. aux membres *thoraciques*, qui sont les membres supérieurs.

PEMMICAN, *sm.* Préparation de viande très-nutritive sous un faible volume, qu'on emporte dans les longues traversées.

PEMPHIGUS, *sm.* (pr. *pan-fi-guss*). (*Méd.*) Phlegmasie cutanée, éruption de vésicules séreuses, qui occupe toute la peau et peut acquérir une certaine gravité.

PÉNAL, E, *adj.* Qui concerne les peines infligées par la justice.

PENARD, *sm.* V. *Pennard.*

PENCE, *smpl.* (pr. *pince*). V. *Penny.*

PENDENTIF, *sm.* Portion de voûte sphérique placée entre les quatre grands arcs qui supportent un dôme, une coupole. | Dans une décoration, figure qui ressemble à un triangle équilatéral, ou isocèle, la pointe en bas, avec divers ornements; on l'appelle aussi *cul-de-lampe.*

PENDULE, *sm.* Poids suspendu par un fil, une tige, une chaîne, etc., et de telle sorte qu'étant mis en mouvement, il oscille, c.-à-d. va et revient dans un plan vertical de part et d'autre du centre de suspension : la régularité et l'isochronisme de ses oscillations ont fait appliquer cet appareil aux horloges, dont il règle les mouvements. | — compensateur, pendule dont la tige, au lieu d'être d'un seul métal et sujette à s'allonger ou se raccourcir suivant la température, est formée de lames de métaux différents disposées de façon à se dilater en sens inverse les unes des autres, d'où il résulte que le pendule conserve toujours la même longueur et que ses oscillations sont constamment de même durée.

PENDULINE, *sf.* Espèce particulière de mésange qui suspend son nid à la bifurcation d'une branche flexible de peuplier.

PÊNE, *sm.* Partie d'une serrure que la clef fait entrer et sortir, et qui s'adapte à l'intérieur de la gâche, de façon à fermer la porte. | *sf.* Partie du harnais d'un cheval ,frange de petites cordes qui pend au bas du caparaçon, qui a pour objet de chasser les mouches.

PÉNÉE, *sf.* Crustacé décapode, voisin de la salicoque par sa conformation, et dont on trouve de nombreuses espèces répandues dans toutes les mers et la plupart comestibles.

PÉNÉEN, NE, *adj.* (*Géol.*) Se dit d'une sorte de terrain composé en grande partie de grès rouge, qui a succédé sur certains points aux terrains de transition; on y trouve très-peu de fossiles et particul. des *trilobites.*

PÉNÉLOPE, *sm.* Oiseau gallinacé vivant en familles peu nombreuses dans l'Amérique méridionale; il est surtout remarquable par sa queue large et longue et par une huppe souvent très-brillante; ses mœurs se rapprochent beaucoup de celles du faisan, dont sa chair a le goût.

PÉNICHE, *sf.* Canot armé, fin, muni de voiles et servant particul. comme légère embarcation de guerre. | Bateau plat pour la navigation fluviale jaugeant de 180 à 250 tonneaux.

PÉNICILLÉ, E, *adj.* (*Bot.*) Qui a l'aspect d'un pinceau, qui se termine par une touffe de poils divergents.

PÉNIDE, *sm.* Sucre déporé, cuit avec une décoction d'orge, dont on fait des bâtons tordus, qu'on aromatise souvent et qu'on emploie contre le rhume.

PÉNINSULE, *sf.* Contrée environnée d'eau, excepté d'un seul côté, et tenant à la terre par une continuation du continent qui n'est pas resserrée, comme dans la *presqu'île.*

PÉNISTON ou PANISTON, *sm.* Étoffe de laine drapée qui se fabrique en Angleterre.

PÉNITENCERIE, *sf.* Fonctions, charge d'un prêtre ou d'un cardinal pénitencier. (V. ce mot.) | A Rome, tribunal ecclésiastique où sont examinés les cas réservés.

PÉNITENCIER, *sm.* Prêtre commis par l'évêque, ou cardinal commis par le pape pour absoudre des cas réservés. | Prison où sont enfermés les militaires condamnés à la réclusion. | *adj.* V. *Pénitentiaire.*

PÉNITENTIAIRE, *adj.* Se dit des moyens employés pour faire subir aux condamnés les peines portées contre eux et des divers systèmes proposés pour l'emprisonnement.

PENNAGE, *sm.* Se dit du plumage des oiseaux et particul. des plumes des ailes.

PENNARD, *sm.* Variété du canard à longue queue.

PENNATIFIDE, *adj.* (*Bot.*) Se dit d'une feuille dont chaque moitié latérale est divisée de manière à imiter une plume.

PENNATULE, *sf.* Zoophyte marin composé d'une agrégation de petits polypes disposés régulièrement le long d'un axe central, de façon à représenter l'image d'une plume d'oiseau.

PENNE, *sf.* Grosses plumes résistantes qui composent les ailes et la queue des oiseaux. | (*Mar.*) Extrémité supérieure d'une vergue à antenne. | Gros cordon de laine réuni en houppe au bout d'un bâton. | Dans le metier du tisserand, c'est la tête de la chaîne ou l'extrémité de tous les fils qui sont attachés à l'ensouple.

PENNON, *sm.* (*Féod.*) Sorte d'étendard à longue queue, qu'un chevalier qui avait sous lui vingt hommes d'armes était en droit de porter. | Tout drapeau appartenant à un corps de troupes. | Plume qui garnit la baguette d'une flèche.

PENNY, *sm.* (pr. *pen-ni*). Monnaie de cuivre d'Angleterre qui est le douzième d'un shelling, et qui vaut environ 10 centimes; on dit au plur. *pence.*

PÉNOMBRE, *sf.* Demi-obscurité, résultant du passage gradué de la lumière à l'ombre; demi-jour, point où la lumière se fond dans l'ombre.

PENON, *sm.* (*Mar.*) Petite girouette formée de petites plumes montées sur des morceaux de liége enfilés le long d'une corde, et qu'on laisse flotter au gré du vent pour en connaître la direction: elle est placée à portée de l'officier de quart et du timonnier de service à la barre.

PENTAÈDRE, *sm.* (*Math.*) Corps solide qui a cinq faces.

PENTAGLOTTE, *adj.* Qui est écrit en cinq langues.

PENTAGONAL, E, *adj.* PENTAGONE, *adj.* et *sm.* (*Math.*) Se dit d'une figure qui a cinq angles et cinq côtés.

PENTAGYNIE, *sf.* (*Bot.*) Dans le système de Linné, ordre de plantes renfermant dans chaque classe les plantes qui ont cinq pistils.

PENTAMÈRES, *smpl.* (*Zool.*) Section de l'ordre des coléoptères renfermant tous ceux dont les tarses sont formés de cinq articles distincts; c'est une des plus nombreuses de cet ordre.

PENTAMÈTRE, *sm.* (*Litt.*) Vers —, nom d'une espèce de vers grec ou latin, qui est composé de cinq pieds ou mesures avec une césure au milieu du vers et une autre à la fin.

PENTANDRIE, *sf.* (*Bot.*) Dans le système de Linné, classe comprenant toutes les plantes à cinq étamines régulières et égales.

PENTARCHIE, *sf.* Gouvernement de cinq chefs. | PENTARQUE, *sm.* Membre d'une —.

PENTASYLLABE, *adj.* et *sm.* Qui est composé de cinq syllabes.

PENTATEUQUE, *sm.* Les cinq premiers livres de la Bible qui sont: la *Genèse*, l'*Exorde*, le *Lévitique*, les *Nombres*, le *Deutéronome.*

PENTATOME, *sm.* Groupe du genre punaise, à suçoir en alène, à corps court et large, dont les diverses espèces, qui répandent une odeur très-désagréable, se tiennent sur les plantes ou à terre, dans les lieux ombragés; on les appelle vulg. *punaises des bois.*

PENTE, *sf.* Bande d'étoffe qui pend autour d'une galerie ou qui orne la bordure d'une couverture de lit.

PENTÉLIQUE, *adj.* (pr. *pan-*). Nom que l'on donne à un très-beau marbre qui provient du mont Pentélique.

PENTIÈRE, *sf.* V. *Pantière.*

PENTURE, *sf.* Bande plate de fer que l'on cloue transversalement sur une porte, sur un volet, pour les soutenir sur leurs gonds.

PÉNULE, *sf.* (*Ant.*) Petit manteau de laine muni le plus souvent d'un capuchon que les Romains portaient en voyage.

PÉNULTIÈME, *adj.* Avant-dernier, qui précède immédiatement le dernier.

PÉON, *sm.* Au Mexique, domestique de race indienne.

PÉOTTE, *sf.* Grande gondole légère en usage sur la mer Adriatique.

PÉPERIN, *sm.* Pierre argileuse grisâtre composée essentiellement d'un tuf volcanique, de cendres et de pouzzolane, avec de petits grains de mica et de pyroxène, qu'on trouve en Italie dans le voisinage des volcans; on l'emploie aux constructions à Rome et dans les environs.

PÉPIE, *sf.* Maladie qui consiste en une pellicule blanche qui entoure quelquefois la langue des oiseaux et particul. des poules, et les empêche de boire; elle est le plus souvent mortelle.

PÉPIN, *sm.* Graine contenue au centre d'un fruit succulent, tel que la pomme, la poire, etc., c'est une semence recouverte d'une tunique lisse, épaisse et coriace.

PÉPITE, *sf.* Petite masse d'or natif sans gangue, qu'on trouve dans les terrains meubles, et particul. en Californie et en Australie.

PÉPLUM, *sm.* Chez les Grecs et les Romains, c'était un surtout à plis, sans manches, et brodé à l'usage des femmes: elles le mettaient sur les épaules et le laissaient retomber jusqu'à la ceinture. | Voile broché d'or dont on parait les statues des divinités.

PEPON, *sm.* Plante de la famille des cucurbitacées, renfermant les différentes plantes cultivées dans les potagers sous les noms de *citrouille, potiron*, etc.

PÉPONIDE, *sf.* (*Bot.*) Nom commun à tous les fruits charnus, tels que le melon, le potiron, etc., qui portent à leur centre une cavité aux parois de laquelle les graines sont attachées.

PEPSINE, *sf.* Substance jaune, gommeuse, qui a plusieurs des propriétés des ferments et qui se trouve dans l'estomac; c'est le principe actif de la digestion gastrique; elle désagrége les aliments et les transforme en liqueur acide; on administre de la —, extraite de la caillette des moutons, aux personnes dont les digestions sont pénibles.

PEPSIQUE, *adj.* Suc ou acide —, substance acide qui se mêle aux aliments dans l'estomac; elle est formée principalement de pepsine.

PEPTONE, *sm.* Produit de l'action de la pepsine sur les aliments azotés et albuminoïdes, tels que la viande, etc.

PÉRA, *sm.* Bloc de houille de dimensions moyennes; de la forme d'un prisme quadrangulaire; on en a fabriqué d'artificiels.

PÉRAMÈLE, *sm.* Genre de marsupiaux semblable aux kangurous et muni d'un museau très-pointu; il habite la Nouvelle-Hollande.

PERCALE, *sf.* Toile de coton d'un tissu très-serré, beaucoup plus fine que le calicot; on en fait des chemises, des rideaux, etc., et on l'imprime pour robes, etc.

PERCALINE, *sf.* Toile de coton de couleur, unie, à tissu clair, peluchée et lustrée d'un côté; on s'en sert pour doublures.

PERCE-NEIGE, *sm.* Petite plante monocotylédonée à bulbe, à tige courte, portant deux ou trois feuilles allongées, et terminée par une fleur à trois pétales ovales blancs inséréo sur un ovaire vert brun et recouvrant une petite couronne jaunâtre; elle croît à la fin de l'hiver dans les endroits humides.

PERCENTAGE, *sm.* (*Comm.*) Terme de banque, désigne l'énoncé des intérêts que rapporte une somme placée à tant *pour cent*.

PERCE-OREILLE, *sm.* V. *Forficule*.

PERCE-PIERRE, *sf.* V. *Bacile*.

PERCE-POT, *sm.* V. *Sittelle*.

PERCHE, *sf.* Poisson acanthoptérygien d'eau douce, remarquable par les piquants dont est armée sa nageoire dorsale; la chair de la plupart de ses espèces, blanche et ferme, est d'un goût agréable. | Ancienne mesure de superficie française correspondant au centième de l'arpent; elle valait à Paris 18 à 20 pieds carrés.

PERCHLORURE, *sm.* Se dit des combinaisons du chlore avec d'autres corps dans lesquelles le chlore est à l'état de saturation; le — de fer est un tonique astringent estimé qu'on emploie pour coaguler les ulcérations internes ou externes.

PERCNOPTÈRE, *sm.* Espèce de vautour de grande taille; il a le cou plumeux, la tête nue et les ailes noires; il habite l'Égypte, les Alpes et les Pyrénées.

PERCOÏDES, *smpl.* (*Zool.*) Famille de poissons acanthoptérygiens qui a pour type la perche commune; elle comprend, en outre, les bars, les rougets, les vives, etc.

PERCUSSION, *sf.* Coup; action par laquelle un corps en frappe un autre. | (*Méd.*) Mode d'exploration qui a spécialement pour but de constater, en frappant, le degré de sonorité que présente une cavité quelconque du corps, et de reconnaître les lésions des parties qu'elle contient. | PERCUTER, *va.* Explorer au moyen de la —.

PERDREAU, *sm.* Nom donné aux petits de la perdrix qui n'ont pas encore quitté leur mère. | — x, *smpl.* (*Milit.*) Grenades qui partent ensemble d'un même mortier avec une bombe.

PERDRIGON, *sm.* V. *Brignolle*.

PERDRIX, *sf.* Genre de gallinacés renfermant des oiseaux remarquables par l'absence des ergots que remplace une simple saillie tuberculeuse du tarse; l'espèce de ce genre la plus répandue en France est la — grise, qui vit en familles, appelées *compagnies*, parcourant les champs et nichant à terre; la plupart des autres espèces se trouvent dans le midi de l'Europe. | — de neige. V. *Lagopède*.

PERDRIX (Bois de), *sm.* Bois d'ébénisterie qui ressemble au gaïac, mais qui n'est pas résineux comme ce bois; il vient des régions tropicales du Nouveau-Monde.

PERELLE, *sf.* V. *Parelle*.

PÉREMPTION, *sf.* (pr. *-ramp-cion*) (*Jurispr.*) Espèce de prescription qui détruit et annule une procédure civile lorsqu'il y a eu discontinuation de poursuites pendant un certain temps.

PÉREMPTOIRE, *adj.* (*Jurisp.*) Qui consiste dans la péremption. | Décisif; se dit des raisons, des réponses, des arguments contre lesquels il n'y a rien à alléguer.

PÉRENNE, *adj.* Se dit d'une rivière qui a toute l'année assez d'eau pour permettre la navigation.

PÉRENNITÉ, *sf.* Perpétuité; état de ce qui dure pendant de longues années.

PERFOLIÉ, E, *adj.* (*Bot.*) Se dit des feuilles qui sont traversées et comme enfilées par une branche ou par un pédoncule.

PERFORATION, *sf.* Action de percer quelque chose. | Ouverture accidentelle qui se produit dans quelque organe intérieur.

PERGAMIN, *sm.* Ancien nom du parchemin.

PÉRI, *sf.* Divinité inférieure des Perses; génie qui, dans leurs récits, joue le même rôle que les fées dans les nôtres.

PÉRIANTHE, *sm.* (*Bot.*) Enveloppe des organes de reproduction de la fleur; c'est ordinairement ainsi qu'on appelle l'ensemble formé du calice et de la corolle, ou le calice quand il est seul; la corolle seule s'appelle quelquefois *périgone*.

PÉRIBOLE, *sm.* (*Ant.*) Enceinte sacrée autour des temples grecs. | (*Archit.*) Espace laissé entre un édifice et la clôture qui est autour.

PÉRICARDE, *sm.* (*Anat.*) Sac membraneux qui enveloppe complètement le cœur et le maintient; il renferme une certaine quantité de sérosité qui a pour objet de faciliter les mouvements du cœur.

PÉRICARDITE, *sf.* (*Méd.*) Inflammation du péricarde, accompagnée de palpitations, de douleurs vives dans la région précordiale, etc.

PÉRICARPE, *sm.* (*Bot.*) Ensemble des enveloppes du fruit d'une plante; il renferme le plus souvent l'écorce extérieure (*épicarpe*), la chair ou pulpe intérieure (*sarcocarpe*), et une membrane interne (*endocarpe*) qui le sépare des graines.

PÉRICHONDRE, *sm.* (pr. -*kon*-) (*Anat.*) Membrane fibreuse qui revêt les cartilages, de la même manière que le périoste revêt les os.

PÉRICLASE, *sf.* (*Minér.*) Minéral de couleur verte, essentiellement composé de silice et de magnésie; on le trouve au Vésuve.

PÉRICRÂNE, *sm.* (*Anat.*) Périoste qui revêt toute la surface externe du crâne.

PÉRIDERME, *sm.* Pellicule qui forme la partie extérieure de l'écorce de certains arbres, et particul. du quinquina.

PÉRIDION, *sm.* (*Bot.*) Membrane close qui contient les corpuscules reproducteurs de certains champignons et qui s'ouvre à l'époque de la maturité.

PÉRIDOT, *sm.* Pierre vitreuse, transparente, vert noirâtre ou vert jaunâtre, qu'on trouve en Orient; c'est un composé de silice, d'oxyde de fer et de magnésie.

PÉRIDROME, *sm.* (*Ant.*) Galerie ou espace couvert servant de promenoir autour d'un édifice.

PÉRIÉCIENS ou Périoeciens, *smpl.* Peuples qui habitent le même côté de l'équateur, mais sous des méridiens opposés; ils ont les mêmes saisons, mais les uns ont midi quand les autres ont minuit.

PÉRIÉGÈSE, *sf.* (*Ant.*) Description totale ou partielle de la terre, telle que la faisaient les géographes anciens, qu'on appelait quelquefois *périégètes*.

PÉRIER, *sm.* Périère, *sf.* Morceau de fer emmanché au bout d'une perche dont on se sert pour ouvrir les fourneaux quand on veut faire couler le métal en fusion.

PÉRIGÉE, *adj.* et *sm.* (*Astr.*) Se dit du point de l'orbite d'une planète où elle est le plus près de la terre; c'est le contraire de l'*apogée*.

PÉRIGONE, *sm.* (*Bot.*) V. *Périanthe*.

PÉRIGONNE, *sf.* Laine fine d'Odessa qui a reçu un premier lavage à dos, mais qui renferme encore beaucoup de suint.

PÉRIGUEUX, *sm.* ou Pierre de Périgueux, *sf.* V. *Pyrolusite*.

PÉRIGYNE, *adj.* (*Bot.*) Se dit de la corolle ou des pétales quand ils naissent sur la paroi interne du calice, et des étamines lorsqu'elles s'attachent à la paroi interne du périanthe.

PÉRIHÉLIE, *adj.* et *sm.* (*Astr.*) Se dit du point de l'orbite d'une planète où elle est le plus près du soleil; c'est le contraire d'*aphélie*.

PÉRIMER, *vn.* Se dit d'une instance judiciaire ou d'un titre, quand on néglige de faire les démarches ou les poursuites dans le délai voulu et qu'on perd ainsi ses droits; l'état qui en résulte s'appelle *péremption*. (V. *ce mot*.)

PÉRIMÈTRE, *sm.* Contour d'une figure, ou tracé d'un corps sur un plan.

PÉRINÉE, *sf.* Région qui s'étend au-dessous de l'*anus* entre les cuisses; elle est séparée en deux par une ligne médiane appelée *raphé*.

PERINYCTIDE, *sf.* (*Méd.*) Eruption cutanée qui ne se manifeste que la nuit.

PÉRIODE, *sf.* (*Astr.*) Temps qu'une planète met à parcourir son orbite ou à faire sa révolution. | Espace de temps embrassant plusieurs années et déterminé par le retour d'un phénomène qui revient à des époques fixes. | (*Méd.*) Phase d'une maladie; ce mot est masculin dans cette expression: *dernier période*. | (*Litt.*) Phrase composée de plusieurs membres ou propositions liées ensemble et dont le sens va en se complétant de la première à la dernière.

PÉRIODYNIE, *sf.* (*Méd.*) Vive douleur qui occupe un point fixe.

PERIŒCIENS, *smpl.* V. *Périéciens*.

PÉRIOSTE, *sm.* (*Anat.*) Membrane fibreuse blanche qui forme l'enveloppe des os et les recouvre de toutes parts. | Périostéite, ou Périostite, *sf.* Inflammation du —. | Périostose, *sf.* Gonflement, tuméfaction du —.

PÉRIPATÉTICIEN, NE, *adj.* et *s.* Qui appartient, qui a rapport à la doctrine d'Aristote, appelée Péripatétisme, *sm.*

PÉRIPÉTIE, *sf.* (pr. -*ci*). (*Litt.*) Changement subit dans le cours des événements d'un drame, d'un poëme, etc.

PÉRIPHÉRIE, *sf.* Surface extérieure d'un corps quelconque; ensemble des surfaces qui le terminent.

PÉRIPHÉROME, *sm.* V. *Périptérome*.

PÉRIPHRASE, *sf.* (*Litt.*) Figure de mots qui consiste à développer ce qu'on aurait pu dire en peu de mots ou même en un seul, et particul. à remplacer en poésie un terme trop technique ou peu noble par une phrase qui en fait comprendre le sens.

PÉRIPLE, *sm.* On appelait ainsi dans la géographie ancienne une navigation autour des côtes d'un pays, d'une partie du monde, etc., et la relation, le récit d'une navigation de ce genre.

PÉRIPLÉROME, *sm.* (*Litt.*) Figure par laquelle on ajoute à une phrase, un mot superflu, une circonlocution pour donner de l'harmonie à la phrase.

PÉRIPNEUMONIE, *sf.* Fluxion de poitrine, inflammation aiguë de la plèvre, ainsi que du parenchyme pulmonaire, avec fièvre aiguë, oppression et souvent crachement de sang.

PÉRIPTÈRE, *sm.* (*Ant.*) Edifice grec ou romain dont tout le pourtour extérieur est environné de colonnes isolées.

PÉRIPYÈME, *sm.* (*Méd.*) Exsudation de pus à la surface d'un organe.

PÉRISCIENS, *smpl.* Habitants des zones froides, dont l'ombre, en un seul jour, fait le tour de l'horizon en certains temps de l'année où le soleil ne se couche point pour eux.

PÉRISCOPIQUE, *adj.* Se dit des verres optiques dont l'une des faces est plane ou concave et l'autre convexe.

PÉRISPERME, *sm.* (*Bot.*) Nom de la membrane qui entoure la graine et l'enveloppe en entier.

PÉRISSOIRE, *sf.* Barque très-longue et très-légère sur laquelle il ne tient qu'un ou deux rameurs.

PÉRISSOLOGIE, *sf.* (*Litt.*) Vice d'élocution qui consiste à répéter, en d'autres termes, une pensée suffisamment exprimée ; c'est une espèce de pléonasme vicieux dont voici des exemples : *J'ai mal à ma tête, cet ouvrage est rempli de beaucoup de beaux traits ; j'avais prévu d'avance*, etc.

PÉRISTALTIQUE, *adj.* Se dit des mouvements de haut en bas par lesquels l'appareil digestif se contracte pour favoriser le transport et la transformation des aliments ; le mouvement de bas en haut s'appelle *anti-péristaltique*.

PÉRISTAPHYLIN, *sm.* Se dit des muscles du palais qui entourent la luette ; ils tendent le voile du palais pour empêcher le passage des aliments dans les fosses nasales.

PÉRISTOLE, *sf.* Mouvement des intestins qu'on appelle *péristaltique*. (V. ce mot.)

PÉRISTOME, *sm.* (*Bot.*) Bord interne et externe de l'orifice de l'urne des mousses.

PÉRISTYLE, *sm.* (*Archit.*) Galerie de colonnes isolées, construite autour d'une cour ou d'un édifice.

PÉRISYSTOLE, *sf.* Temps qui s'écoule entre la *systole* et la *diastole*, c.-à-d. entre la contraction et la dilatation du cœur et des artères.

PÉRITOINE, *sm.* (*Anat.*) Membrane séreuse qui tapisse la cavité abdominale et recouvre tous les organes abdominaux. | PÉRITONÉAL, E, *adj.* Qui appartient au —.

PÉRITONITE, *sf.* (*Méd.*) Inflammation du péritoine, aiguë ou chronique, caractérisée par des douleurs abdominales très-vives, des vomissements, une fièvre très-ardente, etc.

PERKINISME, *sm.* Méthode de traitement des névralgies et des rhumatismes qui fut en honneur à la fin du XVIIIe siècle ; elle consistait dans l'application de deux tiges de métaux différents sur la partie malade, et se rapprochait beaucoup de l'électrisation galvanique.

PERLASSE, *sf.* Potasse pure et très-blanche, de qualité supérieure et très-caustique ; elle vient de l'Amérique du Nord.

PERLE, *sf.* Matière nacrée de forme arrondie et de petites dimensions, qu'on trouve dans l'intérieur de certains coquillages bivalves, et notamment de l'*avicule*, de la *pintadine*, etc. ; elle résulte, de même que la nacre, d'une sécrétion du mollusque qui habite ce coquillage. | (*Impr.*) Ancien nom d'un très-petit caractère d'imprimerie dont le corps est de quatre points.

PERLER, *va.* Arrondir les grains de l'orge par le frottement. V. *Orge.* | Réduire le sucre en petits globules.

PERLON, *sm.* Espèce de trigle, poisson acanthoptérigien, à tête osseuse, qu'on trouve abondamment sur les côtes de France ; il ressemble beaucoup au rouget, mais il est de plus grande taille.

PERME, *sf.* Petit bâtiment turc.

PERMÉABILITÉ, *sf.* (*Phys.*) Propriété qu'ont certains corps de se laisser pénétrer par d'autres corps qui passent à travers leurs pores. | PERMÉABLE, *adj.* Qui est doué de la —.

PERMIEN, NE, *adj.* (*Géol.*) Nom par lequel on désigne le terrain qui vient immédiatement au-dessous de la houille ; il renferme surtout du grès rouge ; la contrée où il abonde particul. est la province de Perm, en Russie.

PERNE, *sf.* Mollusque à coquillage bivalve, qu'on trouve dans la mer Rouge et la mer des Indes ; il fournit de la nacre et des perles.

PÉRONÉ, *sm.* (*Anat.*) Os long et grêle placé à la partie externe de la jambe, parallèlement au tibia avec lequel il s'articule par son extrémité supérieure.

PÉRONIEN, NE, PÉRONIER, ÈRE, *adj.* (*Anat.*) Qui appartient au péroné : se dit : 1o d'une artère qui longe le péroné et occupe le derrière de la jambe : 2o de trois muscles de grandeur différente qui étendent le pied sur la jambe et celle-ci sur le pied.

PÉRORAISON, *sf.* (*Litt.*) Dernière partie du discours ; celle où l'orateur résume d'une manière vive et concise les principaux arguments et s'applique à entraîner l'auditoire par l'emploi du pathétique.

PÉROT, *sm.* Arbre ou baliveau qui a été laissé deux fois en dehors de la coupe.

PEROXYDE, *sm.* Combinaison d'un corps simple avec la plus grande quantité d'oxygène qu'il puisse absorber; le — de fer est astringent et s'emploie contre les hémorrhagies; le — de manganèse est utilisé pour la fabrication du chlore et de l'oxygène.

PERPENDICULAIRE, *adj.* et *sf.* Se dit de toute ligne droite qui fait avec une autre ligne droite, dans un même plan, deux angles égaux, lesquels sont dits angles droits; on l'emploie aussi abusivement dans le sens de *verticale*.

PERPENDICULE, *sm.* Ligne verticale donnée par un fil à plomb qui tombe du sommet d'un objet vers le sol et sert à indiquer la direction de cet objet par rapport à la verticale.

PERRÉ, *sm.* Revêtement en pierre qui protége les abords d'un pont, et empêche l'eau de les dégrader. | Toute paroi de route, de berge, de talus, etc., construite en pierres régulièrement assemblées et formant un plan plus ou moins incliné. | PERREYER, *va.* Construire en —.

PERROQUET, *sm.* Oiseau de l'ordre des grimpeurs, remarquable par un bec dur, arrondi de toutes parts, par une langue épaisse et charnue, par les couleurs brillantes et variées qui ornent son plumage, et particul. par la facilité avec laquelle il apprend à imiter la voix et les paroles de l'homme; on en trouve des espèces nombreuses dans les régions tropicales. | (*Mar.*) Nom qu'on donne aux voiles et aux mâts qu'on place au-dessus des hunes quand on veut augmenter la voilure.

PERROTINE, *sf.* Métier à tisser de structure particulière, qui a été inventé il y a quelques années.

PERRUCHE, *sf.* Groupe du genre perroquet comprenant ceux qui ont la queue longue et la face emplumée; il y en a de nombreuses espèces aux Indes et en Amérique. | (*Mar.*) Petit mât qu'on grée au-dessus du mât de perroquet.

PERS, E, *adj.* Couleur intermédiaire entre le vert et le bleu, ou entre le bleu et le noir.

PERSE, *sf.* ou TOILE DE —, toile de coton d'un tissu très-serré, plat, imprimée à grands dessins de plusieurs couleurs, et lustrée ou cylindrée, qu'on emploie pour les ameublements.

PERSICAIRE, *sf.* V. *Renouée*.

PERSICOT, *sm.* Liqueur spiritueuse faite avec de l'eau-de-vie, des amandes de noyaux de pêche, du sucre et quelques aromates.

PERSILLÉ, E, *adj.* Se dit du fromage dont la pâte présente des taches bleu verdâtre imitant le persil haché; ces taches résultent de la production d'un champignon (moisissure), et peuvent être imitées avec de la mie de pain moisie, des feuilles de fenouil hachées, etc.

PERSIO, *sm.* V. *Cudbéard*.

PERSIQUE, *adj.* (*Archit.*) Se dit d'un ordre d'architecture dans lequel on substitue au fût de la colonne des figures de captifs qui portent l'entablement.

PERSISTANT, E, *adj.* (*Bot.*) Se dit de tout organe dont la durée se prolonge au delà de l'époque où ses fonctions ordinaires se sont accomplies; ainsi, des feuilles qui ne tombent pas en hiver, des calices qui se maintiennent autour ou à la base du fruit mûr, etc.

PERSONÉ, E, *adj.* (*Bot.*) Se dit d'une corolle monopétale irrégulière, à deux lèvres closes par un renflement de la corolle, de manière à représenter le mufle d'un animal; telles sont les fleurs de la famille des *scrofulariées*.

PERSPECTIVE, *sf.* Art de représenter sur une surface plane des objets à une distance et dans une position données, tels qu'ils seraient vus à travers un plan transparent placé entre eux et l'œil.

PERSPIRATION, *sf.* Transpiration insensible, exhalation continue et douce à la surface de la peau ou d'une membrane muqueuse; c'est le premier degré de la sueur.

PERSULFURE, *sm.* (*Chim.*) Combinaison d'un corps simple avec la plus grande proportion de soufre qu'il puisse absorber.

PERTÉRÉBRANT, E, *adj.* (*Méd.*) Se dit d'une douleur vive, comparable à celle que causerait un instrument qui creuserait et percerait une partie du corps.

PERTUIS, *sm.* Ouverture qu'on pratique à une digue dans certaines rivières pour laisser passer les bateaux. | Bras de mer entre une île et la terre ferme, ou entre deux îles. | Dans les arts, syn. de *trou*.

PERTUISANE, *sf.* Espèce de hallebarde dont le fer est plus long, plus large et plus tranchant que celui des autres armes de ce genre; l'infanterie française en faisait usage au XVIIe siècle.

PERTURBATION, *sf.* (*Astr.*) Variation dans l'orbite parcourue par un astre, résultant de l'attraction des astres voisins. | (*Phys.*) Se dit des changements diurnes de direction que présente l'aiguille aimantée.

PERTUSE, *adj. f.* (*Bot.*) Se dit des feuilles parsemées de petits points transparents qui les font paraître comme criblées de pores.

PÉRULE, *sf.* (*Bot.*) Enveloppe externe des bourgeons des arbres, consistant en un rudiment de feuille.

PÉRUVIENNE, *sf.* Étoffe de laine foulée sans envers, tissée de deux fils de couleur différente.

PERVENCHE, *sf.* Plante à tige sarmenteuse, souvent traînante ou grimpante, à feuilles opposées entières, de couleur verte et très-luisantes, à fleurs bleues en forme d'entonnoir évasé à cinq lobes qui s'épanouissent au printemps; on la trouve dans les lieux humides; elle est réputée astringente et, à forte dose, diaphorétique et purgative.

PÉSADE, *sf.* Air relevé, dans lequel le cheval s'élève du devant sans que les pieds de derrière quittent le sol.

PÈSE-ACIDE, *sm.* Instrument que l'on plonge dans un acide et qui ne s'y enfonce que jusqu'à un certain point, ce qui permet d'en reconnaître la densité et de s'assurer s'il a été mélangé. | PÈSE-LAIT, PÈSE-LIQUEURS, *sm.* Instruments qui servent au même usage pour le lait, les liqueurs. | PÈSE-SEL, *sm.* Instrument pour indiquer la densité d'une dissolution saline.

PESOGNE, *sf.* Inflammation du pied des bêtes à cornes, qui est accompagnée de tuméfaction et de suppuration.

PESON, *sm.* Instrument composé d'un crochet auquel on suspend un corps qu'on veut peser et qui fait partie d'une tige graduée oscillant autour d'un point de suspension, et le long de laquelle se meut un poids qui indique sur la tige, lorsqu'il fait équilibre à l'objet pesé, le poids de cet objet; quelquefois le crochet est adapté à un ressort et le poids est indiqué par l'allongement que l'objet pesé fait subir au ressort. | Anneau que les fileuses mettent au bas de leur fuseau pour le faire tenir verticalement; on l'appelle aussi *Verteil* ou *Berteil.*

PESSE, *sf.* Plante aquatique à tige droite, fistuleuse, portant des feuilles linéaires en verticilles et de très-petites fleurs rougeâtres; on la trouve aux environs de Paris. | Nom vulgaire du sapin de Norwége, dit *épicéa*, qu'on trouve dans les Alpes et les Pyrénées.

PESSIMISME, *sm.* Opinion de ceux qui croient que tout va au plus mal dans ce monde; on les appelle des *pessimistes.*

PESTE, *sf.* Maladie épidémique contagieuse, très-grave, souvent mortelle, consistant dans la formation de bubons, d'exanthèmes, etc., accompagnés d'hémorragies internes, de gangrènes partielles, de fièvre et de délire; elle a exercé de très-grands ravages en Orient et en Égypte à diverses époques. | PESTIFÈRE, *adj.* Qui communique la —. | PESTIFÉRÉ, E, *adj.* Attaqué de la —.

PESTILENCE, *sf.* Corruption de l'air; peste répandue dans un pays.

PESTILENT, E, PESTILENTIEL, LE, *adj.* Qui tient de la peste, qui est infecté de peste.

PÉTALE, *sm.* (*Bot.*) Chacune des pièces qui composent la corolle d'une fleur.

PÉTALISME, *sm.* Autrefois, en Sicile, jugement du peuple, qui écrivait son vote sur des feuilles.

PÉTARD, *sm.* Petit canon court, en bois ou en fer, dont on se servait autrefois pour renverser les portes d'une forteresse, en l'appliquant contre ces portes au moyen d'un madrier et en le faisant éclater. | Cylindre de carton, d'artifice, qui éclate lorsqu'on l'allume. | Petite boîte renfermant une composition fulminante, que l'on dépose sur les rails d'un chemin de fer en temps de brouillard ou lorsqu'on ne peut disposer d'aucun signal, afin que les roues du train lui fassent faire explosion, ce qui avertit le mécanicien qu'il faut s'arrêter.

PÉTASE, *sm.* (*Ant.*) Sorte de chapeau rond à bords très-étroits.

PÉTÉCHIES, *sfpl.* Taches pourprées, semblables à des morsures de puces qui paraissent sur la peau.

PÉTÉCHIAL, E, *adj.* (pr. -*kial*) (*Méd.*) Qui est accompagné de pétéchies; le typhus d'Europe porte quelquefois le nom de fièvre —e.

PÉTIOLE, *sm.* (pr. -*ciole*). (*Bot.*) Partie d'une feuille qui lui sert de support et qu'on appelle vulg. la *queue.*

PETIT-CANON, *sm.* (*Impr.*) V. *Canon.*

PETIT-CHÊNE, *sm.* V. *Germandrée.*

PETIT-GRAIN, *sm.* Essence particulière que l'on tire des feuilles de l'oranger.

PETIT-GRIS, *sm.* Écureuil de grande taille qui habite les régions froides du pôle Nord. | Fourrure faite de sa peau; elle est d'un gris brillant et assez estimée dans le commerce.

PETIT-HOUX, *sm.* V. *Fragon.*

PÉTITION, *sf.* — d'hérédité (*Jurisp.*) Action judiciaire par laquelle l'héritier légitime ou le légataire universel demande contre celui qui détient l'héritage le délaissement total ou partiel de la succession. | — de principe, mode vicieux de raisonnement qui consiste à alléguer comme une preuve à l'appui de ce qu'on démontre, l'objet même qu'il s'agit de démontrer.

PÉTITOIRE, *adj.* et *sm.* (*Jurisp.*) Se dit d'une demande faite en justice pour être reconnu propriétaire d'un immeuble qui est entre les mains d'un autre.

PÉTONCLE, *sm.* Genre de mollusques à coquillage bivalve, voisin par sa conformation de l'huître; on le trouve abondamment sur les côtes de France, et on le recherche comme aliment dans quelques localités.

PÉTRÉ, E, *adj.* Qui est couvert de pierres, de rochers. | Qui a la dureté de la pierre.

PÉTREL, *sm.* Oiseau palmipède à bec crochu du bout, à longues ailes, qui voltige ordinairement autour des navires à l'approche d'une tempête.

PÉTREUX, SE, *adj.* Qui a la dureté de la pierre.

PÉTRICOLE, *adj.* (*Zool.*) Se dit des mollusques qui se creusent un gîte dans l'intérieur des pierres et des rochers.

PÉTRIFICATION, *sf.* Opération lente de la nature en vertu de laquelle un corps organique a été imprégné de molécules minérales qui se sont substituées à ses propres molécules, de sorte que ce corps, en conservant sa forme primitive, se trouve être composé de matières pierreuses.

PÉTRIN, *sm.* Coffre carré monté sur quatre pieds et fermant à couvercle, dans lequel on pétrit la farine dont on veut faire le pain.

PÉTRINAL, *sm.* Sorte d'arme à feu en usage dans le XVIe siècle, qui était intermédiaire entre le mousquet et le pistolet.

PÉTROLE, *sm.* Bitume huileux et noirâtre qui s'écoule naturellement de certains terrains en Europe et en Amérique; on en extrait par distillation une huile incolore, inflammable, appelée *naphte* ou *huile de pétrole*, et qu'on emploie pour l'éclairage, la peinture et divers autres usages.

PÉTROSILEX, *sm.* (*Minér.*) Nom commun à diverses pierres siliceuses de la nature du *feldspath*; on a donné particul. ce nom à l'*albite*, à l'*adulaire* et à la *labradorite*.

PÉTUN, *sm.* (pr. *-teun*). Ancien syn. de tabac.

PÉTUNIA, *sm.* Plante de la famille des *solanées*, à grandes fleurs en forme d'entonnoir évasé, à limbe plissé, et de couleurs variées; elle est originaire de l'Amérique du Sud; on la cultive dans les jardins en Europe.

PÉTUNZÉ, *sm.* (*pr. -ton-*) Variété de feldspath commun, composé de silice, d'alumine et de chaux, qu'on ajoute au kaolin dans la proportion d'un cinquième, pour servir de fondant dans la fabrication de la porcelaine.

PEULVEN, *sm.* Pierre celtique posée debout, qu'on trouve dans l'ouest de la France; ce sont comme les dolmens, etc., des monuments druidiques.

PEUPLIER, *sm.* Arbre très-élevé, à tige le plus souvent droite, peu branchue, à feuilles arrondies, pointues du bout, tremblantes; on en compte plusieurs espèces qui vivent toutes dans les lieux frais, et dont le bois est employé à divers usages de menuiserie, etc.

PÉVARONES, *smpl.* Grains de poivre; piments confits dans du vinaigre.

PÉZIZE, *sf.* Genre de champignons remarquable par une substance charnue qui se creuse en soucoupe à la partie supérieure; on en compte de très-nombreuses espèces.

PFENNING, *sm.* Monnaie allemande valant un peu plus d'un centime de notre monnaie.

PHACITES, *sfpl.* (*Minér.*) Pierre à grains lenticulaires.

PHACOCHÈRE, *sm.* Sous-genre de cochons du sud de l'Afrique et des îles du cap Vert, dont les formes sont plus ramassées que celles du cochon d'Europe, et que l'on distingue par quelques autres particularités.

PHACOÏDE, *adj.* Qui a une forme lenticulaire. | (*Anat.*) Corps —. V. *Cristallin.*

PHAÉTON, *sm.* Voiture découverte à quatre places, deux devant pour les maîtres et deux derrière pour les domestiques; les deux siéges sont dirigés dans le même sens. | V. *Paille-en-queue.*

PHAGÉDÉNIQUE, *adj.* Rongeant; se dit des ulcères qui corrodent les chairs, ainsi que des médicaments qui les détruisent. | Eau —, liquide caustique qui est une solution de deuto-chlorure de mercure dans l'eau de chaux.

PHALACROSE, *sf.* Chute des cheveux.

PHALANGE, *sf.* (*Ant.*) Corps de piquiers qui combattaient sur quatre, huit, douze rangs, etc., présentant un front hérissé de piques. | Chacun des petits os longs qui concourt à former les doigts ou les orteils.

PHALANGER, *sm.* Mammifère de l'ordre des marsupiaux, qui vit en Australie sur les arbres; il a une longue queue prenante dont il se sert pour grimper.

PHALANGETTE, *sf.* La phalange qui termine le doigt et porte l'ongle.

PHALANGINE, *sf.* La phalange du milieu, dans les doigts qui en ont trois.

PHALANGOSE, *sf.* Maladie des paupières, résultant de la déviation des cils.

PHALAROPE, *sm.* Oiseau échassier à long bec qui habite les environs du pôle; ses couleurs sont très-brillantes.

PHALÈNE, *sf.* Genre de papillons nocturnes, remarquable par la conformation de ses antennes qui diminuent d'épaisseur de la base à la pointe; ses espèces sont très-nombreuses.

PHALEUCE ou PHALEUQUE, *adj.* (*Litt.*) Se dit d'un vers grec ou latin de cinq pieds, dont le premier est un spondée ou un iambe, le second un dactyle, le troisième et le quatrième un trochée, et le dernier un spondée ou un trochée.

PHANÈRE, *sm.* Organes accessoires de la peau qui comprennent les ongles et les poils.

PHANÉROGAME, *adj.* et *s.* (*Bot.*) Se dit, par opposition à *cryptogame*, des plantes à organes floraux (corolle, pistil, étamines) visibles et apparents; elles se divisent en deux grandes classes : les *monocotylédones* et les *dicotylédones*.

PHANTASME, *sm.* (*Méd.*) Lésion du sens de la vue; trouble des facultés mentales qui fait croire aux malades qu'ils voient les objets qu'ils n'ont pas réellement devant les yeux.

PHARAON, *sm.* Grand jeu de hasard qui se joue avec un jeu de cinquante-deux cartes, entre un banquier et divers joueurs, auxquels le premier distribue des cartes, etc.

PHARE, *sm.* Tour élevée sur le bord de la mer, surmontée d'une lanterne à feu fixe ou produisant des éclats de minute en minute, etc., pour diriger pendant la nuit les vaisseaux qui approchent des côtes; il y a six ordres de *phares fixes* variant d'intensité entre celle de 11 et celle de 600 lampes carcel, et portant de 9 à 20 milles sur mer; il y a quatre ordres de *phares à éclats* correspondant à des intensités comprises entre celles de 350 et de 4050 lampes carcel, et ayant des portées qui varient entre 17 et 33 milles. | (*Mar.*) Nom qu'on donne quelquefois à l'ensemble des vergues et de leurs voiles.

PHARILLON, *sm.* Petit phare; petit appareil sur les côtes pour éclairer les bateaux pêcheurs. | V. *Farillon*.

PHARISIEN, *sm.* Membre d'une secte juive qui, sous l'apparence d'une grande sévérité de mœurs, cachait les habitudes les plus dissolues.

PHARMACEUTIQUE, *adj.* Qui a rapport à la pharmacie.

PHARMACITE, *sf.* Bois fossile, bitumineux; terre noire, huileuse et inflammable.

PHARMACOLOGIE, *sf.* Description des médicaments, étude de la matière médicale.

PHARMACOPÉE, *sf.* Traité qui enseigne la manière de préparer et de composer les médicaments.

PHARMACOSIDÉRITE, *sm.* Minéral de fer renfermant beaucoup d'arsenic et particulièrement de l'arséniate de fer.

PHARYNX, *sm.* (*Anat.*) Canal qui fait communiquer l'arrière-bouche, à partir du voile du palais, avec l'estomac. | PHARYNGIEN, NE, *adj.* Du —. | PHARYNGIE, PHARYNGITE, *sf.* Maladie, inflammation du —. | PHARYNGOTOMIE, *sf.* Incision du —.

PHASCOLOME, *sm.* Animal mammifère de l'ordre des marsupiaux, ayant tous les caractères des rongeurs, spécialement les dents, disposées comme eux; ses mouvements sont très-lents; on le trouve dans des îles voisines de l'Australie, où il vit dans les terriers.

PHASÉOLÉ, E, *adj.* Qui ressemble à un haricot.

PHASÉOLE, *sf.* Petit haricot. | V. *Dolic*.

PHASES, *sfpl.* Apparences diverses sous lesquelles les planètes, et surtout la lune, s'offrent successivement à nos regards pendant la durée de leur révolution.

PHASIANIDÉS, *sfpl.* Famille de gallinacés, dont la tête est garnie d'appendices charnus ou surmontée d'un casque ou d'une aigrette; tels sont les *dindons*, les *paons*, les *faisans* et les *coqs*.

PHASME, *sm.* Insecte orthoptère, voisin de la mante par sa conformation générale, et dont le corps est presque filiforme et affecte le plus souvent la couleur des végétaux sur lesquels il vit.

PHASOLET, *sm.* V. *Fasolet*.

PHELLANDRE, *sm.* Plante ombellifère qui croît dans les lieux humides et submergés; elle est vénéneuse, mais ses semences préparées convenablement ont été vantées contre la bronchite et la phthisie; on l'appelle vulg. *fenouil d'eau*.

PHELLOPLASTIQUE, *sf.* Art de représenter en relief des monuments avec du liége.

PHÉNAKISTICOPE, *sm.* Petit appareil composé d'un disque autour duquel sont peintes des figures qui semblent se mouvoir quand on fait tourner le disque sur son axe, et qu'on regarde dans une glace à travers les trous percés au bord même du disque.

PHÈNE, *sm.* V. *Benzine*.

PHÉNICOPTÈRE, *adj.* Se dit de certains oiseaux qui ont les ailes rouges, et plus particulièrement du *flamant*. (V. ce mot.)

PHÉNIGME, *sm.* Ictère rouge; maladie consistant en une rougeur de la peau. | Rubéfiant; vésicant.

PHÉNIQUE, *adj.* Acide —, corps liquide, oléagineux, cristallisant en paillettes, qu'on extrait par plusieurs distillations de l'huile du goudron de houille ou de l'huile du gaz de l'éclairage; il a l'odeur de la créosote; on l'emploie comme désinfectant et pour cautériser les plaies de mauvaise nature; on l'a appelé acide *carbolique*.

PHÉNOL, *sm.* Préparation d'acide phénique, dans laquelle celui-ci est mêlé à de la soude elle est moins caustique que l'acide phénique et possède ses propriétés antiseptiques.

PHFENING, *sm.* Poids autrichien équivalant à un gramme.

PHIALE, *sf.* (*Ant.*) Vase d'or ou d'argent, sans base ni anse, qui servait pour les libations.

PHIALITE ou PHIALITHE, *sf.* (*Min.*) Concrétion en forme de bouteille.

PHILANTHE, *sm.* Insecte hyménoptère fouisseur qui pond ses œufs dans le cadavre d'autres insectes, qu'il enfouit ensuite; on le trouve dans les lieux secs, où il voltige toujours autour des fleurs.

PHILHELLÈNE, *s.* Ami des Hellènes, des Grecs modernes.

PHILIPPIQUE, *sf.* Diatribe, discours violent et satirique.

PHILOLOGIE, *sf.* Étude de la littérature au point de vue technique et de la grammaire générale; analyse du langage.

PHILOMATHIE, *sf.* Amour des sciences.

PHILOMATHIQUE, *adj.* Qui aime les sciences.

PHILOPATRIDALGIE, *sf.* V. *Nostalgie*.

PHILOSOPHALE, *adj.* Pierre —, substance mystérieuse dont la découverte devait procurer le changement des métaux en or; on désigne par ce mot les recherches vaines auxquelles se livrèrent les alchimistes du moyen âge pour opérer la transmutation des métaux.

PHILOSOPHIE, *sf.* Ensemble des connaissances relatives à l'âme, à l'intelligence, à ses facultés, à ses fonctions, etc.; cette science, très-vaste, comprend trois branches principales : la *psychologie*, la *morale* et la *logique* | (*Impr.*) Ancien nom d'un caractère d'imprimerie correspondant à dix points environ.

PHILOSOPHISME, *sm.* Fausse philosophie; abus du raisonnement et des doctrines philosophiques.

PHILOTECHNIE, *sf.* Amour des sciences et des arts.

PHILTRE, *sm.* Breuvage, drogue qu'on suppose propre à donner de l'amour ou à provoquer quelque passion. | Enfoncement de la lèvre supérieure situé immédiatement sous la cloison du nez.

PHLÉBEURYSME, *sm.* (*Méd.*) Dilatation d'une veine; varice.

PHLÉBITE, *sf.* (*Méd.*) Inflammation de la membrane interne des veines, qui est caractérisée par la coagulation du sang, un gonflement douloureux, etc.

PHLÉBOLOGIE, *sf.* Traité sur les veines.

PHLÉBORRHAGIE, *sf.* (*Méd.*) Écoulement de sang veineux.

PHLÉBOTOME, *sm.* Autrefois, chirurgien, opérateur qui saignait; ce mot désigne aujourd'hui un petit appareil à ressort faisant sortir une lame tranchante, qu'on emploie pour saigner les bestiaux.

PHLÉBOTOMIE, *sf.* Ouverture d'une veine, saignée.

PHLEGMASIE, *sf.* (*Méd.*) État inflammatoire des muqueuses.

PHLEGMATIE, *sf.* (*Méd.*) Accumulation de sérosité sous la peau.

PHLEGME, *sm.* Ancien syn. de *mucosité*, et particul. mucus qui est expectoré ou rejeté par les vomissements.

PHLEGMON, *sm.* Inflammation du tissu cellulaire, accompagnée de rougeur, de gonflement et de douleur, et qui se termine ordinairement par suppuration. | PHLEGMONEUX, SE, *adj.* Qui est de la nature du —.

PHLOGISTIQUE, *sm.* Principe inflammable imaginaire au moyen duquel une école de chimistes expliquait la combustion. | *adj.* Se dit des substances qui développent la chaleur interne.

PHLOGOSE, *sf.* (*Méd.*) Inflammation superficielle; rougeur et chaleur qui caractérisent l'inflammation.

PHLOMIDE, *sf.* Plante labiée à larges feuilles cotonneuses, à fleurs grandes verticillées, jaunes ou blanches, dont on cultive plusieurs espèces dans les jardins.

PHLOX, *sm.* Plante à fleurs violettes, pourpres ou blanches, disposées en corymbe, en forme d'entonnoir à long tube, que l'on cultive en touffes dans les jardins.

PHLYCTÈNE, *sf.* Ampoule vésiculeuse transparente, formée sous la peau par un amas de sérosité.

PHLYSE, *sf.* (*Méd.*) Éruption cutanée.

PHOCA, *sm.* V. *Phoque.*

PHOCACÉS, *smpl.* Se dit de la famille de mammifères à laquelle appartient le phoque.

PHOCÉNINE, *sf.* Liquide gras, odorant, soluble dans l'alcool, qu'on a découvert dans l'huile de marsouin.

PHOCÉNIQUE, *adj.* Acide —, acide particulier qu'on a obtenu en décomposant l'huile de marsouin; on le trouve aussi dans divers végétaux.

PHŒNICURE, *sm.* Espèce de fauvette à queue rouge, qui se tient habituellement sur les murs.

PHŒNIGME, *sm.* V. *Phénigme.*

PHOLADE, *sf.* Mollusque à coquillage bivalve, tubulaire, qui vit dans une loge peu profonde qu'il se creuse dans le sol argileux ou dans la pierre près du rivage de la mer; sa chair est agréable ; il est phosphorescent dans l'obscurité.

PHOLQUE, *sm.* Genre d'arachnides pulmonaires de couleur jaunâtre, à pattes très-longues, qui file des toiles lâches aux angles des murs.

PHONATION, *sf.* Production de la voix, de la parole.

PHONAUTOGRAPHE, *sm.* Instrument de construction particulière destiné à reproduire automatiquement et graphiquement la hauteur des sons.

PHONÉTIQUE, *adj.* Qui se rapporte à la voix. | Écriture —, celle dont les éléments représentent des émissions de voix, des articulations.

PHONIQUE, *adj.* Qui a rapport à la voix, aux sons.

PHONOGRAPHIE, *sf.* Représentation des sons.

PHONOLOGIE, *sf.* Traité sur les sons.

PHONOMÉTRIE, *sf.* Art de mesurer les sons.

PHONOLITE, *sf.* (*Minér.*) Roche trachytique à base de feldspath vitreux, de couleur gris verdâtre, se divisant facilement en plaques qui résonnent par le choc du marteau; on la trouve dans les montagnes volcaniques.

PHOQUE, *sm.* Mammifère carnivore amphibie, à museau conique, sans défenses, et dont le corps est long, arrondi et terminé en queue de poisson ; il s'apprivoise facilement et vit d'habitude sur les côtes de l'hémisphère nord.

PHORMIUM-TENAX, *sm.* Plante labiée de la Nouvelle-Zélande, dont les feuilles donnent une filasse très-forte, mais qui s'affaiblit par un contact prolongé avec l'eau et la lumière.

PHOSPHATE, *sm.* (*Chim.*) Genre de sels formés de l'union de l'acide phosphorique avec différentes bases. | PHOSPHATÉ, E, *adj.* Qui est converti en —.

PHOSPHÈNE, *sm.* Phénomène lumineux qu'on provoque dans l'intérieur de l'œil en comprimant cet organe avec la main lorsque les paupières sont abaissées; ce sont des points brillants, des cercles lumineux, etc.

PHOSPHOLÉINE, *sf.* Poudre de moelle de bœuf alcoolisée et sucrée; on l'emploie comme analeptique et digestif.

PHOSPHORE, *sm.* Corps simple non métallique, jaunâtre et de l'aspect de la cire, répandant dans l'air des vapeurs blanches, lumineuses dans l'obscurité; il donne naissance, par sa combustion lente, à l'acide *phosphoreux*, et par sa combustion avec flamme, à l'acide *phosphorique*; on le trouve en combinaison dans l'urine, le cerveau, les os et une foule de matières animales et végétales; son principal emploi industriel réside dans la fabrication des allumettes.

PHOSPHORESCENCE, *sf.* Propriété que possèdent certains corps, tels que le phosphore, de dégager de la lumière dans l'obscurité, sans chaleur ni combustion.

PHOTOCHROMIE, *sf.* V. *Chromophotographie.*

PHOTOGRAPHIE, *sf.* Art de recueillir les images produites par l'action de la lumière sur des corps sensibles à cette action, au moyen de plaques de verre, de papier, d'argent, etc.

PHOTOLITHOGRAPHIE, *sf.* Procédé par lequel on décalque sur la pierre une épreuve photographique que l'on encre ensuite pour en tirer un grand nombre d'exemplaires.

PHOTOLOGIE, *sf.* Traité sur la lumière.

PHOTOMÈTRE, *sm.* Nom donné à divers instruments destinés à mesurer l'intensité de la lumière.

PHOTOMÉTRIE, *sf.* (*Phys.*) Partie de la physique qui a pour objet la mesure de l'intensité de la lumière.

PHOTOPHOBIE, *sf.* (*Méd.*) Aversion pour la lumière; difficulté qu'éprouve un malade de supporter la lumière.

PHOTOPHORE, *sm.* (*Ant.*) Porte-lumière. | Appareil qui tient la lumière constamment à la même hauteur.

PHOTOPSIE, *sf.* (*Méd.*) Lésion du sens de la vue; vision de traînées lumineuses.

PHOTOSCULPTURE, *sf.* Art de reproduire en sculpture, par le secours de la lumière, un sujet quelconque; il consiste à prendre de différents points un certain nombre de profils de l'objet placé au centre d'une salle et à relier ensuite ces profils au ciseau.

PHOTOSPHÈRE, *sf.* Atmosphère extérieure de certains astres, et particul. du soleil, qui est gazeuse, incandescente et lumineuse.

PHRATRIE, *sf.* (*Ant.*) Division de la tribu grecque; association de citoyens d'Athènes qui prenaient part en commun à certaines cérémonies, notamment aux sacrifices.

PHRÉNÉSIE, *sf.* V. *Méningite.*

PHRÉNIQUE, *adj.* (*Anat.*) Qui a rapport au diaphragme.

PHRÉNITE, *sf* (*Méd.*) Inflammation du diaphragme.

PHRÉNOLOGIE, *sf.* Doctrine qui considère la conformation du cerveau et des protubérances du crâne comme signe de la prédominance de telle ou telle faculté chez tel ou tel individu.

PHRYGANE, *sf.* Insecte névroptère de très-petites dimensions, à longues antennes, voisin de l'éphémère; sa larve reste enfoncée dans le sol humide pendant longtemps. | Nom qu'on donne à certaines concrétions calcaires en forme de tubes, que l'on croit être des larves pétrifiées de —s.

PHRYNE, *sm.* Genre d'arachnides à palpes très-grands, qu'on trouve dans les troncs d'arbres en Asie et en Amérique; leur morsure est réputée dangereuse.

PHTANITE, *sf.* (*Minér.*) Roche d'aspect jaspé, de couleur foncée, composée de quartz uni à un peu de talc.

PHTHIRIASIS, *sf.* Maladie qui consiste dans une multiplication excessive des poux sur une ou plusieurs parties du corps.

PHTHIROMYS, *sm.* Insecte diptère sans ailes, à tête plate, qui ressemble beaucoup au pou.

PHTHISIE, *sf.* Maladie le plus souvent mortelle qui résulte de la formation dans les poumons d'un produit accidentel appelé *tubercule*; elle est accompagnée de toux, d'hémoptysie, de consomption, etc.; les personnes atteintes de cette maladie portent le nom de *phthisiques*.

PHTHORE, *sm.* V. *Fluor.*

PHYCOLOGIE, *sf.* Partie de la botanique qui traite des algues. | PHYCOLOGISTE, *sm.* Celui qui s'occupe de —.

PHYLACTÈRE, *sm.* (*Sc. occ.*) Petit morceau de parchemin recouvert de passages de l'Écriture, que les Juifs portaient sur le bras comme talisman.

PHYLLADE, *sf.* (*Minér.*) Roche feuilletée talqueuse, mêlée de feldspath et de quartz, qu'on trouve dans les terrains inférieurs, et dont les feuillets minces portent le nom d'ardoises.

PHYLLANTHE, *sm.* Arbrisseau du Brésil,

de la famille des euphorbiacées, dont les branches sont couvertes d'une écorce rude et verdâtre, et dont les rameaux ont la propriété d'enivrer le poisson quand on les plonge dans l'eau.

PHYLLE, *sm.* *(Bot.)* V. *Sépale.*

PHYLLIDIE, *sf.* Mollusque marin qu'on trouve dans les fonds vaseux ou sur les fucus où il reste immobile.

PHYLLIE, *sf.* Insecte orthoptère de couleur verte, dont le corps est long et aplati, et dont les pieds ressemblent à des feuilles.

PHYLLODE, *sm.* *(Bot.)* Sorte de feuilles propres à certains arbres exotiques qui ont le même aspect en dessus qu'en dessous, et se rapprochent par leur consistance des feuilles charnues.

PHYLLOSOME, *sf.* Jeune langouste à l'état de larve, et dont le corps est lamelleux comme une membrane foliacée et très-transparent.

PHYLLOSTOME, *sm.* Genre de chauve-souris d'Amérique qui suce le sang des animaux endormis ; il est remarquable par son nez, qui est couvert d'une membrane plate en forme de fer de lance.

PHYLLURE, *sm.* Petit reptile saurien de la Nouvelle-Hollande, dont la queue, très-large, est aplatie en forme de feuille.

PHYSALIE, *sf.* Genre de méduses de forme très-variable, dont plusieurs espèces sont appelées vulg. *vessie de mer, plume de mer, poumon de mer*, etc.; leur contact occasionne le plus souvent une piqûre cuisante.

PHYSE, *sf.* Petit mollusque gastéropode, dont la coquille ressemble à celle de la lymnée, mais n'a qu'une très-mince épaisseur ; on le trouve dans les ruisseaux.

PHYSÉTÈRE, *sm.* Nom vulgaire du cachalot.

PHYSIOCRATIE, *sf.* École économique du XVIIIe siècle, qui soutenait que le sol était le seul agent de production des richesses. | PHYSIOCRATE, *sm.* Économiste de cette école.

PHYSIOGNOMONIE, *sf.* (pr. *-ghno-*). Science qui enseigne à connaître le caractère des hommes d'après l'inspection des traits de leur visage.

PHYSIOLOGIE, *sf.* Science de la vie, de l'organisation et de l'économie animales et végétales.

PHYSOCÉPHALE, *sm.* *(Méd.)* Tumeur de toute la tête.

PHYSOPHORE, *sf.* Zoophyte marin qui se compose d'un axe grêle portant latéralement des vésicules ou cloches natatoires, et terminé par une gerbe de filaments grêles et blanchâtres.

PHYSOTHORAX, *sm.* Accumulation de gaz dans la poitrine.

PHYTÉLÉPHAS, *sm.* Arbre du Pérou assez semblable à un cocotier, et dont les fruits, très-gros, renferment des graines blanches et dures qu'on vend sous le nom d'*ivoire végétal.*

PHYTOBIOLOGIE, *sf.* Étude de la vie des plantes.

PHYTOCHIMIE, *sf.* Chimie végétale.

PHYTOGRAPHIE, *sf.* Description des plantes, indication de leurs propriétés, etc.

PHYTOLAQUE, *sf.* Plante assez élevée, portant des fleurs en épis qui donnent naissance à une baie pourpre qu'on a employée pour colorer les vins, pour faire de l'encre, etc.

PHYTOLOGIE, *sf.* Traité sur les végétaux ; c'est le syn. de *Botanique.*

PIAN, *sm.* Espèce de maladie contagieuse propre aux nègres des colonies et d'Amérique; elle consiste dans des éruptions cutanées accompagnées de tumeurs qui ressemblent à des fraises, qui s'ulcèrent, etc.; ces tumeurs portent aussi le nom de *pian.*

PIANO, PIANISSIMO, *adv.* *(Mus.)* Doux, très-doux, ces mots indiquent les passages qui doivent être exécutés avec plus ou moins de douceur.

PIANO-FORTÉ, *sm.* Ancien nom de l'instrument de musique à touches correspondant à des marteaux qui font vibrer des cordes tendues, qui a été substitué au clavecin et qu'on nomme aujourd'hui *piano.*

PIASTRE, *sf.* Monnaie espagnole et employée dans la plupart des républiques du Sud de l'Amérique ; elle vaut 5 fr. 40 c. | En Turquie et en Égypte, la piastre vaut 40 paras ou 24 centimes.

PIBLE (À), *Loc. adv.* *(Mar.)* Se dit des mâts qui sont d'une seule pièce, sans hune ni barre de perroquet.

PIBROCH, *sm.* Cornemuse des montagnards écossais.

PIC, *sm.* Oiseau de l'ordre des grimpeurs remarquable par son bec droit et fort et sa langue extensible et gluante ; il vit sur les arbres qu'il escalade en tous sens, grâce à ses pieds très-forts et à sa queue qu'il appuie contre l'écorce ; il perce l'écorce au moyen de son bec pour chercher les insectes et les larves. | Outil de fer qui n'a qu'une pointe et qui est muni d'un manche comme une pioche ; on s'en sert particul. pour creuser les galeries de mines. | Au jeu de piquet, coup par lequel un des joueurs compte soixante quand il a fait les trente premiers points avant que l'adversaire ait rien compté. | V. *Pick.*

PICA, *sm.* Mammifère rongeur voisin du lagomys par sa conformation, à pelage fauve et brun, qui vit dans des terriers, en Sibérie. | V. *Allotriophagie.*

PICADIL, *sm.* Verre coloré accidentellement dans le feu.

PICADOR, *sm.* En Espagne, cavalier qui attaque le taureau avec la pique, après le *toréador* et avant le *matador.*

PICAILLON, *sm.* Ancienne monnaie de cuivre piémontaise qui valait un peu moins d'un centime.

PICAREL, *sm.* Poisson acanthoptérygien, étroit, à mâchoires longues, tubulées et extensibles, à écailles d'un gris roussâtre, commun dans la Méditerranée; sa chair est assez estimée.

PICASSURE, *sf.* Tache de plomb que l'on remarque sur certaines faïences.

PICÉA, *sm.* V. *Épicéa.*

PICHOLINE, *adj.* et *sf.* Se dit de l'olive que l'on confit par un procédé spécial; c'est un fruit de table.

PICHURIM ou PICHURINE, *adj. f.* Féve—, fruit d'une espèce de laurier du Brésil et du Paraguay, qu'on emploie dans l'art culinaire et quelquefois en médecine, au même titre que la muscade. | Ecorce de —, écorce de ce même laurier, qui a les mêmes usages.

PICK, *sm.* Mesure de longueur usitée en Orient; elle varie entre 46 et 68 centimètres, et s'emploie particul. pour les étoffes.

PICOLET, *sm.* Petite coulisse dans laquelle passe la tige du pêne d'une serrure et qui le guide dans sa course.

PICOT, *sm.* Petite pointe qui demeure sur le bois qu'on n'a pas coupé net. | Petite engrêlure qui règne à l'un des bords des dentelles et des passements de fil.

PICOTEUX, *sm.* Petit bateau de pêche très-long et très-étroit.

PICOTIN, *sm.* Petite mesure dont on se sert pour mesurer l'avoine qu'on donne aux chevaux.

PICRIDE, *sf.* Plante herbacée de la famille des chicoracées, dont plusieurs espèces croissent dans les lieux incultes; on mange les pousses de l'une d'elles.

PICRIE, *sf.* Plante de la famille des scrofulariées, originaire de Chine, dont une espèce, d'une grande amertume, a été vantée contre les fièvres intermittentes.

PICRIQUE, *adj.* Se dit d'un acide organique particulier, liquide, jaunâtre, cristallisant en prismes jaunes, de saveur très-amère, qu'on obtient par l'action de l'acide azotique sur diverses matières organiques, telles que l'acide phénique, l'indigo, la soie, les tissus animaux, etc.; c'est une substance tinctoriale jaune estimée, et donnant avec d'autres couleurs des nuances d'une grande beauté; on a aussi essayé de le substituer au houblon dans la fabrication de la bière.

PICROMEL, *sm.* Substance visqueuse jaunâtre, d'un goût amer et sucré à la fois, qu'on extrait de la bile par diverses manipulations.

PICROTOXINE, *sf.* Substance solide de couleur blanche, d'aspect brillant, de saveur amère, qu'on extrait des *coques du Levant* par l'alcool; c'est un poison violent.

PICUCULE, *sm.* Oiseau voisin du pic et du grimpereau par sa conformation, dont on trouve un grand nombre d'espèces en Amérique.

PICUL, *sm.* Poids en usage dans presque toute l'Asie orientale et l'Océanie; il varie de 50 à 63 kilogrammes.

PIDANCE, *sf.* Gros maillet avec lequel on enfonce les bûches dans les mises du train à flotter.

PIE, *sf.* Oiseau de l'ordre des passereaux conirostres, voisin du corbeau et du geai, et remarquable par son plumage qui est tout noir, à l'exception d'une partie des ailes qui est blanche; on la trouve dans les bois, où elle sautille continuellement. | *adj.* Se dit du poil ou du plumage de certains animaux quand il est de deux couleurs, dont l'une est le blanc.

PIÈCE, *sf.* Futaille pour les liquides, d'une contenance de 225 à 230 litres; ce mot est à peu près synonyme de *barrique.* V. *Barrique.*

PIÉCETTE, *sf.* Monnaie d'argent d'Espagne qui vaut environ 1 fr. 10 c.

PIED, *sm.* Ancienne mesure de longueur équivalant à 0 m. 324. | (*Litt.*) Division d'un vers; groupe d'un nombre déterminé de syllabes brèves ou longues dont plusieurs à la suite l'un de l'autre forment un vers.

PIED D'ALOUETTE, *sf.* V. *Dauphinelle.*

PIED-BOT, *sm.* Difformité du pied dans laquelle celui-ci ne touche le sol que par les orteils ou le talon, ou bien ne s'appuie que sur son bord externe ou interne.

PIED-DE-BICHE, *sm.* Barre de fer terminée de chaque bout en biseau, qu'on employait à la fermeture des portes. | Marteau qui a deux pannes refendues.

PIED-DE-CHEVAL, *sm.* Très-grande espèce d'huître commune dans la Méditerranée et particul. dans les environs de Cette.

PIED-DE-CHÈVRE, *sm.* Levier formé d'une pièce de fer recourbée et quelquefois fendue par un de ses bouts qui se termine en biseau; les charpentiers et les maçons s'en servent pour remuer les pièces de bois, les pierres, etc.

PIED-DE-GÎTE, *sm.* Ancienne mesure servant autrefois au cubage des bois de charpente; c'était un parallélipipède de un pied de long sur quatre pouces de largeur et d'épaisseur.

PIED-DE-LOUP, *sm.* V. *Lycopode.*

PIED-DE-VEAU, *sm.* V. *Gouet.*

PIED-DROIT ou PIÉDROIT, *sm.* (*Archit.*) Jambage en pierres d'une porte ou d'une fenêtre.

PIÉDESTAL, *sm.* Base sur laquelle repose une colonne ou une statue, et qui se compose d'un socle, d'un dé et d'une corniche.

PIED-FORT, *sm.* Pièce d'or, d'argent, etc., qui est beaucoup plus épaisse que les pièces de monnaie communes et que l'on frappe ordinairement pour servir de modèle.

PIÉDOUCHE, *sm.* Petit piédestal carré ou circulaire qui sert à porter un buste, une petite figure, un vase, etc.

PIE-GRIÈCHE, *sf.* Oiseau de l'ordre des passereaux, dont le bec a une pointe recourbée armée de deux dents; il vit d'insectes et de fruits et quelquefois de petits oiseaux; l'espèce commune en Europe a le plumage gris et les ailes noires, vit en familles plus ou moins nombreuses dans les bois et se fait remarquer par ses instincts carnassiers et ses habitudes belliqueuses.

PIE-MÈRE, *sf.* (*Anat.*) Méninge interne ou membrane fine et demi-transparente qui enveloppe immédiatement toutes les parties du cerveau; elle est séparée de la dure-mère par l'arachnoïde.

PIÉMONTAIS, *sm.* Outil du charpentier servant à tailler les pièces et particul. à les terminer.

PIÉRIDE, *sf.* Insecte lépidoptère diurne dont on compte beaucoup de genres et d'espèces, à ailes plus ou moins blanches, vivant sur diverses plantes et particul. sur certaines crucifères, telles que le chou, le navet, etc.

PIERRE, *sf.* (*Méd.*) V. *Calcul.*

PIERRE D'AIGLE, *sf.* V. *Aétite.*

PIERRE DES AMAZONES, *sf.* V. *Jade.*

PIERRE A CAUTÈRE, *sf.* V. *Potasse caustique.*

PIERRE-GARIN, *sm.* Espèce de sterne, oiseau palmipède nageur qui se trouve sur les côtes de France et s'avance quelquefois dans les rivières.

PIERRE INFERNALE, *sf.* Nom vulgaire de l'azotate ou nitrate d'argent, substance brune, très-caustique, qu'on emploie en médecine pour brûler les chairs, etc.

PIERRE LYDIENNE, *sf.* V. *Lydienne.*

PIERRE DE LUNE, *sf.* V. *Adulaire.*

PIERRE OLLAIRE, *sf.* Variété de talc assez tendre pour pouvoir être travaillée au tour et pour servir à la fabrication de diverses espèces de poteries.

PIERRE PHILOSOPHALE, *sf.* V. *Philosophale* (*pierre*).

PIERRE PONCE, *sf.* V. *Pumicite.*

PIERRE À RASOIR, *sf.* V. *Novaculite.*

PIERRE DE TOUCHE, *sf.* V. *Lydienne.*

PIERRE LEVÉE, *sf.* Nom qu'on a donné aux monuments gaulois consistant en grandes pierres dressées verticalement, tels que les *dolmen*, les *menhir*, etc.

PIERRIER, *sm.* Petit canon de marine qu'on charge à mitraille, principalement de cailloux, de ferraille, etc.

PIERRURES, *sfpl.* Excroissances dures que l'on trouve à la base du bois des cerfs, des daims, etc.

PIÉTAIN, *sm.* V. *Piétin.*

PIÉTER, *vn.* S'appuyer fortement sur un pied. | En parlant des oiseaux, sauter sur un pied. | On dit aussi SE —, *v. pr.*

PIÉTIN, *sm.* Maladie contagieuse qui survient au pied des moutons et des grosses bêtes à cornes; c'est une suppuration continue résultant le plus souvent de l'humidité du so. ou de la malpropreté de l'étable; on l'appelle aussi *Crapaudine.*

PIÉTISME, *sm.* Doctrine qui n'admet de l'Évangile que le sens littéral, sans en chercher l'esprit.

PIETTE, *sf.* Petit oiseau aquatique voisin du harle par sa conformation; son plumage est mélangé de blanc et de noir; le mâle porte sur sa tête une huppe blanche; il habite les mers du Nord.

PIETTER, *vn.* V. *Piéter.*

PIEUVRE, *sf.* V. *Poulpe.*

PIÉZOMÈTRE, *sm.* (*Phys.*) Appareil pour expérimenter la compressibilité des liquides; il est composé d'un cylindre de verre clos dans lequel est contenu un récipient renfermant un liquide; une vis de pression, placée au sommet de l'appareil, permet de comprimer le liquide dont la diminution de volume est indiquée par une échelle.

PIFFRE, *sm.* Nom d'un gros marteau dont se sert le batteur d'or.

PIGACHE, *adj.* Se dit du sanglier, quand un de ses ongles est plus long que l'autre.

PIGAMON, *sm.* Plante herbacée, vivace, de la famille des renonculacées, dont une espèce à fleurs jaunâtres, qu'on trouve dans les lieux humides et qu'on appelle vulg. *rue des prés*, *fausse rhubarbe*, est considérée comme diurétique, et a été employée à la place de la rhubarbe.

PIGEONNER, *va.* Appliquer avec la main du plâtre, gâché serré, sur une cloison ou sur tout autre ouvrage.

PIGMENT, *sm.* Matière brune que sécrètent les tissus sous-cutanés chez l'homme et certains animaux, et à laquelle la peau doit sa coloration; cette matière se rencontre notamment dans les taches de rousseur.

PIGNADA, *sf.* (pr. *gn* mouillé). Forêt de pins.

PIGNE, *sf.* Fruit du pin. | Amande qui est enfermée sous chacune des bractées du cône, qui est le fruit du pin, et que les confiseurs emploient sous le nom de *Pistache*; on l'appelle aussi PIGNON, *sm.* | Masse d'or ou d'argent qui reste après l'évaporation du mercure qu'on avait amalgamé avec le minerai pour en extraire le métal.

PIGNON, *sm.* (*Archit.*) Mur perpendiculaire au mur de face et qui se termine ordinairement en pointe pour porter le bout du faîtage du comble. | Petite roue dentée en forme de cylindre allongé ou de cône tronqué. | Laine de qualité inférieure. | Résidu du peignage du chanvre. | V. *Pigne*.

PIGNORATIF, VE, *adj.* (pr. *pig-no-*). Se disait, dans quelques anciennes coutumes françaises, d'un contrat appelé PIGNORATION, *sf.*, par lequel un débiteur donnait un immeuble en gage, c.-à-d. le vendait sous faculté de rachat à son créancier qui louait ce même immeuble à son vendeur pour les intérêts du prix de vente. | (*Jurisp.*) Aujourd'hui se dit d'un acte, défendu par la loi, par lequel un prêteur sur gage se réserve la faculté de garder le gage s'il n'est pas remboursé au jour fixé.

PIGOCHE, *sf.* Espèce de jeu de marelle, consistant à faire sortir une pièce de monnaie d'un cercle, au moyen d'une autre pièce.

PIGOU, *sm.* (*Mar.*) Chandelier à deux pointes en fer ou en bois, qu'on place dans la cale des bâtiments.

PIGOUILLE, *sf.* Poteaux de bois en usage dans la charpente des vaisseaux.

PILAF, *sm.* V. *Pilau*.

PILAIRE, *adj.* Qui a rapport aux poils.

PILASTRE, *sm.* (*Archit.*) Pilier carré ordinairement engagé dans le mur, auquel on donne les mêmes proportions et les mêmes ornements qu'aux colonnes.

PILAU ou PILAW, *sm.* Riz cuit à l'eau avec du beurre ou de la graisse et de la viande, et fortement épicé.

PILCHARD, *sm.* Espèce de poisson conformé comme le hareng et de la même grosseur que lui, mais à écailles plus grandes; on le pêche plus tôt que le hareng.

PILE, *sf.* (*Blas.*) Pal aiguisé, la pointe tournée vers le bas de l'écu. | Série d'appareils communiquant entre eux et dans chacun desquels deux substances réagissant chimiquement l'une sur l'autre produisent des courants électriques d'autant plus intenses que ces appareils, dits *couples* ou *éléments*, sont plus nombreux; on l'a appelée *Pile de Volta*, *Voltaïque*, *Galvanique*, etc. | Côté d'une monnaie opposé à celui qui porte la face du souverain.

PILÉAIRE, PILÉIFORME, *adj.* Qui a la forme d'un bonnet ou d'un chapeau.

PILET, *sm.* Espèce de canard à plumage varié, dont la queue longue est terminée par deux filets étroits; il habite les régions glacées en été et les contrées tempérées en hiver.

PILIER, *sm.* (*Archit.*) Colonne ronde, sans ornements, sans piédestal, qui soutient une voûte, etc. | (*Anat.*) Repli membraneux et musculeux qui se trouve de part et d'autre de la base de la langue et qui s'étend jusqu'au voile du palais.

PILIMICTION, *sf.* Excrétion de l'urine qui est mêlée de filaments ressemblant à des poils.

PILON, *sm.* Instrument dont on se sert pour piler dans un mortier. | Mettre un livre au —, en déchirer les feuillets, de manière qu'ils ne puissent plus servir qu'à être pilés et réduits en pâte.

PILORI, *sm.* Poteau auquel on fixait autrefois, au moyen d'un carcan, les condamnés que l'on exposait en place publique; il était quelquefois composé d'une charpente tournante dans laquelle était prise la tête du patient, et que le bourreau faisait pivoter sur un axe pour faire voir le condamné à toutes les parties de la foule.

PILORIS ou PILORI, *sm.* Rat des Antilles beaucoup plus grand que le rat d'Europe; il répand une forte odeur de musc; il ronge les racines et ravage les plantations dont il détruit tous les fruits qu'il cache dans des terriers.

PILOSELLE, *sf.* Espèce de plantes du genre épervière, à fleurs jaunes, à feuilles ovales, cotonneuses en dessous, qu'on trouve en été dans les bois; on lui attribue des qualités astringentes et vulnéraires.

PILOT, *sm.* Pyramide de sel que l'on laisse au bord des bassins des marais salants pour blanchir le sel. | Pièce de bois dur, pointue, qu'on enfonce, soit dans le lit des rivières pour y établir un massif de maçonnerie, soit dans un sol marécageux pour le rendre consistant; la réunion des —s porte le nom de *pilotis*.

PILOTE, *sm.* Celui qui *gouverne*, c.-à-d. qui est chargé de conduire un bâtiment, spécialement dans les côtes. | Plus particul. marin connaissant parfaitement les côtes, qui va chercher les navires au large et les guide dans l'entrée du port. | Atlas contenant les plans des côtes d'un pays avec les indications nécessaires pour guider les navigateurs. | V. *Fanfre*.

PILOTIN, *sm.* Jeune apprenti matelot dans la marine marchande.

PILOTIS, *sm.* V. *Pilot*.

PILULE, *sf.* Médicament composé de substances réduites en poudre, agglutinées et roulées en boules de la dimension d'un pois; on les revêt de poudre de lycopode ou d'une feuille d'or ou d'argent.

PIMENT, *sm.* Plante de la famille des solanées, portant des fruits oblongs vésiculeux d'une belle couleur rouge et d'une saveur âcre et brûlante; le fruit de l'espèce communément cultivée en Europe, appelée vulg. *poivre long*, *poivron*, etc., ne s'emploie que confit et comme condiment; on en fait entrer aussi une espèce dans la confection du poivre de Cayenne. | — aquatique, nom vulgaire de diverses plantes aquatiques très-âcres, comme une espèce de renouée, de menthe, etc. | — royal, fruit très-odorant du *myrica galé*, qu'on emploie pour éloigner les insectes.

PIMPRENELLE, *sf.* Plante de la famille

des rosacées, a feuilles composées de plusieurs folioles disposées deux à deux, avec une impaire à l'extrémité, et toutes oblongues, assez profondément dentées ; on la mêle aux salades dont elle relève le goût.

PIN, *sm.* Arbre de la famille des conifères, toujours vert, très-élevé, à rameaux généralement verticillés, à tronc droit et lisse duquel découle par incision une résine employée à divers usages industriels : son fruit porte le nom de *pigne* ou *pignon* ; il y en a un très-grand nombre d'espèces.

PINA, *sm.* Filaments de la feuille de l'ananas, qui sont d'une grande finesse et qu'on emploie pour le tissage en Océanie.

PINACLE, *sm.* (*Archit.*) Partie la plus élevée des temples anciens ; c'était une espèce de comble terminé en pointe qui régnait à leur faîte. | Galerie qui régnait autour du toit plat du temple de Jérusalem.

PINACOTHÈQUE, *sf.* Galerie de tableaux.

PINASSE, *sf.* Ancienne embarcation à grands mâts et à rames, à poupe carrée, qui servait à transporter des marchandises ; on en construit encore aujourd'hui qui ont une marche assez rapide.

PINAU, *sm.* Genre de champignons aplatis, larges, assez voisins du bolet par leur conformation, et dont toutes les espèces sont vénéneuses.

PINÇARD, *adj.* et *s.* Se dit d'un cheval qui appuie sur la pince en marchant.

PINCE, *sf.* Dans divers arts, outils qui servent à saisir et à retenir les pièces qu'on veut travailler. | Sorte de levier. V. *Pied-de-chèvre.* | Extrémité antérieure du pied des animaux ongulés, tels que le cerf, le sanglier, le cheval, etc. | Pattes antérieures chez les crustacés, qui leur servent à saisir les objets. | Arachnide trachéenne de petite taille, qui vit dans les lieux sombres et se nourrit d'insectes.

PINCELIER, *sm.* Double godet en fer-blanc qui s'adapte à la palette et qui reçoit l'huile qui sert à peindre et les couleurs qui doivent être enlevées du pinceau.

PINCHBECK, *sm.* Alliage jaune de cuivre et de zinc imitant l'or.

PINCHINA, *sm.* Étoffe de laine ; espèce de gros drap que l'on fabrique à Parthenay et dans les environs.

PINÉAL, E, *adj.* Qui a la forme d'une pomme de pin. | (*Anat.*) Se dit principalement d'une glande, petit corps ovale qui se trouve à peu près au milieu du cerveau, et dans laquelle Descartes mettait le siége de l'âme ; on l'appelle aussi *Conarion.*

PINEAU, *sm.* Espèce de raisin noir qui passe pour faire le meilleur vin de Bourgogne.

PINÉE, *sf.* Morue sèche de première qualité.

PINÉEN, NE, *adj.* Se dit des lieux où croissent des pins.

PINGOUIN, *sm.* Oiseau palmipède, à bec long, droit et tranchant, à pieds très-courts, à trois doigts entièrement palmés ; ses ailes sont très-courtes ; il vole très-peu en rasant l'eau ; sa taille est à peu près celle de l'oie ; il habite le Groënland.

PINGRE, *sm.* Bâtiment de commerce sans poulaine ni figure. | Arête de poisson.

PINITE, *sm.* Minéral en cristaux de couleur grisâtre, de forme prismatique se rapprochant de celle du cylindre ; il est très-tendre, d'un éclat terreux, et se trouve dans les roches granitiques ou porphyriques ; c'est un mélange de silicate d'alumine et de silicate de potasse et de magnésie.

PINNATIFIDE, *adj.* (*Bot.*) V. *Pennatifide.*

PINNE, *sf.* Mollusque de forme triangulaire, à coquillage bivalve muni de filaments soyeux appelés *byssus*, au moyen desquels il se fixe aux rochers. | — marine, espèce de ce genre, qu'on appelle aussi *jambonneau* ; on la trouve dans la Méditerranée.

PINNÉ, E, *adj.* (*Bot.*) Se dit des feuilles composées de plusieurs folioles rangées des deux côtés d'un pétiole commun.

PINNOTHÈRE, *sm.* Petit crustacé semblable au crabe, qui s'introduit fréquemment, en automne, dans les coquilles de divers mollusques, et particul. des moules et des pinnes-marines.

PINNULE, *sf.* Petite plaque de cuivre, élevée perpendiculairement à chaque extrémité d'une alidade, et percée d'un petit trou pour laisser passer les rayons lumineux. | Fente ou trou servant à viser la mire, dans l'équerre ordinaire.

PINQUE, *sf.* Espèce de flûte. | Bâtiment marchand, rond à l'arrière, portant ordinairement trois mâts à voile latine.

PINSON, *sm.* Genre d'oiseaux passereaux conirostres, voisin du moineau par sa conformation, dont la plupart des espèces communes en Europe sont remarquables par leur grande vivacité ; il a le dos brun vert, le ventre gris rosé, les ailes et la queue noires et rayées de blanc.

PINTADE ou PEINTADE, *sf.* Oiseau de l'ordre des gallinacés, qui tient le milieu entre le dindon et le faisan ; son plumage est gris d'ardoise, ponctué régulièrement de blanc ; sa queue est pendante ; il n'a pas d'éperon ; on l'élève dans quelques basses-cours.

PINTADEAU, *sm.* Petit de la pintade.

PINTADINE, *sf.* Coquille du genre avicule, dite aussi *mère-perle*, qui se trouve dans les mers des Indes occidentales, et qui fournit les perles les plus estimées, ainsi que la nacre.

PINTE, *sf.* Ancienne mesure de capacité pour les liquides, qui équivalait, à Paris, à 0 litre 931.

PION, *sm.* La plus petite pièce du jeu des échecs ; chaque joueur en a huit.

PIONNIER, *sm.* Nom qu'on a donné quelquefois aux soldats, armés de pelles et de haches, qui sont chargés d'aplanir les chemins, de creuser les tranchées, etc.

PIORLIN, *sm.* V. *Chevalier.*

PIOTE, PIOTTE, *sf.* Espèce de gondole vénitienne.

PIPA, *sm.* Genre de reptiles, voisin du crapaud, qui vit à Cayenne et à Surinam ; il est surtout remarquable en ce que le mâle place les œufs sur le dos de la femelle à mesure qu'elle les pond, dans des alvéoles où ils se développent et éclosent.

PIPE, *sf.* Mesure de capacité espagnole et portugaise, dont la contenance varie de 4 litres un quart à 5 litres et demi. | Autrefois, grande futaille pour mettre du vin ou d'autres liquides, contenant, dans certains pays, 400 litres, et ailleurs, d'une contenance double de celle de la barrique.

PIPEAU, *sm.* Petit bâton fendu et portant une feuille d'arbre dans sa fente, dont on se sert pour attirer le gibier, en soufflant au travers de cette fente. | Branche enduite de glu.

PIPÉE, *sf.* Chasse aux petits oiseaux au moyen de pipeaux, de gluaux, etc.

PIPÉRACÉES, *sfpl.* (*Bot.*) Famille de plantes à laquelle appartient le poivre.

PIPERIN, *sm.* PIPERINE, *sf.* Substance cristalline qui est le principe actif du poivre ; c'est un stimulant énergique et un rubéfiant estimé.

PIPERINE, *sf.* V. *Péperin*

PIPETTE, *sf.* Petit instrument de verre qui sert à transporter du liquide d'un vase dans un autre, sans déranger ces vases ; il se compose d'un tube terminé en pointe, que l'on plonge dans le liquide en tenant dans la bouche l'autre bout par lequel on aspire.

PIPISTRELLE, *sf.* Espèce de chauve-souris d'Europe qui habite les combles des habitations rurales.

PIPIT, *sm.* Oiseau de l'ordre des passereaux dentirostres ; il est voisin par sa conformation de la bergeronnette et de l'alouette, dont il a les habitudes ; l'une de ses espèces, appelée aussi *becfigue d'hiver*, se trouve en automne dans le midi de l'Europe ; une autre, beaucoup plus commune, s'appelle *farlouse*.

PIQUATOCHE, *sm.* Entremets composé de tranches de pain trempées dans du lait sucré, qu'on fait frire et qu'on glace ensuite avec une pelle rouge et du sucre en poudre.

PIQUÉ, *sm.* Tissu de coton généralement blanc, épais, présentant, par l'effet du tissage, des dispositions qui le font ressembler à un tissu piqué à l'aiguille.

PIQUE-BŒUF, *sm.* Oiseau de l'ordre des passereaux conirostres, à petit bec carré ; il se nourrit de vers ou de larves qu'il cherche sous le cuir des bœufs, en les piquant ; on le trouve au Sénégal.

PIQUET, *sm.* Un certain nombre de cavaliers ou de fantassins qui se tiennent prêts à marcher au premier ordre ou à monter une garde. | Jeu qui se joue à deux avec trente-deux cartes ; chaque joueur en reçoit douze, sur lesquelles il peut en écarter alternativement cinq ou trois, etc.

PIQUEUR *sm.* Domestique à cheval, qui précède les voitures des souverains et des princes pour éclairer la route. | Employé secondaire des ponts et chaussées ; il vient immédiatement au-dessous du conducteur.

PIRATE, *sm.* Corsaire d'une espèce particulière, qui n'est commissionné par aucune puissance et qui court les mers en pleine paix pour voler et piller les navires.

PIRATERIE, *sf.* Nom qu'on donne à différents crimes commis sur mer, notamment les déprédations sur un navire, la navigation sans passe-port ou avec des commissions délivrées par plus d'une puissance, etc.

PIRATINIER, *sm.* Arbre de la Guyane, à suc laiteux, et dont le bois, très-dur, est de couleur blanche, et porte au centre une tache rouge mouchetée de noir.

PIRIFORME, *adj.* V. *Pyriforme.*

PIROGUE, *sf.* Bateau long et plat dont se servent les sauvages, qui le manœuvrent avec un seul aviron.

PISCANTINE, *sf.* Espèce de piquette de marc de raisin.

PISCICEPTOLOGIE, *sf.* Traité sur la pêche.

PISCICULTURE, *sf.* Art de multiplier les poissons au moyen d'une fécondation artificielle ; art d'élever les poissons.

PISCIFORME, *adj.* (*Hist. nat.*) Qui a la forme d'un poisson.

PISCINE, *sf.* Vivier, réservoir d'eau où l'on conservait autrefois le poisson, | Bassin placé au milieu d'une salle de bain, et où plusieurs personnes se baignent ensemble. | Endroit d'une sacristie où l'on jette l'eau qui a servi à nettoyer les vases sacrés et les linges servant à l'autel.

PISE, *sf.* Crustacé décapode de forme triangulaire, non comestible, qu'on trouve sur les côtes de France et d'Angleterre.

PISÉ, *sm.* Pâte formée de terre glaise qu'on détrempe et qu'on moule en carreaux, que l'on laisse sécher, pour en faire des constructions rustiques ; on y mêle quelquefois de la paille.

PISIFORME, *adj.* (*Hist. nat.*) Qui a la forme d'un pois.

PISME, *sm.* Chant national morlaque qui se chante avec accompagnement de *guzla*.

PISOLITHE, *sf.* (*Géol.*) Variété de calcaire à petits grains sphériques de la grosseur d'un pois. | PISOLITHIQUE, *adj.* Qui appartient à la —.

PISSASPHALTE, *sm.* V. *Malthe.*

PISSE, *sf.* Maladie des chevaux, caractérisée par la perte de l'appétit, la sécrétion très-abondante des urines, et un état anémique général; elle précède souvent la morve.

PISSENLIT, *sm*. Plante de la famille des composées, à fleurs jaunes, formées par la réunion d'un très-grand nombre de demi-fleurons; elle est considérée comme diurétique.

PISSITE, *sm*. Vin préparé avec du moût de raisin et du goudron.

PISTACHE, *sf*. Petite noix de forme oblongue, qui contient une amande verte et d'une saveur agréable, qu'on emploie dans une préparation pharmaceutique; c'est le fruit du | PISTACHIER, *sm*. Arbuste assez élevé, indigène des pays chauds; on appelle aussi *pistache* la *pigne* ou le *pignon* (V. ce mot), et *pistache de terre*, l'arachide. (V. ce mot.)

PISTACITE, *sf*. (*Minér.*) V. *Épidote*.

PISTE, *sf*. Vestiges du gibier. | Ligne que doivent suivre les chevaux sur le champ de courses.

PISTIL, *sm*. (*Bot.*) Organe femelle des fleurs; c'est le prolongement de l'ovaire; il se termine par un stigmate plus ou moins spongieux qui reçoit le *pollen* des étamines.

PISTOLE, *sf*. Se disait autrefois comme synonyme de la valeur de *dix francs*, en quelque monnaie que ce fût. | Monnaie d'or espagnole valant 21 fr. 60 c. | Chambres d'une prison où les prisonniers sont logés à leurs frais. | Sorte de brignole plate, ronde, blonde et sans noyau, très-estimée.

PISTOLET, *sm*. Arme à feu de petite dimension, très-portative, et qui se tient d'une main quand on tire. | — d'arçon, gros pistolet à canon allongé, que les cavaliers portent à leur selle. | (*Phys.*) — de Volta, bouteille renfermant de l'air et de l'hydrogène qui font explosion en se combinant quand on la fait traverser par une étincelle électrique.

PISTON, *sm*. Cylindre qui se meut dans un corps de pompe au moyen d'une tige, et qui a pour fonction, soit d'élever l'eau, soit de comprimer l'air, soit de transmettre à une bielle l'impulsion qu'il reçoit de la vapeur.

PITANCIER, *sm*. Nom que portait autrefois, chez certains religieux, celui qui était chargé de distribuer les rations, appelées *pitances*.

PITE, *sm*. Matière textile produite par certaines espèces d'aloès et par l'agave d'Amérique, et fournissant un fil très-fort dont on fait divers objets, tels que des lignes pour la pêche, etc.; on l'appelle aussi *pitre*, *poil de Messine* ou *crin de Florence*. | Ancienne monnaie de cuivre du Poitou, qui valait un quart de denier.

PITHÉCIEN, *smpl*. (*Zool.*) Tribu de la famille des singes, dont le caractère principal est d'avoir les membres antérieurs plus longs que les postérieurs.

PITHÈQUE, *sm*. Nom qu'on donne quelquefois au singe appelé aussi *magot*.

PITHOMÈTRE, *sm*. Instrument qui sert à jauger les tonneaux.

PITON, *sm*. Dans divers pays et particul. aux Antilles, on appelle ainsi les pointes de montagnes isolées, qui s'élèvent brusquement au-dessus des montagnes environnantes.

PITREPITE, *sm*. Liqueur forte que l'on fabrique avec de l'esprit-de-vin, dans les colonies françaises d'Amérique.

PITTE, *sm*. V. *Pite*.

PITTOSPHORE, *sm*. Arbrisseau d'Afrique et d'Australie, à tige droite, grisâtre, visqueuse, donnant par incision une résine employée quelquefois dans les arts; ses fruits sont aussi résineux.

PITUITAIRE, *adj*: (*Anat.*) Désigne divers organes qui se trouvent dans les cavités nasales, tels que la membrane qui tapisse ces cavités, etc.

PITUITE, *sf*. Nom vulgaire du liquide muqueux que sécrètent avec abondance les membranes tapissant les fosses nasales, le pharynx, les bronches, etc.

PITYRIASIS ou PITYRIASE, *sm*. Affection inflammatoire du cuir chevelu, qui consiste dans de petites taches suivies de la chute de l'épiderme par petites écailles.

PIVERT, *sm*. Oiseau du genre pic, dont le plumage est jaune et vert. V. *Pic*.

PIVETTE, *sf*. V. *Bécasseau*. | Verre à —; se dit, dans le commerce de la gobeletterie, d'un verre de qualité très-inférieure.

PIVIAL, *sm*. Chape très-ample et très-brillante que porte le pape quand il est assis sur son trône dans les grandes solennités. | | V. *Pluvial*.

PIVOINE, *sf*. Plante de la famille des renonculacées, à racines tuberculeuses, à feuilles larges très-divisées, à fleurs volumineuses généralement de couleur cramoisie; on en cultive plusieurs espèces; ses racines ont été vantées contre l'épilepsie.

PIVORI, *sm*. Liqueur spiritueuse que l'on fait avec le pain de la cassave.

PIVOTON, *sm*. V. *Farlouse*.

PIZZICATO, *sm* (pr. *dzi*-) (*Mus.*) Se dit des passages que l'on exécute en pinçant un instrument à cordes, dont on joue ordinairement avec un archet.

PLACARD, *sm*. (*Impr.*) Épreuve imprimée d'un seul côté de la feuille sans que la composition ait été divisée en pages: elle sert pour les premières corrections. | En termes diplomatiques, c'est une pièce dont le parchemin est dans toute son étendue et non plié.

PLACENTA, *sm*. (*Anat.*) Masse charnue et spongieuse située à l'extrémité du cordon ombilical et par laquelle le fœtus s'attache à la matrice et reçoit sa nourriture. | (*Bot.*) Partie interne de l'ovaire à laquelle sont fixés les ovules et par laquelle ceux-ci sont alimentés.

PLACER, *sm.* (pr. *cerr*). Mine d'or ou d'argent, en Amérique, ou simplement lieu où se rencontrent des métaux.

PLACET, *sm.* Pétition, demande par écrit adressée au souverain ou aux magistrats. | Autrefois, tabouret, petit siége sans bras ni dossier.

PLACUNA, *sf.* Mollusque voisin de l'huître par sa conformation et dont les coquilles, presque plates, sont minces et luisantes; on le trouve dans la mer de Chine.

PLADAROSE, *sf.* Tumeur molle et enkystée aux paupières.

PLAGAL, *adj.* (*Mus.*) Se dit d'un mode de plain-chant où la quinte est à l'aigu et la quarte au grave.

PLAGIAT, *sm.* Acte que commet un auteur qui s'approprie les pensées d'autrui ou qui publie sous son nom l'ouvrage d'un autre; cet auteur s'appelle *plagiaire*.

PLAID, *sm.* (pr. *plè*). Ancien syn. de *plaidoirie*. | Séance, audience des parlements. | Manteau de laine à carreaux de diverses couleurs, que portent les montagnards écossais.

PLAIN-CHANT, *sm.* Chant d'église, tel qu'il est pratiqué dans l'église catholique; c'est un chant simple dans lequel toutes les voix chantent à l'unisson sur un même ton.

PLAINE, *sf.* (*Blas.*) Pointe de l'écu quand elle est peinte d'un émail différent de celui du champ. | V. *Plane*.

PLAISANTIN, *sm.* Comédien provençal qui parcourait la France en chantant des poésies et en s'accompagnant d'instruments.

PLAISIR, *sm.* Espèce d'oublie très-légère qui est roulée en cornet.

PLAN, *sm.* (*Math.*) Surface telle, qu'une ligne droite peut s'y appliquer en tous sens et coïncide exactement avec elle.

PLANAIRE, *sm.* Genre de zoophytes entozoaires en forme de vers plats, qui se tiennent dans les eaux ou rampent sur le sol.

PLANCHETTE, *sf.* Planche rectangulaire bien unie, montée sur un genou et sur un pied à trois branches, dont on se sert pour lever les plans et en tracer immédiatement les lignes principales.

PLANÇON ou PLANTARD, *sm.* Sorte de bouture d'arbre consistant en un morceau de branche qu'on plante en terre.

PLANE, *sf.* Outil tranchant terminé à chaque bout par une poignée, dont on se sert pour aplanir le bois de charronnage, les douves, etc. | Espèce d'érable qui a des feuilles semblables à celle du platane.

PLANÈRE, *sm.* Grand arbre du Caucase assez semblable à l'orme par son port et sa conformation; son bois, de couleur rouge et très-dur, a été employé dans l'ébénisterie.

PLANÉTAIRE, *adj.* Qui concerne les planètes. | *sm.* Machine qui représente et met en évidence les mouvements des planètes; c'est généralement une sphère ou un petit globe central qui figure le soleil entouré de plusieurs cercles représentant les orbites des planètes.

PLANÈTE, *sf.* On entend par ce mot ceux des astres qui ont un mouvement propre, c.-à-d. qui, tout en paraissant participer au mouvement diurne, se meuvent suivant une orbite distincte et circulent, de même que la terre, autour du soleil; on distingue les *grandes planètes* qui sont, en partant du soleil, *Mercure*, *Vénus*, la *Terre*, *Mars*, *Jupiter*, *Saturne*, *Uranus* et *Neptune*, et les *petites planètes* placées entre *Mars* et *Jupiter*, qui sont très-nombreuses.

PLANEUR, *sm.* Ouvrier qui *plane* les métaux, c.-à-d. qui les dresse, les aplatit avec le marteau ou avec le planoir.

PLANIMÉTRIE, *sf.* Art de mesurer les surfaces planes, d'en représenter la figure sur le papier au moyen d'opérations géométriques et ensuite d'en évaluer la grandeur en mesures déterminées. | Procédé pour s'assurer si la surface d'une glace est unie.

PLANISPHÈRE, *sm.* Carte où les deux moitiés du globe sont représentées comme formant une surface plane.

PLANOIR, *sm.* Ciselet dont l'extrémité est aplatie et très-polie; on s'en sert pour planer les champs d'une pièce d'orfévrerie quand cette pièce est enrichie d'ornements de ciselure trop resserrés pour qu'on puisse y introduire le marteau.

PLANORBE, *sm.* Mollusque à coquille univalve, fragile, transparente, enroulée en forme de disque, vivant dans les eaux douces; il est voisin des limnées par sa conformation.

PLANTAGINÉES, *sfpl.* (*Bot.*) Famille de plantes dont le plantain est le type.

PLANTAIN, *sm.* Plante très-commune dans les prairies; elle a une tige droite, unique, s'élevant au milieu d'une rosette de feuilles lancéolées et portant un épi cylindrique de petites fleurs à quatre pétales très-serrés; on prépare avec cette plante une eau estimée pour les maux d'yeux.

PLANTAIRE, *sm.* (*Anat.*) Se dit des muscles, des artères, etc., qui appartiennent à la plante des pieds.

PLANTARD, *sm.* V. *Plançon*.

PLANTE, *sf.* — du pied, face inférieure du pied de l'homme; celle qui pose à terre lorsque le corps est debout.

PLANTIGRADE, *sm.* et *adj.* (*Zool.*) Désigne une tribu des quadrupèdes carnivores, tels que les ours, qui sont munis de cinq doigts à tous les pieds et qui ont la faculté de marcher sur la plante entière des pieds de derrière.

PLANTON, *sm.* Sous-officier ou soldat de service placé auprès d'un officier supérieur ou d'un officier général pour transmettre ses ordres et pour porter ses dépêches.

PLANTULE, *sf.* (*Bot.*) Jeune plante telle qu'elle se développe au moment de la germination; c'est la première évolution de l'embryon et l'état intermédiaire entre le germe et *la plante complète.*

PLANURE, *sf.* Bois qu'on retranche des pièces que l'on plane.

PLAQUE, *sf.* Ancienne monnaie des Pays-Bas qui valait de 75 centimes à 1 fr. 20 c.

PLAQUÉ, *sm.* Matière dont on fait de l'orfèvrerie à bon marché et qui se distingue du doublé en ce que le métal inférieur est une feuille de tôle de fer sur laquelle on applique une feuille d'argent doré ou de cuivre doré.

PLAQUEMINIER, *sm.* Grand arbre d'Amérique a bois très-dur et dont le fruit, acerbe, même quand il est mûr, se mange amolli à la manière des nèfles et sert à faire une espèce de cidre; il a été introduit dans le midi de la France; une de ses espèces donne un bois noir qui n'est autre que l'ébène.

PLAQUETTE, *sf.* Ancienne monnaie de billon de Flandre qui valait de 20 à 30 centimes. | Pierre plate qui forme la saillie d'une corniche. | Feuille supplémentaire qu'on ajoute à un livre après le tirage.

PLASMA, *sm.* Partie liquide du sang dans laquelle nagent les globules microscopiques. | Variété d'agate translucide vert pâle, dont les Romains faisaient divers petits ouvrages.

PLASTIQUE, *adj.* Qui forme, qui sert à former; se dit de la force à laquelle est due la production des tissus vivants. | Qui concerne la forme; se dit des arts du dessin. | Se dit aussi de l'argile quand elle se laisse mouler et qu'elle prend la forme qu'on veut lui donner. | PLASTICITÉ, *sf.* Qualité de ce qui est —.

PLASTRON, *sm.* (*Zool.*) Pièce inférieure de la carapace des tortues, qui n'est autre que le sternum modifié.

PLATANE, *sm.* Grand arbre compris, soit dans la famille des amentacées, soit dans celle des urticées, soit dans une famille particulière dont il est le type, et qui se distingue surtout par son écorce mince, grisâtre, se détachant tous les ans en plaques minces, par ses feuilles larges divisées en lobes amples et pointus, par ses fleurs en têtes globuleuses entremêlées de petites écailles; il est depuis longtemps naturalisé en Europe.

PLATAX, *sm.* Poisson acanthoptérygien des mers des Indes, ressemblant au chétodon par sa conformation.

PLAT-BORD, *sm.* Long madrier de sapin. | (*Mar.*) Bordage large et épais qui termine le pourtour d'un navire.

PLATE, *adj. f.* Se dit quelquefois de la vaisselle d'argent (du mot espagnol *plata* qui signifie argent).

PLATE-BANDE, *sf.* Bande de terre qui est garnie de fleurs ou d'arbustes et bordée de gazon, de buis, etc. | (*Archit.*) Moulure plate et unie qui a plus de largeur que de saillie. | Pierre qui sert de linteau à une porte et dont les deux extrémités portent sur les pieds-droits.

PLATÉE, *sf.* Massif de fondations qui comprend toute l'étendue du bâtiment.

PLATE-FORME, *sf.* (*Milit.*) Assemblage de solives formant une surface plane, ou bien ouvrage de terre bien uni, sur lequel on place du canon en batterie.

PLATE-LONGE, *sf.* Longe plate et longue qui sert à maintenir les chevaux difficiles, ou qu'on place sur leur croupe pour les empêcher de ruer. | Corde ou courroie avec laquelle un écuyer à pied fait trotter un cheval en rond.

PLATIÈRE, *sf.* Ruisseau qui traverse une chaussée.

PLATIN, *sm.* Partie de terre que la basse mer laisse à découvert.

PLATINE, *sm.* Corps simple, métallique, un peu moins blanc que l'argent, inaltérable à l'air, très-fixe au feu, en quelque sorte infusible, très-dur et plus pesant que l'or. | Mousse ou éponge de — ; platine métallique d'aspect spongieux et de couleur terne qu'on extrait du chlorure ammoniacal de platine.

PLATINE, *sf.* Ensemble des pièces composant le mécanisme au moyen duquel le tir s'exécute dans les armes à feu. | Ancien ustensile de ménage consistant en une plaque ronde de cuivre montée sur trois pieds, dont on se servait pour repasser le linge.

PLATREAU, *sm.* Nom qu'on donne à la pierre à plâtre telle qu'elle sort de la carrière et avant qu'elle n'ait été mise au four.

PLÉBÉIEN, NE, *adj.* et *s.* (*Ant.*) Se disait, chez les Romains, de ceux qui étaient de l'ordre du peuple, c.-à-d. de la classe venant après les sénateurs et les chevaliers.

PLÉBISCITE, *sm.* Résolution que le peuple entier a consacrée par son suffrage.

PLECTOGNATHES, *smpl.* (*Zool.*) Ordre de poissons osseux renfermant ceux dont la mâchoire supérieure s'engrène avec les os du crâne et ne conserve par conséquent aucune mobilité.

PLECTRUM, *sm.* (*Ant.*) Petit bâton d'ivoire terminé par un crochet, qui faisait résonner les cordes de la lyre.

PLÉÏADES, *sfpl.* (*Astr.*) Groupe de dix étoiles qui sont dans la constellation du Taureau.

PLEIGE, *sm.* (*Jurisp.*) PLEIGER, *va.* PLEIGERIE, *sf.* Anciens syn. de caution, cautionner, cautionnement.

PLÉNIÈRE, *adj.* Indulgence —, rémission pleine et entière de toutes les peines dues aux péchés. | Cour —, assemblée solennelle que les rois et les princes féodaux, au moyen âge, tenaient à l'occasion de quelque grande fête.

PLÉNIPOTENTIAIRE, *adj.* et *sm.* (pr. *-ci-*). Agent diplomatique chargé des pleins pouvoirs d'un souverain pour accomplir une mission spéciale et temporaire.

PLÉONASME, *sm.* (*Litt.*) Figure par laquelle on emploie des mots qui sont inutiles pour le sens, mais qui donnent à la phrase plus de force ou de grâce. | Répétition vicieuse de paroles qui ont le même sens; on dit mieux, dans cette acception, *Périssologie.*

PLÉROME, *sm.* (*Philos.*) Terme par lequel on a désigné la totalité des essences pensantes et pouvant se combiner avec la matière.

PLÉROSE, *sf.* (*Méd.*) Réplétion. | Sensation de pesanteur résultant d'une digestion difficile.

PLÉROTIQUE, *adj.* et *sm.* Qui procure la cicatrisation.

PLÉSIOSAURE, *sm.* Genre de reptiles fossiles qu'on trouve dans les terrains secondaires et dont la conformation était voisine de celle des sauriens d'aujourd'hui; il avait de 8 à 9 mètres de long, et ses membres ressemblaient plutôt à des ailes qu'à des bras.

PLESSITE, *sm.* Corps métallique qu'on trouve dans les aérolithes, mêlé au kamacite et au ténite.

PLESSIMÈTRE, *sm.* Plaque d'ivoire circulaire que l'on applique à plat sur les divers points du thorax que l'on veut explorer, et sur lesquelles on frappe, soit avec les doigts, soit avec un petit marteau. | PLESSIMÉTRIE, *sf.* PLESSIMÉTRISME, *sm.* Art de se servir du —.

PLÉTHORE, *sf.* Altération particulière du sang causée par un excès de globules dans sa composition; les gens qui sont atteints de cette affection, appelée aussi *réplétion*, sont dits *pléthoriques*; ils présentent tous les caractères résultant de cette surabondance des parties actives du sang, tels que coloration prononcée du visage, palpitations, étouffements, bourdonnements, congestions, etc.

PLÈTHRE, *sm.* (*Ant.*) Mesure de longueur qui était en usage en Grèce; elle équivaut à environ 31 mètres.

PLEURÉSIE, *sf.* (*Méd.*) Phlegmasie ou inflammation de la plèvre, accompagnée de point de côté, toux, suffocation, etc., et résultant le plus souvent d'une alternative de chaud et froid; elle est aiguë ou chronique; dans ce dernier cas, elle peut se transformer en épanchement séreux et même en phthisie.

PLEUREUSE, *sf.* Bandes de batiste, qu'on mettait autrefois sur le revers de la manche d'un habit, dans les premiers temps d'un deuil. | V. *Charançon.*

PLEURITE, *sf.* (*Méd.*) Inflammation locale de la plèvre.

PLEURITIDES, *sfpl.* Sorte de registres qui se lèvent et s'abaissent pour donner ou ôter le vent aux tuyaux d'orgues.

PLEURODYNIE, *sf.* (*Méd.*) Douleur rhumatismale au côté, non accompagnée de fièvre; elle résulte d'une inflammation de la plèvre, moins intense et plus extérieure que la pleurésie, et s'appelle quelquefois, pour ce motif, *fausse pleurésie*; c'est un *point de côté* plus douloureux que le point de côté ordinaire.

PLEURONECTE, *adj.* et *sm.* (*Zool.*) V. *Hétérosome.*

PLEUROPNEUMONIE ou PLEUROPÉRIPNEUMONIE, *sf.* (*Méd.*) Pleurésie compliquée de pneumonie.

PLEURORHIZE, *adj.* (*Bot.*) Se dit des jeunes plantes ou plantules dont la radicule est placée de côté, le long de la graine.

PLÈVRE, *sf.* Membrane séreuse, diaphane, qui revêt intérieurement la cavité thoracique, tapisse les côtes, se réfléchit de là sur l'un et l'autre poumon et se bifurque au milieu du thorax où elle forme le *médiastin.*

PLEXUS, *sm.* (*Anat.*) Lacis, réseau formé par plusieurs filets de nerfs, soit à leur sortie de la colonne vertébrale, soit en quelque autre point du corps; le — solaire, dont les rameaux rayonnent autour d'un centre, se rapporte au grand sympathique et donne naissance à tous les — intestinaux; les —s cervical, brachial et lombaires, dont les noms indiquent la position, se rapportent aux nerfs encéphaliques.

PLÉYON ou PLION, *sm.* Brin d'osier qui sert à lier la vigne, les branches d'arbres, les cercles de tonneaux, etc.

PLICA, *sm.* V. *Plique.*

PLICATILE, *adj.* (*Bot.*) Se dit des feuilles et des fleurs susceptibles de se ployer ou qui ont une tendance naturelle à se plisser le soir et à s'ouvrir le matin.

PLIE, *sf.* Genre de poissons pleuronectes, de forme rhomboïdale, qui a ses deux yeux du côté droit; ses diverses espèces sont très-recherchées pour la délicatesse de leur chair; ce sont la *limande*, le *flet*, la *sole* et la *plie franche*, appelée aussi *carrelet*. (V. ce mot.)

PLINTHE, *sf.* (*Archit.*) Bande ou saillie plate qui règne au pied d'un bâtiment, au bas d'un mur, d'un lambris, ou au sommet d'un chapiteau, d'une base, etc.

PLIOCÈNE, *adj.* (*Géol.*) Se dit de l'époque la plus moderne de la période tertiaire, qui a précédé le soulèvement des Alpes, la séparation de l'Angleterre du continent, etc., changements qui ont inauguré la période quaternaire ou actuelle.

PLIOIR, *sm.* Couteau à papier.

PLION, *sm.* V. *Pléyon.*

PLIQUE, *sf.* Phlegmasie cutanée, commune en Pologne, qui est caractérisée par l'entrelacement inextricable et le feutrage des cheveux, avec sécrétion d'un liquide visqueux formant en se desséchant une croûte; c'est une affection causée par la malpropreté et qui ne peut être guérie qu'en coupant les cheveux au moment opportun.

PLISSON, *sm.* Mets délicat composé de lait qu'on fait épaissir au feu.

PLOC, *sm.* Bourre de laine de rebut. | Composition de poil de bœuf et de chien qu'on met entre le doublage et le franc-bord d'un navire.

PLOCAGE, *sm.* Action de carder les laines et d'en séparer la bourre.

PLOCAMIE, *sf.* Algue marine du genre fucus, à frondes recourbées, découpées et colorées des plus vives nuances.

PLOIÈRE, *sf.* Insecte hémiptère voisin des géocorises et des réduves, et remarquable par ses antennes extrêmement minces et ses pattes très-longues.

PLOMBAGE, *sm.* Opération pratiquée par les employés des douanes, qui consiste à envelopper avec une corde un colis renfermant des marchandises sujettes aux droits dans un pays, mais qui ne doivent pas être vendues dans ce pays et ne font que le traverser, et à garnir les nœuds de la corde d'un morceau de plomb qui reçoit une empreinte, afin que la caisse ne puisse être ouverte qu'à destination.

PLOMBAGINE, *sf.* V. *Graphite.*

PLOMBAGINÉES, *sfpl.* (*Bot.*) Famille de plantes herbacées, souvent gazonnantes, à tige nue, s'élevant d'un bouquet de feuilles radicales et portant des fleurs en épis ou en capitules terminaux, etc.; une de ses espèces, appelée vulg. *gazon d'olympe*, est cultivée dans les jardins; la *dentelaire* appartient aussi à cette famille.

PLOMBINE, *sf.* Métier pour l'impression des tissus qui porte un rouleau de plomb gravé en relief, au moyen duquel on imprime d'une manière continue, à la différence de l'impression à la planche qui doit se faire en plusieurs fois.

PLOMÉE, *sf.* V. *Plumée.*

PLONGÉE, *sf.* (*Milit.*) Ligne comprise entre le talus intérieur et le talus extérieur d'un parapet de fortifications.

PLONGEON, *sm.* Genre de palmipèdes marins à bec allongé, à ailes médiocres, à queue courte, et dont les jambes sont placées en arrière de la ligne médiane du corps; ils se tiennent presque toujours entre deux eaux et ne marchent à terre que très-difficilement, en s'aidant de leurs ailes; il y en a plusieurs espèces ou variétés, savoir: l'*imbrim*, le *lumme*, le *cat-marin*, etc.; ils n'habitent guère que les mers du Nord.

PLONGEURS, *smpl.* (*Zool.*) Famille d'oiseaux palmipèdes marins, à laquelle appartiennent le *plongeon*, le *manchot*, le *pingouin*, etc.; ils sont remarquables par leurs jambes situées en arrière du corps et qui leur rendent la marche presque impossible; en outre, leurs ailes sont en général courtes et faibles, de sorte qu'ils *plongent* presque constamment dans l'eau.

PLOQUE, *sf.* V. *Ploc.*

PLOQUER, *va.* Garnir de ploc.

PLOUTRE, *sm.* Rouleau pour briser les mottes de terre.

PLOYÉ, *sm.* Au pharaon, double carte amenée par le banquier.

PLUCHE, *sf.* V. *Peluche.*

PLUMAIL, *sm.* Balai de plume; on dit aussi *Plumart*, *Plumasseau* et *Plumeau.*

PLUMART, *sm.* Poutre fixe dont le centre reçoit un moulinet; armure de l'arbre d'un moulin. | V. *Plumail.*

PLUMASSEAU, *sm.* (*Chir.*) Tampon de charpie aplati qu'on met sur les plaies et les ulcères. | Plumes qu'on introduit par les barbes dans les naseaux d'un cheval pour exciter la sécrétion de la membrane muqueuse. | V. *Plumail.*

PLUMATELLE, *sf.* Petit mollusque ou zoophyte ressemblant à un arbuste microscopique, et formé de tubes rétractiles terminés par de petits panaches; on le trouve dans les eaux douces, sous les feuilles du nénuphar, etc.

PLUMBAGINÉES, *sfpl.* (*Bot.*) V. *Plombaginées.*

PLUMBAGO, *sm.* V. *Dentelaire.*

PLUMÉE, *sf.* Travail préparatoire du tailleur de pierres pour dresser la surface d'une pierre.

PLUMETIS, *sm.* Sorte de broderie fine faite à la main, et consistant en dessins en relief formés sur l'étoffe au moyen de fils de coton parallèles que l'on serre les uns contre les autres.

PLUMIPÈDES, *smpl.* (*Zool.*) Famille de l'ordre des gallinacés, renfermant ceux qui ont les pattes et quelquefois les pieds couverts de plumes.

PLUMITIF, *sm.* Cahier sur lequel un greffier ou un secrétaire prend note sommairement des arrêts et des *sentences qui se rendent* à l'audience, des délibérations d'une compagnie, etc.

PLUM-PUDDING, *sm.* (pr. *plomm-poudingh*) (*Angl.*) Gâteau cuit dans l'eau, composé de farine ou de mie de pain, de moelle de bœuf, de pruneaux ou de raisins de Corinthe, etc., et assaisonné avec du vin de Madère ou du rhum.

PLUMULAIRE, *sf.* Genre de polypes réunis sur un axe commun, et dont les rameaux ressemblent à des barbes de plumes.

PLUMULE, *sf.* (*Bot.*) Partie de l'embryon végétal qui se transforme en tige, par oppos. à la *radicule* qui se transforme en racine.

PLUS QUE PARFAIT, *sm.* (*Litt.*) Temps du verbe qui représente l'action comme terminée antérieurement à un temps déjà passé.

PLUTE, *sf.* (*Ant.*) Panier d'osier couvert de peau, servant de bouclier.

PLUTOCRATIE, *sf.* Nom qu'on a donné à un mode de gouvernement dans lequel le pouvoir appartient aux riches.

PLUTONIEN, PLUTONIQUE, *adj.* (*Géol.*) Se dit des terrains dont la formation est attribuée à la voie ignée, aux expansions du feu souterrain.

PLUTONISME, *sm.* (*Géol.*) Théorie qui attribue la formation des dépôts sédimentaires comme des autres à une action volcanique, et qui repousse l'hypothèse de dépôts au fond des eaux, soutenue par les *neptuniens*.

PLUVIAL, *sm.* Grande chape que portent à la messe et aux vêpres, le chantre, le sous-diacre, ainsi que l'officiant quand il encense et quand il va à la procession.

PLUVIATILE, *adj.* Se dit d'une température, d'une constitution climatérique produite ou modifiée par l'action des pluies.

PLUVIER, *sm.* Oiseau de l'ordre des échassiers, très-élevé sur ses pattes et à queue carrée; il n'a que trois doigts au lieu de quatre; il fréquente les marais et voyage en troupes; il frappe le sol avec ses pieds pour en faire sortir les vers dont il fait, ainsi que des insectes aquatiques, sa principale nourriture; c'est un gibier estimé. | Grand —. V. *OEdicnème*.

PLUVIOMÈTRE, *sm.* Instrument gradué qui a pour objet de mesurer la quantité moyenne de pluie qui tombe par an dans une localité.

PLUVIOSE, *sm.* Le cinquième mois du calendrier républicain : du 21 janvier au 20 février.

PNEUMATIQUE, *adj.* (*Phys.*) Se dit de divers appareils où l'air joue un certain rôle. | Machine —, appareil à faire le vide ; il est composé de deux corps de pompe dans lesquels jouent deux pistons disposés de manière à extraire l'air d'une capacité donnée et à l'empêcher d'y rentrer. | Briquet —, petit cylindre clos dans lequel on comprime brusquement l'air au moyen d'un piston portant à son extrémité un morceau d'amadou qui prend feu par suite de la compression de l'air. | Cuve —, réservoir rempli d'eau ou de mercure, dans lequel on fait passer les gaz pour les recueillir avec une éprouvette.

PNEUMATOLOGIE, *sf.* (*Philos.*) Partie de l'ancienne métaphysique qui traite de l'âme humaine et de Dieu, de la psychologie et de la théodicée. | Traité sur les bons et les mauvais génies.

PNEUMATOSE, *sf.* (*Méd.*) Gonflement d'un organe par suite d'introduction d'air ou de gaz dans les membranes qui composent cet organe ; on range sous ce nom les *emphysèmes*, la *tympanite* et même les flatuosités intestinales.

PNEUMOBRANCHES, *smpl.* (*Zool.*) Se dit des reptiles batraciens qui sont à la fois munis de poumons et de branchies, et peuvent dès lors vivre dans l'eau et hors de l'eau.

PNEUMOCÈLE, *sm.* (*Méd.*) Hernie résultant de la saillie d'une partie du poumon au travers des muscles intercostaux.

PNEUMOGASTRIQUE, *adj.* (*Anat.*) Se dit d'un nerf faisant partie de la 8e paire qui se ramifie à la fois au poumon et à l'estomac.

PNEUMONIE, *sf.* (*Méd.*) Inflammation du parenchyme des poumons, aiguë ou chronique, appelée aussi *péripneumonie* (V. ce mot), et vulg. *fluxion de poitrine*.

PNEUMONIQUE, *adj.* Se dit des remèdes propres aux maladies du poumon et de ceux qui sont atteints de ces maladies.

PNEUMOTHORAX, *sm.* (*Méd.*) Épanchement de gaz dans les plèvres, résultant de ce que l'air a passé des bronches dans les plèvres à travers quelque ouverture accidentelle (perforation, tubercule ramolli, etc.)

PNYX, *sm.* (*Ant.*) Place demi-circulaire où se tenait quelquefois, à Athènes, l'assemblée générale du peuple.

POCHE, *sf.* Repli externe de la peau du ventre chez les marsupiaux, dans lequel ils logent leurs petits quand ils sont encore jeunes. | Cuiller en fer à long manche dont se servent les fondeurs pour puiser le métal en fusion.

POCHETTE, *sf.* Petit violon de poche dont les maîtres de danse se servent pour donner leur leçon ; il sonne une octave plus haut que le violon.

PODAGRAIRE, *sf.* Plante ombellifère à feuilles divisées en lanières, à fleurs blanches, communes dans les haies et les prairies ; on l'employait autrefois contre la goutte.

PODAGRE, *sf.* Goutte, quand elle attaque les pieds. | *s.* et *adj.* Plus particul., personne qui souffre de la goutte, soit aux pieds, soit aux jambes.

PODESTA, *sm.* Magistrat remplissant en Italie la charge d'officier de police et de justice. | Au moyen âge, premier magistrat de Gênes, qui changeait tous les ans.

PODIUM, *sm.* (*Ant.*) Balcon renfermant un rang de sieges qui dominait immédiatement le cirque des gladiateurs, et au-dessus duquel s'élevaient en amphithéâtre les gradins ordinaires.

PODOCARPE, *sm.* Genre de conifères très-élevées, assez semblable à l'if, dont on trouve des espèces en Amérique, en Afrique et particul. à la Nouvelle-Zélande où leur bois est extrêmement dur.

PODOGYNE, *adj.* m. (*Bot.*) Se dit du pistil quand sa partie inférieure a la forme d'un socle ou d'un pied.

PODOMÈTRE, *sm.* V. *Odomètre*.

PODOSPERME, *sm.* (*Bot.*) V. *Funicule*.

PODURELLE, *sf.* Très-petit insecte aptère, de couleur noire ou brune, qui vit en troupes ou en petits tas très-agglomérés par terre ou sur des arbres; il a une sorte de queue qui lui sert d'organe locomoteur.

PŒCILE, *sm.* (*Ant.*) Portique public orné de peintures, dans l'ancienne Grèce.

POÊLE, *sm.* Voile que deux jeunes gens tiennent au-dessus de la tête des mariés pendant la bénédiction nuptiale. | Dais sous lequel on porte le Saint-Sacrement aux malades et dans la procession. | Dais qu'on présente aux princes quand ils font leur entrée dans une ville. | Drap mortuaire dont on recouvre le cercueil pendant la cérémonie funèbre et dont les quatre coins reçoivent chacun un cordon qui est tenu par un parent ou un ami.

POÉTIQUE, *sf.* Art qui trace les règles de la poésie; traité sur cet art.

POINCIANE ou POINCILLADE, *sm.* Nom que l'on donne, aux Antilles, à un arbuste de la famille des légumineuses, à fleurs rouges et jaunes en corymbe pyramidal, odorantes, et dont on emploie les feuilles comme purgatif.

POINÇON, *sm.* Futaille contenant 218 à 250 litres. | (*Archit.*) Pièce de bois qui, dans un comble, descend verticalement du faîte, reçoit par en haut les arbalétriers et s'appuie, par en bas, sur le milieu de l'entrait. | Morceau d'acier gravé en relief, qui donne en creux les matrices des monnaies et médailles. | Outil au moyen duquel on indique sur les ouvrages d'or et d'argent qu'ils sont au titre légal; cette marque même.

POINT, *sm.* Autrefois, douzième de la ligne ou 0 m. 00019. | (*Impr.*) Mesure pour les différents caractères équivalant à 0 m. 00025 ou un quart de millimètre. | (*Mus.*) Point qu'on place après une note et qui augmente de moitié la valeur de cette note qui est alors dite *pointée*. | — d'orgue, arrêt ou repos variable sur une note finale, et pendant lequel l'exécutant peut improviser des agréments plus ou moins longs. | (*Mar.*) Indication qu'on porte sur la carte quand on a *fait le point*, c.-à-d. déterminé exactement la situation du vaisseau et la route déjà parcourue. | — de côté. V. *Pleurodynie* et *Pleurésie*.

POINTAGE, *sm.* Opération qui consiste à diriger vers un point donné une bouche à feu quelconque; celui qui en est chargé s'appelle *pointeur*.

POINTEAU, *sm.* Poinçon d'acier trempé qui sert à marquer ou à faire des trous dans des pièces de laiton ou d'acier.

POINTILLÉ, *sm.* Manière de peindre, particulièrement à l'usage du peintre en miniature, consistant à poser les couleurs par petits points au moyen d'un pinceau bien affilé.

POINTURE, *sf.* Mesures déterminées à l'avance, dont se servent les cordonniers pour distinguer entre elles les tailles des pieds. | (*Impr.*) Petites lames de fer terminées en pointe, fixées au tympan de la presse à la main et perçant la feuille de papier à ses deux bouts quand on l'imprime d'un côté; on replace les trous sur les pointures quand on l'imprime de l'autre côté, afin que le verso et le recto de la feuille se correspondent exactement et laissent autour d'eux la même quantité de blanc.

POIRÉ, *sm.* Liqueur fermentée qu'on retire des poires; il a une saveur agréable et pétille souvent comme le vin de Champagne; on le mêle quelquefois au cidre dans le nord de la France.

POIREAU, *sm.* Plante potagère du genre ail et de la famille des liliacées; son bulbe est allongé, sa tige haute de 8 à 10 décimètres, ses feuilles longues, planes, pliées en gouttière, de couleur glauque; on s'en sert dans les cuisines pour relever les potages, etc. | Nom vulgaire de la *verrue*. (V. ce mot.)

POIRÉE, *sf.* V. *Bette*.

POISSON, *sm.* Ancienne mesure de capacité pour les boissons spiritueuses, qui équivaut au huitième d'un litre.

POITRAIL, *sm.* (*Archit.*) Grosse pièce de bois ou de fer qui se pose horizontalement sur des pieds droits, pour former la baie d'une porte ou soutenir un mur de face.

POIVRE, *sm.* Nom donné à un grand nombre de substances végétales à saveur âcre et brûlante, servant de condiment et d'épices, et particul. aux baies noires du *poivrier*, arbrisseau grimpant cultivé dans les îles de la Sonde, et dont il y a un grand nombre de variétés. | — long, V. *Piment*. | — de cubèbe, V. *Cubèbe*. | — de Cayenne, mélange de petits piments très-âcres, de Cayenne, avec de la pâte de froment que l'on dessèche au four et qu'on broie ensuite dans un moulin.

POIVRIÈRE, *sf.* Guérite de maçonnerie placée à l'angle d'un bastion, sur le faîte d'un mur.

POIVRON, *sm.* V. *Piment*.

POIX, *sf.* Matière résineuse qui provient des pins ou des sapins et qui sert à enduire certaines substances pour les rendre imperméables; on l'obtient en brûlant dans un four la paille dont on s'est servi pour filtrer la térébenthine. | — de Bourgogne, résine molle des pins appelée aussi *galipot*, que l'on fond avec de l'eau et que l'on filtre pour l'usage de la pharmacie.

POLACRE, *sf.* Bâtiment italien à un ou deux mâts, portant une voile latine, et à rames, en usage sur la Méditerranée.

POLAIRE, *adj.* Qui est voisin des pôles. | Étoile —, étoile qui occupe l'extrémité de la constellation de la *petite ourse*; elle est très-rapprochée du pôle nord, et par conséquent fait à nos yeux un tour très-court et paraît fixe et immobile; aussi sert-elle aux navigateurs pour retrouver leur chemin.

POLAQUE, *sm* Cavalier polonais. | *sf.* Vêtement polonais. | Espèce de bâtiment. V. *Polacre.*

POLARIMÈTRE, Polariscope, *sm.* (*Phys.*) Nom qu'on a donné à divers appareils propres à reconnaître si des rayons lumineux sont directs ou réfléchis, à mettre en évidence les phénomènes de la polarisation et à en mesurer l'intensité.

POLARISATION, *sf.* (*Phys.*) Modification particulière des rayons lumineux, en vertu de laquelle, une fois réfléchis ou réfractés, ils deviennent incapables de se réfléchir ou de se réfracter de nouveau dans certaines directions.

POLARITÉ, *sf.* Propriété dont jouit l'aimant ou une aiguille aimantée de se diriger en chaque lieu terrestre vers le pôle magnétique. | État d'un corps quelconque, notamment de la lumière, dans lequel il s'est manifesté deux pôles opposés.

POLATOUCHE, *sm.* Espèce d'écureuil de Russie et du Canada, muni d'une extension de la peau des flancs entre les jambes, qui sert à le soutenir en l'air quand il fait de grands sauts; on l'appelle pour cette raison *écureuil volant*; sa fourrure douce, mais peu fournie, fait l'objet d'un commerce important.

POLDER, *sm.* (pr. *dèr*). Vastes plaines des Pays-Bas, qui sont d'anciens marais desséchés et protégés contre la mer par des digues; elles sont très-fertiles.

PÔLE, *sm.* Chacune des deux extrémités de l'axe imaginaire autour duquel la sphère céleste paraît tourner en vingt-quatre heures, ou de l'axe immobile du globe terrestre correspondant aux pôles célestes. | (*Phys.*) Les deux extrémités d'un aimant, qui se dirigent toujours, l'une vers le pôle nord, l'autre vers le pôle sud. | Les deux extrémités du circuit d'une pile où se manifestent les actions électriques.

POLÉMITE, *sm.* (*Comm.*) Tissu uni lisse de laine et de poil de chèvre, à côtes dans le sens de la largeur; c'est une variété de camelot.

POLENTA, *sf.* (pr. *-lènn-*) Substance alimentaire qu'on obtient en faisant cuire les pommes de terre à la vapeur, en les écrasant et en les réduisant en farine ou en semoule; on en fait des potages; on la prépare aussi avec de la farine de maïs bouillie ou de la farine de châtaignes.

POLIORCÉTIQUE, *adj.* et *sf.* Se dit de l'art d'assiéger et de défendre les places fortes.

POLIOSE, *sf.* État des cheveux quand ils blanchissent.

POLISTE, *sf.* Guêpe ou genre d'insectes hyménoptères, voisin de la guêpe, dont le corps est noir taché de jaune; elle construit des nids comme ceux des guêpes ordinaires et produit même du miel; une de ses espèces est la *lécheguane*. (V. ce mot.)

POLKA, *sf.* Danse légère à deux personnes, à quatre temps, originaire de la Pologne.

POLLEN, (pr. *pol-lènn*) (*Bot.*) Poussière très-fine renfermée dans la partie de l'étamine des fleurs qui est appelée anthère; elle est composée de petits globules renfermant un fluide visqueux qui a la propriété de féconder les ovules de la plante.

POLLÈNE, *sf.* Nom que donnent les scieurs de long à la ligne médiane d'une pièce de bois à scier, prise à égale distance des deux arêtes de chaque face.

POLLICITATION, *sf.* (*Jurisp.*) Engagement contracté par une des parties sans qu'il soit encore accepté par l'autre.

POLLINIQUE, *adj.* (*Bot.*) Qui appartient au pollen.

POLOSSE ou Polozum, *sm.* Alliage de cuivre rouge et d'étain.

POLYADELPHIE, *sf.* (*Bot.*) Dans le système de Linné, classe de plantes comprenant celles dont les étamines sont soudées par leurs filets en plusieurs paquets distincts; elle renferme le *cacaotier*, le *citronnier*, le *millepertuis*, etc.

POLYANDRIE, *sf.* (*Bot*). Dans le système de Linné, classe de plantes contenant celles qui ont plus de vingt étamines insérées sous l'ovaire; telles sont le *pavot*, la *pivoine*, la *renoncule*, etc.

POLYARCHIE, *sf.* Gouvernement où l'autorité publique est entre les mains de plusieurs personnes.

POLYCARPE, *sm.* Recueil de constitutions et de canons ecclésiastiques qui fut publié au XIIe siècle.

POLYCHRESTE, *adj.* (*Méd.*) Qui sert à plusieurs usages; se dit particul. d'un sel purgatif (*sulfate de potasse*), parce qu'on l'applique dans plusieurs maladies.

POLYCHROÏSME, *sm.* (*Minér.*) Particularité que présentent certains cristaux, quand on regarde la lumière au travers, de présenter des couleurs différentes.

POLYCHROÏTE, *sm.* Principe colorant qu'on extrait du safran par l'alcool.

POLYCHRÔME, *adj.* Se dit de la peinture de plusieurs couleurs, de l'ornementation dans laquelle on emploie plusieurs couleurs; spécialement quand cette peinture et cette ornementation s'appliquent à l'architecture, aux monuments, aux constructions, etc.; l'art d'appliquer cette peinture s'appelle | Polychromie, *sf.*

POLYDESME, *sm.* Insecte myriapode, voisin des iules par sa conformation; on le trouve sous les pierres, dans les lieux humides, etc.

POLYDIPSIE, *sf.* Variété du diabète compliquée de gastrite et caractérisée par une soif continuelle.

POLYÈDRE, *adj.* et *sm.* (*Math.*) Se dit d'un corps solide terminé par plusieurs faces planes; il est régulier si toutes ses faces sont des polygones réguliers égaux entre eux.

POLYERGUE, *sf.* Genre de fourmis manquant d'aiguillon, dont certaines espèces sont très-sanguinaires et s'attaquent à d'autres espèces pour les forcer à vivre dans leurs fourmilières et à y remplir l'office d'ouvrières.

POLYGALA, *sm.* Plante à suc lactescent, dont on compte beaucoup d'espèces; on en trouve en Europe une espèce petite, vivace, à fleurs irrégulières bleues ou blanches; sa racine est un excitant énergique et a été employée contre certaines affections du poumon.

POLYGAMIE, *sf.* État de celui qui est polygame, c.-à-d. marié à plusieurs femmes, ou de celle qui est mariée à plusieurs hommes en même temps. | (*Bot.*) Dans le système de Linné, classe de plantes qui ont des fleurs mâles et des fleurs femelles distinctes, soit sur le même pied, soit sur des pieds séparés.

POLYGASTRIQUES, *smpl.* (*Zool.*) Classe d'animalcules infusoires, qui ne s'aperçoivent qu'au moyen du microscope, et dont le corps offre dans son intérieur un nombre considérable de petites cavités qui paraissent remplir les fonctions d'autant d'estomacs.

POLYGLOTTE, *adj.* Qui est écrit en plusieurs langues. | Qui parle plusieurs langues.

POLYGONE, *sm.* Se dit d'une figure plane qui a plusieurs angles et plusieurs côtés. | Lieu où l'on exerce les artilleurs aux manœuvres du canon. | Périmètre complet d'une place forte.

POLYGRAMME, *adj.* (*Litt.*) Qui est marqué de plusieurs lignes. | Voyelle double et articulation formée de deux consonnes; tels sont: *ai, eu, ou, ch, ph, rh, th*, etc.

POLYGRAPHE, *sm.* Auteur qui a écrit sur plusieurs matières.

POLYGYNIE, *sf.* (*Bot.*) Ordre de plantes dans certaines classes du système de Linné, qui renferme celles dont les pistils sont en nombre indéterminé.

POLYNÈME, *sm.* Poisson acanthoptérygien des mers tropicales, dont on trouve plusieurs espèces près du Bengale; il est remarquable par ses nageoires pectorales, terminées par des filaments allongés, fins et soyeux; sa chair est très-estimée.

POLYNÔME, *sm.* (*Math.*) Toute quantité algébrique composée de plusieurs termes séparés par les signes *plus* ou *moins*.

POLYODON, *sm.* Poisson chondroptérygien du Mississipi, analogue à l'esturgeon et remarquable par un énorme prolongement du museau auquel ses bords élargis donnent la figure d'une feuille d'arbre.

POLYOMMATE, *sm.* Nom générique d'un lépidoptère diurne de petite taille, remarquable par les taches régulières semées sur ses ailes et qui ressemblent à des yeux; l'*argus* appartient à ce genre.

POLYPE, *sm.* Nom commun à tous les animaux de la classe des zoophytes, qui ont un corps gélatineux et de forme conique, et qui ont autour de la bouche plusieurs filets mobiles appelés *tentacules*; coupés en plusieurs parties, ils se reproduisent tout entier. | — d'eau douce, V. *Hydre*. | Excroissance ou tumeur qui vient particulièrement sur les membranes muqueuses.

POLYPÉTALE, *adj.* (*Bot.*) Se dit de la corolle d'une fleur quand elle est de plusieurs pièces distinctes.

POLYPIER, *sm.* Appareil calcaire ou corné qui sert d'habitation commune aux polypes agrégés.

POLYPODE, *adj.* (*Hist. nat.*) Qui a beaucoup de pieds. | *sf.* Plante de la famille des fougères dont les racines s'attachent par une multitude de fibres sur les pierres, les troncs d'arbres et au pied des vieux chênes; certaines de ses espèces sont vermifuges.

POLYPTYQUE, *sm.* (*Ant.*) Se disait des tablettes à écrire, quand elles étaient composées de plus de deux (*diptyque*) ou trois feuillets (*triptyque*); on se servait surtout de ces sortes de tablettes pour inscrire le cens, les aumônes publiques, etc. | Au moyen âge, livre contenant le détail des rentes, des corvées et autres redevances seigneuriales, ainsi que le catalogue des églises et des bénéfices d'un diocèse; on l'appelait aussi *pouillé*.

POLYSCOPE, *adj.* (*Phys.*) Se dit des verres qui, ayant plusieurs facettes, multiplient l'image des objets.

POLYSTYLE, *adj.* (*Archit.*) Se dit d'un édifice où il y a beaucoup de colonnes.

POLYSYLLABE, *adj.* et *s.* Qui est de plusieurs syllabes.

POLYSYNODIE, *sf.* Système d'administration qui consiste à remplacer chaque ministre par un conseil.

POLYTHÉISME, *sm.* Système de religion qui admet la pluralité des dieux.

POLYTRIC, *sm.* Plante du genre des mousses, portant un grand nombre de tiges menues, qu'on trouve dans beaucoup de lieux humides; on emploie une de ses espèces dans les mêmes cas que le capillaire.

POMACÉES, *sfpl.* (*Bot.*) Tribu de plantes de la famille des *rosacées*, renfermant celles dont le fruit est charnu, contient plusieurs graines et présente à son sommet une sorte de couronne ombilicale formée par les vestiges du calice.

POMACENTRE, *sm.* Poisson acanthoptérygien de forme oblongue, à tête obtuse, dont une espèce porte de petites taches ocellées semblables à celles qu'on voit à la queue du paon et se rencontre en Océanie.

POMATOME, *sm.* Poisson acanthoptérygien, à museau court, à grandes écailles, remarquable par ses yeux volumineux et très-saillants; on le trouve dans la Méditerranée.

POMMÉ, *sm.* Petite pièce de pâtisserie composée de deux minces couches de pâte entre lesquelles se trouve un lit de marmelade de pommes.

POMMEAU, *sm.* Espèce de petite boule qui est au bout de la poignée d'une épée. | Éminence de forme arrondie qui est au-devant d'une selle.

POMMELÉ, E, *adj.* Se dit des marques mêlées de gris et de blanc et arrondies que portent certains chevaux. | Se dit des petits nuages blancs qui forment des sortes de flocons amoncelés dans le ciel.

POMMELIÈRE, *sf.* Maladie qui attaque les poumons des vaches qui sont tenues constamment à l'étable; c'est une phthisie tuberculeuse.

POMMELLE, *sf.* Outil de bois entaillé de plusieurs dents, dont les corroyeurs se servent pour donner le grain aux peaux. | —s, *sfpl.* Petits coins de bois de chêne qu'on ajoute aux coins de fer pour soulever les couches de pierre, dans les carrières.

POMOLOGIE, *sf.* Traité sur les arbres fruitiers; science de leur culture.

POMPADOUR, *sm.* Oiseau d'un pourpre éclatant, qui voyage dans les contrées chaudes de l'Amérique. | Genre —, dans les arts, objets d'un goût médiocre, où domine le genre Louis XV affaibli. | *Tissu à impressions* à bouquets semés de distance en distance.

POMPHOLYX, *sm.* Oxyde de zinc blanc recueilli par sublimation dans les fours à zinc; on en fait un onguent dessiccatif.

POMPONNE, *sf.* Variété de vanille large, plate, assez ligneuse, qu'on récolte dans la Guyane, généralement à l'état sauvage; elle s'ouvre naturellement.

PONANT, *sm.* Occident; par opposition à *levant.*

PONCE ou Pierre ponce, *sf.* Matière volcanique grisâtre, poreuse, désignée sous le nom scientifique de *pumicite* ou *pumite*; elle est de la nature du feldspath, rude au toucher, raie le verre et même l'acier; elle est dite *stratiforme* ou *lapillaire*, selon qu'elle est en feuillets ou en grains fins; la dernière s'emploie particul. à divers usages, notamment pour polir ou *poncer* certaines matières, pour nettoyer les dents, réduire les cors aux pieds, etc.

PONCÉ, *sm.* Résidu du polissage d'un métal avec la pierre ponce, et particul. de l'argent et de l'or; on le fond pour en retirer le métal qui s'y trouve mêlé.

PONCEAU, *sm.* Syn. de la plante nommée vulg. *coquelicot*, et couleur de cette plante. | Petit pont d'une arche pour passer un ruisseau.

PONCER, *va.* V. *Ponce.*

PONCIF, *sm.* V. *Poncis.*

PONCIRE, *sm.* V. *Cédrat.*

PONCIS ou Poncif, *sm.* Dessin dont les traits sont piqués au moyen d'une épingle, et sur lequel on passe un petit sachet rempli d'une poudre colorante quelconque pour contre-tirer ce dessin sur du papier ou de la toile; l'épreuve ainsi obtenue s'appelle aussi *poncis.* | Dessin qui semble une copie d'après un type vulgaire. | Œuvre sans originalité, sans valeur; se dit aussi en parlant du genre d'esprit, de caractère d'une personne qui imite, qui copie volontiers les autres.

PONCTION, *sf.* Opération qui consiste à plonger un bistouri au travers du bas-ventre ou d'un autre organe pour évacuer un liquide qui y est épanché.

PONCTUATION, *sf.* Ensemble des signes qui servent à séparer les phrases, les portions de phrases, etc.; art d'appliquer convenablement ces signes, tels que *point, virgule,* etc.

PONDAGE, *sm.* Droit qu'on lève en Angleterre sur toutes les marchandises à l'entrée et à la sortie, et qui est réglé d'après le poids.

PONDÉRABLE, *adj.* Qui peut être pesé.

PONDÉRATEUR, TRICE, *adj.* Qui maintient l'équilibre.

PONDÉRATION, *sf.* Relation entre des poids qui s'équilibrent; équilibre général.

PONÈRE, *sf.* Espèce du genre fourmi, munie d'un aiguillon, qui vit en société comme la *fourmi* proprement dite.

PONEY, *sm.* (pr. *-nè*) (*Angl.*) Très-petit cheval à longs poils, dont la race est originaire d'Écosse.

PONEY-CHAISE, *sf.* (pr. *-nè*) (*Angl.*) Voiture à quatre roues, à deux places, extrêmement basse, avec siége derrière, et disposée pour permettre de conduire de l'intérieur.

PONGIS, *sm.* (*Comm.*) Sorte de mouchoir de coton ou de soie imprimé.

PONGITIF, VE, *adj.* Aigu, cuisant; se dit des douleurs qui semblent causées par une pointe enfoncée dans la partie souffrante, et particul. de celles qui caractérisent le *point de côté.*

PONGO, *sm.* V. *Chimpanzé.*

PONSIF, *sm.* V. *Poncis.*

PONTE, *sf.* Action de mettre bas des œufs, qui est propre aux oiseaux, aux reptiles, etc. | Dans certains jeux de hasard, nom par lequel on désigne les parties de tous ceux qui jouent contre le banquier.

PONTET, *sm.* Partie circulaire de la sous-garde d'un fusil.

PONTIFICAL, *sm.* Livre où sont prescrites les fonctions épiscopales; c'est le formulaire de toutes les cérémonies où doivent officier les évêques et les archevêques.

PONTIL, *sm.* Outil à l'usage des verriers, qui sert soit à enlever les scories à la surface des creusets, soit à étendre l'émeri sur les glaces à polir.

PONTIVI ou Pontivy, *sm.* Toile assez fine de Bretagne, qu'on employait autrefois pour l'habillement des troupes.

PONTON, *sm.* Pont flottant composé de bateaux réunis par des planches, et qui sert à passer les rivières. | On nomme pontonniers les soldats qui sont chargés de les construire. | Grand vaisseau hors d'usage qui sert d'hôpital ou de prison.

PONTUSEAU, *sm.* Fil de laiton qui est posé en travers des vergeures dans les formes pour le papier fabriqué à la main.

POPE, *sm.* Prêtre du rite grec. | (*Ant.*) Officier religieux qui achevait la victime, après que le sacrificateur l'avait frappée. | Oiseau voisin des perroquets, à huppe élevée, qui vient de l'Amérique du Sud, et qu'on élève en cage en Europe.

POPELINE, *sf.* Tissu de laine et de soie, ou de laine pure, quelquefois, mais rarement, de soie pure, uni, broché ou imprimé, dont le caractère distinctif consiste en cannelures ou côtes qui sont dans le sens de la largeur.

POPLITÉ, E, *adj.* (*Anat.*) Qui a rapport, qui appartient au jarret; se dit particul. d'une artère qui s'étend entre la cuisse et la jambe et du muscle qui replie le jarret.

POPULAGE, *sm.* Plante de la famille des renonculacées, dont l'espèce commune a des fleurs jaunes, luisantes, des feuilles larges, réniformes, et se trouve particul. dans les lieux marécageux.

POPULÉUM, *sm.* et *adj.* (pr. *omm*). Onguent calmant et astringent, composé de bourgeons de peuplier, d'axonge, de feuilles récentes de pavot noir, de belladone, de jusquiame et de morelle noire.

POPULINE, *sf.* Substance cristallisable de saveur sucrée, insoluble dans l'eau, légèrement soluble dans l'alcool, qu'on a trouvée dans les feuilles et l'écorce du peuplier.

PORACÉ, E, *adj.* D'un vert de poireau.

PORC-ÉPIC, *sm.* Quadrupède de l'ordre des rongeurs, se rapprochant du lapin par sa conformation générale, et dont le corps est armé de piquants qu'il dresse pour se défendre et qui se séparent très-facilement de sa peau; il vit dans des terriers qu'il creuse au moyen de ses ongles, et se nourrit de graines, de racines, etc.

PORCELAINE, *sf.* Mollusque à coquille univalve, ovoïde, très-lisse et très-brillante, et dont l'ouverture consiste dans une fente longitudinale bordée d'échancrures; on fait des tabatières d'une de ses espèces commune sur nos côtes; on en trouve dans les mers des Indes un grand nombre d'espèces remarquables par leurs dessins variés et leurs couleurs éclatantes.

PORCHAISON, *sf.* État du sanglier quand il est le plus gras et sa chair plus délicate.

PORCHE, *sm.* Portique, lieu couvert placé au-devant d'un édifice et particul. au-devant de la porte principale d'une église.

PORE, *sm.* (*Anat.*) Orifice invisible à l'œil nu, par lequel les vaisseaux débouchent à la surface des membranes et de la peau; ils ont pour office d'absorber et d'exhaler les fluides qui entrent dans le corps ou qui en sortent. | (*Bot.*) Orifice analogue soit dans les feuilles, soit dans les fleurs, soit dans les vaisseaux propres des végétaux. | POROSITÉ, *sf.* État des corps *poreux* ou qui présentent des pores.

PORION, *sm.* Ouvrier des mines de houille, en Belgique.

POROROCA, *sm.* Barre ou mascaret formé par le remou de la mer à l'embouchure de la rivière des Amazones, et qui atteint cinq mètres de hauteur.

PORPHYRE, *sm.* (*Minér.*) Sorte de roche très-dure, composée de feldspath renfermant des cristaux d'albite, avec des oxydes métalliques, et dont le fond, le plus souvent rouge et quelquefois vert, est comme pointillé de petites taches blanches. | Petite plaque de porphyre ou de granit, sur laquelle les droguistes et les marchands de couleurs broient, au moyen de la molette, certaines substances.

PORPHYRION, *sm.* Espèce de poule d'eau à bec pourpré, à longs pieds rougeâtres et à plumage d'un beau bleu; on l'appelle aussi *poule sultane;* elle est originaire d'Afrique et naturalisée en Italie et en Sicile, où on l'élève pour l'ornement des parcs.

PORPHYRISER, *va.* Réduire une substance en poudre très-fine sur une table de marbre ou de porphyre.

PORPHYROGENNÈTE, *adj.* Se disait des fils des empereurs d'Orient quand ils étaient nés pendant le règne de leur père.

PORPHYROÏDE, *adj.* (*Minér.*) Qui est composé de porphyre ou qui a l'aspect du porphyre.

PORQUE, *sf.* (*Mar.*) Sorte de patère ou cheville fichée perpendiculairement à l'intérieur des bordages d'un navire et servant à arrêter des cordages ou à accrocher certains objets.

PORRECTION, *sf.* (*Eccl.*) Action de présenter; se dit de la présentation que l'on fait, en conférant les ordres mineurs, des objets qui en désignent les fonctions.

PORRIGO, *sm.* Espèce particulière de teigne, consistant en pustules jaunes, déprimées, à odeur infecte, et à la suite desquelles les cheveux tombent pour toujours; on l'appelle aussi teigne *porrigineuse.*

PORSE, *sf.* Certaine quantité de feuilles de papier fabriqué à la main.

PORTAGE, *sm.* Dans l'Amérique du Nord, et particul. au Canada, espace compris entre deux cours d'eau navigables, ou espace non navigable séparant deux parties navigables d'un cours d'eau, et qu'on ne peut traverser en bateau, de sorte qu'on doit *porter* le bateau.

PORTALONNE, *adj.* et *sf.* Se dit d'une variété de châtaigne de Périgueux, presque sphérique, à écorce fine et à chair très-savoureuse.

PORTANT, *sm.* Fer courbé, ou boucle, servant à porter une malle, une chaise à porteur, etc. | Pieces de bois ou châssis sur lesquels s'articulent les décorations d'un théâtre, les coulisses, etc., et qui sont munis de supports pour l'éclairage.

PORTE, *adj.* (*Anat.*) Veine —, tronc veineux considérable placé entre les intestins et le foie et qui reçoit le sang de l'estomac, de la rate, du pancréas et des intestins, et le distribue dans le foie par des vaisseaux capillaires.

PORTE-AMARRE, *adj.* et *sf.* Cylindre renfermant une corde enroulée sur une bobine qu'on lance au moyen d'une arme à feu, sur un point avec lequel on veut établir une communication, et particul. de la terre à un navire en détresse, et réciproquement.

PORTÉE, *sf.* (*Archit.*) Étendue libre d'une pierre, d'une poutre placée horizontalement sur deux points d'appui. | (*Mus.*) Ensemble des cinq lignes parallèles sur lesquelles ou entre lesquelles s'écrivent les notes.

PORTE-OR, *sm.* V. *Portor.*

PORTER, *sm.* Bière colorée plus chargée de houblon que l'*ale*, qui se fabrique en Angleterre; elle renferme 4 p. 100 d'alcool.

PORTEUR, *sm.* Celui qui détient actuellement un titre qui n'indique pas expressément un nom de titulaire; ces sortes de titres s'appellent *titres au porteur*. | Celui à l'ordre duquel est souscrite ou passée une lettre de change, etc. | — de contraintes, fonctionnaire chargé de signifier aux contribuables retardataires les contraintes décernées par le receveur des contributions.

PORTE-VOIX, *sm.* Tuyau de cuivre ou de fer-blanc en forme de trompette, largement évasé par sa partie inférieure, et qui sert à faire entendre au loin les sons.

PORTION, *sf.* (*Dr. eccl.*) — congrue, pension que faisait au desservant d'une cure celui qui en était titulaire et qui touchait le revenu.

PORTIQUE, *sm.* (*Ant.*) Galerie couverte régnant tout le long d'une façade et soutenue par des colonnes ou des arcades. | (*Philos.*) Doctrine des stoïciens, de l'école du philosophe Zénon, qui donnait ses leçons sous un *portique*, à Athènes; cette école professait une morale sévère et inaccessible aux passions.

PORTOR, *sm.* Marbre à fond noir et à veines jaunes.

PORTULAN, *sm.* Autrefois, livre de marine qui donnait pour chaque mer l'indication des côtes, des ports, des marées, des jours de nouvelle et de pleine lune, etc.

PORTUNE, *sf.* Espèce de crabe nageur, que l'on trouve sur les côtes de France et dont la chair est comestible.

POSE, *sf.* Mesure agraire en usage en Suisse; elle équivaut à 45 ares environ.

POSITIF, VE, *adj.* (*Phys.*) S'est dit d'une forme particulière du fluide électrique, par oppos. au fluide négatif; il en est de même du magnétisme terrestre (aimant). | En photographie, épreuve —, impression obtenue d'après l'épreuve négative et dans laquelle les noirs et les blancs du modèle sont rétablis à leur véritable place. | V. *Électro-positif.* | (*Math.*) Quantité —s, toutes les quantités qui sont supérieures à zéro. | Philosophie —, système de philosophie d'après lequel les connaissances humaines n'ont de valeur qu'autant qu'elles répondent à des objets positifs, et dont la métaphysique et les sciences ontologiques seraient exclues. | *sm.* (*Mus.*) Petit buffet d'orgue qui se place au-devant du grand orgue, et derrière lequel se tient l'organiste.

POSOLOGIE, *sf.* Étude, traité de l'indication des doses auxquelles on doit administrer les médicaments.

POSPOLITE, *sf.* Levée générale de la noblesse polonaise assemblée en corps d'armée.

POSSESSIF, VE, *adj.* Se dit des adjectifs comme *mon, ton, son, notre, votre,* etc., et des pronoms comme *le mien, le tien,* etc., qui expriment l'idée de possession.

POSSESSOIRE, *adj.* (*Jurisp.*) Se dit des actions qui ont pour objet la revendication du droit de posséder un immeuble.

POSTCOMMUNION, *sf.* Oraison que le prêtre dit immédiatement après la prière appelée *communion*, et qui termine la messe.

POSTDATE, *sf.* Date postérieure à la vraie date.

POSTDATER, *va.* Dater un acte d'un temps postérieur à celui où il est fait.

POSTDILUVIEN, NE, *adj.* (*Géol.*) Qui est postérieur au déluge. | Se dit particul. des terrains d'alluvion récente.

POSTE, *sf.* ou lieue de —. Ancienne mesure itinéraire usitée en France et correspondant à 7 kilomètres 7961.

POSTERIORI (À), *loc. adv.* Se dit d'un raisonnement dans lequel on argumente, avant de les démontrer, des conséquences que l'on veut prouver.

POSTES, *sfpl.* Petites balles de plomb. | Ornement de peu de relief qu'on place sur une plinthe, en enroulement courant.

POSTFACE, *sf.* Avertissement placé à la fin d'un livre.

POSTHUME, *adj.* Qui est né après la mort de son père. | Se dit d'un livre qui paraît après la mort de l'auteur.

POSTLIMINIE, *sf.* Droit en vertu duquel on restitue à un Etat, à un particulier, ce dont il avait été privé par la force, et par lequel les choses prises par l'ennemi sont remises dans leur premier état; on l'appelle aussi *droit postliminaire.*

POSTPECTORAL, E, *adj.* (*Anat.*) Qui tient à l'arrière-poitrine.

POSTPOSITIF, VE. *adj.* (*Litt.*) Se dit des adverbes qui se placent toujours après le mot qu'ils modifient; tels sont *ci* et *là*.

POSTRIDIEN, NE, *adj.* Qui appartient au lendemain.

POSTSCÉNIUM, *sm.* (*Ant.*) Partie du théâtre située derrière la scène, où les acteurs attendaient le moment de paraître.

POSTULAT, *sm.* Ce que l'on regarde comme conséquence inévitable, comme fait reconnu, ou axiome. | V. *Postulatum.*

POSTULATION, *sf.* (*Jurisp.*) Action de postuler devant les tribunaux, c.-à-d. de conduire une procédure et de solliciter jugement; ce droit n'appartient qu'aux avoués.

POSTULATUM, *sm.* (*Math.*) Principe scientifique qu'il faut regarder comme démontré, bien qu'on ne puisse pas le démontrer rigoureusement, et qui sert de point de départ à d'autres démonstrations.

POT, *adj.* Se dit d'une sorte de papier fort, employé pour l'écriture et pour la fabrication des cartes à jouer, dont le format est de 0 m. 40 sur 0 m. 31, et qui pèse de 3 à 5 kilogr. à la rame. | *sm.* Ancienne mesure de capacité pour les liquides, qui variait de 1 litre à 2 litres 15 centilitres.

POTABLE, *adj.* Qui peut se boire.

POT-À-FEU, *sm.* Autrefois, sorte de grenade qui se lançait à la main. | On donne aujourd'hui ce nom à une pièce d'artifice en forme de vase.

POTAMIDE, *sf.* (*Zool.*) Nom commun à toutes les tortues qui vivent dans les fleuves.

POTAMITE, *adj.* Qui vit dans les fleuves.

POTAMOT, *sm.* Plante aquatique à racines vivaces, à longue tige grêle, à feuilles vertes luisantes, à fleurs blanches en épi cylindrique; on la trouve dans la plupart des étangs et des ruisseaux.

POTASSE, *sf.* (*Chim.*) Oxyde de potassium, matière solide, blanche, très-caustique, qu'on emploie en médecine pour attaquer la peau, sous le nom de *pierre à cautère.* | (*Comm.*) Nom vulgaire du *carbonate de potasse*, combinaison saline de — et d'acide carbonique qui s'obtient par la lixiviation et la calcination des cendres de divers végétaux; on l'emploie au blanchissage des tissus, à la fabrication des savons noirs, de l'alun, de l'eau de javellé, à la préparation de la potasse caustique, etc. | Sulfate de —, ou sel de Duobus, sel résultant de la combinaison de la — et de l'acide sulfurique; il est purgatif et s'emploie dans la fabrication de l'eau de seltz et dans diverses préparations chimiques.

POTASSIUM, *sm.* (*Chim.*) Corps simple, métallique très-mou, plus léger que l'eau, très-avide de l'oxygène de l'air, avec lequel il forme de la potasse; on ne peut le conserver que dans de l'huile de naphte.

POTÉE, *sf.* — d'étain, mélange d'oxydes de plomb et d'étain qu'on réduit en poudre grisjaunâtre ou jaune-rougeâtre; on s'en sert pour polir les verres, les glaces, etc., ainsi que dans la préparation des émaux. | — d'émeri, poudre qui se trouve sur les meules qui ont servi pour tailler les pierres fines.

POTELET, *sm.* (*Archit.*) Petits poteaux verticaux qui se placent dans une cloison entre le linteau de la porte et la sablière de l'étage supérieur.

POTELOT, *sm.* Plombagine, ou mine de plomb, V. *Graphite.*

POTENCE, *sf.* Appareil composé d'une poutre plantée verticalement dans le sol et portant à son sommet, à angle droit, une pièce de bois, à laquelle on pendait autrefois les bourgeois et les manants condamnés à mort. | (*Archit.*) Équerre de fer que l'on place sous un coffre en saillie ou sous des étagères pour les soutenir.

POTENCÉ, E, *adj.* (*Blas.*) Se dit des croix dont chaque branche se termine en forme de double potence ou de T.

POTENTIEL, LE, *adj.* (*Méd.*) Se dit des remèdes qui, quoique énergiques, n'ont pas d'effet immédiat, par oppos. aux remèdes *actuels.* | (*Litt.*) Se dit des particules qui, jointes aux verbes, indiquent que leur action est hypothétique. | (*Philos.*) Se dit de ce qui existe en *puissance*, par oppos. à ce qui existe réellement.

POTENTILLE, *sf.* Petite plante de la famille des rosacées, vivace, à fleurs jaunes ou blanches, à cinq pétales et à feuilles digitées, dont on trouve de nombreuses espèces dans tous les pays et particul. dans les régions froides; la principale et la plus connue est l'*ansérine*, ou *argentine*, à sépales soyeux comme argentés, et dont les oies et les porcs sont très-friands; la — rampante, à petites fleurs jaunes, à feuilles semblables à celles du fraisier, appelée aussi *quintefeuille*, a été longtemps employée comme fébrifuge.

POTERNE, *sf.* Fausse porte, galerie souterraine dans un ouvrage fortifié. | Porte qui communique avec le fossé.

POTESTATIF, VE, *adj.* (*Jurisp.*) Qui est au pouvoir de quelqu'un; ne se dit que des conditions qui, dans un traité, sont laissées à la seule décision d'une ou de plusieurs des parties sans contrôle des autres.

POTICHE, *sf.* Petit pot de métal, de forme carrée, dans lequel arrivent certains produits exotiques. | Tout vase de porcelaine venant de Chine ou du Japon, et par ext. toute imitation de ces vases.

POTIN, *sm.* Marmite de fonte en usage dans la fabrication de l'eau forte. | Sorte de laiton, alliage de cuivre et de zinc, auxquels on ajoute du plomb et quelquefois de l'étain; le — jaune, dans lequel le cuivre domine, est très-résistant et prend un beau poli; le — gris, dans lequel entrent les lavures de cuivre obtenues dans la fabrication du laiton, sert aux usages communs et s'appelle aussi *arco* ou *arcot.*

POTION, *sf.* Médicament liquide qu'on administre ordinairement par cuillerées.

POTIRON, *sm.* Espèce du genre courge et de la famille des cucurbitacées; c'est une plante rampante à grandes feuilles en cœur, à fleurs évasées, portant des fruits sphériques très-gros, aplatis aux deux extrémités; on en fait particul. des potages sucrés, etc.

POTOLOGIE, *sf.* Traité sur les boissons.

POTOROU, *sm.* Genre de marsupiaux très-voisin du kangurou, mais beaucoup plus petit; il est de la taille d'un jeune lapin; on ne le trouve que dans certaines îles de l'Océanie.

POTPOURRI, *sm.* Ancien ragoût composé de plusieurs sortes de viandes, de légumes, etc., qu'on faisait cuire très-longtemps et qu'on servait, dans le pot même, sur la table. | (*Mus.*) Morceau de musique composé d'airs différents plus ou moins fondus ensemble.

POTURON, *sm.* V. *Potiron.*

POU, *sm.* Insecte aptère parasite, dont il existe un grand nombre d'espèces, vivant, soit sur le corps de l'homme, soit sur le corps des animaux; son corps est plat, muni de six pattes crochues très adhérentes aux poils où il se tient, et sa tête porte un suçoir avec lequel il pompe le sang des animaux.

POUACRE, *adj. m.* V. *Bihoreau.*

POUCE, *sm.* Ancienne mesure de longueur équivalant à 0 m. 027.

POUCE D'EAU, *sm.* La quantité d'eau qui s'écoule par une ouverture circulaire de 2 centimètres de diamètre, muni d'un ajutage cylindrique de 17 millimètres de longueur, et le niveau de l'eau dans le réservoir étant maintenu à une distance de 3 centimètres au-dessus de l'orifice, cette quantité d'eau est de 20 mètres cubes en 24 heures.

POUCETTES, *sfpl.* Corde ou chaînette à cadenas, avec laquelle on attache ensemble les deux pouces d'un prisonnier pour l'empêcher de s'évader.

POUCHE, *sm.* Filet triangulaire.

POUCHOC, *sm.* Matière tinctoriale jaune, qu'on exporte de Siam pour la Chine.

POUCHONG, *adj.* Se dit d'une espèce de thé noir, assez estimée et classée en troisième rang par les amateurs.

POUCIER, *sm.* Partie du loquet qui soulève la *clanche* (V. ce mot).

POUD, *sm.* Poids russe équivalant à 16 kilogrammes et demi.

POU-DE-SOIE, *sm.* Étoffe de soie forte et bien garnie, à gros grains, se rapprochant par sa fabrication du gros de Naples, mais un peu plus serrée.

POUDING, *sm.* V. *Plum-pudding.*

POUDINGUE, *sf.* (*Géol.*) Sorte de pierre composée qu'on trouve dans les vallées arrosées par des rivières, et qui paraît formée de l'agglomération d'un mélange de galets arrondis et de petits cailloux, réunis par un ciment naturel très-dur, soit calcaire, soit siliceux; on fait avec certaines *poudingues* bigarrées des vases et des bijoux.

POUDRE, *sf.* — à poudrer, amidon pulvérisé et parfumé dont on se servait beaucoup, au commencement du XVIIIe siècle, pour blanchir les cheveux. | — à canon, mélange de salpêtre, de charbon et de soufre en proportions variables, qui est très-inflammable, et développe en prenant feu une grande force expansive utilisée pour lancer des projectiles, faire sauter les mines, etc. | — fulminante. V. *Fulminate.* | — coton. V. *Fulmicoton.* | — d'Helvétius, mélange pulvérulent d'émétique, d'ipécacuanha et de crème de tartre, employé autrefois comme vomitif. | — de James, poudre sudorifique de phosphate de chaux et d'antimoine. | — de Vienne, mélange caustique composé de potasse et de chaux vive.

POUDRETTE, *sf.* Engrais en poudre très-fine que l'on obtient par la dessiccation prolongée des excréments solides humains.

POUF, *sm.* Meuble de salon, espèce de canapé circulaire à dossier élevé. | Ancienne coiffure de la régence. | *adj.* Se dit d'une pierre qui se réduit en poudre quand on la travaille.

POUGOUNÉ, *sm.* V. *Paradoxure.*

POUILLÉ, *sm.* V. *Polyptyque.*

POUILLEUX, SE, et POUILLARD, *adj.* Se dit des perdreaux trop jeunes, non encore maillés.

POUILLOT, *sm.* Très-petit oiseau insectivore d'Europe, voisin de la fauvette par sa conformation; ses parties inférieures sont blanches et jaune terne, et ses parties supérieures vert olivâtre; sa voix très-douce lui a mérité le nom de *chantre.* | V. *Pouliot.*

POUILLY, *sm.* Vin blanc renommé qui se récolte dans les environs de Pouilly-sur-Loire.

POULAIN, *sm.* Nom que porte le jeune cheval jusqu'à trois ans. | Traîneau sans roues. | Châssis très-fort dont on se sert pour descendre les tonneaux dans une cave.

POULAINE, *sf.* Longue pointe qui forme l'avant d'un vaisseau et se compose d'un assemblage de pièces de bois. | Souliers à la —, ancienne chaussure à pointe recourbée.

POULAN, *sm.* Terme d'un jeu de cartes; mise que celui qui donne les cartes ajoute à sa propre mise.

POULARD, *sm.* Blé tendre, à grains renflés, farineux, qui est cultivé dans les terres humides de l'ouest de la France.

POULE, *sf.* Femelle du coq. | — d'eau, oiseau de l'ordre des échassiers, voisin du râle par sa conformation, volant peu, mais plongeant souvent et faisant son nid dans les roseaux; l'espèce commune est brune en dessus, grise en dessous, avec du blanc au ventre, etc.; c'est un gibier estimé. | — sultane. V. *Por-*

phyrion. | — de Barbarie. V. *Pintade.* | — des bois, ou du coudrier. V. *Gélinotte.* | — de bruyère. V. *Tétras.* | — de neige. V. *Lagopède.* | — de Pharaon. V. *Percnoptère.* | — à certains jeux, aux courses, etc., on appelle *poule* la réunion des mises faites par chaque joueur, laquelle reste à celui qui gagne la partie.

POULICHE, *sf.* Nom donné aux jeunes juments jusqu'à trois ans.

POULIE, *sf.* Roulette de bois ou de métal dont la circonférence porte une gorge dans laquelle glisse une corde dont le mouvement fait tourner la poulie sur un axe central qui la traverse et s'appuie de part et d'autre sur une chape. | — folle. V. *Folle.*

POULIER, *sm.* Amas de sables, de galets que charrie la mer sur les côtes et qu'elle entasse à l'entrée de certaines rivières.

POULINIÈRE, *sf.* Se dit d'une jument pleine ou bien d'une jument apte à la reproduction.

POULIOT, *sm.* Espèce de menthe à fleurs rouges, aromatique et stimulante, commune le long des ruisseaux, et dont l'odeur forte chasse, dit-on, les puces; on l'a employée contre l'enrouement et l'asthme.

POULNÉE, *sf.* Colombine, fiente de pigeon.

POULPE, *sm.* Mollusque céphalopode pourvu de huit grands tentacules; il nage mal et se tient presque toujours près des côtes; ses tentacules possèdent une force extraordinaire; il les fixe à sa proie au moyen d'un grand nombre de ventouses; on en compte un grand nombre d'espèces.

POULPETON, *sm.* | POULPETONNIÈRE, *sf.* V. *Poupeton, Poupetonnière.*

POULS, *sm.* Mouvement imprimé à tout le système artériel par l'ondée de sang que chaque contraction du cœur fait pénétrer dans les artères; il se divise en *diastole* et *systole.* (V. ces mots.)

POULVERIN, *sm.* Poudre fine pour amorcer le canon. | Poire qui contient cette poudre.

POUMON, *sm.* Organe de la respiration chez les mammifères, les oiseaux et un petit nombre de reptiles: c'est une double poche spongieuse, molle, flexible, qui continue les bronches, et reçoit l'air servant à la transformation du sang veineux en sang artériel.

POUND, *sm.* Livre anglaise et américaine. | — sterling, livre sterling. V. *Sterling.*

POUNDAGE, *sm.* Droit de tonnage anglais, établi sur les vaisseaux marchands.

POUPART, *sm.* Espèce de crabe ou de carcin, appelé aussi *tourteau.* (V. ce mot.)

POUPE, *sf.* Arrière d'un bâtiment. | Haute montagne de forme mamillaire. | Amas de vieux cuivre à refondre.

POUPÉE, *sf.* Nom que donnent les tourneurs à deux pièces solides fixées sur le banc et qui servent à supporter les deux extrémités de la pièce à tourner.

POUPETON, *sm.* Ragoût de gibier ou d'autres viandes en hachis épicé et aromatisé, qu'on met cuire à très-petit feu.

POUPETONNIÈRE, *sf.* Vase de cuivre étamé en forme de chapeau, avec un couvercle garni d'un rebord pour mettre du feu dessus, servant à cuire le ragoût appelé *poupeton.*

POUPIER, *sm.* Nom par lequel on désigne, dans la Méditerranée, le pilote ou le matelot chargé de tenir la barre du gouvernail.

POURETTE ou POURRETTE, *sf.* Jeunes plants d'arbres non encore greffés; se dit particulièrement des acacias et des mûriers qu'on laisse en sauvageons pour en faire des haies.

POURPIER, *sm.* Plante originaire des Indes, cultivée en France, à feuilles épaisses, charnues, à fleurs jaunes, délicates, s'ouvrant le matin et se fermant le soir; elle se mange en salade et possède des vertus rafraîchissantes et diurétiques. | — de mer, espèce d'arroche à feuilles charnues, d'un goût salé très-sensible; on la trouve sur le bord de la mer.

POURPOINT, *sm.* Vêtement de guerre, de laine ou de coton, piqué, que l'on mettait sous la cuirasse. | Vêtement que portaient les hommes aux XVIe et XVIIe siècles; il couvrait le corps, du cou à la ceinture.

POURPRE, *sf.* Matière colorante rouge foncé, tirant sur le violet, que les anciens tiraient d'un coquillage qui n'a pu être déterminé. | Mollusque gastéropode marin, voisin du buccin, qui sécrète une couleur rouge dans laquelle on a voulu voir à tort la — des anciens; on le trouve dans les mers du Midi. | *sm.* Exanthème grave présentant à la surface de la peau de petites taches pourprées nettement circonscrites; c'est aussi le syn. de fièvre pourprée ou *purpura.* | — de Cassius, oxyde d'or et d'étain d'une belle couleur pourpre, qu'on emploie dans la fabrication des cristaux de Bohême, dans la peinture sur porcelaine, etc.; on s'en est aussi servi contre certaines maladies de la peau.

POURPRÉE, *adj. f.* Fièvre —, état particulier qui survient à la fin de certaines fièvres et qui est caractérisé par de petites taches sous-cutanées de couleur pourpré vif, qui se voient par tout le corps.

POURRETTE, *sf.* V. *Pourette.*

POURRITURE, *sf.* — d'hôpital, gangrène qui survient aux plaies et aux ulcères des blessés par suite de l'encombrement des malades; elle est contagieuse et on ne peut la prévenir qu'en désinfectant avec soin la salle où elle s'est manifestée. | — des moutons, ou cachexie aqueuse, maladie grave, épizootique, qui attaque les moutons et se manifeste par la pâleur des gencives, le suintement des paupières, et un épanchement de sérosité dans l'abdomen.

POURVOI, *sm.* Action par laquelle on attaque devant une juridiction supérieure la décision d'un tribunal inférieur ou d'un fonctionnaire public.

POUSSA, ou Poussah, *sm.* Jouet d'enfant qui consiste dans un buste de carton reposant sur une boule, et qui, dès qu'on le pousse, se balance longtemps avant de reprendre l'équilibre.

POUSSE, *sf.* Maladie du cheval caractérisée par l'essoufflement, une respiration intermittente, etc.; le cheval qui en est atteint est dit *poussif;* cette maladie est à peu près incurable. | Fermentation particulière qu'éprouvent les vins au contact de l'air; elle se produit surtout dans les vins mousseux.

POUSSÉE, *sf.* (*Archit.*) Effort que font les terres d'un quai, d'une terrasse, contre les murs environnants.

POUSSET, *sm.* Sel de qualité inférieure, gris et mal nettoyé.

POUSSIF, VE, *adj.* V. *Pousse.*

POUSSINIÈRE, *adj.* et *sf.* Étoile —, étoile centrale de la constellation des Pléiades.

POUTRE, *sf.* Pièce de bois ou de fer à section rectangulaire, qui sert à soutenir un plancher ou une charpente, etc.

POUZZOLANE, *sf.* Terre volcanique rougeâtre, argile ferrugineuse calcinée par le feu central, qu'on a trouvée d'abord aux environs de Pouzzoles (Italie), et qu'on recueille sur plusieurs points d'Italie et de France; on en fait un excellent ciment qui durcit dans l'eau; on obtient de la — artificielle en torréfiant la vase argileuse.

PRAGMATIQUE, *adj.* et *sf.* La — sanction, nom qu'on a donné à divers règlements faits en matière ecclésiastique. | Actes qui contiennent la disposition que fait le souverain concernant ses États et sa famille.

PRAIRIAL, *sm.* Le neuvième mois du calendrier républicain : du 20 mai au 18 juin.

PRAME, *sf.* Grand bâtiment à fond plat, à un seul pont, qui va à rames et à voiles; il peut porter beaucoup d'artillerie, mais ne peut naviguer que sur les côtes.

PRASE, *sf.* (*Minér.*) Variété d'agate verdâtre, qui est un quartz mêlé d'amphibole.

PRATELLE, *sf.* Agaric comestible qui se cultive sur couches.

PRATICABLE, *sm.* Nom qu'on donne, au théâtre, à toutes les parties mobiles qu'on fait arriver sur la scène comme accessoires d'un décor, ainsi qu'à un plancher supérieur qui domine la scène et correspond aux frises.

PRATICIEN, *sm.* Celui qui entend l'ordre et la manière de procéder en justice. | Ouvrier qui dégrossit un ouvrage de sculpture, qui le met à point.

PRATIQUE, *sf.* Procédure, manière de procéder devant les tribunaux. | Liberté accordée à un vaisseau, après sa quarantaine, de communiquer avec la terre. | Petit instrument en fer-blanc que les joueurs de marionnettes mettent dans leur bouche pour obtenir la voix nasillarde, qu'on appelle voix de Polichinelle.

PRÉADAMITE, *adj.* Qui a précédé l'époque à laquelle on rattache l'existence d'Adam, ou du premier homme. | —s, *smpl.* Sectaires chrétiens qui croyaient qu'avant Adam il avait existé d'autres hommes.

PRÉALABLE (question), *sf.* Demander la —, c'est demander qu'avant de délibérer sur un sujet, on décide s'il faut ou non délibérer; en d'autres termes, demander qu'on supprime toute délibération sur une propostion.

PRÉBENDE, *sf.* Revenu ecclésiastique attaché à un canonicat, et dont jouit un chanoine dit *prébendé.*

PRÉBENDIER, *sm.* Ecclésiastique qui sert au chœur au-dessous des chanoines.

PRÉCAIRE, *adj.* (*Jurisp.*) Se dit de l'usage de certains droits ou de la possession de certaines choses qui ne sont basés que sur une concession révocable par celui qui l'a faite. | *sm.* (*Féod.*) Fief dont la concession était bornée à un temps fixé ; c'était une sorte d'usufruit.

PRÉCATIF, VE, *adj.* Qui est accompagné d'une injonction, d'une prière. | Legs —, *se dit quelquefois comme syn. de fidéicommis.*

PRÉCEINTE, *sf.* (*Mar.*) Ceinture en bordages plus épais que les autres, qui fait le tour d'un navire extérieurement, et qui en distingue les étages; il y en a une entre chaque rangée de sabords.

PRÉCEPTION, *sf.* Lettre ou édit par lequel le roi de France permettait certaines choses défendues par la loi, comme mariages illicites, etc.

PRÉCESSION, *sf.* (*Astr.*) Se dit du mouvement insensible par lequel les points équinoxiaux se déplacent continuellement sur l'écliptique, et qui résulte de l'attraction inégale que le soleil et la lune exercent sur les diverses parties de la terre à cause de son aplatissement aux pôles.

PRÉCHANTRE, *sm.* Nom que porte le premier chantre dans certaines cathédrales.

PRÉCIPITÉ, *sm.* (*Chim.*) Matière dissoute séparée de son dissolvant par l'action d'une autre substance, qui prend le nom de *précipitant*, et tombée au fond du vase, sous forme de poudre, de flocons ou de cristaux.

PRÉCIPUT, *sm.* (pr. *puit*). (*Jurisp.*) Avantage donné à un des cohéritiers par dessus les autres et avant tout partage. | Droit qui est réservé au survivant des époux de prélever une certaine partie des biens de la communauté avant qu'elle soit partagée. | Traitement supplémentaire qu'on accorde à certains fonctionnaires, particul. aux doyens des Facultés.

PRÉCONISER, *va.* Se dit du pape, quand il déclare en plein consistoire que tel évêque nommé par son souverain a les qualités requises; cet acte porte le nom de *préconisation.*

PRÉCORDIAL, E, *adj.* Se dit de la région correspondante à l'endroit de la poitrine où se distinguent les battements du cœur.

PRÉDÉCÈS, *sm.* *(Jurisp.)* Décès de quelqu'un avant celui d'une autre personne.

PRÉDÉTERMINATION, *sf.* V. *Prémotion.*

PRÉDESTINATION, *sf.* *(Théol.)* Décret de la Providence en vertu duquel, suivant certains théologiens, Dieu a de toute éternité résolu de sauver un certain nombre de créatures raisonnables, soit malgré elles, soit selon leur mérite.

PRÉDICAMENT, *sm.* *(Philos.)* Syn. de *catégorie.* (V. ce mot.)

PRÉDORSAL, E, *adj.* *(Anat.)* Se dit de la région située au-devant du dos.

PRÉEMPTION, *sf.* *(Jurisp.)* Droit d'acheter avant tout autre.

PRÉFACE, *sf.* Formule particulière de prière qui se chante avant le canon de la messe; elle commence par ces mots : *sursum corda.*

PRÉFET, *sm.* *(Ant.)* Dans l'empire romain, c'était l'administrateur, délégué par l'empereur, des provinces conquises; ce mot s'appliquait aussi à diverses autres fonctions. | En France, le préfet est le premier magistrat de l'ordre administratif dans chaque département; il a sous ses ordres autant de sous-préfets qu'il y a d'arrondissements autres que le chef-lieu, et doit, dans certains cas déterminés, recourir à l'assistance du *conseil de préfecture* | — maritime, contre-amiral ou vice-amiral chargé de l'autorité militaire et administrative dans chaque arrondissement maritime dont le chef-lieu est un port de mer.

PRÉFIX, E, *adj.* *(Jurisp.)* Déterminé à l'avance.

PRÉFLORAISON, *sf.* *(Bot.)* V. *Estivation.*

PRÉFOLIATION, *sf.* *(Bot.)* État des feuilles avant qu'elles ne soient sorties des bourgeons.

PRÉGATON, *sm.* Filière par laquelle on fait passer le fil d'or pour la *première fois*; celle par laquelle il passe pour la seconde fois s'appelle *demi-prégaton.*

PRÉHENSEUR et PRÉHENSILE, *adj.* *(Hist. nat.)* Se disent des parties du corps, des organes qui prennent, qui peuvent saisir.

PRÉHENSION, *sf.* Action de prendre.

PRÉJUDICIAUX, *adj. m. pl.* *(Jurisp.)* Frais —, qu'on est obligé de rembourser avant que d'être reçu a se pourvoir contre un jugement.

PRÉJUDICIEL, LE, *adj.* *(Jurisp.)* Qui doit etre jugé avant la question principale.

PRÉLART, *sm.* Grosse toile peinte ou goudronnée, qui sert à protéger des marchandises ou des bâtiments contre la pluie.

PRÉLAT, *sm.* Nom qu'on donne, dans l'Église catholique, à tous les dignitaires ecclésiastiques possédant une juridiction, tels que le pape, les cardinaux, archevêques et évêques, les patriarches, légats, chefs d'ordres religieux, abbés ou prieurs.

PRÉLATION, *sf.* Droit qu'avaient autrefois les enfants d'être investis par préférence des charges que leurs pères avaient possédées. | *(Féod.)* Droit qu'avait le roi, dans certaines parties du royaume, de retirer une terre seigneuriale en remboursant l'acquéreur.

PRÉLATURE, *sf.* Certain nombre de prélats de la cour de Rome, qui ont droit de porter l'habit violet et qui ont quelque autorité dans les affaires.

PRÊLE, *sf.* Plante, type de la famille des *équisétacées*; elle a des *tiges cylindriques* droites et striées, munies de verticilles de feuilles linéaires et comme sétacées, et dont l'aspect lui a fait donner le nom vulgaire de *queue de cheval*; on ne la trouve que dans les terrains humides; on emploie ses tiges pour polir certains ouvrages.

PRÉLEGS, *sm.* (pr. *-lè*) *(Jurisp.)* Legs par préciput, legs qui doit être prélevé avant les autres.

PRÉMÉDITATION, *sf.* *(Jurisp.)* Dessein réfléchi d'exécuter un crime, qui est une circonstance aggravante de ce crime.

PRÉMICES, *sfpl.* *(Ant.)* Les premiers produits de la terre ou du bétail, que les anciens offraient à Dieu avant de commencer leurs récoltes.

PREMIER, *adj. m.* *(Math.)* Nombre —, nombre qui n'est divisible que par lui-même ou par l'unité; tels sont 3, 5, 7, 11, 13, 17, 19, 23, etc. | Nombres —s entre eux, ce sont deux ou plusieurs nombres qui n'ont aucun autre diviseur commun que l'unité : tels sont 3 et 4, 7 et 12, etc.

PRÉMISSES, *sfpl.* *(Philos.)* Les deux premières propositions d'un syllogisme; la première est la majeure et la seconde la mineure; elles sont suivies de la *conséquence*, qui est indubitable si les prémisses sont vraies. | V. *Syllogisme.*

PREMNE, *sf.* Arbrisseau de la famille des verbénacées, à petites fleurs blanchâtres en bouquets terminaux; on en trouve dans les pays chauds une espèce dont l'odeur, bien que desagréable, aurait la propriété de dissiper les maux de tête.

PRÉMONITOIRE, *adj.* *(Méd.)* Qui précède; se dit des symptômes avant-coureurs d'une maladie et particul. de la diarrhée dans le choléra.

PRÉMONTRÉ, *sm.* Chanoine régulier de l'ordre de Saint-Augustin.

PRÉMOTION, *sf.* *(Théol.)* Théorie admettant l'action de Dieu sur la créature pour la déterminer à agir, sans toutefois que la liberté *de la créature soit entravée*.

PRENEUR, *sm.* (*Jurisp.*) Celui qui prend à loyer ou à ferme une maison, une terre, etc.; c'est l'opposé de *bailleur*.

PRÉNOTION, *sf.* Connaissance première; notion vague, superficielle, incertaine.

PRÉOPERCULE, *sm.* (*Zool.*) Pièce osseuse *par le moyen de laquelle l'opercule des* poissons s'articule avec le crâne.

PRÉPOSITION, *sf.* Partie invariable du discours qui se met entre deux mots pour exprimer le rapport qu'ils ont entre eux; tels sont les mots *à*, *auprès*, *de*, *pour*, etc.

PRÉSALÉ, *sm.* Viande des moutons qui ont pâturé dans des prés salés ou arrosés par l'eau de la mer et particul. sur le littoral de la Normandie; elle est très-estimée.

PRÉSANCTIFIÉ, E, *adj.* (*Eccl.*) Se dit des hosties que l'on consacre la veille du jour où l'on veut s'en servir pour dire la messe.

PRESBYTE, *s.* et *adj.* Se dit des personnes qui ne voient que de loin, qui n'aperçoivent les objets qu'à une distance éloignée. | PRESBYTIE, *sf.* PRESBYTISME, *sm.* État des personnes —s; cet état résulte de l'aplatissement du cristallin et ne se manifeste guère que chez les vieillards.

PRESBYTÈRE, *sm.* Habitation du curé; elle est le plus souvent attenante à l'église, ou se trouve dans son voisinage.

PRESBYTÉRIANISME, *sm.* Secte de protestants qui ne reconnaissent pas l'autorité épiscopale. | PRESBYTÉRIEN, NE, *adj.* et *s.* Qui professe le —.

PRESCIENCE, *sf.* (*Philos.*) Connaissance certaine et infaillible de l'avenir, qu'on place au nombre des attributs de Dieu.

PRESCRIPTION, *sf.* (*Jurisp.*) Moyen d'acquérir ou de se libérer par un certain laps de temps et sous les conditions déterminées par la loi; en France, les droits et actions se *prescrivent* au bout de trente ans, c.-à-d. que si pendant trente ans on n'en a pas fait usage, on ne peut plus les invoquer; la prescription de certaines dettes est beaucoup plus courte.

PRÉSÉANCE, *sf.* Droit de prendre place au-dessus de quelqu'un, de le précéder.

PRÉSIDE, *sm.* Lieu où le gouvernement espagnol envoie ceux qui sont condamnés aux galères, aux travaux forcés.

PRÉSIDIAL, *sm.* Tribunal d'autrefois correspondant à peu près au tribunal civil de nos jours. | —, E, *adj.* Qui est de la compétence d'un —, qui appartient à un —.

PRÉSOMPTION, *sf.* (*Jurisp.*) Conséquence que la loi ou le magistrat tire d'un fait connu à un fait inconnu; les unes sont *légales*, c.-à-d. prévues et déterminées par la loi; les autres sont *libres*, c.-à-d. abandonnées aux lumières du magistrat.

PRESSIROSTRES, *smpl.* Famille de l'ordre des échassiers, comprenant des oiseaux dont le bec est court et comprimé; ils s'en servent pour fouiller la terre et y chercher des vers dont ils se nourrissent; on comprend dans cette famille les *vanneaux*, le *pluvier*, l'*outarde*, etc.

PRESSOIR, *sm.* Appareil de forme variable, généralement en bois et muni d'une forte vis, qu'on emploie pour extraire par pression les sucs que contiennent le raisin, les pommes, les olives, etc.

PRESTANT, *sm.* Un des principaux jeux de l'orgue, sur lequel s'accordent tous les autres jeux.

PRESTATION, *sf.* Contribution consistant en une ou plusieurs journées de travail, ou bien dans la fourniture gratuite d'une voiture, d'un cheval, etc., pour accomplir un travail d'utilité publique, et particul. pour l'entretien des chemins vicinaux; cette prestation s'appelle — en nature, par oppos. à la — en argent, qui consiste dans le versement d'une somme équivalente par le contribuable. | PRESTATAIRE, *s.* Celui, celle qui fournit la — en nature.

PRESTIGE, *sm.* Nom par lequel on désignait, par oppos. aux miracles, les illusions opérées par sortilége ou magie, et non par l'intervention divine.

PRÉSURE, *sf.* Matière propre à cailler le lait, renfermée dans l'estomac, appelé caillette, des veaux nourris uniquement de lait; elle est sous forme de grumeaux qu'on lave à l'eau froide, que l'on sale et que l'on remet ensuite dans la caillette, laquelle peut être employée pendant très-longtemps.

PRÊT, *sm.* Dans le langage militaire, solde fournie aux troupes et payée tous les cinq jours.

PRÉTÉRIT, *sm.* Temps passé des verbes. | *adj.* Enfant —, dans l'ancienne jurisprudence, celui dont le père avait oublié de faire mention dans son testament.

PRÉTÉRITION ou PRÉTERMISSION, *sf.* (*Litt.*) Figure par laquelle on déclare ne pas vouloir parler d'une chose, dont on parle cependant. | Omission dans un discours. | Oubli d'un enfant ou d'un héritier nécessaire dans un testament.

PRÉTEUR, *sm.* Magistrat qui rendait la justice dans Rome, ou qui gouvernait une province.

PRÉTEXTE, *adj.* et *s.* (*Ant.*) Robe blanche, bordée de pourpre, que les enfants patriciens, à Rome, portaient jusqu'à l'âge de puberté.

PRÉTOIRE, *sm.* Lieu où les magistrats romains rendaient la justice. | Tente du général romain dans les camps. | Préfet du —, celui qui commandait la garde de l'empereur.

PRÉTORIEN, NE, *adj.* Se disait, à Rome, des soldats de la garde particulière de l'empereur, et que commandait le préfet du *prétoire.*

PREUVE, *sf.* Petite éprouvette dans laquelle on reçoit au sortir de l'alambic l'eau-de-vie dont on veut faire connaître *le degré.* | — de Hollande, espèce d'eau-de-vie qui marque 19 degrés à l'aréomètre.

PRÉVARICATION, *sf.* Terme générique qui désigne le fait, par un fonctionnaire, de manquer aux devoirs de sa charge, soit par concussion, soit par tout autre motif.

PRÉVENTION, *sf.* État de l'individu inculpé d'un délit et qui n'a pas encore été jugé; cet inculpé prend le nom de prévenu.

PRÉVÔT, *sm.* Nom qu'on donnait autrefois, en France, à certains magistrats de l'ordre judiciaire. | Dans une armée en guerre, officier chargé de la justice militaire. | Prévotale, *adj. f.* Cour —, cour présidée par le —; on a donné aussi ce nom à des tribunaux exceptionnels composés de cinq juges civils présidés par un juge militaire ou prévôt, qui connaissaient, sous l'Empire et la Restauration, de certains crimes ou délits particuliers.

PRICKA, *sf.* Espèce de lamproie de 40 à 45 centimètres de long, qu'on trouve dans les lacs et les rivières en France; elle est noirâtre en dessus, argentée en dessous.

PRIEUR, *sm.* Supérieur, directeur d'un monastère d'hommes.

PRIEURE, *sm.* Supérieure d'un monastère de filles.

PRIEURÉ, *sm.* Communauté religieuse dirigée par un prieur ou une prieure.

PRIMAT, *sm.* Prélat qui est un archevêque, mais dont la juridiction est au-dessus de celle de plusieurs archevêques. | Primatie, *sf.* Dignité du —, étendue du ressort de sa juridiction.

PRIMATES, *smpl.* (*Zool.*) Division du règne animal, appelée aussi quadrumanes, renfermant les animaux qui, par leur organisation, se rapprochent le plus de l'homme; tels sont les singes, les chauves-souris, les galéopithèques, etc.

PRIME, *sf.* Première des heures canoniales. | Prix qu'on doit payer annuellement pour une assurance. | Jeu de cartes où l'on ne donne que quatre cartes; il faut avoir les quatre couleurs différentes pour gagner. | Laine de première qualité. | Pierre demi-transparente et légèrement colorée. | Position qu'on prend d'abord après avoir tiré l'épée du fourreau. | Récompense, indemnité en argent, etc.; — d'exportation. V. *Drawback.*

PRIMEVÈRE, *sf.* Plante, type de la famille des primulacées, à feuilles radicales en rosettes, du centre desquelles s'élève une tige droite portant un bouquet ou une ombelle de fleurs tubulées à cinq divisions; l'espèce commune, à fleurs jaune doré, se trouve dans les prés et les bois au premier printemps et porte le nom vulgaire de *coucou.*

PRIMICIER, *sm.* Le premier des chantres, celui qui autrefois présidait au chœur.

PRIMIDI, *sm.* Premier jour de la décade, dans le calendrier républicain.

PRIMIPARE, *adj. f.* Qui enfante pour la première fois. | Primiparité, *sf.* État de la femme —.

PRIMOGÉNITURE, *sf.* (*Jurisp.*) Droit d'aînesse.

PRIMULACÉES, *sfpl.* (*Bot.*) Famille de plantes à corolle monopétale insérée au-dessous de l'ovaire, dont la primevère est le type principal; elle renferme en outre les *mourons,* la *soldanelle,* etc.

PRINCEPS, *sm.* Mot qu'on emploie pour désigner la première édition d'un auteur ancien.

PRINCIPAL, *sm.* Chef d'un collége communal.

PRINCIPAUTÉ, *sf.* Petit État indépendant, dont le chef porte le titre de prince.

PRINOS, *sm.* Plante de la famille des rhamnées, voisine du houx, qu'on trouve dans les lieux marécageux aux États-Unis; on l'a vantée comme tonique et fébrifuge.

PRIONE, *sf.* Grand insecte coléoptère longicorne, voisin par la forme du cerf-volant, qui vit dans des troncs d'arbres; il est de couleur brun foncé.

PRIONOPS, *sm.* V. *Bagadais.*

PRIORI (À), *loc. adv.* (*Lat.*) Avant toute observation, tout examen; se dit d'un raisonnement qui découle d'un principe admis.

PRISE, *sf.* Tout vaisseau enlevé à l'ennemi, en temps de guerre, par un vaisseau de l'État ou un corsaire.

PRISME, *sm.* (*Math.*) Polyèdre composé de deux bases égales, unies par des parallélogrammes. | (*Phys.*) Instrument de cristal à trois faces, ou prisme triangulaire transparent, au moyen duquel on décompose la lumière. | Prismatique, *adj.* Qui a la forme d'un —.

PRIVATIF, VE, *adj.* (*Litt.*) Se dit des lettres ou des particules qui, jointes à certains mots, marquent privation, ont un sens négatif; telles sont les particules *in, dé, dés,* dans les mots *indigne, déplaisant, désagréable.*

PRIVILÉGE, *sm.* (*Jurisp.*) Droit particulier que certaines créances, définies par la loi, ont d'être préférées à toutes les autres dans la répétition des gages laissés par le débiteur.

PROBABILISME, *sm.* (*Philos.*) Ancienne théorie philosophique en vertu de laquelle il n'y a rien de certain et il faut s'en tenir seulement au vraisemblable. | (*Théol.*) Doctrine en vertu de laquelle on peut suivre en morale une opinion plus ou moins probable.

PROBABILITÉS, *sfpl.* (*Math.*) Calcul des —, science qui a pour objet de calculer les chances relatives d'événements futurs, par ex. les chances aux jeux de hasard, dans les loteries, etc.

PROBANT, E, *adj.* Qui prouve, démonstratif, convaincant.

PROBATION, *sf.* Épreuve, temps d'épreuve qui précède le noviciat dans certains couvents.

PROBATOIRE, *adj.* Qui tend à prouver.

PROBOSCIDIENS, *smpl.* (*Zool.*) Se dit de ceux des pachydermes qui sont munis de trompes, tels que l'éléphant, et, parmi les fossiles, le mastodonte.

PROCÉDURE, *sf.* Ensemble des règles qui déterminent les formes suivant lesquelles les affaires sont instruites devant les tribunaux, les cours, etc.

PROCÉLEUSMATIQUE, *adj.* (*Litt.*) Pied de vers latin composé de quatre brèves, ou vers composé de pieds de cette nature.

PROCELLAIRE ou PROCELLARIE, *sf.* V. *Pétrel.*

PROCÈS CILIAIRES, *smpl.* V. *Ciliaire.*

PROCESSE, *sf.* Crustacé voisin de la salicoque, dont il diffère par l'inégalité de ses deux pieds de devant ; on en consomme des quantités sur les côtes de la Méditerranée.

PROCESSIONNAIRE, *adj.* et *sf.* Se dit d'une espèce de lépidoptères nocturnes du genre *bombyx*, dont la chenille vit en société sur le chêne et se déplace par groupes serrés disposés comme une procession ; cette chenille cause de grands ravages aux forêts.

PROCHRONISME, *sm.* Erreur de chronologie qui consiste à placer un fait dans un temps antérieur à celui où il est réellement arrivé.

PROCIDENCE, *sf.* (*Chir.*) En parlant d'un organe, ou d'une partie du corps, et particul. de l'iris ; chute de cette partie, déplacement d'un organe par affaissement.

PROCLITIQUE, *adj.* (*Litt.*) Se dit, dans la grammaire grecque, de certains mots qui donnent leur accent au mot suivant, et qui, par conséquent, en sont eux-mêmes privés. | Se dit aussi, par oppos., à *enclitique*, des monosyllabes qui se placent par élision au devant de certains mots, comme *je*, *le*, dans *j'aime*, *l'arbre*, etc.

PROCOMBANT, E, *adj.* (*Bot.*) Se dit des tiges qui traînent à terre et ne sont pas assez fortes pour pouvoir se soutenir d'elles-mêmes.

PROCONSUL, *sm.* (*Ant.*) Gouverneur des grandes provinces romaines.

PROCTALGIE, *sf.* Douleur à l'anus sans inflammation.

PROCTITE, *sf.* Inflammation de l'anus.

PROCURATEUR, *sm.* Autrefois, intendant chargé d'une administration. | Un des principaux dignitaires de la république de Venise et de celle de Gênes.

PROCURATION, *sf.* Acte par lequel une personne donne à une autre le pouvoir d'agir *en son nom comme elle pourrait le faire elle-même.*

PROCUREUR, *sm.* Autrefois, officier ministériel *qui remplissait l'office que remplissent* aujourd'hui les avoués. | Aujourd'hui, ce mot ne s'emploie plus que pour désigner le membre du parquet qui exerce les fonctions de ministère public près les cours et les tribunaux, savoir : les — généraux près la cour de cassation et les cours impériales, et le — impérial près les tribunaux de première instance.

PRODATAIRE, *sm.* V. *Daterie.*

PRODROME, *sm.* Sorte de préface, introduction à l'étude d'une science. | (*Méd.*) État d'indisposition, de malaise avant-coureur d'une maladie.

PROFECTIF, VE, *adj.* Se dit des biens qui viennent à quelqu'un des successions de ses père, mère et autres ascendants.

PROFÈS, ESSE, *adj.* et *s.* Celui, celle qui a fait les vœux par lesquels on s'engage dans *un ordre religieux après que le temps du noviciat est expiré.*

PROFESSO (EX), *loc. adv.* (*Lat.*) En homme instruit, qui a étudié son sujet.

PROFIL, *sm.* Trait du visage d'une personne vue de côté, de manière à n'en montrer qu'une moitié. | (*Archit.*) Coupe *ou section verticale* d'un bâtiment qui en montre l'intérieur en hauteur. | Coupe d'un terrain indiquant son relief et sa composition.

PROGNATHE, *adj.* (pr. *prog-na-*). Se dit de la variété du type humain dans lequel la mâchoire est portée en avant.

PROGRESSION, *sf.* Faculté de se déplacer et de se porter en avant, particulière aux animaux. | (*Math.*) Série de nombres dont chacun est égal au précédent, ajouté à un nombre fixe appelé *raison*, ou bien multiplié par ce même nombre fixe ; dans le premier cas, la — est dite *arithmétique* ; dans le second elle est *géométrique*.

PROJECTILE, *sm.* (*Méc.*) Tout mobile lancé avec une vitesse et sous une direction données dans un milieu résistant ou non résistant.

PROJECTION, *sf.* (*Méc.*) Action de jeter, de mettre un projectile en mouvement. | Représentation sur un plan, d'une figure ou d'un corps, au moyen de lignes droites menées vers le plan de tous les points de cette figure.

PROJECTURE, *sf.* Saillie horizontale des divers membres d'architecture.

PROLÉGOMÈNES, *smpl.* Préface explicative mise à la tête d'un livre pour exposer les notions les plus nécessaires à l'intelligence des matières qui y sont traitées.

PROLEPSE, *sf.* (*Litt.*) Figure par laquelle l'orateur va au devant des objections de l'adversaire et les énumère lui-même pour les réfuter en suite.

PROLEPTIQUE, *adj.* (*Méd.*) Se dit d'une fièvre intermittente, quand les accès viennent avec une fréquence de plus en plus marquée.

PROLÉTAIRE, *adj.* (*Ant.*) C'était, à Rome, la dernière de toutes les classes du peuple, exempte d'impôts et entretenue, en général, aux frais de l'État. | De nos jours, ce mot désigne les ouvriers qui vivent au jour le jour uniquement du salaire qu'ils gagnent et sans rien posséder en propre.

PROLÉTARIAT, *sm.* État d'une société dans laquelle il y a des prolétaires, c.-à-d. une certaine quantité d'hommes qui ne possèdent rien et ne vivent que du produit de leur labeur quotidien.

PROLIFÈRE, *adj.* (*Bot.*) Se dit de certaines fleurs dans le calice desquelles naissent d'autres fleurs.

PROLOGUE, *sm.* Sorte de préface, d'avant-propos, particulièrement en usage dans la poésie dramatique.

PROLONGE, *sf.* Voiture à munitions, fourgon militaire, traîné par quatre chevaux. | Cordage qui sert pour traîner les canons et particul. les pièces de campagne.

PROMEROPS, *sm.* Genre de passereaux ténuirostres de l'Afrique centrale, voisins du genre huppe, mais non huppés; ils ont une langue fourchue et extensible, et sont parés des plus riches couleurs.

PROMONTOIRE, *sm.* Pointe de terre s'avançant dans la mer et formant la dernière saillie d'une crête montagneuse, d'un massif de montagnes.

PROMOTEUR, *sm.* (*Eccl.*) Membre du clergé chargé, dans chaque diocèse, par l'évêque, du maintien de la discipline et de la répression de ceux qui y manquent.

PROMPTUAIRE, *sm.* Ancien syn. d'abrégé, de résumé.

PROMULGATION, *sf.* Publication des lois par le chef de l'État, avec les formes requises, c.-à-d. l'impression, l'affiche, etc.

PROMULGUER, *va.* Publier avec les formalités requises pour rendre exécutoire, en parlant d'une loi.

PRONAOS, *sm.* (*Archit.*) Partie antérieure des temples anciens.

PRONATION, *sf.* Mouvement des deux muscles de l'avant-bras appelés *pronateurs*, par lequel on tourne la main de manière que la paume regarde la terre; c'est l'opposé de *supination.* | Position d'un malade couché sur le ventre.

PRÔNE, *sm.* Instruction chrétienne que le prêtre fait tous les dimanches a la messe.

PRONOM, *sm.* Partie du discours qu'on met à la place du nom ou substantif pour en éviter la répétition, ainsi que pour désigner la personne.

PRONOMINAL, E, *adj.* Se dit de certains verbes appelés aussi *réfléchis*, qui se conjuguent avec deux pronoms, comme *je me flatte, il se vante*, etc.

PRONUNCIAMENTO, *sm.* (pr. *noun*). En Espagne, et dans les républiques de l'Amérique méridionale, acte insurrectionnel par lequel un chef militaire se déclare indépendant.

PROPAGULE, *sf.* (*Bot.*) Sorte de germe de forme sphérique, microscopique, qu'on trouve à la surface de certaines plantes agames et de quelques lichens.

PROPHYLACTIQUE, *adj.* Préservatif; qui entretient la santé et la préserve de tout ce qui peut lui être nuisible.

PROPHYLAXIE, *sf.* Préservation, régime qui a pour objet de préserver de telle ou telle maladie.

PROPIONIQUE, *adj.* (*Chim.*) Acide —. Acide gras, liquide, volatil, d'odeur particulière, qui se produit dans la fermentation de certaines substances organiques, telles que le fromage.

PROPITIATION, *sf.* (pr. *-cia-*). Se dit des sacrifices, des victimes qu'on offre à Dieu pour le rendre propice et pour expier certaines fautes.

PROPOLIS, *sf.* (pr. *-liss*). Matière gommeuse, résineuse, balsamique, d'un brun rougeâtre, que les abeilles sécrètent de leur abdomen et dont elles se servent pour boucher les fissures de leurs ruches et les clore, ainsi que pour enduire les parties où elles veulent établir leurs cellules.

PROPORTION, *sf.* (*Math.*) Expression de l'égalité de deux rapports; ainsi : 3 : 7 :: 12 : 28 est une proportion et signifie que le rapport de 3 à 7 est égal au rapport de 12 à 28, ou en d'autres termes, la fraction 3/7 égale la fraction 12/28.

PROPOSITION, *sf.* (*Litt.*) Membre de phrase qui se compose de trois termes : le sujet, le verbe et l'attribut.

PROPULSION, *sf.* Mouvement en avant, impulsion en ligne horizontale; se dit particul. des bateaux à vapeur.

PROPYLAMINE, *sf.* Ammoniaque composée qu'on extrait de la saumure des harengs; elle est employée en potion sucrée contre les douleurs rhumatismales.

PROPYLÉES, *sfpl.* (*Archit.*) Édifice à plusieurs portes qui était orné de colonnes et formait l'entrée principale de l'enceinte d'un édifice public.

PRORATA (AU), *loc. adv.* (*Lat.*) A proportion : se dit de la répartition d'une somme, ou d'un nombre quelconque de choses entre un certain nombre d'individus, proportionnellement aux droits de chacun de ces individus.

PROROGER, *va.* Prolonger un délai. | Suspendre les séances d'une assemblée délibérante par un acte de l'autorité souveraine, et en remettre la continuation a un certain jour. | PROROGATION, *sf.* Action de —.

PROSCÉNIUM, *sm.* (*Ant.*) Partie du théâtre antique où les acteurs venaient jouer la pièce, et qui était sur le devant de la scène.

PROSCYNÈME, *sm.* Dans les monuments antiques, inscription que gravaient les visiteurs sur les murs.

PROSECTEUR, *sm.* Celui qui prépare ou fait les dissections pour un professeur d'anatomie, et qui dirige les élèves dans leurs études de dissection.

PROSÉLYTE, *s.* Personne nouvellement convertie à la foi catholique. | Partisan qu'on gagne à une secte, à une opinion.

PROSODIE, *sf.* Prononciation régulière des mots, règles de versification, méthode pour versifier.

PROSOPOGRAPHIE, *sf.* (*Litt.*) V. *Hypotypose.*

PROSOPOPÉE, *sf.* (*Litt.*) Figure oratoire par laquelle on suppose qu'une personne absente ou un objet inanimé parle aux auditeurs.

PROSPECT, *sm.* (*Jurisp.*) Droit de —, servitude établie au profit d'un immeuble sur un immeuble voisin, et par laquelle le propriétaire de ce dernier ne peut élever des constructions au-dessus d'une certaine hauteur.

PROSTATE, *sf.* Corps glanduleux situé à la jonction de la vessie et de l'urètre chez l'homme, et secrétant un liquide visqueux particulier.

PROSTHÈSE, *sf.* (*Litt.*) Figure de diction qui consiste à ajouter une lettre ou une syllabe au commencement d'un mot, sans que le sens de ce mot soit changé ; ainsi *alcoran* pour *coran*, etc. | V. *Prothèse.*

PROSTRATION, *sf.* État particulier dans lequel les forces musculaires sont très-abattues, les mouvements lents et difficiles, les traits accablés ; il accompagne certaines maladies aiguës comme la fièvre typhoïde.

PROSTYLE, *sm.* et *adj.* (*Archit.*) Édifice qui n'a de colonnes qu'à sa façade antérieure.

PROSYLLOGISME, *sm.* (*Philos.*) Argument composé, formé de deux syllogismes placés à la suite l'un de l'autre, de telle sorte que la conclusion du premier serve de prémisse au second.

PROTAGONISTE, *sm.* Principal personnage d'une pièce de théâtre ; celui qui joue le premier rôle.

PROTASE, *sf.* (*Litt.*) Partie d'une œuvre dramatique qui contient l'exposition du sujet.

PROTATIQUE, *adj.* (PERSONNAGE). Celui qui exposait le sujet au commencement d'une pièce de théâtre antique, et qui ne prenait que peu de part à l'action.

PROTE, *sm.* Celui qui, dans une imprimerie, est chargé, sous les ordres du maître imprimeur, de la direction et de la conduite de tous les travaux.

PROTECTIONNISTE, *sm.* Partisan du système protecteur, système économique en vertu duquel on éloigne, par des droits élevés, les marchandises étrangères qui viendraient faire concurrence aux marchandises indigènes, etc.

PROTECTORAT, *sm.* Appui qu'un gouvernement prête à un autre gouvernement moins important.

PROTÉE, *sm.* Reptile batracien qui ressemble à l'anguille et qui se rapproche de la salamandre par sa conformation générale ; il porte à la fois, à l'état adulte, des branchies et des poumons ; il habite les lacs souterrains de la Carniole. | Espèce de champignon du genre lycoperdon, dont la fumée aurait des propriétés anesthésiques, utilisées dans l'extraction du miel des ruches.

PROTÊT, *sm.* Acte par lequel le porteur d'une lettre de change, d'un billet à ordre, fait constater le refus de les accepter ou de les payer, de la part de celui sur qui la lettre de change a été tirée, ou qui a souscrit le billet.

PROTHÈSE, *sf.* Opération chirurgicale qui consiste a remplacer artificiellement un organe absent, comme poser de fausses-dents, un faux œil, etc.

PROTHORAX, *sm.* (*Zool.*) Le premier des trois segments qui composent le thorax des insectes, en partant de la tête, et sur lequel est insérée la première paire de pattes.

PROTOCOCCOS ou PROTOCOCCUS, *sm.* Genre d'algues de très-petites dimensions, consistant en une petite utricule et agglomérées par grandes masses de couleur rouge ou noire sur certains points, et particul. sur la mer, la terre humide, la neige.

PROTOCOLE, *sm.* Formulaire, recueil de formules pour dresser des actes, ou pour écrire des lettres politiques ou administratives. | Procès-verbal des délibérations d'un congrès, d'une diète, etc. | Règle du cérémonial à suivre dans les rapports politiques officiels entre les États et entre les ministres.

PROTOGÈNE ou PROTOGYNE, *sm.* (*Min.*) Roche primitive composée de talc et de feldspath ; c'est une variété de granit dans laquelle le mica est remplacé par du talc ; elle constitue le massif du Mont-Blanc, aux Alpes.

PROTONOTAIRE, *sm.* Officier ou prélat de la cour de Rome, qui reçoit les actes des consistoires publics ; ses attributions sont plus importantes que celles des *notaires apostoliques.*

PROTOORGANISME, *sm.* (*Hist. nat.*) Nom qu'on a donné aux organismes rudimentaires, de dimensions microscopiques, qu'on appelle *protophytes* et *protozoaires.* (V. ces mots.)

PROTOPAPAS, *sm.* Grand dignitaire de l'Église grecque.

PROTOPHYTE, *sm.* (*Bot.*) Organisme végétal rudimentaire qu'on découvre dans les infusions au moyen du microscope.

PROTOSYNCELLE, *sm.* Premier-vicaire, grand-vicaire dans l'Église grecque.

PROTOTYPE, *sm.* Original modèle, premier type.

PROTOXYDE, *sm. (Chim.)* Oxyde le moins riche en oxygène de tous ceux que peut former une substance quelconque en se combinant avec l'oxygène; il renferme un atome de la substance pour un atome d'oxygène.

PROTOZOAIRE, *sm. (Zool.)* Nom commun à tous les zoophytes de dimensions microscopiques, tels que les infusoires et certains autres microzoaires ou animaux de structure rudimentaire, soit fossiles, soit vivants.

PROTOZOÏQUE, *adj. (Géol.)* Se dit de la période primitive de refroidissement du globe, et pendant laquelle se sont déposés les granits et les terrains éruptifs qui forment l'assise de la croûte terrestre.

PROTRACTION, *sf.* Traction en avant, action de tirer en avant.

PROTUTEUR, *sm. (Jurisp.)* Celui qui gère les biens d'un mineur en remplacement du tuteur, lorsque ces biens sont éloignés du domicile du tuteur, comme pour les propriétés situées aux colonies, etc.

PROUE, *sf.* Partie de l'avant d'un navire, proprement celle qui fend l'eau.

PROVÉDITEUR, *sm.* Officier public de l'ancienne république de Venise; il avait le commandement d'une flotte, d'une province, ou d'une place de guerre, ou l'inspection d'un service public.

PROVIGNER, *va.* Coucher en terre les jeunes pousses d'un cep de vigne après y avoir fait une entaille, afin qu'elles prennent racine et produisent d'autres ceps. | PROVIGNAGE, *sm.* Action de —.

PROVIN, *sm.* Rejeton d'un cep provigné.

PROVINCIAL, *sm.* Supérieur religieux qui est chargé de gouverner les divers monastères d'une circonscription, appelée *province*.

PROVISEUR, *sm.* Chef d'un lycée, fonctionnaire auquel sont subordonnés tous les autres fonctionnaires du lycée et qui est chargé de l'administration, etc., de cet établissement.

PROVISION, *sf. (Jurisp.)* Somme allouée par la justice à l'une des parties avant jugement définitif. | Fonds déposés en réserve chez un négociant sur lequel on a tiré une traite, afin qu'il puisse la payer à l'échéance.

PROYER, *sm.* Oiseau voisin du bruant par sa conformation générale: son plumage est brun cendré avec des bandes noires; il habite en hiver le midi de l'Europe, et en été le nord; sa chair est peu estimée.

PRUD'HOMME, *sm.* Membre d'un des conseils de marchands, fabricants, chefs d'ateliers, contre-maîtres et ouvriers, qui sont institués dans les villes commerciales ou industrielles pour juger des contestations qui s'élèvent entre patrons et ouvriers.

PRUINE, *sf.* Poussière glauque qui recouvre certains fruits, tels que les prunes et les raisins.

PRUNELLE, *sf.* Petite prune sauvage d'un goût acerbe, qui est le fruit du prunellier, arbrisseau épineux, qu'on trouve dans les haies et dont l'écorce est vantée comme fébrifuge. | Étoffe de laine rase à laquelle on mêle quelquefois de la soie; on en fait des empeignes de souliers de femme, des pantalons, etc. | V. *Pupille.*

PRURIGO, *sm.* Démangeaison. | Éruption de petits boutons peu saillants, larges, produisant une sensation de chaleur et causant des démangeaisons continuelles. | PRURIGINEUX, SE, *adj.* Qui cause le —, ou qui provient du —.

PRURIT, *sm.* (pr. *ritt.*) Démangeaison vive qui n'est pas accompagnée, comme le prurigo, d'une éruption cutanée.

PRUS ou PRUX, *smpl.* Liens qui servent à attacher ensemble les diverses parties d'un train de bois flotté.

PRUSSIENNE, *sf.* Cheminée à la —, sorte de poêle ou de cheminée en tôle portative, qui est munie d'un tuyau en tôle.

PRUSSIQUE, *adj.* Acide —. V. *Cyanhydrique* à l'article *Cyanogène.*

PRYTANE, *sm. (Ant.)* Magistrat suprême ou sénateur d'Athènes.

PRYTANÉE, *sm. (Ant.)* Édifice où habitaient les *prytanes* et où l'on entretenait les citoyens qui avaient rendu des services importants. | Ce mot signifie aujourd'hui collège militaire, et ne s'applique qu'au collège spécial de la Flèche.

PSALLETTE, *sf.* Lieu où l'on élève et où l'on instruit les enfants de chœur.

PSALMISTE, *sm.* Auteur de psaumes; se dit particul. en parlant du roi David.

PSALMODIE, *sf.* Chant des psaumes, manière particulière de chanter les psaumes qui consiste à garder toujours le même ton, tout en soutenant la voix comme dans le chant.

PSALTÉRION, *sm.* Instrument à cordes de fil de fer ou de laiton, que l'on touche avec une petite verge de fer ou avec un petit bâton recourbé.

PSAMMITE, *sm.* Grès argileux, presque friable, qu'on emploie quelquefois pour les constructions; on le trouve dans les terrains de sédiment.

PSAUME, *sm.* Cantique sacré des Hébreux, composé par le roi David: on en compte un *très-grand nombre* qui ont été réunis en un recueil auquel on donne le nom de *Psautier.*

PSELLISME, *sm.* Nom générique des vices de prononciation, tels que *bégaiement, bredouillement, grasseyement, zézaiement*, etc.

PSÉPHITE, *sm. (Géol.)* Roche primitive, formée de diverses pierres et particul. de porphyre et de schistes; elle est le plus souvent de couleur rouge.

PSEUDO. Particule invariable qui s'unit à certains mots comme syn. du mot *faux;* ainsi, *pseudo prophète*, faux prophète, *pseudo-acacia*, faux acacia, etc.

PSEUDONYME, *adj.* et *sm.* Se dit d'un écrit publié sous un nom supposé, ou de ce nom lui-même.

PSITTACIN, *sm.* Genre de gros-becs de couleur brune et grise, qu'on trouve aux îles Sandwich; il ressemble beaucoup à un petit perroquet.

PSITTACULE, *sf.* Oiseau du genre perroquet, mais de petite taille et à queue courte, arrondie; on l'appelle vulg. *perruche*.

PSOAS, *adj.* et *s.* (pr. *-ass*). Se dit de deux muscles qui s'étendent sur les vertèbres lombaires et fléchissent la cuisse sur le bassin. | Psoïte, *sf.* Inflammation des —.

PSORA, Psore, Psoriase, *sf.* Psoriasis, *sm.* (pr. *-siss*) *(Méd.)* Inflammation chronique de la peau bornée à une partie du corps, se présentant d'abord sous la forme d'élevures solides qui se transforment ensuite en plaques squammeuses très-abondantes et difficiles à faire disparaître.

PSORENTÉRIE, *sf.* *(Méd.)* Nom que l'on a proposé de donner au choléra-morbus, à cause des pustules qui se forment sur les intestins pendant cette maladie.

PSORIQUE, *adj.* Qui est de la nature de la gale. | S'est dit des remèdes employés contre la gale; on dit mieux, dans ce sens, *antipsorique*.

PSYCHAGOGUE, *s.* (pr. *-ka*). Magicien qui faisait profession d'évoquer les ombres.

PSYCHÉ, *sf.* Grand miroir mobile que l'on peut incliner à volonté au moyen de deux tourillons qui l'attachent par le milieu aux deux montants d'un châssis.

PSYCHIATRIE, *sf.* (pr. *-ki-*). Nom qu'on a donné à la médecine qui s'applique surtout à combattre les affections morales et qui soigne particul. les maladies de l'âme pour guérir celles du corps.

PSYCHIQUE, *adj.* Moral, spirituel; qui appartient à l'âme.

PSYCHOLOGIE, *sf.* (pr. *-ko-*). Partie de la philosophie qui traite de l'âme, de ses facultés, de ses opérations.

PSYCHROMÈTRE, *sm.* *(Phys.)* Instrument composé de deux thermomètres, l'un à réservoir sec, l'autre à réservoir humide; il donne, par la comparaison des températures de ces réservoirs avec la pression atmosphérique, la force élastique de la vapeur répandue dans l'air.

PSYDRACIE, *sf.* *(Méd.)* Phlegmasie cutanée consistant en boutons qui se changent en pustules, et différant de la gale en ce qu'elle ne se communique que par le contact.

PSYLLE, *sm.* Dans l'Inde, sorciers ou charlatans qui apprivoisent des serpents. | *sf.* Espèce de puceron, dit *faux puceron*, qui habite sur différents arbres.

PTARMIGAN, *sm.* V. *Lagopède.*

PTARMIQUE, *adj.* Sternutatoire, c.-à-d. qui provoque l'éternuement.

PTÉRIDE, *sf.* Nom du genre de fougères dont les espèces sont répandues en Europe.

PTÉROCARPE, *sm.* Arbre de la famille des légumineuses, indigène des contrées tropicales, et dont l'écorce contient un suc propre, rougeâtre, qui, sous le nom de *bois de Santal*, fournit à la teinture une couleur rouge employée dans certaines circonstances; son bois dur, rouge, à dessins ondulés, répand une odeur suave et s'emploie dans la tabletterie.

PTÉRODACTYLE, *sm.* Reptile saurien, fossile, remarquable par ses membres de devant, dont le deuxième doigt était démesurément long; ses débris ont été retrouvés en Allemagne.

PTÉROMYS, *sm.* V. *Polatouche.*

PTÉROPODES, *smpl.* *(Zool.)* Ordre de mollusques dont la tête est dépourvue de tentacules ou n'en a que de très-courts; ils flottent dans la mer et particul. dans les mers du Nord.

PTÉRYGION, *sm.* Maladie de l'œil, qui consiste dans le gonflement de la conjonctive, qui s'épaissit au point d'envahir toute la cornée.

PTÉRYGOÏDE, Ptérygoïdien, ne, *adj.* *(Anat.)* Se dit de la région inférieure de l'os sphénoïde, des apophyses qui occupent sa face gutturale, et du muscle situé sur le côté de la face en dedans et au-dessus de la mâchoire inférieure qu'il a pour objet d'élever.

PTINE, *sf.* Insecte coléoptère de petite taille, de couleur obscure, à mouvements lents, contrefaisant le mort quand on le touche; sa larve se tient dans les greniers, etc., et ronge les collections d'histoire naturelle.

PTYALISME, *sm.* Salivation, ou écoulement abondant de salive.

PTYSMAGOGUE, *adj.* et *sm.* *(Méd.)* Se dit des remèdes qui facilitent la salivation.

PUBERTÉ, *sf.* Époque de la vie où les garçons et les filles dépassent l'âge de l'enfance et sont nubiles. | Âge de —, âge auquel la loi permet qu'on se marie; il est en France de 18 ans pour les hommes et de 15 ans pour les femmes. | Pubère, *adj.* et *s.* Qui atteint l'âge de —.

PUBESCENT, E, *adj.* *(Bot.)* Se dit des organes des végétaux quand ils sont garnis de poils courts et mous, semblables à du duvet.

PUBIS, *sm.* (pr. *biss*) *(Anat.)* Éminence osseuse qui termine le bas-ventre et occupe la partie antérieure et supérieure du bassin. | Pubien, ne, *adj.* Qui a rapport au —; se dit de l'arcade ou échancrure de la portion antérieure du bassin, ainsi que de la symphyse ou articulation des deux os qui, en se réunissant, forment le —.

PUBLICAIN, *sm.* (*Ant.*) C'était, chez les Romains, le fermier des deniers publics. | On donnait aussi ce nom à ceux qui étaient chargés de recueillir les sommes dues au trésor public.

PUBLICATION, *sf.* Annonce d'un mariage faite à la mairie du domicile légal de chaque époux, à deux dimanches consécutifs, moyennant l'affichage des noms, prénoms, etc., dans un cadre placé à la porte de la mairie; le mariage ne peut se célébrer avant le troisième jour qui suit la 2e publication. | La formalité semblable à l'église porte le nom de *ban*. | Toute annonce faite conformément à la loi.

PUBLICISTE, *sm.* Écrivain qui traite du droit public, du droit des gens, de la politique, de l'économie sociale, etc.

PUCCINIE, *sf.* Plante cryptogame parasite qui se développe dans les céréales et qui constitue une variété de la maladie appelée vulg. *rouille des blés*.

PUCE, *sf.* Insecte de l'ordre des aptères, remarquable par son corps comprimé de part et d'autre, ses pattes de derrière disposées pour le saut, ses mâchoires tranchantes et son suçoir aigu; l'espèce parasite de l'homme est commune dans tous les pays. | — pénétrante ou talpier. V. *Chique*. | — de Bourgogne ou maligne, nom vulgaire d'une espèce d'anthrax malin, qui se manifeste à l'état endémique dans certaines campagnes et particul. en Bourgogne.

PUCERON, *sm.* Très-petit insecte hémiptère de couleur verte, à petite tête, à long bec, vivant par troupes sur certains végétaux, tels que pommiers, pêchers, rosiers, etc., dont ils pompent la sève qu'ils élaborent en un suc particulier dont les fourmis sont très-friandes: c'est pourquoi on rencontre souvent de ces insectes dans les fourmilières où ils sont élevés avec soin; l'une de ses espèces est le — lanigère, qui exerce de grands ravages sur les pommiers.

PUCHET, *sm.* Cuillère de cuivre au bout d'un long manche, qui sert à puiser le sucre pour le verser dans le bassin où il doit être clarifié.

PUDDING, *sm.* V. *Plum-pudding*.

PUDDLER, *va.* Enlever à la fonte le carbone que lui a laissé ou communiqué le *mazéage* (V. *Mazer*); cette opération, appelée PUDDLAGE, *sm.*, consiste à la placer dans un four où elle se trouve portée à une haute température et soumise à l'action des gaz provenant de la combustion du coke; le résidu est du fer que l'on martèle plusieurs fois pour l'affiner complétement; on emploie des procédés analogues pour obtenir l'acier.

PUDIS, *sm.* V. *Redoul*.

PUERPÉRALE, *adj.* Fièvre —, fièvre qui attaque les femmes en couches; c'est une péritonite aiguë, le plus souvent grave, qui se déclare le 2e ou le 3e jour après l'accouchement; on l'appelle aussi *métro-péritonite*.

PUFFIN, *sm.* Espèce de procellaire ou de pétrel, qu'on trouve dans les mers du Nord.

PUGILAT, *sm.* Combat à coups de poings, qui était en usage dans les gymnases des anciens.

PUISARD, *sm.* Excavation creusée dans une cour, une route, etc., et recouverte le plus souvent d'une grille de fer, pour recevoir les eaux pluviales, les eaux des ruisseaux, etc.

PUISSANCE, *sm.* (*Méc.*) Toute force qui, appliquée à un corps, produit un effet quelconque. | (*Math.*) Produit d'un nombre quelconque multiplié un certain nombre de fois par lui-même; la deuxième — s'appelle plus généralement *carré*, et la troisième —, *cube*.

PUITS, *sm.* Excavation de forme cylindrique creusée dans le sol, soit jusqu'à la rencontre d'une couche d'eau, soit pour l'exploitation d'une mine ou d'une carrière, etc. | — artésien. V. *Artésien*.

PULICAIRE, *sf.* Plante de la famille des composées, voisine de l'aunée, à fleurs tubuleuses, dont la plupart des espèces ont une odeur très-pénétrante et s'emploient quelquefois en médecine dans les mêmes cas que ceux où s'administre l'*aunée*. (V. ce mot). | *adj.* Éruption —, éruption cutanée bénigne, qui ressemble à des morsures de puces.

PULMENT, *sm.* Potage épais de riz et de fèves.

PULMONAIRE, *adj.* (*Anat.*) Se dit de divers organes qui appartiennent aux poumons ou qui les avoisinent. | Phthisie —. V. *Phthisie*. | *sf.* Plante de la famille des borraginées, à tige et feuilles velues, à fleurs d'un bleu rougeâtre, en bouquets terminaux; ses feuilles portent des taches analogues à celles du poumon, ce qui leur a valu leur nom, et ce qui les faisait croire, dans la médecine empirique du moyen âge, propres à guérir les maladies du poumon. | Nom vulgaire du lichen d'Islande. | —s, *sfpl.* (*Zool.*) Classe de l'ordre des arachnides, remarquable par l'existence d'un véritable poumon qui sert à leur respiration; elle comprend principalement les *araignées*, les *mygales*, etc.

PULMONÉS, *smpl.* (*Zool.*) Groupe de mollusques gastéropodes dont la respiration s'effectue au moyen d'une cavité analogue au poumon; il comprend, entre autres genres, la *limace*, la *limnée*, etc.

PULMONIE, *sf.* V. *Phthisie*.

PULMONITE, *sf.* (*Méd.*) Inflammation du poumon.

PULPE, *sf.* Partie molle et charnue des fruits et des légumes; elle est essentiellement formée de tissu cellulaire. | (*Anat.*) — cérébrale; substance molle, fibreuse, qui compose la plus grande partie du cerveau.

PULQUÉ, *sm.* Boisson enivrante que font

1869

les Mexicains avec la séve sucrée de l'agave d'Amérique.

PULSATILLE, *sf.* Espèce d'anémone ne portant qu'une fleur violette, soyeuse, munie d'un grand nombre d'étamines d'un jaune très-brillant; on la trouve dans les bois élevés.

PULSIMÈTRE, *sm.* Nom qu'on a donné à un instrument se rapprochant du *sphygmomètre.* (V. ce mot.)

PULTACÉ, E, *adj.* Qui a la consistance de la bouillie.

PULVÉRATEUR, *adj. m.* (*Zool.*) Nom donné par certains auteurs aux gallinacés, parce qu'ils nichent sur le sol et qu'ils grattent toujours la terre.

PULVÉRIN, *sm.* Poudre à canon très-fine, obtenue en écrasant et en tamisant la poudre ordinaire; elle sert pour amorcer et pour la composition des artifices. | Mélange de poudre à canon et de limaille employé dans les feux d'artifice. | Nom donné à toute poussière extrêmement ténue.

PULVÉRISATION, *sf.* Opération qui consiste à réduire des substances solides en poudre impalpable ou à diviser un jet d'eau de manière qu'il se transforme en pluie extrêmement fine.

PULVÉRULENT, E, *adj.* (*Hist. nat.*) Se dit de tout ce qui est réduit en poussière ou qui paraît couvert de poussière.

PULVICULÉ, *sf.* (*Astr.*) Nom que l'on a donné aux particules isolées dont l'agglomération forme la matière *cosmique.* (V. ce mot.)

PUMA, *sm.* V. *Couguard.*

PUMICITE ou Pumite, *sf.* (*Minér.*) V. *Ponce.*

PUNAISE, *sf.* — commune ou de terre. V. *Géocorise.* | — d'eau. V. *Hydrocorise.* | — des bois. V. *Pentatome.* | Epingle très-courte, à tête très-large et plate, servant à assujettir le papier sur la planche à dessiner.

PUNAISIE, *sf.* V. *Ozène.*

PUNCH, *sm.* Boisson qu'on fait en brûlant avec du sucre, de l'eau-de-vie et du rhum. | — à la romaine, la même boisson prise mêlée avec de la glace.

PUPILLE, *s.* (pr. *ll* mouillées). Personne mineure qui a perdu son père ou sa mère, ou l'un et l'autre, et qui est sous la conduite d'un tuteur. | Enfant placé sous l'autorité d'un gouverneur. | *sf.* Ouverture circulaire que la membrane de l'œil, dite l'*iris*, présente dans son milieu, et que l'on appelle vulg. *la prunelle.*

PUPIPARES, *smpl.* (*Zool.*) Famille d'insectes diptères parasites, qui vivent sur le corps des mammifères et des oiseaux; ils sont remarquables en ce que leurs œufs se développent entièrement dans leur abdomen et en sortent, non à l'état de larves, mais à l'état d'insectes parfaits; l'*hippobosque* est un des principaux genres de cette famille.

PUPIVORES, *smpl.* (*Zool.*) Famille d'insectes hyménoptères térébrants dont le caractère principal est de déposer leurs œufs dans le corps de petits animaux ou de végétaux dont la substance sert de nourriture à leurs larves; tel est le *cynips.*

PUPUT, *sm.* V. *Huppe.*

PUREAU, *sm.* La partie d'une tuile ou d'une ardoise qui est à découvert et qui excède la tuile ou l'ardoise supérieure.

PURGATIF, *sm.* (*Méd.*) Nom générique de tous les médicaments qui sont propres à effectuer une purgation, c.-à-d. à déterminer des évacuations alvines; on les classe en *laxatifs, cathartiques, minoratifs* et *drastiques.* (V. ces mots.)

PURGATOIRE, *sm.* Lieu de souffrance où, d'après l'Eglise catholique, subissent une peine les âmes de ceux qui, morts en état de grâce, n'ont pas néanmoins entièrement satisfait à la justice divine.

PURGE, *sf.* (*Jurisp.*) Formalité par laquelle on éteint les hypothèques qui grèvent un immeuble lorsque celui-ci change de propriétaire; le nouveau propriétaire remplit cette formalité en suspendant pendant un certain délai le paiement de l'immeuble et en faisant faire pendant ce délai certaines publications déterminées par la loi.

PURGER, *va.* — une contumace, anéantir, en se constituant prisonnier, un jugement par lequel on a été condamné comme *contumace.* (V. ce mot), et comparaître devant la justice pour se soumettre à un nouveau jugement.

PURIFORME, *adj.* (*Méd.*) Se dit des crachats qui renferment du pus, et que l'on rend à la fin des catarrhes pulmonaires; ils n'ont pas d'odeur particulière et surnagent au-dessus de l'eau.

PURIN, *sm.* Jus de fumier, liquide qui découle du fumier.

PURISME, *sm.* Défaut de celui qui affecte une trop grande pureté de langage.

PURITAIN, E, *adj.* Nom donné à chacun des membres d'une secte, ainsi appelée parce qu'elle prétend être plus purement attachée que les autres presbytériens à la lettre de l'Ecriture. | Par ext., personne intègre, rigide de mœurs.

PURPURA, *sm.* (*Méd.*) Nom commun à certaines affections exanthématiques, dans lesquelles la peau affecte une couleur pourprée et qui sont ou non accompagnées de fièvre. | V. *Pourpre* et *Pourprée (fièvre).*

PURPURACÉ, E, *adj.* (*Hist. nat.*) Qui est légèrement pourpré.

PURPURINE, *sf.* (*Chim.*) Sorte de laque de couleur rouge, qu'on obtient en traitant l'alizarine par l'alun. | Teinte de bronze qu'on applique à l'huile et au vernis.

PURPURIQUE, *adj.* V. *Érythrique.*

PURULENT, E, *adj.* Qui est de la nature du pus, qui en a l'aspect; se dit plus particul. des crachats à odeur particulière, qui gagnent le fond de l'eau et qui caractérisent certaines affections graves des poumons et des bronches.

PUS, *sm.* (pr. *pu*). Liquide généralement opaque, blanc-jaunâtre, sécrété abondamment par les membranes qui sont le siége d'une inflammation.

PUSÉISTE, *adj.* Se dit d'une secte catholique d'Angleterre, qui s'écarte peu des catholiques orthodoxes.

PUSTULE, *sf.* Petite tumeur remplie de matière purulente et qui suppure à sa partie supérieure. | — maligne, maladie de nature gangréneuse, produite par l'inoculation du virus charbonneux; elle peut être transmise par la piqûre des mouches qui ont sucé le sang d'un animal mort du charbon.

PUTATIF, VE, *adj.* (*Jurisp.*) Qui passe pour être une chose qu'il n'est pas réellement.

PUTIER ou PUTIET, *sm.* Espèce du genre prunier appelé aussi merisier à grappes, qu'on trouve dans les bois en Europe; ses fleurs en grappe répandent un parfum des plus agréables; mais ses fruits et son bois ont, au contraire, une odeur et une saveur nauséabondes.

PUTOIS, *sm.* Mammifère à fourrure, de la tribu des digitigrades, voisin des martes par sa conformation, et exhalant une odeur désagréable; il fait de grands dégâts dans les basses-cours; on fait des fourrures assez estimées avec sa peau d'hiver. | — zorille, ou du Cap. V. *Zorille.*

PUTRESCIBLE, *adj.* (*Hist. nat.*) Qui peut se *putréfier*, c.-à-d. qui est susceptible de se pourrir.

PUTRIDE, *adj.* Corrompu, fétide. | Fièvre —, syn. de fièvre *adynamique*; elle est ainsi nommée parce qu'on l'attribue à la corruption des humeurs et parce que l'haleine et les excréments du malade exhalent une odeur fétide. | Fermentation —, putréfaction des végétaux, dans laquelle s'engendrent des gaz infects, tels que l'acide sulfhydrique, l'ammoniaque, etc.

PUTRILAGE, *sm.* Matière pultacée, qui se forme dans certaines affections gangréneuses par putréfaction et ramollissement des tissus.

PUY, *sm.* Nom qu'on donne en Auvergne aux pics volcaniques, de forme conique et régulière qui se remarquent dans cette contrée. | Académies littéraires qui jugeaient, au moyen âge, les concours entre les poëtes et troubadours.

PYCNOGON, *sm.* Petit crustacé marin qui vit en parasite, soit sur les varechs, soit même sur certains cétacés sur la peau desquels il s'implante au moyen d'ongles épais et crochus.

PYÉLITE, *sf.* (*Méd.*) Inflammation de la membrane muqueuse qui tapisse le bassin et les reins.

PYGARGUE, *sm.* Espèce d'aigle d'Europe à jambes nues, qui se tient de préférence sur les côtes, où il se nourrit de poisson et d'oiseaux de mer; quand il est jeune il porte le nom d'*orfraie.*

PYGME, *sm.* (*Ant.*) Mesure en usage chez les Grecs, qui équivaut à environ 0 m. 347.

PYGMÉE, *sm.* Nom d'une race d'hommes fabuleux, à l'existence desquels croyaient les anciens, et qui n'auraient eu qu'une coudée de haut.

PYLONE, *sm.* Dans l'architecture égyptienne, tour carrée élevée en général au-dessus d'un portail.

PYLORE, *sm.* (*Anat.*) Orifice inférieur de l'estomac, tube droit, situé dans l'épigastre, garni d'un bourrelet musculeux, annulaire, par lequel les aliments entrent dans les intestins. | Nom vulg. de diverses maladies qui affectent cet organe, et notamment du cancer de l'estomac.

PYOÉMIE ou PYOHÉMIE, *sf.* (*Méd.*) Infection purulente, tendance générale du sang à se transformer en pus.

PYOGÉNIE, *sf.* Formation de pus.

PYOÏDE, *adj.* Qui a l'aspect du pus, la forme du pus.

PYRACANTHE, *sf.* Espèce de néflier sauvage, arbuste peu élevé, dont les fruits, disposés en gros bouquets, sont de la grosseur d'un pois et ont une belle couleur rouge vif; on l'appelle aussi *buisson ardent.*

PYRALE, *sm.* Insecte lépidoptère nocturne, à ailes inclinées en toit, à antennes filiformes, dont la chenille a seize pattes, est presque dépourvue de poils, très-nuisible aux arbres fruitiers et particul. à la vigne, dans les feuilles de laquelle elle s'enroule et dont elle dévore les bourgeons. | — des pommes, autre insecte lépidoptère dont la chenille vit dans les pommes et les poires et en détruit toute la partie comestible.

PYRAME, *sm.* Variété de chiens épagneuls de petite taille, qui ont le poil noir avec des taches de feu.

PYRAMIDAL, E, *adj.* (*Anat.*) Se dit de divers organes qui ont la forme d'une pyramide ou d'un coin, comme un des os du carpe, un muscle du nez, les éminences de la moelle allongée, etc.

PYRAMIDE, *sf.* (*Math.*) Solide formé par un plan polygonal quelconque et par des plans triangulaires ayant chacun pour base un des côtés du plan, et se réunissant tous ensemble à leur sommet; la — est triangulaire, quadrangulaire, pentagonale, etc., si sa base est un triangle, un quadrilatère, un pentagone, etc.

PYRÉLAÏNE, *sf.* (*Chim.*) Huile volatile résultant de la distillation en vases clos de certaines substances organiques; elle a une odeur désagréable et une couleur jaunâtre.

PYRÈNE, *sf.* (*Bot.*) Petite noix ou nucule contenue dans un péricarpe charnu et multiloculaire, comme la nèfle. | (*Chim.*) Corps cristallisé en lamelles rhomboïdales microscopiques, qu'on obtient dans la distillation de la houille.

PYRÈTHRE, *sm.* Plante de la famille des composées, très-voisine de la camomille, et dont l'odeur est très-pénétrante; on mâche la racine d'une de ses espèces pour exciter la salivation et soulager le mal de dents; on emploie ses fleurs, réduites en poudre, pour chasser les insectes nuisibles.

PYRÉTIQUE, *adj.* (*Méd.*) Qui concerne la fièvre, qui a rapport à la fièvre.

PYRÉTOLOGIE, *sf.* Traité sur les fièvres.

PYREXIE, *sf.* (*Méd.*) État fébrile; nom générique de toutes les maladies comprises sous la dénomination de *fièvre*.

PYRHÉLIOMÈTRE, *sm.* Instrument d'invention moderne servant à mesurer la chaleur solaire.

PYRIFORME, *adj.* (*Bot.*) Qui a la forme d'une poire.

PYRIQUE, *adj.* Qui concerne les feux d'artifice.

PYRITE, *sf.* Nom que l'on donne aux minerais de fer quand ils renferment du soufre; la — jaune, qu'on trouve en Allemagne, fait feu sous le briquet; la — blanche se trouve dans divers lieux de France et sert à la production de la couperose verte (sulfate de fer); certaines —s renferment, outre du soufre et du fer, du cuivre ou bien de l'arsenic.

PYROBALISTIQUE, *adj.* Se dit des armes qui lancent des projectiles au moyen du feu, comme les canons, les fusils, etc.

PYROGÈNE, *adj.* V. *Igné*.

PYROGÉNÉ, E, *adj.* Qui est produit par le feu. | Se dit des matières obtenues par distillation et particul. de l'huile minérale.

PYROÏDE, *adj.* (*Géol.*). S'est dit quelquefois des terrains formés par la voie ignée, terrains éruptifs, etc.

PYROLÂTRIE, *sf.* Adoration du feu. | PYROLATRE, *s.* Celui, celle qui pratique la —.

PYROLE, *sf.* Petite plante des bois, à fleurs blanches, en bouquets, à feuilles rondes, radicales, douées d'une saveur très-brûlante; on s'en est servi pour panser les contusions.

PYROLIGNEUX, SE, *adj.* (pr. *gn* mouillé) (ACIDE). Se dit d'un acide acétique très-fort, provenant de la distillation du bois en vases clos; on l'appelle aussi *vinaigre de bois*.

PYROLUSITE, *sf.* Peroxyde de manganèse, pierre gris noirâtre, très-dure, en cristaux prismatiques, qu'on emploie pour la préparation du chlore, et à divers autres usages, notamment dans les verreries pour purifier le verre; on l'appelle vulg. *périgueux* ou *pierre de Périgueux*.

PYROMANCIE, *sf.* Mode de divination en usage dans l'antiquité, et qui consistait à interpréter les formes et les couleurs affectées par la flamme de diverses substances.

PYROMANIE, *sf.* Monomanie incendiaire, aliénation mentale dans laquelle on veut tout incendier.

PYROMAQUE, *adj.* Se dit d'une variété de silex appelée aussi *pierre à feu* et *pierre à fusil*.

PYROMÉRIDE, *sm.* Variété de porphyre de couleur verte, à grains arrondis de couleur jaune ou brune constitués par du quartz; on le trouve particul. en Corse.

PYROMÈTRE, *sm.* Sorte de thermomètre composé d'une substance solide, qu'on emploie pour mesurer les températures supérieures au point d'ébullition du mercure. | — de Wedgwood, cylindre d'argile très-pure muni d'un appareil spécial, et se contractant d'autant plus que la température est plus élevée; on l'emploie pour régler le feu des fours à porcelaine. | — à cadran, appareil composé de deux branches qu'un cylindre de platine écarte d'autant plus que la température du four céramique est plus intense; cet écartement est indiqué sur un cadran gradué.

PYROMORPHITE, *sf.* (*Minér.*) Minéral composé de chlore, de phosphore et de plomb, cristallisant en prismes et en aiguilles, de couleur verte ou brune, qu'on trouve mêlé à la galène dans certains filons.

PYROPE, *sm.* Composé d'or et de cuivre ou d'argent et de cuivre, dont on faisait, dans l'antiquité, des statuettes, des vases, etc., très-estimés; on l'appelle aussi *airain de Corinthe*. | Variété de grenat ou de hyacinthe jaune mordoré.

PYROPHORE, *sm.* Tout corps qui s'embrase de lui-même au contact de l'air; ainsi, l'oxyde de fer réduit par un courant d'hydrogène et sec, l'alun calciné avec l'amidon, sont des —s. | PYROPHORIQUE, *adj.* Qui ressemble à un —; qui s'enflamme spontanément à l'air.

PYROSCAPHE, *sm.* Petit bateau à vapeur dont la cheminée est très-basse; on l'emploie dans les rivières et surtout comme remorqueur.

PYROSCOPE, *sm.* Thermomètre à double boule d'air, dit aussi thermomètre *différentiel*. (V. ce mot.)

PYROSIS, *sm.* (pr. *zis*). Sensation insupportable qui prend naissance dans le haut de l'estomac et se porte jusqu'à la gorge, où elle produit l'effet d'un fer chaud; ce phénomène, appelé vulg. *aigreurs*, résulte d'une mauvaise digestion et caractérise les gastralgies.

PYROSOME, *sm.* Sorte de mollusques acéphales, de consistance gélatineuse, qui luisent d'un éclat phosphorescent, et produisent, quand ils sont réunis en troupes sur la mer, une lumière éclatante.

PYROTECHNIE, *sf.* Art de faire des pièces d'artifice, comme des feux colorés, des pétards, des fusées, etc., soit pour les feux d'artifice, soit pour les besoins de l'artillerie.

PYROTHONIDE, *sf.* Substance qu'on emploie dans le traitement des ophthalmies et de certaines hémorragies : c'est le résidu de la toile brûlée à l'air libre dans une bassine.

PYROTIQUE, *adj.* Qui brûle, qui cautérise.

PYROXÈNE, *sm.* (*Minér.*) Matière minérale d'origine volcanique, composée de silice, de chaux, de magnésie, et colorée en vert rougeâtre par des oxydes de fer et de manganèse.

PYROXYLE, *sm.* Nom donné à toute matière végétale qui, par un procédé chimique, a été rendue détonante. | Se dit particul. comme syn. de *coton-poudre*. V. *Fulmicoton.*

PYROXYLINE, *sf.* Produit résultant de l'action de l'acide azotique sur le coton, le papier et les matières ligneuses, sans que cette action amène la dissolution de la cellulose ; elle fulmine à la température de 180 degrés environ.

PYRRHIQUE, *adj.* et *sf.* Se dit d'une danse militaire particulière, qui est représentée sur certains bas-reliefs antiques. | Pied composé de deux syllabes brèves ; c'est la moitié du pied *procéleusmatique*. (V. ce mot.)

PYRRHONISME, *sm.* (*Philos.*) Doctrine professée par Pyrrhon et qui avait pour principe de douter des choses que tout le monde regarde comme certaines. | Habitude de douter de tout.

PYRULE, *sf.* Mollusque gastéropode, à coquille de forme assez semblable à celle d'une poire.

PYTHAGORIQUE, *adj.* Se dit d'un régime qui a été prescrit par le philosophe Pythagore, et qui consiste à s'abstenir de manger de la viande.

PYTHIE, *sf.* V. *Pythonisse.*

PYTHON, *sm.* Genre de serpents sans venin, au corps allongé, de très-grande taille, que l'on trouve dans les iles de la Sonde et en Afrique ; il est carnassier et sa force musculaire est considérable ; ses mœurs sont à peu près celles du boa.

PYTHONISSE, *sf.* Dans l'antiquité, toute femme qui prédisait l'avenir.

PYURIE, *sf.* (*Méd.*) Pissement de pus, éjections purulentes mêlées aux urines.

PYXIDE, *sf.* (*Bot.*). Fruit simple, à une seule loge, de forme plus ou moins globuleuse, qui s'ouvre par une fente circulaire, en deux valves superposées, dont l'une ressemble à un couvercle et l'autre à la partie inférieure d'une boite. | Tortue terrestre dont la partie antérieure du plastron est mobile et peut recouvrir la tête et les pattes en s'appliquant contre la carapace.

Q

QUACCHA, *sm.* (pr. *Kouak-ka*). V. *Couagga.*

QUADRAGÉSIME, *sf.* Nom du premier dimanche du Carême.

QUADRAN, *sm.* QUADRANURE, *sf.* V. *Cadran, Cadranure.*

QUADRANGULAIRE, *adj.* (pr. *koua-*) (*Math.*) Se dit des figures qui ont quatre angles, ou des corps dont la base a quatre angles.

QUADRANS, *sm.* (*Ant.*) Quart de certains poids, mesures et monnaies à Rome. | Syn. de *quadrant.*

QUADRANT, *sm.* Quart de cercle ; tout arc de 90 degrés.

QUADRAT, QUADRATIN, *sm.* (*Impr.*) V. *Cadrat, Cadratin.*

QUADRATIQUE, *adj.* (*Math.*) Ancien syn. de *carré*, dans le sens de seconde puissance.

QUADRATRICE, *sf.* (*Math.*) Nom qu'on donne à diverses courbes et particul. à celle qui se forme par l'intersection des rayons d'un quart de cercle avec une règle qui se meut uniformément et parallèlement à l'un des rayons extrêmes de ce quart de cercle.

QUADRATURE, *sf.* (*Astr.*) Chacun des deux points de l'orbite d'une planète ou de la lune, qui sont également distants de sa conjonction ou de son opposition ; particul. position de la lune, dans laquelle la droite qui la joint à la terre, forme un angle droit avec celle qui joint le soleil à la terre. | (*Math.*) Réduction d'une figure curviligne en un carré de même surface ; se dit particul. de la — du cercle, problème insoluble, puisque le rapport de la circonférence au diamètre est incommensurable.

QUADRIGE, *sm.* (pr. *koua-*). Char usité dans les courses et les jeux de l'antiquité ; il était monté sur deux roues, ouvert par derrière et attelé de quatre chevaux de front.

QUADRIJUMEAUX, *adj. m. pl.* (pr. *koua-*) (*Anat.*) Se dit de quatre tubercules médullaires séparés par deux sillons, qui se trouvent à la partie postérieure du cerveau.

QUADRILATÈRE, *sm.* (pr. *koua-*). Toute figure qui est terminée par quatre côtés.

QUADRILLE, *sf.* (pr. *ka-*). Troupe de chevaliers d'un même parti dans un carrousel. | *sm.* Groupe de quatre danseurs, ou nombre pair de groupes qui exécutent des contre-danses. | Espèce de jeu d'hombre qui se joue à quatre.

QUADRUMANES, *smpl.* (pr. *koua-*) (*Zool.*) Se dit d'une classe de mammifères qui sont caractérisés par quatre pieds onguiculés terminés par un pouce agissant par un mouvement propre et opposable aux quatre autres doigts ; tels sont les *singes*, les *makis*, etc.

QUADRUPÈDES, *smpl.* (pr. *koua-*) (*Zool.*) Nom qui désignait autrefois la classe d'animaux compris aujourd'hui sous le nom de *mammifères*.

QUADRUPLE, *sf.* (pr. *koua-*). Pièce d'or espagnole valant 85 francs 42 centimes.

QUAICHE, *sf.* (pr. *kaiche*). V. *Ketch.*

QUAKER, *sm.* (pr. *kouècr*). Nom que portent les membres d'une secte religieuse en Angleterre et aux Etats-Unis; ils sont d'un rigorisme excessif. | Au fém. *Quakeresse.*

QUAL, *sm.* Frai des astéries, qui est très-caustique et qui se rencontre quelquefois dans les coquilles des moules.

QUALITATIF, VE, *adj.* Qui a rapport à la qualité, par oppos. à *quantitatif.* | (*Chim.*) Se dit de l'analyse, quand elle n'a pour objet que de connaître les qualités, les substances des corps qu'elle étudie sans s'occuper de *leurs quantités.*

QUANTITATIF, VE, *adj.* Qui a rapport à la quantité, par oppos. à *qualitatif.* | (*Chim.*) Se dit de l'analyse qui s'applique seulement aux quantités de chacun des éléments des corps, sans s'occuper de leurs propriétés ou qualités.

QUANTITÉ, *sf.* Durée plus ou moins considérable qu'on emploie à prononcer une lettre, une syllabe.

QUARANTAINE, *sf.* Laps de temps de quarante jours, et le plus souvent de beaucoup moins, pendant lequel un navire et les personnes qui s'y trouvent, lorsqu'ils viennent d'un pays atteint de contagion, doivent séjourner au port ou dans un lazaret avant le débarquement. | Nom vulgaire de la giroflée cultivée le plus communément dans les jardins.

QUARDERONNER, *va.* (*Archit.*) Faire un quart de rond sur l'angle d'une pierre, d'une marche, d'un panneau ; arrondir un angle.

QUART, *sm.* (*Mar.*) Temps pendant lequel une partie de l'équipage d'un navire est de service. | (*Archit.*) — de rond, moulure tracée au compas, qui a 90 degrés, c.-à-d. le quart d'un cercle. | — de cercle, instrument de forme variée, consistant essentiellement en une lunette munie d'un quart de cercle au moyen duquel on prend la mesure des angles.

QUARTATION, *sf.* (pr. *kouar-*) V. *Inquartation.*

QUARTAUT, *sm.* Ancienne mesure de capacité pour le vin, contenant 67 litres environ à Paris, 100 litres en Champagne, etc.

QUARTE, *sf.* Manière de porter un coup d'épée en tournant le poignet en dehors. | (*Mus.*) Intervalle de quatre notes consécutives, formant deux tons et demi ou cinq demi-tons. | Fièvre —, fièvre intermittente qui revient tous les trois jours.

QUARTENIER ou QUARTINIER, *sm.* Officier civil préposé autrefois à la surveillance d'un quartier de Paris.

QUARTERON, *sm.* Autrefois, quart de *livre ou 125 grammes.* | Nombre de vingt-cinq ou quart du cent.

QUARTERON, NE, *s.* Qui provient d'un terceron et d'une blanche, ou d'un blanc et d'une terceronne.

QUARTIDI, *sm.* Le 4e jour de la décade dans le calendrier républicain.

QUARTIER, *sm.* Nom par lequel on distingue chacune des quatre parties distinctes du cours de la lune. | (*Blas.*) La quatrième partie, le quart ou l'*écart* d'un écusson écartelé. V. *Ecarteler* ; se dit aussi du degré de descendance dans une ligne, soit paternelle, soit maternelle. | Feuille de carton dont se servent les marins pour résoudre les problèmes relatifs à la route du navire. | (*Milit.*) Caserne, plus particul. caserne de cavalerie ; — général, lieu où se tient le général avec son état-major.

QUARTIER-MAÎTRE, *sm.* Autrefois, officier ou sous-officier qui était chargé de la comptabilité d'un corps de troupe. | (*Mar.*) Premier degré hiérarchique dans la marine ; il correspond à celui de caporal dans l'armée de terre.

QUARTZ, *sm.* (pr. *kouartz*). Silice pure, en masse compacte et homogène ; c'est un minéral brillant, assez dur pour rayer le verre et faire feu au briquet ; il est quelquefois transparent et s'appelle *alors — hyalin ou cristal de roche* ; on le trouve aussi à l'état de *silex* ou pierre à fusil. (V. ce mot.) | QUARTZEUX, SE, *adj.* De la nature du —.

QUARTZITE, *sf.* (*Minér.*) Roche de quartz hyalin à texture grenue, de couleur plus ou moins foncée, qu'on trouve en masses stratifiées.

QUASI-CONTRAT, *sm.* (*Jurisp.*) Tout fait volontaire de l'homme, ne consistant pas, en général, en un acte écrit, mais duquel résulte un engagement quelconque envers un tiers et quelquefois un engagement réciproque des deux parties.

QUASIDÉLIT, *sm.* (pr. *ka-*). Fait illicite, le plus souvent involontaire, et qui, sans être punissable, cause un dommage à autrui et exige une réparation.

QUASIMODO, *sm.* (pr. *koua-*) Dimanche qui suit celui de Pâques.

QUASSIA-AMARA, *sf.* (pr. *kouas-*). Racine et bois du QUASSIER, *sm.* Arbrisseau à fleurs rouges en grappes, à écorce jaune grisâtre, qu'on trouve à la Guyane; c'est un fébrifuge tonique, amer, mais non astringent, que l'on emploie dans un grand nombre de maladies.

QUASSINE, *sf.* V. *Simarouba.*

QUATERNAIRE, *adj.* (*Chim.*) Se dit des corps composés qui renferment quatre principes simples. | (*Géol.*) Se dit de l'époque actuelle et des terrains de diluvium de date récente, formés à la surface du terrain tertiaire.

QUATERNE, *sm.* Combinaison de quatre numéros sortant ensemble à la loterie : dans l'ancienne loterie française le — gagnait 75,000 fois la mise.

QUATERNÉ, E, *adj.* (*Bot.*) Se dit des feuilles, des pétales, etc., quand ces parties sont disposées quatre à quatre et en forme de croix.

QUATRAIN, *sm.* (*Litt.*) Petite pièce de poésie qui contient quatre vers à rimes croisées ou non croisées. | Variété de chardonneret qui a quatre plumes de la queue terminées par une marque blanche.

QUATRE ÉPICES, *sfpl.* Mélange en usage dans la cuisine, formé de girofle, de muscade, de poivre et de cannelle ou de gingembre.

QUATRE FLEURS, *sfpl.* Mélange, pectoral et calmant, des fleurs de coquelicot, de violette, de mauve et de camomille.

QUATRE FRUITS, *smpl.* Mélange, béchique et calmant, de dattes, de figues, de jujubes et de sébestes.

QUATRE SEMENCES, *sfpl.* Nom qu'on donnait autrefois à plusieurs mélanges très-employés par les médecins, mais aujourd'hui généralement abandonnés : il y avait les — *chaudes* (anis, carvi, cumin, fenouil), les — *froides* (concombre, courge, citrouille, melon), etc.

QUATRE TEMPS, *smpl.* Temps de jeûne observé par l'Église au commencement de chacune des quatre saisons de l'année.

QUATRILLION, *sm.* (pr. *coua-tril-lion*). Nom des unités de la sixième tranche d'un nombre divisé, suivant notre numération, en tranches de trois chiffres en commençant par la droite.

QUAYAGE, *sm.* Droit que paient des commerçants pour avoir la permission de déposer leurs marchandises sur le quai d'un port.

QUENELLE, *sf.* Boulettes de viande blanche (volaille, poisson, etc.) hachée avec de la mie de pain, dont on garnit l'intérieur d'une tourte, d'un vol-au-vent, ou qu'on sert avec une sauce particulière.

QUENOUILLE, *sf.* Forme particulière qu'on donne aux arbres fruitiers de plein-vent et qui les fait ressembler à l'instrument d'usage domestique connu sous ce nom. | Nom vulgaire d'une plante aquatique à fleurs composées, à feuilles tendres, comestibles, dont la tige légère servait autrefois à faire des fuseaux.

QUERCITRON, *sm.* Matière colorante extraite de l'écorce d'une espèce de chêne vert de l'Amérique du Nord, et que l'on emploie pour teindre les étoffes en jaune-citron foncé.

QUESTEUR, *sm.* (pr. *cuès-*). C'était, à Rome, le magistrat chargé des finances. | Dans les assemblées modernes, membres chargés de diriger l'emploi des fonds et de le surveiller. | QUESTURE, *sf.* Fonctions du — ; bureau des —s.

QUESTION, *sf.* Ancien mode d'investigation judiciaire qui consistait à interroger les accusés au milieu des tortures qu'on leur faisait subir et à leur arracher ainsi des aveux forcés. | — préalable, formule par laquelle une assemblée délibérante déclare qu'il y a lieu d'écarter une motion, comme intempestive ou inconstitutionnelle, et de ne pas la maintenir à l'ordre du jour; c'est plus que le rejet de la motion, c'est la suppression de toute discussion à son sujet.

QUEUE, *sf.* Ancienne mesure de capacité pour les vins, consistant en une futaille de 306 à 402 litres, selon les pays.

QUEUE DE RAT, *sm.* Espèce de lime cylindrique de petit diamètre, souvent renflée au milieu, dont on se sert pour limer et agrandir les ouvertures rondes faites dans les métaux.

QUEUX, *sm.* Cuisinier; se disait autrefois du cuisinier des maisons princières. | Pierre dure schisteuse ou siliceuse, servant à aviver le tranchant d'une lame repassée à la meule.

QUIDDITÉ, *sf.* (pr. *kuid-*). Terme de scolastique qui désignait l'essence d'une chose, ce qu'une chose est en elle-même, indépendamment de ses qualités. | QUIDDITATIF, VE, *adj.* Qui concerne la — ; s'est dit aussi pour interrogatif.

QUIÉTISME, *sm.* (pr. *kui-é-*). Doctrine de certains sectaires du XVIIe siècle, qui faisaient consister toute la perfection chrétienne dans le repos ou l'inaction complète de l'âme, et négligeaient les œuvres extérieures. | QUIÉTISTE, *adj.* et *s.* Qui professe le —, qui appartient au —.

QUILBOQUET, *sm.* V. *Equilboquet.*

QUILLA ou QUILLAI, *sm.* Arbre de l'Amérique tropicale, dont l'écorce mousse et devient savonneuse dans l'eau, et sert à détacher les étoffes; on l'appelle aussi *bois de Panama.*

QUILLAGE, *sm.* Droit que paient les navires marchands la première fois qu'ils entrent dans un port.

QUILLE, *sf.* Longue pièce de bois qui sert de base à un vaisseau dont elle occupe inférieurement toute la longueur; c'est l'axe sur lequel est assemblée toute la charpente. | Fausse —, pièce de bois supplémentaire qu'on adapte à la — pour la préserver du choc de l'échouage. | Instrument de fer en forme de coin a l'usage de l'ardoisier. | Instrument de bois dont se sert le gantier pour élargir les doigts des gants.

QUILLETTE, *sf.* Bouture droite et sans rameaux.

QUILLIER, *sm.* Grosse tarière avec laquelle les charrons ouvrent les moyeux des roues.

QUILLON, *sm.* Dans une épée, petit balustre qui forme saillie au-dessus de la garde et à la naissance de la poignée.

QUILLOT, *sm.* Unité de poids pour les grains en usage dans le Levant, qui correspond à environ 31 kilogr. 500 grammes.

QUINA, *sm.* S'est dit pour *quinquina.*

QUINAIRE, *adj.* (pr. *ki-*). Se dit du nombre cinq ou de ses multiples. | *sm.* Petite médaille d'or ou d'argent, de l'époque des empereurs romains.

QUINCAJOU, *sm.* V. *Kinkajou.*

QUINCONCE, *sm.* (pr. *kin-*). Promenade dans laquelle les arbres sont disposés en plusieurs rangées parallèles qui ont chacune la forme d'un V.

QUINDÉCAGONE, *sm.* (pr. *cu in-*)(*Math.*) Figure qui a quinze angles et quinze côtés.

QUINE, *sm.* Au loto, cinq numéros gagnant ensemble et rangés sur la même ligne.

QUINIDINE, *sf.* (pr. *ki-*) (*Chim.*) Alcali organique qu'on a trouvé dans certaines espèces de quinquina ; il se rapproche de la quinine, mais s'en distingue par certaines propriétés particulières.

QUININE, *sf.* (pr. *ki-*). Alcaloïde tonique et fébrifuge renfermé dans l'écorce du *quinquina* ; on l'emploie avec beaucoup de succès dans les fièvres intermittentes, le plus souvent à l'état de sulfate.

QUINIQUE, *adj.* (*Chim.*) Se dit d'un acide organique qui se trouve en combinaison avec les bases des *quinates.*

QUINIUM, *sm.* Extrait alcoolique de quinquina à la chaux, renfermant de notables proportions de quinine et de cinchonine : c'est un excellent médicament tonique et fébrifuge.

QUINOA, *sm.* Plante herbacée de deux mètres de haut, originaire du Pérou, et dont les graines, très-farineuses, ont été proposées en remplacement du riz. V. *Chénopode.*

QUINOÏDINE, *sf.* Extrait fébrifuge des résidus de la préparation du sulfate de quinine.

QUINOLA, *sm.* Le valet de cœur au jeu de reversi.

QUINOLOGIE, *sf.* Etude, traité sur le quinquina, sur ses propriétés, sa culture.

QUINQUAGÉSIME, *sf.* (pr. *kuin-koua-*). Le dimanche qui précède le Carême ; on l'appelle vulg. le *Dimanche gras.*

QUINQUENNAL, E, *adj.* (pr. *kuin-quen-*). Qui dure cinq ans ou qui se reproduit tous les cinq ans.

QUINQUENOVE, *sm.* (pr. *kin-*). Ancien jeu qui se jouait avec deux dés, et dont les points principaux étaient cinq et neuf.

QUINQUÉRÈME, *sf.* (pr. *kuin-kué-*)(*Ant.*) Galère qui avait cinq rangs de rames.

QUINQUET, *sm.* Lampe à huile, à réservoir supérieur, à double courant d'air, à tuyau de verre, qu'on accroche à un mur, qu'on pend au plafond, etc.

QUINQUILLE, *sf.* (pr. *kin-*). Jeu de l'ombre joué à cinq.

QUINQUINA, *sm.* (pr. *kin-ki-*). Arbre de la famille des rubiacées, à feuilles opposées, stipulées, à fleurs en grappes, blanches ou roses, qui se trouve dans les forêts de l'Amérique tropicale ; son écorce renferme un principe tonique d'une très-grande énergie, qu'on appelle *quinine*, et qu'on emploie très-utilement, combiné à l'état de sel, dans le traitement des fièvres intermittentes ; le — gris, à feuilles toujours vertes, est moins actif que le — jaune royal appelé aussi *calisaya.*

QUINT, *sm.* (pr. *kuin*). C'était autrefois l'impôt d'un cinquième sur certains produits.

QUINTAL, *sm.* Nom vulgaire d'un poids de cent kilogrammes.

QUINTAN, *sm.* ou QUINTAINE, *sf.* (pr. *kin-*). Espèce de mannequin ou de poteau fixé en terre, que doit frapper un cavalier en passant au galop dans les manéges.

QUINTANE, *adj.* (pr. *kin-*). Se dit d'une fièvre dont les accès reviennent tous les cinq jours inclusivement ; on l'appelle le plus communément *fièvre quinte.*

QUINTE, *sf.* (pr. *kin-*) (*Mus.*) Intervalle de cinq notes consécutives renfermant sept demi-tons. | Espèce de violon appelé aussi *alto.* | Jeu d'orgue appelé aussi *nasard.* | Mouvement brusque du cheval qui saute et s'arrête court. | Accès de toux prolongé et violent. | *adj. f.* Fièvre —. V. *Quintane.*

QUINTEFEUILLE, *sf.* (pr. *kin-*). Petite fleur vulgaire du genre *potentille* (famille des rosacées), à cinq pétales jaunes et à cinq feuilles étalées à l'extrémité de chaque pétiole.

QUINTESSENCE, *sf.* (pr. *kin-*). Nom qu'on donnait autrefois, en chimie, soit à l'éther (considéré comme le cinquième élément), soit à un résidu très-subtil provenant de cinq distillations successives.

QUINTETTE, *sm.* (pr. *kuin-*) (*Mus.*) Morceau à cinq voix, à cinq instruments à corde, ou à cinq instruments à vent de la famille de la flûte et du basson.

QUINTIDI, *sm.* (pr. *kuin*). Le cinquième jour de la décade dans le *calendrier républicain.*

QUINTILLE, *sf.* V. *Quinquille.*

QUINTIN, *sm.* Toile fine et claire qu'on fabrique en Bretagne.

QUINTUPLE, *sf.* Monnaie d'or, de Naples, qui valait environ 65 francs de notre monnaie.

QUIRAT, *sm.* Part, portion qui appartient a chacun des copropriétaires ou *quirataires* d'un navire dont la propriété est indivise.

QUISCALE, *sm.* Oiseau passereau voisin de la pie, qu'on trouve dans le nord de l'Amérique, où il vit en troupes nombreuses; son plumage a des reflets très-variés.

QUITTANCE, *sf.* Déclaration écrite qui est remise à celui qui paie une somme et par laquelle il est déclaré quitte de ce paiement.

QUITUS, *sm.* (*pr. kui-tuss*). Arrêté définitif du compte d'un comptable des deniers publics, par lequel ce comptable est déclaré quitte envers le trésor.

QUODLIBÉTAIRE, *adj.* (pr. *kod-*). Se disait des questions minutieuses et insignifiantes sur lesquelles on exerçait les jeunes étudiants dans les anciennes facultés.

QUOTE-PART, *sf.* Part qui revient à chacun des ayants droit dans une répartition ou part que chacun doit payer, etc.

QUOTIDIEN, NE, *adj.* Qui revient tous les jours.

QUOTIENT, *sm.* (*Math.*) Résultat d'une division; nombre qui exprime combien de fois un nombre en contient un autre; ainsi, 7 est le quotient de la division de 21 par 3.

QUOTITÉ, *sf.* (pr. *ko-*). La somme fixe qui est déterminée par une répartition quelconque. | Impôt de —, impôt dont le produit n'est pas fixé d'avance et dépend de la quantité des objets ou des personnes qu'il doit frapper; telle est la contribution des patentes. | — disponible (*Jurisp.*) Part des biens d'une personne dont elle peut disposer à titre de libéralité, et qu'elle ne doit pas dépasser; elle ne peut être de plus de moitié s'il y a un enfant, du tiers s'il y en a deux, etc.

R

RABAN, *sm.* (*Mar.*) Bout de cordage qui sert a attacher une voile à une vergue, ou bien a suspendre les hamacs, etc.

RABANE ou Rabanne, *sf.* Tissu lisse fait de filaments de végétaux, particul. d'écorce de palmier; on l'emploie, a Madagascar et aux Indes, pour faire des nattes, des sacs, des litières pour les vers à soie, etc.

RABAT, *sm.* Pièce de toile noire ou blanche qui se porte suspendue au cou, au devant de la poitrine, avec certains costumes, et particul. sur la robe; elle est de forme carrée et le plus souvent fendue en deux dans sa longueur. | Espèce de trusquin dont les charrons se servent pour tracer des lignes droites.

RABBIN, *sm.* Nom des anciens écrivains juifs qui ont commenté la Bible. | Docteur du culte judaïque placé à la tête d'une communauté; il y a un grand rabbin dans chaque consistoire, etc.

RABBINIQUE, *adj.* Se dit de la langue hébraïque moderne, qui est une modification de la langue arabe et qui s'écrit en caractères analogues aux caractères hébraïques, mais arrondis et non carrés.

RABDOÏDE, *adj.* (*Hist. nat.*) Qui a la forme d'une baguette.

RABDOMANCIE, *sf.* (*Sc. occ.*) Divination au moyen d'une baguette. | S'est dit aussi pour hydroscopie, ou recherche des sources au moyen d'une baguette de coudrier.

RABETTE, *sf.* Graine oléagineuse, V. *Navette.*

RABIÉIQUE, Rabique, *adj.* Qui est causé par la rage.

RÂBLE, *sm.* Se dit de la partie du lièvre et du lapin qui s'étend depuis le bas des épaules jusqu'à la queue. | Sorte de râteau sans dents, qui sert à remuer les matières calcinées, la braise ou le charbon. | Palette en bois qui sert à étendre le plomb dans les moules et à donner à la table de plomb une épaisseur uniforme.

RÂBLOT, *sm.* Petit râble pour tisonner.

RABOT, *sm.* Outil de menuisier, consistant essentiellement en une lame d'acier en forme de ciseau, ajustée obliquement dans un fût en bois de la forme d'un parallélipipède, et qui sert à dégrossir le bois, à le polir, à y pratiquer des moulures, etc. | Outil en forme de T, qu'on emploie pour ramener le grain ou le sable en tas, ou pour nettoyer la sole d'un four. | Perche de même forme dont les pêcheurs se servent pour troubler l'eau et prendre plus facilement le poisson. | Râteau à étendre la poudre au sortir du *grainoir.* | Morceau de bois dur avec lequel les marbriers polissent le marbre.

RABOUILLÈRE, *sf.* Petits trous à lapins.

RABOUILLEUR, SE, *adj.* et *s.* V. *Bouille.*

RABUCHIN, *sm.* Instrument de musique des Hottentots, consistant en une planche sur laquelle sont tendues trois cordes de boyaux.

RACAGE, *sm.* (*Mar.*) Collier formé de cordes et de petits blocs de bois appelés *ragues*, qui sert a lier une vergue à un mât.

RACAHOUT, *sm.* Aliment analeptique composé de cacao torréfié, de fécule de pommes de terre, de farine de riz et de sucre, et aromatisé avec de la vanille, qu'on prend dans de l'eau, du lait ou du bouillon.

RACCORD, *sm.* Peinture que l'on ajoute à une partie peinte pour la joindre à une autre partie, pour *raccorder* deux parties dissemblables, etc.

RACCORDEMENT, *sm.* Travail de construction par lequel on relie ensemble soit deux bâtiments séparés, soit un pont avec un chemin, soit deux chemins de fer, etc.

RACCOURCI, *sm.* Aspect qu'offre une figure ou une partie de figure qui ne se voit pas dans tout son développement, qui ne présente qu'une de ses faces, de sorte que le reste de ses parties doit être *raccourci* ou réduit de dimensions pour que l'effet de perspective soit exact.

RACÉMIQUE, *adj.* (*Chim.*) V. *Tartrique* et *Paratartrique*.

RACHAT, *sm.* V. *Réméré*.

RACHE, *sf.* Trait fait avec un compas sur une pièce de bois. | Lie de l'huile et du goudron. | V. *Cuscute*.

RACHEUX, SE, *adj.* Se dit du bois noueux, filandreux et difficile à polir.

RACHIALGIE, *sf.* (pr. *-ki-*) (*Méd.*) Douleur de la colonne vertébrale; c'est le symptôme de diverses affections.

RACHIALGITE, *sf.* (pr. *-ki-*) (*Méd.*) Inflammation de la moelle épinière.

RACHIDIEN, NE, *adj.* (*Anat.*) Qui appartient au rachis.

RACHIS, *sm.* (pr. *ra-chiss*). Colonne vertébrale, tige osseuse formée d'un certain nombre d'os appelés *vertèbres*. | (*Bot.*) Axe d'un épi, d'une grappe; pétiole qui soutient les folioles des feuilles composées.

RACHISAGRE, *sf.* (pr. *-kis-*) (*Méd.*) Goutte qui attaque la colonne vertébrale.

RACHITISME, *sm.* Maladie qui consiste principalement dans la déformation de l'épine du dos et de la plupart des os longs, avec gonflement des articulations; elle est accompagnée de fièvre lente, d'atrophie générale, etc.; les gens qui en sont atteints sont dits *rachitiques* et vulg. *noués*. | État maladif du blé dont les tiges sont basses, très-espacées et ne portent qu'un petit nombre de grains.

RACINAGE, *sm.* Décoction d'écorce, de feuilles et de fruits du noyer, propre pour la teinture. | Dessin imitant des racines qu'on forme sur les couvertures des livres.

RACINAL, *sm.* (*Archit.*) Grosse pièce de bois qui sert de soutien ou d'affermissement pour plusieurs autres. | Petite pièce faisant saillie et soutenant la base d'un comble. | On dit aussi *Racineau*.

RACINE, *sf.* (*Litt.*) Mots primitifs qui, dans chaque langue, donnent naissance à un certain nombre de dérivés. | (*Math.*) Tout nombre qui, multiplié un certain nombre de fois par lui-même, reproduit un nombre donné appelé *puissance*.

RACK, *sm.* Liqueur spiritueuse qu'on fait aux Indes et qu'on tire du riz fermenté; on dit aussi *arack*. | V. *Tafia*.

RACLE, *sf.* Petit outil de bois avec lequel le mouleur de tuiles aplanit la planche de terre en retirant ce qui excède les parois du moule.

RACLOIR, *sm.* Nom qu'on donne, dans divers arts, à des outils de forme variée servant à râcler; le — des menuisiers est une lame de fer emmanchée, qu'on emploie pour enlever les inégalités laissées par le rabot; les ouvriers en métaux, graveurs, horlogers, ont des racloirs différents. | V. *Radoire*.

RACOLEUR, *sm.* Nom qu'on donnait autrefois à ceux qui engageaient des soldats pour le service militaire.

RACONDE, *sf.* Pelage du myopotame, qui vient de l'Amérique du Sud et se vend pour du castor.

RADE, *sf.* Partie de mer plus ou moins abritée des vents et des courants, où les bâtiments peuvent tenir à l'ancre.

RADEAU, *sm.* Assemblage de plusieurs pièces de bois liées ensemble pour servir à une navigation.

RADER, *va.* Passer une règle ou planchette de bois appelée *radoire*, sur la surface d'une mesure pleine de grains, de sel, etc., pour rendre cette mesure juste. | Enlever d'un bloc de marbre la tranche d'en haut et celle d'en bas.

RADIAIRES, *smpl.* (*Zool.*) V. *Rayonnés*.

RADIAL, E, *adj.* (*Anat.*) Se dit de l'artère qui longe l'avant-bras et pénètre dans la paume de la main; se dit aussi des muscles insérés sur le *radius* et qui étendent la main sur l'avant-bras et réciproquement. | (*Blas.*) Couronne —, celle qui est surmontée de pointes en rayons.

RADIATION, *sf.* Opération qui consiste à *radier*, c.-à-d. à effacer, à faire disparaître; ne se dit guère qu'en parlant des inscriptions hypothécaires.

RADICAL, *sm.* (*Litt.*) Partie fixe des mots variables, par oppos. à la partie qui change suivant les cas, les genres, les nombres, les temps, etc., et qu'on appelle la *terminaison*. | (*Math.*) Signe particulier qu'on met au devant des quantités qui expriment des *racines*. (V. ce mot.) | (*Chim.*) Substance qui, dans un acide, est combinée avec l'oxygène. | —, E, *adj.* (*Bot.*) Se dit des feuilles qui partent de la racine sans faire partie de la tige.

RADICANT, E, *adj.* (*Bot.*) Se dit des tiges qui produisent des racines distinctes de la racine principale.

RADICELLE, *sf.* (*Bot.*) Petites ramifications de la racine principale.

RADICULE, *sf.* (*Bot.*) Racine à l'état rudimentaire quand elle se développe hors de l'embryon.

RADIÉ, E, *adj.* RADIÉES, *sfpl.* (*Bot.*) Se dit des plantes à fleurs synanthérées, quand leur disque est composé de fleurons et leur circonférence de demi-fleurons; telle est la pâquerette. | (*Blas.*) Couronne —e, V. *Radial.*

RADIER, *sm.* Fond de maçonnerie dans les constructions hydrauliques ou souterraines; fond ou base d'un égout ou d'une digue. | *va.* | V. *Radiation.*

RADIUS, *sm.* (pr. *-diuss*) (*Anat.*) Le plus petit des deux os (*cubitus* et *radius*), dont l'avant-bras est composé; il occupe le côté externe de l'avant-bras et s'unit par en haut à l'humérus et par en bas aux doigts de la main.

RADOIRE, *sf.* Instrument qui sert à *rader.* (V. ce mot.)

RADOUB, *sm.* (pr. *-dou*). Réparation extérieure de la coque d'un navire. | RADOUBER, *va.* Pratiquer des —s.

RAFF, *sm.* Nageoires du flétan que les pêcheurs de Norwége salent et expédient au loin; c'est un mets assez estimé.

RAFFES, *sfpl.* Rognures des peaux préparées par les tanneurs et les mégissiers. | Grappes de raisins égrenées. V. *Rafle.*

RAFFINAGE, *sm.* Opération qui consiste à purifier le sucre brut; à séparer les matières cristallisables de la mélasse, au moyen du charbon animal et du sang de bœuf; l'établissement où se fait cette opération se nomme *raffinerie.*

RAFIAU, *sm.* Petit canot à rames avec une petite voile, dont on se sert pour la promenade dans les ports.

RAFLE, *sf.* Pellicule colorée qui sert d'enveloppe extérieure aux grains de raisin. | Grappe de raisin qui n'a plus de grains. | Se dit, par analogie, de l'axe des épis égrenés du blé, du maïs, etc. | Aux dés, le même point amené par les deux dés. | Éruption, sur la peau des bœufs, de pustules qui s'ouvrent et se dessèchent ensuite. | Sorte de filet triple et contremaillé, à l'usage des pêcheurs et des oiseleurs, ressemblant beaucoup au verveux.

RAFLOUER, *va.* Remettre à flot un bâtiment échoué.

RAGACHE ou RAGASSE, *sf.* Nom de la pie, dans quelques localités.

RAGOT, E, *adj.* Se dit d'un sanglier entre deux et trois ans. | *sm.* Crampon de fer attaché aux limons des voitures.

RAGOULE, *sf.* V. *Barigoule.*

RAGRÉER, *va.* Remettre à neuf, réparer.

RAGRÉMENT, *sm.* Réparation; résultat de la réparation.

RAGUE, *sf.* V. *Racage.*

RAGUER, *sm.* (*Mar.*) Se dit d'un câble, d'un cordage qui frotte contre quelque chose, de manière à s'érailler.

RAGUET, *sm.* Sorte de morue verte.

RAÏA, *sm.* Nom sous lequel on désigne ceux des habitants de l'empire turc qui ne sont pas musulmans.

RAI, *sm.* Barres de bois qui rayonnent du moyeu à la circonférence de la roue. | (*Blas.*) Bâtons fleurdelisés disposés en roue; pointes qui sortent d'une étoile.

RAIE, *sf.* Genre de poissons chondroptérygiens, dont le corps, large et plat, a la forme d'un disque; il atteint de très-grandes dimensions, et certaines espèces sont très-estimées pour leur chair. | (*Phys.*) Lignes plus ou moins obscures qu'on observe dans les couleurs du spectre, et dont le nombre est constant quelle que soit la source de lumière, tandis que leur intensité peut varier beaucoup.

RAIFORT, *sm.* Plante crucifère, voisine du cochléaria, appelée aussi *cranson rustique*, dont la racine, très-âcre, s'emploie comme stimulant et antiscorbutique.

RAIGRASS ou RAY-GRASS, *sm.* Espèce d'ivraie, herbe courte et épaisse dont on fait de bonnes prairies et qu'on sème pour en faire des pièces de gazon.

RAIL, *sm.* (pr. *rèl*). Bande de fer ou de bois posée sur le sol pour recevoir les roues d'une voiture et en faciliter le tirage; se dit plus particul. des bandes parallèles de fer sur lesquelles circulent les voitures d'un chemin de fer.

RAILÉS, *adj. m. pl.* Se dit des chiens de chasse quand ils ont la même taille.

RAILLE, *sf.* Longue perche terminée par une planche et dont se servent les ouvriers sauniers pour égaliser les tas de sel.

RAILURE, *sf.* Petite rainure de chaque côté du trou d'une aiguille.

RAILWAY, *sm.* (pr. *rèl-ouè*) (*Angl.*) Chemin de fer.

RAINCEAU, *sm.* V. *Rinceau.*

RAINE, RAINETTE, *sf.* Genre de batraciens voisins des grenouilles, dont ils se distinguent par leurs doigts qui sont terminés par une pelote visqueuse ou une ventouse au moyen de laquelle ces animaux peuvent se coller à tous les corps; une de ses espèces, commune en Europe, est employée pour indiquer les changements atmosphériques au moyen d'un bocal à moitié plein d'eau, dans lequel elle monte ou descend suivant qu'il doit faire beau ou mauvais temps.

RAINEAU, *sm.* Pièce de charpente qui relie les pilotis d'une digue les uns aux autres.

RAINETTE, *sf.* Instrument tranchant employé dans divers arts pour enlever des parties qui font saillie; particul. sorte de couteau dont se servent les vétérinaires pour entamer la corne du cheval, afin de fouiller profondément le pied malade. | Outil du charpentier, du coffretier et du bourrelier, pour tracer des rainures sur le cuir et sur le bois, au moyen d'une lame à branches recourbées. | V. *Raine.*

RAINOIRE, *sf.* Espèce de rabot avec lequel on fait des feuillures dans le bois.

RAIPONCE, *sf.* Genre de plantes de la famille des campanulacées, commune dans les prés et les champs, et dont les racines se mangent en salade; ses feuilles sont apéritives et rafraichissantes.

RAIS, *smpl.* V. *Rai.*

RAISIN, *adj.* et *sm.* Se dit du papier dont le format a 50 centim. sur 64 centim.; il pèse de 12 à 15 kilog. à la rame; on ne l'emploie que pour l'impression. | Nom qu'on donne à divers fruits en grappes assez semblables au fruit de la vigne; — d'ours, espèce d'airelle à baies noires qu'on trouve sur les montagnes. | — de Corinthe, raisins secs, presque noirs, en grains très-petits détachés des rafles, qui viennent des îles Ioniennes. | — du Tropique. V. *Surgasse.*

RAISINÉ, *sm.* Sorte de confiture qu'on obtient par l'évaporation du suc de raisin jusqu'à consistance d'extrait et à laquelle on mélange d'autres fruits à pepins ou à noyaux.

RAISINIER, *sm.* Grand arbre d'Amérique, à feuilles larges et épaisses; son bois rougeâtre est estimé pour sa dureté; ses fruits en grappes, appelés vulg. *raisins de coudre,* ont un goût acidulé assez agréable.

RAJAH ou RAJA, *sm.* Nom que portaient autrefois les princes hindous qui étaient vassaux de l'empereur du Mogol.

RÂLE, *sm.* Oiseau de l'ordre des échassiers, à bec comprimé, à queue courte et à doigts allongés et séparés; c'est un gibier recherché, surtout en septembre; il court fort vite sur le bord des eaux dans lesquelles il nage assez bien; il se nourrit d'insectes et de limaçons.

RALINGUE, *sf.* (*Mar.*) Cordage en trois, ou fort ruban de toile que l'on coud autour des voiles et des tentes pour en renforcer les bords.

RALINGUER, *va.* (*Mar.*) Garnir une voile de ses ralingues. | Mettre les voiles dans le sens du vent, de manière que celui-ci glisse sur leurs deux faces.

RALLE, *sm.* V. *Râle.*

RALLIE, *sf.* Réunion de plusieurs meutes appartenant aux chasseurs d'un même canton.

RAMADAN ou RAMAZAN, *sm.* Neuvième mois de l'année arabe, pendant lequel les musulmans doivent s'abstenir de manger et de boire, tant que le soleil n'est pas couché.

RAMAILLER, *va.* V. *Remailler.*

RAMASSE, *sf.* Traineau dont on se sert pour voyager dans les Alpes, sur les glaces et les neiges; il est conduit par un homme.

RAMBERGE, *sf.* Petit navire de guerre, de très ancien modèle, qui était en usage sur la Méditerranée. | V. *Mercuriale annuelle.*

RAMBOUR, *sm.* Pomme très-grosse, rouge ou blanche, d'un goût un peu acide.

RAME, *sf.* Instrument de bois plat par un bout, arrondi par l'autre, servant à faire voguer un bateau. | Réunion de vingt mains de papier. | Branchages qu'on fiche en terre près des pois et des haricots, pour soutenir leurs tiges. | Ficelle qui fait hausser les lisses d'un métier. | Instrument qui sert à tendre les pièces de drap qu'on veut faire sécher. | Farine mêlée de son et non encore blutée.

RAMÉ, E, *adj.* Se dit des balles en particul. des boulets joints ensemble par une barre ou par une chaîne.

RAMÉAL, E, *adj.* (*Bot.*) Se dit des feuilles qui poussent sur les branches, par oppos. à *caulinaire,* qui se dit de celles de la tige.

RAMEQUIN, *sm.* Espèce de pâtisserie ou d'entremets dont la base est le fromage.

RAMEREAU, *sm.* Jeune ramier.

RAMEUR, *sm.* Insecte hémiptère de la famille des géocorises, qui se tient sur l'eau au moyen de ses quatre pieds postérieurs très-écartés, longs et grêles.

RAMIER, *adj. m.* et *sm.* Se dit d'une espèce de pigeon sauvage dont le plumage est gris cendré, qui vit surtout dans les forêts de pins et qui quitte la France vers le mois d'octobre.

RAMILLE, *sf.* Petite branche. | Branchages secs propres à faire des fagots.

RAMINGUE, *adj.* Se dit d'un cheval qui se défend de l'éperon, qui refuse d'avancer malgré l'éperon.

RAMIRET, *sm.* Pigeon ramier de Cayenne.

RAMOIR, *sm.* Outil de fer dont les deux côtés sont tranchants et qui est emmanché comme la plane; il sert à tailler et à polir le bois.

RAMOLAYER, *va.* Se dit des ouvrages d'orfèvrerie dont les branches portent des rainures dans lesquelles sont creusés de petits sillons parallèles.

RAMON, *sm.* Balai de branchages propre à nettoyer les allées et les chemins.

RAMPANT, *sm.* (*Archit.*) Dessous du comble qui est apparent dans l'intérieur. | *adj.* (*Blas.*) Se dit des animaux placés debout, du bas en haut de l'écu, par oppos. à *passant.*

RAMPE, *sf.* (*Archit.*) Balustrade d'appui qui règne du haut en bas d'un escalier. | Plan incliné en pente douce qui sert à raccorder deux paliers d'une route, d'un jardin, etc. | En terme de théâtre, c'est la rangée de lumières qui est placée sur le devant de la scène et qui éclaire les acteurs.

RAMPEAU, *sm.* A certains jeux, coup double ou coup à recommencer.

RAMPELOT, *sm.* Instrument de musique des Hottentots, sorte de tambour formé d'une peau de mouton tendue sur un tronc d'arbre creux.

RAMPIN, *adj. m.* Se dit d'un cheval qui n'appuie les pieds de derrière que sur la pince. | On dit aussi *pinçard.*

RAMULE, *sf.* (*Bot.*) Expansions de la tige

de certaines plantes qui tiennent le milieu entre un rameau et une feuille.

RAMURE, *sf.* Bois d'un cerf ou d'un daim.

RANATRE, *sf.* Insecte hémiptère hydrocorise, voisin de la nèpe par sa conformation générale, portant de longues pattes grêles et deux filets sétacés à l'extrémité de l'abdomen; il vit dans les eaux dormantes.

RANCANCA, *sm.* Oiseau de proie du genre vautour, qui habite les forêts de la Guyane; il se fait remarquer par un cri très-bruyant et par l'habitude qu'il a d'accompagner les troupes de toucans.

RANCE, *adj.* Se dit, en outre du sens vulgaire, d'une espèce de marbre blanc et rouge brun veiné de blanc cendré et de bleu.

RANCHE, *sf.* Echelon, petit barreau, plus particul. ceux qui règnent entre les deux branches d'une grue.

RANCHER, *sm.* Pièce de bois faisant partie d'une échelle, d'une grue, d'un ratelier, d'une charrette, etc., et dans laquelle sont pratiqués des trous qui reçoivent les échelons, les barreaux, etc.

RANCIO, *sm.* et *adj.* Se dit du vieux vin d'Espagne qui a perdu sa couleur rouge et est devenu jaunâtre.

RANCON, *sm.* Hallebarde dont le fer est recourbé de chaque côté en forme d'hameçon.

RANDONNÉE, *sf.* Circuit que fait le cerf ou le chevreuil poursuivi.

RANELLE, *sf.* Genre de mollusques gastéropodes à coquille ovale, offrant à l'extérieur une paire de bourrelets s'étalant de part et d'autre de la fente; on le trouve dans toutes les mers.

RANGER, *sm.* (*Blas.*) Terme par lequel on désignait autrefois le renne; on s'en sert encore dans le langage héraldique.

RANGETTE, *sf.* Sorte de fer forgé, en feuilles plus ou moins minces se rapprochant de la tôle.

RANGUILLON, *sm.* Petite pointe de fer; petit crochet de l'hameçon. | V. *Ardillon.*

RANIN, E, *adj.* Qui ressemble à une grenouille. | Se dit des veines situées sous la langue; on dit aussi *ranulaire.*

RANULE, *sf.* Tumeur œdémateuse qui vient sous la langue et qu'on nomme aussi *grenouillette.* (V. ce mot.)

RANZ, *sm.* (pr. *ranss*). Air célèbre parmi les Suisses, que les jeunes bergers jouent sur la cornemuse en gardant les vaches.

RAPACE, *adj.* (*Minér.*) Se dit des substances qui se dissipent par l'action du feu quand elles sont mêlées à d'autres substances que l'on veut obtenir.

RAPACES, (*smpl.*) (*Zool.*) Ordre d'oiseaux diurnes et nocturnes dont le bec est crochu, les pieds forts, armés d'ongles acérés et rétractiles, et qui vivent de proie; tels sont les *vautours*, les *aigles*, les *gypaëtes*, etc.

RAPATELLE, *sf.* Tissu en crin qu'on emploie comme toile à tamis.

RAPATRIER, *va.* Se dit d'un navire de guerre ou de commerce quand il recueille des personnes de sa nation dans un pays étranger et les reconduit dans leur pays; cette opération s'appelle le *rapatriement.*

RÂPE, *sf.* Instrument formé d'une plaque de métal percée de plusieurs trous dont le périmètre est déchiré, et roulée en forme de cylindre ou de demi-cylindre; on s'en sert pour râper, c.-à-d. pour réduire en pulpe ou en fragments certaines substances, telles que le sucre, les betteraves, etc. | Grosse lime à entailles très-saillantes, à l'usage des menuisiers et des serruriers. | V. *Rafle.*

RÂPÉ, *sm.* Petit vin obtenu au moyen de râfles sur lesquelles on a mis de l'eau.

RÂPES, *sfpl.* Crevasses, fentes transversales qui se forment au pli du genou d'un cheval.

RAPETTE, *sf.* Plante de la famille des borraginées, dont les feuilles et la tige sont dures et âpres au toucher; on la trouve dans beaucoup d'endroits en Europe; ses feuilles se mangent quelquefois.

RAPHANIE, *sf.* Maladie caractérisée par des convulsions, des contractions et des douleurs dans les membres; elle parait résulter de l'usage de blé ergoté ou mêlé de semences étrangères.

RAPHÉ, *sm.* (*Bot.*) Ligne filiforme de vaisseaux plus ou moins microscopiques qui est insérée sur le *hile.* | (*Anat.*) V. *Périnée.*

RAPHIDIE, *sf.* Genre d'insectes névroptères très-minces, à antennes longues et fines, à ailes dressées; on la trouve dans les bois.

RAPPE, *sm.* Petite monnaie suédoise qui équivaut à un centime.

RAPPOINTIS, *sm.* Morceau de fer pointu qu'on enfonce dans le bois pour le recouvrir plus facilement d'un enduit de plâtre ou de mortier, etc.

RAPPORT, *sm.* (*Jurisp.*) Dans une succession, remise que les héritiers doivent faire à la masse des biens à partager, des libéralités qui leur ont été faites, afin de rétablir entre tous les cohéritiers l'égalité du partage.

RAPPORTEUR, *sm.* Plaque en forme de demi-cercle dont le limbe est divisé en 180 parties égales et servant à mesurer les angles, en plaçant son centre à leur sommet. | Calibre à l'usage des horlogers pour prendre les mesures principales d'un mouvement de pendule. | Dans un conseil de guerre ou de discipline, officier qui exerce les fonctions de juge d'instruction ou de ministère public. | Celui des membres d'une commission qui est chargé de faire un rapport sur une affaire qui a été soumise à la commission.

RAPSODE, *sm.* Dans l'antiquité, ceux qui allaient de ville en ville chantant des poésies et particul. celles d'Homère.

RAPT, *sm.* Dans l'ancienne jurisprudence, enlèvement, par violence ou par séduction, d'une femme ou d'une jeune fille.

RAQUETTE, *sf.* Nom vulgaire d'une espèce de cactus dont les feuilles plates et ovales se joignent par de simples articulations. | Sorte de scie pour refendre les pièces cintrées. | Piége à détente, avec lequel les oiseleurs prennent les oiseaux par les pattes.

RARÉFACTION, *sf.* (*Phys.*) Phénomène par lequel un corps diminue de quantité pour un même volume; il se produit par la dilatation résultant du calorique, par le vide, etc.

RAS, *sm.* Filière par où l'on fait passer le lingot d'or ou d'argent après l'avoir fait passer à l'argue. | Espèce d'étoffe de laine ou de soie croisée, très-unie, c.-à-d. dont le poil ne paraît pas et semble *rasé*. | A l'embouchure de certains fleuves, point où la marée produit des courants irréguliers et violents. | (*Mar.*) Navire —, celui dont la mâture a été abattue à fleur du pont. | — de carène, radeau flottant qu'on emploie pour le radoub des carènes.

RASCASSE, *sf.* Petit poisson acanthoptérygien du genre scorpène, qu'on trouve dans la Méditerranée; sa chair est estimée.

RASCETTE ou RASETTE, *sf.* Partie intérieure du poignet marquée de lignes transversales, qu'étudie la chiromancie.

RAS DE MARÉE, *sm.* Soulèvement extraordinaire de la mer, qui paraît résulter de la rencontre de deux courants opposés; il se produit surtout aux Antilles; il chasse violemment les navires et porte des vagues très-hautes fort avant dans les terres, de sorte que des villes entières en sont quelquefois submergées.

RASE, *sf.* Huile essentielle qu'on retire de la résine des pins.

RASEMENT, *sm.* Pousse progressive des dents du cheval.

RASETTE, *sf.* Espèce de ras de qualité inférieure. | V. *Rascette.*

RASIÈRE, *sf.* Ancienne mesure de capacité usitée en Flandre, dont la contenance était environ 70 litres. | Ancienne mesure agraire d'environ 250 ares.

RASON, *sm.* Peau d'agneau de très-petite taille, à laine très-courte et frisée. | Poisson acanthoptérygien semblable au labre par sa conformation générale, dont le corps est très-comprimé et se termine brusquement en avant par une ligne verticale qui relie le front à la bouche; on le trouve dans la Méditerranée.

RASPEÇON, *sm.* Nom vulgaire de l'*uranoscope*. (V. ce mot.)

RASSADE, *sf.* Petits grains de verre ou d'émail de diverses couleurs, dont on trafique avec les nègres d'Afrique qui en font un objet de parure.

RASSE, *sf.* Panier ou van en usage dans les fonderies et qui sert à transporter du charbon.

RASSIS, *sm.* Fer à cheval qui a déjà servi et qu'on replace avec de nouveaux clous.

RAT, *sm.* Genre de mammifères rongeurs de petite taille, type de la tribu des muséides, et dont les espèces très-nombreuses habitent, presque toutes, les habitations ou les navires; telles sont: le — noir, la *souris*, etc. | — des champs. V. *Campagnol* et *Mulot*. | — coypou. V. *Myopotame*. | — de Pharaon. V. *Ichneumon*. | — musqué. V. *Ondatra*.

RATAFIA, *sm.* Alcool édulcoré et qui a été distillé avec certaines substances ou qui tient en infusion le suc de certains fruits.

RATANHIA, *sm.* (pr. *-nia*). Racine de forme cylindrique, ligneuse et traçante, de couleur rouge, d'un arbrisseau du Pérou, et dont l'écorce, renfermant beaucoup de tannin, est très-astringente et s'emploie contre les diarrhées et les hémorrhagies.

RATE, *sf.* (*Anat.*) Viscère spongieux, vasculaire et mou, situé dans l'hypocondre gauche, entre l'estomac et le rein gauche, qui paraît destiné à recevoir l'excédant du sang et à servir d'auxiliaire au foie.

RATEL, *sm.* Genre de mammifères plantigrades, dont une espèce, de la taille du blaireau, habite le cap de Bonne Espérance; sa principale nourriture est le miel, qu'il se procure en dévastant les ruches; une autre espèce est le *glouton*. (V. ce mot.)

RATELAIRE, *sf.* V. *Aristoloche.*

RATELLE, *sf.* Maladie des cochons caractérisée par une débilité totale, un pouls accéléré, des accès alternatifs de chaleur et de froid, des convulsions, etc.

RATEPENADE, *sf.* V. *Pastenague.*

RATIÈRE, *sf.* Métier dont se servent les rubaniers pour faire de la ganse.

RATIFICATION, *sf.* (*Jurisp.*) Approbation donnée à un acte contre lequel la loi admettrait la demande en nullité. | Confirmation, par le chef d'un Etat, d'un traité conclu par ses plénipotentiaires.

RATINE, *sf.* Etoffe de drap dont le poil, d'un côté, est long et frisé; on l'obtient par le *ratinage*, qui s'opère au moyen d'une machine appelée *frise* et d'un rouleau hérissé de pointes ayant pour effet de réunir les poils par mèches, de les rouler en vrille et de les aplatir.

RATIONAL, *sm.* Un des insignes de la grande sacrificature chez les Juifs; c'était une pièce de broderie carrée que le grand-prêtre portait sur sa poitrine. | Au moyen âge, manuel des offices de la liturgie religieuse.

RATIONALISME, *sm.* Doctrine qui n'admet d'autre lumière que celle de la raison, pour l'explication de tous les phénomènes. | RATIONALISTE, *adj.* et *s.* Qui appartient au —, qui professe le —.

RATIONNEL, LE, *adj.* (*Astr.*) Se dit de l'horizon dont le plan passerait par le centre de la terre. | (*Math.*) Se dit des quantités qui ne renferment aucun nombre incommensurable.

RATIS, *sm.* Graisse que les charcutiers tirent des boyaux du porc en les ratissant.

RATON, *sm.* Mammifère plantigrade, voisin de l'*ours* par sa *conformation, mais beaucoup* plus petit et très-agile ; il habite l'Amérique du Nord ; *sa peau et sa queue servent à faire* des bonnets à poil. | Petit gâteau qui était *très-goûté au moyen âge; il avait la forme* d'un petit rat.

RATONCULE, *sf.* Petite plante de la famille des renonculacées, à petite fleur de couleur jaune verdâtre ; ses semences sont disposées en un long épi, grêle, subulé ; ses feuilles sont fines, linéaires, radicales, en touffes épaisses ; on la trouve communément en Europe dans les collines sèches, dans les blés et les lieux cultivés.

RATTEL, *sm.* V. *Ratel.*

RAVALEMENT, *sm.* Dernier travail d'une façade, qui consiste, soit à l'enduire et à la crépir, soit à gratter la pierre et à la ragréer. | RAVALER, *va.* Faire le —.

RAVAUX, *smpl.* Grandes perches, garnies de branches dont on se sert pour abattre les oiseaux dans la chasse aux flambeaux.

RAVELIN, *sm.* (*Milit.*) Demi-lune ; ouvrage de fortification extérieure composé de deux faces, qui font un angle saillant et qui sert ordinairement à couvrir une courtine, un pont.

RAVENALA, *sm.* Arbre très-haut, voisin des palmiers par sa conformation, qui se trouve à Madagascar ; les indigènes se servent de ses feuilles pour la couverture des maisons, et mangent ses semences.

RAVENELLE, *sf.* Giroflée jaune de muraille.

RAVENSARA, *sm.* Genre de laurier de Madagascar, dont les feuilles et les fleurs ont une saveur aromatique et brûlante ; on les emploie quelquefois en condiment.

RAVESTAN, *sm.* Sorte de panier en usage dans les verreries ; on y dépose les ustensiles de verre au sortir du four à recuire.

RAVESTIR, *vn.* Ancien mot de jurisp. qui signifiait se faire une donation mutuelle.

RAVESTISSEMENT, *sm.* Ancien syn. de donation mutuelle.

RAVET, *sm.* V. *Blatte.*

RAVIOLES ou RAVIOLI, *smpl.* Mets italien composé d'œufs, de fromage et d'herbes hachées.

RAVITAILLER, *va.* RAVITAILLEMENT, *sm.* V. *Avitailler, Avitaillement.*

RAY, *sm.* Filet en forme d'entonnoir, à mailles très-étroites, pour pêcher de petits poissons.

RAYÈRE, *sf.* Ouverture étroite dans un mur.

RAY-GRASS, *sm.* V. *Raigrass.*

RAYON, *sm.* (*Math.*) Dans un cercle, toute ligne droite menée du centre à la circonférence. | — vecteur, ligne droite qui joint l'un des foyers d'une ellipse à l'ellipse elle-même, et, en astr., ligne tirée du centre d'une planète au centre de l'astre autour duquel elle *fait sa révolution.* | (*Bot.*) Fleurons ou demi-fleurons qui occupent la circonférence d'une fleur radiée ; pédicules d'une ombelle qui supportent les ombellules. | En agriculture, lignes parallèles buttées dans lesquelles on cultive certaines plantes.

RAYONNEMENT, *sm.* État d'un fluide *rayonnant*, c.-à-d. s'étendant dans tous les sens à partir d'un rayon central : telle est l'action du calorique, du son, de la lumière, etc. | Déperdition de chaleur que subit la terre pendant les nuits claires, et qui occasionne par condensation la rosée, la gelée blanche, etc.

RAYONNÉS, *smpl.* (*Zool.*) Se dit d'une division du règne animal renfermant les zoophytes, c.-à-d. les êtres dont la structure est très-simple et qui vivent pour la plupart fixés au fond des eaux.

RAZ DE MARÉE, *sm.* (pr. *ra*). V. *Ras de marée.*

RAZETTE, *sf.* Ratissoire de fer dont on se sert pour ôter la terre à pipe qui reste collée sur l'établi après qu'elle a été battue.

RAZIÈRE, *sf.* V. *Rasière.*

RAZZIA, *sf.* (pr. *rad-zia*). Invasion faite sur le territoire ennemi, dans le but d'enlever les troupeaux, les grains, etc.

RÉA, *sm.* (*Mar.*) Rouet d'une poulie ou d'un palan sur lequel *glisse un cordage.*

RÉACTIF, *sm.* (*Chim.*) Se dit des substances qui, ajoutées à un mélange ou à une combinaison, y produisent une *réaction*, c.-à-d. en modifient la couleur, ou précipitent l'un de ses éléments, de manière à en faire reconnaître la composition.

RÉAGGRAVE, *sf.* Dernier monitoire qui précède l'excommunication.

RÉAL, *sm.* (au *plur.* RÉAUX). Monnaie d'argent espagnole, valant environ 27 centimes ; on l'appelle quelquefois réal *de vellon* ou *de veillon.* | A Montevideo et au Chili, le — d'argent vaut 67 centimes.

RÉALGAR, *sm.* Sulfure d'arsenic, combinaison naturelle contenant 70 parties d'arsenic et 30 parties de soufre ; elle est de couleur rouge orangé, sans odeur ni saveur, et se trouve à l'état cristallin dans plusieurs mines d'Allemagne et dans le voisinage des volcans ; c'est une substance très-vénéneuse ; on l'emploie dans la peinture, ainsi que dans la pyrotechnie pour produire les feux blancs.

RÉALISME, *sm.* Doctrine philosophique qui avait cours au moyen âge, en opposition avec le *nominalisme;* elle consistait à admettre que les universaux ont une réalité extérieure indépendante de celle de l'homme. | Dans les derniers temps, on a donné ce nom dans les arts à la reproduction exacte, absolue, de la réalité, par opposition à l'idéalisme qui comporte l'expression, dans les arts, des objets qui sont du domaine de l'imagination et qui n'ont pas une existence réelle.

REBAB, *sm.* Instrument de musique arabe, de forme torse, qui a un manche rond et des cordes de crin, et dont on joue avec un archet.

RÉBARBE, *sf.* Ebarbure, parties d'une déchirure qui semblent ébarbées.

REBATTRET, *sm.* Outil de fer dont on se sert pour équarrir ou arrondir l'ardoise.

REBEC, *sm.* Espèce de violon à trois cordes mises en vibration par un très-petit archet, et dont le son était très-aigu : les ménestrels s'en servaient habituellement.

REBOUISER, *va.* Nettoyer et lustrer un chapeau.

REBOURS, *adj.* Se dit du bois rempli de nœuds ou dont les fibres sont entrecroisées, au lieu d'être parallèles, et qu'on a de la peine à travailler.

REBOUTEUR, *sm.* Personne qui fait métier de remettre les membres démis, de guérir les luxations, etc., mais qui n'a pas de diplôme.

REBROUSSETTE, *sf.* Peigne avec lequel on relève les poils d'un drap ratiné qui n'ont pas été suffisamment frisés sous la machine. | V. *Droussette.*

RÉCAMÉ, *sm.* Brocart dont la broderie est tissée sur l'étoffe et forme relief.

RECEL, *sm.* Détention illicite de choses enlevées, détournées ou obtenues à l'aide d'un crime ou d'un délit.

RECÈLEMENT, *sm.* (*Jurisp.*) Action de celui qui s'approprie, par fraude et en cachette, les objets dépendant d'une succession et d'une communauté à laquelle il a cependant des droits.

RECÉLEUR, SE, *s.* Celui, celle qui recèle, c.-à-d. qui se rend coupable d'un recel.

RECENSE, *sf.* Nouvelle marque que l'administration du contrôle applique, chez les orfèvres et les bijoutiers, sur les objets d'or ou d'argent, quand elle change les poinçons pour dérouter les fraudeurs qui auraient contrefait la marque connue. | Se dit de l'huile qu'on obtient par une seconde expression du marc de l'olive.

RECENSEMENT, *sm.* Opération administrative qui consiste à dénombrer, soit toute la population d'un Etat, soit les individus auxquels sont imposées certaines obligations particulières, comme le service militaire, celui de la garde nationale, etc.; le — de la population se fait en France tous les cinq ans depuis 1841.

RECENSION, *sf.* Comparaison d'une édition d'un auteur avec les manuscrits et avec toutes les éditions précédentes.

RECÉPAGE, *sm.* Action de couper un plant près de terre pour lui faire pousser des jets plus forts que ceux qu'on a retranchés. | RECEPER, *va.* Tailler, opérer le —.

RÉCÉPISSÉ, *sm.* Pièce délivrée par un officier public ou un fonctionnaire, et constatant qu'il a reçu des pièces, des actes, etc.

RÉCEPTACLE, *sm.* (*Bot.*) Fond du calice sur lequel sont fixés les organes femelles et quelquefois les étamines; c'est le plus souvent *la base de l'ovaire.*

RECEZ, *sm.* C'était autrefois le procès-verbal des délibérations de la diète germanique.

RÉCHAMPIR, *va.* Peindre le fond d'un tableau, d'une enseigne, d'une décoration, en marquant les contours des objets peints sur ce fond. | RÉCHAMPISSAGE, *sm.* Action de —.

RECHANGE, *sm.* (*Comm.*) Acte par lequel le porteur d'une lettre de change non payée et protestée se rembourse sur le tireur ou sur l'un des endosseurs, en tirant sur eux une nouvelle lettre de change appelée aussi *rechange* ou *retraite.*

RÊCHE, *adj.* Rude, raboteux.

RÉCIDIVE, *sf.* État d'un individu qui commet de nouveau un crime ou un délit pour lequel il a déjà subi une condamnation.

RÉCIF, *sm.* Chaîne de rochers ou banc de coraux dont la surface est presque de niveau avec celle de l'eau, et n'est découverte que par intervalles.

RÉCIPÉ, *sm.* (*Lat.*) Mot qui signifie *prenez* et qui figure quelquefois en tête des ordonnances des médecins.

RÉCIPIENDAIRE, *sm.* Celui qu'on reçoit dans un corps, dans une compagnie, avec un certain cérémonial.

RÉCIPIENT, *sm.* Vase de forme variable servant à recevoir un liquide à chauffer ou à distiller. | Dans la machine pneumatique, cloche de verre placée sur la platine de l'appareil et sur laquelle se fait le vide.

RÉCIPROQUE, *sf.* (*Math.*) Proposition inverse de celle qui a été démontrée précédemment; ainsi, en géométrie, cette proposition : *Toute droite qui forme avec une autre droite quatre angles égaux entre eux, est perpendiculaire à cette autre droite*, est la réciproque de celle-ci : *Toute perpendiculaire à une droite fait, avec cette droite, quatre angles égaux entre eux.* | *adj.* (*Litt.*) Verbes —s, ceux qui, étant pronominaux, expriment l'action de deux sujets différents l'un sur l'autre; ex. : *Pierre et Paul se louent.*

RÉCISION, *sf.* Action de couper, de retrancher.

RÉCITATIF, *sm.* Sorte de chant, déclamation notée dont on se sert dans le dialogue ou la narration, dans la musique dramatique.

RÉCLAME, *sm.* Cri pour appeler les oiseaux. | *sf.* Mot que l'on mettait dans les anciens livres au bas de certaines pages et qui était le premier de la page suivante. | Dans le plain-chant, partie du répons que l'on reprend avec le verset.

RECLARE, *sf.* Filet ou nappe simple, très-claire, munie de pierres et de flotteurs, qu'on tend généralement de nuit.

RECLIN, *sm.* Réclame, appeau pour attirer les cailles.

RÉCLUSION, *sf.* Peine afflictive et infamante qui consiste, en France, à être détenu dans une maison de force et à être employé dans l'intérieur de la prison à des travaux déterminés.

RECOCHER, *va.* Rabattre la pâte, le mastic, l'argile avec le creux de la main.

RECOGNITIF, VE, *adj.* (pr. *gh-ni-*). Se dit de l'acte de *recognition*, par lequel un débiteur reconnaît une dette.

RECOHOBER, *va.* Cohober de nouveau. V. *Cohober.*

RÉCOLEMENT, *sm.* *(Jurisp.)* Dans l'ancienne procédure, action de récoler ou de confronter des témoins, de leur lire leur déposition écrite pour voir s'ils y persistent. | Procès-verbal de visite de lieux pour s'assurer de leur état.

RECOMMANDATION, *sf.* *(Jurisp.)* Acte en vertu duquel, sous le régime de la contrainte par corps, un créancier pouvait demander que son débiteur, déjà détenu pour une autre cause, fût retenu en prison à l'expiration de sa détention.

RÉCOMPENSE, *sf.* *(Jurisp.)* Dans la communauté entre époux, indemnité que l'un d'eux doit à l'autre pour tout ce que le premier a fait tourner à son profit personnel des biens du second.

RECONDUCTION, *sf.* Tacite —, renouvellement d'un bail qui se fait de lui-même, parce qu'on n'a pas manifesté l'intention de le faire cesser au moment de son expiration. | — expresse, renouvellement qui se fait par paroles expresses ou par écrit.

RECONVENTIONNEL, LE, *adj.* Se dit de la *reconvention* ou action que l'on forme contre celui qui en a lui-même formé une le premier.

RECORDER, *sm.* En Angleterre, magistrat qui remplit les fonctions de juge de paix.

RECORS, *sm.* Celui qu'un huissier ou un garde du commerce mène avec lui pour lui servir de témoin dans les exploits d'exécution et pour lui prêter main-forte au besoin.

RECOUPE, *sf.* Eclats qui s'enlèvent des pierres quand on les taille. | Seconde farine, tirée du son séparé du gruau.

RECOUPETTE, *sf.* Troisième farine, tirée de la recoupe.

RECOURS, *sm.* *(Jurisp.)* Action en garantie ou en dommages-intérêts que l'on a contre quelqu'un.

RECOUSSE ou RESCOUSSE, *sf.* Autrefois, reprise d'une personne ou d'une chose ennemie, enlevée par force. | Reprise faite sur l'ennemi, dans les vingt-quatre heures, d'un navire marchand capturé; le propriétaire doit payer à l'Etat le tiers de sa valeur; le navire ainsi repris est dit *recous.*

RECRAN, *sm.* Crique de relâche pour les caboteurs et les pêcheurs.

RÉCRÉANCE, *sf.* Autrefois, jouissance provisionnelle d'un bien qui était en litige. | Lettres de —, lettres que reçoit un ambassadeur quand il est rappelé.

RECRÉMENT, *sm.* Humeurs, telles que la salive, la bile, etc., qui, après avoir été séparées du sang par un organe sécréteur, y sont reportées par voie d'absorption. | On les appelle humeurs *recrémenteuses* ou *recrémentitielles.*

RECROISETÉ, E, *adj.* *(Blas.)* Se dit d'une croix dont chaque branche est terminée par une autre petite croix.

RECTAL, E, *adj.* *(Anat.)* Qui appartient au rectum.

RECTANGLE, *adj.* *(Math.)* Se dit d'une figure qui a un ou plusieurs angles droits, particul. du triangle qui a un angle droit. | *sm.* Parallélogramme à quatre angles droits, vulg. carré long. | RECTANGULAIRE, *adj.* Qui a la forme d'un — ; se dit particul. du prisme dont les bases sont des —s.

RECTEUR, *adj. m.* Esprit —, principe, essence. | *sm.* Fonctionnaire placé à la tête de chacune des académies de l'Université; à Paris, ces fonctions, exercées de droit par le ministre de l'instruction publique, sont déléguées à un *vice-recteur.* | En Bretagne, nom qu'on donne au curé.

RECTIFIÉ, E, *adj.* Se dit des liquides qui sont distillés une seconde fois afin d'être obtenus à l'état le plus pur possible.

RECTIGRADE, *sf.* *(Zool.)* Nom donné à certaines araignées qui, dans leur marche, se portent toujours en avant, et tiennent leurs pieds élevés dans le repos; elles ourdissent des toiles et sont toujours stationnaires.

RECTITE, *sf.* Inflammation du rectum.

RECTO, *sm.* La première page du feuillet, celle qu'on lit d abord; c'est l'opposé de *verso.*

RECTRICE, *sf.* *(Zool.)* Nom de celles des plumes des oiseaux qui appartiennent à la queue; elles sont ordinairement au nombre de douze.

RECTUM, *sm.* Dernier des trois gros intestins, celui qui occupe la partie postérieure du bassin et qui aboutit à l'anus.

RECUIT, *sm.* Opération qu'on fait subir aux métaux ductiles quand on les a trempés ou battus au marteau et qu'ils ont acquis trop de dureté; elle consiste à faire rougir ces métaux et à les laisser refroidir lentement.

RÉCURRENT, E, *adj.* (*Anat.*) Qui semble remonter vers la partie qui lui donne naissance; se dit de certaines artères. | (*Math.*) Se dit d'une série dans laquelle chaque terme est formé par un certain nombre de termes qui le précèdent, d'après une même loi. | (*Litt.*) Se dit des vers qui, lus à rebours, offrent les mêmes mots, le même sens que de l'autre côté.

RÉCUSATION, *sf.* Action de *récuser*, c.-à-d. de refuser de se soumettre à la juridiction d'un tribunal, d'un *juge*, d'un *juré*, de décliner la compétence d'un expert, de rejeter le témoignage d'un témoin, etc.

REDABLE, *sm.* Espèce de raclette dont on se sert pour attirer le charbon dans les forges et pour écumer le métal dans les creusets. | Instrument en forme de T, qui sert à brasser, à mélanger intimement les matières dans diverses fabrications, et particul. l'huile et l'alcali dans la cuve à saponification.

REDAN, *sm.* (*Archit.*) Gradin ou ressaut que forme de distance en distance un mur construit sur un terrain en pente. | (*Milit.*) Faces à angles rentrants et saillants, formées par les circonvallations d'une enceinte fortifiée.

RÉDARGUER, *va.* (pr. *gu-er*). Reprendre, réprimander, blâmer.

REDENT, *sm.* V. *Redan.*

RÉDHIBITOIRE, *adj.* Se dit de l'action par laquelle l'acheteur d'une chose mobilière défectueuse peut en faire annuler la vente. | RÉDHIBITION, *sf.* Cette action.

RÉDIMER, *va.* Racheter, délivrer, en parlant des poursuites judiciaires et des vexations exercées contre quelqu'un.

REDONDANCE, *sf.* (*Litt.*) Superfluité de paroles, abondance inutile de mots, qui ne fait que nuire à la netteté du discours. | (*Méd.*) Plénitude, surabondance.

REDOUL, *sm.* Arbuste à fleurs blanchâtres, en grappes, indigène du midi de l'Europe, dont le fruit et les feuilles renferment un poison tétanique et un principe très-astringent; on les emploie, réduits en poudre, au tannage des peaux et à la teinture en noir.

REDOUTE, *sf.* Petit fort, le plus souvent provisoire, construit en terre et en maçonnerie; c'est un simple rempart avec fossé, propre à recevoir de l'artillerie. | Endroit public où l'on s'assemble pour jouer, pour danser.

ÉDOWA, *sf.* Danse à trois temps, à mouvement très-lent.

RÈDRE, *sm.* Grand filet qui sert à la pêche du hareng.

RÉDRUGER, *va.* Enlever les nouveaux bourgeons que la vigne pousse après avoir été pincée ou arrêtée.

RÉDUCTION, *sf.* (*Math.*) Conversion d'une figure en une autre semblable, mais plus petite, ou d'un nombre en un autre nombre équivalent mais plus simple. | (*Chim.*) Opération qui consiste à enlever l'oxygène à un oxyde métallique, pour mettre le métal à nu. | (*Chir.*) Opération qui consiste à remettre à leur place des os luxés ou les parties molles qui ont formé des hernies.

RÉDUIT, *sm.* (*Milit.*) Retranchement qui consiste en une petite demi-lune ménagée dans une grande.

RÉDUPLICATIF, VE, *adj.* et *s.* (*Litt.*) Qui exprime la réitération d'action; se dit particulièrement de la particule *Re*; ainsi, *Retremper* est le *réduplicatif* de *tremper*.

RÉDUPLICATION, *sf.* (*Litt.*) Répétition d'une syllabe ou d'une lettre.

RÉDUVE, *sm.* Insecte hémiptère très-agile, dont la tête est ovoïde, les yeux saillants, le corps velu; une de ses espèces habite les maisons et sa piqûre est très-douloureuse; il se couvre de poussière pour échapper aux regards.

RÉFACTION, *sf.* (*Comm.*) Réduction proportionnelle faite sur le prix des marchandises au moment de la livraison, lorsqu'elles ont souffert quelque dommage qui diminue leur valeur ou lorsqu'elles ne se trouvent pas de la qualité convenue.

RÉFECTION, *sf.* (*Archit.*) Réparation, réparation d'un édifice ou d'une partie d'édifice.

REFEND, *sm.* Mur de —, se dit des murs qui ne sont point murs d'enceinte ou de clôture, mais qui occupent l'intérieur du bâtiment où ils forment des séparations de pièces. | Pierre de —, pierre angulaire. | Lignes de joints tracées sur les murs pour marquer les assises. | Bois scié en long.

RÉFÉRÉ, *sm.* (*Jurisp.*) Recours au juge ou au président d'un tribunal de première instance, qui est requis, sur une assignation directe, de statuer provisoirement et d'urgence sur une affaire qui ne peut être remise.

RÉFÉRENDAIRE, *sm.* Nom donné à ceux des conseillers de la cour des comptes, qui sont chargés de faire des rapports sur les pièces de comptabilité, sur lesquelles statuent les conseillers-maîtres. | — au sceau, officier ministériel chargé de soutenir, auprès du ministère de la justice, les demandes relatives aux titres, majorats et dotations, lettres de naturalisation, de service à l'étranger, les demandes de réintégration dans la qualité de français, d'addition ou de changement de nom, de dispense pour mariage, etc. | Grand —, au sénat, celui qui appose le sceau de l'assemblée sur les actes émanés d'elle, et qui a la garde de son palais, de ses archives et de sa bibliothèque.

REFEUILLER, *va.* Faire des feuillures en recouvrement pour loger un dormant destiné à recevoir les vantaux d'une porte ou les volets d'une croisée.

RÉFLECTEUR, *sm.* Appareil destiné à réfléchir la lumière, la chaleur ou le son; ce nom s'applique particul. à une plaque rectangulaire en bois, portant, d'un côté, une large lame métallique ou vitrée très-brillante, qu'on met au devant d'une pièce obscure, en disposant son inclinaison de manière qu'elle renvoie dans la pièce le plus possible de la lumière solaire.

RÉFLEXE, *adj.* Se dit des mouvements qui se produisent dans les organes animaux par le jeu des fonctions et non par l'effet de la volonté; c'est l'opposé de *volontaire*.

RÉFLEXION, *sf.* Effet produit par un rayon lumineux, calorifique ou sonore, qui, après avoir frappé un obstacle, retourne en arrière et prend une nouvelle direction, laquelle forme, avec la perpendiculaire au point de tangence, un angle égal à l'angle d'*incidence*. (V. ce mot.)

REFLUX, *sm.* Marée descendante, mouvement de la mer qui s'éloigne du rivage après l'avoir couvert; c'est l'opposé du *flux*. V. *Marée*.

REFOUILLER, *va.* Détacher en creusant, en évidant chaque partie d'une sculpture, afin d'en marquer davantage les saillies.

REFOULOIR, *sm.* Long bâton garni d'un gros boulon plat, dont on se sert pour refouler les charges des pièces d'artillerie.

RÉFRACTAIRE, *adj.* (*Chim.*) Se dit des substances qui ne fondent que très-difficilement, et particul. des grès, des argiles pures, etc., dont on fait des briques et des creusets. | *sm.* Celui qui se soustrait à la loi du recrutement et refuse de se ranger sous les drapeaux.

RÉFRACTÉ, E, *adj.* V. *Réfraction.* | (*Méd.*) Dose —e, se dit des médicaments quand on les prend par doses faibles et insuffisantes.

RÉFRACTION, *sf.* État d'un rayon réfracté, changement de direction qu'éprouve un rayon de lumière quand il passe obliquement d'un milieu dans un autre; tel est le phénomène du bâton qui, plongé en partie dans l'eau, paraît rompu au point où il traverse la surface de l'eau.

RÉFRANGIBILITÉ, *sf.* Propriété que possèdent les rayons lumineux de pouvoir être plus ou moins réfractés, suivant leur degré, dans le spectre solaire.

RÉFRIGÉRANT, E, *adj.* et *s.* Se dit des substances qui produisent un refroidissement considérable, et particul. des mélanges propres à amener un froid artificiel, tels que le sel marin et la glace pilée, etc. | *sm.* Vaisseau de cuivre soudé autour du chapiteau des anciens alambics et qui a été remplacé par le serpentin.

RÉFRINGENT, E, *adj.* (*Phys.*) Se dit des substances qui ont la propriété de réfracter les rayons lumineux. V. *Réfraction.*

REFUITE, *sf.* Endroit où passent habituellement les bêtes que l'on chasse.

RÉFUTATION, *sf.* (*Litt.*) Partie du discours où l'orateur s'applique principalement à détruire les moyens de l'adversaire.

REGAIN, *sm.* Coupe supplémentaire du foin d'une prairie qui se fait quelque temps après la coupe principale et le plus souvent vers l'automne.

RÉGALAGE, *sm.* Opération qui consiste à étendre les terres d'un remblai, et à aplanir la surface d'un terrain. | On dit aussi *Régalement.*

RÉGALE, *sf.* (*Eccl.*) Droit que le roi avait de percevoir les fruits des évêchés vacants, des abbayes vacantes, et de pourvoir, pendant ce temps-là, aux bénéfices qui étaient à la collation des évêques. | Nom d'un ancien instrument de musique composé de bâtons de bois sonores, juxtaposés et de grandeur décroissante, qu'on touchait avec une boule d'ivoire emmanchée. | Jeu de l'orgue qui ne renferme que des anches sans tuyaux ou des tuyaux très-courts. | *Adj. f.* Eau —, V. *Eau régale.*

RÉGALEC, *sm.* Poisson chondroptérygien des mers arctiques, dont la tête est très-grosse, de forme irrégulière et dont le corps, long de près d'un mètre, est jaunâtre, taché de noir; il est le plus souvent à la poursuite des bancs de harengs.

RÉGALIEN, *adj. m.* Droit —; se disait autrefois du droit attaché à la souveraineté.

REGARD, *sm.* Ouvertures maçonnées pratiquées d'espace en espace pour faciliter la visite d'un aqueduc, d'un égout, etc., ou pour distribuer les eaux d'une conduite.

RÉGATES, *sfpl.* Courses de barques, de canots, dans une fête publique.

REGAYOIR, *sm.* Sorte de peigne à grosses dents, dans lequel on passe la filasse de lin ou de chanvre, préalablement à toute opération, pour la nettoyer.

RÉGIE, *sf.* Perception directe des revenus publics, par les employés de l'État, notamment de ceux qui sont fondés sur un monopole, comme le *tabac*, les *poudres*, les *cartes*, etc. | Exécution de travaux par des agents salariés par une ville, un État, etc.

RÉGIME, *sm.* (*Jurisp.*) Ensemble des dispositions qui régissent une société et particul. une société conjugale. | (*Bot.*) Assemblage de fleurs ou de fruits qui forme une grappe très-allongée et très-volumineuse à l'extrémité des branches de certains arbres monocotylédonés, et particul. des palmiers; on l'appelle aussi *spadice.*

REGINGLETTE, *sf.* Petit piége pour attraper les oiseaux.

REGISTRE, *sm.* Ouverture fermée par une plaque mobile de tôle, ronde ou carrée, qu'on pousse, qu'on tire ou qu'on tourne, et qui a pour office d'activer ou modérer le tirage d'un fourneau, d'un poêle, d'une cheminée, etc. | Dans un orgue, bâtons qu'on tire pour faire jouer les différents jeux. | (*Impr.*) Correspondances que les lignes des deux pages d'un feuillet ont l'une avec l'autre.

RÉGLET, *sm.* Filet typographique. | Petite moulure plate dans un panneau, ressemblant exactement à une règle. | Instrument qui sert à vérifier si une planche a été bien dégauchie.

RÉGLISSE, *sf.* Plante de la famille des légumineuses, de plus d'un mètre de haut, à feuilles composées de plusieurs folioles, à petites fleurs pourprées, qu'on trouve dans le midi de l'Europe; sa racine est utilisée pour ses propriétés rafraîchissantes et pectorales.

RÉGNICOLE, *adj.* Se dit des habitants d'un royaume par rapport aux droits dont ils jouissent et par opposition à *étrangers*.

REGRATTIER, ÈRE, *adj.* et *s.* Se dit de ceux qui font le commerce de *regrat*, c.-à-d. des denrées de détail et de la seconde main, comme les fruitiers, les épiciers, etc.

RÉGRESSION, *sf.* (*Litt.*) Figure qui consiste à reprendre par la fin les mots de la phrase et à les construire dans l'ordre inverse. Ex. : *Nous ne vivons pas pour manger, nous mangeons pour vivre.* | Régressif, ve, *adj.* Se dit des phrases qui comportent une —.

REGRIGNES, *sfpl.* Restes de la graisse de porc quand on en a retiré le saindoux.

REGROS, *sm.* Grosse écorce dont on fait le tan.

RÉGULATEUR, *sm.* Nom que donnent les horlogers au balancier des pendules ainsi qu'à une sorte d'horloge à poids et sans sonnerie, qui sert à régler les autres horloges.

RÉGULE, *sm.* Nom que l'on donnait autrefois aux métaux dans l'état de pureté. | — d'antimoine, c'est l'antimoine à l'état métallique absolu. V. *Antimoine*.

RÉGULIER, ÈRE, *adj.* (*Math.*) Se dit des figures de géométrie dont les côtés et les angles sont égaux. | (*Eccl.*) Se dit des ordres religieux, par opposition au clergé ordinaire qui n'est pas soumis à une *règle* particulière.

RÉGURGITATION, *sf.* (*Méd.*) Action d'expulser au dehors des objets qui se sont arrêtés dans la gorge; ne se dit guère que de l'enfant à la mamelle quand il rejette les aliments, et particul. le lait qu'il a pris en excès; dans tous les autres cas on dit plutôt *vomissement*.

REHAUTS, *smpl.* Points lumineux, retouches ou hachures brillantes servant à faire ressortir des figures, des ornements, des moulures peintes ou dessinées.

REICHSTAG, *sm.* En Allemagne, parlement, chambre législative.

REICHSTHALER, *sm.* Pièce d'argent en usage dans les villes hanséatiques et valant 5 fr. 78 c.

REILLÈRE, *sf.* Conduit qui amène l'eau sur la roue d'un moulin.

REINETTE, *sf.* Sorte de pomme très-estimée et qui se conserve bien; elle est de couleur jaune et marquetée de petites taches rouges et grises.

REINS, *smpl.* Organe double placé dans le ventre, au niveau des lombes et à droite et à gauche de la colonne vertébrale à laquelle il touche; ce sont deux glandes de la forme d'un haricot, mais beaucoup plus grosses, qui ont pour fonction de retenir l'urine qui s'y amasse avant qu'elle ne se rende dans la vessie par les uretères.

RÉINTÉGRANDE, *sf.* (*Jurisp.*) Action en —. Se dit d'une action possessoire qui a pour objet le rétablissement dans la jouissance d'un bien dont on a été dépossédé par force ou autrement.

REIS, *sm.* Chef turc, officier supérieur de l'empire ottoman. | Plus particul. ministre des affaires étrangères.

REIS, *smpl.* Monnaie de compte en usage au Portugal et au Brésil; c'est le millième du *milreis*. (V. ce mot.) | Le *conto de reis* vaut mille *milreis* ou un million de *reis*, soit de 6,000 à 6,050 francs.

REÎTRE, *sm.* Ancien cavalier aventurier dans les armées allemandes.

REJET, *sm.* En t. de chasse, c'est un piége formé d'un nœud coulant qui se serre par l'action d'une baguette courbée formant ressort quand l'oiseau touche au trébuchet; on l'emploie surtout pour prendre les bécasses.

REJETEAU, *sm.* (*Archit.*) Moulure à la partie inférieure du bois d'une porte, d'une fenêtre, pour rejeter les eaux pluviales au dehors.

REJETOIR, *sm.* Espèce de piége. V. *Rejet*.

REJOINTOYER, *va.* (*Archit.*) Remplir de nouveau de mortier ou de ciment les joints des pierres d'un vieux bâtiment. | Rejointoiement, *sm.* Action de —, son effet.

RELAIS, *sm.* Station de poste où l'on réunit des chevaux frais destinés à remplacer ceux qui sont fatigués. | Terrain qu'abandonne une rivière sur l'un de ses bords, ou la mer sur son rivage. | V. *Berme*.

RELANCIS, *sm.* Parties neuves que l'on refait dans un vieux mur en creusant des trous aux parties faibles et en les bourrant de mortier et de menus moellons.

RELAPS, E, *adj.* (*Eccl.*) Se disait des hérétiques qui, après avoir été convertis à la religion catholique, retombaient dans l'hérésie.

RÉLÉGATION, *sf.* C'était, chez les Romains, une sorte de bannissement qui astreignait le condamné à vivre dans un lieu déterminé.

RELENT, *sm.* Odeur de renfermé; se dit particul. du mauvais goût que contracte une viande renfermée dans un lieu humide.

RELEVÉ, *sm.* V. *Rassis.*

RELEVÉE, *sf.* (*Jurisp.*) Se dit du temps qui s'écoule dans le jour à partir de midi.

RELEVEUR, *adj.* et *sm.* (*Anat.*) Désigne les muscles disposés pour relever certaines parties du corps, telles que les paupières, la luette, les ailes du nez, la lèvre supérieure, etc.

RELIEF, *sm.* Ancien syn. de reste. | V. *Bas-relief.*

RELIEN, *sm.* Poudre à tirer, grossièrement écrasée et non tamisée.

RELIGIONNAIRE, *s.* Se disait autrefois de ceux qui faisaient profession de la religion réformée.

RELIQUAIRE, *sm.* Sorte de boite ou de coffre portatif où l'on renferme des fragments d'os du corps d'un saint, appelés Reliques, *sfpl.*

RELIQUAT, *sm.* (pr. *-ka*). Ce qui reste dû par suite d'un compte rendu à quelqu'un.

RELIQUATAIRE, *s.* Celui, celle qui reste devoir, après un rendement de comptes.

RELOUAGE, *sm.* Temps où le hareng fraie.

REMAILLER, *va.* Enlever entièrement l'épiderme de la peau destinée à être chamoisée; les peaux remaillées sont des chamois très-fins.

REMANANTS, *smpl.* Brindilles qui restent dans un bois après son exploitation.

REMBLAI, *sm.* Élévation artificielle en terre qui a pour objet de combler un vide ou de mettre une route, une voie ferrée de niveau avec des points plus élevés. | Remblayer, *va.* Opérer un —.

REMBLAVER, *va.* Ressemer une terre en blé. | Remblavure, *sf.* Action de —.

REMBOUGER, *va.* Remettre de la liqueur dans un vase, dans un tonneau pour le maintenir plein.

REMBUCHER, *vn.* ou se Rembucher, *vpr.* Se dit des bêtes fauves quand elles quittent la plaine pour rentrer dans le bois.

REMEIL, *sm.* Courant d'eau qui ne se couvre pas de glace en hiver et où les bécasses se retirent.

REMENÉE, *sf.* (*Archit.*) Petite voûte en arrière-voussure faite au-dessus des portes et des fenêtres.

RÉMÉRÉ, *sm.* (*Jurisp.*) Acte par lequel le vendeur d'un immeuble interdit à l'acquéreur de le revendre et se réserve la faculté de le racheter dans un délai qui, selon la loi, ne peut excéder cinq ans.

RÉMIGE, *sf.* Plumes raides formant une sorte de rame à l'extrémité de l'aile chez les oiseaux; il y en a de quatre à six, et elles sont inégales et plus fortes que les autres.

RÉMIPÈDE, *sf.* Crustacé décapode macroure resemblant à une petite tortue par sa carapace arquée et striée transversalement; ses pattes sont très-courtes et conformées pour fouir dans le sable.

REMISSE, *adj.* Qui a peu d'intensité, en parlant du son.

RÉMISSION, *sf.* (*Théol.*) Pardon accordé par Dieu au pécheur. | (*Méd.*) Diminution temporaire des symptômes d'une maladie aiguë ou chronique; se dit particul. des fièvres intermittentes, à cause de la cessation des symptômes fébriles qu'elles présentent périodiquement; on les nomme pour cette raison *fièvres rémittentes.*

RÉMIZ, *sm.* Espèce de mésange, à bec très-pointu, dite aussi *mésange du Languedoc* et *penduline;* elle suspend aux arbres du bord des eaux son nid en forme de bourse, tissu de duvet fourni par les graines de peuplier ou du saule.

REMONTE, *sf.* Se dit, dans l'armée, de l'achat des chevaux propres au service de la cavalerie.

REMONTRANCE, *sf.* Acte par lequel les parlements ou autres cours souveraines exposaient au roi les motifs qui les forçaient de s'opposer à l'enregistrement d'un édit.

RÉMORA, *adj.* V. *Echénéide.*

REMORQUEUR, *sm.* Bateau à vapeur chargé de *remorquer*, c.-à-d. de traîner un vaisseau, un bateau, pour le faire sortir d'un port ou pour le faire remonter une rivière; cette opération, faite quelquefois par des hommes ou des chevaux, s'appelle *remorquage.*

REMOULAGE, *sm.* Espèce de son de premier choix qui provient de la mouture du gruau.

REMOUS, *sm.* (pr. *-mou*). Contrecourant formé à chaque bord d'une rivière rapide ou le long des arches des ponts par les molécules du liquide qui se dirigent, pendant quelques instants, vers la source, après avoir frappé l'obstacle. | Contre-courant qui se produit dans le sillage d'un bâtiment lorsqu'il cingle avec vitesse.

REMPART, *sm.* Levée formée de la terre d'une tranchée et rejetée du côté de la place; on la revêt d'un talus en maçonnerie et on la surmonte d'un parapet.

REMPLAGE, *sm.* Action de remplir une pièce de vin quand elle n'est pas tout à fait pleine. | (*Archit.*) Blocage de moellons ou de briques et de mortier, que l'on met dans l'espace vide entre deux parements d'un mur en pierre, ou entre un mur de revêtement et des terres. | Pièces qui garnissent un pan de bois entre les poteaux et les sablières.

REMPLOI, *sm.* (*Jurisp.*) Nouvel emploi; se dit des biens dotaux immobiliers dont le mari est obligé de replacer le prix en immeubles.

RENAISSANCE, *sf.* (*Archit.*) Se dit d'un genre d'architecture qui a succédé au gothique vers le XVIe siècle, et qui consiste dans la substitution du cintre à l'ogive, avec une grande abondance d'ornements fins, légers, gracieux, et particul. de figurines et de rinceaux, arabesques et autres.

RÉNAL, E, *adj.* (*Anat.*) Qui a rapport aux reins, qui appartient aux reins.

RENARD, *sm.* Mammifère du genre chien, à museau très-pointu, à queue touffue ; il habite des terriers, et ses ruses, pour s'emparer de proie vivante, sont très-connues. | — caragan, V. *Caragan.* | — bleu ou — blanc, V. *Isatis.* | — noir, espèce de renard du Nord dont le pelage noir, très-fin, est très-recherché. | — argenté, espèce de renard de l'Amérique du Nord, très-grand, à fourrure gris noirâtre, presque aussi estimée que celle du précédent. | — noble, renard ordinaire parvenu à un âge avancé. | — jaune. V. *Corsac.* | (*Mar.*) Croc de fer fourchu qui sert à embarquer, debarquer et manier les pièces de la mâture et généralement les bois ronds. | Planche représentant la rose des vents et sur laquelle le pilote calcule la route. | Maillet à l'usage du sabotier. | Ouverture, fissure dans le lit d'un canal ou dans le massif d'une écluse, par où l'eau filtre et s'écoule.

RENÉGAT, E, *adj.* et *s.* Celui, celle qui a renié la religion chrétienne pour en embrasser une autre, et notamment le mahométisme.

RÉNETTE, *sf.* V. *Raine, Rainette* et *Reinette.*

RENFLOUER, *va.* V. *Raflouer.*

RENFORMIS, *sm.* (*Archit.*) Moellons que l'on remplace dans un vieux mur, pour le consolider.

RENGRÉNER, *va.* Remettre sous le balancier des monnaies, des médailles pour s'assurer de leur empreinte en faisant rentrer exactement leurs parties dans les coins.

RÉNIFORME, *adj.* (*Hist. nat.*) Arrondi, ovoïde, tuberculeux, en forme de rein.

RENIQUEUR, *sm.* Fouleur de draps.

RÉNITENCE, *sf.* État des corps solides qui résistent à d'autres corps ou réagissent avec une force égale à celle qui agit sur eux.

RÉNITENT, E, *adj.* (*Méd.*) Qui est résistant et dur au toucher; ne se dit que des tumeurs.

RENNE, *sm.* Espèce du genre cerf dont les bois sont aplatis en forme de palmes larges et dentelées; il sert dans l'extrême nord de l'Europe pour tirer des traîneaux et porter des fardeaux.

RENONCULACÉES, *sfpl.* Famille de plantes à étamines nombreuses, à corolle, calice, étamines et ovaire indépendants les uns des autres; les principaux genres sont la renoncule, la clématite, l'anémone, etc.; un grand nombre de ces genres sont âcres et caustiques.

RENONCULE, *sf.* Genre de plantes le plus souvent à fleurs jaunes, à étamines et ovaires en nombre indéfini, dont certaines espèces, communes dans les prés, portent le nom de *bouton d'or.*

RENOPER, *va.* Noper de nouveau le drap.

RENOUÉE, *sf.* Plante dont les fleurs sont verdâtres et les tiges articulées et comme renouées en plusieurs points; certains genres ont les feuilles ovales, allongées, pointues et quelquefois tachées de brun; la plupart sont communes dans les champs; l'une de ses espèces est le *sarrasin* ou *blé sarrasin;* une autre, appelée *bistorte,* a des racines très-astringentes; c'est à ce genre qu'appartient la *persicaire,* dont les feuilles ressemblent à celles du pêcher et qui a des propriétés vulnéraires et antiseptiques.

RENTOILAGE, *sm.* Opération par laquelle on soutient et on conserve la toile d'un tableau en la collant sur une toile neuve. | On appelle aussi de ce nom la substitution d'une toile neuve à une toile vieille dans un tableau sans détériorer la peinture, au moyen de procédés particuliers.

RENTON, *sm.* Jointure de deux pièces de bois.

RENTRAIRE, *va.* Rejoindre bord à bord, en les cousant, deux morceaux d'étoffe qui ont été déchirés, en sorte que la couture ne paraisse point.

RENTRAYEUSE, *sf.* Ouvrière qui fait, dans les fabriques de draps, les reprises et réparations dans les défauts de l'étoffe.

RENVERSEMENT, *sm.* (*Mus.*) Interversion de l'ordre des sons qui composent les accords, de manière à substituer aux notes graves les notes aiguës et réciproquement.

RENVI, *sm.* A certains jeux, ce qu'on met par-dessus l'enjeu. | Renvier, mettre un — ; renchérir.

RENVIDER, *va.* Opérer le *renvidage,* c.-à-d. envider le fil sur la broche en rapprochant du rouet le chariot qui porte les bobines.

RÉPASSER, *va.* Finir une montre, mettre toutes ses pièces en état de fonctionner.

REPASSETTE, *sf.* Cardes très-fines avec lesquelles on donne à la laine la dernière préparation, celle qui précède la filature.

RÉPÉPION, *sm.* Nom que les cloutiers donnent à une espèce de petit poinçon.

RÉPERCUSSIF, VE, *adj.* (*Méd.*) Se dit des médicaments topiques qui produisent la *Répercussion,* c.-à-d. font refluer vers l'intérieur les fluides qui engorgent la partie malade.

REPÈRE, *sm.* Marque que l'on fait sur un mur, sur une borne, pour retrouver un alignement, une hauteur, une distance. | Marque qu'on fait aux parties séparées d'un ouvrage de dessin ou d'architecture, pour reconnaître comment elles doivent être assemblées.

RÉPERTOIRE, *sm.* (*Comm.*) Livre où sont classés, par ordre alphabétique, les noms des comptes du grand livre. | (*Jurisp.*) Registre timbré sur lequel les notaires, greffiers, huissiers, etc., sont tenus d'inscrire sommairement et par ordre de date, tous les actes qu'ils reçoivent ou rédigent.

RÉPÉTITION, *sf.* (*Jurisp.*) Action par laquelle on réclame ce qui a été payé sans être dû. | (*Litt.*) Figure qui consiste à employer plusieurs fois les mêmes mots ou le même tour pour donner plus d'énergie à la phrase.

REPIC, *sm.* Au piquet, coup où l'un des joueurs compte ses trente premiers points, sans que son adversaire puisse rien compter, ce qui équivaut à quatre-vingt-dix points.

REPIQUER, *va.* Transplanter de jeunes plantes venues de semis. | Repiquage, *sm.* Action de —.

REPLET, ÈTE, *adj.* Se dit d'une personne qui a trop d'embonpoint, qui est trop grasse.

RÉPLÉTIF, VE, *adj.* Qui sert à remplir.

RÉPLÉTION, *sf.* V. *Pléthore*.

RÉPONS, *sm.* Paroles qui se disent ou se chantent dans les offices religieux après les versets, ou après les chapitres.

REPORT, *sm.* Opération de bourse, qui consiste à acheter au comptant des titres de valeurs mobilières, à la place et pour le compte d'un spéculateur qui, les ayant achetés *à terme*, en s'engageant à les payer à une époque fixe appelée *liquidation*, n'a pas eu, à cette époque, les sommes suffisantes pour réaliser cette acquisition; l'emprunteur, auquel sont ainsi remis les titres, doit en payer la valeur au prêteur à la liquidation suivante, mais au cours des affaires à terme, qui est toujours supérieur à celui des affaires au comptant, ce qui constitue le bénéfice du prêteur. | Opération qui consiste à graver sur métal un dessin, une composition, et à reporter cette gravure sur pierre afin d'en permettre le tirage par les appareils lithographiques ordinaires.

REPORTER, *sm.* (pr. *ri-pòrteur*) (*Angl.*) Rapporteur; particul. celui qui est chargé d'assister à des fêtes, des cérémonies, etc., et qui doit en rendre compte dans un journal.

REPOUS, *sm.* Mortier de briques, de chaux; plâtras pilés qui servent à affermir les chemins.

REPOUSSÉ, *sm.* Ornements faits en relief sur des métaux au moyen d'un ciselet appelé *repoussoir*, et qui sert à relever les parties qui ont été préalablement enfoncées par la ciselure.

REPOUSSOIR, *sm.* Poinçon dont on se sert pour repousser les chevilles qu'on veut faire ressortir de leur trou. | Long ciseau dont se servent les sculpteurs et les tailleurs de pierre pour pousser des moulures. | Outil qui sert à repousser et enfoncer les cercles d'une futaille sous les coups du marteau. | Poinçon employé par le gainier pour poser de petits clous dans les parties anguleuses de l'ouvrage. | Tige d'acier emmanchée d'ivoire, qui sert à arracher les racines des dents. | V. *Repoussé*.

REPRÉSAILLES, *sfpl.* (*Jurisp.*) Confiscation des biens appartenant aux nationaux d'un Etat qui a méconnu ou violé les droit d'un autre Etat; embargo, blocus, retenue des personnes, etc.

REPRÉSENTATION, *sf.* (*Jurisp.*) Action de celui qui, dans une succession, tient la place d'un des héritiers qui est décédé et duquel il est lui-même héritier.

RÉPRIMANDE, *sf.* Peine disciplinaire, avec ou sans publicité, qu'appliquent, pour certains manquements, les conseils de discipline, les chambres des notaires ou des avoués, les conseils académiques, ou enfin le conseil supérieur de l'Université.

REPRISE, *sf.* (*Jurisp.*) Ce que chacun des époux a droit, par lui ou par ses représentants, de prélever avant partage sur les biens de la communauté lorsqu'elle est dissoute.

REPS, *sm.* Etoffe de soie très-forte, à côtes ou à saillies, qui se fabrique à Lyon. | Etoffe de laine d'un tissu analogue à la première.

REPTATION, *sf.* Mode de progression propre à certains animaux, tels que les reptiles, les vers et certains mollusques, et qui consiste à se traîner sur le sol en rampant.

REPTILES, *smpl.* (*Zool.*) Classe d'animaux vertébrés renfermant des animaux à sang froid, à respiration pulmonaire et à circulation incomplète, à génération ovipare, et dont le corps est recouvert d'écailles; ils progressent tous en se traînant à terre, à l'exception des *batraciens*, qui n'ont pas d'écailles, et dont certains auteurs ont fait une classe à part.

RÉPUBLICOLE, *adj.* Qui fait partie, qui habite le territoire d'une république.

RÉPUCE, *sf.* Sorte de collet à prendre de petits oiseaux.

RÉPUDIATION, *sf.* (*Jurisp.*) Action de *répudier* une succession, c.-à-d. d'y renoncer. | Dans la loi israélite et chez les Romains, c'était le renvoi de la femme par le mari, dans certains cas déterminés, tels que l'adultère.

RÉPULSION, *sf.* (*Phys.*) Effet des forces qui tendent à éloigner deux corps l'un de l'autre, ou à écarter les molécules d'un corps; ces forces sont dites *répulsives*.

REQUÊTE, *sf.* (*Jurisp.*) Demande par écrit présentée suivant certaines formes à un tribunal, un juge, etc., pour obtenir une chose immédiatement. | — civile, voie extraordinaire qu'on suit dans certains cas spéciaux et par laquelle on demande à un tribunal qui a jugé en dernier ressort de revenir sur son jugement. | Maître des —s, nom que portent les membres du conseil d'Etat qui sont chargés de faire l'office de rapporteurs.

REQUIEM, *sm.* Prière que l'Eglise fait pour les morts; elle emprunte son nom au mot qui la commence. | Messe qui se dit pour le repos de l'âme des morts.

REQUIN, *sm.* Poisson de mer du genre squale, qui atteint une longueur de près de dix mètres; il a une bouche énorme, dont les mâchoires sont garnies de plusieurs rangées de dents; sa force prodigieuse et sa grande voracité le rendent très-redoutable; sa peau sert comme cuir et particul. pour la fabrication du chagrin.

RÉQUISITIONNAIRE, *sm.* Nom qu'on a donné, en 1793, aux jeunes soldats appelés sous les drapeaux par la réquisition.

RÉQUISITOIRE, *sm.* Tout acte de réquisition fait dans un tribunal par le ministère public, et particul. discours prononcé contre un accusé dans une cour d'assises.

RESARCELÉ, E, *adj.* (*Blas.*) Se dit d'une croix, d'une bande garnies d'une orle vers les bords.

RESCISION, *sf.* Effet produit par une action *rescisoire*, c.-à-d. qui a pour objet l'annulation d'un acte entaché d'un vice radical, tel que fraude, lésion, violence, dol, etc. | (*Chir.*) Ablation superficielle d'une partie molle.

RESCOUSSE, *sf.* V. *Recousse*.

RESCRIPTION, *sf.* Mandat, ordre pour toucher une somme. | Nom qu'on a donné, en 1795, aux billets d'État substitués aux assignats et dont l'hypothèque était également établie sur les domaines nationaux.

RESCRIT, *sm.* Autrefois, lettre des empereurs romains qui répondaient, par écrit, aux questions litigieuses qu'on leur adressait. | Décision du pape. | Décret, ordonnance émanant d'un souverain.

RÉSECTION, *sf.* Opération qui consiste à *réséquer*, c.-à-d. à retrancher avec la scie l'extrémité d'un os, ou les bouts non consolidés d'une fracture.

RÉSÉDA, *sm.* Genre de plantes herbacées, caractérisé par des fleurs jaunes très-petites, irrégulières, en épis terminaux, qui sont remplacées par une capsule anguleuse, à une seule loge renfermant un grand nombre de graines très-fines; une de ses espèces, originaire d'Égypte, est cultivée dans les jardins pour son parfum doux et pénétrant; une autre de ses espèces, commune en France, est employée dans l'industrie sous le nom de *gaude*. (V. ce mot.)

RÉSÉQUER, *va.* V. *Résection*.

RÉSERVE, *sf.* Partie de l'armée qui reste dans ses foyers et qui peut être appelée quand les circonstances l'exigent. | Cadre de —, ensemble des officiers généraux qui ont dépassé un certain âge, qui ne reçoivent qu'une partie de leur solde et qui ne peuvent être employés qu'en temps de guerre. | (*Jurisp.*) Portion de biens que la loi déclare non disponibles et qu'elle réserve à certains héritiers. | Substance qu'on applique sur certaines parties des tissus qu'on veut teindre afin de préserver ces parties de la teinture, de les réserver en blanc ou de la couleur du fond.

RÉSIDENT, *sm.* Celui qui est envoyé de la part d'un souverain vers un autre pour résider auprès de lui, et qui est moins qu'un ambassadeur, mais plus qu'un agent.

RÉSIGNATION, *sf.* (*Jurisp.*) Abandon de biens ou de droits en faveur de quelqu'un.

RÉSILIATION, *sf.* Annulation d'un acte et particul. d'un bail ou d'un marché.

RÉSINE, *sf.* Matière inflammable plus ou moins solide ou visqueuse, qui découle de certains arbres, et qui se distingue de la gomme en ce qu'elle n'est pas soluble dans l'eau; elle renferme beaucoup de carbone et d'hydrogène, ce qui la rend très-combustible. | Plus particul. exsudation des arbres rangés parmi les conifères, tandis qu'on appelle gomme —, celle qui découle de divers autres arbres. | — animé. V. *Courbaril*. | — copal, — élémi, etc. V. *Copal*, *élémi*, etc.

RÉSINÉONE, *sf.* Huile incolore qui résulte de la double distillation du goudron; on la prend, à l'état de saccharure ou de pommade contre les catarrhes pulmonaires et les bronchites.

RÉSINEUX, SE, *adj.* (*Phys.*) Electricité —se. V. *Negatif*.

RESINGUE, *sf.* Branche de fer ou d'acier, pointue et pliée par un bout, arrondie et courbée par l'autre; on s'en sert pour redresser les boites de montre.

RÉSINITE, *adj.* Se dit d'une variété de quartz ou de calcédoine, qui a l'aspect de la résine ou de la poix.

RÉSIPISCENCE, *sf.* (pr. -*zi*-) (*Théol.*) Reconnaissance de sa faute avec amendement.

RÉSOLUTIF, VE, *adj.* (*Méd.*) Se dit des médicaments qui ont pour effet de résoudre les engorgements, les tumeurs, etc.

RÉSOLUTION, *sf.* (*Jurisp.*) Action de rompre judiciairement un contrat; cette action est dite *résolutoire*. | (*Méd.*) Mode de terminaison des phlegmasies, des tumeurs, etc., consistant dans la disparition de l'inflammation, etc. | (*Mus.*) Chute d'un intervalle ou d'un accord affecté de dissonance sur un intervalle ou un accord consonnant.

RÉSONNANCE, *sf.* Bruit confus qui résulte du prolongement ou de la réflexion du son, soit par les parois d'un corps sonore, soit par les vibrations continues des cordes d'un instrument, soit par la collision de l'air renfermé dans un instrument à vent.

RÉSORBER, *va.* Se dit des organes et des tissus quand ils absorbent les liquides sécrétés au lieu de les transmettre au dehors. | RÉSORPTION, *sf.* Action de —; rentrée, dans l'économie animale, d'un liquide qui avait été exhalé dans quelque partie du corps.

RESPECTUEUX, *adj.* Se dit des actes que les hommes âgés de plus de vingt-cinq ans et les femmes âgées de plus de vingt et un ans notifient à leurs parents lorsqu'ils refusent de consentir à leur mariage, pour leur demander ce consentement; cette sommation, répétée un certain nombre de fois et conformément aux prescriptions de la loi, tient lieu de consentement.

RESSAC, *sm.* Retour violent des vagues vers le large, après qu'elles ont frappé avec impétuosité une terre, un obstacle. | Petit navire expédié, avant l'hiver, de Terre-Neuve au port de départ, avec des huiles, des langues de morue, etc.

RESSAUT, *sm.* (*Archit.*) Saillie, avance en dehors d'une ligne ou d'une surface. | Passage brusque d'un plan à un autre.

RESSENCE, *sf.* Huile de —. V. *Recense*.

RESSUAGE, *sm.* Une des opérations qui concourent au traitement du cuivre argentifère, consistant à dégager du cuivre après la liquation, les dernières portions de plomb et autres métaux qu'il peut contenir. | *Se dit* aussi du traitement du fer au martinet qui a pour objet d'en extraire tout le laitier qu'il peut contenir.

RESTAUR, *sm.* V. *Ristorne*.

RÉSULTANTE, *sf.* (*Méc.*) Force qui résulte de la composition de plusieurs forces appliquées à un point donné.

RÉSUMPTE, *sf.* (pr. *-zom-*). Thèse que doit soutenir un docteur en théologie qui a au moins sept ans de doctorat, pour pouvoir présider aux thèses. | Résumpté, *adj. m.* Se dit du docteur qui a soutenu sa —.

RÉSURE, *sf.* V. *Rogue*.

RETABLE, *sm.* Décoration le plus souvent sculptée qui forme un revêtement, sur laquelle l'autel est appuyé et qui le surmonte; elle sert quelquefois d'encadrement à un tableau.

RÉTENTION, *sf.* (*Méd.*) — d'urine, accumulation dans la vessie d'une grande quantité d'urine qui ne peut être rejetée au dehors qu'avec beaucoup de difficultés; c'est une maladie grave résultant, soit de paralysie de la vessie, soit d'un obstacle au cours de l'urine (tumeur, hernie, etc.), soit enfin d'inflammation des canaux urinaires.

RETENTUM, *sm.* C'était autrefois un article que les juges n'exprimaient pas dans leurs arrêts, mais qui néanmoins en faisait partie et recevait son exécution.

RÉTIAIRE, *sm.* Gladiateur romain qui combattait dans le cirque contre les bêtes féroces, et qui était muni d'un filet qu'il jetait sur l'animal pour l'envelopper.

RÉTICULE, *sm.* Instrument composé de plusieurs fils qui se placent au foyer d'une lunette pour mesurer le diamètre des astres ou pour observer les différences de leurs passages.

RÉTICULAIRE, Réticulé, e, *adj.* (*Hist. nat.*) Qui ressemble à un réseau.

RÉTICULÉ, E, *adj.* (*Archit.*) Se dit de certains revêtements de murs dont les joints sont disposés en réseau.

RÉTINE, *sf.* Membrane nerveuse grisâtre, qui est située au fond de l'œil, où elle tapisse la choroïde, et qui reçoit les images des objets; elle est le principal siége de la vision.

RÉTINITE, *sf.* (*Méd.*) Inflammation de la rétine. | (*Minér.*) Roche siliceuse à éclat résineux, qu'on trouve dans les terrains volcaniques.

RÉTINOÏDE, Rétinolé, *sm.* Nom de divers médicaments composés, à base de résine.

RETIRATION, *sf.* (*Impr.*) Action d'imprimer le *verso* ou second côté d'une feuille de papier, déjà imprimée d'un côté.

RÉTOIRE, *sm.* Caustique appliqué sur la peau d'un animal.

RETOMBE, *sf.* Feuille de —; se dit d'une *feuille qui s'applique en un point déterminé* d'un dessin, d'un plan, etc., auquel elle tient par un de ses côtés; elle reproduit la partie même du dessin qu'elle recouvre, mais avec quelques modifications, afin qu'on puisse choisir entre deux projets.

RETOMBÉE, *sf.* (*Archit.*) Naissance d'une voûte, partie d'une voûte ou d'une arcade qui porte sur un mur ou sur un pied droit.

RETORDERIE, *sf.* Industrie consistant à tordre ensemble plusieurs fils simples; les fils ainsi travaillés sont dits *retors*.

RÉTORSION, *sf.* Action de *rétorquer*, emploi que l'on fait contre son adversaire des raisons, des arguments, des preuves dont il s'est servi. | Sorte de représailles qui consiste à imposer chez nous, aux étrangers, le même traitement, les mêmes obligations qu'ils nous imposent chez eux.

RETORTE, *sf.* Se dit quelquefois pour *cornue*, et plus particul. pour désigner les vases en tôles de fer qui servent à la fabrication du gaz d'éclairage.

RÉTRACTILE, *adj.* (*Zool.*) Qui a la faculté de se retirer, de rentrer en dedans; se dit particul. des ongles des chats, des artères de la plupart des animaux, etc.

RETRAIT, *sm.* Réduction ou diminution du volume d'un corps par la dessiccation, comme dans l'argile, ou par le refroidissement, comme dans les ouvrages fondus. | (*Jurisp.*) Action de retirer, de reprendre un bien, un droit qui avait été perdu. | — lignager. V. *Lignager*.

RETRAIT, E, *adj.* Se dit des grains qui mûrissent sans se remplir.

RETRAITE, *sf.* V. *Rechange*.

RETRANCHEMENT, *sm.* (*Milit.*) Obstacle naturel ou artificiel dont on se sert pour se fortifier contre une attaque ou une surprise de l'ennemi; il consiste en général en un fossé, un ravin, derrière lequel s'établissent des parapets, des talus, etc.

RETREINDRE, *va.* Diminuer le volume ou l'un des diamètres d'une pièce de métal emboutie.

RÉTROACTIF, VE, *adj.* Se dit des lois, décrets, etc., dont l'effet remonte à une époque antérieure à celle où ils sont mis en vigueur.

RÉTROCÉDER, *va.* Remettre à quelqu'un soit une propriété, soit un droit qu'il avait précédemment cédé.

RÉTROCESSION, *sf.* Acte par lequel on rétrocède.

RETS, *sm.* Filet composé de mailles à losanges et servant particul. à prendre les oiseaux.

RETUS, SE, *adj.* (*Hist. nat.*) Se dit des organes qui sont très-obtus et qui paraissent comme écrasés.

REUN, *sm.* Capacité de la cale d'un bâtiment.

REUSSINE ou Reussite, *sf.* (*Minér.*) Substance minérale composée de sulfate de soude et de sulfate de magnésie.

REVALESCIÈRE, *sf.* Nom donné, de même qu'*Ervalenta*, à la farine de lentilles pour la débiter, en lui attribuant des propriétés analeptiques très-exagérées.

REVÊCHE, *sf.* Étoffe de laine commune, sergée, foulée, souple, spongieuse et très-résistante; elle ressemble à du feutre et sert à divers usages, particul. à faire les *flôtres*. (V. ce mot.)

REVENOIR, *sm.* Lame d'acier ou de cuivre très-mince, dont les bords sont pliés, sur laquelle les horlogers mettent les pièces d'acier pour les recuire ou leur faire prendre la couleur bleue.

RÉVERBÈRE, *sm.* Dôme particulier à une espèce de fourneau employé dans les opérations chimiques et la métallurgie, et dans lequel le combustible brûle sur une grille d'où sa flamme passe sous ce dôme voûté qu'elle porte à une chaleur considérable pour aller de là se perdre dans une haute cheminée; c'est sous le — que se place le métal qu'on veut fondre.

RÉVÉRENCIELLE, *adj. f.* (*Théol.*) Crainte —, sentiment mêlé de crainte et de respect que les enfants doivent avoir pour leurs parents.

RÉVÉREND, E, *s.* Titre d'honneur qu'on donne aux religieux et aux religieuses.

RÉVERSALE, *adj.* Lettre —; se disait autrefois de certaines contre-lettres par lesquelles on s'engageait à exécuter une chose à la condition qu'une première chose serait exécutée.

REVERSEAU, *sm.* V. *Rejeteau.*

REVERSI, *sm.* Sorte de jeu de cartes où celui des joueurs qui fait le moins de levées gagne la partie et où le valet de cœur, qu'on nomme le *quinola*, est la carte principale. | Coup qui consiste à faire toutes les levées et qui, par exception, procure le gain de la partie.

RÉVERSIBILITÉ, *sf.* État de ce qui est réversible.

RÉVERSION, *sf.* Retour, droit par lequel les biens dont une personne a disposé lui reviennent, quand celle en faveur de qui elle en a disposé meurt sans enfants. | Réversible, *adj.* Susceptible de —.

REVIVIFICATION, *sf.* Opération chimique par laquelle on réduit un oxyde à l'état métallique. | Opération au moyen de laquelle le noir animal qui a servi à décolorer le sirop de sucre est remis en état de servir de nouveau.

REVOLIN, *sm.* Répercussion, déviation du vent lorsqu'il est réfléchi, renvoyé par un corps qu'il rencontre et qui en altère la direction.

RÉVOLUTION, *sf.* (*Math.*) Mouvement circulaire d'un corps autour d'un point pris comme centre, ou autour d'un de ses côtés pris comme axe, etc. | (*Astr.*) Marche circulaire des corps célestes dans l'espace, et particul. des planètes autour du soleil.

REVOLVER, *sm.* (pr. *vèrr*) (*Angl.*) Pistolet à plusieurs coups composé de plusieurs canons qui pivotent autour d'une culasse unique, ou d'un seul canon fixe et d'un bloc mobile appelé *tonnerre*, portant plusieurs culasses qui viennent successivement s'appliquer à la base du canon.

RÉVULSION, *sf.* Action des médicaments ou des agents qui détournent la cause d'une maladie d'une partie du corps vers une autre. | Révulsif, ve, *adj.* et *sm.* Qui provoque la —.

REZ, *prép.* S'est dit pour *à ras de.* | *Rez terre*, à ras de terre. | *Rez-mur*, à ras du mur.

RHABILLAGE, *sm.* Réparation, mise à neuf et nettoyage de toutes les parties d'une montre. | Rhabiller, *va.* Faire un —.

RHAGADE, *sf.* (*Méd.*) Petit ulcère étroit et allongé qui a son siége dans les interstices des plis de l'anus.

RHAMNÉES, *sfpl.* (*Bot.*) Famille de plantes renfermant des arbrisseaux souvent épineux et comprenant entre autres le *jujubier* et le *nerprun*, qui en est le type.

RHAPONTIC, *sm.* Racine d'une espèce de rhubarbe, originaire d'Asie, cultivée en Europe; elle est tonique, très-astringente et renferme une matière colorante rougeâtre; à haute dose elle est purgative; on l'appelle aussi *fausse rhubarbe* ou *rhubarbe de France.*

RHAPSODE, *sm.* V. *Rapsode.*

RHÉOMÈTRE, *sm.* V. *Galvanomètre.*

RHÉOPHORE, *sm.* V. *Electrode.*

RHICNOSE, *sm.* (*Méd.*) Corrugation, froncement de la peau.

RHIGOLÈNE, *sm.* L'un des éthers issus de l'huile de pétrole; il est très-léger, très-volatil, bout à 38 degrés et s'enflamme très-facilement.

RHINANTHE, *sf.* Plante à tige droite, portant des fleurs irrégulières en épis, et dont une espèce, commune dans les prairies et appelée vulg. *crête-de-coq*, nuit au fourrage où elle se trouve mêlée.

RHINGRAVE, *sm.* Autrefois, gouverneur d'une des villes situées le long du Rhin. | *sf.* Ancienne espèce de culotte attachée par le bas avec plusieurs rubans.

RHINITE, *sf.* Inflammation de la membrane nasale.

RHINOBATE, *sm.* Poisson chondroptérygien voisin de la raie: il est muni d'une queue grosse, charnue, garnie de trois nageoires, et porte un museau très allongé; on le trouve dans la Méditerranée.

RHINOCÉROS, *sm.* Mammifère de l'ordre des pachydermes, caractérisé par la corne qu'il porte sur les os propres du nez; il a la peau nue, dure, avec d'énormes plis; il habite les contrées chaudes de l'Inde et de l'Afrique.

RHINOLOPHE, *sm.* Genre de chauve-souris qui a sur le nez une crête membraneuse ressemblant à un fer à cheval; la plupart de ses espèces se trouvent en Asie et en Afrique.

RHINOPLASTIE, *sf.* Art de faire un nez artificiel en renversant un lambeau incisé de la peau du front.

RHIPIPTÈRES, *smpl.* (*Zool.*) Ordre d'insectes voisins des diptères, de très-petite taille, et remarquables par leurs ailes membraneuses plissées en éventail.

RHIZOCARPE, *sm.* Genre de lichens qui forme des plaques de dimensions, de couleurs et de contours très-variés sur les rochers les plus durs.

RHIZOLITHE, *sf.* (*Minér.*) Racine fossile empreinte dans une pierre; racine pétrifiée.

RHIZOME, *sm.* (*Bot.*) Tige souterraine ordinairement horizontale, qui s'allonge en poussant, soit des rameaux, soit des feuilles à l'une de ses extrémités, tandis qu'elle se détruit par l'autre.

RHIZOPHAGE, *adj.* Qui se nourrit de racines.

RHIZOPHORE, *sm.* V. *Palétuvier.*

RHIZOPODES, *smpl.* (*Zool.*) Classe d'animalcules protozoaires, de forme très-simple, caractérisés par un tissu sarcodique ou gélatineux et un pied par lequel ils se fixent en parasites sur le corps d'autres animaux.

RHIZOPOGON, *sm.* Champignon souterrain blanc, voisin de la truffe par sa conformation; on le trouve dans le nord de l'Europe.

RHIZOSTOME, *sm.* Zoophyte marin de la classe des acalèphes; son corps, de consistance gélatineuse, a la forme d'une ombelle dont la base se termine en tentacules qui pendent dans l'eau, tandis que la partie supérieure flotte à la surface.

RHIZOTOME, *sm.* C'était autrefois le nom des herboristes. | Instrument destiné à couper les racines.

RHODIUM, *sm.* (pr. *diomm*). Métal de couleur rose argentée, qu'on n'a encore trouvé qu'allié au platine.

RHODODENDRON, *sm.* Arbrisseau à feuilles persistantes, dont on cultive la plupart des espèces pour la beauté de leurs fleurs; l'une de ses espèces, qui a l'aspect du laurier-rose, et dont les feuilles sont comme couvertes de taches de rouille en dessous, est commune sur les montagnes élevées des Alpes et des Pyrénées.

RHODOMÈLE, *sm.* Miel rosat. | Préparation de roses et de pulpes de coings.

RHODONITE, *sm.* (*Minér.*) Pierre de couleur rose violet, qui est du manganèse silicaté; on la trouve en Sicile, en Russie, etc., et on en fait des objets d'art.

RHOMBE, *sm.* Quadrilatère dont les côtés opposés sont parallèles et les angles obliques; le losange est un *rhombe* dont les quatre côtés sont égaux.

RHOMBOÈDRE, *sm.* (*Minér.*) Solide à six faces formées par des rhombes et toutes égales et disposées symétriquement par rapport à un axe qui passe par deux angles solides opposés.

RHOMBOÏDE, Rhomboïdal, e, *adj.* Se dit des figures qui se rapportent au rhombe. | (*Anat.*) Se dit d'un muscle de la forme d'un rhombe, qui s'étend entre les vertèbres dorsales et le bord interne de l'omoplate.

RHOPALIQUE, *adj.* (*Litt.*) Se dit d'un vers grec ou latin formé d'une suite de mots dont chacun a une syllabe de plus que le précédent; le premier est toujours un monosyllabe.

RHUBARBE, *sf.* Plante herbacée à feuilles profondément découpées, à fleurs blanc jaunâtre, en grappes, renfermant plusieurs espèces, dont la racine tubéreuse, brune en dehors, jaune rouge en dedans, est prise, à l'état de poudre, comme un purgatif doux et propre à réveiller l'action de l'estomac; elle croît au Thibet et en Chine. | Fausse —. V. *Rhapontic* et *Pigamon.* | — de la Louisiane. V. *Silphion.*

RHUM, *sm.* Alcool provenant de la distillation de la mélasse et des écumes du sirop de sucre de canne; il a un arome particulier qui le distingue de l'eau-de-vie ordinaire.

RHUMATISME, *sm.* Douleur qui se manifeste particul. dans les parties fibreuses des muscles ou des articulations; elle est aiguë ou chronique.

RHUMB, *sm.* V. *Rumb.*

RHYAS, *sf.* (pr. *-ass*). Écoulement continuel de l'humeur lacrymale.

RHYNCHÉE, *sf.* Genre d'échassiers des contrées tropicales, voisins de la bécasse par leur conformation; ils se tiennent dans les marécages.

RHYNCHOPHORES, *smpl.* (pr. *-ko-*) (*Zool.*) Famille d'insectes coléoptères dont la tête est munie d'une longue protubérance, et qui vivent, la plupart, aux dépens des substances végétales alimentaires; tels sont les *charançons*, les *attélabes*, etc.

RHYPTIQUE, *adj.* S'est dit des remèdes propres à entraîner les humeurs corrompues.

RHYTHME, *sm.* A proprement parler, proportion qui existe entre les parties d'un tout; en particulier, nombre, cadence, mesure.

RHYTON, *sm.* (*Ant.*) Vase en forme de corne, orné à son extrémité d'une tête d'animal.

RIAULE, *sf.* Outil de mineur composé d'un morceau de fer battu de la longueur de 15 à 20 centimètres, finissant dans le haut par un tuyau en écrou propre à recevoir un long manche de bois.

RIBLAGE, *sm.* Opération qui consiste à *ribler*, c.-à-d. à frotter les meules des moulins les unes contre les autres pour les polir.

RIBLETTE, *sf.* Tranche de lard ou de viande salée et grillée.

RIBLONS, *smpl.* Morceaux de fer ou d'acier hors de service.

RIBORD, *sm.* (*Mar.*) Bordage de la carène d'un bâtiment au-dessus du gabord; il s'étend jusqu'à un mètre et demi environ près de la flottaison.

RIBORDAGE, *sm.* Dommage que le choc d'un bâtiment cause à un autre dans un port, soit lorsqu'il change de place, soit lorsqu'il fait quelque autre manœuvre.

RIBOT, *sm.* Pilon d'une baratte à beurre.

RICHARD, *sm.* V. *Bupreste.*

RICHE, *sm.* Sorte de loup-cervier assez commun en Suède et en Pologne et dont la peau fournit une belle fourrure.

RICIN, *sm.* Plante de la famille des euphorbiacées, appelée aussi *Palma-Christi*; c'est un arbre des pays chauds, dont les semences, d'un gris luisant, bigarré de brun, fournissent une huile purgative. | Insecte aptère, apode, parasite, voisin de la tique par sa conformation, et qui vit sur certains animaux, notamment sur les oiseaux.

RICOTTE, *sf.* Substance que l'on obtient dans la fabrication du fromage en faisant bouillir le petit-lait et en recueillant les globules de caséum qui surnagent; on l'emploie dans quelques pays pour la nourriture des vaches.

RICTUS, *sm.* (pr. *tuss*). État de la bouche quand elle s'ouvre de toute sa largeur et se maintient ainsi par un effort nerveux et indépendant de la volonté.

RIDÉE, *sf.* Filet à prendre des alouettes. | —s, *sfpl.* Fientes enfumées des vieux cerfs et des vieilles biches.

RIDELLE, *sf.* Chacun des deux côtés mobiles d'une charrette. | — ou RIDENNE, *sf.* Espèce de canard sauvage assez commune dans nos contrées; on l'appelle aussi *Chipeau* et *Rousseau.*

RIFLARD, *sm.* Grand rabot à deux poignées, qui sert à dresser les bois de charpente. | Morceau de fer emmanché de bois, et dont la lame très-large est souvent dentée; les maçons s'en servent pour égaliser les ravalements en plâtre. | Lime recourbée dont on se sert pour atteindre les creux d'un ouvrage à dégrossir. | Laine la plus grosse et la plus longue d'une toison.

RIFLER, *va.* Unir ou aplanir avec le riflard.

RIFLOIR, *sm.* Lime courbe appelée aussi *Riflard.* (V. ce mot.)

RIGÉE, *sf.* Plan de vigne en pépinière.

RIKSDALER, *sm.* V. *Risdaler.*

RILLETTE, *sf.* Viande de porc hachée menu et mêlée de graisse.

RIMBERGE, *sf.* V. *Mercuriale annuelle.*

RINCEAU, *sm.* Ornement sculpté ou peint, composé de branches et de fruits ou de feuilles d'acanthe enroulées.

RING, *sm.* (pr. *rinngh*) (*Angl.*) Aux courses, se dit du lieu réservé pour le pesage des chevaux, qu'on appelle aussi *enceinte du pesage.*

RINGARD, *sm.* Barre de fer à bout recourbé, avec laquelle on remue la matière en fusion dans les hauts-fourneaux, ou le charbon dans les machines.

RINGLET, *sm.* (pr. *-glètt*). Boucles de cheveux très-longues, tombant des deux côtés de la figure.

RIPE, *sf.* Outil d'acier en forme de truelle, recourbé et dentelé, qui sert à gratter un enduit, de la pierre, etc. | Auge dans laquelle se meut une meule.

RIPER, *va.* Ratisser avec la *ripe* (V. ce mot). | (*Mar.*) Se dit des cordages, des amarres, etc., quand on les fait glisser l'un contre l'autre.

RIPUAIRE, *adj.* Se dit des peuples qui habitaient les bords du Rhin et de la Meuse, au commencement de la monarchie française, ainsi que de leur corps de lois.

RIS, *sm.* (pr. *ri*). Corps glanduleux qui est placé sous la gorge du veau. | (*Mar.*) Œillets qui sont percés dans une voile au-dessous de la vergue, et dans lesquels on passe de petites cordes dites *garcettes*, pour raccourcir la voile quand le vent est trop fort.

RISDALER, ou RIXDALER, *sm.* Monnaie d'argent variant de 5 fr. 60 à 5 fr. 80 dans le

Danemark, l'Autriche et la Confédération allemande. | On écrit aussi *Risdale* et *Riksdaler*.

RISSEAU, *sm.* Sorte de filet appelé aussi *épervier*. (V. ce mot.)

RISSOLE, *sf.* Très-grand filet à mailles serrées, dont on se sert en Provence pour pêcher des anchois, etc. | Sorte de menue pâtisserie formée de viande hachée enveloppée dans de la pâte, et faite dans du saindoux.

RISSOLETTE, *sf.* Rôtie de pain garnie de viandes hachées que l'on fait passer au four.

RISSON, *sm.* Ancre qui a quatre branches de fer.

RISTORNE, RISTOURNE, *sf.* Droit payable par un assuré qui veut faire annuler son contrat d'assurance, soit qu'avant le départ du navire il renonce à l'expédition des objets qu'il avait fait assurer, soit qu'il apprenne que des articles assurés par lui l'avaient été précédemment par un de ses correspondants.

RIT ou RITE, *sm.* Ordre prescrit des cérémonies qui se pratiquent dans une religion. | Au pluriel, *Rites*.

RITE ou RITTE, *sf.* Sorte de charrue sans oreilles ou sans versoir, et dans laquelle le soc est remplacé par une lame de fer transversale qui ameublit la terre sans la retourner | RITER ou RITTER, *va.* Labourer avec la —.

RITUEL, *sm.* Livre qui contient les prières et les cérémonies religieuses, et particul. toutes les parties du culte autres que la messe, laquelle est renfermée dans le *missel*.

RIVESALTES, *sm.* Vin du Roussillon très-estimé.

RIVET, *sm.* Clou dont la pointe est rabattue et refoulée sur elle-même, de manière à former un clou à deux têtes qui ne peut plus sortir.

RIVOIRE, *sf.* Outil tranchant d'acier trempé qui sert à couper et river des pointes et des clous.

RIXDALER, *sm.* V. *Risdaler*.

RIZE, *sm.* Ancienne monnaie de compte turque qui valait quinze mille ducats.

ROB, *sm.* Suc non fermenté de fruits cuits, ou décoction de plusieurs végétaux que l'on obtient en consistance de sirop épais; la plupart de ces médicaments sont laxatifs; quelques-uns ne s'emploient que comme dépuratifs dans certaines maladies.

ROB ou ROBRE, *sm.* Au whist, parties liées, lorsqu'un des joueurs en a gagné deux et que l'autre n'en a gagné qu'une.

ROBÉE, *adj. f.* Garance —, racine de garance dont on a retiré la première écorce et le cœur.

ROBINIER, *sm.* Genre de plantes de la famille des légumineuses auquel appartient l'arbre appelé vulgairement *acacia*.

ROBLOT, *sm.* Nom vulgaire des petits maquereaux.

ROBORATIF, VE, *adj.* et *sm.* (*Méd.*) Se dit des médicaments toniques qui agissent principalement sur le sang, comme les composés de fer, de manganèse, etc.

ROCAILLE, *sf.* Décoration faite de coquillages et de pierres brutes ou de cailloux incrustés; meubles décorés de cette façon.

ROCAMBOLE, *sf.* Espèce du genre ail, d'une saveur moins forte que celle de l'ail ordinaire, et qu'on appelle aussi *échalotte d'Espagne*.

ROCCELLE, *sf.* Genre de lichens vivant sur les rochers, et dont une espèce est l'*orseille*. (V. ce mot.)

ROCHE, *sf.* (*Géol.*) On entend par ce mot toute association plus ou moins homogène de nature pierreuse, formant une masse importante de l'écorce du globe. | Variété de calcaire coquillier qu'on trouve au sud de Paris, et qui est d'un grain assez fin et d'une certaine dureté.

ROCHER, *sm.* L'une des portions de l'os temporal du crâne, dans laquelle se trouve l'oreille, et qui est d'une grande dureté; on l'appelle aussi *Rupéal*. | Mollusque gastéropode des mers tropicales, dont le coquillage est très-rocailleux et de forme très-bizarre; on en trouve de nombreuses espèces. | Masse de mousse qui s'étend sur la bière quand cette liqueur commence à fermenter.

ROCHER, *vn.* Se dit d'un métal quand il se dépose sur un autre métal en masses irrégulières par suite d'une soudure.

ROCHET, *sm.* Sorte de surplis à manches étroites que portent les évêques et plusieurs autres ecclésiastiques. | Mantelet des pairs d'Angleterre. | Espèce de petite meringue colorée. | Roue à —, roue à dents inclinées dans lesquelles s'engage un cliquet, de façon à ne permettre le mouvement de rotation que dans un sens. | Petite bobine. V. *Roquet*.

ROCHETTE, *sf.* Nom qu'on a donné aux premières fusées de guerre, dont l'invention paraît antérieure au XIVe siècle.

ROCHIER, *sm.* Espèce particulière de roussette qu'on trouve dans les mers d'Europe. V. *Roussette*. | Emerillon qui a passé l'âge de quatre ans.

ROCHOIR, *sm.* Petite boîte de métal contenant le sel à souder dont se servent les ouvriers en métaux.

ROCK, *sm.* V. *Rouc*.

ROCOU, *sm.* Pâte tinctoriale, brillante, à odeur désagréable, fournie par la pulpe et les pellicules rouges qui enveloppent les semences d'un arbrisseau de 4 à 5 mètres, qui croît sur la côte orientale de l'Amérique du Sud, et qu'on appelle *rocouyer*; on se sert du *rocou* pour teindre les soies en jaune, ainsi que pour colorer les vernis, les huiles, etc.

ROD, *sm.* Mesure agraire anglaise, équivalant à 25 mètres carrés environ.

RODATION, *sf.* Diminution de la longueur des poils.

RODE, *sm.* Équipage composé de quinze à dix-huit chevaux qui se relèvent.

RODER, *va.* Frotter deux pièces de métal ou de cristal l'une sur l'autre pour qu'elles s'adaptent exactement; particul. user l'intérieur d'un goulot et le pourtour d'un bouchon pour qu'ils entrent hermétiquement l'un dans l'autre.

RODET, *sm.* Espèce de roue de moulin, horizontale, qui reçoit le courant d'eau destiné à faire tourner le moulin.

ROGATION, *sf.* (*Ant.*) Chez les Romains, c'était la présentation par les tribuns au peuple d'un projet de loi. | —s, *sfpl.* Prières publiques accompagnées de processions que l'Église fait pour les biens de la terre pendant les trois jours qui précèdent la fête de l'Ascension.

ROGATOIRE, *adj.* Se dit d'une commission qu'un tribunal adresse à un autre tribunal pour l'inviter à faire, dans l'étendue de son ressort, quelque acte de procédure ou d'instruction qu'il ne peut faire lui-même.

ROGNE, *sf.* Gale invétérée; c'est une espèce de gale plus difficile à guérir que la gale ordinaire. | Se dit d'une espèce particulière de gale des chevaux, appelée aussi *gale rongeante.*

ROGNON, *sm.* Nom que portent, chez les mammifères et particul. chez ceux dont la chair est comestible, les organes appelés *reins* chez l'homme. | (*Minér.*) Portions de roches cohérentes, de grosseur variable, de forme arrondie, qu'on trouve englobée dans une couche minérale de nature différente.

ROGUE, *sf.* Œufs de poisson salés et particul. de morue, dont on se sert comme appât pour pêcher les sardines.

ROGUÉ, E, *adj.* Se dit d'un poisson qui contient des œufs.

ROÏOC, *sm.* V. *Royoc.*

ROITELET, *sm.* Très-petit oiseau de la famille des becs-fins, remarquable par son bec grêle droit, pointu, à plumage de couleur olivâtre, nuancé de jaune; on en trouve plusieurs espèces en Europe où ils vivent d'insectes.

RÔLE, *sm.* Feuillet composé de deux pages d'écriture, le recto et le verso. | Liste de contribuables ou de redevables. | Au palais, registre sur lequel sont inscrites les causes suivant un certain ordre. | (*Mar.*) — d'équipage, état certifié qui doit renfermer, sous peine d'amende, les nom, prénom, domicile et profession de toutes les personnes, matelots ou passagers qui se trouvent à bord. | Pelote de tabac ou boudin roulé plusieurs fois sur lui-même.

ROLLIER, *sm.* Oiseau de l'ordre des omnivores, voisin des pies et des martins-pêcheurs, à plumage brillant où domine le bleu; il habite les grandes forêts de l'Europe et des contrées tropicales, et se nourrit d'insectes; on en compte un grand nombre d'espèces, dont certains s'appellent *rolles, pies-rolles* ou *pirolles*, etc.

ROMAIN, *sm.* (*Impr.*) Espèce de caractère typographique; se dit particul. des caractères droits pour les distinguer des caractères italiques. | *adj.* Se dit des chiffres composés de lettres numérales, comme C, D, I, L, V, etc.

ROMAINE, *sf.* Balance qui consiste en un fléau divisé en deux bras inégaux, l'objet à peser est attaché au plus court, tandis qu'un anneau mobile portant un poids glisse sur l'autre bras, jusqu'à ce qu'il s'arrête au point où il fait équilibre à l'objet à peser, et indique le poids de cet objet sur une échelle gravée sur le fléau.

ROMAÏQUE, *sm.* Grec moderne, et particul. grec vulgaire en usage au moyen âge.

ROMAN, E, *adj.* Se dit de la langue formée de latin corrompu, qui était en usage dans le midi de l'Europe du dixième au quatorzième siècle. | Se dit du style architectural en usage vers cette époque, dont le caractère dominant est le plein-cintre dans les voûtes et les arceaux.

ROMANCERO, *sm.* Petit poëme espagnol écrit en strophes et contenant quelque histoire héroïque ou touchante.

ROMANÉE, *sm.* Vin célèbre de la Côte-d'Or.

ROMANTIQUE, *adj.* ROMANTISME, *sm.* S'est dit des écrits et des tendances d'une école littéraire dont les principes étaient opposés pour la plupart à ceux de l'école dite classique, qui fondait son plus grand mérite sur l'imitation aussi complète que possible des auteurs classiques.

ROMARIN, *sm.* Petit arbrisseau de la famille des labiées, de 1 m. à 1 m. 30, à fleurs bleu pâle en groupes axillaires, très-odorantes, à feuilles linéaires vert grisâtre, glabres en dessus, cotonneuses en dessous; on prend ses fleurs en extrait ou en tisane comme antispasmodiques et excitantes; les parfumeurs et les distillateurs en font aussi grand usage.

ROMESTECQ, *sm.* Jeu de cartes qui se joue à deux, quatre ou six personnes avec un jeu de piquet auquel on a ajouté les six.

ROMSTEAK, *sm.* V. *Rumsteck.*

RONCE, *sf.* Arbrisseau de la famille des rosacées, dont une espèce, commune dans les bois et les haies, porte des fleurs employées comme astringentes, et des fruits à petits grains succulents appelés communément *mûres sauvages*; le *framboisier* est une autre de ses espèces.

RONCINÉ, E, *adj.* (*Bot.*) Se dit des feuilles incisées sur leur côtés de telle sorte que le sommet des incisions est recourbé en dedans, telle est la feuille du *pissenlit.*

RONDACHE, *sf.* Espèce de grand bouclier

de forme ronde, qu'employaient les chevaliers au moyen âge; on s'en servait aussi dans les tournois.

RONDE, *sf.* (*Mus.*) La plus longue de toutes les notes, celle qui a le plus de valeur; elle est représentée par un cercle sans queue; elle vaut quatre noires ou deux blanches, et occupe toute la mesure à quatre temps. | Ecriture arrondie dont les caractères sont presque perpendiculaires sur la ligne.

RONDEAU, *sm.* (*Litt.*) Morceau de poésie divisé en plusieurs parties distinctes et d'égale longueur, qui commencent et finissent chacune par le même vers ou les deux mêmes vers; il ne comporte guère que des vers de huit ou de dix syllabes. | A Lyon, panier qui reçoit les œufs, le beurre et la volaille que l'on veut peser.

RONDE-BOSSE, *sf.* Dans les arts du dessin, tout travail en plein relief, c.-à-d. se détachant complètement du fond; tels sont le dessin d'un buste ou d'une statue.

RONDELETTE, *sf.* (*Comm.*) Cordonnet de soie à deux bouts très-tordus, qu'on emploie dans la passementerie, et dont le périmètre est tout à fait cylindrique; quand elle est très-fine on l'appelle *rondelettine*.

RONDELLE, *sf.* Petit bouclier rond dont se servaient les gens de pied armés à la légère. | Garde d'épée de forme ronde. | Pièce ronde percée au milieu, qu'on applique, dans les joints des tuyaux, par paires qu'on rive ensemble pour rendre parfaite l'adhérence des parties de tuyaux. | — fusible, plaque faite d'un alliage très-fusible et pouvant céder à la vapeur dans une chaudière au cas où ses soupapes cesseraient de fonctionner.

RONDIER, *sm.* Arbre de la famille des palmiers qu'on trouve aux Maldives, et qui fournit une liqueur fermentée d'un goût agréable, ainsi qu'une espèce de sucre.

RONGEURS, *smpl.* (*Zool.*) Ordre d'animaux mammifères de petite taille, remarquables par deux grandes incisives à chaque mâchoire, séparées des molaires par un espace vide, ce qui les oblige, pour la plupart, à ronger leurs aliments; tels sont les *rats*, les *écureuils*, les *castors*, les *lapins*, les *lièvres*, etc.

ROQUELAURE, *sm.* Espèce de manteau fermé sur le devant par des boutons depuis le haut jusqu'en bas.

ROQUELLE, *sf.* Gros roquet horizontal de 8 à 10 centimètres de diamètre, qu'on emploie dans le moulinage de la soie.

ROQUER, *va.* Aux échecs, déplacer simultanément le roi et la tour, en posant celle-ci à côté du roi et en faisant sauter le roi à la case voisine de celle qu'occupe la tour.

ROQUET, *sm.* Variété de chiens de la famille des dogues, à poils ras, à petites oreilles et à queue retroussée. | Petite bobine grosse et courte qu'on emploie dans les guindres ou dévidoirs à soie, ainsi que pour envider le fil d'or.

ROQUETIN, *sm.* Petite bobine qui reçoit le trait ou filet du fil d'or ou d'argent; celle qui reçoit le fil aplati s'appelle — *de lame*.

ROQUETTE, *sf.* Espèce de chou sauvage, d'une odeur très-forte et d'un goût âcre et piquant, qui croît abondamment sur les murailles et dans les lieux incultes. | Petit roquet ou bobine. | V. *Rochette*.

ROQUILLE, *sf.* Ancienne petite mesure de vin contenant le quart du setier ou un huitième de litre. | Sorte de confitures d'écorce d'orange.

RORAGE, *sm.* Rouissage du chanvre, du lin, etc., sur le sol; ce procédé consiste à laisser les tiges de ces plantes étendues pendant plusieurs jours sur un pré et exposées à la rosée, qui les pénètre et désagrége les fibres textiles d'avec les parties inutiles.

RORIFÈRE, *adj.* Qui retient, qui envoie, qui appelle la rosée.

RORQUAL, *sm.* Espèce de baleine ou balénoptère à ventre plissé, qui habite les mers d'Europe et qu'on trouve quelquefois dans la Méditerranée.

ROS, *sm.* V. *Rot*.

ROSACE, *sf.* Ornement d'architecture en forme de rose ou d'étoile à plusieurs branches, qu'on emploie dans l'ornementation des baies monumentales, des plafonds, etc.

ROSACÉES, *sfpl.* (*Bot.*) Famille de plantes dont les corolles régulières et les étamines sont insérées sur le calice, lequel renferme un ovaire adhérent qui grossit plus tard et forme le fruit; on y distingue la *rose*, le *fraisier*, la *ronce*, le *pommier*, le *poirier*, le *prunier*, etc.

ROSAGE, *sm.* V. *Rhododendron*.

ROSAIRE, *sm.* Grand chapelet qu'on dit à l'honneur de la Vierge; il est composé de quinze dizaines d'*Ave*, chacune précédée d'un *Pater*. | Herbe à —. V. *Coix*.

ROSALIE, *sf.* (*Mus.*) Se dit d'une phrase musicale répétée plusieurs fois sur les cordes qui sont un degré plus haut ou plus bas.

ROSAT, *adj.* Se dit de certaines compositions pharmaceutiques dans lesquelles il entre des roses; *onguent rosat*, *miel rosat*, etc.

ROSBIF, *sm.* Morceau de bœuf placé audessus du filet et composé de plusieurs côtelettes réunies.

ROSCONNE, *sf.* Toile de lin blanche qui se fait en Bretagne.

ROSE, *sf.* — de Provins, espèce de rose de couleur rouge, dont les propriétés sont très-astringentes. | — de Jéricho. V. *Jérose*. | — trémière. V. *Alcée*. | (*Mar.*) — des vents, ensemble des trente-deux rayons par lesquels on partage la circonférence de l'horizon, afin de pouvoir estimer en mer la direction des vents. | Taille en —, façon particulière de tailler le diamant, qui consiste en une base plane d'une part, et de l'autre en facettes réunies en une pointe, sans table ni culasse comme le brillant. | Bois de —, nom qu'on donne à plusieurs arbres du Levant et des Canaries, dont le bois a une odeur très-agréable, rappelant celle de la rose, et dont on fait de petits objets de tabletterie.

ROSEAU, *sm.* Plante graminée de grandes dimensions, dont les espèces nombreuses vivent dans les étangs en touffes épaisses et serrées, remarquable par ses feuilles longues et étroites, ses tiges creuses et articulées, etc. | Bûches empilées en travers l'une sur l'autre à chaque bout d'une pile de bois; on les appelle aussi *grillons*.

ROSE-CROIX, *sm.* Secte d'empiriques qui prétendaient posséder toutes les sciences, avoir la pierre philosophale, rendre les hommes immortels, etc. | Dans la franc-maçonnerie, c'est le grade immédiatement au-dessus de celui de maître.

ROSELET, *sm.* Fourrure de l'hermine pendant l'été; elle est fauve pâle et moins estimée que sa fourrure d'hiver, qui est blanche.

ROSÉOLE, *sf.* Sorte d'éruption cutanée qui survient quelquefois comme simple accessoire dans le cours d'affections internes plus ou moins graves; elle consiste en taches roses de petites dimensions et sans forme déterminée.

ROSETTE, *sf.* Se dit du cuivre en plaques circulaires ou en gâteaux, formes sous lesquelles ce métal affiné se trouve souvent dans le commerce. | Petit cadran en argent placé sur la petite platine d'une montre, au centre duquel est une aiguille, et qui sert à faire avancer ou retarder le mouvement de la montre.

ROSIÈRE, *sf.* Celle des jeunes filles qui, dans certains villages, a obtenu la rose ainsi que le prix qui sont destinés à récompenser sa sagesse.

ROSMARE, *sm.* Nom par lequel on désigne quelquefois le *morse*. (V. ce mot.)

ROSOGLIO, Rosolio, *sm.* Liqueur alcoolique de roses distillées, colorée avec une teinture de cochenille.

ROSSANE, *sf.* Lapins et lapereaux coupés par quartiers lardés, puis sautés à la casserole.

ROSSE, *sf.* Poisson blanc, espèce d'able dont le corps est comprimé et argenté, et les nageoires rouges.

ROSSIGNOL, *sm.* Petit oiseau passereau dentirostre, à plumage roussâtre, à bec droit et grêle, qui habite les bois; il est remarquable par son chant mélodieux que le mâle ne fait entendre que pendant l'incubation des œufs par la femelle. | Coin de bois qu'on met dans les mortaises trop longues quand on veut serrer quelques pièces de bois. | Instrument en forme de crochet, qui, à défaut de clef, sert aux serruriers pour ouvrir une porte. | Grosse bobine évidée dans sa longueur, qui porte la grosse soie dont on fait la lisière de l'étoffe.

ROSSOLIS, *sm.* (pr. *ll*). Liqueur composée d'eau-de-vie, de sucre et de quelques parfums.

ROSTRAL, E, *adj.* Qui ressemble à un bec, ou a une proue de navire. | Colonne —e, colonne ornée de proues de navires.

ROSTRE, *sm.* (*Ant.*) Tribune aux harangues, nom d'une plateforme située au milieu de la place publique de Rome, et dont la base était ornée de becs ou éperons de navires. | Ornements ayant la forme de becs ou éperons de navires antiques.

ROT, *sm.* Appareil horizontal disposé comme une échelle très-serrée, et dans lequel passent tous les fils de la chaine du métier, qui se trouvent ainsi conserver toujours leur position respective.

ROTACÉ, E, *adj.* (*Bot.*) Se dit des corolles monopétales qui ont la forme d'une roue.

ROTACISME, *sm.* Grasseyement, répétition de la lettre R.

ROTANG ou Rotin, *sm.* Espèce de palmier des Indes, de la Chine et de l'Océanie, dont la tige est longue et sarmenteuse; on en fait des cannes sous le nom de *joncs*; on découpe son épiderme pour en faire les fonds de meubles à jour dits *fonds cannés*.

ROTATEUR, *adj. m.* (*Anat.*) Se dit des muscles qui font tourner sur leur axe les parties auxquelles ils sont attachés. | —s, *smpl.* (*Zool.*) Se dit d'une classe d'animalcules infusoires munis d'un appareil vibratile qui s'étale autour de la bouche et paraît animé d'un mouvement rotatoire très-rapide.

ROTE, *sf.* Juridiction de Rome, composée de douze docteurs ecclésiastiques nommés *auditeurs de rote* et pris dans les quatre nations d'Italie, de France, d'Espagne et d'Allemagne. | Ancien instrument de musique qui s'employait au moyen âge; il ressemblait à la vielle ou à la guitare.

ROTIFÈRES, *smpl.* (*Zool.*) Ordre d'animalcules infusoires de la classe des rotateurs, dont le corps, de consistance gélatineuse, est terminé d'une part par une bouche munie d'appendices rotatoires, et de l'autre par une queue très mobile; on les trouve dans toutes les infusions végétales.

ROTIN, *sm.* V. *Rotang*.

ROTIS, *sm.* Nouveau défrichement d'une terre.

ROTONDE, *sf.* Édifice circulaire qui se termine en coupe ou couverture également circulaire ou hémisphérique.

ROTULE, *sf.* Petit os plat, placé en avant du genou, à l'endroit où le fémur s'articule avec le tibia. | *Mesure de pesanteur usitée chez* les Juifs; elle équivaut à 214 grammes.

ROTURE, *sf.* (*Féod.*) Se disait des terres dont les propriétaires payaient une redevance au seigneur; on a étendu ensuite ce mot a tout ce qui n'était pas noble.

ROUAN, *adj.* et *sm.* Se dit en parlant des chevaux dont le poil est mêlé de gris, de blanc et de bai.

ROUANNE, *sf.* Outil de fer en demi-cône

creux, dont on se sert pour commencer le trou d'un tuyau de pompe. | Instrument dont se servent les préposés aux droits sur les liquides pour marquer les pièces de vin. | Espèce d'étoffe de coton très-forte, à côtes de plusieurs couleurs, servant à faire des ceintures, etc.

ROUBB, *sm.* Monnaie d'argent de Turquie, valant 45 c.

ROUBINE, *sf.* Canal artificiel creusé pour la commodité de la navigation entre un étang salé et la mer.

ROUBLE, *sm.* Monnaie d'argent russe de la valeur de 4 francs. | Il y a aussi des —s d'or qui valent 5 fr. 02, et des —s papier, monnaie de compte et de change valant de 1 fr. à 1 fr. 10.

ROUC, *sm.* Oiseau fabuleux qu'on suppose être d'une force et d'une grandeur prodigieuses, et sur lequel les Arabes ont débité beaucoup de contes.

ROUCOU, *sm.* Roucouyer, *sm.* V. *Rocou.*

ROUDOU, *sm.* V. *Redoul.*

ROUE, *sf.* Ancien supplice en usage du XVIe au XVIIIe siècle en France, et consistant à coucher le patient sur quatre soliveaux assemblés en X, à rompre à coups de barre les os des bras en deux endroits ainsi que ceux des reins, des jambes et des cuisses, puis à exposer le corps ainsi disloqué autour d'une roue qu'on faisait tourner.

ROUENNERIES, *sfpl.* Se dit des toiles de coton peintes ou non, que l'on fabrique à Rouen, particul. pour robes communes.

ROUET, *sm.* Dans les anciennes armes à feu, petite roue d'acier qu'on montait avec une clef et qui faisait du feu, en se débandant sur une pierre. | Machine à roue et à fuseau, ou à bobine, qui sert à filer et à tordre du fil, de la corde, etc.; elle est mue à pédale ou à manivelle. | Garniture que l'on met aux serrures pour empêcher qu'elles ne soient crochetées; ce sont de petits cercles posés de champ sur le palastre autour de la broche centrale, et qui entrent dans les crans correspondants du panneton. | Meule à polir, en usage dans la fabrication des aiguilles.

ROUFFE, *sf.* Gale éphémère des enfants à la mamelle. | Écume de la levûre de bière; on a essayé de la substituer à cette dernière pour opérer la fermentation.

ROUFLE, *sm.* Petit logement élevé, en saillie sur le pont d'un bâtiment; c'est le plus souvent une chambre pratiquée à l'avant d'un vaisseau marchand, pour les matelots.

ROUGE, *sm.* —d'Andrinople, préparation de diverses matières tinctoriales rouges qu'on applique sur le coton. | — d'Angleterre ou — à polir, peroxyde de fer qu'on emploie pour polir l'acier. | — de Prusse, ocre jaune rendu rouge par la calcination.

ROUGE-GORGE, *sm.* Petit oiseau passereau dentirostre remarquable par son plumage gris brun en dessus, blanc en dessous et rouge tendre ou jaune verdâtre sous la gorge; il se tient, en Europe, dans les forêts, et sa chair est assez estimée en automne.

ROUGEOLE *sf.* Phlegmasie cutanée qui attaque plus particul. les enfants, et qui consiste dans la production de taches rouges proéminentes sur la peau, avec fièvre, coryza, larmoiement et toux.

ROUGEOR, *sm.* Poisson du genre spare, qui a les nageoires et les pectorales nuancées d'or.

ROUGE-QUEUE, *sm.* Petit oiseau passereau dentirostre, à plumage cendré sur le dos, noir et brun rougeâtre en dessous, à queue d'un roux ardent; il habite dans les endroits rocailleux, niche dans des trous d'arbre ou de muraille; on le trouve en Europe, en Asie et dans le nord de l'Afrique.

ROUGET, *sm.* Espèce de surmulet qu'on trouve dans la Méditerranée; il est d'un beau rouge sur le dos et argenté sous le ventre; sa chair est très-estimée. | Nom qu'on donne, à Paris, au *trigle.* (V. ce mot.)

ROUILLE, *sf.* Corps produit par l'action de l'oxygène sur certains métaux, et particul. sur le fer lorsqu'il est humide. | Maladie des céréales, qui consiste en une substance rougeâtre pulvérulente qui se forme sur les grains; c'est un champignon très-petit appelé *uredo.* | Sel de fer liquide, de couleur marron foncé, que l'on prépare en grand à Lyon pour la teinture des soies en noir.

ROUISSAGE, *sm.* Opération qui consiste à *rouir*, c.-à-d. à faire macérer du lin ou du chanvre dans l'eau pendant plusieurs jours, afin de faciliter par un commencement de fermentation la séparation de la filasse d'avec l'écorce.

ROUJOT, *sm.* Nom qu'on donne à une espèce d'écureuil des Indes orientales, dont les parties supérieures sont d'un roux marron et les inférieures jaunes.

ROULEAU, *sm.* Nom qu'on donne, dans les arts, à divers cylindres employés, soit pour niveler une surface, soit pour écraser diverses matières. | (*Impr.*) Cylindre de bois ou de fonte recouvert d'une enveloppe molle faite le plus souvent de colle et de mélasse; on l'enduit d'encre qu'il dépose sur les formes en roulant à leur superficie. | Ruban de fil uni ou croisé. | Genre de reptiles, serpent non venimeux, de l'Inde et de l'Amérique du Sud, qui se rapproche beaucoup du boa par sa conformation.

ROULER, *va.* Écraser, aplanir le sol au moyen d'un rouleau traîné par un attelage ou à la main.

ROULET, *sm.* Fuseau de bois dur qui sert à fouler les chapeaux.

ROULETTE, *sf.* Petite roue employée dans différents arts pour faciliter le déplacement de certains objets et particul. des meubles, ou bien pour imprimer des lignes continues au moyen d'un axe sur lequel elles roulent, et qui est tenu par un manche, tandis que la circonférence de la roulette porte l'empreinte du dessin que l'on veut imprimer. | Sorte de ciseau pointu, servant à grainer et pointiller une planche que l'on grave pour y représenter le fond; on l'appelle aussi *berceau*. | Espèce de jeu de hasard, consistant en un plateau tournant au centre d'un tapis vert et portant 76 cartes numérotées en rouge et en noir, et correspondant à 76 compartiments du tapis; une bille d'ivoire, lancée sur ce plateau, détermine le gain ou la perte en se plaçant dans telle ou telle case et sur telle ou telle couleur. | Coquillage de la forme d'un petit disque et de couleur rose, qu'on trouve dans la Méditerranée.

ROULEUR, *sm.* Charançon de la vigne. | *adj.* (*Zool.*) Se dit d'une famille de lépidoptères nocturnes, dont les ailes sont roulées au repos.

ROULIS, *sm.* Oscillation d'un bâtiment dans le sens de sa largeur, c.-à-d. lorsqu'il penche tantôt à tribord, tantôt à babord.

ROULOIR, *sm.* Sorte de cylindre ou calandre propre à effacer les plis de la toile quand on l'apprête.

ROULOUL, *sm.* Oiseau gallinacé de Malacca, voisin de la perdrix et du faisan; son plumage est vert en dessus et violet en dessous; il porte une belle huppe noire et rouge.

ROULURE, *sf.* Maladie des arbres qui consiste dans la séparation des couches ligneuses qui s'enroulent extérieurement les unes sur les autres.

ROUMAVAGE, *sm.* Nom donné dans les bourgs et villages de Provence à une fête patronale sous l'invocation de quelque saint.

ROUPIE, *sf.* Monnaie d'argent en usage aux Indes et en Perse; elle vaut environ 2 fr. 50. | Monnaie d'or du Mogol, qui vaut 38 fr. 70 environ. | Unité de poids en usage aux Indes et représentant environ 11 gr. 500.

ROURE, *sm.* V. *Rouvre.* | — des corroyeurs. V. *Sumac.*

ROUSSABLE, *sm.* Local où l'on suspend les harengs par la tête pour les fumer.

ROUSSELET, *sm.* Sorte de poire d'été qui a la peau roussâtre; son parfum est agréable.

ROUSSEROLLE, *sf.* Espèce du genre fauvette dont le plumage est d'un beau roux en dessus; elle se plaît dans les endroits humides le long des fleuves; le mâle chante souvent la nuit; mais son chant est moins agréable que celui de la fauvette.

ROUSSETTE, *sf.* Genre de poissons chondroptérygiens, voisin du squale par sa conformation, et qu'on appelle vulg. *chien de mer*; sa peau, très-rugueuse, prend, lorsqu'elle est préparée, le nom de *chagrin*, et sert à polir l'ivoire. | Genre de chauves-souris de très-grandes dimensions, de couleur noire roussâtre, qu'on trouve aux îles de la Sonde et aux Moluques. | Variété de poire appelée aussi *poire du Quessoy*.

ROUSSIER, *sm.* Minerai de fer de couleur rousse qui renferme du sable et qu'on trouve dans le grès du bassin de Paris, et notamment aux environs de Pontoise.

ROUSSIN, *sm.* Cheval entier de race commune, épais et entre deux tailles, en usage pour le service des charrues et des charrettes.

ROUTIER, *sm.* (*Mar.*) Grand livre in-folio, contenant des cartes marines, des vues de côtes ou de terres, et des instructions sur les routes à suivre par les bâtiments dans leurs navigations.

ROUTOIR, *sm.* Lieu où l'on fait rouir le chanvre. V. *Rouissage.*

ROUVERIN, *adj. m.* Se dit d'une sorte de fer qui est rempli de gerçures, qui se travaille assez bien à froid, mais qui est cassant lorsqu'on le fait rougir au feu.

ROUVET, *sm.* V. *Osyris.*

ROUVIEUX, *adj.* et *sm.* Se dit d'une maladie de peau des chiens et des chevaux, espèce de gale qui fait tomber les crins et les poils.

ROUVRE, Roure, *sm.* Espèce de chêne qui s'élève moins haut que le chêne ordinaire, et dont le tronc est plus coudé et moins droit; ses glands se distinguent de ceux du chêne ordinaire, en ce qu'ils sont directement insérés sur les branches et n'ont pas de pédoncules; son bois est d'une grande dureté. | — des corroyeurs. V. *Sumac.*

ROUX-VIEUX, *sm.* V. *Rouvieux.*

ROYAN, *sm.* V. *Clupée.*

ROYOC, *sm.* Plante de la Chine et de l'Amérique tropicale, dont la racine teint en jaune; une de ses espèces est employée comme vermifuge.

RÛ, *sm.* Petit ruisseau, petit bras d'une rivière qui sert aux irrigations, ou qu'on a transformé en égout.

RUBACE, *sf.* Variété de topaze rouge, de couleur claire, ressemblant au rubis; elle a peu de valeur. | V. *Rubasse.*

RUBAN, *sm.* Poisson acanthoptérygien, remarquable par son corps très-allongé et très-aplati sur les côtés; il atteint quelquefois un mètre et demi de long; on le trouve dans la Méditerranée.

RUBAN D'EAU ou Rubanier, *sm.* Plante aquatique, à feuilles longues et minces, en forme de ruban, qui se trouve par groupes dans les étangs et les marais; ses feuilles, qui ont été employées en médecine comme astringentes, servent quelquefois pour l'emballage ou comme litière.

RUBASSE, *sf.* Variété de quartz hyalin, gercée et colorée artificiellement en rouge pour imiter le rubis; on l'appelle aussi *Rubace*, *Rubacelle* et *Ruballe.*

RUBÉFACTION, *sf.* Inflammation, rougeur de la peau, causée par des médicaments irritants. | Rubéfier, *va.* Produire la —. |

Rubéfiant, *sm.* Se dit des médicaments qui produisent la —.

RUBELLE, *sf.* Variété de vigne à feuilles rouges et à raisin noir.

RUBELLITE, *sf.* V. *Tourmaline.*

RUBESCENT, E, *adj.* Qui commence à rougir.

RUBIACÉES, *sfpl.* (*Bot.*) Famille très-nombreuse de plantes dicotylédones, dont le type est la *garance* et qui renferme un grand nombre d'espèces tinctoriales; on y trouve aussi le *quinquina*, l'*ipécacuanha*, le *café*, etc.

RUBICAN, *adj. m.* Se dit d'un cheval dont la robe est foncée et parsemée de poils blancs.

RUBICELLE, *sf.* V. *Rubace.*

RUBIDIUM, *sm.* Corps simple, métallique, assez semblable au potassium.

RUBIETTE, *sf.* Genre de petits oiseaux renfermant plusieurs espèces, notamment le *rouge-gorge* et le *rouge-queue.* (V. ce mot.)

RUBIGINEUX, SE, *adj.* Qui est plein de rouille. | Qui est de la couleur de la rouille.

RUBINE, *sf.* Se dit de certaines préparations de métaux dont la couleur est d'un rouge approchant de celui du rubis.

RUBIS, *sm.* Pierre fine très-dure, composée essentiellement d'alumine et de magnésie, qu'on trouve aux Indes ou en Chine, en petits cristaux; elle est le plus souvent rouge vif. | — spinelle, rubis dont le rouge est pâle. | — balais, rubis couleur de vin paillet, qui flamboie et semble jeter des éclairs quand on le tient en l'air. | — de Bohême, quartz rose. | — oriental, corindon rouge.

RUBRIQUE, *sf.* Ancien nom de l'ocre rouge, espèce de terre dont on faisait des emplâtres. | Dans les anciens manuscrits ou imprimés, titre de page ou de chapitre imprimé généralement en rouge. | (*Eccl.*) Règle mise en tête d'un bréviaire et prescrivant la manière dont il faut dire l'office divin.

RUCHE, *sf.* Habitation préparée pour un essaim d'abeilles, et dans laquelle elles déposent leur cire et leur miel. | Rucher, *sm.* Hangar où l'on range les —s.

RUDENTÉ, E, *adj.* (*Archit.*) Se dit des *pilastres ou colonnes à cannelures*, quand ces cannelures sont remplies jusqu'au tiers de leur hauteur d'une espèce de baguette qu'on appelle Rudenture, *sf.*

RUDÉRAL, E, *adj.* (*Bot.*) Qui croît sur les décombres.

RUDIMENT, *sm.* Élément, commencement, en parlant des organes à leur origine. | Petit livre qui contient les premiers principes de la langue latine. | Au plur., premières notions. | Rudimentaire, *adj.* Qui a le caractère d'un —, d'une ébauche: en parlant d'un terrain, qui se compose de débris.

RUDISTE, *sm.* Nom de coquillages fossiles à deux valves très-inégales, et remarquables par leur rugosité; on en trouve de très-nombreuses espèces dans les terrains crétacés du midi de l'Europe.

RUE, *sf.* Plante ligneuse à fleurs jaunes en corymbe, d'une odeur forte et repoussante, dont les feuilles ont un goût âcre et amer, et qui jouit de diverses propriétés médicinales: elle est particul. rubéfiante à l'extérieur, et on l'administre à l'intérieur comme vermifuge et diaphorétique. | — des murailles, espèce d'*asplénion.* (V. ce mot.) | — des prés. V. *Pigamon.*

RUELLÉE, *sf.* (*Archit.*) V. *Ruilée.*

RUGINE, *sf.* Instrument qu'on emploie en chirurgie pour râcler les os cariés ou en détacher le périoste; c'est une lame tranchante des deux côtés ou dont l'extrémité est en forme de cuiller recourbée.

RUILÉE, *sf.* (*Archit.*) Bordure de plâtre ou de mortier qu'on applique sur une rangée de tuiles ou d'ardoises pour les lier avec les murs ou avec les jouées des lucarnes.

RUMB ou Rhumb, *sm.* (pr. *rombb*) (*Mar.*) Quantité angulaire comprise entre deux des trente-deux aires de vent de la boussole.

RUMEN, *sm.* (pr. *mèn*). Panse ou premier estomac des animaux ruminants.

RUMINANTS, *smpl.* (*Zool.*) Nom d'un ordre d'animaux mammifères remarquables par leur mode particulier de digestion; ils possèdent quatre estomacs distincts qui leur servent à *ruminer*, c.-à-d. reçoivent et rendent alternativement les aliments qui reviennent à la bouche pour y être remâchés; ils n'ont pas d'incisives supérieures; tels sont le chameau, le lama, le cerf, la chèvre, la brebis et le bœuf.

RUMINATION, *sf.* Mode de digestion particulier aux ruminants.

RUMSTECK ou Rumpsteck, *sm.* Pièce de viande qui occupe la croupe du bœuf le long de la colonne vertébrale, entre les fausses côtes et la région appelée *culotte.*

RUNCINÉ, E, *adj.* (*Bot.*) V. *Ronciné.*

RUNES, *sfpl.* Caractères des anciens Scandinaves; ils se gravaient ordinairement sur des rochers, sur la pierre. | Runique, *adj.* Se dit de ces caractères et des monuments de ces peuples.

RUPIA, *sm.* V. *Ecthyma.*

RUPICOLE, *sm.* Genre d'oiseaux passereaux de l'Amérique tropicale et de l'Océanie, remarquable par ses couleurs variées et éclatantes, et par la huppe qu'il porte sur la tête; il est de la grosseur du pigeon et vit dans les fentes des rochers.

RUPTOIRE, *sm.* Se dit des médicaments qui, comme le cautère, produisent sur la peau une solution de continuité.

RURAL, E, *adj.* Se dit de tout ce qui concerne la campagne.

RUSA, *sm.* Espèce de cerf qui habite les îles

de Java et de Bornéo, où il vit en troupeaux dans les lieux découverts.

RUSMA ou RUSME, *sm.* Pâte épilatoire du Levant, de couleur jaune, composée d'orpiment et de chaux vive délayés dans un mélange alcalin de blancs d'œufs ; les musulmans l'emploient pour s'enlever les poils de tout le corps.

RUSPONE, *sf.* Ancienne monnaie d'or toscane qui valait environ 36 francs.

RUSTINE, *sf.* Taque de fonte qui relie la partie postérieure du creuset à la sole du fourneau où est préparé le minerai de cuivre.

RUSTIQUER, *va.* (*Archit.*) Travailler la surface d'une construction dans le genre rustique, de manière à lui donner une apparence brute et rocailleuse.

RUTABAGA, *sm.* Variété de navet dont la chair est sucrée et de couleur jaune, et les feuilles assez semblables à celles du chou ; on le cultive comme racine fourragère.

RUTACÉES, *sfpl.* (*Bot.*) Famille de plantes dicotylédones dont le type est la *rue* (V. ce mot); elle renferme un grand nombre de plantes exotiques.

RUTÈLE, *sm.* Genre d'insectes coléoptères des contrées chaudes d'Amérique, de forme presque carrée, et dont les mœurs sont les mêmes que celles du hanneton.

RUTHÉNIUM, *sm.* Métal simple de couleur grisâtre, qui se trouve, ainsi que l'iridium, combiné à l'osmium dans les minerais de platine.

RUTILANT, E, *adj.* Se dit des substances qui brillent d'un vif éclat.

RUTILE, *sm.* (*Minér.*) Oxyde de titane, de couleur rougeâtre, qui se trouve dans les granits et les gneiss; c'est une substance extrêmement dure et infusible.

RUYDER ou RYDER, *sm.* Ancienne monnaie d'or hollandaise, valant environ 31 francs. | Ancienne monnaie d'argent valant environ 7 francs.

RYACOLITE, *sm.* (*Minér.*) Variété de feldspath à éclat vitreux, à structure fendillée, que l'on ne trouve jamais que dans les trachytes et particul. dans les trachytes porphyroïdes où il joue le rôle de l'orthose dans les granits.

S

SAA, *sm.* Mesure en usage dans l'Afrique du Nord pour les grains; elle contient environ cent vingt litres.

SABAILLON, *sm.* V. *Sabayon.*

SABAL, *sm.* V. *Chamérops* et *Palmier-nain.*

SABAYON, *sm.* Mélange de vin et de sucre plus ou moins épais qu'on emploie comme boisson ou qu'on fait entrer dans une pâtisserie, un entremets, etc.

SABBAT, *sm.* Chez les Juifs, le septième jour de la semaine (le samedi), pendant lequel ils prenaient un repos absolu.

SABÉISME ou SABISME, *sm.* Religion qui a pour objet l'adoration du feu et du soleil; c'était la religion des anciens mages, et c'est encore celle des Guèbres.

SABELLE, *sf.* Genre d'annélides vivant dans une coquille tubuleuse formée de grains de sable, qu'on trouve sur les rivages en masses agglomérées.

SABINE, *sf.* Espèce de genévrier des Alpes et du Midi, dont la saveur est âcre, l'odeur très-forte; c'est un médicament très-excitant, mais d'un emploi très-dangereux.

SABIR, *adj.* Se dit d'un idiome usité en Algérie dans les relations entre les Européens et les Arabes; cet idiome est un mélange confus d'arabe, de français, d'espagnol et d'italien.

SABLE, *sm.* (*Blas.*) La couleur noire; elle est représentée par des traits croisés.

SABLIER, *sm.* Instrument formé de deux entonnoirs de verre opposés par la pointe et réunis entre eux par un col étroit, en sorte que l'un des deux étant rempli de sable, celui-ci s'écoule dans l'autre pendant un temps qui est toujours le même; on s'en sert pour mesurer le temps, dans certaines circonstances.

SABLIÈRE, *sf.* Pièce de bois posée horizontalement a la base d'une cloison, et destinée à porter l'extrémité des poteaux : il y en a une seconde à la partie supérieure ; elle s'appelle — haute, tandis que la première est dite — basse.

SABLINE, *sf.* Petite plante herbacée de la famille des caryophyllées, qui vit particul. dans les lieux secs et sablonneux ; on en fait des bordures.

SABLON, *sm.* Sable composé de quartz parfaitement pur, et de couleur blanche ; on en fait du cristal et on l'emploie à polir ou à nettoyer diverses substances.

SABORD, *sm.* Ouverture ou embrasure pratiquée dans la muraille d'un bâtiment et par laquelle passe la volée d'un canon.

SABORDER, *va.* Percer la coque d'un bâtiment échoué pour en extraire les marchandises.

SABOT, *sm.* (*Zool.*) Ongle des quadrupèdes quand il est épais et lorsqu'il garnit de toutes parts la dernière phalange des doigts. | Garniture de métal que l'on met au bas d'un pieu ou au pied de certains meubles. | Rabot cintré pour les moulures courbes. | Navette à l'usage du passementier. | Outil de bois à plusieurs coches dont se sert le cordier. | Morceau de bois carré dans lequel s'emboîte l'extrémité du calibre des maçons et qui sert à le diriger le long de la règle quand ils poussent des moulures. | Pièce de fer que l'on met au-devant d'une roue de voiture et sur le sol pour empêcher qu'elle ne tourne dans les descentes. | Petite toupie large et plate que les enfants font tourner au moyen d'un fouet de cuir. | V. *Turbo.*

SABOTIÈRE, *sf.* Vase de fer battu qui se place dans un petit baquet et qui sert à la préparation des glaces et des sorbets ; on dit aussi *salbotière*, *sarbotière*, et mieux *sorbetière.*

SABRE, *sm.* Poisson acanthoptérygien, très-allongé, à nageoire dorsale, longue et épineuse, à écailles argentées, qu'on pêche dans la Méditerranée et dont la chair est médiocre.

SABRETACHE, *sf.* Espèce de sac plat qui pend à côté du sabre d'un cavalier, et qui lui sert de poche.

SABURRE, *sf.* Matière qui s'amasse dans l'estomac à la suite de mauvaises digestions et qui recouvre la muqueuse, souvent jusqu'à la langue, d'un enduit blanc sale ou jaunâtre ; on appelle *état saburral* l'accumulation de la — dans l'estomac.

SAC, *sm.* (*Zool.*) Nom qu'on donne à diverses poches qui renferment des liquides, ainsi qu'à la partie d'une hernie qui forme saillie à l'extérieur. | (*Mar.*) — à terre, enveloppe de maçonnerie qu'on établit autour des soutes aux poudres pour les préserver.

SACCHARATE, *sm.* (*Chim.*) Se dit des combinaisons formées par une base avec le sucre, ou bien avec l'acide saccharique.

SACCHAREUX, SE, SACCHARIN, E, *adj.* Qui est de la nature du sucre.

SACCHARIFÈRE, *adj.* Qui produit du sucre.

SACCHARIFICATION, *sf.* Conversion d'une substance en sucre.

SACCHARIFIER, *va.* Convertir en sucre.

SACCHARIMÈTRE, *sm.* Nom donné à divers instruments qui servent à reconnaître la quantité de sucre contenue dans une substance, et qui ont la plupart pour base la propriété optique qu'ont les molécules sucrées de dévier à droite le plan de polarisation des rayons lumineux. | SACCHARIMÉTRIE, *sf.* Art d'employer le — ou d'effectuer l'analyse chimique quantitative des matières sucrées, appelée analyse *saccharimétrique.*

SACCHARINE, *sf.* Nom qu'on a donné au principe immédiat des végétaux qui contiennent du sucre.

SACCHARIQUE, *adj.* (*Chim.*) Se dit d'un acide organique particulier qu'on obtient en traitant le sucre par de l'acide nitrique faible.

SACCHAROÏDE, *adj.* Se dit des substances qui ont l'aspect du sucre.

SACCHAROKALI, *sm.* (pr. *sak-ka-*). Mélange de sucre et de bicarbonate de soude coloré par de la laque carminée, qu'on emploie comme absorbant dans la cardialgie et le pyrosis.

SACCHAROLÉ, *sm.* Médicament qui renferme de l'huile et du sucre, ou du sucre et du miel.

SACCHARURE, *sf.* Médicament de forme pulvérulente dans lequel la substance employée a été dissoute dans l'éther ou l'alcool et unie au sucre.

SACCOMYS, *sm.* Genre de rongeur d'Amérique, de la taille des lérots et de couleur brun fauve, avec le bout du museau et l'extrémité de la queue de couleur blanc sale.

SACELLE, *sm.* (*Bot.*) Fruit monosperme dans lequel la graine est revêtue d'une enveloppe membraneuse.

SACHET, *sm.* Petit sac de toile dans lequel on a mis une poudre aromatique ou astringente, et qu'on fait porter au cou d'un malade. | Ancien ordre de religieux qui portaient des vêtements grossiers faits en forme de sac ; il y avait aussi des religieuses de cet ordre, appelées *sachettes.*

SACOCHE, *sf.* Flacon de verre dans lequel se vend au détail l'eau de fleur d'oranger.

SACOLÈVE, *sm.* Navire du Levant, très-recourbé, surtout vers l'arrière, qui est assez élevé ; il a trois mâts d'une seule pièce, tendus par des livardes.

SACOME, *sm.* Moulure en saillie ; profil, calibre de cette moulure.

SACRAMENTAIRE, *sm.* Réformé qui professe des opinions contraires à celles des catholiques, touchant l'Eucharistie. | Livre d'église dans lequel sont renfermées les cérémonies de la liturgie et de l'administration des sacrements.

SACRE ou SACRET, *sm.* Grand oiseau de proie du genre des faucons, qu'on employait à la chasse du milan, du héron, des buses, etc.

SACRÉ, E, *adj.* (*Anat.*) Se dit de tous les organes qui avoisinent le sacrum.

SACRUM, *sm.* et *adj.* Os symétrique et triangulaire composé de cinq vertèbres soudées, qui est placé à la partie postérieure du bassin et qui fait suite à la colonne vertébrale.

SADRÉE, *sf.* V. *Sarriette.*

SADUCÉEN, NE, *adj.* et *s.* Sectaires fameux chez les juifs, qui niaient l'immortalité de l'âme, se fondant sur la loi de Moïse. | SADUCÉISME, *sm.* Doctrine des —s.

SAFRAN, *sm.* Genre de plantes, nommé aussi *crocus*, portant des fleurs uniques sur un bulbe et à l'extrémité d'une hampe; ces fleurs sont remarquables par la poussière jaunâtre très-abondante qu'on en extrait et qu'on emploie pour colorer diverses substances; on se sert de cette plante en médecine comme stimulante et antispasmodique. | — jaune ou bâtard. V. *Carthame.* | — des Indes. V. *Curcuma.* | — de mars, préparation de carbonate de fer ou d'hydrate de peroxyde de fer, employée dans le pansement des ulcères chroniques. | — métallique. V. *Crocus metallorum.*

SAFRANUM, *sm.* Fleurs de carthame préparées pour la teinture.

SAFRE ou SAFFRE, *sm.* Oxyde impur de cobalt, résultant de la première épuration que subit ce métal, et qui, fondu avec du quartz et de la potasse, donne un verre bleu employé à divers usages. | (*Blas.*) Aiglette de mer, ou sorte de petit oiseau peint sur l'écu les ailes déployées.

SAGAIE, *sf.* V. *Zagaie.*

SAGAMITE, *sf.* Bouillie de farine de maïs dont se nourrissent diverses tribus sauvages de l'Amérique septentrionale.

SAGAN, *sm.* Vicaire du grand prêtre des juifs.

SAGAPÉNUM, *sm.* Gomme résine, d'odeur forte et aromatique, extraite d'une plante ombellifère de la Perse; c'est un antispasmodique employé contre plusieurs maladies du système nerveux; on la faisait entrer autrefois dans la thériaque et l'onguent diachylon.

SAGATIS, *smpl.* Espèce d'étoffe lustrée, tissu croisé de laine, chaîne blanche, trame de couleur, qu'on portait autrefois pour robes.

SAGÈNE, *sm.* Mesure de longueur russe équivalant à 2 m. 133 millim.; on l'emploie comme mesure agraire et de volume, sous la dénomination de — carré et — cube.

SAGERNE, *sf.* Petit olivier du Languedoc, dont le fruit violet noirâtre donne une huile excellente.

SAGETTE, *sf.* Ancien syn. de flèche.

SAGITTAIRE, *sm.* Archer, soldat qui lançait des flèches. | Constellation de trente-une étoiles formant le neuvième signe du zodiaque, et représentée ordinairement sous la figure d'un centaure qui tient un arc tendu. | *sf.* V. *Fléchière.*

SAGITTAL, E, *adj.* (*Anat.*) En forme de fer de flèche; se dit de divers organes ou sutures qui ont cette forme.

SAGITTÉ, E, *adj.* (*Bot.*) Se dit des parties d'un végétal et particul. des feuilles quand elles ont la forme d'un fer de flèche.

SAGOIN, *sm.* V. *Sagouin.*

SAGOU, *sm.* Substance féculente et amylacée qu'on retire de la moelle de plusieurs espèces de palmiers des Indes; elle est très-légère et très-nourrissante, et constitue un médicament analeptique des plus estimés.

SAGOUIN, *sm.* Nom collectif des genres de singes d'Amérique, dont la queue n'est pas prenante, et dont la tête est arrondie et les narines percées sur le côté.

SAGRE, *sm.* Grand insecte coléoptère à corselet carré, à couleurs très-brillantes, qu'on trouve dans les régions tropicales.

SAGUM, *sm.* Vêtement de guerre des Romains; c'était une robe courte qui ne tombait que jusqu'aux genoux.

SAIE, *sf.* Vêtement court que portaient les Gaulois. | Serge dont les religieux se faisaient des chemises.

SAÏGA, *sm.* Espèce d'antilope qui vit dans les steppes de la Pologne et de la Russie méridionale, remarquable par ses cornes de couleur jaune clair, qui, pour la transparence, peuvent rivaliser avec l'écaille.

SAÏMIRI, *sm.* Genre de singes de l'Amérique du Sud. V. *Callitriche.*

SAINBOIS, *sm.* Écorce d'une espèce de *daphné*, nommée aussi *garou*, dont on fait une pommade épispastique et des vésicatoires.

SAINDOUX, *sm.* Graisse de porc fondue. V. *Axonge.*

SAINFOIN, *sm.* Genre de légumineuses papilionacées, à tiges herbacées ou sous-frutescentes, qui constituent un excellent fourrage; ses fleurs sont grandes, blanches ou pourprées, en épis allongés; ses diverses espèces croissent dans les terrains médiocres.

SAINT-AUGUSTIN, *sm.* (*Impr.*) Ancien nom d'un caractère typographique dont le corps est de douze points environ.

SAINTE-BARBE, *sf.* Endroit d'un vaisseau où l'on serrait autrefois la poudre et les ustensiles d'artillerie. | Chambre dans laquelle l'aumônier du bord tient les objets de son service.

SAINTE-LUCIE (BOIS DE), *sm.* Bois d'une espèce de cerisier très-abondant dans la localité de ce nom; il est gris rougeâtre, bien veiné et d'une odeur agréable; on en fait des tabatières, des étuis, etc.; on l'appelle aussi *mahaleb.*

SAINTE-MARTHE (BOIS DE), *sm.* Bois rouge très-estimé pour la teinture, qui vient de la Nouvelle-Grenade.

SAINT-GERMAIN, *sm.* Sorte de poire grosse, fondante et très-sucrée.

SAÏQUE, *sf.* Bâtiment de charge du Levant, qui a deux mâts sans perroquets.

SAISIE, *sf.* (*Jurisp.*) Acte par lequel un créancier s'empare des biens de son débiteur pour les faire vendre et obtenir ainsi le paiement de ce qui lui est dû; elle est *immobilière* ou *mobilière*, suivant qu'elle s'applique aux biens immeubles ou aux biens meubles; dans ce dernier cas, on distingue la — *arrêt*, par laquelle on s'oppose au paiement des sommes dues au débiteur par des tiers; la — *brandon*, qui s'applique aux récoltes non enlevées; la — *gagerie* (V. *Gagerie*), etc.

SAISINE, *sf.* Mise en possession d'une chose, et particul. fait par un héritier de se saisir de la part de succession qui lui revient légalement.

SAJOU, *sm.* V. *Sapajou.*

SAKI, *sm.* Boisson enivrante qui contient de 18 a 25 pour cent d'alcool, et qu'on obtient en Chine, au Japon, à Siam, etc., en faisant fermenter le riz: elle ressemble assez à l'*arack.* | Genre de singes qui habitent les grandes forêts de l'Amérique du Sud, et dont la queue, garnie de poils touffus, n'est pas prenante; ils se rapprochent beaucoup des sagouins et ne sortent que la nuit.

SALABRE, *sf.* Sorte de truble muni d'un manche, dont on fait usage sur les côtes de Provence.

SALADE, *sf.* Sorte de casque rond et léger, sans visière, dont la cavalerie se servait en guerre.

SALAMANDRE, *sf.* Genre d'animaux de l'ordre des batraciens ou des reptiles amphibies, qui habitent les lieux humides et obscurs; ils ont quatre pattes latérales, la tête plate, et peuvent émettre par les flancs une liqueur âcre, dangereuse pour des animaux faibles. | Esprits surnaturels qui, d'après la Cabale, président au feu et habitent dans les flammes.

SALANGANE, *sf.* Petite hirondelle de mer, commune aux Philippines, qui fait son nid d'une substance mucilagineuse secrétée dans son bec; ces nids, qu'on trouve dans des rochers, sur le rivage, servent à la composition d'un mets très-goûté des Chinois, et qu'on expédie en Europe sous le nom de *nids d'hirondelles.*

SALBANDE, *sf.* (*Minér.*) Dans un filon, les deux surfaces latérales qui contiennent le métal.

SALBOTIÈRE, *sf.* V. *Sabotière.*

SALEM, *sm.* Toile de coton unie, teinte en bleu foncé, qu'on fabrique dans l'Inde, ainsi qu'en France et en Angleterre, pour être expédiée dans l'Afrique occidentale; elle est de meilleure qualité que l'oréapaléon.

SALEP, *sm.* Substance amylacée, nourrissante, analeptique, qu'on tire des racines de certains orchis; on la prend sous forme de gelée ou mêlée au chocolat.

SALICAIRE, *sf.* Plante à tige droite, haute, quadrangulaire, à fleurs rouges, en épis, à feuilles lancéolées, verticillées, que l'on trouve dans les endroits humides, et dont la décoction, légèrement astringente, s'emploie dans les diarrhées chroniques.

SALICINE, *sf.* Substance blanche cristallisée, qui est le principe actif de l'écorce du saule; on l'a employée contre les fièvres intermittentes légères.

SALICOLE, *adj.* Qui concerne la production du sel.

SALICOQUE, *sf.* V. *Crevette.*

SALICOR, *sm.* SALICORNE *sf.* Plante voisine du chénopode par sa conformation, à tige épaisse, à rameaux noués, dépourvus de feuilles, à fleurs petites; elle croît dans les marais salants, sur le bord de la mer; ses tiges desséchées donnent, par incinération, une grande quantité de soude très-estimée.

SALICULTURE, *sf.* Production artificielle du sel, exploitation des salines.

SALIÈRE, *sf.* Enfoncement plus ou moins profond qui se remarque au-dessus de chaque œil du cheval; c'est un indice de vieillesse.

SALIFIABLE, *adj.* (*Chim.*) Se dit des substances appelées *bases*, qui jouissent de la propriété de former des sels en se combinant avec les acides.

SALIGNON, *sm.* Pain de sel, fait d'eau de fontaine salée, qu'on met dans les colombiers pour attirer les pigeons.

SALIGOT, *sm.* V. *Macre.*

SALIN, *sm.* Résidu de l'évaporation ou parties cristallisables des cendres de végétaux propres à fournir de la potasse; c'est la potasse brute, telle qu'on la recueille au fond des chaudières, après que les cendres ont été lessivées. | —, E, *adj.* Qui est de la nature du sel, ou qui renferme du sel.

SALINE, *sf.* Lieu où l'on exploite le sel, en faisant évaporer dans des bassins préparés à cet effet, soit les eaux de la mer, soit celles des sources salées.

SALIQUE, *adj. f.* Loi —, coutume de France, par laquelle les femmes sont exclues de la succession au trône.

SALIVAIRE, *adj.* (*Anat.*) Se dit de l'appareil, composé de plusieurs glandes et de conduits, qui a pour objet de sécréter le liquide appelé *salive*, dont la fonction est d'humecter les aliments, de les dissoudre et d'en préparer l'élaboration; cette sécrétion s'appelle *salivation.*

SALLE, *sf.* (*Zool.*) Nom qu'on donne quelquefois aux poches buccales des singes, appelées plus souvent *abajoues.*

SALMIAC, *sm.* V. *Ammoniac.*

SALMIS, *sm.* Sauce particulière à laquelle on accommode certaines pièces de gibier à plume déjà rôties; c'est un mélange de vin, de pain rôti, de beurre et d'épices.

SALMONÉS, *smpl.* (*Zool.*) Famille de poissons malacoptérygiens, dont le type est le saumon, et qui renferme les genres *éperlan*, *ombre*, etc.

SALPE, *sf.* Mollusque de forme cylindroïde, transparent et phosphorescent, qui nage à la surface de l'Océan en longues troupes ondulées et lumineuses, auxquelles on a donné le nom de *serpents de mer.*

SALPÊTRE, *sm.* Azotate ou nitrate de potasse et d'acide azotique ou nitrique; on l'extrait des plâtras de vieilles murailles, des caves, etc.; c'est un des ingrédients principaux de la poudre à canon.

SALPICHON, *sm.* Ragoût composé de viandes coupées et mélangées de truffes et de champignons, assaisonnées de sel, de poivre, de vinaigre, etc.

SALPINGO-MALLÉEN, *adj.* (*Anat.*) Se dit d'un muscle de l'oreille interne qui relie la trompe d'Eustache au marteau.

SALPLICAT, *sm.* Vernis du Japon qui est mêlé d'or en poudre.

SALSE, *sf.* Petite cavité formée par des monticules coniques qui rejettent des matières vaseuses, de l'eau chargée de sels et de l'hydrogène carboné; on en rencontre dans la plupart des régions volcaniques, où elles portent souvent le nom de *volcans de boue.*

SALSEPAREILLE, *sf.* Genre d'arbustes grimpants de l'Amérique méridionale et du Mexique, dont les feuilles sont persistantes, les fleurs petites et dioïques; la racine fibreuse de plusieurs de ses espèces, et particul. de celle qui vient du Brésil, est employée comme dépuratif sudorifique, et dans tous les cas où il s'agit d'activer les fonctions du système cutané.

SALSIFIS, *sm.* Plante de la famille des composées, dont la plupart des espèces ont une racine pivotante, blanche, très-savoureuse, et qu'on emploie dans la cuisine; ses fleurs sont jaunes ou pourpres.

SALSUGINEUX, SE, *adj.* Imprégné de sel marin. | Se dit des plantes qui croissent dans des terrains maritimes.

SALTATION, *sf.* (*Ant.*) Art qui renfermait, chez les anciens, la danse, la pantomime, l'art oratoire et tout ce qui concernait l'expression par gestes.

SALTIGRADES, *sfpl.* (*Zool.*) Tribu d'arachnides renfermant des araignées dont la démarche consiste en sauts saccadés, et qui se jettent par bonds sur leur proie; une de ses espèces, commune en France sur les murs, porte le nom de SALTIQUE, *sf.*

SALUT, *sm.* Monnaie d'or en usage en France au XVe siècle, qui valait de 11 à 12 fr.

SALUTH, *sm.* V. *Silure.*

SALVADORE, *sf.* Arbrisseau de la famille des plombaginées dont une espèce, commune dans les pays chauds, porte des feuilles charnues qu'on emploie contre la morsure des serpents; ses baies, jaunes, monospermes, sont comestibles.

SALVANOS, *sm.* (pr. *noss*). Bouée de sauvetage.

SALVATELLE, *sf.* Veine de la surface dorsale des doigts de la main, d'où elle remonte à la partie interne de l'avant-bras, où elle prend le nom de *veine cubitale postérieure*; les anciens croyaient que la saignée de cette veine était souveraine contre certaines maladies graves.

SALVE, *sf.* Salut militaire ou officiel rendu par un corps à un autre ou à un souverain, et qui consiste en un certain nombre de coups de canon.

SAMARE, *sf.* (*Bot.*) Sorte de fruit de la forme d'une capsule, coriace, et caractérisé par deux ailes latérales; tels sont les fruits de l'orme, de l'érable, etc.

SAMBUQUE, *sf.* (*Ant.*) Espèce de flûte qui était primitivement faite de bois de sureau. | Sorte de harpe à quatre cordes. | Machine de guerre consistant en une échelle qui servait à escalader les murailles.

SAMCHOU, *sm.* Nom qu'on donne à diverses boissons alcooliques en usage en Chine, et qui sont faites avec du riz, du sorgho, des poires, des coings ou du raisin.

SAME, *sm.* Poisson de mer voisin du mulet, qui remonte les fleuves de France au printemps; sa chair est moins estimée que celle du mulet.

SAMESTRE, *sm.* Corail rouge de Smyrne.

SAMIEL, *sm.* V. *Simoun.*

SAMIS ou SAMIT, *sm.* Étoffe vénitienne lamée d'or et d'argent, dont on faisait des oriflammes et des draperies d'ameublement.

SAMOLE, *sf.* Genre de plantes aquatiques, de la famille des primulacées, dont l'espèce commune, appelée vulg. *mouron d'eau*, est renommée pour ses propriétés vulnéraires et apéritives.

SANAS, *sm.* Toile de coton des Indes.

SAN-BENITO, *sm.* (pr. *sann-béni-tô*). Sorte de casaque de couleur jaune, que l'on mettait à ceux que l'inquisition avait condamnés, et qui se rendaient, vêtus de cette casaque, en procession, au lieu du supplice.

SANCIR, *vn.* Se dit d'un navire qui coule bas en plongeant son avant le premier.

SANCTION, *sf.* Acte par lequel le chef de l'État donne à une loi la confirmation sans laquelle elle ne serait pas exécutoire. | Peine ou récompense qui est la conséquence de l'exécution ou de l'inexécution de la loi.

SANDAL, *sm.* V. *Santal.*

SANDALE, *sf.* Sorte de chaussure consistant en une semelle de cuir attachée au pied par des courroies et des boucles. | (*Mar.*) Gros bateau plat servant au transport dans la Méditerranée.

SANDARAQUE, *sf.* Résine odorante qui coule d'une espèce de thuya de l'Arabie, par les incisions que l'on y pratique; on l'emploie comme vernis, et on s'en sert en poudre pour empêcher le papier de boire quand on l'a gratté; c'est aussi un médicament astringent.

SANDER, *sm.* Poisson acanthoptérygien volsin de la perche par sa conformation; il habite les eaux douces de l'Allemagne; sa chair est estimée.

SANDERLING, *sm.* Oiseau de l'ordre des échassiers, à plumage cendré en dessus, blanc en dessous, qui habite les côtes et se nourrit d'insectes marins; il se trouve sur les côtes de la Hollande et de l'Angleterre.

SANDIX ou SANDYX, *sm.* Espèce de rouge minéral ou végétal, employé comme teinture pour les étoffes.

SANDJACK, *sm.* District de l'empire ottoman. | Celui qui le gouverne. | SANDJACKAT, *sm.* Titre du gouverneur.

SANDRE, *sm.* V. *Sander.*

SANDWICH ou SANDWICHE, *sf.* (pr. *sandouiche*). Sorte de mets composé de deux tranches de pain, beurrées, très-minces, entre lesquelles on place une tranche encore plus mince de jambon ou d'autre viande froide.

SANG-DE-DRAGON ou SANG-DRAGON, *sm.* Espèce de patience dont les feuilles rendent un suc rouge comme du sang. | Gomme résine d'un rouge foncé, tirée de divers arbres exotiques, qu'on emploie comme astringent dans les hémorragies intestinales, etc., ainsi que dans la fabrication des beaux vernis.

SANG-DE-RATE, *sm.* Maladie des bêtes à laine, qui consiste en une sorte d'apoplexie; on l'attribue à un excès d'alimentation ou à l'insuffisance des boissons.

SANGRIS, *sm.* Thé au vin; boisson aromatique en usage aux Antilles, qui renferme du vin de madère, du thé, du sucre, du jus de citron, de la cannelle, etc.

SANGLIER, *sm.* Animal sauvage de l'ordre des mammifères pachydermes, qui est le type du cochon domestique.

SANGSUE, *sf.* Genre d'annélides suceurs qui se nourrit du sang des animaux et vit dans les eaux douces et les étangs; on en compte un grand nombre d'espèces.

SANGUIFICATION, *sf.* (pr. *-gu-i-*). Phénomène par lequel le sang se forme; transformation en sang du chyle qui est formé par la partie nutritive des aliments.

SANGUIN, E, *adj.* Qui appartient au sang; se dit des vaisseaux qui renferment le sang, du tempérament dans lequel le sang domine, etc.

SANGUINAIRE, *sf.* Plante de la famille des papavéracées, remarquable par un suc propre, très-âcre, couleur rouge de sang; elle est originaire du Canada et cultivée en Europe; on lui attribue des propriétés émétiques.

SANGUINE, *sf.* V. *Hématite.*

SANGUISORBE, *sf.* Plante voisine de la pimprenelle par sa conformation et son aspect; on en trouve plusieurs espèces en Europe; elles servent à la teinture des soies en gris, ainsi que comme médicaments astringents et vulnéraires.

SANHÉDRIN, *sm.* (pr. *sa-né-*). Tribunal suprême des Juifs; il résidait à Jérusalem, s'assemblait dans le temple et gouvernait les affaires générales de la Judée.

SANICLE, *sf.* Plante de la famille des ombellifères, à tige rougeâtre, qui croît dans les lieux ombragés et qui passe pour astringente et résolutive.

SANIE, *sf.* Pus séreux, sanguinolent et fétide, qui sort des ulcères. | SANIEUX, SE, *adj.* Chargé de —.

SANIFIER, *va.* Purifier, assainir.

SANITAIRE, *adj.* Qui concerne la santé publique. | Cordon —, ligne de troupes qui empêchent toute communication avec un pays infecté de quelque maladie contagieuse.

SANITÉ, *sf.* État de ce qui est sain.

SANJ, *sm.* Instrument de musique arabe, de forme triangulaire, qui se pince avec les doigts.

SANSCRIT, E, *adj.* Se dit de l'ancienne langue des brahmanes, qui est restée la langue sacrée de l'Indostan.

SANS-CULOTTIDE, *sm.* Désignait chacun des cinq jours complémentaires qui s'ajoutaient aux douze mois de trente jours du calendrier républicain pour former l'année de 365 jours.

SANSEVIÈRE, *sf.* Plante de la Jamaïque et des Indes, dont les feuilles, qui ont 1 mètre de longueur environ, donnent des fibres fines et solides servant à faire des cordages.

SANSONNET, *sm.* Nom que porte l'étourneau lorsqu'il est en cage.

SANTAL (BOIS DE), *sm.* — rouge ou de sandal, bois de teinture poreux, faiblement odorant, qui vient d'Afrique et de l'Inde; on s'en sert pour teindre la laine. | — blanc, aubier d'un arbre de Chine et de l'Inde, qu'on emploie dans la tabletterie. | — citrin, cœur du même arbre, d'une belle couleur jaune et d'une odeur de musc et de citron, dont on fait de petits ouvrages de marqueterie très-recherchés.

SANTALINE, *sf.* Principe colorant du bois de santal, rouge, concret, dont on fait de belles laques en le dissolvant dans l'alcool.

SANTOLINE, *sf.* Plante à fleurs composées, assez voisine de l'armoise, à laquelle elle ressemble par son odeur fortement aromatique, et qu'on cultive pour chasser les insectes. | V. *Semen-contra.*

SANTON, *sm.* Espèce de moines mendiants mahométans qui sont l'objet d'une grande vénération parmi le peuple. | Mosquée, temple mahométan.

SANTONINE, *sf.* V. *Semen-contra.*

SANVÉ, *sf.* Sénevé sauvage, moutarde des champs.

SAP, *sm.* (*Mar.*) Toute sorte de bois de construction résineux, tel que celui du sapin.

SAPA, *sm.* Suc de raisin évaporé jusqu'à consistance de miel.

SAPAJOU, *sm.* Nom donné à plusieurs genres de singes qui habitent l'Amérique ; ils manquent d'abajoues et ont ordinairement une queue très-longue qu'ils enroulent autour des branches pour sauter d'un arbre à un autre.

SAPAN, *sm.* Arbre des Indes dont le bois, renfermant une matière colorante rouge, est employé pour la teinture et se vend souvent mêlé au bois de Fernambouc ; on en fait aussi des ouvrages de tour et d'ébénisterie.

SAPE, *sf.* (*Milit.*) Travail que font des assiégeants, dans des tranchées couvertes, en attaquant les murs en dessous avec le pic et la pioche. | Petite faux, espèce de serpette.

SAPÈQUE, *sf.* V. *Dông.*

SAPEUR, *sm.* Soldat du corps du génie chargé des travaux de fortifications. | Dans chaque régiment de ligne, soldats qui sont munis d'une hache, d'un tablier de peau, etc., et qui sont chargés de couper les haies, d'aplanir les fossés et de frayer un chemin aux troupes ; ils marchent en tête du régiment.

SAPHÈNE, *sf.* Nom de deux veines de la jambe, voisines de chaque malléole et auxquelles se pratique la saignée du pied.

SAPHIQUE, *adj.* Qui a rapport à Sapho, ancienne poétesse grecque. | Vers —, sorte de vers grec et latin composé de onze syllabes distribuées en un trochée, un spondée, un dactyle et deux trochées ; Horace en a fait souvent usage.

SAPHIR, *sm.* Variété de corindon, pierre précieuse moins dure que le diamant, brillante et de couleur bleue. | — mâle, celui qui est bleu foncé (indigo). | — femelle, celui qui est bleu clair (azur). | — d'eau. V *Cordiérite.* | — du Brésil. V. *Tourmaline.*

SAPHIRINE, *sf.* Variété de calcédoine de la couleur du saphir ; on en fait divers objets d'ornement.

SAPIDE, *adj.* Qui a de la saveur. | SAPIDITÉ, *adj.* Qualité de ce qui est —.

SAPIENCE, *sf.* Ancien syn. de sagesse ; s'est dit en parlant du *Livre de la Sagesse* de Salomon et des livres de l'Ecriture ci-après : *les Proverbes*, *l'Ecclésiastique* et *l'Ecclésiaste.*

SAPIENTIAUX, *adj. m. pl.* Livres — : ce sont les livres saints ci-après : *les Proverbes*, *l'Ecclésiaste*, *l'Ecclésiastique*, *le Cantique des Cantiques* et *le Livre de la Sagesse.*

SAPIN, *sm.* Arbre de la famille des conifères, toujours vert, résineux, très-voisin du pin dont il diffère par ses feuilles non groupées en faisceaux, par ses cônes composés d'écailles molles et par ses branches disposées en verticilles.

SAPINDACÉES, *sfpl.* (*Bot.*) Famille de plantes renfermant plusieurs arbres dont la plupart (tels que le *sapindus*) portent des fruits qui peuvent remplacer le savon ; on les trouve dans les régions tropicales.

SAPINE, *sf.* Sorte de tour fixe, en charpente, qu'on applique le long d'un bâtiment en construction, et qui sert à faire monter les pierres et autres matériaux.

SAPINETTE, *sf.* Nom qu'on donne vulg. à plusieurs espèces de sapins, telles que le sapin noir et le sapin blanc, qui sont de petite taille. | Bière antiscorbutique préparée avec des bourgeons de sapin, du raifort et du cochléaria ; on en fait usage en Angleterre sous le nom de *spruce beer.*

SAPINIÈRE, *sf.* Bateau plat pour le transport des bois de construction sur la Seine, jaugeant de 80 à 110 tonneaux.

SAPONACÉ, E, *adj.* Qui a les caractères du savon, qui peut être employé aux mêmes usages que le savon.

SAPONAIRE, *sf.* Plante de la famille des caryophyllées ; l'espèce la plus commune se trouve en Europe au bord des eaux ; ses feuilles forment, dans l'eau, une écume savonneuse et la rendent propre à blanchir le linge, etc. ; on l'emploie aussi contre les maladies de la peau.

SAPONÉ, *sm.* Médicament résultant de l'union du savon avec une autre substance.

SAPONIFICATION, *sf.* Transformation des matières grasses en savon ; saturation de l'alcali (potasse ou soude) au moyen d'un acide gras (acide oléique, margarique ou stéarique).

SAPONIFIER, *va.* Opérer la saponification d'un corps gras.

SAPONINE, *sf.* Principe actif de la racine de saponaire qui a toutes les propriétés du savon.

SAPONURE, *sf.* V. *Saponé.*

SAPOTACÉES, *sfpl.* (*Bot.*) Famille de plantes dont le type est le

SAPOTIER ou SAPOTILIER, *sm.* Arbre des Antilles à suc lactescent, à grandes feuilles coriaces, à port élégant, dont le fruit, la *sapote* ou *sapotille*, est une sorte de pomme charnue, ovale, d'un goût exquis, renfermant des graines huileuses ; son écorce passe pour fébrifuge.

SAPPARE, *sm.* V. *Disthène.*

SAQUEBUTE, *sf.* Sorte de lance avec harpon, à l'usage de l'infanterie au moyen âge. | Instrument de cuivre à coulisse, ressemblant un peu à notre trombone.

SARA, *sm.* V. *Patna.*

SARABANDE, *sf.* Danse grave sur un air à trois temps, qu'on accompagne de castagnettes.

SARAGOUSTI, *sm.* Mastic des Indes, espèce de brai très-dur, mêlé de chaux en poudre et d'huile végétale.

SARBACANE, *sf.* Long tuyau par lequel on peut lancer quelque chose en soufflant ; on s'en est servi comme d'arme, au moyen âge, pour lancer des projectiles (flèches empoisonnées, feu grégeois etc.).

SARBOTIÈRE, *sf.* V. *Sabotière.*

SARCELLE, *sf.* Genre de palmipèdes du genre canard, de la grosseur d'une perdrix, qui habite les étangs, les rivières, et voyage en troupes dans l'Europe centrale; sa chair est préférée à celle du canard, auquel elle ressemble assez.

SARCLER, *va.* Arracher les mauvaises herbes qui croissent dans un lieu cultivé. | SARCLAGE, *sm.* Action de —. | SARCLOIR, *sm.* Instrument en fer, à dents, pour —.

SARCOCARPE, *sm.* (*Bot.*) Partie charnue des fruits, appelée aussi *pulpe*. V. *Péricarpe.*

SARCOCOLLE, *sf.* Matière végétale résineuse, de couleur jaune ou bleue, qui exsude spontanément d'un arbuste d'Éthiopie nommé *sarcocollier*, et qu'on employait autrefois comme astringente, détersive et dessiccatrice à l'extérieur.

SARCODE, *sm.* (*Zool.*) Nom qu'on donne au tissu gélatineux, amorphe et diaphane, qui forme le corps de la plupart des animalcules protozoaires (infusoires, etc.), et qu'on ne distingue qu'au microscope.

SARCOLOGIE, *sf.* Partie de l'anatomie qui traite des chairs et des parties molles.

SARCOME, *sm.* (*Méd.*) Excroissance, tumeur charnue. | SARCOMATEUX, SE, *adj.* Qui tient du —.

SARCOPHAGE, *sm.* Tombeau dans lequel les anciens mettaient les corps qu'ils ne voulaient pas brûler, et qui était fait, dit-on, d'une sorte de pierre caustique propre à consumer les chairs en peu de temps, et, plus probablement, d'une pierre poreuse absorbant les parties liquides des cadavres et les laissant évaporer, de sorte qu'avec l'aide du climat, les parties solides finissaient peu à peu par se dessécher. | Cercueil vide ou sa représentation dans les grandes cérémonies funèbres. | *adj.* Se dit des médicaments qui brûlent les chairs.

SARCOPTE, *sm.* Arachnide très-petit, qu'on trouve dans certaines matières organiques, notamment dans le fromage; une de ses espèces est le — de l'homme, appelé aussi l'*acare de la gale.*

SARCORAMPHE, *sm.* Genre de la famille des vautours, dont l'espèce principale est le *condor*. (V. ce mot.)

SARCOTIQUE, *adj.* S'est dit des remèdes que l'on croyait propres à accélérer la régénération des chairs.

SARDE, *sf.* Variété d'orge de mauvaise qualité qu'on donne à la volaille. | Nom vulgaire de la baleine. | Espèce de sardine que l'on pêche sur les côtes du Brésil et qu'on prépare à la manière du hareng. | V. *Mésoprion.* | Nom qu'on donne vulg. à l'*agate rougeâtre.*

SARDINE, *sf.* Espèce de petite taille du genre clupée, très-voisine du hareng, que l'on pêche sur les côtes de Bretagne et dans les parages de Sardaigne; on les conserve dans l'huile et dans le sel, et on en consomme pour la table des quantités considérables.

SARDOINE, *sf.* Variété d'agate calcédoine, non transparente, de couleur orangée, mêlée de nuances de jaune, de roussâtre et de brun, souvent concentriques; les anciens s'en servaient pour la gravure.

SARDONIE, *sf.* Espèce de renoncule très-vénéneuse qui provoque des convulsions et des contractions de la bouche qui ressemblent à un rire, d'où vient le terme *sardonique* pour parler d'un rire forcé et contracté.

SARDONYX, *sm.* V. *Sardoine.*

SARGASSE, *sf.* Plante marine dont une espèce, portant des fructifications qui ressemblent à des grains de raisin, se trouve par masses nombreuses dans certaines parties des mers tropicales, que l'on appelle, pour cette raison, *mers de sargasses*; elle prend aussi le nom de *raisin du Tropique.*

SARGE ou SARGUE, *sf.* Poisson acanthoptérygien, charnu, épais, muni de grandes dents, argenté, rayé en long de jaune et en travers de noir; on le pêche sur le rivage de la Méditerranée; sa chair est médiocre.

SARIGUE, *sm.* Mammifère de l'ordre des marsupiaux, que l'on trouve dans l'Amérique méridionale; son museau est très-pointu, ses oreilles grandes et nues et sa queue longue et prenante; la femelle a sous le ventre une espèce de poche dans laquelle elle porte ses petits.

SARISSE, *sf.* (*Ant.*) Pique en usage dans la phalange macédonienne; elle avait de 4 à 5 mètres de long; les soldats qui la portaient s'appelaient *sarissophores.*

SARMENT, *sm.* Se dit des branches ligneuses de la plupart des plantes grimpantes, et particul. de celles de la vigne; leur bois est dit *sarmenteux.*

SARONIDE, *sm.* Classe de prêtres gaulois que l'on croit être les mêmes que les druides.

SARRASIN, *sm.* et *adj.* Se dit d'une espèce de renouée, plante cultivée en Europe, et dite aussi *blé noir*, à graines triangulaires, fournissant une farine de laquelle on fait des gâteaux ou du pain.

SARRASINE ou SARRAZINE, *sf.* V. *Herse.*

SARRETTE, *sf.* Plante de la famille des composées, à feuilles en scie, qu'on trouve dans les champs humides, dont on tire une teinture jaune.

SARRIETTE, *sf.* Plante odoriférante de la famille des labiées, dont on cultive une espèce comme aromatique; elle sert d'assaisonnement dans certains pays.

SAS, *sm.* Tissu de crin, de soie, etc., entouré d'un cercle de bois et qui sert à passer de la farine, du plâtre, des liquides. | Bassin ménagé dans la longueur d'un canal pour y retenir les eaux qu'on verse, suivant le besoin, dans la chambre d'écluse au-dessus de laquelle il est situé.

SASSA, *sm.*, ou Gomme de —, *sf.* Sorte de gomme appelée aussi *fausse-adragante*, provenant d'une espèce d'acacia d'Afrique, de moins bonne qualité que la gomme adragante, et se dissolvant moins bien dans l'eau.

SASSAFRAS, *sm.* (pr. *frass*). Espèce de laurier, arbre des contrées chaudes de l'Amérique du Nord ; son bois, et surtout sa racine, sont employés à divers ouvrages de tour et d'ébénisterie; son écorce, en infusion, est réputée sudorifique.

SASSE, *sf.* Pelle creuse munie d'une anse ou d'une poignée qui sert à jeter l'eau hors d'une embarcation.

SASSENAGE, *sm.* Fromage fabriqué près de Grenoble, avec un mélange de laits de chèvre, de vache et de brebis ; il ressemble beaucoup au roquefort, mais il est plus blanc et plus doux.

SASSER, *va.* Passer au sas.

SASSOIRE, *sf.* Pièce circulaire double placée horizontalement sous la caisse d'une voiture et servant à faciliter la rotation du train du devant.

SASSOLINE, *sf.* (*Minér.*) Acide borique hydraté, qu'on trouve en dissolution dans certains lacs de Toscane.

SATELLITE, *sm.* (*Astr.*) Corps céleste qui tourne autour d'une planète principale, comme la Lune autour de la Terre ; Jupiter en a 4, Saturne 9 et Uranus 6.

SATIF, VE, *adj.* Se dit des plantes cultivées, pour les distinguer des plantes sauvages.

SATIN, *sm.* Étoffe de soie croisée, lustrée, dont la trame ne paraît pas à l'endroit et qui est douce et moelleuse au toucher; elle est unie ou brochée; on en a fabriqué aussi de laine.

SATINAGE, *sm.* Opération qui consiste à donner au papier imprimé une surface lisse et polie, en le faisant passer soit entre deux cylindres, soit entre deux cartons très-unis qui le pressent.

SATRAPE, *sm.* Gouverneur des anciennes provinces perses.

SATURER, *va.* Dissoudre, dans un liquide, le plus de matière qu'il est possible ; mettre dans un liquide tout ce qu'il peut dissoudre de matière; rassasier. | Saturation, *sf.* Action de — ; état de ce qui est saturé.

SATURNALES, *sfpl.* (*Ant.*) Fêtes en l'honneur de Saturne, chez les Romains, pendant lesquelles la morale était très-relâchée.

SATURNE, *sm.* Dans l'ancienne chimie, on désignait ainsi le plomb. | Extrait de —, sous-acétate de plomb, combinaison de l'acide du vinaigre avec l'oxyde de plomb ; c'est un astringent qu'on emploie, en général, à l'état de solution dans l'eau. V. *Eau blanche*.

SATURNIE, *sf.* Papillon de nuit de très-grande taille; il a les ailes grises avec une tache noire au milieu ; sa chenille vit sur les arbres fruitiers.

SATURNIN, E, *adj.* Qui provient du plomb, qui a l'aspect ou la couleur du plomb. | Colique *saturnine*, colique à laquelle sont exposés les ouvriers qui travaillent le plomb.

SATYRE, *sm.* Sorte de demi-dieu qui, selon la Fable, habitait les bois, et qui avait des pieds de bouc. | Papillon de jour dont on compte un grand nombre d'espèces ; il est remarquable par ses antennes terminées en massue et par son vol rapide et saccadé.

SATYRION, *sm.* Plante de la famille des orchidées, à racines bulbeuses, dont une espèce croît dans les bois et se distingue par une odeur de bouc très-sensible ; on l'a autrefois employée en médecine.

SAUCÉ, E, *adj.* Se dit d'une médaille dont le corps est de cuivre et qui a été recouverte d'une légère couche d'argent.

SAUCISSE, *sf.* (*Milit.*) Rouleau de toile goudronnée dans lequel est bourrée de la poudre et dont fait usage l'artificier ; on l'appelle aussi *saucisson*.

SAUDRAIE, *sf.* V. *Saulaie*.

SAUDRE *sm.* V. *Saule*.

SAUF-CONDUIT, *sm.* Sorte de passeport par lequel il est permis à une personne d'aller en quelque endroit et de s'en retourner librement sans crainte d'être arrêtée.

SAUGE, *sf.* Plante aromatique de la famille des labiées, à rameaux touffus, à fleurs bleu foncé, à feuilles un peu épaisses, opposées ; l'espèce commune est souvent employée en médecine.

SAULAIE, *sf.* Lieu planté de saules.

SAULE, *sm.* Arbre ou arbrisseau de la famille des amentacées, à tiges luisantes, à feuilles ovales, allongées, qui se plaît au bord des eaux ; on en compte un grand nombre d'espèces, parmi lesquelles l'*osier*, le *marsault*, le — *pleureur*, etc.

SAULET, *sm.* Nom vulgaire d'une espèce de moineau franc qu'on voit ordinairement sur les saules.

SAULSAIE, *sf.* V. *Saulaie*.

SAUMON, *sm.* Poisson malacoptérygien dont l'espèce commune habite la mer et se trouve à l'embouchure des fleuves, qu'elle remonte, et où elle acquiert une couleur uniforme, qui est irrégulièrement mêlée de brun quand elle reste dans la mer; sa chair est rouge, et on l'estime beaucoup. | Plomb plus ou moins pur, en blocs ou lingots, résultant de la fusion du minerai. | Lingot semblable de quelque autre métal.

SAUMONÉ, E, *adj.* Se dit des poissons, tels que la truite, quand leur chair est rouge comme celle du saumon.

SAUMURE, *sf.* Mélange d'eau et de sel, liquide qui se dépose au fond des vases ou ont résidé des viandes salées, des poissons en conserve, etc. | Eau saturée de sel que l'on fait évaporer.

SAUNAGE, *sm.* Trafic de sel, transport de sel. | Faux —, ancien nom du commerce du sel, quand il se faisait avec d'autre sel que celui des greniers du roi.

SAUNER, *vn.* Faire du sel. | Saunaison, *sf.* Action de —, époque où l'on saune.

SAUNERIE, *sf.* Lieu où l'on fabrique le sel.

SAUNIER, *sm.* Ouvrier qui travaille dans une saunerie. | Faux —, nom que l'on donnait à ceux qui faisaient le commerce de *faux-saunage*. V. *Saunage*.

SAUPE, *sf.* Espèce de *bogue*, poisson de la Méditerranée. V. *Bogue*.

SAUPIQUET, *sm.* Sauce piquante.

SAUQUÈNE, *sf.* Nom que porte la dorade dans la Méditerranée lorsqu'elle est jeune et que sa chair n'a pas encore beaucoup de goût.

SAUR ou Saure, *adj.* Cheval —; de couleur jaune qui tire sur le brun. | Hareng —; se dit du hareng salé et fumé.

SAURE, *sm.* Espèce de poisson très-vorace, du genre des saumons, à couleurs riches et variées, qu'on trouve dans la Méditerranée.

SAUREL, *sm.* V. *Carangue*.

SAURER, *va.* Saler et fumer le hareng.

SAURIENS, *smpl.* (*Zool.*) Ordre de reptiles à quatre pieds, recouverts d'une peau écailleuse, dont le corps est allongé, cylindrique et terminé par une queue très-épaisse à sa base; leurs dents sont acérées et leurs doigts armés de griffes; ils sont ovipares; tels sont le crocodile, l'alligator, le lézard, etc.

SAURIN, *sm.* Hareng saur, laité et nouveau.

SAURINE, *sf.* V. *Picholine*.

SAURISSAGE, *sm.* Action de saurer les harengs. V. *Saurer*. | Saurisserie, *sf.* Endroit où l'on fait le —.

SAUROGRAPHIE, *sf.* Description des sauriens.

SAUROLOGIE, *sf.* Traité sur les sauriens.

SAUSSAIE, *sf.* V. *Saulaie*.

SAUSSE, *sf.* Liqueur chaude dont l'orfèvre se sert pour rehausser la couleur de l'or.

SAUT DE LOUP, *sm.* Fossé que l'on pratique au bout d'une allée, à l'extrémité d'un parc, pour en défendre l'entrée, sans borner la vue.

SAUTE, *sf.* (*Mar.*) — de vent, changement subit de plusieurs quarts dans la direction du vent.

SPUTELLE, *sf.* Nom qu'on donne en quelques pays aux *provins*.

SAUTEREAU, *sm.* Dans les anciens clavecins, petite pièce de bois qui, en sautant par le mouvement de la touche, faisait résonner les cordes au moyen d'une plume de corbeau.

SAUTERELLE, *sf.* Genre d'insectes orthoptères, remarquable par ses ailes disposées en toit et par ses pattes postérieures très-longues, au moyen desquelles il peut sauter assez loin; on en trouve plusieurs espèces en Europe. | Fausse équerre mobile dont se servent les charpentiers et les tailleurs de pierre pour prendre les angles et les reporter sur les pièces qu'ils taillent.

SAUTEROLLE, *sf.* Sorte de piége pour les petits oiseaux.

SAUTEURS, *smpl.* (*Zool.*) V. *Acridiens*.

SAUTOIR, *sm.* (*Blas.*) Se dit des pièces qui traversent l'écu diagonalement et se croisent avec d'autres pièces, de façon à figurer une X. | Se dit des ordres qui se portent en forme de collier sur la poitrine.

SAUVAGEON, *sm.* Jeune arbre venu sans culture. | Jeune arbre obtenu, en pépinière, de semis, et non encore greffé.

SAUVAGINE, *sf.* Nom commun à toutes les peaux sèches ou vertes, en poils, des animaux sauvages qui se trouvent en France et s'emploient pour fourrures; telles sont les peaux de renard, de blaireau, de fouine, de putois, etc.

SAUVEGARDE, *sm.* Reptile saurien du genre des *monitors*, qui habite l'Amérique du Sud et qui, dit-on, avertit l'homme par ses cris de l'approche de l'alligator.

SAUVETERRE, *sm.* Marbre de France, qui est noir, veiné de blanc et de jaune, et marqueté de blanc.

SAVACOU, *sm.* Oiseau échassier de la Guyane, à bec large, qui habite le long des rivières et se nourrit de crabes.

SAVALLE, *sf.* V. *Cailleu-tassart*.

SAVANE, *sf.* Forêt d'arbres résineux du Canada. | Vaste prairie d'Amérique, cultivée ou sauvage.

SAVONNIER, *sm.* Arbre de la famille des sapindacées, dont plusieurs genres portent des fruits jouissant de propriétés détersives.

SAVONULE, *sm.* (*Chim.*) Tout composé d'une huile essentielle avec un alcali ou un acide.

SAXATILE, *adj.* (*Hist. nat.*) Qui se trouve, qui croît parmi des pierres.

SAXHORN, *sm.* Instrument de musique en cuivre, à embouchure de cuivre et à trois pistons, destiné, en raison de sa forme plus commode et mieux entendue, à remplacer les cors et les trombones, suivant sa portée.

SAXICAVE, *sf.* Mollusque de l'ordre des enfermés, qu'on trouve dans les roches calcaires du littoral, où il se creuse une demeure.

SAXIFRAGE, *adj.* S'est dit des médicaments propres à dissoudre la pierre dans la vessie. | *sf.* Plante grasse, à petites fleurs blanches, qui croît dans les rochers ou dans les lieux humides; elle a cinq pétales et dix étamines, et forme le type d'une famille dite des *saxifragées*.

SAXOPHONE, *sm.* Instrument de cuivre ayant à peu près la forme d'un cône doublement recourbé; la production du son s'y fait au moyen d'une anche comme dans la clarinette, et les intonations se modifient par un système de clefs qui sont au nombre de 10 à 22; c'est un instrument d'une tres-grande puissance et dont l'effet est remarquable, surtout dans les orchestres militaires.

SAXOTROMBA, *sm.* Instrument de musique en cuivre et à clefs, à embouchure de cuivre, qui est une variété du saxhorn.

SAXTUBA, *sm.* Instrument de cuivre à pistons et de la forme d'une longue trompette; on l'emploie, avec un grand concours de cuivres, dans les morceaux à effet, qu'on exécute dans les cérémonies solennelles.

SAYE, *sf.* Nom qu'on a donné à diverses étoffes de laine croisée.

SAYERNE, *sf.* V. *Sagerne.*

SAYETTE, *sf.* Fil de laine peignée, moins tordu que le fil d'estaim. | Étoffe de laine et de soie fabriquée à Amiens.

SAYNÈTE, *sf.* Petite pièce bouffonne du théâtre espagnol.

SAYON, *sm.* Saie, espèce de casaque ouverte que portaient anciennement les gens de guerre.

SBIRE, *sm.* Nom qu'on a donné aux archers qui, dans certaines villes d'Italie, étaient chargés d'arrêter les malfaiteurs, les personnes incriminées, etc.

SCABELLON, *sm.* (*Archit.*) Sorte de piédestal ou de socle en forme de balustre, sur lequel on pose des bustes, des girandoles, etc.

SCABIEUSE, *sf.* Genre de plantes de la famille des dipsacées, à fleurs agglomérées en capitules hémisphériques, dont une espèce, d'un violet très-foncé et se rapprochant du noir, porte vulg. le nom de *fleur des veuves*.

SCABIEUX, SE, *adj.* Qui ressemble à la gale.

SCABIN, *sm.* Officier moitié civil, moitié militaire, qui était préposé à des fonctions judiciaires au moyen âge.

SCAFERLATI, *sm.* Feuilles de tabac hachées en lanières très-ténues et torréfiées, pour servir de tabac à fumer.

SCALAIRE, *sf.* Mollusque gastéropode, à coquille univalve, très-élégante, garnie de lames longitudinales qui ressemblent à des échelons; on le trouve dans les mers des Indes.

SCALDE, *sm.* Barde ou poëte scandinave.

SCALÈNE, *adj.* (*Math.*) Se dit d'un triangle rectiligne dont les trois côtés sont inégaux. | *sm.* (*Anat.*) Se dit de trois muscles qui s'étendent des apophyses cervicales aux différentes côtes.

SCALOPE, *sf.* Genre de mammifères carnassiers insectivores fouisseurs, voisin de la taupe par sa conformation; on en trouve plusieurs espèces au Canada.

SCALPEL, *sm.* Instrument à lame fixe, pointue, ne coupant que jusqu'à la moitié de la lame, dont on se sert pour les dissections anatomiques.

SCALPER, *va.* Arracher avec le scalpel la peau du crâne à un ennemi vaincu, après l'avoir coupée circulairement: ne se dit guère qu'en parlant des sauvages de l'Amérique du Nord où cet usage est répandu.

SCAMMONÉE, *sf.* Espèce de liseron d'Asie. | Gomme résine très-désagréable au goût et à l'odorat, qui en est extraite et qui a des propriétés purgatives. | — de Montpellier. V. *Cynanque.*

SCAMMONITE, *sm.* Vin purgatif préparé avec de la scammonée.

SCANDER, *va.* Mesurer les vers par le nombre de leurs syllabes. | Prononcer en articulant distinctement chaque syllabe.

SCAPE, *sm.* (*Zool.*) Premier article des antennes d'un insecte. | (*Bot.*) Hampe qui soutient certaines fleurs et qui se distingue par l'absence totale de feuilles.

SCAPHANDRE, *sm.* Appareil de liége, au moyen duquel un homme peut facilement se soutenir sur l'eau.

SCAPHÈ, *sm.* (*Ant.*) Sorte de cadran solaire de forme concave, ressemblant à une petite nacelle.

SCAPHOÏDE, *adj.* (*Anat.*) Qui a la forme d'une barque; se dit des os qui sont convexes d'un côté et concaves de l'autre, et particul. du plus gros des os du carpe, d'un os interne du tarse, etc.

SCAPIN, *sm.* Personnage bouffon de la comédie italienne, dont le rôle est celui d'un valet intrigant et fripon, et le costume une livrée avec un manteau court.

SCAPULAIRE, *sm.* Pièce d'étoffe qui descend depuis les épaules jusqu'en bas, tant par devant que par derrière, et que portent plusieurs religieuses sur leurs habits. | Nom de petits carrés d'étoffe joints ensemble, qui renferment une image bénite, et qu'on porte sur la poitrine.

SCAPULAIRE, *adj.* (*Anat.*) Qui appartient ou qui a rapport aux épaules. | (*Zool.*) Se dit des plumes qui s'étendent de chaque côté du dos des oiseaux.

SCAPULO-HUMÉRAL, E, *adj.* (*Anat.*) Se dit de l'articulation qui joint l'épaule au bras.

SCARABÉE, *sm.* Insecte coléoptère lamellicorne, à mâchoires droites et cornées, dont la larve vit dans le bois pourri; sa tête est presque trigone et souvent munie d'une corne; son corps est ovoïde, convexe et ramassé; il est de couleur foncée.

SCARAMOUCHE, *sm.* Personnage bouffon de l'ancienne comédie italienne; il est habillé de noir de la tête aux pieds; son rôle est celui d'un fanfaron poltron.

SCARE, *sm.* Poisson acanthoptérygien, voisin du labre par sa conformation; ses couleurs sont très-variées et sa chair assez estimée; on le trouve dans les mers tropicales.

SCARIEUX, SE, *adj.* (*Bot.*) Se dit de certains organes des plantes quand ils sont membraneux, secs, minces et translucides, comme les stipules de l'*immortelle*, etc.

SCARIFICATEUR, *sm.* (*Chir.*) Petite boîte servant à pratiquer des saignées; une de ses faces est percée d'un certain nombre de fentes longitudinales par lesquelles sortent toutes à la fois autant de pointes de lancettes disposées sur un pivot commun. | Instrument d'agriculture formé d'un assemblage de coutres, servant à fendre et à défricher le sol, et particul. à couper les racines des plantes nuisibles.

SCARIFIER, *va.* Opérer la *scarification*, c.-à-d. pratiquer, au moyen du *scarificateur*, une saignée sur laquelle on applique immédiatement une ventouse.

SCARIOLE ou SCAROLE, *sf.* V. *Escarole*.

SCARITE, *sm.* Insecte coléoptère voisin du carabe par sa conformation, dont la couleur est noir luisant, et qu'on trouve sur les bords de la mer dans les pays chauds.

SCARLATINE, ou FIÈVRE —, *sf.* Éruption cutanée, contagieuse et souvent épidémique, qui attaque les enfants; elle débute par de petits points rouges que remplacent de larges taches irrégulières d'un rouge écarlate, non proéminentes, se transformant ensuite en lamelles écailleuses; elle s'accompagne de maux de gorge et quelquefois de complications gastriques; en général, elle n'est pas dangereuse.

SCATOLOGIE, *sf.* Recueil de plaisanteries qui roulent sur un sujet bas.

SCAZON, *sm.* (*Litt.*) Vers latin semblable à l'iambe, qui n'en diffère que par les deux derniers pieds, dont l'un est un iambe et l'autre un spondée.

SCEAU, *sm.* Grand cachet représentant les armes d'un gouvernement, et qui est appliqué sur les actes authentiques par le ministre de la justice, appelé pour ce motif *garde des sceaux*. | Référendaire au —. V. *Référendaire*.

SCÉLITE ou SCÉLITHE, *sf.* Pierre figurée, imitant la forme d'une jambe humaine.

SCELLAN, *sm.* Petit poisson de rivière dont on se sert pour faire des appâts.

SCELLÉS, *smpl.* Cachets de cire molle qu'on applique aux deux extrémités d'une bande de papier qui tient ensemble les deux battants d'une porte, etc., afin de constater que cette porte reste fermée; l'apposition de —s est faite par le juge de paix, après décès, par suite de faillite, etc., le plus souvent à la réquisition des intéressés.

SCELLEMENT, *sm.* Action de sceller ou d'arrêter l'extrémité d'une pièce de bois ou de métal dans un mur ou dans une pierre, au moyen d'un ciment.

SCÉLOTYRBE, *sf.* Vacillation des membres inférieurs, due à la faiblesse; vulg. *danse de saint Gui*.

SCÉNOPÉGIE, *sf.* C'est la fête des Tabernacles, solennité de la religion juive qui rappelle le long séjour des Hébreux dans le désert.

SCEPTICISME, *sm.* Système de philosophie qui consiste à douter de la vérité des connaissances humaines, et à nier que l'homme puisse atteindre la vérité.

SCÉTIE ou SCITIE, *sf.* Petit navire du Levant, gréé en voiles latines.

SCHABRAQUE, *sf.* Housse ou sorte de couverture qu'on étend sur la selle des chevaux de cavalerie et qui recouvre les fontes des pistolets.

SCHAH, *sm.* Titre que les Européens donnent au souverain de la Perse.

SCHAKO, *sm.* Coiffure militaire qui a remplacé le chapeau à trois cornes; elle est à peu près de la forme d'un cône tronqué, surmontée d'un pompon ou d'une aigrette, munie d'une visière et ornée de plaques, de galons, etc.

SCHAPPE, *sf.* V. *Frisons*.

SCHÉELITE, *sf.* (*Minér.*) Minéral qu'on rencontre avec le granit et qui est une combinaison de chaux et de tungstène; la *schéelitine*, qui se trouve dans les mêmes régions, est une combinaison de tungstène et de plomb.

SCHEIK, *sm.* V. *Cheik*.

SCHELLING, *sm.* (pr. *che-laingh* ou *che-lain*). Monnaie d'argent anglaise valant 1 fr. 25 c. de notre monnaie; c'est la 20e partie de la livre ou pound.

SCHÉMATIQUE, *adj.* Se dit des tableaux, des figures représentant aux yeux des données statistiques, etc.

SCHÈME, *sm.* (*Astr.*) Représentation, figure des planètes, avec l'indication de leurs places respectives pour un instant donné. | (*Philos.*) Forme, se dit de tout objet qui existe dans l'entendement, indépendamment de la matière.

SCHÈNE, *sm.* Mesure des anciens Égyptiens, qui équivalait à environ six de nos kilomètres.

SCHÉRIF, *sm.* V. *Chérif* et *Shérif*.

SCHERZO, *sm.* (*Ital.*) (*Mus.*) (pr. *sker-*). Partie vive, légère et rapide d'un morceau de musique; indique qu'un morceau doit être exécuté légèrement et comme en se jouant.

SCHILLING, *sm.* Monnaie de Hambourg valant environ 10 centimes.

SCHINE, *sm.* Arbre du Chili, toujours vert, dont la baie fournit une boisson rafraîchissante et alcoolique.

SCHISME, *sm.* Séparation dans une religion; desunion, division en deux corps d'une seule communion religieuse. | SCHISMATIQUE, *adj.* Qui fait —, qui est dans le —.

SCHISTE, *sm.* (*Géol.*) Se dit, en général

de toute pierre qui peut se séparer en plusieurs feuillets, comme l'ardoise. | — micacé. V. *Micaschiste.* | — tégulaire, nom technique du schiste dont on fait des ardoises. | Huile de —, huile en usage dans l'éclairage et dans les arts, et qu'on extrait d'un — bitumineux et carburé.

SCHLAGUE, *sf.* Coups de baguette; punition corporelle infligée aux soldats dans certains pays.

SCHLICH, *sm.* Minerai écrasé, lavé et préparé pour être porté au fourneau de fusion.

SCHLITTE, *sf.* Sorte de traîneau allongé, au moyen duquel, dans les montagnes des Vosges, on fait descendre le bois abattu. | SCHLITTEUR, *sm.* Ouvrier qui dirige la —.

SCHLOTTE, *sf.* Dépôt de matières diverses, qui se forme au fond des eaux salées, dont on extrait le sel ordinaire, et qui est recueilli pour en extraire du sulfate de soude.

SCHONER ou SCHOONER, *sm.* (pr. *choûnerr*). Petit bâtiment à deux mâts gréé comme une goëlette.

SCHORL, *sm.* (pr. *sk*) (*Minér.*) Tout minéral fusible au chalumeau. | — blanc. V. *Albite.* | — bleu. V. *Disthène.* | — aigue marine. V. *Epidote.* | — électrique. V. *Tourmaline.* | — olivâtre. V. *Péridot.*

SCIAGRAPHIE, *sf.* Art de peindre les ombres. | Représentation de la coupe d'un édifice.

SCIARA, *sm.* Insecte diptère dont les larves vivent agglomérées, par une sorte de mucosité, en groupes très-serrés, formant parfois des rubans très-allongés; on le trouve dans les pays du Nord.

SCIATÉRIQUE, *adj.* et *sf.* (*Ant.*) Se dit du cadran solaire dont le centre est occupé par un style.

SCIATIQUE, *adj.* (*Anat.*) Se dit de divers organes qui appartiennent à la hanche ou qui l'avoisinent. | *sf.* Douleur très-vive qui affecte le grand nerf — et qui se fixe principalement à l'emboîture des cuisses; on l'appelle aussi goutte —.

SCIE, *sf.* Poisson du genre squale, remarquable par son museau déprimé qui s'allonge en forme de bec, et qui est armé de chaque côté d'épines fortes, osseuses, pointues, semblables à des dents de scie : il attaque avec cette arme les plus gros poissons et même les cétacés.

SCIÈNE, *sf.* Genre de poissons acanthoptérygiens dont le corps est très-allongé et très-étroit, ce qui lui a fait donner le nom vulg. de *maigre;* son museau est bombé, sa couleur d'un gris argenté, uniforme, et ses nageoires rouges ; sa chair est très-estimée.

SCILLE, *sf.* Plante de la famille des liliacées, à bulbe sphérique, portant des fleurs ouvertes en étoile et disposées en épis réguliers; l'une de ses espèces, à fleurs bleues, fleurit dans le bois, au printemps, sous le nom de jacinthe; une autre, appelée — maritime, est très-abondante dans les plaines du midi de l'Europe; son bulbe, d'une grosseur extraordinaire, est réputé diurétique; on fait de ses écailles des préparations médicinales qui sont dites *scillitiques.*

SCINQUE, *sm.* Reptile de la classe des sauriens, dont le corps est tout couvert d'écailles régulières, luisantes; une de ses espèces, dite aussi *monitor terrestre*, sert aux jongleurs du Caire pour faire des tours; le — des pharmaciens a joui d'une grande réputation comme remède, en Orient; il est encore très-recherché des Arabes et des Egyptiens, qui le font sécher et le livrent au commerce en poudre noirâtre.

SCINTILLATION, *sf.* Phénomène que présentent les étoiles fixes et certaines planètes, qui semblent à l'œil trembler continuellement et envoyer à chaque instant de nouveaux rayons; c'est un effet d'optique dû à la différence de densité des couches d'air que traverse la lumière.

SCIOGRAPHIE, *sf.* V. *Sciagraphie.*

SCION, *sm.* Petit brin, extrémité flexible d'un rameau, jeune branche.

SCIOPTIQUE, *sf.* Globe de bois dans lequel il y a un trou circulaire où est placée une lentille; on s'en sert dans les expériences de la chambre obscure.

SCIRPE, *sm.* Plante de la famille des cypéracées qu'on confond vulg. avec le jonc, et dont toutes les espèces se trouvent dans les étangs, les rivières, etc.; on se sert des feuilles et des tiges de l'une de ses espèces pour tresser des paniers, des nattes, couvrir des chaises, etc.

SCIRRHOSE, *sf.* (*Méd.*) Tumeur concrétionnée, d'un jaune livide, qui résulte d'une inflammation prolongée; dégénération squirrheuse dans un ou plusieurs organes.

SCISSILE, *adj.* Qui peut être fendu, comme l'ardoise.

SCITIE, *sf.* V. *Scétie.*

SCLARÉE, *sf.* Nom d'une espèce de sauge à laquelle on a attribué des vertus ophthalmiques.

SCLÉREUX, SE, *adj.* Fibreux.

SCLÉRÈME, SCLÉRIASE, *sf.* SCLÉROME, *sm.* Induration d'une partie quelconque du tissu cellulaire chez les nouveau-nés.

SCLÉROPHTHALMIE, *sf.* Ophthalmie avec rougeur, douleur, dureté et difficulté de mouvement dans le globe de l'œil.

SCLÉROSARCOME, *sm.* Tumeur dure et charnue aux gencives.

SCLÉROTIQUE, *sf.* Membrane fibreuse, opaque, blanchâtre, qui enveloppe le globe de l'œil tout entier, et dans laquelle s'enchâsse la *cornée;* c'est ce qu'on appelle vulg. *blanc de l'œil.* | SCLÉROTITE, *sf.* Inflammation de la —.

SCOBINE, *sf.* Espèce de lime ou de râpe.

SCOLASTIQUE, *adj.* et *sf.* Qui appartient à l'école, qui s'enseigne suivant la méthode ordinaire de l'école. | Théologie — ou philosophie —, se dit d'un mode d'enseignement qui régna dans les écoles au moyen âge, et dont le caractère principal était une foi aveugle dans les principes d'Aristote, et un mélange confus de la théologie chrétienne avec les sciences naturelles.

SCOLÉCIASIE, *sf.* Maladie consistant en une corruption qui engendre des vers dans quelque partie du corps.

SCOLIASTE, *sf.* Celui qui a fait des scolies, des remarques sur un ancien auteur classique.

SCOLIE, *sf.* Note de grammaire, remarque critique sur un ancien auteur grec. | Remarque qui suit une proposition de géométrie. | Insecte hyménoptère assez semblable aux guêpes, qu'on trouve dans le midi de la France.

SCOLIOSE, *sf.* Courbure de l'épine dorsale qui se dévie sur le côté.

SCOLOPENDRE, *sf.* Genre d'insectes myriapodes dont le corps, long de 5 à 8 centimètres, est divisé en un grand nombre d'anneaux égaux; il a vingt pieds, dix de chaque côté, les antennes très-longues, et se trouve dans les lieux obscurs, où il se nourrit de petits insectes; la morsure de certaines de ses espèces est réputée dangereuse. | Genre de fougères consistant en une expansion foliacée linéaire, et qu'on appelle vulg. *langue de cerf;* on la considère comme astringente.

SCOLYTE, *sm.* Genre d'insectes coléoptères de la famille des xylophages; ils causent de grands dégâts à certains arbres dont ils perforent l'écorce tout à l'entour.

SCOMBRE, *sm.* V. *Maquereau.*

SCOPÉLISME, *sm.* Maléfice, sort opéré par une pierre ensorcelée.

SCOPS, *sm.* Petit-duc, espèce d'oiseau du genre des hiboux, de la dimension du merle commun.

SCORBUT, *sm.* Maladie qui corrompt la masse du sang et qui se manifeste ordinairement par un état général de débilité, par l'enflure et le saignement des gencives; elle se produit particulièrement sur mer. | SCORBUTIQUE, *adj.* Qui tient de la nature du —, qui est malade du —.

SCORIE, *sf.* Substance terreuse ou pierreuse vitrifiée, qui nage comme une écume à la surface des métaux en fusion. | Substance d'aspect boursouflé qui paraît avoir été mêlée à des matières volcaniques en éruption. | SCORIFICATION, *sf.* Réduction en —s.

SCORPION, *sm.* Insecte de la classe des arachnides, dont le corps allongé se termine par une queue grêle munie d'un dard aigu dont la piqûre est réputée venimeuse; il vit dans les pays chauds. | Huile de —, huile dans laquelle on fait mourir des —s; la médecine ancienne l'employait à beaucoup d'usages. | (*Ant.*) Petite machine de guerre qui lançait des dards. | Dard lancé par cette machine et auquel s'attachaient des balles de métal.

SCORSONÈRE, *sf.* (pr. *co-*), Genre de plantes de la famille des composées, dont l'espèce commune porte le nom vulg. de *salsifis noir;* sa racine, noire à l'extérieur et blanche à l'intérieur, se mange cuite comme le salsifis.

SCOTIE, *sf.* (pr. *-ti*). Moulure concave en demi-cercle et ordinairement bordée de deux filets, qui fait quelquefois partie de la base d'une colonne de l'ordre corinthien.

SCOTODYNIE, *sf.* Espèce de vertige avec obscurcissement de la vue.

SCRAMASAXE, *sm.* Sorte de lourde dague à un seul tranchant, qui faisait partie de l'armure des soldats francs et se portait à la ceinture.

SCRIBLAGE, *sm.* Opération qui a pour but de dégrossir la laine avant de la soumettre au cardage mécanique.

SCRINIAIRE, *sm.* Archiviste, secrétaire ecclésiastique.

SCRIPTEUR, *sm.* Officier ecclésiastique qui écrit les bulles du pape.

SCRIPTURAIRE, SCRIPTURAL, E, *adj.* Qui a rapport aux écritures sacrées.

PR 20°

SCROBICULE, *sm.* (*Anat.*) Nom donné à diverses dépressions appelées aussi vulg. *fossettes*, comme les fossettes des joues, celle du menton, etc.

SCROBICULEUX, SE, *adj.* (*Bot.*) Se dit des feuilles ou des autres organes quand ils sont parsemés de petites cavités.

SCROFULAIRE, *sf.* Plante herbacée, à petites fleurs en casque, qui est le type de la famille des scrofulariées; une de ses espèces, qui croît le long des eaux, a une tige quadrangulaire et de grandes feuilles qu'on estime contre certaines maladies de la peau, et qu'on a employées à panser les plaies.

SCROFULARIÉES, *sfpl.* (*Bot.*) Famille de plantes dont les caractères principaux consistent dans une corolle monopétale irrégulière, le plus souvent personee, portant deux ou quatre étamines, et distincte du calice, au fond duquel est un fruit monosperme; on y range la *digitale*, la *scrofulaire*, le *muflier*, la *véronique*, etc.

SCROFULES, *sfpl.* Maladie vulgairement appelée *écrouelles*, *humeurs froides*; c'est une altération des fluides qui se trouvent dans les ganglions lymphatiques, particul. autour du cou; on peut la considérer comme une dégénérescence tuberculeuse des tissus extérieurs, où prédomine la partie albumineuse du sang; elle peut gagner le poumon et se transforme alors en phthisie; elle donne lieu aussi aux tumeurs blanches, au carreau, etc.

SCRUPULE, *sm.* Ancien petit poids de 24 grains, c.-à-d. du tiers d'un gros; il équivaut à environ 1 gramme 13 centigrammes de nos jours

SCRUTIN, *sm.* Opération qui consiste à recueillir les votes d'une assemblée, à en faire le dépouillement ; les personnes chargées de cette opération s'appellent *scrutateurs*.

SCUBAC, *sm.* Liqueur spiritueuse dont le safran est la base.

SCUTE, *sf.* Petit canot à fond plat.

SCUTELLAIRE, *sf.* Plante de la famille des labiées, dont une espèce commune, appelée vulg. *toque*, est réputée fébrifuge.

SCUTELLE, *sf.* (*Bot.*) Sorte de cupule ou de conceptacle qui existe à la surface de certains lichens.

SCUTELLÈRE, *sf.* Insecte hémiptère de forme bizarre, qui exhale une odeur fétide ; on en trouve dans les environs de Paris une espèce rouge rayée de noir.

SCUTIFORME, *adj.* (*Hist. nat.*) Qui a la forme d'un bouclier.

SCUTIGÈRE, *sm.* Insecte myriapode dont les pieds sont recouverts de petites plaques; il ne sort que la nuit et vit dans les lieux humides ; sa piqûre est venimeuse ; on le trouve en Europe.

SCYLLARE, *sm.* Crustacé décapode macroure de petite taille, assez commun dans la Méditerranée, et qu'on mange dans le midi de la France.

SCYTALE, *sm.* Bande de parchemin sur laquelle on écrivait, à Sparte, après l'avoir roulée en spirale autour d'un cercle de bois, afin d'en rendre la lecture impossible pour ceux qui n'en connaissaient pas le secret. | Reptile du genre des serpents, dont le corps est cylindrique, la tête grosse, écailleuse, et la mâchoire garnie de crochets venimeux; on le trouve dans les pays chauds et surtout en Égypte.

SÉBACÉ, E, *adj.* Qui est de la nature du suif. | (*Anat.*) Se dit d'une humeur dont la consistance ressemble à celle du suif, et qui est sécrétée par des follicules ou cryptes logés dans l'épaisseur de la peau ; elle est destinée à lubréfier la surface du corps.

SÉBACIQUE, *adj.* (*Chim.*) Se dit d'un acide qu'on obtient en décomposant les graisses par la chaleur ; il cristallise en aiguilles incolores, inodores, et fond comme le suif.

SÉBADILLE, *sf.* V. *Cévadille.*

SÉBASTE, *adj.* Titre de dignité que portaient certains grands personnages du Bas-Empire.

SÉBESTIER, *sm.* Arbre de la famille des borraginées, dont l'espèce la plus commune est cultivée en Égypte ; son fruit, semblable à une petite prune, se nomme | SÉBESTE, *sf.* ; et s'employait autrefois pour les tisanes et les pâtes pectorales, comme le jujube aujourd'hui ; on transforme sa pulpe, par la macération, en une glu appelée *glu d'Alexandrie*, qui est employée à divers usages médicinaux.

SÉBIFÈRE, *adj.* Se dit de certains végétaux qui fournissent un corps gras analogue au suif.

SÉCABLE, *adj.* Qui peut être coupé.

SÉCANT, E, *adj.* Qui coupe; se dit des figures géométriques. | SÉCANTE, *sf.* Ligne droite qui coupe le cercle en deux points.

SÉCATEUR, *sm.* Instrument en forme de cisailles, dont on se sert pour tailler les arbres.

SÉCESSION, *sf.* Retraite, action de se retirer, de se mettre à l'écart.

SÈCHE ou SEICHE, *sf.* Genre de mollusques céphalopodes, de forme bizarre ; il porte dans le dos une lame ovale, friable, blanche et cornée, connue dans le commerce sous le nom d'*os de seiche* ; cet animal jette autour de lui, quand il craint d'être pris, une liqueur noire qu'il a dans un sac. V. *Sépia.* | Changements brusques de niveau, qui se produisent dans certains lacs ou sur le rivage de certaines mers.

SÉCHION, *sm.* (pr. *-ki-*). V. *Chayote.*

SECONDE, *sf.* La soixantième partie d'une minute de temps ou de degré de cercle. | (*Mus.*) Intervalle dissonant de deux notes voisines. | Coup d'épée qui se dirige du dedans au dehors en passant sous le bras de l'adversaire. | *adj. f.* Eau —. V. *Eau seconde.*

SECRET, *sm.* Mélange particulier dans lequel entre du mercure et dont on imprègne les poils avant de commencer à en faire du feutre ; il facilite le feutrage. | SECRÉTER, *va.* Appliquer le — à des poils ; cette opération prend le nom de *secrétage*.

SECRÉTAIRE, *sm.* — d'État, dénomination correspondante à celle de ministre. | — général, fonctionnaire qui, dans les ministères, les préfectures, etc., dirige les travaux du secrétariat, tels qu'ouverture et distribution des dépêches, contresigne les actes qui émanent du chef de l'administration et remplace ce dernier en cas d'absence ou d'empêchement. | — des commandements, secrétaire d'un roi ou d'un prince qui est chargé spécialement de ses affaires privées.

SECRÉTAIRE, *sm.* Oiseau de l'ordre des oiseaux de proie diurnes, voisin des busards, remarquable par ses jambes très-longues, son bec crochu, très-fendu, sa tête munie d'une huppe de plumes roides, horizontales, ce qui le fait ressembler à un écrivain portant sa plume derrière l'oreille ; il vit dans le sud de l'Afrique, et se nourrit de petits animaux et particul. de reptiles.

SECRÈTE, *sf.* Oraison que le prêtre récite tout bas à la messe, immédiatement après la Préface.

SÉCRÉTER, *va.* V. *Secret.* | (*Anat.*) Se dit des organes sécréteurs, c.-à-d. qui ont pour fonctions de séparer du sang diverses humeurs remplissant chacune, dans l'économie, un office particulier.

SÉCRÉTION, *sf.* Fonction commune à divers tissus organiques, par laquelle les liquides extraits du sang sont séparés en diverses parties, élaborés et modifiés par ces tissus, et distribués dans l'organisme chacun suivant ses propriétés.

SECTE, *sf.* Parti composé de personnes qui font profession d'une même doctrine ; on appelle sectaires les membres d'une religion et particul. de la religion chrétienne, quand ils s'en écartent pour professer des hérésies.

SECTEUR, *sm.* (*Math.*) Partie du cercle comprise entre deux rayons quelconques ; c'est une surface déterminée par l'arc compris et l'angle que font entre eux les deux rayons; on donne quelquefois absolument ce nom à une portion de cercle, moindre que le quart. | Instrument de précision qui sert, en astronomie, à reconnaître les différences d'ascension droite et de déclinaison de deux astres.

SECTION, *sf.* (*Math.*) Ligne produite par la rencontre d'un plan et d'un solide; se dit particul. des lignes courbes résultant de la section d'un cône par un plan ; on les nomme —s coniques.

SÉCULAIRE, *adj.* Qui a lieu tous les siècles.

SÉCULARISATION, *sf.* Acte par lequel un religieux *régulier* devient *séculier*, ou bien acte qui met sous la dépendance de l'autorité civile des biens, des domaines, des bénéfices, etc., appartenant au clergé.

SÉCULIER, ÈRE, *adj.* (*Eccl.*) Se dit, par opposition à *régulier*, de tout ce qui n'appartient pas aux ordres religieux.

SÉDATIF, VE, *adj.* Se dit des médicaments qui abattent l'irritation, qui affaissent l'organisme, ou qui modèrent l'action excessive d'un organe particulier. | Eau —e, V. *Eau sédative.*

SÉDIMENT, *sm.* (*Géol.*) Formation d'une couche de pierre, de chaux, etc., par le dépôt, au fond des eaux, des matières constitutives de cette couche *qui se sont agglomérées* à la longue, de façon à former des roches, etc. | (*Méd.*) Dépôt au fond d'un liquide organique, particul. de l'urine.

SEDLITZ, *sm.* Sel de —. V. *Epsom.* | Eau de — naturelle, eau minérale naturelle renfermant du sel de —. | Eau de — artificielle. V. *Magnésie.*

SEGMENT, *sm.* (*Math.*) Portion de la surface du cercle comprise entre un arc et sa corde. | — sphérique, partie de la sphère limitée par une surface sphérique et un plan qui coupe la sphère.

SÉGRÉGATION, *sf.* V. *Désagrégation.*

SÉGUEDILLE, *sf.* Air de musique espagnol sur lequel on exécute diverses danses légères.

SEICHE, *sf.* V. *Sèche.*

SEICHSLING, *sm.* Pièce de monnaie de Hambourg, valant environ 5 centimes.

SEIGLE, *sm.* Genre de céréales de la famille des graminées, très-voisin, par sa conformation, du blé, dont il se distingue par ses épillets solitaires à deux fleurs, ses glumes sétacées et l'arête qui termine sa glumelle ; on le cultive dans beaucoup de pays ; sa farine, moins nutritive que celle du blé, est plus rafraîchissante. | — ergoté. V. *Ergoté* et *Ergotine.*

SEIME, *sf.* Fente de la corne du pied du *cheval qui se dirige* du haut en bas et se manifeste généralement en dedans ; c'est une maladie inflammatoire qui attaque les chevaux de *poste, de manége*, etc.

SEINE, *sf.* Filet composé d'une nappe simple munie de morceaux de liége par en haut et de plomb par en bas ; *on la traîne sur le fond* des eaux et sur les grèves ; elle est beaucoup plus longue que large ; on en fait surtout usage dans le nord-ouest de la France.

SEING, *sm.* Signature d'un haut personnage apposée au bas d'un acte public. | — privé, se dit des actes faits entre particuliers et sans l'assistance d'un notaire ou d'un officier public ; on les appelle plutôt des actes *sous seing privé.* | Blanc —, papier signé à l'avance et en blanc.

SÉÏSMOLOGIE, *sf.* Étude des tremblements de terre.

SÉÏSMOTIQUE, *adj.* Qui concerne les tremblements de terre.

SEISSETTE, *sf.* Variété de blé tendre, de qualité inférieure.

SEL, *sm.* (*Chim.*) Toute combinaison d'un acide avec une base en proportions définies, ou bien d'un corps non métallique et d'un métal ; le sel marin ou sel ordinaire de cuisine, appelé d'abord *muriate de soude*, est désigné aujourd'hui sous le nom plus précis de *chlorure de sodium.* | — gemme, sel ordinaire en couches souterraines. | — ammoniac. V. *Ammoniac.* | — de Glauber. V. *Glauber (sel de).* | — de duobus. V. *Potasse.* | — de guindre, mélange purgatif de sulfate de soude, de nitrate et de tartrate de potasse. | — d'oseille. V. *Oxalate.*

SÉLACHE, *sm.* V. *Pèlerin.*

SÉLACIENS, *smpl.* (*Zool.*) Famille de poissons chondroptérygiens renfermant les raies, les squales, les requins, etc.

SÉLAGE, *sm.* Plante sacrée que les Druides cueillaient avec toutes sortes de pratiques superstitieuses et à laquelle ils attribuaient des vertus merveilleuses.

SÉLECTION, *sf.* Choix des reproducteurs dans l'élève du bétail.

SÉLÉNHYDRIQUE, *adj.* (*Chim.*) Se dit d'un acide gazeux composé d'hydrogène et de sélénium ; il brûle avec une flamme bleue.

SÉLÉNIEUX, SE, SÉLÉNIQUE, *adj.* (*Chim.*) V. *Sélénium.*

SÉLÉNITE, *sm.* V. *Sélénium.* | Nom que l'on donne quelquefois au plâtre.

SÉLÉNITEUX, SE, *adj.* Se dit des eaux naturelles qui sont chargées de plâtre et qu'on appelle vulg. *eaux dures* ou *eaux rudes*; elles dissolvent peu le savon et cuisent mal certains légumes.

SÉLÉNIUM, *sm.* Corps simple métallique friable, de couleur rouge, qu'on trouve fréquemment dans les dépôts de soufre; il brûle à l'air en produisant de l'acide *sélénieux* et de l'acide *sélénique*, dont les combinaisons avec divers corps s'appellent des *sélénites* et des *séléniates*.

SÉLÉNIURE, *sm.* (*Chim.*) Composé de sélénium et d'un autre métal.

SÉLÉNOGRAPHIE, *sf.* Description de la lune et des taches qu'on y distingue; carte de la lune.

SÉLÉNOSTATE, *sm.* Instrument dont les astronomes se servaient pour faire certaines observations relatives à la lune.

SÉLICTAR, *sm.* Ancien nom du premier ministre à Constantinople.

SELIN, *sm.* Plante de la famille des ombellifères qu'on trouve dans les lieux humides et montueux; une de ses espèces, qui vit dans les marais, a une racine fusiforme utilisée pour ses propriétés antispasmodiques et purgatives.

SELLE, *sf.* Billot de bois soutenu par trois pieds, servant à travailler les matières dans diverses industries.

SELLETTE, *sf.* Petit siége de bois très-bas et très-incommode, sur lequel, avant 1789, on faisait asseoir, pendant leur interrogatoire, les accusés qui avaient encouru des peines afflictives. | Boite sur laquelle on pose le pied pour se faire décrotter. | Pièce de bois qui sert de point d'appui au timon de la charrue et repose directement au-dessus de l'essieu. | Petit bât de bois qui reçoit la dossière et qu'on place sur le dos du cheval attelé au timon.

SÉMAPHORE, *sm.* Sorte de télégraphe usité sur les côtes et destiné à faire connaître les arrivées ainsi que les manœuvres des bâtiments venant du large; il consiste en deux ou trois ailes tournant autour d'un axe et formant toutes sortes d'angles avec le mât auquel elles sont fixées.

SÉMÉIOLOGIE, *sf.* Traité, étude des signes indicatifs des maladies. | SÉMÉIOTIQUE, *adj.* et *sf.* Qui concerne la —; connaissance des signes indicatifs des maladies.

SEMENCINE, *sf.* V. *Semen-contra.*

SEMEN-CONTRA, *sm.* (pr. *-mènn-*). Poudre des fleurs et débris des feuilles, des bractées et des rameaux de certaines espèces de santoline et d'armoise d'Orient et d'Afrique; c'est un médicament vermifuge; on en extrait un produit immédiat très-actif, appelé *semencine*, *barbotine*, *santonine* ou *santoline*.

SÉMENTERION, *sm.* Planche de bois sur laquelle on frappe avec des marteaux de fer; on s'en sert dans divers monastères.

SEMI-DOUBLE, *adj.* (*Bot.*) Se dit des fleurs dont les pétales sont très-multipliés, mais qui n'est pas encore double parce que toutes les étamines n'en ont pas encore disparu, en sorte qu'elle n'est pas stérile. | (*Eccl.*) Se dit des fêtes qu'on célèbre avec moins de solennité que les fêtes doubles, mais avec plus de solennité que les simples.

SEMI-FLOSCULEUX, SE, *adj.* (*Bot.*) V. *Flosculeux.*

SEMI-LUNAIRE, *adj.* (*Anat.*) Se dit de divers organes qui ont la forme d'une *demi-lune*, tels sont : l'os *semi-lunaire*, qui est le second de la rangée supérieure du carpe, le cartilage demi-lunaire qui est placé à l'articulation du fémur avec le tibia, etc.

SÉMINAIRE, *sm.* Établissement où l'on élève des jeunes gens pour les former à l'état ecclésiastique : le *petit séminaire* est consacré à l'enseignement des éléments, le *grand séminaire* embrasse les hautes études philosophiques et théologiques.

SÉMINAL, E, *adj.* (*Bot.*) Qui a rapport à la semence ou à la graine.

SÉMINIFÈRE, *adj.* (*Bot.*) Se dit des organes qui portent des graines ou des semences.

SÉMINULE, *sf.* V. *Spore.*

SEMIS, *sm.* Ancienne monnaie romaine qui valait un demi-as. | Ancien poids représentant six onces.

SÉMITIQUE, *adj.* Se dit des peuples dont la science ethnographique fait remonter l'origine à Sem, fils de Noé, et qui forment la majorité des habitants de la partie de l'Asie qui était connue des anciens.

SEMNOPITHÈQUE, *sm.* Singe de l'Asie méridionale, à membres très-grêles, à museau très-court, sans abajoues, à queue très-longue; ils vivent en grandes troupes; ils sont très-doux; une espèce de ce genre, appelée *entelle*, est vénérée des adorateurs de Brama.

SEMOIR, *sm.* Instrument d'agriculture, de forme variable, mis en mouvement par un cheval ou par un homme, et qui est destiné à distribuer la semence avec plus de régularité et d'économie qu'il n'est possible de le faire quand on sème à la main.

SEMONCE, *sf.* Signal que fait un croiseur ou un navire de guerre pour avertir un bâtiment qu'il rencontre, et qui porte le même pavillon que lui, qu'il veut user de son droit de visite, afin que ce dernier ait à s'arrêter.

SEMOULE, *sf.* Froment concassé en très-petits grains presque ronds, qui sert de base à tout ce qu'on appelle *pâtes d'Italie.*

SEMPERVIVUM, *sm.* V. *Joubarbe.*

SEMPLE, *sm.* Appareil faisant partie du métier à tisser la soie et servant à soulever la chaîne et à la croiser selon le genre d'étoffe;

il est composé d'un certain nombre de ficelles parallèles tendues au moyen d'un long morceau de bois.

SÉNAT, *sm.* Nom que portait, à Rome, le conseil suprême qui avait des attributions législatives et exécutives. | Dans divers pays, corps chargé de contrôler les actes du pouvoir législatif au point de vue du maintien des principes constitutifs de l'État. | En France, corps dont les membres, appelés *sénateurs*, sont nommés par le chef de l'État, et ont pour mission principale d'examiner si les lois votées par le pouvoir législatif sont contraires à la constitution. | Aux États-Unis, corps investi d'attributions analogues; il y en a un dans chaque État particulier, et les membres en sont nommés à l'élection.

SÉNATORERIE, *sf.* Sous le régime impérial, en France, au commencement de ce siècle, on désignait ainsi la résidence d'un sénateur, ainsi que le district, plus ou moins étendu, dans lequel un sénateur jouissait, sur des biens qui y étaient situés, des revenus affectés à sa dignité, avec prééminence honorifique sur les autorités locales.

SÉNATUS-CONSULTE, *sm.* Acte additionnel a la constitution, qui a pour objet d'y ajouter une disposition nouvelle ou de fixer le sens des dispositions douteuses; il est voté par le Sénat et doit être promulgué par le chef de l'État.

SENAU, *sm.* Grand bâtiment à deux mâts, dont l'un est carré et l'autre trapézoïdal.

SÉNÉ, *sm.* Folioles et gousses des fruits de plusieurs arbres du genre *cassia*, que l'on trouve en Arabie et en Abyssinie; c'est un purgatif très-estimé. | Faux — ou — d'Europe. V. *Baguenaudier.*

SÉNÉCHAL, *sm.* Grand officier de la Couronne, qui avait a la fois la surintendance de la maison du roi et des finances, la conduite des troupes et le pouvoir de rendre la justice au nom du roi.

SÉNEÇON, *sm.* Plante de la famille des composées, dont une espece, à fleurs semi-flosculeuses jaunes, toujours verte, est très-recherchée des oiseaux pour ses semences; on l'a crue douée de propriétés vulnéraires, d'où son nom vulgaire d'*herbe au charpentier*; une autre de ses espèces est la *jacobée.* (V. ce mot.)

SÉNÉGALI, *sm.* Espèce de gros-bec du Sénégal, dont le plumage est rouge pourpre et brun, le bec rougeâtre; il vit en troupes nombreuses.

SENEGRÉ, *sm.* V. *Fenugrec.*

SENELLE, *sf.* V. *Cenelle.*

SENESTROGYRE, *adj.* Se dit du pouvoir de dévier le rayon lumineux de droite à gauche que possèdent certaines substances organiques, comme l'essence de térébenthine, la gomme arabique, le sucre incristallisable, etc.

SÉNEVÉ, *sm.* Nom qu'on donne quelquefois à la graine de moutarde.

SÉNILE, *adj.* Qui tient à la vieillesse, qui résulte de la vieillesse.

SENNE, *sf.* V. *Seine.*

SENSIBLE, *adj.* (*Mus.*) Se dit de la septième note de la gamme, parce qu'elle se rapproche beaucoup de l'octave de la première et semble la faire sentir à l'avance.

SENSITIVE, *sf.* Petit arbrisseau du genre *mimosa*, dont les tiges, armees d'aiguillons, portent des folioles delicates, élégantes, douées de la singuliere propriéte de se resserrer les unes contre les autres au moindre attouchement, au moindre choc et pendant le coucher du soleil.

SENSORIEL, LE, *adj.* Qui a rapport aux sens.

SENSORIUM, *sm.* Partie du cerveau qu'on suppose être le centre *commun* de toutes les sensations; ce mot ne s'est guère employé que dans l'ancienne médecine et avec l'adj. lat. *commune.*

SENSUALISME, *sm.* Doctrine philosophique qui consiste a prétendre que toutes nos idées viennent des sens et qui se résume par cette maxime traduite du latin: *Il n'y a rien dans l'esprit qui n'ait déjà été dans les sens.*

SENTENCE, *sf.* (*Jurisp.*) Jugement prononcé par des arbitres qui ont été commis à cet effet par le tribunal.

SENTÈNE, *sf.* V. *Centaine.*

SENTINE, *sf.* Partie basse de l'intérieur d'un navire, dans laquelle les eaux s'amassent et croupissent. | Milieu impur, mauvais lieu.

SEP, *sm.* Piece de bois dans laquelle le soc de la charrue est emboîté.

SÉPALE, *sm.* (*Bot.*) Chacune des divisions du calice d'une fleur.

SÉPARATION, *sf.* (*Jurisp.*) — de biens, regime particulier du mariage qui conserve à chacun des époux la propriété et l'administration de ses biens, elle peut être stipulée dans le contrat avant le mariage, ou prononcée, dans la suite, par jugement. | — de corps, autorisation de prendre des domiciles séparés, qu'un jugement peut accorder aux époux pour des causes graves; elle entraine toujours la séparation de biens.

SEPHEN, *sm.* Poisson de mer dont la peau fournit une sorte de chagrin, appelée *galuchat*, employée dans la gainerie.

SÉPIA, *sf.* Matière colorante que répand la seche ou qu'on retire du corps de cet animal, et qui sert pour le dessin au lavis. | Dessin à la sépia.

SEPS, *sm.* Genre de sauriens, voisin de l'orvet et du lézard, dont les jambes et les pieds sont si courts et si peu apparents qu'il ressemble à un serpent; une de ses espèces, commune dans l'Europe méridionale, de couleur gris d'acier, rayée de brun, est considérée à tort comme venimeuse.

SEPTANE, *adj. f.* Se dit d'une fièvre qui revient tous les sept jours.

SEPTANTE, *smpl.* Version des —, se dit d'une traduction de la Bible, de l'hébreu en grec, faite par 70 ou plutôt 72 interprètes, par ordre de Ptolémée Philadelphe, roi d'Égypte; on l'appelle aussi la SEPTANTE, *sf.*

SEPTÉNAIRE, *adj.* et *s.* Se dit du nombre sept, d'une période de sept: particul. espace de la vie de l'homme qui dure sept ans. | Espace de sept jours.

SEPTENNAL, E, *adj.* Qui se renouvelle tous les sept ans. | SEPTENNALITÉ, *sf.* Période —e.

SEPTENTRION, *sm.* Nord. | SEPTENTRIONAL, E, *adj.* Du nord.

SEPTICIDE, *adj.* (*Bot.*) Se dit des péricarpes qui s'ouvrent par des sutures correspondantes aux cloisons.

SEPTIDI, *sm.* Le septième jour de la décade dans le calendrier républicain.

SEPTIFÈRE, *adj.* (*Bot.*) Se dit des valves du péricarpe lorsqu'elles portent des cloisons qui restent fixées sur elles après la déhiscence du fruit.

SEPTIQUE, *adj.* Qui produit la putréfaction. | Se dit des topiques qui font pourrir les chairs, ou qui produisent une décomposition rapide des tissus et des liquides organiques.

SEPTIZONE, *sm.* Temple formé de sept étages de colonnes l'un au-dessus de l'autre, qui supportaient chacun un entablement distinct et une corniche régnant tout à l'entour.

SEPTMONCEL, *sm.* (pr. *sè*-). Fromage que l'on fabrique dans le Jura; il est fait d'un mélange de lait de vache et de lait de chèvre; sa pâte est marbrée comme celle du roquefort.

SEPTŒILLE, *sf.* Petit poisson que l'on prend à l'embouchure de la Seine; c'est une espèce de lamproie.

SEPTUAGÉSIME, *sf.* Le dimanche qui précède la sexagésime et qui est le troisième avant le premier dimanche de carême, et le neuvième avant Pâques.

SEPTUM, *sm.* Se dit dans plusieurs sciences comme syn. de *cloison*, et particul. de la membrane qui sépare les ventricules du cœur d'avec les oreillettes; de celle qui sépare les deux ventricules latéraux du cerveau; de la cloison qui règne entre les deux narines, etc.

SEPTUOR, *sm.* Composition musicale pour sept voix ou sept instruments.

SÉQUENCE, *sf.* A certains jeux de cartes, suite de trois cartes de la même couleur, et dans le rang que le jeu leur donne; elle prend son nom de la carte la plus haute.

SÉQUESTRATION, *sf.* Action d'enlever par violence une personne et de la tenir enfermée.

SÉQUESTRE, *sm.* État d'une chose litigieuse remise en main tierce jusqu'à ce qu'il soit jugé à qui elle appartiendra. | Celui entre les mains de qui est mise la chose. | Chose séquestrée. | (*Méd.*) Portion d'os privée de la vie et rejetée au dehors par suppuration.

SEQUIN, *sm.* Monnaie d'or qui a cours en Italie, où sa valeur est de 11 à 12 fr., et en Égypte, où elle vaut 6 fr.

SÉRAC, *sm.* Anfractuosités et entassements irréguliers qui forment la bordure de certains glaciers dans les Alpes.

SÉRAIL, *sm.* Palais qu'habitent l'empereur des Turcs et plusieurs autres princes mahométans. | S'est dit, à tort, pour *harem* ou partie du palais où les femmes sont renfermées.

SÉRAN, *sm.* Sorte de peigne armé de dents de fer pour démêler le chanvre et le lin d'avec l'étoupe avant de les filer. | SÉRANCER, *va.* Peigner avec le —. | SÉRANÇAGE, *sm.* Emploi du —.

SÉRAPHIN, *sm.* (*Théol.*) Esprit céleste de la première hiérarchie des anges.

SERASKIER, SÉRASQUIER, *sm.* Officier général ou gouverneur de province dans l'empire ottoman.

SERBAT, *sm.* Mastic de —, sorte de mastic composé de sulfure de plomb, de peroxyde de fer et d'huile de lin.

SERDEAU, *sm.* Officier de bouche qui faisait autrefois l'office de recevoir et de porter aux gentilshommes servants les plats desservis de la table royale.

SEREINE, *adj. f.* Goutte —. V. *Amaurose.*

SERÈNE, *sf.* Baratte formée d'un tonneau placé sur deux tourillons, et dans laquelle on peut faire une grande quantité de beurre à la fois.

SÉRÉNISSIME, *adj. f.* Se dit quelquefois avec le mot *altesse*, en parlant des souverains qui ne sont pas rois, et particul. des princes du sang.

SÉREUX, SE, *adj.* Qui a les caractères de la sérosité, qui est plein de sérosité, qui a rapport aux sérosités; se dit particul. des membranes, telles que la plèvre, le péritoine, etc., qui enveloppent de toutes parts des organes importants et les tiennent constamment humides au moyen de la sérosité qu'elles renferment.

SERFOUETTE, *sf.* Outil de jardinage formé de deux dents allongées et recourbées, dont on se sert pour donner un léger labour aux plantes potagères.

SERGE, *sf.* Étoffe légère de laine, croisée, d'une seule couleur, dont la trame est de laine cardée et filée lâche pour faire draper l'étoffe; on en fait aussi de soie, mais on l'appelle *ras.* | SERGIER, *sm.* Ouvrier qui fabrique de la —.

SERGENT, *sm.* Nom que portaient autrefois les officiers de la maison du roi; plus tard, on a désigné ainsi les bas-officiers de justice, que nous appelons aujourd'hui *huissiers* ou *recors*; maintenant ce mot ne s'emploie qu'en parlant du grade de l'infanterie appelé aussi *sous-officier*; le sergent-major est le premier sous-officier de chaque compagnie. | Barre de fer terminée par un crochet à l'une de ses extrémités et garnie d'un autre crochet mobile; il sert à tenir serrées l'une contre l'autre les pièces de bois qu'on veut assembler, et à les maintenir dans cet état pendant que la colle sèche. | Forte barre de fer qu'on place devant la gueule du four.

SÉRICAIRE, *sm.* Nom technique du genre de lépidoptères auquel appartient le *ver à soie*.

SÉRICICULTURE, *sf.* Éducation des vers à soie et culture des arbres qui les nourrissent. | SÉRICICOLE, *adj.* Qui concerne la —, qui s'occupe de —.

SÉRIGÈNE, *adj. f.* Se dit de l'industrie de la fabrication de la soie, comprenant le travail des filatures, celui du dévidage et du moulinage, et même celui du tissage.

SÉRIE, *sf.* (*Math.*) Toute suite de nombres ou de grandeurs quelconques qui croissent ou décroissent suivant une certaine loi. | (*Chim.*) Groupe de corps *homologues*. (V. ce mot.)

SÉRIMÈTRE, *sm.* Sorte d'instrument qui sert à apprécier l'élasticité et la ténacité de la soie.

SERIN, *sm.* Genre de passereaux de la famille des fringilles, dont l'espèce principale, originaire des Canaries, est de couleur jaune clair dans l'état de domesticité, et a été croisée avec les espèces indigènes et les espèces voisines, de telle sorte qu'on en compte aujourd'hui un grand nombre de variétés; leur chant est généralement agréable.

SERINETTE, *sf.* Petit orgue portatif, à manivelle et à cylindre, dont le timbre est à l'unisson de celui des serins, et qui sert à enseigner à ces oiseaux certains airs choisis.

SERINGA ou SERINGAT, *sm.* V. *Syringa*.

SÉRIOLE, *sf.* Poisson acanthoptérygien, voisin du caranx par sa conformation; l'une de ses espèces, à chair ferme et rougeâtre, estimée, se trouve dans la Méditerranée, où elle atteint une très-grande taille.

SERMOLOGE, *sm.* Recueil de sermons ou de discours sur un sujet religieux ou moral.

SÉROSITÉ, *sf.* Fluide qui imbibe le tissu cellulaire et la surface interne des membranes appelées séreuses; il a la consistance de l'eau et se compose en grande partie d'albumine et d'eau.

SÉROTINE, *adj.* Espèce de chauve-souris qui se trouve en France, dans les clochers et les vieux édifices.

SERPE, *sf.* Lame de fer recourbée en croissant et munie d'un manche de bois, dont on se sert pour élaguer les arbres; la serpette est une — plus petite et portative, qui sert à tailler les vignes, etc.

SERPENT, *sm.* Nom générique de certains reptiles remarquables par leur corps cylindrique, allongé, dépourvu de pattes, et leur mode particulier de locomotion qu'on appelle *reptation*; ils forment, sous le nom d'*ophidiens*, un ordre de la classe des reptiles. | — à sonnettes. V. *Crotale*. | — de mer. V. *Ophisure*. | Instrument à vent, en cuivre, de la forme d'une S, muni de six trous qu'on bouche avec les doigts; on s'en sert à l'église pour soutenir le plain-chant; quand il porte des clefs on l'appelle *ophicléide*.

SERPENTAIRE, *sf.* Espèce de cactus. V. *Serpentine*. | — de Virginie, espèce d'aristoloche dont la racine est très-tonique et très-stimulante. | Nom que portent diverses plantes dont les tiges ou les feuilles rappellent la forme d'un serpent. | *sm.* Oiseau de l'ordre des rapaces et qu'on appelle aussi *secrétaire*. (V. ce mot.)

SERPENTE, *adj.* et *sf.* Sorte de papier très-fin, sans colle, transparent, de 75 cent. sur 50 cent. qu'on emploie, en diverses couleurs, pour la fabrication des fleurs.

SERPENTEAU, *sm.* Rameau long et flexible qui, couché en terre pour être marcotté, y entre et en ressort plusieurs fois. | Petites fusées introduites dans une grosse, qui éclatent avec un mouvement tortueux comme un serpent; on donne aussi ce nom à des fusées volantes sans baguettes. | Cercle de fer muni de grenades, qu'on jette sur une brèche.

SERPENTIN, *sm.* Tuyau de métal contourné en spirale, communiquant par un bout avec le chapiteau d'un alambic, et de l'autre avec son récipient; il sert à refroidir, à condenser le produit de la distillation. | Marbre à fond vert, avec des taches rouges et blanches.

SERPENTINE, *sf.* Roche compacte, verdâtre et plus ou moins bariolée, susceptible d'un beau poli; c'est un silicate de magnésie plus ou moins pur et souvent mêlé au fer oxydulé, au talc et à l'amphibole. | Espèce de cactus, appelé aussi *serpentaire*, dont le bois, dit bois de *serpent*, était autrefois employé aux mêmes usages que le quinquina aujourd'hui. | *adj. f.* Se dit de la langue du cheval lorsqu'il l'agite continuellement et qu'il la tient pendante hors de la bouche.

SERPETTE, *sf.* V. *Serpe*.

SERPIGINEUX, SE, *adj.* Se dit des pustules et ulcères qui guérissent d'un côté de leur circonférence et s'étendent du côté opposé; cette sorte d'ulcération porte le nom de SERPIGO, *sm.*

SERPILLIÈRE, *sf.* Grosse toile claire servant pour l'emballage, etc.

SERPOLET, *sm.* Espèce du genre thym très-aromatique, à tiges couchées et grêles, à fleurs pourpres très-petites, qui croît sur les collines et dans les parties sèches des bois.

SERPULE, *sf.* Genre d'annélides tubicoles,

qu'on trouve sur le littoral de presque toutes les mers, où elles vivent enfoncées dans le sable et logées dans une gaîne qu'elles ne quittent jamais.

SERRAN, *sm.* Genre de poissons acanthoptérygiens, remarquables par leurs dents crochues et leur préopercule dentelé en scie; quelques-unes de ses espèces, telles que le *mérou* et le *barbier*, sont estimées pour leur chair; elles ont le corps déprimé et les lèvres charnues.

SERRATILE, *adj.* Pouls —, pouls dur, inégalement distendu.

SERRATULE, *sf.* V. *Sarrette.*

SERRE, *sf.* Lieu clos et couvert où l'on met les plantes à l'abri des intempéries; la salle tempérée se chauffe par les rayons du soleil seulement, la — chaude par le moyen de la chaleur des poêles ou de la vapeur. | —s, *sfpl.* Griffes ou ongles acérés des rapaces et autres oiseaux de proie.

SERRE-BOSSE, *sm.* (*Mar.*) Gros cordage qui tient une ancre soulevée par une de ses pattes entre le bossoir où cette ancre est suspendue et le porte-hauban de misaine.

SERRE-FILE, *sm.* Officier ou sous-officier placé derrière une troupe en bataille, sur une ligne parallèle au front de cette troupe. | Vaisseau placé à la queue d'une ligne ou d'une colonne, et qui marche le dernier de tous.

SERRE-NŒUD, *sm.* Instrument de chirurgie servant à attacher les bouts d'une ligature destinée à faire disparaître une tumeur pédiculée, etc.

SERRICORNES, *smpl.* (*Zool.*) Famille de coléoptères pentamères, dont les antennes sont dentées en scie ou disposées en panache.

SERRIÈRE, *sf.* Longue et grosse barre de fer pointue qui sert à boucher le trou du fourneau où le métal qui doit former des canons est en fusion.

SERSE, *sf.* V. *Cerce.*

SERTIR, *va.* Enchâsser une pierre, la placer dans une monture en or ou en argent, particul. rabattre sur la pierre le rebord de métal qui doit la retenir.

SERTULAIRE, *sf.* Zoophyte en forme de petit arbuste qui recouvre la plupart des objets qu'on trouve au fond de la mer.

SERTULE, *sf.* (*Bot.*) Assemblage de fleurs dont les pédoncules uniflores partent tous d'un même point.

SÉRUM, *sm.* Partie la plus aqueuse des humeurs animales; elle est blanche ou incolore et fait partie constituante du sang, du lait, etc.; le — du lait est le *petit-lait.*

SERVAL, *sm.* Espèce de chat sauvage qu'on trouve dans l'Afrique du Sud: il est fauve en dessus, blanc en dessous, avec des taches rondes distribuées sans régularité; sa fourrure est recherchée; on l'appelle aussi *chat-tigre des fourreurs;* au pl. des *servals.*

SERVANT, *sm.* Dans les ordres religieux, ce sont les frères chargés des œuvres serviles. | Gentilshommes —s, ceux qui autrefois servaient le roi à table. | Dans l'artillerie, ce sont les deux artilleurs qui se tiennent à droite et à gauche de la pièce pour la servir.

SERVELIN, *sm.* Espèce de chat sauvage plus petit que le serval, et dont la fourrure est estimée; il habite l'Afrique du Sud.

SERVIOTE, *sf.* Pièce qui forme et contient l'éperon.

SERVITUDE, *sf.* (*Jurisp.*) Toute restriction à la liberté d'user d'une chose; elles sont *personnelles* si elles prennent fin à la mort du titulaire, et *réelles* si elles sont inhérentes à la chose elle-même; celles-ci sont *naturelles, légales* ou *conventionnelles*, suivant qu'elles dérivent de la situation naturelle des lieux (libre écoulement des eaux, clôture, etc.), d'une prescription de la loi (marchepied des rivières, voirie, mines, fortifications, etc.), ou d'une convention des parties (droit de passage, droit de prospect, etc.).

SÉSAME, *sm.* Plante haute d'un mètre environ, à feuilles ovales, à fleurs roses, solitaires, ressemblant à celles de la digitale, produisant des capsules allongées, remplies de graines un peu plus grosses que celles du millet, et qui sont alimentaires et fournissent une huile aussi bonne que celle d'olive et qui ne se fige jamais; on la cultive surtout en Égypte, en Italie, etc.

SÉSAMOÏDE, *adj.* (*Anat.*) Os —s, os très-petits qui ressemblent un peu à la graine de sésame, et qu'on trouve à l'extrémité de quelques tendons; ils ne se lient aux autres os par aucune articulation.

SÉSÉLI, *sm.* Plante de la famille des ombellifères, à fleurs rougeâtres tirant sur le blanc, dont la graine, longue, aromatique, est très-âcre et s'employait autrefois en médecine comme cordial et anthelmintique.

SÉSIE, *sf.* Genre de lépidoptères crépusculaires à ailes transparentes, portant une brosse à l'extrémité de l'abdomen, et dont plusieurs espèces ressemblent un peu à l'abeille et se nourrissent comme elle du suc des fleurs; ses larves rongent le bois de divers arbres.

SESQUI (pr. *-kui*). Cette particule signifie, dans les sciences, une fois et demie; ainsi, il y a entre deux quantités, comme 6 et 9, un rapport *sesquialtère*, parce que l'une est contenue dans l'autre une fois et demie.

SESQUICARBONATE, *sm.* (pr. *-kui-*) (*Chim.*) Carbonate dans lequel il y a une partie et demie d'acide carbonique contre une partie de base. | V. *Carbonate d'ammoniaque.*

SESQUIOXYDE, *sm.* (pr. *-kui-*). Oxyde renfermant une fois et demie la quantité d'oxygène que contient le protoxyde, c.-à-d. un atome et demi pour un atome du corps uni à l'oxygène.

SESSE, *sf.* Bande d'étoffe dont les Orientaux entourent le bonnet de leur turban.

SESSILE, *adj.* (*Bot.*) Se dit des parties d'une plante qui n'ont point de support, telles que les feuilles et les fleurs qui naissent immédiatement sur la tige.

SESSION, *sf.* Temps qui s'écoule depuis l'ouverture annuelle des chambres législatives jusqu'à leur clôture.

SESTERCE, *sm.* (*Ant.*) Monnaie d'argent à Rome, qui valait environ 20 centimes de nos jours. | Grand —, monnaie idéale ou de compte qui représentait mille —s, et équivalait par conséquent à deux cents francs environ.

SÉTACÉ, E, *adj.* (*Hist. nat.*) Se dit des organes qui sont grêles et roides, à l'instar d'une soie de sanglier.

SETEUILLE, *sf.* V. *Septœille*.

SETIER, *sm.* Ancienne mesure de capacité pour les matières sèches, équivalant à un hectolitre et demi environ. | Ancienne mesure de liquides équivalant à environ huit litres; on l'appelle aussi *velte*. | Demi- —, mesure de vin équivalant à un quart de litre.

SÉTIFÈRE, *adj.* Qui produit de la soie.

SÉTIGÈRE, *adj.* (*Zool.*) Qui porte des soies; se dit de la famille des mammifères à laquelle appartient le sanglier.

SÉTON, *sm.* Plaie artificielle que l'on forme en faisant passer sous la peau un cordon enduit d'onguent suppuratif que l'on renouvelle tous les jours; on emploie ce moyen révulsif contre les ophthalmies rebelles, etc.

SEUIL, *sm.* (*Archit.*) Partie inférieure d'une porte, qui est formée par une pierre ou une poutre sur laquelle pose le pied.

SÈVE, *sf.* Humeur qui sert à la nutrition du végétal et que les racines puisent dans le sein de la terre; c'est un liquide spécial qui contient en dissolution ou en suspension les principes nutritifs de la plante et les dépose dans l'intérieur de ses vaisseaux; elle circule au printemps et à l'automne, et porte le nom, dans le premier cas, de — *ascendante*, et dans le second, de — *descendante*.

SÉVÉRONDE, *sf.* Saillie d'un toit sur la rue pour rejeter l'eau loin du mur.

SÉVICES, *smpl.* (*Jurisp.*) Mauvais traitements d'un mari contre sa femme, d'un père contre ses enfants, ou d'un maître contre ses serviteurs.

SEXAGÉSIMAL, E, *adj.* Se dit des multiples de 60. | Division —e, division du cercle en 360 degrés de 60 minutes chacun.

SEXAGÉSIME, *sf.* Dimanche qui suit immédiatement celui de la septuagésime et qui précède de quinze jours le premier dimanche de carême.

SEXENNALITÉ, *sf.* Qualité de ce qui revient périodiquement tous les six ans.

SEXTANE, *adj. f.* Se dit d'une fièvre intermittente qui revient tous les six jours.

SEXTANT, *sm.* Instrument qui contient la sixième partie du cercle, c.-à-d. soixante degrés; il sert à mesurer les angles jusqu'à 60°, et particul. à déterminer en mer la position du bâtiment.

SEXTE, *sf.* La troisième des petites heures canoniales qui devait se célébrer à la sixième heure du jour, c.-à-d. à midi.

SEXTIDI, *sm.* Le sixième jour de la décade dans le calendrier républicain.

SEXTILE, *adj.* Se disait, dans le calendrier républicain, d'une année qui avait un jour de plus que les années ordinaires, ce qui arrivait tous les quatre ans; on comptait alors six jours complémentaires au lieu de cinq; le sixième jour complémentaire prenait le nom de *jour sextil*.

SEXTULE, *sm.* Ancien poids de droguiste équivalant à 5 grammes environ.

SEXTUOR, *sm.* Composition musicale à six parties obligées.

SFORZANDO, *adv.* (*Ital.*) (*Mus.*) En renforçant, désigne les passages des morceaux où l'intensité des sons doit être augmentée graduellement.

SGRAFFITE, *sm.* Façon particulière de dessiner sur les murs, qui fut en usage en Italie au XVe siècle; elle consistait à enduire le mur d'une couche noire ou grise, et à tracer ensuite le dessin au moyen d'une pointe qui enlevait la couleur et laissait paraître le mur, de sorte que les traits étaient blancs.

SHAKO, *sm.* V. *Schako*.

SHEFFEL, *sm.* (pr. *chef-*). Mesure de capacité pour les matières sèches, usitée en Allemagne, variant de 55 à 220 litres, selon les localités.

SHELLING, *sm.* V. *Schelling*.

SHÉRIF ou SHÉRIFF, *sm.* (pr. *ché-*). Officier municipal chargé, en Angleterre et aux États-Unis, de différentes fonctions de police et de justice. | V. *Chérif*.

SHILLING, *sm.* (pr. *chil-lingh*). Monnaie danoise valant environ 3 centimes.

SIAGONAGRE, *sf.* Rhumatisme sur l'articulation de la mâchoire inférieure.

SIALAGOGUE, *adj.* Se dit des substances qui provoquent la sécrétion de la salive.

SIALISME, *sm.* Salivation, production de la salive.

SIAM, *sm.* Sorte de jeu qui se joue avec des quilles et une espèce de disque en bois au moyen duquel on doit les abattre.

SIAMANG, *sm.* V. *Gibbon*.

SIAMOISE, *sf.* Étoffe de fil et coton, à fond blanc, rayée ou à carreaux, dont la chaîne est toujours d'une couleur différente de la trame.

SIBILANT, E, *adj.* Qui a le caractère d'un sifflement, qui ressemble à un sifflement.

SIBYLLE, *sf.* Femme à laquelle les anciens attribuaient la connaissance de l'avenir et le don de prédire. | Sybillin, *adj. m.* Qui émane d'une —.

SIC, *loc. adv.* (*Lat.*) Ainsi ; on s'en sert pour indiquer qu'on cite textuellement et sans rien changer.

SICCATIF, VE, *adj.* Qui a la propriété de faire sécher rapidement ; se dit particul. des huiles employées en peinture pour faire sécher en peu de temps les couleurs avec lesquelles elles sont mêlées.

SICCITÉ, *sf.* Etat de ce qui est sec.

SICILIENNE, *sf.* Air de danse dont la mesure est à 6/4 ou 6/8 et d'un mouvement très-modéré.

SICILIQUE, *sm.* Ancien poids de droguiste d'environ 6 grammes 30 centigrammes.

SICLE, *sm.* Certain poids et certaine monnaie d'or en usage particul. chez les Juifs ; on a estimé le poids à 9 grammes 35 centigrammes, et la monnaie à 1 fr. 26 c.

SIDA, *sm.* Plante de la famille des malvacées, originaire de l'Inde, dont on extrait des fibres textiles très-solides.

SIDÉRAL, E, *adj.* Qui a rapport aux astres, qui concerne les astres.

SIDÉRATION, *sf.* Autrefois, influence subite et malfaisante attribuée à un astre sur la vie ou la santé d'une personne. | Se dit aujourd'hui de l'espèce d'anéantissement produit par certaines maladies qui frappent les organes avec la rapidité de la foudre, telles que l'apoplexie, etc.

SIDÉRÉTINE, *sf.* (*Minér.*) Fer arséniaté naturel, d'un éclat résineux, qui se trouve particul. dans les mines de Schneeberg.

SIDÉRITE, *sf.* (*Minér.*) Oxyde de fer pierreux, tacheté de noir, qui est un aimant brut. | Météorite ou aérolithe qui renferme du fer métallique mélangé avec des matières terreuses. | (*Bot.*) Plante labiée, à fleurs blanches, à tiges cotonneuses, qui croît sur les bords de la Méditerranée, et dont les sommités prises en infusion sont aromatiques et stimulantes.

SIDÉROCHROME, *sm.* Minerai naturel que l'on trouve dans l'Amérique du Nord, aux monts Oural, en Styrie, et en petite quantité, dans le département du Var ; il renferme du chrome, du fer, de l'alumine et de la silice ; on l'exploite pour la préparation des couleurs à base de chrome, employées dans la peinture sur verre et sur porcelaine.

SIDÉRODENDRON, *sm.* Arbre très-élevé de la Martinique, dont le bois, très-dur et d'un rouge foncé, porte le nom de *bois de fer* et sert à faire des meubles.

SIDÉROGRAPHIE, *sf.* Art de graver sur l'acier.

SIDÉROMANCIE, *sf.* Divination au moyen d'un fer rouge sur lequel on jetait des brins de paille.

SIDÉROTECHNIE, *sf.* Art de traiter les minerais de fer pour en extraire le métal.

SIDÉRURGIE, *sf.* Industrie du fer, particulièrement de la fabrication de la fonte, du fer et de l'acier.

SIDJAN, *sm.* Poisson acanthoptérygien, à écailles très-petites et comme grenues, qu'on trouve dans la mer des Indes, et dont la chair est comestible.

SIÉNITE, *sf.* V. *Syénite.*

SIESTE, *sf.* Milieu de la journée, pendant lequel on se repose, dans les pays chauds.

SIGILLATION, *sf.* Apposition du sceau dans une cour de justice. | Sigillateur, *sm.* Officier chargé de la —.

SIGILLATIONS, *sfpl.* Légères ecchymoses, sillons laissés sur la peau par un instrument contondant ou par une corde.

SIGILLÉ, E, *adj.* Qui est marqué d'un sceau. | Terre —e. V. *Bolaire (Terre).*

SIGILLOGRAPHIE, *sf.* Étude, description des sceaux, des cachets gravés, etc.

SIGLE, *sm.* Lettre initiale exprimant à elle seule une syllabe, un mot : on s'en est beaucoup servi dans les inscriptions anciennes.

SIGMATISME, *sm.* Emploi répété de la lettre *s* ou de syllabes sifflantes, comme dans ce vers : *Ciel, si ceci se sait ses soins sont sans succès.*

SIGMOÏDE, *adj.* (*Anat.*) En forme d'*s* ; désigne certaines parties du corps qui ont cette forme, particul. les échancrures supérieures du cubitus, et les replis de l'artère pulmonaire et de l'aorte à leur rencontre avec les ventricules du cœur.

SIGNALEMENT, *sm.* Description d'une personne faite par ses caractères extérieurs et qu'on donne pour la faire reconnaître.

SIGNALÉTIQUE, *adj.* Qui donne, qui contient un signalement.

SIGNARRE, *sf.* Mulâtresse.

SIGNATURE, *sf.* En outre de son sens connu, ce mot signifie l'assemblée de la cour de Rome où se discutent les matières contentieuses et bénéficiaires, et le rescrit qui porte le seing du pape. | (*Impr.*) Signe, lettre ou chiffre, qu'on met au bas d'une page d'un livre pour en faciliter la reliure ou la brochure, en faisant connaître l'ordre des cahiers et des pages qui composent le livre.

SIGNET, *sm.* (pr. *si-net*). Petit ruban attaché au haut d'un livre pour servir à marquer l'endroit du livre où l'on a interrompu la lecture, ou l'endroit que l'on veut retrouver aisément.

SIGNIFICATION, *sf.* (*Jurisp.*) Acte par lequel une partie donne légalement connaissance à l'autre partie d'une pièce, d'un jugement; elle doit être faite par huissier.

SIGUETTE, *sf.* Caveçon de fer creux, garni de dents de fer comme celles d'une scie, et composé de plusieurs pièces jointes par des charnières.

SIL, *sm.* Sorte d'ocre, terre minérale qui fournit une belle couleur rouge ou jaune.

SILBERGROS, *sm.* Petite monnaie prussienne qui vaut le 30e d'un thaler, c.-à-d. un peu plus de 10 centimes.

SILENCE, *sm.* (*Mus.*) Interruption dont la durée est indiquée par des signes particuliers, tels que les *pauses*, les *soupirs*, etc.

SILENCIAIRE, *sm.* (*Ant.*) Nom que portait, à Rome, un esclave particulier chargé d'imposer silence aux autres esclaves de la maison.

SILÉNÉ, *sm.* Plante de la famille des caryophyllées, remarquable par son calice strié plus ou moins renflé, et par ses pétales disposés en étoile; on en cultive plusieurs espèces dans les jardins.

SILEX, *sm.* Pierre dure, à cassure plus ou moins luisante, formée uniquement de silice, faisant feu sous le briquet; c'est une espèce de quartz; une de ses variétés est dite *pierre à fusil* et servait autrefois dans la fabrication des fusils et des pistolets.

SILHOUETTE, *sf.* Profil d'une figure obtenu en contournant l'ombre de cette figure. | Profil d'un corps quelconque.

SILICATE, *sm.* Sel formé de silice et d'une base; les —s naturels sont le feldspath, la tourmaline, le mica, l'argile, etc.; les —s artificiels sont le verre, la porcelaine, etc.

SILICATISATION, *sf.* Opération qui consiste à *silicatiser*, c. à-d. à enduire la surface d'un mur en pierres tendres, d'une couche d'un silicate artificiel, qui durcit par la dessiccation et met les murs à l'abri des intempéries.

SILICE, ou Acide silicique, *sf.* Combinaison de silicium et d'oxygène, base du silex et de presque toutes les pierres dures; elle compose la plupart des terrains secs, sablonneux, etc. | Siliceux, se, *adj.* Qui renferme de la —, du sable ou du grès.

SILICIUM, *sm.* Corps simple qui est le radical de la silice.

SILICULE, *sf.* (*Bot.*) Fruit de certaines plantes de la famille des crucifères; c'est une silique courte, large et obtuse; les plantes qui portent ce fruit sont dites *siliculeuses*.

SILIGINOSITÉ, *sf.* Qualité farineuse d'une substance.

SILIQUE, *sf.* (*Bot.*) Fruit sec, allongé, à deux valves s'ouvrant longitudinalement, et portant ses graines alternativement sur deux sutures opposées; ce fruit caractérise une section de la famille des crucifères dont les plantes sont dites *siliqueuses*. | Petit poids des Romains qui valait la 6e partie du scrupule et la 144e partie de l'once.

SILLAGE, *sm.* Trace que laisse un bâtiment lorsqu'il navigue. | On l'emploie préférablement pour indiquer la vitesse absolue d'un navire en marche.

SILLAGO, *sm.* Poisson acanthoptérygien dont la tête est allongée et pointue, et qu'on trouve dans la mer des Indes; sa chair est délicate et légère.

SILLE, *sm.* Poëme satirique chez les anciens Grecs.

SILLÉ, E, *adj.* Se dit d'un cheval qui a des poils blancs dans les sourcils.

SILLET, *sm.* Petit morceau d'ivoire appliqué au haut du manche d'un violon, d'une guitare, et sur lequel portent les cordes.

SILLOGRAPHE, *sm.* Nom qu'on a donné aux poëtes grecs qui ont écrit des *silles*. (V. ce mot.)

SILLOMÈTRE, *sm.* Appareil destiné à mesurer la vitesse d'un navire et qui remplace le loch.

SILO, *sm.* Fosse, cavité souterraine pratiquée dans la terre pour y conserver du blé, des grains.

SILPHION, *sm.* (*Ant.*) Nom d'une plante médicinale dont les anciens faisaient un grand usage et que l'on croit être l'asa fœtida. | Plante voisine du seneçon, originaire d'Amérique, dont une espèce est cultivée pour l'ornement et employée en médecine sous le nom de *rhubarbe de la Louisiane.*

SILURE, *sm.* Genre de poissons, voisin de l'esturgeon par sa conformation, dont les nageoires sont rayonnées et le plus souvent épineuses; l'espèce la plus commune, qu'on trouve en Allemagne, est le plus grand poisson d'eau douce; on en pêche qui pèsent 150 kilogr.; sa chair est blanche et légère; le — électrique produit, quand on le touche, une commotion analogue à celle de la torpille.

SILURIEN, NE, *adj.* (*Géol.*) Se dit des terrains qui se sont déposés au-dessus des terrains primitifs pendant la seconde époque des révolutions du globe, dite de *transition*; ce sont des *gneiss*, des *schistes noirs* et quelques couches calcaires.

SILVES, *sfpl.* Recueil de pièces latines détachées qui n'ont aucun rapport entre elles.

SILVICULTURE, *sf.* V. *Sylviculture.*

SIMABA, *sm.* Arbre de l'Amérique tropicale, voisin du simarouba par sa conformation, et dont les feuilles, très-amères, sont employées en médecine comme fébrifuges.

SIMAISE, *sf.* V. *Cymaise.*

SIMARONE, *sf.* Variété de vanille, rougeâtre, sèche, peu aromatique.

SIMAROUBA, *sm.* Arbre de la Guyane et des Antilles, très-élevé, à petites fleurs blanches, dont l'écorce jaune, roulée, fibreuse, est employée en médecine comme tonique, fébrifuge et stomachique; elle a les mêmes propriétés que le bois du *quassier* ou *quassia amara*, ainsi que celles de divers autres arbres voisins du *simarouba* par leur conformation, et qui renferment toutes un principe amer appelé QUASSINE, *sf.*

SIMARRE, *sf.* Habillement long et traînant que portaient autrefois les femmes. | Soutane que les magistrats portent sous leur robe.

SIMBLEAU, *sm.* V. *Singleau.*

SIMIEN, NE, *adj.* Qui ressemble à un singe. | —s, *smpl.* (*Zool.*) Famille des singes.

SIMIESQUE, *adj.* Qui tient du singe.

SIMILAIRE, *adj.* Se dit d'un tout qui est de la même nature que chacune de ses parties, et des parties qui sont chacune de la même nature que leur tout. | (*Math.*) Se dit des nombres, des lignes, qui sont proportionnels entre eux.

SIMILOR, *sm.* Alliage qui imite l'or et qui renferme environ 10 à 12 parties de zinc, 6 à 8 parties d'étain, et 80 à 84 parties de cuivre.

SIMONIE, *sf.* Convention illicite par laquelle on donne ou on reçoit une récompense temporelle, une rétribution pécuniaire pour l'abandon de quelque chose de saint ou de spirituel. | SIMONIAQUE, *adj.* Où il y a de la —, qui commet la —.

SIMOUN, *sm.* (pr. *mounn*). Vent brûlant qui soulève les sables dans les déserts de l'Arabie, et souffle du midi au nord.

SIMOUSSE, *sf.* Ornement de laine ajouté à la bride des mulets.

SIMPLE, *adj.* (*Chim.*) Se dit des corps dont toutes les parties sont homogènes et qui entrent dans la composition des autres, tels que l'oxygène, le soufre, le fer, etc.

SIMPLICISTE, *sm.* Ancien syn. d'*herboriste.*

SINAMAY, *sm.* Tissu rayé et broché d'abaca et de soie qui vient d'Océanie.

SINAPISME, *sm.* Topique de farine de moutarde délayée avec de l'eau chaude, qu'on applique sous forme de cataplasme sur certains points du corps, soit pour y exciter la circulation, soit pour y attirer le sang qui se porte sur d'autres points.

SINCIPUT, *sm.* Sommet, partie supérieure de la tête. | SINCIPITAL, E, *adj.* Qui a rapport, qui appartient au —.

SINDON, *sm.* Petit pinceau de toile soutenu par un fil qu'on introduit dans l'ouverture faite au crâne avec le trépan. | Linceul dans lequel Jésus-Christ fut enseveli.

SINELLE, *sf.* V. *Cenelle.*

SINGE, *sm.* Genre de mammifères formant la famille unique (simiens) de l'ordre des quadrumanes; ses caractères généraux sont bien connus; on les divise en —s de l'ancien continent, caractérisés par les callosités postérieures et les narines rapprochées, et en —s du nouveau continent, qui se subdivisent en —s à queue prenante et —s à queue non prenante. | Machine composée d'un treuil horizontal qui sert à élever ou à descendre des fardeaux. | V. *Pantographe.*

SINGLEAU, *sm.* Cordeau avec lequel les charpentiers tracent de grandes circonférences, des arcs de cercle d'une étendue plus grande que celle des compas.

SINGLER, *va.* Mesurer, tracer avec le singleau, relever les longueurs des lignes courbes d'une construction, d'une charpente, etc.

SINGLETON, *sm.* A certains jeux de cartes, seule carte d'une certaine couleur.

SINGLIOTS, *smpl.* Nom que donnent quelquefois les artisans aux deux foyers de la courbe appelée *ellipse* ou *ovale.*

SINGULTUEUX, SE, *adj.* (*Méd.*) Qui est entrecoupé de sanglots.

SINISTRE, *sm.* En termes d'assurance, se dit des pertes et dommages qui arrivent par l'effet d'incendie ou de naufrage.

SINOLOGIE, *sf.* Étude de la langue et des mœurs ou de l'histoire des Chinois. | SINOLOGUE, *sm.* Celui qui s'occupe de —.

SINOPLE, *sm.* Variété de quartz ferrugineux, presque opaque, d'un rouge vif. | (*Blas.*) La couleur verte; se marque dans le dessin des armoiries par des traits en bande, obliques de droite à gauche.

SINUS, *sm.* (*Anat.*) Cavités de forme variable, creusées dans divers os de la face et du crâne. | Se dit aussi de divers vaisseaux veineux qui parcourent la dure-mère, et d'autres qui longent le canal vertébral. | Cavité ou poche au fond d'une plaie où le pus s'amasse. | (*Math.*) Ligne perpendiculaire abaissée d'une des deux extrémités d'un arc sur le rayon qui passe de l'autre côté: cette ligne jouit de diverses propriétés utilisées dans la trigonométrie. | (*Bot.*) Partie rentrante d'une feuille *sinuée* ou *sinueuse.*

SIPHOÏDE, *adj.* Qui a la forme d'un siphon. Vase —, se dit d'une sorte de vase muni d'un piston qui retient à l'intérieur un liquide gazeux.

SIPHON, *sm.* Instrument consistant en un tuyau recourbé, dont une branche est plus longue que l'autre; on s'en sert pour pomper une liqueur dans un vase et la faire écouler à l'extérieur ou dans un autre vase. | (*Zool.*) Tube prolongé qui se continue au travers des cloisons des coquilles qui ont plusieurs compartiments. | (*Mar.*) Nom qu'on a donné quelquefois aux trombes.

SIPHONIE, *sf.* ou SIPHONIA, *sm.* Arbre de la famille des euphorbiacées, de 25 à 30 mètres de haut, qu'on trouve à la Guyane et au Brésil; de son tronc découle un suc laiteux qui se coagule à l'air et qui porte le nom de *caoutchouc* ou *gomme élastique.*

SIPONCLE, *sm.* Genre de zoophytes dont

le corps est cylindrique, nu, allongé et terminé par un col et une trompe ; certaines de ses espèces sont comestibles.

SIRÈNE, *sf.* Genre de reptiles batraciens, voisins des protées par leur conformation ; leur corps, allongé, muni de deux pattes antérieures, est terminé par une queue comprimée formant nageoire ; on les trouve dans les eaux douces de l'Amérique du Nord. | (*Phys.*) Instrument de construction particulière, qui est destiné à mesurer le nombre de vibrations d'un corps sonore et qui rend des sons sous l'eau.

SIRIASE, *sf.* (*Méd.*) Coup de soleil; inflammation du cerveau et de ses membranes.

SIROCCO, *sm.* Nom qu'on donne, en Italie et en Algérie, au vent sud-est, lourd et brûlant, qui vient du désert du Sahara et qui rend les chaleurs insupportables.

SIROP, *sm.* Liqueur de consistance visqueuse, formée de sucre en dissolution et du jus de diverses substances ; les —s simples ne renferment qu'une substance alliée au sucre ; les — composés en contiennent plusieurs. | Le sirop de Cuisinier est fait de salsepareille, de bourrache, séné, anis, etc.; il est dépuratif ; le — de Désessarts renferme de l'ipécacuanha, du séné, du coquelicot, etc.; il est légèrement purgatif et estimé dans les affections catarrhales des enfants. | — de Lobel, sirop composé d'erysimum, d'orge, de réglisse, etc., qu'on a beaucoup vanté contre l'enrouement. | — antiscorbutique, V. *Antiscorbutique.*

SIRSACAS, *sm.* (pr. *za-kass*). Étoffe de coton fabriquée dans l'Inde.

SIRTE, *sf.* V. *Syrte.*

SIRUPEUX, SE, *adj.* Qui est de la nature ou de la consistance du sirop.

SIRVENTE, *sm.* Sorte de poésie ancienne des troubadours, ordinairement satirique et divisée en couplets propres à être chantés.

ISTRE, *sm.* Instrument de musique des anciens Égyptiens, qui l'employaient à la guerre et dans les cérémonies religieuses ; c'était un cerceau de métal traversé de plusieurs baguettes, qui produisait un son lorsqu'on les agitait. | Instrument à cordes plus petit que la guitare.

SITIOLOGIE, *sf.* Traité de l'alimentation.

SITOPHAGE, *adj.* Qui vit de blé.

SITELLE, *sf.* Oiseau passereau de la famille des grimpereaux, à bec droit, pointu, très-dur, et à doigts longs, droits et pointus ; elle niche et habite dans des trous abandonnés dont elle rétrécit l'ouverture avec de la terre glaise qu'elle façonne comme un pot, de sorte qu'on l'appelle vulg. *perce-pot* et *torche-pot.*

SIVADE, *sf.* V. *Avoine.*

SIVADIÈRE, *sf.* Mesure pour les grains, en usage en Provence.

SIXAIN, *sm.* Pièce de poésie composée de six vers. | Ancienne monnaie frappée sous François Ier et qui valait six deniers.

SIX-BLANCS, *sm.* Ancienne monnaie de billon qui valait trente deniers ou deux sous et demi ; elle était en usage aux XVIe, XVIIe et XVIIIe siècles.

SIXTE, *sf.* (*Mus.*) Intervalle compris entre six notes et renfermant neuf demi-tons.

SIZE, *sf.* Instrument qui sert à peser les pierres fines.

SIZERIN, *sm.* Espèce de linotte commune en France ; elle se distingue de la linotte ordinaire par sa couleur brune, tachetée de noir en dessus, blanchâtre en dessous ; elle a la tête et le croupion rouges.

SKEPUND, *sm.* Poids usité en Suède, équivalant à 150 kilogrammes environ.

SKIEPPE, *sm.* Boisseau danois, mesurant environ 18 litres.

SKIFF, *sm.* Bateau très-long et très-étroit qui ne va que sur les rivières et ne peut contenir qu'une ou deux personnes munies d'avirons ; ses deux bouts sont couverts de parchemin.

SKILLING, *sm.* Monnaie suédoise qui vaut environ 5 centimes.

SLOOP, *sm.* (pr. *sloupp*). Petit bâtiment caboteur à un mât ; il grée une brigantine, qui est sa grande voile, et deux ou trois focs.

SMACK ou SEMAQUE, *sm.* Grand sloop employé pour la pêche sur les côtes d'Écosse.

SMALA, *sf.* Ensemble de tentes qui forment l'escorte d'un grand chef arabe et qui le suit dans ses voyages et ses expéditions.

SMALT, *sm.* Cobalt vitrifié, ou cobalt que l'on a fondu avec du sable ; on l'emploie pulvérisé pour teindre en bleu les porcelaines, les cristaux, les papiers, etc.

SMALTINE, *sf.* Cobalt arsenical qu'on trouve dans les mines de cuivre.

SMARAGDIN, E, *adj.* Qui est de couleur verte ou d'émeraude.

SMARAGDITE, *sf.* (*Minér.*) Variété de diallage d'un beau vert d'émeraude.

SMECTIQUE, *adj.* Se dit d'une argile onctueuse, grasse au toucher, qui mousse dans l'eau comme du savon, et qu'on emploie pour dégraisser la laine ou le drap.

SMÉRINTHE, *sm.* Genre de lépidoptères crépusculaires, dont plusieurs espèces, se rapprochant beaucoup du sphinx, habitent sur les arbres en Europe.

SMILACE ou SMILAX, *sm.* Genre de plantes dont l'espèce principale est la *salsepareille.* (V. ce mot) et qui est le type de la famille botanique des *smilacées.*

SMILLER, *va.* (pr. *ll* mouillées). Piquer une pierre de taille, former à sa surface un grain avec le marteau carré appelé SMILLE, *sf.* On dit à tort *Esmilier.*

SMOGLER, *vn.* Faire la contrebande sur mer.

SMOGLEUR, *sm.* Vaisseau qui fait la contrebande, dans la mer du Nord; se dit aussi des contrebandiers qui se servent de ce navire.

SOBOLE, *sf.* (*Bot.*) Nom qu'on donne aux bulbilles ou petits bulbes qui croissent particulièrement dans l'aisselle des feuilles de certaines plantes, et qui sont propres à reproduire la plante; ces plantes sont dites *sobolifères.*

SOC, *sm.* Partie de la charrue qui sert à ouvrir le sol et à renverser la terre; c'est un fer plat, large, pointu et tranchant.

SOCHET, *sm.* Sorte de charrue sans roue.

SOCIÉTÉ, *sf.* (Règle de) (*Math.*) Opération d'arithmétique qui a pour but de partager un gain ou une perte entre plusieurs associés proportionnellement à la mise de chacun.

SOCINIANISME, *sm.* Hérésie des *sociniens* ou partisans de Socin, qui rejetaient les mystères de la religion et la divinité de Jésus-Christ.

SOCLE, *sm.* (*Archit.*) Corps carré plus large que haut, qui se met sous les bases des piédestaux, des statues, etc., et leur sert de support.

SOCOTRIN, *adj.* V. *Aloès.*

SOCQUE, *sm.* Nom que portent les chaussures en bois de certains religieux. | Chaussure à semelle en bois qui se met par dessus la semelle ordinaire pour la garantir de la boue ou de l'humidité.

SODA, *sm.* Mal de tête. | Sensation de chaleur brûlante à l'estomac, se prolongeant le long de l'œsophage avec des éructations acides; on l'appelle aussi *Pyrosis.* | Eau minérale ou eau de seltz pure ou mêlée a un autre liquide; on l'appelle aussi *soda-water.*

SODIUM, *sm.* Corps simple, métallique, blanc argenté très-éclatant, qui, uni a l'oxygène, forme la soude.

SOFFITE, *sm.* (*Archit.*) Plafond, dessous d'un plancher, d'un larmier, d'une architrave, orné de compartiments, de caissons, de rosaces, etc.

SOFI, *sm.* Nom que les Occidentaux donnaient autrefois au roi de Perse.

SOIE, *sf.* (*Zool.*) Poils durs et roides qui croissent sur le corps de certains quadrupèdes, comme le *porc*, le *sanglier*, etc. | Partie la plus effilée du suçoir de certains insectes. | (*Bot.*) Pédicelle qui soutient l'urne des mousses. | Poils roides qui garnissent le sommet des enveloppes florales de quelques graminées. | Maladie des pores, caractérisée par des accès de fièvre, des battements de cœur, des grincements de dents et le redressement des soies placées sous les parotides; elle est contagieuse. | Partie d'une épée, d'un sabre, d'un couteau, qui entre dans la poignée.

SOJA, *adj. m.* Se dit d'une espèce de dolic brun foncé, cultivée dans le Midi.

SOIXANTER, *va.* Chauffer le blé jusqu'à soixante degrés pour détruire les insectes qu'il renferme.

SOLAMIRE, *sf.* Étoffe à claire voie qui sert à garnir les tamis.

SOLANDRE, *sf.* Crevasse transversale qui se développe au pli du genou du cheval, à la différence de la malandre, qui affecte le pli des jarrets.

SOLANÉES, *sfpl.* (*Bot.*) Se dit d'une famille de végétaux à corolle monopétale, en roue, à fruit en baie charnue, à laquelle appartiennent la *pomme de terre*, le *tabac*, la *belladone*, le *datura*, la *jusquiame*, la *tomate*, etc.

SOLANINE, *sf.* Alcali organique, solide, blanc, très-vénéneux, qu'on rencontre dans différentes plantes de la famille des solanées, par exemple dans les baies de la morelle, dans les germes de la pomme de terre, etc.

SOLANO, *sm.* (*Esp.*) V. *Simoun.*

SOLANUM, *sm.* Genre type de la famille des solanées, dont l'espèce principale est la *pomme de terre.*

SOLBATTU, E, *adj.* Se dit d'un cheval dont la sole a été comprimée par le fer ou par l'appui répété sur des corps durs. | SOLBATURE, *sf.* Maladie du cheval *solbattu.*

SOLDANELLE, *sf.* Jolie petite plante des Alpes et des Pyrénées, à corolle monopétale bleue ou violette, frangée, qui se trouve sur le bord des glaciers. | Nom que porte aussi un liseron qui croit sur les bords de la mer; c'est un purgatif énergique.

SOLDE, *sf.* Paie des troupes. | *sm.* Excès de l'actif sur le passif ou du passif sur l'actif, quand on arrête un compte. | Lot de marchandises passées de mode, que l'on achète au rabais.

SOLE, *sf.* Genre de poissons malacoptérygiens dont le corps est plat et ovale; il a la bouche contournée sur le côté, le museau rond et allongé; on le trouve dans presque toutes les mers; sa chair est très-estimée.

SOLE, *sf.* Chaque partie d'une terre soumise à la rotation annuelle des cultures, qu'on appelle *assolement.* | Pièce de bois posée à plat pour en lier d'autres. | Fond d'un bateau qui n'a pas de quille. | Fond d'un four, sur lequel se déposent les pains, etc. | Plaque cornée située à la partie inférieure du sabot du cheval, du bœuf, etc.

SOLÉAIRE, *adj.* (*Anat.*) Se dit du muscle qui s'attache à la partie postérieure du péroné et qui étend le pied sur la jambe, et *vice versâ.*

SOLÉCISME, *sm.* Faute contre la langue, et particul. contre les règles de la syntaxe.

SOLEMENT, *sm.* (*Archit.*) Espèce de ravalement qu'on fait pour soutenir l'égout d'un toit.

SOLEN, *sm.* Coquillage bivalve, allongé, ressemblant à un manche de couteau, qui vit enfoncé verticalement dans le sable, à peu de distance du rivage.

SOLÉNOÏDE, *sm.* Appareil imitant les aimants et qui consiste en un fil de cuivre couvert de soie et roulé en hélice autour d'un tube de carton renfermant un fil droit; si l'on fait passer un courant électrique dans cet appareil, il se comporte, par rapport à un autre appareil également soumis à un courant, tout comme un aimant, c.-à-d. manifeste des attractions et des répulsions.

SOLÉNOSTEMME, *sm.* Arbuste de la Haute-Égypte, doué de propriétés purgatives et dont les Arabes se servent pour sophistiquer le séné.

SOLERET, *sm.* Partie de l'armure, au XVIe siècle, qui recouvrait le pied et s'enchâssait dans l'étrier.

SOLETARD, *sm.* Terre savonneuse, employée pour le dégraissage.

SOLFATARE, *sf.* Terrain de nature volcanique, d'où se dégagent des vapeurs sulfureuses et où se dépose du soufre. | Lieu d'où l'on extrait le soufre.

SOLFÉGE, *sm.* Exercices, études et airs disposés dans un ordre méthodique pour apprendre à lire la musique.

SOLFIER, *va.* S'exercer avec un solfége, chanter la musique en la lisant.

SOLICITOR, *sm.* (*Angl.*) Nom que portent, en Angleterre, les avoués et les avocats; le — général correspond à notre procureur impérial.

SOLIDAIRE, *adj.* Se dit de tout ce qui a le caractère de *solidarité*, c.-à-d. des engagements à payer contractés par deux ou plusieurs personnes qui répondent les unes des autres, etc.

SOLIDE, *sm.* (*Math.*) Tout corps qui réunit les trois dimensions, de longueur, largeur et épaisseur, et qui est par conséquent terminé par trois surfaces planes au moins, ou par une surface plane et une surface courbe, etc.

SOLIDISME, *sm.* Doctrine médicale d'après laquelle les liquides ne jouent qu'un rôle passif dans les phénomènes de la vie, et sont subordonnés à l'action des organes sensibles qui les contiennent; selon cette doctrine, la maladie réside essentiellement dans les solides, qui seuls peuvent recevoir l'impression des causes morbifiques. | SOLIDISTE, *adj.* et *sm.* Qui a rapport au —, qui professe le —.

SOLIDUS, *sm.* Nom d'une ancienne monnaie d'or en usage au IVe siècle.

SOLILOQUE, *sm.* Discours d'un homme qui s'entretient avec lui-même.

SOLINS, *smpl.* Intervalles entre des solives et joints qui les remplissent.

SOLIPÈDES, *smpl.* (*Zool.*) Se dit d'une famille de pachydermes contenant les animaux qui n'ont qu'une corne ou sabot à chaque pied, c.-à-d. le genre cheval et ses espèces.

SOLITAIRE, *adj.* Ver —. V. *Ténia.*

SOLIVE, *sf.* Pièce de bois double du madrier, qu'on emploie pour les parties principales de la charpente. | Ancienne mesure de capacité pour le bois de charpente, représentant 1 décistère 28 centièmes.

SOLLICITOR, *sm.* V. *Solicitor.*

SOLMISATION, *sf.* Action de solfier. (V. ce mot.)

SOLO, *sm.* Morceau, ou passage d'un morceau de musique qui ne doit être joué que par un seul exécutant.

SOLOTNIK, *sm.* Poids russe équivalant à 96 doli ou 40 grammes.

SOLSTICE, *sm.* Époque à laquelle, deux fois dans l'année, le soleil est arrivé à son plus grand éloignement de l'équateur, et paraît pendant quelques jours y être stationnaire, puis revenir sur ses pas; c'est à partir du — d'hiver (23 décembre) que les jours croissent, et à partir de celui d'été (21 juin) qu'ils diminuent, pour notre hémisphère.

SOLUBILITÉ, *sf.* Propriété en vertu de laquelle un corps peut se dissoudre dans un liquide; les corps jouissant de cette propriété sont dits *solubles.*

SOLUTIF, VE, *adj.* et *sm.* V. *Laxatif.*

SOLUTION, *sf.* Médicament composé d'eau distillée dans laquelle on a fait dissoudre une substance énergique.

SOMASCÉTIQUE, *sf.* Nom qu'on a proposé de substituer à celui de *gymnastique.*

SOMATOLOGIE, *sf.* Traité des parties solides du corps humain, savoir : les os et les muscles.

SOMBRERO, *sm.* (pr. -*bré*-). Chapeau de feutre à larges bords, en usage en Espagne.

SOMMAIRE, *adj.* (*Jurisp.*) Se dit des causes, des matières qui doivent être jugées promptement et avec peu de formalités.

SOMMATION, *sf.* Acte par lequel on enjoint à quelqu'un, suivant certaines formes déterminées, qu'il ait à faire telle ou telle chose, avec déclaration que, s'il ne la fait pas, on l'y contraindra, ou qu'on passera outre.

SOMME, *sf.* Nom qu'on a donné à certains ouvrages encyclopédiques au moyen âge.

SOMMÉ, E, *adj.* (*Blas.*) Se dit des têtes d'animaux *terminées, surmontées* par quelque ornement.

SOMMELIER, *sm.* Nom que portait autrefois, dans les communautés et dans les grands châteaux, celui qui était préposé à la garde des aliments, et plus particul. du vin. | Ne se dit aujourd'hui que de la personne chargée de soigner le vin.

SOMMIER, *sm.* Registre où s'inscrivent les titres en vertu desquels ont lieu des recouvrements, et qui présente ainsi, d'une manière permanente, les ressources d'un établissement, les produits de telle ou telle source de recettes, etc. | (*Archit.*) Pièce de bois ou de pierre qui pose à plat, sur deux pieds droits, deux colonnes, pour former un linteau, pour soutenir l'effort du mur, etc. | Dans l'orgue, coffre où se rend le vent du soufflet et qui communique avec les différents tuyaux lorsqu'on ouvre les soupapes de ceux-ci.

SOMMITÉS, *sfpl.* Nom qu'on donne, en pharmacie, à la partie supérieure des tiges fleuries de certaines plantes dont les fleurs sont trop petites pour être conservées isolément.

SOMNAMBULISME, *sm.* État particulier qui consiste à répéter, pendant le sommeil, les actes dont on a contracté l'habitude, ou à marcher ou exécuter divers mouvements sans qu'il en reste aucun souvenir au réveil. | On donne aussi ce nom à un état analogue qui serait produit par des moyens artificiels et par la seule volonté de certaines personnes douées d'une organisation spéciale. V. *Magnétisme.*

SOMNIFÈRE, *adj.* Qui provoque, qui cause le sommeil.

SOMPTUAIRE, *adj.* Se dit des lois qui ont pour objet de restreindre, de régler la dépense des particuliers dans leurs festins, dans leurs habits, dans leurs édifices, etc.

SONATE, *sf.* Pièce de musique instrumentale composée de deux, de trois ou de quatre morceaux consécutifs, d'un caractère et d'un mouvement différents.

SONDE, *sf.* (*Mar.*) Instrument formé d'un plomb attaché à une corde, dont on se sert pour connaître la profondeur de l'eau ou la qualité du fond. | (*Chir.*) Instrument que l'on introduit dans certains organes pour découvrir la cause ou l'état d'une maladie. | Tout appareil qu'on enfonce dans un corps pour en apprécier la substance intérieure.

SONICA, *sm.* Au jeu de bassette, carte qui arrive à propos pour faire perdre ou gagner.

SONIPÈDE, *adj.* Qui fait du bruit en marchant.

SONNA, Sonnite, *sm.* V. *Sunna, Sunnite.*

SONNET, *sm.* Ouvrage de poésie composé de quatorze vers distribués en deux quatrains et deux tercets; les quatrains sont sur deux rimes seulement.

SONNETTE, *sf.* Appareil pour enfoncer les pieux, qui se compose de deux montants et d'un *mouton* (V. ce mot) qu'on monte au moyen de cordes ou d'un mécanisme particulier et qu'on laisse retomber sur le pieu, ainsi de suite.

SONNEZ, *sm.* Au jeu de dés, ou de trictrac, coup de dés qui amène les deux six.

SONOMÈTRE, *sm.* Instrument qui est le même que le *monocorde* (V. ce mot), sauf qu'il peut être composé de plusieurs cordes parallèles au lieu d'une.;

SOPHI, *sm.* V. *Sofi.*

SOPHISME, *sm.* Raisonnement faux, argument captieux à l'aide duquel on veut tromper son adversaire.

SOPHISTICATION, *sf.* Frelaterie, action de dénaturer une substance par un mélange frauduleux.

SOPHISTIQUE, *sf.* Se dit de l'art de faire des sophismes et de la partie de la logique qui traite des sophismes.

SOPORATIF, VE, Soporifère, Soporifique, *adj.* Se dit des médicaments qui produisent le sommeil.

SOPOREUX, SE, *adj.* Se dit des maladies accompagnées de | Sopor, *sm.* Assoupissement profond, comateux.

SOPRANO, *sm.* Voix dite de *dessus*, particulière aux femmes et aux enfants; au pl. des *soprani.*

SORANIA, *sm.* Espèce de grenat de couleur rouge, mêlée de jaune, se rapprochant de l'hyacinthe.

SORBE, *sf.* Fruit du sorbier.

SORBET, *sm.* Nom donné à toute liqueur, crème sucrée, suc de fruit, etc., propres à être transformés en glaces.

SORBÉTIÈRE, *sf.* V. *Sabotière.*

SORBIER, *sm.* Arbre de la famille des rosacées, à feuilles pinnées à six ou huit paires de folioles, et portant des fruits gros comme des cerises, d'un rouge de corail, et disposés en grappes, dont les oiseaux sont très-friands.

SORE, *sm.* (*Bot.*) Réunion des fructifications dans les fougères.

SORGHO, *sm.* Plante de la famille des graminées, dont une espèce, dite — sucré, s'élève à deux mètres environ et porte des tiges et des feuilles un peu semblables à celles du maïs, qui donnent par expression un jus sucré dont on fait de l'alcool une autre espèce, le — à balais, porte des graines comestibles, et ses pédicelles, très-tenaces, groupés en bouquets, servent dans le Midi à faire des balais.

SORIANE ou Sorie, *sf.* Laine fine d'Espagne, mais assez dure, et peu employée pour les beaux tissus.

SORICIENS, *smpl.* (*Zool.*) Groupe de mammifères insectivores se rapprochant de la souris, et dont le genre principal est la *Musaraigne.*

SORITE, *sm.* Raisonnement composé de plusieurs propositions si bien liées entre elles, que l'attribut de la première est le sujet de la deuxième, ainsi de suite, en sorte que la dernière proposition doit être implicitement comprise dans la première si le raisonnement est juste.

SORNES, *sfpl.* Scories qui adhèrent aux parois de la forge quand on fond le fer, et qui restent mêlées à la fonte.

SORORAL, Sororéal, e, *adj.* Qui concerne la sœur, qui a rapport à des sœurs.

SOTADIQUES, *adj. m. pl.* (*Litt.*) Se dit des vers qui, lus à rebours, offrent les mêmes mots, le même sens que de l'autre côté.

SOTIE, *sf.* (pr. *-ti*). Nom de certaines pièces bouffonnes du théâtre français, qui eurent beaucoup de vogue aux XIVe, XVe et XVIe siècles.

SOTTO-VOCE, *loc. adv. ital.* (*Mus.*) A demi-voix, à demi-jeu.

SOU, *sm.* Ancienne monnaie d'or des premiers temps de la monarchie française; ils valaient 40 deniers d'argent. | Petite monnaie de cuivre qui était la 20e partie de l'ancienne livre d'argent.

SOUBAB, *sm.* Dans l'Inde, nom du gouverneur d'une *soubabie* ou grande circonscription territoriale composée de plusieurs provinces ou *nababies*.

SOUBARBE, *sf.* Partie postérieure de la mâchoire inférieure du cheval sur laquelle porte la gourmette. | (*Mar.*) Pièce de bois qui soutient l'étrave d'un vaisseau dans le chantier. | Gros cordage ou chaîne qui maintient le beaupré dans les agitations du navire.

SOUBASSEMENT, *sm.* (*Archit.*) Partie inférieure d'une construction sur laquelle semble porter tout l'édifice.

SOUBRELANGUE, *sm.* Espèce de bourrelet charnu qui occupe, chez les enfants nouveau-nés, la place du frein de la langue, et empêche les mouvements de cet organe.

SOUBREVESTE, *sf.* Sorte de vêtement sans manches qui se mettait par-dessus les autres vêtements.

SOUBUSE, *sf.* Femelle du busard.

SOUCHE, *sf.* (*Bot.*) Rhizome ou pivot qui est la prolongation de la tige et qui sert d'axe aux racines comme la tige sert d'axe aux feuilles. | (*Archit.*) Partie du corps d'une cheminée qui sort du toit et s'élève au-dessus du comble. | Partie des feuilles d'un registre qui reste adhérente au dos, tandis que le reste a été coupé en zig-zag et délivré comme quittance, récépissé, etc.

SOUCHET, *sm.* Espèce du genre canard, à cou vert, à poitrine blanche et à ailes vert et blanc cendré; son bec en spirale est noir, jaunâtre en dessous; ses pieds jaune orange; il traverse la France en hiver.

SOUCHET, *sm.* Banc de pierre inférieure en qualité, qui est interposé entre les lits de pierre calcaire, et dont on fait du moellon. | Plante à fleurs noirâtres ou verdâtres disposées en épillets, qu'on trouve dans les bois et les lieux humides; c'est le type de la famille des cypéracées; une de ses espèces est comestible; une autre s'emploie en gargarismes pour déterger les ulcères de la bouche.

SOUCHEVEUR, *sm.* Ouvrier qui, dans les carrières, sépare le souchet de la pierre de taille.

SOUCHON, *sm.* Sorte de fer en barres.

SOUCHONG, *adj.* Se dit d'une espèce de thé noir classée, comme qualité, immédiatement après le pouchong.

SOUDAN, *sm.* Nom qu'on donnait jadis à certains princes mahométans et particulièrement au souverain d'Egypte. | Noix du —. V. *Cola*.

SOUDE, *sf.* Plante maritime à tiges souples, à feuilles petites, serrées, et dont les cendres fournissent une substance appelée aussi *soude*, que l'on emploie dans la fabrication du verre et du savon; cette substance s'obtient artificiellement en grande quantité; c'est un *carbonate de soude*; la — caustique est l'*oxyde de sodium*; le sulfate de — s'obtient dans la préparation de l'acide chlorhydrique et s'emploie dans les verreries, à la fabrication des sels purgatifs, et enfin, dans la production de la *soude artificielle*.

SOUFFLÉ, *sm.* Espèce de mets où des blancs d'œufs battus font renfler beaucoup la pâte. | Troisième degré de cuisson du sucre.

SOUFFLÉE, *sf.* Matière noirâtre qui sort de la racine du sabot du cheval, à l'insertion de la peau.

SOUFRE, *sm.* Corps simple, solide, de couleur jaune, qui prend feu dans l'air à la température de 150° environ, et brûle avec une flamme bleuâtre, en répandant des vapeurs suffocantes qui sont l'acide *sulfureux* (V. ce mot); il se trouve à l'état naturel dans les environs des volcans, et en combinaison dans la *pyrite*, la *galène*, la *blende*. (V. ces mots.) | Fleur de —, poussière très-fine qui s'obtient par la sublimation du soufre; c'est du soufre dans un état de pureté et de division extrêmes. | Foie de —. V. *Foie*. | SOUFRIÈRE, *sf.* Lieu d'où l'on extrait le —.

SOUI, *sm.* Conserve de différents jus de viande, principalement de bœuf rôti, le tout fortement épicé.

SOUILLARD, *sm.* (*Archit.*) Trou percé dans une pierre pour laisser écouler l'eau. | Cuvette en pierre pour recevoir les eaux ménagères. | Pieu de bois que l'on pose au-devant des glacis, entre les piles des ponts.

SOUILLE, *sf.* Lieu bourbeux où se vautre le sanglier. | (*Mar.*) Enfoncement, lit que forme un navire échoué momentanément dans la vase ou le sable mou.

SOUÏ-MANGA, *sm.* Petit oiseau de Madagascar, du genre colibri, remarquable par l'éclat métallique de son plumage; il vit du suc des fleurs.

SOULCIE, *sf.* Oiseau granivore ressemblant un peu au moineau, dont il diffère par un très-gros bec et des taches blanc jaunâtre; on le trouve dans le midi de l'Europe, d'avril à septembre.

SOULÈVEMENT, *sm.* (*Géol.*) Changement produit par l'action de volcans ou de feux souterrains qui, aux époques antédiluviennes, ont soulevé le sol, exhaussé les plaines, dérangé les couches formées par le dépôt des eaux, etc.

SOULTE, *sf.* Ce qu'un des copartageants doit payer aux autres pour rétablir l'égalité des lots lorsque celui qui lui est échu ne peut se diviser et qu'il se trouve d'une plus grande valeur que les autres lots. | Paiement que fait une personne pour compléter la valeur d'un objet, qu'elle échange contre un autre de valeur supérieure.

SOUPEAU, *sm.* Morceau de bois qui attache le soc de la charrue avec l'oreille.

SOUPENTE, *sf.* Dans les anciennes voitures, c'était un assemblage de plusieurs courroies servant à soutenir la caisse. | Petite pièce pratiquée dans la hauteur d'une cuisine, d'une écurie, etc., pour loger des domestiques ou pour quelque autre usage. | Pièce de bois qui, retenue à plomb par le haut, est suspendue pour retenir le treuil de la roue d'une machine.

SOUPIR, *sm.* (*Mus.*) Signe de silence dont la durée est égale à celle d'une noire; le demi-— correspond à une croche, etc.

SOUQUENILLE, *sf.* Espèce de surtout long, fait de grosse toile, qu'on donne ordinairement aux cochers et aux palefreniers pour s'en servir quand ils pansent leurs chevaux.

SOUQUER, *va.* (*Mar.*) Roidir un cordage, le tendre pour lui donner plus de force.

SOURBASSIS, *sm.* Soie de Perse d'une très-grande finesse et d'une excellente qualité.

SOURDE, *sf.* Jeune bécasse.

SOURDELINE, *sf.* Espèce de musette italienne munie de quatre chalumeaux.

SOURDINE, *sf.* Morceau de bois à trois dents qu'on enchâsse sur le chevalet des instruments à cordes pour amortir les sons. | Pavillon rentrant en dedans et n'ayant qu'une petite ouverture; on l'applique dans le pavillon du hautbois et de la clarinette pour modifier leurs sons. | Dans les montres à répétition, ressort qui retient le marteau et l'empêche de frapper sur le timbre; il suffit de le pousser pour faire sonner.

SOURDON, *sm.* V. *Bucarde.*

SOURIS, *sf.* Petit mammifère rongeur du genre rat, dont le pelage est gris roussâtre dans la variété commune, et devient gris clair et même tout à fait blanc dans certaines variétés; elle infeste les maisons où elle se nourrit de tout ce qu'elle rencontre. | — d'eau. V. *Musaraigne.* | — de montagne. V. *Lemming.* | (*Milit.*) Appareil destiné à mettre le feu à un fourneau de mine dit *souricière.* | L'un des cartilages des naseaux du cheval. | Muscle charnu qui tient à l'os du gigot de mouton, près de la jointure.

SOUS-ARBRISSEAU, *sm.* (*Bot.*) Végétal dont la tige est ligneuse et dure à sa base seulement, tandis que ses ramifications sont herbacées, et dont la taille ne dépasse pas un mètre.

SOUS-BARBE, *sf.* V. *Soubarbe.*

SOUS-BERME ou SOUS-BERNE, *sf.* Gonflement des eaux d'un port, d'un fleuve, par l'apport extraordinaire des rivières, des ruisseaux, des torrents. | Courant opposé qui s'établit sous la surface.

SOUS-CLAVIER, ÈRE, *adj.* (*Anat.*) Se dit des artères, des veines ou des nerfs qui sont sous la clavicule.

SOUS-CUTANÉ, E, *adj.* Qui est placé sous la peau, qui se trouve sous la peau.

SOUS-DIACONAT, *sm.* Le premier des ordres sacrés ou majeurs, celui qui précède immédiatement le diaconat. | SOUS-DIACRE, *sm.* Celui qui exerce le —.

SOUS-FAÎTE, *sm.* Pièce de bois posée horizontalement au-dessous du faîte pour le consolider.

SOUS-GARDE, *sf.* Dans le mécanisme d'une arme à feu, c'est l'assemblage du pontet et de la pièce de détente, laquelle, placée sous le pontet, est fendue pour laisser passer la détente.

SOUS-LIEUTENANT, *sm.* Officier de l'armée de terre qui vient immédiatement après le lieutenant.

SOUSLIK, *sm.* Espèce de marmotte de très-petite taille, munie d'abajoues, qui vit solitaire en Allemagne, en Russie, en Sibérie, etc.

SOUS-OFFICIER, *sm.* V. *Officier.*

SOUS-ORBITAIRE, *adj.* (*Anat.*) Se dit du conduit, de l'artère, des nerfs, etc., qui sont placés au-dessous de la cavité orbitaire.

SOUS-PRÉFET, *sm.* V. *Préfet.*

SOUS-PUBIEN, NE, *adj.* (*Anat.*) Qui est situé au-dessous du pubis. | Trou —, trou ovale dont est percé l'os ischion.

SOUS-SECRÉTAIRE D'ÉTAT, *sm.* Titre qui a été donné à de hauts fonctionnaires qui, dans un grand ministère, étaient chargés de diriger certaines parties du service et partageaient le pouvoir et la responsabilité du ministre.

SOUS-SEL, *sm.* (*Chim.*) Sel qui, pour une proportion d'acide, contient plus d'une proportion de base.

SOUS-SOL, *sm.* Couche sur laquelle repose la terre végétale.

SOUS-TANGENTE, *sf.* (*Math.*) Partie de l'axe d'une courbe comprise entre l'ordonnée et la tangente qui y correspond.

SOUS-VENTRIÈRE, *sf.* Large courroie attachée par ses deux extrémités aux deux limons d'une charrette, et qui passe sous le ventre du cheval. | Sangle qui passe sous le ventre du cheval et retient la selle sur le dos.

SOUTACHE, *sf.* Tresse de galon de lacets plats en soie, en argent ou en or, dont on se sert pour orner un vêtement. | SOUTACHER, *va.* Broder un vêtement en y appliquant de la —, suivant un dessin fait d'avance.

SOUTANE, *sf.* Habit long, descendant sur les talons, à manches étroites, que portent les ecclésiastiques.

SOUTANELLE, *sf.* Petite soutane en usage au moyen âge, et qui ne descendait que jusqu'aux genoux.

SOUTE, *sf.* Retranchement, petit magasin fait dans les étages inférieurs d'un navire, et qui sert de magasin pour les munitions de guerre, pour les provisions, etc.

SOUTÈNEMENT, *sm.* (*Archit.*) Se dit des murs qui sont destinés à servir d'appui à une construction ou à maintenir la poussée des terres.

SOUTIRAGE, *sm.* Action de *soutirer*, c.-à-d. de transvaser une liqueur quelconque d'un tonneau dans un autre, en laissant dans le premier les dépôts qui peuvent la troubler.

SOUVENTÉ, E, *adj.* (*Mar.*) Se dit d'un navire qui se trouve sous le vent de l'endroit dans lequel il croyait ou devait être.

SOUVERAIN, *sm.* Monnaie d'or anglaise, valant 20 schellings ou 25 francs. | En Autriche, monnaie d'or valant 17 fr. 60.

SOYA, *sm.* Assaisonnement que l'on obtient par la fermentation des graines d'une espèce de haricots de la Chine et du Japon; c'est un liquide brun, noirâtre, dont le goût est assez agréable.

SPADICE, *sf.* (*Bot.*) Mode d'inflorescence qui consiste en un assemblage de fleurs sessiles sur un axe commun, simple, nu ou entouré d'une spathe; c'est la même chose que le *régime*. (V. ce mot.)

SPADILLE, *sm.* Au jeu de l'hombre, l'as de pique, qui est la plus haute triomphe.

SPAGYRIE, *sf.* Ancien nom de la chimie.

SPAGYRISME, *sm.* V. *Chimiatrie.*

SPAHI, *sm.* Soldat turc qui sert à cheval. | Cavalier indigène enrôlé dans l'armée française en Algérie.

SPALAX, *sm.* Genre de mammifères rongeurs appelé aussi *rat-taupe*, qui vit dans des terriers qu'il se creuse au moyen de ses ongles; on le trouve en Asie Mineure et en Russie.

SPALME, *sm.* V. *Espalme.*

SPALT, *sm.* V. *Spath.*

SPANN, *sm.* Mesure de capacité suédoise, de la contenance de 732 litres.

SPARADRAP, *sm.* Emplâtre agglutinatif; couche médicamenteuse qu'on étend sur du linge ou du papier et qu'on emploie pour recoller les plaies ou pour produire une action vésicante.

SPARCETTE, *sf.* Sainfoin.

SPARE, *sm.* Nom donné à un groupe de poissons acanthoptérygiens formant la famille des sparoïdes, et dont les genres principaux sont la *sargue*, la *dorade*, le *pagre*, le *pagel*, le *dentex*, etc.

SPARGANIER, *sm.* V. *Rubanier.*

SPARGOSE, *sf.* Distension excessive des mamelles par le lait.

SPARIÉ, E, *adj.* Se dit des choses jetées sur la côte.

SPARIES, *sfpl.* Épaves.

SPAROÏDES, *smpl.* (*Zool.*) V. *Spare.*

SPART ou Sparte, *sm.* Plante de la famille des graminées, ressemblant au jonc, et qu'on appelle vulg. *jonc d'Espagne*; ses feuilles servent à faire des tapis, des nattes, des corbeilles, des cordages, etc.; on la trouve dans le midi de l'Europe et en Algérie. | Sparterie, *sf.* Manufacture de tissus de —; ouvrage fait de —.

SPASME, *sm.* Contraction involontaire, mouvement convulsif des muscles ou des nerfs. | Spasmodique, *adj.* Qui tient du —, qui est accompagné de —s.

SPATH, *sm.* (pr. *spatt.*) Nom que l'on donnait autrefois à toute substance pierreuse, à texture lamelleuse et chatoyante, et facile à cliver. | Aujourd'hui désigne le calcaire laminaire, c.-à-d. en lames feuilletées et presque transparentes. | Faux —. V. *Feldspath.* | — fluor. V. *Fluorine.* | — amer. V. *Dolomie.* | — adamantin. V. *Corindon.*

SPATHE, *sf.* Involucre foliacé ou membraneux qui, dans certaines plantes monocotylédones, enveloppe toutes les parties de la fructification, et se fend lorsqu'elles ont acquis un certain développement.

SPATHIQUE, *adj.* Se dit des minéraux qui ont la structure du spath.

SPATULE, *sf.* Instrument formé d'une lame de métal large et arrondie; les pharmaciens s'en servent pour remuer et étendre les pommades, etc. | Oiseau de l'ordre des échassiers, remarquable par la forme particulière de son bec aplati et fortement élargi par le bout, comme l'instrument dont il porte le nom; il fréquente les côtes marécageuses du nord de la France, qu'il quitte en hiver.

SPEACH, *sm.* (pr. *spitch*). Allocution de circonstance, petit discours improvisé.

SPÉCIEUX, SE, *adj.* Qui a une apparence de vérité, de justice, mais qui est faux et injuste au fond.

SPÉCIFICITÉ, *sf.* (*Méd.*) Se dit de la qualité qu'ont certaines maladies d'affecter tel ou tel organe.

SPÉCIFIQUE, *adj.* et *sm.* Se dit des médicaments qui exercent une action spéciale sur un organe ou qui guérissent une maladie particulière, comme le quinquina, qui est un spécifique contre les fièvres intermittentes, le soufre contre les maladies de la peau, etc. | (*Phys.*) Pesanteur —. V. *Densité.* | Chaleur —. Quantité de chaleur qu'un corps exige pour que sa température s'élève d'un certain nombre de degrés ; elle est constante pour chaque nature de corps.

SPECKSTEIN, *sm.* V. *Stéatite.*

SPECTRAL, E, *adj.* Qui concerne le spectre ; se dit particul. de l'analyse chimique fondée sur ce principe que certains corps émettent, en brûlant, une lumière dont le spectre présente des raies d'une couleur particulière pour chaque corps et servant ainsi à le reconnaitre.

SPECTRE, *sm.* Ensemble des rayons de diverses couleurs qui, par leur réunion, forment une lumière quelconque, et dont on obtient la dispersion en les faisant passer au travers d'un prisme de cristal qui les réfracte inégalement ; cet ensemble prend le nom de — solaire, quand il s'agit de la lumière du soleil, et présente les sept couleurs de l'arc-en-ciel.

SPECTROSCOPE, *sm.* Appareil composé d'un ou plusieurs prismes de cristal et destiné à faire reconnaître et à analyser le spectre des diverses lumières.

SPÉCULAIRE, *adj.* (*Min.*) Se dit de quelques minéraux à lames brillantes, qui réfléchissent la lumière. | Fer —. V. *Oligiste.*

SPÉCULATIF, VE, *adj.* Se dit des conceptions, des raisonnements qui ne sont fondés que sur des idées et non sur des faits matériels.

SPECULUM, *sm.* (*Chir.*) Instrument propre à dilater l'entrée de quelques cavités, de manière que l'on puisse reconnaitre l'état intérieur de certains organes, soit directement, soit au moyen des surfaces réfléchissantes de l'instrument.

SPENCER, *sm.* Corsage, sorte de vêtement ou de pardessus qui a la forme d'un habit qu'on aurait coupé à la ceinture.

SPERGULE, *sf.* Petite plante de la famille des caryophyllées, à racine pivotante, à fleurs blanches, excellente pour le fourrage ; elle augmente le lait des vaches, et ses graines servent à la nourriture des poules et des pigeons.

SPERKISE, *sm.* (*Minér.*) Pyrite prismatique de fer ou fer sulfuré.

SPERMACETI, *sm.* V. *Blanc de baleine.*

SPERNIOLE, *sf.* Nom qu'on donnait dans l'ancienne médecine au *frai de grenouilles* et à l'eau distillée avec cette substance et mêlée à une poudre aromatique, qu'on employait contre les hémorragies.

SPÉRONARE, *sm.* Petit bâtiment maltais, non ponté, à fond plat, gréant une voile à livarde, sur un seul mât placé vers l'avant.

SPET, *sm.* V. *Sphyrène.*

SPHACÈLE, *sm.* Gangrène profonde de la totalité d'un membre, d'un organe.

SPHACÉLEUX, SE, *adj.* Qui est affecté de *sphacèle.* (V. ce mot.)

SPHAIGNE, *sf.* Genre de plantes voisines des mousses par leur conformation ; elle se trouve par grandes masses dans les lieux marécageux et constitue la base principale des tourbes.

SPHÉGIENS, Sphégides, *smpl.* Groupe important de l'ordre des hyménoptères, dont le type est le genre *sphège* ou *sphex* ; ils vivent surtout dans les lieux chauds et sablonneux ; leur couleur ordinaire est le bleu violacé ; leurs nids sont construits avec beaucoup d'art.

SPHÈNE, *sm.* V. *Titanite.*

SPHÉNISQUE, *sm.* Oiseau palmipède voisin du manchot par sa conformation générale. il vit en troupes nombreuses sur les rivages déserts des mers australes.

SPHÉNOÏDE, *adj.* (*Anat.*) Qui ressemble à un coin. | *sm.* Nom de l'un des os qui forment le crâne ; il est enclavé au milieu de sa base, et s'articule avec tous les os qui le constituent, ainsi qu'avec plusieurs de ceux qui forment la face. | Sphénoïdal, e, *adj.* Se dit des organes qui avoisinent cet os ou de ses diverses parties.

SPHÈRE, *sf.* (*Math.*) Volume produit par la révolution d'un demi-cercle autour de son diamètre ; c'est un corps exactement rond dans toutes ses parties, et tous les points de sa surface sont également éloignés d'un point intérieur appelé *centre.* | (*Astr.*) — céleste, globe imaginaire qui semble entourer la terre de toutes parts et auquel les étoiles paraissent attachées. | — armillaire. V. *Armillaire.*

SPHÉRIDIE, *sf.* Genre de coléoptères dont le corps est presque hémisphérique, et que l'on trouve dans les excréments des ruminants, sous la mousse, etc.

SPHÉRIE, *sf.* Genre de champignons parasites dont on compte un grand nombre d'espèces qui vivent la plupart sur l'écorce des arbres ; une d'elles ressemble à une fraise.

SPHÉRISTIQUE, *sf.* et *adj.* (*Ant.*) Se dit de l'art de jouer à la balle chez les anciens.

SPHÉROÏDAL, E, *adj.* Qui ressemble à une sphère. | (*Phys.*) Se dit d'un état particulier que présentent les liquides mis en contact avec une surface chauffée au rouge blanc, lorsqu'au lieu de s'agiter et de bouillir vivement, ces liquides prennent une forme globulaire et conservent leur volume à peu pres comme si la température était insuffisante pour l'ébullition.

SPHÉROÏDE, *sm.* (*Math.*) Solide dont la figure approche de celle de la sphère, et qui en diffère parce que l'un de ses diamètres est plus grand que l'autre.

SPHÉROME, *sm.* Petit crustacé qui habite en troupes nombreuses, sous les pierres et les plantes, le long de la mer; il a la propriété de se contracter en boule, comme le cloporte.

SPHEX, *sm.* V. *Sphégiens.*

SPHINCTER, *sm.* (*Anat.*) Nom donné à certains muscles annulaires qui ont la faculté de se contracter, et qui servent à retrécir ou à fermer certaines ouvertures naturelles, telles que l'anus, la vessie, etc.

SPHINX, *sm.* Animal mythologique qui était, chez les anciens Egyptiens, l'emblème de la sagesse et de la force, et que les Grecs introduisirent dans leur histoire fabuleuse sous la forme d'un monstre qui proposait une énigme aux passants et dévorait tous ceux qui ne pouvaient la deviner; il est représenté habituellement avec la tête et le sein d'une femme et le corps d'un lion. | Genre de lépidoptères d'assez grande taille, dont les ailes sont longues et étroites, mais fortes et parées d'agréables couleurs, ainsi que la tête, qui est un peu pointue et qui, dans une espèce, porte un *dessin rappelant un peu une tête de mort*; ils ne volent qu'à la chute du jour.

SPHRAGISTIQUE, *adj.* et *sf.* Se dit de la science qui s'occupe des sceaux et des cachets, de l'étude de leurs inscriptions et de leurs emblèmes, etc.

SPHYGMIQUE, *adj.* Qui a rapport au pouls.

SPHYGMOGRAPHE, SPHYGMOMÈTRE, *sm.* Nom qu'on a donné à divers instruments qui servent, soit à calculer la vitesse du pouls, soit à obtenir la représentation graphique de ses mouvements, au moyen de laquelle on prétend reconnaître la nature de la maladie.

SPHYRÈNE, *sm.* Genre de poissons acanthoptérygiens à mâchoires pointues, à dents tranchantes, dont une espèce connue dans la Méditerranée sous le nom vulgaire de *spet*, est recherchée une partie de l'année pour la légèreté et le bon goût de sa chair, qui peut être cependant malfaisante dans certaines saisons; le *bécune* appartient aussi à ce genre.

SPIC, *sm.* Grande lavande, plante dont on obtient une huile odorante et volatile appelée *huile de* — et quelquefois huile d'*aspic*.

SPICA, *sm.* (*Chir.*) Nom d'un système de bandage consistant en tours obliques et parallèles entrecroisés et figurant la disposition d'un épi de blé.

SPICANARD, *sm.* Ancien nom du nard en racines fibreuses, autrefois employé comme excitant.

SPICIPÈRE, *adj.* (*Hist. nat.*) Qui porte un épi; se dit de certains oiseaux huppés.

SPICIFORME, *adj.* (*Hist. nat.*) Qui a la forme d'un épi.

SPICILÈGE, *sm.* Recueil, collection de pièces, d'actes, de morceaux de littérature, etc.

SPICULAIRE, *adj.* (*Hist. nat.*) Qui a la forme d'un javelot. | Qui est hérissé de petites pointes.

SPIGÉLIE, *sf.* Plante de la famille des gentianées, dont les espèces, originaires d'Amérique, sont plus ou moins vénéneuses et *employées en médecine comme anthelmintiques*; on a extrait de l'une d'elles une substance amère, purgative et enivrante, appelée *spigéline*.

SPILANTHE, *sf.* Plante de la famille des composées, à fleurs jaunes, dont les espèces *sont aromatiques*, antiscorbutiques et antiodontalgiques; on fait entrer l'une d'elles, vulg. *cresson de para*, dans divers spécifiques contre les maux de dents.

SPINA BIFIDA, *sm.* (*Méd.*) V. *Hydrorachis.*

SPINAL, E, *adj.* (*Anat.*) Qui appartient à l'épine du dos, qui a rapport à la colonne vertébrale.

SPINA-VENTOSA, *sm.* (*Méd.*) Maladie du système osseux, dans laquelle le tissu des os se dilate par suite d'abcès développés à l'intérieur.

SPINELLE, *adj.* et *sm.* V. *Rubis.*

SPINESCENT, E, *adj.* (*Hist. nat.*) Qui se transforme, qui se termine en épine.

SPINOSISME, *sm.* Doctrine de Spinosa, ou *panthéisme*. (V. ce mot.)

SPIRAL, *sm.* Ressort régulateur d'une montre; il est fixé au-dessous du balancier.

SPIRALE, *sf.* Ligne courbe formant, dans un même plan, plusieurs révolutions successives autour d'un point fixe appelé *pôle*, dont elle s'éloigne de plus en plus suivant une loi donnée; elle est représentée par le ressort de montre, et se distingue de l'hélice en ce que les révolutions de celle-ci ne sont pas formées dans le même plan.

SPIRE, *sf.* Un des tours de la spirale. | Hélice qui va en diminuant de la base au sommet. | Base d'une colonne dont la figure ou le profil va en serpentant. | (*Hist. nat.*) Tours en hélice produits par une tige sarmenteuse ou par les circonvolutions d'un coquillage.

SPIRÉE, *sf.* Genre de plantes de la famille des rosacées, comprenant des herbes et des arbustes d'ornement, et entre autres la *reine des prés*, grand arbrisseau à fleurs en grappes blanches, qui croît le long des ruisseaux des prairies; on l'emploie au tannage dans le midi de l'Europe.

SPIRILLE ou SPIRILLUM, *sm.* Animalcule infusoire en forme d'hélice, qui tournoie sur lui-même avec une grande rapidité.

SPIRITISME, *sm.* Croyance dans l'intervention surnaturelle des esprits qui pourraient être évoqués à volonté par certains individus appelés *médiums*, et répondre à toutes les questions qu'on leur adresse. | SPIRITE, *sm.* Celui qui s'occupe de —, qui pratique le —.

SPIRITUALISME, *sm.* Système de philosophie qui admet dans l'univers, en outre de la matière, un principe spirituel, de la nature duquel procède l'âme humaine ; c'est l'opposé de *matérialisme*. (V. ce mot.)

SPIRITUEL, LE, *adj.* (*Eccl.*) Se dit de ce qui regarde la conduite des âmes ; du pouvoir ecclésiastique en tant qu'il concerne les âmes, c'est l'opposé de *temporel*.

SPIRITUEUX, SE, *adj.*, et SPIRITUEUX, *smpl.* Se dit des liquides qui contiennent de l'alcool, et plus particul. de l'eau-de-vie, du rhum, etc.

SPIROGYRE, *sf.* Genre d'algues d'aspect filamenteux, portant des cellules qui renferment à l'intérieur des grains verdâtres disposés en spirale.

SPIROÏDAL, E, *adj.* (*Math.*) En spirale, se dit de la forme de courbe plane appelée *spirale*.

SPITHAME, *sm.* (*Ant.*) Mesure de longueur en usage chez les Grecs, qui correspondait à environ 0 m. 22 c.

SPLANCHNIQUE, *adj.* (*Anat.*) Se dit des organes voisins des viscères, et de tout ce qui appartient, qui a rapport aux viscères.

SPLANCHNOLOGIE, *sf.* Partie de l'anatomie qui a pour but l'étude des viscères.

SPLEEN, *sm.* (pr. *splinn*). (*Angl.*) Humeur noire, dégoût de toute chose, tristesse.

SPLÉNALGIE, *sf.* Douleur de la rate.

SPLÉNEMPHRAXIE, *sf.* Obstruction de la rate.

SPLÉNITE, *sf.* Inflammation de la rate, caractérisée par une tension dans l'hypocondre gauche, de la plèvre, etc.; elle paraît résulter de fatigues, de secousses, et se produit quelquefois à la suite de fièvres intermittentes.

SPLÉNIUS, *sm.* (*Anat.*) Muscle allongé et aplati, placé à la partie postérieure du cou et supérieure du dos : il sert à tendre la tête en avant et à l'incliner.

SPODE, *sf.* Oxyde de zinc obtenu par sublimation en calcinant la tuthie. | Ivoire calciné à blanc.

SPODITE, *sf.* Cendres blanchâtres qu'on trouve à la base des volcans.

SPONDAÏQUE, *adj.* (*Litt.*) Se dit des vers hexamètres qui sont terminés par deux spondées, au lieu d'un dactyle et d'un spondée.

SPONDÉE, *sm.* (*Litt.*) Sorte de mesure ou pied, dans les vers latins, qui est composé de deux syllabes longues.

SPONDIAS, *sm.* Arbre de la famille des térébinthacées, dont une espèce, connue aux Antilles sous le nom de *prunier d'Espagne*, donne des fruits aigres et aromatiques dont on fait des confitures.

SPONDYLE, *sm.* Mollusque bivalve, voisin de l'huître par sa conformation, et dont les coquilles, hérissées de piquants, sont de couleurs très-belles et très-variées ; on le mange en Italie. | (*Anat.*) Vertèbre ; particul. deuxième vertèbre du cou.

SPONDYLITE, *sf.* Inflammation de la colonne vertébrale.

SPONGIAIRES, *smpl.* (*Zool.*) Nom collectif du groupe de zoophytes auquel appartiennent les éponges.

SPONGIEUX, SE, *adj.* Qui est de la nature de l'éponge. | SPONGIOSITÉ, *sf.* Qualité de ce qui est —.

SPONGILLE, *sf.* Petit zoophyte de couleur verdâtre, à forte odeur de poisson, formant au fond des eaux douces, sur les pierres, des dépôts mous et ramifiés ; on la trouve partout.

SPONGIOLES, *sfpl.* (*Bot.*) Petits filets qui occupent l'extrémité des racines et qui absorbent, par leurs pores très-nombreux, l'humidité du sol.

SPONTANÉ, E, *adj.* Qui se fait de soi-même, sans impulsion extérieure, sans cause apparente.

SPONTON, *sm.* V. *Esponton*.

SPORADES, *sfpl.* (*Astr.*) Nom qu'on a donné à certaines étoiles éparses qui ne faisaient partie d'aucune constellation.

SPORADIQUE, *adj.* Se dit, par opposition à *épidémique*, des maladies habituellement épidémiques, mais qui n'attaquent que quelques personnes isolément, par l'effet de causes individuelles et indépendamment de toute influence générale.

SPORADOSIDÈRE, *sm.* Nom qu'on a donné à des météorites dont les éléments sont disséminés dans la masse et qui paraissent dès lors provenir de diverses sources cosmiques.

SPORANGE, *sf.* (*Bot.*) Vésicule dans laquelle sont renfermées les spores.

SPORE, *sm.* (*Bot.*) Corpuscule reproducteur de certaines plantes cryptogames, telles que les fougères, et des végétaux les plus inférieurs.

SPORIDIE, *sf.* (*Bot.*) Vésicule ou utricule dans lequel se trouvent réunis plusieurs spores.

SPORT, *sm.* (pr. *sportt*) (*Angl.*) Tout exercice qui se rapporte aux courses de chevaux, aux chasses, etc.

SPORTSMAN, *sm.* (pr. *mann*). Amateur des courses, de la chasse, etc.

SPORTULE, *sf.* (*Ant.*) A Rome, panier, corbeille où les pauvres recevaient les dons, les aumônes des riches. | Sorte de dons en argent ou d'aumônes en comestibles que les grands de Rome faisaient distribuer à leurs clients.

SPORULE, *sf.* Petit spore, spore dépourvu de toute enveloppe immédiate et n'adhérant pas à l'utricule qui le renferme.

SPOULIN, *sm.* Navette ou fuseau pour la fabrication des tissus brochés, ainsi que des châles de l'Inde, qui sont disposés de façon que tous les points de la matière sont rattachés les uns aux autres, et que le tissu formé par la trame existerait encore alors même que la chaine serait enlevée. | SPOULINER, *va.* Tisser avec le —.

SPRATTE, *adj. f.* V. *Clupée.*

SPUMAIRE, *adj.* Qui ressemble à de l'écume.

SPUMESCENT, E, *adj.* Qui jette ou qui paraît jeter de l'écume.

SPUMEUX, SE, *adj.* Rempli, couvert d'écume.

SPUMOSITÉ, *sf.* Qualité de ce qui est spumeux.

SPUTATION, *sf.* Crachement, action de cracher.

SQUALE, *sm.* (pr. *skoua-*). Genre de poissons chondroptérygiens, très-voraces, à museau proéminent, à peau très-rugueuse, munis d'une queue en forme de nageoire fourchue; le *requin*, la *roussette*, l'*aiguillat*, etc., appartiennent à ce genre qui ne renferme que des poissons de grande taille et dont la chair est dure et coriace.

SQUALIDE, *adj.* (pr. *-skoua-*). Sale, fangeux. | SQUALIDITÉ, *sf.* État de ce qui est —.

SQUAME, *sf.* (pr. *skoua-*), Sécrétion morbide de petites lames de l'épiderme à la suite de certaines inflammations du tissu cutané. | | (*Bot.*) Nom que portent les bractées dans certaines plantes; on les appelle aussi quelquefois *squamelles* et *squamules*.

SQUAMEUX ou SQUAMMEUX, SE, *adj.* (pr. *skoua-*). Qui est composé d'écailles.

SQUAMIFÈRE, *adj.* Qui a le corps écailleux.

SQUAMIFORME, *adj.* Qui a la forme d'une écaille.

SQUARE, *sm.* (pr. *skouère*) (*Angl.*) Jardin public au milieu d'une place, qui est entouré d'une grille.

SQUARREUX, SE, *adj.* (pr. *skouar-*). Rude au toucher, roide, raboteux.

SQUATINE, *sf.* Espèce de poisson. V. *Ange.*

SQUELETTE, *sm.* (*Anat.*) Ensemble qui constitue le système osseux ou la charpente d'un animal vertébré; il se compose de la colonne vertébrale, de la tête, des membres supérieurs et inférieurs, formant ensemble 244 pièces distinctes.

SQUELETTOLOGIE, *sf.* Traité du squelette; partie de l'anatomie qui traite des parties solides du corps.

SQUELETTOPÉE, *sf.* Partie de l'anatomie pratique qui traite de la préparation des os et de la construction des squelettes artificiels.

SQUILLE, *sf.* Crustacé à longue et grosse queue, et dont la paire de pieds la plus grande se replie sous une enveloppe épaisse, ce qui lui a valu le nom de *mante de mer*; on le trouve dans la vase sablonneuse de nos côtes méridionales.

SQUIF, *sm.* V. *Skiff.*

SQUINE, *sf.* Espèce de salsepareille venant de Chine, dont la racine est employée aux mêmes usages que celle de la salsepareille ordinaire.

SQUIRRE, *sm.* Tumeur dure, non douloureuse, qui se forme accidentellement dans le tissu organique, particul. dans les intestins, le foie, les reins, etc., et dégénère souvent en cancer. | SQUIRREUX, SE, *adj.* Qui est de la nature du —.

SQUIRROSITÉ, *sf.* Dureté semblable à celle d'un squirre.

STABLAT, *sm.* Construction que les habitants de certaines parties des Alpes préparent à l'approche des neiges, et où ils s'enferment durant l'hiver avec leurs troupeaux.

STABULATION, *sf.* Séjour, entretien des animaux dans une étable.

STACCATO, *adv.* (*Mus.*) Indique qu'il faut attaquer brusquement la corde avec l'archet, pour faire entendre chaque note détachée.

STACTE, *sf.* Variété de myrrhe qui a l'aspect d'un liquide épais, rougeâtre et odorant.

STADE, *sm.* Place où les Grecs s'exerçaient à la course; elle était d'environ 184 mètres. | Longueur de chemin pareille à cette place. | (*Méd.*) Chaque période ou degré d'une maladie, et particul. d'une fièvre intermittente.

STADIA, *sf.*, ou STATIMÈTRE, *sm.* Instrument de nivellement et d'arpentage, composé d'un cercle gradué sur lequel pivote une lunette et qui porte un niveau; il donne à la fois les angles, les distances et les différences de niveau.

STAGE, *sm.* Temps d'épreuve dont on doit justifier pour être reconnu apte à remplir certaines fonctions. | Plus particul. résidence de trois ans qu'un licencié en droit doit faire auprès d'une cour, d'un tribunal, pour être inscrit au tableau des avocats: il est dit, pendant ce temps, *avocat stagiaire.*

STALACTITE, *sf.* Concrétion pierreuse, allongée et de forme conique, qui se produit à la voûte des cavités souterraines par suite de l'infiltration d'un liquide tenant en dissolution des sels calcaires, siliceux, etc.

STALAGMITE, *sf.* Concrétion pierreuse qui se forme en mamelons sur le sol des cavités souterraines par évaporation des gouttes d'eau chargées de sels calcaires qui tombent de la voûte.

STALLE, *sf.* Dans une église, siéges en bois placés autour du chœur. | Dans un théâtre, siéges séparés et numérotés, moins avantageusement disposés que les fauteuils. | Compartiment d'une étable, d'une écurie, etc.

STAMINAL, E, *adj.* (*Bot.*) Qui a rapport aux étamines.

STAMINIFÈRE, *adj.* (*Bot.*) Se dit de la partie de la fleur qui porte les étamines.

STANCE, *sf.* (*Litt.*) Nombre déterminé de vers formant un sens complet, dans une pièce plus ou moins longue, et assujetti, pour la mesure et le mélange des rimes, à une règle qui s'observe dans toute la pièce.

STANGUE, *sf.* (*Blas.*) La tige d'une ancre.

STANHOPE, *sm.* Voiture très-légère, à deux roues et à deux places.

STANNATE, *sm.* Combinaison formée par l'étain et les bases alcalines.

STANNIFÈRE, *adj.* Se dit de l'émail à base d'étain, opaque et blanc, que l'on met sur la faïence pour cacher sa couleur jaune.

STANNIQUE, *adj.* Qui renferme de l'étain. | Acide —, acide ou plutôt oxyde composé d'oxygène et d'étain.

STAPÉDIEN, *adj.* et *sm.* Muscle qui appartient à l'étrier de l'oreille interne.

STAPHISAIGRE, *sm.* Espèce de pied-d'alouette à fleurs bleues en grappes, commune dans le midi de l'Europe, vulg. appelée *herbe aux poux*, dont les graines, réduites en poudre, s'emploient comme purgatif et dans la confection d'une pommade pour détruire les poux.

STAPHYLIER, *sm.* Arbrisseau à fleurs blanches en grappes, dont une espèce, qui croît en France et en Italie, porte des fruits dont l'amande a un peu le goût de la pistache, ce qui lui a valu le nom de *faux pistachier*, mais occasionne des nausées; on en extrait une huile douce et résolutive.

STAPHYLIN, *adj.* et *sm.* (*Anat.*) Se dit d'un muscle qui appartient à la luette. | *sm.* Insecte coléoptère de couleur foncée, à élytres courts, dont quelques espèces vivent dans le fumier, dans les vieux troncs d'arbres, etc.

STAPHYLITE, *sf.* Inflammation de la luette.

STAPHYLÔME, *sm.* Tumeur noire, arrondie, qui se manifeste sur le globe de l'œil qui prend la forme d'un grain de raisin.

STAPHYLORAPHIE, *sf.* (*Chir.*) Soudure des deux parties de la luette qui sont accidentellement séparées.

STAPHYLOTOMIE, *sf.* Excision de la luette.

STAPHYSAIGRE, *sf.* V. *Staphisaigre.*

STARIE, *sf.* Délai accordé aux négociants pour amener à quai les marchandises qui doivent être chargées à bord d'un navire. | Délai accordé au capitaine pour décharger les marchandises; le nombre des jours excédant la — s'appelle *surstarie* ou *surestarie*.

STAROSTIE, *sf.* Fief royal que possédaient les anciens gentilshommes polonais, qui s'appelaient *starostes*.

STASE, *sf.* (*Méd.*) Séjour du sang ou des humeurs dans quelque partie du corps, par suite de la cessation ou de la lenteur de leur mouvement.

STATER, *sm.* (*Ant.*) Monnaie d'or en usage chez les Grecs et les Égyptiens; elle valait de 18 à 25 francs.

STATHOUDER, *sm.* (pr. *statt-ou-dèr*). Titre que l'on donnait au chef de l'ancienne république des Provinces-Unies ou des Pays-Bas. | STATHOUDÉRAT, *sm.* Dignité du —.

STATICE, *sf.* Nom d'un genre de plantes qui appartient à la famille des plombaginées et dont plusieurs espèces, croissant le long de la mer, portent le nom vulgaire de *gazon d'Olympe*, *gazon d'Espagne*, etc.; on les cultive pour bordures.

STATIONNAIRE, *sm.* Navire qui se tient en station à l'entrée d'un port pour exercer une sorte de police sur les bâtiments qui entrent ou qui sortent, pour faire respecter le pavillon national, protéger le commerce, etc.

STATIQUE, *sf.* Partie de la mécanique qui a pour objet les lois de l'équilibre des corps et les rapports que les forces doivent avoir entre elles. | *adj.* (*Phys.*) Se dit de l'électricité libre, mais en repos, par oppos. à l'électricité *dynamique*; se dit aussi de la chaleur qui s'accumule dans les corps sans rayonner à l'extérieur.

STATISTIQUE, *adj.* et *sf.* Se dit de tout ce qui concerne les données numériques recueillies sur un pays, une institution, etc.

STATU QUO, *loc. adv. lat.* Dans le même état qu'auparavant.

STATUT, *sm.* Nom qu'on donne quelquefois aux usages locaux qui avaient autrefois force de loi. | — personnel, partie de la loi qui concerne les personnes. | Règles établies pour la conduite d'une compagnie, d'une communauté, etc.

STAUROTIDE, *sf.* (*Minér.*) Sorte de grenat d'un brun rougeâtre, qu'on appelle vulg. *pierre de croix*, parce qu'il se présente ordinairement en cristaux prismatiques affectant la forme d'une croix.

STEAMBOAT, *sm.* (pr. *stimm-bôtt*). En Amérique, bateau à vapeur très-long, très-fin, composé de plusieurs étages superposés et employé pour la navigation intérieure, sur les fleuves et les lacs.

STEAMER, *sm.* (pr. *sti-meur*). Nom générique des bateaux à vapeur employés pour les transports, et particul. les voyages transatlantiques.

STÉARATE, *sm.* Sel formé par l'acide stéarique et une base.

STÉARINE, *sf.* Principe immédiat organique qui, avec l'oléine, forme les huiles et les graisses et qui en constitue l'élément solide. | STÉARIQUE, *adj.* Acide —, acide auquel la — donne naissance.

STÉATITE, *sf.* Talc graphique, substance

écailleuse, blanchâtre, onctueuse, que les tailleurs emploient pour tracer sur le drap; on l'appelle aussi *craie de Briançon*, *speckstein*, *lardite*, *pierre à lard*, ainsi que *pagodite* et *pierre à magot*, à cause des figures que lui donnent les Chinois.

STÉATOME, *sm.* Tumeur enkystée contenant une matière grasse qui a la consistance et la couleur du suif.

STÉCHAS, *sm.* (pr. *-kass*). V. *Stœchas*.

STEEPLE-CHASE, *sm.* (pr. *stiple-tchèss*). Course à cheval qui se fait en allant à travers champs vers le but indiqué, et en franchissant toute espèce d'obstacles, tels que haies, buissons, fossés, cours d'eau, etc.

STÉGANOGRAPHIE, *sf.* Ecriture secrète, art d'écrire en chiffres ou en signes et d'expliquer cette écriture; se dit plus particulièrement de l'écriture dans laquelle on substitue certaines lettres de l'alphabet à celles que l'on devrait employer.

STÉGNOSE, *sf.* Constriction, resserrement; constipation.

STÉGNOTIQUE, *adj.* et *sm.* Astringent.

STEINKERQUE, *sf.* Espèce de cravate nouée négligemment autour du cou, que l'on portait autrefois.

STÈLE, *sf.* Monument monolithe ayant la forme d'un obélisque, d'un cippe. | Petit fût sans chapiteau, portant une inscription.

STELLAIRE, *adj.* Qui a rapport aux étoiles. | *sf.* Petite plante des bois, à fleurs blanches étoilées, à tiges herbacées, à feuilles opposées, minces et pointues; une de ses espèces, commune dans les lieux humides, porte le nom d'*holostée*.

STELLION, *sm.* Genre de reptiles sauriens, voisin par sa conformation du lézard, qui habite le Levant; il est très-agile, d'un bleu olivâtre, a les pieds jaunes et la queue plate; il n'habite que les ruines ou les fentes des rochers.

STELLIONAT, *sm.* Crime que commet celui qui vend un immeuble qui ne lui appartient pas ou qui déclare faussement que le bien qu'il vend est libre de toute hypothèque. | STELLIONATAIRE, *s.* Celui qui commet le crime de —.

STELLITE, *sf.* Minéral d'un blanc éclatant, nacré, cristallisant en groupes étoilés; c'est un composé de silice, d'alumine de chaux, de magnésie et d'eau.

STEMMATES, *smpl.* (*Zool.*) Nom donné aux yeux lisses qui sont placés en forme de couronne au-dessus de la tête dans certains ordres d'insectes.

STÉNOGRAPHIE, *sf.* Art d'écrire par abréviation aussi rapidement que la parole. | — STÉNOGRAPHIER, *va.* Ecrire en —. | STÉNOGRAPHE, *s.* Celui qui exerce l'art de la —.

STÉNORHYNQUE, *sm.* Nom qu'on a donné à un genre de crustacés décapodes macroures, très-voisin du crabe; on le trouve sur les côtes de l'Océan.

STENTOR, *sm.* Animalcule infusoire qu'on trouve dans les étangs; il est muni de cils et a la forme d'une trompette; il peut d'ailleurs modifier sa forme à volonté. | V. *Alouate*.

STÉPHANOMIE, *sf.* Genre de zoophytes voisin du physophore, qui présente l'aspect d'une belle couronne de couleur bleue, entourée de folioles vertes et de tentacules roses; on la trouve dans les mers australes.

STEPPE, *sf.* Plaine vaste, élevée, et le plus souvent stérile, que l'on rencontre fréquemment en Russie et en Sibérie.

STERCORAIRE, *sm.* Oiseau de l'ordre des palmipèdes qui habite les bords des mers du Nord, où il poursuit les petites mouettes et divers oiseaux de mer pour leur enlever ce qu'ils mangent et même le leur faire dégorger. | Scarabée appelé aussi *bousier*. | *adj.* Qui a rapport aux excréments, qui vit sur les excréments.

STERCORAL, E, *adj.* V. *Stercoraire*.

STERCULIER, *sm.* Genre de très-grands arbres de l'Asie et de l'Afrique, ainsi nommés à cause de l'odeur fétide de leurs fleurs; une de ses espèces donne des graines d'où l'on extrait une huile comestible.

STERCUS DIABOLI, *sm.* Terre bitumineuse d'une odeur très-fétide, surtout quand on la met sur le feu; on la trouve en Sicile mêlée aux marnes, en feuillets détachés qui deviennent transparents quand on les plonge dans l'eau.

STÈRE, *sm.* Mètre cube; c'est la mesure employée pour le bois de chauffage.

STÉRÉOBATE, *sm.* (*Archit.*) Espèce de soubassement sans moulure qui supporte un édifice.

STÉRÉOGRAPHIE, *sf.* Art de représenter les solides sur un plan.

STÉRÉOMÉTRIE, *sf.* Science qui traite de la mesure des solides.

STÉRÉOSCOPE, *sm.* Instrument d'optique formé d'une pyramide rectangulaire tronquée, portant deux oculaires à son extrémité, et qui montre toutes les images planes en relief; on l'emploie ordinairement pour regarder des photographies.

STÉRÉOTOMIE, *sf.* Science de la coupe, de la taille des pierres, du bois pour les constructions, etc.

STÉRÉOTYPE, *adj.* Se dit des ouvrages *stéréotypés*, c.-à-d. imprimés avec des planches dont les caractères ne sont pas mobiles et que l'on conserve pour de nouveaux tirages.

STÉRÉOTYPIE, *sf.* Art de stéréotyper; lieu où l'on stéréotype.

STERLET, *sm.* V. *Esturgeon*.

STERLING, *adj.* (pr. *-lingh*). Qualifie le système monétaire anglais, dans lequel la livre ou le *pound* vaut 25 francs ; on l'emploie généralement avec le mot *livre*, ou quelquefois seul, comme *un million sterling*, pour 25 millions de francs.

STERNAL, E, *adj.* (*Anat.*) Qui appartient au *sternum*. (V. ce mot.)

STERNE, *sm.* Oiseau de mer palmipède, à queue fourchue (*vulg. hirondelle de mer*) qui vole toujours et saisit sa proie en rasant la surface des eaux ; il est voisin des mouettes par sa conformation.

STERNUM, *sm.* (*Anat.*) Partie osseuse et aplatie qui se trouve au devant de la poitrine et à laquelle sont attachées les côtes et les clavicules. | STERNO-CLAVICULAIRE, STERNO-HYOÏDIEN, NE, STERNO-MASTOÏDIEN, NE, *adj.* etc. ; se dit des muscles des articulations, etc., qui relient ensemble le — et la clavicule, le — et l'os hyoïde, etc.

STERNUTATOIRE, *adj.* Qui provoque la sternutation, c.-à-d. l'éternument.

STERTEUR, *sf.* Ronflement.

STERTOREUX, SE, *adj.* Qui a les caractères du ronflement ; on dit aussi *Stertoral, e.*

STÉTHOMÈTRE, *sm.* Instrument qui sert à mesurer les dimensions de la poitrine.

STÉTHOSCOPE, *sm.* Appareil le plus souvent en gutta-percha, qui sert à reconnaître, au moyen de l'oreille, les sons qui se produisent dans la poitrine et apprécier ainsi les altérations de cet organe.

STHÉNIE, *sf.* Exaltation de l'action organique : excitation ; excès de force ; par oppos. à *Asthénie.* | STHÉNIQUE, *adj.* Causé ou entretenu par la —.

STIBIÉ, E, *adj.* Se dit des remèdes où il entre de l'antimoine.

STIBIUM, *sm.* V. *Antimoine.*

STICHOMANCIE, *sf.* (pr. *-ko-*) (*Ant.*) Divination par le moyen de vers ou de distiques que l'on mettait dans une urne et que l'on tirait au hasard.

STICHOMÉTRIE, *sf.* (pr. *-ko-*) Division d'un ouvrage par versets ; disposition de chaque phrase en alinéa.

STICK, *sm.* (*Angl.*) Sorte de petite canne légère.

STIGMATE, *sm.* Marque que laisse une plaie ; cicatrice. | (*Bot.*) Partie supérieure du pistil des fleurs, ordinairement renflée et glutineuse, sur laquelle se dépose le pollen abandonné par les étamines. | (*Zool.*) Petites ouvertures placées sur les côtés du corps d'un insecte, par lesquelles l'air s'introduit dans les trachées.

STILBITE, *sf.* (*Minér.*) Substance ordinairement blanche, à cassure vitreuse, à éclat nacré ; c'est un silicate alumineux à base de chaux.

STIL-DE-GRAIN, *sm.* Couleur jaune à l'usage des peintres et des teinturiers ; c'est la baie du *nerprun des teinturiers*, cueillie avant sa maturité et pulvérisée avec de la céruse ou carbonate de plomb ; on l'emploie surtout à teindre la soie.

STILLATION, *sf.* (pr. *stil-la-*). État d'un liquide qui tombe goutte à goutte.

STILLATOIRE, *adj.* Qui tombe goutte à goutte.

STIMULANTS, *smpl.* (*Méd.*) Se dit des médicaments qui ont la propriété d'exciter l'action organique des divers systèmes de l'économie animale.

STIMULUS, *sm.* Stimulant ; tout ce qui peut produire une excitation dans l'économie animale.

STINKAL, *sm.* Marbre du Nord, brun jaunâtre à taches brunes.

STIPE, *sf.* (*Bot.*) Tige cylindrique des plantes monocotylédones, arborescentes, qui n'ont pas de branches, mais des feuilles engainantes et qui est terminée par un bouquet de feuilles. | Plante de la famille des graminées qui croît dans les pâturages arides ; une de ses espèces, très-tenace, sert à faire des tissus de sparterie.

STIPTIQUE, *adj.* V. *Styptique.*

STIPULE, *sf.* (*Bot.*) Appendice membraneux ou foliacé, qui s'insère à la base de certaines feuilles, comme dans le pois, la gesse, le rosier, etc.

STIRATOR, *sm.* Cadre en bois à l'usage des dessinateurs à l'aquarelle et au lavis, qui sert à tenir bien tendu le papier sur lequel on doit dessiner.

STOC, *sm.* Base de l'enclume des grosses forges.

STOCK, *sm.* (*Comm.*) Quantité de marchandises qui restent en entrepôt dans un dock ou des magasins généraux. | État de l'approvisionnement d'une place de commerce.

STOCKFISH, *sm.* Morue salée et fortement séchée qu'on prépare en Norwége. | V. *Merluche.*

STŒCHAS, *sm.* (pr. *stè-kass*). Espèce de lavande du midi de la France, dont les fleurs en épi, d'un pourpre foncé, sont employées en infusion ou en sirop, contre les affections pulmonaires.

STOFF, *sm.* Étoffe de laine pour robes, à fond lisse, unie, rayée ou brochée, qui s'est faite primitivement en Angleterre, puis à Roubaix et Tourcoing. | Étoffe noire de laine mérinos pure, pour robes ou châles, plus fine que l'ancien stoff, et qui se fabrique à Amiens ; on l'appelle aussi *parisienne.*

STOÏCIEN, NE, *adj.* et *s.* Qui professe le *stoïcisme*, doctrine dont la base fondamentale est une morale très-sévère. | STOÏQUE, *adj.* Qui tient de la fermeté rigide et austère qu'affectaient les —s.

STOLON, *sm.* Rejeton qui part de la base de la tige de certaines plantes, traîne sur le sol et s'enracine plus loin, comme dans le fraisier. | STOLONIFÈRE, *adj.* Qui porte des —s.

STOMACACE, *sf.* Ulcération et fétidité de la bouche; affection scorbutique.

STOMACAL, STOMACHIQUE, *adj.* Qui concerne l'estomac, qui convient à l'estomac; cordial.

STOMATE, *sm.* (*Bot.*) Orifices ou pores microscopiques que présente l'épiderme des plantes, particul. dans les feuilles, les tiges, etc.

STOMATIQUE, *adj.* Se dit des médicaments employés dans les diverses maladies de la bouche.

STOMATITE, *sf.* Inflammation de la membrane muqueuse de la bouche.

STOMATORRHAGIE, *sf.* Écoulement de sang par la bouche.

STOMOXE, *sm.* Mouche de cheval, insecte diptère dont les piqûres tourmentent les chevaux.

STOPPER, *vn.* Se dit, en parlant d'un bateau à vapeur, pour marquer l'action d'arrêter. | Arrêter la marche d'une embarcation quelconque.

STOQUEUR, *sm.* Sorte particulière de ringard ou de fourgon en usage dans les usines à sucre.

STORAX, *sm.* Nom du *styrax calamite*, espèce de styrax rouge brun qui arrive en Europe, selon sa qualité, en masses agglomérées, contenant des boules ou larmes et en pains, c.-à-d. en grosses masses confuses; on l'emploie aux mêmes usages que le styrax liquide.

STORE, *sm.* (*Comm.*) V. *Stock*.

STORTHING, *sm.* Assemblée générale ou diète de Norwége.

STOURNE, *sm.* Genre d'oiseau d'Afrique et des Indes assez semblable au merle; son plumage est très-éclatant et couvert de couleurs métalliques. | — noir, oiseau de paradis noir qui habite la Nouvelle-Guinée.

STOURNELLE, *sf.* Genre de passereaux voisins des étourneaux, qui vivent dans les prairies marécageuses et nichent à terre; on les trouve dans le nord de l'Amérique.

STOUT, *sm.* (pr. *stoutt*). Sorte de bière anglaise, forte d'un brun foncé, plus alcoolique que le porter.

STRABISME, *sm.* Défaut de coïncidence entre les axes des rayons visuels, qui empêche les deux yeux de pouvoir regarder simultanément le même objet; c'est ce qu'on appelle vulg. les *yeux louches*. | STRABITE, *adj.* Affecté de —.

STRADIVARIUS, *sm.* Se dit des violons fabriqués par un célèbre facteur d'instruments à cordes, de ce nom, qui vivait au XVIIe siècle; ils sont extrêmement estimés.

STRAMOINE, STRAMONIUM, *sm.* Espèce de *datura*, à feuilles larges et à grandes fleurs blanches, dont le fruit, appelé *pomme épineuse*, est une capsule grosse comme une noix, hérissée de pointes aiguës; c'est un poison narcotique violent, qui, à petites doses, produit des effets calmants.

STRANGULATION, *sf.* Action d'étrangler quelqu'un.

STRANGURIE, *sf.* Difficulté extrême d'uriner, maladie dans laquelle on ne peut rendre l'urine que goutte à goutte, avec douleur et ténesme vésical.

STRAPASSER, *va.* Gâter, maltraiter; se dit particul. des tableaux faits sans correction, avec une négligence affectée.

STRAPONTIN, *sm.* Siége mobile qui se baisse ou se relève à volonté, et qui ne tient qu'une personne.

STRASS, *sm.* Composition qui imite le diamant et les pierres précieuses; c'est une variété de cristal.

STRASSE, *sf.* Bourre ou rebut de la soie. | Papier grossier.

STRATE, *sf.* Lit d'une couche minérale, banc, assise suivant laquelle s'est déposé un sédiment calcaire ou siliceux.

STRATÉGIE, *sf.* Art militaire appliqué aux opérations de la guerre.

STRATÉGIQUE, *adj.* Qui a rapport à la guerre; se dit d'une route qui borde des forteresses.

STRATIFICATION, *sf.* (*Géol.*) Disposition des terrains, des assises géologiques, par couches parallèles et planes, horizontales ou obliques.

STRATIFIÉ, E, STRATIFORME, *adj.* Se dit des corps qui sont disposés par lits ou couches parallèles.

STRATOMYS, *sm.* Insecte diptère dont la larve vit en grandes quantités dans les étangs.

STRATON, *sm.* Nom vulgaire d'un insecte qui roule les feuilles de la vigne et vit aux dépens de ce végétal.

STRATUS, *sm.* (pr. *-tuss*). Bandes de nuages parallèles, étendues, continues, unies, d'une densité moyenne.

STRÉBLOS, *sm.* V. *Strabisme*.

STRELET, *sm.* V. *Esturgeon*.

STRÉLITZ, *smpl.* Corps d'infanterie moscovite, garde d'élite, qui avait de très-grandes prérogatives et qui fut dissous par Pierre le Grand.

STRETTE, *sf.* (*Mus.*) Partie d'une fugue dans laquelle le même thème est traité d'une manière plus vive et plus serrée qu'au commencement. | Mouvement accéléré d'un finale.

STRIBORD, *sm.* V. *Tribord.*

STRIDULATION, *sf.* Bruit monotone et légèrement roulant de certains insectes, comme la cigale, le grillon, etc.

STRIE, *sf.* Nom que portent les petits filets parallèles, les petites côtes, cannelures, qui se trouvent soit dans les tiges de certaines plantes, soit sur les élytres des insectes, etc. | Partie pleine qui sépare les cannelures des colonnes.

STRIÉ, E, *adj.* Rayé, cannelé, qui offre des stries.

STRIGILE, *sm.* (*Ant.*) Instrument dont les anciens se servaient au bain pour râcler, masser la peau et la nettoyer.

STROGILE, *sm.* (*Bot.*) Nom que portent les fruits qui sont entremêlés de bractées et groupés en forme de cônes, comme ceux du pin, du houblon, etc.

STROMA, *sm.* Sorte de membrane organique informe ou ressemblant à une pellicule, qui précède ou accompagne la formation de certains animalcules infusoires.

STROMATES, *smpl.* Mélanges littéraires, recueil de morceaux variés.

STROMBAU, *sm.* Grosse espingole qu'on appuie sur un chandelier.

STROMBE, *sm.* Genre de mollusques à coquillage univalve très-grand, ventru, recherché dans le commerce à cause de la belle coloration de son ouverture.

STROMBLE, *sm.* Crochet à long manche dont on se sert pour nettoyer le soc de la charrue.

STRONGLE, *sm.* Ver entozoaire de forme ronde, que l'on trouve dans les reins de quelques animaux et parfois de l'homme.

STRONTIANE, *sf.* (pr. *-cia-*). Substance alcaline d'un gris blanchâtre et d'une saveur âcre, qu'on trouve mêlée à la chaux; on s'en sert à divers usages pyrotechniques. | STRONTIUM, *sm.* Corps simple métallique, jaune, brillant, solide, qui est uni à l'oxygène contenu dans la —, et qu'on en a extrait par la pile.

STROPHE, *sf.* Couplet ou stance d'une ode.

STROPHULUS, *sm.* (*Méd.*) Inflammation cutanée qui attaque les enfants à la mamelle, et qui est caractérisée par des papules rouges ou blanches intermittentes qui résultent d'une irritation locale ou intestinale.

STRUMES, *smpl.* Scrofules.

STRUMEUX, SE, *adj.* Scrofuleux.

STRUMOSITÉ, *sf.* Amas de tumeurs provenant d'affections scrofuleuses.

STRUTHIONIDÉS, *smpl.* (*Zool.*) Famille d'oiseaux dont le type est l'autruche.

STRUTHIOPHAGE, *sm.* Qui se nourrit de la chair de l'autruche.

STRYCHNINE, *sf.* Alcali végétal, principe organique cristallin de plusieurs plantes et principalement du *strychnos nux vomica*, ou noix vomique; c'est un médicament tétanique et une substance vénéneuse très-violente.

STRYCHNOS, *sm.* Arbre ou arbrisseau grimpant, exotique, dont une espèce, dite *nux vomica*, porte des fruits sphériques de couleur grisâtre, appelés *noix vomiques*, qui ont une action des plus énergiques sur le système nerveux.

STRYGE, *sm.* ou *sf.* Sorcière ou spectre qui, d'après la croyance établie dès les premiers siècles de notre ère, mangeait les vivants.

STUC, *sm.* Imitation du marbre qu'on emploie aux décorations intérieures; il se fait en gâchant le plâtre soit dans de l'eau tenant en dissolution de la colle forte, soit dans de l'eau de savon, et en teignant cette pâte. | STUCATEUR, *sm.* Ouvrier qui travaille le —.

STUD-BOOK, *sm.* (*Angl.*) (pr. *steudd-bouk*). Registre où sont inscrits les chevaux étalons entretenus dans les haras de l'État, ainsi que leur filiation.

STUPÉFIANTS, *smpl.* (*Méd.*) Se dit des substances qui produisent la *stupeur* ou la torpeur, c.-à-d. qui diminuent et même annihilent le sentiment et le mouvement.

STURDINÉ, E, *adj.* (*Zool.*) Qui ressemble à l'étourneau.

STUVER, *sm.* Monnaie danoise valant environ 13 centimes.

STYGIEN, NE, *adj.* Qui appartient au Styx.

STYLE, *sm.* Tige, aiguille servant à tracer des indications. | (*Bot.*) Tige qui part de l'ovaire et soutient le stigmate; c'est la partie centrale du pistil.

STYLET, *sm.* Poignard dont la lame est extrêmement mince. | (*Chir.*) Petite tige métallique très-fine, terminée quelquefois par un chas, et qu'on emploie dans plusieurs opérations.

STYLITE, *adj. m.* Surnom donné à quelques solitaires qui avaient placé leurs cellules au-dessus de portiques ou de colonnes en ruine. | Se dit des statues situées au sommet d'une colonne.

STYLOBATE, *sm.* (*Archit.*) Piédestal ou soubassement qui porte des colonnes.

STYLOÏDE, *adj.* (*Anat.*) Qui a la forme d'un filet. | Apophyse —, éminence très-grêle et très-allongée que présente la face inférieure du rocher; éminence semblable qui se trouve à l'extrémité du radius et du cubitus.

STYMATOSE, *sf.* Hémorragie de l'urètre.

STYPTIQUE, *adj.* Qui a une qualité ou une saveur astringente, qui a la vertu de resserrer. | STYPTICITÉ, *sf.* Qualité des — s.

STYRAX, *sm.* Baume, suc résineux d'un arbre de Syrie, d'Arabie et de l'Europe méridionale. | Le — calamite s'appelle *storax* (V. ce mot). | Le — liquide est opaque, d'un gris brunâtre et d'une consistance de miel; on l'emploie en parfumerie et, en médecine, contre certaines maladies du sang et de la peau.

SUAGE, *sm. (Mar.)* Graisses et suif dont on enduit les fentes d'un vaisseau. | Outil dont les serruriers se servent pour forger les pièces anguleuses, les barbes des pênes, etc. | Petite enclume qui sert à faire les rebords des outils en cuivre.

SUAIRE, *sm.* Nom qu'on donnait autrefois à un linge au moyen duquel on essuyait la sueur du visage. | Linceul dans lequel on ensevelit les morts.

SUBDÉLÉGATION, *sf.* Action par laquelle un intendant ou un légat chargés d'une mission délèguent à quelqu'un tout ou partie de cette mission.

SUBÉREUX, SE, Subérique, *adj.* Qui a la consistance du liége.

SUBÉRINE, *sf.* Tissu particulier qu'on observe dans le liége et dans divers autres végétaux.

SUBINTRANTE, *adj. (Méd.)* Fièvre —, fièvre primitivement intermittente, dont un accès commence avant que le précédent soit fini, ou plutôt dont les accès semblent se succéder sans interruption.

SUBJECTIF, VE, *adj.* Qui est identique au moi; terme de philosophie, qui désigne ce qui se rapporte au sujet pensant, par oppos. à *objectif*, qui a rapport à l'objet. | Subjectivité, *sf.* Qualité de ce qui est —.

SUBJECTION, *sf. (Litt.)* Figure de pensée, qui consiste à interroger l'adversaire et à supposer sa réponse, et à fournir ensuite la réplique à l'avance.

SUBJONCTIF, *sm. (Litt.)* Mode des verbes qui désigne un fait dépendant d'un autre fait précédemment exprimé par l'*indicatif* dans la même phrase.

SUBLET, *sm.* Petit poisson acanthoptérygien osseux, dont le museau est protractile, et qu'on trouve sur les côtes dans la Méditerranée; sa chair est tendre et estimée.

SUBLIMATION, *sf.* Opération par laquelle les parties volatiles d'un corps, élevées par la chaleur du feu, s'attachent au haut d'un vase clos.

SUBLIMÉ CORROSIF, *sm.* Combinaison de chlore et de mercure renfermant un équivalent de mercure de moins que le calomel; on l'emploie comme mordant dans l'impression des indiennes; on s'en sert pour détruire les insectes nuisibles; il est aussi administré contre les maladies de la peau.

SUBLINGUAL, E, *adj.* Qui est situé sous la langue.

SUBLUNAIRE, *adj.* Qui est entre la terre et la lune: le monde —, c est la terre.

SUBMENTAL, E, *adj.* Qui est situé sous le menton.

SUBODORER, *va.* Sentir de loin, à la trace, flairer en dessous, en soulevant le nez.

SUBORNER, *va.* Séduire, corrompre, porter à faire action contre le devoir. | Suborneur, euse, *adj.* Celui, celle qui suborne. | Subornation, *sf.* Action de —.

SUBRÉCARGUE, *sm.* Agent d'un armateur à bord d'un navire marchand, celui qui accompagne le capitaine et qui est chargé de gérer une cargaison pour en faire la vente et les retours.

SUBRÉCOT, *sm.* Surplus de l'écot, ce qu'il en coûte au delà de ce *qu'on s'était proposé* de dépenser.

SUBREPTICE, *adj. (Jurisp.)* Se dit des lettres, grâces, etc., obtenues sur un faux exposé; de ce qui *est fait furtivement et illicitement*. | Subrepticement, *adv.* D'une manière —.

SUBREPTION, *sf.* Surprise qu'on fait à un supérieur en obtenant *de lui des grâces sur* un faux exposé.

SUBROGATION, *sf.* Action de subroger, c.-à-d. de substituer, de mettre une personne à la place d'une autre, particul. de substituer un créancier à un autre.

SUBROGÉ-TUTEUR, *sm.* Celui qui est nommé par le conseil de famille pour soutenir les intérêts du mineur contre le tuteur dans le cas où leurs intérêts seraient opposés.

SUBSIDE, *sm.* Secours d'argent qu'un État donne à un autre Etat. | Au plur. Taxes et impositions que les peuples payent au chef de l'Etat pour subvenir aux besoins publics.

SUBSIDIAIRE, *adj. (Jurisp.)* Qui vient à l'appui de —, qui est allégué à l'appui des raisons qu'on a déjà employées. | Subsidiairement, *adv.* D'une manière —; en second lieu; en cas que les raisons premières ne soient pas suffisantes.

SUBSTANTIF, *sm.* Se dit, en grammaire, des mots appelés aussi *noms substantifs*, qui désignent une personne ou une chose, ainsi que du verbe *etre*, parce qu'il est le seul qui subsiste par lui-même.

SUBSTITUT, *sm.* Magistrat chargé de remplacer au parquet le procureur général ou le procureur impérial.

SUBSTITUTION, *sf. (Jurisp.)* Disposition par laquelle on charge une personne, en faveur de laquelle on constitue une donation, de restituer à un tiers l'objet de la donation. | — vulgaire, celle qui charge une personne de recueillir la donation dans le cas où le donataire ne la recueillerait pas. | — de part. V. *Part*.

SUBSTRUCTION, *sf.* Fondements d'un édifice, ou construction souterraine, construction d'un édifice sous un autre.

SUBSURDITÉ, *sf.* Surdité incomplète.

SUBTERRANÉ, E, *adj.* Qui est placé sous terre.

SUBULÉ, E, *adj.* (*Hist. nat.*) Se dit des parties terminées en pointe comme une alène.

SUBULICORNES, *smpl.* Groupe d'insectes névroptères, dont les antennes sont disposées en forme d'alènes.

SUBURBAIN, E, *adj.* Qui entoure la ville ; se dit des faubourgs, des banlieues.

SUBURBICAIRE, *adj.* Se dit des provinces qui entourent Rome, et des vicaires qui administrent ces provinces.

SUCCÉDANÉ, E, *adj.* et *sm.* Se dit des remèdes qui ont les mêmes propriétés que d'autres remèdes et qui peuvent leur être substitués.

SUCCENTURIÉ, E, *adj.* (*Zool.*) Se dit d'un organe qui en remplace un autre du même genre. | Ventricule —, second estomac des oiseaux.

SUCCIN, *sm.* Substance résineuse d'origine organique, qui se trouve à l'état fossile dans les sables et argiles des terrains tertiaires, ou flottant sur les eaux, particul. sur les côtes de la Baltique; c'est une matière grasse, jaune, translucide, qui acquiert une odeur agréable et s'électrise par le frottement et la combustion; on l'appelle aussi *ambre jaune;* on lui donne un joli brillant et on en fait divers objets de toilette; on en a extrait une huile qui a servi comme médicament. | SUCCINIQUE, *adj.* Acide —, acide particulier que renferme le —, et qu'on peut obtenir par l'action de l'acide azotique sur les corps gras; il est employé comme antispasmodique.

SUCCINITE, *sf.* (*Minér.*) Grenat d'un jaune brun, de la couleur du succin.

SUCCION, *sf.* Action de sucer.

SUCCOTRIN, *sm.* V. *Aloès.*

SUCCUSSION, *sf.* Action de secouer; secousse.

SUCET, *sm.* Espèce de lamproie. (V. ce mot.)

SUCIDE, *adj. f.* Laine —, sorte de poil ou duvet très-doux, que l'on tire d'un coquillage de la Méditerranée auquel il est adhérent. | On écrit à tort laine *suicide.*

SUÇOIR, *sm.* (*Zool.*) Nom qu'on donne à la bouche de certains insectes qui se nourrissent soit du sang des animaux, soit du suc des plantes.

SUDAMINA, *smpl.* Petites vésicules pleines d'humeur qui se développent sans rougeur à la peau, dans la fièvre typhoïde, la scarlatine, la rougeole.

SUDATION, *sf.* Action de suer, de faire suer un malade.

SUDATOIRE, *adj.* Qui est accompagné de sueurs.

SUDORIFÈRE, *sf.* SUDORIFIQUE, *adj.* Qui provoque, qui excite la sueur.

SUETTE, *sf.* Fièvre éruptive contagieuse, presque toujours épidémique, qui a ravagé l'Angleterre et une partie de l'Europe; ses principaux symptômes sont le refroidissement subit des extrémités, une sueur abondante exhalant une odeur méphitique, une agitation continuelle, etc.

SUFFIXE, *sm.* (*Litt.*) Se dit des syllabes ou lettres qu'on ajoute après les mots, pour en modifier la signification; s'emploie par oppos. à *Préfixe.*

SUFFRAGANT, E, *adj.* Se dit des évêques à l'égard des archevêques.

SUFFRUTESCENT, E, *adj.* (*Bot.*) Se dit des plantes qui ont le port des sous-arbrisseaux.

SUFFUSION, *sf.* Action par laquelle une humeur se répand sous la peau et y devient visible par suite de son accumulation.

SUGILLATION, *sf.* Légère ecchymose cutanée déterminée par la succion. | Taches scorbutiques de la peau qui se produisent dans le cours de certaines affections cutanées. | Taches violacées qui se forment sur les cadavres par l'afflux du sang dans les parties les plus basses du corps. V. *Sigillations.*

SUI GENERIS, *loc. adv. lat.* De son genre, particulier, spécial, qu'on ne peut comparer à d'autres.

SUIN, *sm.* Scories qui se forment à la surface du verre en fusion.

SUINT, *sm.* Substance grasse, onctueuse, qui est le produit du dégraissage à l'eau chaude de la laine des moutons.

SULFATE, *sm.* Tout sel formé par la combinaison de l'acide sulfurique avec une base. | — de cuivre ou d'oxyde de cuivre (vitriol), substance en cristaux bleu clair très-volumineux, qu'on emploie en teinture comme mordant et agent d'oxydation; c'est un poison violent doué de propriétés caustiques et astringentes usitées en médecine. | — de fer ou de protoxyde de fer (couperose verte), sel en cristaux verts qui se dissout dans l'eau, qu'on emploie dans la teinture en noir ou en gris, et qui entre dans la composition du bleu de Prusse, de l'encre, etc.; c'est un médicament tonique, astringent, fébrifuge. | — de zinc, sel en plaques ou en cristaux incolores, qu'on emploie dans la teinture et en médecine comme astringent. | — de magnésie. V. *Magnésie.* | — de potasse. V. *Potasse.* | — de soude. V. *Soude.*

SULFHYDRIQUE, *adj.* Acide —, acide qui résulte de la combinaison du soufre et de l'hydrogène; il se produit dans la décomposition d'un grand nombre de substances organiques et exhale une odeur caractérisée par le nom vulg. d'*œufs pourris*; on l'appelle aussi *hydrogène sulfuré.*

SULFITE, *sm.* Tout sel formé par la combinaison de l'acide sulfureux avec différentes bases.

SULFURE, *sm.* Nom que prennent les combinaisons du soufre avec un autre corps simple. | — rouge de mercure. V. *Cinabre.* | — d'arsenic. V. *Orpiment* et *Réalgar.* | — de.

plomb. V. *Galène*. | —de zinc. V. *Blende*. | —de carbone, résultat de la combinaison du soufre et du carbone; c'est un liquide incolore, mobile, très-fétide, qui dissout très-facilement les corps gras, le soufre, le phosphore, l'iode, et qui est particul. employé pour la vulcanisation du caoutchouc.

SULFUREUX, SE, *adj.* Qui renferme du soufre, qui a rapport, qui appartient au soufre. | Acide — acide renfermant un équivalent d'oxygène de moins que l'acide sulfurique, et résultant de la combustion du soufre dans l'air.

SULFURIQUE, *adj.* Acide —, acide caustique formé d'un équivalent de soufre et de trois équivalents d'oxygène.

SULTAN, *sm.* Empereur des Turcs. | Raisin de Turquie, sans pepins, égrené, qu'on emploie dans la pâtisserie delicate.

SULTANE, *sf.* Sorte de vaisseau de guerre turc, portant environ soixante-six canons, huit cents soldats et soixante matelots. | *adj. f.* Poule —. V. *Porphyrion*.

SUMAC, *sm.* Arbre de la famille des térébinthacées, qu'on trouve dans le Midi, et dont l'écorce est employée pour tanner les cuirs et particul. dans la fabrication des maroquins; il en existe beaucoup d'espèces exotiques; la qualité la plus estimée vient de Sicile et s'appelle *carini*.

SUNN, *sm.* Matière textile extraite d'une plante légumineuse de l'Inde; on en fait des filets de pêche et d'autres objets de cordages.

SUNNA, *sm.* Partie supplémentaire du Coran, qui n'est admise que par une secte de mahométans appelés *sunnites*.

SUPER, *vn.* Attirer, aspirer, en parlant d'une pompe; se boucher en parlant d'une voie d'eau.

SUPÈRE, *adj.* (*Bot.*) Se dit des organes qui occupent la partie supérieure du fruit ou de la fleur, et particul. du calice quand il s'insère sur l'ovaire, et de celui-ci quand il est libre dans l'intérieur de la fleur.

SUPERFICIE, *sf.* Syn. de surface, particulièrement dans le sens de mesure.

SUPERPURGATION, *sf.* Purgation excessive causée par des substances trop irritantes ou données à contre-temps.

SUPERSATURER, *va.* Saturer à l'excès.

SUPIN, *sm.* (*Litt.*) Dans la langue latine, désigne un temps de l'infinitif des verbes, qui, sans perdre sa nature de verbe, s'emploie comme substantif et peut se décliner.

SUPINATION, *sm.* Action de deux muscles appelés *supinateurs*, qui, lorsqu'ils se contractent, font tourner l'avant-bras et la main, la paume de la main dirigée vers le ciel; c'est l'opposé de *pronation*. | Se dit aussi de la position d'un malade couché sur le dos.

SUPPLÉMENT, *sm.* (*Math.*) Ce qu'il faut ajouter à un angle pour faire un total de deux angles droits.

SUPPLÉTIF, VE, *adj.* Qui sert de supplément.

SUPPLÉTOIRE, *adj.* Se dit du serment que fait prêter le juge à une des parties quand il a un commencement de preuve contre l'autre, et afin de fortifier sa conviction.

SUPPOSITOIRE, *sm.* Médicament en forme de cône allongé, qu'on place dans le rectum soit pour favoriser les évacuations, soit pour agir comme adoucissant.

SUPPÔT, *sm.* Membre d'un corps qui remplit certaines fonctions pour le service de ce corps. | Ne s'est dit que des imprimeurs et des libraires par rapport à l'Université.

SUPPURATION, *sf.* Sécrétion du pus. | SUPPURATIFS, *smpl.* Moyens propres à faciliter la —.

SUPRANATURALISME, *sm.* Doctrine opposée au rationalisme (V. ce mot), et qui admet une intervention surnaturelle pour expliquer les phénomènes de l'univers.

SURAL, E, *adj.* (*Anat.*) Qui appartient au gras de la jambe, au mollet.

SURARD, *adj. m.* Vinaigre —, vinaigre préparé avec des fleurs de sureau.

SURBAISSER, *va.* Construire une voûte, un cintre qui va en s'abaissant vers le milieu. | Cintre surbaissé, cintre qui a la forme dite *anse de panier*.

SURBAU, *sm.* (*Mar.*) Chacune des pièces de bois qui forment l'encadrement des écoutilles.

SURCOSTAL, E, *adj.* (*Anat.*) Qui est situé sur les côtes; se dit des muscles, etc.

SURCOT, *sm.* Espèce de spencer collant que les femmes mettaient autrefois sur leur corsage et qui les enveloppait jusqu'aux hanches.

SURDENT, *sm.* Dent supplémentaire qui pousse hors de la rangée des autres dents, particul. au-dessus des canines et des incisives.

SURDIMUTITÉ, *sf.* État de celui qui est sourd-muet.

SURDOS, *sm.* Bande de cuir qui porte sur le dos d'un cheval de carrosse et qui sert à soutenir les traits et le reculement.

SUREAU, *sm.* Arbuste ou arbrisseau à fleurs blanches disposées en corymbes ou en grappes, dont l'espèce commune, à fruits noirs, habite les lieux humides et se distingue particul. par la moelle qui garnit ses tiges, ses fleurs sont sudorifiques et résolutives; son écorce est purgative et ses baies diurétiques.

SURELLE, *sf.* V. *Oxalide*.

SURENCHÈRE, *sf.* Enchère mise sur une enchère précédente, soit par un créancier, soit par une autre personne.

SURÉROGATION, *sf.* Ce qu'on fait de bien au delà de ce qu'on est obligé de faire.

ce qui n'est pas précisément d'obligation, ce qu'on fait au delà de ce qu'on a promis.

SURESTARIE, *sf.* V. *Starie.*

SURFACE, *sf.* Limite d'un corps, étendue considérée comme n'ayant que deux dimensions ; elles sont planes ou courbes ; lorsqu'on considère leur mesure, on les appelle *superficies.*

SURFAIX, *sm.* Sangle de cheval qui se met sur les autres sangles, et qui, passant sur la selle, embrasse le dos et le ventre du cheval.

SURFUSION, *sf.* (*Chim.*) Phénomène particulier que présentent certains corps qui peuvent être maintenus à l'état liquide à une température inférieure à celle à laquelle ils entrent en fusion ; tels sont le phosphore, le soufre, l'acide acétique cristallisable, l'essence d'anis, etc.

SURGE, *adj. f.* Laine —, laine grasse qui se vend sans avoir été lavée ni dégraissée. | *sm.* Suint très-tenace qui ne s'enlève qu'à l'eau chaude.

SURGEON, *sm.* Rejeton qui naît du collet ou du pied d'un arbre, et qui est susceptible d'en être séparé et de former un nouvel individu.

SURIER, *sm.* Nom du chêne-liége.

SURINTENDANT, *sm.* Administrateur général de certaines parties du domaine de la Couronne.

SURJET, *sm.* Espèce de couture qu'on fait en appliquant l'une sur l'autre, bord à bord, les deux étoffes qui doivent être jointes, et en les traversant toutes deux à chaque point d'aiguille.

SURLONGE, *sf.* Partie du bœuf qui reste après qu'on a levé l'épaule et la cuisse, et où l'on prend les aloyaux.

SURMOUT, *sm.* Vin tiré de la cuve, sans avoir cuvé ni avoir été pressuré.

SURMULET, *sm.* Genre de poisson voisin du rouget, et formant avec lui le groupe des mulles ; sa tête et son corps sont couverts de grandes écailles peu adhérentes ; le dessus de sa tête est rouge et il a deux longs barbillons sous le menton ; sa chair est blanche, feuilletée et excellente au goût ; on le trouve dans la Méditerranée et l'Océan.

SURMULOT, *sm.* Espèce du genre rat, de couleur grise ; il est très-grand, très-carnassier et habite les égouts des villes.

SUROIT, *sm.* Nom que les marins donnent quelquefois à un gros manteau qu'ils portent par-dessus leurs vêtements pendant le mauvais temps.

SURON ou Surron, *sm.* Sac de cuir de bœuf, le poil en dedans, dans lequel viennent les denrées des pays étrangers, telles que le café, l'indigo, la vanille, etc. | Quantité de marchandises contenues dans ce sac.

SUROS, *sm.* (pr. *-rô*). Tumeur dure située sur le canon du cheval.

SURPLIS, *sm.* Vêtement d'église fait de toile blanche, ayant, au lieu de manches, des espèces d'ailes longues et plissées qui pendent par derrière.

SURPLOMB, *sm.* (*Archit.*) État de ce qui surplombe, c.-à-d. qui n'est pas d'aplomb, le haut avançant plus que le pied.

SURRÉNAL, E, *adj.* Qui est situé au-dessus des reins.

SURRON, *sm.* V. *Suron.*

SURSATURÉ, E, *adj.* (*Chim.*) Se dit de certaines solutions salines qui renferment plus de sel qu'il n'en faut pour cristalliser, et qui cependant ne cristallisent que sous l'influence d'actions extérieures très-variables et peu connues.

SURSEL, *sm.* Sel qui contient un excès d'acide.

SURSIS, *sm.* Délai accordé par le juge et pendant lequel la poursuite d'une affaire est suspendue.

SURSTARIE, *sf.* V. *Starie.*

SURTOUT, *sm.* Grande pièce d'orfévrerie, ou réunion de plusieurs pièces symétriques, que l'on place comme ornement sur la table dans des repas d'apparat.

SUSCEPTION, *sf.* En style liturgique, action de prendre, de recevoir.

SUSIN, *sm.* (*Mar.*) Pont brisé ou partie du tillac d'un vaisseau qui s'étend depuis la dunette jusqu'au grand mât.

SUS-ORBITAIRE, *adj.* (*Anat.*) Qui est placé au-dessus de l'orbite de l'œil.

SUSPENSE, *sf.* (*Dr. eccl.*) Peine par laquelle un ecclésiastique est privé de l'usage de son bénéfice pour un temps plus ou moins long.

SUSPENSEUR, *sm.* (*Anat.*) Nom qu'on donne à divers ligaments qui ont pour objet de suspendre plusieurs organes.

SUSPICION, *sf.* Soupçon, défiance. | — légitime, présomption qu'on a qu'un tribunal saisi d'une affaire pourra se laisser dominer par des préoccupations étrangères.

SUSPIRIEUX, SE, *adj.* Se dit de la respiration quand son bruit ressemble à celui d'un soupir.

SUSSEYER, *va.* Prononcer en donnant au *j* l'articulation du *z*, et au *ch* celle de l'*s*.

SUTURE, *sf.* Couture, liaison. | Jointure de deux parties du crâne. | Réunion des lèvres d'une plaie au moyen d'un fil.

SUZERAIN, E, *adj.* Se dit d'un seigneur qui possède un fief dont d'autres fiefs relèvent. | Se dit d'un État duquel relèvent certains autres États. | Suzeraineté, *sf.* Droit du —.

SYCÉE, *sm.* Lingot d'or chinois ayant la forme d'une demi-sphère et servant de monnaie ; il vaut de 18 fr., à 25 fr.

SYCOMORE, *sm.* Arbre d'Egypte qui tient

du figuier pour les fruits et du mûrier pour les feuilles ; son bois était considéré chez les anciens comme incorruptible. | Arbre du genre des érables, appelé aussi *faux-platane*, qui croît en Europe et dont le bois est très-léger.

SYCOPHANTE, *sm.* (*Ant.*) Nom de ceux qui dénonçaient les personnes qui, en Grèce, exportaient les figues, contrairement à la loi. | Par ext. délateur, calomniateur, homme fourbe et bas.

SYCOSE, Sycosis, *sf.* Espèce de dartre pustuleuse qui se produit sous les poils ; c'est une maladie des follicules pileux ; on l'appelle aussi *mentagre*.

SYÉNITE, *sf.* Granit rouge, roche composée de feldspath lamellaire, de quartz et d'amphibole, qu'on trouve en Égypte et dont on fait des colonnes, des soubassements, etc.

SYLLEPSE, *sf.* (*Litt.*) Figure de grammaire par laquelle l'accord répond plutôt à la pensée qu'aux règles grammaticales.

SYLLOGISER, *va.* Raisonner au moyen d'un syllogisme. | Argumenter d'une manière quelconque.

SYLLOGISME, *sm.* Argument composé de trois parties, dont la troisième, ou *conséquence*, se déduit nécessairement des deux premières, appelées *prémisses*. | Syllogistique, *adj.* Qui appartient au —.

SYLLOGRAPHIQUE, *adj.* Se dit de certains actes sur parchemin qui datent du neuvième et du dixième siècle ; ils portaient dans leur milieu une inscription en majuscules qu'on coupait en deux pour donner une moitié de l'acte à chaque partie.

SYLPHE, *sm.* Génie élémentaire qui, selon la Cabale, habite dans l'air et en a l'empire ; ils se mettent fréquemment au service de l'homme. | Sylphide, *sf.* Femelle du —.

SYLVAIN, E, *adj.* Qui vit dans les forêts. | *sm.* (*Ant.*) Dieu des forêts.

SYLVAINS, *smpl.* (*Zool.*) Groupe d'oiseaux qui vivent dans les bois ; on comprend sous ce nom les passereaux, les grimpeurs et une partie des gallinacés.

SYLVES, *sfpl.* V. *Silves*.

SYLVICULTURE, *sf.* Science qui traite des soins à donner aux forêts et de leur exploitation.

SYLVIE, *sf.* Nom générique de la fauvette.

SYMBLÉPHAROSE, *sf.* Adhérence de la paupière supérieure au globe de l'œil.

SYMBOLE, *sf.* Figure ou image qui sert à désigner quelque chose, soit par le moyen de la peinture ou de la sculpture, soit par le discours. | Emblème, signe d'une chose représenté sur un objet. | Formulaire des principaux articles de la foi.

SYMÉTRIQUE, *adj.* (*Math.*) Se dit de deux figures de géométrie, quand les droites qui unissent deux à deux les points analogues ou homologues de ces deux figures sont divisées en parties égales par une certaine droite qu'on nomme *axe de symétrie*, et quand elles sont perpendiculaires à cette droite.

SYMPATHIQUE, *adj.* et *sm.* (*Anat.*) Grand —, nerf ou ramifications d'un centre nerveux qui se distribuent vers la tête, la poitrine et l'abdomen ; on l'appelle aussi nerf *trisplanchnique*. | Moyen et petit —, centres nerveux correspondant l'un aux poumons, l'autre à la face.

SYMPHONIE, *sf.* Concert d'instruments. | Morceau de musique composé pour des instruments concertants.

SYMPHYSE, *sf.* Liaison ou connexion de deux os ensemble.

SYMPIÉSOMÈTRE, *sm.* Baromètre à réservoir d'air et sans mercure, qu'on emploie dans la marine.

SYMPTOMATIQUE, *adj.* Se dit des maladies qui ne sont que l'effet ou les symptômes d'une autre.

SYMPTOMATOLOGIE, *sf.* Partie de la médecine qui traite de l'étude des *symptômes*, ou signes d'une maladie.

SYMPTOSE, *sf.* Amaigrissement, atrophie.

SYNAGOGUE, *sf.* Assemblée des juifs. | Lieu où se réunissent les juifs pour l'exercice de leur religion.

SYNALÈPHE, *sf.* Réunion, jonction de deux mots en un seul.

SYNALLAGMATIQUE, *adj.* Se dit des contrats dans lesquels les parties s'engagent mutuellement les unes envers les autres.

SYNANCIE, *sf.* Inflammation des muscles du pharynx.

SYNANTHÉRÉES, *sfpl.* (*Bot.*) Se dit d'une classe de plantes à fleurs tubulées, réunies dans un involucre commun, comme la chicorée, le pissenlit, la pâquerette.

SYNARTHROÏSME, *sm.* (*Litt.*) Figure par laquelle on accumule dans une phrase plusieurs termes qui se complètent les uns par les autres.

SYNARTHROSE, *sf.* (*Anat.*) Articulation des os sans mouvement ; jointure immobile des os.

SYNCARPE, *sm.* (*Bot.*) Fruit multiple, c.-à-d. composé de plusieurs fruits groupés symétriquement.

SYNCELLE, *sm.* Assesseur du patriarche grec.

SYNCHONDROSE, *sf.* Symphyse cartilagineuse, réunion de deux os au moyen de cartilages.

SYNCHRONE, *adj.* Se dit des mouvements qui se font dans le même moment, dans le même intervalle de temps.

SYNCHRONISME, *sm.* Rapport de deux choses qui se font dans un même temps.

SYNCHRONIQUE, *adj.* Qui se rapporte aux événements arrivés à la même époque.

SYNCHYSE, *sf.* (*Litt.*) (pr. -*ky*-). Confusion, transposition de mots qui trouble l'ordre d'une période.

SYNCOPE, *sf.* (*Méd.*) Suspension subite de la respiration et de la circulation, défaillance. | (*Litt.*) Retranchement d'une lettre au milieu d'un mot, comme dans *paîment* au lieu de *paiement*, etc. | (*Mus.*) Prolongement sur le temps fort d'un son commencé sur le temps faible. | SYNCOPAL, E, *adj.* Se dit des maladies caractérisées par des —s.

SYNCRANIEN, NE, *adj.* Se dit de la mâchoire supérieure qui tient de toutes parts au crâne.

SYNCRÉTISME, *sm.* (*Eccl.*) Conciliation, rapprochement de diverses sectes, de différentes communions. | (*Philos.*) Mélange confus d'opinions divergentes et inconciliables.

SYNCRISE, *sf.* Coagulation de deux liquides qu'on mêle ensemble.

SYNDACTYLES, *smpl.* (*Zool.*) Division de l'ordre des passereaux renfermant ceux dont le doigt externe est uni au doigt du milieu jusqu'à l'avant-dernière articulation.

SYNDÉRÈSE, *sf.* (*Philos.*) Remords de conscience. | Inclination naturelle de la conscience qui porte à l'équité et prend toujours le parti le plus sûr.

SYNDESMOGRAPHIE, SYNDESMOLOGIE, *sf.* (*Anat.*) Description des ligaments.

SYNDESMOSE, *sf.* Articulation mobile des os par le moyen des ligaments.

SYNDESMOTOMIE, *sf.* Dissection des ligaments.

SYNDIC, *sm.* Mandataire chargé de veiller aux intérêts d'une association, d'une compagnie, et de les défendre devant le public. | Particul. celui qui est chargé de veiller aux intérêts des créanciers, dans une faillite.

SYNDICAT, *sm.* Association établie entre plusieurs personnes dans le but d'exploiter un fonds commercial ou une entreprise quelconque.

SYNDROME, *sm.* Ensemble des symptômes caractéristiques d'une maladie.

SYNECDOQUE, *sf.* (*Litt.*) Figure qui consiste à donner à un mot un sens qui augmente ou diminue son sens reel. Ex.: une *voile* pour un *vaisseau*. (La partie pour le tout.)

SYNÉCHIE, *sf.* Adhérence de l'iris avec la cornée.

SYNÉRÈSE, *sf.* Réunion de deux syllabes en une seule dans le même mot, ou prononciation de deux syllabes comme s'il n'y en avait qu'une.

SYNERGIE, *sf.* (*Méd.*) Action simultanée, concours d'action entre divers organes, dans l'état de santé.

SYNGÉNÉSIE, *sf.* (*Bot.*) Classe du système de Linnée, renfermant les plantes qui ont les étamines réunies par les anthères, formant un tube au travers duquel passe le pistil.

SYNGNATHE, *sm.* Poisson très-allongé et presque cylindrique, dont la bouche forme un tube allongé.

SYNIXÉSIS, *sf.* Occlusion de la pupille produite par une inflammation spontanée.

SYNNÉVROSE, *sf.* V. *Syndesmose.*

SYNODE, *sm.* Assemblée d'ecclésiastiques qui se fait dans chaque diocèse par mandement supérieur. | Assemblée de ministres de la religion réformée. | SYNODAL, E, *adj.* Qui appartient au —, qui émane du —.

SYNODIQUE, *adj.* Se dit du mouvement de la lune. | Mois —, temps de la révolution de la lune, temps qui s'écoule entre deux nouvelles lunes consécutives.

SYNOPTIQUE, *adj.* Se dit des tableaux qui permettent d'embrasser les diverses parties de l'ensemble, d'un seul coup d'œil.

SYNOQUE, *adj.* Se disait autrefois de la fièvre continue, sans redoublement et sans rémission.

SYNOVIE, *sf.* (*Anat.*) Liqueur visqueuse et mucilagineuse qui se trouve dans toutes les articulations mobiles. | Inflammation des articulations. | SYNOVIAL, E, *adj.* Qui a rapport à la —; se dit des organes qui sécrètent ou renferment la —.

SYNTAXE, *sf.* Partie de la grammaire qui a pour objet les rapports à établir entre les mots des phrases pour rendre ceux qui existent entre nos pensées.

SYNTHÈSE, *sf.* Méthode d'investigation qui procède du simple au composé, des principes aux conséquences, des causes aux effets; c'est l'opposé de l'analyse. | Démonstration qui part du connu pour arriver à l'inconnu. | (*Chir.*) Réunion des parties divisées. | (*Chim.*) Composition de corps au moyen d'autres corps. | SYNTHÉTIQUE, *adj.* Qui procède par —, qui appartient à la —.

SYRIAQUE, *adj.* Se dit de la langue que parlaient les anciens peuples de la Syrie.

SYRINGA, *sm.* Arbrisseau de la famille des myrtes, à bois rempli de moelle, dont une espèce est cultivée pour ses fleurs blanches en bouquets, d'une odeur agréable mais un peu forte; on l'appelle vulg. *Seringa.*

SYRINGOTOMIE, *sf.* Opération de la fistule de l'anus au moyen d'un instrument appelé le *syringotome.*

SYRTE, *sf.* Changement brusque de niveau sur le rivage de la mer ou dans quelque détroit. | Sables mouvants, dangereux pour les vaisseaux, sur certains rivages.

SYRUPEUX, SE, *adj.* V. *Sirupeux.*

SYSSARCOSE, *sf.* Union des os au moyen de chairs ou de muscles.

SYSSIDÈRE, *sm.* Nom qu'on a donné à

des météorites dont les éléments sont homogènes et qui paraissent dès lors provenir d'une source cosmique unique.

SYSTOLE, *sf.* Contraction des cavités du cœur, qui détermine la projection du sang dans les artères. | Systaltique, *adj.* Qui a rapport à la —.

SYSTYLE, *sm.* Ordonnance d'architecture comportant un entre-colonnement de deux diamètres ou de quatre modules.

SYZYGIE, *sf.* Nom des points dans lesquels la lune est entre le soleil et la terre ou en conjonction, et au delà de la terre ou en opposition avec le soleil; dans le premier point la lune est nouvelle, et dans le second, elle est pleine.

T

TABAÏOLLE, *sf.* V. *Tavaïolle.*

TABANIENS, *smpl.* (*Zool.*) Groupe d'insectes diptères auquel appartient le *taon.*

TABASCHIR, *sm.* Concrétion siliceuse, semblable à l'opale ou l'hydrophane, qui se forme dans l'intérieur de la tige du grand bambou de l'Inde, et que les Orientaux considèrent comme un médicament de premier ordre.

TABELLION, *sm.* Officier public qui faisait autrefois les fonctions de notaire dans les juridictions subalternes.

TABERNACLE, *sm.* Chez les Israélites, c'était la tente qui, au désert, leur servait de sanctuaire. | Aujourd'hui, petite armoire placée sur l'autel et dans laquelle on renferme le saint ciboire rempli d'hosties consacrées. | Appareil disposé à la bouche d'une prise d'eau pour en faciliter l'accès, et qui supporte un ou plusieurs robinets.

TABES, *sm.* (pr. *bès*). Consomption, marasme. | Sanie, sang corrompu qui sort des ulcères.

TABIDE, *adj.* Qui est d'une maigreur excessive.

TABIFIQUE, *adj.* Qui cause la consomption.

TABIS, *sm.* (pr. *-bi*). Étoffe de soie passée sous la calandre et sous un cylindre, et qu'on n'appelle plus aujourd'hui que *Moire.* (V. ce mot.)

TABISER, *va.* Passer une étoffe à la calandre et sous le cylindre ; aujourd'hui *moirer.*

TABLATURE, *sf.* Ancienne méthode pour apprendre à chanter ou à jouer d'un instrument, qui renfermait des figures et des chiffres très-compliqués. | Aujourd'hui, tableau représentant ceux des trous d'un instrument à vent, en bois, qui doivent être fermés ou ouverts pour produire telle ou telle note.

TABLEAU, *sm.* (*Archit.*) Partie de l'épaisseur d'un bois de porte ou de fenêtre, qui est en dehors de la fermeture. | (*Mar.*) Partie de la poupe d'un vaisseau qui est en dessous des contours du couronnement; elle est percée de fenêtres qui sont encadrées dans des sculptures.

TABLETTES, *sfpl.* (*Ant.*) Petites planches de bois enduites d'une couche légère de cire, sur laquelle les anciens écrivaient avec le style. | (*Archit.*) Pierre ordinairement plate, dont on se sert pour terminer un mur d'appui.

TABLETIER, *sm.* Celui qui fait de petits ouvrages en bois, en écaille, en corne, en ivoire, en os, etc., tels que tabatières, peignes, fiches, dés à jouer, étuis, etc. | Tabletterie, *sf.* Profession du —.

TABLIER, *sm.* (*Mar.*) Doublage en toile à voiles, qu'on ajoute au bas des huniers pour les garantir du frottement. | (*Archit.*) Partie d'un pont qui forme chaussée et sur laquelle on passe. | Au jeu de trictrac, chacune des deux parties du trictrac.

TABLOIN, *sm.* (*Milit.*) Plate-forme faite de madriers où l'on place les canons que l'on met en batterie.

TABOU, *sm.* Sorte d'interdiction sacrée ou d'excommunication en usage parmi les indigènes de l'Océanie.

TABOURET, *sm.* Droit particulier qu'avaient, à la cour de France, les dames de la maison de la reine, les ambassadrices, les duchesses, etc., de s'asseoir sur un tabouret en présence de la reine. | V. *Thlaspi.*

TABOURIN, *sm.* Machine de fer-blanc mobile, ayant la forme d'un quart de sphère, qu'on pose au haut d'une cheminée pour l'empêcher de fumer.

TAC, *sm.* Gale, maladie éruptive et contagieuse qui attaque les moutons, les chevaux et les chiens.

TACAMAQUE, *sm.* Nom de plusieurs sortes de résines pharmaceutiques ou employées dans la fabrication des vernis, qui proviennent de divers arbres des régions tropicales, et particul. de l'Amérique du Sud.

TACET, *sm.* (pr. *cett*) (*Mus.*) Silence, pause pendant laquelle une partie se tait pendant que les autres chantent.

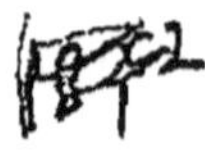

TÂCHERON, *sm.* Ouvrier qui travaille à la tâche.

TACHOMÈTRE ou TACHYMÈTRE, *sm.* (pr. -*ko*- ou -*ki*-). Instrument destiné a mesurer la vitesse du mouvement d'une machine. | Petit appareil qu'on applique à un train de chemin de fer pour contrôler sa vitesse à chaque instant de sa marche.

TACHYGRAPHIE, *sf.* Art d'écrire très-vite à l'aide de signes abréviatifs. | V. *Sténographie.* | TACHYGRAPHE, *sm.* Celui qui pratique la —.

TACITE, *adj.* Qui n'est pas formellement exprimé, mais qui peut se sous-entendre. | — reconduction, continuation d'un bail dans les mêmes conditions, par le fait seul de ce qu'il n'a pas été expressément renouvelé à son expiration.

TACTILE, *adj.* Qui a rapport au tact; qui est ou qui peut être l'objet du tact.

TACTILITÉ, *sf.* Faculté cérébrale qui perçoit les sensations du toucher.

TACTIQUE, *sf.* Art de ranger les troupes en bataille, de les faire manœuvrer et mouvoir convenablement.

TACTUEL, LE, *adj.* Qui appartient au tact.

TADIBE, *sm.* En Sibérie, prêtres ou magiciens qui prétendent communiquer avec le monde des esprits.

TADORNE, *sm.* Espèce de canard plus grosse et plus haute que l'espèce domestique, qui habite par couples le nord de l'Europe en hiver, et les rivages des mers de nos régions en été; ils nichent sous terre dans les terriers de lapin abandonnés; leur duvet est presque aussi recherché que celui de l'eider ou édredon.

TAËL, *sm.* Monnaie chinoise qui vaut environ 7 fr. 50. | Poids chinois d'environ 30 grammes.

TÆNIA, *sm.* V. *Ténia.* | TÆNIFUGE, *adj.* V. *Ténifuge.*

TAFFETAS, *sm.* Étoffe de soie sans envers, tissue comme la toile et très-lustrée.

TAFIA, *sm.* Eau-de-vie à laquelle a été ajouté, en la distillant, du moût de la canne à sucre, ou qui a été extraite tout entière de la mélasse qui reste après la fabrication du sucre.

TAGAL, *adj.* Se dit des troupes cochinchinoises qui sont au service de l'armée française. | Tout indigène de l'Océanie et particul. des îles de la Sonde et des Philippines.

TAÏCOUN, *sm.* Empereur du Japon.

TAIE, *sf.* Syn. vulg. des trois sortes de taches sur la cornée de l'œil, appelées *albugo*, *leucome* et *néphélion*. (V. ces mots.)

TAILLABLE, *adj.* Soumis à la *taille*, imposition qu'on levait autrefois sur toutes les personnes qui n'étaient pas nobles ou ecclésiastiques.

TAILLANDIER, *sm.* Artisan qui fait toute sorte d'outils pour les charpentiers, les charrons, les tonneliers, les laboureurs, etc. | TAILLANDERIE, *sf.* Métier du —; établissement, atelier du —.

TAILLE, *sf.* Autrefois, impôt mis en France sur les sujets roturiers. V. *Taillable.* | (*Mus.*) Ancien nom de la voix de *ténor.* | (*Chir.*) Incision de la vessie pour en extraire les calculs qui y sont renfermés. | Opération par laquelle on coupe une partie des branches d'un arbre pour augmenter l'action de la sève dans les autres parties. | Hachures faites par le burin dans une gravure. | — douce, gravure faite au burin seul et sans eau-forte sur une planche de cuivre. | — des pierres. V. *Stéréotomie.*

TAILLE-VENT, *sm.* (*Mar.*) Voile qui remplace la grande voile dans les bateaux de pêche; elle est de grandeur moyenne et se place près du grand mât.

TAILLIS, *sm.* Bois dont les arbres les plus vieux n'ont pas encore 36 ans, et que l'on met en coupe réglée tous les 9 ou 10 ans.

TAILLOIR, *sm.* (*Archit.*) Partie supérieure du chapiteau des colonnes, espèce de tablette carrée ou à pans, suivant l'ordre d'architecture; on l'appelle aussi *abaque.* | Assiette de bois de forme carrée, dans laquelle on taillait autrefois les viandes sur la table.

TAILLON, *sm.* Imposition de deniers supplémentaire à la taille.

TAIN, *sm.* Couche très-mince résultant du dépôt sur une glace d'une feuille d'étain qu'on recouvre de mercure pour en faire un miroir.

TAISSON, *sm.* V. *Blaireau.*

TAJACU, *sm.* Espèce de cochon d'Amérique appelé aussi *pécari.* (V. ce mot.)

TALAPOIN, *sm.* Prêtre idolâtre dans certaines parties de l'Inde; moine mendiant. | Petite guenon des Indes.

TALARO, *sm.* Ancienne monnaie d'argent en usage aux échelles du Levant, et valant environ 5 fr. 30 c.

TALC, *sm.* Silicate de magnésie, substance tendre, feuilletée, vert blanchâtre, onctueuse; on en fait des crayons à pastel; on l'emploie aussi en poudre, pour rendre plus glissants et plus souples les peaux et les cuirs. | — graphique. V. *Stéatite.* | — ollaire. V. *Serpentine.*

TALÉGALLE, *sm.* Oiseau gallinacé d'Australie, à plumage noir tacheté de gris; il est remarquable par cette particularité, que la femelle enfouit ses œufs dans une masse de matières végétales qu'elle amasse, et dont la fermentation produit la chaleur nécessaire à leur éclosion.

TALENT, *sm.* Monnaie représentée par un certain poids d'argent dans l'antiquité, chez les Grecs, qui valait environ 5,400 francs. | Monnaie d'or valant seize fois autant que le — d'argent.

TALÈVE, *sm.* V. *Porphyrion.*

TALION, *sm.* Loi qui fut en usage dans l'antiquité et particul. chez les Hébreux, et en vertu de laquelle on traite le coupable de la même manière qu'il a traité ou voulu traiter les autres.

TALIPOT, *sm.* Espèce de palmier à très-grandes feuilles.

TALISMAN, *sm.* Pièce de métal fondue et gravée sous certains aspects de planètes, et à laquelle on attribue des vertus extraordinaires. | Tout objet qui produit un effet merveilleux.

TALITRE, *sm.* V. *Crevette.*

TALLE, *sf.* Branches ou jeunes tiges qui s'élèvent soit de la racine, soit de la tige souterraine des plantes annuelles ou herbacées, et qui forment par leur réunion une touffe plus ou moins considérable. | TALLER, *vn.* Pousser des —s; se dit particul. des céréales. | TALLAGE, *sm.* Pousse des —s.

TALMELIER, *sm.* Autrefois, boulanger.

TALMOUCK, *sm.* V. *Kalmouck.*

TALMOUSE, *sf.* Pièce de pâtisserie faite avec de la crème, de la farine, des œufs, du beurre et du sucre.

TALMUD, *sm.* (pr. *-mudd*). Livre qui contient la loi, la doctrine et la tradition des Juifs.

TALOCHE, *sf.* Planchette carrée, munie à son centre d'une poignée; les maçons s'en servent pour aplanir les enduits de plâtre des façades, etc.

TALON, *sm.* (*Archit.*) Moulure concave par le bas et convexe par le haut; quand la disposition en est inverse, on l'appelle — renversé. | (*Mar.*) Extrémité arrière de la quille d'un bâtiment. | Dans un registre à souche, partie de la feuille qui reste attachée au registre. | Ebauchoir de fer à l'usage du sculpteur.

TALONNIER, *sm.* (*Mar.*) Pièce de bois qui s'applique sous le milieu d'une varangue qui ne fournit pas de quoi former son talon ou support.

TALPA, *sm.* Phlegmon de la partie supérieure et postérieure de la tête. | Loupe plate à la tête. | Nom scientifique de la taupe.

TALPACK, *sm.* Pièce d'étoffe triangulaire, noire, terminée par un gland, qui pend du sommet de la coiffure des soldats hongrois; cette coiffure elle-même.

TALPIENS, TALPIDÉS, *smpl.* (*Zool.*) Groupe d'animaux dont la taupe est le type principal.

TALPIER, *sm.* V. *Chique.*

TALQUEUX, SE, *adj.* Qui est formé de talc.

TALUS, *sm.* (pr. *-lu*). Pente ou inclinaison de haut en bas que l'on donne à la surface d'un terrain; terrain en pente au bord d'une route, d'un fossé, etc. | *adj.* Pied —, pied dont le talon seul porte sur le sol. | TALUSER, TALUTER, *va.* Former en —.

TAMANDUA, *sm.* Espèce du genre fourmilier, de très-petite taille, vivant sur les arbres, dans l'Amérique méridionale; il exhale une forte odeur de musc.

TAMANOIR, *sm.* Espèce du genre fourmilier, plus grand que le tamandua, qui ressemble à un grand renard, et qui ne se tient jamais sur les arbres; il habite les mêmes régions que le tamandua.

TAMARIN, *sm.* Fruit de l'arbre appelé *tamarinier* ou *tamarin*, qui croît dans les lieux humides des pays chauds; c'est une gousse de la dimension de celle de la fève, dont la pulpe est jaunâtre et laxative. | Très-petit singe du genre des ouistitis, qui habite Cayenne.

TAMARIQUE, TAMARIS, TAMARISC, TAMARIX, *sm.* Arbrisseau de l'Europe centrale, à feuilles très-petites, à fleurs en épis, dont l'écorce est astringente et fébrifuge; ses cendres servent à faire de la soude.

TAMBOUR, *sm.* Nom de divers instruments de percussion ou de musique, dont le caractère principal est une caisse le plus souvent cylindrique et recouverte, à l'une ou aux deux extrémités, d'une peau d'âne ou de chèvre fortement tendue, sur laquelle on frappe avec une ou deux baguettes. | (*Anat.*) V. *Tympan.* | (*Archit.*) Assise de pierre de forme cylindrique, qui entre dans une colonne. | Au-devant d'une porte, caisse carrée fermant par une double porte, pour intercepter les sons. | Dans plusieurs arts, caisse carrée ou ronde servant à couvrir des pièces qui doivent être préservées, etc. | Cylindre sur lequel s'enroule la chaîne d'une montre.

TAMBOURIN, *sm.* Tambour de forme très-allongée, qu'on bat d'une seule baguette. | Sorte de mandoline à quatre cordes tendues sur une longue caisse carrée, et dont on joue en frappant sur les cordes d'une main, avec une baguette, pendant que l'autre main tient une flûte à laquelle le tambourin sert d'accompagnement. | Perle ronde d'un côté et plate de l'autre, comme une timbale. | Machine sur laquelle on plie la soie qui doit servir de chaîne.

TAMBUR, *sm.* Espèce de mandoline arabe, avec un long manche, qu'on pince avec de l'écorce d'arbre ou avec une plume.

TAMIAS, *sm.* Espèce d'écureuil à abajoues, qui vit dans des souterrains en Amérique et en Asie.

TAMIER, *sm.* Plante à tige délicate, volubile, à petites fleurs verdâtres et à baies rondes, qu'on trouve dans les haies et qu'on nomme vulg. *sceau de Notre-Dame*; sa racine, de saveur âcre, contient en abondance une fécule amylacée qui est réputée alimentaire.

TAMISE, *sf.* Tissu lisse uni, léger, de laine peignée, quelquefois mélangé d'un dixième de soie, et qu'on faisait beaucoup autrefois pour robes.

TAMPLE, *sm.* V. *Temple.*

TAMPLON, *sm.* Petit rot que les tisserands

1872

ajoutent à l'extrémité d'un autre, quand ils veulent augmenter la largeur du tissu qu'ils fabriquent.

TAM-TAM, *sm.* Instrument à percussion en usage chez les Orientaux, et introduit en Europe; il consiste en un disque de métal à bords recourbés, qui rend, lorsqu'on le frappe, un son très-retentissant.

TAN, *sm.* Écorce de chêne moulue, avec laquelle on prépare le cuir et les peaux de mouton appelées basanes. | Poids en usage dans l'Orient. V. *Picul.*

TANAISIE, *sf.* Plante de la famille des synanthérées, douée d'une odeur balsamique très-pénétrante; elle porte des fleurs jaunes aromatiques et amères, disposées en capitules: on l'emploie comme antispasmodique, et surtout comme vermifuge.

TANCHE, *sf.* Poisson de la famille des cyprins ou s'en rapprochant beaucoup par sa conformation; ses écailles sont très-petites, de couleur brun jaunâtre; son corps gros et court; elle vit dans les eaux stagnantes, et sa chair est estimée quoiqu'elle ait souvent le goût de vase.

TANDEM, *sm.* (pr. *-dèm*). Voiture légère à un cheval et à deux roues, à deux places devant et une derrière; c'est une sorte de cabriolet découvert.

TANDOUR, *sm.* Table au-dessous de laquelle se trouve un brasier, et autour de laquelle se rangent en cercle les Orientaux pour se chauffer.

TANGAGE, *sm.* Oscillation d'un navire dans le sens de la longueur; c'est l'opposé de *roulis.*

TANGARA, *sm.* Groupe d'oiseaux passereaux des régions tropicales, remarquables par la richesse de leurs couleurs: ils ont les habitudes des moineaux et des fauvettes; ils marchent à terre en sautant.

TANGENCE, *sf.* Point de —, point où deux lignes, deux surfaces se touchent sans se couper. | TANGENT, E, *adj.* Se dit des lignes qui ont entre elles un point de —.

TANGENTE, *sf.* La ligne droite qui touche une courbe en un point sans la couper; s'échapper par la —, se tirer d'affaire adroitement. | TANGENTIEL, LE, *adj.* Qui appartient à la —.

TANGIBLE, *adj.* Qui peut être touché. | TANGIBILITÉ, *sf.* État de ce qui est —.

TANGON, *sm.* (*Mar.*) Longue pièce de bois qui soutient les ancres ou les chaloupes à une certaine distance du pont; elle est placée en travers sur le mât de misaine.

TANGUE, *sf.* Espèce de sable marin ou terre calcaire, mêlée de vase et de débris organiques que l'on recueille sur les côtes de Bretagne et de Normandie; on s'en sert comme engrais et on en tire du sel. | TANGUIÈRE, *sf.* Lieu d'où l'on extrait la —.

TANGUER, *vn.* Se dit des navires qui ont un mouvement de tangage.

TANGUIN, *sm.* Plante exotique de la famille des apocynées, dont le fruit a le volume d'un œuf et dont la graine est huileuse et vénéneuse.

TANNAGE, *sm.* Action de *tanner.* (V. ce mot.)

TANNATE, *sm.* (*Chim.*) Genre de sels qui résultent de la combinaison du tannin, ou acide tannique, avec les bases.

TANNE, *sf.* Petite tumeur ou vésicule grisâtre, qui se forme dans les pores de la peau; on en fait sortir par pression une matière blanche qui a la forme d'un petit ver.

TANNÉ, E, *adj.* Qui a la couleur du tan.

TANNÉE, *sf.* Tan usé, qui sort des fosses.

TANNER, *va.* Préparer les cuirs en les maintenant longtemps dans des fosses avec du tan humide, pour les rendre solides et imperméables à l'eau sans leur enlever leur souplesse.

TANNERIE, *sf.* Usine où l'on tanne les cuirs.

TANNIN, *sm.* Substance organique existant dans divers végétaux, particul. dans l'écorce de certains arbres et dans la noix de galle; c'est un puissant astringent et un tonique précieux; on l'appelle *acide tannique* lorsqu'il est en dissolution.

TANQUE, *sf.* V. *Tangue.*

TANQUEUR, *sm.* Portefaix qui aide à charger et à décharger les vaisseaux sur les ports.

TANREC, *sm.* V. *Tenrec.*

TANTALE, *sm.* Corps simple métallique noirâtre, appelé aussi *columbium*; ses minerais sont très-rares et se confondent facilement avec ceux d'oxyde d'étain. | Genre d'oiseaux échassiers voisins de la cigogne par leur conformation; ils vivent dans les marécages des régions tropicales et se nourrissent de reptiles et de poissons.

TANTALITE, *sm.* Minéral naturel composé d'oxyde de tantale (acide colombique), de fer et de manganèse, de couleur gris brun et d'une grande dureté; on le trouve en Suède, en Bavière et en Amérique; il sert à l'extraction du columbium.

TANZIMAT, *sm.* Ensemble de réformes apportées à l'administration ottomane dans les derniers règnes.

TAON, *sm.* (pr. *ton*). Insecte diptère ressemblant à une grosse mouche, dont les espèces communes, dans les deux mondes, tourmentent de leurs piqûres les bœufs, les chevaux, et quelquefois même attaquent les hommes.

TAPE, *sf.* Gros bouchon de bois ou de liége qui ferme la bouche des canons chargés quand on les transporte. | Bonde de tonneau.

TAPEÇON, *sm.* Nom vulgaire de l'*uranoscope.* (V. ce mot).

TAPECU, *sm.* (*Mar.*) Petite voile en forme de trapèze, établie sur l'extrémité arrière des bâtiments de pêche et des caboteurs. | Barrière qui s'abaisse par un contre-poids. | Cabriolet à deux roues, monté sur deux ressorts seulement.

TAPÉINOSE, *sf.* V. *Litote.*

TAPER, *va.* Peindre un tableau en appliquant le pinceau par petits coups; c'est un genre de peinture qui exige beaucoup de talent et qui ne produit d'effet que de loin.

TAPIOCA, TAPIOKA, *sm.* Fécule qui se sépare de la racine de manioc lorsqu'on prépare la cassave, et qui sert à la nourriture de l'homme.

TAPION, *sm.* Aux Antilles, taches ou marques blanches sur les mornes, et que quelquefois l'on prend de loin pour des voiles.

TAPIR, *sm.* Mammifère de la famille des pachydermes, de la taille d'un âne; son nez allongé est terminé par une petite trompe très-mobile; ses formes sont épaisses, mais beaucoup moins que celles de l'éléphant et de l'hippopotame; il habite les marécages de l'Amérique du Sud et de l'Inde.

TAPISSERIE, *sf.* Tout ouvrage fait à l'aiguille sur du canevas, avec de la laine, de la soie, de l'or, etc. | Grande pièce tissée au métier et représentant un sujet, paysage, personnage, etc.; on s'en sert pour tendre les appartements ou recouvrir les meubles.

TAPISSIER, *sm.* Ouvrier qui s'occupe de toutes les parties de l'ameublement, et particulièrement de ce qui concerne la disposition des étoffes, la mise en place des tentures, etc.

TAQUE, *sf.* Plaque de fer fondue. | Plaque qui occupe le fond d'un foyer, ou les parois du creuset d'un fourneau de fonderie.

TAQUET, *sm.* Petit morceau de bois taillé pour maintenir d'autres pièces de bois en place. | (*Mar.*) Crochet en bois placé sur le pont et servant à retenir des cordages.

TAQUOIR, *sm.* (*Impr.*) Morceau de bois rectangulaire formé de deux planchettes superposées, l'une de sapin, l'autre de chêne; on le pose à plat du côté du sapin sur la forme typographique une fois serrée, et on frappe dessus avec un maillet, afin de faire entrer également dans le châssis tous les caractères.

TARABISCOT, *sm.* Moulure ou cavité qui sépare deux moulures. | Bouvet qui sert à la former.

TARAISON, *sm.* Sorte de tuile d'argile faite en couronne ou en disque, que l'on place devant les ouvreaux du four de verrerie pour en diminuer l'ouverture.

TARANTASSE, *sf.* Grande voiture de voyage à quatre roues, sans ressorts, dont on se sert dans le sud de la Russie.

TARARE, *sm.* Appareil à vanner le grain, formé d'un tambour posé horizontalement sur quatre pieds et dans lequel se meut, au moyen d'une manivelle, un ventilateur à roues recevant le grain d'une trémie placée au-dessus du tambour, et le transmettant, après qu'il a été vanné et nettoyé, dans un réservoir inférieur.

TARASPIC, *sm.* V. *Thlaspi.*

TARAUD, *sm.* Morceau d'acier taillé en vis et dont on sert pour tarauder.

TARAUDER, *va.* Tailler, creuser en spirale les parois d'un trou fait à une pièce de bois ou de métal, de manière qu'il puisse recevoir une vis.

TARCHE, *sf.* V. *Bâtine.*

TARDIGRADES, *smpl.* Famille de mammifères de l'ordre des édentés, remarquables par la longueur de leurs membres antérieurs et la lenteur de leurs mouvements; leur genre principal est le *bradype.* (V. ce mot.) | Animalcule infusoire microscopique de forme variable, qui se trouve par groupes dans les matières végétales en putréfaction.

TARDON ou TARDILLON, *sm.* Agneau qui naît tard, dans une saison avancée, c.-à-d. en avril ou mai.

TARE, *sf.* (*Comm.*) Déchet, diminution soit pour la quantité, soit pour la qualité d'une marchandise. | Poids des barils, pots, caisses, emballages, etc., qui contiennent les marchandises.

TARÉ, E, *sf.* (*Comm.*) Avarié, gâté; se dit plus particul. dans le sens suivant : homme —, celui dont la réputation est tachée par quelque mauvaise action.

TARENTE, *sm.* V. *Gecko.*

TARENTELLE, *sf.* Espèce de danse en six-huit des environs de Tarente, en Italie; elle est très-gaie.

TARENTISME, *sm.* Maladie qui était fort commune autrefois dans la Pouille, et que l'on croyait occasionnée par la piqûre de la tarentule.

TARENTULE, *sf.* Grosse araignée des environs de Tarente, dont la piqûre, reconnue aujourd'hui inoffensive, passait autrefois pour causer un profond assoupissement ou une mélancolie mortelle, qu'on ne pouvait dissiper qu'en s'agitant beaucoup et particul. en dansant. | V. *Gecko.*

TARET, *sm.* Mollusque acéphale à coquille tubulée en forme de massue, qui se tient dans les bois plongés sous l'eau, tels que pilotis, quilles de navire, etc., où il se creuse un trou vertical; l'accumulation de ces animaux dans certains ports de mer peut compromettre la solidité des digues faites de bois et causer les plus grands dégâts.

TARGE, *sf.* Espèce de petit bouclier léger du moyen âge. | Ancienne pièce de monnaie de cuivre française, qui valait environ un sou ou douze deniers.

TARGETTE, *sf.* Petit appareil de fermeture des portes et des fenêtres qui consiste en un morceau de métal aplati ayant un bouton au milieu, et recevant un mouvement de va-et-vient entre deux crampons.

TARI, *sm.* Liqueur alcoolique qui résulte de la formation de la séve de diverses espèces de palmiers.

TARIÈRE, *sf.* Outil de fer dont on se sert pour faire des trous dans une pièce de bois. | Sonde pour percer la terre. | (*Zool.*) Organe dont les femelles de quelques animaux sont pourvues, et qui leur sert à faire des trous pour y déposer leurs œufs. | Mollusque dont le coquillage, terminé par une ouverture étroite en spirale, est lisse, brillant et de couleurs très-variées.

TARIN, *sm.* Espèce de fringille dont le plumage est vert et jaune, dont l'aile et la queue sont noires, et qui porte deux bandes jaunes sur l'aile; il est commun en France où il est de passage en automne.

TARLATANE, *sf.* Espèce de mousseline très-claire, à gros fils.

TAROTS, *smpl.* Cartes à jouer qu'on appelle aussi cartes *tarotées*, qui sont marquées d'autres *figures que les cartes ordinaires, et dont* le dos est imprimé de grisaille en compartiments.

TAROUPE, *sf.* Poil qui croît entre les sourcils.

TARQUE, *sf.* En Provence, bouclier dont se servent les matelots dans les régates. | *Targe.*

TARSE, *sm.* (*Zool.*) Partie du pied composée de sept petits os, s'articulant avec la jambe, et appelée communément *cou-de-pied.* | Partie du pied des oiseaux qui se termine par des doigts. | Dernière partie des pattes des insectes. | TARSIEN, NE, *adj.* Qui appartient, qui a rapport au —.

TARSIER, *sm.* Quadrumane du genre maki, originaire des Moluques; il a les pieds de derrière extrêmement longs, les oreilles très-grandes et une queue touffue; il ressemble un peu à l'écureuil.

TARTAN, *sm.* Châle de laine pure ou mélangée de coton, dans lequel la chaîne et la trame concourent alternativement à produire un dessin à grands carreaux; il se fabrique particul. en Angleterre et à Reims.

TARTANE, *sf.* Petit bâtiment de la Méditerranée, portant un grand mât, un beaupré, et ayant sa grande voile sur antenne. | Filet à manche en usage sur les côtes du Languedoc.

TARTARE, *sm.* Valet qui servait les troupes à cheval de la maison du roi en campagne.

TARTE, *sf.* Pâtisserie plate feuilletée, renfermant une couche de crème ou de fruits cuits et confits, avec un grillage de pâte par dessus.

TARTRATE, *sm.* (*Chim.*) Nom générique de tout sel formé d'une ou deux bases et d'acide tartrique.

TARTRE, *sm.* Nom vulgaire du tartrate de potasse, sel ou combinaison naturelle d'acide tartrique et de potasse qui est en dissolution dans le vin, qui forme la lie, se dépose en croûte au fond des tonneaux, et porte, quand il est épuré, le nom de *crème de tartre;* on l'emploie dans la teinturerie, la médecine et l'industrie des produits chimiques; on l'appelle quelquefois *gravelle.* | — stibié, tartrate de potasse et d'antimoine; c'est un sel blanc, à saveur désagréable, appelé aussi *émétique*, et qu'on emploie en médecine comme *vomitif.*

TARTRIQUE, *adj.* Acide —, acide organique qu'on extrait du tartre par la craie et l'eau bouillante; il est blanc, de saveur aigre et très-soluble dans l'eau; on le trouve dans plusieurs fruits et particul. dans les raisins, où il est accompagné de l'acide *paratartrique* appelé aussi *racémique.*

TARY, *sm.* V. *Tari.*

TASSART, *sm.* Espèce de poisson de la famille des scombéroïdes, très-voisin du thon par sa conformation; il vit dans la Méditerranée.

TASSEAU, *sm.* Petit morceau de bois qui sert à soutenir l'extrémité d'une tablette. | Petite enclume à l'usage des orfèvres, ressemblant a la *bigorne.*

TASSETTES, *sfpl.* Lames ou bandes de fer qui, tenant à la cuirasse, partaient de la ceinture et descendaient à moitié des cuisses.

TATAYOUBA, TATAJUBA, *sm.* Arbre de la Guyane, dont le bois dur, de couleur roussâtre, sert dans l'ébénisterie.

TATOU, *sm.* Mammifère de l'ordre des édentés, dont le corps est couvert d'une sorte de cuirasse calcaire *formée de plusieurs pièces;* il vit de fruits et quelquefois de matières animales, et habite, à la Guyane et au Brésil, dans des terriers qu'il creuse au moyen de ses ongles qui sont très-puissants.

TATOUAGE, *sm.* Opération qui consiste à imprimer sur le corps des dessins indélébiles.

TAU, *sm.* Genre de poisson appelé ainsi à cause de la ressemblance qu'il a auprès de la nuque de la lettre grecque *tau;* il habite l'océan Atlantique; ses formes et ses couleurs sont très-remarquables.

TAUD, *sm.* TAUDE, *sf.* Tente en toile peinte et goudronnée, en usage dans la marine.

TAUPE, *sf.* Petit mammifère carnassier insectivore, de couleur très-noire, vivant dans la terre où il creuse des galeries nombreuses, et cause de grands dégâts aux plantes qui ont des racines profondes; elle a des yeux extrêmement petits, ce qui a fait croire qu'elle était aveugle. | — du Cap. V. *Oryctère.* | — dorée. V. *Chrysochlore.* | — étoilée. V. *Condylure.* | — grillon ou taupette. V. *Courtilière.* | (*Chir.*) Tumeur de la nature d'une loupe qui se produit sous la peau du crâne.

TAUPIN, *sm.* Ancien nom des pionniers et des mineurs militaires. | Insecte coléoptère de la famille des serricornes, de la tribu des *éta-*

térides, remarquable par la propriété qu'il a de sauter à une grande hauteur; on le trouve en Europe sur les fleurs et les plantes.

TAURE, *sf.* Jeune vache qui n'a point encore porté.

TAUREAU, *sm.* Mammifère ruminant domestique, dont la femelle est la vache, et qui prend le nom de bœuf quand il est impropre à la reproduction. | (*Mar.*) Navire de charge, très-enflé de l'avant, a deux mâts, en usage dans la Manche.

TAURILLON, *sm.* Jeune taureau.

TAUROBOLE, *sm.* Sacrifice du paganisme où l'on immolait un taureau, à l'effet de laver un criminel de ses fautes.

TAUROCOLLE, *sf.* Colle forte faite avec les tendons, les cartilages, etc., du bœuf.

TAUROMACHIE, *sf.* (pr. *-chie*). Combat de taureaux.

TAUTE, *sf.* V. *Calmar.*

TAUTOCHRONE, *adj.* Se dit des vibrations du pendule, parce qu'elles ont lieu dans des temps égaux. | (*Méc.*) Courbe —, courbe telle, qu'un corps pesant tombant le long de sa concavité, arrivera toujours dans le même temps au point le plus bas, quel que soit son point de départ.

TAUTOGRAMME, *sm.* Sorte de poëme dont tous les mots commencent par la même lettre.

TAUTOLOGIE, *sf.* Répétition inutile d'une même idée en différents termes. | Tautologique, *adj.* Qui a rapport à la —. | Écho tautologique, celui qui répète plusieurs fois les mêmes sons.

TAUZIN, *adj. m.* Se dit d'une espèce de chêne dont les glands sont petits et nombreux, et qui croît dans le midi de l'Europe: son bois est flexible quand il est jeune.

TAVAÏOLLE, *sf.* Linge garni de dentelles dont on se sert à l'église pour rendre le pain bénit. | Robe blanche pour présenter les enfants au baptême.

TAVÈLE ou Tavelle, *sf.* Sorte de passementerie très-étroite, obtenue en doublant la soie grége retorse.

TAVELER, *va.* Moucheter, placer sur l'hermine des pointes de laine noire. | Doubler et retordre la soie grége pour en faire de la tavelle.

TAVELURE, *sf.* Bigarrure d'une peau tavelée, mouchetée.

TAXICORNES, *smpl.* Famille d'insectes coléoptères, à antennes courtes terminées en massue, qui vivent dans les champignons.

TAXIDERMIE, *sf.* Art de l'empailleur; préparation du squelette et de la peau des animaux morts, de manière à leur conserver leurs formes et leurs caractères.

TAXINE, *sf.* Principe immédiat qu'on extrait des feuilles de l'if, et qui a été proposé contre l'épilepsie.

TAXIS, *sm.* (*Chir.*) Pression exercée avec la main pour réduire une tumeur herniaire.

TAXONOMIE, *sf.* Étude des méthodes, traité sur les systèmes, en quelque science que ce soit.

TCHETVERT, *sm.* Mesure de capacité pour les grains, employée en Russie; elle vaut 8 *tchetvériks*, qui contiennent chacun 26 litres, et se subdivisent eux-mêmes en 4 *tchetverika* de 6 litres 50 chacun.

TEACK ou Teak, *sm.* (pr. *tèk*). V. *Teck.*

TECHNIQUE, *adj.* Propre à un art; se dit du langage spécial à chaque art.

TECHNOGRAPHIE, *sf.* Connaissance, description des procédés artistiques et industriels.

TECHNOLOGIE, *sf.* Traité des arts et métiers en général; science des matières premières, de leur fabrication, de leur transformation en objets de consommation; explication des termes propres aux différents arts et métiers.

TECK ou Tek, *sm.* Arbre de l'Inde et de Malabar remarquable par sa dureté, sa solidité et son inaltérabilité; on l'emploie pour les constructions navales, et on en fait des meubles; ses fleurs fournissent une infusion diurétique et peuvent servir à teindre en rouge.

TECT, *sm.* Étable; étable à porcs.

TECTIBRANCHES, *smpl.* (*Zool.*) Ordre de mollusques gastéropodes dont les branchies sont plus ou moins recouvertes par le manteau.

TECTRICE, *adj.* et *sf.* Se dit des plumes imbriquées qui couvrent la base des ailes et de la queue des oiseaux.

TÉGENAIRE, *sf.* Nom scientifique de l'araignée commune, qui fait sa toile dans les habitations, en forme de tente ou de toit.

TÉGULAIRE, *adj.* Qui sert à couvrir les toits; se dit particul. d'une variété de schiste qu'on appelle plus communément *ardoise.*

TÉGUMENT, *sm.* (*Hist. nat.*) Peau, membrane extérieure qui recouvre des organes ou le corps d'un animal. | Enveloppe propre de la graine.

TEIGNE, *sf.* Éruption chronique du cuir chevelu, formant des pustules écailleuses et des croutes plus ou moins épaisses; on en compte un grand nombre de variétés. | Ulcération fétide qui a son siége à la fourchette du pied des chevaux. | Genre d'insectes lépidoptères nocturnes très-petits, dont les larves rongent les étoffes de laine, les livres, etc.; on l'appelle vulg. *mite*, *arte*, *artison*, *artoison*, et *artuson.*

TEILLAGE, *sm.* Opération qui consiste à teiller, c.-à-d. à rompre le chanvre ou le lin rouis, à en séparer les chènevottes et à réduire l'écorce en filasse.

TEK, *sm.* V. *Teck.*

TÉLAMONS, *smpl.* (*Archit.*) Statues d'hommes employées comme des cariatides pour porter des corniches et des entablements.

TÉLÉGRAMME, *sm.* Communication par le télégraphe; dépêche télégraphique.

TÉLÉGRAPHE, *sm.* Nom qu'on donnait autrefois au système de communications rapides par le moyen de tours placées sur des points très-élevés et portant des appareils à signaux. | Nom qu'on a donné depuis à tout appareil électro-magnétique ou autre, au moyen duquel on transmet des dépêches à une très-grande distance.

TÉLÈGUE, *sm.* Sorte de chariot russe.

TÉLÉOLOGIE, *sf.* Doctrine des causes finales.

TÉLÉPHIEN, *adj. m.* Se dit d'un ulcère de mauvaise nature et difficile à guérir.

TÉLÉPHONIE, *sf.* Art de faire entendre la voix, les sons à de grandes distances; télégraphie acoustique.

TÉLÉPHORE, *sm.* Genre d'insectes coléoptères, voisin du ver luisant par sa conformation, mais ne brillant pas dans l'obscurité; il a les yeux ronds et très-saillants et le corps de couleur jaune foncé; il habite les prairies.

TÉLESCOPE, *sm.* Lunette astronomique dans laquelle les objets sont vus dans un miroir et amplifiés au moyen d'un oculaire.

TÉLESCOPIQUE, *adj.* (*Astr.*) Se dit des astres qui ne peuvent être vus que par le secours du télescope ou de la lunette astronomique.

TÉLÉSIE, *sf.* Gemme orientale, variété de corindon hyalin.

TELLIÈRE, *sf.* Sorte de papier qu'on emploie surtout pour les impressions de bureau, et dont le format est de 0 m. 45 sur 0 m. 35; il pèse de 4 à 5 kilogr. la rame.

TELLINE, *sf.* Mollusque acéphale, voisin de la donace par sa conformation; il vit enfoncé dans le sable dans la plupart des mers; sa coquille est très-remarquable par ses couleurs.

TELLURE, *sm.* Métal solide d'un blanc bleuâtre, très-brillant, lamelleux et fragile, qui se trouve souvent mêlé au soufre avec le sélénium.

TELLURIEN, NE, *adj.* Qui procède de la terre, qui en vient.

TELLURIQUE, *adj.* Qui résulte de l'action magnétique du globe.

TÉLOMÈTRE, *sm.* (*Milit.*) Instrument en usage dans le génie pour mesurer rapidement la distance qui sépare le point où l'on se trouve des points éloignés.

TELPHUSE, *sf.* Genre de crustacés décapodes voisins des crabes, qui habitent les rivières dans l'Europe méridionale; ils sont de forme oblongue; leur carapace est bombée; leur chair est estimée.

TÉMOIN, *sm.* Dans les travaux de terrassement, petites buttes ou élévations de terre qu'on laisse pour faire voir de quelle hauteur étaient les terres qu'on a enlevées tout autour. | Feuillets que le relieur laisse sans les rogner.

TEMPÉRANTS, *smpl.* (*Méd.*) Se dit des remèdes propres à calmer l'excès d'inflammation, d'excitation, etc.

TEMPES, *sfpl.* Région latérale et déprimée de la tête comprise entre l'œil, l'oreille et le front.

TEMPESTIF, VE, *adj.* Qui a lieu dans un temps convenable.

TEMPLE ou TAMPLE, *sm.* Instrument qui tend l'étoffe horizontalement quand elle est sur le métier. | Pièce de bois de un mètre de long, plate et terminée par une tête percée d'un trou et servant à tracer les mortaises des jantes dans la fabrication des roues.

TEMPORAL, E, *adj.* Qui appartient aux tempes; se dit particul. de l'os plat qui les constitue, de la fosse ou excavation que présente cet os, et du muscle qui garnit cette excavation et qui sert à élever la mâchoire supérieure.

TEMPOREL, LE, *adj.* (*Théol.*) Se dit, par oppos. à *éternel*, *spirituel*, des choses de ce monde, qui passent avec le temps. | *sm.* Puissance, revenu temporels.

TEMPS, *sm.* (*Astr.*) — vrai, celui qui est mesuré par le mouvement journalier du soleil; il est sujet à des variations. | — moyen, celui qui se mesure par la vitesse moyenne de la terre, et par un mouvement uniforme, tel que celui des horloges. | (*Litt.*) Diverses modifications du verbe qui servent à exprimer le présent, le passé et l'avenir; ce sont le *présent*, le *passé*, le *futur*, l'*imparfait*, etc. | (*Mus.*) Durée des sons, marquée par la mesure; divisions cadencées de chaque mesure; il y a la mesure à deux —, à trois —, etc. | (*Milit.*) Moments précis dans lesquels il faut faire certains mouvements qui sont distingués et séparés par des pauses, comme dans la charge en *douze temps*.

TÉNACITÉ, *sf.* Propriété en vertu de laquelle certains corps, particul. les métaux, soutiennent sans se rompre une force, un tiraillement considérables.

TENAILLES, *sfpl.* Instrument de fer consistant en deux pièces opposées et attachées ensemble par une goupille autour de laquelle elles s'ouvrent et se resserrent pour tenir ou arracher quelque chose. | (*Milit.*) Ouvrage de fortifications terminé par deux faces qui présentent un angle rentrant vers la campagne et qui sert à couvrir une courtine.

TENAILLON, *sm.* (*Milit.*) V. *Lunette.*

TENANCIER, ÈRE, *s.* (*Féod.*) Celui, celle qui tenait des terres en roture, dépendantes d'un fief auquel il était dû des cens ou autres droits.

TENDELET, *sm.* Tente que l'on place à l'arrière des barques ou des grands canots pour abriter ceux qui s'y trouvent placés.

TENDELIN, *sm.* Hotte de vigneron, toute en bois.

TENDER, *sm.* (pr. *tin-dèrr*). Chariot d'approvisionnement qui vient à la suite de la locomotive; il porte le charbon ou coke, et quelquefois l'eau nécessaires à son alimentation.

TENDINEUX, SE, *adj.* (*Anat.*) Qui a rapport aux tendons.

TENDON, *sm.* (*Anat.*) Partie fibreuse, blanchâtre, ronde ou aplatie, qui forme l'extrémité des muscles et qui sert à les attacher aux parties voisines. | Partie postérieure des jambes des chevaux et des bœufs; c'est ce qu'on appelle improprement, dans le bœuf, *nerf de bœuf.* | — d'Achille, celui qui rattache le talon au derrière de la jambe.

TENDREC, *sm.* V. *Tenrec.*

TÉNÈBRES, *sfpl.* Offices de matines et de laudes pendant les trois derniers jours de la semaine sainte, parce que, pendant cet office, on éteint toutes les lumières.

TÉNÉBRION, *sm.* Genre d'insectes coléoptères qui vivent dans l'obscurité et ne volent que le soir; on trouve son espèce principale dans les boulangeries et les moulins à farine.

TÈNEMENT, *sm.* D'un seul —, se dit d'une propriété composée de plusieurs parties qui se tiennent toutes ensemble.

TÉNESME, *sm.* Douleur vive qui accompagne un besoin continuel et inutile d'aller à la selle, avec chaleur et cuisson autour de l'anus. | — vésical, besoin continuel et douloureux d'uriner, avec chaleur et cuisson.

TENETTES, *sfpl.* (*Chir.*) Pinces à branches entrecroisées, terminées par deux petites cuillers avec lesquelles on saisit les calculs dans la vessie pour en faire l'extraction.

TÉNIA, *sm.* Genre de vers entozoaires dont le corps est plat et composé d'un grand nombre d'anneaux; son espèce vit dans les intestins de plusieurs animaux; celle qui s'attaque à l'homme prend le nom de *ver solitaire.*

TÉNIE, *sf.* (*Archit.*) Bandelette, moulure plate qui couronne une architrave.

TÉNIFUGE, *adj.* Se dit des médicaments employés contre le *ténia.*

TÉNITE, *sm.* Corps métallique en feuilles très-minces, qu'on trouve dans les aérolithes.

TENON, *sm.* Extrémité d'une pièce de bois ou de métal diminuée de son épaisseur, qu'on fait entrer dans une mortaise. | Morceau de marbre que le sculpteur laisse derrière une partie qui paraît détachée, afin de la soutenir.

TÉNOR, *sm.* Voix d'homme la plus élevée, qui vient immédiatement au-dessus de la voix de baryton; c'est la voix de femme dite *soprano*, mais à une octave plus bas.

TÉNOTOMIE, *sf.* (*Chir.*) Opération dans laquelle on coupe un muscle, un ligament, une aponévrose tendus ou trop courts, soit pour débrider une cicatrice mal fermée, soit pour remédier à une infirmité naturelle.

TENREC, *sm.* Genre de mammifères de Madagascar, très-voisin du hérisson, qui passe une partie de l'année en léthargie, et vit d'insectes dans des terriers au bord des rivières.

TENSIF, VE, *adj.* Qui est accompagné de tension.

TENSION, *sf.* Force élastique des vapeurs et des gaz en vertu de laquelle ils exercent sur les parois des vases qui les contiennent une pression plus ou moins considérable, variant selon la température et la nature des gaz.

TENSON, *sm.* Ancienne poésie des troubadours provençaux, sorte de dispute sur une question de galanterie entre deux ou plusieurs poëtes.

TENTACULE, *sm.* (*Zool.*) Appendice mobile dont plusieurs animaux zoophytes et mollusques sont pourvus, et qu'ils tendent en avant soit pour saisir leur proie, soit pour se défendre; c'est l'organe du tact chez ces animaux.

TENTE, *sf.* (*Chir.*) Tampon ou rouleau de charpie qu'on introduit dans une plaie profonde. | (*Anat.*) Large repli de la dure-mère tendu entre le cerveau et le cervelet.

TÉNUIROSTRES, *smpl.* (*Zool.*) Famille d'oiseaux de l'ordre des passereaux; ils ont le bec grêle, allongé, sans échancrure, tantôt droit, tantôt arqué; cette famille comprend les grimpereaux, les colibris, etc.

TÉNUITÉ, *sf.* Qualité d'une chose ténue, déliée, grêle.

TENURE, *sf.* (*Féod.*) Étendue d'un fief ou manière dont il était tenu et possédé; dans ce dernier sens on disait plutôt *mouvance.*

TÉORBE, *sm.* Instrument à cordes, en forme de luth, qui se pinçait avec les doigts; il jouait autrefois la partie de notre violoncelle.

TÉPHRAMANCIE, *sf.* Divination qui reposait sur l'examen des cendres des victimes, après un sacrifice.

TÉPHRINE, *sf.* Pierre volcanique à texture poreuse, de nature feldspathique.

TÉPHRITE, *sm.* Genre d'insectes diptères assez semblables à la mouche, munis de très-petites ailes latérales qui sont toujours en mouvement; ils vivent sur diverses plantes.

TÉPIDE, *adj.* Tiède, ou peu chaud. | TÉPIDITÉ, *sf.* Qualité de ce qui est —.

TÉQUE, *sm.* V. *Teck.*

TÉRAPHIM, *sm.* Chez les Hébreux, tête automate à laquelle on attribuait le pouvoir de prédire l'avenir.

TÉRASPIC, *sm.* V. *Thlaspi.*

TÉRATOLOGIE, *sf.* Étude des monstruosités dans les sciences naturelles.

TERCER, *va.* Donner une troisième façon à la vigne.

TERCERON, NE, *s.* Individu issu d'un blanc et d'une mulâtresse, ou d'un mulâtre et d'une blanche ; on l'appelle aussi *morisque.*

TERCET, *sm.* Couplet ou stance de trois vers.

TÉRÉBELLE, *sf.* Genre d'annélides en forme de vers, logés dans un tube membraneux, qui vivent sur le bord de la mer et quelquefois enfoncés dans le sable.

TÉRÉBÈNE, *sm.* (*Chim.*) Corps particulier qui se produit lorsqu'on fait agir de l'acide sulfurique sur l'essence de térébenthine.

TÉRÉBENTHINE, *sf.* Suc résineux qui découle de plusieurs végétaux de la famille des conifères et de celle des térébinthacées; ce suc donne par distillation l'essence de térébenthine employée pour délayer les couleurs et les vernis ; traitée de diverses façons la — produit le *galipot*, le brai sec, la poix, le goudron, etc., qui servent à de nombreux usages industriels. | — du Brésil. V. *Copahu.*

TÉRÉBINTHACÉES, *sfpl.* (*Bot.*) Famille de plantes renfermant un grand nombre d'arbres qui produisent des sucs résineux et balsamiques ; tels sont le *lentisque*, le *pistachier*, le *balsamier*, etc.

TÉRÉBINTHE, *sm.* Arbre résineux et toujours vert du genre pistachier, dont le fruit vient par grappes ; on le trouve dans le midi de l'Europe.

TÉRÉBRANT, E, *adj.* Qui perce, qui perfore. | Douleur —e, celle qui occasionne une sensation analogue à celle que produirait une vis pénétrant dans la partie souffrante. | —s. *smpl.* (*Zool.*) Famille d'insectes hyménoptères dont les femelles sont pourvues d'une tarière qui leur sert à déposer leurs œufs.

TÉRÉBRATION, *sf.* Action de percer avec une tarière. | TÉRÉBRER, *va.* Pratiquer la —.

TÉRÉBRATULE, *sf.* Genre de mollusques a coquilles bivalves blanches, ayant à leur sommet un crochet percé à son extrémité et donnant issue à un pédicule au moyen duquel elles s'attachent aux corps marins.

TÉRÈBRE, *sf.* (*Ant.*) Machine de guerre dont se servaient les assiégeants pour percer les murs de la forteresse qu'ils attaquaient.

TÉRÉDYLES, *smpl.* Nom commun à tous les insectes qui percent le bois.

TÉRÉMINTHE, *sm.* Petit furoncle, bouton enflammé.

TÉRER, *sm.* (pr. *rèr*). Lombric, ver intestinal.

TERGÉMINÉ, E, *adj.* (*Bot.*) Se dit des feuilles dont le pétiole se divise en deux parties et porte deux folioles à chaque extrémité et deux folioles a l'endroit de la bifurcation.

TERK, *sm.* Brai ou goudron.

TERME, *sm.* (*Ant.*) Nom qu'on donnait aux bornes servant à indiquer la limite des terrains et qui étaient souvent surmontées d'une tête figurant le dieu *Terme.* | (*Archit.*) Pierre carrée surmontée d'une tête que l'on place comme ornement dans un jardin, etc.

TERMÈS, *sm.* (pr. *mèss*) V. *Termite.*

TERMINAISON, *sf.* (*Litt.*) Partie finale des mots qui varie suivant les cas, les modes, les temps, etc.

TERMINAL, E, *adj.* (*Bot.*) Se dit des parties des plantes qui occupent le sommet d'un organe quelconque.

TERMINOLOGIE, *sf.* Explication des termes technologiques d'une science ou d'un art.

TERMITE, *sm.* Genre d'insectes névroptères, voisins de la fourmi par leur conformation générale ; ils rongent le bois et particul. les bois enfouis dans l'eau, et peuvent mettre en danger des travaux maritimes importants, tels que des digues et même des villes entières bâties sur pilotis ; on les appelle aussi *termès*, *fourmis blanches* ou *caria.*

TERNAIRE, *adj.* Qui est composé de trois unités. | Qui est composé de trois éléments simples.

TERNATE, *sm.* V. *Clitore.*

TERNE, *sm.* Coup de dés qui amène deux trois. | A la loterie, groupe de trois numéros qui sortent ensemble.

TÉROULLE, *sf.* Terre noire et légère qu'on rencontre aux environs des gisements de charbon de terre.

TERRAGE, *sm.* (*Féod.*) Droit qu'avaient autrefois certains seigneurs de prendre en nature une certaine partie des fruits provenus sur les terres qui étaient sous leur dépendance. | Opération qui consiste à *terrer* le sucre, c.-à-d. à le couvrir d'une couche de terre grasse qui le blanchit.

TERRAGEAU, *sm.* (*Féod.*) Seigneur qui avait droit de terrage.

TERRAGNOL, *sm.* Se dit d'un cheval qui est lourd des épaules et qui a de la peine a lever le devant.

TERRAIN, *sm.* (*Géol.*) Groupe de formations de diverses natures, mais qui semblent résulter d'un ensemble de phénomènes identiques ; on en reconnait deux sortes principales : les —s primitifs, tous de nature cristalline et presque dépourvus de fossiles, qui occupent la base de la croûte terrestre ; les

—s de sédiment, qui résultent de dépôts réguliers de diverses matières.

TERRA-MERITA ou TERRE-MÉRITE, *sf.* Curcuma en poudre.

TERRASSE, *sf.* Tout ouvrage en terre formant une élévation, l'ouvrier qui enlève et déplace des terres est appelé *terrassier.* | Cuvette allongée en brique ou en grès, dans laquelle on chauffe le métal qu'on veut dorer.

TERRE, *sf.* (*Chim.*) Nom par lequel on désigne certains oxydes d'aspect terreux, tels que la chaux, la strontiane, la baryte, etc. | — bolaire. V. *Bolaire.* | — cimolée. V. *Cimolienne.* | — foliée, nom qu'on donne quelquefois à divers sels d'aspect foliacé, tels que l'acétate de mercure, de soude, de potasse. | — a foulon, sorte d'argile smectique très-grasse, servant à dégraisser les draps. | — pesante. V. *Baryte.* | — pourrie, sorte de sable siliceux très-fin et très-dur, de couleur grise, qui sert a donner le dernier poli aux corps durs. | — sigillée. V. *Bolaire.* | — vitrifiable. V. *Silice.*

TERREAU, *sm.* Débris organiques plus ou moins modifiés, à l'état pulvérulent et de couleur brun foncé, qu'on emploie comme engrais dans l'horticulture.

TERRE D'ALMAGRA, *sf.* Terre rouge, ocreuse, dont on se sert dans la peinture à fresque et qui ressemble assez à la sanguine.

TERRE DE CASSEL, *sf.* Sorte de terre renfermant des lignites bitumineux qui lui donnent une couleur brun foncé ; on l'emploie dans la peinture et on s'en sert en Allemagne pour falsifier le tabac à priser; on l'appelle aussi *terre de Cologne.*

TERRE DE LEMNOS, *sf.* V. *Bolaire.*

TERRE D'OMBRE, *sf.* Argile ocreuse, brun foncé, qui vient d'Italie et de Chypre, et qu'on emploie en peinture; on l'appelle aussi *terre de Nocera.*

TERRE DE PIPE, *sf.* Variété d'argile plastique, blanche ou grise, dont on fait des pipes et diverses poteries à bas prix; elle est toujours un peu poreuse, ce qui la rend peu propre aux usages domestiques et lui fait préférer la faïence recouverte d'un émail stannique.

TERRE DE SIENNE, *sf.* Espèce d'ocre d'un beau jaune, qu'on tire des environs de Sienne, en Toscane; on l'emploie dans la peinture, la céramique, etc.; quand on la fait griller, elle devient rouge et prend le nom de — brûlée.

TERRE-FERME (BOIS DE), *sm.* Bois de teinture jaunâtre, qui vient de l'Amérique du Sud.

TERRE-NOIX, *sf.* Plante ombellifère qui croît dans les lieux humides et qui porte une racine tuberculeuse qui a la forme d'une noix ou d'une châtaigne.

TERRER, *va.* Mettre de la nouvelle terre au pied d'une plante. | Enduire une étoffe de terre à foulon pour la dégraisser. V. *Terrage* | *vn.*, et SE —, *vpr.* Se dit des animaux qui se logent sous terre.

TERRET, *sm.* Variété de raisin dont les grappes poussent au bas du cep et touchent presque a terre.

TERRETTE, *sf.* V. *Lierre terrestre.*

TERRIEN, NE, *adj.* Celui, celle qui possède beaucoup de terres.

TERRIER, *sm.* Livre qui contenait le dénombrement, les déclarations des propriétés seigneuriales et des droits féodaux qui leur étaient dus. | Lieu souterrain que se creusent certains mammifères.

TERRIR, *sm.* S'approcher de la terre, en parlant du poisson et des autres animaux marins.

TERTIAIRE, *adj.* Qui occupe le troisième rang. | (*Géol.*) Se dit des terrains formés pendant la période tertiaire et situés au-dessous de la craie; ils comprennent l'époque pliocène, l'époque miocène et l'époque éocène.

TESSELLE, *sf.* Morceau de marbre carré à quatre pans, qui entre dans la composition d'un pavé.

TESSÈRE, *sf.* (*Ant.*) Tablette d'ivoire ou de métal dont les anciens se servaient pour divers usages.

TEST, *sm.* Enveloppe solide et calcaire qui protége le corps mou de beaucoup d'animaux, tels que les mollusques, les crustacés, les tortues, etc. | Ancien syn. de crâne. V. *Têt.*

TESTACÉ, E, *adj.* Qui est recouvert d'une coquille, d'un test formé de couches qui se recouvrent les unes les autres.

TESTACÉS, *smpl.* (*Zool.*) Classe de mollusques dont le corps est recouvert d'une coquille, comme les huîtres, les escargots, les moules, etc.

TESTAMENT, *sm.* Acte par lequel une personne, appelée *testateur*, dispose de tout ou partie de ses biens pour le temps où elle n'existera plus, et qu'elle peut révoquer. | — olographe. V. *Olographe.* | — authentique, celui qui est reçu par deux notaires, en présence de deux témoins, ou par un notaire en présence de quatre témoins. | — nuncupatif. V. *Nuncupatif.* | — mystique. V. *Mystique.* | Ancien —, nouveau — ; ce sont les deux parties de la Bible : la première renfermant les livres écrits avant l'arrivée de Jésus-Christ; la seconde, ceux qui sont postérieurs à cet événement.

TESTER, *vn.* Faire un testament.

TESTIMONIAL, E, *adj.* Par témoins, qui rend témoignage.

TESTON, *sm.* Ancienne monnaie d'argent du temps de Louis XII et de quelques-uns de ses successeurs; elle valait environ quinze sous.

TESTUDINÉ, E, *adj.* Qui ressemble à une tortue.

TÊT, *sm.* Crâne; os qui couvrent le cerveau. | Partie de l'os frontal d'où partent les pivots de la tête du cerf. | Vaisseau de terre dans lequel on fait l'opération de la coupelle en grand.

TÉTANOCÈRE, *sm.* Petit insecte diptère voisin de la mouche, dont il se distingue par ses antennes droites et tendues en avant; on le trouve sur les herbes des lieux humides.

TÉTANOS, *sm.* (pr. *noss*). Maladie caractérisée par un état de rigidité générale et d'immobilité absolue, résultant de la tension convulsive d'un plus ou moins grand nombre de muscles et quelquefois de tous les muscles soumis à l'empire de la volonté. | TÉTANIQUE, *adj.* Qui tient au —, qui est de la nature du —.

TÊTARD, *sm.* Nom que portent les larves des jeunes reptiles batraciens, dont le corps consiste en une grosse tête terminée par une queue très-mince. | Saule dont on émonde les branches inférieures, de manière qu'il se forme une touffe épaisse au sommet du tronc.

TÊTEAU, *sm.* Extrémité d'une branche.

TÊTIÈRE, *sf.* Petite coiffe de toile qu'on met aux enfants nouveau-nés. | Partie de la bride d'un cheval, qui contient le mors et qui s'attache derrière le toupet et entre les oreilles.

TÉTINE, *sf.* Pis de la vache ou de la truie. | Enfoncement qu'un coup d'arme à feu produit sur une cuirasse.

TÉTRACORDE, *sm.* (*Ant.*) Lyre à quatre cordes.

TÉTRADRACHME, *sf.* Ancienne monnaie grecque d'argent, qui valait quatre *drachmes*. (V. ce mot.)

TÉTRADYNAMIE, *sf.* (*Bot.*) Nom que porte, dans le système de classification de Linné, un groupe de plantes qui ont six étamines, dont quatre plus longues disposées en carré, et les deux autres se faisant face aux deux extrémités du carré; ce groupe correspond aux *crucifères*.

TÉTRAÈDRE, *sm.* Polyèdre dont la surface est formée de quatre triangles égaux et équilatéraux.

TÉTRAGNATHE, *sm.* Genre d'araignées qui a deux paires de mâchoires; il renferme des araignées qui font une toile verticale très-régulière, de laquelle elles occupent le centre.

TÉTRAGONE, *adj.* (*Math.*) Qui a quatre angles et quatre côtés.

TÉTRAGRAMME, *sm.* Qui est composé de quatre lettres. | Désigne mystiquement le nom de la divinité, et les talismans formés de ce nom.

TÉTRAGYNIE, *sf.* (*Bot.*) Nom donné dans le système de Linné à une classe et à deux ordres de végétaux comprenant des plantes munies de quatre pistils et d'un pistil à quatre ovaires, quatre styles ou quatre stigmates.

TÉTRALOGIE, *sf.* Pièce de théâtre antique dont les trois premières parties sont tragiques, et la quatrième comique.

TÉTRAMÈRE, *adj.* (*Zool.*) Se dit des insectes coléoptères dont les tarses n'ont que quatre articles.

TÉTRAMÈTRE, *sm.* Vers qui avait quatre pieds.

TÉTRANDRIE, *sf.* (*Bot.*) Nom donné par Linné à la 4e classe de son système, renfermant les plantes qui ont quatre étamines libres, distinctes et de même hauteur.

TÉTRAPLE, *sm.* Bible composée par Origène et renfermant quatre traductions différentes.

TÉTRARCHIE, *sf.* (*Ant.*) Quatrième partie d'un État démembré, qui était gouvernée par un *tétrarque*. | TÉTRARCHAT, *sm.* (pr. *ka*) Dignité du tétrarque.

TÉTRAS, *sm.* (pr. *-trass*). Oiseau sauvage de l'ordre des gallinacés, remarquable par son bec fort, court, voûté; ses sourcils nus, mamelonnés, rougeâtres, ses jambes munies de plumes jusqu'aux doigts; sa chair est très-délicate; il se nourrit de bourgeons de feuilles et de baies; il y en a plusieurs espèces, telles que le coq de bruyère, la gélinotte, le lagopède, etc.

TÉTRASTYLE, *sm.* (*Archit.*) Temple à quatre colonnes de front.

TÉTROBOLE, *sf.* (*Ant.*) Poids et monnaie des Grecs qui valaient quatre oboles.

TÉTRODON, *sm.* Genre de poissons plectognathes qui peuvent, comme le diodon, se gonfler d'air et flotter sur l'eau; leur chair est peu estimée.

TETTIGONE, *sf.* Insecte hémiptère de couleur jaune vif, ressemblant un peu à la cigale, et qui se trouve dans le midi de la France.

TÊTU, *sm.* Marteau à tête carrée, à l'usage du maçon; on s'en sert pour abattre les arêtes des pierres, pour asseoir les pierres sur le mortier, etc.

TEUGUE, *sf.* V. *Tugue.*

TEUTONIQUE, *adj.* Se dit de l'ordre religieux et militaire fondé par des seigneurs allemands à l'époque des croisades.

TEVERTIN, *sm.* V. *Travertin.*

TEXTE, *sm.* Travail propre d'un auteur, pour le distinguer des notes ou des commentaires qui y sont ajoutés. | Passage de l'Écriture qu'un prédicateur prend pour sujet de son sermon. | (*Impr.*) Gros —, petit —, nom qu'on donnait autrefois à deux caractères : le premier de quatorze points, le second de sept points et demi.

TEXTILE, *adj.* et *sm.* Propre à être tissu.

THALAMIFLORES, *sfpl.* (*Bot.*) Groupe

de familles de plantes dicotylédones, dont le caractère principal est l'insertion distincte sur le réceptacle, du calice, de la corolle, des étamines et des pistils, dont les bases constituent quatre disques plans concentriques; telles sont les *renonculacées*, les *crucifères*, etc.

THALASSÈME, *sm.* V. *Echiure.*

THALASSIOPHYTES, *smpl.* V. *Algue.*

THALASSIQUE, *adj.* Qui provient de la mer. | Terrain —, terrain résultant de dépôts marins.

THALASSITE, *sf.* Nom commun à toutes les chélonées ou tortues de mer.

THALASSOMÈTRE, *sm.* Nom qu'on a proposé de donner à une sorte de sonde marine.

THALEB, *sm.* Chez les Arabes, docteur, savant versé dans la connaissance de l'interprétation du Coran.

THALER, *sm.* Monnaie d'argent allemande de la valeur de 3 fr. 75 c.

THALLE ou THALLUS, *sm.* Expansion cellulaire, sorte de réceptacle qui, chez les lichens, pourvoit aux fonctions de nutrition et renferme les organes reproducteurs.

THALLITE, *sm.* Variété d'épidote de couleur verte.

THALLIUM, *sm.* Corps simple métallique, trouvé dans les dépôts de chambres de plomb qui servent à la fabrication de l'acide sulfurique au moyen des pyrites; c'est un poison violent.

THALWEG, *sm.* Ligne plus ou moins sinueuse, au fond d'une vallée, suivant laquelle se dirigent les eaux courantes; c'est une ligne idéale qui divise par le milieu le lit du fleuve.

THAUMATURGE, *sm.* et *adj.* Qui fait des miracles.

THÉ, *sm.* Feuilles les plus jeunes, desséchées, roulées et aromatisées, d'un arbrisseau à petites fleurs blanches, cultivé en Chine et connu sous le nom d'*arbre à thé*; leur infusion se boit comme médicament digestif, excitant et tonique, ou simplement comme boisson d'agrément, dans une grande partie de l'Asie et dans presque tout le nord de l'Europe et de l'Amérique. | — de la caravane, thé venu en Europe par la Russie; c'est le plus estimé. | — suisse. V. *Faltrunk.* | — de France. V. *Sauge* et *Mélisse.* | — d'Europe. V. *Véronique.* | — du Labrador. V. *Lédon.* | — de Pensylvanie. V. *Monarde.* | — du Paraguay, ou faux —. V. *Maté.*

THÉANTHROPE, *sm.* Homme-Dieu; s'est dit pour la personne de Jésus-Christ.

THÉATIN, *sm.* Religieux d'une congrégation fondée au seizième siècle par l'évêque de Chieti ou Theate.

THÉBAÏNE, *sf.* Le plus vénéneux des alcaloïdes ou principes organiques qu'on trouve dans l'opium; son action amène la mort avec des convulsions tétaniques violentes et l'arrêt brusque des mouvements du cœur.

THÉBAÏQUE, *adj.* Se dit de certains médicaments qui renferment de l'opium, et particulièrement de l'extrait —, médicament calmant renfermant de l'opium sans narcotine.

THÉINE, *sf.* Principe immédiat du thé qui est identique à la *caféine.* (V. ce mot.)

THÉISME, *sm.* Système philosophique qui a pour principe l'existence de la Divinité, par oppos. à *athéisme.*

THÉISTE, *s.* Celui qui croit à l'existence de Dieu, par oppos. à *athée.*

THÉLITE, *sf.* Inflammation du mamelon du sein.

THELPHUSE, *sf.* V. *Telphuse.*

THÉMATIQUE, *adj.* Qui concerne les thèmes, ou les divers motifs musicaux d'un opéra, etc.

THÈME, *sm.* Texte d'un sermon pris de l'Ecriture. | Morceau qu'on donne à un écolier à traduire de la langue qu'il sait dans celle qu'il apprend. | (*Mus.*) Air principal sur lequel on exécute des variations. | Position dans laquelle se trouvent les astres au moment de la naissance de quelqu'un, et d'après laquelle les astrologues tiraient l'horoscope.

THÉNAR, *sm.* Paume de la main.

THÉOBROME, *sm.* Nom que Linné avait donné au cacao, et qui a été appliqué depuis à plusieurs substances réputées analeptiques.

THÉOBROMINE, *sf.* Principe immédiat du cacao, qui est doué de propriétés excitantes et toniques; il est à peu près identique à la *caféine.*

THÉOCRATIE, *sf.* Gouvernement où les chefs de la nation sont regardés comme étant les ministres de Dieu.

THÉODICÉE, *sf.* Partie de la philosophie qui traite de la justice de Dieu, qui démontre la Providence et concilie sa justice et sa bonté avec le mal apparent. | Se dit aussi, mais improprement, comme syn. de *théologie naturelle.* V. *Théologie.*

THÉODOLITE, *sm.* Instrument de géodésie qui sert dans les opérations de levé de plan et autres, pour réduire les angles à l'horizon, c.-à-d. pour placer dans le même plan les angles observés de différentes hauteurs.

THÉOGONIE, *sf.* Génération des dieux; système religieux sur la naissance des dieux, basé sur les formes païennes.

THÉOLOGAL, *sm.* Chanoine qui enseigne la théologie et qui est chargé de prêcher dans certaines occasions.

THÉOLOGALE, *adj. f.* Se dit des vertus qui ont principalement Dieu pour objet, savoir : la Foi, l'Espérance et la Charité.

THÉOLOGIE, *sf.* Science de Dieu et de ses attributs; la — naturelle se fonde sur les seules lumières de la raison, et la — révélée s'appuie sur la révélation.

THÉOPHILANTHROPIE, *sf.* Amour de Dieu et des hommes; nom d'une secte qui eut à la fin du siecle dernier quelques adhérents nommés *théophilanthropes.*

THÉORBE, *sm.* V. *Téorbe.*

THÉORÈME, *sm.* (*Math.*) Proposition dont l'énoncé doit être démontré par le secours du raisonnement.

THÉORIE, *sf.* Ensemble de connaissances qui découlent du raisonnement et qui sont indépendantes des faits auxquels elles servent d'explication; le groupe de ces faits isolés et non rattachés à un raisonnement constitue la *pratique.* | (*Ant.*) Députation solennelle que les Athéniens envoyaient tous les ans à Delphes, etc., sorte de procession antique composée de jeunes filles ou de jeunes gens appelés *théores.*

THÉOSOPHIE, *sf.* Théosophisme, *sm.* Science philosophique qui prétend venir de Dieu et être inspirée d'en haut, et qui ne tient pas compte des lumières de la raison; c'est un mélange de rêveries mystiques. | Théosophe, *sm.* Qui pratique, qui professe la —.

THÉOTISQUE, *adj.* Se dit du langage tudesque ou ancien allemand, et particul. du dialecte de la tribu franque.

THÈQUE, *sf.* (*Bot.*) Urne des mousses. | Capsule qui renferme la fructification des lichens.

THÉRAPEUTE, *sm.* Anciens moines juifs; nom des membres d'une secte qui vivaient d'une manière contemplative et avec des mortifications.

THÉRAPEUTIQUE, *sf.* Branche de la pathologie qui a pour objet le traitement des maladies.

THÉRIAQUE, *sf.* Médicament en forme d'opiat, dans la composition duquel il entre un grand nombre de substances de propriétés très-diverses, et qu'on a cru propre à guérir de la morsure des animaux venimeux; elle n'est guère employée aujourd'hui, si ce n'est comme calmant.

THÉRIDION, *sm.* Genre d'araignées de très-petite taille, dont une espèce se tient sur les vignes et préserve les raisins par ses toiles de la piqûre des insectes.

THERMAL, E, *adj.* Se dit des eaux minérales chaudes. | Thermalité, *sf.* Degré, qualité, nature des eaux —es.

THERMES, *smpl.* Édifices qui étaient, chez les Romains, destinés à l'usage des bains.

THERMANTIQUE, *adj.* Excitant, qui augmente la chaleur animale.

THERMIDOR, *sm.* Le onzième mois du calendrier républicain; il commençait le 19 juillet et finissait le 17 août.

THERMIDORIEN, NE, *adj.* Se dit du parti qui, le 9 thermidor an II de la République, renversa Robespierre et ses adhérents.

THERMOCHROSE, *sf.* Phénomène que présentent les rayons calorifiques émanés d'un corps, qui peuvent se réfracter comme les rayons lumineux et subir une dispersion.

THERMO-ÉLECTRIQUE, *adj.* Se dit des courants électriques formés au moyen de la chaleur dans des barres métalliques.

THERMOLAMPE, *sf.* Nom qu'on a donné primitivement à l'appareil d'éclairage par le gaz hydrogène carboné.

THERMO-MAGNÉTISME, *sm.* Branche de la physique qui a pour objet l'étude des courants thermo-électriques.

THERMOMÈTRE, *sm.* Instrument de physique qui sert à apprécier la température des corps; il est composé en général d'un tube gradué, terminé par une boule renfermant de l'alcool ou du mercure dont la dilatation dans le tube indique sur l'échelle le degré de température; le 0 de l'échelle correspond à la glace fondante, et le 100 à l'eau bouillante.

THERMOMÉTROGRAPHE, *sm.* Thermomètre marin qui sert à déterminer la température de la mer, à différentes profondeurs.

THERMOSCOPE, *sm.* Instrument de physique qui se rapproche beaucoup du thermomètre *différentiel* (V. ce mot); il sert à mesurer les faibles températures.

THÈSE, *sf.* Proposition qu'on met en avant et qu'on défend contre les objections qu'elle soulève; ne se dit guère que du travail présenté à une faculté par un candidat pour obtenir le grade de licencié ou de docteur.

THÉURGIE, *sf.* Espèce de magie par laquelle on croyait entretenir commerce avec les divinités bienfaisantes. | Théurgite, *sm.* Celui qui s'occupe de —.

THIBAUDE, *sf.* Tissu grossier fait avec du poil de bœuf ou de vache, et dont on se sert pour doubler les tapis de pied; on en fait aussi des manteaux communs.

THIBET, *sm.* Fil de déchets de soie mélangés avec de la laine fine ou du poil de chèvre.

THLASPI, *sm.* Plante de la famille des crucifères, dont certaines variétés odorantes ont des fleurs blanches en corymbe et sont cultivées pour l'ornement; c'est une espèce d'*ibéride.* (V. ce mot.)

THLIPSIE, *sf.* Resserrement, compression des vaisseaux, résultant d'une cause externe, qui diminue par degrés leur calibre.

THOLUS, *sm.* Pièce fondamentale d'une voute en charpente, dans laquelle s'assemblent toutes les autres pièces, et qui joue le rôle de clef de voûte. | Coupole ou dôme en charpente.

THOMISME, *sm.* Doctrine de saint Thomas d'Aquin sur la prédestination et la grâce. | Thomiste, *adj.* et *sm.* Partisan de la doctrine du —.

THON, *sm.* Poisson acanthoptérygien qui a le corps arrondi en fuseau et de couleur gris d'acier ; sa chair, très-ferme, est excellente ; on le pêche dans la Méditerranée ; on le mange frais, et il devient un important objet de commerce, soit salé, soit mariné et à l'huile.

THONAIRE, *sf.* Filet ou parc composé de plusieurs filets mobiles servant à prendre le thon dans la Méditerranée.

THORACENTÈSE, *sf.* Opération qui consiste à percer un abcès dans l'intérieur du thorax.

THORACIQUE, *adj.* Qui appartient, qui a rapport au thorax ou à la poitrine ; membres —s, les membres supérieurs.

THORAX, *sm.* (*Anat.*) Capacité de la poitrine où sont enfermés les poumons et le cœur. | (*Zool.*) Chez les insectes, région qui vient immédiatement après la tête.

THORIUM ou Thorinium, *sm.* Corps simple, gris, pulvérulent, qui se trouve dans la *thorite*, minéral très-rare de Norwége ; on l'extrait d'une terre qui en est l'oxyde et s'appelle *thorine*.

THRAN, *sm.* Dans le nord de l'Europe, se dit de l'huile de poisson et particul. de l'huile de baleine.

THRIDACE, *sf.* Extrait préparé en faisant cuire le suc qui découle d'incisions faites aux tiges de la laitue avec l'eau distillée de la même plante ; on en fait des médicaments calmants et soporifiques.

THROMBUS, *sm.* (*Méd.*) Petite tumeur arrondie, violacée, qui résulte de l'épanchement du sang à l'orifice d'une veine sur laquelle on a pratiqué la saignée.

THUIA, *sm.* V. *Thuya*.

THUR, *sm.* Animal disparu, voisin de l'aurochs, et qui paraît être l'urus des anciens ; on croit que c'est le type du bœuf moderne.

THURIFÉRAIRE, *sm.* Celui qui, dans les cérémonies, porte l'encensoir et la boîte à l'encens.

THURIFÈRE, *adj.* Se dit des végétaux qui produisent l'encens ou des résines analogues.

THURIQUE, *adj. f.* Gomme —, gomme arabique ; on l'appelle aussi gomme de *gedda*.

THUYA, *sm.* Arbre de la famille des conifères, dont le feuillage ressemble à celui de l'if ou du cyprès, et dont le bois, très-moucheté, surtout dans le tronc souterrain, sert à faire des ouvrages d'ébénisterie ; une de ses espèces fournit la *sandaraque*.

THYM, *sm.* Petite plante de la famille des labiées, en touffes, toujours verte, portant des fleurs très-aromatiques, de même que ses feuilles qui sont lancéolées, pointues ; on en distingue de nombreuses espèces.

THYMÈLE, *sm.* Sorte d'estrade qui était au-devant du proscénium et où se plaçaient les musiciens qui guidaient les évolutions du chœur.

THYMÉLÉES, *sfpl.* (*Bot.*) Famille de plantes dont le type est le *daphne*. (V. ce mot.)

THYMÈNE, Thymol, *sm.* (*Chim.*) Nom de deux principes immédiats que l'on extrait de l'essence aromatique du thym.

THYMUS, *sm.* (pr. *muss*). Nom technique de la glande appelée aussi *Fagoue* et *Ris*. V. *Fagoue*.

THYROÏDE, *adj.* et *s.* Cartilage —, le plus grand des cartilages du larynx. | Glande —, organe spongieux qui couvre la partie antérieure du larynx ; son accroissement anormal forme le *goître*.

THYRSE, *sm.* Javelot environné de pampre et de lierre et terminé par une pomme de pin, dont les bacchantes étaient armées. | (*Bot.*) Mode d'inflorescence, tel que celui du lilas, dans lequel les pédicelles du centre sont plus longs que ceux des extrémités.

THYSANOURES, *smpl.* (*Zool.*) Nom d'un ordre d'insectes qui ne subissent point de métamorphoses et qui sont dépourvus d'ailes ; ils portent à l'extrémité de l'abdomen des organes particuliers qui leur permettent d'exécuter des sauts.

TIARE, *sf.* Ornement distinctif que portaient sur la tête les princes et les prêtres perses. | Bonnet formé de trois couronnes que le pape porte dans certaines cérémonies. | Nom que portent certains coquillages de couleurs très-variées.

TIBIA, *sm.* (*Anat.*) Os long, prismatique triangulaire, qui est placé en dedans du péroné, à la partie interne et antérieure de la jambe.

TIBIAL, E, *adj.* Qui a rapport au tibia, qui appartient à la jambe.

TICAL, *sm.* Monnaie d'or du Bengale, qui vaut environ 26 fr. | Monnaie d'argent du même pays, valant 3 fr. environ.

TICHODROME, *sm.* (pr. *-ko-*). Oiseau passereau ténuirostre, voisin des grimpereaux, muni d'un bec très-long, et qui grimpe le long des rochers et des murailles au moyen de ses ongles qui sont très-forts ; il se nourrit particulièrement d'araignées ; on le trouve dans le midi de l'Europe.

TIÉRAN, *sm.* En terme de chasse, troisième année, en parlant de l'âge du gibier.

TIERCE, *sf.* (*Mus.*) Intervalle de trois notes entre lesquelles il y a deux tons ou un ton et demi, suivant que la — est majeure ou mineure. | A l'escrime, position du poignet tourné en dedans dans une situation horizontale, en laissant l'épée de l'adversaire au-dessous et à droite. | Office qui se chantait à la troisième heure du jour, ou neuf heures du matin. | Dernière épreuve d'imprimerie. | Soixantième partie d'une seconde. | *adj. f.* Fièvre —, fièvre intermittente, qui revient tous les deux jours.

TIERCELET, *sm.* Mâle des oiseaux de fauconnerie.

TIERCERON, *sm.* Arc qui naît des angles et forme nervure dans une voûte gothique.

TIERÇON, *sm.* Ancienne mesure de liquides usitée dans diverses contrées, et représentant 450 litres à Bordeaux, 53 litres en Champagne et 89 litres à Paris. | Caisse de bois de sapin dans laquelle on expédie le savon en pains.

TIERS, *sm.* (*Jurisp.*) Celui qui n'est pas partie dans un acte. | — consolidé, rente réduite au tiers et dont le paiement est garanti par l'État. | — État, classe bourgeoise qui venait au troisième rang, après la noblesse et le clergé, lors de la Révolution française.

TIERS-POINT, *sm.* Point de section qui est au sommet d'un triangle équilatéral. | Courbure des voûtes gothiques composées de deux arcs de cercle. | Lime triangulaire qui sert à aiguiser une scie ou à couper le fil de fer.

TIEUTÉ, *sm.* Nom d'une espèce de vomiquier de Java, plante dont le suc, appelé aussi *tieuté*, est un poison des plus violents.

TIGE, *sf.* (*Bot.*) Partie du végétal qui s'élève du sol à partir du collet, et qui sert de support aux feuilles, aux fleurs, etc.

TIGELLE, *sf.* (*Bot.*) Rudiment de la tige qu'on croit voir dans la graine.

TIGETTE, *sf.* V. *Caulicole.*

TIGLINE, *sf.* Principe de nature résineuse qu'on trouve dans le *croton tiglium*, plante émétique et purgative des Moluques.

TIGRE, *sm.* Mammifère du genre chat, plus mince et plus bas sur jambes que le lion, remarquable par son pelage jaune fauve marqué de bandes irrégulières et transversales de couleur noire ; sa férocité et sa force sont très-connues ; il habite l'Asie et les îles de la Sonde. | — d'Amérique. V. *Jaguar.* | — chasseur, ou — frisé. V. *Guépard.* | — chat. V. *Ocelot* et *Serval.* | — poltron ou rouge. V. *Couguard.*

TIL, *sm.*, ou Tilde, *sf.* Trait horizontal que l'on tire au-dessus de certaines lettres pour en changer la valeur. | Petit signe ondulé qu'on place en espagnol au-dessus de l'n pour lui faire prendre le son de *gn*.

TILBURY, *sm.* Petit cabriolet léger à deux places et découvert.

TILIACÉES, *sfpl.* Famille de plantes ne contenant que des arbres ou des arbrisseaux, la plupart exotiques, et dont le type est le *tilleul*.

TILLAC, *sm.* Pont, plancher découvert d'un navire, d'un bateau, etc.

TILLAGE, *sm.* V. *Teillage.* | Tiller, *va.* V. *Teiller.*

TILLANDSIE, *sf.* V. *Caragate*

TILLE, *sf.* Petite peau qui est entre l'écorce et le bois du tilleul ; on en fait des cordes et du papier. | Écorce du brin de chanvre. | Portion de tillac, sorte de cabane à l'avant ou à l'arrière d'un petit bâtiment non ponté. | Petit outil en cuivre, en forme de couteau, servant à fouiller le fond des formes à sucre.

TILLEUL, *sm.* Arbre de moyenne grandeur, à feuilles en cœur, à petites fleurs blanc jaunâtre odorantes, en grappes, qui passent pour antispasmodiques ; on les prend sèches en infusion ; son écorce, textile, peut servir à divers usages industriels.

TIMBALE, *sf.* Instrument de percussion formé de deux bassins demi-sphériques en cuivre, dont l'un est plus petit que l'autre, et recouverts d'une peau d'âne qui se tend par un cercle en fer et des vis ; on en joue avec des baguettes recouvertes en peau.

TIMBRE, *sm.* Cloche fixe sur laquelle frappe un marteau placé en dehors. | (*Mus.*) Qualité sonore d'un instrument ou d'une voix. | Double corde à boyau placée contre la peau inférieure du tambour qui vibre avec elle et le fait mieux résonner. | Marque particulière apposée sur un papier dans un but quelconque, au moyen d'un sceau, etc. | (*Blas.*) Casque qui surmonte l'écu.

TIMON, *sm.* Pièce de bois du train de devant d'une voiture, d'une charrue, des deux côtés de laquelle on attelle les chevaux ou les bœufs. | (*Mar.*) Longue pièce de bois attachée au gouvernail d'un navire et qui sert à le mouvoir.

TIMONERIE, *sf.* (*Mar.*) Lieu où se trouvent le gouvernail et ses accessoires, ainsi que les hommes qui en sont chargés.

TIMONIER, *sm.* (*Mar.*) Celui qui gouverne le timon d'un navire.

TIN, *sm.* Pièce de bois qui soutient des tonneaux ou qui sert de support à d'autres pièces sur lesquelles on travaille.

TINAMOU, *sm.* Gallinacé de l'Amérique du Sud, voisin de la perdrix par sa conformation ; il vit en troupe dans les forêts.

TINCHAR, *sm.* V. *Borax.*

TINCTORIAL, E, *adj.* Qui sert à teindre.

TINE, *sf.* Espèce de tonneau. | Vaisseau de bois. | On dit aussi *Tinette.*

TINÉITES, *smpl.* Tribu d'insectes lépidoptères nocturnes, dont la *teigne* est le type principal.

TINET, *sm.* Machine dont les bouchers se servent pour suspendre les bœufs, les veaux, les moutons, etc.

TINETTE, *sf.* Vaisseau de bois, large en haut, étroit en bas, muni en haut de deux oreilles dans lesquelles on passe un bâton. | Baquet ou tonneau de bois destiné au transport des matières fécales.

TINGIS, *sm.* Insecte hémiptère parasite, qui vit sur les arbres et détermine des expansions sur leurs feuilles.

TINKA, Tinkal, *sm.* V. *Borax.*

TINNE, *sf.* Futaille en usage dans le département du Doubs et contenant 53 litres.

TINTENAGUE, *sf.* V. *Toutenague.*

TINTER, *va.* Appuyer sur des tins.

TIPULE, *sf.* Insecte diptère assez semblable au cousin par sa conformation, qui vit sur les plantes en groupes nombreux, et dont la vie ne dure que quelques heures; une de ses espèces se rencontre dans les environs des chênes truffiers, et l'on a supposé que sa piqûre sur les fibrilles des racines de ces chênes déterminait la production des truffes.

TIQUE, *sf.* V. *Ixode.*

TIQUET, *sm.* V. *Altise.*

TIQUETÉ, E, *adj.* Tacheté, marqué de petites taches. | Tiqueture, *sf.* Etat d'une chose —e.

TIRANT, *sm.* (*Archit.*) Pièce de bois qui tient en état les deux jambes de force du comble d'une maison. | Barre de fer qui traverse un mur et se termine par une autre barre en forme d'S, pour maintenir le mur et empêcher son écartement. | — d'eau, quantité dont un navire s'enfonce dans l'eau, mesurée depuis le bas de la quille jusqu'à la *flottaison.* (V. ce mot.)

TIRASSE, *sf.* Sorte de filet dont on se sert pour prendre des cailles, des alouettes, des perdrix, etc. | Tirasser, *va.* Chasser à la —.

TIRAUDE, *sf.* Dans une sonnette à déclic pour enfoncer les pieux, partie de l'appareil qui sert à enlever le mouton.

TIRE-EN-BRÈCHE, *sm.* Partie avancée d'une fortification, point d'où l'on peut tirer sur les assaillants.

TIRE-FOND, *sm.* Anneau de fer qui se termine par une pointe tournée en vis et qui sert à supporter un lustre, un ciel de lit, etc. | Instrument dont se servent les tonneliers pour mettre en place la dernière douve d'un tonneau et la faire entrer dans le jable. | (*Chir.*) Double vis qui sert à retirer des corps étrangers de l'intérieur des membres.

TIRE-LAINE, *sm.* Autrefois, voleurs de nuit qui dévalisaient les passants dans les rues.

TIRE-LIGNE, *sm.* Petit instrument de métal formé de deux lames terminées en pointe, qu'on rapproche à volonté au moyen d'un bouton à vis, et dont on se sert pour tracer des lignes.

TIRE-PIED, *sm.* Courroie ou grande lanière de cuir dont les cordonniers, selliers et autres ouvriers en cuir se servent pour affermir leur ouvrage sur un de leurs genoux, quand ils travaillent.

TIRES, *sfpl.* (*Blas.*) Traits ou rangées qui se trouvent dans l'écu.

TIRETAINE, *sf.* Sorte de droguet, drap tissu grossièrement, dont la chaîne est de fil et la trame de laine ou de bourre de laine; on en faisait autrefois grand usage pour les vêtements communs.

TIREUR, *sm.* Dans les fabriques d'étoffes façonnées, ouvrier qui tire les fils qui doivent faire le broché. | — d'or ou d'argent, ouvrier qui *tire* l'or ou l'argent, c.-à-d. qui fait passer de force ces métaux à la filière pour en faire du fil. | (*Comm.*) Celui qui souscrit un billet à ordre et qui donne au *tiré* l'ordre de le payer.

TIRE-VEILLES, *sfpl.* (*Mar.*) Corde à nœuds tendue de chaque côté de l'escalier d'un bâtiment pour aider et soutenir ceux qui montent et qui descendent.

TIROIR, *sm.* Dans une machine à vapeur, obturateur mobile placé en arrière du piston moteur et disposé de manière à laisser entrer successivement la vapeur au-dessus et au-dessous du piston. | Pièce à —s, pièce de théâtre dont les diverses parties sont indépendantes les unes des autres et n'ont presque aucune relation entre elles.

TIRONIEN, NE, *adj.* Se dit des caractères d'abréviation dont Tiron, affranchi de Cicéron, fut l'inventeur.

TIRTOIR, *sm.* Grand levier à crochet, dont les tonneliers se servent pour saisir les cerceaux et les faire entrer de force sur les futailles. | Outil dont se sert le dentiste pour extraire les racines.

TISANE, *sf.* Décoction de substance médicamenteuse, et plus souvent infusion d'un végétal, sans autre addition que du sucre ou du sirop. | — de Champagne, sorte de vin de Champagne plus léger que le vin de Champagne ordinaire.

TISARD, *sm.* Barre de fer à pointe aplatie, pour remuer le charbon dans les machines. | Dans les verreries, foyer du four d'étendage pour les vitres; il est allongé et se trouve disposé latéralement par rapport aux vitres qu'on étend dans le four.

TISSERIN, *sm.* Oiseau d'Afrique voisin des fringilles et remarquable par l'art particulier avec lequel il tisse son nid; il vit en troupes nombreuses.

TISSU, *sm.* Outre son acception vulgaire, ce mot se dit en anatomie de toutes les parties des corps qui présentent une sorte de texture; on en compte dans les mammifères, et particulièrement dans l'homme, un grand nombre de sortes.

TITANE ou Titanium, *sm.* Métal simple, cassant, infusible, oxydable, que l'on a trouvé dans un sable noir d'un ruisseau de Cornouailles, ainsi qu'en Savoie; il est toujours en combinaison avec d'autres corps, et se trouve particul. dans les scories des hauts fourneaux avec de l'azote et du carbone. | Titanique, *adj.* Acide —, acide produit par la combinaison du titane et de l'oxygène ; il est blanc, insipide et infusible.

TITANITE, *sf.* Substance vitreuse, translucide, qu'on trouve dans les terrains granitiques ; c'est un mélange de titane, de silice et de chaux.

TITHYMALE, *sm.* Nom commun à tous les euphorbes indigènes, plantes à suc blanchâtre, âcre et caustique, qu'on trouve dans tous les lieux cultivés.

TITI, *sm.* V. *Saïmiris.*

TITILLATION, *sf.* (pr. *-til-la-*). Légère agitation qui se remarque dans certains corps. | Chatouillement.

TITLONYME, *adj.* et *sm.* Se dit d'un ouvrage dans lequel l'auteur ne fait pas connaître son nom et n'est désigné que par ses titres et qualités.

TITRE, *sm.* Inscription mise en tête d'un livre, d'un travail écrit ou imprimé quelconque ; la première feuille du livre qui ne renferme qu'un abrégé du titre s'appelle *faux titre.* | Division importante d'un code, d'une loi qui se divise elle-même en chapitres, ou en articles. | Qualification honorable, et, dans le style ecclésiastique, indication de certaines églises dont les cardinaux prennent le nom. | Acte, pièce constatant un droit, une qualité, une propriété. | Degré de fin de l'or ou de l'argent, c.-à-d. nombre de millièmes d'or ou d'argent que doit renfermer chaque alliage.

TMÈSE, *sf.* (*Litt.*) Figure de grammaire qui consiste à placer une ou plusieurs expressions entre les deux parties d'un mot composé ; cette figure est fréquente dans la langue allemande.

TOAST, *sm.* Santé portée en buvant ; proposition de boire à l'accomplissement d'un vœu, au souvenir d'un événement ; discours prononcé en cette circonstance.

TOC, *sm.* Sonnerie sourde d'une montre à répétition et sans timbre. | Sorte de jeu de trictrac plus simple que le trictrac ordinaire.

TOCAN, *sm.* Saumon qui a moins d'un an.

TOCANE, *sf.* Vin nouveau, particul. vin d'Aï en Champagne, quand il vient d'être fait.

TOCCATA, Toccate, *sf.* Morceau de musique pour piano seul ou orgue.

TOCSIN, *sm.* Bruit d'une cloche qu'on tinte à coups pressés et redoublés pour donner l'alarme.

TODDI, *sm.* Liqueur spiritueuse qu'on tire de la sève du palmier ; elle est en usage chez les Indiens.

TODIER, *sm.* Oiseau passereau fissirostre, remarquable par le brillant de ses couleurs ; le — vert habite les Antilles, où il se tient sur le sol au bord des rivières ; on l'appelle aussi *perroquet de terre.*

TOFACÉ, E, *adj.* Tofus, *sm.* V. *Tophus.*

TOFFANA (acqua), *sf.* (pr. *akoua tofana*). Poison très-subtil qui n'agissait que très-lentement ; on en a attribué l'invention à une femme de Palerme nommée *Toffana.*

TOGE, *sf.* Robe de laine fort ample et longue ; c'était le vêtement que les Romains mettaient par-dessus la tunique.

TOISE, *sf.* Ancienne mesure de longueur équivalant à six pieds ou 1 m. 949.

TOISÉ, *sm.* Evaluation, devis des travaux à faire dans une construction.

TOISON, *sm.* Laine des moutons après qu'elle a été tondue.

TOKAI, *sm.* Vin de Hongrie ; l'un des plus renommés des vins célèbres.

TOKAT, *sm.* Cuivre d'Asie Mineure et d'Égypte, rouge ou gris, de qualité inférieure, mais devenant très-bon par l'affinage.

TÔLE, *sf.* Fer réduit à une très-faible épaisseur au moyen du laminoir ou du martinet.

TOLET, *sm.* Cheville verticale fixée sur le plat-bord d'une embarcation et par laquelle l'aviron est retenu au moyen d'un anneau ; elle est placée sur un renfort ou épaulement du plat-bord appelé *toletière.*

TOLU (Baume de), *sm.* Baume qui découle d'un arbre de la Nouvelle-Grenade, appelé *myroxyle* (V. ce mot), et qu'on emploie avec succès contre les affections pulmonaires et catarrhales.

TOMAHAWK, *sm.* Nom donné par les Indiens d'Amérique à leur *casse-tête*, sorte de massue faite d'un bois très-dur ou de pierre.

TOMAN, *sm.* Monnaie d'or en usage en Perse et aux Indes ; sa valeur est d'environ 10 fr. | Monnaie de compte de Perse qui vaut 50 fr. environ.

TOMATE, *sf.* Plante de la famille des solanées, voisine de la pomme de terre par ses caractères généraux ; son fruit consiste en une baie rouge, molle, comprimée aux deux extrémités et remplie d'un suc acide d'un goût assez agréable, qu'on emploie comme condiment ; elle est originaire de l'Amérique du Sud et cultivée en Europe.

TOMBAC, *sm.* Alliage renfermant 85 à 90 parties de cuivre et 10 à 15 parties de zinc ; on l'emploie pour la fabrication des objets d'ornement destinés à être dorés. | — blanc, cuivre blanchi par l'arsenic, qui ressemble beaucoup à l'argent.

TOMBAL, E, *adj.* Sépulcral ; se dit de la pierre qui recouvre un tombeau.

TOMBELLE, *sf.* Nom qu'on a donné à certains tumulus que l'on croit d'origine celtique.

TOMBERELLE, *sf.* Grand filet avec lequel on prend des perdrix.

TOMBOLA, *sf.* Espèce de loterie de société dans laquelle les numéros sortants gagnent des lots de diverses natures.

TOMENTEUX, SE, *adj.* (*Bot.*) Se dit des parties des plantes qui sont couvertes de poils courts et serrés, et qui semblent cotonneuses.

TOMIQUE, *sm.* Genre d'insectes coléoptères xylophages, dont la larve perce en tous sens les arbres, et particul. les arbres résineux, et leur cause beaucoup de dommages.

TOMME, *sf.* Masse de lait caillé et fermenté.

TON, *sm.* (*Mus.*) Intervalle qui existe entre la plupart des notes de l'échelle dite *diatonique*, savoir : de *do* à *ré*, de *ré* à *mi*, de *fa* à *sol*, de *sol* à *la* et de *la* à *si*; les intervalles de *mi* à *fa* et de *si* à *do* sont des demi-tons. | Se dit du caractère particulier à tel ou tel morceau, tel ou tel instrument par rapport à la *tonique* (V. ce mot); ainsi un morceau est dans le ton de *ré*, de *mi*, etc., si la tonique est *ré*, *mi*, etc. | (*Mar.*) Partie du mât comprise entre les barres de hune et le chouquet, et qui sert à l'assemblage du mât inférieur avec le mât supérieur. | (*Méd.*) Etat normal d'élasticité ou de tension des tissus qui forment les organes.

TONALITÉ, *sf.* (*Mus.*) Qualité propre, propriété caractéristique d'un morceau écrit dans un ton déterminé.

TONDEUSE, *sf.* Machine propre à opérer le *tondage* des draps, c.-à-d. à couper le poil aussi ras que possible, sans découvrir le tissu.

TONDIN, *sm.* (*Archit.*) Astragale, petite baguette au bas des colonnes. | Gros cylindre de bois dont se servent les plombiers pour arrondir leurs tuyaux.

TONGO, *adj. f.* V. *Tonka*.

TONICITÉ, *sf.* Mode de motilité commun à tous les tissus vivants et d'où provient le resserrement fibrillaire qui constitue le ton général.

TONILIÈRE, *sf.* Râteau dont la tête est garnie d'une poche de filet; on s'en sert pour pêcher des coquillages.

TONIQUE, *adj.* et *sm.* (*Méd.*) Se dit des remèdes qui donnent du ton, qui augmentent graduellement l'activité de nos organes, de nos tissus. | (*Litt.*) Accent —, prononciation plus forte de certaines syllabes des mots d'une langue. | *sf.* (*Mus.*) Note principale ou fondamentale d'un ton; c'est la première de la gamme correspondante à un morceau, et la dernière du morceau.

TONKA, *adj. f.* Se dit du fruit du *coumarou* (V. ce mot), qui servait beaucoup autrefois à parfumer le tabac à priser; on l'emploie surtout aujourd'hui dans la fabrication du marasquin.

TONLIEU, *sm.* Nom qu'on donnait autrefois au droit d'entrée qui se percevait sur les marchandises, et au droit de place dans les marchés.

TONNAGE, *sm.* Capacité d'un navire. | Droit de —, droit que paye un navire de commerce en raison de sa capacité, lorsqu'il entre dans un port.

TONNE, *sf.* Nom commun à toutes les grosses futailles. | Poids équivalant à mille kilogrammes, sur les chemins de fer. | (*Mar.*) Moitié du tonneau de mer ou cinq cents kilogrammes. | Petite embarcation mue à la pagaye, qui est en usage sur la côte de Malabar. | — d'or, somme de compte valant cent mille florins en Hollande. | Mollusque dont la coquille est cylindrique, renflée et traversée de stries parallèles semblables à des cercles de tonneau.

TONNEAU, *sm.* (*Mar.*) Poids usité sur les navires et équivalant à 1,000 kilogrammes. | Mesure de capacité usitée sur les navires et représentant environ un mètre cube. | Fût de dimensions très-variables, mais toujours plus grand que la pièce, la barrique et le muid, et plus petit que la pipe. | Jeu composé d'une caisse en bois présentant des ouvertures dans lesquelles il faut faire entrer des palets de cuivre, que l'on jette de loin.

TONNELAGE, *sm.* Se dit des marchandises qui se mettent dans des futailles, telles que les liquides et certaines matières sèches (sucre, drogues, etc.)

TONNELET, *sm.* Partie inférieure des anciens habits, qu'on relevait en rond au moyen d'une espèce de panier.

TONNELLE, *sf.* Construction, voûte en plein cintre. | Espèce de filet à prendre les perdrix, en forme de tonneau ouvert.

TONNERRE, *sm.* Base du canon d'un pistolet ou d'un fusil, dans laquelle se place la charge. | V. *Revolver*.

TONOMÈTRE, *sm.* Appareil servant à mesurer mathématiquement l'intensité du son d'un instrument.

TONOTECHNIE, *sf.* Art de noter sur les cylindres des instruments de musique mécaniques, les airs qu'on veut leur faire jouer.

TONSILLAIRE, *adj.* (pr. *-cil-lai-*). Qui a rapport aux amygdales. | Angine —. V. *Amygdalite*.

TONSILLITE, *sf.* (pr. *-cil-li-*). V. *Amygdalite*.

TONSURE, *sf.* Premier degré de l'état ecclésiastique, antérieur aux ordres, et que l'on donne en coupant en rond les cheveux au haut de la tête; elle est d'autant plus large que l'on avance davantage dans les ordres.

TONTE, *sf.* Action de tondre. | Laine qu'on retire en tondant un troupeau. | Temps où l'on tond.

TONTINE, *sf.* Réunion d'individus dont chacun convient de jouir viagèrement de l'intérêt de son capital et de l'abandonner ensuite aux survivants qui se partageront ses rentes. | Rente que chaque actionnaire reçoit de la —. | TONTINIER, ÈRE, *adj.* et *s.* Celui, celle qui est intéressé dans la —.

TONTISSE, *adj.* et *sf.* Se dit de la bourre produite par la tonte des draps et des châles : elle ne peut servir qu'à la fabrication des papiers de tenture veloutés; on écrit aussi *tontice*.

TONTURE, *sf.* Action de tondre les draps. | Résultat de cette opération. | (*Mar.*) Courbure que l'on donne aux ponts des navires en les relevant vers les extrémités.

TOPARQUE, *sm.* Gouverneur d'une ville ou d'une petite province, sous l'empire romain.

TOPAZE, *sf.* Pierre fine, dure, composée de silice, d'alumine et d'acide fluorique; elle est généralement jaunâtre ou incolore. | — orientale, topaze d'un jaune très-vif. | Fausse —, quartz jaune. | — brûlée, topaze d'une belle teinte, rose vineux, qu'on obtient par l'action de la chaleur sur une topaze ordinaire.

TOPHUS, *sm.* (pr. *-fuss*). Concrétion dure et comme osseuse, qui se forme dans certains organes où elle est enkystée, et particul., chez les goutteux, aux environs d'une articulation. | TOPHACÉ, E, *adj.* Qui appartient au —, qui est de la nature du —.

TOPINAMBOUR, *sm.* Plante de la famille des composées, à tige très-élevée, assez semblable à la plante appelée vulg. *soleil*; ses racines sont garnies d'une foule de tubercules allongés, recouverts d'une peau brune, et dont la chair blanche, farineuse, est alimentaire.

TOPIQUE, *adj.* et *sm.* Local, qui concerne un lieu, qui tient à un lieu particulier. | Se dit des remèdes appliqués à l'extérieur sur tel ou tel point déterminé du corps. | *sf.* (*Litt.*) Art de l'invention, art d'étudier les objets sous tous leurs points de vue. | —s, *sfpl.* Traité sur les lieux communs d'où l'on tire des arguments.

TOPOGRAPHIE, *sf.* Description détaillée d'un lieu, d'un canton particulier. | Art de décrire un lieu, d'en lever le plan, etc.

TOQUE, *sf.* Sorte de chapeau à petits bords ou sans bords, couvert de velours, de satin, plat par-dessus et plissé tout autour. | Casquette hémisphérique que portent les jockeys. | Linge de chanvre ou de gros lin, qui couvre les épaules et l'estomac des religieuses. | V. *Scutellaire.*

TOQUET, *sm.* Petit bonnet, petite toque. | V. *Doguet.*

TOQUEUX, *sm.* Espèce de fourgon qui sert à attirer le charbon et à nettoyer la grille du fourneau à sucre.

TORAL, *sm.* Espèce de sentier haut d'environ 50 centimètres, servant à séparer les champs.

TORCHE, *sf.* Flambeau fait de corde tordue et imprégnée de cire. | Sorte de résine servant à faire la poix qu'emploient les cordonniers. | Paquet de fil de fer plié en rond. | Assemblage de cerceaux qui retiennent les douves d'un tonneau. | Nattes de paille avec lesquelles les maçons protégent les pierres qu'ils transportent.

TORCHENEZ, *sm.* Corde dans laquelle on pince la lèvre supérieure d'un cheval rétif, pendant qu'on le ferre ou qu'on le panse, et que l'on serre avec un morceau de bois.

TORCHEPOT, *sm.* V. *Sittelle.*

TORCHÈRE, *sf.* Flambeau composé primitivement d'un vase de fer à jour placé sur un pied, et dans lequel on plaçait des matières combustibles pour donner de la lumière dans les places, les cours, etc. | Grand candélabre fixe portant diverses branches qui reçoivent des bougies destinées à éclairer les vestibules, les perrons, les escaliers des maisons riches.

TORCHIS, *sm.* Mélange de terre grasse et de paille ou de foin coupé, qu'on emploie pour remplir les vides des pans de bois dans certaines constructions rurales et grossières.

TORCOL, *sm.* Espèce d'oiseau grimpeur d'Europe, qui a pris son nom de ce que, quand on le surprend, il tord sa tête et son cou d'une manière singulière; il se nourrit de fourmis qu'il atteint au moyen de sa langue extensible.

TORDYLE, *sm.* Plante ombellifère de l'Europe méridionale, dont la racine et les graines passent pour diurétiques et carminatives.

TORE, *sm.* (*Archit.*) Grosse moulure ronde faisant partie de la base des colonnes ou placée à l'extrémité du fût d'une colonne ou d'un piédestal circulaire. | (*Bot.*) Réceptacle de certaines fleurs, en forme de plateau cylindrique.

TORÉADOR, *sm.* Cavalier qui combat les taureaux dans les courses publiques.

TOREUMATOGRAPHIE, *sf.* Description des bas-reliefs.

TOREUTIQUE, *sf.* Art de modeler des bas-reliefs; art de sculpter en relief. | Plus particul., art de damasquiner.

TORIE, *sm.* V. *Tory.*

TORMENTILLE, *sf.* Plante herbacée de la famille des rosacées, voisine de la potentille par sa conformation, dont une espèce, qui croît dans les lieux humides, a de très-petits pétales jaunes et une racine épaisse, noire, considérée comme astringente.

TORMINAL, E, *adj.* Qui est propre à apaiser les tranchées, les coliques; qui participe de la colique.

TORNADO, TORNADOS, *sm.*, ou TORNADE, *sf.* Ouragan, sorte de tourbillon qui règne quelquefois sur les côtes du Sénégal pendant l'été.

TORON, *sm.* Assemblage de plusieurs fils de caret tortillés ensemble. | Gros tore à l'extrémité d'une surface droite.

TORPÉDO, *sm.* Caisse de cuivre remplie de poudre, susceptible de flotter entre deux eaux, et qu'on fait arriver sous un navire à l'ancre qu'on veut faire sauter; elle prend feu par le moyen de l'étincelle électrique.

TORPIDE, *adj.* Qui est dans la torpeur.

TORPILLE, *sf.* Genre de poisson très-voisin de la raie par ses caractères; il est de forme à peu près circulaire, et muni entre la tête et la nageoire pectorale d'un appareil de cellules muqueuses très-nombreuses, enveloppé dans une membrane, et qui possède une vertu électrique telle qu'il engourdit par la commotion qu'il produit, tous les animaux qui en approchent; on le trouve dans la Méditerranée. | V. *Torpédo*.

TORQUE, *sf.* (*Blas.*) Imitation d'un bourrelet d'étoffe, tortillée des deux principaux émaux de l'écu, qui se place quelquefois pour cimier sur le heaume couronnant les armoiries.

TORQUETTE, *sf.* Panier d'osier qui sert a transporter de la volaille, du gibier, ou du poisson, enveloppés dans de la paille.

TORRÉFACTION, *sf.* Opération qui consiste à *torréfier*, c.-à-d. à exposer a sec à l'action du feu des substances solides, végétales ou minérales.

TORRIDE, *adj.* Brûlant, excessivement chaud. | Zône—. V. *Zône*.

TORS, SE, *adj.* Tordu, contourné en hélice ou en pas de vis; se dit particul. des colonnes qui ont cette disposition.

TORSADE, *sf.* Frange tordue en hélice qu'on emploie pour orner les tentures, les rideaux et les draperies. | Frange d'or ou d'argent tordu dont on fait les épaulettes.

TORSE, *sm.* Tronc, buste d'une personne ou d'une statue.

TORSER, *va.* Contourner le fût d'une colonne pour la rendre torse.

TORSIONNAIRE, *adj.* Inique, violent, qui sert à torturer. | *sm.* Autrefois le bourreau, celui qui donnait la torture.

TORTICOLIS, *sm.* (pr. -*li*.) Douleur qui a son siége dans les muscles du cou et qui force le malade à tenir la tête inclinée sur l'un ou l'autre côté.

TORTIL, *sm.* (*Blas.*) Rang de petites perles en chapelet qui s'enroule en spirale autour de la couronne de baron.

TORTILE, *adj.* (*Bot.*) Se dit des plantes qui s'enroulent en grimpant et des parties de ces plantes qui servent à les supporter.

TORTILLART, *sm.* Sorte d'orme dont la tige est très-élevée et les feuilles très-petites; il fournit beaucoup de bois tordu dont se servent les charrons. | On donne aussi ce nom aux bûches tordues qui ne peuvent être commodément mises en piles.

TORTIN, *sm.* Tapisserie de laine torse.

TORTRIX, *sm.* Genre de reptiles. V. *Rouleau*. | Genre de lépidoptères. V. *Pyrale*.

TORTUE, *sf.* Reptile qui est le type de l'ordre des chéloniens et dont le caractère général est une cuirasse osseuse qui ne laisse passer que la tête, la queue et les quatre pattes et qui constitue son squelette; on distingue quatre familles de —s, les —s de terre, les —s de marais, les —s de fleuves et les —s de mer. | (*Ant.*) Machine de guerre qui consistait en un toit couvert de fascines et monté sur des roues, à l'abri duquel les assiégeants pouvaient s'avancer jusqu'au pied des remparts.

TORTURE, *sf.* Ensemble des supplices et tourments qu'on faisait endurer à certains condamnés pour leur arracher des aveux.

TORULEUX, SE, *adj.* (*Bot.*) Qui est renflé de distance en distance comme une corde chargée de nœuds.

TORY, *sm.* Nom d'un ancien parti royaliste très-ardent en Angleterre; ce nom s'applique aujourd'hui à un parti qui est en compétition continuelle avec le parti *whig* pour la possession du pouvoir. | TORYSME, *sm.* Parti des—.

TOSCAN, *adj.* Se dit d'un des cinq ordres d'architecture dont le chapiteau ne diffère du dorique que par les proportions et les ornements accessoires.

TOTANE, *sm.* *Oiseau appelé aussi chevalier.* (V. ce mot.)

TOTIPALME, *adj.* (*Zool.*) Se dit d'un groupe de palmipèdes dont tous les doigts sont réunis dans une seule membrane.

TOUAGE, *sm.* Action de *touer* un navire. (V. ce mot.)

TOUCAN, *sm.* Genre d'animaux grimpeurs de l'Amérique du Sud, dont le bec énorme est presque aussi gros que le corps; leur plumage est très-varié; ils vivent par troupes dans les bois.

TOUCHAU, *sm.* Etoile d'or ou d'argent dont chaque branche est mélangée de cuivre à un titre différent; on s'en sert pour reconnaître par l'empreinte laissée sur la pierre de touche, le titre des métaux précieux.

TOUCHE, *sf.* Levier sur lequel les doigts agissent pour faire résonner les notes dans les instruments, tels que le piano, etc. | Partie des instruments à cordes sur laquelle les doigts appuient pour varier les *intonations*. | *Pierre* de —. V. *Lydienne*.

TOUCHEUR, *sm.* Celui qui mène, qui conduit des bestiaux.

TOUE, *sf.* Espèce de bateau plat qui sert de bac, ou pour transporter les marchandises sur une rivière; on l'appelle aussi *carène*.

TOUÉE, *sf.* Action de *touer*. (V. ce mot); amarre de touage; se dit aussi d'une longueur de câble de 120 brasses (200 mètres environ).

TOUER, *va.* Faire avancer un navire en tirant d'un point fixe un câble à force de bras ou au moyen du cabestan, etc.

TOUFAN, *sm.* Tourbillon, typhon sur les côtes d'Arabie.

TOUILLER, *va.* Dissoudre la soude brute et la purifier.

TOULINE, *sf.* (*Mar.*) Cordage au moyen duquel un bâtiment est remorqué quand il n'y a pas de vent.

TOULOUCOUNA, *sm.* Grand arbre de la Guinée et du Sénégal, dont les graines fournissent une huile amère qu'on n'emploie guère que pour la fabrication du savon; son écorce, gris jaunâtre, est fébrifuge.

TOUQUE, *sf.* Bâtiment pour la pêche du hareng.

TOUR, *sm.* Machine à l'usage du *tourneur*, qui consiste en un établi portant deux supports ou poupées entre lesquelles tourne, au moyen d'un mécanisme particulier, la pièce que l'on doit façonner ou *tourner* en appliquant à sa surface un instrument tranchant. | Sorte de dévidoir à deux branches. | Sorte d'armoire pivotant dans un mur et qui sert dans les couvents à faire passer des objets du dehors au dedans, et réciproquement, sans être vu.

TOURACO, *sm.* Oiseau d'Afrique assez voisin du hocco par sa conformation générale, de grande taille, se nourrissant particul. des fruits du bananier.

TOURAILLE, *sf.* Fourneau des brasseurs à taillis métallique, sur lequel on fait sécher le malt ou touraillon.

TOURAILLON, *sm.* V. *Malt.*

TOURBE, *sf.* Substance spongieuse, légère, brune ou noirâtre, qui est formée par l'accumulation sous l'eau et l'altération lente des débris de végétaux ; on s'en sert comme combustible. | TOURBEUX, SE, *adj.* Qui contient de la —. | TOURBIÈRE, *sf.* Terrain où l'on trouve de la —.

TOURBILLON, *sm.* Quantité de matière que certains philosophes, et particul. Descartes, supposaient tourner autour des astres et par laquelle ils prétendaient expliquer le système du monde.

TOURD, *sm.* Nom d'une espèce de grive.

TOURDE, *sf.* V. *Tournis.*

TOURDILLE, *adj.* Gris —, couleur du poil d'un cheval qui est d'un gris sale approchant de la couleur d'une grive.

TOURET, *sm.* Petite roue qui, dans les machines à tourner, reçoit son mouvement d'une plus grande. | Pièce métallique formée de deux branches parallèles pour tendre et détendre une corde. | Instrument pour forer, qui reçoit un mouvement rapide d'un archet à corde (boyau qu'on enroule autour. | Rouet à filer.

TOURIE, *sf.* Sorte de grande et grosse bouteille de grès entourée de paille ou d'osier, qui renferme ordinairement des acides ; sa contenance varie entre 15 et 30 litres.

TOURIÈRE, *sf.* Religieuse chargée dans un couvent de faire passer au tour toutes les choses qu'on apporte du dehors.

TOURILLON, *sm.* Chacune des deux parties cylindriques et saillantes qui sont des deux côtés d'un canon, vers son milieu, et qui servent à l'assujettir sur son affût. | Chacune des deux pièces semblables qui maintiennent un objet en équilibre sur deux branches, comme une psyché, un treuil, etc.

TOURLOUROU, *sm.* V. *Gécarcin.*

TOURMALINE, *sf.* Sorte de pierre cristallisée, dure, verte ou noire, composée de silice, d'alumine et d'oxyde de fer, et susceptible de s'électriser par le frottement; on l'emploie dans la bijouterie commune ; on l'appelle aussi *saphir du Brésil* et *rubellite.*

TOURMENTIN, *sm.* (*Mar.*) Voile triangulaire qu'on place sur le mât de misaine pendant le gros temps.

TOURNASIN, *sm.* Outil de fer aminci et recourbé par chaque bout, qu'emploient les potiers pour travailler la terre sur le tour horizontal. | TOURNASSER, *va.* Travailler la terre avec le —.

TOURNÉE, *sf.* Instrument d'horticulture composé d'un fer plat par un bout, pointu par l'autre, et muni d'un manche; on s'en sert pour arracher les arbres.

TOURNEPIERRE, *sm.* Oiseau de la famille des échassiers, à plumage blanc, à long bec fort; il vit sur les côtes, où il se nourrit de petits coquillages, de vers et d'insectes aquatiques qu'il cherche sous les galets.

TOURNESOL, *sm.* Plante de la famille des composées, annuelle, très-haute, à grandes fleurs jaunes radiées: on l'appelle vulg. *soleil.* | Sorte de teinture provenant de diverses substances végétales, selon qu'elle est en *drapeaux* (V. *Maurelle*), ou en *pains* (V. *Parelle*); on s'en sert surtout pour teindre la pâte du papier et pour préparer la *teinture de tournesol*, qui sert à reconnaître la présence des acides par la propriété qu'elle a de rougir à leur contact.

TOURNEVIRE, *sm.* (*Mar.*) Cordage de médiocre grosseur, roulé autour d'un cabestan et qui sert à élever les ancres et autres corps pesants. | Jeu de hasard composé d'un disque horizontal tournant sur un axe vertical et supportant divers objets qui passent successivement devant un point extérieur; on gagne l'objet qui se trouve devant ce point lorsque le disque s'arrête.

TOURNE-VIS, *sm.* Petit outil en forme de ciseau, avec un manche de bois qui sert à serrer et à desserrer les vis à tête fendue.

TOURNIOLE, *sf.* Nom vulgaire d'une espèce de panaris dont le siége est autour de l'ongle, entre l'épiderme et la peau.

TOURNIQUET, *sm.* (*Chir.*) Instrument consistant en deux pelotes qui se rapprochent au moyen d'une vis de rappel et qui sert à comprimer les artères. | Dévidoir à l'usage de l'épinglier. | Jeu appelé aussi *tournevire.* (V. ce mot.) | Croix mobile de bois ou de fer, posée horizontalement sur un pivot dans un passage étroit, pour ne laisser passer qu'une personne à la fois.

TOURNIS, *sm.* (pr. *-ni*). Maladie des moutons dans laquelle ils tournent sur eux-mêmes en exécutant des mouvements convulsifs : elle est occasionnée par le développement dans leur boite crânienne d'un ver appelé *cœnure*, et vulg. *ver coquin.*

TOURNISSE, *sf.* et *adj.* (*Archit.*) Petits

poteaux verticaux qui n'occupent pas toute la hauteur d'un pan de bois ou d'une cloison, et qui s'arrêtent aux écharpes.

TOURNOI, *sm.* Ancienne fête publique et militaire où l'on s'exerçait à plusieurs sortes de combats, soit à cheval, soit à pied.

TOURNOIS, *adj.* Se disait d'une monnaie qu'on *fabriquait à Tours et qui était* plus faible d'un cinquième environ que la monnaie *parisis*, qu'on fabriquait à Paris. | Livre —, vingt sous; sou —, douze deniers.

TOURTE, *sf.* Espèce de pâtisserie, gâteau à l'intérieur duquel on met de la volaille ou des confitures. | Marc de noix, de navette, etc.; on dit mieux *Tourteau.* | Pierre réfractaire qu'on place sous les creusets du four de verrerie pour les élever.

TOURTEAU, *sm.* Autrefois, sorte de gâteau. | Résidu, marc de certaines graines ou de certains fruits dont on extrait de l'huile; *on l'emploie comme engrais* et on en nourrit les bestiaux. | (*Blas.*) Disque de couleur. | Corde goudronnée propre à l'éclairage des retranchements d'une place assiégée; on dit aussi *Tourtelette.* | Espèce de crabe très-commun sur *les côtes de Normandie, et dont la* chair est comestible; on l'appelle aussi *poupart.*

TOURTELÉ, E, *adj.* (*Blas.*) Se dit des pièces de l'écu qui portent des tourteaux.

TOURTEREAU, *sm.* Jeune tourterelle.

TOURTERELLE, *sf.* Nom donné à plusieurs espèces du genre pigeon, remarquables *par leur tête fine, petite, leur* plumage couleur café tendre, avec un collier plus foncé, et par leur roucoulement triste et plaintif; on les apprivoise facilement.

TOURTIÈRE, *sf.* Ustensile de cuisine qui sert à faire cuire des tourtes.

TOURTRE, *sm.* Nom qu'on donne quelquefois à la tourterelle, particul. quand on la sert à table.

TOURVILLE, *sm.* Espèce de lièvre du Canada, dont la fourrure, fine et tigrée, ressemblant beaucoup à celle du loup cervier, est estimée dans le commerce de la pelleterie.

TOUSELLE, *sf.* V. *Tuzelle.*

TOUTEBONNE, *sf.* Nom vulgaire de diverses plantes auxquelles on attribue plusieurs vertus curatives, notamment de la sauge sclarée, de l'ansérine sagittée, etc.

TOUTENAGUE, *sm.* Alliage métallique blanc, fait avec de l'étain ou du cuivre, du zinc, et quelques parcelles d'arsenic; il vient de Chine, et sert à faire des ustensiles de ménage, des théières, etc. | Nom qu'on donne quelquefois au zinc qui vient de l'Inde.

TOUYOU, *sm.* Grand oiseau rudipenne qui ressemble à l'autruche *et au casoar; il court* avec une très-grande rapidité et habite les parties les plus chaudes de l'Amérique.

TOUZELLE, *sf.* V. *Tuzelle.*

TOXICATION, *sf.* Propriété qu'a une substance d'être vénéneuse. | Action, effet du poison.

TOXICOGRAPHIE, *sf.* Description des poisons.

TOXICOLOGIE, *sf.* Science qui traite des poisons.

TOXIQUE, *sm.* Poison; toute *sorte* de poison. | *adj.* Qui contient du poison.

TOYÈRE, *sf.* Pointe d'une hache engagée dans le manche.

TRABAC ou TRABACOLO, *sm.* Sorte de bâtiment de commerce en usage dans l'Adriatique; il a deux mâts, avec voiles à bourcet envergués en haut et en bas.

TRABAN, *sm.* Autrefois, garde à pied qui servait d'escorte aux personnages de distinction; soldats des compagnies d'élite.

TRABÉE, *sf.* (*Ant.*) Robe de cérémonie qu'on portait à Rome dans les grandes circonstances. | TRABÉATION, *sf.* Action de revêtir la —.

TRABOUCAIRE, *sm.* Coureur des bois, *chasseur en Amérique.*

TRABUCOS, *sm.* Sorte de cigare d'Espagne, gros et court.

TRABUT, *sm.* Ancienne mesure agraire équivalant à environ 40 mètres carrés.

TRAC, *sm.* Allure du cheval, du mulet, etc. | Trace, piste des bêtes.

TRACANOIR, *sm.* Sorte de dévidoir à l'usage des tireurs d'or et argent, destiné à donner les longueurs et les poids relatifs des différents fils d'or et d'argent.

TRAÇANT, E, *adj.* (*Bot.*) Se dit des racines et des tiges qui s'étendent horizontalement à la surface du sol ou à peu de profondeur.

TRACHÉAL, E, *adj.* (pr. -*ché*) (*Anat.*) Qui appartient à la trachée.

TRACHÉE, *sf.* (pr.-*ché*) (*Anat.*) Canal formé d'anneaux cartilagineux qui est placé au-devant de l'œsophage, à la suite du larynx, se divise, vis-à-vis du sternum, en deux branches appelées *bronches*, et sert avec celles-ci au passage de l'air des poumons au larynx, et réciproquement; on l'appelle aussi *trachée-artère.* | (*Zool.*) Vaisseaux ou tubes répandus par tout le corps des insectes et qui servent à leur respiration. | (*Bot.*) Vaisseaux allongés, coupés par des fentes longitudinales, qu'on trouve autour de la moelle et dans les couches *fibreuses des végétaux*; ils servent à transporter la séve et participent à la respiration de la plante.

TRACHÉENNES, *sfpl.* (*Zool.*) Se dit d'un groupe de la classe des arachnides qui respirent au moyen de trachées.

TRACHÉITE, *sf.* (pr. -*ché*-) Inflammation de la trachée-artère.

TRACHELAGRE, *sf.* Goutte au cou.

TRACHÉLIDES, *smpl.* (pr. *-ché-*). Famille de coléoptères dont les élytres sont minces et molles, la tête triangulaire, pédiculée ; ils vivent sur les plantes, et se contractent comme s'ils étaient morts quand on veut les saisir ; la cantharide appartient a cette famille.

TRACHÉLIEN, NE, *adj.* (pr. *-ché-*). Qui appartient à la partie postérieure du cou.

TRACHÉOTOMIE, *sf.* (pr. *-ké*). Opération qui consiste à ouvrir la trachée-artère pour faire pénétrer l'air dans les poumons, quand le larynx est obstrué.

TRACHOME ou TRACHÉOMA, *sm.* (pr. *-ko-*, *-kéo-*). Ophthalmie résultant de l'aspérité de la surface interne des paupières.

TRACHYTE, *sm.* (*Géol.*) Roche agrégée, vitreuse, composée de feldspath en cristaux, avec des particules de mica, de quartz, etc. ; elle est d'origine volcanique. | TRACHYTIQUE, *adj.* Qui a le caractère du — ; se dit des terrains volcaniques où le — domine, comme en Auvergne.

TRACTION, *sf.* Action d'une force qui tire et met en mouvement un corps quelconque. | Dans les chemins de fer, partie du service relative au matériel roulant.

TRACTOIRE, *sf.* (*Math.*) Courbe dont la tangente est égale à une ligne constante.

TRADITION, *sf.* (*Jurisp.*) Action de livrer une chose. | Ensemble de faits historiques transmis d'âge en âge par la parole, mais dont il n'existe pas de témoignage écrit.

TRAFUSOIR, *sm.* Machine qui sert à séparer les écheveaux de soie pour les dévider et pour mettre la soie en main.

TRAGACANTHE, *sf.* Arbrisseau du genre astragale, qui donne la gomme adragant.

TRAGÉDIE, *sf.* Poëme dramatique en vers, divisé en plusieurs actes, le plus souvent en cinq, qui offre une action importante, propre à exciter la terreur ou la pitié, et qui se termine ordinairement par un événement funeste qu'on appelle la catastrophe.

TRAGI-COMÉDIE, *sf.* Pièce de théâtre qui représente une action sérieuse, mais qui admet un mélange de personnages et d'incidents tragiques et comiques, et ne se dénoue pas, comme la tragédie, par un événement funeste.

TRAGOPAN, *sm.* Oiseau de la famille des phasianidés, originaire de l'Himalaya, remarquable par la vivacité et la variété de ses couleurs ; il a deux cornes minces au-dessus des yeux et une longue huppe brune sur la tête.

TRAGUS, *sm.* (pr. *-guss*). Eminence de l'oreille externe, située au-devant de l'orifice du conduit auriculaire, et qui se couvre de poils quand on avance en âge.

TRAHINE, *sf.* V. *Boulièche.*

TRAILLE, *sf.* Bateau qui sert à passer les grandes rivières. | Corde qui sert à guider ce bateau.

TRAILLET, *sm.* Châssis en bois ou en liége, sur lequel les pêcheurs enroulent les lignes de pêche et la corde du libouret.

TRAILLON, *sm.* Petite traille.

TRAIN, *sm.* Ensemble des voitures et des chevaux qui accompagnent une armée ; matériel roulant de l'artillerie, caissons de vivres, d'ambulance, etc. ; toutes ces voitures sont conduites par des compagnies de soldats dits soldats du —. | (*Impr.*) Partie de la presse sur laquelle on pose la forme ; la mise en — est le travail qui précède le tirage et qui consiste à disposer la forme sur le train avec le plus de soin possible. | — de bois, assemblage d'un grand nombre de pièces de bois formant radeau qu'on met à flot sur un cours d'eau pour l'amener dans quelque ville.

TRAINASSE, *sf.* Nom vulgaire de plusieurs plantes à racines traînantes et à tiges couchées.

TRAÎNE, *sf.* Petit chariot à l'usage du cordier. | (*Mar.*) Bout de cordage qui pend à la mer le long du bord et auquel on attache un objet quelconque. | Etat des perdreaux encore trop jeunes pour pouvoir voler ou se séparer de leur mère. | Queue traînante d'une robe.

TRAÎNEAU, *sm.* Voiture sans roues que des chevaux ou des rennes font glisser sur la glace ou sur la neige dans les contrées du Nord. | Grand filet qu'on traîne sur le sol ou au fond de l'eau.

TRAIT, *sm.* Nom commun à toutes les armes qu'on lance à la main ou avec l'arc. | Longe de corde ou de cuir avec laquelle les chevaux tirent les voitures. | Ligne qui ne marque que le contour des objets. | Ligne tracée dans une figure d'architecture, etc. | (*Mus.*) Suite de notes rapides qu'on exécute sur les instruments ou avec la voix. | (*Blas.*) Nom des rangs de carreaux de l'échiquier. | | (*Mar.*) Nom qu'on donne quelquefois aux voiles. | Aux échecs et aux dames, avantage de jouer le premier. | Métal réduit en fil très-fin.

TRAIT, E, *adj.* Se dit des métaux passés par la filière.

TRAITANT, *sm.* Nom qu'on donnait autrefois à ceux qui se chargeaient du recouvrement des impositions ou deniers publics pour le compte des fermiers généraux.

TRAITE, *sf.* Trafic que font les bâtiments de commerce sur les côtes d'Afrique en échangeant leurs marchandises contre des produits du pays. | — des nègres, commerce des esclaves. | Lettre de change, mandat tiré d'une place sur une autre. | Action de traire une vache, une chèvre, etc.

TRAJECTOIRE, *sf.* (*Méc.*) Courbe particulière parcourue par un projectile, et qui serait une parabole sans la résistance de l'air.

TRAMAIL, *sm.* Filet composé d'une triple rangée de mailles, qu'on tend sur le littoral ou dont on se sert pour la chasse des oiseaux; on dit aussi *Tramaillon.*

TRAME, *sf.* Fil qui est introduit, au moyen de la navette, entre la rangée de fils qu'on nomme chaîne, qui sont tendus sur le métier, de manière à former une toile, un tissu quelconque. | Tramer, *va.* Passer la —. | Trameur, *sm.* Ouvrier qui prépare la — dans la navette.

TRAMONTANE, *sf.* Ancien nom donné à l'étoile polaire qui sert de guide aux marins par sa position fixe au nord du ciel. | Autrefois nord, tout ce qui vient du Nord; dans le Dauphiné et la Méditerranée, vent du nord.

TRANCADE, *sf.* Gros bloc de pierre plein de cavités, à fleur du sol.

TRANCHÉE, *sf.* Ouverture plus ou moins longue faite dans le sol. | (*Milit.*) Excavations derrière lesquelles les assiégeants se mettent à l'abri des feux de la place. | — s, *sfpl.* Coliques aiguës qui accompagnent quelques inflammations et quelques névroses abdominales.

TRANCHEFILE, *sf.* Petit rouleau de papier ou de parchemin qui est recouvert de soie ou de fil, et qui se met aux deux extrémités du dos d'un livre pour les maintenir et comme ornement. | Couture en forme de bourrelet dans les parties des chaussures où le cuir peut se déchirer facilement. | Petite chaîne de métal qui se place autour du mors du cheval.

TRANCHET, *sm.* Outil à l'usage des cordonniers et de tous les ouvriers en cuir; c'est un couteau de fer sans manche, plat et acéré par la pointe, qui sert à couper le gros cuir. | Outil dont se sert le forgeron pour couper les petites pièces de fer à chaud.

TRANCHIS, *sm.* (*Archit.*) Rang de tuiles ou d'ardoises échancrées et posées en recouvrement.

TRANCHOIR, *sm.* (*Archit.*) Table carrée qui couronne le chapiteau corinthien. | Poisson de forme circulaire, plat, qu'on trouve dans les mers de l'Inde; il a le goût du turbot.

TRANGLES, *sfpl.* (*Blas.*) Fasces rétrécies, le plus souvent au nombre de cinq, quelquefois de sept, mais toujours en nombre impair.

TRANSACTION, *sf.* Contrat par lequel les parties terminent ou préviennent une contestation. | —s philosophiques, recueil mensuel publié par la Société royale de Londres, et renfermant des travaux sur les sciences naturelles et mathématiques.

TRANSALPIN, E, *adj.* Qui est au delà des Alpes, par rapport à la France; c'est l'opposé de *cisalpin.*

TRANSATLANTIQUE, *adj.* Au travers de l'océan Atlantique, au dela de l'Océan; se dit particul. des communications avec l'Amérique.

TRANSBORDER, *va.* Transporter tout ou partie de la cargaison d'un bâtiment dans un autre. | Transbordement, *sm.* Action de —.

TRANSCENDANCE, *sf.* Supériorité marquée, éminente d'une personne ou d'une chose sur une autre.

TRANSCENDANT, E, *adj.* Élevé; ne se dit que des parties supérieures des mathématiques et de la philosophie qui étudie les idées mêmes qui émanent de la raison.

TRANSCENDANTAL, E, *adj.* Se dit de l'idéalisme quand il est poussé à des considérations abstraites et très-éloignées. | Transcendantalisme, *sm.* Métaphysique —e.

TRANSCRIPTION, *sf.* Insertion littérale, sur le registre des hypothèques, d'un acte qui transmet la propriété d'un immeuble d'une personne à un autre; elle est obligatoire pour toutes les mutations de propriété.

TRANSEPT, *sm.* (pr. *cep*). Galerie transversale qui, dans les églises chrétiennes, sépare du chœur la nef et les bas côtés, et donne à l'intérieur de l'édifice la forme cruciale.

TRANSFÉRER, *va.* Transporter d'un lieu à un autre. | Céder, transporter une chose, un droit à quelqu'un.

TRANSFERT, *sm.* Action de transférer un titre, une action nominatifs, d'en transporter la propriété à un autre.

TRANSFIGURATION, *sf.* Changement instantané d'une figure en une autre. | Etat dans lequel une figure se transforme, s'embellit, se poétise.

TRANSFUSION, *sf.* Action de transfuser, de changer un liquide de vase. | — du sang, mode de traitement de certaines maladies, qui consisterait à faire passer le sang du corps d'un animal dans celui d'une personne malade ou d'un autre animal.

TRANSHUMANCE, *sf.* Émigration périodique des troupeaux de moutons que l'on fait changer de pâturages, que l'on conduit dans les pâturages des montagnes pendant les grandes chaleurs. | Transhumant, e, *adj.* Se dit des bestiaux soumis à la —.

TRANSIT, *sm.* Faculté de faire passer des marchandises à travers une ville, un Etat, sans payer les droits d'entrée. | Transitaire, *adj.* et *s.* Qui a rapport au —, qui fait le —. | Transiter, *va.* Faire passer en —.

TRANSITIF, VE, *adj.* (*Litt.*) Se dit des verbes qui marquent l'action directe et sans intermédiaire du sujet de la proposition sur le régime ou complément direct du verbe; on les appelle plus souvent verbes *actifs.* | Se dit des roches ou terrains qui présentent quelques vestiges de corps organiques.

TRANSITION, *sf.* (*Mus.*) Passage inattendu d'un ton à un autre. | Terrain de —, se dit des terrains appelés aussi *paléozoïques*, qui se sont formés par étages immédiatement au-dessus des terrains primitifs; on y comprend le terrain silurien, le terrain dévonien, le terrain carbonifère et le terrain permien.

TRANSITOIRE, *adj.* Qui présente une transition, qui est passager. | Provisoire, qui remplit l'intervalle d'un état de choses a un autre.

TRANSLUCIDE, *adj.* Se dit des corps qui laissent passer la lumière sans permettre de distinguer les objets au travers de leur épaisseur. | Translucidité, *sf.* Qualité de ces corps.

TRANSMARIN, E, *adj.* Situé au delà des mers.

TRANSMIGRATION, *sf.* Action d'un peuple, d'un groupe d'hommes qui abandonnent leur pays pour en aller habiter un autre. | — des âmes. V. *Métempsycose.*

TRANSMUER, *va.* En parlant des métaux, les changer, les transformer les uns dans les autres.

TRANSMUTATION, *sf.* Action de transmuer, opération dont les alchimistes cherchaient le secret et qui devait changer les métaux en or.

TRANSPORT, *sm.* (*Jurisp.*) Acte par lequel se réalise la cession des créances et des droits incorporels.

TRANSPOSITION, *sf.* (*Litt.*) Déplacement ou renversement de l'ordre logique des mots, qui est en usage dans certaines langues. | (*Mus.*) Opération qui consiste à transposer, c.-à-d. à exécuter ou à noter un morceau dans un ton différent de celui dans lequel il a été écrit.

TRANSRHÉNAN, E, *adj.* Qui est au delà du Rhin, par rapport à la France; c'est l'opposé de *cisrhénan.*

TRANSSUBSTANTIATION, *sf.* Changement miraculeux de la substance du pain et du vin en la substance du corps et du sang de Jésus-Christ dans l'Eucharistie.

TRANSSUDATION, *sf.* Écoulement par gouttes d'un liquide à travers les parois du corps qui le recèle.

TRANSVERSE, *adj.* (*Anat.*) Se dit de certains organes qui sont situés en travers des organes principaux; tels sont le muscle — du bas-ventre, les apophyses —s des vertèbres, etc.

TRAPAN, *sm.* (*Archit.*) Haut d'un escalier où finit la rampe. | Cheval sauvage qu'on trouve dans les steppes de l'Asie occidentale.

TRAPÈZE, *sm.* Quadrilatère dont deux côtés sont inégaux et parallèles, et les deux autres plus ou moins obliques aux premiers. | Appareil de gymnastique formé d'une bande de bois horizontale suspendue par ses extrémités au moyen de deux cordes égales. | (*Anat.*) Os —, premier os de la seconde rangée du carpe en comptant a partir du pouce. | Muscle —, muscle placé à la partie postérieure du cou et de l'épaule, au haut du dos; il élève et abaisse l'épaule.

TRAPÉZOÏDE, *adj.* (*Math.*) Qui procède du trapèze. | (*Anat.*) Os —, le deuxième de la deuxième rangée du carpe; il est plus petit que le trapèze, en dedans duquel il est situé. | (*Mar.*) V. *Aurique.*

TRAPP, *sm.* (*Géol.*) Substance rocheuse de nature volcanique, composée de feldspath et d'amphibole, ou de silice et d'alumine, formant une masse compacte, disposée en gradins superposés. | Trappéen, ne, *adj.* Qui contient du — ou qui a les caractères du —.

TRAPPEUR, *sm.* Chasseur de l'Amérique du Nord, faisant usage, pour prendre le gibier, d'un piége en forme de *trappe* couverte de branchages.

TRAQUE, *sf.* Action de traquer; lieu où l'on oblige le gibier de sortir de ses repaires et de passer sous le coup des chasseurs.

TRAQUENARD, *sm.* Espèce d'amble ou d'entre-pas. | Sorte d'ancienne danse vive et gaie. | Sorte de piége dont on se sert pour prendre les animaux nuisibles; on dit aussi *Traquet.*

TRAQUET, *sm.* Petit morceau de bois mobile dont le mouvement fait tomber le blé sous la meule du moulin. | Petit oiseau passereau, à bec fin droit, très-sauvage, qui fait son nid sous les pierres, et se nourrit d'insectes et de baies. | V. *Traquenard.*

TRASS, *sm.* Espèce de pouzzolane d'origine volcanique, dont on se sert pour faire des mortiers hydrauliques; elle est d'un brun rougeâtre et se trouve dans les pays qui bordent le Rhin.

TRAULET, *sm.* Pointe d'acier dont on se sert pour marquer des points sur un plan, pour piquer un dessin d'architecture.

TRAUMATIQUE, *adj.* Qui vient d'une blessure; qui a rapport aux plaies. | *sm.* Onguent ou vulnéraire.

TRAUMATISME, *sm.* État d'une partie blessée.

TRAUMATOLOGIE, *sf.* Science du traitement des blessures.

TRAVADE, *sf.* Courte bourrasque dans laquelle le vent souffle avec violence et successivement de tous les points de l'horizon.

TRAVAIL, *sm.*, et autrefois Travaille, *sf.* Charpente formée de quatre piliers, dans laquelle on attache ou on suspend un cheval vicieux, pour le contenir pendant qu'on le ferre ou qu'on le panse.

TRAVAT, *adj.* et *sm.* Se dit d'un cheval qui a des balzanes aux deux pieds du même côté.

TRAVÉE, *sf.* Espace compris entre deux poutres, et rempli par un certain nombre de solives. | Partie d'une charpente qui forme vaisseau. | Divisions longitudinales d'une nef, d'une galerie, d'une balustrade.

TRAVERSE, *sf.* Pièce de bois qui occupe, dans un ensemble parallélogrammatique ou carré, une position diagonale. | Pièce de bois placée sous les rails, et perpendiculairement à leur direction, pour les soutenir. | (*Archit.*) Épaulement qu'on élève entre des ouvrages pour garantir les soldats, particul. dans les chemins couverts.

TRAVERSIN, *sm.* (*Mar.*) Pièce de bois posée en travers de la charpente du bâtiment.

TRAVERTIN, *sm.* Pierre calcaire, espèce de tuf commune aux environs de Tivoli en Italie; elle est remplie de trous, et sa couleur est d'un blanc tirant sur le jaune.

TRAYON, *sm.* Mamelon, bout du pis d'une vache ou d'une chèvre, etc.

TRÉBUCHET, *sm.* Petite balance très-juste pour peser des monnaies ou autres objets d'un poids léger. | Piège à prendre les petits oiseaux, et qui consiste en une cage dont la partie supérieure, couverte de grains, fait bascule et enferme l'oiseau, lorsque celui-ci vient s'y poser.

TRÉFILER, *va.* Passer du fer, de l'acier ou du laiton par la filière, afin de faire du fil.

TRÉFILERIE, *sf.* Fabrique où l'on tréfile; machine à tréfiler.

TRÉFILEUR, *sm.* Ouvrier qui tire en fil, qui *tréfile*, particul. les métaux autres que l'or et l'argent; pour ces derniers, on dit *tirer*, *tireur*.

TRÈFLE, *sf.* Plante herbacée de la famille des légumineuses, à fleurs en capitules serrés, et dont le caractère le plus saillant est d'avoir les feuilles disposées en folioles au nombre de trois; on en compte un très-grand nombre d'espèces, dont certaines donnent un excellent fourrage. | —d'eau. V. *Ményanthe.* | (*Archit.*) — de moderne, petite rose sculptée à jour dans la pierre et formée de trois portions de cercle avec des nervures.

TRÉFONCIER, *sm.* Propriétaire —, celui qui possède le

TRÉFONDS, *sm.* Fonds qui est sous le sol et qu'on possède comme le sol même.

TREILLIS, *sm.* Toile de chanvre épaisse et croisée dont on fait des sacs, des pantalons de fatigue, etc.

TRÉLINGAGE, *sm.* (*Mar.*) Gros filin qui attache les bas haubans de bâbord avec ceux de tribord.

TREMBLE, *sm.* Variété ou espèce de peuplier, dont les feuilles tremblent au premier vent. | TREMBLAIE, *sf.* Lieu planté de —s.

TREMBLIN, *sm.* Nom vulg. de l'*amourette.* (V. ce mot.)

TRÉMELLE, *sf.* Champignon gélatineux, jaune, croissant sur le tronc ou les branches des arbres morts.

TRÉMIE, *sf.* Sorte de grande auge à ouverture carrée, large par le haut, étroite par le bas, dans laquelle on met le blé, qui tombe de là entre les meules pour être réduit en farine. | Espace réservé dans un plancher pour faire passer un corps de cheminée ou pour prendre du jour. | En général conduit de forme cubique percé dans une surface plane.

TRÉMIÈRE, *adj. f.* Rose —, espèce du genre alcée dont la fleur a quelque ressemblance avec la rose.

TRÉMOIS, *sm.* Menu blé, blé de mars qui ne reste que trois mois en terre. | Mélange de grains que l'on sème au printemps pour les bestiaux.

TRÉMOLO, *sm.* (*Mus.*) Tremblement; effet produit par les instruments à archet en multipliant les vibrations avec rapidité et comme si l'archet tremblait dans la main.

TRÉMONTANE, *sf.* V. *Tramontane.*

TREMPE, *sf.* Opération qui consiste à plonger dans un bain d'eau froide le fer ou l'acier portés à une chaleur rouge, et qui a pour objet de leur donner de l'élasticité, de la ténacité, et de serrer leur grain.

TREMPLIN, *sm.* Planche inclinée et très-élastique sur laquelle les sauteurs courent pour s'élancer et faire des sauts très-étendus ou des sauts périlleux.

TRÉNIS, *sf.* (pr. -*niss*). Ancien nom de l'une des figures du quadrille.

TRENTE ET QUARANTE, *sm.* Jeu de hasard qui se joue avec six jeux de cartes mêlés ensemble, tenus par un banquier qui dépose successivement sur la rouge et la noire des cartes jusqu'à une valeur moindre de quarante et supérieure à trente; celle des deux couleurs qui approche le plus de trente et un a gagné.

TRENTE ET UN, *sm.* Jeu de cartes qui se joue avec un ou plusieurs jeux, sans basses cartes et au moyen de trois cartes par joueur, qui sont distribuées successivement par le banquier; le premier qui a trente et un dans la main a gagné.

TRENTENAIRE, *adj.* De trente ans, qui dure pendant trente ans.

TRÉPAN, *sm.* Instrument en forme de vilebrequin, avec lequel on perce les os et spécialement ceux du crâne, pour relever les pièces d'os enfoncées ou pour donner issue aux épanchements de sang ou de pus. | Opération qui se fait avec le —; on l'appelle aussi *Trépanation.* | TRÉPANER, *va.* Faire l'opération du —.

TRÉPANG, *sm.* V. *Holothurie.*

TRÉPHINE, *sf.* Sorte de trépan à poignée.

TRÉPIDATION, *sf.* Violente agitation, tremblement des nerfs, des fibres.

TRÉPOINTE, *sf.* Bande de cuir mince, qu'on met entre deux cuirs plus épais qu'on veut coudre ensemble, afin de soutenir la couture.

TRÉPON, *sm.* Voile carrée qui remplace

quelquefois les voiles latines pendant les gros temps.

TRÉ-SEPT, *sm.* Sorte de jeu de cartes, ainsi nommé de l'importance qu'on y donne aux nombres trois et sept; il se joue à quatre avec un jeu entier, duquel on a extrait les huit, les neuf et les dix.

TRÉSILLON, *sm.* Cale, morceau de bois que l'on met entre deux cordages pour les tortiller, ou entre des ais nouvellement sciés pour les faire sécher.

TRÉSORERIE, *sf.* Opération de banque ou mouvements de fonds exécutés par le Trésor public. | Fonctions de trésorier.

TRÉSORIER, *sm.* Nom qu'on donne à certains fonctionnaires chargés de percevoir et de distribuer des fonds. | Autrefois, dans certaines églises, ecclésiastique chargé de la garde de l'argenterie, des joyaux, des reliques, etc. | —-payeur général, fonctionnaire chargé, dans chaque département, de centraliser les recettes du trésor et de payer pour lui; il remplace les fonctionnaires qu'on nommait autrefois *receveur-général* et *payeur*.

TRESSAILLI, E, *adj.* Nerf —, se dit d'un tendon momentanément déplacé, sorti de sa place par un effort violent.

TRESSION, *sm.* Son complétement dépourvu de farine.

TREST, *sm.* Toile à voiles de bateau de pêcheur.

TREUIL, *sm.* Cylindre de bois horizontal, pivotant sur deux supports placés à ses extrémités, qu'on fait tourner au moyen de leviers ou d'une manivelle, et autour duquel se roule une corde qui sert à élever ou à tirer des fardeaux.

TRÊVE, *sf.* Convention par laquelle deux parties belligérantes s'engagent à suspendre pour quelque temps les actes d'hostilité, sans que pour cela la guerre soit terminée.

TRÉVIRE, *sm.* (*Mar.*) Cordage ployé en double, amarré en son milieu au sommet d'un plan incliné, et servant à faire rouler sur ce plan un corps cylindrique, tel qu'une barrique, pendant que les deux bouts du cordage, un peu écartés l'un de l'autre, sont tirés ou lâchés doucement.

TRI, *sm.* Jeu de cartes qu'on joue à trois, et où l'on ne conserve de la couleur de carreau que le roi.

TRIADE, *sf.* Assemblage de trois unités, de trois personnes. | Particul. assemblage de l'être, de l'intelligence et de l'ame. | Triadique, *adj.* Qui appartient à la —; qui se rapporte à la Trinité.

TRIANDRIE, *sf.* (*Bot.*) Classe de plantes dans le système de Linné, qui renferme celles dont les étamines sont au nombre de trois; telles sont les *graminées*.

TRIANGLE, *sm.* Figure plane formée par l'intersection de trois lignes droites qui se coupent deux à deux et forment ainsi trois angles: ces lignes s'appellent les côtés du triangle. | Instrument d'acier en forme de —, qu'on frappe intérieurement avec une tringle d'acier pour accompagner certains airs de musique.

TRIANGULAIRE, *adj.* Qui a trois angles, qui est disposé en triangle. | *sm.* Nom de divers muscles de forme —, tels que celui du nez, celui qui abaisse l'angle des lèvres, celui qui occupe la face interne du sternum, etc.

TRIANGULATION, *sf.* Opération qui consiste à lever le plan d'une localité ou la carte d'un pays au moyen de la mesure d'un certain nombre de triangles dans lesquels se décompose un polygone qui embrasse les points principaux du terrain.

TRIARDS, *smpl.* Cartes du troisième triage; cartes de qualité inférieure. | On dit aussi *Triailles*.

TRIAS, *sm.* (*Zool.*) Terrain sédimentaire placé au-dessous du terrain jurassique et composé de trois dépôts très-distincts: les grès bigarrés, le calcaire coquillier et les marnes irisées. | Triasique, *adj.* Qui appartient au —.

TRIBARD, Tribart, *sm.* Bâton que l'on pend au cou de certains animaux pour les empêcher de s'introduire dans des terrains clos de barrières.

TRIBASIQUE, *adj.* (*Chim.*) Se dit des sels qui contiennent trois fois plus de base que les sels neutres correspondants pour la même quantité d'acide.

TRIBORD, *sm.* Côté droit d'un navire en regardant de l'arrière à l'avant.

TRIBOULET, *sm.* Morceau de bois conique et très-rond dont les orfévres se servent pour souder les cercles d'argent lorsqu'ils sont forgés et ciselés.

TRIBRAQUE, *adj.* (*Litt.*) Se disait d'un pied de vers, grec ou latin, composé de trois syllabes brèves.

TRIBULCON, *sm.* Petit instrument destiné à retirer les balles du fond des plaies.

TRIBULE, *sf.* Plante de la famille des rutacées, à feuilles petites, grisâtres, à tiges rampantes, à fleurs jaunes, qui croît dans les lieux secs et le long des champs, dans le midi de l'Europe.

TRIBUN, *sm.* A Rome, magistrat chargé de défendre les droits et les intérêts du peuple. | Officiers militaires qui commandaient des légions. | Sous le premier Empire, membre du *tribunat*, assemblée politique créée par la constitution de l'an VIII.

TRIBUNITIEN, NE, *adj.* Qui appartient aux tribuns.

TRICÉPHALE, *adj.* Qui a trois sommets, trois têtes.

TRICEPS, *sm.* (*Anat.*) Nom donné à divers muscles dont l'extrémité supérieure est formée de trois faisceaux distincts; tels sont le — brachial, qui occupe la partie postérieure du bras, et le — crural, qui s'attache à la rotule et à la face intérieure du fémur.

TRICHIASE, TRICHIASIS, *sm.* (pr. -*ki*-). Renversement des cils vers le globe de l'œil, dans lequel ils produisent une irritation.

TRICHINE, *sf.* Entozoaire filiforme voisin de l'ascaride par sa conformation, qui se fixe à l'état de larve dans le tissu musculaire de certains animaux, particul. du porc, où il reste enkysté, et ne se développe que lorsque la viande qu'il habite est ingérée dans le tube intestinal de l'homme ou d'un animal; il donne naissance alors à de nouvelles larves qui vont occuper chez l'homme l'intérieur des muscles principaux et occasionnent une maladie inflammatoire grave, de nature typhique, qui devient souvent mortelle et à laquelle on a donné le nom de TRICHINOSE, *sf.*

TRICHISME, *sm.* (pr. -*kis*-) (*Chir.*) Fracture filiforme d'un os.

TRICHOCÉPHALE, *sm.* (pr. -*ko*-), Genre de vers intestinaux, dont une espèce se rencontre fréquemment dans le corps de l'homme; il a les dimensions d'une épingle.

TRICHODESME ou TRICHODESMIUM, *sm.* (pr. -*ko*-). Genre d'algues microscopiques formées de filaments réunis en faisceaux, d'une couleur rouge de sang, qu'on trouve à la surface des mers.

TRICHOMA, *sm.* (pr. -*ko*). V. *Plique.*

TRICHOSIS, *sm.* (pr. -*ko-ziss*). Assemblage de petits kystes qui se développent sur la conjonctive et portent quelques poils.

TRICLINIUM, *sm.* (*Ant.*) Salle à manger romaine, où il y avait trois lits sur chacun desquels s'asseyaient trois convives.

TRICOISES, *sfpl.* Tenailles à deux mâchoires pour saisir et arracher des clous, des chevilles, etc., pour déferrer les chevaux, etc.

TRICON, *sm.* Au jeu de cartes, trois cartes de même figure ou valeur, comme trois as, trois dix, etc.

TRICTRAC, *sm.* Jeu qui se joue à deux sur un tablier en bois divisé en deux compartiments rectangulaires, séparés par une cloison, au moyen de deux dés et de quinze dames, et qui comporte un grand nombre de combinaisons.

TRICUSPIDÉ, E, *adj.* (*Hist. nat.*) Qui a trois pointes ou trois sommets.

TRICYCLE, *sm.* Voiture qui roule sur trois roues.

TRIDACNE, *sm.* Grand coquillage bivalve de l'Océanie, irrégulier, à trois divisions; il est recherché pour sa beauté; on en fait des bénitiers; les Polynésiens le convertissent en pioches, haches et autres outils.

TRIDACTYLE, *adj.* (*Zool.*) Se dit des oiseaux qui n'ont que trois doigts à chaque pied. | Insecte orthoptère qui vit sur le sable au bord des rivières; il se trouve dans les pays chauds.

TRIDENT, *sm.* Fourche à trois dents.

TRIDI, *sm.* Le troisième jour de la décade, dans le calendrier républicain.

TRIÈDRE, *adj.* et *sm.* Qui offre trois faces, ou qui est formé par trois plans.

TRIENNAL, E, *adj.* Qui dure trois ans.

TRIENNALITÉ, *sf.* Système de renouvellement du pouvoir législatif tous les trois ans.

TRIENNAT, *sm.* Durée de trois ans.

TRIENS, *sm.* Ancien poids et ancienne monnaie des Romains, qui valait le tiers de l'as.

TRIÉRARQUE, *sm.* (*Ant.*) Chez les Grecs, capitaine de galère, ou citoyen qui armait et équipait une galère.

TRIÉTÉRIDE, *sf.* (*Ant.*) Période de trois années de douze mois lunaires, au bout de laquelle, à Athènes, on ajoutait un mois lunaire pour retrouver la coïncidence avec l'année solaire.

TRIFIDE, *adj.* (*Bot.*) Se dit de tout organe qui a trois divisions.

TRIGAME, *adj.* et *s.* Qui a contracté trois mariages successifs sans que les premiers fussent dissous. | TRIGAMIE, *sf.* Crime du —.

TRIGLE, *sm.* Genre de poissons acanthoptérygiens, à tête cuirassée, cubique, à petites écailles renfermant de nombreuses espèces, telles que le *grondin*, le *perlon* ou *galline*, le *gronau*, etc.

TRIGLOTTE, *adj.* En trois langues. | Qui connaît trois langues.

TRIGLOTTISME, *sm.* Mot composé de trois mots empruntés à trois langues différentes.

TRIGLYPHE, *sm.* (*Archit.*) Partie de la frise dorique qui représente l'extrémité des solives posée sur l'architrave, et qui a ordinairement des rainures profondes et verticales. | Ornement composé de deux cannelures au milieu et de deux demi-cannelures sur les côtés.

TRIGONAL, E, *adj.* V. *Triangulaire.*

TRIGONE, *adj.* Qui offre trois côtés, trois angles. | *sm.* Instrument triangulaire dont on se sert pour tracer les arcs des lignes sur les cadrans.

TRIGONELLE, *sf.* Plante de la famille des légumineuses, à fleurs en ombelle ou en grappes, très-voisine du *lotier* (V. ce mot) par sa conformation; on trouve ses espèces, très-nombreuses, dans les contrées méridionales, certaines sont aromatiques.

TRIGONOCÉPHALE, *sm.* Serpent venimeux d'Amérique, voisin du crotale par sa conformation; on l'appelle aussi serpent jaune; sa morsure est mortelle.

TRIGONOMÉTRIE, *sf.* Partie des mathématiques qui a pour objet de calculer tous les éléments d'un triangle, quand on en connaît déjà un certain nombre.

TRIGUÈRE, *sf.* Plante de la famille des solanées, dont une espèce, très-odorante, est cultivée dans le midi de l'Europe pour ses feuilles et ses fleurs, dont on retire une huile essentielle répandant l'odeur du musc.

TRIGYNIE, *sf.* (*Bot.*) Nom donné dans le système de Linné à dix ordres comprenant des plantes qui ont trois pistils.

TRIJUGUÉ, E, *adj.* (*Bot.*) Se dit des feuilles qui sont composées de trois paires de folioles.

TRIJUMEAU, *adj.* et *sm.* (*Anat.*) Se dit du nerf de la 5e paire, qui naît des pédoncules du cerveau et se divise en trois branches principales se dirigeant vers les yeux et les deux maxillaires; il est composé d'un très-grand nombre de filets distincts et parallèles.

TRILATÉRAL, E, *adj.* Qui a trois côtés.

TRILINGUE, *adj.* Qui sait trois langues. | Inscription —, inscription rédigée en trois langues différentes.

TRILLE, *sm.* (*Mus.*) Sorte d'agrément par lequel on accompagne certaines notes, soit avec des instruments, soit avec la voix; il se fait sur deux notes voisines.

TRILLION, *sm.* (pr. *tril-lion*). Nom des unités de la cinquième tranche d'un nombre divisé, suivant notre numération, en tranches de trois chiffres à partir de la droite.

TRILOBÉ, E, *adj.* (*Bot.*) Qui est partagé en trois lobes, en trois parties à peu près égales.

TRILOBITE, *sf.* (*Géol.*) Nom d'une classe de crustacés marins fossiles dont le corps est divisé en trois parties par deux sillons longitudinaux et composé d'anneaux; on les trouve dans les terrains les plus anciens.

TRILOCULAIRE, *adj.* (*Bot.*) Se dit des parties divisées en trois loges, telles que les anthères, les capsules, les baies, etc.

TRILOGIE, *sf.* Pièce antique composée de trois tragédies indépendantes les unes des autres, mais dont les sujets se continuent et dont les personnages sont les mêmes. | Tout poëme divisé en trois parties.

TRIMÈRES, *smpl.* (*Zool.*) Section de l'ordre des coléoptères renfermant des insectes qui n'ont que trois articles à tous les tarses.

TRIMORPHE, *adj.* (*Minér.*) Se dit des substances qui peuvent donner des cristaux appartenant à trois systèmes différents.

TRIN, E, *adj.* (*Astr.*) Se dit des astres qui sont éloignés, l'un de l'autre, du tiers du zodiaque ou de 120°.

TRINITÉ, *sf.* Forme particulière sous laquelle un certain nombre de religions et particul. la religion chrétienne conçoivent la Divinité; dans cette dernière religion, c'est un dogme fondamental et un mystère qu'on exprime par ces mots : *un seul Dieu en trois personnes.* | Dimanche de la —, le premier dimanche après la Pentecôte, dans lequel se célèbre ce mystère.

TRINÔME, *sm.* Quantité algébrique composée de trois termes.

TRINQUART, *sm.* Petit bâtiment léger en usage dans la Manche pour la pêche du hareng.

TRINQUET, *sm.* Mât de misaine des bâtiments gréés en voiles latines. | TRINQUETIN, *sm.* Voile enverguée sur le —; on l'appelle quelquefois *Trinquette.*

TRIO, *sm.* Composition de musique à trois parties.

TRIŒCIE, *sf.* (*Bot.*) Dans le système de Linnée, ordre de plantes dont un individu porte des fleurs hermaphrodites, un autre des fleurs mâles, et un troisième des fleurs femelles.

TRIOLET, *sm.* Petite pièce de poésie de huit vers, dans laquelle le premier se répète après le troisième, puis le premier et le second se répètent après le sixième. | (*Mus.*) Notes groupées par trois, mais ne comptant que pour deux dans la mesure. | Trèfle, petite luzerne.

TRIOMPHE, *sf.* Jeu de cartes, sorte d'écarté. | Couleur de la carte qu'on retourne après avoir donné aux joueurs les cartes qu'il leur faut.

TRIONYX, *sm.* Tortue d'eau douce dont les pattes sont terminées par deux ongles.

TRIPANG, *sm.* V. *Holothurie.*

TRIPARTITE, *adj. f.* (*Bot.*) Qui est divisée en trois parties; se dit des feuilles et des tiges.

TRIPÉ, *sm.* V. *Mort-blanc.*

TRIPES, *sfpl.* Boyaux des animaux, qu'on accommode quelquefois pour la table.

TRIPE DE VELOURS, *sf.* Etoffe de laine ou de fil qui est travaillée comme le velours; c'est une espèce de moquette.

TRIPHTHONGUE, *sf.* Syllabe renfermant trois sons qu'on prononce à la fois. Ex.: *miaou.* | Concours de trois voyelles pour ne former qu'un son. Ex. : *eau, oie, laie.*

TRIPHYLLE, *adj.* (*Bot.*) Se dit du calice des fleurs quand il est composé de trois pièces.

TRIPLICATA, *sm.* Troisième copie, troisième expédition d'un acte, d'une lettre.

TRIPLITE, *sm.* Minéral appelé aussi manganèse phosphaté, qui est une combinaison de phosphate de fer et de manganèse naturel.

TRIPOLI, *sm.* Substance pierreuse, pulvérulente, de couleur rougeâtre, composée presque entièrement de silice et d'oxyde de fer, et résultant en général de débris d'infusoires; on l'emploie pour polir les glaces, les métaux et les pierres fines.

TRIPTYQUE, *sm.* Tableau ou tablette composée de trois feuillets dont les deux latéraux se referment sur celui du milieu, et qui sont en général peints ou sculptés.

TRIQUEBALLE, *sm.* Machine composée d'un long timon tenant à un corps de pièce monté sur deux roues très-élevées et servant à transporter des canons, des mortiers et autres gros fardeaux.

TRIQUE-MADAME, *sf.* Espèce de petit orpin à fleurs blanches qui croît sur les vieux murs et les rochers.

TRIQUET, *sm.* Battoir pour jouer à la paume.

TRIQUÊTRE, *adj.* Qui a trois faces et trois angles. | *sf.* Figure qu'on trouve quelquefois sur les médailles antiques; elle consiste en trois jambes terminées chacune par un pied et rayonnant d'un point central.

TRIRÈGNE, *sm.* Tiare du pape.

TRIRÈME, *sf.* Galère à trois rangs de rames.

TRISECTION, *sf.* (*Math.*) Division en trois parties égales.

TRISMÉGISTE, *adj.* Trois fois grand. | *sm.* (*Impr.*) Caractère qui est entre le gros et le petit-canon et dont le corps a trente-six points.

TRISMUS, *sm.* (pr. *triss-muss.*) Sorte de tétanos, convulsion des muscles élévatoires de la mâchoire inférieure par suite de laquelle la bouche reste forcément fermée.

TRISPASTE, *sm.* Moufle composée de trois poulies.

TRISPLANCHNIQUE, *adj.* Nerf —. V. *Sympathique.*

TRISSE, *sf.* Corde palan qui sert à ramener les canons dans un vaisseau de guerre.

TRISSYLLABE, *adj.* et *sm.* Mot de trois syllabes. | TRISSYLLABIQUE, *adj.* Qui est de trois syllabes, qui a rapport au —.

TRISTIMANIE, *sf.* Monomanie avec tristesse.

TRISULCE, *adj.* Qui a trois divisions; se dit des animaux qui ont trois sabots aux pieds.

TRITÉOPHYTE, *sf.* Fièvre intermittente dont les accès reviennent tous les trois jours.

TRITON, *sm.* Nom mythologique d'une divinité marine, moitié homme, moitié poisson. | Batracien assez voisin de la salamandre à queue comprimée en forme de nageoire, qui vit constamment dans l'eau. | Coquillage hélicoide dont on se sert en quelques endroits comme de trompette. | (*Mus.*) Quarte augmentée, *fa* et *si* naturel, composée de trois tons.

TRITONIE, *sf.* Mollusque gastéropode de très-petite taille qu'on trouve sur des plantes marines.

TRITONIEN, NE, *adj.* (*Géol.*) Se dit quelquefois des terrains contenant des débris d'animaux marins.

TRITOXYDE, *sm.* (*Chim.*) Troisième oxyde d'un métal, renfermant trois équivalents d'oxygène pour un équivalent du métal.

TRIUMFETTE, *sf.* Arbre de l'Amérique tropicale, de la famille des tiliacées, à fleurs jaunes, et dont la racine mucilagineuse est employée comme la guimauve; ses branches et son écorce servent à fabriquer des cordages.

TRIUMVIR, *sm.* (pr. *tri-omm-.*) A Rome, magistrat qui fut chargé avec deux collègues, de certaines parties de l'administration et plus tard du pouvoir suprême.

TRIUMVIRAT, *sm.* Association de trois citoyens qui disposent du gouvernement d'un Etat.

TRIVELIN, *sm.* Baladin, farceur. | Espèce de ciseau en acier pour extraire les racines de dents cassées.

TRIVIAIRE, *adj. m.* (*Ant.*) Carrefour —, celui où aboutissent trois rues, trois chemins.

TROCART, *sm.* Instrument qui sert pour faire des ponctions et donner issue à un liquide ou un gaz, renfermés sous la peau.

TROCHAÏQUE, *adj.* V. *Trochée.*

TROCHANTER, *sm.* (pr. *kan-terr.*) (*Anat.* Se dit de deux apophyses du fémur situées au point où s'attachent les muscles qui font tourner la cuisse; le grand — est situé sur la face externe du fémur; le petit —, appelé aussi *Trochantin*, en occupe la partie intérieure et postérieure.

TROCHÉE, *sm.* (*Litt.*) Pied usité dans les vers grecs ou latins et se composant de deux syllabes, une longue et une brève; les vers où il entre sont dits —s *trochaïques.* | Ensemble de rameaux que pousse un arbre coupé à quelques centimètres de terre.

TROCHES, *sfpl.* Fumées à demi-formées des bêtes fauves.

TROCHET, *sm.* Fleurs, fruits qui viennent ensemble par bouquets, comme les noisettes. | Gros billot renflé au milieu et porté sur trois pieds; on s'en sert pour doler ou dégrossir les douves des tonneaux.

TROCHILE, *sm.* (*Archit.*) Ornement creux qu'on appelle aussi *scotie.*

TROCHIN, *sm.* (*Anat.*) La plus petite des tubérosités que présente l'extrémité scapulaire de l'humérus, qui sert d'attache à l'un des muscles rotateurs.

TROCHISQUE, *sm.* Petite tablette ronde et plate des deux côtés, composée d'un médicament quelconque mêlé avec de la gomme ou des sucs mucilagineux, mais en général non sucré. | TROCHISQUER, *va.* Mettre un médicament en —s.

TROCHITER, *sm.* (*Anat.*) La plus grosse des tubérosités que présente l'extrémité scapulaire de l'humérus, et qui sert d'attache à plusieurs des muscles rotateurs.

TROCHLÉATEUR, *sm.* (*Anat.*) Muscle oblique supérieur de l'œil.

TROCHLÉE, *sf.* (*Anat.*) Éminence articulaire interne de l'extrémité inférieure de l'humérus, sur laquelle roule l'extrémité supérieure du cubitus, dans les mouvements d'extension et de flexion de l'avant-bras.

TROCHOÏDE, *adj.* (pr. -*ko*-) (*Anat.*) Qui ressemble à une roue tournant sur son axe; se dit des articulations dans lesquelles un os pivote sur un autre. | *sf.* (*Math.*) V. *Cycloïde.*

TROCHURE, *sf.* Quatrième andouiller de la tête du cerf.

TROCHUS, *sm.* V. *Troque.*

TROÈNE, *sm.* Arbrisseau de la famille des oléacées, très-rameux, à bois jaunâtre, souple et solide; il sert à faire des haies, des massifs, etc.; il porte, en automne, des baies noires, qu'on emploie pour colorer les vins et pour faire de l'encre.

TROGLODYTE, *sm.* Genre de singes qui ressemblent assez à l'orang; le gorille et le chimpanzé appartiennent à ce genre. | Genre d'oiseaux passereaux insectivores, vifs, de couleur brune, à bec grêle et arqué, qui se plaisent dans les cavernes, les trous de muraille, les endroits obscurs. | Ancien peuple fabuleux que l'on croyait vivre dans des cavernes en Afrique.

TROGOSITE, *sm.* Genre de coléoptères tétramères, dont l'espèce principale porte, à l'état de larve, le nom de *cadelle*. (V. ce mot.)

TROIS (Règle de), *sf.* Opération d'arithmétique qui consiste à calculer un des termes d'une proportion au moyen des trois autres.

TROIS-MÂTS, *sm.* Bâtiment ponté qui a trois bas-mâts ayant chacun des hunes et des mâts supérieurs.

TROIS-QUARTS, *sm.* V. *Trocart.*

TROIS-SIX, *sm.* Espèce d'esprit de vin, ainsi nommé parce que trois litres de ce liquide, ajoutés à trois litres d'eau, donnent six litres d'eau-de-vie à 19 degrés; cet esprit marque 33 degrés (ou 85° centigrades); c'est l'alcool du commerce.

TROLLE, *sf.* Action de faire quêter et lancer un cerf avec des chiens courants au lieu de limiers. | Barrière formée de branches entrelacées et maintenues de place en place par des pieux fichés en terre.

TROMBE, *sf.* Météore, amas de vapeurs semblable à un nuage fort épais, mis en tourbillon par le vent, s'allongeant en forme de cône renversé, et pouvant engloutir des vaisseaux, renverser des maisons, etc.

TROMBLON, *sm.* Grosse espingole montée sur un support, qui porte une balle très-grosse ou plusieurs balles à mousquet; on l'employait autrefois sur les bâtiments de guerre.

TROMBONE, *sm.* Grande trompette composée de quatre branches ou tuyaux emboîtés les uns dans les autres, et qu'on allonge ou qu'on raccourcit à volonté pour produire les différents tons; on en construit aussi dans lesquels les tubes sont fixes et les sons sont modifiés au moyen de pistons.

TROMMEL, *sm.* Cylindre à claire voie, tournant au moyen d'une manivelle, et servant dans les féculeries au lavage des tubercules.

TROMPE, *sf.* Partie du museau de l'éléphant qui se prolonge et se recourbe pour divers usages. | Suçoir charnu rétractile de certains insectes diptères. | Tuyau de cuivre recourbé dont on se sert à la chasse pour sonner. | (*Archit.*) Portion de voûte en saillie servant à porter l'encoignure d'un bâtiment ou toute autre construction qui semble se soutenir en l'air. | Machine hydraulique destinée à remplacer le soufflet dans les forges. | — d'Eustache, canal qui conduit l'air de la bouche au tympan de l'oreille. | —s de Fallope, les deux conduits qui relient le fond de la matrice aux ovaires.

TROMPETTE, *sf.* Instrument à vent, ordinairement en cuivre, qui a un son très-éclatant et dont on se sert dans la musique militaire et dans les orchestres; il y en a à coulisse, à piston, à clef, etc. | — marine, ancien instrument de musique formé d'une longue caisse de bois sur laquelle s'étendait une corde de boyau qu'on faisait vibrer avec un archet. | Jeu de —, dans l'orgue, jeu d'anche en étain, dont le son est très-éclatant.

TROMPILLES, *sfpl.* Cônes qui reçoivent et renvoient l'air dans les machines soufflantes.

TROMPILLON, *sm.* (*Archit.*) Naissance d'une trompe, pierre placée au point d'où partent tous les voussoirs.

TRONC, *sm.* Dans les arbres, tige principale, partie qui s'étend du sol aux premières branches. | (*Anat.*) Partie principale du corps des animaux, sur laquelle s'articulent la tête et les membres. | Partie la plus considérable d'une artère, d'une veine, d'un nerf, etc.

TRONCATURE, *sf.* Face accidentelle d'un cristal qui remplace les arêtes de la face dominante et principale.

TRONCHE ou Tronce, *sf.* Grosse souche de bois, tronçon d'arbre gros et court.

TRONCHET, *sm.* Billot sur lequel les tonneliers préparent les douves. | Billot employé par les orfèvres qui fabriquent de grosses pièces.

TRONCONIQUE, *adj.* Qui a la forme d'un cône tronqué, comme le bouchon d'une bouteille, l'abat-jour d'une lampe, etc.

TRONQUÉ, E, *adj.* Se dit d'une pyramide, d'un cône, d'un cylindre, d'une colonne, etc., quand on a retranché la partie supérieure par un plan parallèle ou oblique à la base, ou même par une surface brisée.

TROPÆOLÉES, *sfpl.* (*Bot.*) Famille de plantes détachées des géraniées et dont le type est la *capucine* ou *tropæolum*.

TROPE, *sm.* (*Litt.*) Emploi d'une expression dans un sens figuré ou détourné.

TROPÉES, *sfpl.* Vents violents de mer qui se font sentir à terre.

TROPHÉE, *sm.* Ornement consistant en un groupe d'armes appendu à une colonne, à une muraille, etc.

TROPHIQUE, *adj.* Nutritif; se dit des aliments.

TROPHOLOGIE, *sf.* Traité sur le régime des aliments.

TROPHOSPERME, *sm.* (*Bot.*) Point de l'ovaire auquel s'attachent les graines à l'aide du funicule; on l'appelle aussi *placenta*.

TROPICAL, E, *adj.* Qui appartient aux tropiques; se dit spécialement de la région ou zone située entre les tropiques, qui est traversée en son milieu par l'équateur, et qui est la plus chaude du globe.

TROPIQUE, *sm.* Chacun des deux cercles de la sphère parallèle à l'équateur, qui passent par les points solsticiaux, situés à 23° 28' 30" de part et d'autre de la ligne équinoxiale, et entre lesquels s'opère le mouvement annuel du soleil.

TROPOLOGIE, *sf.* (*Litt.*) Science des tropes, des métaphores, du style figuré.

TROPOLOGIQUE, *adj.* (*Litt.*) Figuré, emblématique.

TROQUE, *sm.* Mollusque de mer, à coquille épaisse, nacrée à l'intérieur, conique, à spire plus ou moins élevée; on en compte de nombreuses espèces, la plupart remarquables par l'éclat et la variété de leurs couleurs. | Commerce d'échange de denrées qui se fait sur la côte du Sénégal.

TROQUET, *sm.* (*Archit.*) Chevalet du comble d'un toit.

TROSCART, *sm.* Plante de la famille des joncs, qu'on trouve au bord des étangs et dans les bois; c'est un fourrage estimé.

TROU, *sm.* (*Anat.*) — de Botal, ouverture propre au fœtus, qui met en communication les deux oreillettes du cœur, en sorte que le *sang peut se rendre de l'une à l'autre sans traverser* le poumon qui n'a pas encore respiré. | — occipital, orifice inférieur et postérieur du crâne, par lequel passent la moelle épinière, les artères vertébrales et les nerfs spinaux.

TROUBADOUR, *sm.* Ancien poëte français des provinces du Sud, et particul. de la Provence et du Languedoc.

TROUBLE, Troubleau, *sm.* V. *Truble*, *Trubleau*.

TROUILLE, *sf.* Résidu, masse de tourteaux qui reste après la fabrication de l'huile de colza ou de l'huile de noix; on s'en sert pour engraisser les bestiaux.

TROU-MADAME, *sm.* Espèce de jeu auquel on joue avec de petites boules d'ivoire qu'on tâche de pousser dans des cases marquées de certains chiffres; il faut, pour gagner, atteindre avec un certain nombre de billes à un total donné. | Appareil à cases que l'on place sur le billard pour ce jeu.

TROUPIALE, *sm.* Genre d'oiseaux passereaux d'*Amérique*, à *bec gros*, conique, pointu; son plumage est varié; il a les mœurs de l'étourneau, se nourrit d'insectes, de baies et de graines; il siffle et imite même quelquefois la voix humaine; on l'apprivoise facilement.

TROUSQUIN, *sm.* V. *Trusquin*.

TROUSSE-GALANT, *sm.* Maladie violente qui causait rapidement la mort, au siècle dernier, et qu'on croit être le choléra.

TROUSSEQUIN, *sm.* Pièce de bois cintrée qui garnit le derrière d'une selle comme un dossier.

TROUVÈRE, *sm.* Ancien poëte français des provinces du Nord. | On les a appelés aussi *trouveurs*.

TRUBLE, *sm.* Filet de pêche en forme de poche, monté sur un cercle, traversé par un bâton qui sert de manche; on s'en sert sur les côtes pour prendre des crevettes, etc. | Trubleau, *sm.* Petit —.

TRUC, Truck, *sm.* Espèce de billard plus grand que les billards ordinaires. | Plate-forme montée sur quatre roues et servant à transporter les voitures sur les chemins de fer, ou châssis sur lequel repose la caisse d'un wagon et qui s'appuie sur les roues par l'intermédiaire des ressorts. | Appareils qui font mouvoir les décors du théâtre.

TRUCHEMAN, Truchement, *sm.* Interprète.

TRUELLE, *sf.* Outil plat, à manche, dont se servent les maçons pour employer le plâtre et le mortier. | Cuiller d'argent très-plate et allongée, qu'on emploie pour découper et servir le poisson.

TRUFFE, *sf.* Produit végétal cryptogamique, variant de la dimension d'une noix à celle d'un petit œuf, qu'on rencontre sous le sol dans certaines régions particulières, et *notamment* dans le voisinage des chênes dits *truffiers*; on en trouve plusieurs espèces qui sont plus ou moins recherchées pour aromatiser les mets auxquels elles donnent une saveur et un parfum très-appréciés; la plus commune en France et la plus estimée est la — noire; on trouve encore la — blanche, la — d'été, la — d'hiver, la — grise, etc. | — d'eau. V. *Macre*.

TRUISSE, *sf.* Tronc d'arbre surmonté de quelques branches.

TRUITE, *sf.* Poisson du genre saumon, à teinte grisâtre, à taches rouge brun cerclées de brun pâle; la — saumonée a la chair rose comme celle du saumon, et se trouve dans les rivières près de leurs embouchures; la — ordinaire, plus petite, dans les eaux vives; la — de montagne remonte les ruisseaux les plus rapides ; la chair de toutes les variétés est très-estimée.

TRUITÉ, E, *adj.* Marqueté de petites taches rougeâtres comme une truite. | Fonte *truitée*, mélange de fonte blanche et de fonte grise, à reflets écailleux et à aspect chatoyant, qui est très-propre à être converti en fer forgé.

TRUITELLE, *sf.* TRUITON, *sm.* Petite truite.

TRULLISATION, *sf.* (*Archit.*) Enduit particulier sur lequel on trace des hachures, des saillies.

TRUMEAU, *sm.* Espace d'un mur qui s'étend entre deux fenêtres. | Partie d'un mur, d'une cloison située entre le haut d'une porte, d'une cheminée et le plafond. | Jarret d'un bœuf.

TRUSION, *sf.* Mouvement du sang du cœur à toutes les parties du corps par les artères.

TRUSQUIN, *sm.* Outil de menuisier servant à tracer des lignes parallèles au bord d'une planche ; c'est une planchette carrée, traversée perpendiculairement par une tige carrée qui porte une pointe de fer ; on dispose l'instrument de manière que la planchette glisse le long de l'un des côtés de la planche, tandis que la pointe trace une ligne droite sur le côté adjacent.

TSAR, *sm.* TSARINE, *sf.* V. *Czar*, *Czarine*.

TUBE, *sm.* — capillaire, celui dont le diamètre est extrêmement petit et qui présente le phénomène de la *capillarité.* (V. ce mot.) | — de sûreté, tube droit ou courbé que l'on adapte à un appareil pour rétablir la pression atmosphérique à la surface d'un liquide et l'empêcher de passer d'un vase dans l'autre. | —s de Geissler, tubes recourbés dans lesquels on introduit diverses matières susceptibles d'être colorées par un courant électrique qui leur est transmis par un fil qui les traverse.

TUBÉRACÉ, E, *adj.* Qui ressemble à la truffe ; se dit d'un groupe de végétaux cryptogames renfermant la truffe et ses diverses variétés.

TUBERCULE, *sm.* Masse charnue et féculente qui se forme à la racine de quelques plantes. | Éminence naturelle que présente une partie quelconque du corps ; tels sont le — cendré, à la base du cerveau, le — de Santorini, à l'ouverture de la glotte, les —s mamillaires, etc. | Production morbide arrondie, jaunâtre d'abord, ferme et comme cartilagineuse, ensuite molle et ulcéreuse, qui se forme dans certains organes des personnes plus ou moins scrofuleuses, et particul. aux poumons, où ils constituent la phthisie pulmonaire. | TUBERCULEUX, SE, *adj.* et *s.* Qui contient des —s ; affecté de —s.

TUBERCULISATION, TUBERCULOSE, *sf.* Formation des tubercules pulmonaires, premier degré de la phthisie.

TUBÉREUSE, *sf.* Plante de la famille des liliacées, à haute tige, dont les fleurs, blanches, en épis allongés, sont très-odoriférantes ; elle est originaire de l'Amérique tropicale.

TUBÉREUX, SE, *adj.* (*Bot.*) Se dit des racines charnues et renflées ou qui portent des tubercules.

TUBÉROSITÉ, *sf.* (*Anat.*) Éminence plus ou moins volumineuse qui donne attache à un muscle ou à un ligament.

TUBICOLES, *smpl.* (*Zool.*) Groupe d'annélides qui vivent dans des tubes calcaires ou siliceux de consistance plus ou moins membraneuse. | Famille de mollusques acéphales à coquillage oblong, qui vivent enfermés dans les pierres, les bois, la vase, etc., où ils se creusent des cavités dont ils ne peuvent plus sortir.

TUBIPORE, *sm.* Nom générique de plusieurs polypiers formés par l'agglomération d'un grand nombre de tubes allongés et formant une masse arrondie au fond de la mer ; ils ont souvent des couleurs très-éclatantes.

TUBITÈLES, *sfpl.* (*Zool.*) Famille d'araignées qui filent des toiles serrées, de forme tubulaire, et les placent dans les fentes, les trous de mur, entre les feuilles d'arbre, etc.

TUBULAIRE, *adj.* Se dit d'un système de chaudières à vapeur, renfermant un grand nombre de tubes entre lesquels ou dans lesquels l'eau est distribuée, en sorte que la surface de chauffe est considérable et la vaporisation très-rapide. | *sf.* Polypier flexible, simple ou rameux, gris, tubuleux, transparent, qu'on trouve dans la Méditerranée.

TUBULÉ, E, *adj.* Garni de tubulures.

TUBULITE, *sf.* Dent fossile.

TUBULURE, *sf.* Ouverture particulière d'un flacon, d'un ballon, etc., distincte de son ouverture principale et par laquelle on introduit un tube maintenu par un bouchon.

TUDESQUE, *adj.* Se dit de la langue ou des mœurs des Allemands, des Germains.

TUE-LOUP, *sm.* Espèce d'aconit dont les fleurs sont très-belles, qui croît sur les Alpes et les Pyrénées.

TUF, *sm.* Pierre poreuse, dure et sèche, qu'on trouve quelquefois au-dessous de la terre de culture. | — calcaire, calcaire concrétionné que déposent les eaux. | — siliceux, dépôt siliceux de certaines eaux. | Pierre blanche, poreuse et tendre, qui durcit lorsqu'elle est employée. | TUFACÉ, E, TUFIER, ÈRE, *adj.* De la nature du —.

TUFEAU ou TUFFAU, *sm.* Variété de craie dure, très-poreuse, grise, mêlée de sable et de mica, qu'on emploie dans les constructions.

TUGUE, *sf.* (*Mar.*) Sorte de gaillard élevé qui occupe l'arrière d'un vaisseau.

TUILAGE, *sm.* Opération qui consiste à donner la dernière façon aux draps, au moyen d'une planchette recouverte d'un mastic, appelée *tuile*.

TUILEAU, *sm.* Morceau, fragment de tuile cassée.

TUILÉE, *sf.* V. *Tridacne.*

TUILER, *va.* Constater au moyen d'épreuves si celui qui se dit franc-maçon l'est réellement.

TULIPIER, *sm.* Grand arbre de l'Amérique du Nord, d'un très-bel aspect, qu'on a transporté en Europe, et dont la fleur ressemble à celle de la tulipe; son bois est jaune et odorant.

TUMÉFACTION, *sf.* Enflure, augmentation de volume. | TUMÉFIER, *va.* Causer de la —. | TUMESCENCE, *sf.* Commencement de —.

TUMEUR, *sf.* Toute éminence anormale qui se développe à la surface du corps sous l'influence d'une cause morbifique. | — blanche, gonflement d'une articulation résultant d'une altération synoviale des tissus cartilagineux qui a le plus souvent pour cause un état scrofuleux; elle peut se terminer par l'atrophie, l'ankylose ou bien des abcès suivis de suppuration. | — variqueuse, petite tumeur résultant de la dilatation du tissu capillaire qui se forme à la surface de la peau ou des muqueuses.

TUMULAIRE, *adj.* Qui a rapport, qui appartient aux tombeaux.

TUMULUS, *sm.* (pr.-*luss.*) Grand amas de terre, ou construction de pierre, en forme de cône, que les hommes antéhistoriques élevaient au-dessus des sépultures; au plur. des *tumuli.*

TUNAGE, *sm.* TUNE, *sf.* Couche de fascines traversées de plusieurs rangées de piquets chargés de gros gravier qu'on met au fond de certains ouvrages hydrauliques.

TUNGSTÈNE, *sm.* Corps simple métallique, gris d'acier, dur, très-lourd, qui allié aux autres métaux leur communique de la dureté sans les rendre moins ductiles; on l'extrait du minerai appelé *Wolfram.* | TUNGSTIQUE, *adj.* Se dit des substances renfermant du —. | TUNGSTATE, *sm.* Nom de divers sels renfermant de l'acide tungstique.

TUNIQUE, *sf.* Autrefois vêtement de dessous qui correspondait à la *chemise* de nos jours. | Redingote d'uniforme. | Vêtement que les évêques portent sous la chasuble dans les grandes cérémonies. | (*Hist. nat.*) Nom qu'on donne aux diverses enveloppes de certains organes, quand elles sont superposées, comme celles de l'œil, de l'estomac, etc., et dans les végétaux, celles des oignons, des bulbes, etc.

TUNNEL, *sm.* (pr. *tu-nèl.*) (*Angl.*) Galerie souterraine qui passe sous une montagne, sous une rivière, sous un chemin; voûte sous laquelle se trouve une voie ferrée.

TUORBE, *sm.* V. *Téorbe.*

TUPAIA, *sm.* V. *Cladobate.*

TURAULT ou TURO, *sm.* V. *Toral.*

TURBE, *sf.* On désignait ainsi autrefois les enquêtes dans lesquelles on prenait le témoignage d'un grand nombre d'habitants d'un même pays. | TURBIER, *sm.* Témoin entendu dans une enquête par —.

TURBINE, *sf.* Espèce de roue en hélice à axe vertical, plongée horizontalement dans le courant qui la fait mouvoir et communiquant le mouvement à une machine.

TURBINÉ, E, *adj.* Qui a la forme d'un cône renversé, d'une toupie.

TURBINELLE, *sf.* Mollusque de l'océan Indien qui produit des perles roses; sa coquille est univalve, turbinée, de forme ovoïde et souvent épineuse.

TURBITH, *sm.* Espèce de liseron de Ceylan, employé autrefois comme purgatif. | — minéral, sulfate jaune de mercure, émétique et purgatif. | V. *Globulaire.*

TURBO, *sm.* Mollusque à coquillage univalve, nacré à l'intérieur, de forme conique ou renflée, sillonné et marbré de couleurs très-variées; on le trouve dans les mers des Indes, sa chair est comestible et son coquillage est surtout très-recherché.

TURBOT, *sm.* Genre de poissons de mer de la famille des pleuronectes, de forme rhomboïdale ou en losange; l'espèce principale habite l'Océan, la Baltique et la Méditerranée: *sa chair est blanche, feuilletée, grasse,* délicate excellente à manger; une autre de ses espèces est la barbue. | TURBOTIN, *sm.* Petit —.

TURBOTIÈRE, *sf.* Vaisseau de cuisine qui a la forme d'un losange et qui sert spécialement à faire cuire le turbot.

TURC, *sm.* Larve du hanneton. | Petit ver qui se loge entre l'écorce et le bois de certains arbres, partic. des poiriers, et se nourrit de leur sève. | V. *Eryx.*

TURCIE, *sf.* Digue au bord d'une rivière pour empêcher les débordements.

TURDE, TURDUS, *sm.* Nom générique des oiseaux appelés vulgairement *grive* et *merle.*

TURF, *sf.* Lieu où se font les courses de chevaux et les paris qui accompagnent ces courses.

TURGESCENCE, *sf.* Gonflement en général, soit à l'intérieur, soit à l'extérieur.

TURGESCENT, E, *adj.* Qui se gonfle.

TURGIDE, *adj.* Renflé, gonflé, boursouflé.

TURION, *sm.* (*Bot.*) Bourgeon des plantes vivaces qui part du collet de la racine et produit des tiges annuelles, comme dans l'asperge.

TURNEPS, *sm.* Espèce de gros navet cultivé pour la nourriture des vaches.

TURNIX, *sm.* Oiseau gallinacé très-petit, originaire du sud de l'Europe et remarquable par l'absence de doigts de derrière, et par ses plumes brunes bordées de jaune; il est très-voisin de la caille par sa conformation.

TURQUET, *sm.* Variété de froment barbu. | Maïs.

TURQUETTE, *sf.* Herniole, petite plante couchée sur la terre, dans les lieux arides, dont on emploie quelquefois une espèce commune en France, comme diurétique faible.

TURQUIN, *adj. m.* Bleu —, bleu foncé. | Marbre —, marbre bleu, tirant sur l'ardoise.

TURQUIS, *sm.* Maïs, appelé aussi blé de Turquie.

TURQUOISE, *sf.* Pierre fine, non transparente, d'un beau bleu de ciel; la vraie — ou — de vieille roche, ou — orientale, est un oxyde de fer et de cuivre alumineux qu'on trouve en Perse; la — de nouvelle roche, moins dure et moins estimée, est un os fossile, pénétré de sulfate de fer. | Etoffe croisée, fabriquée en Turquie.

TURRITELLE, *sf.* Coquillage qui a la forme d'un cône très-allongé et ressemble à une vis; on le trouve dans les mers tropicales.

TUSSAH, *sm.* Nom d'une variété de soie de l'Inde et de Chine, de couleur gris blond, très-forte, provenant de cocons de vers sauvages et dont on fait des étoffes très-solides; elle entre dans la composition des foulards nommés *Corahs*.

TUSSILAGE, *sm.* Plante de la famille des composées, vivace, commune en Europe, et dont une espèce, vulg. *pas d'âne*, produit des fleurs jaunes au printemps et des feuilles grandes, cordiformes en été; elle est très-pectorale et adoucissante; elle se trouve surtout dans les lieux humides.

TUTE, *sf.* Creuset à pattes, employé pour les essais de mines.

TUTELLE, *sf.* Autorité donnée conformément à la loi pour avoir soin de la personne d'un mineur ou d'un interdit, à une personne qui prend le nom de *tuteur;* celui-ci est dit *légal*, quand il est désigné par la loi (c'est le père ou la mère), et *datif*, lorsqu'il est choisi par le conseil de famille; le *subrogé-tuteur* est nommé pour empêcher que le tuteur ne fasse rien contre les intérêts du mineur.

TUTEUR, *sm.* V. *Tutelle.* | Perche ou baguette qu'on met en terre, à côté des jeunes arbres ou des tiges flexibles, et auxquelles on les attache pour les soutenir ou les redresser.

TUTHIE, *sf.* V. *Cadmie.*

TUTTI, *smpl.* (pr. *tout-ti.*) (*Mus.*) Ce mot indique sur les partitions que tous les instruments doivent se faire entendre à la fois.

TUYÈRE, *sf.* Ouverture pratiquée à la partie inférieure et latérale d'un fourneau pour recevoir le tuyau ou bec des soufflets.

TUZELLE, *sf.* Sorte de blé tendre dont l'épi est sans barbe et le grain fort gros; on le cultive en Flandre, en Provence et en Italie.

TYLOME, *sm.* Callosité de l'épiderme.

TYMPAN, *sm.* (*Anat.*) Cavité irrégulière, située au fond de l'oreille, et tapissée par une membrane que vient frapper l'air et qui reçoit les sons. | (*Impr.*) Châssis sur lequel est tendu un morceau d'étoffe et sur lequel on étend les feuilles à imprimer. | (*Archit.*) Espace uni qui se trouve encadré par les trois corniches du *fronton triangulaire.* | Espace triangulaire qui résulte d'une arcade circonscrite par des lignes droites; on y sculpte quelquefois des figures de femme, des Renommées, etc. | Roue creuse, divisée en compartiments par une cloison en spirale et servant à élever de l'eau.

TYMPANISME, *sm.* TYMPANITE, *sf.* Ballonnement du ventre, enflure mobile du conduit digestif. | Chez les bêtes à laine, on l'appelle *météorisation.*

TYMPANON, *sm.* Ancien instrument de musique consistant en cordes de fil de laiton tendues, qu'on touchait avec deux baguettes de bois.

TYPHACÉES, *sfpl.* (*Bot.*) Famille de plantes aquatiques dont le type est la *massette.* (V. ce mot.)

TYPHIQUE, *adj.* Qui est relatif au typhus.

TYPHLOPS, *sm.* Petit serpent d'Asie et de Russie, dont les yeux ne sont pas apparents; il vit sous terre et se nourrit de larves, de vers, etc.

TYPHLOSE, *sf.* Cécité.

TYPHOÏDE, *adj.* Qui a les caractères du typhus, qui ressemble au typhus. | Fièvre —, affection qui attaque particul. les individus forts et jeunes; c'est une inflammation des follicules de l'intestin grêle et de ses ganglions, suivie d'une altération du sang et des liquides, etc.; elle est considérée comme contagieuse et paraît identique au *typhus d'Europe.*

TYPHOMANIE, *sf.* Espèce de délire avec insomnie et visions nocturnes. | TYPHOMANE, *s.* et *adj.* Atteint de —.

TYPHON, *sm.* Vent impétueux qui souffle de différents points de l'horizon. | Trombe, tourbillon.

TYPHUS, *sm.* (pr. *fuss.*) Maladie épidémique contagieuse, qui attaque surtout le système nerveux et se traduit par un état de trouble tout particulier des facultés intellectuelles. | — d'Orient, la *peste.* | — d'Europe, *fièvre résultant* de l'entassement d'un grand nombre d'hommes, dans un espace étroit, et qui consiste dans une inflammation générale du système muqueux.

TYPOGRAPHIE, *sf.* Réunion de tous les arts et de toutes les opérations qui concourent à l'imprimerie (fonderie de caractères, composition typographique, impression proprement dite ou tirage, etc.).

TYRAN, *sm.* Genre d'oiseaux passereaux d'Amérique, dont le bec est robuste, crochu et qui ont des habitudes carnassières.

TYRANNEAU, *sm.* Genre d'oiseaux passereaux de très-petite taille, qu'on trouve à la Guyane, et qui a des mœurs analogues à celles du roitelet.

PR 72

TYROLIENNE, *sf.* Espèce de valse ou de mélodie originaire du Tyrol, notée en triolets en mesure à trois temps et d'un mouvement modéré; c'est une chanson montagnarde qui s'exécute avec une voix de tête particulière, franchissant à l'aide de certains coups de gosier d'assez grands intervalles.

TZAR, *sm.* Tzarine, *sf.* V. *Czar, czarine.*

U

UBIQUISTES, *smpl.* (pr. *-kuis-*). Sectaires qui prétendaient que le corps de Jésus-Christ est présent partout aussi bien que sa divinité.

UBIQUITÉ, *sf.* (pr. *-kui-*) Faculté, pouvoir d'être en plusieurs endroits à la fois; cette faculté n'appartient qu'à Dieu.

UDOMÈTRE, *sm.* Instrument propre à mesurer la quantité de pluie qui tombe dans un lieu; c'est généralement une toile horizontale tendue et laissant écouler l'eau dans un vase gradué surmonté d'un entonnoir.

UHLAN, *sm.* (pr. *hu-*, *h* aspirée). V. *Hulan.*

UKASE, *sm.* En Russie, tout décret ou édit émanant du czar.

ULBARRAINE, *sf.* V. *Moline.*

ULCÉRATION, *sf.* Production d'un

ULCÈRE, *sm.* Solution de continuité d'un tissu, avec écoulement de pus; il est externe ou interne, suivant qu'il se développe sur la peau ou sur les membranes muqueuses.

ULÉMA, *sm.* Nom que portent chez les Turcs les docteurs de la loi qui sont investis de l'autorité religieuse.

ULIGINEUX, SE, Uliginaire, *adj.* Humide, qui croît dans les lieux humides.

ULITE, *sf.* Inflammation des gencives.

ULLUQUE, *sm.* Plante de l'Amérique du Sud, à feuilles épaisses, en cœur, à fleurs petites, jaunes, en grappes axillaires; on le cultive au Pérou pour recueillir son tubercule, assez volumineux, qui est alimentaire.

ULMACÉES, *sfpl.* (*Bot.*) Famille de plantes, détachée de celle des amentacées, et renfermant un certain nombre d'arbres dont le type est le genre *orme.*

ULMAIRE, *sf.* Nom d'une espèce de spirée appelée aussi *reine des prés.* V. *Spirée.*

ULMINE, *sf.* Matière noire, acide, qui se trouve dans diverses substances putréfiées, telles que le terreau, la tourbe, l'eau de fumier, etc.

ULNAIRE, *adj.* Qui a rapport à l'os cubital.

ULONCIE, *sf.* Gonflement des gencives.

ULOTRIQUE, *adj.* et *s.* Qui a les cheveux crépus.

ULTIMATUM, *sm.* Raison dernière, dernières conditions que l'on met à un traité et auxquelles on tient irrévocablement. | Ordre formel notifié par une puissance et dont la non-exécution équivaut à une déclaration de guerre.

ULTRAMONTAIN, NE, *adj.* et *s.* Se dit particul. des opinions et des principes suivant lesquels le pape devrait être tout-puissant, soit au spirituel, soit au temporel, et des partisans outrés de ces principes et du pouvoir du pape. | Ultramontanisme, *sm.* Système, opinion des —s.

ULTRA PETITA, *loc. adv. lat.* (*Jurisp.*) Se dit des jugements qui accordent à une des parties plus que ce qu'elle a demandé.

ULULATION, *sf.* Cri des oiseaux de nuit.

ULULER, *vn.* Crier en gémissant à la manière du hibou.

ULVE, *sf.* Genre d'algues, type de la famille des ulvacées, à fronde verte, plane, ondulée sur les bords, qu'on trouve dans les lieux humides et les eaux douces.

UNAU, *sm.* Mammifère de l'ordre des édentés et de la famille des tardigrades, dépourvu de queue et remarquable par les deux longues griffes qu'il porte à chaque pied.

UNCIAL, E, *adj.* (pr. *on*). V. *Oncial.*

UNCIFORME, *adj.* (pr. *on-*). Qui a la forme d'un crochet.

UNCINÉ, E, *adj.* (pr. *on-*). Qui se termine en crochet.

UNCIROSTRES, *smpl.* (*Zool.*) Famille de l'ordre des échassiers, renfermant ceux qui ont le bec recourbé, tels que le secrétaire, le kamichi, etc.

UNGUIFÈRE, *adj.* (pr. *on gu-i-*). Qui porte des ongles.

UNGUIS, *sm.* Petit os très-mince placé à la partie antérieure et interne de l'œil; il ressemble à un ongle. | V. *Ptérygion.*

UNILATÉRAL, E, *adj.* (*Bot.*) Placé d'un seul côté de la tige ou de la fleur. | (*Jurisp.*) Se dit d'un contrat dans lequel une ou plusieurs personnes sont engagées envers une ou plusieurs autres, sans que celles-ci, de leur côté, soient engagées envers les premières.

UNION, *sf.* État d'association mutuelle dans lequel les créanciers d'un failli se trouvent, à défaut d'un concordat, pour liquider l'actif et le passif du failli.

UNIPARITÉ, *sf.* Production d'un seul petit.

UNIPERSONNEL, LE, *adj.* Se dit des verbes qui ne s'emploient qu'à la troisième personne du singulier, comme *pleuvoir, il pleut, neiger, il neige.*

UNIPÉTALE, *adj.* (*Bot.*) Se dit des fleurs dont la corolle est composée d'un seul pétale placé d'un seul côté des organes reproducteurs et ne les entourant pas.

UNISEXUÉ, E, UNISEXUEL, LE, *adj.* (*Bot.*) Se dit des fleurs qui ne réunissent pas les deux sexes, c.-à-d. qui n'ont que des étamines ou des pistils.

UNISSON, *sm.* Production de deux ou plusieurs sons qui ont exactement la même intonation et la même hauteur, en sorte qu'ils ne forment qu'une seule impression à l'oreille.

UNISSONNANCE, *sf.* Répétition uniforme et monotone du même son.

UNIVALVE, *adj.* (*Zool.*) Se dit des mollusques dont la coquille n'est composée que d'une pièce | (*Bot.*) Se dit du péricarpe quand il ne s'ouvre que d'un côté.

UNIVERSAUX, *smpl.* Se disait, dans l'ancienne philosophie, des cinq attributs qui sont communs à tous les individus; c'étaient le *genre*, l'*espèce*, la *différence*, le *propre* et l'*accident.*

UNIVOQUE, *adj.* Se dit des noms qui s'appliquent dans le même sens à plusieurs choses, soit de même espèce, soit d'espèce différente : *animal* est un terme *univoque* à l'aigle et au lion. | Génération —, mode de génération d'un individu sans le concours d'un autre individu de la même espèce.

UNONE, *sf.* V. *Canang.*

UPAS, *sm.* (pr. *pass*). Grand arbre de Java dont le suc, qui porte aussi ce nom, est un poison tétanique des plus violents: les Javanais s'en servent pour empoisonner leurs flèches.

URANE, *sm.* Oxyde d'uranium, corps métallique noirâtre, infusible, inaltérable à l'air, qu'on trouve dans certaines mines, et dont un sel, le phosphate d'—, a été employé pour la coloration en jaune des porcelaines et des cristaux. | URANIUM, *sm.* Corps simple, métal qui est le radical de l'—; il est très-combustible, et son oxyde sert dans la coloration des cristaux et des porcelaines.

URANOGRAPHIE, *sf.* Science qui a pour objet l'étude, la description des phénomènes célestes.

URANOLITHE, *sm.* V. *Aérolithe.*

URANOSCOPE, *sm.* Genre de poissons acanthoptérygiens percoïdes, dont la tête est grosse, presque cubique; ses yeux sont situés à la face supérieure de la tête et semblent regarder le ciel; il est commun dans la Méditerranée.

URATE, *sm.* V. *Urique.*

URCÉOLÉ, E, *adj.* (*Bot.*) Qui est renflé à sa partie moyenne et rétréci à son orifice; se dit particul. du calice de certaines plantes.

URÉDINÉES, *sfpl.* (*Bot.*) Famille de plantes dont le type est l'*Urédo.*

URÉDO, *sm.* Plante cryptogame parasite, qui se développe dans le tissu de certains végétaux; c'est une sorte de champignon microscopique; une de ses espèces cause la maladie appelée la *rouille* des céréales.

URÉE, *sf.* Substance renfermée dans l'urine à laquelle elle communique sa couleur; c'est un composé complexe d'oxygène, de carbone, d'azote et d'hydrogène.

URÉMIE, *sf.* Accumulation de l'urine dans le sang.

URETÈRE, *sm.* Chacun des deux canaux membraneux qui portent l'urine du rein à la vessie. | URÉTÉRITE, *sf.* Inflammation d'un — ou des —s.

URÈTHRE, *sm.* Canal étroit qui conduit l'urine au dehors.

URIDROSE, *sf.* Sueur urineuse.

URIQUE, *adj.* Acide —, acide que l'on trouve dans l'urine, où il est combiné avec l'ammoniaque.

UROCHS, *sm.* V. *Aurochs.*

UROCRISIE, *sf.* Appréciation de l'état de santé ou de maladie d'une personne d'après l'inspection de son urine.

UROCYSTITE, *sf.* Inflammation de la vessie.

URODIALYSE, *sf.* Suppression momentanée de l'urine.

URODYNIE, *sf.* Sentiment de douleur qu'on éprouve en urinant.

UROLITHE, *sm.* Calcul, concrétion pierreuse dans l'urine.

UROMANCIE, *sf.* Art prétendu de deviner l'avenir d'après l'inspection des urines. | UROMANCIEN, NE, *adj.* et *s.* Qui pratique l'—.

UROPYGIAL, E, *adj.* Se dit du *croupion* des oiseaux, appelé quelquefois *uropyge.*

UROSCOPIE, *sf.* Examen, inspection de l'urine. | UROSCOPIQUE, *adj.* Qui concerne l'—.

URSON, *sm.* Espèce de porc-épic des terres désertes du Nord et de l'Amérique; il est muni d'une double fourrure.

URTICACÉES, URTICINÉES, *sfpl.* (*Bot.*) Nom qu'on donne à un groupe de plantes dont le type est l'ortie; on y rattache la pariétaire, le chanvre, le houblon, et un grand nombre d'arbres, tels que le mûrier, le figuier, l'orme, etc.

URTICAIRE, *sf.* Éruption assez semblable à celle que produirait l'application des feuilles d'ortie sur la peau; elle consiste en plaques saillantes, dures, arrondies, rouges, et dure de un jour à trois semaines, et quelquefois davantage.

URTICATION, *sf.* Sorte de flagellation qu'on pratique avec des orties fraîches pour produire une vive irritation à la peau.

URTICÉES, *sfpl.* (*Bot.*) Groupe de plantes de la famille des urticacées, renfermant particulièrement l'ortie et la pariétaire.

URUBU, *sm.* Espèce de vautour de l'Amérique australe, dont le plumage est tout noir, et qui se tient surtout dans les villes, où il se nourrit d'immondices et nettoie parfaitement les rues, ce qui le rend l'objet du respect des habitants.

URUS, *sm.* V. *Aurochs.*

USAGER, *sm.* Celui au profit duquel existe le droit d'*usage*, c.-à-d. de se servir des biens d'autrui sans en percevoir les fruits et sans toucher à leur substance.

USANCE, *sf.* (*Comm.*) Délai accordé pour payer une lettre de change; ce délai est, en France, de trente jours, entre la date et le paiement.

USNÉE, *sf.* Espèce de lichen à longs filaments, d'un vert jaunâtre, qui croît ordinairement sur le tronc des vieux arbres et pend de leurs branches.

USQUEBAC ou Usquebaugh, *sm.* V. *Whiskey.*

USTION, *sf.* Action de brûler, par l'application d'un cautère.

USUCAPION, *sf.* (*Jurisp.*) Acquisition par la possession, par l'usage.

USUFRUCTUAIRE, *adj.* Qui tient de l'usufruit ou qui a rapport à l'usufruit.

USUFRUIT, *sm.* Jouissance des revenus, des fruits d'un héritage, des intérêts d'un capital dont la propriété appartient à un autre. | Usufruitier, ère, *s.* Celui, celle qui a l'—.

USURE, *sf.* Intérêt, profit qu'on exige d'un argent ou d'une marchandise prêtée, au-dessus du taux fixé par la loi.

UTÉRIN, E. *adj.* Se dit des frères ou des sœurs nés de même mère, mais non pas de même père.

UTÉRUS, *sm.* V. *Matrice.*

UTOPIE, *sf.* Nom qu'on donne aux plans de gouvernement imaginaire, où tout est parfaitement réglé pour le bonheur de chacun. | Utopiste, *adj.* et *s.* Celui qui conçoit une —, qui croit à sa réalisation.

UTRICULE, *sm.* Cellule du tissu des végétaux, sorte de poche microscopique qui forme, par agglomération, la moelle, le parenchyme, la pulpe, etc. | Utriculaire, Utriculé, e, Utriculeux, se, *adj.* Qui a la forme d'une —, qui est composé d'—s.

UVÉE, *sf.* L'une des tuniques de l'œil, qui forme la face postérieure de l'iris. | Uvéite, *sf.* Inflammation de l'—.

UVULE, *sf.* La luette. | Uvulaire, *adj.* Qui a rapport à l'—.

V

VACATION, *sf.* Temps que certains officiers publics emploient à une opération de leur ministère. | Suspension des audiences de la justice pendant les vacances; la chambre des —s est un tribunal temporaire qui prononce, pendant les vacances, sur les affaires urgentes.

VACCAIRE, *sf.* Plante de la famille des caryophyllées, du genre lychnis, dont les tiges et les feuilles sont très-recherchées des vaches.

VACCARION, *sm.* Vent local, chaud et régulier qui souffle dans le midi de la France, particul. à Montpellier.

VACCIN, *sm.* Liquide transparent incolore, que secrètent les pustules des vaches atteintes du cow-pox ou vaccine, et qui est doué de la propriété de préserver de la variole les personnes auxquelles on l'a inoculé; cette inoculation s'appelle *vaccination.*

VACCINE, *sf.* Maladie pustuleuse et contagieuse qui survient aux vaches et se manifeste par des pustules aux mamelles, renfermant un virus spécial appelé *vaccin.* (V. ce mot.)

VACCINELLE, *sf.* Eruption cutanée pustuleuse qui ressemble aux boutons de vaccin, mais qui résulte d'une vaccine incomplète.

VACCINIÉES, *sfpl.* (*Bot.*) Famille de plantes dont le type est l'*airelle.* (V. ce mot.)

VACCINIER, *sm.* V. *Airelle.*

VACHELIN, *sm.* Nom du fromage de Gruyère dans les pays de production.

VACIET, *sm.* V. *Muscari.*

VACOA, *sm.* Arbre de l'Ile de France et de quelques régions d'Amérique, dont les branches retombent à terre et y prennent racine; les fruits d'une de ses espèces sont comestibles, et ses feuilles fournissent des filaments dont on fait des cordages, etc.

VACUOLE, *sf.* Petite cavité d'un tissu pleine de gaz ou de liquide et qui paraît vide, par rapport au tissu solide qui l'entoure.

VADE, *sf.* Aux jeux de cartes, enjeu ou mise de chaque joueur.

VADE-MECUM, *sm.* Nom qu'on donne à certains livres portatifs, destinés à pouvoir être consultés commodément dans toutes les circonstances où l'on se trouve.

VADROUILLE, *sf.* Tampon de laine attaché au bout d'un manche, qui sert à nettoyer les diverses parties d'un navire.

VAGUE, *adj.* Nerfs —s. (*Anat.*) Nerfs de la huitième paire qui se ramifient dans les poumons et l'estomac et dont le trajet est très-étendu. | Terrains —s, dans un plan, ce sont les terrains *vides*, c.-à-d. qui ne renferment pas de constructions, ni de culture particulière, et dont les limites peuvent ne pas être indiquées d'une manière précise. | Année —, année civile, telle que celle des Egyptiens, qui était composée de 12 mois de 30 jours, avec cinq jours complémentaires, de sorte qu'elle avançait tous les 4 ans de 24 heures sur l'année solaire.

VAGUEMESTRE, *sm.* (pr.-*mès*-.) Dans un régiment, sous-officier qui est chargé de retirer des bureaux de poste les lettres adressées aux officiers et aux soldats de son régiment.

VAIGRES, *sfpl.* (*Mar.*) Assemblage de planches qui recouvrent intérieurement la membrure d'un bâtiment. | VAIGRAGE, *sm.* Ensemble des —s. | VAIGRER, *va.* Poser les—s.

VAINE, *adj.* — pâture, terre dont le pâturage est libre, où tous les habitants d'une commune peuvent conduire leurs bestiaux. | —s, *adj. f. pl.* Se dit des fumées des bêtes fauves quand elles sont légères et mal pressées.

VAIR, *sm.* Fourrure blanche et grise qui était très-estimée autrefois. | (*Blas.*) Sorte de mosaïque disposée de diverses manières et composée ordinairement de pièces triangulaires alternativement d'azur et d'argent.

VAIRON, *adj. m.* Se dit des yeux, quand la prunelle est entourée d'un cercle blanchâtre. | Se dit aussi des personnes ou des animaux qui ont un œil d'une couleur et un d'une autre. | *sm.* V. *Véron.*

VAISSEAU, *sm.* (*Hist. nat.*) Tout conduit ou canal qui entre dans la composition d'un être organisé et qui sert à contenir ou à transmettre un liquide quelconque. | — x lymphatiques. V. *Lymphatique.* | (*Bot.*) — x capillaires, conduits très-petits placés à la superficie des feuilles et qui absorbent l'air et la rosée. | (*Mar.*) Nom générique des bâtiments de guerre, quand ils ont au moins 80 canons; ils se distinguent en —x de premier rang (120 canons), de second rang (100 canons), de troisième rang (90 canons), et de quatrième rang (80 canons).

VAKIL, *sm.* Nom qu'on a donné quelquefois au roi de Perse.

VALENCIENNE, *sf.* Dentelle de petite largeur à bords festonnés, à mailles rondes, à réseau épais, à dessins variés; elle est d'un beau blanc et d'une grande solidité au blanchissage; on la fabriquait autrefois à Valenciennes, mais on n'en fait plus guère aujourd'hui qu'à Bailleul et dans l'arrondissement d'Hazebrouck.

VALÉRIANATE, *sm.* Se dit des sels dans lesquels entre comme acide le principe actif de la valériane (acide *valérianique*); tels sont le — de quinine, de fer, etc.; ils ont en général des propriétés antispasmodiques et fortifiantes.

VALÉRIANE, *sf.* Plante à feuilles découpées, à fleurs roses, disposées en bouquet, odorantes, que l'on trouve en mai dans les bois; la racine de l'espèce principale est employée comme un antispasmodique général. | VALÉRIANÉES, *sfpl.* Famille de plantes ayant pour type la —.

VALÉRIANELLE, *sf.* V. *Mâche.*

VALÉRIANIQUE, *adj.* Acide —, produit liquide, huileux, extrait de la valériane et qu'on emploie en combinaison avec le fer, la quinine, etc., à des usages médicaux. V. *Valérianate.*

VALET, *sm.* Instrument de fer formé d'un crochet, coudé et servant au menuisier pour fixer sur l'établi le bois qu'il travaille. | Pelote de fil avec laquelle on bourre les bouches à feu. | — à patin, pince composée de deux branches à charnière et dont on se sert pour faire la ligature des vaisseaux ouverts.

VALÉTUDINAIRE, *adj.* et *s.* Se dit d'une personne maladive, dont l'état habituel est la maladie.

VALIDÉ, *sf.* Titre que les Turcs donnent à la mère du sultan régnant.

VALKIRIE ou VALKYRIE, *sf.* Nom que les anciens Scandinaves donnaient à certaines déesses qui habitaient le palais d'Odin, et dont la fonction était d'aller au milieu des combats dispenser la victoire et désigner ceux qui devaient périr.

VALLAIRE, *adjf.* Couronne —, couronne que les Romains donnaient à celui qui avait le premier franchi les retranchements de l'ennemi.

VALLISNÉRIE, *sf.* Plante aquatique de la famille des hydrocharidées, dont les fleurs femelles sont portées par des pédoncules en spirale qui s'élèvent à fleur de l'eau, au moment de la fécondation, tandis que les fleurs mâles se détachent de la tige, flottent sur l'eau et répandent leur pollen sur les fleurs femelles qui redescendent ensuite au fond, où se fait la maturation des fruits.

VALLONÉE, *sf.* V. *Avelanède.*

VALVE, *sf.* (*Bot.*) Nom que prennent les

divisions du fruit de certaines plantes, quand elles peuvent s'ouvrir et laisser passer les graines. | Pièces d'un coquillage.

VALVULE, *sf.* (*Anat.*) Membrane disposée comme une sorte de soupape qui, dans les vaisseaux ou autres organes du corps des animaux, dirige les liquides dans un certain sens et les empêche de refluer. | Valvulite, *sf.* Inflammation des —s du cœur ou des veines.

VAMPIRE, *sm.* V. *Phyllostome.*

VAN, *sm.* Instrument d'osier, sorte de panier plat, évasé, à deux anses, dont on se sert pour remuer le grain en le jetant en l'air, afin de séparer la paille et l'ordure d'avec le bon grain. | Vanneur, *sm.* Ouvrier qui emploie le —.

VANADIUM, *sm.* Corps simple métallique, de couleur argentine, friable et tout à fait semblable au molybdène; on le trouve dans quelques minéraux du Mexique et de Suède, notamment dans la *vanadite*, où il est combiné avec le plomb.

VANDÈRILLE, *sf.* Pièce de drap rouge, sorte de drapeau que, dans les combats de taureaux, l'on jette à l'animal pour le rendre furieux.

VANGA, *sm.* Genre de passereaux à bec crochu, voisins de la pie-grièche, que l'on trouve à Cayenne, à Madagascar et en Australie.

VANILLE, *sf.* Gousse ou capsule allongée de 15 à 25 centimètres, de couleur noire, s'ouvrant en deux valves, et renfermant des graines petites et noires, qui exhale une odeur suave bien caractéristique, et qu'on emploie pour aromatiser les mets, diverses substances, etc.; c'est le fruit du | Vanillier, *sm.* Arbrisseau grimpant de la famille des orchidées, qu'on trouve aux Antilles et dans l'Amérique australe.

VANILLON, *sm.* Variété de vanille originaire du Mexique et des Antilles; elle est plus courte et moins parfumée que la vanille ordinaire.

VANNE, *sf.* Espèce de porte de bois d'un canal, d'une rigole, etc., qui se hausse ou se baisse pour laisser aller l'eau ou la retenir. | Grandes plumes des oiseaux de proie. | *adj. f.* Eaux —s, eaux impures qui proviennent des égouts, des fosses d'aisances, du fumier, etc.

VANNEAU, *sm.* Oiseau de l'ordre des échassiers, de petite taille, à jambes grêles, assez semblable au pluvier et fréquentant comme lui les endroits humides; son plumage est vert ardoise et il porte une huppe ou aigrette noire formée de plumes longues et déliées; il vit en troupes nombreuses, qui habitent la France en été, et émigrent vers le sud en hiver.

VANNER, *va.* Vanneur, se, *s.* V. *Van.*

VANNERIE, *sf.* Travail en osier; fabrication des paniers, des vans, des hottes, etc. | Vannier, *sm.* Celui qui fait de la vannerie.

VANTAIL, *sm.* L'un des deux battants d'une porte, d'une fenêtre, etc.; au plur. des *vantaux.*

VAPORISATION, *sf.* Action par laquelle on transforme un liquide en vapeur en le soumettant à l'action de la chaleur; elle diffère de l'évaporation en ce que celle-ci est la formation lente et insensible de la vapeur à l'air libre.

VAQUOIS, *sm.* V. *Vacoa.*

VARAIGNE, *sf.* Ouverture par laquelle l'eau de la mer entre dans le premier réservoir d'un marais salant.

VARAIRE, *sm.* V. *Vératre.*

VARAN, *sm.* Grand reptile saurien, très-féroce, voisin du crocodile par sa conformation générale; il vit dans les marécages, particul. au Brésil, à Java et aux Moluques.

VARANDER, *va* Faire égoutter les harengs en les tirant de la saumure.

VARANGUE, *sf.* Membre d'un navire qui porte sur la quille; ce sont les pièces de bois qui forment le fond du navire et qui servent de base aux membrures qui en forment les côtes

VARE, *sm.* Mesure de longueur espagnole et portugaise, variant de 84 centimètres à 1 m.10.

VAREC ou Varech, *sm.* (pr. *-rèk.*) Nom que l'on donne à diverses plantes marines du genre *fucus* ainsi qu'à des zostères, que l'Océan rejette sur le rivage; on s'en sert pour fumer les terres ainsi que pour remplacer le crin dans les ameublements de qualité inférieure.

VARENNE, *sf.* Terrain inculte, en friche, où se trouvent seulement quelques pâturages.

VAREUSE, *sf.* Blouse courte de drap grossier, s'ouvrant par devant.

VARIABLE, *sf.* (*Math.*) Quantité qui a une forme algébrique déterminée et qui est susceptible de passer par divers états de grandeur.

VARICE, *sf.* Dilatation permanente d'une veine produite par l'accumulation du sang dans sa cavité; elles se manifestent particul. dans les veines superficielles des jambes et sont à peu près impossibles à faire disparaître; elles occasionnent de nombreux accidents. | (*Zool.*) Renflement du bord de certaines coquilles bivalves.

VARICELLE, *sf.* Eruption cutanée, appelée *petite vérole volante*, caractérisée par de petites pustules de forme variable, et par la faiblesse ou même l'absence de la fièvre; elle dure de huit à dix jours et a toujours le caractère bénin.

VARICOCÈLE, *sf.* Tumeur formée par la dilatation variqueuse des veines du scrotum.

VARICOMPHALE, *sm.* Tumeur sillonnée de varices, qui a son siége dans l'ombilic.

VARIETUR (NE). V. *Ne varietur.*

VARIOLE, *sf.* Maladie appelée vulg. *petite vérole;* c'est une phlegmasie cutanée, contagieuse, caractérisée par une éruption générale de pustules, une vive irritation cérébrale, pulmonaire ou intestinale, et souvent une prostration complète et une issue funeste; elle est bénigne ou grave, suivant qu'elle est *discrète* ou *confluente.* (V. ces mots.)

VARIOLEUX, SE, VARIOLIQUE, *adj.* Qui est atteint de la variole; qui appartient à la variole ou en provient.

VARIOLIFORME, VARIOLOÏDE, *adj.* Qui ressemble à la variole ou qui en résulte; se dit de certaines affections secondaires analogues à la variole, mais moins graves.

VARIOLOÏDE, *sf.* V. *Varicelle.*

VARIORUM, *adj.* (*Lat.*) Se dit des éditions d'un ouvrage quand elles renferment les notes des principaux commentateurs de cet ouvrage.

VARIQUEUX, SE, *adj.* Qui est de la nature des varices ou qui en provient; qui est affecté de varices.

VARLET, *sm.* (*Féod.*) Nom qu'on donnait aux jeunes gentilhommes qui étaient attachés à la personne d'un chevalier ou d'un grand seigneur pour remplir auprès de lui les fonctions de page ou d'écuyer: c'est de là que vient notre mot *valet.* | V. *Valet.*

VARLOPE, *sf.* Grand rabot qui sert aux menuisiers; il est long et peu large, et porte une poignée à sa partie postérieure.

VARRE, *sf.* Sorte de harpon dentelé, dont on se sert en Amérique pour prendre les tortues. | V. *Vare.*

VASCULAIRE, *adj.* (*Hist. nat.*) Se dit, en parlant des tissus organiques, de ceux qui ont l'aspect de vaisseaux, c.-à-d. de canaux ou conduits renfermant des liquides; on l'applique généralement, en anatomie, à l'ensemble des vaisseaux sanguins, et, en botanique, il se dit des plantes qui renferment des tubes et des vaisseaux, telles que les *phanérogames,* par oppos. aux végétaux cellulaires, qui ne sont composés que de tissus primitifs (*cryptogames*).

VASCULEUX, SE, *adj.* Pourvu de vaisseaux; se dit des organes vasculaires.

VASIDUCTE, *sm.* (*Bot.*) Ligne saillante que les vaisseaux nourriciers forment sous l'épiderme ou tégument propre de la graine, lorsqu'ils se continuent quelque temps sans se ramifier.

VASISTAS, *sm.* (*Archit.*) Petite ouverture ménagée dans une porte ou une fenêtre, pouvant s'ouvrir et se fermer à volonté, et permettant de communiquer à l'extérieur sans ouvrir tout à fait la porte ou la fenêtre.

VASQUE, *sf.* Espèce de bassin circulaire et peu profond, supporté ou non par un pied, faisant ordinairement partie d'une fontaine et servant à recevoir les eaux.

VASSAL, E, *adj.* (*Féod.*) Ce mot désignait ceux qui relevaient d'un seigneur suzerain à cause d'un fief qu'ils tenaient en sa dépendance, et qui devaient lui rendre certains services obligatoires. | VASSALITÉ, *sf.* VASSELAGE, *sm.* État, condition de —.

VATÉRIE, *sf.* Grand arbre des Indes orientales, voisin par sa conformation du tilleul, et produisant une résine employée comme encens et comme vernis.

VATICAN, *sm.* Palais de Rome, qui est la demeure habituelle du pape. | La cour de Rome.

VAUCOUR, *sm.* Espèce de table sur laquelle les potiers de terre préparent la terre glaise.

VAUDEVILLE, *sm.* Autrefois, chanson satirique et mordante, qui se chantait sur un air vulgaire et connu. | Aujourd'hui, pièce de théâtre, de composition légère et badine, et dans laquelle on fait entrer des couplets.

VAUDOISE, *sf.* Poisson blanc, espèce d'able à museau peu proéminent, ayant le corps étroit et allongé et les nageoires pâles.

VAUDOUX, *sm.* Chez les nègres, assemblée mystérieuse où des magiciens donnent des oracles et provoquent des sacrifices de diverses sortes et même des sacrifices humains.

VAUTOUR, *sm.* Genre d'oiseaux de l'ordre des rapaces diurnes, de grande taille, caractérisés surtout par une petite tête, un grand bec, recourbé seulement à la pointe, le cou long dépourvu de plumes, enfin des ailes très-grandes; ils volent obliquement et s'élèvent très-haut; on en compte un certain nombre d'espèces qui se nourrissent toutes de charognes et qui sont remarquables par leur voracité et leur gloutonnerie.

VAUTRAIT, *sm.* Équipage de chasse pour le sanglier.

VAVASSAL ou VAVASSEUR, *sm.* (*Féod.*) Nom que portaient les vassaux d'un ordre inférieur.

VAYVODE, *sm.* Nom qu'on a donné aux gouverneurs de province dans les principautés Danubiennes et en Pologne.

VEAU MARIN, *sm.* Nom donné quelquefois au phoque.

VECTEUR, *adj. m.* (*Astr.*) Se dit du rayon de l'orbite d'une planète, qui est tiré du centre de la planète au centre de l'astre autour duquel elle fait sa révolution.

VÉDA, *sm.* Livre sacré des Hindous.

VEDETTE, *sf.* Sentinelle à cheval, que l'on place à un poste avancé, en observation, ou bien à la porte du palais d'un souverain, etc.

VÉDRO, *sm.* Mesure de capacité pour les liquides, en usage en Russie; elle équivaut à environ 12 litres.

VÉGÉTATIF, VE, *adj.* (*Philos.*) Ame —ve, nom par lequel on désignait, dans l'ancienne philosophie, un principe vital secondaire qui présiderait aux fonctions organiques, c.-a-d. a la nutrition et à la reproduction.

VÉHICULE, *sm.* Ce qui sert à porter, à transporter; en parlant d'un liquide ou d'une solution, ce qui sert à dissoudre une matière.

VEIDAM, *sm.* V. *Véda.*

VEILLON, *sm.* Se dit particul., en Espagne, de certaines monnaies, telles que le réal de —, qui vaut 27 centimes.

VEILLOTTE, *sf.* V. *Véliote.*

VEINE, *sf.* (*Anat.*) Nom des vaisseaux qui rapportent au cœur le sang qui a été distribué par les artères à divers organes; ce sang, dont la couleur est bleu noirâtre, est dit sang *veineux.* | — porte. V. *Porte.* | — cave. V. *Cave.* | (*Minér.*) Lignes d'une roche qui sont d'une couleur différente de celle du fond; point d'une mine où se trouve le métal ou le minerai à exploiter.

VÉLAR, *sm.* Petite plante de la famille des crucifères, qui sert à la préparation d'un sirop pectoral et béchique, et dont on extrait une couleur jaune pour la teinture.

VÉLARIUM, *sm.* (*pr.* -*riomm*). Espèce de tente dont on couvrait les amphithéâtres ou les théâtres antiques pour préserver les spectateurs du soleil, de la poussière ou de la pluie.

VÉLELLE, *sf.* Zoophyte acalèphe qui flotte en troupes à la surface de la mer, et qui paraît être composé d'un grand nombre de petits polypes distincts, groupés suivant une forme regulière, et communiquant avec un système vasculaire commun; ils sont phosphorescents.

VÊLER, *vn.* Se dit des vaches qui mettent bas.

VÉLETTE, *sf.* Petite voile latine qu'on grée sur la vergue du grand mât, dans les navires du Levant.

VÉLIN, *sm.* Peau blanche de jeune veau, préparée plus mince et plus unie que le parchemin; on s'en servait autrefois pour les manuscrits de luxe, et particul. pour les titres de noblesse. | Papier imitant la blancheur ou l'uni du —.

VÉLIOTE, *sf.* Petit tas de foin qu'on forme sur les prés.

VÉLIQUE, *adj.* Point —, point situé à l'intersection de deux résultantes, savoir: celle de l'effort du vent sur les voiles, et celle de la résistance de l'eau au mouvement du bâtiment.

VÉLITES, *smpl.* C'était, dans l'armée romaine, des soldats d'infanterie légèrement armés. | Corps de chasseurs légers, créé en France par Napoléon et qui faisait partie de la garde impériale.

VELLON, *sm.* (*pr. veillon*). V. *Veillon.*

VÉLOCIFÈRE, *sm.* Nom que l'on a donné à certaines voitures publiques.

VÉLOCIPÈDE, *sm.* Sorte de cheval de bois posé sur deux roues, qu'on fait marcher au moyen d'un mécanisme mis en mouvement avec les pieds.

VELOURS, *sm.* Etoffe dont l'endroit est plus ou moins velu, et l'envers est ferme et serré; il s'obtient en employant deux chaînes: l'une pour le corps de l'étoffe, l'autre pour le velouté: on en fabrique en soie et en coton; le — d'Utrecht a la chaîne en fil, la trame en laine et le velouté en poil de chèvre; il sert pour meubles. | (*Zool.*) Se dit des dents de certains poissons quand elles sont si rapprochées qu'en passant la main on ne sent aucune aspérité ni aucun intervalle entre elles.

VELOUTÉ, *sm.* Assaisonnement particulier composé de diverses épices, et qu'on joint quelquefois a certaines sauces, ou dont on fait des potages.

VELTE, *sf.* V. *Setier.*

VELTURE, *sf.* (*Mar.*) Forte ligature au moyen de laquelle on réunit le mât inférieur au pied d'un mât supérieur.

VÉLUM, *sm.* V. *Vélarium.*

VELVERETTE, *sf.* Velours de coton à côtes ou à demi-côtes.

VELVET, *sm.* VELVETINE, *sf.* Nom de plusieurs variétés de velours de coton lisse et imitant le velours de soie.

VENAISON, *sf.* Chair de bête fauve comme cerf, daim, chevreuil, etc. | Temps particulier où ces animaux sont gras et qui convient pour les chasser.

VÉNAL, E, *adj.* Se dit des charges et des emplois, qui s'achètent à prix d'argent. | Se dit de la valeur actuelle d'une denrée, de son prix de vente.

VENDÉMIAIRE, *sf.* Premier mois du calendrier républicain; il commençait le 22 septembre et finissait le 21 octobre.

VÉNÉFICE, *sm.* Ancien syn. d'empoisonnement; particul. empoisonnement accompagné de sortilége.

VENELLE, *sf.* Petite rue.

VENER, *va.* Faire courir un animal pour en attendrir la chair.

VÉNÉRABLE, *sm.* Titre qu'on donne aux francs-maçons qui président une loge.

VÉNERIE, *sf.* Art de chasser avec des chiens courants à toutes sortes de bêtes et principal. aux bêtes fauves.

VÉNÉRUPE, *sf.* Mollusque acéphale à coquille bivalve, qui se creuse dans les pierres du fond de la mer des cavités d'où il ne peut sortir; on l'appelle vulg. Venus de rocher.

VENEUR, *sm.* Grand —, officier de la couronne qui a sous ses ordres immédiats tout ce qui concerne le service de chasse du prince.

VÉNIEL, LE, *adj.* (*Théol.*) Se dit des

péchés susceptibles de pardon, des fautes légères.

VENT, *sm.* —s alizés. V. *Alizés.* | —s étésiens. V. *Etésiens.* | (*Mar.*) — debout, se dit du vent quand il souffle en sens contraire de la route qu'on veut suivre; c'est le contraire de — en poupe ou — arrière.

VENTAIL, *sm.* Partie inférieure de l'ouverture d'un casque. | V. *Vantail.*

VENTE, *sf.* Aux termes du Code, convention bilatérale par laquelle une personne s'oblige à livrer une chose et l'autre à la payer. | — par licitation. V. *Licitation.* | Partie d'une coupe de bois qui est destinée à être vendue. | Réunion des membres d'une société secrète appelés *carbonari.*

VENTELLERIE, *sf.* Ouvrage de bois ou de maçonnerie destiné à soutenir une retenue d'eau; on y pratique une ou plusieurs ouvertures que l'on ferme avec des vannes.

VENTILATEUR, *sm.* Appareil destiné à renouveler l'air dans un lieu fermé, tel qu'une salle de spectacle, d'hôpital, une fosse d'aisance, etc. | Machine de rotation propre à donner du vent, à produire un courant d'air continu, pour alimenter le feu d'un fourneau, sans le secours d'une cheminée. | VENTILER, *va.* Donner de l'air simplement ou au moyen d'un —. | VENTILATION, *sf.* Action de —.

VENTILATION, *sf.* Répartition du prix total de vente d'un immeuble entre divers lots ou entre divers acquéreurs. | VENTILER, *va.* Opérer une —.

VENTÔSE, *sm.* Sixième mois du calendrier républicain; il commençait le 19 février et finissait le 20 mars.

VENTOUSE, *sf.* Petite cloche de verre que l'on applique sur la peau et dans la capacité de laquelle on fait le vide afin de soulever la peau et de produire une irritation locale, ou d'attirer le sang. | Organe de certains animaux qui s'en servent pour sucer différents corps en faisant le vide. | Ventilateur, ouverture pratiquée dans un mur pour alimenter un tuyau de cheminée au moyen de l'air pris au dehors.

VENTRICULE, *sm.* (*Anat.*) Dans le cœur des animaux vertébrés, cavité qui par ses contractions imprime au sang le mouvement circulatoire; chez les mammifères, il y en a deux situées chacune au-dessous d'une *oreillette.* (V. ce mot.) | Nom qu'on donne par analogie à diverses autres cavités du corps humain, et particul. à celles du cerveau, savoir: le — moyen, les —s latéraux, et le — du cervelet.

VENTRILOQUIE, *sf.* Action de parler du ventre, c.-à-d. de faire entendre des sons étouffés qui paraissent venir d'un point éloigné. | VENTRILOQUE, *adj.* et *s.* Qui pratique la —.

VENTURON, *sm.* Espèce de fringille à long bec, olivâtre en dessus, jaune en dessous, à tête cendrée, commune en Europe; c'est une variété de serin.

VÉNULE, *sf.* Petite veine, veine d'un très-petit diamètre.

VÉNUS, *sf.* Genre de mollusques acéphales, à coquille bivalve, assez épaisse, à valves égales, régulières, ornées de couleurs variées et de dessins élégants; une de ses espèces, appelée vulg. *clovis* ou *clovisse*, est comestible et très-recherchée sur le littoral de la Méditerranée. | Dans l'ancienne chimie, syn. de cuivre.

VÊPRES, *sfpl.* L'une des grandes heures canoniales faisant partie de l'office divin; on les dit de 2 à 3 heures de l'après-midi.

VER, *sm.* Nom vulgaire d'un grand nombre d'espèces animales, de conformation diverse, mais dont le caractère général est un corps mou, apode, cylindrique, allongé, sans vertèbres et sans articulations, contractile et divisé comme par anneaux, la tête non distincte. | — s intestinaux. V. *Entozoaires*, *Helminthe* et *Trichocéphale.* | — des enfants. V. *Ascaride lombricoïde.* | — solitaire. V. *Ténia* et *Botryocéphale.* | — coquin. V. *Tournis.* | — blanc. V. *Turc* ou *Man.* | — de crin. V. *Dragonneau.* | — de terre ou — rouge. V. *Lombric.* | — de mer. V. *Taret.* | — assassin, larve de l'*Hydrophile.* (V. ce mot.) | — luisant. V. *Lampyre.* | — de Médine ou de Guinée. V. *Filaire.* | — à soie, nom vulgaire de la larve du bombyx du mûrier et de divers bombyx, dont la chrysalide porte le nom de *cocon.* (V. ce mot.)

VÉRANDA ou VERENDHA, *sf.* Balcon couvert au-devant du rez-de-chaussée d'une habitation champêtre, qui est ordinairement vitré du haut en bas, ou seulement à la partie supérieure.

VÉRATRE, *sm.* Plante voisine du colchique par sa structure; sa racine, qui est un tubercule oblong, est un poison actif qu'on emploie quelquefois à l'extérieur contre les rhumatismes; ses feuilles sont également vénéneuses et font périr les animaux qui les mangent; on en trouve en France, sur les hauteurs, deux espèces principales, le — blanc et le — noir, ainsi nommés de la couleur de leurs fleurs.

VÉRATRINE, *sf.* Alcaloïde extrait des graines de cévadille; c'est un poison redoutable, employé à très-petites doses contre les maladies rhumatismales et névralgiques, ainsi que contre l'hydropisie et la goutte.

VERBAL, E, *adj.* Se dit de certains adjectifs qui sont des participes présents employés adjectivement et pris dans un sens permanent, comme dans ces mots: des enfants *aimants*, une eau *dormante.*

VERBE, *sm.* Partie du discours qui sert à marquer le rapport de l'attribut au sujet, à exprimer que l'on est ou que l'on fait quelque chose; c'est le mot qui joue le principal rôle dans la proposition; ainsi dans la phrase: *Dieu voit nos actions*, le verbe est *voit*, etc.

VERBÉNACÉES, *sfpl.* (*Bot.*) Famille de plantes monopétales, hypogynes, à corolle gamopétale, tubuleuse, dont le type est le genre *verveine*, et qui renferme un grand nombre d'arbrisseaux, tels que le *gattilier*, etc.

VERBÉRATION, *sf.* Action de frapper; son produit par l'air quand il est frappé par un corps.

VERBOUQUET, *sm.* Cordage attaché à un fardeau que l'on élève au moyen d'une chaîne ou d'une corde à poulie, pour le maintenir et l'empêcher de tourner et de toucher à quelque saillie.

VERDAL, *sm.* Raisin sec de Provence.

VERDALE, *sf.* Olive ronde et restant longtemps verte; elle est peu productive et donne une huile médiocre.

VERDANGE ou VERDAUGE, *sf.* VERDELET, *sm.* V. *Bruant* et *Cochevis.*

VERDÉE, *sf.* Sorte de petit vin blanc de Toscane, qui a une teinte verdâtre.

VERDERAME, *sm.* V. *Verdet.*

VERDET, *sm.* Acétate de cuivre, sel de cuivre de couleur verdâtre, que l'on prépare dans le midi de la France, par l'action du cuivre sur le marc de raisin, et qu'on emploie *dans la teinture en noir sur laine*; on l'appelle aussi *vert-de-gris.* | Champignon parasite du maïs, auquel certains auteurs attribuent la pellagre; on l'appelle aussi *Verderame.*

VERDICT, *sm.* Déclaration du jury en réponse aux questions posées par la cour, en matière criminelle.

VERDIER, *sm.* Espèce du genre bruant, à plumage verdâtre en dessus, jaunâtre en dessous, commune en Europe. | Autrefois officier subalterne, chargé de la surveillance de certaines forêts.

VERDURE, *sf.* Tapisserie de Flandre, dont les dessins représentent des bois, des prairies, etc.

VERDURON, *sm.* V. *Venturon.*

VÉRÉTILLE, *sf.* Genre de polypes, voisin des pennatules, cylindrique et très-phosphorescent, qu'on trouve dans la Méditerranée.

VERGE, *sf.* Nom qu'on donne quelquefois à une baguette longue et flexible. | Baguette garnie d'ivoire que portaient autrefois certains huissiers. | Ancienne mesure agraire équivalant au quart d'un arpent; la — carrée s'appelait *vergée.* | Tige qui supporte un disque ou un piston. | Baguette de bois qui sert à séparer les fils de la chaîne.

VERGÉ, E, *adj.* Se dit d'une étoffe où se trouvent quelques fils plus grossiers que les autres ou d'une teinture imparfaite. | Papier—. V. *Vergeure.*

VERGELÉ, *sm.* Pierre de taille calcaire de qualité moyenne, qu'on trouve aux environs de Paris.

VERGEOISE, *sf.* V. *Moscouade.*

VERGER, *sm.* Lieu clos planté d'arbres fruitiers en plein vent.

VERGETÉ, E, *adj.* Qui présente des *vergetures.* (V. ce mot.)

VERGETTE, *sf.* Brosse très-dure faite de soies de sanglier ou de cochon, dont on se sert pour nettoyer des étoffes. | (*Blas.*) Pal étroit qui n'a que le tiers de la largeur du pal ordinaire. | Cercle qui sert à soutenir les peaux dont on couvre les tambours.

VERGETIER, *sm.* Ancien nom du fabricant de brosses, appelé aujourd'hui *brossier.*

VERGETURES, *sfpl.* Petites raies de différentes couleurs, qui se voient sur la peau ou bien sur une fourrure; on donne aussi ce nom à des taches violacées, sanguines, qui se manifestent sur la peau dans certaines maladies.

VERGEURE, *sf.* (pr. *-jure.*) Dans la fabrication du papier à la main, ce sont les fils de laiton parallèles qui occupent le fond de la forme où l'on coule le papier. | Trace que laissent les — s sur le papier fait à la main, et qui s'appelle, dans ce cas, papier *vergé.*

VERGLAS, *sm.* Croûte légère de glace, qui se forme sur la terre des chemins, par suite de la condensation rapide d'une légère couche de vapeur humide qui se congèle au contact du sol dont la température est inférieure à zéro.

VERGNE, *sf.* Sorte d'arbre. V. *Aune.*

VERGUE, *sf.* Grande pièce de bois qui est attachée en travers des mâts d'un navire pour déployer, étendre et orienter les voiles de manière à rendre l'impulsion aussi favorable que possible à la marche du navire.

VÉRICLE, *sf.* Verre ou cristal dont on fait des pierres fausses.

VÉRIN, *sm.* (*Mar.*) Cric ou machine à vis qu'on fait tourner verticalement avec deux barres qui la traversent en croix, pour enlever des fardeaux très-pesants. | Machine composée de deux forts madriers séparés par une forte traverse, et servant à remettre des planches de niveau ou des cloisons d'aplomb.

VERJUS, *sm.* Variété de raisin à grains longs et gros, qui est très-acide et qui ne mûrit jamais complètement. | Suc très-acide des raisins cueillis avant leur maturité; on s'en sert dans divers assaisonnements en guise de vinaigre, etc.

VERMEIL, *sm.* Argenterie dorée au mercure. | Vernis composé de gomme et de cinabre broyés avec de l'essence de térébenthine, et dont se servent les peintres pour donner de l'éclat aux dorures.

VERMEILLE, *sf.* Nom donné par les joailliers à diverses pierres. | — occidentale. V. *Almandine.* | — orientale. V. *Corindon.*

VERMET, *sm.* Mollusque gastéropode à coquille tubuleuse, qu'on trouve dans les mers équatoriales.

VERMICULAIRE, *adj.* Qui a quelque rapport aux vers ou qui leur ressemble. | Pouls —, celui dont les battements sont petits et faibles. | Mouvement —, le mouvement péristaltique des intestins. | *sf.* Espèce d'orpin a saveur âcre et caustique, qu'on trouve sur les vieux murs; ses fleurs sont d'un jaune vif.

VERMICULÉ, E, *adj.* Se dit des ouvrages de sculpture travaillés de manière à représenter les circonvolutions bizarres d'un grand nombre de vers.

VERMICULITE, *sf.* Espèce de talc remarquable en ce que, chauffée à la flamme d'une bougie, elle fait sortir un grand nombre de petits prismes cylindroïdes qui s'allongent comme des vers.

VERMIFORME, *adj.* (*Anat.*) Se dit de certains muscles qui ont la forme d'un ver, ainsi que des éminences plus ou moins allongées qui se trouvent sur certains points du cerveau.

VERMIFUGE, *adj.* et *sm.* Se dit des remèdes qui détruisent les vers enfermés dans le corps.

VERMILLER, *vn.* Se dit du sanglier quand il fouille la terre pour y chercher sa nourriture.

VERMILLON, *sm.* V. *Cinabre.*

VERMIVORE, *adj.* Qui vit de vers.

VERMOUT, *sm.* (pr. *moutt*). Liqueur apéritive composée de vin très-alcoolique dans lequel on a fait macérer de l'absinthe.

VERNACULAIRE, *adj.* En parlant d'une langue ou d'un terme, qui est propre au pays, vulgaire, qui a pris naissance dans la contrée même où on en fait usage.

VERNAL, E, *adj.* Qui appartient au printemps.

VERNATION, *sf.* (*Bot.*) Arrangement des fleurs dans le bouton, qui précède l'estivation.

VERNIER, *sm.* Appareil qui sert à fractionner les intervalles entre les points de division, ou parties égales d'une ligne droite ou d'un arc de cercle.

VERNIS, *sm.* Tout enduit d'abord liquide, transparent, qui peut s'appliquer sur un corps et le préserver de l'action atmosphérique; on en compose un grand nombre avec les résines (copal, sandaraque, etc.) | — de la Chine. V. *Ailante.* | — du Japon, grand arbre du genre sumac, qu'on a introduit, comme ornement, dans les jardins d'Europe.

VÉRON, *sm.* Très-petit able, poisson blanc tacheté de noirâtre, que l'on trouve dans les ruisseaux. | (*Blas.*) Faucon encapuchonné et perché.

VÉRONIQUE, *sf.* Genre de plantes de la famille des scrofulariées, dont la plupart des espèces, herbacées ou sous-frutescentes, portent des fleurs bleues en épis à deux étamines; on emploie en médecine la — *beccabunga* (V. ce mot); on se sert aussi en infusion de la — officinale ou *thé d'Europe*, qui a des propriétés diurétiques et toniques; la — petit chêne jouit des mêmes propriétés.

VERRAT, *sm.* Nom technique du cochon mâle propre à la reproduction.

VERRE, *sm.* Corps translucide, cassant et sonore, obtenu artificiellement en fondant ensemble de la silice ou sable blanc, de la soude et de la chaux; la substitution de la potasse à la soude et l'addition d'un oxyde de plomb donnent une qualité supérieure de verre appelée *cristal.*

VERRIÈRE, *sf.* Vase en verre. | Morceau de verre qu'on met au-devant des châsses, des reliquaires ou des tableaux. | Grand vitrail.

VERRIN, *sm.* V. *Vérin.*

VERRINE, *sf.* Tube de verre. | (*Mar.*) Lampe en verre qui éclaire l'habitacle. | Morceau de verre appelé aussi *verrière.* | — d'Allemagne, petits fragments de verre de diverses couleurs, dont on se sert pour saupoudrer les images et décorer des surtouts de table.

VERROTERIE, *sf.* Petits ouvrages en verre de différentes formes et de différentes couleurs, qu'on fabrique à Venise, dans les départements de l'Orne et de la Seine-Inférieure, etc.; on s'en sert pour faire commerce avec les indigènes de la côte d'Afrique, qui donnent en échange les produits de leur pays.

VERROU, *sm.* Petite pièce de fer à bouton qu'on fait glisser entre deux pattes pour fermer une porte. | Ancienne épée très-longue et toute droite; on écrit aussi *verrouil* dans ce dernier sens.

VERRUE, *sf.* Petite tumeur dure, mamelonnée, indolente, qui se forme à la surface de la peau et spécialement aux mains ou au visage; on l'appelle vulg. *poireau.*

VERSCHOK, *sm.* Mesure de longueur russe, valant 44 millimètres.

VERSE, *adj.* (*Math.*) Sinus — d'un arc ou d'un angle, excès du rayon sur le cosinus.

VERSEAU, *sm.* Celui des douze signes du zodiaque qui correspond au mois de janvier.

VERSER, *vn.* Se dit des blés, des seigles, des avoines, etc., qui sont couchés par l'action de la pluie ou du vent, ou qui fléchissent naturellement par suite de faiblesse dans les tiges.

VERSET, *sm.* Petite section qui renferme quelques lignes, et qui est en usage dans l'Écriture sainte.

VERSIFICATION, *sf.* Art de faire des vers; règles à suivre pour y réussir.

VERSION, *sf.* Traduction; travail à faire pour traduire; particul. exercice scolaire dans ce but.

VERSO, *sm.* Le revers d'un feuillet, la seconde page; c'est l'opposé du *recto.*

VERSOIR, *sm.* Partie de la charrue qui sert à renverser la tranche de terre soulevée par le soc.

VERSTE, *sf.* Mesure itinéraire russe, représentant 500 sagènes, ou environ 1 kilomètre 66 mètres. | Quelques auteurs le font masculin.

VERT, *sm.* — antique, sorte de marbre d'Égypte et de Grèce, composé de fragments anguleux, blancs, noirs et verts, qui entrait dans la construction des monuments antiques, mais qui est très-rare aujourd'hui. | — de Corse, granit à grains ronds, susceptible d'un beau poli. | — de gris. V. *Verdet.* | — de montagne, ou cendres vertes. V. *Malachite.* | — de Schéele, combinaison de cuivre et d'acide arsénieux, d'un beau vert, qu'on emploie pour colorer les papiers peints, etc. | — de vessie, *couleur verte préparée avec le suc des baies* du nerprun arrivées à maturité. | — d'Iris, couleur très-belle que l'on extrait des pétales bleus d'une espèce d'iris d'Allemagne, que l'on pile avec addition de chaux, et dont on étend le suc sur des coquilles; on l'emploie dans la miniature et le lavis.

VERT, E, *adj.* Se dit de certains produits animaux ou végétaux qui viennent d'être recueillis et qui ne sont pas encore travaillés. | Particul. des cuirs qui viennent d'être levés et qui n'ont subi aucune préparation.

VERTÈBRE, *sf.* Chacune des pièces osseuses qui s'articulent les unes avec les autres et qui composent l'épine du dos appelée *épine vertébrale, colonne vertébrale, épine dorsale.*

VERTÉBRÉ, *adj.* et *sm.* (*Zool.*) Désigne une des grandes divisions du règne animal, renfermant les animaux soutenus par un *squelette intérieur, savoir : les mammifères,* les oiseaux, les poissons et les reptiles.

VERTEIL, *sm.* V. *Peson.*

VERTERELLE, *sf.* Pièce de fer en forme d'anneau, qu'on fixe dans une porte pour retenir le verrou.

VERTET, *sm.* V. *Coquerelle.*

VERTEX, *sm.* Sommet de la tête. | Tout sommet quelconque.

VERTICAL, E, *adj.* Qui prend la direction appelée VERTICALE, *sf.* Ligne droite que suit un corps abandonné à lui-même et tombant à terre par l'effet de l'attraction centrale qu'on appelle *pesanteur.*

VERTICILLE, *sm.* (*Bot.*) Assemblage de feuilles ou de fleurs disposées circulairement suivant un même plan, autour d'un même point de la tige.

VERTIGO, *sm.* Maladie particulière aux chevaux et aux moutons; c'est une sorte de vertige avec tournoiement de tête qui amène souvent la mort de l'animal.

VERTUGADIN, *sm.* Espèce de bourrelet que les dames portaient jadis au-dessous de leur corps de robe. | Glacis de gazon en amphithéâtre.

VERVEINE, *sf.* Plante type de la famille des verbénacées; la plupart de ses espèces sont de petits arbrisseaux à fleurs en épis grêles, à feuilles plus ou moins découpées, etc.

VERVEUX, *sm.* Sorte de filet qui sert à prendre le gros poisson; c'est une nasse de réseau soutenue sur des cerceaux.

VÉSANIE, *sf.* (pr. -*za*-). Toute maladie mentale.

VESCE, *sf.* Plante de la famille des légumineuses, à tiges couchées, à feuilles composées *de folioles nombreuses; on cultive une de ses* espèces, à fleurs pourpres en grappes, pour fourrage et pour nourrir la volaille au moyen de ses graines, qui sont noires, rondes et farineuses.

VÉSICAL, E, *adj.* Qui a rapport à la vessie.

VÉSICANT, E. *adj.* et *sm.* (*Méd.*) Se dit des substances qui détruisent l'épiderme en *faisant naître sur la peau des vésicules,* des ampoules pleines de sérosité, et amènent une suppuration. | VÉSICATION, *sf.* Action des — s. — VÉSICATOIRE, *sm.* Emplâtre —.

VÉSICULE, *sf.* Sac membraneux, semblable à une petite vessie. | Éruption cutanée, soulèvement de l'épiderme formé par l'agglomération d'un liquide séreux. | Globules de très-petites dimensions qui constituent les brouillards et les nuages.

VÉSICULAIRE, VÉSICULEUX, SE, *adj.* Qui est composé de vésicules. | État —. V. *Sphéroïdal.*

VÉSINE, *sf.* Vent sud-ouest dans une vallée adjacente à la vallée du Rhône (Nyons); on le croit malsain.

VESOU, *sm.* (pr. -*zou*). Jus liquide qui sort de la canne à sucre écrasée par le moulin; on l'appelle aussi *vin de canne.*

VESPER, *sm.* Nom latin du soir. | La planète Vénus, quand on la voit après le coucher du soleil.

VESPÉRAL, E, *adj.* Qui appartient au soir.

VESPÉRIE, *sf.* Ancien nom de la thèse que soutenaient les étudiants pour devenir docteurs en théologie ou en médecine. | Sermon, longue remontrance.

VESPERTILION ou VESPERTILLON, *sm.* Nom générique des chauves-souris ordinaires.

VESPÉTRO, *sm.* Sorte de ratafia employé comme tonique, stomachique et carminatif; il est composé d'anis vert, de fenouil, de coriandre, etc., *ainsi que d'écorces d'orange et de* citron.

VESSE-DE-LOUP, *sf.* V. *Lycoperdon.*

VESSIE, *sf.* (*Anat.*) Réservoir de forme conique, situé dans le bas-ventre, derrière le pubis, et qui est destiné à recevoir l'urine. | — *natatoire, sac rempli d'air qui se trouve* placé au-dessous de la colonne vertébrale chez la plupart des poissons, et qui est destiné à les rendre plus ou moins légers, selon qu'ils veulent monter ou descendre dans l'eau.

VESSIGON, *sm.* Tumeur molle, indolente, qui survient sur le côté de l'articulation du jarret, à la partie inférieure du tibia, et quelquefois à l'articulation du genou du cheval;

dans d'autres positions on l'appelle *molette*. (V. ce mot.)

VEST, *sm.* (*Féod.*) Investiture des biens tenus en roture, qui était accordée par le seigneur foncier, et sans laquelle l'acquéreur de ces biens ne pouvait en être réputé propriétaire.

VESTIBULE, *sm.* Cavité irrégulière de l'oreille interne ou du labyrinthe; elle est placée en dedans du tympan, en dehors du conduit auditif externe.

VÉTIVER, *sm.* Nom qu'on a donné à une plante graminée de l'Inde, voisine du chiendent, dont les racines, très-odorantes, servent à préserver le linge et les vêtements de l'atteinte des insectes.

VETO, *sm.* (pr. *vé-to*). Acte par lequel un pouvoir exécutif déclare s'opposer à l'exécution d'une mesure adoptée par le pouvoir législatif.

VÊTURE, *sf.* Acte par lequel, dans les couvents, un novice revêt solennellement l'habit de l'ordre; cette prise d'habit précède d'un an la profession solennelle.

VÉTYVER, *sm.* V. *Vétiver.*

VEUVE, *sf.* Oiseau du genre gros-bec, dont le plumage est noir et dont la queue, chez les mâles, se prolonge en un panache élégant, réduit parfois à quatre pennes gracieusement relevées; on trouve ses espèces en Afrique et en Océanie.

VEXILLAIRE, *adj.* Qui se rapporte à l'étendard.

VIABILITÉ, *sf.* État d'un enfant né viable, c.-à-d. qui, au moment de la naissance, est assez fort et présente des organes assez bien conformés pour faire espérer qu'il vivra. | État d'un chemin, d'une rue qui sont propres à servir aux communications, c.-à-d. qui sont pavés ou macadamisés, etc.

VIADUC, *sm.* Pont en arcades de maçonnerie ou de fer, qui est construit au-dessus d'un vallon, entre deux élévations de terrain, pour le passage d'un chemin de fer.

VIAGER, ÈRE, *adj.* Qui est à vie, qui doit durer pendant la vie de celui qui en jouit.

VIANDER, *vn.* Se dit des bêtes fauves qui pâturent.

VIANDIS, *sm.* (pr. *-di*). Ce que mangent les bêtes fauves.

VIATIQUE, *adj.* Provisions ou argent qu'on emporte pour faire un voyage. | (*Ant.*) Indemnité de route que recevaient les officiers romains. | Sacrement de l'Eucharistie, communion que l'on donne aux malades qui sont en péril de mort.

VIBICE, *sf.* Ecchymose ou tumeur qui est formée par le sang extravasé dans le tissu cellulaire sous-cutané.

VIBORD, *sm.* (*Mar.*) Grosse planche posée de champ, qui borde et embrasse le pont supérieur d'un vaisseau, le tillac, et qui lui sert de parapet.

VIBRATILE, *adj.* Qui est susceptible de produire des vibrations; se dit des cils ou filaments qui tapissent certaines membranes vivantes ou que portent certains animalcules infusoires.

VIBRION, *sm.* Animalcule infusoire filiforme, droit ou contourné, sans organes locomoteurs; les plus gros n'ont qu'une épaisseur de un millième de millimètre; on les trouve dans les matières animales en putréfaction, le vinaigre, etc.

VIBRISSES, *sfpl.* Poils qui croissent dans les narines de l'homme.

VICAIRE, *sm.* (*Ant.*) Gouverneur de district sous l'Empire romain. | — de l'Empire, au moyen âge, électeur chargé de gouverner en cas d'interrègne de l'empereur d'Allemagne. | Prêtre qui remplit des fonctions ecclésiastiques sous un supérieur; les —s du curé sont quelquefois au nombre de trois; le — général est celui qui représente l'évêque dans l'administration ecclésiastique; les mots — de Jésus-Christ désignent le pape.

VICE-AMIRAL, *sm.* Officier de marine dont le grade est immédiatement au-dessous d'amiral, et qui répond à celui de général de division dans les armées de terre.

VICE-ROI, *sm.* Gouverneur d'un Etat qui a ou qui a eu le titre de royaume; il représente le souverain et en a toutes les attributions dans la plupart des cas.

VICOMTE, *sm.* Titre de noblesse qui vient immédiatement au-dessous de celui de comte.

VICINAL, E, *adj.* Se dit des chemins qui servent de communication entre deux ou plusieurs villages, mais qui ne se trouvent pas sur le parcours d'une grande route.

VICTORIA, *sf.* Voiture découverte à quatre roues, a quatre ou huit ressorts et à deux places seulement. | Très-belle plante de la famille des nymphéacées, qui croît dans les lacs de l'Amérique du Sud; ses proportions sont gigantesques; ses feuilles, rondes, ont quelquefois 2 mètres de diamètre et ses fleurs atteignent 35 centimètres de largeur.

VICTORIAT, *sm.* (*Ant.*) Médaille romaine sur laquelle on voit la victoire dans un char.

VIDAME, *sm.* Nom que prenaient les seigneurs qui tenaient des terres d'un évêché, à la condition de défendre les biens de l'évêque et de commander ses troupes. | VIDAMÉ, *sm.* VIDAMIE, *sf.* Dignité de —.

VIDERCOME, *sm.* V. *Vidrecome.*

VIDIEN, *adj.* (*Anat.*) Se dit de deux petits canaux creusés à la base de l'apophyse *ptérygoïde.* (V. ce mot.)

VIDIMER, *va.* Collationner la copie d'un acte sur l'original et certifier qu'elle y est conforme.

VIDRECOME, *sm.* Grand verre a boire, sans pied.

VIDUITÉ, *sf.* Syn. de veuvage, employé quelquefois dans le langage judiciaire.

VIEILLE, *sf.* V. *Labre.*

VIELLE, *sf.* Instrument à cordes qui se joue au moyen de touches et d'une roue formant archet, qu'on tourne avec une petite manivelle.

VIERGE, *adj.* Se dit des métaux natifs, c.-à-d. qui se trouvent à peu près purs dans le sein de la terre. | Cire —, celle qui est en pains et n'a pas encore servi. | Huile —, celle qui sort naturellement des olives, sans pression. | Parchemin —, très-beau parchemin fait de la peau des agneaux ou des chevreaux mort-nés. | Vigne —. V. *Vigne.*

VIERTEL, *sm.* Mesure de capacité pour les matières sèches, en usage en Autriche ; sa contenance varie de 10 à 16 litres.

VIF-ARGENT, *sm.* Ancien syn. du *mercure.*

VIGIE, *sf.* Matelot qui est en sentinelle pour découvrir et annoncer les objets qui peuvent se présenter à l'horizon. | Point où est placée la —. | Pointe de rocher avancée dans la mer et à fleur d'eau.

VIGILE, *sf.* Veille de certaines fêtes de l'Eglise catholique, que l'on célèbre ordinairement par un jeûne.

VIGNE, *sf.* Nom générique de diverses espèces d'arbrisseaux sarmenteux, à jets flexibles, remarquables par leurs fruits en forme de baies globuleuses agglomérées en grappes, portant, dans l'espèce cultivée, le nom de *raisin.* | — blanche. V. *Bryone* et *Clématite.* | — vierge, nom que portent divers arbrisseaux sarmenteux cultivés, dont les feuilles ressemblent à celles de la vigne.

VIGNETTE, *sf.* Petite estampe que l'on met en ornement en tête d'un volume, au commencement d'un chapitre ou dans l'intérieur d'un texte.

VIGNOT, *sm.* Mollusque très-abondant sur les côtes de la Manche : il se nourrit d'herbes marines qu'il broute avec sa langue qui est très-tranchante.

VIGOGNE, *sf.* Ruminant de la taille d'un mouton, qui vit à l'état sauvage dans les régions les plus élevées des Andes de l'Amérique du Sud ; sa laine est excessivement fine.

VIGUERIE, *sf.* Charge, fonctions ou juridiction du viguier.

VIGUIER, *sm.* Juge qui, en Languedoc et en Provence, faisait les fonctions que les prévôts royaux remplissaient dans les autres provinces. | Dans la république d'Andorre, nom de deux des magistrats qui font partie du conseil souverain, et sont chargés de l'administration de la justice.

VILAIN, *sm.* (*Féod.*) Nom des paysans qui étaient libres et non attachés a la glèbe comme les serfs.

VILEBREQUIN, *sm.* Outil qui sert à percer le bois, la pierre, etc., au moyen d'une *mèche*, qui a un taillant de forme diverse et qu'on fait entrer en la tournant.

VILLANELLE, *sf.* Sorte de poésie pastorale dont les couplets, de trois vers chacun, finissent par le même vers, ou tantô par un vers, tantôt par un autre, et ainsi de suite.

VILLEUX, SE, *adj.* Qui est chargé de poils, velu.

VILLOSITÉ, *sf.* (*Bot.*) Assemblage de poils couchés, flexibles ; consistance veloutense et poilue.

VILLOSITÉS, *sfpl.* (*Anat.*) Appendices des membranes muqueuses, plus ou moins ténus, qui rendent leur surface douce et comme veloutée.

VIMAIRE, *sf.* Dégât causé dans les forêts par les ouragans.

VIME, *sm.* Variété d'osier employée pour lier les cerceaux des barriques.

VINAGE, *sm.* Opération qui consiste à ajouter de l'alcool aux vins trop sucrés, pour arrêter la fermentation sucrée, ou aux vins trop peu sucrés, pour les empêcher de s'aigrir.

VINASSE, *sf.* Liquide qui provient du vin qui a été distillé pour en extraire l'alcool, ou des betteraves, des grains, etc., qui ont subi une distillation.

VINDAS, *sm.* (pr. *-dass*). Cabestan horizontal portatif en usage dans les ports et dans les constructions.

VINÉAL, E, *adj.* Qui croît ou vit dans les vignes.

VINGTAIN, *adj. m.* Drap dont la trame est composée de vingt fois cent fils ou deux mille fils.

VINGTAINE, *sf.* Petit cordage employé pour élever les fardeaux, fixer les échafaudages, etc.

VINICOLE, *adj.* Qui s'applique à la culture de la vigne.

VINIFÈRES, *sfpl.* (*Bot.*) Famille de plantes dont le type est le genre *vigne.*

VINIFICATION, *sf.* Fabrication du vin, comprenant le *foulage*, le *cuvage*, la *fermentation* et le *soutirage.*

VIOLACÉES, Violariées, *sfpl.* (*Bot.*) Famille de plantes dont le type est la violette.

VIOLAT, *adj. m.* Se dit d'un sirop ou d'une sorte de miel préparés avec des violettes.

VIOLE, *sf.* Instrument à sept cordes, de la forme du violon moderne, dont on jouait au dix-septième siècle ; elle était un peu plus grande que l'alto. | Basse de —, instrument appelé aujourd'hui *violoncelle.*

VIOLIER, *sm.* Giroflée ; plante crucifère à fleurs odorantes et de couleurs variées, que l'on trouve sur les vieux murs et dont on cultive plusieurs variétés.

VIOLON, *sm.* Instrument de musique formé d'une boîte de bois sur laquelle sont tendues quatre cordes qui sont supportées par un manche où s'appliquent les doigts de la main gauche, tandis que la main droite fait vibrer les cordes au moyen d'un archet. | Ustensile du fabricant de feutre composé de plusieurs cordes tendues et servant à battre les poils à feutrer. | (*Impr.*) Longue galée sans coulisse, dans laquelle on dépose la composition à mesure qu'elle est faite.

VIOLONCELLE, *sm.* Instrument à quatre cordes, de même forme que le violon, mais d'une plus grande dimension, dont on joue aussi avec un archet, et qui se place entre les jambes.

VIORNE, *sf.* Arbrisseau de la famille des caprifoliacées, à fleurs blanches et à feuilles velues, dont les rameaux sont très-flexibles, et qui porte des baies noirâtres réunies par bouquets; on s'en sert à quelques usages de vannerie.

VIPÈRE, *sf.* Reptile ophidien, portant au-devant de la mâchoire supérieure deux crochets très-aigus, isolés, mobiles et venimeux; l'espèce commune en Europe est de couleur brun noir et longue de 50 à 60 centimètres; ses œufs éclosent dans le ventre de la mère et donnent naissance à des petits appelés *vipereaux*. | — à lunettes. V. *Naja*.

VIPÉRINE, *sf.* Plante de la famille des borraginées, à tige jaunâtre, hérissée de petits tubercules noirs, terminés par des poils rudes et à fleurs bleues ou purpurines, disposées en épis latéraux.

VIRBOUQUET ou VIREBOUQUET, *sm.* V. *Verbouquet*.

VIRÉ, *sm.* Tissu peu employé aujourd'hui, dont la trame est de laine peignée, et dont la chaîne est de laine teinte, doublée avec de la soie teinte de couleur différente.

VIRELAI, *sm.* Ancienne petite pièce de poésie française, qui est toute sur deux rimes et composée de vers courts avec des refrains.

VIREMENT, *sm.* En administration, toute opération qui consiste à effectuer un paiement, soit en un autre lieu que celui où se fait la recette, soit sur un crédit autre que celui qui avait été disposé à cet effet. | (*Mar.*) Rotation d'un bâtiment sur lui-même pour présenter au vent le côté opposé à celui par lequel il le recevait auparavant.

VIRER, *va.* (*Mar.*) Tourner, faire tourner, en parlant d'un navire, d'un cabestan, etc.; on dit aussi *virer de bord*. | Changer, en parlant d'une couleur, d'une matière tinctoriale qui est modifiée par l'action de quelque substance acide ou alcaline.

VIRETOU, *sm.* Sorte de flèche dont la plume était disposée en spirale, ce qui la faisait tournoyer dans le trajet.

VIREUX, SE, *adj.* (*Hist. nat.*) Qui est de la nature du poisson, qui a une saveur ou une odeur nauséabonde particulière.

VIREVEAU, *sm.* Petit treuil pour lever un ancre.

VIRGOULEUSE, *sf.* Sorte de poire fondante qui se mange en hiver.

VIRGULAIRE, *sf.* Zoophyte formé par la réunion de plusieurs petits polypes disposés symétriquement de part et d'autre d'un axe central et régulier.

VIROLE, *sf.* Petit cercle de fer, de cuivre ou de métal, qu'on met autour d'un morceau de bois cylindrique qui sert de poignée à un outil, ou qui est fendu, pour le maintenir et l'empêcher de s'éclater.

VIROLET, *sm.* (*Mar.*) Rouleau de sapin, long et mince, placé verticalement dans une corderie pour changer la direction d'un fil de caret.

VIRTUEL, LE, *adj.* Se dit des choses qui ont une certaine puissance, une certaine force, mais sans que cette force produise actuellement son effet.

VIRTUOSE, *s.* Homme ou femme qui a des talents pour les beaux-arts et particul. pour la musique.

VIRULENT, E, *adj.* Se dit des maladies produites par un virus. | Se dit des discours, des écrits où l'on attaque avec violence. | VIRULENCE, *sf.* Qualité de ce qui est —.

VIRURE, *sf.* (*Mar.*) Se dit d'une file de bordages de la carène qui s'étend d'un bout à l'autre du navire.

VIRUS, *sm.* (pr. *-russ.*) Principe subtil, indéterminé, auquel on attribue la propagation de certaines maladies contagieuses et qui paraît être le produit d'une sécrétion morbide.

VISA, *sm.* Formule qui se met sur un acte pour attester qu'il a été vu et vérifié par celui dont la signature rend l'acte authentique ou valable.

VISCACHE, *sf.* Genre d'animaux voisins du chinchilla et de la taille du lapin, qui habitent l'Amérique du Sud; leur fourrure est de qualité secondaire.

VISCÈRE, *sm.* Nom générique par lequel on désigne les divers organes renfermés dans les grandes cavités du corps, comme le cerveau, les poumons, le cœur, etc., et dont l'action concourt à l'entretien de la vie. | VISCÉRAL, E, *adj.* Qui appartient, qui a rapport aux —s.

VISCOSITÉ, *sf.* Qualité de ce qui est visqueux, gluant.

VISIÈRE, *sf.* Rainure ou petit bouton de cristal qui est au bout du canon d'un fusil pour conduire l'œil, lorsqu'on vise. | Dans les anciennes armures, pièce du casque qui se haussait et qui se baissait, et à travers de laquelle l'homme d'armes voyait et respirait.

VISIR, *sm.* V. *Vizir*.

VISITANDINE, *sf.* Religieuse de l'ordre appelé la *Visitation*.

VISITE, *sf.* Droit de —, droit reconnu aux

bâtiments de guerre de visiter, en mer, les bâtiments de la marine marchande, pour s'assurer, pendant la guerre, s'ils ne transportent pas des marchandises de contrebande dites de *guerre*, et pendant la paix, si les traités concernant la traite des noirs sont exécutés.

VISON, *sm.* (pr. *-zon.*) Animal amphibie de la tribu des digitigrades qui habite l'Amérique du Nord et l'Europe septentrionale ; il a à peu près la taille d'une fouine, et sa fourrure est assez recherchée pour les vêtements de dames.

VISQUEUX, SE, *adj.* Gluant, adhérent, comme la glu, la colle, etc.

VISU (DE), *loc. adv.* V. *De visu.*

VITACÉES, *sfpl.* V. *Vinifères.*

VITALISME, *sm.* Système de métaphysique qui explique les fonctions physiques et morales de l'homme et la vie elle-même, par un principe appelé *principe vital.* | VITALISTE, *sm.* Celui qui professe le —.

VITCHOURA, *sm.* Vêtement polonais garni de fourrure qu'on porte en hiver.

VITELLUS, *sm.* (pr. *-tel-luss.*) Jaune d'œuf ; partie principale et centrale de l'œuf chez tous les animaux. | VITELLINE, *adj.* et *sf.* Se dit de la membrane qui enveloppe le —.

VITELOTS, *smpl.* Rubans de pâte accommodés à la sauce piquante ou cuits dans le lait.

VITELOTTE, *sf.* Espèce de petite pomme de terre allongée et de couleur rougeâtre.

VITICOLE, *adj.* Qui vit dans les vignes. | Qui cultive la vigne. V. *Vinicole.*

VITICULTURE, *sf.* Culture de la vigne.

VITIFÈRE, *adj.* Qui produit des vignes ; où la vigne croît.

VITILIGO, *sm.* Maladie de la peau qui consiste dans une décoloration partielle de la peau et des poils.

VITRAIL, *sm.* Grande croisée fixe des églises, dont les verres sont souvent peints et coloriés. | Au pl. des *vitraux*.

VITRÉ, E, *adj.* (*Anat.*) Corps —, masse molle, transparente, gélatineuse, ressemblant à du verre fondu, qui occupe les trois quarts postérieurs de la cavité du globe de l'œil ; il a une figure sphérique, mais offre en avant une excavation dans laquelle le cristallin se trouve logé. | Electricité —e. V. *Positive* (*Electricité*).

VITRIÈRE, *sf.* Espèce de fer plat et carré.

VITRIFICATION, *sf.* Transformation de certaines substances en verre ou en produit ressemblant au verre. | VITRIFIER, *va.* Opérer la —.

VITRINE, *sf.* Petit mollusque gastéropode intermédiaire entre les limaces et les hélices, et dont la coquille est mince et transparente comme du verre.

VITRIOL, *sm.* Nom commercial de certains sulfates, savoir : | — blanc, sulfate de zinc. | — bleu, sulfate de cuivre. | — vert, sulfate de protoxyde de fer. | Huile de —, acide sulfurique.

VITULIN, E, *adj.* Qui tient du veau, qui rappelle une partie quelconque du veau.

VIVACE, *adj.* (*Bot.*) Se dit des plantes à tiges persistantes et qui vivent plus de trois ans.

VIVANEAU, VIVANET, *sm.* V. *Mésoprion.*

VIVE, *sf.* Poisson de mer acanthoptérygien, de la grosseur d'un maquereau, d'un brun jaunâtre et dont la chair est peu délicate ; ses nageoires sont armées d'aiguillons dont la piqûre est, dit-on, dangereuse.

VIVIER, *sm.* Pièce d'eau dans laquelle on conserve du poisson vivant. | Bateau muni d'un réservoir d'eau pour conserver le poisson vivant.

VIVIPARE, *adj.* et *sm.* (*Zool.*) Se dit des animaux qui mettent au monde leurs petits tout vivants.

VIVISECTION, *sf.* Action de disséquer un animal vivant, de pratiquer quelque incision sur certaines parties de son corps sans détruire la vie, afin d'examiner les fonctions des organes à l'état vivant.

VIVRE, *sf.* VIVRÉ, E, *adj.* V. *Guivre.*

VIVROGNE, *sm.* V. *Noir-museau.*

VIZIR, *sm.* Nom des ministres, des principaux officiers du conseil du Sultan. | Grand—, le premier ministre de l'empire ottoman.— VIZIRAT, *sm.* Dignité, fonctions de —. | VIZIRIAL, LE ou VIZIRIEL, LE, *adj.* Qui émane du —, qui appartient au —.

VOCABLE, *sm.* Mot, nom, substantif. | Patronage d'un saint, sous lequel est placée une église.

VOCALISE, *sf.* Exercice de chant qui se fait sans prononcer aucune syllabe. | VOCALISER, *vn.* Chanter une —. | VOCALISATION, *sf.* Action de —.

VOCATIF, *sm.* Cas que l'on emploie quand on adresse la parole à quelqu'un ; il consiste le plus souvent dans le nom de cette personne précédé de l'interjection ô.

VOCERO, *sm.* (pr. *-cé-.*) Nom donné en Corse à une sorte de chant populaire composé pour l'inhumation de certains défunts. | Au pl. des *Voceri.* | VOCERATRICE, *sf.* Femme qui improvise le —.

VOIE, *sf.* (*Chim.*) Manière particulière de faire la réduction d'une substance ; la — sèche consiste à la soumettre à l'action du feu ; la — humide à la traiter par les dissolvants liquides. | Ancienne mesure pour le bois de chauffage, équivalant à une demi-corde ou 2 stères environ. | Sac contenant 2 hectolitres de charbon de bois. | Poids de 1,000 kilogrammes de charbon de terre ou de coke. | Quantité d'eau équivalant à deux seaux de douze litres chacun.

VOILE, *sm.* — du palais. (*Anat.*) Sorte de cloison membraneuse, de forme carrée, qui pend du fond du palais et flotte au-dessus de la base de la langue. | *sf.* (*Mar.*) Large pièce de forte toile destinée à recevoir l'impulsion du vent et à la transmettre au bâtiment; il y en a un grand nombre de formes.

VOILIER, *sm.* Fabricant de voiles pour la marine. | Grand poisson assez semblable à l'espadon et dont la nageoire dorsale est très-développée et remplit l'office d'une voile quand il nage. | *adj.* Se dit d'un navire considéré par rapport à sa marche sous voiles, à la valeur de ses voiles. | Se dit des oiseaux dont le vol est etendu.

VOIRIE, *sf.* Partie de l'administration publique qui a pour objet la police des rues et des chemins, la disposition et la solidité des édifices. | Grande —. Grandes routes et rues des villes, particul. en ce qui concerne les constructions. | Petite —, chemins vicinaux et saillies sur la voie publique, à Paris. | Lieu où l'on porte les boues et autres immondices. | Débris d'animaux morts.

VOITURIN, *sm.* Celui qui loue à des voyageurs des voitures attelées et qui les conduit.

VOIVODE, *sm.* V. *Vayvode.*

VOLANT, *sm.* Grande roue tournante qui, dans une machine, a pour effet de prolonger le mouvement général et de le régulariser quand la force motrice n'est pas constante.

VOLATIL, E, *adj.* Qui se réduit facilement en gaz ou en vapeurs.

VOLATILISATION, *sf.* Action par laquelle les corps volatils sont réduits en vapeurs ou en gaz.

VOL-AU-VENT, *sm.* Pâté chaud dont l'abaisse et les parois doivent être en pâte feuilletée; on en garnit l'intérieur avec des boulettes, des quenelles, un ragoût à la financière, etc.

VOLBORTHITE, *sf.* Minéral qu'on trouve en Suède et qui renferme du vanadium, de l'oxygène et du cuivre.

VOLCAN, *sm.* Montagne de forme conique, du sommet de laquelle sortent, à des intervalles variables, des tourbillons de feu et de fumée, des cendres, des laves et autres matières embrasées ou liquéfiées. | VOLCANIQUE, *adj.* Qui est de la nature des —s, ou qui porte l'empreinte du feu des —s.

VOLE, *sf.* Gain de toutes les levées faites, à certains jeux de cartes, par un seul joueur.

VOLÉE, *sf.* Décharge de plusieurs pièces d'artillerie qu'on tire en même temps. | Pièce de bois de traverse qui s'attache au timon d'un carrosse, d'un fourgon, d'un chariot, et à laquelle les chevaux sont attelés.

VOLERIE, *sf.* Chasse qui se fait avec des oiseaux de proie.

VOLET, *sm.* Fermeture de menuiserie placée en dedans du châssis d'une croisée. | (*Mar.*) Petite boussole portative qu'on emploie dans les barques et sur les chaloupes.

VOLETTES, *sfpl.* Frange de cordelettes dont on borde le réseau qui couvre le cheval en été, afin qu'en le secouant il chasse les mouches.

VOLIGE, *sf.* Planche mince de bois de sapin ou d'autre bois blanc.

VOLITION, *sf.* (*Philos.*) Acte par lequel la volonté se détermine à quelque chose.

VOLTAÏQUE, *adj.* Désigne la première pile électrique qui fut construite par Volta, avec des couples de rondelles de cuivre et de zinc séparés par des rondelles de drap humide. | Électricité, courant —. V. *Dynamique.*

VOLTE, *sf.* Mouvement par lequel le cheval se retourne rapidement en décrivant un cercle.

VOLUBILE, *adj.* (*Bot.*) Se dit des tiges qui s'élèvent en hélice autour des corps dont elles sont voisines.

VOLUBILIS, *sm.* Nom vulgaire de plusieurs plantes grimpantes, telles que le liseron, l'ipomea, etc., dont les fleurs sont en clochettes.

VOLUCELLE, *sf.* Insecte diptère dont l'espèce principale vit sur les fleurs et porte vulg. le nom de *mouche du rosier.*

VOLUPTUAIRE, *adj.* (*Jurisp.*) Se dit des impenses ou dépenses de luxe, de fantaisie, faites par le propriétaire d'un immeuble pour lui donner de l'agrément.

VOLUTE, *sf.* Tout ornement d'architecture enroulé en hélice. | Se dit particul. d'une partie du chapiteau qui est enroulée en hélice. Nom qu'on donne à divers coquillages roulés en hélice.

VOLVA, *sm.* (*Bot.*) Membrane en forme de bourse qui recouvre tout ou partie de certains champignons pendant leur jeunesse et qui se déchire quand ils grandissent.

VOLVOCE, *sm.* Animalcules infusoires d'eau douce, de couleur verte ou jaune, de forme globulaire, réunis ou disséminés dans la masse d'un globe gélatineux qu'ils font tourner constamment.

VOMER, *sm.* (pr. *-mère*) (*Anat.*) Petit os ressemblant à un soc de charrue, qui forme la cloison des fosses nasales.

VOMIQUE, *adj.* Noix —, graine du *vomiquier*, arbre de l'Inde et de l'Océanie; elle est arrondie, plate, grise, très-amère; c'est un poison tétanique, qui agit très-énergiquement sur la moelle épinière et sur le système musculaire. | *sf.* Amas de pus qui se forme dans la poitrine et qui est rejeté par vomissements, ou qui se dépose et forme un empyème.

VOMITOIRE, *sm.* Dans les cirques romains, larges issues par où le peuple sortait à la fin du spectacle.

VOMITO-NERO ou VOMITO-NEGRO, *sm.* Maladie bilieuse, épidémique, appelée aussi *fièvre jaune*; on dit aussi *vomito.*

VOMITURITION, *sf.* Envie de vomir fréquente n'amenant pas de résultats.

VORTICELLE, *sf.* Animalcule infusoire qui est d'abord fixé au moyen d'un pied et a la forme d'une cloche, mais qui devient libre plus tard et se meut par contraction.

VOTIF, VE, *adj.* Qui a rapport à un vœu, qui a pour objet l'accomplissement d'un vœu.

VOUÈDE, *sf.* V. *Guède.*

VOUGE, *sf.* Sorte d'épieu à large fer, qui était en usage au moyen âge.

VOUIVRE, *sf.* V. *Guivre.*

VOUSSOIR, *sm.* Chacune des pierres qui forment une voûte ou un cintre.

VOUSSURE, *sf.* (*Archit.*) Portion de voûte qui sert d'empatement à un plafond et en fait la liaison avec la corniche de la pièce. | Courbure en voûte moindre qu'une demi-circonférence.

VOYER, *adj.* et *sm.* Se dit des agents, architectes ou autres, qui font exécuter les prescriptions de l'administration en matière de voirie.

VOYETTE, *sf.* Grande écuelle à manche.

VRAC (EN), *loc. adv.* Se dit des marchandises qui sont jetées pêle-mêle dans une caisse, un tonneau, au fond de la cale d'un navire et qui sont expédiées sans aucun emballage ; on dit aussi *en vrague.*

VRILLE, *sf.* Outil de fer composé d'une tige terminée en hélice d'un côté et emmanchée de l'autre côté d'un morceau de bois à angle droit ; on s'en sert pour percer des trous dans le bois. | (*Bot.*) Filets simples ou rameux tortillés en spirale, au moyen desquels certains végétaux faibles s'accrochent aux corps voisins.

VRILLERIE, *sf.* Ensemble des menus ouvrages ou outils de fer et d'acier qui servent aux orfèvres, armuriers, menuisiers et autres artisans.

VRILLETTE, *sf.* Coléoptère dont les larves habitent les boiseries et les percent au printemps pour se rencontrer, en occasionnant un petit bruit régulier.

VULCANISATION, *sf.* Opération que l'on fait subir au caoutchouc en le plongeant dans un bain de soufre fondu, et qui lui communique une grande dureté et permet de l'employer à de nombreux usages industriels. | VULCANISER, *va.* Opérer la —.

VULCANISME, *sm.* Système d'après lequel la formation du globe est due à l'action du feu. | VULCANISTE, *sm.* Partisan du —.

VULCANITE, *sf.* Caoutchouc durci auquel on a mélangé des matières colorantes et dont on fait toutes sortes de petits objets de couleur très-solides.

VULGATE, *sf.* Traduction de la Bible, qui est en usage dans l'Eglise catholique.

VULNÉRAIRE, *adj.* et *sm.* Se dit des substances propres à guérir les plaies, les blessures. | — *suisse.* V. *Faltrank.*

VULPIN, E, *adj.* Qui tient du renard. | *sm.* Plante graminée commune dans les prés, et dont l'épi, long et soyeux, ressemble à une queue de renard ; c'est un fourrage de qualité ordinaire.

VULSELLE, *sf.* Mollusque acéphale, voisin de l'huître, à coquille irrégulière, qui adhère fortement à divers animaux marins, on le trouve dans la mer des Indes.

VULTUEUX, SE, *adj.* Se dit de l'aspect de la face quand elle est rouge, turgescente et comme gonflée.

VULTURIDE, VULTURIDÉ, E, (*Zool.*) Se dit des oiseaux qui ressemblent au vautour.

W

WACKE, *sm.* (*Minér.*) Sorte de roche opaque, tendre, cassante, qui tient le milieu entre le basalte et l'argile.

WAKAHA, *sm.* Aliment analeptique qu'on prend dans le potage ; c'est un mélange de cacao aromatisé de vanille et additionné de sucre, de cannelle et d'ambre gris.

WALIDA, *sf.* Plante de Ceylan qu'on emploie contre la dysenterie.

WALLON, *sm.* Langage en usage dans la partie des Pays-Bas qui est entre l'Escaut et la Lys.

WARANDEURS, *smpl.* Gens spécialement chargés à Dunkerque, d'assister aux salaisons des harengs et à leur mise en caque.

WARME, *sf.* Face intérieure du creuset rectangulaire dans une forge, celle qui est immédiatement au-devant de la taque.

WARRANT, *sm.* (pr. *ouar-rantt.*) Récépissé, reconnaissance constatant que l'administration d'un dock a reçu et emmagasiné telle quantité, tel poids, telle valeur de marchandises appartenant à un négociant qui peut endosser et transmettre ce récépissé.

WATCHMAN, *sm.* (pr. *ouatch-mann.*) Nom que l'on donne en Angleterre et dans quelques parties de l'Allemagne à l'homme qui parcourt les rues de nuit et proclame l'heure à haute voix.

WATRINGUE, *sf.* Ensemble des opérations et travaux nécessaires pour dessécher sur le littoral, les terrains inférieurs au niveau des hautes mers.

WEHME, *sf.* Tribunal secret en Allemagne, pendant le moyen âge. | Vehmique, *adj.* Qui appartient à la —.

WEIFA, *sm.* Boutons peu développés des fleurs d'une plante de Chine, qu'on emploie comme matière tinctoriale jaune.

WERMOUTH, *sm.* V. *Vermout.*

WERNÉRITE, *sf.* (*Minér.*) Substance vitreuse, cristallisée, à structure lamelleuse ou compacte, qu'on trouve dans les mines de fer, en Norwége; c'est un silicate double d'alumine et de chaux.

WERSTE, *sf.* V. *Verste.*

WHIG, *sm.* (pr. *ouigh.*) Nom qu'on donne à un parti, en Angleterre, dont les principes étaient primitivement très-libéraux. | Whigisme, *sm.* Opinion, parti des —s.

WHISKEY ou Whisky, *sm.* (pr. *ouis-ki.*) Eau-de-vie de grains, obtenue en distillant de la drèche fermentée, et dans laquelle on met du safran et quelques aromates; elle est surtout en usage en Écosse et en Irlande.

WHIST, *sm.* Jeu de cartes qui se joue entre quatre personnes, deux contre deux (*partners*) et avec un jeu de 52 cartes, dont les as sont les plus fortes; ses combinaisons sont très-variées.

WIGWAM, *sm.* Hutte ou tente des sauvages indiens dans l'Amérique du Nord.

WILLIS, *sfpl.* Personnages légendaires en Allemagne; jeunes filles qui sortent chaque nuit de leur tombe et qui dansent jusqu'au lever du jour.

WINDAS, *sm.* V. *Vindas.*

WISKEY, *sm.* V. *Whiskey.*

WISKI, *sm.* Sorte de cabriolet léger et très-élevé.

WITHÉRITE, *sf.* (*Minér.*) Minéral formé du sel appelé carbonate de baryte.

WIVRE, *sf.* Wivré, e, *adj.* V. *Guivre.*

WOLFRAM, *sm.* Minéral très-lourd noir-brun, dont on extrait le tungstène; c'est une combinaison d'acide tungstique avec des protoxydes de fer et de manganèse; on le trouve dans les mines de Suède et d'Allemagne.

WOMBAT, *sm.* Animal de petite taille de la famille des marsupiaux, que l'on trouve en Australie; il se nourrit de racines qu'il cherche sous terre la nuit.

WOOTZ, *sm.* (pr. *voutz.*) Espèce d'acier entièrement dur, mais cependant malléable, que l'on fait dans l'Inde et en Angleterre; il présente des moirures et des zigzags; on en fait des sabres dits de *Damas.*

WORMIENS, *adj. m. pl.* (*Anat.*) Nom de petits os de forme et de dimension variables, qui se développent dans les sutures des os du crâne.

WOUWOU, *sm.* V. *Gibbon.*

WRIT, *sm.* (pr. *raitt*). En Angleterre, ordre écrit; ordonnance d'une cour de justice.

WURST, *sm.* (pr. *vursst.*) Caisson d'artillerie de forme allongée. | Caisson d'ambulance servant à porter les malades et les médicaments. | Longue voiture découverte.

X

XANTHE, *sm.* Genre de crustacés de l'ordre des décapodes, assez semblable au crabe, à carapace brun jaunâtre, de 5 à 6 centimètres, à pattes noires; on le trouve sur les côtes de France.

XANTHIE, *sf.* Lépidoptère nocturne dont les ailes sont jaunes, tachées de noir; on en trouve plusieurs espèces en France.

XANTHINE, *sf.* Matière colorante jaune qui se trouve dans la racine de garance, concurremment avec l'*alizarine;* on la trouve aussi dans les calculs urinaires.

XANTHORRHÉE, *sf.* Plante de la Nouvelle-Zélande qui fournit une résine analogue à la gomme-gutte.

XANTHOSE, *sf.* Matière jaune qui se trouve dans certains cancers.

XANTHOSOME, *sf.* Genre de plantes de la famille des aroïdées, dont une espece, à feuilles sagittées, que l'on mange ainsi que les racines, porte au Brésil et aux Antilles le nom de chou *caraïbe.*

XANTHOXYLE, *sm.* Arbre des régions tropicales, dont le bois et l'écorce servent à teindre en jaune et s'emploient comme sudorifiques et diurétiques.

XÉNÉLASIE, *sf.* Exclusion des étrangers des républiques anciennes.

XÉNIES, *sfpl.* (*Ant.*) Présents qu'on faisait

en Grèce aux étrangers auxquels on donnait l'hospitalité.

XÉNOGRAPHIE, *sf.* Étude, connaissance des langues étrangères. | XÉNOGRAPHE, *sm.* Celui qui s'occupe de —.

XÉRANTHÈME, *sm.* Nom scientifique de l'immortelle.

XÉRASIE, *sf.* Maladie des cheveux qui les dessèche et les rend semblables à un duvet couvert de poussière.

XÉRÈS, *sm.* (pr. *kê-rèss*). Vin excellent que l'on recueille en Espagne aux environs de Xérès de la Frontera; on le range parmi les vins secs.

XÉROPHAGIE, *sf.* Abstinence, jeûne pendant lequel on ne mange que du pain et des fruits secs. | Usage exclusif d'aliments secs.

XÉROPHTHALMIE, *sf.* Ophthalmie sèche qui consiste en une cuisson, une démangeaison et une rougeur dans les yeux, avec suspension de la sécrétion lacrymale.

XÉROTRIBIE, *sf.* Friction sèche, faite avec la main.

XESTÈS, *sm.* Mesure grecque qui équivalait à environ un demi-litre.

XIPHIAS, *sm.* (pr. *-fiass*). Poisson de mer acanthoptérygien dont les os frontaux se prolongent en lame tranchante des deux côtés, et terminée en pointe, formant une sorte d'épée qui lui sert d'arme offensive; on l'appelle aussi *épée de mer* ou *espadon;* sa chair est estimée.

XIPHOÏDE, *adj.* Appendice —, appendice allongé qui ressemble à une épée, qui est de nature cartilagineuse et qui termine la partie inférieure du sternum. | XYPHOÏDIEN, NE, *adj.* Qui a rapport à l'appendice —; se dit des ligaments qui le rattachent aux côtes.

XYLIN, E, *adj.* Qui a rapport au bois.

XYLITE, *sf.* Produit de la distillation de l'esprit de bois.

XYLOBALSAMUM, *sm.* Branches d'une espèce de balsamier qui fournit le baume de Judée.

XYLOCARPE, *sm.* Arbre de l'Inde dont le fruit, dur et ligneux, contient une substance analogue au sagou.

XYLOCOPE, *sm.* Genre d'hyménoptères voisins de l'abeille par leur conformation; ils creusent leur nid dans le vieux bois et vivent dans les pays chauds.

XYLOGLYPHE, *sm.* Graveur sur bois.

XYLOGLYPHIE, *sf.* Gravure sur bois.

XYLOGLYPTIQUE, *adj.* Qui concerne la gravure sur bois.

XYLOGRAPHIE, *sf.* Gravure sur bois; se dit particul. de l'art d'imprimer avec des caractères en bois ou avec des planches de bois gravées, qui a précédé l'impression typographique.

XYLOÏDE, *adj.* Qui ressemble à du bois.

XYLOÏDINE, *sf.* Substance organique pulvérulente, blanche, inflammable, qui résulte du contact de l'acide azotique concentré avec diverses substances végétales.

XYLOMANCIE, *sf.* (*Sc. occ.*) Divination par le moyen de morceaux de bois secs.

XYLOPHAGES, *smpl.* Famille d'insectes coléoptères dépourvus de trompe, dont les larves vivent dans le bois et causent de grands dommages aux plantations d'oliviers, aux forêts de sapins, etc.; on donne ce nom à tous les insectes et aux mollusques qui se développent dans le bois.

XYLOPHONE, *sm.* Instrument de musique composé de tiges de bois et de paille, disposées horizontalement, par ordre de taille, sur une table d'harmonie; on en joue en frappant légèrement sur ces tiges au moyen de deux petites baguettes.

XYSTE, *sm.* (*Ant.*) Lieu couvert qui servait de promenade à Rome, ainsi que pour divers genres d'exercices.

Y

YACHT, *sm.* (pr. *yak*). Sorte de bâtiment de plaisance, très-orné, qui va à voiles et à rames, qui sert pour la promenade. | Partie qui est à l'angle supérieur du pavillon anglais; c'est un petit carré où se trouvent des diagonales et des croix en bandes rouges, bleues et blanches.

YACK, *sm.* V. *Yak.*

YACOU, *sm.* V. *Pénélope.*

YAK, *sm.* Espèce de bœuf dit *buffle à queue de cheval*, remarquable par une longue et abondante toison, et originaire des montagnes de l'Himalaya; sa peau est recherchée pour la chamoiserie et sa fourrure est excellente dans le jeune âge pour faire des tapis.

YANKEE, *sm.* (pr. *yanki*). Nom que l'on donne par ironie aux Américains du Nord, et particul. à ceux qui sont très-zélés partisans des institutions de leur pays et qui méprisent celles des autres pays.

YAPOCK, *sm.* Espèce du genre chironecte, qui habite les rivières de la Guyane.

YARD, *sm.* (pr. *iardd*) (*Angl.*) Mesure de longueur anglaise valant 3 pieds anglais ou 914 millimètres; elle est aussi usitée dans l'Amérique du Nord, où elle a la même valeur.

YARQUÉ, *sm.* Espèce de sagouin du Brésil, à queue touffue.

YATAGAN, *sm.* Sorte de poignard, de sabre turc, dont la lame est oblique et dont le tranchant forme vers la pointe une courbe rentrante.

YAW, *sm.* V. *Pian.*

YEARLING, *sm.* (pr. *ir-lingg*) (*Angl.*) En termes de courses, poulain ou pouliche d'un an.

YÈBLE, *sm.* Espèce du genre sureau, dont la tige est herbacée, les fleurs blanches en ombelles, les fruits bacciformes, noirs et pulpeux; on faisait autrefois beaucoup d'usage, en médecine, de sa racine qui est purgative et diurétique; ses fleurs sont stimulantes et diaphorétiques; ses baies sont employées pour teindre la laine en violet.

YEUSE, *sf.* Espèce du genre chêne, de médiocre grandeur, restant toujours couverte de feuilles; son bois est très-dur et recherché dans les arts mécaniques; son écorce sert à tanner les peaux de chèvre pour chaussures.

YEUX D'ÉCREVISSE, *smpl.* Nom que l'on donne à deux corps globuleux, blanchâtres, calcaires, que l'on trouve sur les côtés de l'estomac des écrevisses qui vont muer; on les a beaucoup employés autrefois, réduits en poudre, comme absorbants, contre les diarrhées violentes et contre la goutte; ils sont moins usités aujourd'hui.

YNAMBU, *sm.* Espèce de perdrix du Brésil, qui vit dans les lieux découverts.

YOLE, *sf.* Sorte de petit canot léger qui va à la voile et à l'aviron.

YOURT, *sm.* YOURTE, *sf.* Demeures souterraines de quelques peuples du Nord, et particulièrement des Esquimaux de la Sibérie.

YPÉCACUANHA, *sm.* V. *Ipécacuanha.*

YPRÉAU, *sm.* Espèce d'orme à larges feuilles. | Peuplier blanc. | Variété de saule.

YSARD, V. *Isard.*

YTTERBITE, YTTRITE, *sf.* V. *Gadolinite.*

YTTRIUM, *sm.* Corps simple gris, pulvérulent, qu'on trouve en Suède dans l'*yttria*, terre appelée aussi *gadolinite.* V. ce mot.

YUCCA, *sm.* Plante monocotylédone exotique, cultivée dans les jardins; elle a une tige peu élevée et semblable à celle des palmiers, sur laquelle s'élève un bouquet de feuilles hérissées à peu près comme celles de l'aloès et portant à son centre des fleurs ressemblant à la tulipe; ses feuilles donnent des fibres textiles.

Z

ZABRE, *sm.* Genre d'insectes coléoptères, pentamères, voisins du carabe par leur conformation.

ZACCATELLE, *sf.* Cochenille du Mexique donnant une belle couleur rouge.

ZAGAIE, *sf.* Sorte de javelot dont se servent les habitants du Sénégal et la plupart des peuples sauvages; c'est un bâton de gommier, armé d'un fer dentelé ou d'une arête de poisson.

ZAIN, *adj. m.* Se dit d'un cheval dont la robe est d'une seule couleur, sans aucune tache de blanc. | V. *Zéem* ou *Zéen.*

ZAMBO, ZAMBRE, *sm.* En Amérique, fruit de l'union d'un nègre et d'une mulâtresse.

ZAMIE, *sf.* Plante monocotylédonée du cap de Bonne-Espérance, dont les feuilles, semblables à celles des palmiers, renferment une moelle analogue au sagou.

ZANI, *sm.* Personnage bouffon et niais dans les comédies italiennes.

ZÉA, *sm.* V. *Maïs.*

ZÈBRE, *sm.* Animal du genre cheval, plus grand et plus svelte que l'âne, dont il a les formes générales; il est rayé partout transversalement de blanc roussâtre et de noir; il habite le sud de l'Afrique. | ZÉBROÏDE, *adj.* Qui tient du —; zébré. | Cheval *zébroïde.* V. *Couagga.*

ZÉBU, *sm.* Bœuf à bosse, genre de ruminants originaires de l'Afrique centrale et de l'Inde, remarquable par une espèce de proéminence ou loupe au-dessus du garrot; leur pelage est gris en dessus et blanc en dessous; sa queue est terminée par une touffe de poils noirs.

ZECHSTEIN, *sm.* (*Géol.*) Terrain permien qui se trouve au-dessous des grès des Vosges.

ZÉDOAIRE, *sf.* Racine d'une plante des Indes, employée comme stimulante et antispasmodique.

ZÉE, *sf.* Poisson acanthoptérygien, dont le corps est bordé d'épines fourchues; il est commun sur les côtes de France; sa chair est délicate.

ZÉEM ou Zéen, *adj.* et *sm.* Se dit d'une espèce de chêne d'Algérie dont le bois est estimé pour les constructions navales.

ZÉINE, *sf.* Gluten extrait de la farine de maïs ou du riz.

ZEKKAT, *sm.* (pr. *zek-katt.*) Impôt sur les bestiaux en Algérie.

ZÉLOTYPIE, *sf.* Maladie mentale consistant en une jalousie immodérée qui dégénère en monomanie. | Zélotype, *adj.* et *s.* Qui est atteint de —.

ZEMNI, *sm.* V. *Spalax.*

ZEND, *sm.* (pr. *zaindd.*) Ancienne langue des Perses.

ZEND-AVESTA, *sm.* Livre sacré des Perses, écrit dans la langue *zend.*

ZÉNITH, *sm.* (pr. *-nitt.*) Point idéal où la verticale suffisamment prolongée rencontrerait le ciel au-dessus de nos têtes; il est l'opposé du nadir; c'est la partie du ciel qui nous paraît la plus élevée. | Zénithal, e, *adj.* Qui appartient ou qui a rapport au —.

ZENTNER, *sm.* Quintal de Vienne et de Hongrie pesant 56 kilogrammes.

ZÉOLITHE, *sf.* (*Minér.*) Nom que l'on donne à diverses substances pierreuses qui éprouvent une espèce d'ébullition par l'action du feu et qui donnent avec les acides un précipité gélatineux.

ZÉPHYR, Zéphyre, *sm.* Nom que les anciens donnaient au vent du Nord-Ouest, qui en Grèce est doux et léger. | Tout vent tiède et agréable.

ZÉPHYRIEN, NE, *adj.* Œuf —, œuf clair et sans germe, que certains oiseaux de basse-cour pondent aux premières chaleurs du printemps.

ZÉRUMBET, *sm.* V. *Zédoaire.*

ZESTE, *sm.* Espèce de cloison, de séparation membraneuse qui divise l'intérieur d'une noix. | Partie extérieure et colorée qui forme le dessus de l'écorce d'une orange, d'un citron, etc.

ZÉTÉTIQUE, *adj.* et *sf.* (*Philos.*) Se dit de la méthode de recherche qu'on emploie pour découvrir et pénétrer la raison et la nature des choses.

ZEUGME, *sm.* Figure résultant de l'ellipse, dans plusieurs propositions, d'un mot qui figure dans une proposition précédente.

ZIBELINE, *adj.* et *sf.* Sorte de martre de Sibérie, à pelage très-fin, de couleur foncée, presque noire, dont on fait de très-belles fourrures.

ZIBETH, *sm.* Espèce de civette commune en Afrique, à museau très-effilé, a pelage fin et doux, formant une fourrure estimée.

ZIBETHIN, E, *adj.* Qui répand l'odeur de la civette.

ZINC, *sm.* Corps simple, métallique, d'un blanc bleuâtre, très-brillant, mou et d'une texture lamelleuse qui se trouve à l'état de combinaison, sulfure ou carbonate (V. *Blende* et *Calamine*); ses usages industriels ne remontent qu'au XVIIIe siècle, mais ils sont très-nombreux.

ZINCATER, *sm.* Ether dans lequel on a fait dissoudre du zinc; c'est un antispasmodique estimé.

ZINCAGE, *sm.* V. *Galvaniser, Galvanisation.*

ZINCOGRAPHIE, *sf.* Procédé qui a pour but d'imprimer les dessins en remplaçant la pierre lithographique par le zinc; on l'a appliqué aux cartes géographiques.

ZINGAGE, *sm.* V. *Galvaniser, Galvanisation.*

ZINGARI, *sm.* Vagabond, plus souvent désigné sous le nom de bohémien.

ZINGEL, *sm.* V. *Apron.*

ZINGIBÉRACÉES, *sfpl.* (*Bot.*) Famille de plantes, dont le genre principal est le *gingembre.*

ZINNIA, *sm.* Plante d'Amérique, de la famille des composées, annuelle, herbacée, portant des aigrettes de fleurs jaunes, écarlates ou violettes; on en cultive plusieurs espèces dans les jardins.

ZINZOLIN, *adj.* et *sm.* Sorte de couleur d'un violet rougeâtre. | Zinzoliner, *va.* Teindre en —.

ZIRCON, *sm.* Substance vitreuse, très-dure, infusible, de diverses couleurs, d'un aspect gras, souvent translucide, renfermant de la zircone et de la silice; on l'emploie dans la bijouterie de basse qualité et dans l'horlogerie pour les chapes et les pivots des montres.

ZIRCONE, *sf.* Oxyde de zirconium, terre blanche qui se trouve dans le zircon.

ZIRCONITE, *sm.* Variété de zircon, d'un brun rougeâtre qui devient blanche au feu; on la trouve dans les roches granitiques, en Norwége, etc.

ZIRCONIUM, *sm.* Corps simple, noir et pulvérulent, dont l'oxyde ou *zircone* forme la base du *zircon.*

ZIST, *sm.* Ecorce interne de l'orange qui est au-dessous du zeste.

ZITHER, *sm.* (pr. *-tèr.*) Instrument à cordes pincées, aujourd'hui en vogue en Autriche, en Bavière et dans les provinces rhénanes.

ZIZANIE, *sf.* Ancien nom de l'ivraie. | Plante graminée de l'Amérique du Nord, qui appartient au genre riz, qu'on appelle aussi *riz sauvage*, et dont une espèce porte une graine alimentaire et a été l'objet d'essais de culture.

ZIZEL, *sm.* V. *Zemni.*

ZMALA, *sf.* V. *Smala.*

ZOANTHAIRES, *smpl.* (*Zool.*) Se dit

d'une classe importante de zoophytes qui renferment en grande partie des polypiers calcaires ou cornés, tels que les *madrépores*, les *actinies*, etc.; le genre principal est le *zoanthe* qu'on trouve dans le golfe du Mexique.

ZOANTHROPIE, *sf.* Espèce de monomanie dans laquelle le malade se croit changé en un animal.

ZODIACAL, E, *adj.* Qui appartient au *zodiaque*. | Lumière— e, cône de lumière blanchâtre, dont la base s'appuie sur le soleil et qui suit la direction du zodiaque; on l'observe surtout aux équinoxes; sa nature et son origine ne sont pas entièrement expliquées.

ZODIAQUE, *sm.* Bande ou zone circulaire idéale, d'environ 18 degrés de largeur, parallèle à l'écliptique, qui en occupe le milieu, et comprenant les douze constellations principales qui se partagent la route annuelle apparente du soleil.

ZOIZITE, *sm.* (*Minér.*) Espèce du genre épidote, opaque, de couleur blanche, qu'on trouve en petites masses entrelacées.

ZOLLVEREIN, *sm.* Association douanière allemande, institution qui perçoit les droits de douane uniformément et collectivement pour les différents Etats de la Confédération germanique.

ZOMIDINE, *sf.* V. *Osmazôme.*

ZONA, *sm.* (pr. *zô-*.) Variété d'herpès, sorte d'éruption formée de taches irrégulières d'un rouge vif et prenant ensuite un aspect dartreux, qui entoure sous forme de demi-ceinture la poitrine ou l'une des trois régions de l'abdomen.

ZONAIRE, ZONAL, E, *adj.* Qui présente des zones, des bandes circulaires.

ZONE, *sf.* Bande plus ou moins large d'une sphère. | (*Astr.*) Espace de la surface terrestre compris entre deux cercles parallèles; on en distingue cinq, savoir : la — torride, qui s'étend de chaque côté et à 23° 30' de l'équateur (jusqu'aux tropiques); les deux —s tempérées, qui s'étendent des tropiques aux cercles polaires à 66° 30' de l'équateur, et enfin les —s glaciales, qui règnent entre les cercles polaires et les pôles.

ZOOGRAPHIE, *sf.* Description ou peinture des animaux. | Partie descriptive de la zoologie.

ZOOGRAPHIQUE, *adj.* Se dit des lettres, des caractères figurés au moyen de corps d'animaux.

ZOOÏATRIE, *sf.* Médecine vétérinaire; art de guérir les animaux.

ZOOLOGIE, *sf.* Partie de l'histoire naturelle qui traite des animaux en général. | ZOOLOGIQUE, *adj.* Qui concerne la —. | ZOOLOGISTE, ZOOLOGUE, *s.* Celui qui s'occupe de —.

ZOOMORPHISME, *sm.* Métamorphose en animal.

ZOONOMIE, *sf.* Science des lois qui président à la vie animale; c'est une branche de la physiologie.

ZOOPHORE, *sm.* (*Archit.*) Partie de l'entablement d'un édifice qui soutient des statues d'animaux, ou qui est ornée de figures d'animaux.

ZOOPHORIQUE, *adj.* (*Archit.*) Se dit des colonnes, des socles, etc., qui supportent des animaux.

ZOOPHYTES, *smpl.* Classe importante du règne organique renfermant des animaux qui rappellent les végétaux, soit par leur forme, soit par leur organisation; tels sont les *éponges*, les *polypes*, le *corail*, les *actinies*, etc.

ZOOPHYTOGRAPHIE, ZOOPHYTOLOGIE, *sf.* Description des zoophytes, traité sur les zoophytes.

ZOOSPORÉES, *sfpl.* (*Bot.*) Classe d'algues, dont les spores ou corps reproducteurs sont doués de mouvements qui leur donnent une apparence de vie; telles sont les *conferves*, les *ulves*, etc.; on les trouve particul. dans les eaux douces; on les appelle aussi *zoospermées*.

ZOOTAXIE, *sf.* Etude des animaux au point de vue de leur classement, de leur classification méthodique.

ZOOTECHNIE, *sf.* Connaissance des animaux domestiques, appliquée aux besoins de l'homme; art de les gouverner de manière à en tirer le plus d'utilité et de profit possible.

ZOOTHÉRAPIE, *sf.* V. *Zooïatrie.*

ZOOTOMIE, *sf.* Dissection des animaux. | Anatomie comparée.

ZOPISSA, *sm.* Résine provenant de vieux pins, qu'on emploie comme goudron pour calfater les embarcations dans le Nord.

ZORILLE ou ZORILLE, *sm.* Espèce de putois à ongles fouisseurs, exhalant une odeur nauséabonde; il habite l'Afrique australe; sa fourrure blanc et noir est assez estimée.

ZOSTER, *sm.* V. *Zona.*

ZOSTÈRE, *sf.* Plante marine, à tiges rampantes, à feuilles rubanées, que l'on trouve le long des côtes ou dans les lacs salés; on l'emploie sèche sous le nom de *baugue* ou *bauque*, pour l'emballage et pour fumer les terres, et certaines de ses espèces servent, sous le nom de *varech* ou de *crin végétal*, pour faire des matelas.

ZWANSIGER, *sm.* Pièce de monnaie autrichienne d'argent, valant environ 80 centimes.

ZYGÈNE, *sm.* Poisson aussi appelé *marteau.* (V. ce mot.) | Genre de papillons de nuit, dont les ailes sont bleues ou vertes avec des taches rouges; la chenille de l'une de ses espèces vit sur les trèfles.

ZYGODACTYLES, *smpl.* (*Zool.*) Famille d'oiseaux grimpeurs, comprenant ceux qui ont les doigts accouplés, deux devant et deux derrière.

ZYGOMA, *sm.* (*Anat.*) Os de la pommette de la face, os qui joint la face aux parties latérales du crâne. | ZYGOMATIQUE, *adj.* Qui appartient au — ; arcade *zygomatique*, arcade osseuse formée au bas de la tempe par le — et le temporal ; muscles *zygomatiques*, les deux muscles qui tirent les coins de la bouche vers les oreilles, dans l'action du rire.

ZYGOPHYLLE, *sm.* V. *Fabago.*

ZYGOPHYLLÉES, *sfpl.* (*Bot.*) Famille de plantes, dont le type est le fabago ou fabagelle, et à laquelle appartient le gaïac.

ZYMIQUE, *adj.* Acide —. V. *Lactique.*

ZYMOLOGIE, ZYMOTECHNIE, *sf.* Etude des fermentations, partie de la chimie qui traite des fermentations. | ZYMOLOGIQUE, ZYMOTECHNIQUE, *adj.* Qui appartient à la —.

ZYMOME, *sf.* Résidu qui se produit quand on traite le gluten de froment par l'alcool ; *partie du gluten végétal qui est insoluble dans* l'alcool.

ZYMOSIMÈTRE, *sm.* Instrument propre à apprécier le degré de fermentation d'une liqueur.

ZYMOTIQUE, *adj.* Qui est propre à la fermentation, qui résulte de la fermentation, qui ressemble à une fermentation, se dit particul. de certaines maladies épidémiques que l'on croit occasionnées par la présence dans l'air d'éléments fermentescibles, telles que le choléra, la fièvre typhoïde, etc.

ZYTHOGALE, *sm.* Boisson faite d'un mélange de bière et de lait.

ZYTHON ou ZYTHUM, *sm.* Décoction d'orge fermentée ; ancien nom de la bière.

Imp. L. Toinon et Cᵉ, à Saint-Germain.

www.ingramcontent.com/pod-product-compliance
Lightning Source LLC
Chambersburg PA
CBHW031725210326
41599CB00018B/2511